建筑节点构造图集

节能保温墙体（上）

《建筑节点构造图集》编委会　编

中国建筑工业出版社

图书在版编目(CIP)数据

节能保温墙体/《建筑节点构造图集》编委会编. 一北京:中国建筑工业出版社,2007
(建筑节点构造图集)
ISBN 978-7-112-09364-9

Ⅰ. 节… Ⅱ. 建… Ⅲ. 墙一保温一结构设计一图集 Ⅳ. TU227—64

中国版本图书馆 CIP 数据核字(2007)第 070961 号

本书是《建筑节点构造图集》中的节能保温墙体卷。本书是在全国多个省市区地方图集中精选出来编纂而成。主要包括了节能保温墙体外墙内保温、外墙夹芯保温、钢丝网架水泥聚苯乙烯夹芯板墙、轻型金属夹芯板建筑构造、外墙外保温节点构造，以及建筑专项保温等构造做法，全书全部采用图集的方式，分门别类，归纳整理，有设计图，也有施工做法，并附上国家规范的规定和要求，图文并茂，便于读者使用参考。

* * *

特约编辑 王立信
责任编辑：曲汝铎
责任设计：赵明霞
责任校对：关 健 梁珊珊

建筑节点构造图集
节能保温墙体
《建筑节点构造图集》编委会 编
*
中国建筑工业出版社出版、发行（北京西郊百万庄）
各地新华书店、建筑书店经销
北京千辰公司制版
北京富生印刷厂印刷
*
开本：880×1230 毫米 1/16 印张：62¼ 字数：1992 千字
2008 年 9 月第一版 2008 年 9 月第一次印刷
印数：1—3500 册 定价：**185.00** 元（上、中、下）
ISBN 978-7-112-09364-9
(16028)

《建筑节点构造图集》编委会名单

编 辑 说 明

为了推动建筑科技的发展，促进建筑设计施工的标准化进程，由中国建筑工业出版社和各省、市、自治区建筑标准设计办公室（站）合作，组成了本套专辑的编委会，编委会委员由各省市区标办的负责人担任，2006 年 7 月在广西自治区南宁市召开了编委会第一次工作会议，决定编辑出版《建筑节点构造图集》，制定了编写本套专辑的原则、范围、体例、程序和做法，并确定了第一批图集的题目。

一、这套图集涵盖了建筑设计、建筑施工、建筑设备、建筑电器、市政工程、园林工程等多个领域，选编范围在各省市区已经编制完成的地方标准图集；编写原则是依据这些图集，确定专题，同类型的构造节点做法选择技术先进、成熟可靠、应用广泛、少有争议的做法。

二、为了达到相互交流、汲取借鉴的原则，本图集不分地域编排，只是依据构造做法的原则编写，读者在不同的地区和条件下，可以参考使用。

三、因为本图集中的内容选自地方标准图集，均标注了出处。虽然大部分图是节选，但都是相对比较完整的设计。故此图集的内容仅作为参考借鉴，不能照搬。如果读者想选用，请依据图上的出处，找到原图，依据原图选用。

四、本书的编写原则之一，是力求广度，也就是把全国各地方的设计成果能够最大限度地体现出来，各省市区由于经济技术水平的差异，在编制标准图集的过程中，也存在着较大的差异；各地都体现了地域特点和经验，通过汇整编辑，达到交流经验、取长补短、相互借鉴和共同提高的目的。

五、本书在编写过程中，得到了各省市区建设主管部门的重视，也得到了各省市区建筑标准办公室以及参与编制地方编制图集的部门有关人员的大力支持，在此一并表示衷心的感谢。

六、由于所收资料非常广泛，差异巨大、类型繁多，编写过程难免有所纰漏和错误，敬请读者指出，以便再版时予以更正，读者有所建议和意见也请告诉我们。

联系地址：北京百万庄　中国建筑工业出版社
《建筑节点构造图集》编委会　收
邮政编码：100037　　电话：58934831　　传真：68314843
电子信箱：quruduo@163.com

《建筑节点构造图集》编委会

目　录

编制总说明

一、05J3-1
外墙外保温

1
说明

2
A 型—外贴聚苯板
外墙外保温做法

3
B 型—胶粉聚苯颗粒
保温浆料外墙外保温做法

8
G 型—炉渣水泥聚苯复合板外墙外保温做法

9
H 型—通用构造节点

二、L04SJ113

（一）围护结构保温构造

1
说明

2
保温做法选用

（二）居住建筑保温构造详图（节能 65%）

1
说明

2
保温做法选用

3
A 体系（聚氨酯体系）
构造节点详图

4
B 体系贴砌聚苯板（挤塑板）
体系构造节点详图

5
C 体系（现浇无网聚苯板
体系）构造节点详图

6
D 体系（现浇有网聚苯板体系）构造节点详图

7
E 体系（粘贴聚苯板体系）构造节点详图

8
F 体系（胶粉聚苯颗粒体系）构造节点详图

9
G 体系（屋面保温体系）构造节点详图

10
H 体系（其他部位保温体系）构造节点详图

三、88J2-9

墙身-外墙外保温（节能65%）

1
说明

2
保温做法选用

3
构造做法与详图

4
面砖饰面聚氨酯复合板
说明

四、J45
围护结构保温构造

1
说明

2
保温做法及计算选用

3
A 系统（胶粉聚苯颗粒外保温系统）构造节点详图

4
B 系统（无网聚苯板外保温系统）构造节点详图

5
C 系统（有网聚苯板外保温系统）构造节点详图

6
D 系统（胶粉聚苯颗粒夹芯聚苯板（三明治）系统）构造节点详图

3
A 体系（胶粉聚苯颗粒外保温体系）构造节点详图

4
B 体系（带燕尾槽聚苯板体系）构造节点详图

5
C 体系（单面钢丝网架聚苯板体系）构造节点详图

6
D 体系（粘贴聚苯板体系）构造节点详图

7
E 体系（聚苯板三明治体系）构造节点详图

8
F 体系（聚氨酯体系）构造节点详图

9
G、H 体系（屋面保温体系）构造节点详图

附　　录

编制总说明

编制总说明

1. 编汇原则与目的

（1）为贯彻国家节约能源政策，使民用建筑节能工程的设计和施工符合确保质量、经济合理、安全使用的要求。《建筑工程围护结构保温构造》一书通过汇整各地建筑工程保温构造通用标准设计，以相互借鉴、取长补短的目的，扭转严寒和寒冷地区建筑工程采暖耗能大、热环境质量差的状况，更好地交流全国各地节能设计、施工方面的经验，据此，根据华北、天津、河南、浙江、山东、江苏、新疆等已发行的省（区）、市建筑标准设计图集，以推进科技进步为出发点，努力做到建筑构造做法技术先进，材料选用适当，适应性强，设计和施工采用方便为原则进行编汇，供参阅。

（2）编汇的基本做法

1）编汇按通用保温构造和专项保温构造分别进行，通用保温构造主要包括：外墙外保温、外墙内保温和夹芯保温三个部分；专项保温构造主要包括：各地方应用新材料、新技术或地方定为用于专项的保温构造。编汇分册按照不同类别、名称与做法内容，将其分为三册，第一册为外墙外保温，由于数量较多分为二个分册；第二册为外墙内保温、外墙夹芯保温、钢丝网架水泥聚苯乙烯夹芯板墙、轻型金属夹芯板；第三册为专项保温构造，主要包括：ZL 系列外墙外保温（节能 65%）；欧文斯科宁挤塑板保温构造（节能 65%）；填充 GZL 保温轻集料砌块（节能 65%）；挤塑泡沫板外墙保温；RE 砂浆复合保温系统；HR 保温装饰板外保温系统；专威特外保温及装饰系统；SB 保温板；舒惠复合保温板；高压无气喷涂聚氨酯硬质发泡外墙外保温构造；聚苯板薄抹面外保温体系构造；XPS 外保温墙体构造。

2）编汇过程中按照现行《民用建筑节能设计标准》（采暖居住建筑部分）（JGJ 26—95）、《外墙外保温工程技术规程》（JGJ 144—2004）以及与建筑节能有关的标准、规程对照有关参加编汇图册的相关内容，以不违背现行国家和行业标准为原则。

3）对强制性条文逐一进行核对，并以黑体字分列。

我国地域广阔，地区温度差异较大。我国不同地域生产的保温材料由于其产地、材质等因表，各地的标准设计图集是根据地域特点，材料的品种和质量，进行了专项保温构造设计，这些保温材料大都没有列入国家规范，对此各地均应根据其材料的热阻条件和制品质量，应慎重对待，及时总结经验，在极其稳妥的条件下进行本地区的节能保温设计和使用。

2. 围护结构保温建筑构造的适用范围

适用于严寒地区及夏热冬冷地区的新建、扩建或已有建筑围护结构的保温工程。不适用于地下建筑、室内温度、湿度有特殊要求的特殊用途建筑以及简易临建等。

3. 编汇资料的内容与要求

（1）编汇资料内容按参加编汇图册一般包括：设计说明、建筑各部分围护结构传热系数限值表、保温做法及热工计算选用表、构造节点详图、材料性能指标、施工要点和质量验收标准。

（2）编汇的保温做法及热工计算选用表为常用做法。设计人员应根据国家或地方的有关节能规定及要求，经热工计算确定保温材料的厚度及构造做法，以满足不同地区建筑节能的要求。

（3）外墙保温做法通常适用于钢筋混凝土、烧结普通砖、多孔砖、混凝土小型空心砌块、灰砂砖、蒸压粉煤灰砖、加气混凝土砌块等多种墙体。设计人员应根据不同的基层墙体确定合理的固定方式，对于不宜使用射钉固定的墙体，可改用其他有效的锚固方法（如锚栓、预埋锚筋等）。

（4）外保温墙体构造详图以钢筋混凝土墙为例，内保温墙体以砌体墙为例，其他墙体可参照使用。

（5）变形缝两侧外墙应加强保温，其传热系数限值不大于不采暖楼梯间隔墙的规定值。当变形缝两侧外墙达不到限值要求时，可采取内保温做法。

4. 对保温节能工程材料质量基本要求

（1）用于保温节能工程材料质量均应符合国家技术标准的要求，并应按标准的检验要求进行复验。

（2）对不断出现的新的保温材料，凡纳入国家或地方规范或规程的材料按其规范或规程规定执行。对没有纳入国家或地方标准的材料应执行经当地建设行政主管部门批准后的企业标准执行。对没有纳入国家或地方标准又没有制定经建设行政主管部门批准的企业标准的新的保温用材料，在未经批准前不得用于工程。

（3）各地均提出有专项构造保温用材料，该保温用材料必须经建设行政主管部门批准后方可使用。

5. 对保温节能工程的基本要求

（1）保温节能工程应能适应基层的正常变形而不产生裂缝或空鼓。

（2）保温节能工程应能长期承受自重而不产生有害的变形。

（3）保温节能工程应能承受风荷载的作用而不产生破坏。

（4）保温节能工程应能耐受室外气候的长期反复作用而不产生破坏。

（5）保温节能工程在罕遇地震发生时不应从基层上脱落。

（6）高层建筑外墙外保温工程应采取防火构造措施。

（7）保温节能工程应具有防水渗透性能。

（8）保温节能工程应符合国家现行标准《民用建筑热工设计规范》(GB 50176—93)；《民用建筑节能设计标准（采暖居住建筑部分）》(JGJ 26—95)；《夏热冬冷地区居住建筑节能设计标准》(JGJ 134—2001)；《夏热冬冷地区居住建筑节能设计标准》(JGJ 75)。

（9）保温节能工程各组成部分应具有物理化学稳定性。所有组成材料应彼此相容，且应具有防腐性。在可能受到生物侵害（鼠害、虫害等）时，保温节能工程还应具有防生物侵害性能。

（10）在正确使用和正常维护的条件下，保温节能工程的使用年限不应少于25年。

6. 围护结构保温建筑构造性能要求

（1）保温工程构造应对外墙外保温系统进行耐候性检验。

（2）外墙外保温系统经耐候性试验后，不得出现饰面层起泡或剥落、保护层空鼓或脱落等破坏，不得产生渗水裂缝。具有薄抹面层的外保温系统，抹面层与保温层的拉伸粘结强度不得小于0.1MPa，并且破坏部位应位于保温层内。

（3）对胶粉EPS颗粒保温浆料，外墙外保温系统进行抗拉强度检验，抗拉强度不得小于0.1MPa，并且破坏部位不得位于各层界面。

（4）EPS板现浇混凝土外墙外保温系统应按《外墙外保温工程技术规程》(JGJ 144—2004）附录B第B.2节（见8. 外墙外保温的现场试验方法）规定作现场粘结强度检验。

（5）EPS（聚苯乙烯泡沫塑料）板现浇混凝土外墙外保温系统现场粘结强度不得小于0.1MPa，并且破坏部位应位于EPS板内。

（6）外墙外保温系统其他性能应符合表1的规定。

（7）保温工程应对胶粘剂进行拉伸粘结强度检验。

（8）胶粘剂与水泥砂浆的拉伸粘结强度在干燥状态下不得小于0.6MPa，浸水48h后不得小于0.4MPa；与EPS板的拉伸粘结强度在干燥状态和浸水48h后均不得小于0.1MPa，并且破坏部位应位于EPS板内。

（9）应按《外墙外保温工程技术规程》(JGJ 144—2004）附录A第A12.2条（见（12）玻纤网耐

碱拉伸断裂强力试验方法）规定对玻纤网进行耐碱拉伸断裂强力检验。

（10）玻纤网经向和纬向耐碱拉伸断裂强力均不得小于750N/50mm，耐碱拉伸断裂强力保留率均不得小于50%。

（11）外保温系统其他主要组成材料性能应符合表1、表2规定。

外墙外保温系统性能要求　　表1

检验项目	性　能　要　求	试　验　方　法
抗风荷载性能	系统抗风压值 R_d 不小于风荷载设计值。 EPS板薄抹灰外墙外保温系统、胶粉EPS颗粒保温浆料外墙外保温系统、EPS板现浇混凝土外墙外保温系统和EPS钢丝网架板现浇混凝土外墙外保温系统安全系数 K 应不小于1.5，机械固定EPS钢丝网架板外墙外保温系统安全系统数 K 应不小于2	附录A第A.3节（见（3）系统抗风荷载性能试验方法）；由设计要求值降低1kPa作为试验起始点
抗冲击性	建筑物首层墙面以及门窗口等易受碰撞部位：10J级；建筑物二层以上墙面等不易受碰撞部位：3J级	附录A第A.5节
吸水量	水中浸泡1h，只带有抹面层和带有全部保护层的系统的吸水量均不得大于或等于1.0kg/m²	附录A第A.6节（见（6）系统吸水量试验方法）
耐冻融性能	30次冻融循环后，保护层无空鼓、脱落，无渗水裂缝；保护层与保温层的拉伸粘结强度不小于0.1MPa，破坏部位应位于保温层	附录A第A.4节（见（4）系统耐冻融性能试验方法）
热　阻	复合墙体热阻符合设计要求	附录A第A.9节（见（9）系统热阻试验方法）
抹面层不透水性	2h不透水	附录A第A.10节（见（10）抹面层不透水性试验方法）
保护层水蒸气渗透阻	符合设计要求	附录A第A.11节（见（11）水蒸气渗透性能试验方法）

注：水中浸泡24h，只带有抹面层和带有全部保护层的系统的吸水量均小于0.5kg/m² 时，不检验耐冻融性能

外墙外保温系统组成材料性能要求　　表2

检验项目		性能要求：EPS板	性能要求：胶粉EPS颗粒保温浆料	试验方法
保温材料	密度（kg/m³）	18～22	—	GB/T 6343—1995
保温材料	干密度（kg/m³）	—	180～250	GB/T 6343—1995（70℃恒重）
保温材料	导热系数［W/(m.K)］	≤0.041	≤0.060	103294—88
保温材料	水蒸气渗透系数［ng/(Pa.m.s)］	符合设计要求	符合设计要求	附录A第A.11节（见（11）水蒸气渗透性能试验方法）
保温材料	压缩性能（MPa）（形变10%）	≥0.10	≥0.25（养护28d）	GB 8813—88
保温材料	抗拉强度（MPa）干燥状态	≥0.10	≥0.10	附录A第A.7节（见（7）抗拉强度试验方法）
保温材料	抗拉强度（MPa）浸水48h，取出后干燥7d	—	≥0.10	附录A第A.7节（见（7）抗拉强度试验方法）
保温材料	线性收缩率（%）	—	≤0.3	GBJ 82—85
保温材料	尺寸稳定性（%）	≤0.3	—	GB 8811—88
保温材料	软化系数	—	≥0.5（养护28d）	JGJ 51—2002
保温材料	燃烧性能	阻燃型	—	GB/T 10801.1—2002
保温材料	燃烧性能级别	—	B_1	GB 8624—1997
EPS钢丝网架板	热阻（m²·K/W）腹丝穿透型	≥0.73（50mm厚EPS板） ≥1.5（100mm厚EPS板）		附录A第A.8节（见（8）拉伸粘结强度试验方法）
EPS钢丝网架板	热阻（m²·K/W）腹丝非穿透型	≥1.0（500mm厚EPS板） ≥1.6（80mm厚EPS板）		附录A第A.8节（见（8）拉伸粘结强度试验方法）
EPS钢丝网架板	腹丝镀锌层	符合QBT 3897—1999规定		
抹面胶浆、抗裂砂浆、界面砂浆	与EPS板或胶粉EPS颗粒保温浆料拉伸粘结强度（MPa）	干燥状态和浸水48h后≥0.10破坏界面应位于EPS板或胶粉EPS颗粒保温浆料		附录A第A.8节（见（8）拉伸粘结强度试验方法）
饰面材料	必须与其他系统组成材料相容，应符合设计要求和相关标准规定			
锚　栓	符合设计要求和相关标准规定			

（12）本章所规定的检验项目应为型式检验项目，型式检验报告有效期为2年。

7. 外墙外保温技术规程对设计与施工要求

（1）设计选用外保温系统时，不得更改系统构造和组成材料。

（2）外保温复合墙体的热工和节能设计应符合下列规定：

1）保温层内表面温度应高于0℃；

2）外保温系统应包覆门窗框外侧洞口、女儿墙以及封闭阳台等热桥部位；

3）对于机械固定EPS钢丝网架板外墙外保温系统，应考虑固定件、承托件的热桥影响。

机械固定系统锚栓、预埋金属固定件数量应通过试验确定，并且每平方米不应小于7个。单个锚栓拔出力和基层力学性能应符合设计要求。金属固定件、钢筋网片、金属锚栓和承托件应作防锈处理。

（3）对于具有薄抹面层的系统，保护层厚度应不小于3mm并且不宜大于6mm。对于具有厚抹面层的系统，厚抹面层厚度应为25～30mm。

（4）应做好外保温工程的密封和防水构造设计，确保水不会渗入保温层及基层，重要部位应有详图。水平或倾斜的挑出部位以及延伸至地面以下的部位应作防水处理。在外墙外保温系统上安装的设备或管道应固定于基层上，并应作密封和防水设计。

（5）除采用现浇混凝土外墙外保温系统外，外保温工程的施工应在基层施工质量验收合格后进行。

（6）除采用现浇混凝土外墙外保温系统外，外保温工程施工前，外门窗洞口应通过验收，洞口尺寸、位置应符合设计要求和质量要求，门窗框或辅框应安装完毕。伸出墙面的消防梯、水落管、各种进户管线和空调器等的预埋件、连接件应安装完毕，并按外保温系统厚度留出间隙。

（7）外保温工程的施工应具备施工方案，施工人员应经过培训并经考核合格。

（8）基层应坚实、平整。保温层施工前，应进行基层处理。

（9）EPS板表面不得长期裸露，EPS板安装上墙后应及时做抹面层。

（10）薄抹面层施工时，玻纤网不得直接铺在保温层表面，不得干搭接，不得外露。

（11）外保温工程施工期间以及完工后24h内，基层及环境空气温度不应低于5℃。夏季应避免阳光暴晒。在5级以上大风天气和雨天不得施工。

（12）外保温施工各分项工程和子分部工程完工后应做好成品保护。

8. 外墙外保温的现场试验方法

（1）基层与胶粘剂的拉伸粘结强度检验方法

在每种类型的基层墙体表面上取5处有代表性的部位分别涂胶粘剂或界面砂浆，面积为3～4dm^2，厚度为5～8mm。干燥后应按现行行业标准《建筑工程饰面砖粘结强度检验标准》JGJ 110规定进行试验，断缝应从胶粘剂或界面砂浆表面切割至基层表面。

（2）无网现浇系统粘结强度试验方法

1）混凝土浇筑后应养护28d。

2）测点选取如图1所示，共测9点。

3）试验方法应按现行行业标准《建筑工程饰面砖粘结强度检验标准》JGJ 110规定进行试验，试样尺寸为100mm×100mm，断缝应从EPS板表面切割至基层表面。

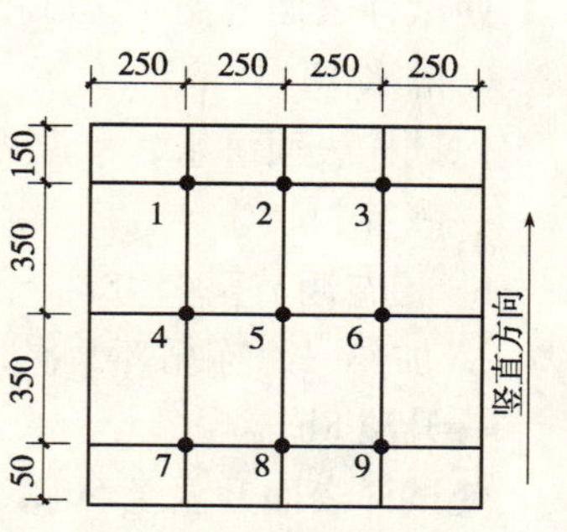

图1　测点位置

（3）系统抗冲击性检验方法

1）系统抗冲击性检验应在保护层施工完成28h后进行。应根据抹面层和饰面性能的不同而选取冲击点，且不要选在局部增强区域和玻纤网搭接部位。

2）采用摆动冲击，摆动中心固定在冲击点的垂线上，摆长至少为

1.50m。取钢球从静止开始下落的位置与冲击点这间的高差等于规定的落差。10J 级钢球质量为 1000g（直径 6.25cm），落差为 1.02m。3J 级钢球质量为 500g，落差为 0.61m。

3）结果判定时，10J 级试验 10 个冲击点中破坏点不超过 4 个时，判定为 10J 级。10J 级试验 10 个冲击点破坏点超过 4 个，3J 级试验 10 个冲击点破坏点不超过 4 个时，判定为 3J 级。

9. 外墙外保温系统及其组成材料性能试验方法

（1）试样制备、养护和状态调节

1）外保温系统试样应按照生产厂家说明书规定的系统构造和施工方法进行制备。材料试样应按产品说明书规定进行配制。

2）试样养护和状态调节环境条件应为：温度 10～25℃，相对湿度不应低于 50%。

3）试样养护时间应为 28d。

（2）系统耐候性试验方法

1）试样由混凝土墙和被测外保温系统构成，混凝土墙用作基层墙体。试样宽度不应小于 2.5m，高度不应小于 2.0m，面积不应小于 $6m^2$。混凝土墙上角处应预留一个宽 0.4m、高 0.6m 的洞口，洞口距离边缘 0.4m（图 2）。外保温系统应包住混凝土墙的侧边。侧边保温板最大厚度为 20mm。预留洞口处应安装窗框。如有必要，可对洞口四角作特殊加强处理。

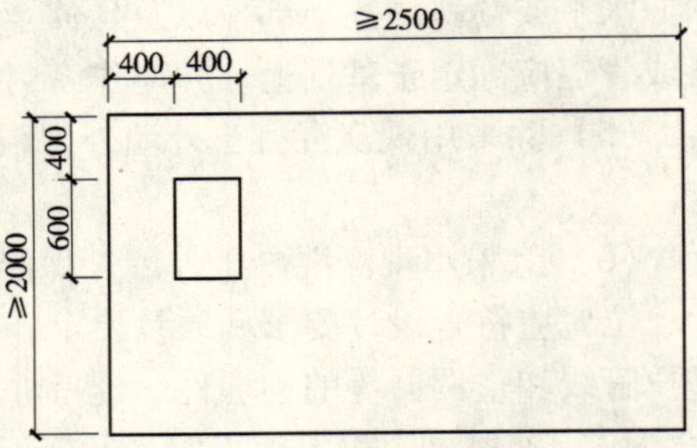

图 2　试样

2）试验步骤应符合以下规定：

①EPS 板薄抹灰系统和无网现浇系统试验步骤如下：

a. 高温—淋水循环 80 次，每次 6h。

—升温 3h

使试样表面升温至 70℃，并恒温在（70±5）℃（其中升温时间为 1h）。

—淋水 1h

向试样表面淋水，水温为（15±5）℃，水量为 1.0～1.5L/(m^2·min)。

—静置 2h

b. 状态调节至少 48h。

c. 加热—冷冻循环 5 次，每次 24h。

—升温 8h

使试样表面升温至 50℃，并恒温在（50±5）℃（其中升温时间为 1h）。

—降温 16h

使试样表面降温至 -20℃，并恒温在（-20±5）℃（其中降温时间为 2h）。

②保温浆料系统、有网现浇系统和机械固定系统试步骤如下：

a. 高温—淋水循环 80 次，每次 6h。

—升温 3h

使试样表面升温至 70℃，并恒温在（70±5）℃，恒温时间不应小于 1h。

—淋水 1h

向试样表面淋水，水温为（15±5）℃，水量为 1.0～1.5L/(m^2·min)。

—静置 2h

b. 状态调节至少 48h。

c. 加热—冷冻循环 5 次，每次 24h。

—升温 8h

使试样表面升温至 50℃，并恒温在（50±5）℃，恒温时间不应小于 1h。

—降温 16h

使试样表面降温至 $-20℃$，并恒温在 $(-20\pm5)℃$，恒温时间不应小于12h。

3）观察、记录和检验时，应符合下列规定：

①每4次高温—淋水循环和每次加热—冷冻循环后观察试样是否出现裂缝、空鼓、脱落等情况并做记录。

②试验结束后，状态调节7d，按现行行业标准《建筑工程饰面砖粘结强度检验标准》JGJ 110规定检验抹面层与保温层的拉伸粘结强度，断缝应切割至保温层表面。并按《外墙外保温工程技术规程》(JGJ 144—2004）附录B第B.3节（见编制总说明8外墙外保温现场试验方法中的（3）系统抗冲击性检验方法）规定检验系统抗冲击性。

(3）系统抗风荷载性能试验方法

1）试样应由基层墙体和被测外保温系统组成，试样尺寸应不少于2.0m×2.5m。

基层墙体可为混凝土墙或砖墙。为了模拟空气渗漏，在基层墙体上每平方米应预留一个直径15mm的孔洞，并应位于保温板接缝处。

2）试验设备是一个负压箱。负压箱应有足够的深度，以保证在外保温系统可能的变形范围内能使施加在系统上的压力保持恒定。试样安装在负压箱开口中并沿基层墙体周边进行固定和密封。

3）试验步骤中的加压程序及压力脉冲图形见图3。

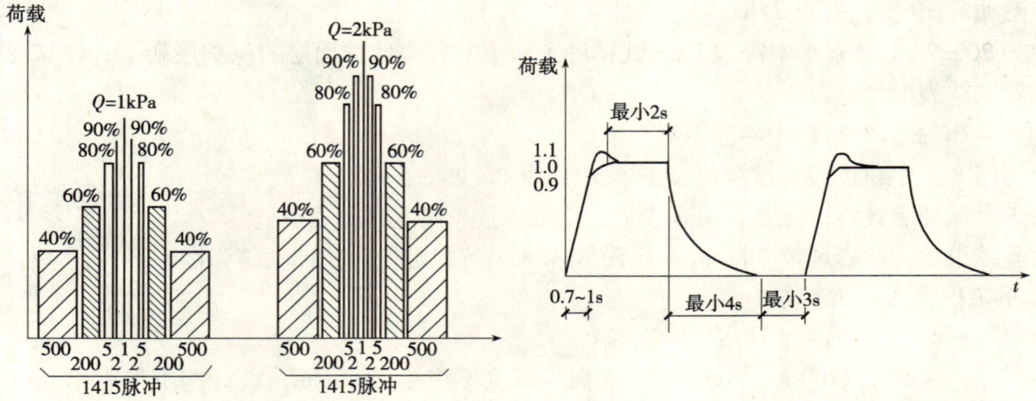

图3 加压步骤及压力脉冲图形

每级试验包含1415个负风压脉冲，加压图形以试验风荷载 Q 的百分数表示。试验以1kPa的级差由低向高逐级进行，直至试样破坏。

有下列现象之一时，可视为试样破坏：

①保温板断裂；

②保温板中或保温板与其保护层之间出现分层；

③保护层本身脱开；

④保温板被从固定件上拉出；

⑤机械固定件从基底上拔出；

⑥保温板从支撑结构上脱离。

4）系统抗风压值 R_d 应按下式进行计算：

$$R_d=\frac{Q_1C_8C_a}{K}$$

式中 R_d——系统抗风压值，kPa；

Q_1——试样破坏前一级的试验风荷载值，kPa；

K——安全系数，按表1选取；

C_a——几何因数，$C_a=1$；

C_8——统计修正因数，按表3选取。

保温板为粘接固定时的 C_8 值 **表3**

粘接面积 B（%）	C_8
$50 \leqslant B \leqslant 100$	1
$10 < B < 50$	0.9
$B \leqslant 10$	0.8

（4）系统耐冻融性能试验方法

1）当采用以纯聚合物为粘结基料的材料作饰面涂层时，应对以下两种试样进行试验：

①由保温层和抹面层构成（不包含饰面层）的试样；

②由保温层和保护层构造（包含饰面层）的试样。

当饰面层材料不是以纯聚合物为粘结基料的材料时，试样应包含饰面层。如果不只使用一种饰材，应按不同种类的饰面材料分别制样。如果仅颗粒大小不同，可视为同种类材料。

试样尺寸为500mm×500mm，试样数量为3件。

试样周边涂密封材料密封。

2）试验步骤应符合下列规定：

①冻融循环30次，每次24h。

a. 在（20±2)℃自来水中浸泡8h。试样浸入水中时，应使抹面层或保护层朝下，使抹面层浸入水中，并排除试样表面气泡。

b. 在（−20±2)℃冰箱中冷冻16h。

试验期间如需中断试验，试样应置于冰箱中在（−20±5)℃下存放。

②每3次循环后观察试样是否出现裂缝、空鼓、脱落等情况，并做记录。

③试验结束后，状态调节7d，按本规程第A.8.2条规定检验拉伸粘结强度。

（5）系统抗冲击性试验方法

1）试样由保温层和保护层构成。

试样尺寸不应小于1200mm×600mm，保温层厚度不应小于50mm，玻纤网不得有搭接缝。试样分为单层网试样和双层网试样。单层网试样抹面层中应铺一层玻纤网，双层网试样抹面层中应铺一层玻纤网和一层加强网。

试样数量：

①单层网试样：2件，每件分别用于3J级和10J级冲击试验。

②双层网试样：2件，每件分别用于3J级和10J级冲击试验。

2）试验可采用摆动冲击或竖直自由落体冲击方法。摆动冲击方法可直接冲击经过耐候性试验的试验墙体。竖直自由落体冲击方法按下列步骤进行试验：

①将试样保护层向上平放于光滑的刚性底板上，使试样紧贴底板。

②试验分为3J和10J两级，每级试验冲击10个点。3J级冲击试验使用质量为500g的钢球，在距离试样上表面0.61m高度自由降落冲击试样。10J级冲击试验使用质量为1000g的钢球，在距离试样上表面1.02m高度自由降落冲击试样。冲击点应离开试样边缘至少100mm，冲击点间距不得小于100mm。以冲击点及其周围开裂作为破坏的判定标准。

3）结果判定时，10J级试验10个冲击点破坏点不超过4个，判定为10J级。10J级试验10个冲击点中破坏点超过4个，3J级试验10个冲击点中破坏点不超过4个，判定为3J级。

（6）系统吸水量试验方法

1）试样制备应符合下列规定：

试样分为两种，一种由保温层和抹面层构成，另一种由保温层和保护层构成。

试样尺寸为200mm×200mm，保温层厚度为50mm，抹面层和饰面层厚度应符合受检外保温系统构造规定。每种试样数量各为3件。

试样周边涂密封材料密封。

2）试验步骤应符合下列规定：

①测量试样面积A。

②称量试样初始重量m_0。

③使试样抹面层或保护层朝下浸入水中并使表面完全湿润。分别浸泡1h和24h后取出，在1min内擦去表面水分，称量吸水后的质量m。

3）系统吸水量应按下式进行计算：

$$M=\frac{m-m_0}{A}$$

式中 M——系统吸水量，kg/m^2；

m——试样吸水后的质量，kg；

m_0——试样初始质量，kg；

A——试样面积，m^2。

试验结果以3个试验数据的算术平均值表示。

（7）抗拉强度试验方法

1）试样制备应符合下列规定：

①EPS板试样在EPS板上切割而成。

②胶粉EPS颗粒保温浆料试样在预制成型的胶粉EPS颗粒保温浆料板上切割而成（现场取样胶粉EPS颗粒保温浆料干密度不应大于$250kg/m^3$，并且不应小于$180kg/m^3$）。

③胶粉EPS颗粒保温浆料外保温系统试样由混凝土底板（作为基层墙体）、界面砂浆层、保温层和抹面层组成并切割成要求的尺寸。

④EPS板现浇混凝土外保温系统试样应按以下方法制备：

a. 在EPS板两表面喷刷界面砂浆；

b. 界面砂浆固化后将EPS板平放于地面，并在其上浇筑30mm厚C20豆石混凝土；

c. 混凝土固化后在EPS板外表面抹10mm厚胶粉EPS颗粒保温浆料找平层；

d. 找平层固化后做抹面层；

e. 充分养护后按要求的尺寸切割试样。

⑤试样尺寸为100mm×100mm，保温层厚度50mm。每种试样数量各为5个。

2）抗拉强度应按以下规定进行试验：

①用适当的胶粘剂将试样上下表面分别与尺寸为100mm×100mm的金属试验板粘结。

②通过万向接头将试样安装于拉力试验机上，拉伸速度为5mm/min，拉伸至破坏，并记录破坏时的拉力及破坏部位。破坏部位在试验板粘结界面时试验数据无效。

③试验应在以下两种试样状态下进行：

—干燥状态；

—水中浸泡48h，取出后干燥7d。

注：EPS板只作干燥状态试验。

3）抗拉强度应按下式进行计算：

$$\sigma_t=\frac{P_t}{A}$$

式中 σ_t——抗拉强度，MPa；

P_t——破坏荷载，N；

A——试样面积，mm^2；

试验结果以5个试验数据的算术平均值表示。

（8）拉伸粘结强度试验方法

1）胶粘剂拉伸粘结强度应按以下方法进行试验：

①水泥砂浆底板尺寸为80mm×40mm×40mm。底板的抗拉强度应不小于1.5MPa。

②EPS板密度应为18~22kg/m^3，抗拉强度应不小于0.1MPa。

③与水泥砂浆粘结的试样数量为5个，制备方法如下：

在水泥砂浆底板中部涂胶粘剂，尺寸为40mm×40mm，厚度为（3±1）mm。经过养护后，用适当的胶粘剂（如环氧树脂）按十字搭接头方式在胶粘剂上粘结砂浆底板。

④与EPS板粘结的试样数量为5个，制备方法如下：

将EPS板切割成100mm×100mm×50mm，在EPS板一个表面上涂胶粘剂，厚度为（3±1）mm。经过养护后，两面用适当的胶粘剂（如环氧树脂）粘结尺寸为100mm×100mm的钢底板。

⑤试验应在以下两种试样状态下进行：

a. 干燥状态；

b. 水中浸泡48h，取出后2h。

⑥将试样安装于拉力试验机上，拉伸速度为5mm/min，拉伸至破坏，并记录破坏时的拉力及破坏部位。

2）抹面材料与保温材料拉伸粘结强度应按以下方式进行试验：

①试样尺寸为100mm×100mm，保温板厚度为50mm。试样数量为5件。

②保温材料为EPS保温板时，将抹面材料抹在EPS板一个表面上，厚度为（3±1）mm。经过养护后，两面用适当的胶粘剂（如环氧树脂）粘结尺寸为100mm×100mm的钢底板。

③保温材料为胶粉EPS颗粒保温浆料板时，将抗裂砂浆抹在胶粉EPS颗粒保温浆料板一个表面上，厚度为（3±1）mm。经过养护后，两面用适当的胶粘剂（如环氧树脂）粘结尺寸为100mm×100mm的钢底板。

④试验应在以下3种试样状态下进行：

a. 干燥状态；

b. 经过耐候性试验后；

c. 经过冻融试验后。

⑤将试样安装于拉力试验机上，拉伸速度为5mm/min，拉伸至破坏并记录破坏时的拉力及破坏部位。

3）拉伸粘结强度应按下式进行计算：

$$\sigma_b = \frac{P_b}{A}$$

式中 σ_b——拉伸粘结强度，MPa；

P_b——破坏荷载，N；

A——试样面积，mm^2。

试验结果以5个试验数据的算术平均值表示。

（9）系统热阻试验方法

系统热阻应按现行国家标准《建筑构件稳态热传递性质的测定标定和防护热箱法》(GB/T 13475）规定进行试验。制样时，EPS板拼缝缝隙宽度、单位面积内锚栓和金属固定件的数量应符合受检外保温系统构造规定。

（10）抹面层不透水性试验方法

1）试样制备应符合下列规定：

试样由EPS板和抹面层组成，试样尺寸为200mm×200mm，EPS板厚度60mm，试样数量2个。将试样中心部位的EPS板除去并刮干净，一直刮到抹面层的背面，刮除部分的尺寸为100mm×100mm。将试样周边密封，抹面层朝下浸入水槽中，使试样浮在水槽中，底面所受压强为500Pa。浸水时间达到2h，观察是否有水透过抹面层（为便于观察，可在水中添加颜色指示剂）。

2）2个试样浸水2h时均不透水时，判定为不透水。

（11）水蒸气渗透性能试验方法

1）试样制备应符合下列规定：

①EPS 板试样在 EPS 板上切割而成。

②胶粉 EPS 颗粒保温浆料试样在预制成型的胶粉 EPS 颗粒保温浆料板上切割而成。

③保护层试样是将保护层做在保温板上，经过养护后除去保温材料，并切割成规定的尺寸。

当采用以纯聚合物为粘结基料的材料作饰面涂层时，应按不同种类的饰面材料分别制样。如果仅颗粒大小不同，可视为同类材料。当采用其他材料作饰面涂层时，应对具有最厚饰面涂层的保护层进行试验。

2）保护层和保温材料的水蒸气渗透性能应按现行国家标准《建筑材料水蒸气透过性能试验方法》GB/T 17146 中的干燥剂法规定进行试验。试验箱内温度应为（23±2）℃，相对湿度可为 50%±2%（23℃下含有大量未溶解重铬酸钠或磷酸氢铵（$NH_4H_2PO_4$）的过饱和溶液）或 85%±2%（23℃下含有大量未溶解硝酸钾的过饱和溶液）。

（12）玻纤网耐碱拉伸断裂强力试验方法

1）试样制备应符合下列规定：

①试样尺寸：试样宽度为 50mm，长度为 300mm。

②试样数量：纬向、经向各 20 片。

2）标准方法应符合下列规定：

①首先对 10 片纬向试样和 10 片经向试样测定初始拉伸断裂强力。其余试样放入（23±2）℃、浓度为 5% 的 NaOH 水溶液中浸泡（10 片纬向和 10 片经向试样，浸入 4L 溶液中）。

②浸泡 28d 后，取出试样，放入水中漂洗 5min，接着用流动水冲洗 5min，然后在（60±5）℃烘箱中烘 1h 后取出，在 10～25℃环境条件下放置至少 24h 后测定耐碱拉伸断裂强力，并计算耐碱拉伸断裂强力保留率。

拉伸试验机夹具应夹住试样整个宽度。卡头间距为 200mm。加载速度为（100±5）mm/min，拉伸至断裂并记录断裂时的拉力。试样在卡头中有移动或大卡头处断裂时，其试验值应被剔除。

3）应用快速法时，使用混合碱溶液。碱溶液配比如下：0.88gNaOH，3.45gKOH，0.48g$Ca(OH)_2$，1L 蒸馏水（pH 值 12.5）。

80℃下浸泡 6h。其他步骤同以上（12）玻纤网耐碱拉伸断裂强力试验方法中的 2）。

4）耐碱拉伸断裂强力保留率应按下式进行计算：

$$B=\frac{F_1}{F_0}\times 100\%$$

式中 B——耐碱拉伸断裂强力保留率，%；

F_1——耐碱拉伸断裂强力，N/50mm；

F_0——初始拉伸断裂强力，N/50mm。

试验结果分别以经向和纬向 5 个试样测定值的算术平均值表示。

一、05J3-1

外墙外保温

1

说　　明

说　明

1. 适用范围

本图集适用于严寒、寒冷地区和夏热冬冷地区设置集中采暖的新建、扩建和改建居住建筑（包括住宅、公寓、别墅、集体宿舍、招待所、旅馆、托幼、病房等）及既有建筑节能改造时的外围护结构外保温，其他民用与工业建筑可参考使用。

2. 编制依据

2.1　《民用建筑节能设计标准（采暖居住建筑部分）》JGJ 26—95

2.2　建设部《全国民用建筑工程设计技术措施——规划·建筑·2003》

2.3　《民用建筑热工设计规范》GB 50176—93

2.4　《夏热冬冷地区居住建筑节能设计标准》JGJ 134—2001

2.5　《既有采暖居住建筑节能改造技术规程》JGJ 129—2000

2.6　《外墙外保温工程技术规程》JGJ 144—2004

2.7　《建筑工程施工质量验收统一标准》GB 50300—2001

2.8　《建筑装饰装修工程质量验收标准》GB 50210—2001

2.9　本图集的编制在满足第二阶段建筑节能50%的基础上，贯彻国家建筑节能的标准、规范、规定及规划并结合了近年来外墙外保温的新技术。各地区应根据当地所处气候区域的实际情况，选择符合本地区规定的外保温材料做法，以达到最好的节能效果。

3. 主要内容

3.1　根据国家颁布有关禁止使用实心黏土砖的规定，本图集取消了实心黏土砖墙体做法，选用了轻集料混凝土空心砌块、承重混凝土空心砌块、现浇混凝土剪力墙、KP_1 承重多孔砖、加气混凝土砌块作为主体墙，以聚苯板、胶粉聚苯颗粒浆料、单面钢丝网架夹芯聚苯板、岩棉板、炉渣水泥聚苯复合板等保温材料作为外保温层组成外墙外保温七种做法，按A、B、C、D、E、F、G顺序分别编制，每种做法都绘制了外墙外保温主要部位的节点详图，各做法中附有外保温层厚度选用表。表中轻集料混凝土空心砌块以炉渣混凝土空心砌块为例，KP_1 承重多孔砖以页岩多孔砖为例进行计算。粉煤灰、煤矸石、黏土烧结多孔砖均可参照选用。

3.2　外墙外保温特点及类型简介

在外墙外保温做法中，结构墙体、圈梁、柱等均被外保温层覆盖，因而可以避免因墙体材料温度变化差异而引起的墙体裂缝，并且防止外墙与内墙、楼板等交接处的热桥。因此，在外墙节能设计中应首选外墙外保温做法。本图集编制的七种外墙外保温做法如下：

A型——外贴聚苯板外墙外保温	编号A
B型——胶粉聚苯颗粒保温浆料外墙外保温	编号B
C型——单面钢丝网架夹芯聚苯板现浇混凝土外墙外保温	编号C
D型——机械固定单面钢丝网架夹芯聚苯板外墙外保温	编号D
E型——机械固定单面钢丝网片岩棉板外墙外保温	编号E
F型——装配式骨架岩棉板外墙外保温	编号F
G型——炉渣水泥聚苯复合板外墙外保温	编号G

以上做法中，除C型单面钢丝网架夹芯聚苯板（本图集中均为单面钢丝网架）外保温做法只适用

于现浇钢筋混凝土墙体外，其余六种保温材料均适用于图集中选用的主体墙。

3.3 选用图集中外墙外保温做法进行建筑外饰面施工时，宜优先选用涂料饰面，尤其是高层建筑（高度大于100m）更应尽量选用涂料饰面。图集中B型、C型及D型外墙外保温做法外饰面既可考虑为涂料饰面，也列出面砖饰面做法。当选用保温层外贴面砖时要慎重考虑。应在保温粘结材料的压折比、粘结强度、耐候稳定性、外保温抗震和抗风能力试验及各体系保温面层允许荷载等因素满足有关标准规定的前提下施工。

4. 外保温材料性能

外墙外保温做法中的保温材料供货时，应由供货商提供成套产品，同时提供法定检测部门出具的检测报告和出厂合格证。厂商应对材料质量负责，并保证所用材料之间的相容性。材料进场后，施工单位应按施工程序规定抽样复检、监督确认，严禁使用不合格产品。

各种材料的主要性能指标如下：

4.1 聚苯板

聚苯板除应符合GB/T 10801.1～GB/T 10801.2—2002规定的阻燃性（ZR）外，其性能指标应符合表1的规定。

聚苯板性能指标表 **表1**

项目		单位	指标
表观密度		kg/m³	≥20
导热系数		W/(m·K)	≤0.042
抗拉强度		MPa	≥0.1
氧指数		%	≥30
尺寸稳定性		%	≤0.2
陈化时间	自然条件	d	≥42
	蒸汽（60℃）	d	≥5
吸水率（V/V）		%	≤4
水蒸气透湿系数		ng/(Pa·m·s)	≤4.5
蓄热系数		—	≥0.36

注：低密度聚苯板表观密度为10kg/m³。

4.2 挤塑板

挤塑板的性能指标应符合表2的规定。

挤塑板性能指标表 **表2**

项目	单位	指标
表观密度	kg/m³	≥25
导热系数	W/(m·K)	≤0.030
压缩强度	MPa	≥0.15
抗压强度	kPa	≥150
承受总压力	kPa	≤80
承受长期静压力	kPa	<50
弯曲负荷	N	>35
使用温度范围	℃	≤75

续表

项目		单位	指标
陈化时间	自然条件	d	≥42
	蒸汽（60℃）	d	≥5
尺寸稳定性		%	≤2
氧指数		%	≥30
吸水率（V/V）		%	≤1.5
燃烧性能		——	不低于B2级
蓄热系数		W/(m^2·K)	≥0.32

注：局部使用时应采用与之配套的材料和相应施工措施确保面层不开裂。

4.3 胶粉聚苯颗粒保温浆料

胶粉聚苯颗粒的性能指标应符合表3的规定。

胶粉聚苯颗粒性能指标表 **表3**

项目	单位	指标
湿表观密度	kg/m^3	350~420
干表观密度	kg/m^3	≤230
导热系数	W/(m·K)	≤0.059
压缩强度	kPa	≥250（常温28d）
燃烧性能	——	B1级
线性收缩率	%	≤0.3
软化系数		≥0.7
抗拉强度56d	KPa	≥100
压剪粘结强度（56d）	kPa	≥50
蓄热系数	W/(m^2·K)	≥0.95
水蒸气透湿系数	ng（Pa·m·s）	≤9
表面憎水率	%	≥99
抗风压性能（正、负压）	Pa	无裂纹

4.4 聚合物抗裂砂浆

聚合物抗裂砂浆的性能指标应符合表4的规定。

聚合物抗裂砂浆性能指标表 **表4**

项目	单位	指标
拉伸粘结强度	MPa	>0.8（常温28d）
浸水粘结强度	MPa	>0.6（常温28d，浸水7d）
抗弯曲性	—	5%弯曲变形无裂纹
渗透压力比	%	≥200
可操作时间	h	≥2
压折比（抗压强度/抗折强度）	—	≤3

4.5 涂塑耐碱玻璃纤维网格布

涂塑耐碱玻璃纤维网格布的性能指标应符合表5的规定。

涂塑耐碱玻璃纤维网格布性能表 **表 5**

项目		单位	指标
网孔中心距	普通型	mm	4×4
	加强型		6×6
单位面积重量	普通型	g/m^2	≥160
	加强型		≥500
断裂强力（经向、纬向）	普通型	N/50mm	≥1250
	加强型	N/50mm	≥3000
耐碱强力保留率（28d）（经向、纬向）		%	≥90
涂塑量		g/m^2	≥20

4.6 岩棉板

岩棉板的性能指标应符合表6的规定。

岩棉板性能指标表 **表 6**

项目	单位	指标
密度	kg/m^3	≥150
密度允许偏差	%	±10
纤维平均直径	μm	≤7
导热系数	W/(m·K)	≤0.044
渣球含量（颗粒直径>0.25mm）	%	≤6.0
质量吸湿率	%	≤1.0
体积吸水率（全浸入）	%	≤4.0
憎水率	%	≥98
热荷重收缩温度	℃	≥650
蓄热系数	$W/(m^2·K)$	≥0.75
有机物含量	%	≤4.0
抗压强度（10%收缩量）	kN/m^2	≥40
剥离强度	kPa	≥14
燃烧性能等级	—	A

4.7 聚苯板胶粘剂

聚苯板胶粘剂是由聚合物乳液和水泥等配制而成，专用于将聚苯板粘结到基层墙体上。其性能指标应符合表7的规定。

胶粘剂性能指标表 **表 7**

项目			单位	指标
拉伸粘结强度	与水泥砂浆试块	常温常态14d	MPa	≥0.7
		耐水（浸水48h放置24h）		≥0.5
		耐冻融（冻融循环25次）		≥0.5
	与聚苯板（$18kg/m^3$）	常温常态14d	MPa	≥0.10且聚苯板破坏
		耐水（浸水48h放置24h）		≥0.10且聚苯板破坏
		耐冻融（冻融循环25次）		≥0.10且聚苯板破坏
可操作时间			h	≥2
抗压强度/抗折强度			—	≤3.0

4.8　炉渣水泥聚苯复合板

炉渣水泥聚苯复合板的性能指标应符合表8的规定。

炉渣水泥聚苯复合板性能表　　表8

项　　目	单　　位	技术要求
气干面密度	kg/m^2	≤20
抗折破坏荷载	N	≥450
吸水率	%	≤30
热阻（50cm厚）	$m^2 \cdot k/W$	≥0.96
拉拔力	kN/个	≥0.7
握钉力	kN/个	≥2.0
附着力	kN/40cm×40cm	≥2.0

4.9　密封膏

可采用聚氨酯或硅酮型建筑密封膏，技术性能指标应符合《聚氨酯建筑密封膏》JC 482—92 和《建筑用硅酮结构密封胶》GB 16776—1997 要求。

5. 为减少设计中的计算量，本图集列出各种做法热工指标及厚度选用表，设计人员可根据当地居住建筑节能设计标准规定的传热系数限值直接选用所需符合墙体保温要求的保温层厚度。

6. 计算

6.1　计算公式　$R=\dfrac{d}{\lambda}$　$R_0=R_i+R+R_e$　$K_0=\dfrac{1}{R_0}$

式中：R——外墙材料层热阻（$m^2 \cdot K/W$）　　K_0——外墙传热系数 $W/(m^2 \cdot K)$

d——外墙材料层厚度（m）　　λ——材料导热系数 $W/(m \cdot K)$

R_i——内表面换热阻，取0.11（$m^2 \cdot K/W$）　　R_0——外墙传热阻（$m^2 \cdot K$）/M

经计算，当采用外墙外保温做法时，外墙平均传热系数与主体墙部位计算传热系数基本一致。因此，外墙外保温一般以主体墙部位传热系数作为外墙平均传热系数。当以框架（特别是框轻）结构体系，填充加气混凝土砌块作为主体墙时，由于填充墙体本身的保温性能较好，其外墙平均传热系数与主体墙差异较大。故当采用加气混凝土砌块墙体外保温，保温层厚度低于40mm时，其外墙平均传热系数应经计算确定，并对梁、柱等热桥部位作保温措施。

6.2　保温隔热材料的热工计算参数见表9。

热工计算参数表　　表9

材料名称	导热系数 [$W/(m \cdot K)$]	蓄热系数 [$W/(m^2 \cdot K)$]	修正系数	导热系数计算值 [$W/(m \cdot K)$]	蓄热系数计算值 [$W/(m^2 \cdot K)$]
聚苯板（包括变形缝用低密度聚苯板）	0.042	0.36	1.2	0.042×1.2=0.0504	0.36×1.2=0.432
腹丝穿透型钢丝网架聚苯板	0.042	0.36	1.55	0.042×1.55=0.0651	0.36×1.55=0.558
腹丝非穿透型钢丝网架聚苯板	0.042	0.36	1.3	0.042×1.3=0.0546	0.36×1.3=0.468
挤塑聚苯板	0.030	0.32	1.1	0.030×1.1=0.033	0.32×1.1=0.352
胶粉聚苯颗粒浆料	0.059	0.964	1.3	0.059×1.3=0.0767	0.964×1.3=1.2532
岩棉板	0.044	0.75	1.2	0.044×1.2=0.0528	0.75×1.2=0.90

注：上表所列材料的导热系数、蓄热系数取自《民用建筑热工设计规范》及其他相关资料。

2

A 型—外贴聚苯板外墙外保温做法

说　明

1. 本做法是以聚苯乙烯泡沫塑料板（简称聚苯板）做保温隔热层，采用胶粘剂与基层墙体粘贴，并辅以锚栓固定。当建筑物高度不超过20m时，可采用单一的粘结固定方式。聚苯板外侧做聚合物抗裂砂浆保护层，抗裂砂浆内嵌埋耐碱涂塑玻璃纤维网格布。保护层厚度可为3～5mm的普通型或5～7mm的加强型。此做法外饰面为涂料饰面。当保护层改为与主体墙锚固的镀锌钢丝网做法并按相关规定要求施工时，可做面砖饰面。

其本构造见下表：

基层墙体 ①	保温隔热层和 固定方式②	保护层 ③	饰面层 ④	构造示意
混凝土墙体、各种砌体墙体	聚苯板粘贴（辅以锚栓）固定	聚合物抗裂砂浆、耐碱涂塑玻璃纤维网格布增强	涂料	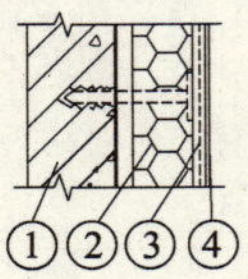

2. 选用本形式外保温做法时，必须遵守编制说明中的各项规定。

3. 基层墙体应平整坚实，不能有突出物，墙面不能有影响粘结的污染物，做到墙面清洁干整净。

4. 胶粘剂应保证质量，技术性能满足编制说明中的要求，对外墙各层构造中的荷载应均能承受。

5. 胶粘剂可采用满粘法、框点法和条粘法三种做法。满粘法即粘结层是由15mm厚粘结型胶粉聚苯颗粒保温浆料抹于墙体表面，再粘贴砌筑开好槽并涂刷界面剂的聚苯板。聚苯板间10mm宽拼缝用粘结保温浆料处理。聚苯板表面再用10mm厚粘结型胶粉聚苯颗粒保温浆料找平。框点法，即聚苯板四周80mm宽抹胶粘剂，粘结方法为中间梅花形点粘，应粘贴牢固。涂胶面积应大于40%，胶粘剂基层墙体平整度良好时，也可采用条粘法。不应涂刷在基层墙体上，应涂在聚苯板上，板侧边不得涂胶。

6. 聚苯板粘贴时，相邻板应保持齐平，板缝应挤紧，板间缝隙不得大于2mm。板间缝隙大于2mm时，应用聚苯板条将缝隙塞满，板条不得粘结。

7. 安装锚栓应在粘贴聚苯板的胶粘剂初凝后，钻孔进行安装，每平方米2个以上（高层建筑增至4个以上）。

8. 聚苯板粘贴牢固后（至少24h）才能进行防护层的施工。防护层施工之前，应在洞口四角部位铺贴附加耐碱涂塑玻璃纤维网格布。

9. 洞口四角部位的聚苯板应切割成型，不得拼接。

保温做法、热工指标及厚度选用表

聚苯板外墙外保温做法、热工指标及厚度选用表

编号	构造简图	外墙主体	① 外墙内抹灰 厚度（mm）	② 外墙主体 厚度（mm）	③ 空气层 厚度（mm）	④ 保温层 厚度（mm）	⑤ 外墙外饰面 厚度（mm）	主体部位 总传热阻 R_0（$m^2 \cdot K/W$）	主体部位 传热系数 K_0［$W/(m^2 \cdot K)$］
1	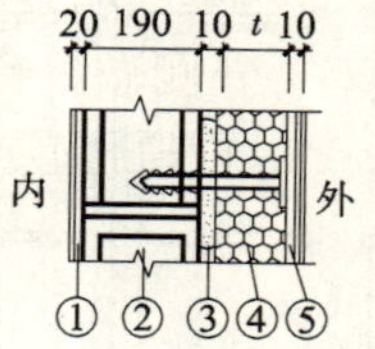	承重混凝土空心砌块	20	190	10	20	10	0.888	1.126
						30		1.088	0.918
						40		1.288	0.776
						50		1.488	0.672
						60		1.688	0.592
						70		1.888	0.530
						80		2.088	0.479
						90		2.288	0.437
						100		2.488	0.402
2	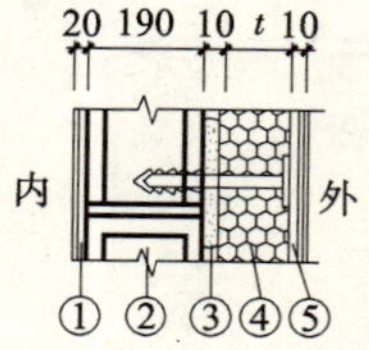	炉渣混凝土空心砌块	20	190	10	20	10	0.985	1.015
						30		1.185	0.844
						40		1.385	0.722
						50		1.585	0.631
						60		1.785	0.560
						70		1.985	0.504
						80		2.185	0.458
						90		2.385	0.419
3	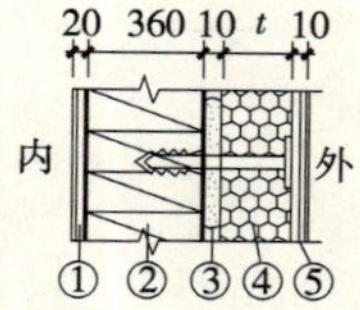	360厚页岩多孔砖	20	360	10	20	10	1.230	0.813
						30		1.430	0.699
						40		1.630	0.613
						50		1.830	0.546
						60		2.030	0.493
						70		2.230	0.448
						80		2.430	0.411
4	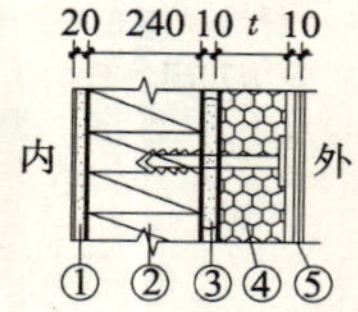	240厚页岩多孔砖	20	240	10	20	10	1.062	0.941
						30		1.262	0.792
						40		1.462	0.684
						50		1.662	0.602
						60		1.862	0.537
						70		2.062	0.485
						80		2.262	0.442
						90		2.462	0.406
5	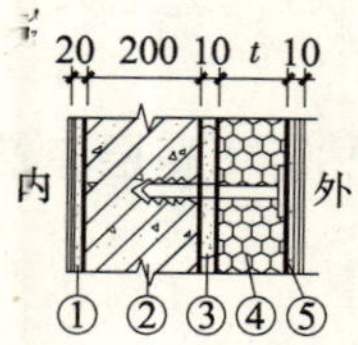	混凝土剪力墙	20	200	10	20	10	0.840	1.190
						30		1.040	0.961
						40		1.240	0.806
						50		1.440	0.694
						60		1.640	0.610
						70		1.840	0.543
						80		2.040	0.490
						90		2.240	0.446
						100		2.440	0.410
6	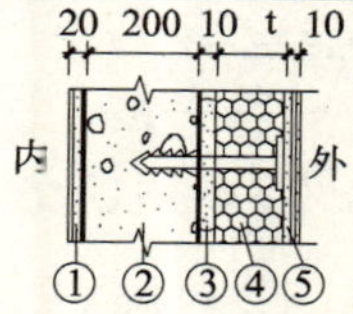	加气混凝土砌块	20	200	10	20	10	1.567	0.637
						30		1.767	0.566
						40		1.967	0.508
						50		2.167	0.461
						60		2.367	0.422
						70		2.567	0.389

注：1. 计算结果依据《民用建筑热工设计规范》GB 50176—93 求得。

2. 当主体墙为加气混凝土砌块保温层小于40mm 厚时，应对热桥部位采取保温措施。详见编制说明。

平、剖面详图索引（涂料饰面）

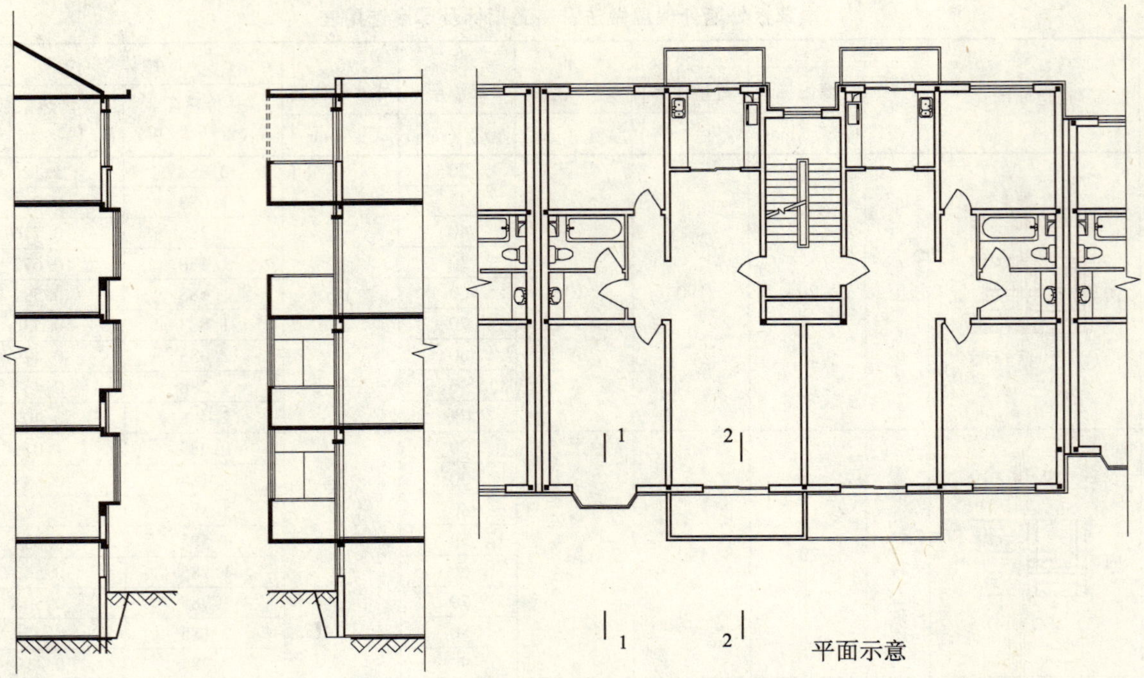

1—1　　2—2　　平面示意

注：虚线示意当阳台为封闭保温阳台时选用节点相关做法。

墙体构造及墙角（涂料饰面）

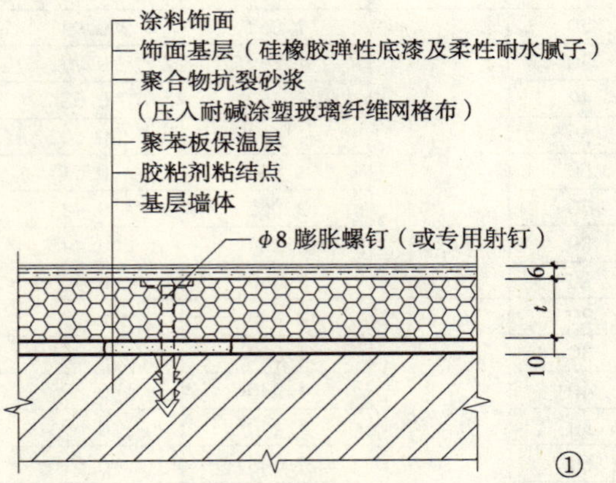

①

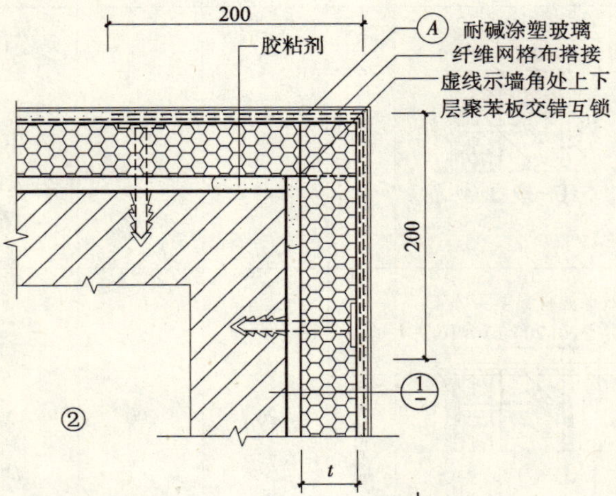

②

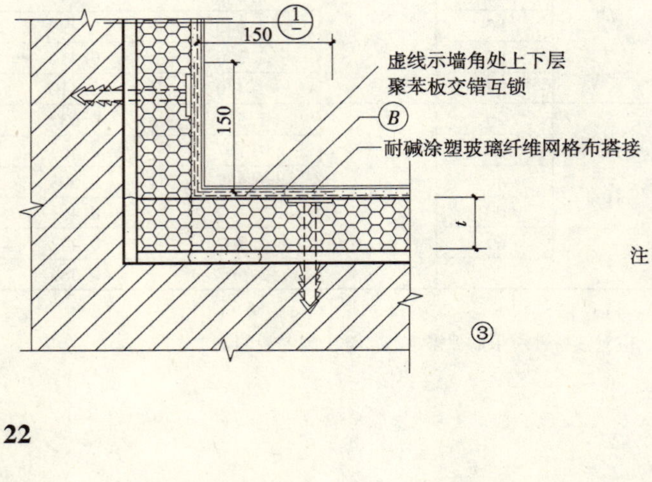

③

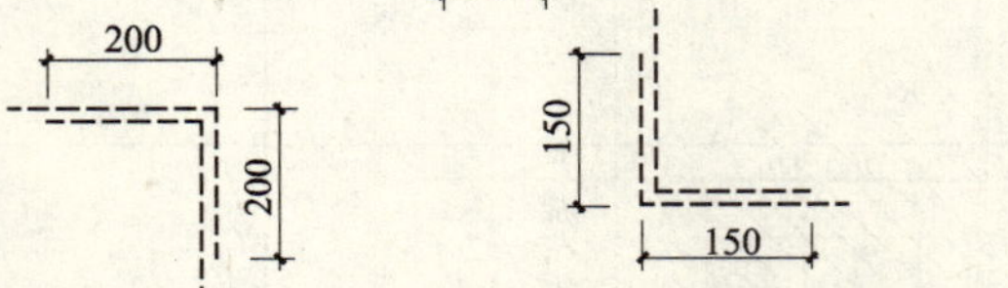

Ⓐ阳角网格布搭接示意　Ⓑ阴角网格布搭接示意

注：1. 耐碱涂塑玻璃纤维网格布为 5m×5mm 并＞160g/m²。
2. 聚苯板保温层厚度 t 由设计根据计算确定。
3. 首层附加一层耐碱涂塑玻璃纤维网格布。

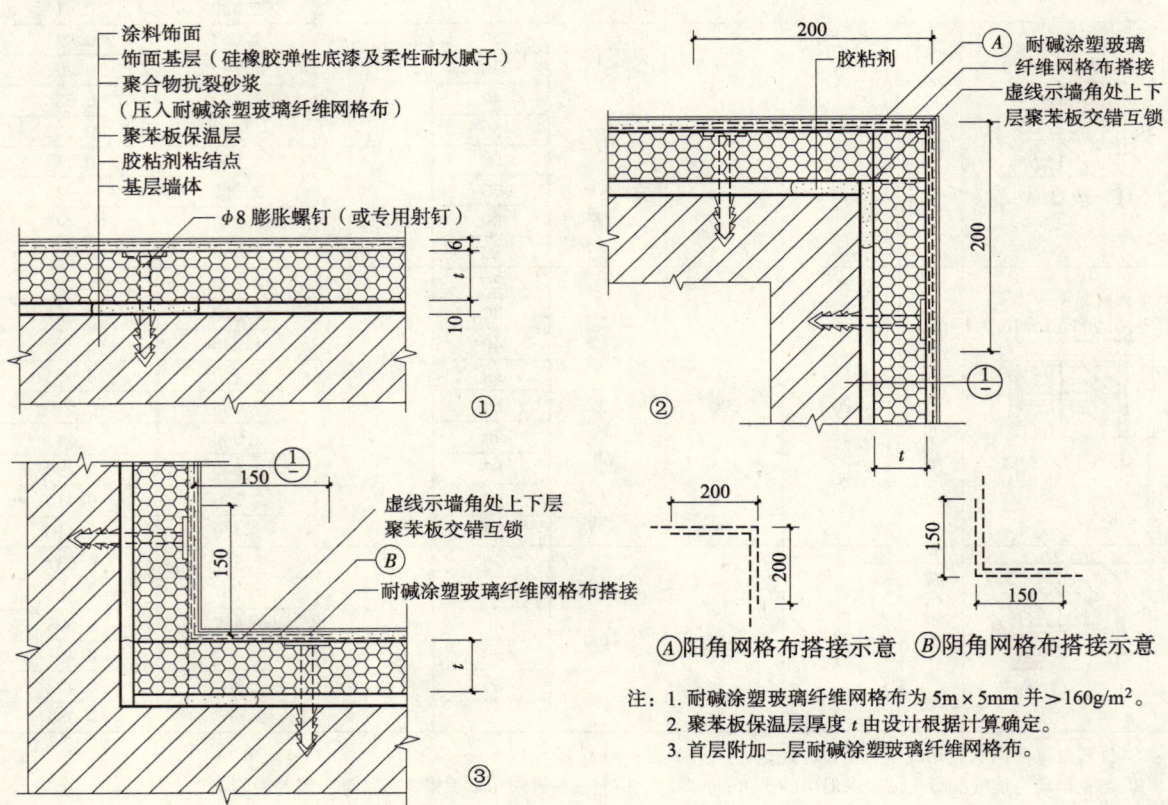

女儿墙和挑檐（涂料饰面）

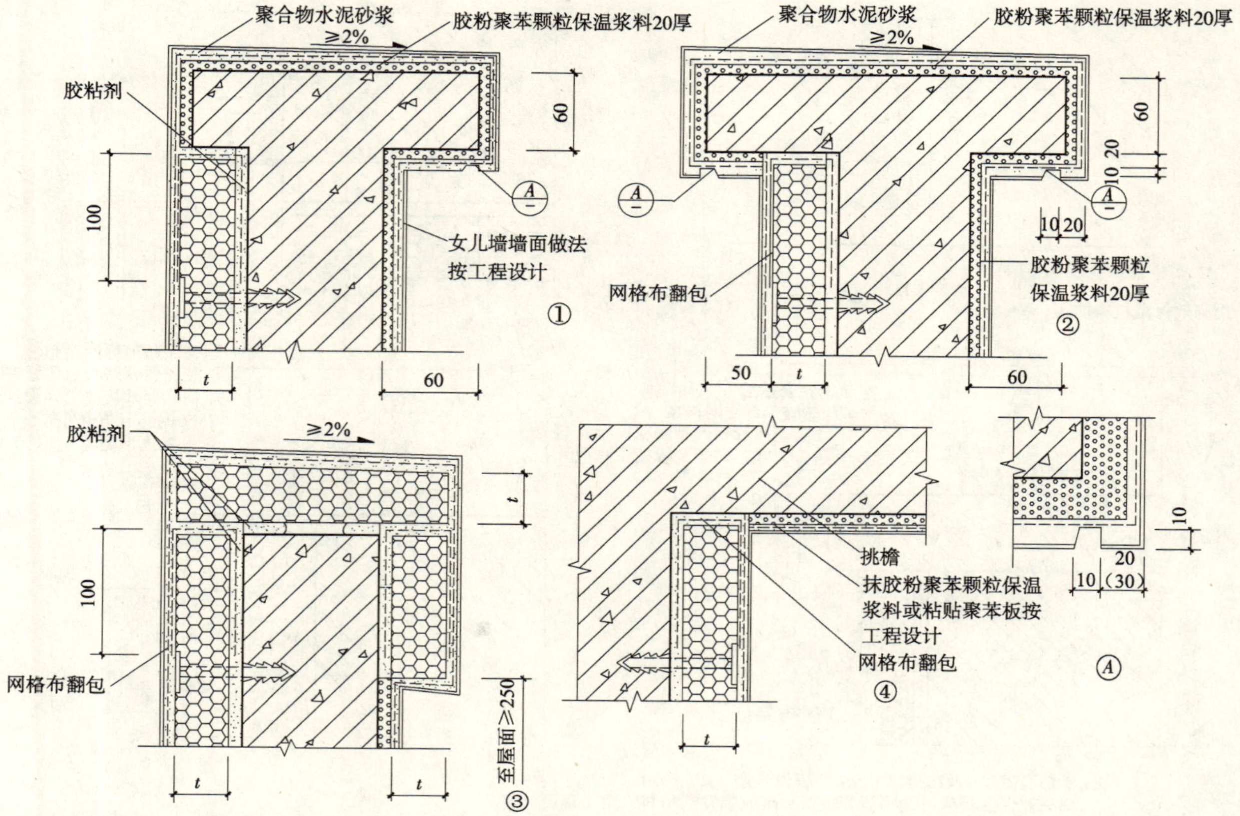

不带窗套窗口（涂料饰面）

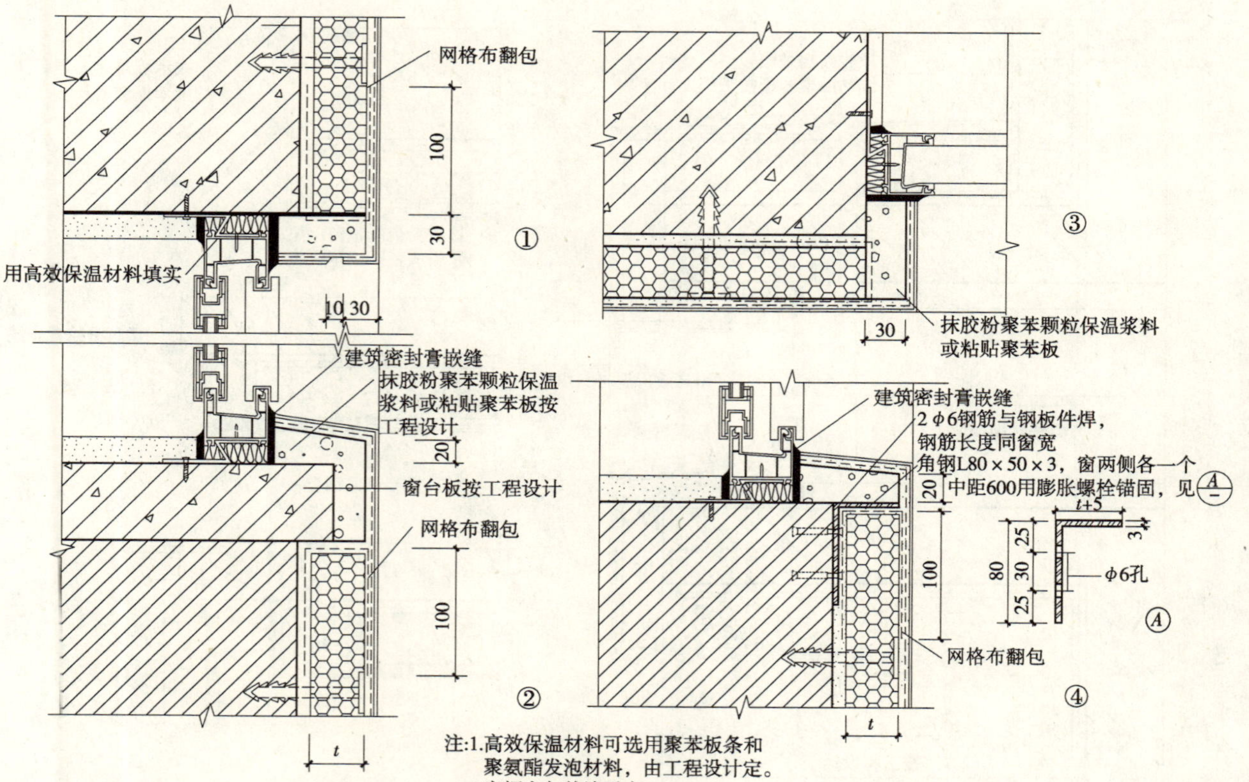

注:1.高效保温材料可选用聚苯板条和
聚氨酯发泡材料，由工程设计定。
2.窗框宜与外墙平齐。

带窗套窗口（涂料饰面）

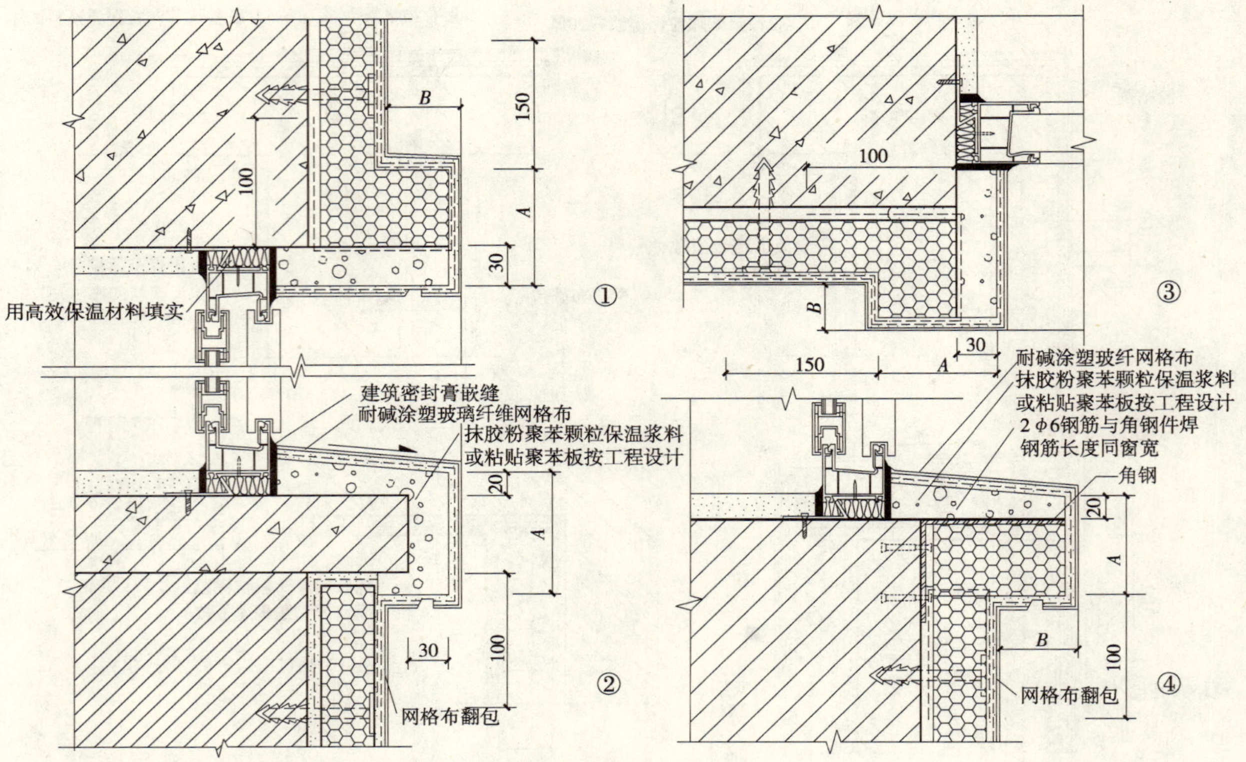

注：1.窗套宽度A及出挑尺寸B由工程设计定，B宜≤80。
2.高效保温材料可选用聚苯板条和聚氨酯发泡材料，由工程设计定。

凸窗窗口（涂料饰面）

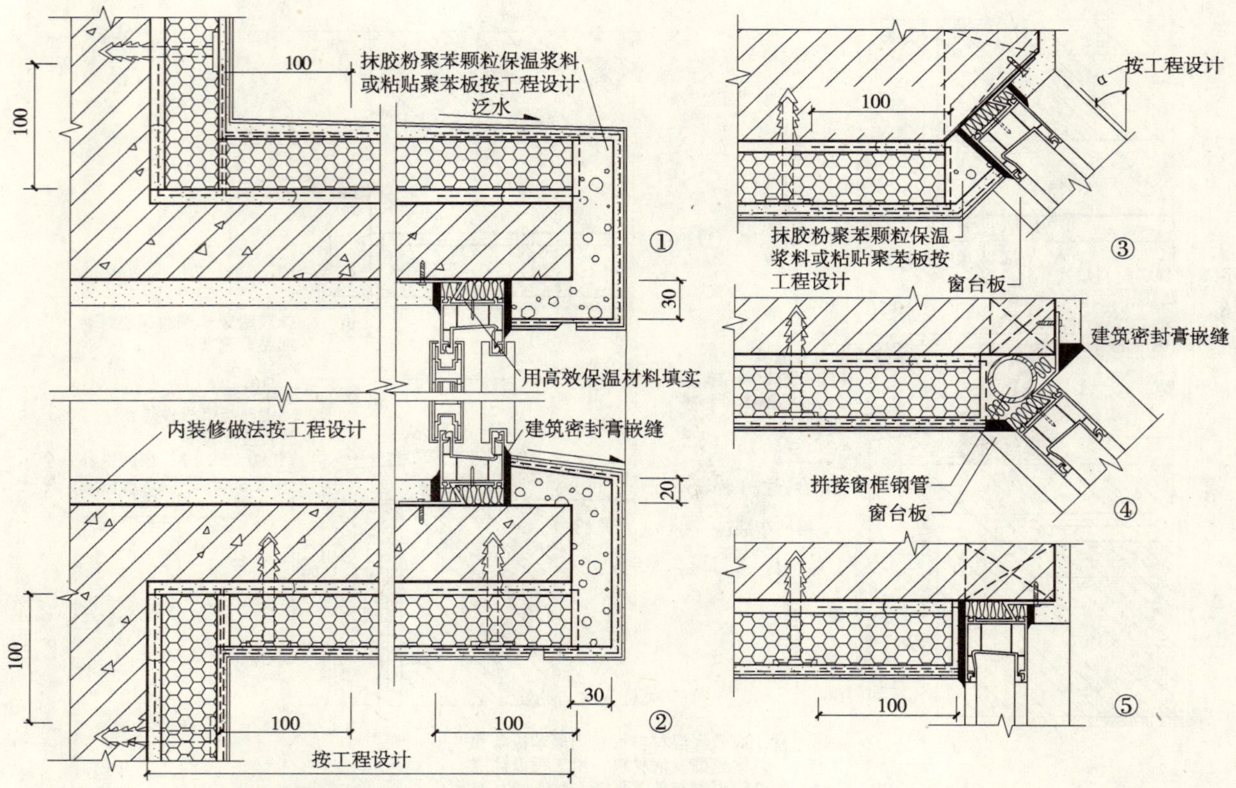

注：高效保温材料可选用聚苯板条和聚氨酯发泡材料，由工程设计定。

勒脚（涂料饰面）

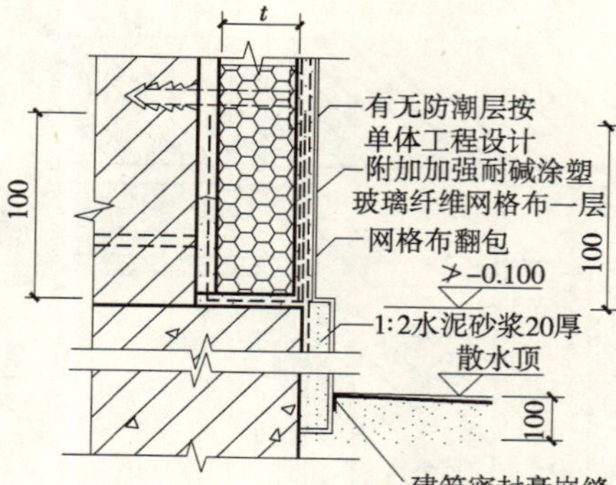

①

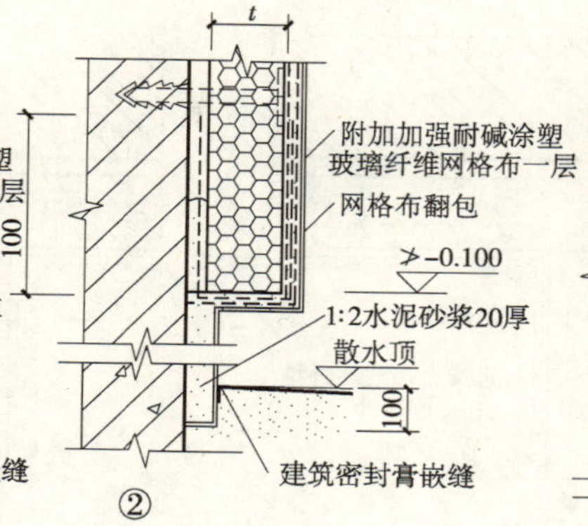

②

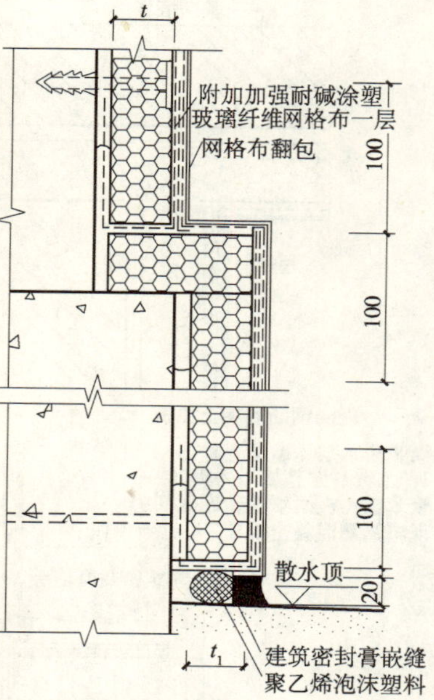

⑤用于地下室防潮或
室内外高差较小

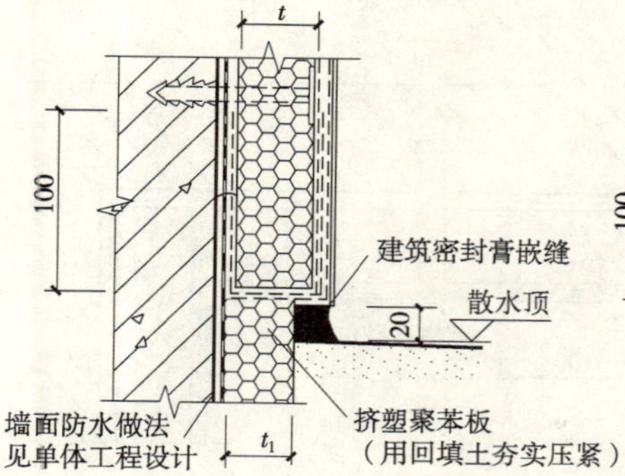

③ 用于地下室防水

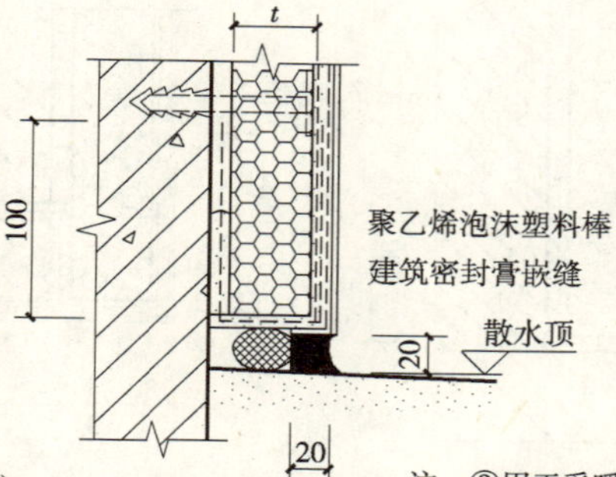

④用于地下室防潮或
室内外高差较小

注：③用于采暖区室外平均气温低于-5.0℃地区，地下部分保温板的设置深度按工程设计，该保温板的厚度t_1=50~70。（按t_1=t-10≤70设置）

敞开阳台（涂料饰面）

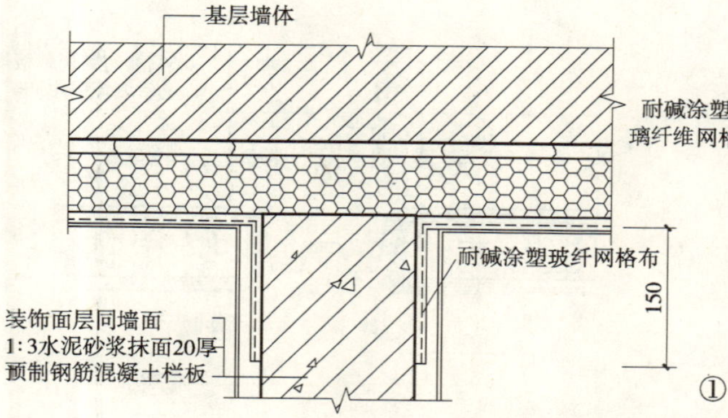

①

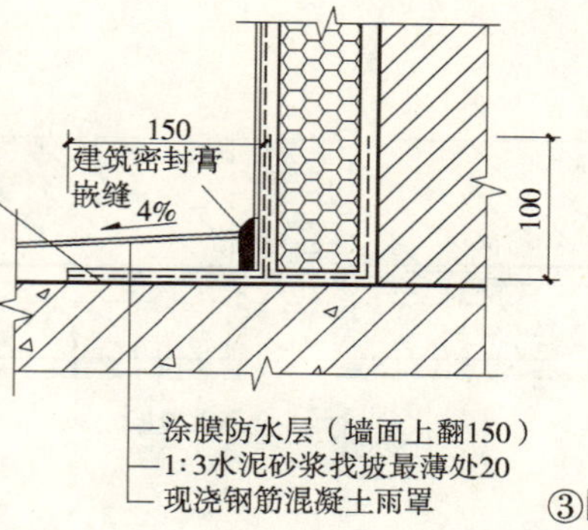

③阳台雨罩

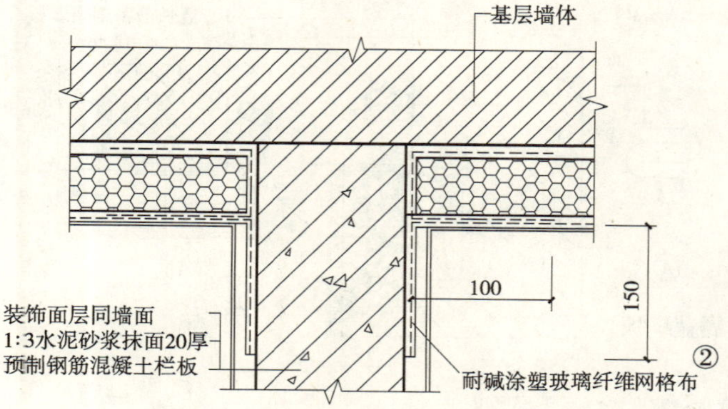

②

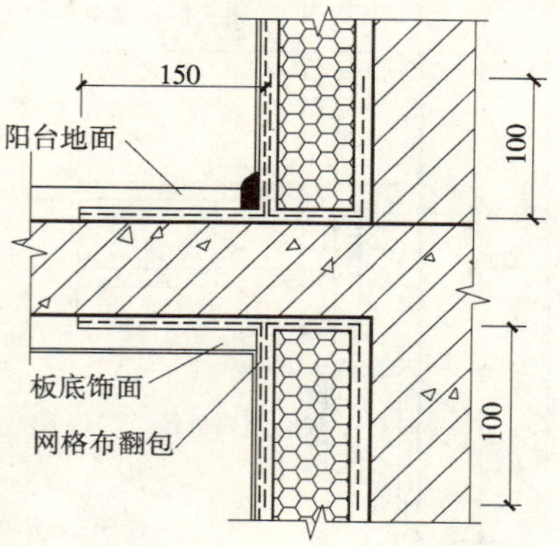

④阳台地面

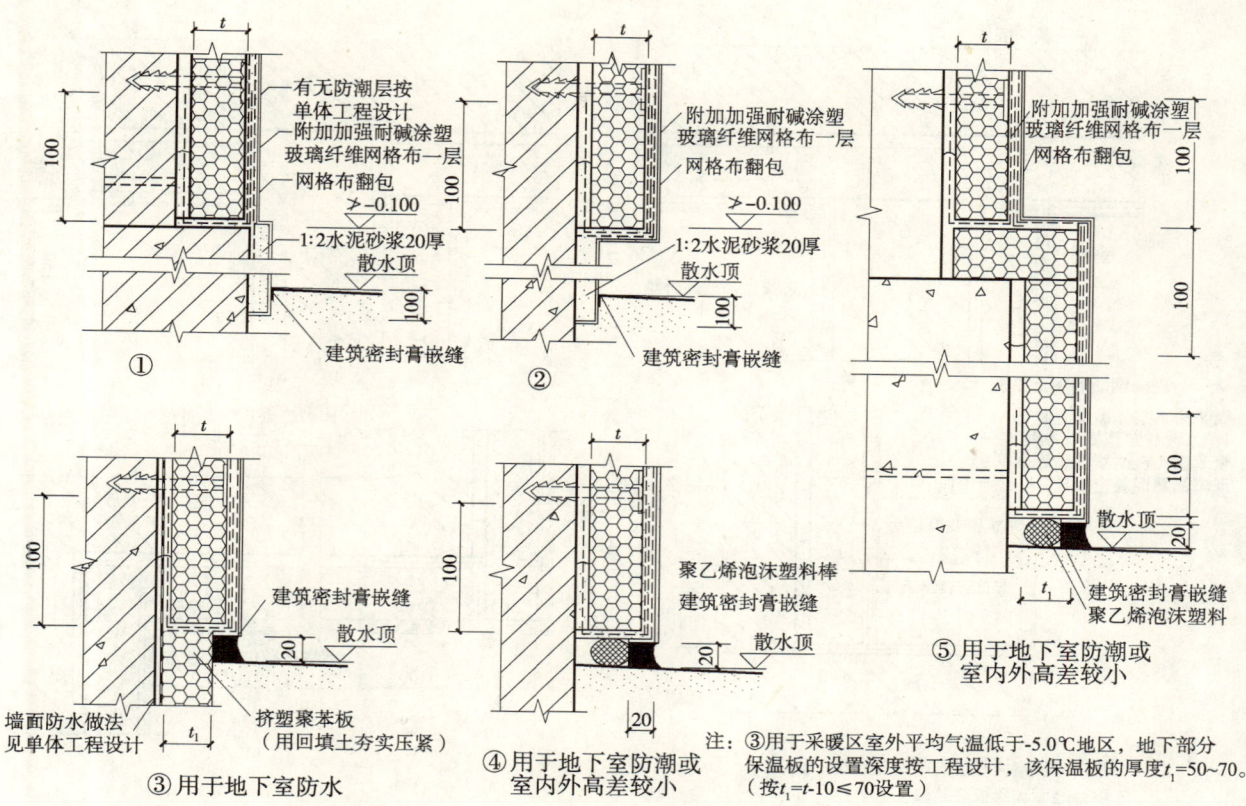

封闭保温阳台（涂料饰面）

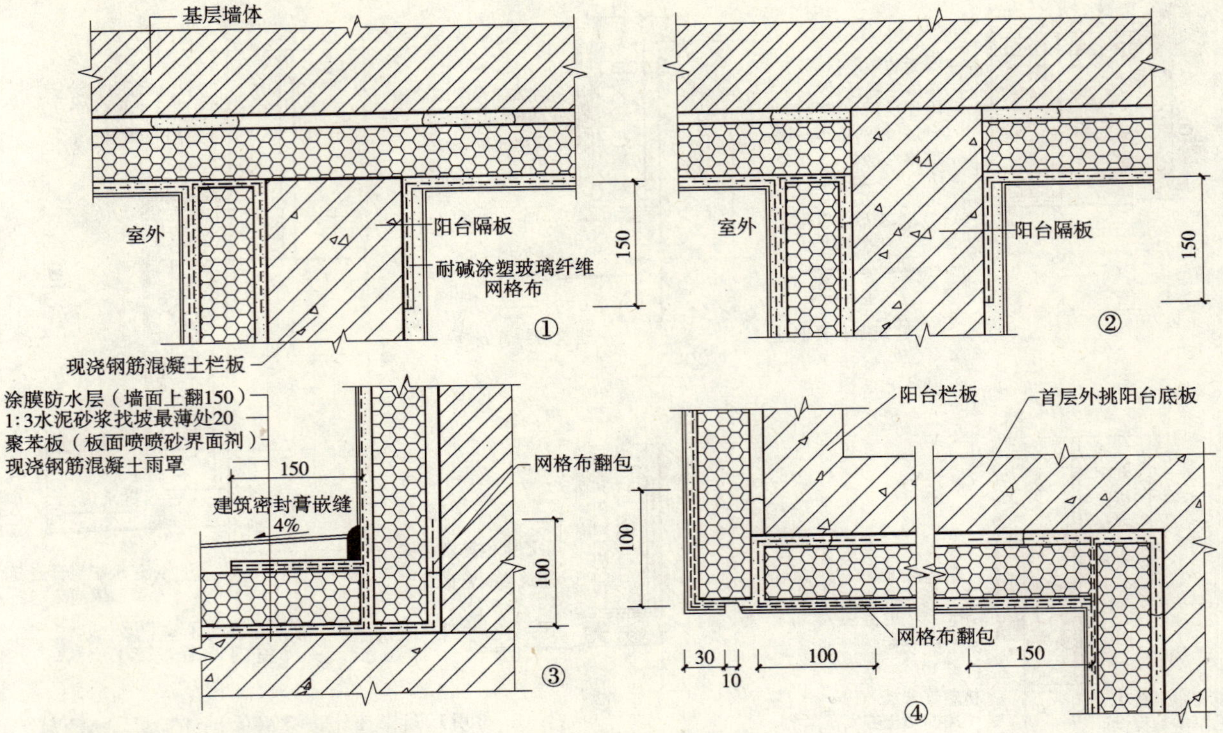

注：1. 阳台栏板室内板面装修按工程设计。
2. 阳台地面和顶板底装修构造节点。
3. 阳台部位的保温材料与墙体保温材料同厚，当墙体保温材料厚度＞50时，阳台部位的保温材料可适当减薄，但应≥50。

墙身变形缝（平面）（涂料饰面）

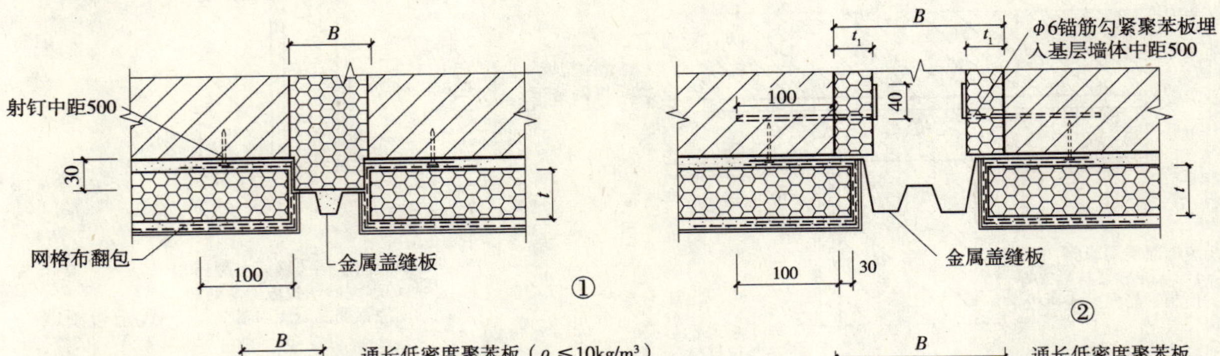

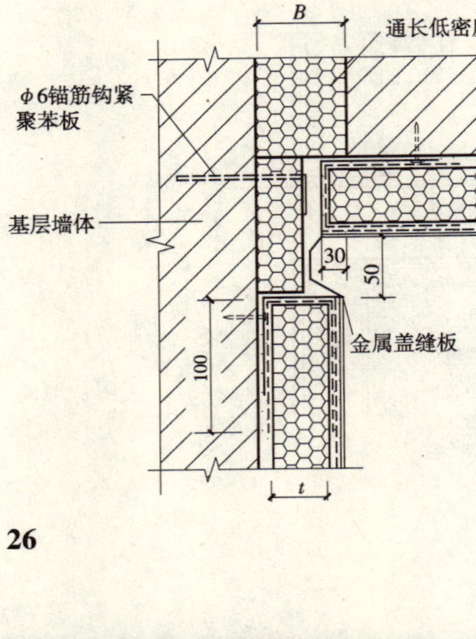

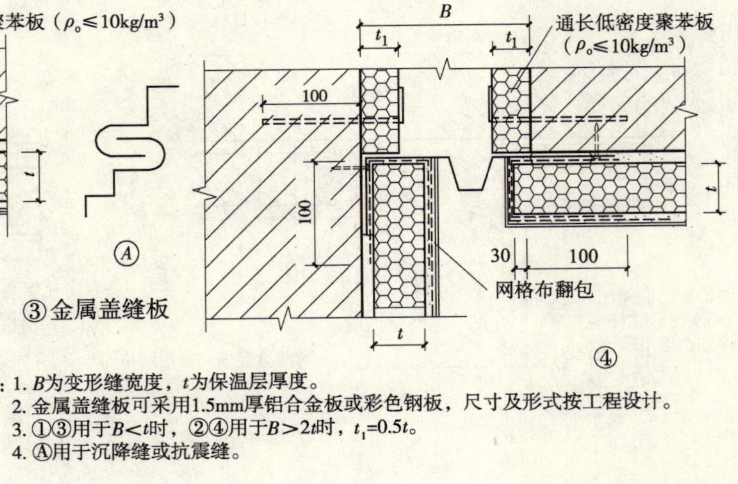

注：1. B为变形缝宽度，t为保温层厚度。
2. 金属盖缝板可采用1.5mm厚铝合金板或彩色钢板，尺寸及形式按工程设计。
3. ①③用于$B<t$时，②④用于$B>2t$时，$t_1=0.5t$。
4. Ⓐ用于沉降缝或抗震缝。

墙身变形缝（剖面）(涂料饰面)

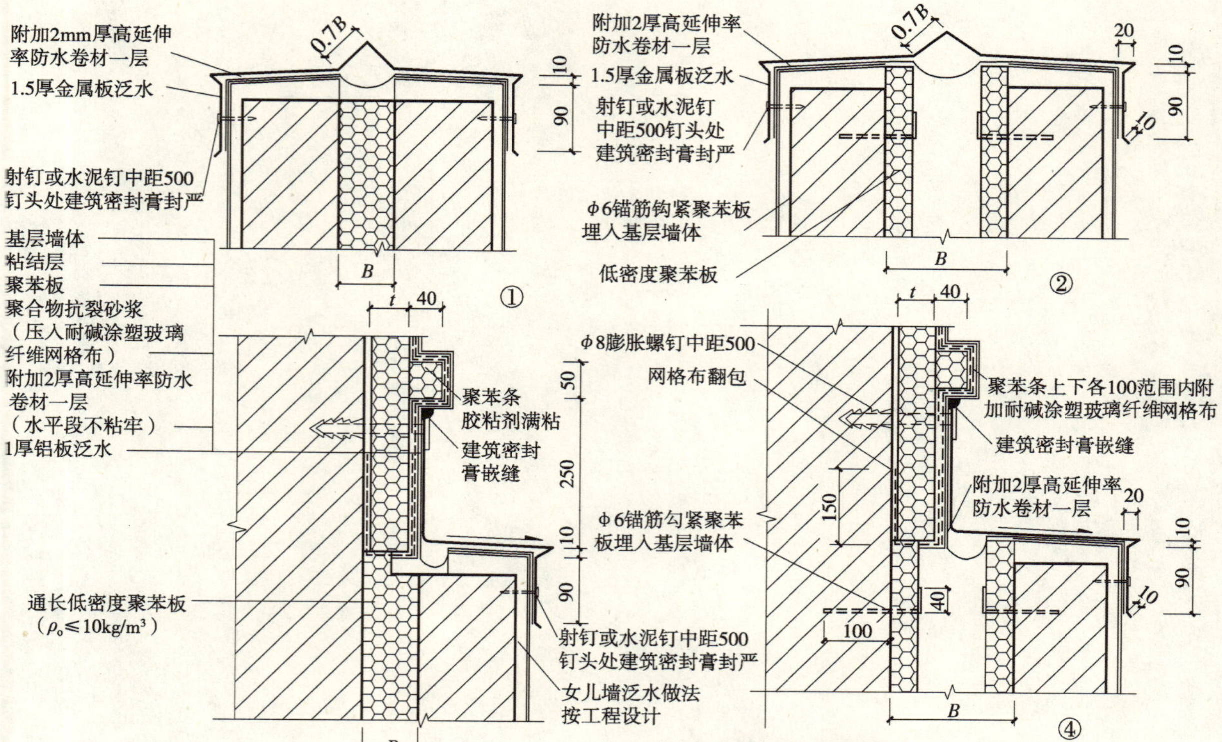

注：B为变形缝宽度，t为保温层厚度。

线脚、分格缝、过街楼（涂料饰面）

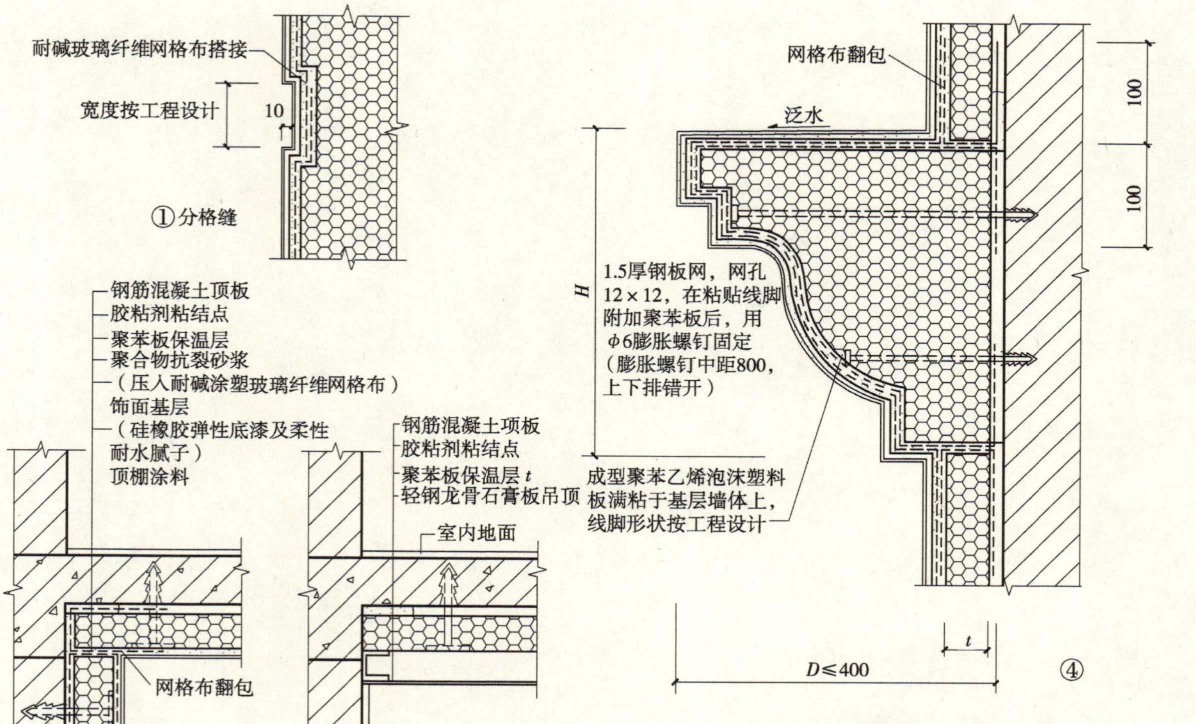

注：线角尺寸H、D按工程设计。

3

B 型—胶粉聚苯颗粒保温浆料外墙外保温做法

说　明

1. 本做法保温层由胶粉料加聚苯颗粒组成，经搅拌形成膏状浆料，抹在基层墙体上。保温层干燥后表面抹聚合物抗裂砂浆并压入耐碱涂塑玻纤网格布。此做法的外饰面层分涂料和面砖两种。涂料饰面时，保温层分为一般型和加强型。加强型用于高度大于30m，且保温层厚度大于60mm的建筑物，其做法是在保温层中距外表面20mm处铺设一层六角镀锌钢丝网与基层墙体拉牢。面砖饰面时，则在保温层表面铺设一层与基层墙体拉牢的热镀锌钢丝网，再抹聚合物抗裂砂浆作为保护层，面砖用粘结砂浆粘贴在保护层上。

基本构造见下表。

基层操作 ①	保温隔热层和 固定方式②	保护层 ③	饰面层 ④	构造示意
混凝土墙、各种砌体墙	保温浆料抹在基层墙体上	聚合物抗裂砂浆、耐碱涂塑玻纤网格布增强	涂料或面砖	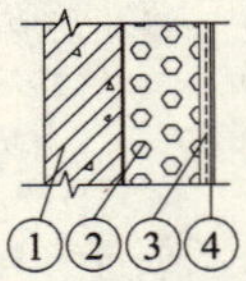

2. 选用本外保温做法时，必须遵守编制说明中的各项规定。

3. 基层墙体表面应无油渍、浮灰，做到清理干净，墙体上的脚手眼应提前封堵严密，大于10mm的突起部分应铲平。旧墙面松动、风化部分应剔凿清除干净。

4. 基层墙体经处理符合要求后，均应满涂界面砂浆（黏土多孔砖用水淋湿即可）。用滚刷或扫帚将界面剂砂浆均匀涂刷。配制界面砂浆的界面处理剂应符合《建筑用界面处理剂应用技术规程》JCJ 52—92的规定。

5. 胶粉聚苯颗粒保温浆料应分次抹，每次抹3~5mm厚，24h后再进行一次施工。

6. 抗裂砂浆防护层施工，应在保温浆料充分干燥固化后进行，分两次抹。第一次抹3mm厚。随即压入一层耐碱玻纤涂塑网格布。为增强面层砂浆的抗裂、抗冲击能力，应采用耐碱涂塑玻纤网格布。

7. 耐碱涂塑玻纤网格布应用玻璃成分为$Zro_2$14.5%±0.8%（质量），$Tio_2$6%±0.5%（质量）的耐碱玻璃纤维织成并经耐碱涂塑的网格布，其技术性能指标详见编制说明。

8. 保护层施工前应在洞口四角部位铺贴耐碱玻纤涂塑网格布。

9. 刮柔性耐水腻子应在抗裂保护层干燥后施工，应做到平整光洁。

10. 墙面分格缝可结合立面要求设置。面砖饰面每层应设水平分格缝，垂直分格缝的位置按缝间面积$30m^2$左右确定。

11. 面砖厚度不宜超过6mm。高层时面砖重量≤$20kg/m^2$，且面积≤$0.01m^2$/块。

保温做法、热工指标及厚度选用表

胶粉聚苯颗粒浆料外墙外保温做法、热工指标及厚度选用表

编号	构造简图	外墙主体	① 外墙内抹灰 厚度（mm）	② 外墙主体 厚度（mm）	③ 保温层 厚度（mm）	④ 外墙外饰面 厚度（mm）	主体部位 总传热阻 R_0（$m^2 \cdot K/W$）	主体部位 传热系数 K_0 [$W/(m^2 \cdot K)$]
1	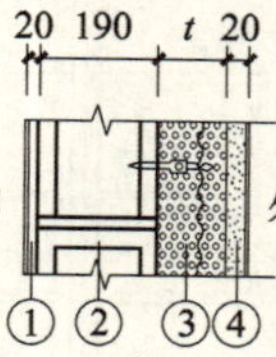	承重混凝土空心砌块	20	190	30	20	0.748	1.335
					40		0.879	1.139
					50		1.008	0.992
					60		1.138	0.878
					70		1.268	0.788
					80		1.398	0.715
2	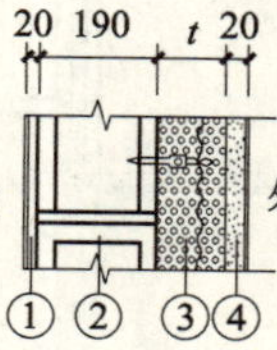	炉渣混凝土空心砌块	20	190	30	20	0.846	1.182
					40		0.976	1.025
					50		1.106	0.905
					60		1.235	0.809
					70		1.365	0.732
					80		1.495	0.669
3	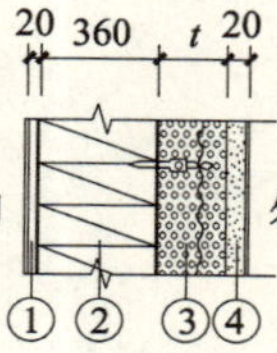	360厚页岩多孔砖	20	360	20	20	0.961	1.041
					30		1.091	0.917
					40		1.221	0.819
					50		1.351	0.740
					60		1.480	0.675
					70		1.610	0.621
					80		1.740	0.575
4	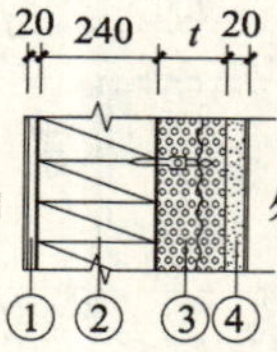	240厚页岩多孔砖	20	240	20	20	0.793	1.261
					30		0.923	1.084
					40		1.053	0.950
					50		1.182	0.846
					60		1.312	0.762
					70		1.442	0.693
					80		1.572	0.636
5	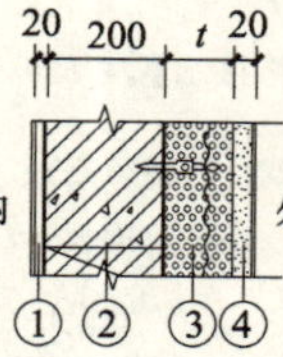	混凝土剪力墙	20	200	30	20	0.701	1.427
					40		0.831	1.204
					50		0.961	1.041
					60		1.090	0.917
					70		1.220	0.819
					80		1.350	0.741
6	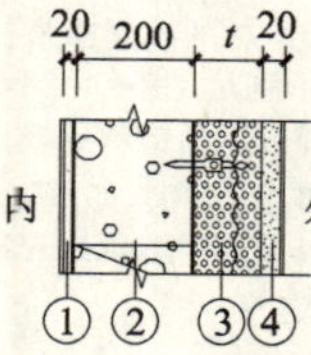	加气混凝土砌块	20	200	20	20	1.298	0.770
					30		1.428	0.700
					40		1.558	0.642
					50		1.688	0.593
					60		1.817	0.550
					70		1.947	0.514

注：1. 计算结果依据《民用建筑热工设计规范》GB 50176—93 求得。
2. 当主体墙为加气混凝土砌块保温层小于40mm厚时，应对热桥部位采取保温措施。详见编制说明。
3. 外墙外饰面厚度20为外墙贴面砖时厚度。

平、剖面详图（涂料饰面）

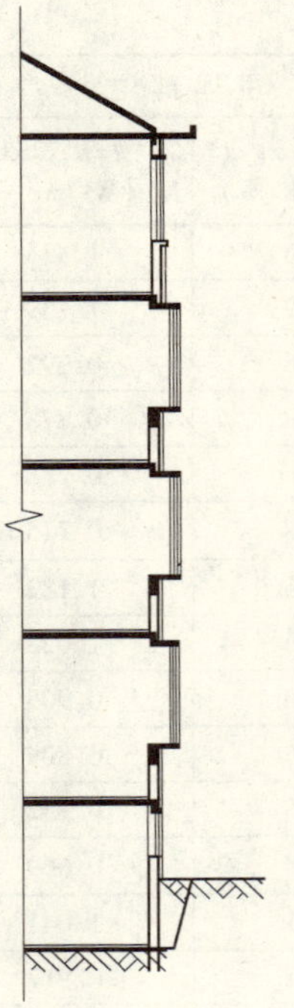

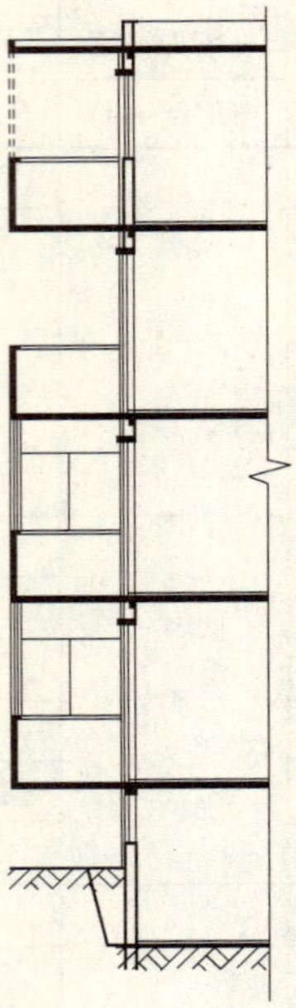

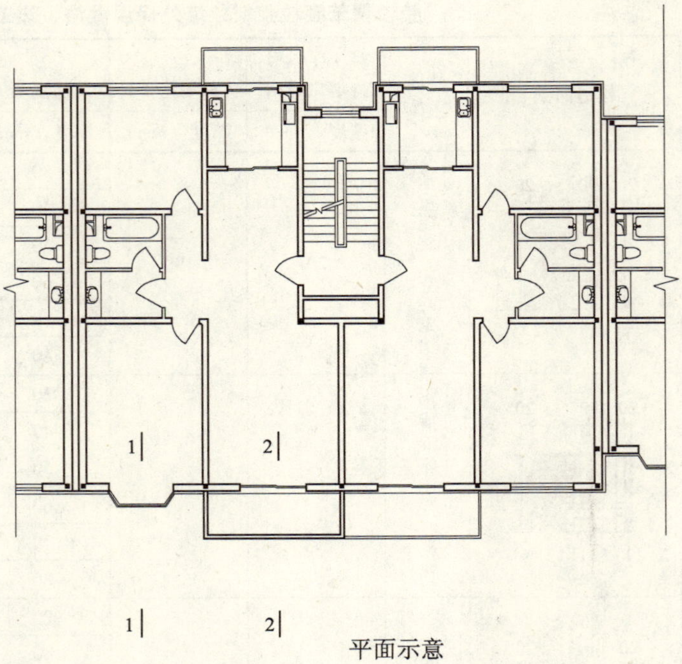

平面示意

注：虚线示意当阳台为封闭保温阳台做法。

墙体构造及墙角（涂料饰面）

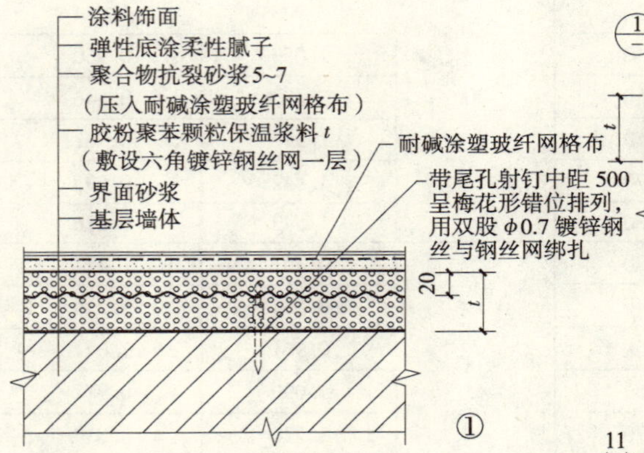

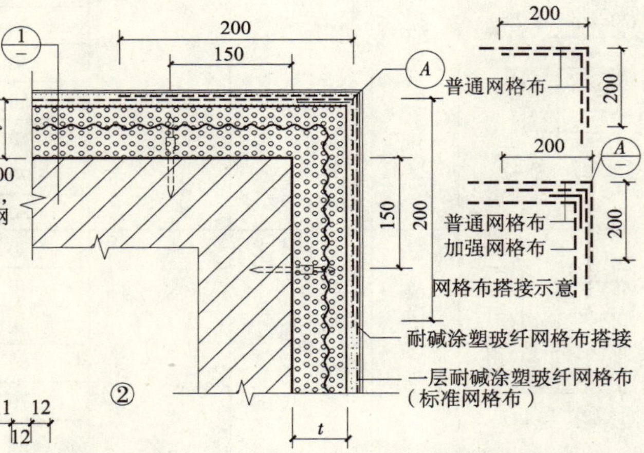

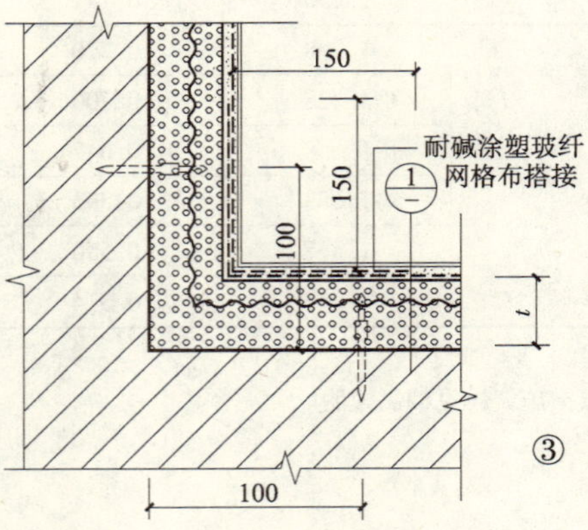

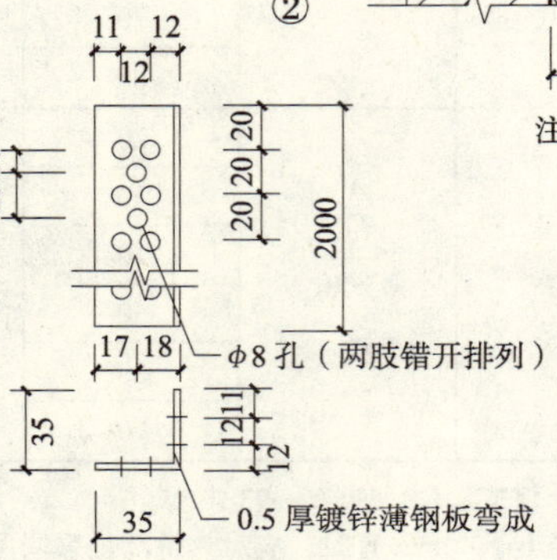

Ⓐ 专用金属护角
（仅用于首层）

注：1. 六角镀锌钢丝网仅用于高度 $h \geqslant 30$m，且保温浆料厚度 $t > 60$ 的高层建筑，网片距外侧 20，不满足此条件可不设。图中各节点均按铺设六角镀锌钢丝网示意。
2. 射钉锚固深度不得小于 30，如基层墙体不宜使用射钉，亦可采用砖缝内埋设 φ6 钢筋或其他锚固方式。
3. 六角镀锌钢丝网的规格：丝径 0.8，孔径 25。
4. 首层附加一层加强耐碱涂塑玻纤网格布。
5. 用于首层外墙阳角的专用金属护角断面尺寸为 35×35×0.5 或 45×45×0.5，高 2m。设在加强网格布和普通网格布之间。

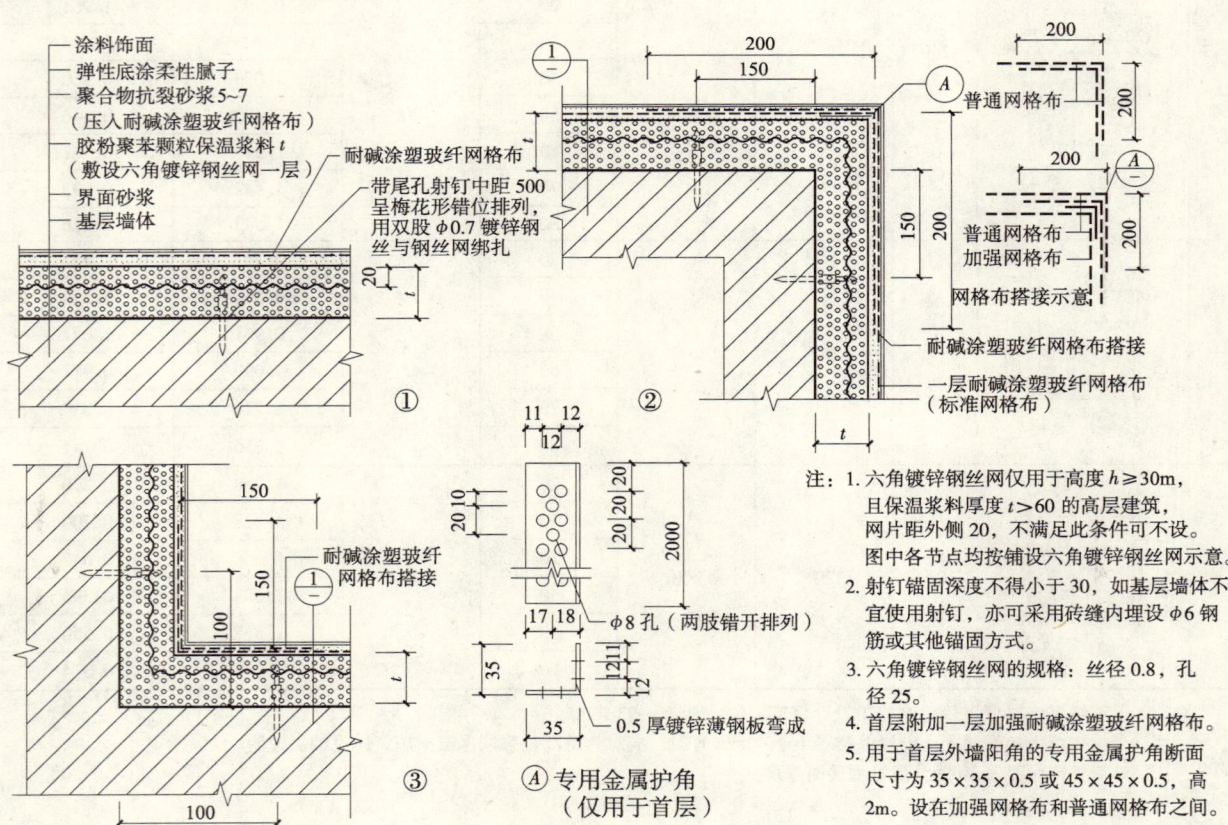

女儿墙和挑檐（涂料饰面）

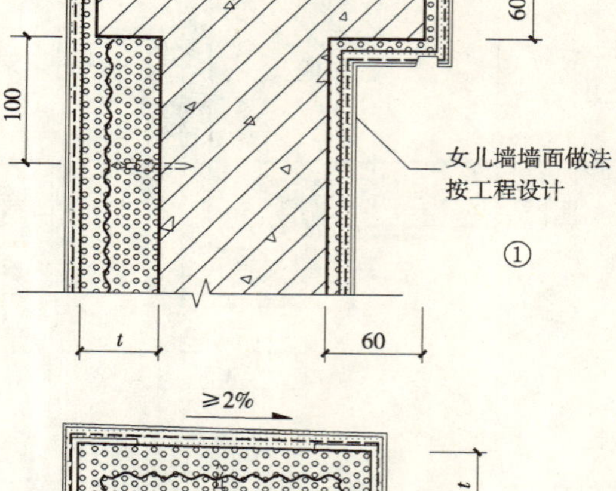

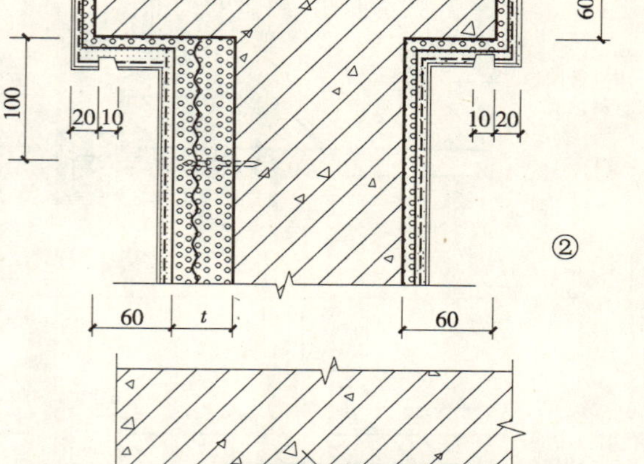

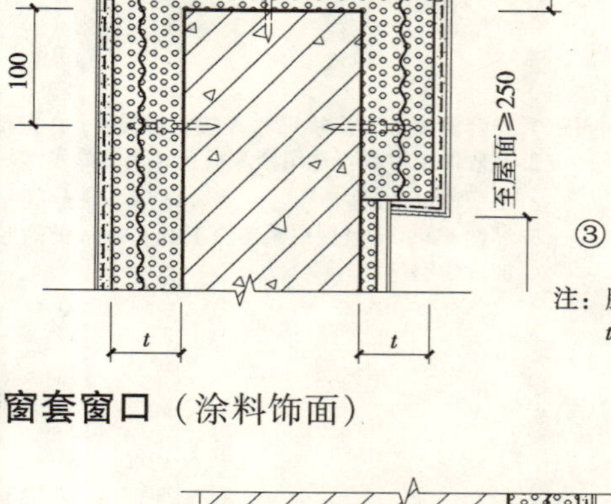

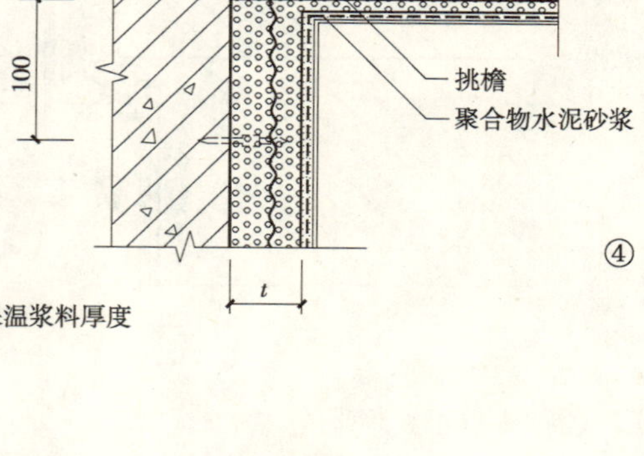

注：胶粉聚苯颗粒保温浆料厚度
t 由设计定。

不带窗套窗口（涂料饰面）

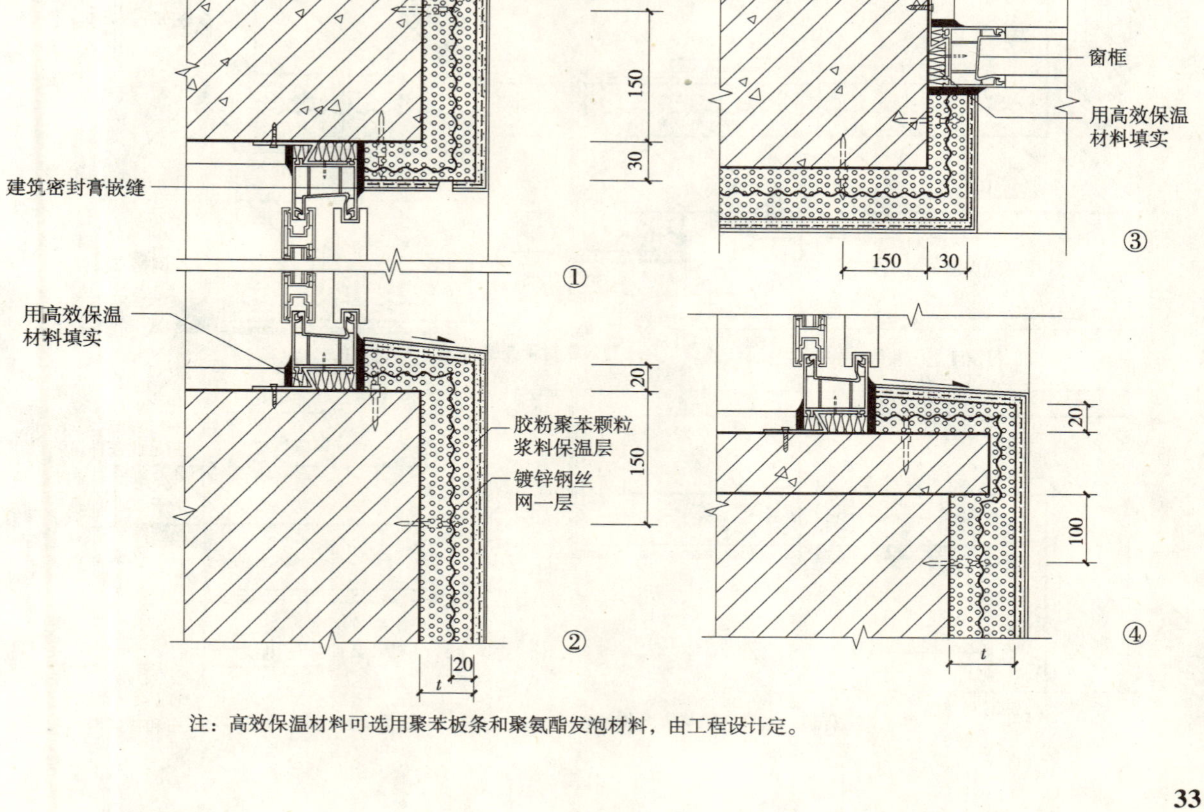

注：高效保温材料可选用聚苯板条和聚氨酯发泡材料，由工程设计定。

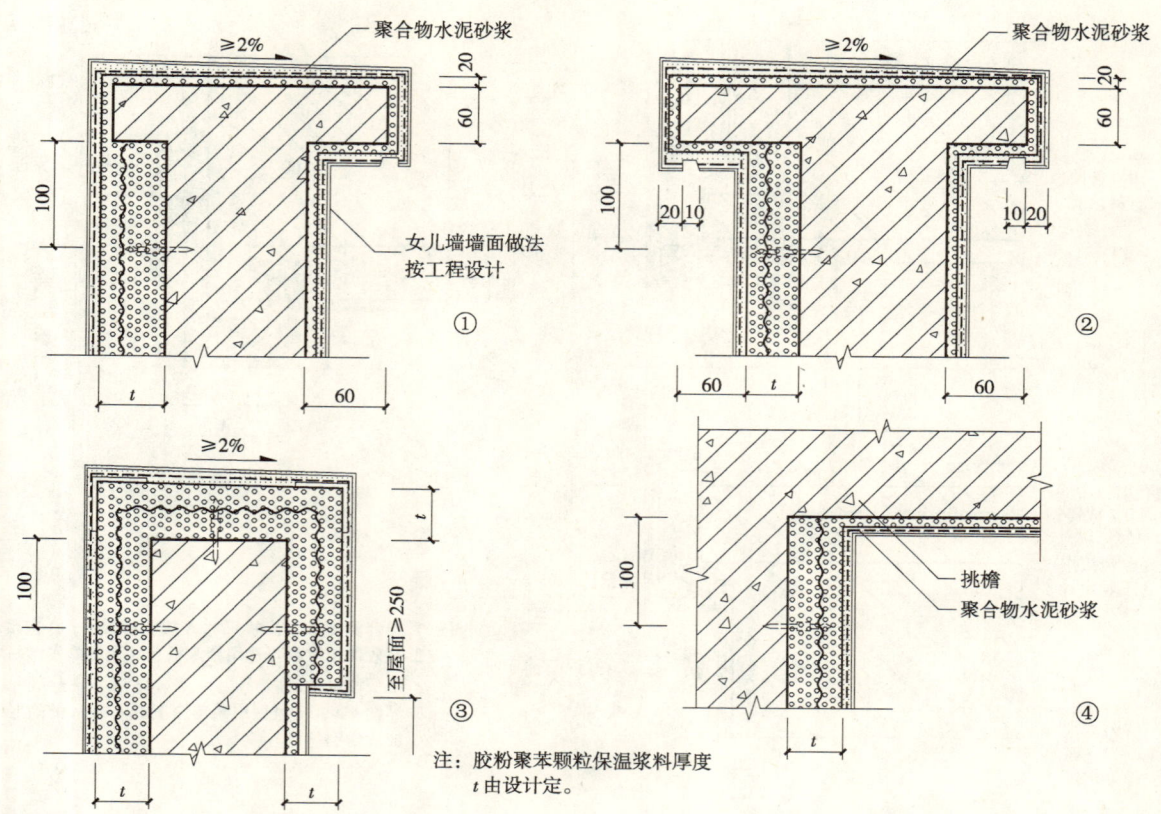

带窗套窗口（涂料饰面）

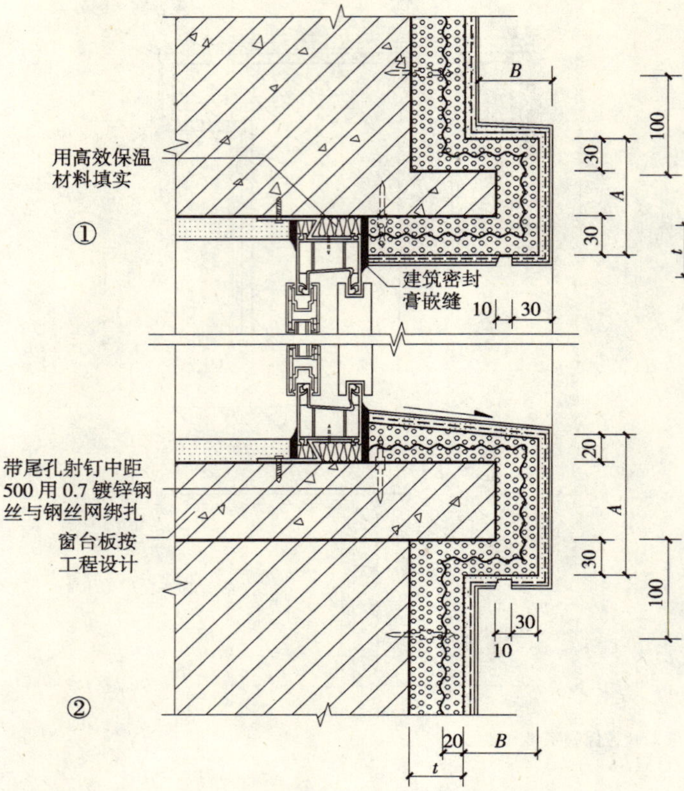

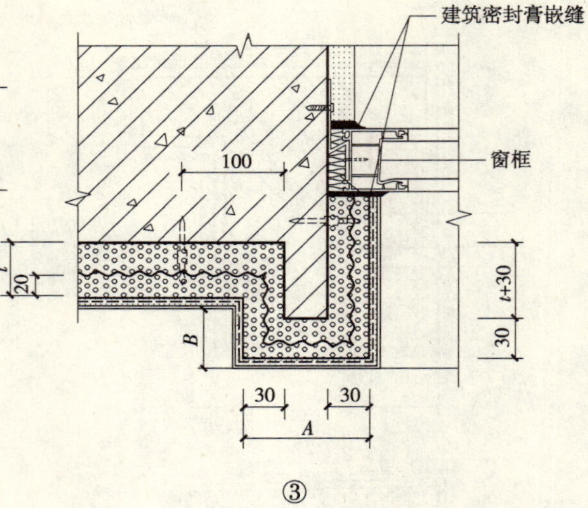

注：1. 窗套宽度 A 及出挑尺寸 B 按工程设计，B 宜≤80。
2. 高效保温材料可选用聚苯板条和聚氨酯发泡材料，由工程设计定。
3. 高度 h≥30m 且保温浆料厚度 t>60mm 的高层建筑，加六角钢丝网。

凸窗窗口（涂料饰面）

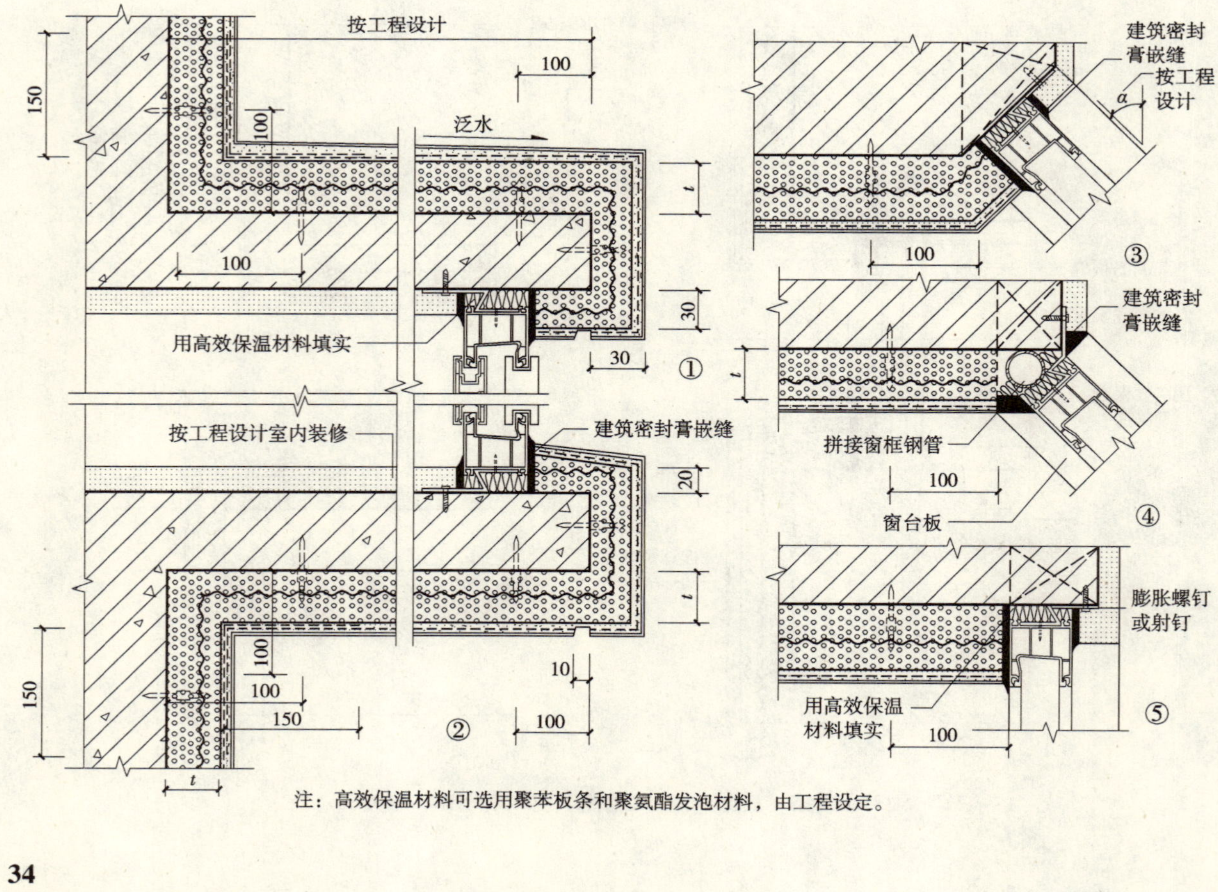

注：高效保温材料可选用聚苯板条和聚氨酯发泡材料，由工程设定。

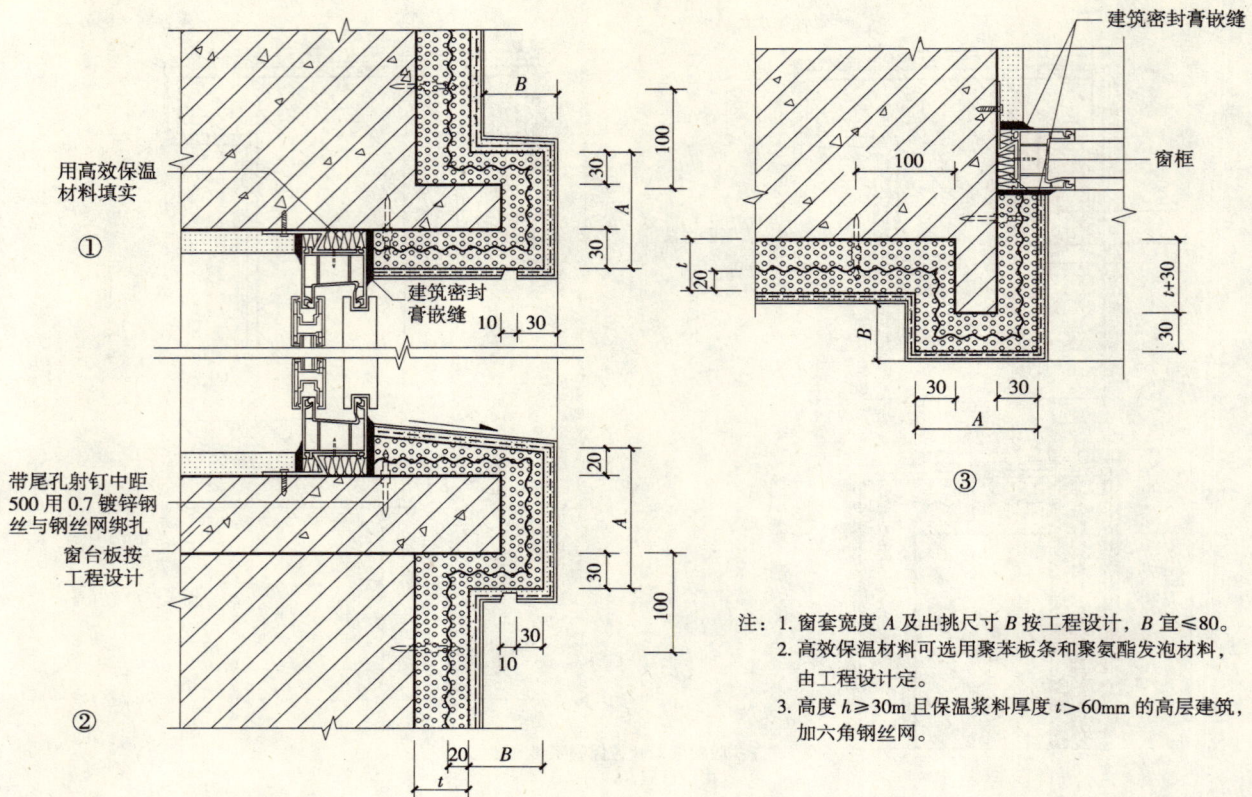

勒脚（涂料饰面）

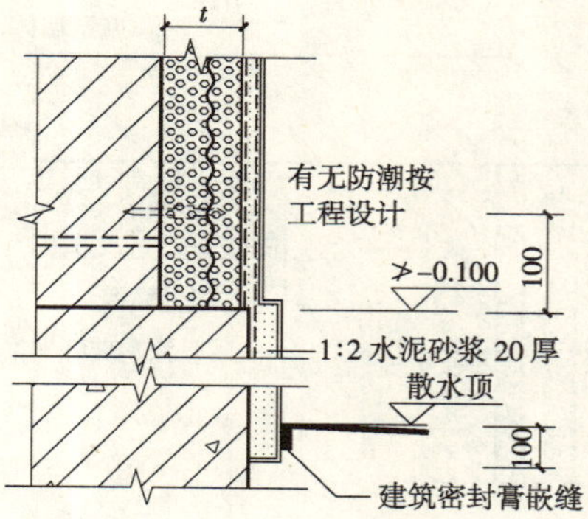

①

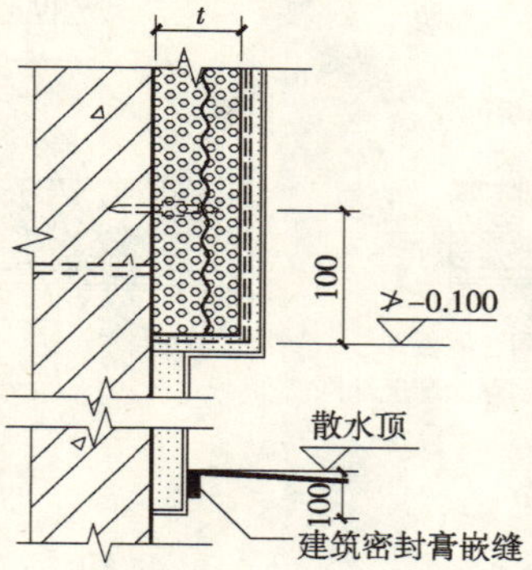

②

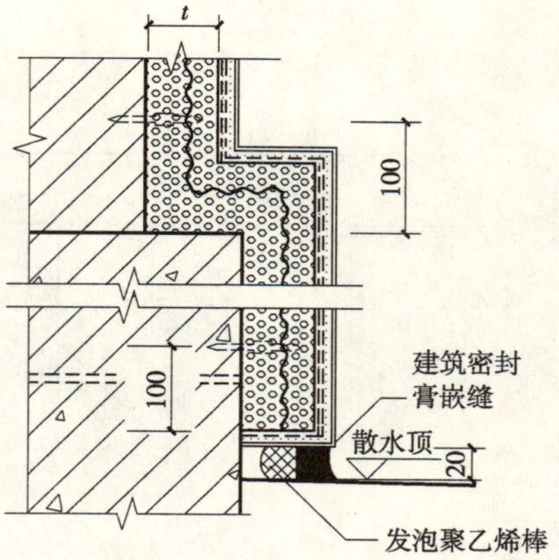

⑤ 用于地下室防潮或
室内外高差较小

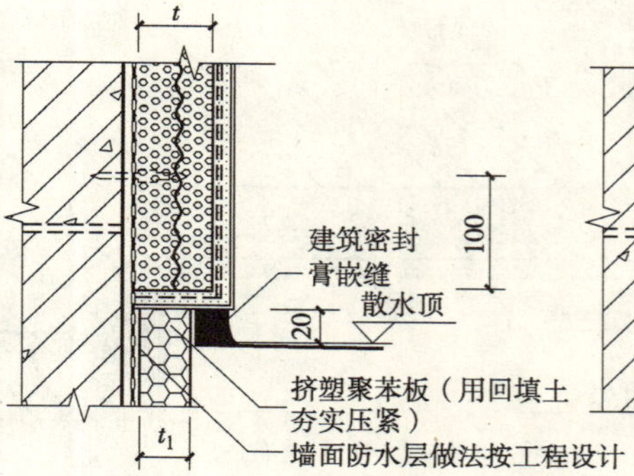

③ 用于地下室防水

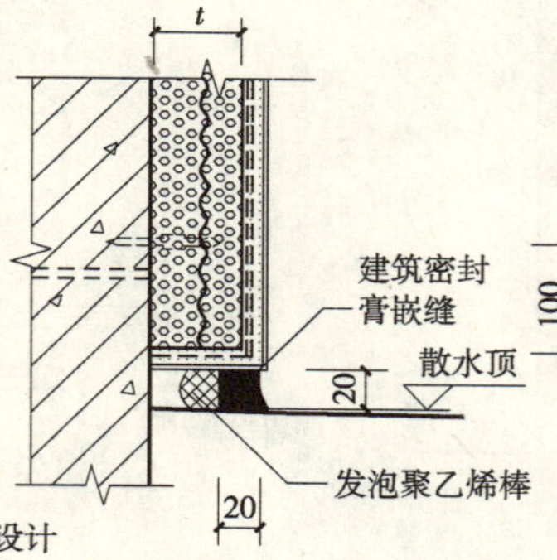

④ 用于地下室防潮或
室内外高差较小

注：1. ③用于采暖期室外平均温度低于 −5.0℃地区，地下部分保温板的设置深度按工程设计，该保温板的厚度 t_1=50~70。（按 $t_1=t-10\leqslant70$ 设置）
2. 高度 $h\geqslant30$m 且保温浆料厚度 $t>60$mm 的高层建筑，加六角钢丝网。

敞开阳台（涂料饰面）

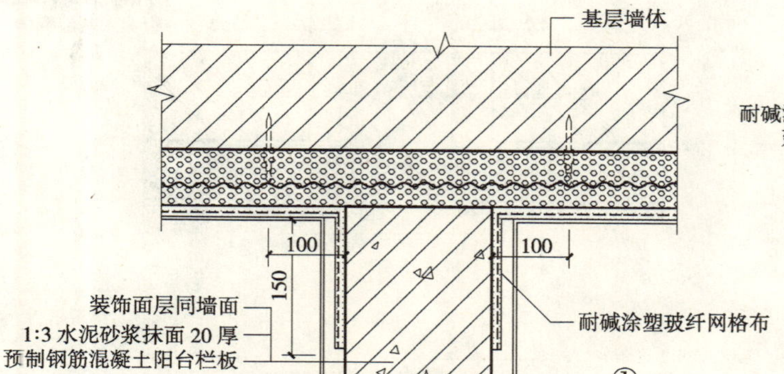

①

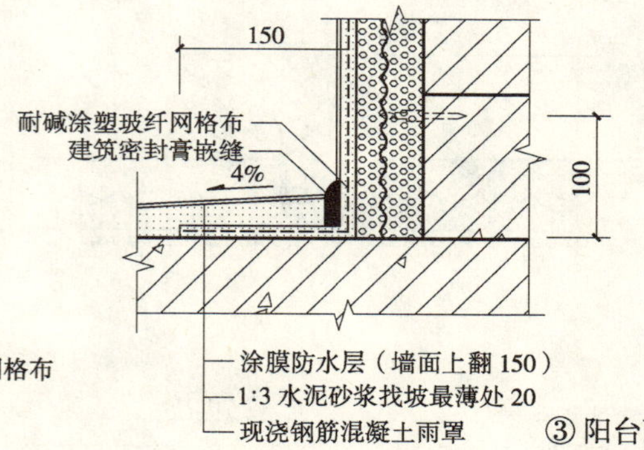

③ 阳台雨罩

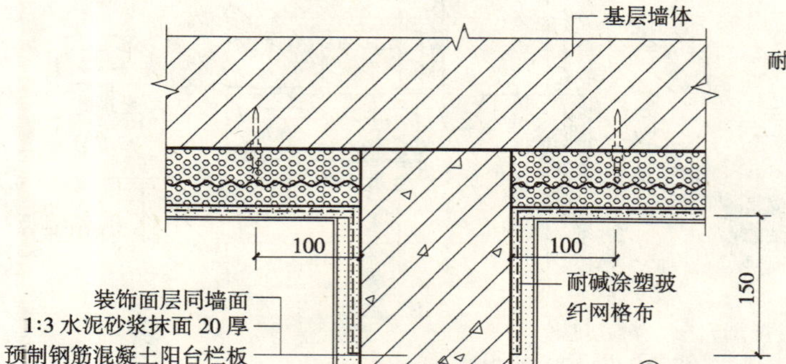

②

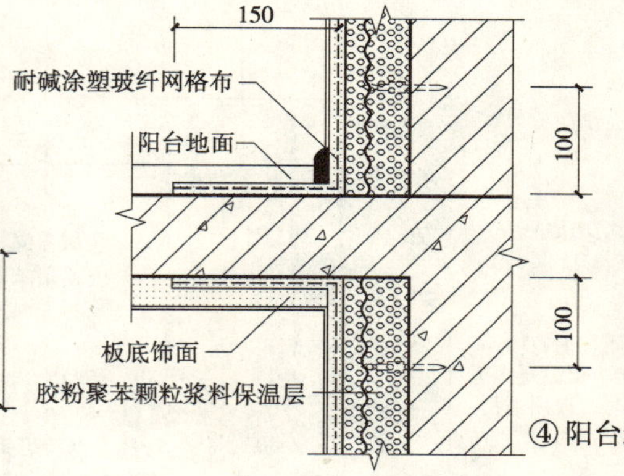

④ 阳台地面

注：高度 $h\geqslant30$m 且保温浆料厚度 $t>60$mm 的高层建筑，加六角钢丝网。

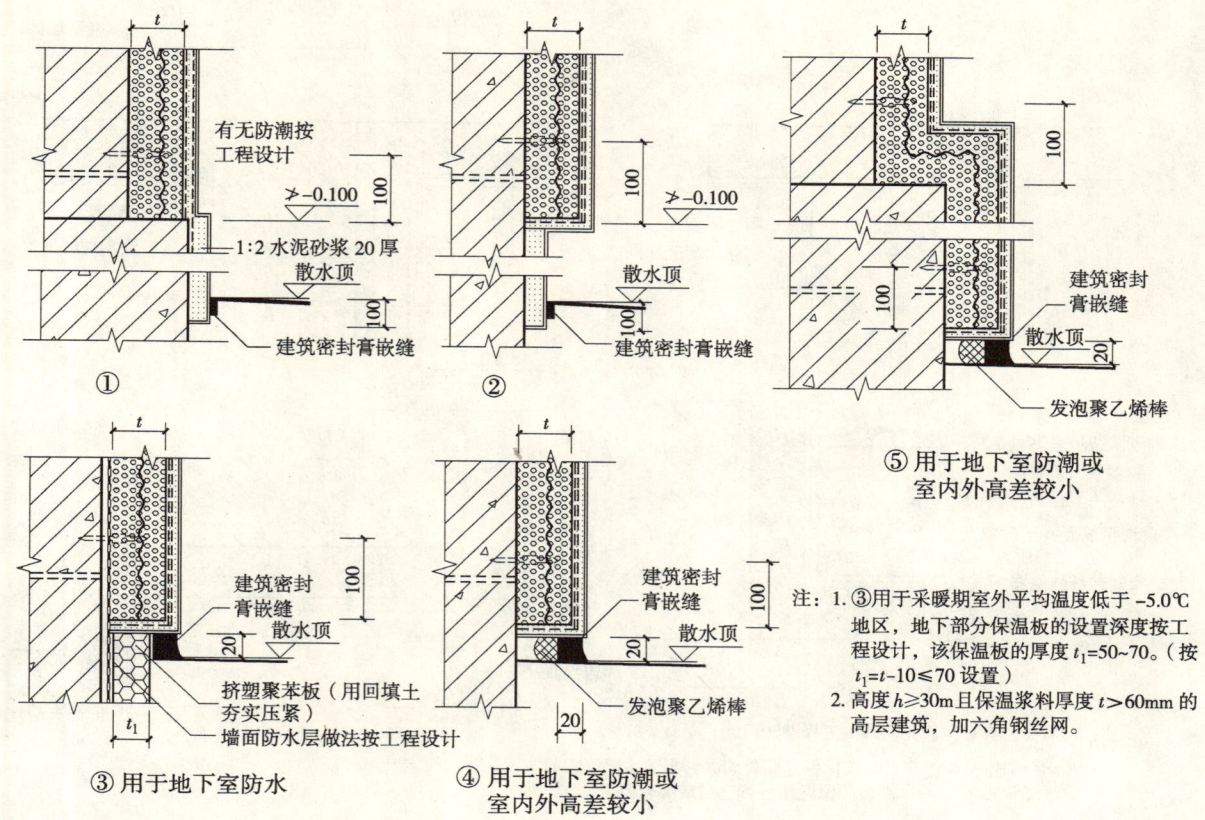

封闭保温阳台（涂料饰面）

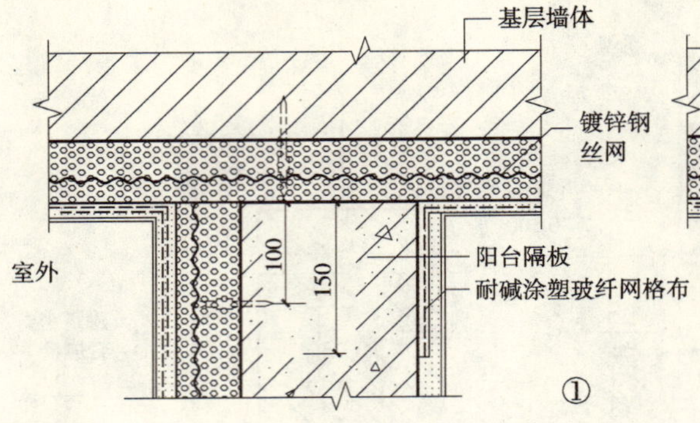

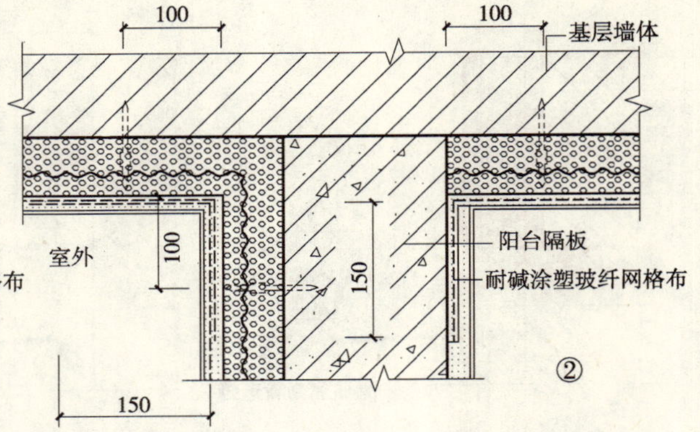

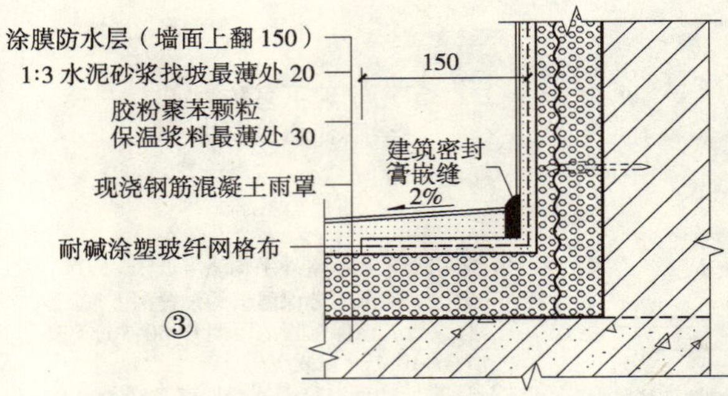

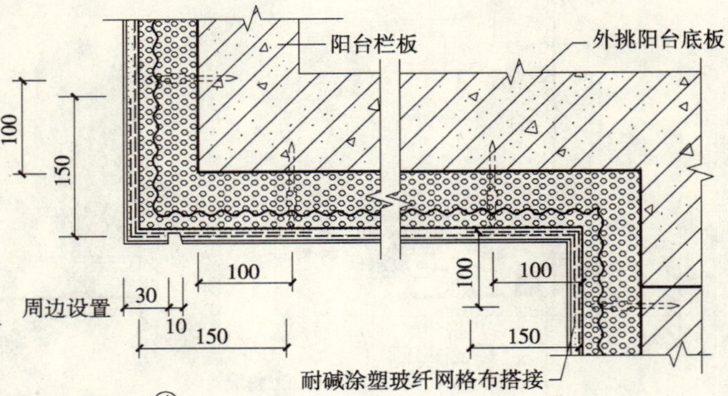

④

注：1. 阳台栏板室内板面装修按工程设计。

2. 阳台部位的保温浆料与墙体保温浆料同厚，当墙体保温浆料厚度＞50 时，阳台部位的保温浆料可适当减薄，但应≥50。

墙身变形缝（平面）（涂料饰面）

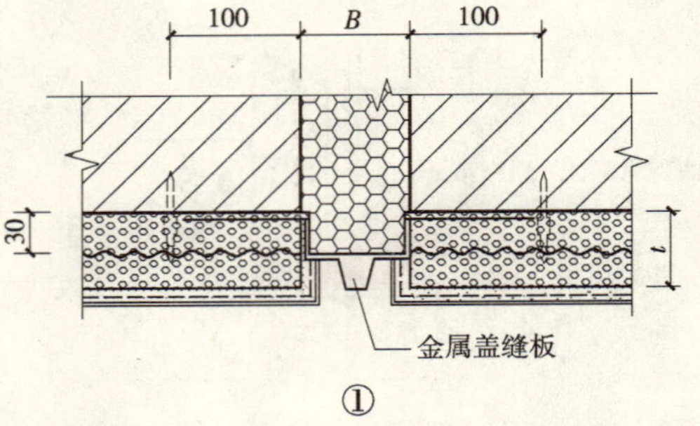

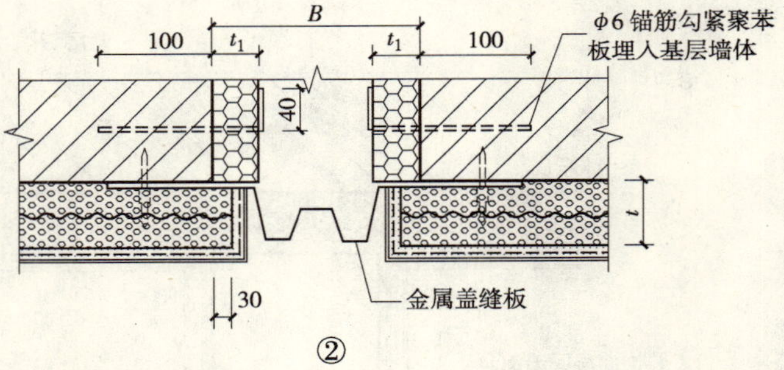

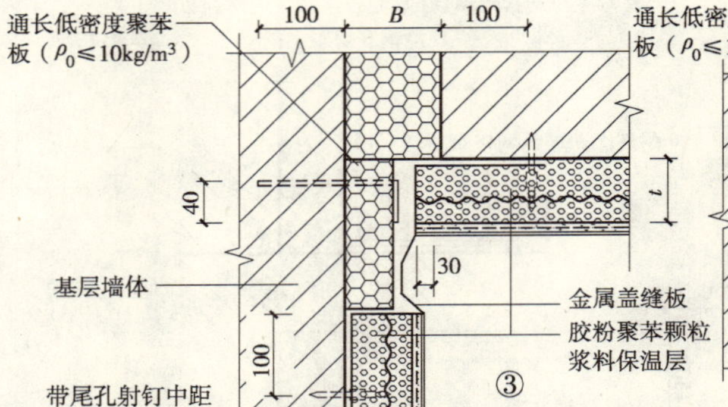

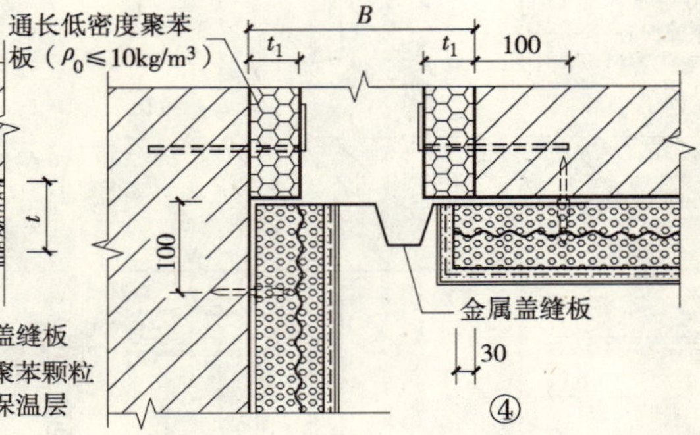

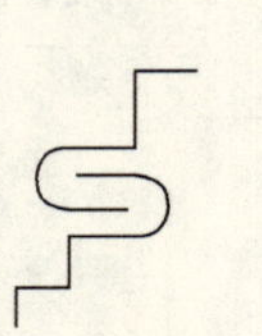

金属盖缝板

注：1. B 为变形缝设计宽度，t 为保温层厚度。

2. ①③用于 $B<t$ 时，②④用于 $B>2t$ 时，$t_1=0.5t$。

3. 金属盖缝板可采用 1.5 厚铝合金板或彩色钢板，尺寸及形式按工程设计。

4. 高度 $h\geq30$m 且保温浆料厚度 $t>60$ 的高层建筑，加六角钢丝网。

5. Ⓐ用于沉降缝或抗震缝。

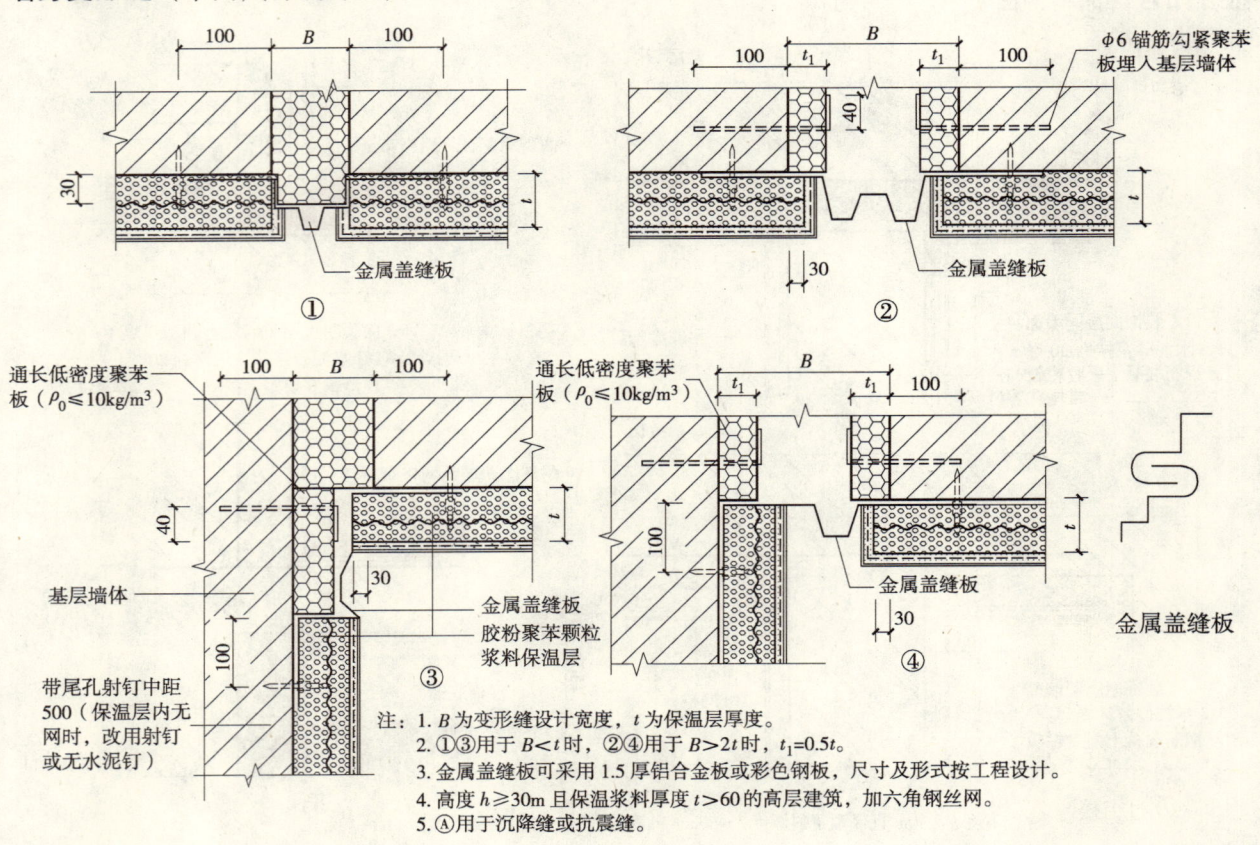

墙身变形缝（剖面）（涂料饰面）

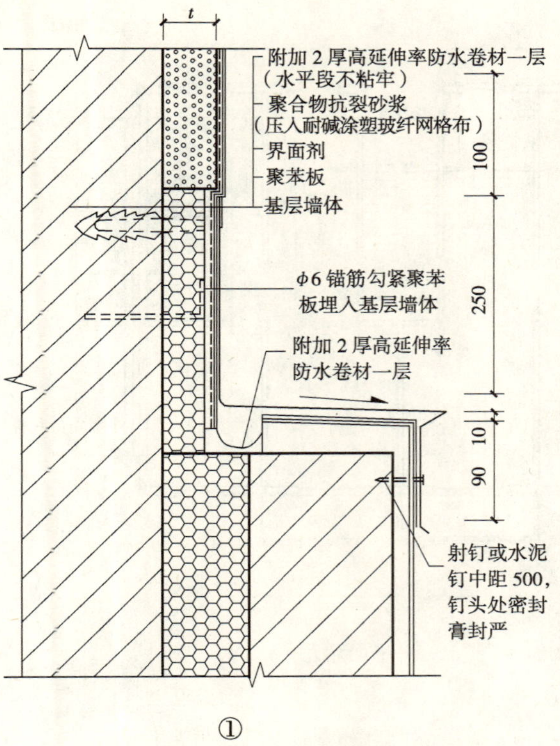

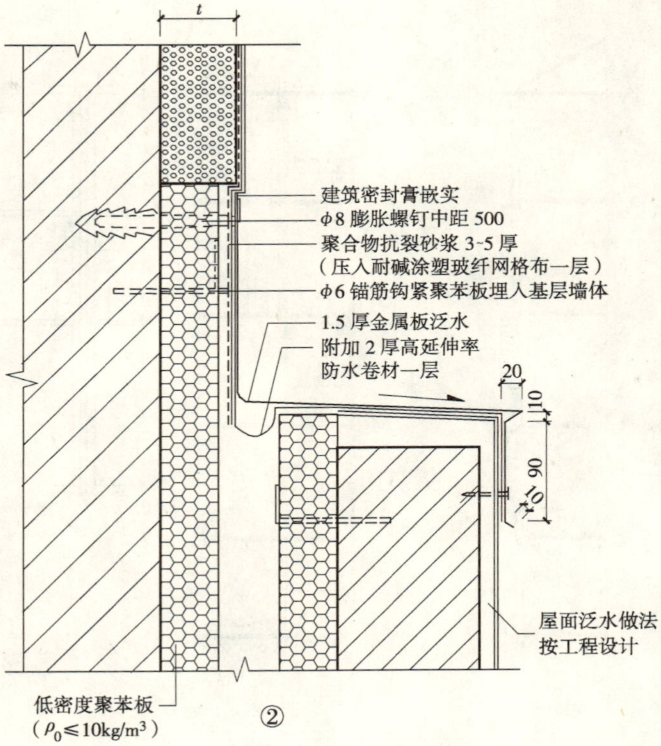

注：墙身出屋面处女儿墙变形缝做法见相关做法。

线脚、分格缝、过街楼（涂料饰面）

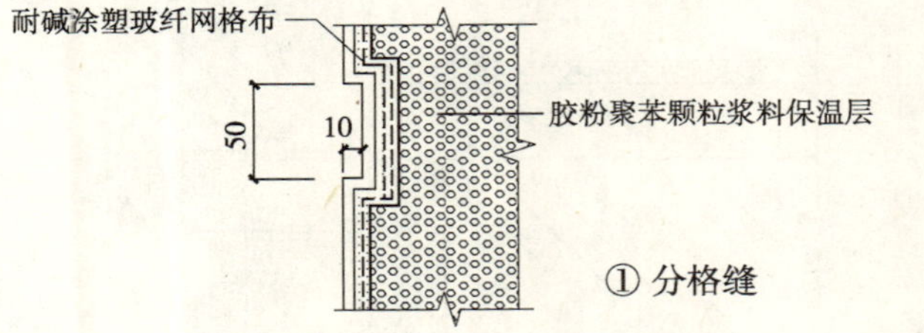

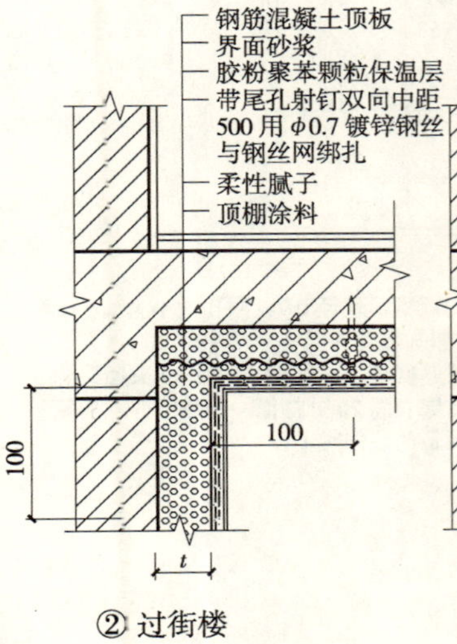

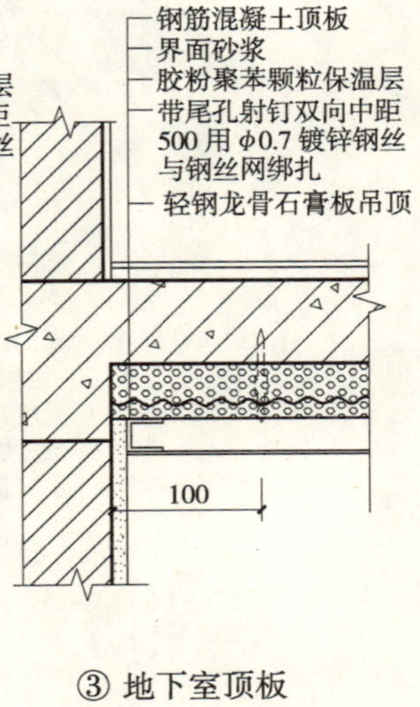

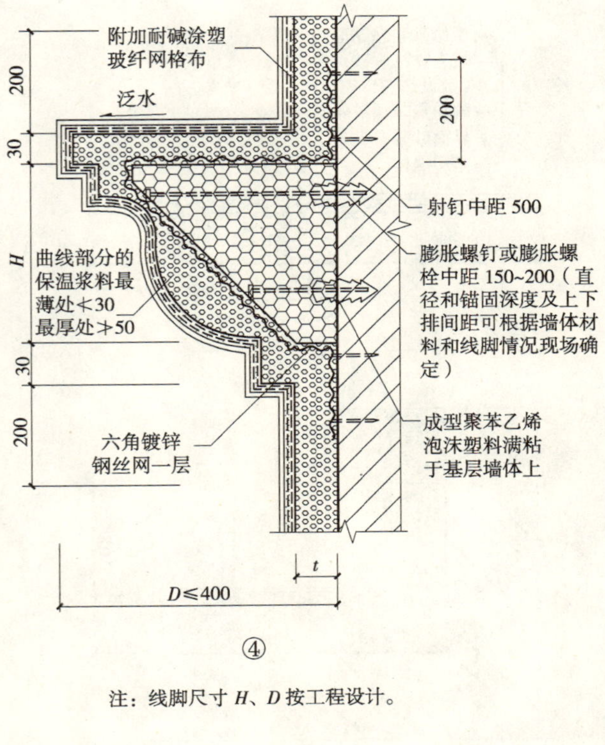

注：线脚尺寸 H、D 按工程设计。

平、剖面详图（面砖饰面）

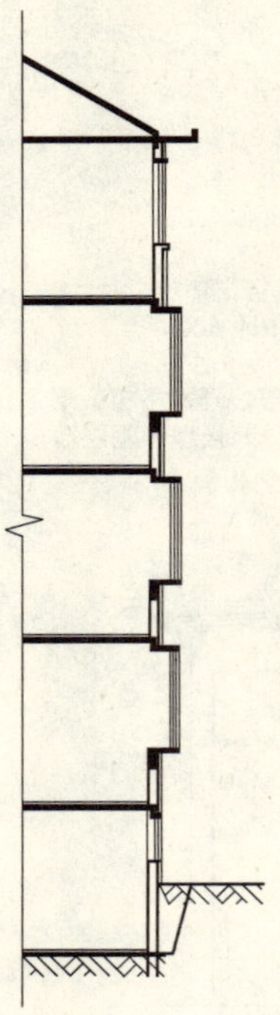

1—1

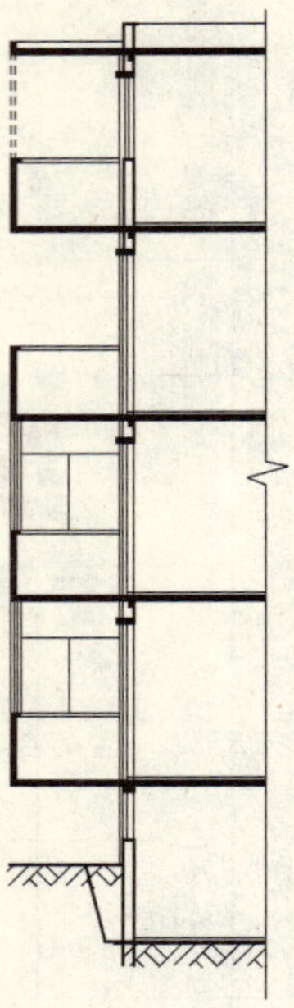

2—2

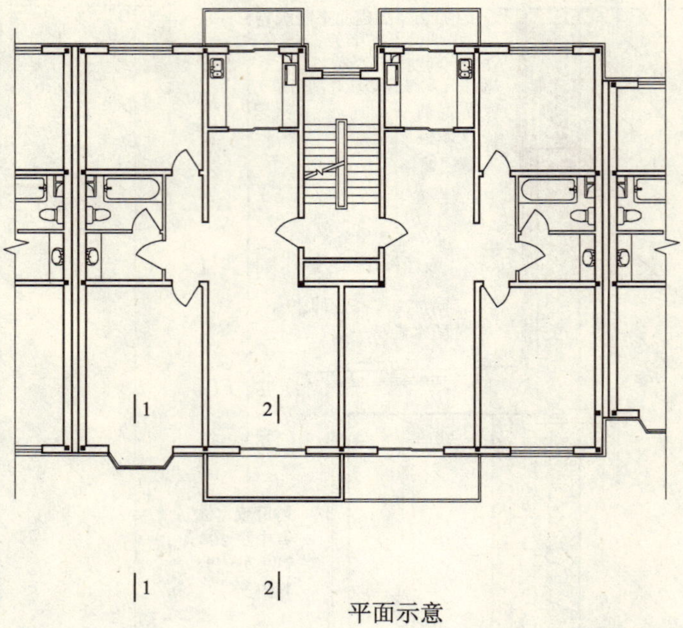

平面示意

注：虚线示意当阳台为封闭保温阳台做法。

墙体构造及墙角（面砖饰面）

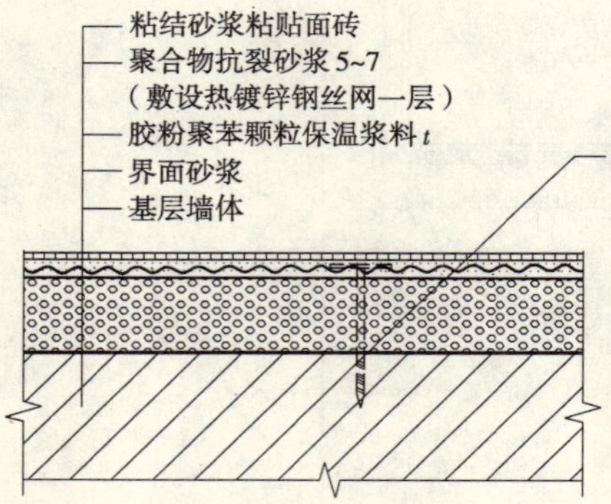

①

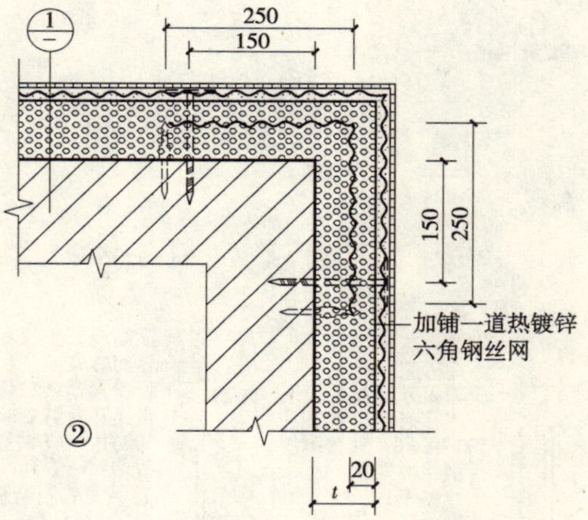

②

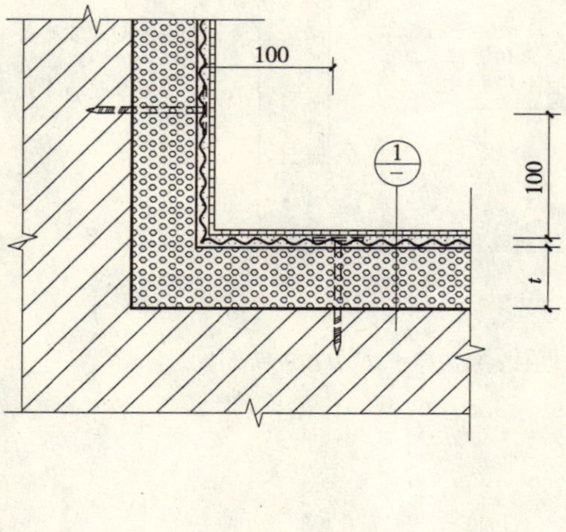

③

注：1. 热镀锌钢丝网的规格：丝径 0.9，网孔大小为 12.7×12.7，用膨胀螺钉锚固，双向中距 500。

2. ②节点为保温层厚度超过 60 时的外墙阳角贴面砖构造，需在距保温层表面 20 处加铺一道热镀锌六角钢丝网增强。不满足此条件时不设。

女儿墙和挑檐（面砖饰面）

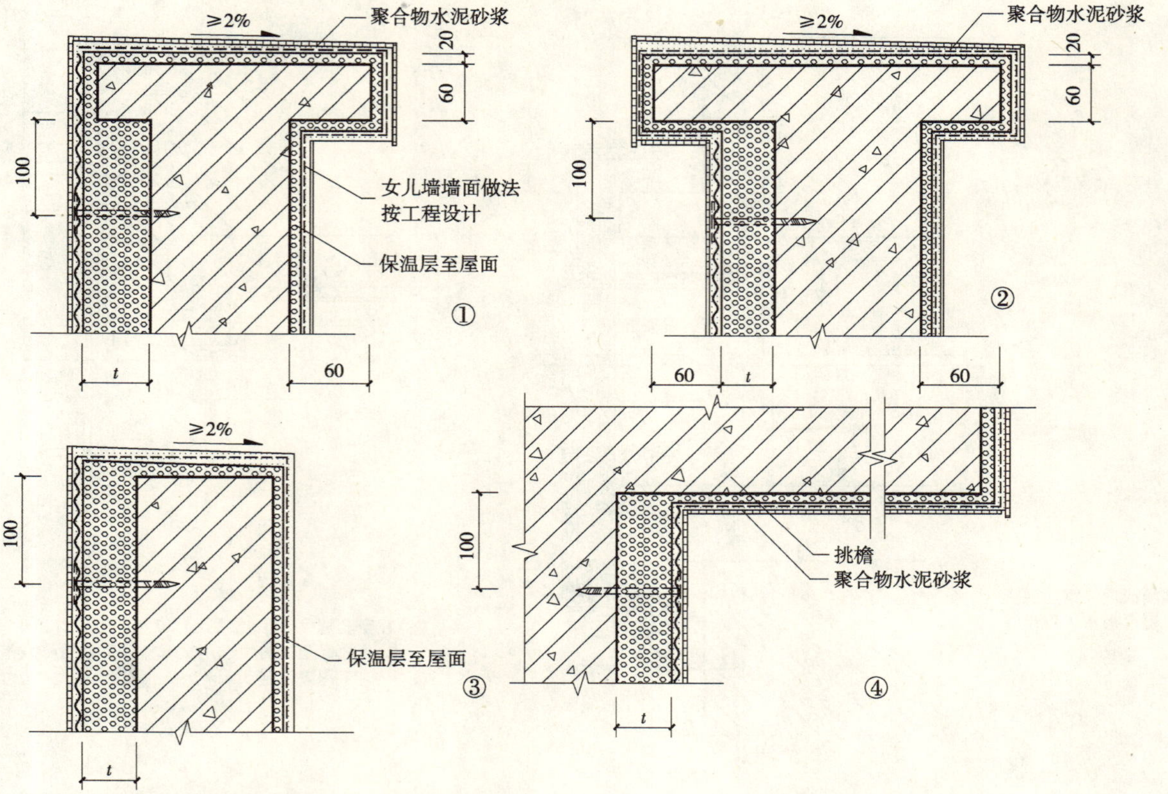

不带窗套窗口（面砖饰面）

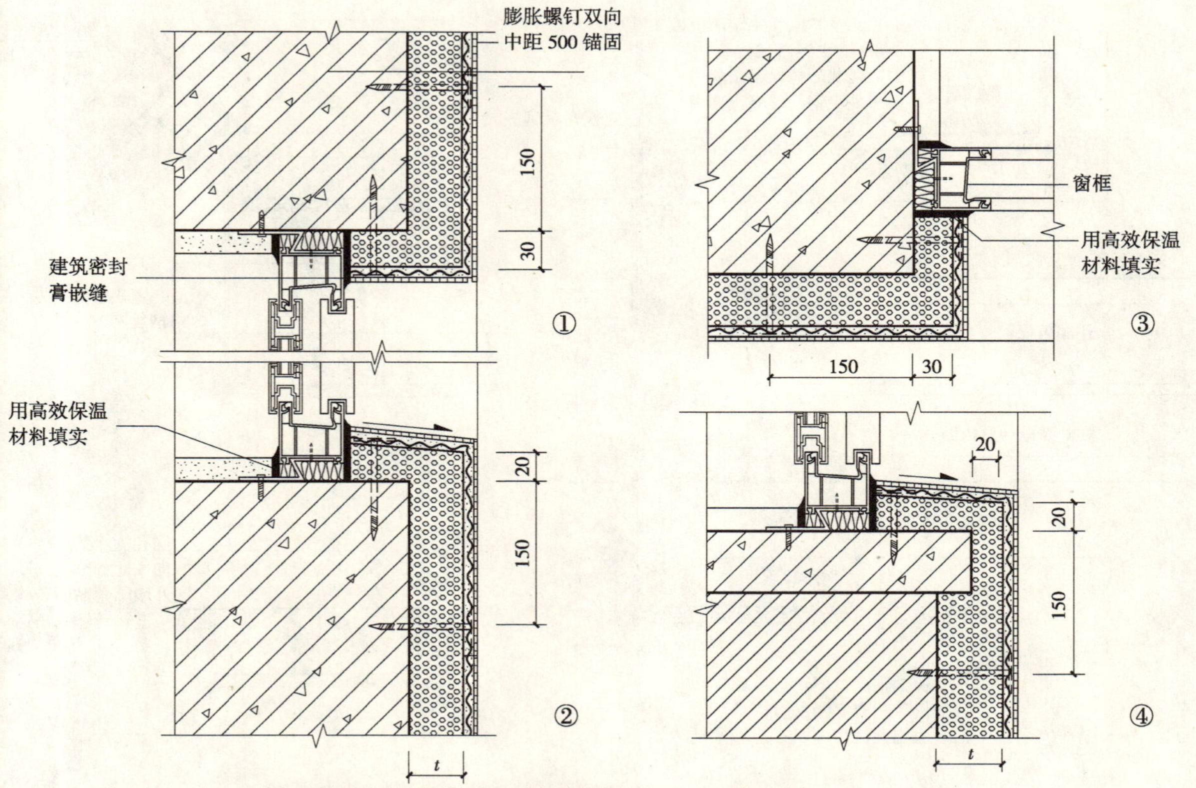

注：高效保温材料可选用聚苯板条和聚氨酯发泡材料，由工程设计确定。

带窗套窗口（面砖饰面）

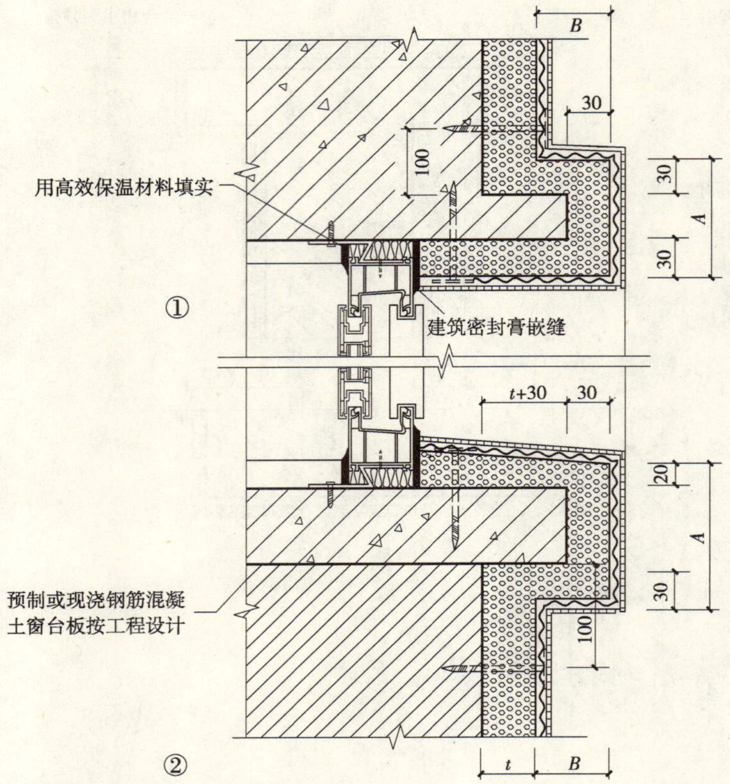

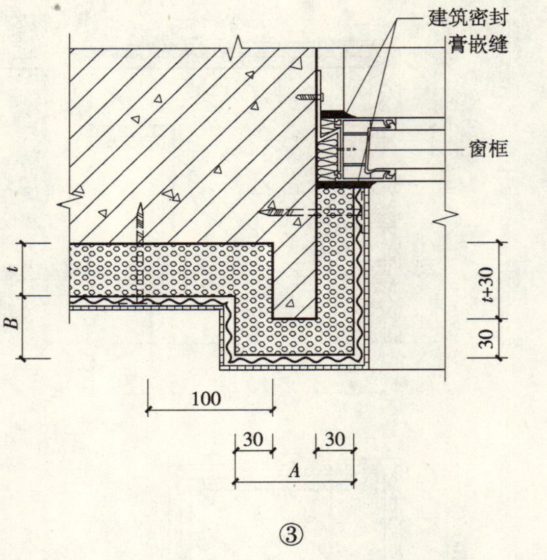

注：1. 窗套宽度 A 及出挑尺寸 B 按工程设计，B 宜≤80。
2. 高效保温材料可选用聚苯板条和聚氨酯发泡材料，由工程设计定。

凸窗窗口（面砖饰面）

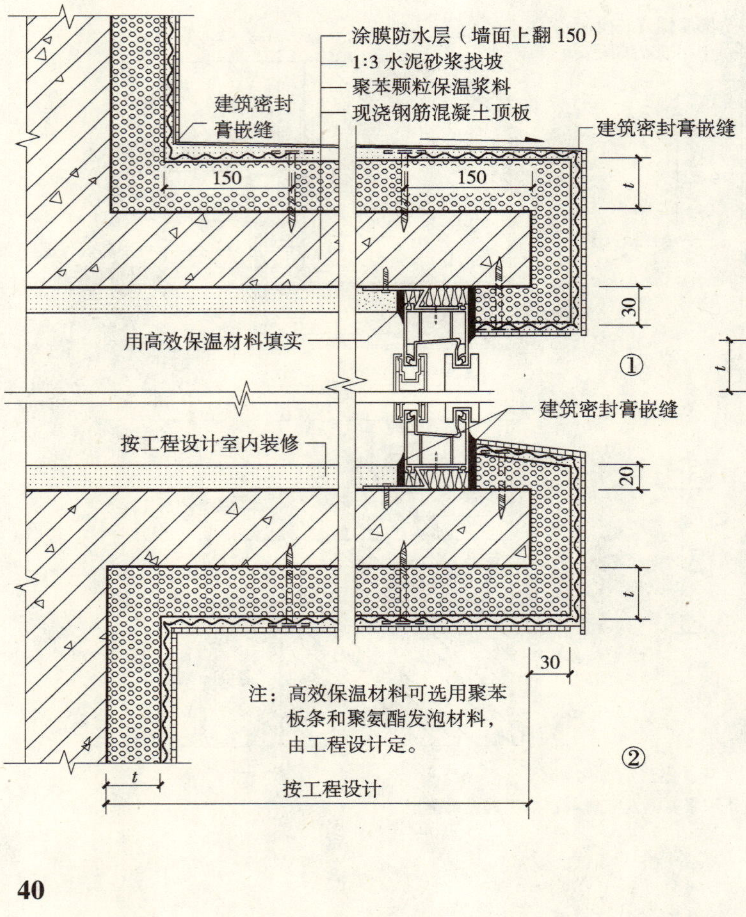

注：高效保温材料可选用聚苯板条和聚氨酯发泡材料，由工程设计定。

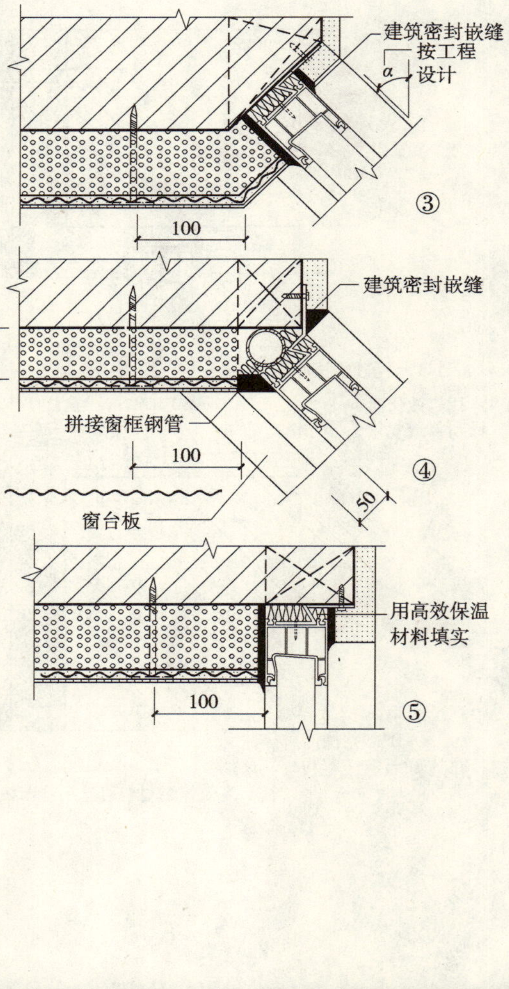

勒脚（面砖饰面）

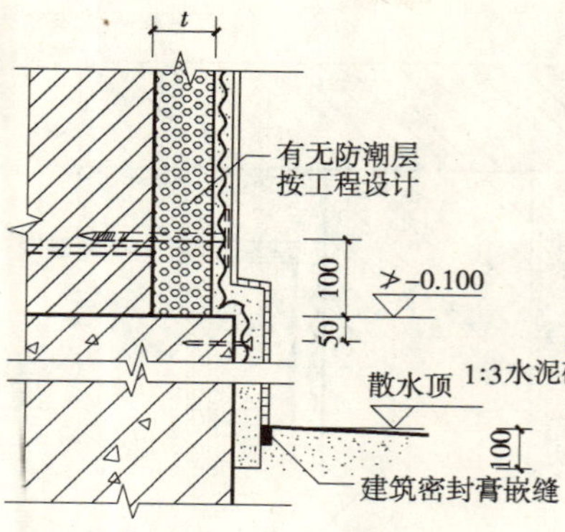

①

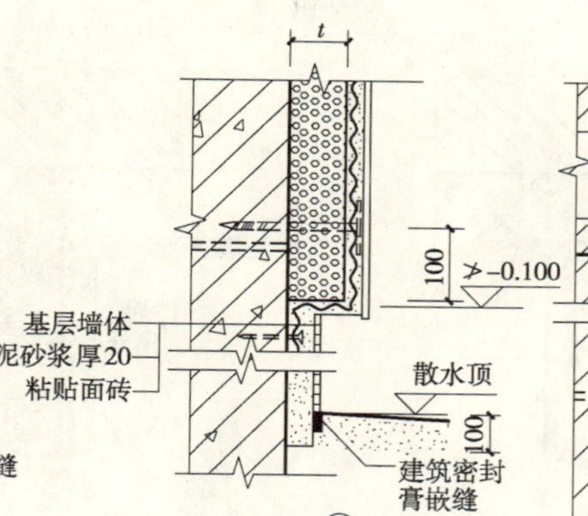

②

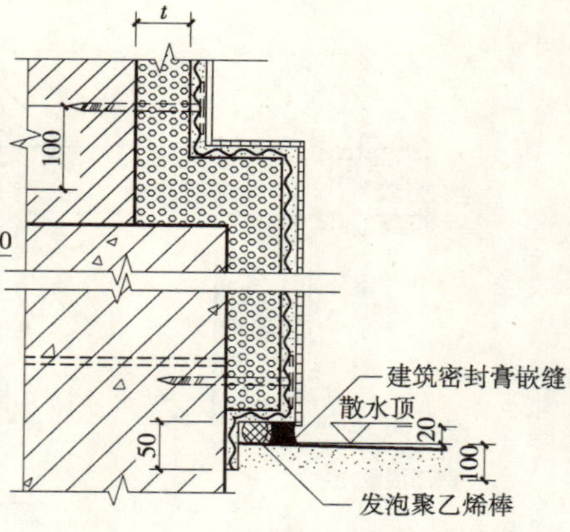

⑤ 用于地下室防潮或
室内外高差较小

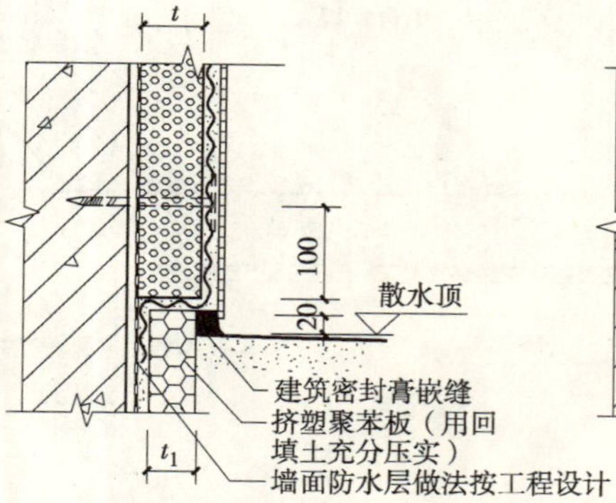

③ 用于地下室防水

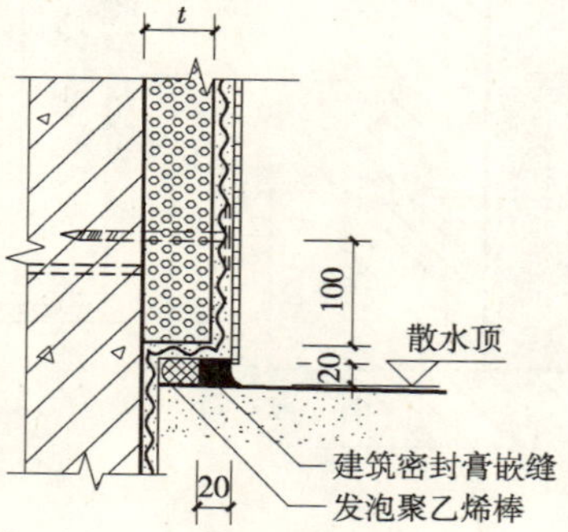

④ 用于地下室防潮或
室内外高差较小

注：③用于采暖期室外平均温度低于 -5.0℃ 地区，地下部分保温板的设置深度按工程设计，该保温板的厚度 t_1=50~70。（按 $t_1=t-10\leq70$ 设置）

敞开阳台（面砖饰面）

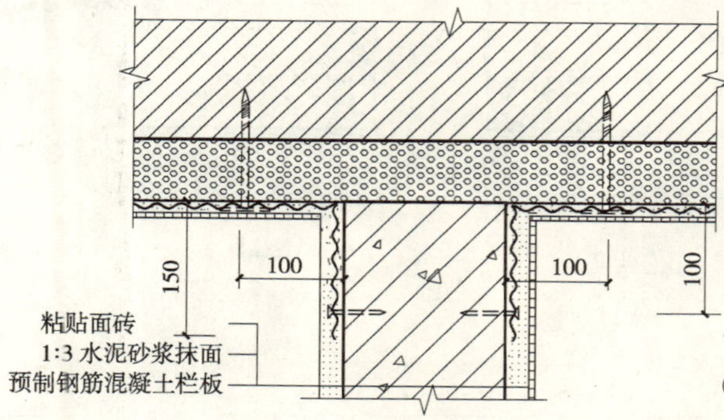

①

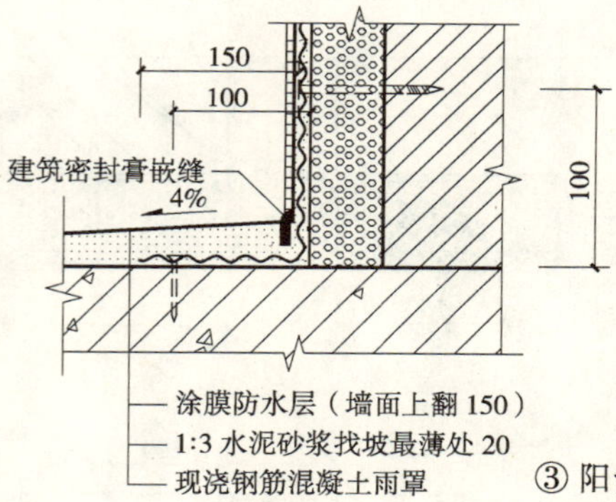

③ 阳台雨罩

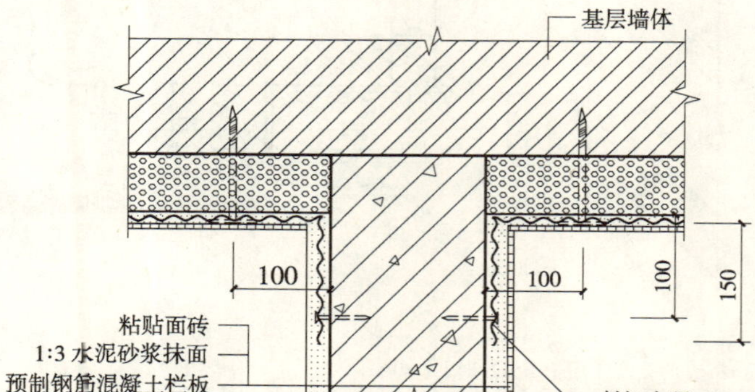

②

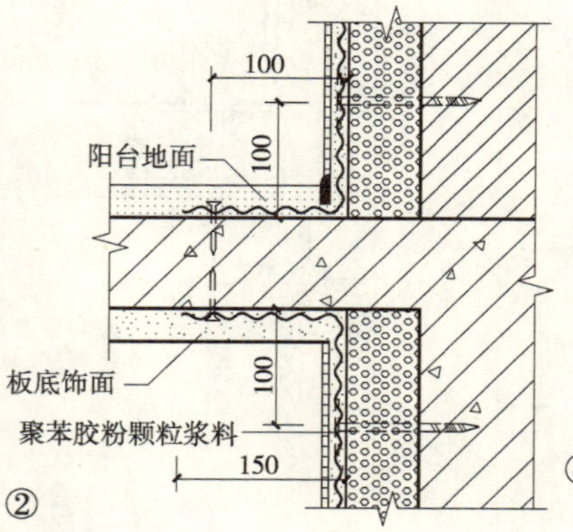

④ 阳台地面

封闭保温阳台（面砖饰面）

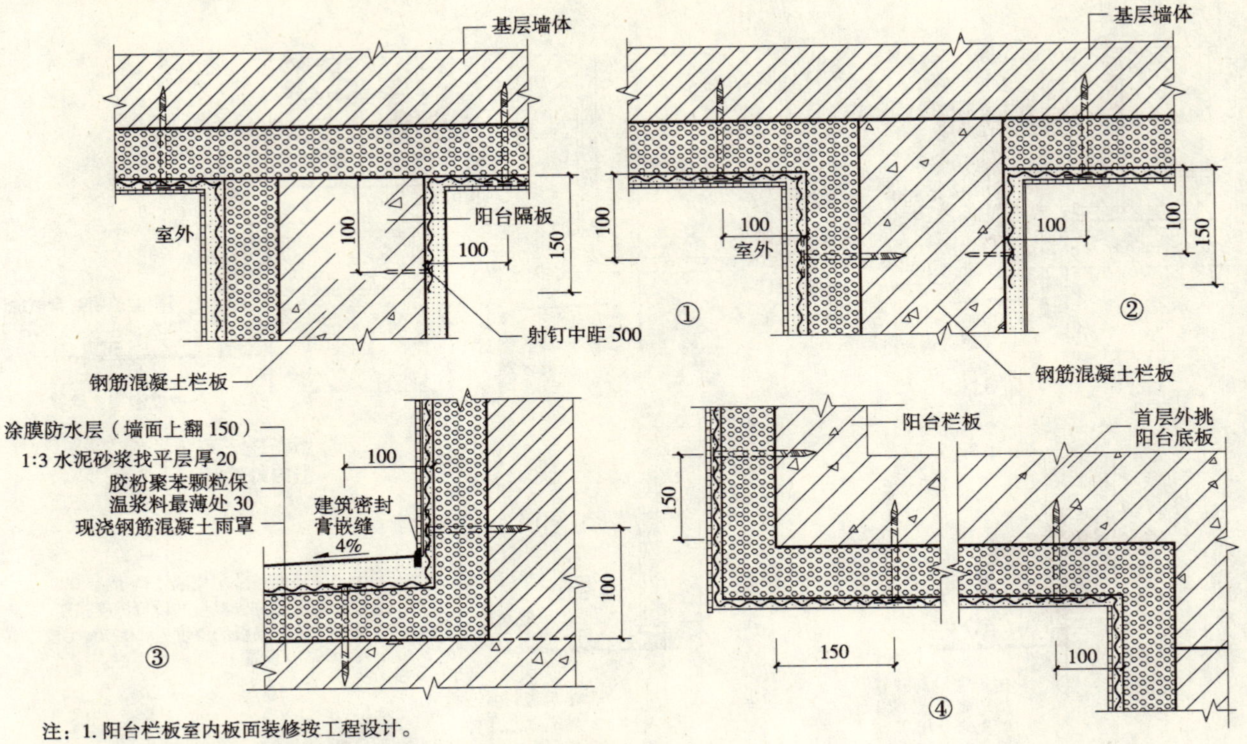

注：1. 阳台栏板室内板面装修按工程设计。

2. 阳台部位的保温浆料与墙体保温浆料同厚，当墙体保温浆料厚度＞50 时，阳台部位的保温浆料可适当减薄，但应≥50。

墙身变形缝（平面）（面砖饰面）

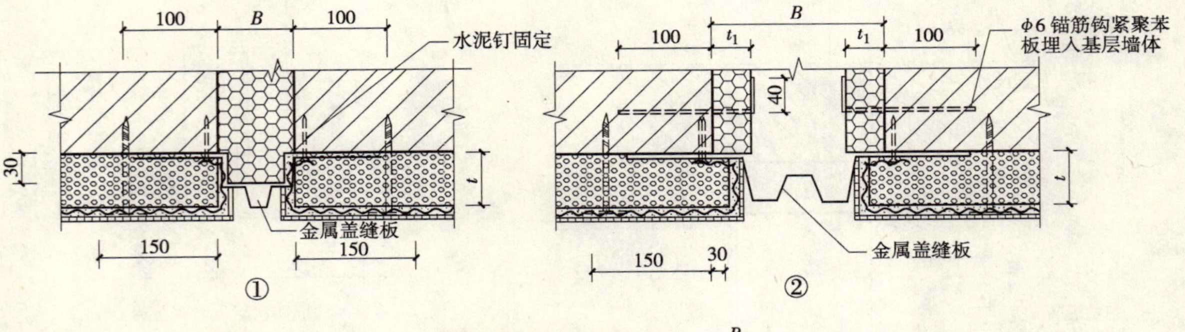

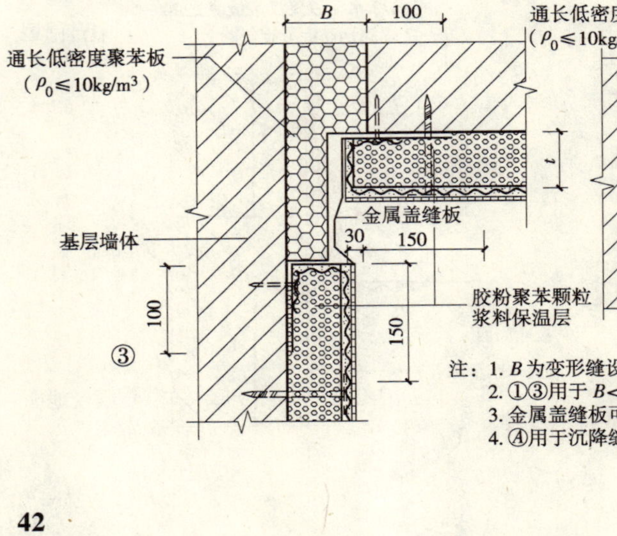

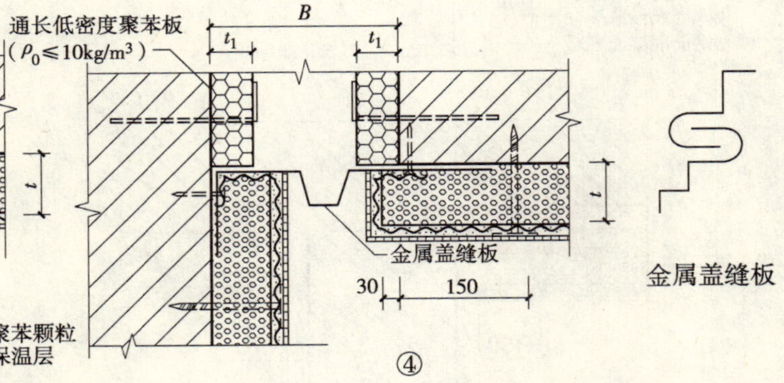

注：1. B 为变形缝设计宽度，t 为保温层厚度。
2. ①③用于 $B<t$ 时，②④用于 $B>2t$ 时，$t_1=0.5t$。
3. 金属盖缝板可采用 1.5 厚铝合金板或彩色钢板，尺寸及形式按工程设计。
4. ④用于沉降缝或抗震缝。

墙身变形缝（剖面）(面砖饰面)

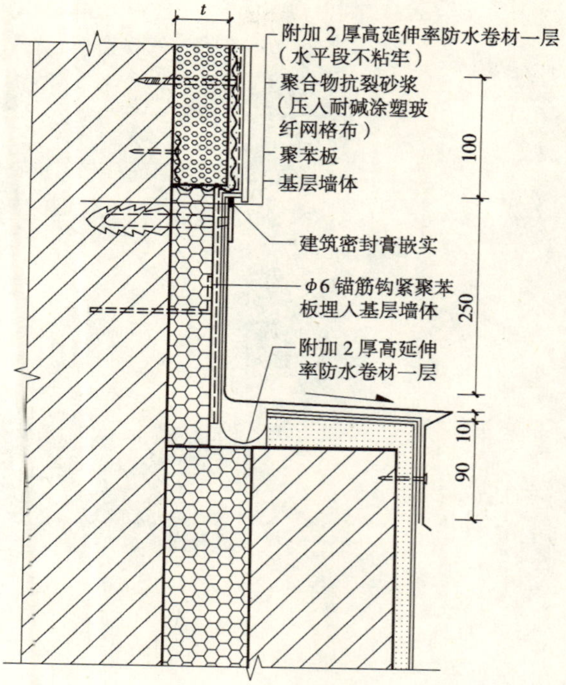

①

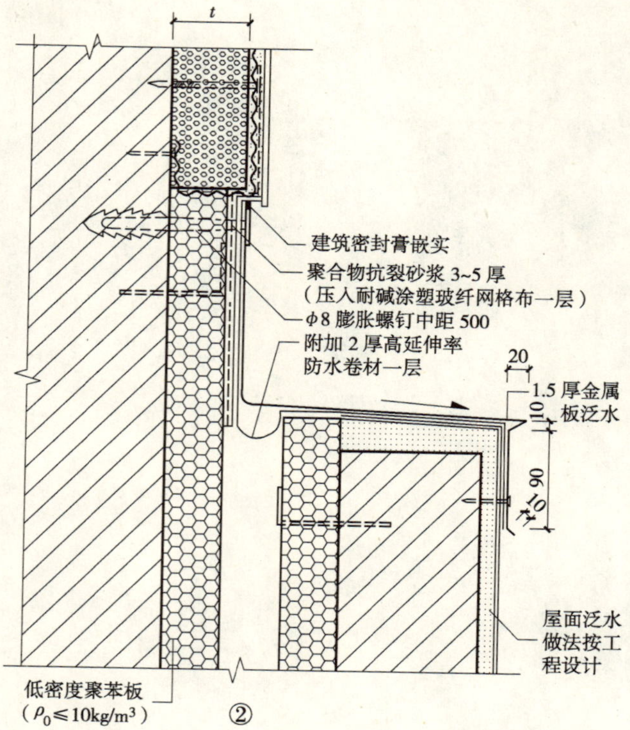

②

线脚、分格缝、过街楼（面砖饰面）

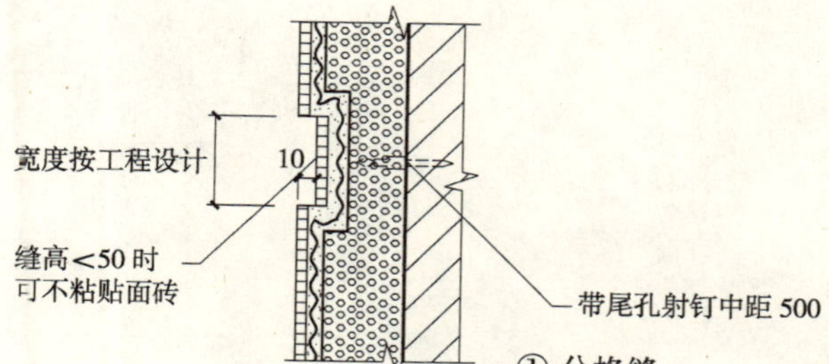

① 分格缝

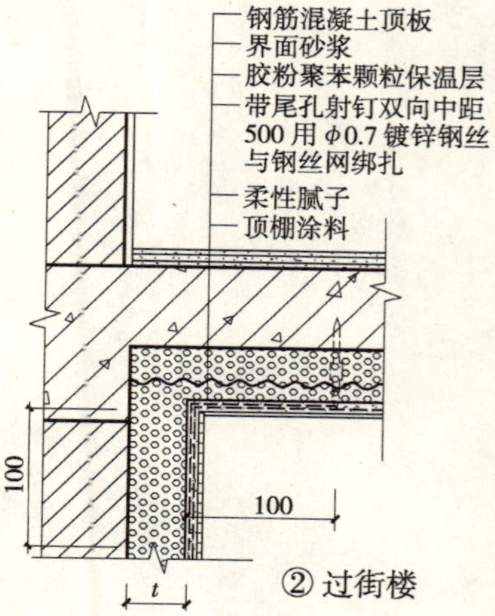

② 过街楼

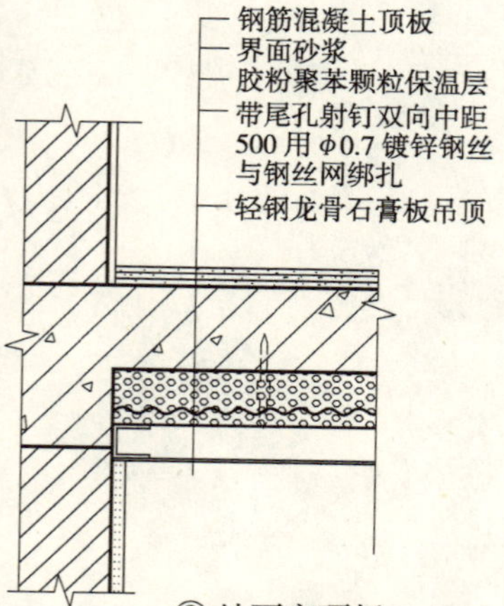

③ 地下室顶板

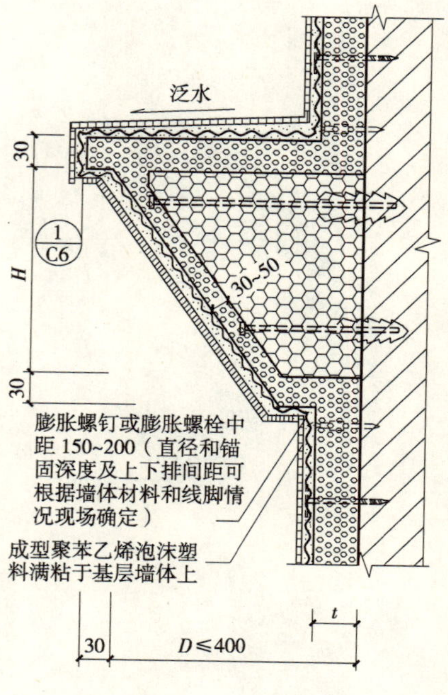

④

注：线脚尺寸 H、D 按工程设计。

4

C 型—单面钢丝网架夹芯聚苯板现浇混凝土外墙外保温做法

说　明

1. 本做法是以腹丝穿透型单面钢丝网架聚苯板（以下简称钢丝网架聚苯板）作为保温隔热层（钢丝网采用 $\phi2$ 钢丝网片与 $\phi2.5$ 镀锌钢丝插丝网焊接而成），置于现浇钢筋混凝土浇筑前外模内侧，并以锚筋钩紧钢丝网片作为铺助固定措施与钢筋混凝土外墙浇筑为一体。钢丝网架聚苯板表面抹聚合物抗裂水泥砂浆作为保护层，裹覆钢丝网片。用于表面做面砖饰面的外墙外保温做法。

基本构造见下表

基层墙体 ①	保温隔热层和 固定方式②	保护层 ③	饰面层 ④	构造示意
现浇钢筋混凝土墙	腹丝穿透型单面钢丝网架聚苯板与基层墙体一次浇筑成型。（辅以锚筋拉结）	聚合物抗裂水泥砂浆	面砖	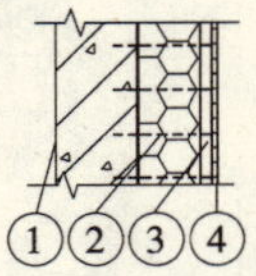

2. 选用本外保温做法时，必须遵守编制说明中的各项规定。

3. 钢丝网架聚苯板应符合现行《钢丝网架水泥聚苯乙烯夹芯板》现行有关标准和规定。带钢丝网聚苯板构件由加工厂出厂时表面喷界面剂。

4. 聚苯板内外表面均满喷喷砂界面剂。

5. 聚苯板安装就位后，将 $\phi6$ 锚筋穿透板身与混凝土墙体钢筋绑牢，锚筋穿过聚苯板的部分刷防锈漆两遍。

6. 聚苯板面的钢丝网片，在楼层分层处均应断开，不得相连。

7. 聚苯板与聚苯板水平接缝处用钢丝绑扎，竖向高低缝处用聚苯板胶粘接。

8. 必须采用钢质大模板施工。

9. 墙体混凝土应分层浇筑，分层振捣，分层高度应控制在500mm以内，严禁泵管正对聚苯板下料，振捣棒不得接触聚苯板，以免板受损。

10. 洞口四角部位应铺设附加钢丝网。

11. 抗裂砂浆抹面前，应清除聚苯板酥松、空鼓部分和油渍、污物、灰尘等，界面剂如有缺损也应补喷。

12. 粘贴面砖前需做水泥砂浆与钢丝网片的握裹力试验和抗拉拔试验。

13. 面砖饰面应确保与墙体的粘贴牢固性，粘贴面砖应采用抗裂砂浆，且不宜过厚，一般以3～5厚为宜。

14. 面砖厚度不宜超过6mm。高层时面砖重量≤20kg/m^2，且面积≤0.01m^2/块。

15. 面砖饰面每层宜设水平分格缝，垂直分格缝的位置按缝间面积30m^2左右确定。

16. 面砖应采用柔性粘结砂浆勾缝，且厚度应比面砖厚度薄2～3mm。

保温做法、热工指标及厚度选用表

钢丝网架夹芯聚苯板现浇混凝土外墙外保温做法、热工指标及厚度选用表

编号	构造简图	外墙主体	① 外墙内抹灰	② 外墙主体	③ 保温层	④ 外墙外饰面	主体部位	
			厚度（mm）	厚度（mm）	厚度（mm）	厚度（mm）	总传热阻 R_0（$m^2 \cdot K/W$）	传热系数 K_0 [$W/(m^2 \cdot K)$]
1	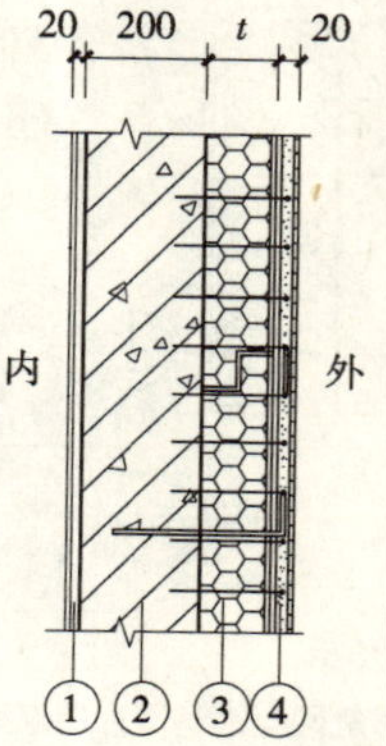	混凝土剪力墙	20	200	30	20	0.761	1.314
					40		0.915	1.093
					50		1.068	0.936
					60		1.222	0.818
					70		1.376	0.727
					80		1.529	0.654
					90		1.683	0.594
					100		1.837	0.545

注：1. 计算结果依据《民用建筑热工设计规范》（GB 50176—93）求得。
2. 当主体墙为加气混凝土砌块保温层小于40mm厚时，应对热桥部位采取保温措施。详见编制说明。

平、剖面详图（面砖饰面）

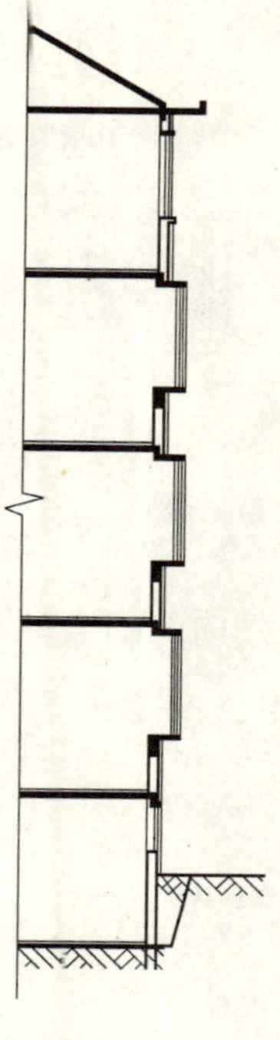

1—1

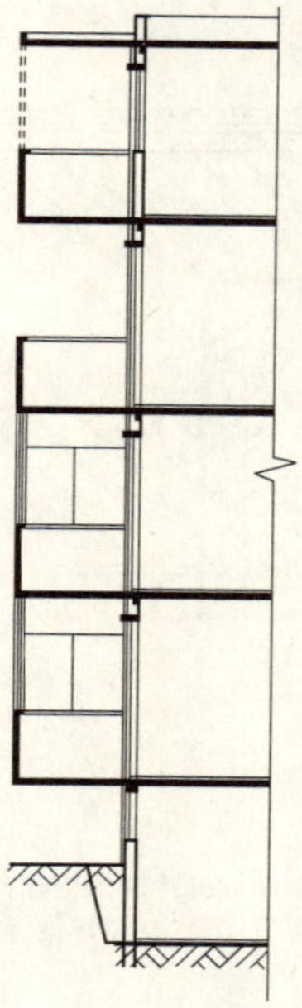

2—2

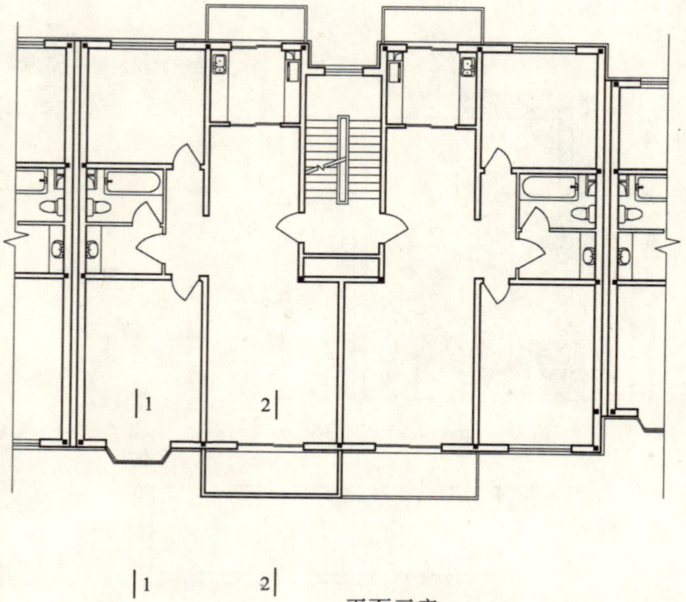

平面示意

注：虚线示意当阳台为封闭保温阳台时选用相关节点做法。

墙体构造及墙角（面砖饰面）

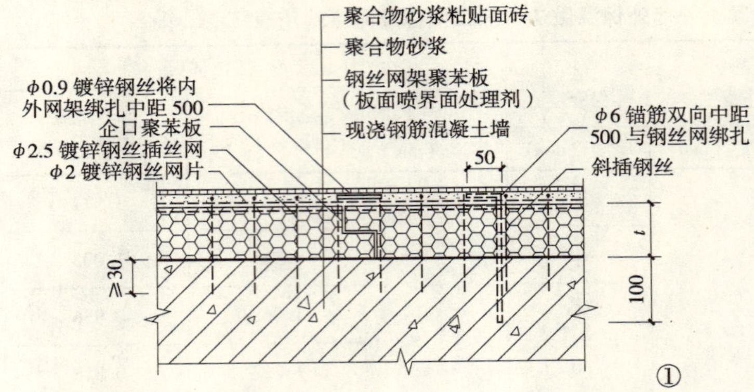

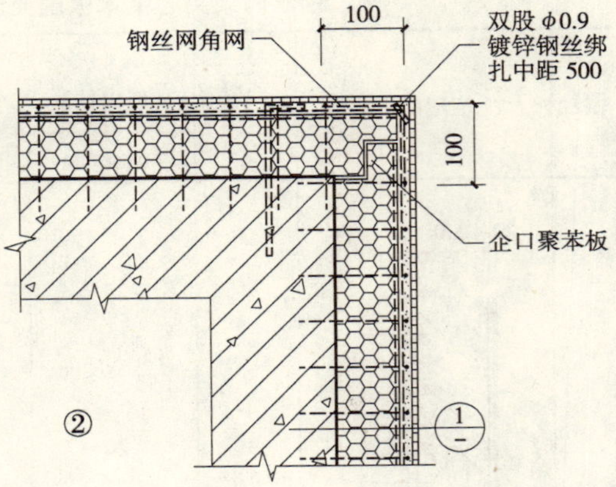

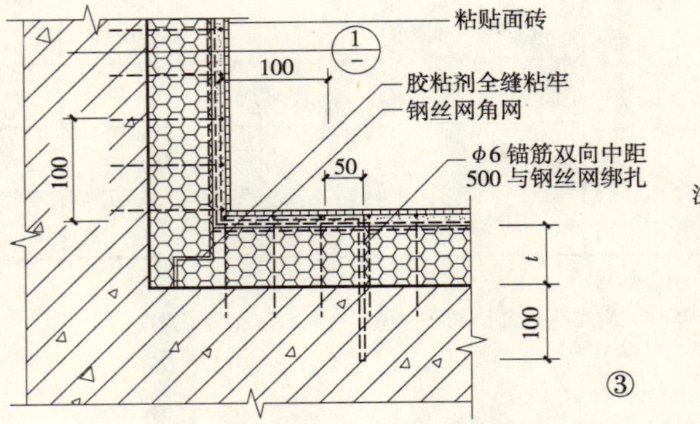

注：1. 钢丝网角网同钢丝网片，角网与钢丝网片用双股 ϕ0.9 镀锌钢丝绑扎中距 500。
2. 钢丝网架聚苯板于阴阳角拼接及平接处均用双股 ϕ0.9 镀锌钢丝绑扎中距 500。
3. 保温层厚度 t 由设计根据计算确定。

女儿墙和挑檐（面砖饰面）

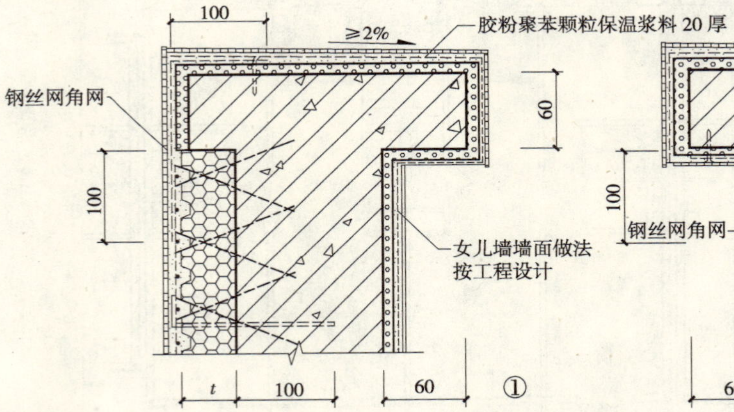

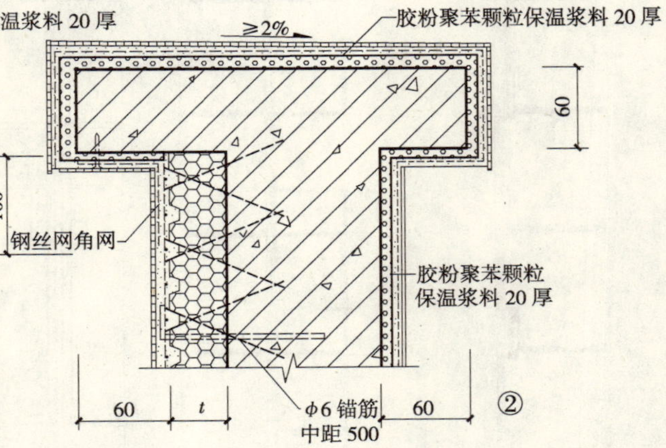

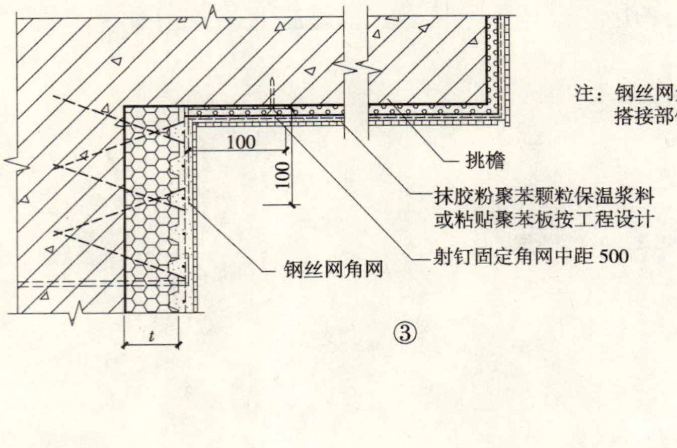

注：钢丝网角网做法同墙面钢丝网片，角网片钢丝网片搭接部位用 ϕ0.9 镀锌钢丝绑扎中距 500。

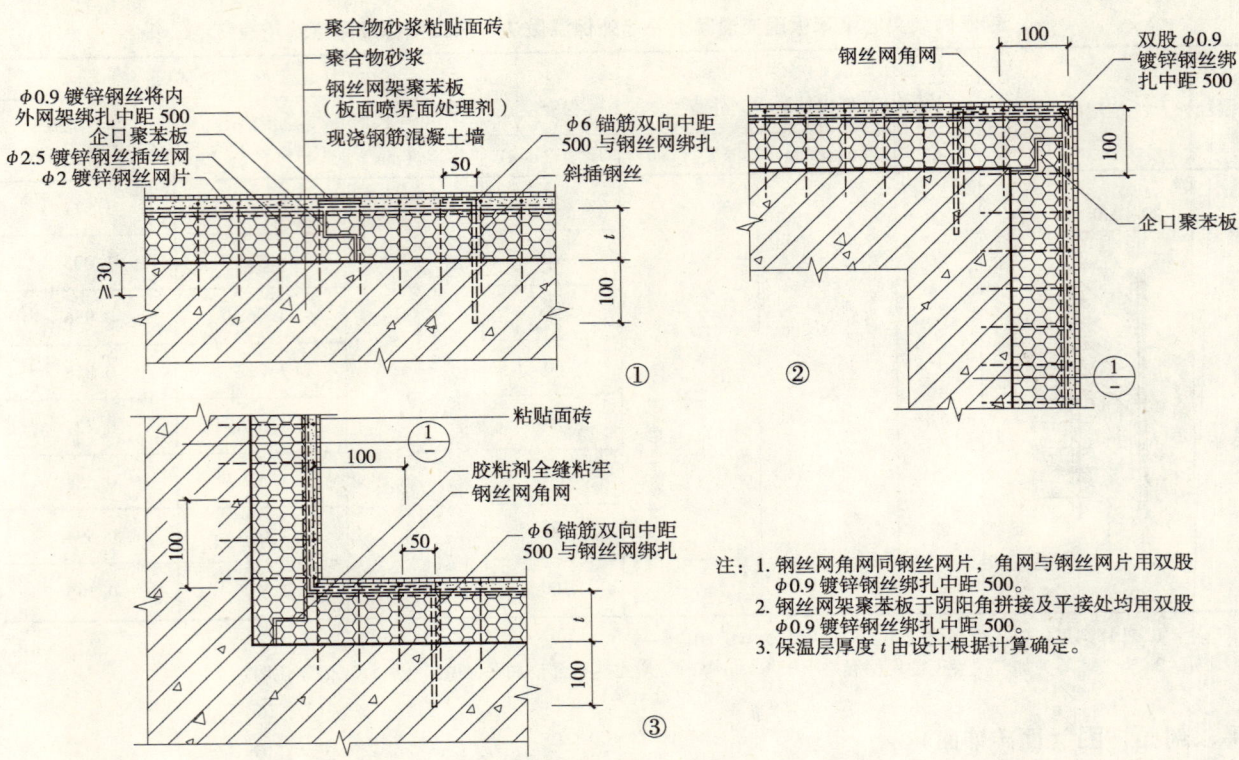

不带窗套窗口（面砖饰面）

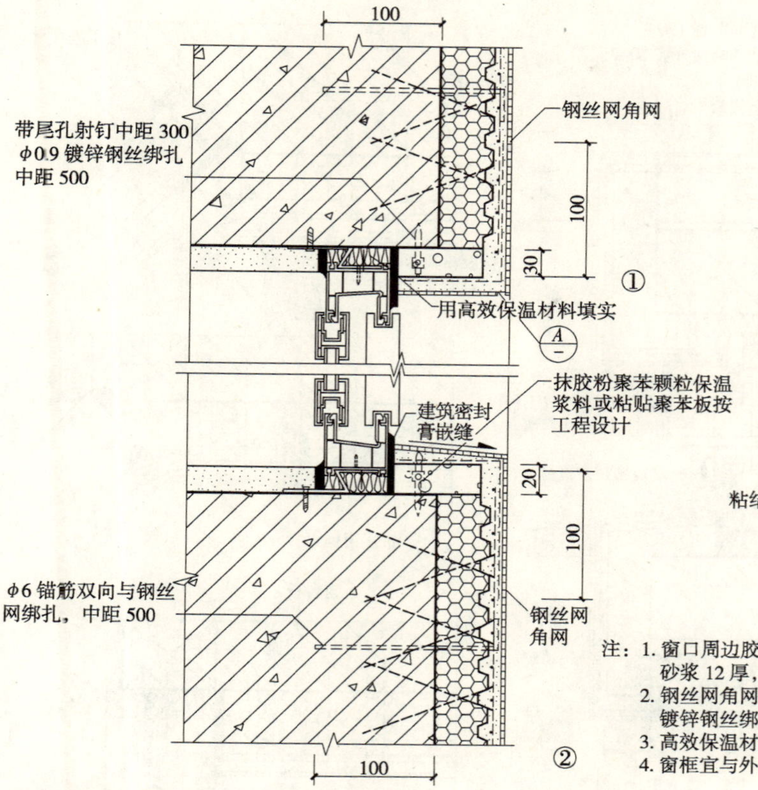

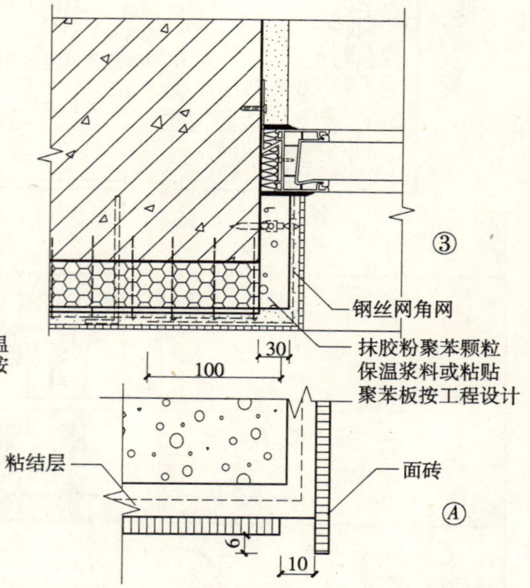

注：1. 窗口周边胶粉聚苯颗粒保温浆料或聚苯板表面抹与墙面材料相同的砂浆 12 厚，再用胶粘剂粘贴面砖。
2. 钢丝网角网做法同墙面钢丝网片，角网与钢丝网片搭接部位用 φ0.9 镀锌钢丝绑扎中距 500，每平方米宜设 4 根。
3. 高效保温材料可选用聚苯板条和聚氨酯发泡材料，由工程设计定。
4. 窗框宜与外墙平齐。

带窗套窗口（面砖饰面）

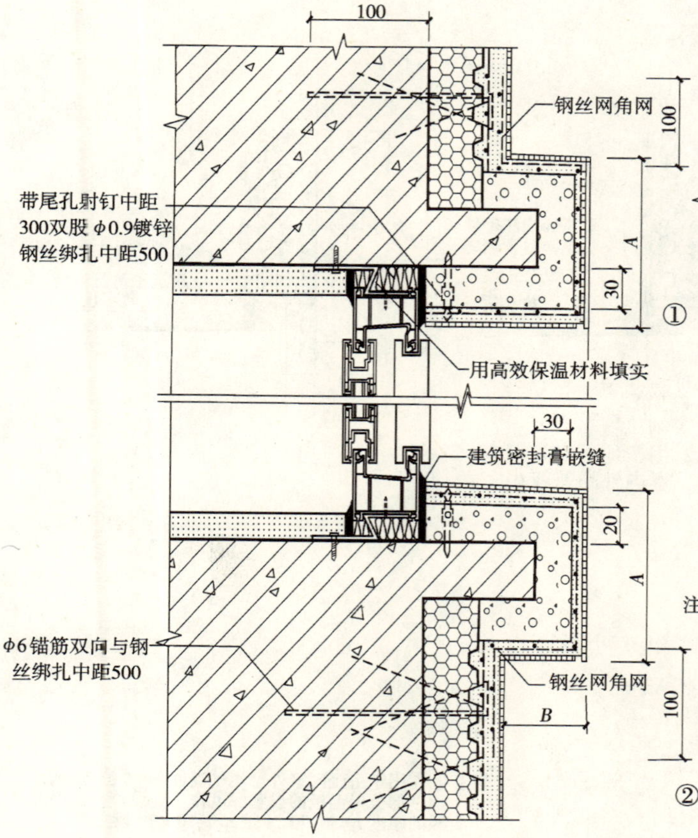

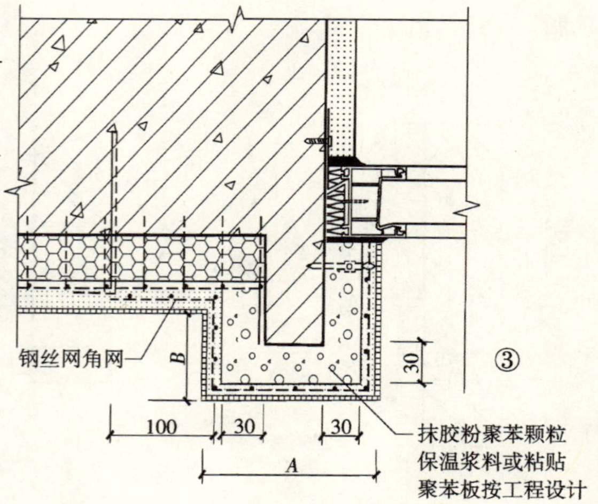

注：1. 窗口周边胶粉聚苯颗粒保温浆料或聚苯板表面抹与墙面材料相同的砂浆12厚，再用胶粘剂粘贴面砖。
2. 钢丝网角网做法同墙面钢丝网片，角网与钢丝网片搭接部位用双股 φ0.9镀锌钢丝绑扎中距500，每平方米宜设4根。
3. 窗套宽度*A*及出挑尺寸*B*由工程设计定，*B*宜≤80。
4. 高效保温材料可选用聚苯板条和聚氨酯发泡材料，由工程设计定。

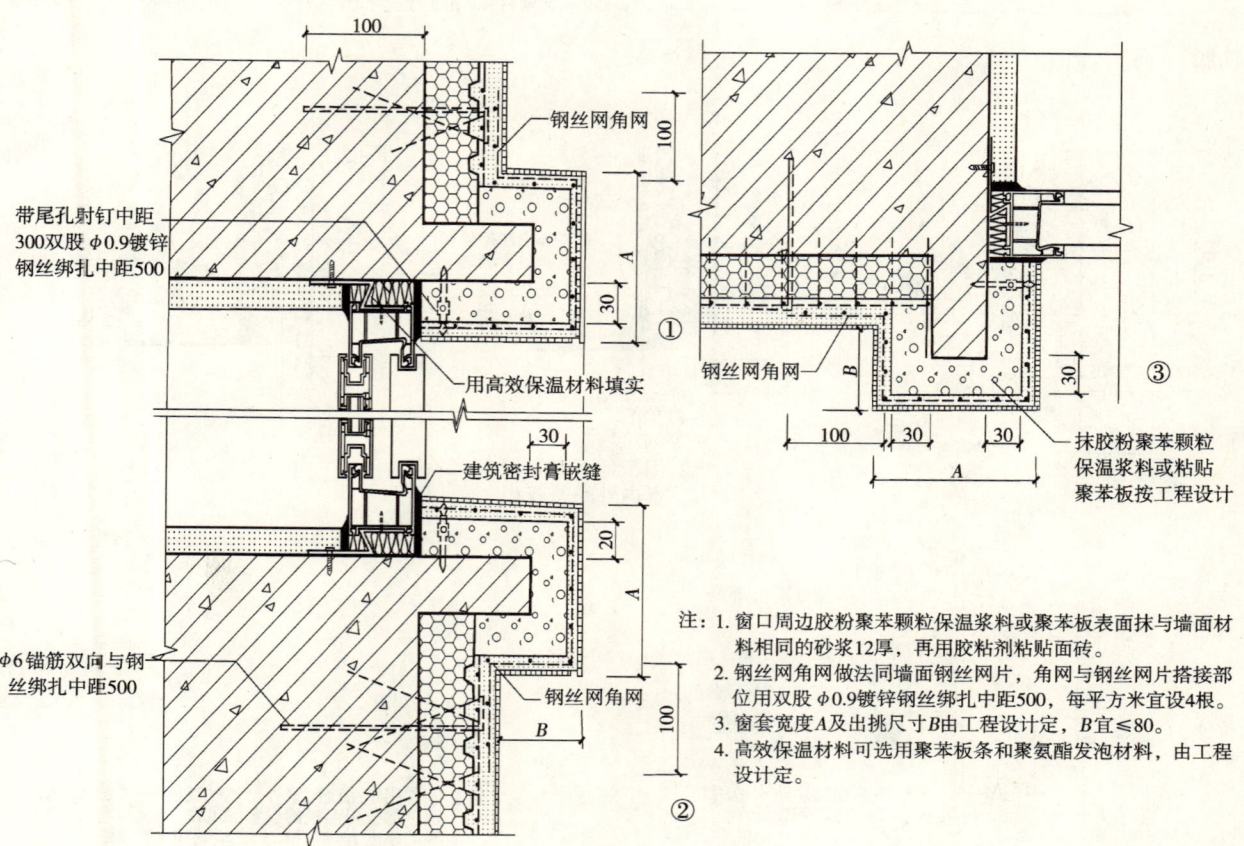

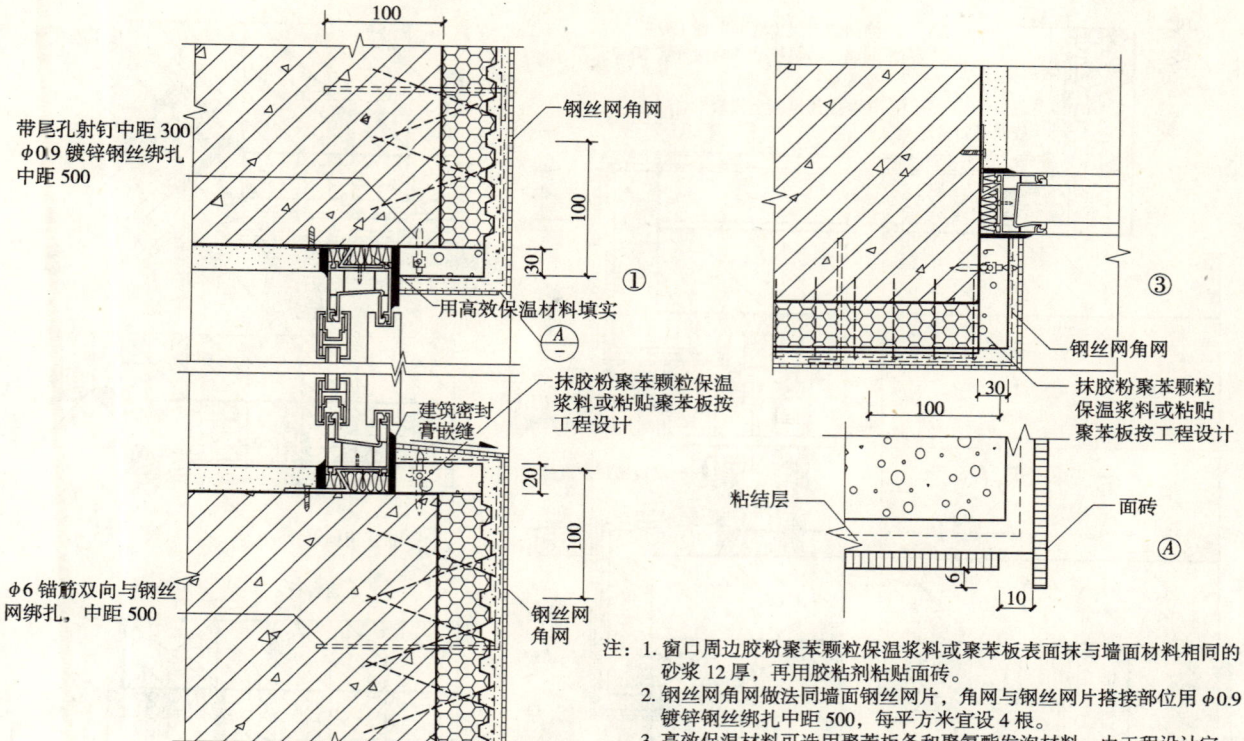

凸窗窗口（面砖饰面）

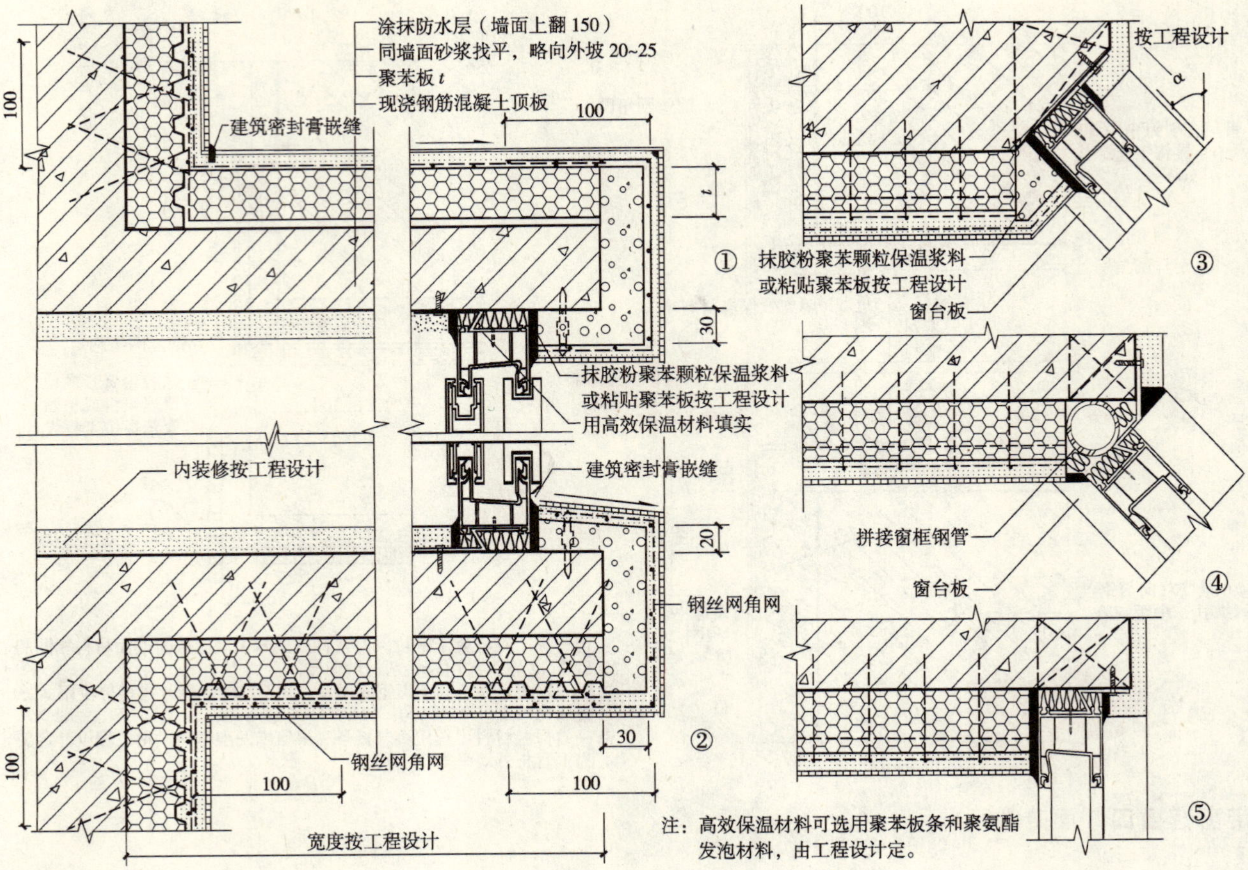

注：高效保温材料可选用聚苯板条和聚氨酯发泡材料，由工程设计定。

勒脚（面砖饰面）

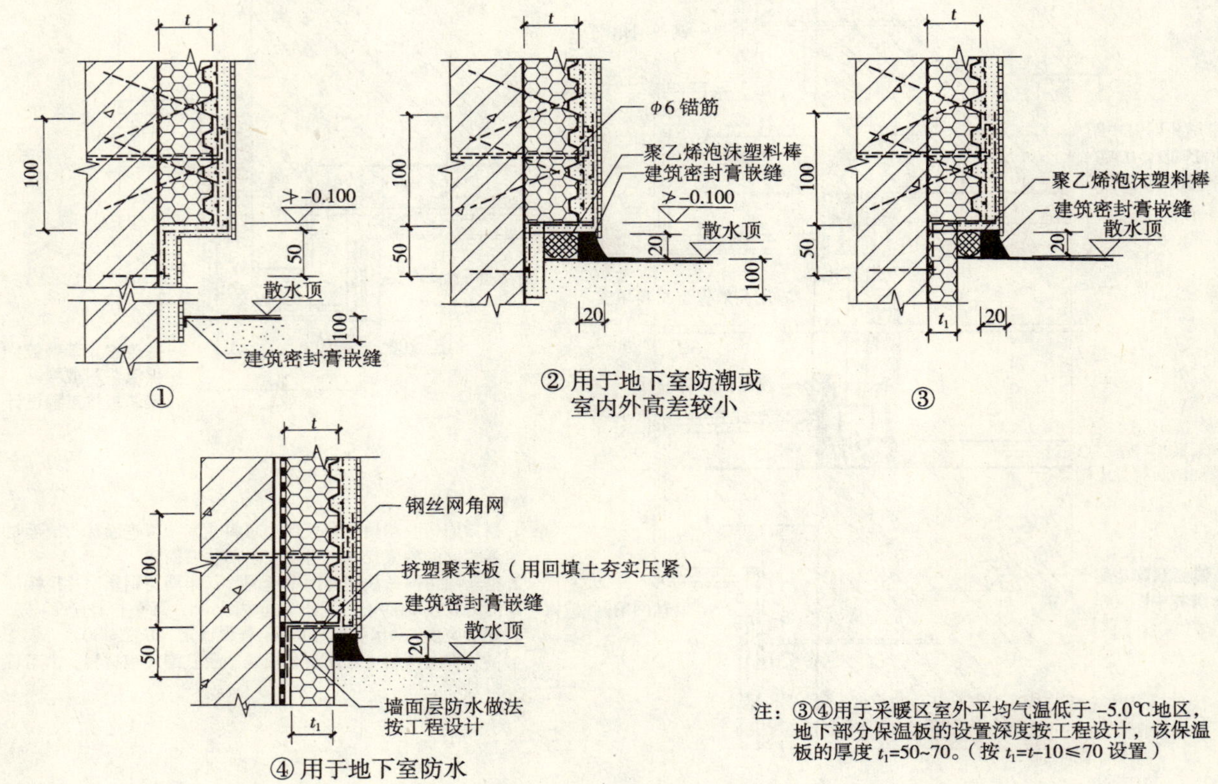

注：③④用于采暖区室外平均气温低于 -5.0℃地区，地下部分保温板的设置深度按工程设计，该保温板的厚度 t_1=50~70。（按 t_1=t-10≤70 设置）

敞开阳台（面砖饰面）

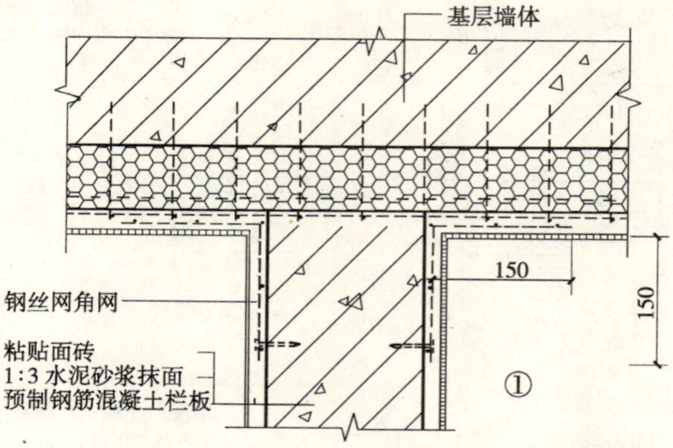

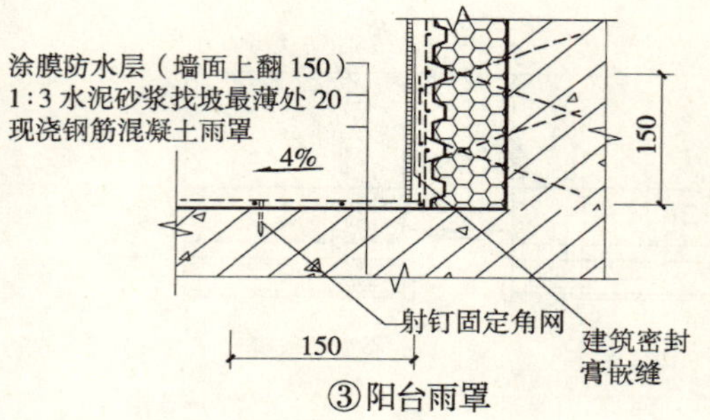

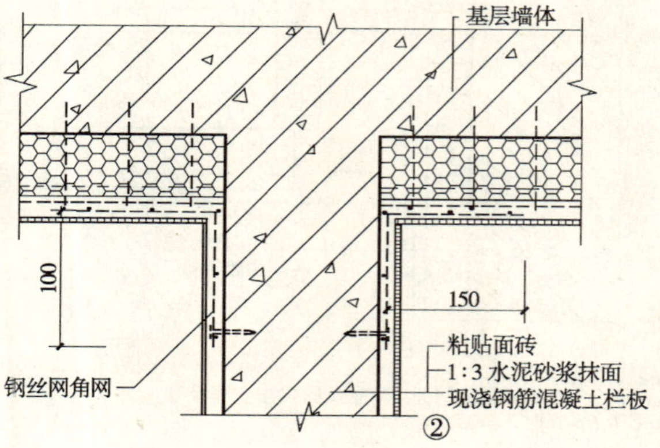

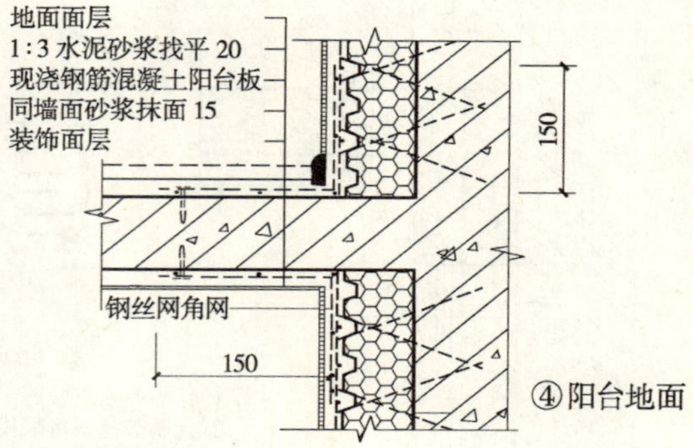

封闭保温阳台（面砖饰面）

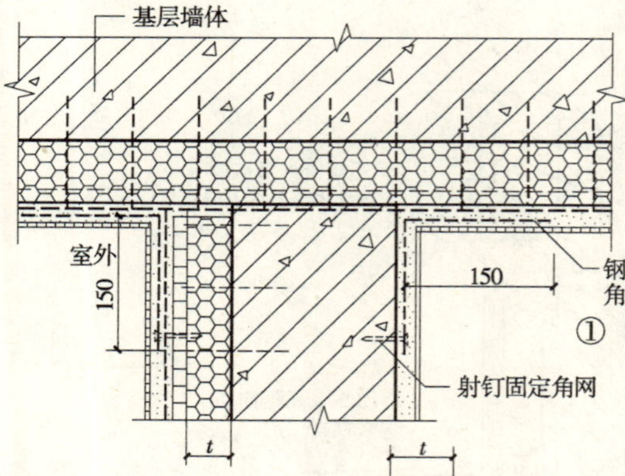

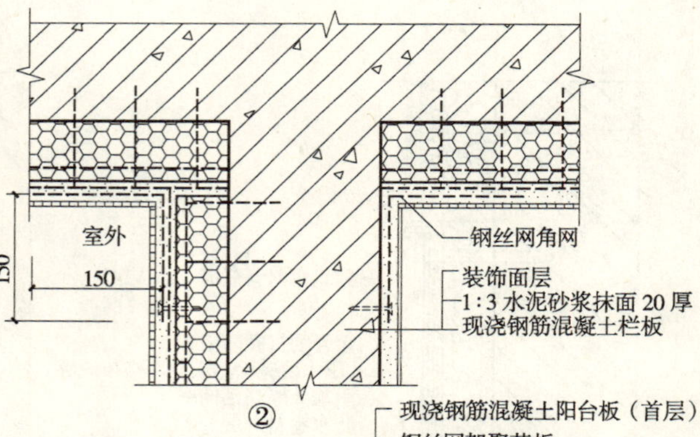

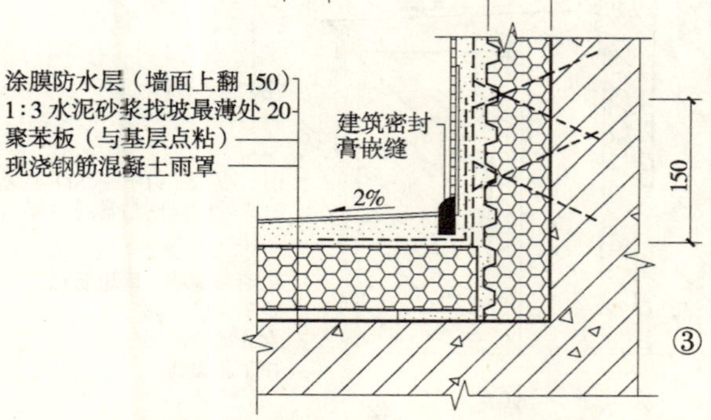

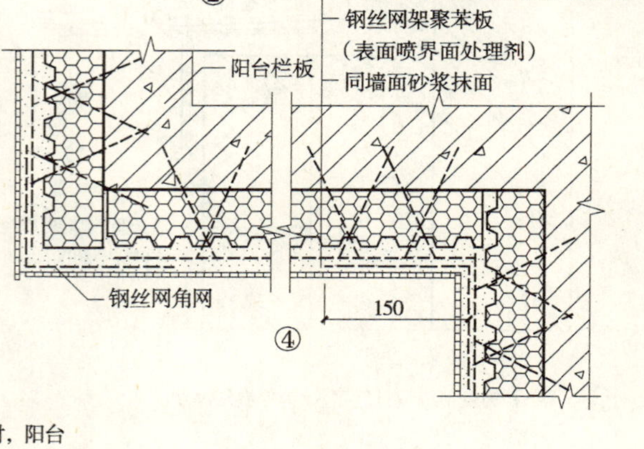

注：1. 阳台栏板室内板面装修按工程设计。

2. 阳台部位的保温浆料与墙体保温浆料同厚，当墙体保温浆料厚度>50 时，阳台部位的保温浆料可适当减薄，但应≥50。

墙身变形缝（平面）（面砖饰面）

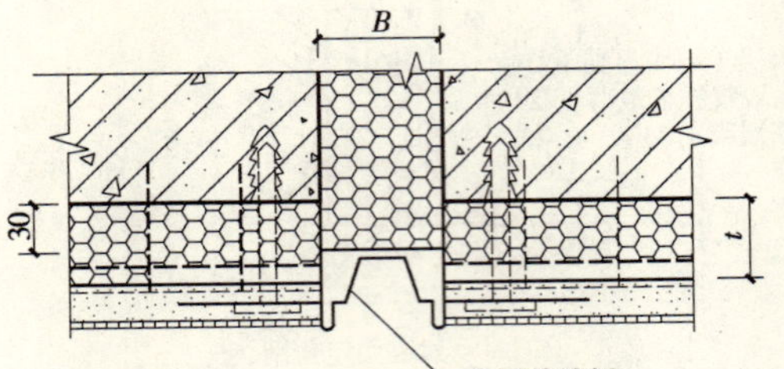

①

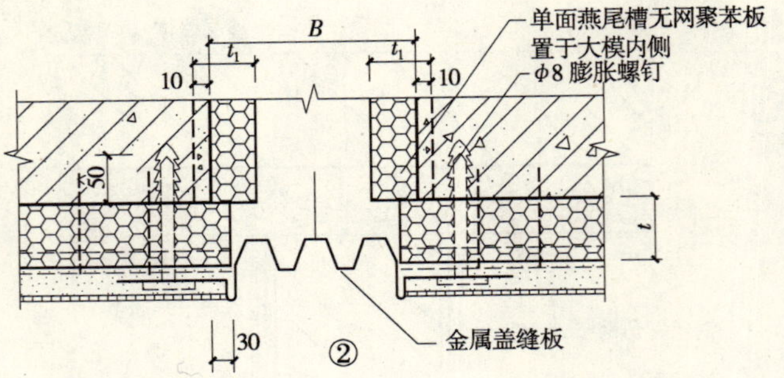

②

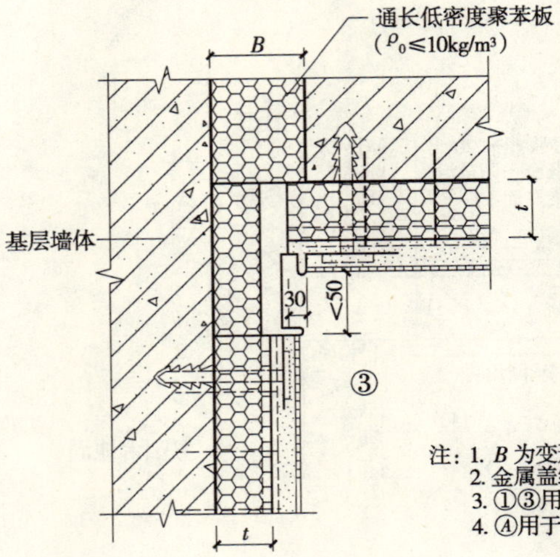

③

Ⓐ金属盖缝板

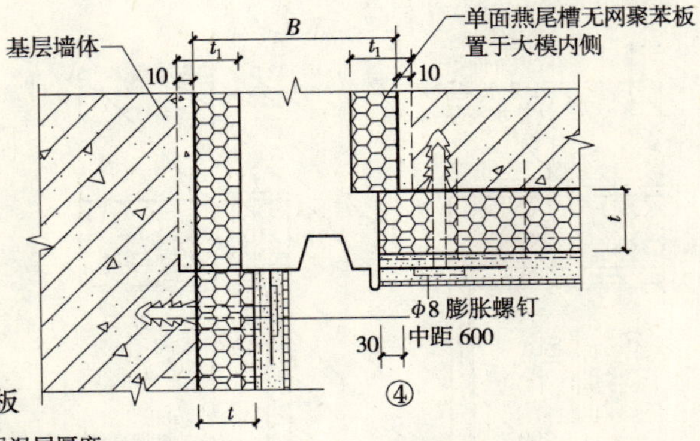

④

注：1. B 为变形缝宽度，t 为保温层厚度。
2. 金属盖缝板可采用 1.5mm 厚铝合金板或彩色钢板，尺寸及形式按工程设计。
3. ①③用于 $B<t$ 时，②④用于 $B>2t$ 时，$t_1=0.5t$。
4. Ⓐ用于沉降缝或抗震缝。

墙身变形缝（剖面）（面砖饰面）

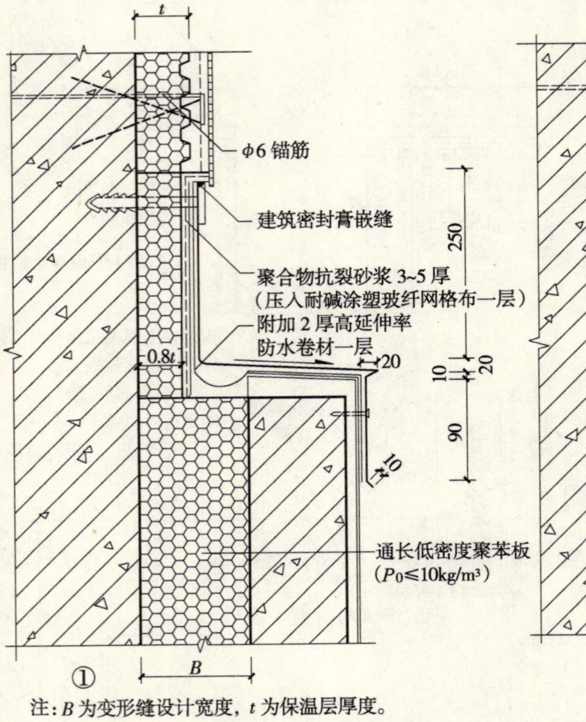

①

注：B 为变形缝设计宽度，t 为保温层厚度。

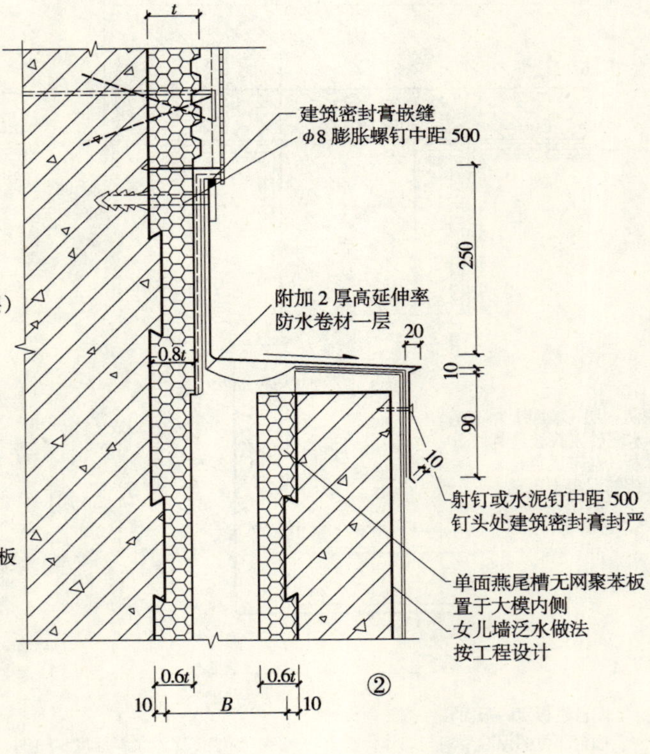

②

线脚、分格缝、过街楼（面砖饰面）

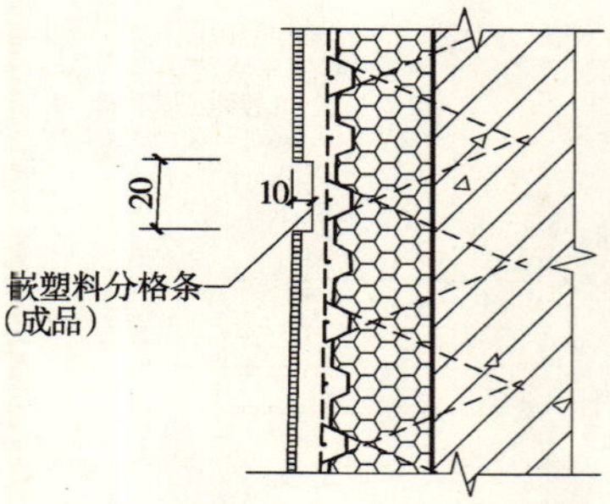

①分格缝

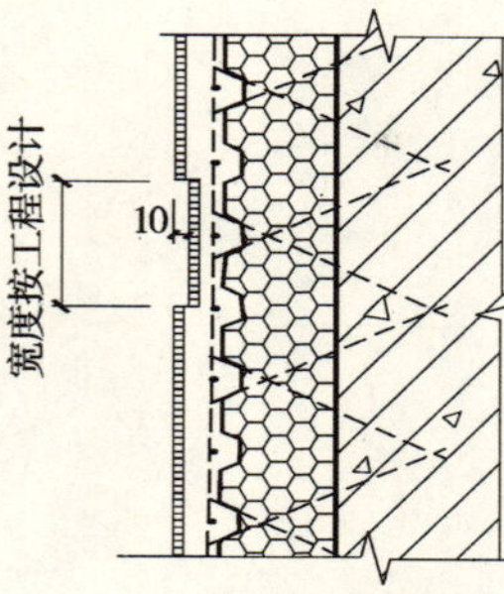

②分格色带

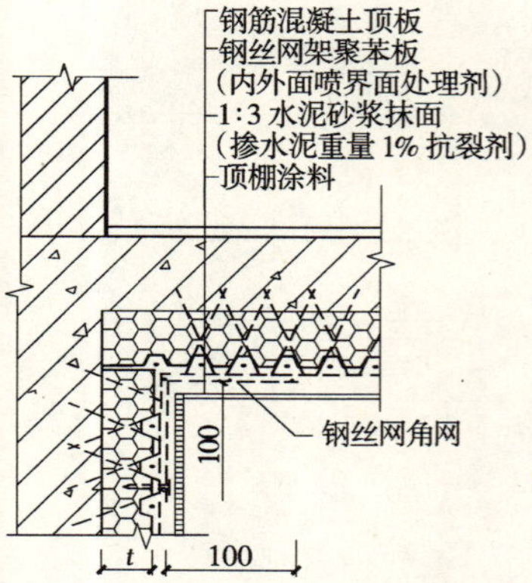

③过街楼

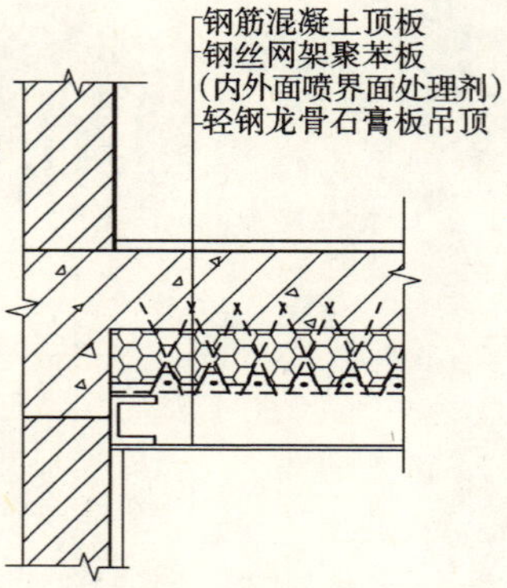

④地下室顶板

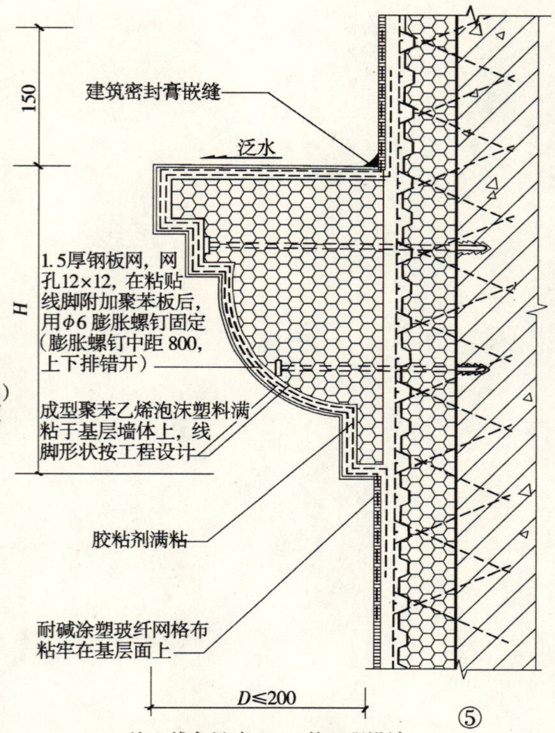

⑤

注：线角尺寸 H、D 按工程设计。

5

D 型—机械固定单面钢丝网架夹芯聚苯板外墙外保温做法

说　明

1. 本做法是以腹丝非穿透型单面钢丝网架聚苯板（以下简称钢丝网架聚苯板）作为保温隔热层（钢丝网采用 ϕ2 钢丝网片，双向斜插 ϕ2.2 镀锌腹丝焊接而成），通过网卡或预埋锚筋固定于基层墙体，聚苯板面抹抗裂砂浆裹覆钢丝网片，属厚抹灰面层，外饰面层可做涂料饰面或面砖饰面的外墙外保温做法。选用面砖饰面时，应满足本册编制说明 3.3 条有关面砖饰面的要求。

基本构造见下表

基层墙体 ①	保温隔热层和 固定方式②	保护层 ③	饰面层 ④	构造示意
混凝土墙体、各种砌体墙体	腹丝非穿透型钢丝网架聚苯板用锚栓或锚筋固定	水泥砂浆抹面、抗裂砂浆罩面	涂料或面砖	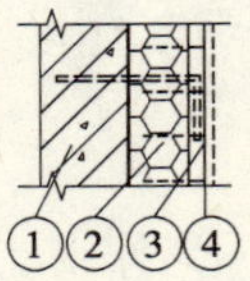

2. 选用本形式外保温做法时，必须遵守编制说明中的各项规定。

3. 基层墙体应平整坚实，不能有突出物。

4. 用预埋 ϕ6 锚筋固定钢丝网片时，锚筋在砌墙时埋入砖缝（锚筋端头露出钢丝网片 120 ~ 150mm），出基层墙面部分刷防锈漆两遍，待钢丝网架聚苯板铺设就位，即将露头的锚筋折弯压紧钢丝网片，并用 ϕ0.7 镀锌钢丝绑牢。

用网卡固定钢丝网片时，先在距钢丝网架聚苯板面按网卡的位置和尺寸挖出板洞，放下网卡后，用金属锚栓将卡紧网片的网卡紧固在基层墙体上，再用聚苯块将孔洞填实。

固定钢丝网片选用预埋锚筋方案或网卡方案，可视基层墙体材料和施工条件而定。

5. 聚苯板的锚固点每平方米不应少于 5 个，洞口周围应适当增加。

6. 聚苯板内外表面（连同钢丝网片）均满喷喷砂界面剂。

7. 洞口四角部位应铺设附加钢丝网。

8. 抗裂砂浆抹面前，应清除聚苯板表面的油渍、污物、灰尘等，界面剂如有缺损也应补喷。

9. 粘贴面砖前，需做水泥砂浆与钢丝网片的握裹力试验和抗拉拔试验。

10. 墙面伸缩缝可按 6m × 6m 设置。

11. 面砖饰面应确保与墙体的粘贴牢固性，粘贴面砖应采用有弹性的聚合物砂浆，且不宜过厚，一般以 3 ~ 5 厚为宜。

12. 面砖厚度不宜超过 6mm。高层时面砖重量 ≤20kg/m^2，且面积 ≤1m^2/块。

13. 面砖饰面每层宜设水平分格缝，垂直分格缝的位置按缝间面积 30m^2 左右确定。

14. 面砖应采用柔性砂浆勾缝，且厚度应比面砖厚度薄 2 ~ 3mm。

保温做法、热工指标及厚度选用表

机械固定单面钢丝网架夹芯聚苯板外墙外保温做法、热工指标及厚度选用表

编号	构造简图	外墙主体	① 外墙内抹灰 厚度（mm）	② 外墙主体 厚度（mm）	③ 保温层 厚度（mm）	④ 外墙外饰面 厚度（mm）	主体部位 总传热阻 R_0（$m^2 \cdot K/W$）	主体部位 传热系数 K_0 [$W/(m^2 \cdot K)$]
1	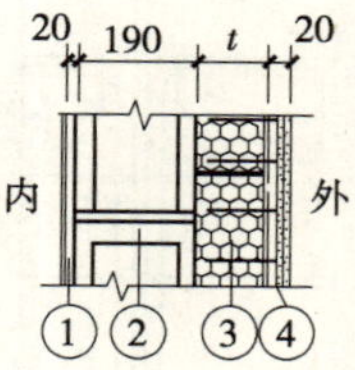	承重混凝土空心砌块	20	190	30	20	0.909	1.101
					40		1.092	0.916
					50		1.275	0.784
					60		1.458	0.686
					70		1.641	0.609
					80		1.824	0.548
					90		2.008	0.498
					100		2.190	0.456
2	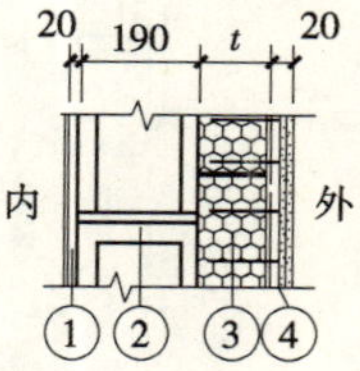	炉渣混凝土空心砌块	20	190	30	20	1.006	0.994
					40		1.189	0.841
					50		1.371	0.729
					60		1.555	0.643
					70		1.738	0.575
					80		1.921	0.520
					90		2.105	0.475
					100		2.288	0.437
3	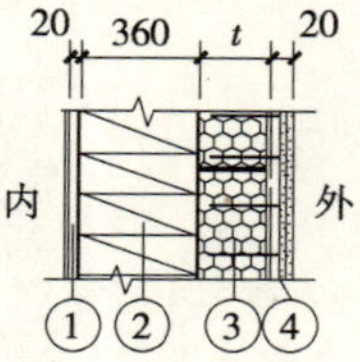	360厚页岩多孔砖	20	360	30	20	1.251	0.800
					40		1.434	0.697
					50		1.617	0.618
					60		1.800	0.556
					70		1.983	0.504
					80		2.166	0.462
					90		2.350	0.426
					100		2.533	0.395
4	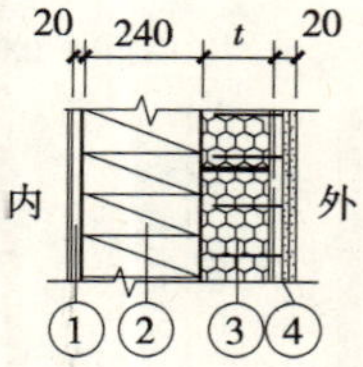	240厚页岩多孔砖	20	240	30	20	1.083	0.924
					40		1.266	0.790
					50		1.449	0.690
					60		1.632	0.613
					70		1.815	0.551
					80		1.998	0.500
					90		2.182	0.458
					100		2.365	0.423
5	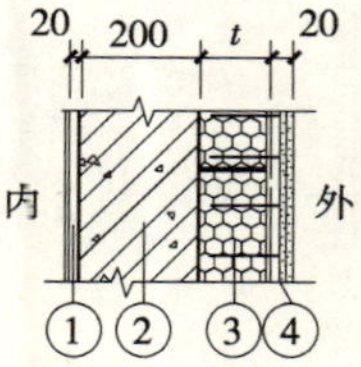	混凝土剪力墙	20	200	30	20	0.861	1.162
					40		1.044	0.958
					50		1.227	0.815
					60		1.410	0.709
					70		1.593	0.628
					80		1.776	0.563
					90		1.960	0.510
					100		2.143	0.467
6	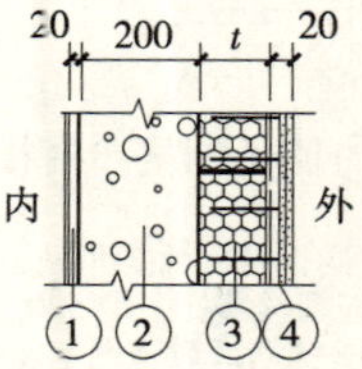	加气混凝土砌块	20	200	30	20	1.588	0.630
					40		1.771	0.565
					50		1.954	0.512
					60		2.137	0.468
					70		2.320	0.431
					80		2.503	0.399
					90		2.687	0.372
					100		2.870	0.348

注：1. 计算结果依据《民用建筑热工设计规范》（GB 50176—93）求得。
2. 当主体墙为加气混凝土砌块保温层小于40mm厚时，应对热桥部位采取保温措施。详见编制说明。
3. 外墙外饰面厚度20为外墙贴面砖时厚度。

平、剖面详图（涂料饰面）

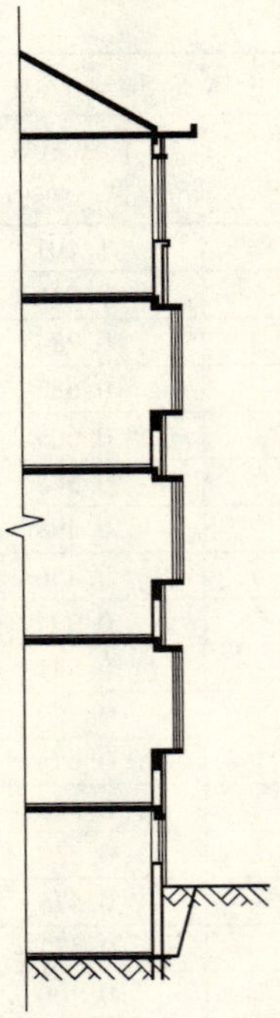

1—1

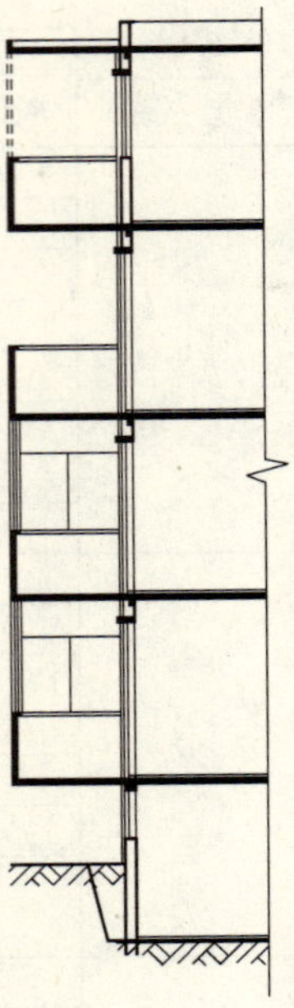

2—2

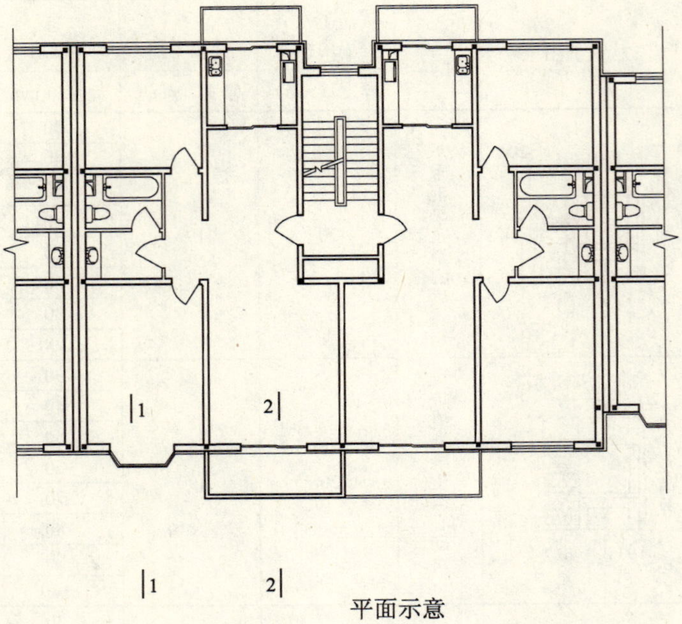

平面示意

注：虚线示意当阳台为封闭保温阳台时选用相关节点做法。

墙体构造及墙角（涂料饰面）

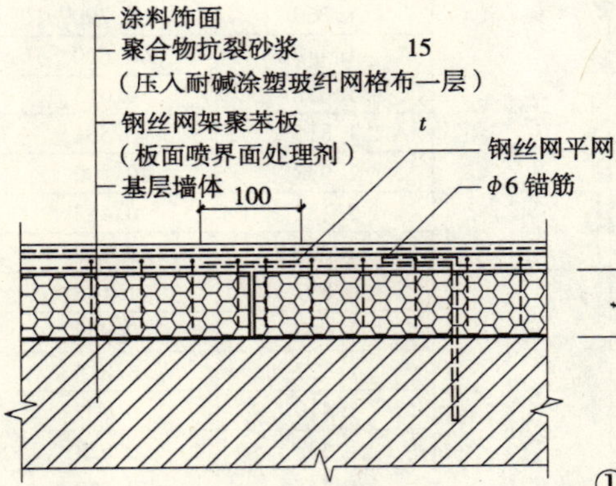

①

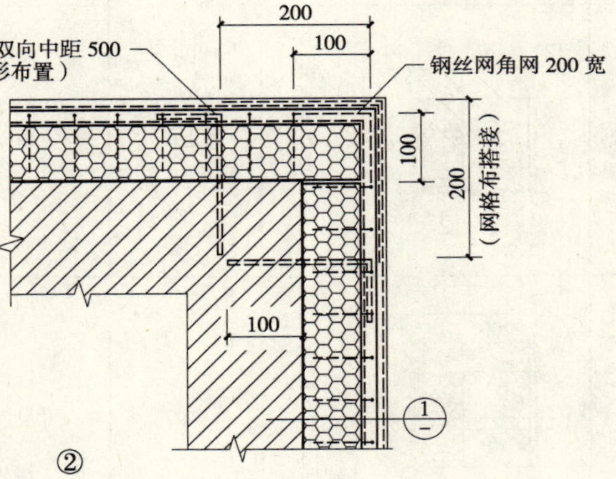

②

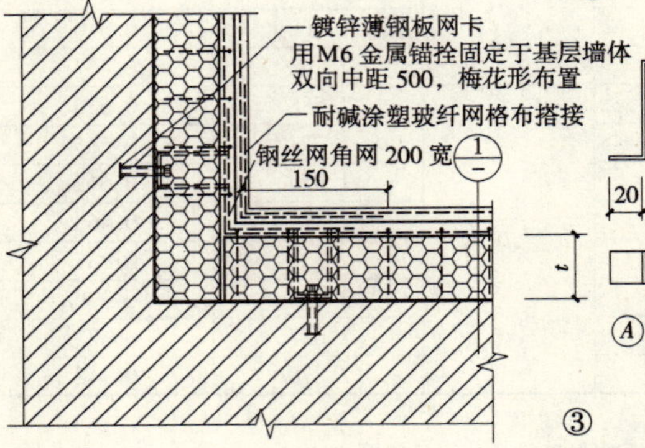

③

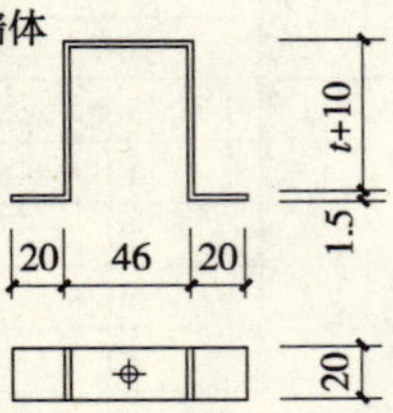

Ⓐ 镀锌薄钢板网卡

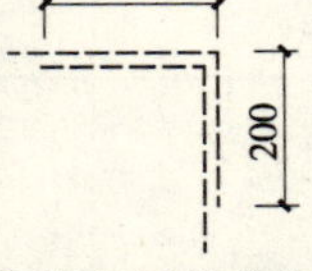

Ⓑ 阳角网格布搭接示意

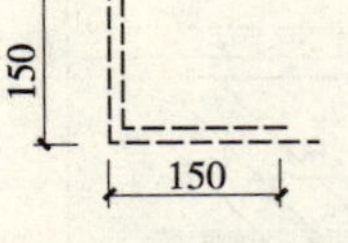

Ⓒ 阴角网格布搭接示意

注：1. 钢丝网角网、平网的做法同钢丝网片，角网、平网与钢丝网片用双股 φ0.9 镀锌钢丝绑扎中距 500。
2. 固定钢丝网架采用预埋 φ6 锚筋或镀锌网卡，可根据基层墙体情况确定。本图仅为示意。

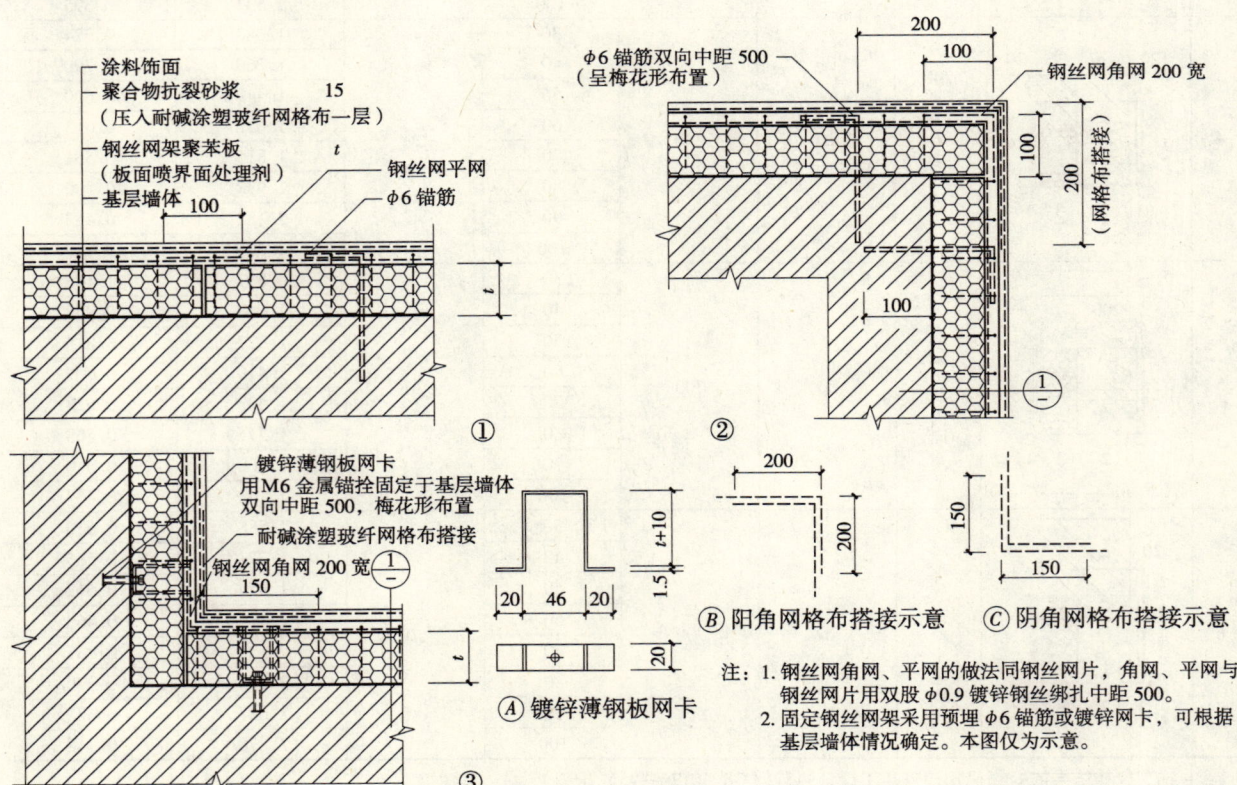

女儿墙和挑檐（涂料饰面）

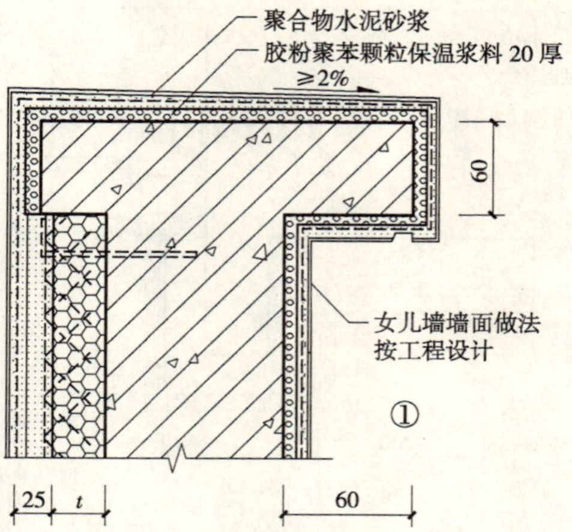

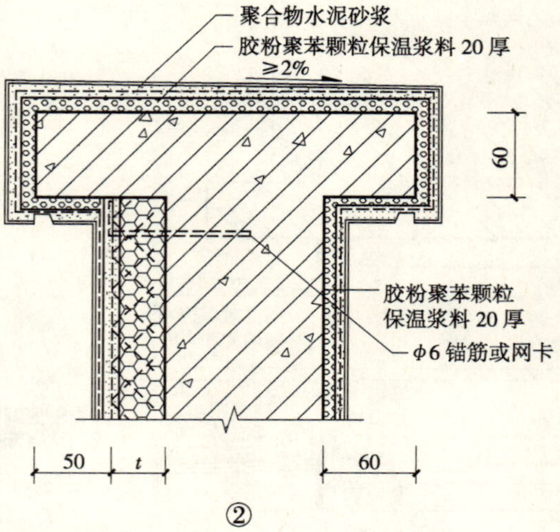

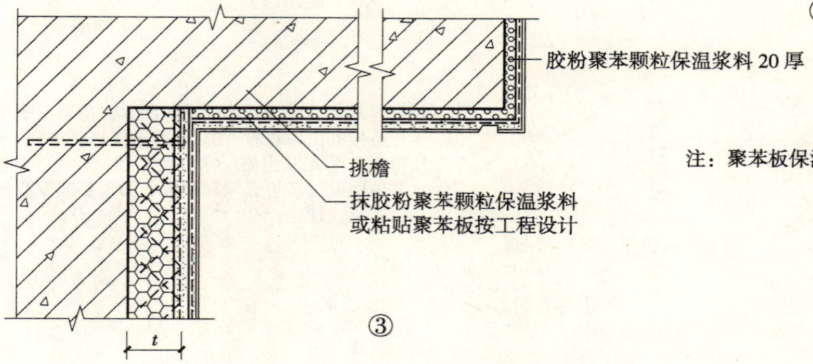

注：聚苯板保温层厚度 t 根据计算确定。

不带窗套窗口（涂料饰面）

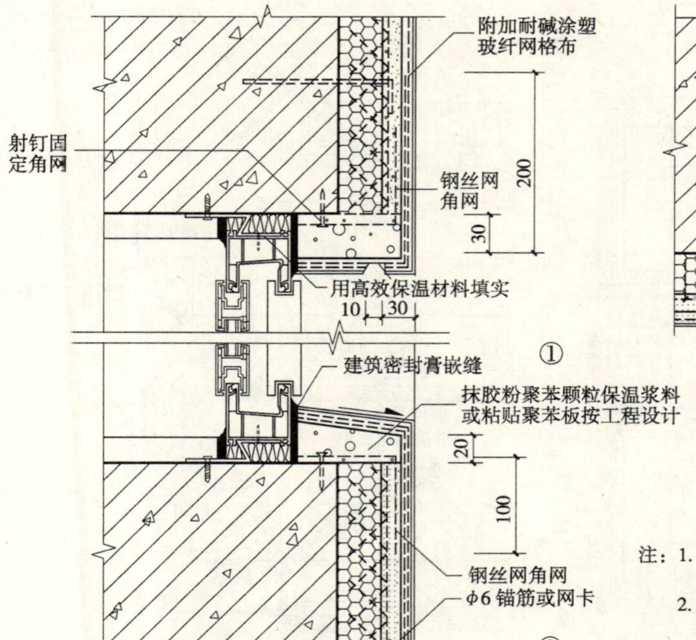

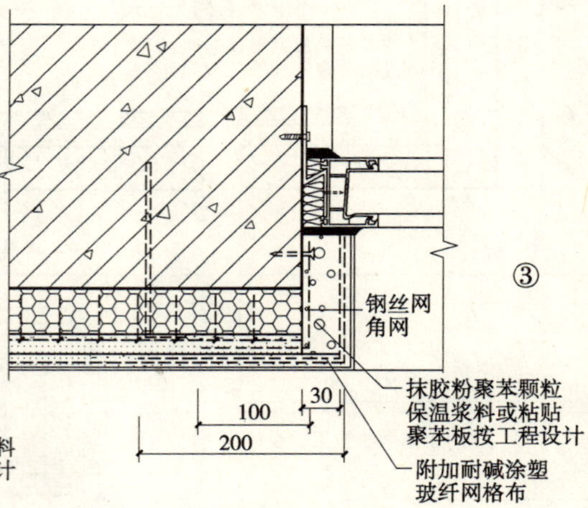

注：1. 钢丝网角网做法同墙面钢丝网片，角网与钢丝网片搭接部位用双股 φ0.9 镀锌钢丝绑扎中距 500。
2. 高效保温材料可选用聚苯板条和聚氨酯发泡材料，由工程设计定。
3. 窗框宜与外墙平齐。

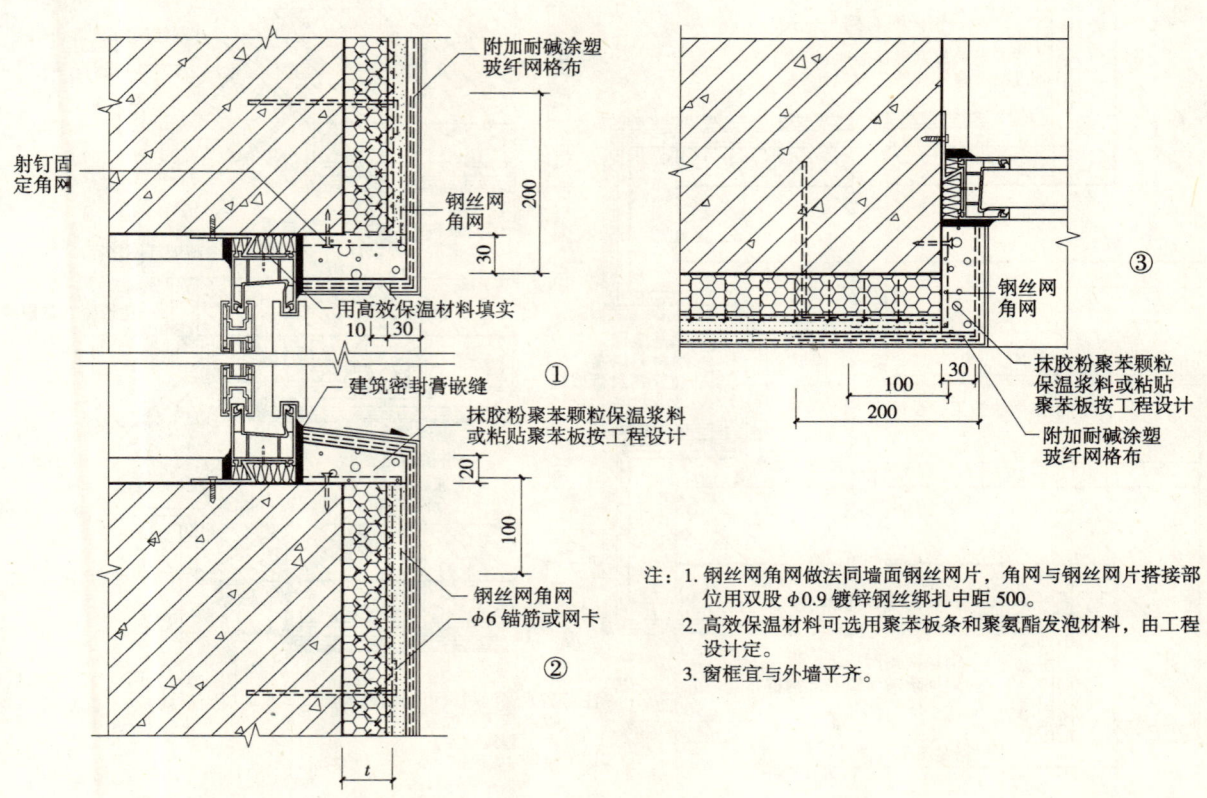

带窗套窗口（涂料饰面）

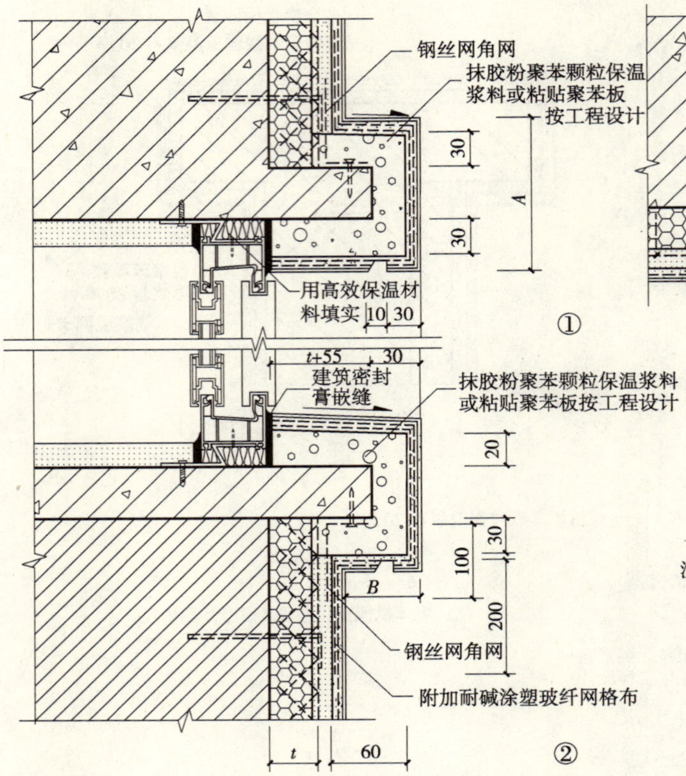

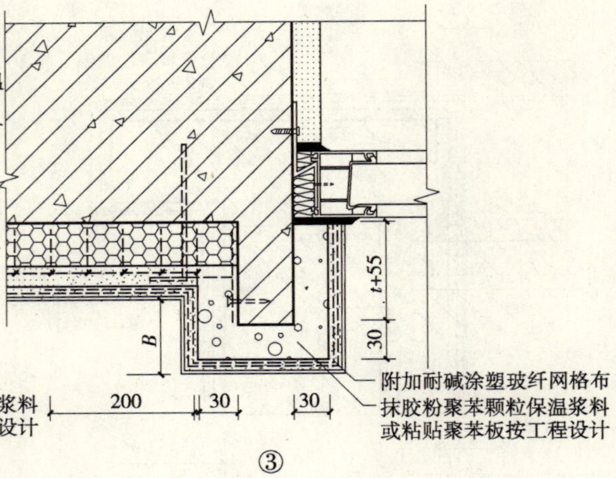

注：1. 钢丝网角网做法同墙面钢丝网片，角网与钢丝网片搭接部位用双股 ϕ0.9 镀锌钢丝绑扎中距 500。
2. 窗套宽度 *A* 及出挑尺寸 *B* 由工程设计定，*B* 宜≤80。
3. 高效保温材料可选用聚苯板条和聚氨酯发泡材料，由工程设计定。

凸窗窗口（涂料饰面）

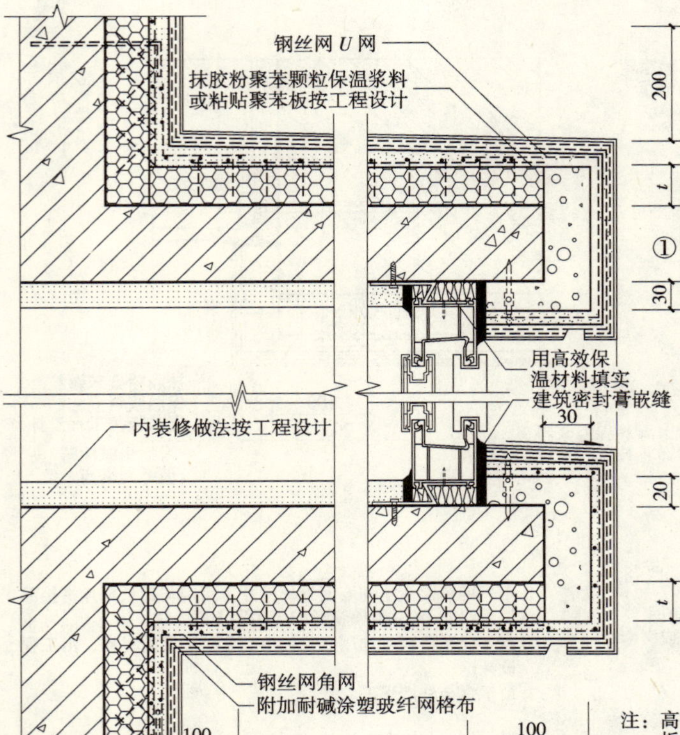

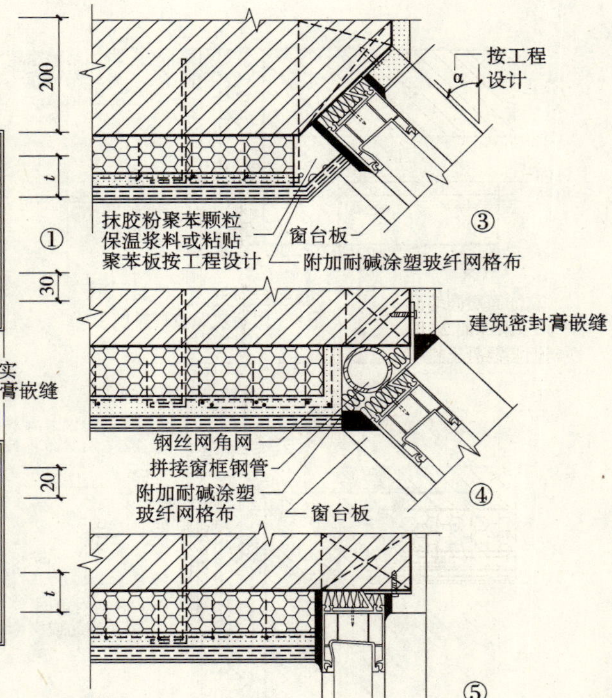

注：高效保温材料可选用聚苯板条和聚氨酯发泡材料，由工程设计定。

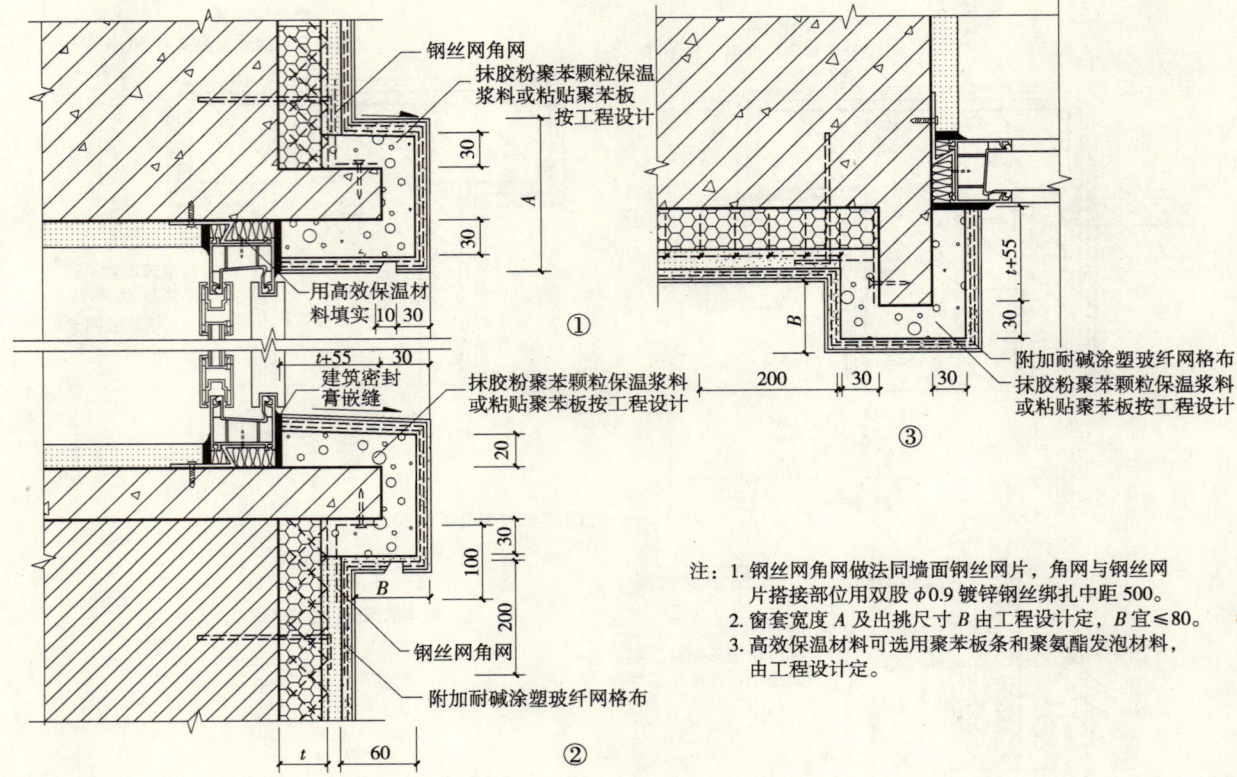

勒脚（涂料饰面）

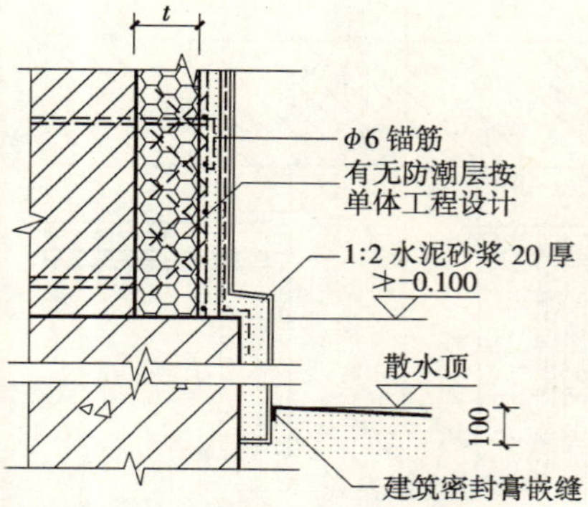

①

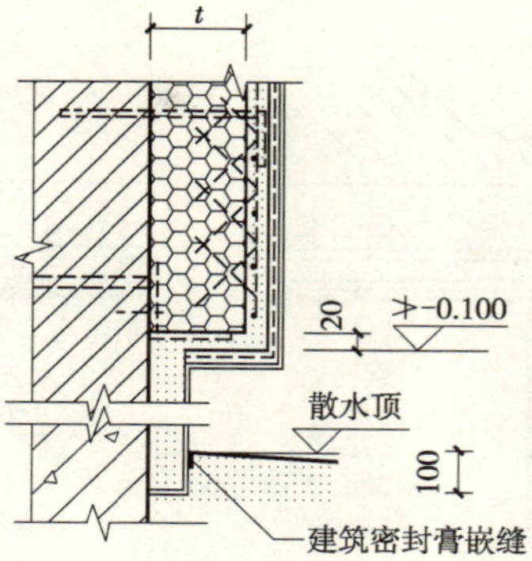

②

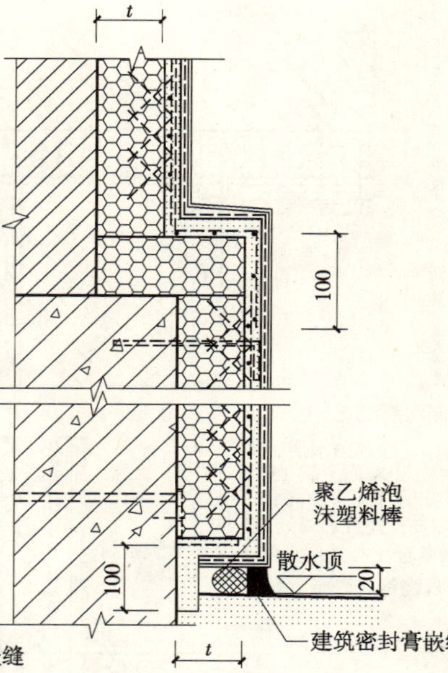

⑤ 用于地下室防潮或
室内外高差较小

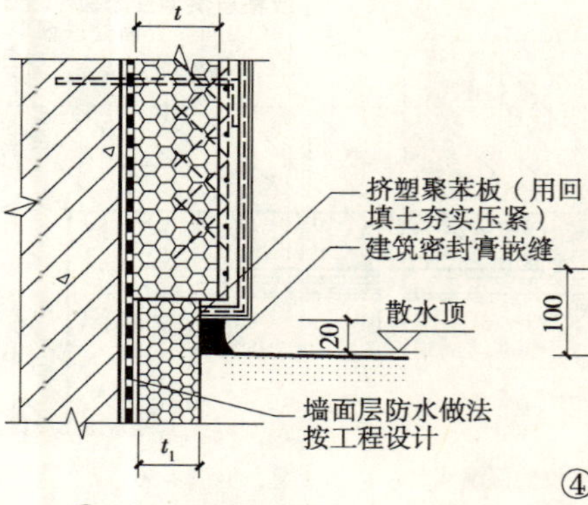

③ 用于地下室防水

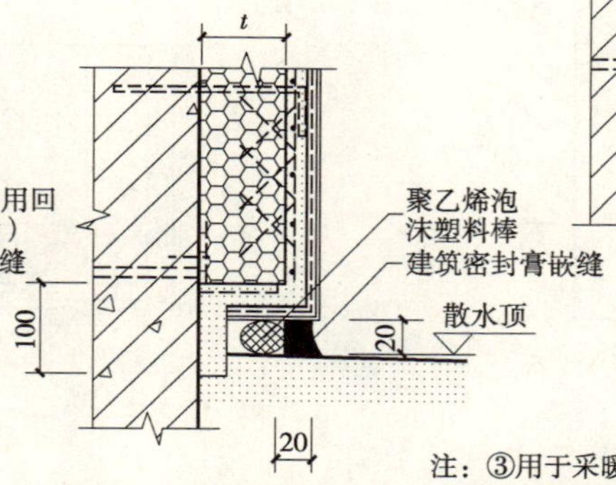

④ 用于地下室防潮或
室内外高差较小

注：③用于采暖区室外平均气温低于 -5.0℃地区，地下部分保温板的设置深度按工程设计，该保温板的厚度 t_1=50~70。（按 t_1=t-1≤70 设置）

敞开阳台（涂料饰面）

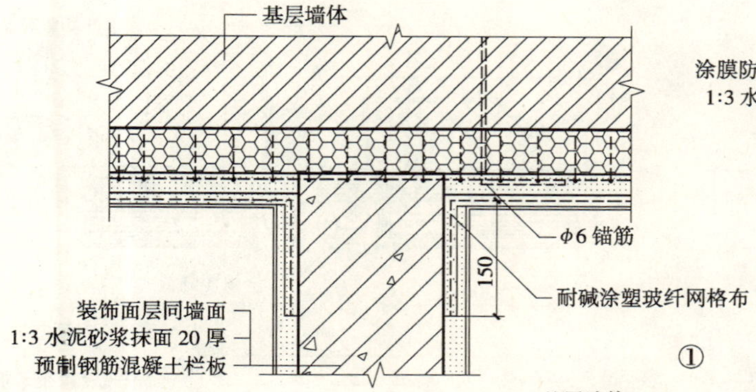

①

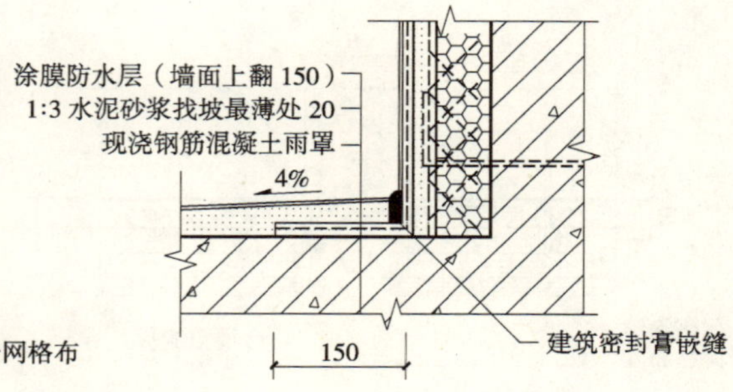

③ 阳台雨罩

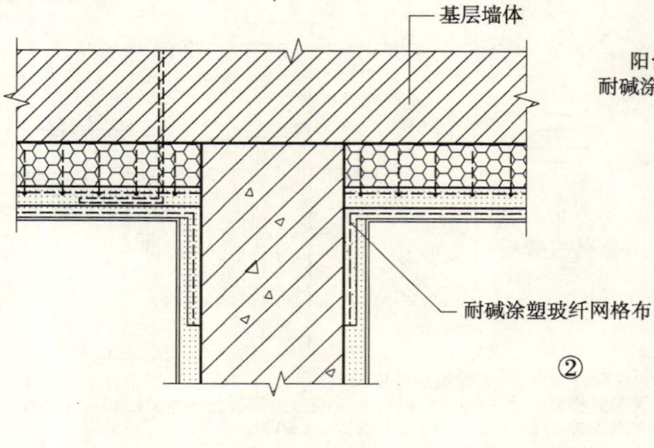

②

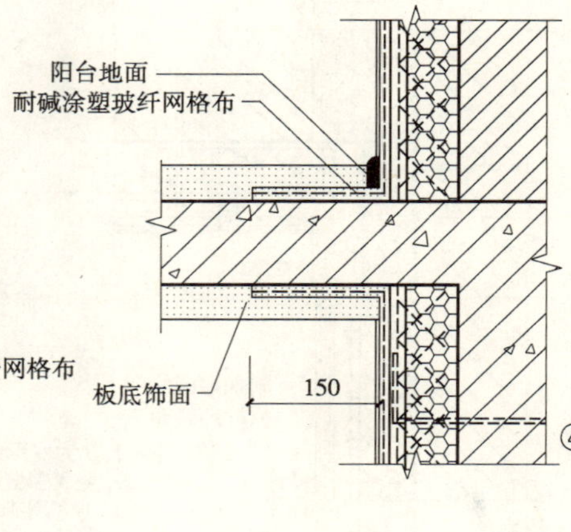

④ 阳台地面

封闭保温阳台（涂料饰面）

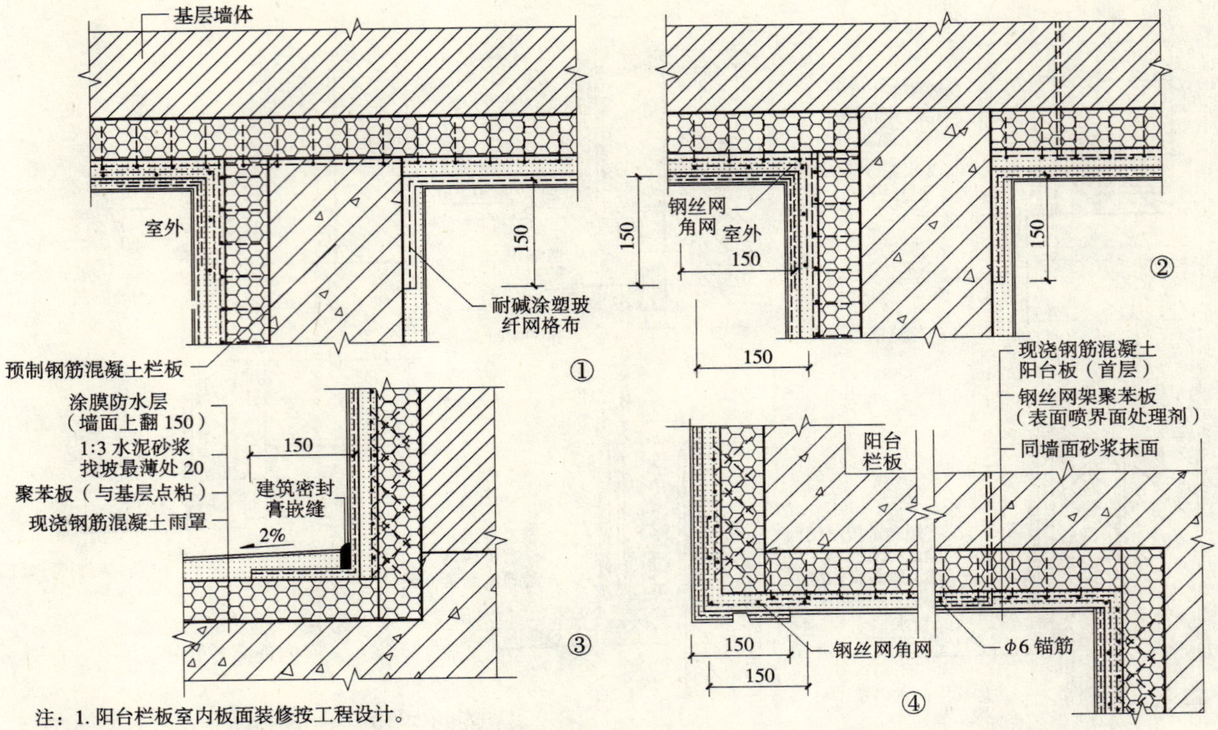

注：1. 阳台栏板室内板面装修按工程设计。

2. 阳台部位的保温浆料与墙体保温浆料同厚，当墙体保温浆料厚度＞50时，阳台部位的保温浆料可适当减薄，但应≥50。

墙身变形缝（平面）（涂料饰面）

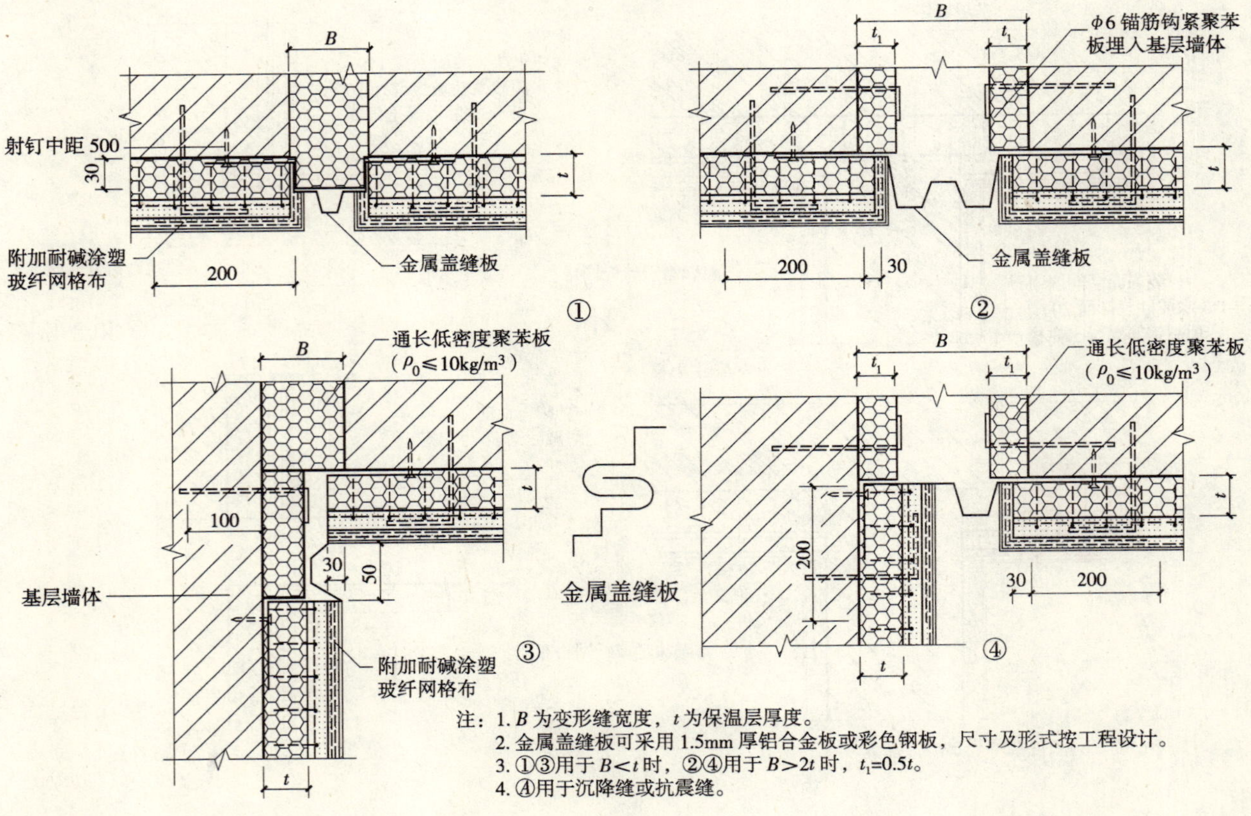

注：1. B为变形缝宽度，t为保温层厚度。
2. 金属盖缝板可采用1.5mm厚铝合金板或彩色钢板，尺寸及形式按工程设计。
3. ①③用于$B<t$时，②④用于$B>2t$时，$t_1=0.5t$。
4. ④用于沉降缝或抗震缝。

墙身变形缝（剖面）（涂料饰面）

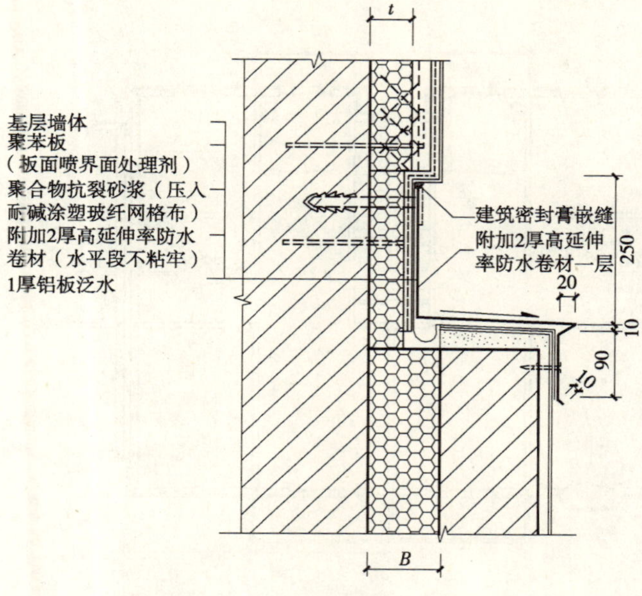

①

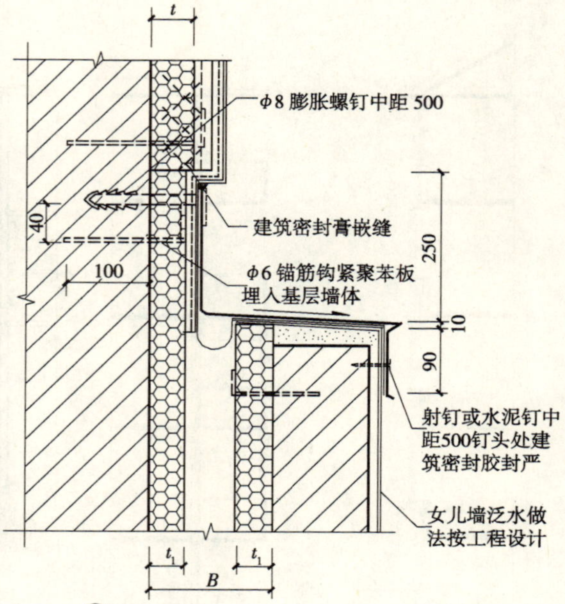

②

注： B为变形缝设计宽度，t为保温层厚度。

线脚、分格缝、过街楼（涂料饰面）

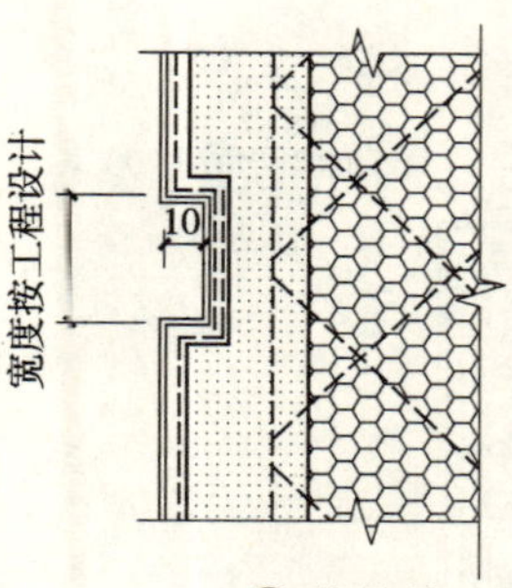

① 分格缝

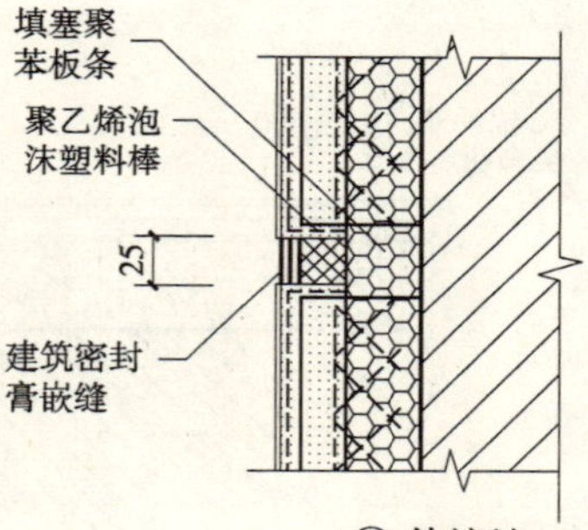

② 伸缩缝

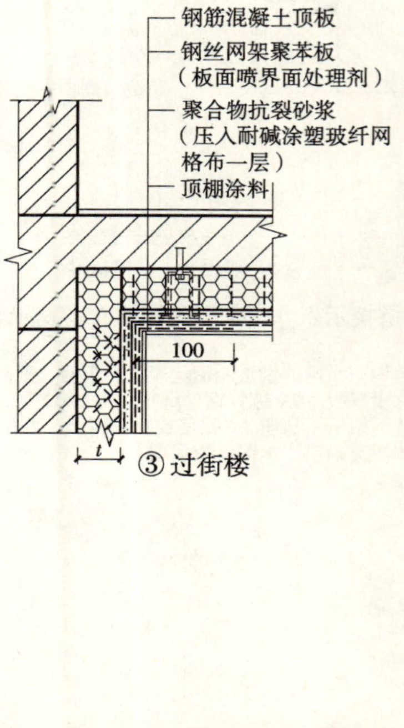

③ 过街楼

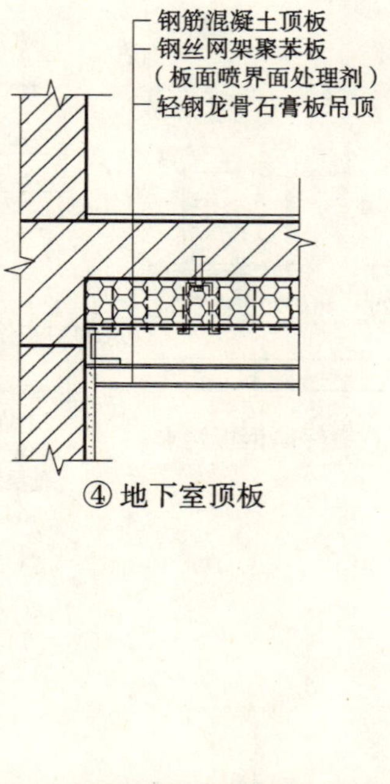

④ 地下室顶板

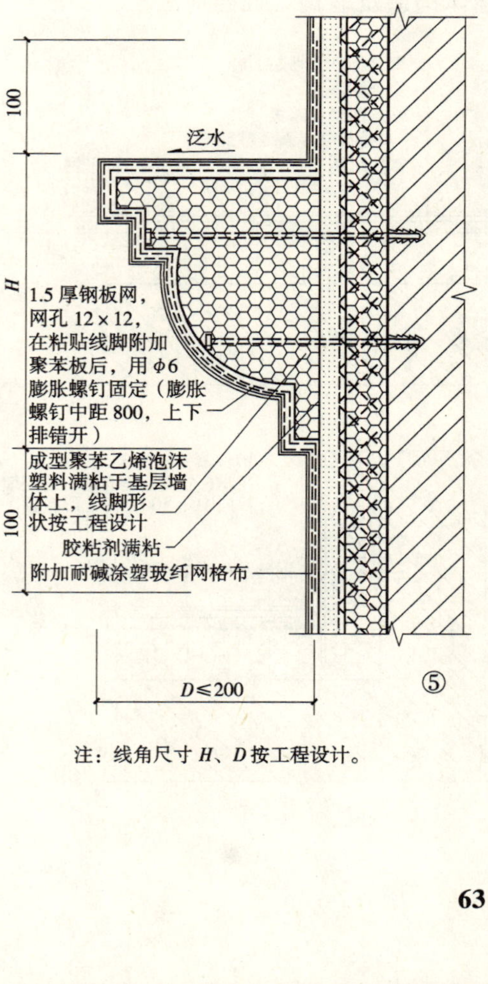

⑤

注：线角尺寸 H、D 按工程设计。

平、剖面详图（面砖饰面）

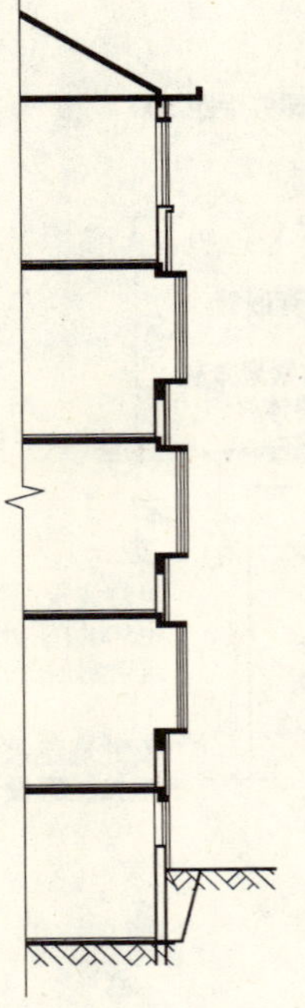

1—1

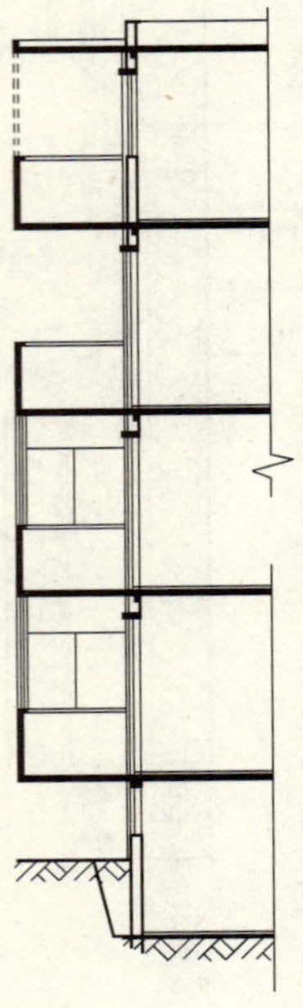

2—2

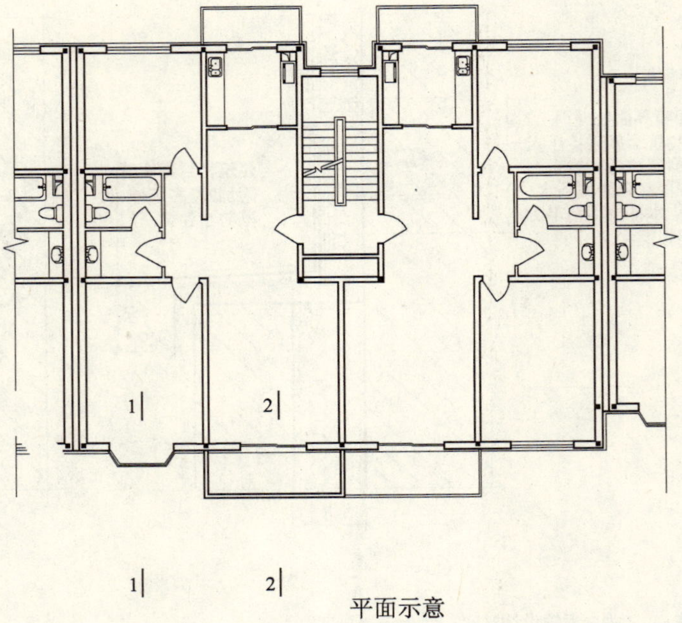

平面示意

注：虚线示意当阳台为封闭保温阳台时选用节点相关做法。

墙体构造及墙角（面砖饰面）

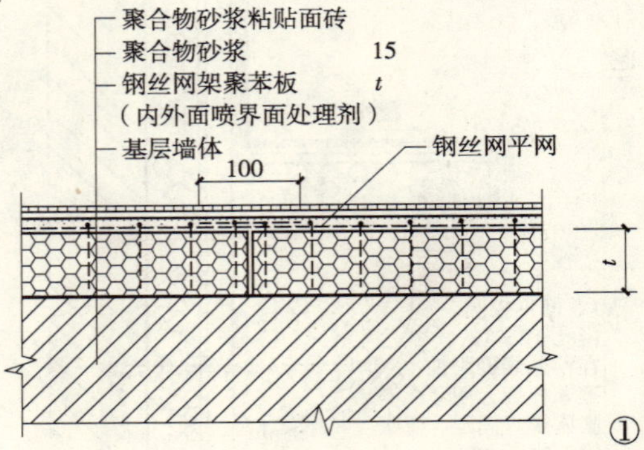

①

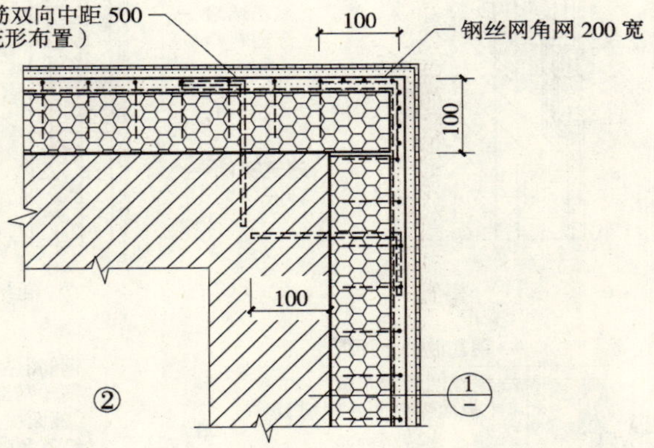

②

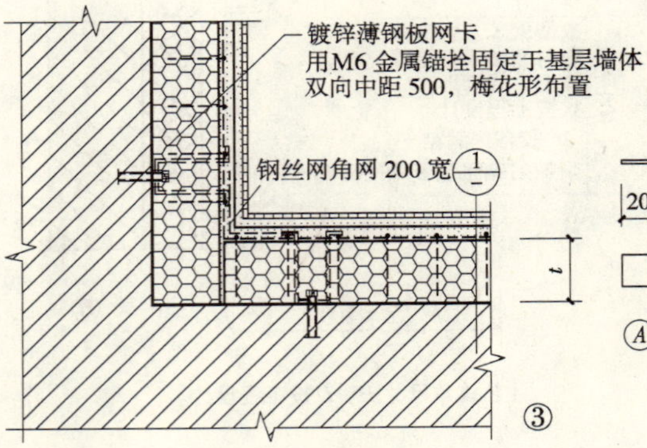

③

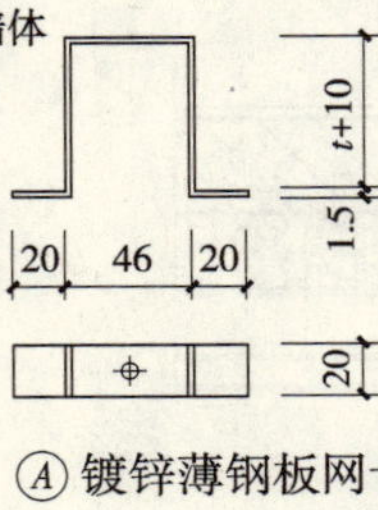

Ⓐ 镀锌薄钢板网卡

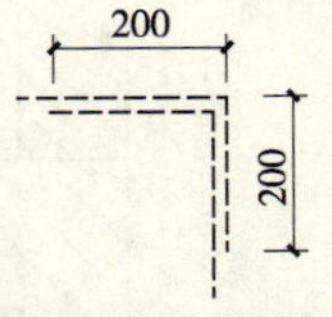

Ⓑ 阳角网格布搭接示意

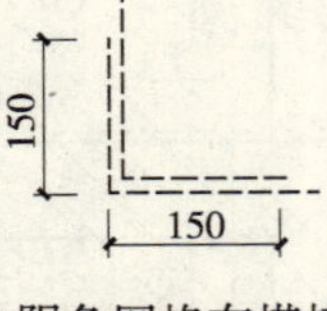

Ⓒ 阴角网格布搭接示意

注：1. 钢丝网角网、平网的做法同钢丝网片，角网、平网与钢丝网片用双股 φ0.9 镀锌钢丝绑扎中距 500。
2. 固定钢丝网架采用预埋 φ6 锚筋或镀锌网卡，可根据基层墙体情况确定。本图仅为示意。

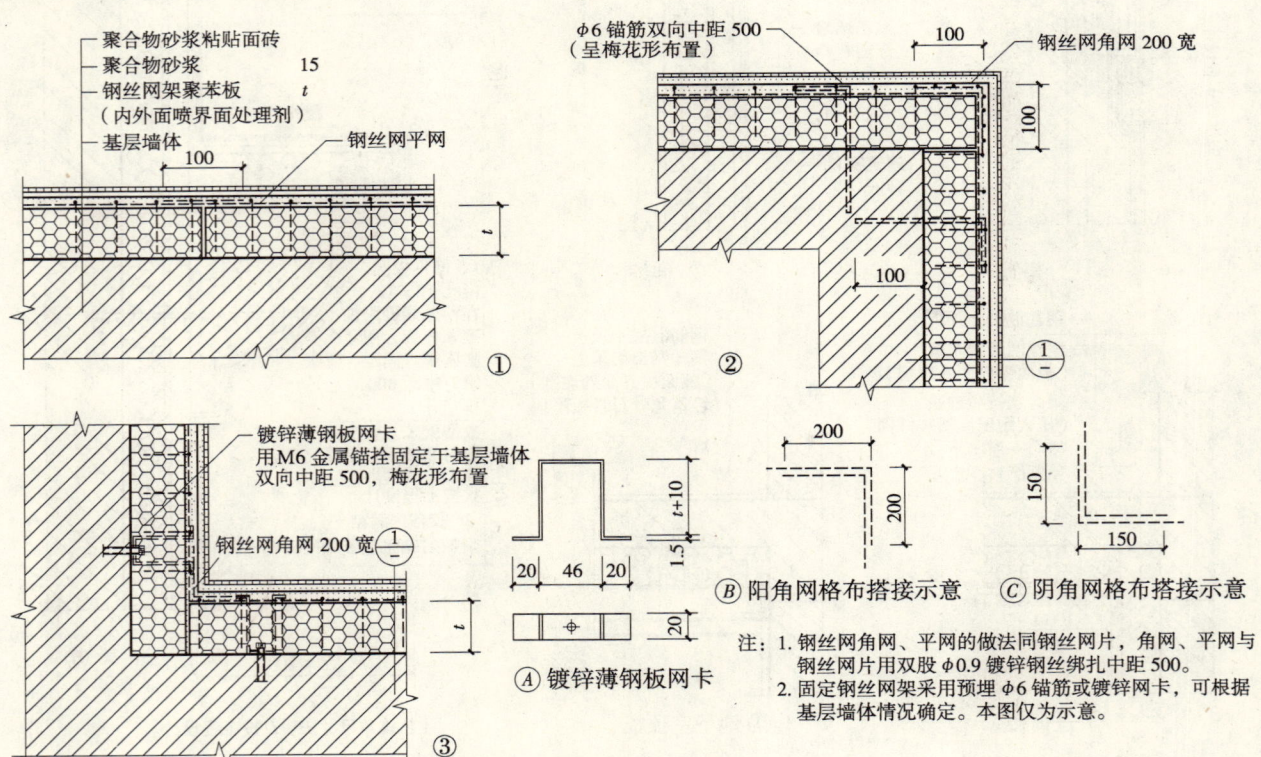

女儿墙和挑檐（面砖饰面）

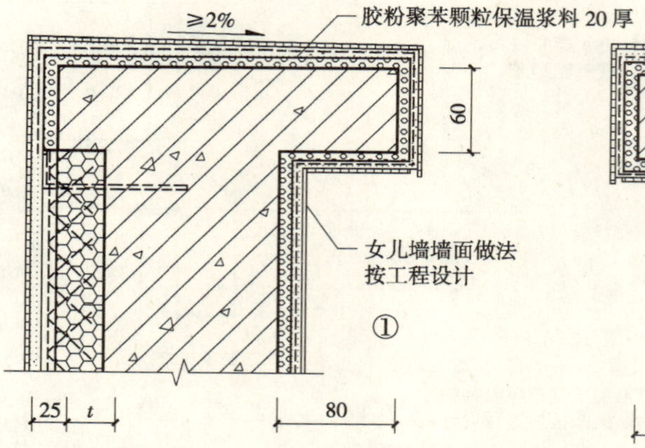

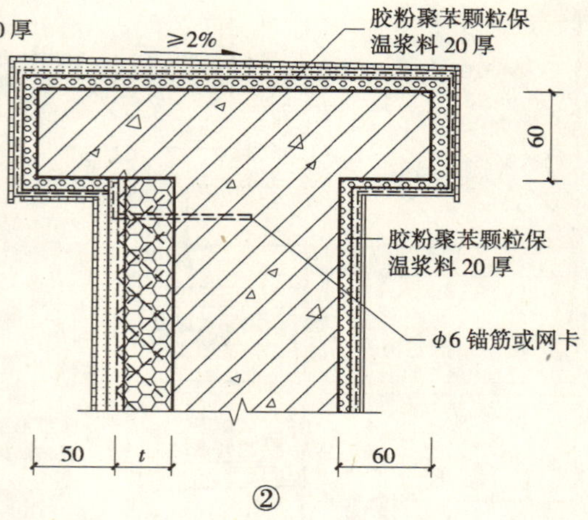

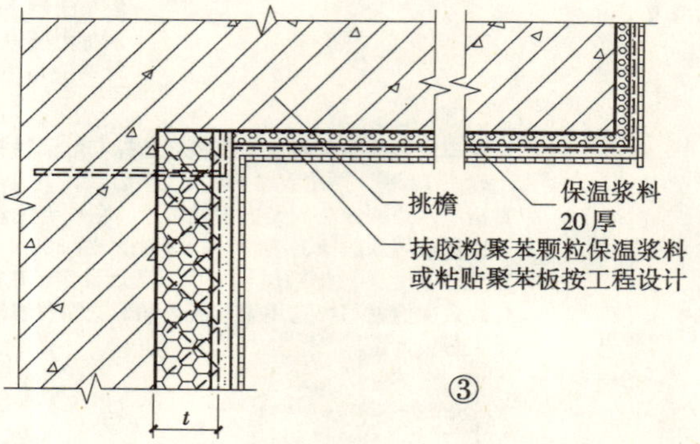

注：聚苯板保温层厚度 t 根据计算确定。

不带窗套窗口（面砖饰面）

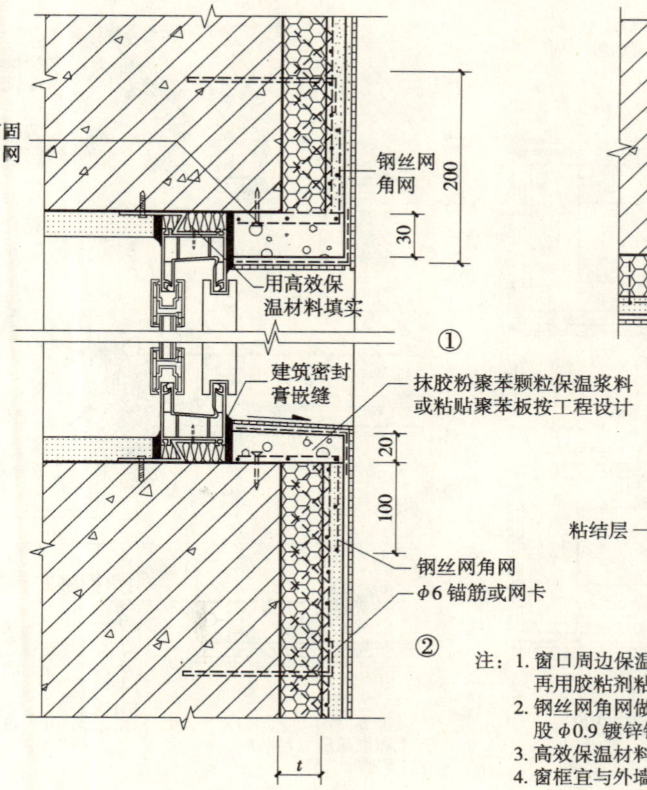

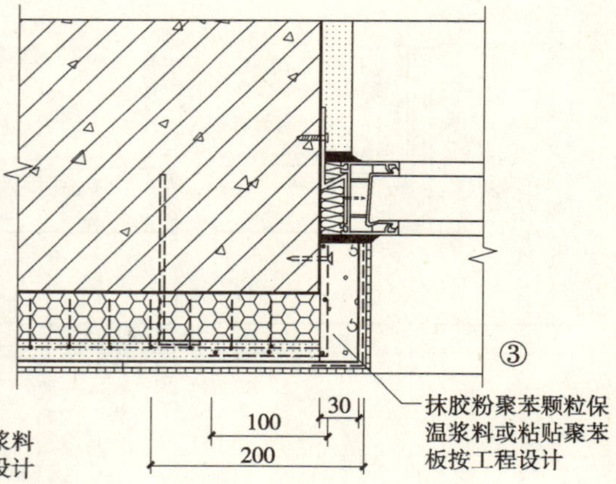

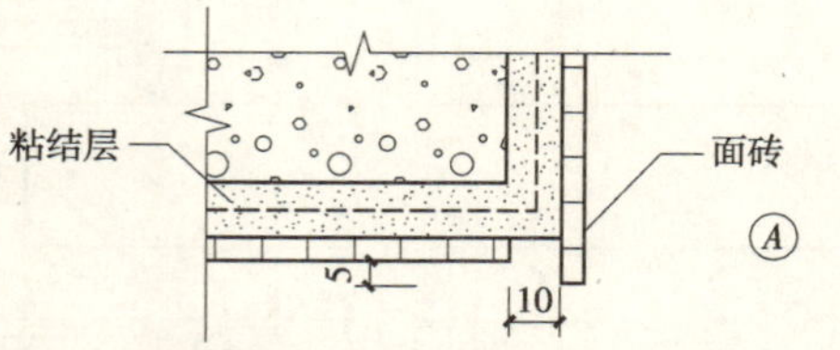

注：1. 窗口周边保温浆料或聚苯板表面抹与墙面材料相同的砂浆 12 厚，再用胶粘剂粘贴面砖。
2. 钢丝网角网做法同墙面钢丝网片，角网与钢丝网片搭接部位用双股 φ0.9 镀锌钢丝绑扎中距 500。
3. 高效保温材料可选用聚苯板条和聚氨酯发泡材料，由工程设计定。
4. 窗框宜与外墙平齐。

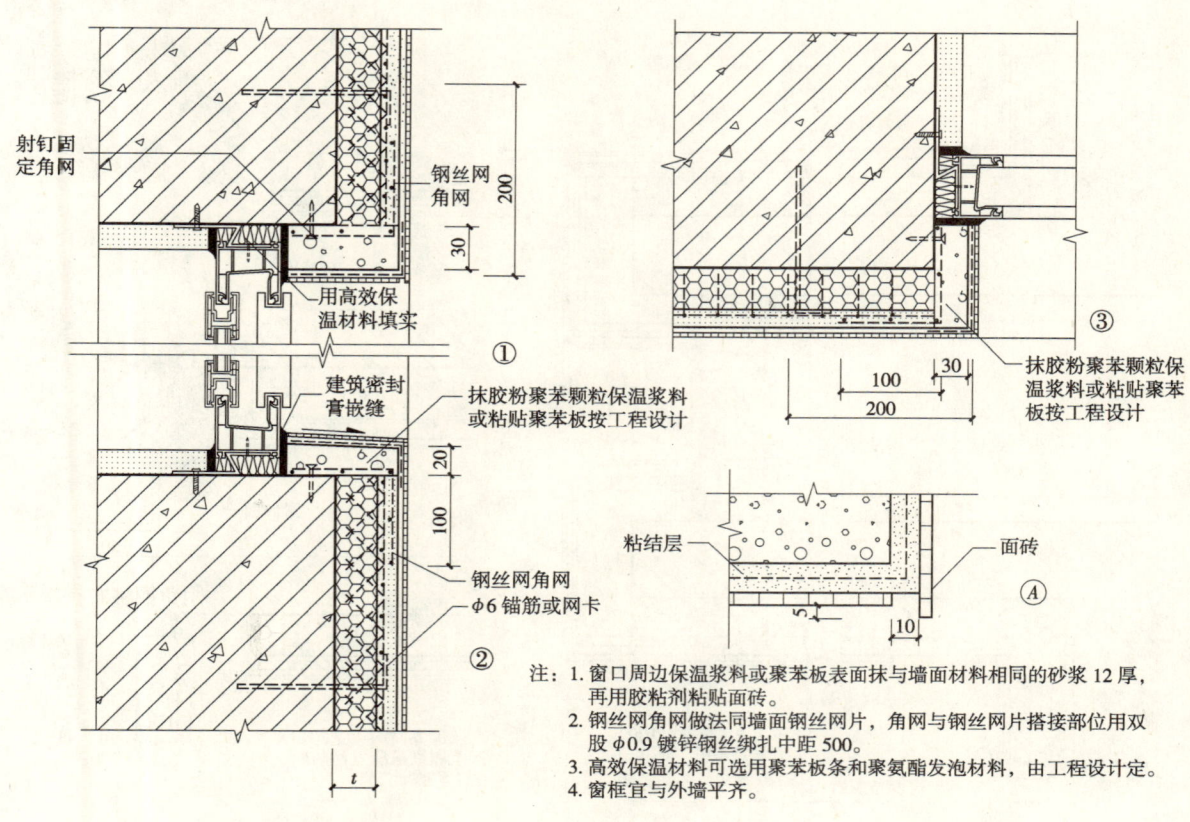

带窗套窗口（面砖饰面）

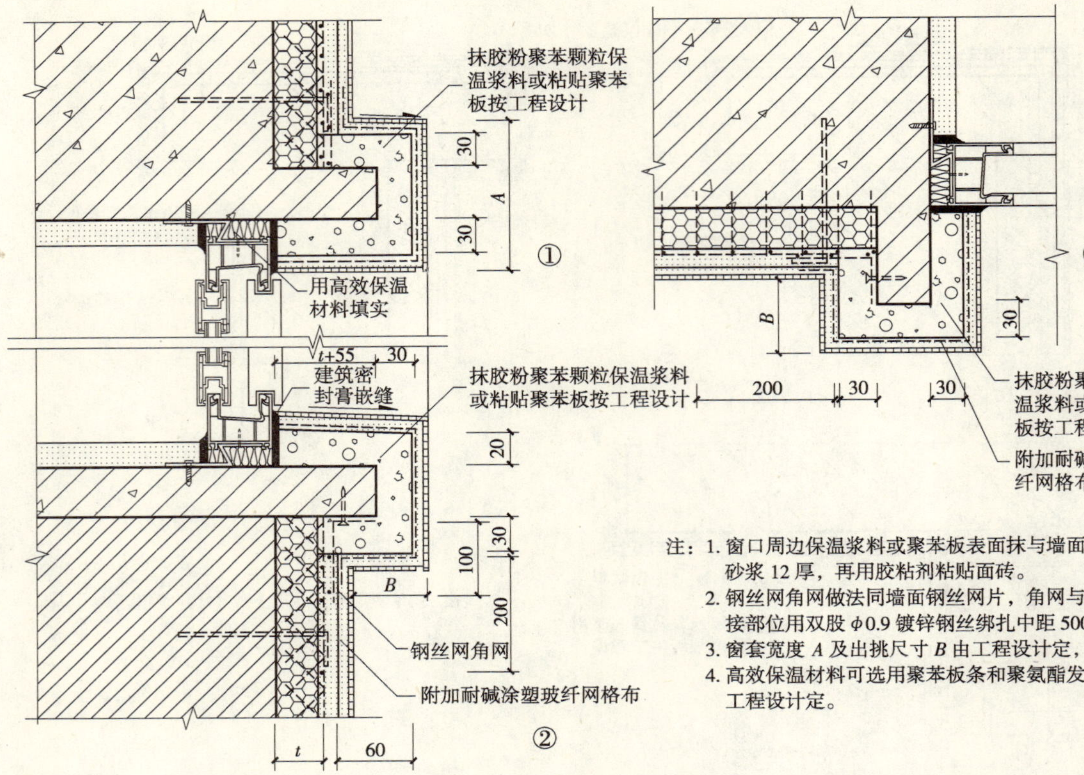

注：1. 窗口周边保温浆料或聚苯板表面抹与墙面材料相同的砂浆 12 厚，再用胶粘剂粘贴面砖。
2. 钢丝网角网做法同墙面钢丝网片，角网与钢丝网片搭接部位用双股 $\phi0.9$ 镀锌钢丝绑扎中距 500。
3. 窗套宽度 A 及出挑尺寸 B 由工程设计定，B 宜≤80。
4. 高效保温材料可选用聚苯板条和聚氨酯发泡材料，由工程设计定。

凸窗窗口（面砖饰面）

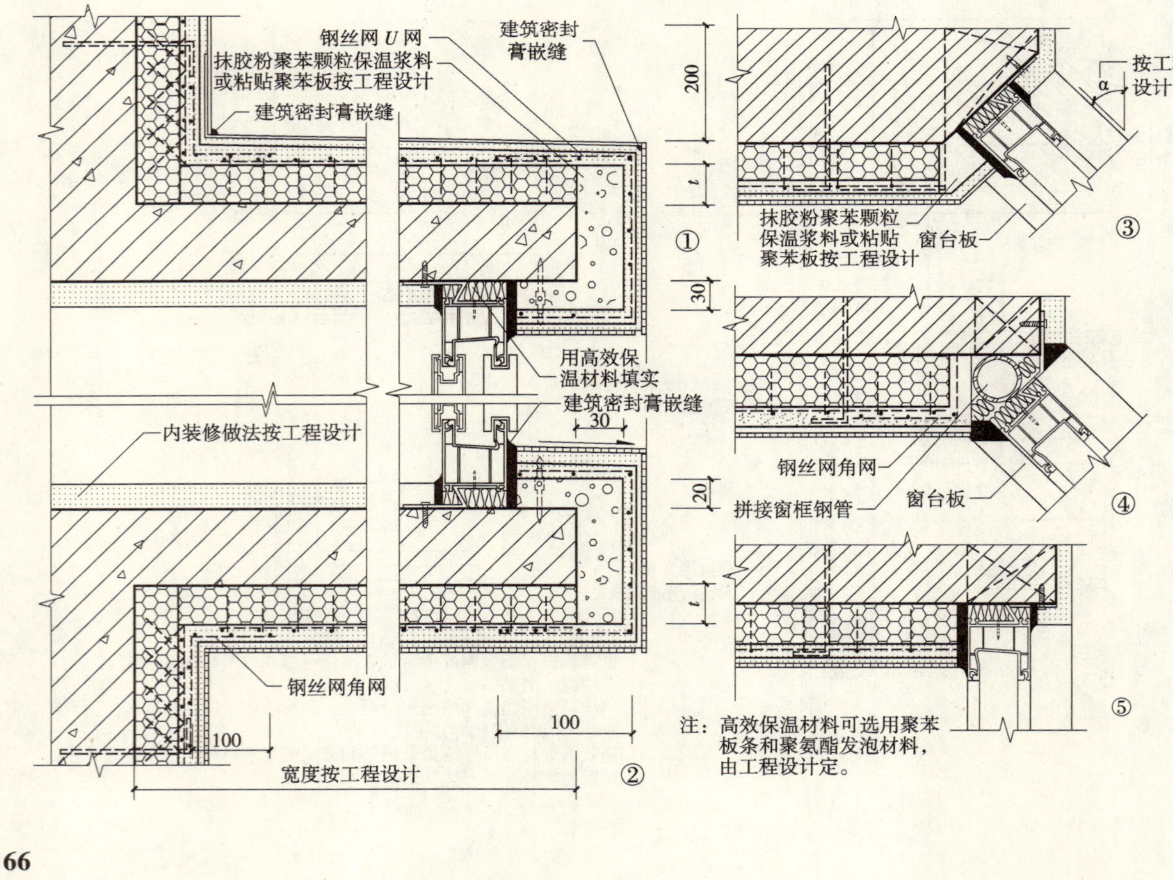

注：高效保温材料可选用聚苯板条和聚氨酯发泡材料，由工程设计定。

勒脚（面砖饰面）

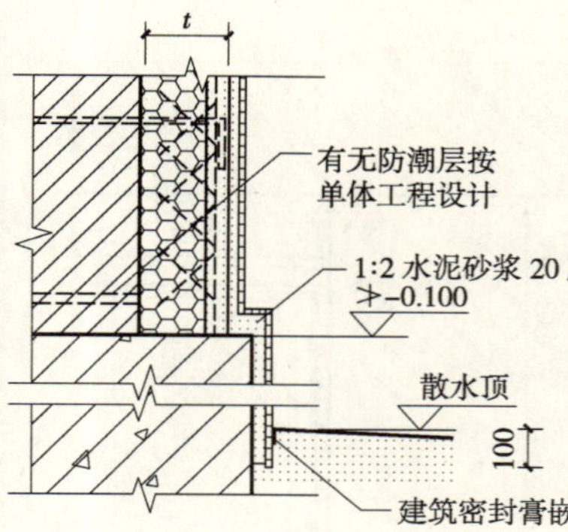

①

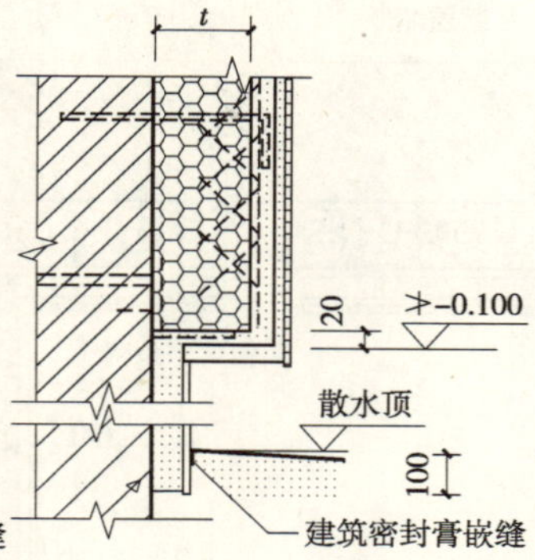

②

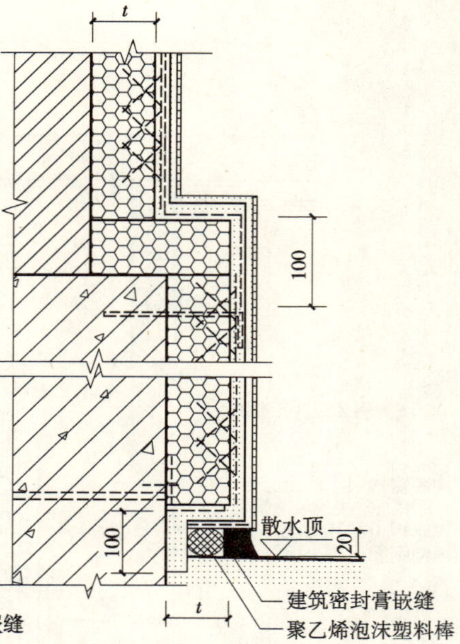

⑤ 用于地下室防潮或室内外高差较小

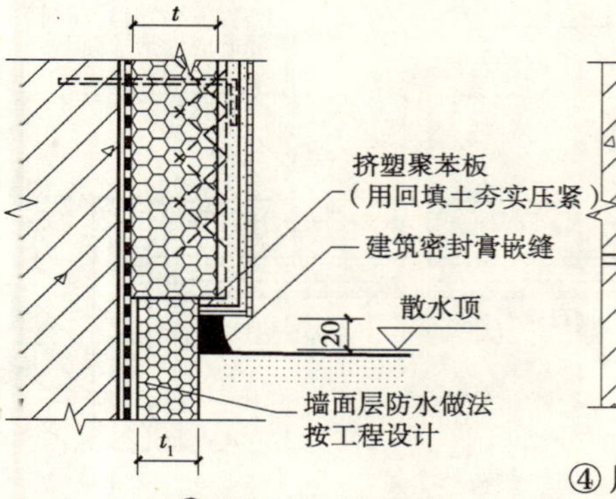

③ 用于地下室防水

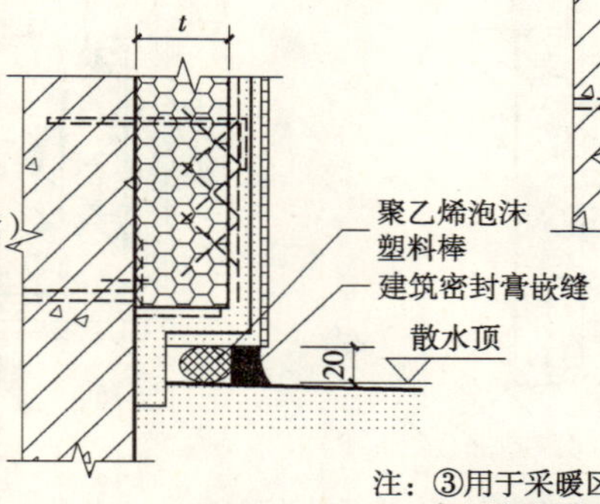

④ 用于地下室防潮或室内外高差较小

注：③用于采暖区室外平均气温低于 -5.0℃地区，地下部分保温板的设置深度按工程设计，该保温板的厚度 t_1=50~70。（按 $t_1=t-1\leq70$ 设置）

敞开阳台（面砖饰面）

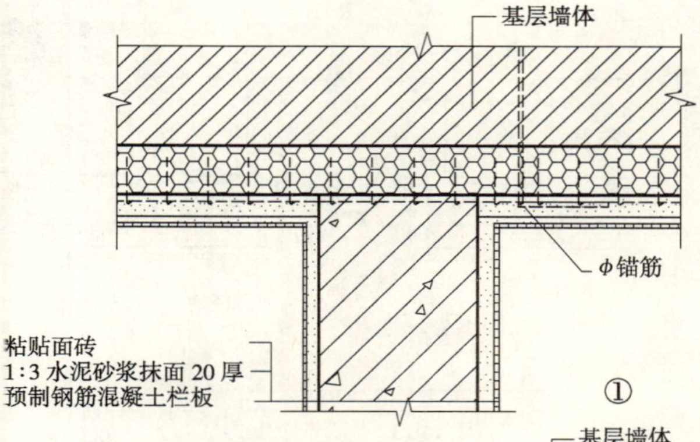

①

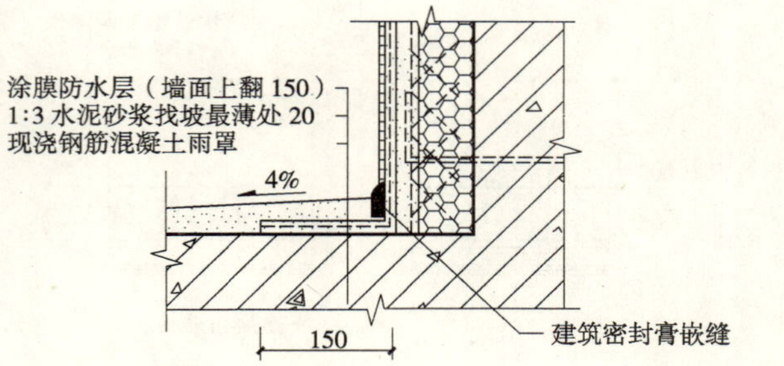

③阳台雨罩

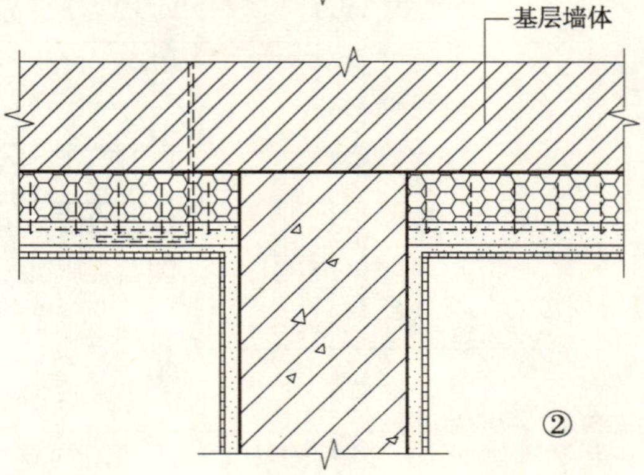

②

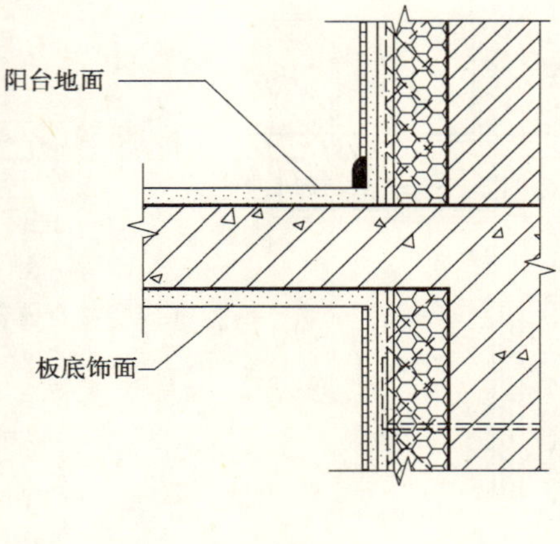

④阳台地面

封闭保温阳台（面砖饰面）

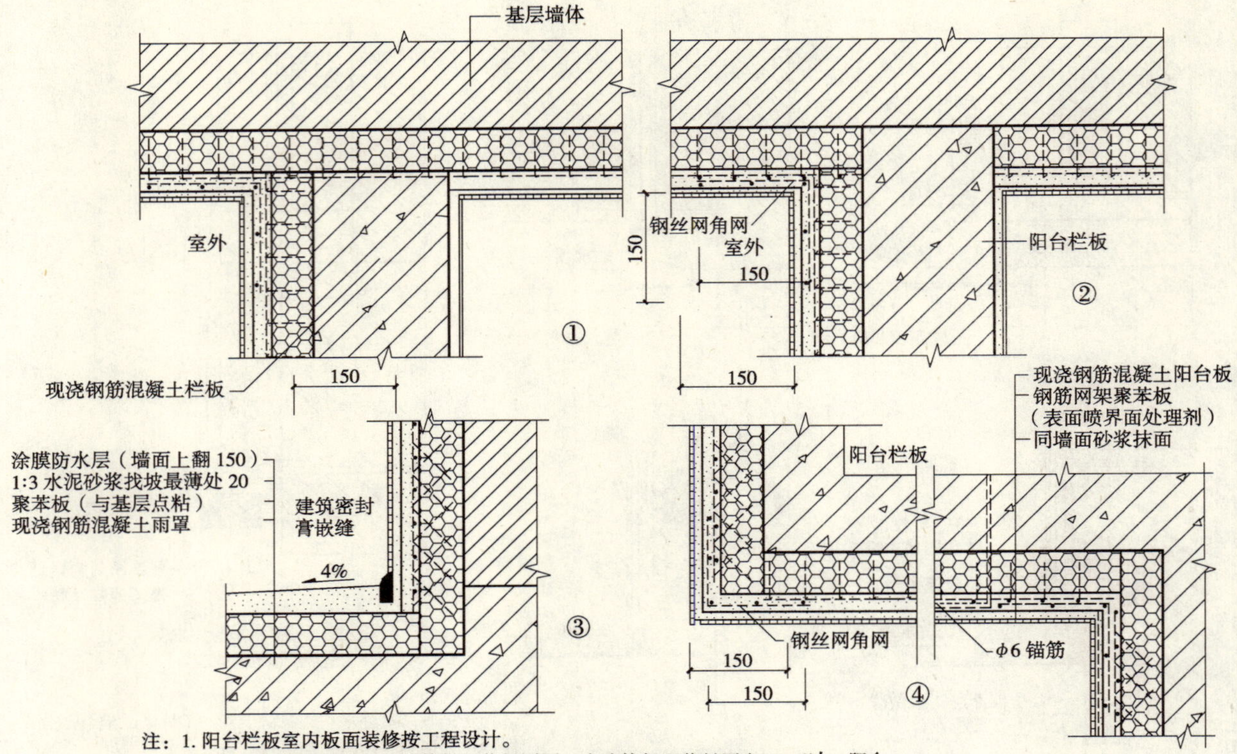

注：1. 阳台栏板室内板面装修按工程设计。
2. 阳台部位的保温浆料与墙体保温浆料同厚，当墙体保温浆料厚度＞50时，阳台部位的保温浆料可适当减薄，但应≥50。

墙身变形缝（平面）（面砖饰面）

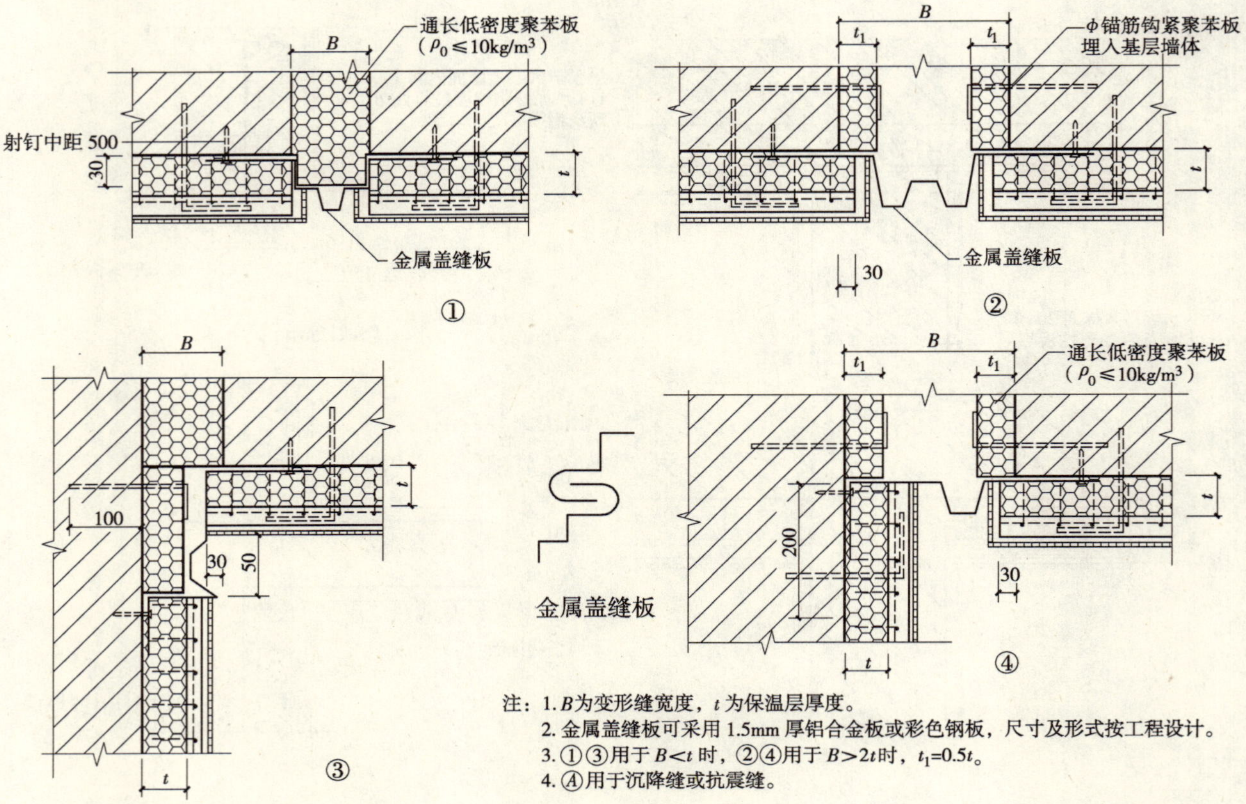

注：1. B为变形缝宽度，t为保温层厚度。
2. 金属盖缝板可采用 1.5mm 厚铝合金板或彩色钢板，尺寸及形式按工程设计。
3. ①③用于 $B<t$ 时，②④用于 $B>2t$时，$t_1=0.5t$。
4. Ⓐ用于沉降缝或抗震缝。

墙身变形缝（剖面）（面砖饰面）

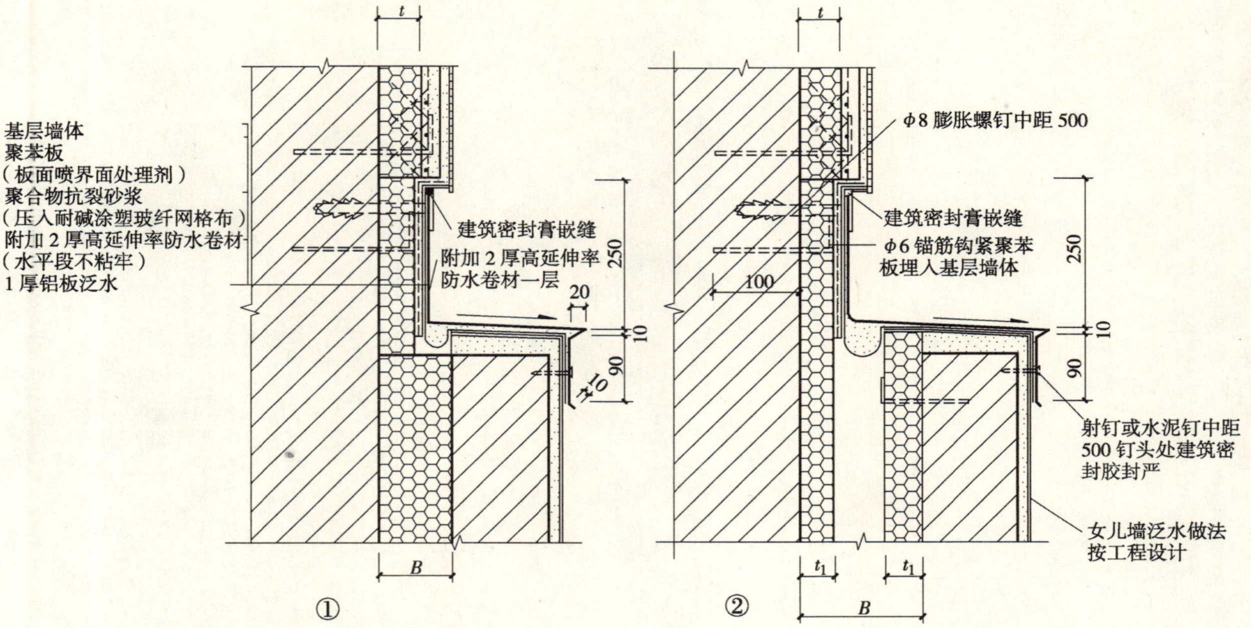

注：B为变形缝设计宽度，t为保温层厚度。

线脚、分格缝、过街楼（面砖饰面）

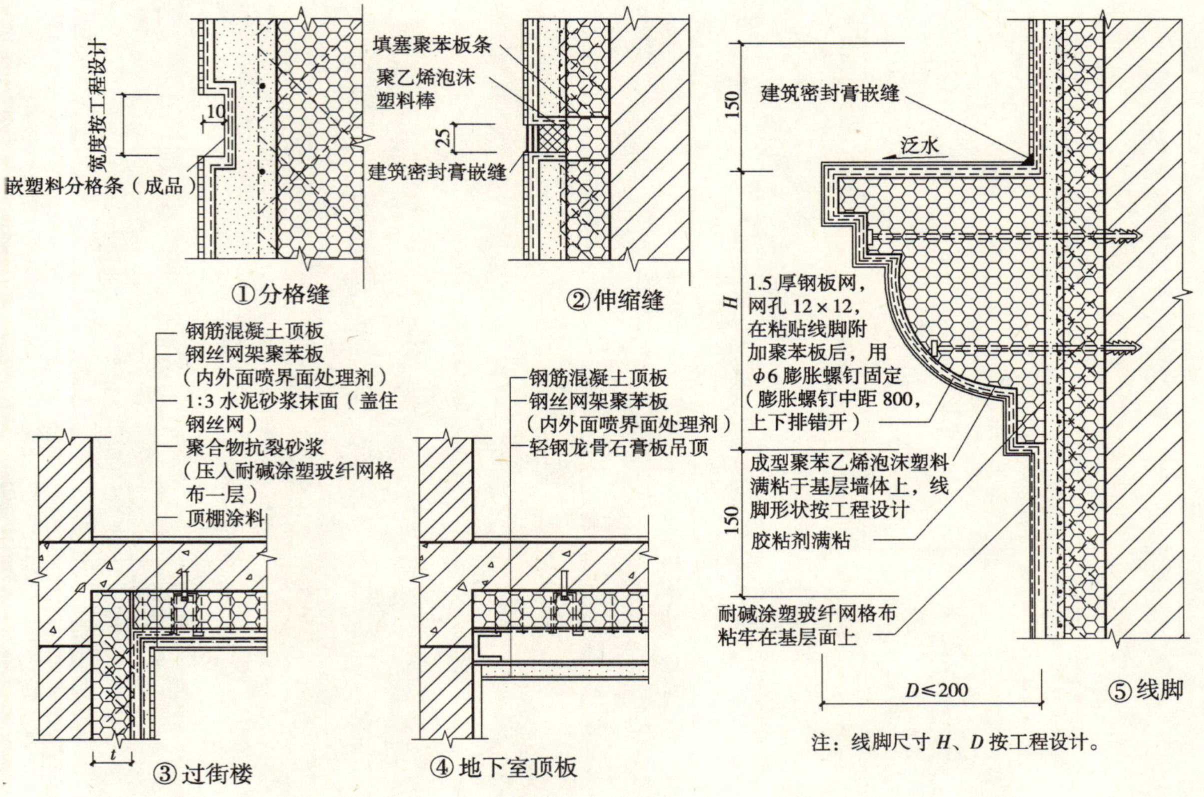

注：线脚尺寸H、D按工程设计。

6

E 型—机械固定单面钢丝网片岩棉板外墙外保温做法

说　明

1. 本做法是以单面钢丝网片岩棉板作为保温隔热层，通过锚固件卡紧钢丝网固定于基层墙体，岩棉板面抹胶粉聚苯颗粒保温浆料作找平层，防护层为嵌埋有耐碱玻纤网格布增强的聚合物抗裂砂浆，属薄型抹灰层，外饰面层为涂料饰面。本做法防火、保温效果好，吸声性能优异、耐久性及耐候性均好。

基本构造见下表

基层墙体 ①	保温隔热层和 固定方式②	保护层 ③	饰面层 ④	构造示意
混凝土墙体、各种砌体墙体	岩棉板，机械固定件固定	保温浆料找平聚合物抗裂砂浆、耐碱涂塑玻纤网格布增强	涂料	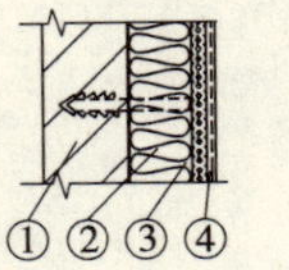

2. 选用本形式外保温做法时，必须遵守编制说明中的各项规定。

3. 基层墙体应平整坚实，不能有突出物。

4. 岩棉板铺设时，先用锚固件将岩棉板临时固定就位，每块岩棉板至少应有两个锚固点，板缝应挤紧，不得留有缝隙，嵌埋用的窄条岩棉板宽度不得少于150mm，并至少应有一个锚固点，沿窗洞口四周每边至少应设置三个锚固点。

5. 岩棉板的规格为1200mm×600mm。

6. 岩棉板凡未进行旨在提高表面强度、防水和粘结性能的表面处理时，则应在岩棉板和钢丝网安装固定后，对板面喷涂喷砂界面剂。

7. 岩棉板面抹保温浆料，主要是对岩棉板板面起找平作用，保温浆料的技术性能和该层外侧起抗裂防水作用的防护层，饰面层均同胶粉聚苯颗粒保温浆料。

8. 抗裂砂浆抹面前，应在洞口四角部位铺贴附加耐碱玻纤网格布。

9. 抗裂砂浆防护层的施工，应在保温浆料找平层充分固化后进行。

10. 墙面分隔缝可根据立面要求设置。

11. 岩棉板的专用锚固件由外保温系统材料供应商配套供应。

保温做法、热工指标及厚度选用表

机械固定单面钢丝网片岩棉板外墙外保温做法、热工指标及厚度选用表

编号	构造简图	外墙主体	① 外墙内抹灰 厚度（mm）	② 外墙主体 厚度（mm）	③ 保温层 厚度（mm）	④ 找平层 厚度（mm）	⑤ 外墙外饰面 厚度（mm）	主体部位 总传热阻 R_0（$m^2\cdot K/W$）	主体部位 传热系数 K_0［$W/(m^2\cdot K)$］
1	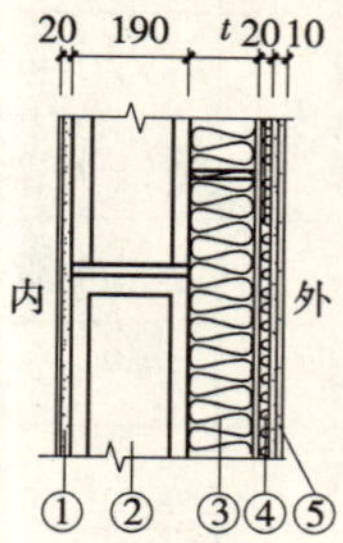	承重混凝土空心砌块	20	190	30	20	10	1.133	0.883
					40			1.308	0.765
					50			1.483	0.675
					60			1.657	0.603
					70			1.832	0.546
					80			2.007	0.501
					90			2.182	0.458
					100			2.357	0.424
2	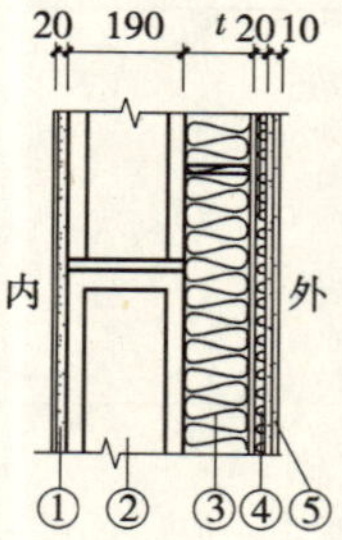	炉渣混凝土空心砌块	20	190	30	20	10	1.230	0.813
					40			1.405	0.712
					50			1.580	0.633
					60			1.754	0.570
					70			1.929	0.518
					80			2.104	0.475
					90			2.279	0.439
					100			2.454	0.408
3	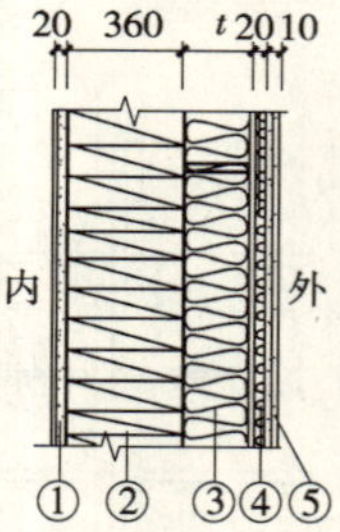	360厚页岩多孔砖	20	360	30	20	10	1.475	0.678
					40			1.650	0.606
					50			1.825	0.548
					60			2.000	0.500
					70			2.174	0.460
					80			2.350	0.426
					90			2.524	0.400
					100			2.700	0.371
4	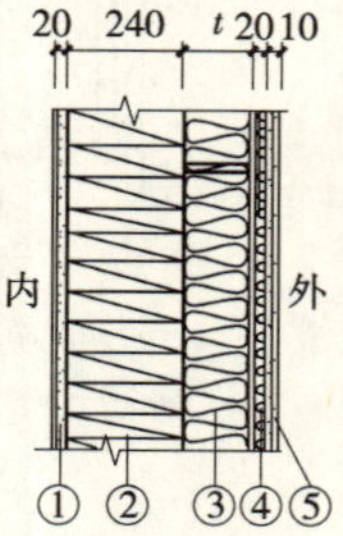	240厚页岩多孔砖	20	240	30	20	10	1.307	0.765
					40			1.482	0.675
					50			1.657	0.604
					60			1.831	0.546
					70			2.006	0.498
					80			2.181	0.458
					90			2.356	0.424
					100			2.531	0.395
5	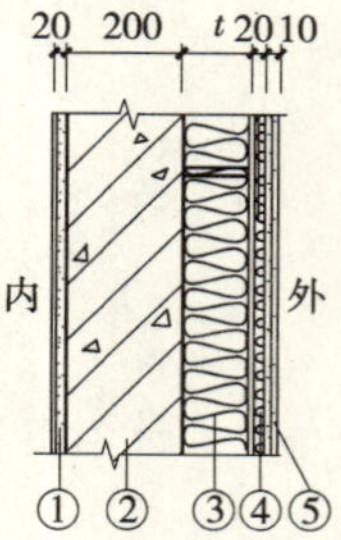	混凝土剪力墙	20	200	30	20	10	1.085	0.922
					40			1.260	0.794
					50			1.435	0.697
					60			1.609	0.621
					70			1.784	0.560
					80			1.959	0.510
					90			2.134	0.469
					100			2.309	0.433

续表

编号	构造简图	外墙主体	① 外墙内抹灰	② 外墙主体	③ 保温层	④ 找平层	⑤ 外墙外饰面	主体部位	
			厚度（mm）	厚度（mm）	厚度（mm）	厚度（mm）	厚度（mm）	总传热阻 R_0（$m^2 \cdot K/W$）	传热系数 K_0［$W/(m^2 \cdot K)$］
6	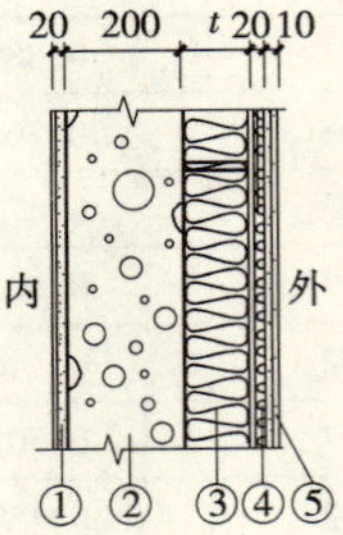	加气混凝土砌块	20	200	30	20	10	1.812	0.552
					40			1.987	0.503
					50			2.162	0.463
					60			2.336	0.428
					70			2.511	0.398
					80			2.686	0.372
					90			2.861	0.350
					100			3.036	0.329

注：1. 计算结果依据《民用建筑热工设计规范》GB 50176—93 求得。

2. 当主体墙为加气混凝土砌块保温层小于 40mm 厚时，应对热桥部位采取保温措施。详见编制说明。

平、剖面详图（涂料饰面）

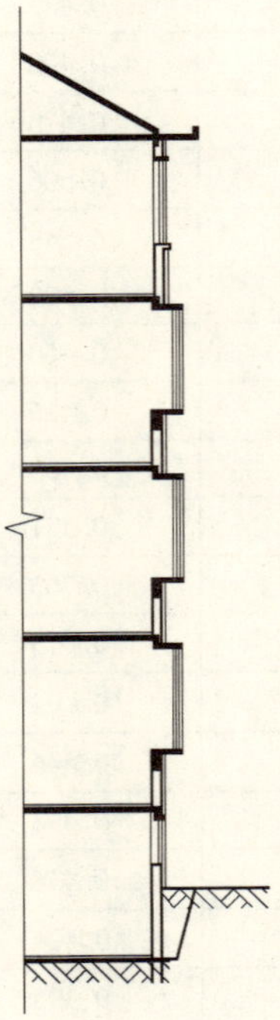

1—1

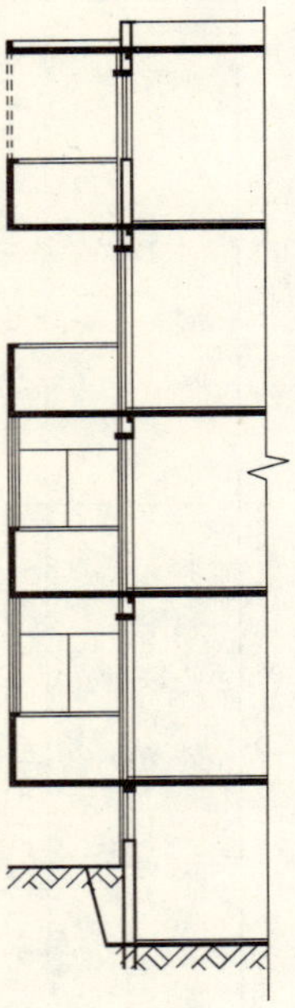

2—2

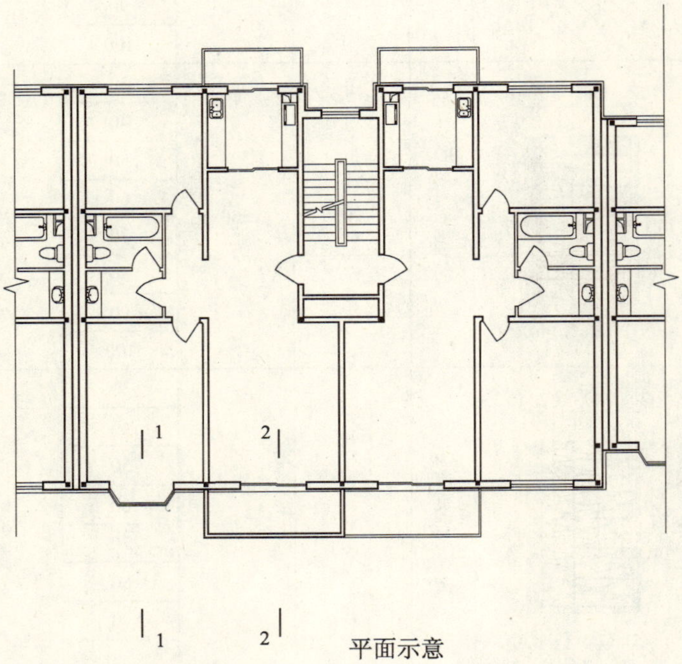

平面示意

墙体构造及墙角（涂料饰面）

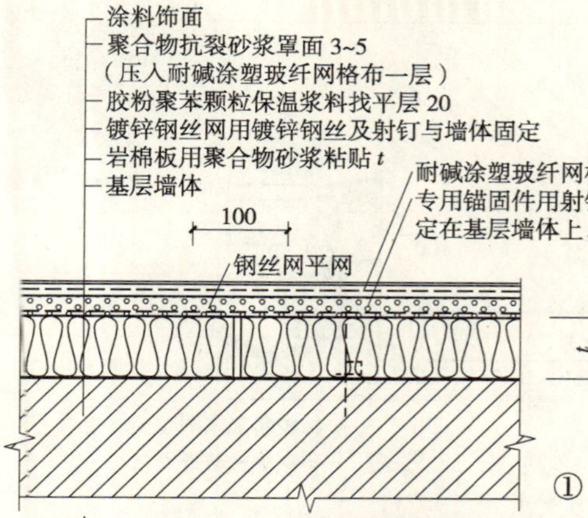

①

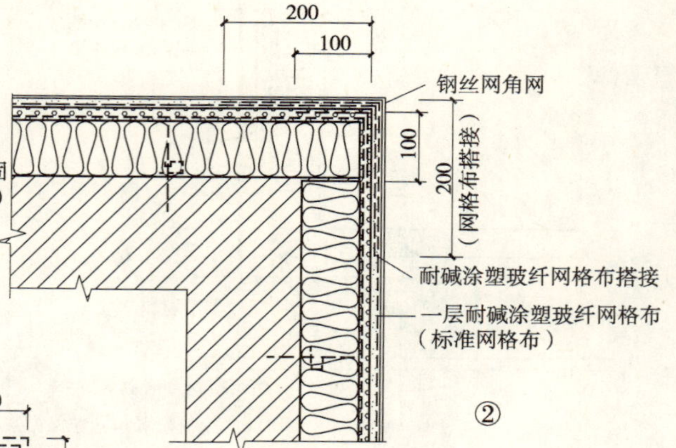

②

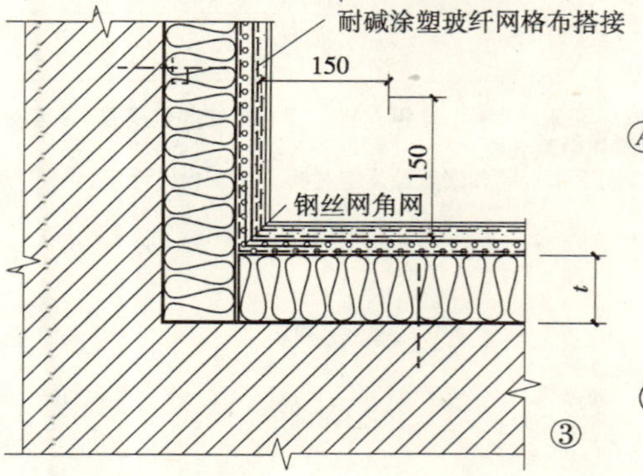

③

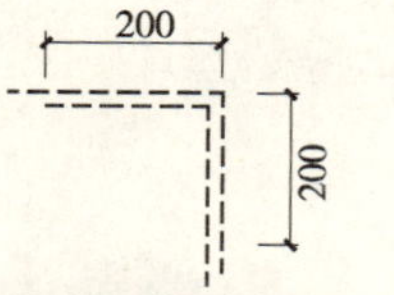

Ⓐ阳角网格布搭接示意

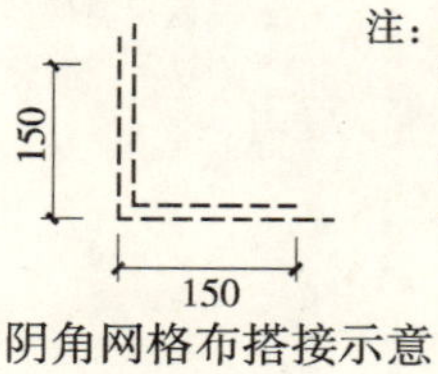

Ⓑ阴角网格布搭接示意

注：1. 镀锌钢丝网的规格：丝径 2mm，丝孔 50mm × 50mm。
2. 钢丝网角网、平网的做法同钢丝网片，角网、平网与钢丝网片用双股 ϕ0.9 镀锌钢丝绑扎中距 500。
3. 首层附加一层加强耐碱涂塑玻纤网格布。
4. 用于首层外墙阳角的专用金属护角断面尺寸为 35mm × 35mm × 0.5mm 或 45mm × 45mm × 0.5mm，高 2m。设在加强网格布和普通网格布之间。

女儿墙和挑檐（涂料饰面）

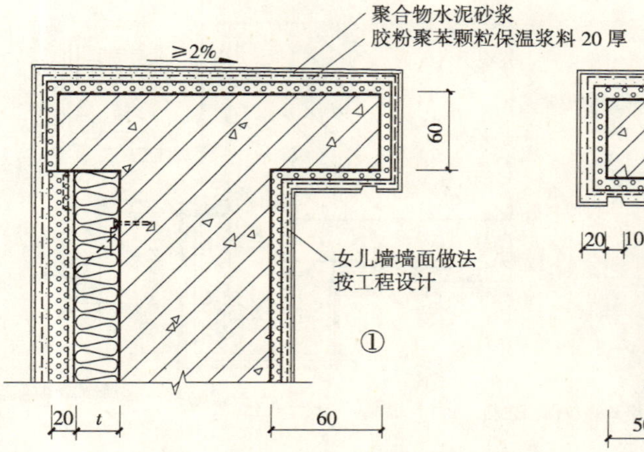

①

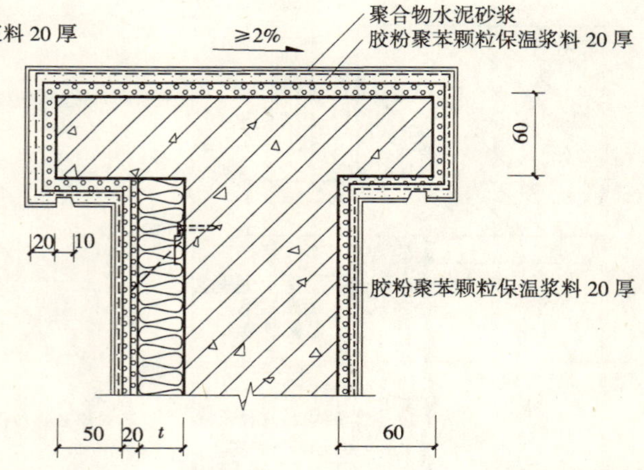

②

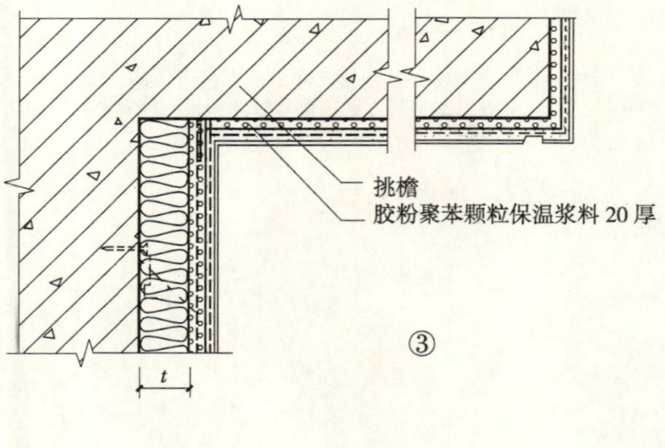

③

注：岩棉板保温层厚度 t 根据计算确定。

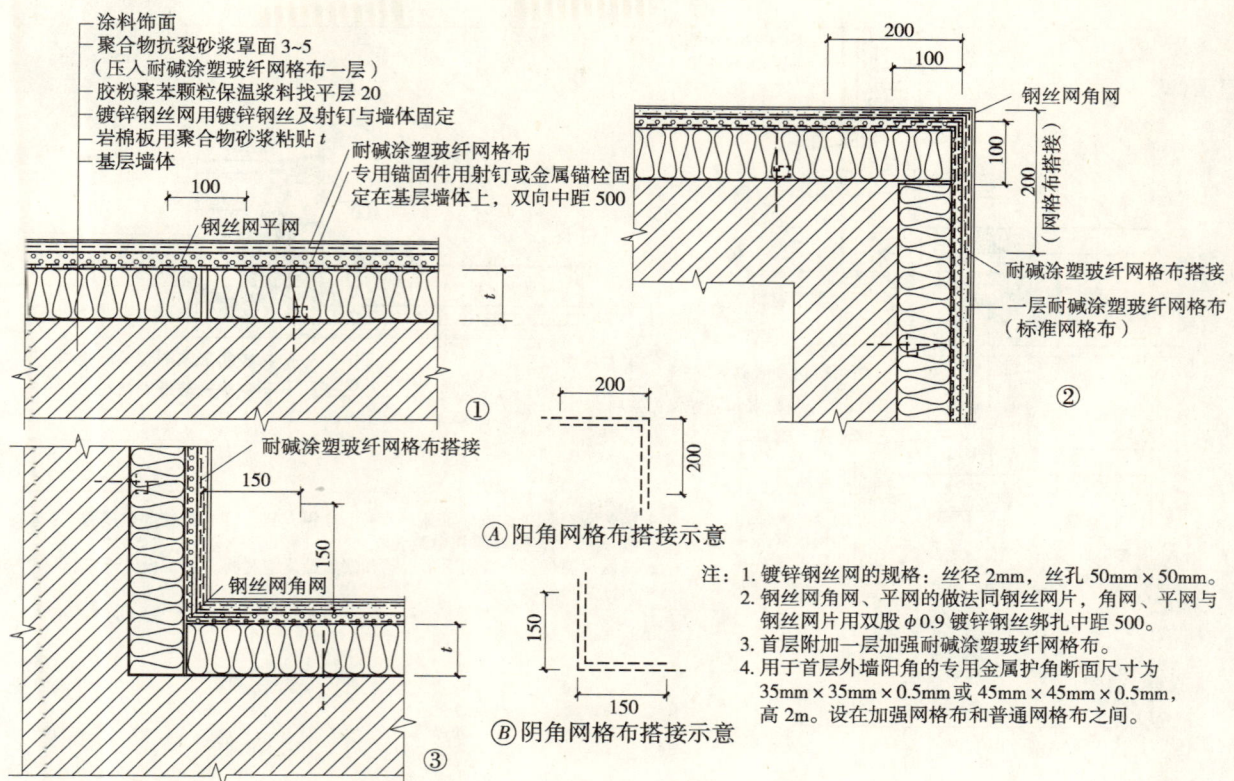

不带窗套窗口（涂料饰面）

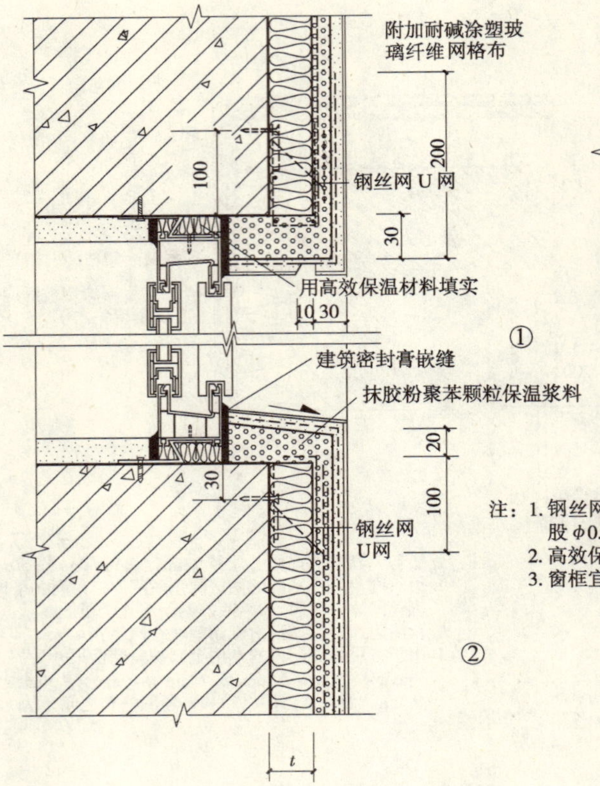

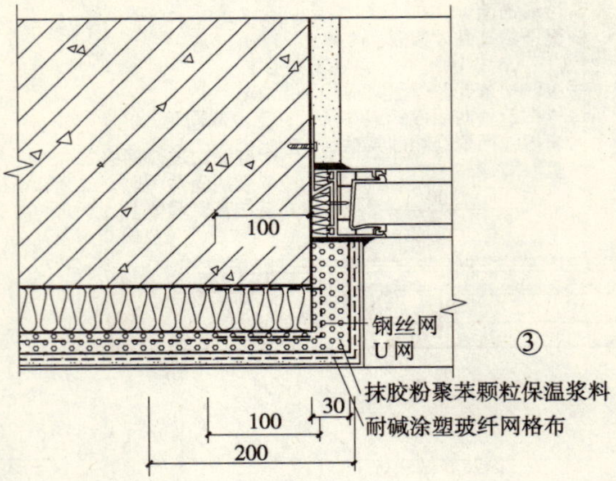

注：1. 钢丝网 U 网做法同墙面钢丝网片，U 网与钢丝网片搭接部位用双股 $\phi0.9$ 镀锌钢丝绑扎中距 500。
2. 高效保温材料可选用聚苯板条和聚氨酯发泡材料，由工程设计定。
3. 窗框宜与外墙平齐。

带窗套窗口（涂料饰面）

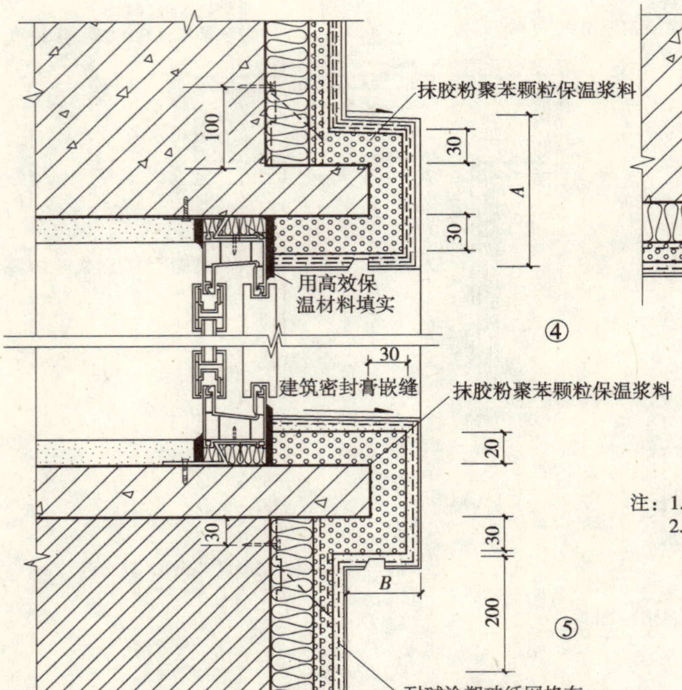

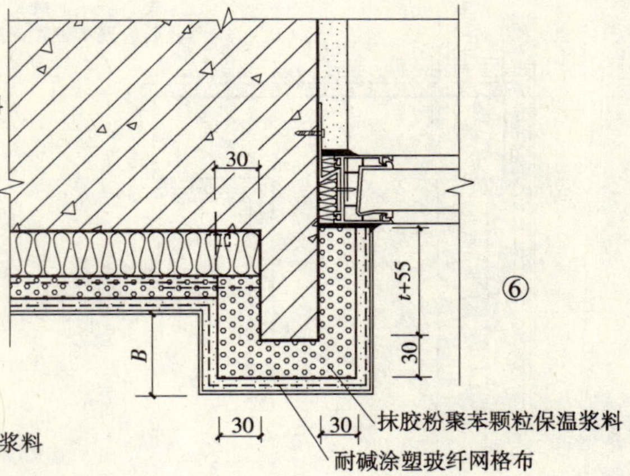

注：1. 窗套宽度 A 及出挑尺寸 B 由工程设计定，B 宜≤80。
2. 高效保温材料可选用聚苯板条和聚氨酯发泡材料，由工程设计定。

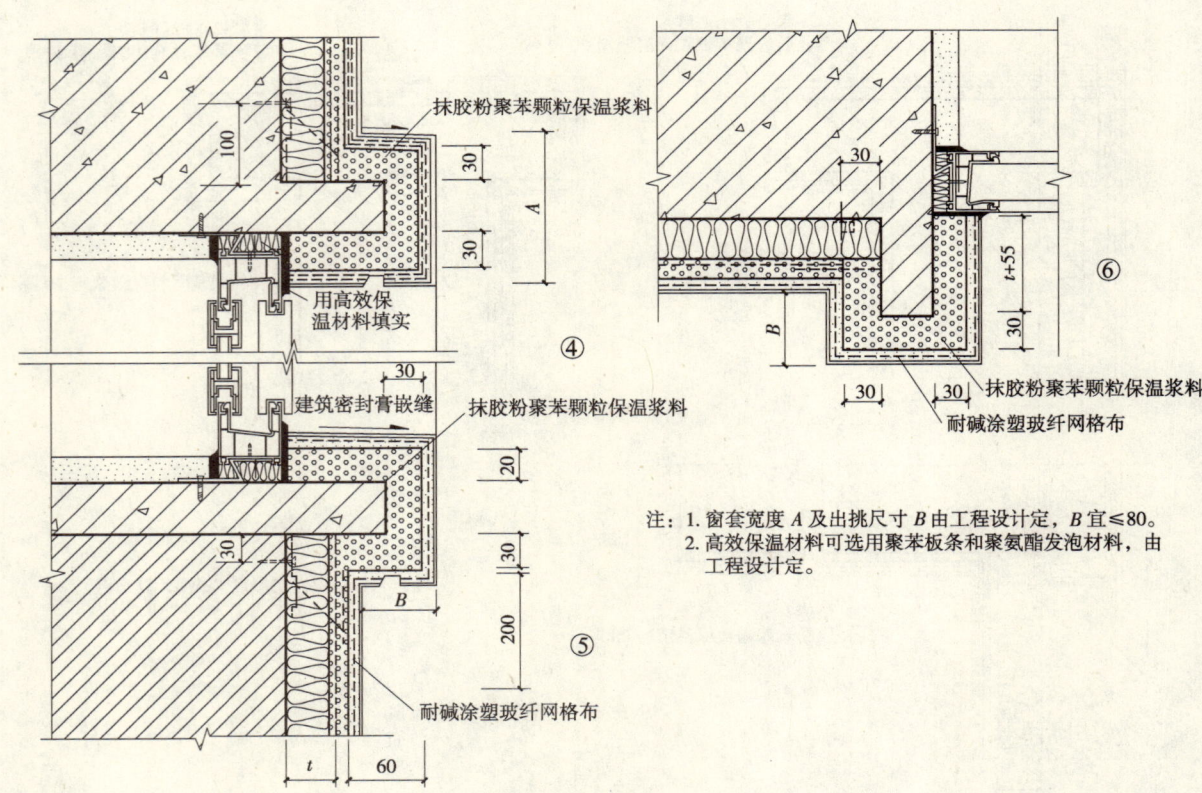

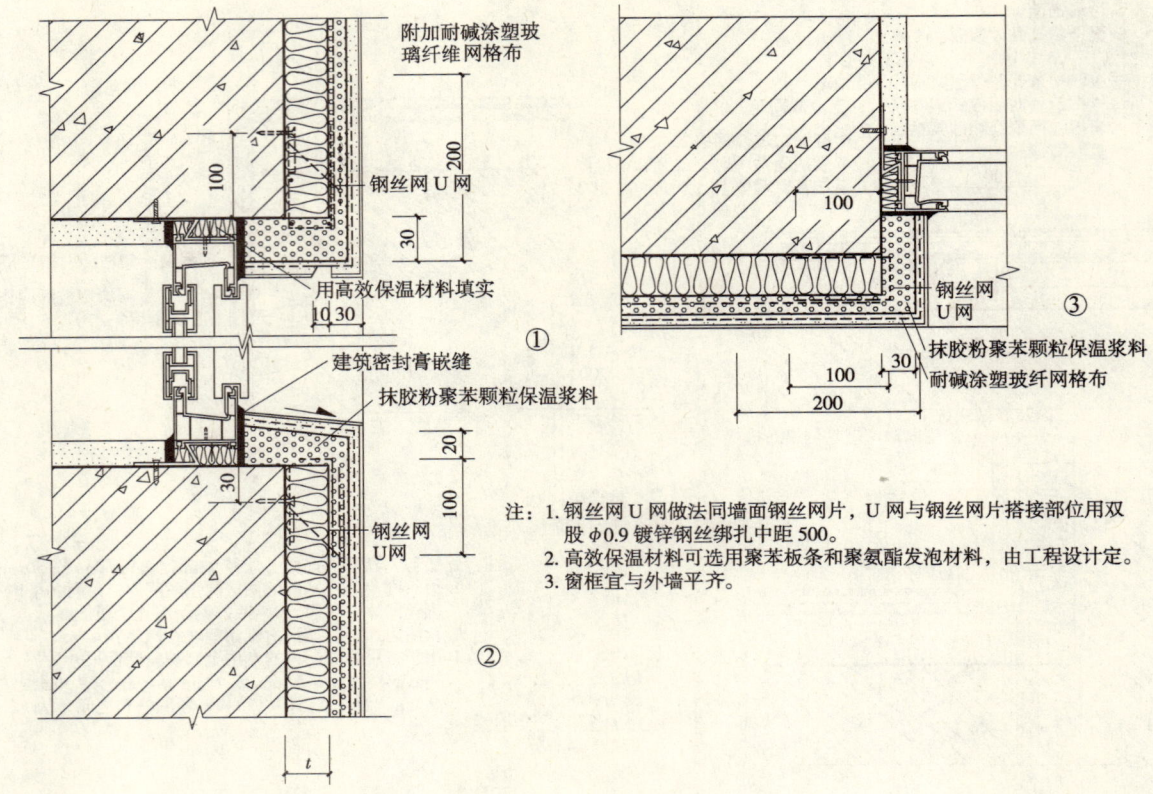

凸窗窗口（涂料饰面）

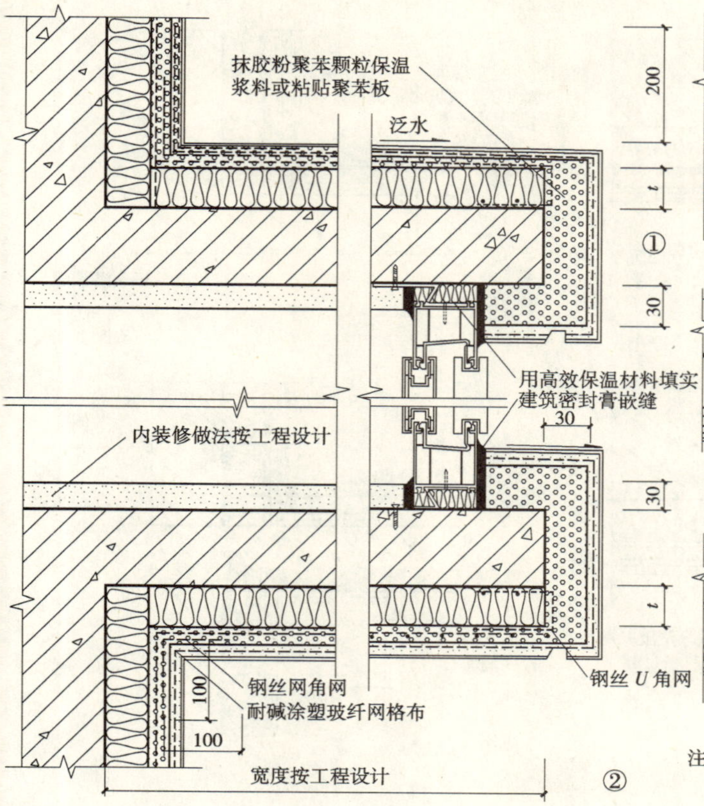

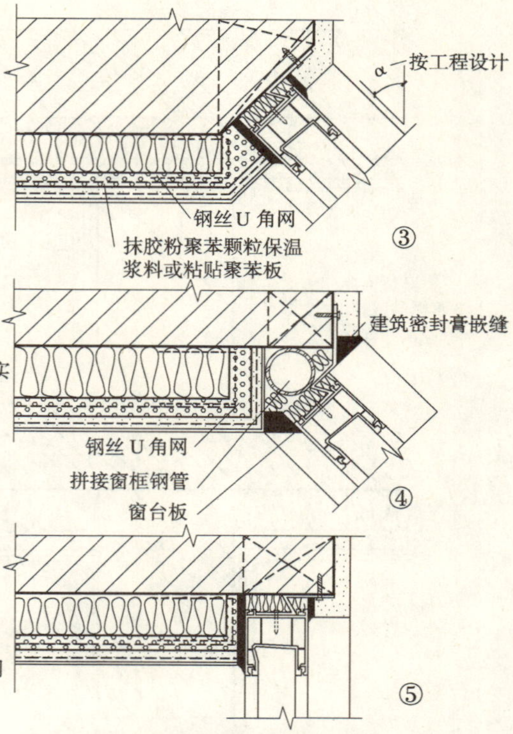

注：高效保温材料可选用聚苯板条和聚氨酯发泡材料，由工程设计定。

勒脚（涂料饰面）

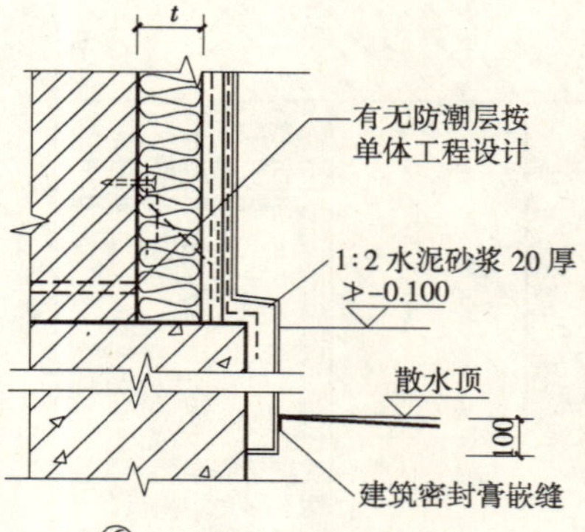

⑥

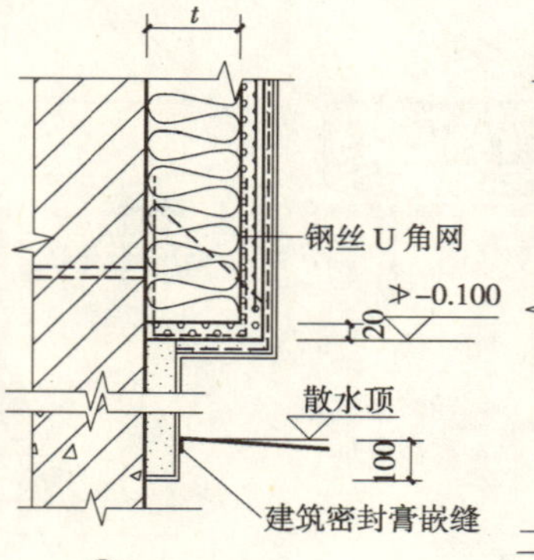

⑦

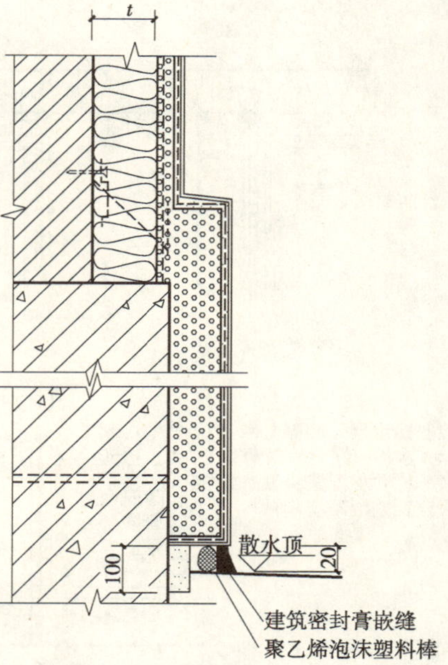

⑤用于地下室防潮或
室内外高差较小

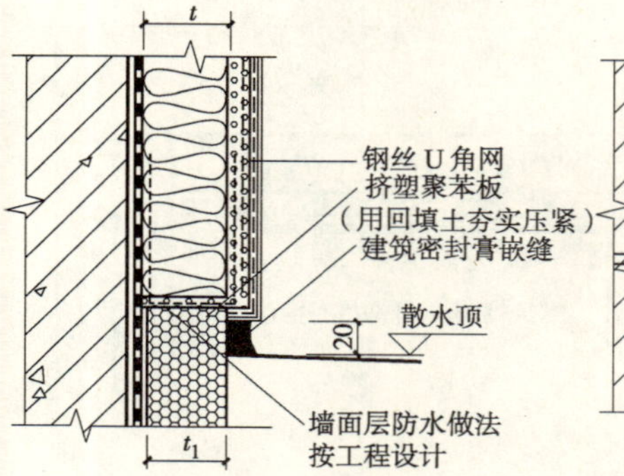

⑧用于地下室防水

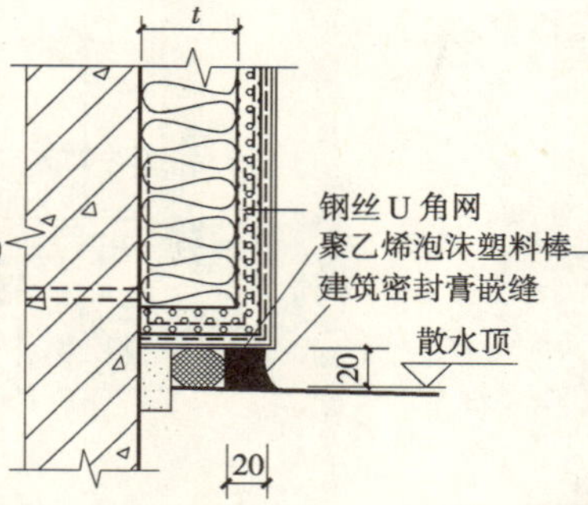

⑨用于地下室防潮或
室内外高差较小

注：③用于采暖区室外平均气温低于 −5.0℃地区，地下部分保温板的设置深度按工程设计，该保温板的厚度 t_1=50~70。（按 $t_1=t-10\leq70$ 设置）

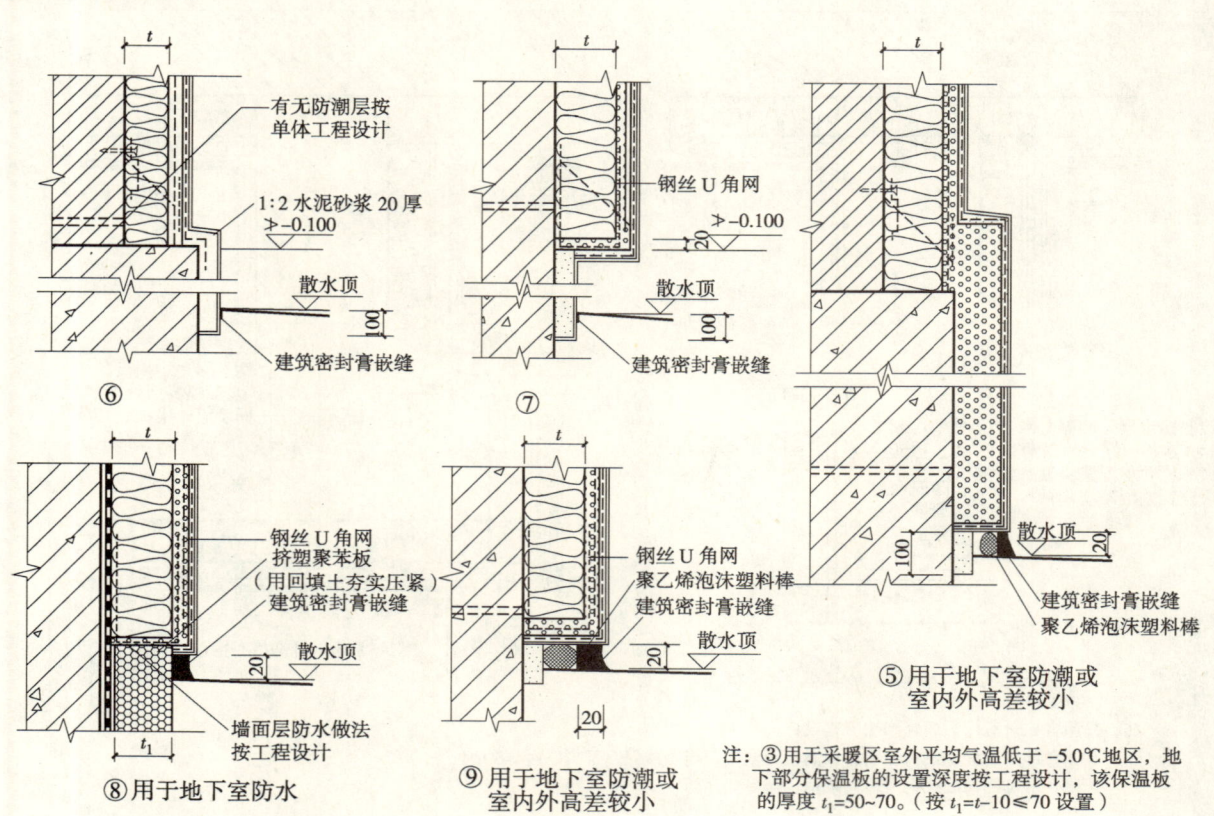

敞开阳台（涂料饰面）

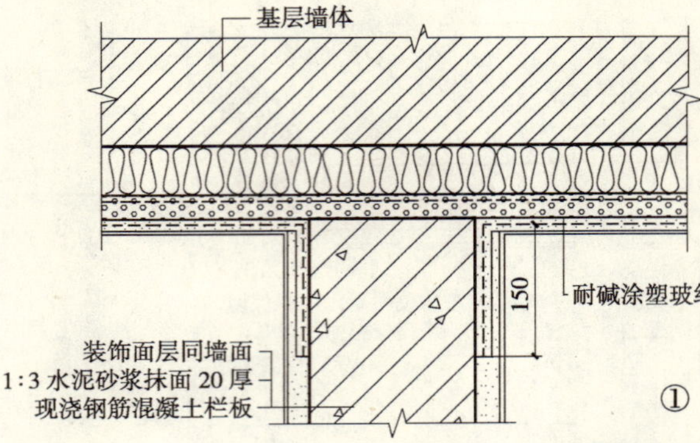

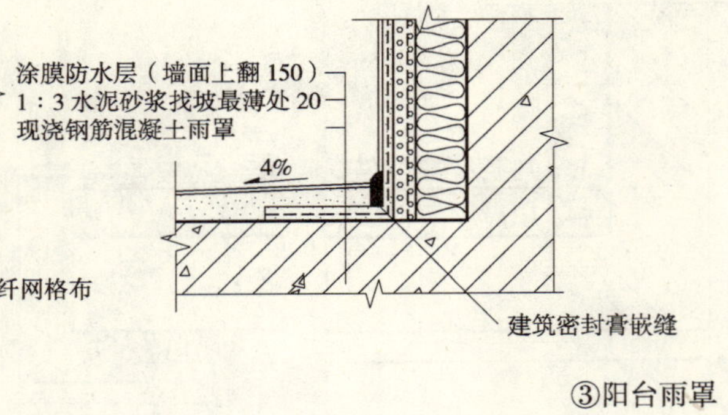

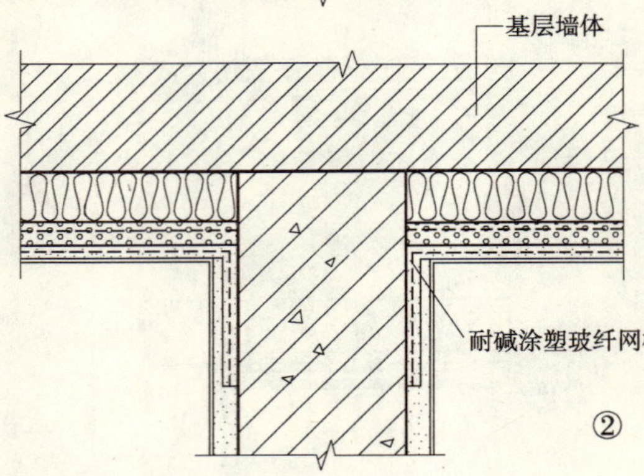

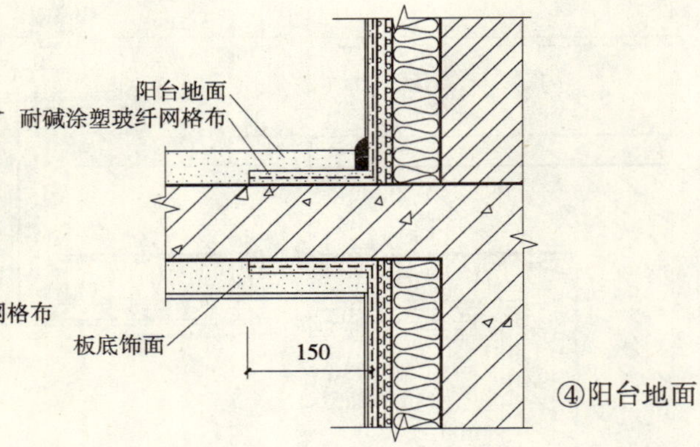

封闭保温阳台（涂料饰面）

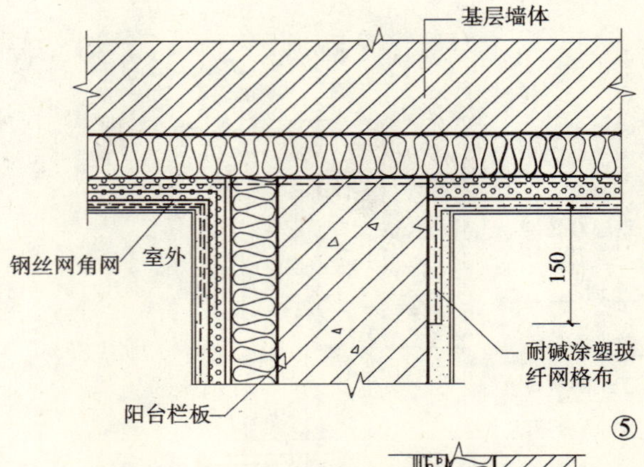

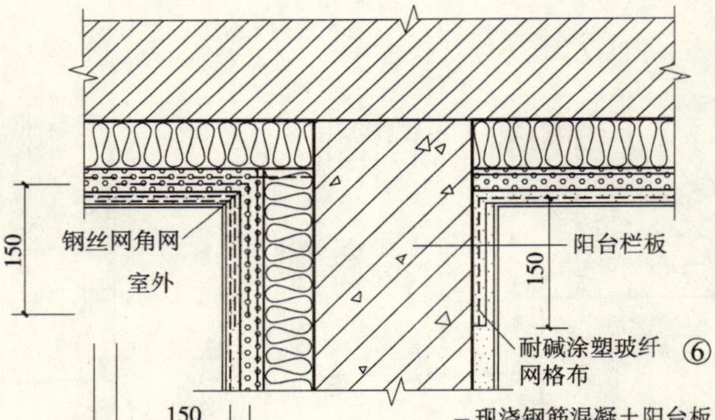

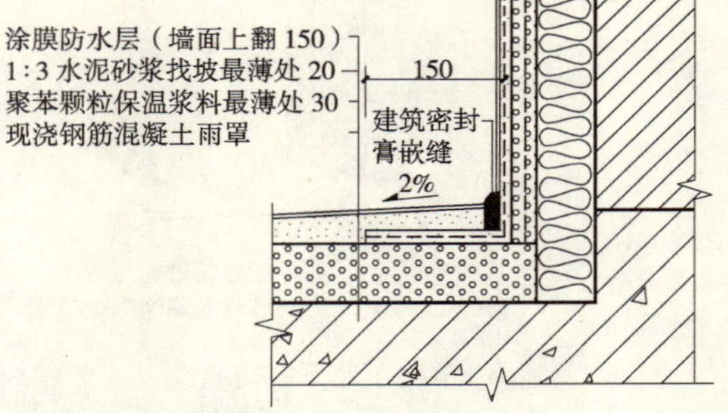

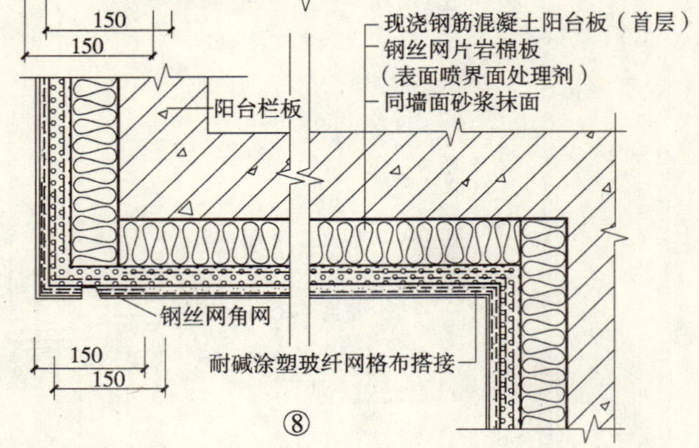

注：1. 阳台栏板室内板面装修按工程设计。

2. 阳台部位的保温浆料与墙体保温浆料同厚，当墙体保温浆料厚度＞50 时，阳台部位的保温浆料可适当减薄，但≥50。

墙身变形缝（平面）（涂料饰面）

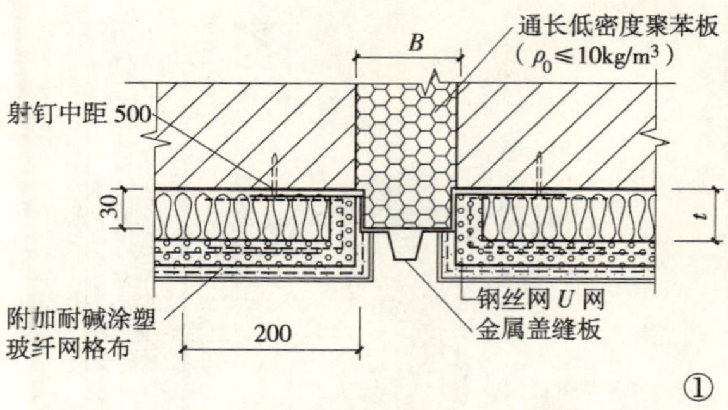

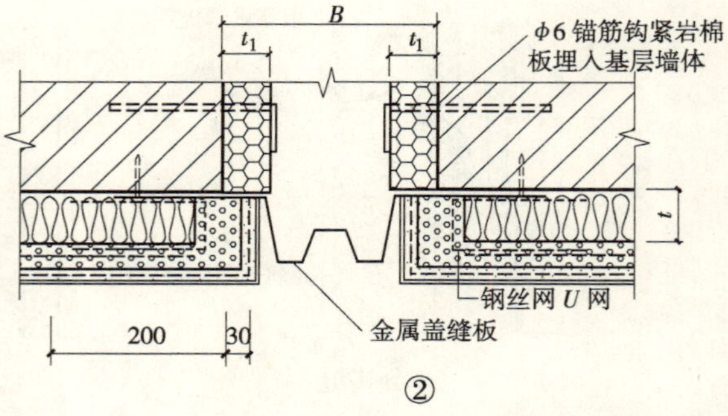

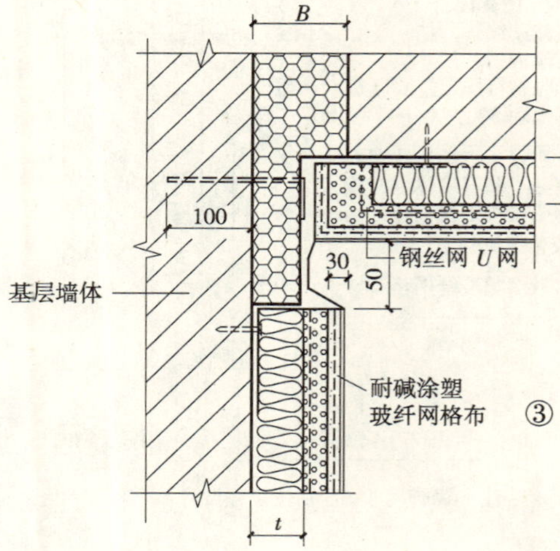

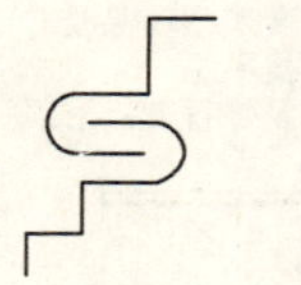

Ⓐ 金属盖缝板

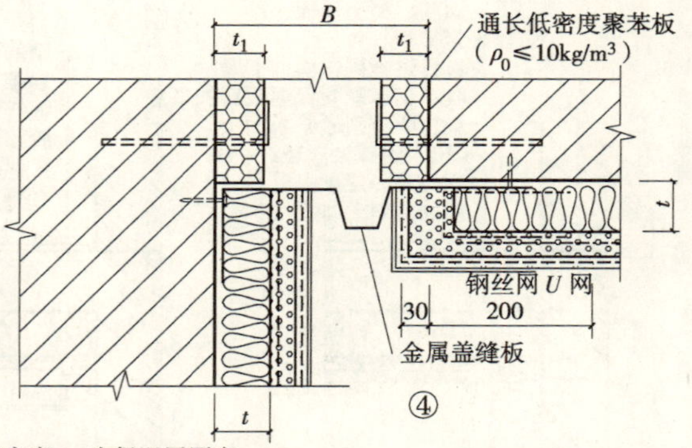

注：1. B为变形缝宽度，t 为保温层厚度。
2. 金属盖缝板可采用 1.5mm 厚铝合金板或彩色钢板，尺寸及形式按工程设计。
3. ①③用于 $B<t$ 时，②④用于 $B>2t$ 时，$t_1=0.5t$。
4. ④用于沉降缝或抗震缝。

墙身变形缝（剖面）（涂料饰面）

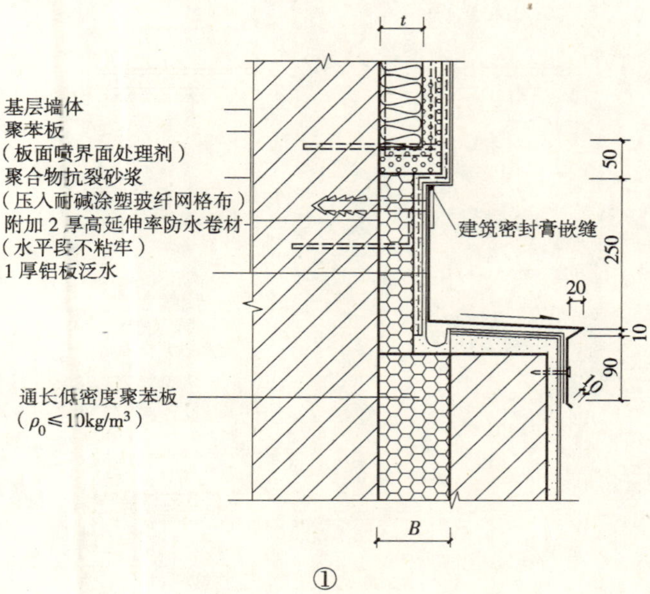

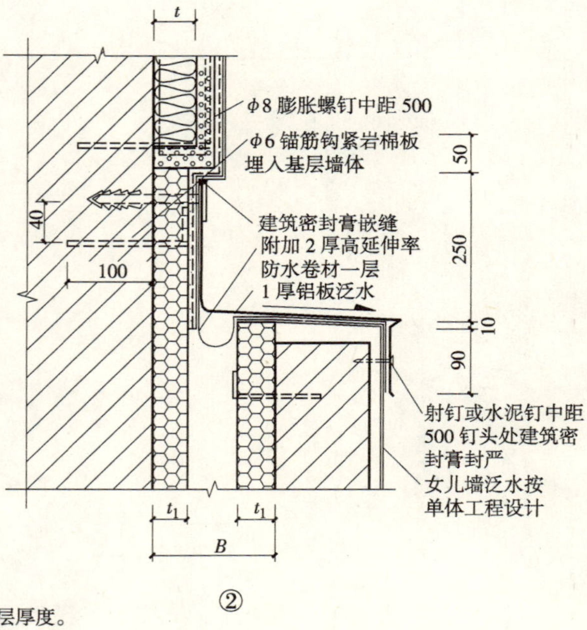

注：B为变形缝设计宽度，t 为保温层厚度。

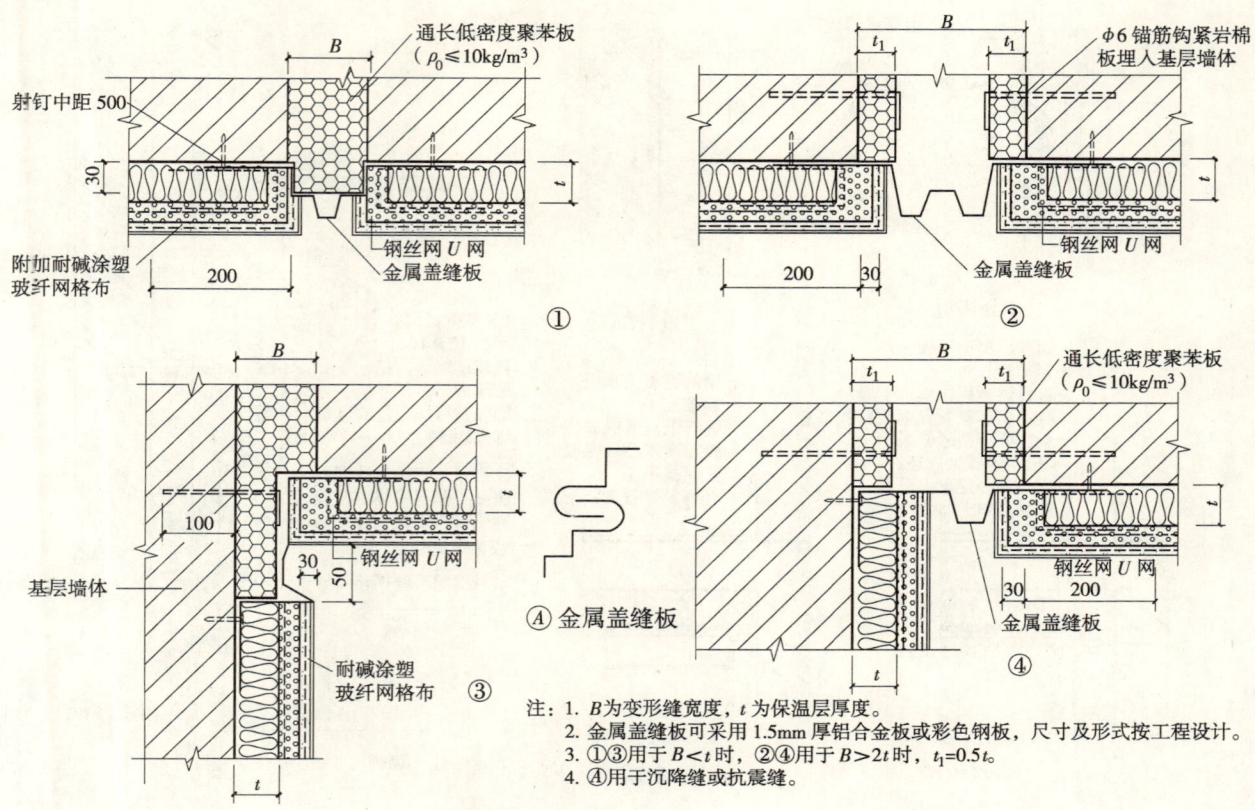

线脚、分格缝、过街楼（涂料饰面）

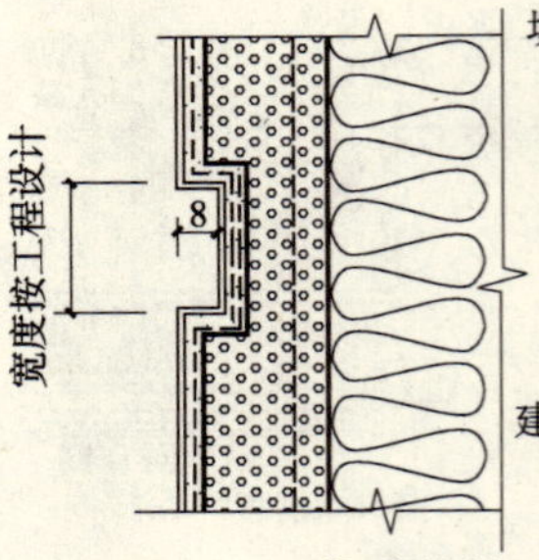

①分格缝

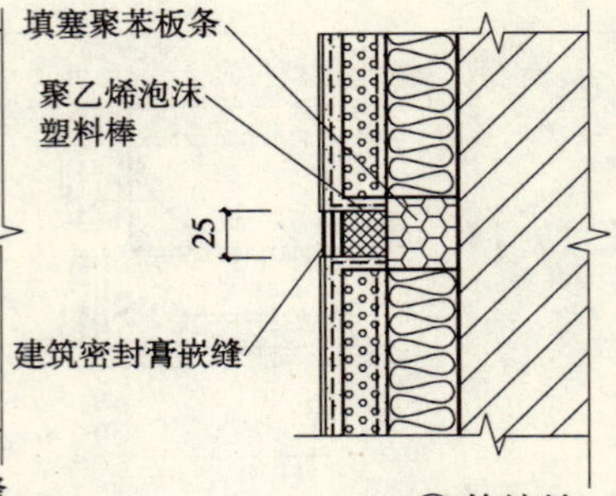

②伸缩缝

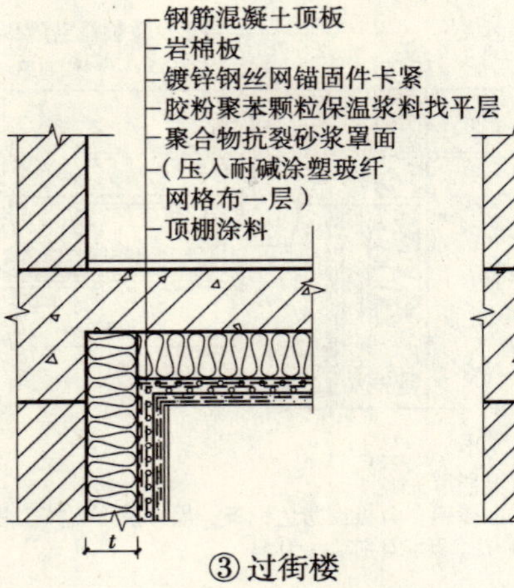

③过街楼

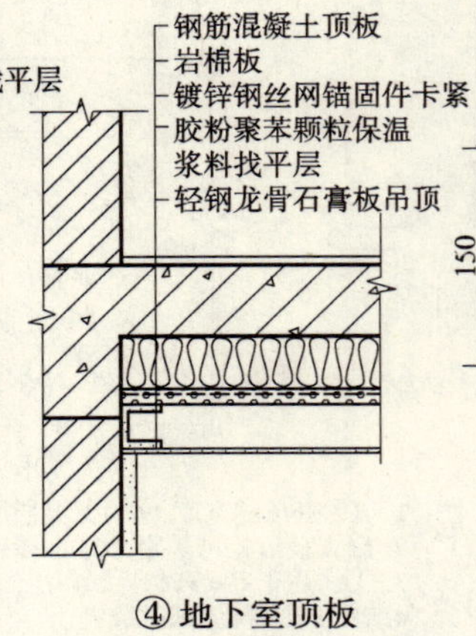

④地下室顶板

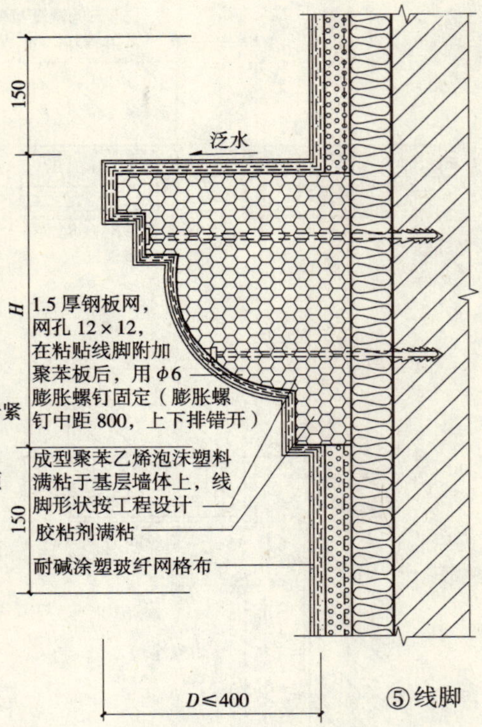

⑤线脚

注：线脚尺寸 H、D 按工程设计。

7

F型—装配式骨架岩棉板外墙外保温做法

说　明

1. 本做法采用轻钢龙骨作骨架固定于基层墙体，外挂面板，内填岩棉板，属于干作业施工。本做法饰面层为涂料饰面。

基本构造见下表

基层墙体 ①	保温隔热层和 固定方式②	保护层 ③	饰面层 ④	构造示意
混凝土墙体、各种砌体墙体	岩棉板嵌填并机械固定	水泥加压平板、纤维增强硅酸钙板等	涂料	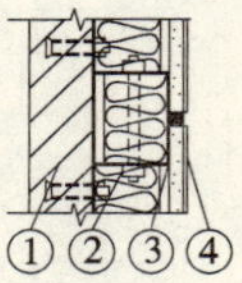

2. 选用本形式外保温做法时，必须遵守编制说明中的各项规定。

3. 基层墙体表面一般可不作处理，但局部高差超过龙骨可调整范围时，则应剔除或加垫。

4. 墙面横竖龙骨，应根据窗洞口、阳台、板面伸缩缝等的具体位置和面板规格进行布置，龙骨横竖间距不得超过1200mm。

5. 面板可采用两种：（1）纤维增强硅酸钙板；（2）水泥加压平板。

纤维增强硅酸钙板用于首层厚8mm，用于二层以上厚6mm。

水泥加压平板用于首层厚7mm，用于二层以上厚6mm。

也可采用其他合适的面板，具体按单体工程设计确定。

6. 应预先在龙骨槽内填实岩棉板，然后上墙安装。

7. 岩棉板嵌填于龙骨间，板与板之间的空隙应填实。

8. 安装面板时，应在板边预钻 $\phi3$ 孔，孔距不大于200mm，并在表面扩孔（沉头孔），板就位后，再在板面的预钻孔位置处钻龙骨孔，并用自攻螺钉固定，螺钉沉头应略低于板面。

9. 饰面层做法：清理面板后，刮腻子并打磨平整，然后均匀涂刷封闭涂料，使薄板吸水率≤5%，待封闭涂料干透后，再均匀涂刷两遍弹性涂料。

10. 龙骨、支座、支承板均采用Ⅰ级钢，表面镀锌，螺栓螺钉等也应在表面镀锌。

保温做法、热工指标及厚度选用表

装配式骨架岩棉板外墙外保温做法、热工指标及厚度选用表

编号	构造简图	外墙主体	① 外墙内抹灰	② 外墙主体	③ 保温层	④ 空气层	⑤ 外墙外饰面	主体部位	
								总传热阻	传热系数
			厚度（mm）	厚度（mm）	厚度（mm）	厚度（mm）	厚度（mm）	R_0（$m^2\cdot K/W$）	K_0［$W/(m^2\cdot K)$］
1	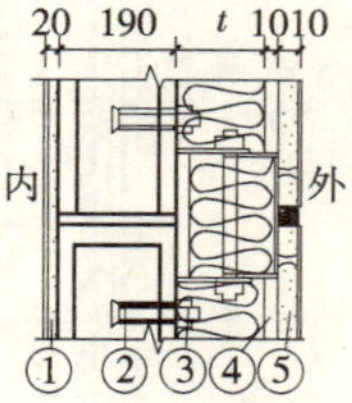	承重混凝土空心砌块	20	190	20	10	10	0.953	1.050
					30			1.142	0.876
					40			1.331	0.751
					50			1.521	0.658
					60			1.710	0.585
					70			1.900	0.526
					80			2.089	0.479
					90			2.278	0.439
					100			2.468	0.405
2	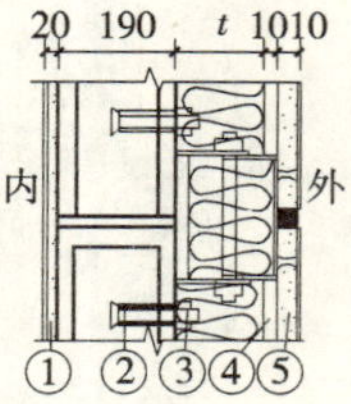	炉渣混凝土空心砌块	20	190	20	10	10	1.050	0.953
					30			1.239	0.807
					40			1.428	0.700
					50			1.618	0.618
					60			1.807	0.553
					70			1.997	0.501
					80			2.186	0.457
					90			2.375	0.421
					100			2.468	0.405
3	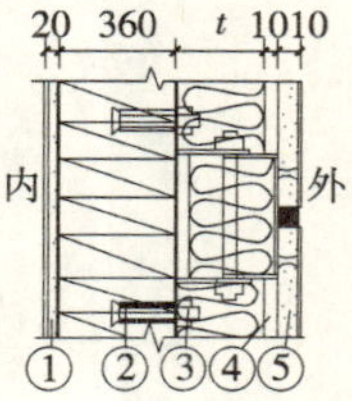	360厚页岩多孔砖	20	360	20	10	10	1.295	0.772
					30			1.484	0.674
					40			1.673	0.598
					50			1.863	0.537
					60			2.052	0.487
					70			2.242	0.446
					80			2.431	0.411
					90			2.620	0.382
					100			2.810	0.356
4	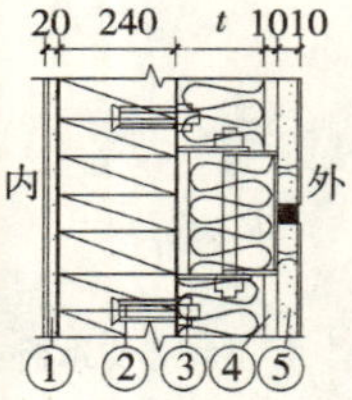	240厚页岩多孔砖	20	240	20	10	10	1.127	0.888
					30			1.316	0.760
					40			1.505	0.664
					50			1.695	0.590
					60			1.884	0.531
					70			2.074	0.482
					80			2.263	0.442
					90			2.452	0.408
					100			2.642	0.379
5	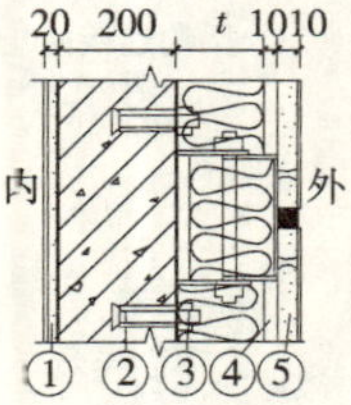	混凝土剪力墙	20	200	20	10	10	0.905	1.105
					30			1.094	0.914
					40			1.283	0.779
					50			1.473	0.679
					60			1.662	0.602
					70			1.852	0.540
					80			2.041	0.490
					90			2.230	0.448
					100			2.420	0.413
6	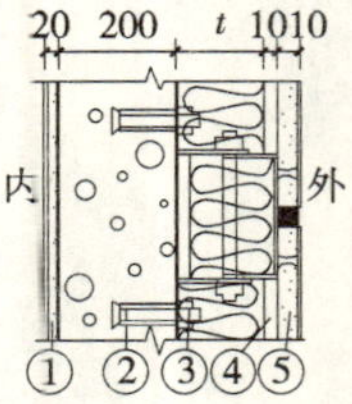	加气混凝土砌块	20	200	20	10	10	1.632	0.613
					30			1.821	0.549
					40			2.010	0.497
					50			2.200	0.455
					60			2.389	0.419
					70			2.579	0.338
					80			2.768	0.361
					90			2.957	0.338
					100			3.147	0.318

注：1. 计算结果依据《民用建筑热工设计规范》GB 50176—93 求得。

2. 当主体墙为加气混凝土砌块保温层小于40mm 厚时，应对热桥部位采取保温措施。详见编制说明。

平、剖面详图（涂料饰面）

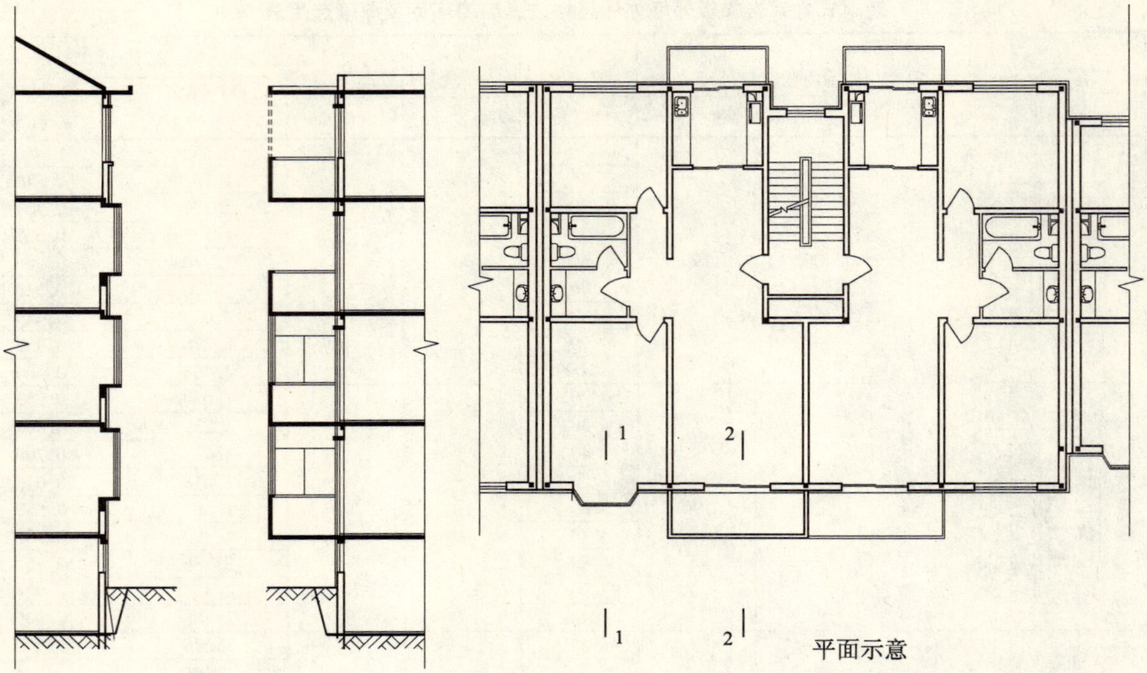

1—1　　2—2

注：虚线示意当阳台为封闭保温阳台时选用相关节点做法。

墙体构造及墙角（涂料饰面）

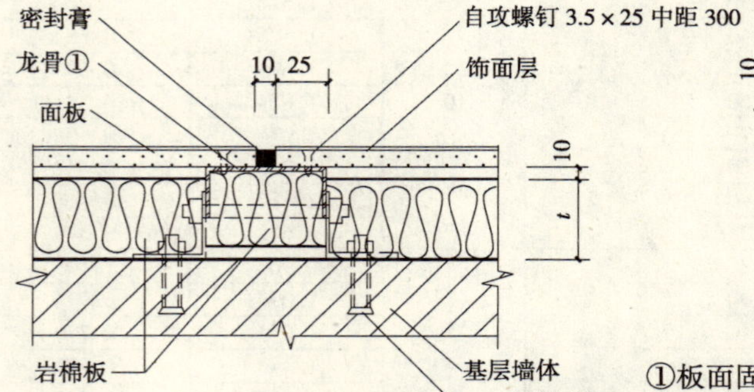

①板面固定
（横竖龙骨通用）

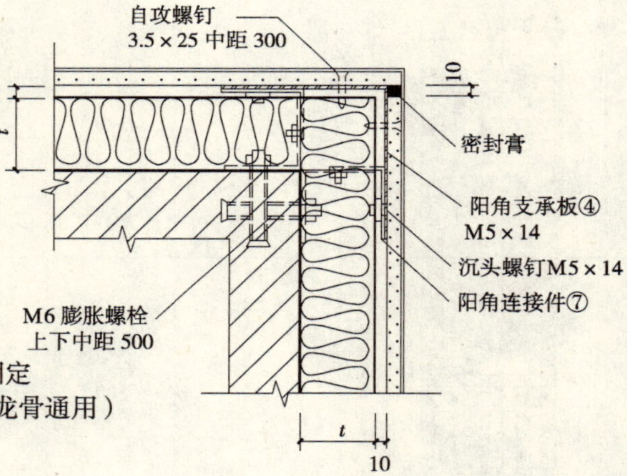

②

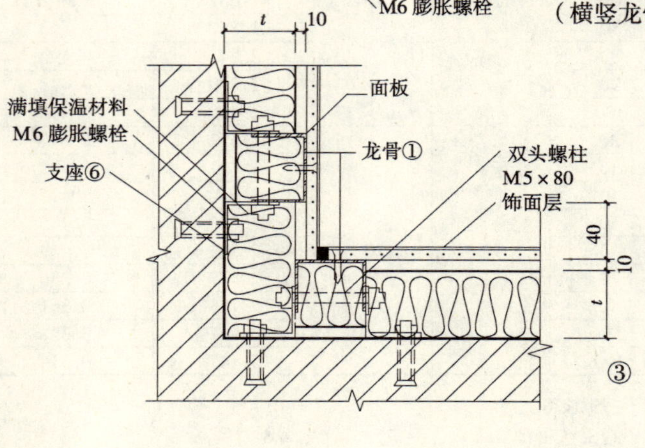

③

女儿墙和挑檐（涂料饰面）

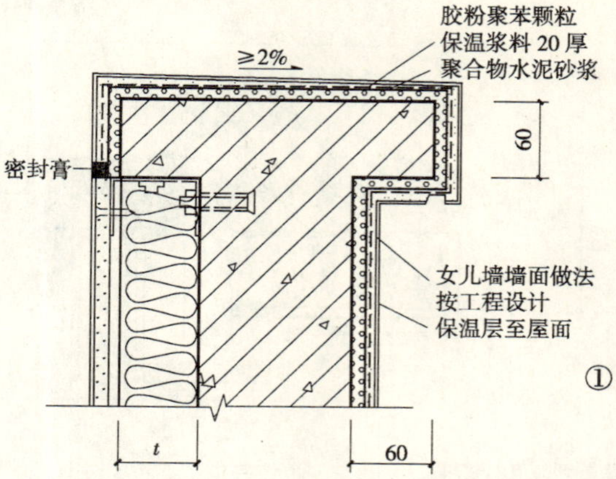

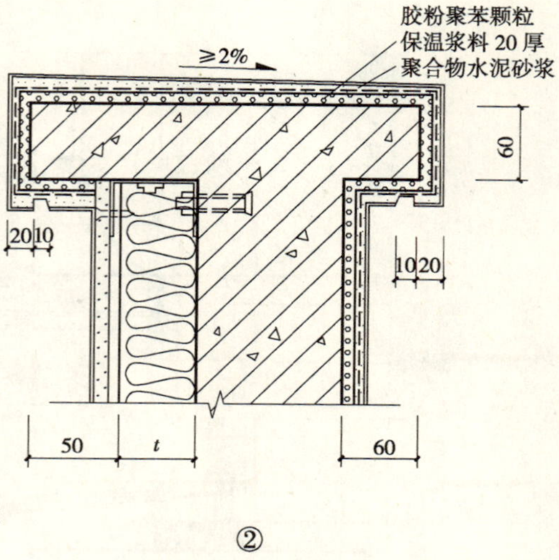

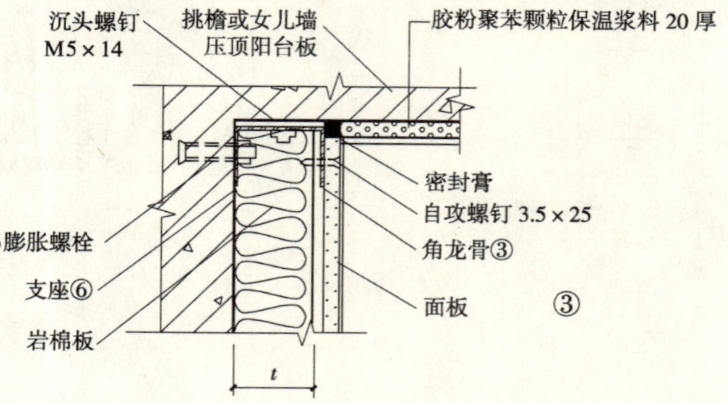

注：岩棉保温层厚度 *t* 根据计算确定。

不带窗套窗口（涂料饰面）

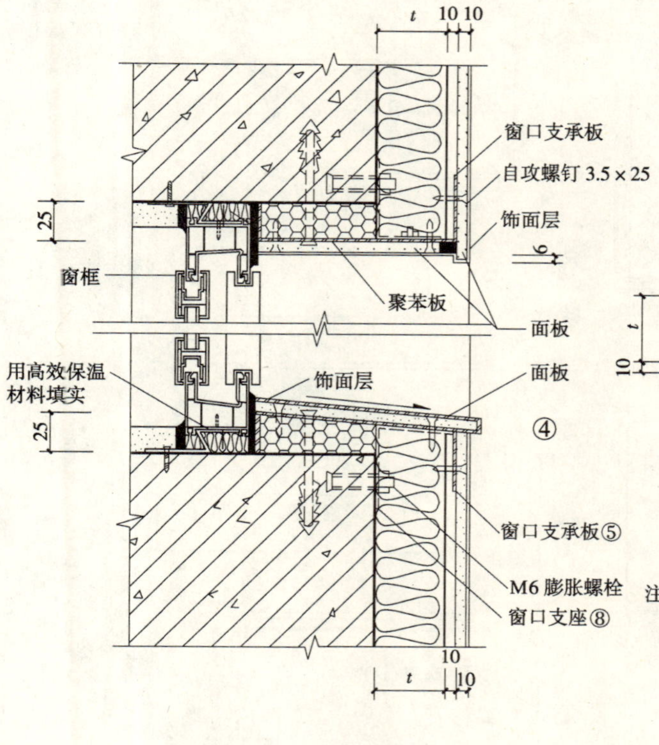

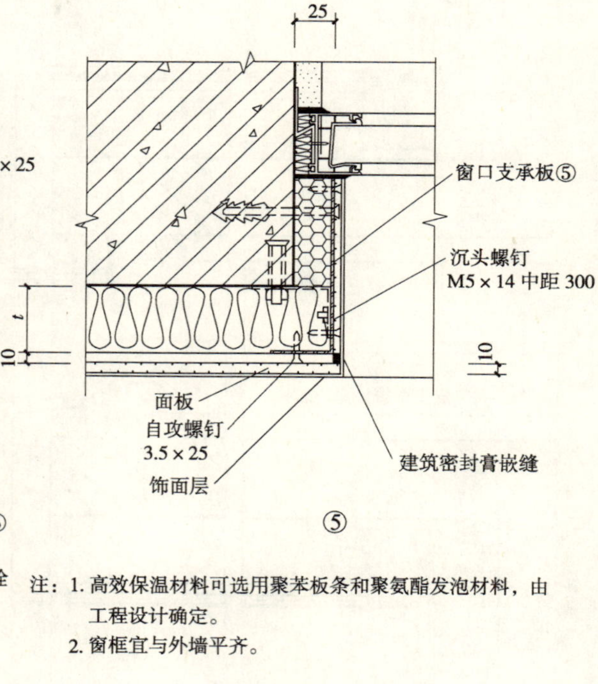

注：1. 高效保温材料可选用聚苯板条和聚氨酯发泡材料，由工程设计确定。

2. 窗框宜与外墙平齐。

带窗套窗口（涂料饰面）

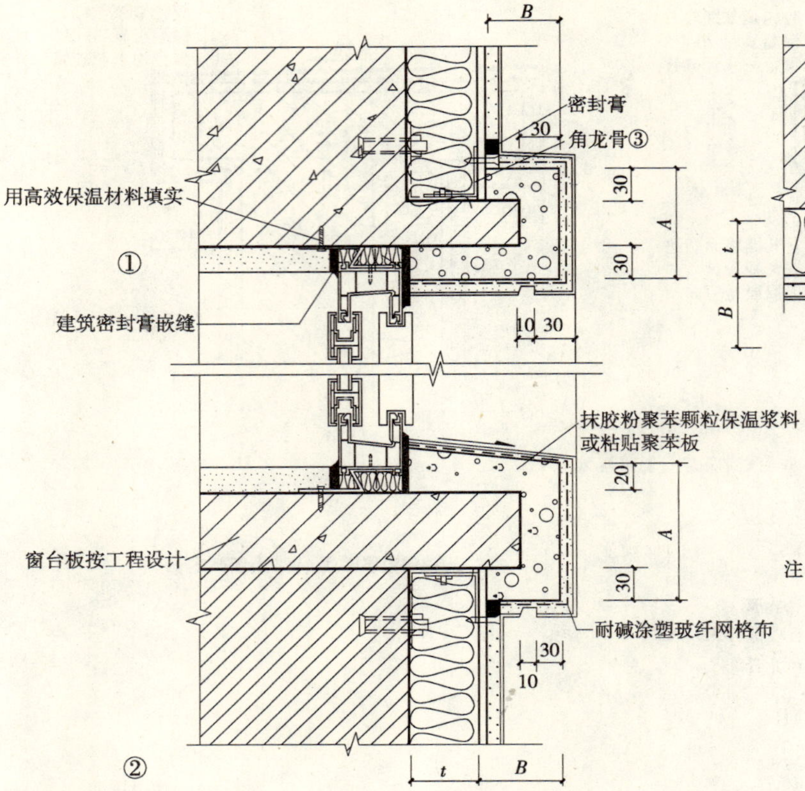

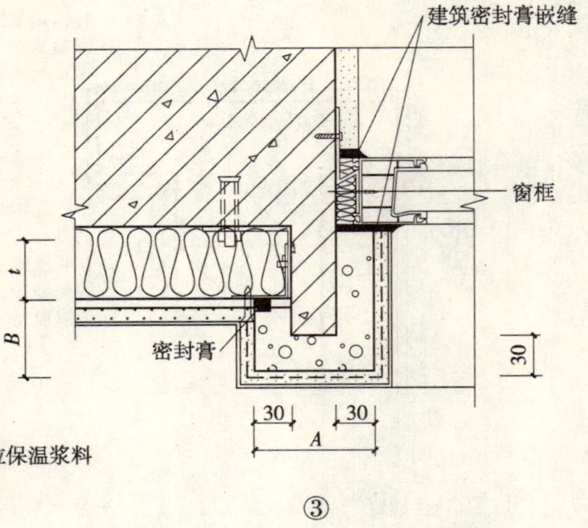

注：1. 窗套宽度 A 及出挑尺寸 B 按工程设计，B 宜≤80。
2. 高效保温材料可选用聚苯板条和聚氨酯发泡材料，按工程设计。

凸窗窗口（涂料饰面）

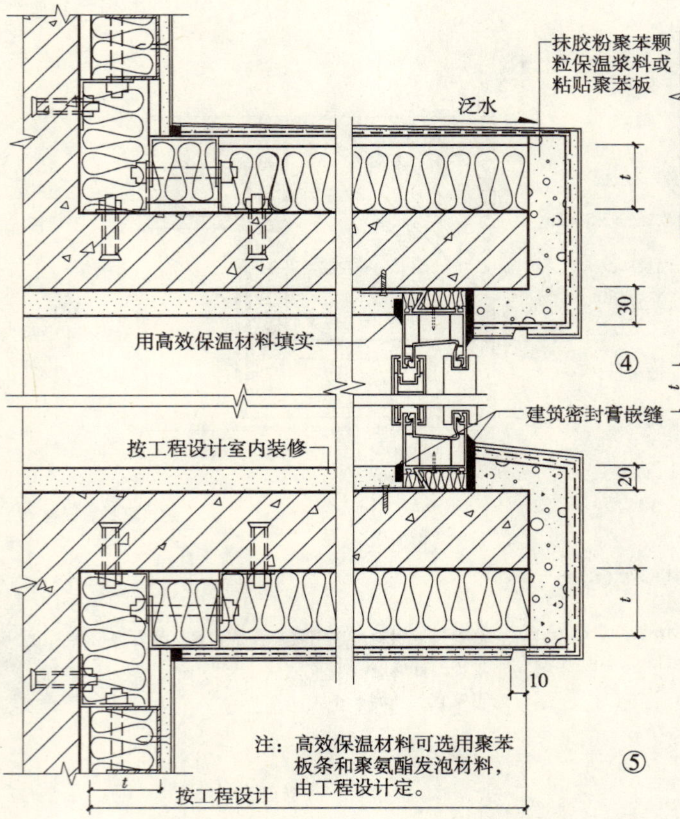

注：高效保温材料可选用聚苯板条和聚氨酯发泡材料，由工程设计定。

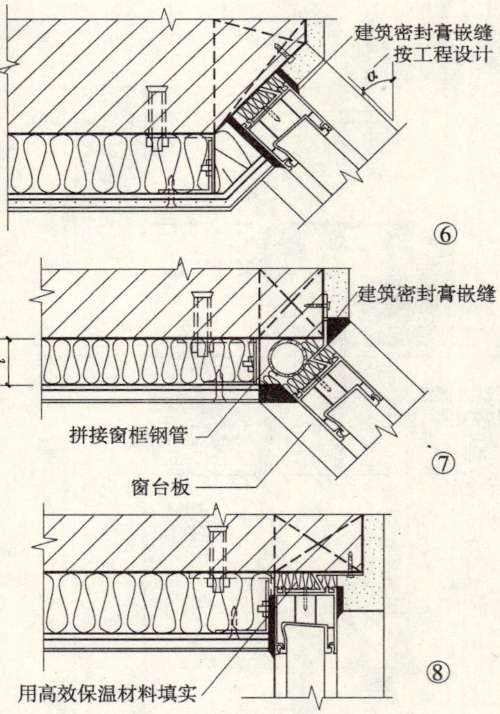

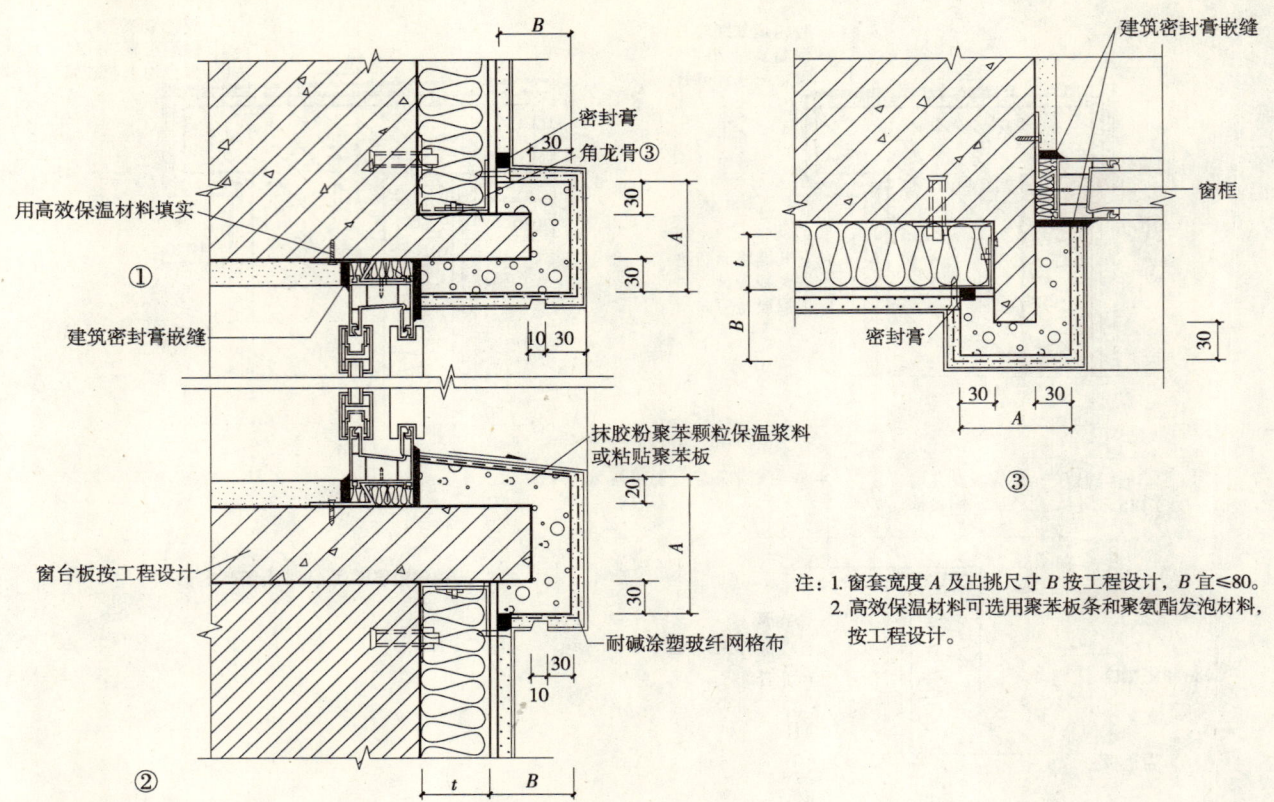

勒脚（涂料饰面）

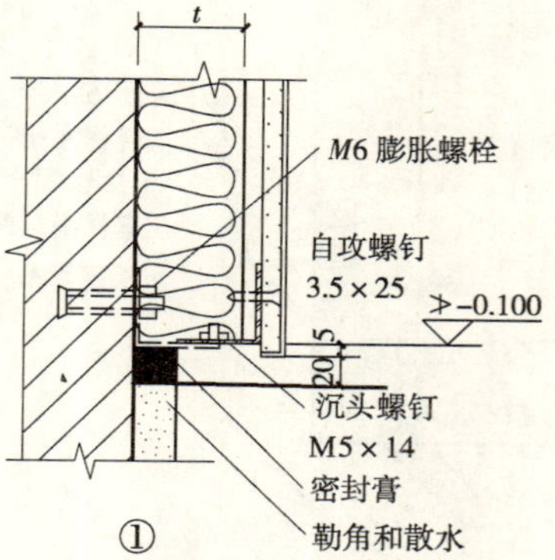

①

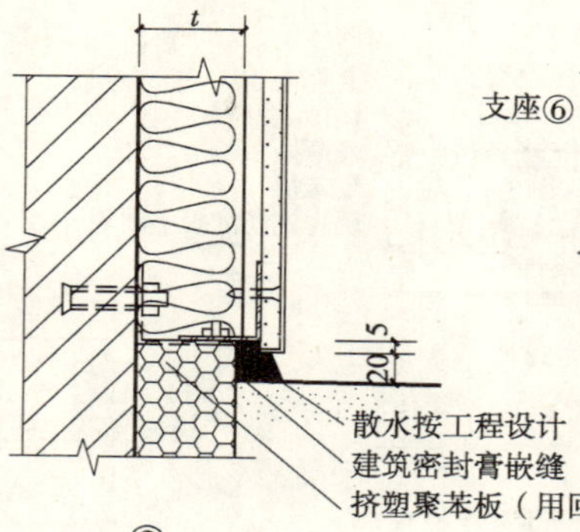

②

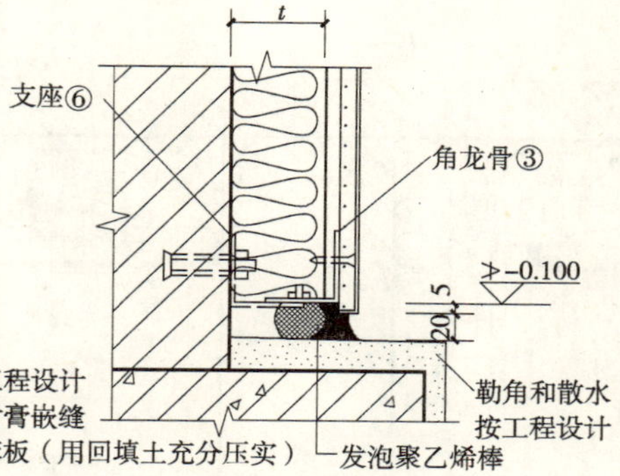

⑤用于地下室防潮
或室内外高差较小

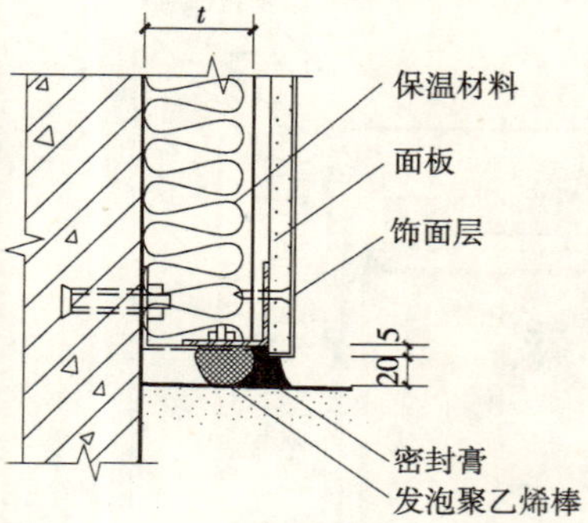

③室内外高差较小

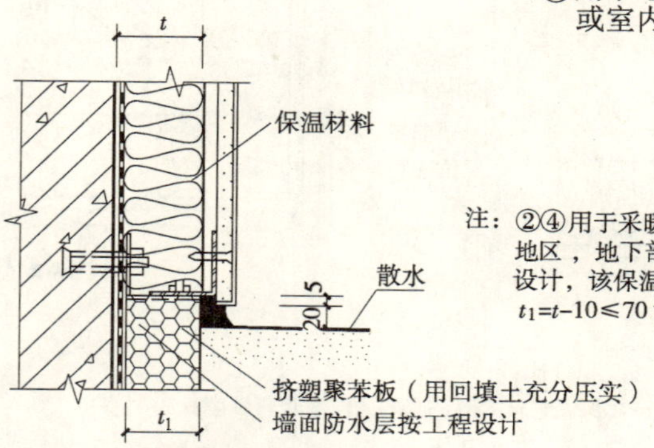

④用于地下室防水

注：②④用于采暖期室外平均温度低于 -5.0℃地区，地下部分保温板的设置深度按工程设计，该保温板的厚度 t_1=50~70。（按 $t_1=t-10\leqslant70$ 设置）

敞开阳台（涂料饰面）

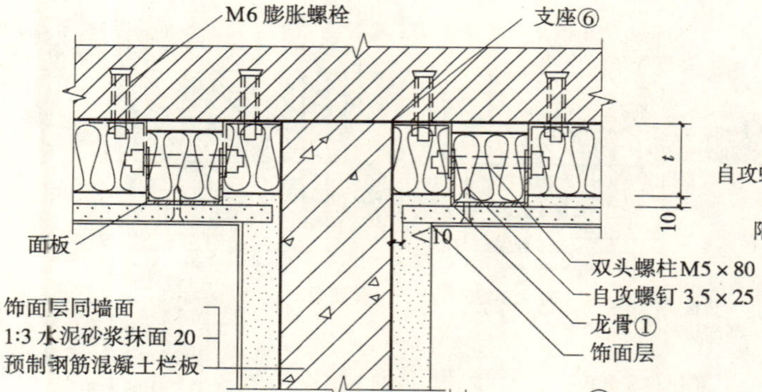

⑤

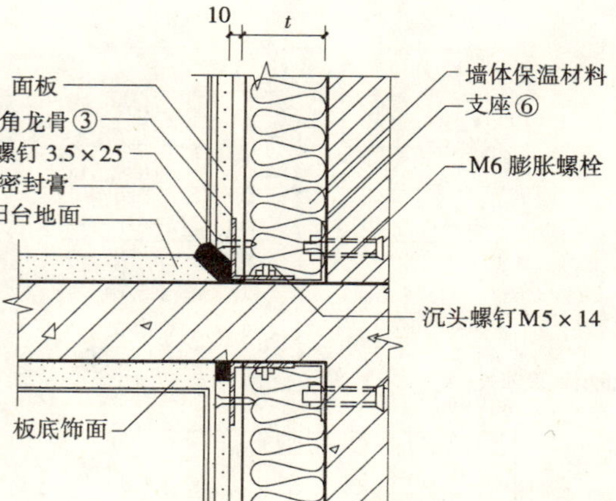

⑦阳台地面

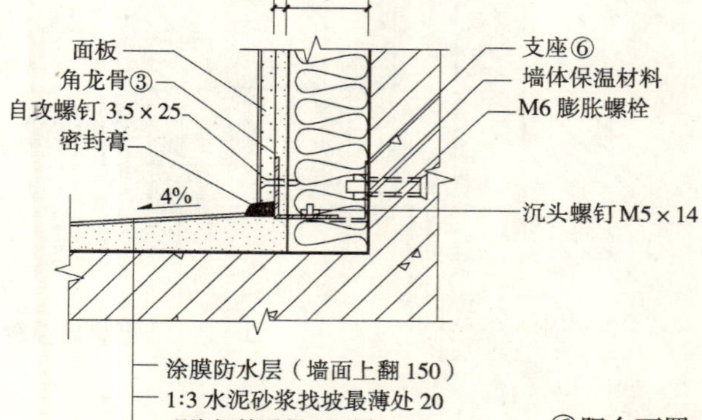

⑥阳台雨罩

封闭保温阳台（涂料饰面）

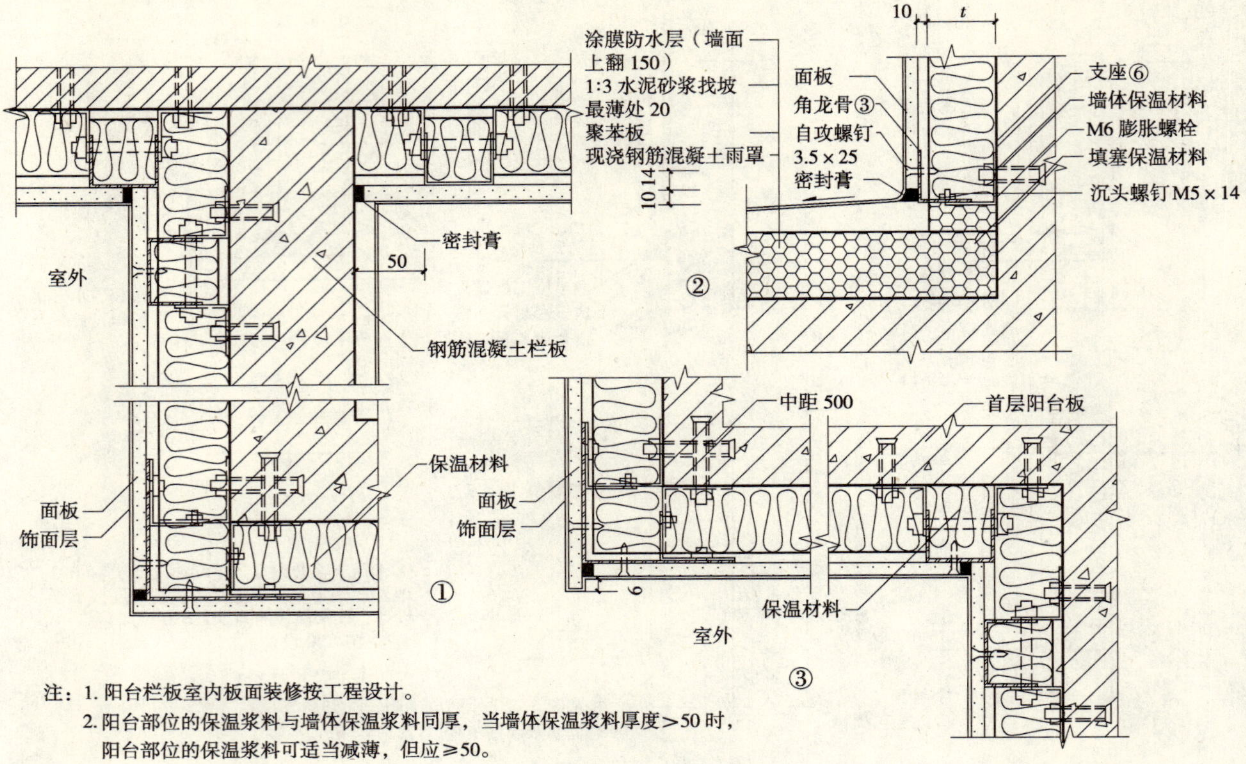

注：1. 阳台栏板室内板面装修按工程设计。
2. 阳台部位的保温浆料与墙体保温浆料同厚，当墙体保温浆料厚度＞50 时，阳台部位的保温浆料可适当减薄，但应≥50。

墙身变形缝（平面）(涂料饰面)

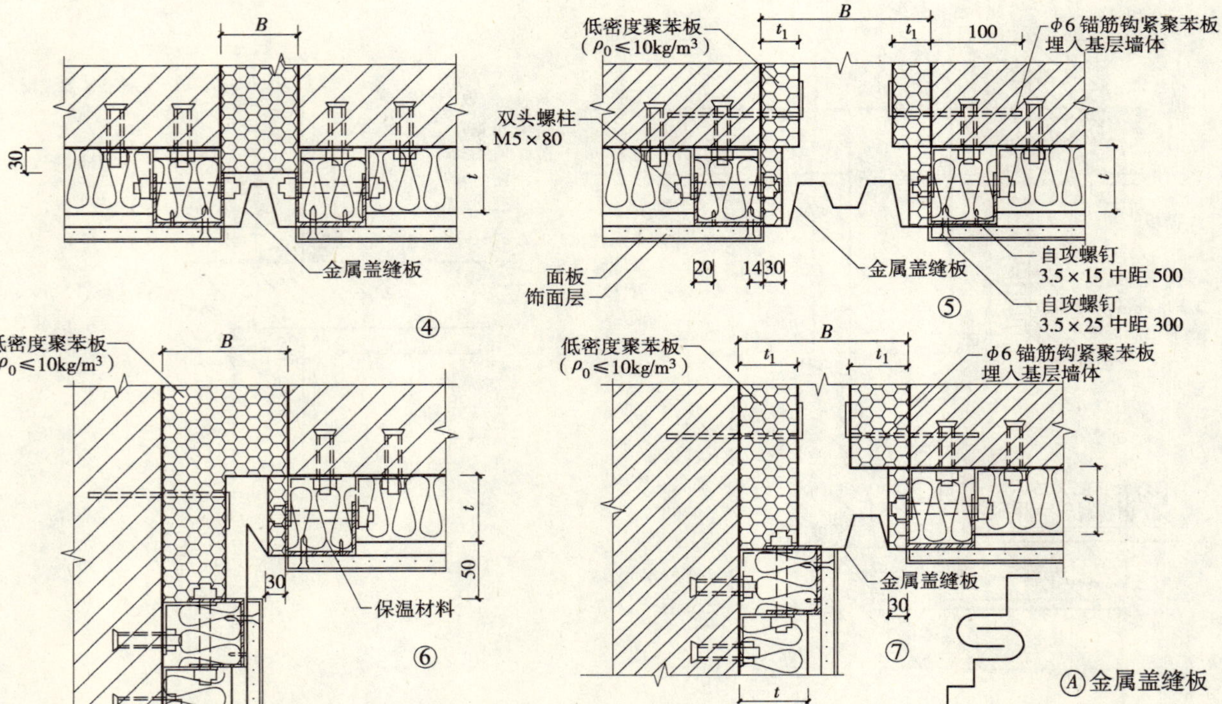

注：1. ①③用于 $B<t$ 时，②④用于 $B>2t$ 时，$t_1=0.5t$。
2. ④用于沉降缝或抗震缝。
3. 金属盖缝板可采用 1.5 厚铝合金板或彩色钢板，尺寸及形式按工程设计。
4. B 为变形缝设计宽度，t 为保温层厚度。

墙身变形缝（剖面）(涂料饰面)

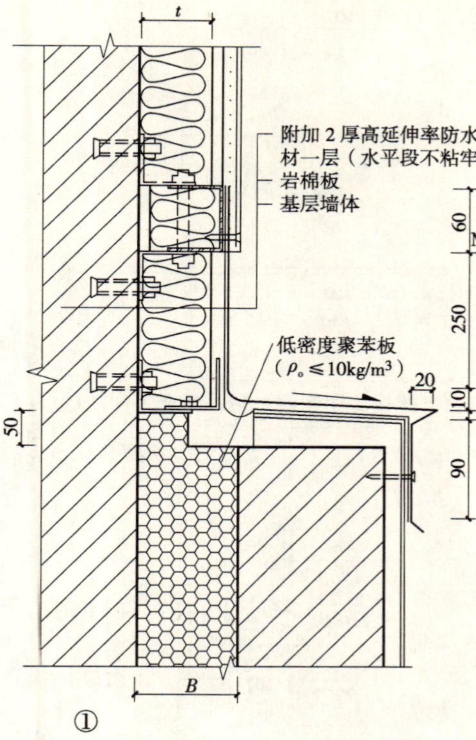

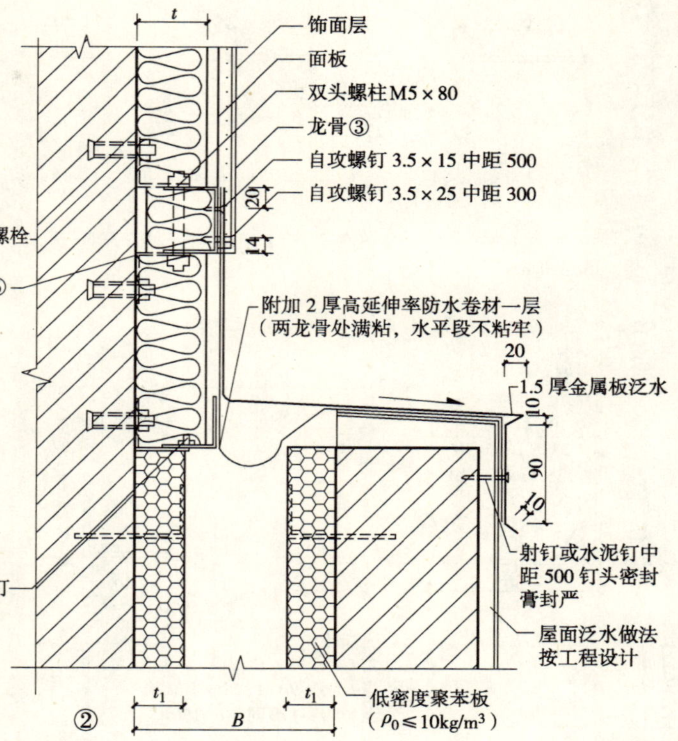

线脚、分格缝、过街楼（涂料饰面）

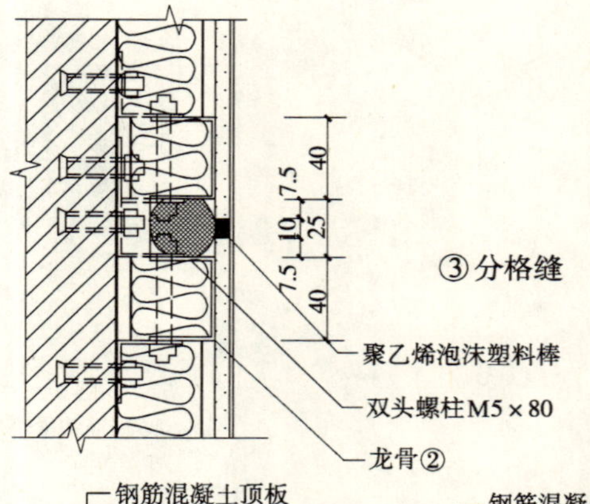

③分格缝

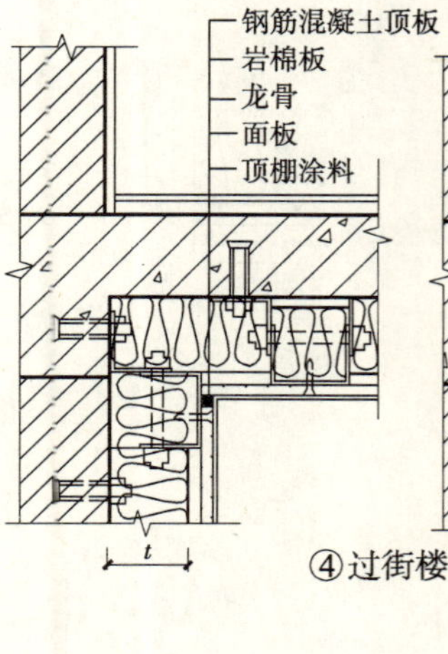

④过街楼

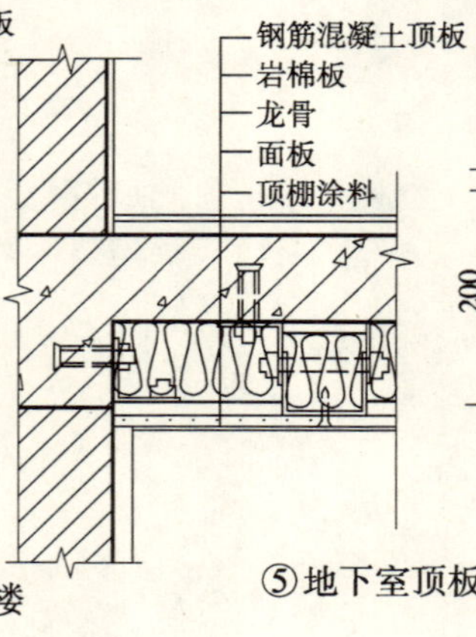

⑤地下室顶板

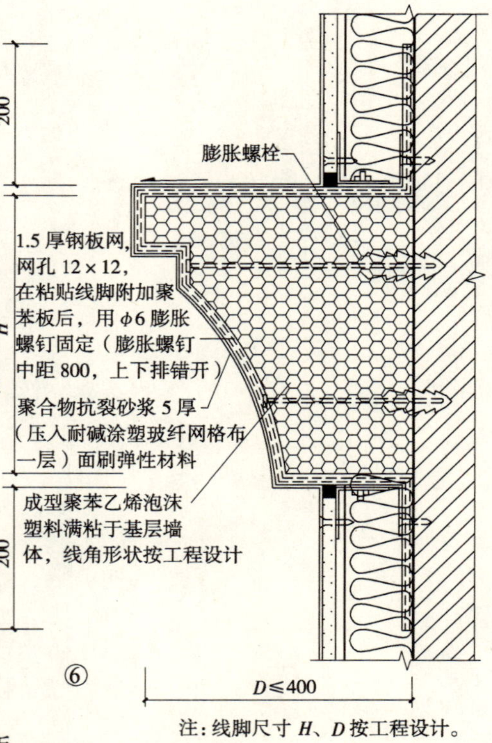

注：线脚尺寸 H、D 按工程设计。

龙骨、支座、连接件详图

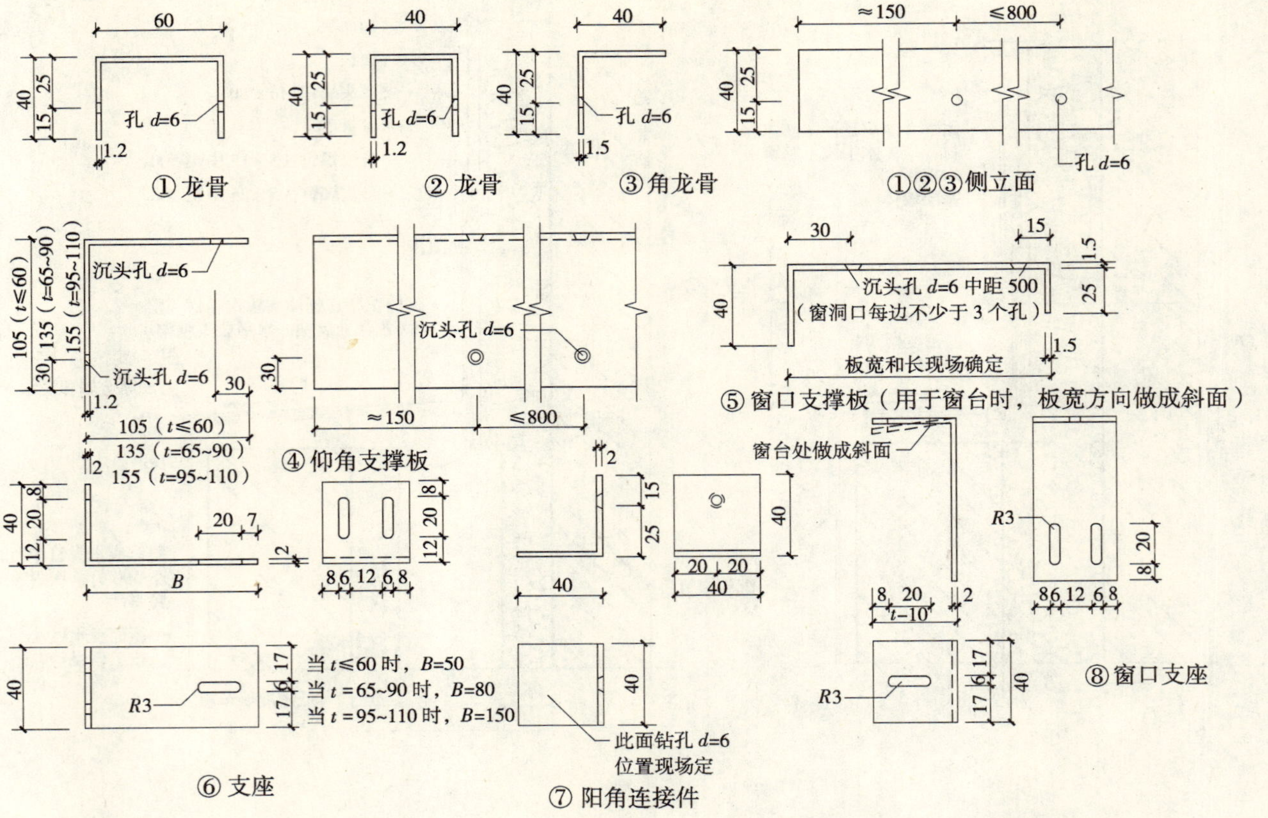
孔 d=6
① 龙骨
② 龙骨
③ 角龙骨
①②③侧立面
≈150
≤800
沉头孔 d=6
105（t≤60）
135（t=65~90）
155（t=95~110）
④ 仰角支撑板
沉头孔 d=6 中距 500
（窗洞口每边不少于 3 个孔）
板宽和长现场确定
⑤ 窗口支撑板（用于窗台时，板宽方向做成斜面）
窗台处做成斜面
R3
当 t≤60 时，B=50
当 t=65~90 时，B=80
当 t=95~110 时，B=150
⑥ 支座
此面钻孔 d=6
位置现场定
⑦ 阳角连接件
t−10
⑧ 窗口支座

8

G型—炉渣水泥聚苯复合板外墙外保温做法

说　明

1. 本做法是以10厚炉渣水泥与 t 厚的聚苯板复合而成的预制保温板做保温隔热层。聚苯板一面有燕尾槽，与炉渣水泥紧密结合为一体。保温板的硬面上有四个预留凹槽，可用四个内膨胀螺栓将保温板与基层墙体紧密结合。保温板外侧做聚合物抗裂砂浆保护层，抗裂砂浆内嵌埋耐碱涂塑玻纤网格布。此做法外饰面层为涂料饰面。当保护层改为钢丝网架与主体墙固定时也可做面砖饰面。

基本构造见下表

基层墙体 ①	保温隔热层和 固定方式②	保护层 ③	饰面层 ④	构造示意
混凝土墙体、各种砌体墙体	炉渣水泥聚苯板粘贴（辅以膨胀螺栓）固定	聚合物抗裂砂浆、耐碱涂塑玻纤网格布增强	涂料	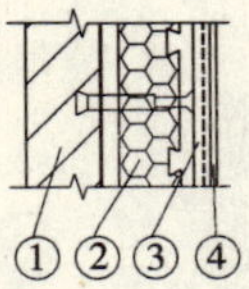

2. 选用本形式外保温做法时，必须遵守编制说明中的各项规定。

3. 基层墙体应平整坚实，不能有突出物。

4. 保温板安装时，硬面朝外软面朝墙，每块板安装四个螺栓为宜。

5. 保温板安装时，相邻板应保持平整、垂直、方正，上下层应十字错缝粘贴，板缝宽度≤2mm。

6. 内膨胀螺栓安装应在粘贴保温板的水泥砂浆凝固后进行，每个螺栓顶部应刷涂防锈漆。

7. 保温板与基层墙体之间的空隙，其底部应注意防鼠、防虫。

8. 抹抗裂砂浆时，应压入耐碱涂塑玻璃纤维网布，搭接宽度不得小于50mm，搭接部位应用抹子将耐碱涂塑网格布压入砂浆。

9. 抹面施工时的温度≥5℃。

10. 保温板遇墙角、门窗口等处，应按需要尺寸用切割机切割。

保温做法、热工指标及厚度选用表

炉渣水泥聚苯复合板外墙外保温做法、热工指标及厚度选用表

编号	构造简图	外墙主体	① 外墙内抹灰 厚度(mm)	② 外墙主体 厚度(mm)	③ 空气层 厚度(mm)	④保温层 炉渣水泥 厚度(mm)	④保温层 聚苯板 厚度(mm)	⑤ 外墙外饰面 厚度(mm)	主体部位 总传热阻 R_0(m² · K/W)	主体部位 传热系数 K_0 [W/(m² · K)]
1	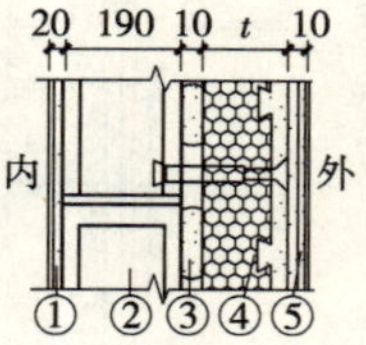	承重混凝土空心砌块	20	190	10	10	30	10	1.112	0.899
							40		1.312	0.762
							50		1.512	0.661
							60		1.712	0.584
							70		1.912	0.523
							80		2.112	0.473
							90		2.312	0.432
							100		2.512	0.398
2	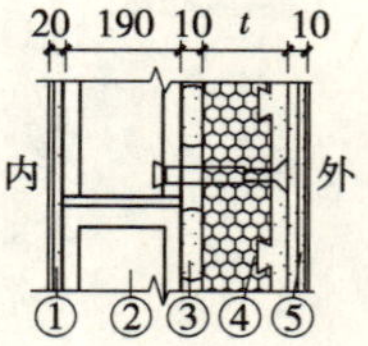	炉渣混凝土空心砌块	20	190	10	10	30	10	1.209	0.827
							40		1.409	0.710
							50		1.609	0.621
							60		1.809	0.553
							70		2.009	0.498
							80		2.209	0.453
3	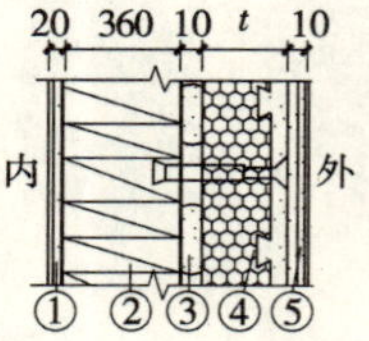	360厚页岩多孔砖	20	360	10	10	30	10	1.454	0.688
							40		1.654	0.605
							50		1.854	0.539
							60		2.054	0.487
							70		2.254	0.444
							80		2.454	0.407
4	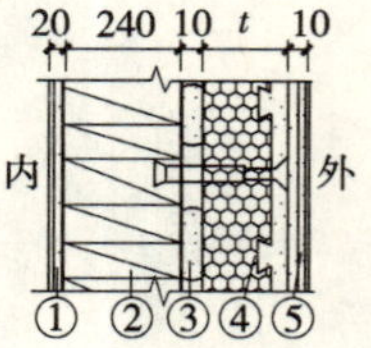	240厚页岩多孔砖	20	240	10	10	30	10	1.286	0.777
							40		1.486	0.673
							50		1.686	0.593
							60		1.886	0.530
							70		2.086	0.479
							80		2.286	0.437
							90		2.486	0.402
5	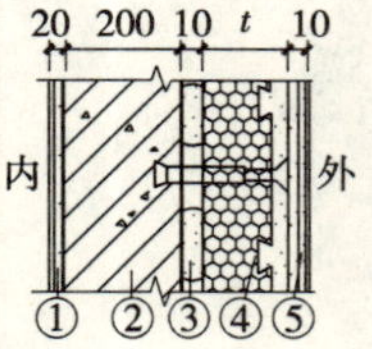	混凝土剪力墙	20	200	10	10	30	10	1.064	0.940
							40		1.264	0.791
							50		1.464	0.683
							60		1.664	0.601
							70		1.864	0.536
							80		2.064	0.484
							90		2.264	0.442
6	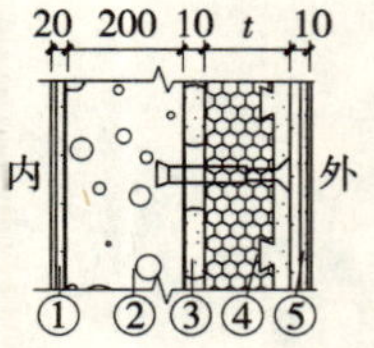	加气混凝土砌块	20	200	10	10	30	10	1.791	0.558
							40		1.991	0.502
							50		2.191	0.456
							60		2.391	0.418
							70		2.591	0.386
							80		2.791	0.358

注：1. 计算结果依据《民用建筑热工设计规范》GB 50176—93 求得。
2. 当主体墙为加气混凝土砌块保温层小于40mm 厚时，应对热桥部位采取保温措施。详见编制说明。

平、剖面详图（涂料饰面）

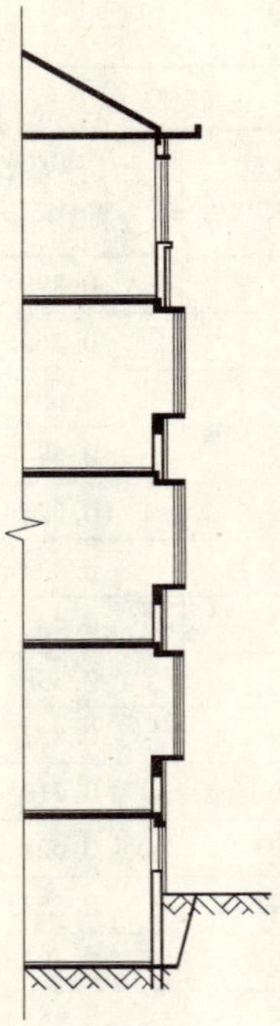

1—1

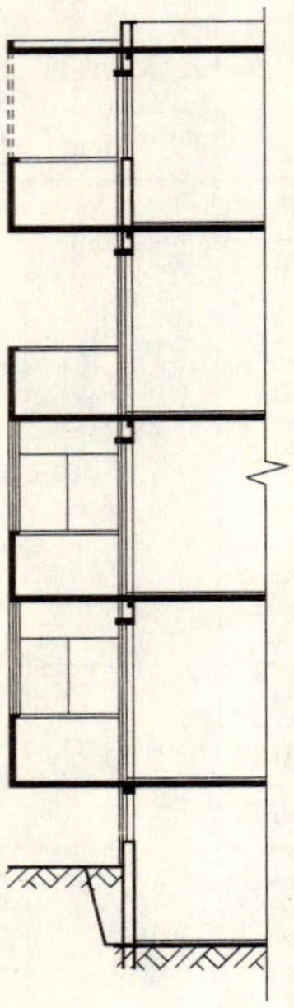

2—2

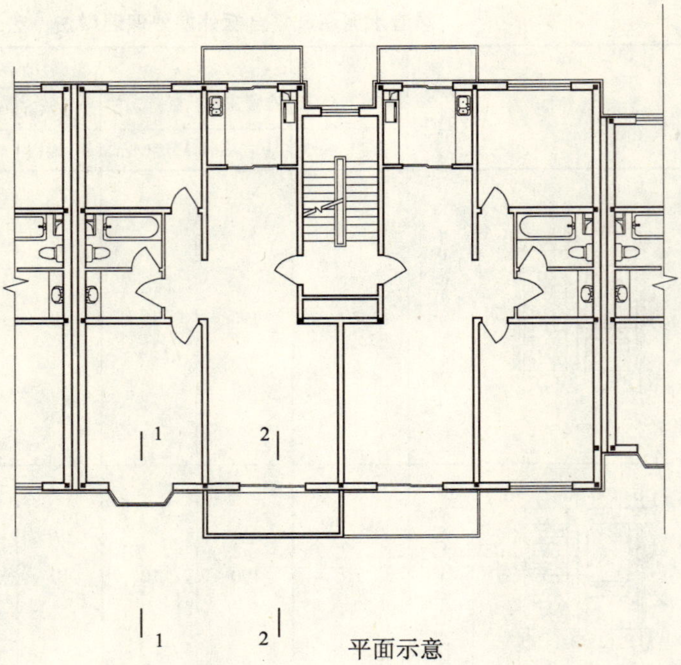

平面示意

注：虚线示意当阳台为封闭保温阳台时选用相关节点做法。

墙体构造及墙角（涂料饰面）

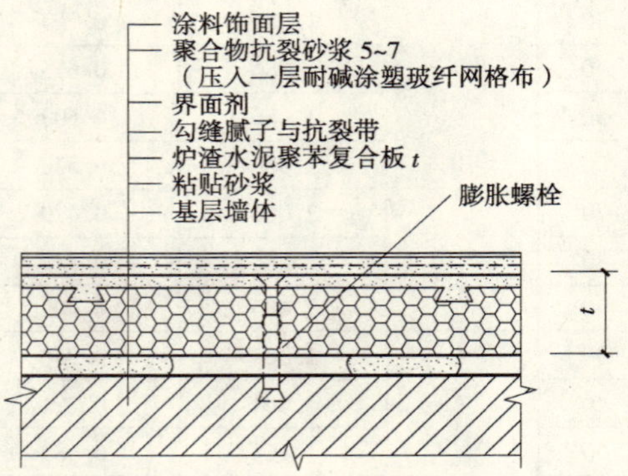

①

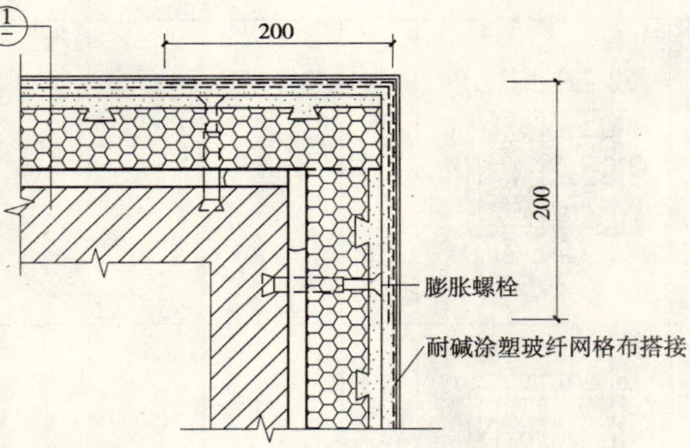

②

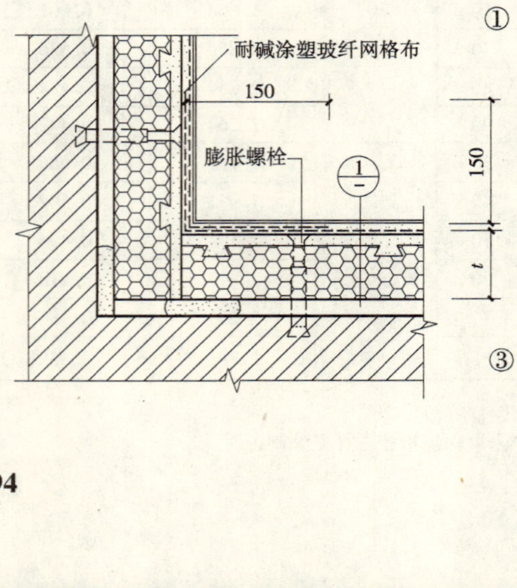

③

注：1. 耐碱涂塑玻纤网格布为 5mm × 5mm 且 $\rho_s > 160g/m^2$。
2. 聚苯板保温层厚度根据计算确定。
3. 首层附加一层耐碱涂塑玻纤网格布。

女儿墙和挑檐（涂料饰面）

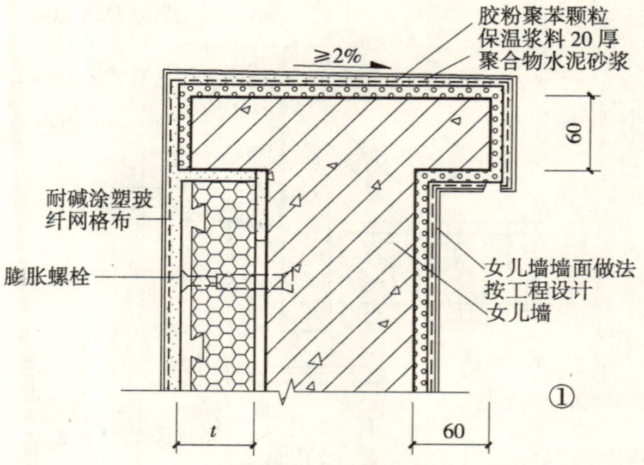

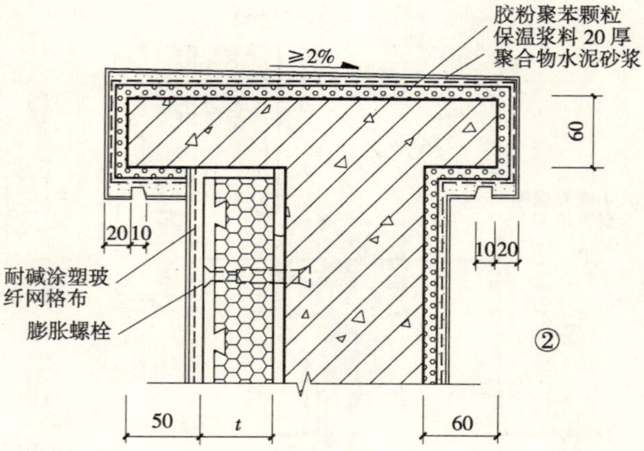

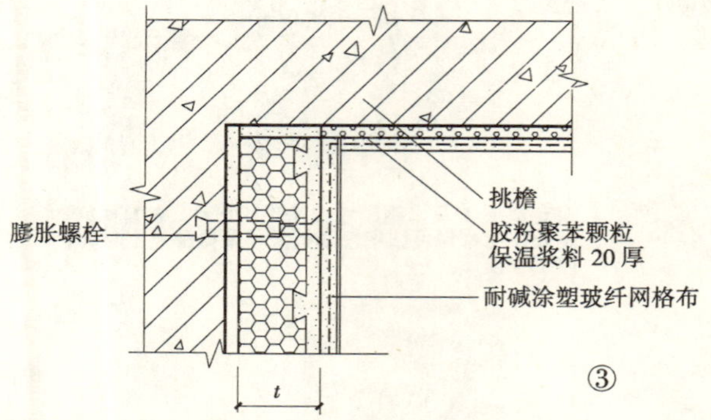

注：聚苯板保温层厚度根据计算确定。

不带窗套窗口（涂料饰面）

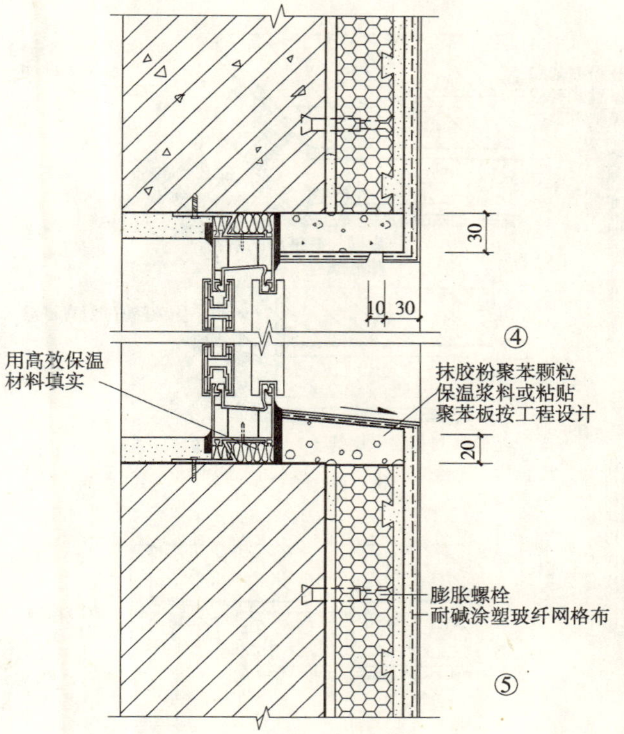

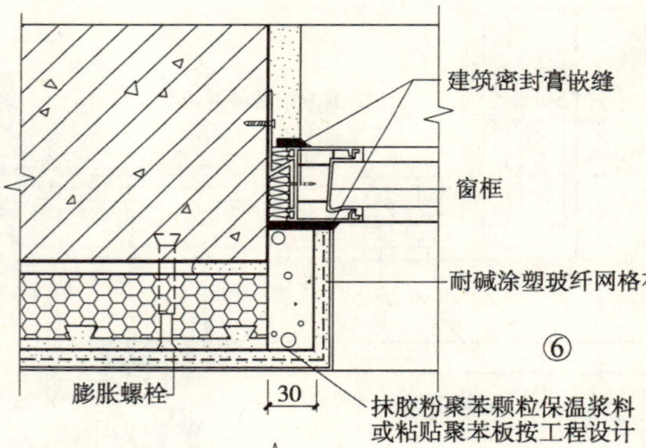

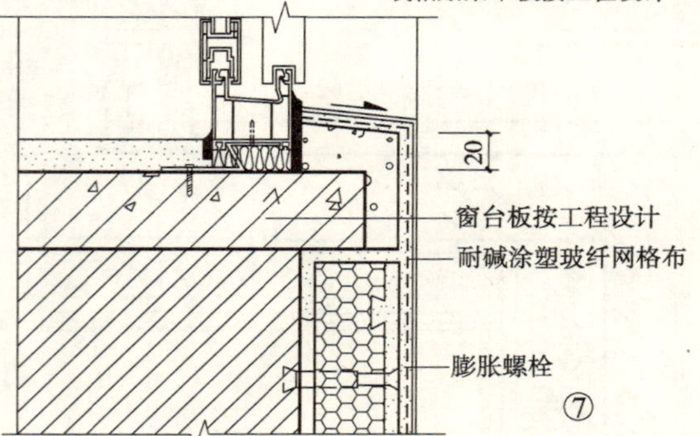

注：1. 高效保温材料可选用聚苯板条和聚氨酯发泡材料，由工程设计确定。
2. 窗框宜与外墙平齐。

带窗套窗口（涂料饰面）

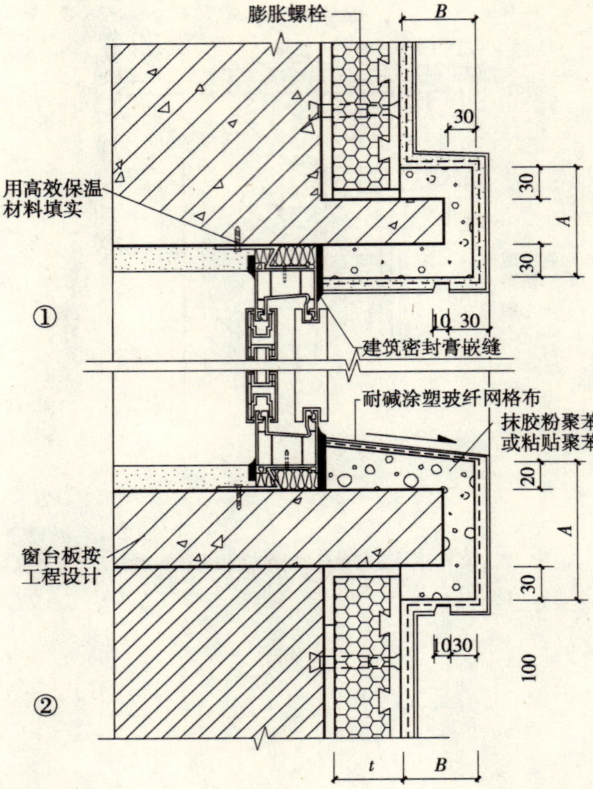

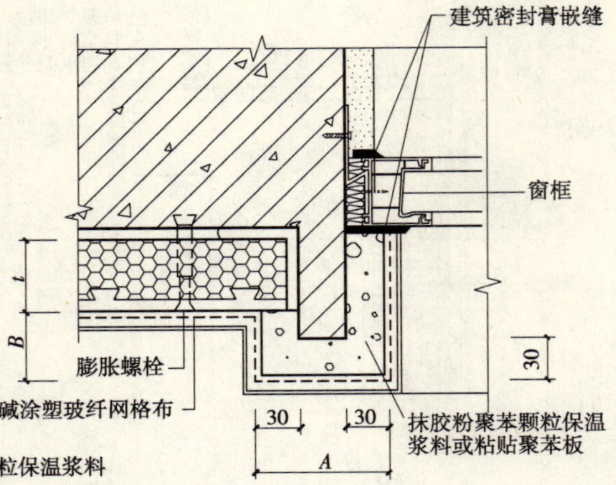

③

注：1. 窗套宽度 A 及出挑尺寸 B 按工程设计，B 宜≤80。
2. 高效保温材料可选用聚苯板条和聚氨酯发泡材料，按工程设计。

凸窗窗口（涂料饰面）

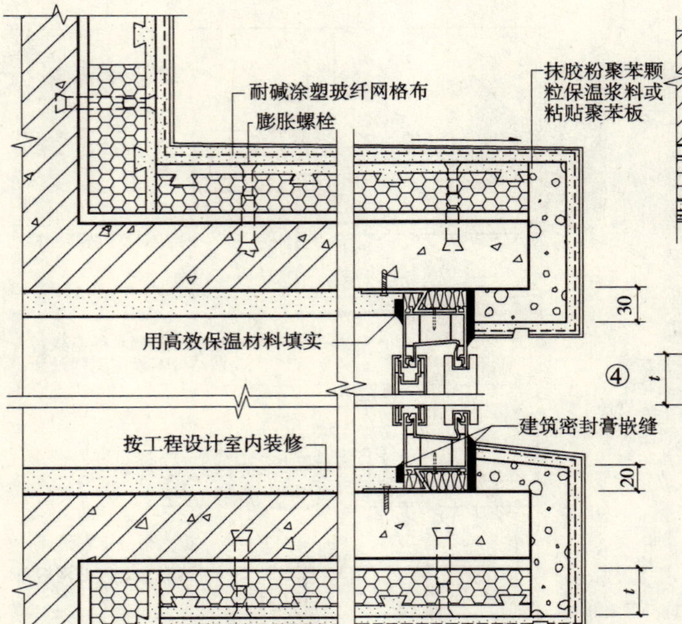

注：高效保温材料可选用聚苯板条和聚氨酯发泡材料，按工程设计。

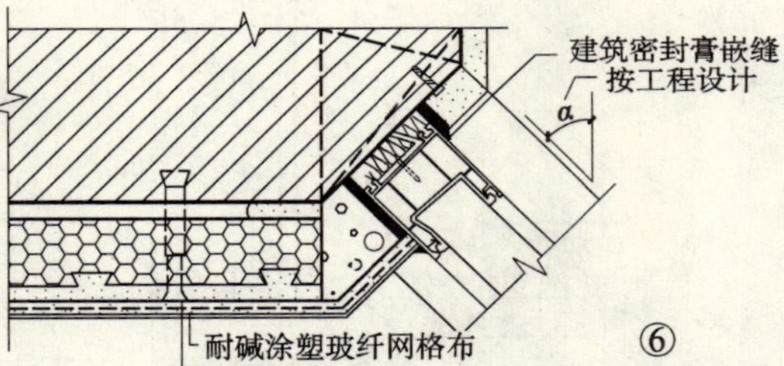

⑥

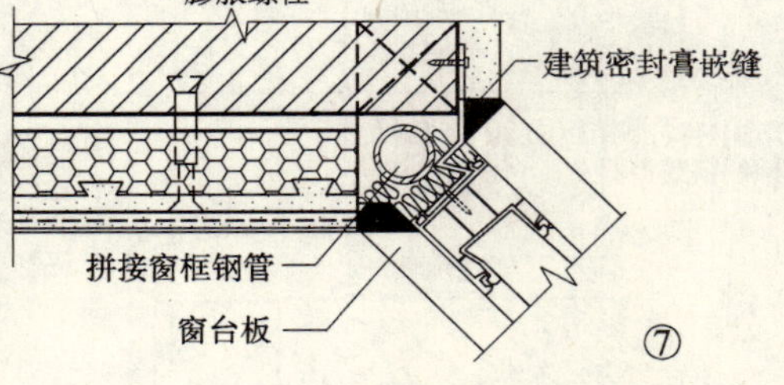

⑦

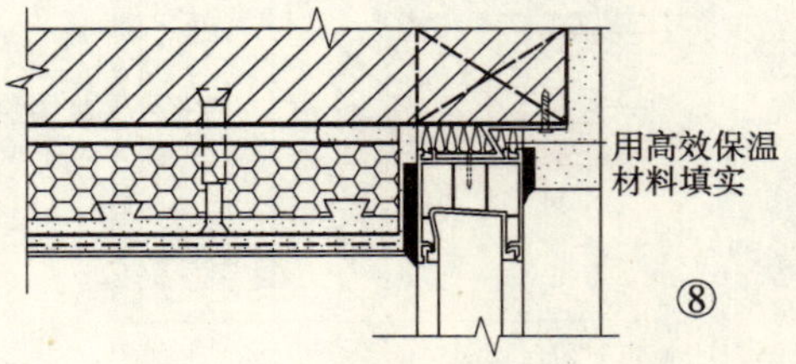

⑧

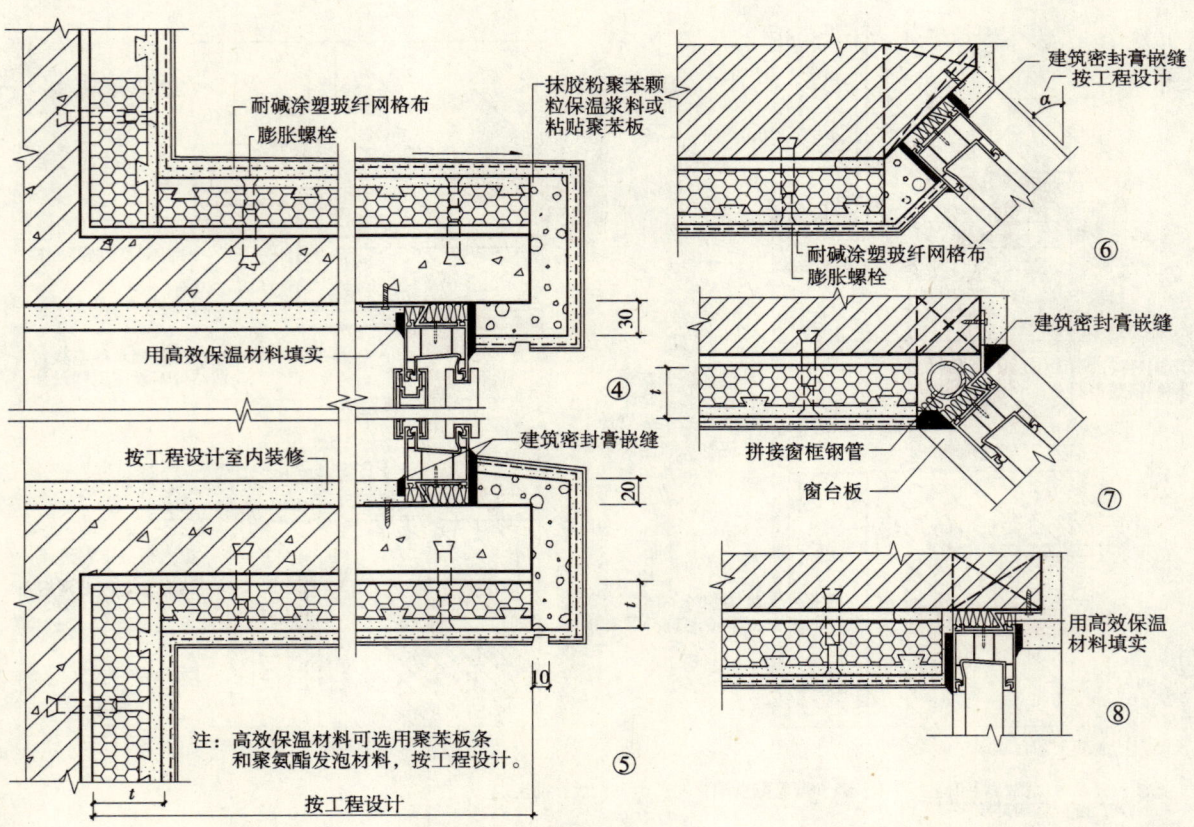

勒脚（涂料饰面）

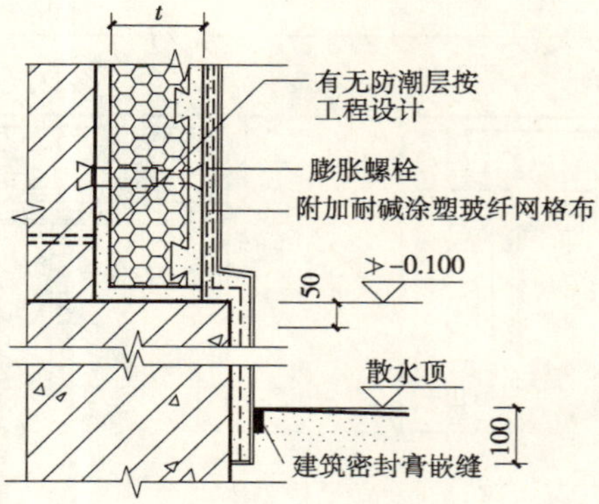

①

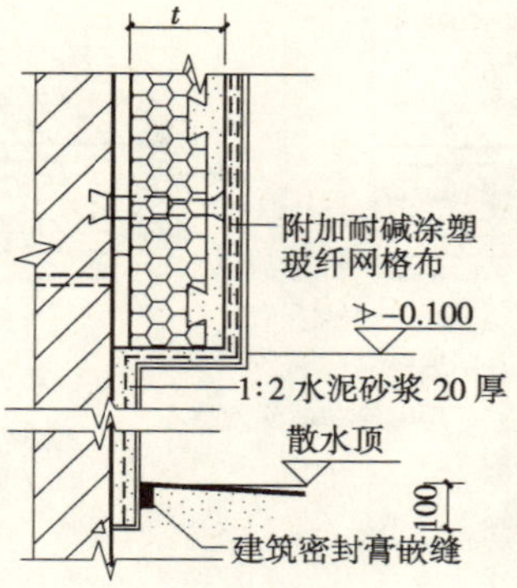

②

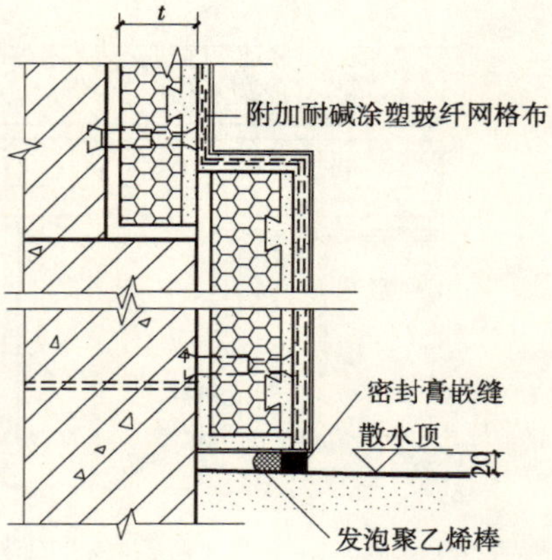

⑤用于地下室防潮
或室内外高差较小

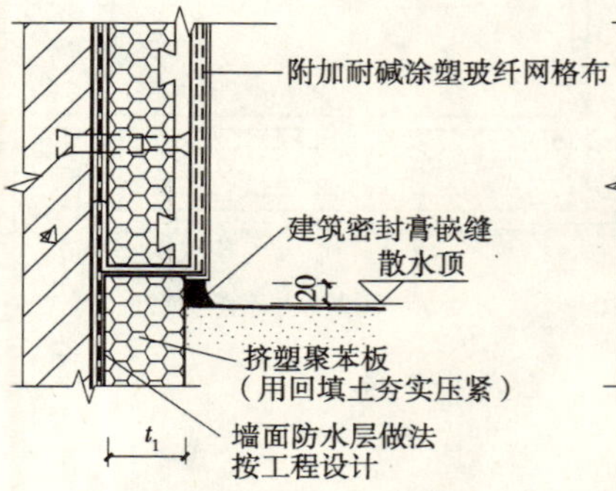

③用于地下室防水

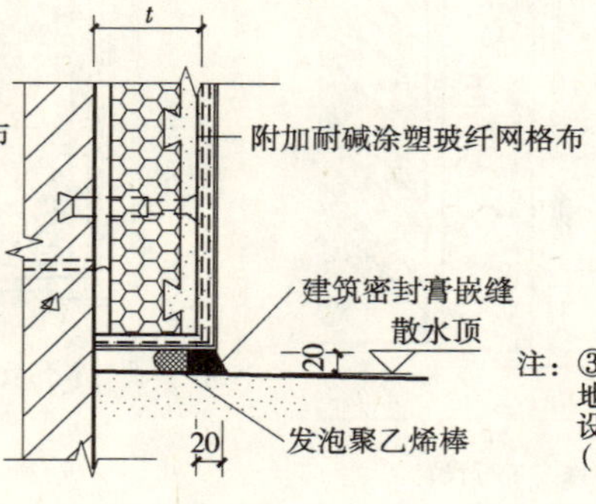

④用于地下室防潮
或室内外高差较小

注：③用于采暖期室外平均温度低于 -5.0℃地区地下部分保温板的设置深度按工程设计，该保温板的厚度 t_1=50~70。（按 $t_1=t-10\leq70$ 设置）

敞开阳台（涂料饰面）

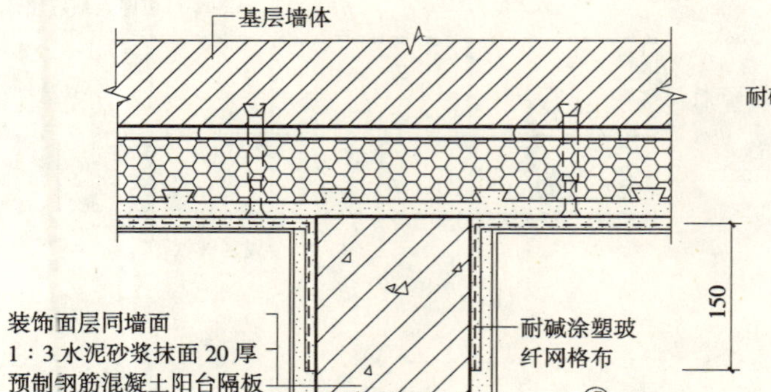

⑤

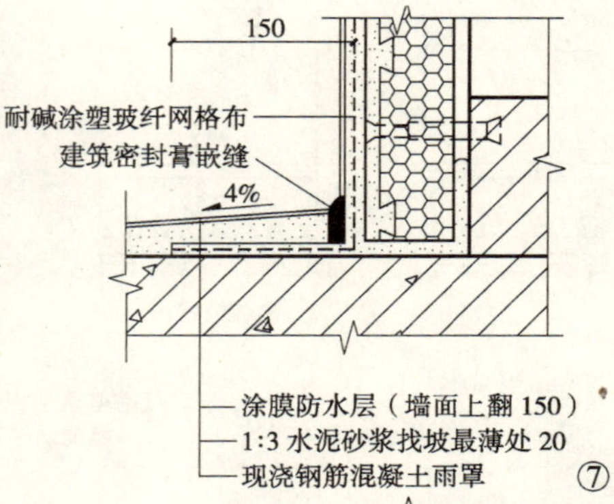

⑦阳台雨罩

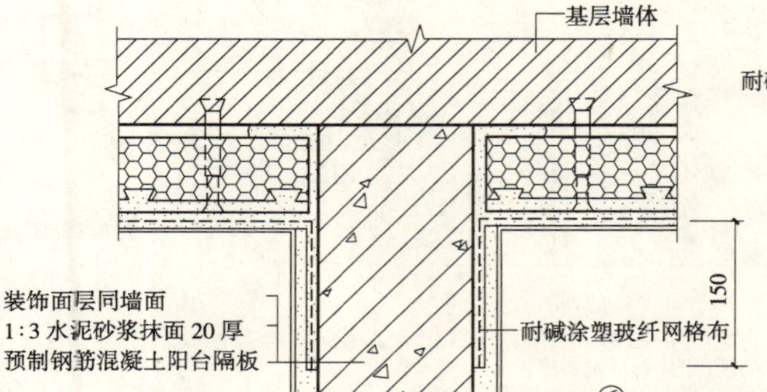

⑥

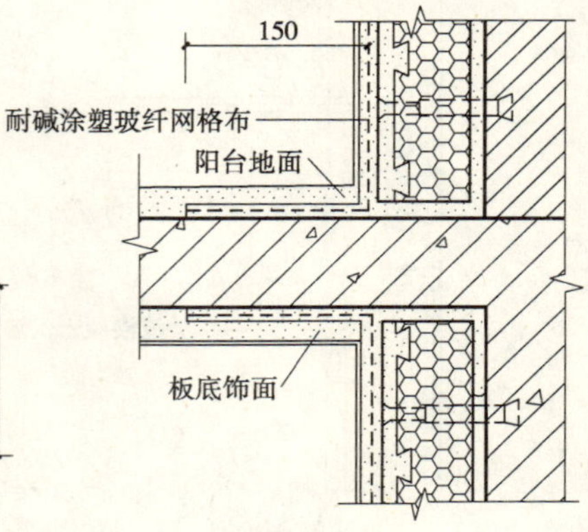

⑧阳台地面

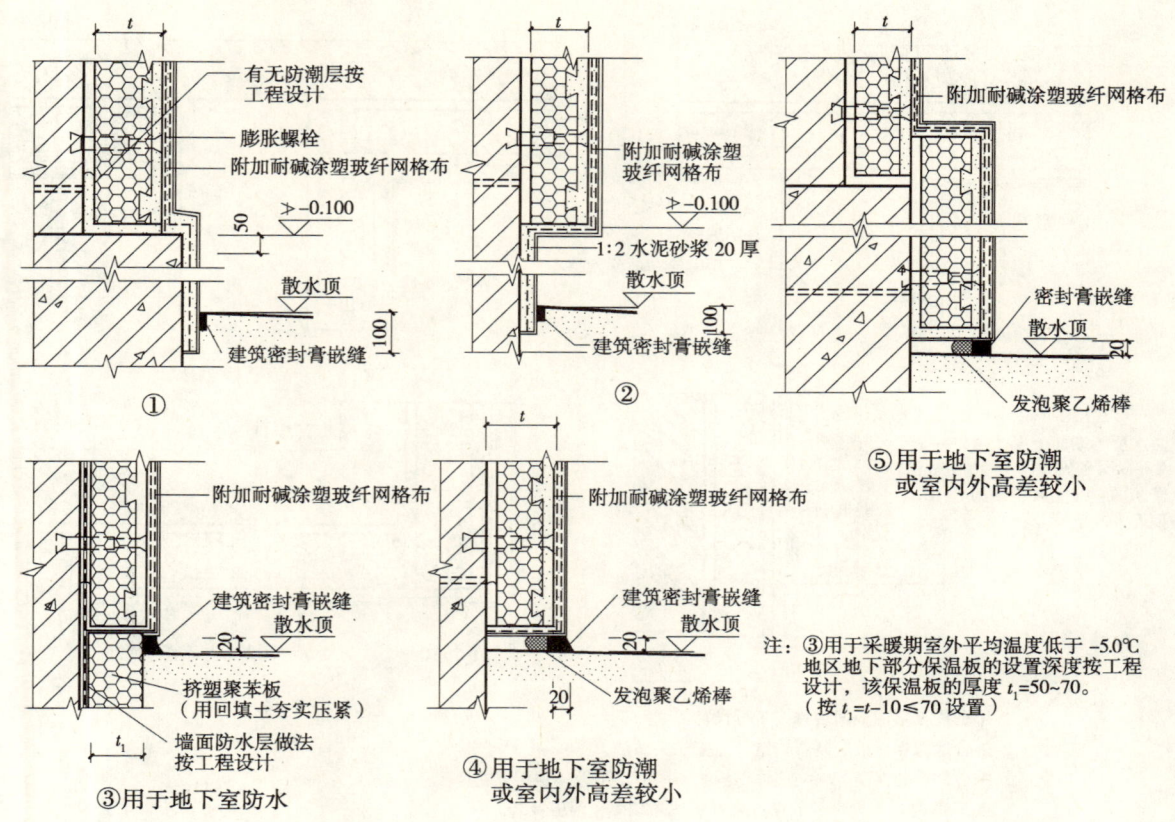

封闭保温阳台（涂料饰面）

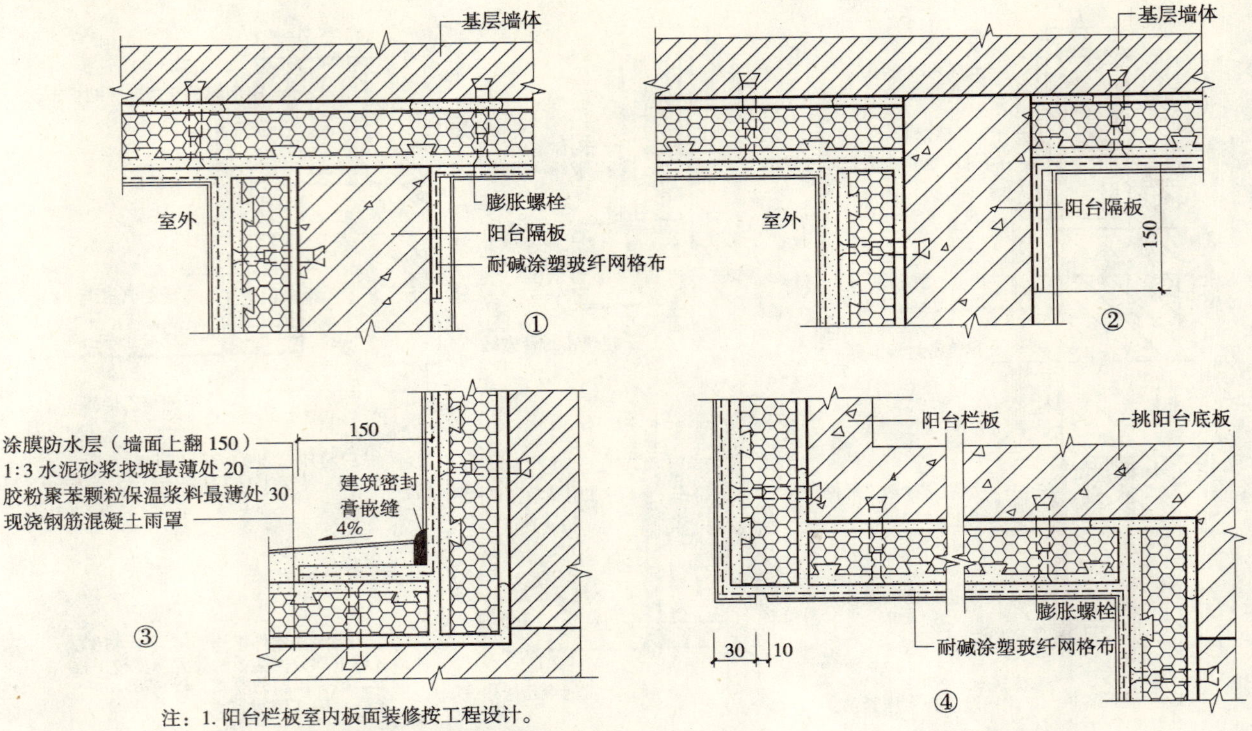

注：1. 阳台栏板室内板面装修按工程设计。
2. 阳台地面和顶板底装修构造节点按相关做法。
3. 阳台部位的保温浆料与墙体保温浆料同厚，当墙体保温浆料厚度>50 时，阳台部位的保温浆料可适当减薄，但应≥50。

墙身变形缝（平面）（涂料饰面）

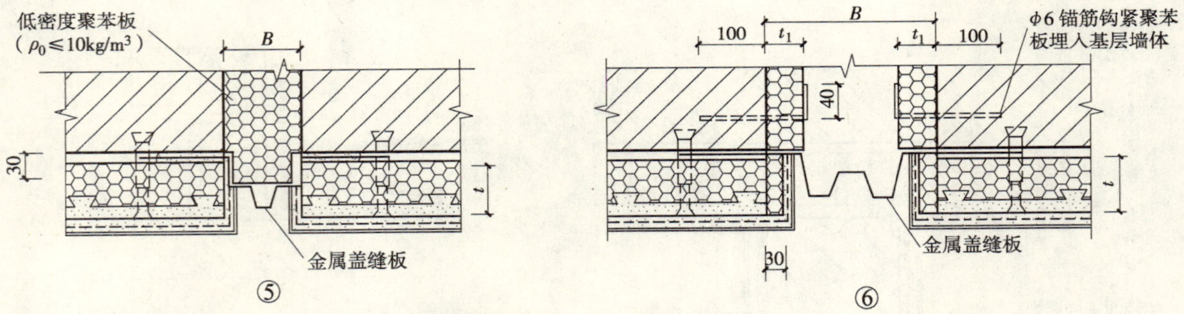

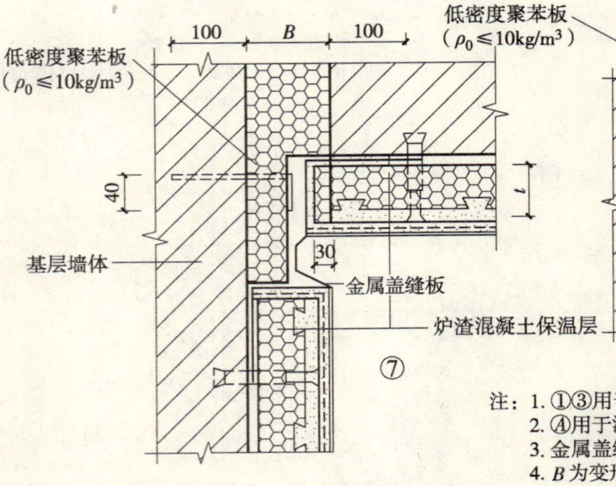

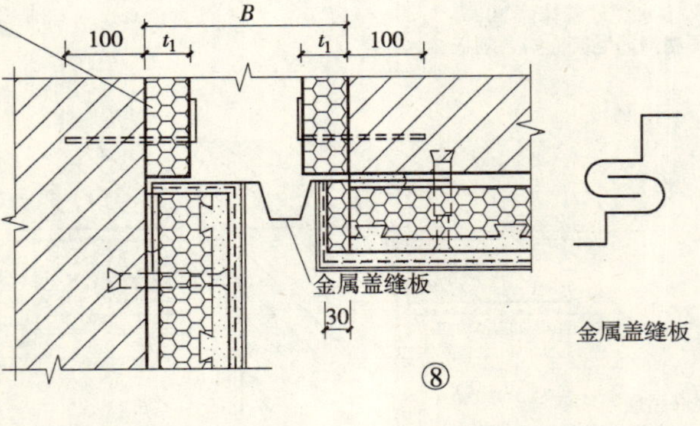

注：1. ①③用于 $B<t$ 时，②④用于 $B>2t$ 时，$t_1=0.5t$。
2. ④用于沉降缝或抗震缝。
3. 金属盖缝板可采用 1.5 厚铝合金板或彩色钢板，尺寸及形式按工程设计。
4. B 为变形缝设计宽度，t 为保温层厚度。

墙身变形缝（剖面）（涂料饰面）

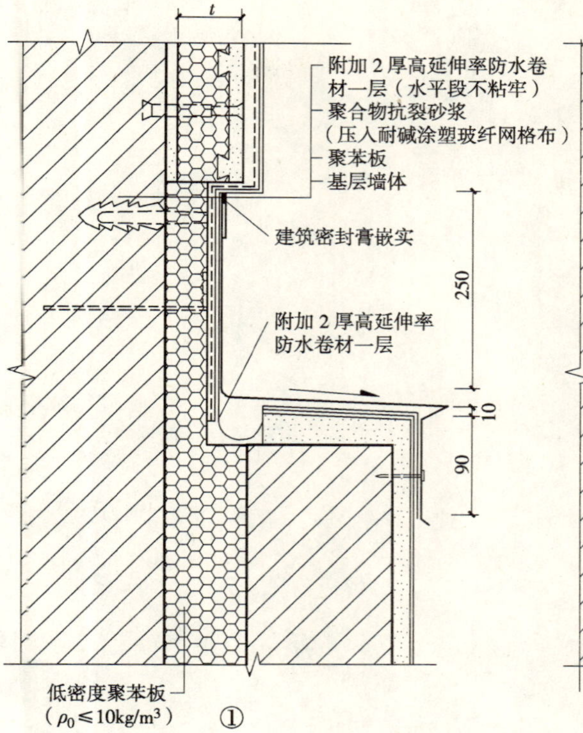

①

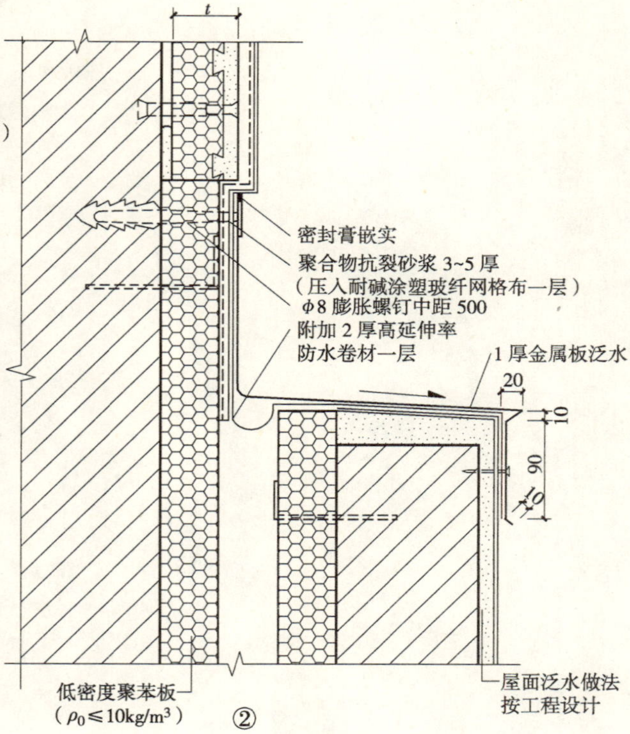

②

线脚、分格缝、过街楼（涂料饰面）

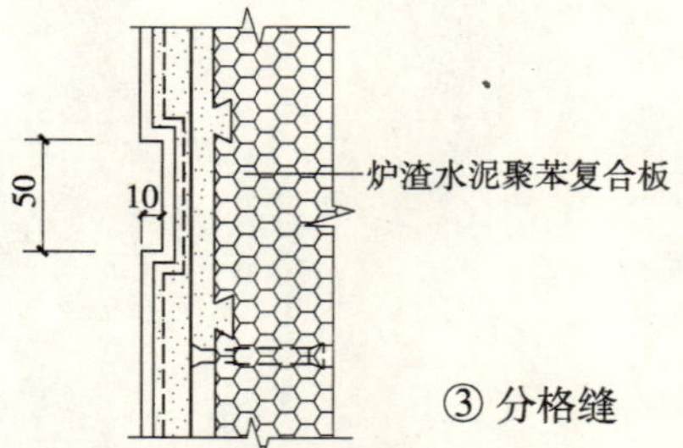

③ 分格缝

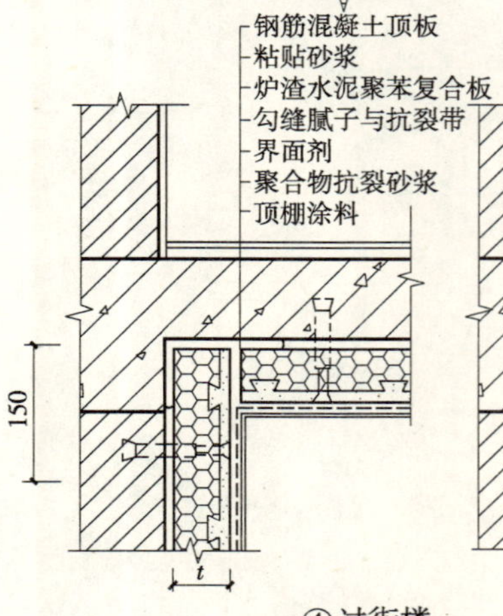

④过街楼

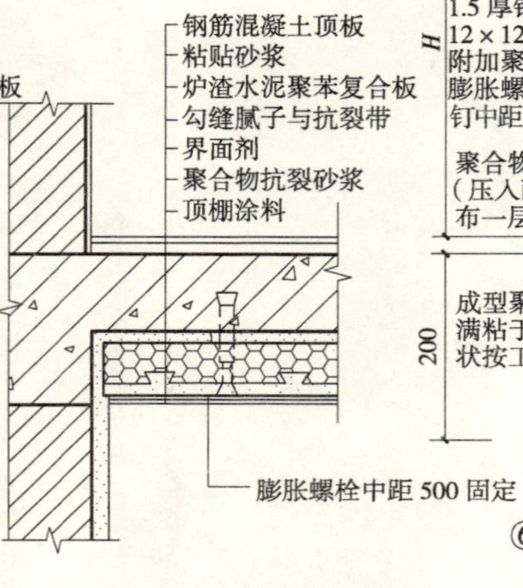

⑤地下室顶板

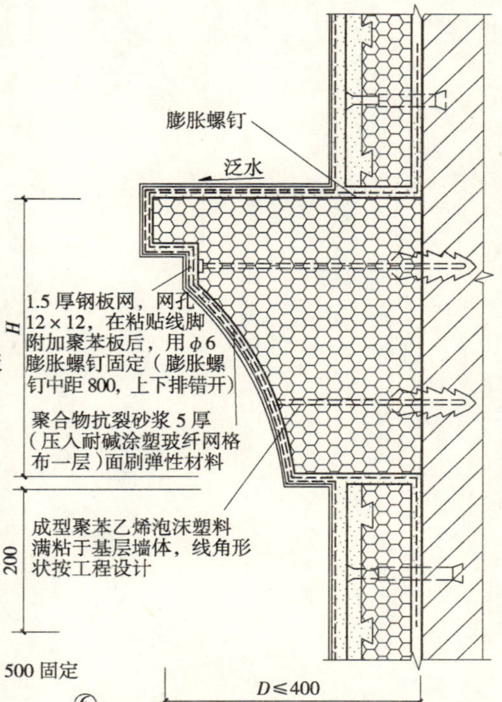

⑥

注：线脚尺寸 H、D 按工程设计。

9

H型—通用构造节点

空调室外机安装（暗装连接管）

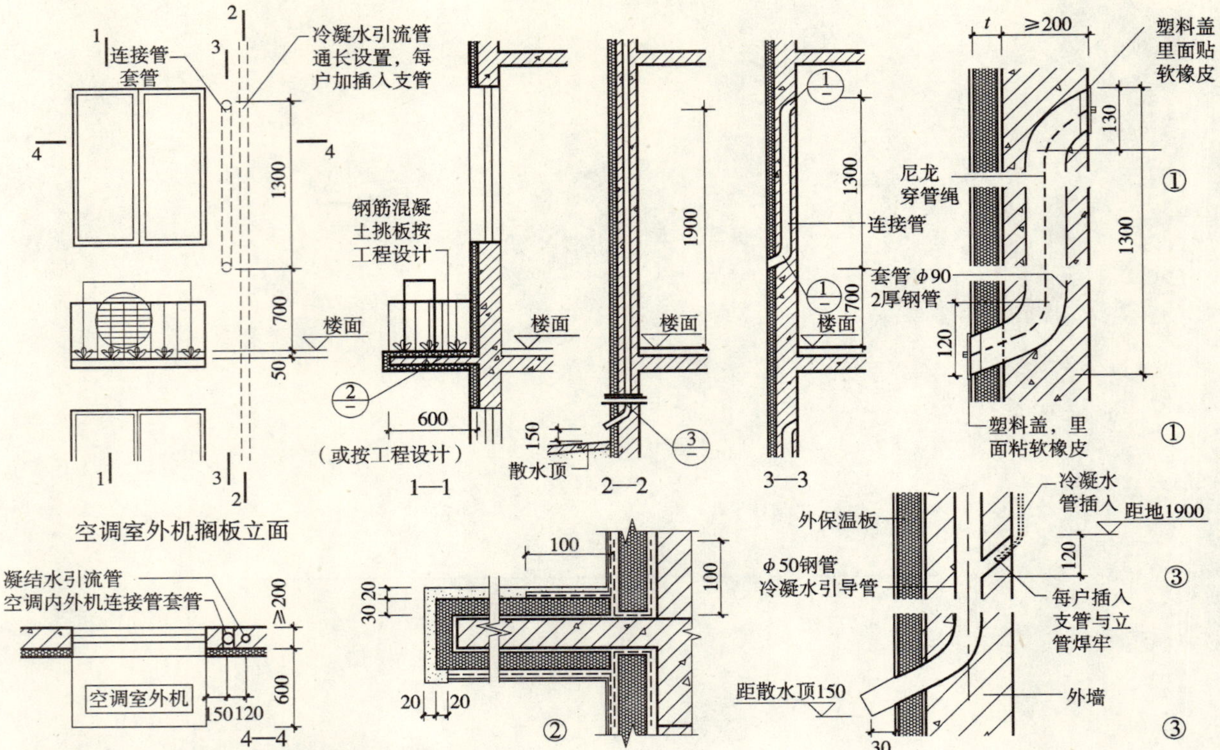

注：1. 空调柜机安装时凝结水管插入孔距地面60mm。
2. 外墙保温形式及做法按工程设计。

空调室外机安装（明装钢架）、防盗网、水落管卡子

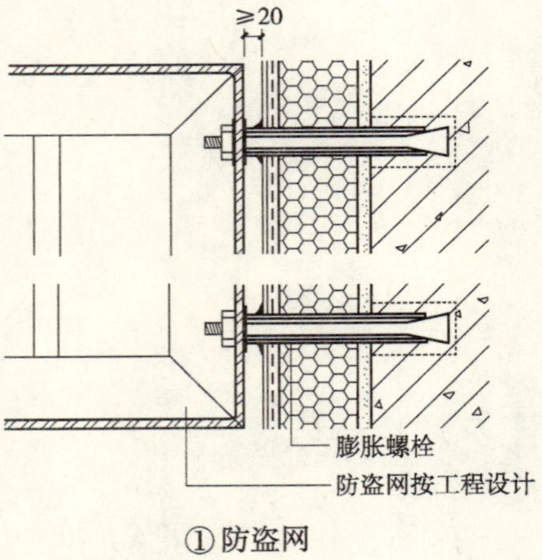

①防盗网

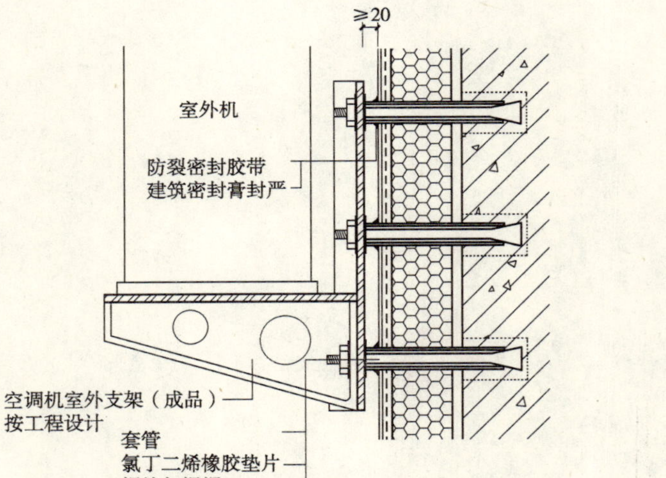

③

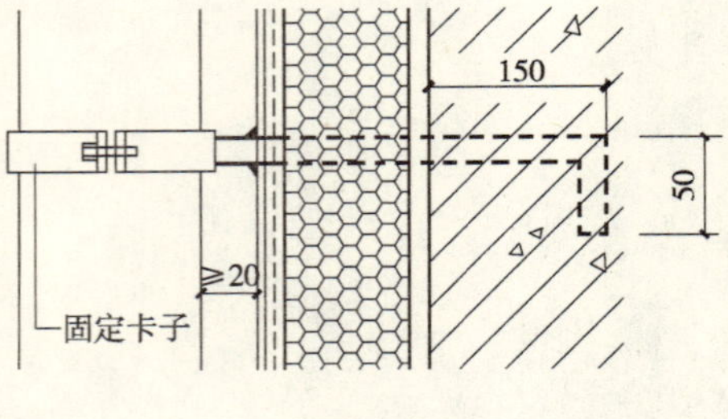

②固定卡子

注：1. 空调机支架宜在外墙外保温施工前安装，空调机支架采用膨胀螺栓固定。
2. 膨胀螺栓规格和埋置深度按具体工程设计。
3. 为保持外保温系统的完整，固定件应预埋，悬挂件至少距保温系统20且在固定件四周嵌建筑密封膏，外保温系统各层不得承受支架传来的任何荷载。
4. 空调机安装前，安装者必须全面了解保温系统，特别是基层墙体的构造情况，确定安装方案，必要时应做拉拔实验。
5. 外墙保温形式及做法按工程设计。

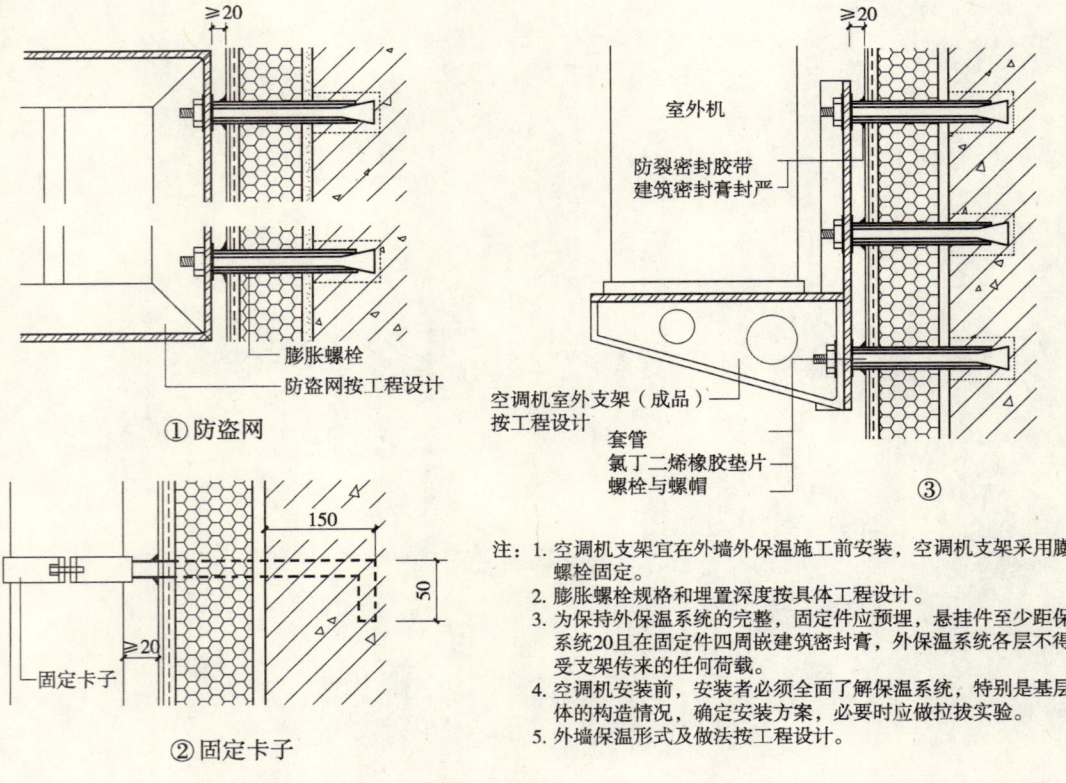

雨水管安装

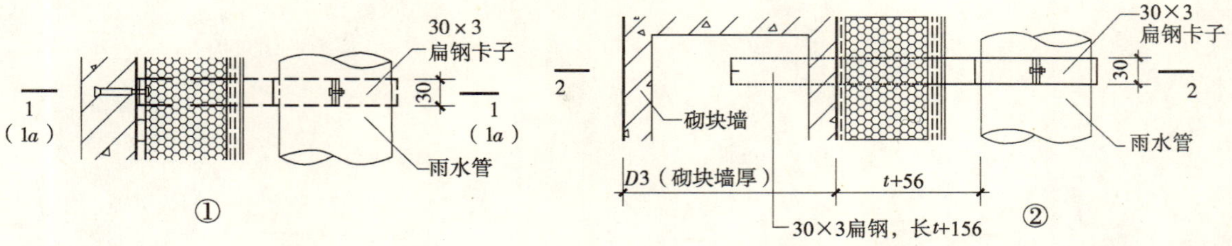

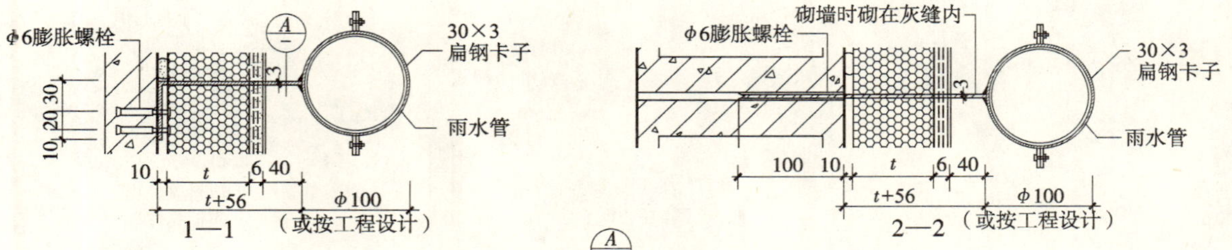

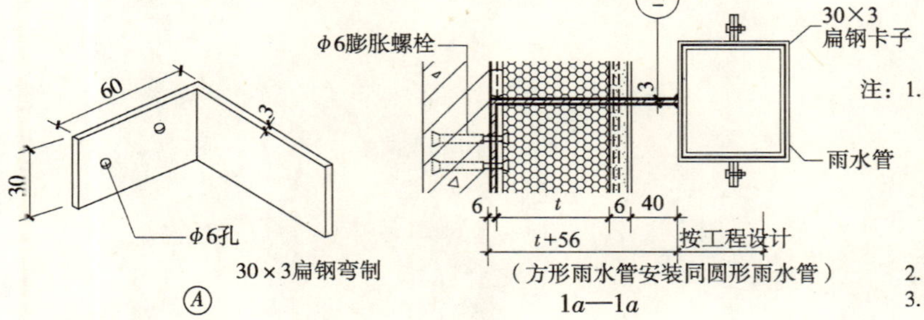

注：1. 埋件的长度根据各做法及保温层的厚度确定，混凝土砌块墙、空心砖墙砌墙时砌入扁钢埋件，混凝土墙可在贴保温板前埋设埋件A。

采用内置聚苯板型做法时，先在聚苯板上开孔，再按节点①置入卡子用膨胀螺栓固定后，将孔洞用保温块填补粘结严实。

2. 雨水管及卡子做法按工程设计。

3. 外墙保温形式及做法按工程设计。

预制线脚安装详图

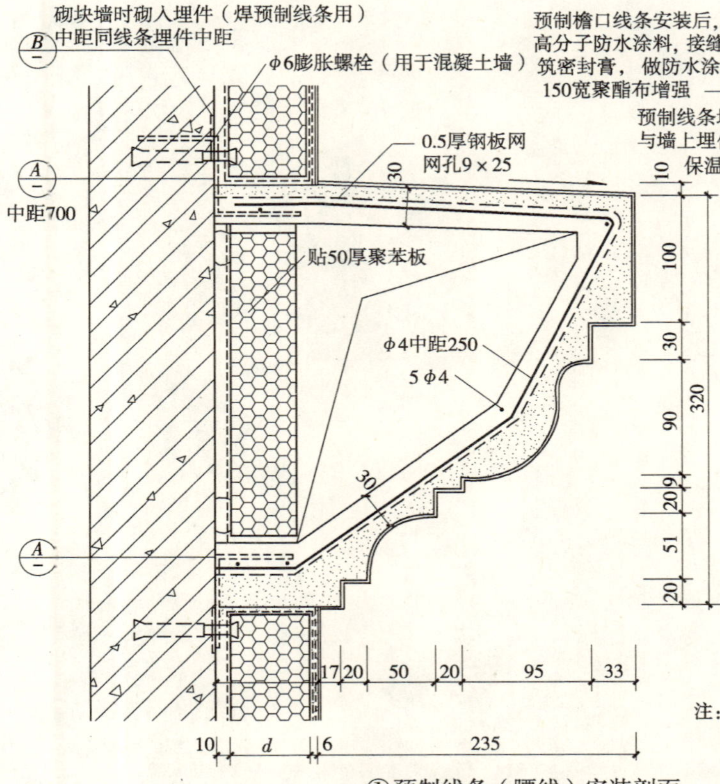

①预制线条（腰线）安装剖面

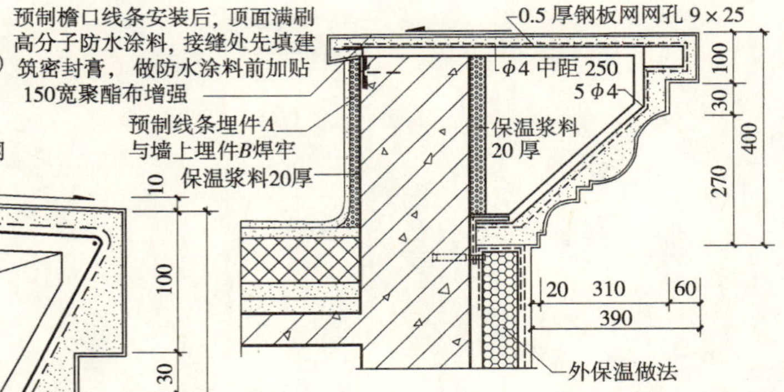

②预制线条（檐口）安装剖面

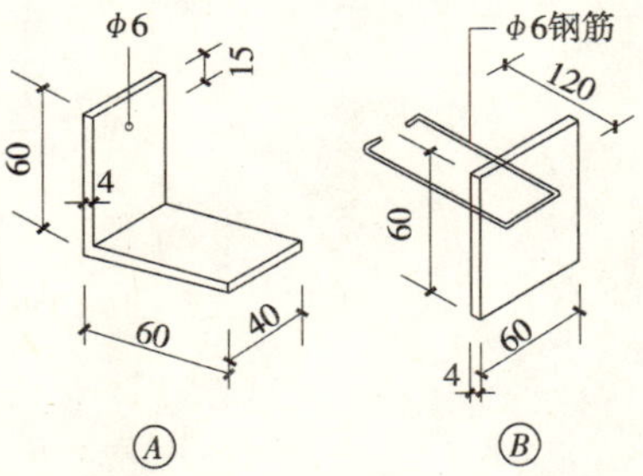

注：1. 预制线脚形式及尺寸按实际工程设计，图中仅为示意。

2. 外墙保温形式及做法按工程设计。

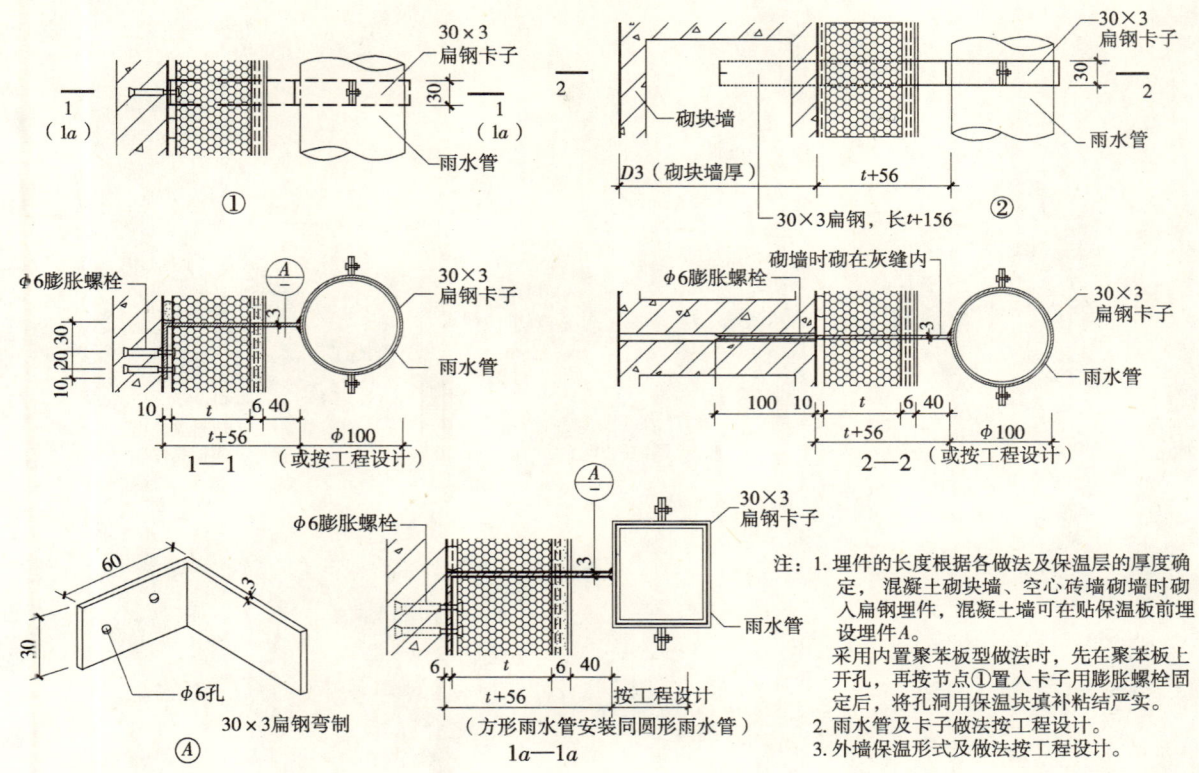

二、L04SJ113

（一）围护结构保温构造

1

说　　明

说　　明

一、适用范围

本图集适用于新建或改、扩建居住建筑围护结构保温工程，其他民用和工业建筑可参照使用。

二、设计依据

1.《民用建筑热工设计规范》GB 50176—93
2.《民用建筑节能设计标准》(采暖居住建筑部分) JGJ 26—95
3.《居住建筑节能设计标准》DBJ 01—602—2006
4.《既有采暖居住建筑节能改造技术规程》JGJ 129—2000
5.《砌体工程施工质量验收规范》GB 50203—2002
6.《混凝土结构工程施工质量验收规范》GB 50204—2002
7.《建筑工程施工质量验收统一标准》GB 50300—2001
8.《建筑装饰装修工程质量验收规范》GB 50210—2001
9.《屋面工程质量验收规范》GB 50207—2002

三、设计内容及要求

1. 本图集内容包括：设计说明、山东省居住建筑各部分围护结构传热系数限值表、保温做法及热工计算选用表、构造节点详图、材料性能指标、施工要点和质量验收标准。

2. 本图集保温做法及热工计算选用表为常用做法。设计人员应根据国家及山东省节能有关规定及要求，经热工计算确定保温材料的厚度及构造做法，以满足不同地区建筑节能的要求。

3. 本图集外墙保温做法适用于钢筋混凝土、烧结普通砖、多孔砖、混凝土小型空心砌块、灰砂砖、蒸压粉煤灰砖、加气混凝土砌块等多种墙体。应根据不同的基层墙体确定合理的固定方式，对于不宜使用射钉固定的墙体，可改用其他有效的锚固方法（如锚栓、预埋锚筋等）。

4. 本图集外保温墙体构造详图以钢筋混凝土墙为例，内保温墙体以砌体墙为例，其他墙体可参照使用。

5. 变形缝两侧外墙应加强保温，其传热系数限值不大于不采暖楼梯间隔墙的规定值。当变形缝两侧外墙达不到限值要求时，可采取内保温做法。

四、ZL 保温系统特点

ZL 保温系统具有保温隔热、耐候、抗裂、憎水性能好、防火性能较好、现场施工操作方便等特点。它包括以下八个体系：

1. A 体系：ZL 胶粉聚苯颗粒外墙外保温体系（简称胶粉聚苯颗粒外保温体系），是由界面层、保温层、抗裂防护层和饰面层组成。保温层由 ZL 胶粉料和聚苯颗粒轻骨料加水搅拌成胶粉聚苯颗粒保温浆料，抹于墙体表面，具有无空腔的特点；采用了逐层渐变、柔性释放应力的技术。该体系适用于高度 100m 以下各类建筑。

（1）A 体系涂料饰面构造：

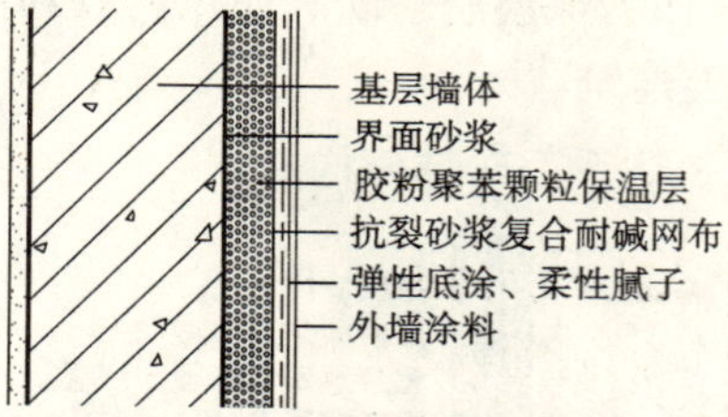

注：耐碱玻璃纤维网格布简称耐碱网布。

（2）A 体系面砖饰面构造：

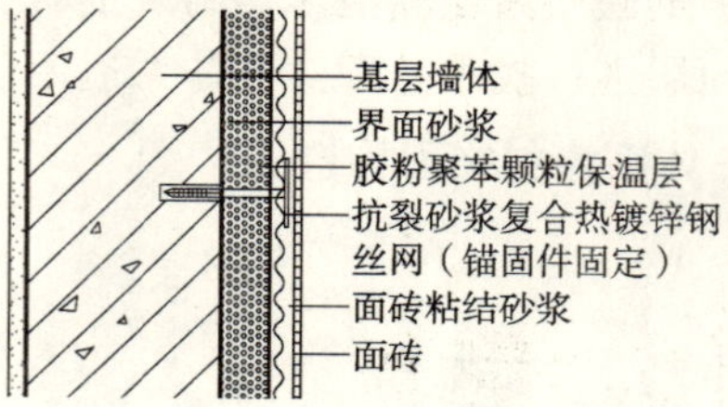

2. B 体系：现浇混凝土带燕尾槽聚苯板复合胶粉聚苯颗粒外墙外保温体系（简称带燕尾槽聚苯板体系），采用带竖向燕尾槽聚苯板现场与混凝土墙一次浇筑成形。配套使用的聚苯板界面砂浆可避免聚苯板表面的粉化，提高粘结效果；胶粉聚苯颗粒作为聚苯板表面整体找平材料，可弥补聚苯板施工出现的孔洞及边角破损缺陷，同时对门窗洞口侧面进行处理，提高保温效果。

B 体系墙体构造：

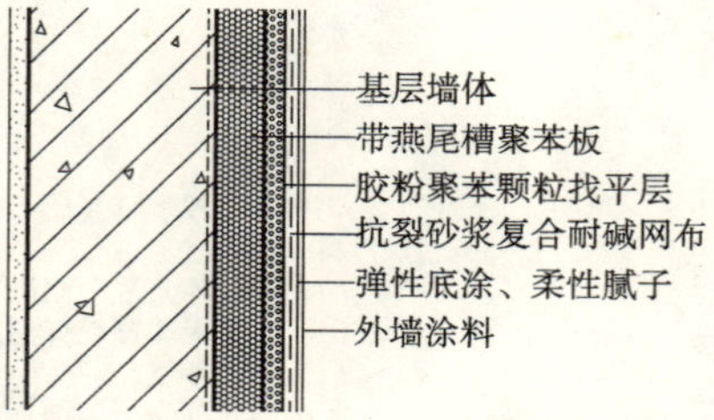

3. C 体系：现浇混凝土单面钢丝网架聚苯板复合胶粉聚苯颗粒外墙外保温体系（简称单面钢丝网架聚苯板体系），采用单面钢丝网架聚苯板与混凝土墙一次浇筑成形。配套使用的胶粉聚苯颗粒可阻断钢丝网架斜插丝的热桥，提高保温效果。

（1）C 体系涂料饰面构造：

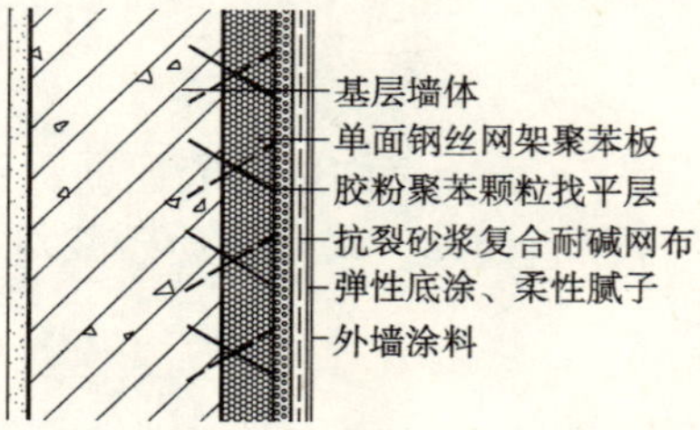

（2）C 体系面砖饰面构造：

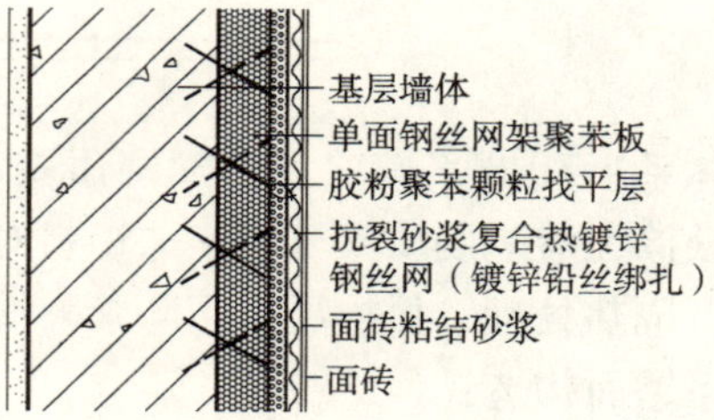

4. D 体系：粘贴聚苯板复合胶粉聚苯颗粒外墙外保温体系（简称粘贴聚苯板体系），采用粘贴聚苯板作为保温层。当保温层表面平整度达不到要求时，用胶粉聚苯颗粒进行找平处理。聚苯板的粘贴可采取点粘（小空腔）或满粘（无空腔）做法。点粘法时聚苯板粘贴面四周不留空气通道，而在聚苯板面中部开两个 $\phi10$ 小孔作为透气孔；满粘法时聚苯板胶粘剂以齿形条灰铺满聚苯板面。该体系采用胶粉聚苯颗粒做防火隔离带。满粘聚苯板做法适用于高度 60m 以下建筑，点粘聚苯板做法适用于高度 30m 以下建筑。

D 体系墙体构造：

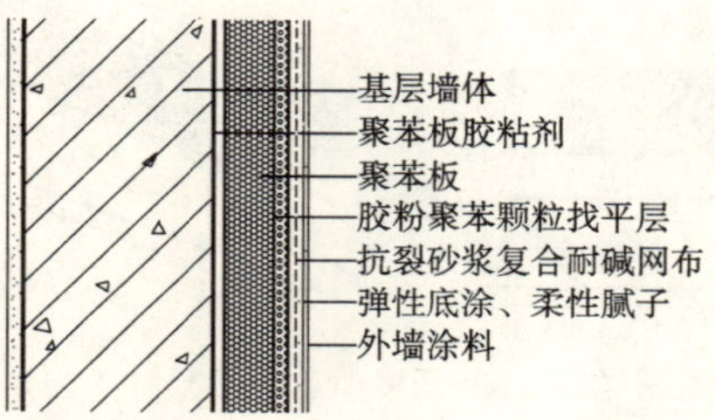

5. E 体系：ZL 现场喷涂无溶剂硬质聚氨酯泡沫塑料外墙外保温体系（简称聚氨酯体系），采用现场喷涂无溶剂硬质聚氨酯泡沫塑料（简称无溶剂聚氨酯硬泡）作为保温层。配套使用的胶粉聚苯颗粒对聚氨酯面层进行找平处理。该体系适用于高度 100m 以下各类建筑。

（1）E 体系涂料饰面构造：

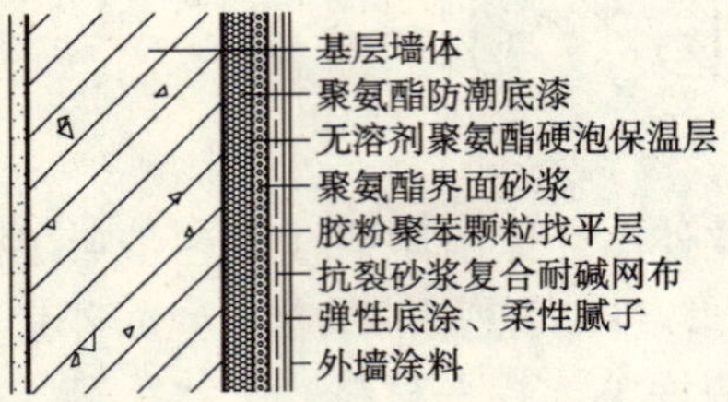

（2）E 体系面砖饰面构造：

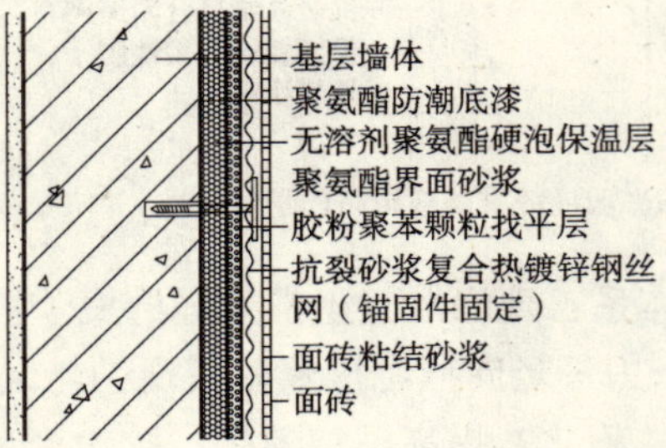

6. G 体系：ZL 胶粉聚苯颗粒屋面保温体系（简称胶粉聚苯颗粒屋面保温体系），采用胶粉聚苯颗粒对平屋面或坡屋面进行保温处理，防水层采用防水卷材或防水涂料。保护层采用防紫外线涂料或块材等。

G 体系屋面构造：

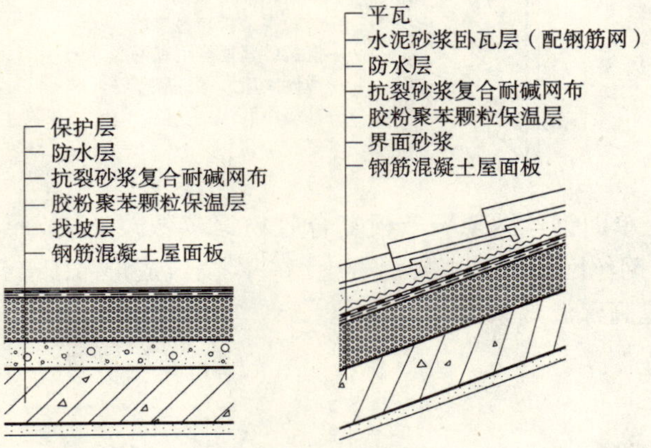

7. H 体系：ZL 现场喷涂无溶剂硬质聚氨酯泡沫塑料屋面保温体系（简称聚氨酯屋面保温体系），采用现场喷涂无溶剂硬质聚氨酯泡沫塑料对平屋面或坡屋面进行保温处理，采用轻质砂浆对保温屋面进行找平及隔热处理，保护层采用防紫外线涂料或块材等。

H 体系屋面构造：

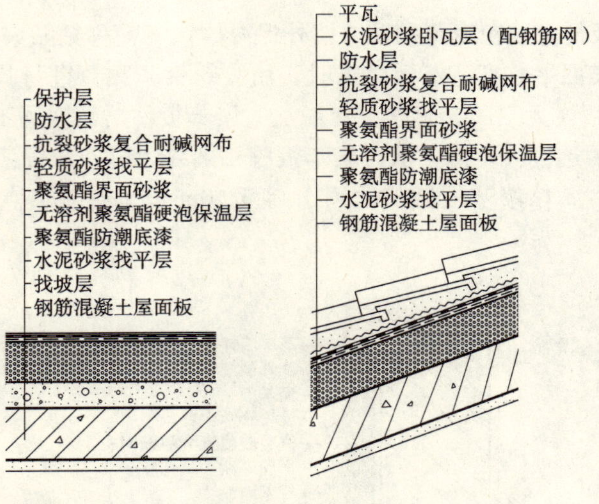

注：屋面防水层设计及坡屋面瓦材固定及做法详有关省标图集。

五、系统性能指标

1. 外保温系统性能指标见表1。

外保温系统性能指标 表1

项目	单位	指标
抗冲击强度	J	首层>10，二层以上>3
吸水量（浸水1h）	g/m^2	≤1000
耐磨性（500L铁砂）	—	无损坏
耐冻融性（30次）	—	无开裂
抗风压值	kPa	不小于工程风荷载设计值
不透水性	—	防护层内侧无水渗透
水蒸气透过湿流密度	$g/m^2 \cdot h$	≥0.85
耐候性	—	合格

注：耐候性要求经过80次高温（70℃）——淋水（15℃）循环及20次热（50℃）——冷（-20℃）循环后无裂纹、无起鼓、无脱落，抗裂防护层与保温层的拉伸粘结强度≥0.1MPa，破坏界面应位于保温层。

2. 内保温系统性能指标见表2。

内保温系统性能指标 表2

项目	单位	指标
抗冲击强度	J	>3
耐磨性（500L铁砂）	—	无损坏

六、构造要求

1. 为提高建筑首层外墙面的抗冲击能力，应增加一层加强耐碱网布，并在首层阳角处增加35×35×0.5的金属护角，高度为2000，设在两层耐碱网布之间。

2. 粘贴面砖时，在胶粉聚苯颗粒外保温体系或聚氨酯体系抗裂防护层中的热镀锌钢丝网要用塑料胀栓（或射钉）双向@500锚固，在单面钢丝网架聚苯板体系抗裂防护层中的热镀锌钢丝网要与单面钢丝网架双向@500绑扎固定。热镀锌钢丝面网孔为12.7×12.7，丝径为0.9。

3. 当保温材料为聚苯板（单面钢丝网架聚苯板除外）且建筑高度在30m（或10层）以上时，每三层楼做一通长连接（包括山墙）的防火隔离带。在带燕尾槽聚苯板体系中宜采用岩棉板作为防火隔离带材料，岩棉和带燕尾槽聚苯板一起与混凝土进行浇筑；在粘贴聚苯板体系中，采用胶粉聚苯颗粒作为防火隔离带材料。

4. 外保温系统中保温材料面层荷载要求见表3。

保温材料面层荷载要求 表3

外保温系统	保温材料面层荷载指标
胶粉聚苯颗粒体系涂料饰面	≤200N/m^2
胶粉聚苯颗粒体系面砖饰面	≤600N/m^2
带燕尾槽聚苯板体系	≤200N/m^2
单面钢丝网架聚苯板体系	≤400N/m^2
粘贴聚苯板体系	≤200N/m^2
聚氨酯体系涂料饰面	≤200N/m^2
聚氨酯体系面砖饰面	≤600N/m^2

七、其他

1. 图例：为胶粉聚苯颗粒保温材料；
   为聚苯板或聚氨酯保温材料。
2. 本图集除注明外均以毫米为单位。
3. 本图集除注明外，应遵照国家现行的有关标准、规范、规程和规定。

2

保温做法选用

山东省围护结构传热系数限值表

山东省居住建筑各部分围护结构传热系数限值表 W/(m² · K)　　表 1

采暖期室外平均温度(℃)	城市	屋顶 体形系数 $S\leqslant0.3$	屋顶 体形系数 $S>0.3$ 且 $S\leqslant0.35$	外墙 体形系数 $S\leqslant0.3$	外墙 体形系数 $S>0.3$ 且 $S\leqslant0.35$	不采暖楼梯间 隔墙	不采暖楼梯间 户门	外窗（含阳台门上部透明部分）	阳台门下部门芯板	外门或单元门	地板 接触室外空气地板	地板 不采暖地下室顶板	地面 周边地面	地面 非周边地面
0.9 ~ 0.0	济南　青岛 烟台　日照 泰安　聊城 临沂　菏泽 枣庄	0.8	0.6	1.28	1.00	1.83	2.00	4.0	1.70	2.70	0.60	0.65	0.52	0.30
				1.28	1.14			3.5						
				1.28	1.21			3.0						
				1.28	1.28			2.5						
−0.4 ~ 1.3	淄博　潍坊 济宁　东营 德州　莱芜 威海　滨州	0.8	0.6	1.20	0.85	1.83	2.00	4.0	1.70	2.70	0.60	0.65	0.52	0.30
				1.20	1.02			3.5						
				1.20	1.11			3.0						
				1.20	1.20			2.5						

注：1. 表中外墙的传热系数限值系指平均传热系数，其 4 行数值分别与窗户传热系数 4 行数值相对应。
2. 表中周边地面一栏中，0.52 为位于建筑物周边的不带保温层的混凝土地面的传热系数，非周边地面一栏中，0.30 为位于建筑物非周边的不带保温层的混凝土地面的传热系数。
3. 当建筑物的下层为采暖房间，上部为非采暖房间时，该采暖房间顶板的传热系数限值不应大于 0.8［W/(m² · K)］。
4. 变形缝两侧外墙应加强保温，其传热系数限值不大于不采暖楼梯间隔墙的规定值。

外墙保温做法及热工计算选用表（A 体系）

外墙保温做法及热工计算选用表（A 体系）　　表 2

序号	外墙构造简图	工程做法	分层厚度 δ (mm)	干密度 ρ_0 (kg/m³)	导热系数 λ [W/(m · K)]	修正系数 α	热阻 R (m² · K/W)	主体部位 热惰性指标 D 值	主体部位 传热阻 R_0 (m² · K/W)	主体部位 传热系数 K [W/(m² · K)]	平均传热系数 K_m [W/(m² · K)]
1	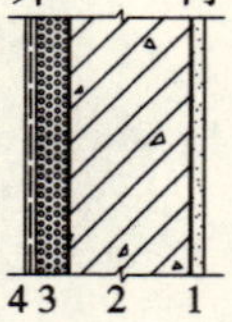	1. 混合砂浆	20	1700	0.87	1.00	0.023				
		2. 钢筋混凝土	200	2500	1.74	1.00	0.115				
		3. 胶粉聚苯颗粒保温层	40 45 50 55 60	230	0.060	1.20	0.556 0.625 0.694 0.764 0.833	2.919 2.998 3.077 3.156 3.235	0.849 0.918 0.988 1.057 1.127	1.178 1.089 1.012 0.946 0.888	1.180 1.094 1.014 0.947 0.889
		4. 抗裂砂浆	5	1800	0.930	1.00	0.005				
2	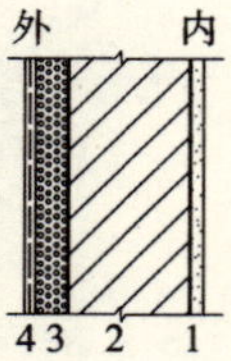	1. 混合砂浆	20	1700	0.870	1.00	0.023				
		2. 混凝土小型空心砌块	190	1200	0.905	1.00	0.210				
		3. 胶粉聚苯颗粒保温层	35 40 50 55 60	230	0.060	1.20	0.486 0.556 0.694 0.764 0.833	2.432 2.512 2.670 2.749 2.828	0.874 0.944 1.083 1.152 1.222	1.144 1.059 0.924 0.868 0.819	1.182 1.096 0.951 0.892 0.840
		4. 抗裂砂浆	5	1800	0.93	1.00	0.005				

续表

序号	外墙构造简图	工程做法	分层厚度δ(mm)	干密度 ρ_0 (kg/m³)	导热系数 λ [W/(m·K)]	修正系数 α	热阻 R (m²·K/W)	主体部位 热惰性指标 D 值	主体部位 传热阻 R_0 (m²·K/W)	主体部位 传热系数 K [W/(m²·K)]	平均传热系数 K_m [W/(m²·K)]
3	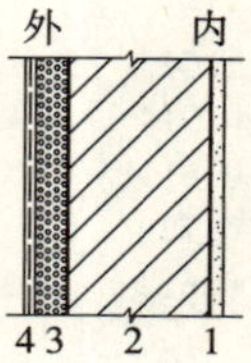	1. 混合砂浆	20	1700	0.87	1.00	0.023				
		2. 加气混凝土砌块	200	600	0.20	1.25	0.800				
		3. 胶粉聚苯颗粒保温层	20 30 40 50 60	230	0.060	1.20	0.278 0.417 0.556 0.694 0.833	3.625 3.783 3.942 4.100 4.258	1.256 1.395 1.534 1.673 1.812	0.796 0.717 0.652 0.598 0.552	1.060 0.908 0.797 0.712 0.644
		4. 抗裂砂浆	5	1800	0.93	1.00	0.005				
4	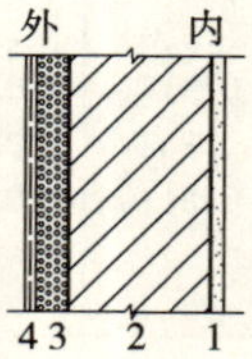	1. 混合砂浆	20	1700	0.87	1.00	0.023				
		2. 加气混凝土砌块	250	600	0.20	1.25	1.000				
		3. 胶粉聚苯颗粒保温层	10 20 30 40 50	230	0.060	1.20	0.139 0.278 0.417 0.556 0.694	4.217 4.375 4.533 4.692 4.850	1.317 1.456 1.595 1.734 1.873	0.759 0.687 0.627 0.577 0.534	1.150 0.958 0.827 0.732 0.658
		4. 抗裂砂浆	5	1800	0.93	1.00	0.005				
5	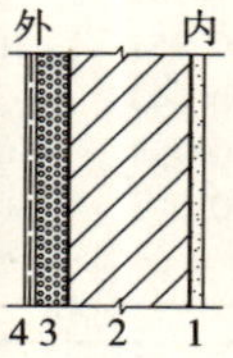	1. 混合砂浆	20	1700	0.87	1.00	0.023				
		2. 烧结普通砖	240	1800	0.81	1.00	0.296				
		3. 胶粉聚苯颗粒保温层	30 40 50 55 60	230	0.060	1.20	0.417 0.556 0.694 0.764 0.833	3.933 4.091 4.250 4.329 4.408	0.891 1.030 1.169 1.239 1.308	1.122 0.971 0.855 0.807 0.765	1.191 1.021 0.893 0.841 0.794
		4. 抗裂砂浆	5	1800	0.93	1.00	0.005				
6	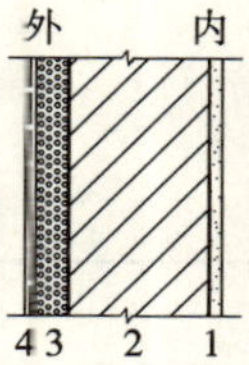	1. 混合砂浆	20	1700	0.87	1.00	0.023				
		2. 烧结普通砖	370	1800	0.81	1.00	0.457				
		3. 胶粉聚苯颗粒保温层	20 30 40 50 60	230	0.060	1.20	0.278 0.417 0.556 0.694 0.833	5.481 5.639 5.797 5.956 6.114	0.913 1.052 1.191 1.330 1.468	1.095 0.951 0.840 0.752 0.681	1.168 1.004 0.880 0.784 0.707
		4. 抗裂砂浆	5	1800	0.93	1.00	0.005				
7	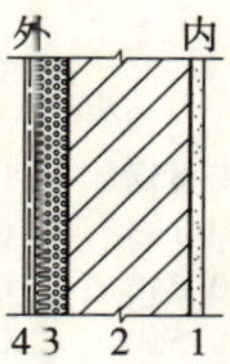	1. 混合砂浆	20	1700	0.87	1.00	0.023				
		2. 多孔砖	240	1400	0.58	1.00	0.414				
		3. 胶粉聚苯颗粒保温层	25 30 40 50 60	230	0.060	1.20	0.347 0.417 0.556 0.694 0.833	3.981 4.060 4.219 4.377 4.535	0.939 1.009 1.148 1.287 1.425	1.065 0.991 0.871 0.777 0.702	1.189 1.096 0.948 0.836 0.748
		4. 抗裂砂浆	5	1800	0.93	1.00	0.005				

续表

序号	外墙构造简图	工程做法	分层厚度δ (mm)	干密度 ρ_0 (kg/m^3)	导热系数λ [W/(m·K)]	修正系数α	热阻R (m^2·K/W)	主体部位			平均传热系数K_m [W/(m^2·K)]
								热惰性指标D值	传热阻R_0 (m^2·K/W)	传热系数K [W/(m^2·K)]	
8	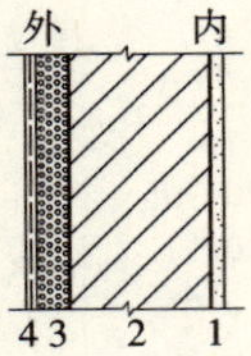	1. 混合砂浆	20	1700	0.87	1.00	0.023				
		2. 多孔砖	370	1400	0.58	1.00	0.638				
		3. 胶粉聚苯颗粒保温层	10 20 30 40 50	230	0.060	1.20	0.139 0.278 0.417 0.556 0.694	5.519 5.677 5.836 5.994 6.152	0.955 1.094 1.233 1.372 1.511	1.047 0.914 0.811 0.729 0.662	1.219 1.036 0.902 0.799 0.718
		4. 抗裂砂浆	5	1800	0.93	1.00	0.005				
9	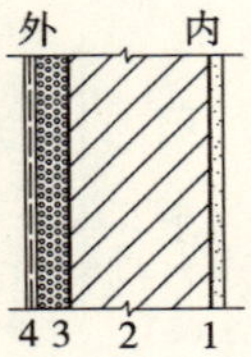	1. 混合砂浆	20	1700	0.87	1.00	0.023				
		2. 蒸压灰砂砖	240	1900	1.10	1.00	0.218				
		3. 胶粉聚苯颗粒保温层	30 40 50 55 60	230	0.060	1.20	0.417 0.556 0.694 0.764 0.833	3.559 3.717 3.875 3.954 4.034	0.813 0.952 1.091 1.160 1.230	1.230 1.050 0.917 0.862 0.813	1.269 1.079 0.938 0.881 0.830
		4. 抗裂砂浆	5	1800	0.93	1.00	0.005				
10	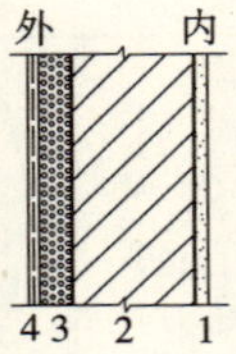	1. 混合砂浆	20	1700	0.87	1.00	0.023				
		2. 陶粒混凝土空心砌块	240	1200	0.53	1.00	0.453				
		3. 胶粉聚苯颗粒保温层	20 30 40 50 60	230	0.060	1.20	0.278 0.417 0.556 0.694 0.833	3.908 4.066 4.225 4.383 4.541	0.909 1.048 1.187 1.326 1.465	1.100 0.954 0.843 0.754 0.683	1.263 1.069 0.927 0.820 0.735
		4. 抗裂砂浆	5	1800	0.93	1.00	0.005				

注：1. 平均传热系数的计算标准：开间3.3m，层高2.8m，圈梁240×墙厚，构造柱240×墙厚，窗户1500×1500。

2. 构造简图中外墙饰面层未表示，热工计算时也未计饰面层。

3. 混凝土小型空心砌块以单排孔为例，双排孔及三排孔需另行计算。

4. 粉煤灰砖墙体可参照多孔砖墙体选用。

外墙保温做法及热工计算选用表（B、C体系）

外墙保温做法及热工计算选用表（B、C体系）

序号	外墙构造简图	工程做法	分层厚度δ (mm)	干密度 ρ_0 (kg/m^3)	导热系数λ [W/(m·K)]	修正系数α	热阻R (m^2·K/W)	主体部位			平均传热系数K_m [W/(m^2·K)]
								热惰性指标D值	传热阻R_0 (m^2·K/W)	传热系数K [W/(m^2·K)]	
11	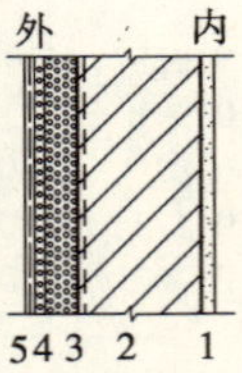（B体系）	1. 混合砂浆	20	1700	0.87	1.00	0.023				
		2. 钢筋混凝土	200	2500	1.74	1.00	0.115				
		3. 带燕尾槽聚苯板保温层	30 40 50 60	20	0.042	1.20	0.595 0.794 0.992 1.190	2.859 2.945 3.301 3.116	1.166 1.365 1.563 1.762	0.857 0.733 0.640 0.568	0.859 0.734 0.640 0.568
		4. 胶粉聚苯颗粒找平层	20	230	0.060	1.20	0.278				
		5. 抗裂砂浆	5	1800	0.93	1.00	0.005				

续表

序号	外墙构造简图	工程做法	分层厚度 δ (mm)	干密度 ρ_0 (kg/m^3)	导热系数 λ [W/(m·K)]	修正系数 α	热阻 R ($m^2·K/W$)	主体部位			平均传热系数 K_m [W/(m^2·K)]
								热惰性指标 D 值	传热阻 R_0 ($m^2·K/W$)	传热系数 K [W/(m^2·K)]	
12	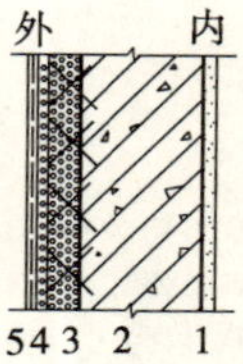 （C体系）	1. 混合砂浆	20	1700	0.87	1.00	0.023				
		2. 钢筋混凝土	200	2500	1.74	1.00	0.115				
		3. 单面钢丝网架聚苯板保温层	30 40 50 60	20	0.042	1.55	0.461 0.614 0.768 0.922	2.859 2.945 3.031 3.116	1.032 1.186 1.339 1.493	0.969 0.844 0.747 0.670	0.971 0.845 0.748 0.671
		4. 胶粉聚苯颗粒找平层	20	230	0.060	1.20	0.278				
		5. 抗裂砂浆	5	1800	0.93	1.00	0.005				

注：1. 平均传热系数的计算标准：开间 3.3m，层高 2.8m，圈梁 240×墙厚，构造柱 240×墙厚，窗户 1500×1500。

2. 构造简图中外墙饰面层未表示，热工计算时也未计饰面层。

外墙保温做法及热工计算选用表（D 体系）

外墙保温做法及热工计算选用表（D 体系）

序号	外墙构造简图	工程做法	分层厚度 δ (mm)	干密度 ρ_0 (kg/m^3)	导热系数 λ [W/(m·K)]	修正系数 α	热阻 R ($m^2·K/W$)	主体部位			平均传热系数 K_m [W/(m^2·K)]
								热惰性指标 D 值	传热阻 R_0 ($m^2·K/W$)	传热系数 K [W/(m^2·K)]	
13	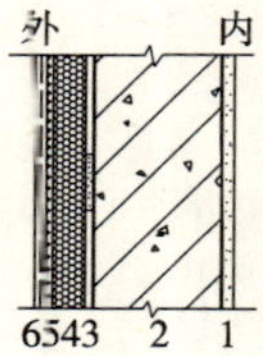	1. 混合砂浆	20	1700	0.87	1.00	0.023				
		2. 钢筋混凝土	200	2500	1.74	1.00	0.115				
		3. 空气层	10				0.140				
		4. 粘贴聚苯板保温层	30 40 50	20	0.042	1.20	0.595 0.794 0.992	2.701 2.786 2.872	1.167 1.366 1.564	0.857 0.732 0.639	0.858 0.733 0.640
		5. 胶粉聚苯颗粒找平层	10	230	0.060	1.20	0.139				
		6. 抗裂砂浆	5	1800	0.93	1.00	0.005				
14	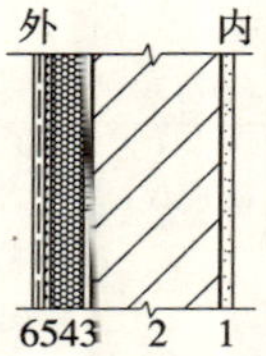	1. 混合砂浆	20	1700	0.87	1.00	0.023				
		2. 混凝土小型空心砌块	190	1200	0.905	1.00	0.210				
		3. 空气层	10				0.140				
		4. 粘贴聚苯板保温层	30 40 50	20	0.042	1.20	0.595 0.794 0.992	2.294 2.379 2.465	1.262 1.461 1.659	0.792 0.685 0.603	0.812 0.699 0.614
		5. 胶粉聚苯颗粒找平层	10	230	0.060	1.20	0.139				
		6. 抗裂砂浆	5	1800	0.93	1.00	0.005				

续表

序号	外墙构造简图	工程做法	分层厚度δ（mm）	干密度 ρ_0（kg/m³）	导热系数 λ [W/(m·K)]	修正系数 α	热阻 R（m²·K/W）	主体部位 热惰性指标 D 值	传热阻 R_0（m²·K/W）	传热系数 K [W/(m²·K)]	平均传热系数 K_m [W/(m²·K)]
		1. 混合砂浆	20	1700	0.87	1.00	0.023				
		2. 加气混凝土砌块	200	600	0.20	1.25	0.800				
		3. 空气层	10				0.140				
15	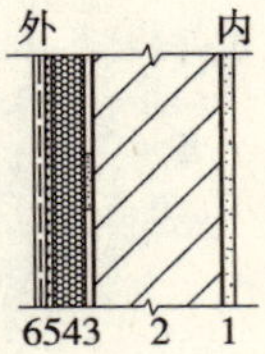	4. 粘贴聚苯板保温层	30 40 50	20	0.042	1.20	0.595 0.794 0.992	3.724 3.809 3.895	1.852 2.051 2.249	0.540 0.488 0.445	0.627 0.555 0.498
		5. 胶粉聚苯颗粒找平层	10	230	0.060	1.20	0.139				
		6. 抗裂砂浆	5	1800	0.930	1.00	0.005				
		1. 混合砂浆	20	1700	0.870	1.00	0.023				
		2. 烧结普通砖	240	1800	0.810	1.00	0.296				
		3. 空气层	10				0.140				
16	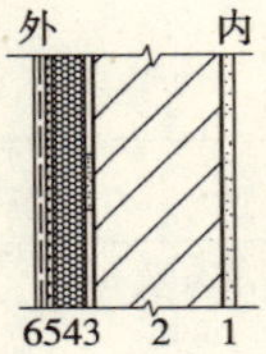	4. 粘贴聚苯板保温层	30 40 50	20	0.042	1.20	0.595 0.794 0.992	3.873 3.959 4.405	1.349 1.547 1.746	0.741 0.646 0.573	0.769 0.667 0.589
		5. 胶粉聚苯颗粒找平层	10	230	0.060	1.20	0.139				
		6. 抗裂砂浆	5	1800	0.930	1.00	0.005				
		1. 混合砂浆	20	1700	0.87	1.00	0.023				
		2. 多孔砖	240	1400	0.58	1.00	0.414				
		3. 空气层	10				0.140				
17	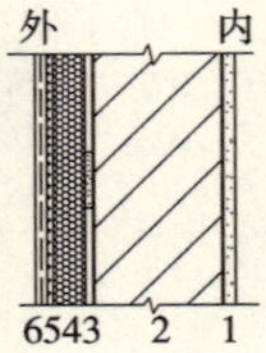	4. 粘贴聚苯板保温层	30 40 50	20	0.042	1.20	0.595 0.794 0.992	4.001 4.087 4.172	1.466 1.665 1.863	0.682 0.601 0.537	0.726 0.634 0.563
		5. 胶粉聚苯颗粒找平层	10	230	0.060	1.20	0.139				
		6. 抗裂砂浆	5	1800	0.93	1.00	0.005				
		1. 混合砂浆	20	1700	0.87	1.00	0.023				
		2. 蒸压灰砂砖	240	1900	1.10	1.00	0.218				
		3. 空气层	10				0.140				
18	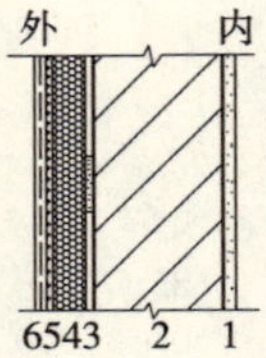	4. 粘贴聚苯板保温层	30 40 50	20	0.042	1.20	0.595 0.794 0.992	3.499 3.585 3.670	1.271 1.469 1.667	0.787 0.681 0.600	0.803 0.692 0.609
		5. 胶粉聚苯颗粒找平层	10	230	0.060	1.20	0.139				
		6. 抗裂砂浆	5	1800	0.93	1.00	0.005				

注：1. 平均传热系数的计算标准：开间 3.3m，层高 2.8m，圈梁 240mm × 墙厚，构造柱 240mm × 墙厚，窗户 1500mm × 1500mm。
2. 构造简图中外墙饰面层未表示，热工计算时也未计饰面层。
3. 混凝土小型空心砌块以单排孔为例，双排孔及三排孔需另行计算。
4. 粉煤灰砖墙体可参照多孔砖墙体选用。

外墙保温做法及热工计算选用表（E 体系）

外墙保温做法及热工计算选用表（E 体系）

序号	外墙构造简图	工程做法	分层厚度 δ（mm）	干密度 ρ_0（kg/m^3）	导热系数 λ［W/（m·K）］	修正系数 α	热阻 R（m^2·K/W）	主体部位 热惰性指标 D 值	主体部位 传热阻 R_0（m^2·K/W）	主体部位 传热系数 K［W/（m^2·K）］	平均传热系数 K_m［W/（m^2·K）］
19	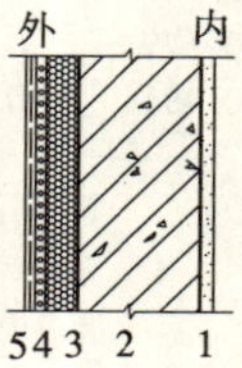	1. 混合砂浆	20	1700	0.87	1.00	0.023				
		2. 钢筋混凝土	200	2500	1.74	1.00	0.115				
		3. 无溶剂聚氨酯硬泡保温层	10 20 30 40	50	0.027	1.20	0.309 0.617 0.926 1.235	2.656 2.789 2.923 3.056	0.810 1.119 1.428 1.736	1.234 0.894 0.700 0.576	1.237 0.895 0.701 0.577
		4. 胶粉聚苯颗粒找平层	15	230	0.060	1.20	0.208				
		5. 抗裂砂浆	5	1800	0.93	1.00	0.005				
20	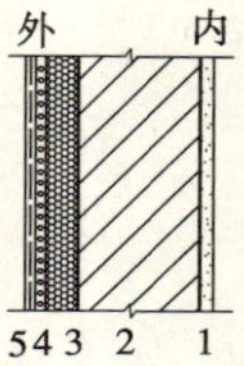	1. 混合砂浆	20	1700	0.87	1.00	0.023				
		2. 混凝土小型空心砌块	190	1200	0.905	1.00	0.210				
		3. 无溶剂聚氨酯硬泡保温层	10 20 30 40	50	0.027	1.20	0.309 0.617 0.926 1.235	2.249 2.382 2.516 2.649	0.905 1.214 1.523 1.831	1.105 0.824 0.657 0.546	1.145 0.845 0.670 0.555
		4. 胶粉聚苯颗粒找平层	15	230	0.060	1.20	0.208				
		5. 抗裂砂浆	5	1800	0.93	1.00	0.005				
21	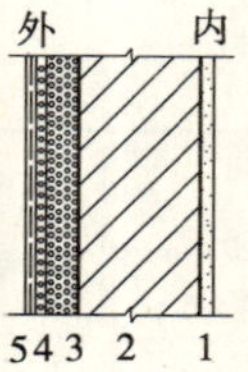	1. 混合砂浆	20	1700	0.87	1.00	0.023				
		2. 加气混凝土砌块	200	600	0.20	1.25	0.800				
		3. 无溶剂聚氨酯硬泡保温层	10 20 30 40	50	0.027	1.20	0.309 0.617 0.926 1.235	3.679 3.812 3.946 4.079	1.495 1.804 2.113 2.421	0.669 0.554 0.473 0.413	0.825 0.648 0.536 0.458
		4. 胶粉聚苯颗粒找平层	15	230	0.060	1.20	0.208				
		5. 抗裂砂浆	5	1800	0.93	1.00	0.005				
22	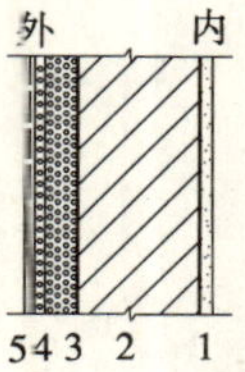	1. 混合砂浆	20	1700	0.87	1.00	0.023				
		2. 烧结普通砖	240	1800	0.81	1.00	0.296				
		3. 无溶剂聚氨酯硬泡保温层	10 20 30 40	50	0.027	1.20	0.309 0.617 0.926 1.235	3.829 3.962 4.095 4.229	0.992 1.300 1.609 1.918	1.008 0.769 0.622 0.521	1.063 0.799 0.641 0.535
		4. 胶粉聚苯颗粒找平层	15	230	0.060	1.20	0.208				
		5. 抗裂砂浆	5	1800	0.93	1.00	0.005				

续表

序号	外墙构造简图	工程做法	分层厚度 δ (mm)	干密度 ρ_0 (kg/m^3)	导热系数 λ [W/(m·K)]	修正系数 α	热阻 R (m^2·K/W)	主体部位 热惰性指标 D 值	主体部位 传热阻 R_0 (m^2·K/W)	主体部位 传热系数 K [W/(m^2·K)]	平均传热系数 K_m [W/(m^2·K)]
23	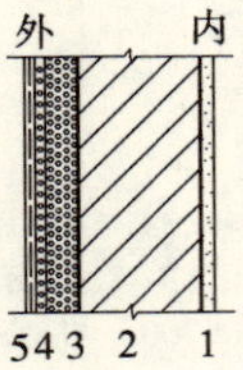	1. 混合砂浆	20	1700	0.87	1.00	0.023				
		2. 多孔砖	240	1400	0.58	1.00	0.414				
		3. 无溶剂聚氨酯硬泡保温层	10 20 30 40	50	0.027	1.20	0.309 0.617 0.926 1.235	3.956 4.090 4.223 4.356	1.109 1.418 1.726 2.035	0.902 0.705 0.579 0.491	0.985 0.753 0.610 0.513
		4. 胶粉聚苯颗粒找平层	15	230	0.060	1.20	0.208				
		5. 抗裂砂浆	5	1800	0.93	1.00	0.005				
24	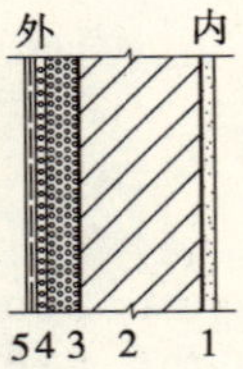	1. 混合砂浆	20	1700	0.87	1.00	0.023				
		2. 蒸压灰砂砖	240	1900	1.10	1.00	0.218				
		3. 无溶剂聚氨酯硬泡保温层	10 20 30 40	50	0.027	1.20	0.309 0.617 0.926 1.235	3.454 3.588 3.721 3.854	0.914 1.222 1.531 1.839	1.095 0.818 0.653 0.544	1.120 0.825 0.664 0.551
		4. 胶粉聚苯颗粒找平层	15	230	0.060	1.20	0.208				
		5. 抗裂砂浆	5	1800	0.93	1.00	0.005				

注：1. 平均传热系数的计算标准：开间3.3m，层高2.8m，圈梁240mm×墙厚，构造柱240mm×墙厚，窗户1500mm×1500mm。
2. 构造简图中外墙饰面层未表示，热工计算时也未计饰面层。
3. 混凝土小型空心砌块以单排孔为例，双排孔及三排孔需另行计算。
4. 粉煤灰砖墙体可参照多孔砖墙体选用。

屋面保温做法及热工计算选用表（G、H体系）

屋面保温做法及热工计算选用表（G、H体系）

序号	平屋面构造简图	工程做法	分层厚度 δ (mm)	干密度 ρ_0 (kg/m^3)	导热系数 λ [W/(m·K)]	修正系数 α	热阻 R (m^2·K/W)	热惰性指标 D 值	传热阻 R_0 (m^2·K/W)	传热系数 K [W/(m^2·K)]
1	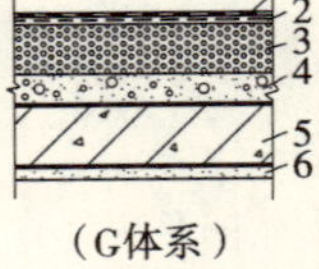（G体系）	1. 防水层	4		0.17		0.024			
		2. 抗裂砂浆	5	1800	0.93	1.00	0.005			
		3. 胶粉聚苯颗粒保温层	65 90 115	230	0.060	1.50	0.722 1.000 1.278	3.511 3.907 4.303	1.278 1.556 1.833	0.783 0.643 0.545
		4. 水泥珍珠岩找坡层	80	400	0.18	1.50	0.296			
		5. 钢筋混凝土屋面板	100	2500	1.74	1.00	0.057			
		6. 混合砂浆	20	1700	0.87	1.00	0.023			

续表

序号	平屋面构造简图	工程做法	分层厚度 δ（mm）	干密度 ρ_0（kg/m^3）	导热系数 λ [W/(m·K)]	修正系数 α	热阻 R（m^2·K/W）	热惰性指标 D 值	传热阻 R_0（m^2·K/W）	传热系数 K [W/(m^2·K)]
2		1. 防水层	4		0.17		0.024			
		2. 抗裂砂浆	5	1800	0.93	1.00	0.005			
		3. 轻质砂浆找平层	20	1000	0.29	1.00	0.069			
	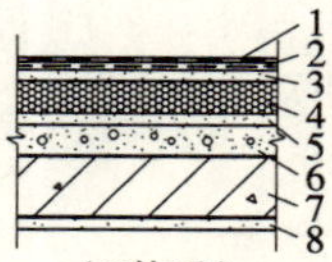 （H体系）	4. 无溶剂聚氨酯硬泡保温层	20 30 40	50	0.027	1.20	0.617 0.926 1.235	3.299 3.433 3.566	1.263 1.572 1.881	0.792 0.636 0.532
		5. 水泥砂浆找平层	20	1800	0.93	1.00	0.022			
		6. 水泥珍珠岩找坡层	80	400	0.18	1.50	0.296			
		7. 钢筋混凝土屋面板	100	2500	1.74	1.00	0.057			
		8. 混合砂浆	20	1700	0.87	1.00	0.023			
3		1. 水泥砂浆挂瓦（混凝土瓦）	30	1800	0.93	1.00	0.032			
			25		0.93		0.027			
		2. 防水层	4		0.17		0.024			
		3. 抗裂砂浆	5	1800	0.93	1.00	0.005			
	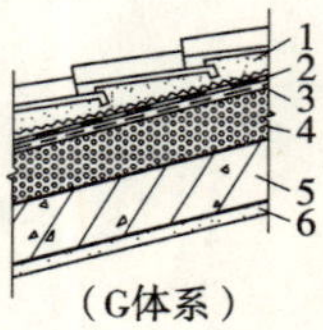 （G体系）	4. 胶粉聚苯颗粒保温层	85 135	230	0.060	1.50	0.944 1.500	3.393 4.185	1.263 1.819	0.792 0.550
		5. 钢筋混凝土屋面板	100	2500	1.74	1.00	0.057			
		6. 混合砂浆	20	1700	0.87	1.00	0.023			
4		1. 水泥砂浆挂瓦（混凝土瓦）	30	1800	0.93	1.00	0.032			
			25		0.93		0.027			
		2. 防水层	4		0.17		0.024			
		3. 抗裂砂浆	5	1800	0.93	1.00	0.005			
		4. 轻质砂浆找平层	20	1000	0.29	1.00	0.069			
	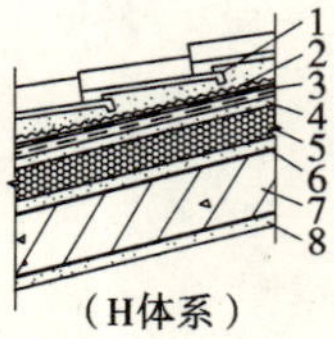 （H体系）	5. 无溶剂聚氨酯硬泡保温层	35 60	50	0.027	1.50	0.864 1.481	3.065 3.398	1.273 1.890	0.785 0.529
		6. 水泥砂浆找平层	20	1800	0.93	1.00	0.022			
		7. 钢筋混凝土屋面板	100	2500	1.74	1.00	0.057			
		8. 混合砂浆	20	1700	0.87	1.00	0.023			

注：1. 屋面防水层设计及做法详有关省标图集。
2. 防水层的指标按高聚物改性沥青防水卷材取值。

外墙外保温平面示例及剖面详图

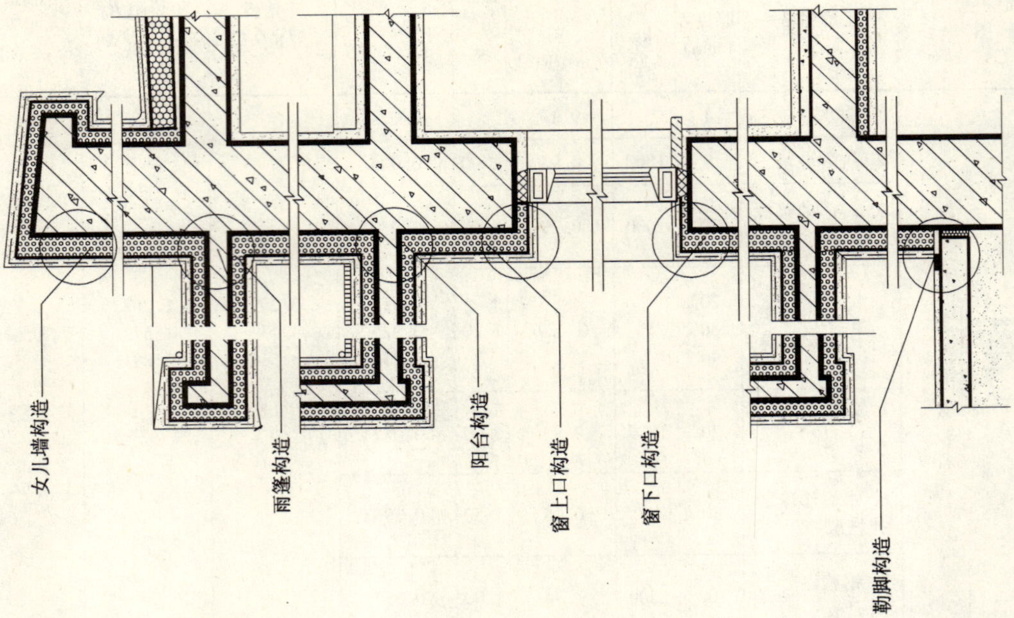

1—1 剖面

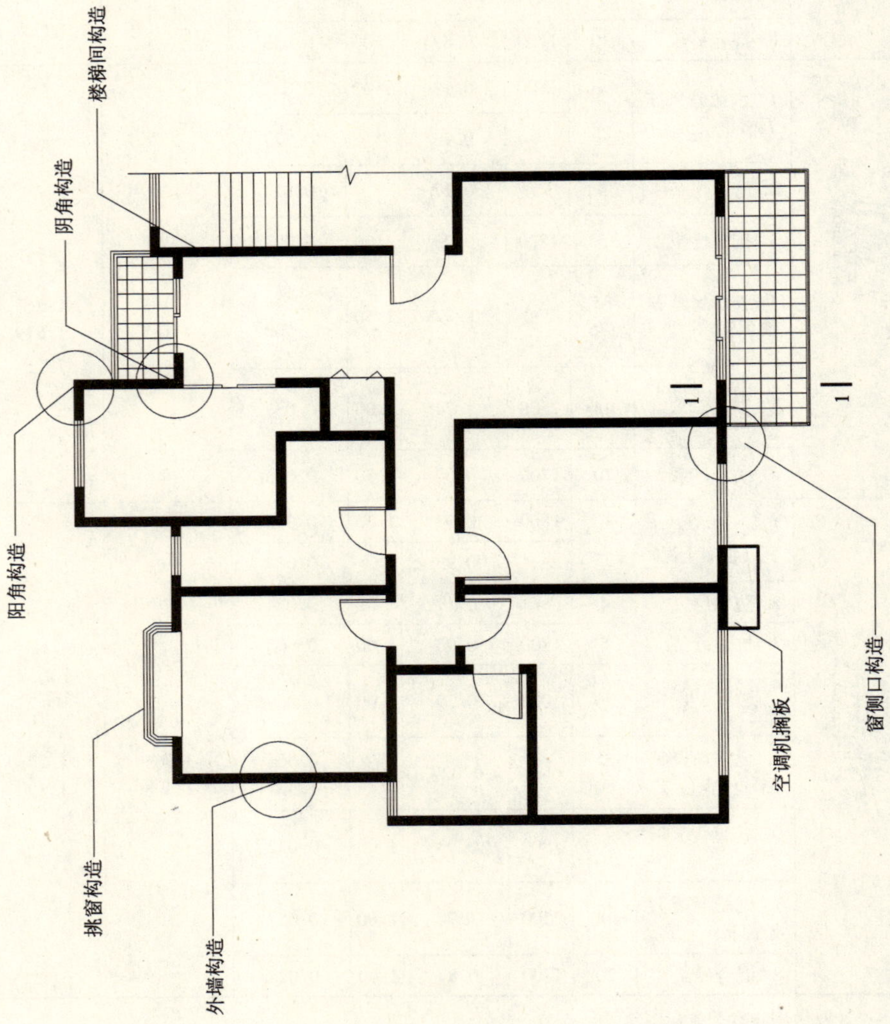

平面示例

注明：各系统构造节点详图可分别参阅本书 05J3—1、88J2—9、L04SJ113、J45、05J/T105—1 等。

（二）居住建筑保温构造详图
（节能65%）

1
说　明

说　明

一、适用范围

本图集适用于新建、扩建居住建筑的节能设计。既有居住建筑节能改造和公共建筑可参照使用。

二、设计依据

1.《民用建筑热工设计规范》GB 50176—1993

2.《民用建筑设计通则》GB 50352—2005

3.《屋面工程技术规范》GB 50345—2004

4.《居住建筑节能设计标准》DBJ 14—037—2006

5.《既有采暖居住建筑节能改造技术规程》JGJ 129—2000

6.《外墙外保温工程技术规程》JGJ 144—2004

7.《砌体工程施工质量验收规范》GB 50203—2002

8.《混凝土结构工程施工质量验收规范》GB 50204—2002

9.《建筑工程施工质量验收统一标准》GB 50300—2001

10.《建筑装饰装修工程质量验收规范》GB 50210—2001

11.《屋面工程质量验收规范》GB 50207—2002

三、设计内容及要求

1. 本图集内容包括：设计说明、保温做法及热工计算选用表、构造节点详图、材料性能指标、施工要点和质量验收标准。

2. 本图集保温做法及热工计算选用表为常用做法。设计人员应根据国家及山东省节能有关规定及要求，经热工计算确定保温材料厚度及构造做法，以满足不同地区建筑节能的要求。

3. 本图集外墙保温做法适用于钢筋混凝土、烧结普通砖、多孔砖、混凝土小型空心砌块、灰砂砖、蒸压粉煤灰砖、加气混凝土砌块等多种墙体，其他新型墙体也可参照使用。使用时应根据不同的基层墙体确定合理的固定方式，对于不宜使用射钉固定的墙体，可改用其他有效的锚固方法（如塑料锚栓锚固、预埋锚筋等）。

4. 本图集外保温墙体构造详图主要以钢筋混凝土墙体为例，其他墙体可参照使用。

5. 居住建筑保温系统外墙饰面做法宜优先采用涂料饰面，如若采用面砖饰面，保温系统须具备完整的各种配套材料，系统的粘结强度、耐冻融等项目指标经法定检测机构检测合格，满足本图集规定的技术性能指标要求，并按本图集的构造要求和施工要求精心施工。

6. 建筑物体型设计应力求简单，尽量减少建筑物外表面积。七层及七层以上居住建筑的体型系数不应超过0.30；4～6层居住建筑不应超过0.35；1～3层居住建筑不应超过0.4。

7. 外窗的面积不宜过大，不同朝向的窗墙面积比宜控制在：东、西、北向≤0.30，南向≤0.50。

8. 外窗（含阳台门）的气密性能等级不应低于国家标准《建筑外窗气密性能分级及检测方法》GB 7107规定的4级，其单位缝长空气渗透量为 $q_1 \leq 1.5\mathrm{m^3/(m \cdot h)}$；单位面积空气渗透量为 $q^2 \leq 4.5\ [\mathrm{m^3/(m^2 \cdot h)}]$。

9. 外窗不宜采用对节能不利的凸（飘）窗。计算凸（飘）窗传热面积时，应按其展开面积计算；凸（飘）窗突出墙面的其他构件的传热系数不应大于 $1.5\mathrm{W/(m^2 \cdot K)}$。

10. 不采暖楼梯间入口处应设置能自动关闭的单元门，其透明部分的传热系数不应大于 $4.0\mathrm{W/(m^2 \cdot K)}$，不透明部分的传热系数不应大于 $2.0\ [\mathrm{W/(m^2 \cdot K)}]$，楼梯间窗户的传热系数不宜大于 $2.8\mathrm{W/(m^2 \cdot K)}$。

11. 住宅的分户墙的传热系数不应大于 $1.7\ [\mathrm{W/(m^2 \cdot K)}]$，层间楼板的传热系数不宜大于

2.0W/($m^2 \cdot K$)。

12. 变形缝两侧外墙应加强保温，其传热系数限值不应大于1.70W/($m^2 \cdot K$)。当变形缝两侧外墙达不到限值要求时，可在两侧外墙处采取内保温做法。

四、ZL保温系统特点

ZL保温系统具有保温隔热、耐候、抗裂、抗震、憎水、透气、防火、现场施工操作方便等特点。保温做法主要有以下八个体系：

1. A体系：ZL现场喷涂硬质聚氨酯泡沫塑料外墙外保温体系（简称聚氨酯体系），是由聚氨酯防潮底漆层、现场喷涂硬质聚氨酯泡沫塑料保温层、聚氨酯界面砂浆层、胶粉聚苯颗粒找平层、抗裂防护层和饰面层组成。该体系适用于高度100m以下居住建筑。

（1）A体系涂料饰面构造

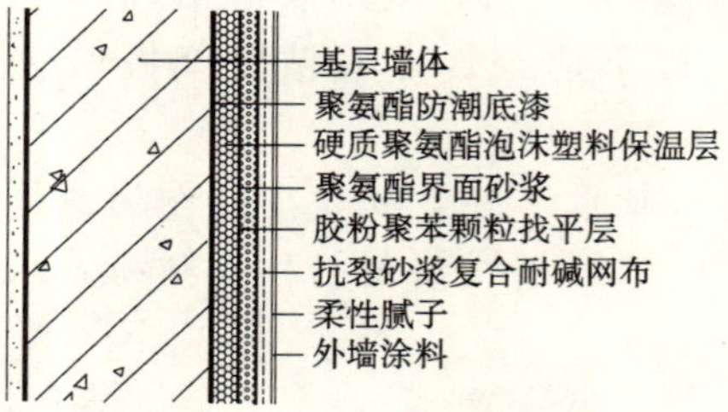

（2）A体系面砖饰面构造

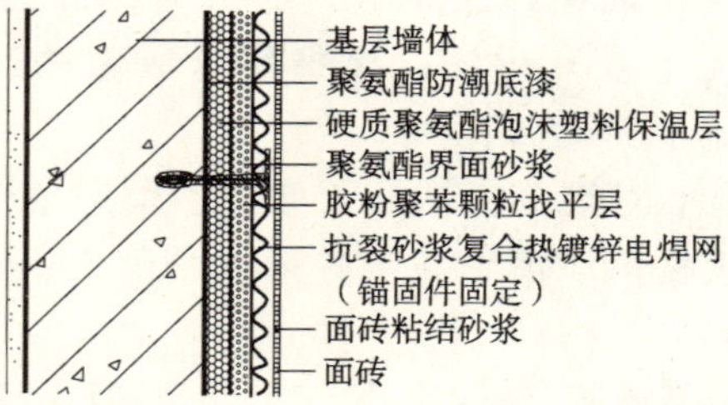

注：耐碱玻璃纤维网格布简称耐碱网布。

2. B体系：ZL胶粉聚苯颗粒贴砌聚苯板（挤塑板）外墙外保温体系［简称贴砌聚苯板（挤塑板）体系］，采用粘结型胶粉聚苯颗粒满粘聚苯板（挤塑板），并处理聚苯板（挤塑板）之间10mm宽的板缝。

（1）B体系涂料饰面构造

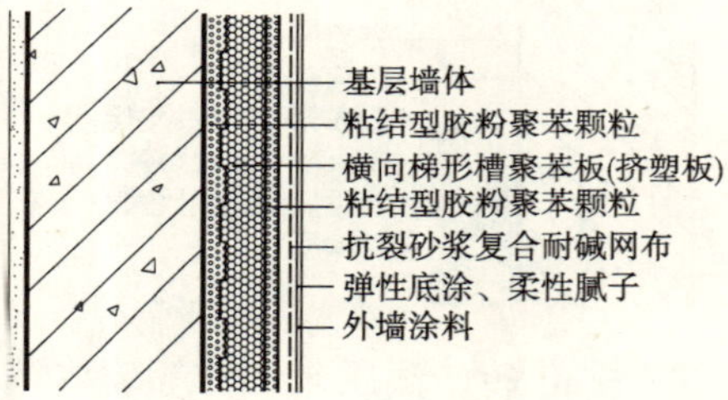

（2）B体系面砖饰面构造

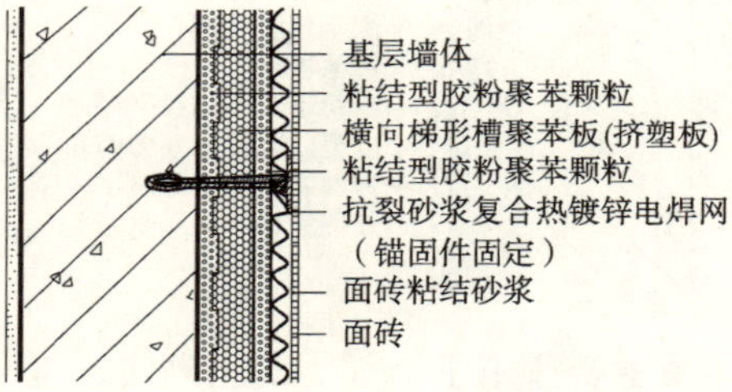

3. C体系：ZL现浇混凝土燕尾槽聚苯板外墙外保温体系（简称现浇无网聚苯板体系），采用竖向燕尾槽聚苯板与混凝土墙一次浇筑成形。聚苯板界面砂浆可防止聚苯板表面粉化，提高粘结效果；胶粉聚苯颗粒起减少相邻材料导热系数差、补充保温和找平、防火等作用。

（1）C体系涂料饰面构造

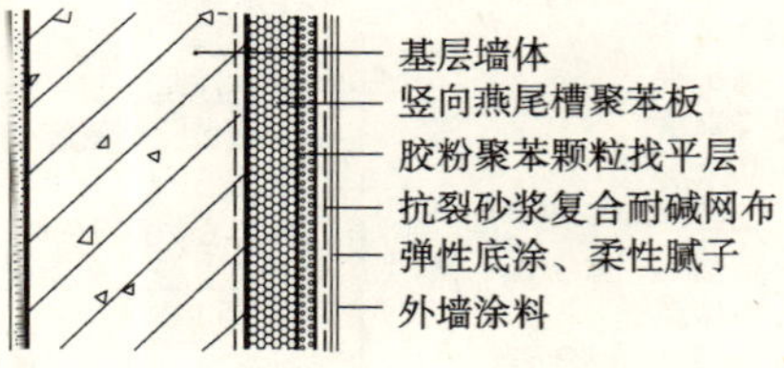

（2）C体系面砖饰面构造

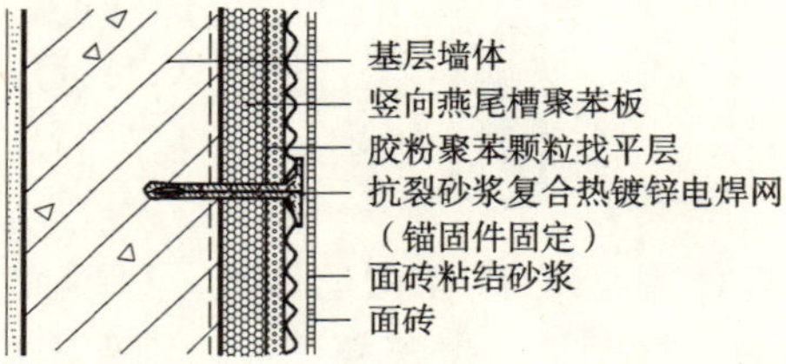

4. D体系：ZL现浇混凝土斜嵌入式钢丝网架聚苯板外墙外保温体系（简称现浇有网聚苯板体系），由斜嵌入式钢丝网架聚苯板、胶粉聚苯颗粒找平浆料，抗裂砂浆和饰面层组成。该体系采用斜嵌入式钢丝网架聚苯板与混凝土墙一次浇筑成形。在浇筑混凝土前，将斜嵌入式钢丝网架聚苯板置于外模内侧，浇筑混凝土完毕后，保温层与混凝土墙体形成一体。

本体系采用胶粉聚苯颗粒找平，可阻断斜嵌入式钢丝网架斜插丝的热桥，提高保温效果。

(1) D体系涂料饰面构造

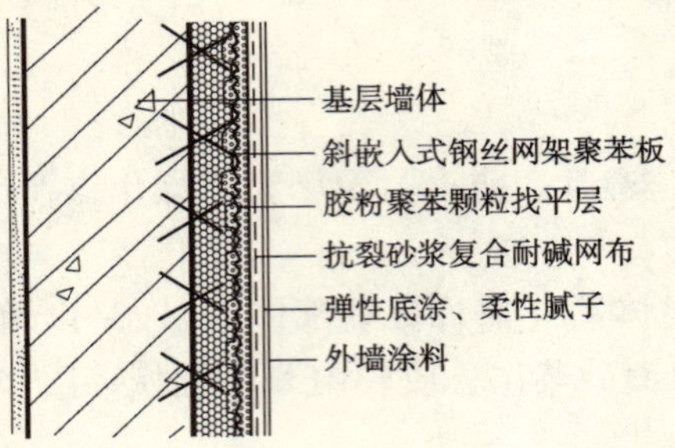

(2) D体系面砖饰面构造

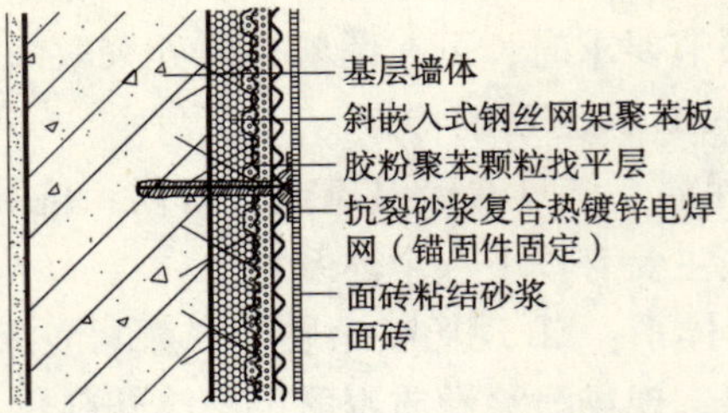

5. E体系：ZL粘贴聚苯板复合胶粉聚苯颗粒外墙外保温体系（简称粘贴聚苯板体系），用聚苯板胶粘剂粘贴聚苯板，必要时用胶粉聚苯颗粒找平。聚苯板粘贴采用点框粘（小空腔）或满粘（无空腔）做法。满粘聚苯板做法适用于高度60m以下建筑，点框粘聚苯板做法适用于高度30m以下建筑。

点框粘时聚苯板粘贴面四周不留空气道，而在聚苯板面中部开两个ϕ10小孔作为透气孔；满粘时将胶粘剂以齿形条灰的形式满铺在聚苯板粘贴面上。聚苯板点框粘布点和满粘布点示意详见相关说明。

防火隔离带部位用胶粉聚苯颗粒进行处理。

6. F体系：ZL胶粉聚苯颗粒外墙外保温体系（简称胶粉聚苯颗粒体系），由界面砂浆层、胶粉聚苯颗粒保温浆料层、抗裂防护层和饰面层组成，适用于高度100m以下的居住建筑。

E体系墙体构造

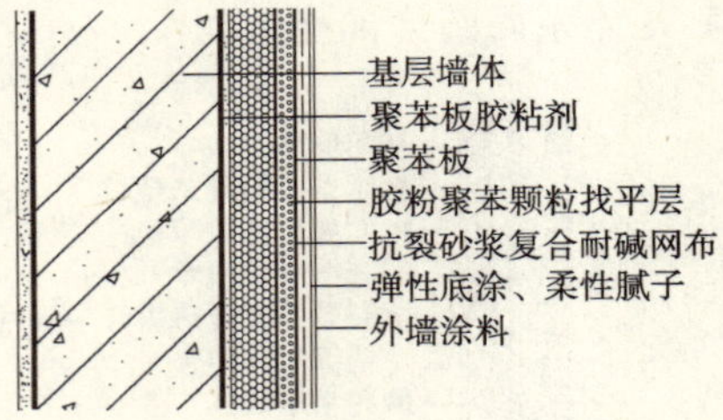

(1) F体系涂料饰面构造

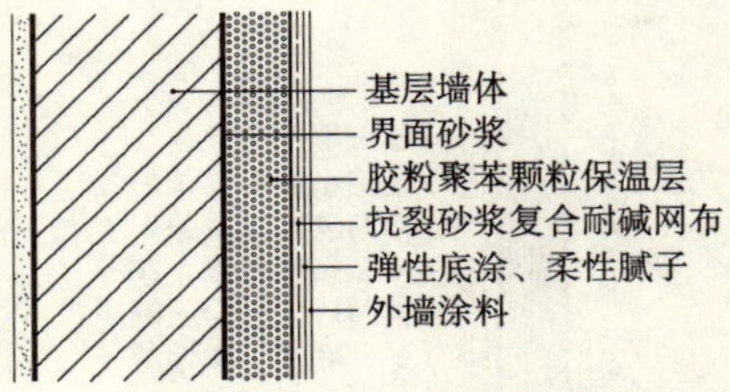

本体系主要适用于加气混凝土砌块、混凝土小型空心砌块、多孔砖、蒸压灰砂砖等砌体结构。加气混凝土砌块墙体采用尼龙锚栓固定。

(2) F体系面砖饰面构造

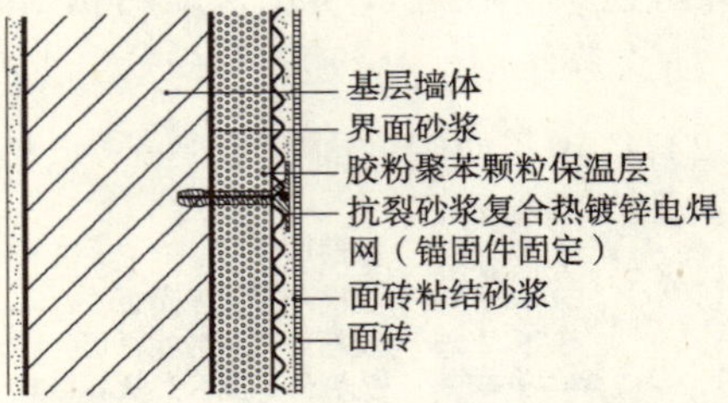

G体系屋面构造

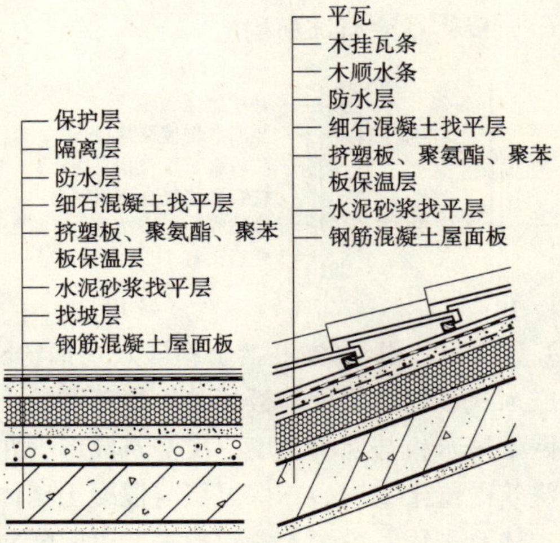

7. G体系：ZL屋面保温体系，以硬质聚氨酯泡沫塑料、挤塑板、聚苯板作为屋面保温层材料。聚氨酯保温层可采用现场喷涂、粘贴板材或喷粘相结合的方法进行施工，在喷涂基层上需涂刷聚氨酯防潮底漆，聚氨酯保温层上表面还应涂刷聚氨酯界面砂浆，以提高与找平层的粘结效果。用于倒置式屋面的保温材料宜选用挤塑板、聚氨酯保温材料。

屋面其他构造层设计和做法详见省标有关图集。

8. H 体系：其他部位保温体系。不采暖地下室顶板可以用聚氨酯板、挤塑板、聚苯板作为保温层材料，并用塑料锚栓锚固；也可采取轻钢龙骨石膏板吊顶，内填岩棉板做法。不采暖楼梯间隔墙、变形缝两侧外墙、住宅分户墙和凸（飘）窗挑板保温构造由胶粉聚苯颗粒保温浆料层、抗裂防护层和饰面层组成。

H 体系不采暖地下室顶板构造：

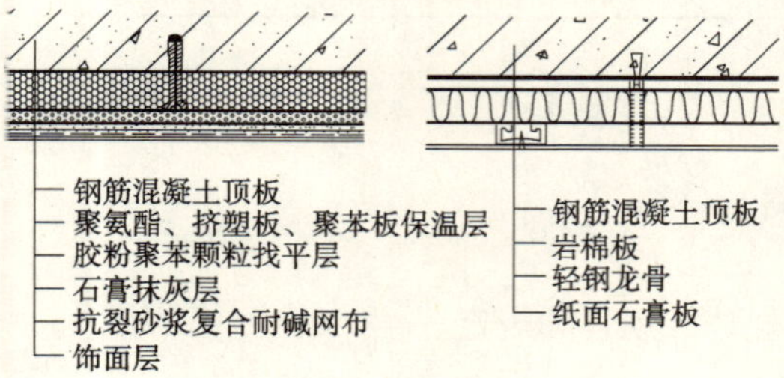

H 体系不采暖楼梯间隔墙构造：

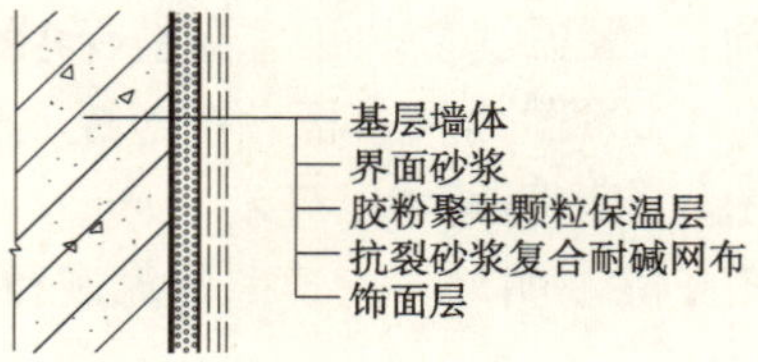

五、系统性能指标

外保温系统性能指标见表 1。

外保温系统性能指标　　表 1

项　　目		性　能　指　标
耐候性		表面无裂纹、粉化、剥落现象，抗裂防护层与找平层的拉伸粘结强度不应小于 0.1MPa，破坏界面应位于找平层
吸水量（浸水 1h）(g/m^2)		≤1000
抗冲击强度（J）	涂料饰面普通型	≥3.0
	涂料饰面加强型	≥10.0
	面砖饰面型	≥3.0
抗风压值		不小于工程项目的风荷载设计值
耐冻融		表面无裂纹、空鼓、起泡、剥离现象，抗裂防护层与找平层的拉伸粘结强度不应小于 0.1MPa，破坏界面应位于找平层
水蒸气湿流密度 [$g/(m^2 \cdot h)$]		≥0.85
不透水性		试样防护层内侧无水渗透
耐磨损，500L 砂		无开裂，龟裂或表面保护层剥落、损伤
系统抗拉强度　MPa		≥0.1 并且破坏部位不得位于各层界面
面砖粘结强度　MPa		≥0.4
火反应性		不应被点燃，试验结束后试件厚度变化不超过 10%
热阻		复合墙体热阻符合设计要求

六、构造要求

1. 为提高建筑首层外墙面的抗冲击能力，应加铺一层耐碱网布，并在阳角处增加 35mm × 35mm × 0.5mm 的金属护角，高度 2000mm，设在两层耐碱网布之间。

2. 粘贴面砖时，在抗裂防护层中的热镀锌电焊网要用塑料锚栓双向@500 锚固，热镀锌电焊网网孔为 12.7mm × 12.7mm，丝径为 0.9mm。

3. 在现浇无网聚苯板体系和粘贴聚苯板体系中，当建筑高度在 30m（或十层）以上时，每三层楼做一通长连续（包括山墙）的防火隔离带。在现浇无网聚苯板体系中宜采用岩棉板作为防火隔离带材料，岩棉板和燕尾槽聚苯板一起与混凝土进行浇筑；在粘贴聚苯板体系中，采用胶粉聚苯颗粒作为防火隔离带材料。

4. 外保温系统中保温材料面层荷载要求见表2。

保温材料面层荷载要求 **表2**

外保温系统	保温材料面层荷载指标
外保温涂料饰面系统	≤200N/m^2
外保温面砖饰面系统	≤600N/m^2

七、其他

1. 图例：为胶粉聚苯颗粒保温材料；

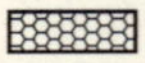为聚苯板、挤塑板或聚氨酯保温材料。

2. 本图集除注明外均以毫米（mm）为单位。

3. 本图集除注明外，应遵照国家现行的有关标准、规范、规程和规定。

2
保温做法选用

山东省居住建筑各部分围护结构传热系数 *K* 限值

山东省居住建筑各部分围护结构传热系数 *K* 限值 W/(m^2·K)

城市	屋顶		外墙		外墙（含阳台门透明部分）	不采暖楼梯间		阳台门不透明部分	楼板		地面	
	体形系数 $S\leqslant0.35$	体形系数 $0.35<S\leqslant0.40$	体形系数 $S\leqslant0.35$	体形系数 $0.35<S\leqslant0.40$		隔墙	户门		接触室外空气楼板	与不采暖空间相邻的楼板	周边地面	非周边地面
济南 青岛 烟台 日照 泰安 聊城 临沂 菏泽 枣庄	0.55	0.45	0.63	0.50	2.80	1.70	2.00	1.70	0.50	0.65	0.52	0.30
淄博 潍坊 济宁 东营 德州 莱芜 威海 滨州	0.50	0.40	0.60	0.45	2.80	1.70	2.00	1.70	0.50	0.60	0.52	0.30

注：本表摘自《居住建筑节能设计标准》DBJ14—037—2006。

外墙保温做法及热工计算选用表（A 体系）

外墙保温做法及热工计算选用表（A 体系）

序号	外墙构造简图	工程做法	分层厚度 δ（mm）	干密度 ρ_0（kg/m^3）	导热系数 λ [W/(m·K)]	修正系数 α	热阻 R (m^2·K/W)	主体部位 热惰性指标 D 值	主体部位 传热阻 R_0 (m^2·K/W)	主体部位 传热系数 K [W/(m^2·K)]	平均传热系数 K_m [W/(m^2·K)]
1	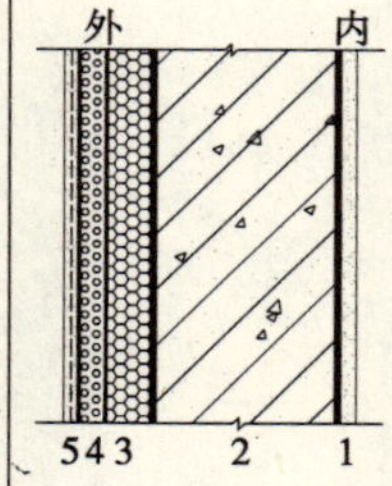	1. 混合砂浆	20	1700	0.87	1.00	0.023				
		2. 钢筋混凝土	200	2500	1.74	1.00	0.115				
		3. 硬质聚氨酯泡沫塑料保温层	30 35 45 50	≥35	0.024	1.20	1.042 1.215 1.563 1.736	3.052 3.127 3.277 3.352	1.591 1.765 2.112 2.286	0.628 0.567 0.473 0.437	0.629 0.567 0.474 0.438
		4. 胶粉聚苯颗粒找平层	20	230	0.06	1.30	0.256				
		5. 抗裂砂浆	5	1800	0.93	1.00	0.005				
2	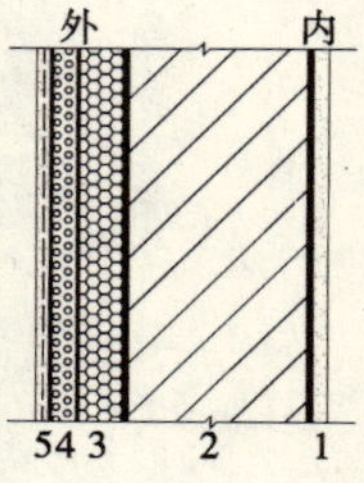	1. 混合砂浆	20	1700	0.87	1.00	0.023				
		2. 混凝土小型空心砌块	190	1200	0.905	1.00	0.210				
		3. 硬质聚氨酯泡沫塑料保温层	30 35 40 50	≥35	0.024	1.20	1.042 1.215 1.389 1.736	2.645 2.720 2.795 2.945	1.686 1.860 2.034 2.381	0.593 0.538 0.492 0.420	0.604 0.547 0.499 0.425
		4. 胶粉聚苯颗粒找平层	20	230	0.06	1.30	0.0256				
		5. 抗裂砂浆	5	1800	0.93	1.00	0.005				

续表

序号	外墙构造简图	工程做法	分层厚度 δ (mm)	干密度 ρ_0 (kg/m^3)	导热系数 λ [W/(m·K)]	修正系数 α	热阻 R (m^2·K/W)	主体部位			平均传热系数 K_m [W/(m^2·K)]
								热惰性指标 D 值	传热阻 R_0 (m^2·K/W)	传热系数 K [W/(m^2·K)]	
3	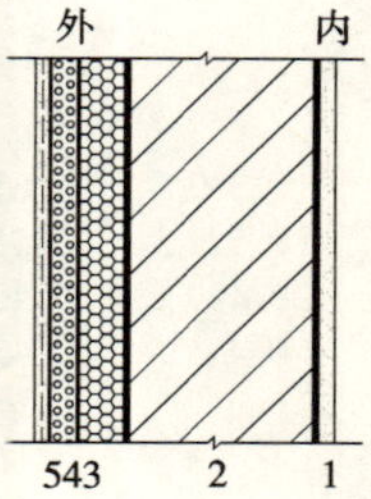	1. 混合砂浆	20	1700	0.87	1.00	0.023				
		2. 加气混凝土砌块	200	600	0.20	1.25	0.800				
		3. 硬质聚氨酯泡沫塑料保温层	20 25 30 40	≥35	0.024	1.20	0.694 0.868 1.042 1.389	3.925 4.000 4.075 4.225	1.929 2.103 2.276 2.624	0.518 0.476 0.439 0.381	0.597 0.539 0.491 0.418
		4. 胶粉聚苯颗粒找平层	20	230	0.06	1.30	0.256				
		5. 抗裂砂浆	5	1800	0.93	1.00	0.005				
4	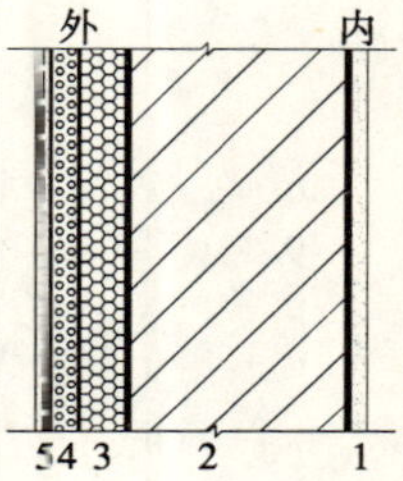	1. 混合砂浆	20	1700	0.87	1.00	0.023				
		2. 加气混凝土砌块	250	600	0.20	1.25	1.000				
		3. 硬质聚氨酯泡沫塑料保温层	15 20 30 35	≥35	0.024	1.20	0.521 0.694 1.042 1.215	4.600 4.675 4.825 4.900	1.956 2.129 2.476 2.650	0.511 0.470 0.404 0.377	0.621 0.556 0.462 0.427
		4. 胶粉聚苯颗粒找平层	20	230	0.06	1.30	0.256				
		5. 抗裂砂浆	5	1800	0.93	1.00	0.005				
5	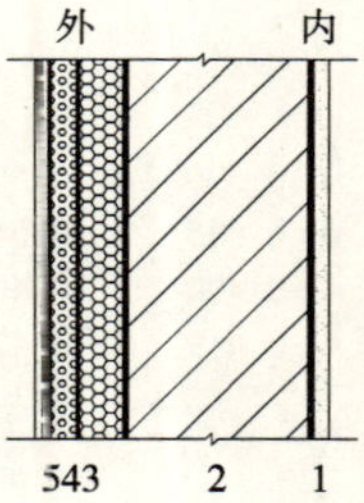	1. 混合砂浆	20	1700	0.87	1.00	0.023				
		2. 烧结普通砖	240	1800	0.81	1.00	0.296				
		3. 硬质聚氨酯泡沫塑料保温层	30 35 40 45	≥35	0.024	1.20	1.042 1.215 1.389 1.563	4.225 4.300 4.375 4.450	1.773 1.946 2.120 2.294	0.564 0.514 0.472 0.436	0.580 0.527 0.482 0.445
		4. 胶粉聚苯颗粒料找平层	20	230	0.06	1.30	0.256				
		5. 抗裂砂浆	5	1800	0.93	1.00	0.005				
6	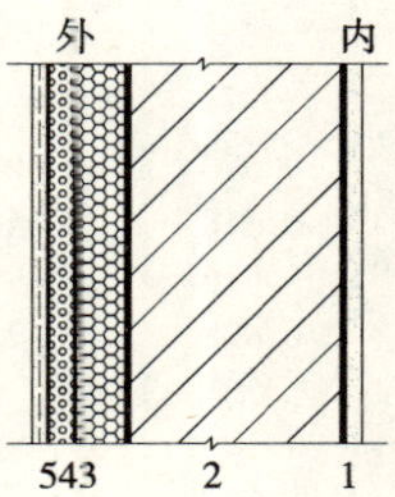	1. 混合砂浆	20	1700	0.87	1.00	0.023				
		2. 烧结普通砖	370	1800	0.81	1.00	0.457				
		3. 硬质聚氨酯泡沫塑料保温层	25 30 35 40	≥35	0.024	1.20	0.868 1.042 1.215 1.389	5.856 5.931 6.006 6.081	1.760 1.933 2.107 2.280	0.568 0.517 0.475 0.439	0.586 0.532 0.487 0.449
		4. 胶粉聚苯颗粒找平层	20	230	0.06	1.30	0.256				
		5. 抗裂砂浆	5	1800	0.93	1.00	0.005				

续表

序号	外墙构造简图	工程做法	分层厚度 δ（mm）	干密度 ρ_0（kg/m^3）	导热系数 λ [W/(m·K)]	修正系数 α	热阻 R ($m^2 \cdot K/W$)	主体部位 热惰性指标 D 值	主体部位 传热阻 R_0 ($m^2 \cdot K/W$)	主体部位 传热系数 K [W/($m^2 \cdot K$)]	平均传热系数 K_m [W/($m^2 \cdot K$)]
7	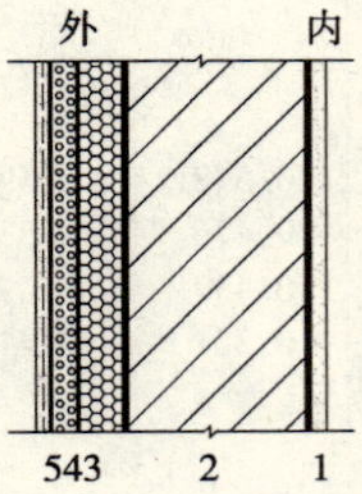	1. 混合砂浆	20	1700	0.87	1.00	0.023				
		2. 烧结多孔砖（P型）	240	1400	0.58	1.00	0.414				
		3. 硬质聚氨酯泡沫塑料保温层	25 30 40 45	≥35	0.024	1.20	0.868 1.042 1.389 1.563	4.277 4.352 4.502 4.577	1.717 1.890 2.237 2.411	0.583 0.529 0.447 0.415	0.614 0.554 0.464 0.430
		4. 胶粉聚苯颗粒找平层	20	230	0.06	1.30	0.256				
		5. 抗裂砂浆	5	1800	0.93	1.00	0.005				
8	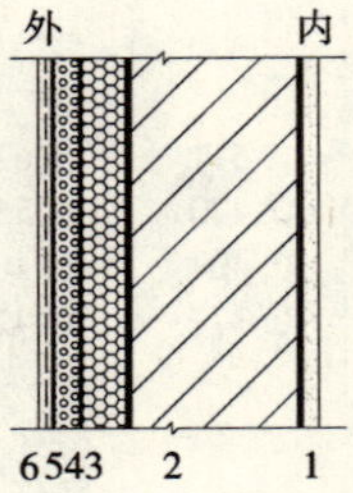	1. 混合砂浆	20	1700	0.87	1.00	0.023				
		2. 烧结多孔砖（M型）	190	1400	0.54	1.00	0.352				
		3. 硬质聚氨酯泡沫塑料保温层	30 35 40 45	≥35	0.024	1.20	1.042 1.215 1.389 1.563	3.862 3.937 4.012 4.087	1.828 2.002 2.176 2.349	0.547 0.500 0.460 0.426	0.570 0.519 0.476 0.439
		4. 胶粉聚苯颗粒找平层	20	230	0.06	1.30	0.256				
		5. 抗裂砂浆	5	1800	0.93	1.00	0.005				
9	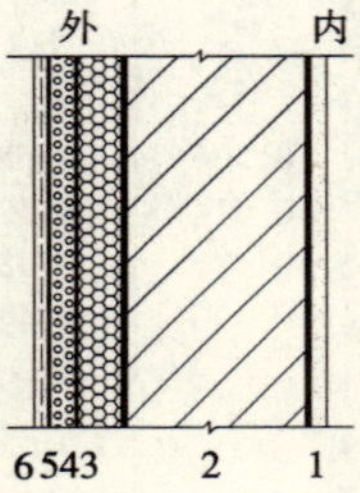	1. 混合砂浆	20	1700	0.87	1.00	0.023				
		2. 蒸压灰砂砖	240	1900	1.10	1.00	0.218				
		3. 硬质聚氨酯泡沫塑料保温层	30 35 40 50	≥35	0.024	1.20	1.042 1.215 1.389 1.736	3.850 3.925 4.000 4.150	1.695 1.868 2.042 2.389	0.590 0.535 0.490 0.419	0.599 0.542 0.496 0.423
		4. 胶粉聚苯颗粒找平层	20	230	0.06	1.30	0.256				
		5. 抗裂砂浆	5	1800	0.93	1.00	0.005				
10	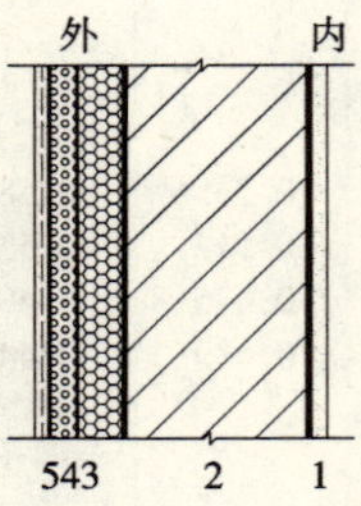	1. 混合砂浆	20	1700	0.87	1.00	0.023				
		2. 陶粒混凝土空心砌块	240	1200	0.53	1.00	0.453				
		3. 硬质聚氨酯泡沫塑料保温层	25 30 35 45	≥35	0.024	1.20	0.868 1.042 1.215 1.563	4.283 4.358 4.433 4.583	1.756 1.929 2.103 2.450	0.570 0.518 0.476 0.408	0.604 0.546 0.499 0.425
		4. 胶粉聚苯颗粒找平层	20	230	0.06	1.30	0.256				
		5. 抗裂砂浆	5	1800	0.93	1.00	0.005				

续表

序号	外墙构造简图	工程做法	分层厚度 δ (mm)	干密度 ρ_0 (kg/m^3)	导热系数 λ [W/(m·K)]	修正系数 α	热阻 R (m^2·K/W)	主体部位			平均传热系数 K_m [W/(m^2·K)]
								热惰性指标 D 值	传热阻 R_0 (m^2·K/W)	传热系数 K [W/(m^2·K)]	
11	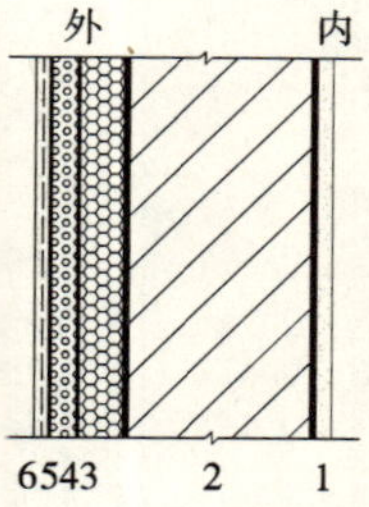	1. 混合砂浆	20	1700	0.87	1.00	0.023	4.222 4.297 4.372 4.522	1.747 1.921 2.094 2.442	0.572 0.521 0.477 0.410	0.606 0.548 0.500 0.426
		2. 煤矸石多孔砖	240	1400	0.54	1.00	0.444				
		3. 硬质聚氨酯泡沫塑料保温层	25 30 35 45	≥35	0.024	1.20	0.868 1.042 1.215 1.563				
		4. 胶粉聚苯颗粒找平层	20	230	0.06	1.30	0.256				
		5. 抗裂砂浆	5	1800	0.93	1.00	0.005				
12	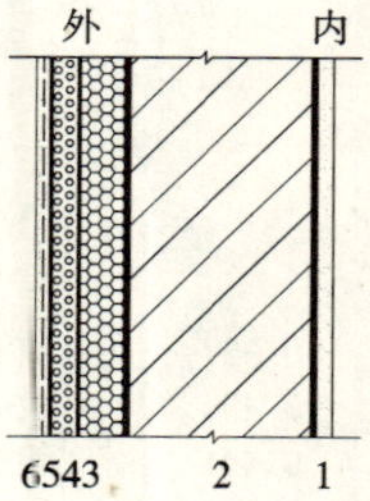	1. 混合砂浆	20	1700	0.87	1.00	0.023	4.107 4.182 4.332 4.407	1.731 1.905 2.252 2.426	0.578 0.525 0.444 0.412	0.610 0.551 0.462 0.428
		2. 蒸压粉煤灰砖	240	1500	0.56	1.00	0.429				
		3. 硬质聚氨酯泡沫塑料保温层	25 30 40 45	≥35	0.024	1.20	0.868 1.042 1.389 1.563				
		4. 胶粉聚苯颗粒找平层	20	230	0.06	1.30	0.256				
		5. 抗裂砂浆	5	1800	0.93	1.00	0.005				

注：1. 平均传热系数的计算标准：开间 3.3m，层高 2.8m，圈梁 240mm×墙厚，构造柱 240mm×墙厚，窗户 1500mm×1500mm。
2. 砌体墙外保温做法中基层墙体找平层的设置，可根据具体工程确定，其热工计算指标相应调整。
3. 构造简图中外墙饰面层未表示，热工计算时也未计饰面层。
4. 混凝土小型空心砌块以单排孔为例，双排孔及三排孔需另行计算。
5. 粉煤灰砖墙体可参照多孔砖墙体选用。

外墙保温做法及热工计算选用表（B 体系）

外墙保温做法及热工计算选用表（B 体系）

序号	外墙构造简图	工程做法	分层厚度 δ (mm)	干密度 ρ_0 (kg/m^3)	导热系数 λ [W/(m·K)]	修正系数 α	热阻 R (m^2·K/W)	主体部位			平均传热系数 K_m [W/(m^2·K)]
								热惰性指标 D 值	传热阻 R_0 (m^2·K/W)	传热系数 K [W/(m^2·K)]	
13	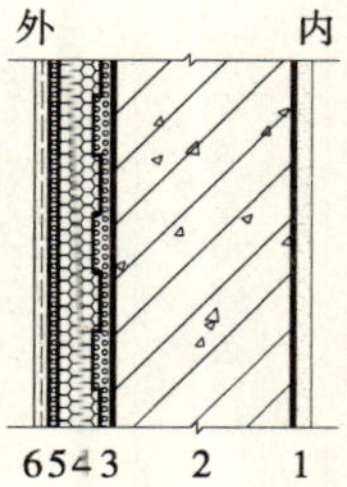	1. 混合砂浆	20	1700	0.87	1.00	0.023	3.107 3.195 3.283 3.371	1.686 1.889 2.092 2.296	0.593 0.529 0.478 0.436	0.594 0.530 0.478 0.436
		2. 钢筋混凝土	200	2500	1.74	1.00	0.115				
		3. 粘结型胶粉聚苯颗粒	15	350	0.07	1.30	0.165				
		4. 横向梯形槽聚苯板保温层	55 65 75 85	18～22	0.041	1.20	1.118 1.321 1.524 1.728				
		5. 粘结型胶粉聚苯颗粒	10	350	0.07	1.30	0.110				
		6. 抗裂砂浆	5	1800	0.93	1.00	0.005				

续表

序号	外墙构造简图	工程做法	分层厚度 δ (mm)	干密度 ρ_0 (kg/m^3)	导热系数 λ [W/(m·K)]	修正系数 α	热阻 R (m^2·K/W)	主体部位 热惰性指标 D 值	主体部位 传热阻 R_0 (m^2·K/W)	主体部位 传热系数 K [W/(m^2·K)]	平均传热系数 K_m [W/(m^2·K)]
14	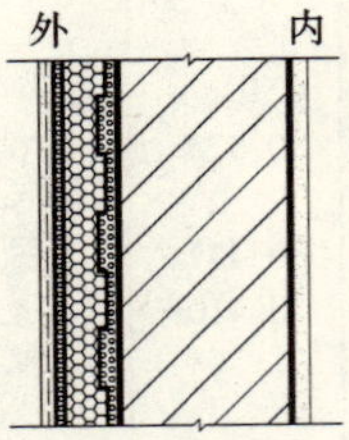	1. 混合砂浆	20	1700	0.87	1.00	0.023				
		2. 混凝土小型空心砌块	190	1200	0.905	1.00	0.210				
		3. 粘结型胶粉聚苯颗粒	15	350	0.07	1.30	0.165				
		4. 横向梯形槽聚苯板保温层	50 60 70 80	18~22	0.041	1.20	1.016 1.220 1.423 1.626	2.657 2.744 2.832 2.920	1.679 1.883 2.086 2.289	0.596 0.531 0.479 0.437	0.606 0.540 0.486 0.443
		5. 粘结型胶粉聚苯颗粒	10	350	0.07	1.30	0.110				
		6. 抗裂砂浆	5	1800	0.93	1.00	0.005				
15	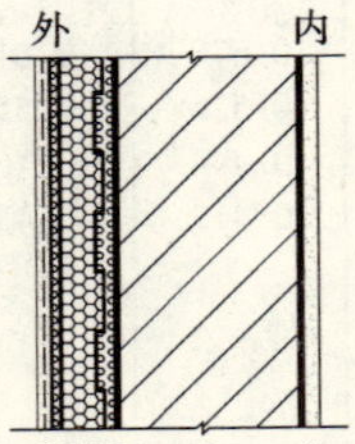	1. 混合砂浆	20	1700	0.87	1.00	0.023				
		2. 加气混凝土砌块	200	600	0.20	1.25	0.800				
		3. 粘结型胶粉聚苯颗粒	15	350	0.07	1.30	0.165				
		4. 横向梯形槽聚苯板保温层	30 40 50 60	18~22	0.041	1.20	0.610 0.813 1.016 1.220	3.911 3.999 4.087 4.174	1.863 2.066 2.269 2.473	0.537 0.484 0.441 0.404	0.623 0.550 0.493 0.447
		5. 粘结型胶粉聚苯颗粒	10	350	0.07	1.30	0.110				
		6. 抗裂砂浆	5	1800	0.93	1.00	0.005				
16	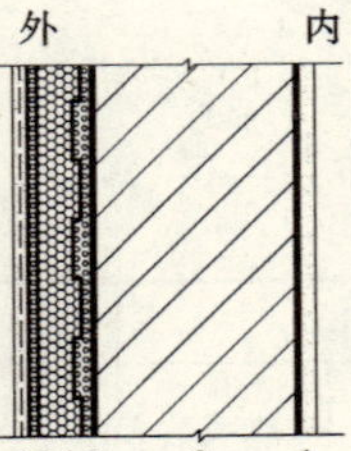	1. 混合砂浆	20	1800	0.87	1.00	0.023				
		2. 加气混凝土砌块	250	600	0.20	1.25	1.000				
		3. 粘结型胶粉聚苯颗粒	15	350	0.07	1.30	0.165				
		4. 横向梯形槽聚苯板保温层	30 40 50 60	18~22	0.041	1.20	0.610 0.813 1.016 1.220	4.661 4.749 4.837 4.924	2.063 2.266 2.469 2.673	0.485 0.441 0.405 0.374	0.579 0.515 0.464 0.423
		5. 粘结型胶粉聚苯颗粒	10	350	0.07	1.30	0.110				
		6. 抗裂砂浆	5	1800	0.93	1.00	0.005				
17	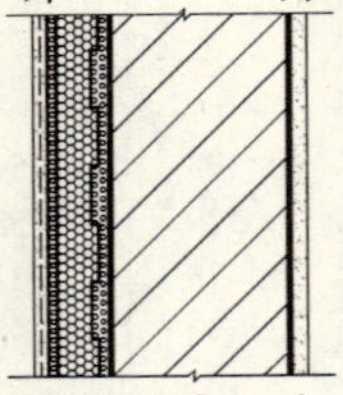	1. 混合砂浆	20	1700	0.87	1.00	0.023				
		2. 烧结普通砖	240	1800	0.81	1.00	0.296				
		3. 粘结型胶粉聚苯颗粒	15	350	0.07	1.30	0.165				
		4. 横向梯形槽聚苯板保温层	45 55 65 75	18~22	0.041	1.20	0.915 1.118 1.321 1.524	4.192 4.280 4.368 4.456	1.664 1.867 2.071 2.274	0.601 0.536 0.483 0.440	0.619 0.550 0.494 0.449
		5. 粘结型胶粉聚苯颗粒	10	350	0.07	1.30	0.110				
		6. 抗裂砂浆	5	1800	0.93	1.00	0.005				

续表

序号	外墙构造简图	工程做法	分层厚度 δ (mm)	干密度 ρ_0 (kg/m^3)	导热系数 λ [W/(m·K)]	修正系数 α	热阻 R (m^2·K/W)	主体部位 热惰性指标 D 值	主体部位 传热阻 R_0 (m^2·K/W)	主体部位 传热系数 K [W/(m^2·K)]	平均传热系数 K_m [W/(m^2·K)]
18	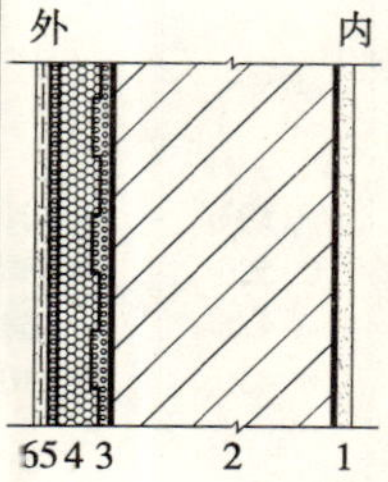	1. 混合砂浆	20	1700	0.87	1.00	0.023	5.854 5.942 6.030 6.118	1.723 1.926 2.129 2.333	0.580 0.519 0.470 0.429	0.599 0.534 0.481 0.438
		2. 烧结普通砖	370	1800	0.81	1.00	0.457				
		3. 粘结型胶粉聚苯颗粒	15	350	0.07	1.30	0.165				
		4. 横向梯形槽聚苯板保温层	40 50 60 70	18~22	0.041	1.20	0.813 1.016 1.220 1.423				
		5. 粘结型胶粉聚苯颗粒	10	350	0.07	1.30	0.110				
		6. 抗裂砂浆	5	1800	0.93	1.00	0.005				
19	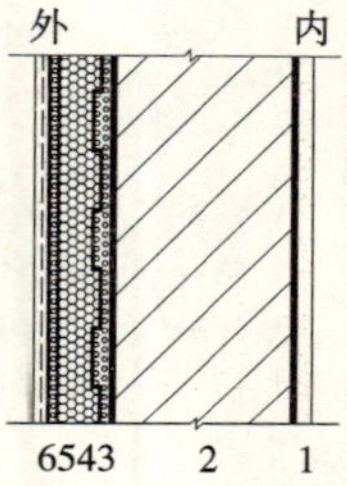	1. 混合砂浆	20	1700	0.87	1.00	0.023	4.276 4.364 4.452 4.583	1.680 1.883 2.086 2.391	0.595 0.531 0.479 0.418	0.628 0.556 0.500 0.433
		2. 烧结多孔砖（P型）	240	1400	0.58	1.00	0.414				
		3. 粘结型胶粉聚苯颗粒	15	350	0.07	1.30	0.165				
		4. 横向梯形槽聚苯板保温层	40 50 60 75	18~22	0.041	1.20	0.813 1.016 1.220 1.524				
		5. 粘结型胶粉聚苯颗粒	10	350	0.07	1.30	0.110				
		6. 抗裂砂浆	5	1800	0.93	1.00	0.005				
20	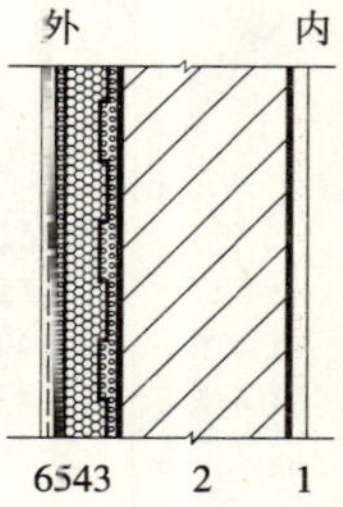	1. 混合砂浆	20	1700	0.87	1.00	0.023	3.829 3.917 4.005 4.093	1.720 1.923 2.126 2.329	0.582 0.520 0.470 0.429	0.608 0.541 0.487 0.443
		2. 烧结多孔砖（M型）	190	1400	0.54	1.00	0.352				
		3. 粘结型胶粉聚苯颗粒	15	350	0.07	1.30	0.165				
		4. 横向梯形槽聚苯板保温层	45 55 65 75	18~22	0.041	1.20	0.915 1.118 1.321 1.524				
		5. 粘结型胶粉聚苯颗粒	10	350	0.07	1.30	0.110				
		6. 抗裂砂浆	5	1800	0.93	1.00	0.005				
21	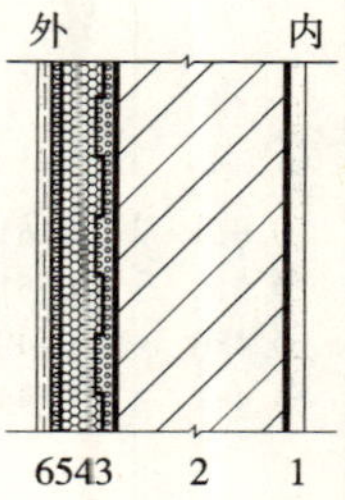	1. 混合砂浆	20	1700	0.87	1.00	0.023	4.282 4.370 4.457 4.545	1.719 1.922 2.125 2.329	0.582 0.520 0.470 0.429	0.618 0.549 0.493 0.448
		2. 陶粒混凝土空心砌块	240	1200	0.53	1.00	0.453				
		3. 粘结型胶粉聚苯颗粒	15	350	0.07	1.30	0.165				
		4. 横向梯形槽聚苯板保温层	40 50 60 70	18~22	0.041	1.20	0.813 1.016 1.220 1.423				
		5. 粘结型胶粉聚苯颗粒	10	350	0.07	1.30	0.110				
		6. 抗裂砂浆	5	1800	0.93	1.00	0.005				

续表

序号	外墙构造简图	工程做法	分层厚度 δ (mm)	干密度 ρ_0 (kg/m^3)	导热系数 λ [W/(m·K)]	修正系数 α	热阻 R (m^2·K/W)	主体部位 热惰性指标 D 值	主体部位 传热阻 R_0 (m^2·K/W)	主体部位 传热系数 K [W/(m^2·K)]	平均传热系数 K_m [W/(m^2·K)]
22	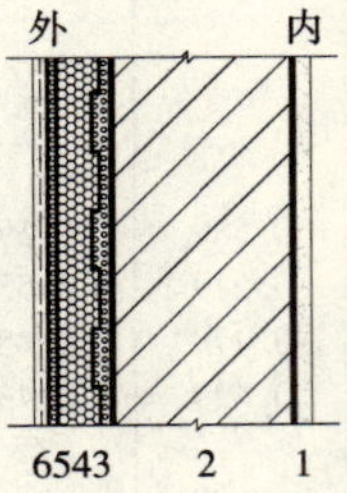	1. 混合砂浆	20	1700	0.87	1.00	0.023				
		2. 蒸压灰砂砖	240	1900	1.10	1.00	0.218				
		3. 粘结型胶粉聚苯颗粒	15	350	0.07	1.30	0.165				
		4. 横向梯形槽聚苯板保温层	50 60 70 80	18~22	0.041	1.20	1.016 1.220 1.423 1.626	3.862 3.950 4.037 4.125	1.688 1.891 2.094 2.297	0.593 0.529 0.478 0.435	0.601 0.536 0.483 0.440
		5. 粘结型胶粉聚苯颗粒	10	350	0.07	1.30	0.110				
		6. 抗裂砂浆	5	1800	0.93	1.00	0.005				
23	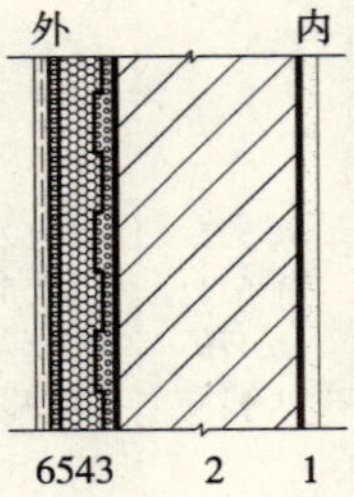	1. 混合砂浆	20	1700	0.87	1.00	0.023				
		2. 煤矸石多孔砖	240	1400	0.54	1.00	0.444				
		3. 粘结型胶粉聚苯颗粒	15	350	0.07	1.30	0.165				
		4. 横向梯形槽聚苯板保温层	40 50 60 70	18~22	0.041	1.20	0.813 1.016 1.220 1.423	4.221 4.309 4.397 4.484	1.711 1.914 2.117 2.320	0.585 0.523 0.472 0.431	0.620 0.550 0.495 0.449
		5. 粘结型胶粉聚苯颗粒	10	350	0.07	1.30	0.110				
		6. 抗裂砂浆	5	1800	0.93	1.00	0.005				
24	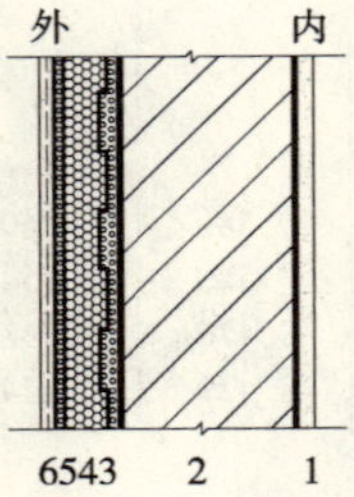	1. 混合砂浆	20	1700	0.87	1.00	0.023				
		2. 蒸压粉煤灰砖	240	1500	0.56	1.00	0.429				
		3. 粘结型胶粉聚苯颗粒	15	350	0.07	1.30	0.165				
		4. 横向梯形槽聚苯板保温层	40 50 60 75	18~22	0.041	1.20	0.813 1.016 1.220 1.524	4.106 4.194 4.282 4.413	1.695 1.898 2.101 2.406	0.590 0.527 0.476 0.416	0.624 0.553 0.497 0.431
		5. 粘结型胶粉聚苯颗粒	10	350	0.07	1.30	0.110				
		6. 抗裂砂浆	5	1800	0.93	1.00	0.005				
25	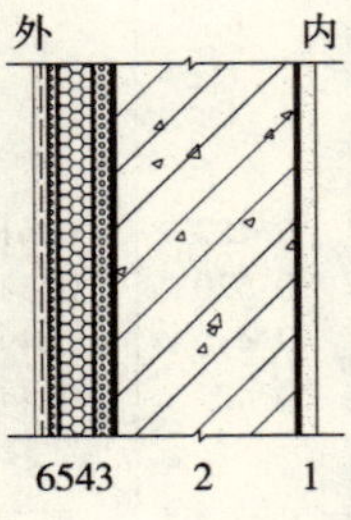	1. 混合砂浆	20	1700	0.87	1.00	0.023				
		2. 钢筋混凝土	200	2500	1.74	1.00	0.115				
		3. 粘结型胶粉聚苯颗粒	15	350	0.07	1.30	0.165				
		4. 挤塑聚苯板保温层	35 45 50 55	27~32	0.03	1.10	1.061 1.364 1.515 1.667	2.998 3.105 3.158 3.211	1.629 1.932 2.083 2.235	0.614 0.518 0.480 0.447	0.615 0.518 0.480 0.448
		5. 粘结型胶粉聚苯颗粒	10	350	0.07	1.30	0.110				
		6. 抗裂砂浆	5	1800	0.93	1.00	0.005				

续表

序号	外墙构造简图	工程做法	分层厚度δ（mm）	干密度ρ_0（kg/m^3）	导热系数λ[W/（m·K）]	修正系数α	热阻R（m^2·K/W）	主体部位：热惰性指标D值	主体部位：传热阻R_0（m^2·K/W）	主体部位：传热系数K[W/（m^2·K）]	平均传热系数K_m[W/（m^2·K）]
26	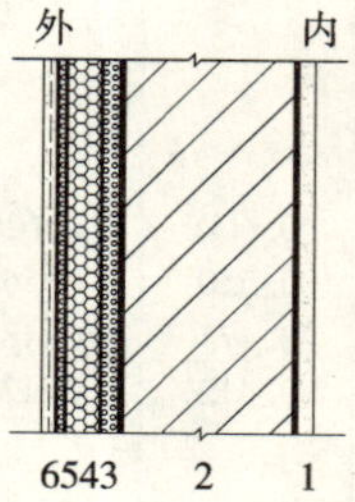	1. 混合砂浆	20	1700	0.87	1.00	0.023	2.591 2.698 2.751 2.804	1.724 2.027 2.178 2.330	0.580 0.493 0.459 0.429	0.591 0.501 0.466 0.435
		2. 混凝土小型空心砌块	190	1200	0.905	1.00	0.210				
		3. 粘结型胶粉聚苯颗粒	15	350	0.07	1.30	0.165				
		4. 挤塑聚苯板保温层	35 45 50 55	27～32	0.03	1.10	1.061 0.364 1.515 1.667				
		5. 粘结型胶粉聚苯颗粒	10	350	0.07	1.30	0.110				
		6. 抗裂砂浆	5	1800	0.93	1.00	0.005				
27	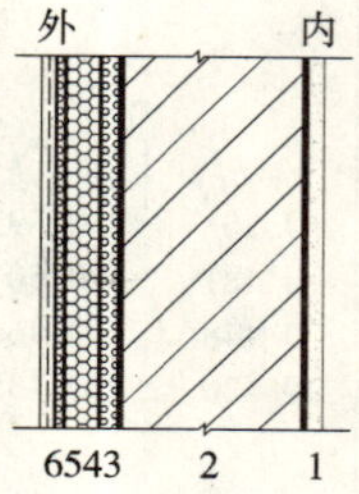	1. 混合砂浆	20	1700	0.87	1.00	0.023	3.914 3.968 4.021 4.074	2.011 2.162 2.314 2.465	0.497 0.462 0.432 0.406	0.568 0.521 0.482 0.449
		2. 加气混凝土砌块	200	600	0.20	1.25	0.800				
		3. 粘结型胶粉聚苯颗粒	15	350	0.07	1.30	0.165				
		4. 挤塑聚苯板保温层	25 30 35 40	27～32	0.03	1.10	0.758 0.909 1.061 1.212				
		5. 粘结型胶粉聚苯颗粒	10	350	0.07	1.30	1.110				
		6. 抗裂砂浆	5	1800	0.93	1.00	0.005				
28	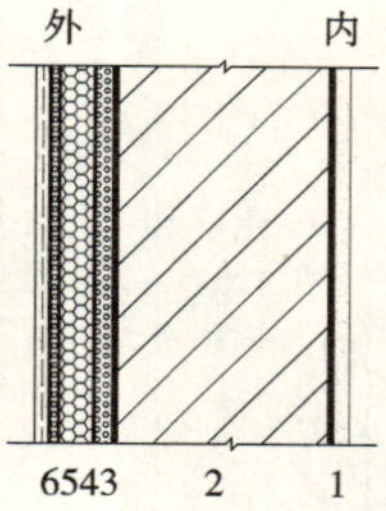	1. 混合砂浆	20	1700	0.87	1.00	0.023	4.664 4.718 4.771 4.824	2.211 2.362 2.514 2.665	0.452 0.423 0.398 0.375	0.531 0.489 0.454 0.424
		2. 加气混凝土砌块	250	600	0.20	1.25	1.000				
		3. 粘结型胶粉聚苯颗粒	15	350	0.07	1.30	0.165				
		4. 挤塑聚苯板保温层	25 30 35 40	27～32	0.03	1.10	0.758 0.909 1.061 1.212				
		5. 粘结型胶粉聚苯颗粒	10	350	0.07	1.30	0.110				
		6. 抗裂砂浆	5	1800	0.93	1.00	0.005				
29	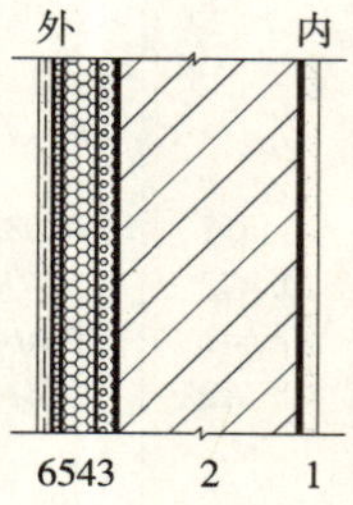	1. 混合砂浆	20	1700	0.87	1.00	0.023	4.117 4.224 4.331 4.384	1.658 1.962 2.265 2.416	0.603 0.510 0.442 0.414	0.621 0.522 0.451 0.422
		2. 烧结普通砖	240	1800	0.81	1.00	0.296				
		3. 粘结型胶粉聚苯颗粒	15	350	0.07	1.30	0.165				
		4. 挤塑聚苯板保温层	30 40 50 55	27～32	0.03	1.10	0.909 1.212 1.515 1.667				
		5. 粘结型胶粉聚苯颗粒	10	350	0.07	1.30	0.110				
		6. 抗裂砂浆	5	1800	0.93	1.00	0.005				

续表

序号	外墙构造简图	工程做法	分层厚度 δ (mm)	干密度 ρ_0 (kg/m^3)	导热系数 λ [W/(m·K)]	修正系数 α	热阻 R (m^2·K/W)	主体部位 热惰性指标 D 值	主体部位 传热阻 R_0 (m^2·K/W)	主体部位 传热系数 K [W/(m^2·K)]	平均传热系数 K_m [W/(m^2·K)]
30	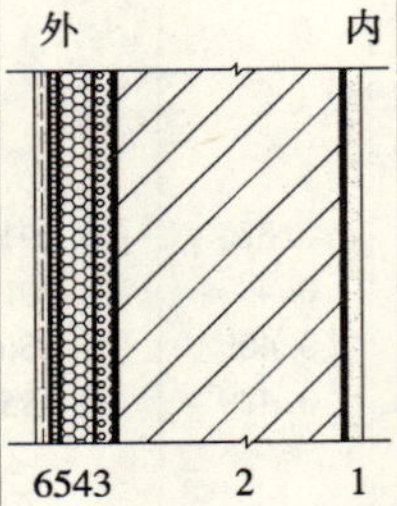	1. 混合砂浆	20	1700	0.87	1.00	0.023				
		2. 烧结普通砖	370	1800	0.81	1.00	0.457				
		3. 粘结型胶粉聚苯颗粒	15	350	0.07	1.30	0.165				
		4. 挤塑聚苯板保温层	25 30 40 50	27~32	0.03	1.10	0.758 0.909 1.212 1.515	5.770 5.823 5.930 6.037	1.667 1.819 2.122 2.425	0.600 0.550 0.471 0.412	0.619 0.566 0.483 0.421
		5. 粘结型胶粉聚苯颗粒	10	350	0.07	1.30	0.110				
		6. 抗裂砂浆	5	1800	0.93	1.00	0.005				
31	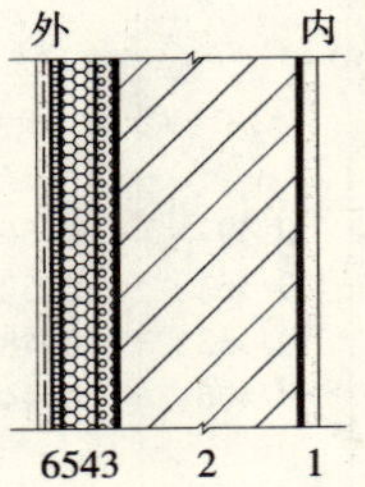	1. 混合砂浆	20	1700	0.87	1.00	0.023				
		2. 烧结多孔砖（P 型）	240	1400	0.58	1.00	0.414				
		3. 粘结型胶粉聚苯颗粒	15	350	0.07	1.30	0.165				
		4. 挤塑聚苯板保温层	30 40 45 50	27~32	0.03	1.10	0.909 1.212 1.364 1.515	4.245 4.351 4.405 4.458	1.776 2.079 2.231 2.382	0.563 0.481 0.448 0.420	0.592 0.501 0.466 0.435
		5. 粘结型胶粉聚苯颗粒	10	350	0.07	1.30	0.110				
		6. 抗裂砂浆	5	1800	0.93	1.00	0.005				
32	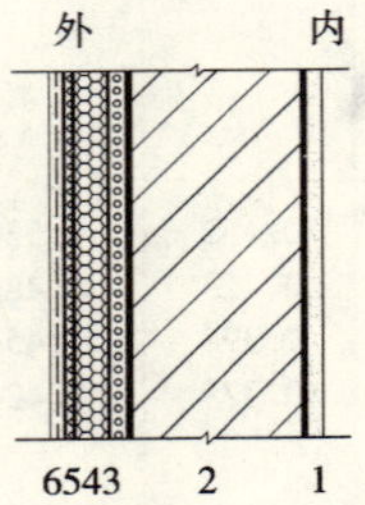	1. 混合砂浆	20	1700	0.87	1.00	0.023				
		2. 烧结多孔砖（M 型）	190	1400	0.54	1.00	0.352				
		3. 粘结型胶粉聚苯颗粒	15	350	0.07	1.30	0.165				
		4. 挤塑聚苯板保温层	30 40 45 50	27~32	0.03	1.10	0.909 1.212 1.364 1.515	3.754 3.861 3.914 3.968	1.714 2.017 2.169 2.320	0.583 0.496 0.461 0.431	0.610 0.515 0.477 0.445
		5. 粘结型胶粉聚苯颗粒	10	350	0.07	1.30	0.110				
		6. 抗裂砂浆	5	1800	0.93	1.00	0.005				
33	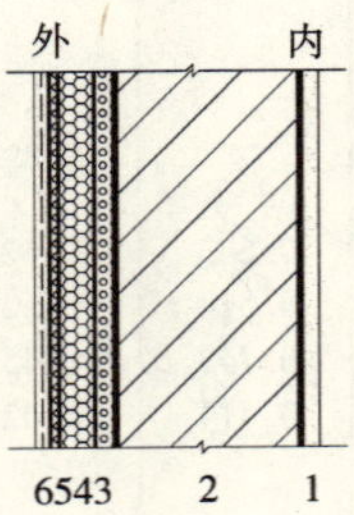	1. 混合砂浆	20	1700	0.87	1.00	0.023				
		2. 陶粒混凝土空心砌块	240	1200	0.53	1.00	0.453				
		3. 粘结型胶粉聚苯颗粒	15	350	0.07	1.30	0.165				
		4. 挤塑聚苯板保温层	30 40 45 50	27~32	0.03	1.10	0.909 1.212 1.364 1.515	4.251 4.357 4.411 4.464	1.815 2.118 2.270 2.421	0.551 0.472 0.441 0.413	0.583 0.495 0.460 0.430
		5. 粘结型胶粉聚苯颗粒	10	350	0.07	1.30	0.110				
		6. 抗裂砂浆	5	1800	0.93	1.00	0.005				

续表

序号	外墙构造简图	工程做法	分层厚度 δ（mm）	干密度 ρ_0（kg/m³）	导热系数 λ [W/(m·K)]	修正系数 α	热阻 R (m²·K/W)	主体部位 热惰性指标 D 值	主体部位 传热阻 R_0 (m²·K/W)	主体部位 传热系数 K [W/(m²·K)]	平均传热系数 K_m [W/(m²·K)]
34	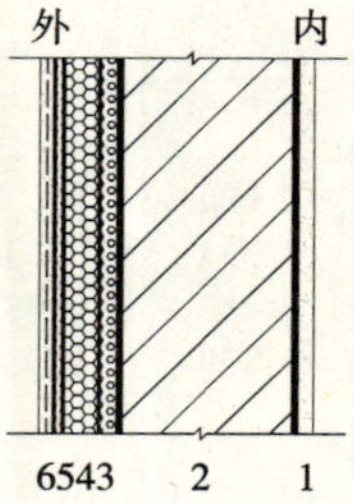	1. 混合砂浆	20	1700	0.87	1.00	0.023				
		2. 蒸压灰砂砖	240	1900	1.10	1.00	0.218				
		3. 粘结型胶粉聚苯颗粒	15	350	0.07	1.30	0.165				
		4. 挤塑聚苯板保温层	35 45 50 55	27～32	0.03	1.10	1.061 1.364 1.515 1.667	3.796 3.903 3.956 4.009	1.732 2.035 2.186 2.338	0.577 0.491 0.457 0.428	0.586 0.497 0.462 0.432
		5. 粘结型胶粉聚苯颗粒	10	350	0.07	1.30	0.110				
		6. 抗裂砂浆	5	1800	0.93	1.00	0.005				
35	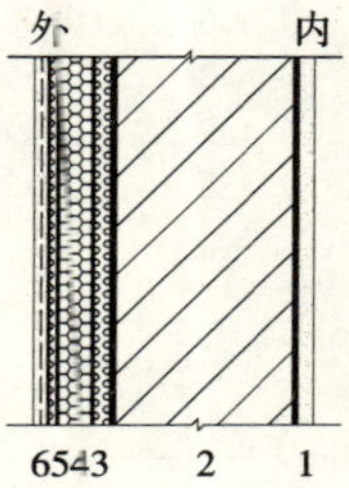	1. 混合砂浆	20	1700	0.87	1.00	0.023				
		2. 煤矸石多孔砖	240	1400	0.54	1.00	0.444				
		3. 粘结型胶粉聚苯颗粒	15	350	0.07	1.30	0.165				
		4. 挤塑聚苯板保温层	30 35 40 50	27～32	0.03	1.10	0.909 1.061 1.212 1.515	4.190 4.243 4.296 4.403	1.807 1.958 2.110 2.413	0.554 0.511 0.474 0.414	0.585 0.537 0.496 0.431
		5. 粘结型胶粉聚苯颗粒	10	350	0.07	1.30	0.110				
		6. 抗裂砂浆	5	1800	0.93	1.00	0.005				
36	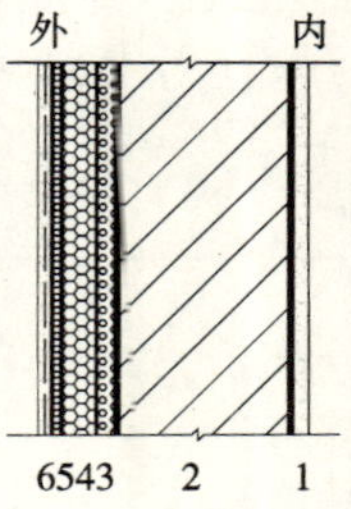	1. 混合砂浆	20	1700	0.87	1.00	0.023				
		2. 蒸压粉煤灰砖	240	1500	0.56	1.00	0.429				
		3. 粘结型胶粉聚苯颗粒	15	350	0.07	1.30	0.165				
		4. 挤塑聚苯板保温层	30 35 40 50	27～32	0.03	1.10	0.909 1.061 1.212 1.515	4.075 4.128 4.181 4.288	1.791 1.942 2.094 2.397	0.558 0.515 0.478 0.417	0.589 0.540 0.499 0.433
		5. 粘结型胶粉聚苯颗粒	10	350	0.07	1.30	0.110				
		6. 抗裂砂浆	5	1800	0.93	1.00	0.005				

注：1. 平均传热系数的计算标准：开间3.3m，层高2.8m，圈梁240mm×墙厚，构造柱240mm×墙厚，窗户1500mm×1500mm。
2. 粉煤灰砖墙体可参照多孔砖墙体选用。
3. 构造简图中外墙饰面层未表示，热工计算时也未计饰面层。
4. 混凝土小型空心砌块以单排孔为例，双排孔及三排孔需另行计算。

外墙保温做法及热工计算选用表（C、D 体系）

外墙保温做法及热工计算选用表（C、D 体系）

序号	外墙构造简图	工程做法	分层厚度 δ（mm）	干密度 ρ_0（kg/m^3）	导热系数 λ ［W/（m·K）］	修正系数 α	热阻 R（$m^2\cdot K/W$）	主体部位 热惰性指标 D 值	主体部位 传热阻 R_0（$m^2\cdot K/W$）	主体部位 传热系数 K ［W/（$m^2\cdot K$）］	平均传热系数 K_m ［W/（$m^2\cdot K$）］
37	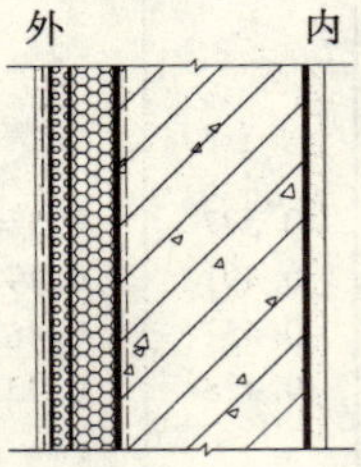 （C 体系）	1. 混合砂浆	20	1700	0.87	1.00	0.023				
		2. 钢筋混凝土	200	2500	1.74	1.00	0.115				
		3. 竖向燕尾槽聚苯板保温层	55 65 75 85	18～22	0.041	1.20	1.118 1.321 1.524 1.728	3.085 3.173 3.260 3.348	1.668 1.871 2.074 2.277	0.600 0.535 0.482 0.439	0.600 0.535 0.483 0.439
		4. 胶粉聚苯颗粒找平层	20	230	0.06	1.30	0.256				
		5. 抗裂砂浆	5	1800	0.93	1.00	0.005				
38	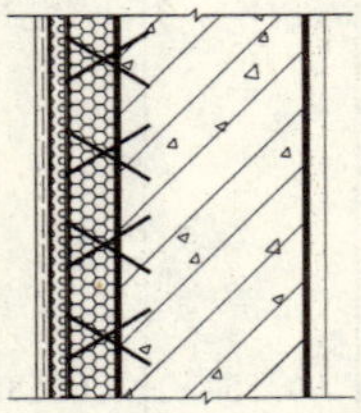 （D 体系）	1. 混合砂浆	20	1700	0.87	1.00	0.023				
		2. 钢筋混凝土	200	2500	1.74	1.00	0.115				
		3. 斜嵌入式钢丝网架聚苯板保温层	70 80 95 110	18～22	0.041	1.55	1.101 1.259 1.495 1.731	3.217 3.304 3.436 3.568	1.651 1.809 2.045 2.281	0.606 0.553 0.489 0.438	0.606 0.553 0.490 0.439
		4. 胶粉聚苯颗粒找平层	20	230	0.060	1.30	0.256				
		5. 抗裂砂浆	5	1800	0.93	1.00	0.005				

注：1. 平均传热系数的计算标准：开间 3.3m，层高 2.8m，圈梁 240mm × 墙厚，构造柱 240mm × 墙厚，窗户 1500mm × 1500mm。

2. 构造简图中外墙饰面层未表示，热工计算时也未计饰面层。

外墙保温做法及热工计算选用表（E 体系）

外墙保温做法及热工计算选用表（E 体系）

序号	外墙构造简图	工程做法	分层厚度 δ（mm）	干密度 ρ_0（kg/m^3）	导热系数 λ ［W/（m·K）］	修正系数 α	热阻 R（$m^2\cdot K/W$）	主体部位 热惰性指标 D 值	主体部位 传热阻 R_0（$m^2\cdot K/W$）	主体部位 传热系数 K ［W/（$m^2\cdot K$）］	平均传热系数 K_m ［W/（$m^2\cdot K$）］
39	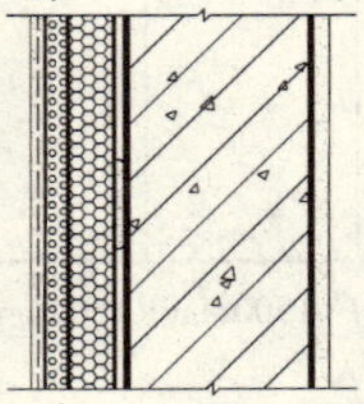	1. 混合砂浆	20	1700	0.87	1.00	0.023				
		2. 钢筋混凝土	200	2500	1.74	1.00	0.115				
		3. 空气层	10				0.140				
		4. 粘贴聚苯板保温层	55 65 75 85	18～22	0.041	1.20	1.118 1.321 1.524 1.728	2.927 3.014 3.102 3.190	1.679 1.883 2.086 2.289	0.595 0.531 0.479 0.437	0.596 0.532 0.480 0.437
		5. 胶粉聚苯颗粒找平层	10	230	0.06	1.30	0.128				
		6. 抗裂砂浆	5	1800	0.93	1.00	0.005				

续表

序号	外墙构造简图	工程做法	分层厚度 δ (mm)	干密度 ρ_0 (kg/m^3)	导热系数 λ [W/(m·K)]	修正系数 α	热阻 R (m^2·K/W)	主体部位 热惰性指标 D 值	主体部位 传热阻 R_0 (m^2·K/W)	主体部位 传热系数 K [W/(m^2·K)]	平均传热系数 K_m [W/(m^2·K)]
40	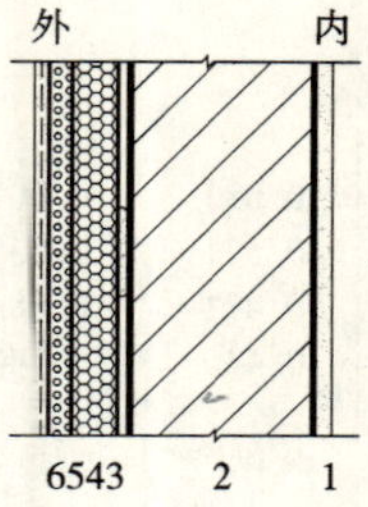	1. 混合砂浆	20	1700	0.87	1.00	0.023	2.476 2.563 2.651 2.739	1.673 1.876 2.079 2.283	0.598 0.533 0.481 0.438	0.609 0.542 0.488 0.444
		2. 混凝土小型空心砌块	190	1200	0.905	1.00	0.210				
		3. 空气层	10				0.140				
		4. 粘贴聚苯板保温层	50 60 70 80	18~22	0.041	1.20	1.016 1.220 1.432 1.626				
		5. 胶粉聚苯颗粒找平层	10	230	0.06	1.30	0.128				
		6. 抗裂砂浆	5	1800	0.93	1.00	0.005				
41	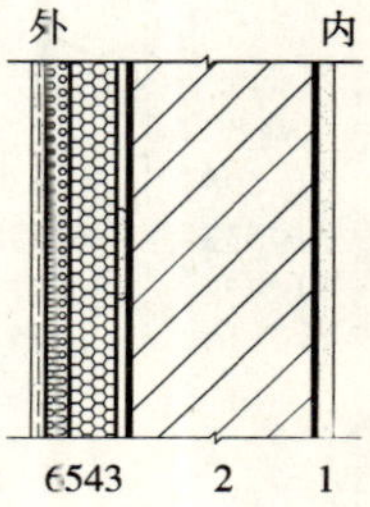	1. 混合砂浆	20	1700	0.87	1.00	0.023	3.730 3.818 3.906 3.993	1.856 2.060 2.263 2.466	0.539 0.486 0.442 0.406	0.625 0.552 0.495 0.448
		2. 加气混凝土砌块	200	600	0.20	1.25	0.800				
		3. 空气层	10				0.140				
		4. 粘贴聚苯板保温层	30 40 50 60	18~22	0.041	1.20	0.610 0.813 1.016 1.220				
		5. 胶粉聚苯颗粒找平层	10	230	0.06	1.30	0.128				
		6. 抗裂砂浆	5	1800	0.93	1.00	0.005				
42	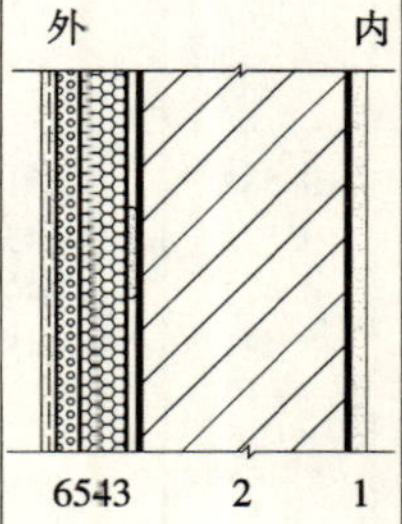	1. 混合砂浆	20	1700	0.87	1.00	0.023	4.480 4.568 4.612 4.700	2.056 2.260 2.361 2.564	0.486 0.443 0.424 0.390	0.582 0.517 0.490 0.444
		2. 加气混凝土砌块	250	600	0.20	1.25	1.000				
		3. 空气层	10				0.140				
		4. 粘贴聚苯板保温层	30 40 45 55	18~22	0.041	1.20	0.610 0.813 0.915 1.118				
		5. 胶粉聚苯颗粒找平层	10	230	0.06	1.30	0.128				
		6. 抗裂砂浆	5	1800	0.93	1.00	0.005				
43	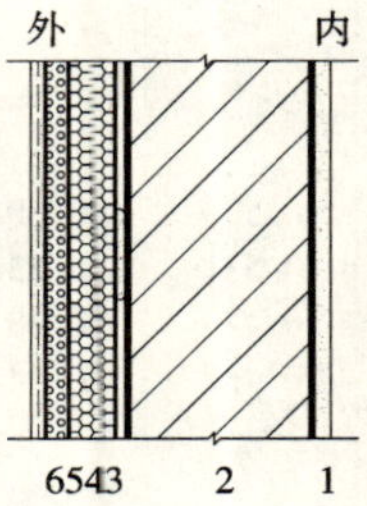	1. 混合砂浆	20	1700	0.87	1.00	0.023	4.011 4.099 4.187 4.275	1.658 1.861 2.064 2.267	0.603 0.537 0.484 0.441	0.621 0.552 0.496 0.450
		2. 烧结普通砖	240	1800	0.81	1.00	0.296				
		3. 空气层	10				0.140				
		4. 粘贴聚苯板保温层	45 55 65 75	18~22	0.041	1.20	0.915 1.118 1.321 1.524				
		5. 胶粉聚苯颗粒找平层	10	230	0.06	1.30	0.128				
		6. 抗裂砂浆	5	1800	0.93	1.00	0.005				

续表

序号	外墙构造简图	工程做法	分层厚度 δ（mm）	干密度 ρ_0（kg/m^3）	导热系数 λ［W/（m·K）］	修正系数 α	热阻 R (m^2·K/W)	主体部位：热惰性指标 D 值	主体部位：传热阻 R_0 (m^2·K/W)	主体部位：传热系数 K［W/（m^2·K）］	平均传热系数 K_m［W/（m^2·K）］
44	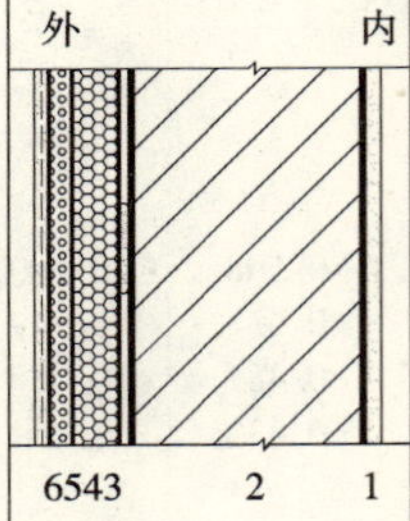	1. 混合砂浆	20	1700	0. 87	1. 00	0. 023	5. 673 5. 761 5. 849 5. 937	1. 761 1. 920 2. 123 2. 326	0. 583 0. 521 0. 471 0. 430	0. 601 0. 535 0. 483 0. 440
		2. 烧结普通砖	370	1800	0. 81	1. 00	0. 457				
		3. 空气层	10				0. 140				
		4. 粘贴聚苯板保温层	40 50 60 70	18～22	0. 041	1. 20	0. 813 1. 016 1. 220 1. 423				
		5. 胶粉聚苯颗粒找平层	10	230	0. 06	1. 30	0. 128				
		6. 抗裂砂浆	5	1800	0. 93	1. 00	0. 005				
45	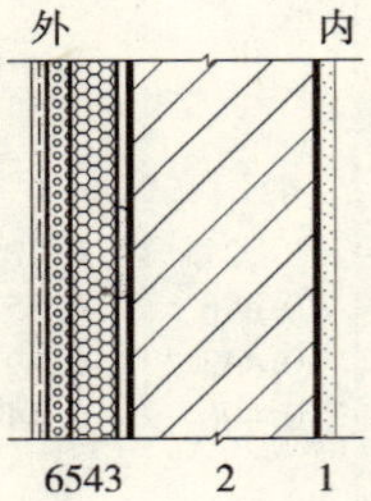	1. 混合砂浆	20	1700	0. 87	1. 00	0. 023	4. 095 4. 183 4. 315 4. 402	1. 673 1. 877 2. 182 2. 385	0. 598 0. 533 0. 458 0. 419	0. 630 0. 558 0. 477 0. 435
		2. 烧结多孔砖（P 型）	240	1400	0. 58	1. 00	0. 414				
		3. 空气层	10				0. 140				
		4. 粘贴聚苯板保温层	40 50 65 75	18～22	0. 041	1. 20	0. 813 1. 016 1. 321 1. 524				
		5. 胶粉聚苯颗粒找平层	10	230	0. 06	1. 30	0. 128				
		6. 抗裂砂浆	5	1800	0. 93	1. 00	0. 005				
46	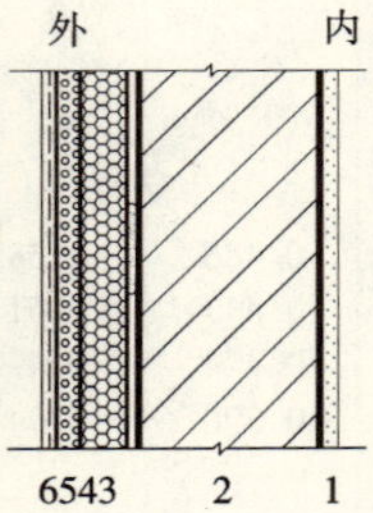	1. 混合砂浆	20	1700	0. 87	1. 00	0. 023	3. 648 3. 736 3. 824 3. 912	1. 713 1. 916 2. 120 2. 323	0. 584 0. 522 0. 472 0. 431	0. 611 0. 543 0. 489 0. 445
		2. 烧结多孔砖（M 型）	190	1400	0. 54	1. 00	0. 352				
		3. 空气层	10				0. 140				
		4. 粘贴聚苯板保温层	45 55 65 75	18～22	0. 041	1. 20	0. 915 1. 118 1. 321 1. 524				
		5. 胶粉聚苯颗粒找平层	10	230	0. 06	1. 30	0. 128				
		6. 抗裂砂浆	5	1800	0. 93	1. 00	0. 005				
47	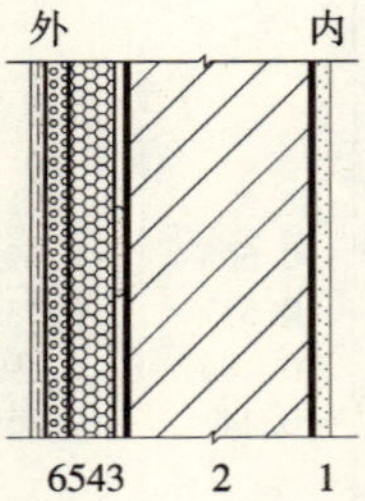	1. 混合砂浆	20	1700	0. 87	1. 00	0. 023	3. 681 3. 769 3. 856 3. 944	1. 681 1. 884 2. 088 2. 291	0. 595 0. 531 0. 479 0. 437	0. 604 0. 538 0. 485 0. 441
		2. 蒸压灰砂砖	240	1900	0. 10	1. 00	0. 218				
		3. 空气层	10				0. 140				
		4. 粘贴聚苯板保温层	50 60 70 80	18～22	0. 041	1. 20	1. 016 1. 220 1. 423 1. 626				
		5. 胶粉聚苯颗粒找平层	10	230	0. 06	1. 30	0. 128				
		6. 抗裂砂浆	5	1800	0. 93	1. 00	0. 005				

续表

序号	外墙构造简图	工程做法	分层厚度 δ（mm）	干密度 ρ_0（kg/m³）	导热系数 λ [W/(m·K)]	修正系数 α	热阻 R（m²·K/W）	主体部位：热惰性指标 D 值	主体部位：传热阻 R_0（m²·K/W）	主体部位：传热系数 K [W/(m²·K)]	平均传热系数 K_m [W/(m²·K)]
48	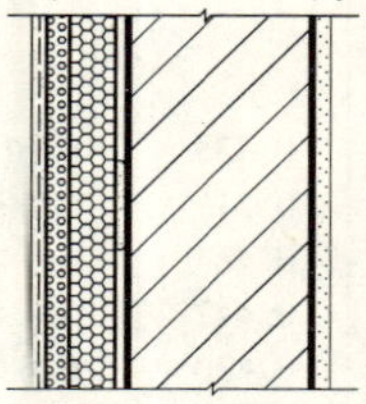	1. 混合砂浆	20	1700	0.87	1.00	0.023	4.101 4.189 4.276 4.364	1.712 1.916 2.119 2.322	0.584 0.522 0.472 0.431	0.621 0.551 0.495 0.449
		2. 陶粒混凝土空心砌块	240	1200	0.53	1.00	0.453				
		3. 空气层	10				0.140				
		4. 粘贴聚苯板保温层	40 50 60 70	18~22	0.041	1.20	0.813 1.016 1.220 1.423				
		5. 胶粉聚苯颗粒找平层	10	230	0.06	1.30	0.128				
		6. 抗裂砂浆	5	1800	0.93	1.00	0.005				
49	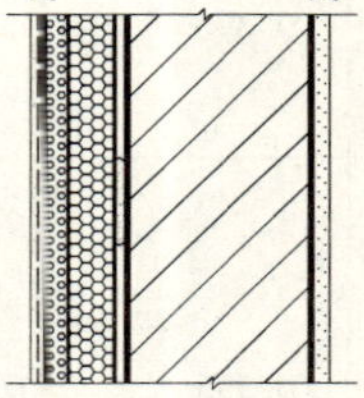	1. 混合砂浆	20	1700	0.87	1.00	0.023	4.040 4.128 4.216 4.347	1.704 1.907 2.111 2.415	0.587 0.524 0.474 0.414	0.623 0.552 0.496 0.431
		2. 煤矸石多孔砖	240	1400	0.54	1.00	0.444				
		3. 空气层	10				0.140				
		4. 粘贴聚苯板保温层	40 50 60 75	18~22	0.041	1.20	0.813 1.016 1.220 1.524				
		5. 胶粉聚苯颗粒找平层	10	230	0.06	1.30	0.128				
		6. 抗裂砂浆	5	1800	0.93	1.00	0.005				
50	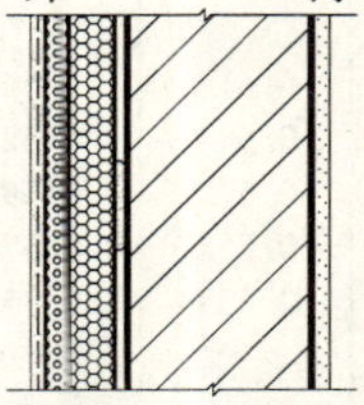	1. 混合砂浆	20	1700	0.87	1.00	0.023	3.925 4.013 4.101 4.232	1.688 1.891 2.095 2.400	0.592 0.529 0.477 0.417	0.627 0.555 0.499 0.433
		2. 蒸压粉煤灰砖	240	1500	0.56	1.00	0.429				
		3. 空气层	10				0.140				
		4. 粘贴聚苯板保温层	40 50 60 75	18~22	0.041	1.20	0.813 1.016 1.220 1.524				
		5. 胶粉聚苯颗粒找平层	10	230	0.06	1.30	0.128				
		6. 抗裂砂浆	5	1800	0.93	1.00	0.005				

注：1. 平均传热系数的计算标准：开间 3.3m，层高 2.8m，圈梁 240mm×墙厚，构造柱 240mm×墙厚，窗户 1500mm×1500mm。
2. 砌体墙外保温做法中基层墙体找平层的设置，可根据具体工程确定，其热工计算指标相应调整。
3. 构造简图中外墙饰面层未表示，热工计算时也未计饰面层。
4. 混凝土小型空心砌块以单排孔为例，双排孔及三排孔需另行计算。
5. 粉煤灰砖墙体可参照多孔砖墙体选用。

外墙保温做法及热工计算选用表（F体系）

外墙保温做法及热工计算选用表（F体系）

序号	外墙构造简图	工程做法	分层厚度δ（mm）	干密度ρ_0（kg/m^3）	导热系数λ［W/（m·K）］	修正系数α	热阻R（m^2·K/W）	主体部位			平均传热系数K_m［W/（m^2·K）］
								热惰性指标D值	传热阻R_0（m^2·K/W）	传热系数K［W/（m^2·K）］	
51	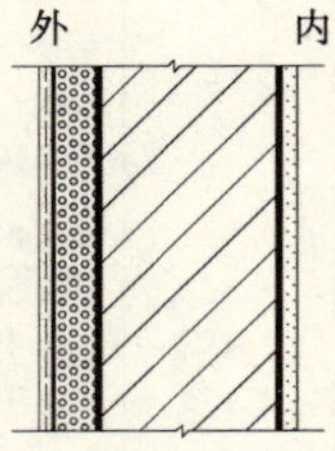	1. 混合砂浆	20	1700	0.87	1.00	0.023				
		2. 加气混凝土砌块	200	600	0.20	1.25	0.800				
		3. 胶粉聚苯颗粒保温层	70	180~250	0.060	1.30	0.897	4.417	1.876	0.533	0.618
			75				0.962	4.496	1.940	0.515	0.593
			85				1.090	4.654	2.068	0.484	0.549
			100				1.282	4.892	2.260	0.442	0.495
			105				1.346	4.971	2.325	0.430	0.480
		4. 抗裂砂浆	5	1800	0.93	1.00	0.005				
52	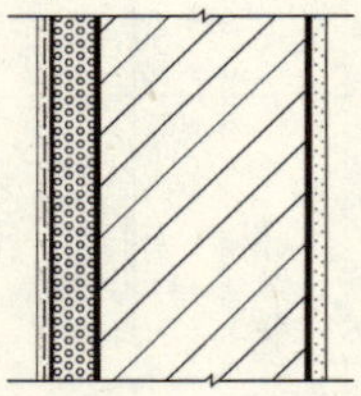	1. 混合砂浆	20	1700	0.87	1.00	0.023				
		2. 加气混凝土砌块	250	600	0.20	1.25	1.000				
		3. 胶粉聚苯颗粒保温层	60	180~250	0.060	1.30	0.769	5.008	1.948	0.513	0.624
			65				0.833	5.087	2.012	0.497	0.598
			80				1.026	5.325	2.204	0.454	0.533
			90				1.154	5.483	2.332	0.429	0.497
			105				1.346	5.721	2.525	0.396	0.452
		4. 抗裂砂浆	5	1800	0.93	1.00	0.005				
53	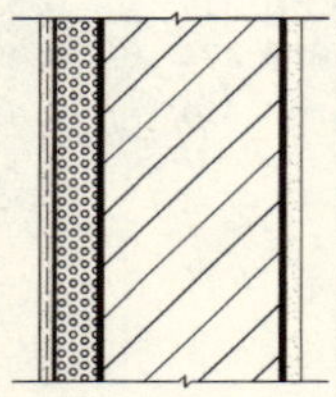	1. 混合砂浆	20	1700	0.87	1.00	0.023				
		2. 烧结多孔砖（P型）	240	1400	0.58	1.00	0.414				
		3. 胶粉聚苯颗粒保温层	85	180~250	0.060	1.30	1.090	4.931	1.682	0.595	0.627
			90				1.154	5.010	1.746	0.573	0.603
			95				1.218	5.090	1.810	0.552	0.580
			100				1.282	5.169	1.874	0.534	0.559
			105				1.346	5.248	1.938	0.516	0.540
		4. 抗裂砂浆	5	1800	0.93	1.00	0.005				
54	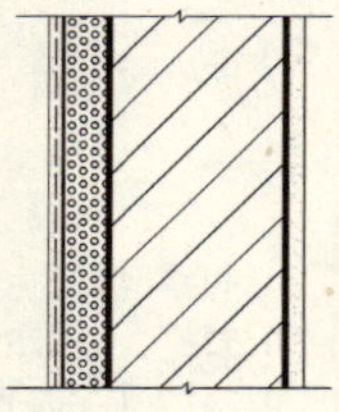	1. 混合砂浆	20	1700	0.87	1.00	0.023				
		2. 烧结多孔砖（M型）	190	1400	0.58	1.00	0.328				
		3. 胶粉聚苯颗粒保温层	85	180~250	0.060	1.30	1.090	4.441	1.620	0.617	0.648
			90				1.154	4.520	1.684	0.594	0.622
			95				1.218	4.599	1.748	0.572	0.598
			100				1.282	4.678	1.812	0.552	0.576
			105				1.346	4.757	1.876	0.533	0.555
		4. 抗裂砂浆	5	1800	0.93	1.00	0.005				
55	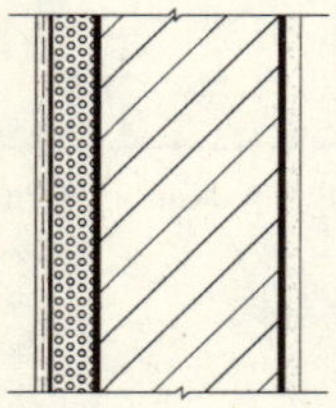	1. 混合砂浆	20	1700	0.87	1.00	0.023				
		2. 蒸压灰砂砖	240	1900	1.10	1.00	0.218				
		3. 胶粉聚苯颗粒保温层	85	180~250	0.060	1.30	1.090	4.429	1.486	0.673	0.684
			90				1.154	4.509	1.550	0.645	0.655
			95				1.218	4.588	1.614	0.619	0.629
			100				1.282	4.667	1.679	0.596	0.605
			105				1.346	4.746	1.743	0.574	0.582
		4. 抗裂砂浆	5	1800	0.93	1.00	0.005				

续表

序号	外墙构造简图	工程做法	分层厚度δ (mm)	干密度 ρ_0 (kg/m^3)	导热系数λ [W/(m·K)]	修正系数 α	热阻 R (m^2·K/W)	主体部位 热惰性指标D值	主体部位 传热阻 R_0 (m^2·K/W)	主体部位 传热系数K [W/(m^2·K)]	平均传热系数 K_m [W/(m^2·K)]
56	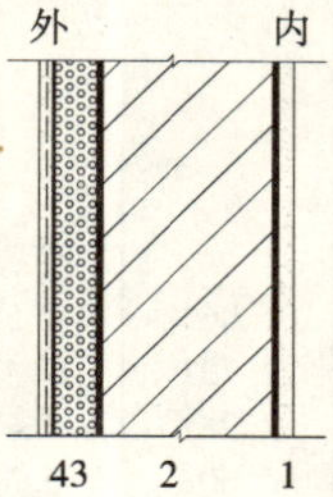	1. 混合砂浆	20	1700	0.87	1.00	0.023				
		2. 陶粒混凝土空心砌块	240	1200	0.53	1.00	0.453				
		3. 胶粉聚苯颗粒保温层	85 90 95 100 105	180～250	0.060	1.30	1.090 1.154 1.218 1.282 1.346	4.937 5.016 5.095 5.175 5.254	1.721 1.785 1.849 1.913 1.977	0.581 0.560 0.541 0.523 0.506	0.617 0.594 0.572 0.551 0.532
		4. 抗裂砂浆	5	1800	0.93	1.00	0.005				
57	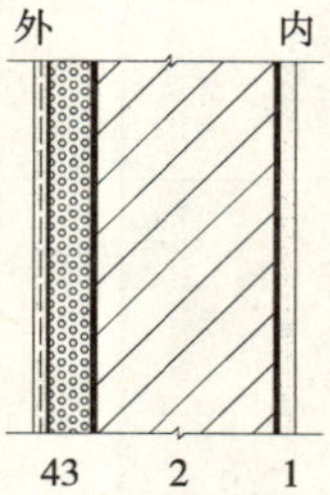	1. 混合砂浆	20	1700	0.87	1.00	0.023				
		2. 煤矸石多孔砖	240	1400	0.54	1.00	0.444				
		3. 胶粉聚苯颗粒保温层	85 90 95 100 105	180～250	0.060	1.30	1.090 1.154 1.218 1.282 1.346	4.876 4.955 5.035 5.114 5.193	1.713 1.777 1.841 1.905 1.969	0.584 0.563 0.543 0.525 0.508	0.619 0.595 0.573 0.553 0.534
		4. 抗裂砂浆	5	1800	0.93	1.00	0.005				
58	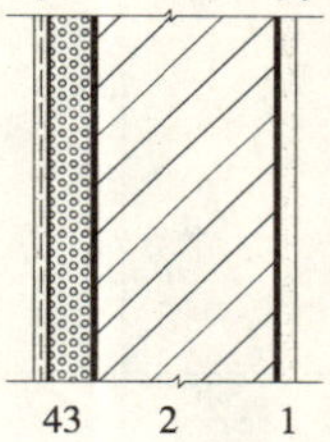	1. 混合砂浆	20	1700	0.87	1.00	0.023				
		2. 蒸压粉煤灰砖	240	1500	0.56	1.00	0.429				
		3. 胶粉聚苯颗粒保温层	85 90 95 100 105	180～250	0.060	1.30	1.090 0.154 0.218 1.282 1.346	4.761 4.840 4.920 4.999 5.078	1.697 1.761 1.825 1.889 1.953	0.589 0.568 0.548 0.529 0.512	0.623 0.599 0.577 0.556 0.537
		4. 抗裂砂浆	5	1800	0.93	1.00	0.005				

注：1. 平均传热系数的计算标准：开间3.3m，层高2.8m，圈梁240mm×墙厚，构造柱240mm×墙厚，窗户1500mm×1500mm。

2. 构造简图中外墙饰面层未表示，热工计算时也未计饰面层。

3. 粉煤灰砖墙体可参照多孔砖墙体选用。

屋面保温做法及热工计算选用表（G体系）

屋面保温做法及热工计算选用表（G体系）

序号	屋面构造简图	工程做法	分层厚度δ (mm)	干密度 ρ_0 (kg/m^3)	导热系数λ [W/(m·K)]	修正系数 α	热阻 R (m^2·K/W)	热惰性指标D值	传热阻 R_0 (m^2·K/W)	传热系数K [W/(m^2·K)]
59	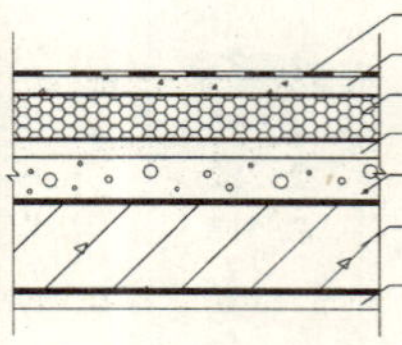	1. 防水层	4		0.17		0.024			
		2. 细石混凝土找平层	30	2100	1.28	1.00	0.023			
		3. 硬质聚氨酯泡沫塑料保温层	40 45 55 60	35～55	0.024	1.30	1.282 1.442 1.763 1.923	3.583 3.658 3.808 3.883	1.877 2.038 2.358 2.518	0.533 0.491 0.424 0.397
		4. 水泥砂浆找平层	20	1800	0.93	1.00	0.022			
		5. 水泥珍珠岩找坡层	80	400	0.18	1.50	0.296			
		6. 钢筋混凝土屋面板	100	2500	1.74	1.00	0.057			
		7. 混合砂浆	20	1700	0.87	1.00	0.023			

续表

序号	屋面构造简图	工程做法	分层厚度δ（mm）	干密度 ρ_0（kg/m^3）	导热系数 λ ［W/（m·K）］	修正系数 α	热阻 R（m^2·K/W）	热惰性指标 D 值	传热阻 R_0（m^2·K/W）	传热系数 K ［W/（m^2·K）］
60	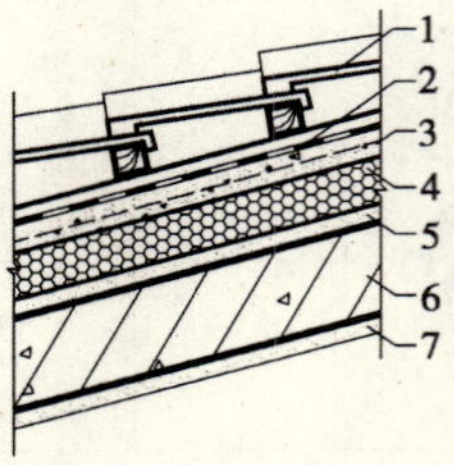	1. 混凝土瓦	30	1800	0.93	1.00	0.032	3.299 3.374 3.449 3.599	1.961 2.121 2.281 2.602	0.510 0.471 0.438 0.384
		木（钢）挂瓦条挂瓦	25		0.93		0.027			
		2. 防水层	4		0.17		0.024			
		3. 细石混凝土找平层	30	2100	1.28	1.00	0.023			
		4. 硬质聚氨酯泡沫塑料保温层	50 55 60 70	35～55	0.024	1.30	1.603 1.763 1.923 2.244			
		5. 水泥砂浆找平层	20	1800	0.93	1.00	0.022			
		6. 钢筋混凝土屋面板	100	2500	1.74	1.00	0.057			
		7. 混合砂浆	20	1700	0.87	1.00	0.023			
61	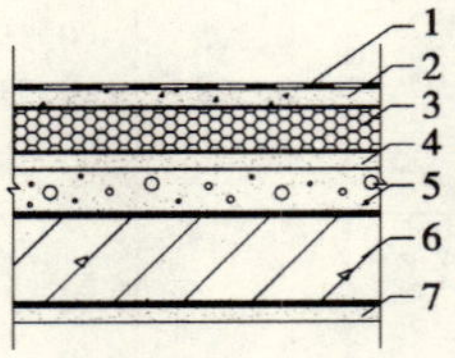	1. 防水层	4		0.17		0.024	3.642 3.773 3.861 4.037	1.815 2.059 2.221 2.546	0.551 0.486 0.450 0.393
		2. 细石混凝土找平层	30	2100	1.28	1.00	0.023			
		3. 聚苯板保温层	75 90 100 120	≥20	0.041	1.50	1.220 1.463 1.626 1.951			
		4. 水泥砂浆找平层	20	1800	0.93	1.00	0.022			
		5. 水泥珍珠岩找坡层	80	400	0.18	1.50	0.296			
		6. 钢筋混凝土屋面板	100	2500	1.74	1.00	0.057			
		7. 混合砂浆	20	1700	0.87	1.00	0.023			
62	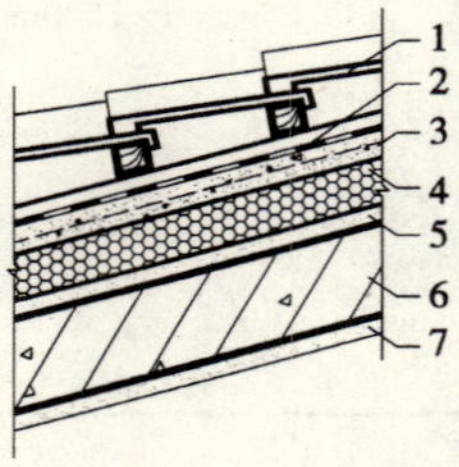	1. 混凝土瓦	30	1800	0.93	1.00	0.032	3.339 3.471 3.559 3.734	1.821 2.065 2.228 2.553	0.549 0.484 0.449 0.392
		木（钢）挂瓦条挂瓦	25		0.93		0.027			
		2. 防水层	4		0.17		0.024			
		3. 细石混凝土找平层	30	2100	1.28	1.00	0.023			
		4. 聚苯板保温层	90 105 115 135	≥20	0.041	1.30	1.463 1.707 1.870 2.195			
		5. 水泥砂浆找平层	20	1800	0.93	1.00	0.022			
		6. 钢筋混凝土屋面板	100	2500	1.74	1.00	0.057			
		7. 混合砂浆	20	1700	0.87	1.00	0.023			
63	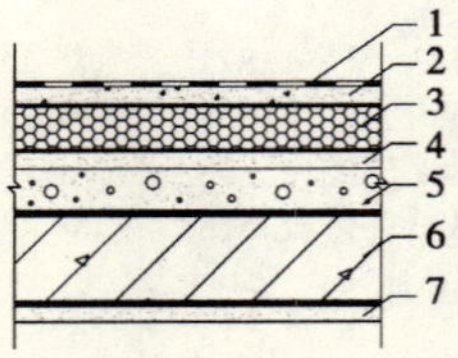	1. 防水层	4		0.17		0.024	3.517 3.570 3.677 3.783	1.877 2.005 2.262 2.518	0.533 0.499 0.442 0.397
		2. 细石混凝土找平层	30	2100	1.28	1.00	0.023			
		3. 挤塑聚苯板保温层	50 55 65 75	27～32	0.03	1.30	1.282 1.410 1.667 1.923			
		4. 水泥砂浆找平层	20	1800	0.93	1.00	0.022			
		5. 水泥珍珠岩找坡层	80	400	0.18	1.50	0.296			
		6. 钢筋混凝土屋面板	100	2500	1.74	1.00	0.057			
		7. 混合砂浆	20	1700	0.87	1.00	0.023			

续表

序号	屋面构造 简　图	工程做法	分层厚度 δ (mm)	干密度 ρ_0 (kg/m^3)	导热系数 λ [W/(m·K)]	修正系数 α	热　阻 R (m^2·K/W)	热惰性指标 D 值	传热阻 R_0 (m^2·K/W)	传热系数 K [W/(m^2·K)]
64	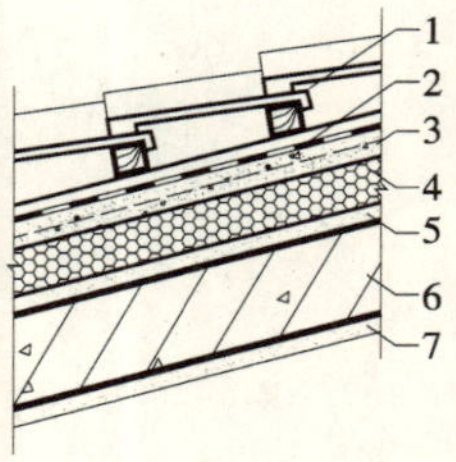	1. 混凝土瓦 木（钢）挂瓦条挂瓦	30 25	1800	0.93 0.93	1.00	0.032 0.027			
		2. 防水层	4		0.17		0.024			
		3. 细石混凝土找平层	30	2100	1.28	1.00	0.023			
		4. 挤塑聚苯板保温层	60 65 75 85	27～32	0.03	1.30	1.538 1.667 1.923 2.179	3.189 3.242 3.349 3.456	1.897 2.025 2.281 2.538	0.527 0.494 0.438 0.394
		5. 水泥砂浆找平层	20	1800	0.93	1.00	0.022			
		6. 钢筋混凝土屋面板	100	2500	1.74	1.00	0.057			
		7. 混合砂浆	20	1700	0.87	1.00	0.023			

注：1. 屋面防水层设计及瓦材固定见有关省标图集。
2. 防水层的指标按高聚物改性沥青防水卷材取值。

3

A 体系（聚氨酯体系）构造节点详图

外墙外保温平面示例及剖面详图

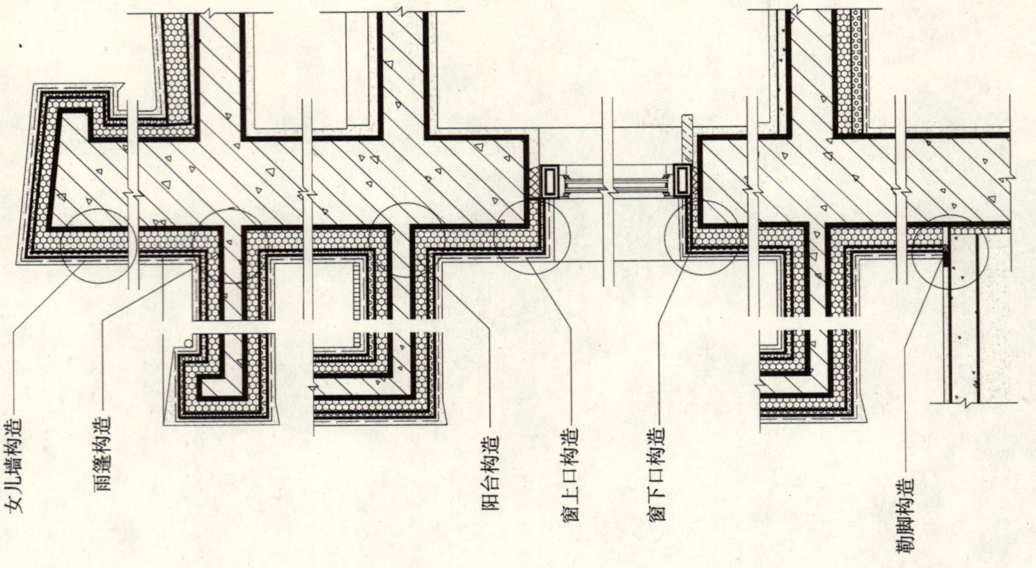

1—1剖面

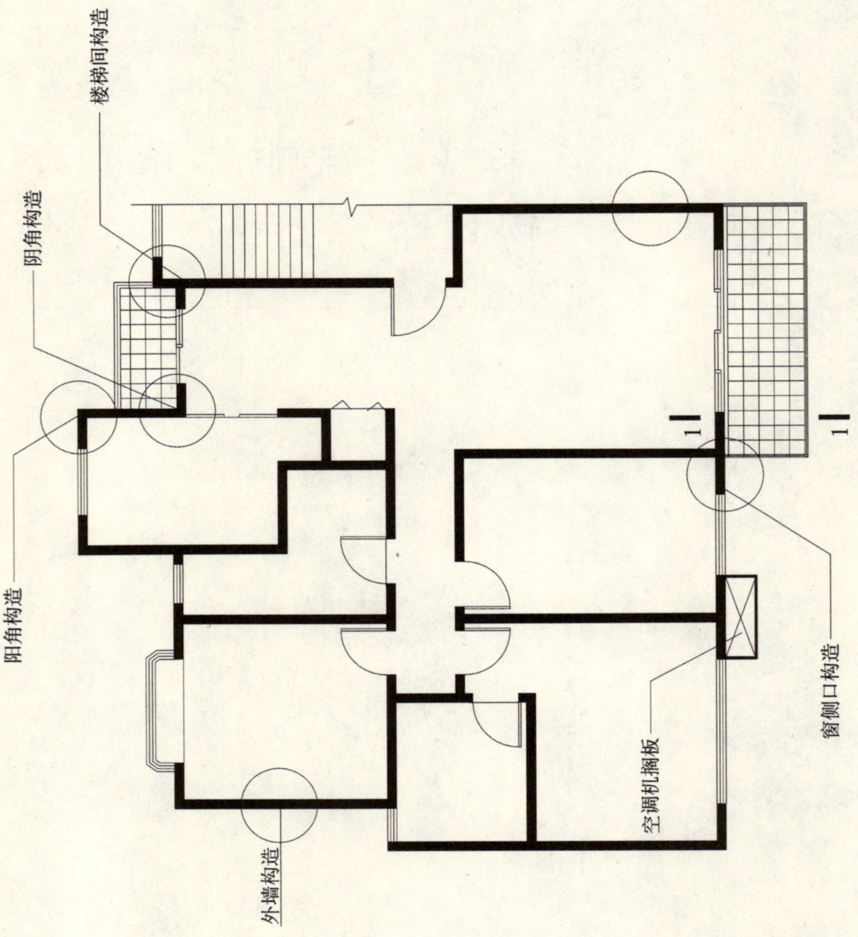

平面示例

外墙构造及做法

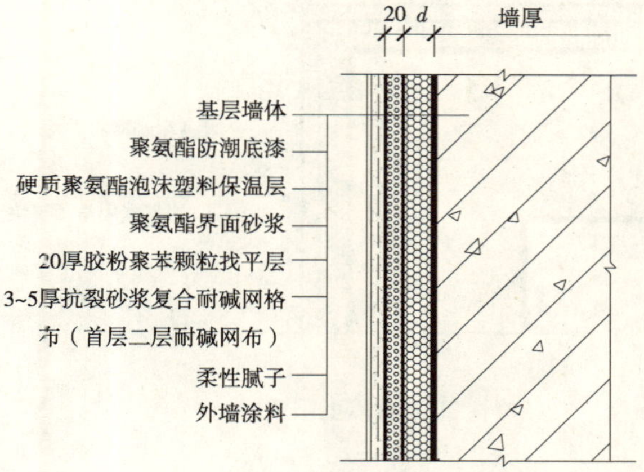

① 涂料外墙

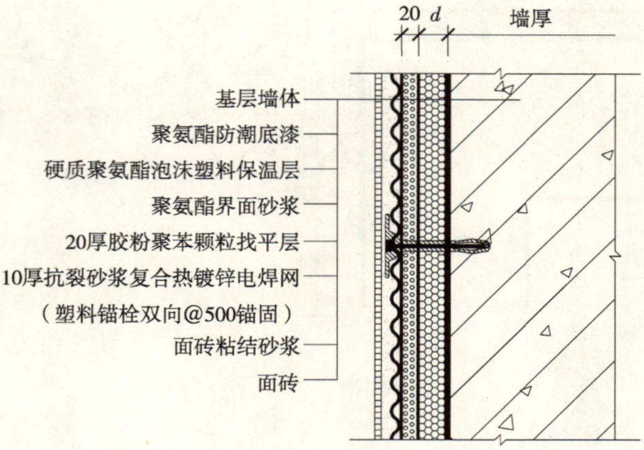

② 贴面砖外墙

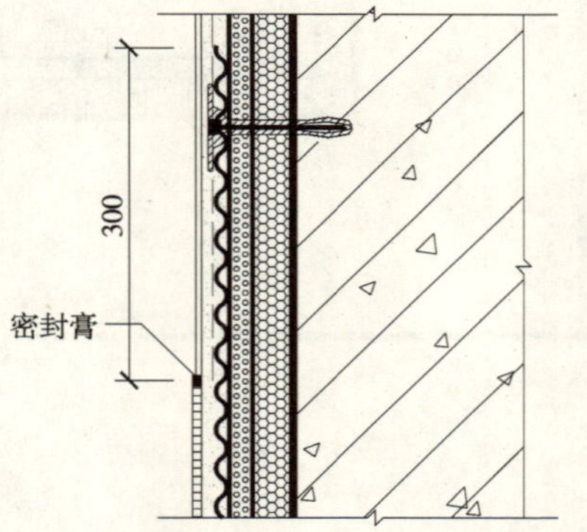

③ 涂料与面砖搭接构造

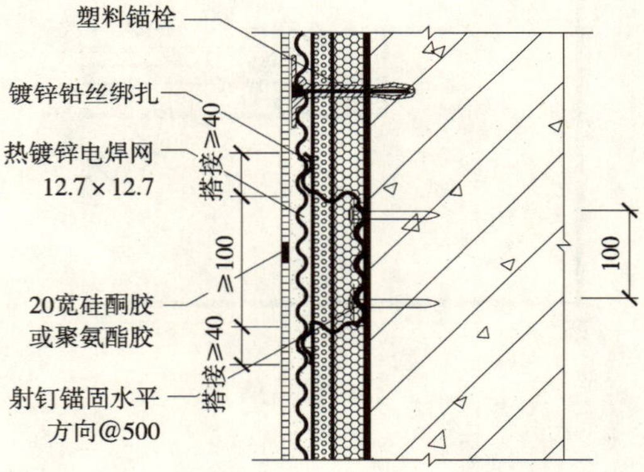

④ 贴面砖外墙（加强构造）

注：1. 基层墙体应符合施工要点要求，当基层墙体平整度达不到施工要求时，应先用1：3水泥砂浆进行找平处理，然后再进行聚氨酯保温层的喷涂施工。
2. 硬质聚氨酯泡沫塑料保温厚度由设计人计算确定。
3. ①节点为涂料外墙标准层构造，建筑首层为二层耐碱网布。②节点为贴面砖外墙构造。
4. ③节点为涂料与面砖搭接构造，耐碱网布压热镀锌电焊网不小于300mm，面砖不应贴在耐碱网布上。
5. ④节点为贴面砖外墙热镀锌电焊网加强构造，每六层楼设一道加强带，并留一条20宽的面砖缝，用硅酮胶或聚氨酯胶填缝。
6. 射钉及塑料锚栓锚固深度深入基层墙体不小于30mm。

外墙阳角、阴角构造

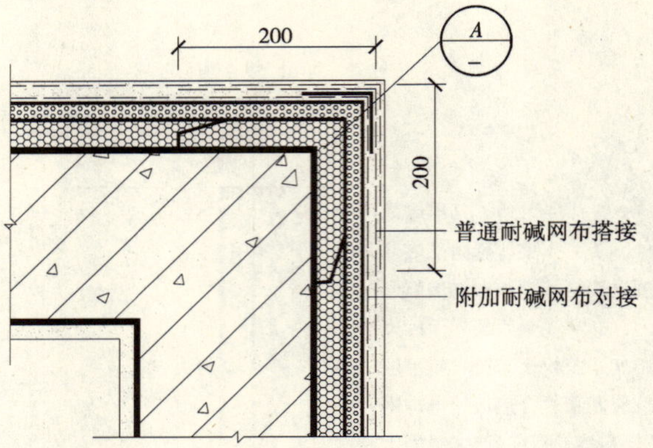

① 首层阳角

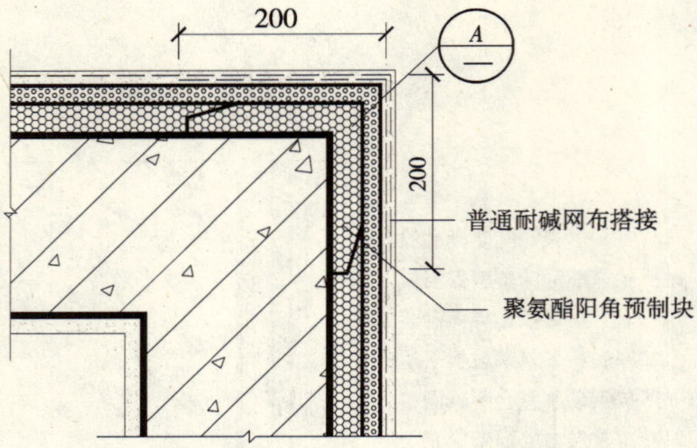

② 二层以上阳角

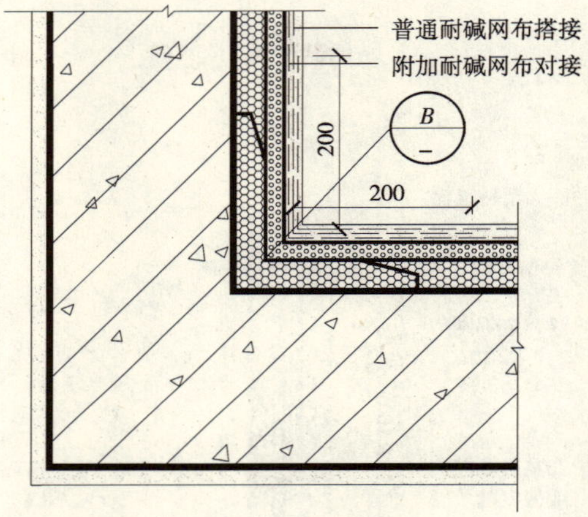

③ 首层阴角

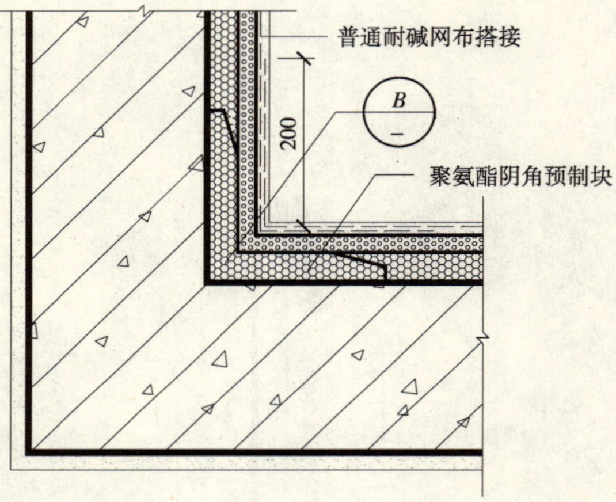

④ 二层以上阴角

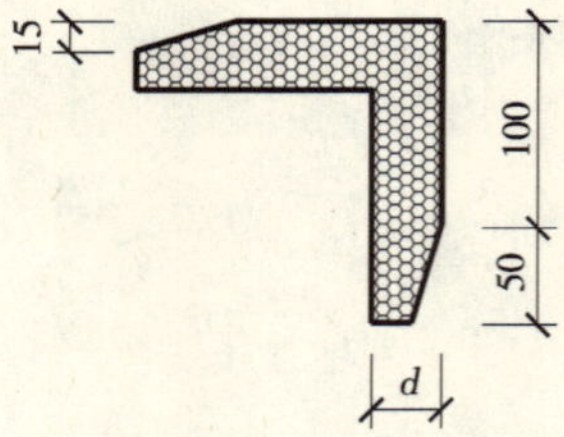

Ⓐ 聚氨酯阳角预制块

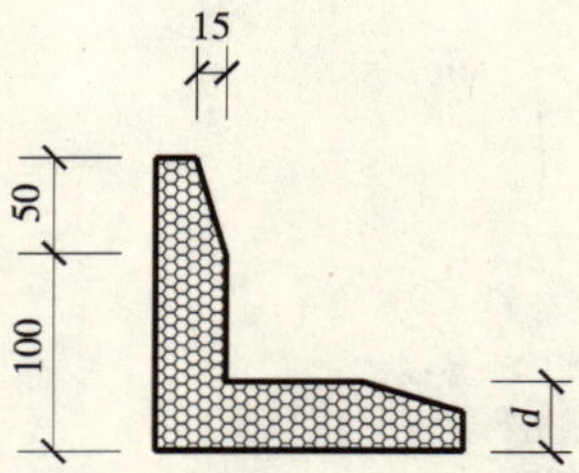

Ⓑ 聚氨酯阴角预制块

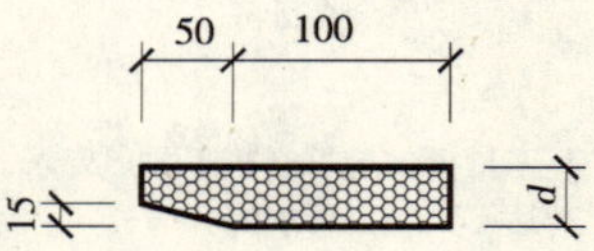

Ⓒ 聚氨酯收头预制块

注：1. 本图为聚氨酯体系涂料外墙阴阳角构造，贴面砖构造做法见相关页节点。
2. 阴阳角、门窗洞口及边角处采用粘贴聚氨酯预制块的做法以防止喷涂污染及形成圆角，预制块厚度与保温层厚度一致，直角边宽度150，长度900。

勒脚构造

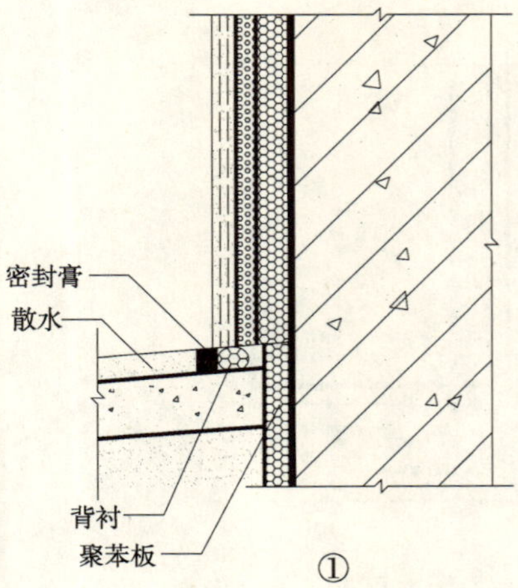

①

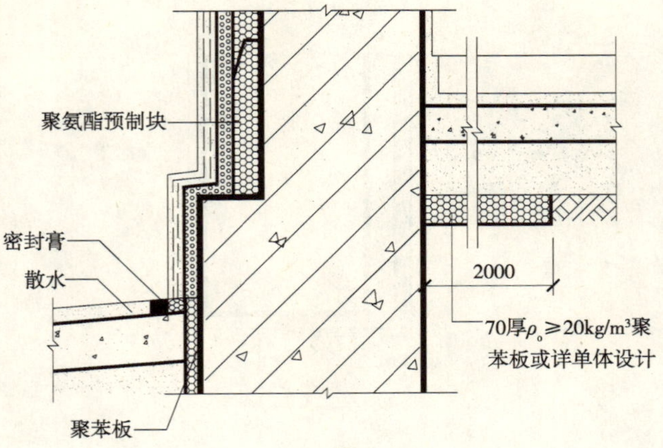

②

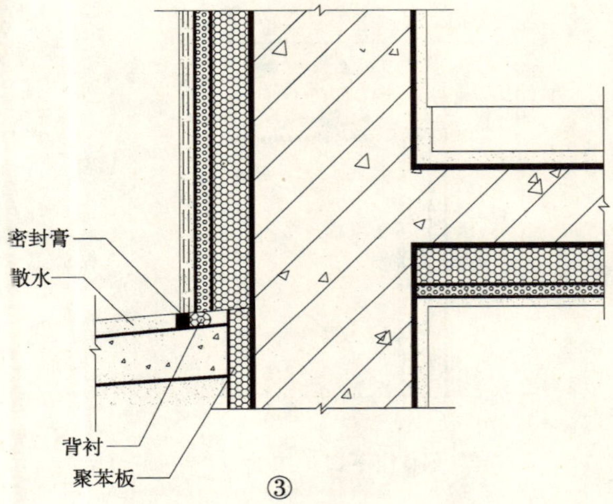

③

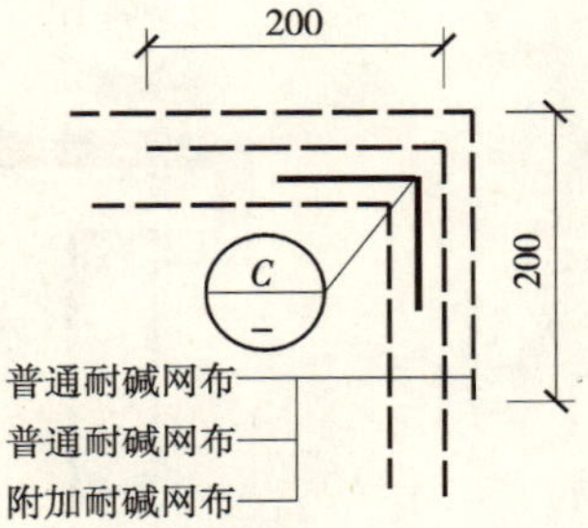

Ⓐ首层网布搭接

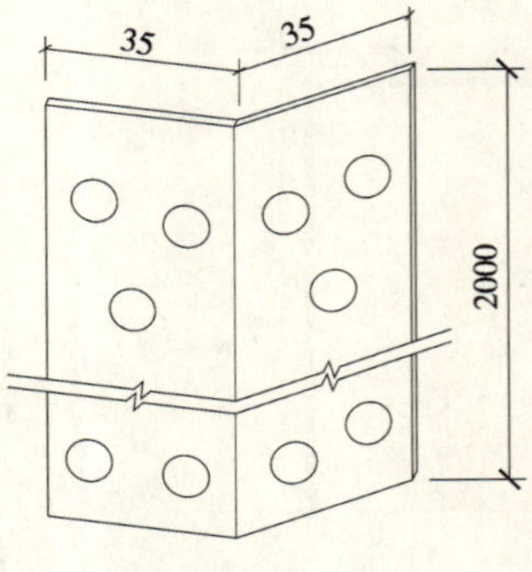

Ⓒ专用金属护角

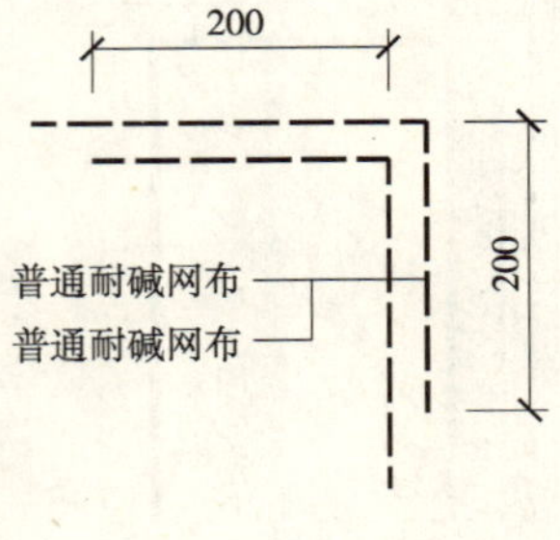

Ⓑ二层以上网布搭接

注：1. 本图为聚氨酯体系涂料外墙勒脚构造，贴面砖构造做法见相关页节点。

2. 用于首层外墙阳角的镀锌薄钢板护角截面尺寸为35mm× 35mm× 0.5mm。高2000mm，设在两层耐碱网布之间。

3. ③节点室外地面以下保温层设置深度和防水层做法详见单体设计。

窗上口、窗下口构造

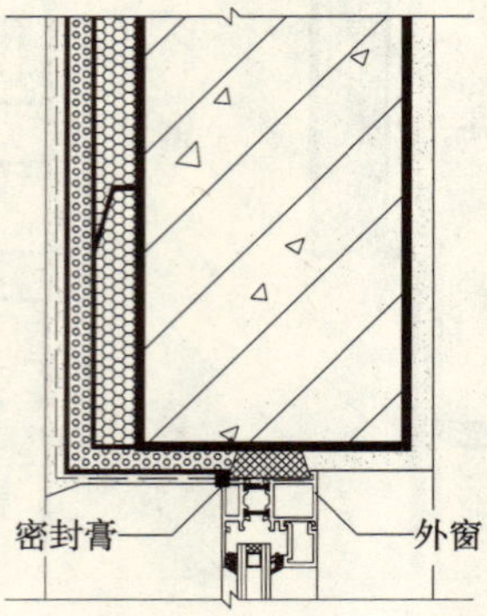

① 窗上口（一）

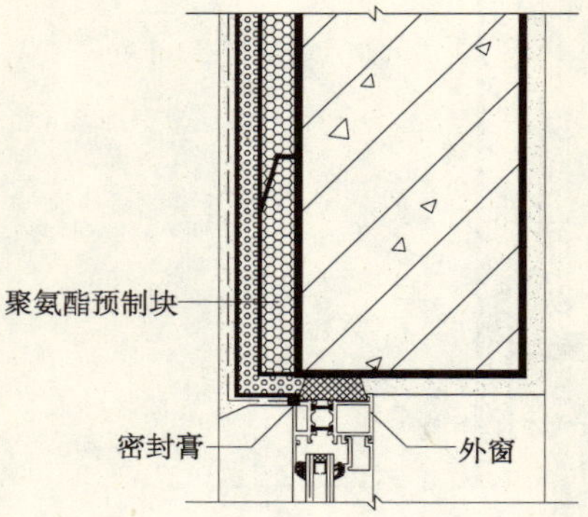

② 窗上口（二）

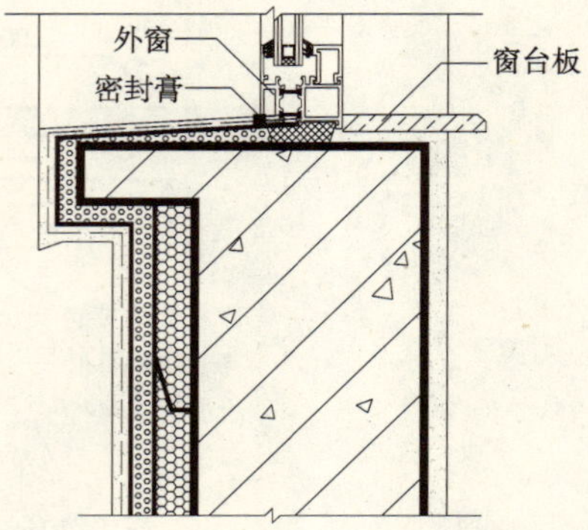

③ 窗下口（一）

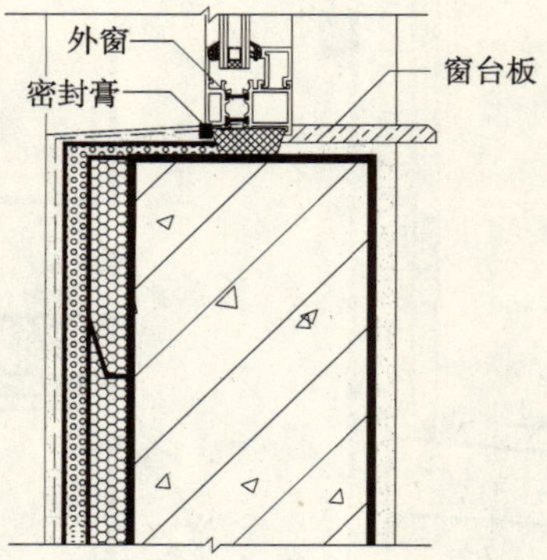

④ 窗下口（二）

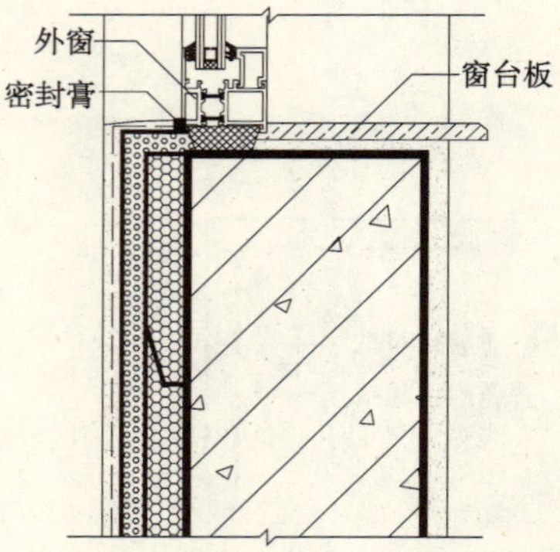

⑤ 窗下口（三）

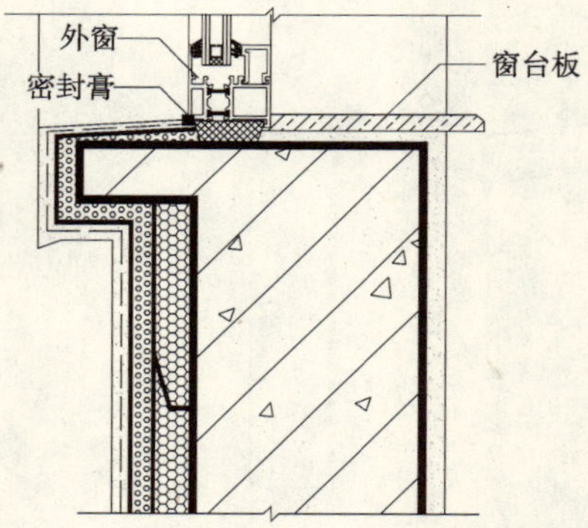

⑥ 窗下口（四）

注：1. 本图为聚氨酯体系涂料外墙窗上口、窗下口构造，贴面砖构造做法见相关节点。
2. 窗口边角部位采用粘贴聚氨酯边角预制块做法，以防止喷涂时的污染。
3. 窗套挑出长度、宽度详见单体设计。

窗侧口、凸（飘）窗及附加网布构造

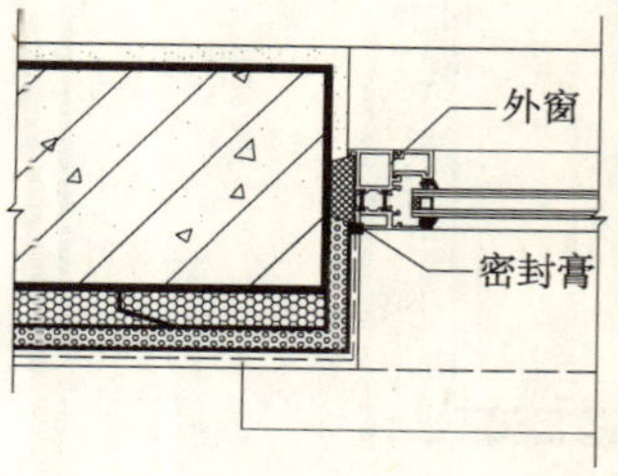

① 窗侧口（一）

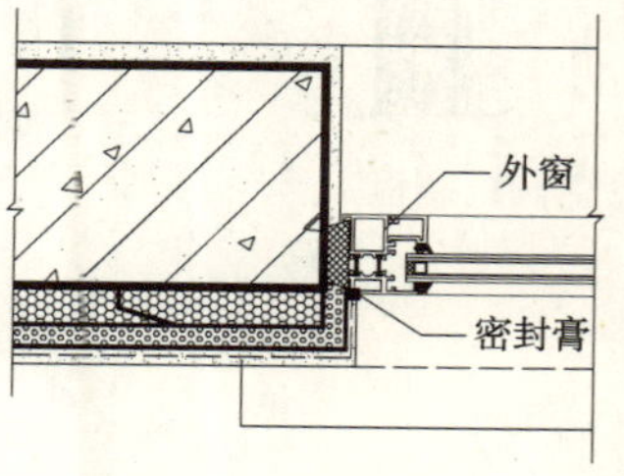

② 窗侧口（二）

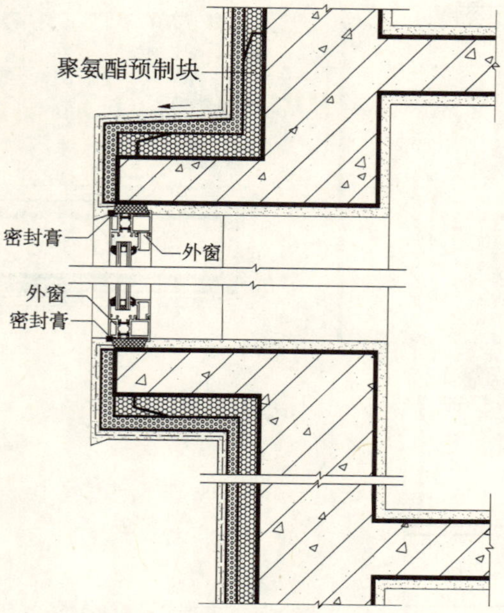

③ 凸（飘）窗构造

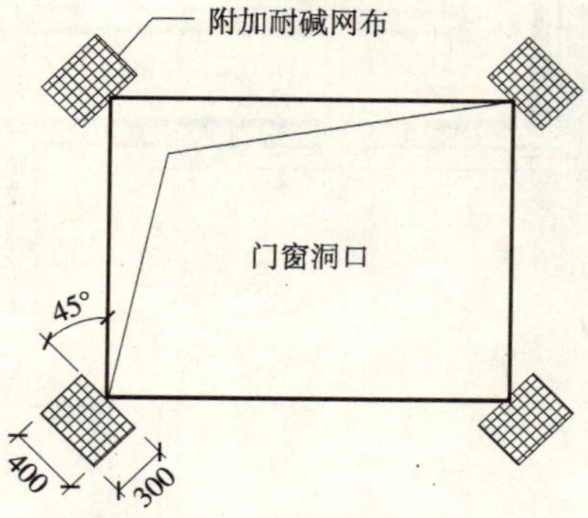

④ 门窗洞口附加网布示意

注：1. 本图为聚氨酯体系涂料外墙窗侧口、凸（飘）窗构造，贴面砖构造做法见相关节点。
2. ③节点凸（飘）窗挑出宽度、长度及混凝土挑板构造详见单体设计，凸（飘）窗挑板传热系数不应大于1.50W/（m^2·K）。
3. 窗套挑出长度、宽度详见单体设计。
4. 其他外墙洞口可参照门窗洞口附加网布处理。

阳台构造

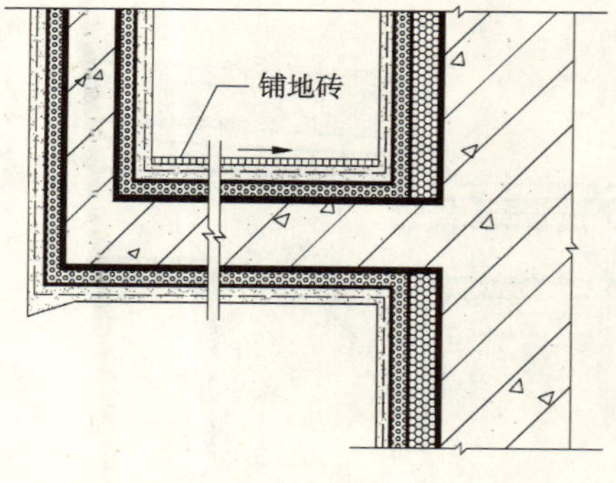

① 不封闭

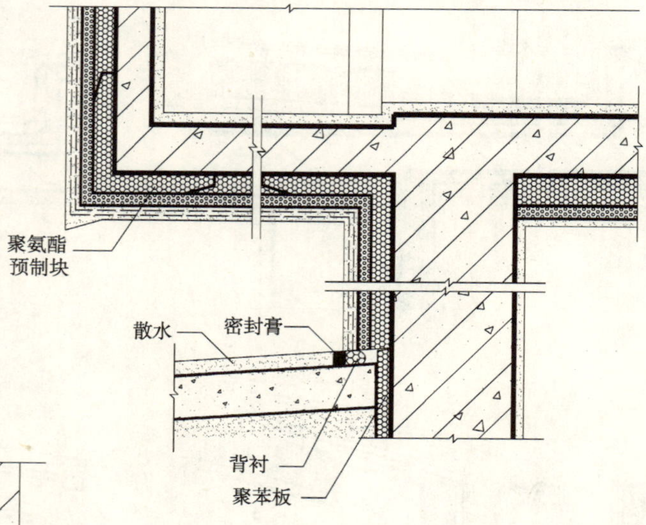

③

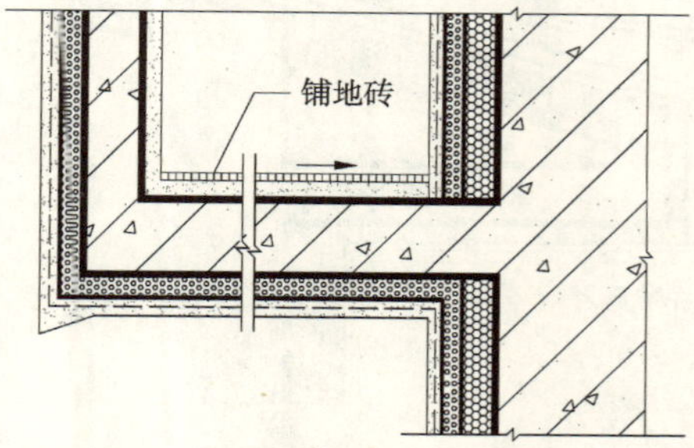

② 封闭

注：1. 本图为聚氨酯体系涂料外墙阳台构造，贴面砖构造做法见相关节点。
2. ③节点室外地面以下保温层设置深度和防水层做法详见单体设计。

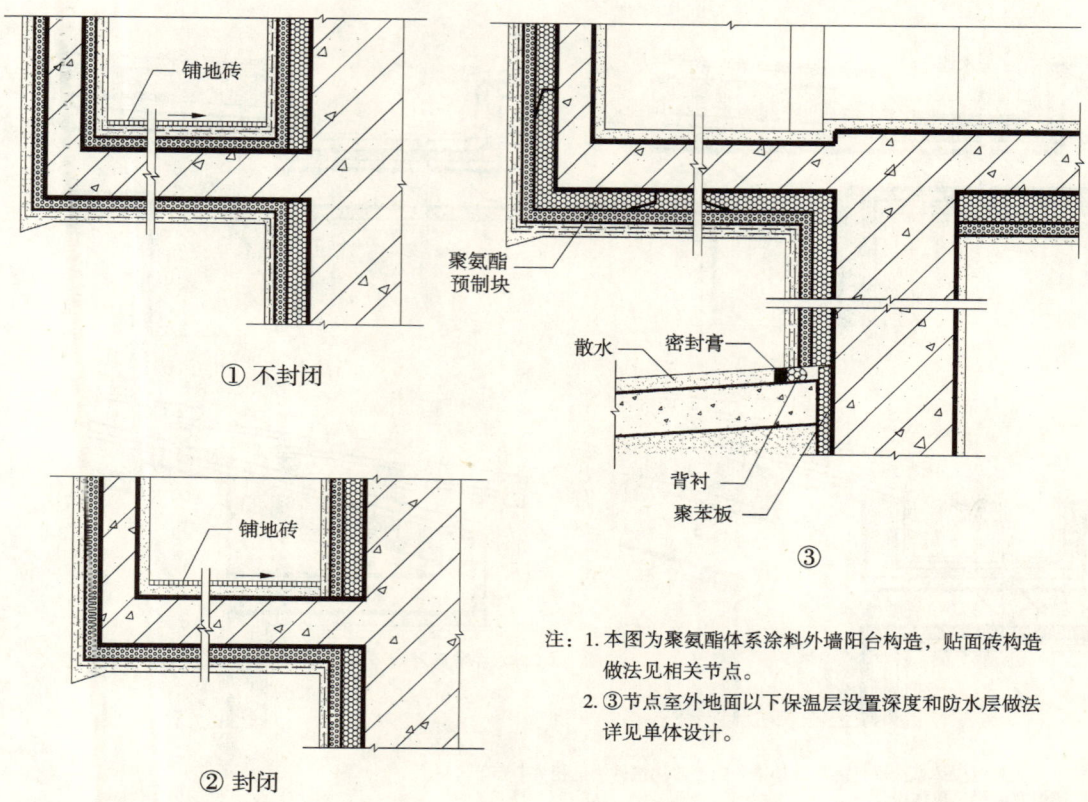

雨篷、空调机搁板、管道穿墙构造

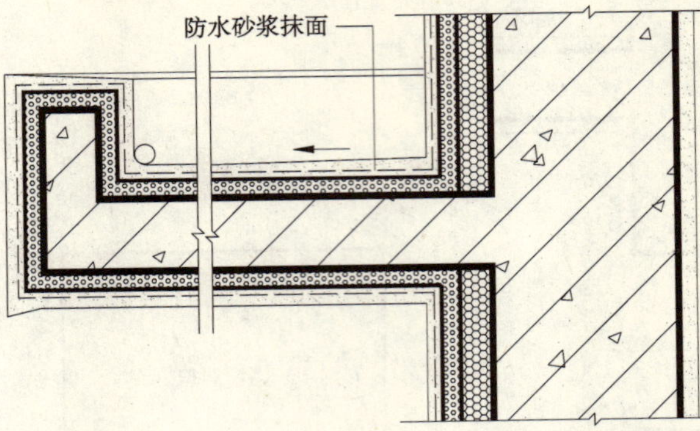

① 雨篷

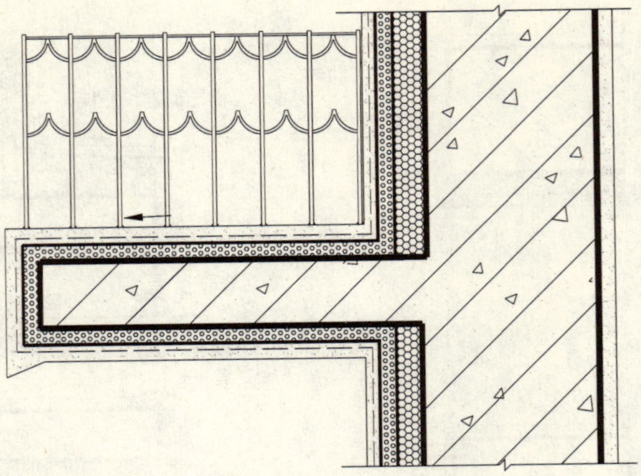

② 空调机搁板

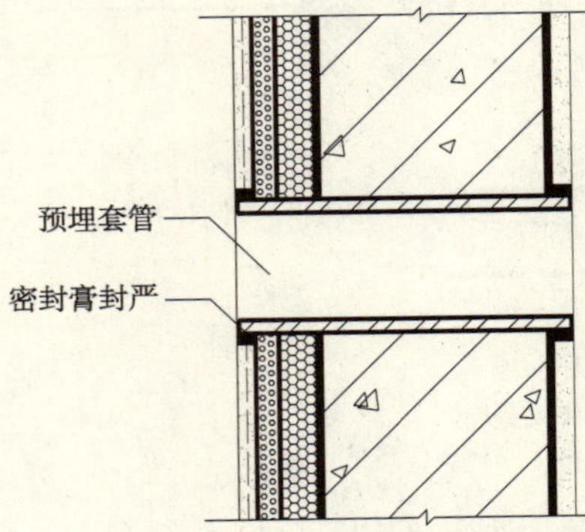

③ 管道穿墙

注：1. 本图为聚氨酯体系涂料外墙雨篷、空调机搁板、管道穿墙构造，贴面砖构造做法见相关节点。
2. ②节点室外空调机搁板构造及栏杆花饰详见单体设计。

挑檐构造

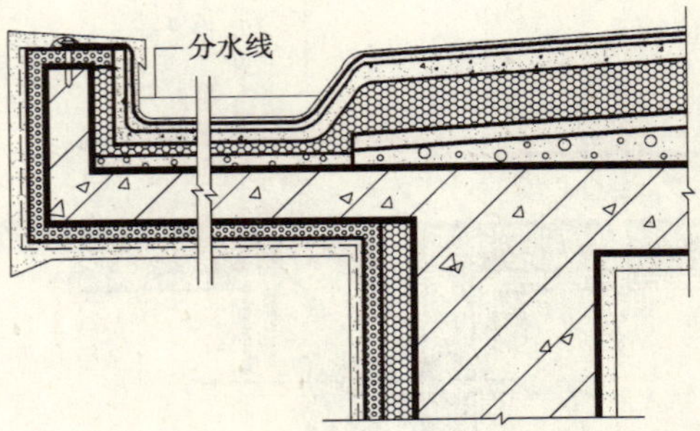

①

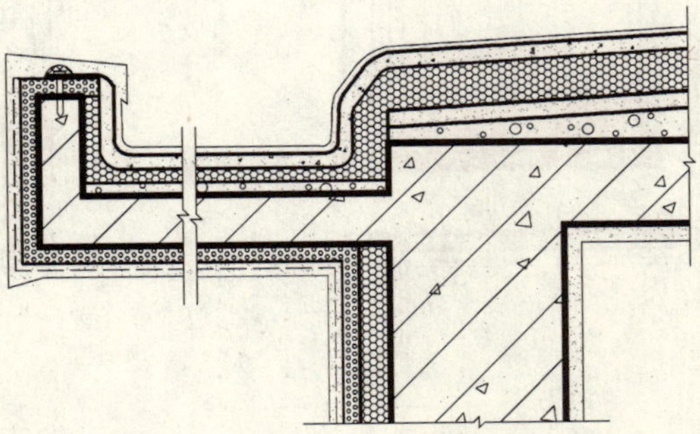

②

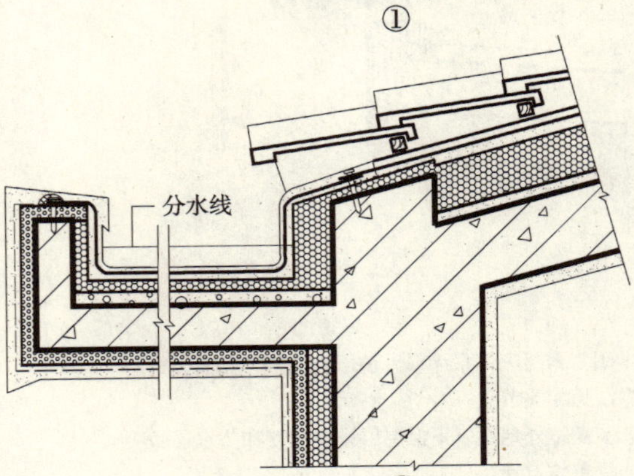

③

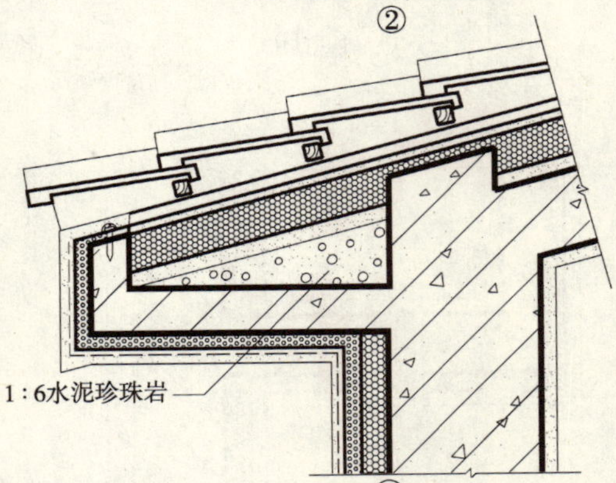

④

注：1. 本图为聚氨酯体系涂料外墙挑檐构造，贴面砖构造做法见相关节点。
2. 挑檐宽度详见单体设计。

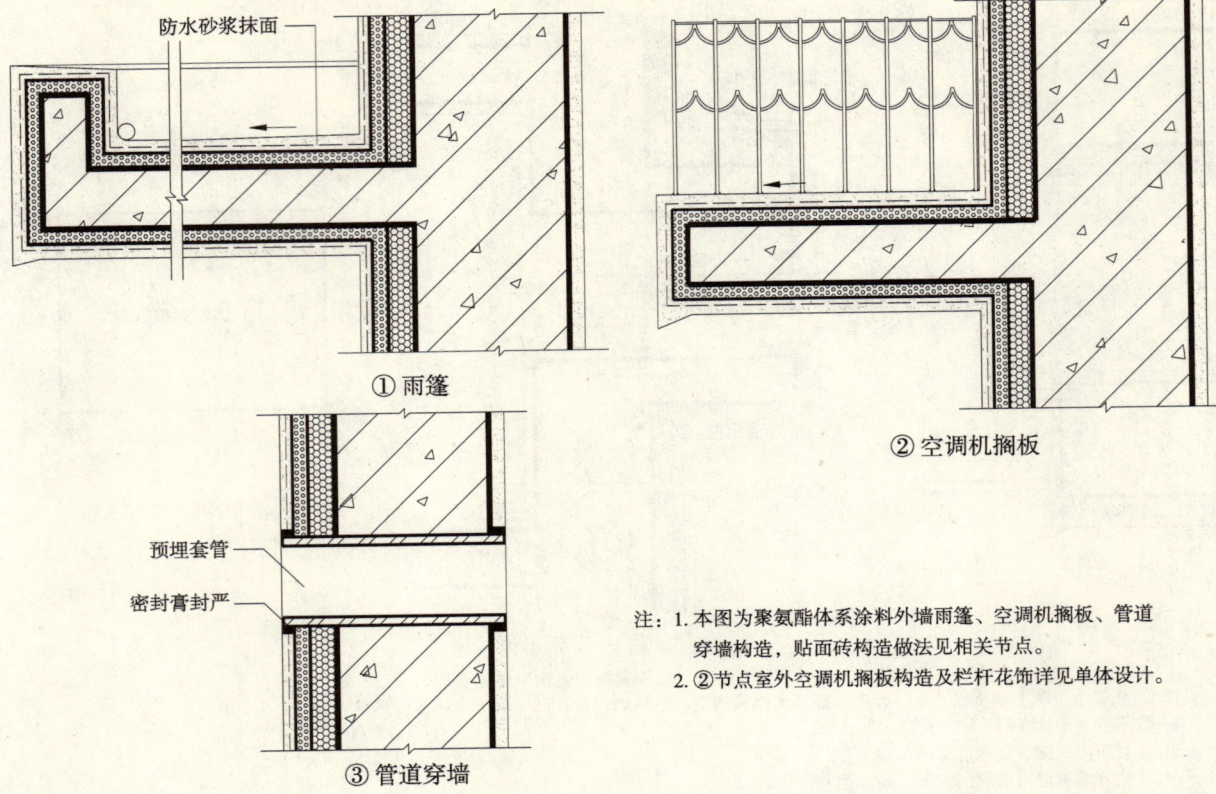

女儿墙、屋面变形缝构造

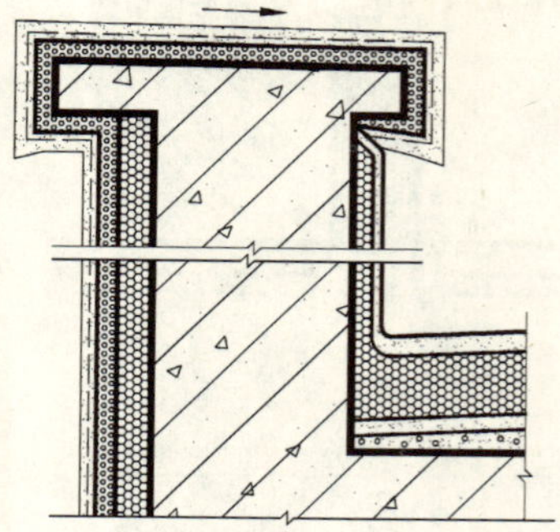

①

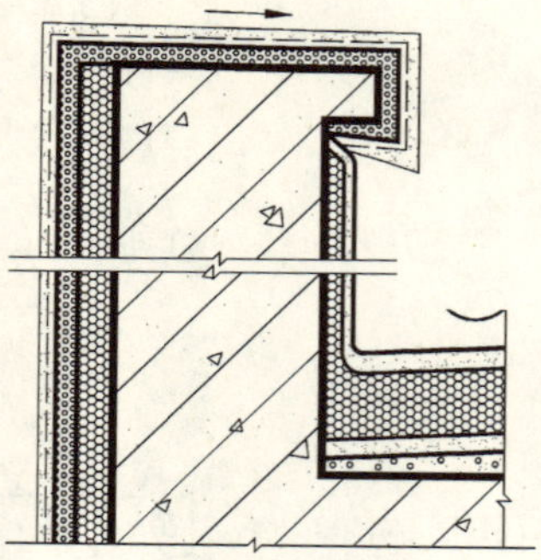

②

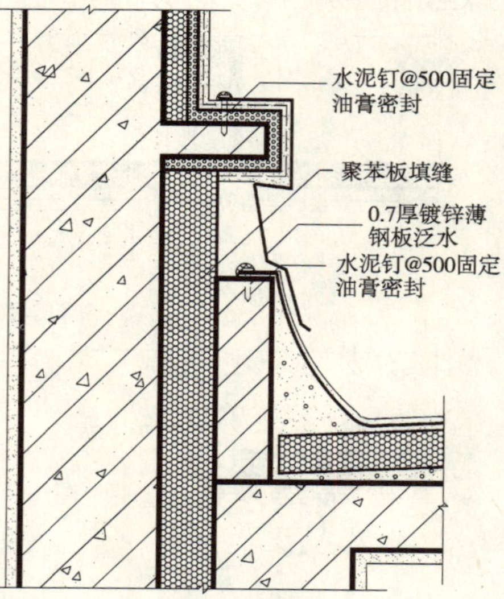

④（用于高低跨）

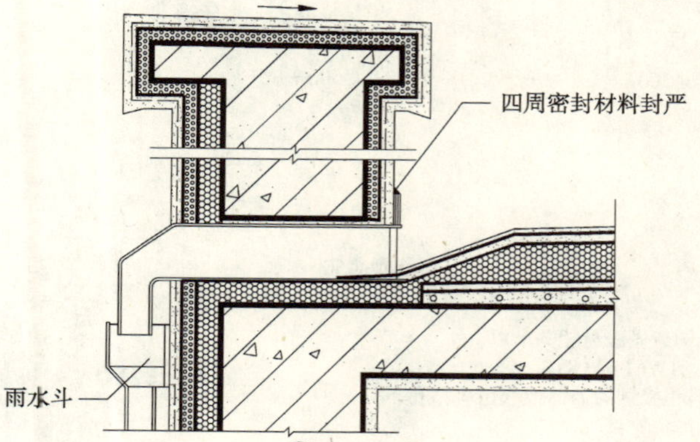

③

注：1. 本图为聚氨酯体系涂料外墙女儿墙、屋面变形缝构造，贴面砖构造做法见相关节点。
2. 女儿墙压顶挑出宽度和高度详见单体设计。
3. 屋面泛水等防水构造详见省标有关图集。

伸缩缝、分格缝构造

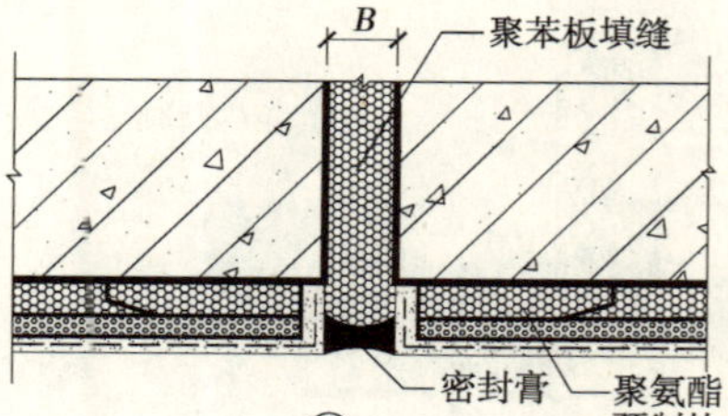

①

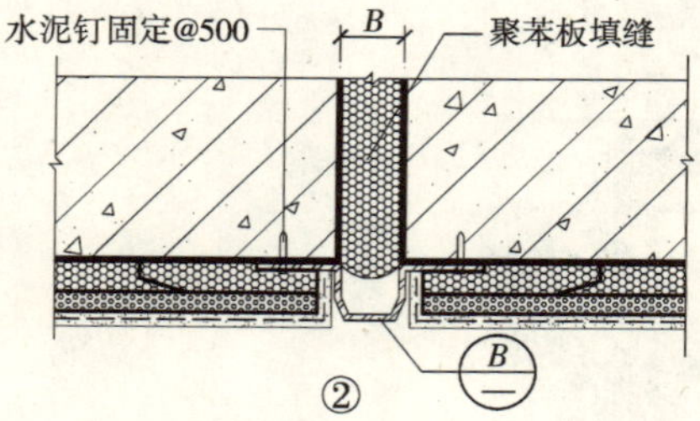

②

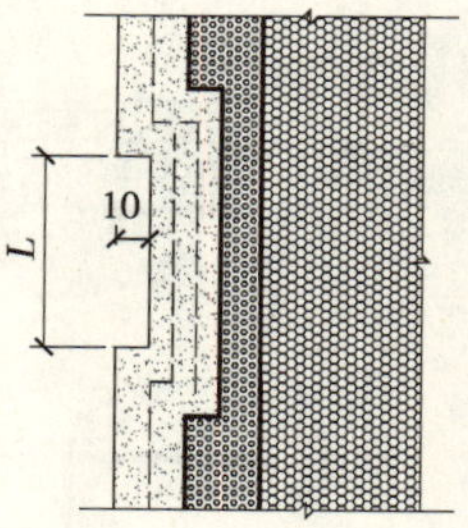

Ⓐ

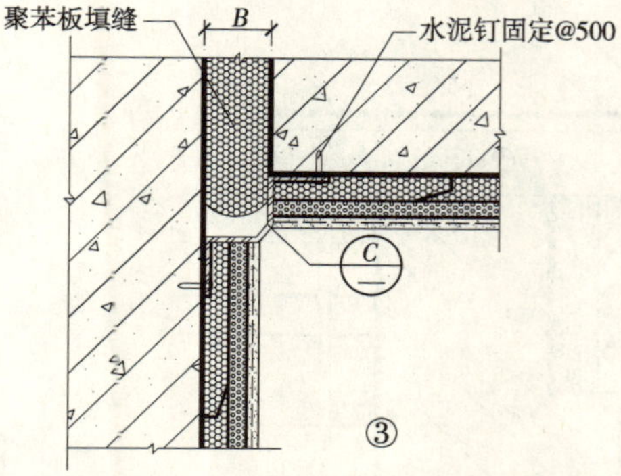

③

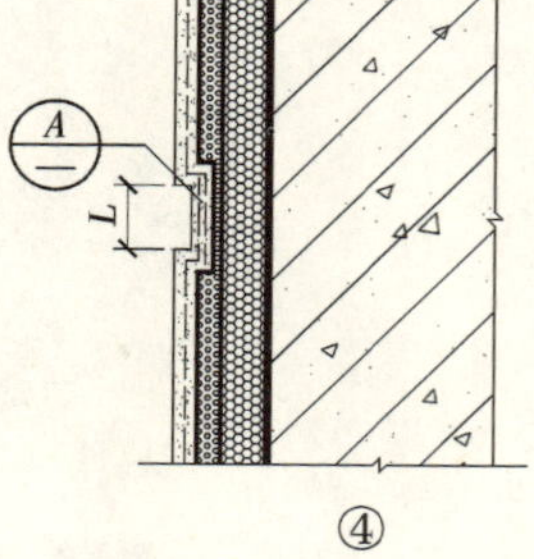

④

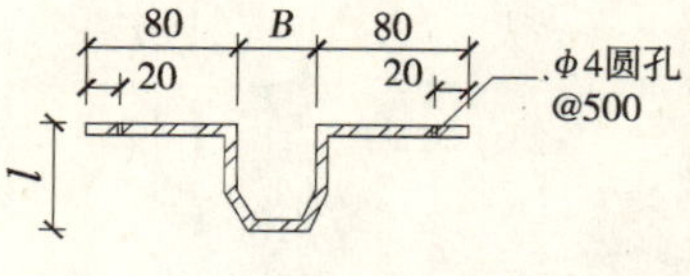

Ⓑ

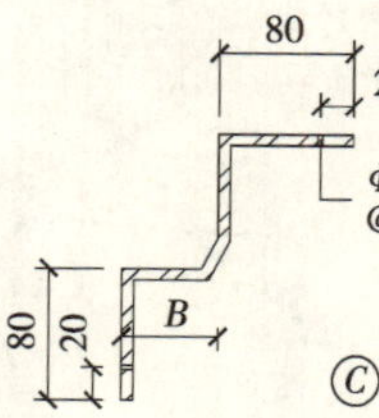

Ⓒ

金属盖缝板

注：1. 本图为聚氨酯体系涂料外墙伸缩缝、分格缝构造，贴面砖构造做法见相关节点。
2. 变形缝两侧外墙应加强保温，其传热系数限值不应大于1.70W/（m²·K）。
3. 本图① ② ③节点用于伸缩缝，宽度详见单体设计。④节点用于分格缝，L宽度详见单体设计。
4. 伸缩缝用聚苯板塞紧，填塞深度不小于300。
5. 金属盖缝板可采用1.2厚铝板或0.7厚不锈钢板，与保温材料相接触的盖缝板部位应钻孔，以增加与基层的咬合。
6. l尺寸宜为基层墙体至外保温饰面层尺寸减去5mm或由单体工程确定。

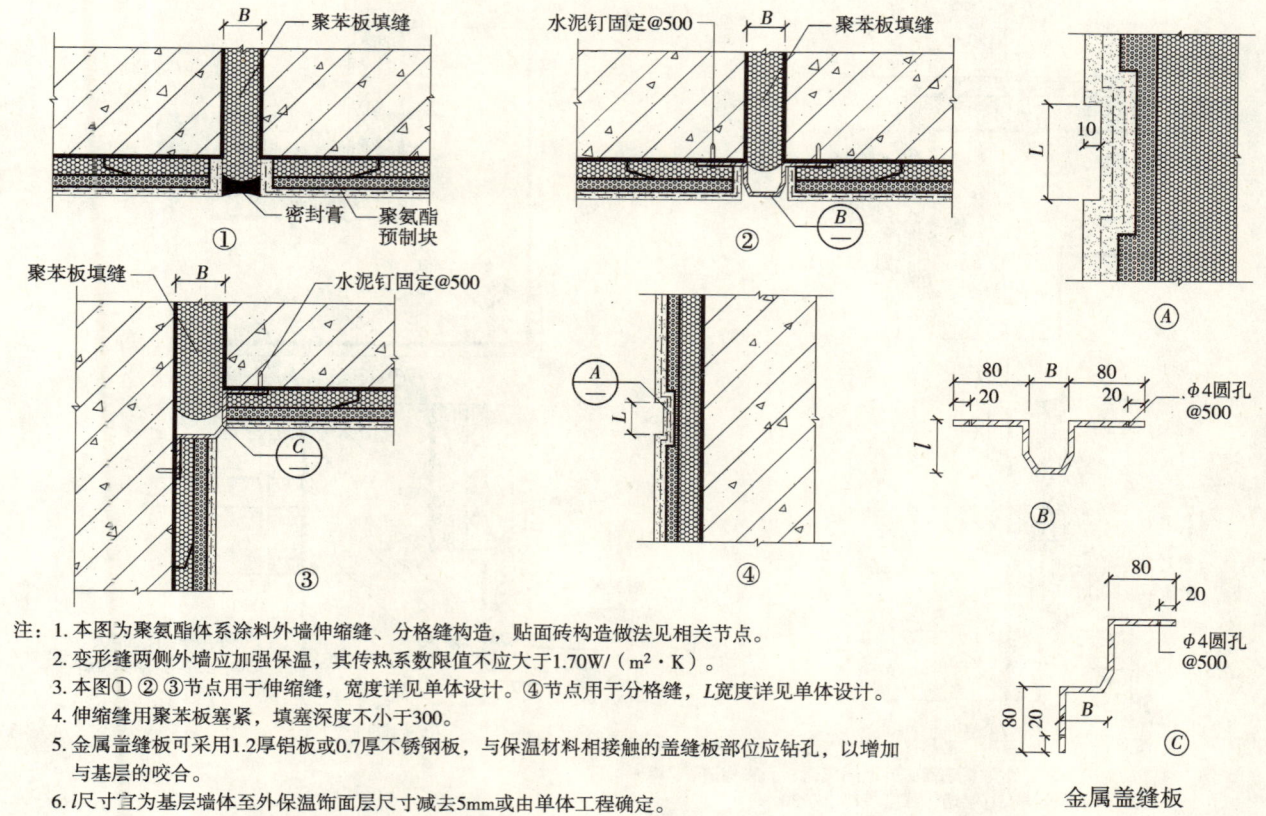

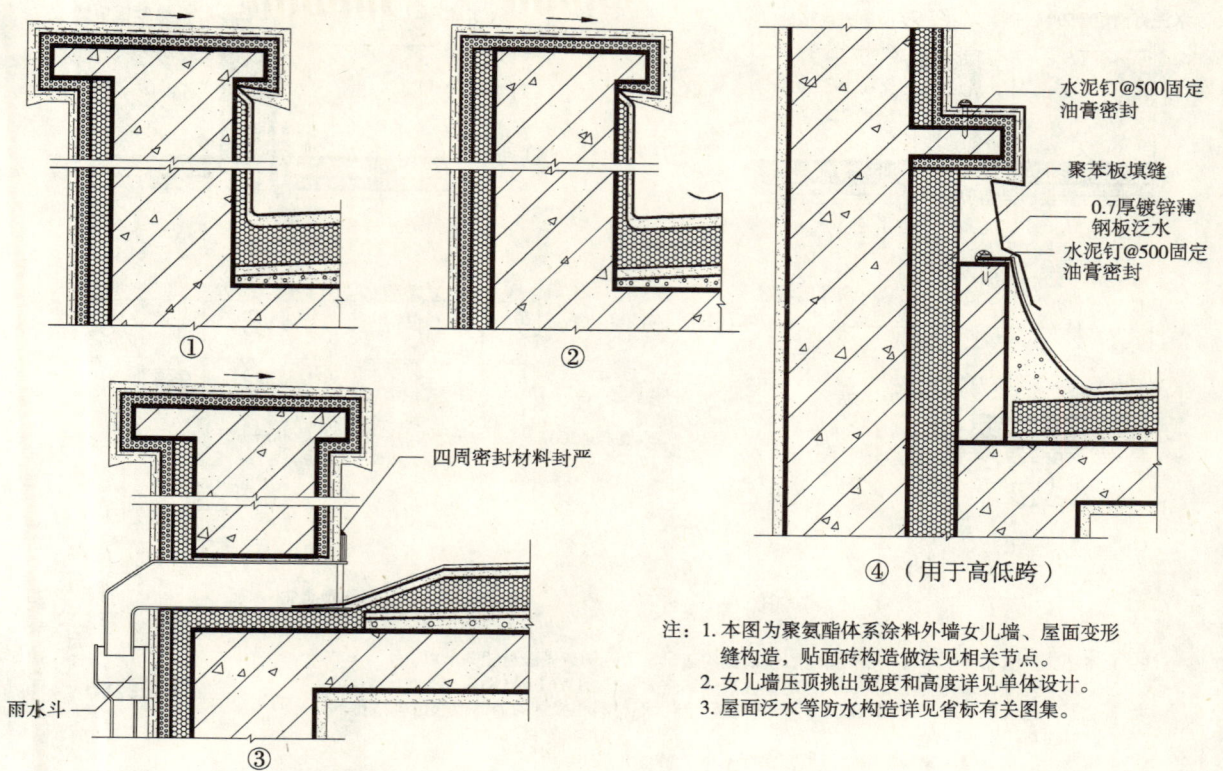

沉降缝、抗裂缝构造

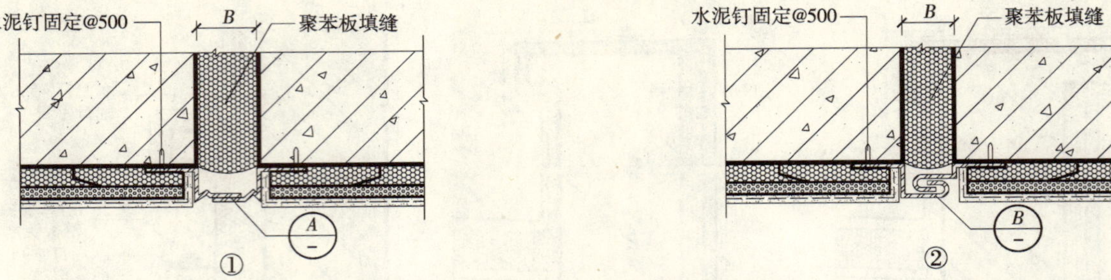

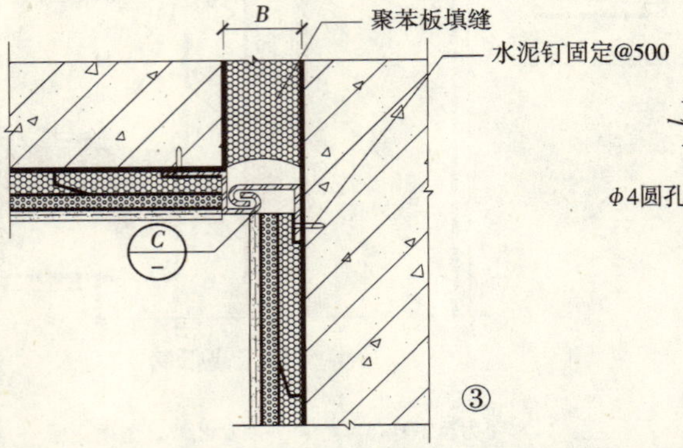

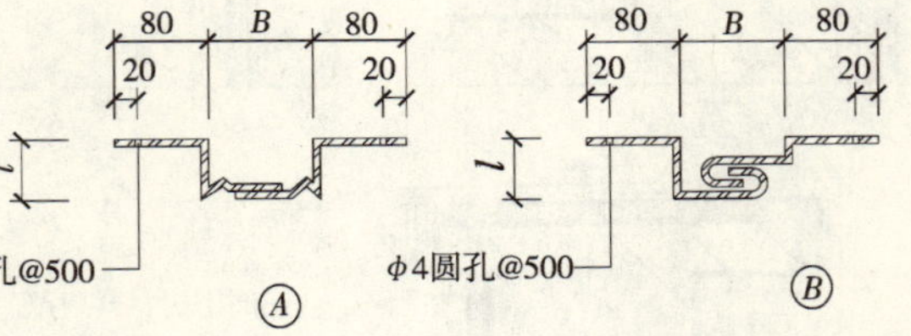

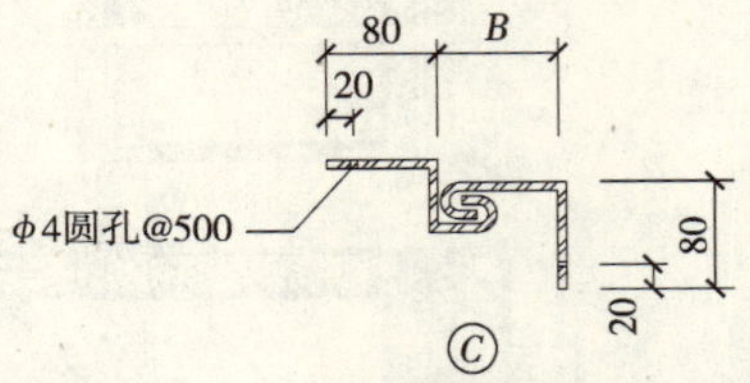

金属盖缝板

注：1. 本图为聚氨酯体系涂料外墙沉降缝、抗震缝构造，贴面砖构造做法见相关节点。
2. 变形缝两侧外墙应加强保温，其传热系数限值不应大于1.70[W/(m²·K)]。
3. 金属盖缝板可采用1.2厚铝板或0.7厚不锈钢板，与保温材料相接触的盖缝板部位应钻孔，以增加与基层的咬合。
4. 沉降缝、抗震缝用聚苯板塞紧，填塞深度不小于300。
5. l尺寸宜为基层墙体至外保温饰面层尺寸减去5mm或由单体工程确定。

贴面砖墙体构造

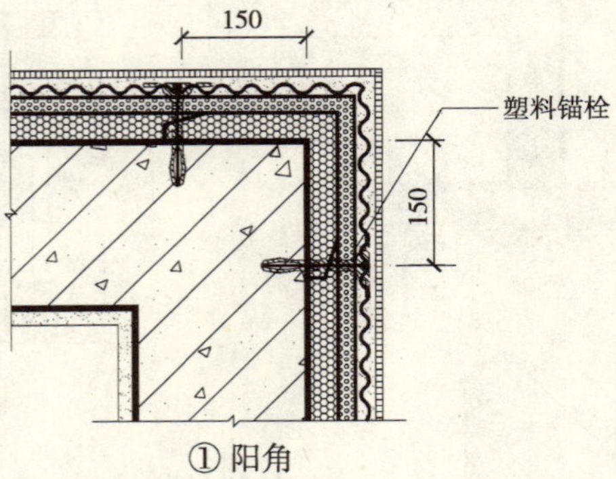

① 阳角

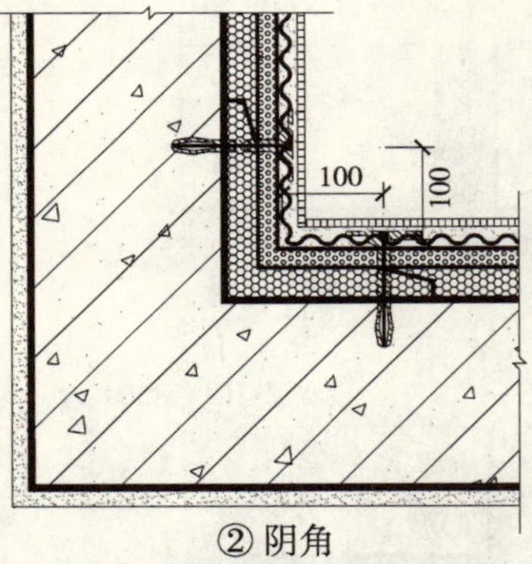

② 阴角

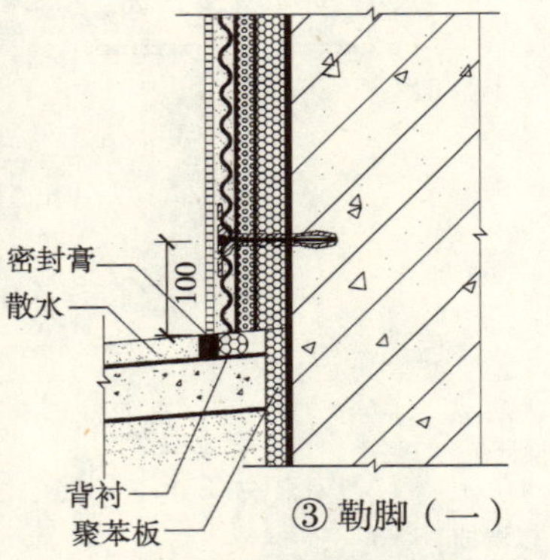

③ 勒脚（一）

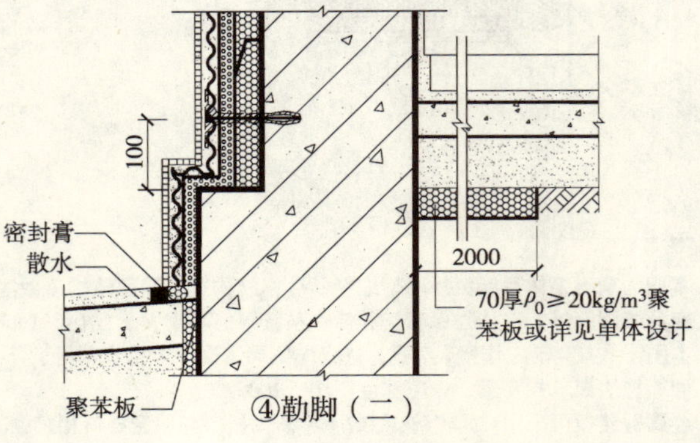

④勒脚（二）

注：1. 本图为聚氨酯体系贴面砖外墙阴阳角、勒脚构造。
2. 塑料锚栓锚入基层墙体深度不得小于30。

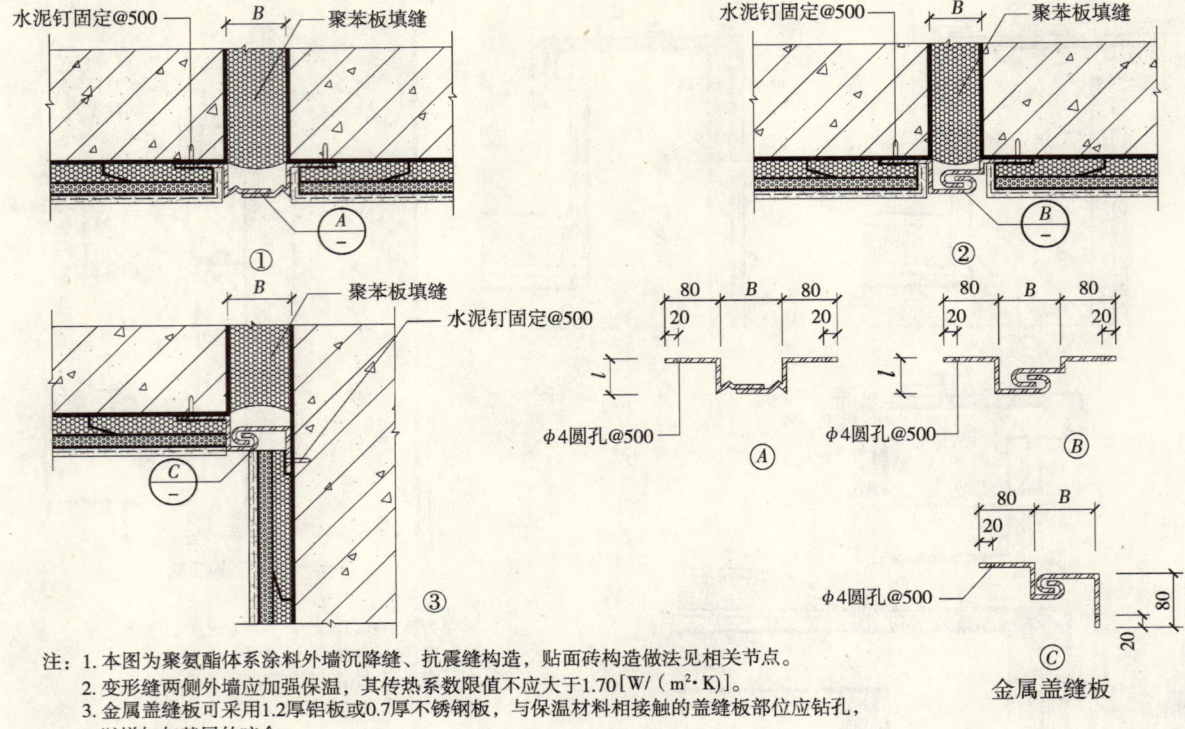

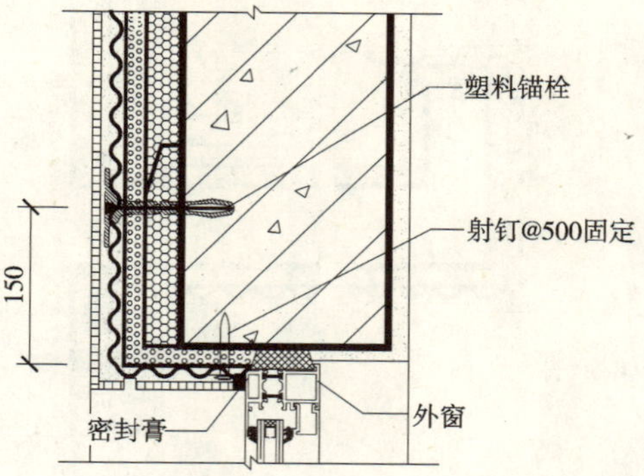

① 窗上口（一）

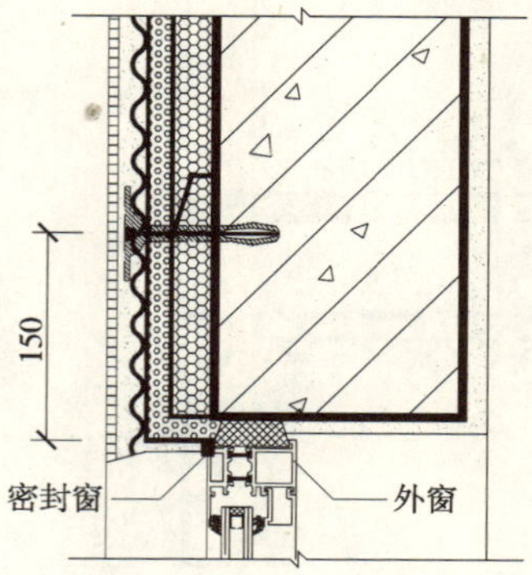

② 窗上口（二）

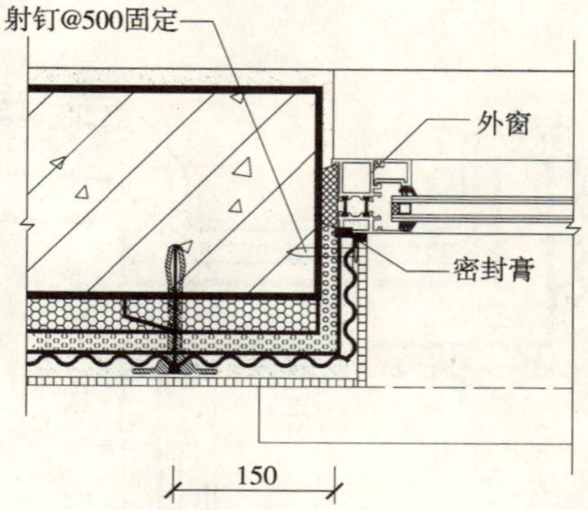

③ 窗侧口（一）

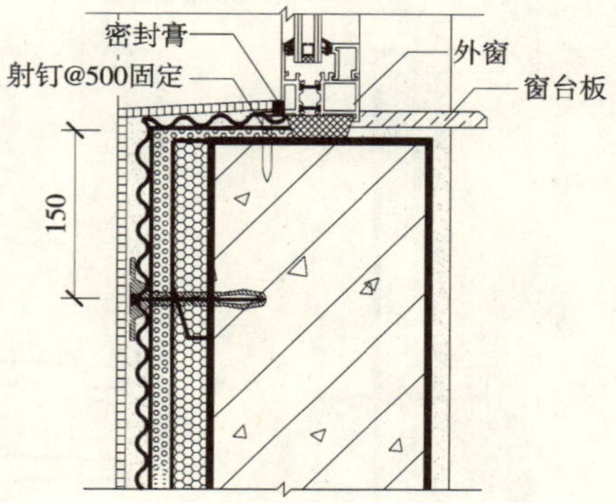

④ 窗下口（一）

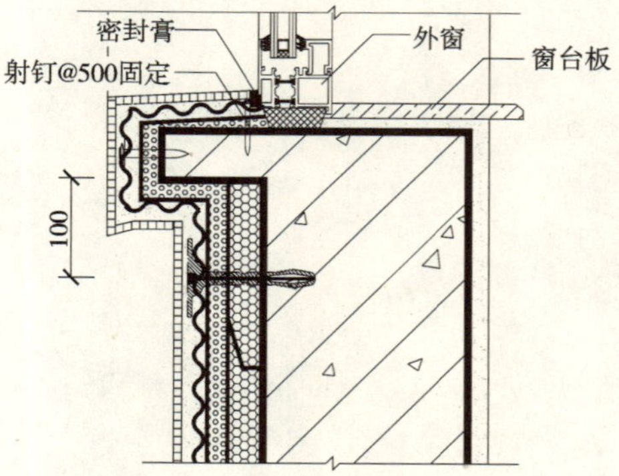

⑤ 窗下口（二）

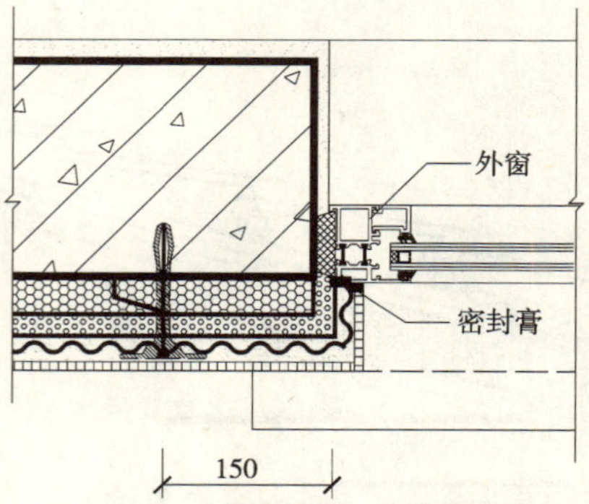

⑥ 窗侧口（二）

注：1. 本图为聚氨酯体系贴面砖外墙窗上口、窗下口、窗侧口构造。
2. 窗口边角部位采用粘贴聚氨酯边角预制块做法，以防止喷涂污染及形成圆角。
3. 窗套挑出长度、宽度详见单体设计。

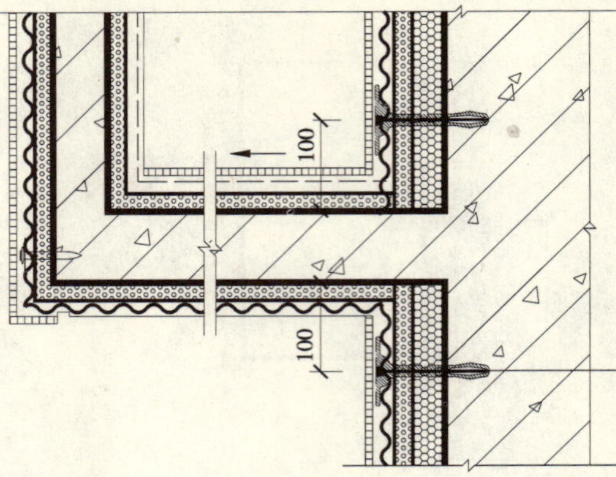

① 阳台（不封闭）

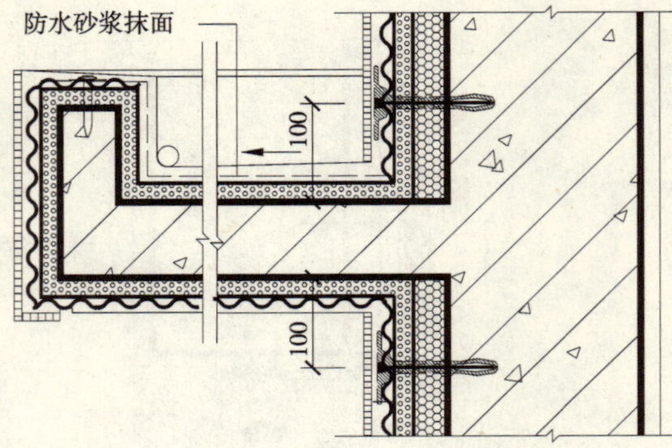

② 雨篷

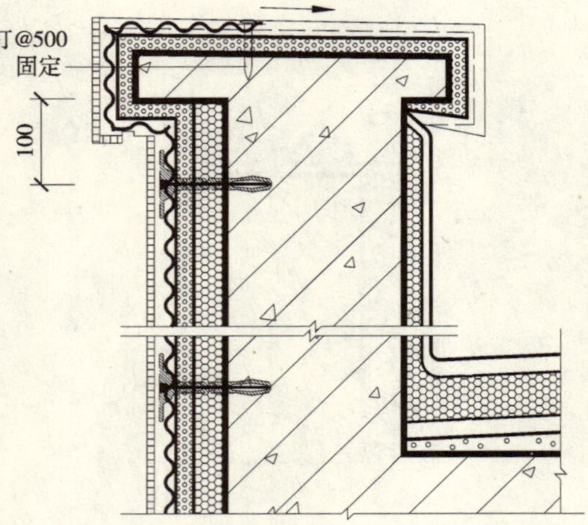

③ 女儿墙

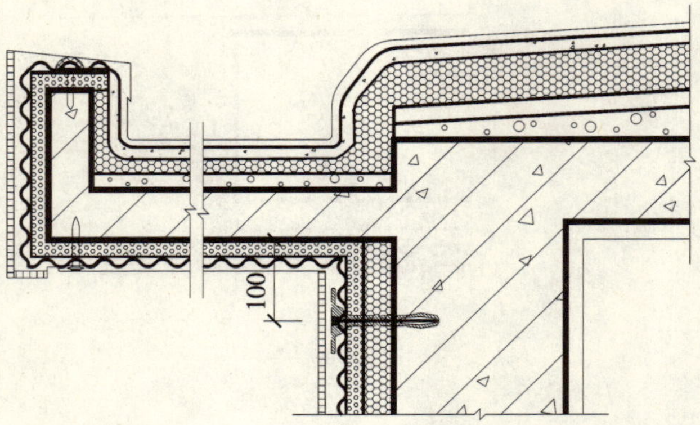

④ 挑檐（一）

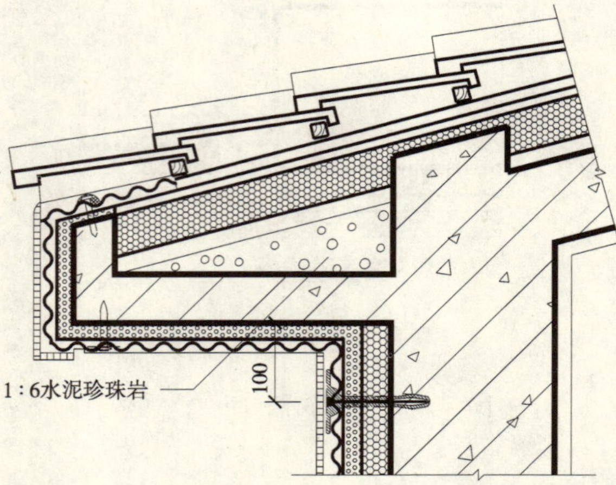

⑤ 挑檐（二）

注: 1. 本图为聚氨酯体系贴面砖外墙阳台、雨篷、女儿墙、挑檐构造。
2. ③节点女儿墙压顶挑出宽度和高度详见单体设计。
3. ④ ⑤节点挑檐挑出宽度详见单体设计。

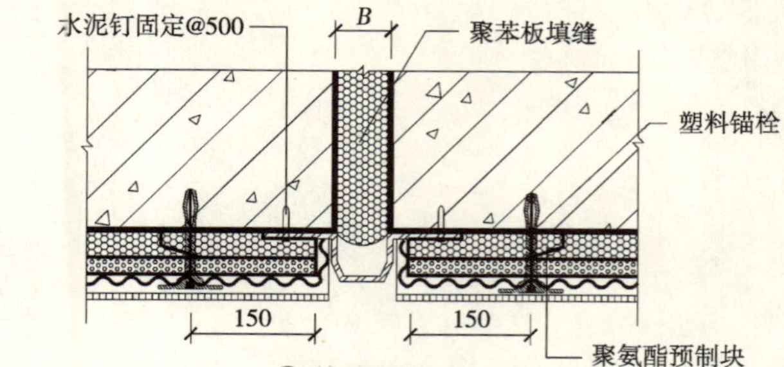

① 伸缩缝(一)

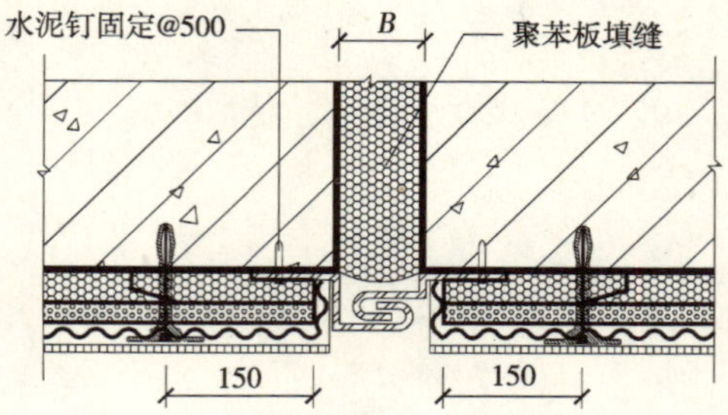

③ 沉降缝、抗震缝(一)

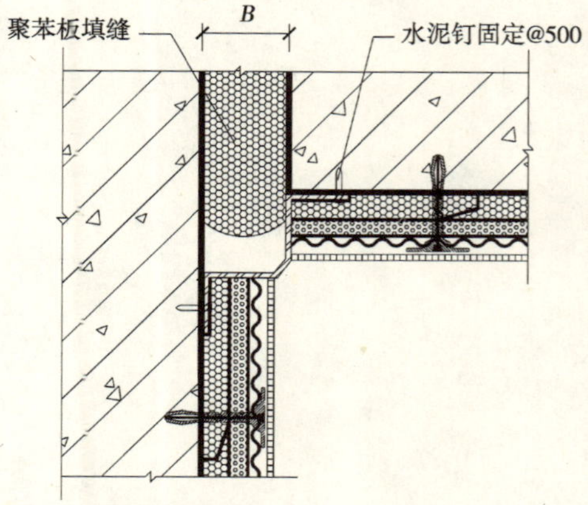

② 伸缩缝(二)

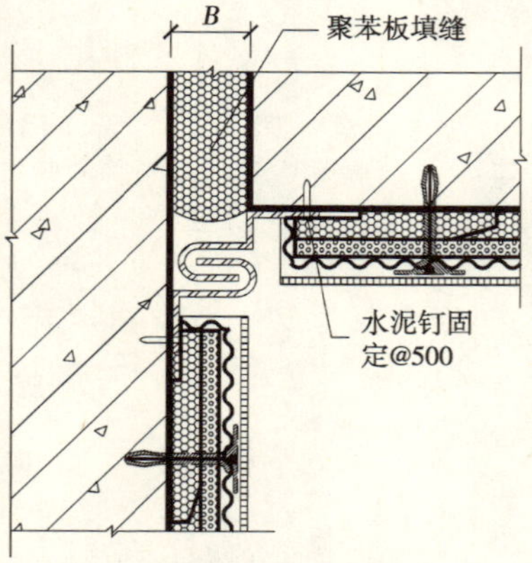

④ 沉降缝、抗震缝(二)

注: 1. 本图为聚氨酯体系贴面砖外墙伸缩缝、沉降缝、抗震缝构造。
2. 变形缝两侧外墙应加强保温，其传热系数限值不应大于1.70W/(m^2·K)。
3. 伸缩缝、沉降缝、抗震缝边角部位采用粘贴聚氨酯边角预制块做法，以防止喷涂时的污染。
4. 变形缝金属盖缝板形式、尺寸及固定参照相关说明。
5.伸缩缝、沉降缝、抗震缝用聚苯板塞紧，填塞深度不小于300mm。

干挂石材外墙构造示意

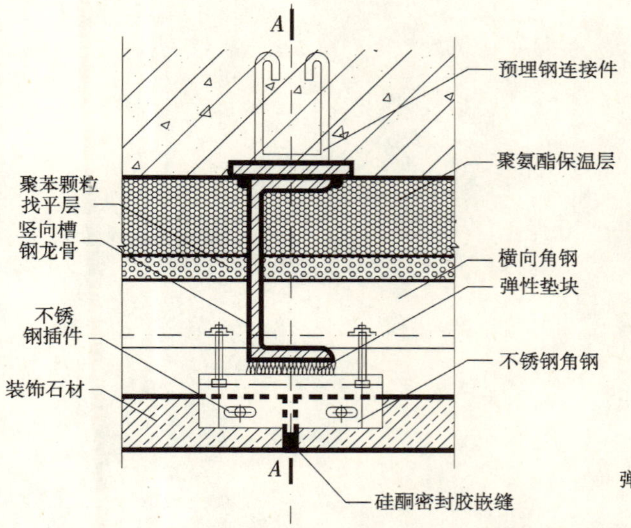

①

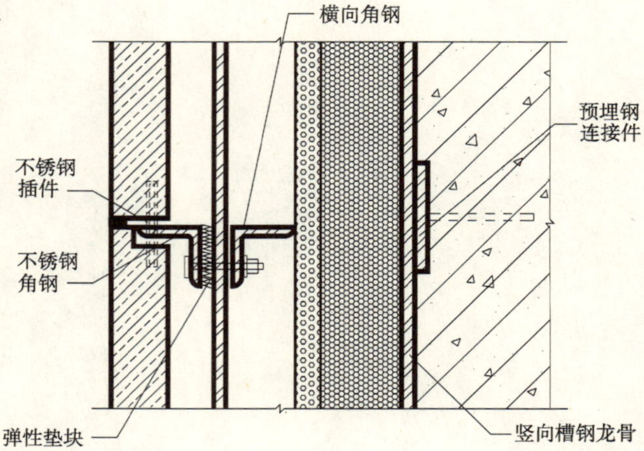

A—A

注：1. 本图为聚氨酯保温层上干挂石材固定及连接件示意，其具体做法详见单体设计。
2. 其他保温体系干挂石材外墙构造可参照使用。

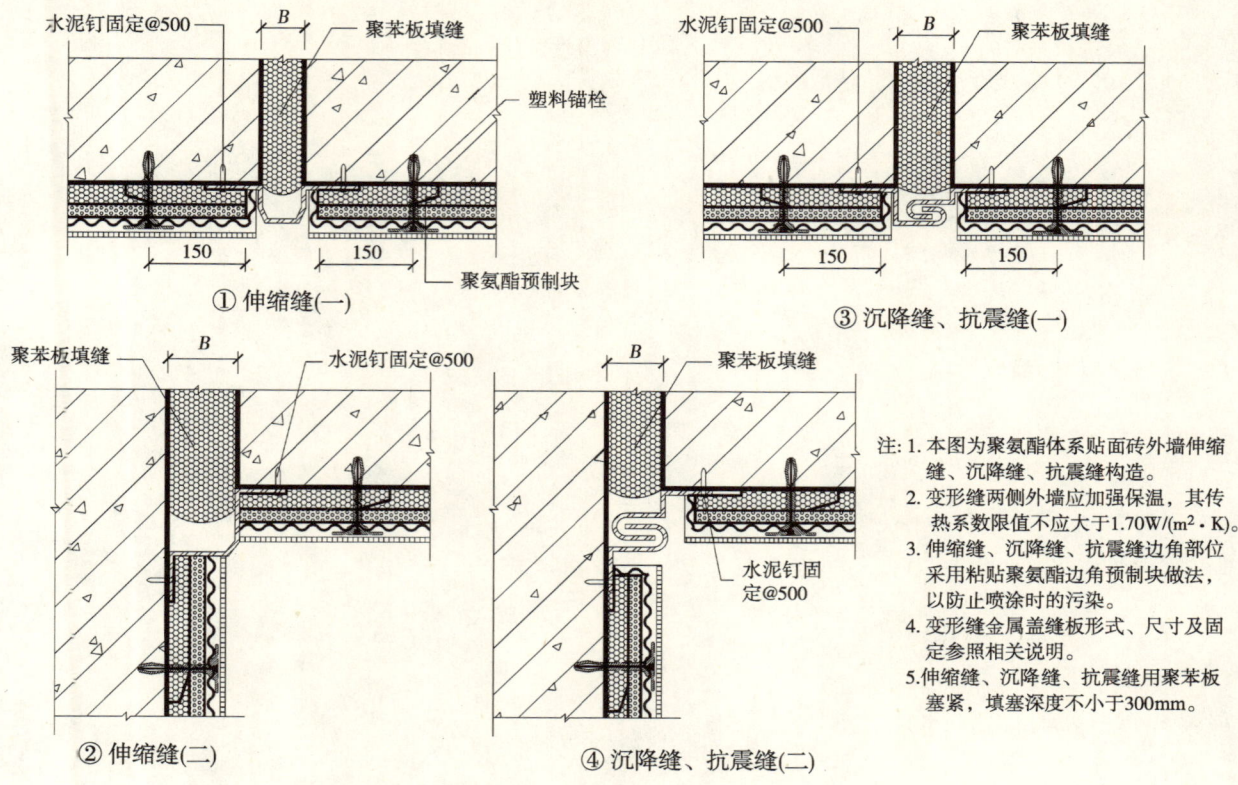

4

B体系贴砌聚苯板（挤塑板）体系构造节点详图

外墙、阴阳角、勒脚构造

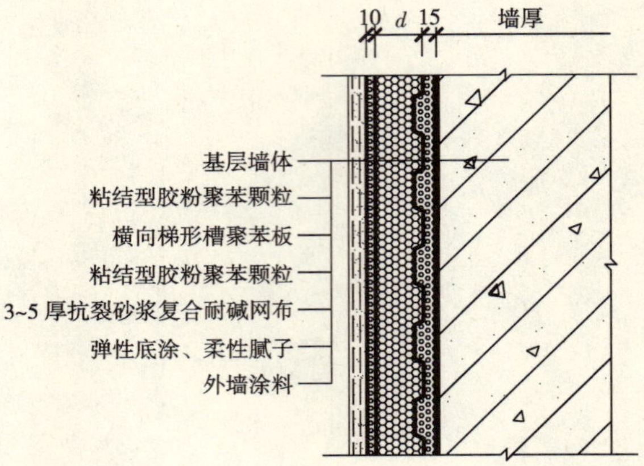

① 涂料外墙

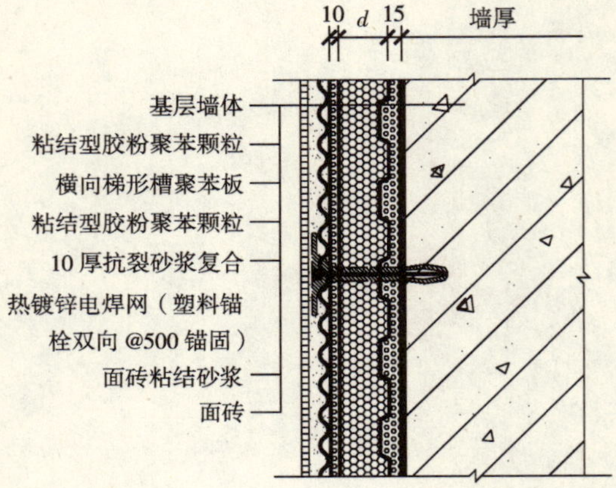

② 贴面砖外墙

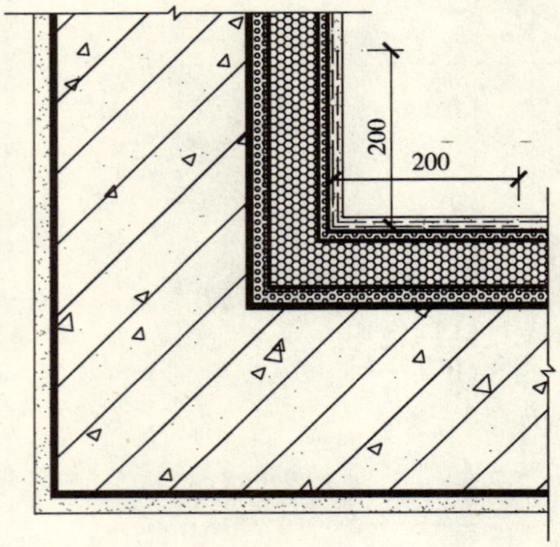

③ 阴角

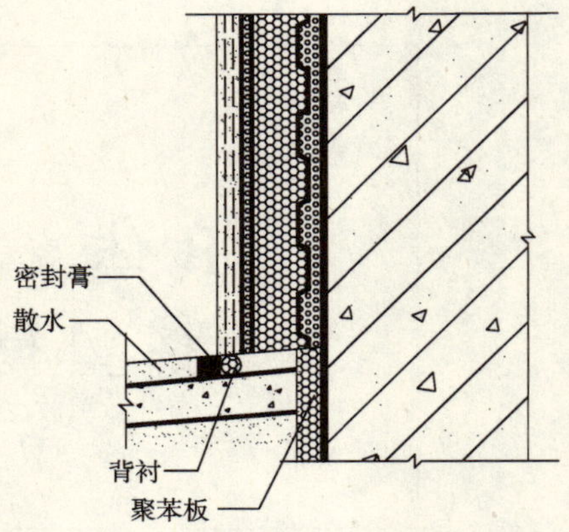

④ 勒脚（一）

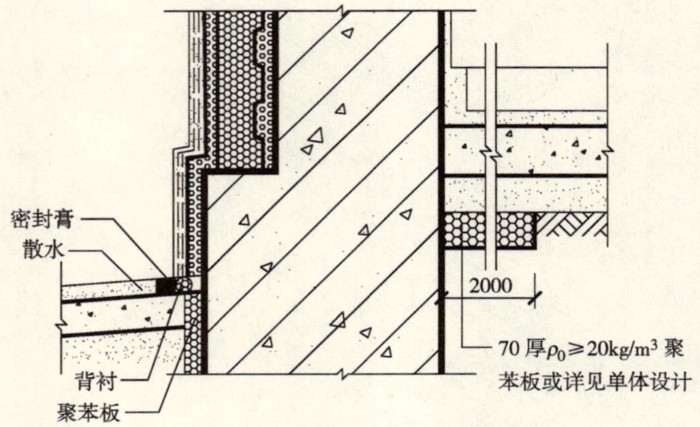

⑤ 勒脚（二）

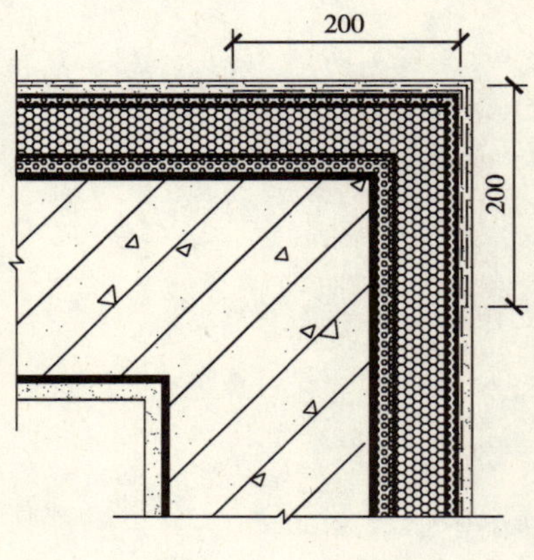

⑥ 阳角

注：1. ①节点为贴砌聚苯板体系涂料外墙标准层构造，建筑首层应为二层耐碱网布。横向梯形槽聚苯板槽型示意参见相关节点。

2. ②节点为贴砌聚苯板体系贴面砖外墙构造。

3. 平整度达标时，聚苯板面的粘结型胶粉聚苯颗粒找平层可省略。

窗口构造

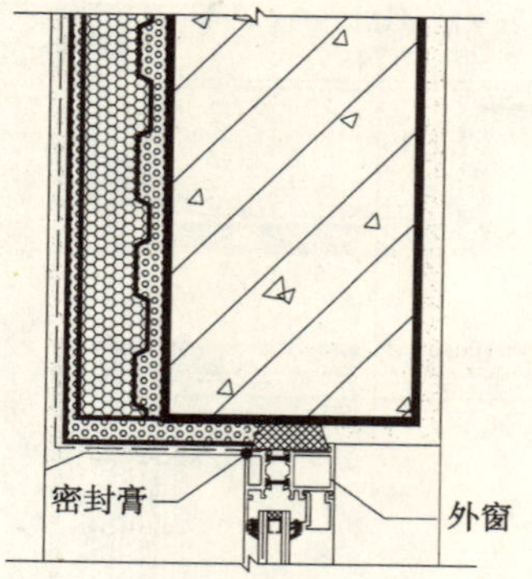

① 窗上口（一）

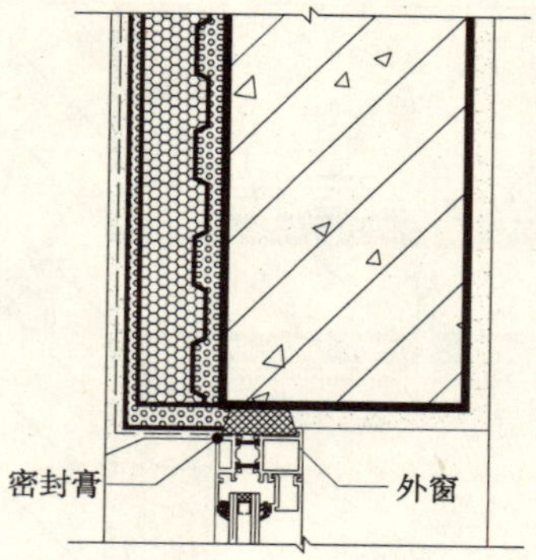

② 窗上口（二）

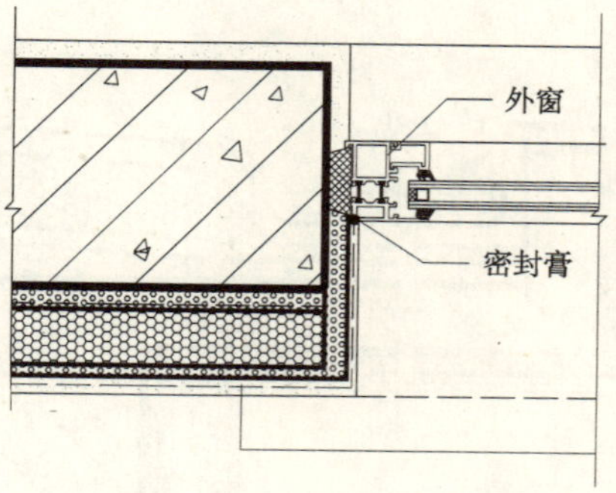

③ 窗侧口（一）

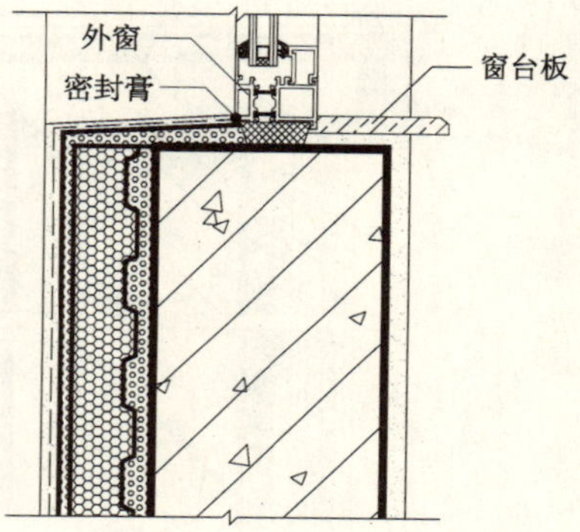

④ 窗下口（一）

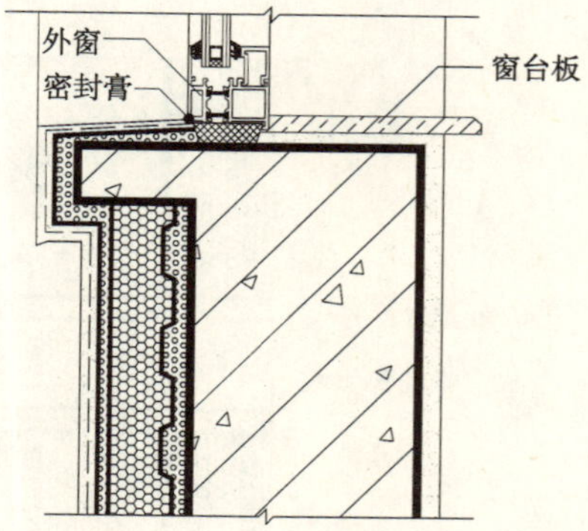

⑤ 窗下口（二）

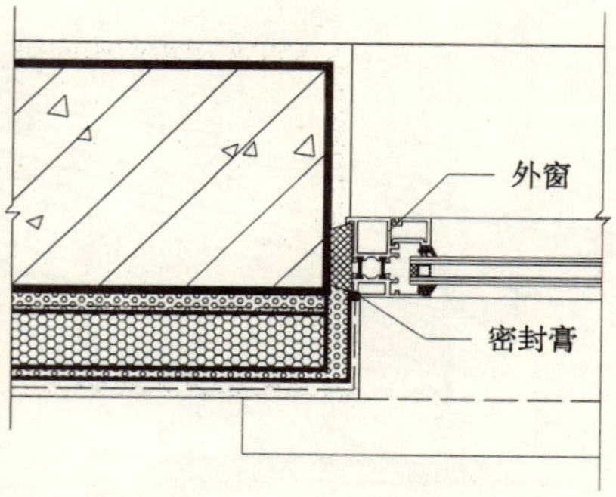

⑥ 窗侧口（二）

注：1. 本图为贴砌聚苯板体系涂料外墙窗上口、窗下口、窗侧口构造。
2. 贴面砖构造做法见相关节点。

阳台、雨篷、女儿墙、挑檐、管道穿墙构造

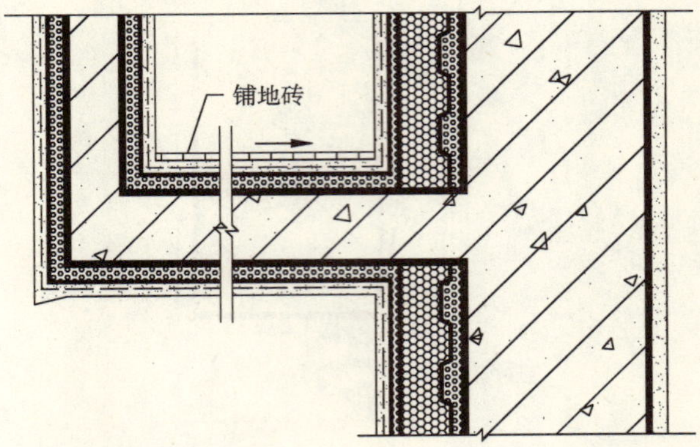

① 阳台（不封闭）

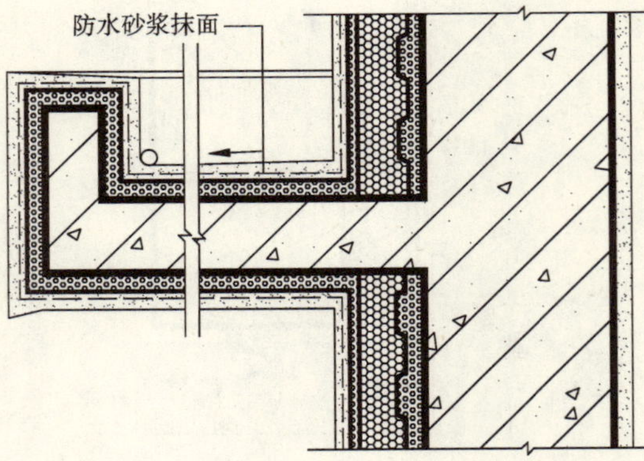

② 雨篷

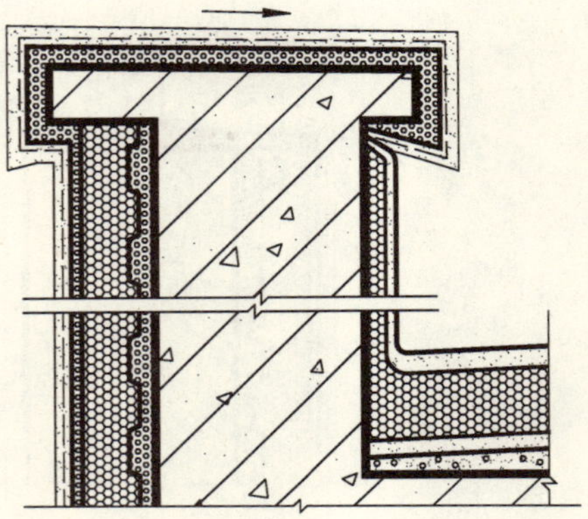

③ 女儿墙

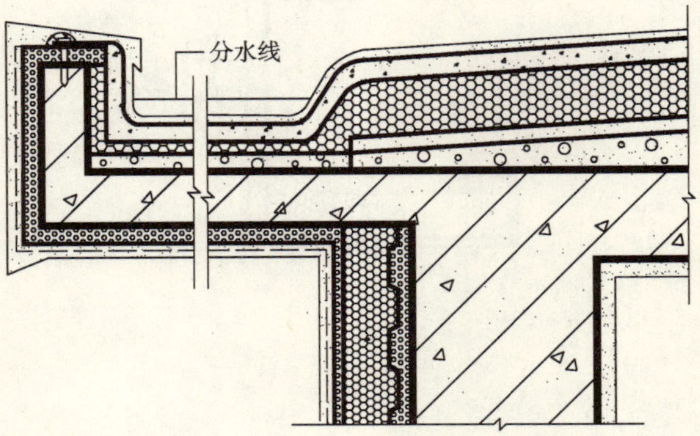

④ 挑檐（一）

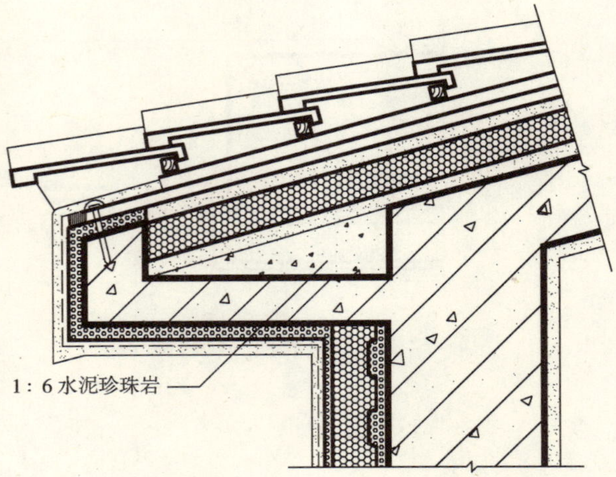

⑤ 挑檐（二）

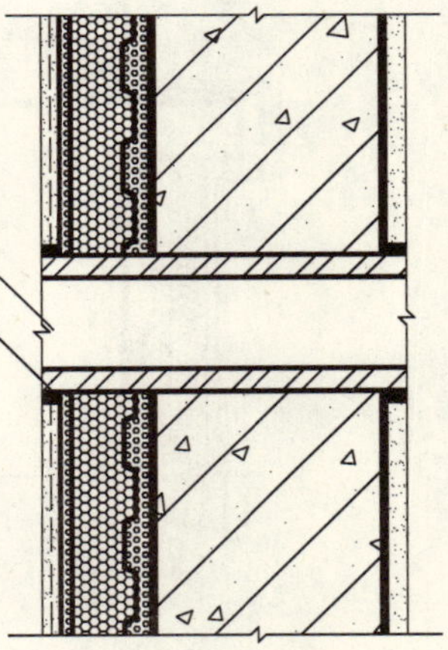

⑥ 管道穿墙

注：1. 本图为贴砌聚苯板体系外墙阳台、雨篷、女儿墙、挑檐、管道穿墙构造。
2. 挑檐挑出宽度详见单体设计。

伸缩缝、沉降缝、抗震缝构造

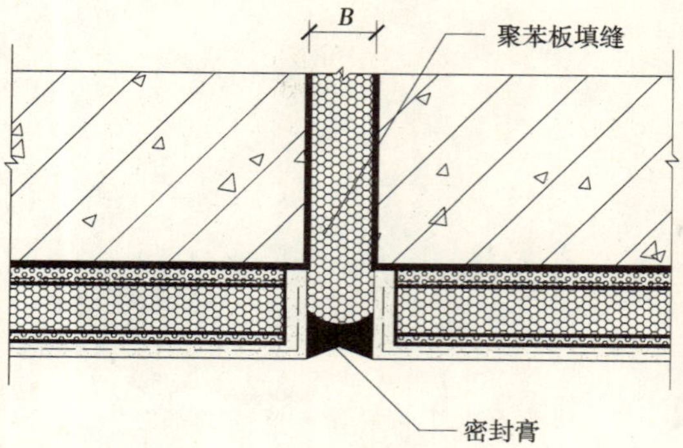

① 伸缩缝（一）

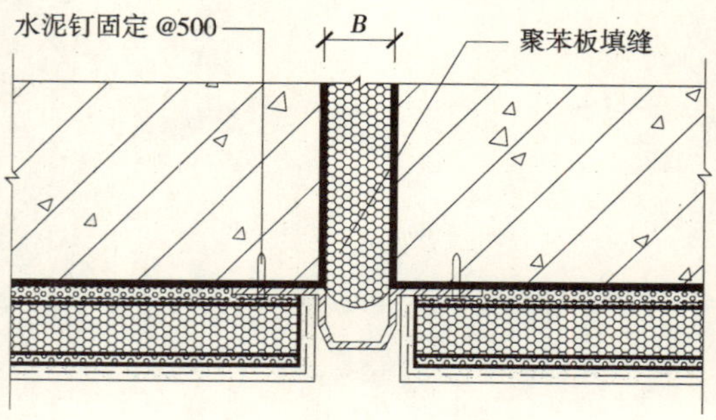

② 伸缩缝（二）

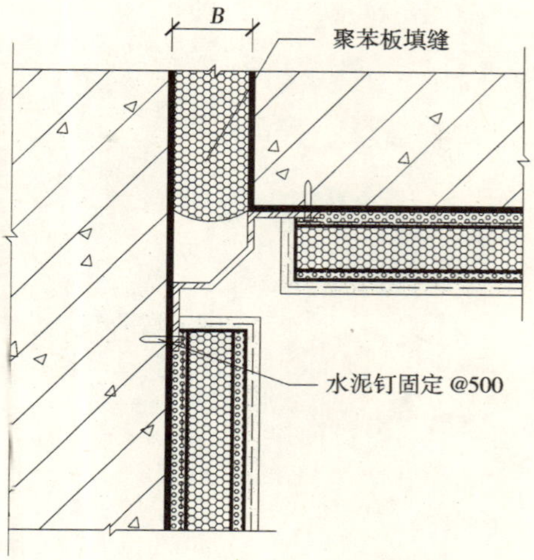

③ 伸缩缝（三）

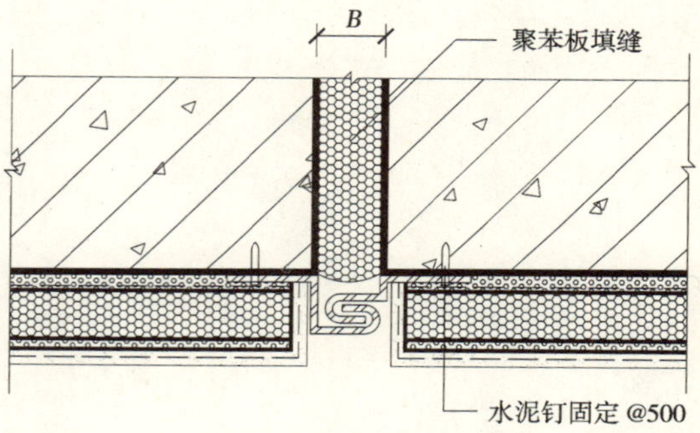

④ 沉降缝、抗震缝（一）

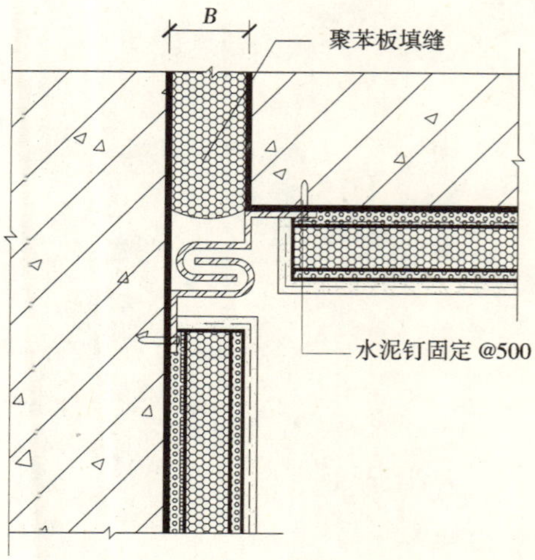

⑤ 沉降缝、抗震缝（二）

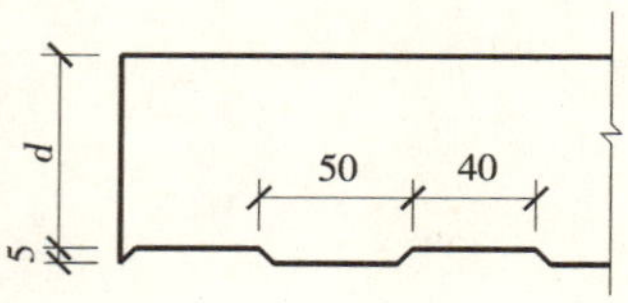

⑥ 聚苯板槽型示意

注：1. 变形缝两侧外墙应加强保温，其传热系数限值不应大于1.70W/(m²·K)。
2. 变形缝金属盖缝板形式、尺寸及固定参照相关说明。
3. 伸缩缝、沉降缝、抗震缝用聚苯板塞紧，填塞深度不小于300。

5

C体系（现浇无网聚苯板体系）构造节点详图

外墙、阴阳角、勒脚构造

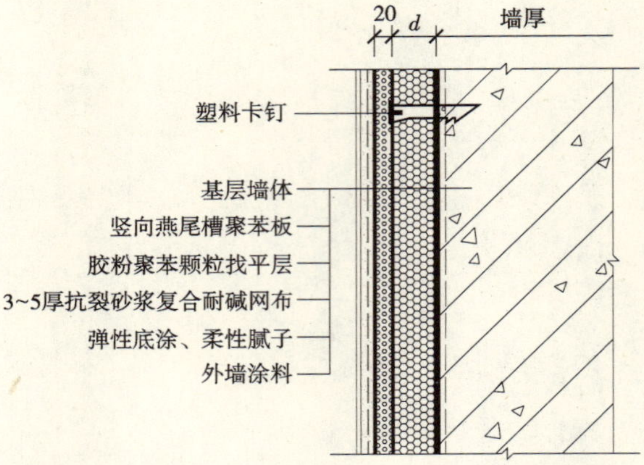

① 涂料外墙

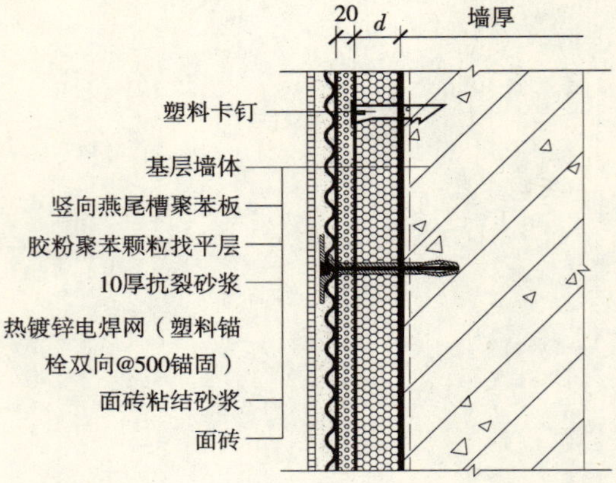

② 贴面砖外墙

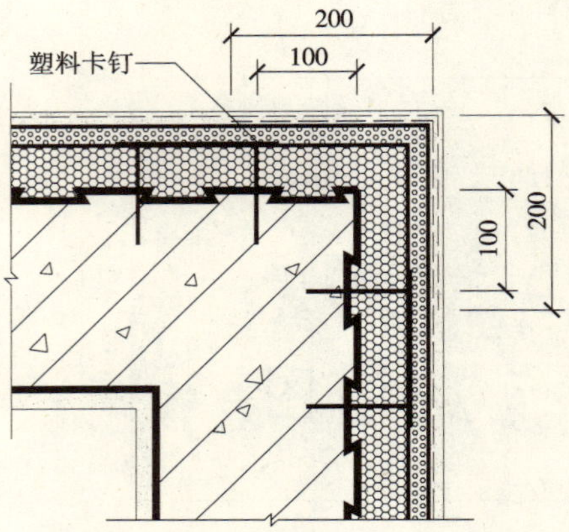

③ 阳角

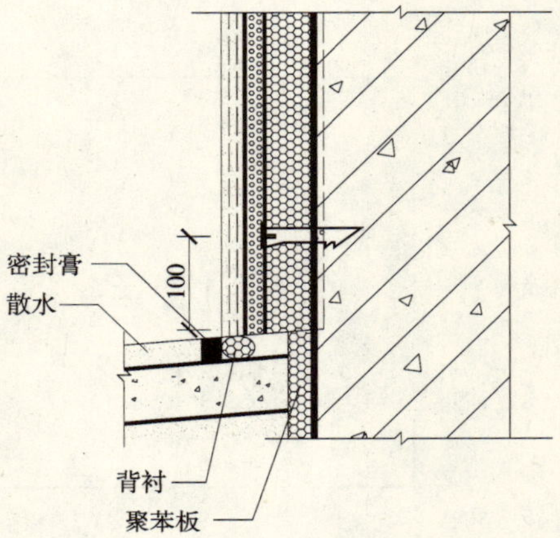

④ 勒脚（一）

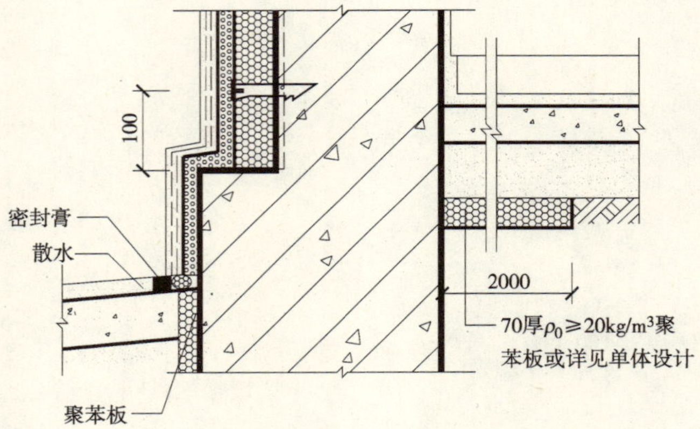

⑤ 勒脚（二）

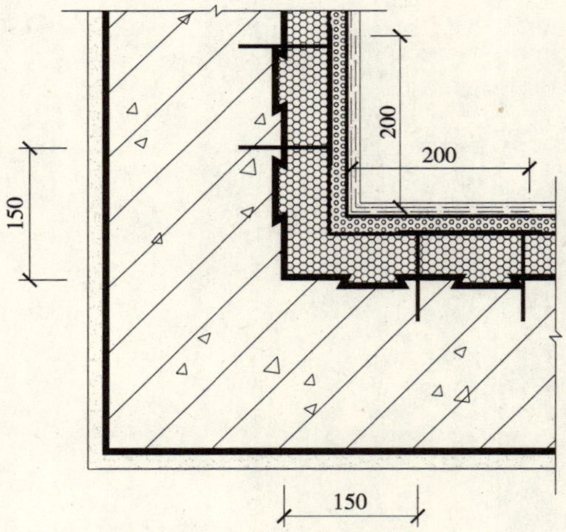

⑥ 阴角

注：1. ①节点为现浇无网聚苯板体系涂料外墙标准层构造，建筑首层应为二层耐碱网布。塑料卡钉按梅花型布置，间距为600。

2. ②节点为现浇无网聚苯板体系贴面砖外墙构造。

3. 竖向燕尾槽聚苯板的板型示意及塑料卡钉详图参见单体设计。

窗口构造

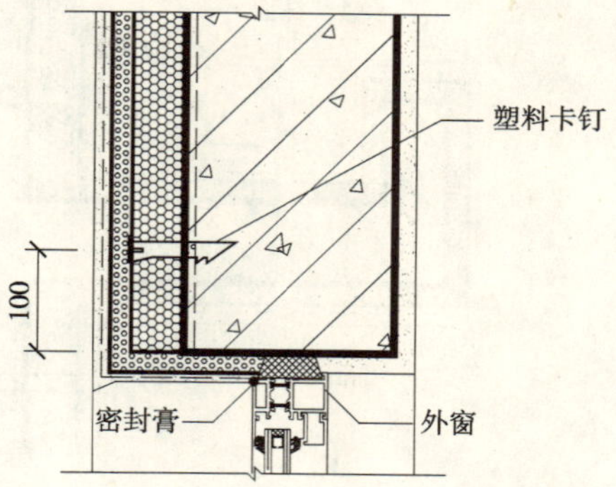

①窗上口（一）

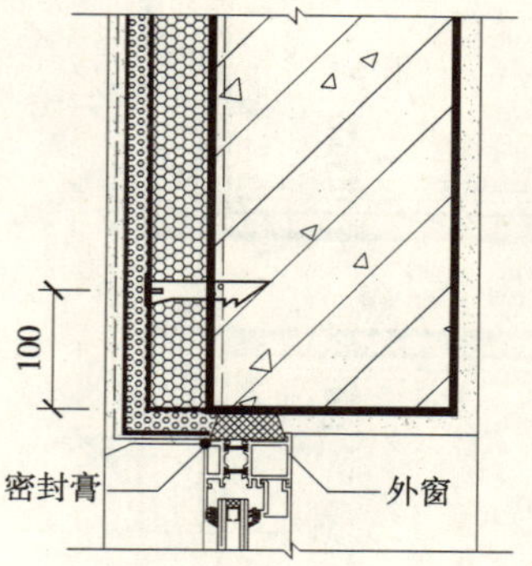

②窗上口（二）

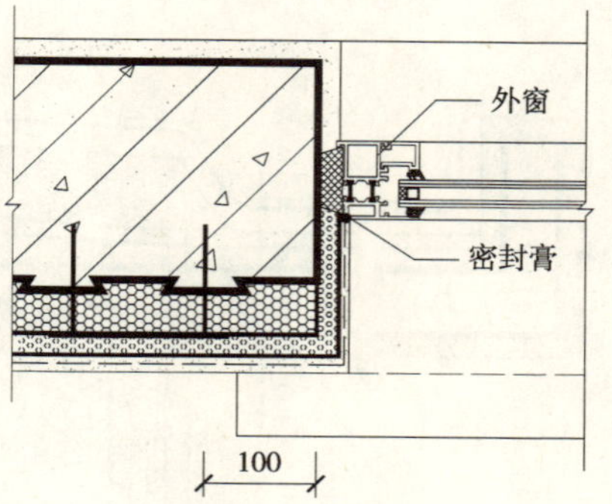

③窗侧口（一）

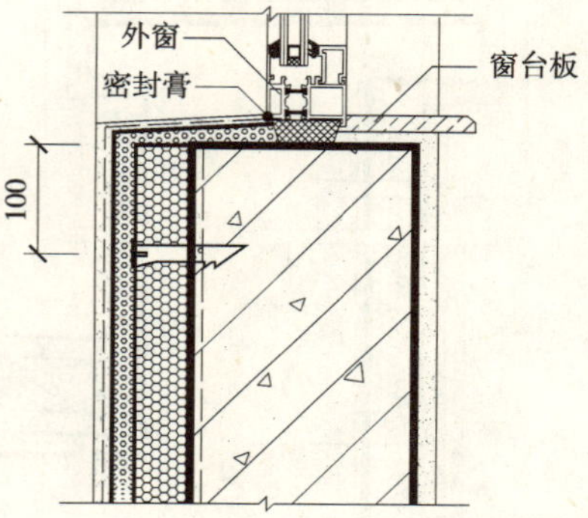

④窗下口（一）

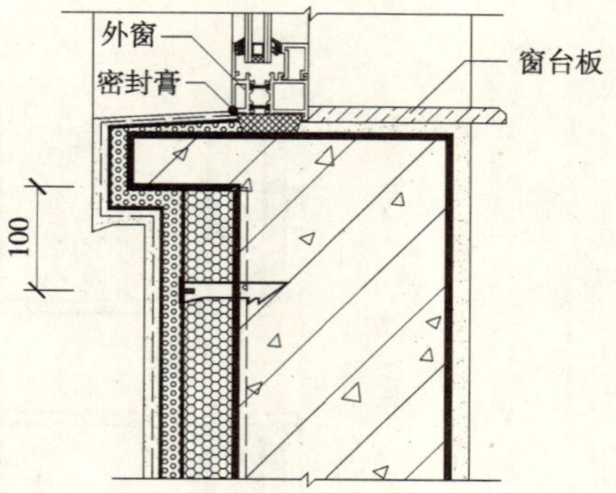

⑤窗下口（二）

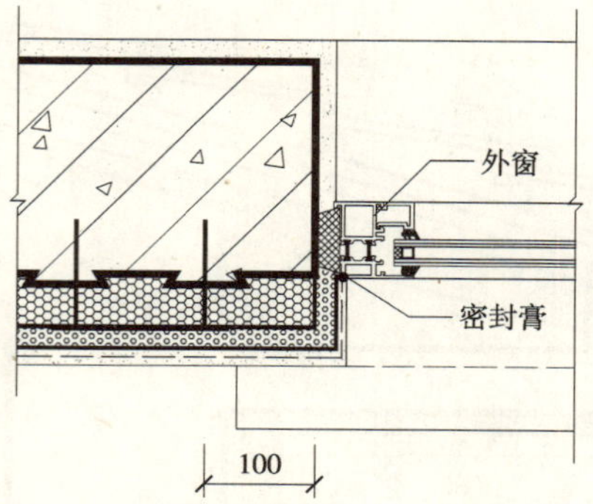

⑥窗侧口（二）

注：本图为现浇无网聚苯板体系涂料外墙窗口构造，贴面砖构造做法见相关节点。

阳台、雨篷、女儿墙、挑檐、管道穿墙构造

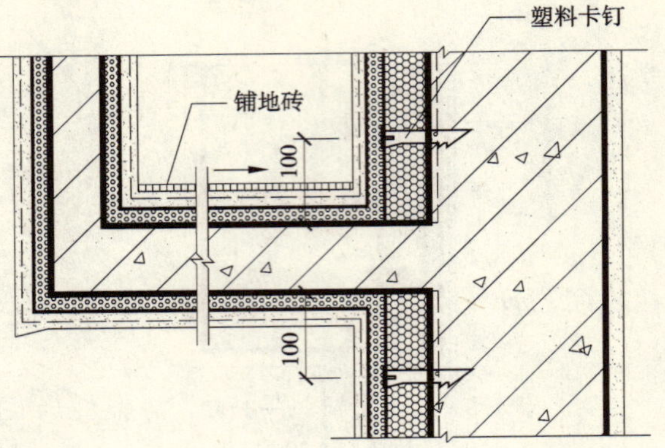

① 阳台（不封闭）

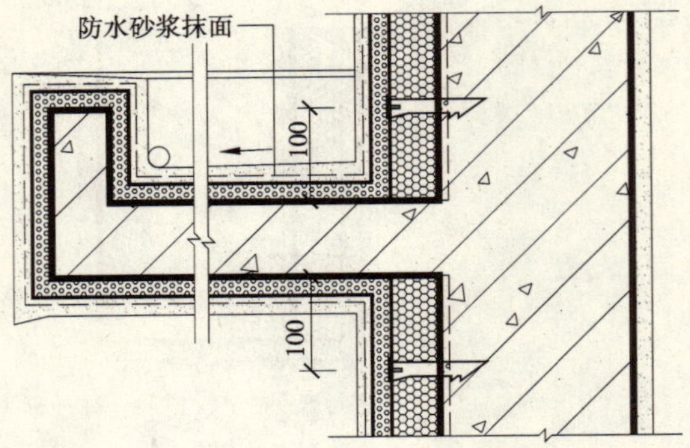

② 雨篷

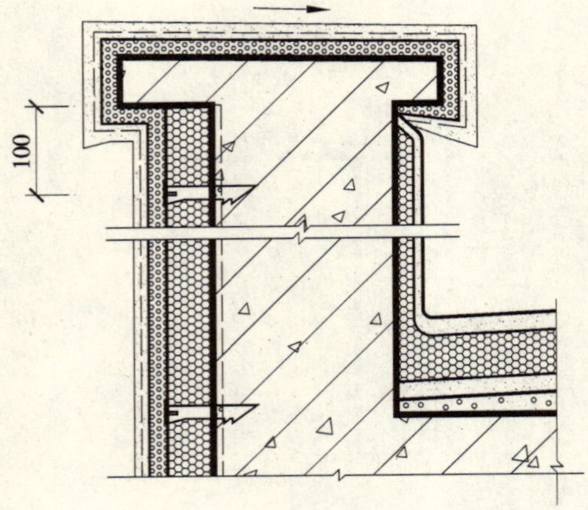

③ 女儿墙

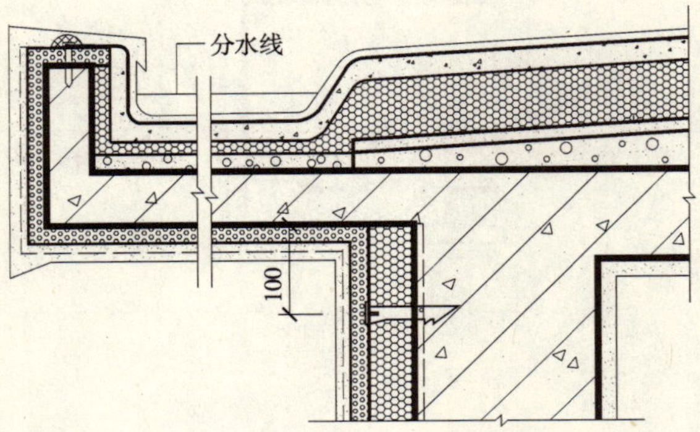

④ 挑檐（一）

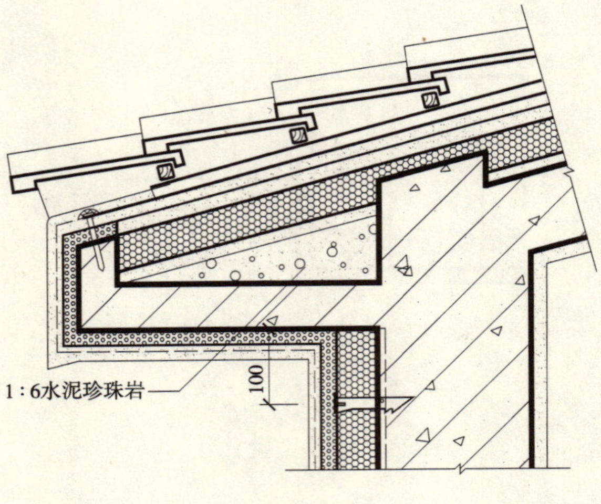

⑤ 挑檐（二）

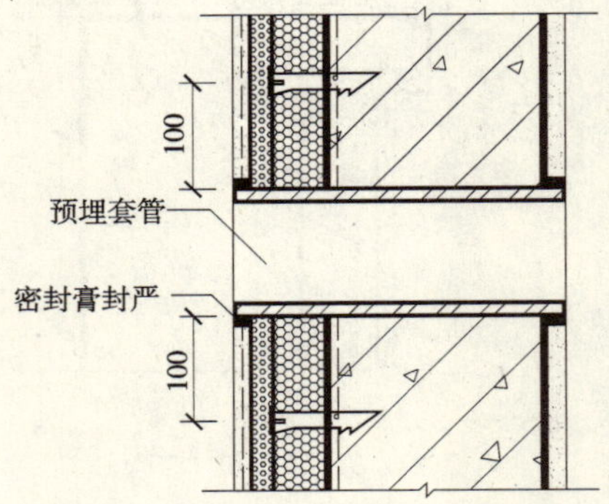

⑥ 管道穿墙

注：1. 本图为现浇无网聚苯板体系涂料外墙阳台、雨篷、女儿墙、挑檐、管道穿墙构造，贴面砖构造做法见相关节点。
2. 挑檐挑出宽度详见单体设计。

伸缩缝、沉降缝、抗震缝构造

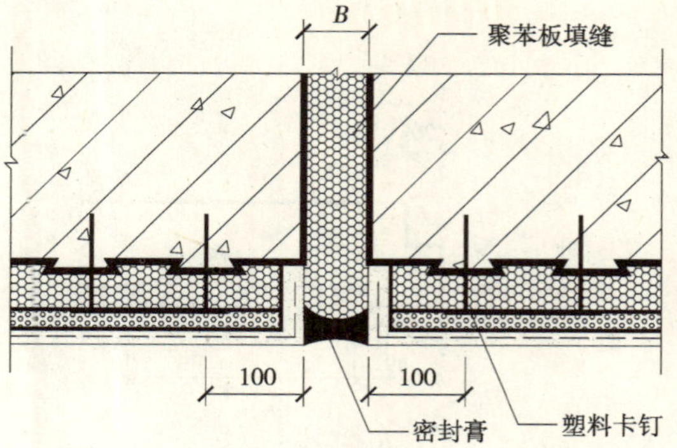

① 伸缩缝（一）

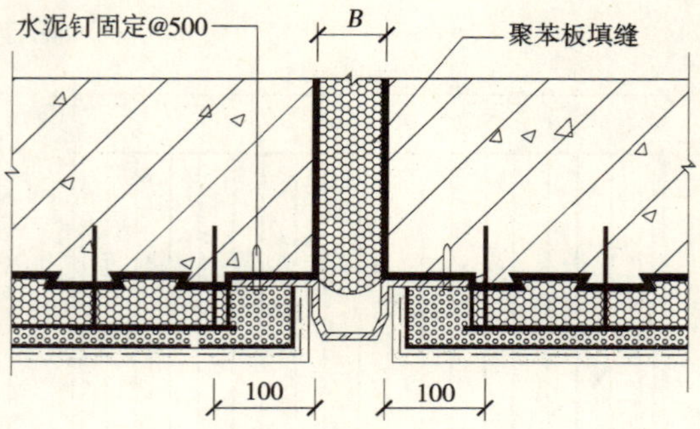

② 伸缩缝（二）

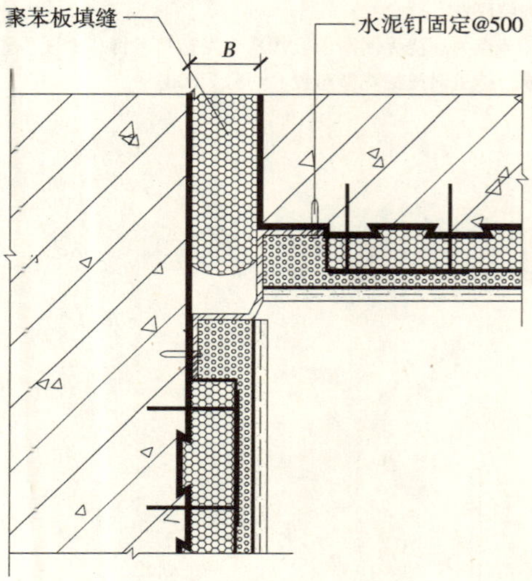

③ 伸缩缝（三）

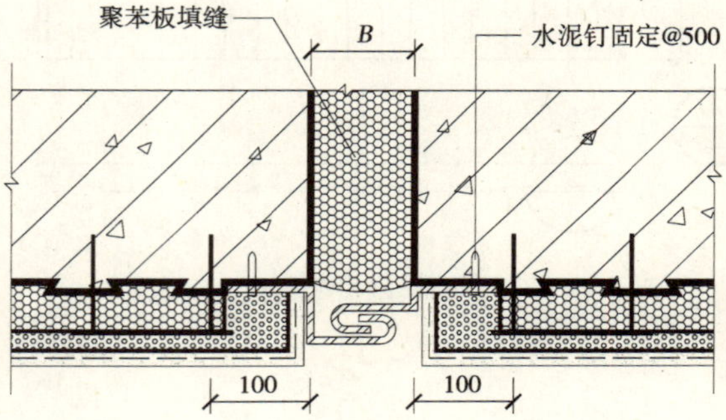

④ 沉降缝、抗震缝（一）

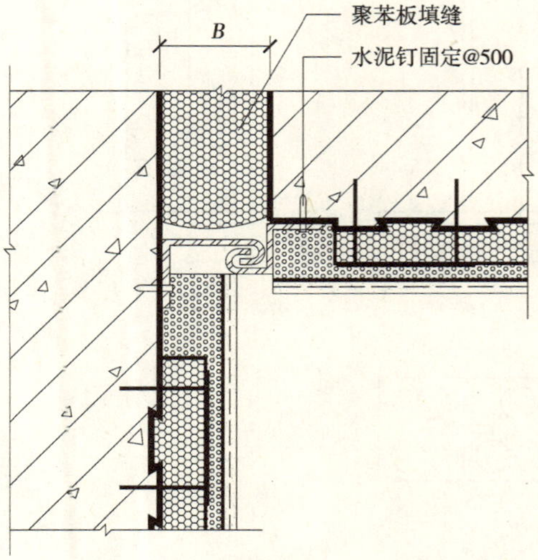

⑤ 沉降缝、抗震缝（二）

注：1. 本图为现浇无网聚苯板体系涂料外墙伸缩缝、沉降缝、抗震缝构造，贴面砖构造做法见相关节点。
2. 变形缝两侧外墙应加强保温，其传热系数限值不应大于1.70W/(m^2·K)。
3. 变形缝金属盖缝板形式、尺寸及固定参照相关说明。
4. 伸缩缝、沉降缝、抗震缝用聚苯板塞紧，填塞深度不小于300。

竖向燕尾槽聚苯板板型及塑料卡钉

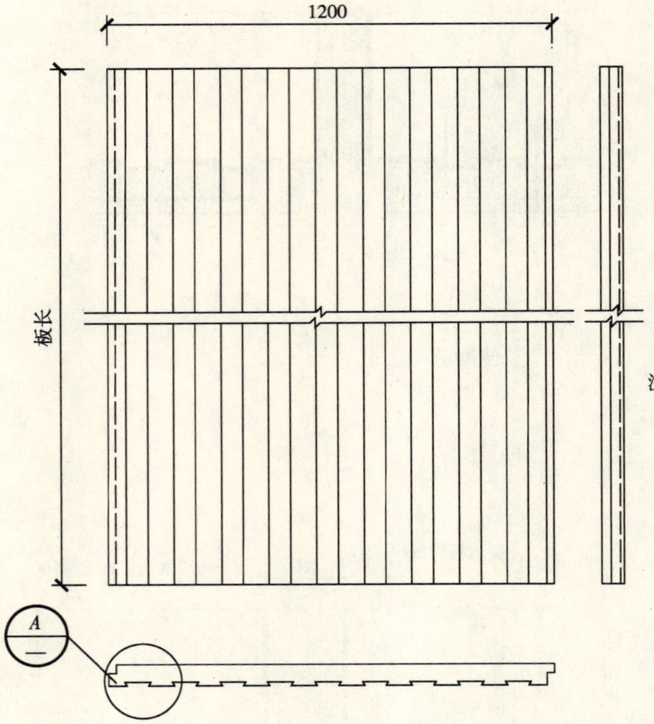

① 竖向燕尾聚苯板板型示意

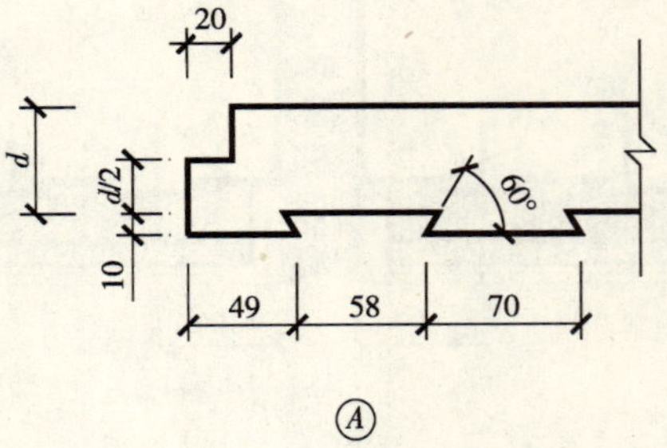

注：1. ①节点为竖向燕尾槽聚苯板板型示意，板长按层高进行设计，聚苯板双面均要用界面砂浆进行处理。燕尾槽厚度不计入结构层厚度。

2. ②节点为现浇无网聚苯板体系专用塑料卡钉，由硬质塑料制成，施工时按梅花型布置，间距为600。

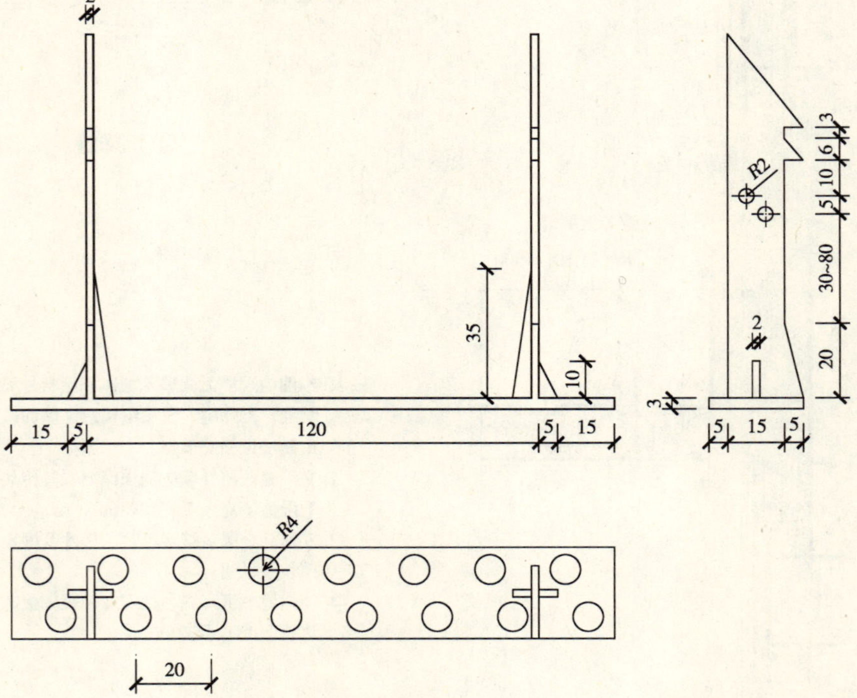

② 塑料卡钉

6

D体系（现浇有网聚苯板体系）构造节点详图

外墙、阴阳角、勒脚构造

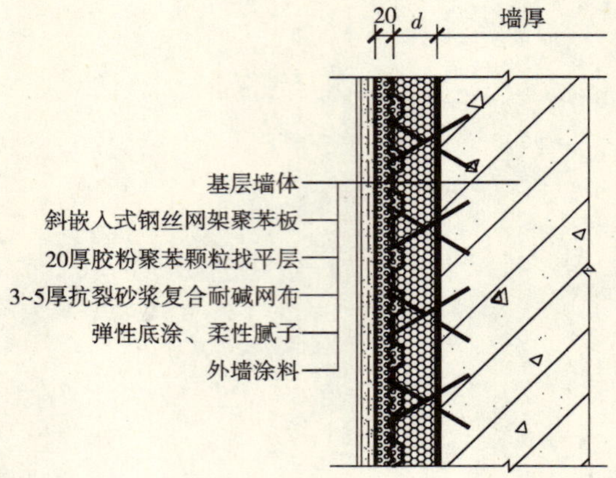

① 涂料外墙

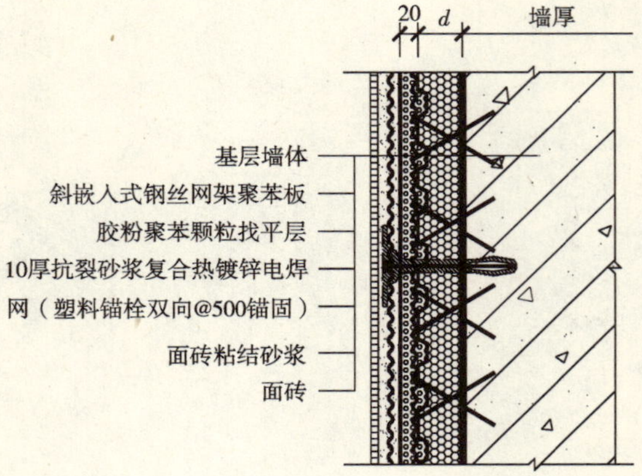

② 贴面砖外墙

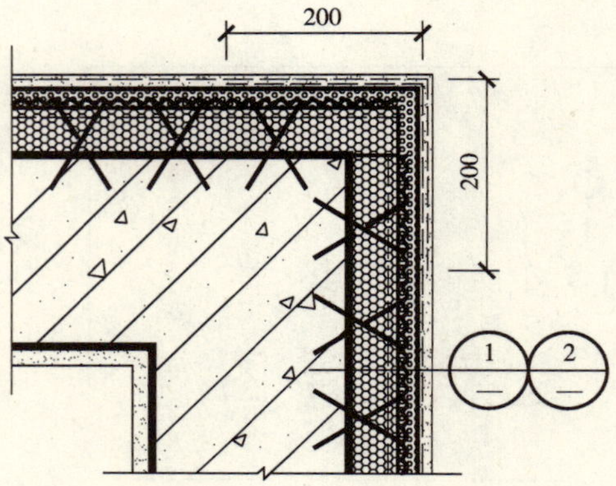

③ 阳角

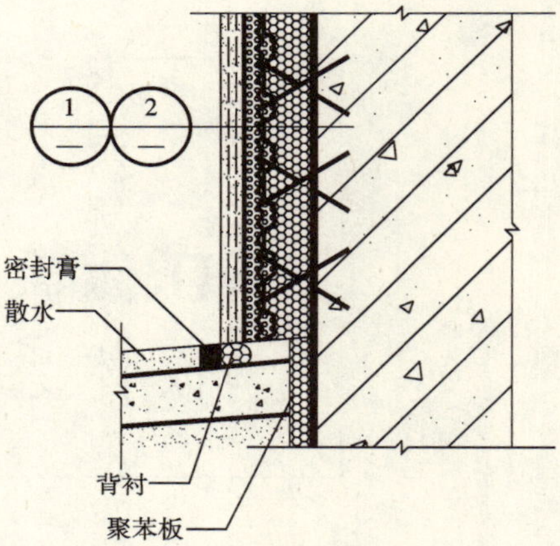

④ 勒脚（一）

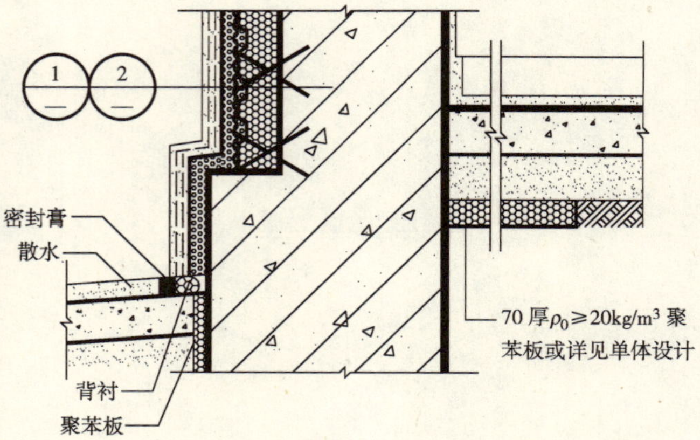

⑤ 勒脚（二）

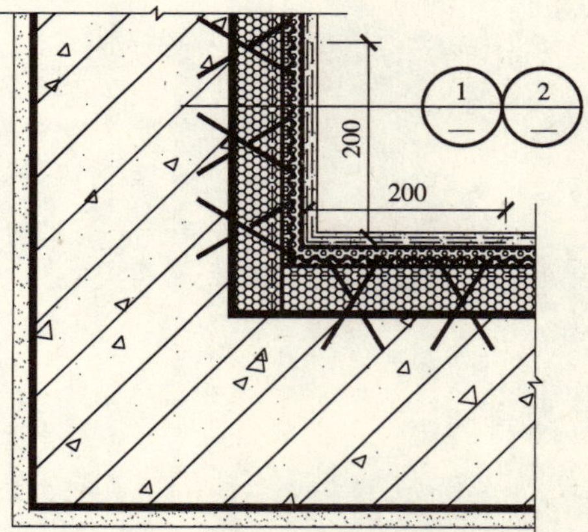

⑥ 阴角

注：1. ①节点为现浇有网聚苯板体系涂料外墙标准层构造，建筑首层应为二层耐碱网布。

2. ②节点为现浇有网聚苯板体系贴面砖外墙构造做法。

窗口构造

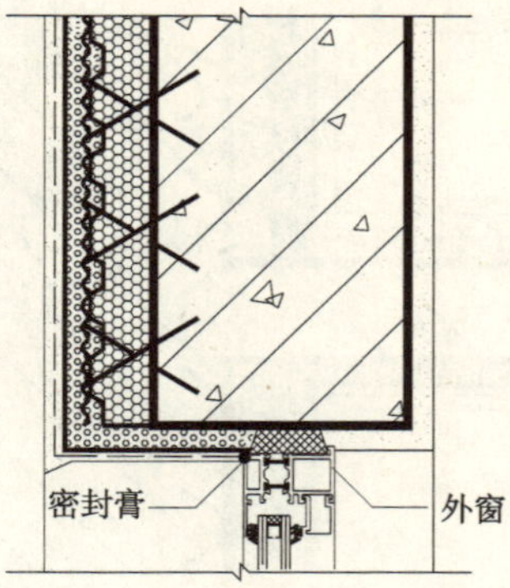

① 窗上口（一）

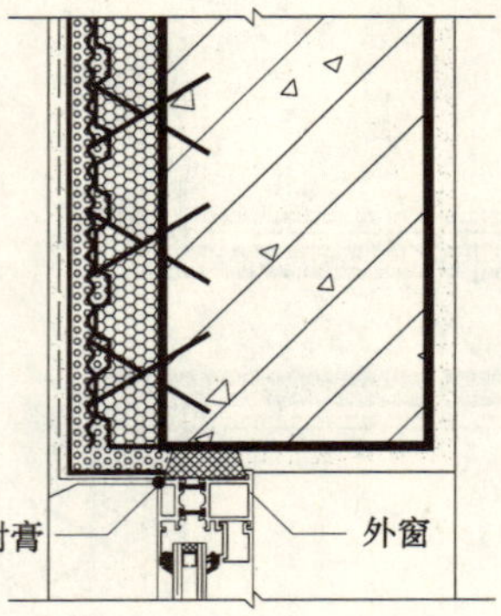

② 窗上口（二）

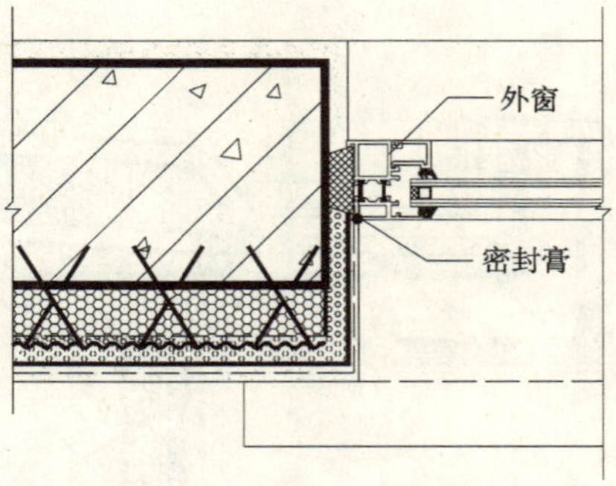

③ 窗侧口（一）

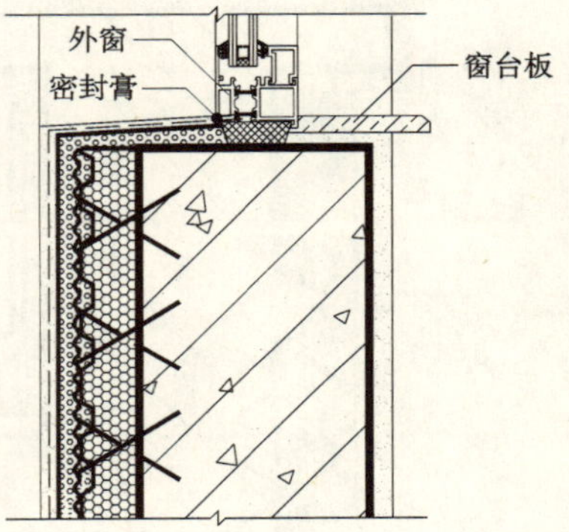

④ 窗下口（一）

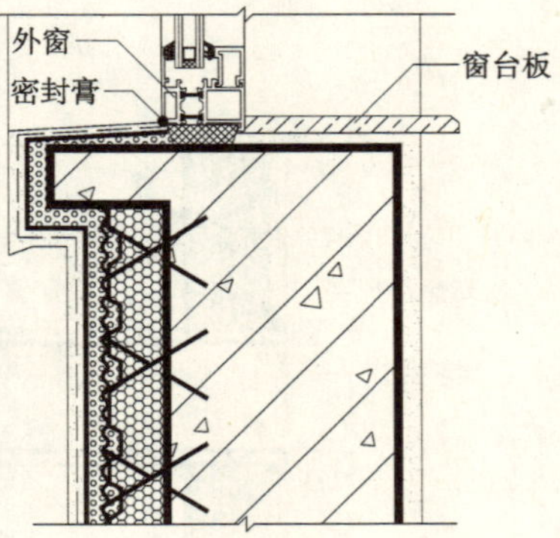

⑤ 窗下口（二）

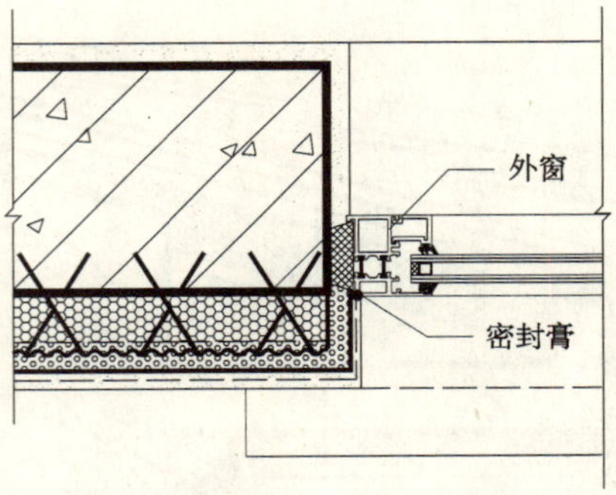

⑥ 窗侧口（二）

注：本图为现浇有网聚苯板涂料外墙窗口构造，贴面砖构造做法见相关节点。

阳台、雨篷、女儿墙、挑檐、管道穿墙构造

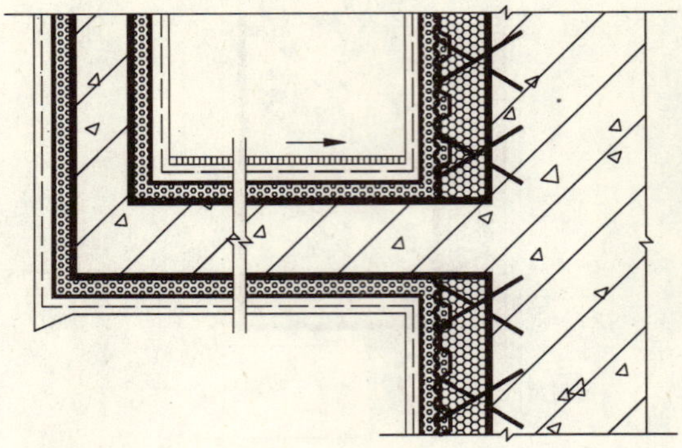

① 阳台（不封闭）

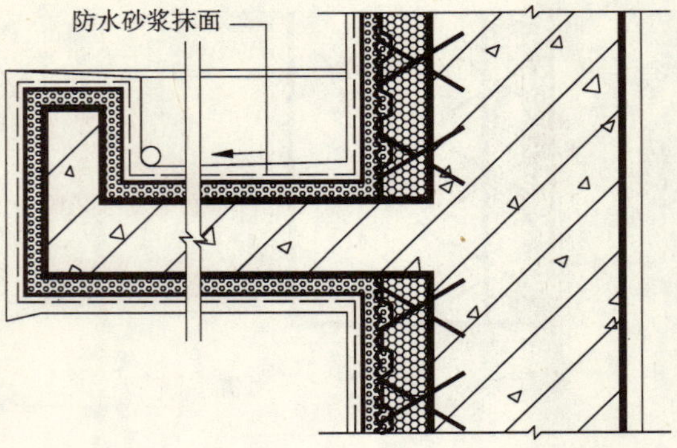

② 雨篷

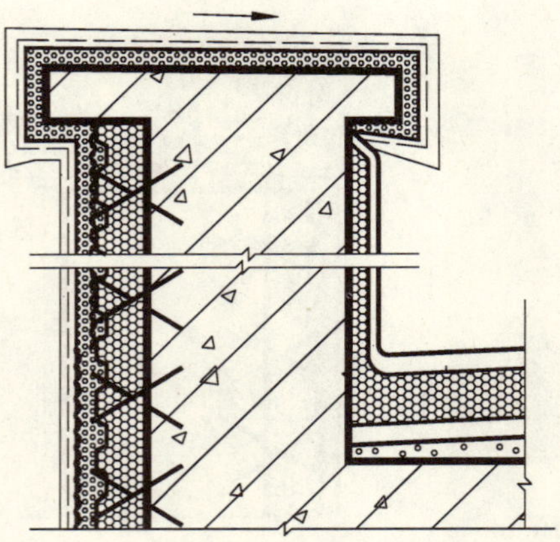

③ 女儿墙

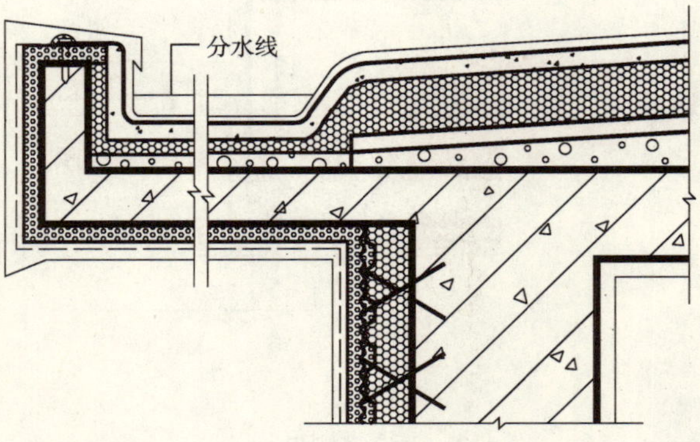

④ 挑檐（一）

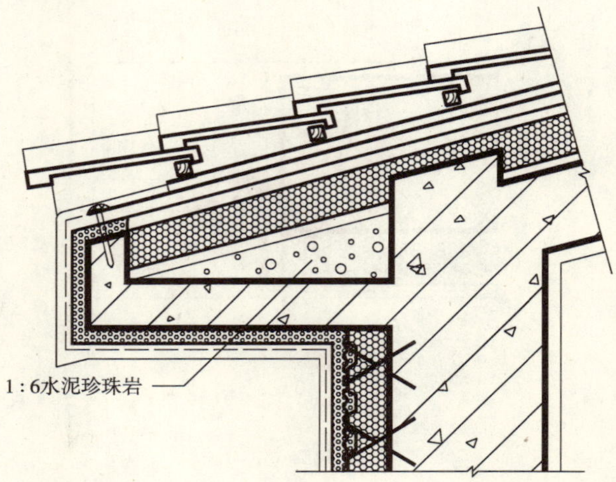

⑤ 挑檐（二）

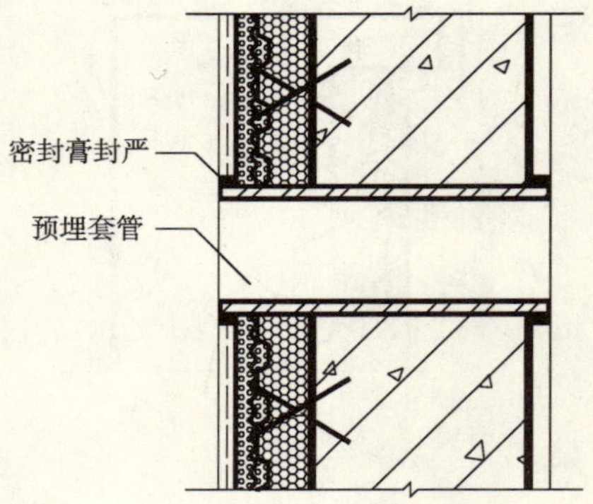

⑥ 管道穿墙

注：1. 本图为现浇有网聚苯板涂料外墙阳台、雨篷、女儿墙、挑檐、管道穿墙构造，贴面砖构造做法见相关节点。
2. 挑檐挑出宽度详见单体设计。

伸缩缝、沉降缝、抗震缝构造

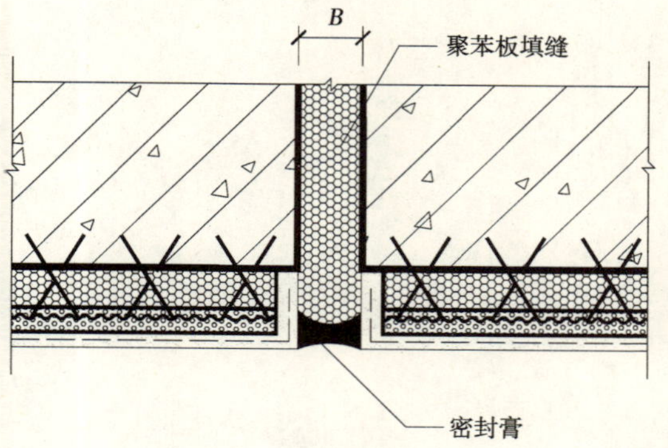

① 伸缩缝（一）

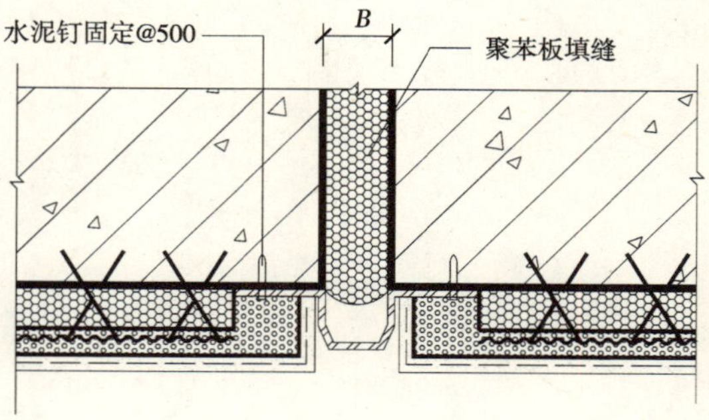

② 伸缩缝（二）

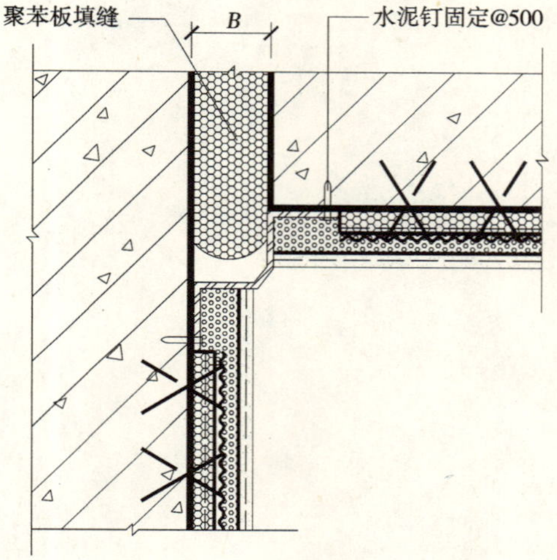

③ 伸缩缝（三）

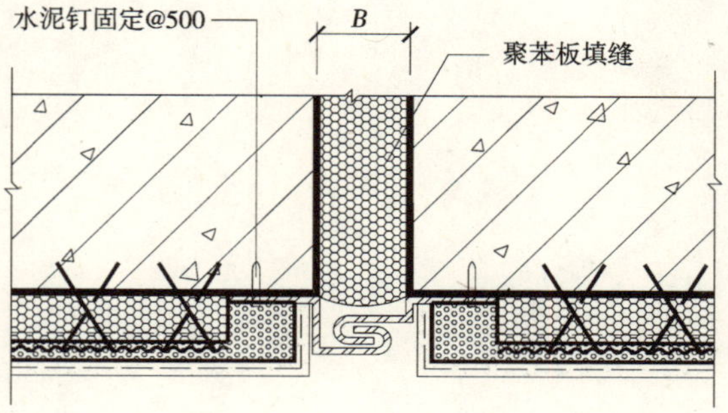

④ 沉降缝、抗震缝（一）

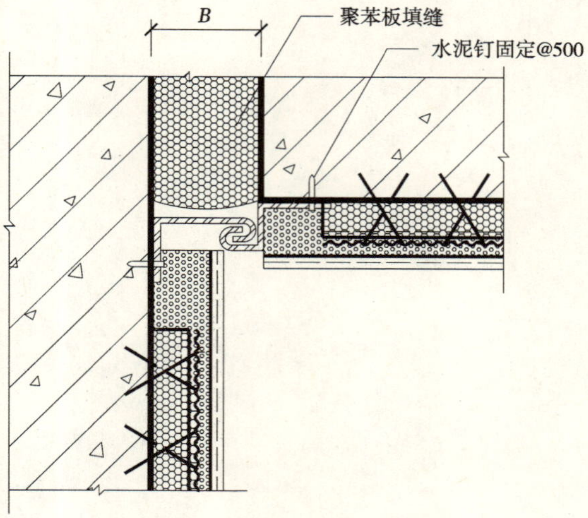

⑤ 沉降缝、抗震缝（二）

注：1. 本图为现浇有网聚苯板体系涂料外墙伸缩缝、沉降缝、抗震缝构造。贴面砖构造做法见相关节点。
2. 变形缝两侧外墙应加强保温,其传热系数限值不应大于1.70[W/(m^2·K)]。
3. 变形缝金属盖缝板形式、尺寸及固定参照相关说明。
4. 伸缩逢、沉降缝、抗震缝用聚苯板塞紧，填塞深度不小于300mm。

7

E体系（粘贴聚苯板体系）构造节点详图

聚苯板胶粘剂布点及聚苯板排板示意

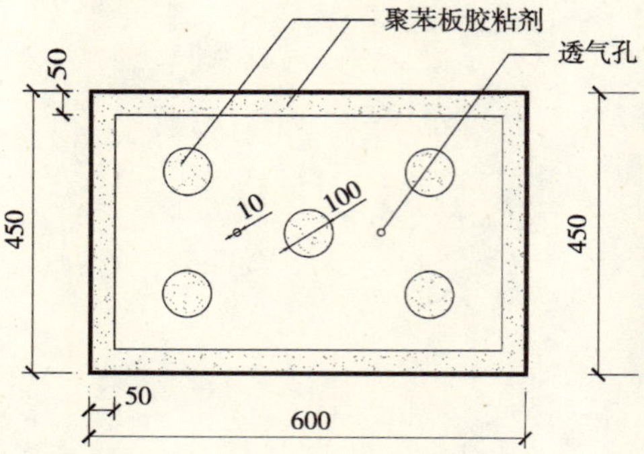

① 聚苯板点框粘布点示意

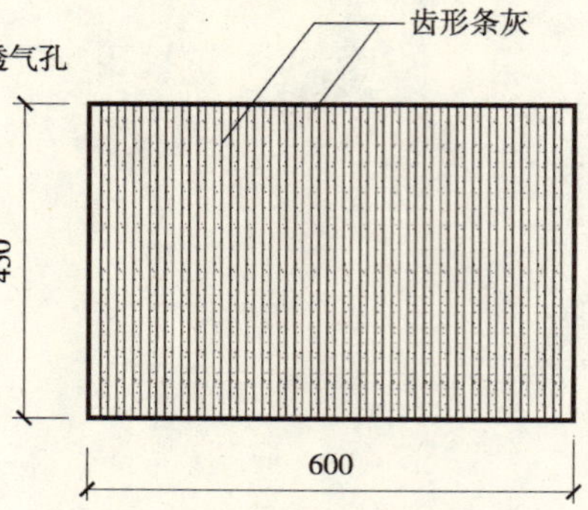

② 聚苯板满粘布点示意

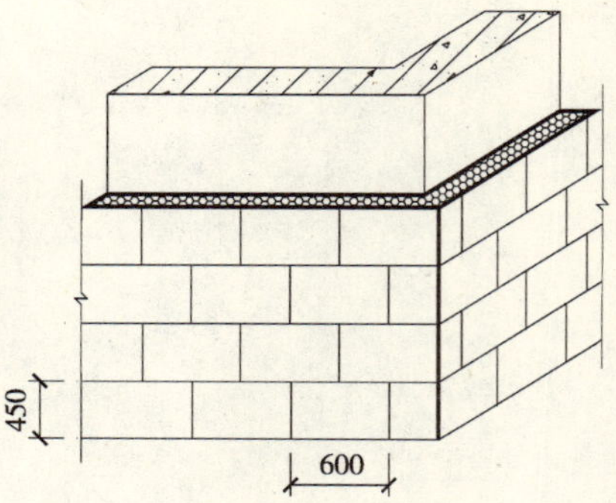

③ 聚苯板排板示意

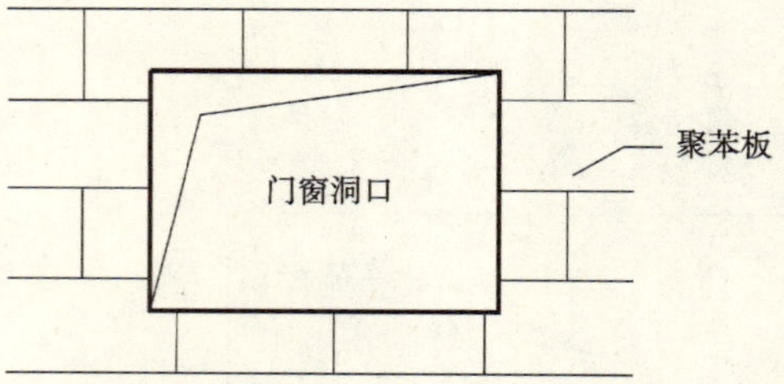

④ 门窗洞口聚苯板排板示意

注：1. ①节点为点框粘时聚苯板胶粘剂分布示意图，聚苯板胶粘剂涂抹面积不应小于聚苯板面面积的30%。满粘时，聚苯板胶粘剂应以齿形条灰铺满聚苯板面。

2. 聚苯板错缝排列，错缝长度为聚苯板板长的1/2。

3. ④节点为门窗洞口聚苯板排列示意，门窗侧口用胶粉聚苯颗粒进行处理。门窗洞口网格布加强示意参见相关说明。

外墙、阴阳角、勒脚构造

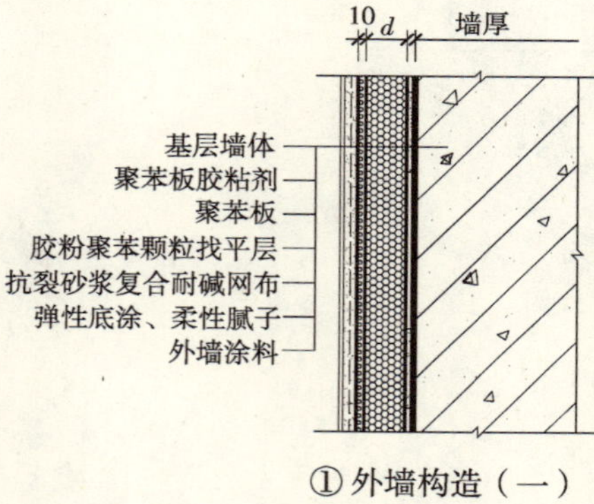

① 外墙构造（一）

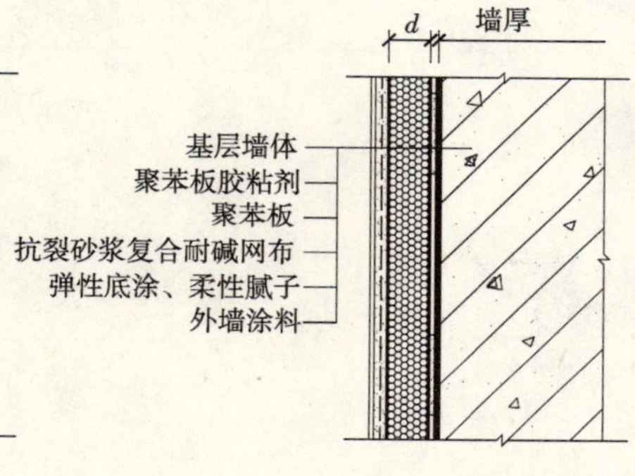

② 外墙构造（二）

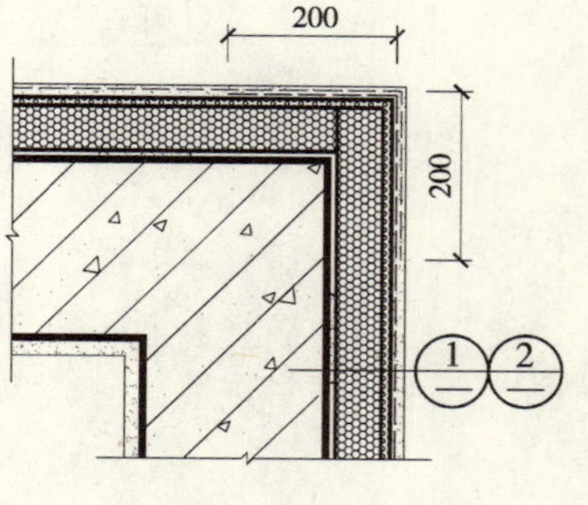

③ 阳角

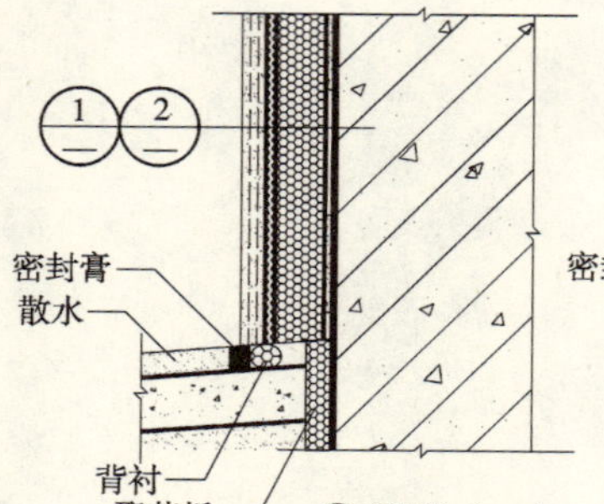

④ 勒脚（一）

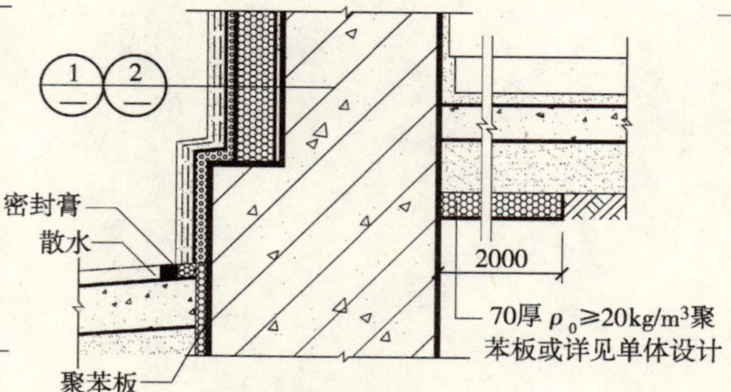

⑤ 勒脚（二）

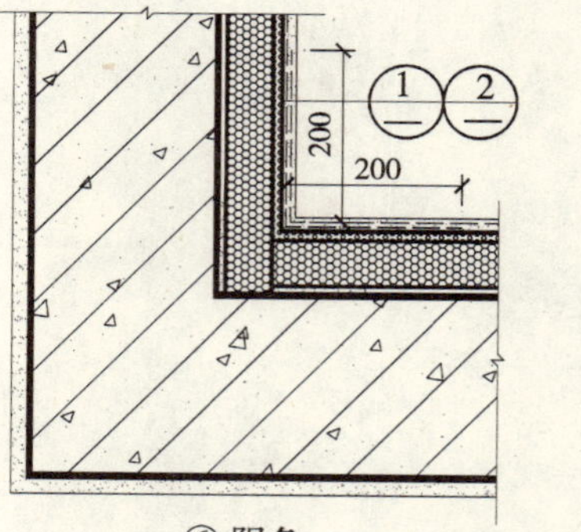

⑥ 阴角

注：1. ①②节点为粘贴聚苯板体系外墙标准层构造，建筑首层应为二层耐碱网布。

2. 聚苯板表面平整度达不到要求时，用胶粉聚苯颗粒进行找平处理，采用①节点做法。②节点适用于聚苯板表面平整度比较好的部位。

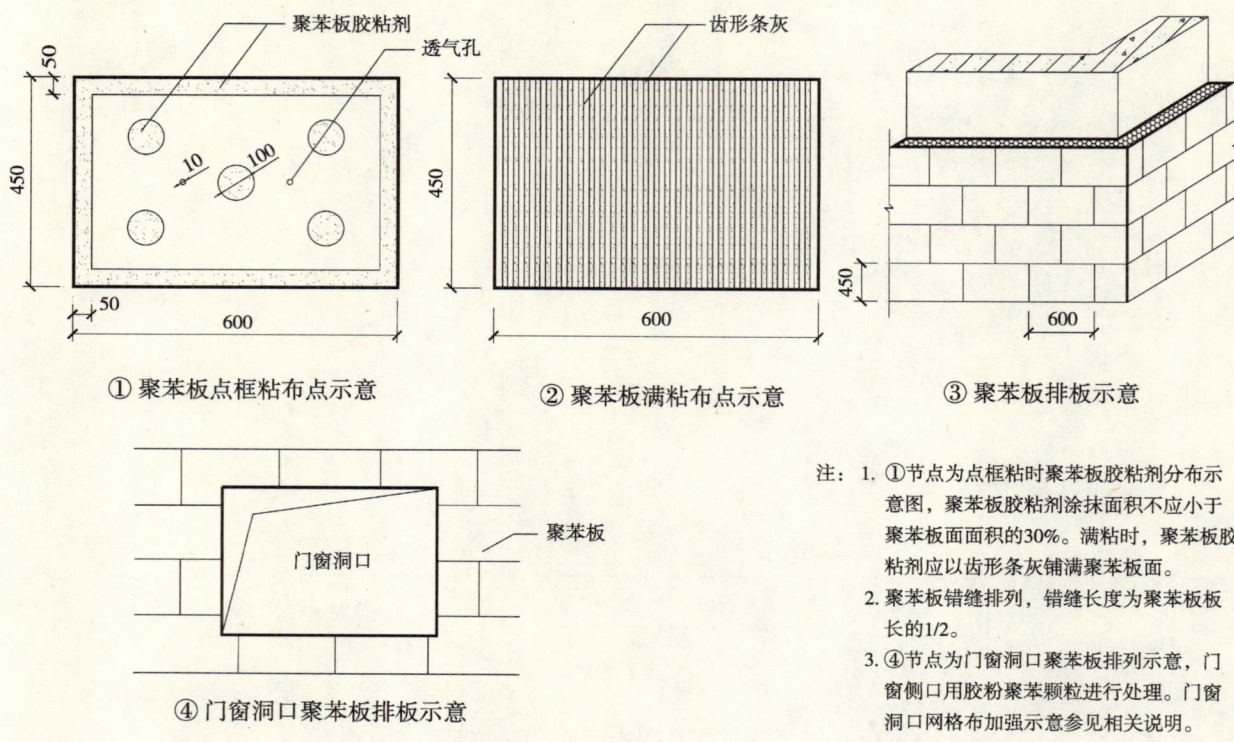

窗口构造

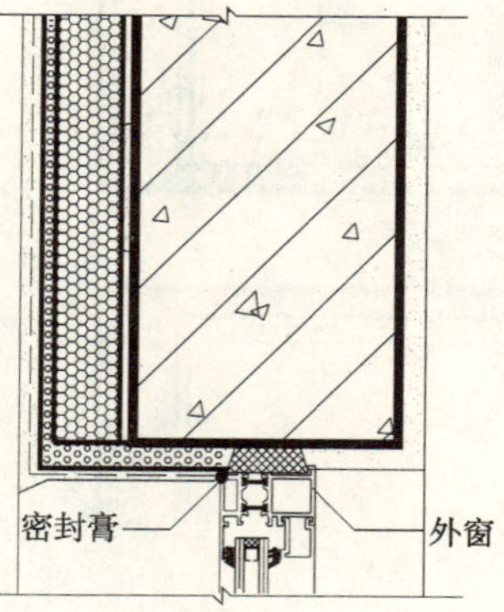

①窗上口（一）

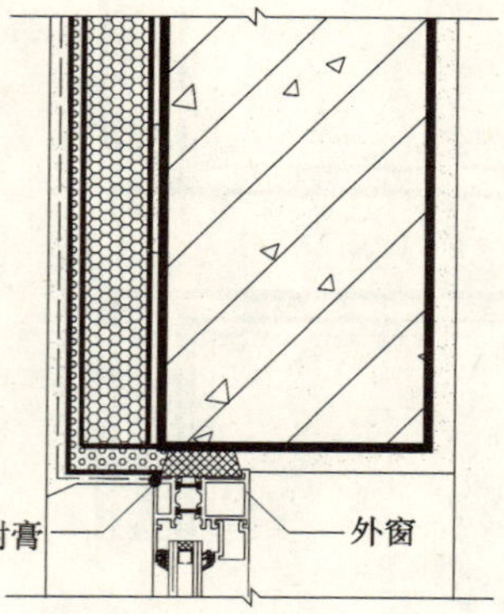

②窗上口（二）

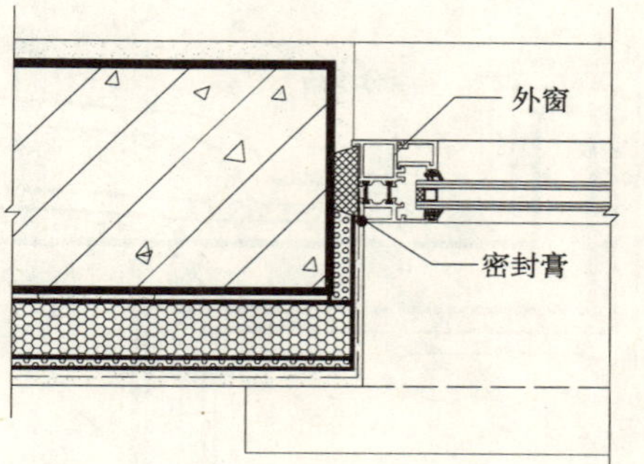

③ 窗侧口（一）

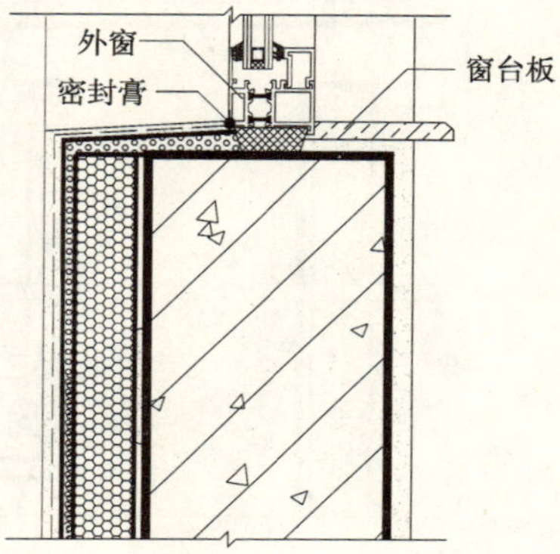

④ 窗下口（一）

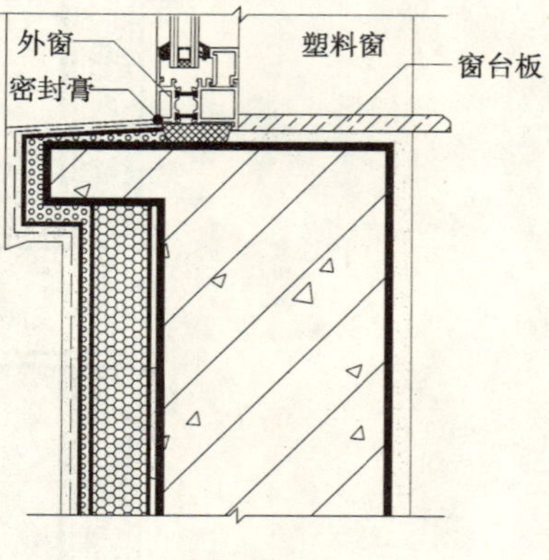

⑤ 窗下口（二）

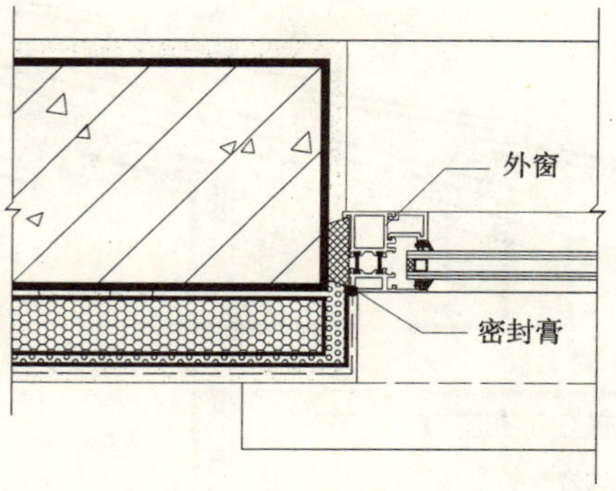

⑥ 窗侧口（二）

注：本图为粘贴聚苯板体系外墙窗口构造。

阳台、雨篷、女儿墙、挑檐、管道穿墙构造

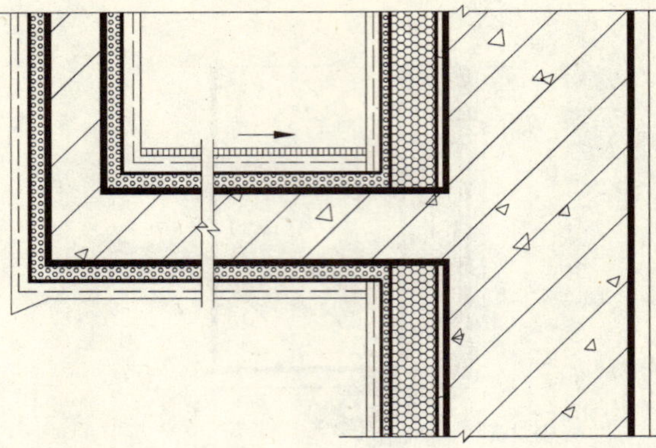

① 阳台（不封闭）

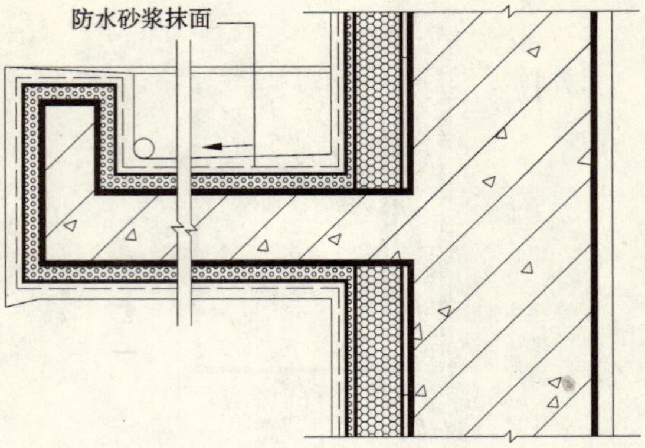

② 雨篷

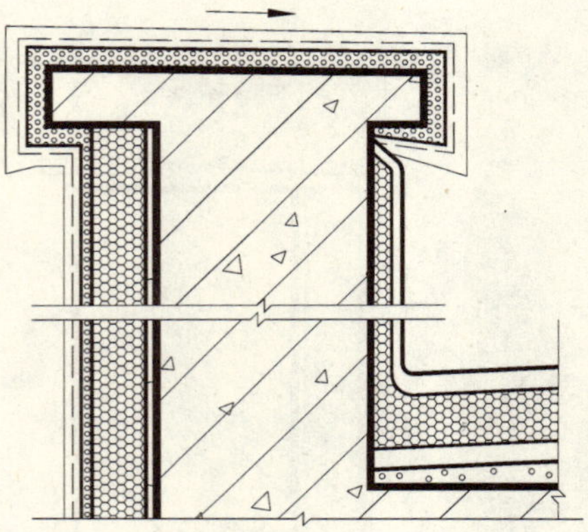

③ 女儿墙

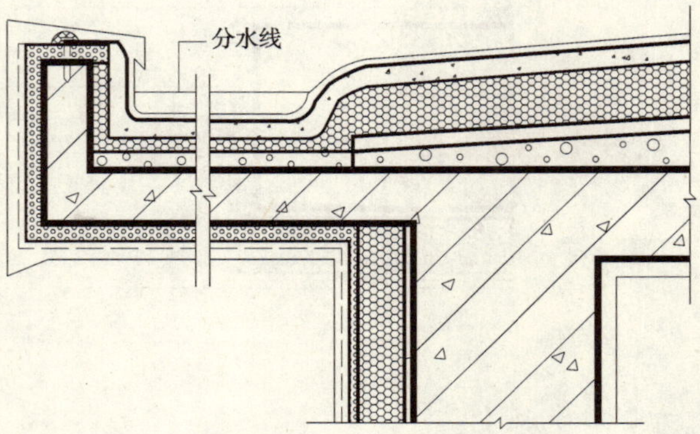

④ 挑檐（一）

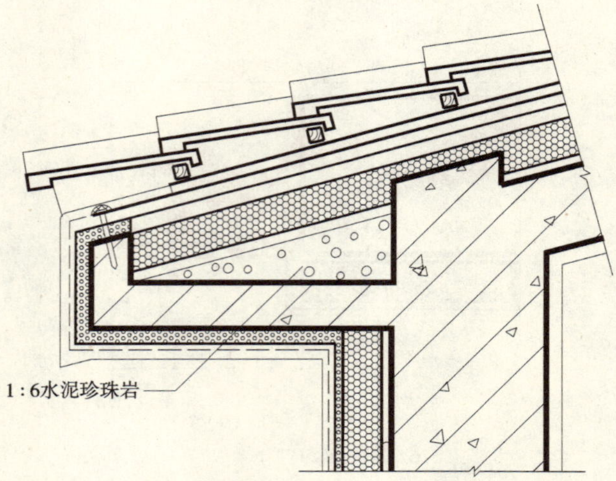

⑤ 挑檐（二）

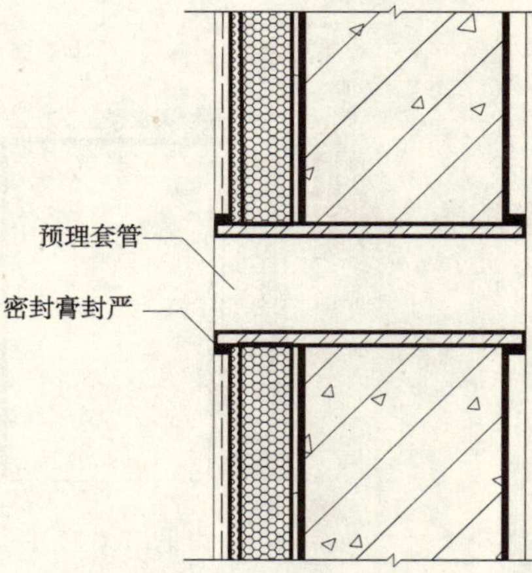

⑥ 管道穿墙

注: 1. 本图为粘贴聚苯板体系外墙阳台、雨篷、女儿墙、挑檐、管道穿墙构造。
　　2. 挑檐挑出宽度详见单体设计。

伸缩缝、沉降缝、抗震缝构造

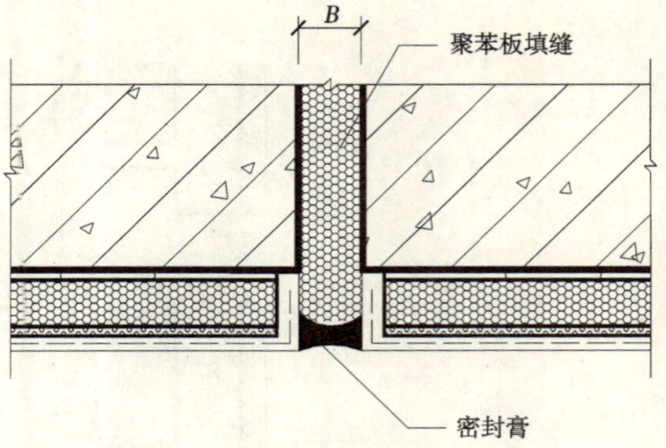

①伸缩缝（一）

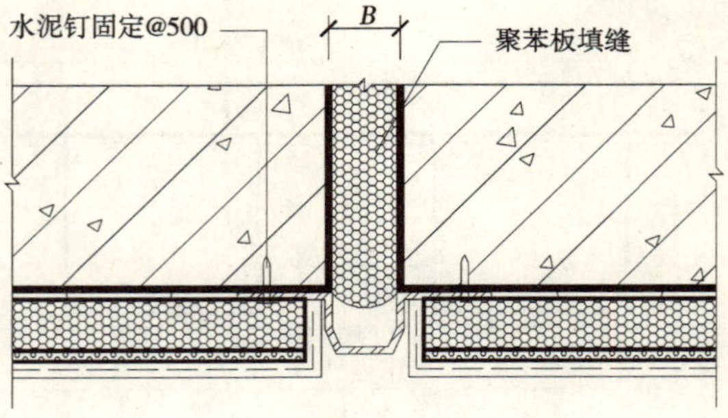

②伸缩缝（二）

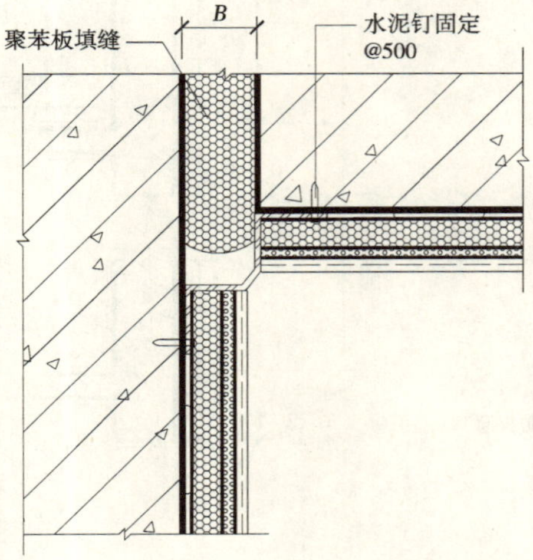

③伸缩缝（三）

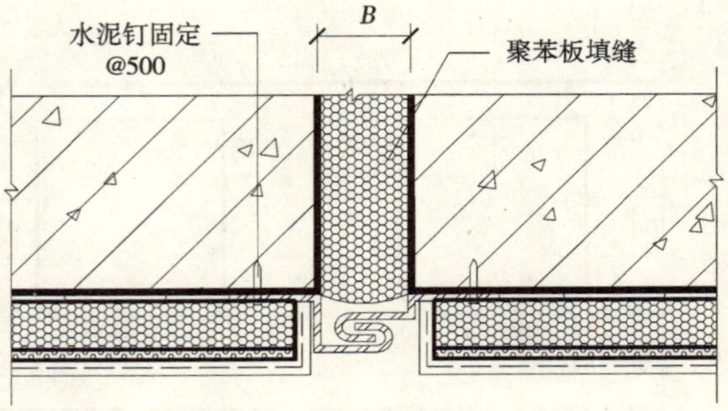

④沉降缝、抗震缝（一）

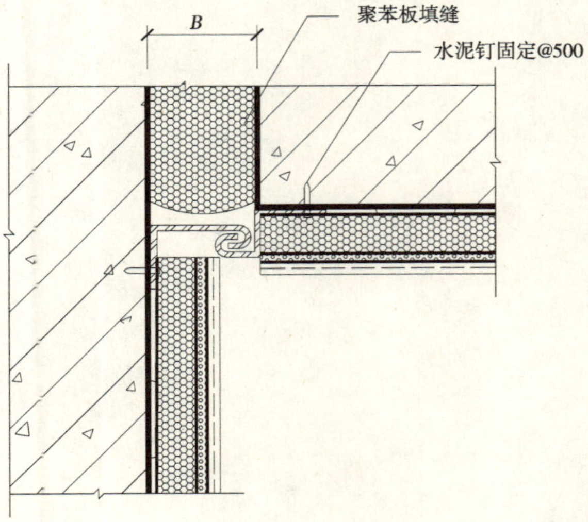

⑤沉降缝、抗震缝（二）

注：1. 本图为粘贴聚苯板外墙伸缩缝、沉降缝、抗震缝构造。
2. 变形缝两侧外墙应加强保温，其传热系数限值不应大于1.75W/（m^2·K）。
3. 变形缝金属盖缝板形式、尺寸及固定参照相关说明。
4. 伸缩缝、沉降缝、抗震缝用聚苯板塞紧，填塞深度不小于300。

聚苯板保温防火隔离带构造

立面图

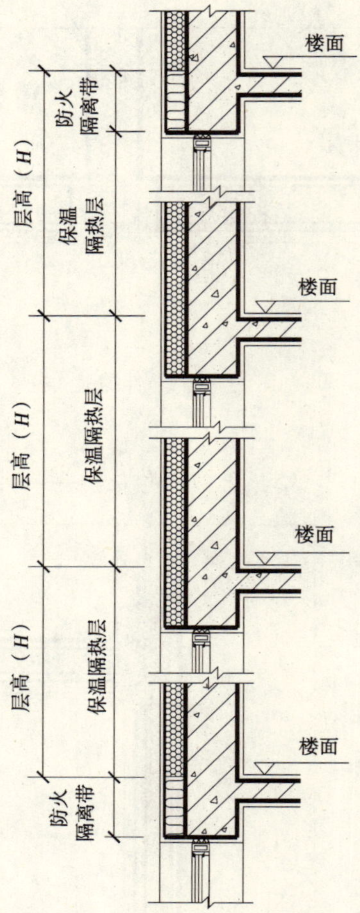

1—1剖面

注: 1. 为了提高防火功能，在现浇无网聚苯板体系及粘贴聚苯板体系中应采取防火隔离带措施。即每三层楼做一道通长连续（包括山墙）的防火隔离带，防火隔离带高度为窗上口至上一层楼板标高处。

2. 防火隔离材料可采用岩棉板或胶粉聚苯颗粒。

8

F体系（胶粉聚苯颗粒体系）构造节点详图

外墙构造及做法

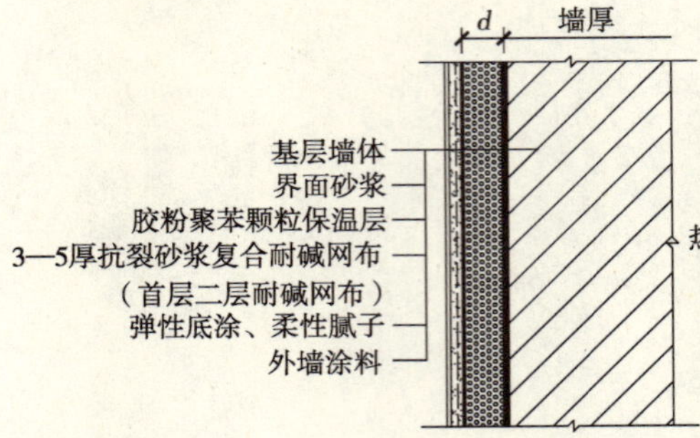

① 涂料外墙

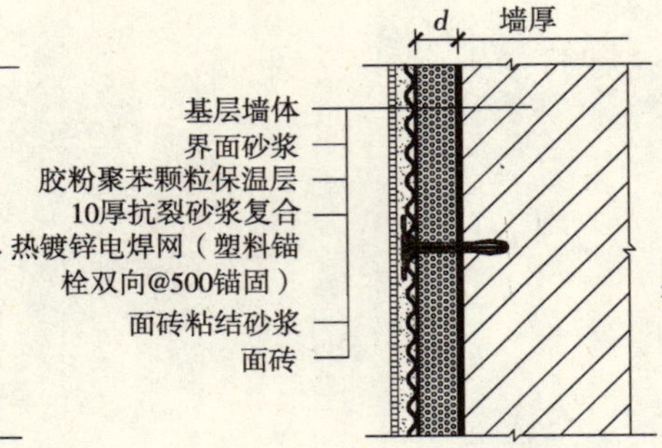

② 贴面砖外墙

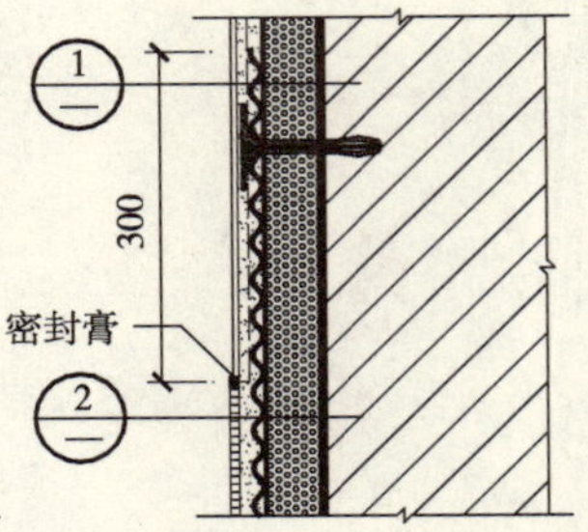

③ 涂料与面砖搭接构造

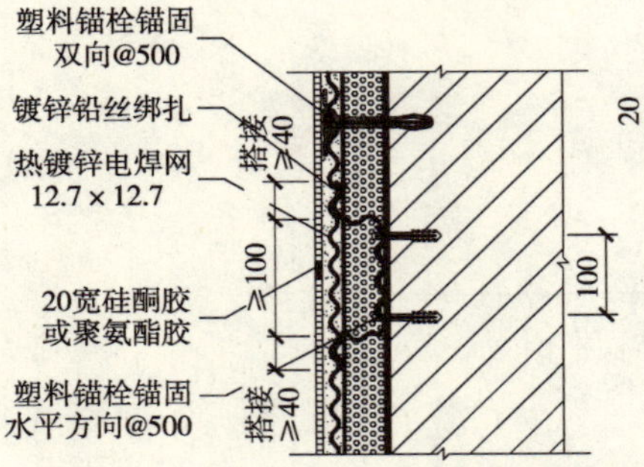

④ 贴面砖外墙（加强构造）

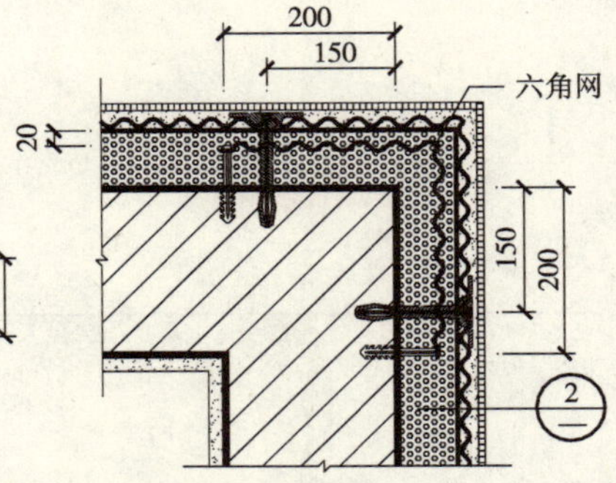

⑤ 阳角贴面砖加强构造
（保温层厚度大于60
且大于面砖长度）

注：1. ①节点为胶粉聚苯颗粒体系涂料外墙标准层构造，建筑首层为二层耐碱网布。
②节点为贴面砖外墙构造。
2. ③节点为涂料与面砖搭接构造，耐碱网布压热镀锌电焊网不小于300，面砖不应贴在耐碱网布上。
3. ④节点为贴面砖外墙加强构造，每六层楼设一道加强构造带，并留一条20宽的面砖缝，用硅酮胶或聚氨酯胶填缝。
4. ⑤节点为保温层厚度超过60且大于面砖长度时的外墙阳角贴面砖构造，需在距保温层表面20处加铺一道六角网增强。
5. 塑料锚栓锚固深入基层墙体不得小于30。
6. 加气混凝土砌块墙体采用尼龙锚栓固定，锚栓深入基层墙体不小于50。

外墙、阴阳角、勒脚构造

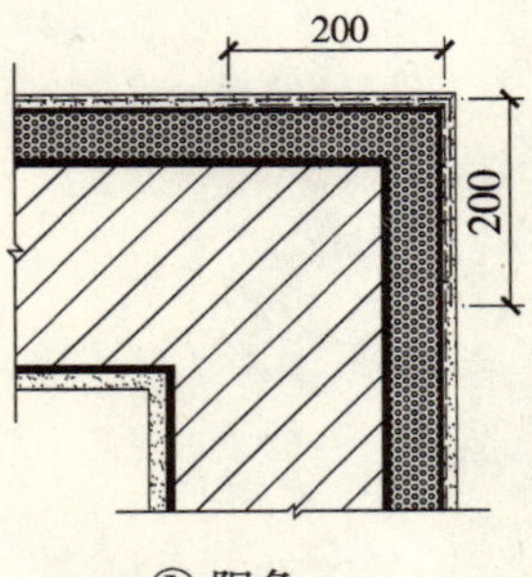

① 阳角

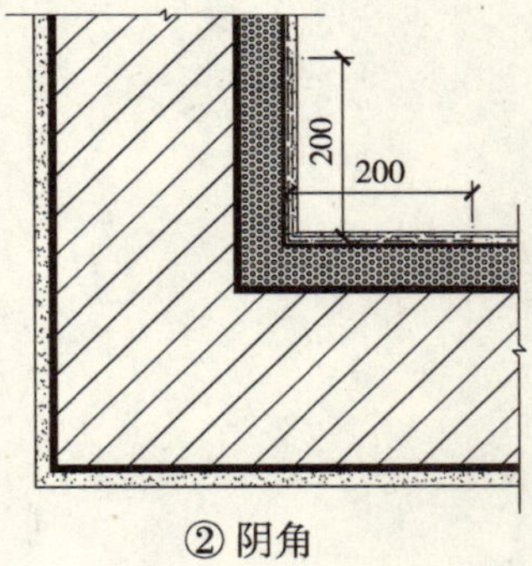

② 阴角

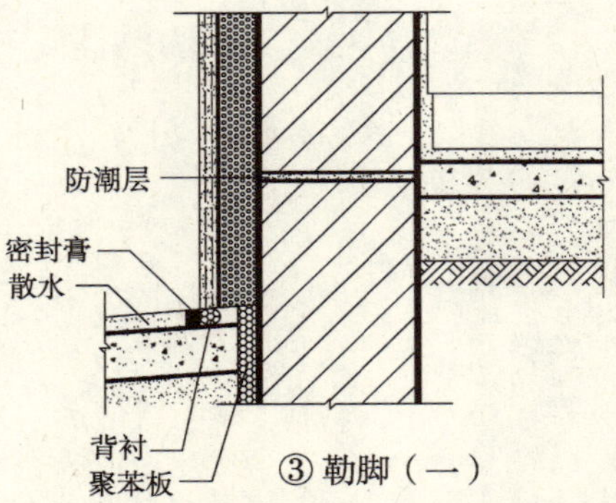

③ 勒脚（一）

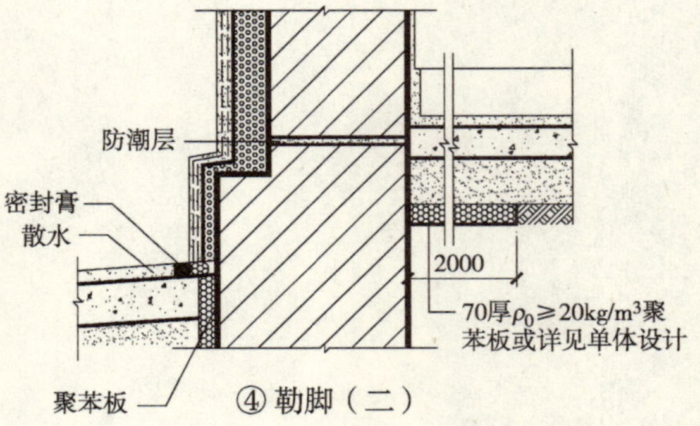

④ 勒脚（二）

注：1. 本图为胶粉聚苯颗粒体系涂料外墙阴阳角、勒脚构造贴面砖构造做法见相关节点。
2. 防潮层设置要求及做法详见单体设计。

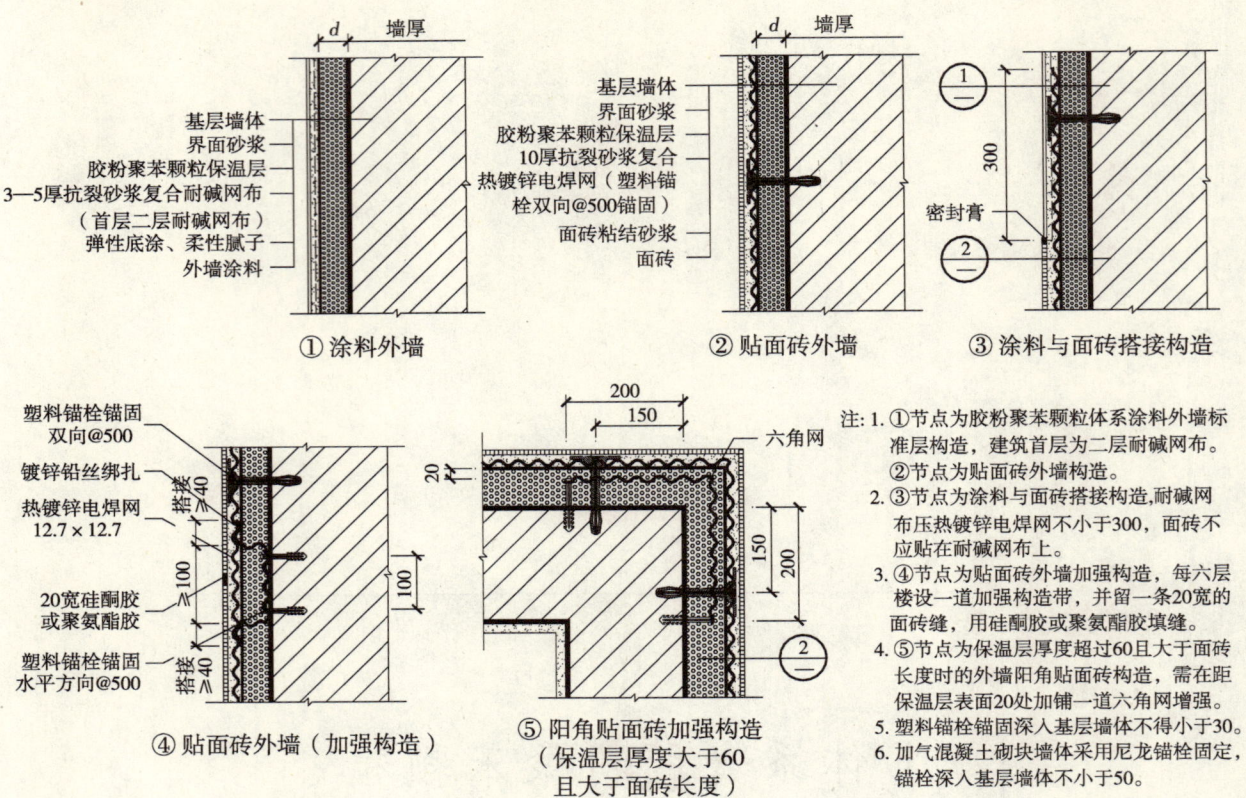

窗口构造

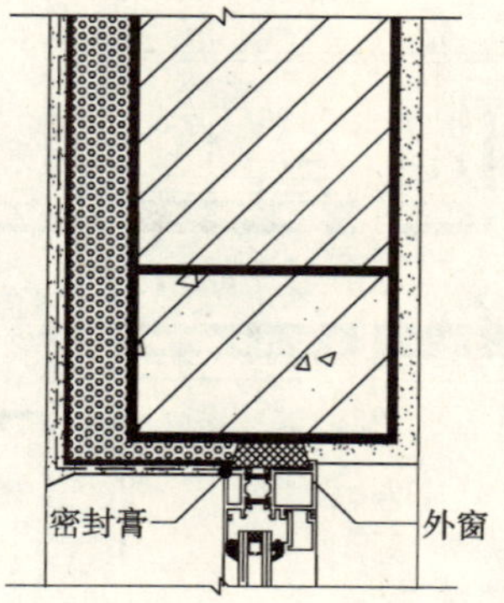

① 窗上口（一）

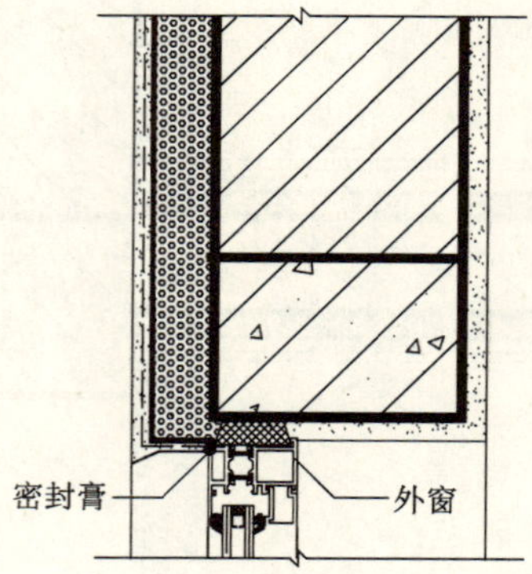

② 窗上口（二）

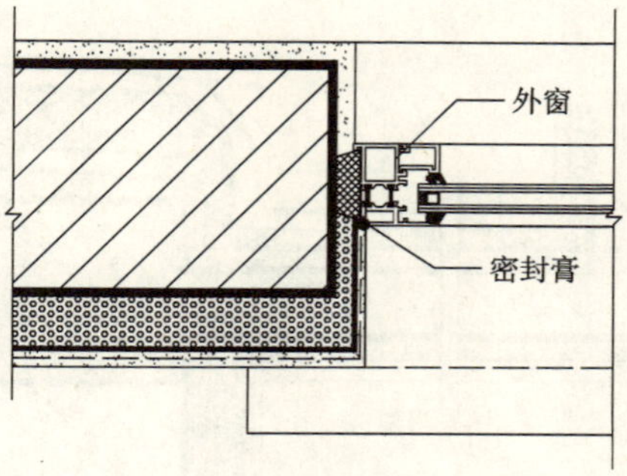

③ 窗侧口（一）

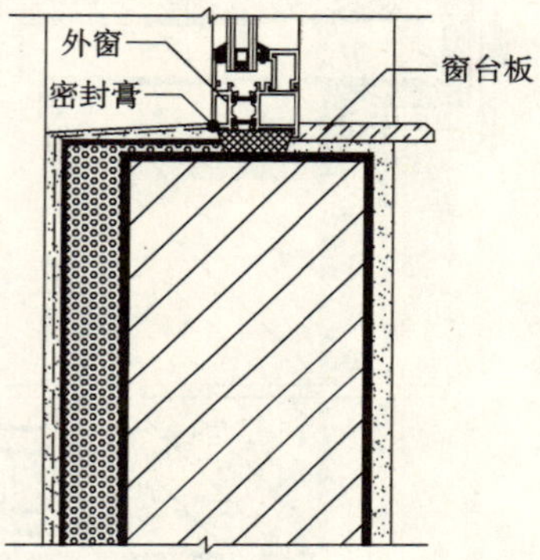

④ 窗下口（一）

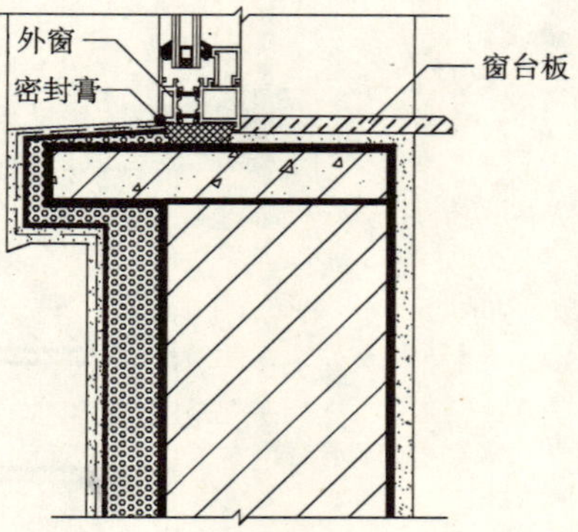

⑤ 窗下口（二）

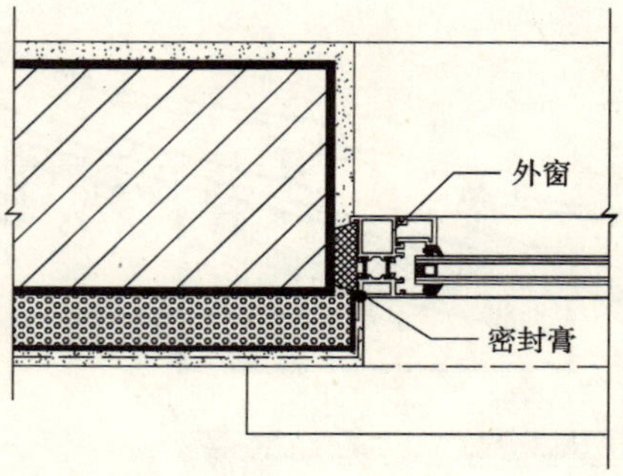

⑥ 窗侧口（二）

注：1. 本图为胶粉聚苯颗粒体系涂料外墙窗上口、窗下口、窗侧口构造，贴面砖构造做法见相关节点。
2. 窗套挑出长度、宽度详见单体设计。

阳台、雨篷、女儿墙、挑檐、管道穿墙构造

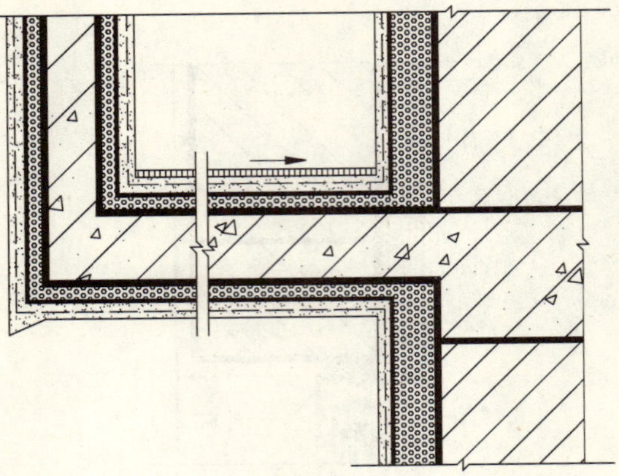

① 阳台（不封闭）

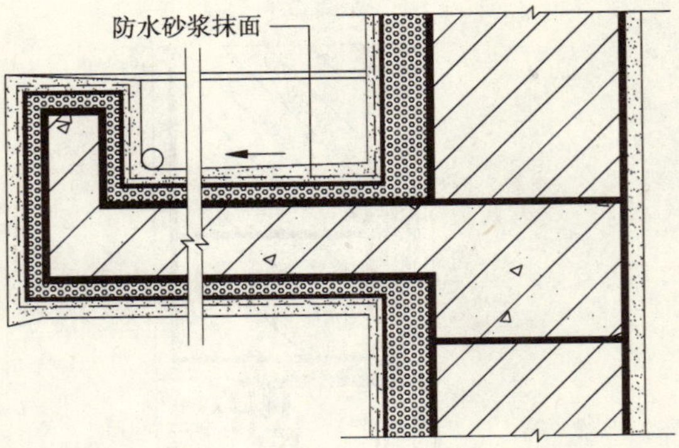

② 雨篷

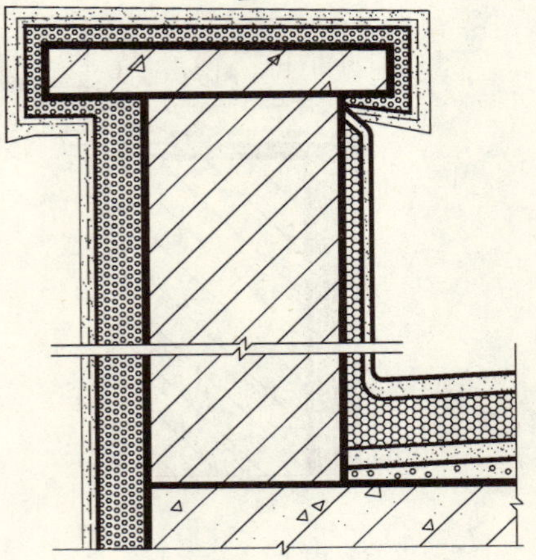

③ 女儿墙

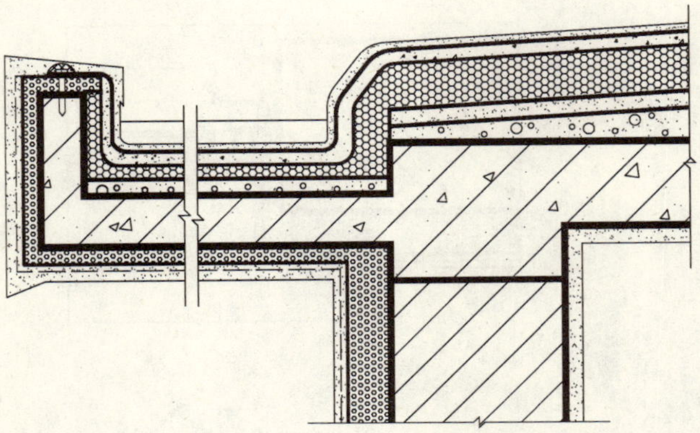

④ 挑檐（一）

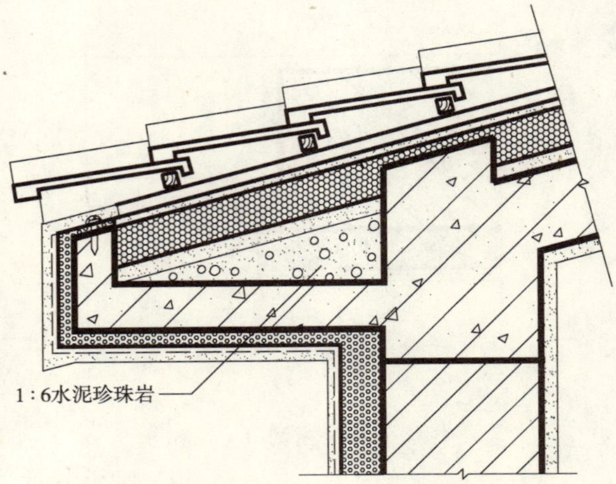

⑤挑檐（二）

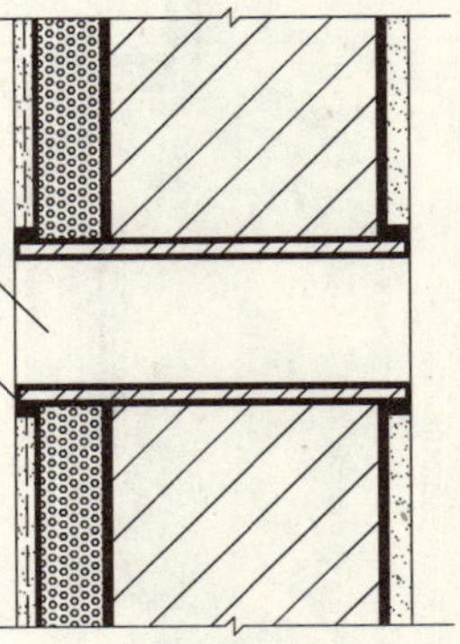

⑥ 管道穿墙

注：本图为胶粉聚苯颗粒体系涂料外墙阳台、雨篷、女儿墙、挑檐、管道穿墙构造，贴面砖构造做法见相关节点。

伸缩缝、沉降缝、抗震缝构造

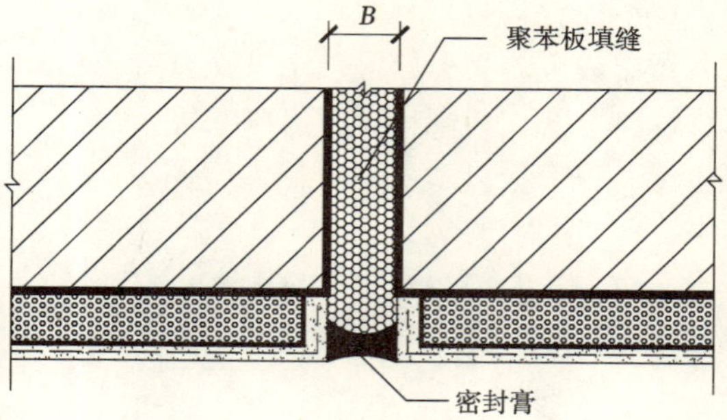

① 伸缩缝（一）

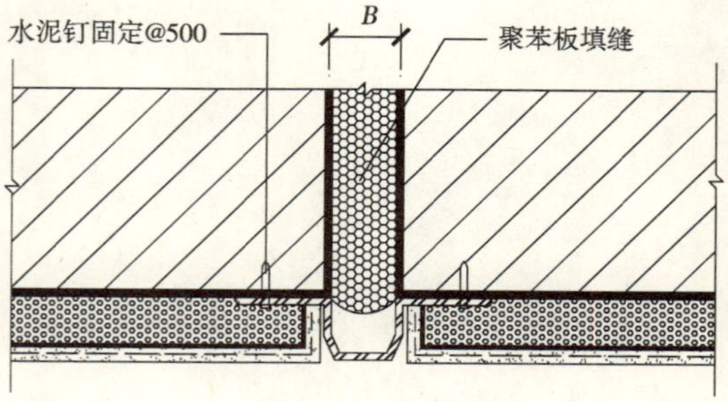

② 伸缩缝（二）

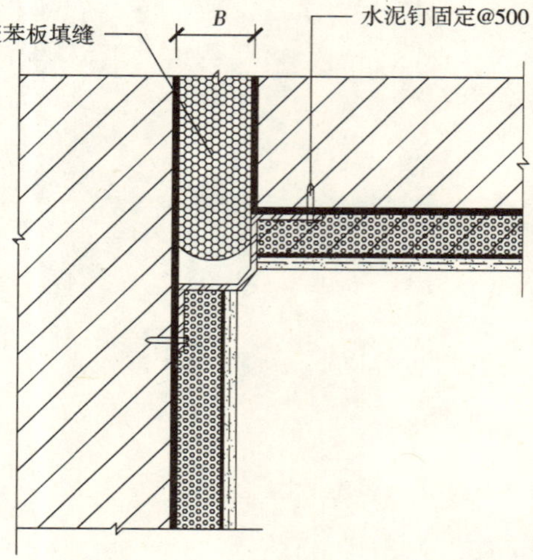

③ 伸缩缝（三）

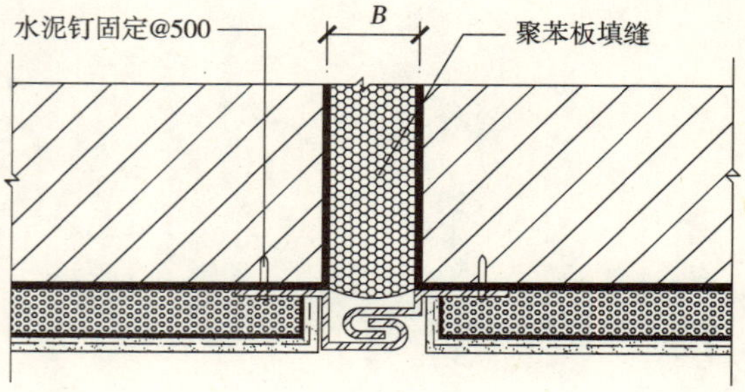

④ 沉降缝、抗震缝（一）

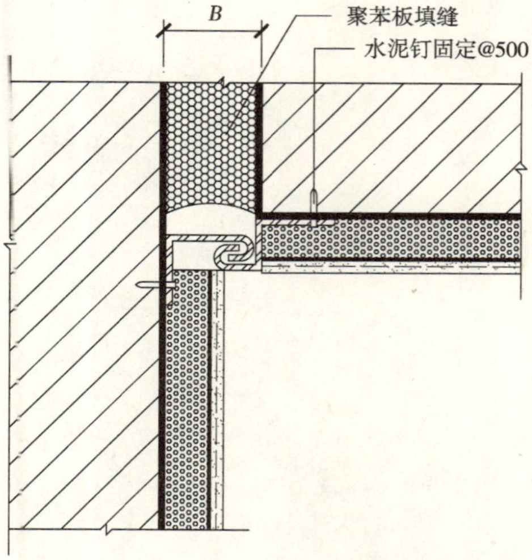

⑤ 沉降缝、抗震缝（二）

注：1. 本图为胶粉聚苯颗粒体系涂料外墙伸缩缝、沉降缝、抗震缝构造。贴面砖构造做法见相关节点。
2. 变形缝两侧外墙应加强保温，其传热系数限值不应大于1.70[W/（m²·K）]。
3. 变形缝金属盖缝板形式、尺寸及固定参照相关说明。
4. 伸缩缝、沉降缝、抗震缝用聚苯板塞紧，填塞深度不小于300。

9

G体系（屋面保温体系）构造节点详图

平屋面保温构造

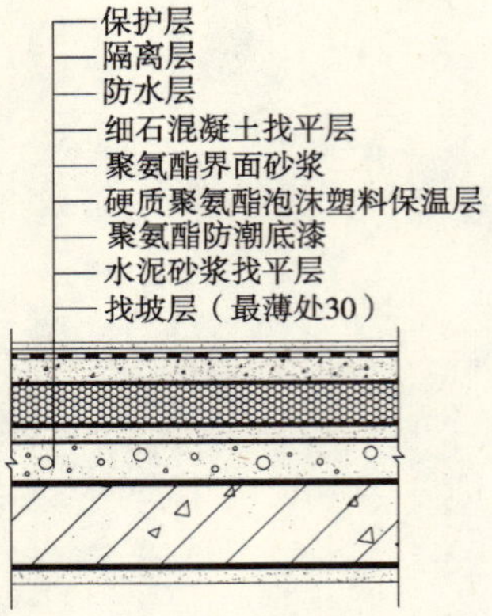

① 不上人屋面构造（现喷聚氨酯）

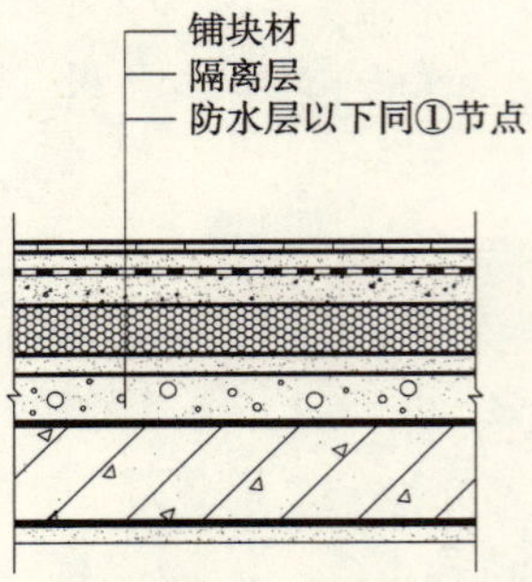

② 上人屋面构造（现喷聚氨酯）

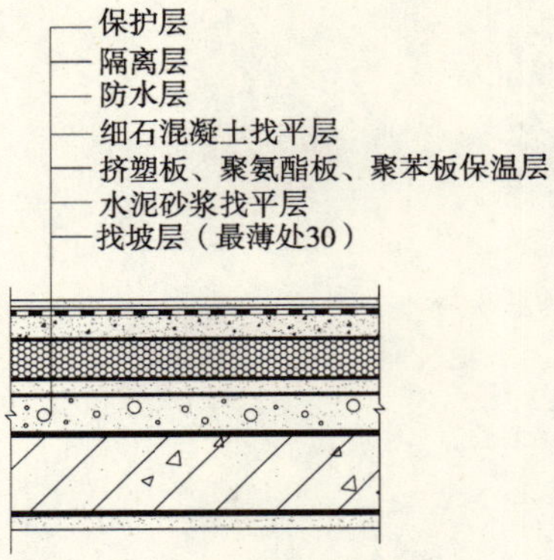

③ 不上人屋面构造（板材）

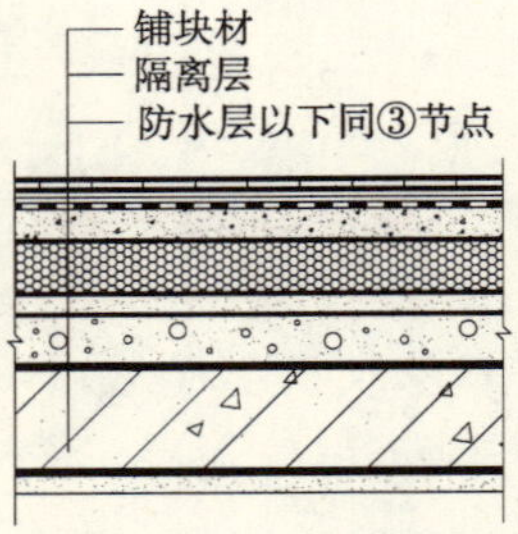

④ 上人屋面构造（板材）

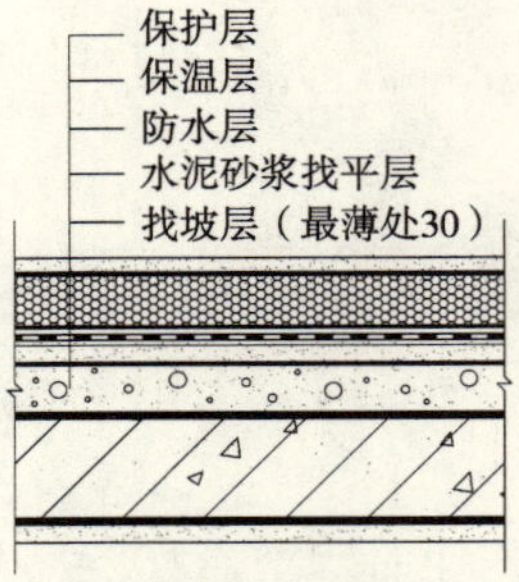

⑤ 倒置式屋面构造

注：1. 用于屋面保温层的聚苯板密度为≥20kg/m³，挤塑板密度为27~32kg/m³，聚氨酯密度为35~55kg/m³。

2. 屋面防水层设计及做法详见省标有关图集。

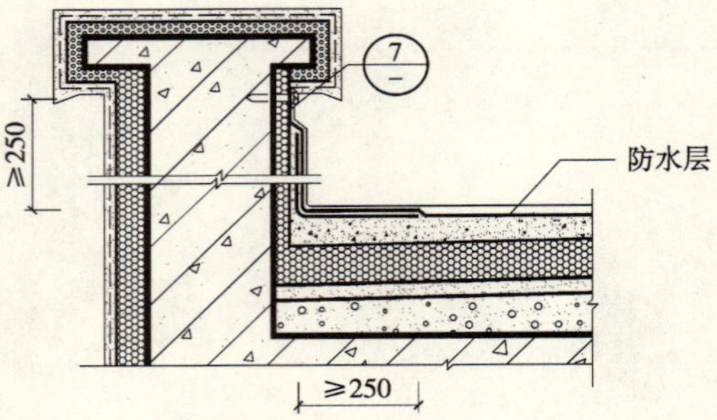

④女儿墙（不上人屋面）

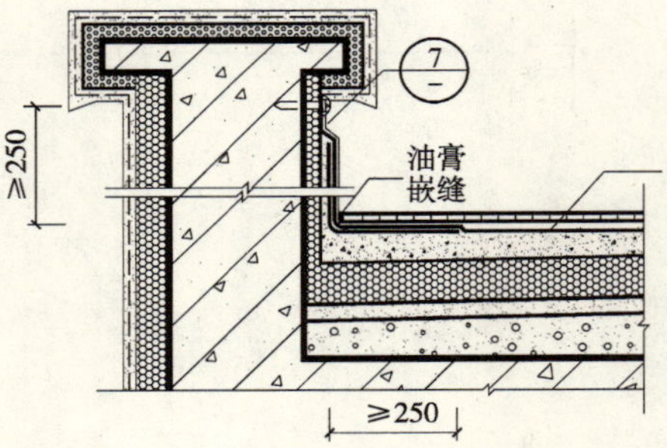

⑤ 女儿墙（上人屋面）

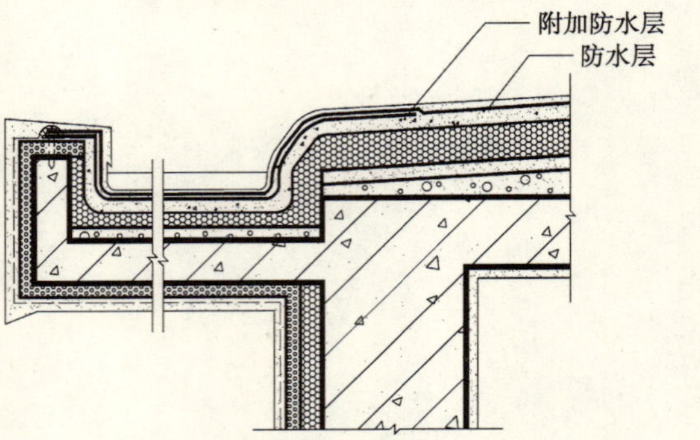

⑥ 檐沟构造

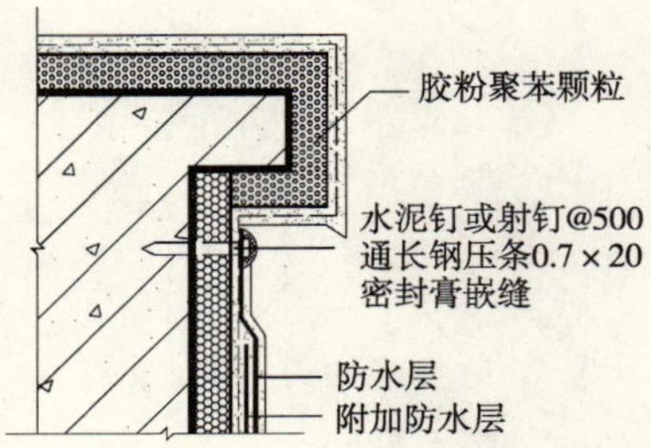

⑦

注：1.屋面保温层厚度由设计人计算确定。

2.屋面防水层设计及做法详见省标有关图集。

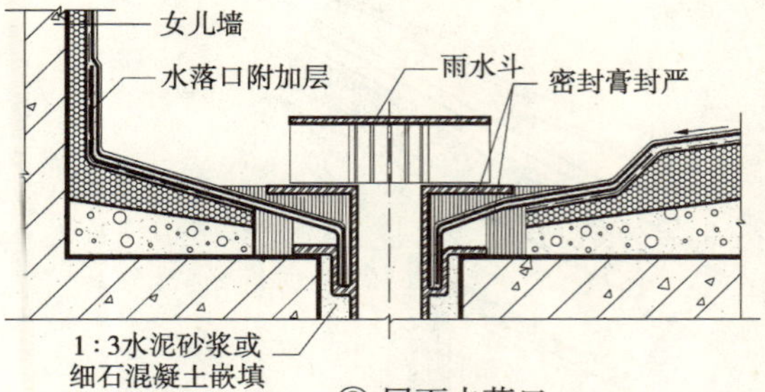

⑧ 屋面水落口

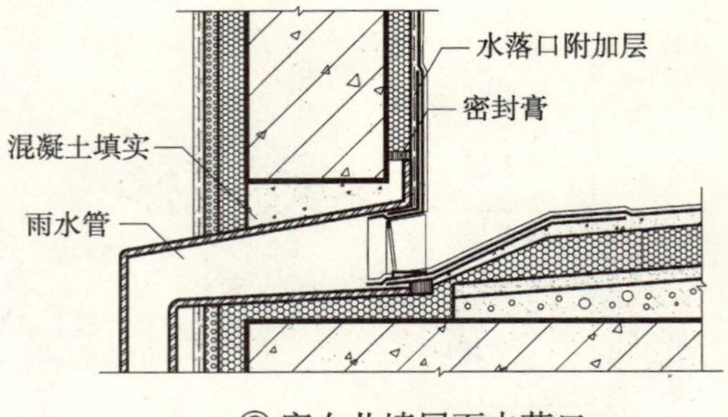

⑨ 穿女儿墙屋面水落口

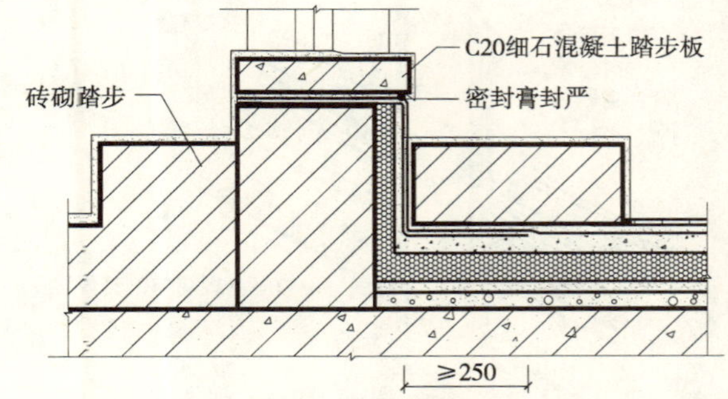

⑩ 屋面出入口

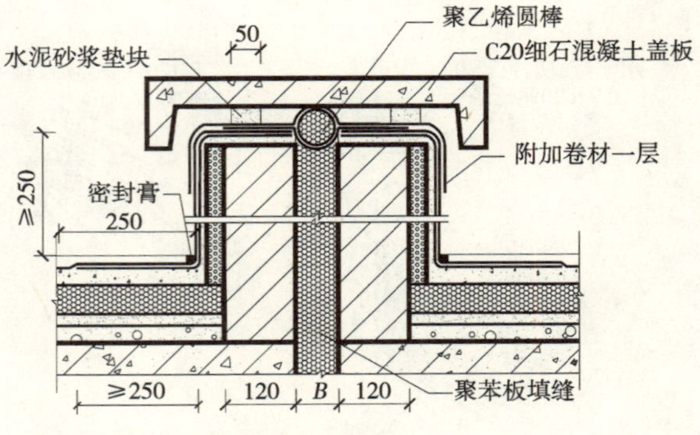

⑪ 屋面变形缝

注：屋面保温层厚度由设计人计算确定。

坡屋面保温构造

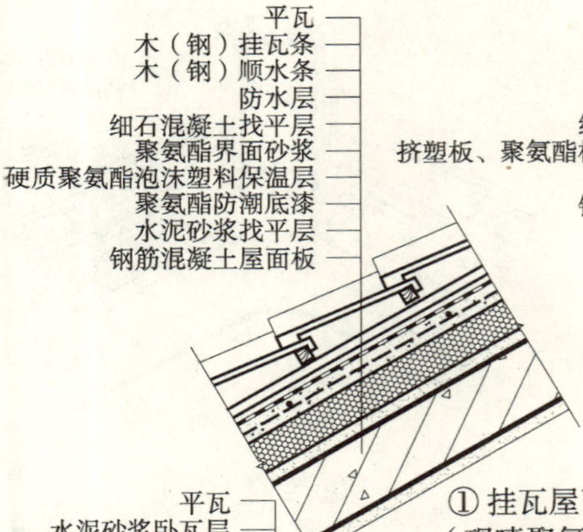

① 挂瓦屋面
（现喷聚氨酯）

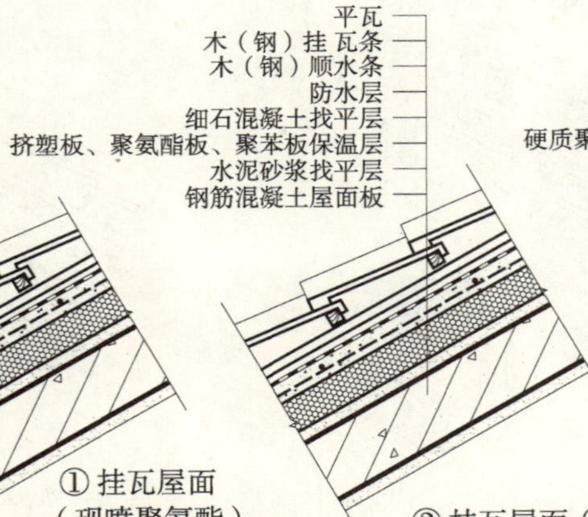

② 挂瓦屋面（板材）

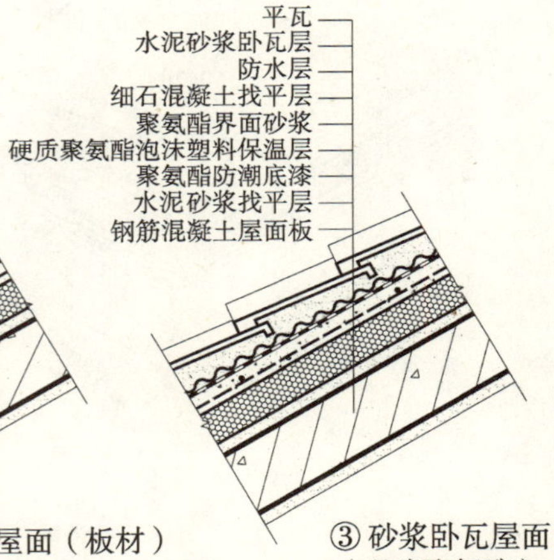

③ 砂浆卧瓦屋面
（现喷聚氨酯）

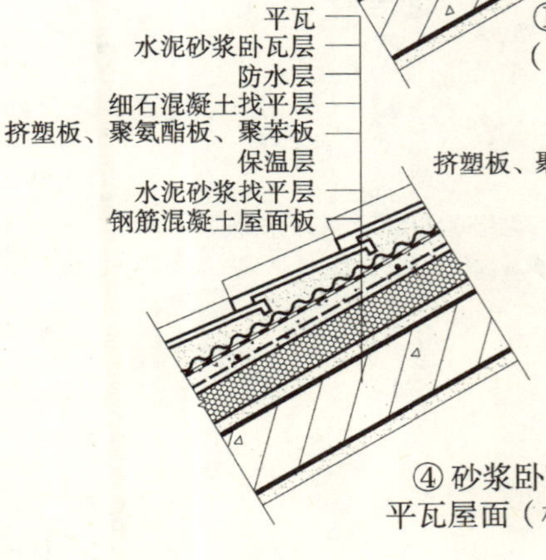

④ 砂浆卧瓦
平瓦屋面（板材）

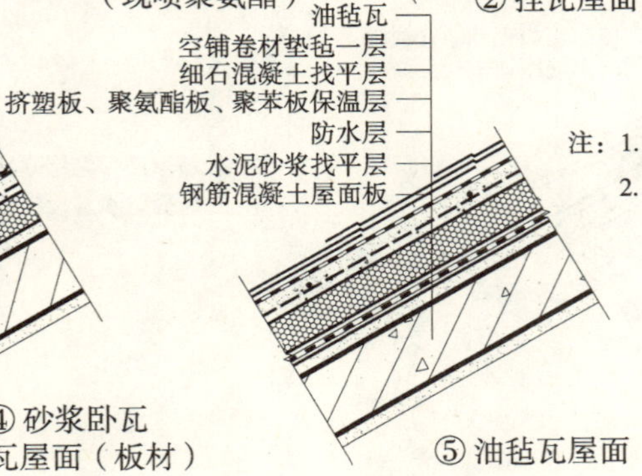

⑤ 油毡瓦屋面

注：1. 坡屋面保温层厚度由设计人计算确定。
2. 屋面防水层设计及瓦材固定详见省标有关图集。

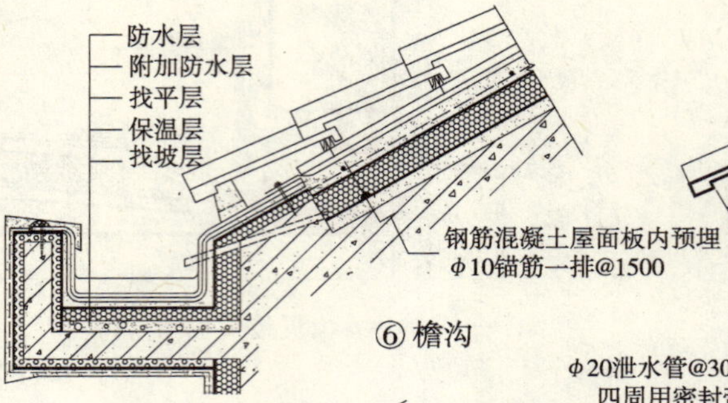

⑥ 檐沟

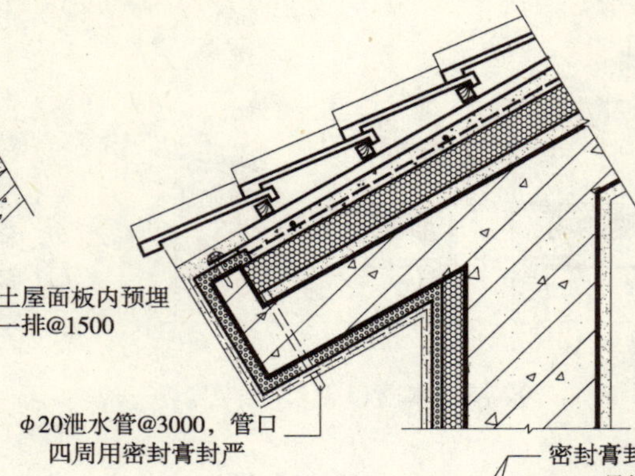

⑦ 檐口

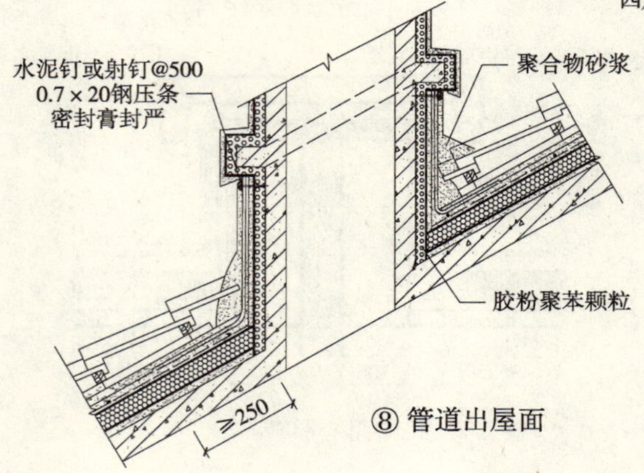

⑧ 管道出屋面

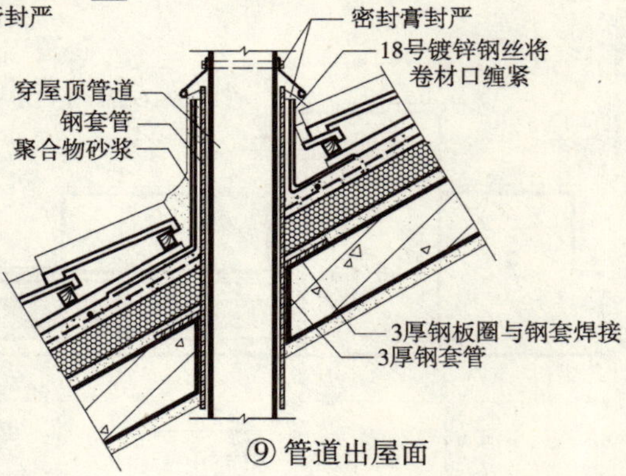

⑨ 管道出屋面

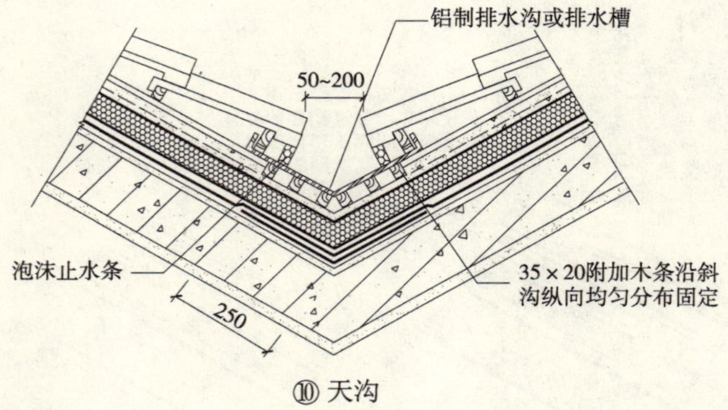

⑩ 天沟

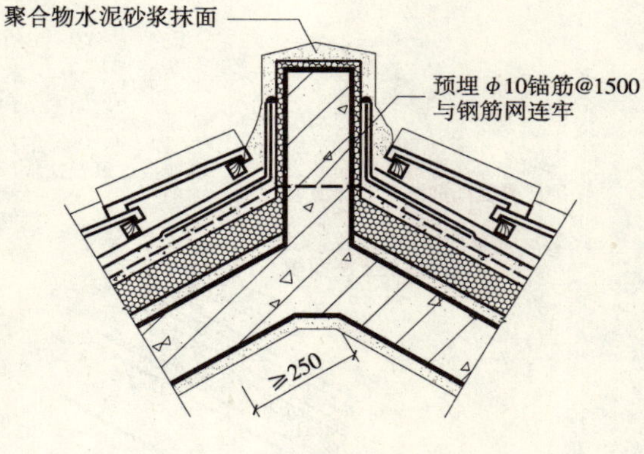

⑪ 屋脊（一）

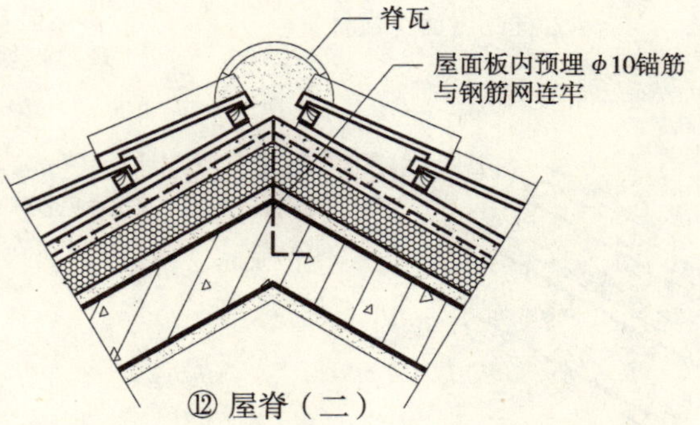

⑫ 屋脊（二）

注：1. 坡屋面保温层厚度由设计人计算确定。
2. 屋面防水层设计及瓦材固定详见有关图集。

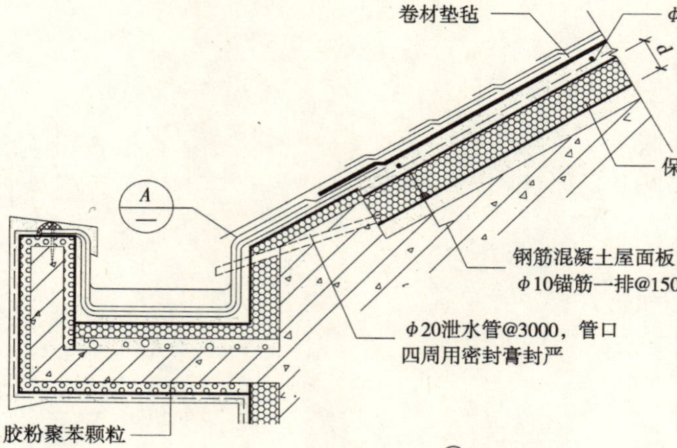

⑬

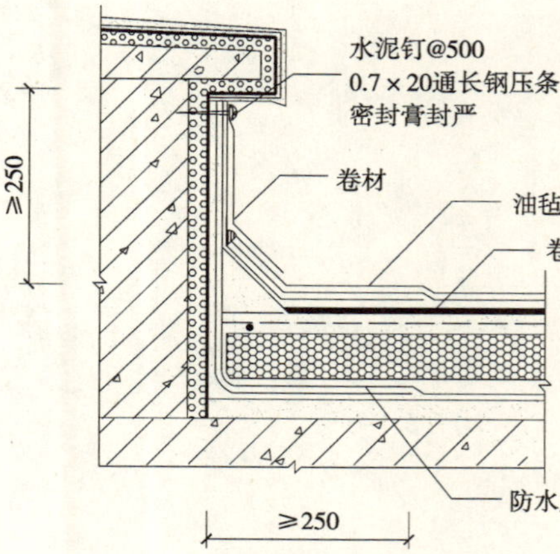

⑭

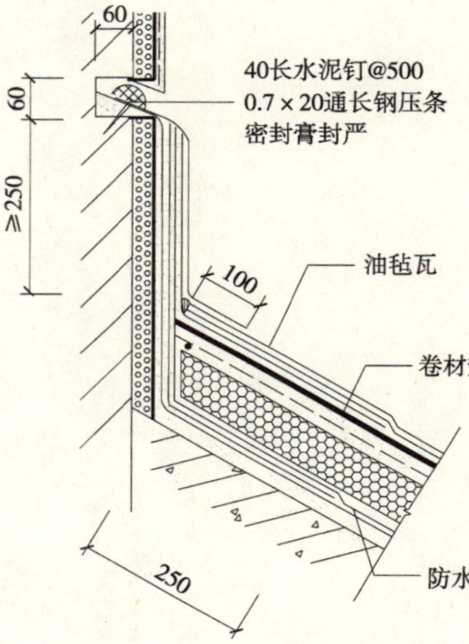

⑮

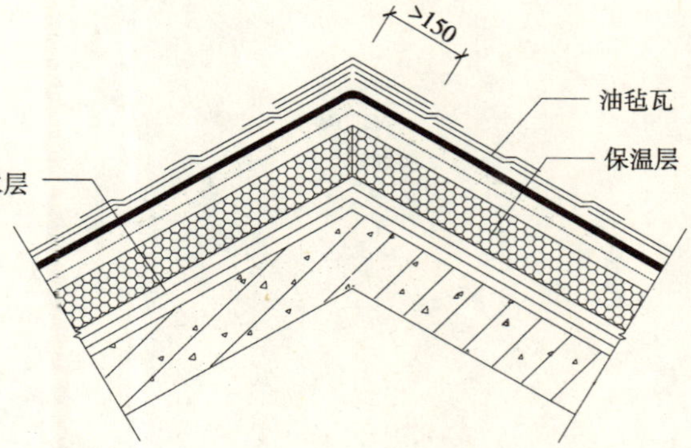

⑯

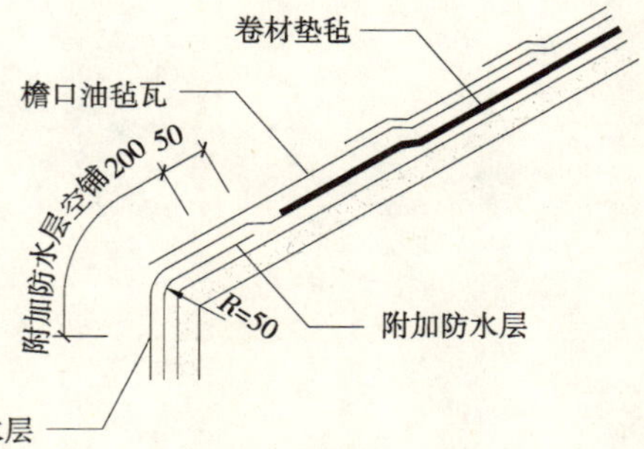

Ⓐ

注：泛水卷材均采用满粘法铺贴，与油毡瓦搭接部位用密封膏封严。

10

H 体系（其他部位保温体系）构造节点详图

变形缝两侧外墙构造

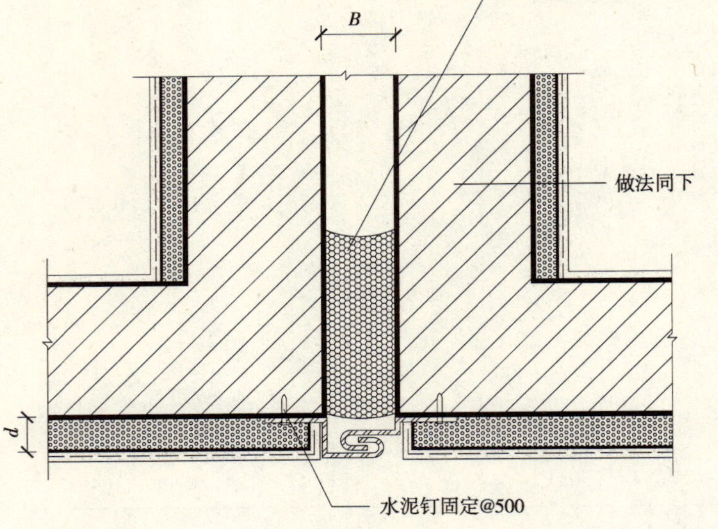

①

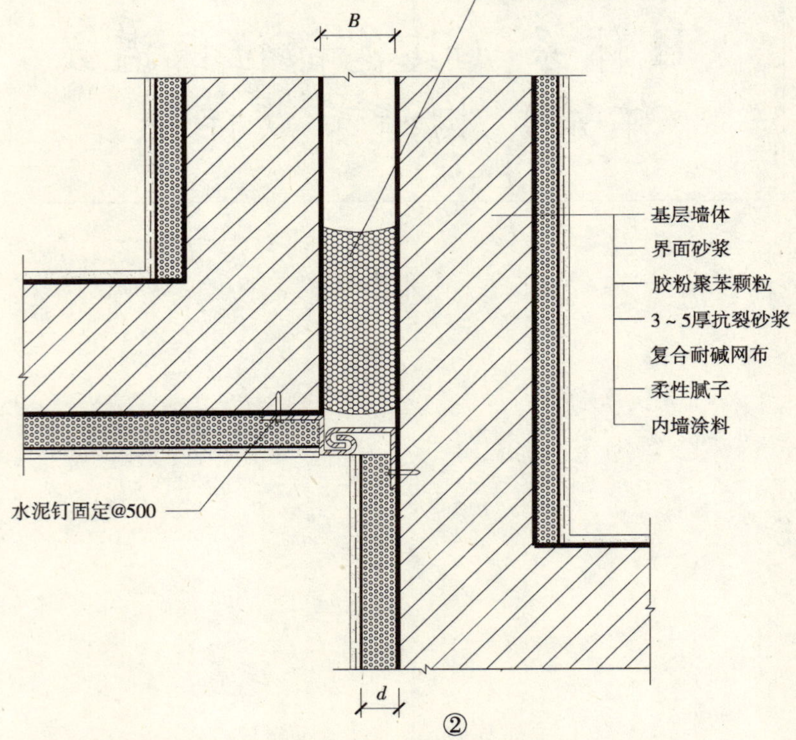

②

注：1. 变形缝两侧外墙应加强保温,其传热系数限值不应大于1.70 W/（m^2·K）。

2. 变形缝两侧墙体保温厚度由设计人计算确定。

3. 变形缝两侧墙体保温材料可采用聚苯颗粒保温层,也可采用其他保温材料，由单体设计确定。

4. 变形缝金属盖缝板形式、尺寸及固定参照相关说明。

5. 变形缝用聚苯板塞紧，填塞深度不小于300mm。

三、88J2-9

墙身-外墙外保温（节能65%）

1

说　明

说　明

一、为配合贯彻北京等地区进一步节能（节能65%）的标准，在88J 2—4《墙身—外墙保温》图集的基础上，总结近年来外墙外保温的新技术，汇总编制本88J2—9《墙身—外墙外保温》图集。供北京等地区、城市选用，对外墙传热系数要求类似的其他地区也可选用。88J 2—4 图集仍可用于外墙传热系数要求相适应的地区。

二、引用规范、规程、标准：

1.《住宅设计规范》GB 50096—1999

2.《民用建筑节能设计标准（采暖居住建筑部分）》JGJ 26—95

3.《民用建筑热工设计规范》GB 50176—1993

4.《建筑工程施工质量验收统一标准》GB 50300—2001

5.《建筑装饰装修工程质量验收规范》GB 50210—2001

6. 北京市《居住建筑节能设计标准》DBJ 01—602—2006

三、本图集各外保温做法的主保温材料为：膨胀聚苯板 EPS、硬泡聚氨酯 PUR，局部部位用挤塑聚苯板 XPS，这三种材料的性能指标应需符合有关规程、标准的要求。

四、本图集编有 5 种外墙外保温体系，即：

1. 粘贴聚苯板保温体系；

2. 现浇混凝土模板内置保温板体系（简称大模内置聚苯板）；

3. 硬泡聚氨酯复合胶粉聚苯颗粒保温体系；

4. 胶粉聚苯颗粒保温体系；

5. 面砖饰面聚氨酯复合板保温体系。

按照88J 1-1《工程做法》图集的顺序编号，按保温构造的不同分别编为：外墙 51、外墙 52、外墙 53、外墙 54、外墙 55，用加设尾号 M 来代表面砖饰面，不加尾号的为涂料饰面，例如：外墙 51 为粘贴聚苯板涂料饰面。外墙 51M 则为面砖饰面。

在粘贴聚苯板和大模内置聚苯板外，加抹胶粉聚苯颗粒的做法，已有较大量工程实践，是一种可靠的外保温做法。复合后可以提高外保温做法的防火性能［国家化学建筑材料测试中心对胶粉聚苯颗粒和岩棉板防火性能的检测报告，国化建测（火）字（2002）第 077 号结论：胶粉聚苯颗粒外保温体系和岩棉外保温体系的对火反应性能一致（包括点火性、热释放、烟和有毒气体的产生等性能），并优于单一的聚苯板外保温体系］。另外，胶粉聚苯颗粒的强度介于水泥砂浆和聚苯板之间，是聚苯板与面层砂浆之间较好的过渡材料。故将粘贴聚苯板外复合胶粉聚苯颗粒的做法作为外墙 51 的补充，编号为：外墙 51 复。大模内置聚苯板外复合胶粉聚苯颗粒的做法作为外墙 52 的补充，编号为：外墙 52 复。

选用表中混凝土墙均以 180mm 厚计算，混凝土小型空心砌块墙和轻集料空心砌块填充墙均以 190mm 厚计算，多孔砖墙以 240mm 厚计算，并以涂料饰面考虑，面砖饰面热工计算相近，忽略不计。

工程设计选用时，先选用一种体系，再根据该工程应达到的外墙传热系数值，从该体系表中查得保温层厚度，加以注明。例如：某工程选定外墙 51mm（粘贴聚苯板涂料饰面），再根据基层墙和该工程层数选定其分号，例如，该工程为混凝土外墙，18 层，则应选分号①，即外墙 51mm①，聚苯板 70mm 厚，外墙传热系数为 0. 60W/(m^2 · K)。

又如：有一栋三层多孔砖住宅，则应选分号⑭，即外墙 51mm⑭，聚苯板 90mm 厚，外墙传热系数为 0. 42W/(m^2 · K)。其他体系选用方法相同。

五、一般居住建筑选用上述保温体系时，宜采用涂料饰面，尤其是高层建筑更以选用涂料饰面为妥。个别工程需采用面砖饰面时，应按本图集所示，采取下列措施以确保面砖饰面与墙体的牢固粘贴质量：

1. 除保温材料（聚苯板等）应采用聚合物砂浆与墙体基面满粘牢固外，在保温层外应有一层配有钢丝网（或钢板网）的聚合物砂浆层，其厚度为 10～15mm，钢丝网用锚栓与墙体锚固，使此钢丝网聚合物砂浆层与墙体连成整体。

锚栓采用 $\phi6$ 尼龙胀管螺钉，入墙≥50（外墙 54 也可换用射钉，入墙≥25）。每平方米锚栓数量：第1～6层不设。第 7～10 层不少于 4 个；第 11～14 层不少于 6 个；第 15～18 层不少于 8 个。18 层以上的建筑不宜采用面砖饰面。

混凝土砌块墙采用专用扁钢件砌在墙的灰缝内的做法（多孔砖墙可参照其做法）。

方孔镀锌钢丝网直径 0.9mm，网孔 12mm×12mm，也可采用 0.8mm 厚镀锌钢板网，菱形孔网孔 12mm×12mm。

钢丝网（钢板网）应保持在聚合物砂浆层的中部。

2. 粘贴面砖应采用有弹性的聚合物砂浆，且不宜过厚，一般以 3～5mm 厚为宜。

3. 面砖厚度不宜超过 6mm 厚。

4. 面砖应采用柔性砂浆勾缝，且厚度应比面砖厚度薄 2～3mm。

5. 其他各项要求详见各体系施工技术规程。

六、为便于引用及简化相类似的详图，外墙 51～54mm 编制一套统一详图，外墙 55mm 为预制保温板，单编一套详图。统一详图主要表示外保温的做法，尤其是热桥部位的构造处理，以钢筋混凝土墙体及涂料饰面为例，混凝土空心砌块墙、多孔砖墙不再另绘一套详图（砌块墙因不适合采用胀管螺钉锚固，另附有锚固详图）。另外，统一详图以外墙 52A 为例，不再区别表示其他体系的以下不同构造：

1. 外墙 51 体系为粘贴聚苯板，聚苯板与墙之间有粘结层；

2. 外墙 52B1 聚苯板带插丝网，外墙 52B2 聚苯板带钢塑复合插接栓；

3. 外墙 53 体系保温层为硬泡聚氨酯与胶粉聚苯颗粒复合，图中原应表示两层构造。

上述不同之处，在各体系的主断面做法图中详述。

除五大体系外，框架结构外墙也可填充 300mm 厚 05 级加气混凝土砌块，其外墙传热系数为 0.58W/(m^2·K)，但圈梁、混凝土柱等热桥部位需加设聚苯板等高效保温材料保温，构造做法可见 88J 2—3《墙身-加气混凝土》图集。

七、本图集附有保温楼面做法和顶棚保温做法，用于接触室外空气的地板及不采暖空间上部楼板的楼面保温或地板下部的顶棚保温。

本图集还编有不采暖楼梯间传热系数达到 1.5［W/(m^2·K)］的构造做法，供选用。这些内墙面、楼面、顶棚做法编号均按 88J 1-1《工程做法》图集的顺序编排。

八、各外檐挑口处均应作滴水（埋塑料滴水条或抹滴水线）。

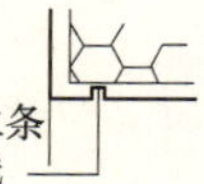

各涂料饰面做法遇首层或有碰撞可能的部位，均应在聚合物砂浆中增设一层厚质防撞玻纤网格布。

九、节能 65% 后，窗口、阳台、雨罩、空调外机板、凸窗上下混凝土板等外露混凝土的薄弱部位的热桥问题更为突出，需按本图集的有关详图做好保温，以免造成室内局部结露、饰面发霉的结果。个别部位保持一定厚度有困难时，可采用硬泡聚氨酯或挤塑聚苯板等高效保温材料。阳台板底部等需从下向上粘贴保温板的部位，除需用聚合物砂浆满粘外，并需用胀管螺钉固定。

十、外保温的各项做法应符合国家及地区有关技术规程、标准的要求，如：北京市应符合下列规程的要求：

外墙外保温施工技术规程（聚苯板玻纤网格布聚合物砂浆做法）DBJ/T 01—38—2002。

外墙外保温施工技术规程（胶粉聚苯颗粒保温浆料玻纤网格布抗裂砂浆做法）DB11/T 463—

2007。

外墙外保温技术规程（现浇混凝土模板内置保温板做法）DBJ/T 01—66—2002。

外墙外保温用聚合物砂浆质量检验标准　DBJ 01—63—2002。

十一、本图集尺寸单位：毫米（mm）。

附：

有关节能65%的北京市《居住建筑节能设计标准》DBJ 01—602—2004 条文摘录：

5.2.4　楼梯间和套外公共空间的设计，应符合下列要求：

1. 楼梯间外围护结构传热系数应符合下表的要求。

各部分围护结构的传热系数限值表 W/($m^2\cdot K$)

住宅类型	屋顶	外墙外保温	外墙内保温的主体断面	外窗/阳台门玻璃	阳台门下部门芯板	接触室外空气地板	不采暖空间上部楼板
5层及以上建筑	0.6	0.6	0.3	2.8	1.70	0.5	0.55
4层及以下建筑	0.45	0.45	不采用				

2. 集中供暖的高层和中高层住宅，楼梯间宜采暖，多层和低层住宅或非集中供暖的高层和中高层住宅楼梯间，无条件采暖时，楼梯间内墙的传热系数应不大于1.5W/($m^2\cdot K$)。

5.3.1　外墙应突出强调采用外保温构造，并应对下列部位进行详细构造设计：

1. 外墙出挑构件及附墙部件，如：阳台、雨罩、靠外墙阳台拦板、空调室外机搁板、附壁柱、凸窗、装饰线和靠外墙阳台分户隔墙等均应采取隔断热桥和保温措施。

2. 窗口外侧四周墙面，应进行保温处理。

2
保温做法选用

外保温做法选用表

<table>
<tr><th rowspan="2">体系</th><th colspan="2">编号</th><th rowspan="2">膨胀聚苯板厚度 d</th><th rowspan="2">传热系数[W/(m²·K)]</th><th rowspan="2">基层墙体</th><th rowspan="2">简　图</th><th rowspan="2">用料及分层做法</th></tr>
<tr><th></th><th>分号</th></tr>
<tr><td rowspan="15">粘贴聚苯板</td><td rowspan="15">外墙 51
外墙 51M1
外墙 51M2</td><td>①</td><td>70</td><td>0.60</td><td rowspan="5">钢筋混凝土墙</td><td rowspan="5">外墙 51
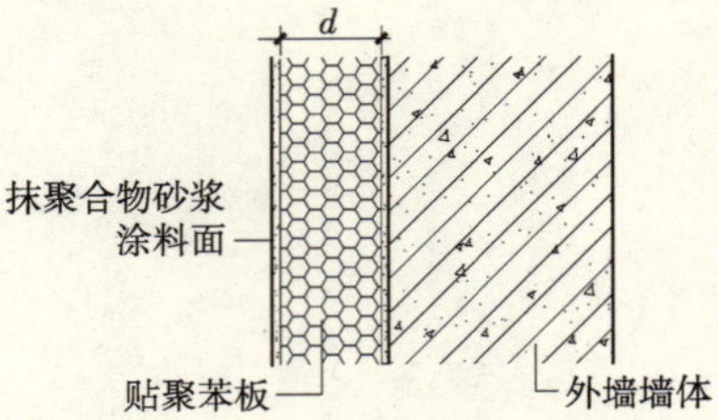
</td><td rowspan="5">1. 涂料饰面
2. 抹 3 ~5 厚聚合物砂浆中间压入一层耐碱玻纤网格布
3. 聚合物砂浆粘贴 d 厚双面带小凹槽聚苯板
4. 1:3 水泥砂浆找平（墙体不平时用）
5. 基层墙面刷界面剂</td></tr>
<tr><td>②</td><td>80</td><td>0.54</td></tr>
<tr><td>③</td><td>90</td><td>0.49</td></tr>
<tr><td>④</td><td>100</td><td>0.44</td></tr>
<tr><td>⑤</td><td>110</td><td>0.41</td></tr>
<tr><td>⑥</td><td>70</td><td>0.58</td><td rowspan="5">混凝土空心砌块墙
框架结构轻集料混凝土砌块填充墙</td><td rowspan="5">外墙 51M1
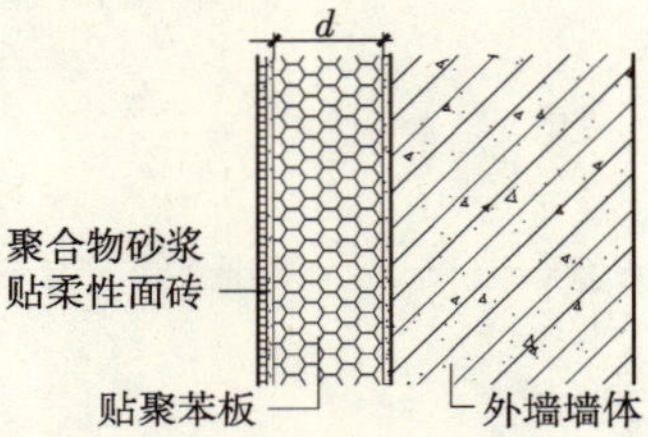
</td><td rowspan="5">1. 聚合物砂浆粘贴 3 厚柔性面砖
2. 抹 3 ~5 厚聚合物砂浆中间压入一层耐碱玻纤网格布
3. 聚合物砂浆粘贴 d 厚聚苯板
4. 1:3 水泥砂浆找平（墙体不平时用）
5. 基层墙面刷界面剂</td></tr>
<tr><td>⑦</td><td>80</td><td>0.52</td></tr>
<tr><td>⑧</td><td>90</td><td>0.47</td></tr>
<tr><td>⑨</td><td>100</td><td>0.43</td></tr>
<tr><td>⑩</td><td>110</td><td>0.40</td></tr>
<tr><td>⑪</td><td>60</td><td>0.57</td><td rowspan="5">多孔砖墙</td><td rowspan="5">外墙 51M2
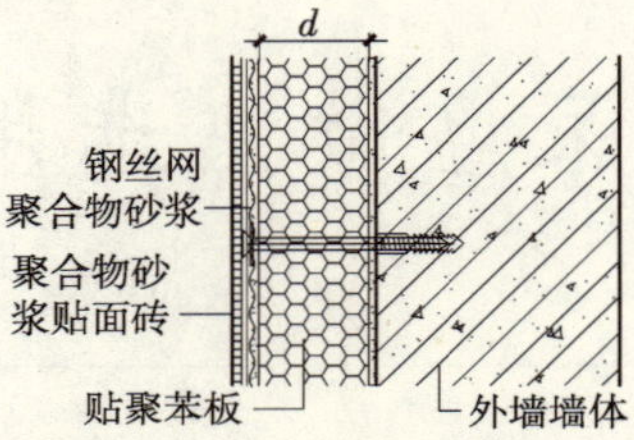
</td><td rowspan="5">1. 聚合物砂浆粘贴面砖
2. 抹 10 ~12 厚聚合物砂浆内配钢丝网，用胀管螺钉锚固
3. 聚合物砂浆粘贴 d 厚聚苯板
4. 1:3 水泥砂浆找平（墙体不平时用）
5. 基层墙面刷界面剂</td></tr>
<tr><td>⑫</td><td>70</td><td>0.51</td></tr>
<tr><td>⑬</td><td>80</td><td>0.46</td></tr>
<tr><td>⑭</td><td>90</td><td>0.42</td></tr>
<tr><td>⑮</td><td>100</td><td>0.39</td></tr>
</table>

<table>
<tr><th rowspan="2">体系</th><th colspan="2">编号</th><th rowspan="2">膨胀聚苯板厚度 d1</th><th rowspan="2">传热系数[W/(m²·K)]</th><th rowspan="2">基层墙体</th><th rowspan="2">简　图</th><th rowspan="2">用料及分层做法</th></tr>
<tr><th></th><th>分号</th></tr>
<tr><td rowspan="12">粘贴聚苯板 复合胶粉聚苯颗粒</td><td rowspan="12">外墙 51 复
外墙 51M 复</td><td>①</td><td>60</td><td>0.60</td><td rowspan="4">钢筋混凝土墙</td><td rowspan="5">外墙 51 复
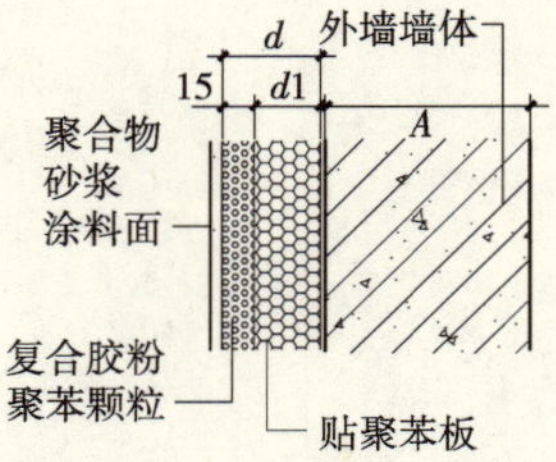
</td><td rowspan="5">1. 涂料饰面
2. 抹 3 ~5 厚聚合物砂浆中间压入一层耐碱玻纤网格布
3. 抹 15 厚胶粉聚苯颗粒
4. 聚合物砂浆粘贴 d1 厚聚苯板
5. 1:3 水泥砂浆找平（墙体不平时用）
6. 基层墙面刷界面剂</td></tr>
<tr><td>②</td><td>70</td><td>0.54</td></tr>
<tr><td>③</td><td>80</td><td>0.49</td></tr>
<tr><td>④</td><td>90</td><td>0.44</td></tr>
<tr><td>⑤</td><td>60</td><td>0.57</td><td rowspan="4">混凝土空心砌块墙
框架结构轻集料混凝土砌块填充墙</td></tr>
<tr><td>⑥</td><td>70</td><td>0.52</td><td rowspan="7">外墙 51M 复
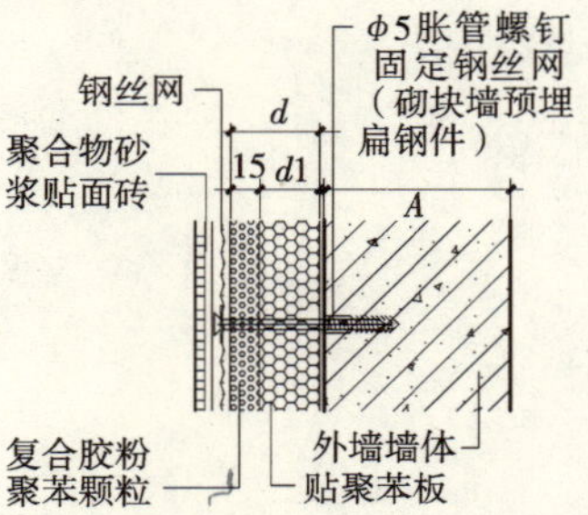
</td><td rowspan="7">1. 聚合物砂浆粘贴面砖
2. 抹第二遍 5 ~6 厚聚合物砂浆
3. 固定热镀锌钢丝网
4. 抹第一遍 3 ~4 厚聚合物砂浆
5. 抹 15 厚胶粉聚苯颗粒
6. 聚合物砂浆粘贴 d1 厚聚苯板
7. 1:3 水泥砂浆找平（墙体不平时用）
8. 基层墙面刷界面剂</td></tr>
<tr><td>⑦</td><td>80</td><td>0.47</td></tr>
<tr><td>⑧</td><td>85</td><td>0.45</td></tr>
<tr><td>⑨</td><td>50</td><td>0.60</td><td rowspan="4">多孔砖墙</td></tr>
<tr><td>⑩</td><td>60</td><td>0.54</td></tr>
<tr><td>⑪</td><td>70</td><td>0.48</td></tr>
<tr><td>⑫</td><td>80</td><td>0.44</td></tr>
</table>

体系	编号	分号	膨胀聚苯板厚度d	传热系数 $[W/(m^2 \cdot K)]$	基层墙体	简图	用料及分层做法
现浇混凝土模板内置保温板（简称大模内置聚苯板）	外墙52大模内置无网带槽聚苯板	①	80	0.60	大模现浇混凝土墙	外墙 52 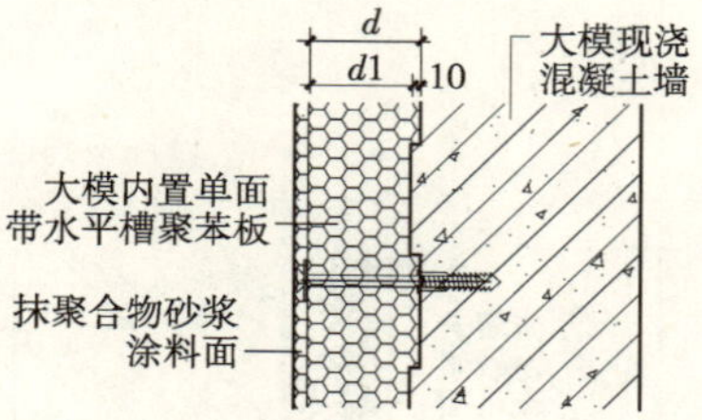	1. 涂料饰面 2. 抹3～5厚聚合物砂浆内压入耐碱玻纤网格布 3. d厚带凹槽聚苯板置入外模内侧，表面喷界面剂 4. 大模现浇混凝土墙
		②	85	0.57			
		③	90	0.54			
		④	95	0.51			
		⑤	100	0.49			
	外墙52M1大模内置有网带槽聚苯板	①	95	0.59	大模现浇混凝土墙	外墙 52M1 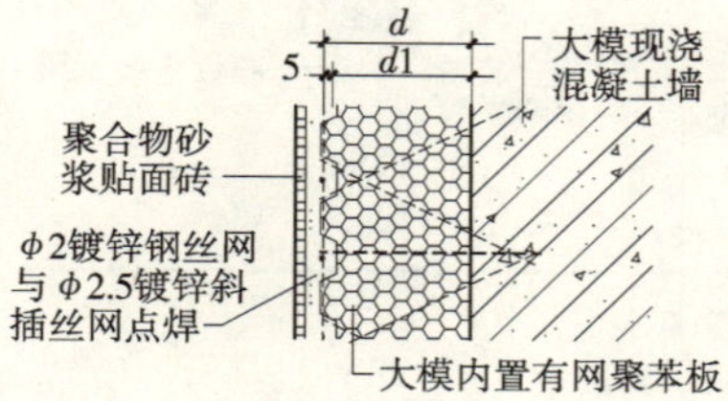	1. 6厚面砖聚合物砂浆粘贴 2. 抹15厚聚合物砂浆 3. d厚有网（镀锌斜插丝网）聚苯板置于外模内侧，外表面喷界面剂 4. 大模现浇混凝土墙
		②	100	0.57			
		③	105	0.54			
		④	110	0.52			
		⑤	115	0.50			
	外墙52M2大模内置无网无槽聚苯板	①	75	0.60	大模现浇混凝土墙	外墙 52M2 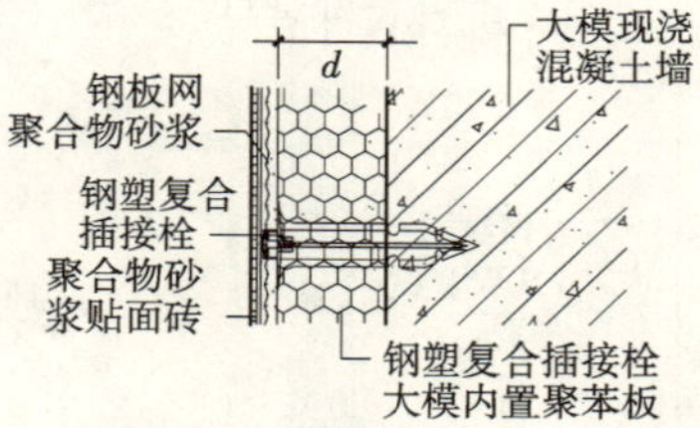	1. 6厚面砖聚合物砂浆粘贴 2. 15厚聚合物砂浆，内配0.8厚钢板网，网孔12×12镀锌钢板垫圈卡住钢板网 3. d厚无网无槽聚苯板插入钢塑复合插接栓置于大模内，靠混凝土的一面喷界面剂 4. 大模现浇混凝土墙
		②	80	0.57			
		③	85	0.54			
		④	90	0.52			
		⑤	95	0.50			

体系	编号	分号	膨胀聚苯板厚度d1	传热系数 $[W/(m^2 \cdot K)]$	基层墙体	简图	用料及分层做法
大模内置聚苯板 复合胶粉聚苯颗粒	外墙52复大模内置无网带槽聚苯板复合胶粉聚苯颗粒	①	65	0.60	大模现浇钢筋混凝土墙	外墙 52 复 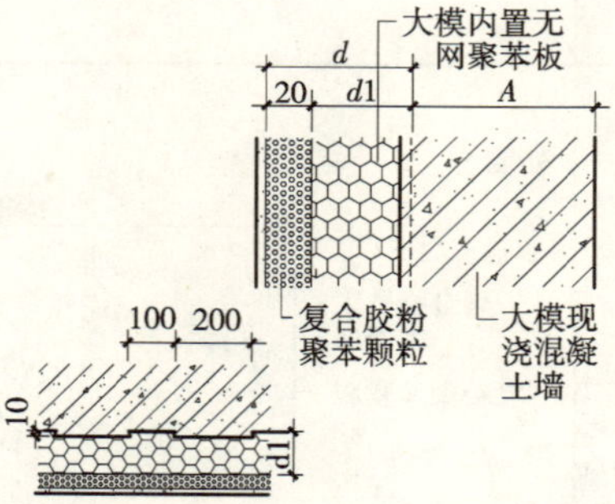	1. 涂料饰面 2. 抹3～5厚聚合物砂浆中间压入一层耐碱玻纤网格布 3. 抹20厚胶粉聚苯颗粒 4. d1厚聚苯板单面带凹槽无网聚苯板置入大模内 5. 大模现浇混凝土墙
		②	70	0.57			
		③	75	0.54			
		④	85	0.49			
		⑤	90	0.47			
	外墙52M复大模内置有网带槽聚苯板复合胶粉聚苯颗粒	①	80	0.58	大模现浇钢筋混凝土墙	外墙 52M 复 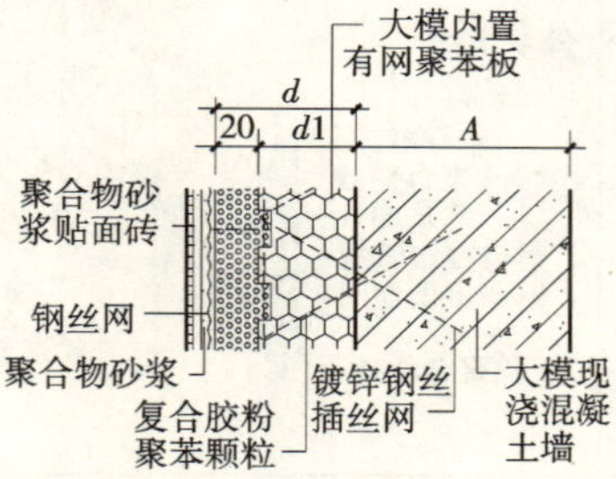	1. 聚合物砂浆贴面砖 2. 抹5～6厚聚合物砂浆 3. 镀锌钢丝网与钢丝网架绑扎 4. 抹3～4厚聚合物砂浆 5. 抹20厚胶粉聚苯颗粒 6. d1厚有网聚苯板置于大模内 7. 大模现浇混凝土墙
		②	85	0.55			
		③	90	0.53			
		④	95	0.51			
		⑤	110	0.45			

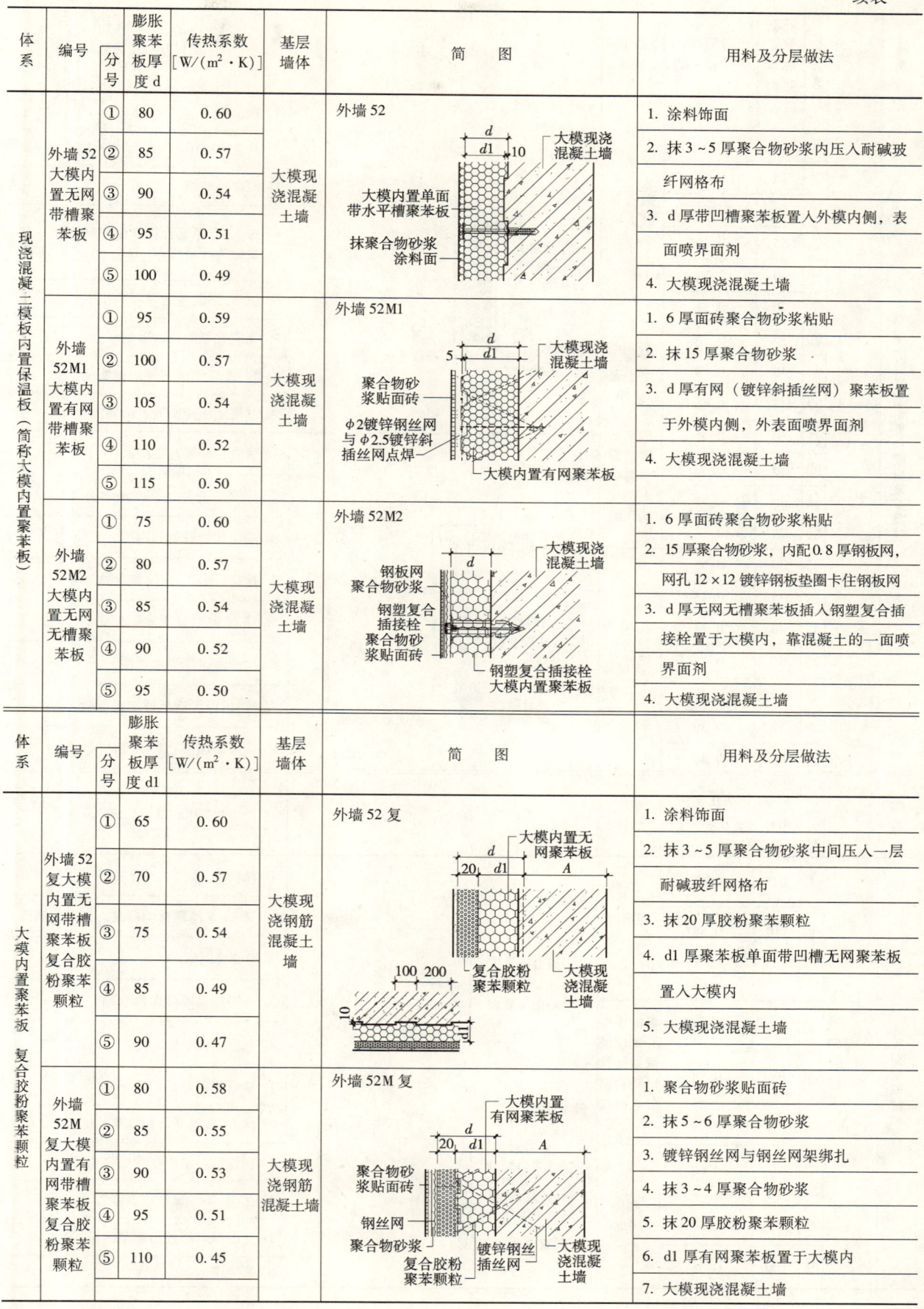

续表

体系	编号	分号	硬泡聚氨酯厚度 d1	传热系数 [W/(m^2·K)]	基层墙体	简图	用料及分层做法
硬泡聚氨酯 复合胶粉聚苯颗粒	外墙53 外墙53M	①	35	0.56	钢筋混凝土墙	外墙53 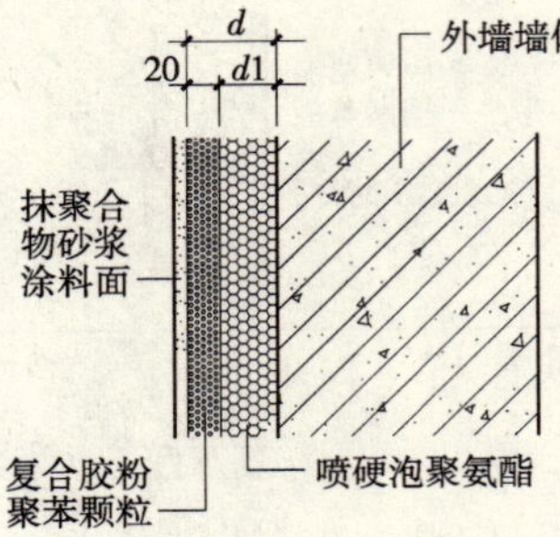	1. 刷涂料 2. 刮柔性腻子 3. 刷弹性底涂 4. 抹3~5厚聚合物砂浆中间压入一层耐碱玻纤网格布 6. 抹20厚胶粉聚苯颗粒找平 7. 涂刷聚氨酯界面砂浆 8. 喷d1厚无溶剂硬泡聚氨酯 9. 基层墙面涂刷聚氨酯防潮底漆
		②	40	0.51			
		③	45	0.47			
		④	50	0.43			
		⑤	55	0.40			
		⑥	60	0.38			
		⑦	70	0.33			
		⑧	35	0.55	混凝土空心砌块墙 框架结构轻集料混凝土砌块填充墙		
		⑨	40	0.50			
		⑩	45	0.46			
		⑪	50	0.42		外墙53M 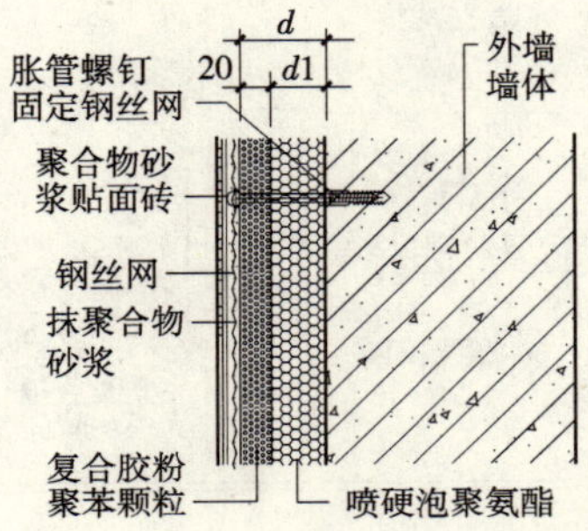	1. 聚合物砂浆粘贴面砖 2. 抹第二遍5~6厚聚合物砂浆 3. 固定热镀锌钢丝网 4. 抹第一遍3~4厚聚合物砂浆 5. 抹20厚胶粉聚苯颗粒找平 6. 涂刷聚氨酯界面砂浆 7. 喷d1厚无溶剂硬泡聚氨酯 8. 基层墙面涂刷聚氨酯防潮底漆
		⑫	55	0.39			
		⑬	60	0.37			
		⑭	70	0.33			
		⑮	30	0.53	多孔砖墙		
		⑯	35	0.48			
		⑰	40	0.44			
		⑱	45	0.41			
		⑲	50	0.38			
		⑳	55	0.36			
		㉑	60	0.34			

体系	编号	分号	胶粉聚苯颗粒厚度 d	传热系数 [W/(m^2·K)]	基层墙体	简图	用料及分层做法
抹胶粉聚苯颗粒	外墙54 外墙54M	①	105	0.60	钢筋混凝土墙	外墙54 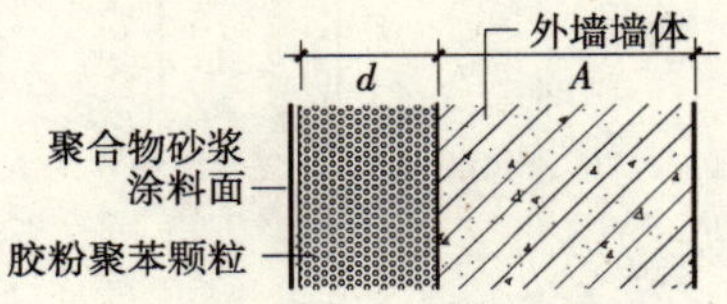	1. 涂料饰面 2. 抹3~5厚聚合物砂浆内压入耐碱涂塑玻纤网格布 3. 分层抹d厚胶粉聚苯颗粒 4. 基层墙面
		②	110	0.58			
		③	115	0.56			
		④	100	0.60	混凝土空心砌块墙 框架结构轻集料混凝土砌块填充墙		
		⑤	105	0.58		外墙54M 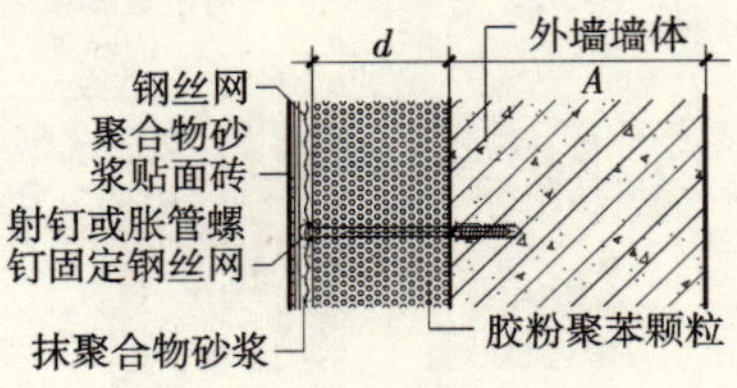	1. 聚合物砂浆贴面砖 2. 抹5~6厚聚合物砂浆 3. 镀锌钢丝网用胀管螺钉固定 4. 抹3~4厚聚合物砂浆 5. 分层抹d厚胶粉聚苯颗粒 6. 基层墙面
		⑥	110	0.55			
		⑦	90	0.60	多孔砖墙		
		⑧	95	0.58			
		⑨	100	0.55			

体系	编号	分号	硬泡聚氨酯厚度 d	传热系数 [W/(m²·K)]	基层墙体	简图	用料及分层做法
面砖饰面聚氨酯复合板	外墙 55M	①	40	0.59	钢筋混凝土墙	外墙 55M 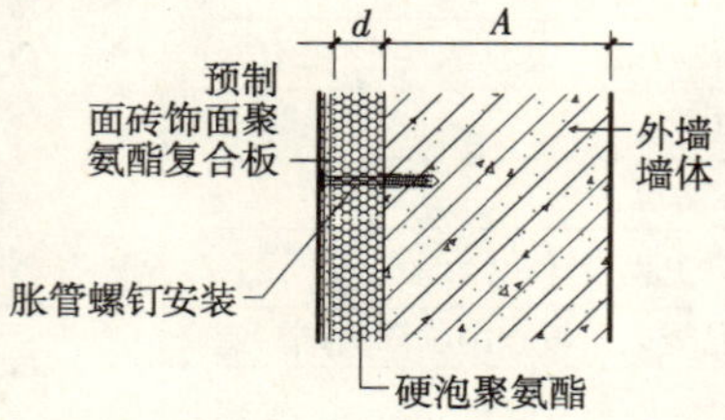	1. 固定螺钉处补贴面砖 2. 用胀管螺钉安装固定复合板 3. 预制面砖聚氨酯复合板 4. 聚合物砂浆粘贴 5. 基层墙面
		②	45	0.54			
		③	55	0.45			
		④	40	0.58	混凝土空心砌块墙框架结构轻集料混凝土砌块填充墙		
		⑤	45	0.52			
		⑥	55	0.44			
		⑦	35	0.55	多孔砖墙		
		⑧	40	0.50			
		⑨	50	0.43			

保温楼面、不采暖楼梯间内墙保温

编号及类别	名　　称	用料及分层做法	附　　注
楼 65W （楼 66W）	保温楼面 传热系数 0.47[W/(m²·K)] 0.55 [W/(m²·K)]	1. 面层做法按工程设计 2. 40 厚 C20 细石混凝土随打随压光，配双向 ϕ4 @150（浇混凝土时注意向上拉钢筋网片使网片居混凝土中）3m×3m 分缝，缝宽 10 3. 60（50）厚挤塑聚苯板用聚合物砂浆粘贴 4. 钢筋混凝土楼板	1. 楼 65W 用于下层为不采暖空间时（如：不采暖地下室）的上层楼面保温。（最佳做法为：在下层作保温顶棚） 2. 楼 66W 用于下部为室外空气时（如：过街楼）的楼面保温（最佳做法为：在过街楼板下部做保温顶棚）
内墙 6WA	保温墙面 （非黏土多孔砖墙） 传热系数 1.34[W/(m²·K)]	1. 涂料饰面按工程设计 2. 2 厚耐水腻子 3. 6 厚粉刷石膏抹平，中间压入一层中碱玻纤网格布 4. 15 厚胶粉聚苯颗粒保温 5. 钢筋混凝土楼梯间内墙，墙面作界面处理	
内墙 6WB1 （内墙 6WB2）	保温墙面 （钢筋混凝土内墙） 传热系数 1.37[W/(m²·K)] 1.32 [W/(m²·K)]	1. 涂料饰面按工程设计 2. 2 厚耐水腻子 3. 6 厚粉刷石膏抹平，中间压入一层中碱玻纤网格布 4. 35 厚胶粉聚苯颗粒保温（内墙 6WB1） 25 厚聚苯板保温用聚合物砂浆粘贴（内墙 6WB2） 5. 钢筋混凝土楼梯间内墙，墙面作界面处理	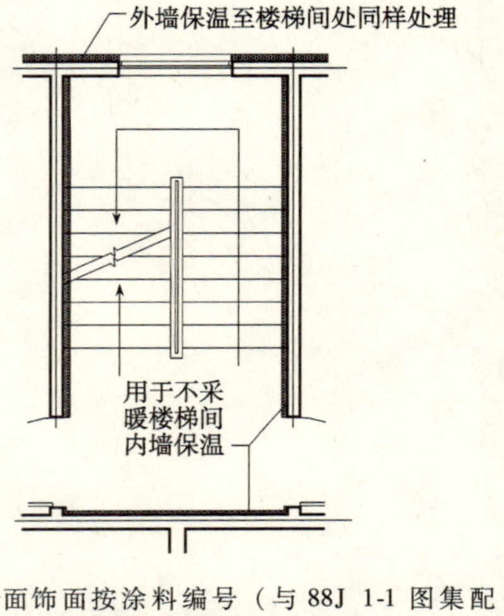
内墙 6WC	保温墙面 （混凝土空心砌块墙） 传热系数 1.34[W/(m²·K)]	1. 涂料饰面按工程设计 2. 2 厚耐水腻子 3. 6 厚粉刷石膏抹平，中间压入一层中碱玻纤网格布 4. 25 厚胶粉聚苯颗粒保温 5. 钢筋混凝土楼梯间内墙，墙面做界面处理	墙面饰面按涂料编号（与 88J 1-1 图集配套），也可用于其他饰面做法。

保温顶棚

编号及类别	名　　称	用料及分层做法	附　　　　注
棚 61W1 （棚 61W2）	保温顶棚 传热系数 0.47［W/(m²·K)］ 0.55［W/(m²·K)］	1. 钢筋混凝土楼板扫净刷界面剂一道 2. 用聚合物砂浆粘贴 60 厚（棚 61W1） 50 厚（棚 61W2）挤塑聚苯板，并用 ϕ5 带大垫圈胀管螺钉（双向中距 @700）固定于楼板 3. 5 厚粉刷石膏，内压入一层中碱玻纤 网格布 4. 2 厚耐水腻子 5. 饰面按工程设计	棚 61W1 用于接触室外空气（如：过街楼）的顶棚保温；棚 61W2 用于上层采暖下层不采暖时下层顶棚的保温，如：不采暖地下室的顶棚保温。
棚 61W3 （棚 61W4）	保温顶棚 传热系数 0.48［W/(m²·K)］ 0.53［W/(m²·K)］	1. 钢筋混凝土楼板扫净刷界面剂一道 2. 喷 50 厚（棚 61W3） 45 厚（棚 61W4）硬泡聚氨酯，适 量磨平 3. 5 厚粉刷石膏，内压入一层中碱玻纤 网格布 4. 2 厚耐水腻子 5. 饰面按工程设计	棚 61W3 用于接触室外空气（如：过街楼）的顶棚保温；棚 61W4 用于上层采暖下层不采暖时下层顶棚的保温，如：不采暖地下室的顶棚保温。
棚 26W	保温顶棚 传热系数 0.52［W/(m²·K)］ 燃烧性能：A 级	1. 钢筋混凝土楼板 2. 用胀管螺钉埋设吸顶吊件，详 88J 4—3 图集第 11 页 3. 安装轻钢龙骨（次龙骨及横撑） 4. 铺 55 厚玻璃棉板或岩棉板 5. 钉 12 厚纸面石膏板（或水泥纤维板） 6. 刮腻子刷涂料 吊顶详细做法详见 88J 4—3《内装 修—吊顶》图集	本顶棚做法防火等级为 A 级，适用于有防火要求的不采暖楼层（如地下室）。 玻璃棉板或岩棉板 导热系数 ≤0.03W/(m²·K) 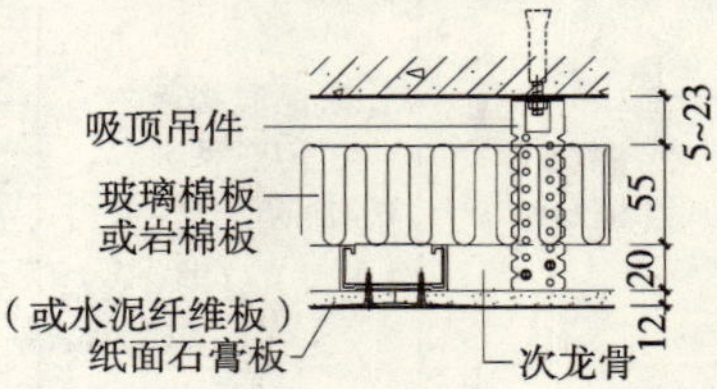

3

构造做法与详图

详图位置图

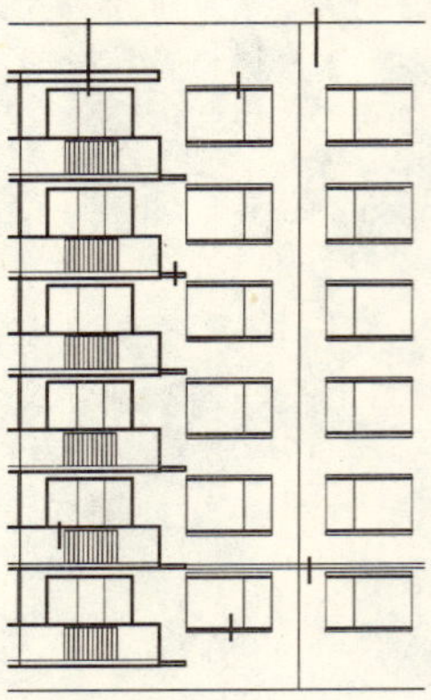

多层住宅立面示例

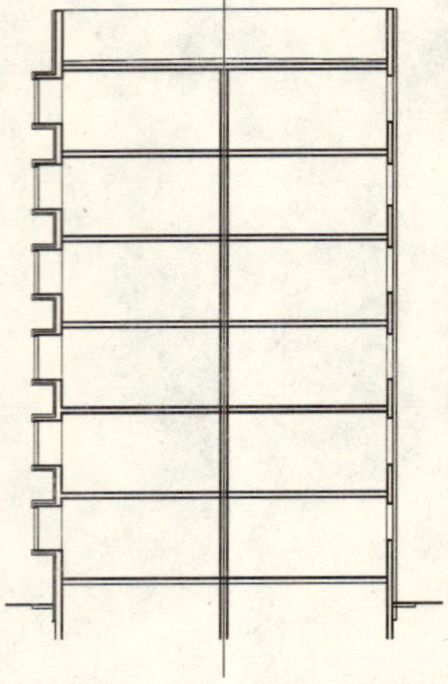

多层住宅剖面示例

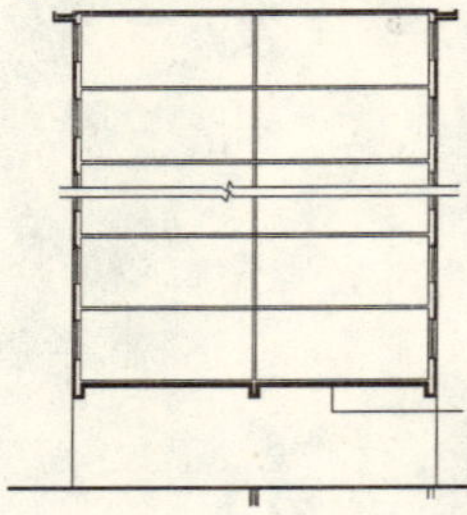

过街楼剖面

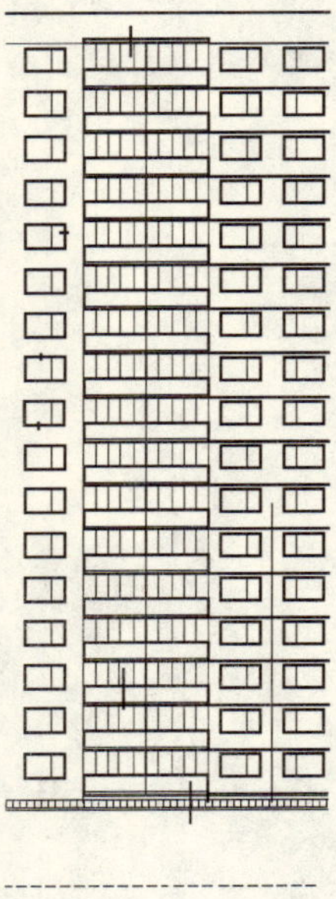

高层住宅
立面示例

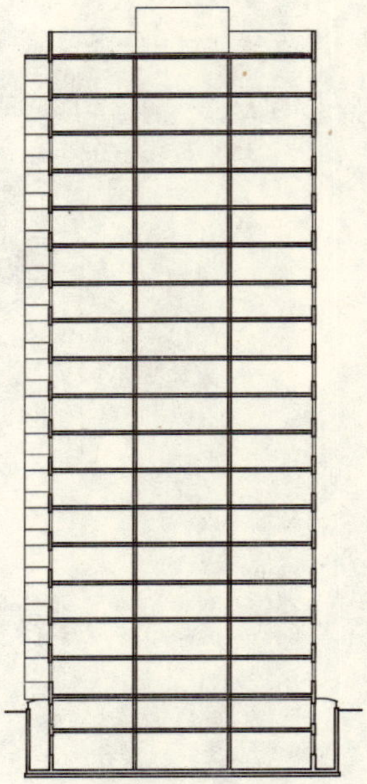

高层住宅
剖面示例

窗井处保温

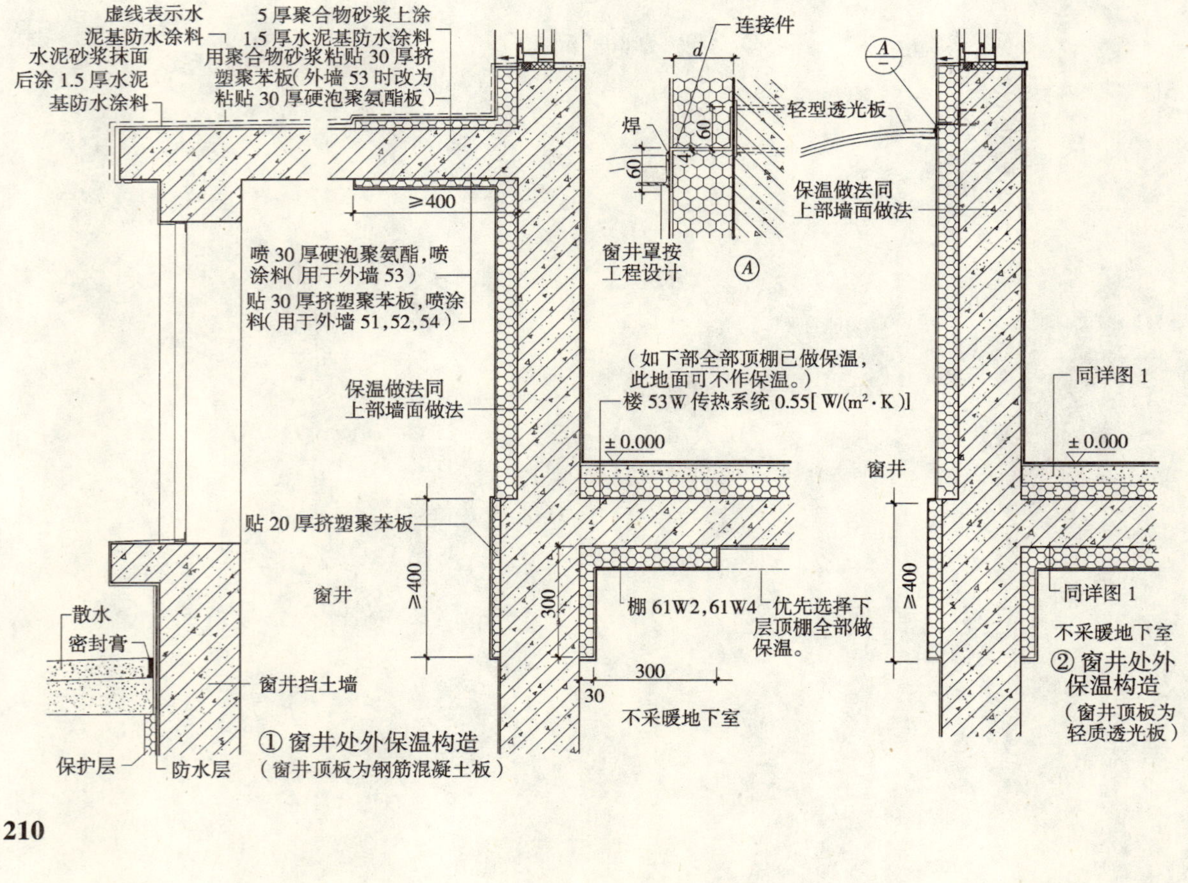

① 窗井处外保温构造
（窗井顶板为钢筋混凝土板）

② 窗井处外保温构造
（窗井顶板为轻质透光板）

勒脚、阴阳角详图

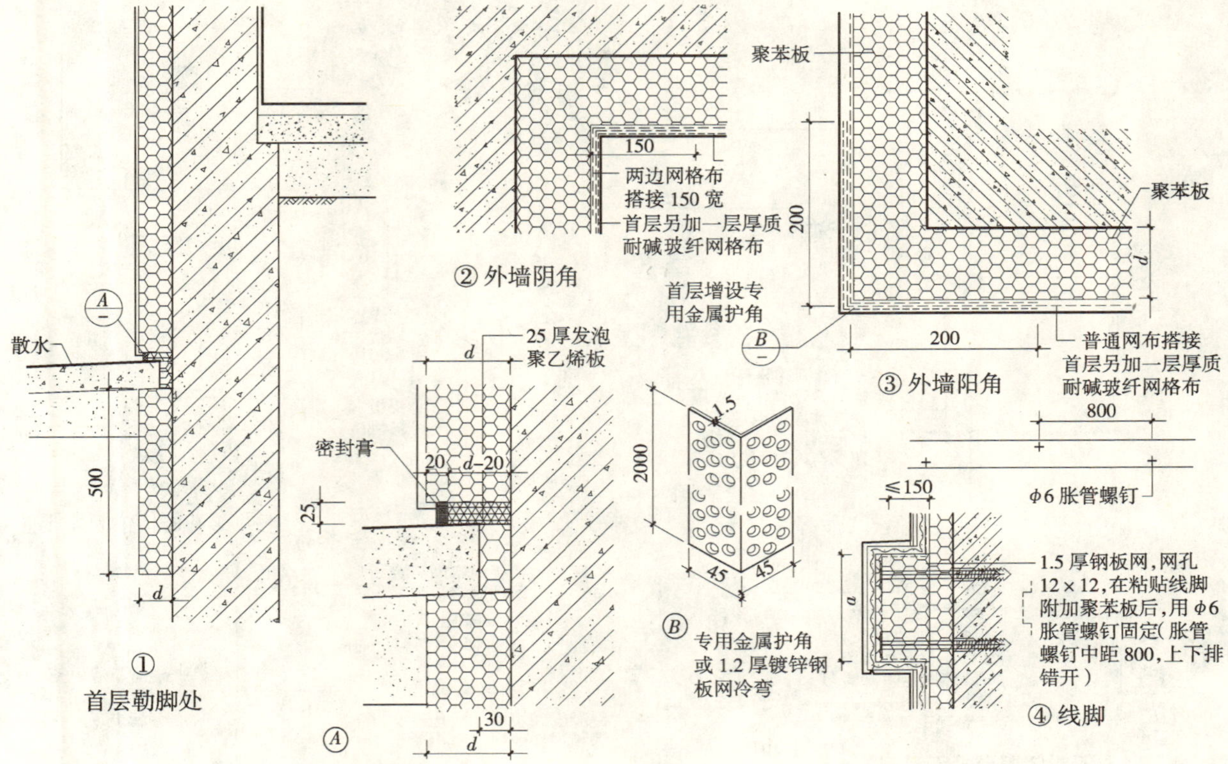

封闭阳台保温

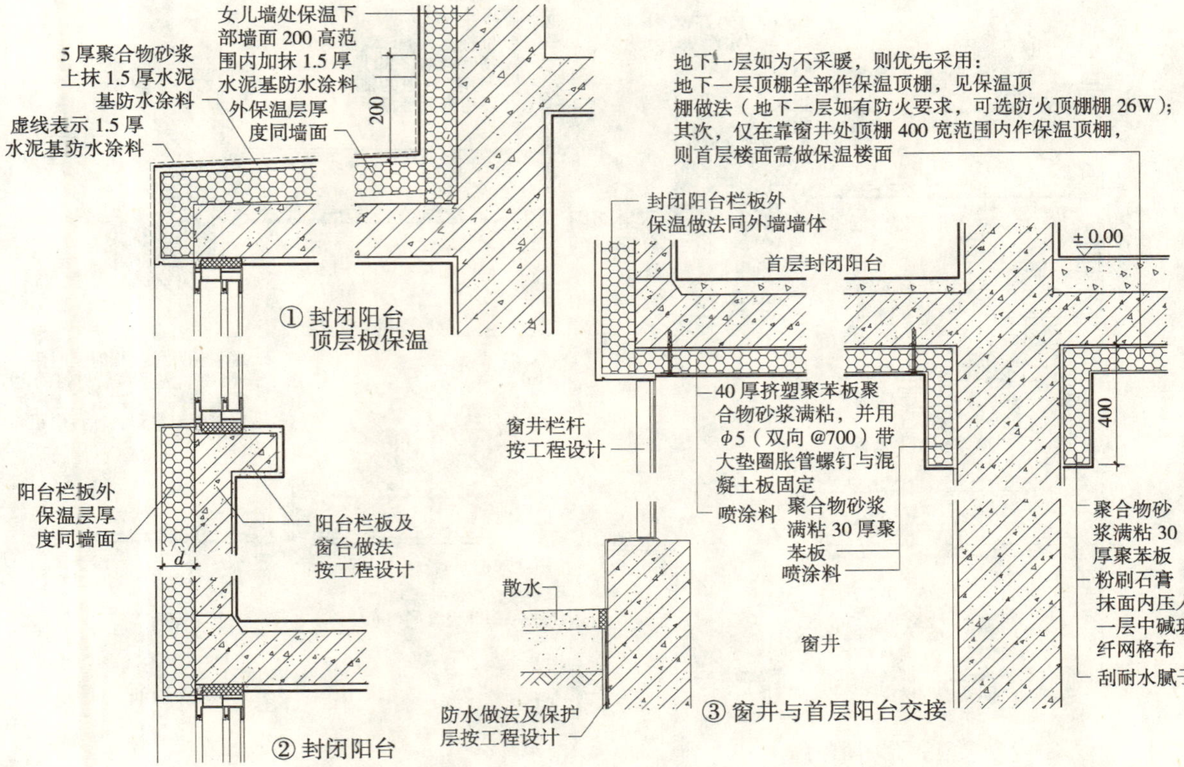

不封闭阳台保温

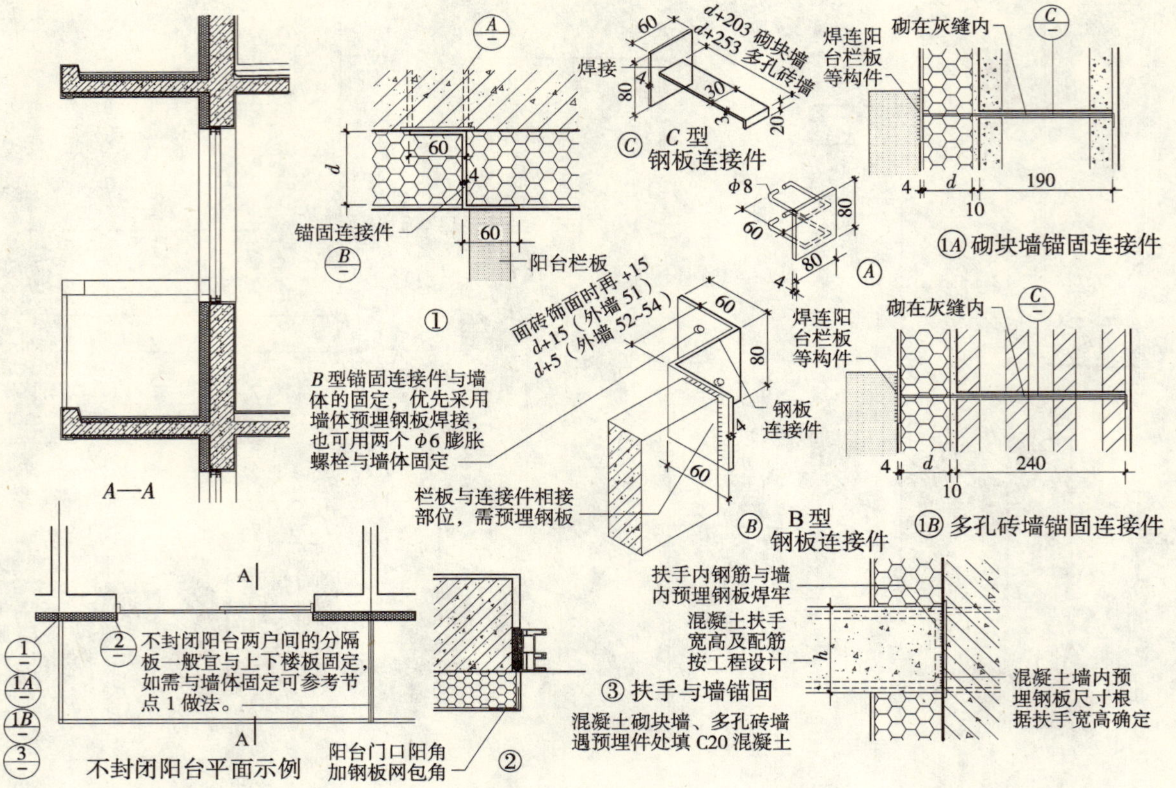

不封闭阳台保温（空调外机板）

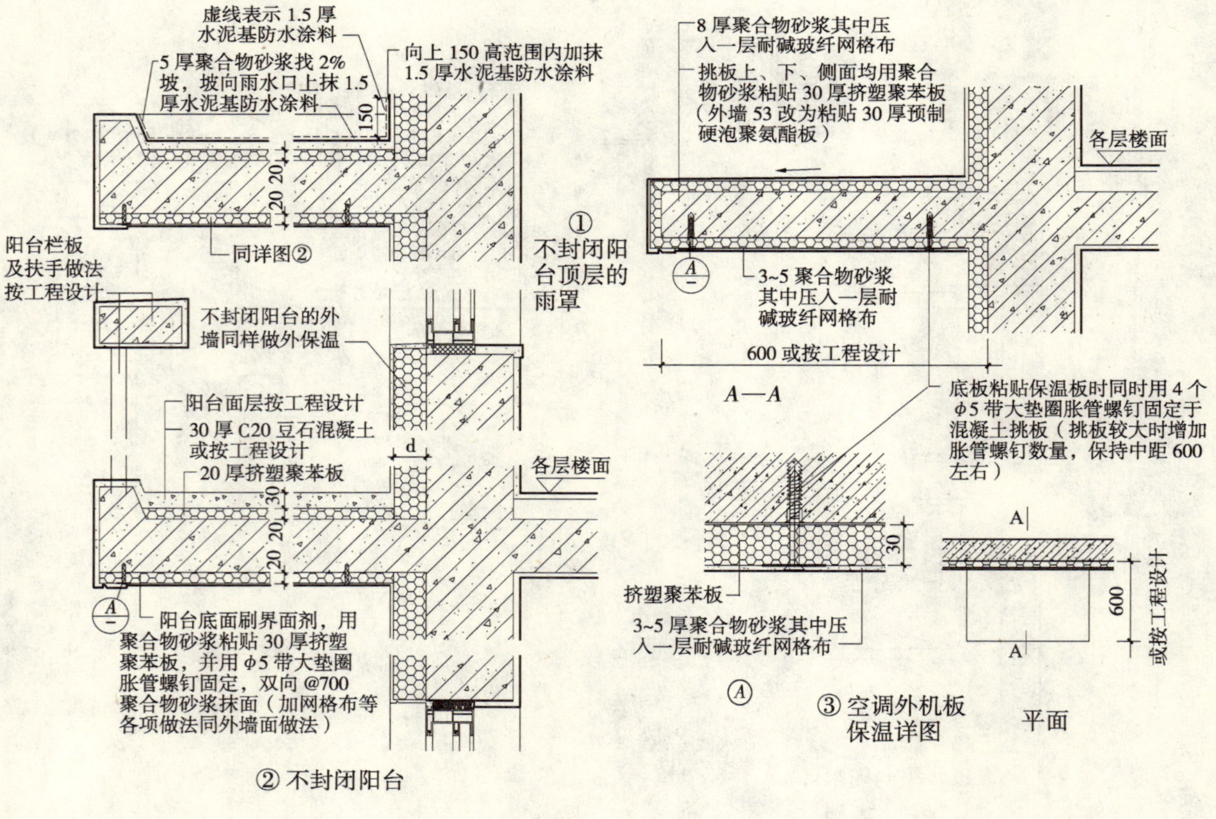

窗口保温

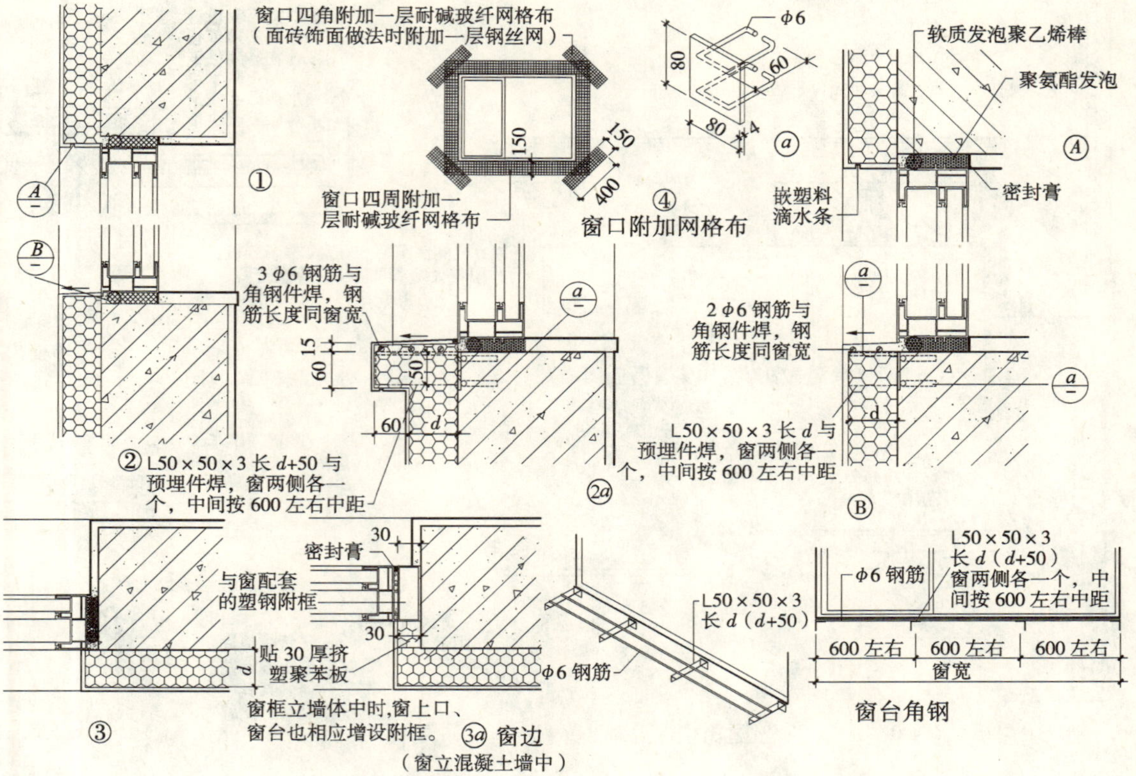
窗口四角附加一层耐碱玻纤网格布
（面砖饰面做法时附加一层钢丝网）
150
150
400
窗口四周附加一
层耐碱玻纤网格布
窗口附加网格布
φ6
80
60
80
4
a
④
①
A
B
软质发泡聚乙烯棒
聚氨酯发泡
A
嵌塑料
滴水条
密封膏
3 φ6 钢筋与
角钢件焊，钢
筋长度同窗宽
15
60
50
60
d
② L50 × 50 × 3 长 d+50 与
预埋件焊，窗两侧各一
个，中间按 600 左右中距
2a
2 φ6 钢筋与
角钢件焊，钢
筋长度同窗宽
L50 × 50 × 3 长 d 与
预埋件焊，窗两侧各一
个，中间按 600 左右中距
B
30
密封膏
与窗配套
的塑钢附框
30
贴 30 厚挤
塑聚苯板
d
窗框立墙体中时，窗上口、
窗台也相应增设附框。
③
3a 窗边
（窗立混凝土墙中）
L50 × 50 × 3
长 d（d+50）
φ6 钢筋
L50 × 50 × 3
长 d（d+50）
窗两侧各一个，中
间按 600 左右中距
φ6 钢筋
600 左右
600 左右
600 左右
窗宽
窗台角钢

凸窗挑板保温

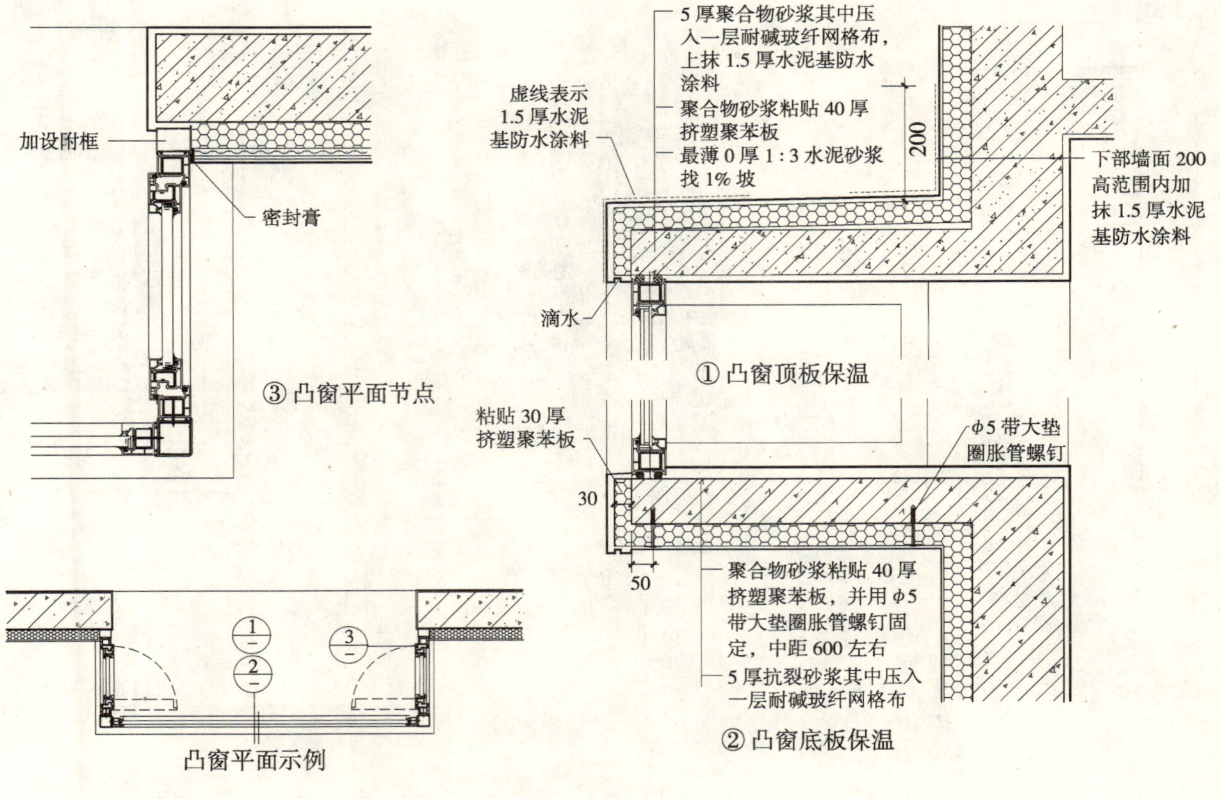
加设附框
密封膏
③ 凸窗平面节点
1
2
3
凸窗平面示例
5 厚聚合物砂浆其中压
入一层耐碱玻纤网格布，
上抹 1.5 厚水泥基防水
涂料
虚线表示
1.5 厚水泥
基防水涂料
聚合物砂浆粘贴 40 厚
挤塑聚苯板
最薄 0 厚 1 : 3 水泥砂浆
找 1% 坡
200
下部墙面 200
高范围内加
抹 1.5 厚水泥
基防水涂料
滴水
① 凸窗顶板保温
粘贴 30 厚
挤塑聚苯板
φ5 带大垫
圈胀管螺钉
30
50
聚合物砂浆粘贴 40 厚
挤塑聚苯板，并用 φ5
带大垫圈胀管螺钉固
定，中距 600 左右
5 厚抗裂砂浆其中压入
一层耐碱玻纤网格布
② 凸窗底板保温

过街楼楼面、挑檐保温

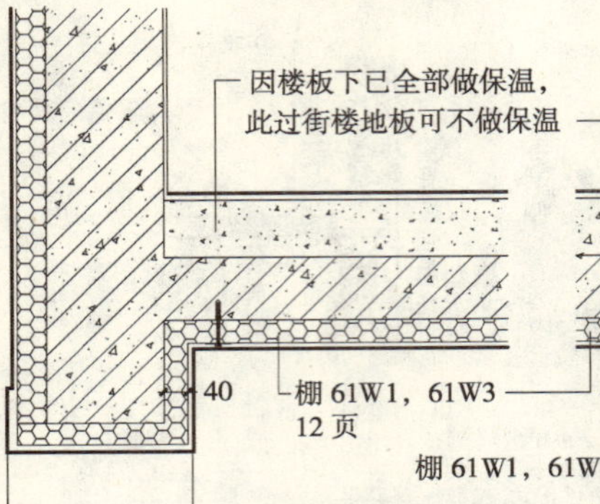

① 过街楼保温做法

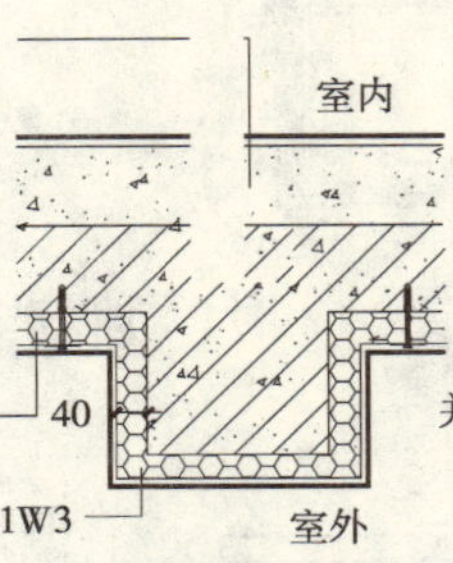

② 过街楼内纵梁保温做法

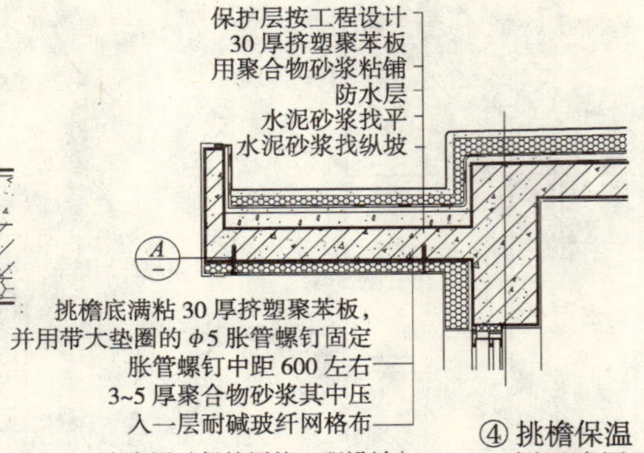

④ 挑檐保温
倒置式屋面

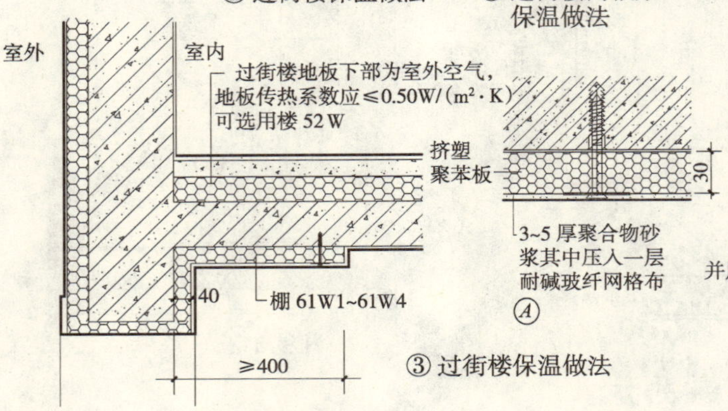

③ 过街楼保温做法

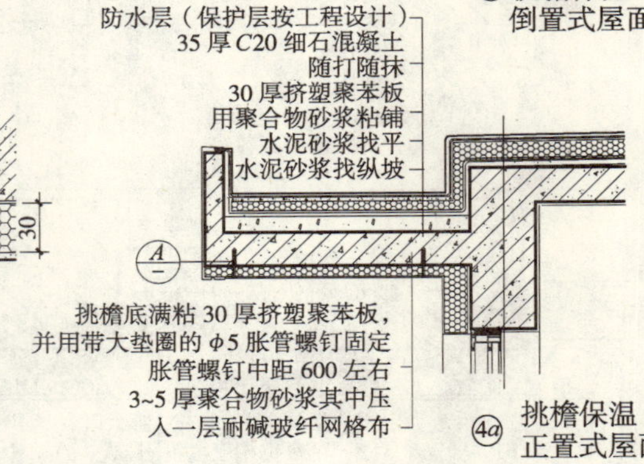

④a 挑檐保温
正置式屋面

檐口保温

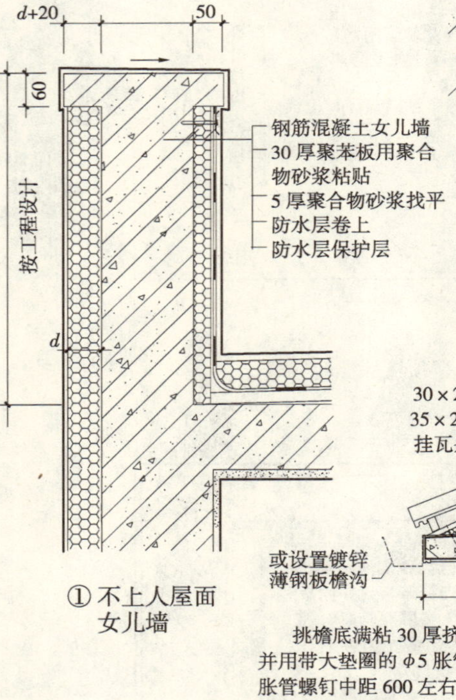

① 不上人屋面
女儿墙

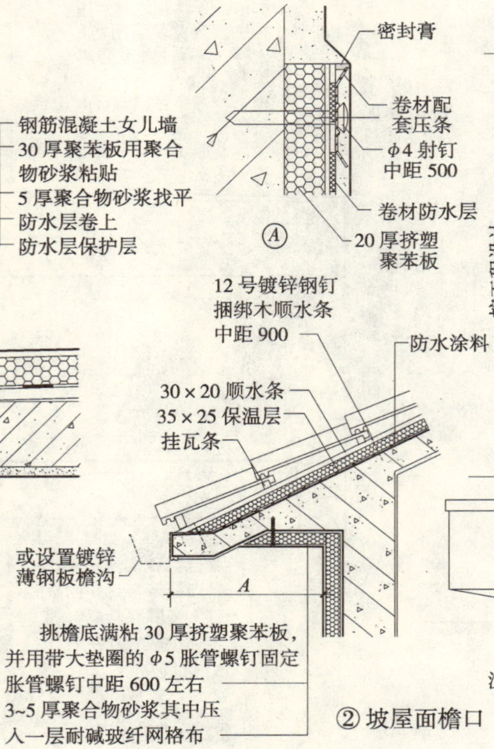

② 坡屋面檐口

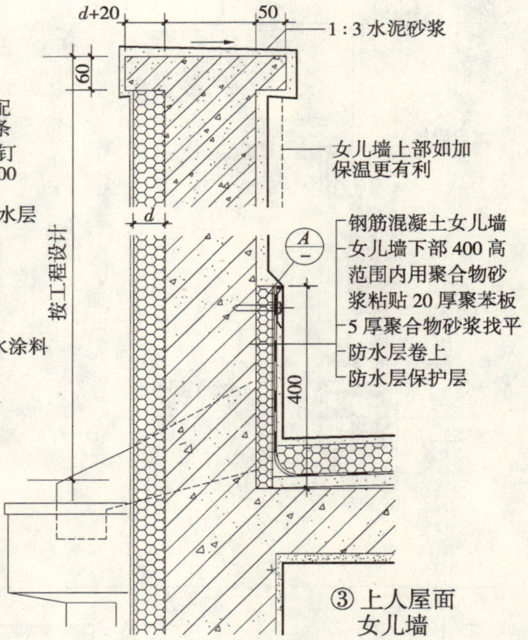

③ 上人屋面
女儿墙

注：本图详图①、③，主要表示女儿墙的保温，屋面做法均以倒置式屋面为例，工程中采用正置式屋面时也可参考使用。

分格缝

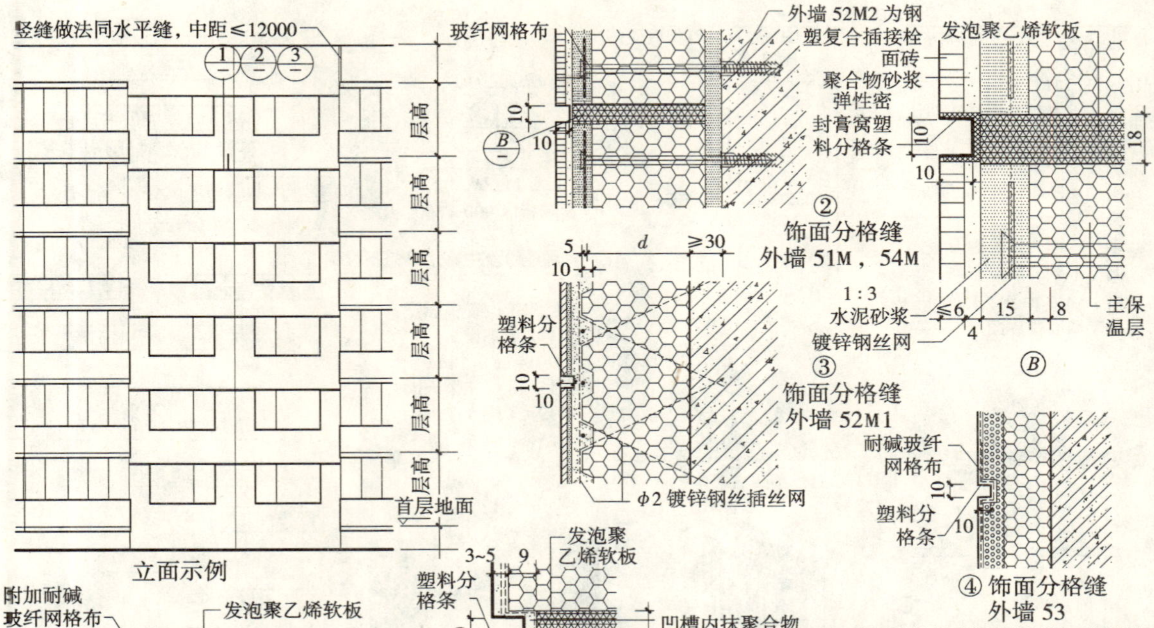

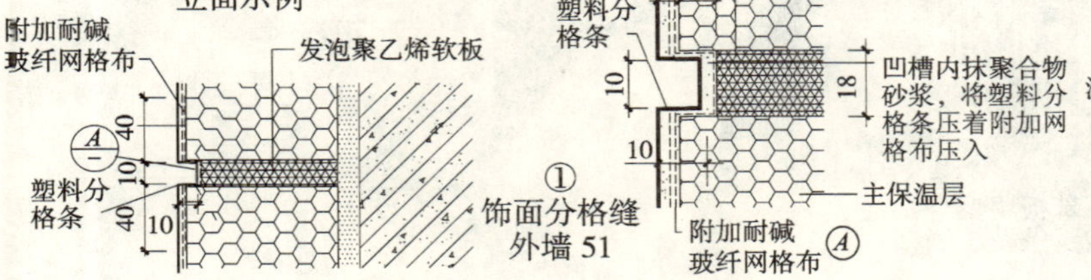

注：本图为外保温保温层及饰面层均断开的分隔缝详图，水平缝每层设一道，可选在窗上口或其他位置，竖缝根据工程立面情况设置，一般中距不宜大于 12m，如工程平面已有凹凸，则可酌情不设竖缝。

变形缝

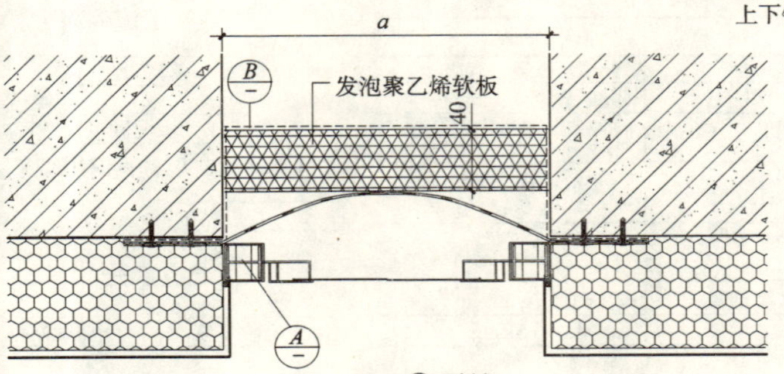

① 平缝

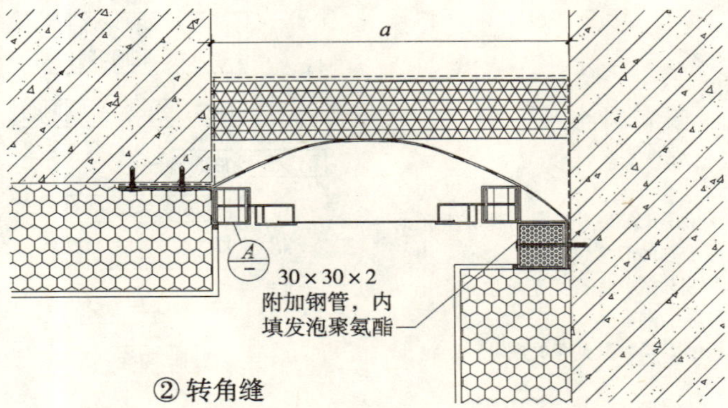

② 转角缝

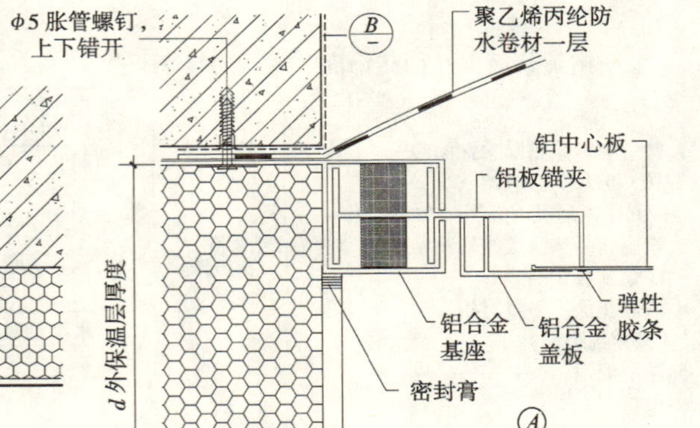

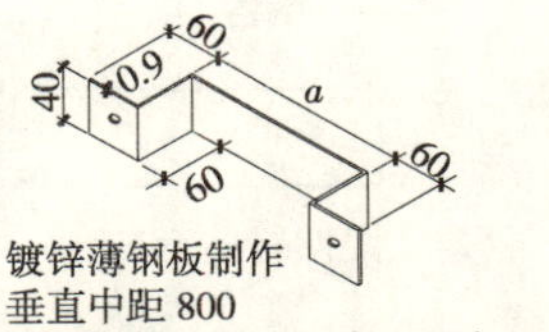

Ⓑ 镀锌薄钢板制作
垂直中距 800
发泡聚乙烯板（厚 30，宽 a+20）用胶粘在此件上

注：1. 本图一般用于缝宽≥200 的外保温抗震缝做法，缝宽较小的做法见 88JZ3 图集第 14 页。
2. 本图铝合金基座、盖板、锚夹、铝中心板等均由定点厂生产，有关技术性能要求见该厂技术标准，并由该厂负各项技术责任，本图不再规定详细做法。

外墙 51 主体断面

外墙 51
粘贴聚苯板涂料饰面

1. 涂料饰面
2. 抹 3~5 厚抗裂砂浆中间压入耐碱玻纤网格布
3. 聚合物砂浆刮成梳形条，满粘 d 厚双面带小凹槽聚苯板
4. 多孔砖墙、砌块墙及表面不平整的混凝土墙，用 1 : 3 水泥砂浆抹平
5. 基层墙面刷界面剂

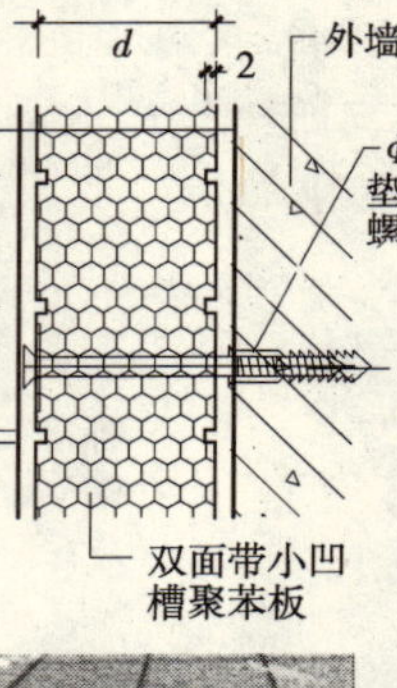

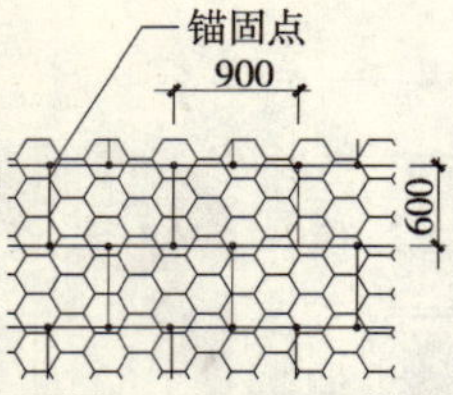

聚苯板以 900 × 600 为例

注：多层建筑及中高层建筑不设锚固点。
高层建筑设置锚固点：
第 1~8 层不设
第 9~14 层 3 个 /m²
第 15~18 层 4 个 /m²
第 19~24 层 5 个 /m²
第 25~30 层 6 个 /m²

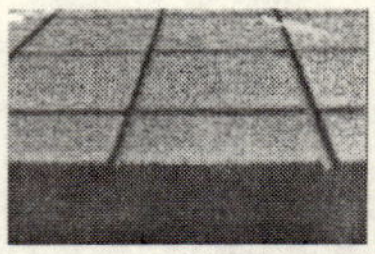
双面带小凹槽聚苯板

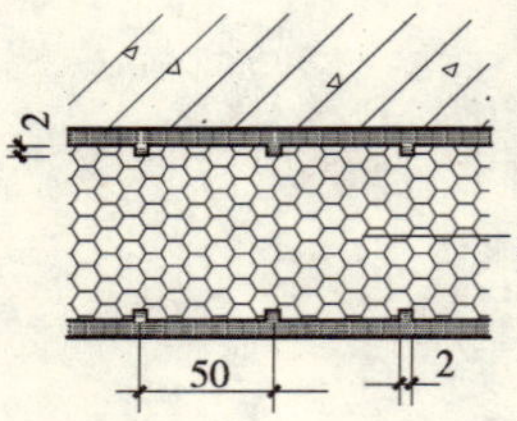

双面带小凹槽聚苯板粘贴后的剥离强度 150N，为一般聚苯板粘贴的 1.5 倍。

即增加聚苯板与基层墙体的粘结，又使面层饰面砂浆与聚苯板的粘结增强。

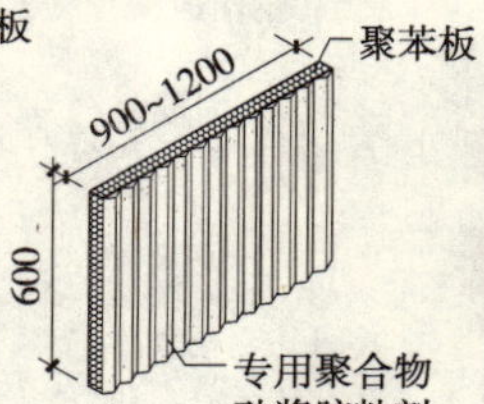

聚苯板用聚合物砂浆条粘法满粘

施工流程

- 基层处理
- 抹 1 : 3 水泥砂浆找平（墙体施工平整时可不作找平）
- 配聚苯板胶粘剂
- 粘贴聚苯板
- 配聚合物砂浆 / 剪裁网格布
- 抹第一道聚合物砂浆
- 压入网格布（首层加铺加强网格布）
- 抹第二道聚合物砂浆
- 配弹性底涂
- 涂弹性底涂
- 配柔性腻子
- 刮柔性腻子
- 涂外墙涂料

外墙 51M1 主体断面

外墙51M1
粘贴聚苯板柔性面砖饰面

1. 聚合物砂浆粘贴柔性面砖
2. 抹3~5厚聚合物砂浆，中间压入耐碱玻纤网格布
3. 聚合物砂浆刮成梳形满粘d厚聚苯板
4. 墙体基面不平整时用 1 : 3水泥砂浆抹平
5. 基层墙面

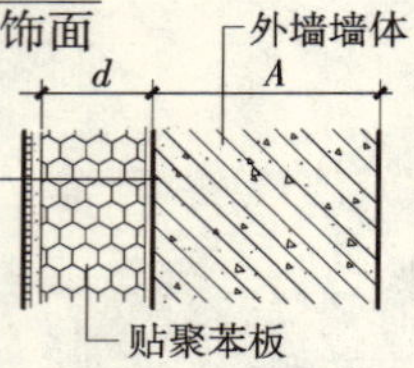

① 主体断面

柔性面砖技术性能

项　目	指　标
耐碱性	96h 无开裂、起鼓
耐水性	96h 无开裂、起鼓
耐温变性	10次涂层无粉化、开裂起泡
人工老化	500h 无开裂、起鼓、粉化0级 变化≤1级
拉伸粘结强度（与水泥粘结）	≥0.6MPa
水渗透阻	<0.5kg/m²·h$^{0.5}$
标准重量	4.0~6.5kg/m²

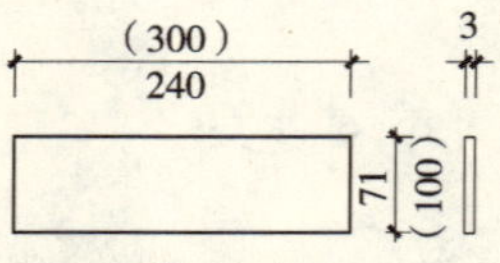

柔性轻体面砖

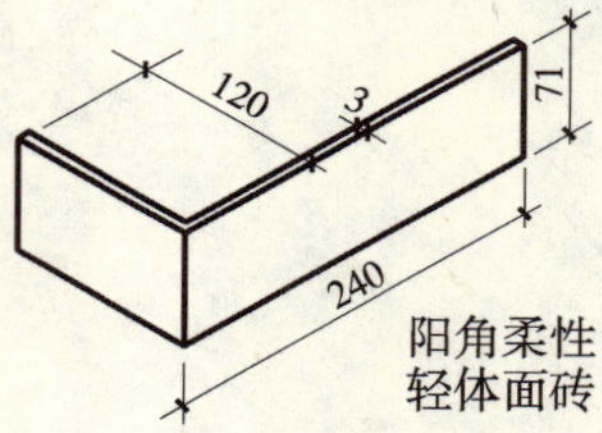

阳角柔性轻体面砖

施工流程

- 基层处理
- 抹1 : 3水泥砂浆找平（墙体施工平整时可不作找平）
- 配聚苯板胶粘剂
- 粘贴聚苯板
- 配聚合物砂浆 / 剪裁网格布
- 抹第一道聚合物砂浆
- 压入网格布（首层加铺加强网格布）
- 抹第二道聚合物砂浆
- 配专用胶粘剂
- 抹专用胶粘剂
- 将胶粘剂刮成梳形
- 贴柔性面砖
- 勾缝

注：

1. 柔性轻体面砖是由一种天然矿物填料、水硬粘合剂、耐碱及抗紫外线型涂料和合成树脂胶粘剂制成的，用专用胶粘剂先在基面抹胶粘剂，再用梳形刮刀刮成梳形，将面砖用浮动法粘贴，最后用毛头刷将胶粘剂勾缝。
2. 由于面砖的柔性材料，可承受基层的变形，重量又轻，可用于外墙外保温的高层建筑。
3. 可适用于各种形状（如弧形）墙面，并配有带拐角的软面砖用于阳角。
4. 有多种颜色供选择。
5. 聚苯板锚固点数量见相关规定。

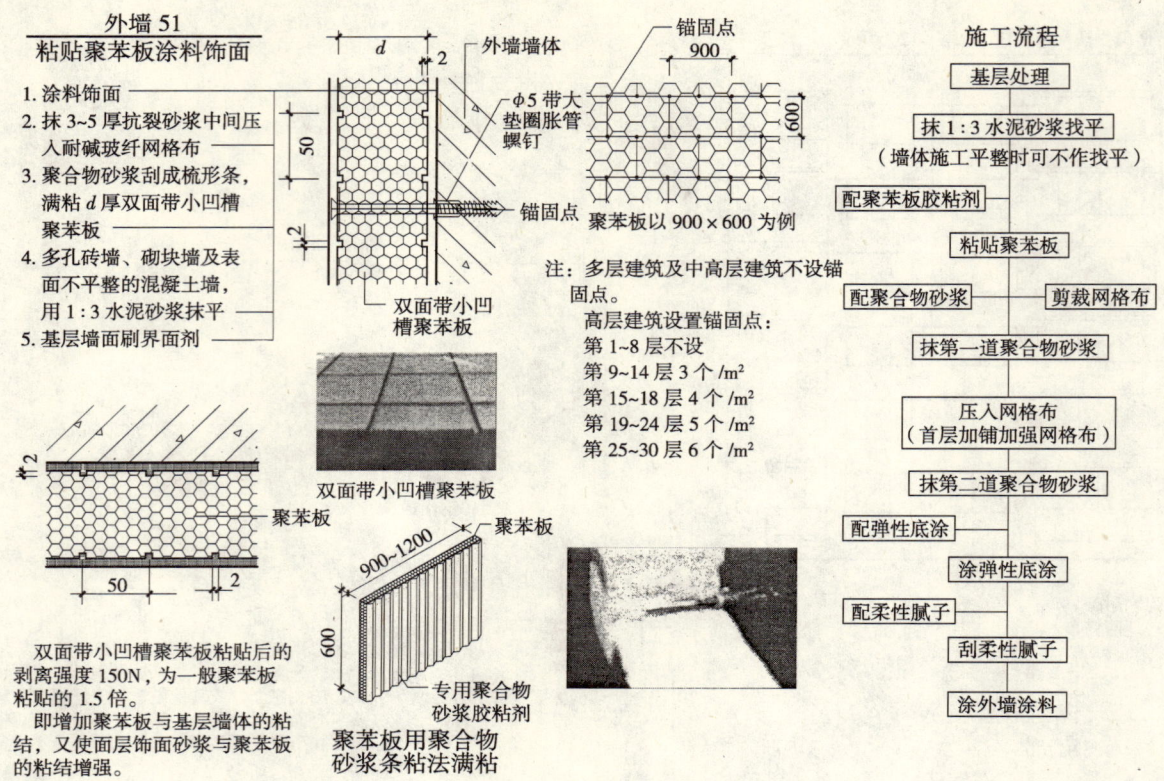

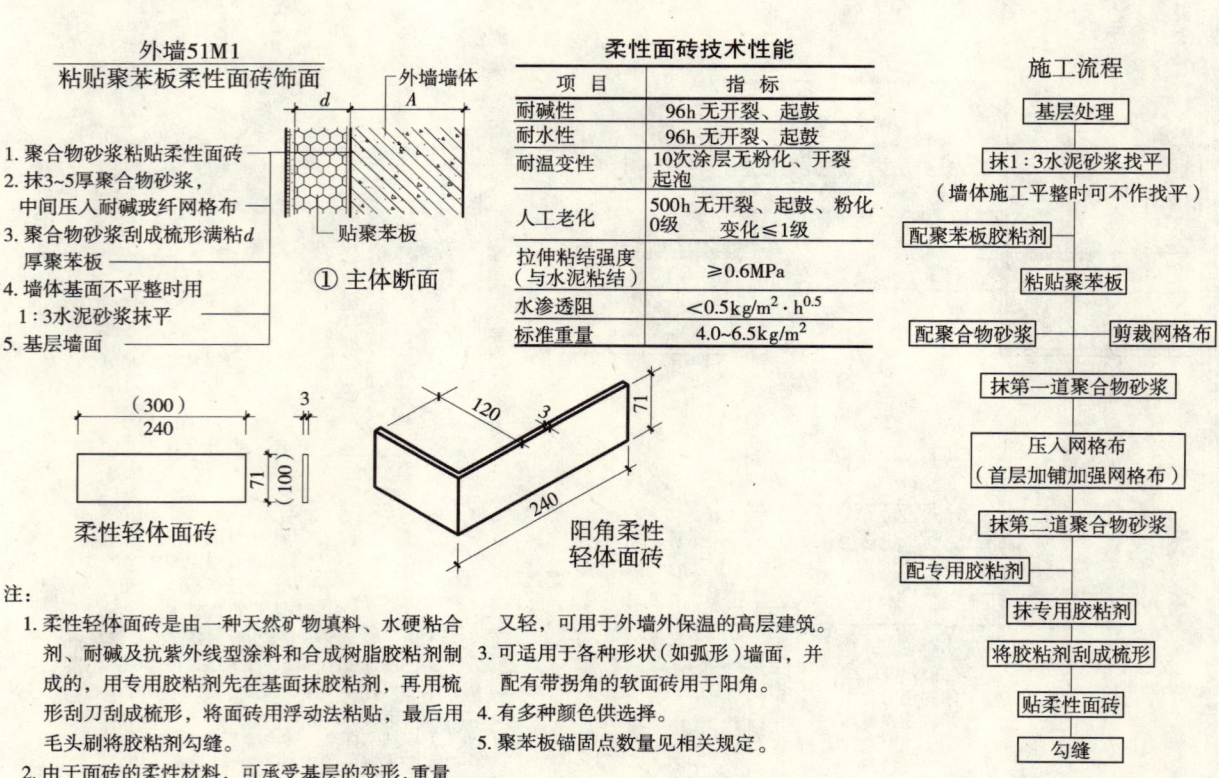

外墙 51M2 主体断面

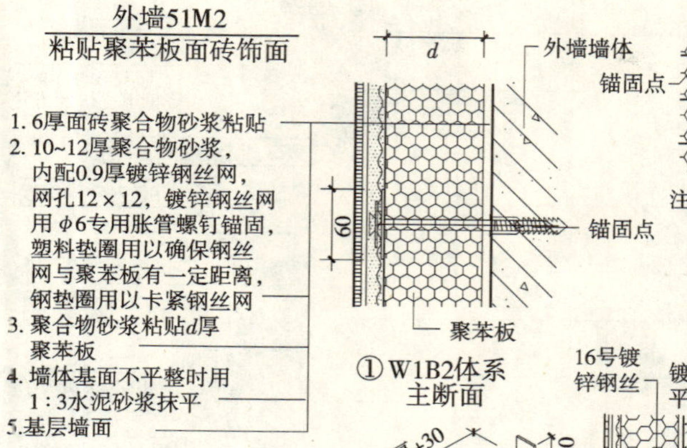

① W1B2体系主断面

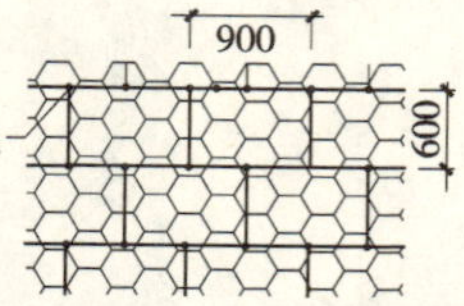

注：多层建筑不设锚固点。
高层建筑设置锚固点：
第1~6层不设
第7~10层4个/m²
第11~14层6个/m²
第15~18层8个/m²

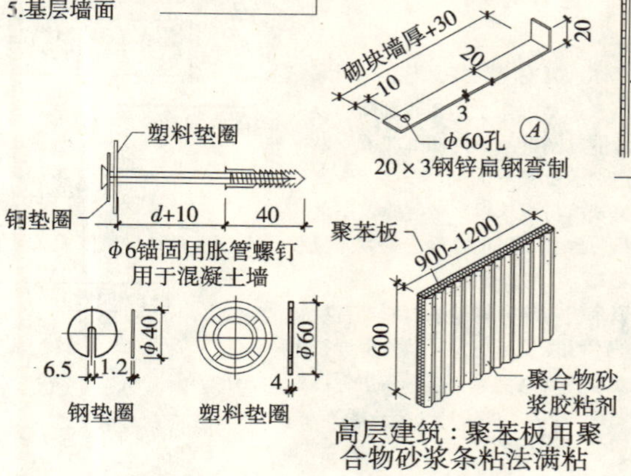

高层建筑：聚苯板用聚合物砂浆条粘法满粘

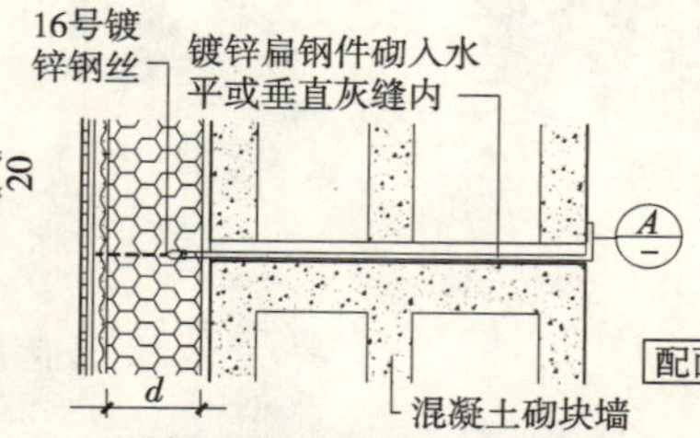

混凝土砌块墙锚固点做法
多孔砖墙可参照此做法

施工流程

基层处理 → 1∶3水泥砂浆抹平（墙体施工平整时可不作找平） → 配聚苯板胶粘剂 → 粘贴聚苯板 → 安装胀管螺钉 → 安装镀锌钢丝网用钢垫圈将钢丝网卡紧（首层加铺加强网） → 抹聚合物砂浆 → 配面砖粘结砂浆 → 聚合物砂浆粘贴面砖并勾缝

注：1. 粘贴聚苯板面砖饰面体系，聚苯板与墙体粘结牢靠特别重要，一律采用条粘法满粘，采用双面带小凹槽的聚苯板更为有利，可以增加聚苯板与墙体的粘结力，并增加水泥砂浆与聚苯板的粘结力。
2. 塑料垫圈也可采用其他形式，只需确保钢丝网与聚苯板有不小于4mm的距离。

外墙 52 主体断面

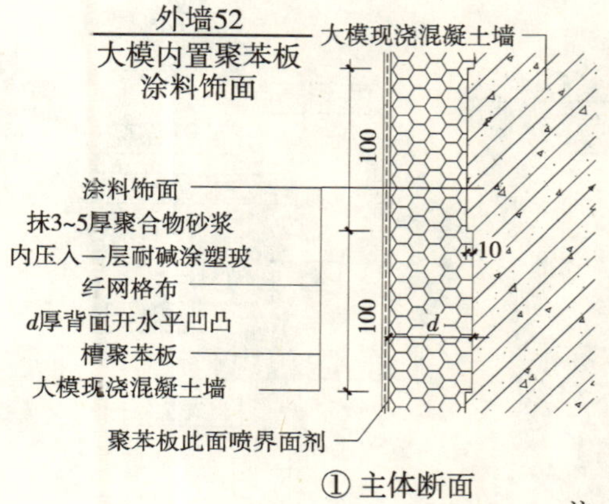

① 主体断面

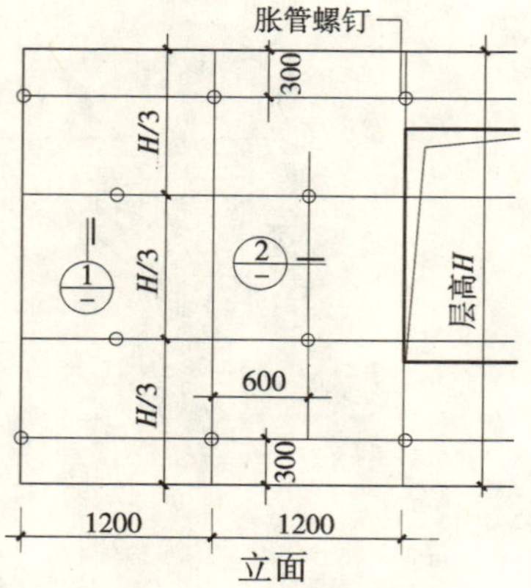

立面

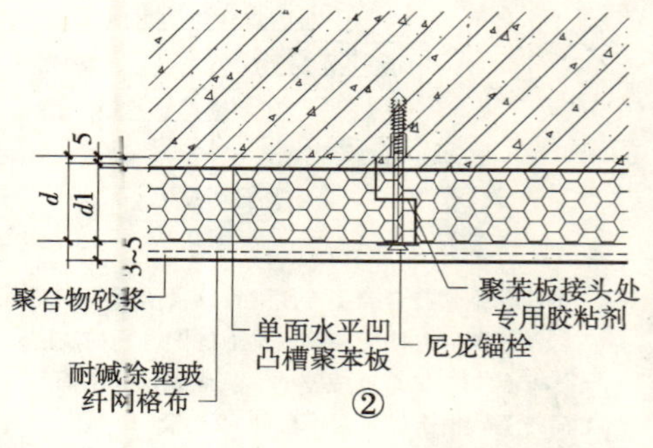

②

施工流程

绑扎墙体钢筋并加垫块 → 安装聚苯板并用专用胶将板与接缝处粘结 → 苯板上拧尼龙锚栓 → 立内外侧模板 → 穿穿墙螺栓紧固螺栓，调垂直 → 浇筑混凝土 → 拆除模板 → 清理聚苯板面 → 局部用保温砂浆修补及填穿墙孔 → 配聚合物砂浆（剪裁网格布） → 抹聚合物砂浆压入网格布 → 配柔性腻子 → 刮抹柔性腻子 → 涂外墙涂料

注：1. 本体系为现浇混凝土内置无网聚苯板构造，只用于涂料饰面，不得用于贴面砖。
2. 聚苯板与混凝土相接的一面做成水平凹凸槽，以加强聚苯板与混凝土墙的咬接。外表面应喷涂界面剂。
3. 聚苯板上穿尼龙锚栓，锚栓入混凝土墙的深度不得少于500mm，按立面所示布置。
4. 聚苯板、聚合物砂浆面层包括玻纤布等各项技术性能要求见《外墙外保温技术规程（现浇混凝土模板内置保温板做法）》DBJ/T 01-66-2002。

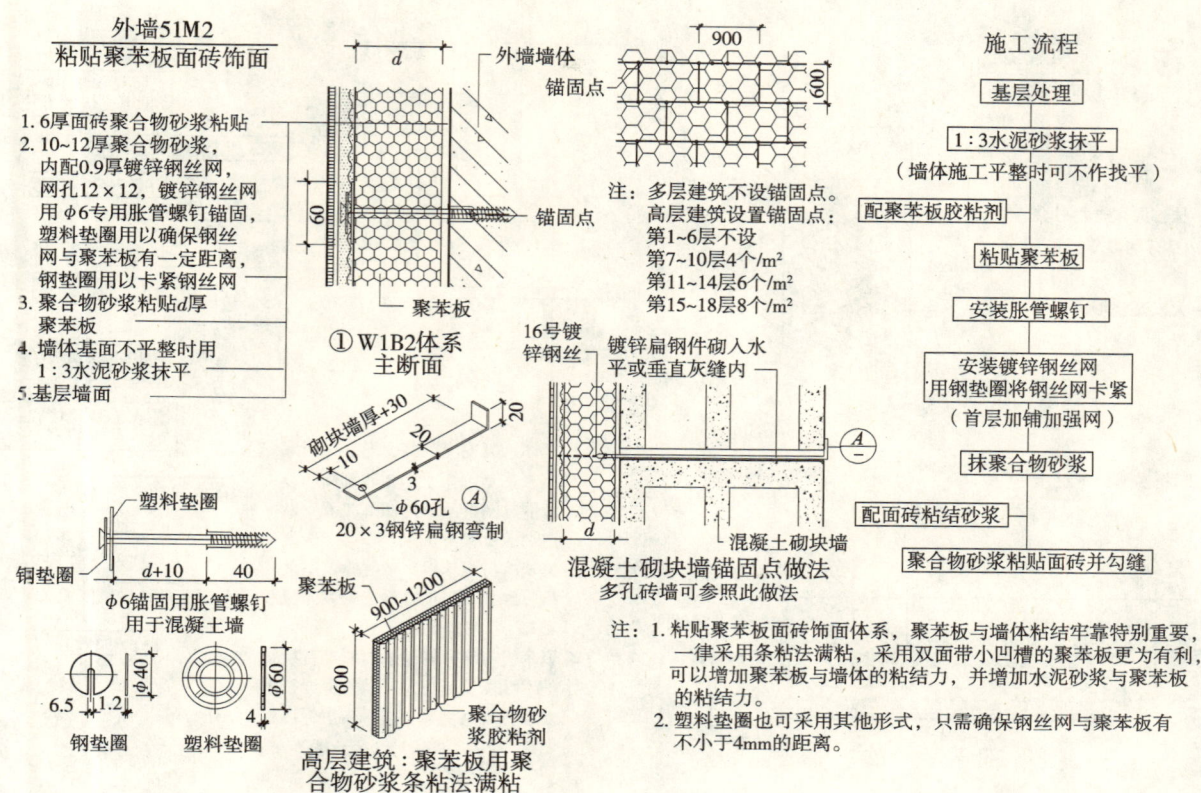

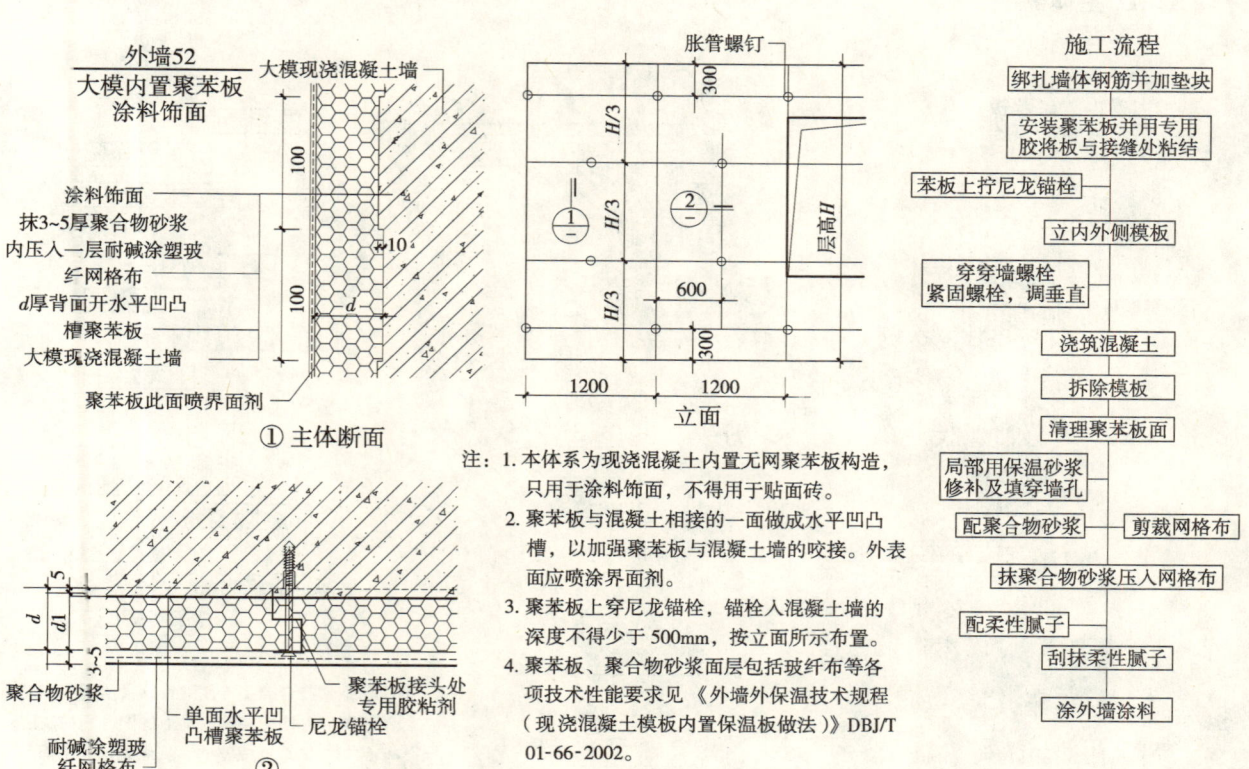

外墙 52M1 主体断面

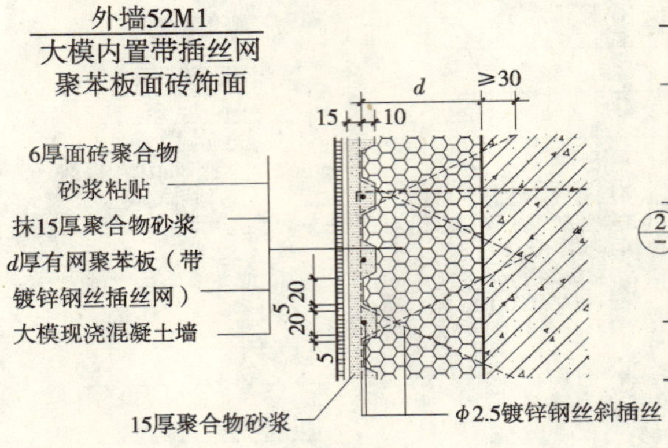

① 主体断面

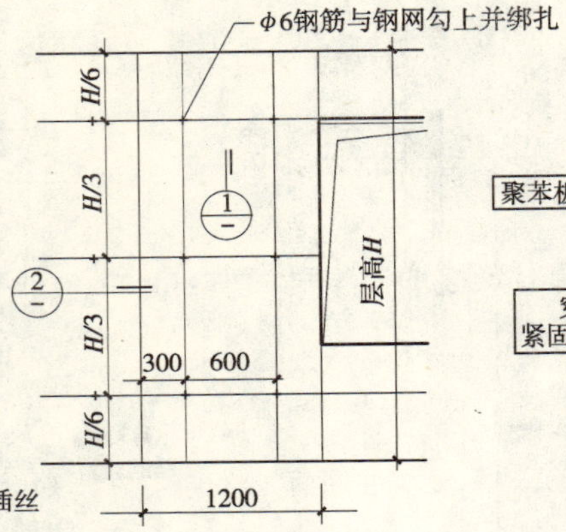

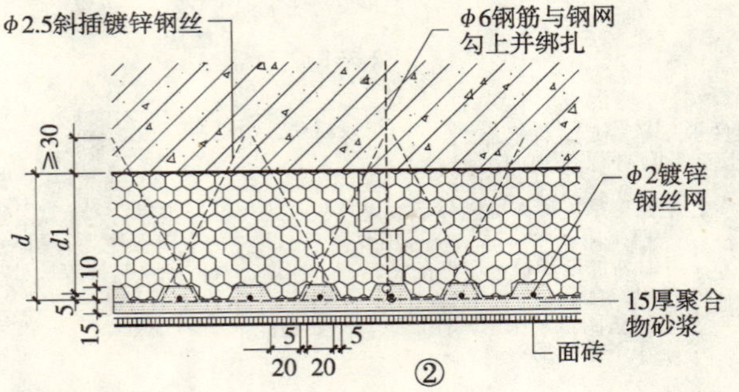

②

注：1. 本体系为现浇混凝土内置有网聚苯板构造，用于贴面砖饰面。
2. 带钢丝网聚苯板构件由加工厂出厂时表面喷界面剂。
3. 聚苯板与聚苯板水平接缝处用火烧丝绑扎，竖向高低缝处用苯板胶粘结。
4. 聚苯板、聚合物砂浆面层等各项技术性能要求见《外墙外保温技术规程（现浇混凝土模板内置保温板做法）》DBJ/T 01—66—2002。

施工流程

- 绑扎垫块
- 安装聚苯板，板之间用火烧丝绑扎
- 聚苯板上插 φ6钢筋
- 立内外侧模板
- 穿穿墙螺栓 紧固螺栓，调垂直
- 浇筑混凝土
- 拆除模板
- 用保温砂浆堵孔及局部修理
- 配聚合物砂浆
- 抹砂浆
- 配面砖粘结砂浆
- 粘贴面砖并勾缝

外墙 52M2 主体断面

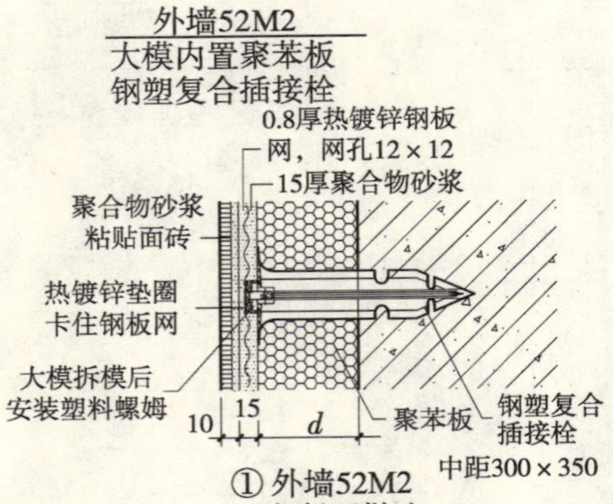

① 外墙52M2
主断面做法

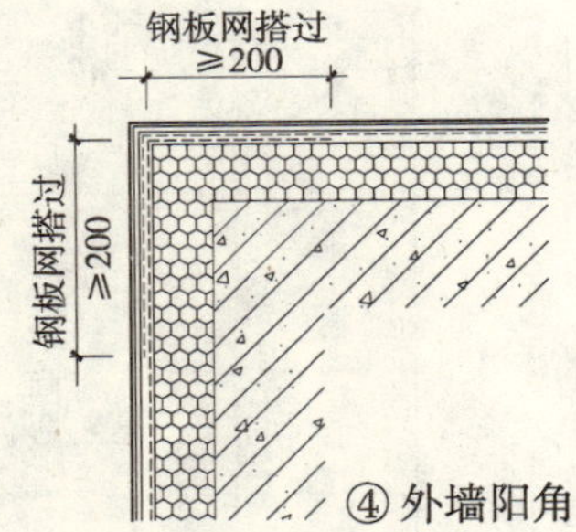

④ 外墙阳角

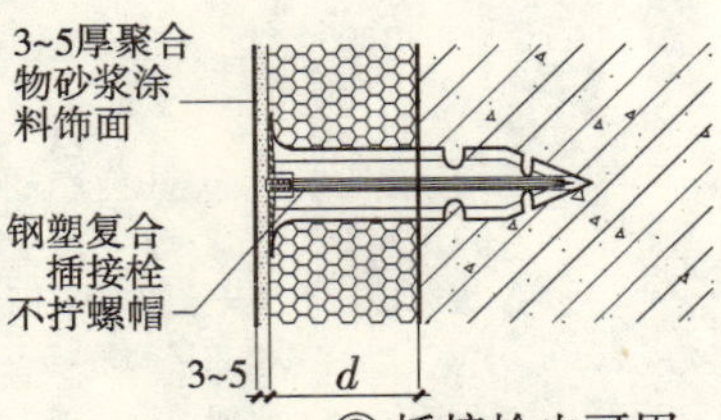

③ 插接栓也可用
于涂料饰面

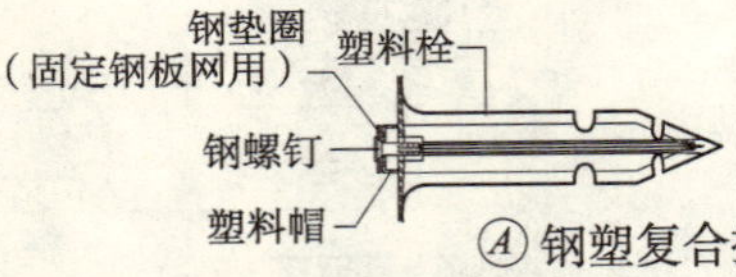

Ⓐ 钢塑复合插接栓

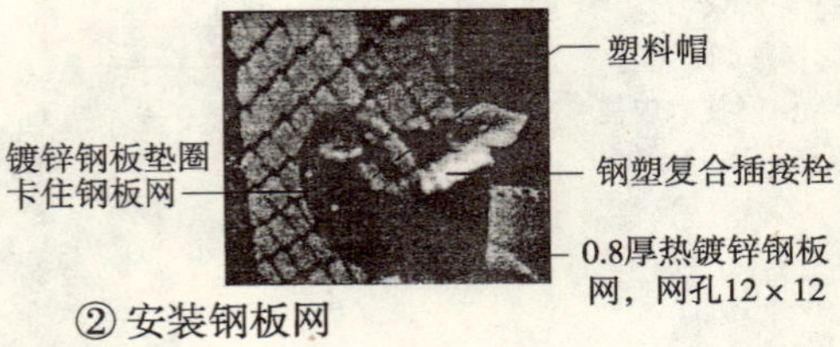

② 安装钢板网

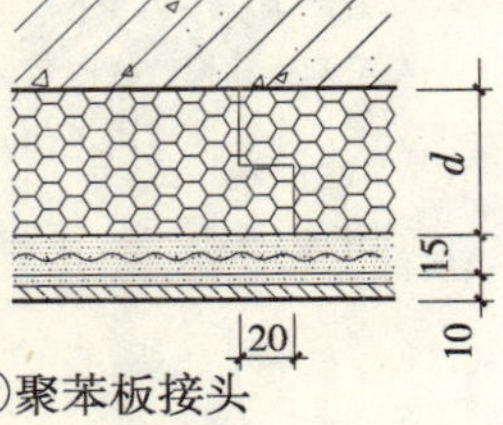

Ⓑ聚苯板接头

施工流程

- 绑扎垫块
- 聚苯板加工
- 安装聚苯板
- 插接栓与钢筋固定
- 立内侧模板
- 穿穿墙螺栓
- 立外侧模板
- 紧固螺栓，调垂直
- 浇筑混凝土
- 拆除模板
- 挂钢板网，用钢垫圈将钢板网卡紧
- 配水泥砂浆
- 抹水泥砂浆
- 配面砖粘结砂浆
- 粘贴面砖并勾缝

注：

本体系钢塑复合插接栓用镀锌钢板垫圈固定镀锌钢板网后，使抹在钢板网上的聚合物抹灰层牢牢的与主体墙连成整体，从而确保外饰面的面砖不致由于砂浆层不稳固而脱落。

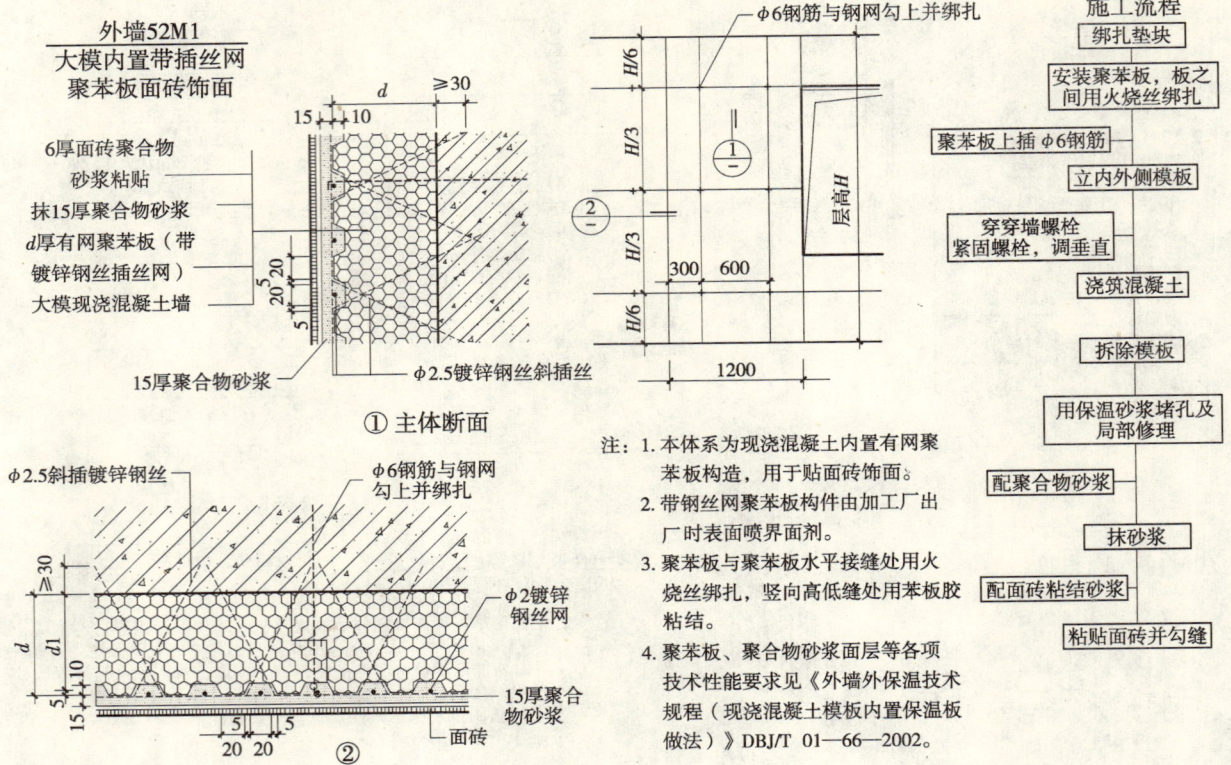

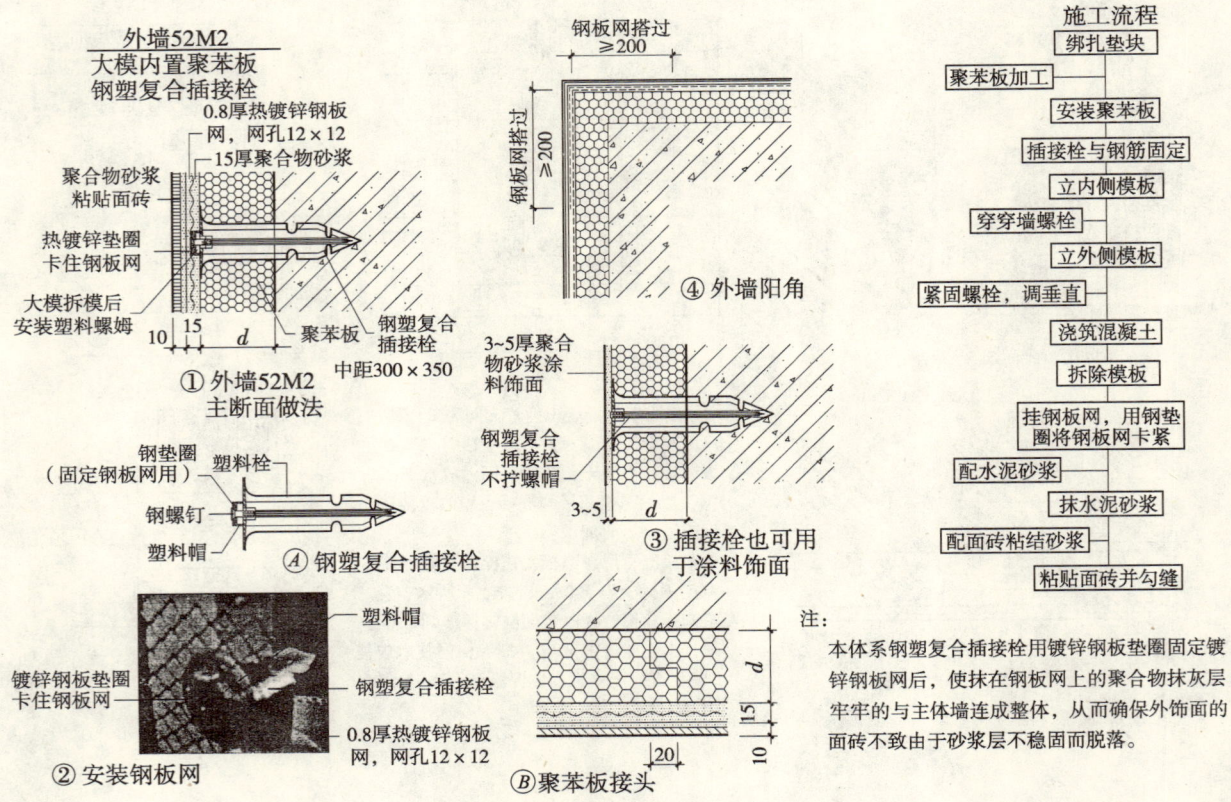

外墙 53，53M 主体断面

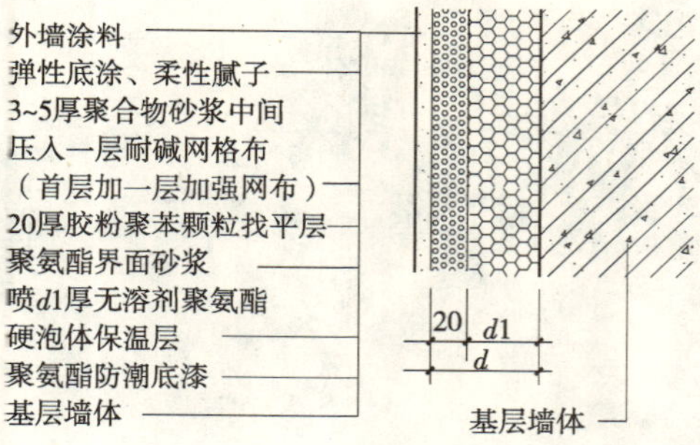

① 体系53主体断面

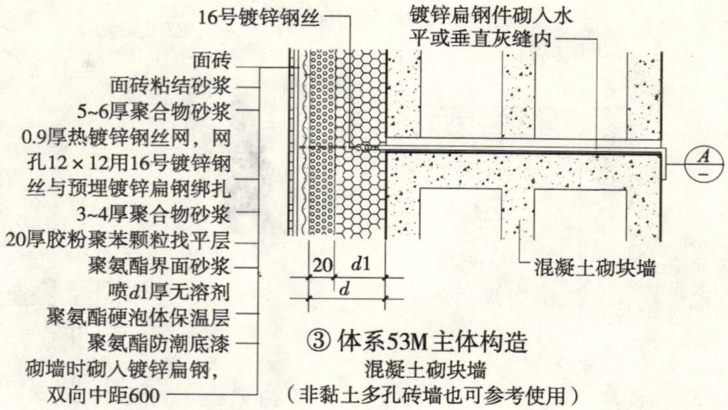

③ 体系53M主体构造

混凝土砌块墙

（非黏土多孔砖墙也可参考使用）

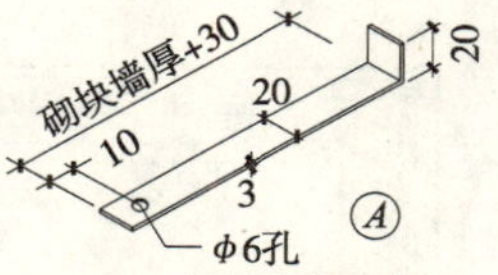

20×3镀锌扁钢弯制

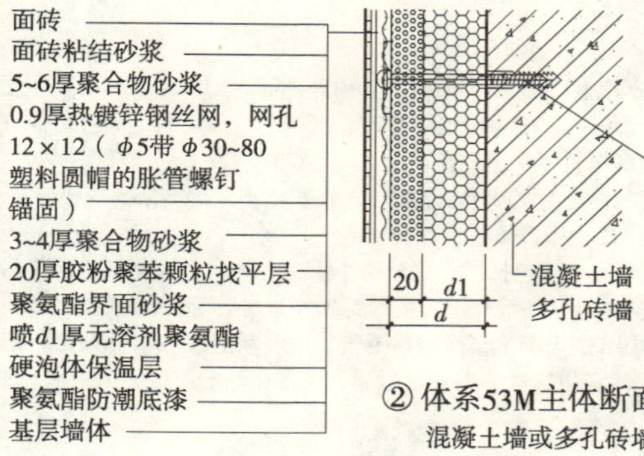

胀管螺钉锚固点数量/m²：

高层建筑：第7~10层应不少于4个，

第11~14层应不少于6个，

第15~18层锚固点应不少于8个。

② 体系53M主体断面

混凝土墙或多孔砖墙

外墙 53，53M 施工流程、防潮底漆，界面砂浆性能指标

外墙53，53M硬泡聚氨酯保温施工流程

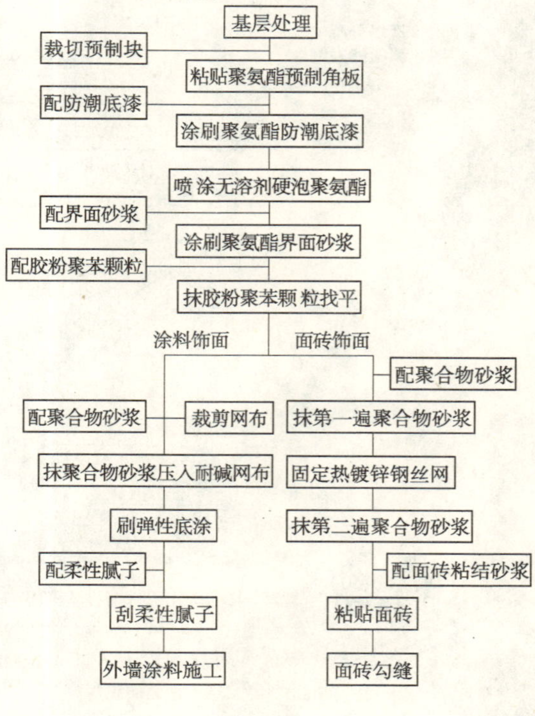

聚氨酯防潮底漆性能指标

项目		单位	指标
原漆外观			淡黄至棕黄色液体、无机械杂质
施工性			刷涂无困难
干燥时间	表干	h	≤4
	实干	h	≤24
涂层抗脱离性	干燥基层	级	≤1
	潮湿基层	级	≤1
耐碱性			48h 不起泡、不起皱、不脱落

注：聚氨酯防潮底漆：是以聚氨酯为主要成膜物质，采用各种助剂调配而成。施工时用滚筒、毛刷均匀地涂刷在基层墙体表面，可有效防止水及水蒸气对聚氨酯发泡产生不良影响。

聚氨酯界面砂浆性能指标

项目		单位	指标
施工性			刷涂无困难
与水泥砂浆试块拉伸粘结强度	常温常态	MPa	≥0.7
	浸水（7d）		≥0.5
	耐冻融（30次）		≥0.5
与聚氨酯试块抗拉胶结强度	常温常态	MPa	≥0.15 且聚氨酯破坏时涂刷界面完好
	浸水（7d）		
	耐冻融（30次）		

注：聚氨酯界面砂浆：由与聚氨酯具有良好粘结性能的合成树脂乳液、多种助剂、填料配制的聚氨酯界面剂与水泥混制而成，用滚筒、毛刷均匀涂刷在聚氨酯保温层表面，以增强聚氨酯保温层与抹灰层之间的粘结能力。

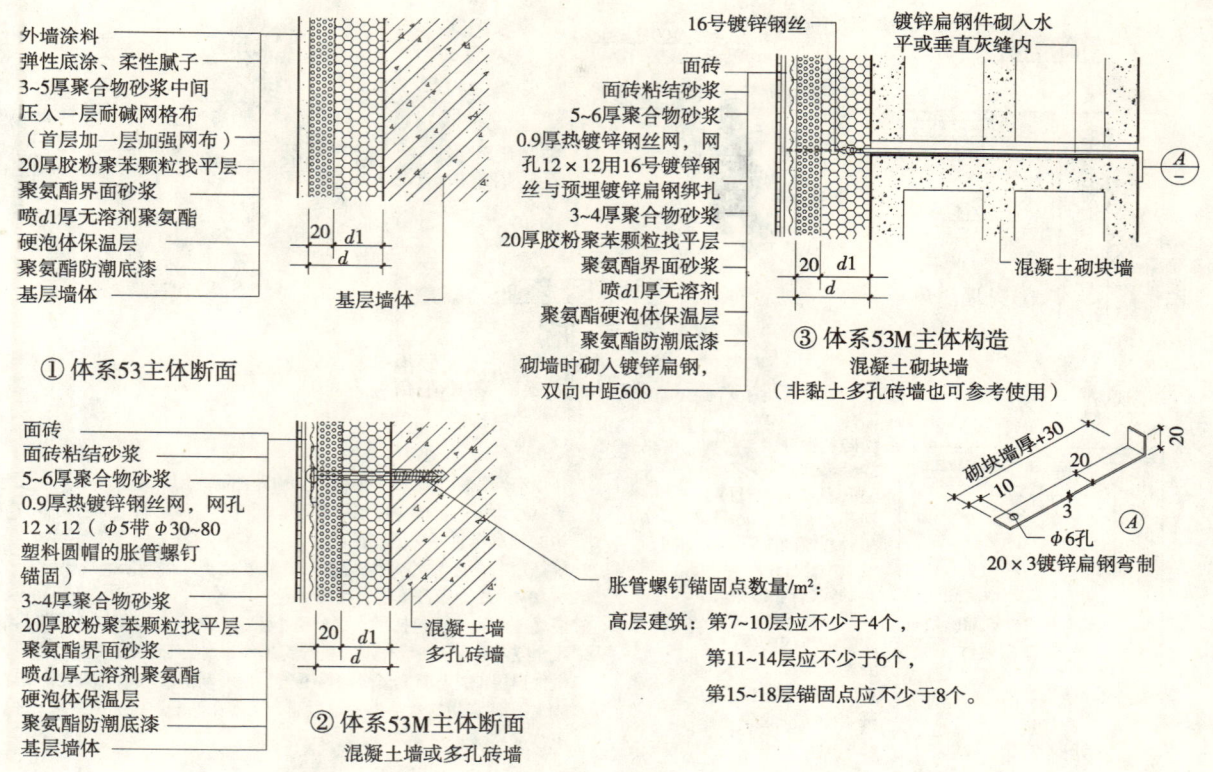

外墙 53，53M 角板

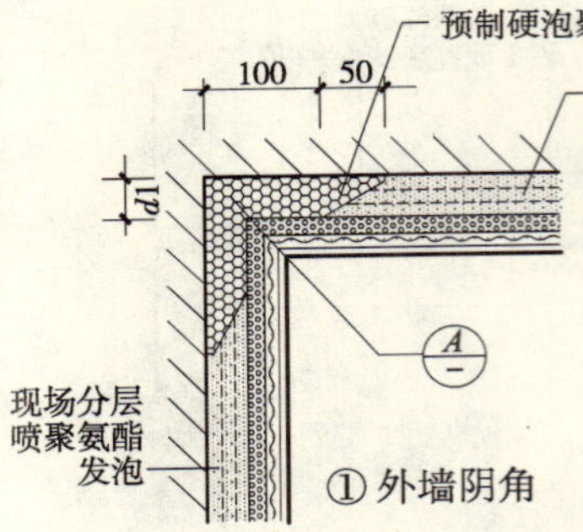

① 外墙阴角

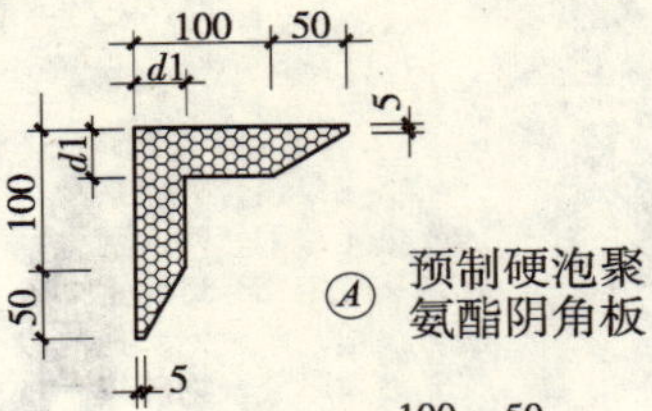

Ⓐ 预制硬泡聚氨酯阴角板

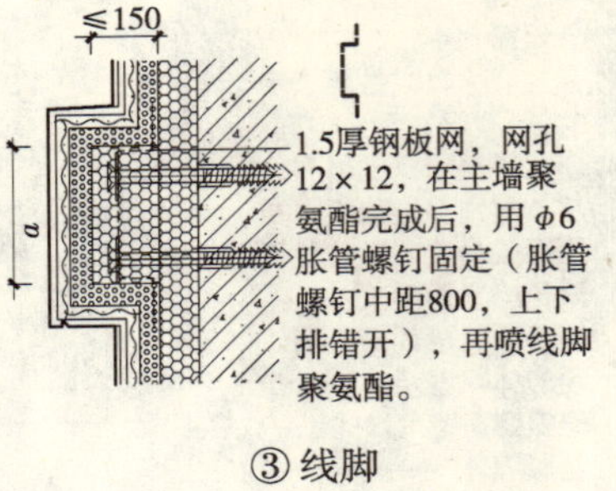

③ 线脚

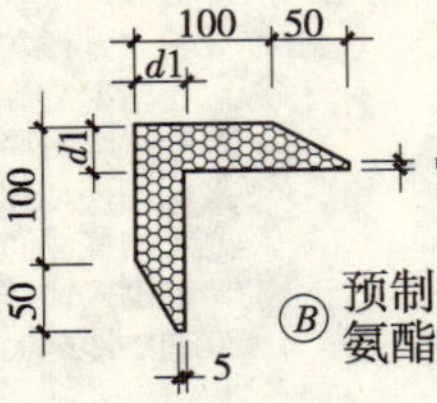

Ⓑ 预制硬泡聚氨酯阳角板

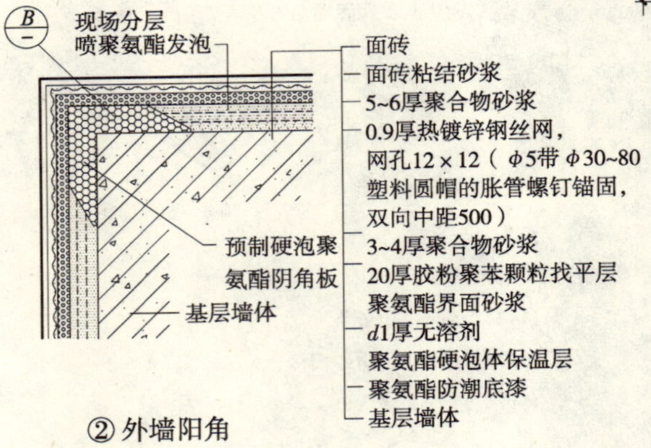

② 外墙阳角

注：1. 凡硬泡聚氨酯保温层收头处、转角处都需先用专用胶粘贴预制硬泡聚氨酯角板，以确保保温层厚度，同时节省原材料，而且可保证角边的轮廓挺直，保证质量。

2. 聚氨酯白料与聚氨酯黑料按1∶1（体积比）采用高压无气喷涂机在>10MPa压力条件下混合喷出。

3. 混凝土砌块墙（包括承重混凝土小型空心砌块及框架填充轻集料混凝土空心砌块）砌墙时砌入镀锌钢板件，以锚固面砖饰面时的钢丝网做保温层前，先绑上16号镀锌钢丝，再喷硬泡聚氨酯或抹胶粉聚苯颗粒，注意使钢丝露出保温层面，不得在保温层做完后剔凿。非黏土多孔砖墙也可参考使用。

外墙 53，53M 窗口

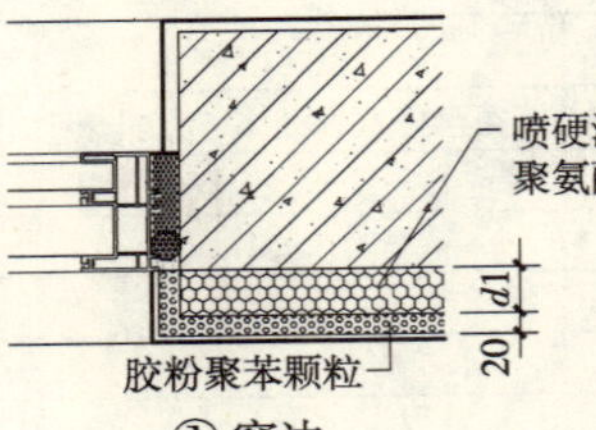

① 窗边

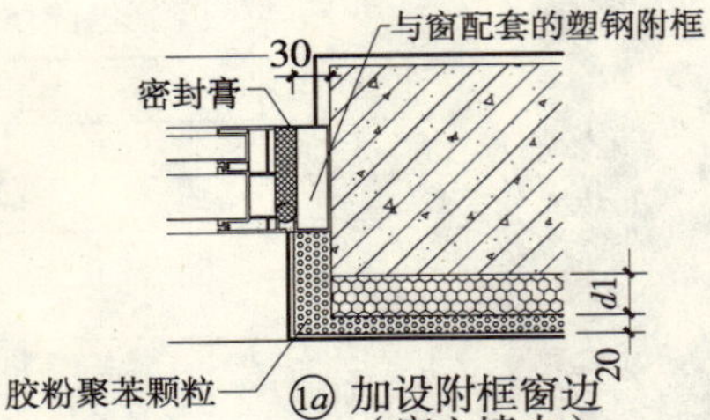

1a 加设附框窗边（窗立墙中）

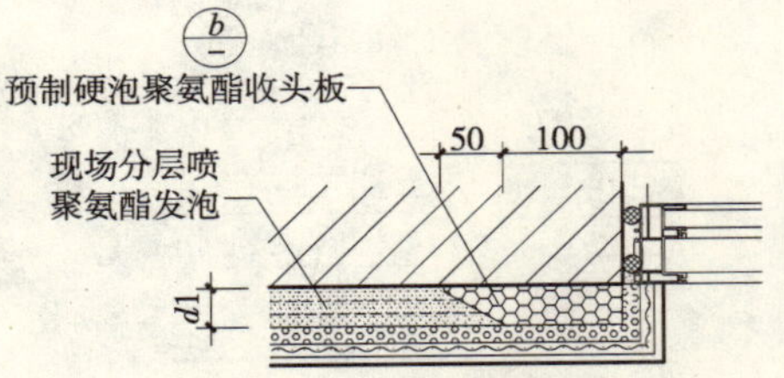

④ 窗口等保温层端头处先粘贴预制聚氨酯收头板

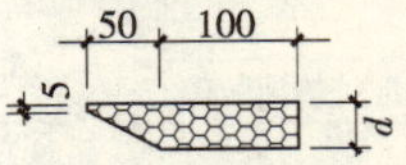

Ⓑ 预制聚氨酯收头板

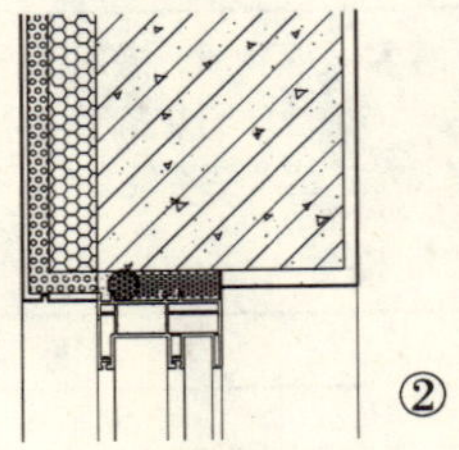
②

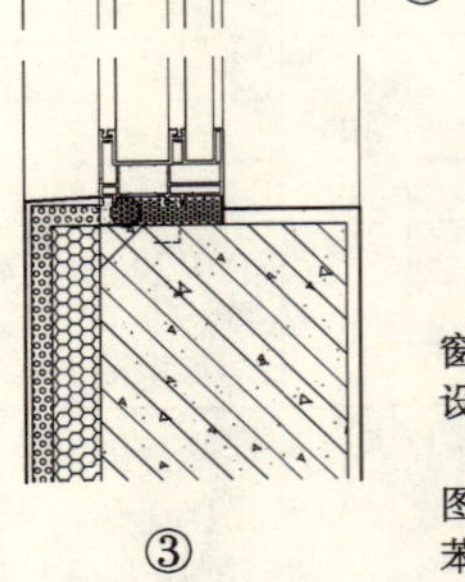
③

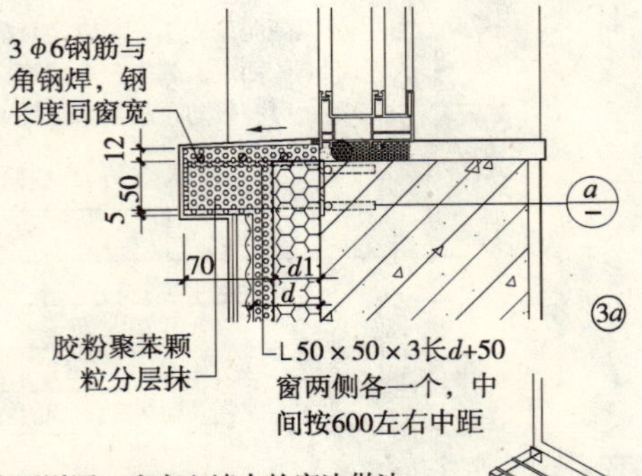

3a

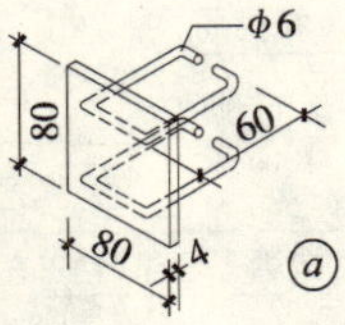

Ⓐ

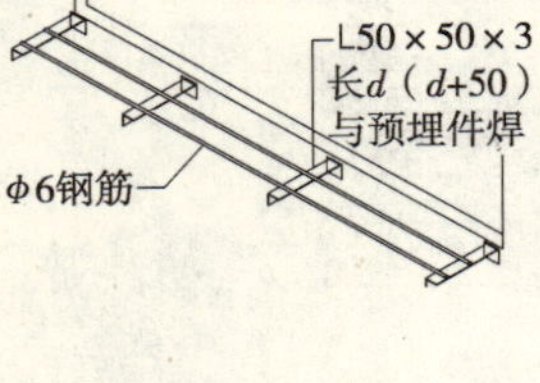

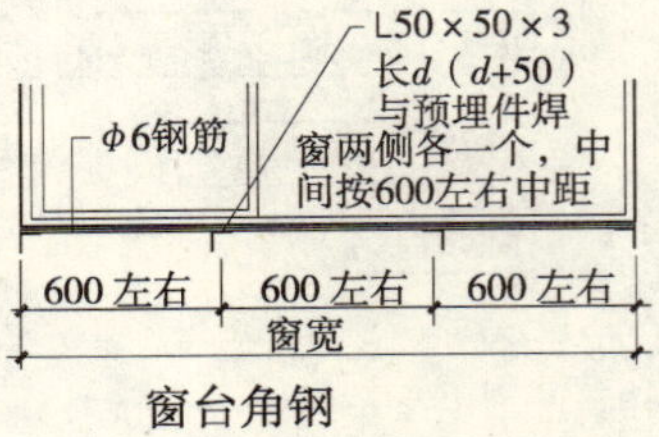

窗台角钢

本图详图1a为窗立墙中的窗边做法，窗加设附框，窗眉、窗台也应交圈加设附框，不再重复表示。

同理，如工程中需作窗套，可按详图3a构造加设L形钢板网，用胶粉聚苯颗粒抹窗套。

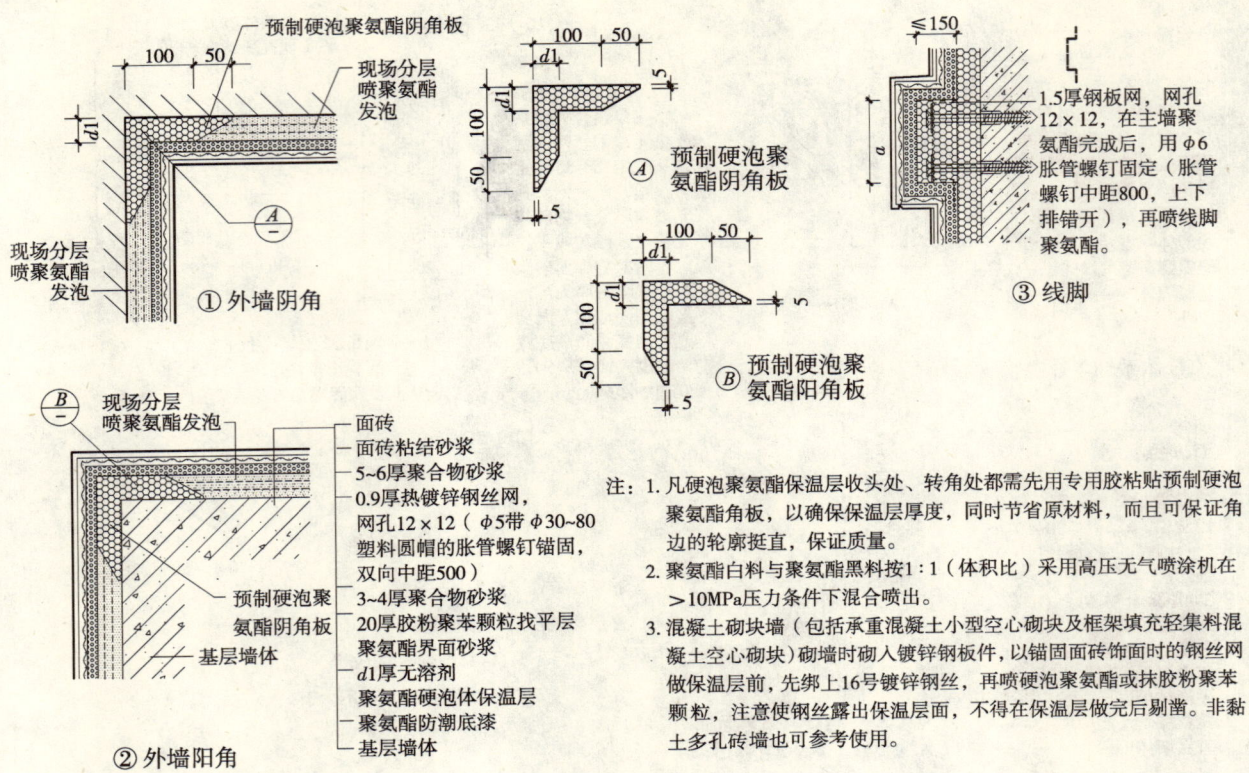

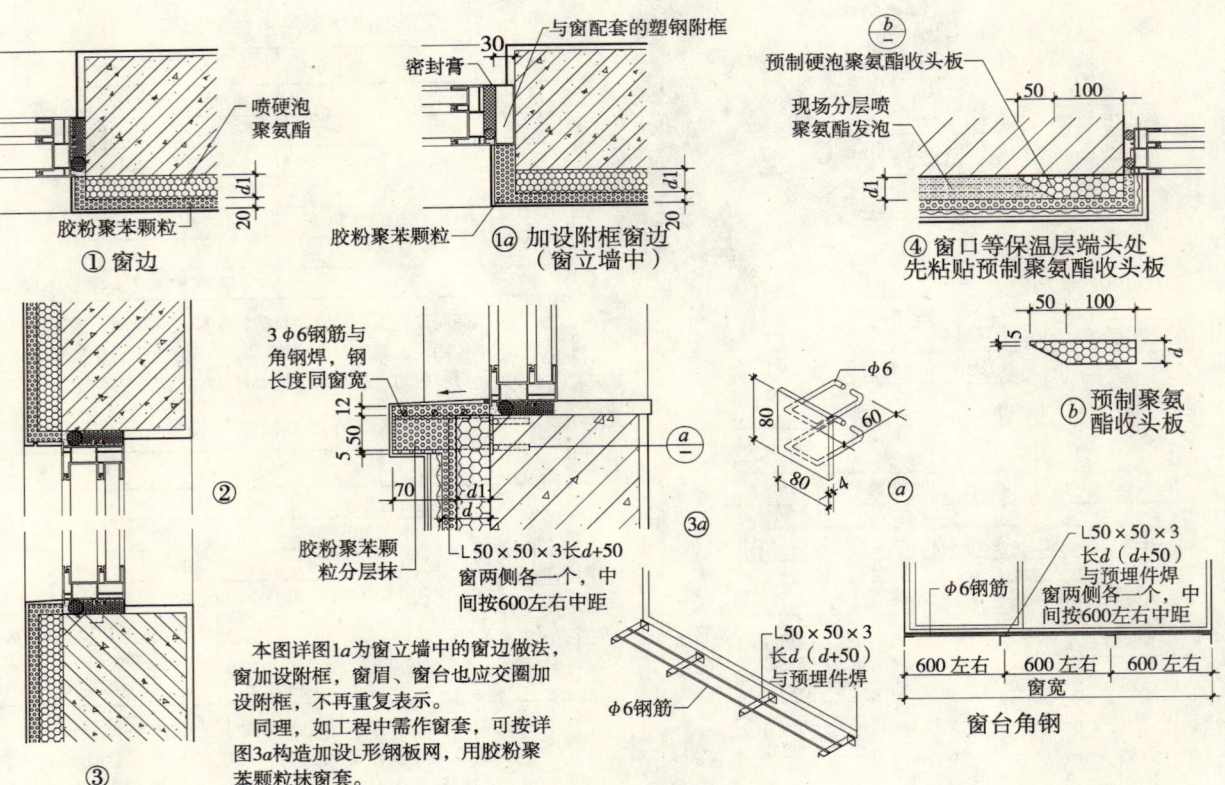

外墙 54 主体断面

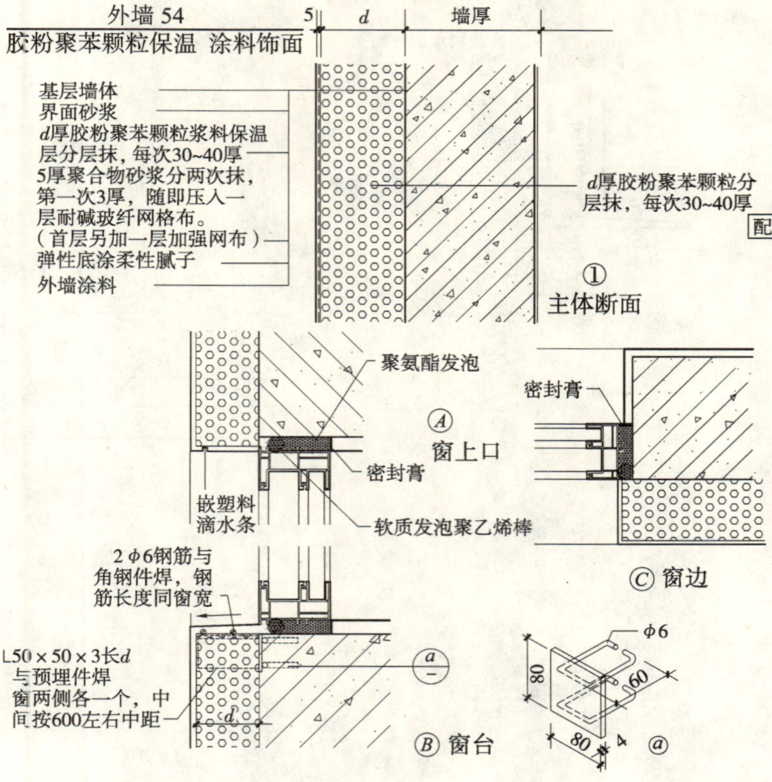

施工流程

1. 材料准备；墙体基层处理
2. 配界面砂浆
3. 墙体基层涂刷专用界面砂浆
4. 吊垂直、套方、弹控制线
5. 配制胶粉聚苯颗粒保温料
6. 用聚苯颗粒浆料抹灰饼、冲筋
7. 抹第一遍聚苯颗粒浆料35厚
8. 24h后
9. 抹第二遍聚苯颗粒浆料35厚
10. 24h后
11. 抹第三遍聚苯颗粒浆料找平
12. 配聚合物砂浆；剪裁网格布
13. 抹聚合物砂浆压入网格布（首层加铺加强网格布）
14. 首层阳角安装金属护角
15. 配弹性底涂
16. 涂弹性底涂
17. 配柔性腻子
18. 刮柔性腻子
19. 涂外墙涂料

外墙 54M 主体断面

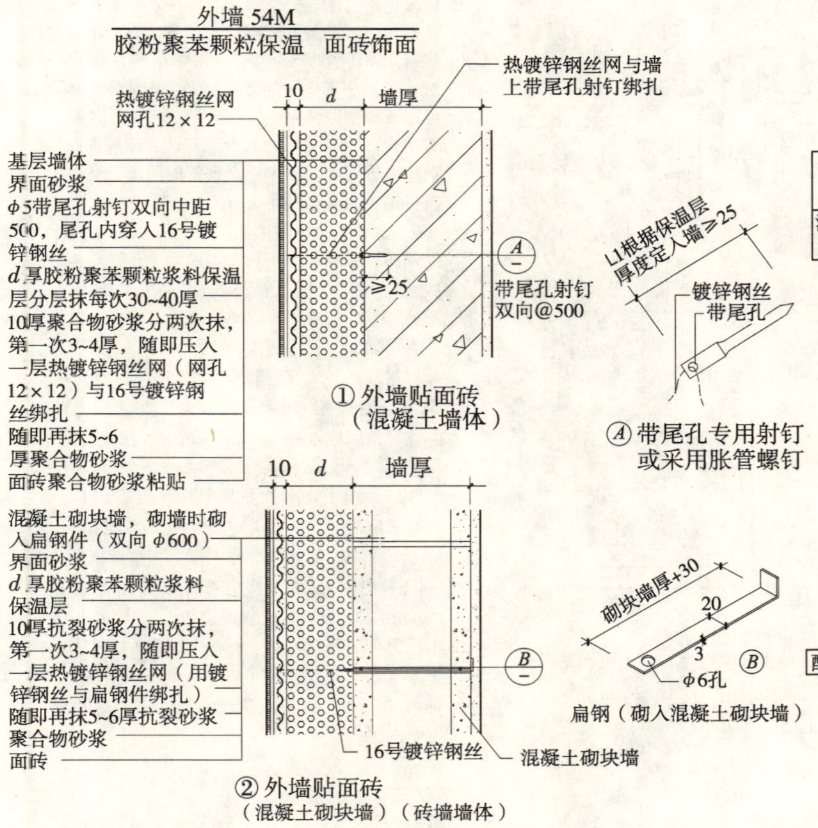

施工流程

1. 基层处理
2. 涂界面砂浆
3. 混凝土墙、砖墙固定带尾孔射钉，（双向@500），尾部穿16号镀锌钢丝
   混凝土砌块墙时砌入扁钢件，（双向φ600）穿16号镀锌钢丝
4. 配聚苯颗粒浆料
5. 用聚苯颗粒浆料抹灰饼、冲筋
6. 抹聚苯颗粒浆料，每遍35厚
7. 配聚合物砂浆；5d后
8. 抹第一遍聚合物砂浆
9. 挂镀锌钢丝网，用镀锌钢丝绑牢
10. 抹第二遍聚合物砂浆，覆盖钢丝网
11. 配面砖粘结砂浆；7d后
12. 用专用胶粘贴面砖并勾缝

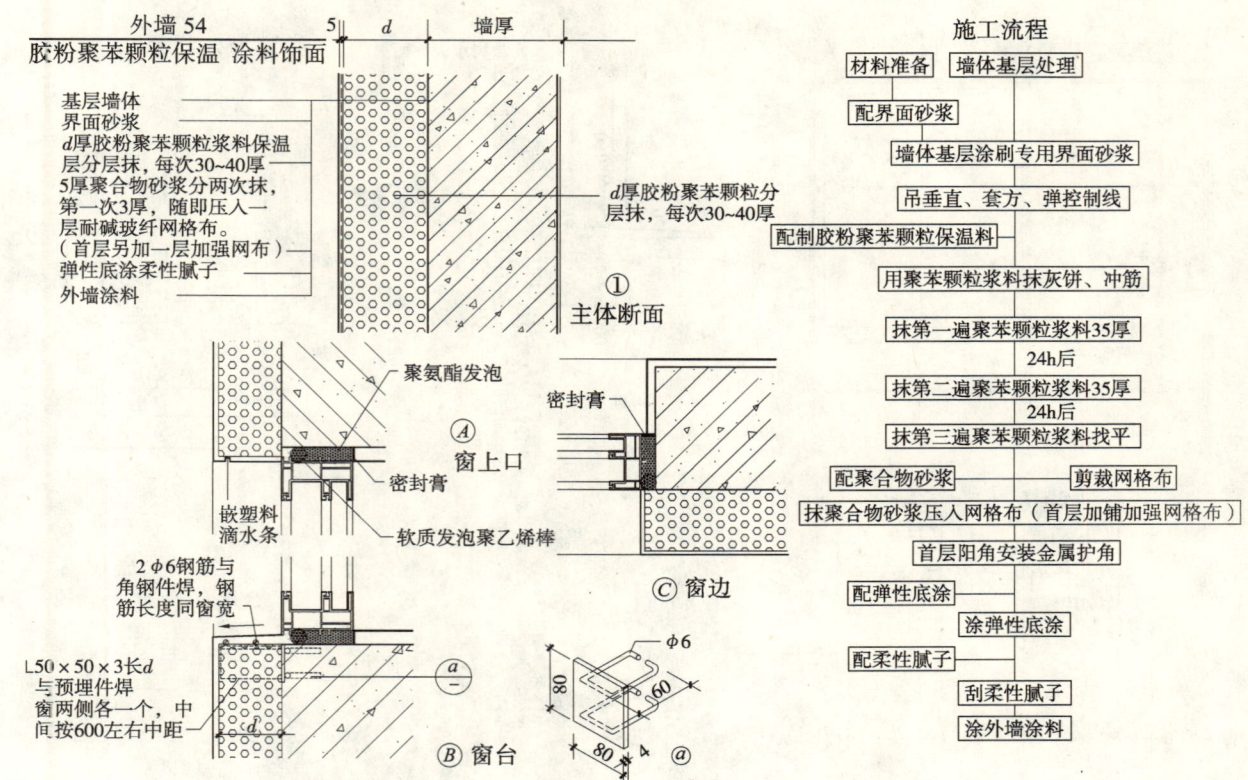

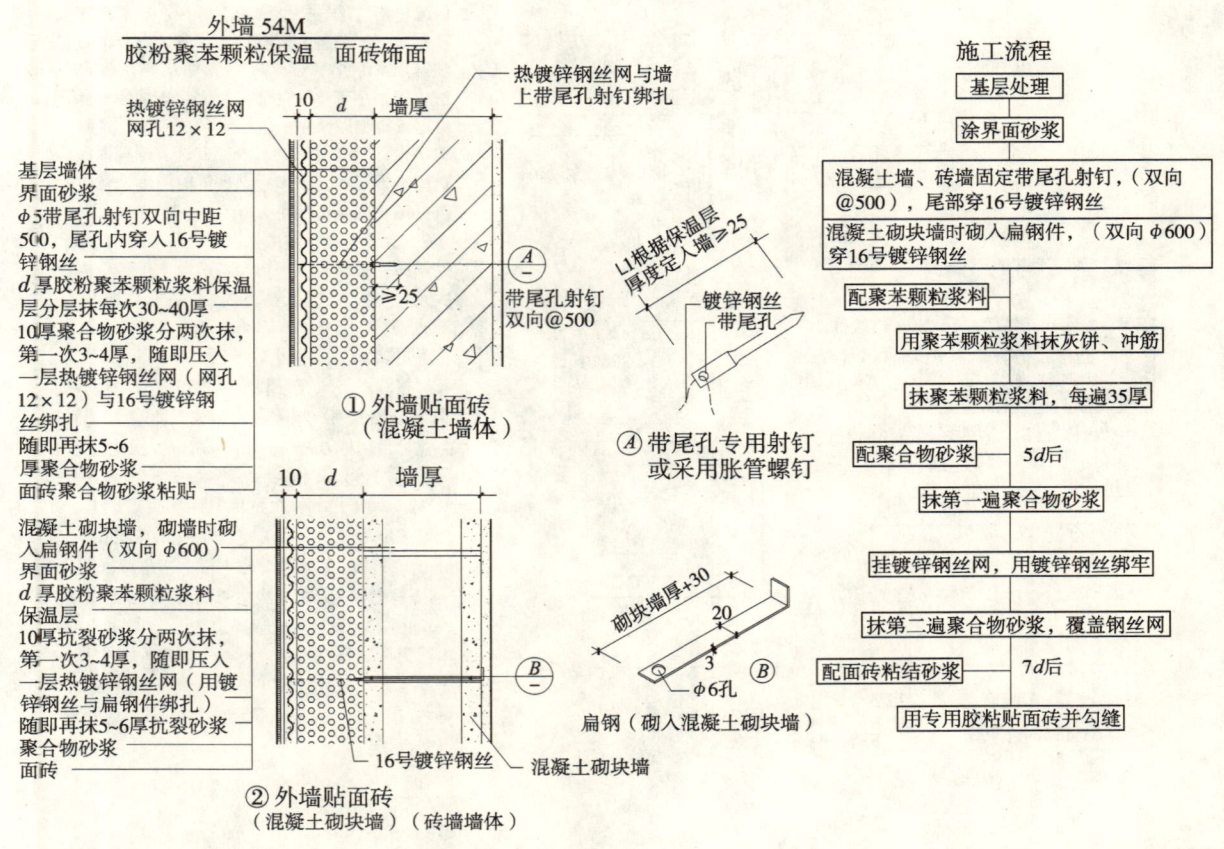

干挂石材墙面外保温

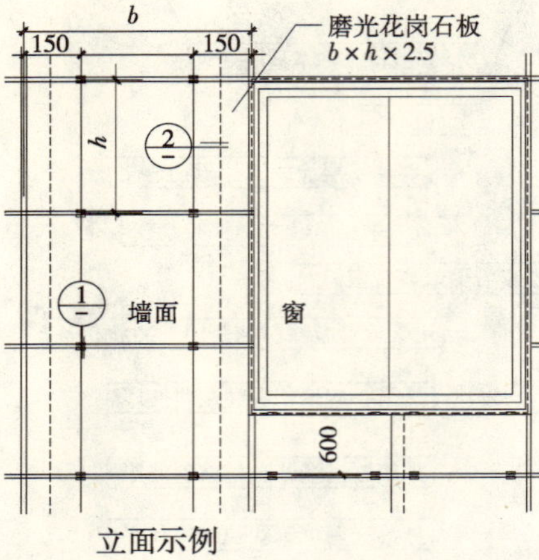

立面示例

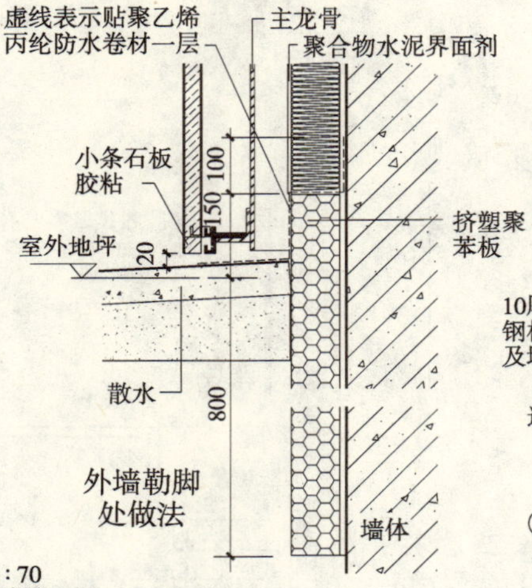

外墙勒脚
处做法

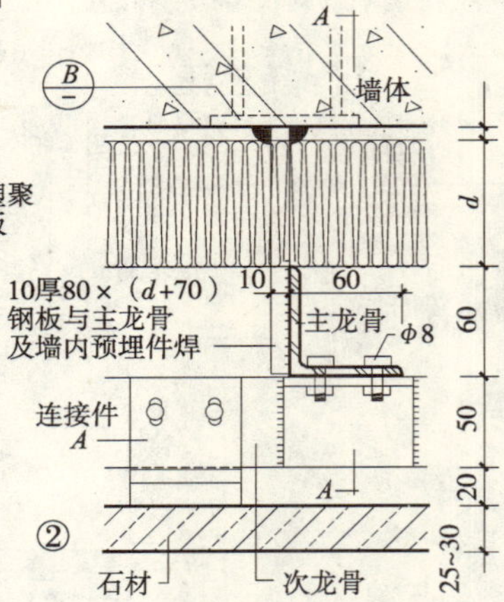

②

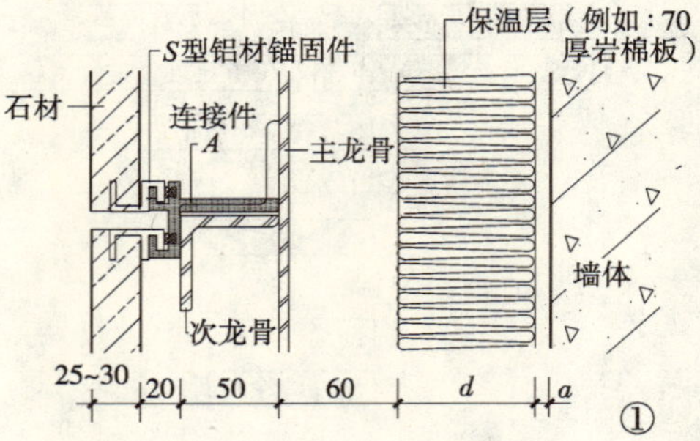

①

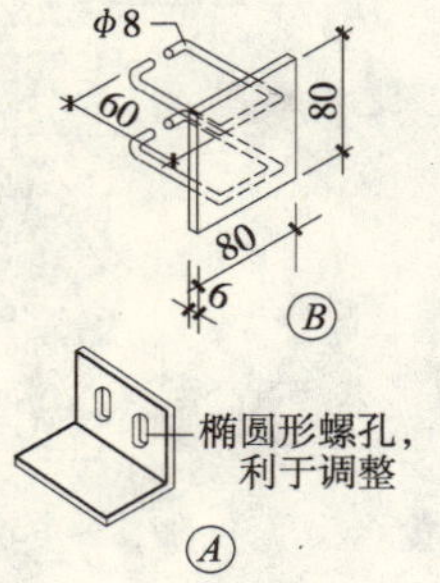

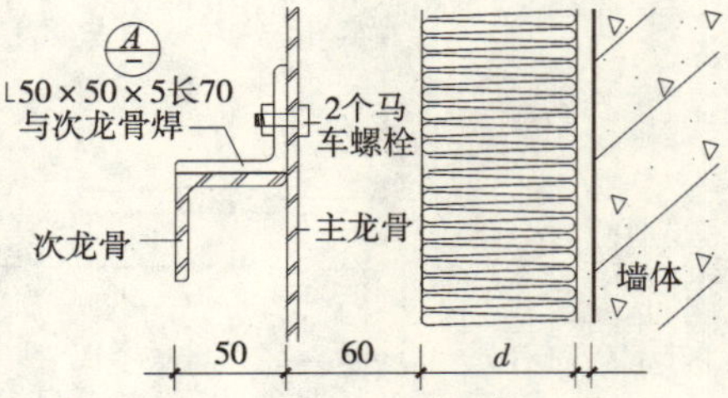

A—A

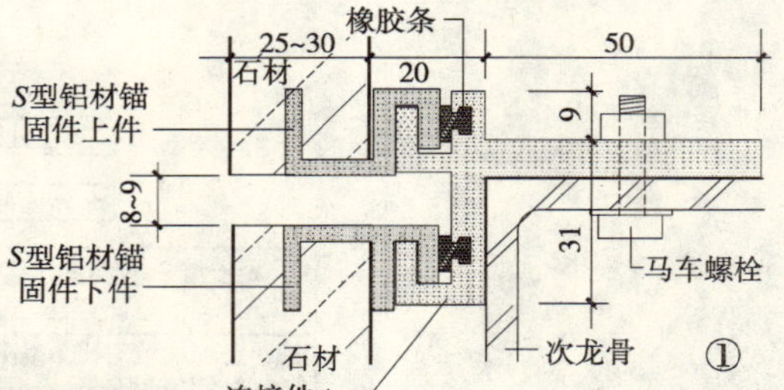

①

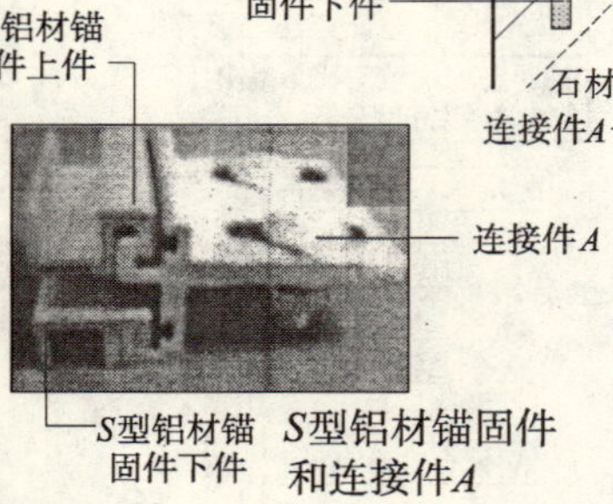

S型铝材锚固件
和连接件A

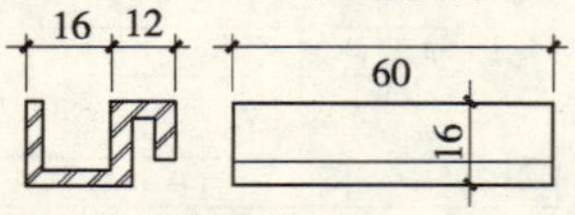

S型铝材锚固件上件

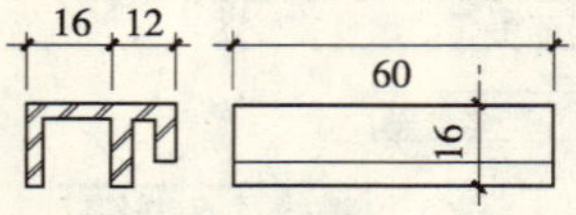

S型铝材锚固件下件

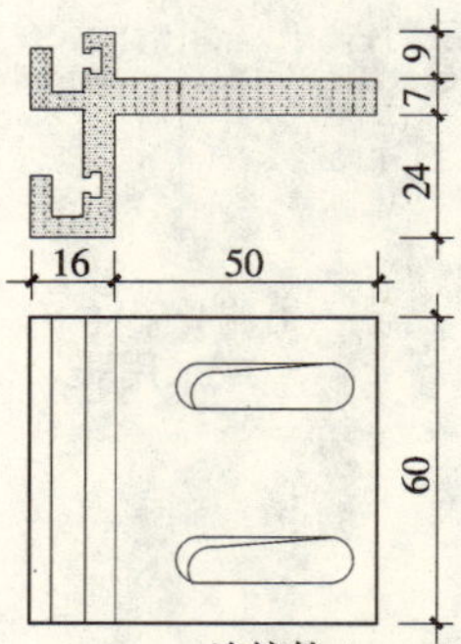

连接件A

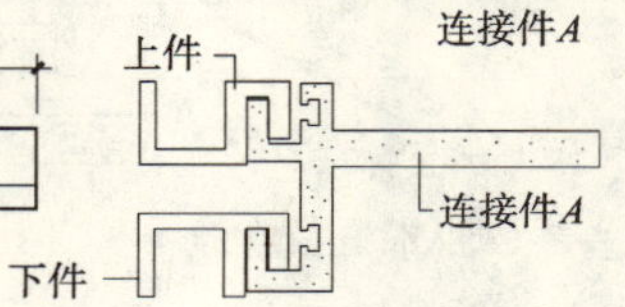

注：

1. 保温材料可选岩棉、膨胀聚苯板、挤塑聚苯板、喷硬泡聚氨酯等，岩棉应选择密度≥150kg/m³；导热系数≤0.042W/(m²·K)，增水率≥98%的摆锤法岩棉，用带垫片的岩棉钉固定于墙体。聚苯板可用聚合物砂浆粘贴。
   对防火有较高要求的工程应首选岩棉板保温。
2. 选用岩棉或膨胀聚苯板做保温时厚度选70时，其外墙传热系数为0.60W/(m²·K)
3. 本*S.E*型干挂石材做法先在工厂将*S*型铝材锚固件锚固在板材的上下边（各两块）工地只需在次龙骨上安装连接件*A*，然后插入石材即可。安装方便，特别是维修方便，每块石材板可以自行取下更换。
   石材接缝可不填充，利于通风和防裂。但保温层外面宜喷一层聚合物水泥界面剂。
4. 主龙骨常用└60mm×60mm×6mm，次龙骨常用└50mm×50mm×5mm，均需热镀锌，主龙骨中距一般不大于1200，次龙骨中距同板高。主龙骨与墙（混凝土柱、梁）锚固可采用在墙、柱、梁上预埋钢板，主龙骨焊在钢板上，也可采用化学锚固螺栓固定。主、次龙骨的规格、中距、锚固等均由工程设计人最后确定。
5. 本图为干挂石材示例，石材为横式（宽大高小），也可采用竖型（宽小高大），宽高大小按工程设计。石材厚度25~30mm，根据石材大小而定。

材料性能指标

膨胀聚苯板性能指标　　表1

项目		单位	指标
表观密度		kg/m^3	18~22
导热系数		W/(m^2·K)	≤0.041
抗拉强度		MPa	≥0.1
陈化时间	自然条件	d	≥42
	蒸汽（60℃）	d	≥5

挤塑聚苯板（XPS）性能指标　　表2

项目		单位	指标
密度		kg/m^3	≥25
导热系数		W/(m·K)	≤0.030
压缩强度		MPa	≥0.25
陈化时间	自然条件	d	≥42
	蒸汽（60℃）	d	≥5
吸水率（浸水96h）		%	≤1.5

无溶剂硬泡聚氨酯性能指标　　表3

项目		单位	指标
密度		kg/m^3	35~65
导热系数		W/(m·K)	≤0.025
压缩强度		MPa	>0.15
拉伸强度		MPa	>0.15
燃烧性（垂直法）	平均燃烧时间	s	<30
	平均燃烧高度	mm	<250

胶粉聚苯颗粒性能指标　　表4

项目	单位	指标
湿表观密度	kg/m^3	350~420
干表观密度	kg/m^3	≤230
导热系数	W/(m·K)	≤0.059
压缩强度（56d）	MPa	≥0.25
难燃性	—	B1级
抗拉强度（56d）	MPa	≥0.1
压剪粘结强度（56d）	MPa	≥0.05
线性收缩率	%	≤0.3
软化系数	—	≥0.7

聚苯板胶粘剂性能指标 **表5**

项目		单位	指标
拉伸粘结强度（与水泥砂浆试块）	常温常态14d	MPa	≥0.70
	耐水（浸水48h放置24h）		≥0.50
	耐冻融（冻融循环25次）		≥0.50
拉伸粘结强度（与18kg/m^{3}聚苯板）	常温常态14d	MPa	≥0.10且聚苯板破坏
	耐水（浸水48h放置24h）		≥0.10且聚苯板破坏
	耐冻融（冻融循环25次）		≥0.10且聚苯板破坏
可操作时间		h	≥2
抗压强度/抗折强度		—	≤3.0

抗裂砂浆的性能指标 **表6**

项目	单位	指标
可操作时间	h	≥2
拉伸粘结强度（常温28d）	MPa	>0.8
浸水粘结强度（常温28d，浸水7d）	MPa	>0.6
抗弯曲性	—	5%弯曲变形无裂纹
渗透压力比	%	≥200
压折比（抗压强度/抗折强度）	—	≤3

耐碱玻纤网格布性能指标 **表7**

项目		单位	指标
网孔中心距	普通型	mm	4×4
	加强型	mm	6×6
单位面积重量	普通型	g/m^2	≥160
	加强型	g/m^2	≥500
断裂强力（经、纬向）	普能型	N/50mm	≥1250
	加强型	N/50mm	≥3000
耐碱强力保留率（经、纬向）		%	≥90
涂塑量		g/m^2	≥20

面砖粘结砂浆的性能指标 **表8**

项目		单位	指标
胶液在容器中的状态		—	搅拌后均匀、无结块
粘结砂浆稠度		mm	70~110
拉伸粘结强度达到0.17MPa时间间隔	晾置时间	min	不小于10
	调整时间	min	大于5
拉伸粘结强度		MPa	≥0.70
压折比		—	≤3.0
压缩剪切强度	原强度	MPa	≥0.8
	耐温7d	%	强度比不小于70
	耐水7d	%	强度比不小于70
	耐冻融25次	%	强度比不小于70
线性收缩率		%	≤0.3

柔性腻子性能指标 **表9**

项目		单位	指标	
			Ⅰ	Ⅱ
稠度		cm	11~13	
施工性		—	刮涂无困难	
干燥时间（表干）		h	<5	
耐水性		h	—	48h 无异常
耐碱性		h	—	24h 无异常
粘结强度	标准状态	MPa	>0.30	>0.60
	浸水后	MPa	—	>0.40
低温贮存稳定性		—	-5℃冷冻4h 无变化，刮涂无困难	
打磨性		%	20~80	
柔韧性		—	直径50mm，卷曲无裂纹	

热镀锌方孔钢丝网的性能指标 **表10**

项目	单位	指标
工艺	—	热镀锌
丝径	mm	0.9
网孔大小	mm	12.7×12.7
焊点抗拉力	N	>65
镀锌层重量	g/m^2	122

热镀锌钢板网性能指标 **表11**

项目	单位	指标
工艺	—	热镀锌钢板网
丝径	mm	0.8
网孔大小（菱形孔）	mm	9×25
镀锌层重量	g/m^2	≥122

4

面砖饰面聚氨酯复合板说明

说　明

一、建筑物采用外墙外保温是较为合理的节能形式，为提高工效，文明施工，全面实行干作业施工法，将保温材料在工厂做成与装饰合一的构件，实现保温装饰一体化；制品构件化，生产工厂化，现场装配化，这是外墙外保温世界发展的趋势，也是我们努力的方向，在吸取国外先进经验的基础上，结合国情，开发了外保温体系。

二、保温材料：为适应在2004年启动的北京地区建筑节能65%的目标，本体系采用高效保温材料——硬质聚氨酯泡沫塑料为保温材料，以提高外墙的保温性能，减薄保温材料的厚度。

三、保温形式：将保温材料与装饰面砖合一，在工厂用工业化方法成型的装配式构件，在现场用锚栓固定于外墙外侧，形成装配式的外保温形式，这种形式既可用于新建筑，也适用于既有建筑的改造，其特点是：

（一）原材料配置和构件生产均采用工业化方法，产品性能可靠，构件尺寸精确，厚度一致，能确保外墙保温质量。

（二）现场基本实现干作业，不受气候季节限制，工效高，劳动强度低。

（三）装饰面砖与聚氨酯结合成为一整体，面砖粘结牢固安全可靠。

（四）由于该体系省工省料，实践证明有较好的经济效益。

四、构件结构：构件为一板状预制件，由三层组成，面层为面砖或其他装饰层，面砖后为10mm的高密度聚氨酯加强层。底层为低密度聚氨酯，即面层为装饰层，中层为持力层，底层为保温层的三明治结构构件，集装饰、持力和保温为一体的多功能预制构件。

五、构件形状尺寸设计：从设计程序而言，是先由建设单位或建筑师确定选购面砖的色彩、形状和尺寸，以及面砖排列方式的要求（如垂直排列还是水平排列，排列中又可分错缝排列还是齐缝排列），这些原则确定后，再结合建筑立面特点进行面砖的组合排列成各种可行性方案，最后确定一或两种标准板材，而这种板材经切锯和重新组合又能产生一系列新规格，以满足工程各种立面的要求，本图集的示例是按面砖尺寸为195mm×45mm规格，水平错缝排列，设计1200mm×600mm的标准规格板，经切锯又可形成600、400、300、200，连同标准板共5个系列，经各种系列纵横切锯又可形成50种不同规格，如将这些规格重新组合可以形成上百种规格，基本上能满足工程需要。保温层的厚度应根据墙体和保温材料性能，结合当地气候条件与规程对墙体的节能要求，经计算后确定，见附表。其中同时还应考虑固定尼龙锚栓的位置以及后补贴面砖之间的关系。

六、建筑设计：主要根据标准板及其形成的系列结合建筑立面及门窗尺寸进行排列组合，尽量做到以最少的切锯规格，形成组合的多样，把浪费减到最低限度。

七、构件安装：安装方法是在墙上划线找直后，将构件用尼龙锚栓锚固在墙上，墙面平整度应按有关施工规范，经检验合格后再进行。这种构件基本上适用于各种墙体，固定件的数量根据试验数据（见附表）按结构规范要求确定，一般在多层建筑中每块标准板不少于9个，并在勒脚部位设置承托角钢。在中、高层建筑中，在板背面抹聚合物水泥砂浆胶粘剂，其性能见附表，胶粘面积约占板面积的1/2（在多层建筑中如墙面平整度较差也应在背面抹胶粘剂），周边满粘（留出排气孔），中间点粘，面砖重量≤20kg/m^2，每层设置一承托角钢，并应做防锈处理。锚固保温板的尼龙锚栓，埋入墙体深度应≥50mm，锚栓规格尺寸及质量见附表，其数量根据建筑高度由结构验算后确定。后补贴面砖应用专用聚合物砂浆，其粘结强度应>0.4MPa。

八、附墙构件及开孔：外墙附墙构件，如阳台护栏、空调支架、装饰线条以及室外进线孔洞，一般均在保温板安装完毕后进行。但须使用专用工具。

九、保温构件的全称应为“面砖饰面聚氨酯复合保温板”，为简化名称在图中一律称“面砖—聚氨酯保温板”。

面砖—聚氨酯保温板（标准板）

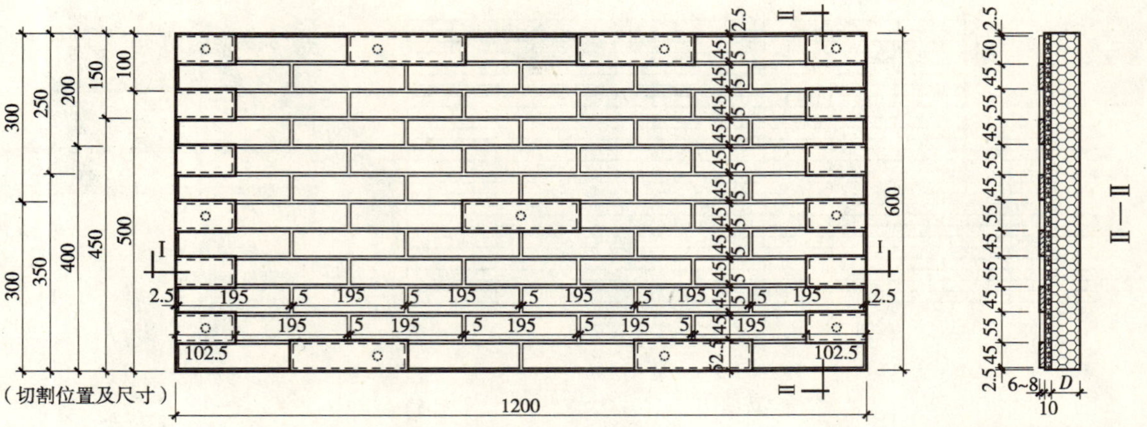

装饰保温板立面图（标准板）

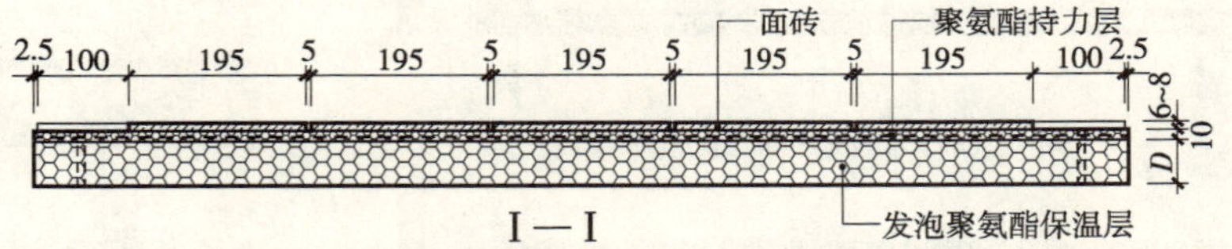

I—I

标准板切割规格（㎜）

长	宽
1200	600
1200	500
1200	450
1200	400
1200	350
1200	300
1200	250
1200	200
1200	150
1200	100

注：1．标准板尺寸主要根据建筑模数和面砖尺寸设计而成的板材，其厚度根据聚氨酯和墙体的材性按节能要求经计算确定。
2．本标准板的面砖尺寸为 195×45×6~8，板的长度 1200，宽度 600，异形规格可通过纵横向切锯形成多种规格。
3．板面虚线部分为后贴面砖部位，圆圈为固定尼龙锚栓部位，数量应根据负风压的荷载经计算决定，每块标准板不得少于 9 枚。

保温板切锯规格图

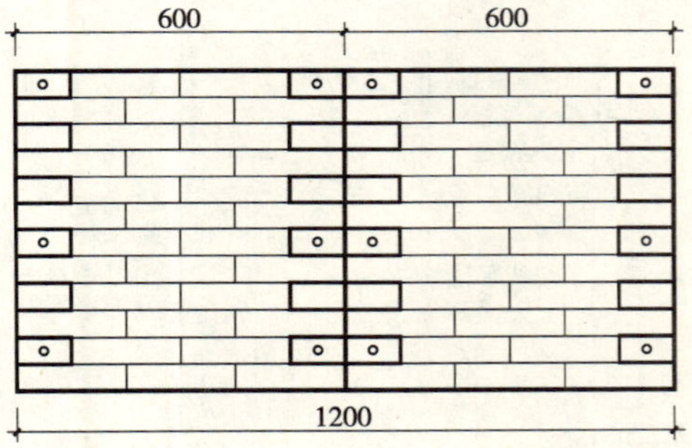

600 系列

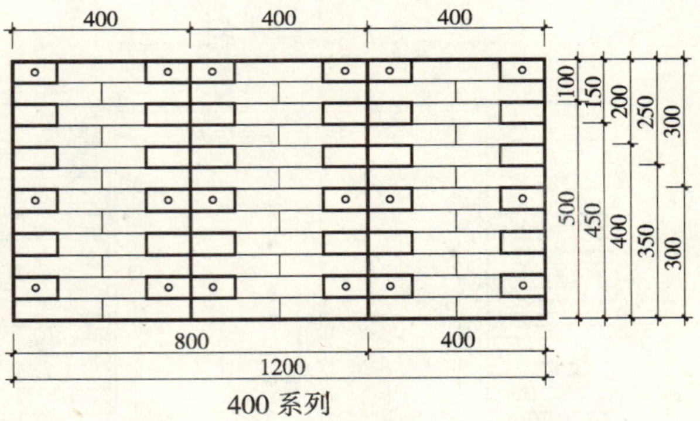

400 系列

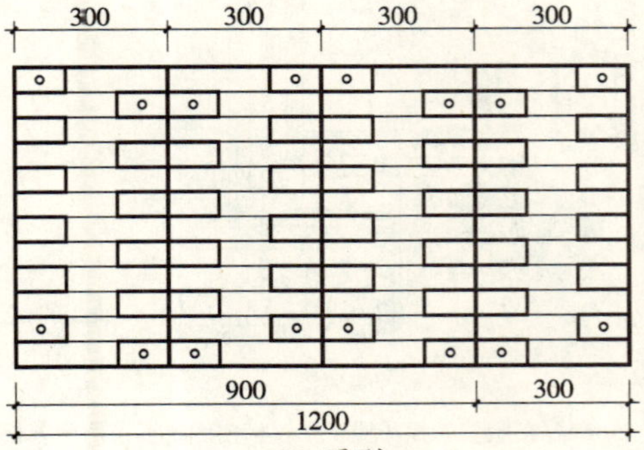

300 系列

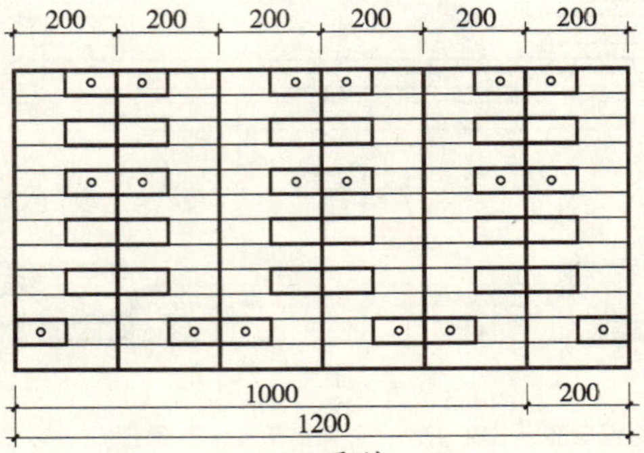

200 系列

注：1．本图面砖尺寸为 195×45，经切锯后纵向形成 600，400，300，200 四种系列，横向可形成 100，150，200，250，300，350，400，450，500 九种系列，经拼接可形成更多种规格。
2．图中粗线所示部分为制作构件时不放面砖，留出空缺，待板材安装完毕后补缺，圆圈为尼龙锚栓位置。

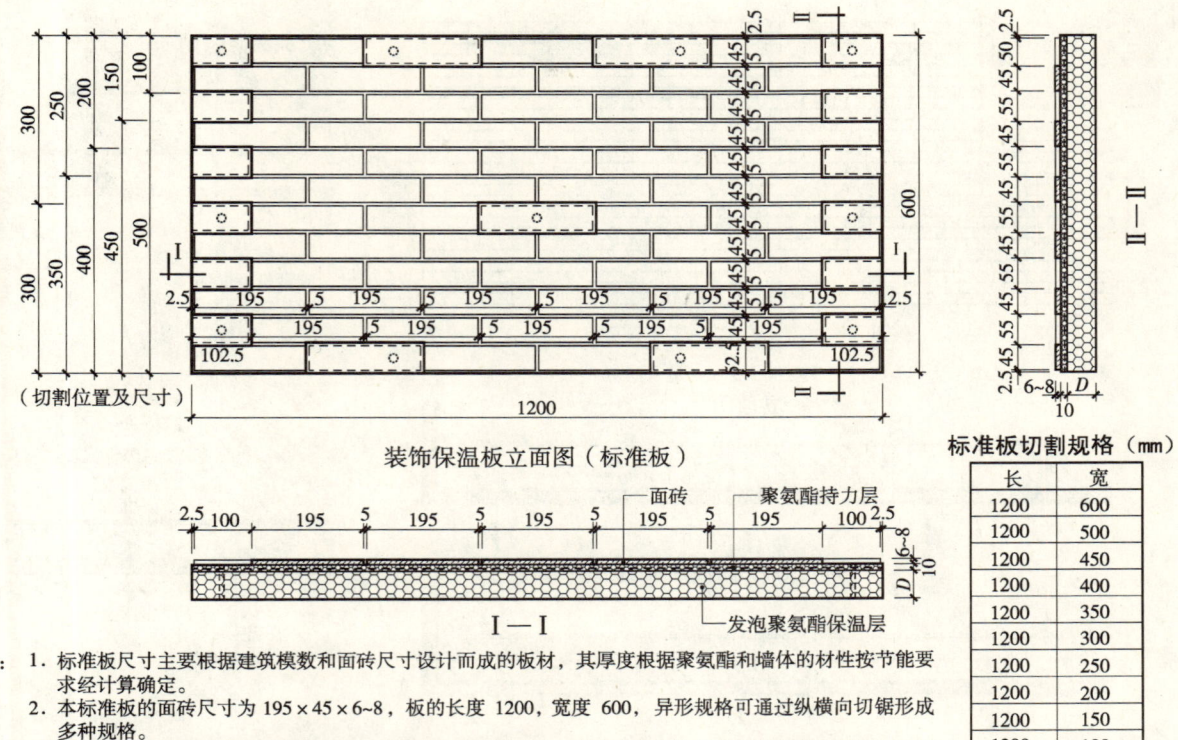

保温板与墙身固定方法

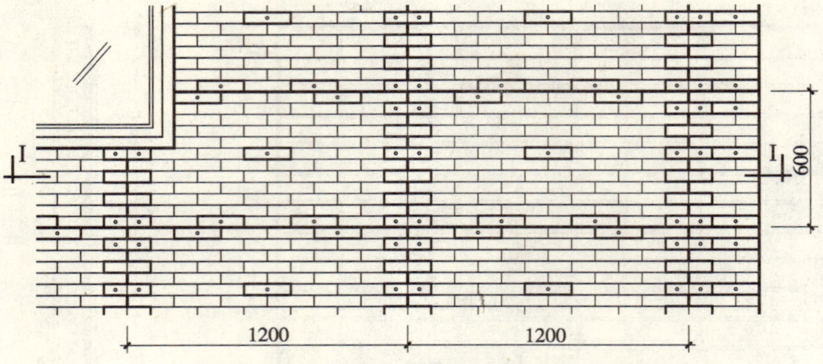

面砖—聚氨酯保温板与墙身固定

立面图

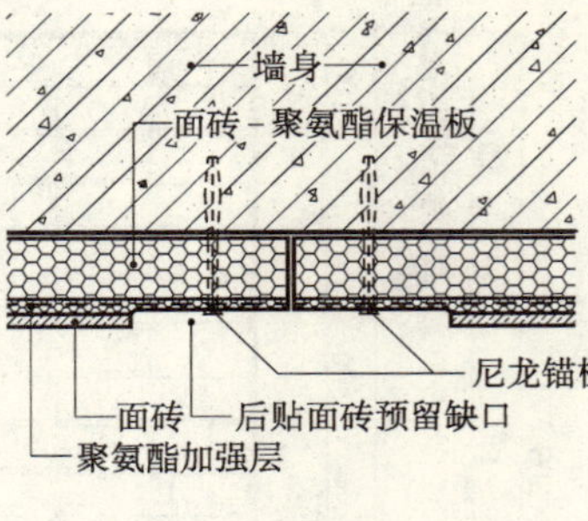

①

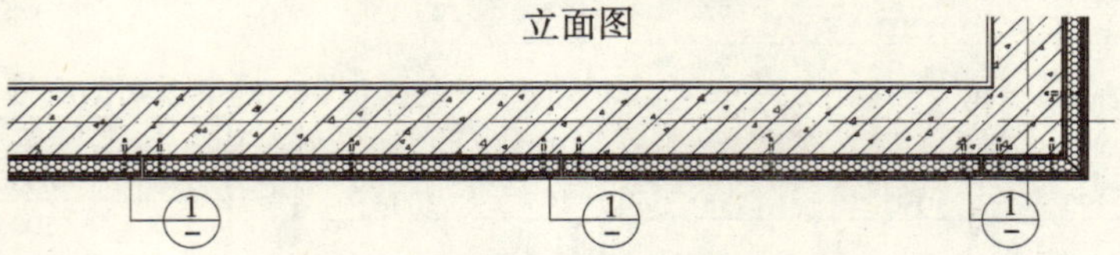

I—I（先将保温板锚固在墙上）

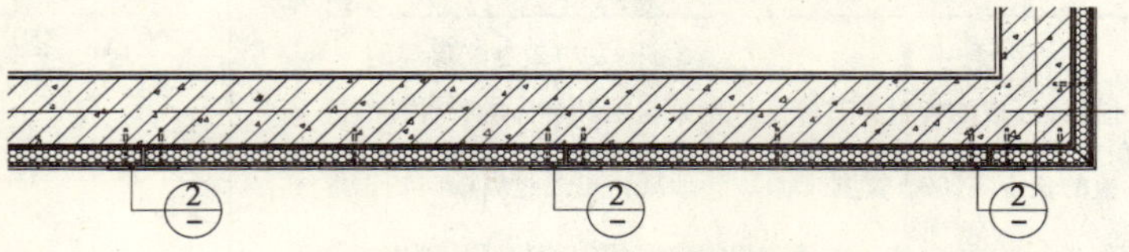

I—I（后在预留缺口处补贴面砖）

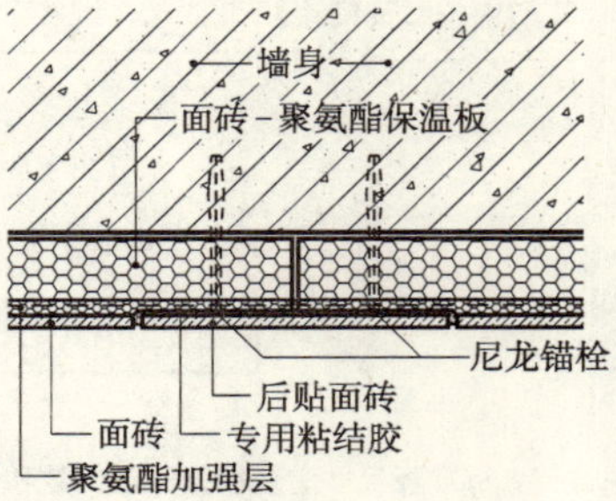

②

窗口做法

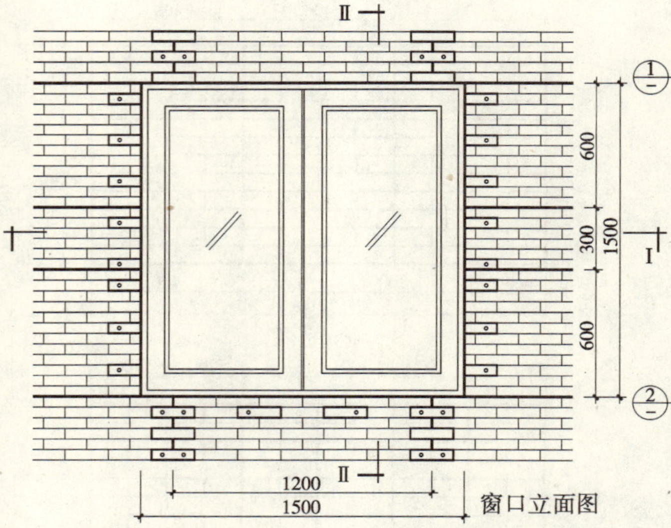

窗口立面图

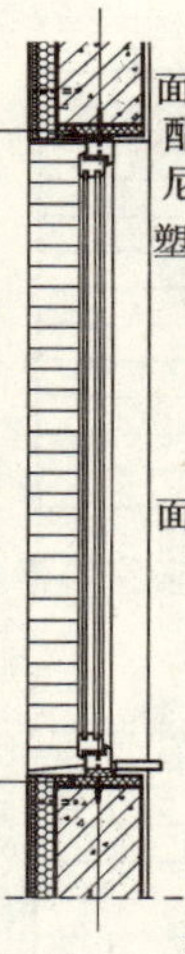

II—II

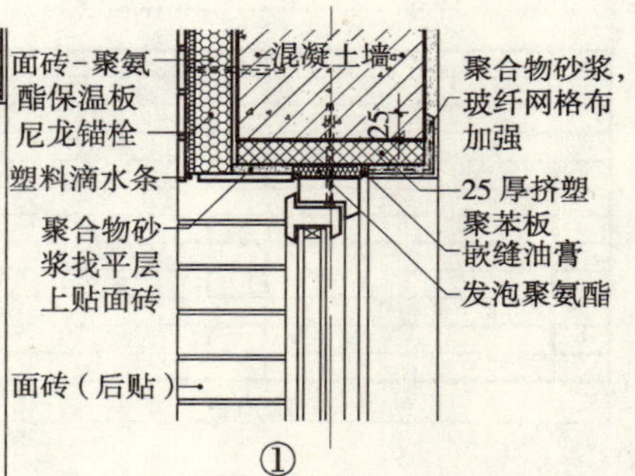

①

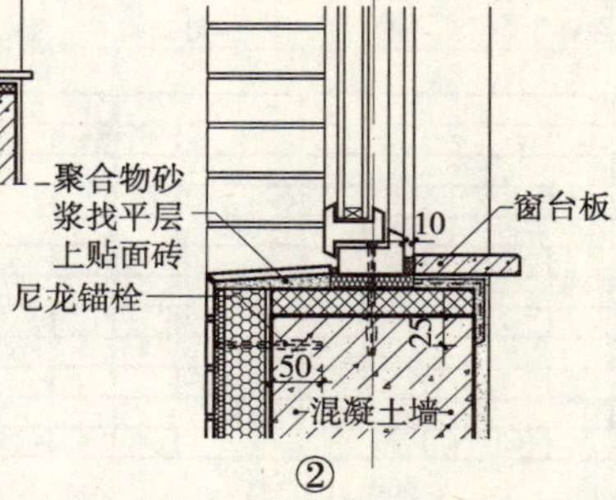

②

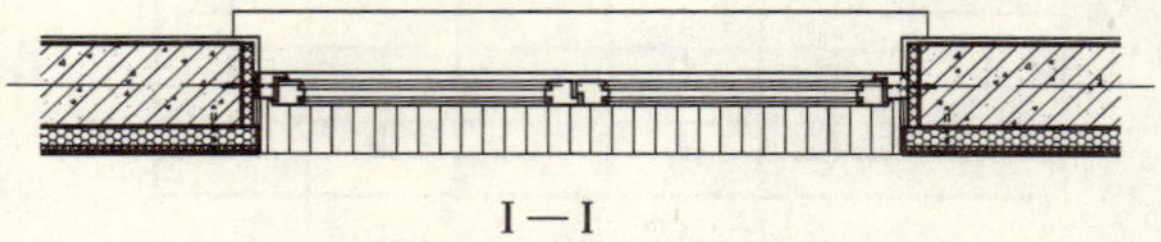

I—I

注：1．为防止窗口部位出现“热桥”，在浇筑现浇混凝土墙身时，在窗框四周放置25mm厚挤塑聚苯板（置于外模板内侧，拆模后聚苯板与混凝土墙结合在一起）。

2．待窗框安装完毕后，在挤塑聚苯板表面刷界面剂，室外部分抹聚合物水泥砂浆找平后贴面砖。室内阳角部分抹聚合物水泥砂浆后压入玻纤网格布（包过聚苯板25mm）加强，外做涂料装饰。

3．立面图中粗线所示面砖，其下部为锚固螺栓，然后在该部位补贴面砖。

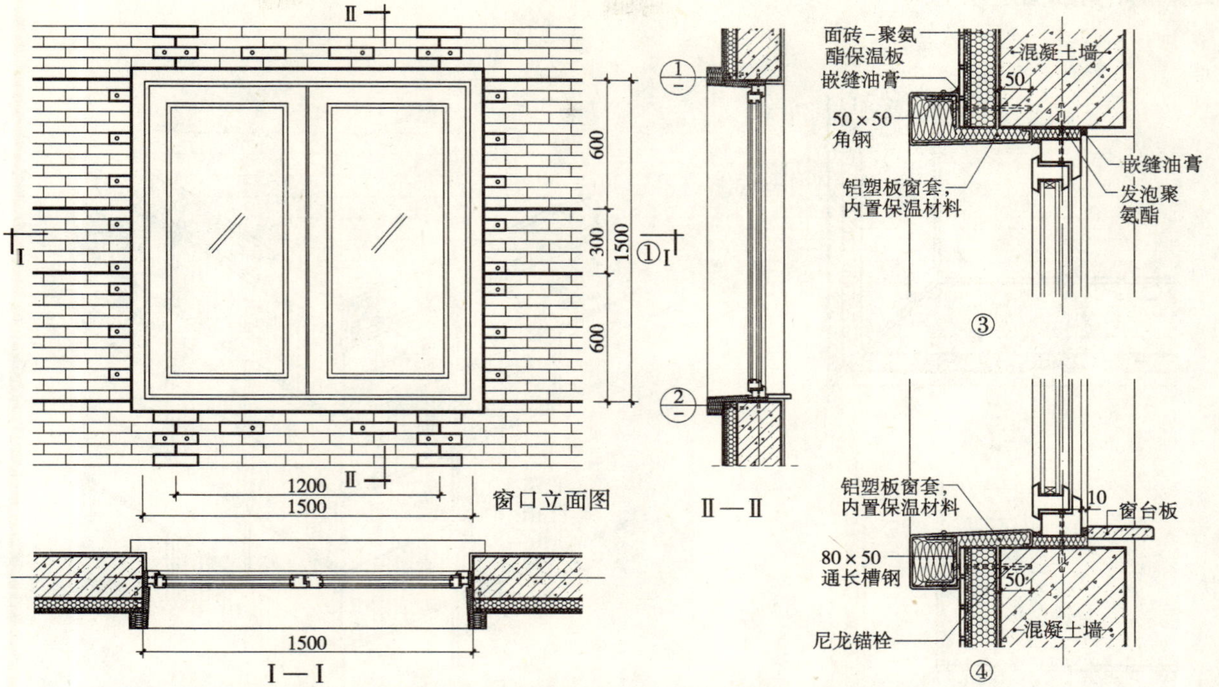

注：1．为提高外保温装配化程度，减少后补贴面砖工作量，在窗口周边，可采用装配式铝塑板窗套，其色彩、形式、尺寸可由设计人定，窗套内部可填充保温材料如岩棉、玻璃棉或发泡聚氨酯等。

2．50×50为通长角钢，应做防锈涂料，一边用尼龙锚栓与墙固定，另一边用锚钉与窗套固定，间距300中—中。

3．立面图中粗线所示为后补面砖位置，待保温板与墙体固定后补贴之面砖。

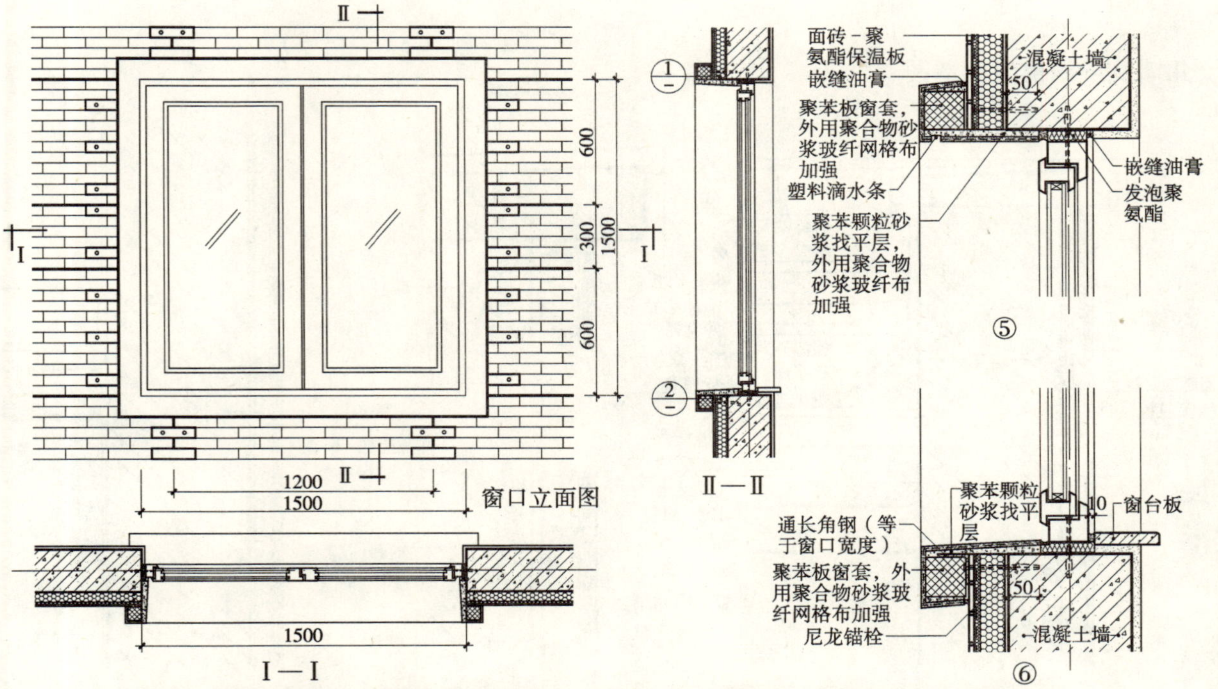

注：1．窗口装饰线条或窗套，可在保温板安装完毕后，在窗口周边贴聚苯板（如尺寸过大应用尼龙锚栓与墙固定）。窗口外部内侧用聚苯颗粒砂浆找平，最后线条用聚合物水泥砂浆玻纤网格布加强，外用涂料装饰。

2．线条或窗套的形状和尺寸由设计人定。

3．立面图中粗线所示面砖为用尼龙锚栓固定保温板后补贴的面砖。

保温板阳角部固定示例

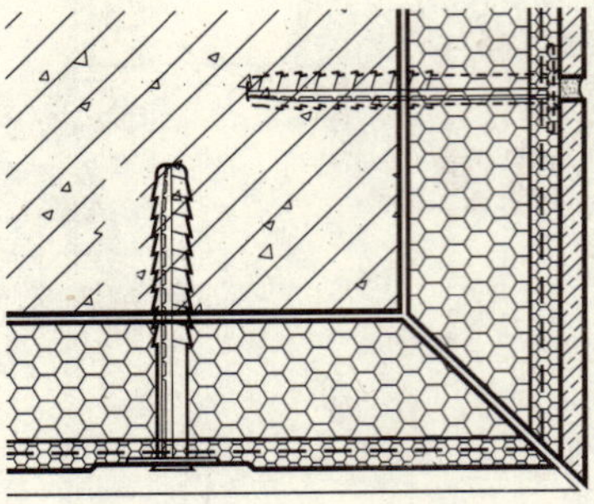

Ⅰ—Ⅰ

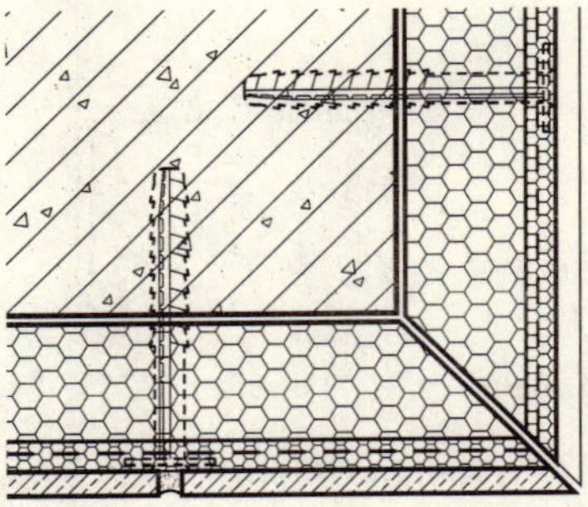

Ⅱ—Ⅱ

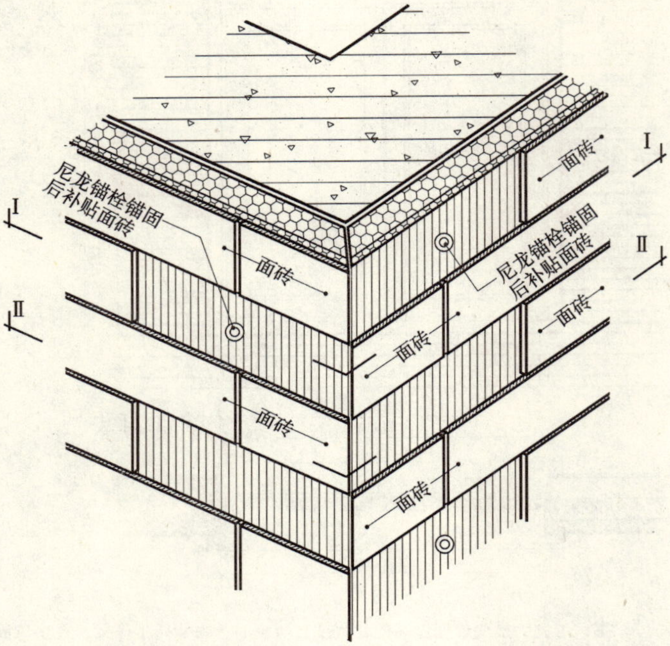

装饰保温板阳角部固定示例图

女儿墙及层间位置构造图

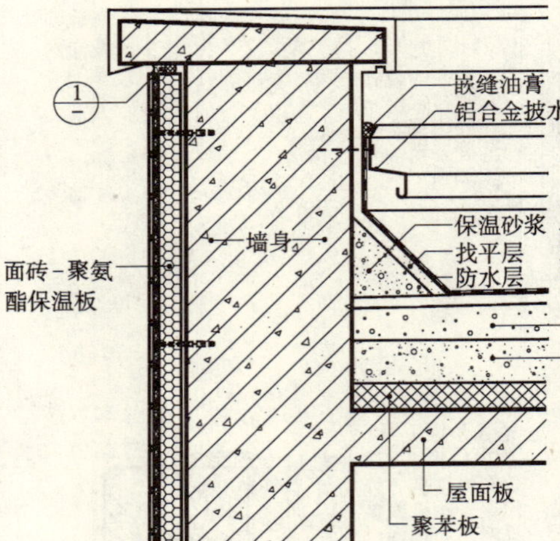

女儿墙部位构造图

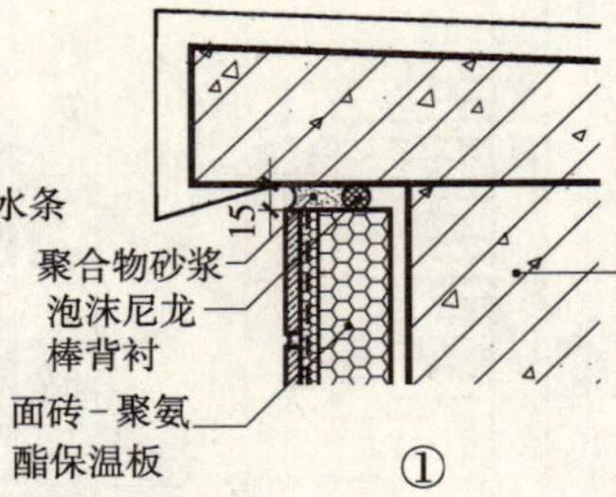

①

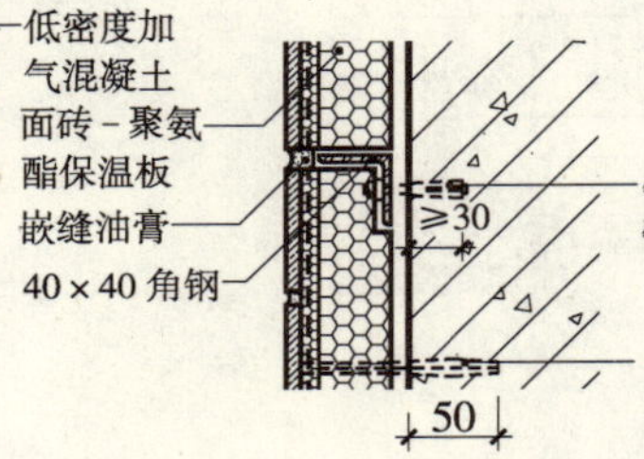

②

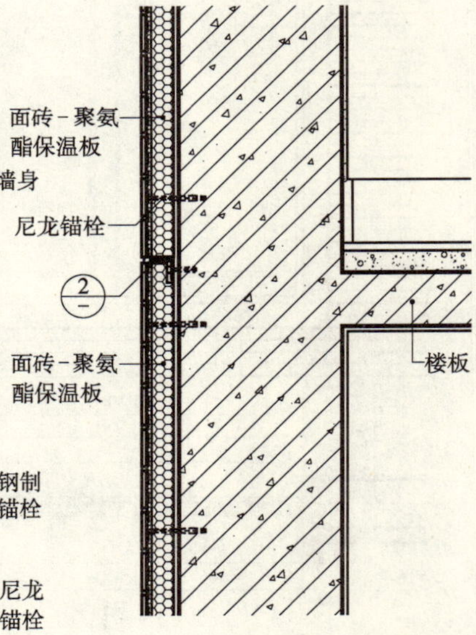

层间位置构造图

注：保温板如用于高层建筑，板背面应用粘结胶，占板面不小于 1/3。承托角钢每层设置一个，并做防锈涂料，用钢制锚栓锚固。

勒脚部位构造做法

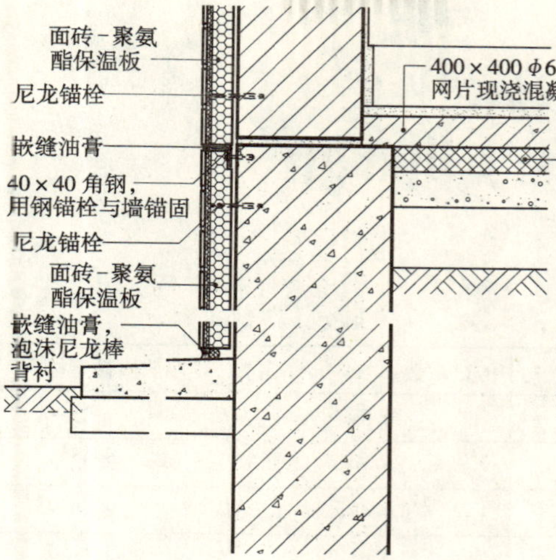

勒脚部位构造做法（一）

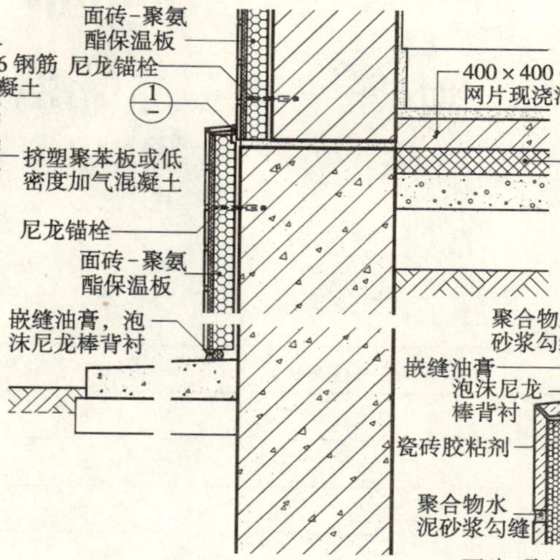

勒脚部位构造做法（二）

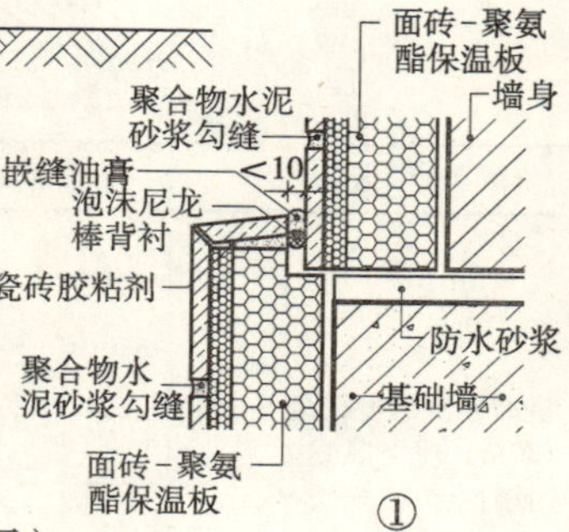

①

注： 1．承托角钢应刷防锈涂料。
2．尼龙锚栓锚入墙身深度应≥50mm。
3．保温板如用于高层建筑，除用尼龙锚栓锚固外，还应用专用胶粘结，粘结面积不小于板面 1/3。

变形缝详图

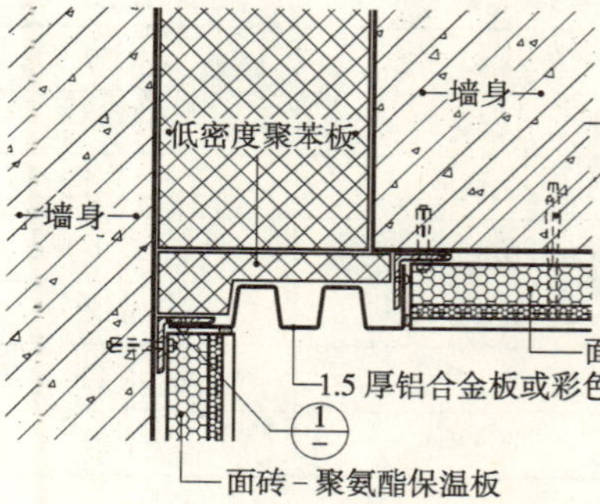

变形缝详图

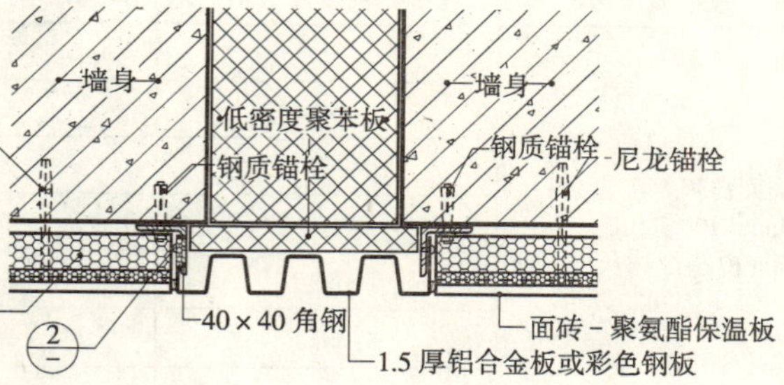

变形缝详图

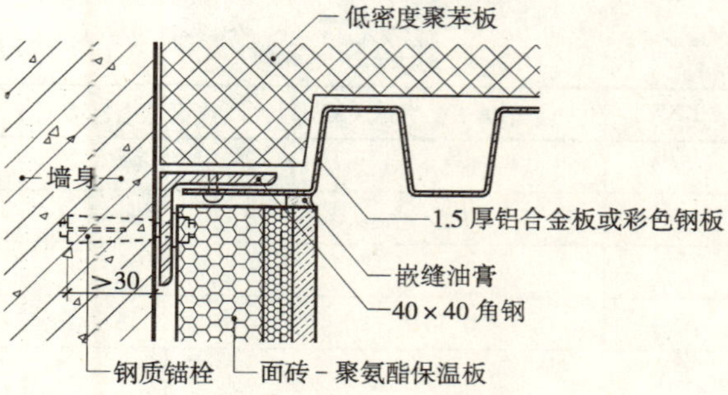

①

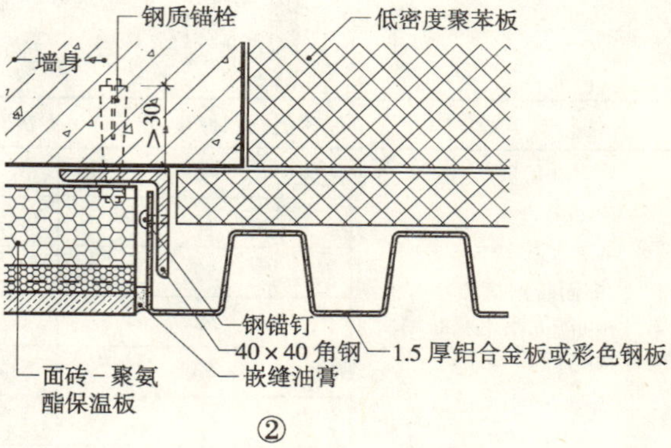

②

注： 1．角钢应涂防锈涂料。
2．低密度泡沫聚苯采用 10kg/m³ 产品。

面砖——聚氨酯保温板热工性能

做法 1

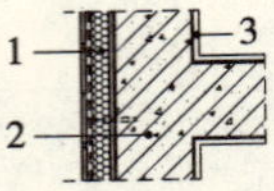

平面

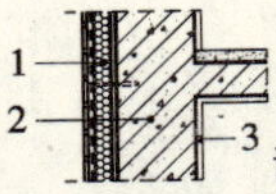

剖面

构造做法	保温材料厚度（mm）	传热阻 R_0（m·K/W）	传热系数 k（W/m² · K）	热惰性指标 D
1. 装饰面砖聚氨酯复合板 2. 180mm 现浇混凝土 3. 内墙面刮腻子	40	1.68	0.59	2.35
	45	1.86	0.54	2.42
	50	2.04	0.49	2.49
	55	2.22	0.45	2.56
	60	2.40	0.42	2.63
	65	2.57	0.39	2.70
	70	2.75	0.36	2.77

做法 2

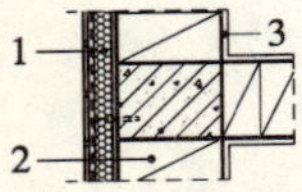

平面

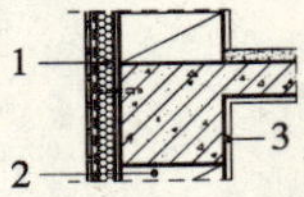

剖面

构造做法	保温材料厚度（mm）	传热阻 R_0（m·K/W）	传热系数 K（W/(m² · K)）	热惰性指标 D
1. 装饰面砖聚氨酯复合板 2. 240mmKP1 多孔砖 3. 15mm 内墙面抹灰	35	1.81	0.55	3.77
	40	1.99	0.50	3.84
	45	2.17	0.46	3.91
	50	2.35	0.43	3.98
	55	2.53	0.40	4.06
	60	2.71	0.37	4.13
	70	3.06	0.33	4.27

做法 3

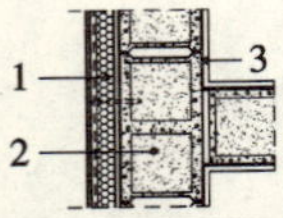

平面

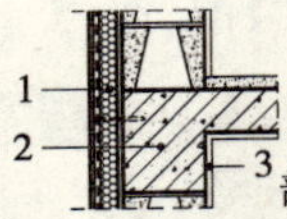

剖面

构造做法	保温材料厚度（mm）	传热阻 R_0（m·K/W）	传热系数 k [W/(m² · K)]	热惰性指标 D
1. 装饰面砖聚氨酯复合板 2. 190mm 混凝土空心砌块 3. 15mm 内墙面抹灰	40	1.74	0.58	1.94
	45	1.92	0.52	2.01
	50	2.10	0.48	2.08
	55	2.27	0.44	2.15
	60	2.45	0.41	2.22
	65	2.63	0.38	2.29
	70	2.81	0.36	2.37

注：1. 该做法已经过专家评议，详细做法暂见企业标准。

2. 保温材料导热系数修正系数 $a=1.1$［聚氨酯导热系数 $\lambda=0.025$W/(m·K) 为检测值］；聚氨酯导热系数计算值 $\lambda_0=0.025\times1.1=0.028$W/(m·K)；190mm 混凝土空心砌块 $R=0.16$m·K/W。

尼龙锚栓规格、力学性能、胶粘剂性能

尼龙锚栓力学性能

墙体名称 \ 项目	尼龙锚栓尺寸（mm）	埋入墙体深度（mm）	平均拉力值（kN）	设计参考值（kN）
钢筋混凝土墙（C30）	$\phi8\times80$ 胀管，$\phi5\times100$ 螺钉	50	1.74	0.65
	$\phi10\times80$ 胀管，$\phi6.5\times100$ 螺钉		1.91	0.80
混凝土空心砌块墙（MU10）	$\phi8\times80$ 胀管，$\phi5\times100$ 螺钉	50	1.26	0.65
	$\phi10\times80$ 胀管，$\phi6.5\times100$ 螺钉		1.97	0.80
陶粒混凝土空心砌块	$\phi8\times80$ 胀管，$\phi5\times100$ 螺钉	50	1.94	0.65
	$\phi10\times80$ 胀管，$\phi6.5\times100$ 螺钉		1.99	0.80
KP1 多孔砖墙（MU10）	$\phi8\times80$ 胀管，$\phi5\times100$ 螺钉	50	1.37	0.65
	$\phi10\times80$ 胀管，$\phi6.5\times100$ 螺钉		1.97	0.80

注：1. 本试验采用的尼龙锚栓为北京惠东塑料制品厂的产品。
2. 本试验为北京检测中心第二检测所于 2003 年 8 月所检测结要。

胶粘剂性能

试验项目		性能指标
拉伸粘结强度，MPa（与水泥砂浆）	常温常态	≥0.70
	耐水	≥0.50
	耐冻融	≥0.50
拉伸粘结强度，MPa（与聚苯板）	常温常态	≥0.10 或聚苯板破坏
	耐水	≥0.10 或聚苯板破坏
	耐冻融	≥0.10 或聚苯板破坏
可操作时间，h		≥2

注：1. 本表引自北京市地方性标准《外墙外保温用聚合物砂浆质量检验标准》DBJ 01—63—2002 表 4.01。
2. 本表系对聚苯板的粘接性能要求，聚氨酯板暂可参考上述数据。

尼龙锚栓规格

型号	尼龙套管尺寸（mm）	螺钉尺寸（mm）
8/65	$\phi8\times65$	$\phi6\times65$
8/80	$\phi8\times80$	$\phi6\times80$
8/100	$\phi8\times100$	$\phi6\times100$
10/60	$\phi10\times60$	$\phi7\times60$
10/80	$\phi10\times80$	$\phi7\times80$
10/100	$\phi10\times100$	$\phi7\times100$
10/115	$\phi10\times115$	$\phi7\times115$
10/135	$\phi10\times135$	$\phi7\times135$
10/160	$\phi10\times160$	$\phi7\times160$

注：1. 尼龙锚栓由外层尼龙套管和内部镀锌钢制螺栓两部分组成，外层尼龙套管的材质是聚酰胺 PA6，PA6.6（即尼龙 6 和尼龙 66），也可用聚丙烯酸树脂 PP 制作。
2. 钢螺栓外表镀锌，其厚度不得小于 8μm。

四、J45

围护结构保温构造

1
说　　明

说　明

一、一般说明

1. 本图集适用于浙江省新建、改建和扩建民用建筑围护结构保温工程。既有建筑节能改造和其他应对围护结构采取节能设计的工程、工业建筑可参照使用。

2. 本图集保温做法及热工计算选用表为常用做法。设计人员应根据国家及浙江省建筑节能的有关规定和要求，经热工计算确定保温材料的厚度及构造做法。

3. 本图集外墙保温做法适用于钢筋混凝土、混凝土多孔砖、P 型烧结多孔砖、陶粒混凝土砌块、蒸压加气混凝土砌块、混凝土小型空心砌块、蒸压灰砂砖、烧结普通砖等墙体。烧结普通砖墙体的热工参数，适用于既有建筑节能改造工程。

4. 本图集中胶粉聚苯颗粒内保温系统主要适用于分户墙、楼梯间隔墙及内隔墙，不适用于大城市民用建筑外墙内保温工程。当采用外墙内保温系统时，应对冷桥部位进行处理；并应采取措施，避免内保温墙面空鼓、开裂和结露等现象的产生。

5. 保温系统的固定方式应根据不同的基层墙体确定，对严禁采用射钉固定的砖砌体，应采用锚栓、预埋锚筋等锚固方式。

6. 本图集外保温墙体构造详图以钢筋混凝土墙为例，内墙保温墙体以砌体墙为例，其他墙体可参照使用。

7. 各保温系统均应符合耐火的要求，应用于多层和高层建筑的外保温工程应符合防火的有关规定。本图集中外墙外保温系统均不适用于超高层建筑。E 系统的适用高度不应大于 24m。

8. 楼梯间隔墙和变形缝两侧的外墙应采取保温措施，其传热系数限值不应大于分户墙的规定值。

9. 外墙外保温系统外饰面层宜采用涂料面层。当采用面砖饰面时，面砖的抗拔强度及规格、质量要求等应符合《胶粉聚苯颗粒外墙外保温系统》JG 158 和《建筑工程饰面砖粘结强度检验标准》JGJ 110的有关规定。

10. 既有建筑的节能改造工程应评估结构墙体、屋面的使用安全性和热工性能，并进行节能设计计算。同时应对基层状况做全面检查（如墙体是否坚实，墙面抹灰层是否空鼓，饰面层状况等），确定适用的保温构造系统和基层处理方法。

11. 本图集所注尺寸除注明外，均以毫米（mm）为单位。

二、设计依据

1.《民用建筑热工设计规范》GB 50176
2.《公共建筑节能设计标准》GB 50189
3.《夏热冬冷地区居住建筑节能设计标准》JGJ 134
4. 浙江省《居住建筑节能设计标准》DB 33/1015
5.《外墙外保温工程技术规程》JGJ 144
6.《胶粉聚苯颗粒外墙外保温系统》JG 158
7.《混凝土结构工程施工质量验收规范》GB 50204
8.《砌体工程施工质量验收规范》GB 50203
9.《建筑工程施工质量验收统一标准》GB 50300
10.《建筑装饰装修工程质量验收规范》GB 50210

11.《建筑工程饰面砖粘结强度检验标准》JGJ 110
12.《外墙饰面砖工程施工及验收规程》JGJ 126
13.《屋面工程技术规范》GB 50345
14.《屋面工程质量验收规范》GB 50207

三、ZL保温系统特点

ZL保温系统具有保温隔热、耐候、抗裂、憎水性能好、防火性能较好、现场施工操作方便等特点，包括以下九个系统：

（一）A系统

胶粉聚苯颗粒保温浆料外墙外保温系统（简称：胶粉聚苯颗粒外保温系统），由界面层、保温层、抗裂防护层和饰面层组成。保温层由胶粉料和聚苯颗粒轻骨料加水搅拌成胶粉聚苯颗粒保温浆料，抹于墙体表面，具有无空腔的特点；采用了逐层渐变、柔性释放应力的技术。

1. A系统涂料饰面构造

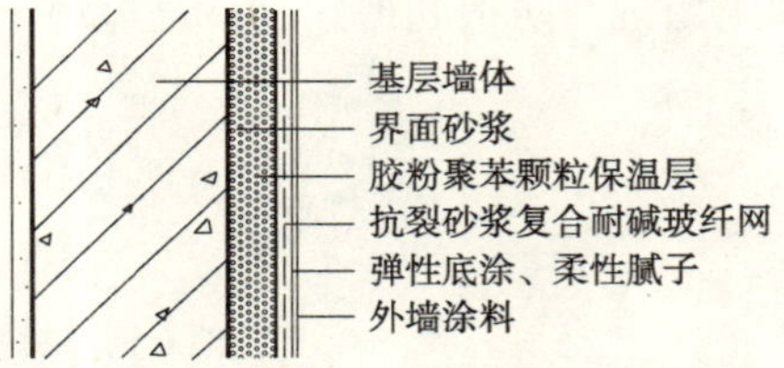

注：耐碱玻璃纤维网格布简称耐碱玻纤网

2. A系统面砖饰面构造

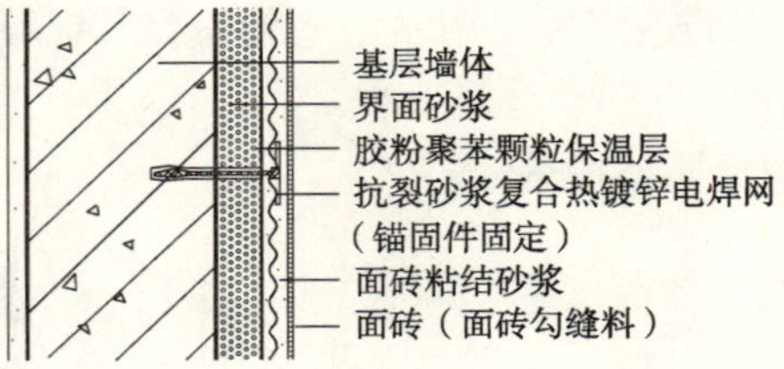

（二）B系统

现浇混凝土复合无网聚苯板外墙外保温系统（简称：无网聚苯板外保温系统），采用带竖向燕尾槽聚苯板现场与混凝土墙一次浇筑成形。内外表面均满涂聚苯板界面砂浆，可避免聚苯板表面的粉化，提高粘结效果；胶粉聚苯颗粒作为聚苯板表面整体找平材料，可弥补聚苯板施工出现的孔洞及边角破损缺陷，同时对门窗洞口侧面进行处理，提高保温效果。

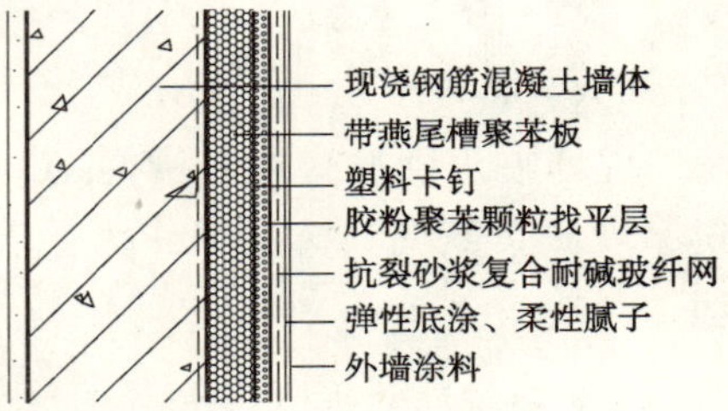

B系统墙体构造

（三）C系统

现浇混凝土复合有网聚苯板外墙外保温系统（简称：有网聚苯板外保温系统），采用单面钢丝网架聚苯板与混凝土墙一次浇筑成形。配套使用的胶粉聚苯颗粒可阻断钢丝网架斜插丝的热桥，提高保温效果。

1. C系统涂料饰面构造

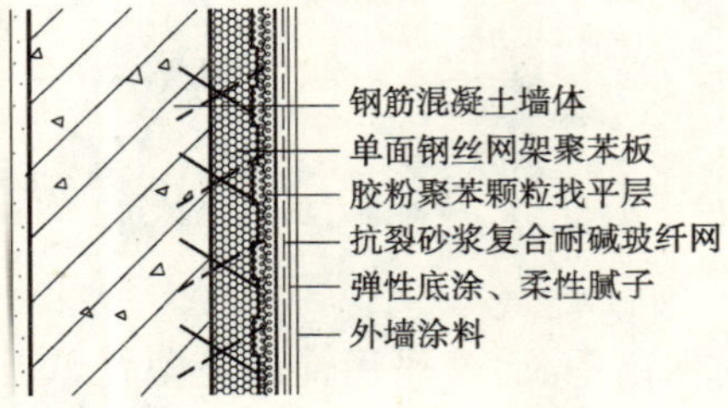

2. C系统面砖饰面构造

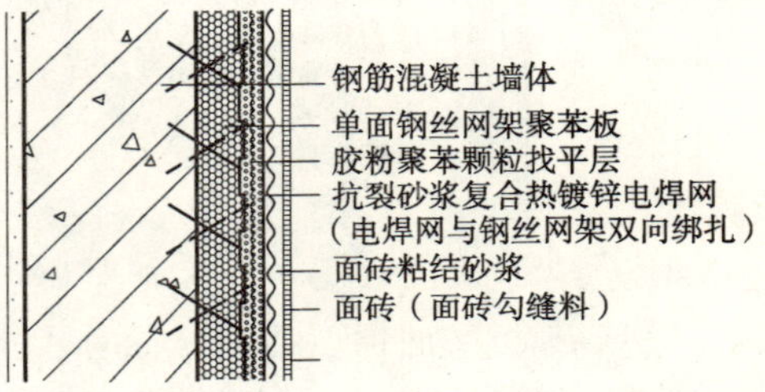

（四）D系统

胶粉聚苯颗粒粘结保温浆料双面贴砌聚苯板外墙外保温系统（简称：胶粉聚苯颗粒夹芯聚苯板〈三明治〉系统），在外墙基面刷界面砂浆后，抹胶粉聚苯颗粒粘结保温浆料（粘结型胶粉聚苯颗粒），聚苯板粘贴时均匀轻揉挤压，使聚苯板连接牢固。聚苯板间留有10mm宽的透汽板缝用粘结型胶粉聚苯颗粒处理。聚苯板外侧抹粘结型胶粉聚苯颗粒进行找平及防火处理。聚苯板夹在两层粘结型胶粉聚苯颗粒中间，面层采用抗裂防护处理。

1. D 系统涂料饰面构造

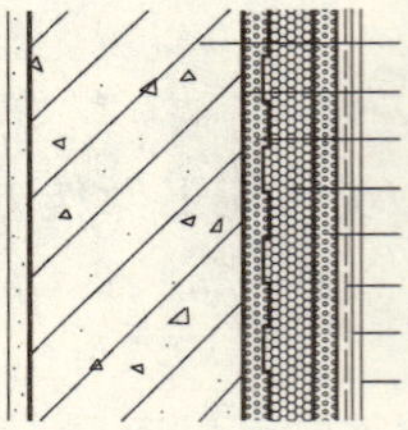

2. D 系统面砖饰面构造

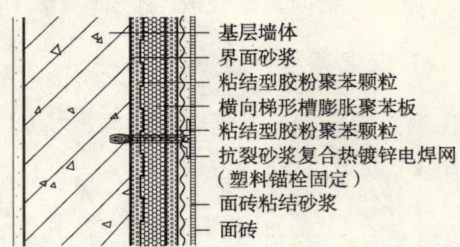

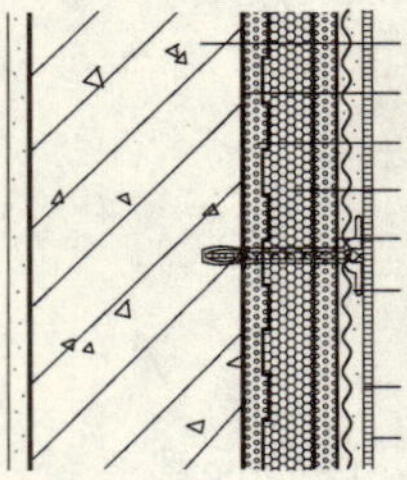

（五）E 系统

胶粉聚苯颗粒粘结保温浆料粘贴聚苯板外墙外保温系统（简称：胶粉聚苯颗粒粘贴聚苯板系统），横向梯形槽膨胀聚苯板保温层采用胶粉聚苯颗粒粘结保温浆料（粘结型胶粉聚苯颗粒）粘贴。在外墙基面刷界面砂浆后，抹粘结型胶粉聚苯颗粒，聚苯板粘贴时均匀轻压，使聚苯板连接牢固。聚苯板间留有 10 宽的透汽板缝用粘结型胶粉聚苯颗粒处理。薄抹面层采用抗裂防护处理。该系统适用于建筑高度 24m 及以下的外保温工程。

E 系统墙体构造

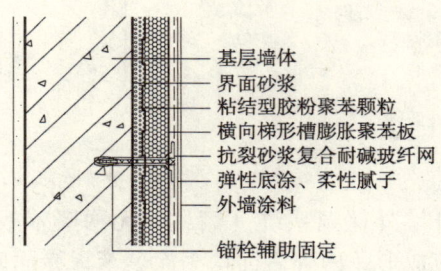

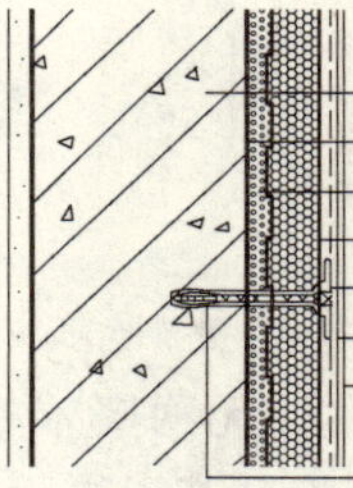

（六）F 系统

现场喷涂硬质聚氨酯泡沫塑料外墙外保温系统（简称：硬泡聚氨酯外保温系统），采用现场喷涂硬质聚氨酯泡沫塑料作为保温层。配套使用的胶粉聚苯颗粒对聚氨酯面层进行找平及防火处理。

1. F 系统涂料饰面构造

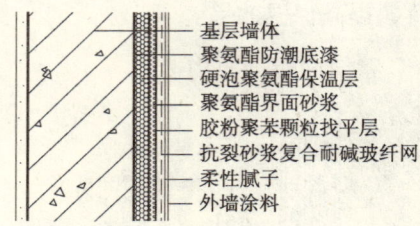

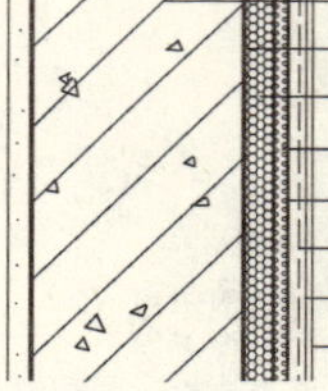

2. F 系统面砖饰面构造

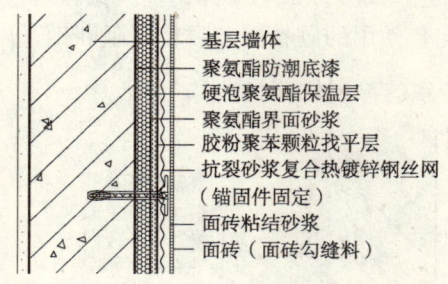

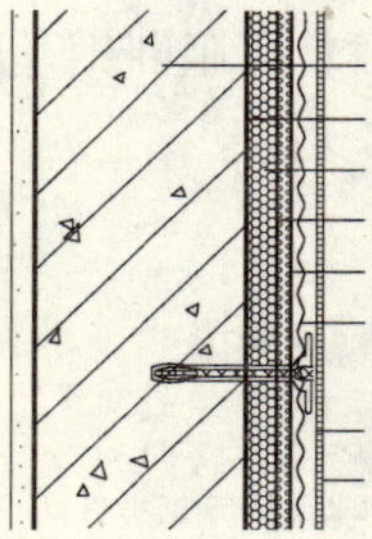

（七）H 系统

铺贴挤塑聚苯板屋面保温系统（简称：挤塑聚苯板屋面保温系统），采用铺贴挤塑聚苯板对平屋面或坡屋面进行保温处理。防水层宜采用合成高分子防水卷材或合成高分子防水涂膜。

（八）J 系统

现场喷涂硬质聚氨酯泡沫塑料屋面保温系统（简称：硬泡聚氨酯屋面保温系统），采用现场喷涂硬质聚氨酯泡沫塑料对平屋面或坡屋面进行保温处理，采用水泥砂浆对保温屋面进行找平及隔热处理，保护层可采用防紫外线涂料或块材等。

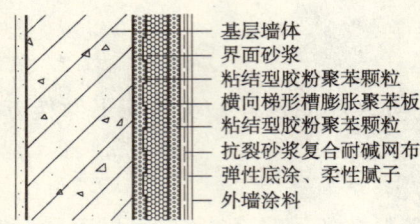

H 系统屋面构造

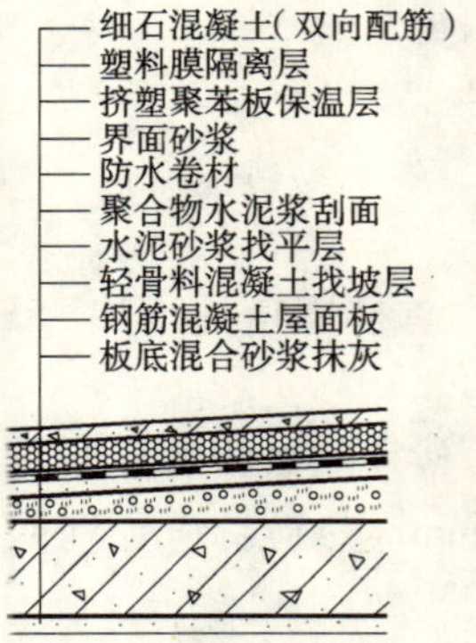

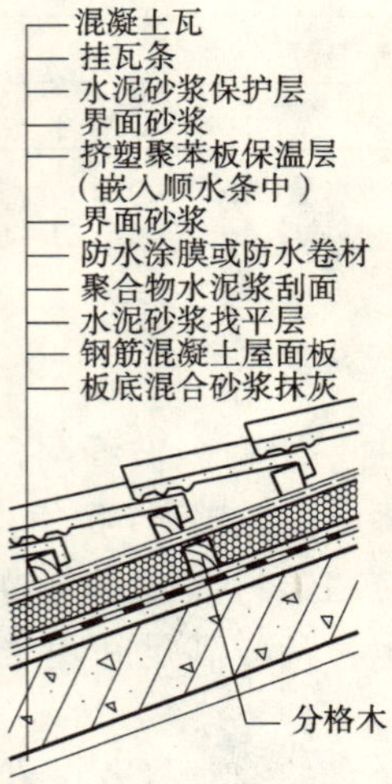

注：屋面防水层设计及坡屋面瓦材固定及做法详见有关省标图集。

J 系统屋面构造

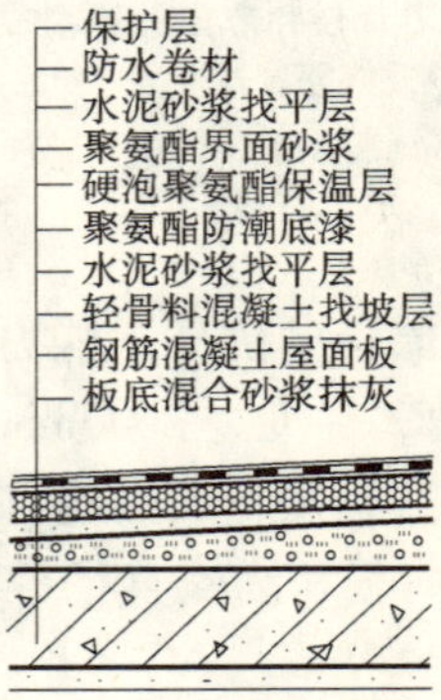

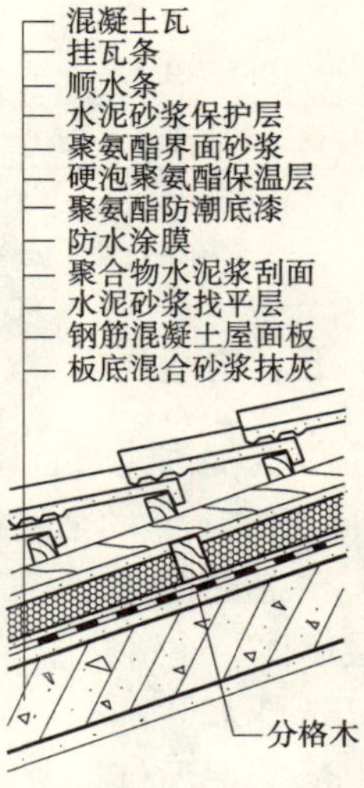

注：屋面防水层设计及坡屋面瓦材固定及做法详见有关省标图集。

四、系统性能要求

围护结构保温系统的性能应符合《外墙外保温工程技术规程》、《胶粉聚苯颗粒外墙外保温系统》等有关标准（规范）的规定。

1. 在正确使用和正常维护的条件下，外墙外保温工程的使用年限应不少于 25 年。

2. 外保温系统应进行耐候性检验。对于面砖饰面外保温系统，还应经抗震试验验证，并确保其在设防烈度等级地震下，面砖饰面及外保温系统无脱落。

3. 外墙外保温系统经耐候性试验后，不得出现饰面层起泡或剥落、保护层空鼓或脱落等破坏，不得产生渗水裂缝。具有薄抹面层的外保温系统，抹面层与保温层的拉伸粘结强度不得小于 0.1MPa，并且破坏部位应位于保温层内。

4. 胶粉聚苯颗粒保温浆料外保温系统的抗拉强度不得小于 0.1MPa，并且破坏部位不得位于各层界面。

5. EPS 板现浇混凝土外墙外保温系统现场粘结强度不得小于 0.1MPa，并且破坏部位应位于 EPS 板内。

6. 胶粘剂与水泥砂浆的拉伸粘结强度在干燥状态下不得小于 0.60MPa，浸水 48h 后不得小于 0.40MPa；与 EPS 板的拉伸粘结强度在干燥状态和浸水 48h 后均不得小于 0.10MPa，并且破坏部位应位于 EPS 板内。

7. 现场取样胶粉 EPS 颗粒保温浆料干密度不应大于 250kg/m^3，并且不应小于 180kg/m^3。现场检验保温层厚度应符合设计要求，不得有负偏差。

8. 外保温系统其他性能应符合表 1 的规定。

外保温系统性能要求　　表 1

项　目	性　能　要　求
抗风荷载性能	系统抗风压值 R_d 不小于风荷载设计值
抗冲击性	首层墙面以及门窗口等易受碰撞部位：10J 级；二层以上墙面等不易受碰撞部位：3J 级
吸水量	水中浸泡 1h，只带有抹面层和带有全部保护层的系统的吸水量均不得大于或等于 1.0kg/m^2
耐冻融性能	30 次冻融循环后 保护层无空鼓、脱落，无渗水裂缝；保护层与保温层的拉伸粘结强度不小于 0.1MPa，破坏部位应位于保温层。

续表

项　　目	性　能　要　求
热　　阻	复合墙体热阻符合设计要求
抹面层不透水性	2h 不透水
保护层水蒸气渗透阻	符合设计要求

注：1. 水中浸泡 24h，只带有抹面层和带有全部保护层的系统的吸水量均小于 $0.5kg/m^2$ 时，不检验耐冻融性能。
2. 系统耐候性、抗风荷载性能等试验方法应符合《外墙外保温工程技术规程》JGJ 144 附录 A 的规定。

五、构造要求

1. 为提高建筑首层外墙面的抗冲击能力，应增加一层耐碱玻纤网，并在首层阳角处增加 35mm × 35mm × 0.5mm 的金属护角，高度为 2000mm，设在两层耐碱玻纤网之间。

2. 粘贴面砖时，抗裂防护层中的热镀锌电焊网应用塑料锚栓双向锚固。锚栓的数量和间距应根据基层墙体、建筑高度、风荷载和锚栓直径等因素确定，且应满足间距≤500mm。热镀锌电焊网网孔为 12.7mm × 12.7mm，丝径为 0.9mm。

3. 当保温材料为聚苯板（单面钢丝网架聚苯板除外）且建筑高度在 24m（或十层）以上时，每三层楼做一通长连续（包括山墙）的防火隔离带。在无网聚苯板外保温系统中，宜采用岩棉板作为防火隔离带材料，岩棉和无网聚苯板一起与混凝土进行浇筑。

4. 外保温系统中保温材料面层荷载要求见表 2。

保温材料面层荷载要求　　**表 2**

外 保 温 系 统	保温材料面层荷载指标
胶粉聚苯颗粒系统涂料饰面	$\leqslant 200\ N/m^2$
胶粉聚苯颗粒系统面砖饰面	$\leqslant 600\ N/m^2$
无网聚苯板系统	$\leqslant 200\ N/m^2$
有网聚苯板系统	$\leqslant 400\ N/m^2$
贴砌聚苯板系统涂料饰面	$\leqslant 200\ N/m^2$
贴砌聚苯板系统面砖饰面	$\leqslant 600\ N/m^2$
硬泡聚氨酯系统涂料饰面	$\leqslant 200\ N/m^2$
硬泡聚氨酯系统面砖饰面	$\leqslant 600\ N/m^2$

六、其他

1. 图例：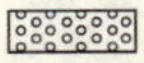为胶粉聚苯颗粒保温浆料
为膨胀聚苯板、挤塑聚苯板或聚氨酯保温材料
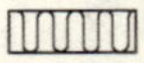为岩棉保温材料

2. 本图集中未注明的“聚苯板”，指膨胀聚苯板。

3. 本图集编入施工要点和质量验收要求，见附录二、附录三。

4. 本图集中各保温系统的设计、施工及质量验收，同时应符合国家现行有关标准、规范（规程）的规定。

2
保温做法及计算选用

围护结构节能指标及计算

一、浙江省民用建筑部分围护结构节能指标

1. 本图集未列入外窗（透明幕墙）、透明屋顶、户门、地下室外墙和地面的节能指标。

2. 居住建筑围护结构的传热系数和热惰性指标应符合表1的规定。其中外墙传热系数应考虑结构性热桥的影响，取平均传热系数。

居住建筑围护结构传热系数 K［W/(m^2·K)］和热惰性指标（D） 表1

屋顶	外墙	分户墙和楼板	底部自然通风的架空楼板
$K\leqslant1.0$ $D\geqslant3.0$	$K\leqslant1.5$ $D\geqslant3.0$	$K\leqslant2.0$	$K\leqslant1.5$
$K\leqslant0.8$ $D\geqslant2.5$	$K\leqslant1.0$ $D\geqslant2.5$		

注：当屋顶和外墙的 K 值满足要求，但 D 值不满足要求时，应按《民用建筑热工设计规范》(GB 50176—93）第5.1.1条验算隔热设计要求。

3. 公共建筑围护结构的热工性能应符合表2的规定，其中外墙的传热系数为包括结构性热桥在内的平均值 Km。

公共建筑围护结构传热系数限值 表2

围护结构部位	传热系数 K［W/（m^2·K)］
屋面	≤0.70
外　墙（包括非透明幕墙）	≤1.0
底面接触室外空气的架空或外挑楼板	≤1.0

二、外墙平均传热系数的计算

1. 外墙平均传热系数 Km 的计算公式应符合标准的规定。本图集中外墙平均传热系数的计算单元简图参见图1。

2. 计算单元构造尺寸：开间3.3m，层高2.8m，梁250mm×墙厚，板厚150mm，柱240mm×墙厚，窗1800mm×1500mm，窗墙面积比0.29。

3. 建筑物平均窗墙面积比小于0.3的混合结构或钢筋混凝土剪力墙结构，可参照图集中提供的平均传热系数选用；当建筑物平均窗墙面积比大于0.3时，或热桥部位尺寸与计算简图差异较大时，应按建筑物有代表性楼层外墙的实际构造尺寸计算平均传热系数。

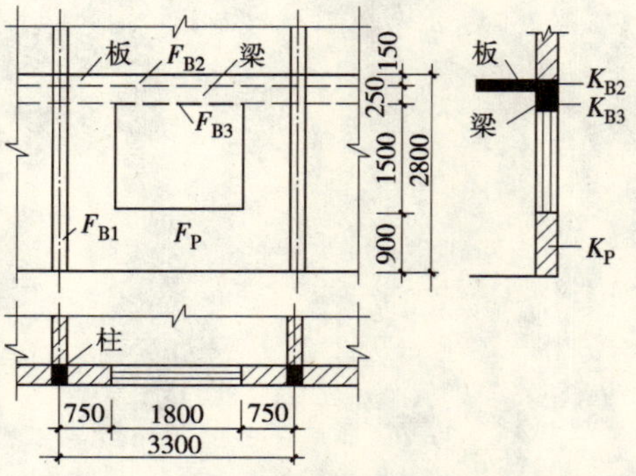

图1　外墙平均传热系数计算单元简图

A 系统　外墙保温做法及热工计算选用表

A 系统—外墙保温做法及热工计算选用表

外墙构造简图及编号	工程做法	分层厚度 δ（mm）	干密度 ρ_0（kg/m^3）	导热系数 λ [W/(m·K)]	修正系数 α	热阻 R (m^2·K)/W	主体部位			平均传热系数 K_m [W/(m^2·K)]
							热惰性指标 D	传热阻 R_0 (m^2·K)/W	传热系数 K [W/(m^2·K)]	
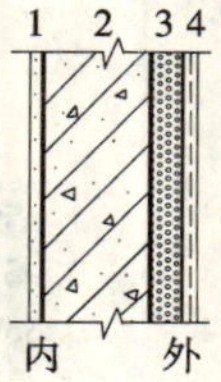 ①	1. 混合砂浆	20	1700	0.87	1.00	0.023				
	2. 钢筋混凝土	200	2500	1.74	1.00	0.115				
	3. 胶粉聚苯颗粒保温层	40 45 50 55	230	0.060	1.20	0.556 0.625 0.694 0.764	3.000 3.050 3.135 3.220	0.849 0.918 0.988 1.057	1.178 1.089 1.012 0.946	1.181 1.091 1.014 0.948
	4. 抗裂砂浆（玻纤网）	5	1800	0.93	1.00	0.005				
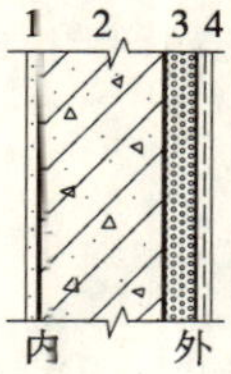 ②	1. 混合砂浆	20	1700	0.87	1.00	0.023				
	2. 钢筋混凝土	250	2500	1.74	1.00	0.144				
	3. 胶粉聚苯颗粒保温层	30 35 40 50	230	0.060	1.20	0.417 0.486 0.556 0.694	3.290 3.375 3.460 3.630	0.739 0.808 0.878 1.016	1.354 1.237 1.139 0.984	1.357 1.240 1.142 0.986
	4. 抗裂砂浆（玻纤网）	5	1800	0.93	1.00	0.005				
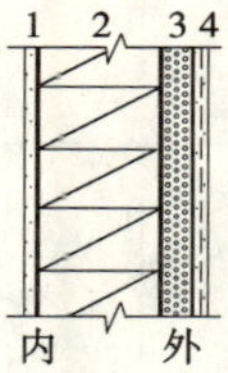 ③	1. 混合砂浆	20	1700	0.87	1.00	0.023				
	2. 混凝土多孔砖	240	1450	0.738	1.00	0.325				
	3. 胶粉聚苯颗粒保温层	25 35 40 45	230	0.060	1.20	0.347 0.486 0.556 0.625	3.090 3.260 3.345 3.430	0.851 0.990 1.059 1.129	1.175 1.010 0.944 0.886	1.272 1.079 1.003 0.938
	4. 抗裂砂浆（玻纤网）	5	1800	0.93	1.00	0.005				
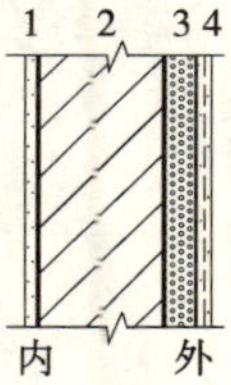 ④	1. 混合砂浆	20	1700	0.87	1.00	0.023				
	2. P 型烧结多孔砖	240	1400	0.58	1.00	0.414				
	3. 胶粉聚苯颗粒保温层	20 30 40 45	230	0.060	1.20	0.278 0.417 0.556 0.625	3.925 4.095 4.265 4.350	0.870 1.009 1.148 1.217	1.150 0.991 0.871 0.822	1.303 1.099 0.951 0.891
	4. 抗裂砂浆（玻纤网）	5	1800	0.93	1.00	0.005				
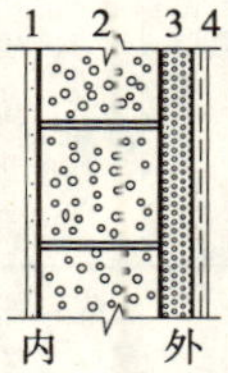 ⑤	1. 混合砂浆	20	1700	0.87	1.00	0.023				
	2. 陶粒混凝土砌块	240	1100	0.41	1.00	0.585				
	3. 胶粉聚苯颗粒保温层	15 20 30 40	230	0.060	1.20	0.208 0.278 0.417 0.556	3.853 3.938 4.108 4.278	0.972 1.042 1.180 1.319	1.029 0.960 0.847 0.758	1.277 1.165 0.994 0.868
	4. 抗裂砂浆（玻纤网）	5	1800	0.93	1.00	0.005				

续表

外墙构造简图及编号	工程做法	分层厚度δ（mm）	干密度ρ_0（kg/m^3）	导热系数λ［W/（m·K）］	修正系数α	热阻R（m^2·K）/W	主体部位 热惰性指标D	主体部位 传热阻R_0（m^2·K）/W	主体部位 传热系数K［W/（m^2·K）］	平均传热系数K_m［W/（m^2·K）］
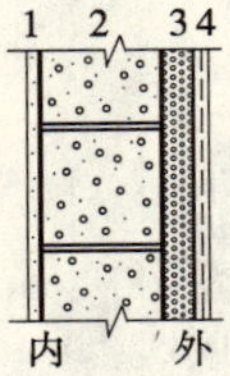 ⑥	1. 聚合物水泥石灰砂浆	8	1800	0.93	1.00	0.009	5.201 5.286 5.371 5.456	1.439 1.508 1.578 1.647	0.695 0.663 0.634 0.607	1.050 0.961 0.889 0.828
	2. 蒸压加气混凝土砌块（B07）	240	750	0.18	1.25	1.067				
	3. 胶粉聚苯颗粒保温层	15 20 25 30	230	0.060	1.20	0.208 0.278 0.347 0.417				
	4. 抗裂砂浆（玻纤网）	5	1800	0.93	1.00	0.005				
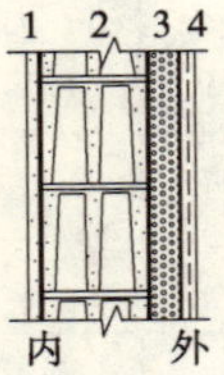 ⑦	1. 混合砂浆	20	1700	0.87	1.00	0.023	3.008 3.093 3.178 3.263	0.974 1.043 1.113 1.182	1.027 0.959 0.899 0.846	1.074 0.999 0.934 0.877
	2. 二排孔混凝土空心砌块	190	1100	0.792	1.00	0.240				
	3. 胶粉聚苯颗粒保温层	40 45 50 55	230	0.060	1.20	0.556 0.625 0.694 0.764				
	4. 抗裂砂浆（玻纤网）	5	1800	0.93	1.00	0.005				
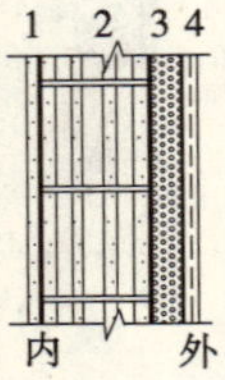 ⑧	1. 混合砂浆	20	1700	0.87	1.00	0.023	3.000 3.080 3.165 3.250	0.987 1.057 1.126 1.196	1.013 0.946 0.888 0.836	1.064 0.990 0.926 0.870
	2. 三排孔混凝土空心砌块	190	1300	0.75	1.00	0.253				
	3. 胶粉聚苯颗粒保温层	40 45 50 55	230	0.060	1.20	0.556 0.625 0.694 0.764				
	4. 抗裂砂浆（玻纤网）	5	1800	0.93	1.00	0.005				
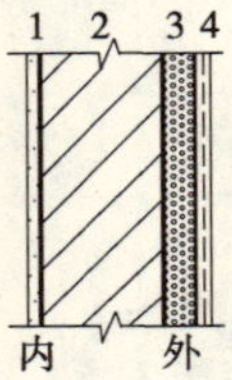 ⑨	1. 混合砂浆	20	1700	0.87	1.00	0.023	3.509 3.594 3.764 3.849	0.744 0.813 0.952 1.022	1.345 1.230 1.050 0.979	1.395 1.271 1.080 1.005
	2. 蒸压灰砂砖	240	1900	1.10	1.00	0.218				
	3. 胶粉聚苯颗粒保温层	25 30 40 45	230	0.060	1.20	0.347 0.417 0.556 0.625				
	4. 抗裂砂浆（玻纤网）	5	1800	0.93	1.00	0.005				

续表

外墙构造简图及编号	工程做法	分层厚度 δ (mm)	干密度 ρ_0 (kg/m^3)	导热系数 λ [W/(m·K)]	修正系数 α	热阻 R (m^2·K)/W	主体部位 热惰性指标 D	主体部位 传热阻 R_0 (m^2·K)/W	主体部位 传热系数 K [W/(m^2·K)]	平均传热系数 K_m [W/(m^2·K)]
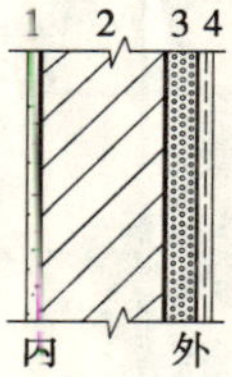⑩	1. 混合砂浆	20	1700	0.87	1.00	0.023	3.798 3.968 4.138 4.223	0.752 0.891 1.030 1.100	1.329 1.122 0.971 0.909	1.434 1.193 1.023 0.954
	2. 烧结普通砖	240	1800	0.81	1.00	0.296				
	3. 胶粉聚苯颗粒保温层	20 30 40 45	230	0.060	1.20	0.278 0.417 0.556 0.625				
	4. 抗裂砂浆（玻纤网）	5	1800	0.93	1.00	0.005				

注：1. 平均传热系数的计算标准：开间3.3m，层高2.8m，梁250×墙厚，板厚150，柱240×墙厚，窗户1800×1500。
2. 构造简图中外墙饰面层未表示，热工计算时也未计饰面层。
3. 当采用蒸压加气混凝土砌块等砌体作外墙自保温时，应对冷桥部位采取保温措施。
4. 烧结普通砖的热工参数，适用于既有建筑节能改造工程。

B系统、C系统 外墙保温做法及热工计算选用表

B系统、C系统—外墙保温做法及热工计算选用表

外墙构造简图及编号	工程做法	分层厚度 δ (mm)	干密度 ρ_0 (kg/m^3)	导热系数 λ [W/(m·K)]	修正系数 α	热阻 R (m^2·K)/W	主体部位 热惰性指标 D	主体部位 传热阻 R_0 (m^2·K)/W	主体部位 传热系数 K [W/(m^2·K)]	平均传热系数 K_m [W/(m^2·K)]
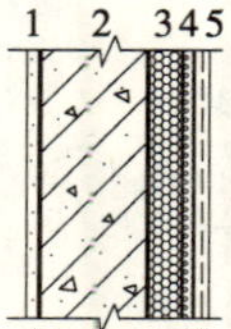⑪B系统	1. 混合砂浆	20	1700	0.87	1.00	0.023	2.882 2.925 2.968 3.011	1.166 1.266 1.365 1.464	0.857 0.790 0.733 0.683	0.859 0.791 0.734 0.684
	2. 钢筋混凝土	200	2500	1.74	1.00	0.115				
	3. 带燕尾槽聚苯板保温层	30 35 40 45	20	0.042	1.20	0.595 0.694 0.794 0.893				
	4. 胶粉聚苯颗粒找平层	20	230	0.060	1.20	0.278				
	5. 抗裂砂浆（玻纤网）	5	1800	0.93	1.00	0.005				
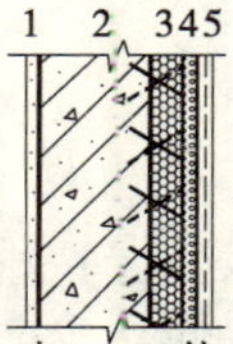⑫C系统	1. 混合砂浆	20	1700	0.87	1.00	0.023	2.882 2.925 2.968 3.011	1.047 1.127 1.206 1.285	0.955 0.888 0.829 0.778	0.957 0.889 0.831 0.779
	2. 钢筋混凝土	200	2500	1.74	1.00	0.115				
	3. 单面钢丝网架聚苯板保温层	30 35 40 45	20	0.042	1.50	0.476 0.556 0.635 0.714				
	4. 胶粉聚苯颗粒找平层	20	230	0.060	1.20	0.278				
	5. 抗裂砂浆（玻纤网）	5	1800	0.93	1.00	0.005				

注：1. 平均传热系数的计算标准：开间3.3m，层高2.8m，梁250×墙厚，板厚150，柱240×墙厚，窗户1800×1500。
2. 构造简图中外墙饰面层未表示，热工计算时也未计饰面层。
3. 大于200厚钢筋混凝土墙可参考选用。

D 系统　外墙保温做法及热工计算选用表

D 系统—外墙保温做法及热工计算选用表

外墙构造简图及编号	工程做法	分层厚度 δ（mm）	干密度 ρ_0（kg/m^3）	导热系数 λ [W/(m·K)]	修正系数 α	热阻 R (m^2·K)/W	主体部位			平均传热系数 K_m [W/(m^2·K)]
							热惰性指标 D	传热阻 R_0 (m^2·K)/W	传热系数 K [W/(m^2·K)]	
	1. 混合砂浆	20	1700	0.87	1.00	0.023				
	2. 钢筋混凝土	200	2500	1.74	1.00	0.115				
	3. 粘结型胶粉聚苯颗粒	15	350	0.070	1.20	0.179				
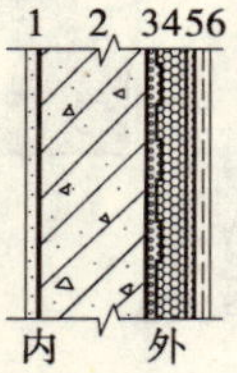 ⑬	4. 梯形槽聚苯板保温层	25 30 40 45	20	0.042	1.25	0.476 0.571 0.762 0.857	2.864 2.907 2.992 3.035	1.067 1.162 1.353 1.448	0.937 0.860 0.739 0.691	0.939 0.862 0.740 0.692
	5. 粘结型胶粉聚苯颗粒	10	350	0.070	1.20	0.119				
	6. 抗裂砂浆（玻纤网）	5	1800	0.930	1.00	0.005				
	1. 混合砂浆	20	1700	0.87	1.00	0.023				
	2. 钢筋混凝土	250	2500	1.74	1.00	0.144				
	3. 粘结型胶粉聚苯颗粒	15	350	0.070	1.20	0.179				
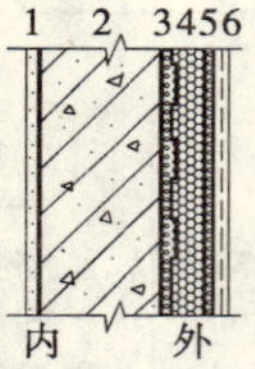 ⑭	4. 梯形槽聚苯板保温层	25 30 40 45	20	0.042	1.25	0.476 0.571 0.762 0.857	3.358 3.401 3.487 3.530	1.096 1.191 1.382 1.477	0.913 0.840 0.724 0.677	0.914 0.841 0.725 0.678
	5. 粘结型胶粉聚苯颗粒	10	350	0.070	1.20	0.119				
	6. 抗裂砂浆（玻纤网）	5	1800	0.93	1.00	0.005				
	1. 混合砂浆	20	1700	0.87	1.00	0.023				
	2. 混凝土多孔砖	240	1450	0.738	1.00	0.325				
	3. 粘结型胶粉聚苯颗粒	15	350	0.070	1.20	0.179				
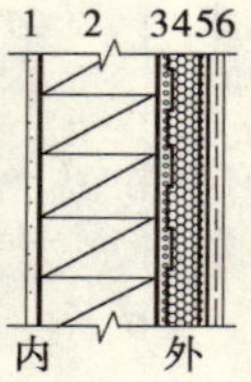 ⑮	4. 梯形槽聚苯板保温层	25 30 35 40	20	0.042	1.25	0.476 0.571 0.667 0.762	3.244 3.287 3.330 3.372	1.277 1.373 1.468 1.563	0.783 0.729 0.681 0.640	0.822 0.762 0.710 0.665
	5. 粘结型胶粉聚苯颗粒	10	350	0.070	1.20	0.119				
	6. 防裂砂浆（玻纤网）	5	1800	0.93	1.00	0.005				

外墙构造简图及编号	工程做法	分层厚度 δ（mm）	干密度 ρ_0（kg/m³）	导热系数 λ [W/(m·K)]	修正系数 α	热阻 R (m²·K)/W	主体部位			平均传热系数 K_m [W/(m²·K)]
							热惰性指标 D	传热阻 R_0 (m²·K)/W	传热系数 K [W/(m²·K)]	
	1. 混合砂浆	20	1700	0.87	1.00	0.023				
	2. P型烧结多孔砖	240	1400	0.58	1.00	0.414				
	3. 粘结型胶粉聚苯颗粒	15	350	0.070	1.20	0.179				
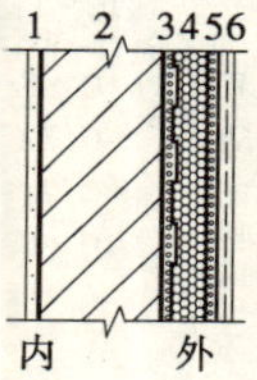⑯	4. 梯形槽聚苯板保温层	25 30 35 40	20	0.042	1.25	0.476 0.571 0.667 0.762	4.164 4.207 4.250 4.293	1.366 1.461 1.556 1.652	0.732 0.684 0.642 0.605	0.785 0.730 0.682 0.640
	5. 粘结型胶粉聚苯颗粒	10	350	0.070	1.20	0.119				
	6. 防裂砂浆（玻纤网）	5	1800	0.93	1.00	0.005				
	1. 混合砂浆	20	1700	0.87	1.00	0.023				
	2. 陶粒混凝土砌块	240	1100	0.41	1.00	0.585				
	3. 粘结型胶粉聚苯颗粒	15	350	0.070	1.20	0.179				
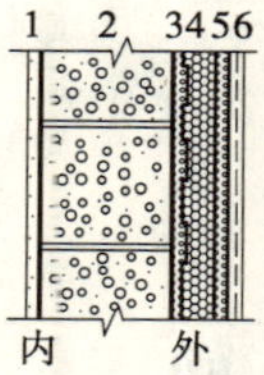⑰	4. 梯形槽聚苯板保温层	25 30 35 40	20	0.042	1.25	0.476 0.571 0.667 0.762	4.177 4.219 4.262 4.305	1.538 1.633 1.728 1.823	0.650 0.612 0.579 0.548	0.726 0.678 0.636 0.599
	5. 粘结型胶粉聚苯颗粒	10	350	0.070	1.20	0.119				
	6. 防裂砂浆（玻纤网）	5	1800	0.93	1.00	0.005				
	1. 混合砂浆	20	1700	0.87	1.00	0.023				
	2. 蒸压加气混凝土砌块（B07）	240	750	0.18	1.25	1.067				
	3. 粘结型胶粉聚苯颗粒	15	350	0.070	1.20	0.179				
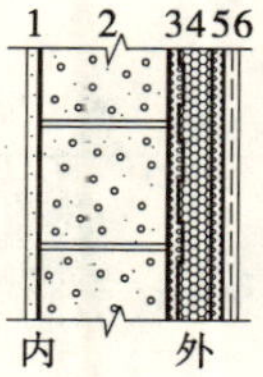⑱	4. 梯形槽聚苯板保温层	25 30 35 40	20	0.042	1.25	0.476 0.571 0.667 0.762	5.673 5.716 5.759 5.802	2.019 2.114 2.209 2.305	0.495 0.473 0.453 0.434	0.611 0.575 0.543 0.515
	5. 粘结型胶粉聚苯颗粒	10	350	0.070	1.20	0.119				
	6. 防裂砂浆（玻纤网）	5	1800	0.93	1.00	0.005				

续表

外墙构造简图及编号	工程做法	分层厚度δ (mm)	干密度 ρ_0 (kg/m³)	导热系数 λ [W/(m·K)]	修正系数 α	热阻 R (m²·K)/W	主体部位			平均传热系数 K_m [W/(m²·K)]
							热惰性指标 D	传热阻 R_0 (m²·K)/W	传热系数 K [W/(m²·K)]	
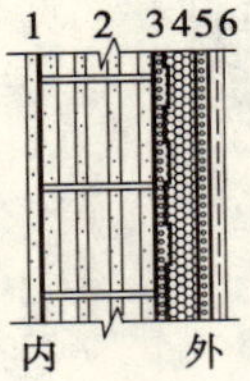 ⑲	1. 混合砂浆	20	1700	0.87	1.00	0.023				
	2. 三排孔混凝土空心砌块	190	1300	0.75	1.00	0.253				
	3. 粘结型胶粉聚苯颗粒	15	350	0.070	1.20	0.179				
	4. 梯形槽聚苯板保温层	25 30 35 40	20	0.042	1.25	0.476 0.571 0.667 0.762	2.893 2.936 2.979 3.022	1.206 1.301 1.396 1.491	0.830 0.769 0.716 0.671	0.863 0.797 0.741 0.692
	5. 粘结型胶粉聚苯颗粒	10	350	0.070	1.20	0.119				
	6. 防裂砂浆（玻纤网）	5	1800	0.93	1.00	0.005				
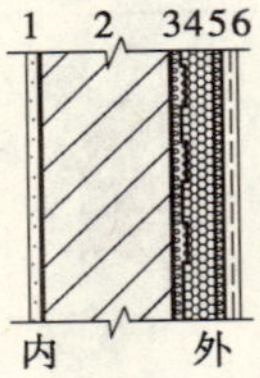 ⑳	1. 混合砂浆	20	1700	0.87	1.00	0.023				
	2. 烧结普通砖	240	1800	0.81	1.00	0.296				
	3. 粘结型胶粉聚苯颗粒	15	350	0.070	1.20	0.179				
	4. 梯形槽聚苯板保温层	25 30 35 40	20	0.042	1.25	0.476 0.571 0.667 0.762	4.036 4.079 4.122 4.165	1.248 1.344 1.439 1.534	0.801 0.744 0.695 0.652	0.835 0.773 0.720 0.674
	5. 粘结型胶粉聚苯颗粒	10	350	0.070	1.20	0.119				
	6. 防裂砂浆（玻纤网）	5	1800	0.93	1.00	0.005				

注：1. 平均传热系数的计算标准：开间 3.3m，层高 2.8m，梁 250×墙厚，板厚 150，柱 240×墙厚，窗户 1800×1500。
2. 构造简图中外墙饰面层未表示，热工计算时也未计饰面层。
3. 梯形槽聚苯板厚度按凹槽处计算（余同）。
4. 当采用蒸压加气混凝土砌块等砌体做外墙自保温时，应对冷桥部位采取保温措施。
5. 烧结普通砖的热工参数，适用于既有建筑节能改造工程。

E 系统　外墙保温做法及热工计算选用表

E 系统—外墙保温做法及热工计算选用表

外墙构造简图及编号	工程做法	分层厚度δ (mm)	干密度 ρ_0 (kg/m³)	导热系数 λ [W/(m·K)]	修正系数 α	热阻 R (m²·K)/W	主体部位			平均传热系数 K_m [W/(m²·K)]
							热惰性指标 D	传热阻 R_0 (m²·K)/W	传热系数 K [W/(m²·K)]	
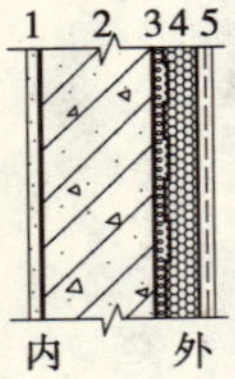 ㉑	1. 混合砂浆	20	1700	0.87	1.00	0.023				
	2. 钢筋混凝土	200	2500	1.74	1.00	0.115				
	3. 粘结型胶粉聚苯颗粒	15	350	0.070	1.20	0.179				
	4. 梯形槽聚苯板保温层	30 35 40 45	20	0.042	1.25	0.571 0.667 0.762 0.857	2.761 2.804 2.847 2.890	1.043 1.139 1.234 1.329	0.958 0.878 0.811 0.752	0.960 0.880 0.812 0.754
	5. 防裂砂浆（玻纤网）	5	1800	0.930	1.00	0.005				

续表

外墙构造简图及编号	工程做法	分层厚度 δ (mm)	干密度 ρ_0 (kg/m^3)	导热系数 λ [W/(m·K)]	修正系数 α	热阻 R (m^2·K)/W	主体部位			平均传热系数 K_m [W/(m^2·K)]
							热惰性指标 D	传热阻 R_0 (m^2·K)/W	传热系数 K [W/(m^2·K)]	
1 2 345 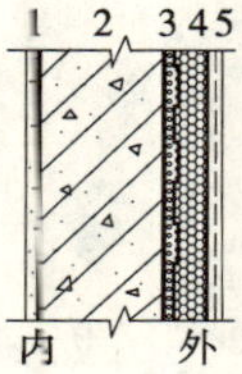 内 外 ㉒	1. 混合砂浆	20	1700	0.87	1.00	0.023				
	2. 钢筋混凝土	250	2500	1.74	1.00	0.144				
	3. 粘结型胶粉聚苯颗粒	15	350	0.070	1.20	0.179				
	4. 梯形槽聚苯板保温层	25 30 35 40	20	0.042	1.25	0.476 0.571 0.667 0.762	3.212 3.255 3.298 3.341	0.977 1.072 1.167 1.263	1.024 0.933 0.857 0.792	1.026 0.935 0.858 0.793
	5. 防裂砂浆（玻纤网）	5	1800	0.93	1.00	0.005				
1 2 345 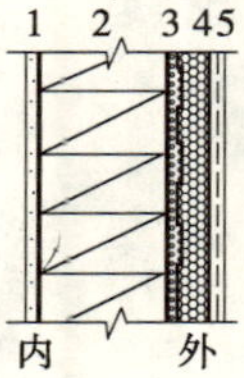 内 外 ㉓	1. 混合砂浆	20	1700	0.87	1.00	0.023				
	2. 混凝土多孔砖	240	1450	0.738	1.00	0.325				
	3. 粘结型胶粉聚苯颗粒	15	350	0.070	1.20	0.179				
	4. 梯形槽聚苯板保温层	25 30 35 40	20	0.042	1.25	0.476 0.571 0.667 0.762	3.098 3.141 3.184 3.227	1.158 1.254 1.349 1.444	0.863 0.798 0.741 0.692	0.912 0.839 0.776 0.723
	5. 防裂砂浆（玻纤网）	5	1800	0.93	1.00	0.005				
1 2 345 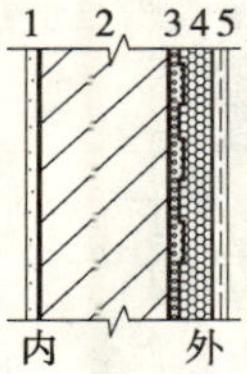 内 外 ㉔	1. 混合砂浆	20	1700	0.87	1.00	0.023				
	2. P 型烧结多孔砖	240	1400	0.58	1.00	0.414				
	3. 粘结型胶粉聚苯颗粒	15	350	0.070	1.20	0.179				
	4. 梯形槽聚苯板保温层	25 30 35 40	20	0.042	1.25	0.476 0.571 0.667 0.762	4.018 4.061 4.104 4.147	1.247 1.342 1.437 1.533	0.802 0.745 0.696 0.652	0.868 0.801 0.743 0.694
	5. 防裂砂浆（玻纤网）	5	1800	0.93	1.00	0.005				
1 2 345 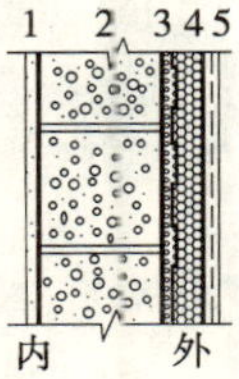 内 外 ㉕	1. 混合砂浆	20	1700	0.87	1.00	0.023				
	2. 陶粒混凝土砌块	240	1100	0.41	1.00	0.585				
	3. 粘结型胶粉聚苯颗粒	15	350	0.070	1.20	0.179				
	4. 梯形槽聚苯板保温层	25 30 35 40	20	0.042	1.25	0.476 0.571 0.667 0.762	4.031 4.074 4.117 4.159	1.418 1.514 1.609 1.704	0.705 0.661 0.622 0.587	0.797 0.739 0.690 0.646
	5. 防裂砂浆（玻纤网）	5	1800	0.93	1.00	0.005				

续表

外墙构造简图及编号	工程做法	分层厚度 δ（mm）	干密度 ρ_0（kg/m^3）	导热系数 λ [W/(m·K)]	修正系数 α	热阻 R (m^2·K)/W	主体部位			平均传热系数 K_m [W/(m^2·K)]
							热惰性指标 D	传热阻 R_0 (m^2·K)/W	传热系数 K [W/(m^2·K)]	
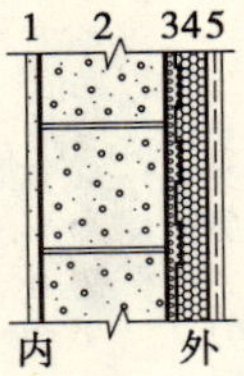 ㉖	1. 混合砂浆	20	1700	0.87	1.00	0.023				
	2. 蒸压加气混凝土砌块（B07）	240	750	0.18	1.25	1.067				
	3. 粘结型胶粉聚苯颗粒	15	350	0.070	1.20	0.179				
	4. 梯形槽聚苯板保温层	25 30 35 40	20	0.042	1.25	0.476 0.571 0.667 0.762	5.528 5.571 5.613 5.656	1.900 1.995 2.090 2.186	0.526 0.501 0.478 0.458	0.664 0.621 0.584 0.551
	5. 防裂砂浆（玻纤网）	5	1800	0.93	1.00	0.005				
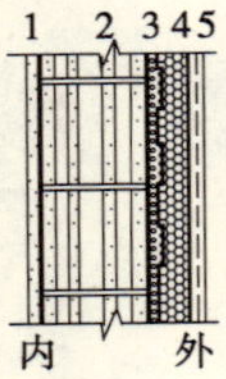 ㉗	1. 混合砂浆	20	1700	0.87	1.00	0.023				
	2. 三排孔混凝土空心砌块	190	1300	0.75	1.00	0.253				
	3. 粘结型胶粉聚苯颗粒	15	350	0.070	1.20	0.179				
	4. 梯形槽聚苯板保温层	25 30 35 40	20	0.042	1.25	0.476 0.571 0.667 0.762	2.748 2.790 2.833 2.876	1.086 1.182 1.277 1.372	0.920 0.846 0.783 0.729	0.962 0.881 0.812 0.754
	5. 防裂砂浆（玻纤网）	5	1800	0.93	1.00	0.005				
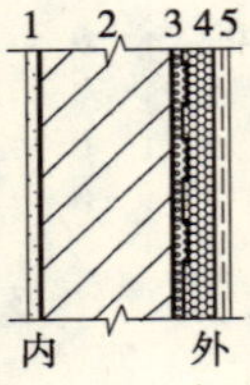 ㉘	1. 混合砂浆	20	1700	0.87	1.00	0.023				
	2. 烧结普通砖	240	1800	0.81	1.00	0.296				
	3. 粘结型胶粉聚苯颗粒	15	350	0.070	1.20	0.179				
	4. 梯形槽聚苯板保温层	25 30 35 40	20	0.042	1.25	0.476 0.571 0.667 0.762	3.891 3.934 3.976 4.019	1.129 1.225 1.320 1.415	0.885 0.817 0.758 0.707	0.928 0.852 0.788 0.733
	5. 防裂砂浆（玻纤网）	5	1800	0.93	1.00	0.005				

注：1. 平均传热系数的计算标准：开间 3.3m，层高 2.8m，梁 250×墙厚，板厚 150，柱 240×墙厚，窗户 1800×1500。
2. 构造简图中外墙饰面层未表示，热工计算时也未计饰面层。
3. 梯形槽聚苯板厚度按凹槽处计算（余同）。
4. 当采用蒸压加气混凝土砌块等砌体做外墙自保温时，应对冷桥部位采取保温措施。
5. 烧结普通砖的热工参数，适用于既有建筑节能改选工程。

F 系统　外墙保温做法及热工计算选用表

F 系统—外墙保温做法及热工计算选用表

外墙构造简图及编号	工程做法	分层厚度 δ (mm)	干密度 ρ_0 (kg/m^3)	导热系数 λ [W/(m·K)]	修正系数 α	热阻 R (m^2·K)/W	主体部位			平均传热系数 K_m [W/(m^2·K)]
							热惰性指标 D	传热阻 R_0 (m^2·K)/W	传热系数 K [W/(m^2·K)]	
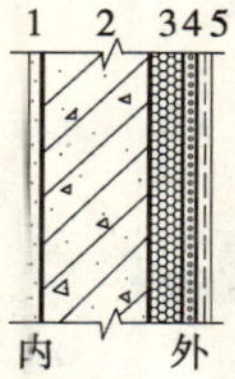㉙	1. 混合砂浆	20	1700	0.87	1.00	0.023				
	2. 钢筋混凝土	200	2500	1.74	1.00	0.115				
	3. 硬泡聚氨酯保温层	20 25 30 35	50	0.027	1.20	0.617 0.772 0.926 1.080	2.859 2.938 3.018 3.098	1.119 1.273 1.428 1.582	0.894 0.785 0.700 0.632	0.895 0.787 0.701 0.633
	4. 胶粉聚苯颗粒找平层	15	230	0.060	1.20	0.208				
	5. 防裂砂浆（玻纤网）	5	1800	0.93	1.00	0.005				
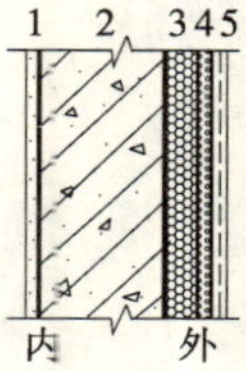㉚	1. 混合砂浆	20	1700	0.87	1.00	0.023				
	2. 钢筋混凝土	250	2500	1.74	1.00	0.144				
	3. 硬泡聚氨酯保温层	10 15 20 25	50	0.027	1.20	0.309 0.463 0.617 0.772	3.194 3.273 3.353 3.433	0.839 0.993 1.148 1.302	1.192 1.007 0.871 0.768	1.195 1.009 0.873 0.769
	4. 胶粉聚苯颗粒找平层	15	230	0.060	1.20	0.208				
	5. 防裂砂浆（玻纤网）	5	1800	0.93	1.00	0.005				
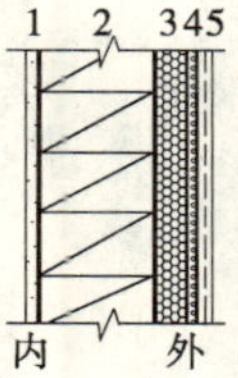㉛	1. 混合砂浆	20	1700	0.87	1.00	0.023				
	2. 混凝土多孔砖	240	1450	0.738	1.00	0.325				
	3. 硬泡聚氨酯保温层	10 15 20 25	50	0.027	1.20	0.309 0.463 0.617 0.772	3.080 3.159 3.239 3.318	1.021 1.175 1.329 1.484	0.980 0.851 0.752 0.674	1.044 0.898 0.788 0.703
	4. 胶粉聚苯颗粒找平层	15	230	0.060	1.20	0.208				
	5. 防裂砂浆（玻纤网）	5	1800	0.93	1.00	0.005				
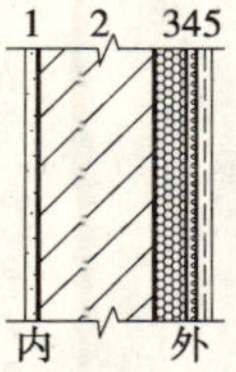㉜	1. 混合砂浆	20	1700	0.87	1.00	0.023				
	2. P 型烧结多孔砖	240	1400	0.58	1.00	0.414				
	3. 硬泡聚氨酯保温层	10 15 20 25	50	0.027	1.20	0.309 0.463 0.617 0.772	4.000 4.079 4.159 4.239	1.109 1.263 1.418 1.572	0.902 0.791 0.705 0.636	0.988 0.855 0.754 0.675
	4. 胶粉聚苯颗粒找平层	15	230	0.060	1.20	0.208				
	5. 防裂砂浆（玻纤网）	5	1800	0.93	1.00	0.005				

续表

外墙构造简图及编号	工程做法	分层厚度 δ（mm）	干密度 ρ_0（kg/m^3）	导热系数 λ [W/(m·K)]	修正系数 α	热阻 R (m^2·K)/W	主体部位 热惰性指标 D	主体部位 传热阻 R_0 (m^2·K)/W	主体部位 传热系数 K [W/(m^2·K)]	平均传热系数 K_m [W/(m^2·K)]
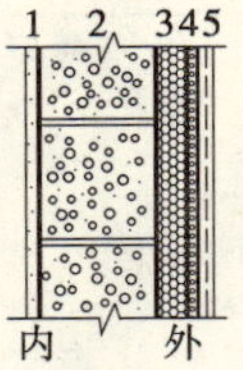	1. 混合砂浆	20	1700	0.87	1.00	0.023				
	2. 陶粒混凝土砌块	240	1100	0.41	1.00	0.585				
	3. 硬泡聚氨酯保温层	10 15 20 25	50	0.027	1.20	0.309 0.463 0.617 0.772	4.012 4.092 4.172 4.251	1.281 1.435 1.589 1.744	0.781 0.697 0.629 0.574	0.900 0.787 0.699 0.630
	4. 胶粉聚苯颗粒找平层	15	230	0.060	1.20	0.208				
㉝	5. 防裂砂浆（玻纤网）	5	1800	0.93	1.00	0.005				
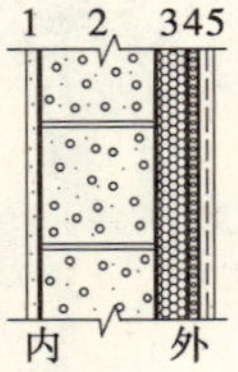	1. 聚合物水泥石灰砂浆	8	1800	0.93	1.00	0.009				
	2. 蒸压加气混凝土砌块（B07）	240	750	0.18	1.25	1.067				
	3. 硬泡聚氨酯保温层	10 15 20 25	50	0.027	1.20	0.309 0.463 0.617 0.772	5.360 5.439 5.519 5.599	1.748 1.902 2.056 2.211	0.572 0.526 0.486 0.452	0.756 0.668 0.600 0.545
	4. 胶粉聚苯颗粒找平层	15	230	0.060	1.20	0.208				
㉞	5. 防裂砂浆（玻纤网）	5	1800	0.93	1.00	0.005				
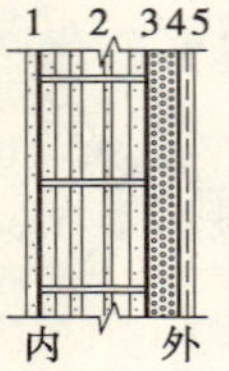	1. 混合砂浆	20	1700	0.87	1.00	0.023				
	2. 三排孔混凝土空心砌块	190	1300	0.75	1.00	0.253				
	3. 硬泡聚氨酯保温层	15 20 25 30	50	0.027	1.20	0.463 0.617 0.772 0.926	2.809 2.888 2.968 3.047	1.103 1.257 1.412 1.566	0.907 0.795 0.708 0.639	0.947 0.826 0.732 0.658
	4. 胶粉聚苯颗粒找平层	15	230	0.060	1.20	0.208				
㉟	5. 防裂砂浆（玻纤网）	5	1800	0.93	1.00	0.005				
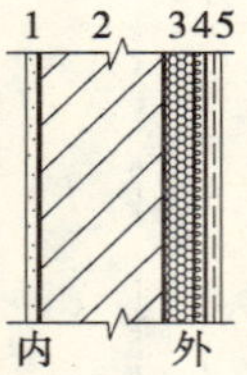	1. 混合砂浆	20	1700	0.87	1.00	0.023				
	2. 烧结普通砖	240	1800	0.81	1.00	0.296				
	3. 硬泡聚氨酯保温层	10 15 20 25	50	0.027	1.20	0.309 0.463 0.617 0.772	3.872 3.952 4.031 4.111	0.992 1.146 1.300 1.455	1.008 0.873 0.769 0.687	1.065 0.914 0.800 0.712
	4. 胶粉聚苯颗粒找平层	15	230	0.060	1.20	0.208				
㊱	5. 防裂砂浆（玻纤网）	5	1800	0.93	1.00	0.005				

注：1. 平均传热系数的计算标准：开间3.3m，层高2.8m，梁250mm×墙厚，板厚150mm，柱240mm×墙厚，窗户1800mm×1500mm。
2. 构造简图中外墙饰面层未表示，热工计算时也未计饰面层。
3. 烧结普通砖的热工参数，适用于既有建筑节能改造工程。
4. 当采用蒸压加气混凝土砌块等砌体作外墙自保温时，应对冷桥部位采取保温措施。

H 系统、J 系统　屋面保温做法及热工计算选用表

H 系统、J 系统—屋面保温做法及热工计算选用表

屋面构造 简图及编号	工程做法	分层 厚度 δ (mm)	干密度 ρ_0 (kg/ m^3)	导热系数 λ [W/ (m·K)]	修正 系数 α	热阻 R (m^2·K)/W	热惰性 指标 D	传热阻 R_0 (m^2·K)/W	传热系数 K [W/ (m^2·K)]
	1. 细石混凝土（双向配筋）	40	2500	1.74	1.00	0.023			
	隔离层								
	2. 挤塑聚苯板保温层	25 30 40	28	0.030	1.10	0.758 0.909 1.212	3.315 3.368 3.475	1.131 1.282 1.585	0.884 0.780 0.631
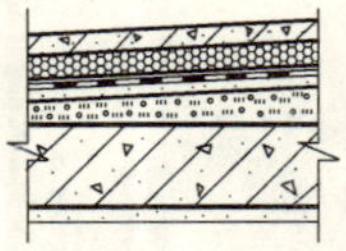 ⑲H 系统	3. 防水层	2	600	0.17	1.10	0.011			
	4. 水泥砂浆找平层	20	1800	0.93	1.00	0.022			
	5. 轻骨料混凝土找坡层	80	1600	0.89	1.10	0.082			
	6. 钢筋混凝土屋面板	120	2500	1.74	1.00	0.069			
	7. 混合砂浆	15	1700	0.87	1.00	0.017			
	1. 水泥砂浆保护层	20	1800	0.93	1.00	0.022			
	2. 挤塑聚苯板保温层	25 30 40	28	0.030	1.10	0.758 0.909 1.212	3.164 3.218 3.324	1.129 1.281 1.584	0.886 0.781 0.631
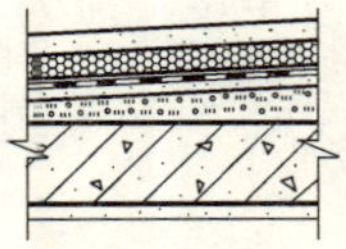 ⑳H 系统	3. 防水层	2	600	0.17	1.10	0.011			
	4. 水泥砂浆找平层	20	1800	0.93	1.00	0.022			
	5. 轻骨料混凝土找坡层	80	1600	0.89	1.10	0.082			
	6. 钢筋混凝土屋面板	120	2500	1.74	1.00	0.069			
	7. 混合砂浆	15	1700	0.87	1.00	0.017			
	1. 细石混凝土（双向配筋）	40	2500	1.74	1.00	0.023			
	隔离层								
	2. 防水层	2	600	0.17	1.10	0.011			
	3. 水泥砂浆找平层	20	1800	0.93	1.00	0.022			
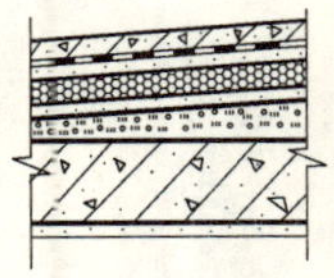 ㉑J 系统	4. 硬泡聚氨酯保温层	20 30 35	50	0.027	1.20	0.617 0.926 1.080	3.611 3.771 3.850	1.012 1.321 1.475	0.988 0.757 0.678
	5. 水泥砂浆找平	20	1800	0.93	1.00	0.022			
	6. 轻骨料混凝土找坡层	80	1600	0.89	1.10	0.082			
	7. 钢筋混凝土屋面板	120	2500	1.74	1.00	0.069			
	8. 混合砂浆	15	1700	0.87	1.00	0.017			

续表

屋面构造简图及编号	工程做法	分层厚度 δ (mm)	干密度 ρ_0 (kg/m^3)	导热系数 λ [W/(m·K)]	修正系数 α	热阻 R (m^2·K)/W	热惰性指标 D	传热阻 R_0 (m^2·K)/W	传热系数 K [W/(m^2·K)]
	1. 防水卷材（浅色涂层）	2	600	0.17	1.10	0.011			
	2. 水泥砂浆找平层	20	1800	0.93	1.00	0.022			
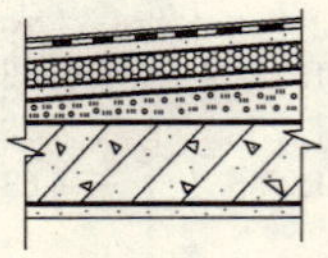	3. 硬泡聚氨酯保温层	25 30 35	50	0.027	1.20	0.772 0.926 1.080	3.296 3.375 3.455	1.143 1.298 1.452	0.875 0.771 0.689
	4. 水泥砂浆找平	20	1800	0.93	1.00	0.022			
(52)J 系统	5. 轻骨料混凝土找坡层	80	1600	0.89	1.10	0.082			
	6. 钢筋混凝土屋面板	120	2500	1.74	1.00	0.069			
	7. 混合砂浆	15	1700	0.87	1.00	0.017			
	1. 混凝土瓦（挂瓦条）	15	1800	0.93	1.00	0.016			
	2. 空气间层	30				0.160			
	3. 水泥砂浆保护层	10	1800	0.93	1.00	0.011			
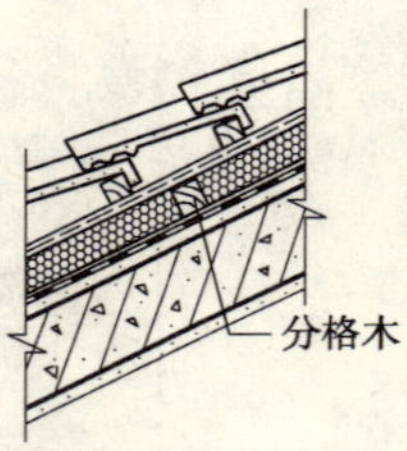	4. 挤塑聚苯板保温层（嵌入顺水条）	30 35	28	0.030	1.10	0.909 1.061	2.281 2.334	1.364 1.516	0.733 0.660
坡度≤50°	5. 防水层	2	600	0.17	1.10	0.011			
(53)H 系统	6. 水泥砂浆找平	20	1800	0.93	1.00	0.022			
	7. 钢筋混凝土屋面板	120	2500	1.74	1.00	0.069			
	8. 混合砂浆	15	1700	0.87	1.00	0.017			
	1. 混凝土瓦	15	1800	0.93	1.00	0.016			
	顺水条、挂瓦条								
	2. 空气间层	60				0.170			
	3. 细石混凝土（双向配筋）	40	2500	1.74	1.00	0.023			
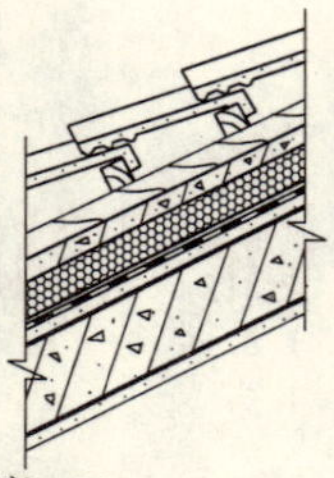	4. 挤塑聚苯板保温层	30 35	28	0.030	1.10	0.909 1.061	2.554 2.607	1.387 1.538	0.721 0.650
	5. 防水层	2	600	0.17	1.10	0.011			
坡度≤30°	6. 水泥砂浆找平	20	1800	0.93	1.00	0.022			
(54)H 系统	7. 钢筋混凝土屋面板	120	2500	1.74	1.00	0.069			
	8. 混合砂浆	15	1700	0.87	1.00	0.017			

续表

屋面构造简图及编号	工程做法	分层厚度 δ (mm)	干密度 ρ_0 (kg/m^3)	导热系数 λ [W/(m·K)]	修正系数 α	热阻 R (m^2·K)/W	热惰性指标 D	传热阻 R_0 (m^2·K)/W	传热系数 K [W/(m^2·K)]
	1. 混凝土瓦（挂瓦条）	15	1800	0.93	1.00	0.016			
	2. 空气间层	30				0.160			
	3. 水泥砂浆保护层	20	1800	0.93	1.00	0.022			
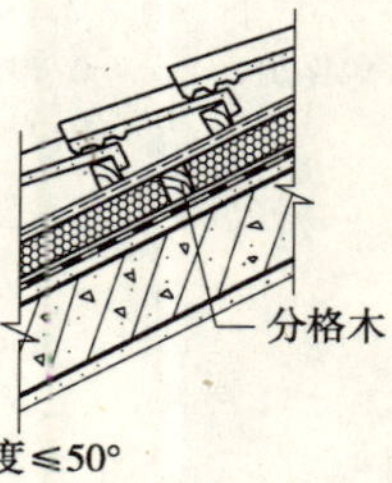 坡度≤50° ㊺J 系统	4. 硬泡聚氨酯保温层（嵌入顺水条）	30 35	50	0.027	1.20	0.926 1.080	2.561 2.641	1.392 1.546	0.718 0.647
	5. 防水层	2	600	0.17	1.10	0.011			
	6. 水泥砂浆找平层	20	1800	0.93	1.00	0.022			
	7. 钢筋混凝土屋面板	120	2500	1.74	1.00	0.069			
	8. 混合砂浆	15	1700	0.87	1.00	0.017			
	1. 混凝土瓦	15	1800	0.93	1.00	0.016			
	顺水条、挂瓦条								
	2. 空气间层	60				0.170			
	3. 细石混凝土（双向配筋）	40	2500	1.74	1.00	0.023			
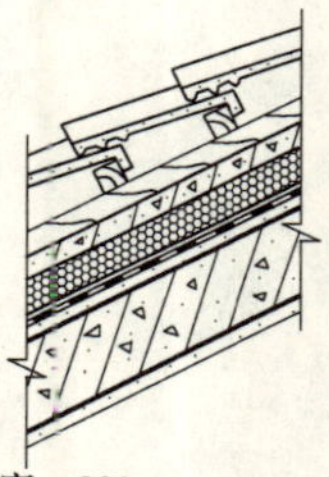 坡度≤30° ㊻J 系统	4. 硬泡聚氨酯保温层	25 35	50	0.027	1.20	0.772 1.080	2.632 2.791	1.250 1.558	0.800 0.642
	5. 防水层	2	600	0.17	1.10	0.011			
	6. 水泥砂浆找平层	20	1800	0.93	1.00	0.022			
	7. 钢筋混凝土屋面板	120	2500	1.74	1.00	0.069			
	8. 混合砂浆	15	1700	0.87	1.00	0.017			
	1. 油毡瓦	6	600	0.17	1.10	0.032			
	2. 垫毡一层	2	600	0.17	1.10	0.011			
	3. 水泥砂浆找平（配钢丝网）	25	1800	0.93	1.00	0.027			
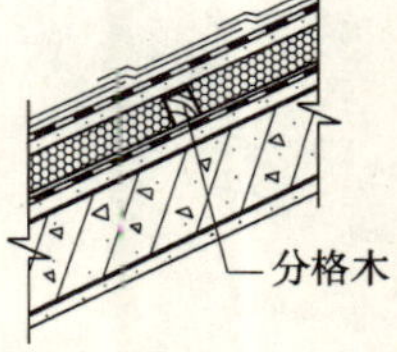 坡度≤50° ㊼H 系统	4. 挤塑聚苯板保温层	35 40	28	0.030	1.10	1.061 1.212	2.500 2.544	1.399 1.550	0.715 0.645
	5. 防水层	2	600	0.17	1.10	0.011			
	6. 水泥砂浆找平	20	1800	0.93	1.00	0.022			
	7. 钢筋混凝土屋面板	120	2500	1.74	1.00	0.069			
	8. 混合砂浆	15	1700	0.87	1.00	0.017			

续表

屋面构造简图及编号	工程做法	分层厚度 δ (mm)	干密度 ρ_0 (kg/m^3)	导热系数 λ [W/(m·K)]	修正系数 α	热阻 R (m^2·K)/W	热惰性指标 D	传热阻 R_0 (m^2·K)/W	传热系数 K [W/(m^2·K)]
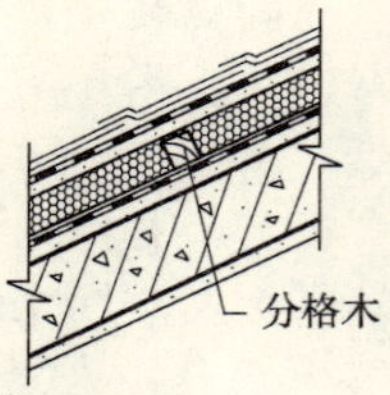 坡度≤50° (58)J 系统	1. 油毡瓦	6	600	0.17	1.10	0.032			
	2. 垫毡一层	2	600	0.17	1.10	0.011			
	3. 水泥砂浆找平（配钢丝网）	25	1800	0.93	1.00	0.027			
	4. 硬泡聚氨酯保温层	30 40	50	0.027	1.20	0.926 1.235	2.595 2.755	1.264 1.573	0.791 0.636
	5. 防水层	2	600	0.17	1.10	0.011			
	6. 水泥砂浆找平	20	1800	0.93	1.00	0.022			
	7. 钢筋混凝土屋面板	120	2500	1.74	1.00	0.069			
	8. 混合砂浆	15	1700	0.87	1.00	0.017			

注：1. 屋面防水层设计及做法详见有关图集。
2. 防水层宜采用合成高分子防水涂料或卷材。
3. 当找坡层平均厚度小于80时，宜按实际进行热工计算，确定保温层厚度。

3

A 系统（胶粉聚苯颗粒外保温系统）构造节点详图

外墙外保温平面示例及剖面详图

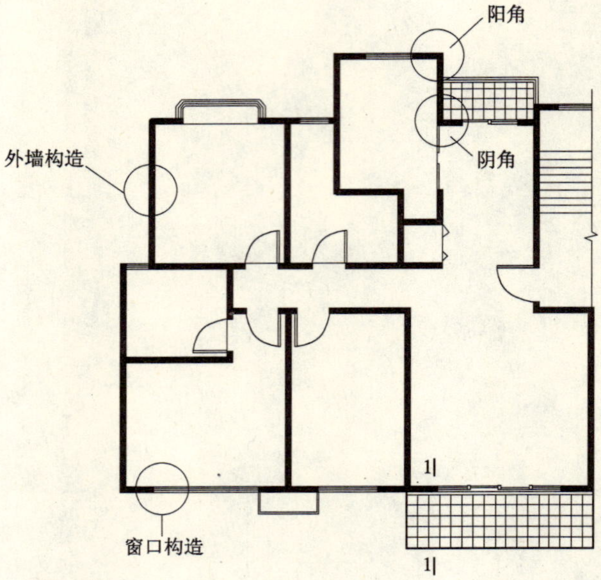

平面示例

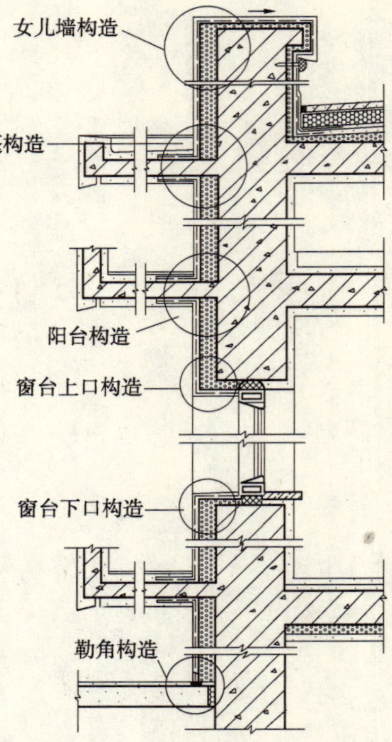

1—1 剖面

外墙构造及做法

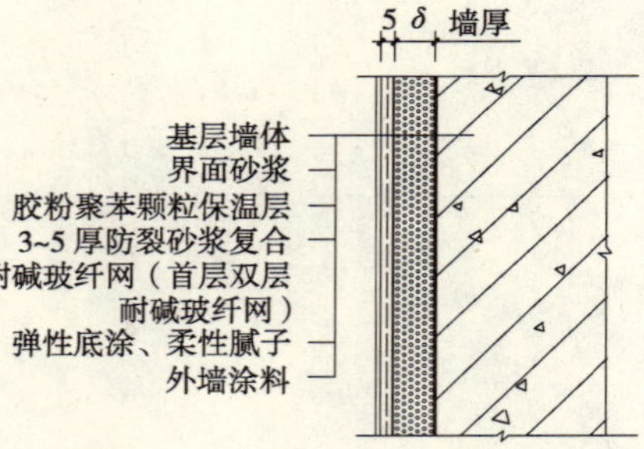

① 涂料外墙

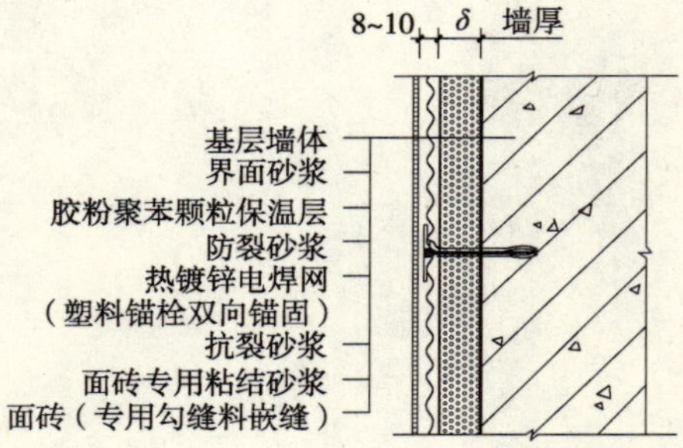

② 贴面砖外墙

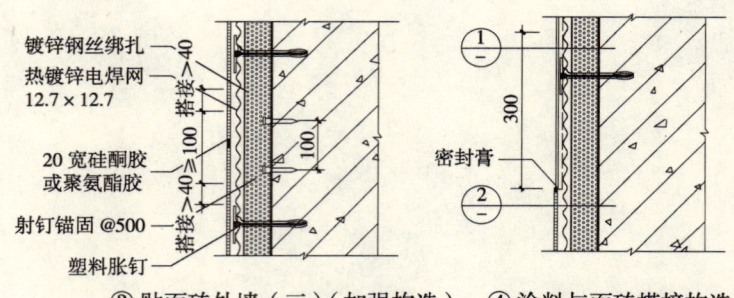

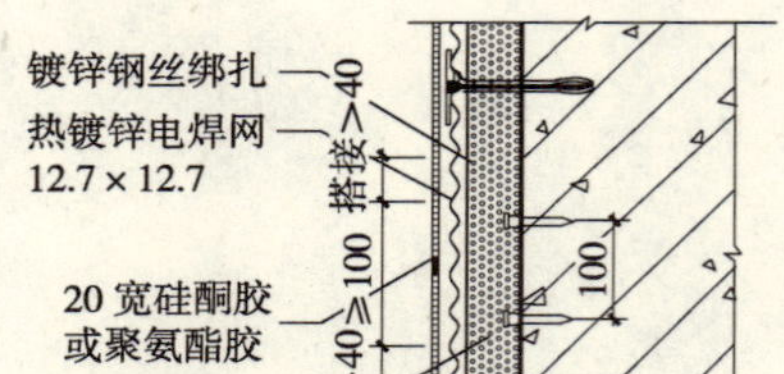

③ 贴面砖外墙（三）（加强构造）

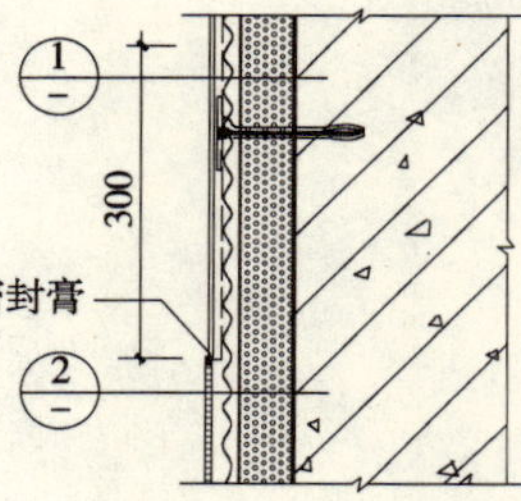

④ 涂料与面砖搭接构造

注：1. ①节点为涂料外墙构造，建筑首层应为双层耐碱玻纤网。②节点为贴面砖外墙构造。
2. ③节点为贴面砖外墙加强构造，每六层楼设一道加强构造带，并留一条 20 宽的面砖缝，用硅酮胶或聚氨酯胶填缝。
3. 塑料胀栓锚固深度不得小于 25，锚栓的数量和间距应根据基层墙体、建筑高度、风荷载和锚栓直径等因素确定，且应满足间距≤500。
4. 基层墙体为砖砌体时，严禁采用射钉固定。
5. ④节点为涂料与面砖搭接构造，耐碱玻纤网压热镀锌电焊网不小于 300，面砖不应贴在耐碱玻纤网上。

外墙阳角、阴角构造

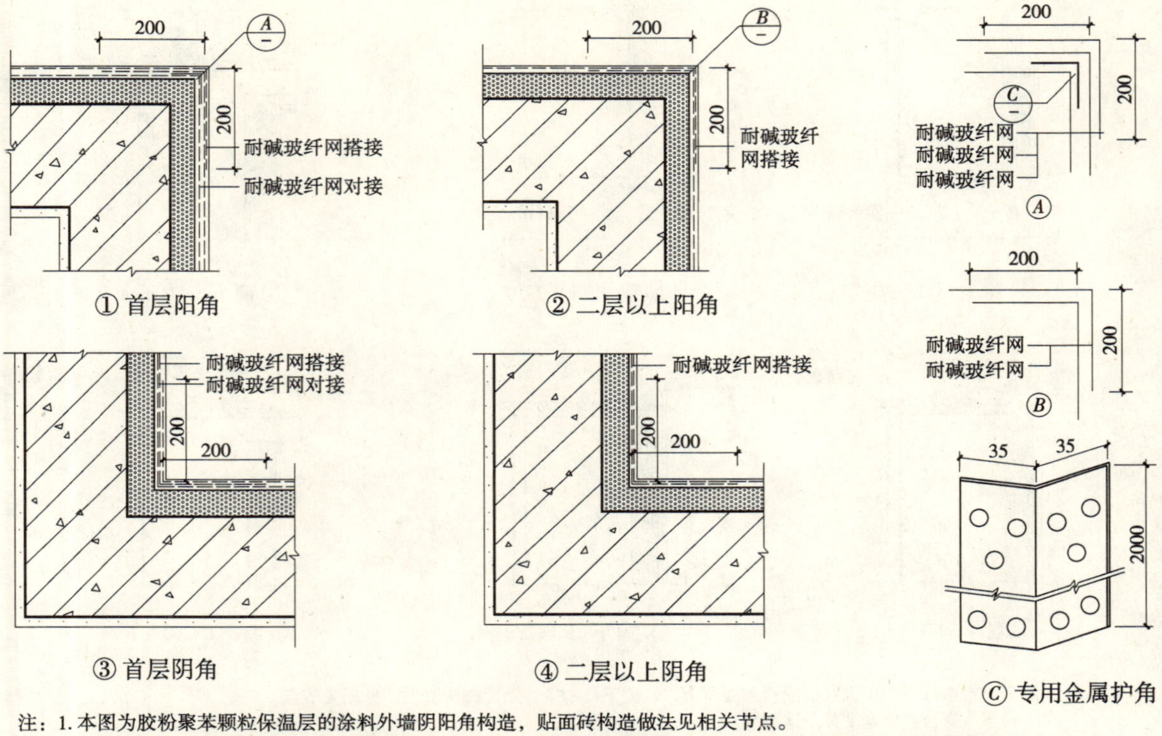

注：1. 本图为胶粉聚苯颗粒保温层的涂料外墙阴阳角构造，贴面砖构造做法见相关节点。

2. 用于首层外墙阳角的专用金属护角截面尺寸为 35mm×35mm×0.5mm，高度 2000mm，设在两层耐碱玻纤网之间。

勒脚构造

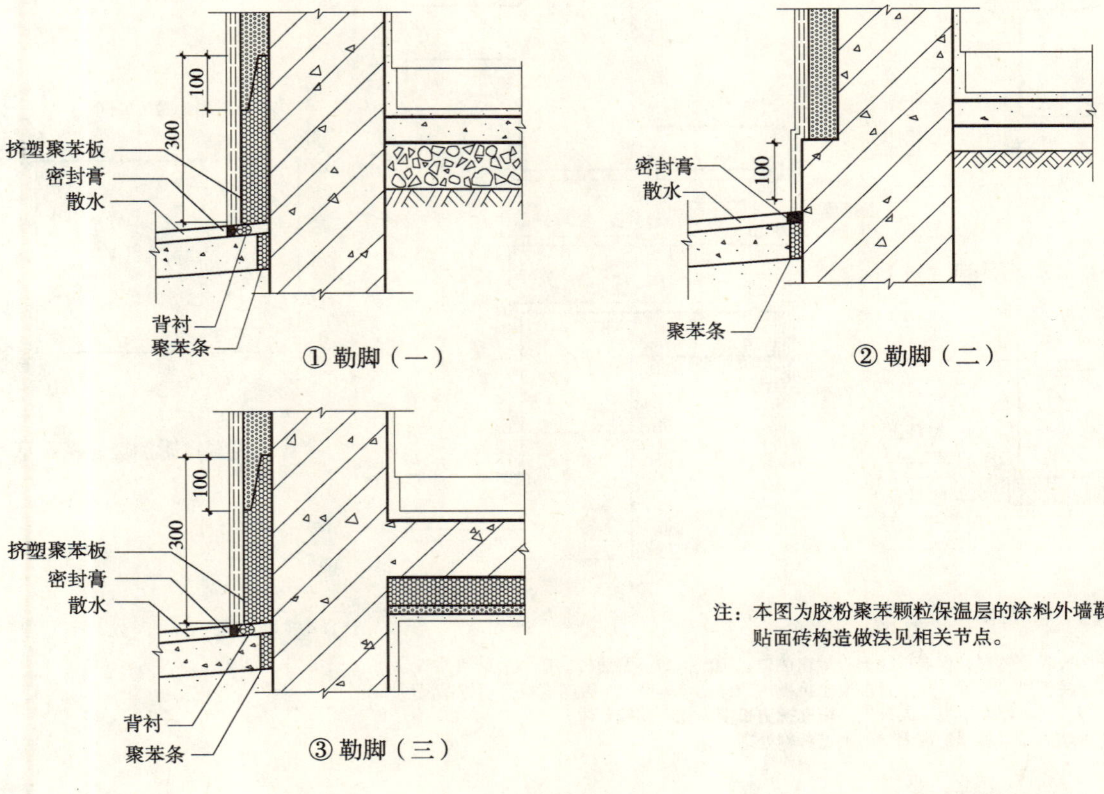

注：本图为胶粉聚苯颗粒保温层的涂料外墙勒脚构造，贴面砖构造做法见相关节点。

窗上口、窗下口构造

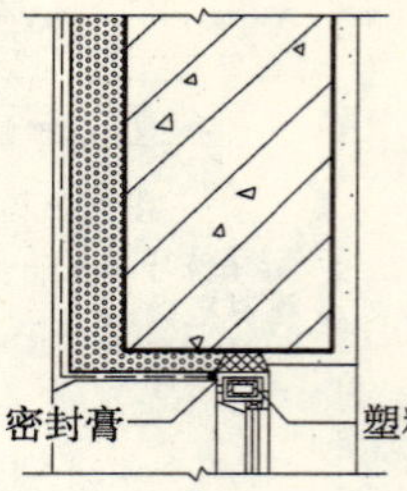

① 窗上口（一）

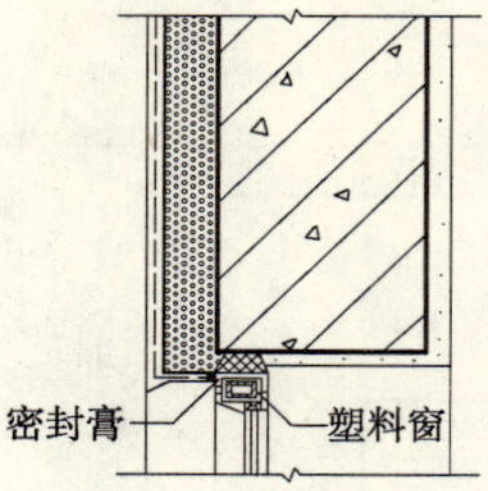

② 窗上口（二）

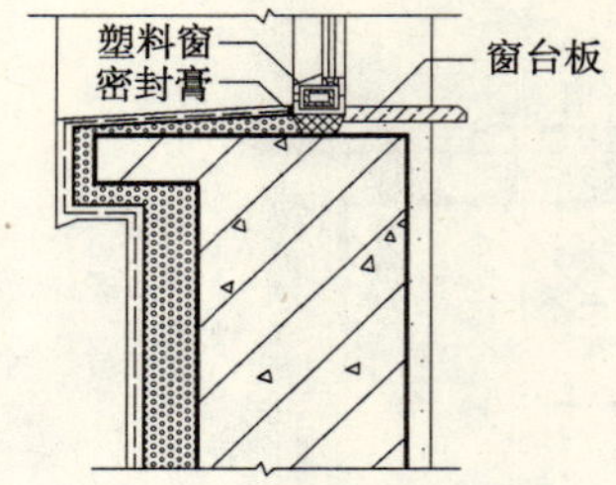

③ 窗下口（三）

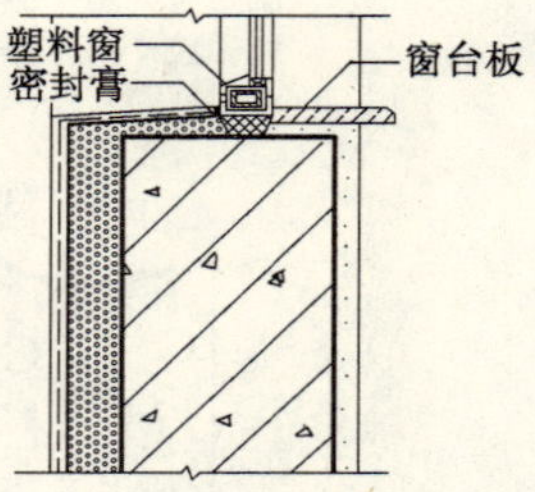

④ 窗下口（一）

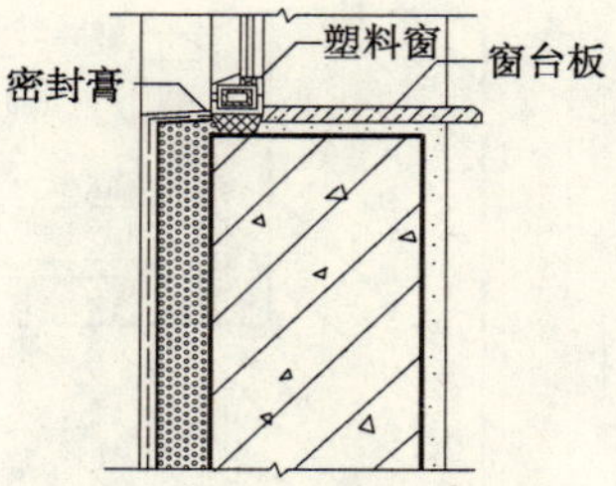

⑤ 窗下口（二）

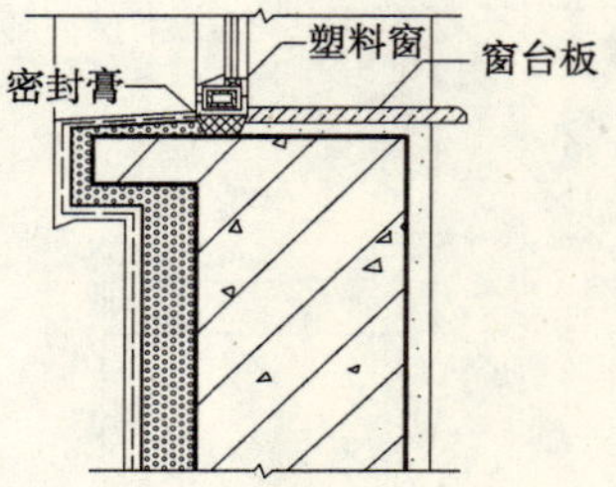

⑥ 窗下口（四）

注：1. 本图为胶粉聚苯颗粒保温层的涂料外墙窗上口、窗下口构造，贴面砖构造做法见相关节点。
2. ③、⑥节点窗台挑出宽度见单体设计。

窗侧口、挑窗及附加玻纤网构造

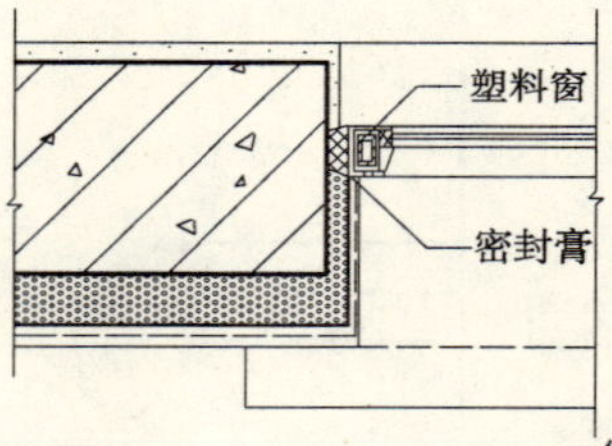

① 窗侧口（一）

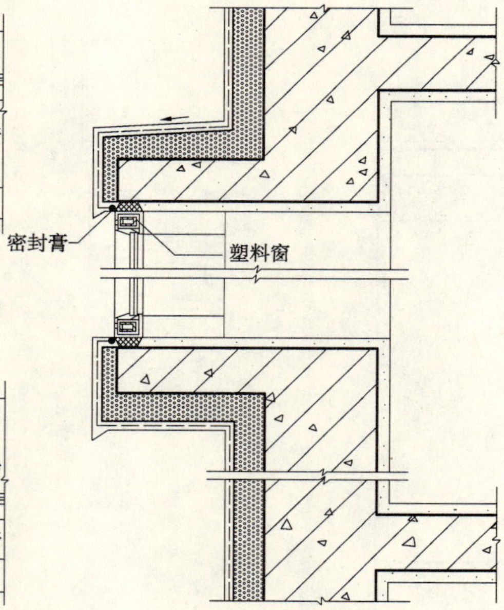

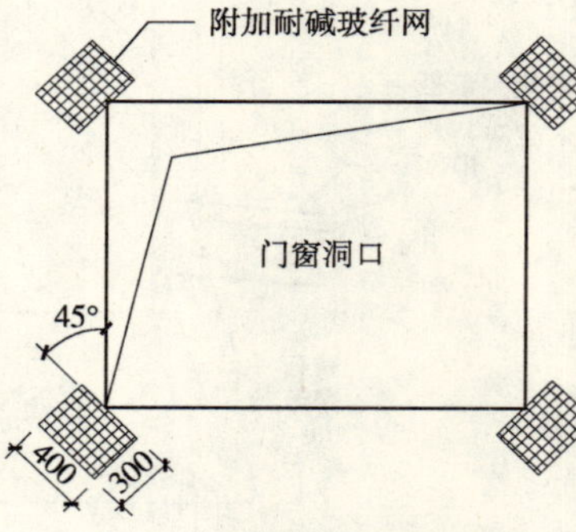

门窗洞口附加玻纤网示意

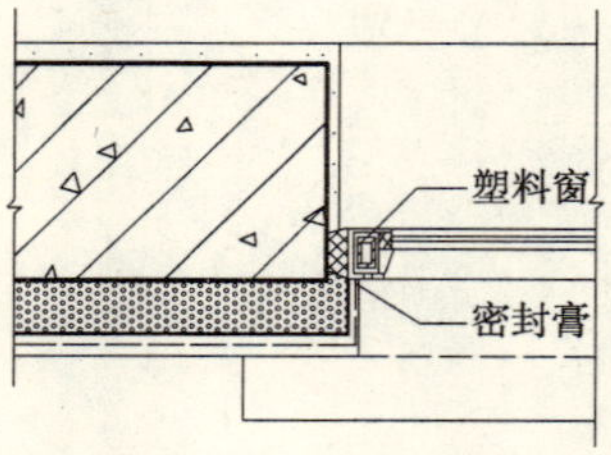

② 窗侧口（二）

③ 挑窗

注：1. 本图为胶粉聚苯颗粒保温层涂料外墙窗侧口、挑窗构造，贴面砖构造做法见相关节点。
2. ③节点挑窗挑出宽度、长度及混凝土挑板构造详见单体设计，挑窗底板及顶板保温层厚度应适当加大，厚度由设计人确定。窗套挑出长度、宽度详见单体设计。
3. 其他外墙洞口可参照门窗洞口附加玻纤网处理。

阳台构造

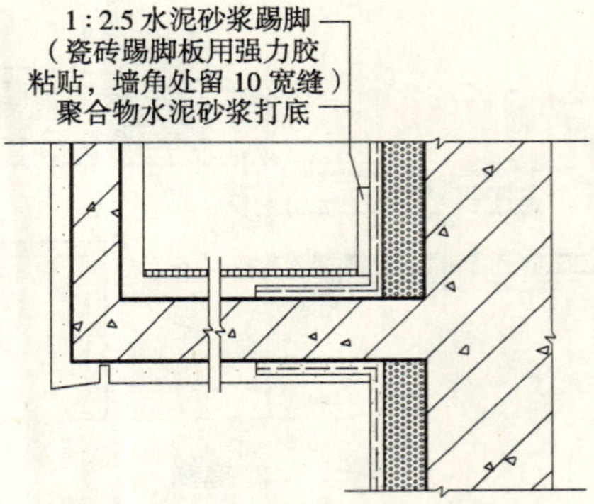

① 阳台（不封闭）

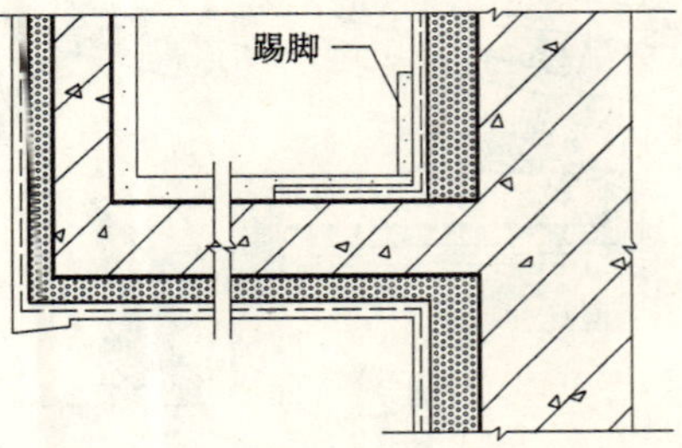

② 阳台（封闭）

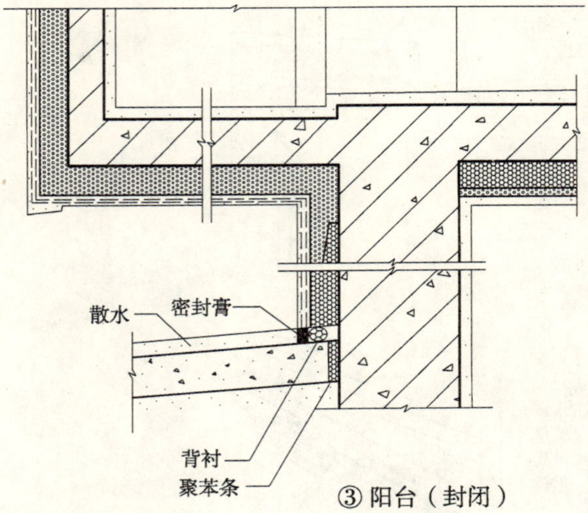

③ 阳台（封闭）

注：本图为胶粉聚苯颗粒保温层的涂料外墙阳台构造，
贴面砖构造做法见相关节点。

雨篷、空调机搁板、管道穿墙构造

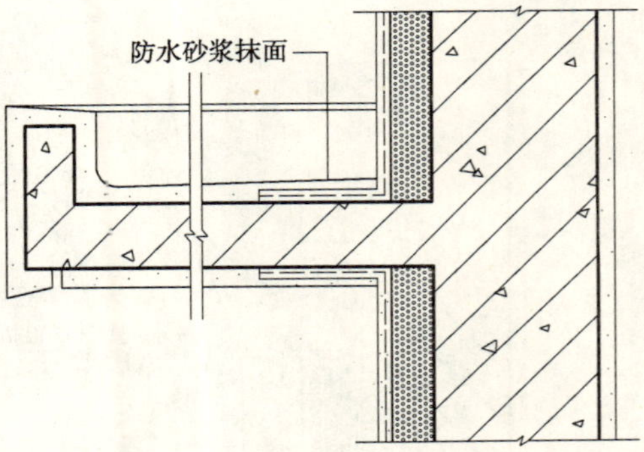

① 雨篷

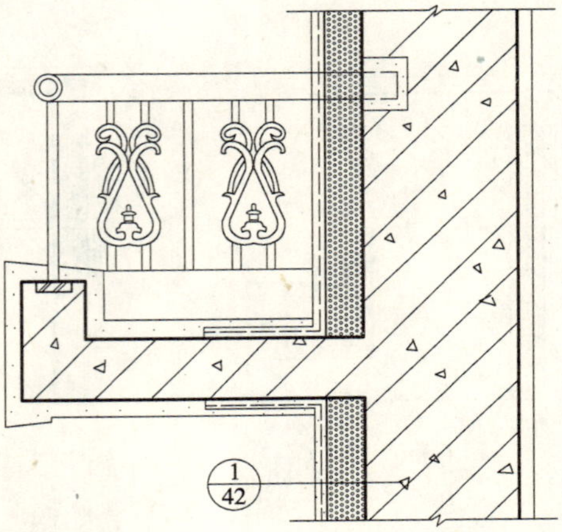

② 空调机搁板

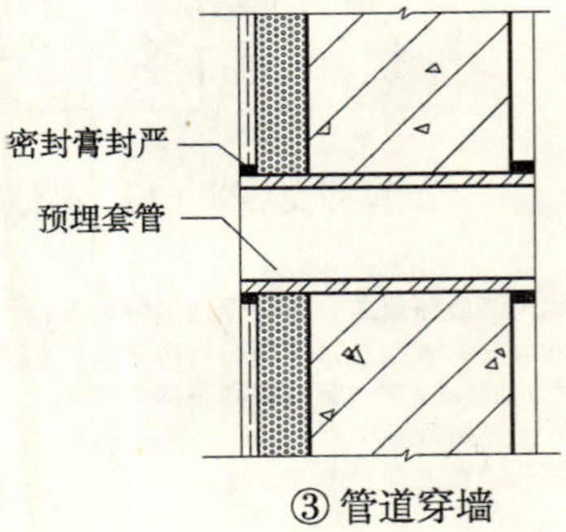

③ 管道穿墙

注：1. 本图为胶粉聚苯颗粒保温层的涂料外墙雨篷、空调机
搁板、管道穿墙构造，贴面砖构造做法见相关节点。
2. ②节点室外空调机搁板构造及栏杆花饰见单体设计。

挑檐构造

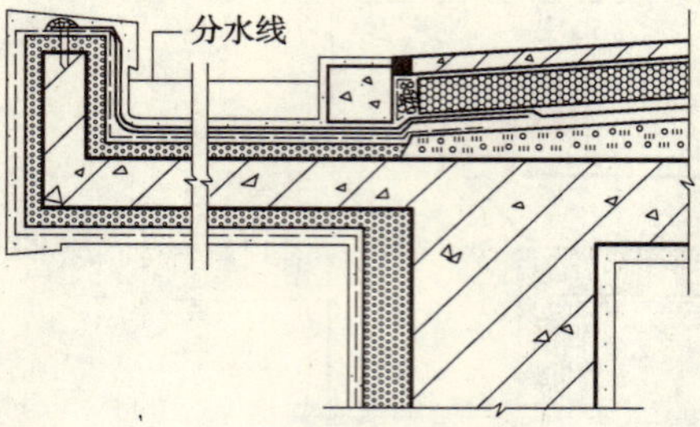

① 挑檐（一）

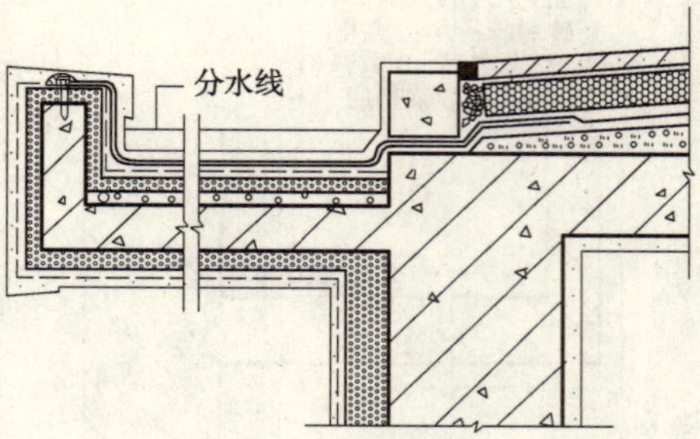

② 挑檐（二）

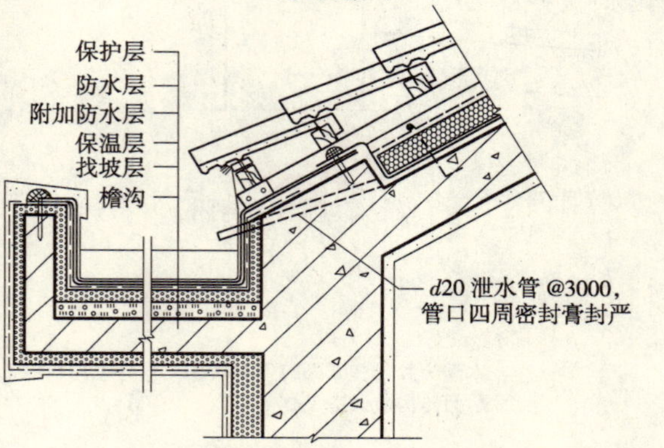

③ 挑檐（三）

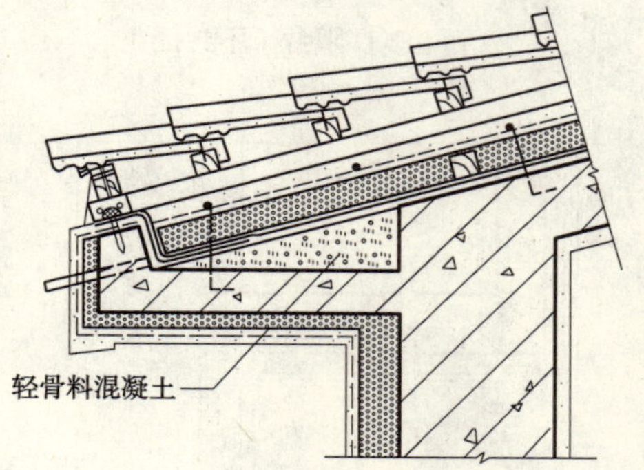

④ 挑檐（四）

注：1. 本图为胶粉聚苯颗粒保温层的涂料外墙挑檐构造，贴面砖构造做法见相关节点。
2. 挑檐宽度见单体设计。

女儿墙、屋面变形缝构造

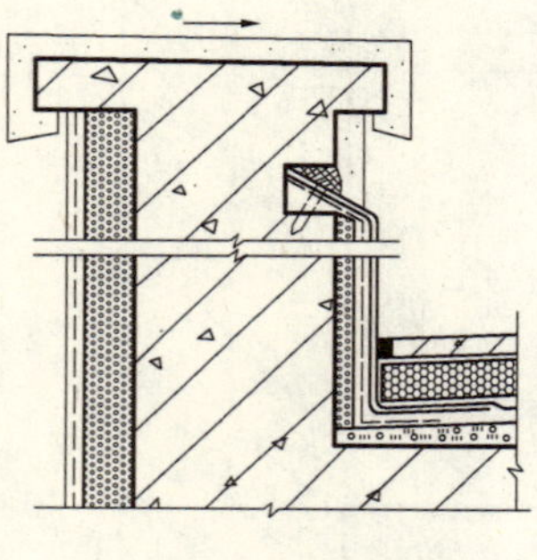

① 女儿墙（一）

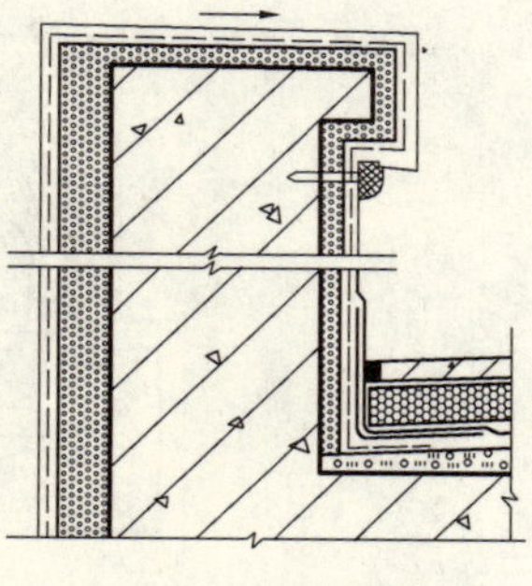

② 女儿墙（二）

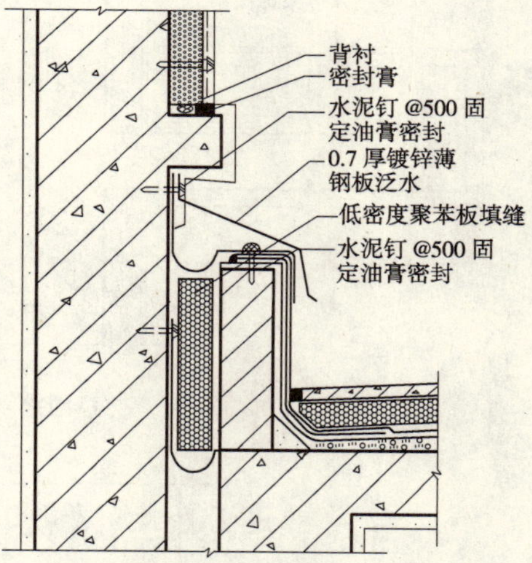

④ 屋面变形缝（用于高低跨）

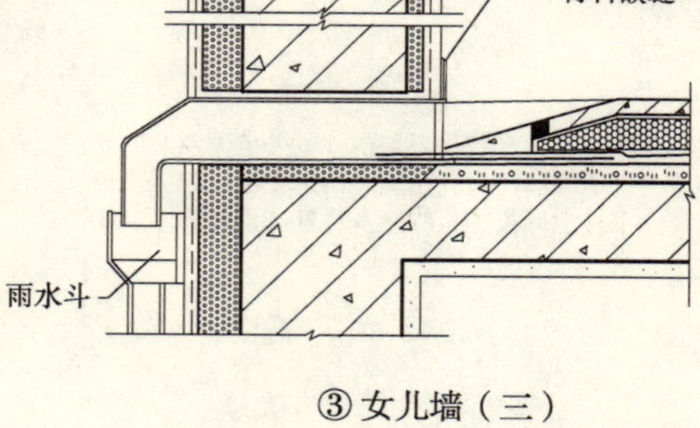

③ 女儿墙（三）

注：1. 本图为胶粉聚苯颗粒保温层的涂料外墙女儿墙、屋面变形缝构造，贴面砖构造做法见相关节点。
2. 女儿墙压顶挑出宽度和高度详见单体设计。
3. 低密度聚苯板密度不大于 $10kg/m^2$。
4. 变形缝宽度详见单体设计。

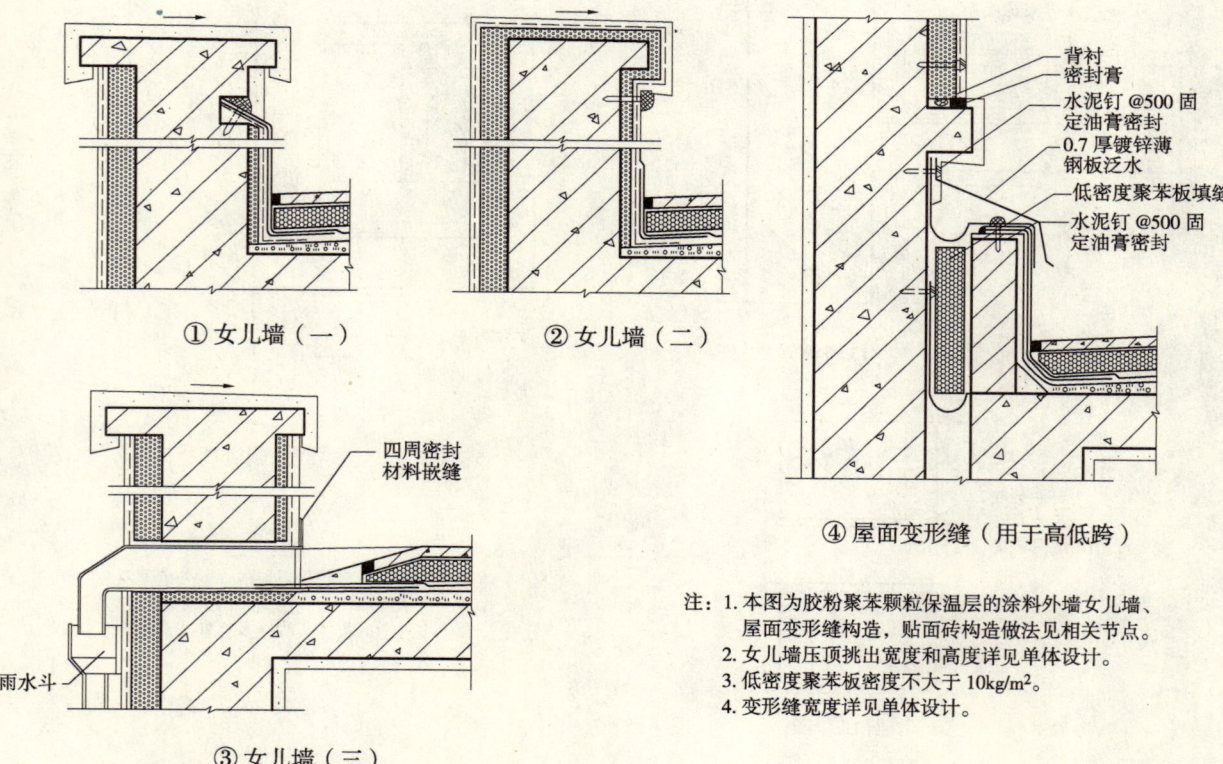

伸缩缝、分格缝构造

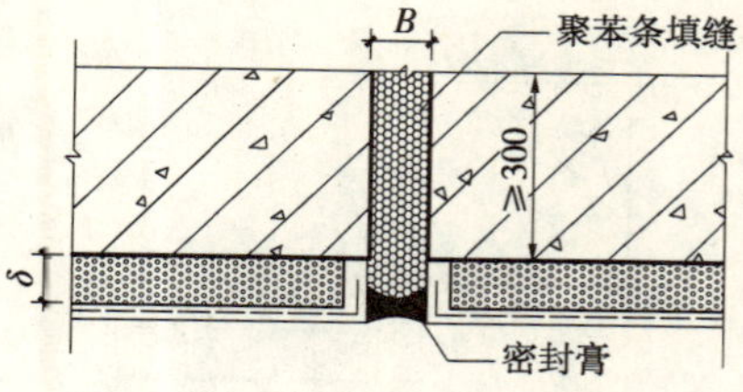

① 伸缩缝（一）

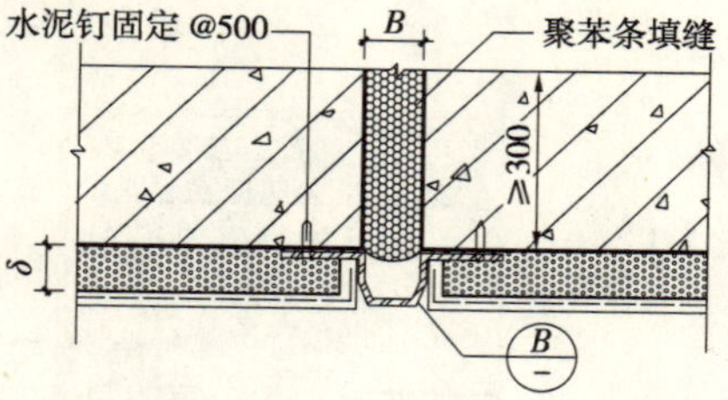

② 伸缩缝（二）

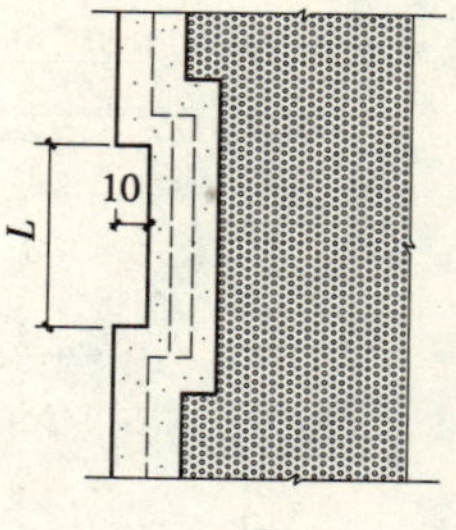

Ⓐ

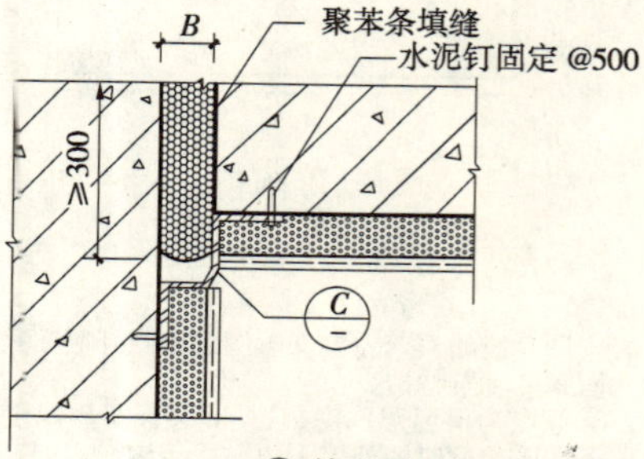

③ 伸缩缝（三）

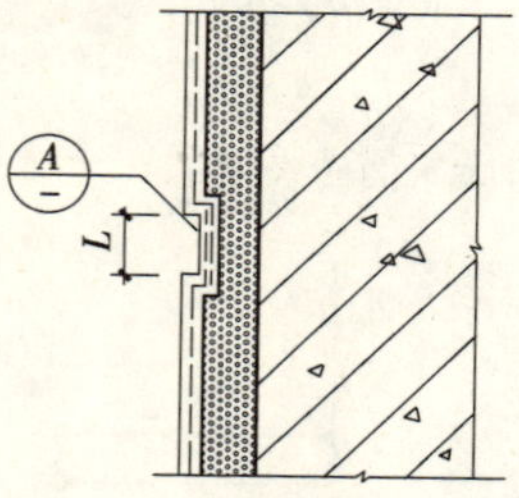

④ 分格缝

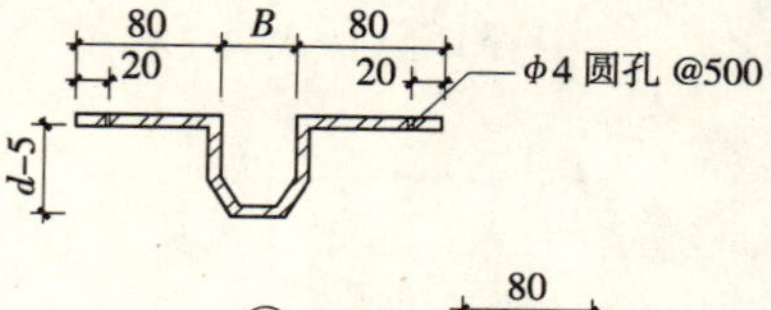

Ⓑ

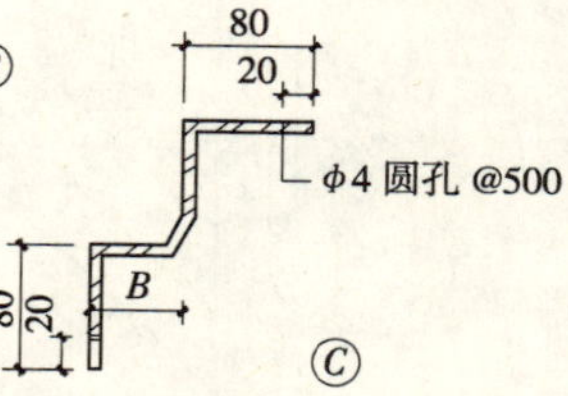

Ⓒ

金属盖缝板

注：1. 本图为胶粉聚苯颗粒保温层涂料外墙伸缩缝、分格缝构造，贴面砖构造做法见相关节点。
2. 伸缩缝用低密度聚苯条塞紧，填塞深度不小于 300mm。低密度聚苯板密度不大于 $10kg/m^3$。
3. 变形缝两侧外墙应加强保温，其传热系数限值不应大于分户墙的规定值。
4. 本图①、②、③节点用于伸缩缝，宽度详见单体设计。④节点用于分格缝，L 宽度详见单体设计。
5. 金属盖缝板可采用 1.2 厚铝板或 0.7 厚不锈钢板，与保温浆料相接触的盖缝板部位应钻孔，以增加与基层的咬合。盖缝板形式和材料可另行设计。

沉降缝、抗震缝构造

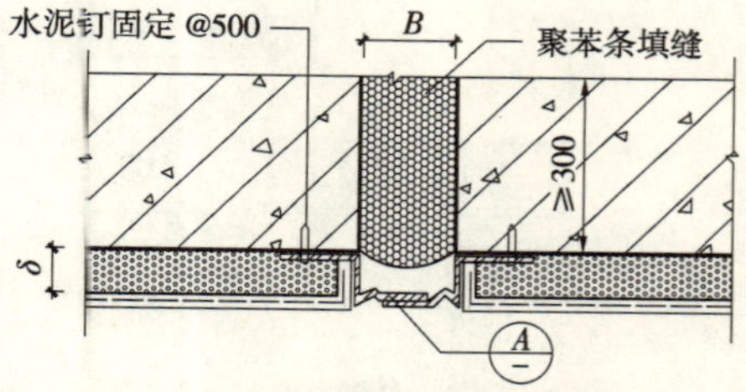

① 沉降缝、防震缝（一）

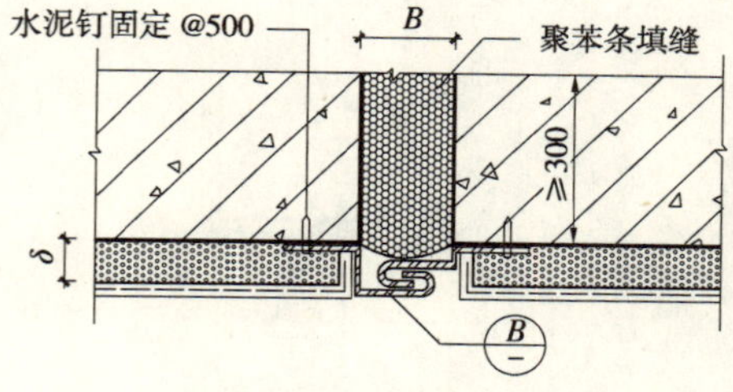

② 沉降缝、防震缝（二）

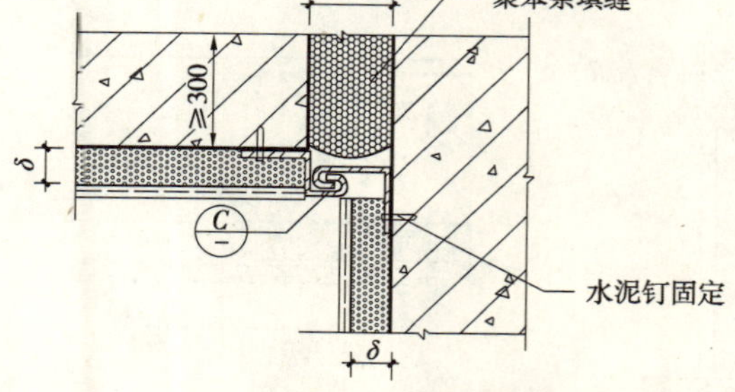

③ 沉降缝、防震缝（三）

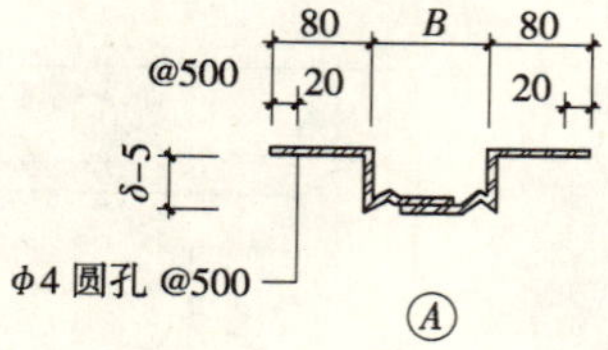

Ⓐ

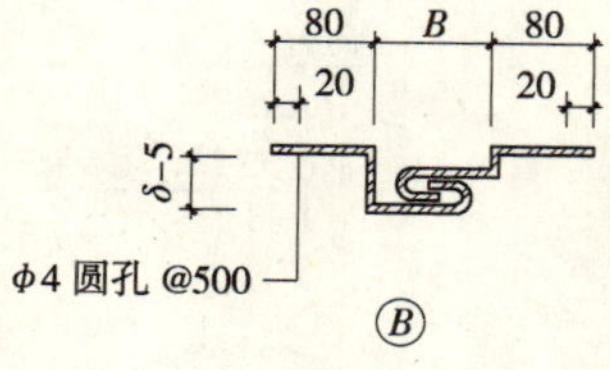

Ⓑ

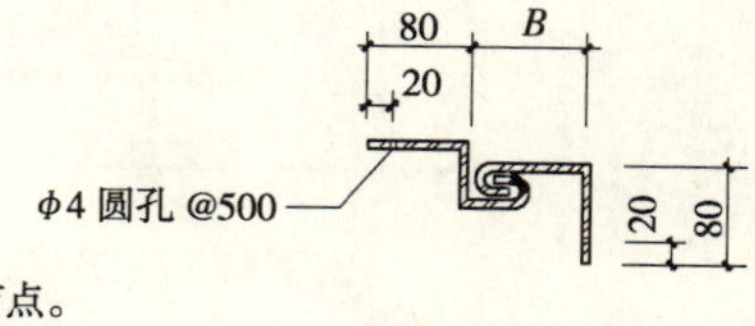

注：1. 本图为胶粉聚苯颗粒保温层涂料外墙沉降缝、抗震缝构造，贴面砖构造做法见相关节点。
2. 沉降缝、抗震缝用低密度聚苯条塞紧，填塞深度不小于 300。低密度聚苯板密度不大于 $10kg/m^3$。
3. 变形缝两侧外墙应加强保温，其传热系数限值不应大于分户墙的规定值。
4. 金属盖缝板可采用 1.2厚铝板或 0.7厚不锈钢板，与保温浆料相接触的盖缝板部位应钻孔，以增加与基层的咬合。盖缝板形式和材料可另行设计。

金属盖缝板 Ⓒ

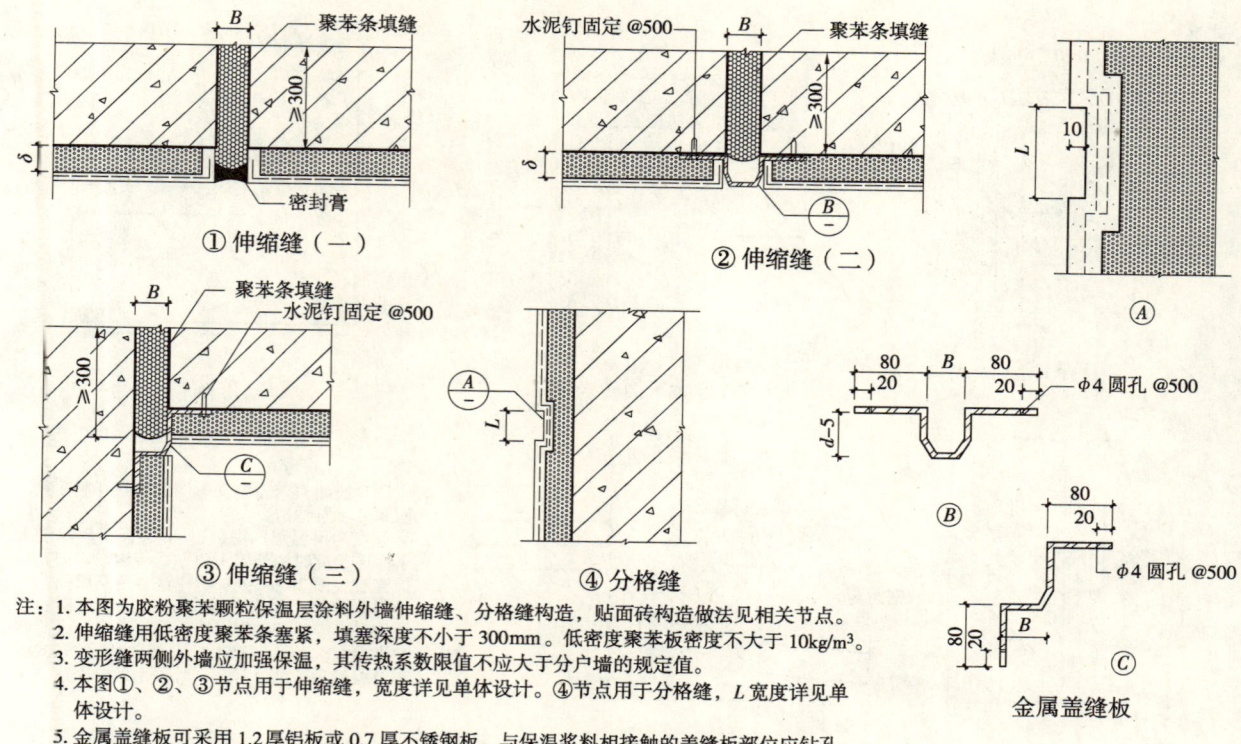

贴面砖墙体构造

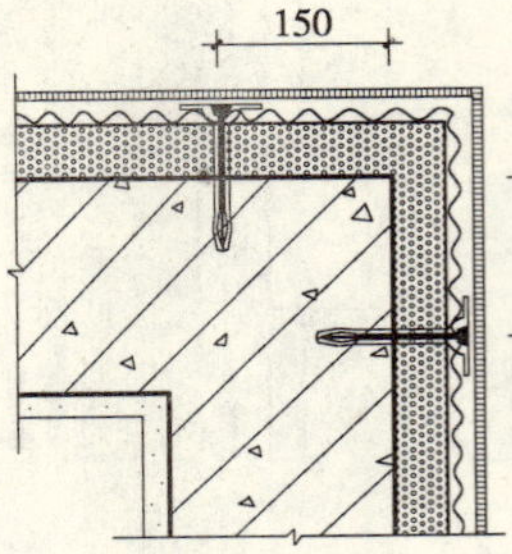

① 阳角（一）

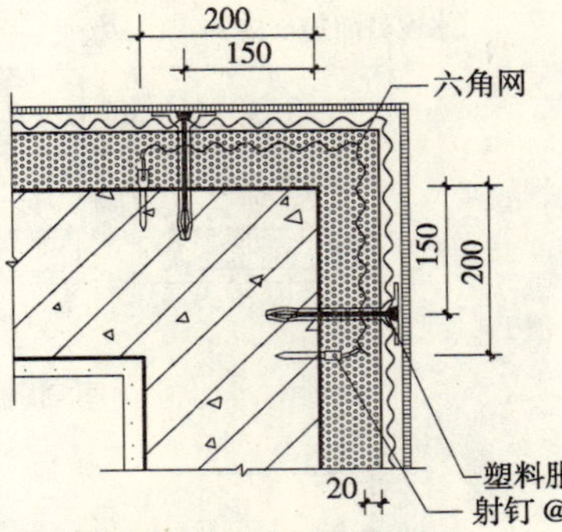

② 阳角（二）（保温层厚度大于 60 且大于面砖长度）

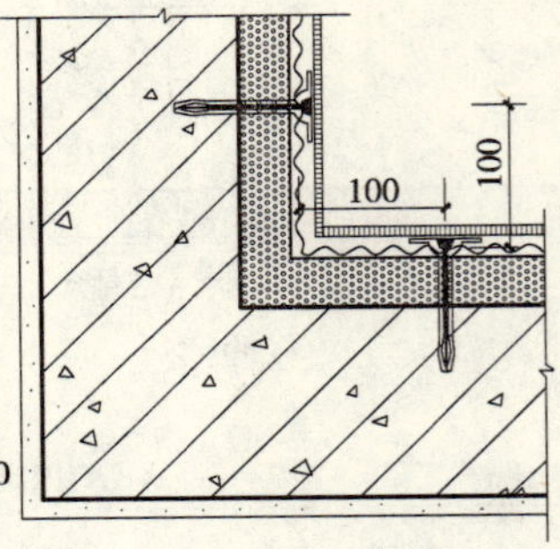

③ 阴角

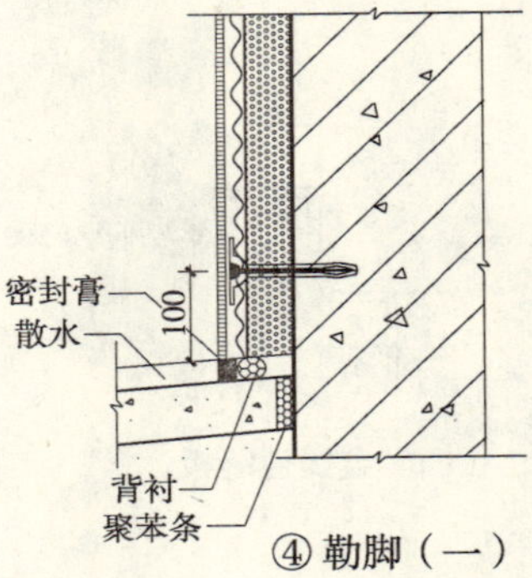

④ 勒脚（一）

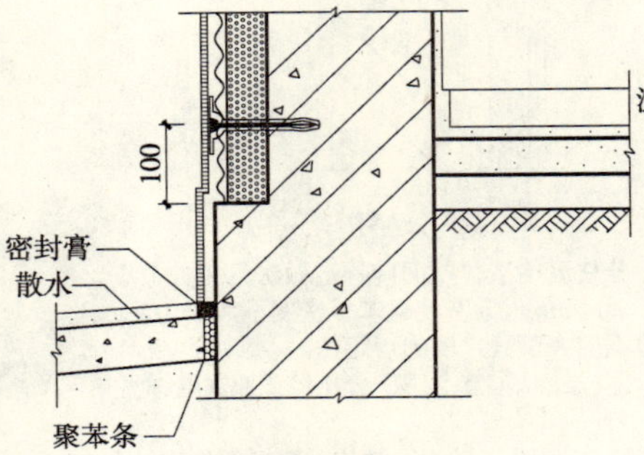

⑤ 勒脚（二）

注：1. 本图为胶粉聚苯颗粒保温层贴面砖外墙阳角、阴角、勒脚构造。
2. ②节点为保温层厚度超过 60 且保温层厚度大于面砖长度时的外墙阳角贴面砖构造，需在距保温层表面 20mm 处加铺一道六角网增强。
3. 塑料胀栓锚固深度不得小于 25mm，锚栓的数量和间距应根据基层墙体、建筑高度、风荷载和锚栓直径等因素确定，且应满足间距≤500mm。
4. 基层墙体为砖砌体时，严禁采用射钉固定。

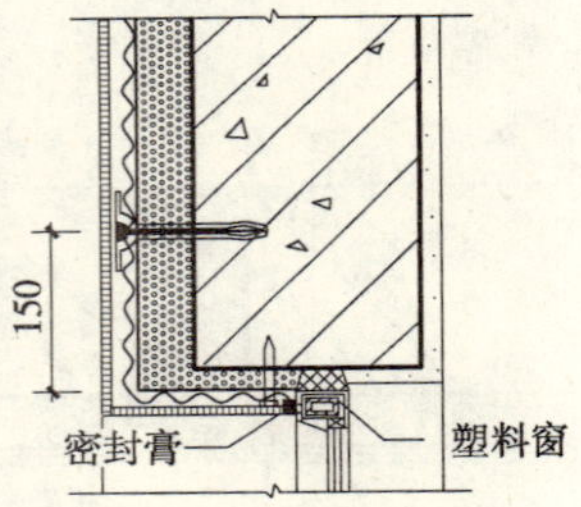

窗上口（一）

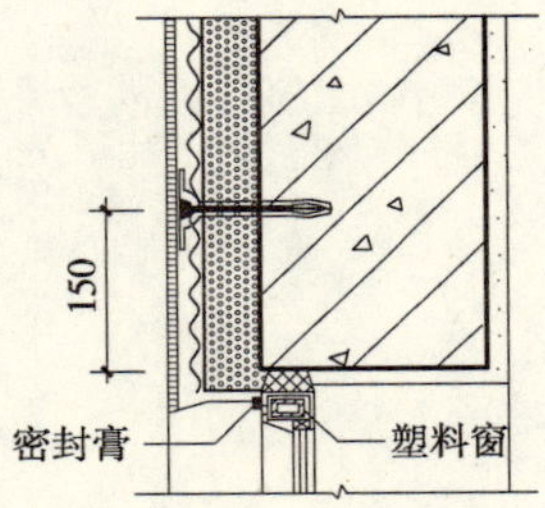

窗上口（二）

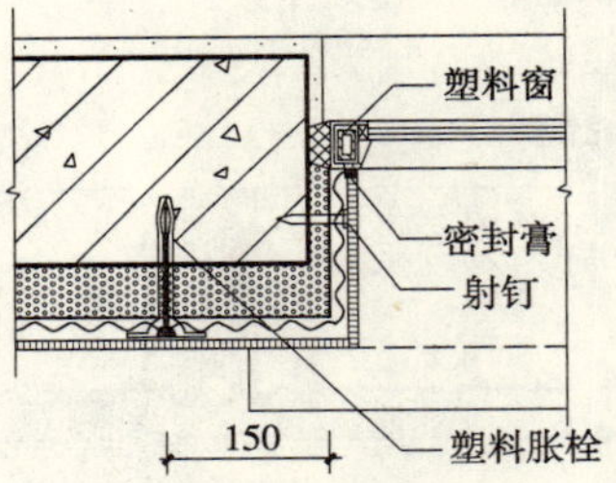

窗侧口（一）

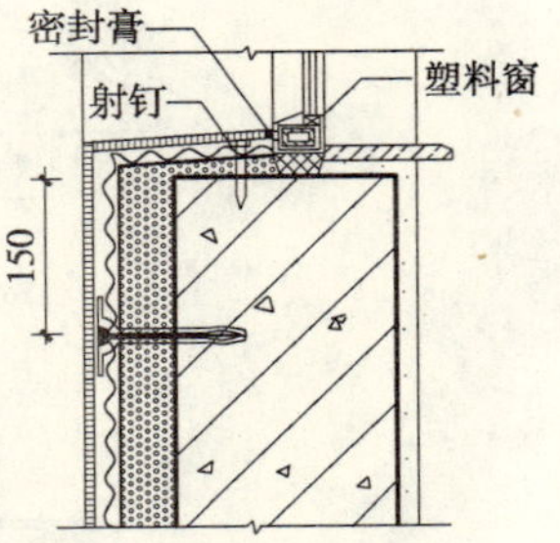

窗下口（一）

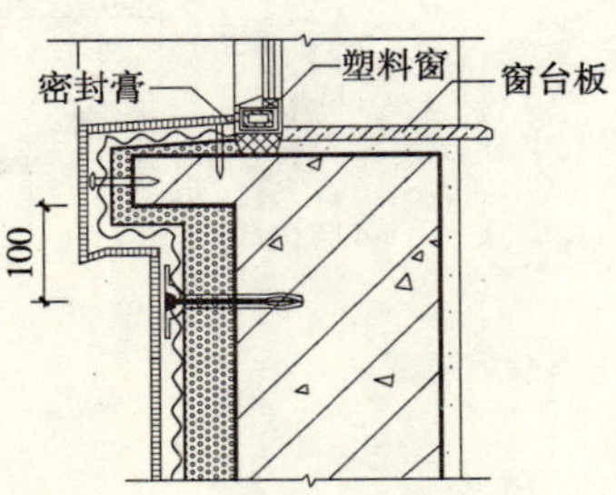

窗下口（二）

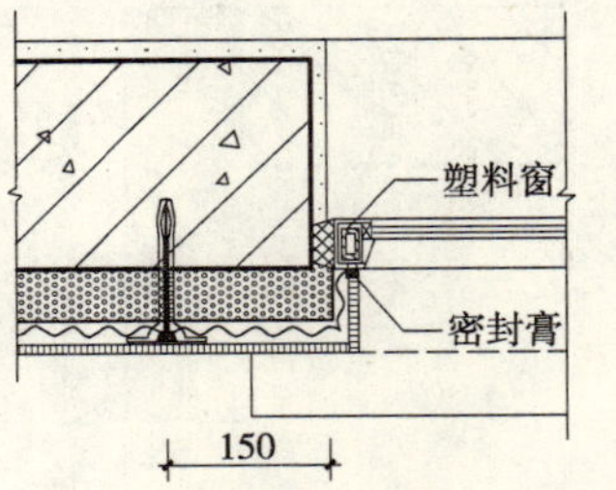

窗侧口（二）

注：1. 本图为胶粉聚苯颗粒保温层贴面砖外墙窗上口、窗下口、窗侧口构造。
2. ⑤节点窗台挑出宽度详见单体设计。窗套挑出长度、宽度详见单体设计。

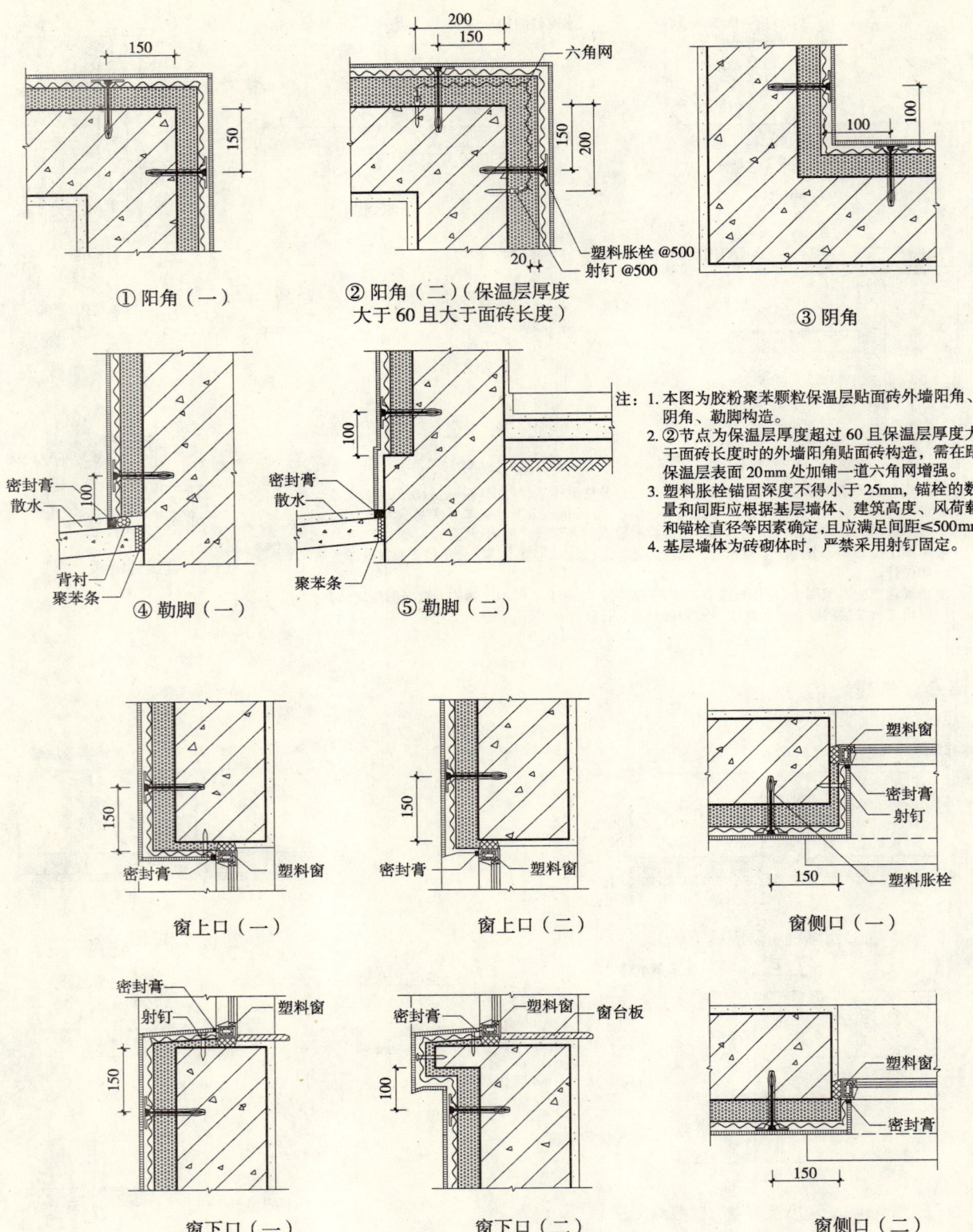

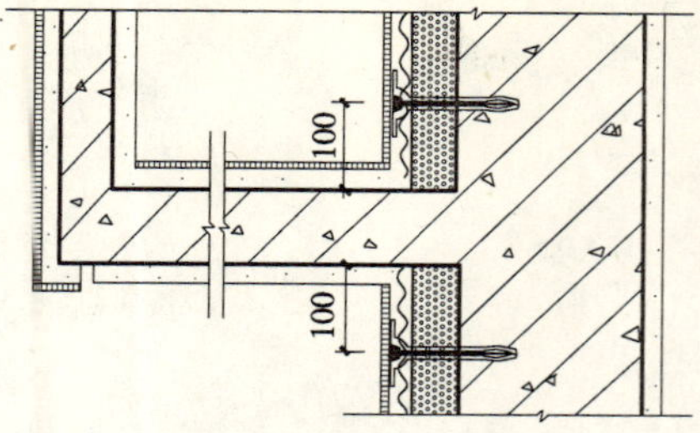

① 阳台（不封闭）

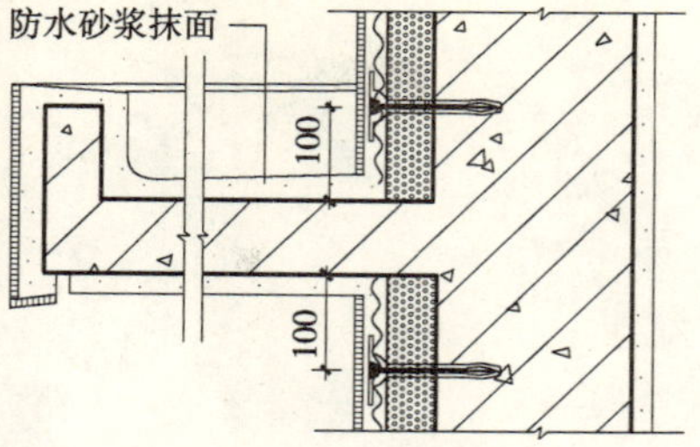

② 雨篷

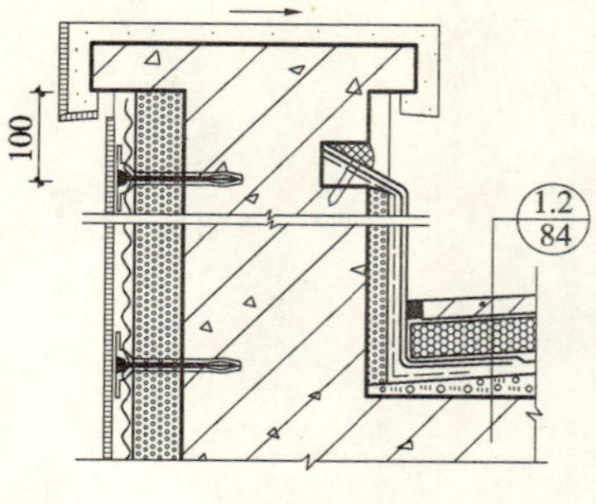

③ 女儿墙

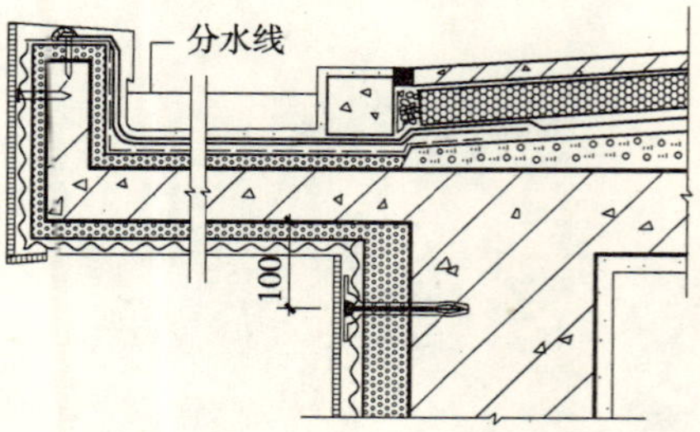

④ 挑檐（一）

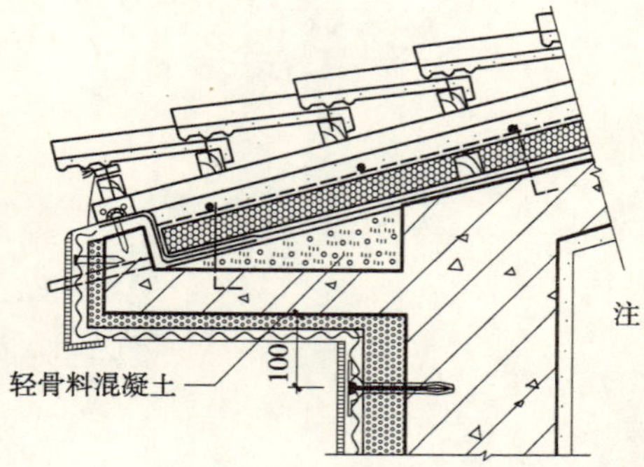

⑤ 挑檐（二）

注：1. 本图为胶粉聚苯颗粒保温层贴面砖外墙阳台、雨篷、女儿墙、挑檐构造。
2. ③节点女儿墙压顶挑出宽度和高度详见单体设计。
3. ④、⑤节点挑檐挑出宽度详见单体设计。

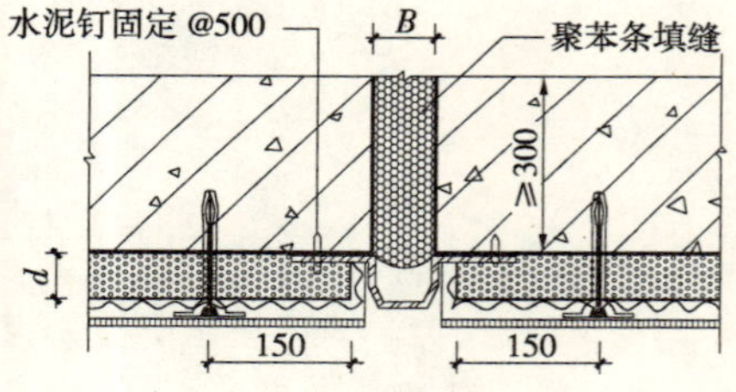

① 伸缩缝（一）

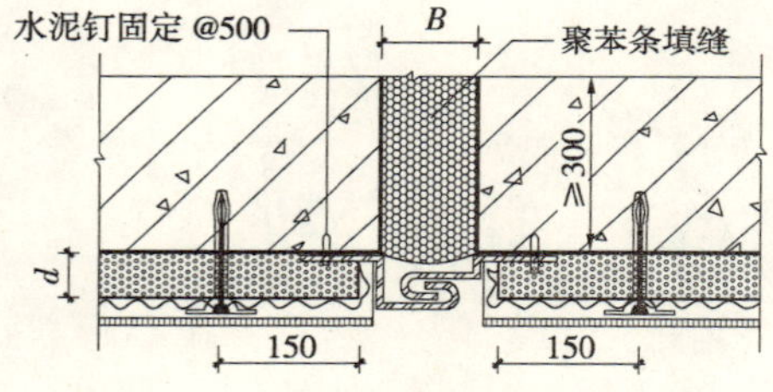

③ 沉降缝、防震缝（一）

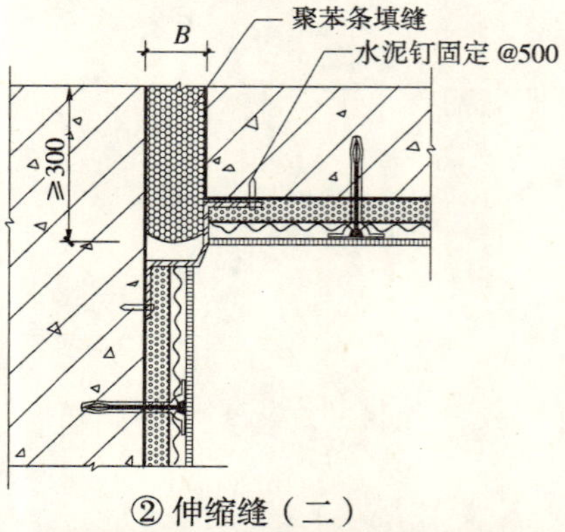

② 伸缩缝（二）

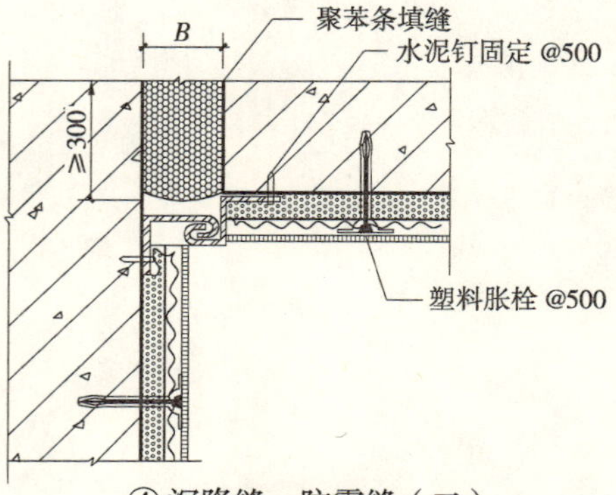

④ 沉降缝、防震缝（二）

注：1. 本图为胶粉聚苯颗粒保温层贴面砖外墙伸缩缝、沉降缝、抗震缝构造。
2 变形缝两侧应加强保温，其传热系数限值不应大于分户墙的规定值。
3. 伸缩缝、沉降缝、防震缝用低密度聚苯条塞紧，填塞深度不小于 300mm。低密度聚苯板密度不大于 $10kg/m^3$。
4. 变形缝金属盖缝板形式、尺寸及固定参照单体设计。

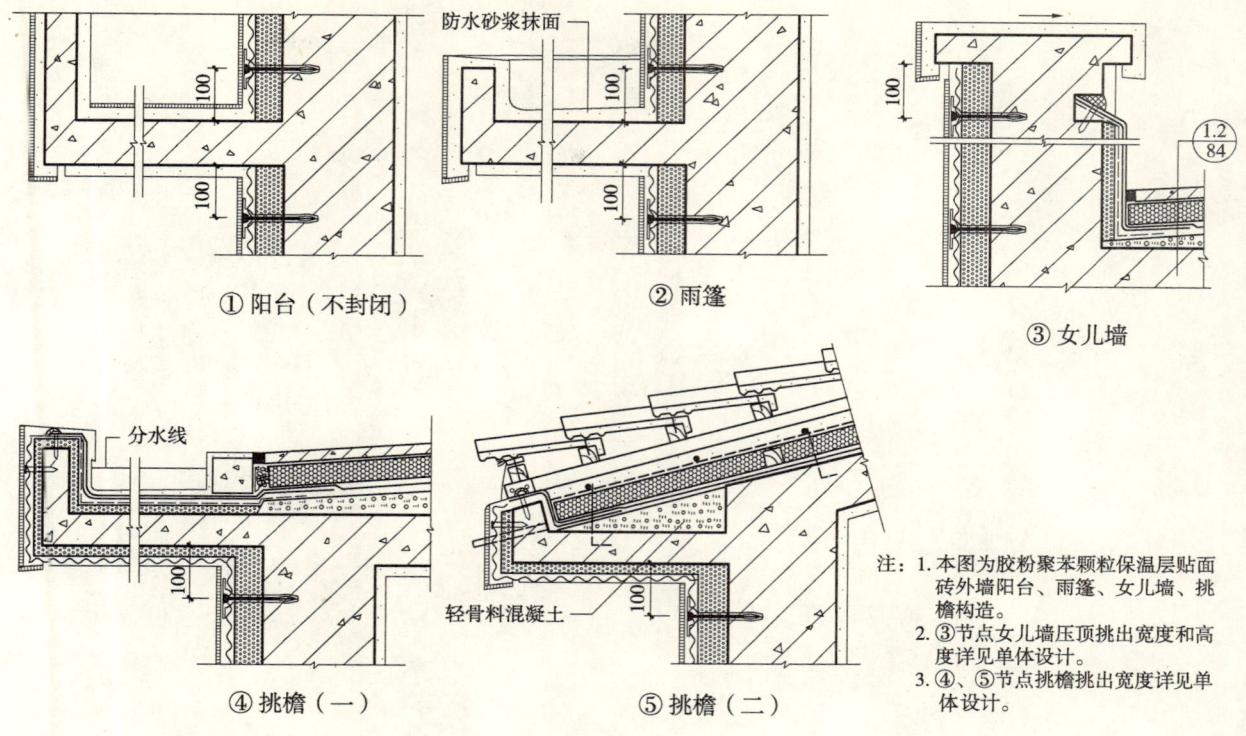

4

B 系统（无网聚苯板外保温系统）构造节点详图

外墙、阴阳角、勒脚构造

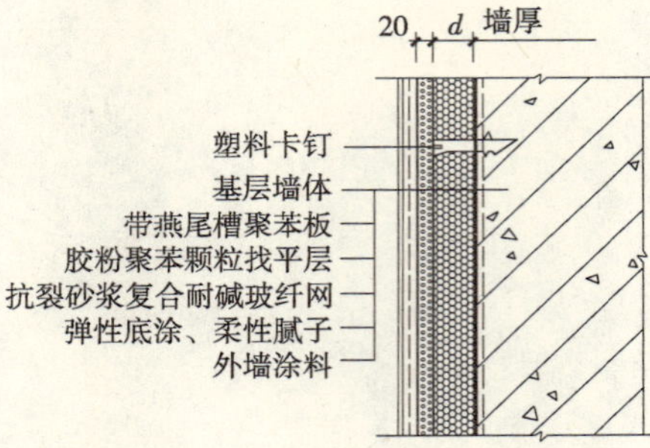

① 外墙构造

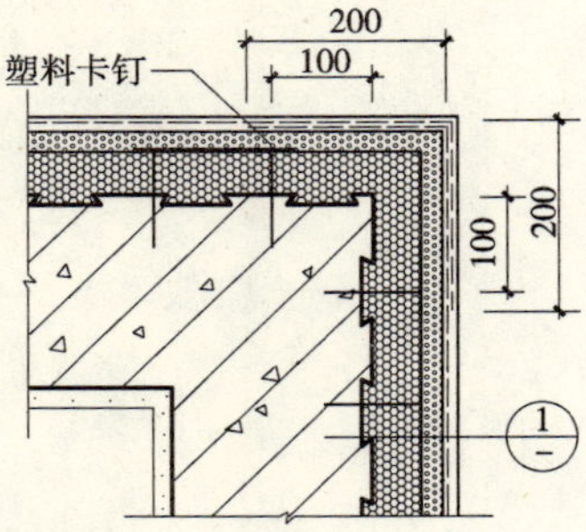

② 阳角

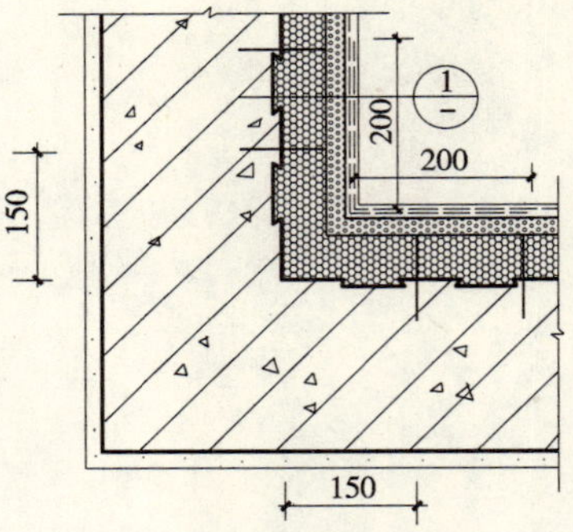

③ 阴角

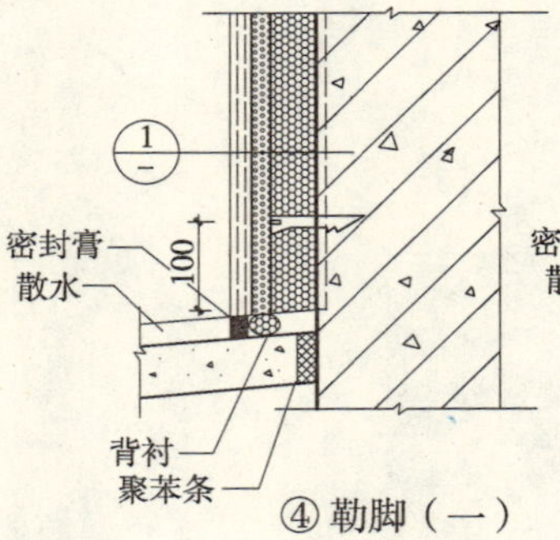

④ 勒脚（一）

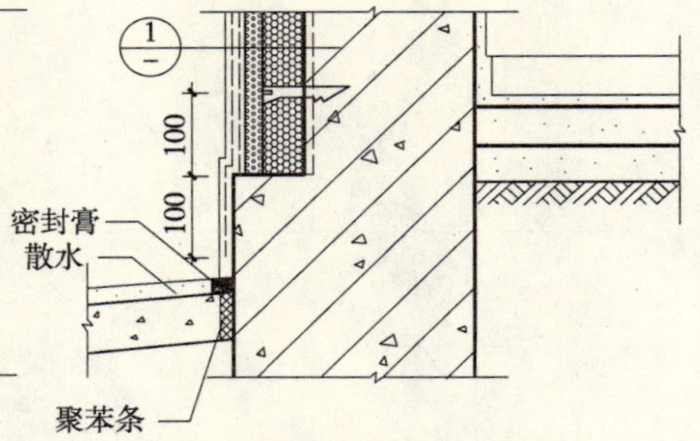

⑤ 勒脚（二）

注：1. ①节点为现浇混凝土复合无网聚苯板外墙外保温标准层构造，塑料卡钉按梅花型布置，间距为 600。

2. 建筑首层应加一层耐碱玻纤网。

3. 带燕尾槽聚苯板的板型示意及塑料卡钉详图参见相关节点。

窗口构造

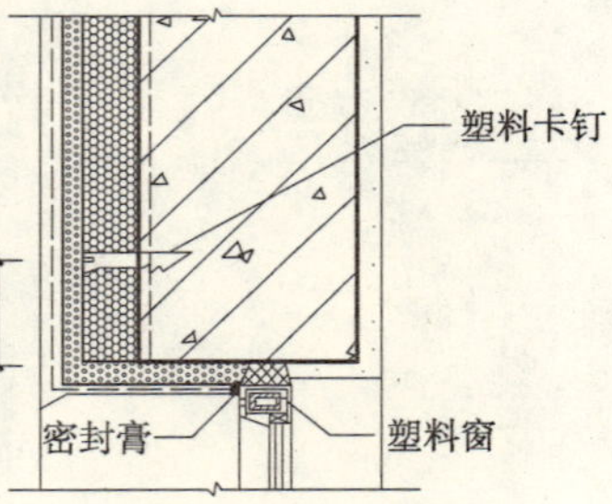

① 窗上口（一）

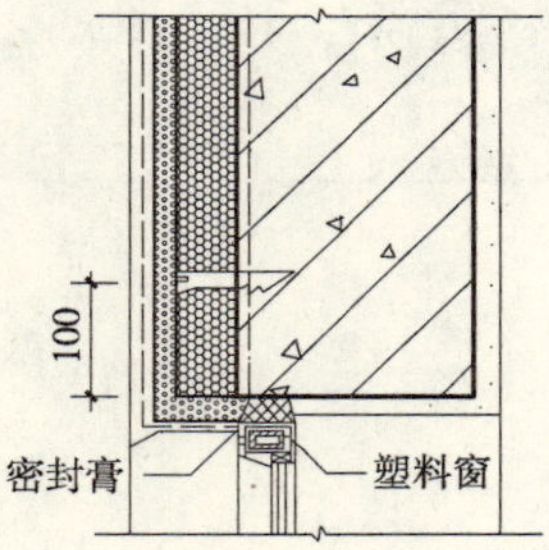

② 窗上口（二）

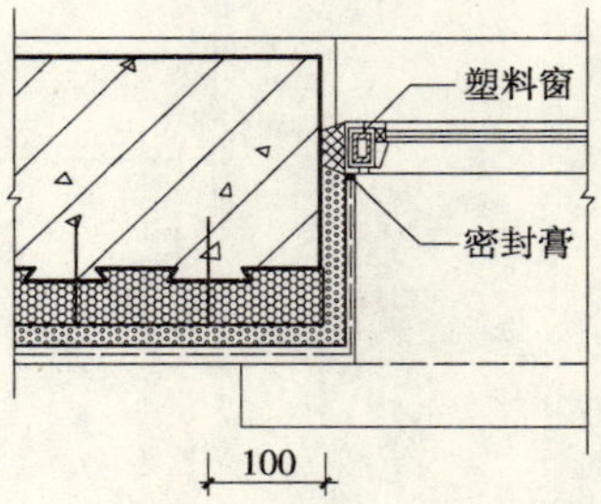

③ 窗侧口（一）

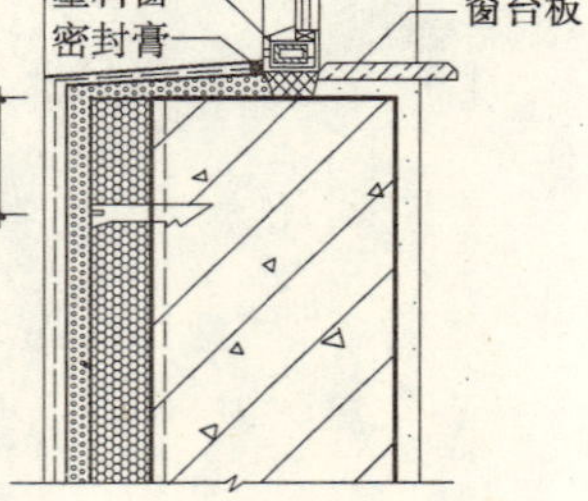

④ 窗下口（一）

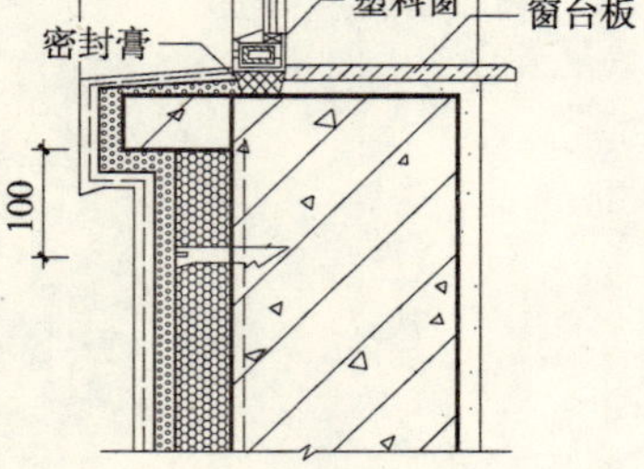

⑤ 窗下口（二）

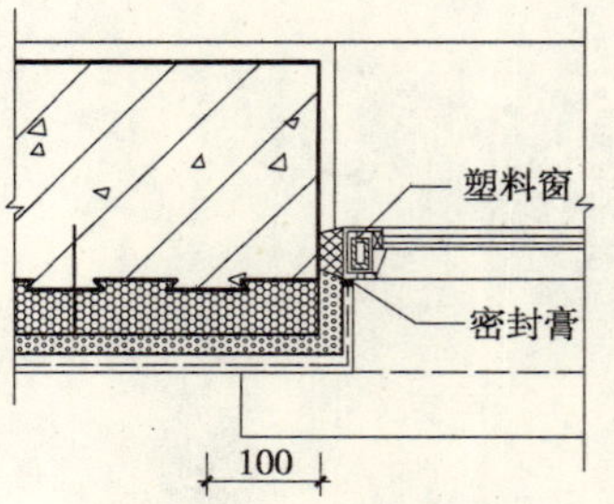

⑥ 窗侧口（二）

注：本图为现浇混凝土复合无网聚苯板外墙窗口构造。

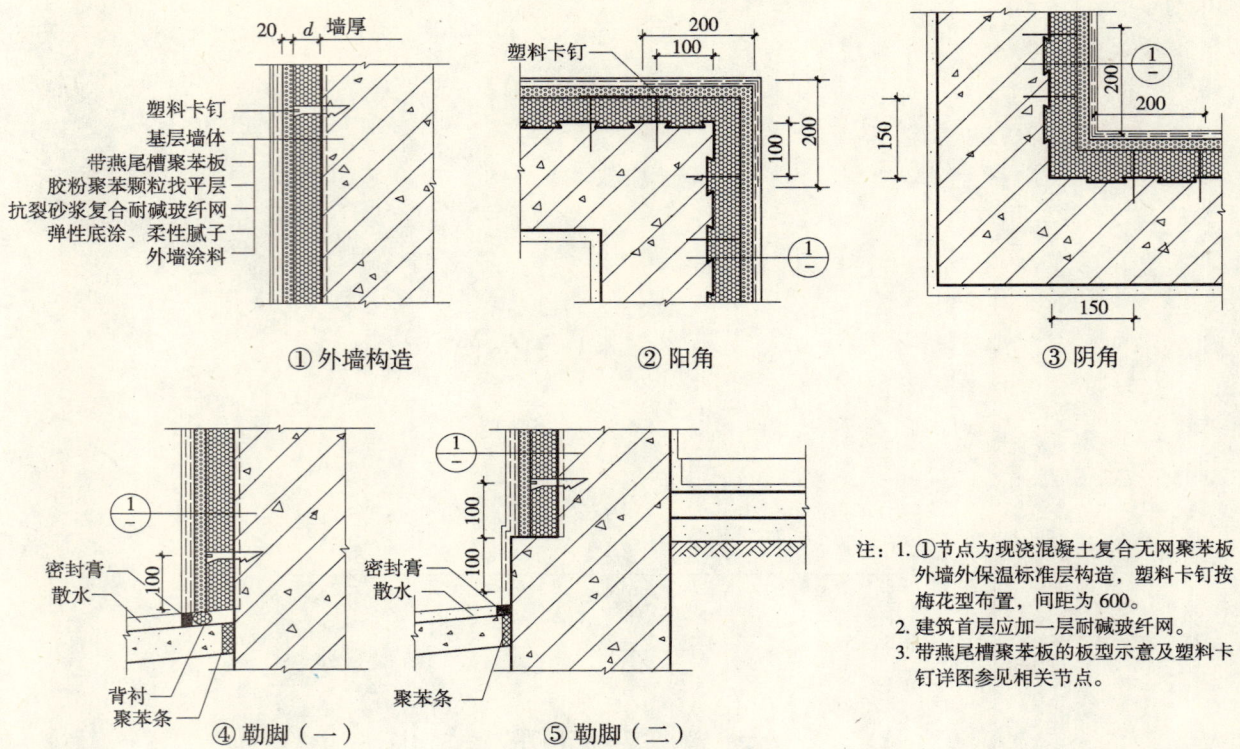

阳台、雨篷、女儿墙、挑檐、管道穿墙构造

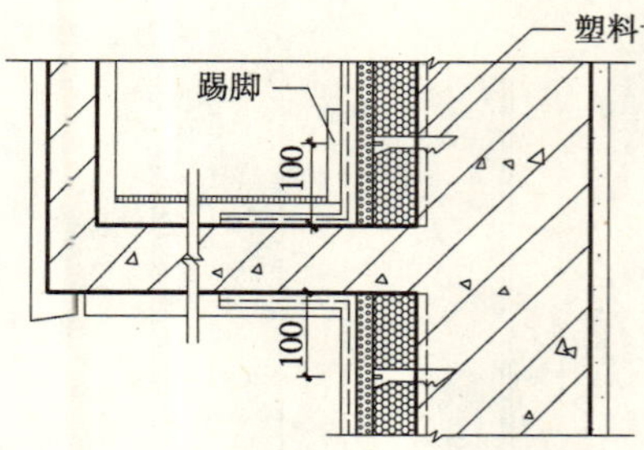

① 阳台（不封闭）

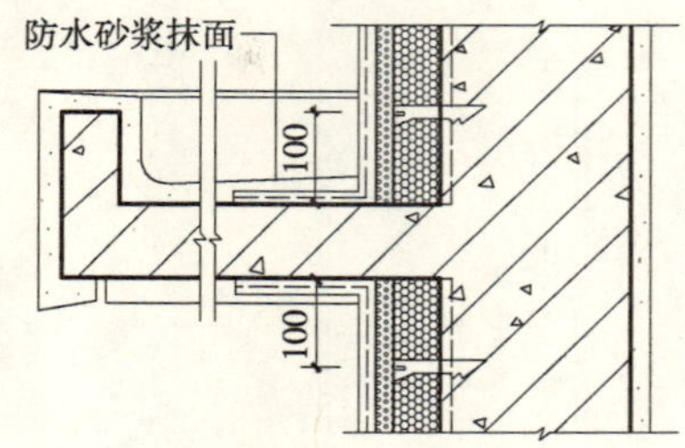

② 雨篷

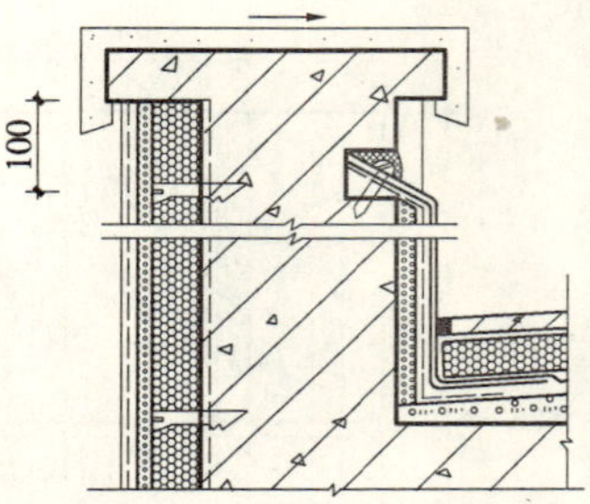

③ 女儿墙

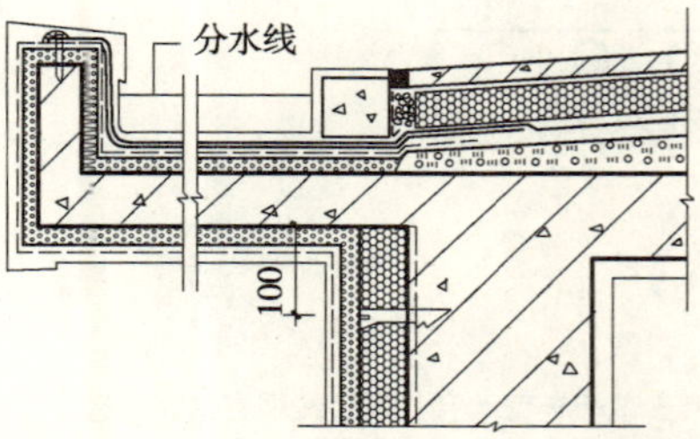

④ 挑檐（一）

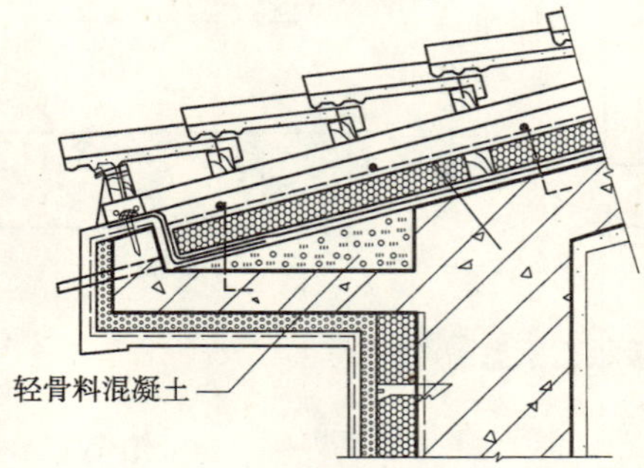

⑤ 挑檐（二）

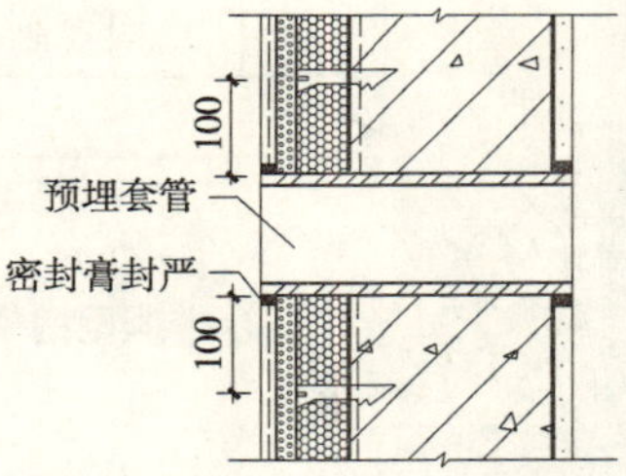

⑥ 管道穿墙

注：1. 本图为现浇混凝土复合无网聚苯板外墙阳台、雨篷、女儿墙、挑檐、管道穿墙构造。
2. 挑檐挑出宽度详见单体设计。

伸缩缝、沉降、抗震缝构造

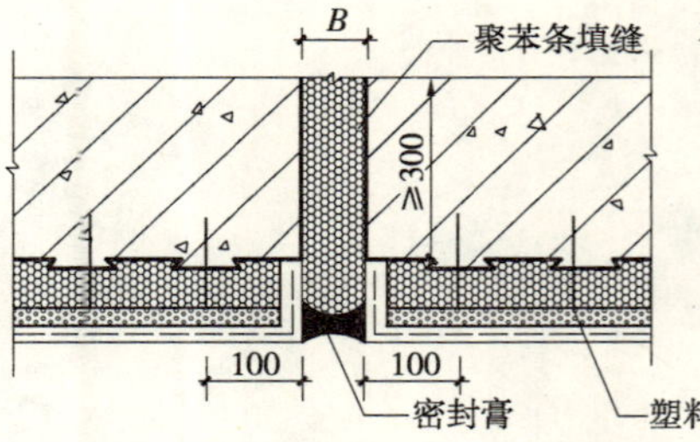

⑦ 伸缩缝（一）

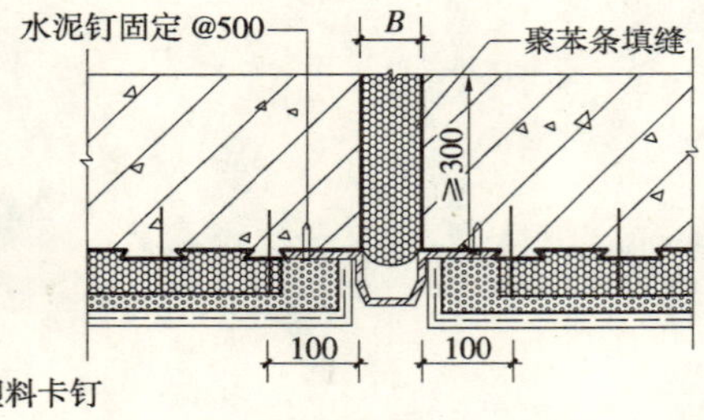

⑧ 伸缩缝（二）

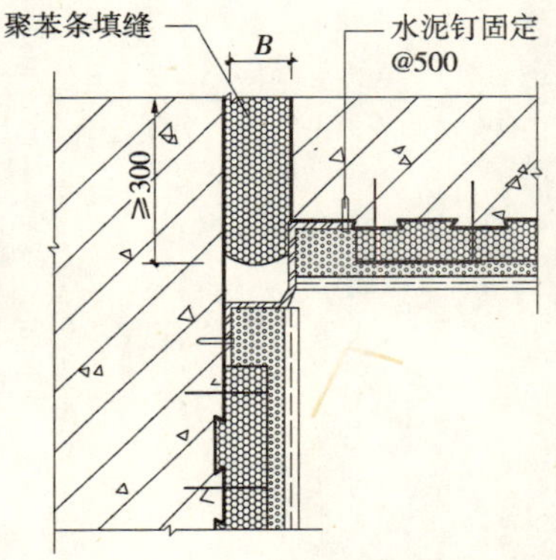

⑨ 伸缩缝（三）

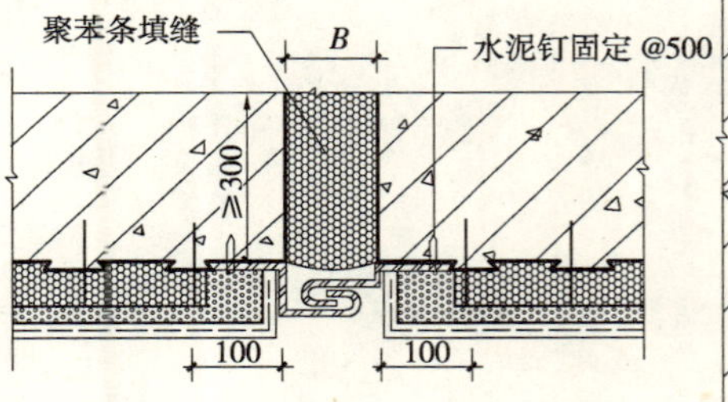

⑩ 沉降缝、防震缝（一）

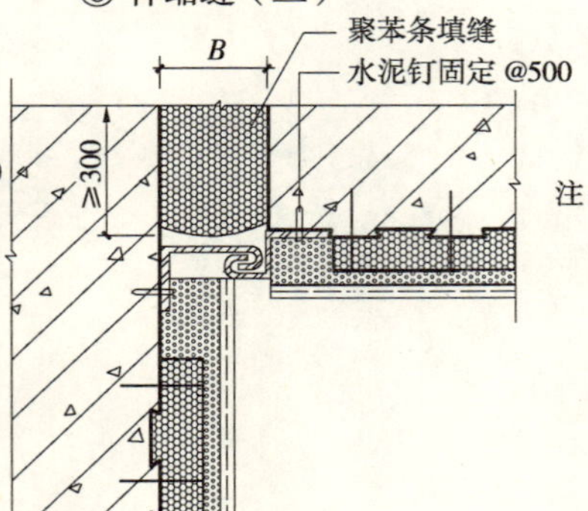

⑪ 沉降缝、防震缝（二）

注：1. 本图为现浇混凝土复合无网聚苯板外墙伸缩缝、沉降缝、防震缝构造。
2. 伸缩缝、沉降缝、防震缝用低密度聚苯条塞紧，填塞深度不小于 300。低密度聚苯板密度不大于 $10kg/m^3$。
3. 变形缝两侧外墙应加强保温，其传热系数限值不应大于分户墙的规定值。
4. 变形缝金属盖缝板形式、尺寸及固定，参照单体设计。

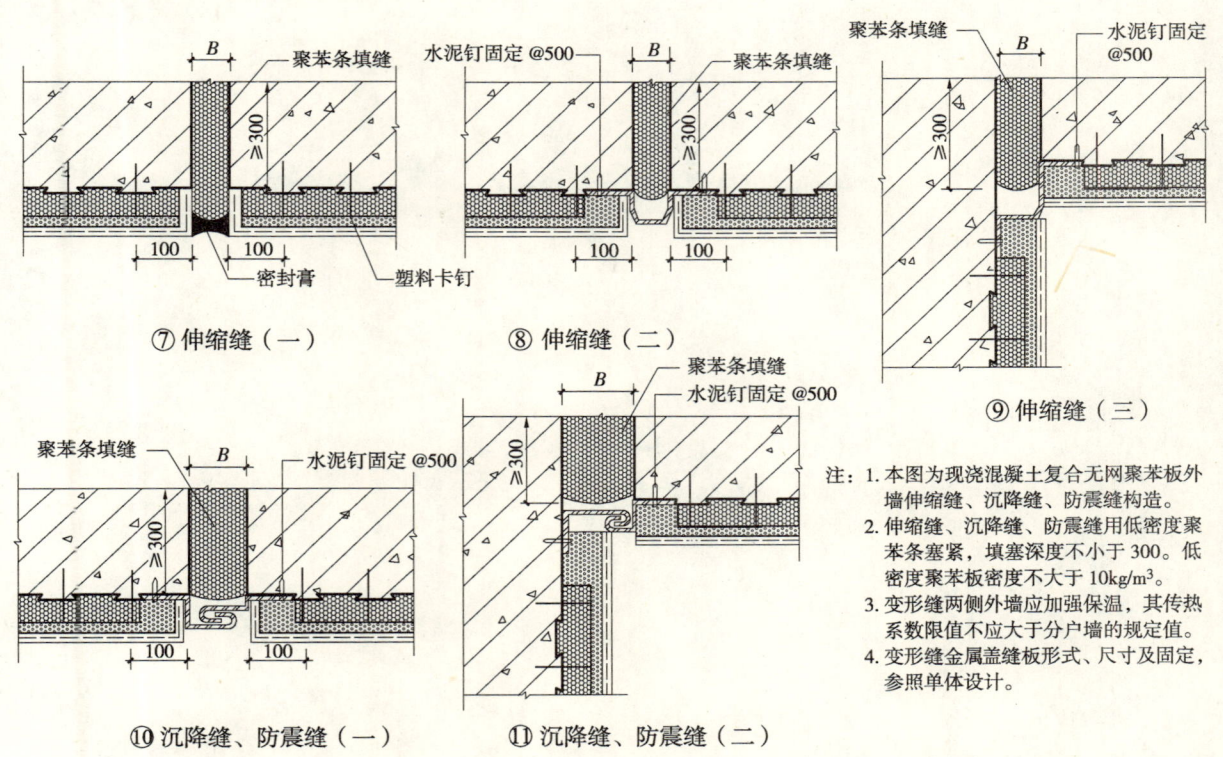

带燕尾槽聚苯板板型及塑料卡钉

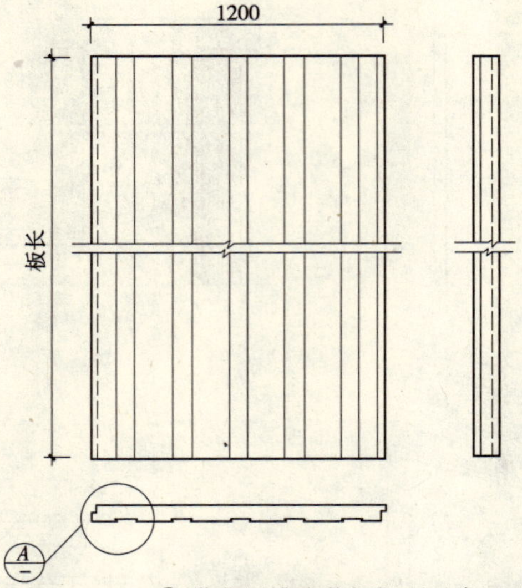

① 带燕尾槽聚苯板板型示意

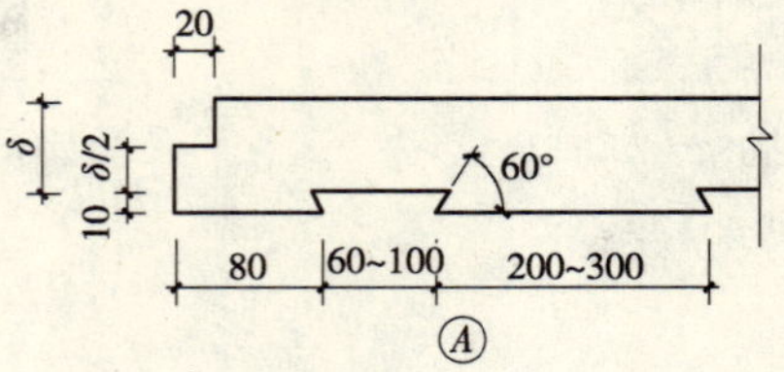

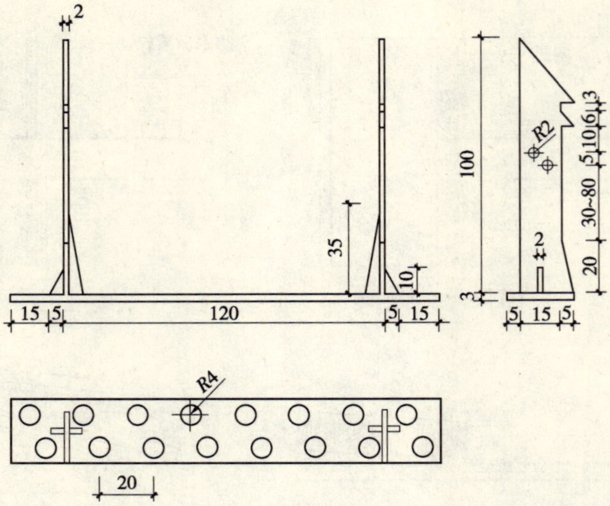

② 塑料卡钉

注：1. ①节点为带燕尾槽聚苯板板型示意，板长按层高进行设计，聚苯板双面均应用界面剂进行处理。燕尾槽厚度不计入结构层厚度。

2. ②节点为现浇带燕尾槽聚苯板用塑料卡钉，由硬质塑料制成，施工时按梅花形布置，间距为 600。

5

C 系统（有网聚苯板外保温系统）构造节点详图

外墙、阴阳角、勒脚构造

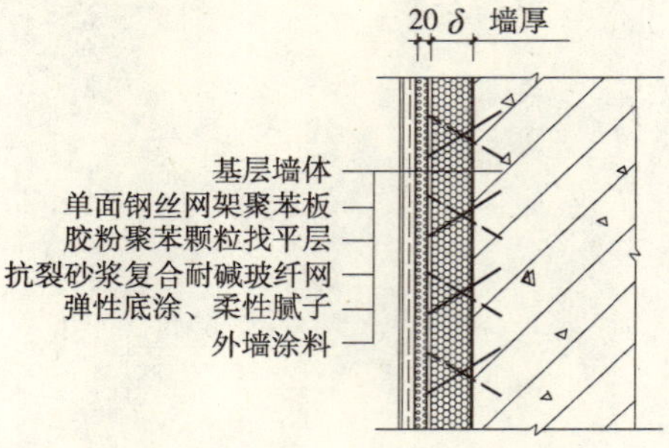

① 涂料外墙

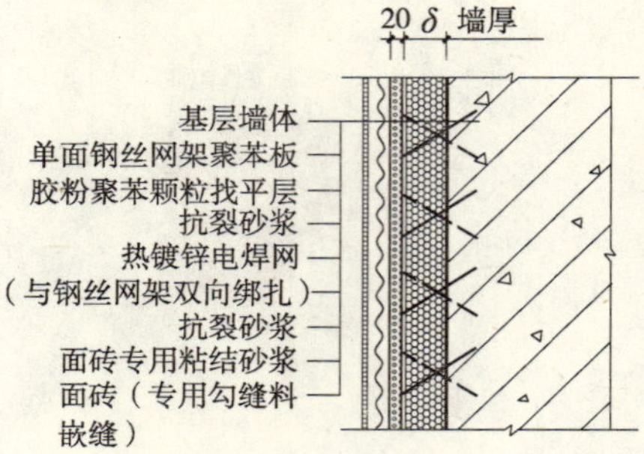

② 贴面砖外墙

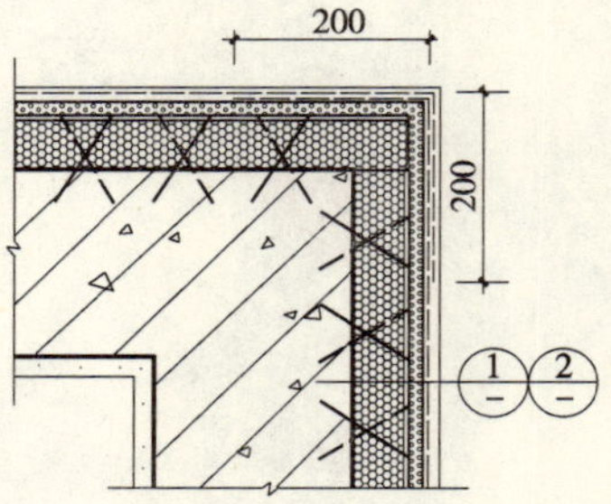

③ 阳角

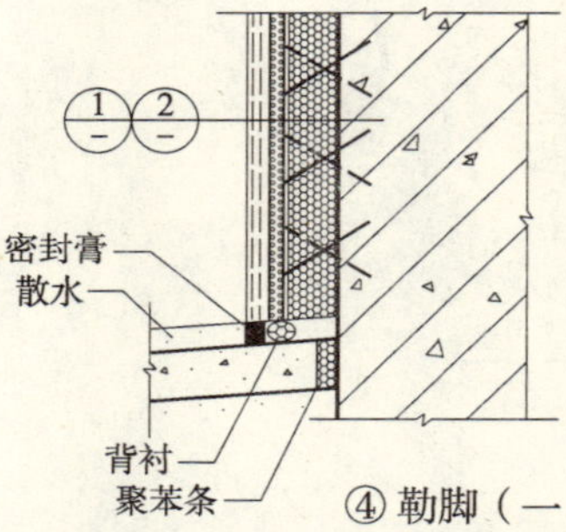

④ 勒脚（一）

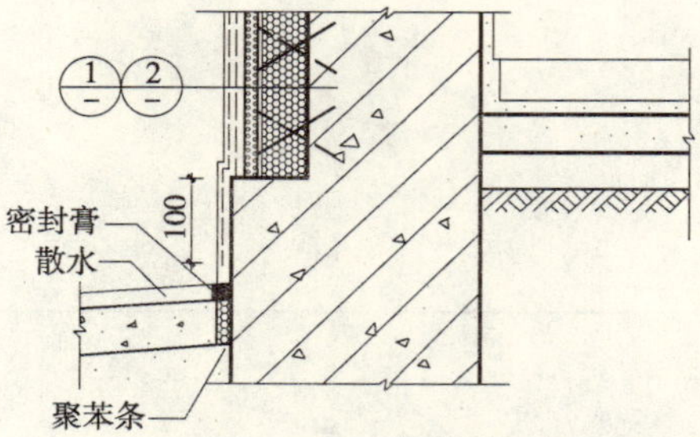

⑤ 勒脚（二）

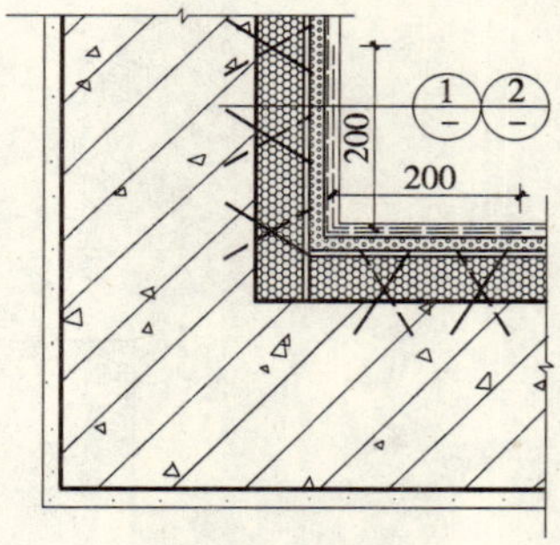

⑥ 阴角

注：1. ①节点为现浇混凝土复合有网聚苯板外墙构造，建筑首层应加一层耐碱玻纤网。
2. ②节点为贴面砖构造，抗裂层中的热镀锌电焊网应与单面钢丝网架聚苯板上的钢丝网架双向绑扎固定。绑扎间距应根据基层墙体、建筑高度，风荷载和锚栓直径等因素确定，且应满足间距≤500。

窗口构造

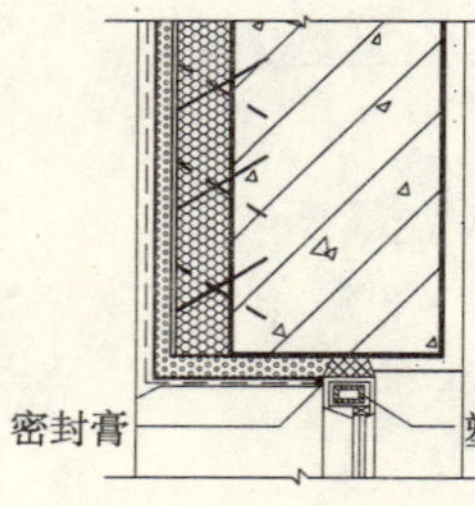

① 窗上口（一）

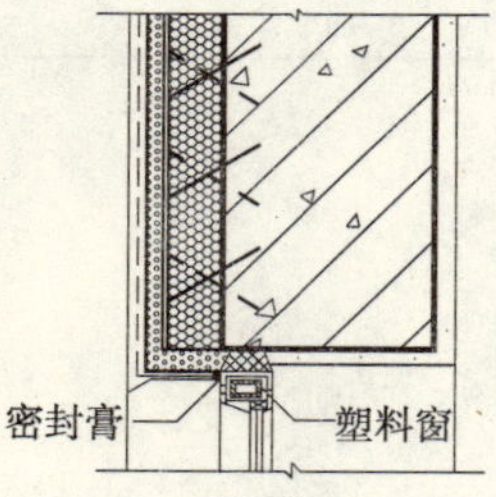

② 窗上口（二）

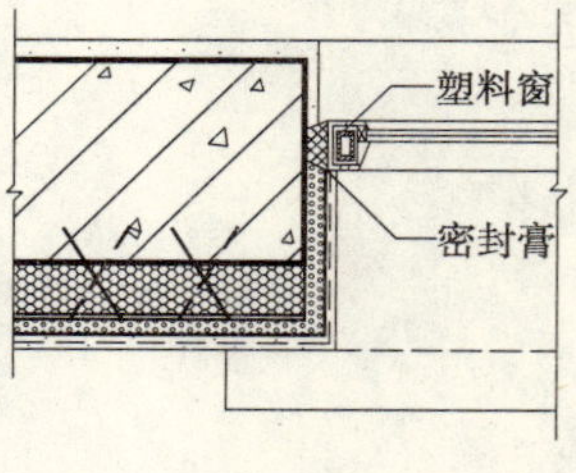

③ 窗侧口（一）

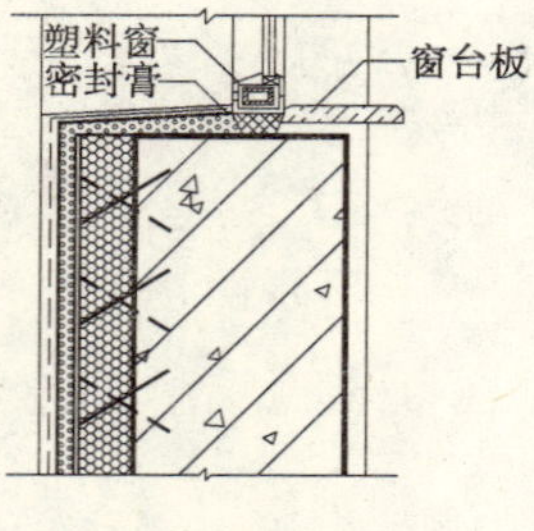

④ 窗下口（一）

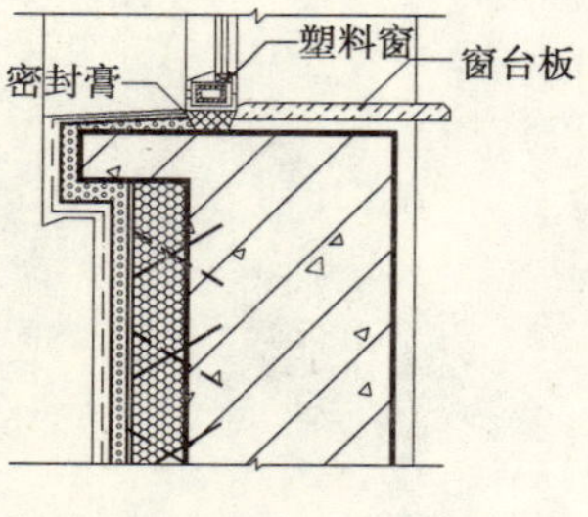

⑤ 窗下口（二）

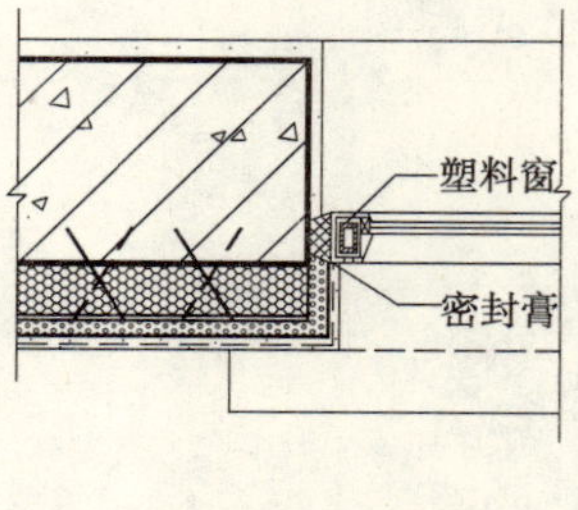

⑥ 窗侧口（二）

注：本图为现浇混凝土复合有网聚苯板外墙窗口构造。

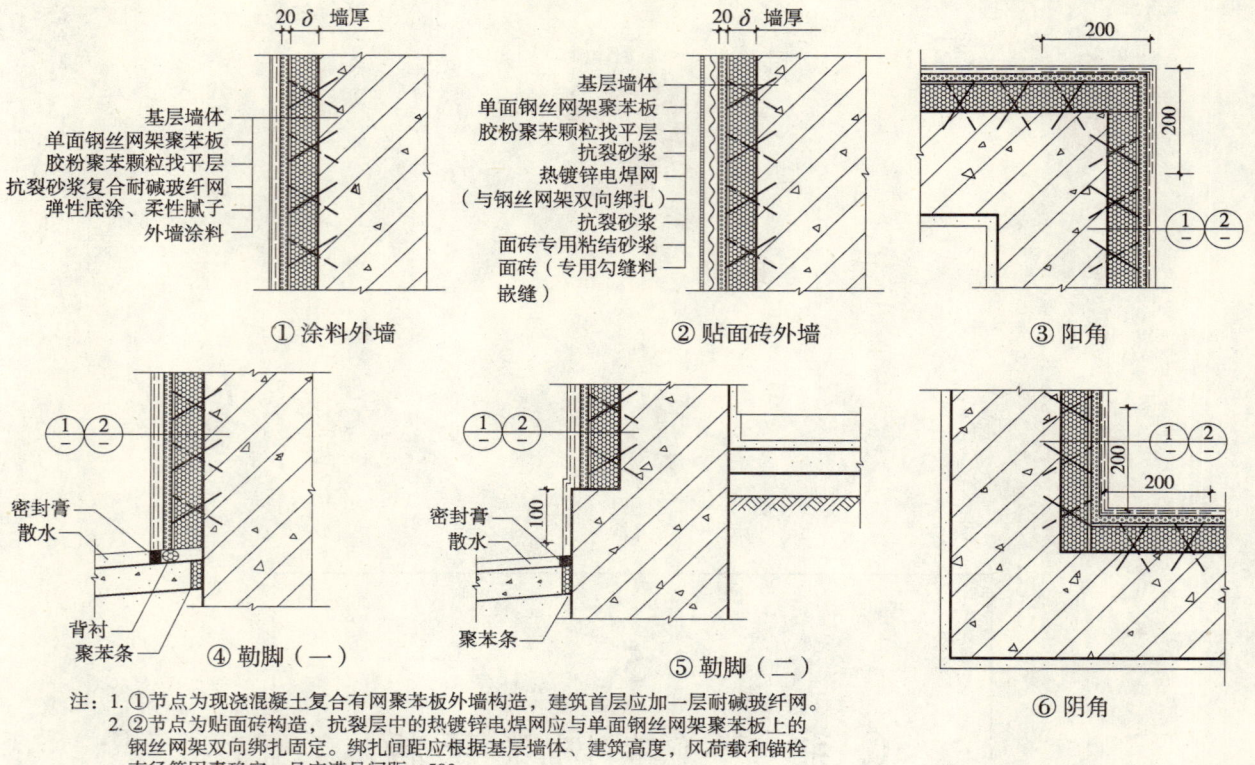

阳台、雨篷、女儿墙、挑檐、管道穿墙构造

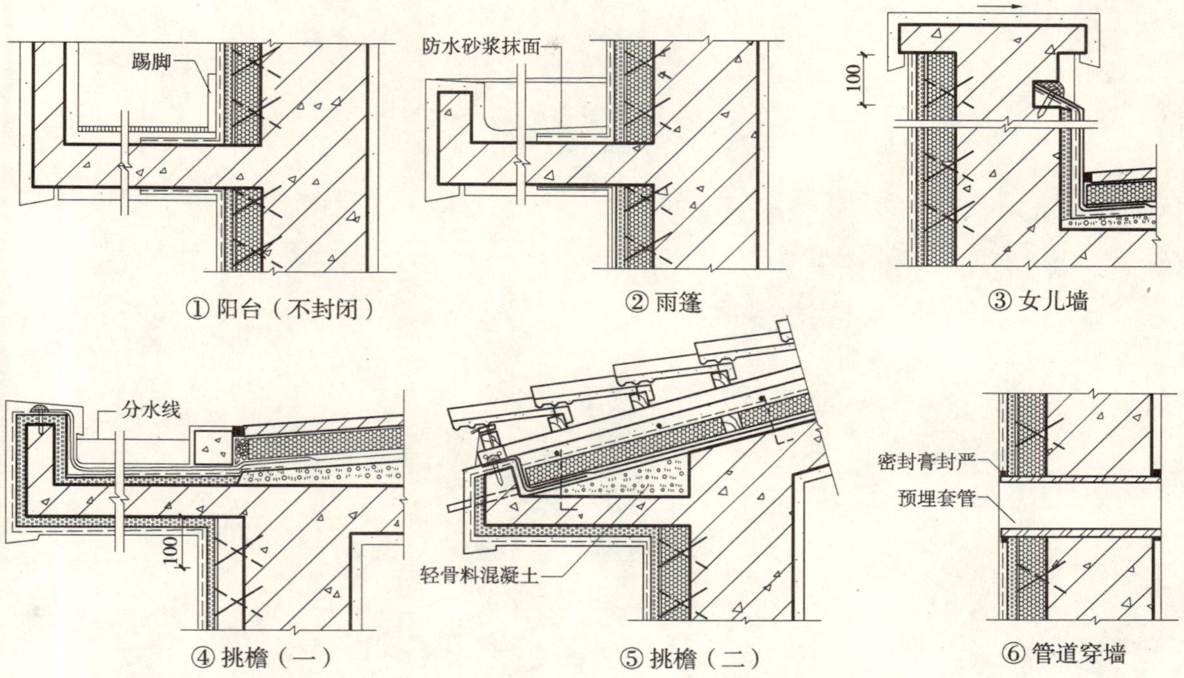

注：1. 本图为现浇混凝土复合有网聚苯板外墙阳台、雨篷、女儿墙、挑檐、管道穿墙构造。
2. 挑檐挑出宽度详见单体设计。

伸缩缝、沉降缝、抗震缝构造

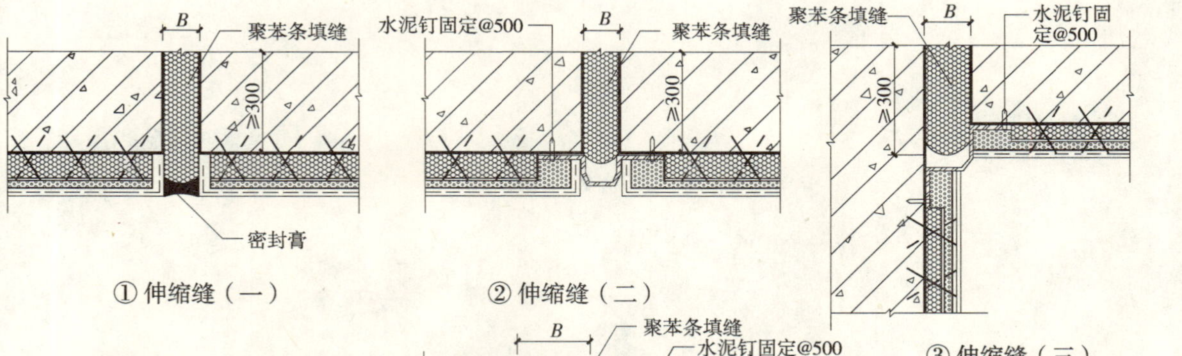

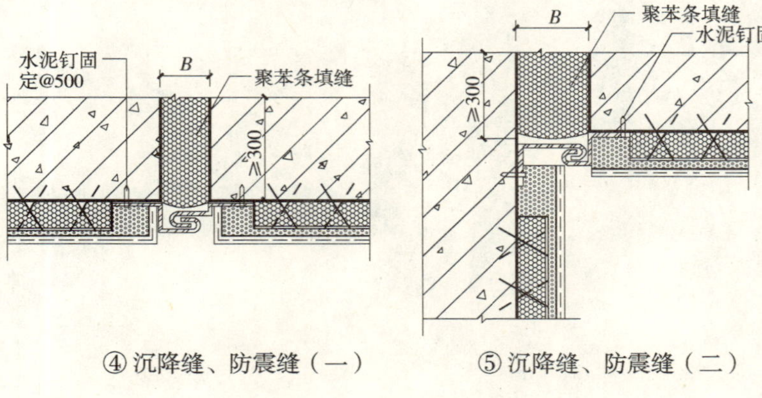

注：1. 本图为现浇混凝土复合有网聚苯板外墙伸缩缝、沉降缝、防震缝构造。
2. 伸缩缝、沉降缝、防震缝用低密度聚苯条塞紧，填塞深度不小于300。低密度聚苯板密度不大于10kg/m³。
3. 变形缝金属盖缝板形式、尺寸及固定，参照单体设计。
4. 变形缝两侧外墙应加强保温，其传热系数限值不应大于分户墙的规定值。

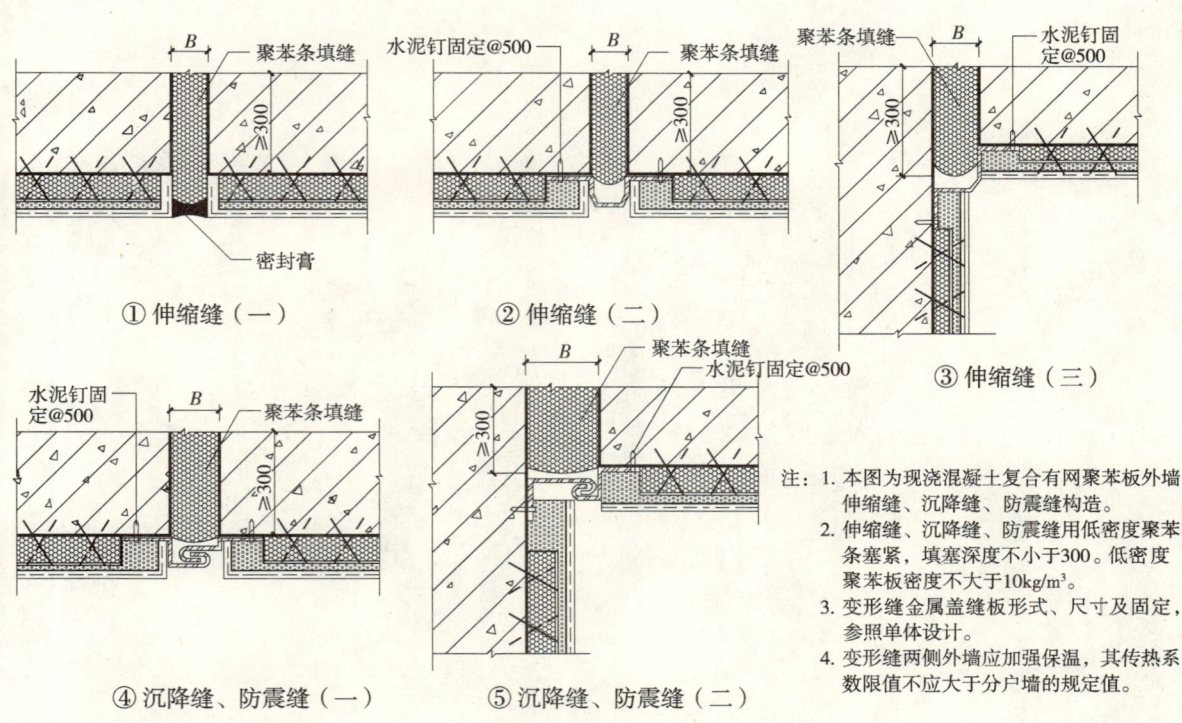

6

D 系统（胶粉聚苯颗粒夹芯聚苯板（三明治）系统）构造节点详图

外墙、阴阳角、勒脚构造

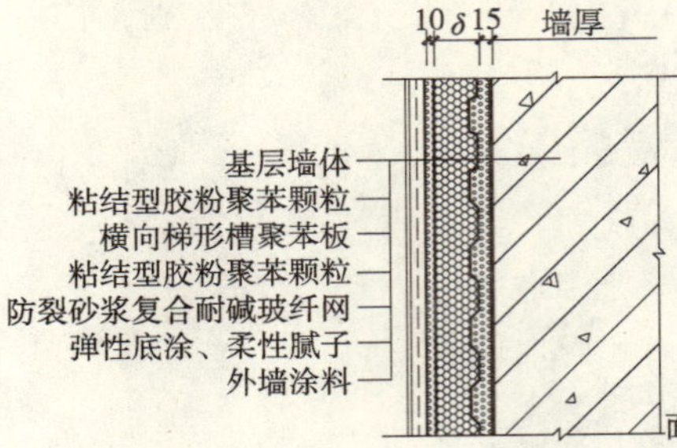

① 涂料外墙

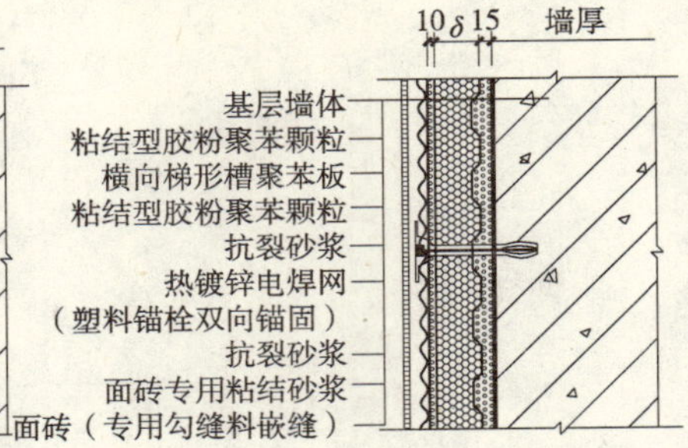

② 贴面砖外墙

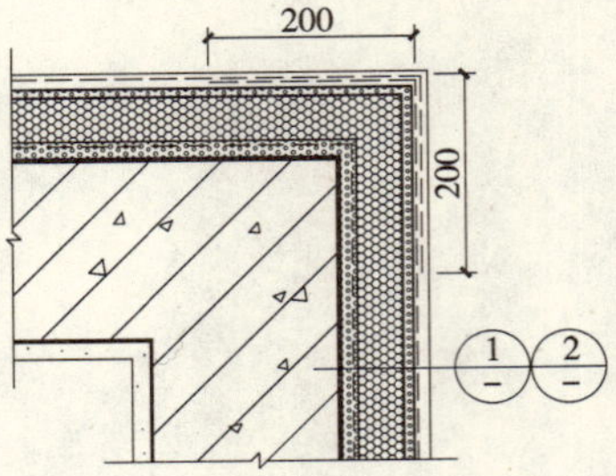

③ 阳角

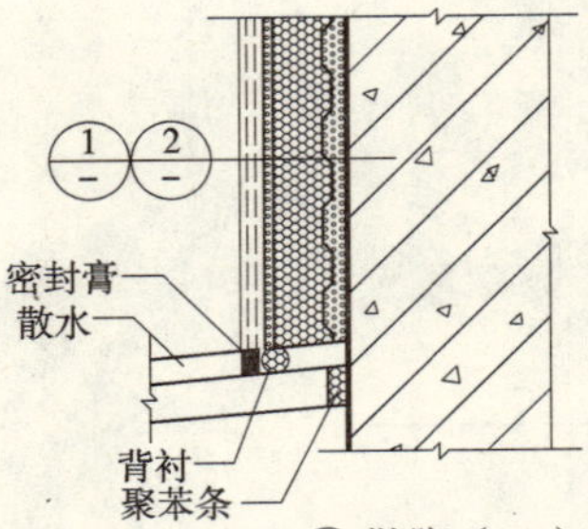

④ 勒脚（一）

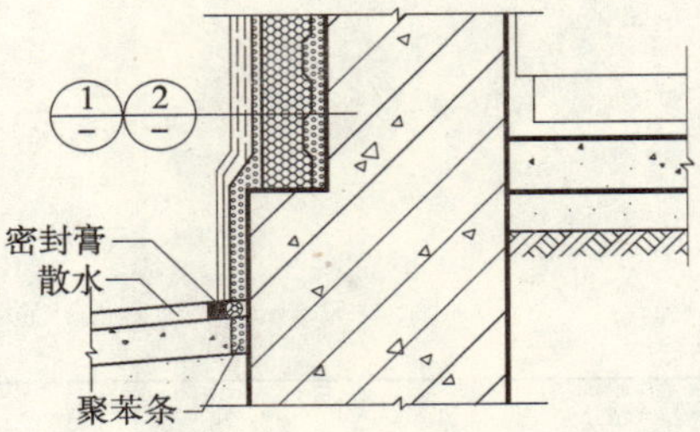

⑤ 勒脚（二）

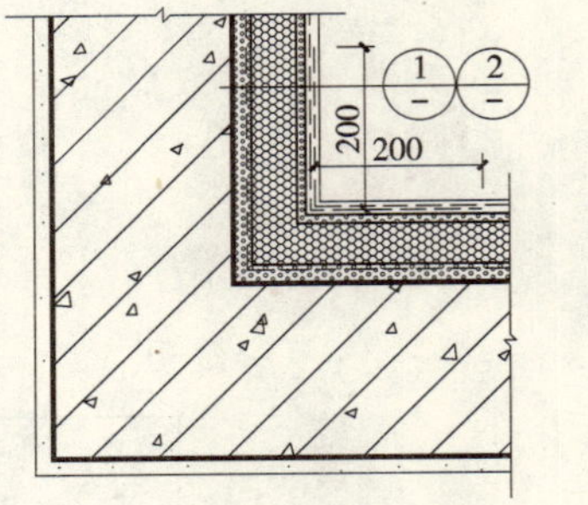

⑥ 阴角

注：1. ①节点为胶粉聚苯颗粒夹芯聚苯板（三明治）系统涂料外墙标准层构造，建筑首层应加一层耐碱玻纤网。横向梯形槽聚苯板槽型示意参见相关节点。
2. ②节点为胶粉聚苯颗粒夹芯聚苯板（三明治）系统贴面砖外墙构造。
3. 塑料胀栓锚固深度不得小于25，锚栓的数量和间距应根据基层墙体、建筑高度、风荷载和锚栓直径等因素确定，且应满足间距≤500。

窗口构造

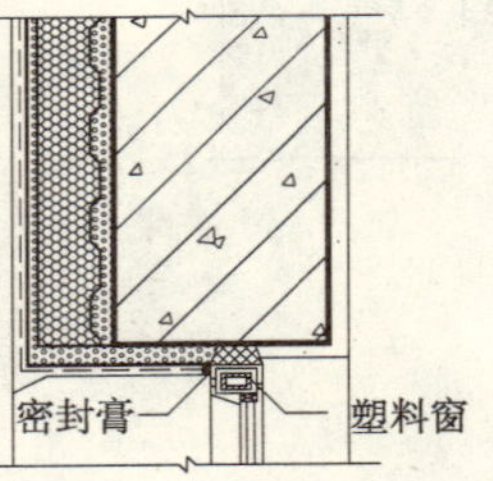

① 窗上口（一）

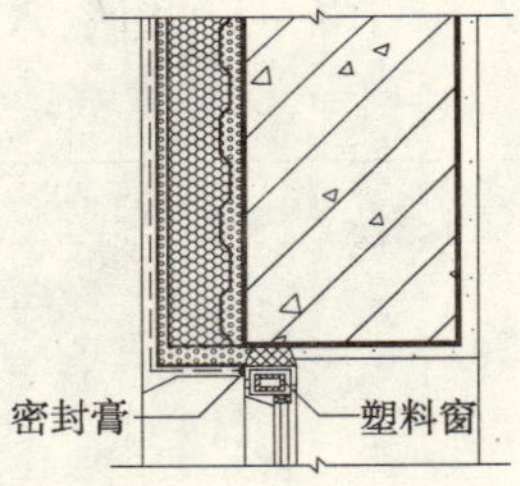

② 窗上口（二）

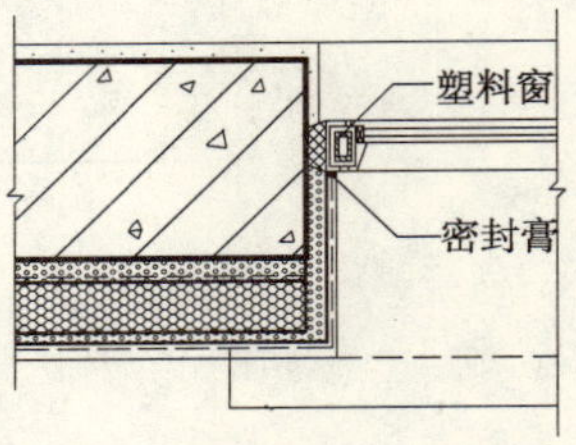

③ 窗侧口（一）

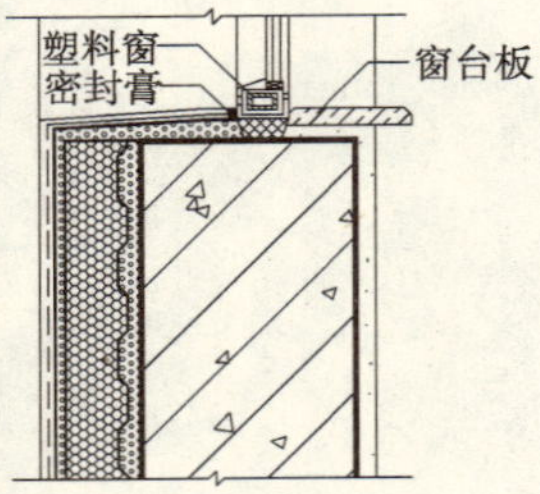

④ 窗下口（一）

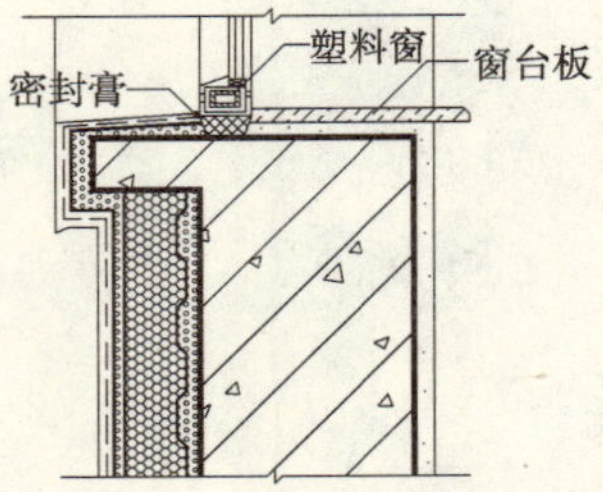

⑤ 窗下口（二）

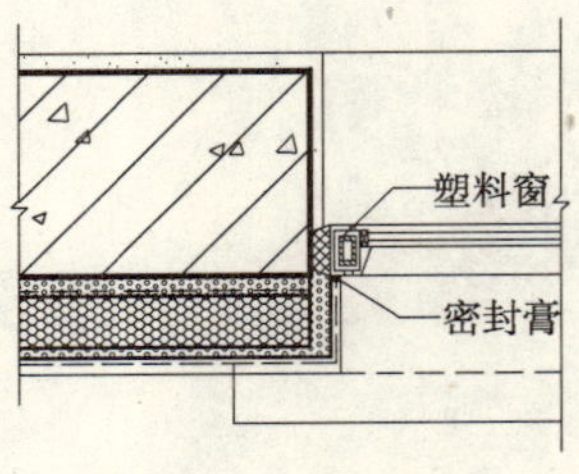

⑥ 窗侧口（二）

注：1. 本图为胶粉聚苯颗粒夹芯聚苯板（三明治）系统涂料外墙窗上口、窗下口、窗侧口构造。
2. 贴面砖构造做法见相关节点。

阳台、雨篷、女儿墙、挑檐、管道穿墙构造

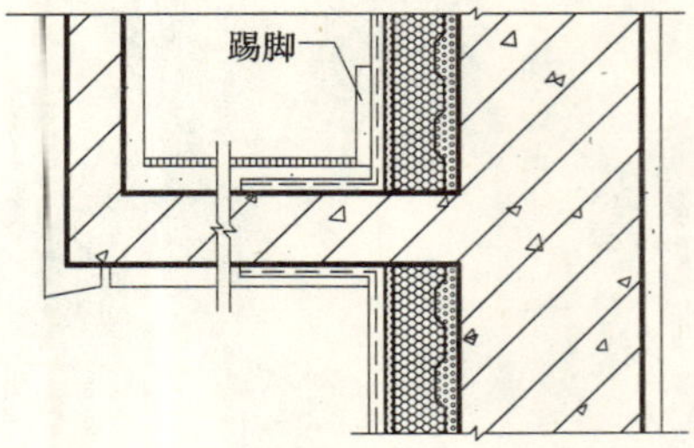

① 阳台（不封闭）

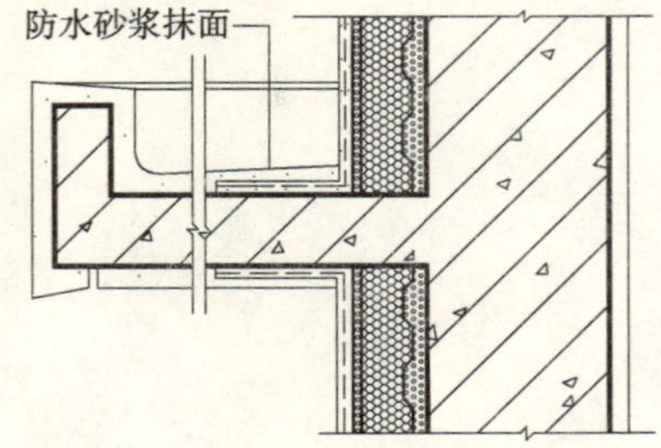

② 雨篷

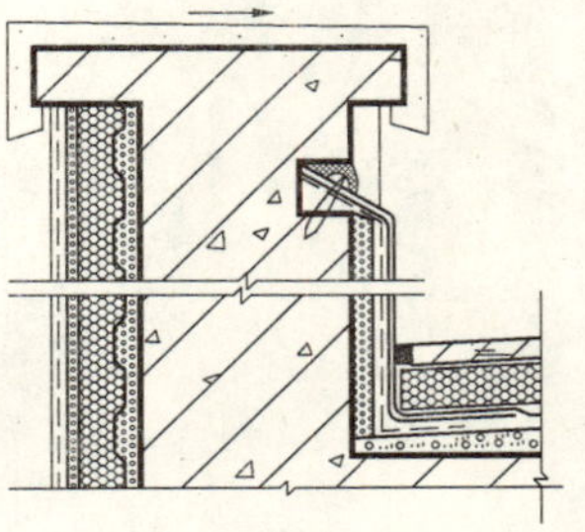

③ 女儿墙

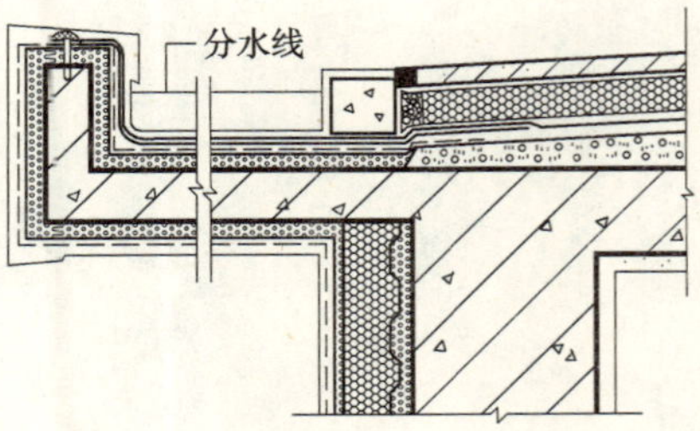

④ 挑檐（一）

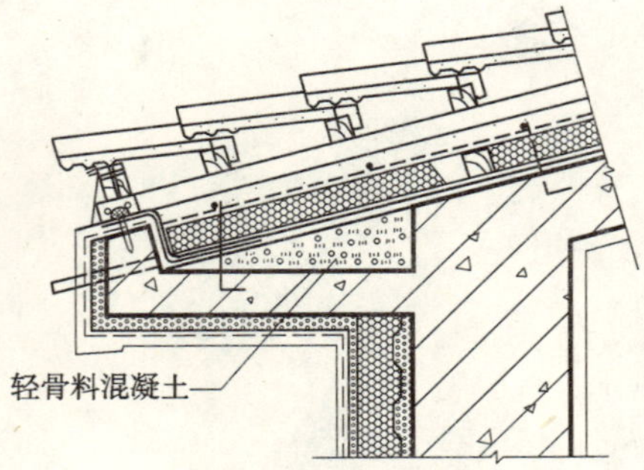

⑤ 挑檐（二）

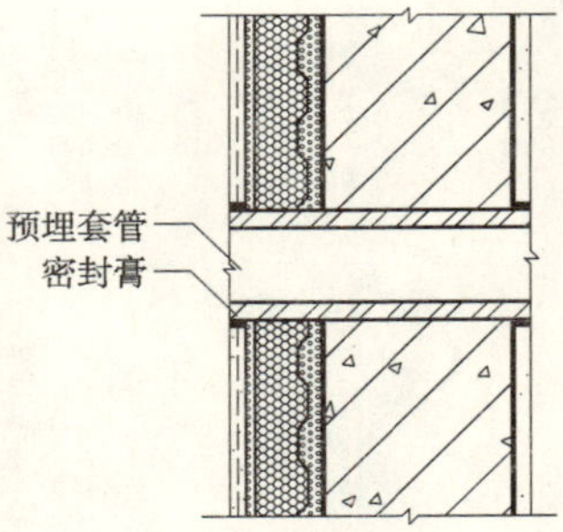

⑥管道穿墙

注：1. 本图为胶粉聚苯颗粒夹芯聚苯板（三明治）系统外墙阳台、雨篷、女儿墙、挑檐、管道穿墙构造。
2. 挑檐挑出宽度详见单体设计。

伸缩缝、沉降缝、抗震缝构造

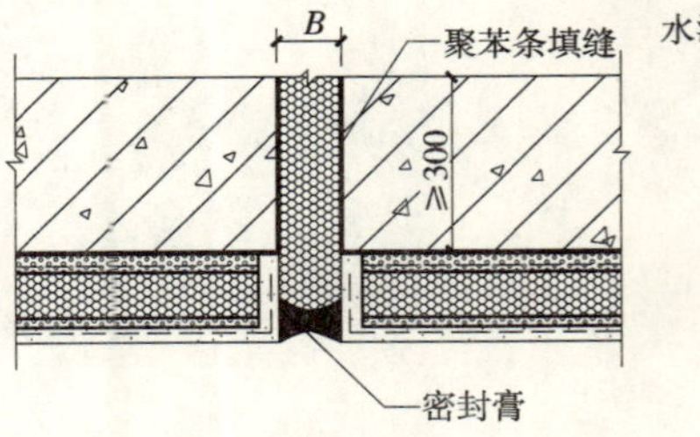

① 伸缩缝（一）

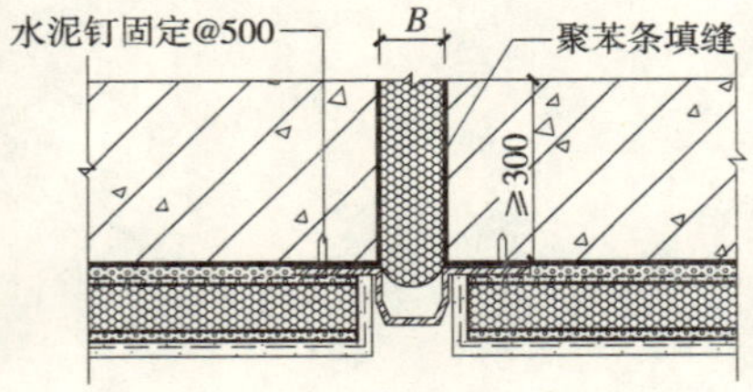

② 伸缩缝（二）

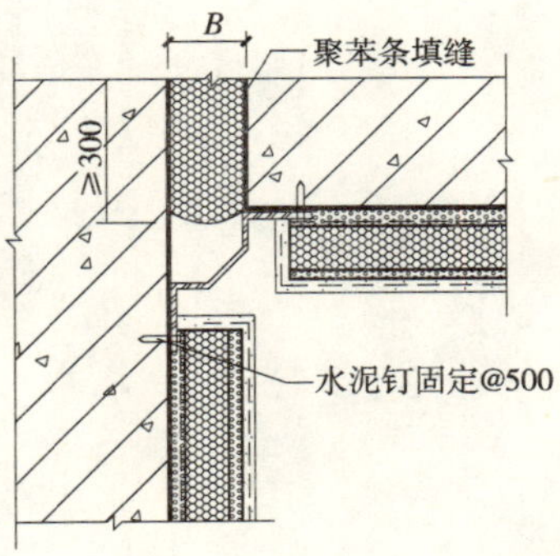

③ 伸缩缝（三）

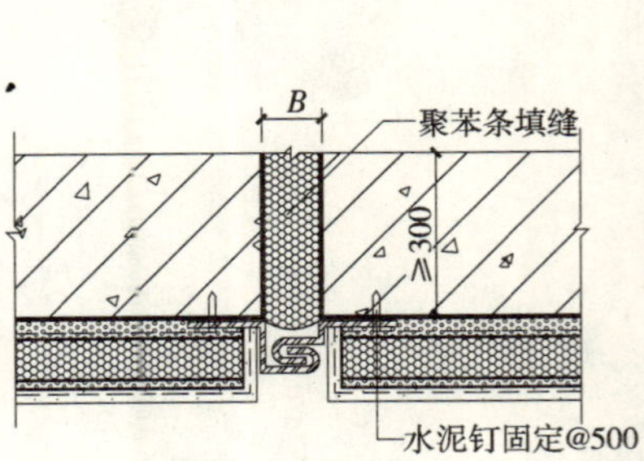

④ 沉降缝、防震缝（一）

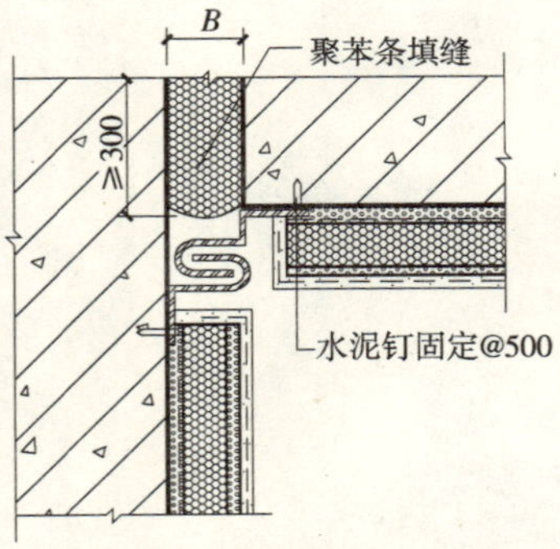

⑤ 沉降缝、防震缝（二）

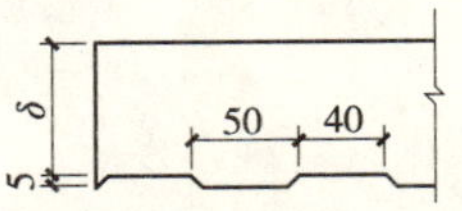

⑥ 聚苯板槽型示意

注：1. 本图为胶粉聚苯颗粒夹芯聚苯板（三明治）系统外墙伸缩缝、沉降缝、防震缝构造。
2. 变形缝两侧外墙应加强保温，其传热系数限值不应大于分户墙的规定值。
3. 变形缝金属盖缝板形式、尺寸及固定参照单体设计。
4. 伸缩缝、沉降缝、防震缝用聚苯条塞紧，填塞深度不应小于300。聚苯板密度不应大于10kg/m³。

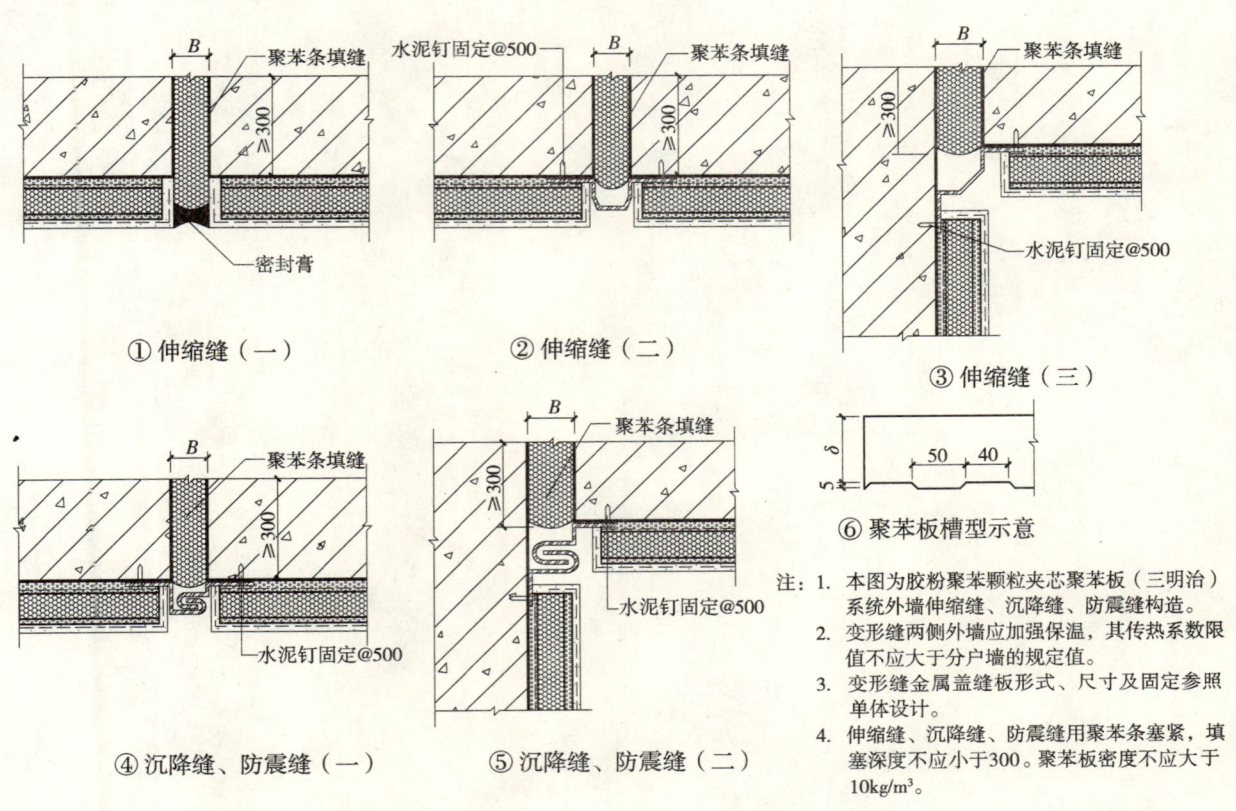

7

E 系统（胶粉聚苯颗粒粘贴聚苯板系统）构造节点详图

外墙、阴阳角、勒脚构造

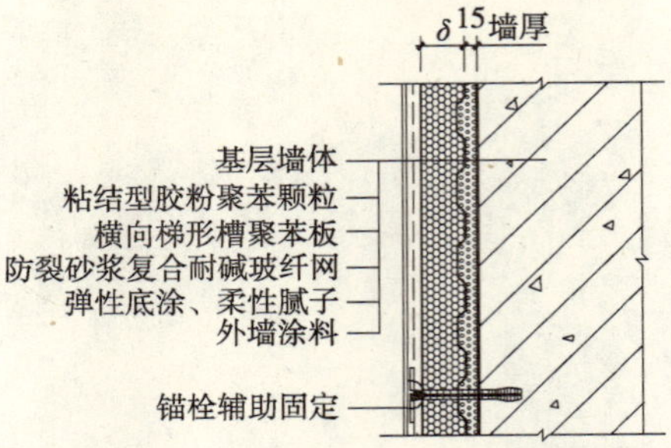

① 涂料外墙

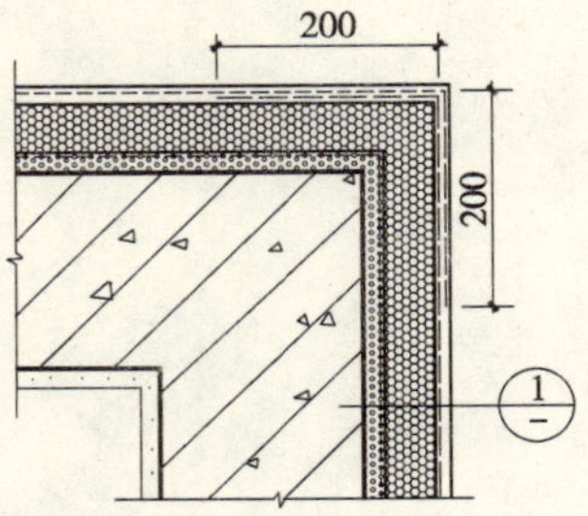

② 阳角

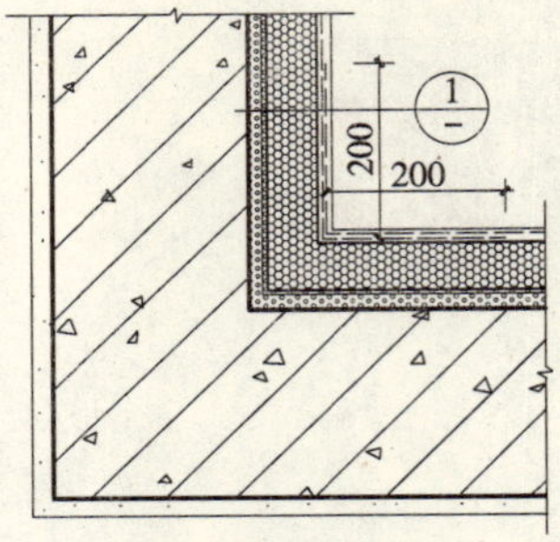

③ 阴角

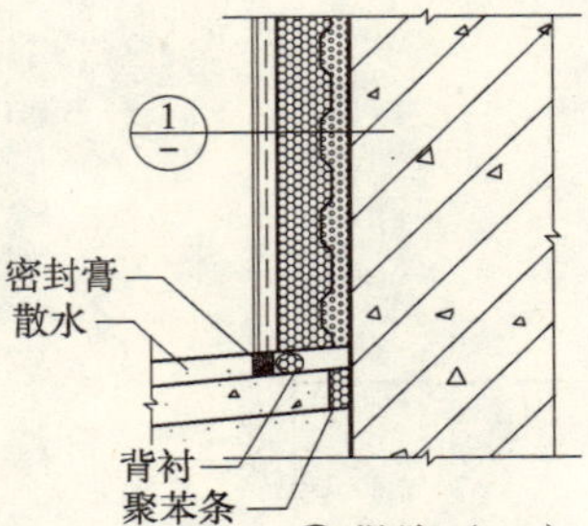

④ 勒脚（一）

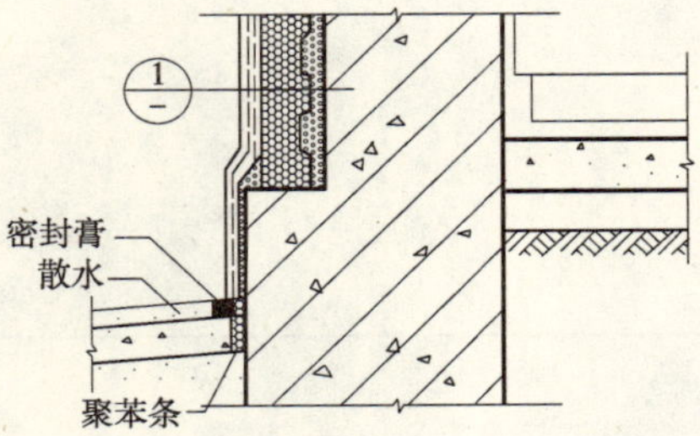

⑤ 勒脚（二）

注：1. 本系统适用于建筑高度24m及以下的外保温工程。
2. ①节点为胶粉聚苯颗粒粘贴聚苯板系统涂料外墙标准层构造，建筑首层应为双层耐碱玻纤网。
3. 建筑物高度在20m以上时，在受负风压作用较大的部位宜使用锚栓辅助固定。
4. 横向梯形槽聚苯板槽型示意参见相关节点。

窗口构造

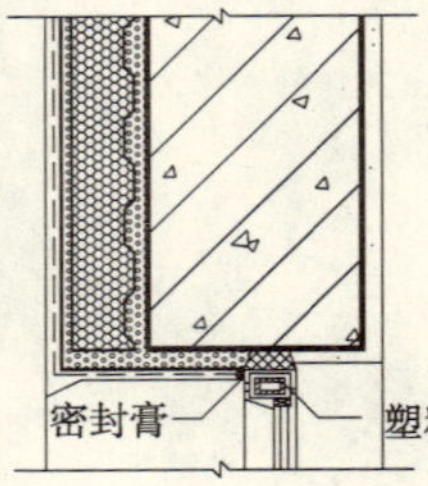

① 窗上口（一）

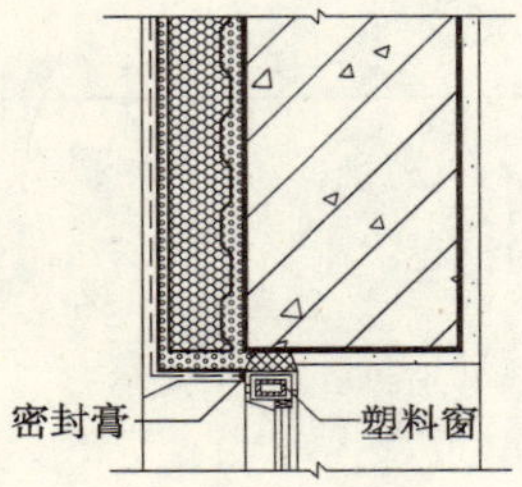

② 窗上口（二）

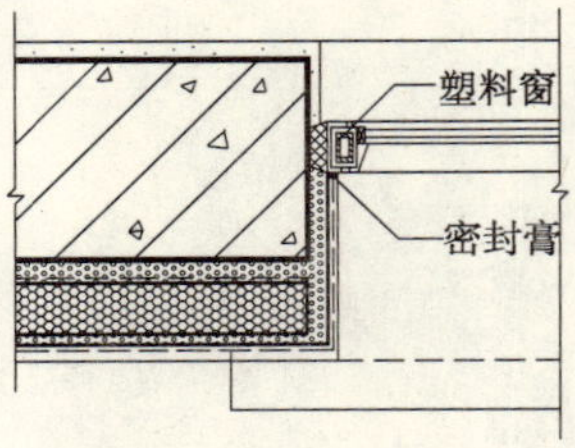

③ 窗侧口（一）

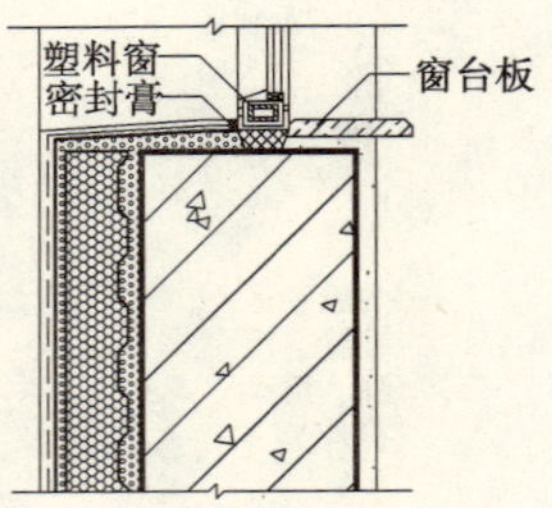

④ 窗下口（一）

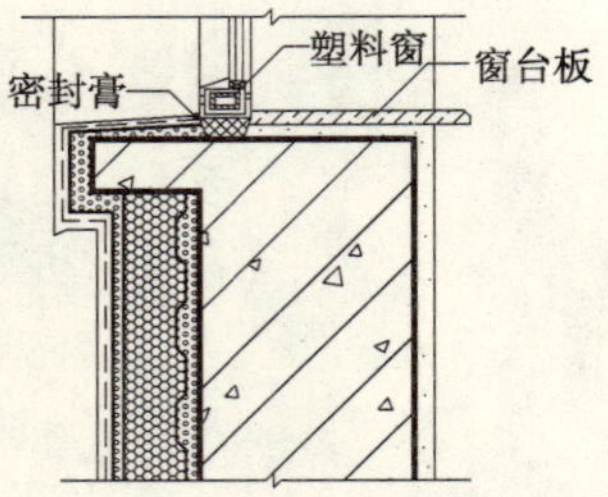

⑤ 窗下口（二）

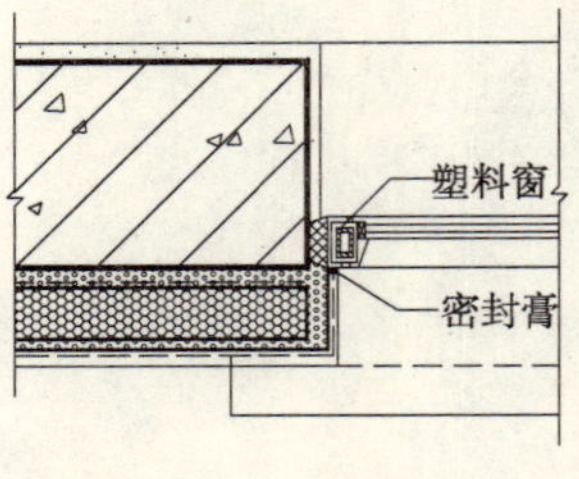

⑥ 窗侧口（二）

注：本图为胶粉聚苯颗粒粘贴聚苯板系统涂料外墙窗上口、窗下口、窗侧口构造。

阳台、雨篷、女儿墙、挑檐、管道穿墙构造

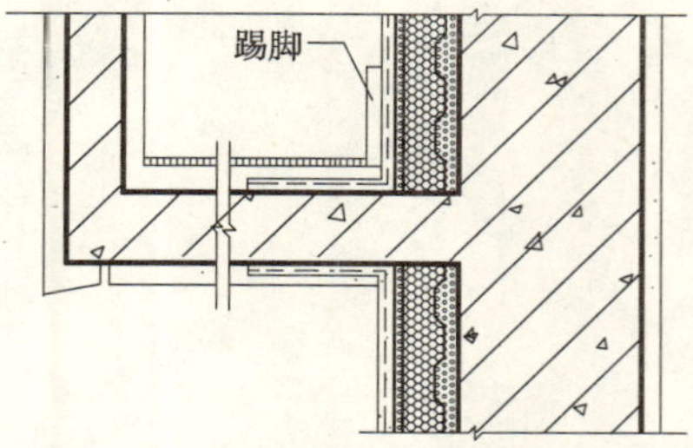

①阳台（不封闭）

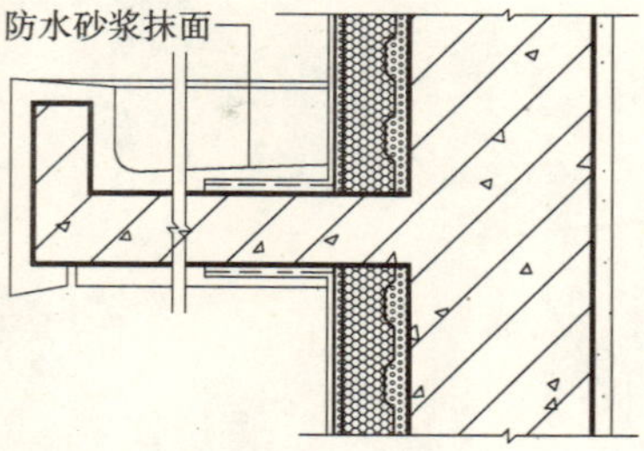

②雨篷

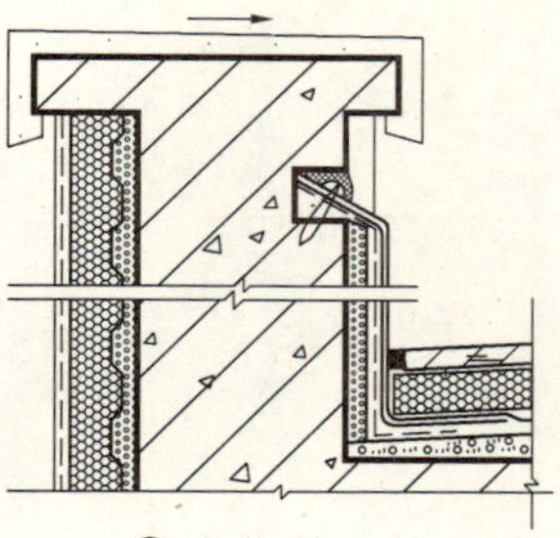

③女儿墙

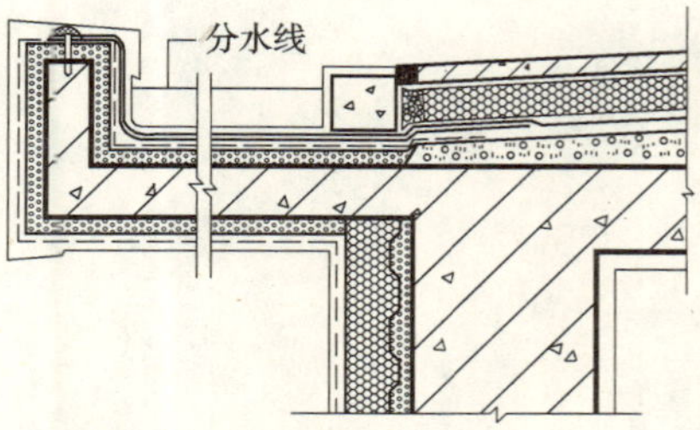

④挑檐（一）

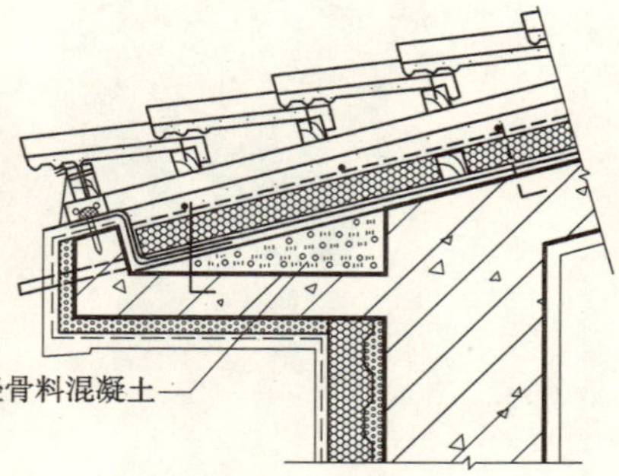

⑤挑檐（二）

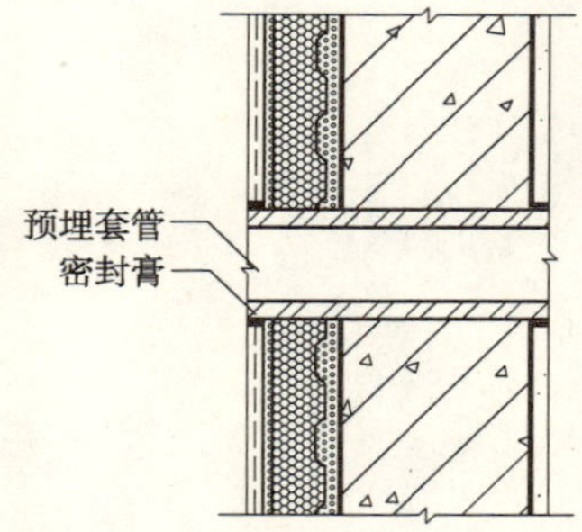

⑥管道穿墙

注：1. 本图为胶粉聚苯颗粒粘贴聚苯板系统外墙阳台、雨篷、女儿墙、挑檐、管道穿墙构造。
2. 挑檐挑出宽度详见单体设计。

伸缩缝、沉降缝、抗震缝构造

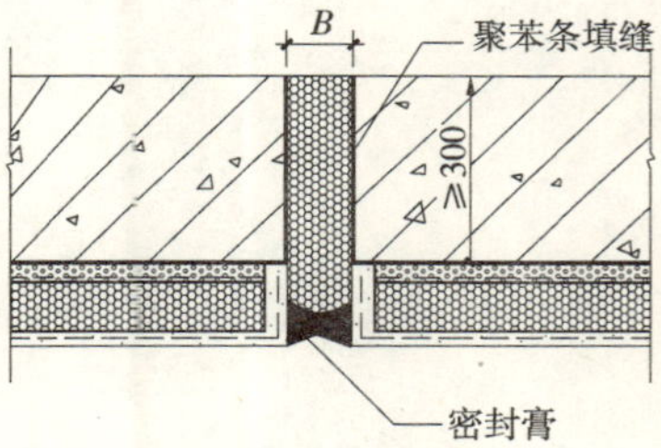

①伸缩缝（一）

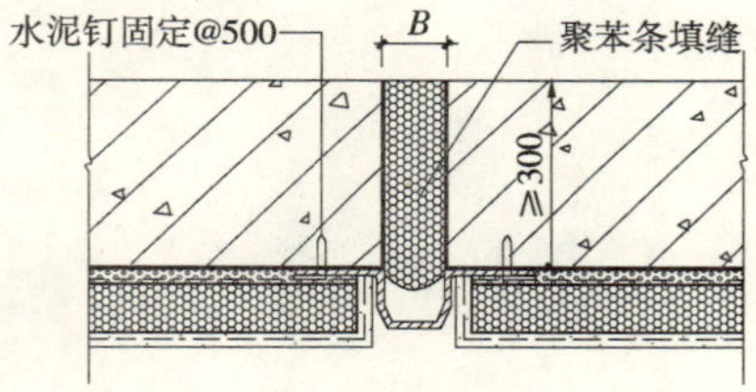

②伸缩缝（二）

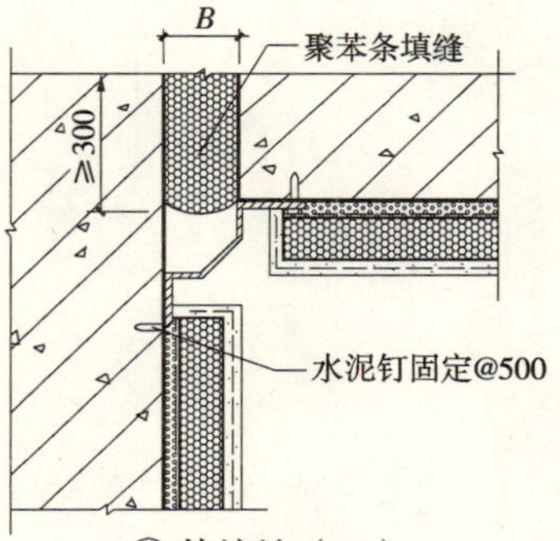

③伸缩缝（三）

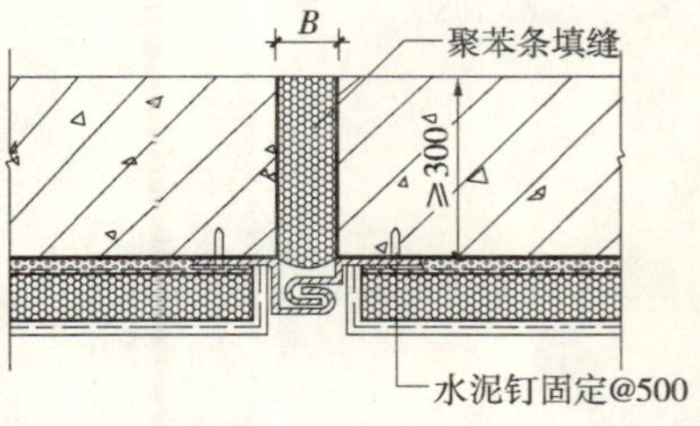

④沉降缝、防震缝（一）

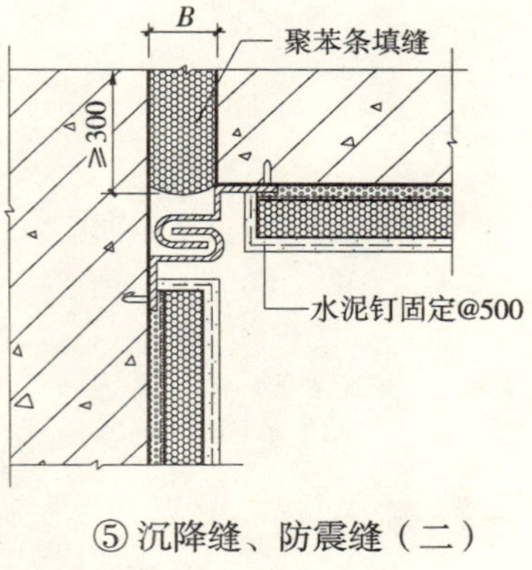

⑤沉降缝、防震缝（二）

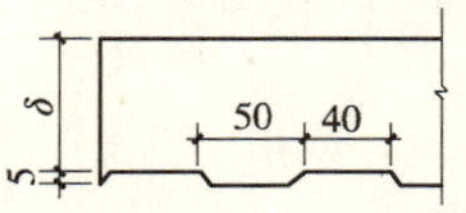

⑥聚苯板槽型示意

注：1. 本图为胶粉聚苯颗粒粘贴聚苯板外墙伸缩缝、沉降缝、防震缝构造。
2. 伸缩缝、沉降缝、防震缝用聚苯条塞紧，填塞深度不应小于300mm。聚苯板密度不应大于10kg/m³。
3. 变形缝两侧外墙应加强保温，其传热系数限值不应大于分户墙的规定值。
4. 变形缝金属盖缝板形式、尺寸及固定参照单体设计。

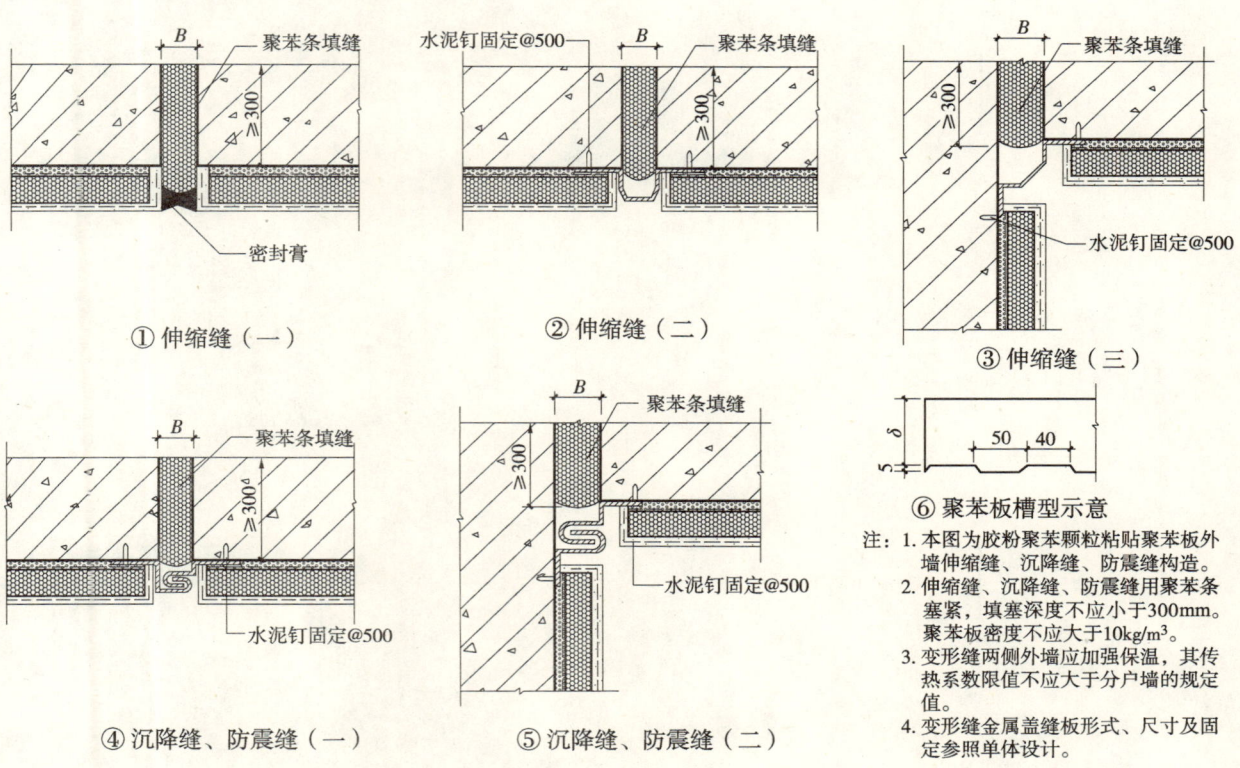

8

F系统（硬泡聚氨酯外保温系统）构造节点详图

外墙构造及做法

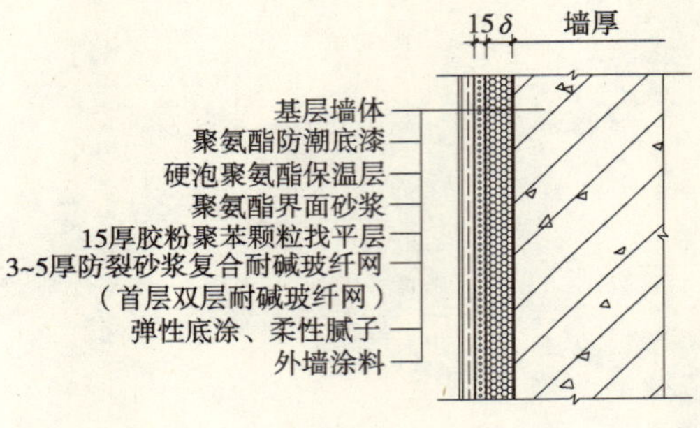

① 涂料外墙

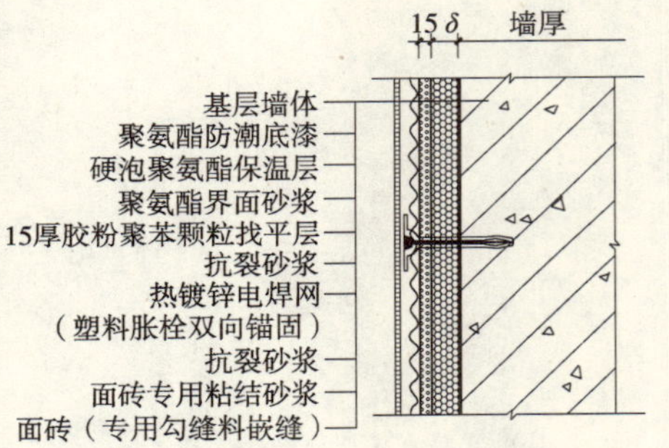

② 贴面砖外墙

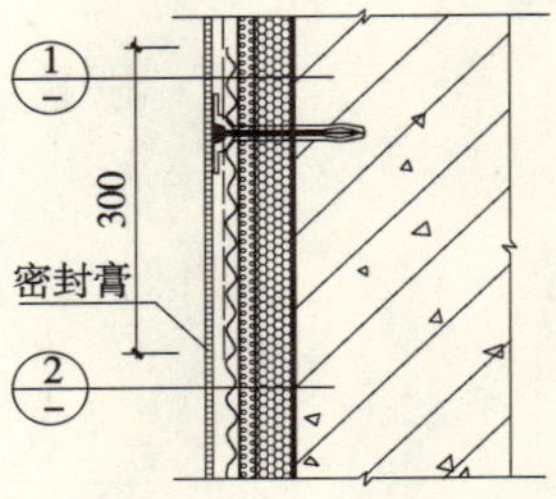

③ 涂料与面砖搭接构造

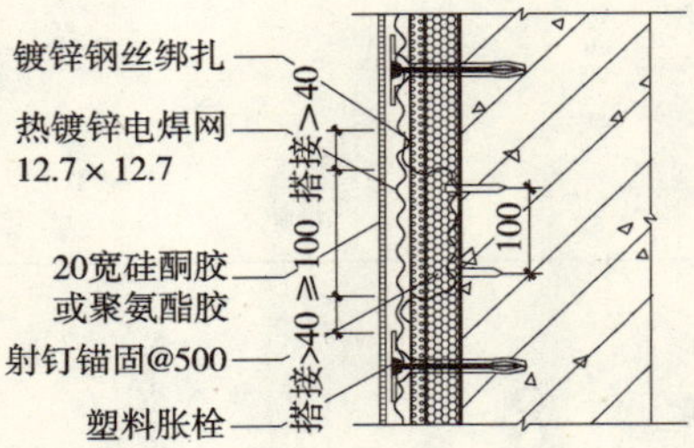

④ 贴面砖外墙（加强构造）

注：1. 基层墙体应符合施工要点要求，当基层墙体平整度达不到施工要求时，应先用1∶3水泥砂浆进行找平处理，然后再进行聚氨酯保温层的喷涂施工。
2. 硬泡聚氨酯保温厚度由设计人计算确定。
3. ①节点为涂料外墙标准层构造，建筑首层应为双层耐碱玻纤网。②节点为贴面砖外墙构造。
4. ③节点为涂料与面砖搭接构造，耐碱玻纤网压热镀锌电焊网不小于300mm，面砖不应贴在耐碱玻纤网上。
5. ④节点为贴面砖外墙加强构造，每六层楼设一道加强构造带，并留一条20mm宽的面砖缝，用硅酮胶或聚氨酯胶填缝。
6. 塑料胀栓锚固深度不得小于25mm，锚栓的数量和间距应根据基层墙体、建筑高度、风荷载和锚栓直径等因素确定，且应满足间距≤500mm。
7. 基层墙体为砖砌体时，严禁采用射钉固定。

阴阳角、勒脚构造

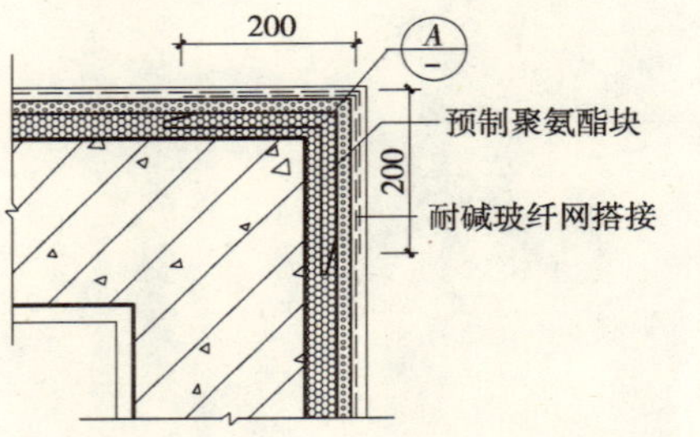

① 阳角

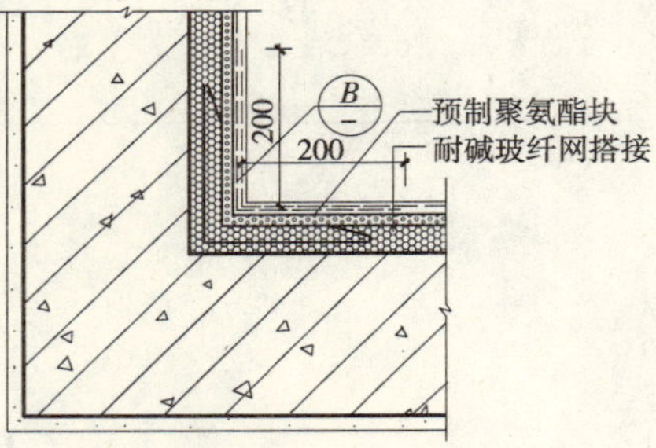

② 阴角

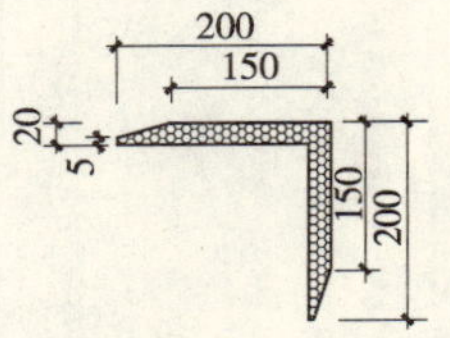

Ⓐ 聚氨酯阳角预制块

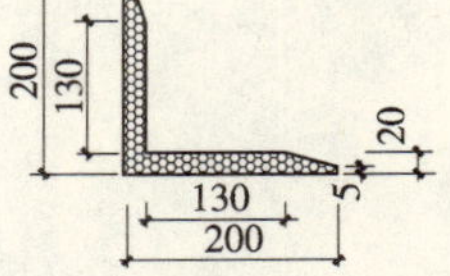

Ⓑ 聚氨酯阴角预制块

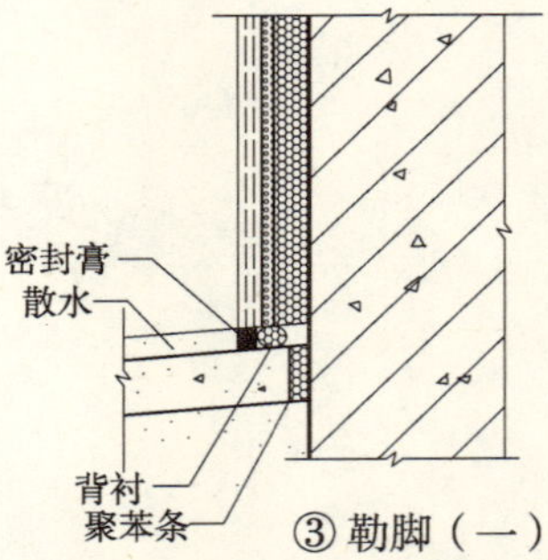

③ 勒脚（一）

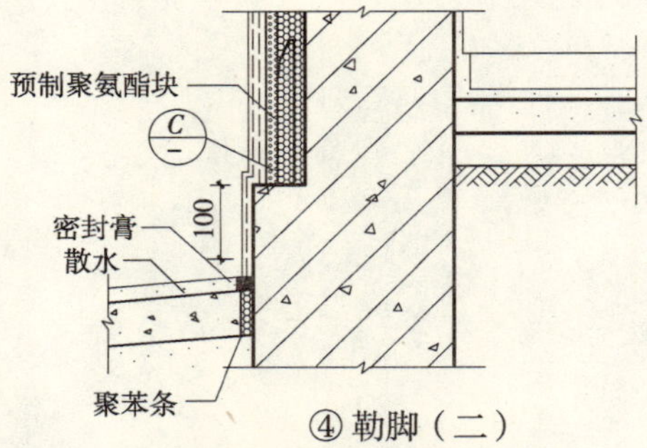

④ 勒脚（二）

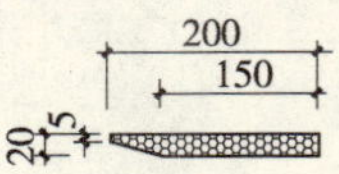

Ⓒ 聚氨酯边角预制块

注：1. 本图为硬泡聚氨酯保温层的涂料外墙阴阳角、勒脚构造，贴面砖构造做法见相关节点。阴阳角首层做法参见相关节点。
2. 阴阳角、门窗洞口及边角处采用粘贴聚氨酯预制块的做法，以防止喷涂污染及形成圆角，预制块标准厚度为20mm，直角边宽度200mm，长度900mm。

窗口构造

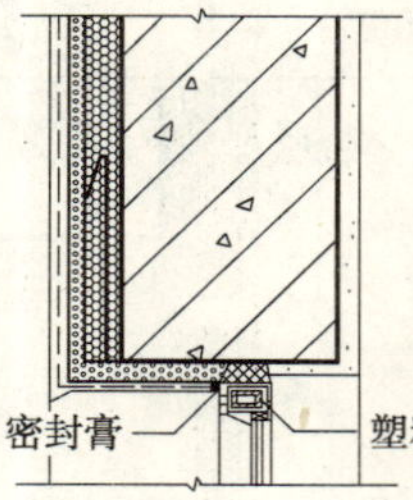

① 窗上口（一）

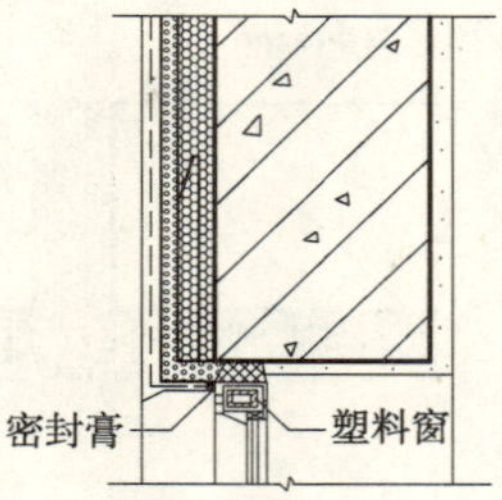

② 窗上口（二）

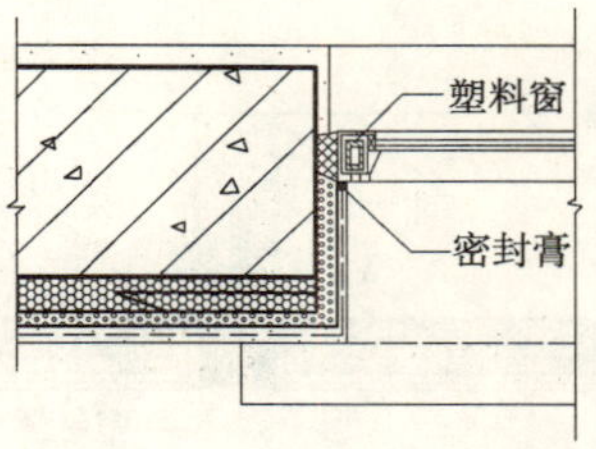

③ 窗侧口（一）

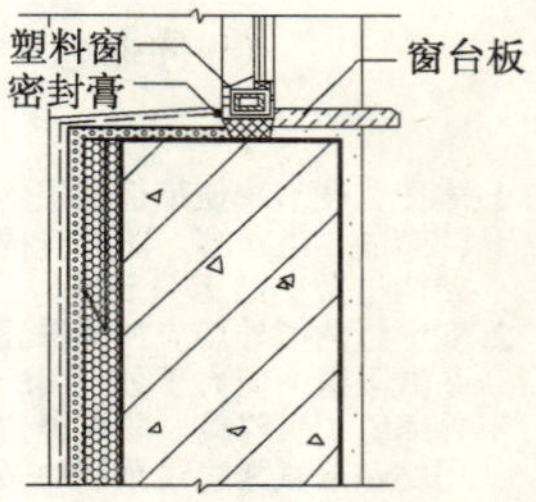

④ 窗下口（一）

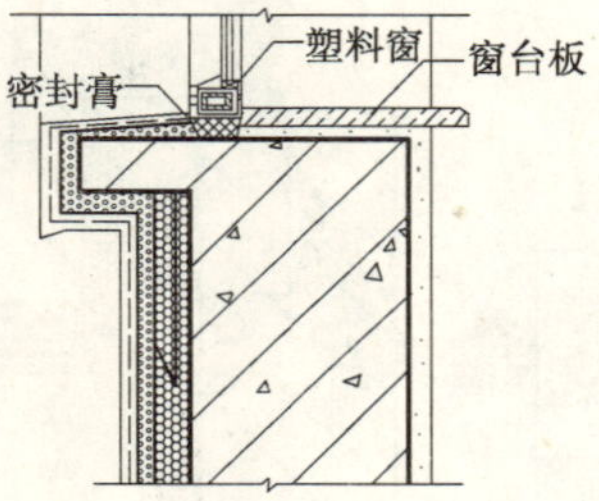

⑤ 窗下口（二）

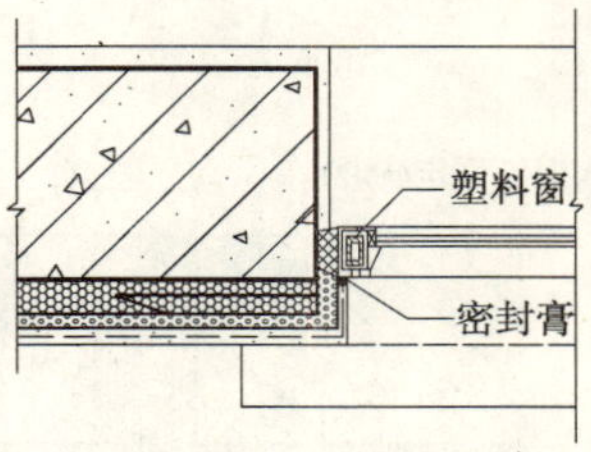

⑥ 窗侧口（二）

注：1. 本图为硬泡聚氨酯保温层涂料外墙窗上口、窗下口、窗侧口构造，贴面砖构造做法见相关节点。
2. 窗口边角部位采用粘贴聚氨酯边角预制块做法，以防止喷涂时的污染。
3. 窗套挑出长度、宽度详见单体设计。

阳台、雨篷、女儿墙、挑檐、管道穿墙构造

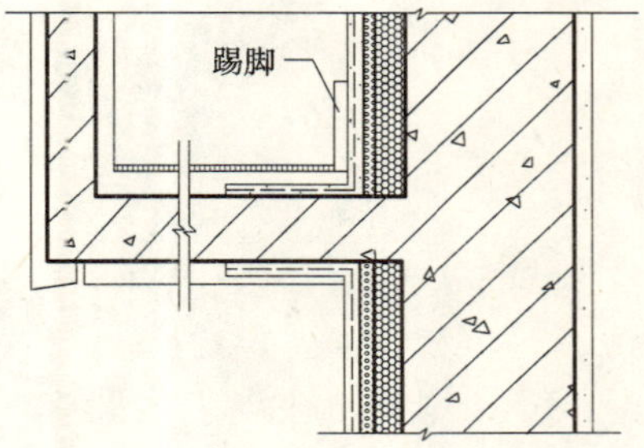

① 阳台（不封闭）

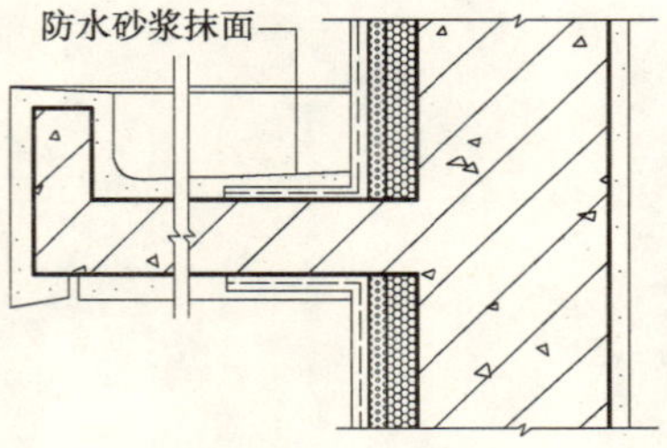

② 雨篷

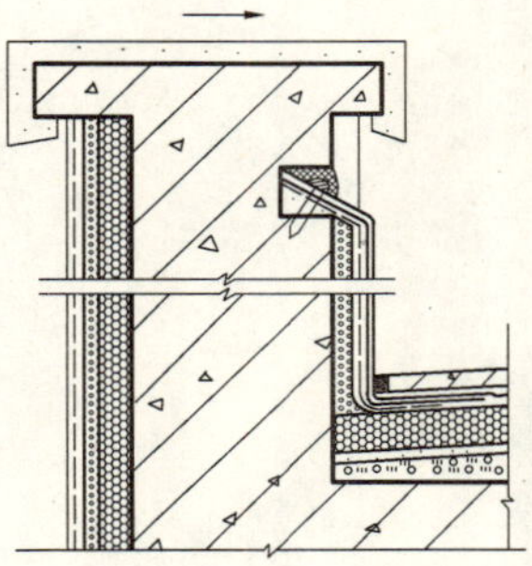

③ 女儿墙

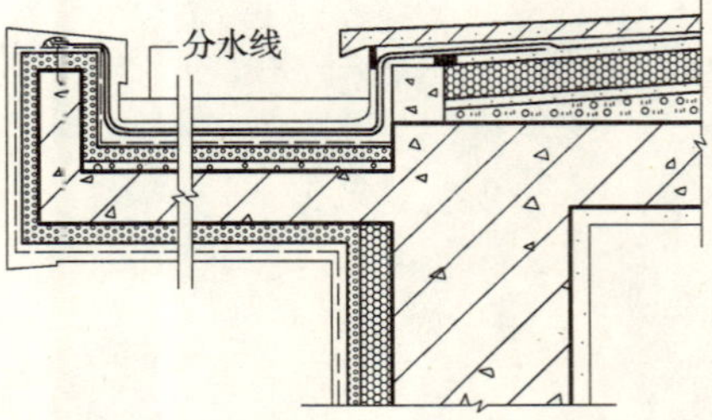

④ 挑檐（一）

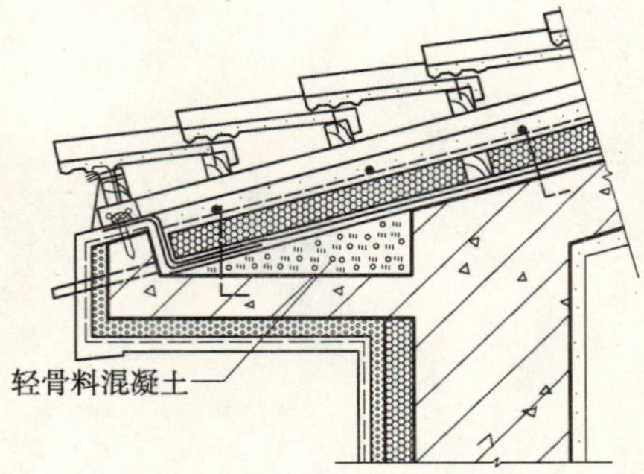

⑤ 挑檐（二）

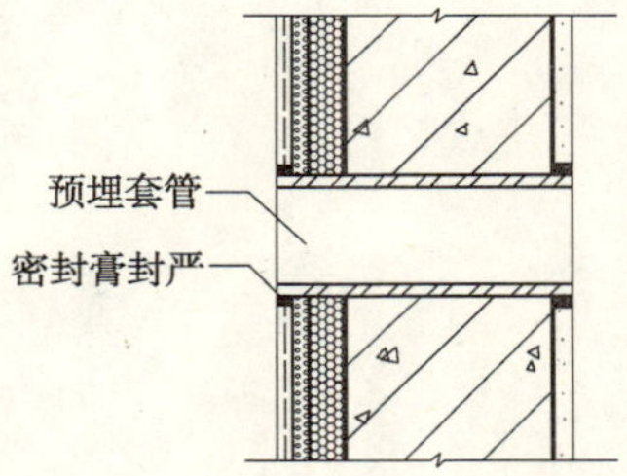

⑥ 管道穿墙

注：本图为硬泡聚氨酯保温层的涂料外墙阳台、雨篷、女儿墙、挑檐、管道穿墙构造，贴面砖构造做法见相关节点。

伸缩缝、沉降缝、抗震缝构造

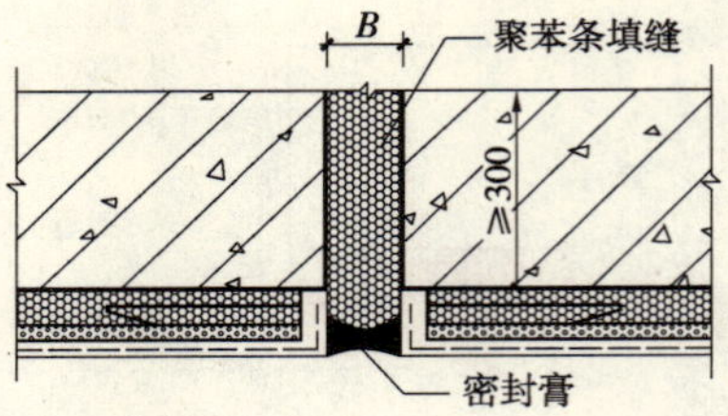

①伸缩缝（一）

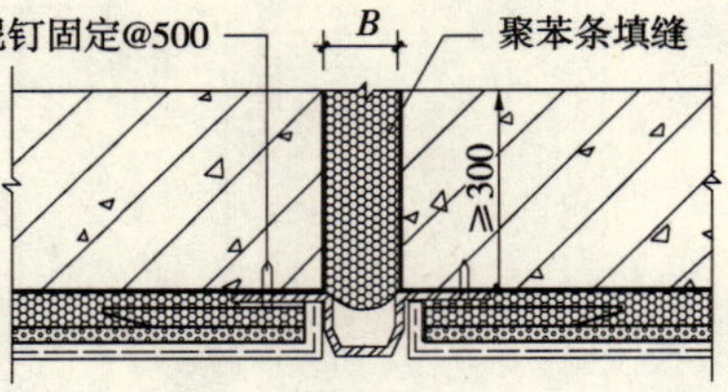

②伸缩缝（二）

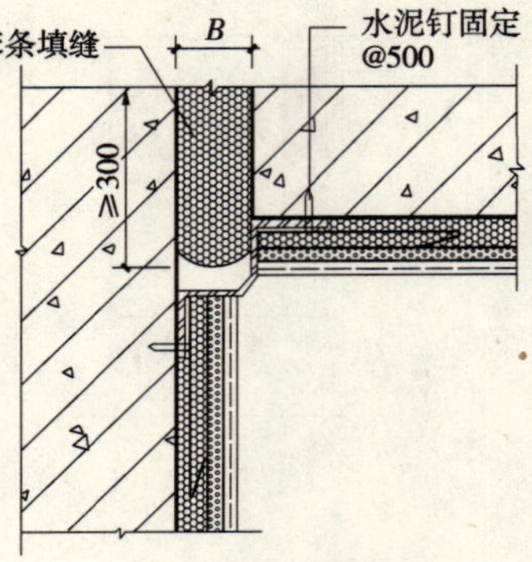

③伸缩缝（三）

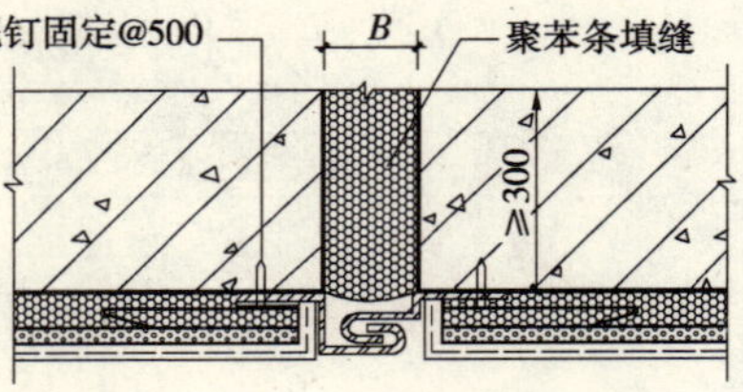

④沉降缝、防震缝（一）

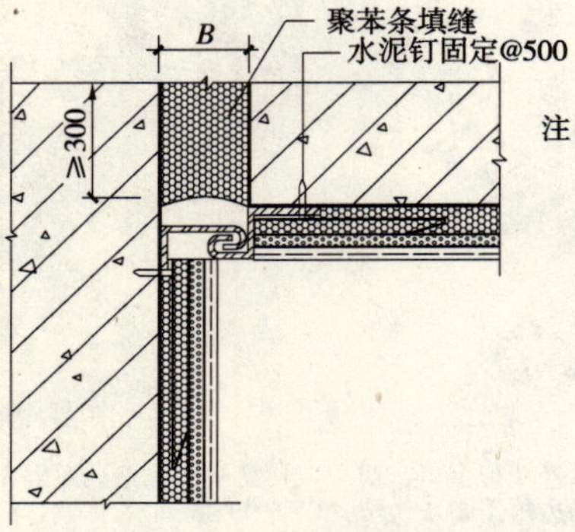

⑤沉降缝、防震缝（二）

注：1. 本图为硬泡聚氨酯保温层的涂料外墙伸缩缝、沉降缝、防震缝构造。贴面砖构造做法见相关节点。
2. 变形缝两侧外墙应加强保温，其传热系数限值不应大于分户墙的规定值。
3. 伸缩缝、沉降缝、防震缝边角部位采用粘贴聚氨酯边角预制块做法，以防止喷涂时的污染。
4. 变形缝金属盖缝板形式、尺寸及固定参照单体设计。
5. 伸缩缝、沉降缝、防震缝用低密度聚苯条塞紧，填塞深度不小于300mm。低密度聚苯板密度不大于$10kg/m^3$。

9

H系统（挤塑聚苯板屋面保温体系）构造节点详图

挤塑聚苯板平屋面保温构造

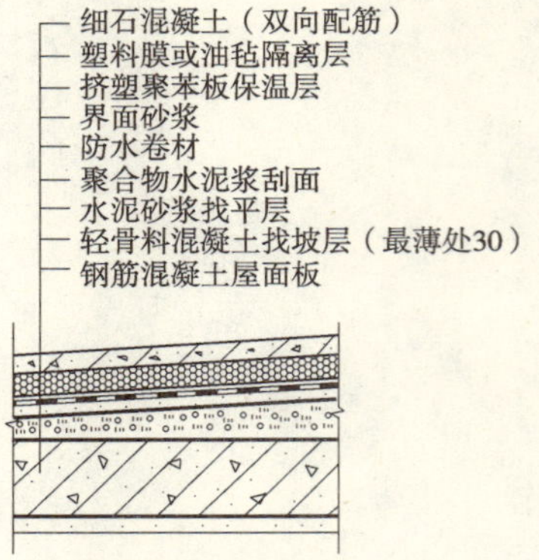

① 上人屋面构造

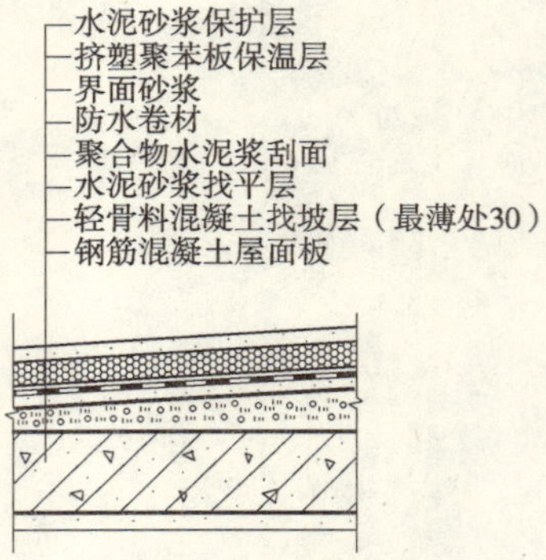

② 不上人屋面构造

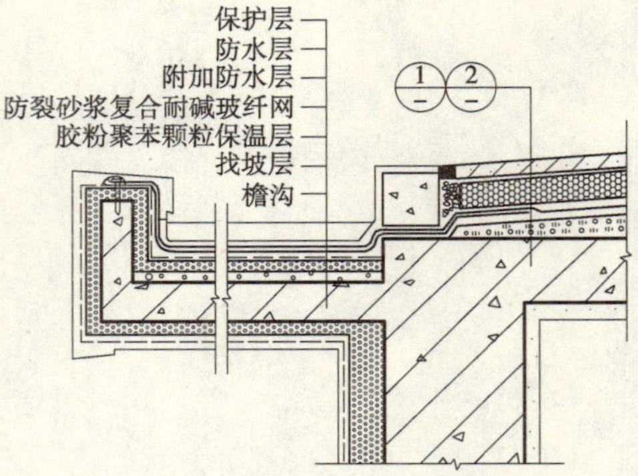

③ 檐沟构造

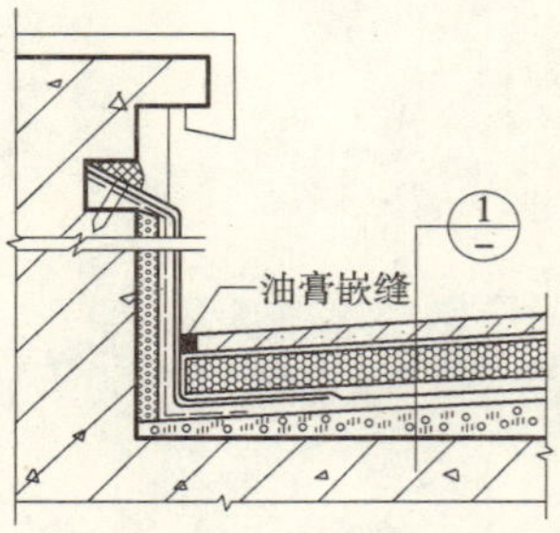

④ 女儿墙（一）

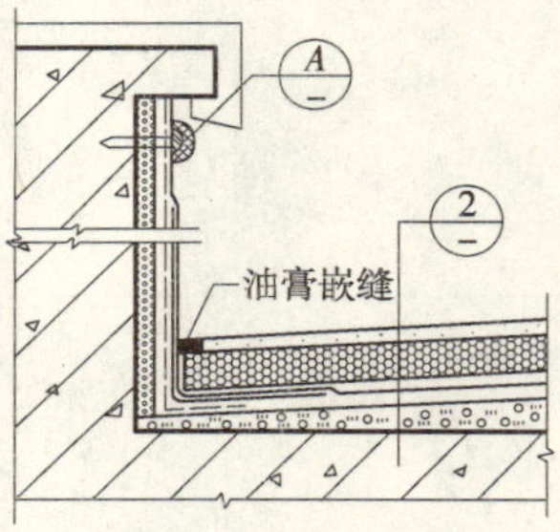

⑤ 女儿墙（二）

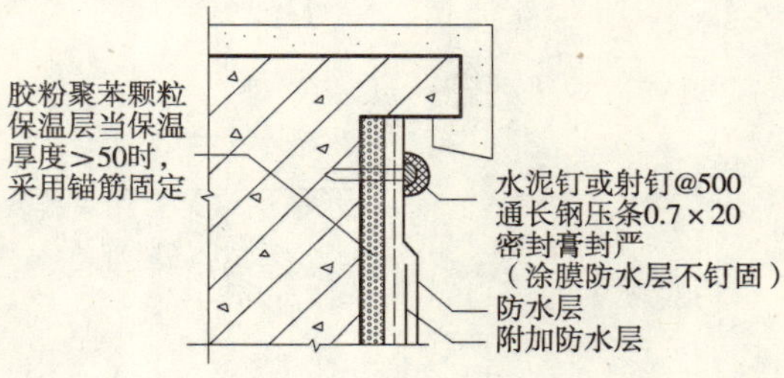

Ⓐ

注：1. 屋面挤塑聚苯板保温层厚度由设计人计算确定。
2. 屋面防水层设计及做法详见有关省标图集，防水层宜采用合成高分子卷材。

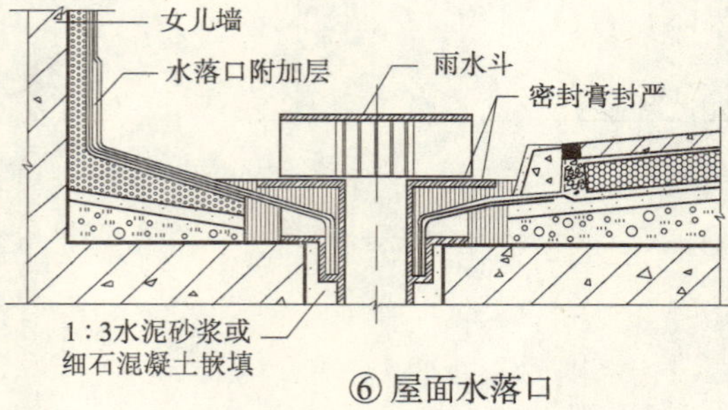

⑥ 屋面水落口

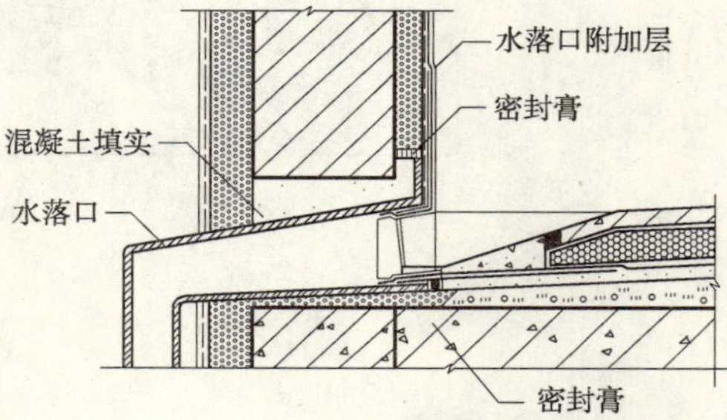

⑦ 穿女儿墙屋面水落口

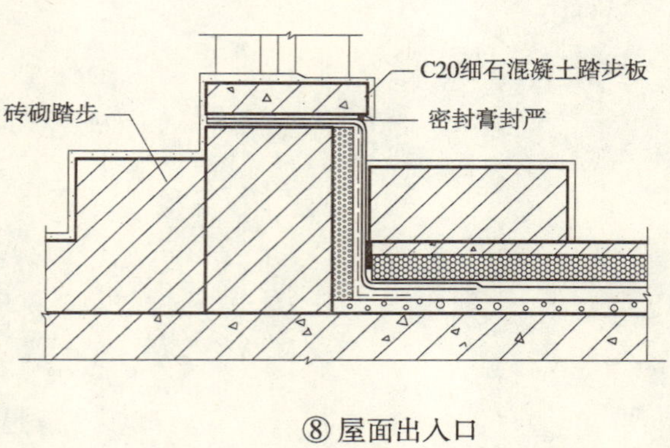

⑧ 屋面出入口

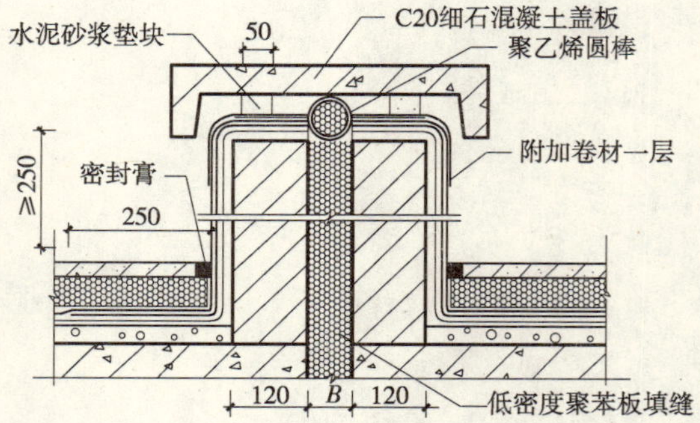

⑨ 屋面变形缝

注：屋面挤塑聚苯板保温层厚度由设计人计算确定。

挤塑聚苯板屋面保温构造

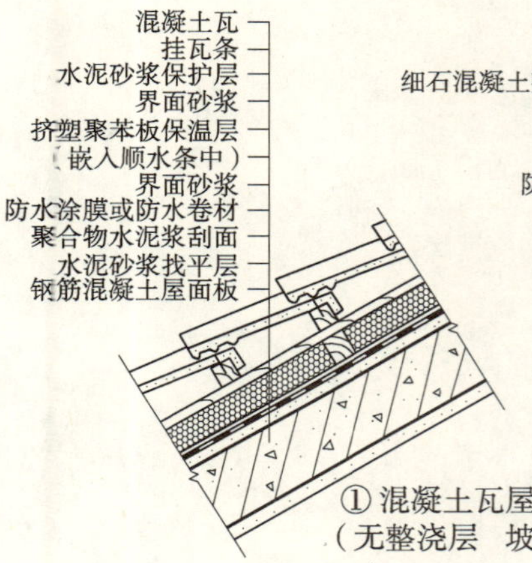

① 混凝土瓦屋面（一）
（无整浇层　坡度≤50°）

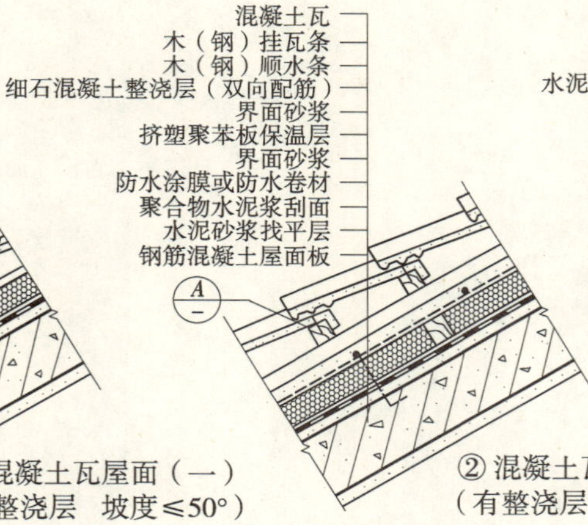

② 混凝土瓦屋面（二）
（有整浇层　坡度≤30°）

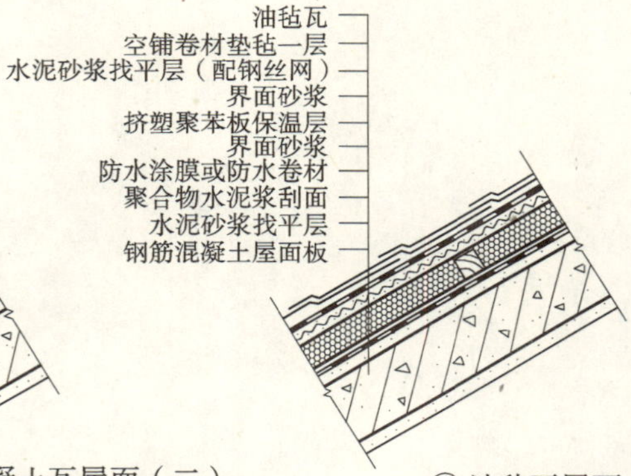

③ 油毡瓦屋面

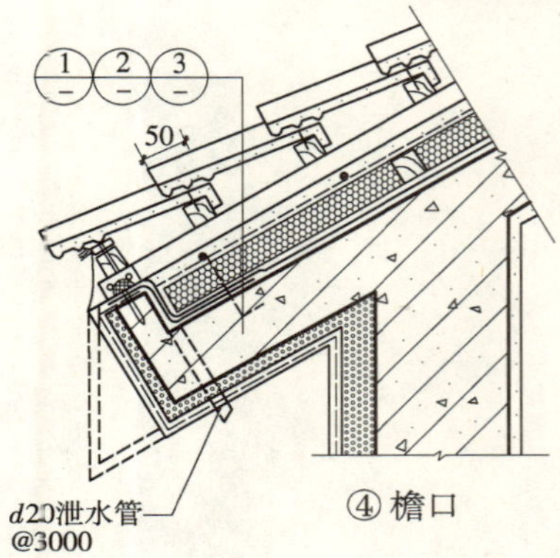

④ 檐口

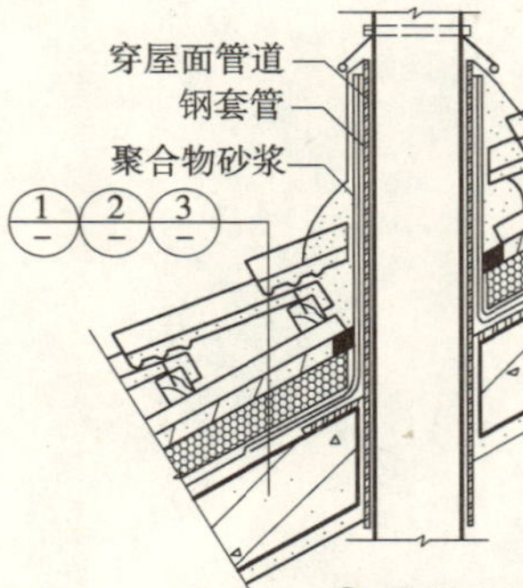

⑤ 管道出屋面

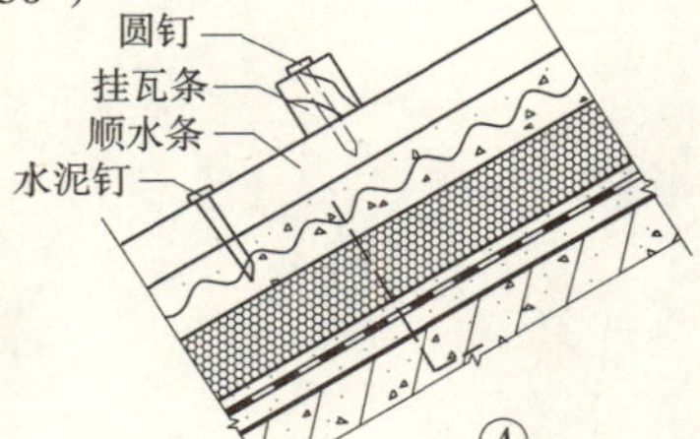

Ⓐ

注：1. 坡屋面挤塑聚苯板保温层厚度由设计人计算确定。
2. 钢筋网规格为 $\phi 6@500\times500$。
3. 屋面防水层设计及瓦材固定、见有关图集，防水层宜采用合成高分子卷材。

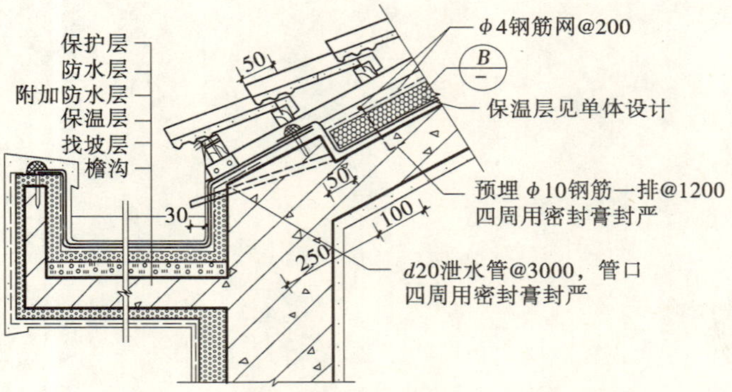

⑥ 檐沟

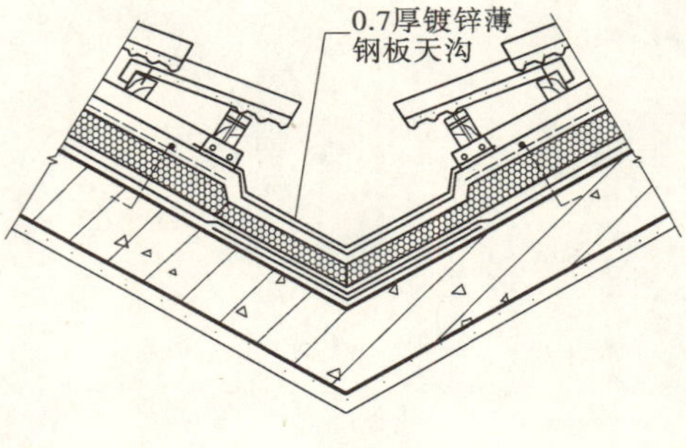

⑦ 天沟

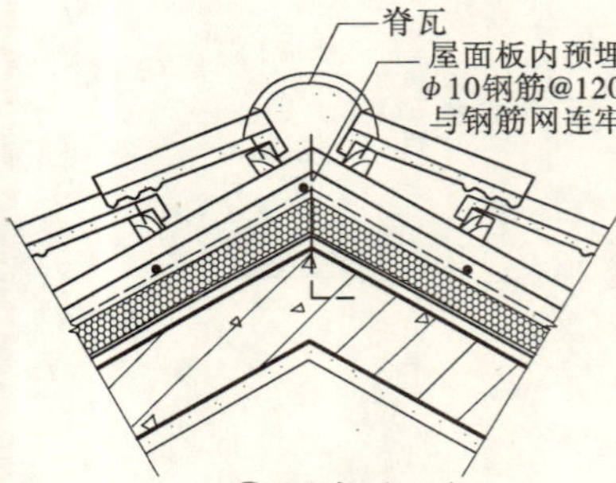

⑧ 屋脊（一）

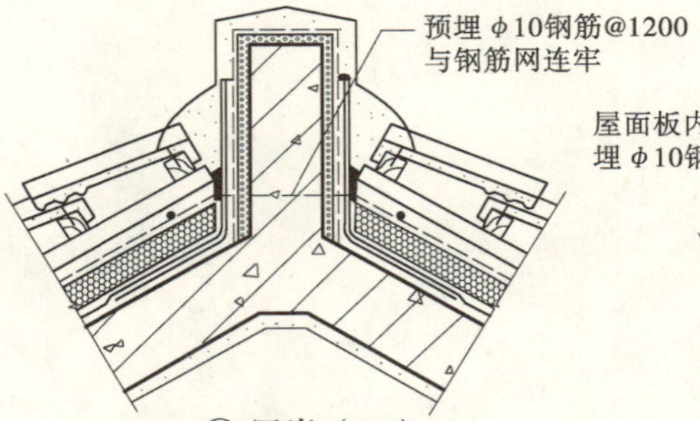

⑨ 屋脊（二）

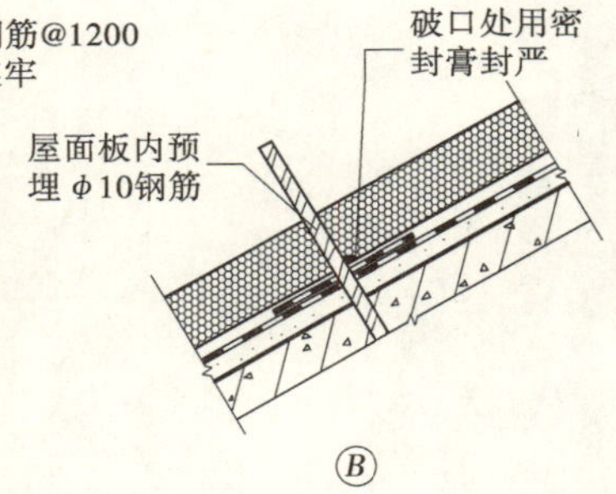

Ⓑ

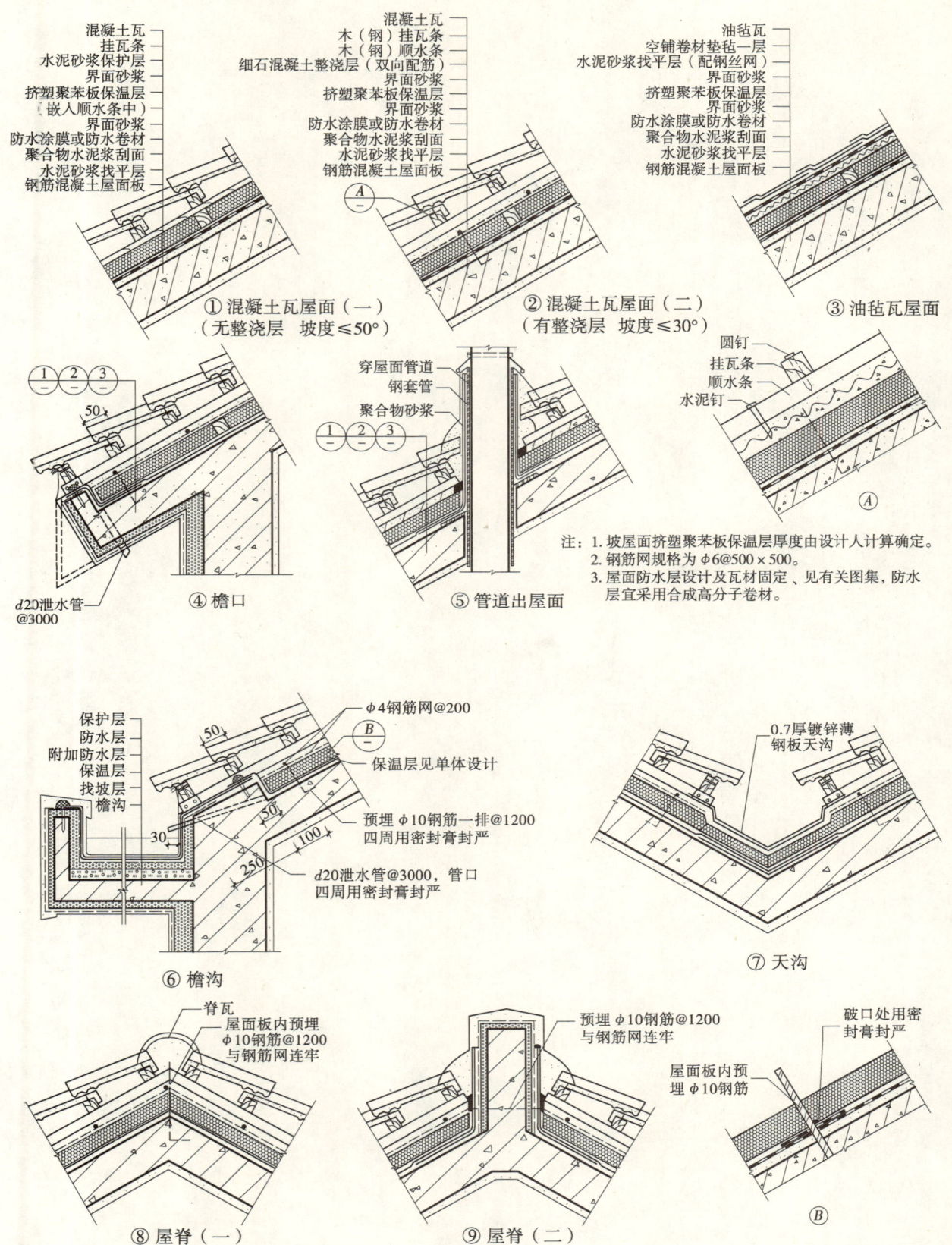

10

J系统（硬泡聚氨酯屋面保温系统）构造节点详图

硬泡聚氨酯平屋面保温构造

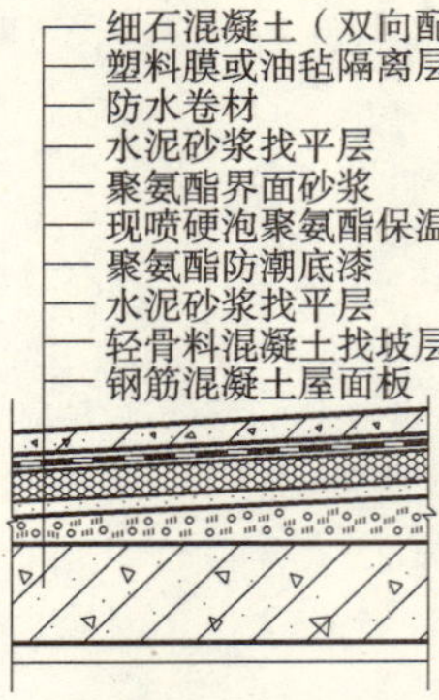

① 上人屋面构造

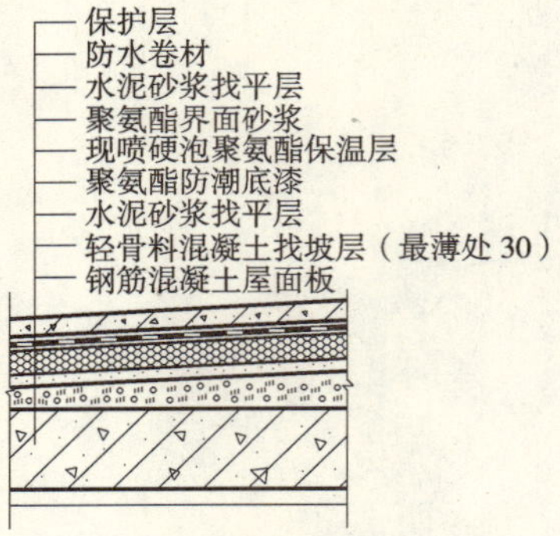

② 不上人屋面构造

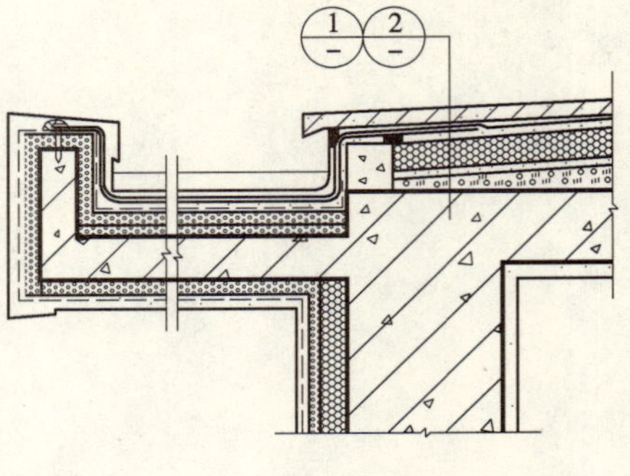

③ 檐沟构造

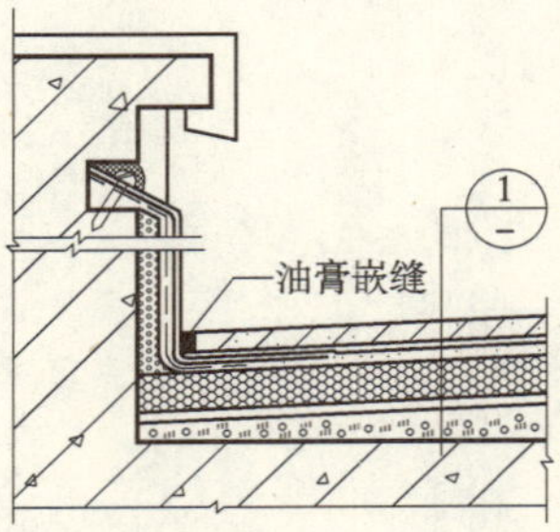

④ 女儿墙（一）

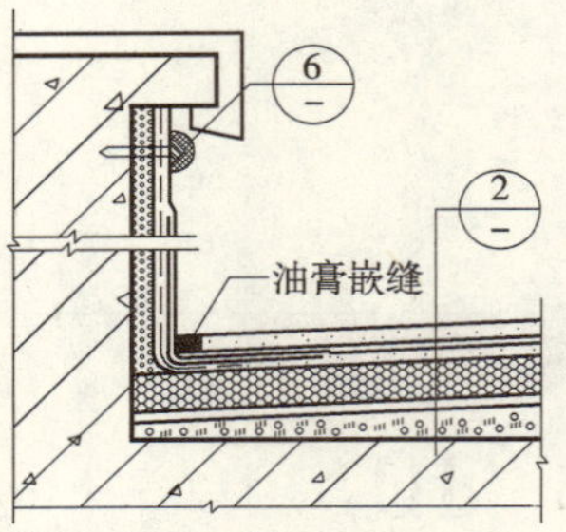

⑤ 女儿墙（二）

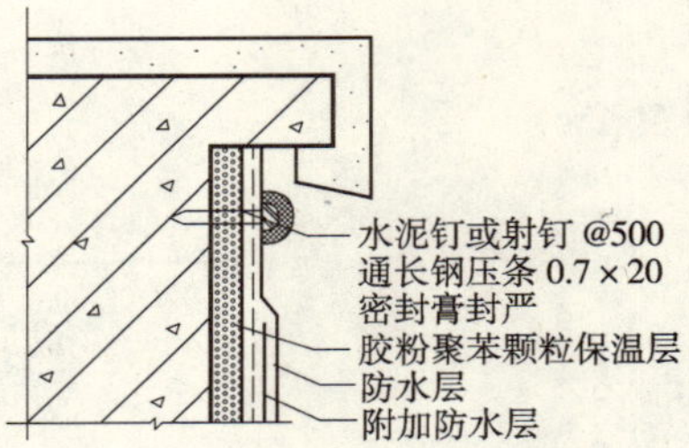

⑥ 女儿墙（三）

注：1. 屋面聚氨酯保温层厚度由设计人计算确定。
2. 屋面防水层设计及做法详见有关图集，防水层宜采用合成高分子卷材。

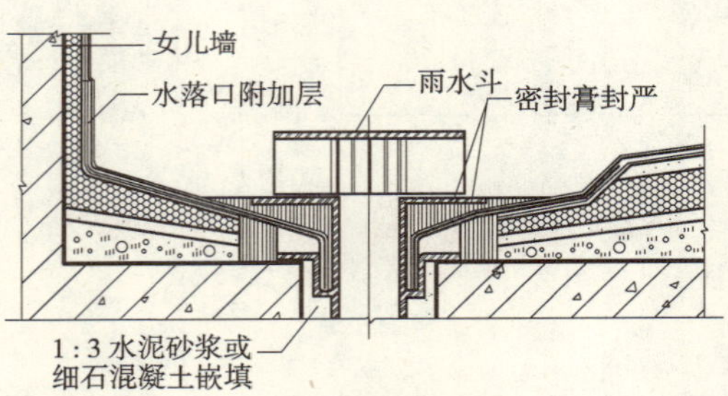

⑦ 屋面水落口

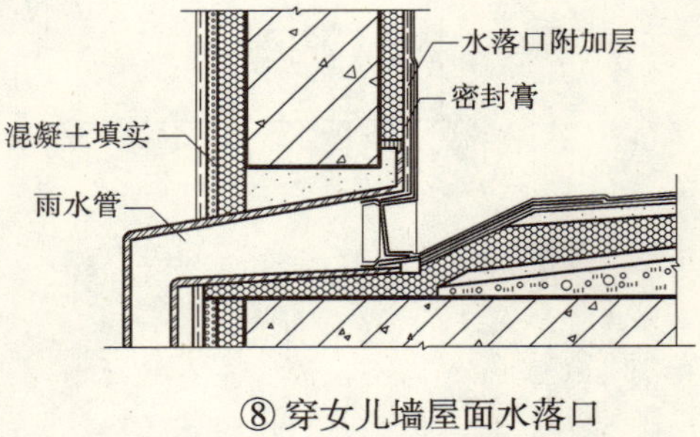

⑧ 穿女儿墙屋面水落口

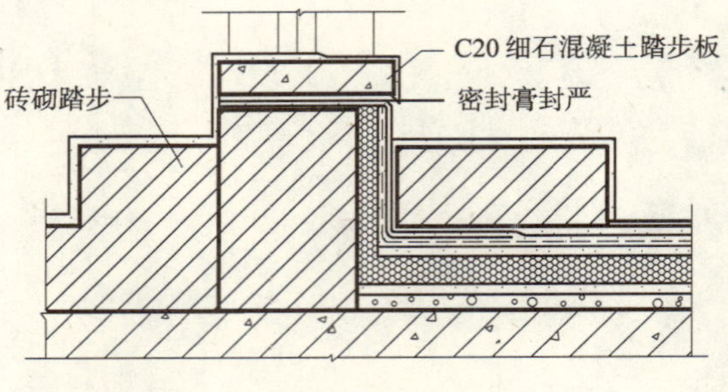

⑨ 屋面出入口

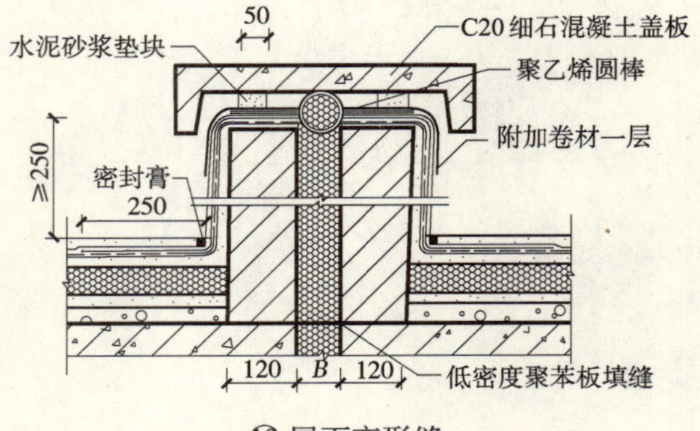

⑩ 屋面变形缝

注：屋面保温层厚度由设计人计算确定。

硬泡聚氨酯屋面保温构造

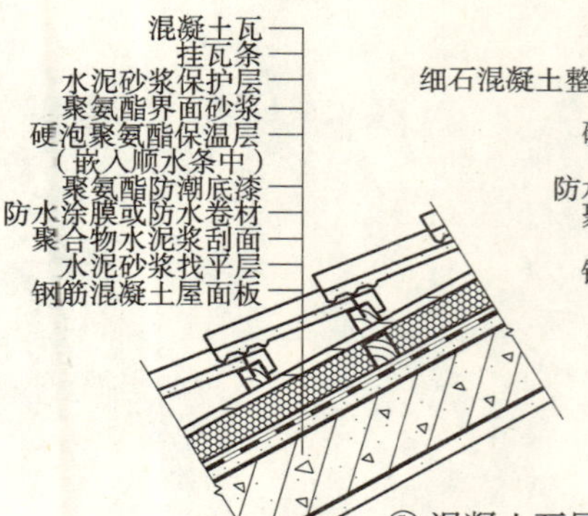

① 混凝土瓦屋面（一）
（无整浇层 坡度≤50°）

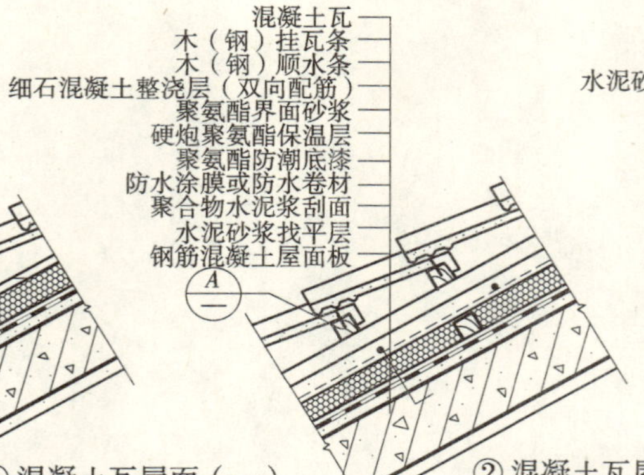

② 混凝土瓦屋面（二）
（有整浇层 坡度≤30°）

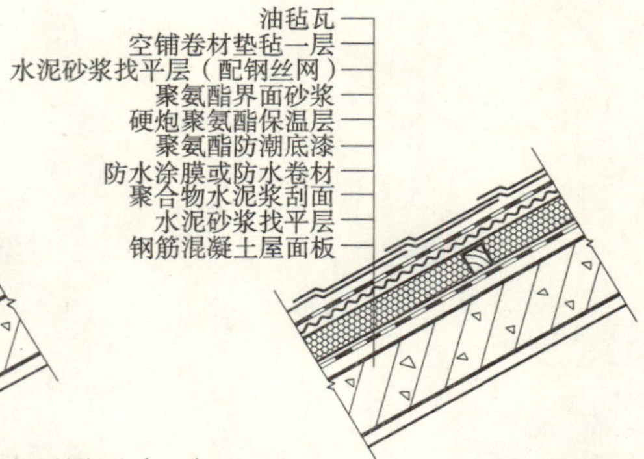

③ 油毡瓦屋面

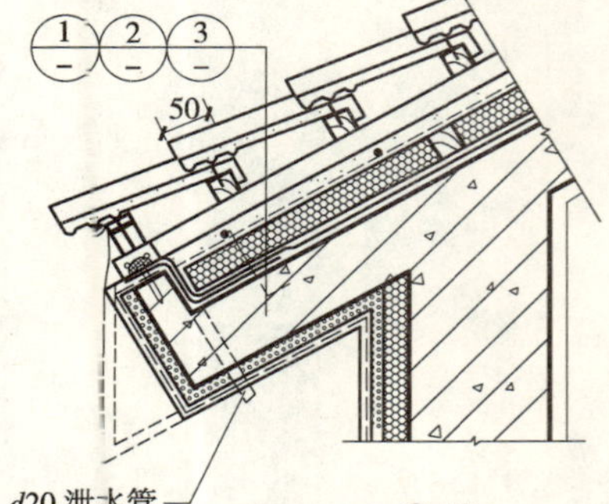

④ 檐口

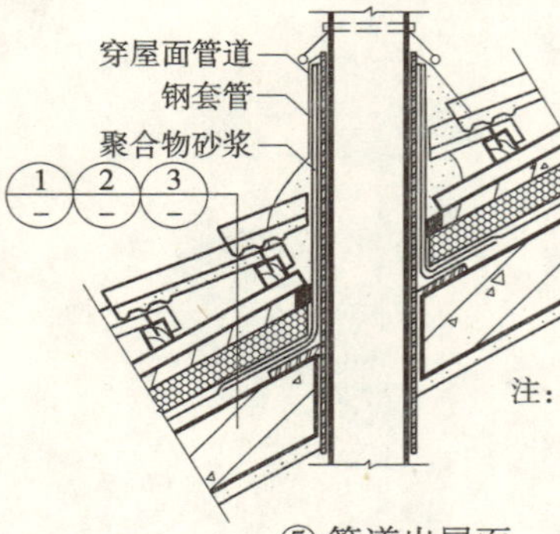

⑤ 管道出屋面

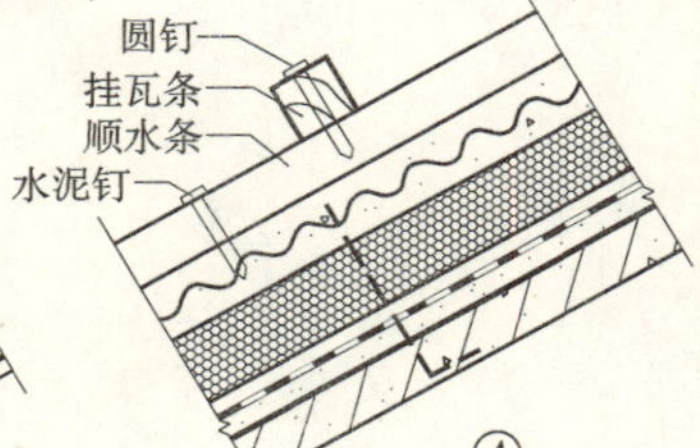

Ⓐ

注：1. 坡屋面硬泡聚氨酯保温层厚度由设计人计算确定。
2. 钢筋网规格为 $\phi 6@500\times500$。
3. 屋面防水层设计及瓦材固定见有关图集。防水层宜采用合成高分子卷材。

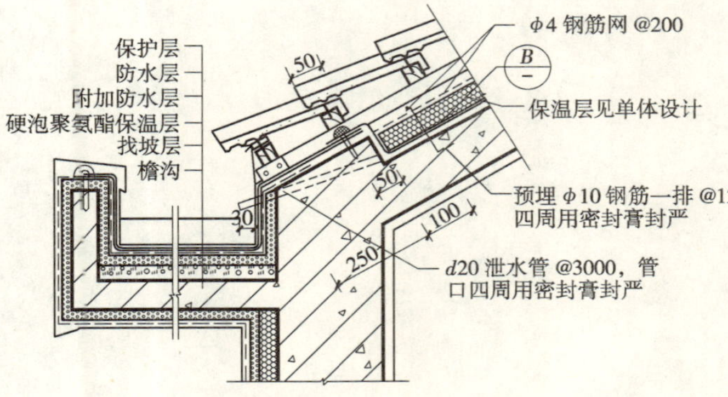

⑥ 檐沟

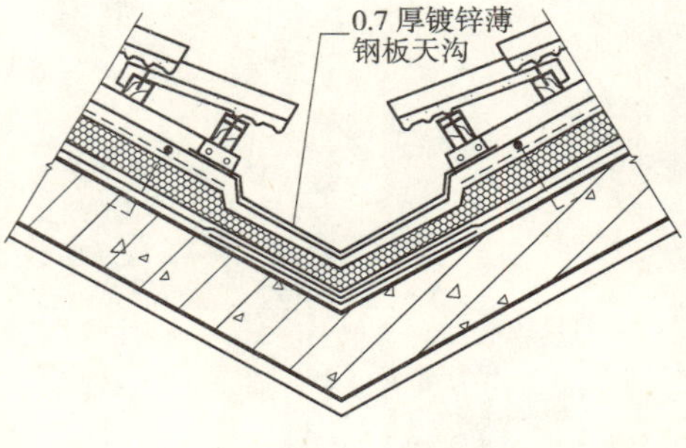

⑦ 天沟

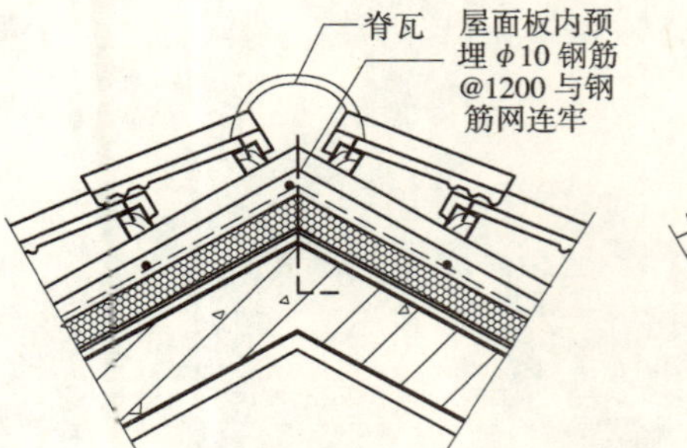

⑧ 屋脊（一）

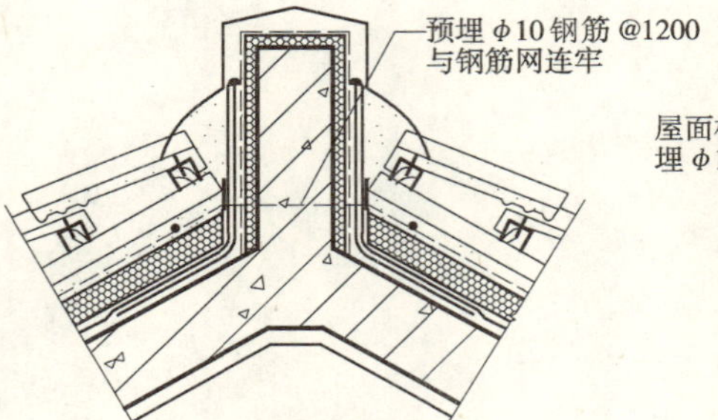

⑨ 屋脊（二）

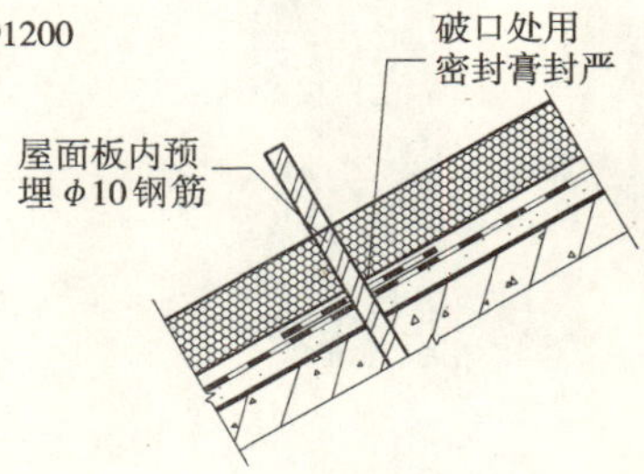

Ⓑ

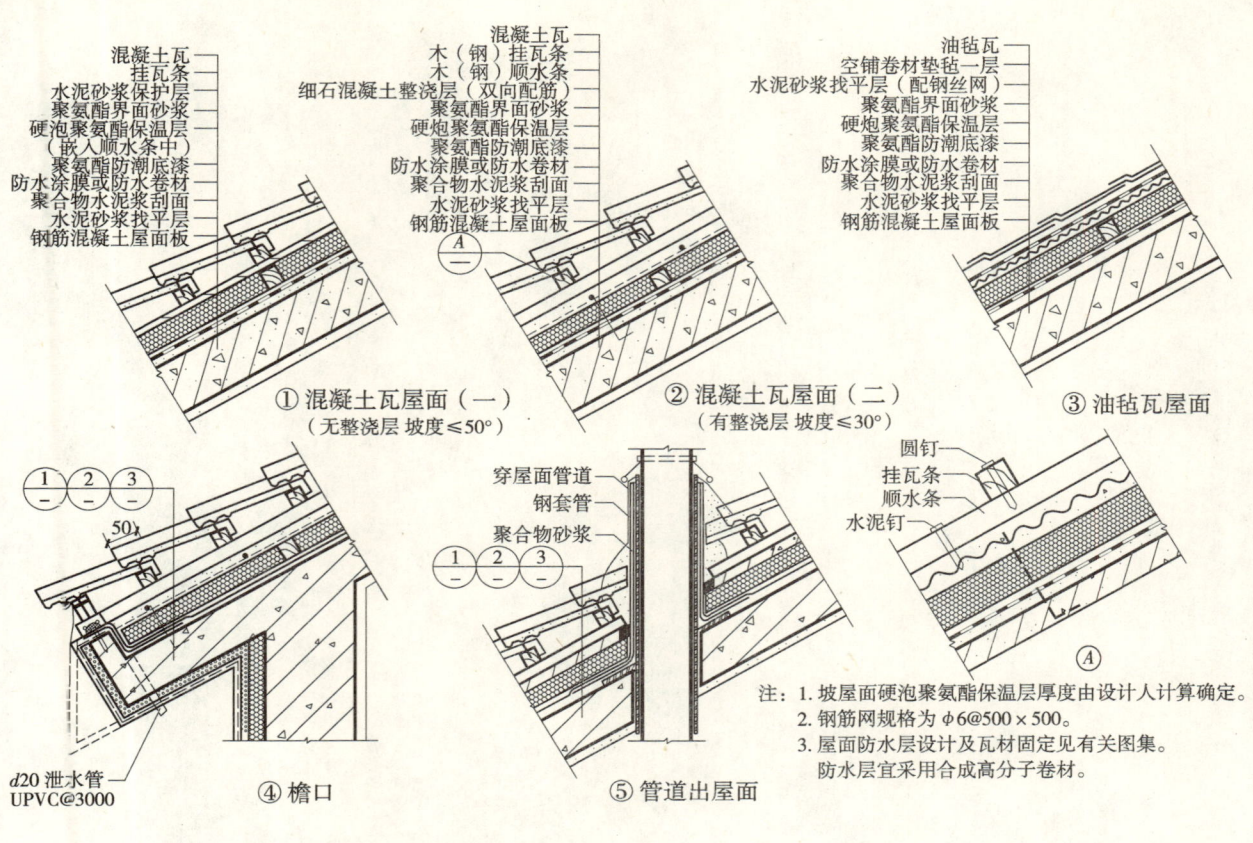

11
通用结构构造

聚苯板保温防火隔离带构造

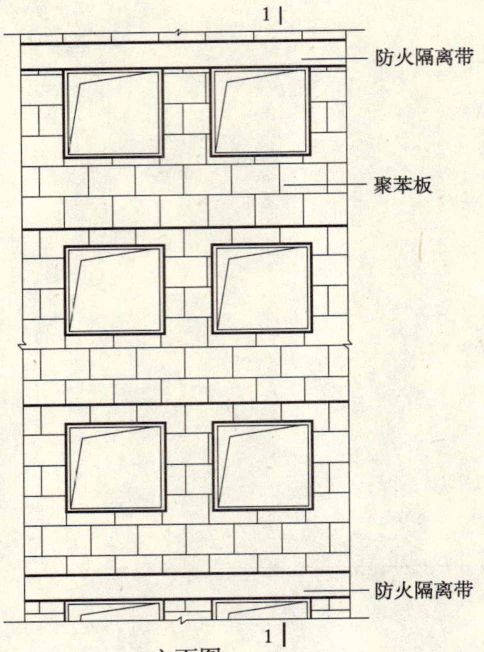

立面图

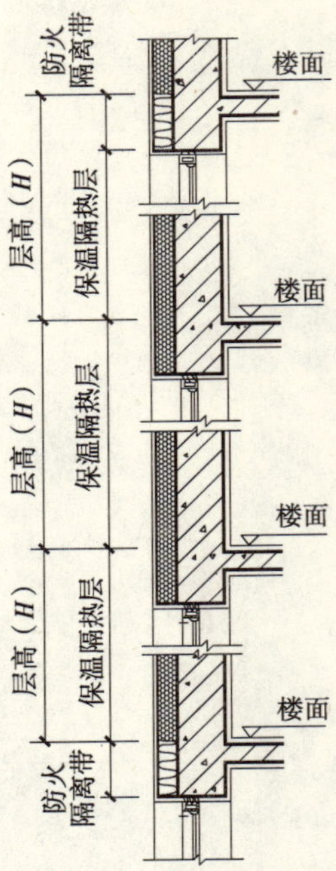

1—1 剖面

注：1. 为提高外保温系统的防火性能，在无网聚苯板系统和粘贴聚苯板系统中应采取防火隔离带措施。即每三层楼做一道通长连续（包括山墙）的防火隔离带，防火隔离带高度为窗上口至上一层楼板标高处。
2. 防火隔离材料可采用岩棉板或胶粉聚苯颗粒保温浆料等。

干挂石材外墙构造示意

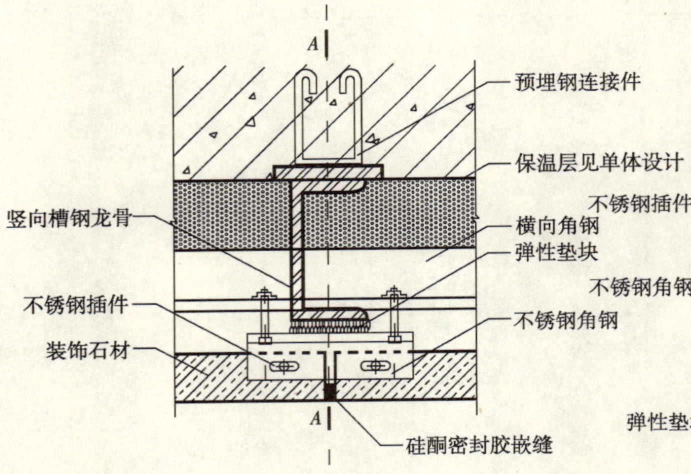

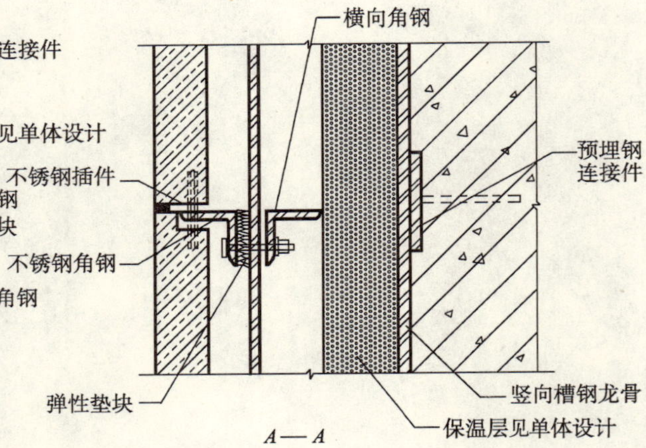

① 干挂石材外墙构造

注：节点为保温层上干挂石材固定及钢连接件示意，具体做法见单体设计。

粘贴聚苯板排板示例

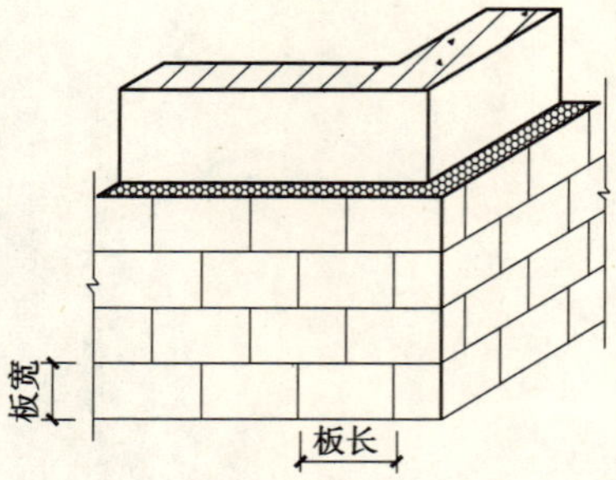

① 聚苯板排板示意

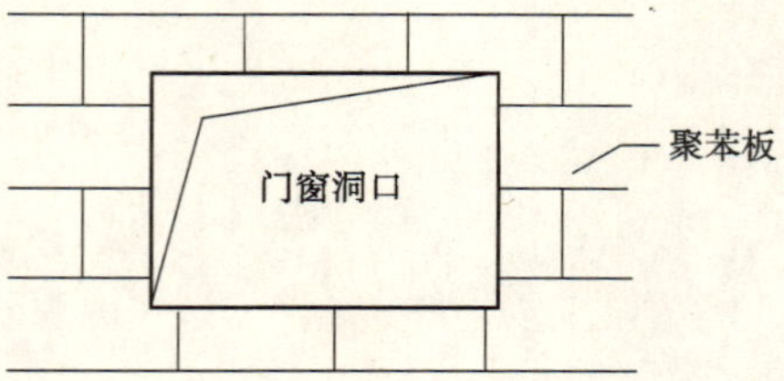

② 门窗洞口聚苯板排板示意

注：1. 聚苯板错缝排列，错缝长度为聚苯板板长的 1/2。

2. 门窗侧口用胶粉聚苯颗粒进行处理。门窗洞口耐碱玻纤网加强示意参见相关节点。

五、05J/T105-1

围护结构保温构造

1

说　　明

说　明

1　编制依据

1.1　依据的文件：本图集根据新疆维吾尔自治区建设厅“关于批准《无障碍设施》等三本图集编制计划的函”（新建设函［2004］3号）进行编制。

1.2　依据的工程建设标准

1.2.1　《民用建筑热工设计规范》GB 50176—93

1.2.2　《民用建筑节能设计标准（采暖居住建筑部分）》JGJ 26—95

1.2.3　《民用建筑节能设计标准》(采暖居住建筑部分)《新疆维吾尔自治区实施细则》XJJ 001—1999

1.2.4　《既有采暖居住建筑节能改造技术规程》JGJ 129—2000

1.2.5　《采暖居住建筑节能检验标准》JGJ 132—2001

1.2.6　《公共建筑节能设计标准》GB 50189—2005

1.2.7　《砌体工程施工质量验收规范》GB 50203—2002

1.2.8　《混凝土结构工程施工质量验收规范》GB 50204—2002

1.2.9　《建筑工程施工质量验收统一标准》GB 50300—2001

1.2.10　《建筑装饰装修工程质量验收规范》GB 50210—2001

1.2.11　《屋面工程质量验收规范》GB 50207—2002

1.2.12　《屋面工程技术规范》GB 50345—2004

1.2.13　《外墙外保温工程技术规程》JGJ 144—2004

1.2.14　《膨胀聚苯板薄抹灰外墙外保温系统》JG 149—2003

1.2.15　《胶粉聚苯颗粒外墙外保温系统》JG 158—2004

1.2.16　《高层民用建筑设计防火规范》GB 50045—95（2001年版）

1.2.17　《建筑设计防火规范》GBJ 16—87（2001年版）

1.2.18　《建筑制图标准》GB/T 50140—2001

1.2.19　《房屋建筑制图统一标准》GB/T 50001—2001

2　适用范围

2.1　本图集适用于新疆维吾尔自治区境内各地州市及县城新建、扩建和改建的采暖居住建筑（包括住宅、集体宿舍、老年公寓、招待所、旅馆、托幼、病房楼等）及公共建筑的节能设计，也可用于既有民用建筑工程的节能改造，工业建筑可参照使用。

2.2　抗震设防烈度≤8度的地区。

3　设计内容及要求

3.1　本图集内容包括：编制说明、新疆维吾尔自治区主要城镇采暖居住建筑各部分围护结构传热系数限值表、新疆维吾尔自治区主要城镇采暖居住建筑外墙外保温及屋面保温最小厚度选用表、构造节点详图、材料性能指标、施工要点和质量验收标准。

3.2　本图集外墙保温构造做法适用于钢筋混凝土、烧结黏土实心砌块、烧结黏土多孔砖、混凝土小型空心砌砖、陶粒混凝土空心砌块、加气混凝土砌块、灰砂砖等多种墙体。应根据不同的基层墙体确定合理的固定方式，对于不宜使用射钉固定的墙，可改用其他有效的固定方式，如锚栓、预埋钢筋等。

3.3　本图集外保温墙体构造详图按现浇钢筋混凝土墙体图例绘制，其他各种砌体墙体可参照使用。

4　ZL 保温系统特点及构造层示意

ZL 保温系统具有保温、隔热、耐候、抗裂、憎水性能好、耐火性能高、现场施工操作方便等特点。

它包括以下八个体系：

4.1　A 体系：ZL 胶粉聚苯颗粒外墙外保温体系（简称胶粉聚苯颗粒外保温体系），是由界面层、保温层、抗裂防护层和饰面层组成。保温层由 ZL 胶粉料和聚苯颗粒轻骨料加水搅拌成的胶粉聚苯颗粒保温浆料抹于墙体表面形成。防护层为聚合物抗裂砂浆复合耐碱玻纤网格布或热镀锌钢丝网增强，饰面层为涂料或粘贴面砖。该体系采用了逐层渐变、柔性释放应力的技术，具有无空腔的特点，适用于建筑高度为 100m 以下的各类建筑。体系的基本构造见表 1。

A 体系外墙外保温系统基本构造　　**表 1**

基层墙体①	保温隔热层和固定方式②	防护层③	饰面层④	构造示意
混凝土墙体、各种砌体墙体	保温浆料抹在基层墙面上	聚合物抗裂砂浆复合耐碱玻纤网格布或热镀锌钢丝网增强	涂料或面砖	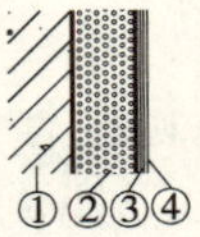

4.1.1　A 体系涂料饰面构造示意：

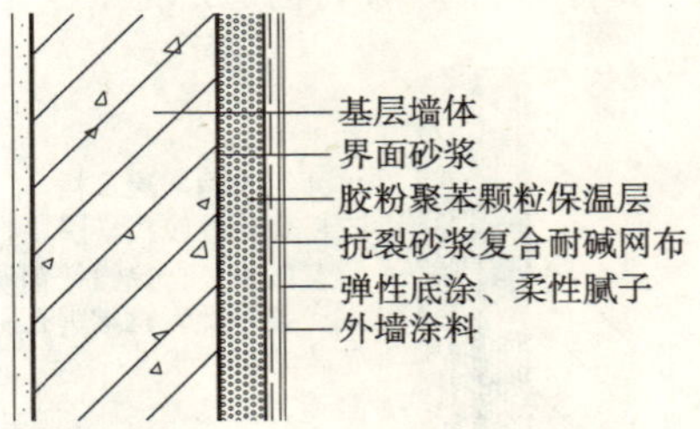

4.1.2　A 体系面砖饰面构造示意：

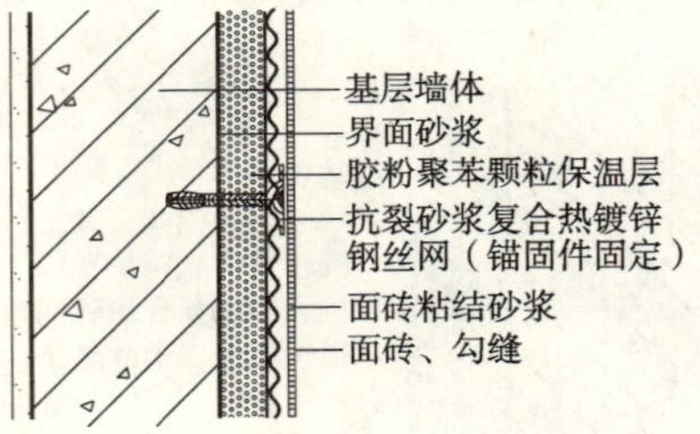

4.2　B 体系：现浇混凝土带燕尾槽聚苯板复合胶粉聚苯颗粒外墙外保温体系（简称带燕尾槽聚苯板体系），采用带竖向燕尾槽聚苯板为保温隔热层，置于混凝土墙体外侧，现场与混凝土墙一次浇筑成形（辅以塑料卡钉拉结）。配套使用的聚苯板界面砂浆可避免聚苯板表面粉化，提高粘结效果；胶粉聚苯颗粒作为聚苯板表面整体找平材料，可弥补聚苯板施工出现的孔洞及边角破损缺陷，同时对门窗洞口侧面进行处理，提高保温效果；防护层为抗裂砂浆复合耐碱玻纤网格布；饰面层为涂料。该体系适用于建筑高度为 100m 以下的各类建筑。体系的基本构造见表 2。

B 体系外墙外保温系统基本构造　　**表 2**

基层墙体①	保温隔热层和固定方式②	防护层③	饰面层④	构造示意
现浇钢筋混凝土墙	聚苯板与基层墙体一次浇筑成型（辅以塑料卡钉拉结）	聚合物抗裂砂浆复合耐碱玻纤网格布增强	涂料	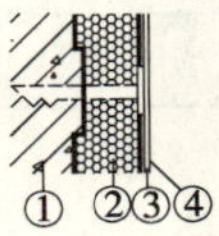

B 体系涂料饰面：

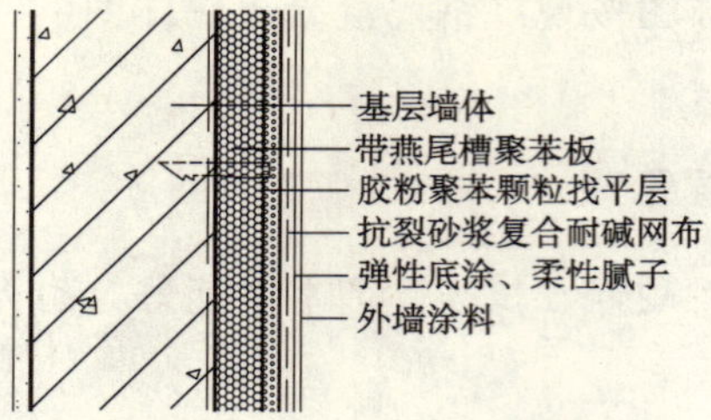

4.3 C 体系：现浇混凝土单面钢丝网架聚苯板复合胶粉聚苯颗粒外墙外保温体系（简称单面钢丝网架聚苯板体系），采用单面钢丝网架聚苯板为保温隔热层，置于混凝土外侧，现场与混凝土墙一次浇筑成形。配套使用的胶粉聚苯颗粒可阻断钢丝网架斜插丝的热桥，提高保温效果；防护层为抗裂砂浆复合玻纤网格布或热镀锌钢丝网；饰面层为涂料或粘贴面砖。该体系适用于 100m 以下各类建筑。体系的基本构造见表 3。

C 体系外墙外保温系统基本构造 表 3

基层墙体①	保温隔热层和固定方式②	防护层③	饰面层④	构造示意
现浇钢筋混凝土墙	腹丝穿透型单面钢丝网架聚苯板与基层墙体一次浇筑成型（注）	聚合物抗裂砂浆复合耐碱玻纤网格布或热镀锌钢丝网增强	涂料或面砖	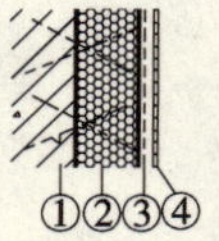

注：钢丝网架聚苯板应符合《钢丝网架水泥聚苯乙烯夹芯板》(JC 623—1996）的有关规定。

4.3.1 C 体系涂料饰面构造示意：

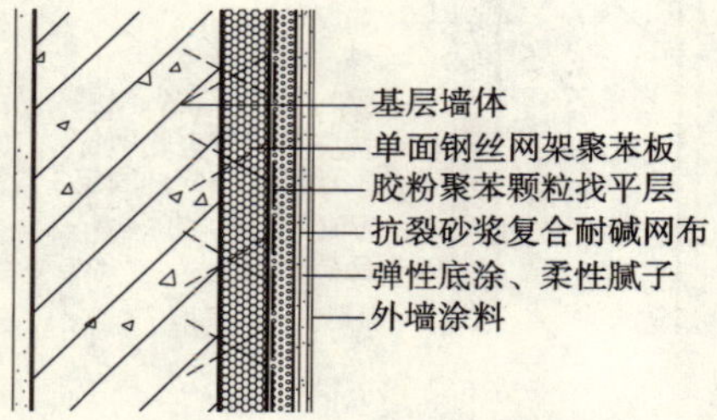

4.3.2 C 体系面砖饰面构造示意：

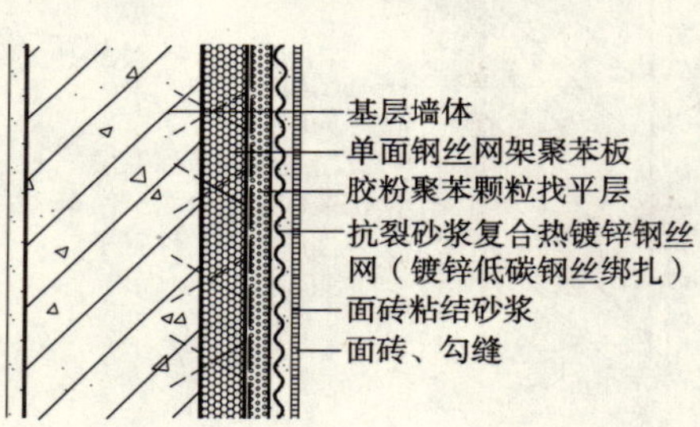

4.4 D 体系：粘贴聚苯板复合胶粉聚苯颗粒外墙外保温体系（简称粘贴聚苯板体系），采用聚苯板作为保温隔热层，并用胶粉聚苯颗粒进行找平处理。聚苯板粘贴可采用点粘（小空腔）或满粘（无空腔）做法。点粘时聚苯板粘贴面四周不留空气通道，而在聚苯板面中部掏洞作为透气孔；粘贴后用胶粉聚苯颗粒保温浆料将洞填平。满粘时在聚苯板与墙体的粘结面上开矩形槽，并将专用胶粘剂满铺在聚苯板面上；防护层为抗裂砂浆复合耐碱网布；饰面层为涂料。满粘聚苯板做法适用于建筑高度 60m 以下的建筑，点粘聚苯板做法适用于建筑高度 30m 以下的建筑。体系的基本构造见表 4。

D 体系外墙外保温系统基本构造 表 4

基层墙体①	保温隔热层和固定方式②	防护层③	饰面层④	构造示意
混凝土墙体、各种砌体墙体	聚苯板粘贴或辅以锚栓固定，用胶粉聚苯颗粒找平	聚合物抗裂砂浆、耐碱玻纤网格布增强	涂料	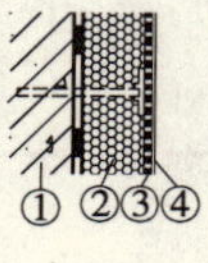

D 体系墙体构造示意：

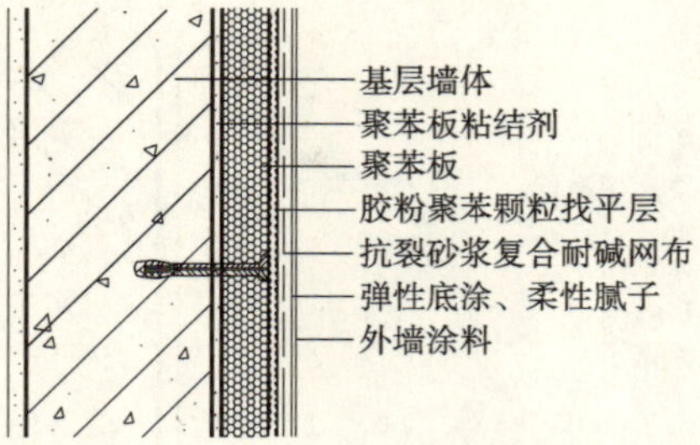

4.5　E 体系：ZL 胶粉聚苯颗粒贴砌聚苯板外墙外保温体系（简称聚苯板三明治体系），采用聚苯板用胶粉粘结灰浆满粘聚苯板，并用聚苯板用胶粉粘结灰浆对聚苯板面层进行找平，聚苯板用胶粉粘结灰浆将聚苯板夹在中间形成复合保温层。聚苯板之间要留 10 宽的板缝用聚苯板用胶粉粘结灰浆处理。饰面层为涂料或面砖。该体系适用于建筑高度 100m 以下的各类建筑。体系的基本构造见表 5。

E 体系外墙外保温系统基本构造示意　　**表 5**

基层墙体①	保温隔热层和固定方式②	防护层③	饰面层④	构造示意
混凝土墙体、各种砌体墙体	聚苯板用胶粉粘结灰浆满粘聚苯板并对聚苯板面层进行找平	聚合物抗裂砂浆复合耐碱玻纤网格布或热镀锌钢丝网增强	涂料或面砖	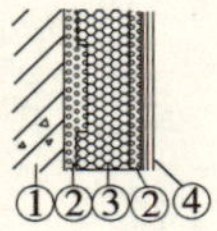

E 体系涂料饰面构造示意：

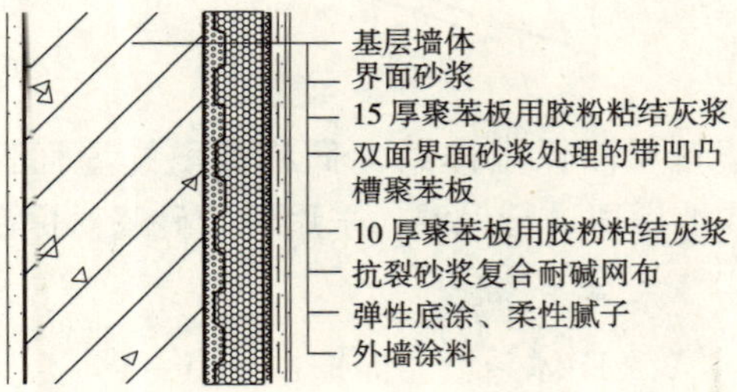

E 体系面砖饰面构造示意：

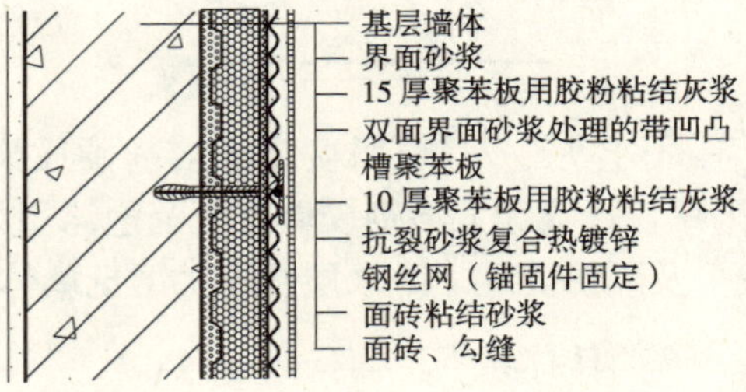

4.6　F 体系：ZL 现场喷涂无溶剂硬质聚氨酯泡沫塑料外墙外保温体系（简称聚氨酯体系），采用现场喷涂无溶剂硬质聚氨酯泡沫塑料（简称无溶剂聚氨酯硬泡）作为保温隔热层。配套使用的胶粉聚苯颗粒对聚氨酯面层进行找平处理；防护层为抗裂砂浆复合耐碱玻纤网格布或热镀锌钢丝网；饰面层为涂料或面砖。该体系适用于建筑高度 100m 以下的各类建筑。体系的基本构造见表 6。

F 体系涂料饰面构造示意　　**表 6**

基层墙体①	保温隔热层和固定方式②	防护层③	饰面层④	构造示意
混凝土墙体、各种砌体墙体	聚氨酯泡沫塑料，胶粉聚苯颗粒找平	聚合物抗裂砂浆复合耐碱玻纤网格布或热镀锌钢丝网增强	涂料或面砖	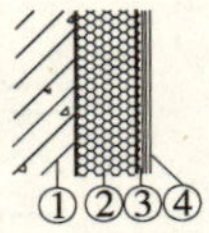

F 体系涂料饰面构造示意：

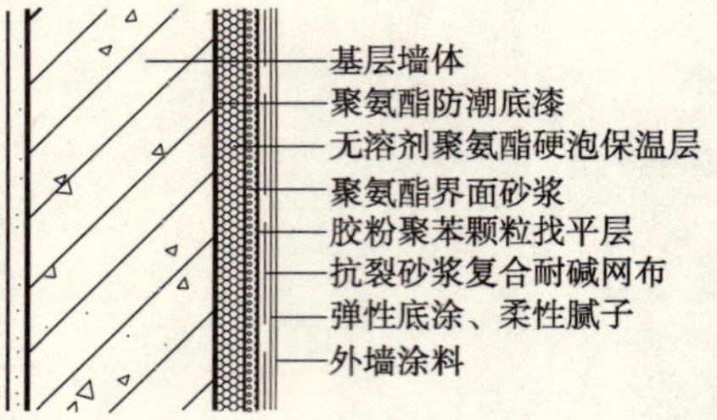

F 体系面砖饰面构造示意：

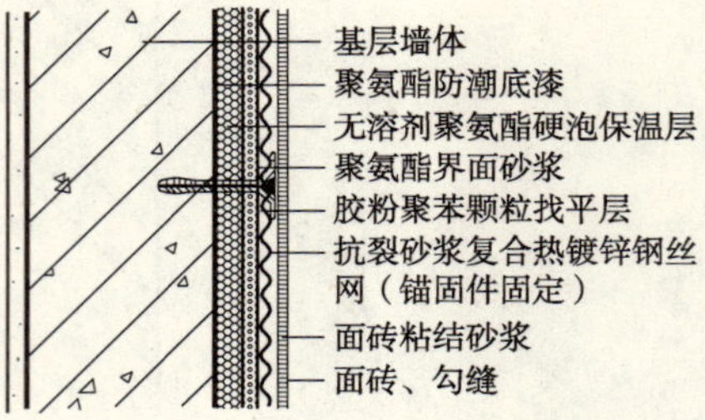

4.7　G 体系：ZL 胶粉聚苯颗粒屋面保温体系（简称胶粉聚苯颗粒屋面保温体系），采用胶粉聚苯颗粒对平屋面或坡屋面进行保温，采用轻质砂浆对保温屋面进行找平及隔热处理。防水层及保护层见单体设计。

4.7.1　G 体系平屋面构造示意：

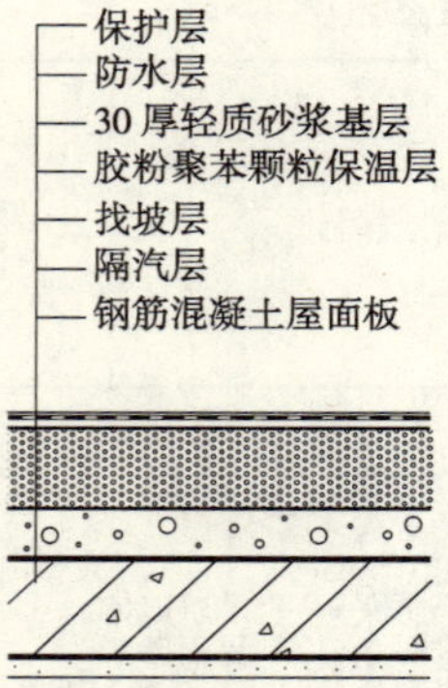

4.7.2　G 体系坡屋面构造示意：

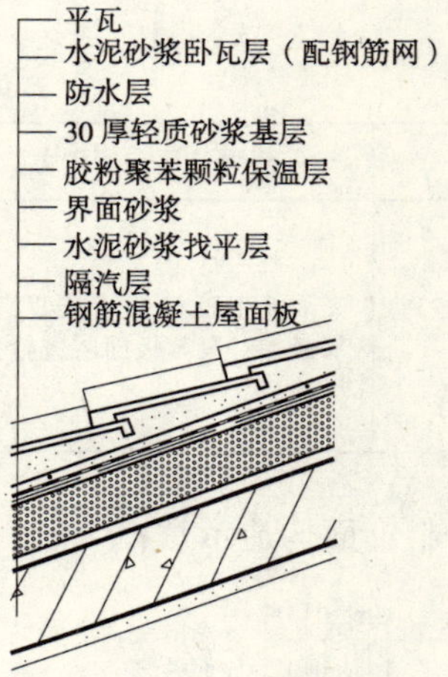

4.8　H 体系：ZL 现场喷涂无溶剂硬质聚氨酯泡沫塑料屋面保温体系（简称聚氨酯屋面保温体系），采用现场喷涂无溶剂硬质聚氨酯泡沫塑料对平屋面或坡屋面进行保温，采用轻质砂浆对保温屋面进行找平及隔热处理。防水层及保护层见单体设计。

H 体系平屋面构造示意：

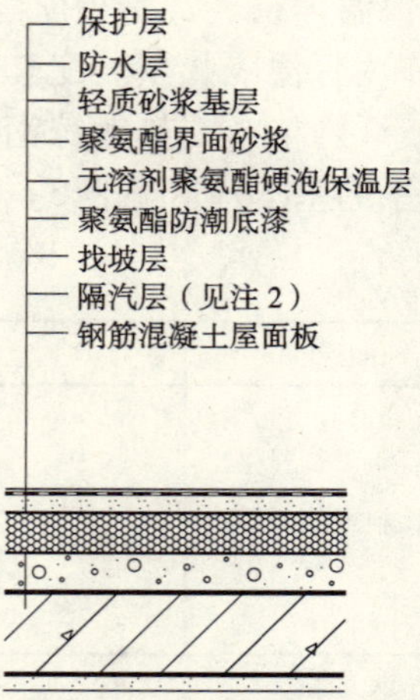

H 体系坡屋面构造示意：

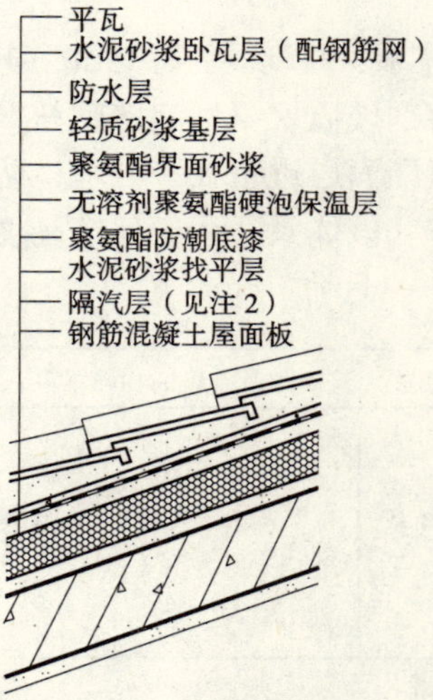

注：1. 屋面防水层、保护层设计、坡屋面瓦材固定、做法及屋面构造均见国家及新疆维吾尔自治区有关标准和图集。
2. 屋面是否设置隔汽层按《屋面工程技术规范》GB 50345—2004 第 4.2.6 条执行。

5 系统性能指标

5.1 外保温系统性能指标见表7。

外保温系统性能指标 表7

项目	单位	指标
抗冲击强度	J	首层>10，二层以上>3
吸水量（浸水1h）	g/m^2	≤1000
耐磨性（500L铁砂）	—	无损坏
耐冻融性（30次）	—	无开裂
抗风压值	—	不小于工程风压设计值
不透水性	—	防护层内侧无水渗透
水蒸气透过湿流密度	$g/m^2 \cdot h$	≥0.85
耐候性	—	合格

注：耐候性要求经过80次高温（70℃），淋水（15℃）循环及20次热（50℃），冷（－20℃）循环后无裂纹、无起鼓、无脱落，抗裂防护层与保温层的拉伸粘结强度≥0.1MPa，破坏界面应位于保温层。

5.2 外保温系统在正常使用和正常维护条件下，使用年限不得低于25年。

6 设计和构造要求

6.1 外保温中，为提高建筑首层墙面的抗冲击能力，应增加一层加强型耐碱玻纤网格布，并在首层阳角处增加35mm×35mm×0.5mm的金属护角，高度为2000，设在两层耐碱玻纤网格布之间。

6.2 粘贴面砖时，在胶粉聚苯颗粒外保温体系或聚氨酯体系抗裂防护层中的热镀锌钢丝网要用塑料胀栓（或射钉）双向@500与墙体锚固；在单面钢丝网架聚苯板体系抗裂防护层中的热镀锌钢丝网与单面钢丝网架双向@500绑扎固定。热镀锌钢丝网网孔为12.7mm×12.7mm，丝径为0.9。

6.3 当保温体系为带燕尾槽聚苯板和粘贴聚苯板体系，且建筑高度在30m（或十层楼）以上时，每三层楼（包括山墙）宜做一通长连续的防火隔离带。在带燕尾槽聚苯板体系中宜采用岩棉板作为防火隔离带材料，岩棉板和带燕尾槽聚苯板一起与混凝土进行浇筑；在粘贴聚苯板体系中，宜采用胶粉聚苯颗粒作为防火隔离带材料，在聚苯板粘贴施工时应预先留出防火隔离带部位。防火隔离带的宽度800。采用防火隔离带的措施后，保温材料的厚度选用应以墙体平均传热系数为依据；在采用岩棉板做防火隔离带时，岩棉板和带燕尾槽聚苯板之间宜设变形缝。

6.4 在外墙外保温A体系至F体系中，除B体系和C体系外，其余各体系均可供既有建筑的节能改造工程参照选用，选用时除遵守《既有采暖居住建筑节能改造技术规程》(JGJ 129—2000）的规定外，尚应符合本图集的各项要求。既有建筑节能改造所用保温隔热材料的厚度可参照本图集相同条件墙体的外墙保温层最小厚度选用表选用。

6.5 选用外保温系统的饰面层做法时，应优先选用涂料饰面。若必须采用面砖饰面时则可选用A体系、C体系、E体系及F体系，同时应满足以下条件：

6.5.1 粘贴面砖的保温系统必须具备完整的各种配套材料，其性能应满足本图集规定的各种材料技术性能指标，并按本图集的构造要求和有关的施工技术规程精心施工。

6.5.2 该保温系统产品应经过国家法定检测机构对该系统产品的粘结强度、耐冻融等项目进行检测并认定合格。

6.5.3 高层建筑粘贴面砖时，面砖重量≤$20kg/m^2$，且面砖≤$10000mm^2$/块。

6.6 抗裂砂浆中铺设的耐碱玻纤网格布，采用标准网格布（普通型）时，其搭接长度不小于100，采用加强型网格布时，只对接，不搭接（包括阴阳墙角部位）。网格布铺贴应平整、无褶皱、砂浆饱满度100%，严禁干搭接。凡图中未说明“加强网”字样的网格布，均指标准网格布（普通型）。

6.7 为减少窗洞口外侧墙体的热桥影响，各型墙体下述部位应采取保温措施：窗框与墙体交接的缝隙中，可用聚氨酯泡沫填缝剂或用保温棉、泡沫塑料等软质材料填实，并用建筑胶密封。

6.8　墙身变形缝的要求：（用于基层墙体的伸缩缝和防震缝）

6.8.1　变形缝两侧外墙应加强保温，当变形缝内设置低密度聚苯板作保温层时，低密度聚苯板的密度不大于10kg/m³。聚苯板内外表面均满涂界面剂。图集中墙身变形缝B的宽度根据单体工程设计要求确定。

6.8.2　变形缝盖缝板采用1厚铝板或0.7厚镀锌薄钢板，盖缝板应根据缝宽、缝口构造、适应变形的要求等因素现场制作。凡盖缝板外侧为抹灰时（抹抗裂砂浆或保温浆料等），均应在与抹灰层相接触的盖缝板部位钻孔若干（孔面积约占接触面积的25%左右），以增强抹灰层与基层的咬接。

6.8.3　建筑物的低层部分需采用石材饰面时，本图集编录了部分干挂石材墙体构造，主要表示各种保温材料的安装固定和骨架与基层墙体的一般连接做法，骨架选材规格应由个体工程设计。

6.9　进行热工计算时墙体构造层依次为：（从内到外）墙体抹灰20厚；基层墙体；保温隔热层（d）；找平层（A体系除外）；抗裂砂浆复合玻纤网格布或热镀锌钢丝网增强5~8厚；饰面涂料或面砖。

6.10　进行热工计算时屋面构造层依次为（自上而下）：

6.10.1　平屋面：卷材防水层；30厚轻质砂浆基层；保温层（d）；水泥珍珠岩找坡层，平均10厚；隔汽层；钢筋混凝土屋面板120厚。

6.10.2　坡屋面：平瓦；水泥砂浆卧瓦层40厚；卷材防水层；30厚轻质砂浆基层；保温层（d）；水泥砂浆找平层20厚；隔汽层；钢筋混凝土屋面板120厚。

6.11　外墙外保温系统的墙体基层应坚实、平整。保温层施工前，应进行基层处理；除采用钢筋混凝土外墙外保温系统外，外保温工程的施工应在基层施工质量验收合格后进行。

6.12　外保温体系中保温材料面层荷载要求见表8。

保温材料面层荷载要求　　**表8**

外保温系统	保温材料面层荷载指标
胶粉聚苯颗粒体系涂料饰面	≤200N/m²
胶粉聚苯颗粒体系面砖饰面	≤600N/m²
带燕尾槽聚苯板体系	≤200N/m²
单面钢丝网架聚苯板体系	≤400N/m²
粘贴聚苯板体系	≤200N/m²
聚苯板三明治体系涂料饰面	≤200N/m²
聚苯板三明治体系面砖饰面	≤600N/m²
聚氨酯体系涂料饰面	≤200N/m²
聚氨酯体系面砖饰面	≤600N/m²

6.13　保温隔热材料的热工计算参数见表9。

保温隔热材料的热工计算参数　　**表9**

材料名称	导热系数[(W/m·k)]	蓄热系数[W/(m²·k)]	修正系数	导热系数计算值[(W/m·k)]	蓄热系数计算值[(W/m²·k)]
聚苯板（包括变形缝用低密度聚苯板）	0.041	0.36	1.2	0.041×1.2=0.0492	0.36×1.2=0.432
腹丝穿透型钢丝网架聚苯板	0.041	0.36	1.55	0.041×1.55=0.0636	0.36×1.55=0.558
挤塑聚苯板	0.030	0.32	1.1	0.030×1.1=0.033	0.032×1.1=0.352
胶粉聚苯颗粒保温浆料	0.060	0.95	1.2	0.060×1.2=0.072	0.95×1.2=1.14
粘结型胶粉聚苯颗粒	0.070	1.36	1.25	0.07×1.25=0.088	1.36×1.25=1.7
聚氨酯硬泡	0.025	0.36	1.2	0.025×1.2=0.03	0.36×1.2=0.432
岩棉及玻璃棉板（毡）	0.045	0.75	1.2	0.045×1.2=0.054	0.964×1.2=1.157

注：上表所列材料的导热系数、蓄热系数、修正系数取自国标02J 121—1《外墙外保温建筑构造（一）》及其他有关资料。

7 材料

各型墙体外保温系统所有组成材料应满足《外墙外保温工程技术规程》JGJ 144—2004 所规定的各种材料性能指标的要求。同时应提供国家法定检测部门出具的检测报告和出厂合格证，厂商应对材料质量负责，并保证相关材料的相容性。材料进场后，施工单位应按规定取样复检，严禁使用不合格产品。各种材料的主要性能指标见附录二。

8 其他

8.1 图例：为胶粉聚苯颗粒保温材料；

为聚苯板或聚氨酯保温材料。

8.2 本图集标注尺寸除注明外均以毫米为单位。

8.3 本图集除注明外，应遵照国家及新疆维吾尔自治区现行的有关标准、规范、规程和规定执行。

8.4 新疆维吾尔自治区不同地区采暖居住建筑各部分围护结构传热系数限值［$W/m^2 \cdot k$］应符合第 12 页表 9.4 的规定。

8.5 依据《民用建筑节能设计标准（采暖居住建筑部分）JGJ 26—95 及《新疆维吾尔自治区实施细则》XJJ 001—1999，按照建筑节能 50% 的标准编制了新疆维吾尔自治区主要城镇采暖居住建筑各部分围护结构传热系数限值及外墙、屋面、地板及外挑阳台底板保温层最小厚度选用表，可供设计人员参考选用。对选用表做如下说明：

（1）凡未列入本表的城镇，可根据该城镇的气象条件，参照与本表所列气象条件相近的城镇选用"最小厚度"。

（2）一区外墙传热系数限值有两行数据，上行数据与传热系数为 4.70 的单层塑料窗相对应；下行数据与传热系数为 4.00 的单框双玻金属窗相对应。

（3）190 和 240 厚的陶粒混凝土砌块为三排孔，290 厚的陶粒混凝土砌块为四排孔。

（4）选用表中保温材料的厚度，对于砌体结构基本考虑了热桥部位的影响，采用平均传热系数计算。平均传热计算的标准：开间 3.3m，层高 2.8m，圈梁 240 × 240，构造柱 240 × 240，窗户 1500 × 1500；若单体设计不能满足计算条件要求时，设计人员应重新根据国家或新疆维吾尔自治区建筑节能的有关规定及要求，经热工计算确定保温材料的厚度及构造做法，以满足建筑节能的要求。

8.6 本构造图集中包括 A、B、C、D、E、F、G、H 体系围护结构保温构造做法，其中 A 体系构造做法比较多。为简化图纸，避免过多重复，有些构造做法在其他体系中没有绘制，如挑窗构造、不采暖楼梯间隔墙构造、空调机室外支架、空调机搁板、女儿墙及屋面变形缝构造、外墙干挂石材及贴面砖构造做法等。其他体系根据单体工程情况可以参考选用。

8.7 ZL 外保温系统材料性能指标、各构造层施工要点、质量验收标准，详见附录二、附录三及附录四。

2
保温做法选用

新疆主要城镇围护结构传热系数限值表

新疆维吾尔自治区主要城镇采暖居住建筑各部分围护结构传热系数限值表 W/(m²·k)

采暖期室外平均温度（℃）	地区	代表性城市	屋顶		外墙		不采暖楼梯间		外窗含阳台门上部	阳台门下部门芯板	外门	地板		地面	
			体形系数≤0.3	体形系数>0.3	体形系数≤0.3	体形系数>0.3	隔墙	户门				接触室外空气地板	不采暖地下室上部	周边地面	非周边地面
-2.1～-3.0	一区	和田	0.7	0.5	0.85/1.10	0.62/0.78	0.94	2.00	4.70/4.00	1.70	/	0.50	0.55	0.52	0.30
-3.1～-4.0	二区	库车	0.7	0.5	0.68	0.65	0.94	2.00	4.00	1.70	/	0.50	0.55	0.52	0.30
-4.1～-5.0	三区	吐鲁番	0.7	0.50	0.75	0.60	0.94	2.00	3.00	1.35	/	0.50	0.55	0.52	0.30
-5.1～-6.0	四区	哈密	0.60	0.40	0.68	0.56	0.94	1.50	3.00	1.35	/	0.40	0.55	0.30	0.30
-6.1～-7.0	五区	塔城	0.60	0.40	0.65	0.50	/	/	3.00	1.35	2.50	0.40	0.55	0.30	0.30
-7.1～-8.0	六区	精河	0.60	0.40	0.65	0.50	/	/	3.00	1.35	2.50	0.40	0.55	0.30	0.30
-8.1～-9.0	七区	乌鲁木齐	0.50	0.30	0.56	0.45	/	/	2.50	1.35	2.50	0.30	0.50	0.30	0.30
-9.1～-10.0	八区	克拉玛依	0.50	0.30	0.52	0.40	/	/	2.50	1.35	2.50	0.30	0.50	0.30	0.30
-10.1～-11.0	九区	奇台	0.50	0.30	0.52	0.40	/	/	2.50	1.35	2.50	0.30	0.50	0.30	0.30
-12.1～-13.0	十区	富蕴	0.40	0.25	0.52	0.40	/	/	2.00	1.35	2.50	0.25	0.45	0.30	0.30

注：1. 表中外墙的传热系数限值系指考虑周边热桥影响后的外墙平均传热系数，有些地区外墙传热系数限值有两行数据，上行数据与传热系数为4.70的单层塑料窗相对应；下行数据与传热系数为4.00的单框双玻金属窗相对应。

2. 表中周边地面一栏中0.52为位于建筑物周边的不带保温层的混凝土地面的传热系数；0.30为带保温层的混凝土地面的传热系数；非周边地面一栏中0.30为位于建筑物非周边的不带保温层的混凝土地面的传热系数。

胶粉聚苯颗粒外墙外保温最小厚度选用表

A体系：胶粉聚苯颗粒外保温最小厚度（mm）选用表（1）

采暖期室外平均温度（℃）	城镇名称	墙体材料								外墙传热系数限值[W/(m²·k)]	
		240厚黏土实心砖		370厚黏土实心砖		240厚KPI黏土多孔砖		370厚KPI黏土多孔砖			
		$s\leq0.3$	$s>0.3$	$s\leq0.3$	$s>0.3$	$s\leq0.3$	$s>0.3$	$s\leq0.3$	$s>0.3$	$s\leq0.3$	$s>0.3$
一区：-2.1～-3.0	阿图什 喀什 和田 麦盖提 新源 莎车 叶城 皮山 于田	55	85	45	75	50	80	35	65	0.85	0.62
二区：-3.1～-4.0	库车 若羌 民丰 阿克苏 托克逊 巴楚 库尔勒 乌恰 乌什阿拉尔 图木舒克	75	80	65	70	75	75	55	60	0.68	0.65
三区：-4.1～-5.0	伊宁 吐鲁番 巩留 善鄯 巴仑台 且末	65	90	60	80	60	85	45	70	0.75	0.60
四区：-5.1～-6.0	塔什库尔干 七角井 哈密 昭苏 和静 焉耆 红柳河	75	100	65	90	70	95	55	80	0.68	0.56
五区：-6.1～-7.0	塔城 伊吾 裕民 和布克塞尔 拜城	80	115	70	105	75	110	60	95	0.65	0.50
六区：-7.1～-8.0	精河	80	115	70	105	75	110	60	95	0.65	0.50
七区：-8.1～-9.0	乌鲁木齐 吉木萨尔 米泉 博乐 五家渠	100	130	90	120	95	125	80	110	0.56	0.45

续表

采暖期室外平均温度（℃）	城镇名称	墙体材料								外墙传热系数限值［W/(m^2·k)］	
		240厚黏土实心砖		370厚黏土实心砖		240厚KPI黏土多孔砖		370厚KPI黏土多孔砖			
		$s\leq0.3$	$s>0.3$	$s\leq0.3$	$s>0.3$	$s\leq0.3$	$s>0.3$	$s\leq0.3$	$s>0.3$	$s\leq0.3$	$s>0.3$
八区：-9.1～-10.0	克拉玛依 阿勒泰 奎屯 巴里坤 石河子 布尔津 阜康 呼图壁 昌吉 乌苏	110	150	100	140	105	145	90	130	0.52	0.40
九区：-10.1～-11.0	奇台 福海 北屯	110	150	100	140	105	145	90	130	0.52	0.40
十区：-12.1～-13.0	富蕴 青河	110	150	100	140	105	145	90	130	0.52	0.40

注：工程设计中胶粉聚苯颗粒保温浆料的厚度不宜小于20，不宜超过100。

A体系：胶粉聚苯颗粒外保温最小厚度（mm）选用表（2）

采暖期室外平均温度（°C）	城镇名称	墙体材料										外墙传热系数限值［W/(m^2·k)］	
		250厚加气混凝土砌块		300厚加气混凝土砌块		190厚陶粒混凝土空心砌块		240厚陶粒混凝土空心砌块		290厚陶粒混凝土空心砌块			
		$s\leq0.3$	$s>0.3$	$s\leq0.3$	$s>0.3$	$s\leq0.3$	$s>0.3$	$s\leq0.3$	$s>0.3$	$s\leq0.3$	$s>0.3$	$s\leq0.3$	$s>0.3$
一区：-2.1～-3.0	阿图什 喀什 和田 麦盖提 新源 莎车 叶城 皮山 于田	20	45	15	40	55	85	50	80	45	75	0.85	0.62
二区：-3.1～-4.0	库车 若羌 民丰 阿克苏 托克逊 巴楚 库尔勒 乌恰 乌什阿拉尔 图木舒克	35	40	30	35	75	80	70	75	65	70	0.68	0.65
三区：-4.1～-5.0	伊宁 吐鲁番 巩留 善鄯 巴仑台 且末	30	50	25	40	65	90	60	85	55	80	0.75	0.60
四区：-5.1～-6.0	塔什库尔干 七角井 哈密 昭苏 和静 焉耆 红柳河	35	55	30	50	75	95	70	90	65	85	0.68	0.56
五区：-6.1～-7.0	塔城 伊吾 裕民 和布克塞尔 拜城	40	70	35	60	80	110	75	105	70	100	0.65	0.50
六区：-7.1～-8.0	精河	40	70	35	60	80	110	75	105	70	100	0.65	0.50
七区：-8.1～-9.0	乌鲁木齐 吉木萨尔 米泉 博乐 五家渠	55	85	50	75	95	130	90	125	85	120	0.56	0.45
八区：-9.1～-10.0	克拉玛依 阿勒泰 奎屯 巴里坤 石河子 布尔津 阜康 呼图壁 昌吉 乌苏	65	105	55	95	105	150	100	145	95	140	0.52	0.40
九区：-10.1～-11.0	奇台 福海 北屯	65	105	55	95	105	150	100	145	95	140	0.52	0.40
十区：-12.1～-13.0	富蕴 青河	65	105	55	95	105	150	100	145	95	140	0.52	0.40

续表

采暖期室外平均温度（°C）	城镇名称	墙体材料										外墙传热系数限值［W/(m²·k)］	
		200厚现浇陶粒混凝土		250厚现浇陶粒混凝土		120厚钢筋混凝土		180厚钢筋混凝土		240厚钢筋混凝土			
		s≤0.3	s>0.3	s≤0.3	s>0.3	s≤0.3	s>0.3	s≤0.3	s>0.3	s≤0.3	s>0.3	s≤0.3	s>0.3
一区：-2.1～-3.0	阿图什　喀什　和田　麦盖提　新源　莎车　叶城　皮山　于田	55	85	45	80	70	100	65	100	65	95	0.85	0.62
二区：-3.1～-4.0	库车　若羌　民丰　阿克苏　托克逊　巴楚　库尔勒　乌恰　乌什阿拉尔　图木舒克	75	80	70	75	90	95	95	95	85	90	0.68	0.65
三区：-4.1～-5.0	伊宁　吐鲁番　巩留　善鄯　巴仑台　且末	65	90	60	80	80	105	80	100	75	100	0.75	0.60
四区：-5.1～-6.0	塔什库尔干　七角井　哈密　昭苏　和静　焉耆　红柳河	75	95	70	90	90	115	90	110	85	110	0.68	0.56
五区：-6.1～-7.0	塔城　伊吾　裕民　和布克塞尔　拜城	80	110	75	105	95	130	95	125	90	125	0.65	0.50
六区：-7.1～-8.0	精河	80	110	75	105	95	130	95	125	90	125	0.65	0.50
七区：-8.1～-9.0	乌鲁木齐　吉木萨尔　米泉　博乐　五家渠	95	125	90	120	115	145	110	140	110	140	0.56	0.45
八区：-9.1～-10.0	克拉玛依　阿勒泰　奎屯　巴里坤　石河子　布尔津　阜康　呼图壁　昌吉　乌苏	105	145	100	140	125	165	120	160	120	160	0.52	0.40
九区：-10.1～-11.0	奇台　福海　北屯	105	145	100	140	125	165	120	160	120	160	0.52	0.40
十区：-12.1～-13.0	富蕴　青河	105	145	100	140	125	165	120	160	120	160	0.52	0.40

注：工程设计中胶粉聚苯颗粒保温浆料的厚度不宜小于20，不宜超过100。

带燕尾槽聚苯板外墙外保温最小厚度选用表

B体系：带燕尾槽聚苯板外保温最小厚度（mm）选用表

采暖期室外平均温度（°C）	城镇名称	墙体材料										外墙传热系数限值［W/(m²·k)］	
		200厚现浇陶粒混凝土		250厚现浇陶粒混凝土		120厚钢筋混凝土		180厚钢筋混凝土		240厚钢筋混凝土			
		s≤0.3	s>0.3	s≤0.3	s>0.3	s≤0.3	s>0.3	s≤0.3	s>0.3	s≤0.3	s>0.3	s≤0.3	s>0.3
一区：-2.1～-3.0	阿图什　喀什　和田　麦盖提　新源　莎车　叶城　皮山　于田	30	60	30	60	45	65	40	65	40	65	0.85	0.62
二区：-3.1～-4.0	库车　若羌　民丰　阿克苏　托克逊　巴楚　库尔勒　乌恰　乌什阿拉尔　图木舒克	50	55	50	55	55	60	55	60	55	60	0.68	0.65

续表

采暖期室外平均温度（°C）	城镇名称	墙体材料										外墙传热系数限值［W/(m^2·k)］	
		200厚现浇陶粒混凝土		250厚现浇陶粒混凝土		120厚钢筋混凝土		180厚钢筋混凝土		240厚钢筋混凝土			
		$s\leq0.3$	$s>0.3$	$s\leq0.3$	$s>0.3$	$s\leq0.3$	$s>0.3$	$s\leq0.3$	$s>0.3$	$s\leq0.3$	$s>0.3$	$s\leq0.3$	$s>0.3$
三区：-4.1～-5.0	伊宁 吐鲁番 巩留 善鄯 巴仑台 且末	40	60	45	60	50	70	55	75	50	65	0.75	0.60
四区：-5.1～-6.0	塔什库尔干 七角井 哈密 昭苏 和静 焉耆 红柳河	45	60	40	60	60	75	60	75	55	70	0.68	0.56
五区：-6.1～-7.0	塔城 伊吾 裕民 和布克塞尔 拜城	60	75	55	75	60	85	60	85	60	80	0.65	0.50
六区：-7.1～-8.0	精河	50	75	50	75	60	85	60	85	60	95	0.65	0.50
七区：-8.1～-9.0	乌鲁木齐 吉木萨尔 米泉 博乐 五家渠	60	90	60	95	75	100	75	95	70	105	0.56	0.45
八区：-9.1～-10.0	克拉玛依 阿勒泰 奎屯 巴里坤 石河子 布尔津 阜康 呼图壁 昌吉 乌苏	75	100	75	100	80	110	80	110	80	105	0.52	0.40
九区：-10.1～-11.0	奇台 福海 北屯	75	100	75	100	80	110	80	110	80	105	0.52	0.40
十区：-12.1～-13.0	富蕴 青河	75	100	75	100	80	110	80	110	80	105	0.52	0.40

注：带燕尾槽聚苯板的厚度不宜小于30。

单面钢丝网架聚苯板外墙外保温最小厚度选用表

C体系：单面钢丝网架聚苯板外保温最小厚度（mm）选用表

采暖期室外平均温度（°C）	城镇名称	墙体材料										外墙传热系数限值［W/(m^2·k)］	
		200厚现浇陶粒混凝土		250厚现浇陶粒混凝土		120厚钢筋混凝土		180厚钢筋混凝土		240厚钢筋混凝土			
		$s\leq0.3$	$s>0.3$	$s\leq0.3$	$s>0.3$	$s\leq0.3$	$s>0.3$	$s\leq0.3$	$s>0.3$	$s\leq0.3$	$s>0.3$	$s\leq0.3$	$s>0.3$
一区：-2.1～-3.0	阿图什 喀什 和田 麦盖提 新源 莎车 叶城 皮山 于田	30	55	25	50	45	70	40	70	40	65	0.85	0.62
二区：-3.1～-4.0	库车 若羌 民丰 阿克苏 托克逊 巴楚 库尔勒 乌恰 乌什阿拉尔 图木舒克	50	55	45	55	60	65	60	65	60	65	0.68	0.65
三区：-4.1～-5.0	伊宁 吐鲁番 巩留 善鄯 巴仑台 且末	40	60	35	55	55	75	50	75	50	70	0.75	0.60
四区：-5.1～-6.0	塔什库尔干 七角井 哈密 昭苏 和静 焉耆 红柳河	50	65	45	65	65	85	60	80	60	80	0.68	0.56
五区：-6.1～-7.0	塔城 伊吾 裕民 和布克塞尔 拜城	50	80	45	80	65	95	65	95	65	90	0.65	0.50
六区：-7.1～-8.0	精河	50	80	45	80	65	95	65	95	65	90	0.65	0.50

续表

采暖期室外平均温度（°C）	城镇名称	墙体材料										外墙传热系数限值[W/(m²·k)]	
		200厚现浇陶粒混凝土		250厚现浇陶粒混凝土		120厚钢筋混凝土		180厚钢筋混凝土		240厚钢筋混凝土			
		s≤0.3	s>0.3	s≤0.3	s>0.3	s≤0.3	s>0.3	s≤0.3	s>0.3	s≤0.3	s>0.3	s≤0.3	s>0.3
七区：-8.1～-9.0	乌鲁木齐　吉木萨尔　米泉　博乐　五家渠	65	90	65	90	85	110	80	110	80	105	0.56	0.45
八区：-9.1～-10.0	克拉玛依　阿勒泰　奎屯　巴里坤　石河子　布尔津　阜康　呼图壁　昌吉　乌苏	75	115	70	110	90	130	90	125	85	125	0.52	0.40
九区：-10.1～-11.0	奇台　福海　北屯	75	115	70	110	90	130	90	125	85	125	0.52	0.40
十区：-12.1～-13.0	富蕴　青河	75	115	70	110	90	130	90	125	85	125	0.52	0.40

注：单面钢丝网架聚苯板的厚度不宜小于30。

粘贴聚苯板外墙外保温最小厚度选用表

D体系：粘贴聚苯板外保温最小厚度（mm）选用表（1）

采暖期室外平均温度（℃）	城镇名称	墙体材料								外墙传热系数限值[W/(m²·k)]	
		240厚黏土实心砖		370厚黏土实心砖		240厚KPI黏土多孔砖		370厚KPI黏土多孔砖			
		s≤0.3	s>0.3	s≤0.3	s>0.3	s≤0.3	s>0.3	s≤0.3	s>0.3	s≤0.3	s>0.3
一区：-2.1～-3.0	阿图什　喀什　和田　麦盖提　新源　莎车　叶城　皮山　于田	30	55	25	45	30	50	20	40	0.85	0.62
二区：-3.1～-4.0	库车　若羌　民丰　阿克苏　托克逊　巴楚　库尔勒　乌恰　乌什阿拉尔　图木舒克	45	50	35	40	35	45	35	40	0.68	0.65
三区：-4.1～-5.0	伊宁　吐鲁番　巩留　善鄯　巴仑台　且末	40	55	30	50	35	50	25	40	0.75	0.60
四区：-5.1～-6.0	塔什库尔干　七角井　哈密　昭苏　和静　焉耆　红柳河	45	60	40	55	45	60	35	50	0.68	0.56
五区：-6.1～-7.0	塔城　伊吾　裕民　和布克塞尔　拜城	50	70	40	65	45	70	40	60	0.65	0.50
六区：-7.1～-8.0	精河	50	70	40	65	45	70	40	60	0.65	0.50
七区：-8.1～-9.0	乌鲁木齐　吉木萨尔　米泉　博乐　五家渠	60	85	55	80	60	85	50	65	0.56	0.45
八区：-9.1～-10.0	克拉玛依　阿勒泰　奎屯　巴里坤　石河子　布尔津　阜康　呼图壁　昌吉　乌苏	70	95	60	90	70	95	55	85	0.52	0.40
九区：-10.1～-11.0	奇台　福海　北屯	70	95	60	90	70	95	55	85	0.52	0.40
十区：-12.1～-13.0	富蕴　青河	70	95	60	90	70	95	55	85	0.52	0.40

续表

采暖期室外平均温度（°C）	城镇名称	墙体材料：250厚加气混凝土砌块 s≤0.3	250厚加气混凝土砌块 s>0.3	300厚加气混凝土砌块 s≤0.3	300厚加气混凝土砌块 s>0.3	190厚陶粒混凝土空心砌块 s≤0.3	190厚陶粒混凝土空心砌块 s>0.3	240厚陶粒混凝土空心砌块 s≤0.3	240厚陶粒混凝土空心砌块 s>0.3	290厚陶粒混凝土空心砌块 s≤0.3	290厚陶粒混凝土空心砌块 s>0.3	外墙传热系数限值 [W/(m^2·k)] s≤0.3	外墙传热系数限值 [W/(m^2·k)] s>0.3
一区：-2.1～-3.0	阿图什 喀什 和田 麦盖提 新源 莎车 叶城 皮山 于田	10	25	5	20	30	50	25	50	20	45	0.85	0.62
二区：-3.1～-4.0	库车 若羌 民丰 阿克苏 托克逊 巴楚 库尔勒 乌恰 乌什阿拉尔 图木舒克	15	20	10	15	45	50	40	45	35	40	0.68	0.65
三区：-4.1～-5.0	伊宁 吐鲁番 巩留 善鄯 巴仑台 且末	15	30	10	20	40	55	35	50	30	45	0.75	0.60
四区：-5.1～-6.0	塔什库尔干 七角井 哈密 昭苏 和静 焉耆 红柳河	20	35	15	25	45	60	40	55	40	55	0.68	0.56
五区：-6.1～-7.0	塔城 伊吾 裕民 和布克塞尔 拜城	20	40	15	35	50	70	45	65	40	65	0.65	0.50
六区：-7.1～-8.0	精河	20	40	15	35	50	70	45	65	40	65	0.65	0.50
七区：-8.1～-9.0	乌鲁木齐 吉木萨尔 米泉 博乐 五家渠	35	50	25	45	60	80	55	80	55	75	0.56	0.45
八区：-9.1～-10.0	克拉玛依 阿勒泰 奎屯 巴里坤 石河子 布尔津 阜康 呼图壁 昌吉 乌苏	40	65	35	60	65	95	65	90	60	90	0.52	0.40
九区：-10.1～-11.0	奇台 福海 北屯	40	65	35	60	65	95	65	90	60	90	0.52	0.40
十区：-12.1～-13.0	富蕴 青河	40	65	35	60	665	95	65	90	60	90	0.52	0.40

D体系：粘贴聚苯板外保温最小厚度（mm）选用表（2）

采暖期室外平均温度（°C）	城镇名称	墙体材料：200厚现浇陶粒混凝土 s≤0.3	200厚现浇陶粒混凝土 s>0.3	250厚现浇陶粒混凝土 s≤0.3	250厚现浇陶粒混凝土 s>0.3	120厚钢筋混凝土 s≤0.3	120厚钢筋混凝土 s>0.3	180厚钢筋混凝土 s≤0.3	180厚钢筋混凝土 s>0.3	240厚钢筋混凝土 s≤0.3	240厚钢筋混凝土 s>0.3	外墙传热系数限值 [W/(m^2·k)] s≤0.3	外墙传热系数限值 [W/(m^2·k)] s>0.3
一区：-2.1～-3.0	阿图什 喀什 和田 麦盖提 新源 莎车 叶城 皮山 于田	30	55	25	50	40	65	40	60	40	60	0.85	0.62
二区：-3.1～-4.0	库车 若羌 民丰 阿克苏 托克逊 巴楚 库尔勒 乌恰 乌什阿拉尔 图木舒克	45	50	40	45	55	60	55	60	40	55	0.68	0.65
三区：-4.1～-5.0	伊宁 吐鲁番 巩留 善鄯 巴仑台 且末	40	55	35	50	50	65	45	65	55	60	0.75	0.60
四区：-5.1～-6.0	塔什库尔干 七角井 哈密 昭苏 和静 焉耆 红柳河	45	60	40	55	55	70	55	70	45	70	0.68	0.56
五区：-6.1～-7.0	塔城 伊吾 裕民 和布克塞尔 拜城	50	70	45	65	60	80	60	80	55	75	0.65	0.50

续表

采暖期室外平均温度（°C）	城镇名称	墙体材料										外墙传热系数限值[W/(m²·k)]	
		200厚现浇陶粒混凝土		250厚现浇陶粒混凝土		120厚钢筋混凝土		180厚钢筋混凝土		240厚钢筋混凝土			
		s≤0.3	s>0.3	s≤0.3	s>0.3	s≤0.3	s>0.3	s≤0.3	s>0.3	s≤0.3	s>0.3	s≤0.3	s>0.3
六区：-7.1～-8.0	精河	50	70	45	65	60	80	60	80	55	75	0.65	0.50
七区：-8.1～-9.0	乌鲁木齐　吉木萨尔　米泉　博乐　五家渠	60	80	55	80	70	95	70	90	55	90	0.56	0.45
八区：-9.1～-10.0	克拉玛依　阿勒泰　奎屯　巴里坤　石河子　布尔津　阜康　呼图壁　昌吉　乌苏	65	95	65	90	80	105	75	105	70	105	0.52	0.40
九区：-10.1～-11.0	奇台　福海　北屯	65	95	65	90	80	105	75	105	75	105	0.52	0.40
十区：-12.1～-13.0	富蕴　青河	65	95	65	90	80	105	75	105	75	105	0.52	0.40

注：聚苯板的厚度不宜小于30mm。

胶粉聚苯颗粒贴砌聚苯板外墙外保温最小厚度选用表

E体系：胶粉聚苯颗粒贴砌聚苯板外保温最小厚度（mm）选用表（1）

采暖期室外平均温度（℃）	城镇名称	墙体材料								外墙传热系数限值[W/(m²·k)]	
		240厚黏土实心砖		370厚黏土实心砖		240厚KPI黏土多孔砖		370厚KPI黏土多孔砖			
		s≤0.3	s>0.3	s≤0.3	s>0.3	s≤0.3	s>0.3	s≤0.3	s>0.3	s≤0.3	s>0.3
一区：-2.1～-3.0	阿图什　喀什　和田　麦盖提　新源　莎车　叶城　皮山　于田	20	50	20	40	20	45	10	35	0.85	0.62
二区：-3.1～4.0	库车　若羌　民丰　阿克苏　托克逊　巴楚　库尔勒　乌恰　乌什阿拉尔　图木舒克	45	45	30	35	35	40	25	30	0.68	0.65
三区：-4.1～-5.0	伊宁　吐鲁番　巩留　善鄯　巴仑台　且末	35	50	30	45	35	45	20	35	0.75	0.60
四区：-5.1～-6.0	塔什库尔干　七角井　哈密　昭苏　和静　焉耆　红柳河	40	60	35	50	35	55	25	45	0.68	0.56
五区：-6.1～-7.0	塔城　伊吾　裕民　和布克塞尔　拜城	45	70	35	60	40	65	30	55	0.65	0.50
六区：-7.1～-8.0	精河	45	70	35	60	40	65	30	55	0.65	0.50
七区：-8.1～-9.0	乌鲁木齐　吉木萨尔　米泉　博乐　五家渠	60	80	50	70	55	75	45	65	0.56	0.45
八区：-9.1～-10.0	克拉玛依　阿勒泰　奎屯　巴里坤　石河子　布尔津　阜康　呼图壁　昌吉　乌苏	65	95	55	85	60	90	50	80	0.52	0.40
九区：-10.1～-11.0	奇台　福海　北屯	65	95	55	85	60	90	50	80	0.52	0.40
十区：-12.1～-13.0	富蕴　青河	65	95	55	85	60	90	50	80	0.52	0.40

续表

采暖期室外平均温度（°C）	城镇名称	墙体材料										外墙传热系数限值［W/(m²·k)］	
		250厚加气混凝土砌块		300厚加气混凝土砌块		190厚陶粒混凝土空心砌块		240厚陶粒混凝土空心砌块		290厚陶粒混凝土空心砌块			
		$s≤0.3$	$s>0.3$	$s≤0.3$	$s>0.3$	$s≤0.3$	$s>0.3$	$s≤0.3$	$s>0.3$	$s≤0.3$	$s>0.3$	$s≤0.3$	$s>0.3$
一区：－2.1～－3.0	阿图什　喀什　和田　麦盖提　新源　莎车　叶城　皮山　于田	0	20	0	15	25	45	20	45	15	40	0.85	0.62
二区：－3.1～－4.0	库车　若羌　民丰　阿克苏　托克逊　巴楚　库尔勒　乌恰　乌什阿拉尔　图木舒克	15	15	10	10	40	45	35	40	30	35	0.68	0.65
三区：－4.1～－5.0	伊宁　吐鲁番　巩留　善鄯　巴仑台　且末	5	20	0	15	35	50	30	45	25	40	0.75	0.60
四区：－5.1～－6.0	塔什库尔干　七角井　哈密　昭苏　和静　焉耆　红柳河	15	25	10	20	40	55	35	50	30	50	0.68	0.56
五区：－6.1～－7.0	塔城　伊吾　裕民　和布克塞尔　拜城	15	35	10	30	45	65	40	65	35	60	0.65	0.50
六区：－7.1～－8.0	精河	15	35	10	30	45	65	40	65	35	60	0.65	0.50
七区：－8.1～－9.0	乌鲁木齐　吉木萨尔　米泉　博乐　五家渠	25	45	20	45	55	80	50	75	50	70	0.56	0.45
八区：－9.1～－10.0	克拉玛依　阿勒泰　奎屯　巴里坤　石河子　布尔津　阜康　呼图壁　昌吉　乌苏	35	60	25	55	65	90	60	90	55	85	0.52	0.40
九区：－10.1～－11.0	奇台　福海　北屯	35	60	25	55	65	90	60	90	55	85	0.52	0.40
十区：－12.1～－13.0	富蕴　青河	35	60	25	55	65	90	60	90	55	85	0.52	0.40

E体系：胶粉聚苯颗粒贴砌聚苯板外保温最小厚度（mm）选用表（2）

采暖期室外平均温度（°C）	城镇名称	墙体材料										外墙传热系数限值［W/(m²·k)］	
		200厚现浇陶粒混凝土		250厚现浇陶粒混凝土		120厚钢筋混凝土		180厚钢筋混凝土		240厚钢筋混凝土			
		$s≤0.3$	$s>0.3$	$s≤0.3$	$s>0.3$	$s≤0.3$	$s>0.3$	$s≤0.3$	$s>0.3$	$s≤0.3$	$s>0.3$	$s≤0.3$	$s>0.3$
一区：－2.1～－3.0	阿图什　喀什　和田　麦盖提　新源　莎车　叶城　皮山　于田	25	45	20	40	35	60	35	55	30	55	0.85	0.62
二区：－3.1～－4.0	库车　若羌　民丰　阿克苏　托克逊　巴楚　库尔勒　乌恰　乌什阿拉尔　图木舒克	35	40	35	40	50	55	50	55	45	50	0.68	0.65
三区：－4.1～－5.0	伊宁　吐鲁番　巩留　善鄯　巴仑台　且末	30	50	30	45	45	60	40	60	40	60	0.75	0.60
四区：－5.1～－6.0	塔什库尔干　七角井　哈密　昭苏　和静　焉耆　红柳河	40	55	45	50	50	65	45	65	45	65	0.68	0.56
五区：－6.1～－7.0	塔城　伊吾　裕民　和布克塞尔　拜城	40	65	40	60	55	80	55	75	50	75	0.65	0.50

续表

采暖期室外平均温度（°C）	城镇名称	墙体材料										外墙传热系数限值[W/(m²·k]	
		200厚现浇陶粒混凝土		250厚现浇陶粒混凝土		120厚钢筋混凝土		180厚钢筋混凝土		240厚钢筋混凝土			
		$s\leq0.3$	$s>0.3$	$s\leq0.3$	$s>0.3$	$s\leq0.3$	$s>0.3$	$s\leq0.3$	$s>0.3$	$s\leq0.3$	$s>0.3$	$s\leq0.3$	$s>0.3$
六区：-7.1～-8.0	精河	40	65	40	60	55	80	55	75	50	75	0.65	0.50
七区：-8.1～-9.0	乌鲁木齐　吉木萨尔　米泉　博乐　五家渠	50	75	50	75	70	90	65	90	65	85	0.56	0.45
八区：-9.1～-10.0	克拉玛依　阿勒泰　奎屯　巴里坤　石河子　布尔津　阜康　呼图壁　昌吉　乌苏	60	90	55	85	75	105	70	100	70	100	0.52	0.40
九区：-10.1～-11.0	奇台　福海　北屯	60	90	55	85	75	105	70	100	70	100	0.52	0.40
十区：-12.1～-13.0	富蕴　青河	60	90	55	85	75	105	70	100	70	100	0.52	0.40

注：聚苯板的厚度不宜小于30。

聚氨酯外墙外保温最小厚度选用表

F体系：聚氨酯外保温最小厚度（mm）选用表（1）

采暖期室外平均温度（℃）	城镇名称	墙体材料								外墙传热系数限值[W/(m²·k)]	
		240厚黏土实心砖		370厚黏土实心砖		240厚KPI黏土多孔砖		370厚KPI黏土多孔砖			
		$s\leq0.3$	$s>0.3$	$s\leq0.3$	$s>0.3$	$s\leq0.3$	$s>0.3$	$s\leq0.3$	$s>0.3$	$s\leq0.3$	$s>0.3$
一区：-2.1～-3.0	阿图什　喀什　和田　麦盖提　新源　莎车　叶城　皮山　于田	15	30	10	25	15	25	10	20	0.85	0.65
二区：-3.1～-4.0	库车　若羌　民丰　阿克苏　托克逊　巴楚　库尔勒　乌恰　乌什阿拉尔　图木舒克	25	30	20	25	20	25	15	20	0.68	0.65
三区：-4.1～-5.0	伊宁　吐鲁番　巩留　善鄯　巴仑台　且末	20	30	15	25	20	30	15	25	0.75	0.60
四区：-5.1～-6.0	塔什库尔干　七角井　哈密　昭苏　和静　焉耆　红柳河	25	35	20	30	25	30	15	25	0.68	0.56
五区：-6.1～-7.0	塔城　伊吾　裕民　和布克塞尔　拜城	25	40	25	35	25	40	20	35	0.65	0.50
六区：-7.1～-8.0	精河	25	40	25	35	25	40	20	35	0.65	0.50
七区：-8.1～-9.0	乌鲁木齐　吉木萨尔　米泉　博乐　五家渠	35	50	30	45	30	45	25	40	0.56	0.45
八区：-9.1～-10.0	克拉玛依　阿勒泰　奎屯　巴里坤　石河子　布尔津　阜康　呼图壁　昌吉　乌苏	40	55	35	50	35	55	30	50	0.52	0.40
九区：-10.1～-11.0	奇台　福海　北屯	40	55	35	50	35	55	30	50	0.52	0.40
十区：-12.1～-13.0	富蕴　青河	40	55	35	50	35	55	30	50	0.52	0.40

续表

采暖期室外平均温度(°C)	城镇名称	墙体材料										外墙传热系数限值[W/(m²·k)]	
		250厚加气混凝土砌块		300厚加气混凝土砌块		190厚陶粒混凝土空心砌块		240厚陶粒混凝土空心砌块		290厚陶粒混凝土空心砌块			
		$s\leq0.3$	$s>0.3$	$s\leq0.3$	$s>0.3$	$s\leq0.3$	$s>0.3$	$s\leq0.3$	$s>0.3$	$s\leq0.3$	$s>0.3$	$s\leq0.3$	$s>0.3$
一区：-2.1～-3.0	阿图什 喀什 和田 麦盖提 新源 莎车 叶城 皮山 于田	0	10	0	10	15	30	15	25	10	25	0.85	0.62
二区：-3.1～-4.0	库车 若羌 民丰 阿克苏 托克逊 巴楚 库尔勒 乌恰 乌什阿拉尔 图木舒克	5	10	5	10	25	30	20	25	15	20	0.68	0.65
三区：-4.1～-5.0	伊宁 吐鲁番 巩留 善鄯 巴仑台 且末	5	15	5	10	20	30	20	30	15	25	0.75	0.60
四区：-5.1～-6.0	塔什库尔干 七角井 哈密 昭苏 和静 焉耆 红柳河	10	15	5	15	25	35	20	30	20	30	0.68	0.56
五区：-6.1～-7.0	塔城 伊吾 裕民 和布克塞尔 拜城	10	20	10	20	25	40	25	40	20	35	0.65	0.50
六区：-7.1～-8.0	精河	10	20	10	20	25	40	25	40	20	35	0.65	0.50
七区：-8.1～-9.0	乌鲁木齐 吉木萨尔 米泉 博乐 五家渠	15	30	15	25	35	45	30	45	30	40	0.56	0.45
八区：-9.1～-10.0	克拉玛依 阿勒泰 奎屯 巴里坤 石河子 布尔津 阜康 呼图壁 昌吉 乌苏	25	35	15	30	40	55	35	55	35	50	0.52	0.40
九区：-10.1～-11.0	奇台 福海 北屯	25	35	15	30	40	55	35	55	35	50	0.52	0.40
十区：-12.1～-13.0	富蕴 青河	25	35	15	30	40	55	35	55	35	50	0.52	0.40

F体系：聚氨酯外保温最小厚度（mm）选用表（2）

采暖期室外平均温度(°C)	城镇名称	墙体材料										外墙传热系数限值[W/(m²·k)]	
		200厚现浇陶粒混凝土		250厚现浇陶粒混凝土		120厚钢筋混凝土		180厚钢筋混凝土		240厚钢筋混凝土			
		$s\leq0.3$	$s>0.3$	$s\leq0.3$	$s>0.3$	$s\leq0.3$	$s>0.3$	$s\leq0.3$	$s>0.3$	$s\leq0.3$	$s>0.3$	$s\leq0.3$	$s>0.3$
一区：-2.1～-3.0	阿图什 喀什 和田 麦盖提 新源 莎车 叶城 皮山 于田	15	30	15	25	20	35	20	35	20	35	0.85	0.62
二区：-3.1～-4.0	库车 若羌 民丰 阿克苏 托克逊 巴楚 库尔勒 乌恰 乌什阿拉尔 图木舒克	20	25	20	25	30	35	30	35	25	30	0.68	0.65
三区：-4.1～-5.0	伊宁 吐鲁番 巩留 善鄯 巴仑台 且末	20	30	20	25	25	35	25	35	25	35	0.75	0.60
四区：-5.1～-6.0	塔什库尔干 七角井 哈密 昭苏 和静 焉耆 红柳河	25	35	20	30	30	40	30	40	30	40	0.68	0.56
五区：-6.1～-7.0	塔城 伊吾 裕民 和布克塞尔 拜城	25	40	25	35	35	45	35	45	30	45	0.65	0.50

续表

采暖期室外平均温度（°C）	城镇名称	墙体材料										外墙传热系数限值[W/(m²·k)]	
		200厚现浇陶粒混凝土		250厚现浇陶粒混凝土		120厚钢筋混凝土		180厚钢筋混凝土		240厚钢筋混凝土			
		s≤0.3	s>0.3	s≤0.3	s>0.3	s≤0.3	s>0.3	s≤0.3	s>0.3	s≤0.3	s>0.3	s≤0.3	s>0.3
六区：-7.1～-8.0	精河	25	40	25	35	35	45	35	45	30	45	0.65	0.50
七区：-8.1～-9.0	乌鲁木齐　吉木萨尔　米泉　博乐　五家渠	35	45	30	45	40	55	40	50	40	50	0.56	0.45
八区：-9.1～-10.0	克拉玛依　阿勒泰　奎屯　巴里坤　石河子　布尔津　阜康　呼图壁　昌吉　乌苏	35	55	35	50	45	60	45	60	40	60	0.52	0.40
九区：-10.1～-11.0	奇台　福海　北屯	35	55	35	50	45	60	45	60	40	60	0.52	0.40
十区：-12.1～-13.0	富蕴　青河	35	55	35	50	45	60	45	60	40	60	0.52	0.40

注：聚氨酯保温层的厚度不宜小于20。

平屋面保温最小厚度选用表

G、H体系：平屋面保温最小厚度（mm）选用表

采暖期室外平均温度（℃）	城镇名称	屋面保温材料								外墙传热系数限值[W/(m²·k)]	
		胶粉聚苯颗粒		聚氨酯硬质泡沫塑料		模塑聚苯板		挤塑聚苯板			
		s≤0.3	s>0.3	s≤0.3	s>0.3	s≤0.3	s>0.3	s≤0.3	s>0.3	s≤0.3	s>0.3
一区：-2.1～-3.0	阿图什　喀什　和田　麦盖提　新源　莎车　叶城　皮山　于田	65	105	25	45	45	75	30	50	0.7	0.50
二区：-3.1～-4.0	库车　若羌　民丰　阿克苏　托克逊　巴楚　库尔勒　乌恰　乌什阿拉尔　图木舒克	65	105	25	45	45	75	30	50	0.7	0.50
三区：-4.1～-5.0	伊宁　吐鲁番　巩留　善鄯　巴仑台　且末	65	105	25	45	45	75	30	50	0.7	0.50
四区：-5.1～-6.0	塔什库尔干　七角井　哈密　昭苏　和静　焉耆　红柳河	80	140	35	60	55	100	40	65	0.60	0.40
五区：-6.1～-7.0	塔城　伊吾　裕民　和布克塞尔　拜城	80	140	35	60	55	100	40	65	0.60	0.40
六区：-7.1～-8.0	精河	80	140	35	60	55	100	40	65	0.60	0.40
七区：-8.1～-9.0	乌鲁木齐　吉木萨尔　米泉　博乐　五家渠	105	200	45	85	75	120	50	95	0.50	0.30
八区：-9.1～-10.0	克拉玛依　阿勒泰　奎屯　巴里坤　石河子　布尔津　阜康　呼图壁　昌吉　乌苏	105	200	45	85	75	120	50	95	0.50	0.30
九区：-10.1～-11.0	奇台　福海　北屯	105	200	45	85	75	120	50	95	0.50	0.30
十区：-12.1～-13.0	富蕴　青河	140	250	60	105	100	170	65	115	0.40	0.25

注：1. 采用模塑聚苯板、挤塑聚苯板做屋面保温时，屋面构造做法见新02J2图集。
2. 坡屋面保温最小厚度根据单体工程由设计人通过热工计算确定。

地板、顶板及底板胶粉聚苯颗粒保温最小厚度选用表

接触室外空气的地板、不采暖地下室上部顶板及外挑阳台底板胶粉聚苯颗粒保温最小厚度（mm）选用表

采暖期室外平均温度（°C）	城镇名称	保温部位					
		接触室外空气的地板传热系数限值[W/(m²·k)]	接触室外空气的地板保温层厚度（mm）	不采暖地下室上部顶板传热系数限值[W/(m²·k)]	不采暖地下室上部顶板保温层厚度（mm）	外挑阳台底板传热系数限值[W/(m²·k)]	外挑阳台底板保温厚度（mm）
一区：-2.1～-3.0	阿图什 喀什 和田 麦盖提 新源 莎车 叶城 皮山 于田	0.50	85	0.55	75	0.50	85
二区 -3.1～-4.0	库车 若羌 民丰 阿克苏 托克逊 巴楚 库尔勒 乌恰 乌什阿拉尔 图木舒克	0.50	85	0.55	75	0.50	85
三区 -4.1～-5.0	伊宁 吐鲁番 巩留 善鄯 巴仑台 且末	0.50	85	0.55	75	0.50	85
四区 -5.1～-6.0	塔什库尔干 七角井 哈密 昭苏 和静 焉耆 红柳河	0.40	110	0.55	75	0.40	110
五区 -6.1～-7.0	塔城 伊吾 裕民 和布克塞尔 拜城	0.40	110	0.55	75	0.40	110
六区 -7.1～-8.0	精河	0.40	110	0.55	75	0.40	110
七区 -8.1～-9.0	乌鲁木齐 吉木萨尔 米泉 博乐 五家渠	0.30	150	0.50	85	0.30	150
八区 -9.1～-10.0	克拉玛依 阿勒泰 奎屯 巴里坤 石河子 布尔津 阜康 呼图壁 昌吉 乌苏	0.30	150	0.50	85	0.30	150
九区 -10.1～-11.0	奇台 福海 北屯	0.30	150	0.50	85	0.30	150
十区 -12.1～-13.0	富蕴 青河	0.25	185	0.45	110	0.25	185

注：目录及图签中的地板指接触室外空气的地板；顶板指不采暖地下室顶板；底板指外挑阳台底板。

地板、顶板及底板带燕尾槽聚苯板保温最小厚度选用表

接触室外空气的地板、不采暖地下室上部顶板及外挑阳台底板带燕尾槽聚苯保温最小厚度（mm）选用表

采暖期室外平均温度（°C）	城镇名称	保温部位					
		接触室外空气的地板传热系数限值[W/(m²·k)]	接触室外空气的地板保温厚度（mm）	不采暖地下室上部顶板传热系数限值[W/(m²·k)]	不采暖地下室上部顶板保温厚度（mm）	外挑阳台底板传热系数限值[W/(m²·k)]	外挑阳台底板保温厚度（mm）
一区：-2.1～-3.0	阿图什 喀什 和田 麦盖提 新源 莎车 叶城 皮山 于田	0.50	55	0.55	50	0.50	55
二区：-3.1～-4.0	库车 若羌 民丰 阿克苏 托克逊 巴楚 库尔勒 乌恰 乌什阿拉尔 图木舒克	0.50	55	0.55	50	0.50	55

续表

采暖期室外平均温度（°C）	城镇名称	保温部位					
		接触室外空气的地板传热系数限值［W/(m²·k)］	接触室外空气的地板保温厚度（mm）	不采暖地下室上部顶板传热系数限值［W/(m²·k)］	不采暖地下室上部顶板保温厚度（mm）	外挑阳台底板传热系数限值［W/(m²·k)］	外挑阳台底板保温厚度（mm）
三区：-4.1～-5.0	伊宁　吐鲁番　巩留　善鄯　巴仑台　且末	0.50	55	0.55	50	0.50	55
四区：-5.1～-6.0	塔什库尔干　七角井　哈密　昭苏　和静　焉耆　红柳河	0.40	75	0.55	50	0.40	75
五区：-6.1～-7.0	塔城　伊吾　裕民　和布克塞尔　拜城	0.40	75	0.55	50	0.40	75
六区：-7.1～-8.0	精河	0.40	75	0.55	50	0.40	75
七区：-8.1～-9.0	乌鲁木齐　吉尔萨尔　米泉　博乐　五家渠	0.30	100	0.50	55	0.30	100
八区：-9.1～-10.0	克拉玛依　阿勒泰　奎屯　巴里坤　石河子　布尔津　阜康　呼图壁　昌吉　乌苏	0.30	100	0.50	55	0.30	100
九区：-10.1～-11.0	奇台　福海　北屯	0.30	100	0.50	55	0.30	100
十区：-12.1～-13.0	富蕴　青河	0.25	125	0.45	75	0.25	125

注：目录及图签中的地板指接触室外空气的地板；顶板指不采暖地下室顶板；底板指外挑阳台底板。

地板、顶板及底板聚氨酯保温最小厚度选用表

接触室外空气的地板、不采暖地下室上部顶板及外挑阳台底板聚氨酯保温最小厚度（mm）选用表

采暖期室外平均温度（°C）	城镇名称	保温部位					
		接触室外空气的地板传热系数限值［W/(m²·k)］	接触室外空气的地板保温厚度（mm）	不采暖地下室上部顶板传热系数限值［W/(m²·k)］	不采暖地下室上部顶板保温厚度（mm）	外挑阳台底板传热系数限值［W/(m²·k)］	外挑阳台底板保温厚度（mm）
一区：-2.1～-3.0	阿图什　喀什　和田　麦盖提　新源　莎车　叶城　皮山　于田	0.50	45	0.55	40	0.50	45
二区：-3.1～-4.0	库车　若羌　民丰　阿克苏　托克逊　巴楚　库尔勒　乌恰　乌什阿拉尔　图木舒克	0.50	45	0.55	40	0.50	45
三区：-4.1～-5.0	伊宁　吐鲁番　巩留　善鄯　巴仑台　且末	0.50	45	0.55	40	0.50	45
四区：-5.1～-6.0	塔什库尔干　七角井　哈密　昭苏　和静　焉耆　红柳河	0.40	60	0.55	40	0.40	60
五区：-6.1～-7.0	塔城　伊吾　裕民　和布克塞尔　拜城	0.40	60	0.55	40	0.40	60
六区：-7.1～-8.0	精河	0.40	60	0.55	40	0.40	60

续表

采暖期室外平均温度（°C）	城镇名称	保温部位					
		接触室外空气的地板传热系数限值［W/（m^2·k）］	接触室外空气的地板保温厚度（mm）	不采暖地下室上部顶板传热系数限值［W/（m^2·k）］	不采暖地下室上部顶板保温厚度（mm）	外挑阳台底板传热系数限值［W/（m^2·k）］	外挑阳台底板保温厚度（mm）
七区：-8 1～-9.0	乌鲁木齐　吉木萨尔　米泉　博乐　五家渠	0.30	80	0.50	45	0.30	80
八区：-9.1～-10.0	克拉玛依　阿勒泰　奎屯　巴里坤　石河子　布尔津　阜康　呼图壁　昌吉　乌苏	0.30	80	0.50	45	0.30	80
九区：-10.1～-11.0	奇台　福海　北屯	0.30	80	0.50	45	0.30	80
十区：-12.1～-13.0	富蕴　青河	0.25	95	0.45	50	0.25	95

注：目录及图签中的地板指接触室外空气的地板；顶板指不采暖地下室顶板；底板指外挑阳台底板。

3

A 体系（胶粉聚苯颗粒外保温体系）构造节点详图

平、立面详图

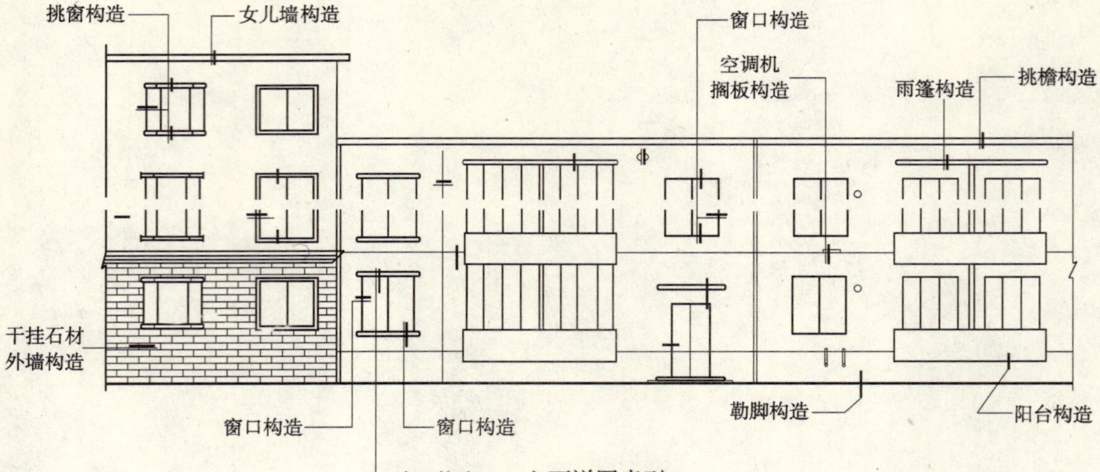

立面详图索引

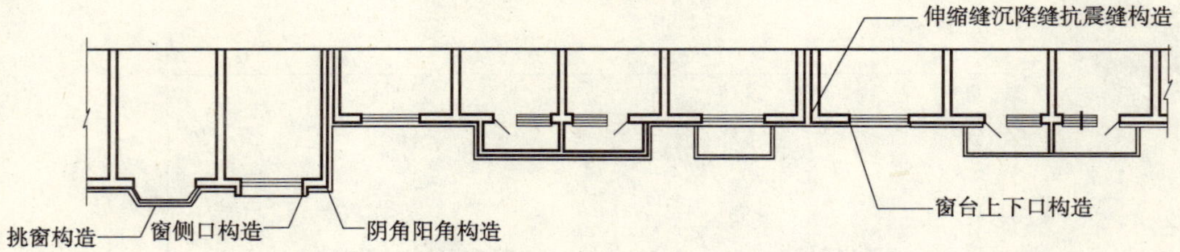

平面详图索引

外墙构造及做法

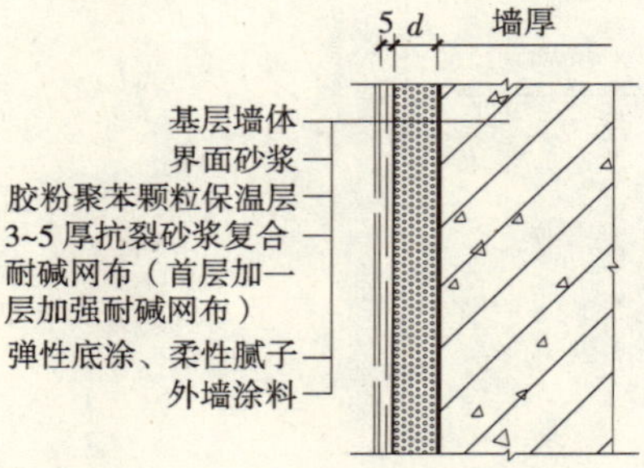

① 涂料外墙

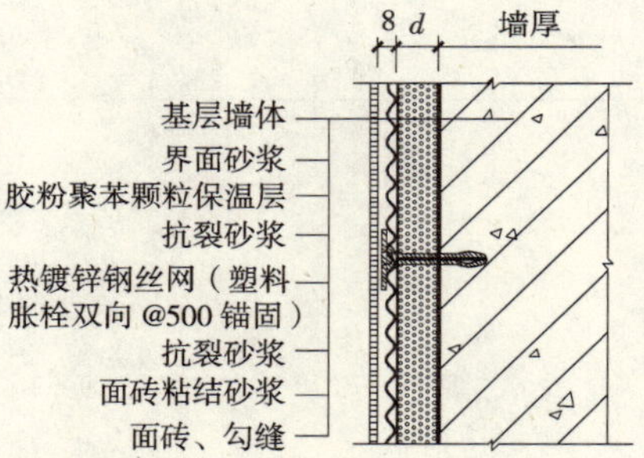

② 贴面砖外墙（一）（后锚固法）

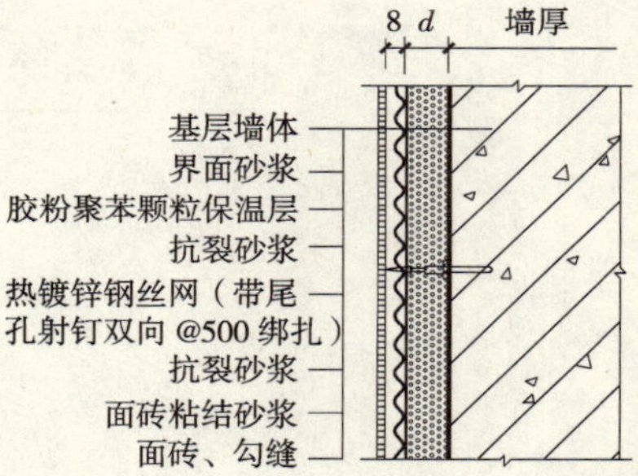

③ 贴面砖外墙（二）（先锚固法）

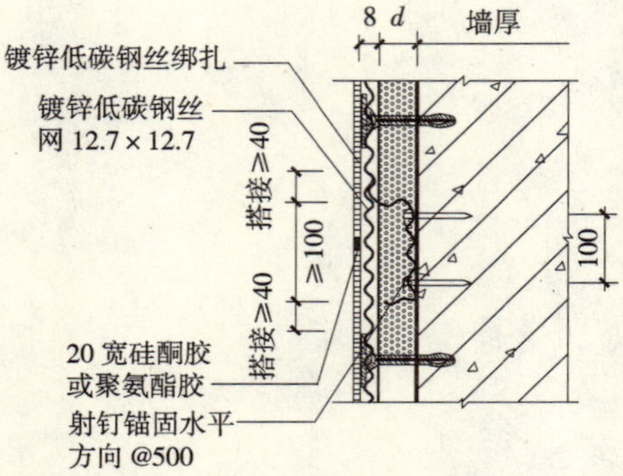

④ 贴面砖外墙（三）（加强构造）

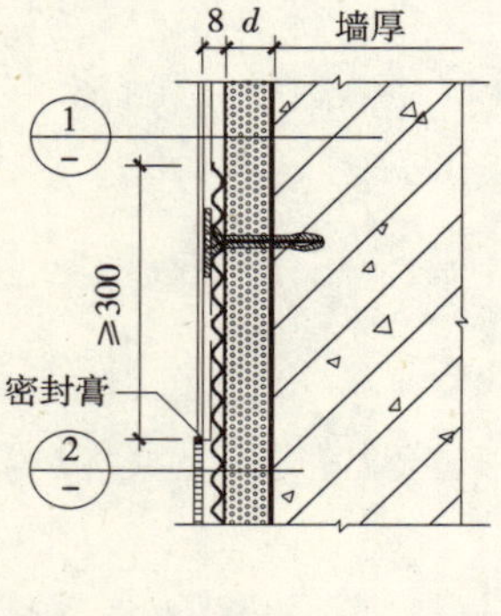

⑤ 涂料与面砖搭接构造

注：1. ①节点为涂料外墙标准层构造，建筑首层应加一层加强耐碱网布；②、③节点为贴面砖外墙构造；④节点为贴面砖外墙镀锌钢丝网加强构造，每六层楼设一道加强带，并留一条20mm宽的面砖缝，用硅酮胶或聚氨酯胶填缝；⑤节点为涂料与面砖搭接构造，耐碱网布压热镀锌钢丝网不小于300mm，面砖不应贴在耐碱网布上。
2. 射钉和塑料胀栓的锚固深度均不得小于 30mm。
3. 胶粉聚苯颗粒保温层厚度 d 见单体设计。

外墙阳角、阴角构造

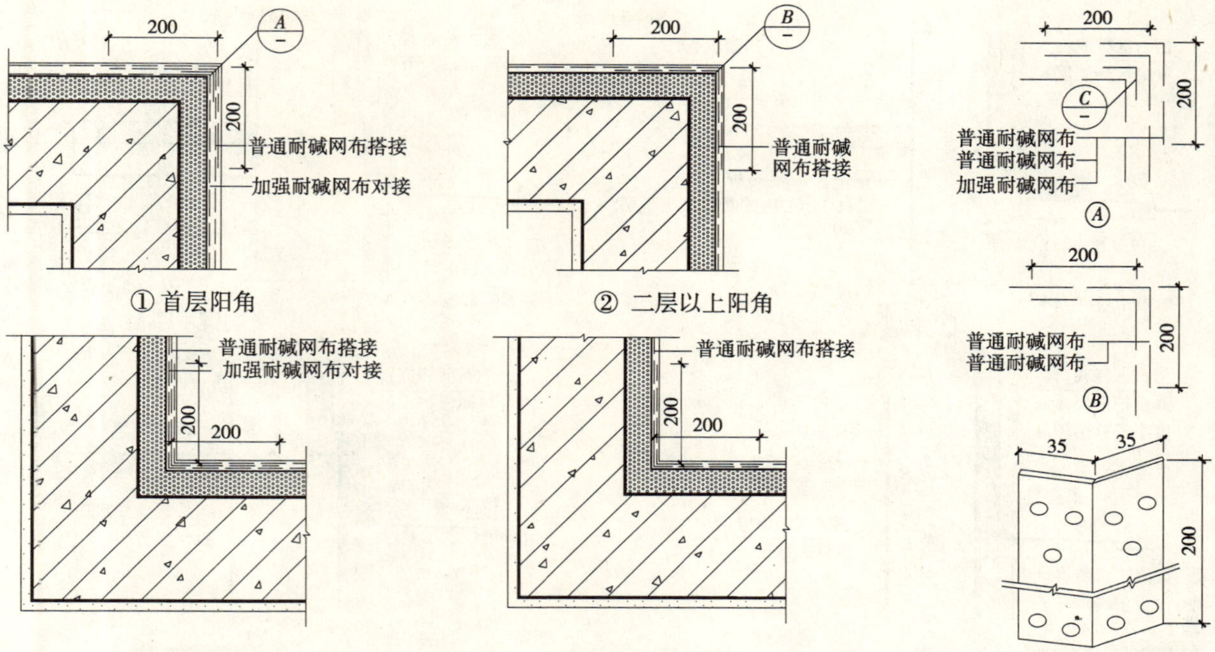

① 首层阳角　② 二层以上阳角

③ 首层阴角　④ 二层以上阴角　Ⓒ 专用金属护角

注：1. 本图为胶粉聚苯颗粒保温层的涂料外墙阴、阳角构造，贴面砖构造做法见单体设计节点。

2. 用于首层外墙阳角的专用金属护角截面尺寸为35mm×35mm×0.5mm，高2000mm，设在加强耐碱网布和普通耐碱网布之间。

勒脚构造

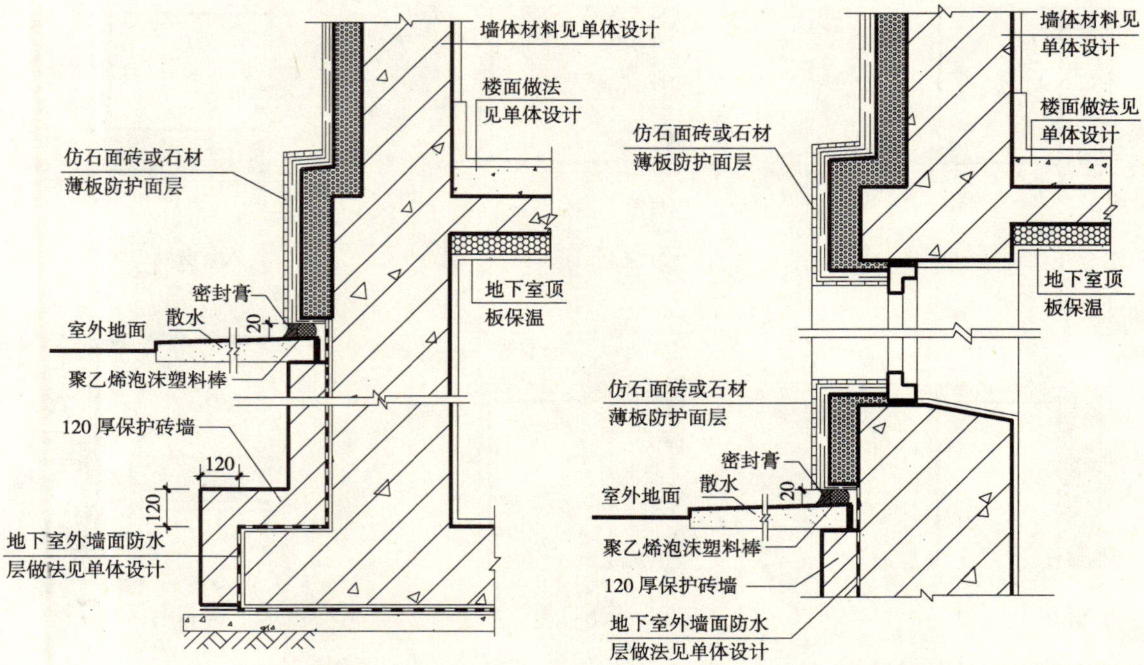

① 勒脚（一）　② 勒脚（二）

注：本图为胶粉聚苯颗粒保温层的涂料外墙勒脚构造，粘贴面砖外墙构造见单体设计。

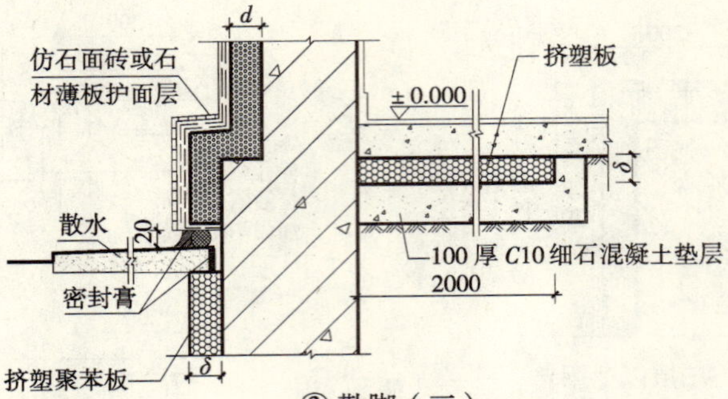

③ 勒脚（三）

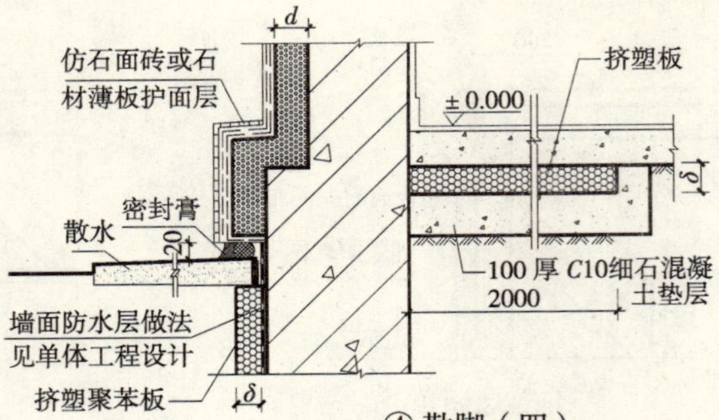

④ 勒脚（四）

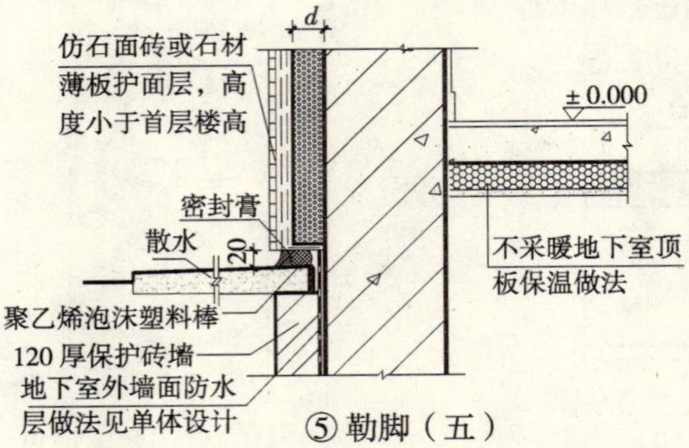

⑤ 勒脚（五）

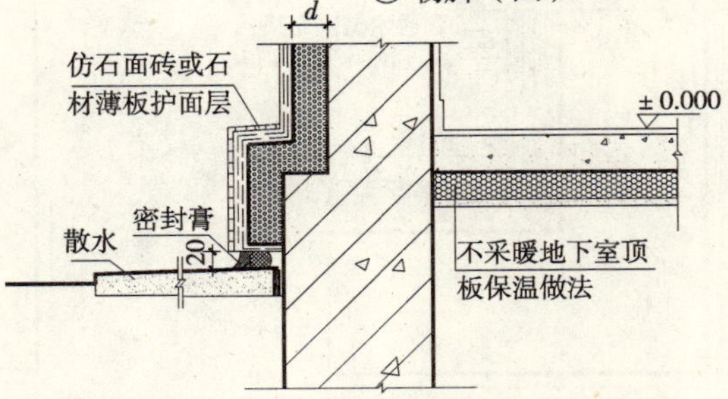

⑥ 勒脚（六）

注：①、②用于采暖期室外平均温度低于 -5℃地区。在外墙周边从外墙内侧算起 2.0m 范围内用挤塑聚苯板保温；在室外地坪以下的垂直墙面用挤塑聚苯板保温，深度至冰冻线。挤塑聚苯板用回填土夯实压紧。挤塑聚苯板的厚度 δ =50~70mm（按 δ =d−10<70mm 设置）；墙体有无防水层见单体设计。

窗上口、窗下口及窗侧口构造

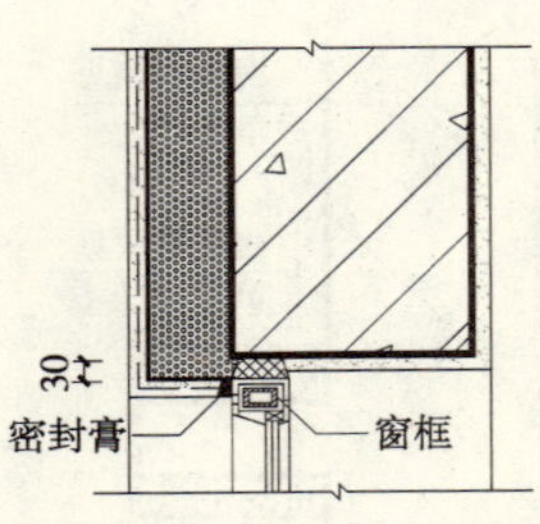

① 窗上口（一）

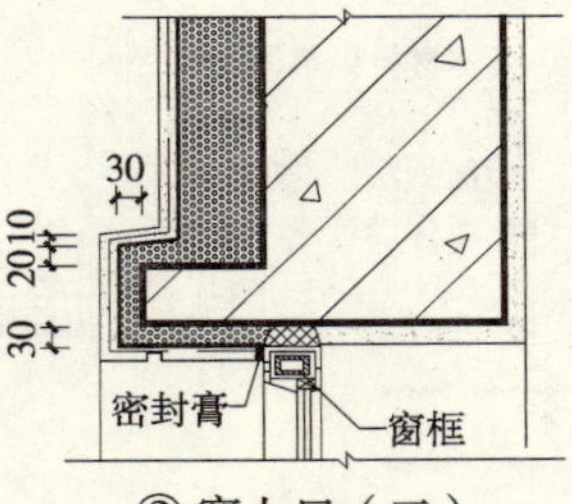

② 窗上口（二）

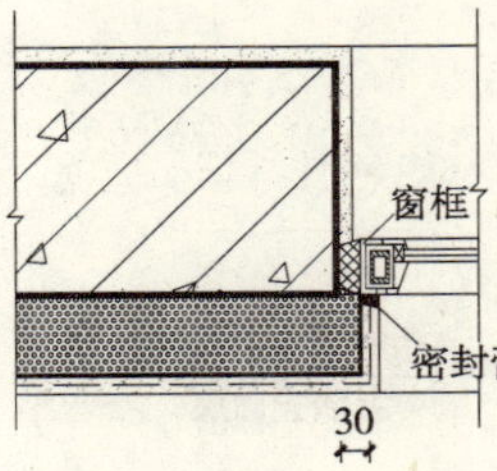

③ 窗侧口（一）

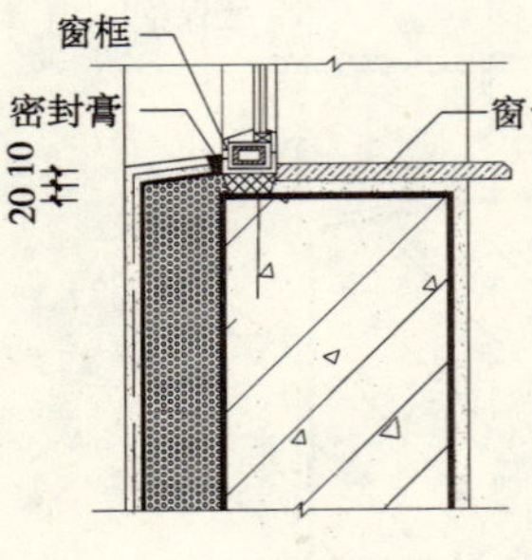

④ 窗下口（一）

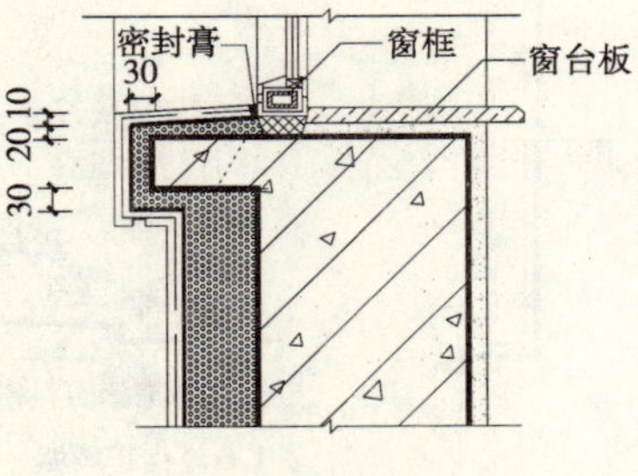

⑤ 窗下口（二）

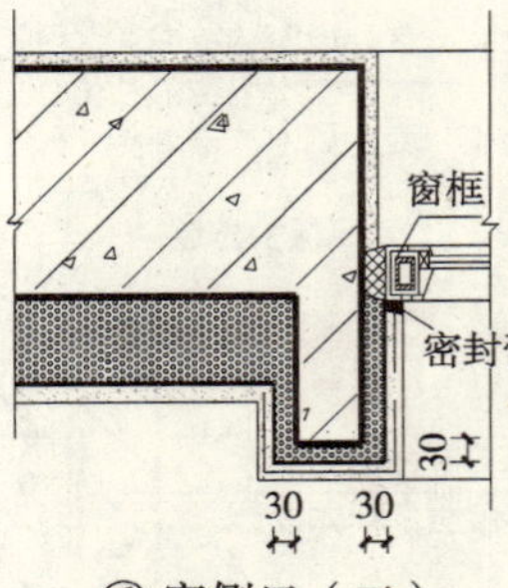

⑥ 窗侧口（二）

注：1. 本图为胶粉聚苯颗粒保温层涂料外墙窗上口、窗下口、窗侧口构造，贴面砖构造做法见单体设计节点。
窗边口四周亦可根据实际工程用 30mm 厚挤塑板或 25mm 厚聚氨酯硬泡板镶贴。
2. 窗套挑出长度、宽度见单体设计。

挑窗构造（涂料饰面）

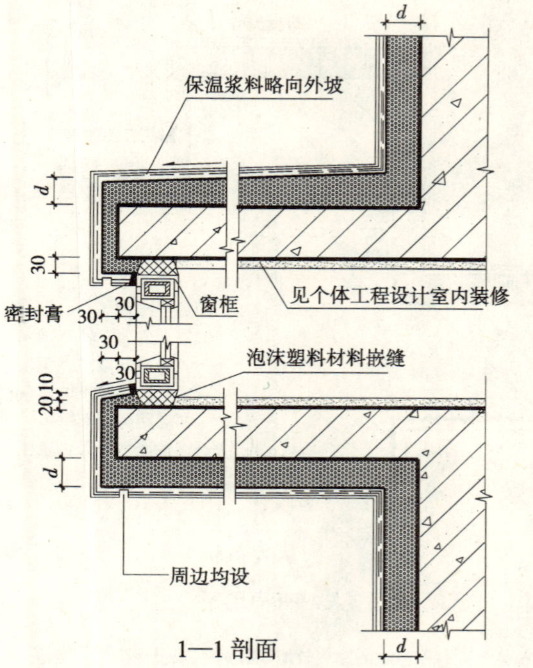

1—1 剖面

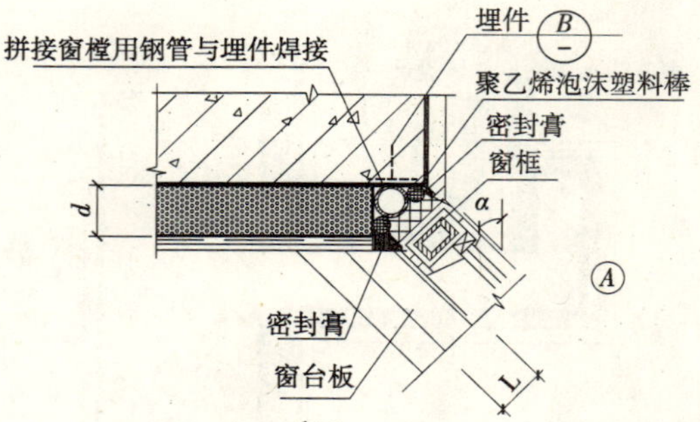

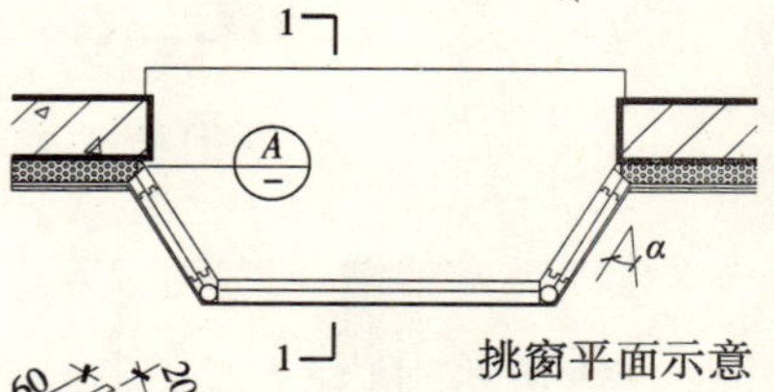

挑窗平面示意

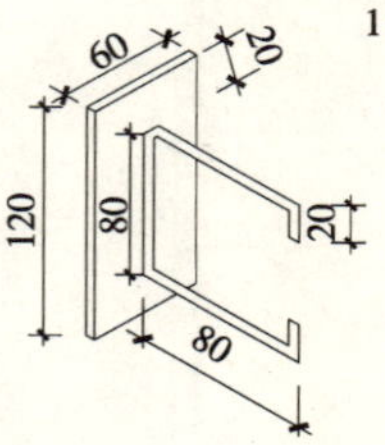

Ⓑ

注：1. 挑窗形状、挑出宽度、长度、角度 α 及钢筋混凝土挑板构造见单体设计。

2. 墙体胶粉聚苯颗粒保温浆料厚度 d 可通过计算确定。

3. 预埋件Ⓑ@1000 左右，窗口每边不少于2个；预埋件扁钢为5mm厚，锚筋圆钢为 $\phi 6$。

阳台构造

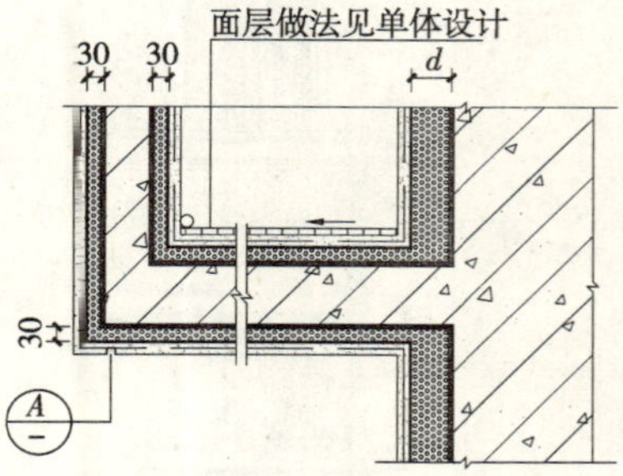

① 阳台一（不封闭）

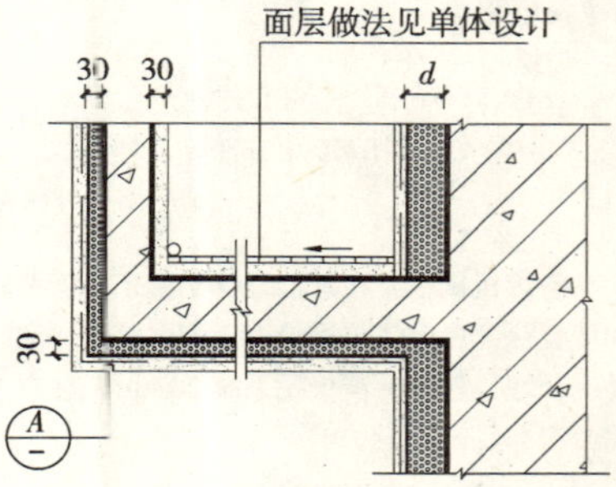

② 阳台二（封闭）

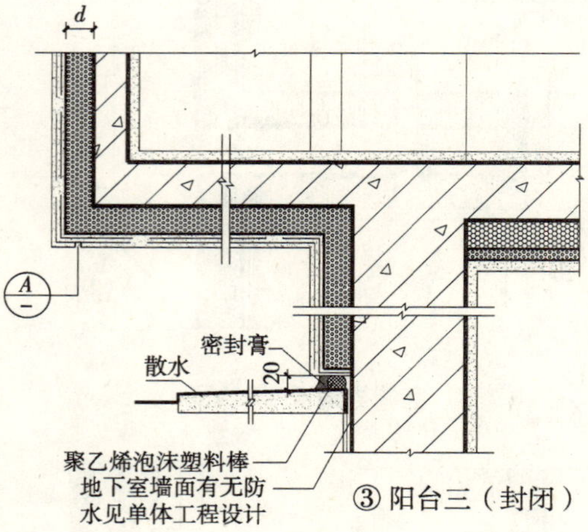

③ 阳台三（封闭）

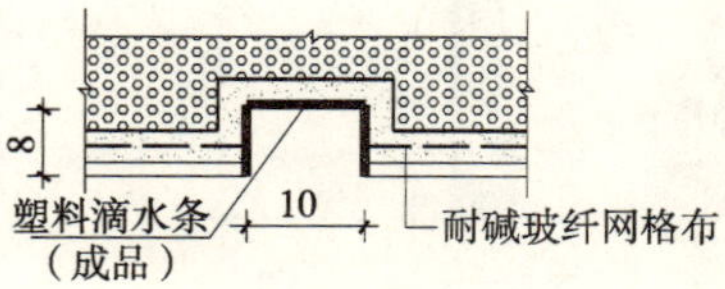

Ⓐ 滴水槽

注：1. 本图为胶粉聚苯颗粒保温层的涂料外墙阳台构造，贴面砖构造做法参照节点。

2. 墙体保温层厚度 d见单体设计。

雨篷、不采暖楼梯间隔墙、管道穿墙构造

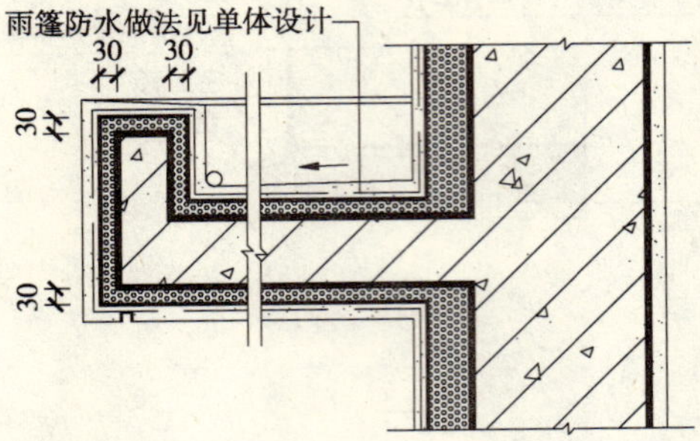

① 雨篷

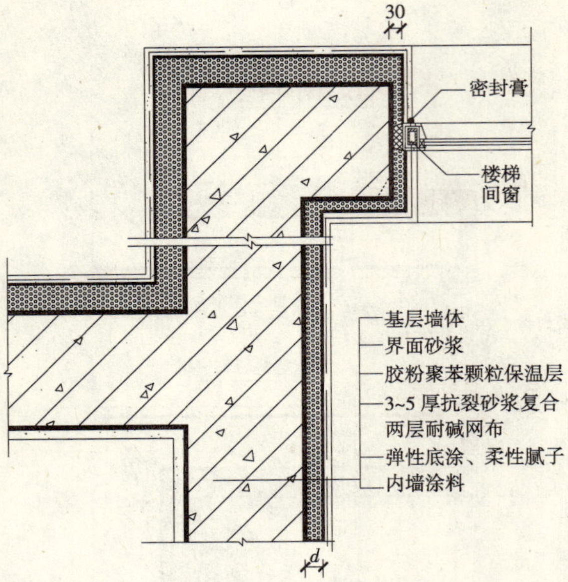

② 不采暖楼梯间隔墙

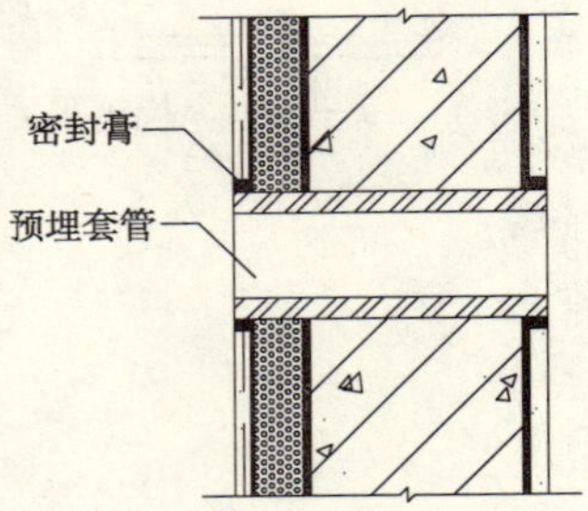

③ 管道穿墙

注：1. 本图为胶粉聚苯颗粒保温层的涂料外墙雨篷、不采暖楼梯间、管道穿墙构造，雨篷贴面砖构造做法见单体设计节点。

2. 不采暖楼梯间内墙保温层厚度 d 见单体设计。

空调机室外支架、空调机搁板、分格缝构造

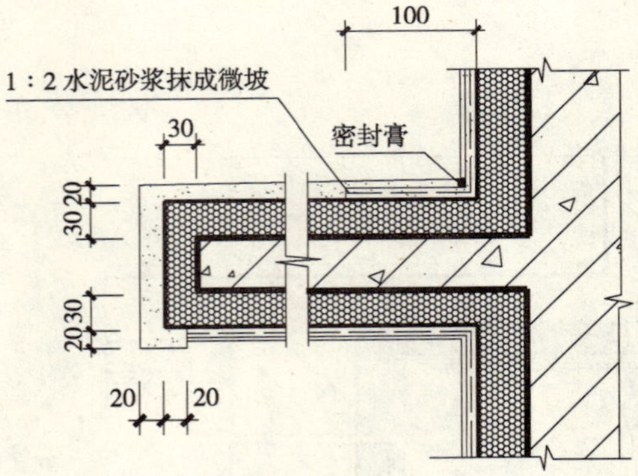

① 空调机搁板（带保温）

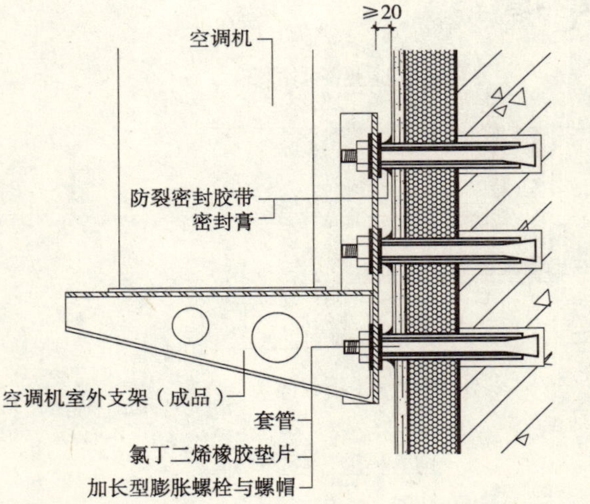

② 空调机室外支架示意图

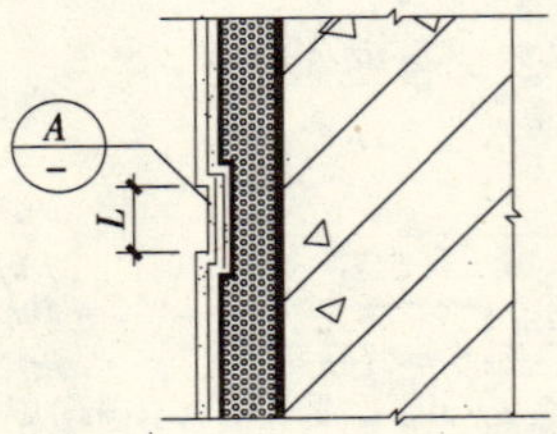

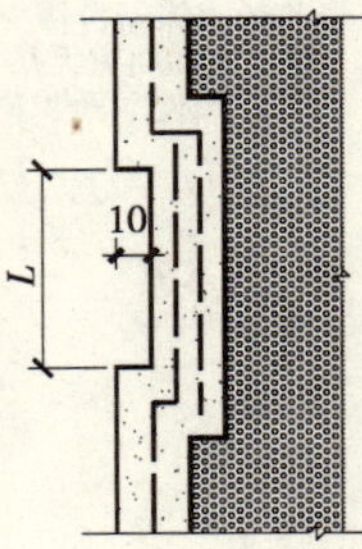

③ 分格缝

Ⓐ

注：1. 空调机室外支架、空调机搁板宜在外墙外保温施工前安装；膨胀螺栓规格和埋置深度见单体工程设计；为保持外保温的完整，固定件应预埋，悬挂件至少距系统 20mm，且在固定件四周嵌密封膏。

2. 分格缝宽度 L 一般为 50mm 或见单体设计。

挑檐构造

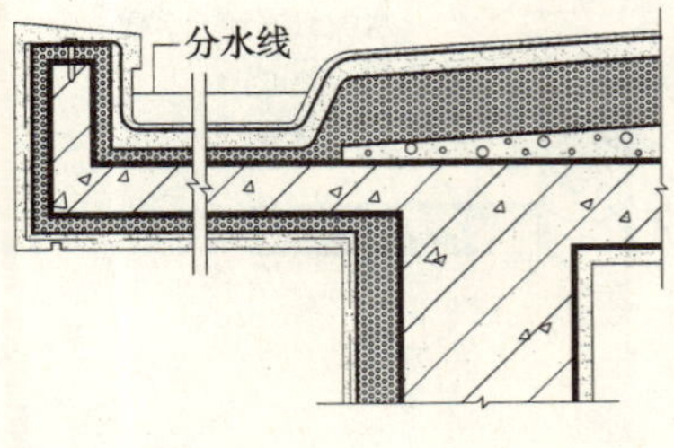

①

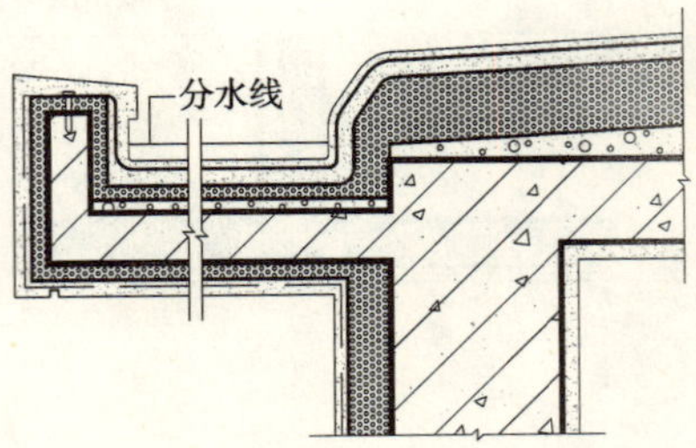

②

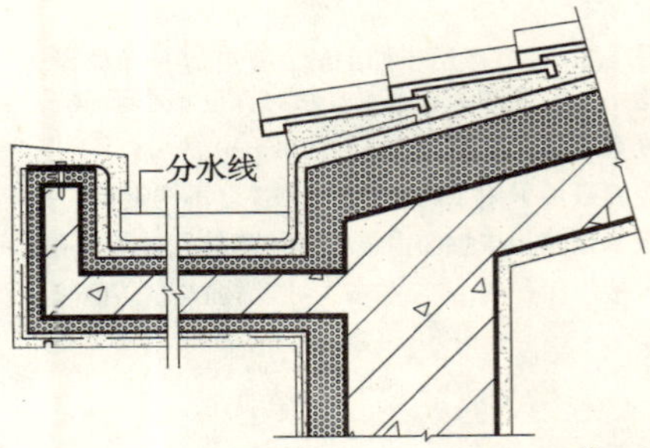

③

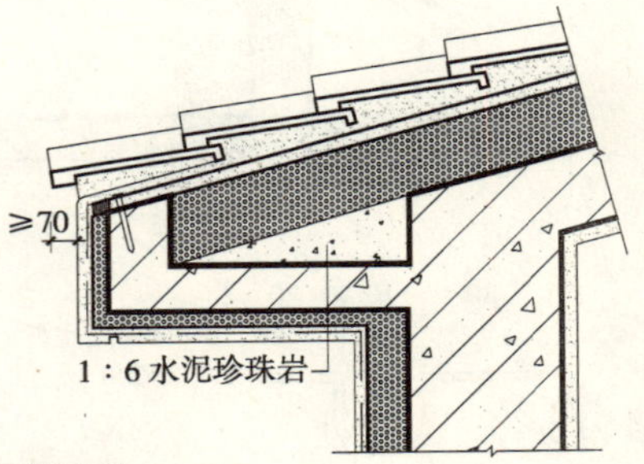

④

注：1. 本图为胶粉聚苯颗粒保温层的涂料外墙挑檐构造，贴面砖构造做法见单体设计节点。
2. 挑檐宽度、长度及构造见单体设计。
3. 挑檐处胶粉聚苯颗粒保温层的厚度均为 30mm。

女儿墙、屋面变形缝构造

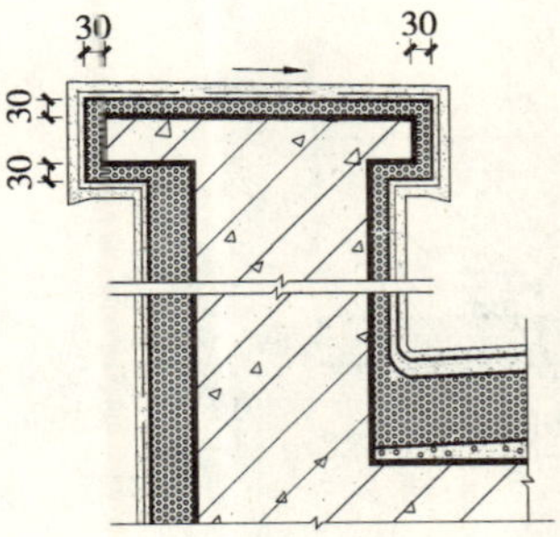

① 女儿墙（一）

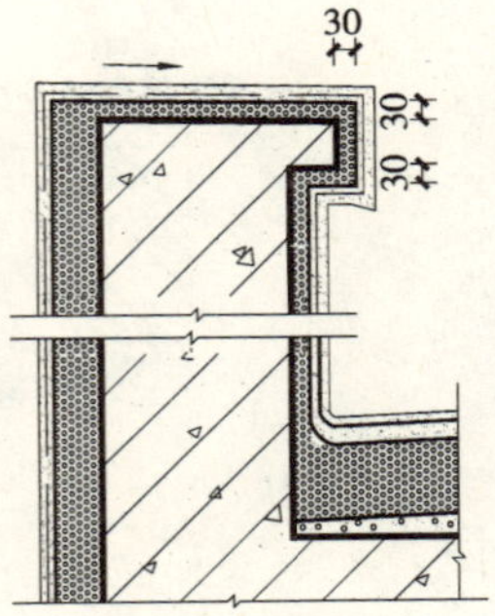

② 女儿墙（二）

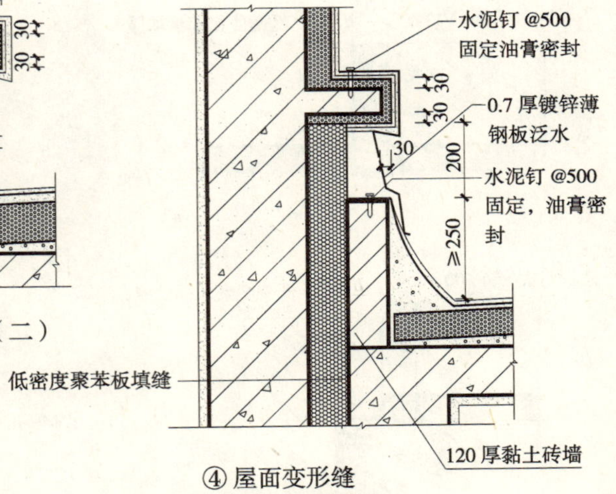

④ 屋面变形缝
（用于高低跨）

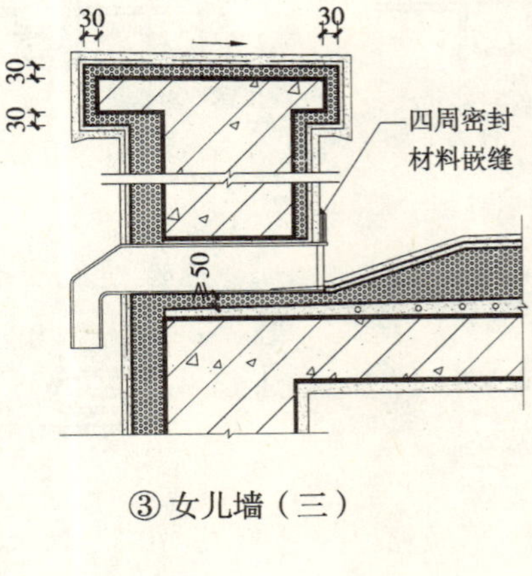

③ 女儿墙（三）

注：1. 本图为胶粉聚苯颗粒保温层的涂料外墙女儿墙、屋面变形缝构造，贴砖构造做法见单体设计节点。
2. 女儿墙压顶挑出宽度、高度及泛水做法见单体设计。
3. 低密度聚苯板表观密度不大于 10kg/m³。
4. ③节点除主要及人员密集的地段不宜采用外，用于南疆地区时不应超过三层，用于北疆地区时不应超过二层，且建筑高度不应大于 10m。

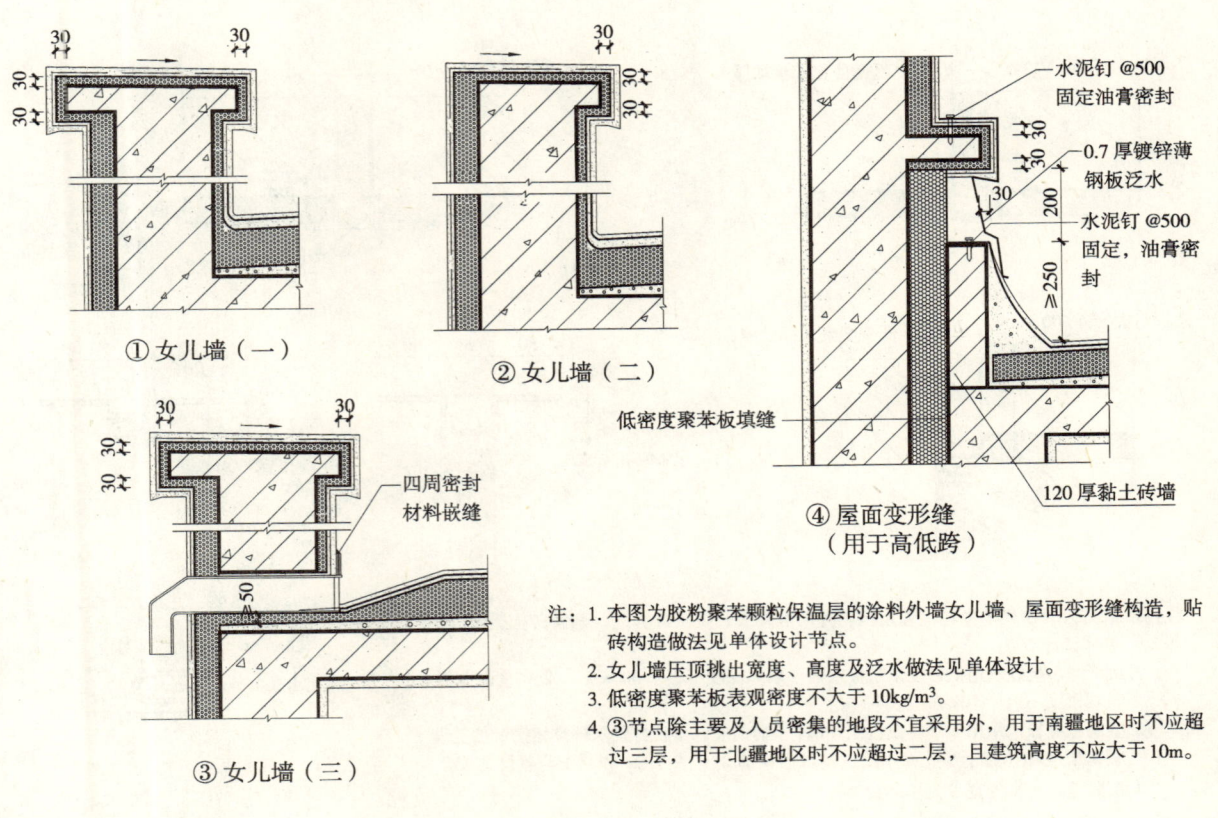

伸缩缝构造

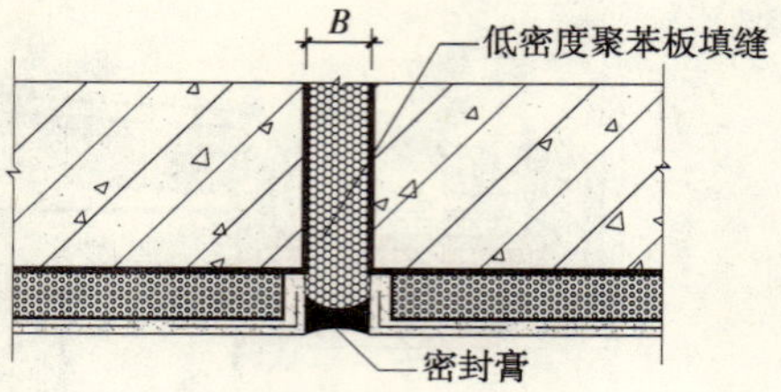

①

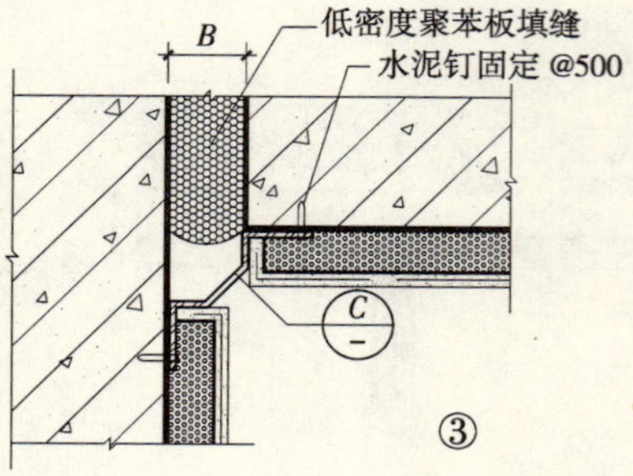

③

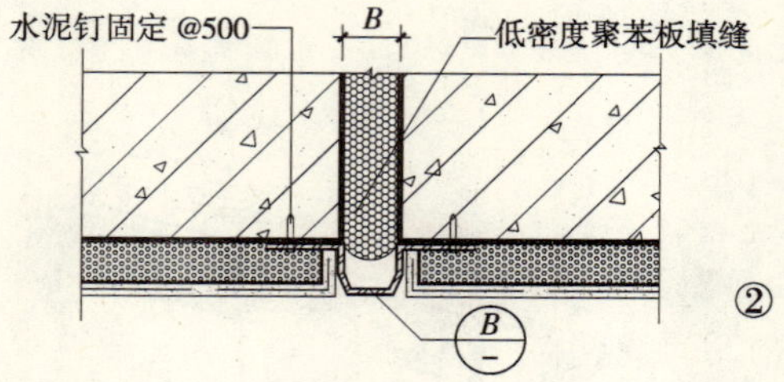

②

1. 本图①、②、③节点用于伸缩缝，宽度 B 见单体设计。
2. 伸缩缝用低密度聚苯板塞紧，填塞深度不小于 300，低密度聚苯板表观密度不大于 10kg/m³。
3. 金属盖缝板可采用 1.2 厚铝板或 0.7 厚不锈钢板，与胶粉聚苯颗粒相接触的盖缝板部位应钻孔若干（孔面积约占接触面积的 25% 左右），以增加与基层的咬合。

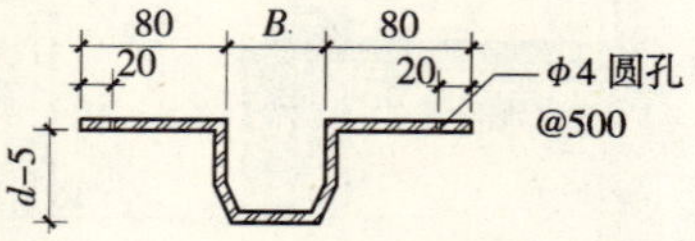

Ⓑ 金属盖缝板

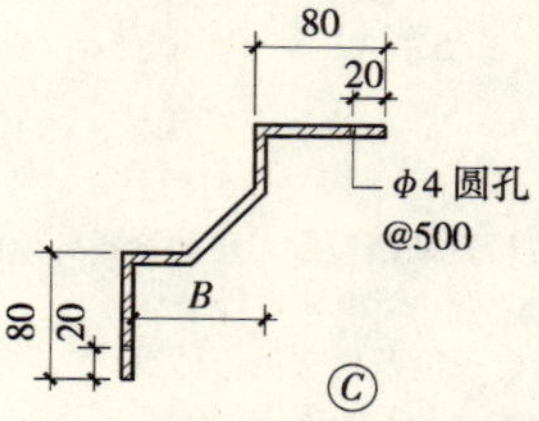

Ⓒ

沉降缝、抗震缝构造

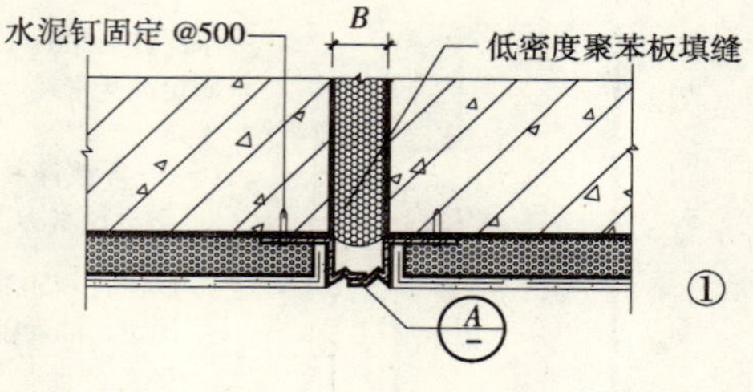

①

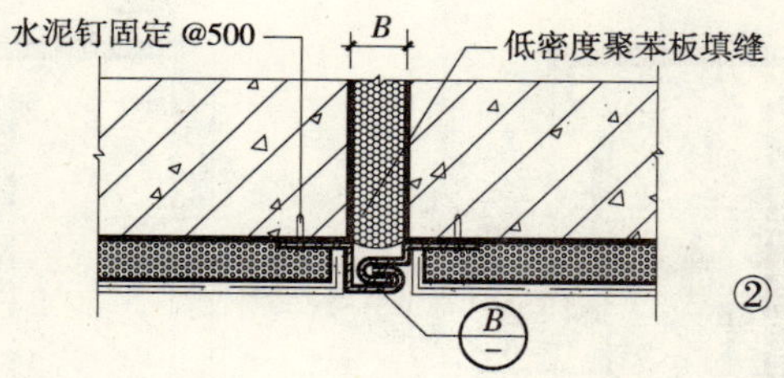

②

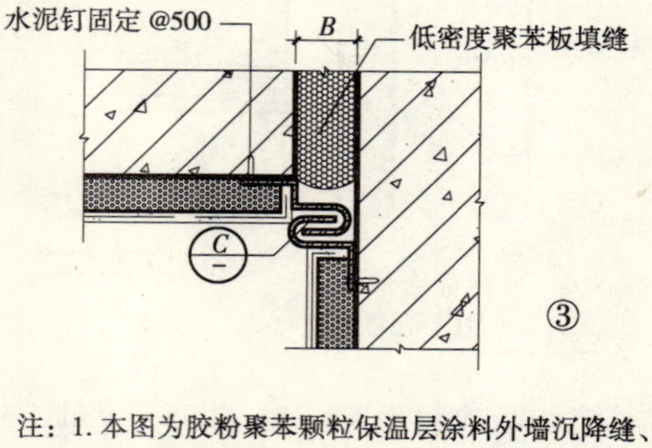

③

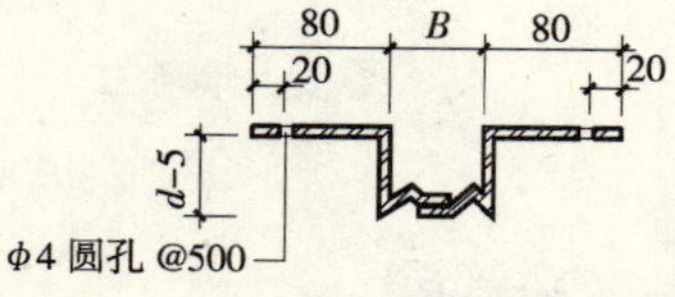

Ⓐ

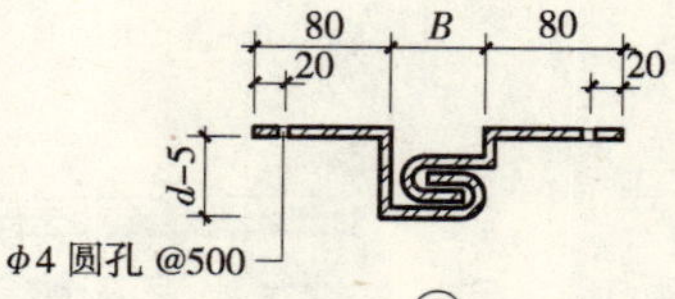

Ⓑ

金属盖缝板

注：1. 本图为胶粉聚苯颗粒保温层涂料外墙沉降缝、抗震缝构造，贴面砖构造做法见单体设计节点。
2. 沉降缝、抗震缝用低密度聚苯板塞紧，填塞深度不小于 300mm 。低密度聚苯板表观密度不大于 10kg/m³。
3. 金属盖缝板可采用 1.2 厚铝板或 0.7 厚不锈钢板，与胶粉聚苯颗粒相接触的盖缝板部位应钻孔若干（孔面积约占接触面积的 25% 左右），以增加与基层的咬合。
4. 沉降缝、防震缝宽 B 见单体设计。

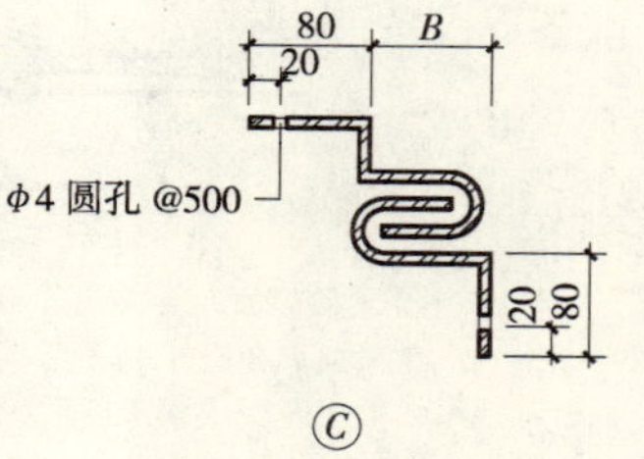

Ⓒ

贴面砖墙体阳角、阴角构造

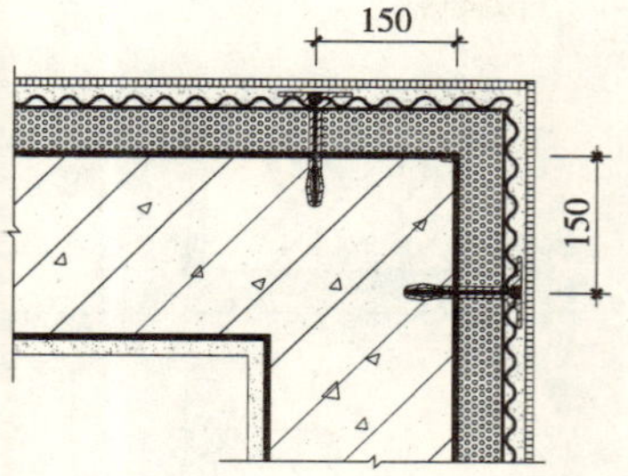

① 阳角（一）

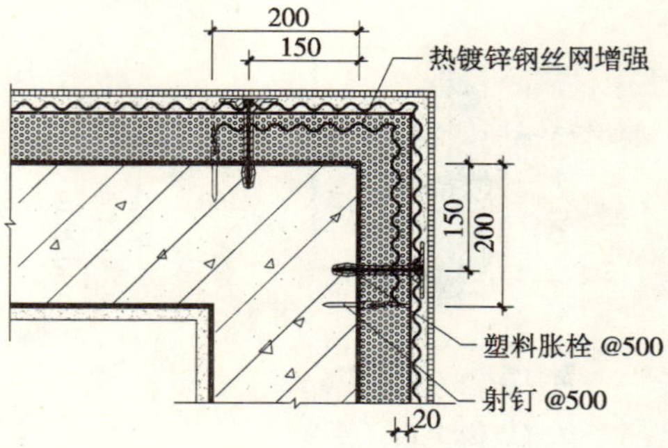

② 阳角（二）（保温层厚度大于 60 且大于面砖长度）

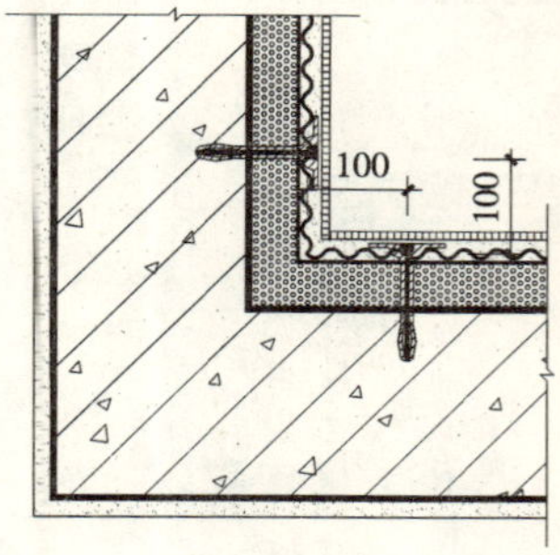

③ 阴角

注：1. 本图为胶粉聚苯颗粒保温层贴面砖外墙阳角、阴角构造。
2. ②节点为保温层厚度超过 60mm 且保温层厚度大于面砖长度时的外墙阳角贴面砖构造，需在距保温层表面20mm处加铺一道热镀锌钢丝网增强。
3. 射钉和塑料胀栓锚固深度均不得小于 30mm。

贴面砖勒脚构造

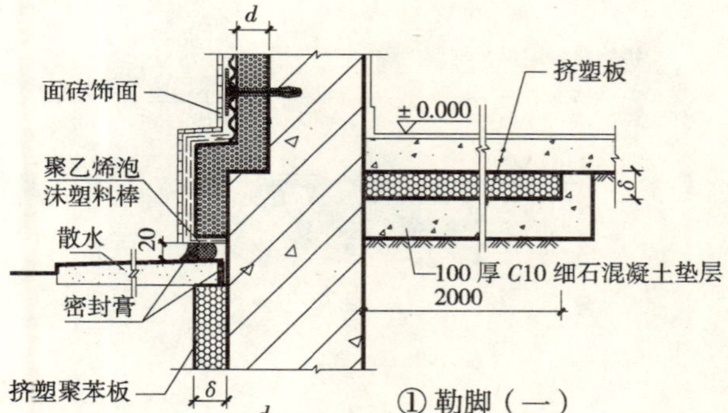

① 勒脚（一）

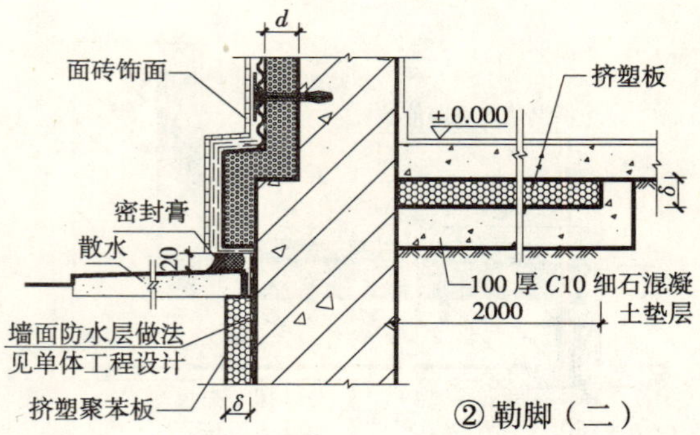

② 勒脚（二）

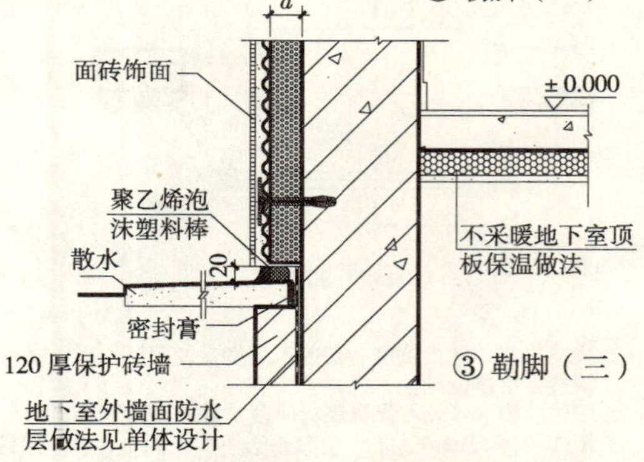

③ 勒脚（三）

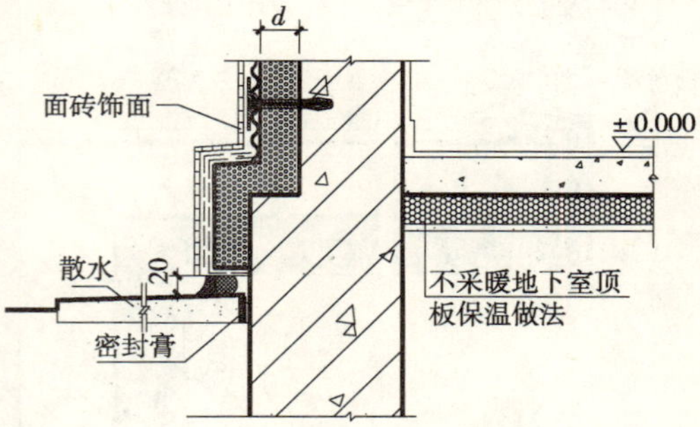

④ 勒脚（四）

注：①、②用于采暖期室外平均温度低于 −5℃地区。在外墙周边从外墙内侧算起 2.0m 范围内用挤塑板保温；在室外地坪以下的垂直墙面用挤塑聚苯板保温，深度至冰冻线。挤塑聚苯板用回填土夯实压紧。挤塑聚苯板的厚度 δ=50~70mm（按 $\delta=d-10<70$mm 设置）。

贴面砖窗口构造

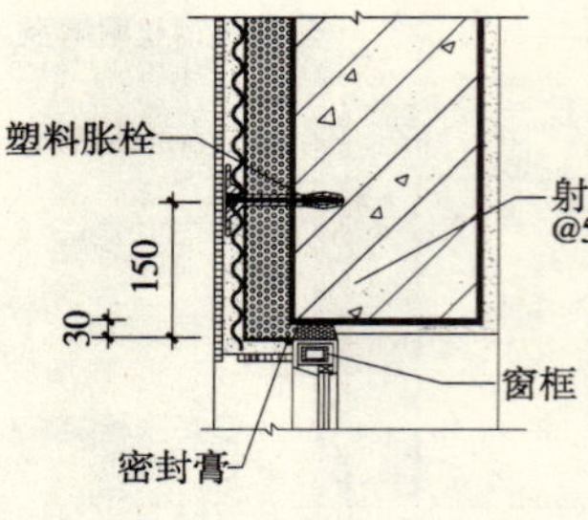

① 窗上口（一）

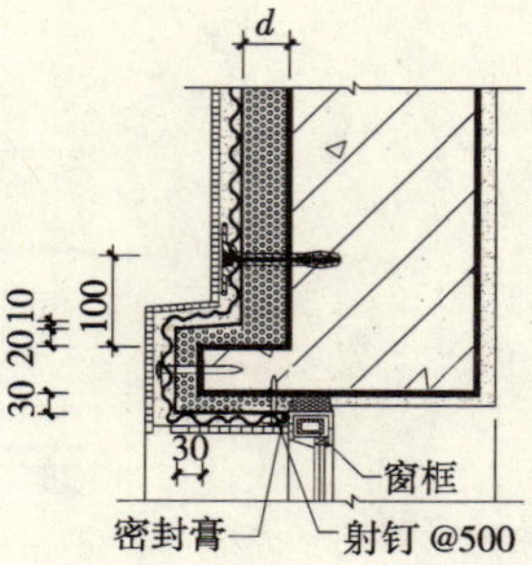

② 窗上口（二）

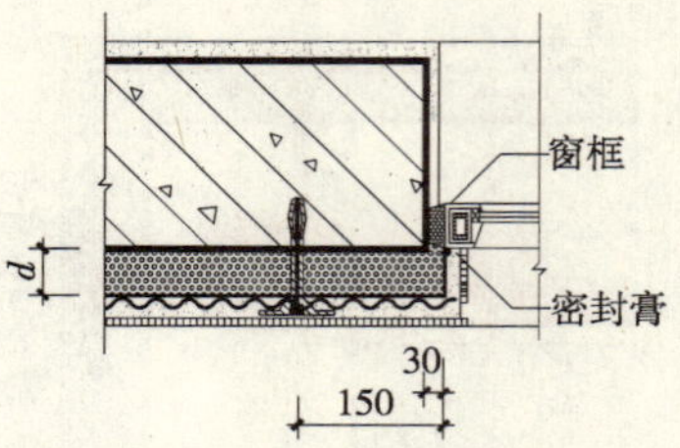

③ 窗侧口（一）

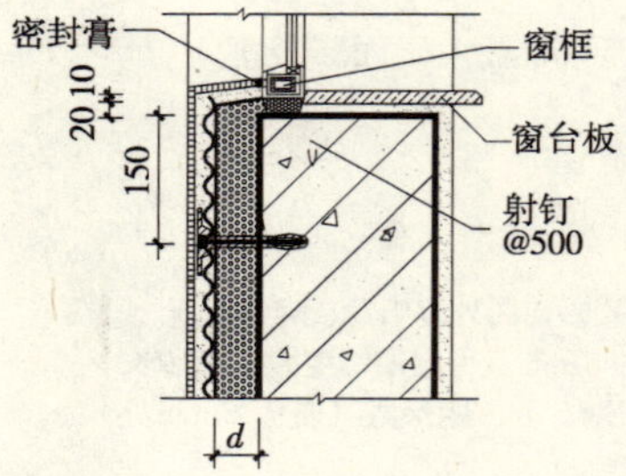

④ 窗下口（一）

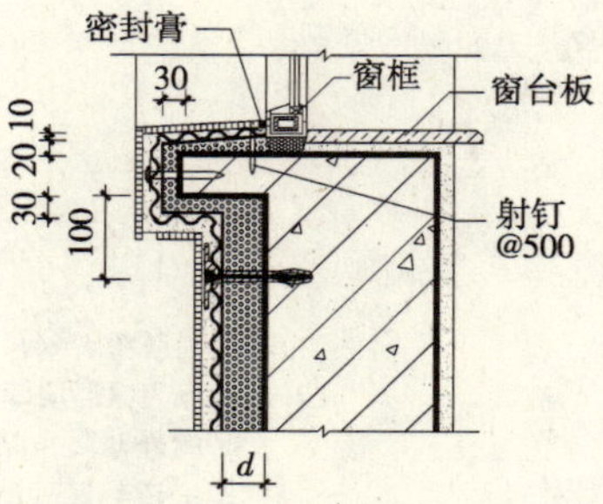

⑤ 窗下口（二）

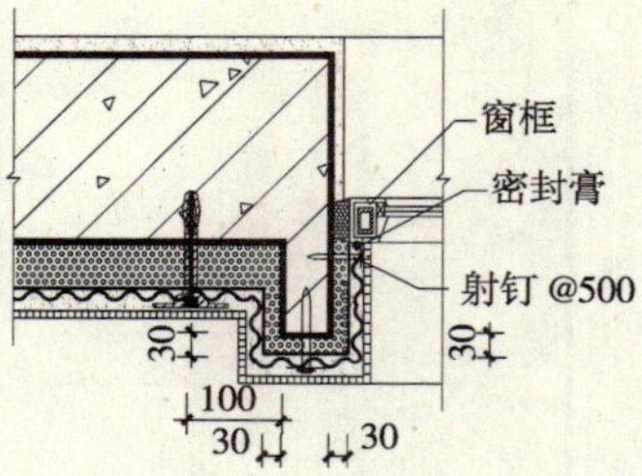

⑥ 窗侧口（二）

注：1. 本图为胶粉聚苯颗粒保温层贴面砖外墙窗上口、窗下口、窗侧口构造。
2. 窗套挑出长度、宽度见单体设计。

贴面砖挑窗构造

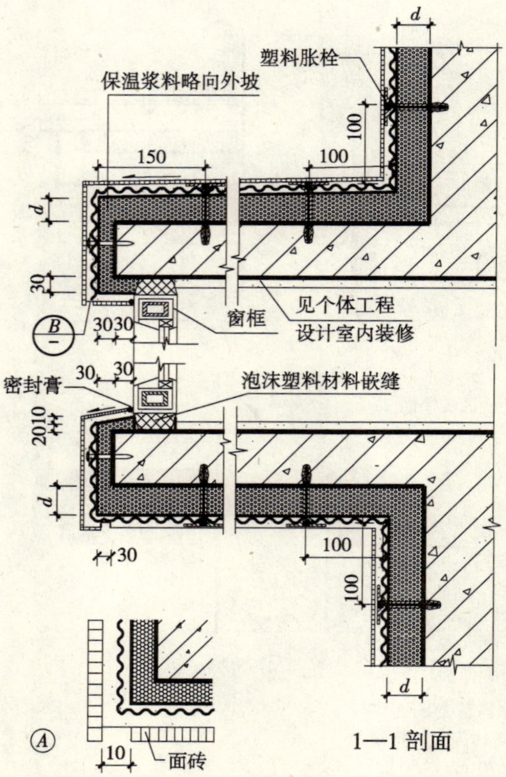

1—1 剖面

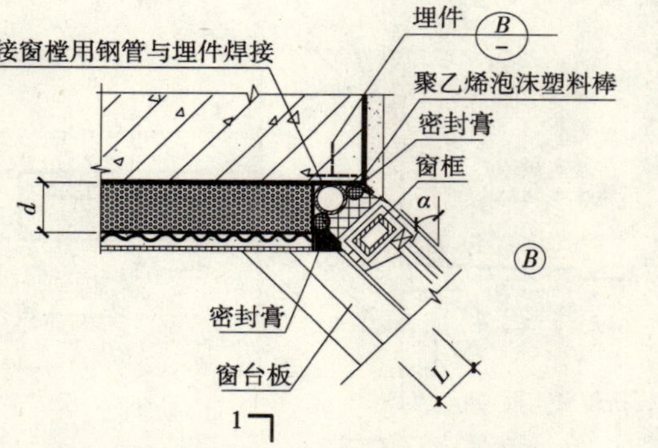

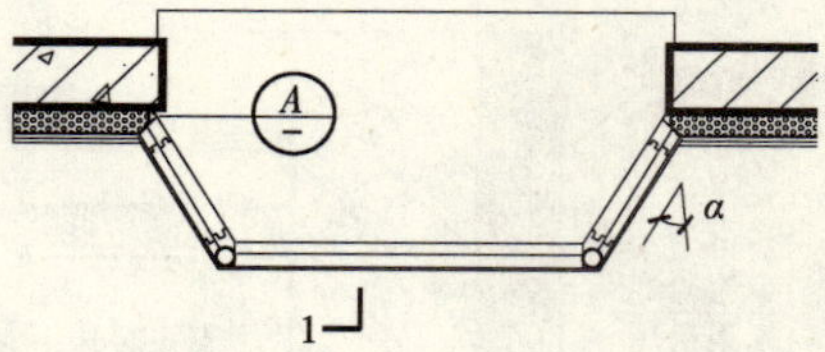

挑窗平面示意

注：1. 挑窗形状、挑出宽度、长度、角度 α 及钢筋混凝土挑板构造见单体设计。
2. 墙体胶粉聚苯颗粒保温浆料厚度 d 可通过计算确定。
3. 预埋件Ⓑ@1000 左右，窗口每边不少于两个；预埋件扁钢为 5mm 厚，锚筋圆钢为 ϕ6。

贴面砖阳台、雨篷、女儿墙及挑檐构造

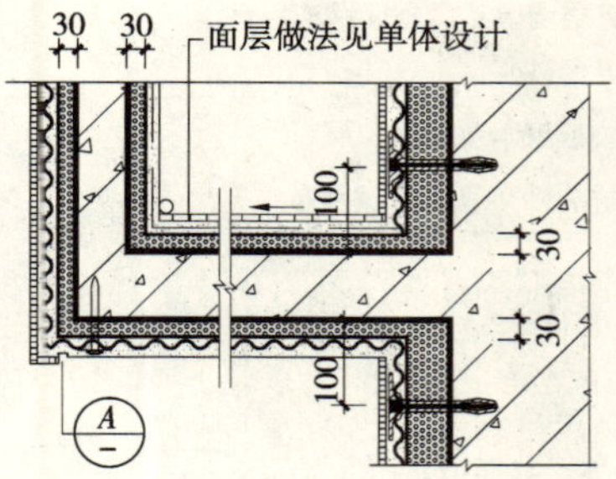

① 阳台（不封闭）

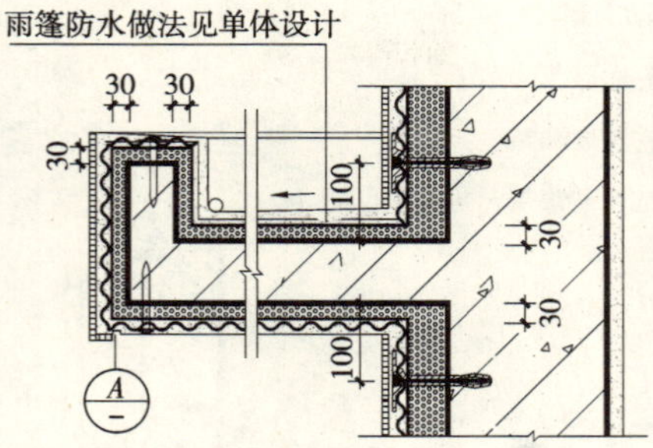

② 雨篷

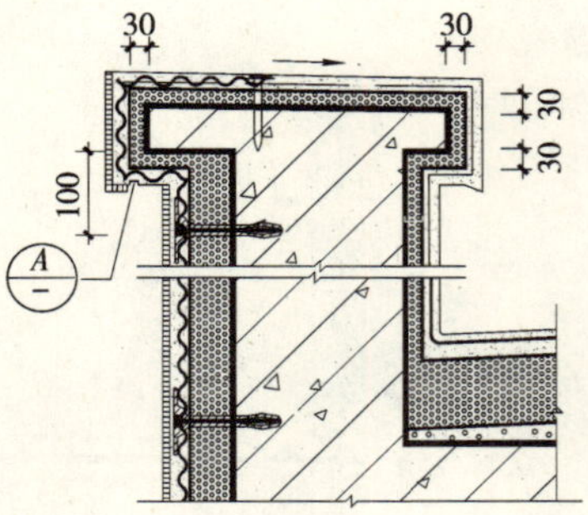

③ 女儿墙

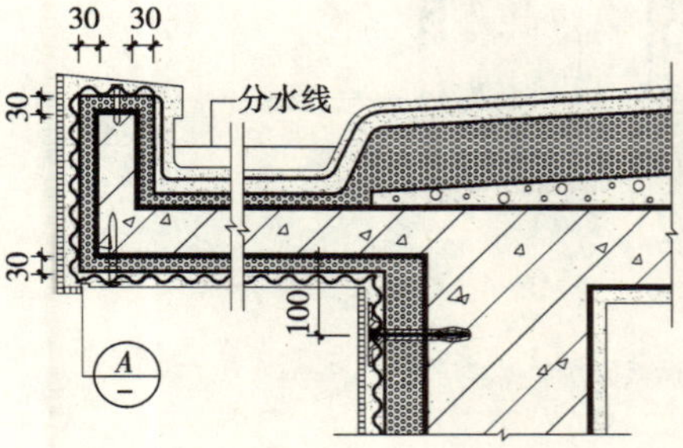

④ 挑檐（一）

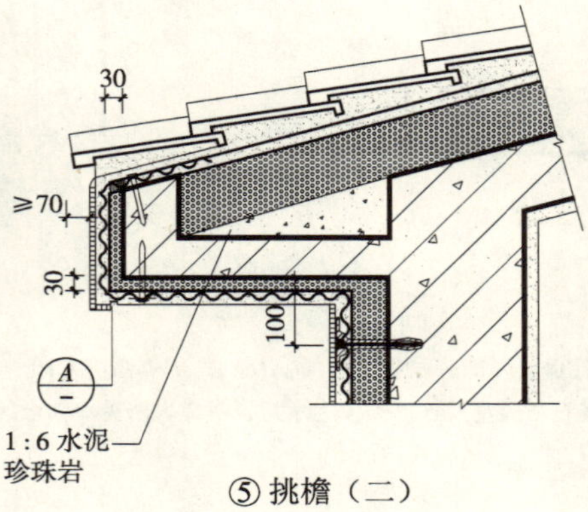

⑤ 挑檐（二）

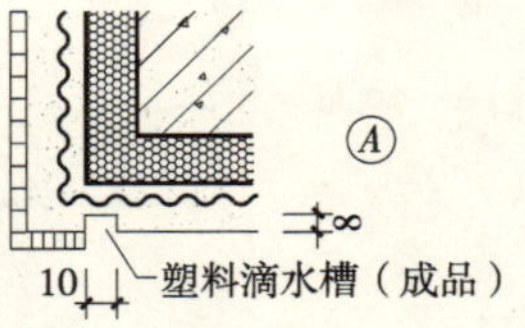

注：1. 本图为胶粉聚苯颗粒保温层贴面砖外墙阳台、雨篷、女儿墙、挑檐构造。
2. ③节点女儿墙压顶挑出宽度、高度及泛水做法见单体设计。
3. ④、⑤节点挑檐挑出宽度、高度见单体设计。

贴面砖伸缩缝、沉降缝、抗震缝构造

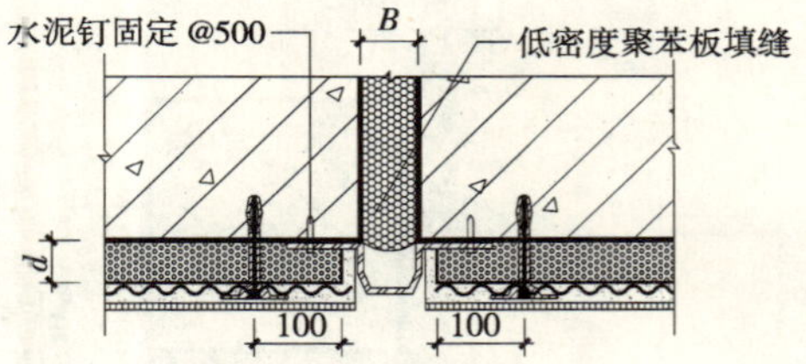

① 伸缩缝（一）

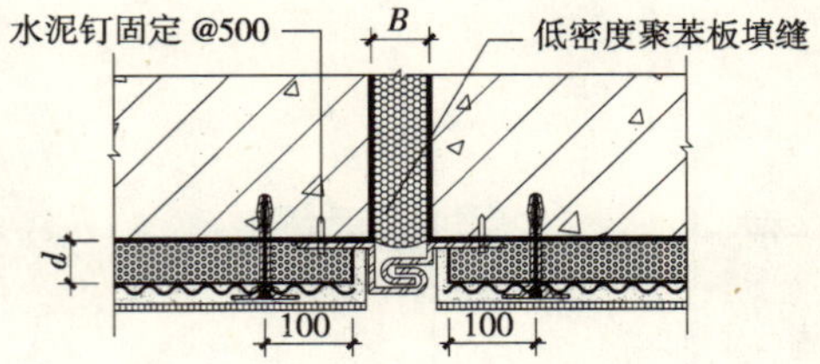

③ 沉降缝、防震缝（一）

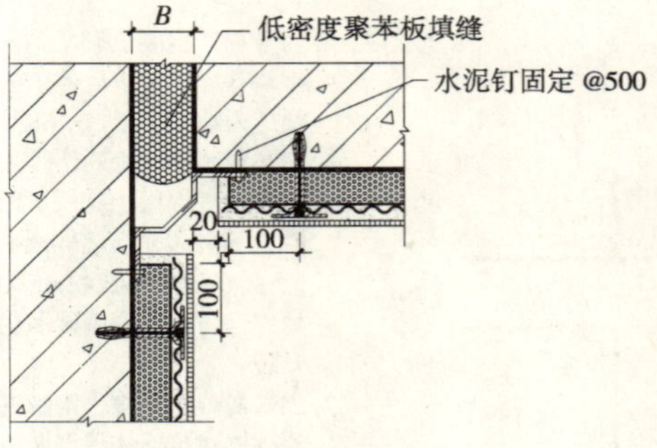

② 伸缩缝（二）

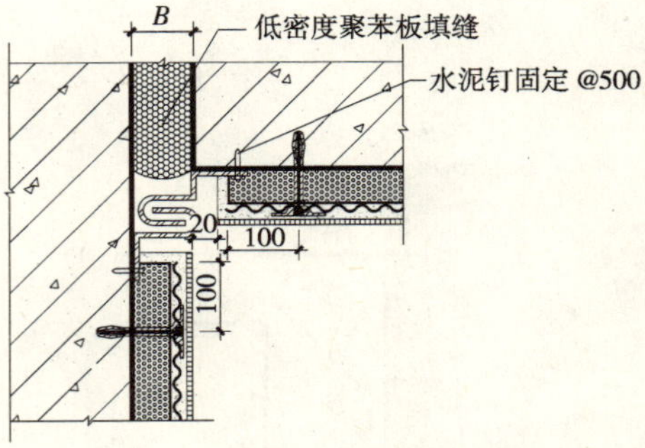

④ 沉降缝、防震缝（二）

注：1. 本图为胶粉聚苯颗粒保温层贴面砖外墙伸缩缝、沉降缝、防震缝构造。
2. 伸缩缝、沉降缝、防震缝用低密度聚苯板塞紧，填塞深度不小于 300mm，低密度聚苯板的表观密度不大于 10kg/m^3。

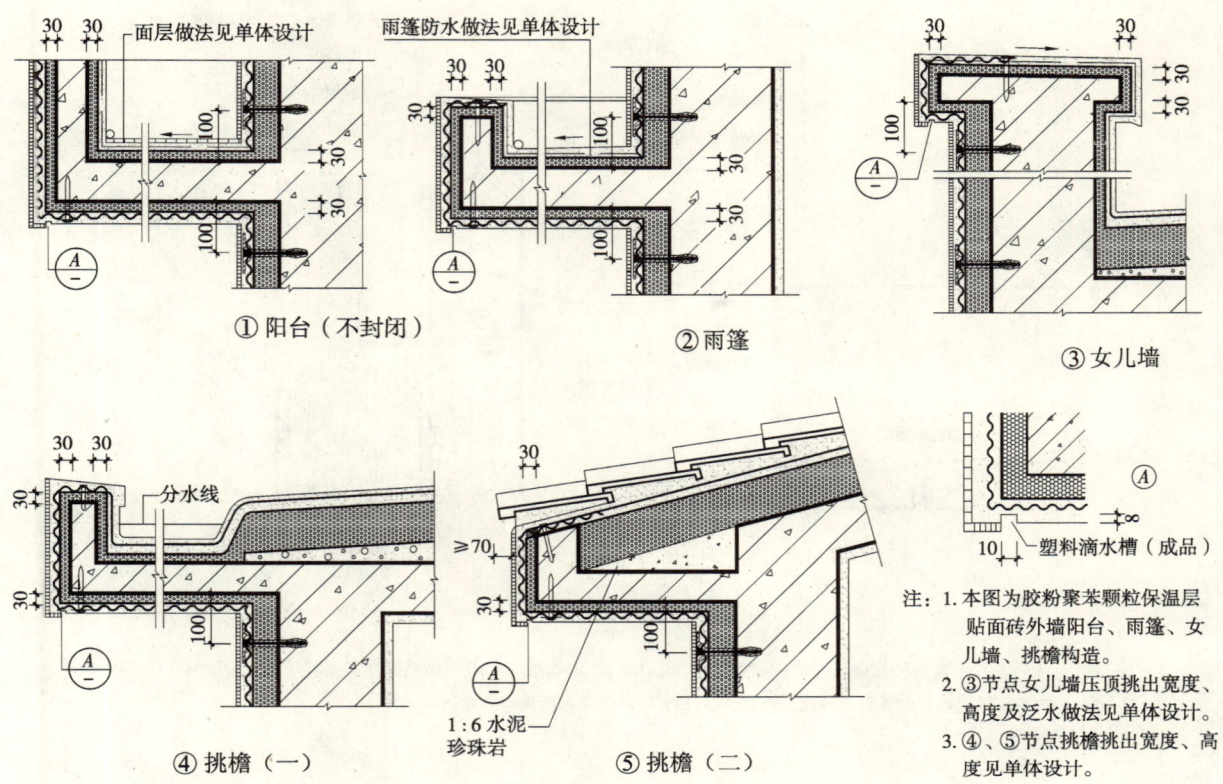

干挂石材外墙构造示意

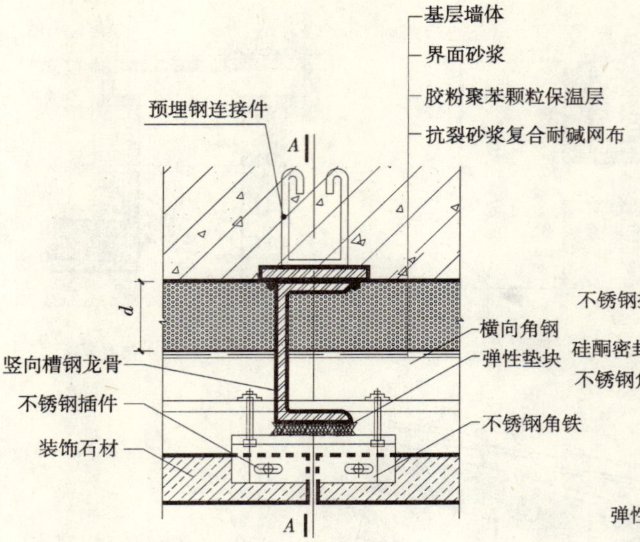

①

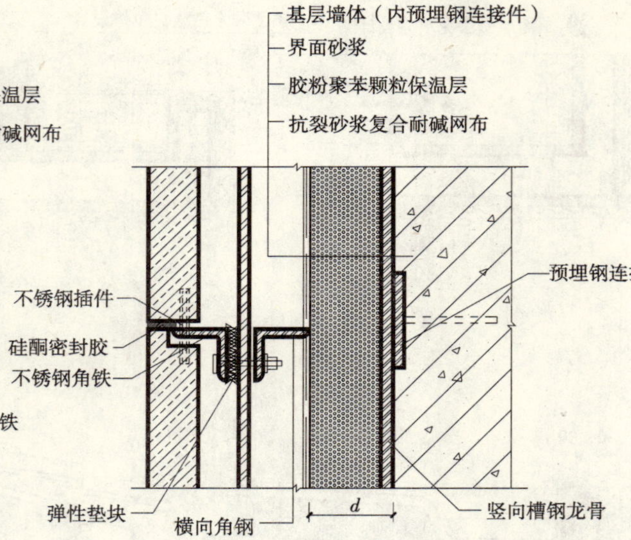

A—A

注：①节点为 *A* 体系胶粉聚苯颗粒保温层构造做法，*B*、*C*、*D*、*E*、*F* 体系可参照 *A* 体系做法、保温层厚度 *d* 由设计人计算确定。其上干挂石材固定及连接件仅为示意，具体做法见单体设计。

框架梁、柱保温构造

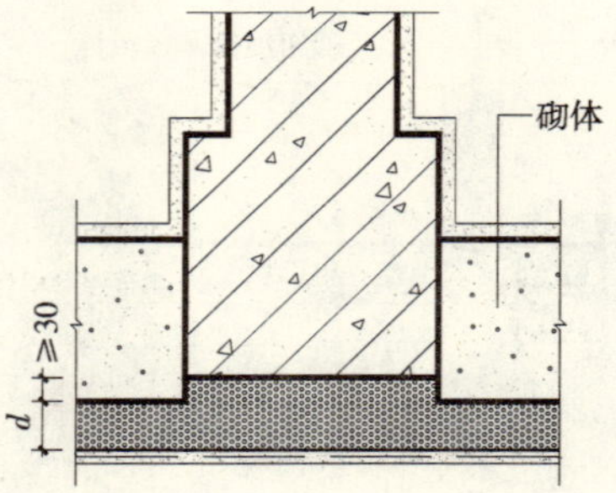

①

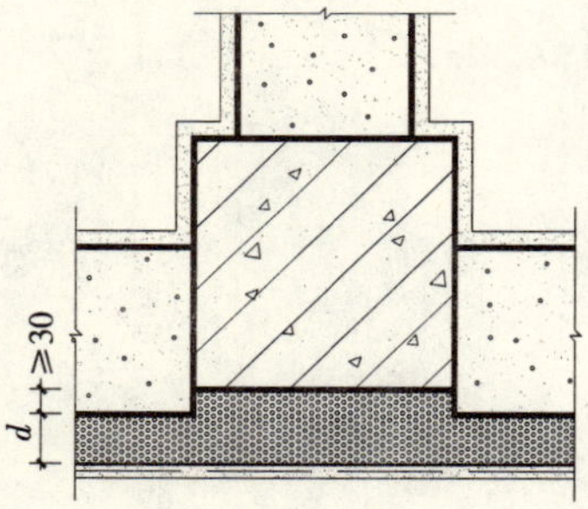

②

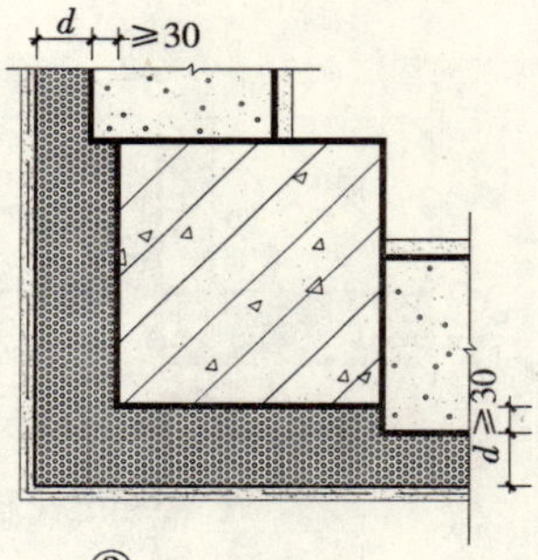

③

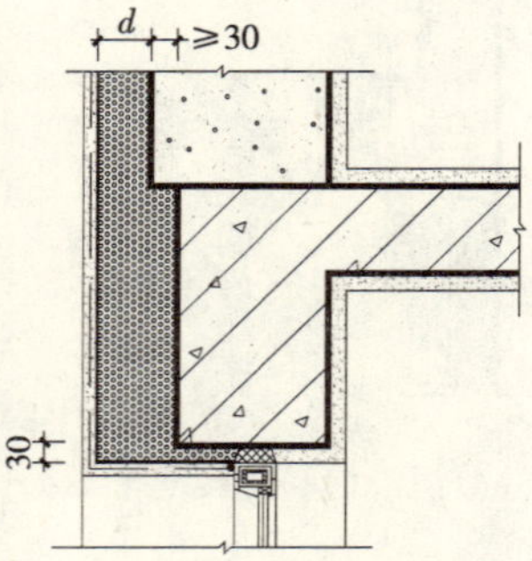

④

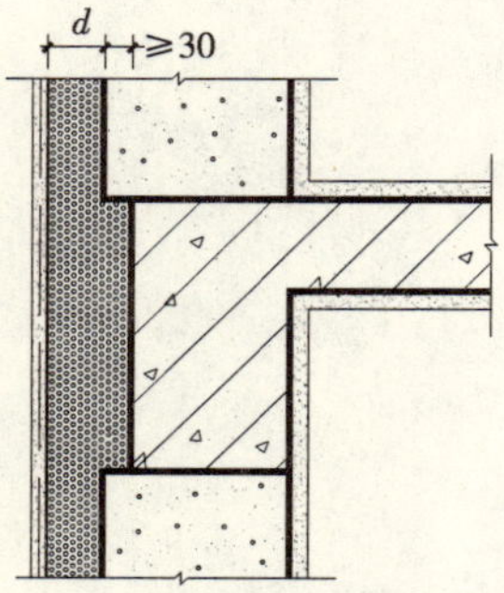

⑤

注：1. 对于加气混凝土砌块、陶粒混凝土砌块等砌体建筑墙体，柱、梁等部位应内缩不小于30，内缩处用胶粉聚苯颗粒进行找平处理以阻断热桥。对于加气混凝土砌块、陶粒混凝土砌块等砌体建筑墙体表面均应用至少30mm厚的胶粉聚苯颗粒进行处理，防止砌块墙体因受热不均而开裂。
2. 加气混凝土砌块、陶粒混凝土砌块等砌体建筑墙体保温层厚度*d*见单体设计。
3. ①~⑤节点为胶粉聚苯颗粒保温层构造做法，贴面砖构造参见单体设计节点。

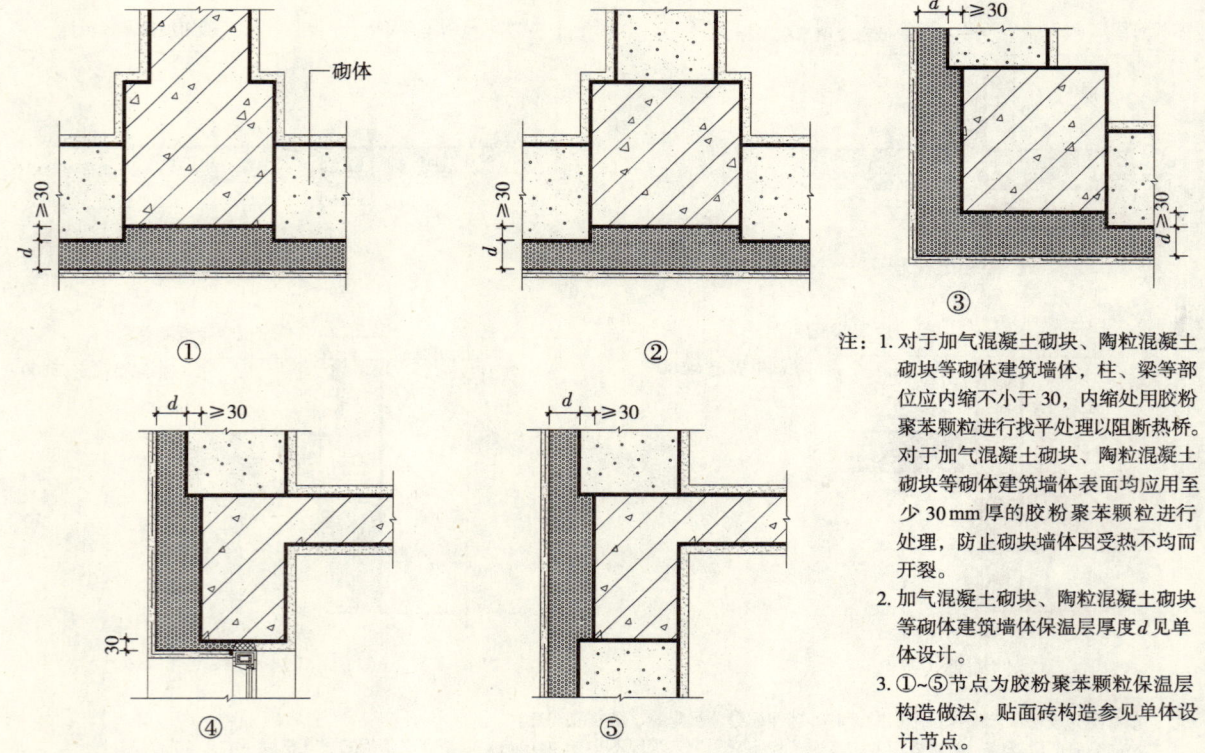

4

B体系（带燕尾槽聚苯板体系）构造节点详图

平、立面详图

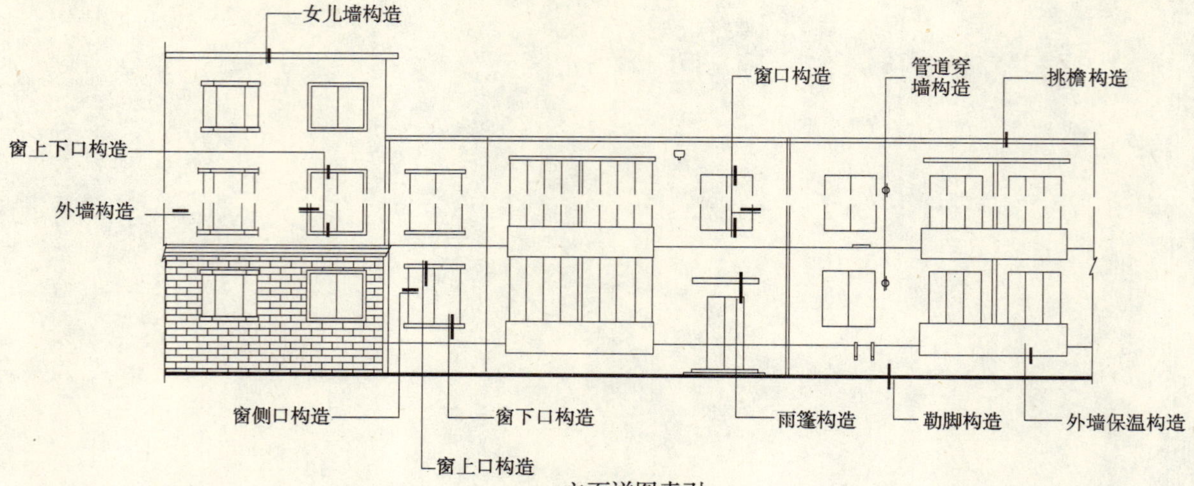

立面详图索引

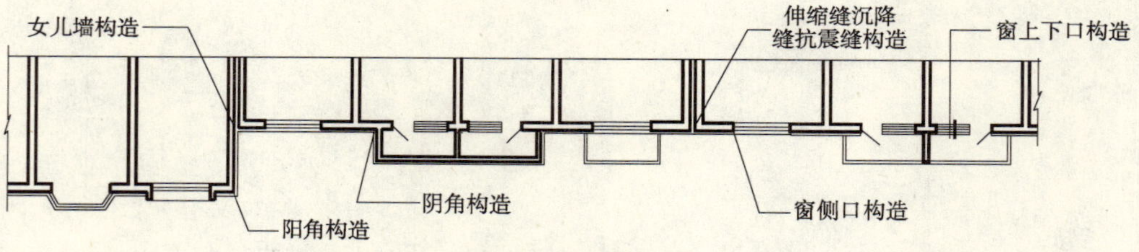

平面详图索引

带燕尾槽聚苯板板型及塑料卡钉

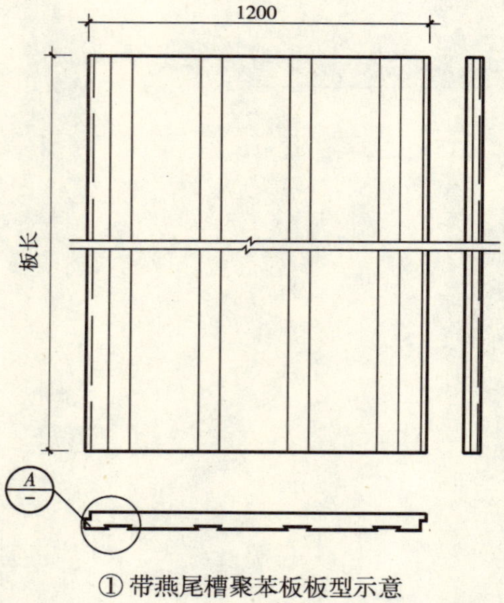

① 带燕尾槽聚苯板板型示意

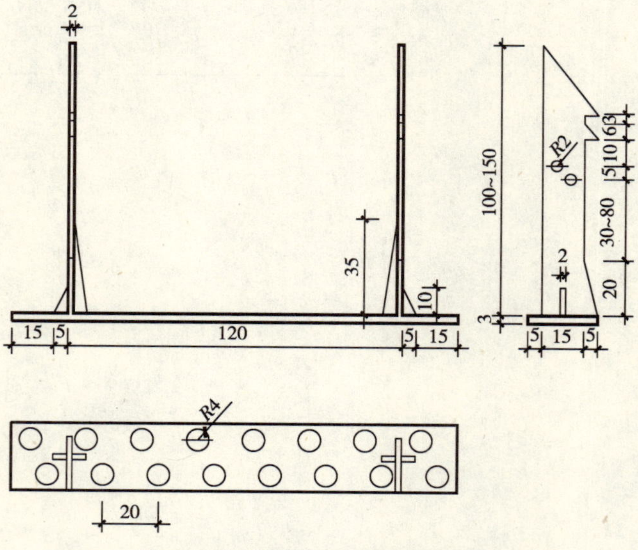

② 现浇带燕尾槽聚苯板用塑料卡钉

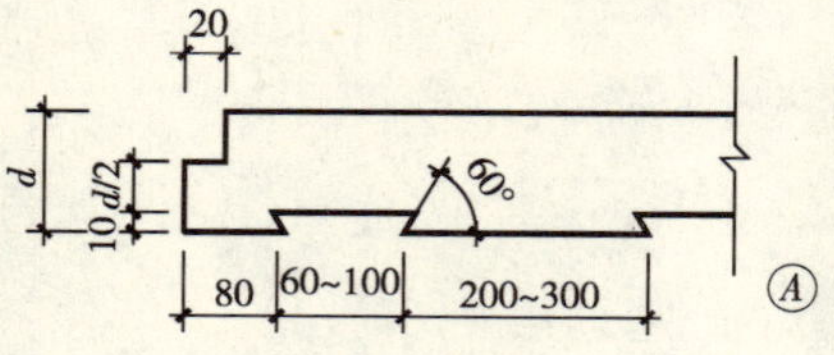

注：1. ①节点为现浇用带燕尾槽聚苯板板型示意，板长按层高进行设计，聚苯板双面均要用界面剂进行处理。燕尾槽厚度不计入结构层。

2. ②节点为现浇带燕尾槽聚苯板用塑料卡钉（成品），由硬质塑料制成，施工时按梅花型布置，间距为600mm。

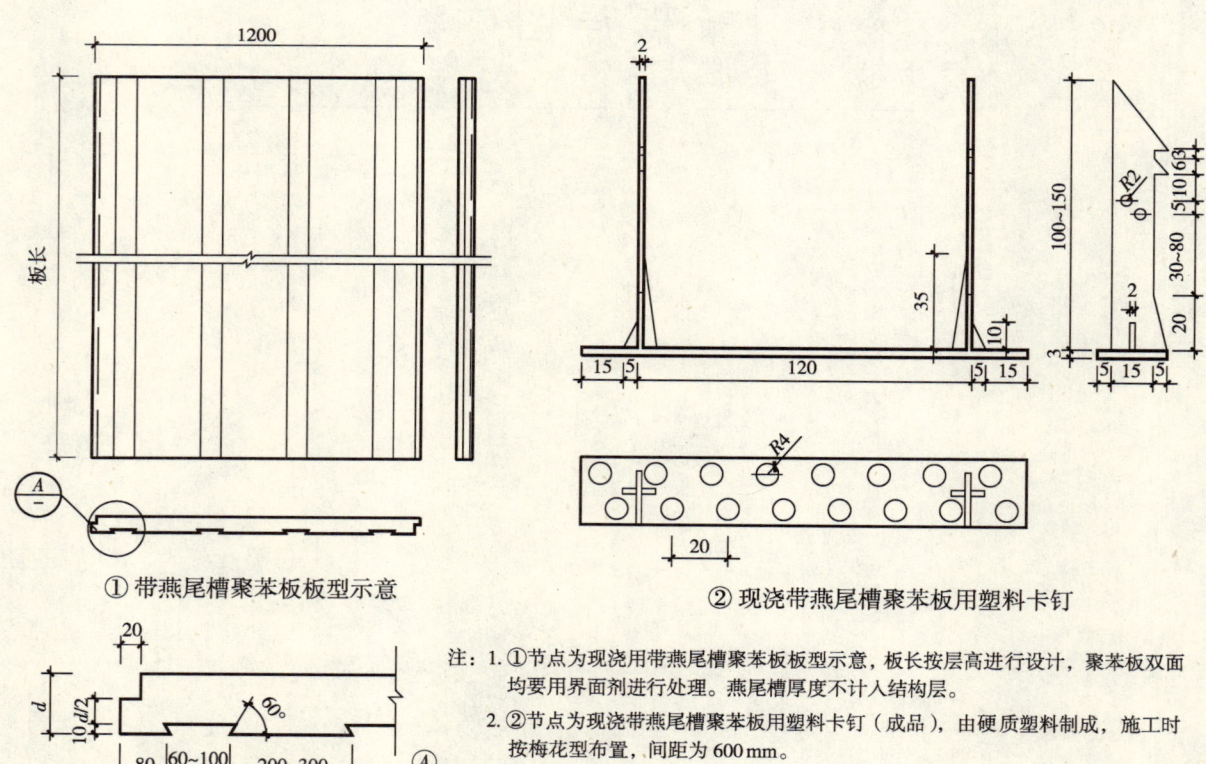

外墙、阳角、阴角构造

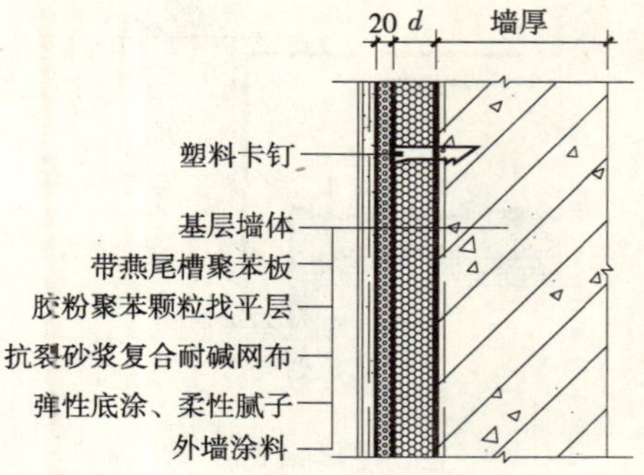

① 外墙

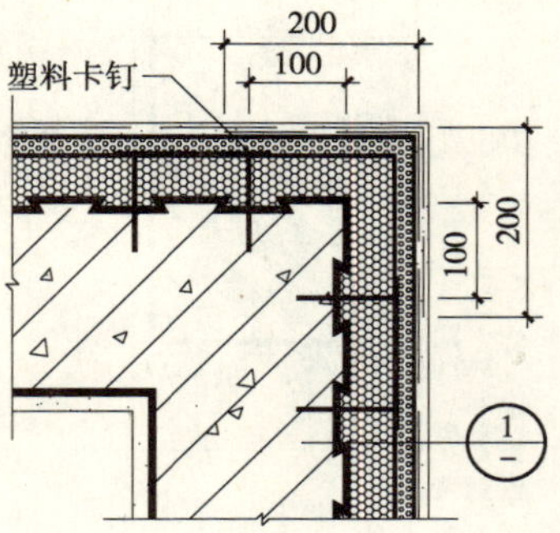

② 阳角

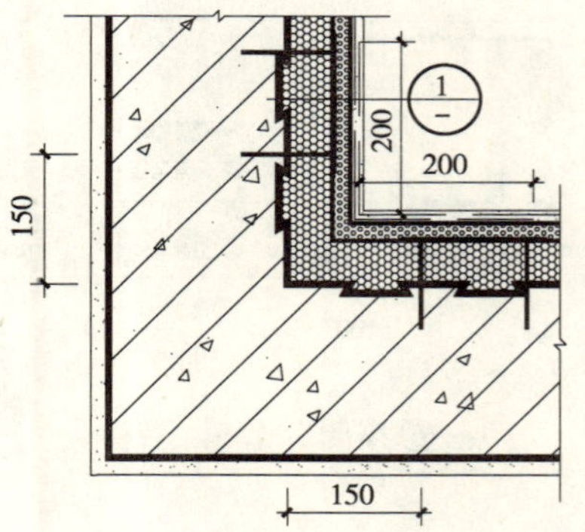

③ 阴角

注：1. ①节点为现浇混凝土带燕尾槽聚苯板复合胶粉聚苯颗粒外墙标准层构造，塑料卡钉按梅花型布置，间距为600mm。
2. 建筑首层应加一层加强耐碱网布。
3. 带燕尾槽聚苯板的板型示意及塑料卡钉详图参见相关页。

勒脚构造

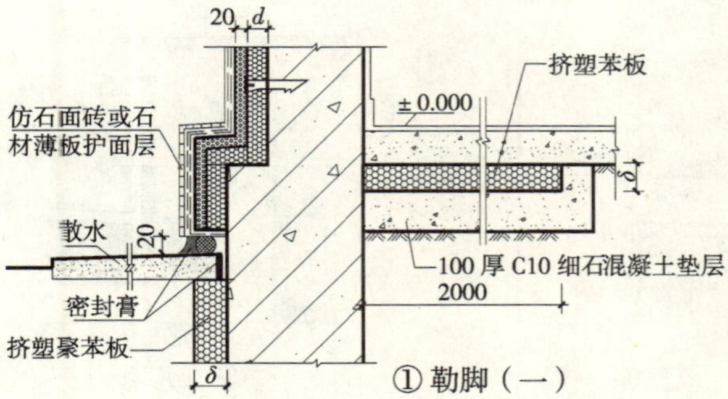

① 勒脚（一）

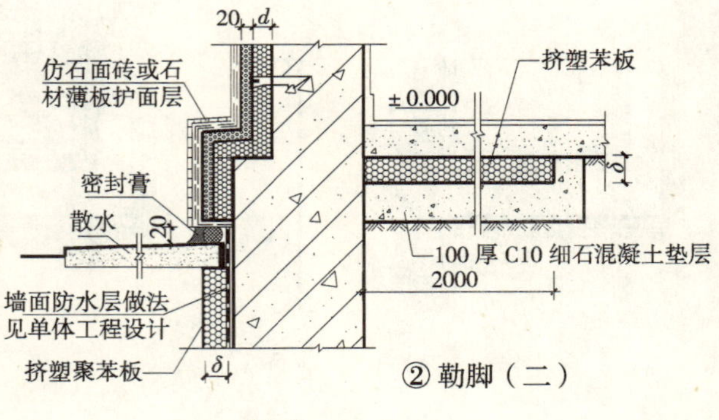

② 勒脚（二）

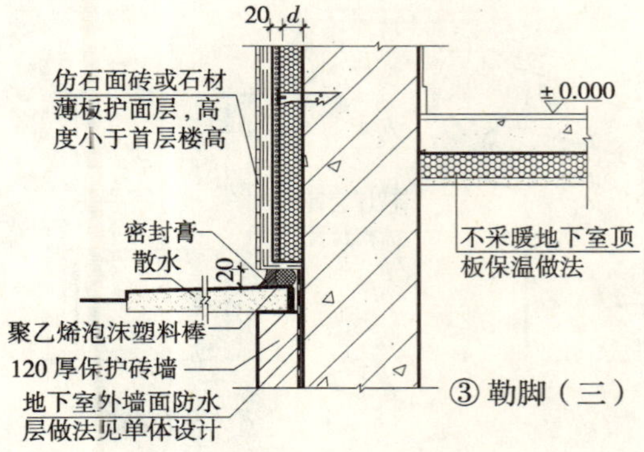

③ 勒脚（三）

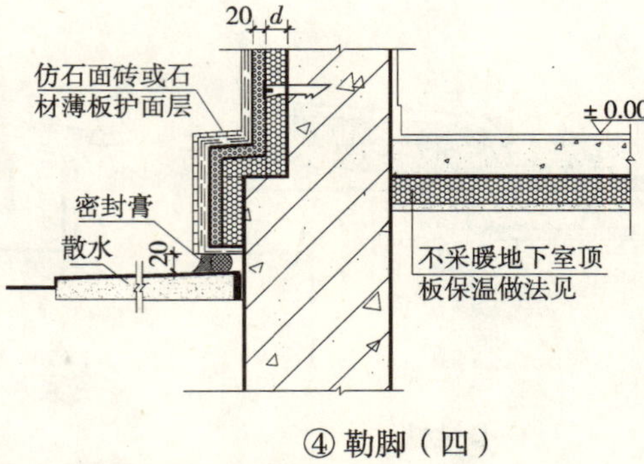

④ 勒脚（四）

注：①、②用于采暖期室外平均温度低于 −5℃地区。在外墙周边从外墙内侧算起 2.0m 范围内用挤塑聚苯板保温；在室外地坪以下的垂直墙面用挤塑聚苯板保温，深度至冰冻线。挤塑聚苯板用回填土夯实压紧。挤塑聚苯板的厚度 δ =50~70mm（按 $\delta = d - 10 < 70$mm设置）；墙体有无防水层见单体设计。

窗口构造

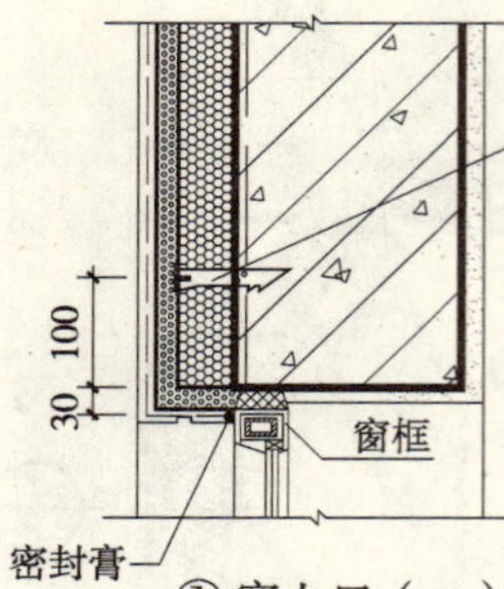

① 窗上口（一）

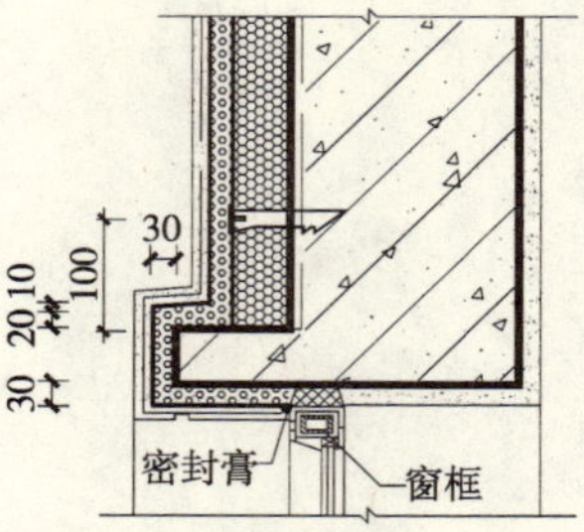

② 窗上口（二）

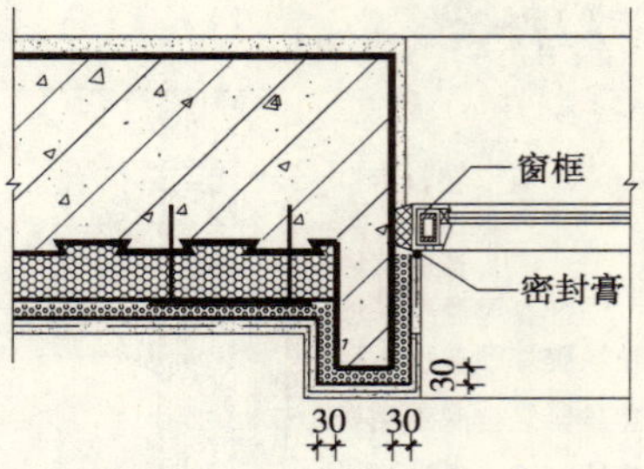

③ 窗侧口（二）

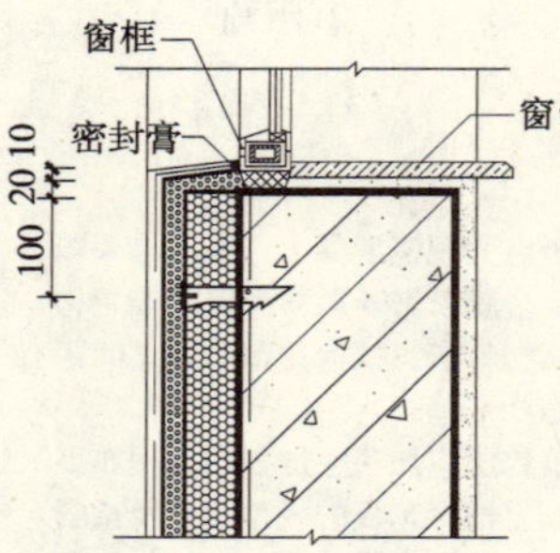

④ 窗下口（一）

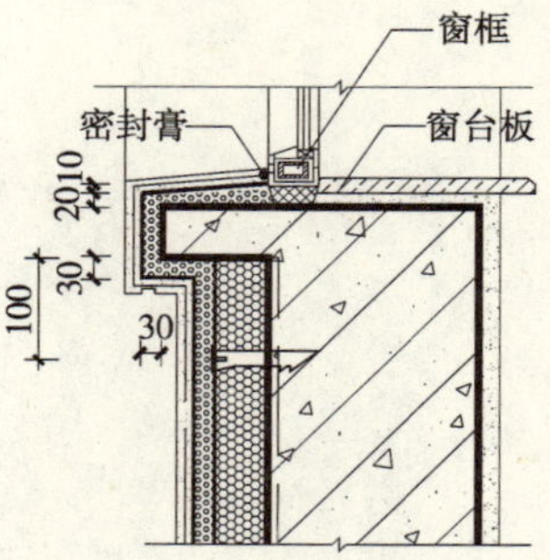

⑤ 窗下口（二）

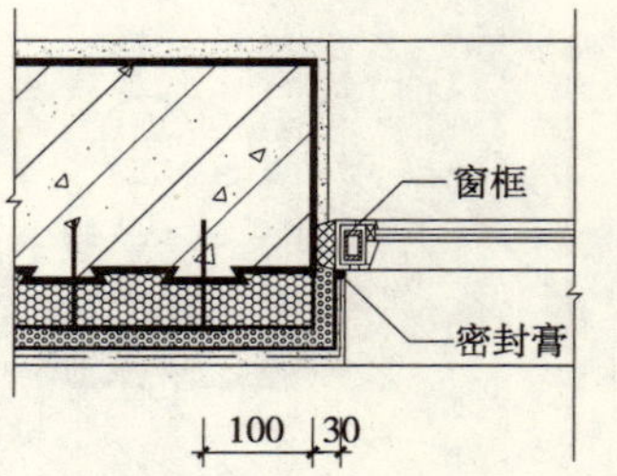

⑥ 窗侧口（一）

注：1. 窗上口、窗下口及窗侧口胶粉聚苯颗粒保温层的厚度均为30mm。
2. 窗上口、窗下口及窗侧口挑出长度及厚度见单体设计。

阳台、雨篷、女儿墙、挑檐、管道穿墙构造

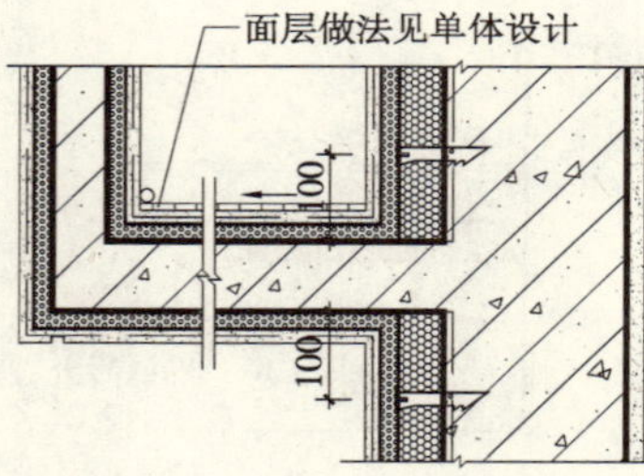

① 阳台（不封闭）

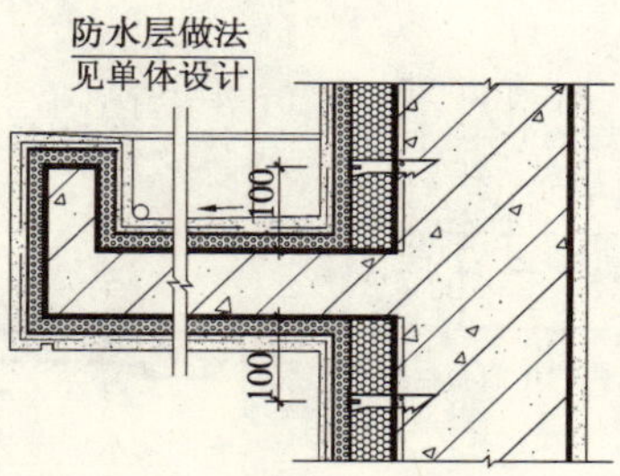

② 雨篷

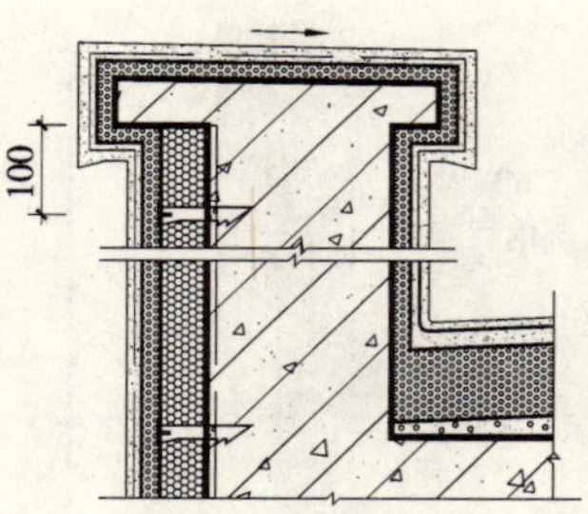

③ 女儿墙

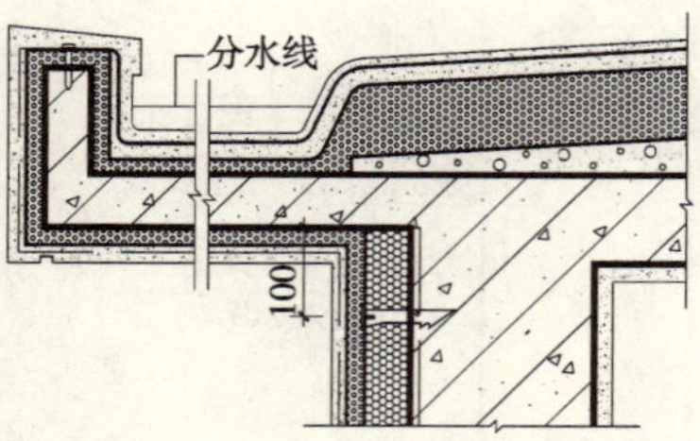

④ 挑檐（一）

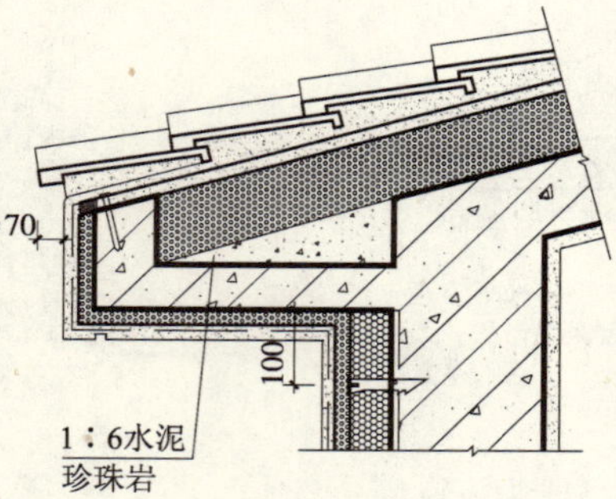

⑤ 挑檐（二）

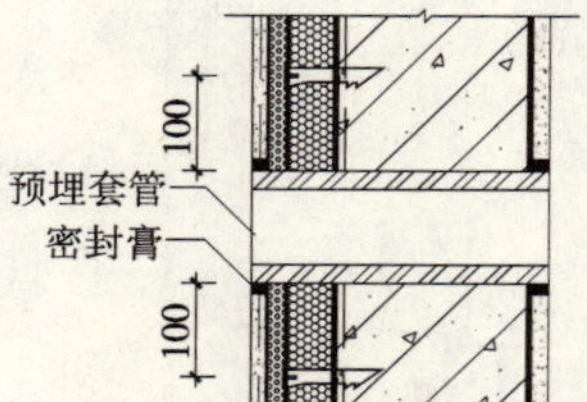

⑥ 管道穿墙

注：1. 本图为现浇混凝土带燕尾槽聚苯板复合胶粉聚苯颗粒外墙阳台、雨篷、女儿墙、挑檐、管道穿墙构造。
2. 除墙体外的挑阳台、雨篷、挑檐及女儿墙压顶等处，胶粉聚苯颗粒保温层的厚度均为30mm。

伸缩缝、沉降缝、防震缝构造

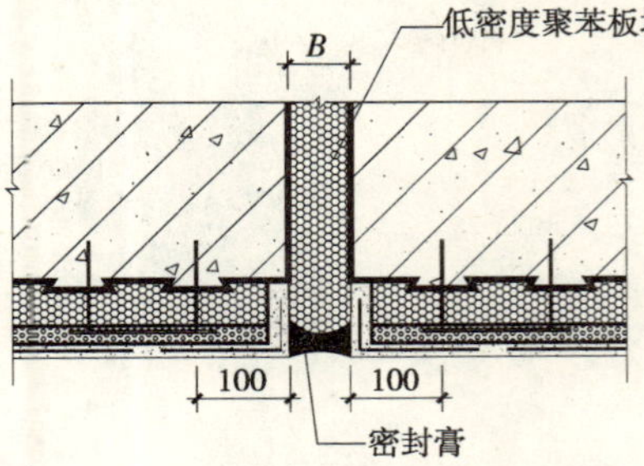

① 伸缩缝（一）

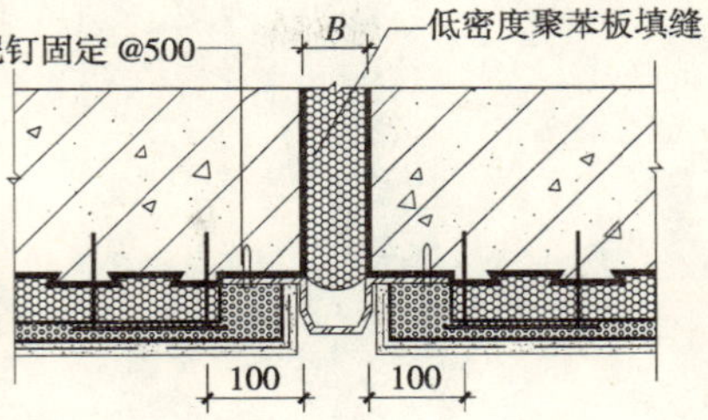

② 伸缩缝（二）

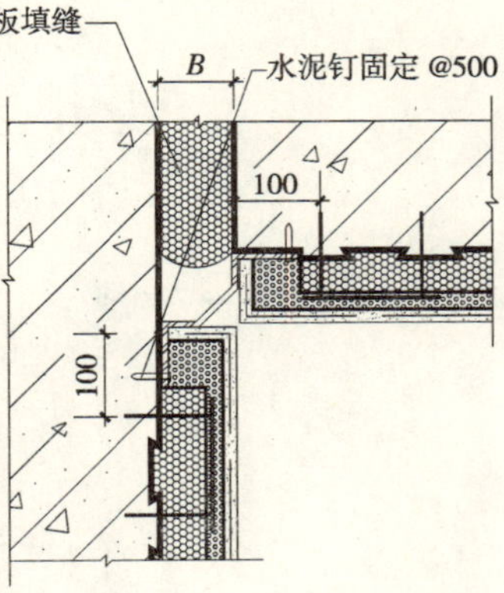

③ 伸缩缝（三）

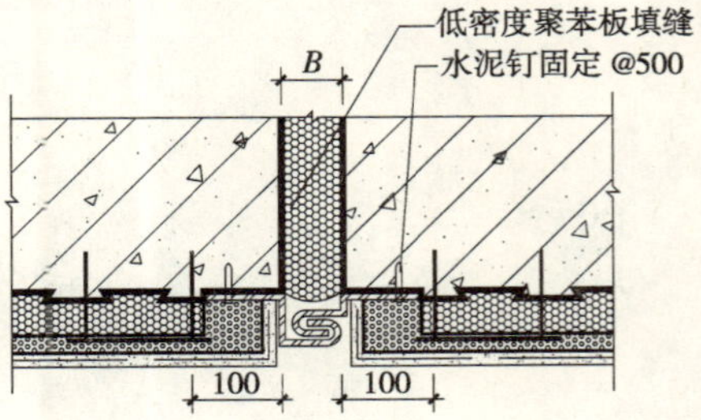

④ 沉降缝、防震缝（一）

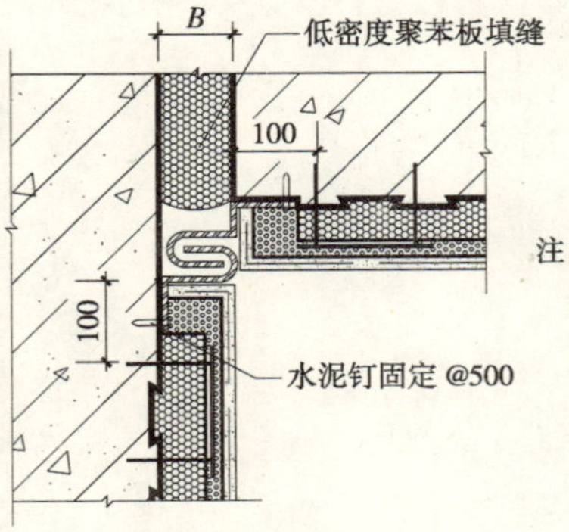

⑤ 沉降缝、防震缝（二）

注：1. 本图为现浇混凝土带燕尾槽聚苯板复合胶粉聚苯颗粒外墙伸缩缝、沉降缝、防震缝构造。
2. 变形缝金属盖缝板形式、尺寸及固定参照单体设计。
3. 伸缩缝、沉降缝、防震缝用低密度聚苯板塞紧，填塞深度不小于 300mm，低密度聚苯板表观密度不大于 $10kg/m^3$。

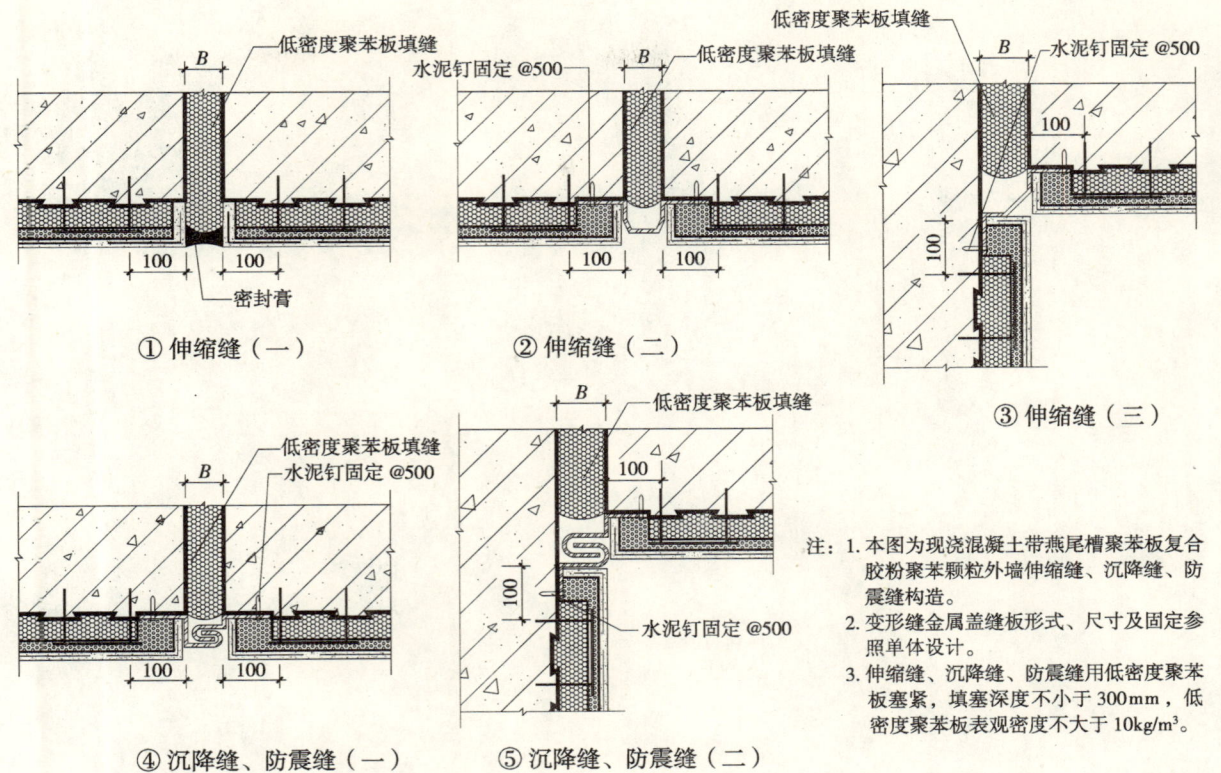

5

C 体系（单面钢丝网架聚苯板体系）构造节点详图

平立面详图

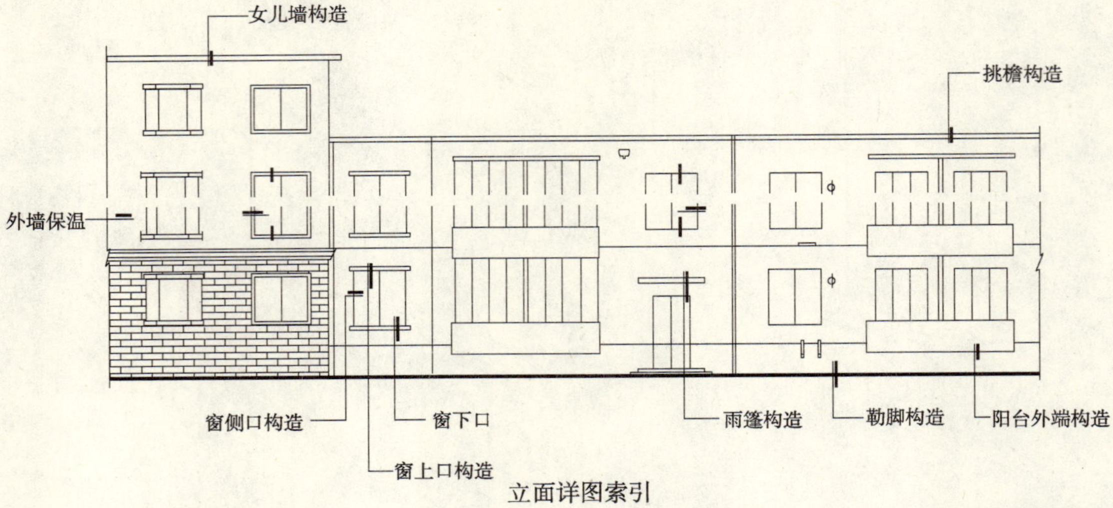

立面详图索引

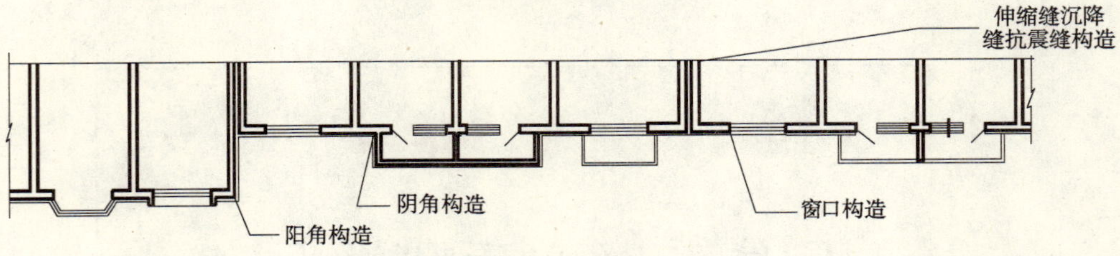

平面详图索引

外墙、阳角、阴角构造

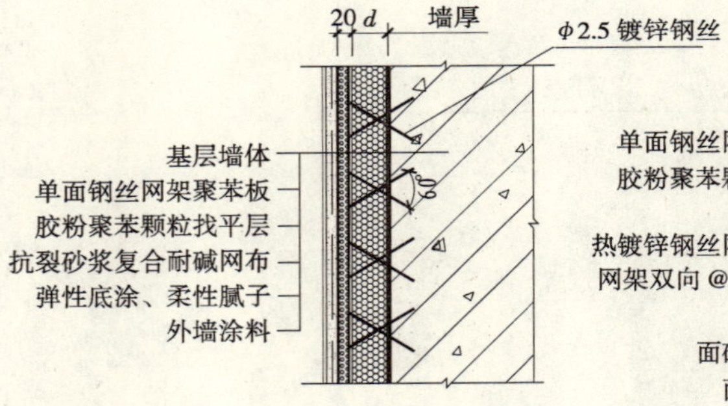

① 涂料外墙

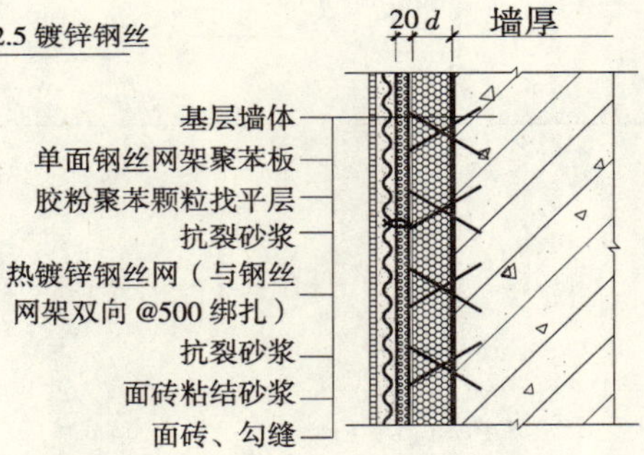

② 贴面砖外墙

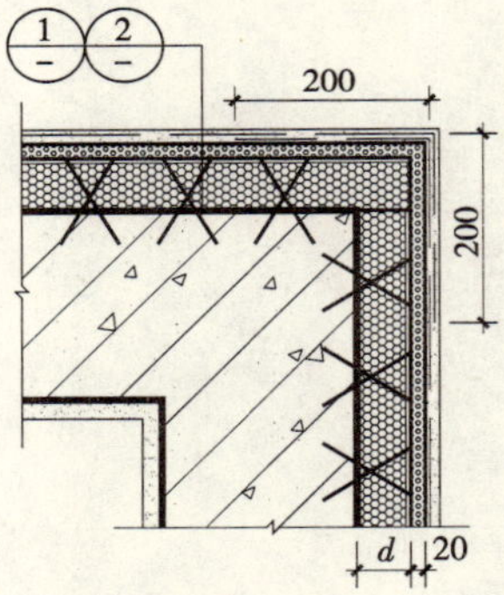

③ 阳角

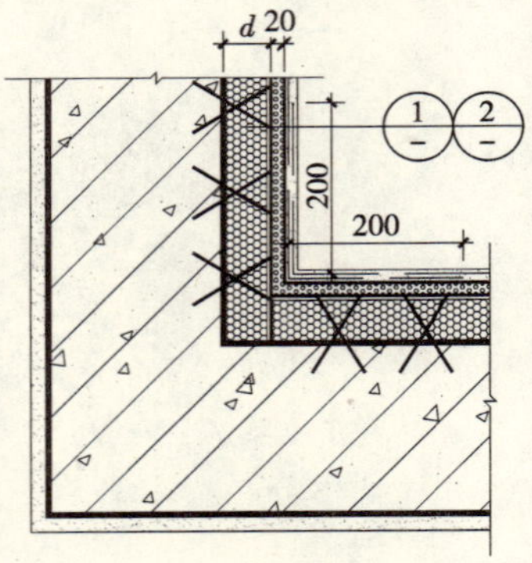

④ 阴角

注：1. ①节点为现浇混凝土单面钢丝网架聚苯板复合胶粉聚苯颗粒外墙标准层构造，涂料饰面建筑首层应加一层加强耐碱网布。

2. ②节点为贴面砖构造，抗裂层中的热镀锌钢丝网应与单面钢丝网架聚苯板上的钢丝网架双向 @500 绑扎固定。

3. 钢丝网架聚苯板板面镀锌斜插腹丝不得超过 200 根 /m²。

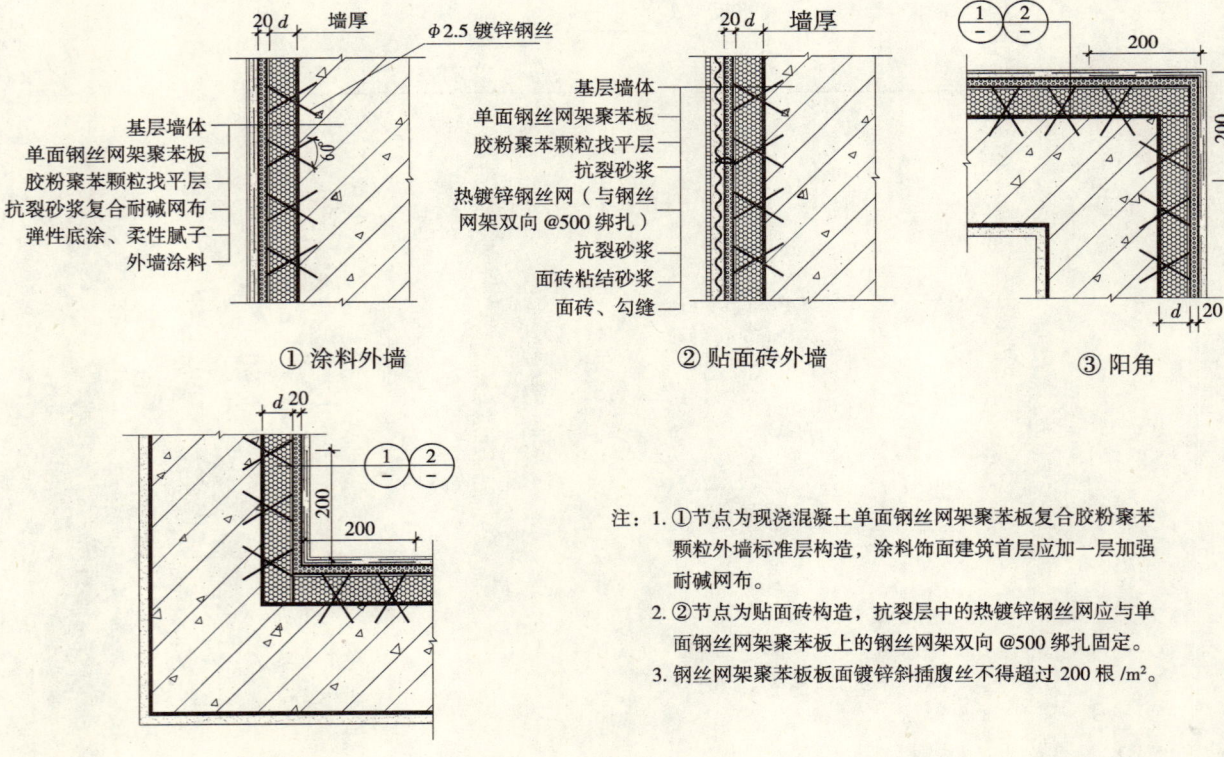

勒脚构造

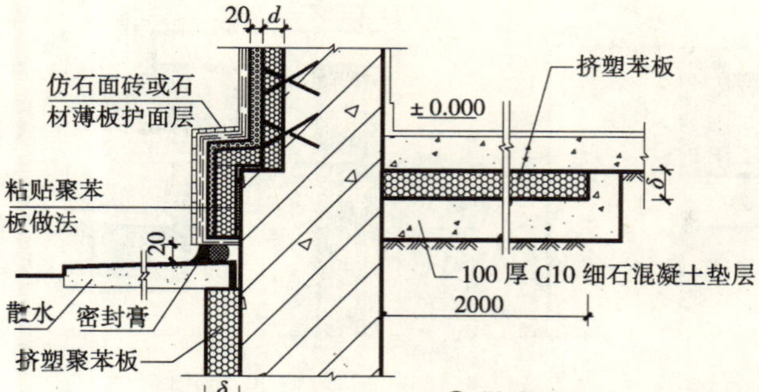

① 勒脚（一）

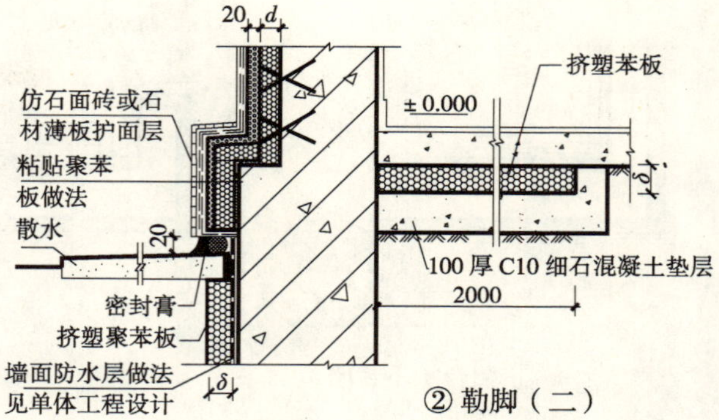

② 勒脚（二）

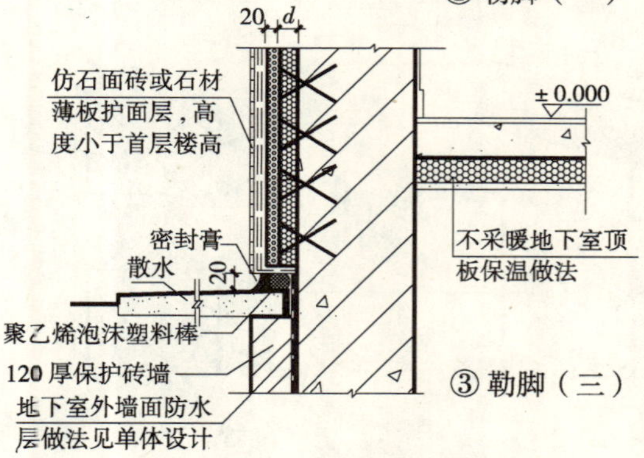

③ 勒脚（三）

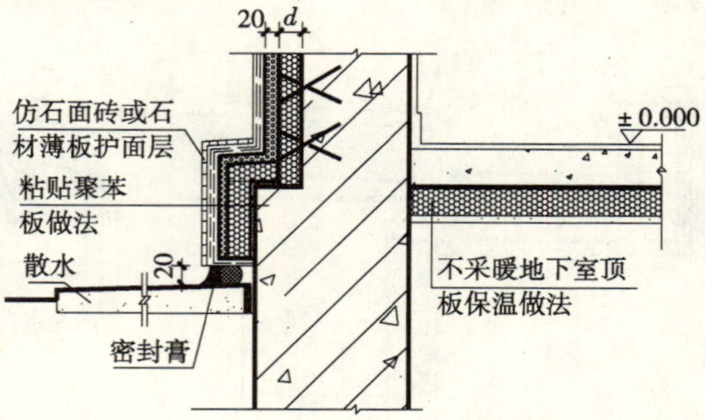

④ 勒脚（四）

注：①、②用于采暖期室外平均温度低于 -5℃地区。在外墙周边从外墙内侧算起 2.0m 范围内用挤塑聚苯板保温；在室外地坪以下的垂直墙面用挤塑聚苯板保温，深度至冰冻线。挤塑聚苯板用回填土夯实压紧。挤塑聚苯板的厚度 δ=50～70mm（按 $\delta=d-10<70$ mm 设置）；墙体有无防水层见单体设计。

窗口构造

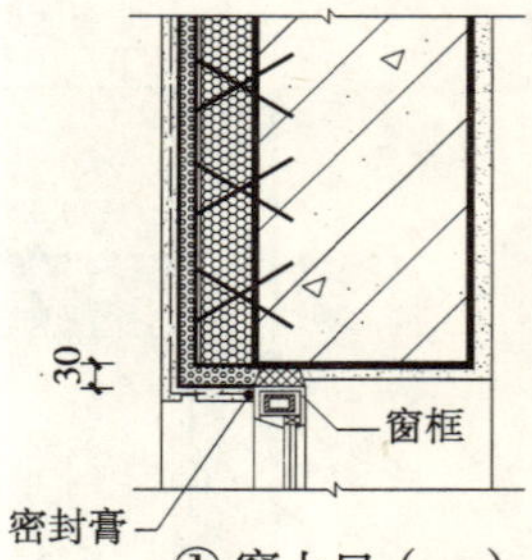

① 窗上口（一）

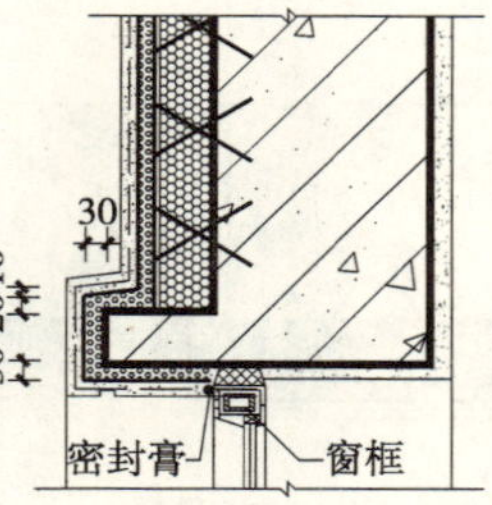

② 窗上口（二）

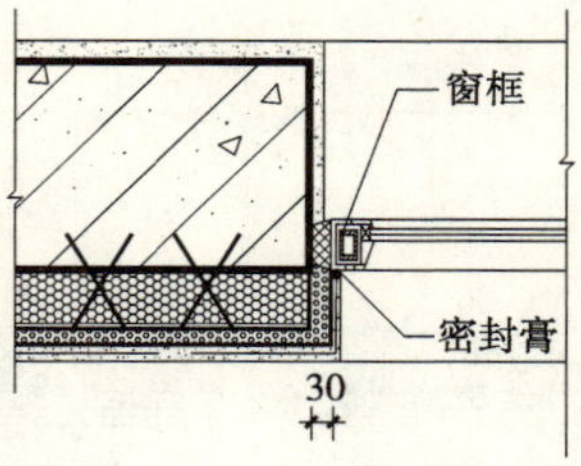

③ 窗侧口（一）

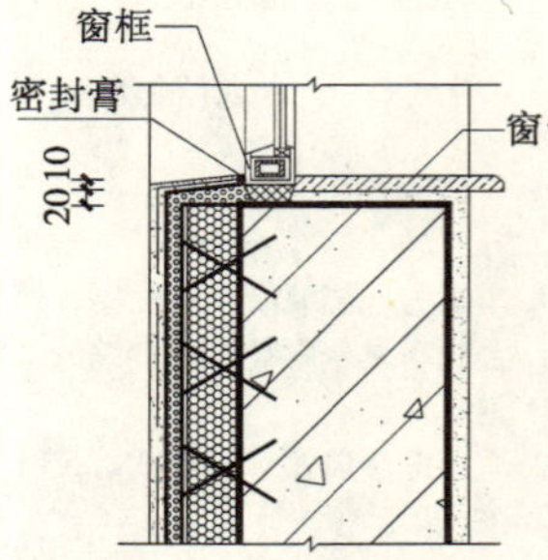

④ 窗下口（一）

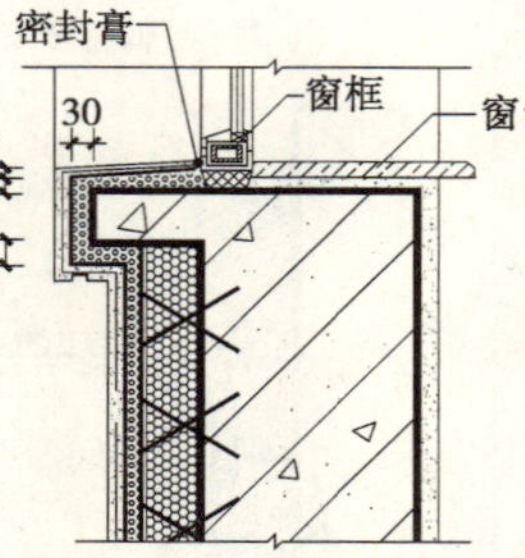

⑤ 窗下口（二）

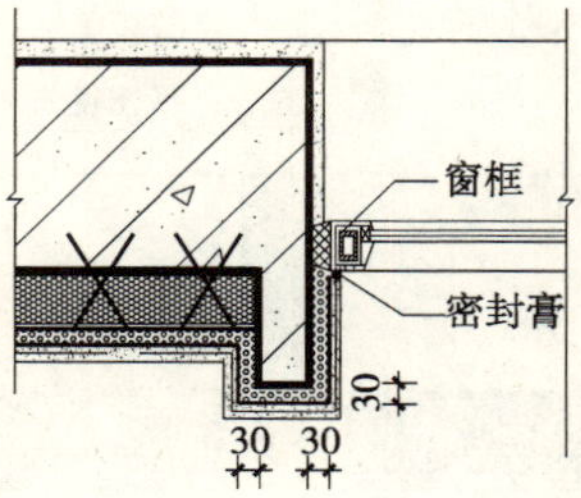

⑥ 窗侧口（二）

注：1. 窗上口、窗下口、窗台及窗侧口胶粉聚苯颗粒保温层的厚度均为 30mm。
2. 窗套挑出长度、宽度见单体设计。

阳台、雨篷、女儿墙、挑檐、管道穿墙构造

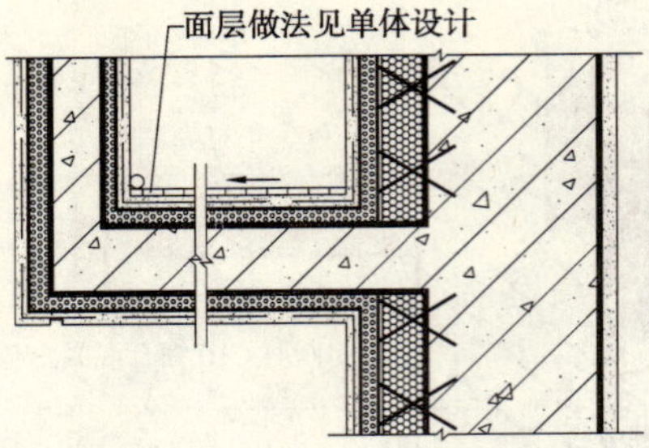

①阳台（不封闭）

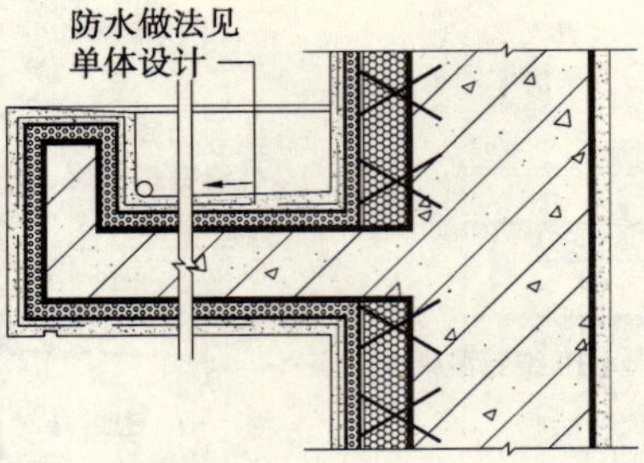

②雨篷

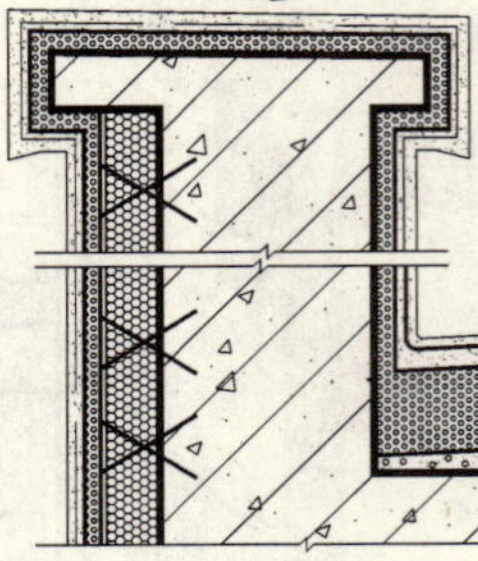

③女儿墙

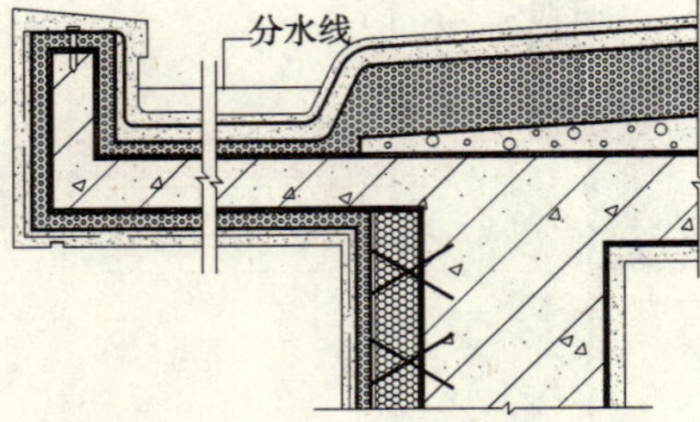

④挑檐（一）

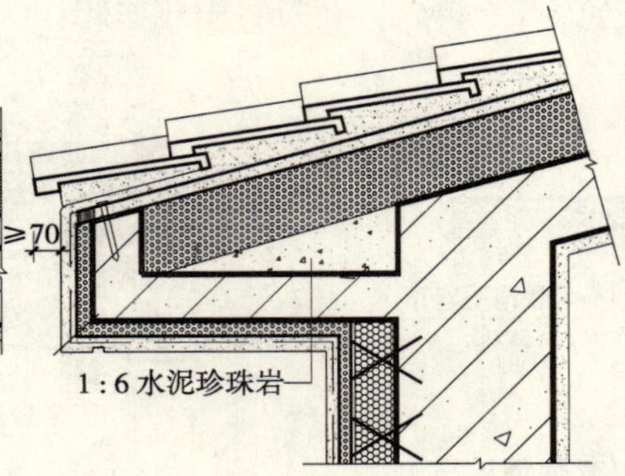

⑤挑檐（二）

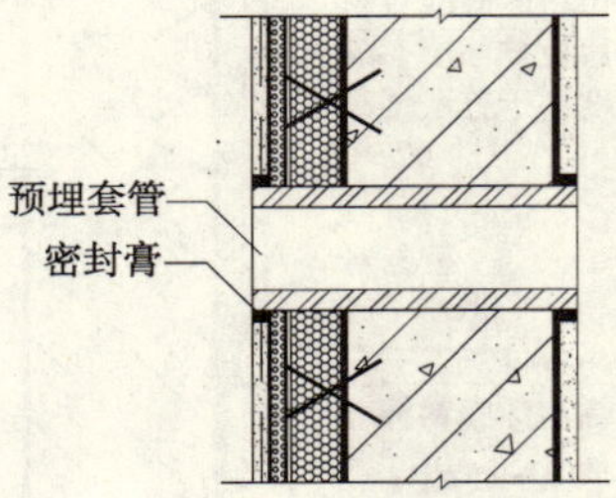

⑥管道穿墙

注：1. 本图为现浇混凝土单面钢丝网架聚苯板复合胶粉聚苯颗粒外墙阳台、雨篷、女儿墙、挑檐、管道穿墙构造。
2. 除墙体外的挑阳台、雨篷、挑檐及女儿墙压顶等处，胶粉聚苯颗粒保温层的厚度均为30mm。

伸缩缝、沉降缝、抗震缝构造

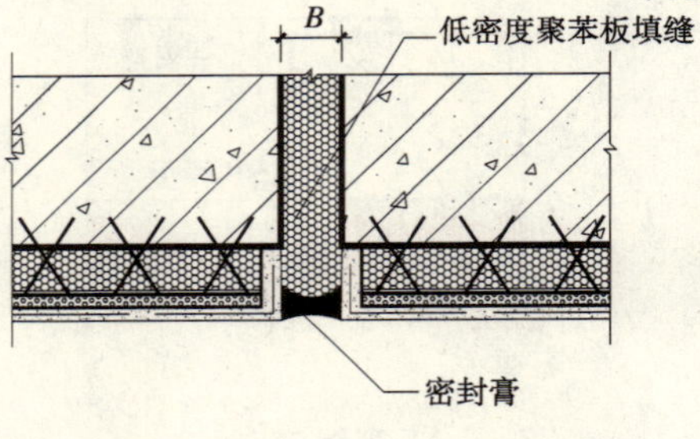

①伸缩缝（一）

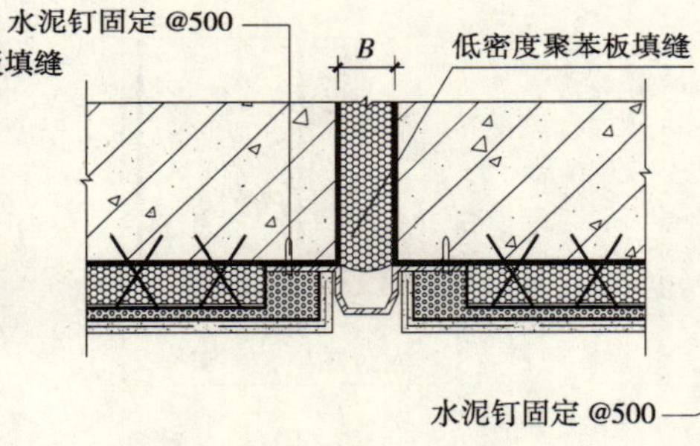

②伸缩缝（二）

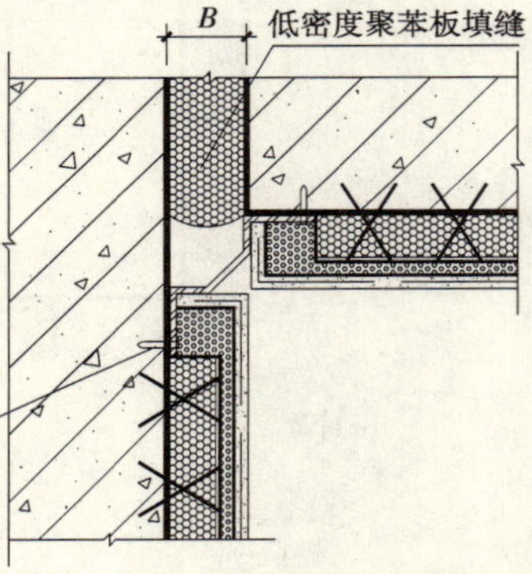

③伸缩缝（三）

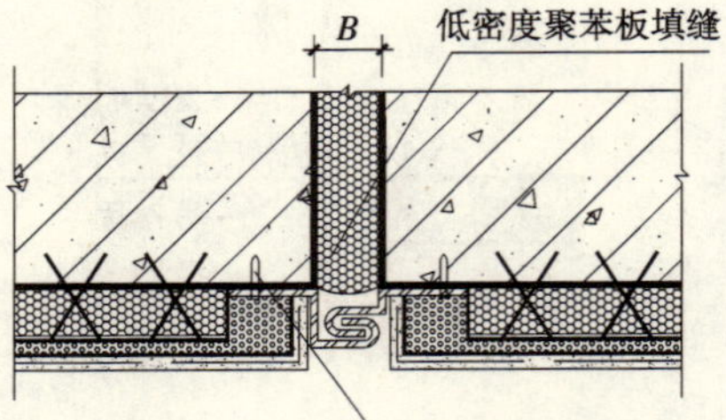

④沉降缝、防震缝（一）

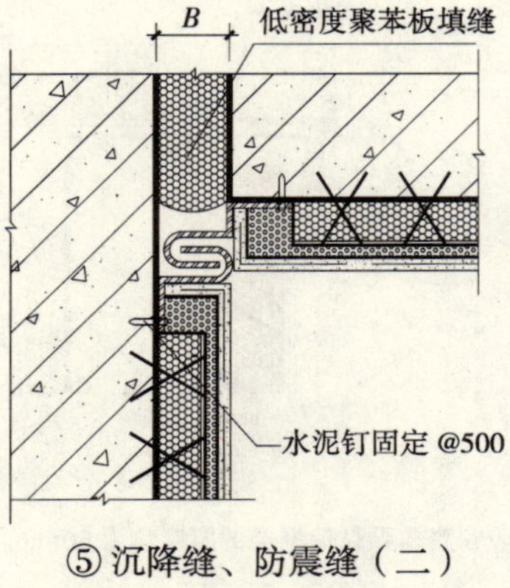

⑤沉降缝、防震缝（二）

注：1. 本图为现浇混凝土单面钢丝网架聚苯板复合胶粉聚苯颗粒外墙伸缩缝、沉降缝、防震缝构造。
2. 变形缝金属盖缝板形式、尺寸及固定参照334页。
3. 伸缩缝、沉降缝、防震缝用低密度聚苯板塞紧，填塞深度不小于300mm，低密度聚苯板表现密度不大于10kg/m³。

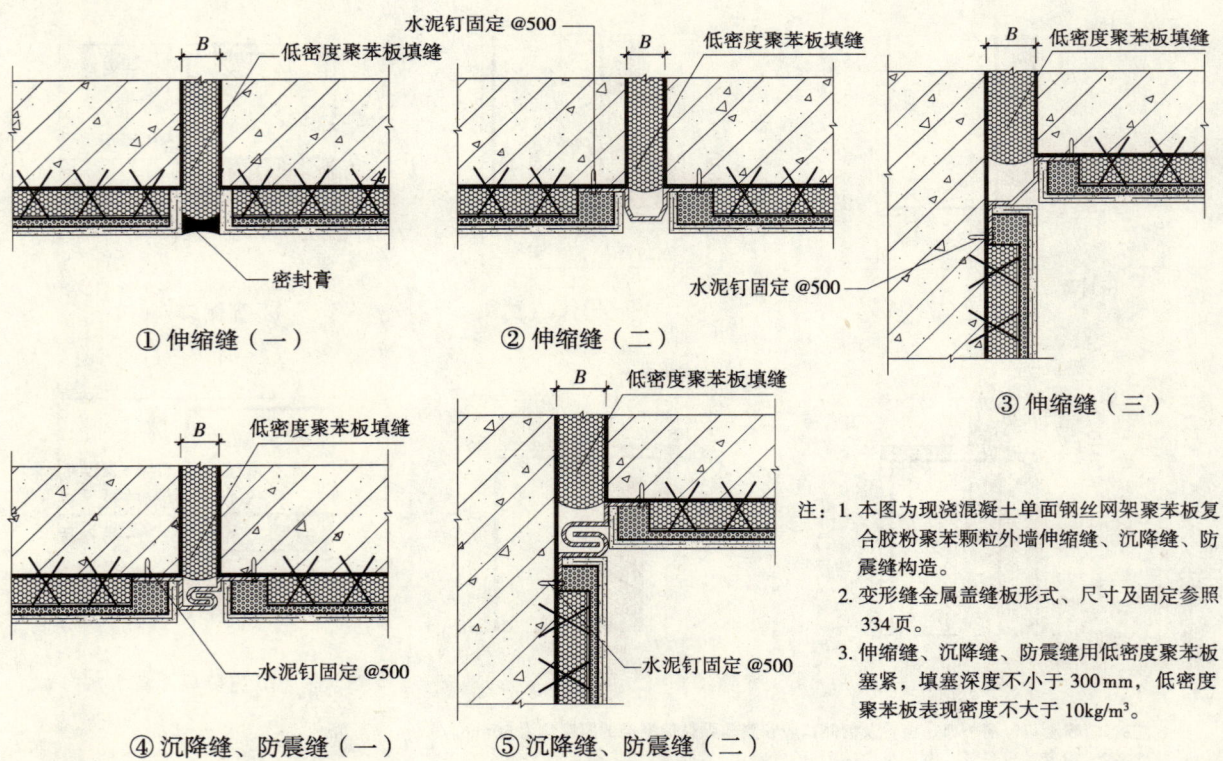

6

D体系（粘贴聚苯板体系）构造节点详图

平立面详图

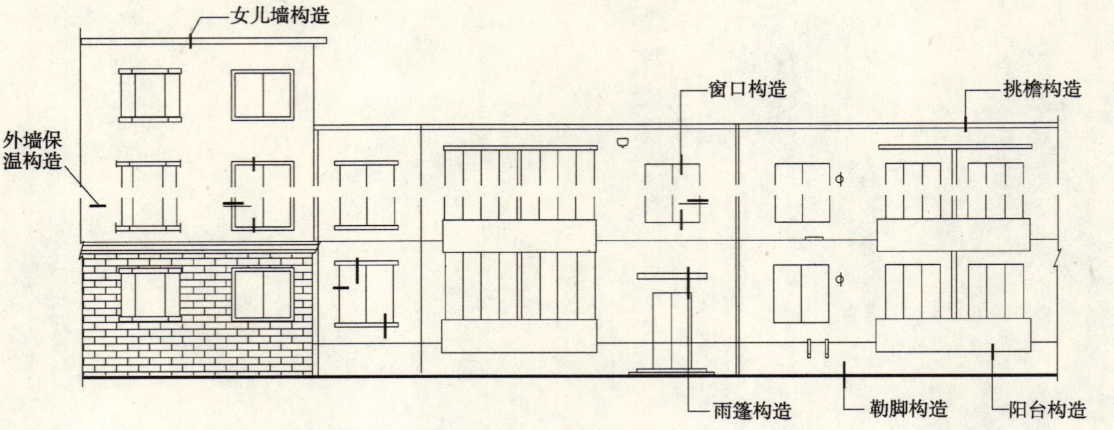

立面详图索引

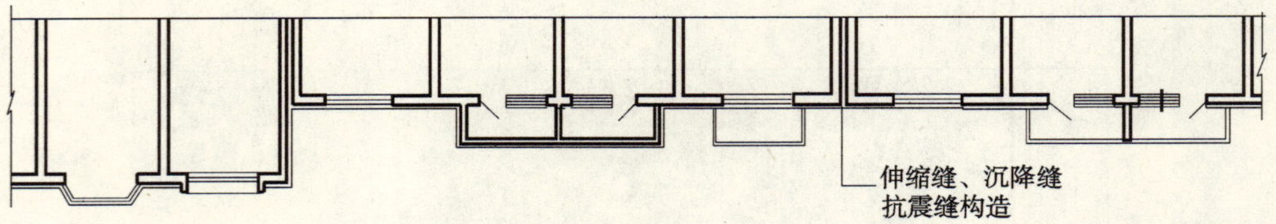

平面详图索引

聚苯板胶粘剂布点及锚固

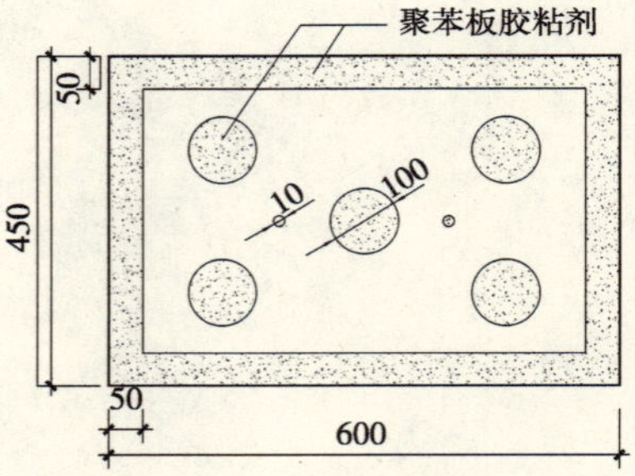

① 聚苯板点粘法布点示意

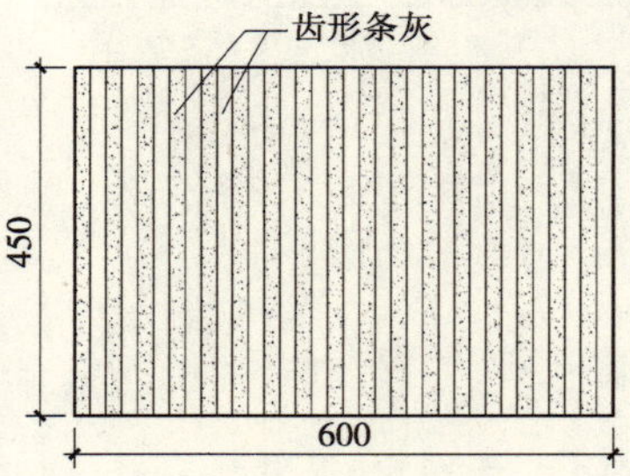

② 聚苯板满粘法布点示意

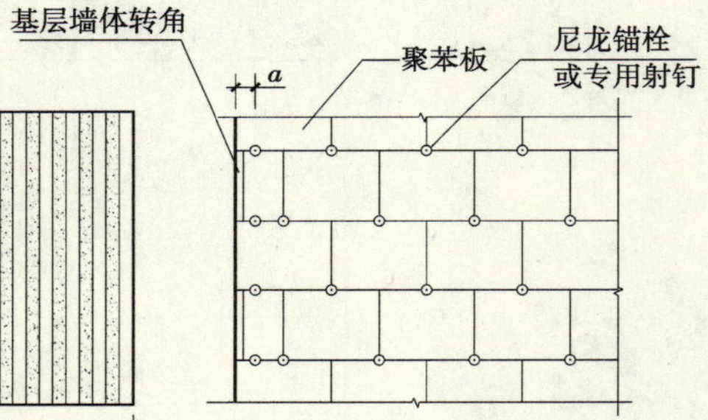

③ 聚苯板排列及锚固点布置图

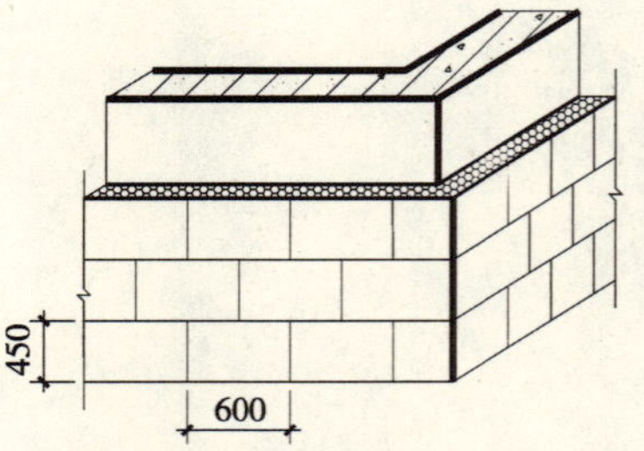

④ 聚苯板排板示意

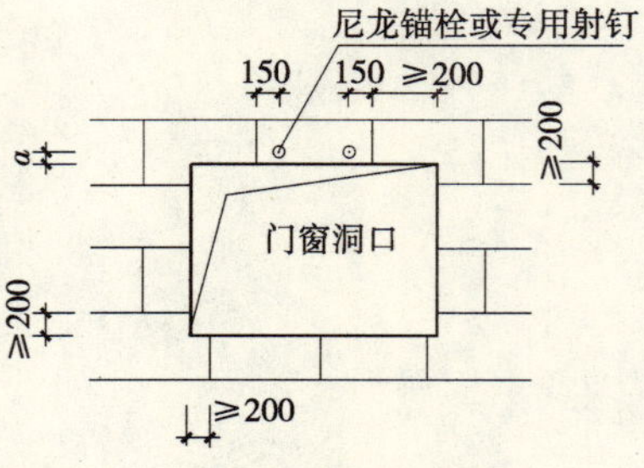

⑤ 聚苯板洞口四角切割和顶部锚固要求

注：

1. ①节点为点粘时聚苯板胶粘剂分布示意图，聚苯板胶粘剂涂抹面积不应小于聚苯板面面积的 40%。
2. ②节点为满粘时聚苯板胶粘剂分布示意图，聚苯板胶粘剂应以齿形条灰形式铺满聚苯板面。
3. 聚苯板错缝排列，错缝长度为聚苯板板长的 1/2。
4. 洞口四角处聚苯板不得接缝，应按本图要求切割。
5. 锚栓或射钉头部不得凸出聚苯板面。
6. 锚固件中心至基层墙体转角的最小距离 a 应根据基层墙体材料或锚固件的要求确定。

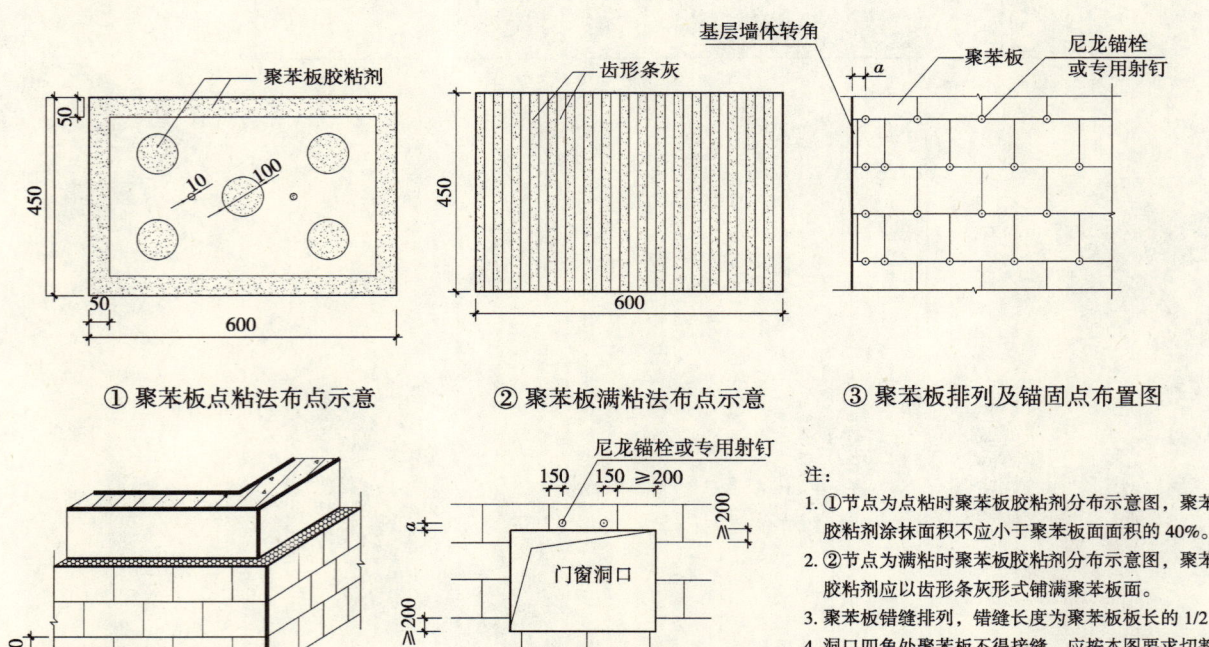

外墙、阳角、阴角、伸缩缝构造

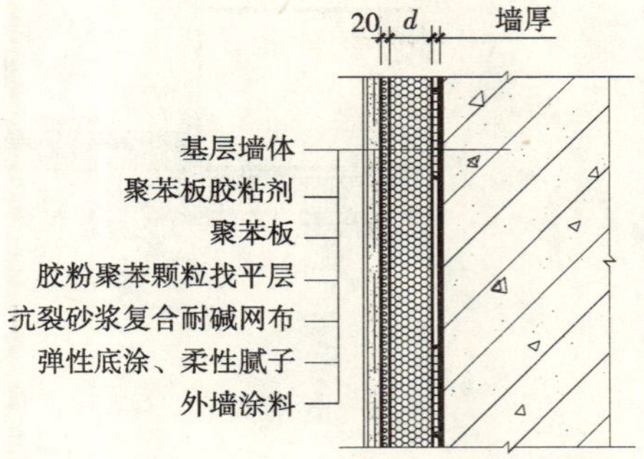

① 外墙

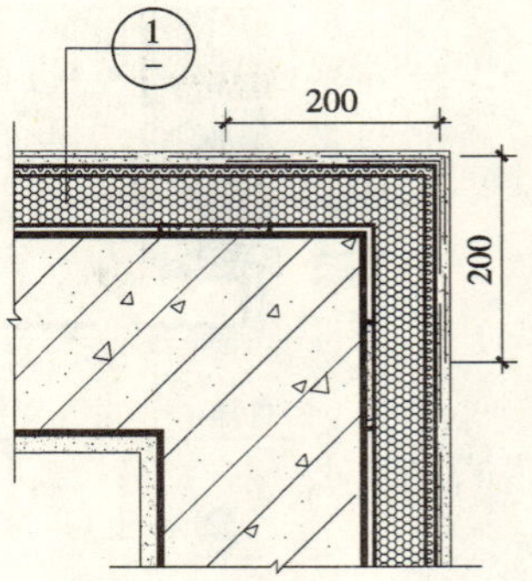

② 阳角

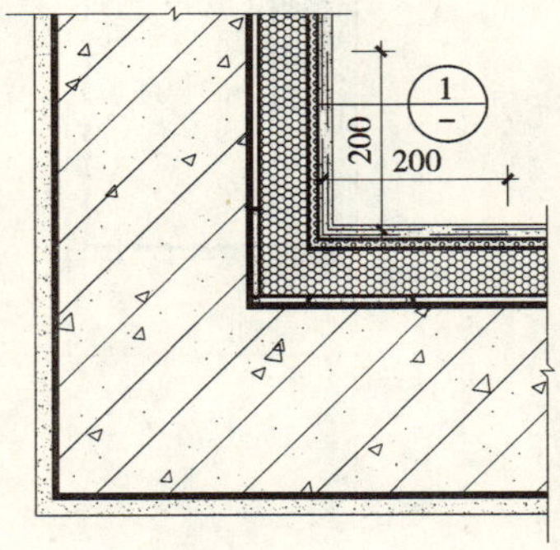

③ 阴角

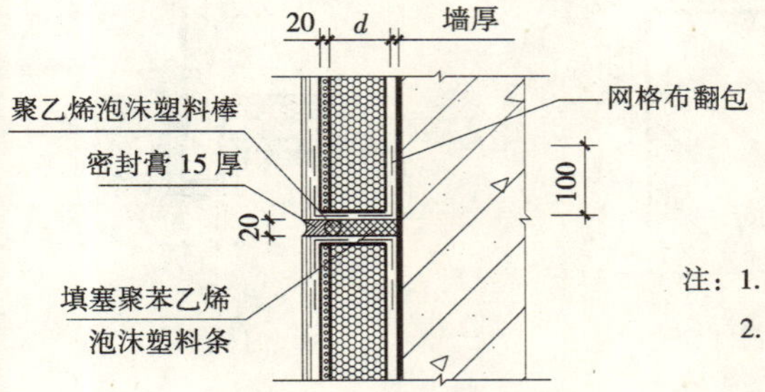

④ 伸缩缝

注：1. ①节点为粘贴聚苯板外墙标准层构造，建筑首层应加一层加强耐碱网布。

2. 墙面连续高或宽超过 23m 时，应设伸缩缝。

勒脚构造

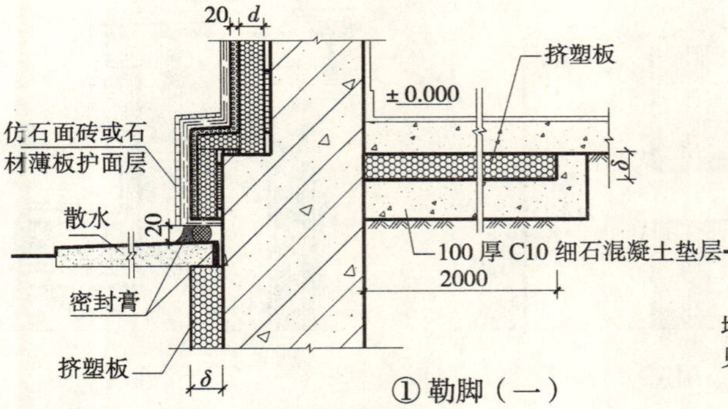

① 勒脚（一）

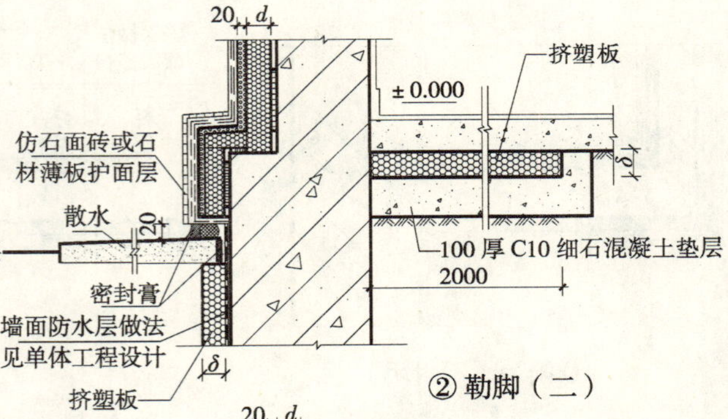

② 勒脚（二）

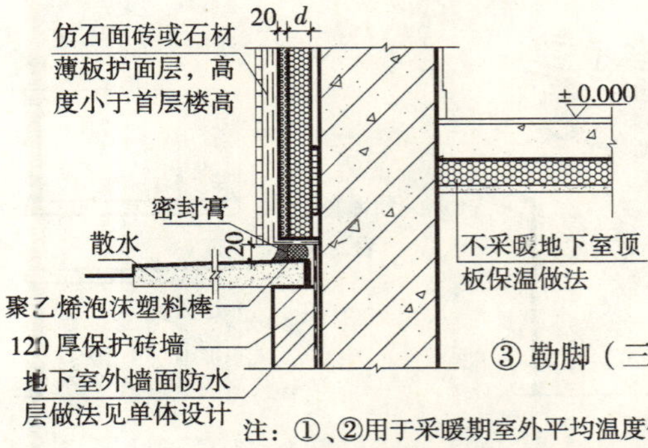

③ 勒脚（三）

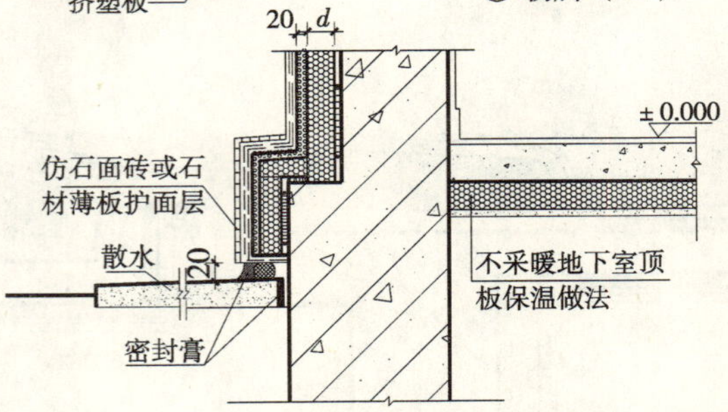

④ 勒脚（四）

注：①、②用于采暖期室外平均温度低于 −5℃地区。在外墙周边从外墙内侧算起 2.0m 范围内用挤塑板保温；在室外地坪以下的垂直墙面用挤塑板保温，深度至冰冻线。挤塑板用回填土夯实压紧。挤塑板的厚度 δ=50~70mm（按 $\delta=d-10<70$ mm 设置）；墙体有无防水层见单体设计。

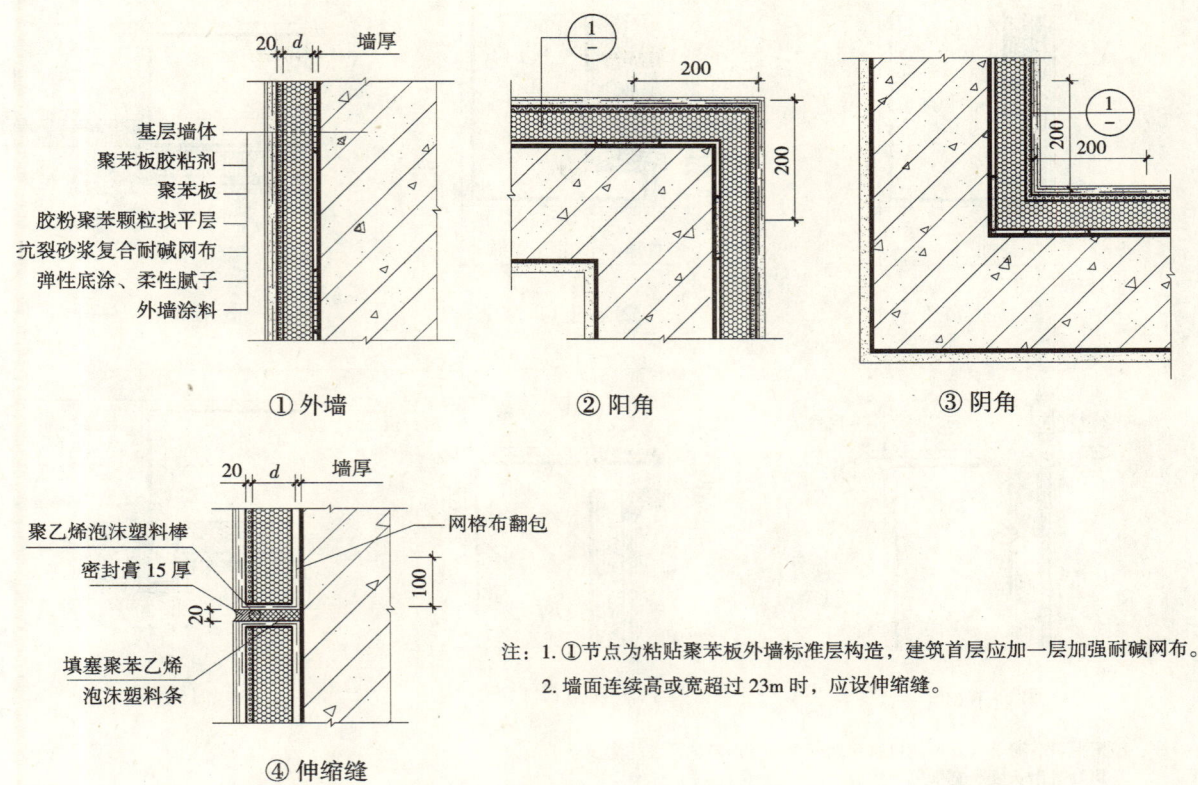

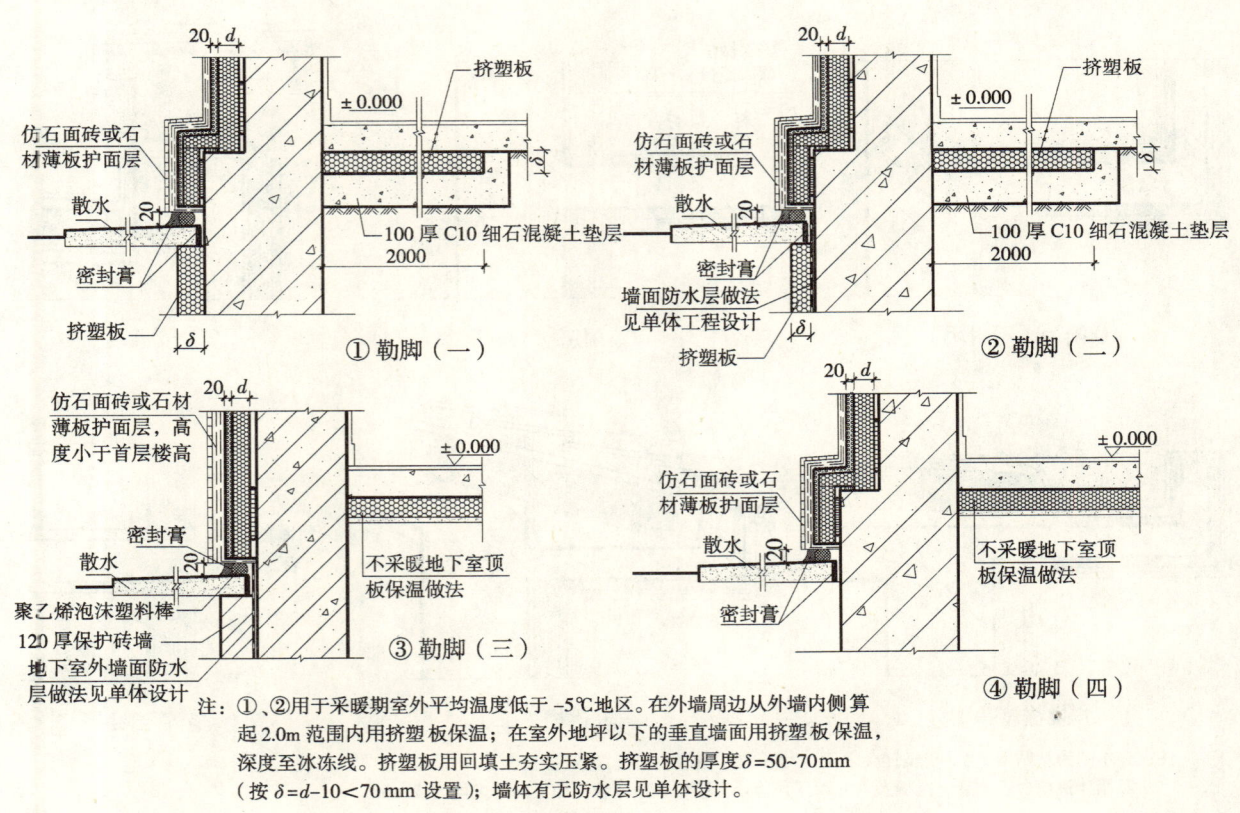

窗口构造

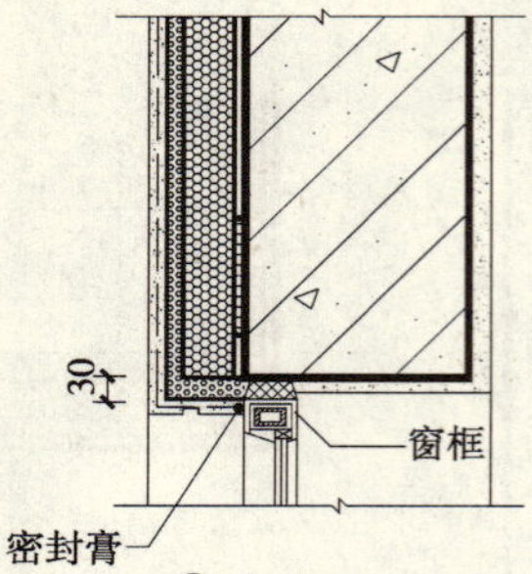

① 窗上口（一）

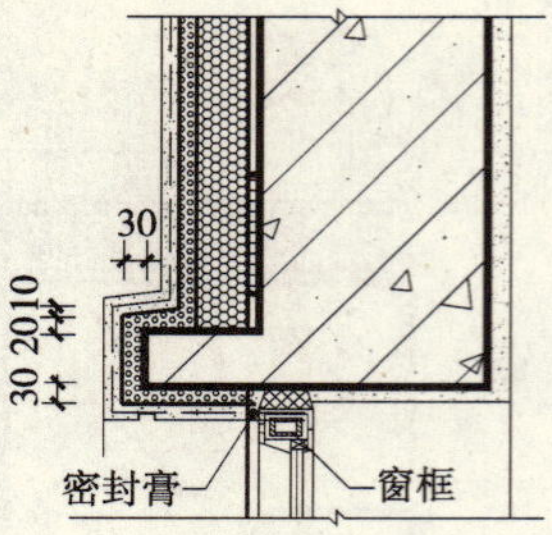

② 窗上口（二）

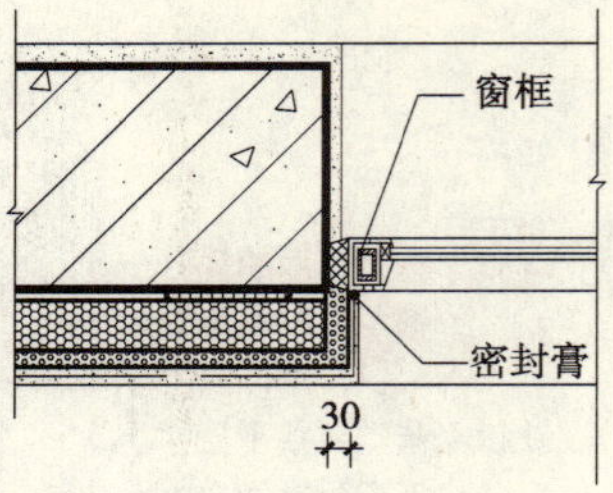

③ 窗侧口（一）

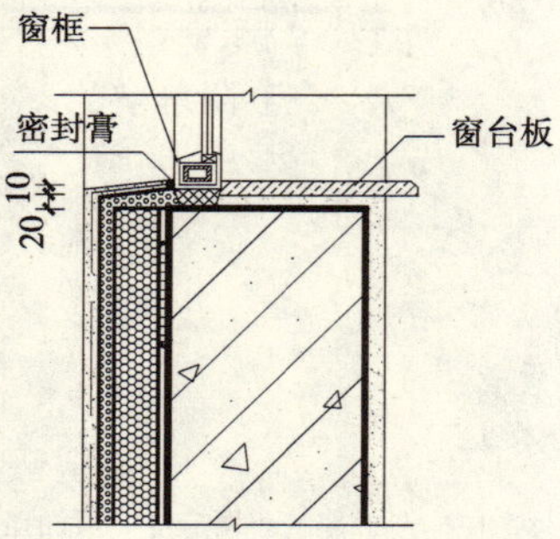

④ 窗下口（一）

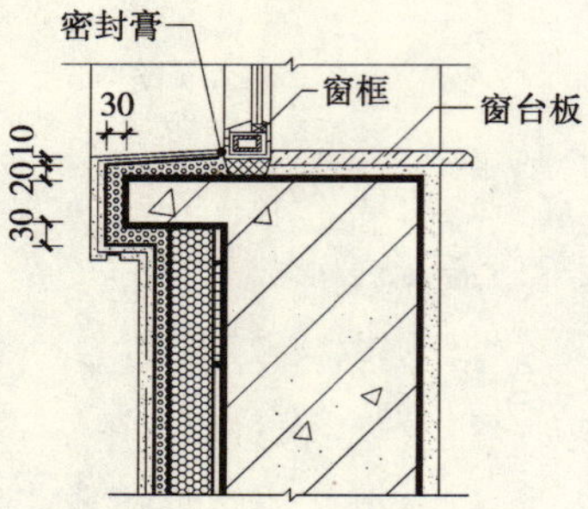

⑤ 窗下口（二）

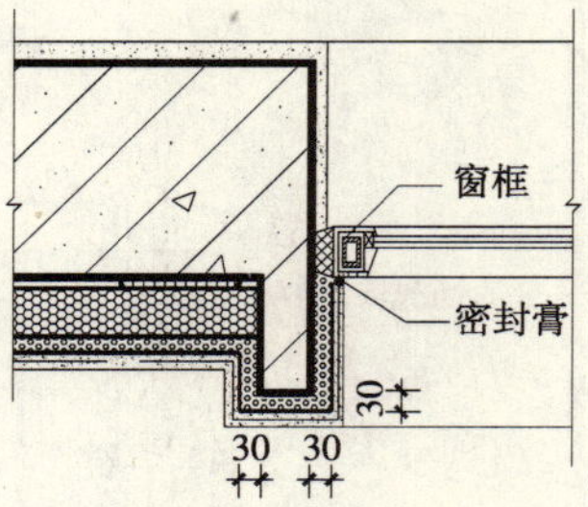

⑥ 窗侧口（二）

注：1. 窗上口、窗下口及窗侧口胶粉聚苯颗粒保温层的厚度均为 30。
2. 窗套挑出长度、宽度见单体设计。

阳台、雨篷、女儿墙、挑檐、管道穿墙构造

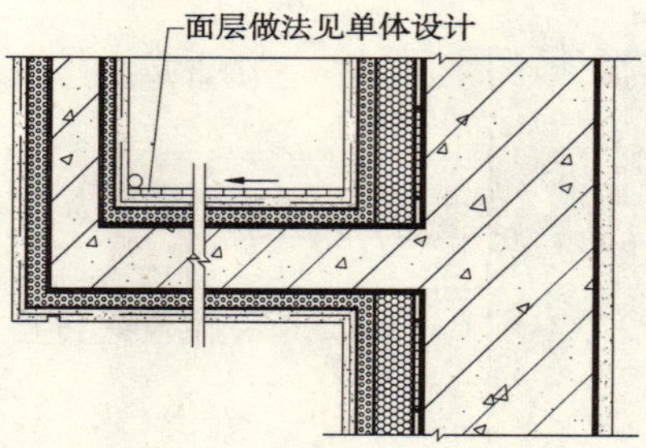

① 阳台（不封闭）

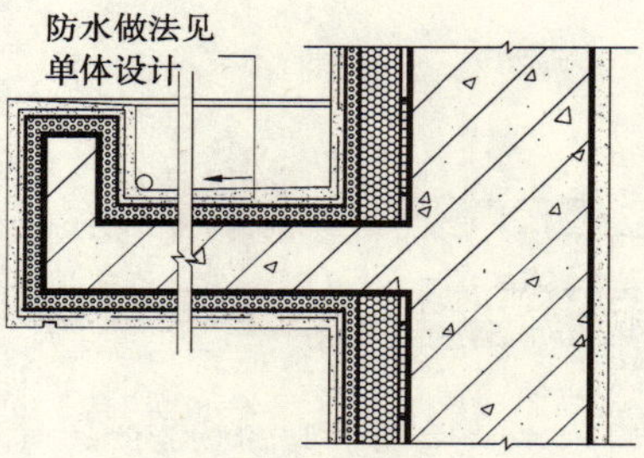

② 雨篷

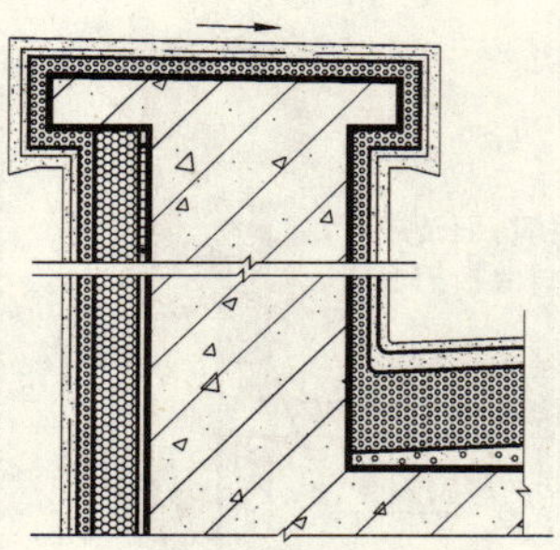

③ 女儿墙

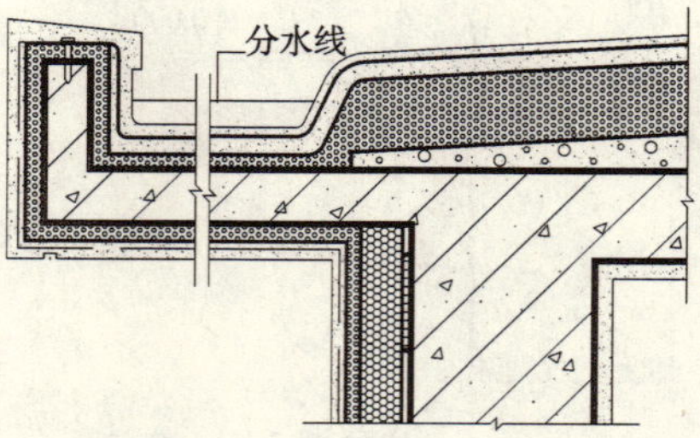

④ 挑檐（一）

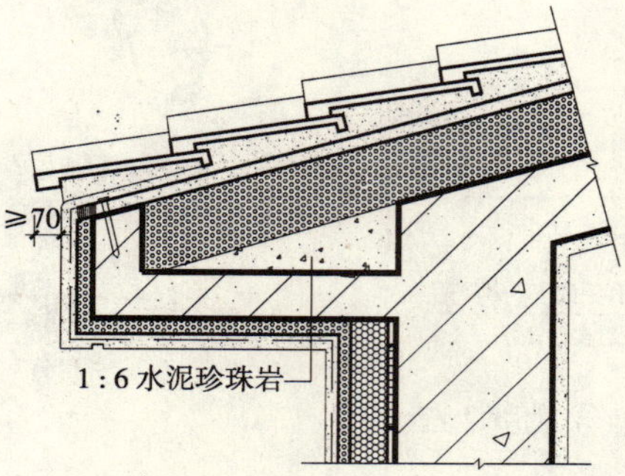

⑤ 挑檐（二）

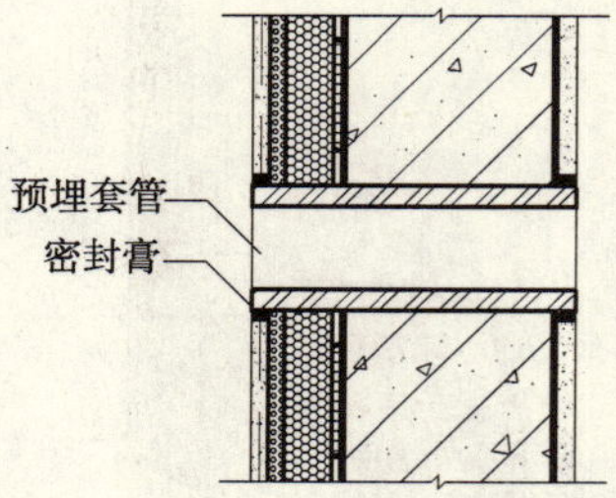

⑥ 管道穿墙

注：1. 本图为粘贴聚苯板外墙阳台、雨篷、女儿墙、挑檐、管道穿墙构造。
2. 墙体挑阳台、雨篷、挑檐及女儿墙压顶等处，胶粉聚苯颗粒保温层的厚度均为 30 mm。

伸缩缝、沉降缝、防震缝构造

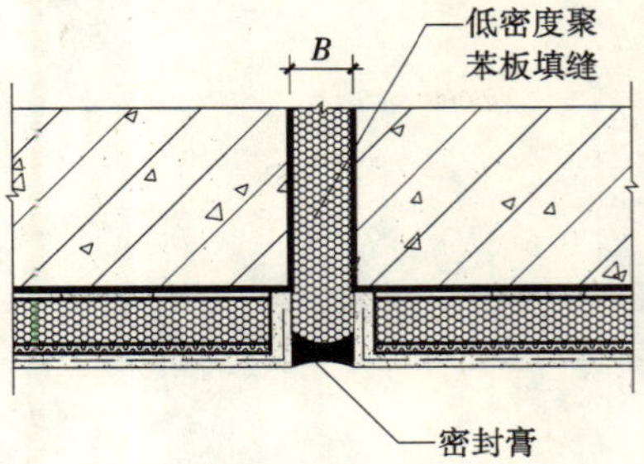

① 伸缩缝（一）

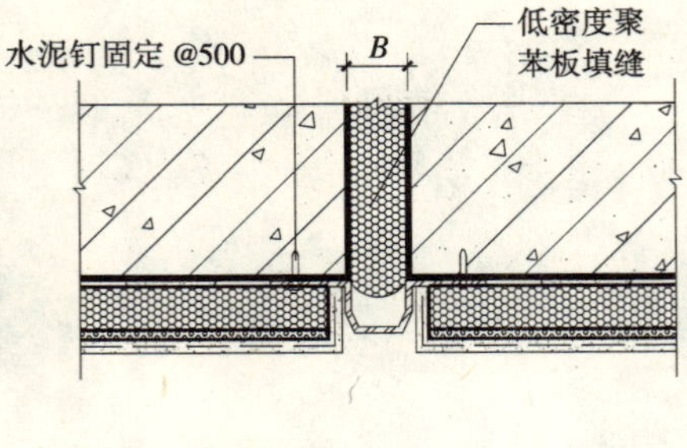

② 伸缩缝（二）

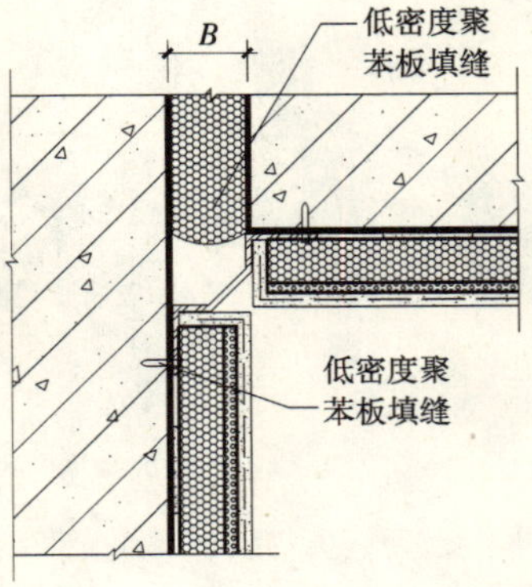

③ 伸缩缝（三）

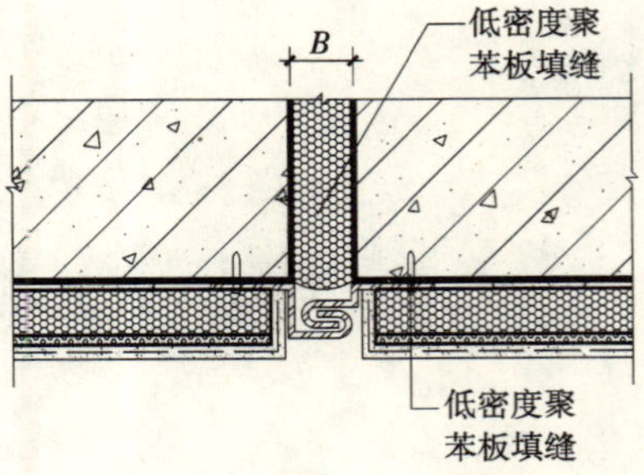

④ 沉降缝、防震缝（一）

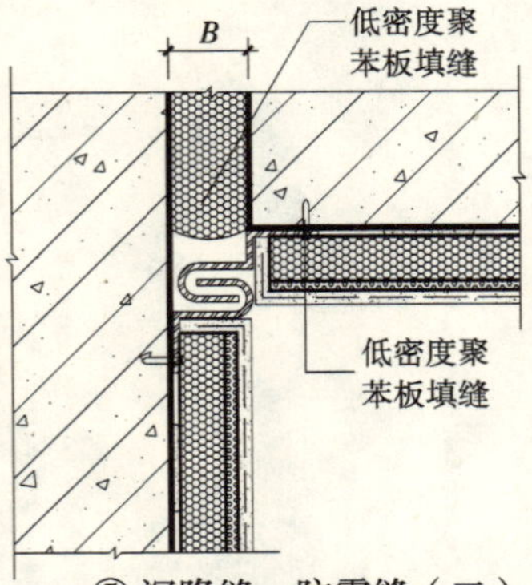

⑤ 沉降缝、防震缝（二）

注：1. 本图为粘贴聚苯板外墙伸缩缝、沉降缝、抗震缝构造。
2. 变形缝金属盖缝板形式、尺寸及固定参照单体设计。
3. 伸缩缝、沉降缝、防震缝用低密度聚苯板塞紧，填塞深度不小于300，低密度聚苯板表观密度不大于 $10kg/m^3$。

聚苯板保温防火隔离带构造

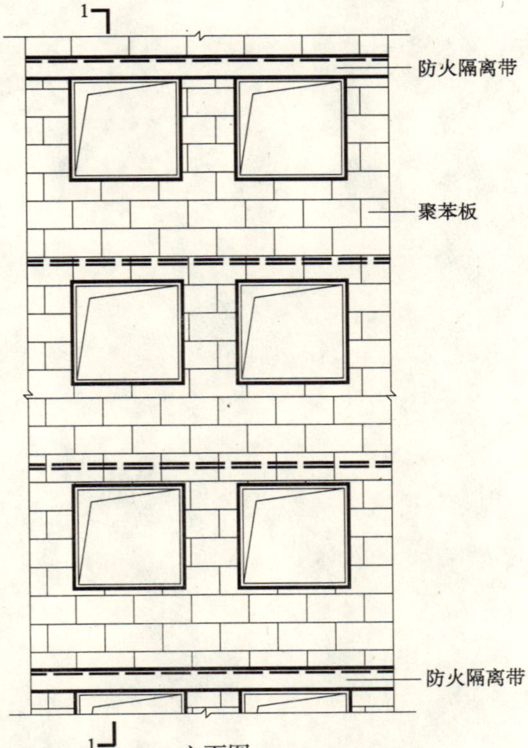

立面图

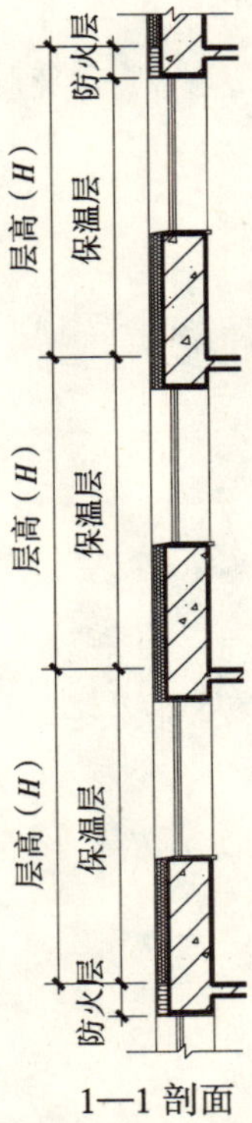

1—1 剖面

注：1. 为了提高防火功能，在带燕尾槽聚苯板体系及粘贴聚苯板体系中宜采取防火隔离措施，即每三层楼宜设一道通长的防火隔离带；防火隔离带高度为 800 mm。
2. 防火隔离带材料可采用岩棉或胶粉聚苯颗粒。

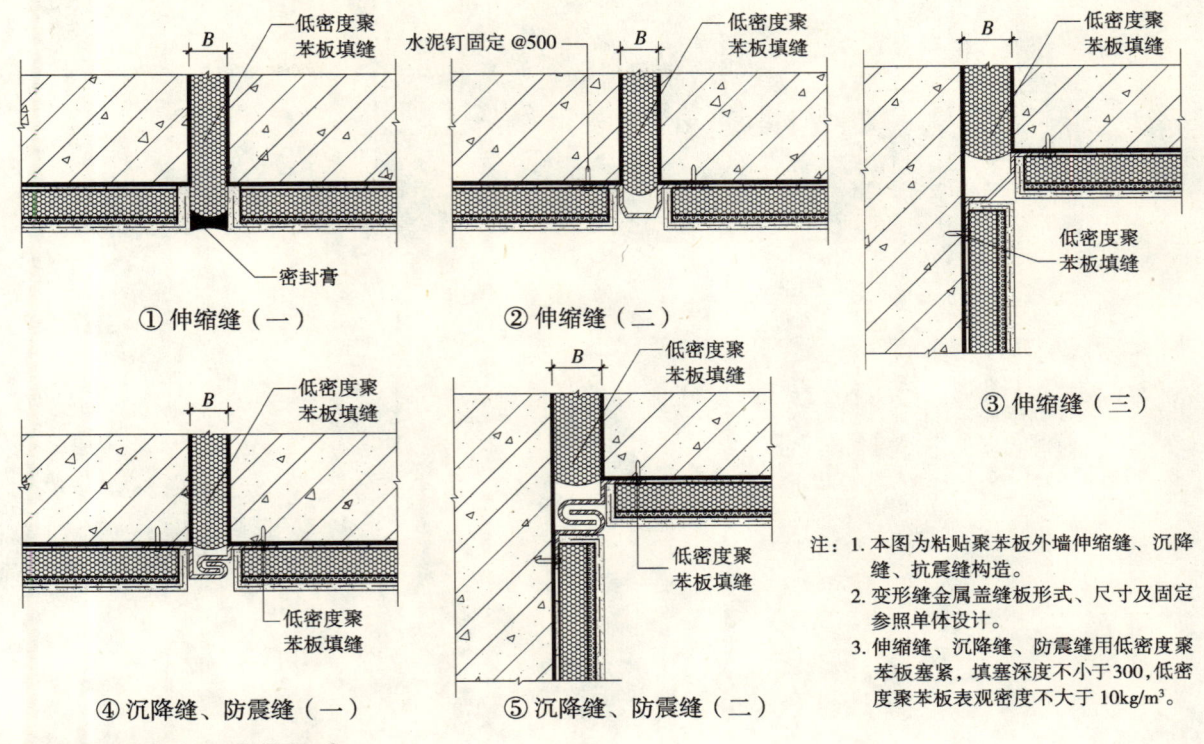

7

E体系（聚苯板三明治体系）构造节点详图

平立面详图

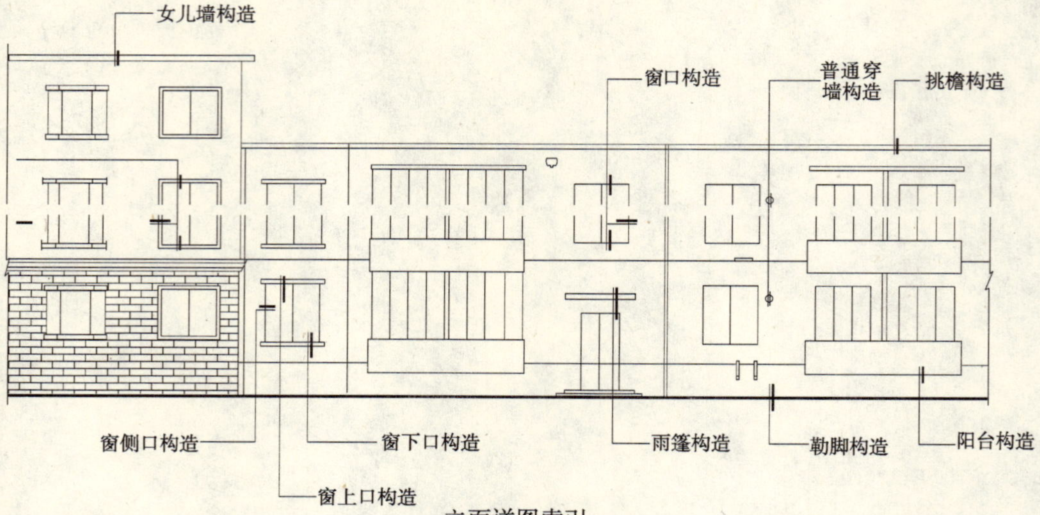

立面详图索引

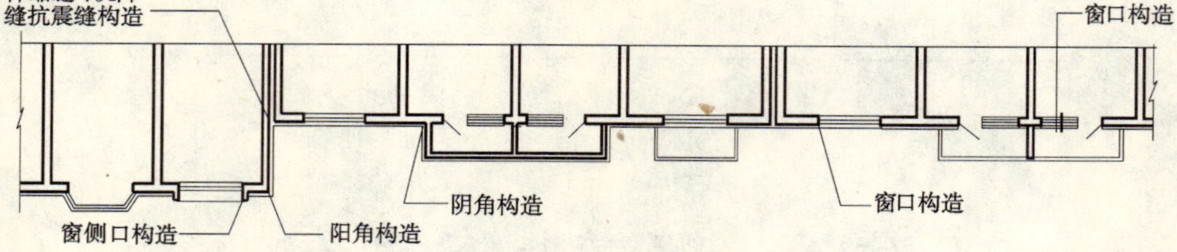

平面详图索引

聚苯板开槽、排板示意图

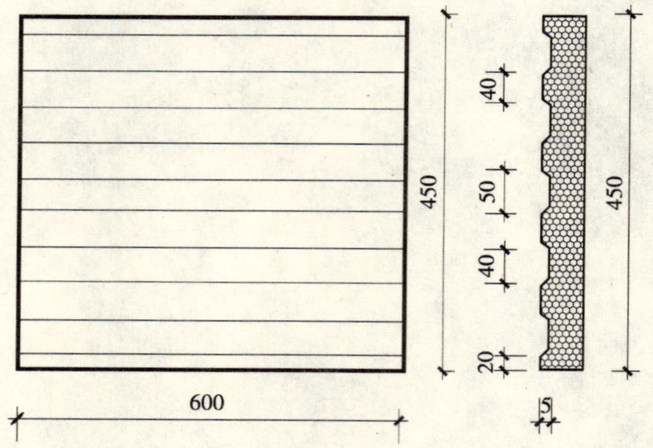

① 聚苯板开槽示意图

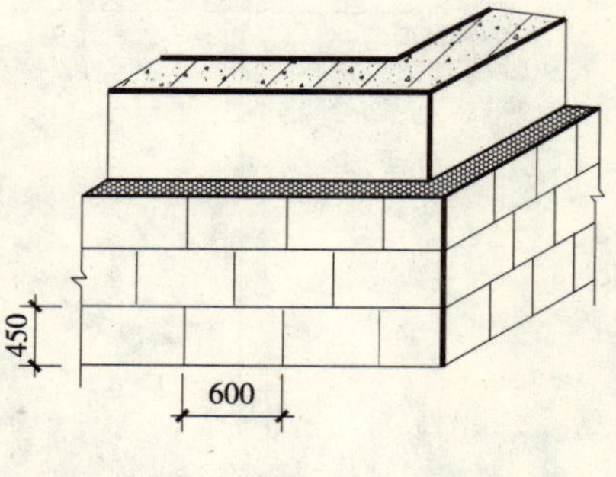

② 墙面聚苯板排板示意

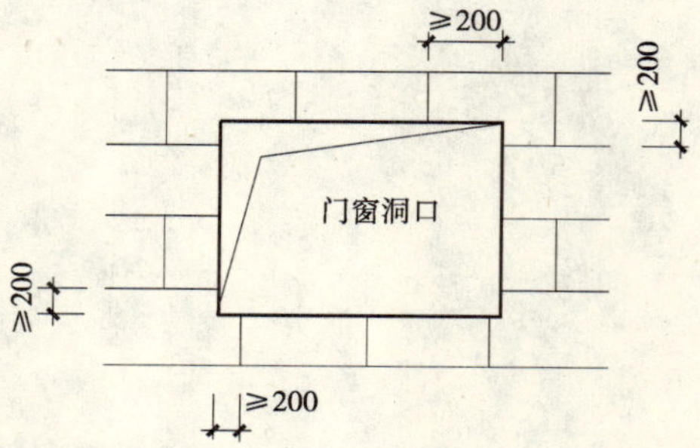

③ 门窗洞口聚苯板排板示意

注：1. ①节点为聚苯板横槽设计示意图。

2. 墙面聚苯板错缝排列，错缝长度为聚苯板板长的 1/2。

外墙、阳角、阴角构造

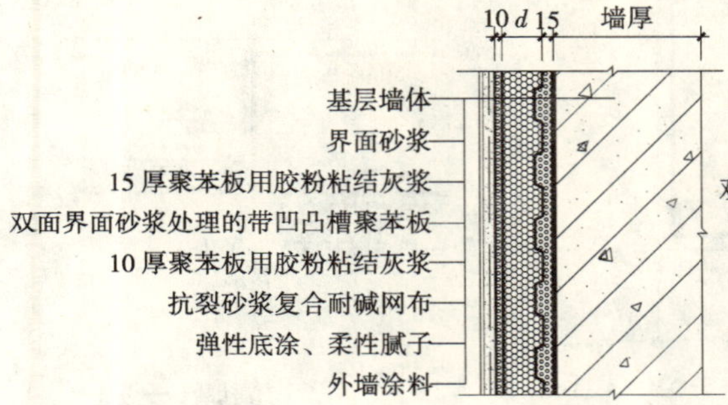

① 涂料外墙

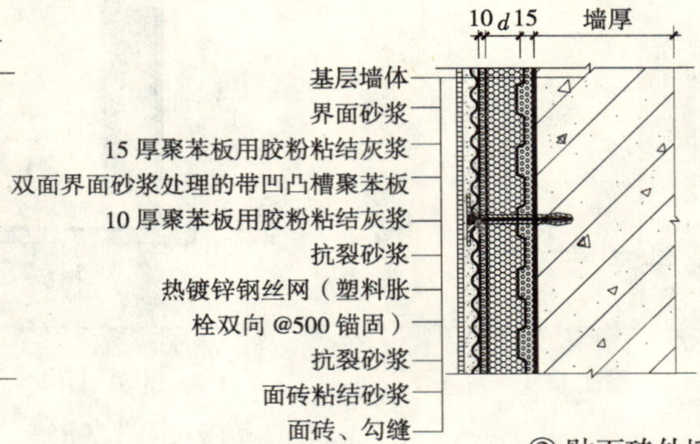

② 贴面砖外墙

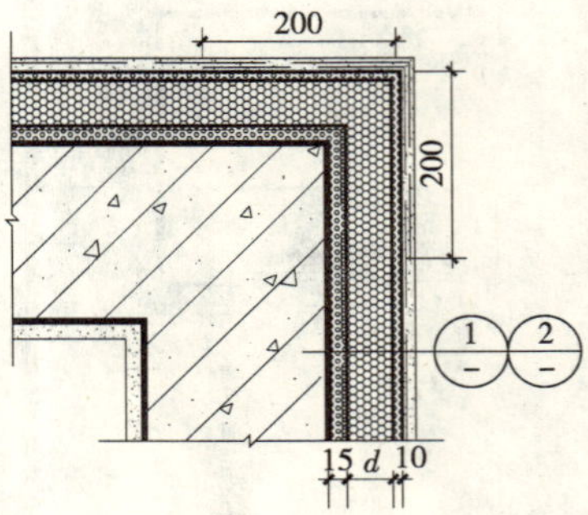

③ 阳角

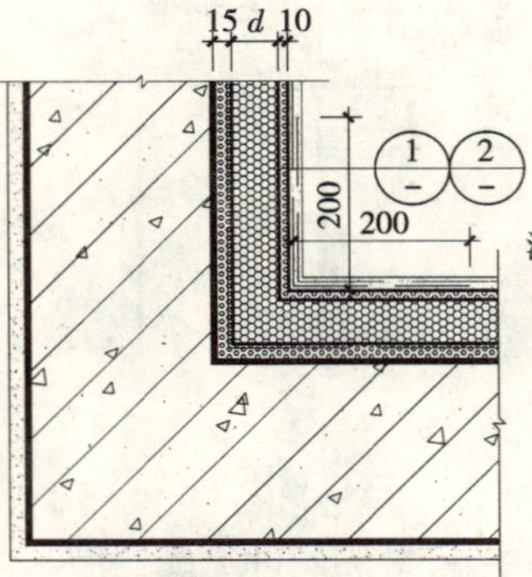

④ 阴角

注：1. ①节点为聚苯板三明治做法涂料外墙构造，
建筑首层应加一层加强网布。
2. ②节点为聚苯板三明治做法贴面砖外墙构造。
3. 带凹凸槽聚苯板槽型示意参见单体设计节点。

勒脚构造

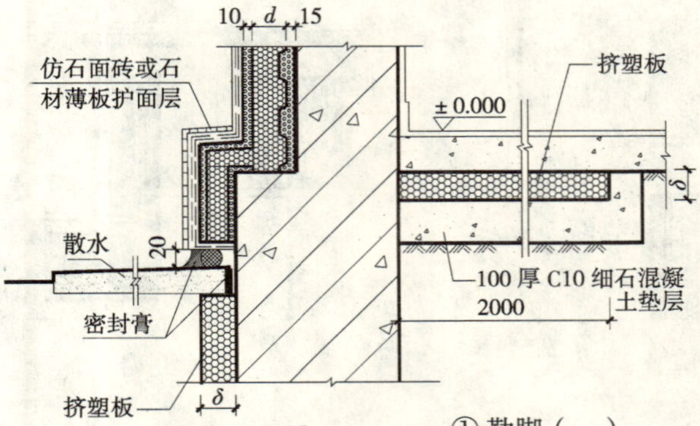

① 勒脚（一）

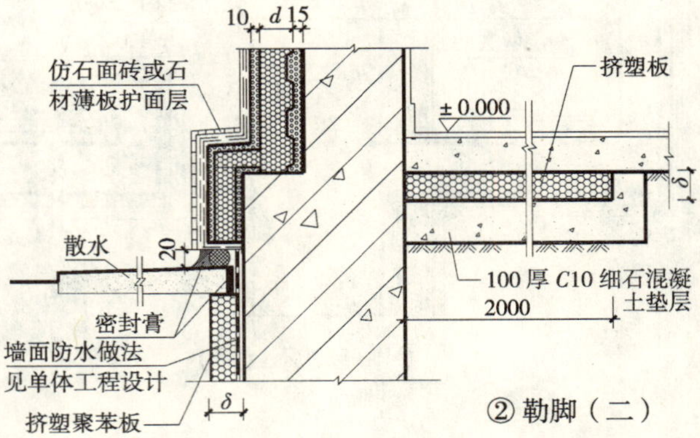

② 勒脚（二）

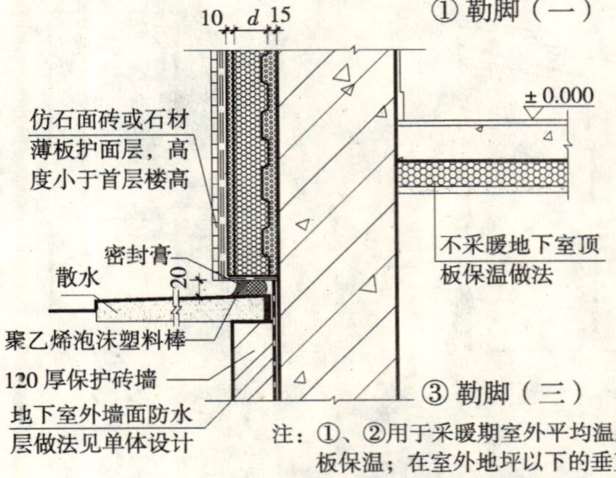

③ 勒脚（三）

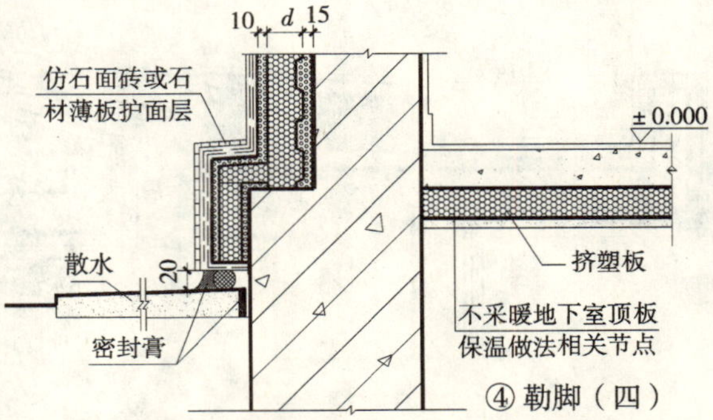

④ 勒脚（四）

注：①、②用于采暖期室外平均温度低于 −5℃地区。在外墙周边从外墙内侧算起 2.0m 范围内用挤塑板保温；在室外地坪以下的垂直墙面用挤塑板保温，深度至冰冻线。挤塑板用回填土夯实压紧。挤塑板的厚度 δ =50~70mm（按 δ =d−10<70mm 设置）；墙体有无防水层见单体设计。

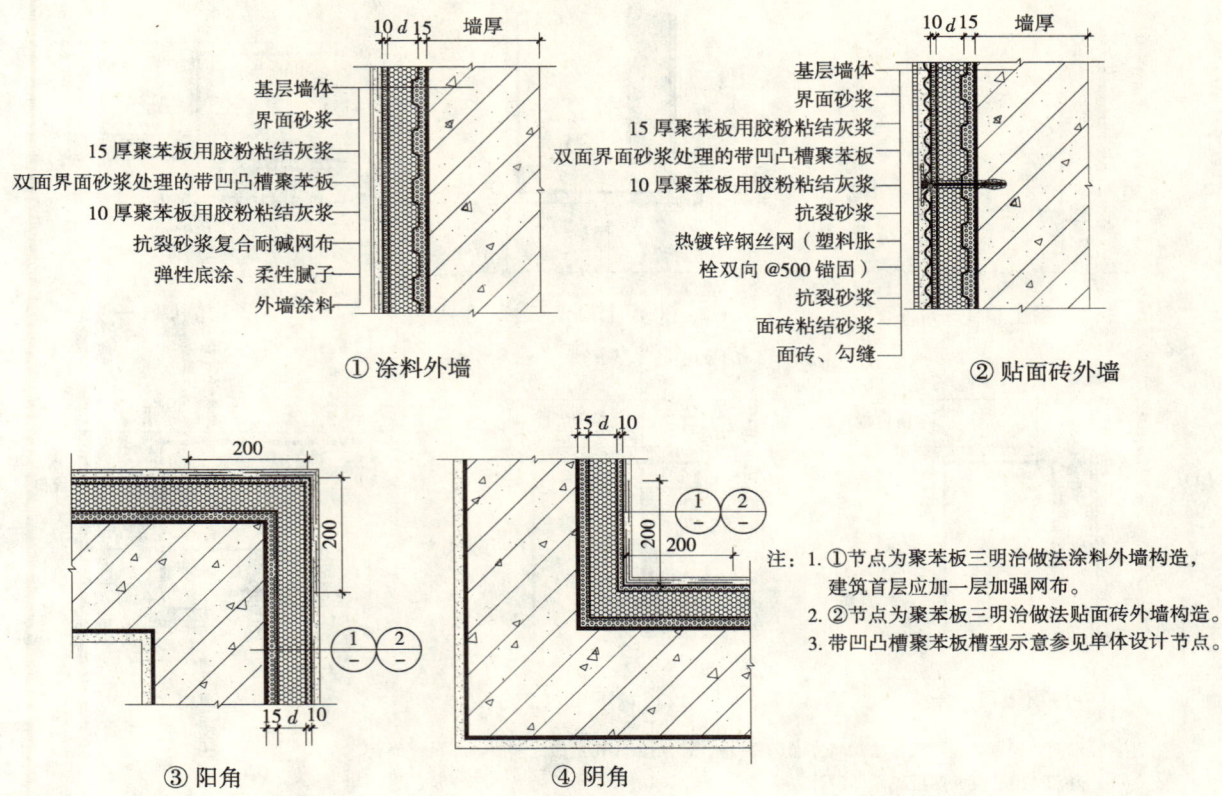

窗口构造

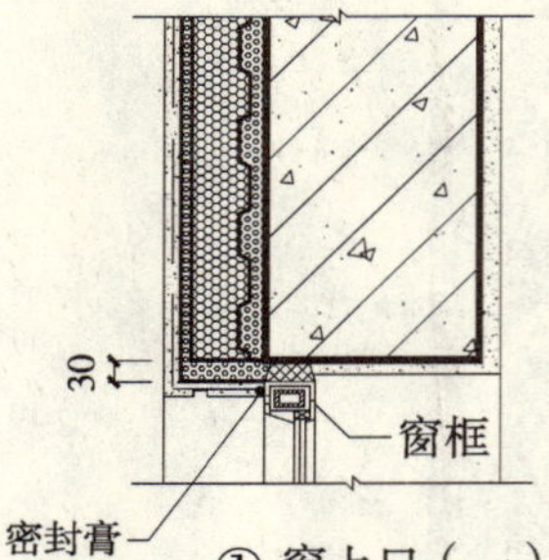

① 窗上口（一）

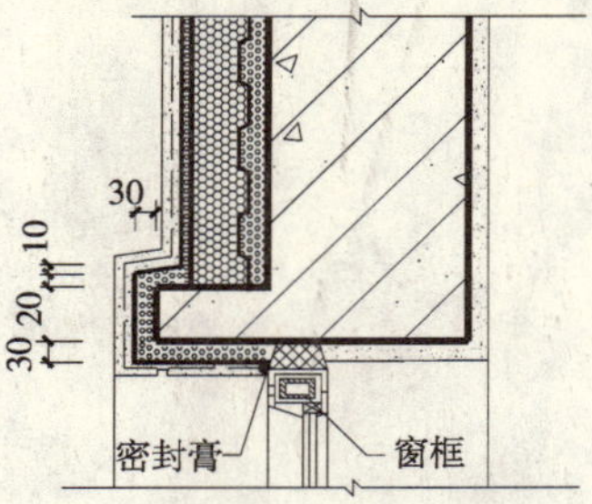

③ 窗上口（二）

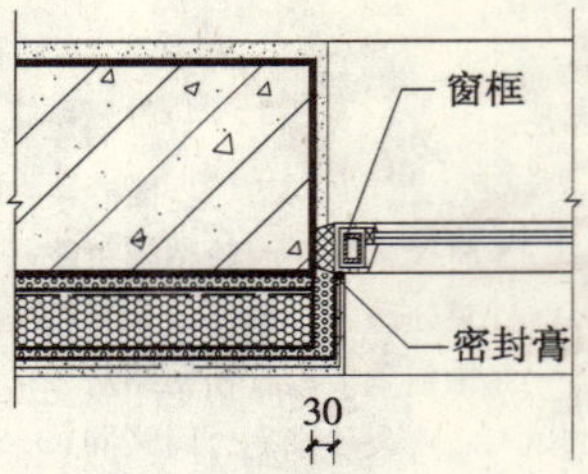

⑤ 窗侧口（一）

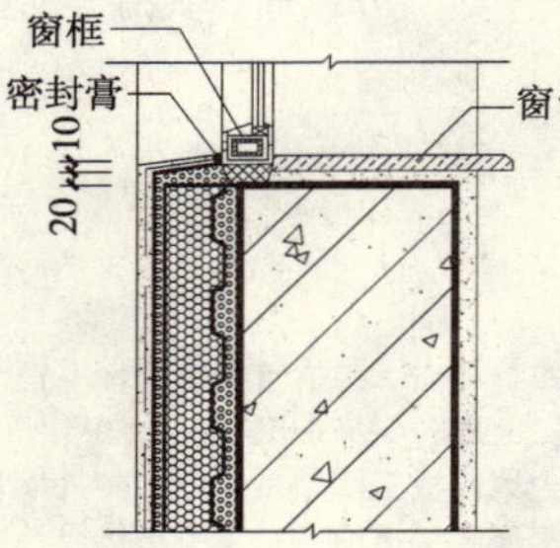

② 窗下口（一）

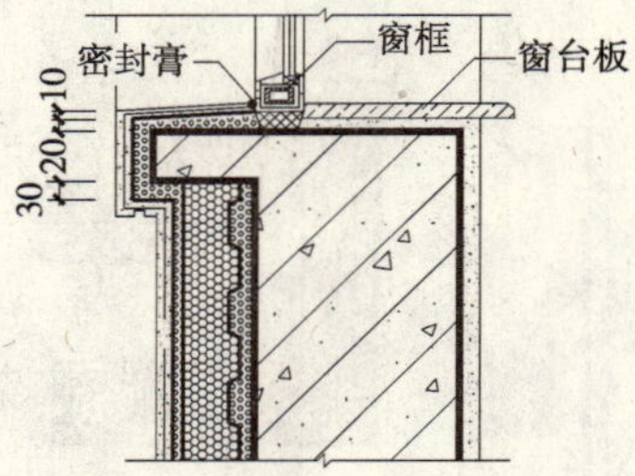

④ 窗下口（二）

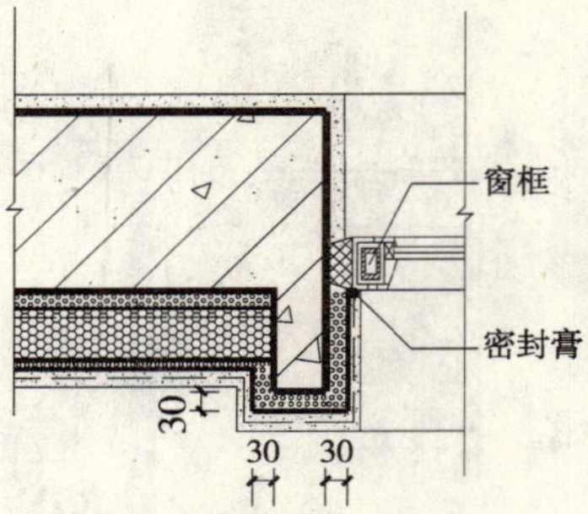

⑥ 窗侧口（二）

注：1. 本图为聚苯板三明治做法涂料外墙、窗口构造，贴面砖构造做法参照单体设计节点。

2. 窗套挑出长度，宽度见单体设计。

阳台、雨篷、女儿墙、挑檐、管道穿墙构造

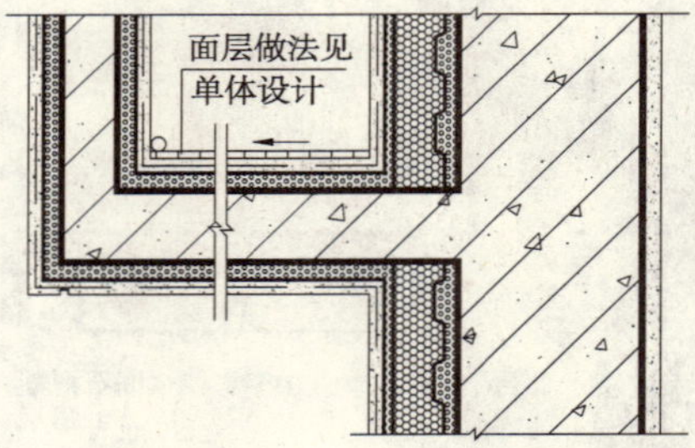

① 阳台（不封闭）

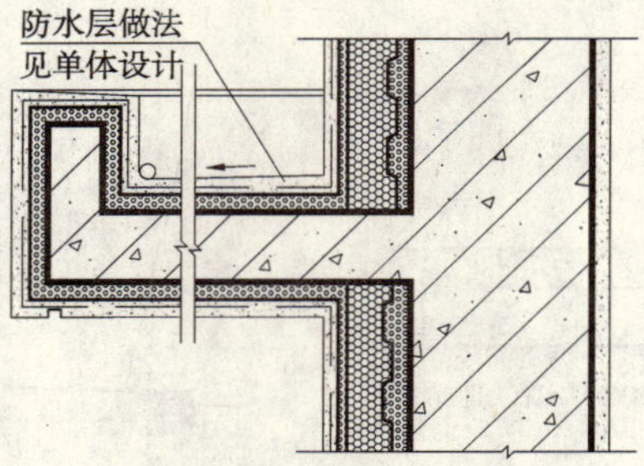

② 雨篷

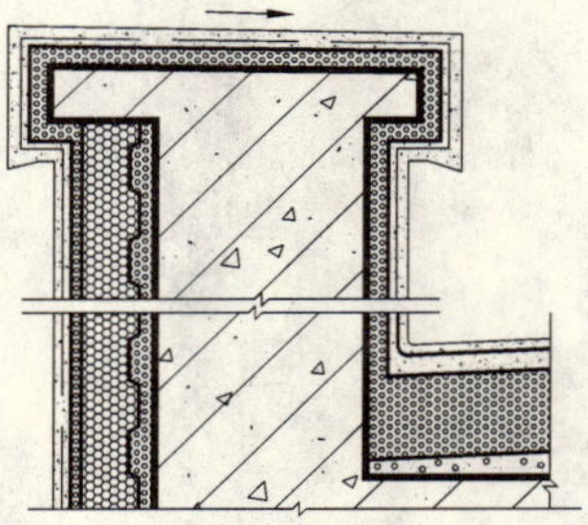

③ 女儿墙

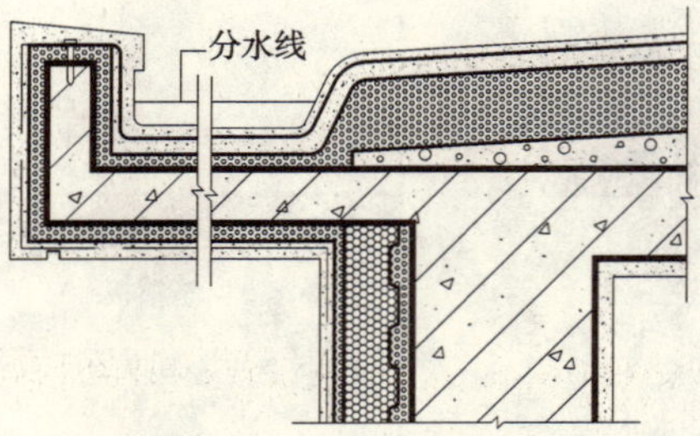

④ 挑檐（一）

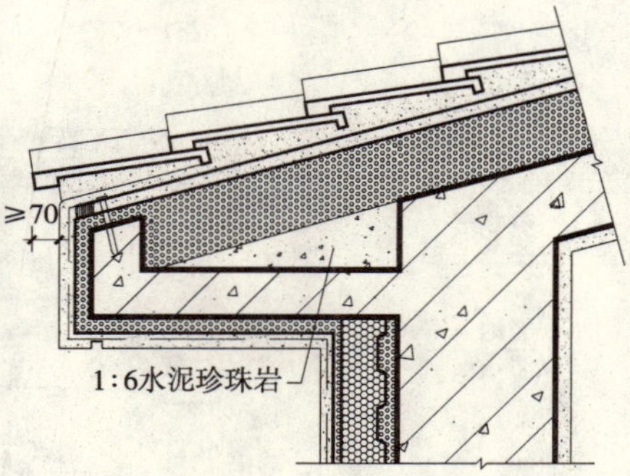

⑤ 挑檐（二）

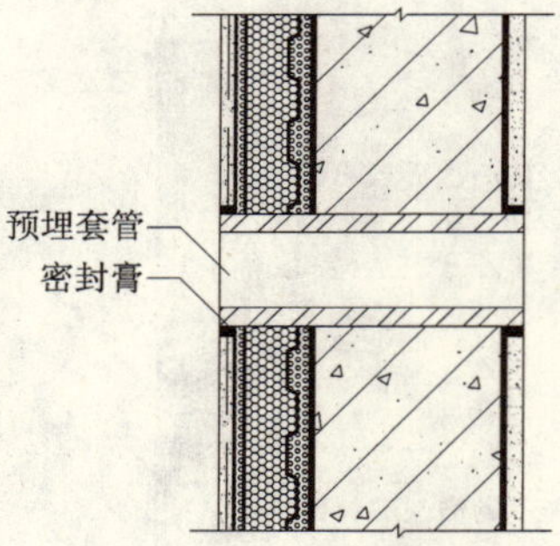

⑥ 管道穿墙

注：1. 本图为聚苯板三明治做法外墙阳台、雨篷、女儿墙、挑檐、管道穿墙构造。

2. 挑檐挑出宽度、长度及构造见单体设计。

3. 除墙体外，阳台、雨篷、女儿墙、挑檐胶粉聚苯颗粒保温层的厚度均为30mm。

伸缩缝、沉降缝、防震缝构造

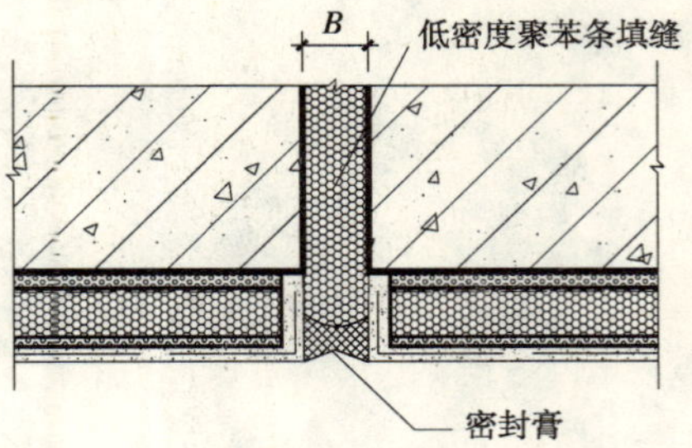

① 伸缩缝（一）

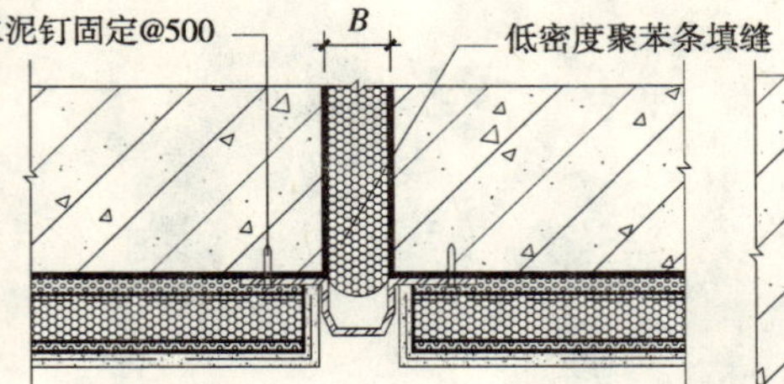

② 伸缩缝（二）

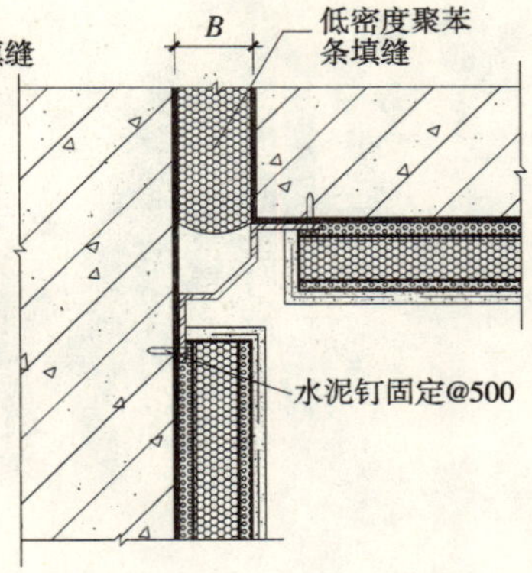

③ 伸缩缝（三）

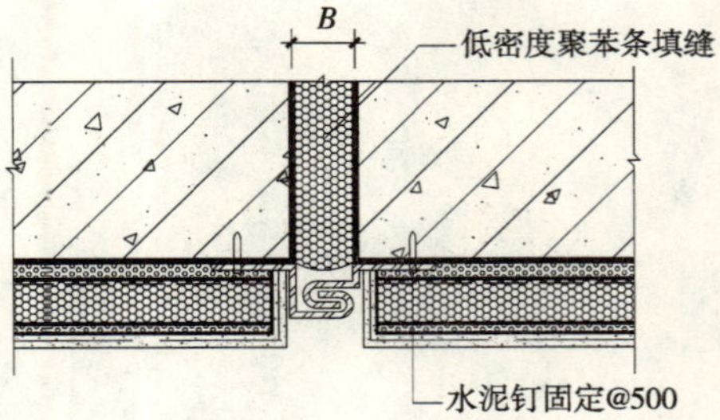

④ 沉降缝、防震缝（一）

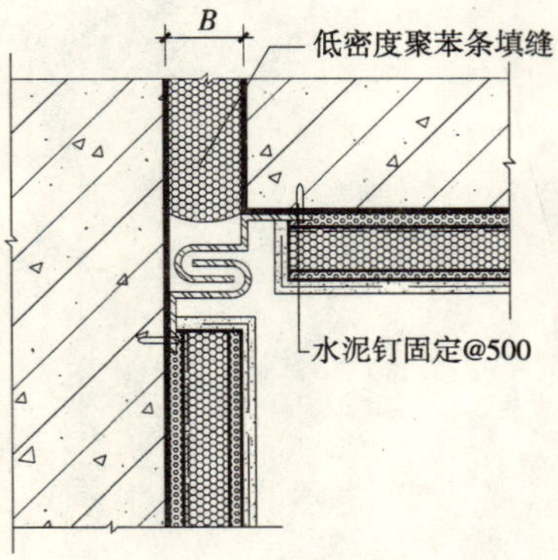

⑤ 沉降缝、防震缝（二）

注：

1. 本图为聚苯板三明治做法外墙伸缩缝、沉降缝、防震缝构造。
2. 变形缝金属盖缝板形式、尺寸及固定参照单体设计。
3. 伸缩缝、沉降缝、防震缝用低密度聚苯板塞紧，填塞深度不小于300mm，低密度聚苯板的密度不大于10kg/m^3。

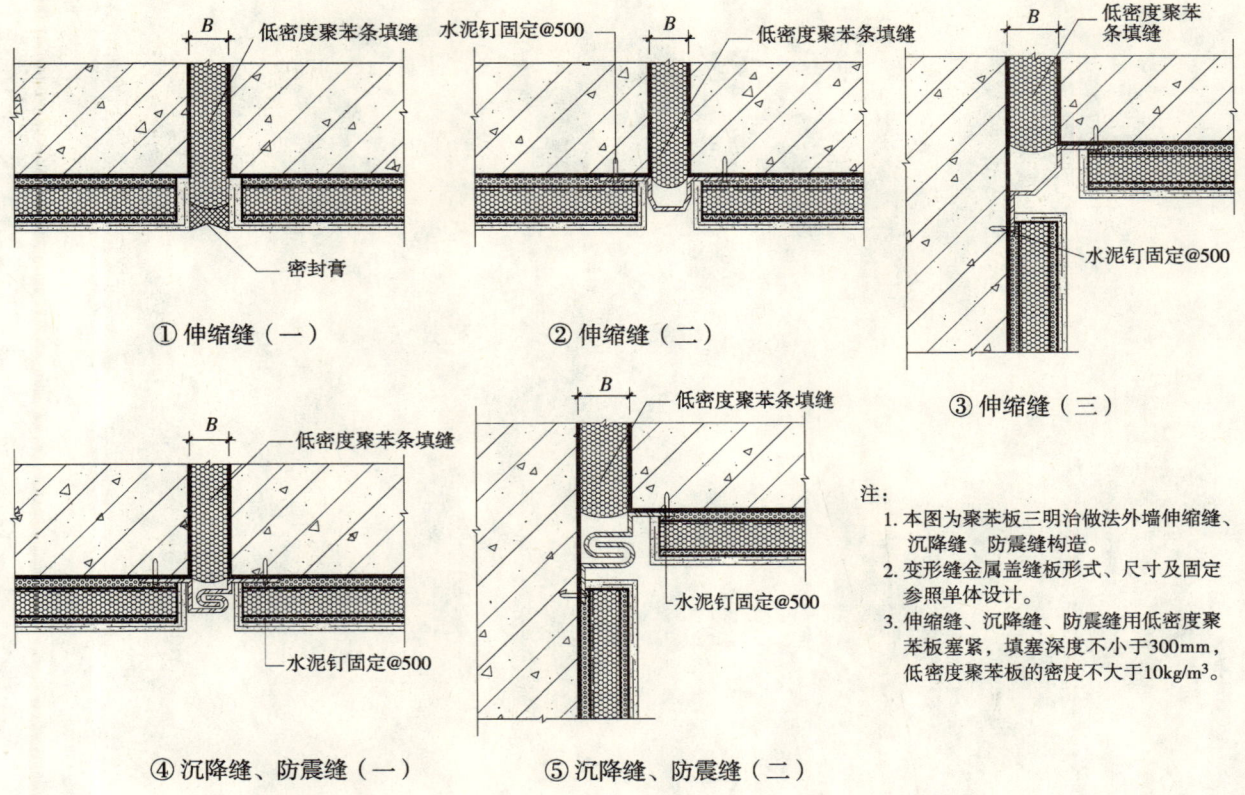

8

F 体系（聚氨酯体系）构造节点详图

平立面详图

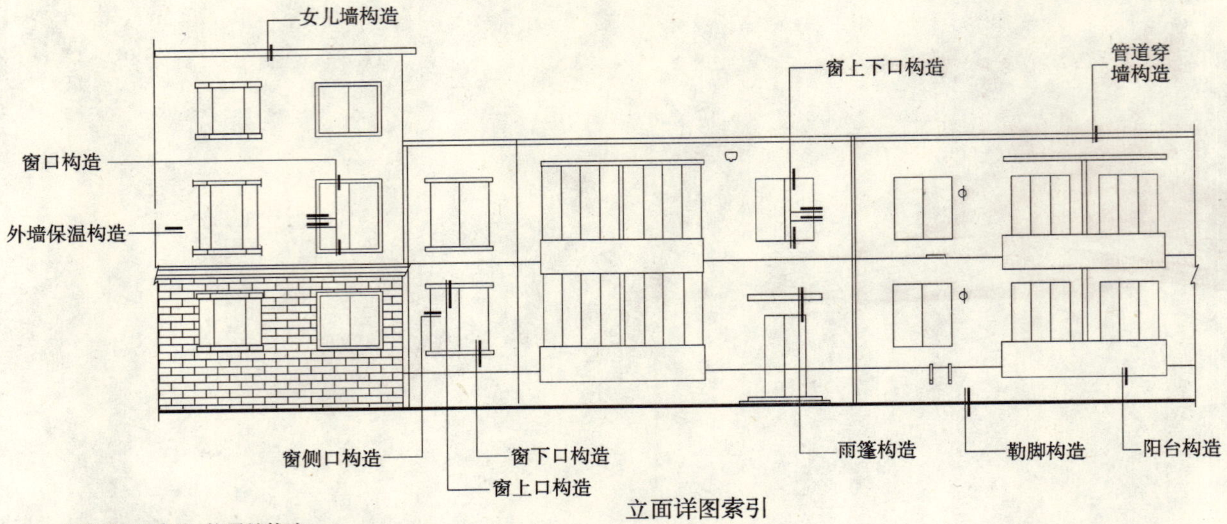

立面详图索引

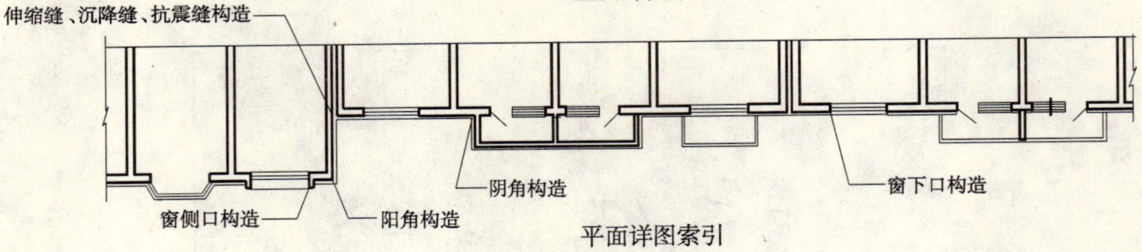

平面详图索引

外墙构造

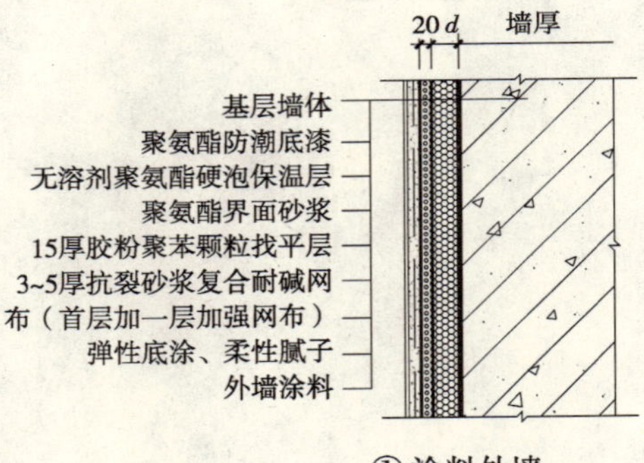

① 涂料外墙

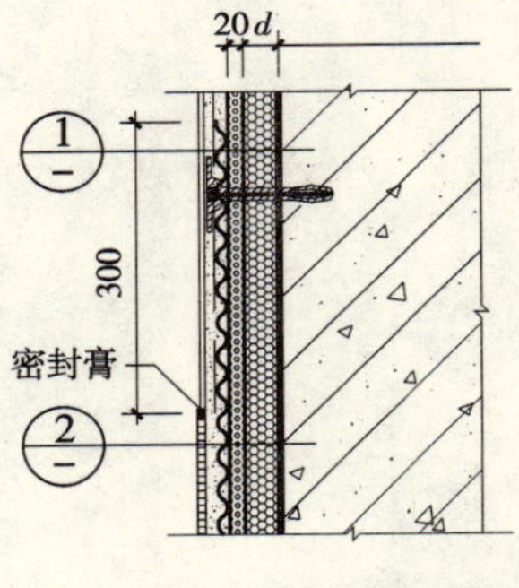

③ 涂料与面砖搭接构造

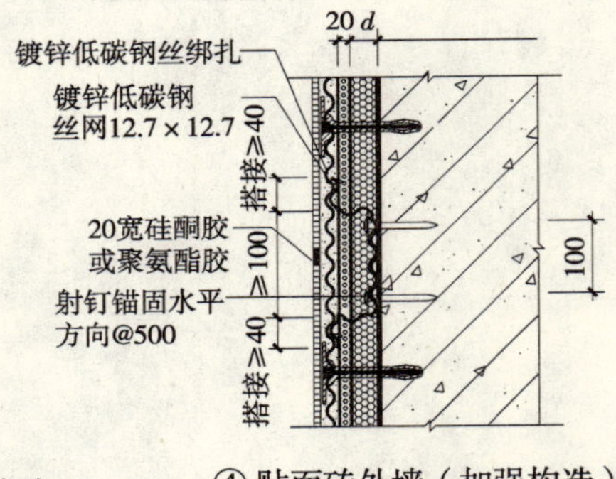

④ 贴面砖外墙（加强构造）

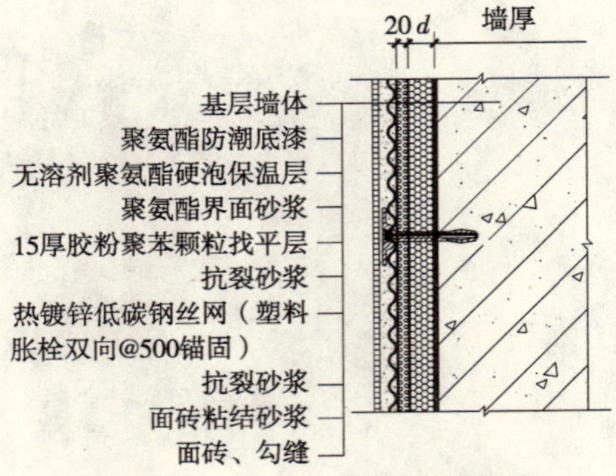

② 贴面砖外墙

注：1. 基层墙体应符合施工要点要求，当基层墙体平整度达不到施工要求时，应先用1∶3水泥砂浆进行找平处理，然后再进行无溶剂聚氨酯硬泡保温层的喷涂施工。

2. ① 节点为涂料外墙标准层构造，建筑首层应加一层加强网布；② 节点为贴面砖外墙构造；③ 节点为涂料与面砖搭接构造，耐碱网布压热镀锌钢丝网不小于300mm，面砖不应贴在耐碱网布上；④ 节点为贴面砖外墙镀锌低碳钢丝网加强构造，每六层楼高一道加强带，并留一条20mm宽的面砖缝，用硅酮胶或聚氨酯胶填缝。

3. 射钉和塑料胀栓的锚固深度均不得小于30mm。

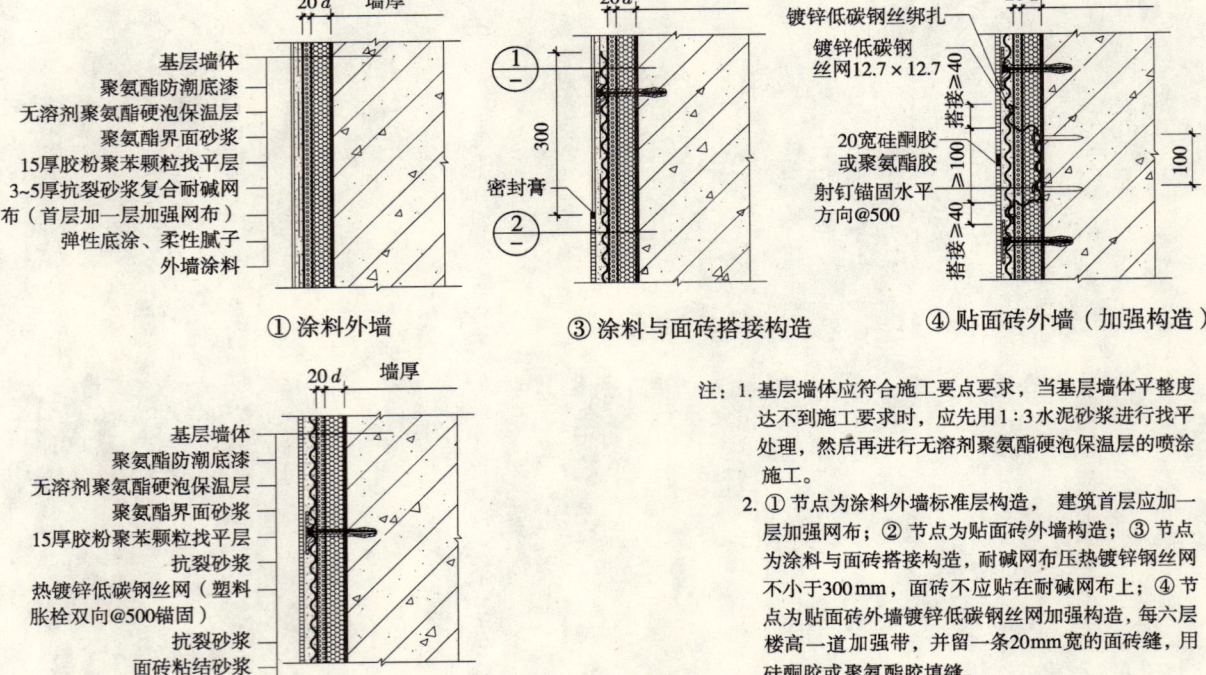

阳角、阴角构造

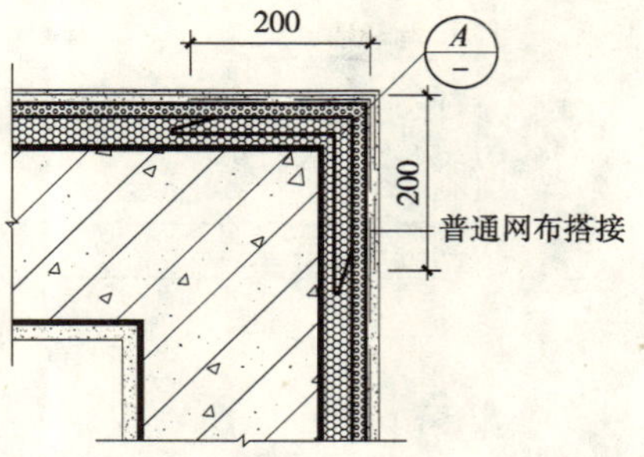

① 阳角

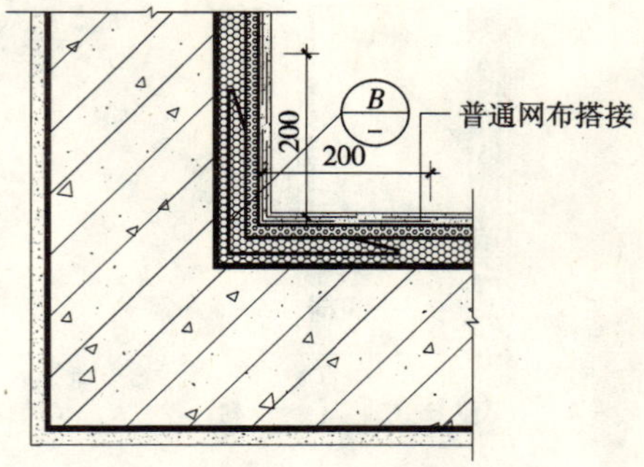

② 阴角

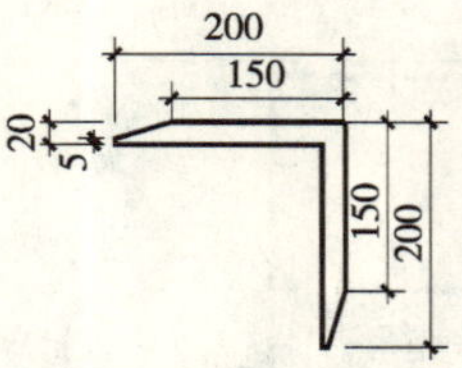

Ⓐ 聚氨酯阳角预制块

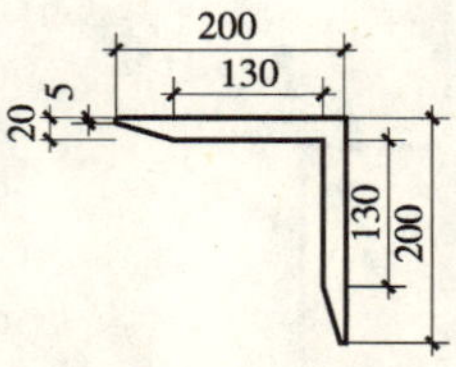

Ⓑ 聚氨酯阴角预制块

注：1. 本图为无溶剂聚氨酯硬泡保温层的涂料外墙阴角、阳角构造；阴角、阳角首层做法见相关节点；外墙贴面砖构造做法见单体设计节点。

2. 阴角、阳角、门窗洞口及边角处采用粘贴聚氨酯预制块的做法以防止喷涂污染及形成圆角，预制块标准厚度为20，直角边宽度200，长度900。

勒脚构造

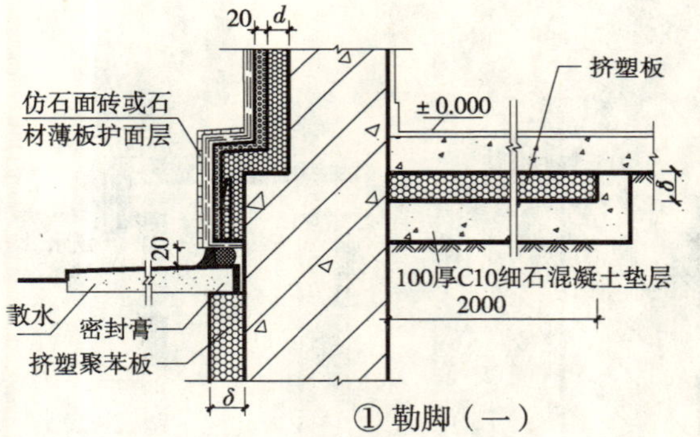

① 勒脚（一）

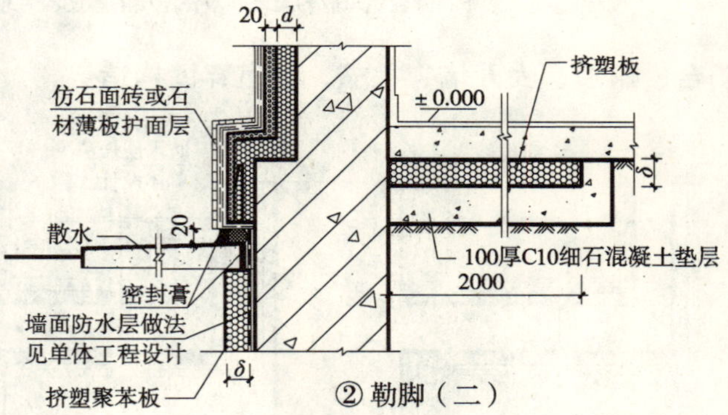

② 勒脚（二）

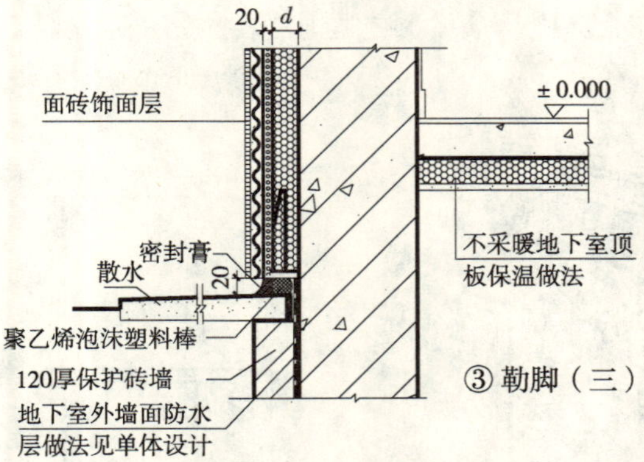

③ 勒脚（三）

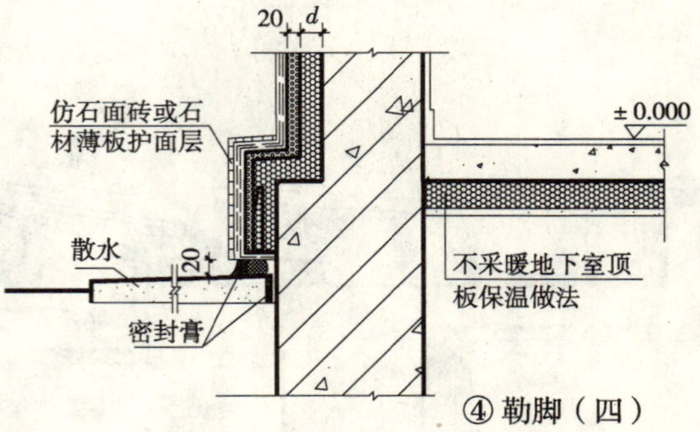

④ 勒脚（四）

注：①、②用于采暖期室外平均温度低于-5℃地区。在外墙周边从外墙内侧算起2.0m范围内用挤塑板保温；在室外地坪以下的垂直墙面用挤塑板保温，深度至冰冻线。挤塑板用回填土夯实压紧。挤塑板的厚度 δ=50~70mm（按$\delta=d-10<70$mm设置）；墙体有无防水层见单体设计。

窗口构造

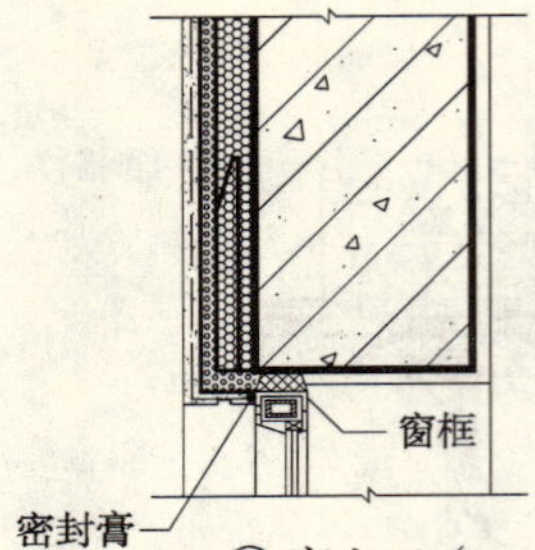

① 窗上口（一）

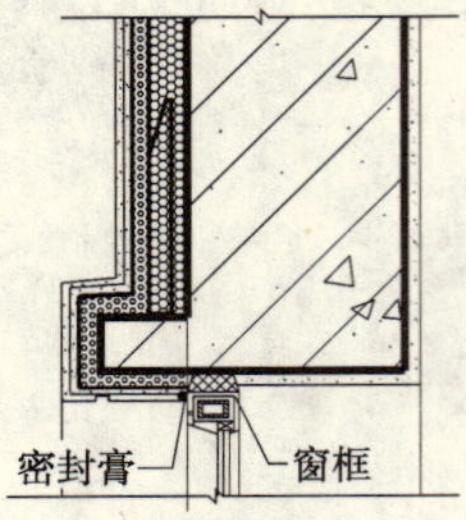

③ 窗上口（二）

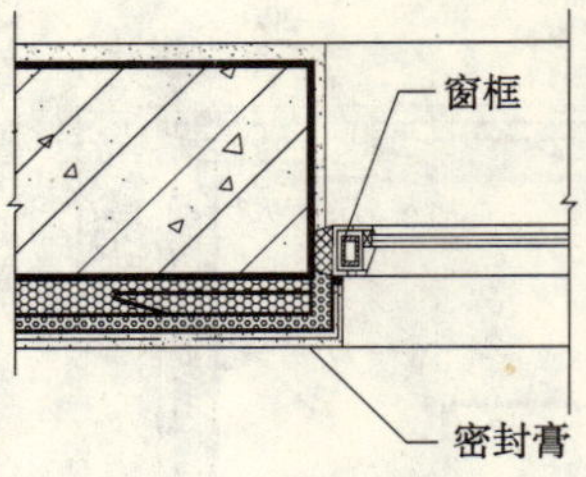

⑤ 窗侧口（一）

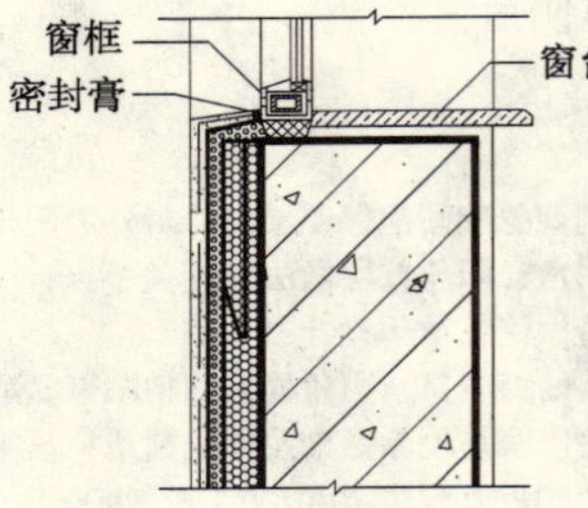

② 窗下口（一）

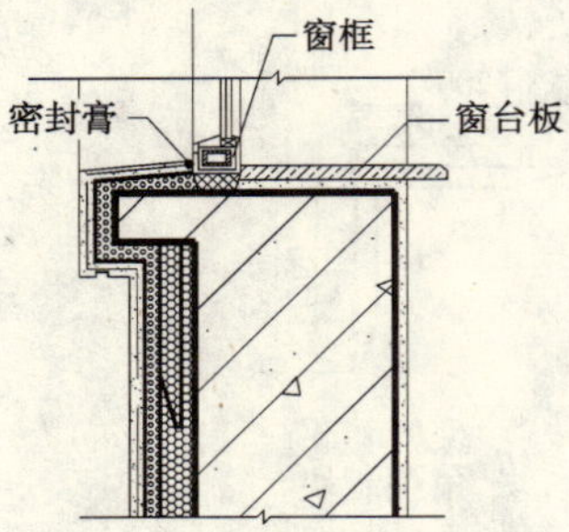

④ 窗下口（二）

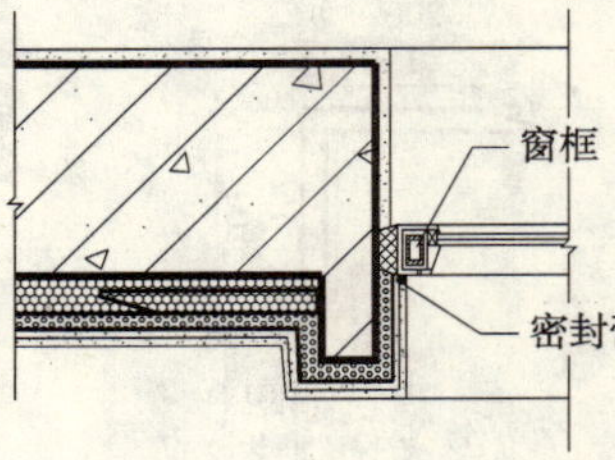

⑥ 窗侧口（二）

注：1. 本图为无溶剂聚氨酯硬泡保温层涂料外墙窗上口、窗下口、窗侧口构造，贴面砖构造做法参照单体设计节点。
2. 窗口边角部位采用粘贴聚氨酯边角预制块做法，以防止喷涂污染及形成圆角。
3. 窗上口、窗下口及窗侧口胶粉聚苯颗粒保温层的厚度均为30mm。

阳台、雨篷、女儿墙、挑檐、管道穿墙构造

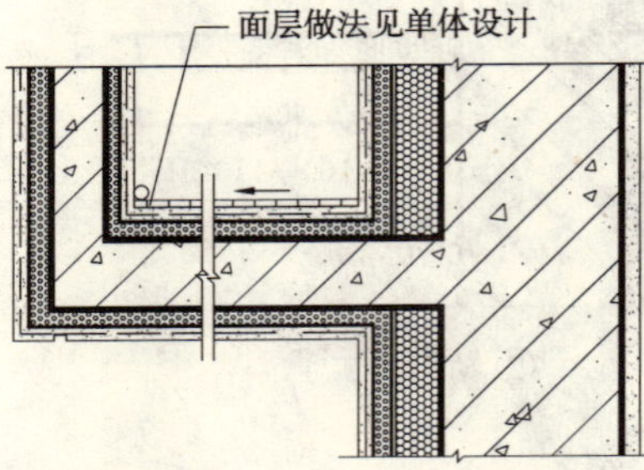

① 阳台（不封闭）

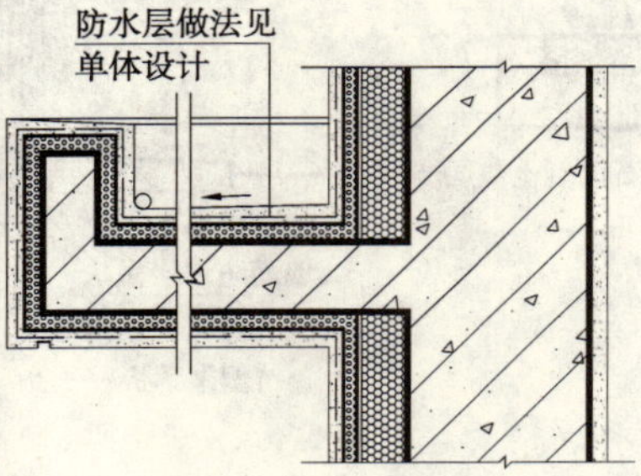

② 雨篷

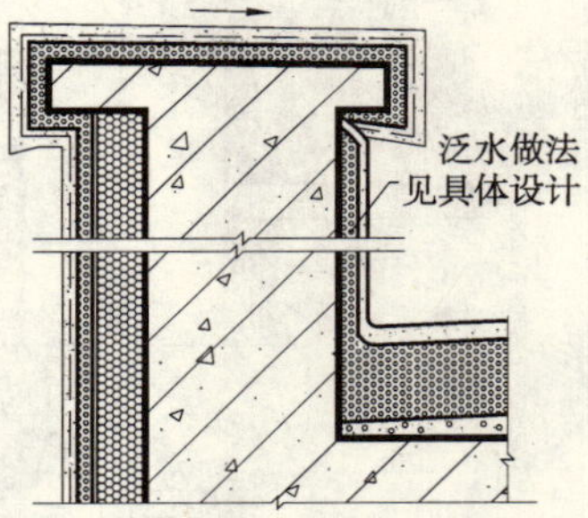

③ 女儿墙

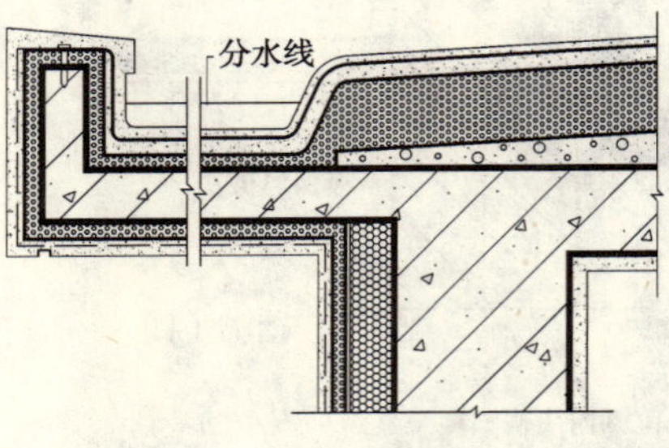

④ 挑檐（一）

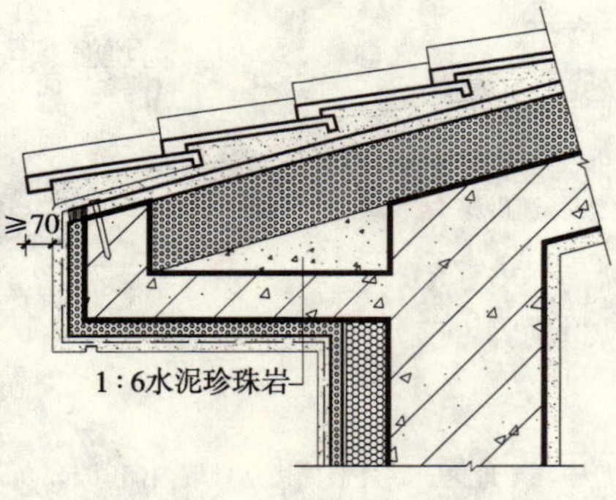

⑤ 挑檐（二）

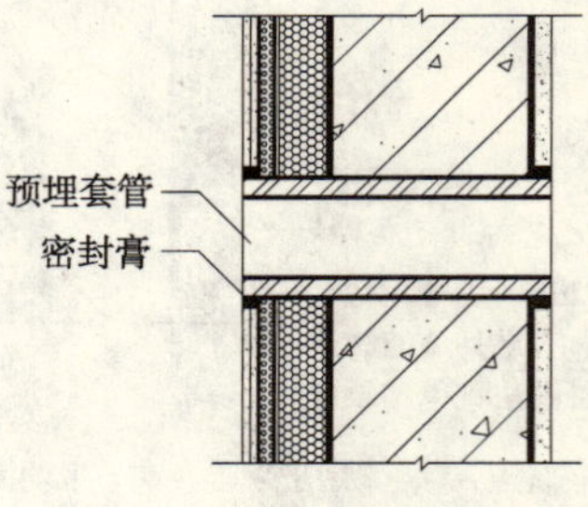

⑥ 管道穿墙

注：1. 本图为无溶剂聚氨酯硬泡保温层的涂料外墙阳台、雨篷、女儿墙、挑檐、管道穿墙构造，贴面砖构造做法参照单体设计节点。
2. 除墙体外的挑阳台、雨篷、挑檐及女儿墙压顶等处，胶粉聚苯颗粒保温层的厚度均为30mm。

伸缩缝、沉降缝、防震缝构造

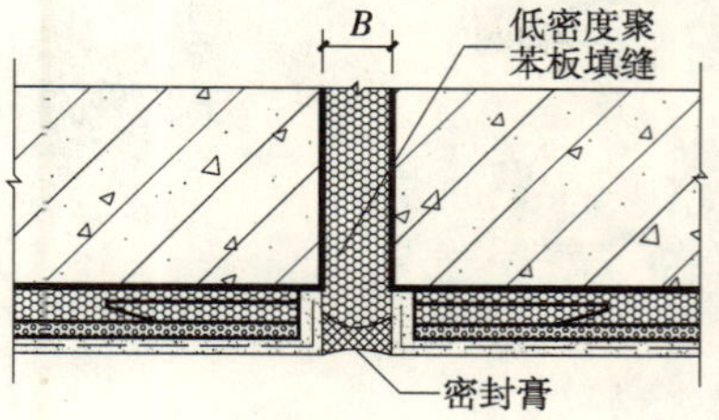

① 伸缩缝（一）

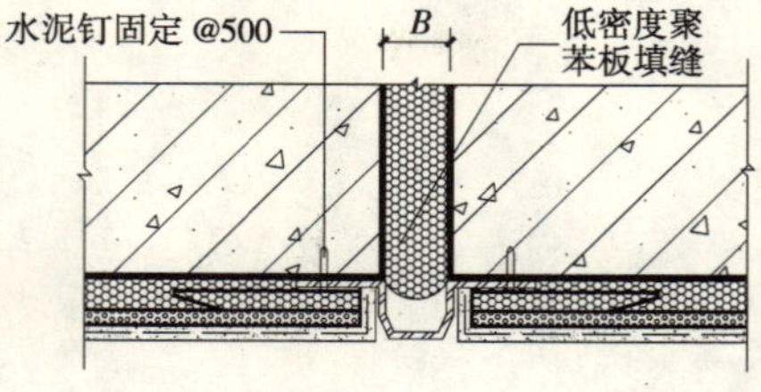

② 伸缩缝（二）

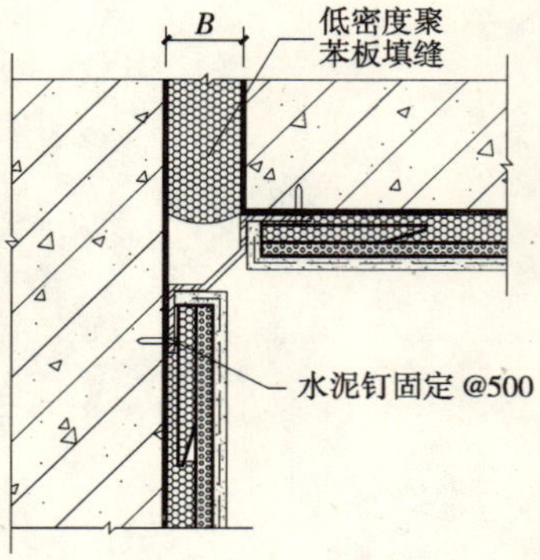

③ 伸缩缝（三）

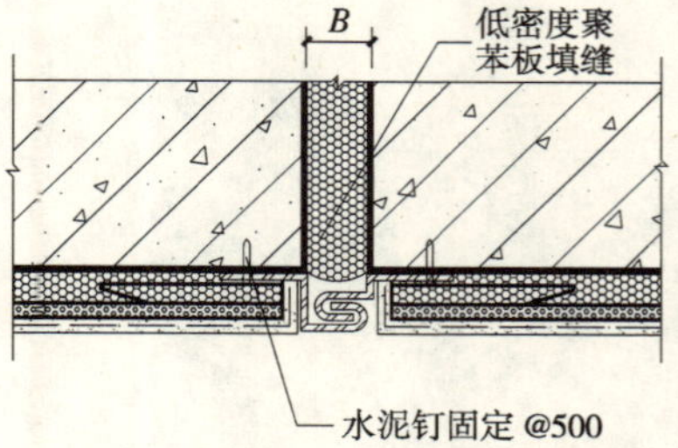

④ 沉降缝、防震缝（一）

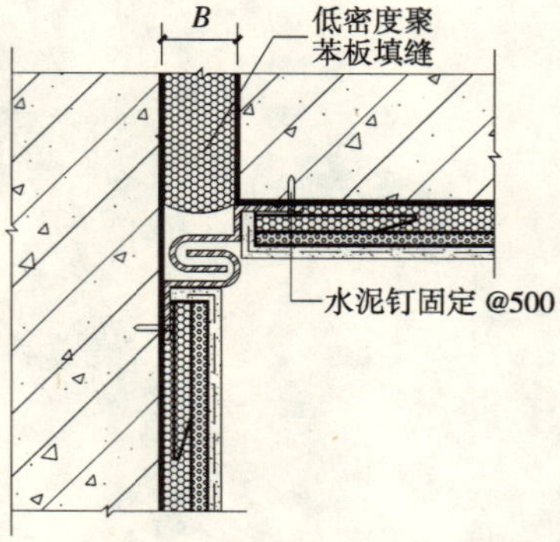

⑤ 沉降缝、防震缝（二）

注：1. 本图为无溶剂聚氨酯硬泡保温层的涂料外墙伸缩缝、沉降缝、防震缝构造。贴面砖构造做法见单体设计节点。
2. 伸缩缝、沉降缝、防震缝边角部位采用粘贴聚氨酯边角预制块做法，以防止喷涂污染及形成圆角。
3. 变形缝金属盖缝板形式、尺寸及固定参照单体设计。
4. 伸缩缝、沉降缝、防震缝用低密度聚苯板塞紧，填塞深度不小于300mm，低密度聚苯板表观密度不大于10kg/m^3。

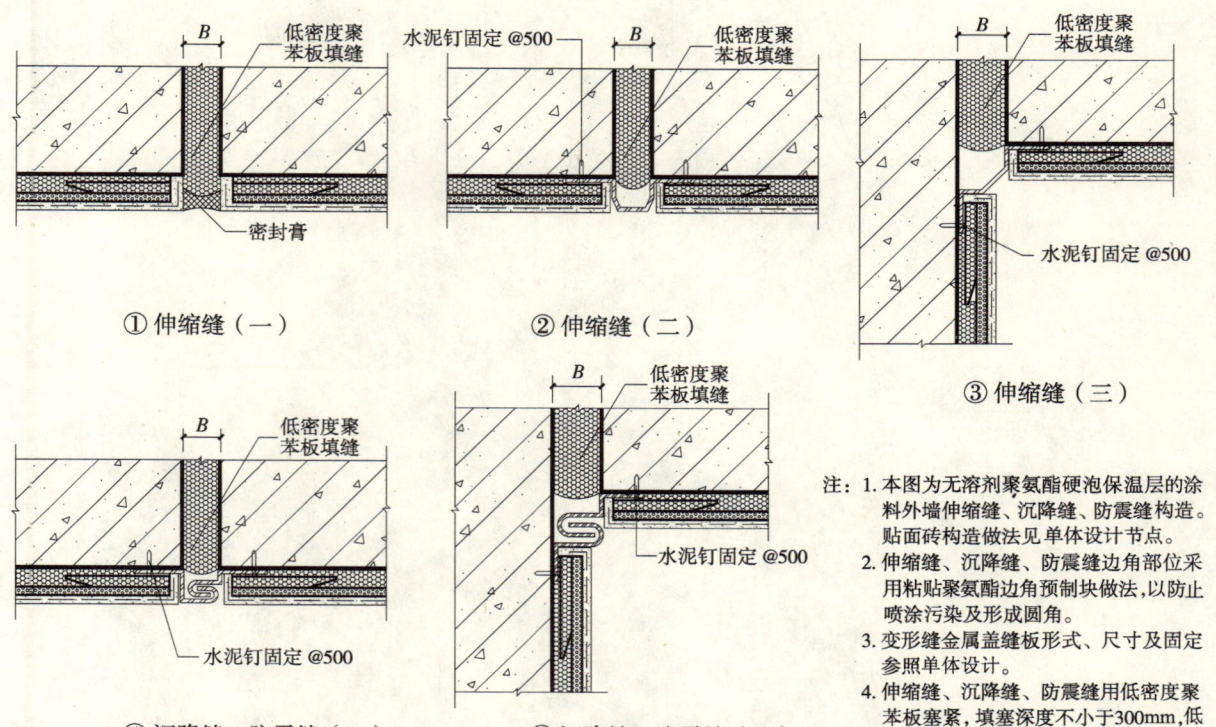

9

G、H体系（屋面保温体系）构造节点详图

平屋面保温

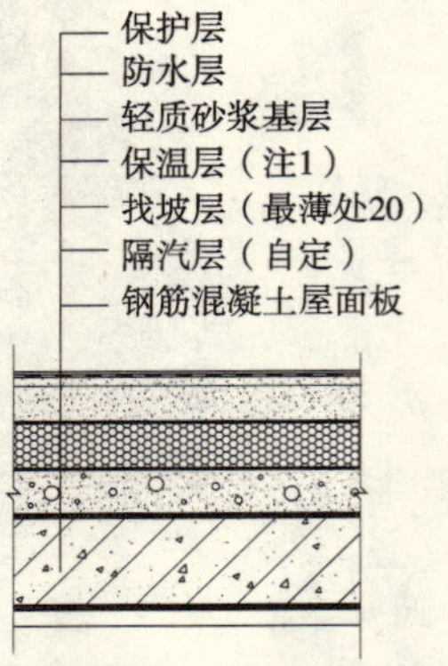

① 不上人屋面构造

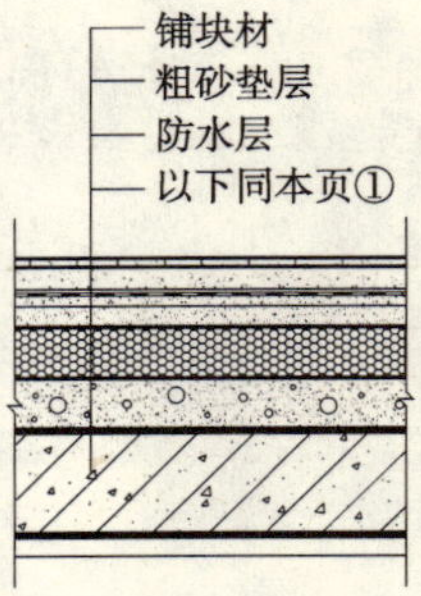

② 上人屋面构造

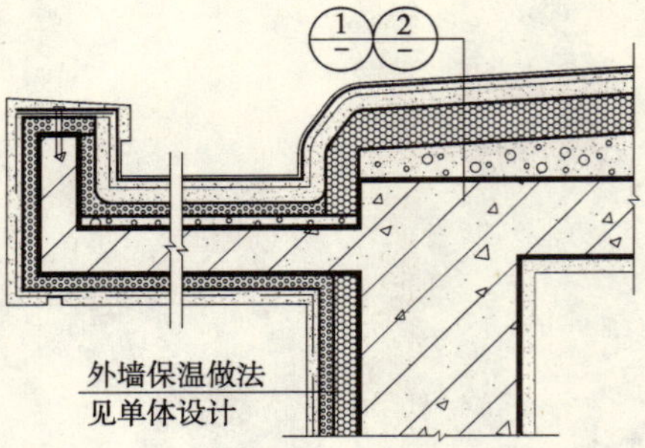

③ 檐沟构造

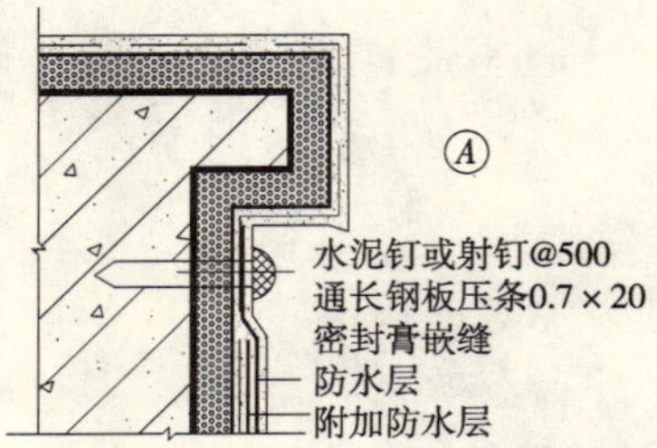

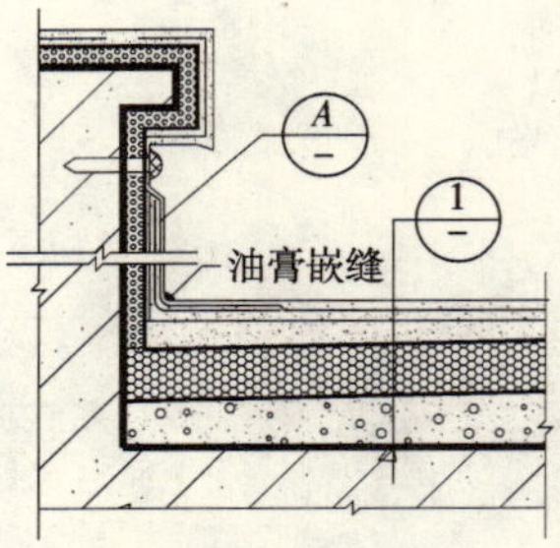

④ 女儿墙（不上人）

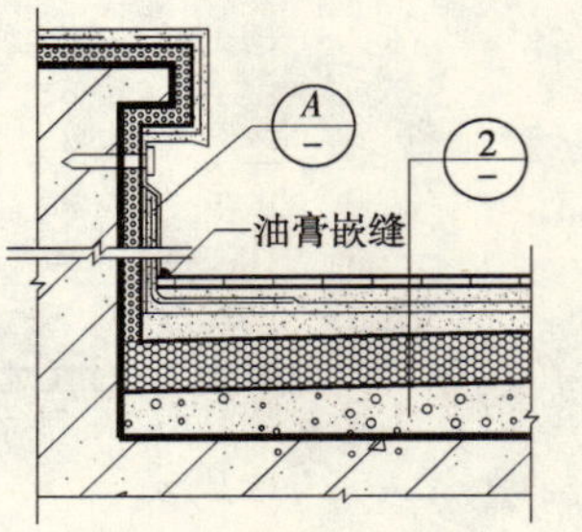

⑤ 女儿墙（上人）

注：1. 平屋面保温层可以是胶粉聚苯颗粒或无溶剂聚氨酯硬泡，具体做法见单体设计。保温层厚度可由设计人计算确定。

2. 挑檐、女儿墙及压顶胶粉聚苯颗粒保温层的厚度均为30。

3. 屋面工程设计和具体做法见单体设计。

平屋面保温

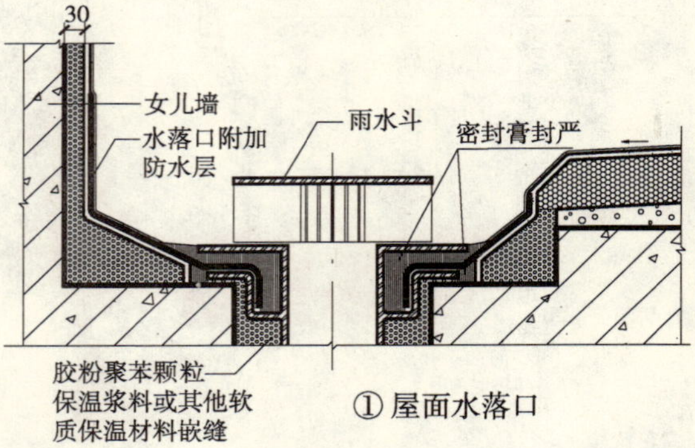

① 屋面水落口

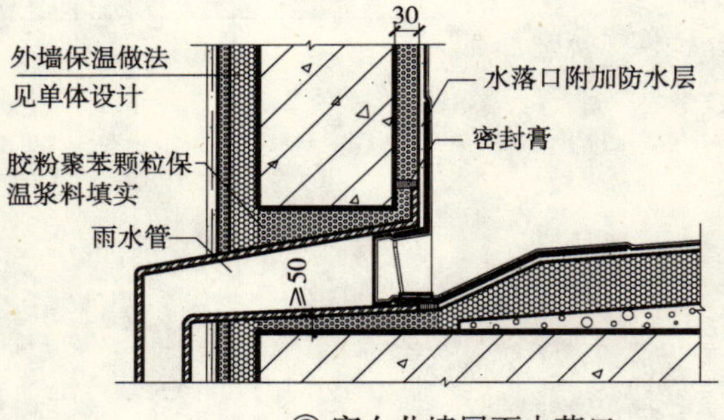

② 穿女儿墙屋面水落口

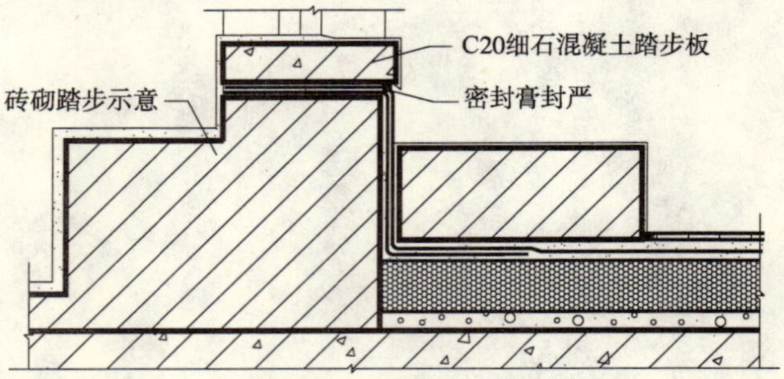

③ 屋面出入口

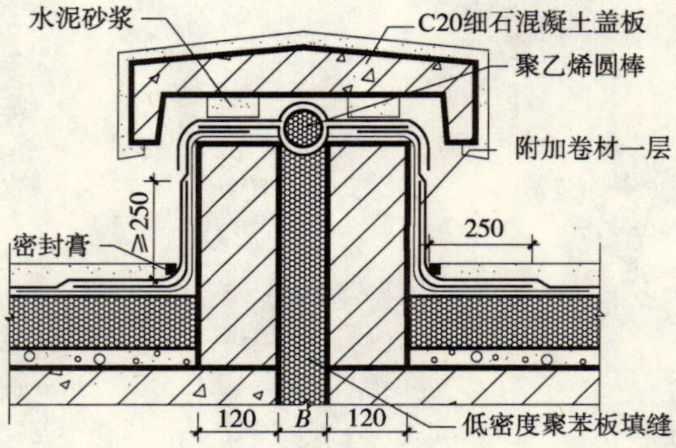

④ 屋面变形缝

注：1. 变形缝用低密度聚苯板塞紧，填塞深度不小于300mm，低密度聚苯板表观密度不大于10kg/m^3。

2. 屋面工程设计及具体做法见单体设计。

坡屋面保温

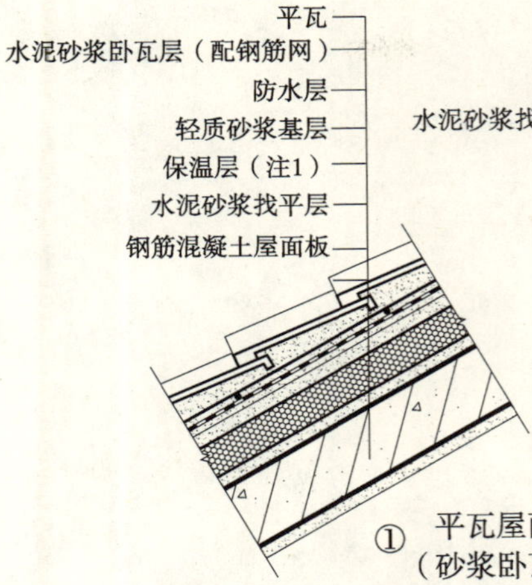

① 平瓦屋面（砂浆卧瓦）

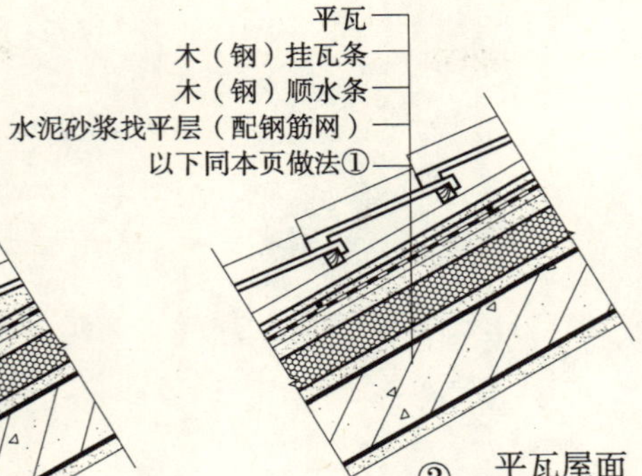

② 平瓦屋面（木(钢)挂瓦条）

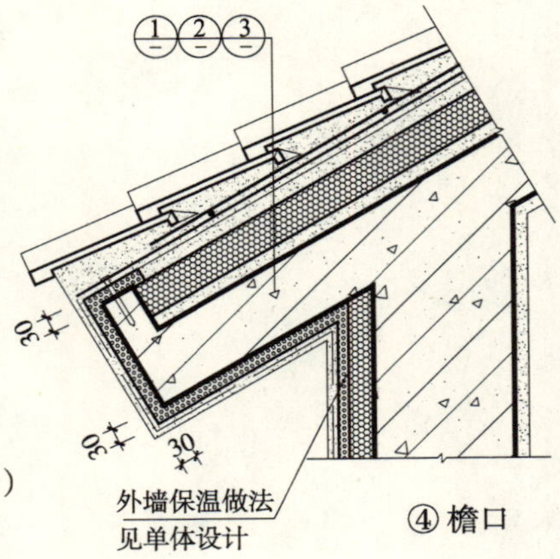

④ 檐口

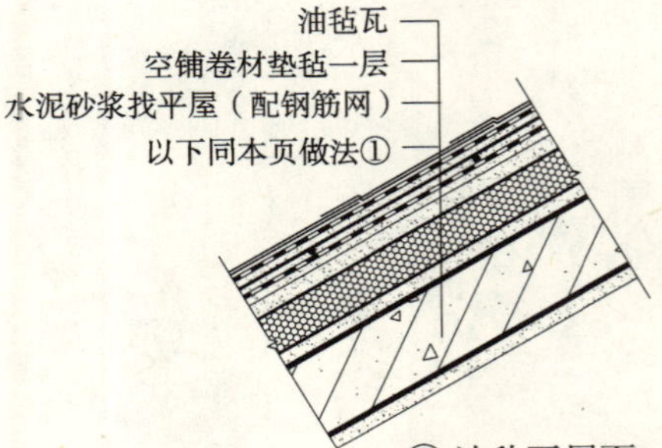

③ 油毡瓦屋面

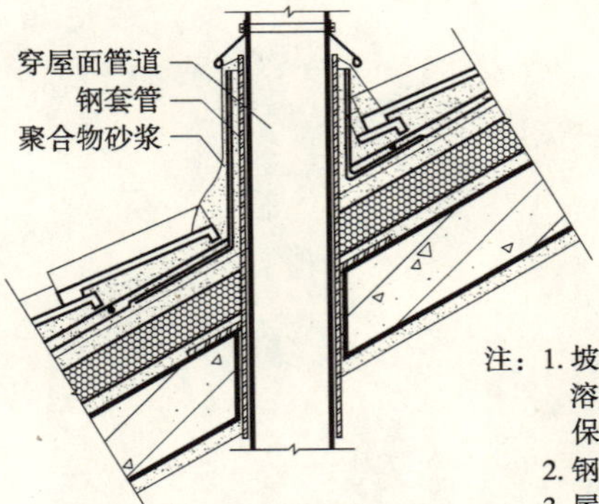

⑤ 管道出屋面

注：1. 坡屋面保温层可以是胶粉聚苯颗粒或无溶剂聚氨酯硬泡，具体做法见设计说明。保温层厚度由设计人计算确定。
2. 钢筋网规格为 ϕ6@500mm×500mm。
3. 屋面工程设计及瓦材固定见单体设计。

坡屋面保温

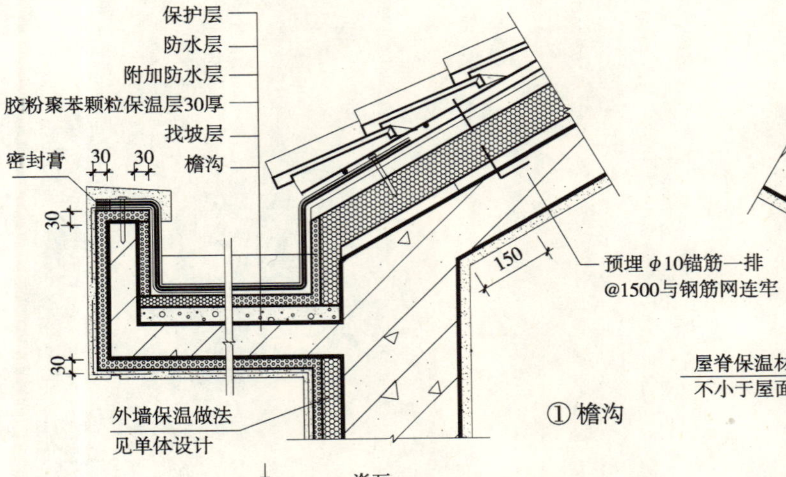

① 檐沟

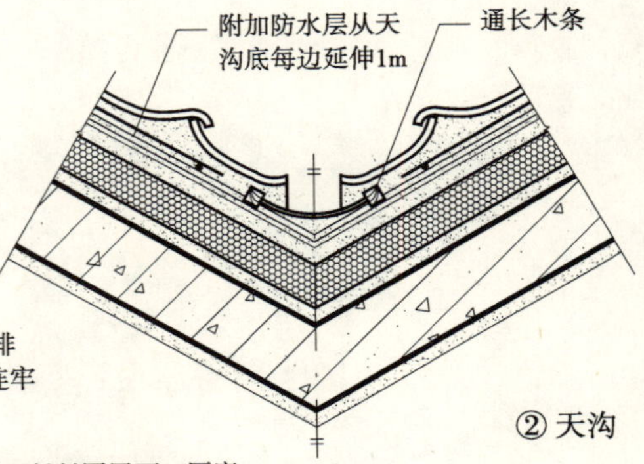

② 天沟

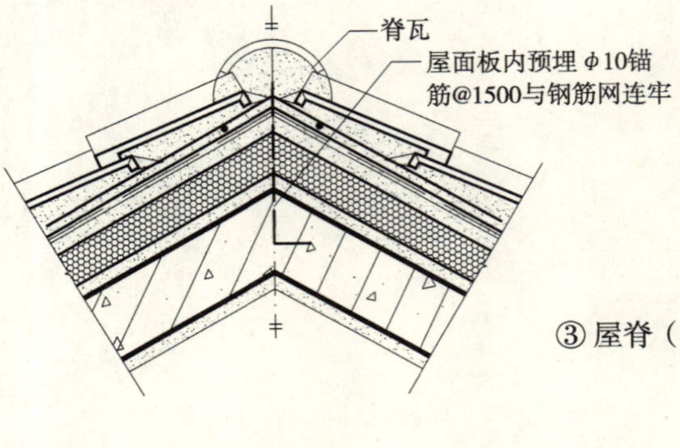

③ 屋脊（一）

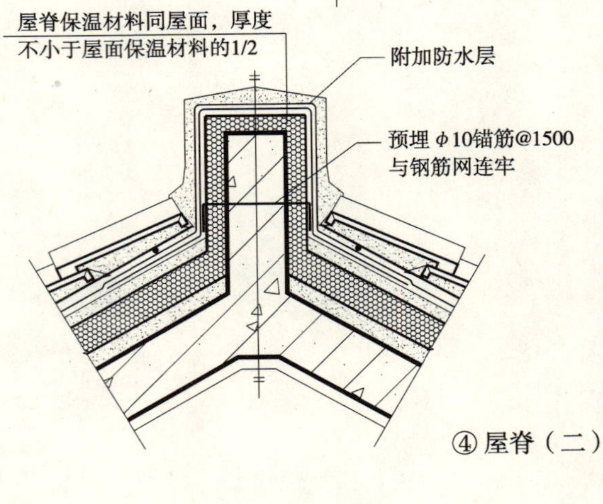

④ 屋脊（二）

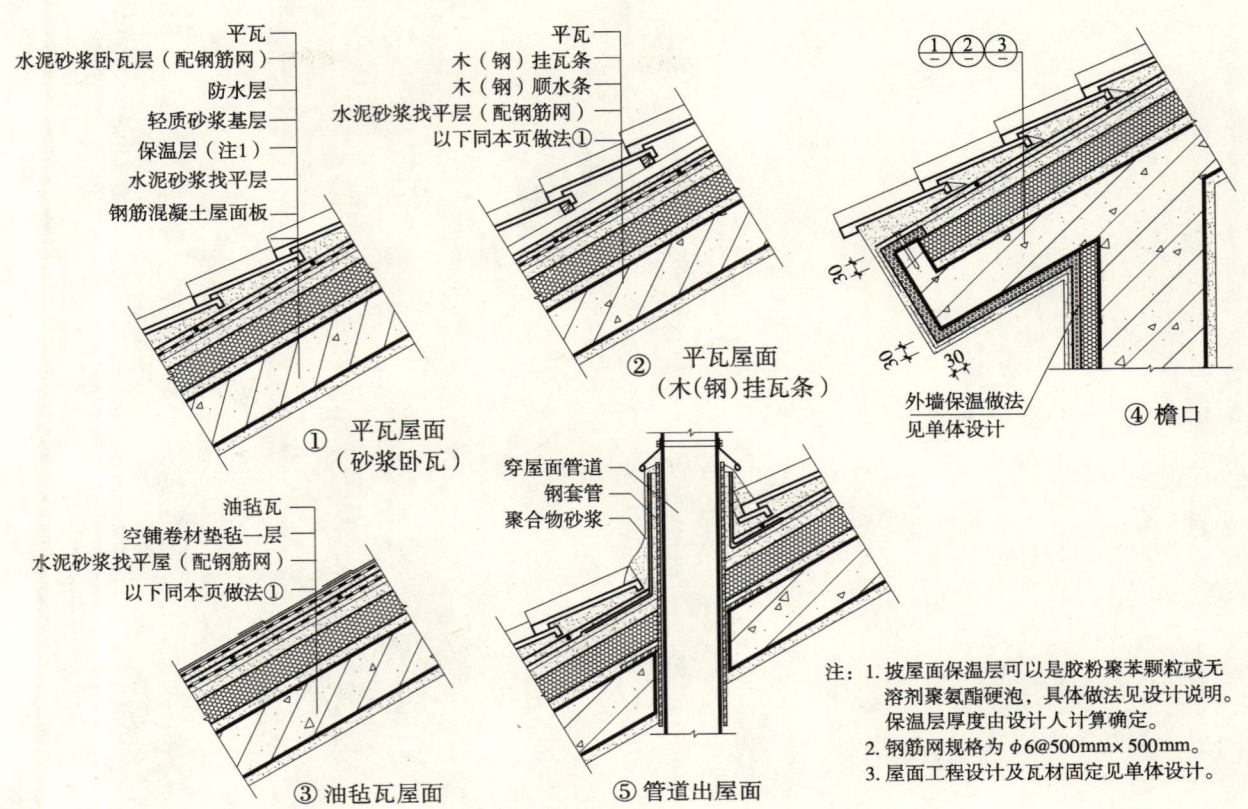

附　　录

附录一：ZL 保温系统的特点及适用范围

ZL 保温系统的特点及适用范围

A 体系 胶粉聚苯颗粒体系	该体系由于胶粉聚苯颗粒保温浆料导热系数较大 0.06［W/(m·K)］，并且保温层设计厚度不宜超过 100mm，在严寒地区使用会受到一定限制。然而由于其施工相对简便，保温层设计厚度可随意调整，加之综合造价较低，因此在新疆，特别是南疆、东疆地区将得到广泛应用。饰面层为涂料或粘贴面砖，适用于建筑高度 100m 以下的各类建筑
B 体系 带燕尾槽聚苯板体系	该体系适用于现浇混凝土剪力墙结构体系，采用带竖向燕尾槽聚苯板为保温隔热层，现场与混凝土墙一次浇筑成形（辅以塑料卡钉拉结），用胶粉聚苯颗粒找平，饰面层为涂料，适用于建筑高度 100m 以下的各类建筑
C 体系 单面钢丝网架聚苯板体系	该体系适用于现浇混凝土剪力墙结构体系，采用单面钢丝网架聚苯板为保温隔热层，现场与混凝土墙一次浇筑成形，用胶粉聚苯颗粒找平，饰面层为涂料或粘贴面砖，适用于建筑高度 100m 以下的各类建筑
D 体系 粘贴聚苯板体系	该体系采用聚苯板作为保温隔热层，并用胶粉聚苯颗粒找平，由于聚苯板导热系数较小 0.041［W/(m·K)］，广泛用于寒冷地区和严寒地区。饰面层为涂料。满粘法适用于建筑高度 60m 以下的建筑，点粘法适用于建筑高度 30m 以下的建筑。建筑高度在 20m 以上时，宜使用锚栓辅助固定
E 体系 聚苯板三明治体系	该体系属无空腔体系，采用聚苯板用胶粉粘结灰浆满贴聚苯板，并用聚苯板用胶粉粘结灰浆对聚苯板面层进行找平。广泛用于寒冷地区和严寒地区，饰面层为涂料或粘贴面砖，适用于建筑高度 100m 以下的各类建筑
F 体系 聚氨酯体系	采用现场喷涂聚氨酯泡沫塑料作为保温隔墙层，并用胶粉聚苯颗粒对聚氨酯面层进行找平处理。广泛用于寒冷地区和严寒地区。饰面层为涂料或粘贴面砖。聚氨酯导热系数小≤0.025［W/m·K］，适用于建筑高度 100m 以下的各类建筑
G、H 体系 屋面保温体系	是 ZL 保温系统的组成部分，主要用于采暖居住建筑有节能要求的屋面构造做法，其他建筑的屋面可参照使用

附录二：材料性能指标

1. ZL 界面处理砂浆

1.1 ZL 混凝土界面处理砂浆（简称混凝土界面砂浆）：是由 ZL 混凝土界面剂、中细砂和水泥混合配制而成，用于提高胶粉聚苯颗粒与基层墙体的粘结力，也可用于砌体墙或其他墙体。其性能指标见表 1。

ZL 混凝土界面处理砂浆性能指标 **表 1**

项目		单位	指标
压剪胶接强度	原强度	MPa	≥0.7
	耐水	MPa	≥0.5
	耐冻融	MPa	≥0.5

1.2 ZL 聚苯板界面处理砂浆（简称聚苯板界面砂浆）：是由 ZL 聚苯板界面剂、水泥和中细砂混合配制而成。施工时均匀涂刷在聚苯板表面上，形成粘结性能良好的界面层，以增强聚苯板与抹灰层之间的粘结力。其性能指标见表 2。

ZL 聚苯板界面处理砂浆性能指标 表 2

项目			单位	指标
拉伸粘结强度	与水泥砂浆试块	标准状态	MPa	≥0.7
		浸水后		≥0.5
	与聚苯板（18～22kg/m^3）	标准状态		≥0.1 且聚苯板破坏时涂刷界面完好
		浸水后		
	与胶粉聚苯颗粒试块	标准状态		≥0.1 且保温试块破坏时涂刷界面完好
		浸水后		

1.3　ZL 聚氨酯防潮底漆：以聚氨酯为主要成膜物质，采用各种助剂调配而成。施工时用滚筒、毛刷均匀涂刷在基层墙体表面，可有效防止水及水蒸气对聚氨酯发泡产生不良影响。其性能指标见表 3。

ZL 聚氨酯防潮底漆性能指标 表 3

项目		单位	指标
原漆外观		—	淡黄至棕黄色液体、无机械杂质
施工性		—	刷涂无困难
干燥时间	表干	h	≤4
	实干	h	≤24
涂层抗脱离性	干燥基层	级	≤1
	潮湿基层	级	≤1
耐碱性		—	48h 不起泡、不起皱、不脱落

1.4　ZL 聚氨酯界面砂浆：由与聚氨酯具有良好粘结性能的合成树脂乳液、多种助剂、填料配制的聚氨酯界面剂与水泥混制而成，用滚筒、毛刷均匀涂刷在聚氨酯保温层表面，以增强聚氨酯保温层与抹灰层之间的粘结能力。其性能指标见表 4。

ZL 聚氨酯界面砂浆性能指标 表 4

项目		单位	指标
施工性		—	刷涂无困难
与水泥砂浆试块拉伸粘结强度	常温常态	MPa	≥0.7
	浸水（7d）		≥0.5
	耐冻融（30 次）		≥0.5
与聚氨酯试块拉伸粘结强度	常温常态	MPa	≥0.15 且聚氨酯破坏时涂刷界面完好
	浸水（7d）		
	耐冻融（30 次）		

2. 保温层材料

2.1　保温层是由 ZL 胶粉料和聚苯颗粒轻骨料按一定配比加水搅拌成浆料，抹于墙体表面而成；或由聚苯板、聚氨酯等复合胶粉聚苯颗粒或胶粉粘结灰浆构成。

2.2　ZL 胶粉料性能指标见表 5。

ZL 胶粉料性能指标 表 5

项目	单位	指标
初凝时间	h	≥4
终凝时间	h	≤12
安定性（试饼法）	—	合格
拉伸粘结强度（常温 28d）	MPa	≥0.6
浸水拉伸粘结强度（浸水 7d）	MPa	≥0.4

2.3　聚苯颗粒轻骨料性能指标见表6。

聚苯颗粒轻骨料性能指标　　**表6**

项　　目	单　位	指　　标
堆积密度	kg/m^3	8.0～21.0
粒度（5mm筛孔筛余）	%	≤5

2.4　ZL胶粉聚苯颗粒保温浆料（简称胶粉聚苯颗粒）分为保温型和粘结型，其性能指标见表7。

ZL胶粉聚苯颗粒保温浆料性能指标　　**表7**

项　　目	单　位	指　　标	
		保温型	粘结型
湿表观密度	kg/m^3	350～420	≤550
干表观密度	kg/m^3	180～250	≤350
导热系数	[W/(m·K)]	≤0.060	≤0.070
蓄热系数	[W/(m^2·K)]	≥0.95	≥1.36
压缩强度	MPa	≥0.20	≥0.40
抗伸胶接强度	MPa	—	≥0.10
压剪胶接强度	MPa	≥0.05	≥0.50
线性收缩率	%	≤0.3	—
软化系数	—	≥0.5	—
难燃性能	—	B_1级	B_1级

2.5　聚苯板的性能指标应符合《膨胀聚苯板薄抹灰外墙外保温系统》(JGJ 149—2004）和《绝热用模塑聚苯乙烯泡沫塑料》(GB/T 10801.1—2002）标准的要求。

2.6　ZL聚苯板用胶粉粘结灰浆的性能指标见表8。

聚苯板用胶粉粘结灰浆性能指标　　**表8**

项　　目		单　位	指　　标
湿表面密度		kg/m^3	≤520
干表面密度		kg/m^3	≤300
导热系数		[W/(m·K)]	≥0.07
抗压强度（56d）		MPa	≥0.3
燃烧性能		%	难燃B1级
拉伸粘结强度（与带界面砂浆的水泥砂浆试块）	常温常态（56d）	MPa	≥0.12
拉伸粘结强度（与带界面砂浆的聚苯板）	常温常态（56d）	MPa	≥0.10或聚苯板破坏

2.7　ZL无溶剂硬质聚氨酯泡沫塑料性能指标见表9。

ZL无溶剂硬质聚氨酯泡沫塑料性能指标　　**表9**

项　　目		单　位	指　　标
干密度		kg/m^3	30～50
导热系数		[W/(m·K)]	≤0.027
蓄热系数		[W/(m^2·K)]	≥0.36
压缩强度		kPa	≥150
抗拉强度		kPa	≥150
燃烧性（垂直法）	平均燃烧时间	s	≤30
	平均燃烧高度	mm	≤250

3. 聚苯板胶粘剂

3.1　由聚合物乳液和水泥等配制而成，专用于粘贴聚苯板。

3.2　聚苯板胶粘剂性能指标见表10。

聚苯板胶粘剂性能指标　　**表10**

项目		单位	指标
拉伸粘结强度（与水泥砂浆试块）	常温常态14d	MPa	≥0.70
	耐水（浸水48h）		≥0.50
	耐冻融（30次）		≥0.50
拉伸粘结强度（与18kg/m³膨胀聚苯板）	常温常态14d	MPa	≥0.10且聚苯板破坏
	耐水（浸水48h）		
	耐冻融（30次）		
可操作时间		h	≥2′
压折比（抗压强度/抗折强度）		—	≤3.0

4. 抗裂防护层材料

4.1　抗裂砂浆：由弹性聚合物乳液、多种助剂配制而成的抗裂剂与中细砂和水泥混制而成，用于提高保温体系抗裂能力。其性能指标见表11。

抗裂砂浆性能指标　　**表11**

项目	单位	指标
可操作时间	h	≥2
拉伸粘结强度（常温28d）	MPa	>0.8
浸水粘结强度（浸水7d）	MPa	>0.6
压折比（抗压强度/抗折强度）	—	≤3.0

4.2　热镀锌钢丝网（俗称四角钢丝网）应符合《镀锌电焊网》GB/T 3897—1999标准并应满足表12的性能指标。

热镀锌钢丝网的性能指标　　**表12**

项目	单位	指标
工艺	—	热镀锌
丝径	mm	0.9±0.04
网孔大小	mm	12.7×12.7
焊点抗拉力	N	>65
镀锌层重量	g/m²	122

4.3　耐碱玻纤网格布（简称耐碱网布）：由耐碱玻璃纤维制成，与抗裂砂浆配套使用，用于提高保温体系的抗裂能力和抗冲击能力。其主要技术性能指标、试验方法除应符合《耐碱玻璃纤维网格布》（JC/T 841—1999）的要求外，还应符合表13的要求。

耐碱玻纤网格布技术指标 **表 13**

项目		单位	指标
网孔中心距	普通型	mm	4×4
	加强型		6×6
单位面积质量	普通型	g/m^2	≥60
	加强型		≥500
断裂强力（经、纬向）	普通型	N/50mm	≥1250
	加强型		≥3000
耐碱强力保留率（经、纬向）		%	≥90
涂塑量		g/m^2	≥20
玻璃成分		%	符合 JC 719 的规定，其中 ZrO_2 ≥14.5±0.8 TiO_2 为 6±0.5

4.4 塑料膨胀锚栓：其中塑料膨胀套管应采用聚酰胺、聚乙烯和聚丙烯等制作，不得使用再生塑料。其技术性能指标见表 14。

塑料膨胀锚栓的技术性能指标 **表 14**

项目	单位	指标
有效锚固深度 h_{ef}	mm	≥25
塑料圆盘直径	mm	≥50
单个锚栓抗拉承载力标准值	kN	≥0.8

5. 高分子乳液弹性底层涂料（简称弹性底涂）

弹性底涂由高分子乳液加多种助剂配制而成，用在抗裂砂浆表面形成弹性防水保护层。弹性底涂性能指标见表 15。

高分子乳液弹性底层涂料性能指标 **表 15**

项目		单位	指标
容器中状态		—	搅拌后无结块，呈均匀状态
施工性		—	刷涂无困难
干燥时间	表干时间	h	≤4
	实干时间	h	≤8
拉伸强度		MPa	≥1.0
断裂伸长率		%	≥100
表面憎水率		%	≥98

6. 柔性耐水腻子（简称柔性腻子）

柔性腻子由弹性聚合物乳液、多种助剂、抗裂纤维、水泥、无机填料等配制而成。用于外墙饰面涂料底层的找平、修补，具有一定变形性能。柔性腻子性能指标见表 16。

柔性耐水腻子性能指标 表 16

项目		单位	指标
施工性		—	刮涂无困难
干燥时间（表干）		h	<5
耐水性（48h）		—	无异常
耐碱性（24h）		—	无异常
粘结强度	标准状态	MPa	>0.60
	浸水后	MPa	>0.40
低温贮存稳定性		—	-5℃冷冻4h无变化，刮涂无困难
打磨性		%	20~80
柔韧性		—	直径50mm，无裂纹

7. 水泥、砂

水泥选用强度等级为42.5普通硅酸盐水泥，砂选用中细砂（细度模数1.9~2.6），含泥量低于3%，无杂质。

8. 饰面层材料

8.1 外墙饰面层以涂料为主，底层涂料为弹性桔纹涂料或柔性浮雕涂料，面层涂料为合成树脂乳液外墙涂料。部分体系可贴面砖或干挂石材。

8.2 ZL弹性桔纹外墙底层涂料是以具有优良粘结性能及弹性的合成树脂乳液为主要粘结料，复配各种填料、助剂等，通过施工在建筑物表面形成具有桔纹状质感的建筑外墙涂料，该涂料性能指标见表17。

ZL弹性桔纹外墙底层涂料性能指标 表 17

项目	指标
容器中状态	经搅拌后成均匀状态、无结块
干燥时间（表干）	≤3h
低温稳定性	不变质
耐水性（96h）	无起泡、掉粉、失光和变色
耐碱性（48h）	无起泡、掉粉、失光和变色
涂层耐温变性	10次循环无异常
拉伸强度	≥1.0MPa
断裂伸长率	≥100%
粘结强度	≥0.5MPa

8.3 柔性浮雕涂料是由聚合物乳液、水泥、填料及各种助剂配制等而成，可以提供浮点型及平块型立体花纹效果，其性能指标应符合《复层建筑涂料》(GB/T 9779—1988）的要求。

8.4 外墙涂料是由合成树脂乳液和各种助剂、颜填料等配制而成，施涂后能形成表面平整的薄质涂层，其性能指标应符合《合成树脂乳液外墙涂料》(GB/T 9775—2001）的要求。

8.5 外保温饰面砖宜采用粘贴面带有燕尾槽的产品并不得带有脱模剂，其性能应符合下列现行标准的要求：《陶瓷砖和卫生陶瓷分类及术语》GB/T 9159；《干压陶瓷砖》GB/T 4100.1、GB/T 4100.2、GB/T 4100.3、GB/T 4100.4；《陶瓷劈离砖》JC/T 457；《玻璃马赛克》GB/T 7697。并应同时满足表18性能指标的要求。

饰面砖性能指标 **表 18**

项目			单位	指标
尺寸	6m 以下墙面	表面面积	cm^2	≤410
		厚度	cm^2	≤1.0
	6m 及以上墙面	表面面积	cm^2	≤190
		厚度	cm^2	≤0.75
单位面积质量			kg/m^2	≤20
吸水率	Ⅶ气候区		%	≤3
抗冻性	Ⅶ气候区		—	50 次冻融循环无破坏

注：气候区划分级按 GB 50180—93　中国建筑气候区划图　新疆属Ⅶ气候区

8.6　ZL 保温墙面砖专用粘结砂浆（简称面砖粘结砂浆）：是由聚合物乳液及外加剂制得的 ZL 保温墙面砖专用胶液与中细砂、水泥按重量比 0.8∶1∶1 配制而成，其性能指标见表 19。

ZL 保温墙面砖专用粘结砂浆技术指标 **表 19**

项目		单位	指标
拉伸粘结强度达到 0.17MPa 时间间隔	晾置时间	min	不小于 10
	调整时间	min	大于 5
拉伸粘结强度		MPa	≥0.60
压折比		—	≤3.0
压缩剪切强度	原强度	MPa	≥0.60
	耐温（7d）	MPa	≥0.50
	耐水（7d）		
	耐冻融（30 次）		
线性收缩率		%	≤0.3

8.7　ZL 面砖勾缝胶粉：是由具有优良粘结性及弹性的合成树脂、水泥、各种填料、助剂等配制而成，25%（重量比）左右的水搅拌均匀，其性能指标见表 20。

ZL 面砖勾缝胶粉性能指标 **表 20**

项目		单位	指标
外观		—	均匀一致
颜色		—	与标准样一致
凝结时间	初凝时间	h	≥2
	终凝时间	h	≤24
拉伸胶接强度	常温常态（14d）	MPa	≥0.60
	耐水（浸水 48h）	MPa	≥0.50
压折比（抗压强度/抗折强度）		—	≤3.0
透水性（24h）		ml	≤3.0

8.8　聚合物水泥防水涂料：是由聚合物乳液、水泥和各种助剂等配制而成，与耐碱网布配套使用于屋面防水施工，其性能指标应符合《聚合物水泥防水涂料》(JC/T 894—2001) 的要求。

8.9　防紫外线涂料：由丙烯酸树脂和太阳光反射率高的复合颜料配制而成，具有一定的降温功能，用于屋面保护层，其性能指标应符合《溶剂型外墙涂料》(GB/T 9757—2001) 中优等品的要求，还应符合表21的技术要求。

防紫外线涂料性能指标 **表21**

项目		单位	指标
干燥时间	表干	h	≤1
	实干	h	≤12
涂层耐温变性（20次）		—	无异常
透水性		ml	≤0.1
太阳光反射率		%	≥90

9. 轻质砂浆：由各种粉料和轻骨料混制而成，用于屋顶保温的找平处理。其性能指标见表22。

轻质砂浆性能指标 **表22**

项目	单位	指标
干密度	kg/m^3	≤1000
导热系数	W/(m·K)	≤0.29
压缩强度	MPa	≥0.8
压折比（抗压强度/抗折强度）	—	≤3.0
线性收缩率	%	≤0.3
软化系数	—	≥0.7
燃烧性能	—	A级

附录三：施工要点

施 工 要 点

1. 施工条件

1.1 基层墙体应符合《混凝土结构工程施工质量验收规范》(GB 50204—2002) 和《砌体工程施工质量验收规范》(GB 50203—2002) 的要求；屋面保温工程基层应符合《屋面工程质量验收规范》(GB 50207—2002) 的要求。

1.2 门窗框及墙身上各种进户管线、水落管支架、预埋管件等按设计安装完毕。

1.3 外保温工程施工期间以及完工后24h内，基层及环境空气温度不应低于5℃。夏季应避免阳光曝晒。在5级以上大风天气和雨天不得施工。

2. 施工工具

2.1 高压无气聚氨酯双组分现场发泡喷涂机、专用喷枪、浇注枪、料管、强制式砂浆搅拌机、手提式搅拌器、保温板的切割工具、垂直运输机械、手推车、电钻等。

2.2 常用抹灰工具及抹灰的专用检测工具、经纬仪、放线工具、水桶、剪子、滚刷、铁锨、手锤、錾子、壁纸刀、托线板、靠尺、塞尺、钢尺等。

3. 材料配制

3.1 基层界面砂浆和聚苯板界面砂浆的配制：

界面剂: 中细砂: 水泥 =1:1:1（重量比），先加入1份界面剂再加入1份中细砂和1份水泥，搅拌均匀成浆状。

3.2 聚氨酯防潮底漆的配制：

聚氨酯防潮底漆与稀释剂按1:0.6（重量比）搅拌均匀。

3.3 聚氨酯界面砂浆的配制：

聚氨酯界面剂与水泥按1:0.5（重量比）用砂浆搅拌机或手提式搅拌器搅拌均匀，拌和好的界面砂浆应在2h内用完。

3.4 胶粉聚苯颗粒的配制：

先将35~40kg水倒入砂浆搅拌机内（加入的水量以满足施工和易性为准），倒入一袋（25kg）胶粉料，搅拌5min，再倒入一袋（200L）聚苯颗粒继续搅拌3min，直至搅拌均匀。该胶粉聚苯颗粒应随搅随用，且在4h内用完。

3.5 抗裂砂浆的配制：

抗裂剂: 中细砂: 水泥 =1:3:1（重量比），用砂浆搅拌机或手提式搅拌器搅拌，先加入抗裂剂、中细砂搅拌均匀后，再加入水泥继续搅拌3min，抗裂砂浆搅拌时不得加水，所用中细砂为干砂，并应在配制后2h内用完。

3.6 面砖粘结砂浆的配制：

保温墙面砖专用胶液: 中细砂: 水泥 =0.8:1:1（重量比），用砂浆搅拌机或手提式搅拌器搅拌，先加入保温墙面砖专用胶液、中细砂搅拌均匀后，再加入水泥继续搅拌3min，面砖粘结砂浆中不得加水，在配制后2h内用完。

3.7 无溶剂聚氨酯硬泡的配制：

聚氨酯白料与聚氨酯黑料按1:1（体积比）采用高压无气喷涂机在 >10MPa 压力条件下混合喷出。

3.8 轻质砂浆的配制：

轻质砂浆粉与水按10∶7.5（重量比）配制，用砂浆搅拌机或手提式搅拌器搅拌均匀，应在2h内用完。

4. 施工程序

4.1 A体系（胶粉聚苯颗粒外保温体系）墙体

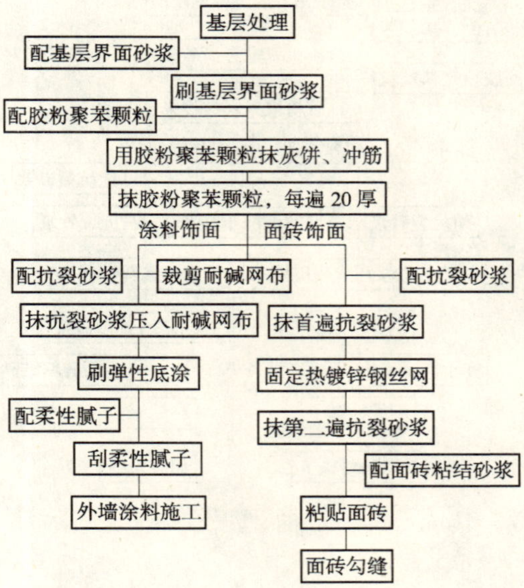

4.2 B体系（带燕尾槽聚苯板体系）墙体

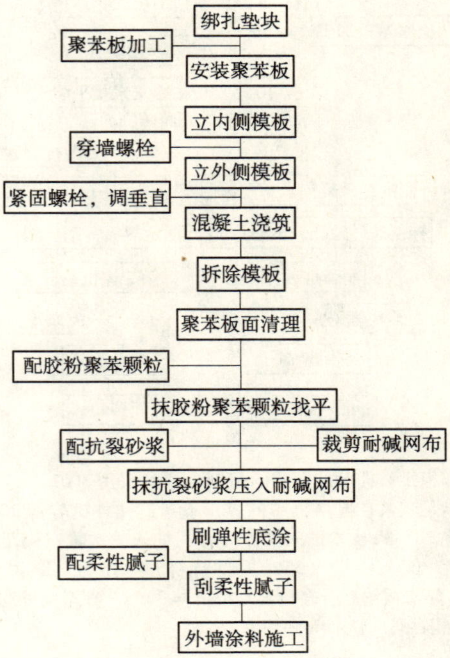

4.3 C体系（单面钢丝网架聚苯板体系）墙体

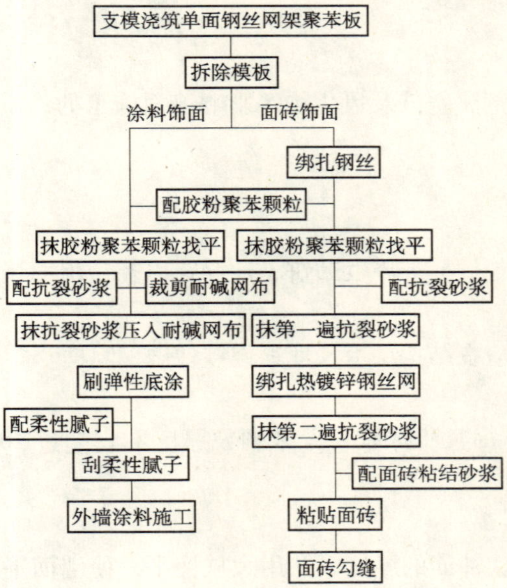

4.4 D体系（粘贴聚苯板体系）墙体

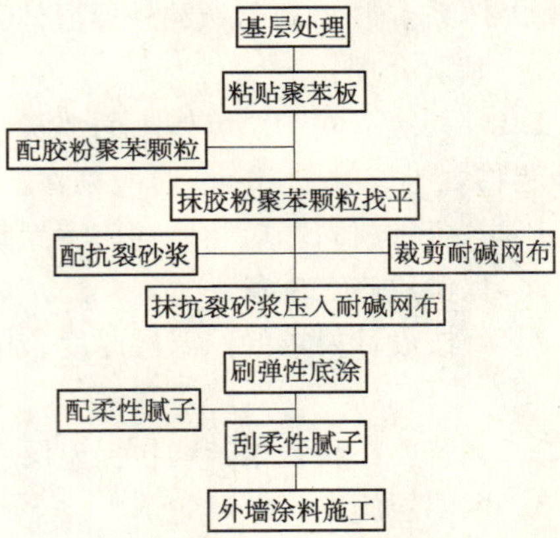

4.5　E 体系（聚苯板三明治体系）墙体

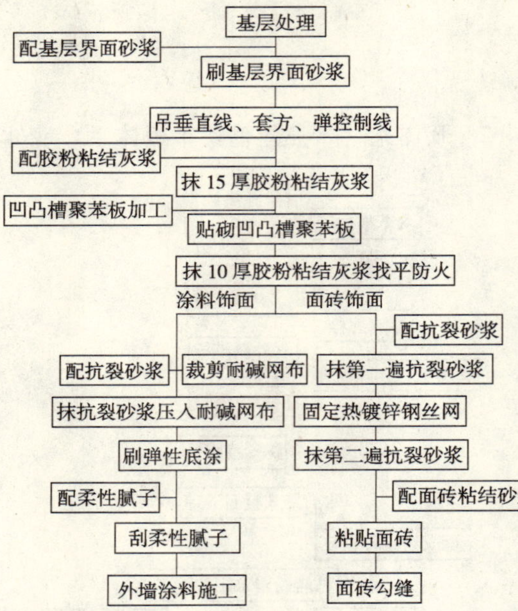

注：聚苯板用胶粉粘结灰浆的配制方法：采用 300L 以上的砂浆搅拌机或满足灰浆在搅拌机中的容积不超过搅拌机容积 70% 的搅拌机。先将 36 ~ 38kg 水倒入搅拌机内（加入的水量以满足施工和易性为准），倒入一袋（35kg）胶粉料，搅拌 5min，再倒入一袋（200L）聚苯颗粒复合轻骨料继续搅拌 3min，直至搅拌均匀，该灰浆应随搅随用，且在 4h 内用完。

4.6　F 体系（聚氨酯体系）墙体

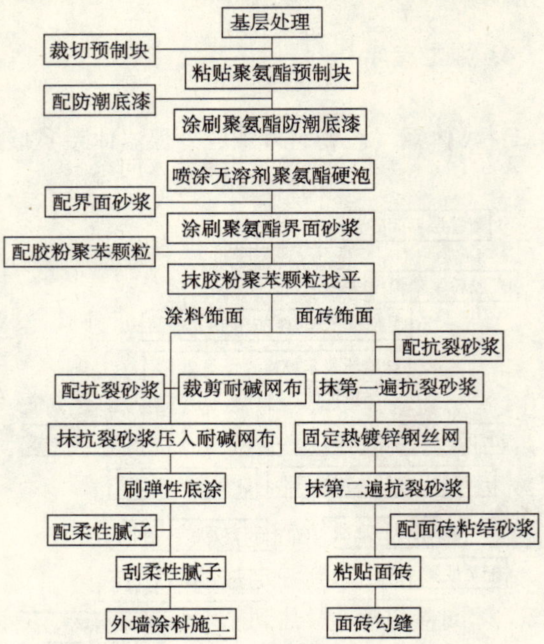

5. 施工操作要点

5.1　A 体系（胶粉聚苯颗粒外保温体系）

5.1.1　基层处理：

5.1.1.1　彻底清除基层墙体表面浮灰、油污、脱模剂、空鼓及风化物等影响墙面施工的物质。墙体表面凸起物大于或等于 10mm 时应剔除。

5.1.1.2　各种材料基层墙体均应满涂基层界面砂浆。

5.1.2　保温层施工准备：

5.1.2.1　按设计要求的保温层厚度，用胶粉聚苯颗粒做标准厚度贴饼、冲筋，以控制保温层的厚度。

5.1.2.2　若要在胶粉聚苯颗粒保温层上干挂石材，应在结构层上预埋钢连接件做钢隐框。

5.1.3　保温层施工：

5.1.3.1　胶粉聚苯颗粒保温层施工至少应分两遍，每遍所抹胶粉聚苯颗粒厚度不宜超过 20mm，间隔 24h。施工温度偏低时，间隔时间可延长。

5.1.3.2　胶粉聚苯颗粒保温层施工应自上而下。

5.1.3.3　最后一遍胶粉聚苯颗粒施工时应达到贴饼、冲筋的厚度，并用大杠搓平，使墙面平整度达到施工要求。

5.1.3.4　保温层固化干燥（一般 5d）后，方可进行下一道工序施工。

5.1.4　抗裂防护层及饰面层施工：

5.1.4.1　涂料饰面

（1）抹抗裂砂浆压入耐碱网布：

①将 3 ~ 4mm 厚抗裂砂浆均匀地抹在保温层表面上，立即将裁好的耐碱网布用铁抹子压入抗裂砂

浆内，耐碱网布之间的搭接不应小于50mm，并不得使耐碱网布皱褶、空鼓、翘边。

②首层应铺贴双层耐碱网布，第一层铺贴加强型耐碱网布，加强型耐碱网布应对接，然后进行第二层普通型耐碱网布的铺贴，两层耐碱网布之间抗裂砂浆必须饱满。

③在首层墙面阳角处设2m高的专用金属护角，护角应夹在两层耐碱网布之间。其余楼层阳角处两侧耐碱网布双向绕角相互搭接，各侧搭接宽度不小于200。

④门窗洞口四角应预先沿45°方向增贴300×400的附加耐碱网布。

（2）刷弹性底涂：

在抗裂砂浆施工2h后刷弹性底涂，使其表面形成防水透气层。

（3）刮柔性腻子：

在抗裂砂浆层基本干燥后刮柔性腻子，一般刮两遍，使其表面平整光洁。

（4）外饰面施工：

浮雕涂料可直接在弹性底涂上进行喷涂，其他涂料在腻子层干燥后进行刷涂或喷涂。若是干挂石材，则根据设计要求直接在保温面层上进行干挂石材。

5.1.4.2　面砖饰面：

（1）抹抗裂砂浆并固定热镀锌钢丝网：

①保温层固化达到一定强度后，抹第一遍抗裂砂浆3~4mm厚。

②待抗裂砂浆干燥达到一定强度后固定热镀锌钢丝网，固定件间距为双向@500，每平方米不得少于4个。钢丝网的搭接宽度应大于40，搭接处最多为三层钢丝网，搭接处每隔500用塑料膨胀锚栓锚固好。局部不平部位可用U形卡子压平。

③钢丝网铺贴完毕经检查合格后开始抹第二遍抗裂砂浆，厚度控制在5~6，以钢丝网刚好埋入抗裂砂浆中为宜。抗裂砂浆面层必须平整。

④抗裂砂浆达到一定强度后应适当喷水养护。

（2）粘贴面砖：

①分格弹线排砖，面砖缝不得小于5mm，并注意每六层楼按详图要求设一道20mm宽的面砖缝。

②将浸好的面砖擦拭干净，用面砖粘结砂浆进行粘贴，面砖粘结砂浆的厚度为5~8mm。

③常温施工24h后要喷水养护，喷水不宜过多，不得流淌。

（3）面砖勾缝：

用面砖勾缝胶勾缝，面砖缝要凹进面砖外表面2mm厚，并用海绵沾清洗膏擦洗干净。清洗膏由1份雕牌洗衣粉、3份细砂和少许水配制而成。

5.2　B体系（带燕尾槽聚苯板体系）

5.2.1　聚苯板加工：

聚苯板的尺寸为1.2m层高设计保温厚度，板的断面尺寸见详图。板的长、宽、对角线尺寸误差不应大于2mm，厚度、企口误差不大于1mm，企口用专用工具检验必须合格。聚苯板的双面均需涂刷聚苯板界面砂浆，不可漏刷，对破坏部位应及时补刷。对聚苯板的上企口要做好保护措施，一般可制作专用工具进行保护，以防浇筑时踩坏。

5.2.2　绑扎垫块：

外墙钢筋验收合格后，绑扎按混凝土保护层厚度要求制作好的水泥砂浆垫块。每平方米不少于4个。

5.2.3　安装聚苯板：

5.2.3.1　先根据建筑物平面图及其形状排列聚苯板，并且根据其特殊节点的形状预先将聚苯板裁好，将聚苯板的接缝处涂刷上粘结胶（有污染的部分必须先清理干净），然后将聚苯板粘结上，粘结完成的聚苯板不要再移动。

5.2.3.2　根据构造节点详图要求在防火隔离带部位安装好岩棉板。

5.2.3.3　聚苯板安装完毕后，在板的竖缝处用专用塑料卡钉将两块聚苯板连接到一起，间距

600mm，并将塑料卡钉绑扎固定在钢筋上。绑扎时注意聚苯板底部应绑扎紧一些，使底部内收 3 ~ 5mm，使拆模后聚苯板底部与上口平齐。

5.2.3.4　首层的聚苯板必须严格控制在统一水平上，使上面聚苯板的缝隙严密和垂直。

5.2.3.5　在板缝处粘贴胶带。

5.2.4　固定外墙内侧模板。

5.2.5　安装穿墙螺栓：

按照大模板穿墙螺栓的间距，用电烙铁对聚苯板开孔，使模板与聚苯板的孔洞吻合，孔洞不宜太大，以免漏浆。将穿墙螺栓穿过孔洞。

5.2.6　固定外侧大模板

固定外侧大模板，紧固螺栓，调垂直、平整度。

5.2.7　浇筑混凝土及拆模：

墙体模板立好后，须在聚苯板的上端扣上一个槽形的镀锌薄钢板罩，防止浇筑混凝土时污染聚苯板上口。在常温条件下将墙体浇筑好，间隔 12h 后即可拆除墙体内、外侧大模板。

5.2.8　板面清理：

清理聚苯板表面，使板表面洁净无污物。

5.2.9　找平处理：

用胶粉聚苯颗粒将板面孔洞填平，需要时用胶粉聚苯颗粒进行找平处理。

5.2.10　抗裂防护层及饰面层施工：

同 5.1.4 条。

5.3　C 体系（单面钢丝网架聚苯板体系）

5.3.1　支模浇筑有网聚苯板：

5.3.1.1　根据建筑物平面图及其形状排列安装单面钢丝网架聚苯板，将企口缝对齐，墙宽不合模数的用小块聚苯板补齐，门窗洞口及外墙阳角处聚苯板的缝隙，可用切割时的余料塞堵。

5.3.1.2　在常温条件下将墙体混凝土浇筑好，间隔 12h 后即可拆除模板。

5.3.2　找平处理：

5.3.2.1　若外饰面为面砖时，先将双股 22 号镀锌钢丝绑扎在单面钢丝网架聚苯板的钢丝网架上，镀锌钢丝要预留足够的长度以便找平层施工后绑扎热镀锌钢丝网。绑扎点位于钢丝网架的经纬交叉点上，按双向@500 梅花状布置。

5.3.2.2　用胶粉聚苯颗粒将单面钢丝网架聚苯板上的孔洞填平，并用胶粉聚苯颗粒对整个单面钢丝网架聚苯板保温墙面进行找平处理，找平层厚度控制在 20mm 以内，用大杆搓平找平面层以达到质量要求。

5.3.2.3　抗裂防护层及饰面层施工：

同 5.1.4 条，其中粘贴面砖的热镀锌钢丝网用预先绑扎在钢丝网架上的镀锌低碳钢丝进行绑扎固定，钢丝网搭接宽度不小于 40mm，搭接处用镀锌低碳钢丝进行绑扎，每延长米的绑扎点不少于 3 个。

5.4　D 体系（粘贴聚苯板体系）

5.4.1　基层处理：

彻底清除基层墙体表面浮灰、油污等影响墙面施工的物质。应将墙面凸出部分剔平，并做找平处理。

5.4.2　排板布线：

根据墙面尺寸，进行聚苯板排板布线，聚苯板要错缝拼接，并预留出防火隔离带部位。

5.4.3　粘贴聚苯板：

用聚苯板胶粘剂点粘或满粘聚苯板。

5.4.4　找平处理：

检测粘贴完后聚苯板墙体面层的平整度。用胶粉聚苯颗粒进行找平、做口、做垂直和防火处理。

5.4.5　抗裂防护层及饰面层施工：

具体施工操作要点同5.1.4条。

5.5　E体系（聚苯板三明治体系）

5.5.1　基层处理

5.5.1.1　彻底清除基层墙体表面浮灰、油污、脱模剂、空鼓及风化物等影响墙面施工的物质。墙体表面凸起物大于或等于10mm时应剔除。

5.5.1.2　各种材料的基层墙体均应满涂基层界面砂浆。

5.5.2　吊垂直线、套方、弹控制线：

根据建筑要求，在墙面弹出外门窗水平、垂直控制线及伸缩线、装饰线等。

5.5.3　粘贴聚苯板：

抹15厚聚苯板用胶粉粘结灰浆粘贴凹凸槽面经聚苯板界面砂浆处理的聚苯板，粘贴时均匀轻压聚苯板，使聚苯板凹槽内填满聚苯板用胶粉粘结灰浆，聚苯板之间要留10mm宽的板缝用聚苯板用胶粉粘结灰浆处理。粘贴好后在聚苯板外表面上涂刷一层聚苯板界面砂浆。

5.5.4　找平处理

抹10mm厚聚苯板用胶粉粘结灰浆对聚苯板进行找平，使平整度和垂直度达到质量要求。

5.5.5　抗裂防护层及饰面层施工：

同5.1.4。

5.6　F体系（聚氨酯体系）

5.6.1　基层处理：

喷涂施工前，应首先吊大墙垂直线，若墙体垂直偏差大于3mm，则应用水泥砂浆进行找平。

5.6.2　粘贴聚氨酯预制块：

吊垂直厚度控制线，由下向上在阴角、阳角、门窗口等处粘贴已经成型好的聚氨酯预制块；聚氨酯预制块粘贴后应达到厚度控制线的位置。

5.6.3　涂刷聚氨酯防潮底漆：

聚氨酯防潮底漆涂刷厚度约为15m左右。

5.6.4　保温层施工前的准备：

5.6.4.1　对于墙面宽度≥2m处，需增加水平控制线，并做厚度标筋。

5.6.4.2　聚氨酯喷涂前，用塑料薄膜等将门窗、脚手架等非涂物遮挡、保护起来。

5.6.5　保温层施工

5.6.5.1　在墙面上均匀喷涂无溶剂聚氨酯硬泡5～10mm厚。

5.6.5.2　在聚氨酯保温层上按双向@300间距、梅花状分布垂直墙面插入聚氨酯厚度控制标杆，标杆尖端应达到聚氨酯防潮底漆界面。

5.6.5.3　继续喷涂无溶剂聚氨酯硬泡。施工喷涂可多遍完成，每次喷涂厚度宜控制在10以内。喷施时要注意防风，风速超过5m/s时不应施工，并尽量避免流挂现象发生。

5.6.5.4　聚氨酯保温层喷涂完20min后用裁纸刀、手锯等工具开始清理、修整遮挡、保护部位以及超过10mm厚的突出部位。

5.6.6　界面处理：

在聚氨酯喷涂完4h之内做界面砂浆处理，界面砂浆可用滚子均匀地涂于聚氨酯保温层上。

5.6.7　找平层施工：

5.6.7.1　在墙体顶部和墙体底部预埋膨胀螺栓，作为大墙面挂钢垂线的垂挂点，用经纬仪打点，用紧线器安装钢垂线，贴厚度控制灰饼。

5.6.7.2　抹胶粉聚苯颗粒进行找平处理，其平整度偏差不应大于4mm，每遍抹8～10mm厚为宜，抹灰厚度以略高于厚度控制灰饼为宜。用大杠刮平，用抹子将局部修补平整并达到验收要求。

5.6.7.3　划分格线，开色带分格槽及门、窗滴水槽，槽深15mm左右。

5.6.7.4 对于面砖饰面，按照5.6.7.1条中所述方法贴好厚度灰饼，并用胶粉聚苯颗粒保温浆料进行找平处理，平整度偏差不得大于4mm。

5.6.8 抗裂防护层及饰面层施工：

同5.1.4条。

5.7 G体系（胶粉聚苯颗粒屋面保温体系）

5.7.1 基层处理：

清理干净基层表面，施工前适当浇水润湿基层。对于坡度>30°的斜坡混凝土屋面，基层应满涂界面砂浆。

5.7.2 找坡层施工：

屋面找坡采取结构找坡或材料找坡，本构造按材料找坡设计。找坡材料可用1:8水泥膨胀珍珠岩或其他轻骨料混凝土，也可直接用胶粉聚苯颗粒进行找坡，找坡层厚度不应小于40mm。

5.7.3 保温层准备：

按设计要求的保温层厚度，沿女儿墙内侧粘贴聚苯板，弹厚度控制线、坡度线，打点做厚度标准灰饼，以控制保温层的厚度。

5.7.4 保温层施工：

胶粉聚苯颗粒保温层施工应达到设计厚度，用大杠搓平，使屋面平整度达到要求。

5.7.5 抗裂层施工：

保温层材料基本干燥具有一定强度后，抹抗裂砂浆压耐碱网布，厚度控制在5以内。

5.7.6 防水层施工：

防水层材料按设计要求，施工按《屋面工程质量验收规范》(GB 50207—2002）进行。

5.7.7 饰面层施工：

平屋面可刷防紫外线涂料或铺块材；坡屋面瓦材固定按设计要求进行施工。

5.8 H体系（聚氨酯屋面保温体系）

5.8.1 基层处理：

屋面结构层验收后将表面清理干净，使其干燥、平整、整洁。

5.8.2 找坡层施工：

屋面找坡采取结构找坡或材料找坡，本构造按材料找坡设计。找坡材料可用1:8水泥膨胀珍珠岩或其他轻骨料混凝土，也可直接用胶粉聚苯颗粒进行找坡，找坡层厚度不应小于40mm。

5.8.3 找平处理：

用水泥砂浆对聚氨酯喷涂基面进行找平处理，要求平整度误差在3mm厚以内。

5.8.4 保温层准备：

涂刷聚氨酯防潮底漆，厚度15mm左右，按设计要求的保温层厚度，弹厚度线、坡度线，打点做厚度标准灰饼。

5.8.5 保温层施工：

喷涂无溶剂聚氨酯硬泡，使厚度达到设计要求。

5.8.6 找平施工：

聚氨酯喷涂4h内，涂刷聚氨酯界面砂浆。用轻质砂浆对聚氨酯界面进行找平处理。

5.8.7 抗裂层施工：

抹抗裂砂浆压耐碱网布，厚度控制在5以内。

5.8.8 防水层施工：

防水层材料按设计要求，施工按《屋面工程质量验收规范》(GB 50207—2002）进行。

5.8.9 饰面层施工：

平屋面可刷防紫外线涂料或铺块材；坡屋面瓦材固定按设计要求进行施工。

附录四：质量验收标准

质量验收标准

1. 主控项目

1.1 外保温系统的性能指标必须符合本图集质量的要求。

1.2 本系统使用的所有材料品种、质量和技术性能均应满足国家有关标准、行业标准及本图集的要求，应检查出厂合格证及进行复检。

1.3 保温层的厚度及构造做法应符合建筑节能设计要求，保温层厚度应均匀，主体部位平均厚度不允许有负偏差。

1.4 保温层与基层墙体以及各构造层之间必须粘结牢固，无脱层、空鼓、裂缝。

1.5 外饰面粘贴面砖时，面砖的品种、规格、颜色、性能应符合设计要求。找平、防水、粘结、勾缝及施工方法应符合设计要求及现行国家技术和产品标准的规定。面砖粘贴应无空鼓、裂缝。面砖粘结强度应符合《建筑工程饰面砖粘结强度检验标准》(JGJ 110—1997）标准要求。

2. 一般项目

2.1 表面平整、洁净、接茬平整，无明显抹纹，线角应顺直、清晰，面层无粉化、起皮、爆灰现象。

2.2 首层外墙阳角需安装专用金属护角，其余各层阴阳角及门窗洞口四角等部位均需用耐碱网布加强。

2.3 墙面埋设暗线、管道后，墙面用耐碱网布和抗裂砂浆加强，表面抹灰平整。

2.4 分格缝宽度与深度均匀一致，平整光滑，棱角整齐、顺直。

2.5 滴水线（槽）流水坡向正确，且顺直。

3. 允许偏差项目

ZL 外墙保温系统允许偏差应符合下表的规定。

外墙保温系统允许偏差指标（mm）

项　目	允许偏差	检验方法
立面垂直	4	用2m 托线板检查
表面平整	4	用2m 靠尺及塞尺检查
阴阳角垂直	4	用2m 托线板检查
阴阳角方正	4	用直角检测尺及塞尺检查
分格条（缝）平直	3	拉5m 小线和尺量检查
立面总高度垂直度	H/1000 且≯20	用经纬仪、吊线检查
上下窗口左右偏移	≯20	用经纬仪、吊线检查
同层窗口上、下	≯20	用经纬仪、吊线检查
保温层厚度	主体部位平均厚度不允许有负偏差	用探针、钢尺检查

锚栓相关技术资料

1. 锚栓相关技术资料（喜利得产品）

品名		材质	平均极限拉力（N）	*平均极限剪力（N）	孔径（mm）	长度（mm）	有效锚固孔深度（mm）	被固定物厚度（mm）
塑料锚栓	IDP 0/2	聚丙烯，不含重金属	混凝土、实心砖500；空心砖200	50～140	8	50	50～30	0～20
	IDP 2/4			100～200		70		20～40
	IDP 4/6			160～320		90		40～60
	IDP 6/8			190～420		110		60～80
	IDP 8/10			220～520		130		80～100
	IDP 10/12			240～620		150		100～120
	IDP 13/15			240～620		180		120～150
	IN 3/4	聚丙烯，不含重金属	混凝土、实心砖500；空心砖200	100～200	8	69	39～29	30～40
	IN 5/6			160～320		89		50～60
	IN 7/8			190～420		109		70～80
	IN 9/10			220～520		129		90～100
	IN 11/12			240～620		149		110～120
	IZ 8/20	聚丙烯，不含重金属。内钉可为塑料，亦可为不锈钢材质	混凝土、实心砖1020*；空心砖650**不锈钢钉力值	90～280	8	60	60～40	0～20
	IZ 8/40			160～360		80		20～40
	IZ 8/60			160～420		100		40～60
	IZ 8/80			200～420		120		60～80
	IZ 8/100			200～380		140		80～100
	IZ 8/120			220～380		160		100～120
射钉	X-IE 6	高密度聚乙烯，不含重金属，HRC58碳钢钉身	适用混凝土，实心砖，空心砖及钢材。混凝土基材940	350～600				25～120
	X-IE 9							40～120

注：*平均极限剪力值低限是被固定物为矿棉（70kg/m³）、高限是被固定物为膨胀聚苯板（40kg/m³）在剪力方向位移10mm时测得的。

2. 外墙外保温机械固定计算示例

2.1 基础条件

2.1.1 新疆乌鲁木齐地区，建筑物高度分别为20m、50m、80m、100m。

2.1.2 基层墙体为现浇钢筋混凝土，混凝土强度等级为C25。

2.1.3 墙面保温层采用聚苯板，板厚80mm，聚苯板密度294N/m³，单位面积密度23.5N/m²。

2.1.4 罩面砂浆层平均厚度4mm，湿密度3920N/m³，单位面积密度15.7N/m²。

2.1.5 取风荷载体型系数最不利的墙角部位计算单位面积固定件用量。

2.2 受力计算

由于位移计算和强度计算的组合分项系数分别为1和1.4，考虑不利情况，即仅进行强度计算。

依据《建筑结构荷载规范》(GB 50009—2001)，设定其设计基准期为50年，地面粗糙度为B类，外墙保温层作为围护结构考虑。由于外墙保温层重量较轻，为简化模式，不考虑地震及温度作用。外保温材料上固定件所受的拉力为风荷载（负风压）；所受的剪力为聚苯板重力与砂浆重力之和。

2.2.1　单位面积风荷载 ω

单位面积风荷载 $\omega=\gamma_w\Psi_w\omega_k$，风荷载标准值 $\omega_k=\beta_{gz}\mu_s\mu_z\omega_o$，风荷载作为第一可变荷载，组合分项系数取 $\gamma_w=1.4$，作为效应组合系数取 $\Psi_w=1.0$，基本风压 ω_o 当建筑高度 20m、50m 时取 0.6kN/m^2；当建筑高度为 80m、100m 时取 0.7kN/m^2。

β_{gz}——阵风系数，见下表

高度范围（m）	≤20（20 楼高）	≤50（50 楼高）	≤80（80 楼高）	≤100（100 楼高）
β_{gz}	1.69	1.58	1.53	1.51

μ_z——风荷载体型系数，墙角边为 1.8，叠加封闭式建筑室内负压作用压力系数 0.2，取 2.0。

μ_z——风压高度变化系数，见下表

高度范围（m）	≤20（20 楼高）	≤50（50 楼高）	≤80（80 楼高）	≤100（100 楼高）
μ_z	1.25	1.67	1.95	2.09

单位面积风荷载 ω 计算结果如下表

高度范围（m）	≤20（20 楼高）	≤50（50 楼高）	≤80（80 楼高）	≤100（100 楼高）
ω（N）	3549	4432	5847	6186

2.2.2　单位面积外保温材料自重 G

自重标准值 $G_k=23.5+15.7=39.2$N，自重作为永久荷载，可变荷载效应为控制组合，作用效应组合分项系数取 $\gamma_G=1.2$，$G=\gamma_G$，$G_k=47.1$N。荷载效应组合 S 包括水平向风荷载 ω（拉力）及竖直向自重 G（剪力）。剪力较小，不作为控制因素；拉力作为控制因素。

2.3　单位面积内选用产品数量（以喜利得产品为例）

2.3.1　射钉和塑料锚栓的抗拉及抗剪承载力标准值（C25 混凝土）

品　　名	X-IE 射钉	IDP 塑料锚栓	IN 塑料锚栓	IZ 塑料锚栓
抗拉承载力标准值 $E_{5\%}$（N）	860	460	460	940
抗拉承载力设计值 F_d（N）	285	155	155	310
抗剪承载力标准值 $V_{5\%}$（N）	550	385	385	385
抗剪承载力设计值 V_d（N）	180	130	130	130

2.3.2　单位面积内产品选用数量

品　　名	X-IE 射钉	IDP 塑料锚栓	IN 塑料锚栓	IZ 塑料锚栓
≤20（20m 楼高）	13	23/(5×X-IE+4×IDP)	23/(5×X-IE+4×IN)	12
≤50（50m 楼高）	16	29/(7×X-IE+5×IDP)	29/(7×X-IE+5×IN)	15
≤80（80m 楼高）	21	38/(8×X-IE+6×IDP)	38/(8×X-IE+6×IN)	19
≤100（100m 楼高）	22	40/(8×X-IE+8×IDP)	40/(8×X-IE+8×IN)	20

注：X-IE 射钉、IDP 塑料锚栓、IN 塑料锚栓、IZ 塑料锚栓的具体数据见本图集喜利得公司相关技术资料。

建筑节点构造图集

节能保温墙体(中)

《建筑节点构造图集》编委会　编

中国建筑工业出版社

目　录

一、05J3-2
外墙内保温

1
说明

2
A 型—炉渣水泥聚苯
复合板外墙内保温

3
B 型—增强石膏聚苯
复合板外墙内保温

4
C型—单面钢丝网架聚苯复合板外墙内保温

5
D型—胶粉聚苯颗粒保温浆料外墙内保温

二、L04SJ113

（一）围护结构内保温构造

1 说明、热工计算及保温做法选用（F 体系）

2 内保温构造做法与详图（F 体系构造）

（二）居住建筑内保温构造详图［节能65%（L06J113）］

1 热工计算及保温做法选用

2 内保温构造做法与详图（H 体系构造）

三、J45

内保温 G 体系

1 说明

2
内保温构造做法与详图
（G 系列构造）

四、05J3-3

（一）外墙夹芯保温

1
编制说明与材料性能指标

2
A 型—3E 墙板夹芯保温

2
B 型—混凝土装饰
砌块夹芯保温

3
C型—轻骨料夹芯保温砌块

（二）钢丝网架水泥聚苯乙烯夹芯板墙（05J3-5）

1
说明

2
钢丝网架水泥聚苯乙烯夹板墙构造与详图

五、J31
轻型金属夹芯板建筑构造

1
说明

2
轻型金属夹芯板
建筑构造与详图

编制总说明

编制总说明

1. 编汇原则与目的

（1）为贯彻国家节约能源政策，使民用建筑节能工程的设计和施工符合确保质量、经济合理、安全使用的要求，《建筑工程围护结构保温构造》一书通过汇整各地建筑工程保温构造通用标准设计，以相互借鉴、取长补短的目的，扭转严寒和寒冷地区建筑工程采暖耗能大、热环境质量差的状况，更好地交流全国各地节能设计、施工方面的经验，据此，根据华北、天津、河南、浙江、山东、江苏、新疆等已发行的省（区）、市建筑标准设计图集，以推进科技进步为出发点，努力做到建筑构造做法技术先进，材料选用适当，适应性强，设计和施工采用方便为原则进行编汇，供其参阅。

（2）编汇的基本做法

1）编汇按通用保温构造和专项保温构造分别进行，通用保温构造主要包括：外墙外保温、外墙内保温和夹芯保温三个部分；专项保温构造主要包括：各地方应用新材料、新技术或地方定为用于专项的保温构造。编汇分册按照不同类别、名称与做法内容，将其分为三册，第一册为外墙外保温；第二册为外墙内保温、外墙夹芯保温、钢丝网架水泥聚苯乙烯夹芯板墙、轻型金属夹芯板；第三册为专项保温构造，主要包括：ZL 系列外墙外保温（节能 65%）；欧文斯科宁挤塑板保温构造（节能 65%）；填充 GZL 保温轻集料砌块（节能 65%）；挤塑泡沫板外墙保温；RE 砂浆复合保温系统；HR 保温装饰板外保温系统；专威特外保温及装饰系统；SB 保温板；舒惠复合保温板；高压无气喷涂聚氨酯硬质发泡外墙外保温构造；聚苯板薄抹面外保温体系构造；XPS 外保温墙体构造。

2）编汇过程中按照现行《民用建筑节能设计标准》(采暖居住建筑部分)(JGJ 26—95)、《外墙外保温工程技术规程》(JGJ 144—2004）以及与建筑节能有关的标准、规程对照有关参加编汇图册的相关内容，以不违背现行国家和行业标准为原则。

3）对强制性条文逐一进行核对，并以黑体字分列。

我国地域广阔，地区温度差异较大。我国不同地域生产的保温材料由于其产地、材质等因表，各地的标准设计图集是根据地域特点，材料的品种和质量，进行了专项保温构造设计，这些保温材料大都没有列入国家规范，对此各地均应根据其材料的热阻条件和制品质量，应慎重对待，及时总结经验，在极其稳妥的条件下进行本地区的节能保温设计和使用。

2. 围护结构保温建筑构造的适用范围

适用于严寒地区及夏热冬冷地区的新建、扩建或已有建筑围护结构的保温工程。不适用于地下建筑、室内温度、湿度有特殊要求的特殊用途建筑以及简易临建等。

3. 编汇资料的内容与要求

（1）编汇资料内容按参加编汇图册一般包括：设计说明、建筑各部分围护结构传热系数限值表、保温做法及热工计算选用表、构造节点详图、材料性能指标、施工要点和质量验收标准。

（2）编汇的保温做法及热工计算选用表为常用做法。设计人员应根据国家或地方的有关节能规定及要求，经热工计算确定保温材料的厚度及构造做法，以满足不同地区建筑节能的要求。

（3）外墙保温做法通常适用于钢筋混凝土、烧结普通砖、多孔砖、混凝土小型空心砌块、灰砂砖、蒸压粉煤灰砖、加气混凝土砌块等多种墙体。设计人员应根据不同的基层墙体确定合理的固定方式，对于不宜使用射钉固定的墙体，可改用其他有效的锚固方法（如锚栓、预埋锚筋等）。

（4）外保温墙体构造详图以钢筋混凝土墙为例，内保温墙体以砌体墙为例，其他墙体可参照使用。

（5）变形缝两侧外墙应加强保温，其传热系数限值不大于不采暖楼梯间隔墙的规定值。当变形缝两侧外墙达不到限值要求时，可采取内保温做法。

4. 对保温节能工程材料质量基本要求

（1）用于保温节能工程材料质量均应符合国家技术标准的要求，并应按标准的检验要求进行复验。

（2）对不断出现的新的保温材料，凡纳入国家或地方规范或规程的材料按其规范或规程规定执行。对没有纳入国家或地方标准的材料应执行经当地建设行政主管部门批准后的企业标准执行。对没有纳入国家或地方标准，又没有制定经建设行政主管部门批准的企业标准的新的保温用材料，在未经批准前不得用于工程。

（3）各地均提出有专项构造保温用材料，该保温用材料必须经建设行政主管部门批准后方可使用。

5. 对保温节能工程的基本要求

（1）保温节能工程应能适应基层的正常变形而不产生裂缝或空鼓。

（2）保温节能工程应能长期承受自重而不产生有害的变形。

（3）保温节能工程应能承受风荷载的作用而不产生破坏。

（4）保温节能工程应能耐受室外气候的长期反复作用而不产生破坏。

（5）保温节能工程在罕遇地震发生时不应从基层上脱落。

（6）高层建筑外墙外保温工程应采取防火构造措施。

（7）保温节能工程应具有防水渗透性能。

（8）保温节能工程应符合国家现行标准《民用建筑热工设计规范》(GB 50176—93)；《民用建筑节能设计标准（采暖居住建筑部分）》(JGJ 26—95)；《夏热冬冷地区居住建筑节能设计标准》(JGJ 134—2001)；《夏热冬冷地区居住建筑节能设计标准》(JGJ 75)。

（9）保温节能工程各组成部分应具有物理化学稳定性。所有组成材料应彼此相容并具有防腐性。在可能受到生物侵害（鼠害、虫害等）时，保温节能工程还应具有防生物侵害性能。

（10）在正确使用和正常维护的条件下，保温节能工程的使用年限不应少于25年。

6. 围护结构保温建筑构造性能要求

（1）保温工程构造应对外墙外保温系统进行耐候性检验。

（2）外墙外保温系统经耐候性试验后，不得出现饰面层起泡或剥落、保护层空鼓或脱落等破坏，不得产生渗水裂缝。具有薄抹面层的外保温系统，抹面层与保温层的拉伸粘结强度不得小于0.1MPa，并且破坏部位应位于保温层内。

（3）对胶粉EPS颗粒保温浆料，外墙外保温系统进行抗拉强度检验，抗拉强度不得小于0.1MPa，并且破坏部位不得位于各层界面。

（4）EPS板现浇混凝土外墙外保温系统应按《外墙外保温工程技术规程》(JGJ 144—2004）附录B第B.2节（见8. 外墙外保温的现场试验方法）规定做现场粘结强度检验。

（5）EPS（聚苯乙烯泡沫塑料）板现浇混凝土外墙外保温系统现场粘结强度不得小于0.1MPa，并且破坏部位应位于EPS板内。

（6）外墙外保温系统其他性能应符合表1的规定。

（7）保温工程应对胶粘剂进行拉伸粘结强度检验。

（8）胶粘剂与水泥砂浆的拉伸粘结强度在干燥状态下不得小于0.6MPa，浸水48h后不得小于0.4MPa；与EPS板的拉伸粘结强度在干燥状态和浸水48h后均不得小于0.1MPa，并且破坏部位应位于EPS板内。

（9）应按《外墙外保温工程技术规程》(JGJ 144—2004）附录A第A12.2条（见（12）玻纤网耐碱拉伸断裂强力试验方法）规定对玻纤网进行耐碱拉伸断裂强力检验。

（10）玻纤网经向和纬向耐碱拉伸断裂强力均不得小于750N/50mm，耐碱拉伸断裂强力保留率均不得小于50%。

（11）外保温系统其他主要组成材料性能应符合表1、表2规定。

外墙外保温系统性能要求 **表1**

检验项目	性能要求	试验方法
抗风荷载性能	系统抗风压值 R_d 不小于风荷载设计值。 EPS板薄抹灰外墙外保温系统、胶粉EPS颗粒保温浆料外墙外保温系统、EPS板现浇混凝土外墙外保温系统和EPS钢丝网架板现浇混凝土外墙外保温系统安全系数 K 应不小于1.5，机械固定EPS钢丝网架板外墙外保温系统安全系数 K 应不小于2	附录A第A.3节（见（3）系统抗风荷载性能试验方法）；由设计要求值降低1kPa作为试验起始点
抗冲击性	建筑物首层墙面以及门窗口等易受碰撞部位：10J级；建筑物二层以上墙面等不易受碰撞部位：3J级	附录A第A.5节
吸水量	水中浸泡1h，只带有抹面层和带有全部保护层的系统的吸水量均不得大于或等于1.0kg/m²	附录A第A.6节（见（6）系统吸水量试验方法）
耐冻融性能	30次冻融循环后，保护层无空鼓、脱落，无渗水裂缝；保护层与保温层的拉伸粘结强度不小于0.1MPa，破坏部位应位于保温层	附录A第A.4节（见（4）系统耐冻融性能试验方法）
热阻	复合墙体热阻符合设计要求	附录A第A.9节（见（9）系统热阻试验方法）
抹面层不透水性	2h不透水	附录A第A.10节（见（10）抹面层不透水性试验方法）
保护层水蒸气渗透阻	符合设计要求	附录A第A.11节（见（11）水蒸气渗透性能试验方法）

注：水中浸泡24h，只带有抹面层和带有全部保护层的系统的吸水量均小于0.5kg/m²时，不检验耐冻融性能

外墙外保温系统组成材料性能要求 **表2**

检验项目			性能要求：EPS板	性能要求：胶粉EPS颗粒保温浆料	试验方法
保温材料	密度（kg/m³）		18～22	—	GB/T 6343—1995
保温材料	干密度（kg/m³）		—	180～250	GB/T 6343—1995（70℃恒重）
保温材料	导热系数［W/(m·K)］		≤0.041	≤0.060	GB 8811—88
保温材料	水蒸气渗透系数［ng/(Pa. m. s)］		符合设计要求	符合设计要求	附录A第A.11节（见（11）水蒸气渗透性能试验方法）
保温材料	压缩性能（MPa）（形变10%）		≥0.10	≥0.25（养护28d）	GB 8813—88
保温材料	抗拉强度（MPa）	干燥状态	≥0.10	≥0.10	附录A第A.7节（见（7）抗拉强度试验方法）
保温材料	抗拉强度（MPa）	浸水48h，取出后干燥7d	—		
保温材料	线性收缩率（%）		—	≤0.3	GBJ 82—85
保温材料	尺寸稳定性（%）		≤0.3	—	GB 8811—88
保温材料	软化系数		—	≥0.5（养护28d）	JGJ 51—2002
保温材料	燃烧性能		阻燃型	—	GB/T 10801.1—2002
保温材料	燃烧性能级别		—	B_1	GB 8624—1997
EPS钢丝网架板	热阻（m²·K/W）	腹丝穿透型	≥0.73（50mm厚EPS板） ≥1.5（100mm厚EPS板）		附录A第A.8节（见（8）拉伸粘结强度试验方法）
EPS钢丝网架板	热阻（m²·K/W）	腹丝非穿透型	≥1.0（500mm厚EPS板） ≥1.6（80mm厚EPS板）		
EPS钢丝网架板	腹丝镀锌层		符合QB/T 3897—1999规定		
抹面胶浆、抗裂砂浆、界面砂浆	与EPS板或胶粉EPS颗粒保温浆料拉伸粘结强度（MPa）		干燥状态和浸水48h后≥0.10破坏界面应位于EPS板或胶粉EPS颗粒保温浆料		附录A第A.8节（见（8）拉伸粘结强度试验方法）
饰面材料	必须与其他系统组成材料相容，应符合设计要求和相关标准规定				
锚栓	符合设计要求和相关标准规定				

（12）本章所规定的检验项目应为形式检验项目，形式检验报告有效期为2年。

7. 外墙外保温技术规程对设计与施工要求

（1）设计选用外保温系统时，不得更改系统构造和组成材料。

（2）外保温复合墙体的热工和节能设计应符合下列规定：

1）保温层内表面温度应高于0℃；

2）外保温系统应包覆门窗框外侧洞口、女儿墙以及封闭阳台等热桥部位；

3）对于机械固定EPS钢丝网架板外墙外保温系统，应考虑固定件、承托件的热桥影响。

机械固定系统锚栓、预埋金属固定件数量应通过试验确定，并且每平方米不应小于7个。单个锚栓拔出力和基层力学性能应符合设计要求。金属固定件、钢筋网片、金属锚栓和承托件应做防锈处理。

（3）对于具有薄抹面层的系统，保护层厚度应不小于3mm并且不宜大于6mm。对于具有厚抹面层的系统，厚抹面层厚度应为25～30mm。

（4）应做好外保温工程的密封和防水构造设计，确保水不会渗入保温层及基层，重要部位应有详图。水平或倾斜的挑出部位以及延伸至地面以下的部位应做防水处理。在外墙外保温系统上安装的设备或管道应固定于基层上，并应做密封和防水设计。

（5）除采用现浇混凝土外墙外保温系统外，外保温工程的施工应在基层施工质量验收合格后进行。

（6）除采用现浇混凝土外墙外保温系统外，外保温工程施工前，外门窗洞口应通过验收，洞口尺寸、位置应符合设计要求和质量要求，门窗框或辅框应安装完毕。伸出墙面的消防梯、水落管、各种进户管线和空调器等的预埋件、连接件应安装完毕，并按外保温系统厚度留出间隙。

（7）外保温工程的施工应具备施工方案，施工人员应经过培训并经考核合格。

（8）基层应坚实、平整。保温层施工前，应进行基层处理。

（9）EPS板表面不得长期裸露，EPS板安装上墙后应及时做抹面层。

（10）薄抹面层施工时，玻纤网不得直接铺在保温层表面，不得干搭接，不得外露。

（11）外保温工程施工期间以及完工后24h内，基层及环境空气温度不应低于5℃。夏季应避免阳光暴晒。在5级以上大风天气和雨天不得施工。

（12）外保温施工各分项工程和子分部工程完工后应做好成品保护。

8. 外墙外保温的现场试验方法

（1）基层与胶粘剂的拉伸粘结强度检验方法

在每种类型的基层墙体表面上取5处有代表性的部位分别涂胶粘剂或界面砂浆，面积为3～4dm^2，厚度为5～8mm。干燥后应按现行行业标准《建筑工程饰面砖粘结强度检验标准》(JGJ 110—97）规定进行试验，断缝应从胶粘剂或界面砂浆表面切割至基层表面。

（2）无网现浇系统粘结强度试验方法

1）混凝土浇筑后应养护28d。

2）测点选取如图1所示，共测9点。

3）试验方法应按现行行业标准《建筑工程饰面砖粘结强度检验标准》(JGJ 110—97）规定进行试验，试样尺寸为100mm×100mm，断缝应从EPS板表面切割至基层表面。

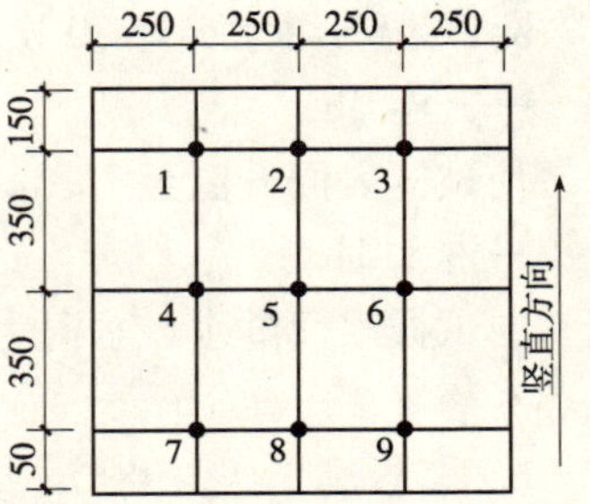

图1　测点位置

（3）系统抗冲击性检验方法

1）系统抗冲击性检验应在保护层施工完成28h后进行。应根据抹面层和饰面性能的不同选取冲击点，且不要选在局部增强区域和玻纤网搭接部位。

2）采用摆动冲击，摆动中心固定在冲击点的垂线上，摆长至少为1.50m。取钢球从静止开始下落的位置与冲击点之间的高差等于规定的落差。10J 级钢球质量为 1000g（直径 6.25cm），落差为 1.02m。3J 级钢球质量为 500g，落差为 0.61m。

3）结果判定时，10J 级试验 10 个冲击点中破坏点不超过 4 个时，判定为 10J 级。10J 级试验 10 个冲击点破坏点超过 4 个，3J 级试验 10 个冲击点破坏点不超过 4 个时，判定为 3J 级。

9. 外墙外保温系统及其组成材料性能试验方法

（1）试样制备、养护和状态调节

1）外保温系统试样应按照生产厂家说明书规定的系统构造和施工方法进行制备。材料试样应按产品说明书规定进行配制。

2）试样养护和状态调节环境条件应为：温度 10～25℃，相对湿度不应低于 50%。

3）试样养护时间应为 28d。

（2）系统耐候性试验方法

1）试样由混凝土墙和被测外保温系统构成，混凝土墙用作基层墙体。试样宽度不应小于 2.5m，高度不应小于 2.0m，面积不应小于 $6m^2$。混凝土墙左上角处应预留一个宽 0.4m、高 0.6m 的洞口，洞口距离边缘 0.4m（图 2）。外保温系统应包住混凝土墙的侧边。侧边保温板最大厚度为 20mm。预留洞口处应安装窗框。如有必要，可对洞口四角做特殊加强处理。

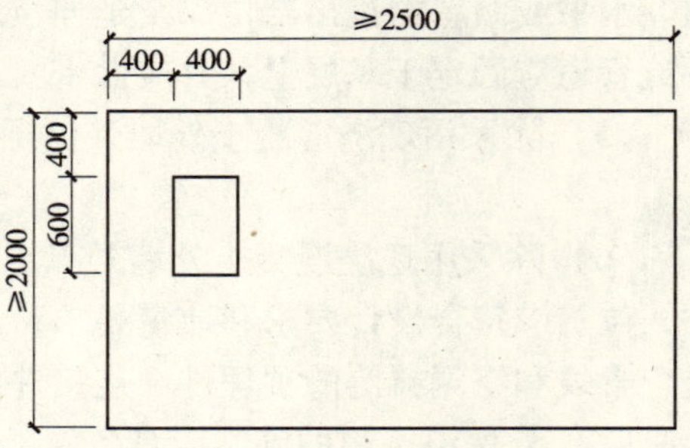

图 2　试样

2）试验步骤应符合以下规定：

①EPS 板薄抹灰系统和无网现浇系统试验步骤如下：

a. 高温—淋水循环 80 次，每次 6h。

—升温 3h

使试样表面升温至 70℃，并恒温在（70±5）℃（其中升温时间为 1h）。

—淋水 1h

向试样表面淋水，水温为（15±5）℃，水量为 1.0～1.5L/(m^2·min)。

—静置 2h

b. 状态调节至少 48h。

c. 加热—冷冻循环 5 次，每次 24h。

—升温 8h

使试样表面升温至 50℃，并恒温在（50±5）℃（其中升温时间为 1h）。

—降温 16h

使试样表面降温至 -20℃，并恒温在（-20±5）℃（其中降温时间为 2h）。

②保温浆料系统、有网现浇系统和机械固定系统试步骤如下：

a. 高温—淋水循环 80 次，每次 6h。

—升温 3h

使试样表面升温至 70℃，并恒温在（70±5）℃，恒温时间不应小于 1h。

—淋水 1h

向试样表面淋水，水温为（15±5）℃，水量为 1.0～1.5L/(m^2·min)。

—静置 2h

b. 状态调节至少 48h。

c. 加热—冷冻循环 5 次，每次 24h。

—升温 8h

使试样表面升温至 50℃，并恒温在（50±5）℃，恒温时间不应小于 1h。

—降温 16h

使试样表面降温至 -20℃，并恒温在（-20±5）℃，恒温时间不应小于12h。

3）观察、记录和检验时，应符合下列规定：

①每4次高温—淋水循环和每次加热—冷冻循环后观察试样是否出现裂缝、空鼓、脱落等情况并做记录。

②试验结束后，状态调节7d，按现行行业标准《建筑工程饰面砖粘结强度检验标准》（JGJ 110—97）规定检验抹面层与保温层的拉伸粘结强度，断缝应切割至保温层表面。并按《外墙外保温工程技术规程》（JGJ 144—2004）附录B第B.3节（见编制总说明8外墙外保温现场试验方法中的（3）系统抗冲击性检验方法）规定检验系统抗冲击性。

（3）系统抗风荷载性能试验方法

1）试样应由基层墙体和被测外保温系统组成，试样尺寸应不少于2.0m×2.5m。

基层墙体可为混凝土墙或砖墙。为了模拟空气渗漏，在基层墙体上每平方米应预留一个直径15mm的孔洞，并应位于保温板接缝处。

2）试验设备是一个负压箱。负压箱应有足够的深度，以保证在外保温系统可能的变形范围内能使施加在系统上的压力保持恒定。试样安装在负压箱开口中并沿基层墙体周边进行固定和密封。

3）试验步骤中的加压程序及压力脉冲图形见图3。

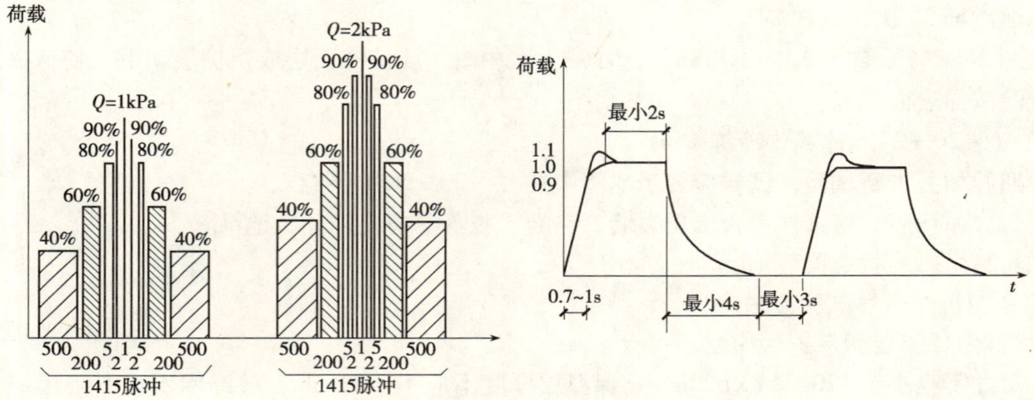

图3 加压步骤及压力脉冲图形

每级试验包含1415个负风压脉冲，加压图形以试验风荷载 Q 的百分数表示。试验以1kPa的级差由低向高逐级进行，直至试样破坏。

有下列现象之一时，可视为试样破坏：

①保温板断裂；

②保温板中或保温板与其保护层之间出现分层；

③保护层本身脱开；

④保温板被从固定件上拉出；

⑤机械固定件从基底上拔出；

⑥保温板从支撑结构上脱离。

4）系统抗风压值 R_d 应按下式进行计算：

$$R_d = \frac{Q_1 C_8 C_a}{K}$$

式中 R_d——系统抗风压值，kPa；

Q_1——试样破坏前一级的试验风荷载值，kPa；

K——安全系数，按表1选取；

C_a——几何因数，$C_a = 1$；

C_8——统计修正因数，按表3选取。

保温板为粘接固定时的 C_8 值　　表 3

粘接面积 B（%）	C_8
$50 \leqslant B \leqslant 100$	1
$10 < B < 50$	0.9
$B \leqslant 10$	0.8

（4）系统耐冻融性能试验方法

1）当采用以纯聚合物为粘结基料的材料做饰面涂层时，应对以下两种试样进行试验：

①由保温层和抹面层构成（不包含饰面层）的试样；

②由保温层和保护层构造（包含饰面层）的试样。

当饰面层材料不是以纯聚合物为粘结基料的材料时，试样应包含饰面层。如果不只使用一种饰材料，应按不同种类的饰面材料分别制样。如果仅颗粒大小不同，可视为同种类材料。

试样尺寸为500mm×500mm，试样数量为3件。

试样周边涂密封材料密封。

2）试验步骤应符合下列规定：

①冻融循环30次，每次24h。

a. 在（20±2）℃自来水中浸泡8h。试样浸入水中时，应使抹面层或保护层朝下，使抹面层浸入水中，并排除试样表面气泡。

b. 在（-20±2）℃冰箱中冷冻16h。

试验期间如需中断试验，试样应置于冰箱中在（-20±5）℃下存放。

②每3次循环后观察试样是否出现裂缝、空鼓、脱落等情况，并做记录。

③试验结束后，状态调节7d。

（5）系统抗冲击性试验方法

1）试样由保温层和保护层构成。

试样尺寸不应小于1200mm×600mm，保温层厚度不应小于50mm，玻纤网不得有搭接缝。试样分为单层网试样和双层网试样。单层网试样抹面层中应铺一层玻纤网，双层网试样抹面层中应铺一层玻纤网和一层加强网。

试样数量：

①单层网试样：2件，每件分别用于3J级和10J级冲击试验。

②双层网试样：2件，每件分别用于3J级和10J级冲击试验。

2）试验可采用摆动冲击或竖直自由落体冲击方法。摆动冲击方法可直接冲击经过耐候性试验的试验墙体。竖直自由落体冲击方法按下列步骤进行试验：

①将试样保护层向上平放于光滑的刚性底板上，使试样紧贴底板。

②试验分为3J和10J两级，每级试验冲击10个点。3J级冲击试验使用质量为500g的钢球，在距离试样上表面0.61m高度自由降落冲击试样。10J级冲击试验使用质量为1000g的钢球，在距离试样上表面1.02m高度自由降落冲击试样。冲击点应离开试样边缘至少100mm，冲击点间距不得小于100mm。以冲击点及其周围开裂作为破坏的判定标准。

3）结果判定时，10J级试验10个冲击点破坏点不超过4个时，判定为10J级。10J级试验10个冲击点中破坏点超过4个，3J级试验10个冲击点中破坏点不超过4个时，判定为3J级。

（6）系统吸水量试验方法

1）试样制备应符合下列规定：

试样分为两种，一种由保温层和抹面层构成，另一种由保温层和保护层构成。

试样尺寸为200mm×200mm，保温层厚度为50mm，抹面层和饰面层厚度应符合受检外保温系统构造规定。每种试样数量各为3件。

试样周边涂密封材料密封。

2）试验步骤应符合下列规定：

①测量试样面积 A。

②称量试样初始重量 m_0。

③使试样抹面层或保护层朝下浸入水中并使表面完全湿润。分别浸泡 1h 和 24h 后取出，在 1min 内擦去表面水分，称量吸水后的质量 m。

3）系统吸水量应按下式进行计算：

$$M = \frac{m - m_0}{A}$$

式中 M——系统吸水量，kg/m^2；

m——试样吸水后的质量，kg；

m_0——试样初始质量，kg；

A——试样面积，m^2。

试验结果以 3 个试验数据的算术平均值表示。

(7）抗拉强度试验方法

1）试样制备应符合下列规定：

①EPS 板试样在 EPS 板上切割而成。

②胶粉 EPS 颗粒保温浆料试样在预制成型的胶粉 EPS 颗粒保温浆料板上切割而成（现场取样胶粉 EPS 颗粒保温浆料干密度不应大于 $250kg/m^3$，并且不应小于 $180kg/m^3$）。

③胶粉 EPS 颗粒保温浆料外保温系统试样由混凝土底板（作为基层墙体）、界面砂浆层、保温层和抹面层组成并切割成要求的尺寸。

④EPS 板现浇混凝土外保温系统试样应按以下方法制备：

a. 在 EPS 板两表面喷刷界面砂浆；

b. 界面砂浆固化后将 EPS 板平放于地面，并在其上浇筑 30mm 厚 C20 豆石混凝土；

c. 混凝土固化后在 EPS 板外表面抹 10mm 厚胶粉 EPS 颗粒保温浆料找平层；

d. 找平层固化后做抹面层；

e. 充分养护后按要求的尺寸切割试样。

⑤试样尺寸为 100mm×100mm，保温层厚度 50mm。每种试样数量各为 5 个。

2）抗拉强度应按以下规定进行试验：

①用适当的胶粘剂将试样上下表面分别与尺寸为 100mm×100mm 的金属试验板粘结。

②通过万向接头将试样安装于拉力试验机上，拉伸速度为 5mm/min，拉伸至破坏，并记录破坏时的拉力及破坏部位。破坏部位在试验板粘结界面时试验数据无效。

③试验应在以下两种试样状态下进行：

—干燥状态；

—水中浸泡 48h，取出后干燥 7d。

注：EPS 板只做干燥状态试验。

3）抗拉强度应按下式进行计算：

$$\sigma_t = \frac{P_t}{A}$$

式中 σ_t——抗拉强度，MPa；

P_t——破坏荷载，N；

A——试样面积，mm^2。

试验结果以 5 个试验数据的算术平均值表示。

（8）拉伸粘结强度试验方法

1）胶粘剂拉伸粘结强度应按以下方法进行试验：

①水泥砂浆底板尺寸为80mm×40mm×40mm。底板的抗拉强度应不小于1.5MPa。

②EPS板密度应为18~22kg/m^3，抗拉强度应不小于0.1MPa.

③与水泥砂浆粘结的试样数量为5个，制备方法如下：

在水泥砂浆底板中部涂胶粘剂，尺寸为40mm×40mm，厚度为（3±1）mm。经过养护后，用适当的胶粘剂（如环氧树脂）按十字搭接头方式在胶粘剂上粘结砂浆底板。

④与EPS板粘结的试样数量为5个，制备方法如下：

将EPS板切割成100mm×100mm×50mm，在EPS板一个表面上涂胶粘剂，厚度为（3±1）mm。经过养护后，两面用适当的胶粘剂（如环氧树脂）粘结尺寸为100mm×100mm的钢底板。

⑤试验应在以下两种试样状态下进行：

a. 干燥状态；

b. 水中浸泡48h，取出后2h。

⑥将试样安装于拉力试验机上，拉伸速度为5mm/min，拉伸至破坏，并记录破坏时的拉力及破坏部位。

2）抹面材料与保温材料拉伸粘结强度应按以下方式进行试验：

①试样尺寸为100mm×100mm，保温板厚度为50mm。试样数量为5件。

②保温材料为EPS保温板时，将抹面材料抹面EPS板一个表面上，厚度为（3±1）mm。经过养护后，两面用适当的胶粘剂（如环氧树脂）粘结尺寸为100mm×100mm的钢底板。

③保温材料为胶粉EPS颗粒保温浆料板时，将抗裂砂浆抹在胶粉EPS颗粒保温浆料板一个表面上，厚度为（3±1）mm。经过养护后，两面用适当的胶粘剂（如环氧树脂）粘结尺寸为100mm×100mm的钢底板。

④试验应在以下3种试样状态下进行：

a. 干燥状态；

b. 经过耐候性试验后；

c. 经过冻融试验后。

⑤将试样安装于拉力试验机上，拉伸速度为5mm/min，拉伸至破坏并记录破坏时的拉力及破坏部位。

3）拉伸粘结强度应按下式进行计算：

$$\sigma_b = \frac{P_b}{A}$$

式中 σ_b——拉伸粘结强度，MPa；

P_b——破坏荷载，N；

A——试样面积，mm^2。

试验结果以5个试验数据的算术平均值表示。

（9）系统热阻试验方法

系统热阻应按现行国家标准《建筑构件稳态热传递性质的测定标定和防护热箱法》（GB/T 13475—1992）规定进行试验。制样时EPS板拼缝缝隙宽度、单位面积内锚栓和金属固定件的数量应符合受检外保温系统构造规定。

（10）抹面层不透水性试验方法

1）试样制备应符合下列规定：

试样由EPS板和抹面层组成，试样尺寸为200mm×200mm，EPS板厚度60mm，试样数量2个。将试样中心部位的EPS板除去并刮干净，一直刮到抹面层的背面，刮除部分的尺寸为100mm×100mm。将试样周边密封，抹面层朝下浸入水槽中，使试样浮在水槽中，底面所受压强为500Pa。浸水时间达到2h，观察是否有水透过抹面层（为便于观察，可在水中添加颜色指示剂）。

2）2个试样浸水2h时均不透水时，判定为不透水。

（11）水蒸气渗透性能试验方法

1）试样制备应符合下列规定：

①EPS板试样在EPS板上切割而成。

②胶粉EPS颗粒保温浆料试样在预制成型的胶粉EPS颗粒保温浆料板上切割而成。

③保护层试样是将保护层做在保温板上，经过养护后除去保温材料，并切割成规定的尺寸。

当采用以纯聚合物为粘结基料的材料作饰面涂层时，应按不同种类的饰面材料分别制样。如果仅颗粒大小不同，可视为同类材料。当采用其他材料作饰面涂层时，应对具有最厚饰面涂层的保护层进行试验。

2）保护层和保温材料的水蒸气渗透性能应按现行国家标准《建筑材料水蒸气透过性能试验方法》（GB/T 17146—1997）中的干燥剂法规定进行试验。试验箱内温度应为（23±2）℃，相对湿度可为50%±2%（23℃下含有大量未溶解重铬酸钠或磷酸氢铵（$NH_4H_2PO_4$）的过饱和溶液）或85%±2%（23℃下含有大量未溶解硝酸钾的过饱和溶液）。

（12）玻纤网耐碱拉伸断裂强力试验方法

1）试样制备应符合下列规定：

①试样尺寸：试样宽度为50mm，长度为300mm。

②试样数量：纬向、经向各20片。

2）标准方法应符合下列规定：

①首先对10片纬向试样和10片经向试样测定初始拉伸断裂强力。其余试样放入（23±2）℃、浓度为5%的NaOH水溶液中浸泡（10片纬向和10片经向试样，浸入4L溶液中）。

②浸泡28d后，取出试样，放入水中漂洗5min，接着用流动水冲洗5min，然后在（60±5）℃烘箱中烘1h后取出，在10~25℃环境条件下放置至少24h后测定耐碱拉伸断裂强力，并计算耐碱拉伸断裂强力保留率。

拉伸试验机夹具应夹住试样整个宽度。卡头间距为200mm。加载速度为（100±5）mm/min，拉伸至断裂并记录断裂时的拉力。试样在卡头中有移动或大卡头处断裂时，其试验值应被剔除。

3）应用快速法时，使用混合碱溶液。碱溶液配比如下：0.88gNaOH，3.45gKOH，0.48g$Ca(OH)_2$，1L蒸馏水（pH值12.5）。

80℃下浸泡6h。其他步骤同（12）玻纤网耐碱拉伸断裂强力试验方法中的2）。

4）耐碱拉伸断裂强力保留率应按下式进行计算：

$$B=\frac{F_1}{F_0}\times 100\%$$

式中 B——耐碱拉伸断裂强力保留率，%；

F_1——耐碱拉伸断裂强力，N/50mm；

F_0——初始拉伸断裂强力，N/50mm。

试验结果分别以经向向纬向5个试样测定值的算术平均值表示。

一、05J3-2

外墙内保温

1

说　　明

说　　明

1. 适用范围

1.1　本图集适用于严寒、寒冷及夏热冬冷地区设置集中采暖的新建、扩建和改建的居住建筑（包括住宅和公寓、别墅、集体宿舍、招待所、旅馆、托幼、病房等）及既有建筑节能改造时的外围护结构内保温，其他民用与工业建筑可参考使用。

1.2　外墙主体品种较多，又根据国家颁布有关禁止使用实心黏土砖的规定，从节土、节地、节能角度出发，本次未编制实心黏土砖墙体，而选用钢筋混凝土墙、承重混凝土空心砌块墙、轻集料混凝土空心砌块墙、KP_1 承重多孔砖（240mm 厚和 360mm 厚）墙及加气混凝土砌块墙五种做法。粉煤灰、煤矸石、黏土烧结多孔砖可参照执行。

2. 编制依据

2.1　《民用建筑节能设计标准（采暖居住建筑部分）》(JGJ 26—95)

2.2　建设部《全国民用建筑工程设计技术措施—规划·建筑·2003》

2.3　《民用建筑热工设计规范》(GB 50176—93)

2.4　《夏热冬冷地区居住建筑节能设计标准》(JGJ 134—2001)

2.5　《既有采暖居住建筑节能改造技术规程》(JGJ 129—2000)

2.6　《建筑工程施工质量验收统一标准》(GB 50300—2001)

2.7　《建筑装饰装修工程质量验收规范》(GB 50210—2001)

2.8　本图集的编制在满足第二阶段建筑节能 50% 的基础上，贯彻国家建筑节能的标准、规范、规定及规划，并结合了近年来外墙内保温的新技术。各地区应根据当地所处气候区域的实际情况，选择符合本地区规定的内保温材料做法，以达到最好的节能效果。

3. 主要内容

3.1　本图集选用了轻集料混凝土空心砌块、承重混凝土空心砌块、现浇混凝土剪力墙、KP_1 承重多孔砖、加气混凝土砌块作为主体墙，以炉渣水泥聚苯复合板、增强石膏聚苯复合板、单面钢丝网架聚苯复合板、胶粉聚苯颗粒保温浆料等保温材料作为内保温层组成外墙内保温四种做法，按 A、B、C、D 顺序分别编制，每种做法都给出了外墙内保温主要部位的节点详图，各做法中附有内保温层厚度选用表。表中轻集料混凝土空心砌块以炉渣混凝土空心砌块为例，KP_1 承重多孔砖以页岩多孔砖为例进行计算。粉煤灰、煤矸石、黏土烧结多孔砖均可参照执行。

3.2　外墙内保温类型：

本图集选择了四种类型外墙内保温技术，并以四种不同保温材料编制四种做法详图，具体做法和验收应以国家及厂家企业标准为准。

A 型—炉渣水泥聚苯复合板内保温　　　　编号 A

B 型—增强石膏聚苯复合板内保温　　　　编号 B

C 型—单面钢丝网架聚苯复合板内保温　　编号 C

D 型—胶粉聚苯颗粒保温浆料内保温　　　编号 D

3.3　D 型胶粉聚苯颗粒保温浆料内保温做法不适用于大城市民用建筑外墙内保温工程。（根据建科综函［2004］062 号文件）

4. 内保温材料构造简介

4.1 炉渣水泥聚苯复合保温板：是以阻燃型聚苯乙烯泡沫塑料同炉渣水泥面层复合而成的保温板。

4.2 增强石膏聚苯复合保温板：是以阻燃型聚苯乙烯泡沫塑料板同中碱玻璃纤维涂塑网格布、建筑石膏（允许掺加不大于20%硅酸盐水泥）及膨胀珍珠岩一起复合而成的保温板。

4.3 单面钢丝网架聚苯复合板内保温：钢丝网架聚苯复合板是由单面钢丝方格平网与聚苯板，通过斜插腹丝（不穿透聚苯板）与钢丝网焊接，使钢丝网、腹丝与聚苯板复合成一块整板。

4.4 胶粉聚苯颗粒保温浆料外墙内保温：该技术采用工厂预制混合干拌分装生产工艺，将胶凝材料与聚苯颗粒轻骨料分袋包装，到施工现场将袋装胶粉与聚苯颗粒加水混合，搅拌成浆料。

5. 内保温复合板技术性能要求

5.1 材料技术性能要求

生产内保温复合板的原材料必须符合现行的国家（或行业）标准，且禁止使用菱镁矿类凝胶材料。

5.1.1 建筑石膏：应符合《建筑石膏 粉料物理性能的测定》(GB/T 17669.5—1999）标准

5.1.2 膨胀珍珠岩：应符合《膨胀珍珠岩》(JC 209—92）标准中70～100级的要求

5.1.3 水泥：应符合以下标准要求

低碱度硫铝酸盐水泥　　（JC/T 659—2003）

快硬硫铝酸盐水泥　　（JC 933—2003）

《通用硅酸盐水泥》　　（GB 175—2007）

5.1.4 聚苯乙烯泡沫塑料板（以下简称聚苯板）：应符合《绝热用模塑聚苯乙烯泡沫塑料》(GB/T 10801.1—2002)标准的要求。其性能指标应符合表1的规定。

聚苯板（EPS）性能指标　　**表1**

项目		单位	指标
表面密度		kg/m^3	≥20
导热系数		W/(m·K)	≤0.042
抗拉强度		MPa	≥0.1
氧指数		%	≥30
尺寸稳定性		%	≤0.2
陈化时间	自然条件	d	≥42
	蒸汽（60℃）	d	≥5
吸水率（V/V）		%	≤4
水蒸气透湿系数		ng/(Pa·m·s)	≤4.5
蓄热系数		$W/(m^2·K)$	≥0.36

5.1.5 挤塑聚苯板（XPS）的性能指标应符合表2的规定。

5.1.6 玻璃纤维网格布（以下简称网格布）：增强水泥类应采用耐碱玻璃纤维涂塑网格布，增强石膏类应采用中碱玻璃纤维涂塑网格布，其性能指标应符合表3规定。

挤塑聚苯板（XPS）性能指标　　表2

项　　目		单　　位	指　　标
表观密度		kg/m^3	≥25
导热系数		W/(m·K)	≤0.030
压缩强度		MPa	≥0.15
抗压强度		MPa	≥0.15
承受总压力		MPa	<0.08
承受长期静压力		MPa	<0.05
弯曲负荷		N	>35
使用温度范围		℃	≤75
陈化时间	自然条件	d	≥42
	蒸汽（60℃）	d	≥5
尺寸稳定性		%	≤2
氧指数		%	≥30
吸水率（浸水96h）		%	≤1.5
蓄热系数		$W/(m^2·K)$	≥0.32
燃烧性能		—	不低于B_2级

注：局部使用时应采用与之配套的材料和相应施工措施，确保面层不开裂。

耐碱（中碱）玻璃纤维涂塑网格布性能指标　　表3

项目 类型	网眼规格（mm）	含胶量（%）	耐碱度（ZrO_2含量，%）	断裂强力（经向，N/5mm）	每米质量（g/m）
耐碱涂塑网格布	5×5　10×10	≥7	≥14.5	≥900	≥80
中碱涂塑网格布	5×5　10×10	≥10	—	≥1000	≥80

5.2　物理力学性能　复合板的物理力学性能应符合表4的规定

复合板的物理力学性能　　表4

项　　目	增强石膏板复合板	炉渣混凝土聚苯复合板
面密度（kg/m^2）	≤25	≤20
含水率（%）	≤5	≤5
抗弯荷载（N）	≥1.0G	≥1.0G
抗冲击性（次）	≥10	≥10
燃烧性能（级）	B_1	B_1
面板收缩率（%）	≤0.08	≤0.08
当量热阻（$m^2·K/W$）	根据《民用建筑节能设计标准》(JGJ 26—95)和《民用建筑热工设计规范》(GB 50176—93)的规定	

注：G-板材的重量（单位：N）

5.3　质量要求

5.3.1　外观要求：复合板的外观质量应符合表5的规定。

5.3.2　尺寸允许偏差应符合表6的规定。

复合板的外观质量　　表5

项目	指标
露网	无外露纤维
缺棱	深度≤10mm 棱同条边累计＜150mm
掉角	15×15mm 不多于2处
裂纹	无贯穿性裂纹计非贯穿性横向裂纹 无长度大于50mm或宽度大于0.2mm非贯穿性裂纹 长度大于20mm的非贯穿性裂纹不超过2处
蜂窝气孔	长径≤5mm，深度≤2mm的气孔不多于10处

尺寸允许偏差（mm）　　表6

项目	允许偏差
长度	±5
宽度	±2
厚度	±2
对角线差	≤8（条板）
	≤3（小板）
板侧面平直度	L/750
板面平整度	≤2
翘曲	≤4

6. 注意事项

6.1　内保温构造在承重内墙与外墙交接处，各层楼板与外墙交接处，会产生热桥。另外，保温板板缝处也会产生热桥，应采取相应措施，避免热桥，防止出现冷凝水。在严寒地区上述部位宜采用外保温构造措施。

6.2　卫生间和厨房不宜采用炉渣水泥聚苯复合保温板和增强石膏聚苯复合保温板，宜采用耐水保温板（如挤塑聚苯板）。

6.3　在粘贴复合板材内保温构造中，用胶粘剂将保温板粘贴在基层墙体时，形成空气层，有利于保温和防止保温材料受潮。空气层厚度一般为10～20mm，本图集均以10mm厚表示。

7. 内保温施工条件

7.1　环境温度不低于5℃。

7.2　屋面防水层与结构工程分别施工及验收完毕。

7.3　外墙门窗安装完毕。

7.4　水暖及装饰工程分别需要的管卡、炉勾等预埋件，宜留出位置或预埋完毕。电气工程的暗管线、接线盒等必须埋设完毕，并完成暗管线的穿带线工作。

8. 其他内保温材料，如增强水泥聚苯复合板、增强（聚合物）水泥聚苯复合板、粉煤灰泡沫水泥聚苯复合板内保温做法，可参考增强石膏聚苯复合板外墙内保温做法。

9. 计算公式

$$R=\frac{d}{\lambda} \qquad R_0=R_i+R+R_e \qquad K_0=\frac{1}{R_0}$$

$$K_m=\frac{K_p\times F_p+K_{B1}\times F_{B1}+K_{B2}\times F_{B2}+K_{B3}\times F_{B3}}{F_p+F_{B1}+F_{B2}+F_{B3}}$$

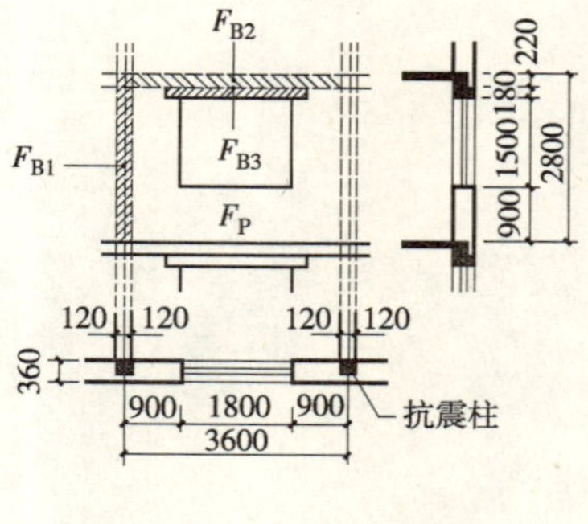

R—外墙材料层的热阻（$m^2\cdot K/W$）

d—外墙材料层的厚度（m）

λ—材料的导热系数 $W/(m\cdot K)$

K_0—外墙传热系数 $W/(m^2\cdot K)$

F_p—主体外墙面积（m^2）

F_{B1}—构造柱面积（m^2）

R_i—内表面换热阻，取0.11（$m^2\cdot K/W$）

R_e—外表面换热阻，取0.04（$m^2\cdot K/W$）

R_0—外墙传热阻（$m^2\cdot K/W$）

K_m—外墙平均传热系数 $W/(m^2\cdot K)$

F_{B2}—圈梁面积（m^2）

F_{B3}—窗过梁面积（m^2）

由于在实际工程当中开间、层高、窗洞口大小的不同都会影响到平均传热系数 K_m 的大小，因此此次热工表中以层高 2.8m，开间 3.6m，窗洞口 1.8m×1.5m 为计算依据。

热工计算表中的 α 为导热系数 λ 的修正系数（选自《民用建筑设计规范》(GB 50176—93)，附表 4.2)。在选用承重空心砌块时，应注意夏季隔热计算，具体做法由设计人定。

10. 图中所注尺寸，均以毫米（mm）为单位。

11. 几种常见内保温材料产品介绍：本图集节点详图是以目前较流行的炉渣水泥聚苯板、增强石膏聚苯板、单面钢丝网架聚苯板和胶粉聚苯颗粒保温浆料为例编写，若设计人选用其他保温材料可参照本图集节点详图。

12. 本图集主要为设计人在建筑节能设计中提供方便，在编制过程中尽量反映成熟的新技术、新材料，由于外墙保温材料许多是新材料，尚在科研阶段，在编写过程中构造做法上难免有不妥之处，仅起到参考的作用。施工单位不仅应按照国家、行业及企业有关标准和规定进行操作验收，而且在实践中不断完善实用技术，为建筑节能做出贡献。

13. 在本图集使用中，本图集所依据的规范、标准若有新的版本时，选用者应按有效版本对有关做法进行检查、调整，以使所选做法符合相关规范有效版本的要求。

2

A 型—炉渣水泥聚苯复合板外墙内保温

说　明

1. 炉渣水泥聚苯复合板一面为10mm厚的炉渣水泥，另一面为阻燃型聚苯乙烯泡沫塑料，泡沫塑料一面有燕尾槽，将两种材料紧密结合为一体，保温板的硬面上有四个预埋凹槽，可用四个内膨胀螺栓将保温板与外墙主体紧密结合。

保温板的软面用1:3的水泥胶浆将保温板四周满刷，内部点梅花点，顺线将保温板贴于外墙内侧，用膨胀螺栓加固，再用干粉柔性腻子将板缝挤严顺缝贴50mm宽的抗裂带。全部板面刷涂一道界面剂后，满粘贴耐碱玻璃纤维涂塑网格布，然后刮3~5mm厚耐水腻子，分两次刮平。

适用于外墙为混凝土墙、承重混凝土空心砌块、轻集料混凝土空心砌块、KP_1承重多孔砖及加气混凝土砌块墙的多层或高层住宅等居住建筑。炉渣水泥聚苯复合板厚度由设计确定后向厂家定做。

2. 炉渣水泥聚苯复合板体系不适用于浴室等潮湿的房间，潮湿的房间应换用挤塑聚苯板，一般房间的踢脚板也应换用挤塑聚苯板等耐水型保温踢脚板。

3. 施工顺序

墙面清理 → 弹线 → 抹冲筋点 → 粘贴防水保温踢脚板 → 粘贴安装保温板 → 抹门窗口护角 → 粘贴网格布 → 刮腻子

3.1　清理墙面：凡凸出墙面超过10mm的砂浆、混凝土块必须剔除并扫净墙面。

3.2　根据开间或进深尺寸及保温板实际规格，预排保温板，弹出排板位置线。

3.3　外墙内侧用直径6cm砂浆灰饼找出空气层，双向间距不大于300mm。

3.4　粘贴防水保温踢脚板。

3.5　粘贴安装保温板。

3.5.1　将保温板贴在外墙内侧，用电锤在保温板预留槽打孔，将螺栓插入孔内并用扳手拧紧，安装时横向竖向均应挂线。安装保温板后的墙面必须平整，保温板硬面朝外软面朝墙，每块板安装四个螺栓为宜。

3.5.2　粘贴安装保温板时，按粘贴控制线从下至上逐层顺序粘贴，上下皮应错十字缝，板缝控制在2mm左右，务必用干粉柔性腻子将板缝挤严，顺缝贴50mm宽的抗裂带，然后刷涂界面剂一道（务必涂严）。

3.5.3　安装保温板时，应随时用托线板检查，确保保温墙面的垂直度和平整度。

3.5.4　保温板与相邻墙面、顶棚的接槎应用粘结石膏嵌实、刮平。邻接门窗洞口、接线盒的位置，不能使空气层外露。

3.5.5　粘贴、安装炉渣水泥聚苯复合板的允许偏差及检验方法见表1。

粘贴聚苯板的允许偏差及检验方法　　**表1**

项　次	项　目	允许偏差（mm）	检验方法
1	表面平整	2	用2m靠尺或塞尺检查
2	立面垂直	3	用2m托线板检查
3	阴阳角垂直	3	用2m托线板检查
4	阴阳角方正	3	用200mm方尺或楔形塞尺检查
5	接缝高差	1.5	用直尺或楔形塞尺检查

3.6 门窗洞口的转角用1∶2.5水泥砂浆或聚合物砂浆抹护角。

3.7 板面全部用胶横向贴耐碱玻璃纤维涂塑网格布，将布绷平贴实，拼接处搭接≥50mm，阴阳角及水平护角处网格布要包过150mm。

3.8 待网格布粘结层彻底干燥后，墙面满刮两道耐水腻子，每层厚度控制在2mm，最后按工程设计做饰面。

3.9 水电专业各种管线和设备的埋件，必须固定于结构墙内，电气接线盒等埋设深度应与保温层厚度相应，凹进墙面不大于2mm。

4. 材料性能要求

4.1 阻燃型聚苯板

推荐规格：400mm×800mm，具体规格按设计施工要求，厚度按节能设计要求。

4.2 耐碱玻璃纤维网格布应满足见表2要求。

耐碱玻璃纤维网格布性能指标 **表2**

项目		单位	指标
网孔中心距	普通型	mm	4×4
	加强型		6×6
单位面积质量	普通型	g/m^2	≥160
	加强型		≥500
断裂强力（经向纬向）	普通型	N/50mm	≥1250
	加强型	N/50mm	≥3000
耐碱强力保留率28d（经向　纬向）		%	≥90
涂塑量		g/m^2	≥20

4.3 耐水腻子性能指标见表3。

耐水腻子性能指标 **表3**

项目		指标	
		Ⅰ型	Ⅱ型
容器中状态		外观白色状、无结块、均匀	
浆料可使用时间（h）		终凝不小于2	
施工性		刮涂无困难、无起皮、无打卷	
干燥时间（h）		<5	
白度（%）		≥80	
打磨性（%）		20~80	
稠度（cm）		11~13	
柔韧性		直径50mm卷曲无裂纹	
低温储存稳定性		-5℃冷冻4h无变化，刮涂无困难	
耐碱性		—	24h无异常
耐水性		—	48h无异常
软化系数		不小于0.07	不小于0.05
粘结强度（MPa）	标准状态	>0.30	>0.60
	浸水以后	—	>0.40

4.4 炉渣混凝土聚苯复合板性能指标见表4。

炉渣水泥聚苯复合板性能指标　　表4

项　次	项　目	单　位	检验方法
1	气干面密度	kg/m²	≤20
2	抗折破坏荷载	N	≥450
3	吸水率	%	≤30
4	热阻（5cm厚）	m²·K/W	≥0.96
5	拉拔力	kN/个	≥0.7
6	握钉力	kN/个	≥2.0
7	附着力	kN/（40cm×40cm）	≥2.0

4.5 炉渣：干密度800kg/m³。

水泥：采用强度等级为32.5级以上的普通硅酸盐水泥，应符合《通用硅酸盐水泥》(GB 175—2007）的要求。将炉渣与水泥按体积比1:3（重量比1:2.5）混合。

4.6 要求施工温度大于5℃。

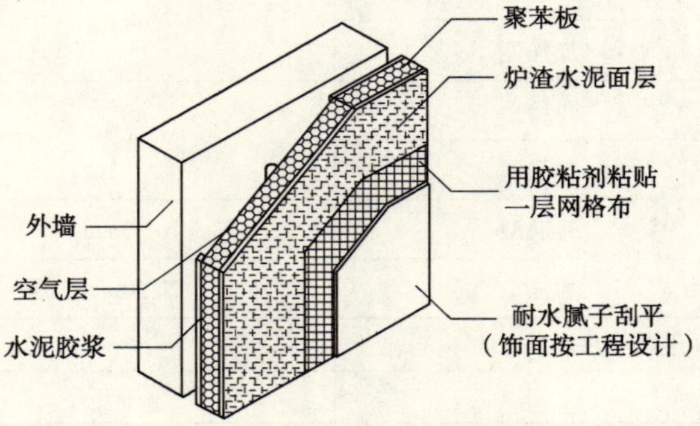

炉渣水泥聚苯复合板内保温构造示意图

炉渣水泥聚苯复合板内保温构造（见表5）

炉渣水泥聚苯复合板内保温构造　　表5

<table>
<tr><td>承重混凝土空心砌块190厚
热阻 R=0.163（m²·K/W）
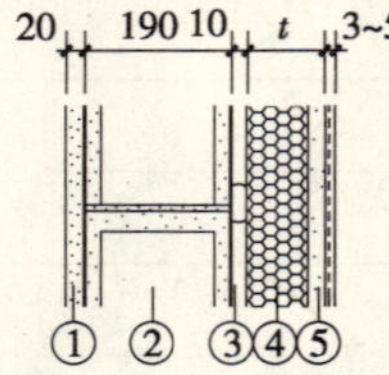
</td><td colspan="2">KP₁ 承重页岩多孔砖
导热系数：0.57W/(m·K)
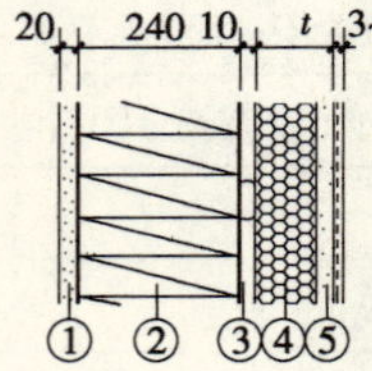

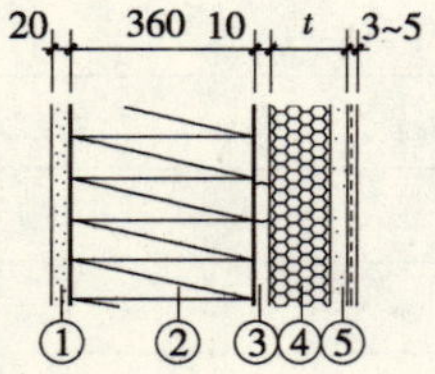
</td><td rowspan="2">一、热工计算取值：
1. 水泥砂浆外墙抹面：
导热系数 λ=0.93W/(m·K)
2. 外墙：导热系数 λ 或热阻 R 见不同墙体
3. 空气间层热阻 R=0.14（m²·K/W）
4. 聚苯板：
导热系数 λ=0.042W/(m·K)
5. 炉渣水泥面层：
导热系数 λ=0.42W/(m·K)
6. 钢筋混凝土圈梁和构造柱：
导热系数 λ=1.74W/(m·K)
二、修正系数 α 取值：
1. 水泥砂浆：α=1.00
2. 外墙
钢筋混凝土剪力墙：α=1.00
KP₁ 承重多孔砖：α=1.25
加气混凝土砌块：α=1.25
3. 聚苯板：α=1.20
4. 炉渣水泥面层：α=1.00</td></tr>
<tr><td>轻骨料（炉渣）混凝土空心砌块190厚热阻
R=0.26（m²·K/W）
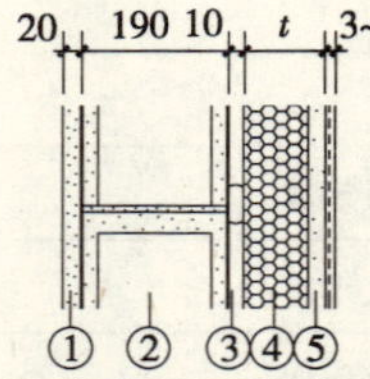
</td><td>钢筋混凝土剪力墙导热系数：1.74W/(m·K)
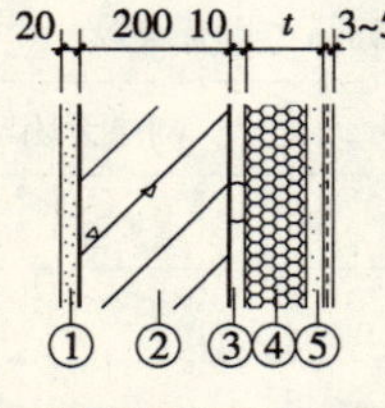
</td><td>加气混凝土砌块墙导热系数：0.19W/(m·K)
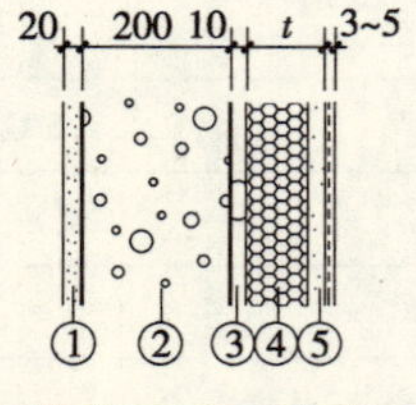
</td></tr>
</table>

注：1. 外墙平均传热系数的计算依据《民用建筑节能设计标准》JGJ 26—95附录C求得。
2. 轻骨料混凝土空心砌块以炉渣空心砌块为例进行计算；KP₁ 承重多孔砖以页岩多孔砖为例进行计算。
3. 复合保温板导热系数为其当量导热系数。
4. 保温板厚度为 t，其中聚苯板芯厚度为 t-10mm。

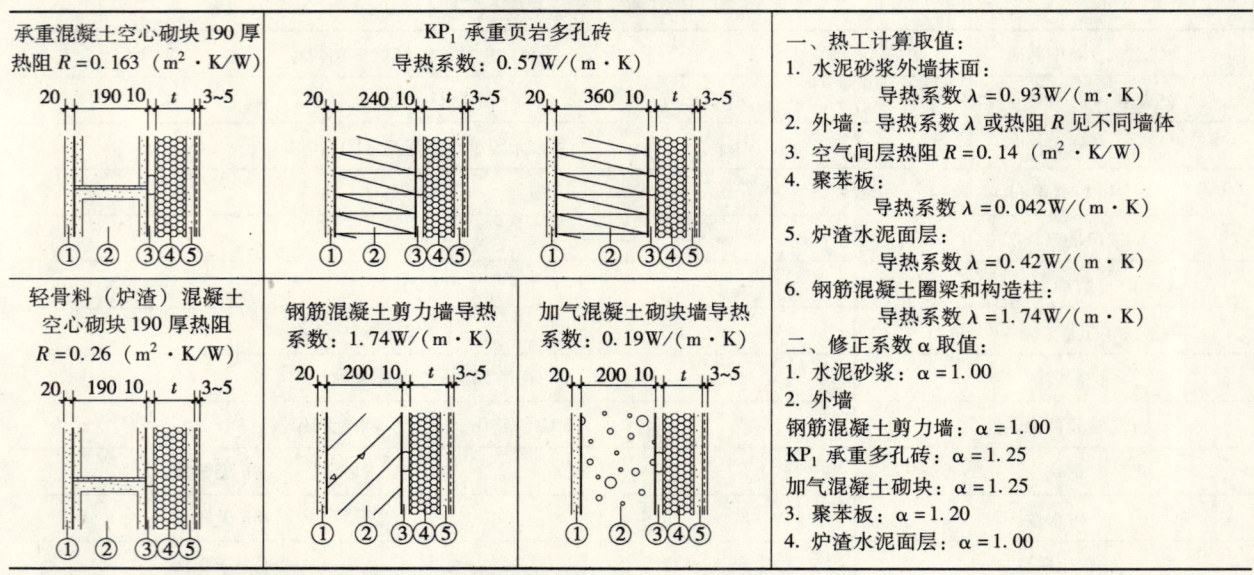

炉渣水泥聚苯复合板外墙内保温做法、热工指标及厚度选用表（见表6）

炉渣水泥聚苯复合板外墙内保温做法、热工指标及厚度选用表 **表6**

编号	构造简图	外墙主体	① 外墙外抹灰	② 外墙主体	③ 空气层	④ 保温层	⑤ 抗裂层	主体部位		外墙平均传热系数 K_m [W/(m^2·K)]
			厚度(mm)	厚度(mm)	厚度(mm)	厚度(mm)	厚度(mm)	总传热阻 R_p (m^2·K/W)	传热系数 K_p [W/(m^2·K)]	
1	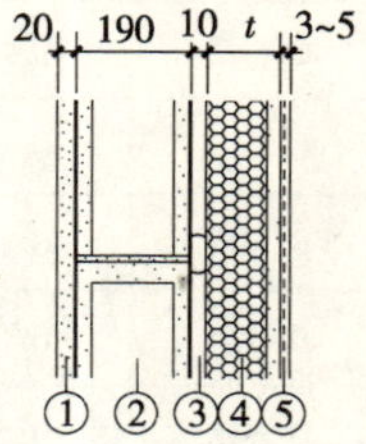	承重混凝土空心砌块	20	190	10	30	3~5	0.899	1.112	1.208
						40		1.099	0.916	1.016
						50		1.299	0.770	0883
						60		1.499	0.667	0.786
						70		1.699	0.589	0.712
						80		1.899	0.527	0.654
						90		2.099	0.476	0.607
						100		2.299	0.435	0.568
						110		2.499	0.400	0.535
						120		2.699	0.371	0.508
2	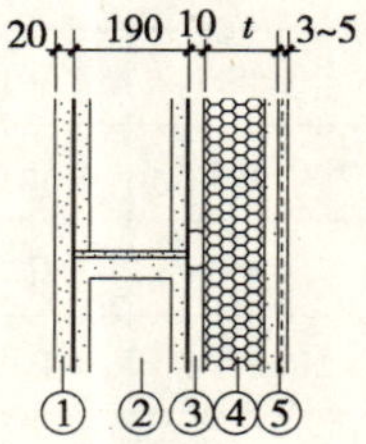	炉渣混凝土空心砌块	20	190	10	30	3~5	0.996	1.004	1.098
						40		1.196	0.836	0.932
						50		1.396	0.716	0.814
						60		1.596	0.627	0.727
						70		1.796	0.557	0.660
						80		1.996	0.501	0.606
						90		2.196	0.455	0.562
						100		2.396	0.417	0.526
						110		2.596	0.385	0.495
						120		2.796	0.358	0.469
3	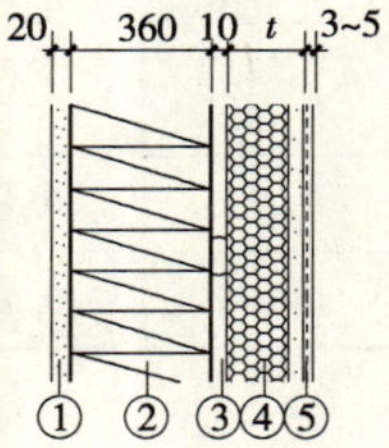	360厚页岩多孔砖	20	360	10	30	3~5	1.241	0.806	1.021
						40		1.441	0.694	0.953
						50		1.641	0.609	0.858
						60		1.841	0.543	0.796
						70		2.041	0.490	0.746
						80		2.241	0.446	0.704
						90		2.441	0.410	0.669
						100		2.641	0.379	0.638
						110		3.841	0.352	0.611
						120		3.041	0.329	0.587

续表

编号	构造简图	外墙主体	①外墙外抹灰	②外墙主体	③空气层	④保温层	⑤抗裂层	主体部位		外墙平均传热系数 K_m
			厚度(mm)	厚度(mm)	厚度(mm)	厚度(mm)	厚度(mm)	总传热阻 R_p ($m^2 \cdot K/W$)	传热系数 K_p [$W/(m^2 \cdot K)$]	[$W/(m^2 \cdot K)$]
4	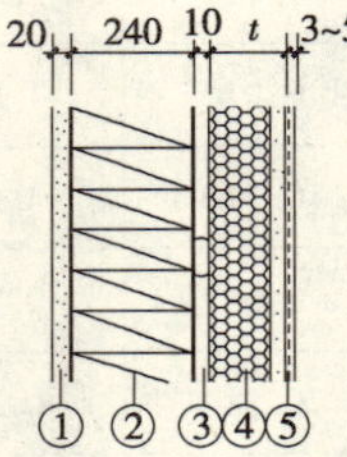	240厚页岩多孔砖	20	240	10	30	3~5	1.073	0.932	1.139
						40		1.273	0.786	0.977
						50		1.473	0.679	0.845
						60		1.673	0.598	0.779
						70		1.873	0.534	0.710
						80		2.073	0.482	0.654
						90		2.273	0.440	0.607
						100		2.473	0.404	0.568
						110		2.673	0.374	0.534
						120		2.873	0.348	0.504
5	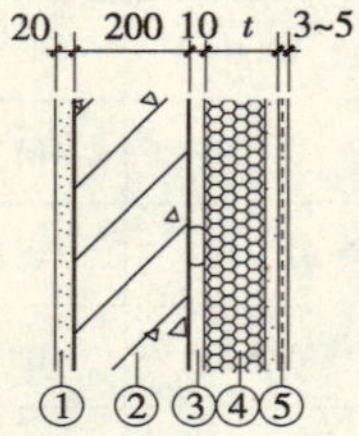	混凝土剪力墙	20	200	10	30	3~5	0.851	1.175	1.330
						40		1.051	0.951	1.119
						50		1.251	0.799	0.974
						60		1.451	0.689	0.868
						70		1.651	0.606	0.788
						80		1.851	0.540	0.723
						90		2.051	0.488	0.670
						100		2.251	0.444	0.627
						110		2.451	0.408	0.590
						120		2.651	0.377	0.558
6	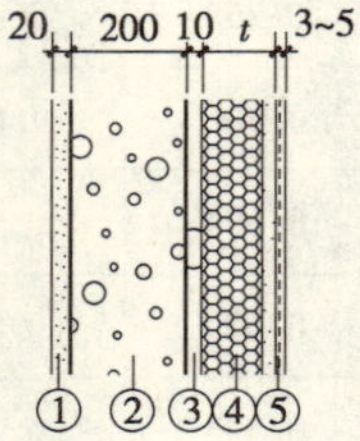	加气混凝土砌块墙	20	200	10	30	3~5	1.578	0.634	0.824
						40		1.778	0.562	0.730
						50		1.978	0.506	0.660
						60		2.178	0.459	0.606
						70		2.378	0.421	0.562
						80		2.578	0.388	0.526
						90		2.778	0.360	0.495
						100		2.978	0.336	0.469
						110		3.178	0.315	0.447
						120		3.378	0.296	0.428

注：1. 计算结果依据《民用建筑热工设计规范》(GB 50176—93) 求得。

2. 轻集料混凝土空心砌块以炉渣混凝土空心砌块为例进行计算。

3. 上表中 KP_1 承重多孔砖以页岩多孔砖为例进行计算。

详图示意

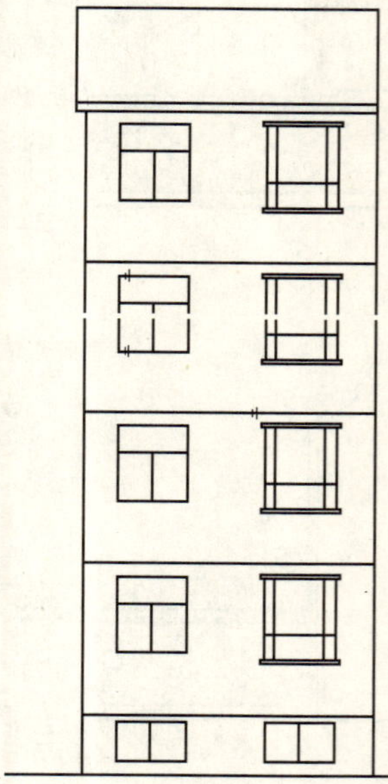

立面示意

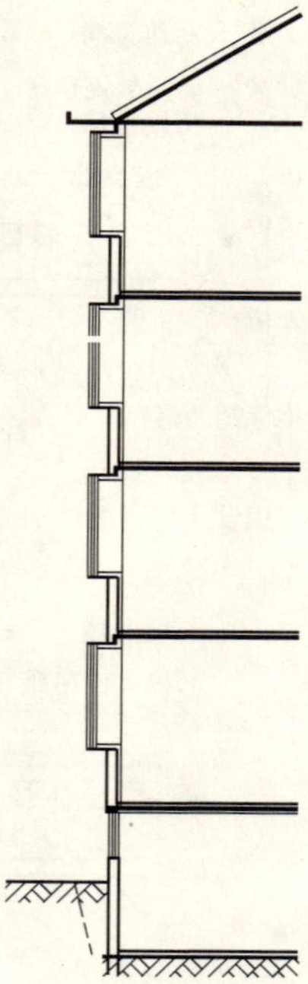

1—1

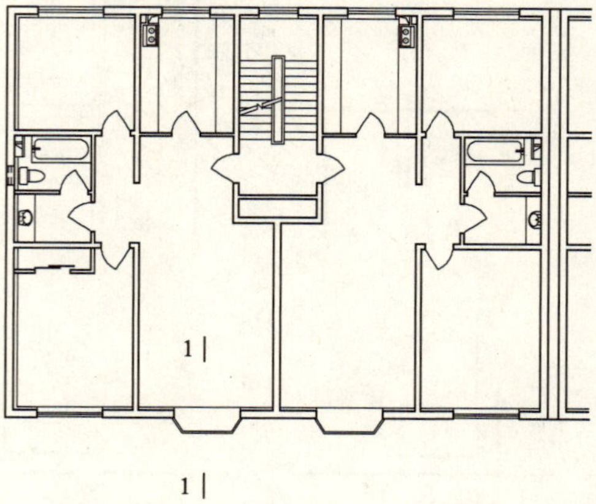

平面示意

平面节点详图

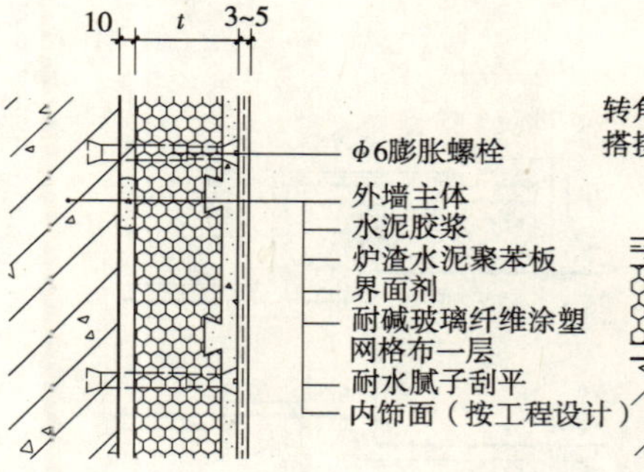

① 做法示意

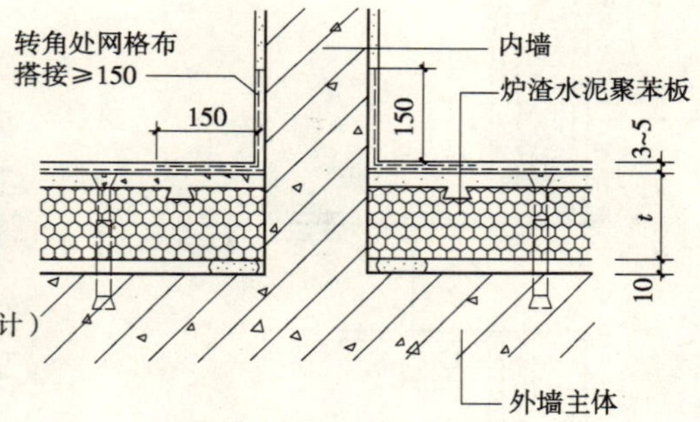

②

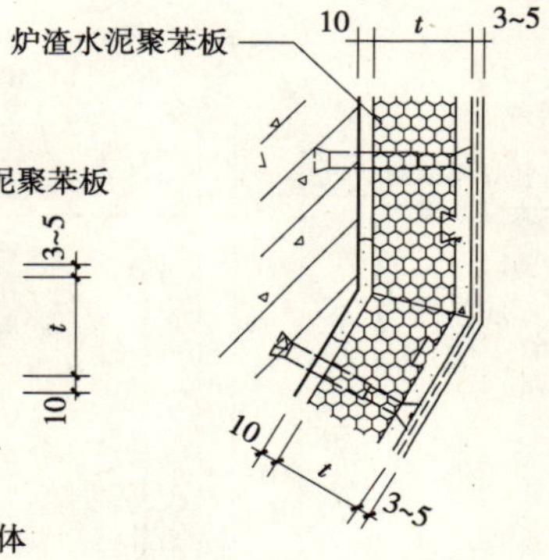

③

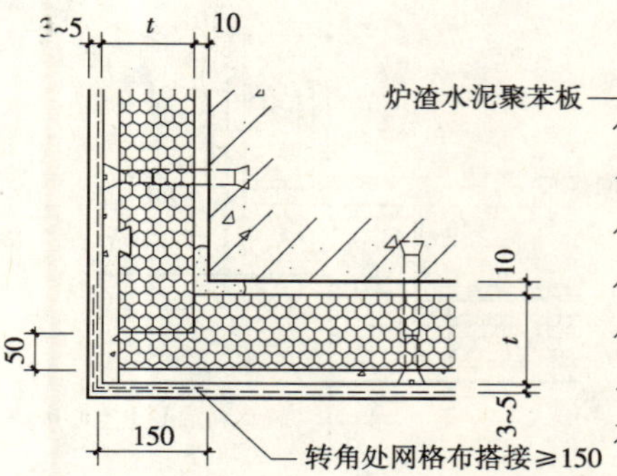

④ 阳角

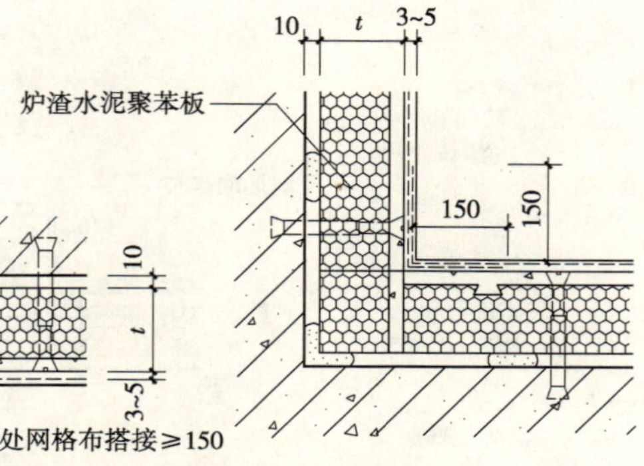

⑤ 阴角

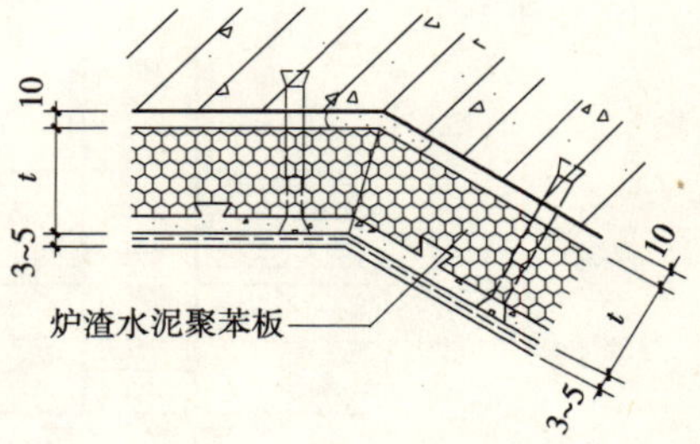

⑥

注：t 为保温层厚度，除注明外均由设计人定或参见厚度选用表

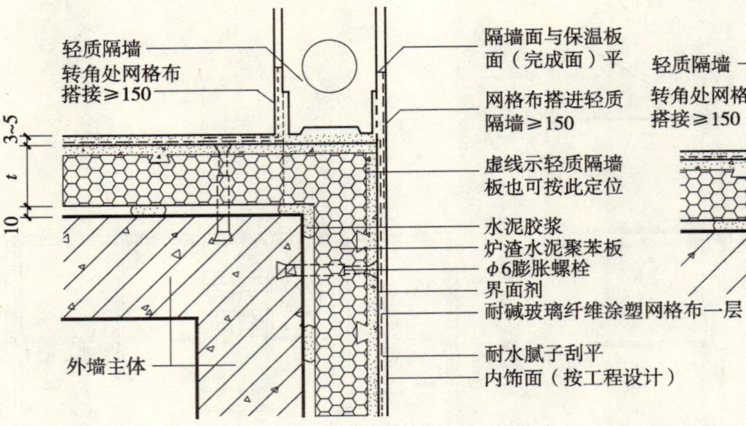

①

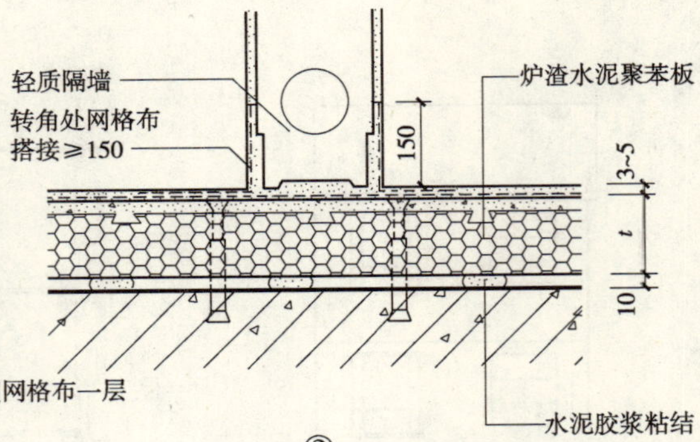

②

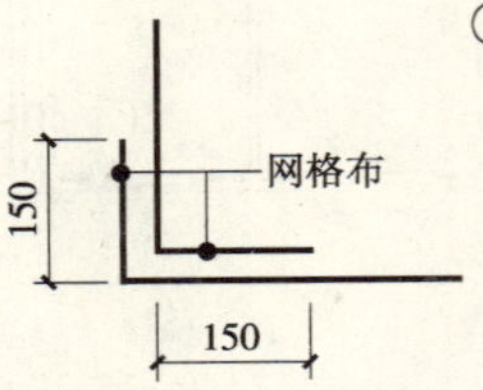

④网格布搭接

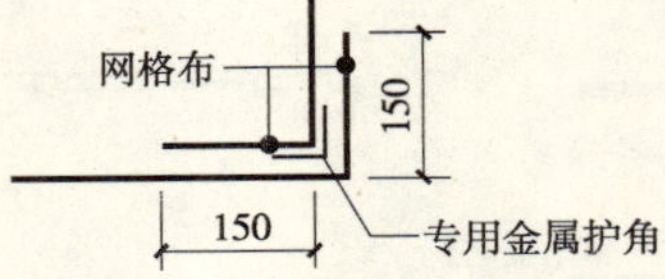

⑤首层网格布搭接

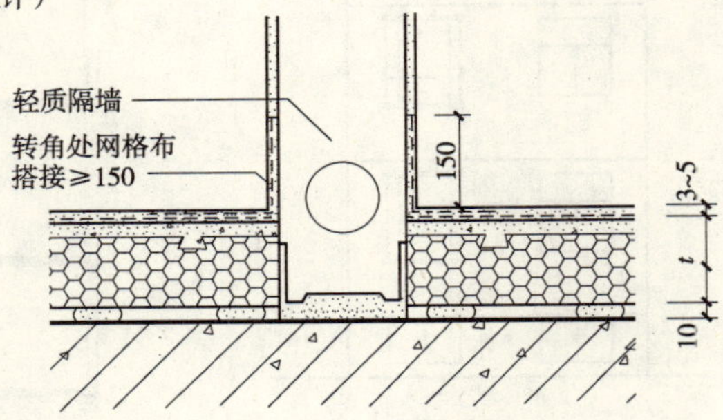

③

注：专用金属护角，用于首层外墙阳角，断面尺寸为mm；
35×35×0.5~45×45×0.5高h=2000，边上有孔以利
于砂浆嵌固，设在两层玻璃纤维涂塑网格布之间。

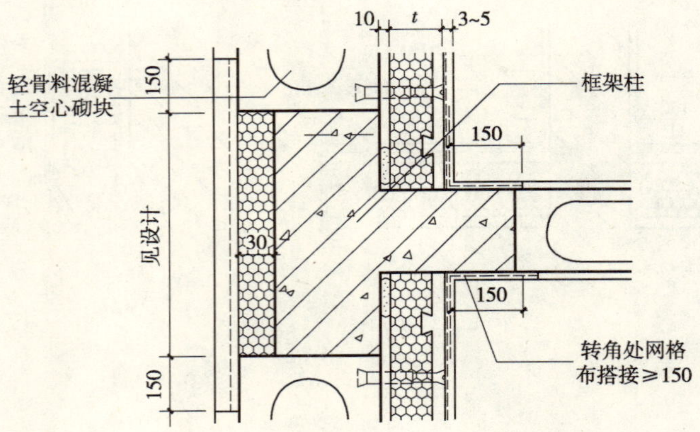

①

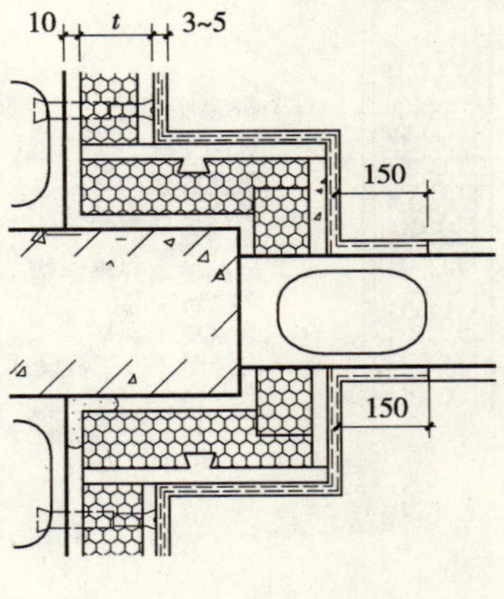

②

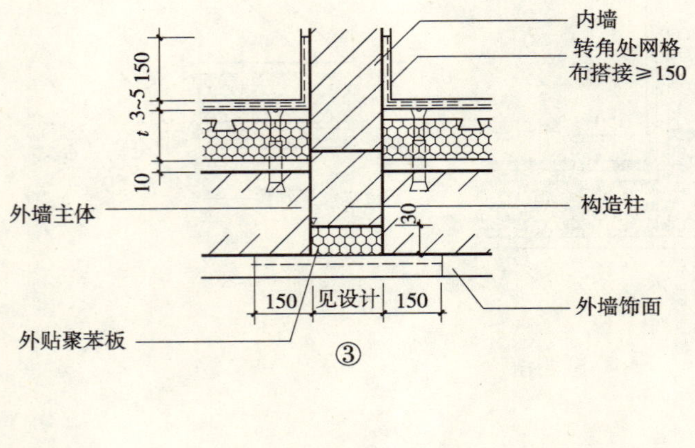

③

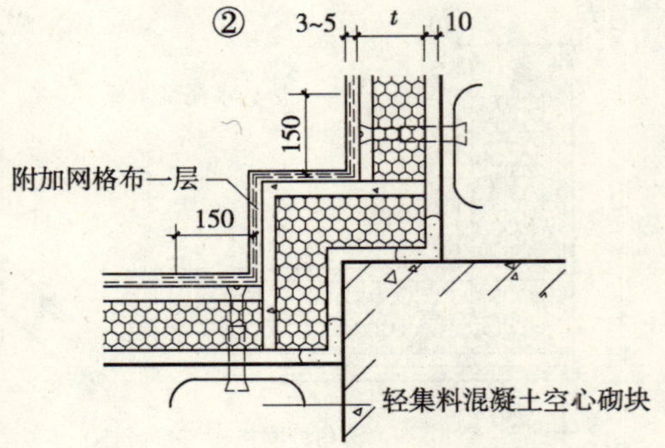

④

楼梯间及外墙变形缝节点详图

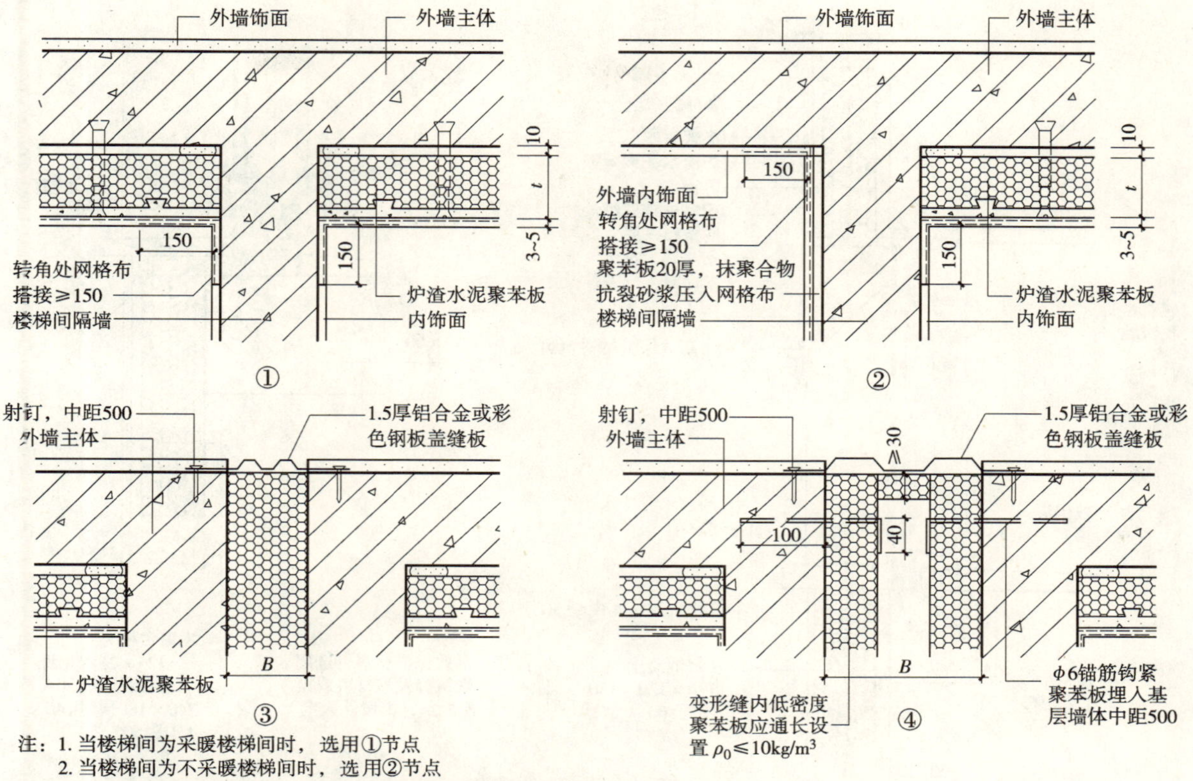

注：1. 当楼梯间为采暖楼梯间时，选用①节点

2. 当楼梯间为不采暖楼梯间时，选用②节点

3. B为变形缝宽度，由设计人定，当$R \leqslant 60$时选用③节点，当$B > 60$时选用④节点

楼层处及窗侧口节点详图

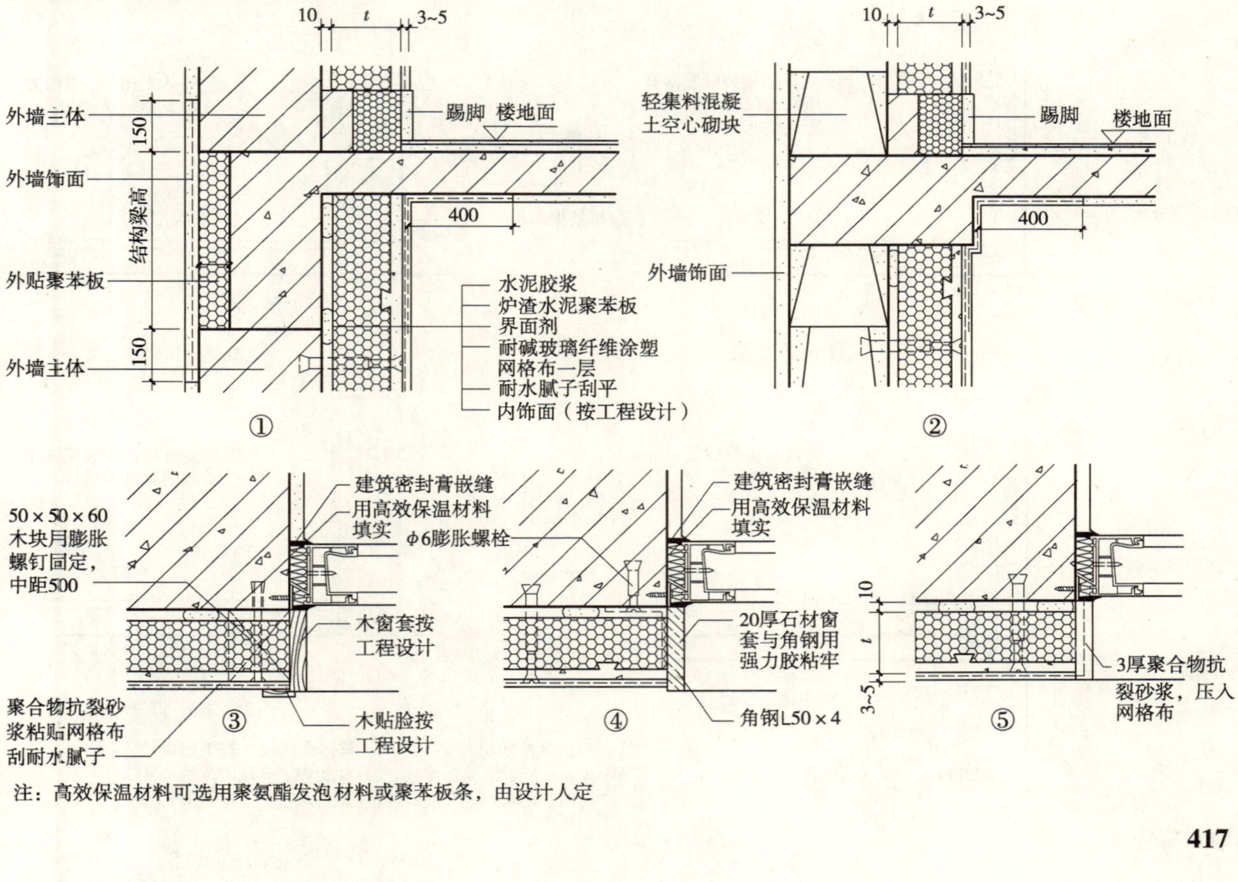

注：高效保温材料可选用聚氨酯发泡材料或聚苯板条，由设计人定

窗台、窗上口节点详图

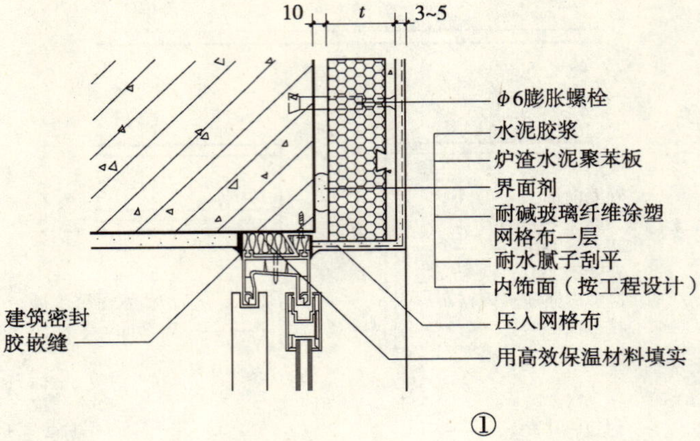

①

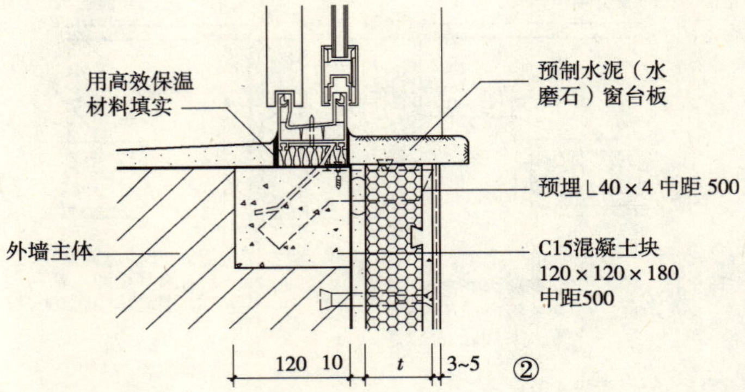

②

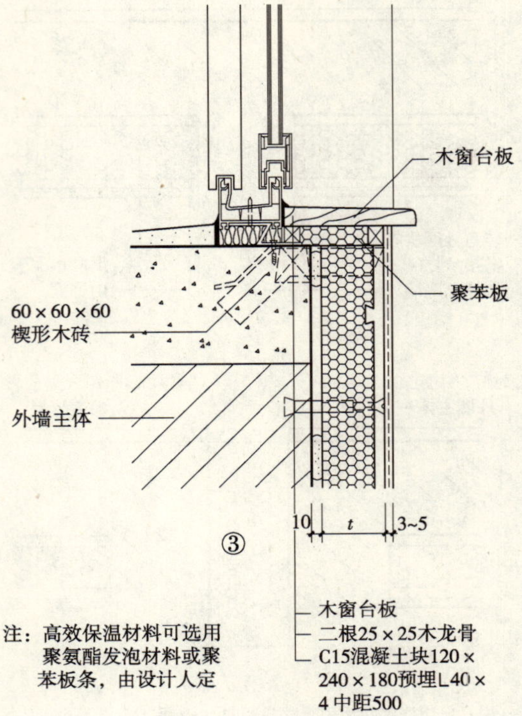

③

注：高效保温材料可选用
聚氨酯发泡材料或聚
苯板条，由设计人定

踢脚节点详图

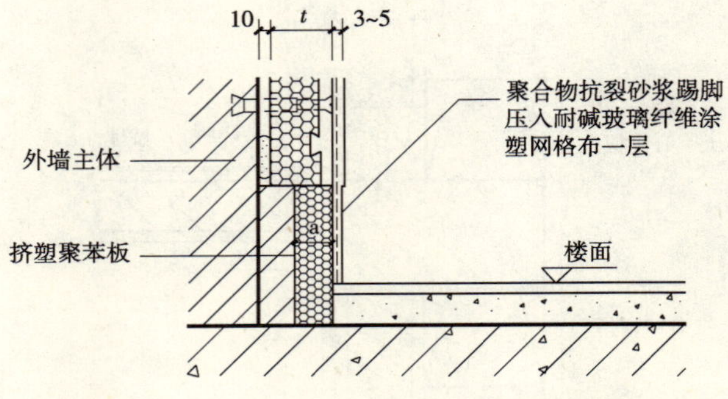

① 水泥踢脚

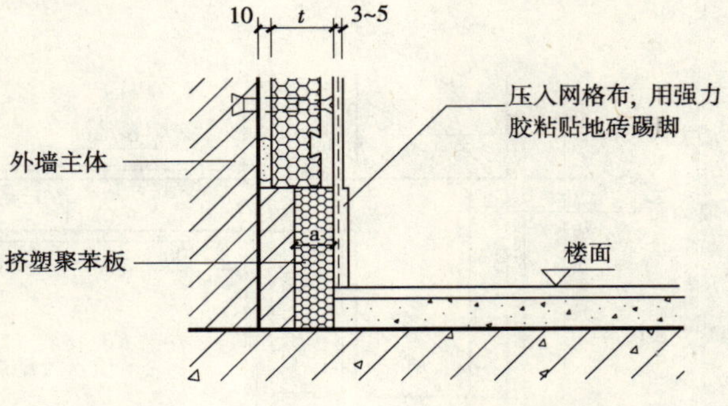

② 地砖踢脚

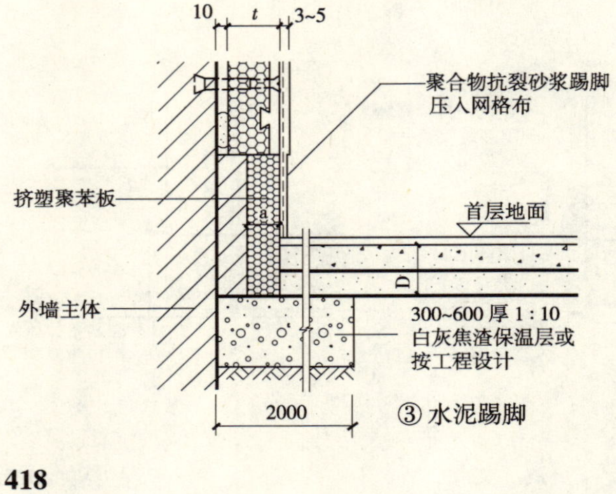

③ 水泥踢脚

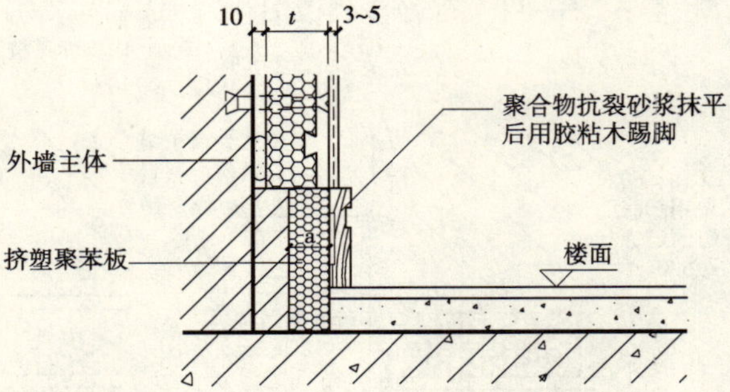

④ 木踢脚

注：1. D 为楼地层及垫层厚度，具体做法尺寸按工程设计。
2. a 为挤塑聚苯板厚度，当 $t\leqslant50$ 时，$a=t+10$，当 $t>50$ 时，a 取 60 厚，靠墙部位用砖堵齐。

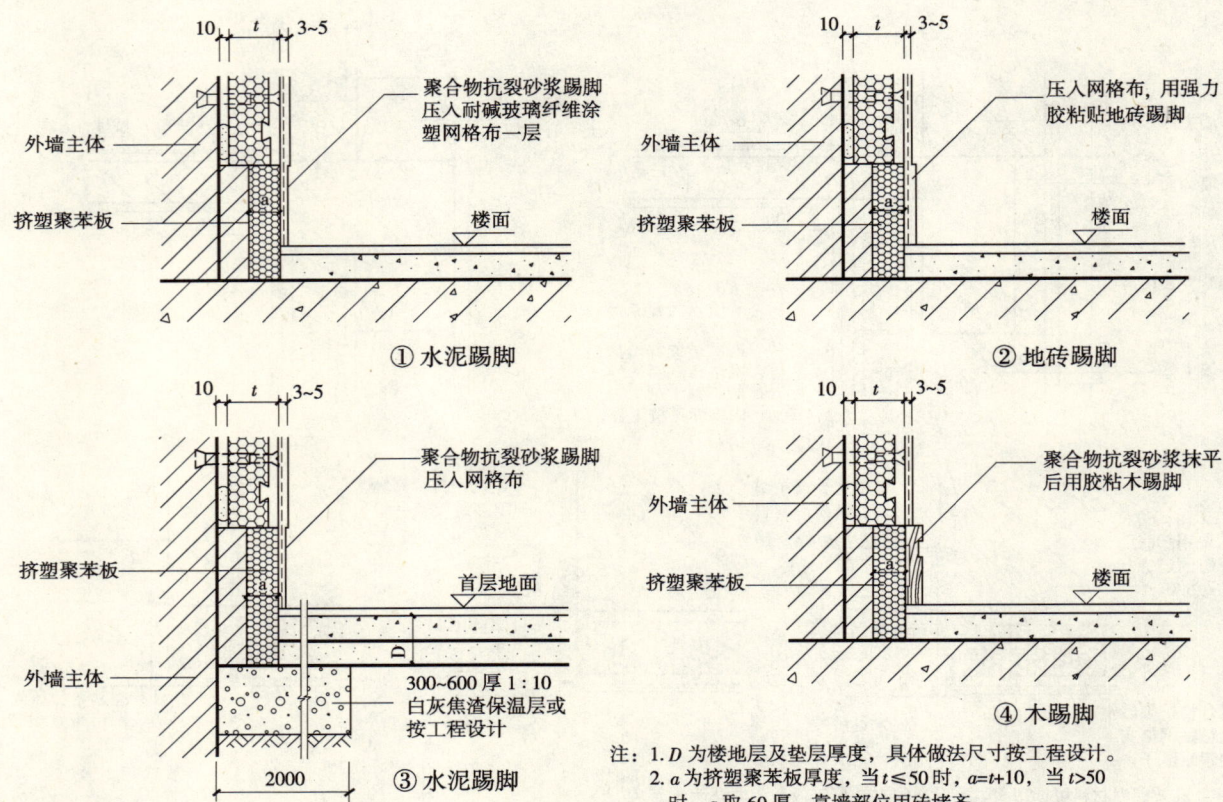

凸（飘）窗节点详图

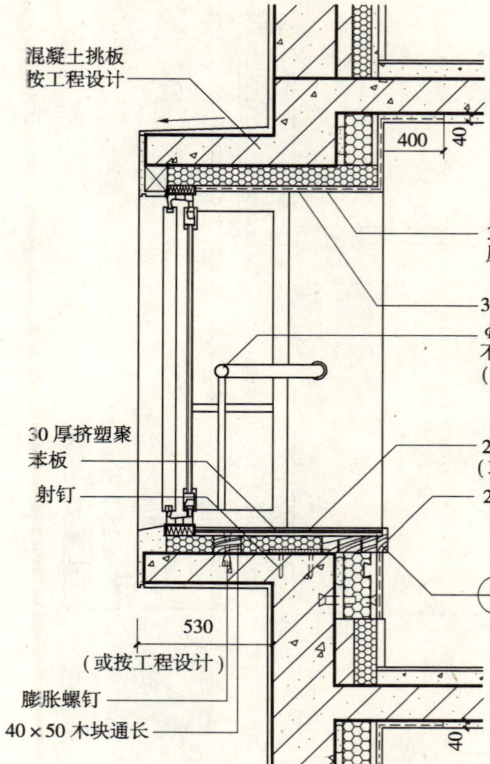

1—1

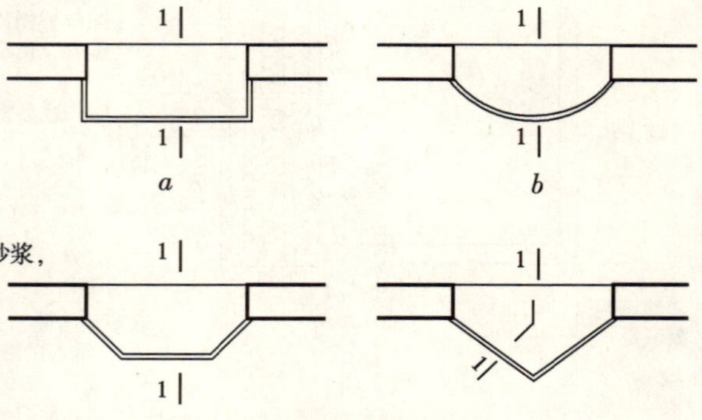

凸窗平面图

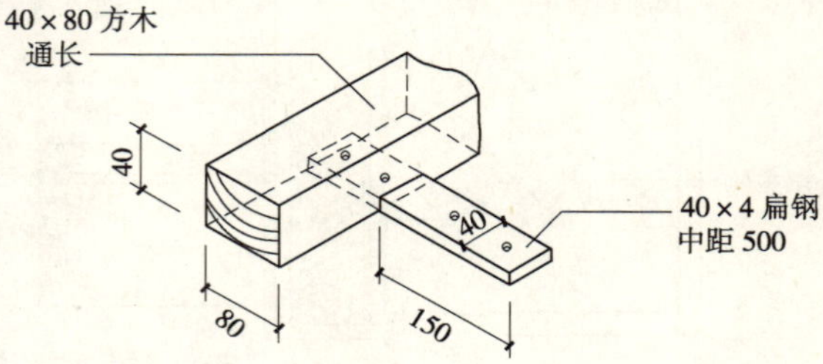

Ⓐ

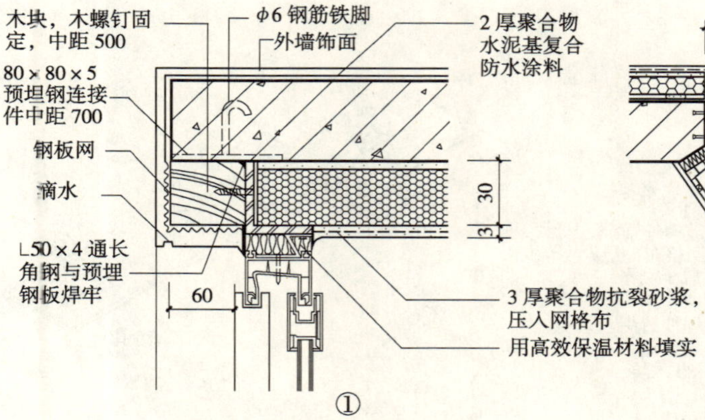

①

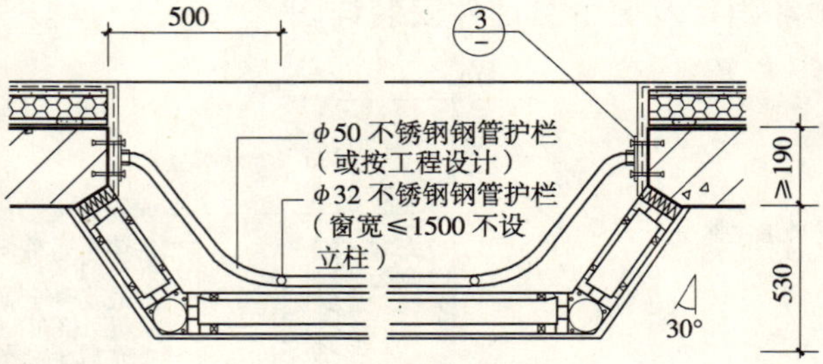

凸窗平面（以类型 C 为例）

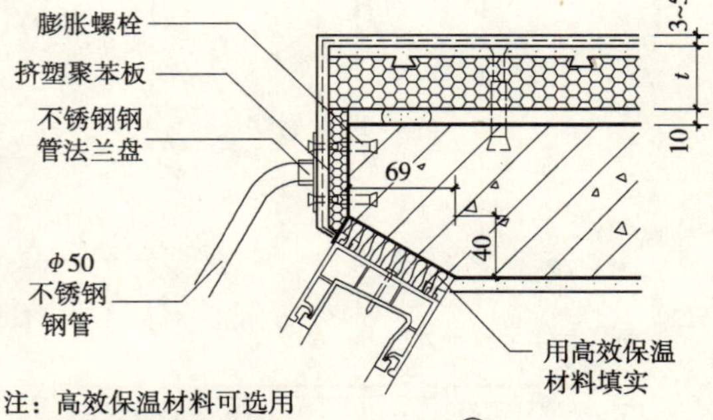

③

注：高效保温材料可选用聚氨酯发泡材料或聚苯板条，由设计人定

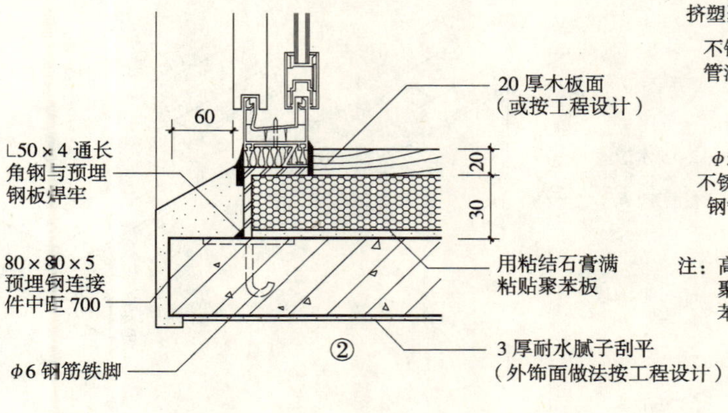

②

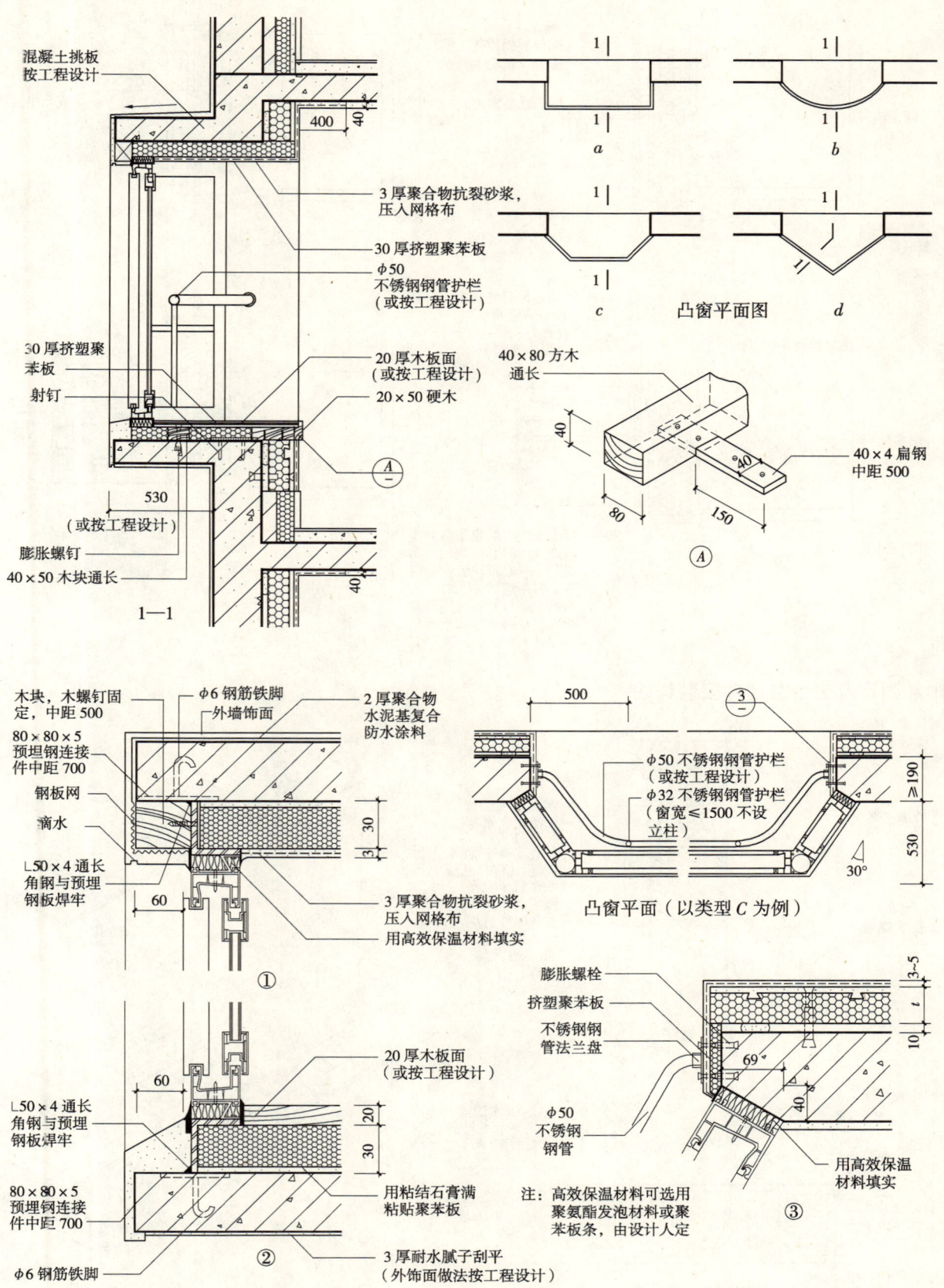

窗帘盒安装详图

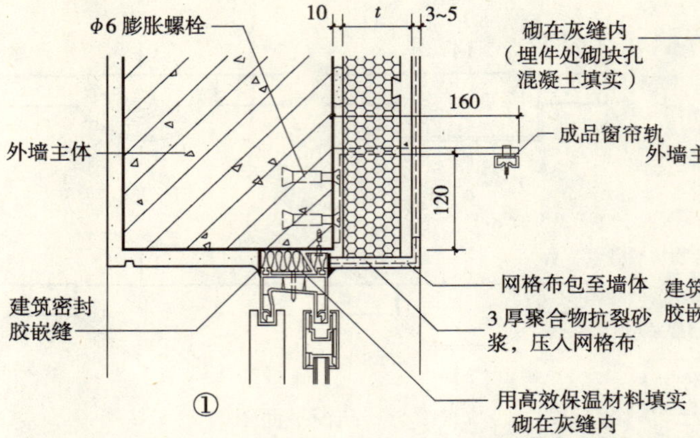

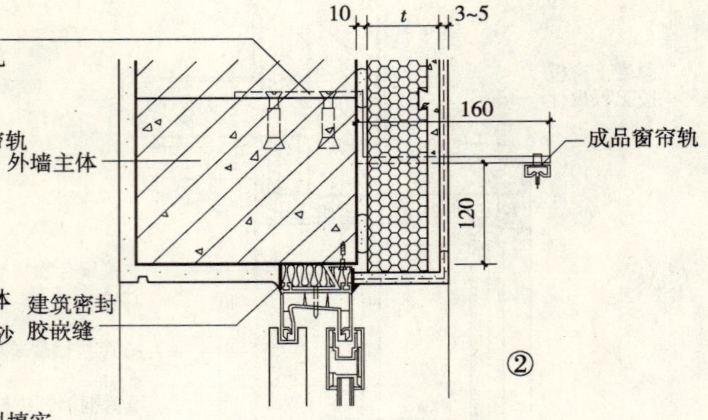

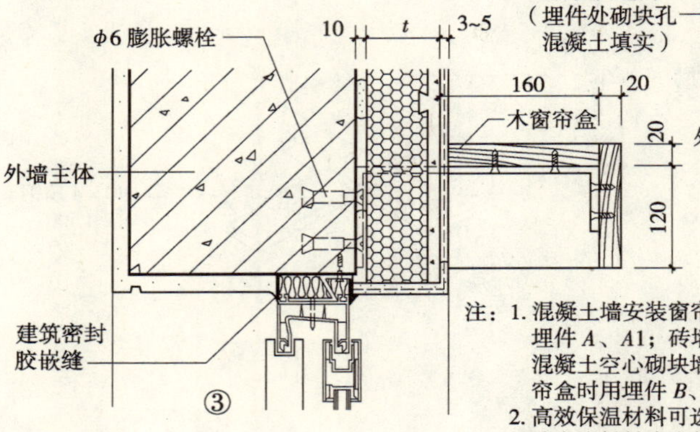

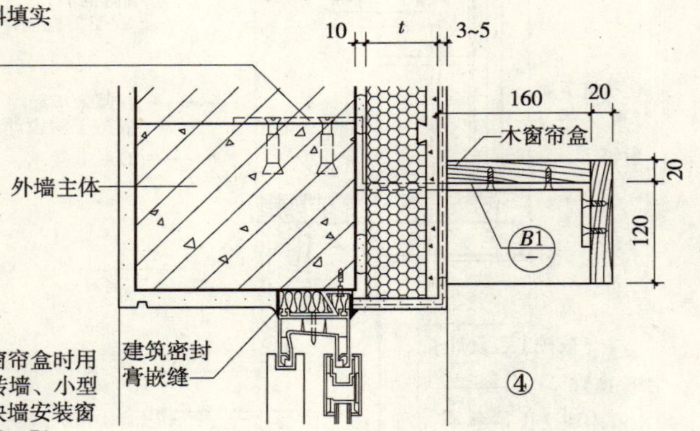

注：1. 混凝土墙安装窗帘盒时用埋件 *A*、*A*1；砖墙、小型混凝土空心砌块墙安装窗帘盒时用埋件 *B*、*B*1。
2. 高效保温材料可选用聚氨酯发泡材料或聚苯板条，由设计人定。

附件固定及窗帘盒埋件安装详图

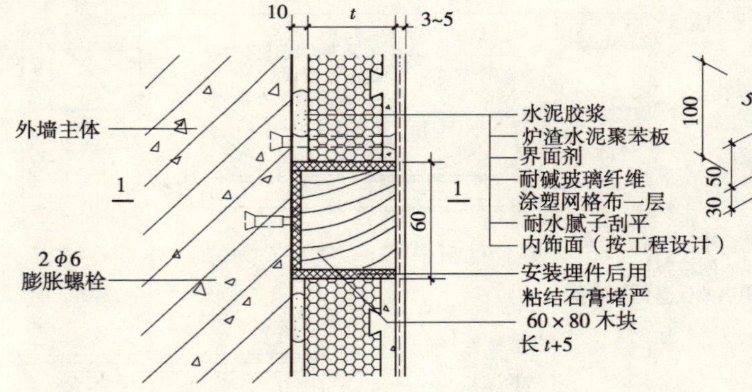

埋件做法

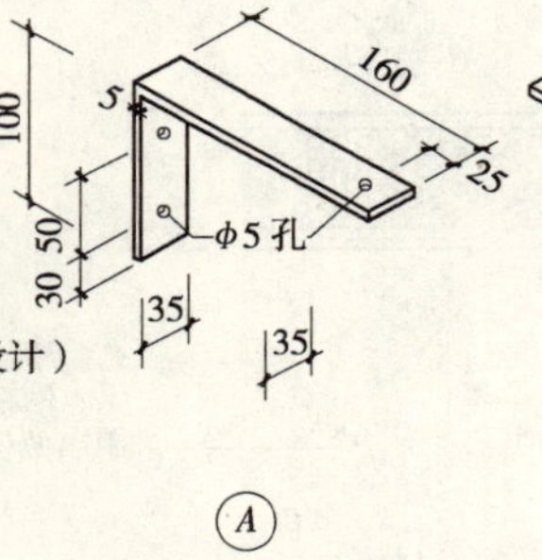

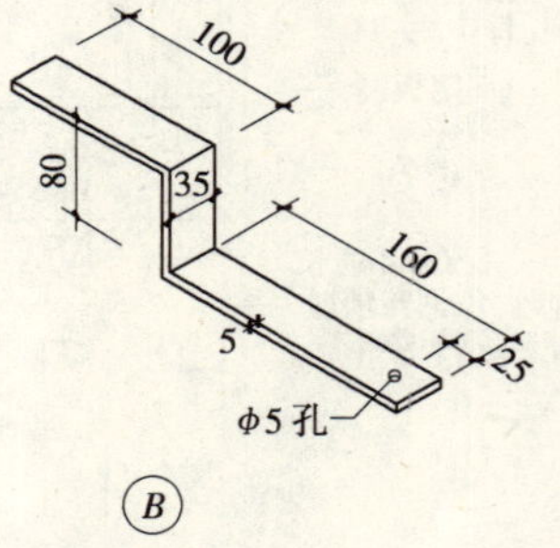

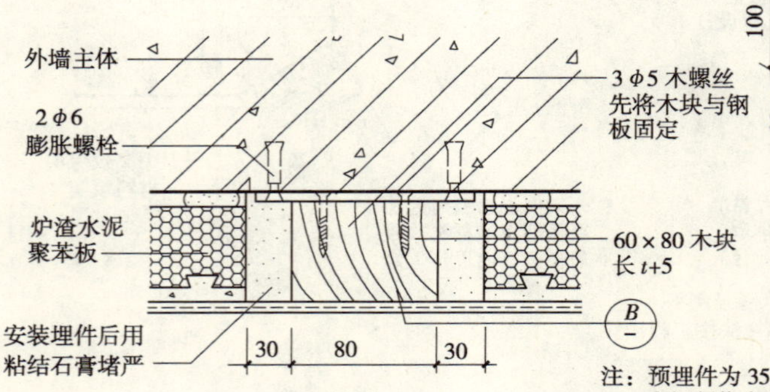

1—1

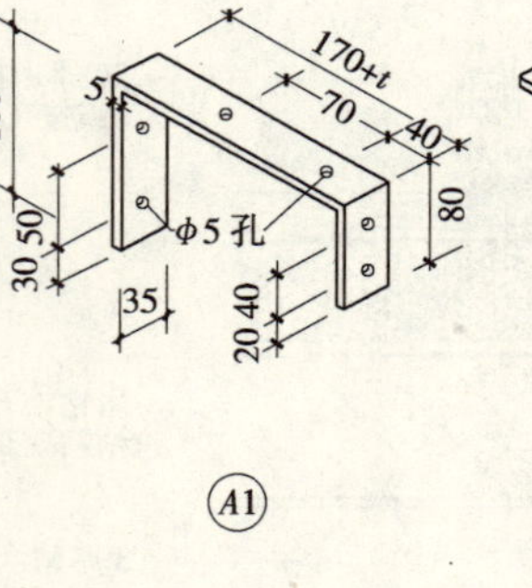

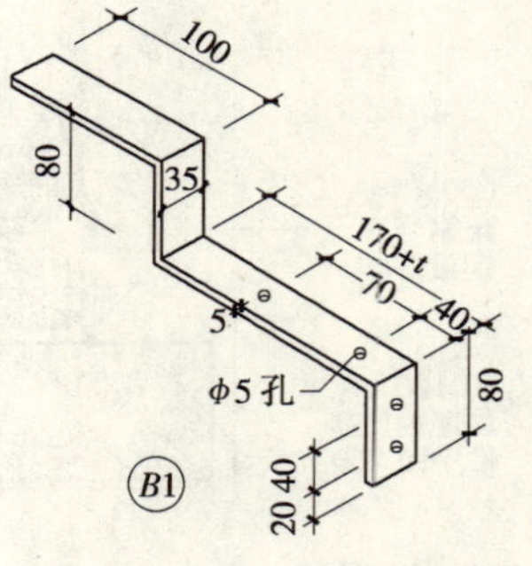

注：预埋件为 35×5，
扁钢制作中距 500。

吊挂件安装详图

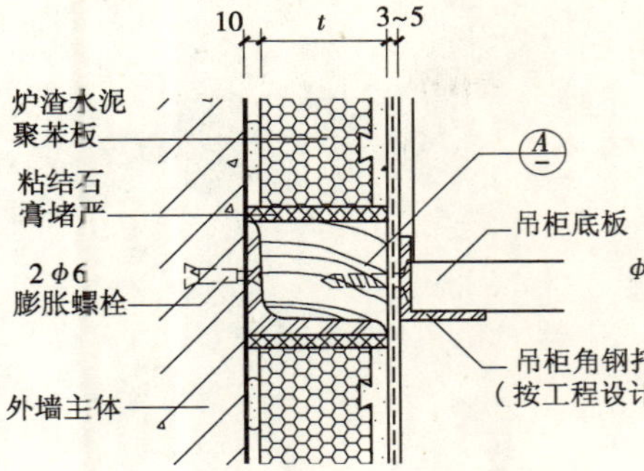

①

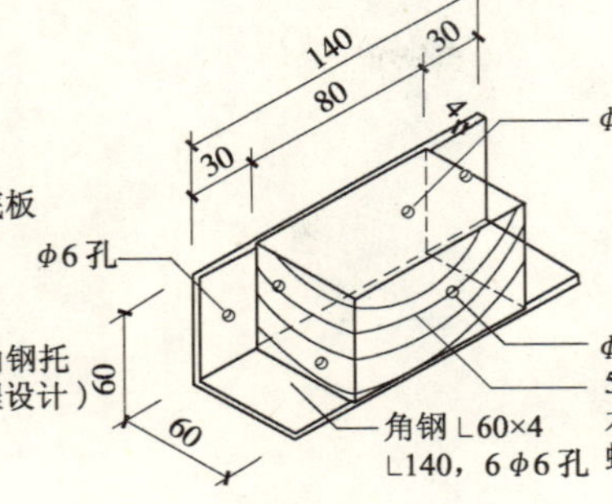

Ⓐ

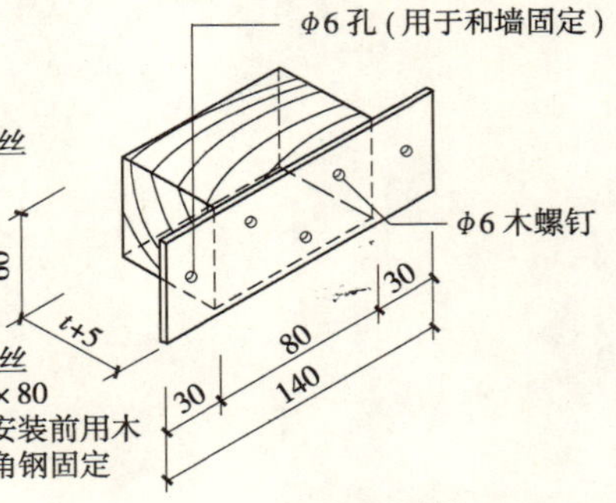

Ⓑ 备用埋件
挂重不大于 20kg

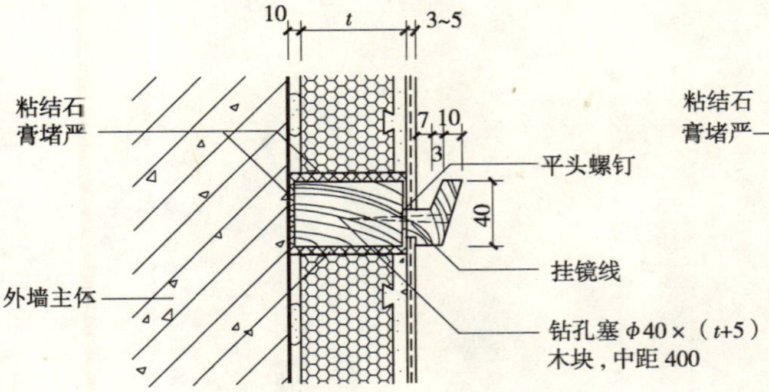

②

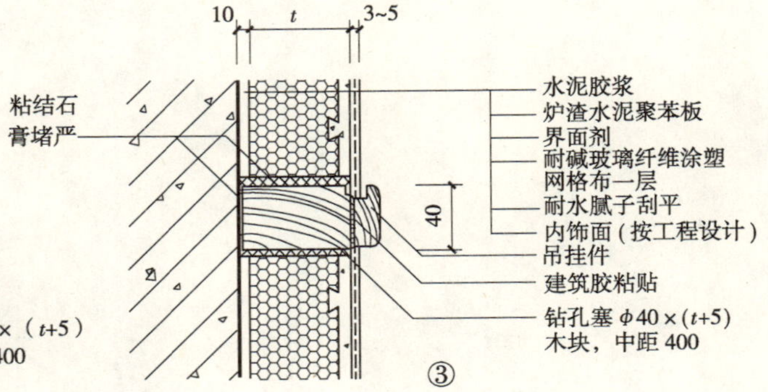

③

散热器、开关盒、管卡安装详图

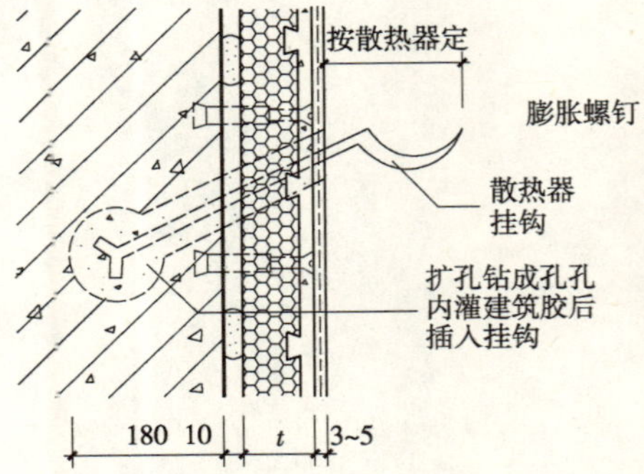

①

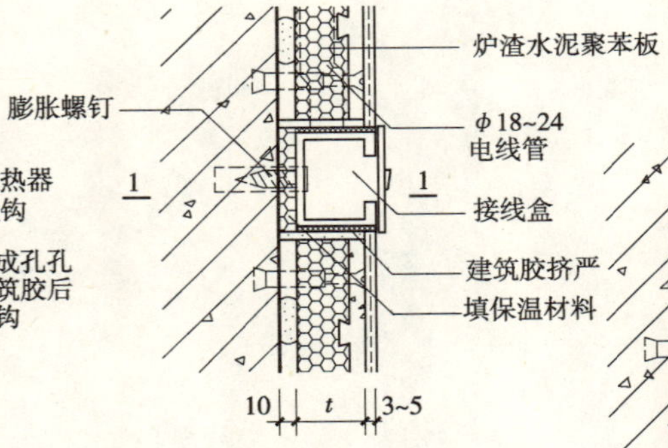

②

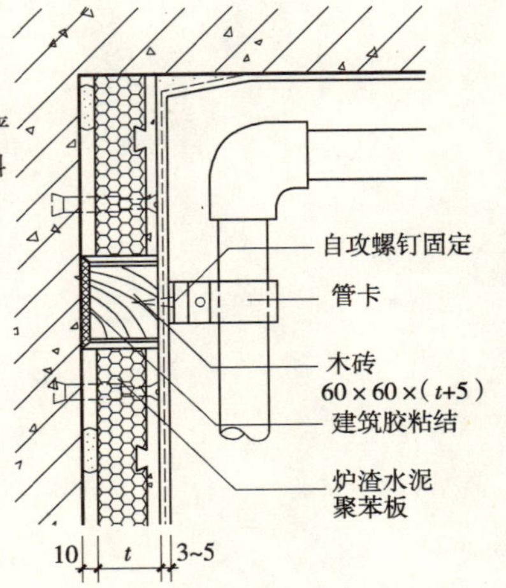

③

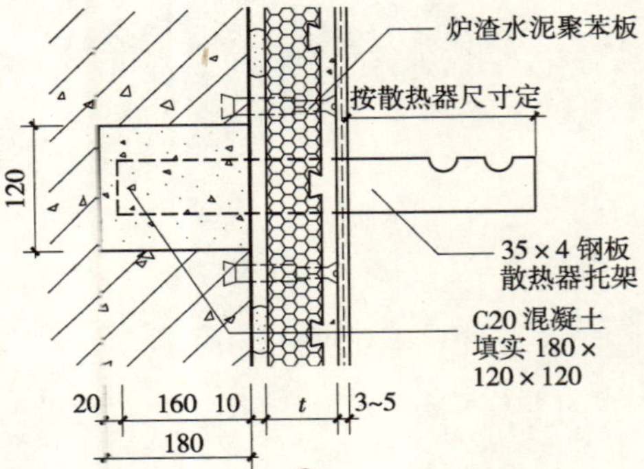

④

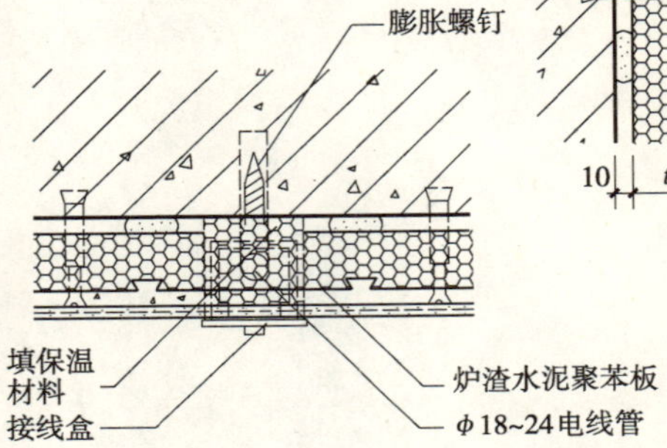

1—1

3 B型—增强石膏聚苯复合板外墙内保温

说　　明

1. 增强石膏聚苯复合保温板是以阻燃型泡沫塑料板同中碱玻璃纤维涂塑网格布、建筑石膏（允许掺加不大于20%硅酸盐水泥）及膨胀珍珠岩一起复合而成的保温板。

保温板用粘结石膏粘贴在外墙内侧，板缝处粘贴50mm宽无纺布，全部板面满粘中碱玻璃纤维涂塑网格布，然后刮3～5mm厚耐水腻子，分两次刮平。

适用于外墙为混凝土墙、承重混凝土空心砌块墙、轻集料混凝土空心砌块墙、KP_1承重多孔砖墙及加气混凝土砌块墙的多层或高层住宅等居住建筑。增强石膏聚苯复合板的厚度由设计确定后向厂家定做。

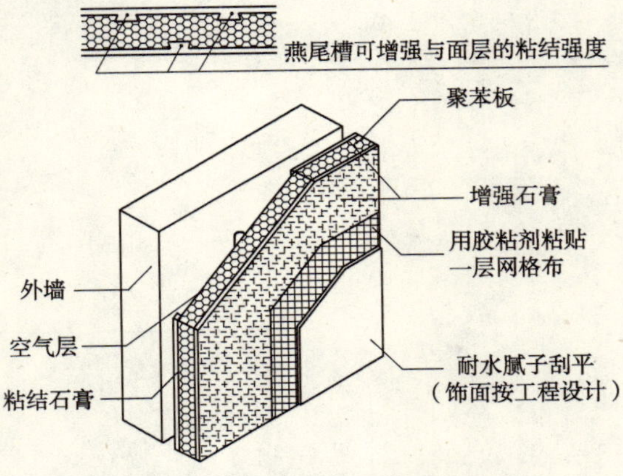

增强石膏聚苯复合板内保温构造示意图

2. 增强石膏聚苯复合板体系不适用于浴室等潮湿的房间，潮湿的房间应换用挤塑聚苯板，一般房间的踢脚板也应换用挤塑聚苯板等耐水型保温踢脚板。

3. 本套图集按小板体系进行详图绘制。小板体系：板宽600mm，板高900mm，规格简单，板四周均为平口，边肋宽10mm，现场安装时先排板，上下错缝，至端部尺寸不是标准板时，现场锯切，窗台下部板切口应向下，门（窗）口上部保温板同样用胶粘剂粘贴。增强石膏聚苯板小板体系可在保证板的刚度前提下取消边肋。

4. 施工程序

墙面清理 → 弹线 → 抹冲筋点 → 粘贴防水保温踢脚板 →

粘贴安装保温板 → 抹门窗口护角 → 粘贴网格布 → 刮腻子

4.1　施工前准备工作。

4.1.1　外墙门窗口安装完毕。

4.1.2　水暖和装饰工程需用的管卡、埋件等留出位置或埋件完毕。电气工程的暗管线、接线盒等埋设完毕，暗管线完成穿带线。

4.2　清理墙面：凡凸出墙面超过10mm的砂浆，混凝土必须剔除并扫净墙面，凹入10mm以上处补平。

4.3　弹出踢脚板上口线，根据开间或进深尺寸及保温板实际规格预排保温板，在墙面弹出保温板排块线。

4.4　粘贴防水保温踢脚板。

4.5　用粘结石膏粘贴保温板：保温板四周满刮粘结石膏，中间抹梅花型粘结石膏点，且间距不大于300mm，直接与墙体粘牢。粘结面积不小于板面积的15%，板与板碰头缝内的粘结石膏应挤严挤实，板缝挤出的胶粘剂应随时刮平，清理干净。

4.6　门窗洞口转角用1:2.5水泥砂浆或聚合物砂浆抹护角。

4.7　板与板接缝处用建筑胶贴50mm宽无纺布。

4.8 板面全部用胶横向粘贴中碱玻璃纤维涂塑网格布，将布绷平贴实，拼接处搭接≥50mm，阴阳角及水平护角处玻璃纤维布要包过150mm。

4.9 待玻璃纤维布粘结层彻底干燥后，墙面满刮两遍耐水腻子，每层厚度控制在2mm，最后按工程设计做饰面。

4.10 水电专业各种管线和设备的埋件，必须固定于结构墙内，电气接线盒等埋设深度应与保温层厚度相应，凹进墙面不大于2mm。

5. 材料的性能要求

5.1 中碱玻璃纤维涂塑网格布（见表1）。

中碱玻璃纤维涂塑网格布材料性能 表1

项目	指标	
	A型玻璃纤维布（被覆用）	B型玻璃纤维布（粘贴用）
布重	≥80g/m²	≥45g/m²
含胶量	≥10%	≥8%
抗拉断裂荷载	经向≥600N/50mm	经向≥300N/50mm
	纬向≥400N/50mm	纬向≥200N/50mm
幅宽	600mm或900mm	600mm或900mm
网孔尺寸	5mm×5mm或6mm×6mm	2.5mm×2.5mm

5.2 粘结石膏（见表2）。

粘结石膏材料性能 表2

项目		指标
细度（2.5mm方孔筛筛余 %）		0
可操作时间（h）		≥50
保水率（%）		≤70
抗裂性		24h无裂纹
凝结时间（min）	初凝时间	≥60
	终凝时间	≤120
强度（MPa）	绝干抗折强度	≥3.0
	绝干抗压强度	≥6.0
	剪切粘结强度	≥0.5
收缩率（%）		≤0.06

增强石膏聚苯复合板内保温构造（见表3）

增强石膏聚苯复合板内保温构造 **表3**

承重混凝土空心砌块
190 厚热阻 $R=0.163m^2 \cdot K/W$

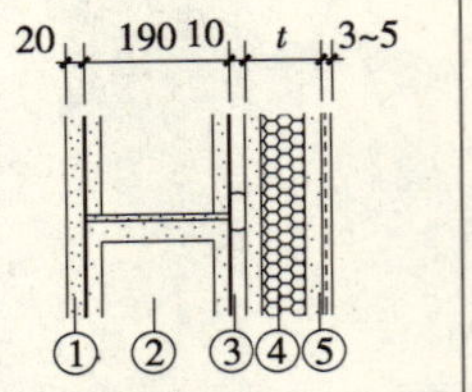

KP_1 承重页岩多孔砖
导热系数:0.57W/(m·K)

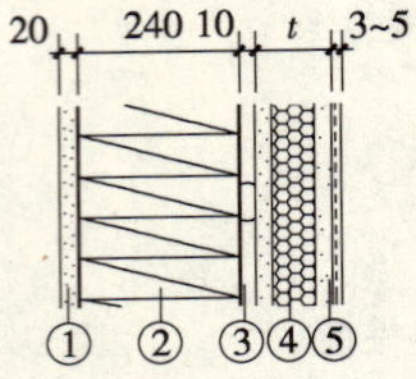

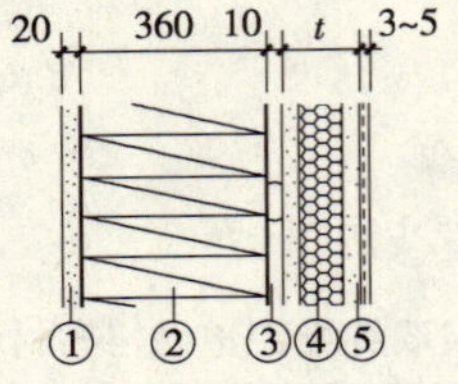

轻骨料(炉渣)混凝土
空心砌块 190 厚热阻
$R=0.26m^2 \cdot K/W$

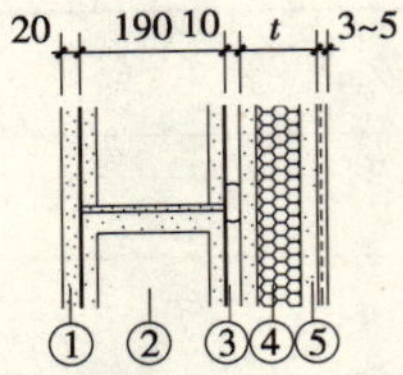

钢筋混凝土剪力墙
导热系数:1.74W/(m·K)

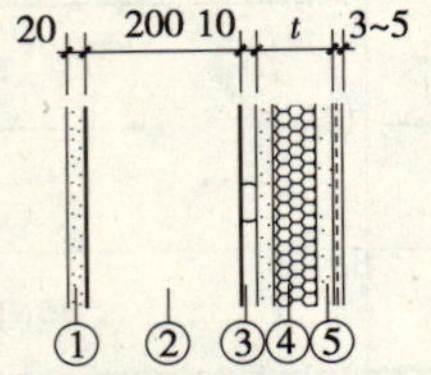

加气混凝土砌块墙
导热系数:0.19W/(m·K)

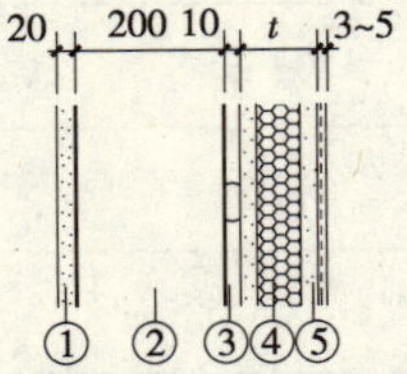

一、热工计算取值:
1. 水泥砂浆外墙抹面:
导热系数 $\lambda=0.93W/(m \cdot K)$
2. 外墙:导热系数 λ 或热阻 R 见不同墙体
3. 空气间层热阻 $R=0.14m^2 \cdot K/W$
4. 聚苯板:导热系数 $\lambda=0.042W/(m \cdot K)$
5. 增强石膏面层:
导热系数 $\lambda=0.42W/(m \cdot K)$
6. 钢筋混凝土圈梁和构造柱:
导热系数 $\lambda=1.74W/(m \cdot K)$

二、修正系数 α 取值:
1. 水泥砂浆:$\alpha=1.00$
2. 外墙
钢筋混凝土剪力墙:$\alpha=1.00$
KP_1 承重多孔砖:$\alpha=1.25$
加气混凝土砌块砖:$\alpha=1.25$
3. 聚苯板:$\alpha=1.25$
4. 增强石膏面层:$\alpha=1.00$

注:1. 外墙平均传热系数的计算依据《民用建筑节能设计标准》(JGJ 26—95) 附录 C 求得。
2. 轻骨料混凝土空心砌块以炉渣空心砌块为例进行计算；KP_1 承重多孔砖以页岩多孔砖为例进行计算。
3. 复合保温板导热系数为其当量导热系数。
4. 保温板厚度为 t，其中聚苯板芯厚度为 t-20mm。

增强石膏聚苯复合板厚度选用表（见表4）

增强石膏聚苯复合板外墙内保温做法、热工指标及厚度选用表 **表4**

编号	构造简图	外墙主体	① 外墙外抹灰 厚度(mm)	② 外墙主体 厚度(mm)	③ 空气层 厚度(mm)	④ 保温层 厚度(mm)	⑤ 抗裂层 厚度(mm)	主体部位 总传热阻 R_p $(m^2 \cdot K/W)$	主体部位 传热系数 K_p $[W/(m^2 \cdot K)]$	外墙平均传热系数 K_m $[W/(m^2 \cdot K)]$
1	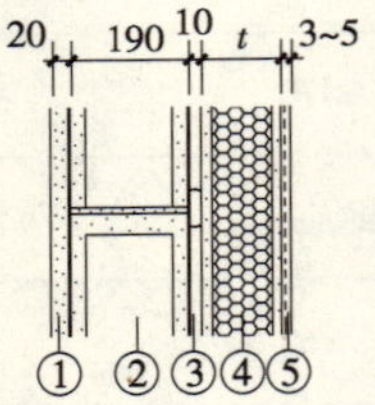	承重混凝土空心砌块	20	190	10	40	3～5	0.923	1.083	1.180
						50		1.123	0.890	0.997
						60		1.323	0.756	0.870
						70		1.523	0.657	0.776
						80		1.723	0.580	0.705
						90		1.923	0.520	0.648
						100		2.123	0.471	0.602
						110		2.323	0.430	0.564
						120		2.523	0.396	0.532
2	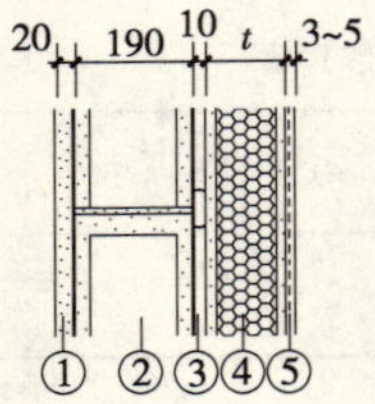	炉渣混凝土空心砌块	20	190	10	40	3～5	1.020	0.980	1.074
						50		1.220	0.820	0.916
						60		1.420	0.704	0.802
						70		1.620	0.617	0.718
						80		1.820	0.549	0.652
						90		2.020	0.495	0.600
						100		2.220	0.450	0.557
						110		2.420	0.413	0.522
						120		2.620	0.382	0.492

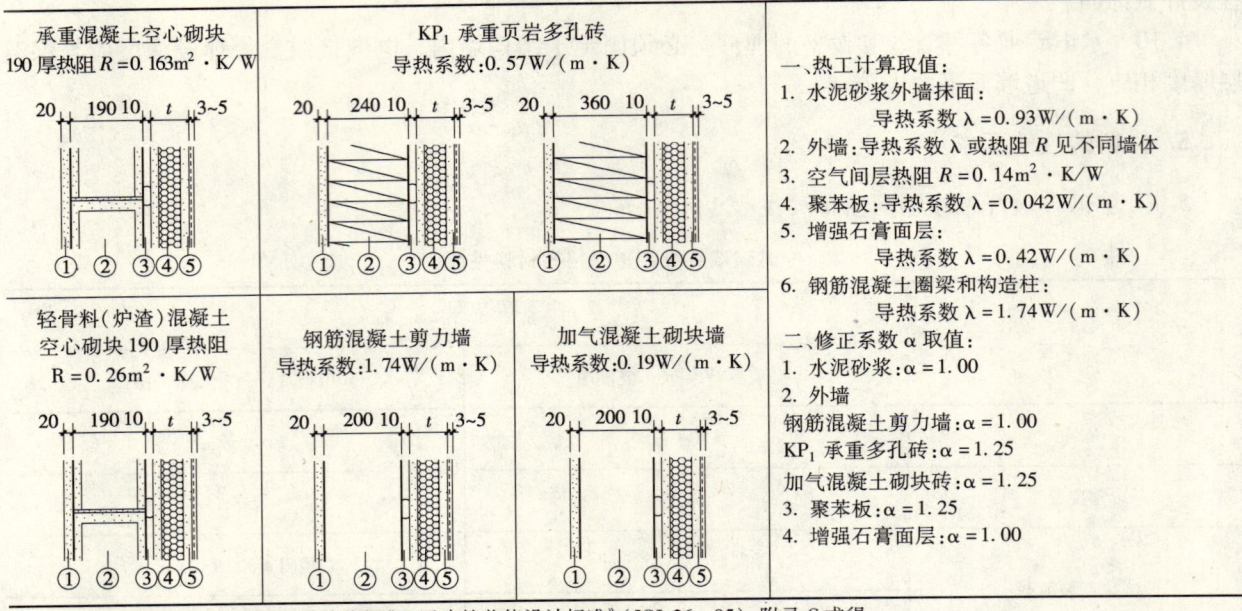

续表

编号	构造简图	外墙主体	① 外墙外抹灰 厚度(mm)	② 外墙主体 厚度(mm)	③ 空气层 厚度(mm)	④ 保温层 厚度(mm)	⑤ 抗裂层 厚度(mm)	主体部位 总传热阻 R_p ($m^2 \cdot K/W$)	主体部位 传热系数 K_p [$W/(m^2 \cdot K)$]	外墙平均传热系数 K_m [$W/(m^2 \cdot K)$]
3	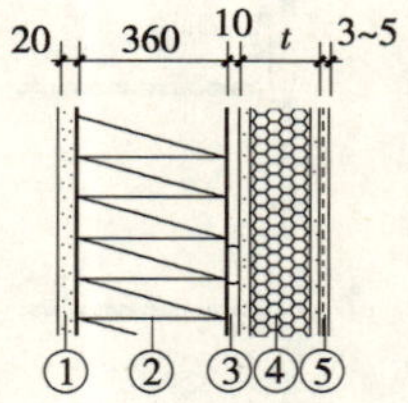	360厚页岩多孔砖	20	360	10	40	3~5	1. 265	0. 791	1. 016
						50		1. 465	0. 683	0. 919
						60		1. 665	0. 601	0. 844
						70		1. 865	0. 536	0. 785
						80		2. 065	0. 484	0. 736
						90		2. 265	0. 442	0. 695
						100		2. 465	0. 406	0. 660
						110		2. 665	0. 375	0. 630
						120		2. 865	0. 349	0. 603
4	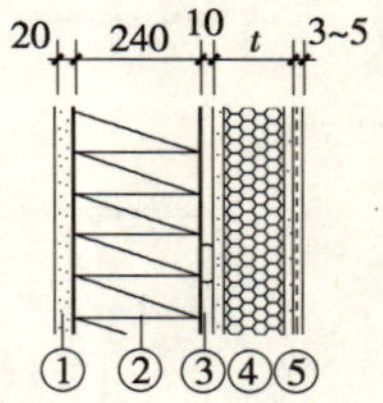	240厚页岩多孔砖	20	240	10	40	3~5	1. 097	0. 912	1. 103
						50		1. 297	0. 771	0. 955
						60		1. 497	0. 668	0. 846
						70		1. 697	0. 589	0. 763
						80		1. 897	0. 527	0. 697
						90		2. 097	0. 477	0. 642
						100		2. 297	0. 435	0. 597
						110		2. 497	0. 400	0. 559
						120		2. 697	0. 371	0. 525
5	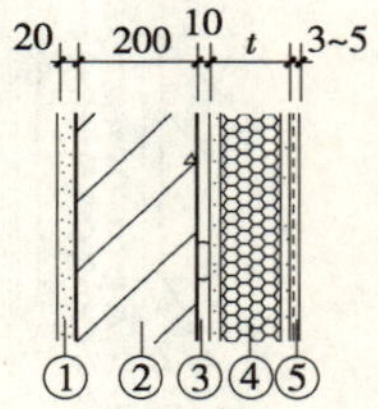	混凝土剪力墙	20	200	10	40	3~5	0. 875	1. 143	1. 297
						50		1. 075	0. 930	1. 096
						60		1. 275	0. 784	0. 957
						70		1. 475	0. 678	0. 855
						80		1. 675	0. 597	0. 776
						90		1. 875	0. 533	0. 714
						100		2. 075	0. 482	0. 662
						110		2. 275	0. 440	0. 620
						120		2. 475	0. 404	0. 584
6	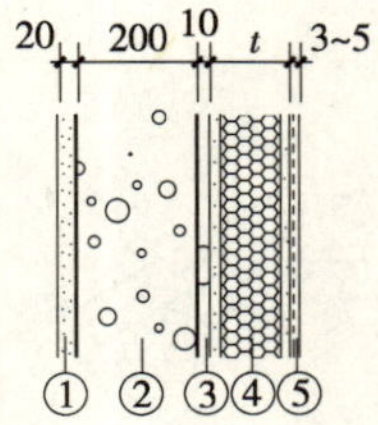	加气混凝土砌块墙	20	200	10	40	3~5	1. 602	0. 624	0. 811
						50		1. 802	0. 555	0. 721
						60		2. 002	0. 500	0. 653
						70		2. 202	0. 454	0. 600
						80		2. 402	0. 416	0. 557
						90		2. 602	0. 384	0. 522
						100		2. 802	0. 357	0. 492
						110		3. 002	0. 333	0. 467
						120		3. 202	0. 312	0. 445

注：1. 计算结果依据《民用建筑热工设计规范》(GB 50176—93) 求得。

2. 轻骨料混凝土空心砌块以炉渣混凝土空心砌块为例进行计算。

3. 表中 KP_1 承重多孔砖以页岩多孔砖为例进行计算。

详图索引

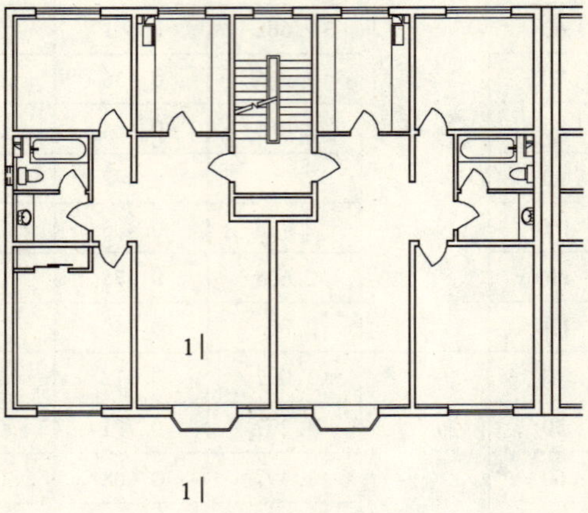

平面示意

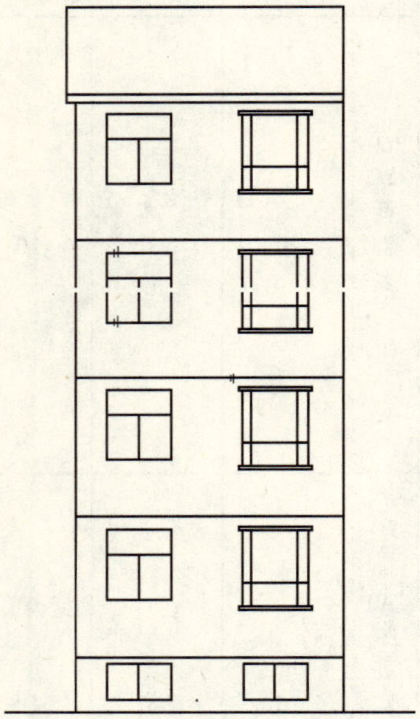

立面示意

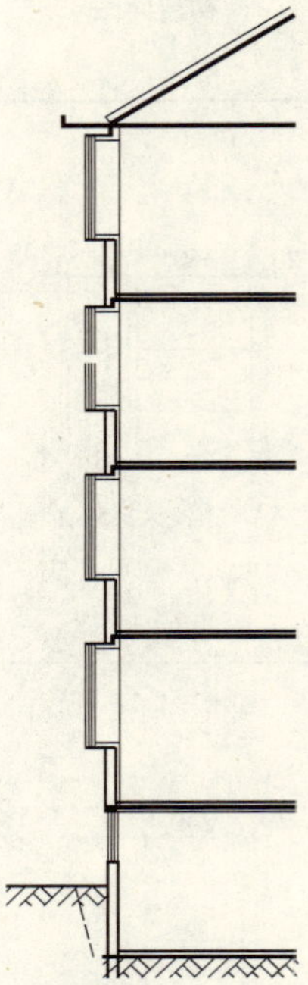

1—1

平面节点详图

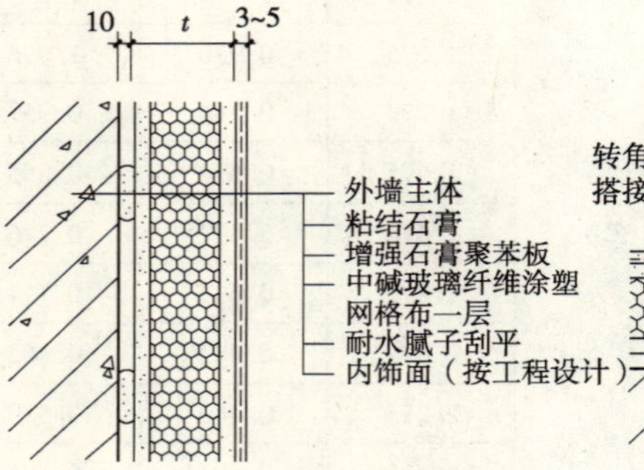

① 做法示意

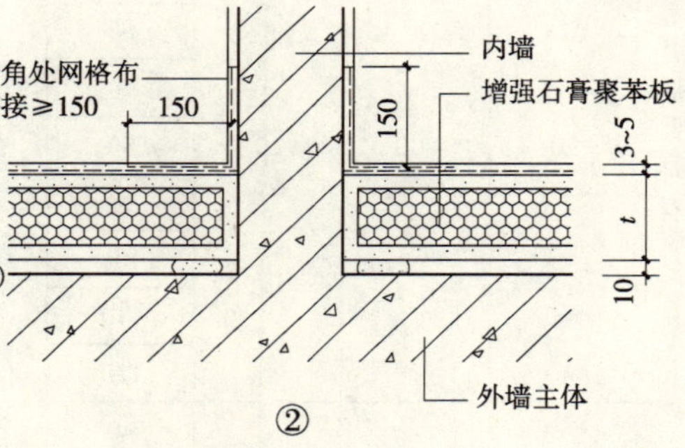

②

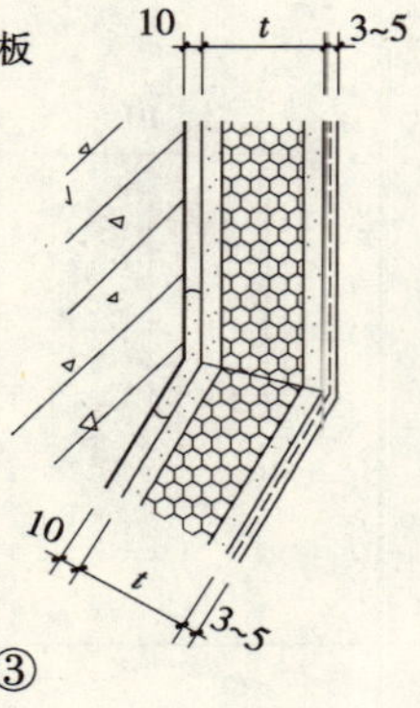

③

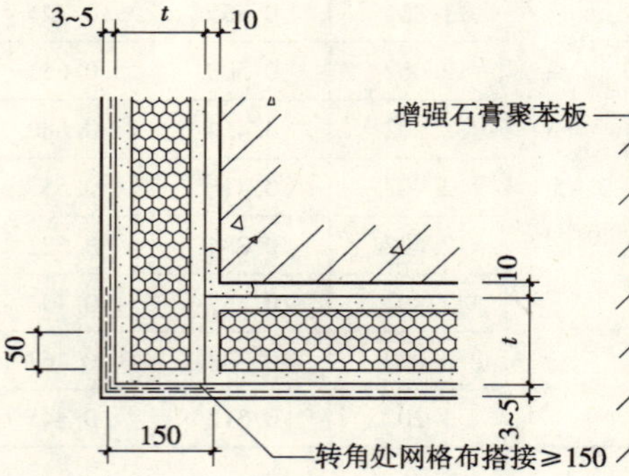

④ 阳角

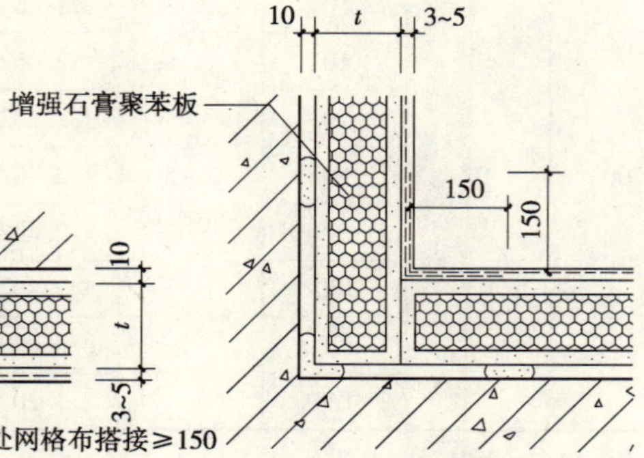

⑤ 阴角

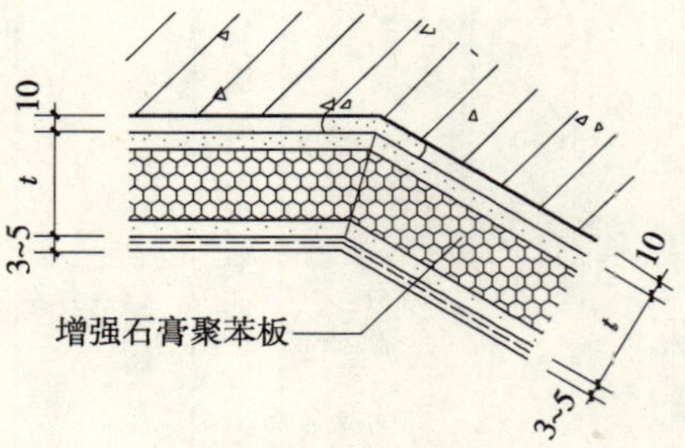

注：t 为保温层厚度，除注明外均由设计人定或参见厚度选用表

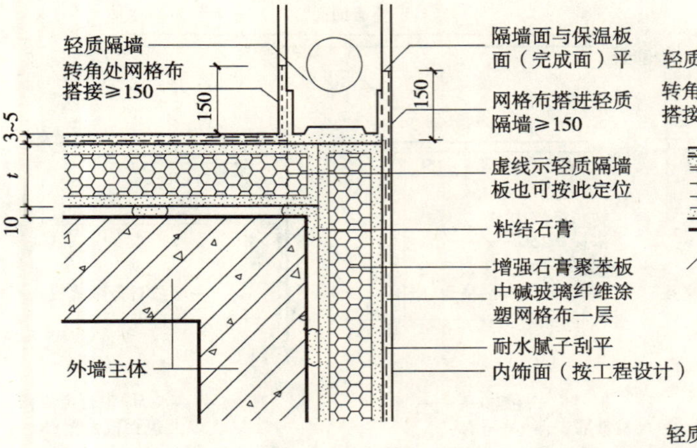

①

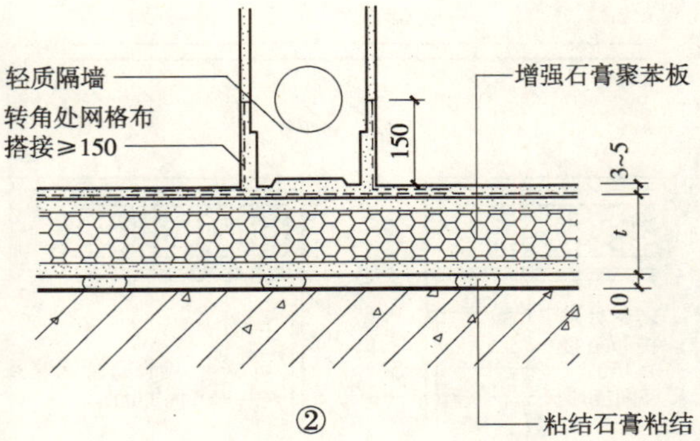

②

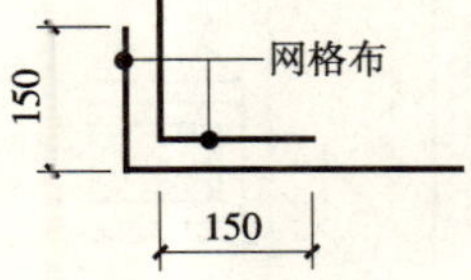

④网格布搭接

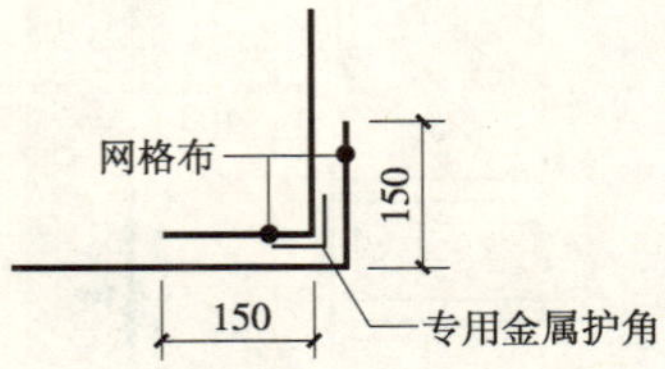

⑤首层网格布搭接

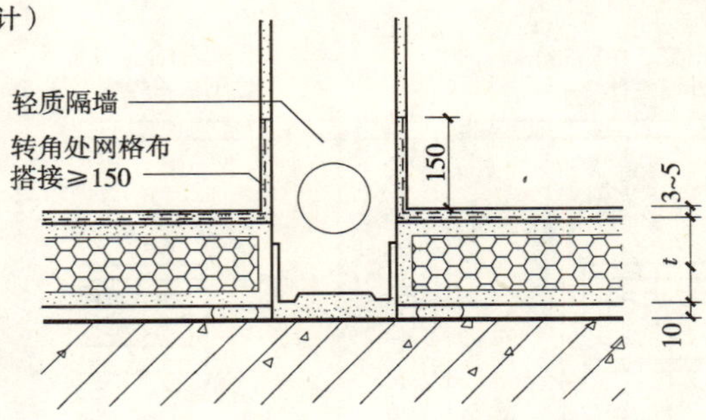

③

注：专用金属护角，用于首层外墙阳角，断面尺寸为 $35\times35\times0.5\sim45\times45\times0.5$ 高 $h=2000$，边上有孔以利于砂浆嵌固，设在两层玻璃纤维涂塑网格布之间。

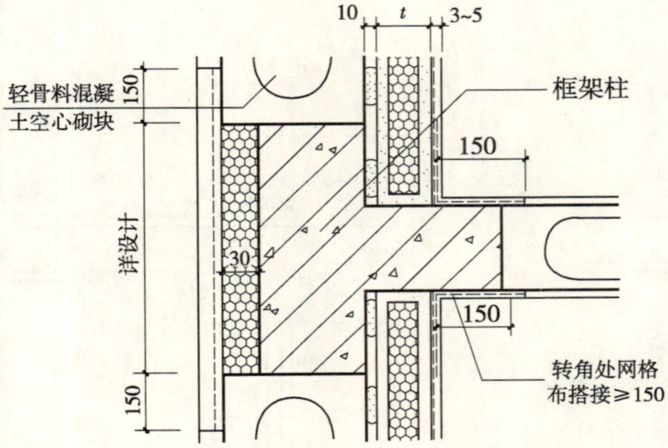

①

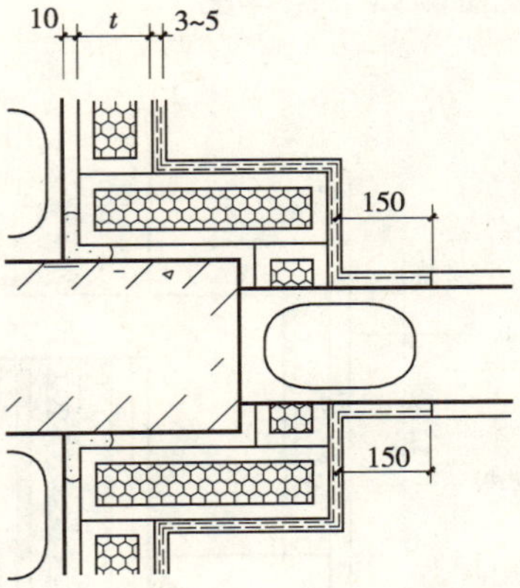

②

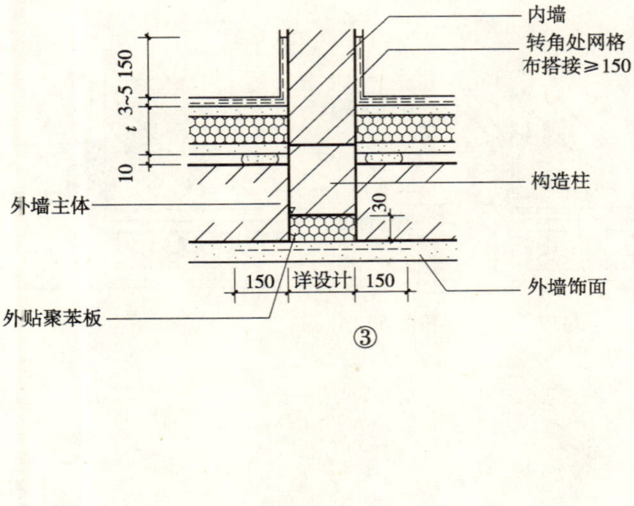

③

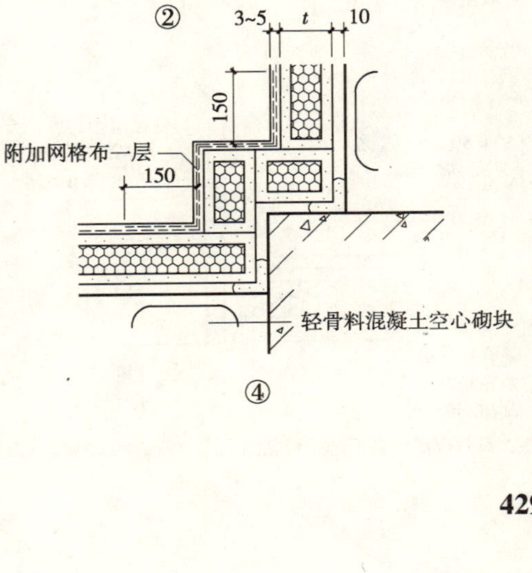

④

楼梯间及外墙变形缝节点详图

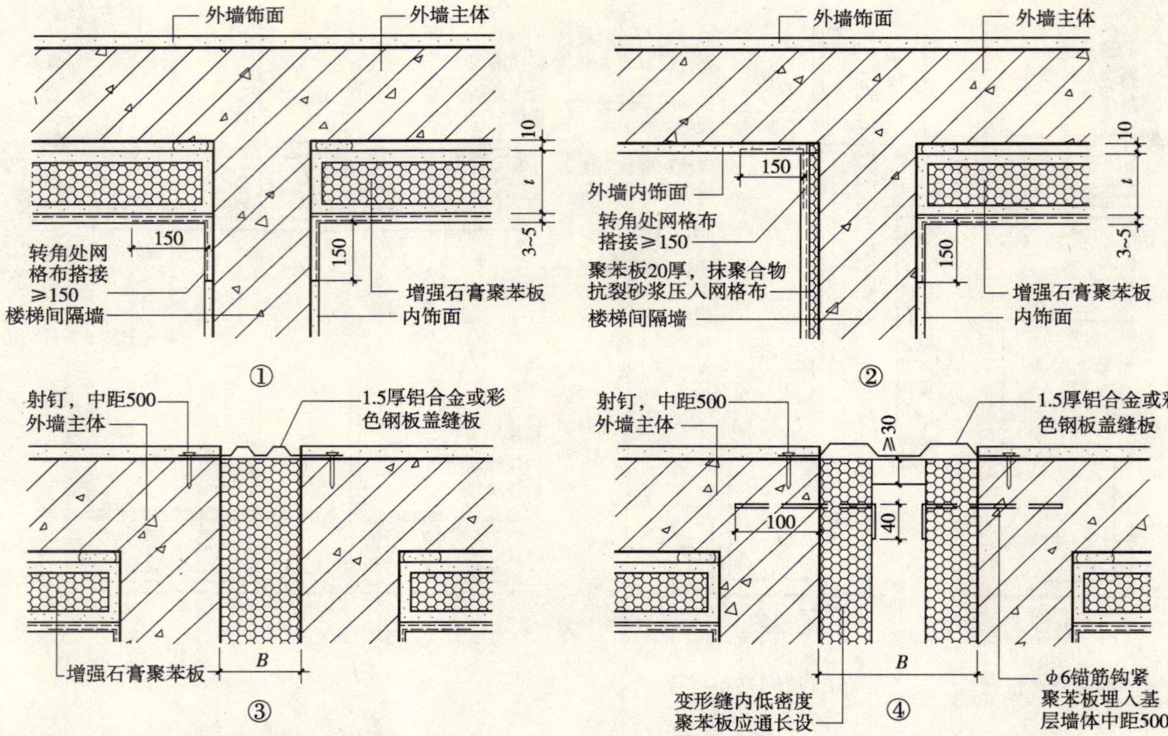

注：1. 当楼梯间为采暖楼梯间时，选用①节点

2. 当楼梯间为不采暖楼梯间时，选用②节点

3. B为变形缝宽度，由设计人定，当$B \leqslant 60mm$时选用③节点，当$B > 60mm$时选用④节点

楼层处及窗侧口节点详图

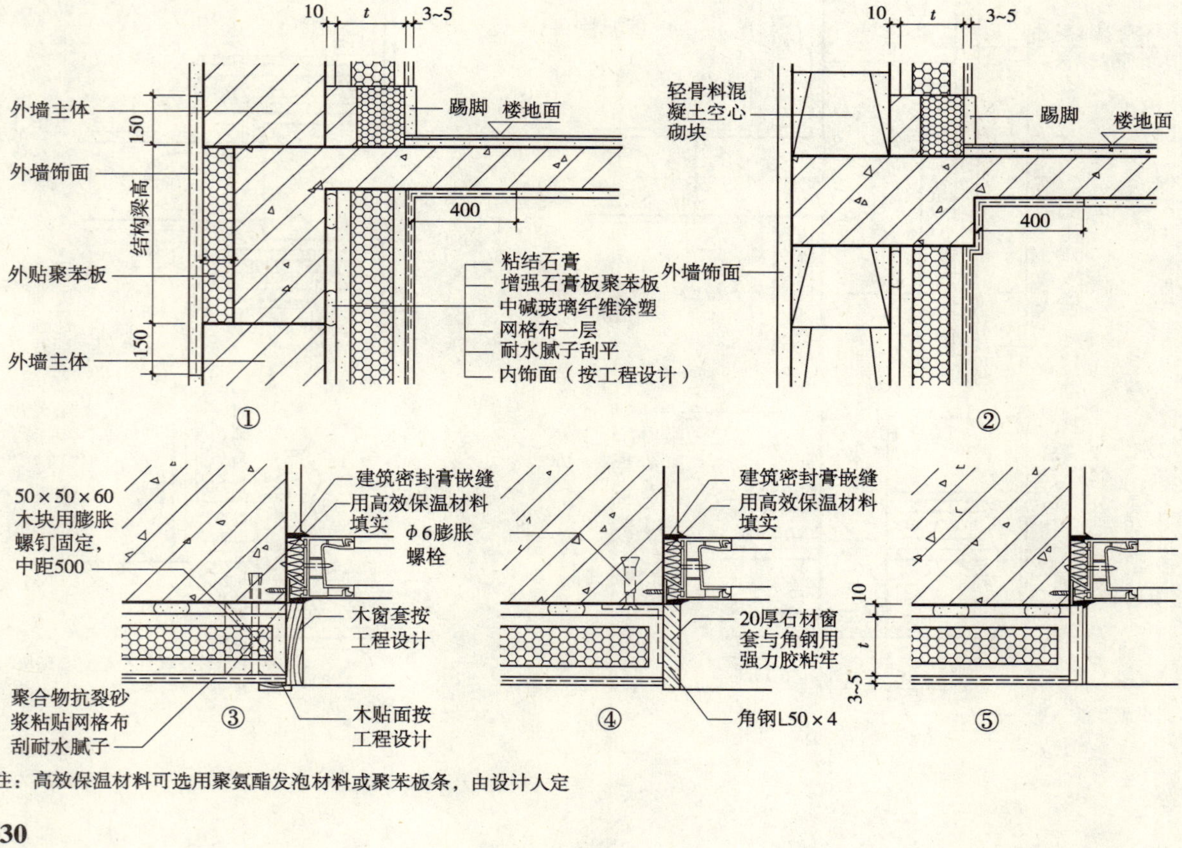

注：高效保温材料可选用聚氨酯发泡材料或聚苯板条，由设计人定

窗台、窗上口节点详图

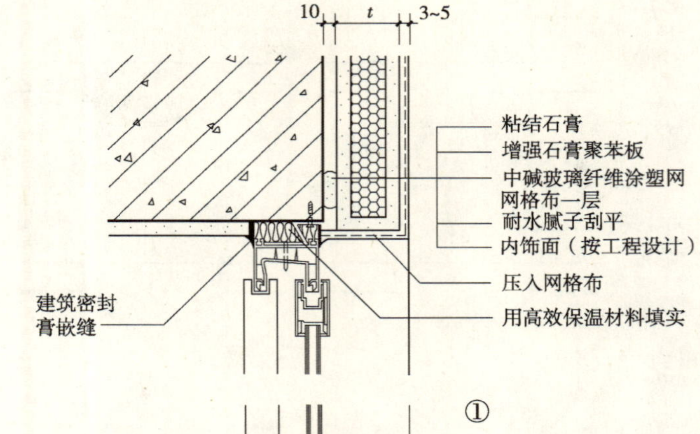

①

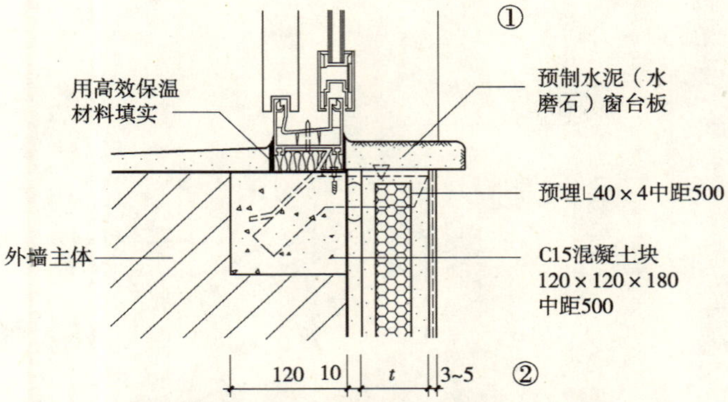

②

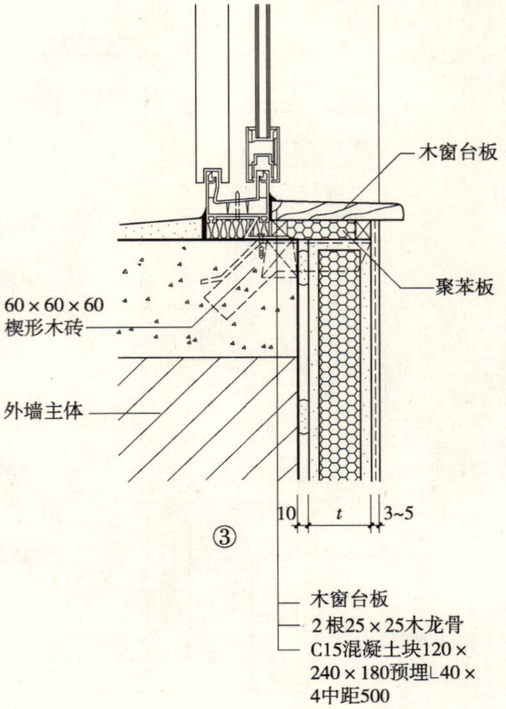

③

注：高效保温材料可选用聚氨酯发泡材料或聚苯板条，由设计人定。

踢脚、地下室顶板保温详图

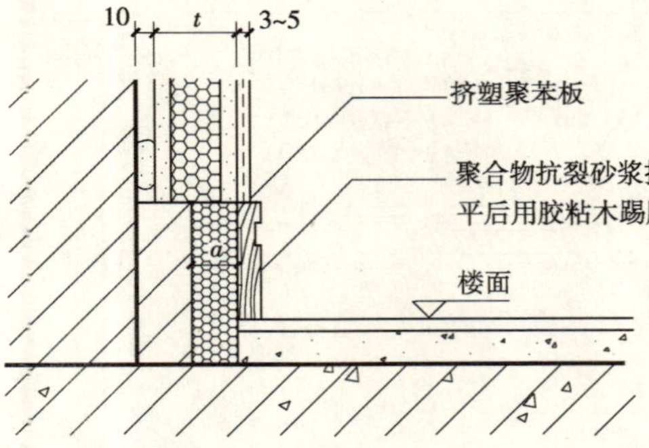

①

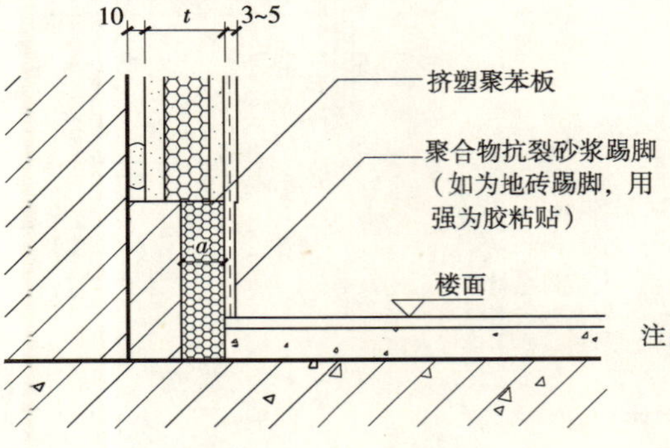

②

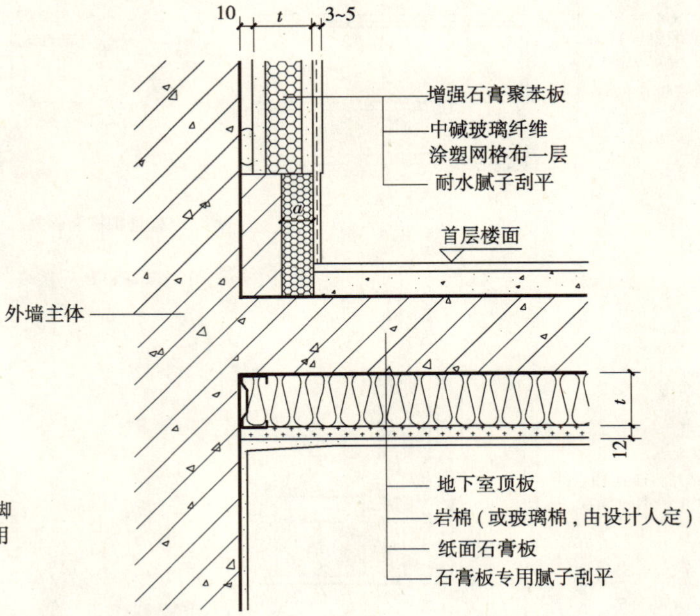

注：1. a 为挤塑聚苯板厚度，当 $t \leq 50$mm 时，$a=t+10$mm，当 $t>50$mm 时，a 取 60mm 厚，靠墙部位用砖堵齐。
2. 地下室顶板保温做法应满足《内部装修设计防火规范》有关要求。

③ 地下室顶板
（不采暖地下室）

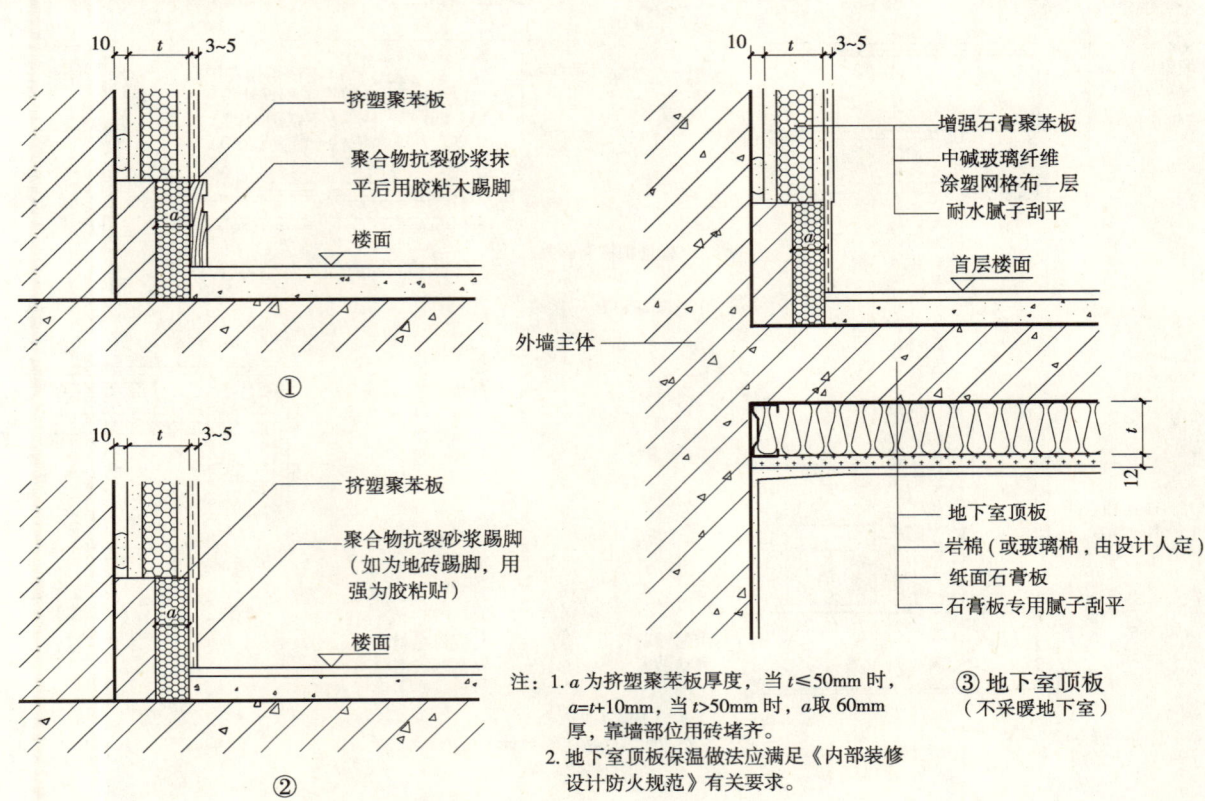

凸（飘）窗节点详图

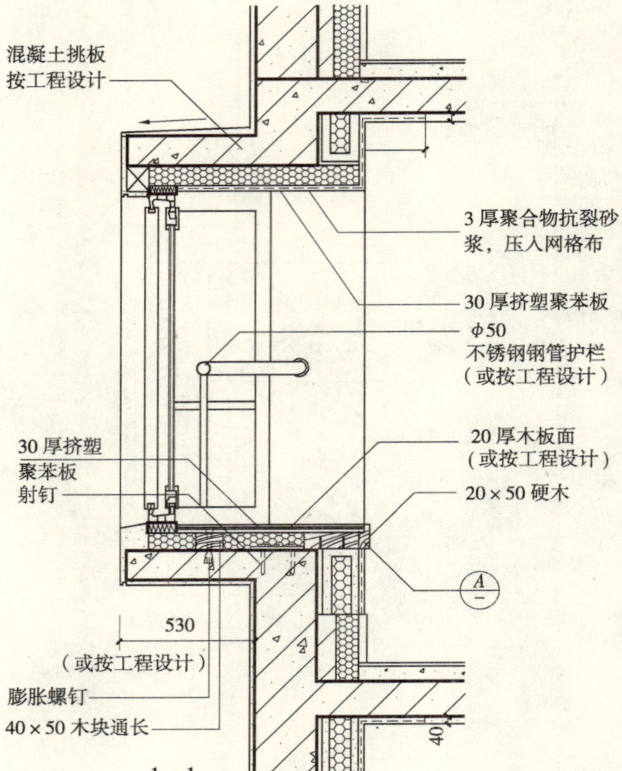

1—1

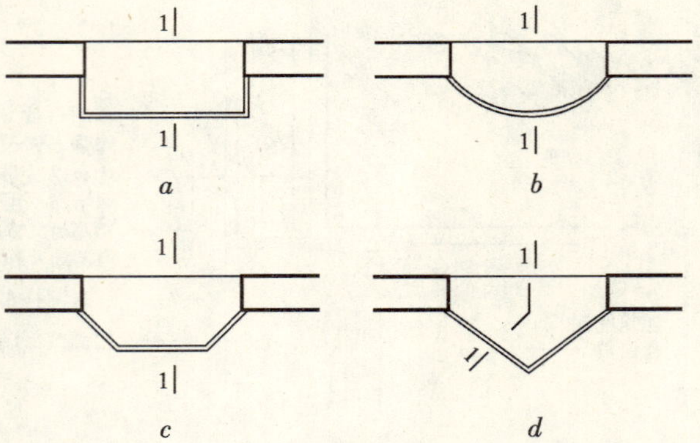

凸窗平面图

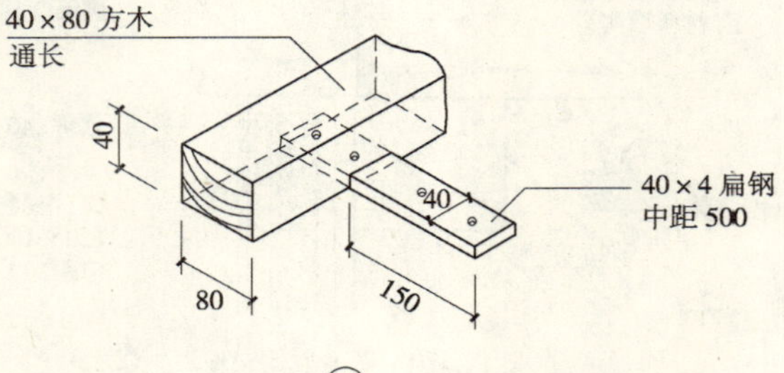

(A)

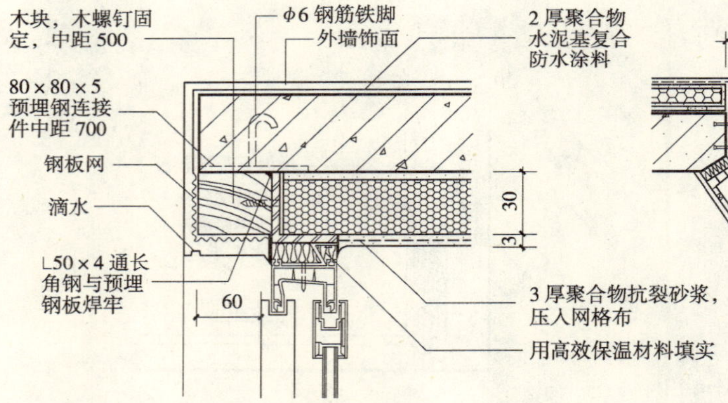

①

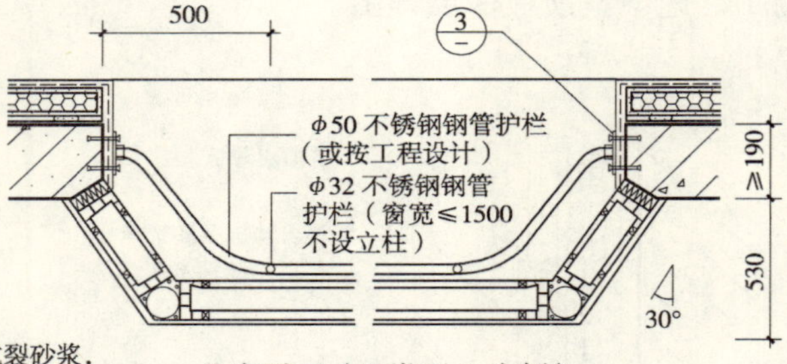

凸窗平面（以类型C为例）

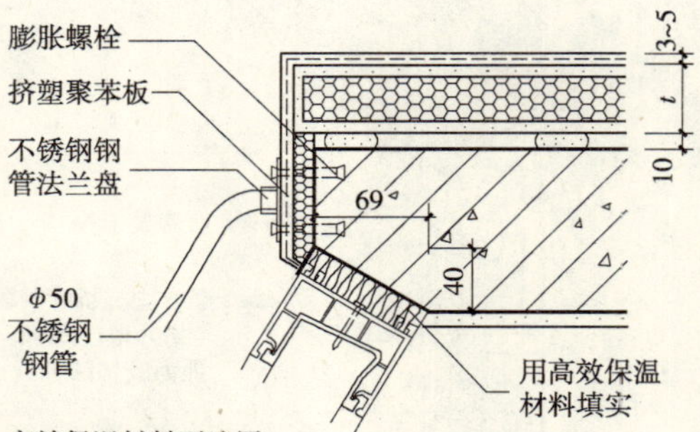

③

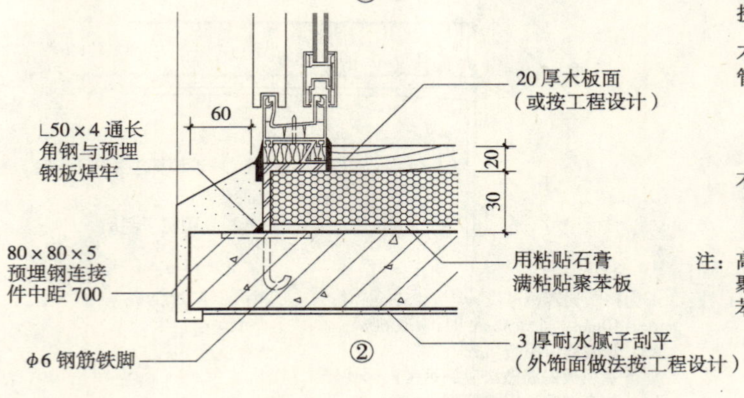

②

注：高效保温材料可选用聚氨酯发泡材料或聚苯板条，由设计人定。

窗帘盒安装详图

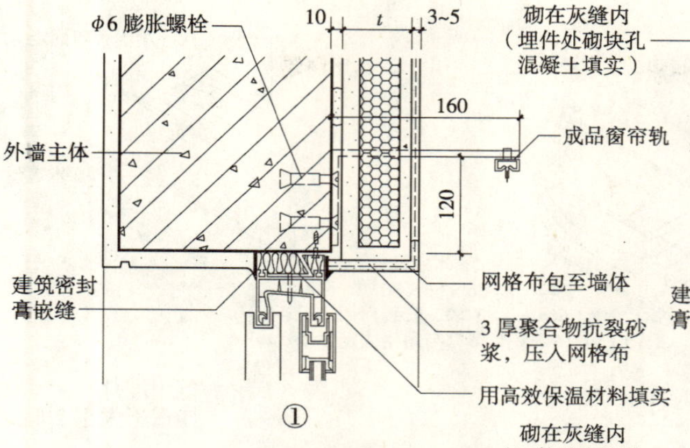

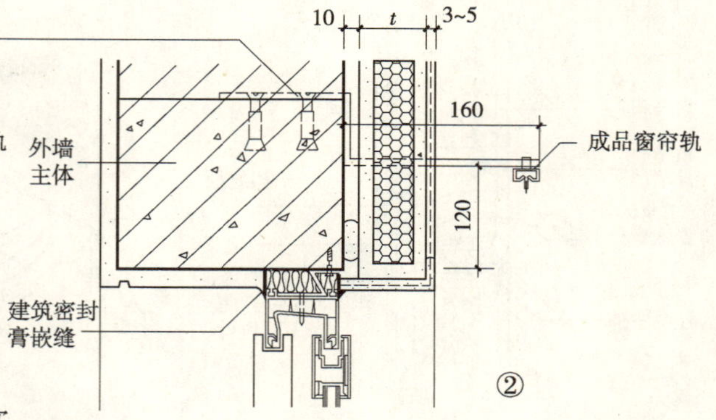

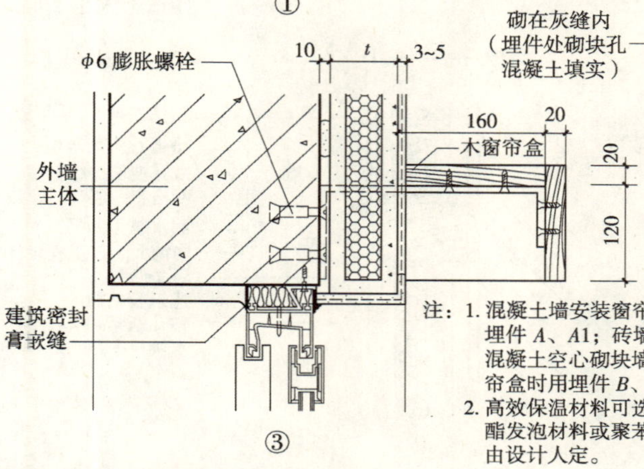

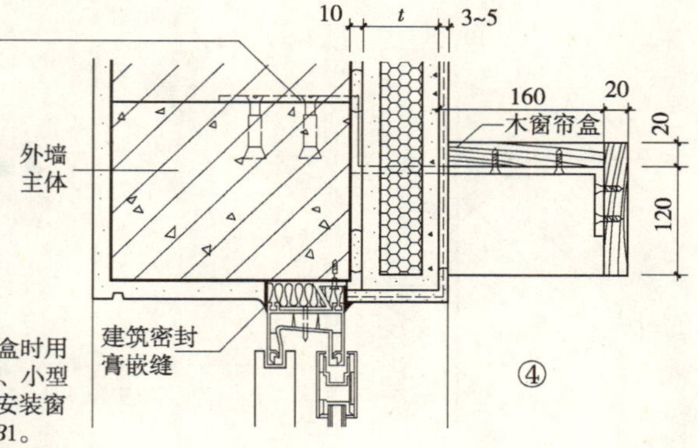

注：1. 混凝土墙安装窗帘盒时用埋件 *A*、*A*1；砖墙、小型混凝土空心砌块墙安装窗帘盒时用埋件 *B*、*B*1。
2. 高效保温材料可选用聚氨酯发泡材料或聚苯板条，由设计人定。

附件固定及窗帘盒埋件安装详图

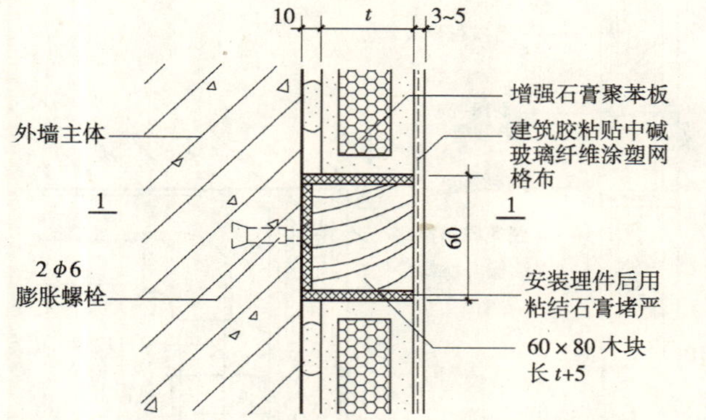

埋件做法

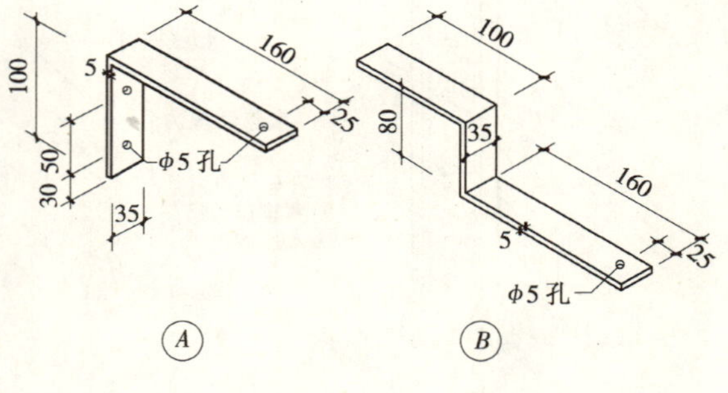

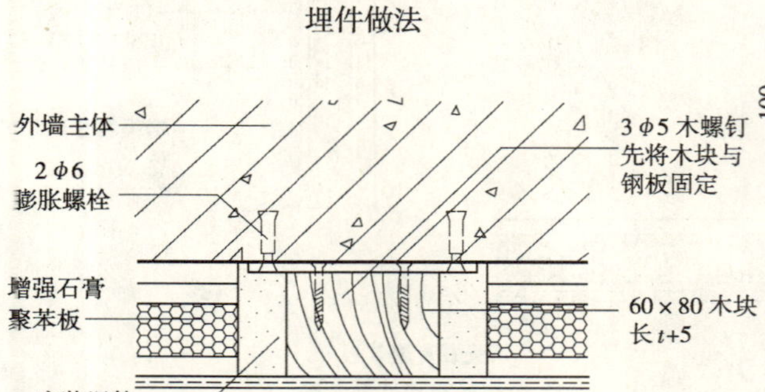

1—1

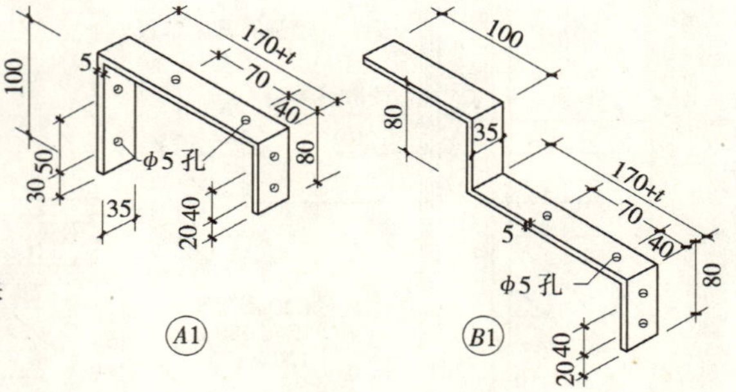

注：预埋件为 35 × 5 扁钢制作中距 500。

吊挂件安装详图

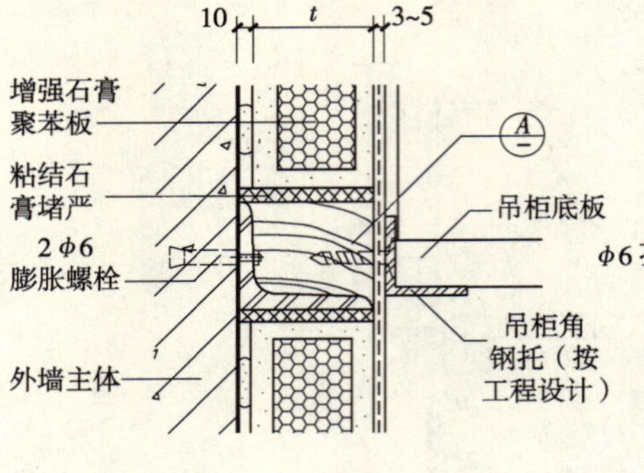

①

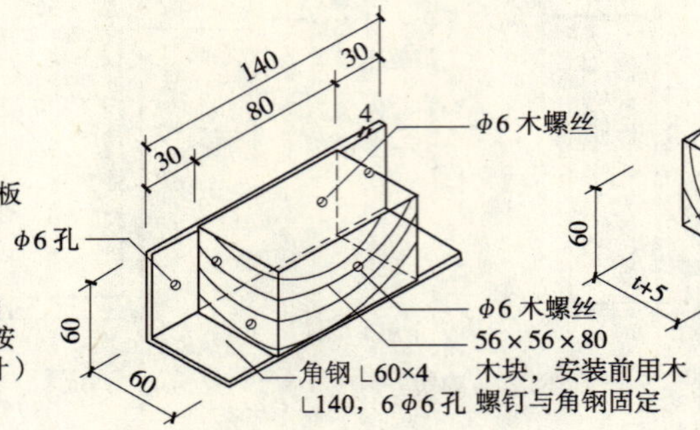

Ⓐ

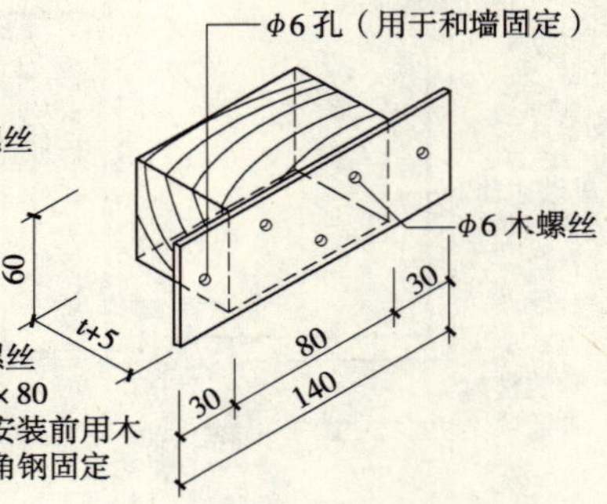

Ⓑ 备用埋件
挂重不大于 20kg

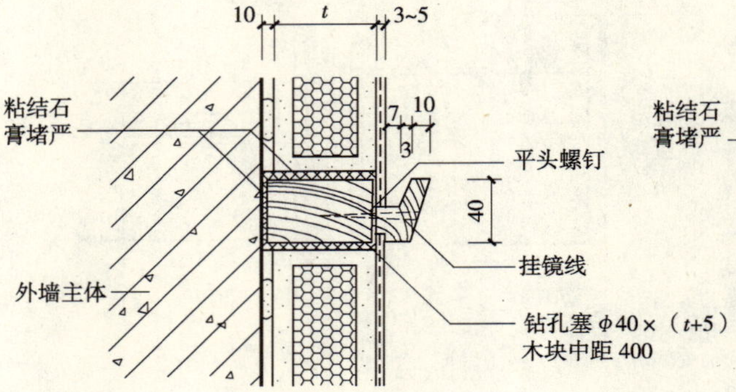

②

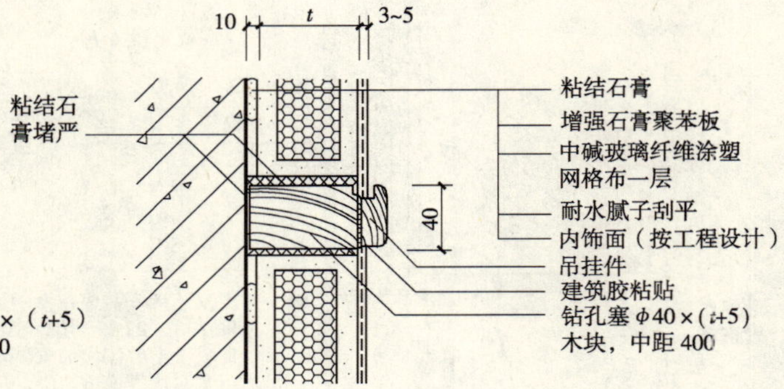

③

散热器、开关盒、管卡安装详图

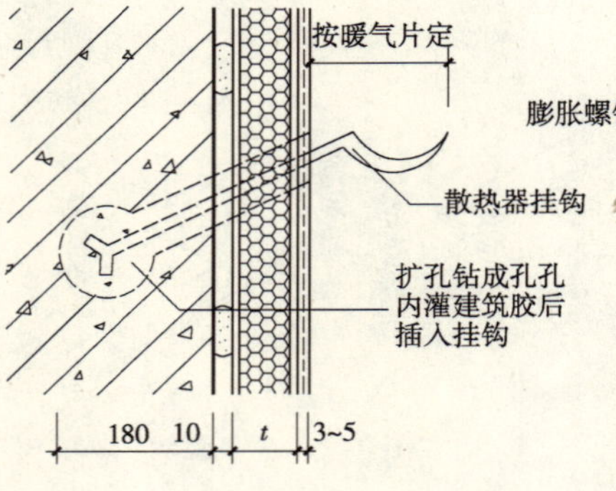

①

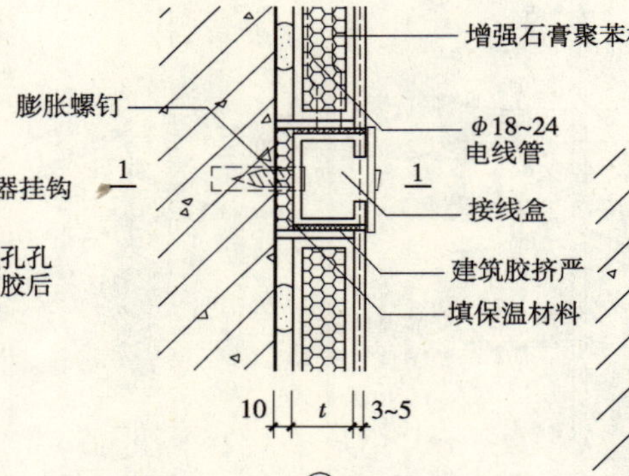

②

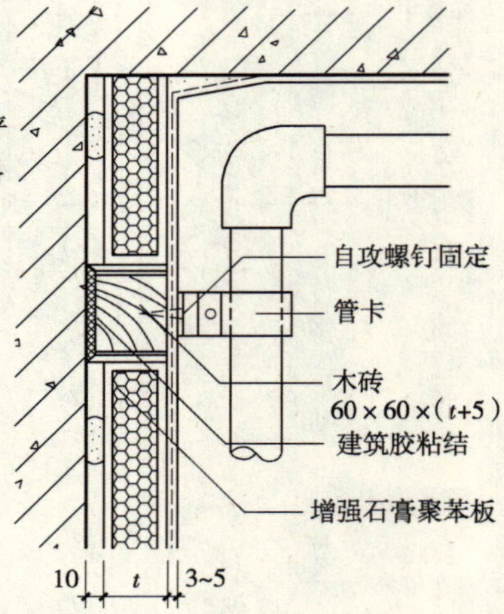

③

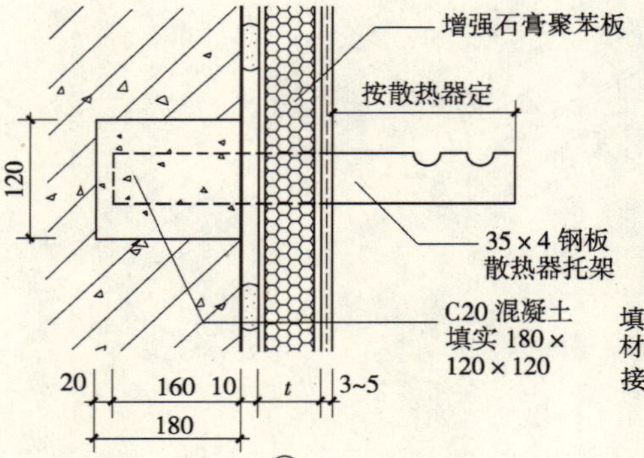

④

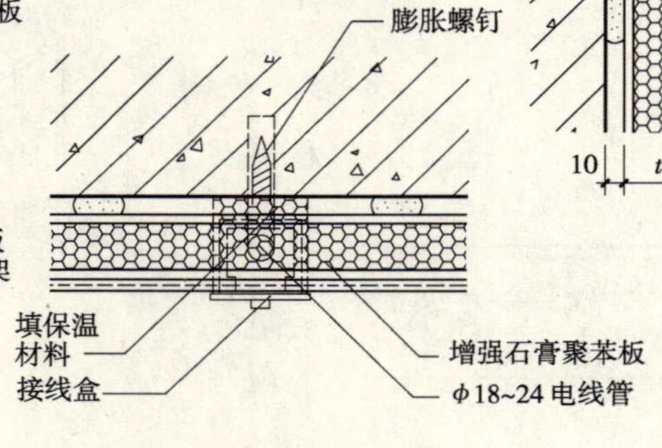

1—1

4

C型—单面钢丝网架聚苯复合板外墙内保温

说　明

1. 单面钢丝网架聚苯复合保温板（以下简称钢丝网架聚苯复合板）是由单面钢丝方格平网与聚苯板，通过斜插腹丝，不穿透聚苯板，腹丝与钢丝方格平网焊接，使钢丝网、腹丝与聚苯板复合成一块整板；通过锚栓或预埋钢筋机械办法与外墙内表面固定，表面为水泥砂浆抹灰层（表面粘贴一层耐碱玻璃纤维涂塑网格布）和涂料饰面层。

适用于外墙为混凝土墙、混凝土承重空心砌块墙、轻骨料混凝土空心砌块墙、KP_1 承重多孔砖墙的多层或高层住宅等居住建筑。钢丝网架聚苯复合板的厚度由设计确定后向厂家定做。

2. 复合板制作

2.1　钢丝方格网采用 50mm×50mm、直径 ϕ2.03 的钢丝或镀锌钢丝，斜插丝应为镀锌钢丝。

2.2　腹丝不穿透聚苯板，深度应不小于 4/5 板厚，斜插丝插入角度应保持一致，误差不大于 3°

2.3　沿板宽方向，斜插腹丝间隔 50mm 距离应相反方向斜插。

2.4　腹丝与钢丝网焊接熔焊深度为 1/2～1/3 贯入量，无过烧现象。

2.5　钢丝网架聚苯复合板尺寸允许偏差，见表 1。

钢丝网架聚苯复合板尺寸允许偏差　　　　**表 1**

项　　目	允许偏差（mm）	项　　目	允许偏差（mm）
长	±10	芯材宽度	±0.5
宽	±5	芯材厚度	±2
厚	±2	钢丝局部翘起	≤5
两对角线差	≤10	侧向弯曲	≤L/650

3. 钢丝网架聚苯复合板安装要求

3.1　钢丝网架聚苯复合板与墙体、窗框之间的连接，及复合板之间的连接，都必须紧密牢固。

3.2　复合板之间的所有接缝，必须用平网覆盖补强。

3.3　墙的阴、阳角，必须用内外角网覆盖补强。

3.4　复合板间钢丝网架，可采用 22 号低碳钢丝手工绑扎连接、点焊连接等。

3.5　相邻复合板在板长方向接长时，接缝应错开，即应避免横向通缝。

3.6　针对不同基层墙体，每隔 400～600mm 距离，设置一个固定件。单个机械固定件的拔出力不得小于 500N。

4. 钢丝网架聚苯复合板的抹灰要求

4.1　抹灰采用中砂。细度模数不应低于 2.3，并应符合《建筑用砂》(GB/T 14684—2001）的有关规定。

水泥采用强度等级为 32.5 级以上的普通硅酸盐水泥。

砂浆配比 1∶3（R_{28}≥10MPa），采用砂浆泵喷涂时，可加入不多于水泥用量 25% 的石灰膏。

4.2　为提高水泥砂浆的抗裂性，水泥砂浆中宜掺入水泥量 1% 的聚合物砂浆抗裂剂。

5. 施工顺序

5.1 清理墙面：凡突出墙面超过10mm的砂浆，混凝土必须剔除并扫净墙面，凹入10mm以上处补平。

5.2 根据开间或进深尺寸及保温板实际规格预排保温板，在墙面弹出保温板排块线。

5.3 用专用墙钉中距500mm均布，将保温板与主体墙牢固连结。

5.4 复合板之间的所有接缝，必须用平网覆盖补墙的阴、阳角，必须用内外角网覆盖补强。

5.5 抹灰前，应先安装管线、预埋件，防止抹灰后凿孔开洞。

5.6 钢丝网架聚苯复合板抹灰分两层进行，第一层和钢丝网平，并用带齿抹子刮出平行小槽，湿养护48小时后，抹第二层灰，抹灰层表面平整，阴阳角垂直，立面垂直，阴阳角方正和立面全高垂直度符合《建筑装饰装修工程质量验收规范》(GB 50210—2002) 表2.5.7规定。

5.7 水泥砂浆面层上用胶粘剂粘贴一层网格布。

5.8 抹灰后72h内禁止任何撞击。

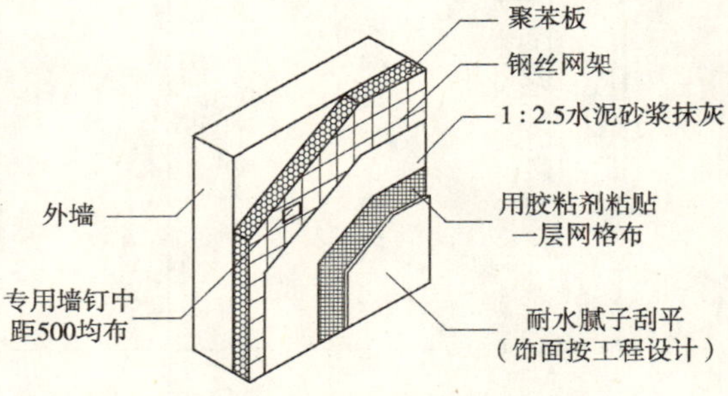

钢丝网架聚苯复合板内保温构造示意图

6. 材料的性能要求

6.1 钢丝网及腹丝直径：2.03±0.05mm

腹丝抗拉强度：590～850N/mm^2

镀锌层厚：≥20μm

6.2 焊点强度：抗拉力330N

钢丝网架聚苯复合板内保温构造（见表2）

钢丝网架聚苯复合板内保温构造简图 **表2**

<table>
<tr>
<td>承重混凝土空心砌块
190厚热阻 R=0.163m^2·K/W
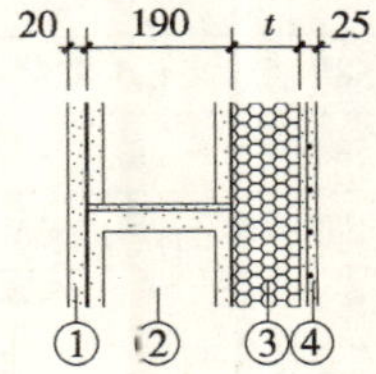</td>
<td colspan="2">KP$_1$ 承重页岩多孔砖
导热系数：0.57W/(m·K)
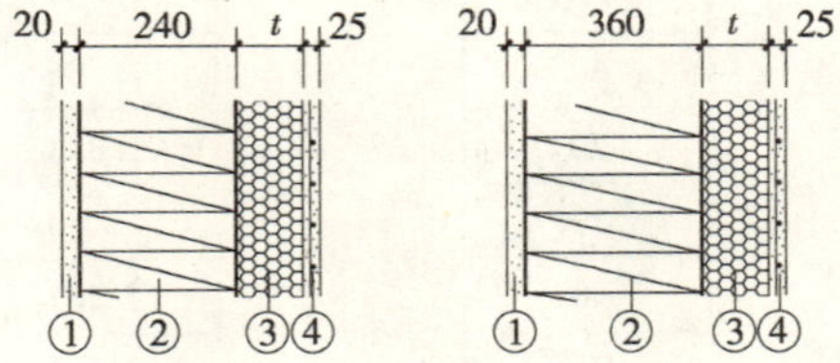</td>
<td rowspan="2">一、热工计算取值
1. 水泥砂浆外墙抹面：
导热系数 λ=0.93 [W/(m·K)]
2. 外墙：导热系数 λ 或热阻 R 见不同墙体
3. 钢丝网架聚苯板：
导热系数 λ=0.06 [W/(m·K)]
4. 水泥砂浆内墙抹面：
导热系数 λ=0.93 [W/(m·K)]
5. 钢筋混凝土圈梁和构造柱：
导热系数 λ=1.74W/(m·K)
二、修正系数 α 取值：
1. 水泥砂浆：α=1.00
2. 外墙
钢筋混凝土剪力墙：α=1.00
KP$_1$ 承重多孔砖：α=1.25
加气混凝土砌块墙：α=1.25</td>
</tr>
<tr>
<td>轻骨料（炉渣）混凝土
空心砌块190厚热阻
R=0.26m^2·K/W
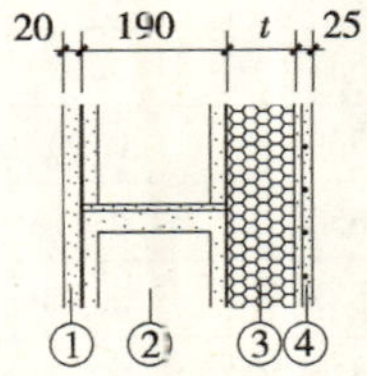</td>
<td>钢筋混凝土剪力墙
导热系数：1.74W/(m·k)
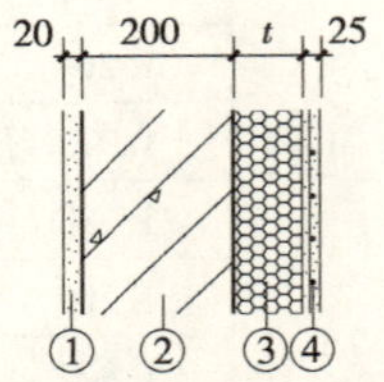</td>
<td>加气混凝土砌块墙
导热系数：0.19W/(m·k)
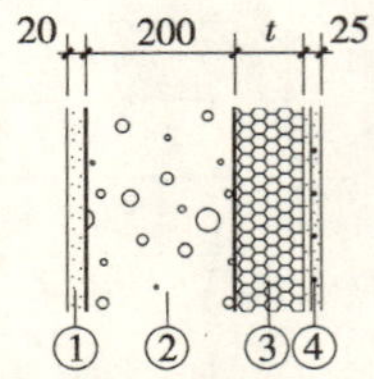</td>
</tr>
</table>

注：1. 外墙平均传热系数的计算依据《民用建筑节能设计标准》(JGJ 26—95) 附录C求得。

2. 轻骨料混凝土空心砌块以炉渣空心砌块为例进行计算；KP$_1$ 承重多孔砖以页岩多孔砖为例进行计算。

3. 复合保温板导热系数为其当量导热系数。

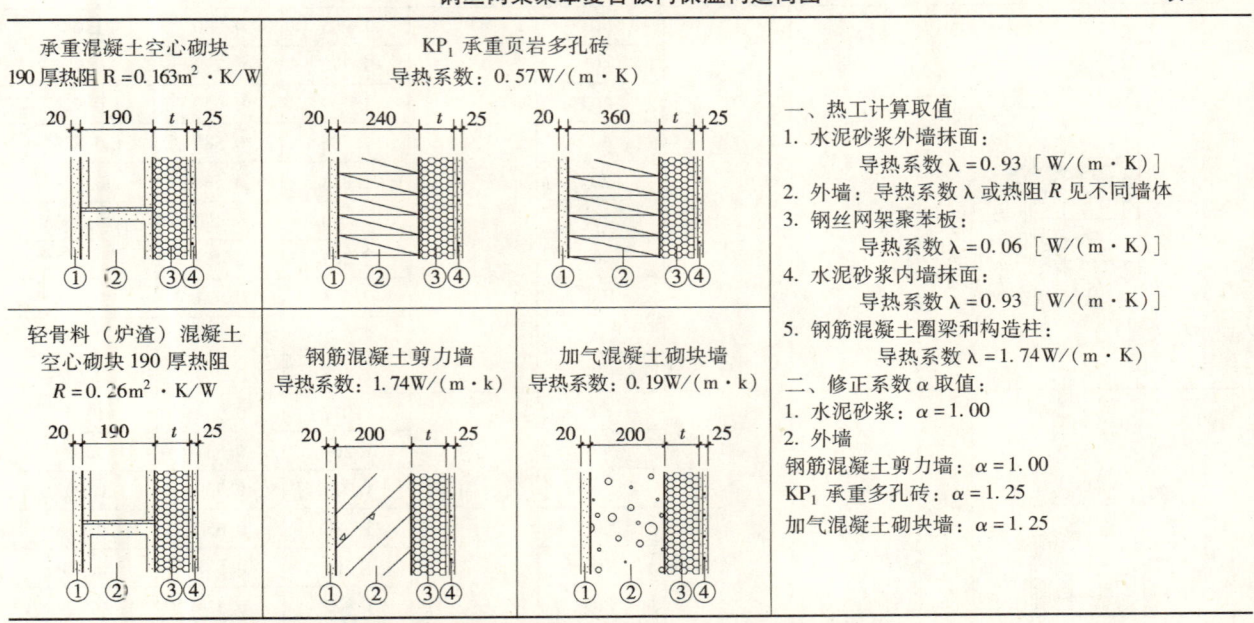

钢丝网架聚苯复合板外墙内保温做法、热工指标及厚度选用表（表3）

钢丝网架聚苯复合板外墙内保温做法、热工指标及厚度选用表　　　　表3

编号	构造简图	外墙主体	① 外墙外抹灰 厚度(mm)	② 外墙主体 厚度(mm)	③ 保温层 厚度(mm)	④ 抗裂层 厚度(mm)	主体部位 总传热阻 R_p ($m^2\cdot K/W$)	主体部位 传热系数 K_p [$W/(m^2\cdot K)$]	外墙平均传热系数 K_m [$W/(m^2\cdot K)$]
1	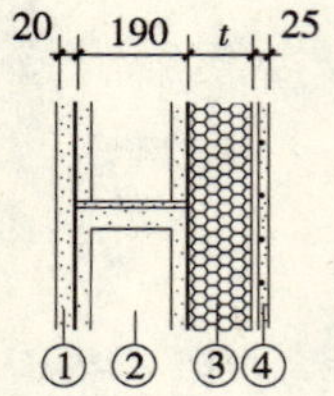	承重混凝土空心砌块	20	190	30	25	0.863	1.159	1.253
					40		1.030	0.971	1.074
					50		1.197	0.835	0.945
					60		1.364	0.733	0.849
					70		1.531	0.653	0.773
					80		1.698	0.589	0.713
					90		1.865	0.536	0.663
					100		2.032	0.492	0.622
					110		2.199	0.455	0.587
					120		2.366	0.423	0.556
2	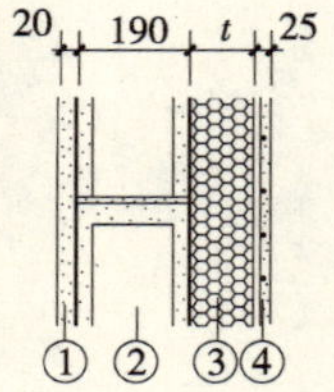	炉渣混凝土空心砌块	20	190	30	25	0.966	1.035	1.136
					40		1.133	0.883	0.982
					50		1.300	0.769	0.870
					60		1.467	0.682	0.783
					70		1.634	0.612	0.715
					80		1.801	0.555	0.660
					90		1.968	0.508	0.614
					100		2.135	0.468	0.576
					110		2.302	0.434	0.543
					120		2.469	0.405	0.515
3	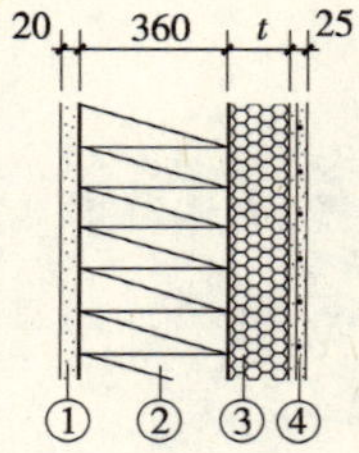	360厚页岩多孔砖	20	360	30	25	1.205	0.830	1.047
					40		1.372	0.729	0.955
					50		1.539	0.650	0.922
					60		1.706	0.586	0.823
					70		1.873	0.534	0.774
					80		2.040	0.490	0.733
					90		2.207	0.453	0.697
					100		2.374	0.421	0.666
					110		2.541	0.394	0.638
					120		2.708	0.369	0.613
4	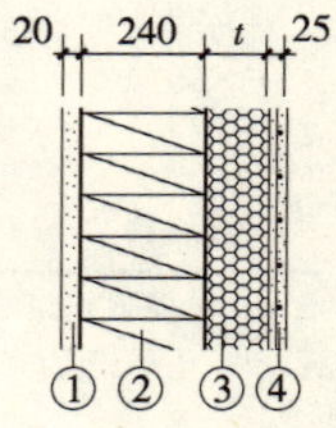	240厚页岩多孔砖	20	240	30	25	1.037	0.964	1.151
					40		1.204	0.831	1.009
					50		1.371	0.729	0.902
					60		1.538	0.650	0.818
					70		1.705	0.587	0.750
					80		1.872	0.534	0.694
					90		2.039	0.490	0.646
					100		2.206	0.453	0.606
					110		2.373	0.421	0.570
					120		2.540	0.394	0.539

续表

编号	构造简图	外墙主体	①外墙外抹灰 厚度(mm)	②外墙主体 厚度(mm)	③保温层 厚度(mm)	④抗裂层 厚度(mm)	主体部位 总传热阻 R_p ($m^2 \cdot K/W$)	主体部位 传热系数 K_p [$W/(m^2 \cdot K)$]	外墙平均传热系数 K_m [$W/(m^2 \cdot K)$]
5	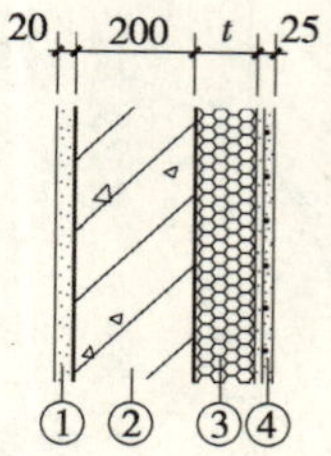	混凝土剪力墙	20	200	30	25	0.815	1.227	1.373
					40		0.982	1.018	1.176
					50		1.149	0.870	1.035
					60		1.316	0.760	0.929
					70		1.483	0.727	0.960
					80		1.650	0.606	0.779
					90		1.817	0.550	0.724
					100		1.984	0.504	0.678
					110		2.150	0.465	0.638
					120		2.318	0.431	0.604
6	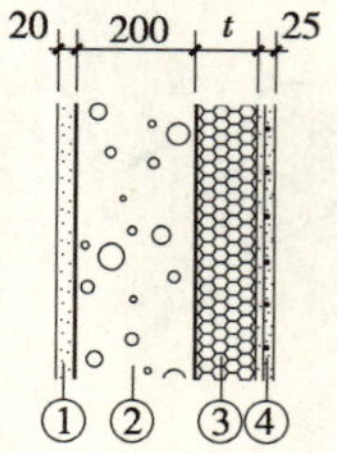	加气混凝土砌块墙	20	200	20	25	1.375	0.649	0.844
					30		1.542	0.649	0.844
					40		1.709	0.585	0.759
					50		1.876	0.533	0.693
					60		2.043	0.489	0.641
					70		2.210	0.452	0.598
					80		2.377	0.421	0.562
					90		2.544	0.393	0.531
					100		2.711	0.369	0.505
					110		2.878	0.347	0.482
					120		3.045	0.328	0.462

注：1. 计算结果依据《民用建筑热工设计规范》(GB 50176—93) 求得。
2. 轻骨料混凝土空心砌块以炉渣混凝土空心砌块为例进行计算。
3. 表中 KP_1 承重多孔砖以页岩多孔砖为例进行计算。

详图示意

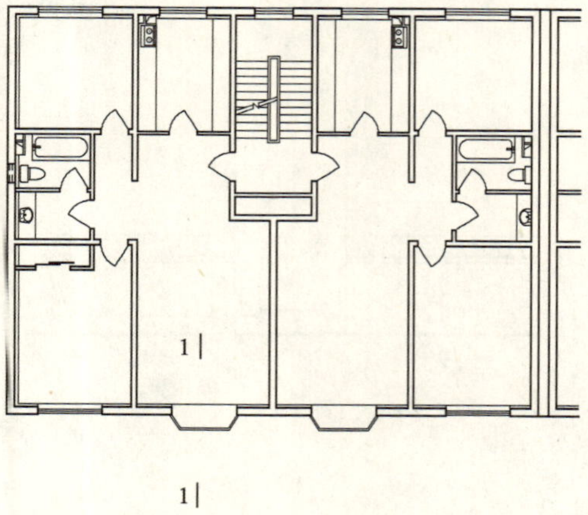

平面示意图

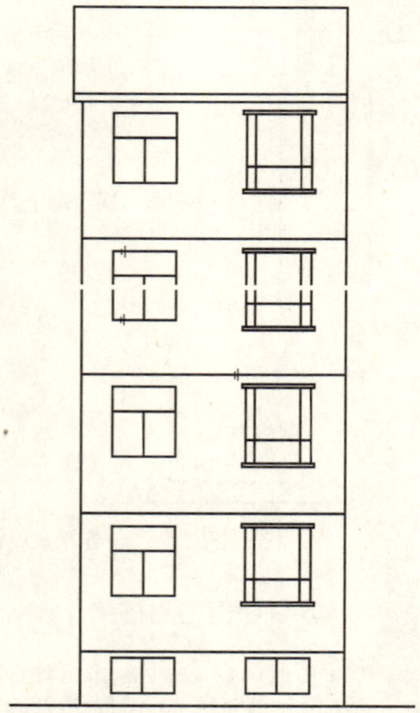
立面示意图

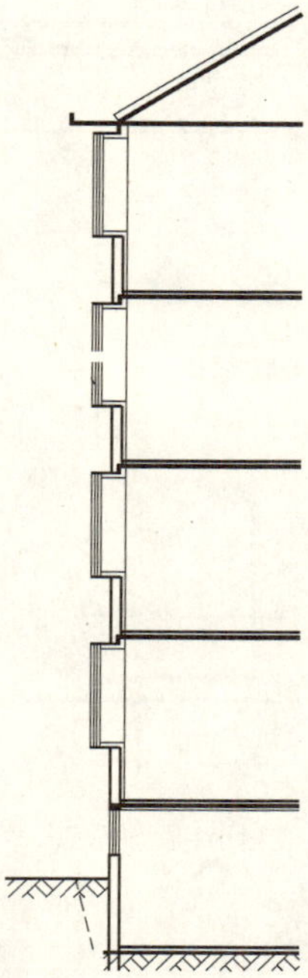
1—1

平面节点详图

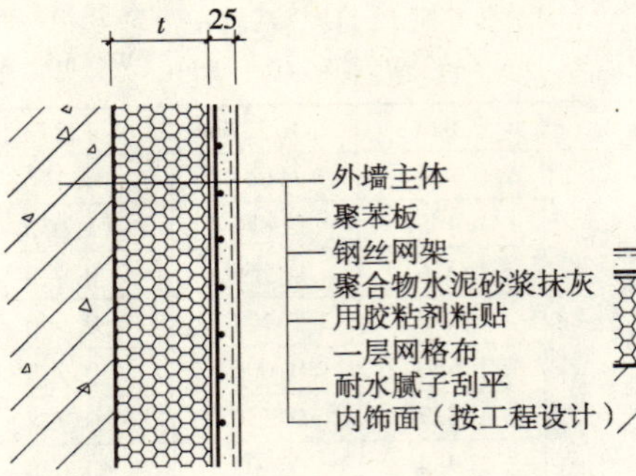

① 做法示意

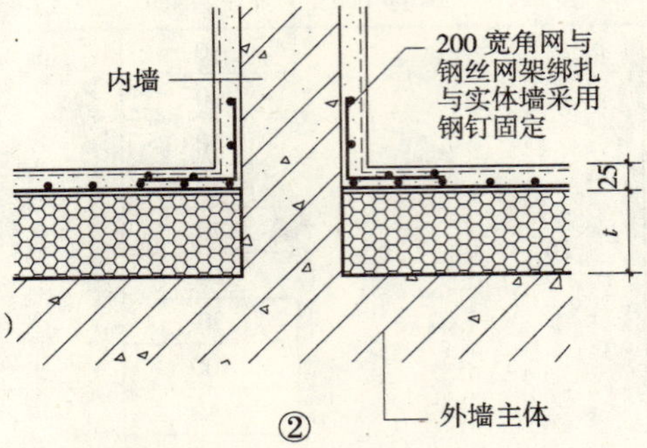

②

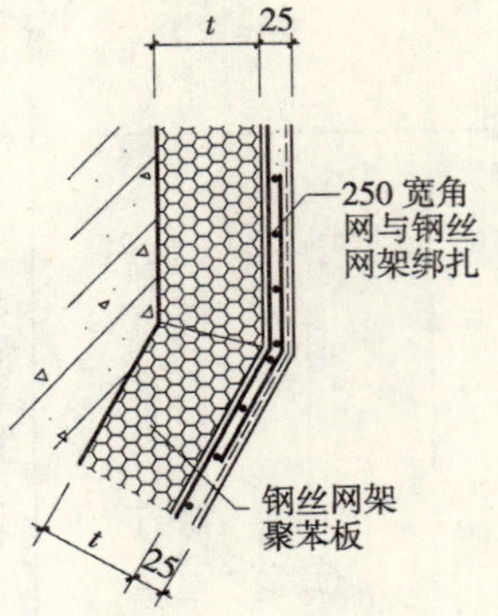

③

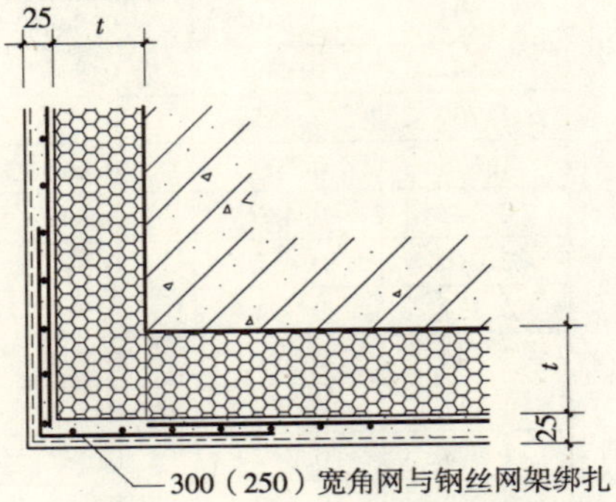

④ 阳角

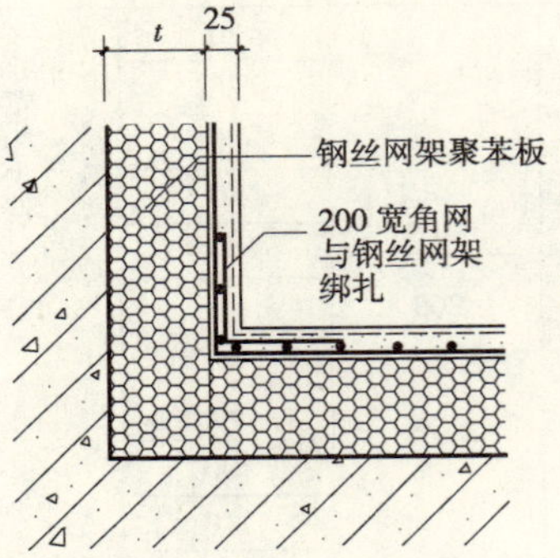

⑤ 阴角

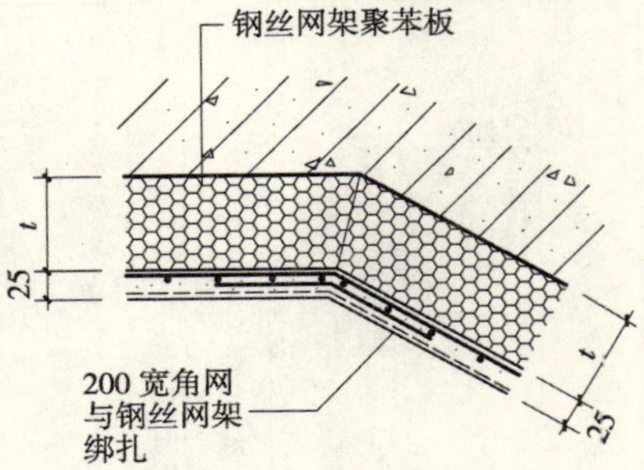

⑥

注：t 为保温层厚度，除注明外均由设计人定或参见厚度选用表。

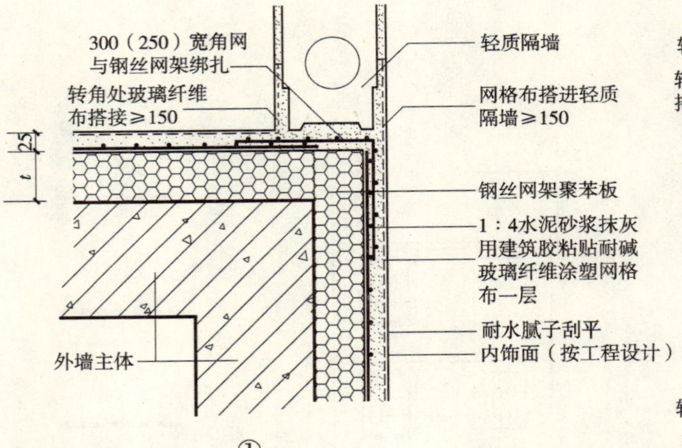

①

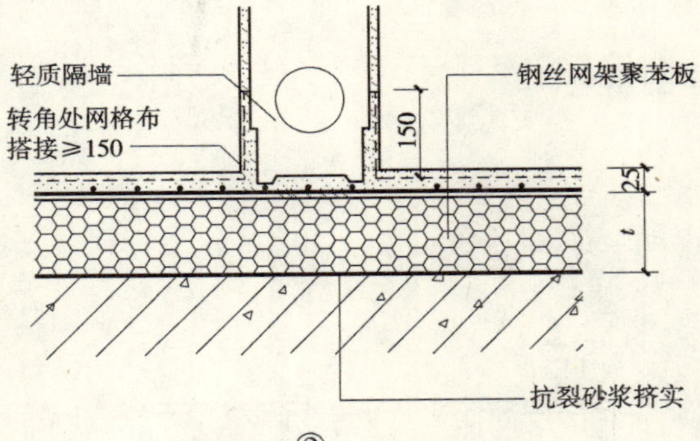

②

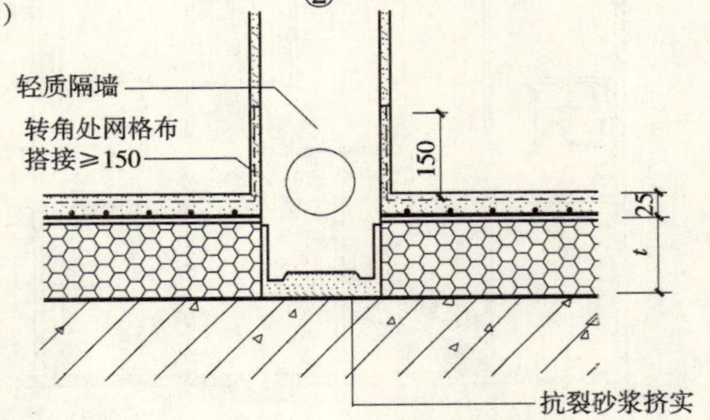

③

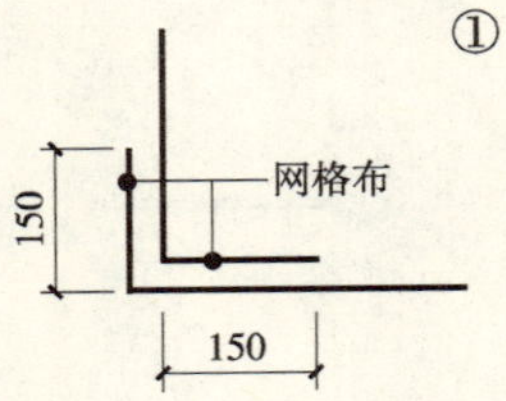

④网格布搭接

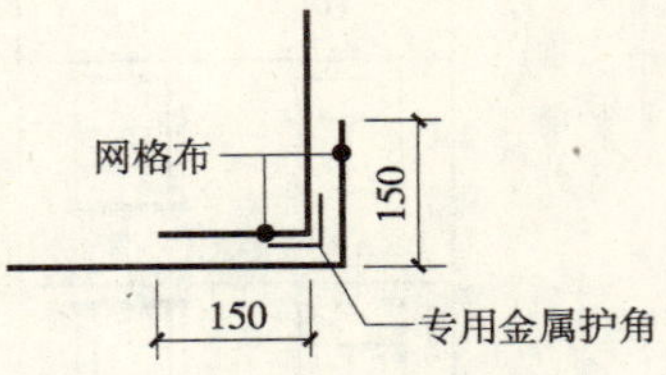

⑤首层网格布搭接

注：专用金属护角，用于首层外墙阳角，断面尺寸为35×35×0.5~45×45×0.5高h=2000，边上有孔以利于砂浆嵌固，设在两层玻璃纤维涂塑网格布之间。

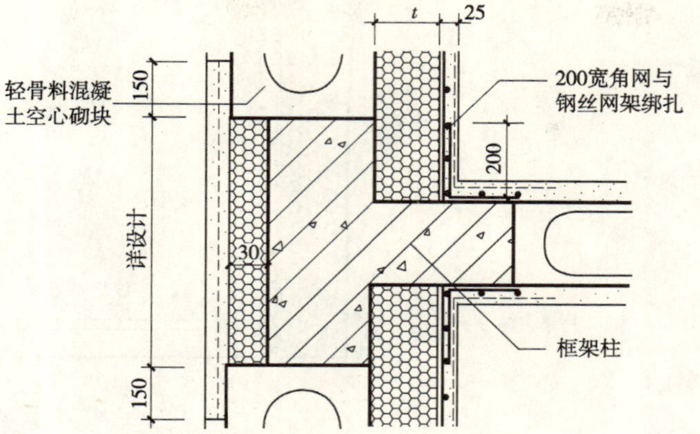

①

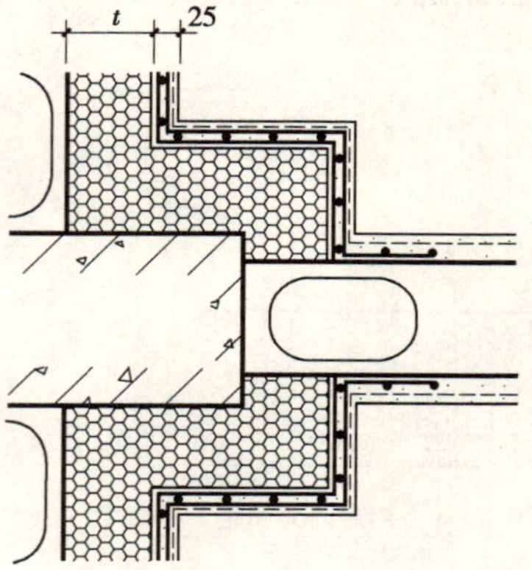

②

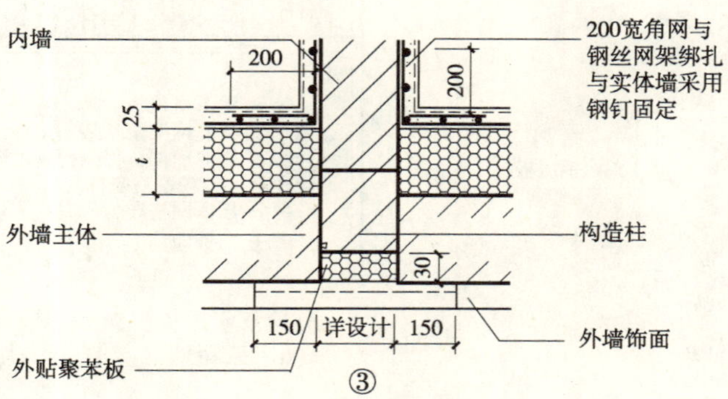

③

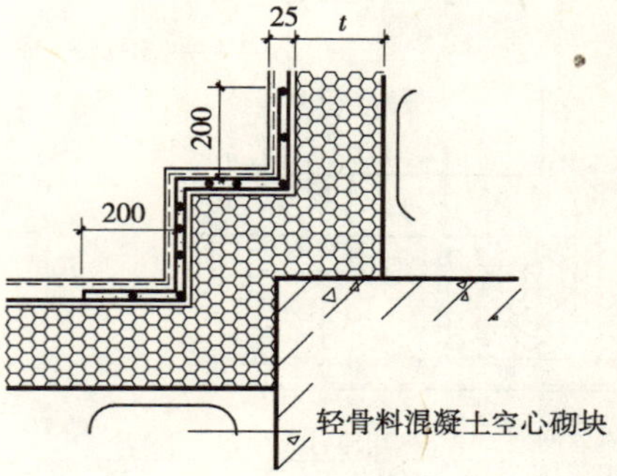

④

楼梯间及外墙变形缝节点详图

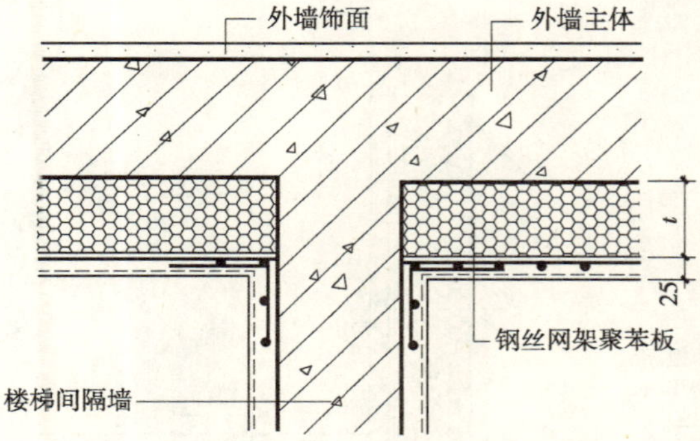

①

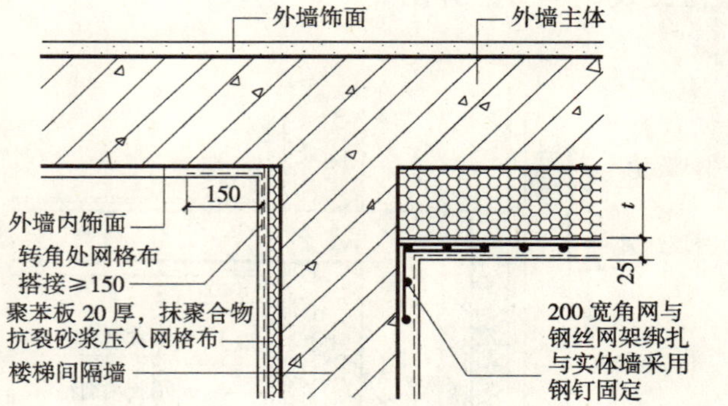

②

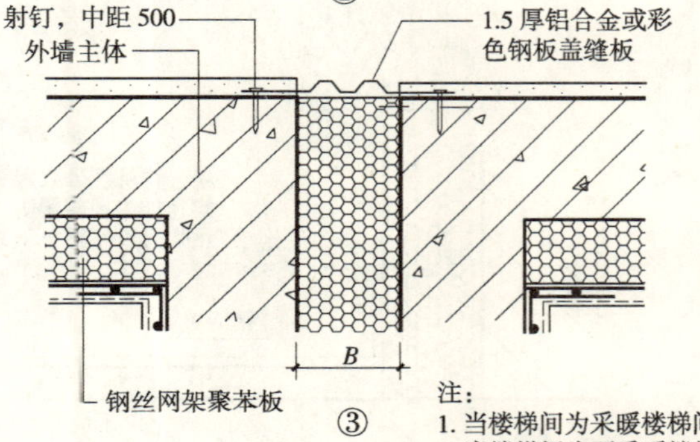

③

注：
1. 当楼梯间为采暖楼梯间时，选用①节点
2. 当楼梯间为不采暖楼梯间时，选用②节点
3. B为变形缝宽度，由设计人定，当B≤60mm时选用③节点，当B>60mm时选用④节点。

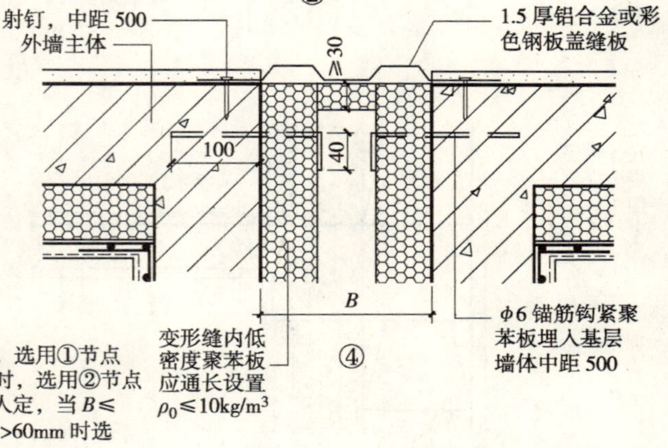

④

地下室顶板保温、与墙固定详图

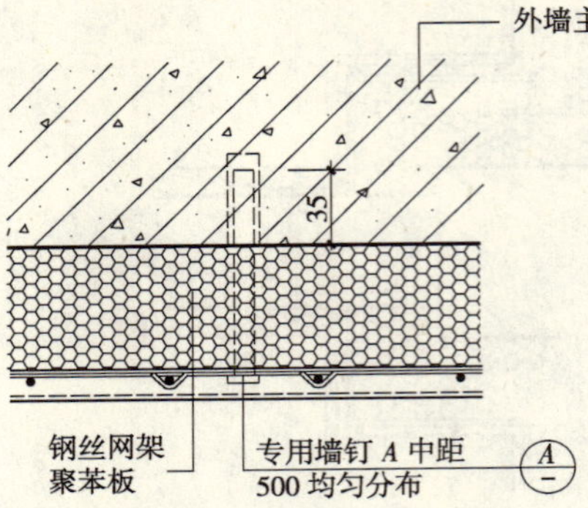

① 与实体墙固定

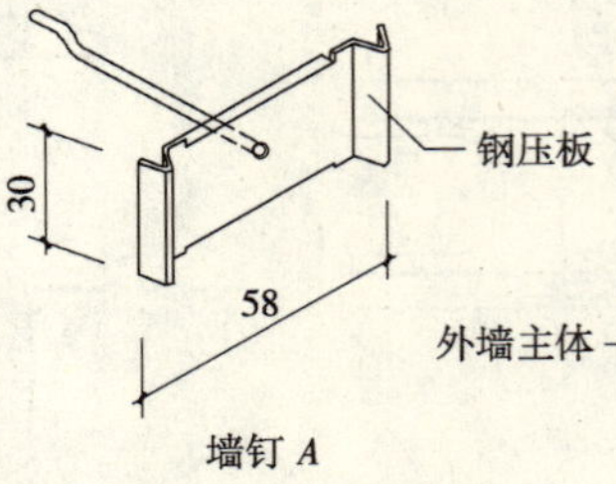

(A)

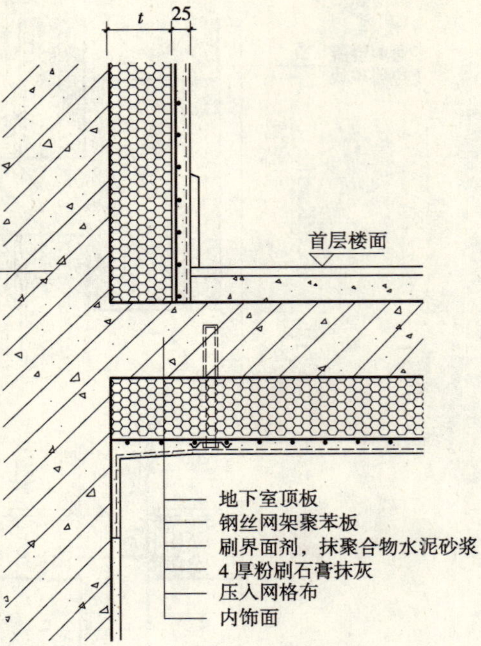

③ 地下室顶板保温
（不采暖地下室）

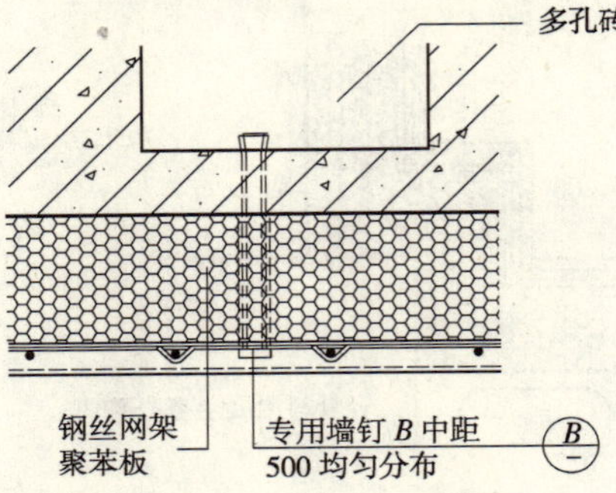

② 与空芯墙固定

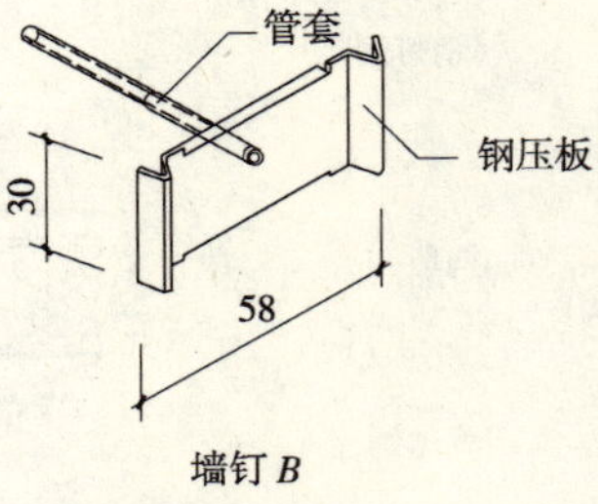

(B)

楼层处及踢脚节点详图

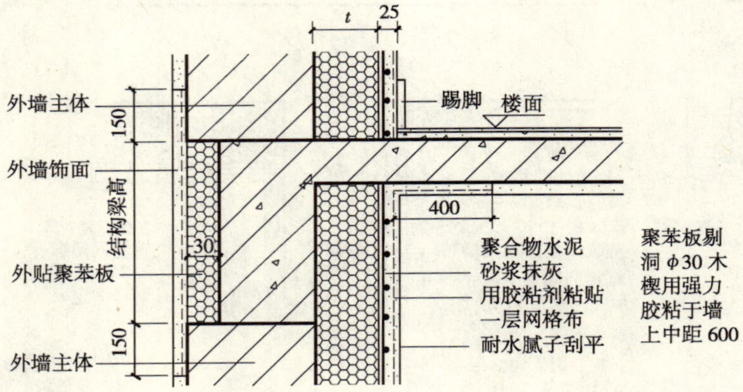

①

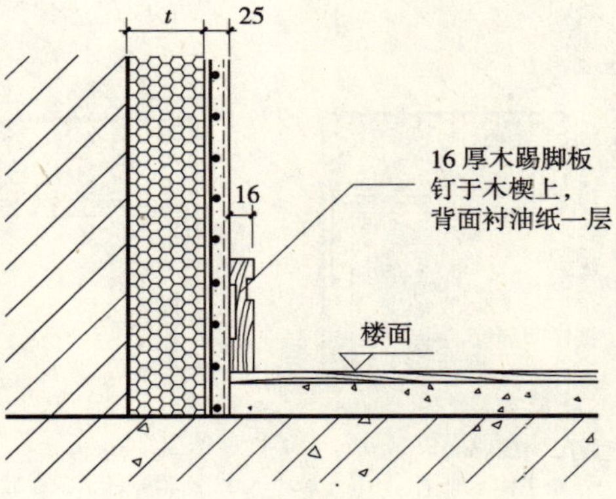

③

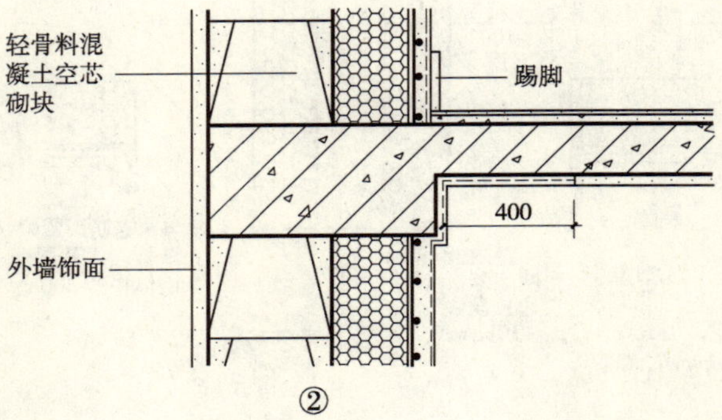

②

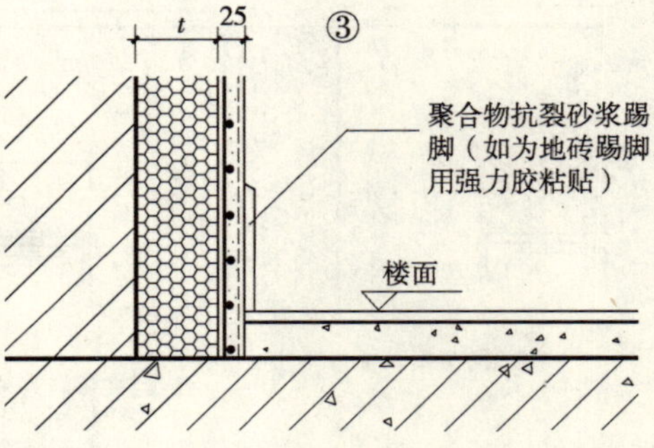

④

窗侧口节点详图

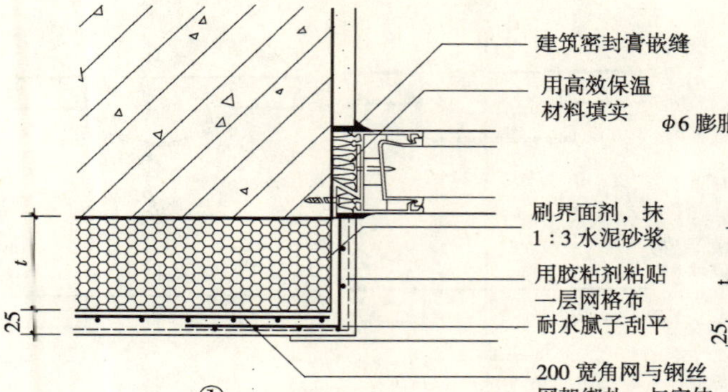

①

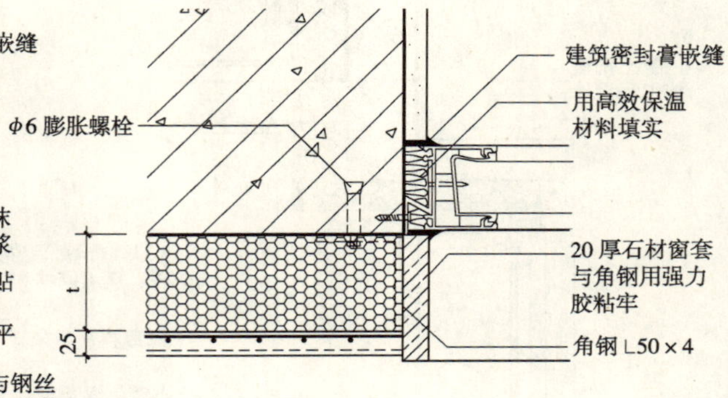

②

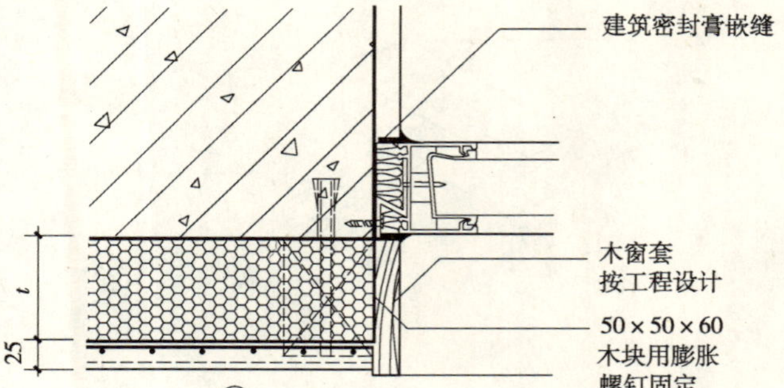

③

注：高效保温材料可选用聚氨酯发泡
材料或聚苯板条，由设计人定。

窗台、窗上口节点详图

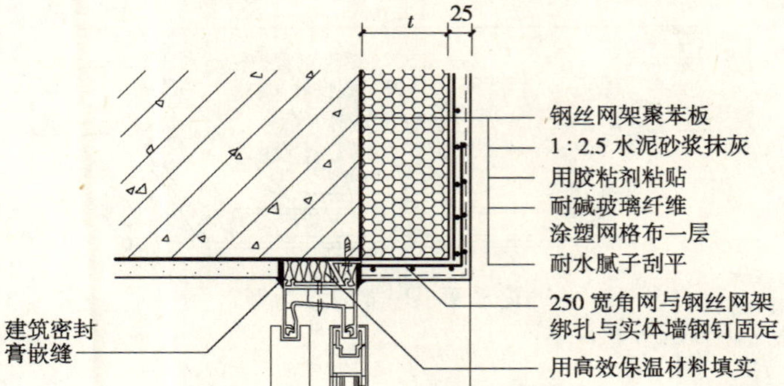

①

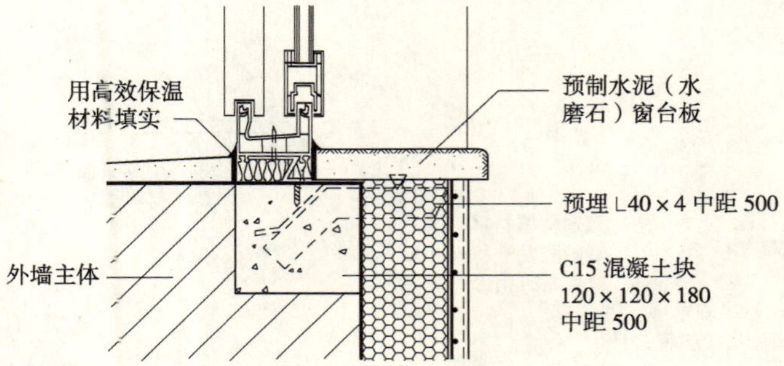

②

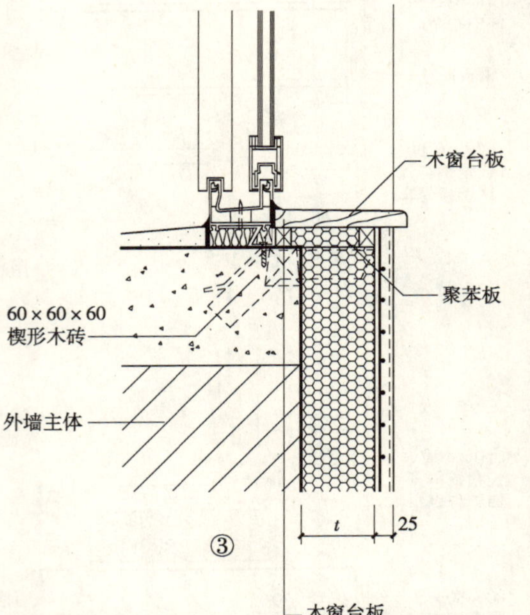

③

木窗台板
二根 25×25 木龙骨
C15 混凝土块 120×240×
180 预埋 ∟40×4 中距 500

注：高效保温材料可选用
聚氨酯发泡材料或聚
苯板条，由设计人定。

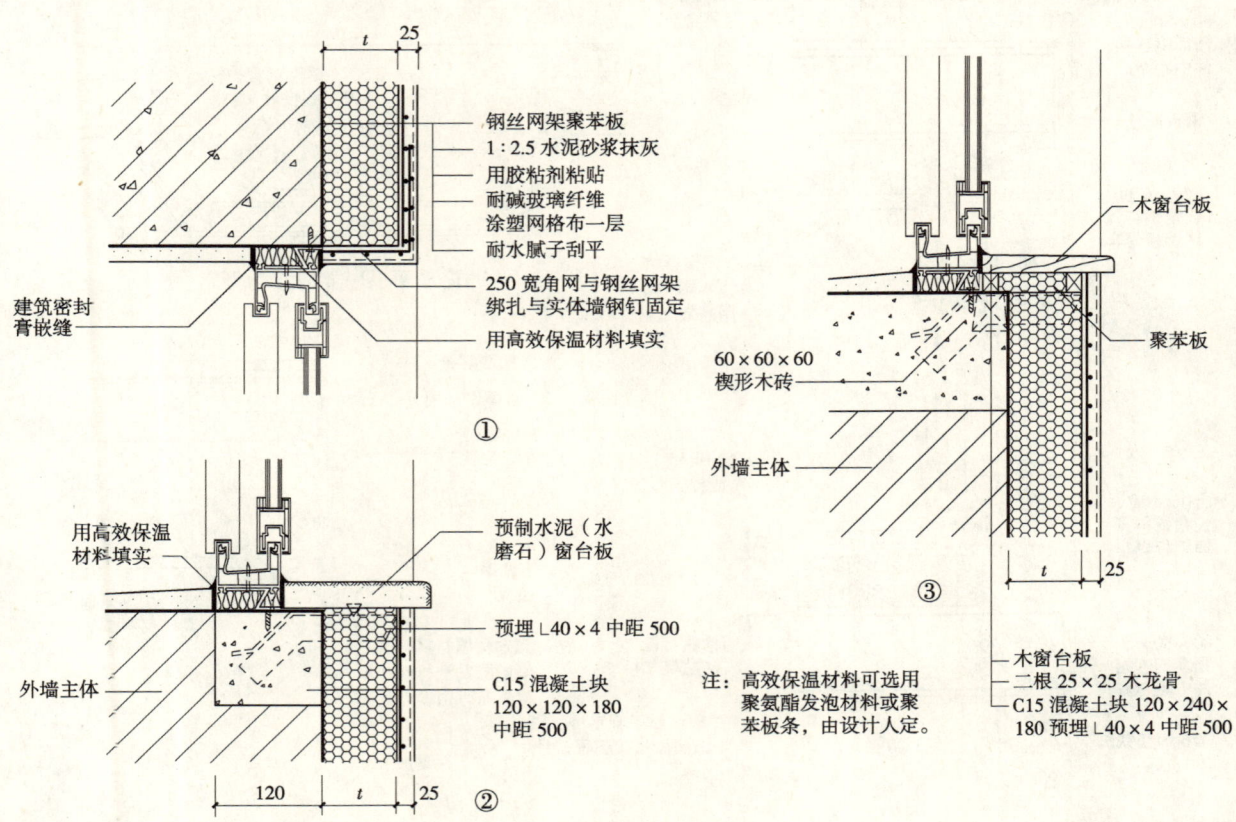

凸（飘）窗节点详图

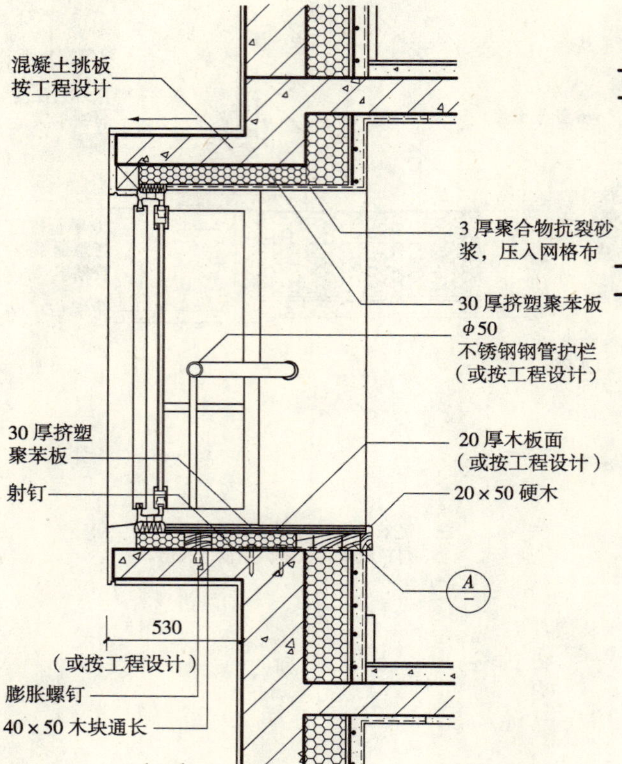

1—1

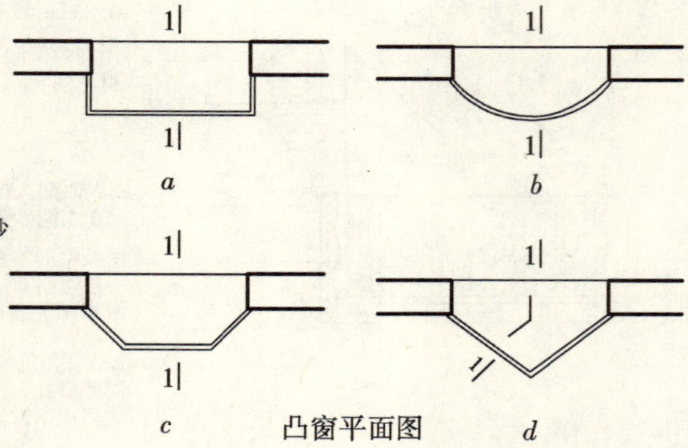

凸窗平面图

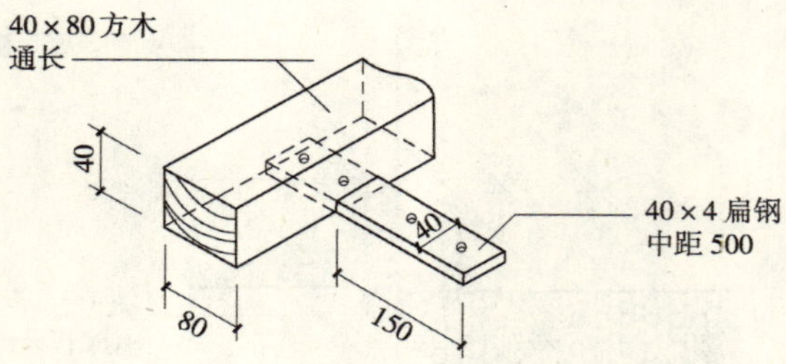

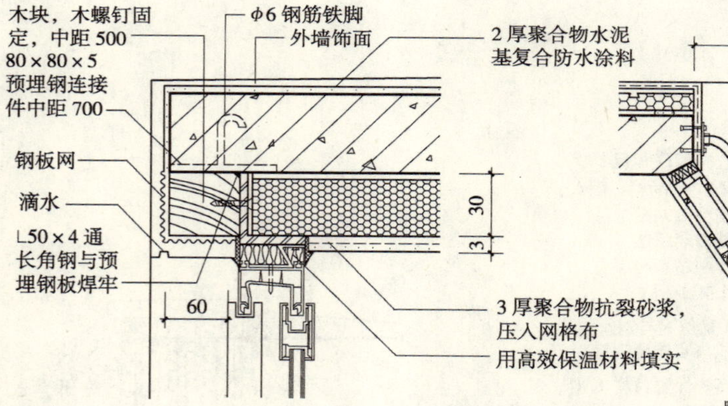

①

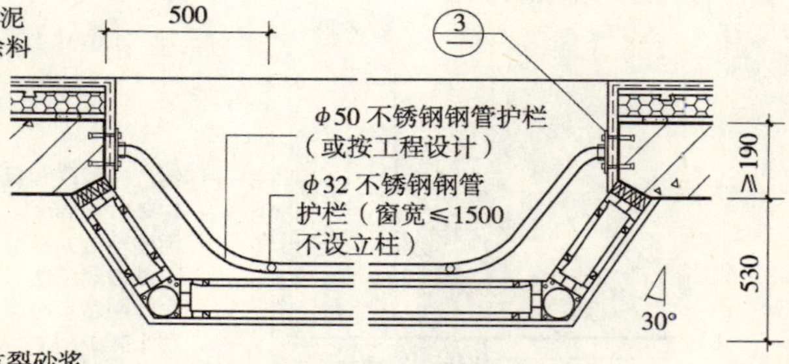

凸窗平面（以类型C为例）

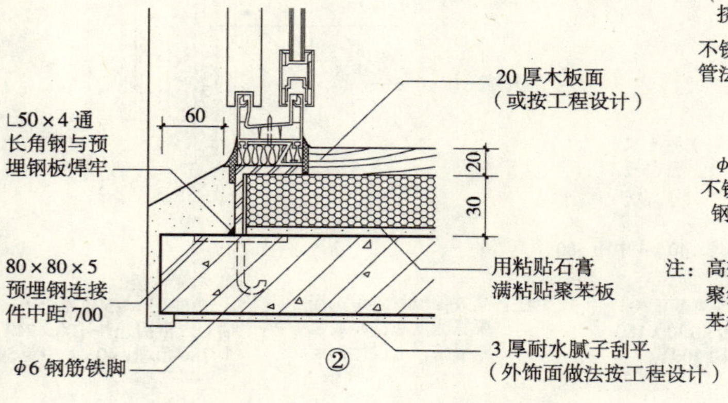

②

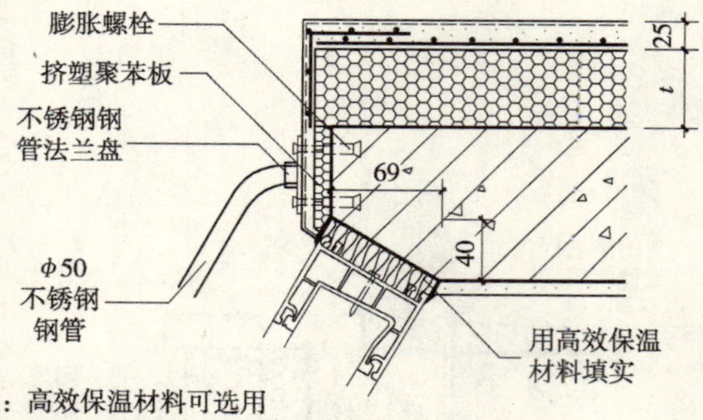

注：高效保温材料可选用聚氨酯发泡材料或聚苯板条，由设计人定。

③

窗帘盒安装详图

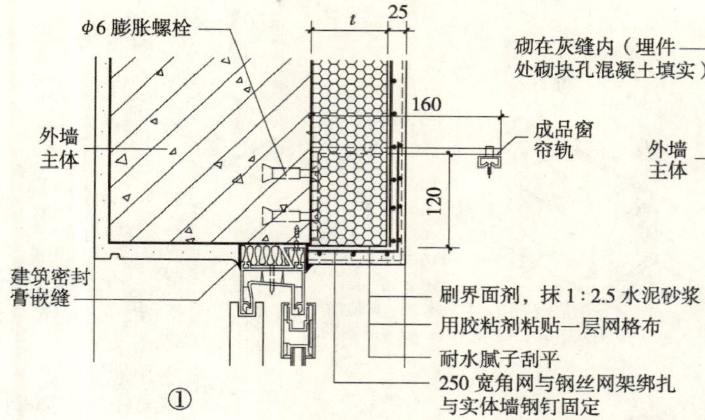

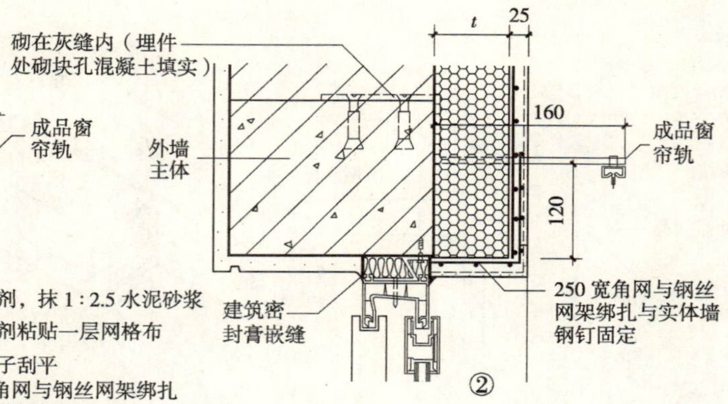

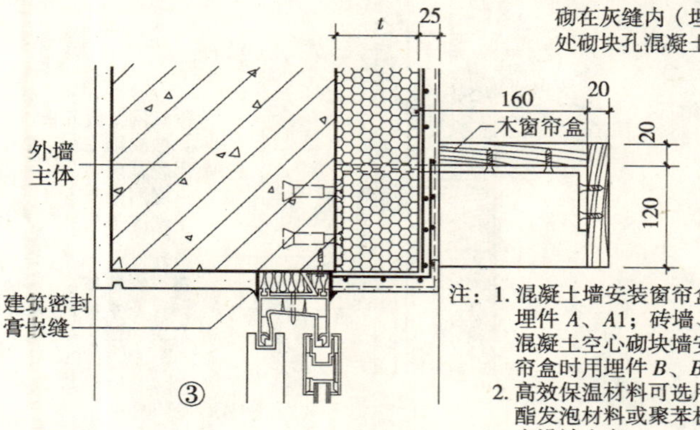

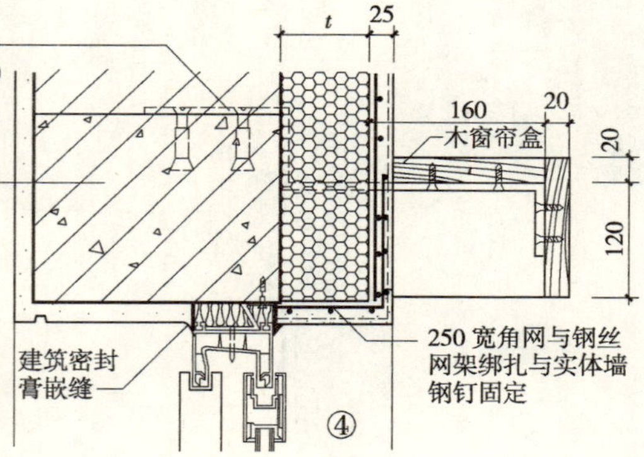

注：1. 混凝土墙安装窗帘盒时用埋件 *A*、*A*1；砖墙、小型混凝土空心砌块墙安装窗帘盒时用埋件 *B*、*B*1。
2. 高效保温材料可选用聚氨酯发泡材料或聚苯板条，由设计人定。

附件固定及窗帘盒埋件安装详图

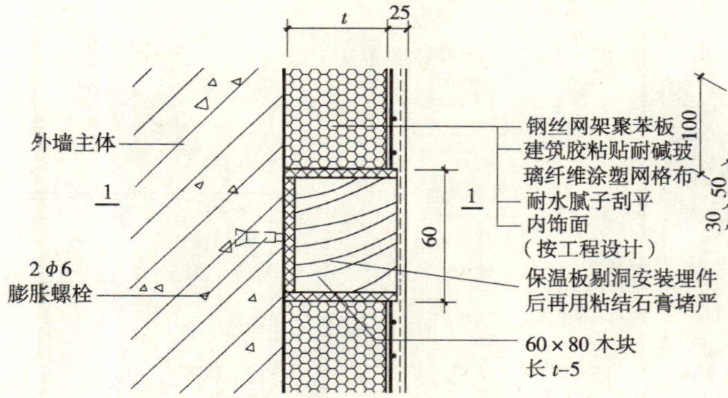

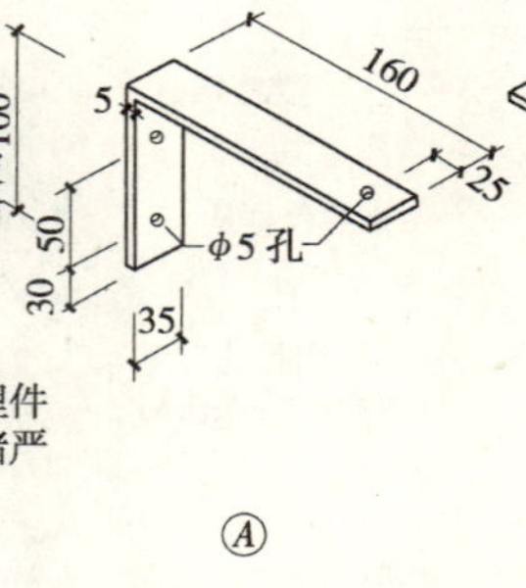

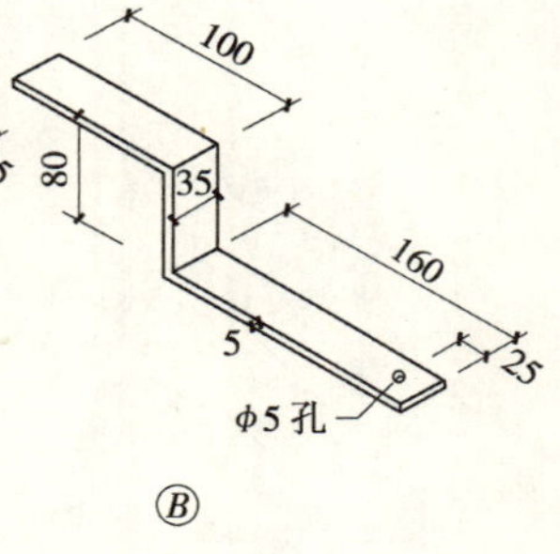

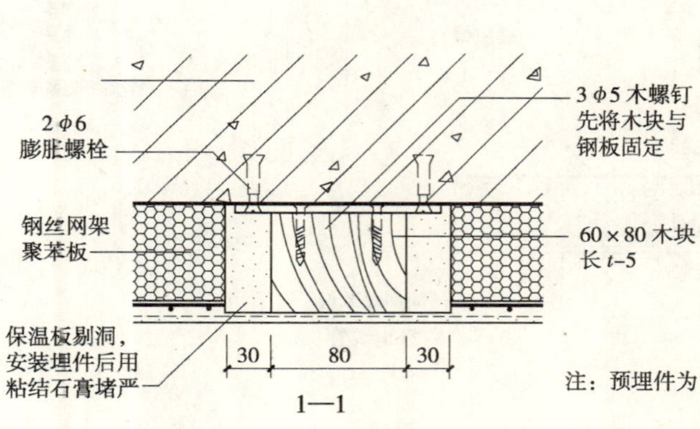

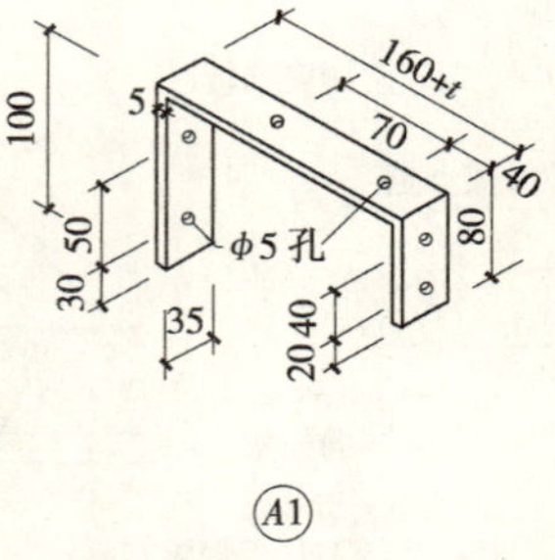

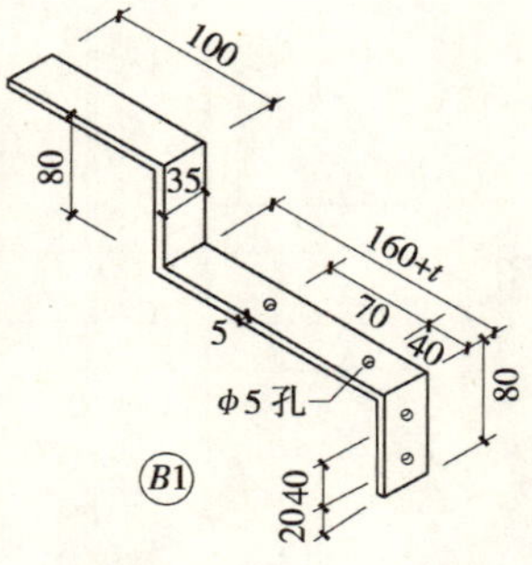

注：预埋件为 35 × 5 扁钢制作中距 500。

吊挂件安装详图

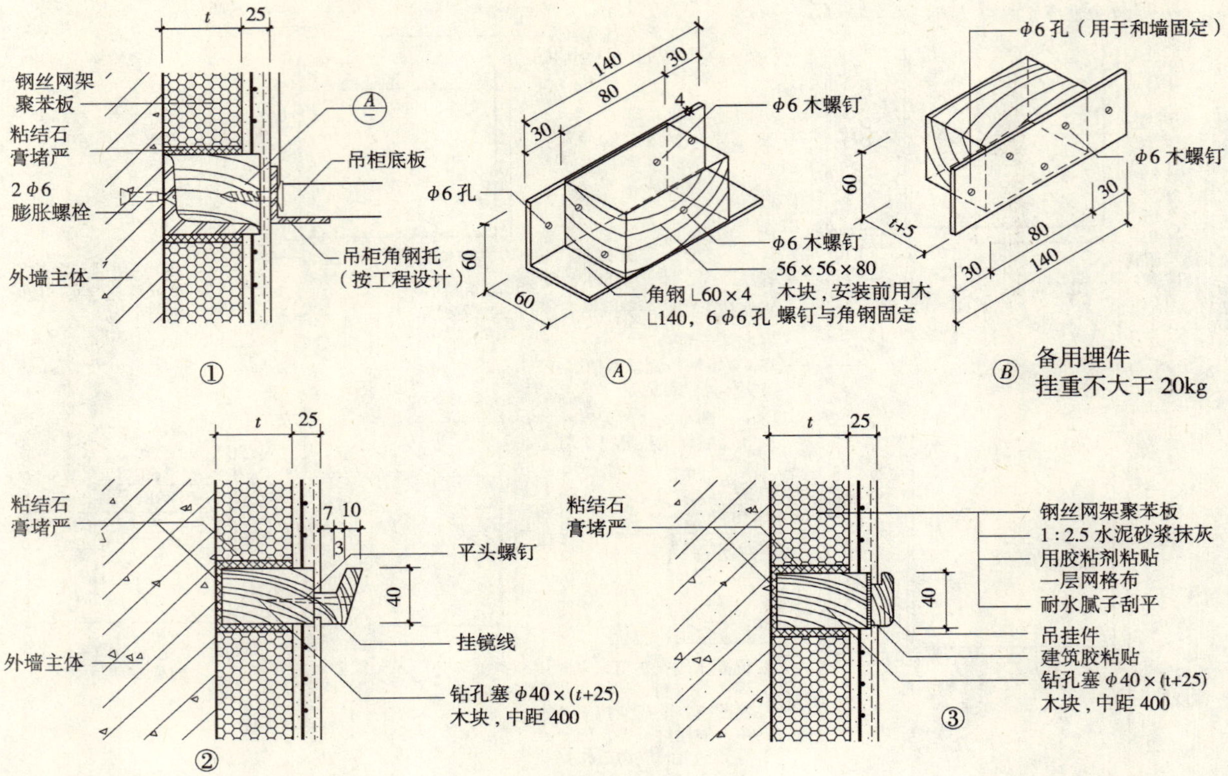

散热器、开关盒、管卡安装详图

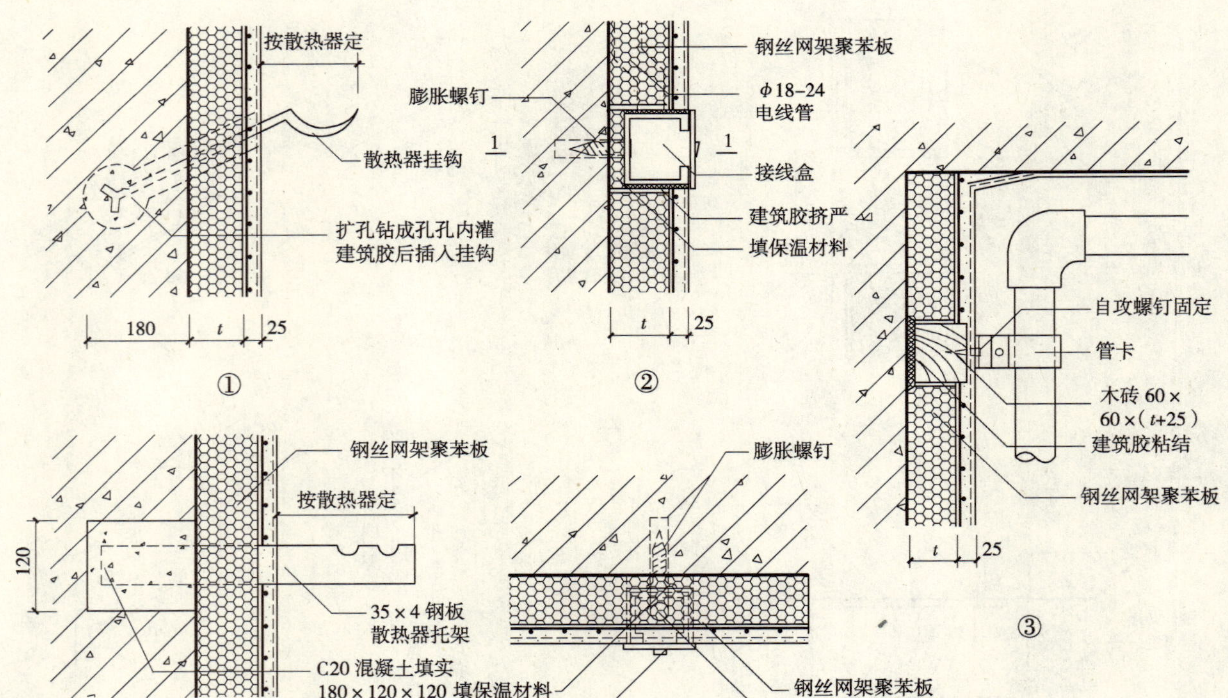

水箱安装详图

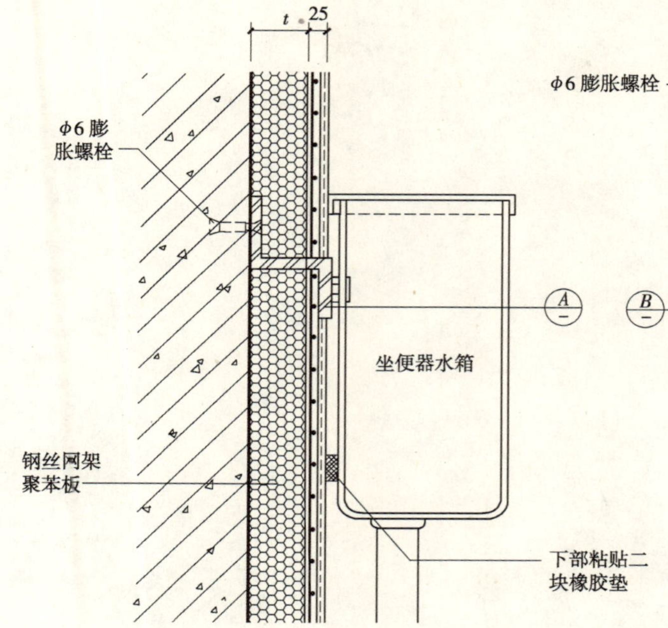

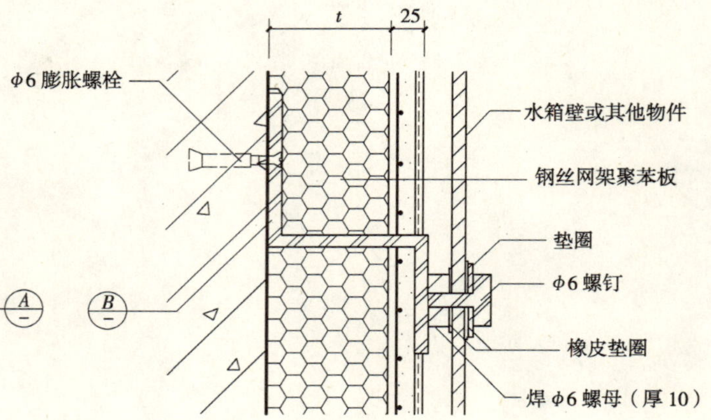

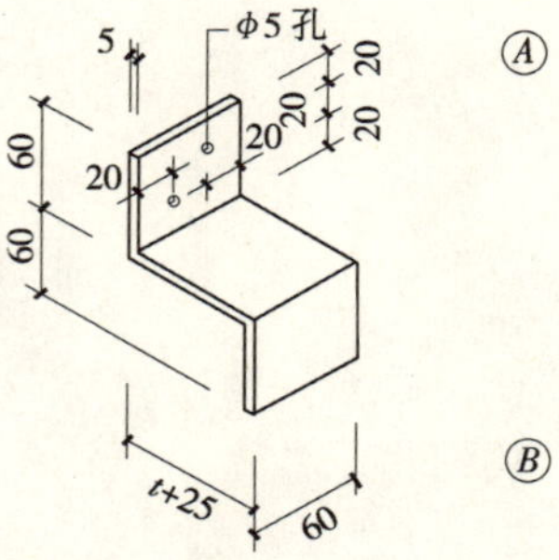

注：1. 遇混凝土砌块墙时，埋设埋件的部位砌块孔芯用混凝土填实。
2. 埋件为扁钢 60×5。
3. 所有预埋件（金属或木）均须作防腐处理。
4. 卫生间、厨房内饰面按工程设计。如做涂料须采用网格布防水，然后做内饰面。如贴面砖，须将网格布改为镀锌钢丝网，与主体墙固定后贴面砖。

脸盆、水池安装详图

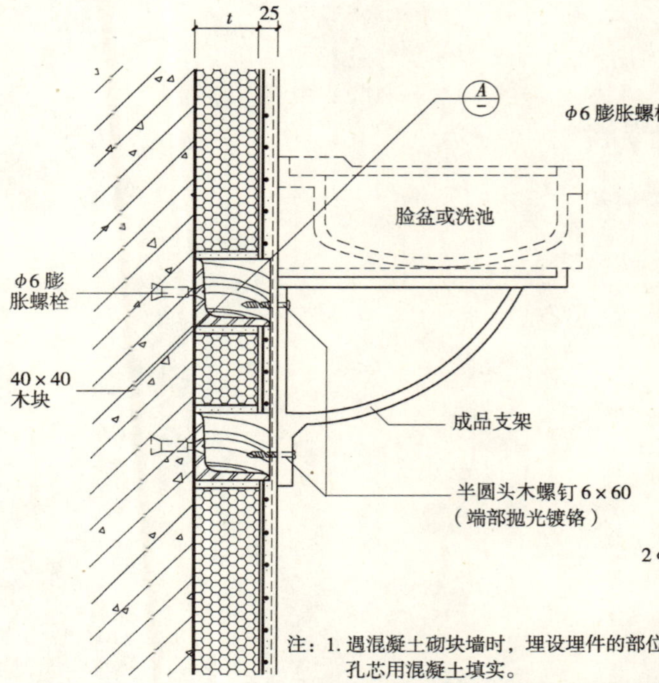

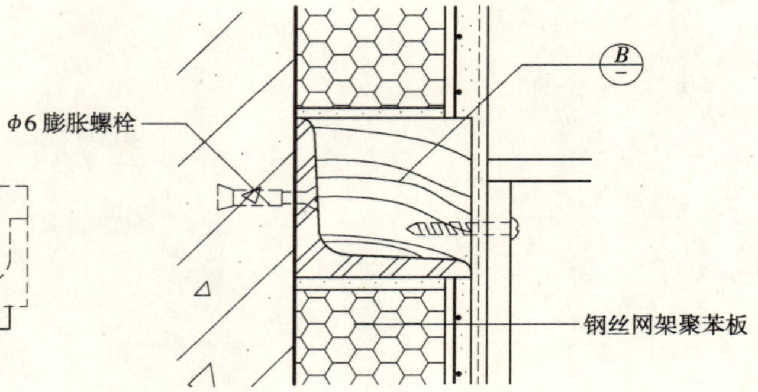

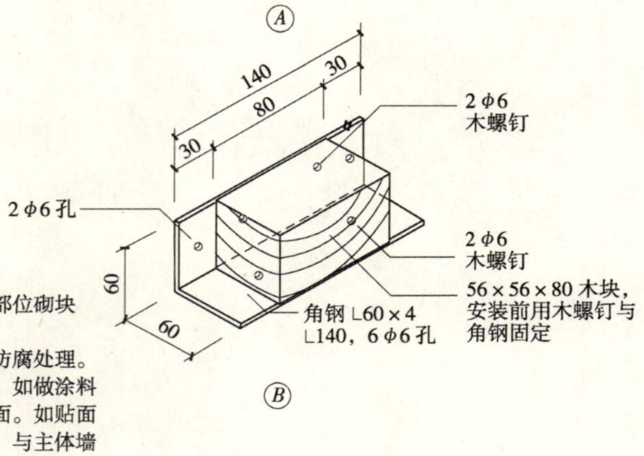

注：1. 遇混凝土砌块墙时，埋设埋件的部位砌块孔芯用混凝土填实。
2. 所有预埋件（金属或木）均须作防腐处理。
3. 卫生间、厨房内饰面按工程设计。如做涂料须采用网格布防水，然后做内饰面。如贴面砖，须将网格布改为镀锌钢丝网，与主体墙固定后贴面砖。

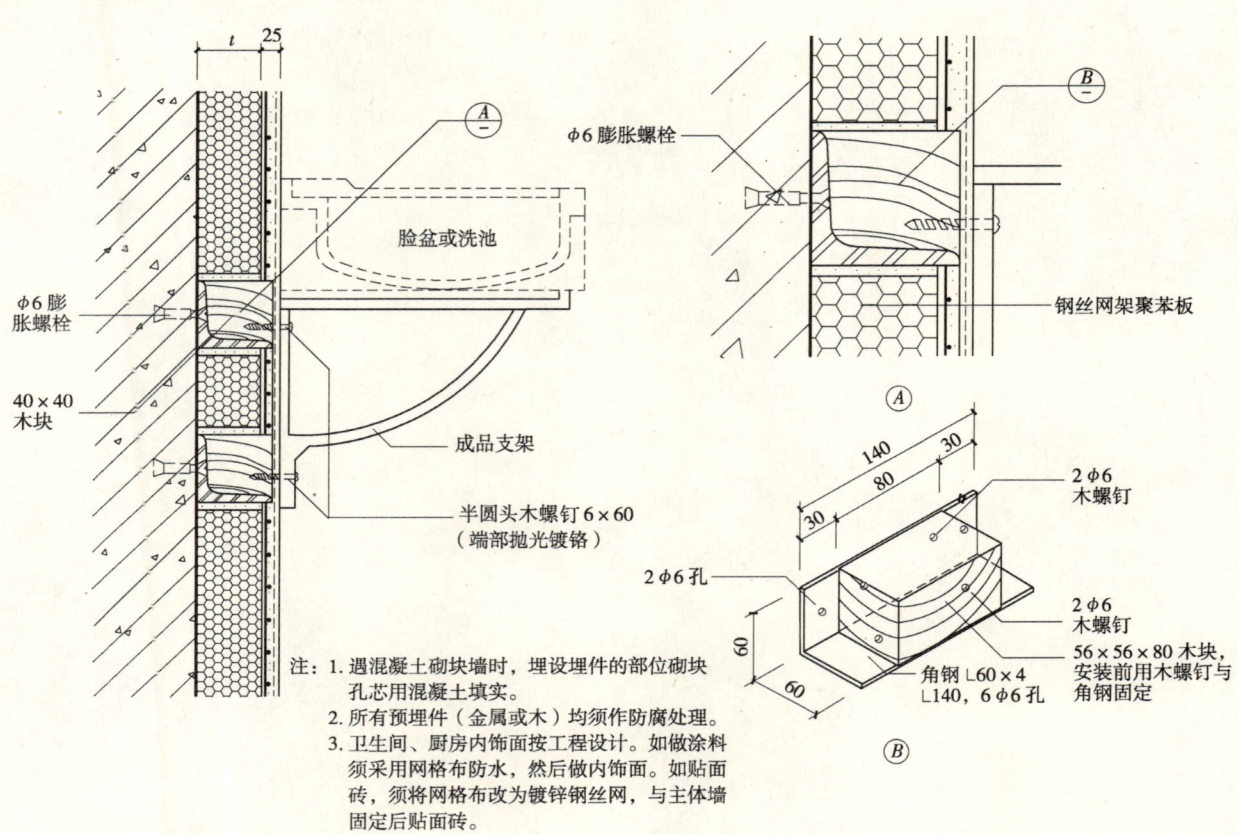

5

D型—胶粉聚苯颗粒保温浆料外墙内保温

说　明

1. 胶粉聚苯颗粒保温浆料外墙内保温由胶粉聚苯颗粒保温浆料及抗裂保护层各种材料组成的保温构造。各种材料组成成分如下：

1.1　胶粉聚苯颗粒保温浆料：由胶粉料与聚苯颗粒组成，两种材料分袋包装，使用时按比例加水搅拌制成。

1.2　水泥抗裂砂浆（简称抗裂砂浆）：由聚合物乳液掺加多种外加剂制成的抗裂剂与水泥、砂按一定重量比搅拌制成。

1.3　耐碱涂塑玻璃纤维网格布：采用耐碱玻璃纤维编织，面层涂以耐碱防水高分子材料制成。

1.4　抗裂柔性腻子：采用弹性乳液及粉料、助剂等制成，能够满足一定变形而保持不开裂，并符合《建筑室内用腻子》(JG/T 3049—1998）中耐水腻子（N型）标准。

保温层材料导热系数低，体积稳定，整体性能好，难燃，耐冻融，材质稳定，易操作；砂浆与玻璃纤维网格布结合在一起，有较强的抗变形能力，有效解决了保温面层的空、鼓、裂问题。

2. 施工顺序

施工准备 → 基层处理 → 墙面冲筋 → 抹保温砂浆 →

抹抗裂砂浆，压入网格布 → 刮柔性耐水腻子 → 做饰面涂料

2.1　施工前准备工作

2.1.1　对于空心砖墙，一般只需浇水即可（冬季免浇），对于混凝土墙应清洁表面后涂刷界面处理砂浆。

2.1.2　基层墙面、外墙四角、洞口等处的表面平整及垂直度均应满足有关施工验收规范的要求。

2.1.3　按垂直、水平方向，在墙角、阳台栏板等处，弹好厚度控制线。

2.1.4　按厚度控制线，用胶粉聚苯颗粒保温砂浆做标准灰饼，冲筋，间隔适度。

2.2　材料配制

2.2.1　界面砂浆：将强度等级为42.5级的水泥、中砂、界面剂按1∶1∶1的配合比（重量比）搅拌均匀成浆料备用。

2.2.2　保温砂浆：先将35～40kg水倒入砂浆搅拌机内，然后倒入一袋（25kg）胶粉料搅拌3～5min后，再倒入一袋聚苯颗粒（200L）继续搅拌3min，搅拌均匀倒出，该胶粉聚苯颗粒保温浆料应随搅随用，一般应在4h内用完。

2.2.3　抗裂砂浆：将抗裂剂、中砂、水泥按1∶3∶1重量比用砂浆搅拌机或手提搅拌机搅拌均匀。砂浆不得任意加水，应在2h内用完。

2.3　施工机具

300L砂浆搅拌机、抹灰三步架子或高凳、手推车及垂直运输外用电梯、水桶、抹灰工具及抹灰专用检测工具、壁纸刀和滚刷等。

2.4　基层处理

清洗墙面，钢筋混凝土墙面涂刷界面剂。

2.5　墙面冲筋

根据保温层厚度，将同等厚度的预制聚苯颗粒保温板裁成30mm宽的小条，贴在墙上，以控制抹灰厚度，达到冲筋的目的。冲筋应沿500mm水平线粘贴，向上每隔1m一道水平筋，然后适当地冲一些竖筋，也可以用保温浆料直接冲筋。

2.6　抹保温浆料

保温浆料根据设计要求分层操作，每次厚度不宜超过30mm，头遍注意压实，二遍注意压实抹平。门窗洞口，阴阳角处应保证方正及垂直度，最少应分两遍施工，两遍相距24h以上，第一遍厚度大于第二遍，以距设计厚度相差1cm左右为宜。

2.7　抹抗裂砂浆、压入网格布

在保温浆料上抹抗裂砂浆，厚度控制在3mm左右，用铁抹子将网格布压入抗裂砂浆内，网眼砂浆饱满度要求达到100%，网格布搭接宽度不小于50mm，网格布的边缘严禁干搭接，必须嵌在抗裂砂浆中。阴角处网格布要压槎搭接≥50mm，阳角处应搭接200mm。搭接处网眼砂浆饱满度两层都要求达到100%，同时要抹平、找直，保持阴阳角处的方正及垂直度。

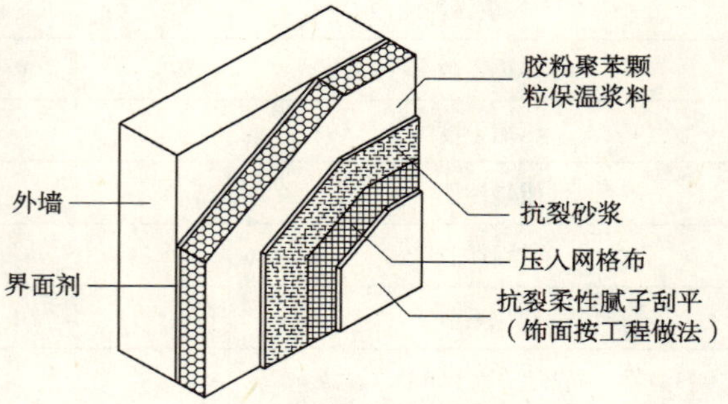

胶粉聚苯颗粒保温浆料内保温构造示意

2.8　刮柔性耐水腻子二至三遍，砂纸打磨，不露底，不留茬。

2.9　做饰面涂料。

3. 材料性能要求

3.1　水泥：强度等级为42.5级普通硅酸盐水泥，应符合《通用硅酸盐水泥》(GB 175—2007)的要求。

3.2　中砂：应符合《普通混凝土用砂石质量及检验方法标准》(JGJ 52—2006）细度模数2.0～2.8，筛除大于2.5mm颗粒，含泥量小于1%。

3.3　界面处理剂：界面处理剂应符合《建筑用界面处理剂应用技术规程》(DBJ/T 01—73—2003)规定的性能要求。

3.4　抗裂砂浆应满足表1要求。

抗裂砂浆性能指标　　　　**表1**

项　目	单　位	指　标
拉伸粘结强度	MPa	>0.8（常温28d）
浸水粘结强度	MPa	>0.6（常温28d，浸水7d）
抗弯曲性	—	5%弯曲变形无裂纹
渗透压力比	%	≥200
可操作时间	h	≥2
压折比（抗压强度/抗折强度）	—	≤3

3.5　聚苯颗粒应满足表2要求。

聚苯颗粒性能指标　　　　**表2**

项　目	指　标
堆积密度（kg/m^3）	12.0～21.0
粒度（5mm筛孔筛余）(%)	≤5

3.6 聚苯颗粒保温浆料应满足表3要求。

聚苯颗粒保温浆料性能指标　　表3

项　　目	单　　位	指　　标
湿表观密度	kg/m^3	350～420
干表观密度	kg/m^3	≤230
导热系数	[W/(m·K)]	≤0.059
压缩强度	MPa	≥0.25（常温28d）
燃烧性能	—	B1级
线性收缩率	%	≤0.3
软化系数	—	≥0.7
抗压强度（56d）	MPa	≥0.1
压剪粘接强度（56d）	MPa	≥0.05
蓄热系数	[$W/(m^2·K)$]	≥0.95
水蒸气透湿系数	ng/(Pa·m·s)	≤9
表面憎水率	%	≥99
抗风压性能（正　负压）	Pa	无裂纹

3.7 胶粉料应满足表4要求。

聚苯颗粒性能指标　　表4

项　　目	单　　位	指　　标
初凝时间	h	≥4
终凝时间	h	≤12
安定性（蒸煮法）	—	合格
拉伸粘结强度	MPa	≥0.6（常温56d）
浸水拉伸粘结强度	MPa	≥0.4（常温56d，浸水7d）

3.8 涂塑耐碱玻璃纤维网格布应满足表5要求。

涂塑耐碱玻璃纤维网格布技术性能指标　　表5

项　　目		单　　位	指　　标
网孔中心距	普通型	mm	4×4
	加强型		6×6
单位面积重量	普通型	g/m^2	≥160
	加强型		≥500
断裂强力（经向 纬向）	普通型	N/50mm	≥1250
	加强型	N/50mm	≥3000
耐碱强力保留率28d（经向 纬向）		%	≥90
涂塑量		g/m^2	≥20

胶粉聚苯颗粒保温浆料内保温构造（见表5）

胶粉聚苯颗粒保温浆料内保温构造 **表5**

<table>
<tr>
<td>承重混凝土空心砌块
190厚热阻 R＝0.163m^2·K/W
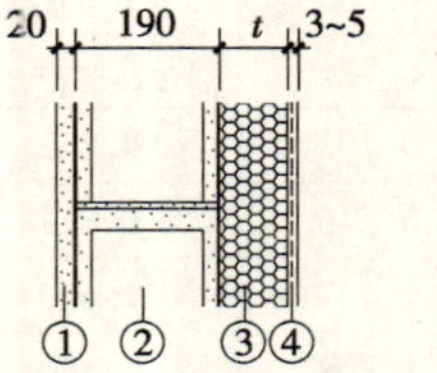</td>
<td colspan="2">KP$_1$ 承重页岩多孔砖
导热系数：0.57W/(m·K)
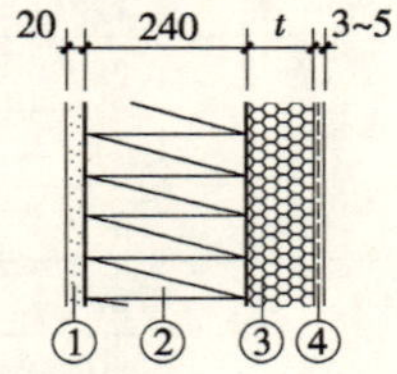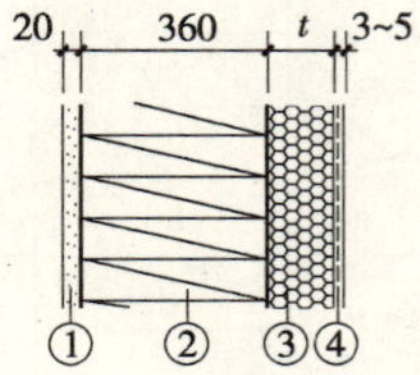</td>
<td rowspan="2">一、热工计算取值：
1. 水泥砂浆外墙抹面：
导热系数 λ＝0.93[W/(m·K)]
2. 外墙：导热系数 λ 或热阻 R 见不同墙体
3. 聚苯颗粒保温浆料：
导热系数 λ＝0.059[W/(m·K)]
4. 内饰面未计算在内。
5. 钢筋混凝土圈梁和构造柱：
导热系数 λ＝1.74[W/(m·K)]
二、修正系数 α 取值：
1. 水泥砂浆：α＝1.00
2. 外墙
钢筋混凝土剪力墙：α＝1.00
KP$_1$ 承重多孔砖：α＝1.25
加气混凝土砌块墙：α＝1.25
3. 胶粉聚苯颗粒保温浆料：α＝1.30</td>
</tr>
<tr>
<td>轻骨料(炉渣)混凝土
空心砌块190厚热阻
R＝0.26m^2·K/W
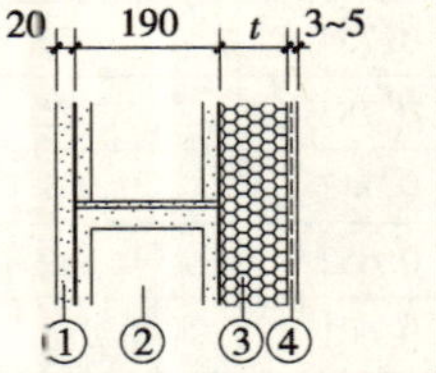</td>
<td>钢筋混凝土剪力墙
导热系数：1.74W/(m·K)
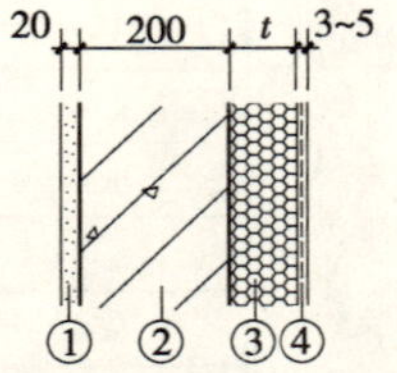</td>
<td>加气混凝土砌块墙
导热系数：0.19W/(m·K)
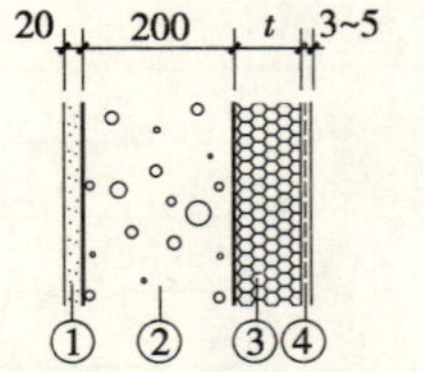</td>
</tr>
</table>

注：1. 外墙平均传热系数的计算依据《民用建筑节能设计标准》(JGJ 26—95）附录C求得。
2. 轻骨料混凝土空心砌块以炉渣空心砌块为例进行计算；KP$_1$ 承重多孔砖以页岩多孔砖为例进行计算。

胶粉聚苯颗粒保温浆料外墙保温做法、热工指标及厚度选用表（见表6）

胶粉聚苯颗粒保温浆料外墙内保温做法、热工指标及厚度选用表 **表6**

编号	构造简图	外墙主体	① 外墙外抹灰	② 外墙主体	③ 保温层	④ 抗裂层	主体部位		外墙平均传热系数 K_m [W/(m^2·K)]
			厚度(mm)	厚度(mm)	厚度(mm)	厚度(mm)	总传热阻 R_p (m^2·K/W)	传热系数 K_p [W/(m^2·K)]	
1	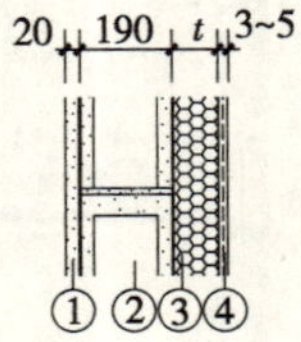	承重混凝土空心砌块	20	190	30	3～5	0.725	1.379	1.464
					40		0.855	1.170	1.263
					50		0.985	1.015	1.116
					60		1.115	0.897	1.003
					70		1.245	0.803	0.915
					80		1.375	0.727	0.843
2	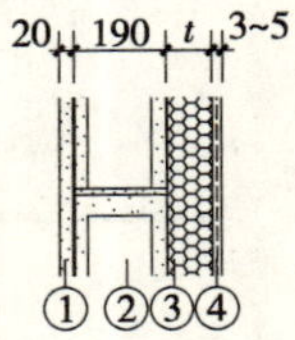	炉渣混凝土空心砌块	20	190	30	3～5	0.822	1.217	1.313
					40		0.952	1.050	1.145
					50		1.082	0.924	1.019
					60		1.212	0.825	0.921
					70		1.342	0.745	0.842
					80		1.472	0.679	0.778
3	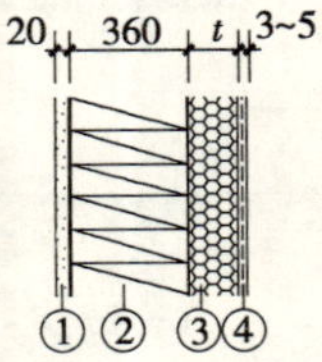	360厚页岩多孔砖	20	360	30	3～5	1.057	0.946	1.162
					40		1.187	0.842	1.067
					50		1.317	0.759	0.990
					60		1.447	0.691	0.926
					70		1.577	0.634	0.872
					80		1.707	0.586	0.826

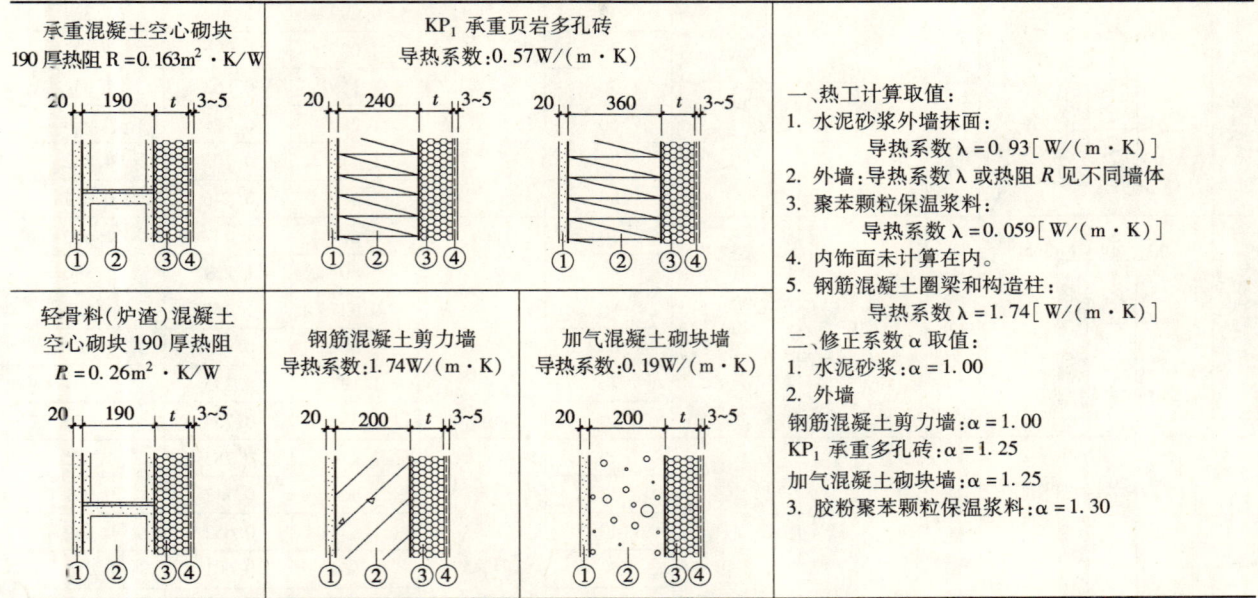

续表

编号	构造简图	外墙主体	① 外墙外抹灰 厚度(mm)	② 外墙主体 厚度(mm)	③ 保温层 厚度(mm)	④ 抗裂层 厚度(mm)	主体部位 总传热阻 R_p $(m^2\cdot K/W)$	主体部位 传热系数 K_p $[W/(m^2\cdot K)]$	外墙平均传热系数 K_m $[W/(m^2\cdot K)]$
4	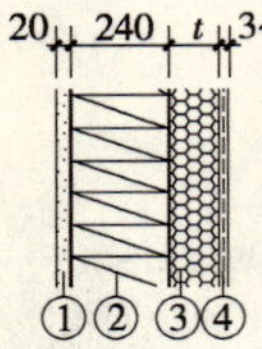	240厚页岩多孔砖	20	240	30	3～5	0.899	1.112	1.324
					40		1.029	0.972	1.172
					50		1.159	0.863	1.054
					60		1.289	0.776	0.959
					70		1.419	0.705	0.882
					80		1.549	0.646	0.817
5	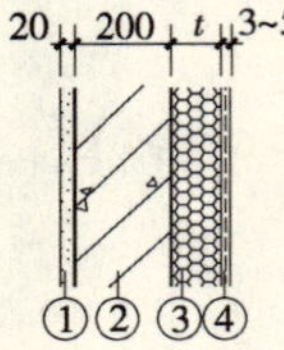	混凝土剪力墙	20	200	30	3～5	0.677	1.477	1.615
					40		0.807	1.239	1.390
					50		0.937	1.067	1.226
					60		1.067	0.937	1.102
					70		1.197	0.835	1.004
					80		1.372	0.754	0.925
6	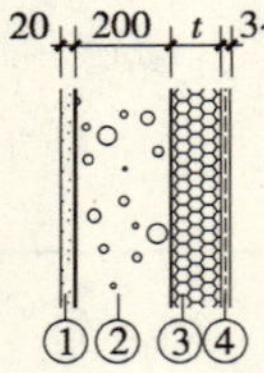	加气混凝土砌块墙	20	200	20	3～5	1.274	0.785	1.055
					30		1.404	0.712	0.937
					40		1.534	0.652	0.849
					50		1.664	0.601	0.780
					60		1.794	0.557	0.724
					70		1.924	0.520	0.677
					80		2.054	0.487	0.638

注：1. 计算结果依据《民用建筑热工设计规范》(GB 50176—93) 求得。
2. 轻骨料混凝土空心砌块以炉渣混凝土空心砌块为例进行计算。
3. 表中 KP_1 承重多孔砖以页岩多孔砖为例进行计算。

详图示意

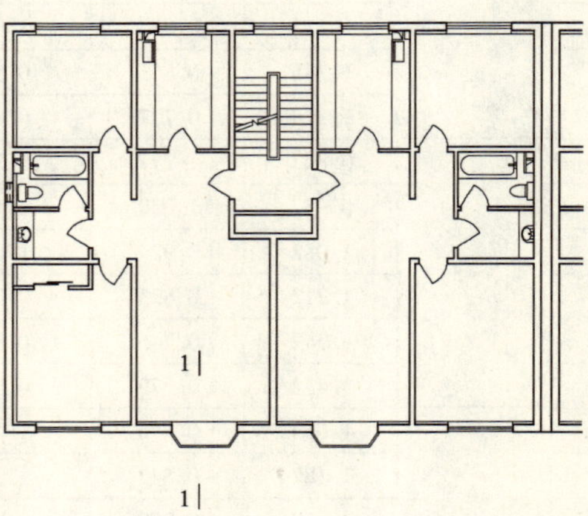

平面示意

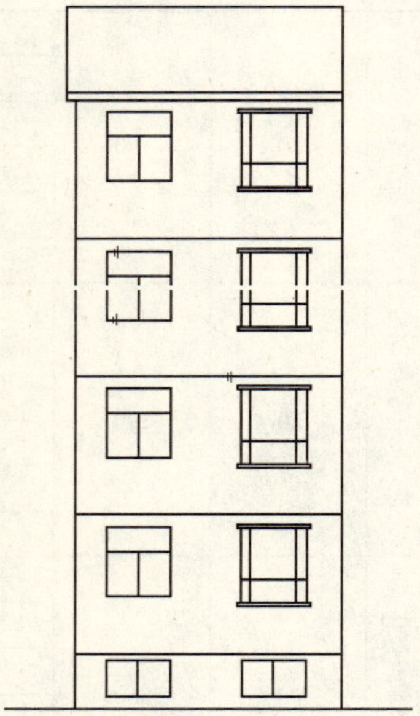

立面示意

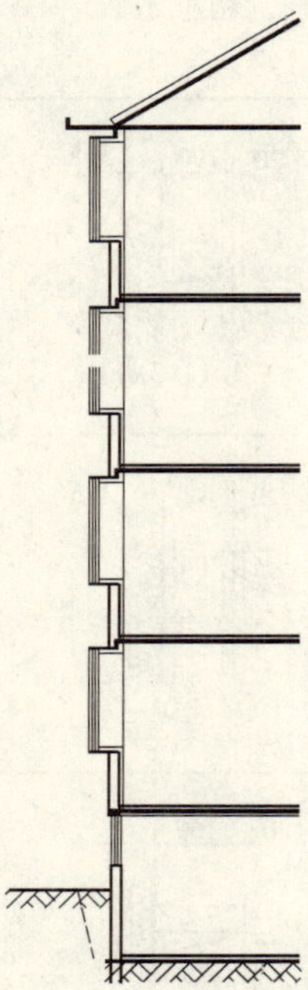

1—1

平面节点详图

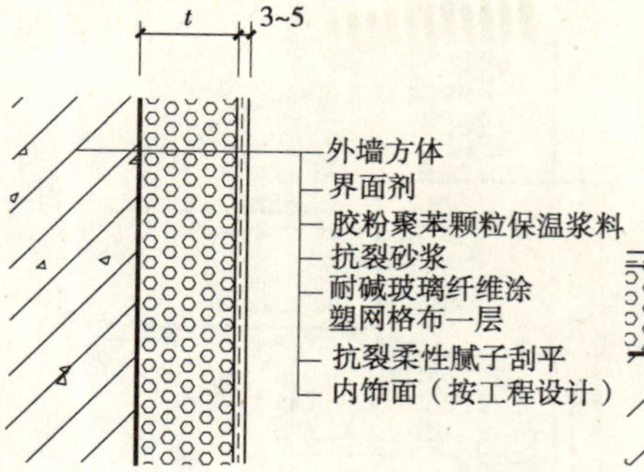

① 做法示意

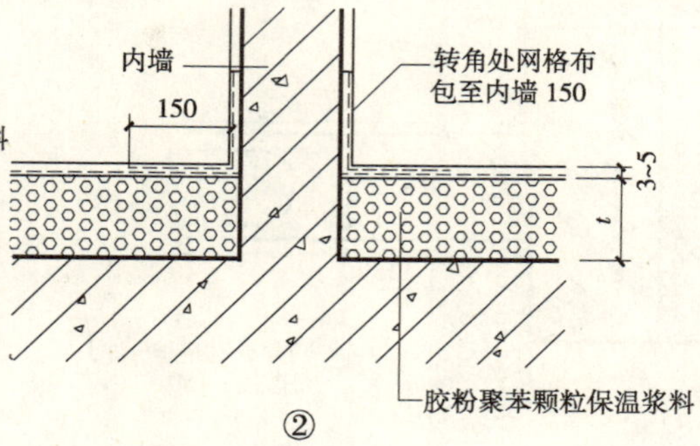

②

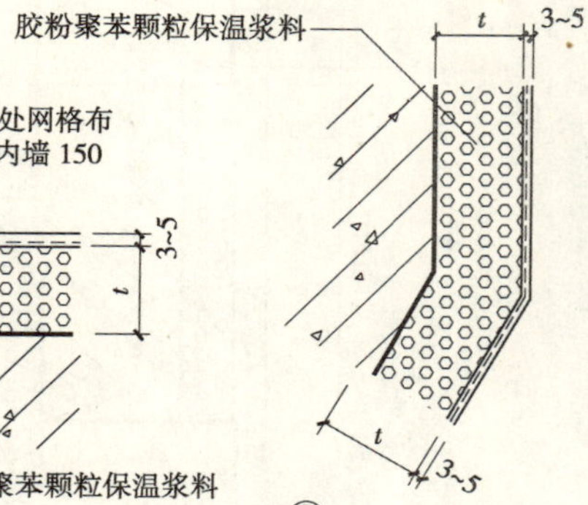

③

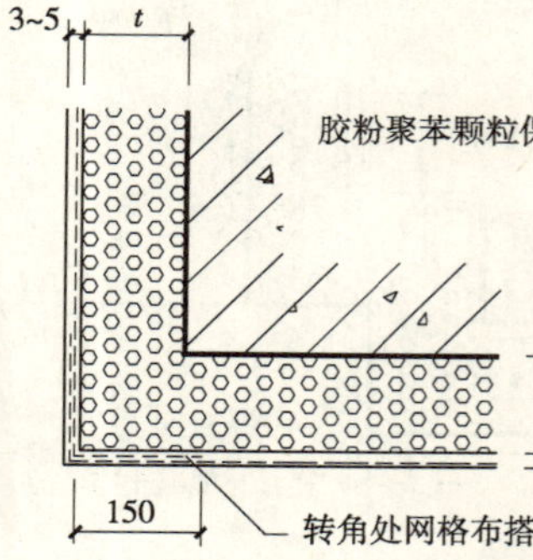

④ 阳角

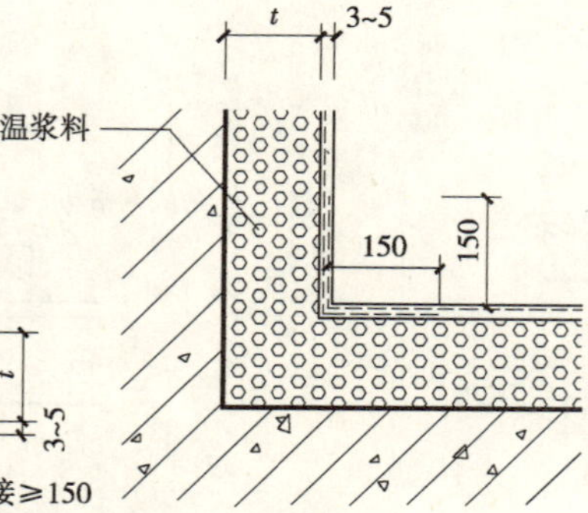

⑤ 阴角

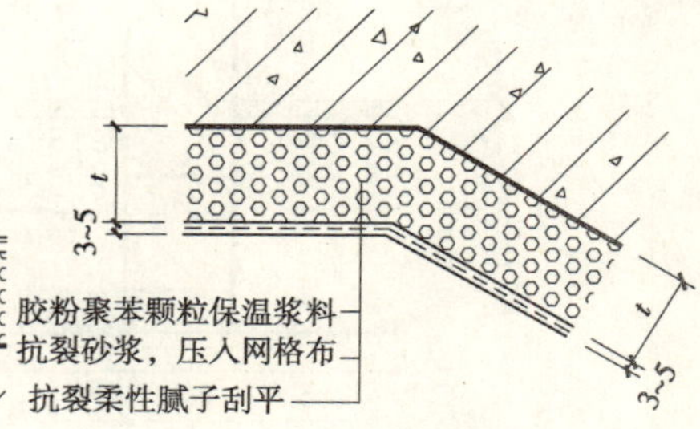

⑥

注：t 为保温层厚度，除注明外均由设计人定或参见厚度选用表。

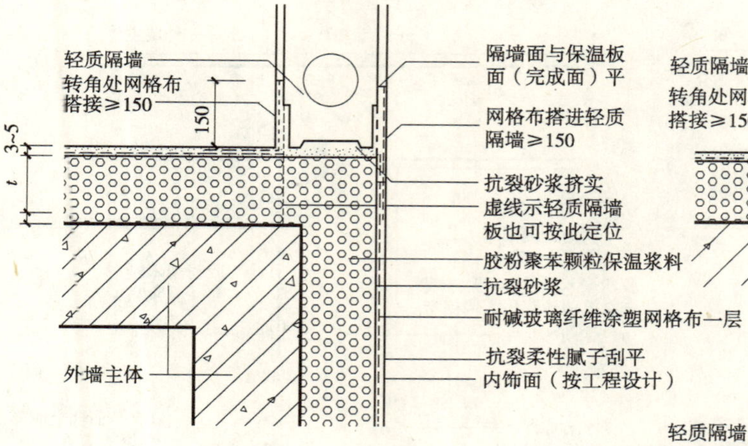

①

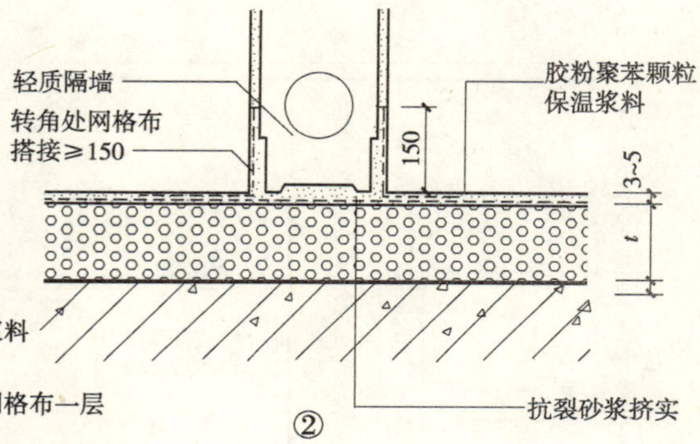

②

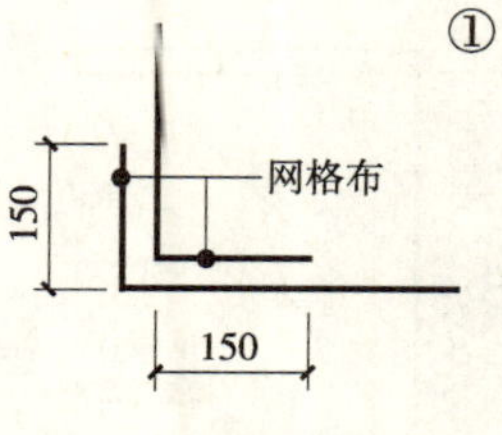

④网格布搭接

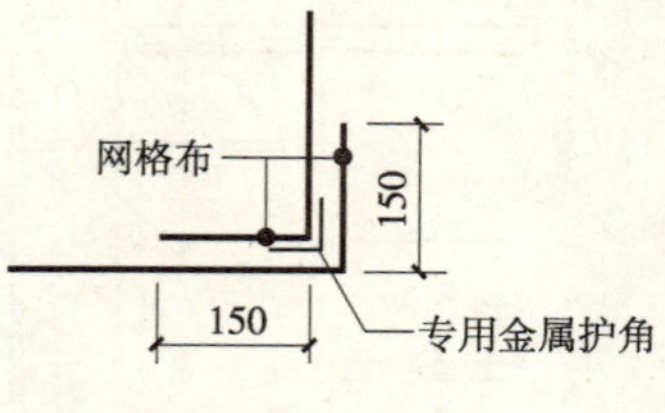

⑤首层网格布搭接

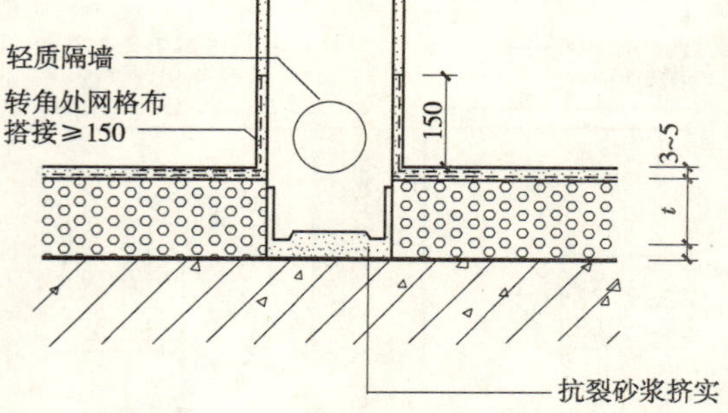

③

注：专用金属护角，用于首层外墙阳角，断面尺寸为 35×35×0.5~45×45×0.5高h=2000，边上有孔以利于砂浆嵌固，设在两层玻璃纤维涂塑网格布之间。

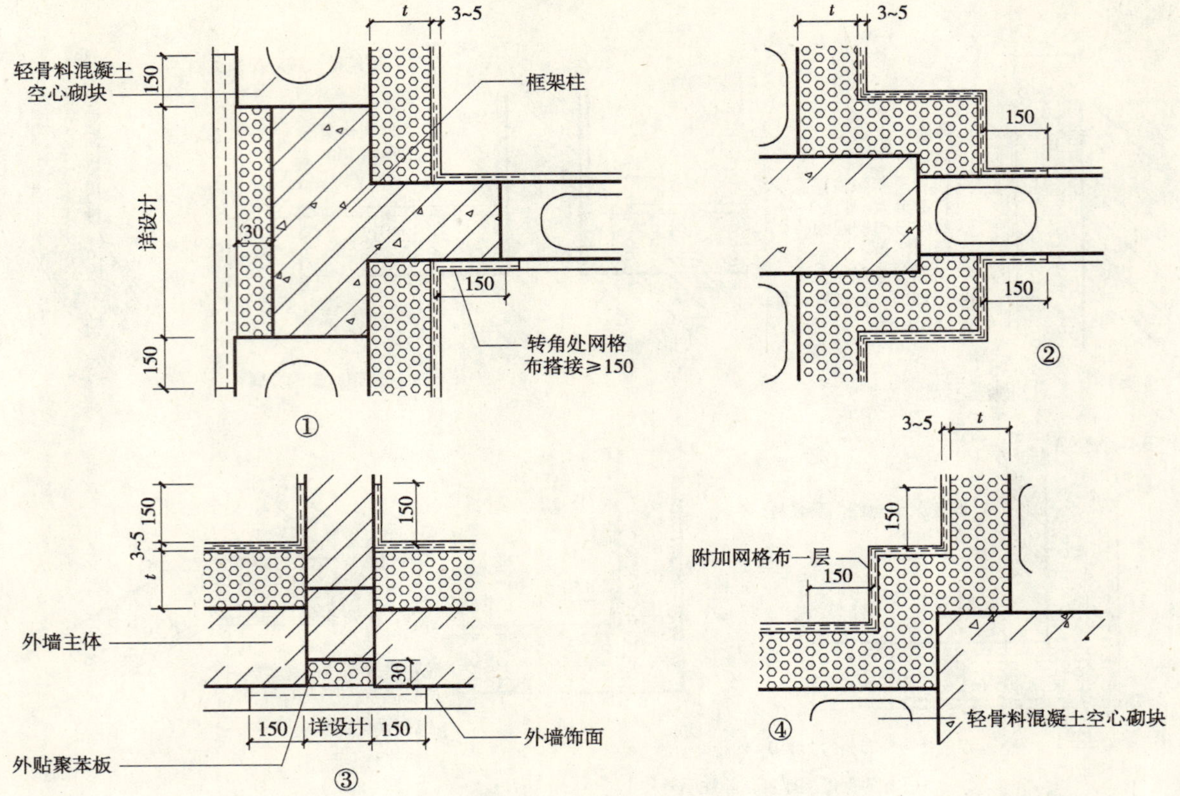

楼梯间及外墙变形缝节点详图

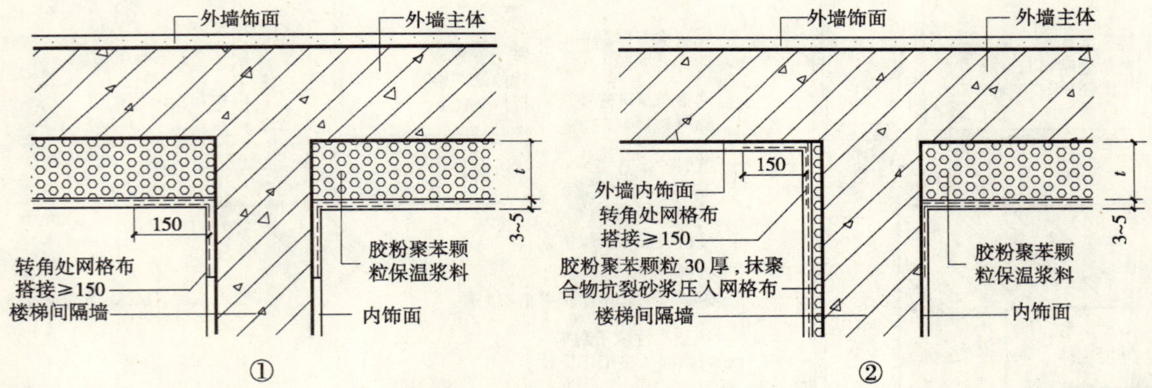

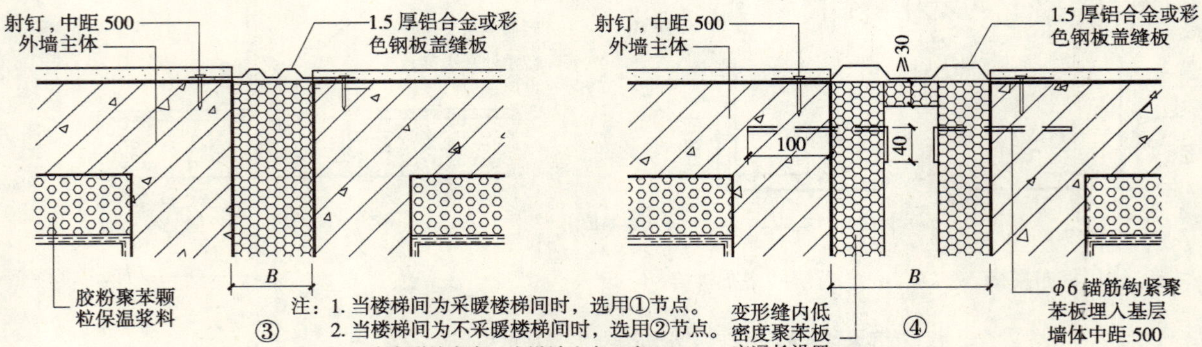

注：1. 当楼梯间为采暖楼梯间时，选用①节点。
2. 当楼梯间为不采暖楼梯间时，选用②节点。
3. B 为变形缝宽度，由设计人定，当 $B \leq$ 60mm 时选用③节点，当 $B>60$mm 时选用④节点。

楼层处及地下室顶板保温详图

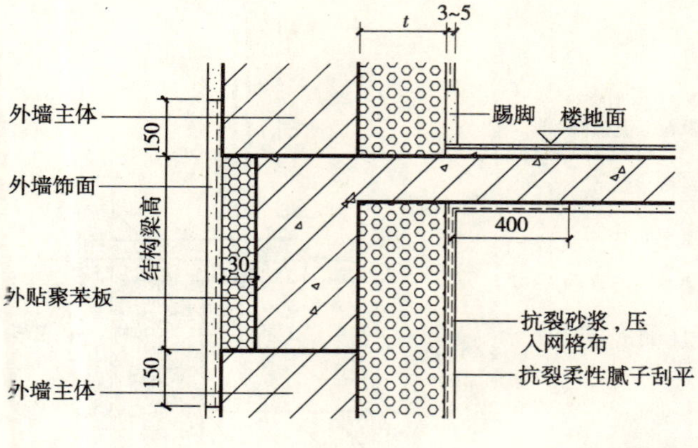

①

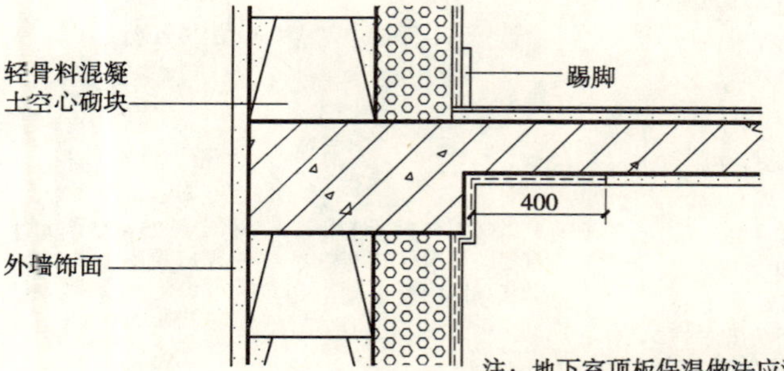

②

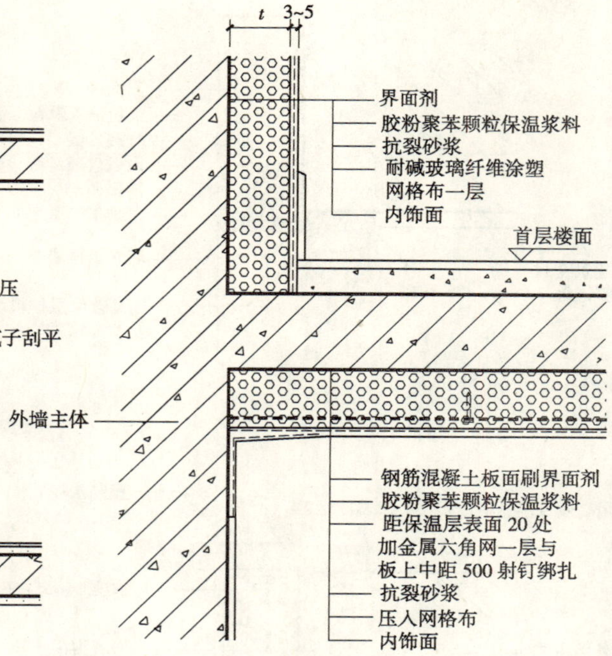

③ 地下室顶板保温
（不采暖地下室）

注：地下室顶板保温做法应满足《内部装修设计防火规范》（GB 50222—1995）有关要求。

窗侧口节点详图

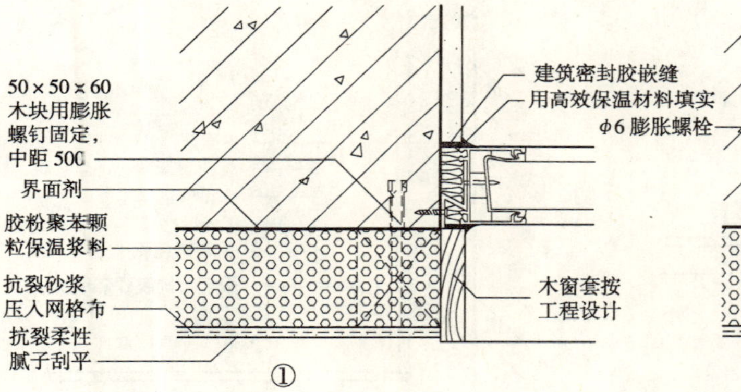

①

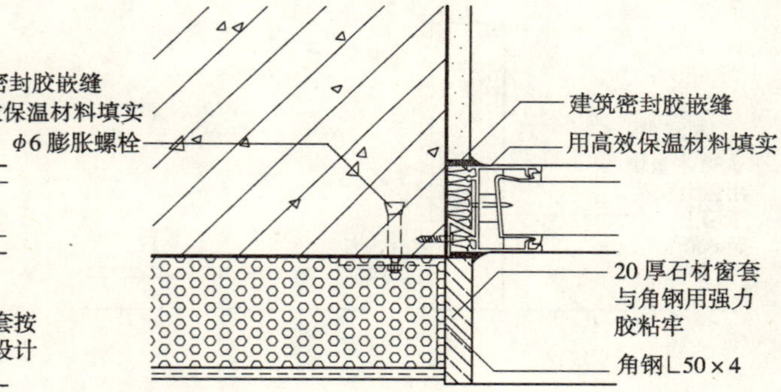

②

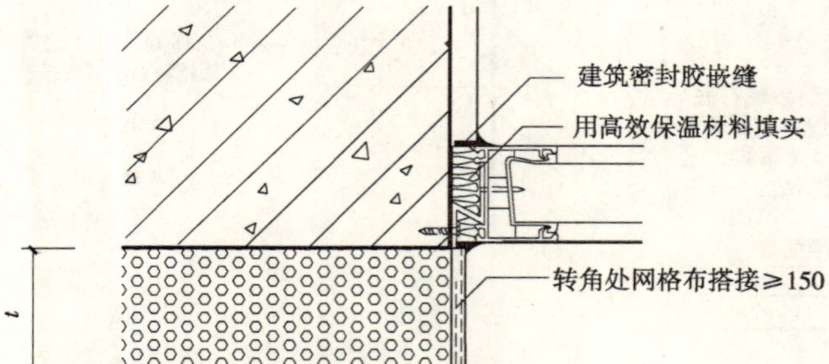

③

注：高效保温材料可选用聚氨酯发泡材料或聚苯板条，由设计人定。

窗台、窗上口节点详图

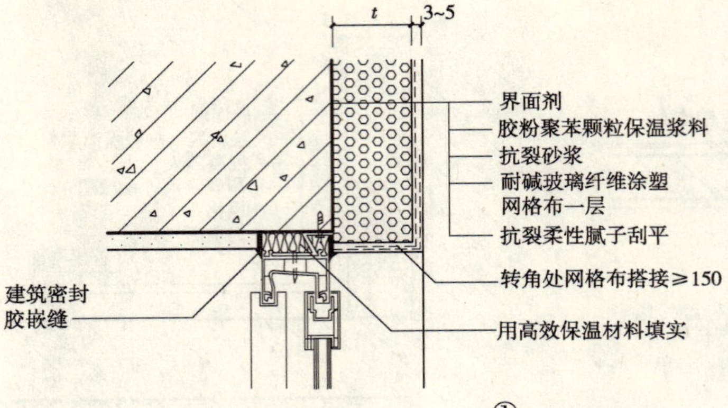

①

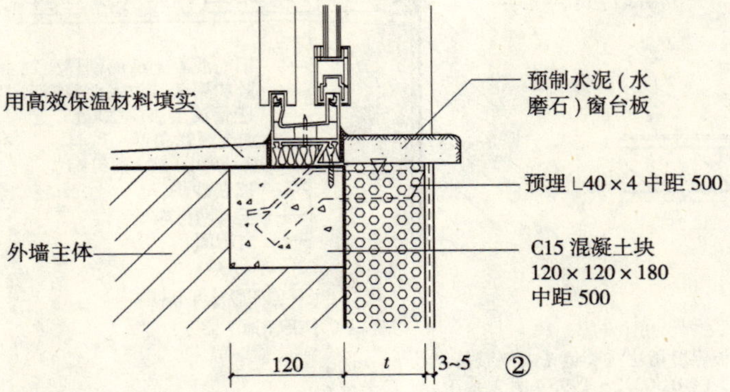

②

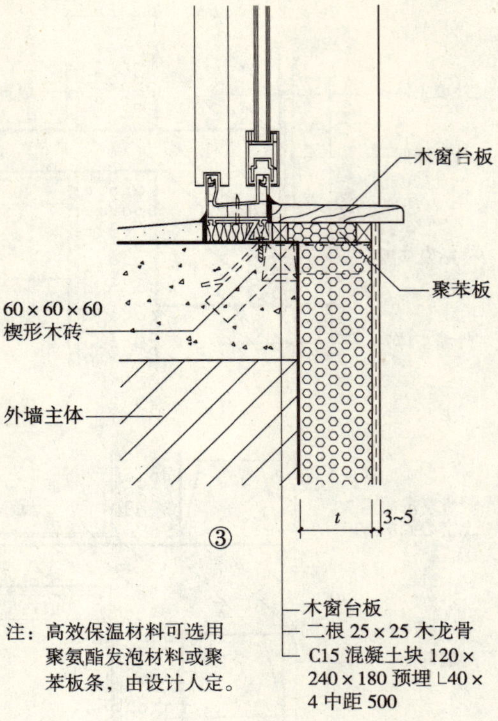

③

注：高效保温材料可选用聚氨酯发泡材料或聚苯板条，由设计人定。

踢脚节点详图

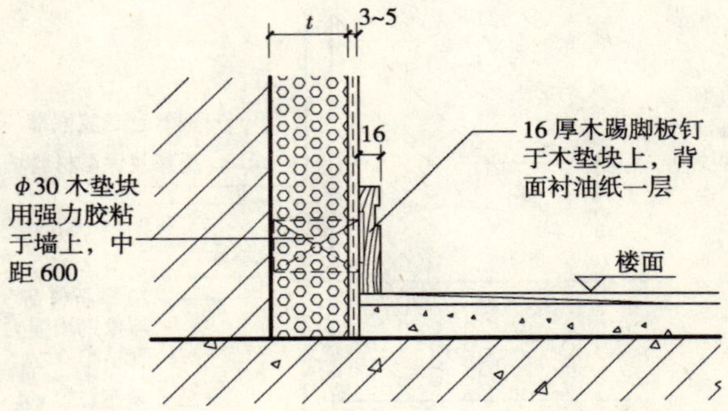

① 木踢脚

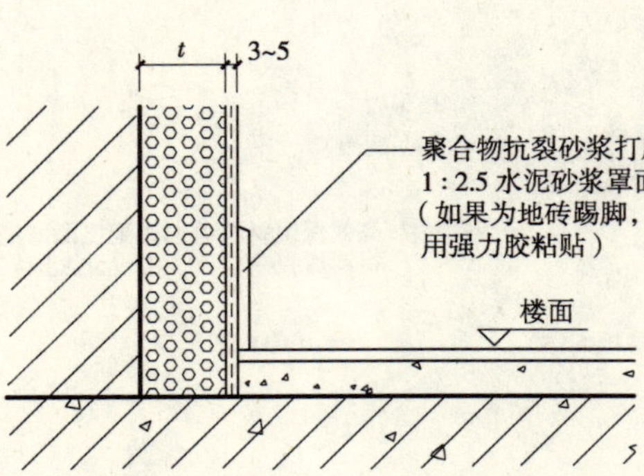

② 水泥、地砖踢脚

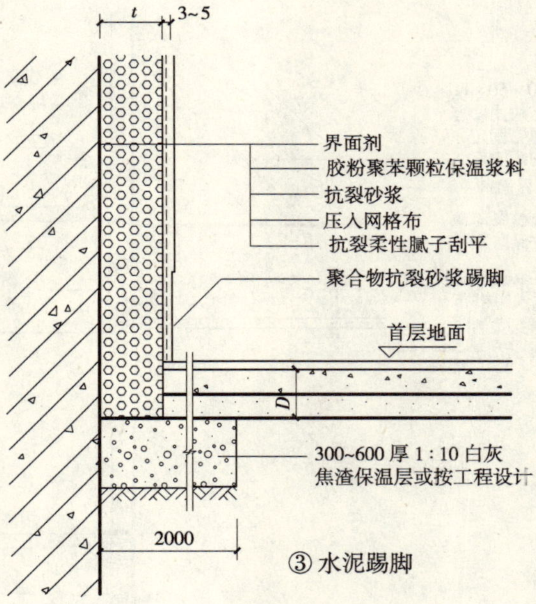

③ 水泥踢脚

注：D 为楼地层及垫层厚度，具体做法尺寸按工程设计。

凸（飘）窗节点详图

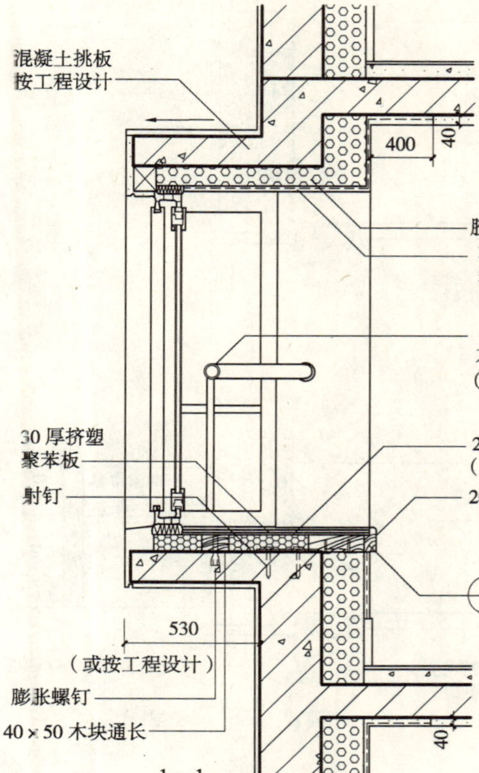

1—1

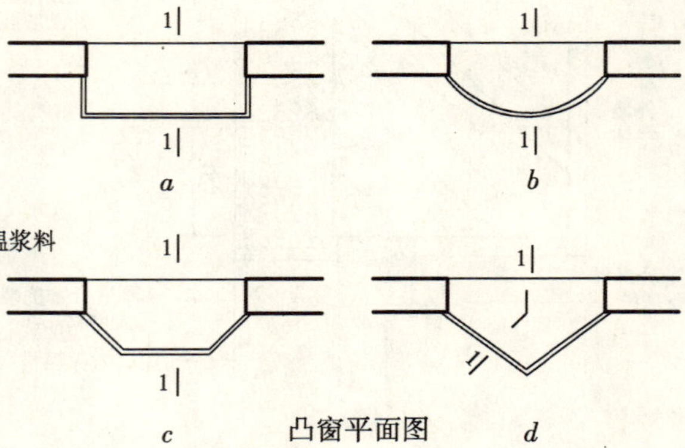

凸窗平面图

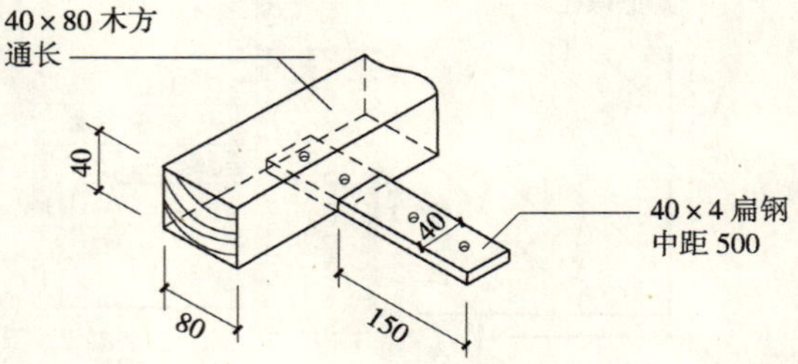

Ⓐ

注：保温浆料为胶粉聚苯颗粒保温浆料。

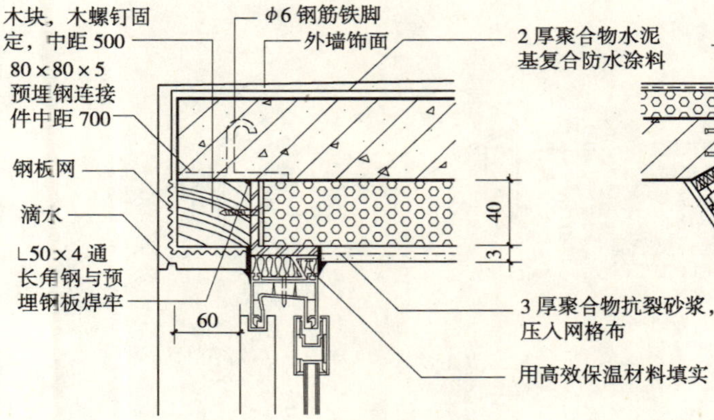

①

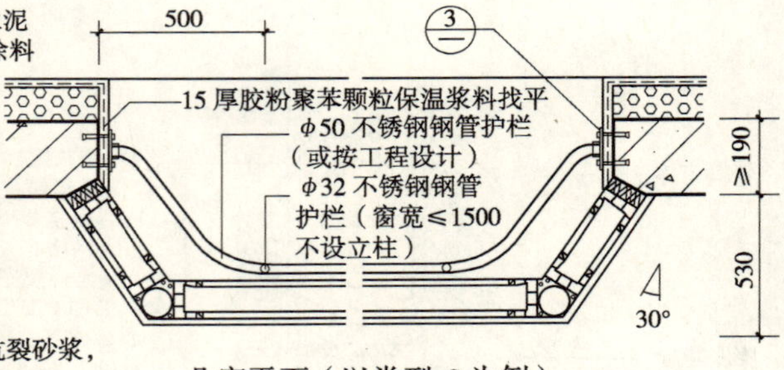

凸窗平面（以类型C为例）

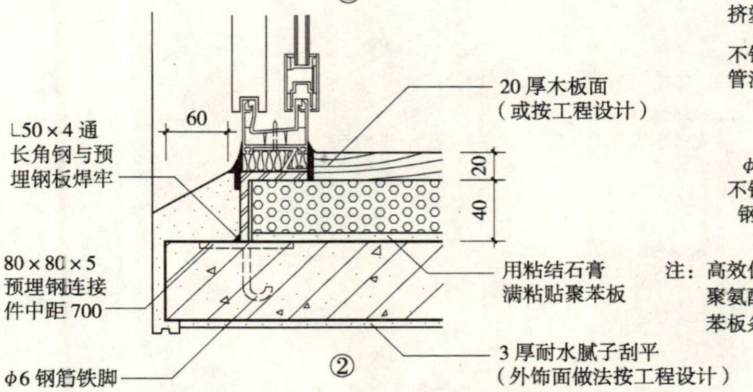

②

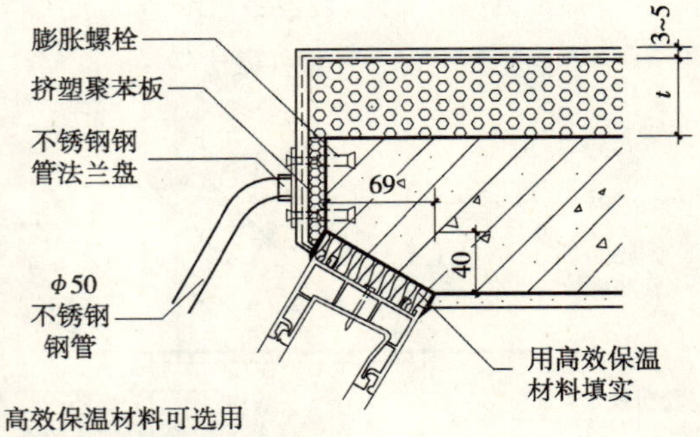

③

注：高效保温材料可选用聚氨酯发泡材料或聚苯板条，由设计人定。

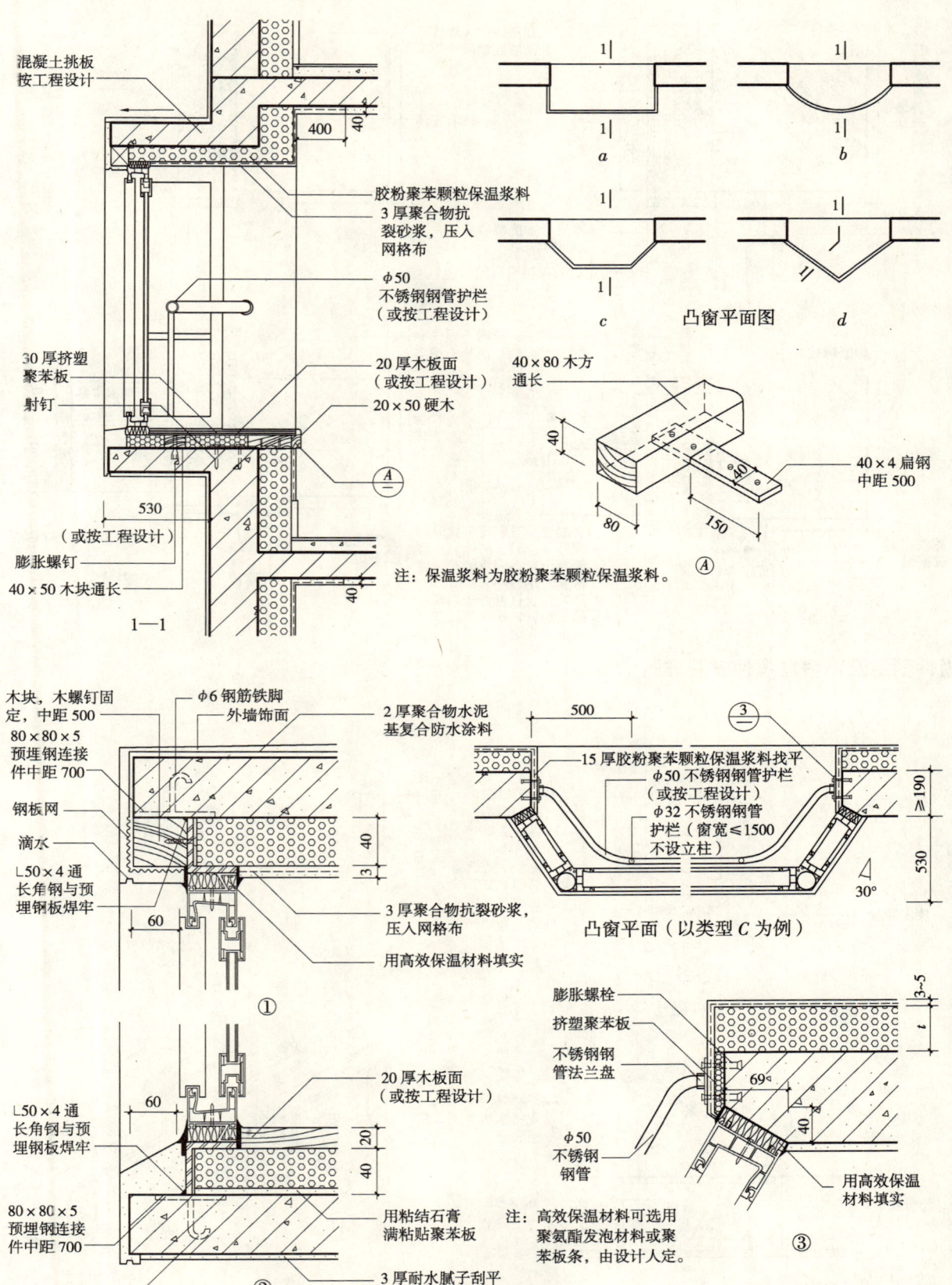

窗帘盒安装详图

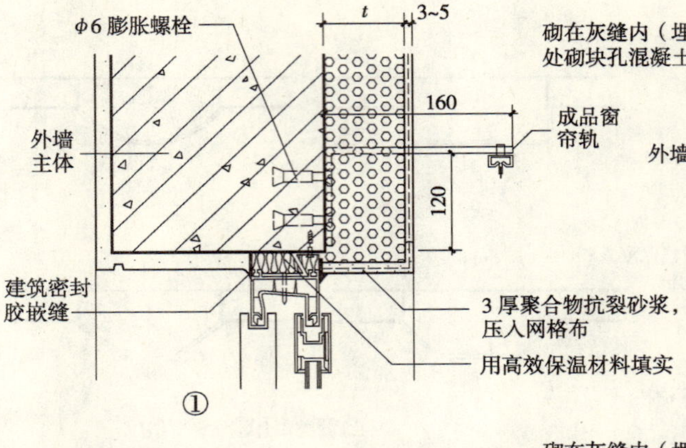

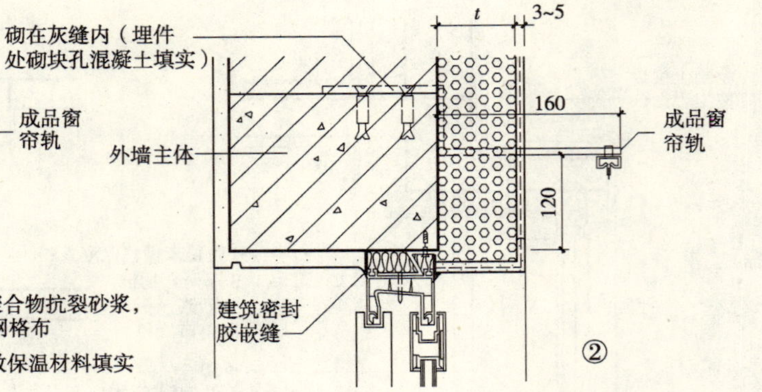

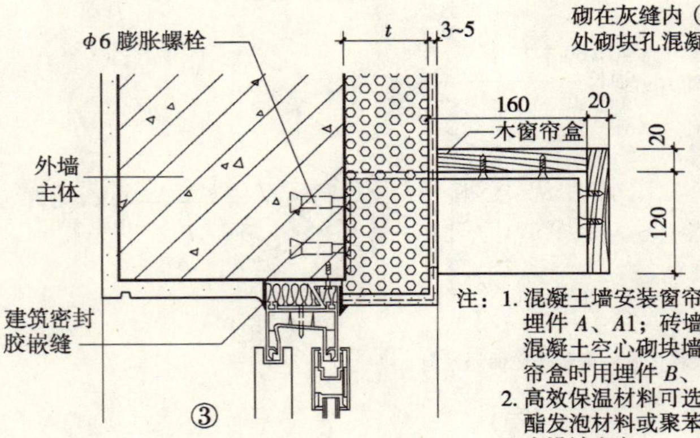

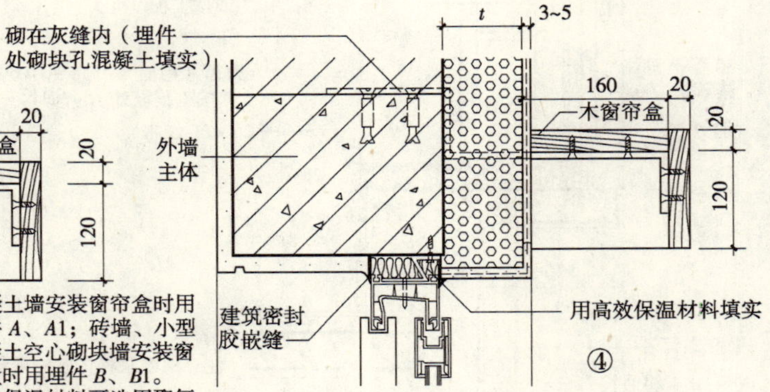

注：1. 混凝土墙安装窗帘盒时用埋件 *A*、*A*1；砖墙、小型混凝土空心砌块墙安装窗帘盒时用埋件 *B*、*B*1。
2. 高效保温材料可选用聚氨酯发泡材料或聚苯板条，由设计人定。

附件固定及窗帘盒埋件安装详图

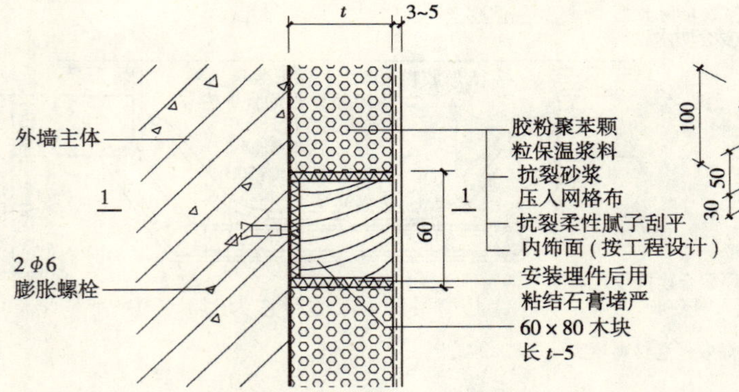

埋件做法

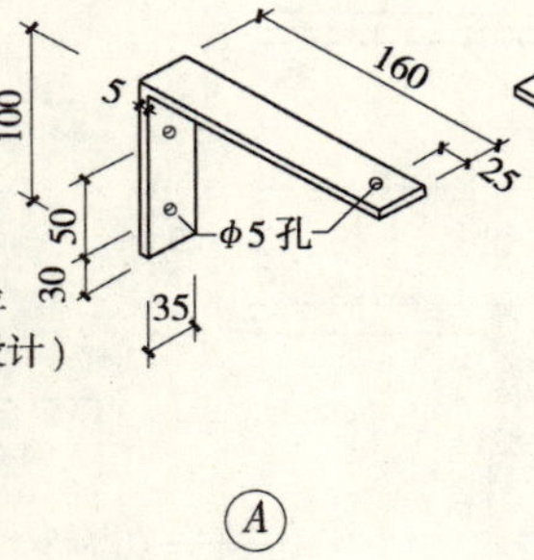

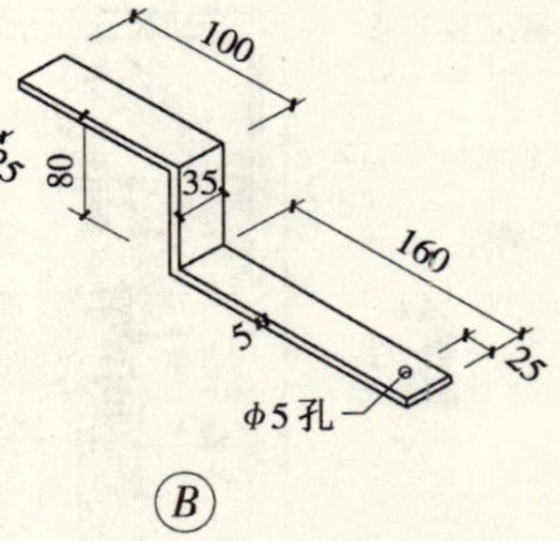

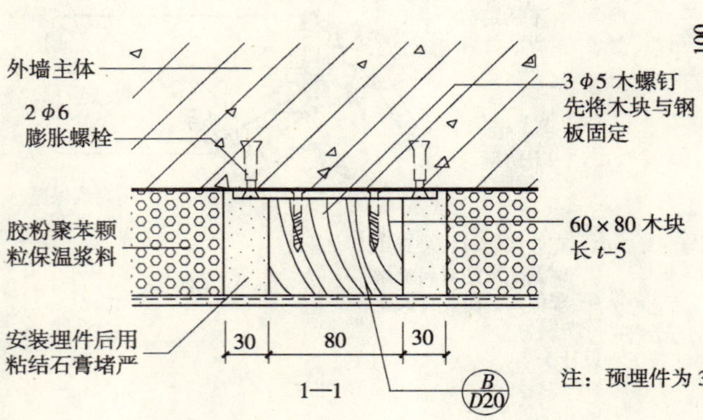

1—1

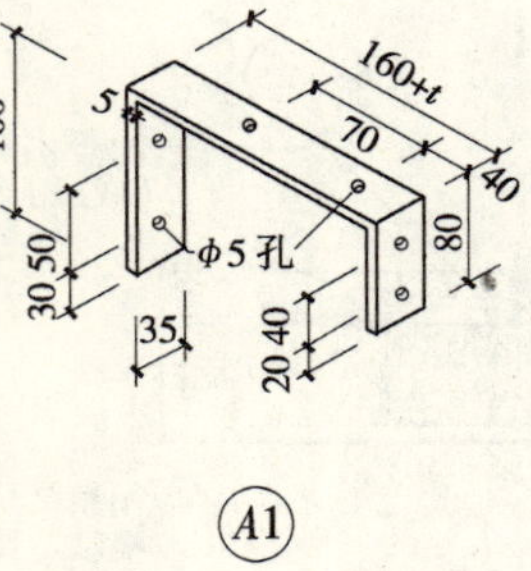

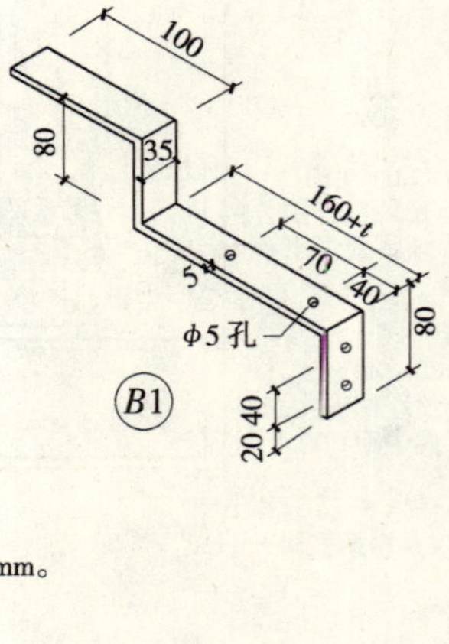

注：预埋件为 35mm × 5mm 扁钢制作中距 500mm。

吊挂件安装详图

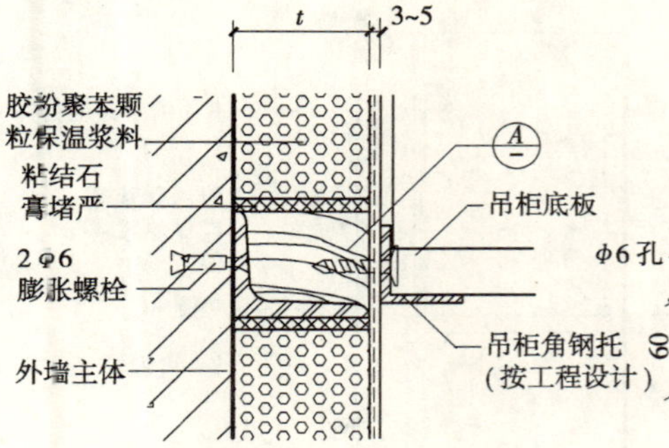

①

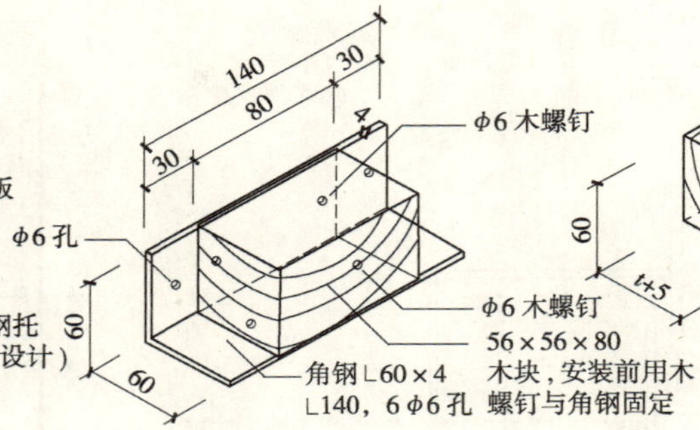

A

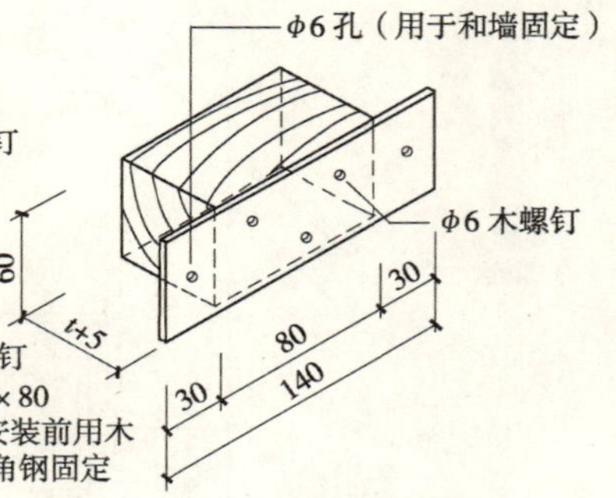

B 备用埋件
挂重不大于 20kg

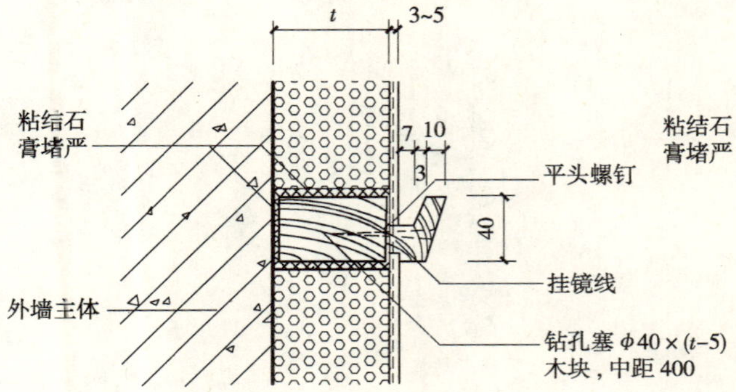

②

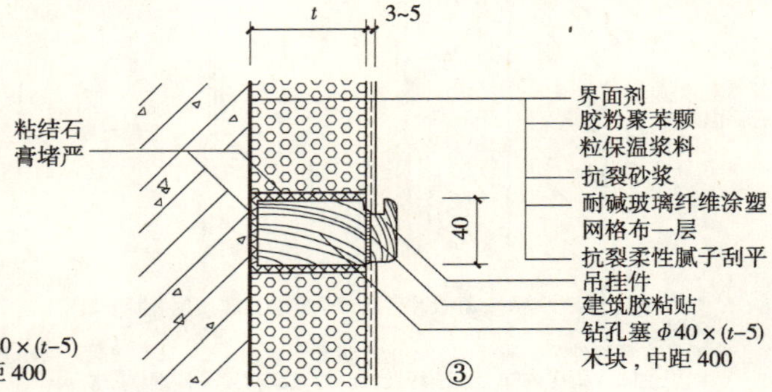

散热器、开关盒、管卡安装详图

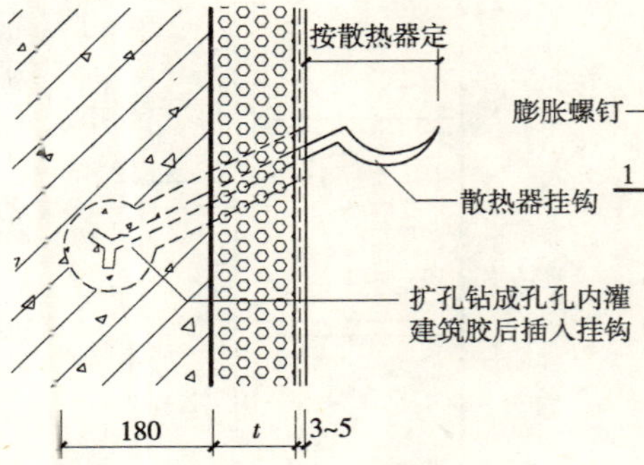

①

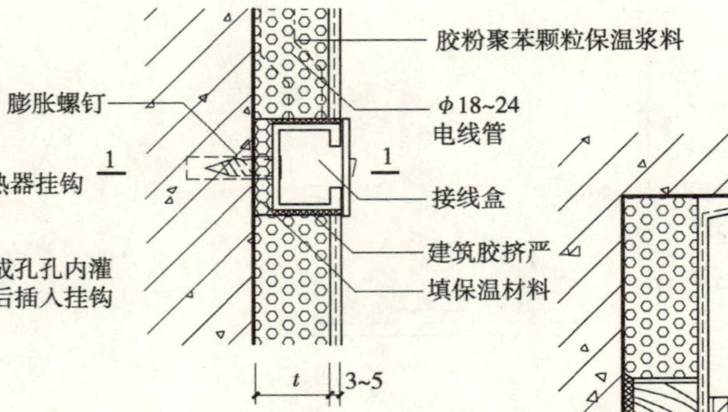

②

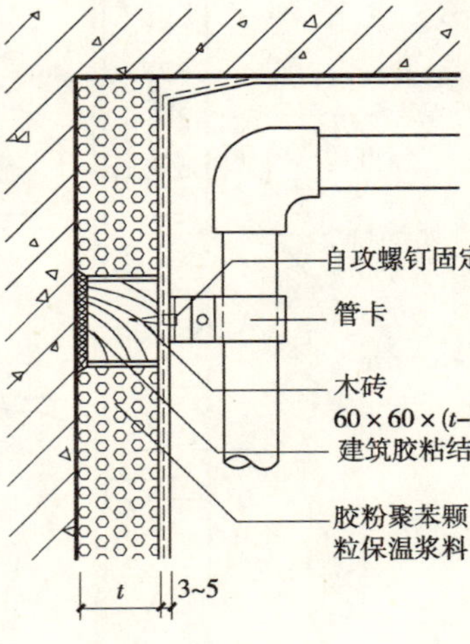

③

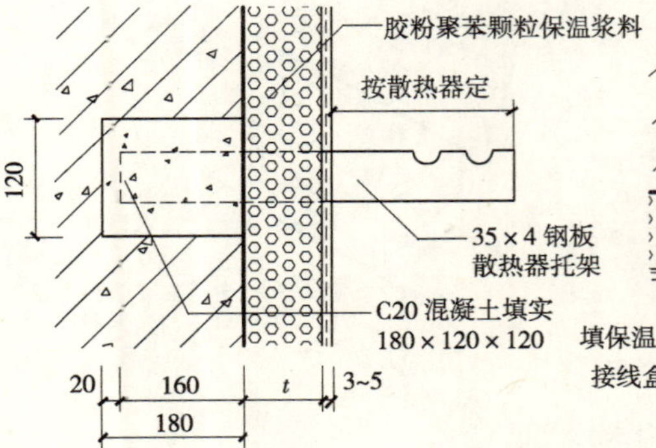

④

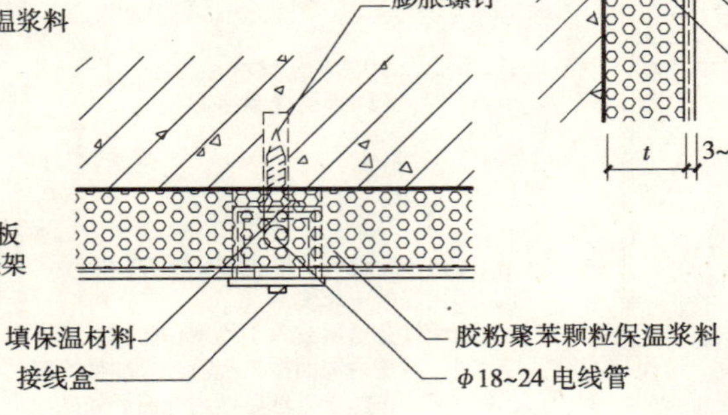

1—1

水箱安装详图

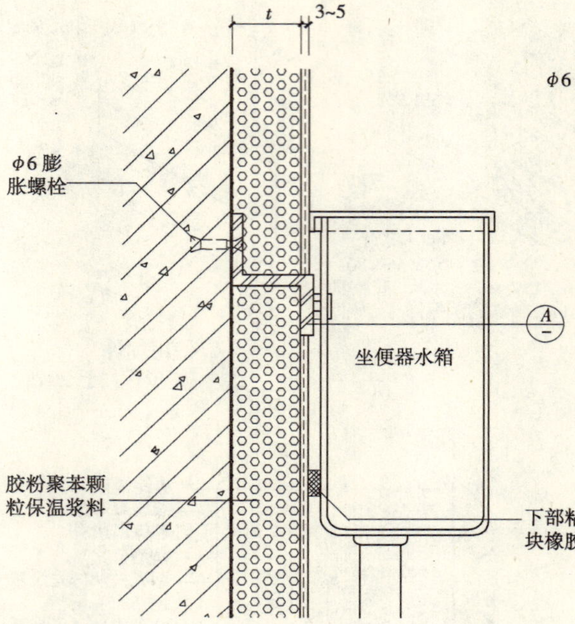

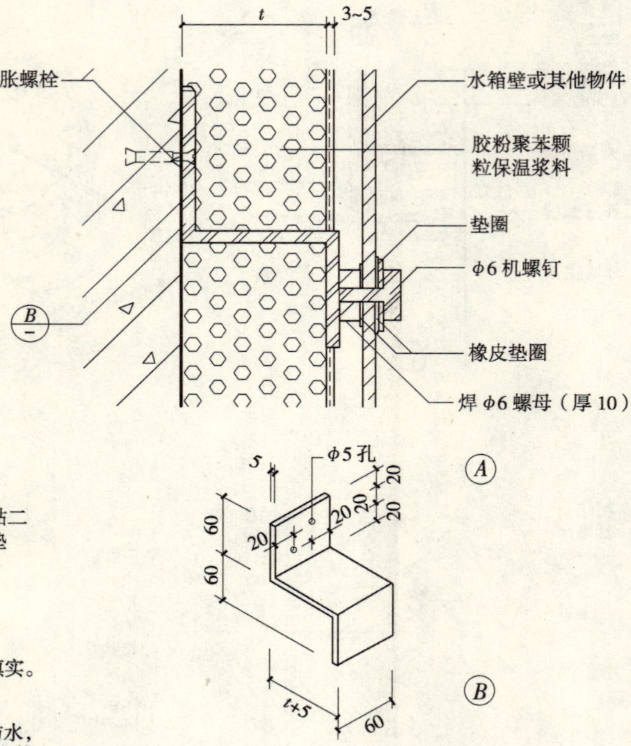

注：1. 遇混凝土砌块墙时，埋设埋件的部位砌块孔芯须用混凝土填实。
2. 埋件为扁钢 60×5。
3. 所有预埋件（金属或木）均须作防腐处理。
4. 卫生间、厨房内饰面按工程设计。如做涂料须采用网格布防水，然后做内饰面。如贴面砖，须将网格布改为镀锌钢丝网，与主体墙固定后贴面砖。

脸盆、水池安装详图

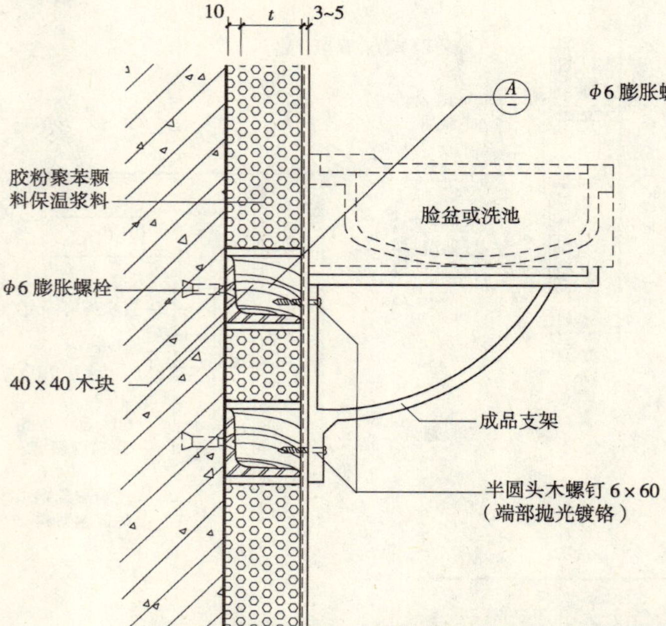

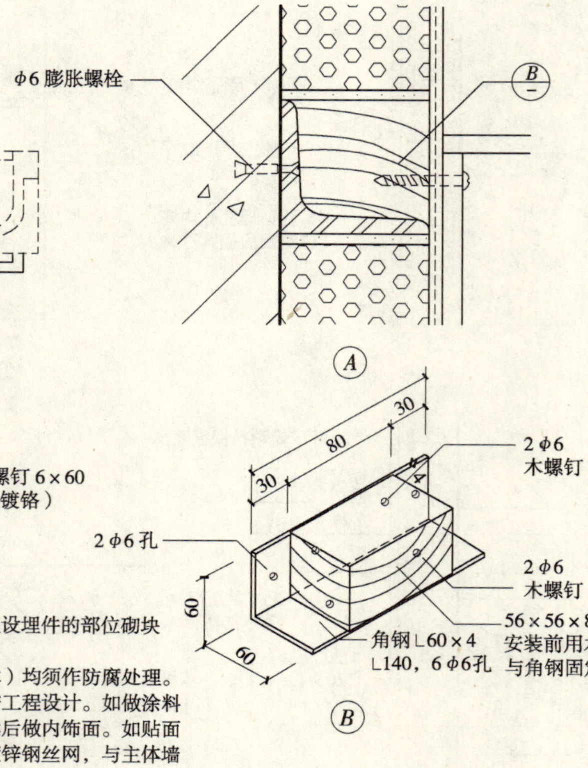

注：1. 遇混凝土砌块墙时，埋设埋件的部位砌块孔芯须用混凝土填实。
2. 所有预埋件（金属或木）均须作防腐处理。
3. 卫生间、厨房内饰面按工程设计。如做涂料须采用网格布防水，然后做内饰面。如贴面砖，须将网格布改为镀锌钢丝网，与主体墙固定后贴面砖。

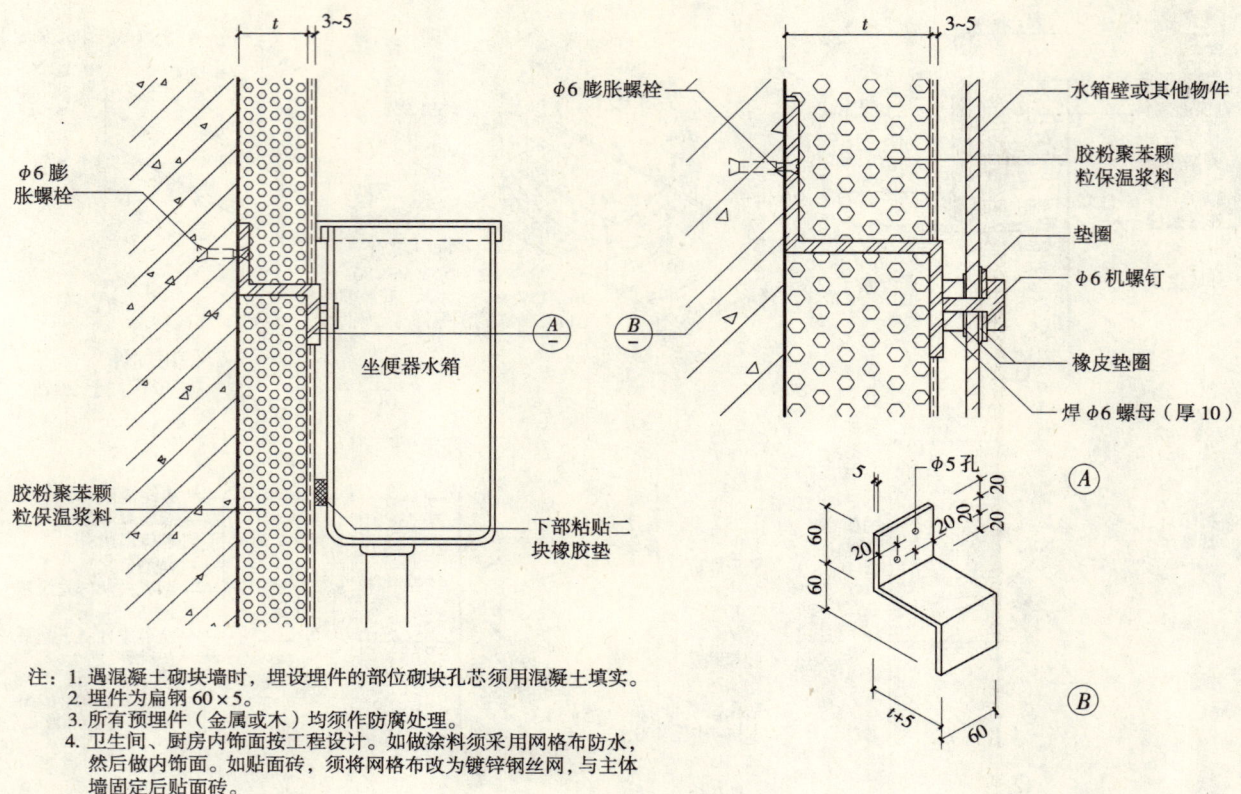

二、L04SJ113

（一）围护结构内保温构造

1

说明、热工计算及保温做法选用（F体系）

说　明

F 体系：ZL 胶粉聚苯颗粒内保温体系（简称胶粉聚苯颗粒内保温体系）。采用胶粉聚苯颗粒作为墙体内表面保温层，抗裂防护层采用抗裂砂浆复合耐碱网布或抗裂石膏粘贴无纺布做法。

F 体系墙体构造：

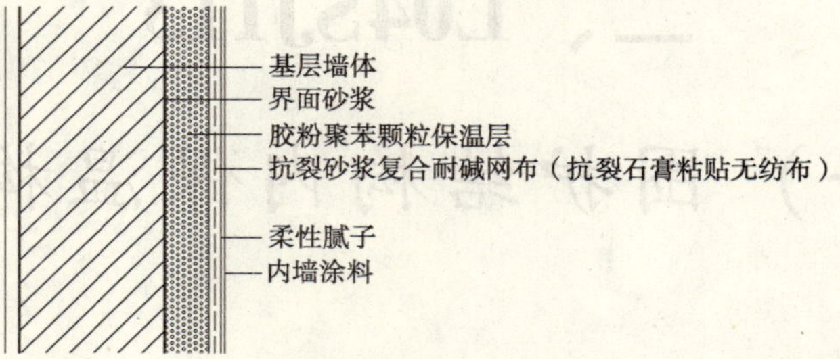

山东省居住建筑各部分围护结构传热系数限值表（见表 1）

山东省居住建筑各部分围护结构传热系数限值表 [W/(m² · K)]　　**表 1**

采暖期室外平均温度(℃)	城市	屋顶 体形系数 $S\leqslant0.3$	屋顶 体形系数 $S>0.3$ 且 $S\leqslant0.35$	外墙 体形系数 $S\leqslant0.3$	外墙 体形系数 $S>0.3$ 且 $S\leqslant0.35$	不采暖楼梯间 隔墙	不采暖楼梯间 户门	外窗(含阳台门上部透明部分)	阳台门下部门芯板	外门或单元门	地板 接触室外空气地板	地板 不采暖地下室顶板	地面 周边地面	地面 非周边地面
0.9~0.0	济南　青岛 烟台　日照 泰安　聊城 临沂　菏泽 枣庄	0.8	0.6	1.28	1.00	1.83	2.00	4.0	1.70	2.70	0.60	0.65	0.52	0.30
				1.28	1.14			3.5						
				1.28	1.21			3.0						
				1.28	1.28			2.5						
−0.4~−1.3	淄博　潍坊 济宁　东营 德州　莱芜 威海　滨州	0.8	0.6	1.20	0.85	1.83	2.00	4.0	1.70	2.70	0.60	0.65	0.52	0.30
				1.20	1.02			3.5						
				1.20	1.11			3.0						
				1.20	1.20			2.5						

注：1. 表中外墙的传热系数限值系指平均传热系数，其 4 行数值分别与窗户传热系数 4 行数值相对应。
2. 表中周边地面一栏中，0.52 为位于建筑物周边的不带保温层的混凝土地面的传热系数，非周边地面一栏中，0.30 为位于建筑物非周边的不带保温层的混凝土地面的传热系数。
3. 当建筑物的下层为采暖房间，上部为非采暖房间时，该采暖房间顶板的传热系数限值不应大于 0.8 [W/(m² · K)]。
4. 变形缝两侧外墙应加强保温，其传热系数限值不大于不采暖楼梯间隔墙的规定值。

内保温做法及热工计算选用表（见表 2）

内保温做法及热工计算选用表　　**表 2**

序号	外墙构造简图	工程做法	分层厚度 δ mm	干密度 ρ_0 kg/m³	导热系数 λ [W/(m · K)]	修正系数 α	热阻 R (m² · K/W)	主体部位 热惰性指标 D 值	主体部位 传热阻 R_0 (m² · K/W)	主体部位 传热系数 K [W/(m² · K)]	平均传热系数 K_m [W/(m² · K)]
1	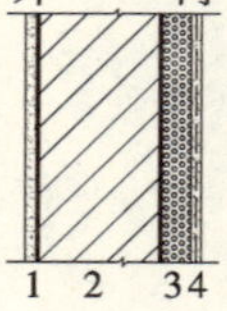 	1. 混合砂浆	20	1700	0.87	1.00	0.023				
		2. 烧结普通砖	240	1800	0.81	1.00	0.296				
		3. 胶粉聚苯颗粒保温层	20	230	0.060	1.20	0.278	3.775	0.752	1.329	1.632
			45				0.625	4.170	1.100	0.909	1.231
			50				0.694	4.250	1.169	0.855	1.179
			55				0.764	4.329	1.239	0.807	1.132
			60				0.833	4.408	1.308	0.765	1.091
		4. 抗裂砂浆	5	1800	0.93	1.00	0.005				

续表

序号	外墙构造简图	工程做法	分层厚度δ mm	干密度ρ_0 kg/m³	导热系数λ [W/(m·K)]	修正系数α	热阻R (m²·K)/W	主体部位 热惰性指标D值	主体部位 传热阻R_0 (m²·K)/W	主体部位 传热系数K [W/(m²·K)]	平均传热系数K_m [W/(m²·K)]
2	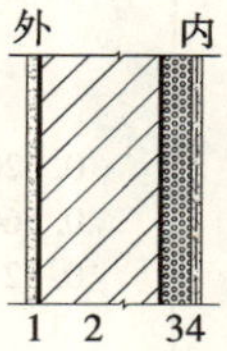	1. 混合砂浆	20	1700	0.87	1.00	0.023				
		2. 多孔砖	240	1400	0.58	1.00	0.414				
		3. 胶粉聚苯颗粒保温层	20 40 45 50 55	230	0.060	1.20	0.278 0.556 0.625 0.694 0.764	3.902 4.219 4.298 4.377 4.456	0.870 1.148 1.217 1.287 1.356	1.150 0.871 0.822 0.777 0.737	1.500 1.231 1.182 1.139 1.100
		4. 抗裂砂浆	5	1800	0.93	1.00	0.005				
3	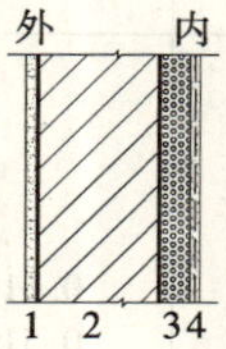	1. 混合砂浆	20	1700	0.87	1.00	0.023				
		2. 模数多孔砖	250	1400	0.54	1.00	0.463				
		3. 胶粉聚苯颗粒保温层	20 35 40 45 50	230	0.060	1.20	0.278 0.486 0.556 0.625 0.694	4.292 4.529 4.608 4.687 4.767	0.919 1.127 1.197 1.266 1.336	1.088 0.887 0.836 0.790 0.749	1.446 1.236 1.183 1.135 1.093
		4. 抗裂砂浆	5	1800	0.93	1.00	0.005				
4	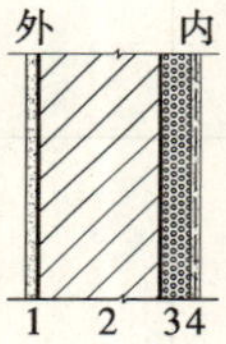	1. 混合砂浆	20	1700	0.87	1.00	0.023				
		2. 加气混凝土砌块	200	600	0.20	1.25	0.800				
		3. 胶粉聚苯颗粒保温层	20 30 40 50 60	230	0.060	1.20	0.278 0.417 0.556 0.694 0.833	3.625 3.783 3.942 4.100 4.258	1.256 1.395 1.534 1.673 1.812	0.796 0.717 0.652 0.598 0.552	1.287 1.178 1.093 1.025 0.968
		4. 抗裂砂浆	5	1800	0.93	1.00	0.005				

注：1. 平均传热系数的计算标准：开间3.3m，层高2.8m，圈梁240mm×墙厚，构造柱240mm×墙厚，窗户1500mm×1500mm。
2. 构造简图中墙体饰面层未表示，热工计算时也未计饰面层。
3. 粉煤灰砖墙体可参照多孔砖墙体选用。
4. 保温层厚度为20mm的墙体做法用于不采暖楼梯间隔墙及变形缝两侧墙体。

不采暖地下室顶板保温做法及热工计算选用表（见表3）

不采暖地下室顶板保温做法及热工计算选用表 **表3**

序号	外墙构造简图	工程做法	分层厚度δ (mm)	干密度ρ_0 (kg/m³)	导热系数λ [W/(m·K)]	修正系数α	热阻R (m²·K/W)	热惰性指标D值	传热阻R_0 (m²·K/W)	传热系数K [W/(m²·K)]
1	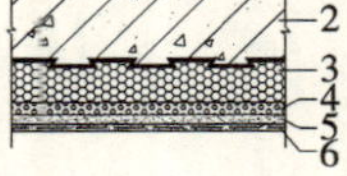	1. 水泥砂浆	20	1800	0.93	1.00	0.022			
		2. 现浇钢筋混凝土楼板	120	2500	1.74	1.00	0.069			
		3. 带燕尾槽聚苯板保温层	60 70 80	20	0.042	1.20	1.190 1.389 1.587	2.508 2.594 2.680	1.733 1.931 2.129	0.577 0.518 0.470
		4. 胶粉聚苯颗粒找平层	20	230	0.060	1.20	0.278			
		5. 石膏抹灰层	10	1500	0.76	1.00	0.013			
		6. 抗裂砂浆	5	1800	0.93	1.00	0.005			

续表

序号	外墙构造简图	工程做法	分层厚度δ (mm)	干密度 ρ_0 (kg/m³)	导热系数 λ [W/(m·K)]	修正系数 α	热阻R (m²·K/W)	热惰性指标D值	传热阻 R_0 (m²·K/W)	传热系数K [W/(m²·K)]
2	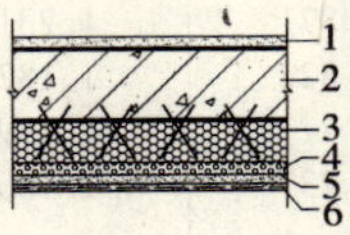	1. 水泥砂浆	20	1800	0.93	1.00	0.022			
		2. 现浇钢筋混凝土楼板	120	2500	1.74	1.00	0.069			
		3. 单面钢丝网架聚苯板保温层	70 80 90	20	0.042	1.55	1.075 1.229 1.382	2.533 2.618 2.704	1.612 1.766 1.919	0.620 0.566 0.521
		4. 胶粉聚苯颗粒找平层	20	230	0.060	1.20	0.278			
		5. 石膏抹灰层	10	1500	0.76	1.00	0.013			
		6. 抗裂砂浆	5	1800	0.93	1.00	0.005			
3	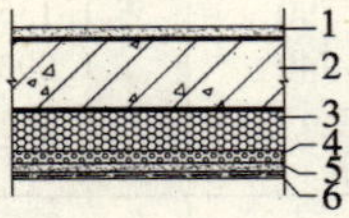	1. 水泥砂浆	20	1800	0.93	1.00	0.022			
		2. 现浇钢筋混凝土楼板	120	2500	1.74	1.00	0.023			
		3. 无溶剂聚氨酯硬泡保温层	35 45 55	50	0.027	1.20	1.080 1.389 1.698	2.399 2.533 2.666	1.617 1.926 2.234	0.618 0.519 0.448
		4. 胶粉聚苯颗粒找平层	20	230	0.060	1.20	0.278			
		5. 石膏抹灰层	10	1500	0.76	1.00	0.013			
		6. 抗裂砂浆	5	1800	0.93	1.00	0.005			
4	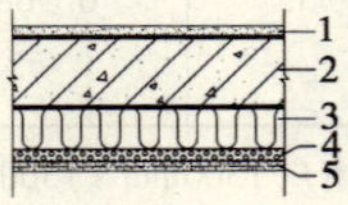	1. 水泥砂浆	20	1800	0.93	1.00	0.022			
		2. 现浇钢筋混凝土楼板	120	2500	1.74	1.00	0.069			
		3. 摆锤法岩棉板保温层	60 70 80	150	0.045	1.20	1.111 1.296 1.481	2.809 2.975 3.142	1.635 1.820 2.005	0.612 0.549 0.499
		4. 胶粉聚苯颗粒找平层	20	230	0.060	1.20	0.278			
		5. 抗裂砂浆	5	1800	0.93	1.00	0.005			

2
内保温构造做法与详图
（F 体系构造）

内保温平面示例及基本构造

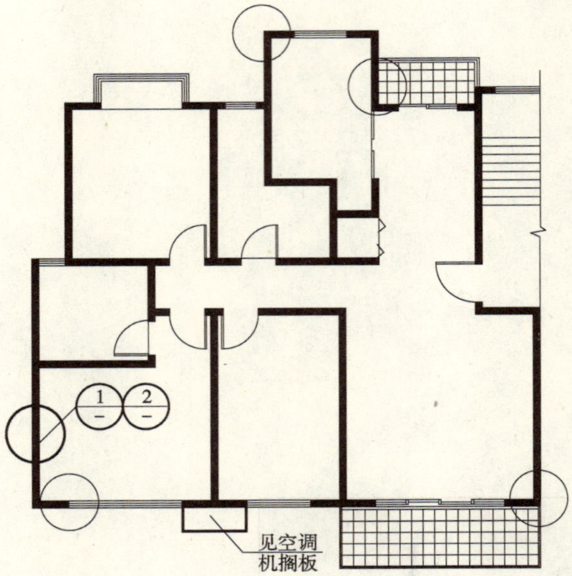

平面示例

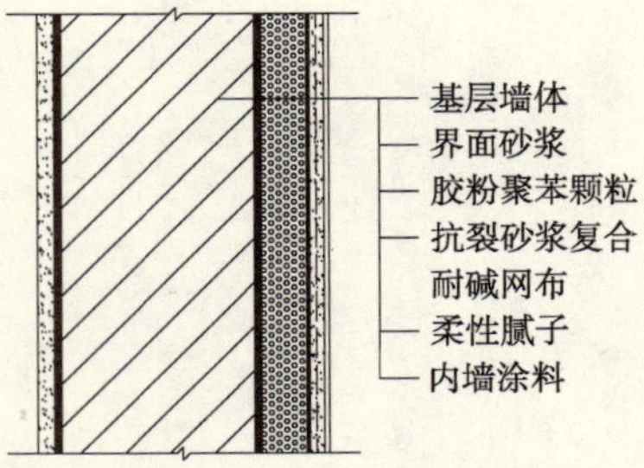

① 内保温抗裂砂浆复合耐碱网布基本构造

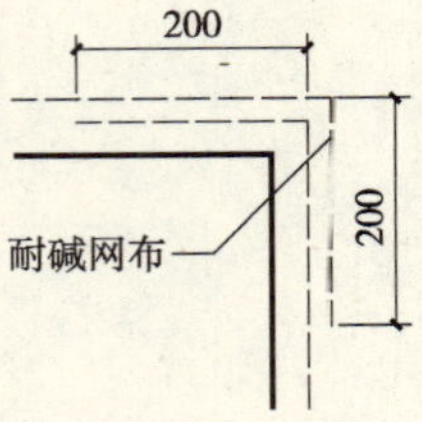

Ⓐ 阳角网布搭接

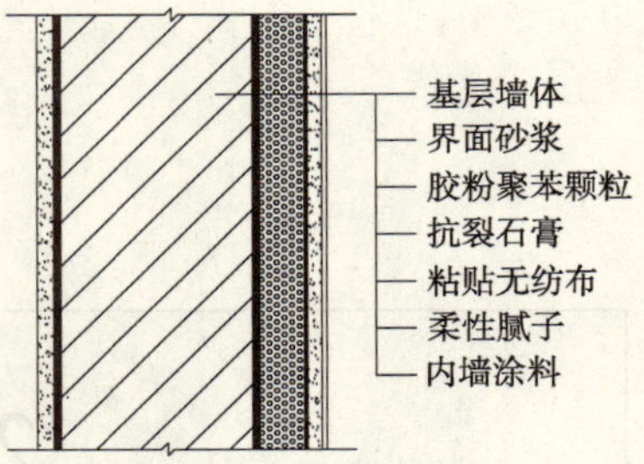

② 内保温抗裂石膏粘贴无纺布基本构造

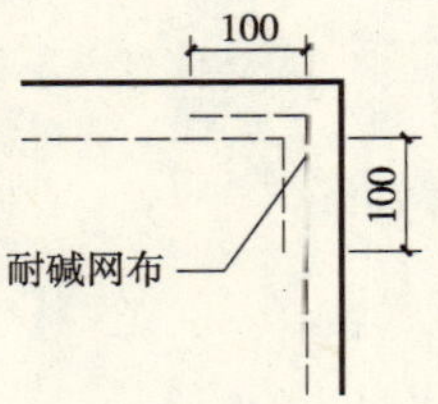

Ⓑ 阴角网布搭接

阴阳角、丁字墙内保温构造

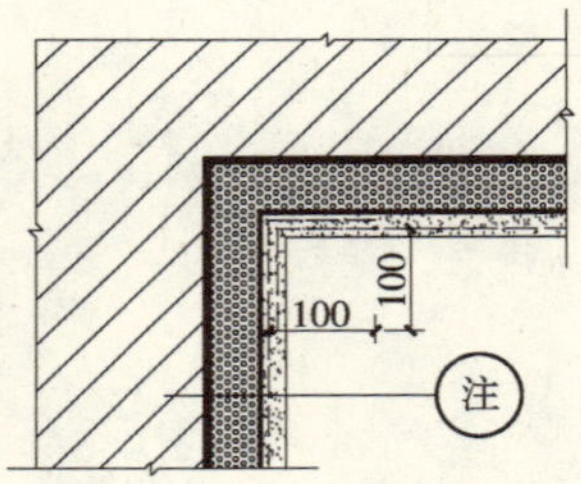

③ 阴角

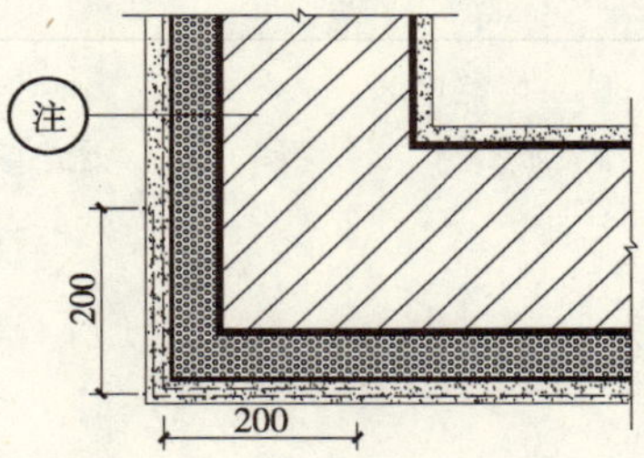

④ 阳角

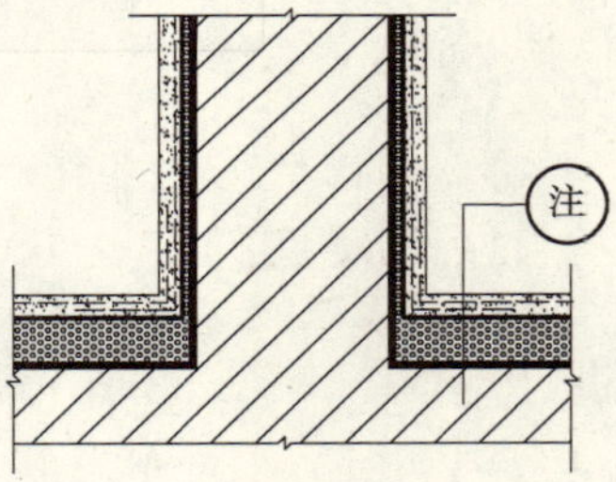

⑤ 分户墙交接处

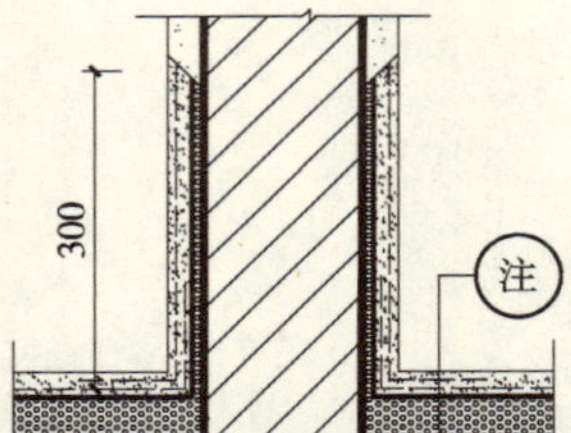

⑥ 内外承重墙交接处

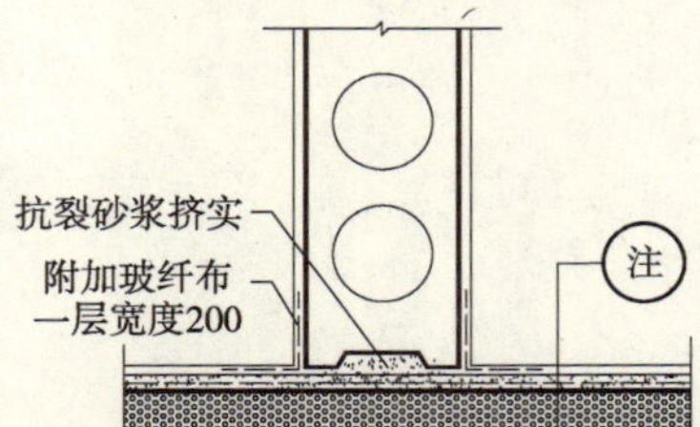

⑦ 与轻质隔墙连接

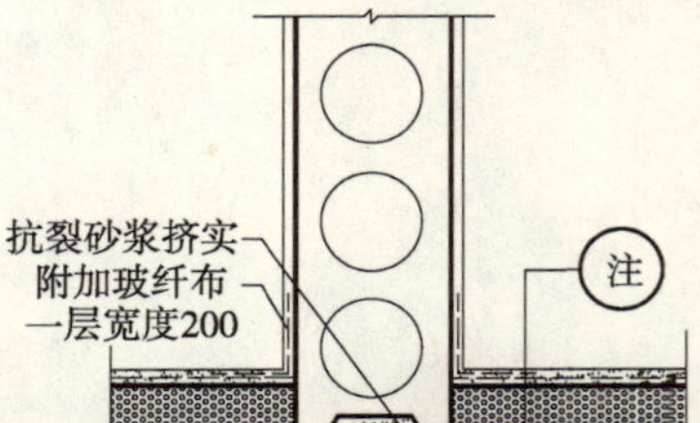

⑧ 与轻质隔墙连接

注：1. 本图为胶粉聚苯颗粒内保温抗裂砂浆复合耐碱网布构造，胶粉聚苯颗粒内保温抗裂石膏粘贴无纺布构造见上面内保温平面示例及基本构造②节点。
2. 胶粉聚苯颗粒保温层厚度由设计人计算确定。
3. 图中㊟采用抗裂砂浆或抗裂石膏粘贴。

窗口内保温构造

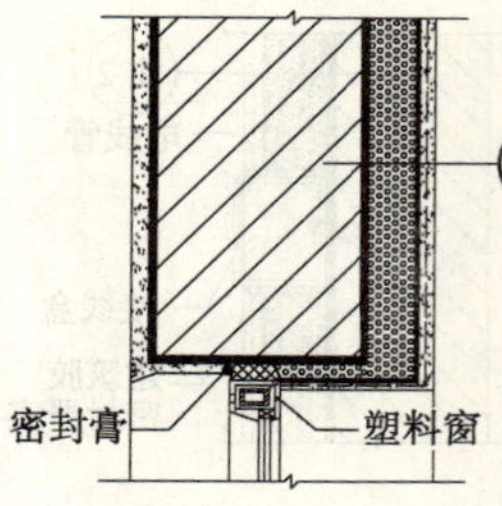

① 窗上口（一）

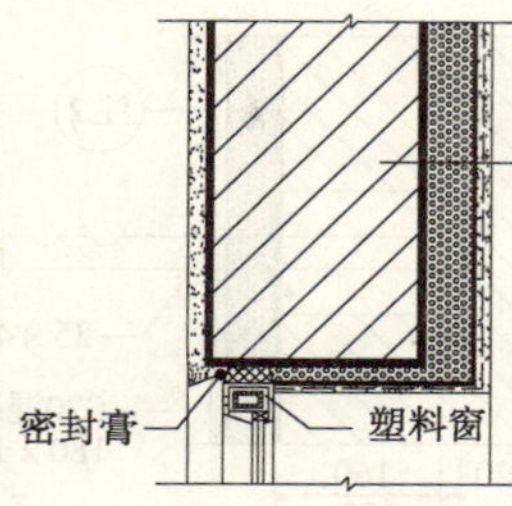

② 窗上口（二）

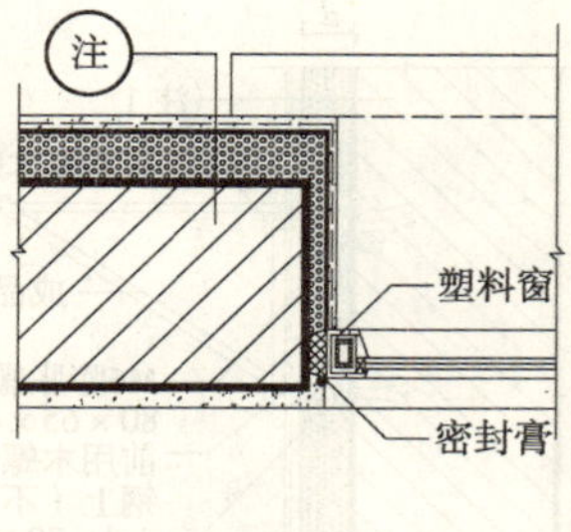

③ 窗侧口（一）

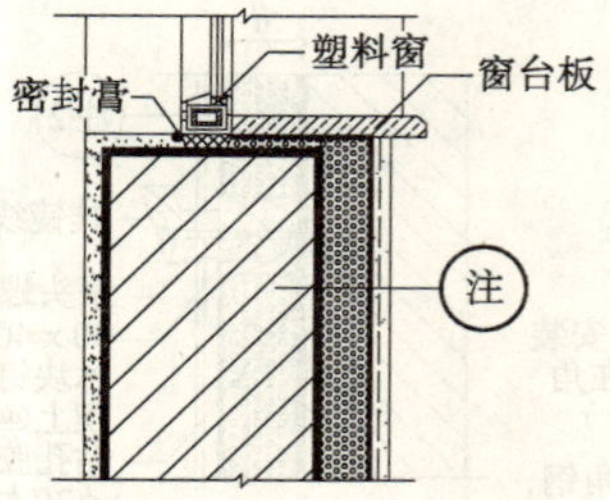

④ 窗下口（一）

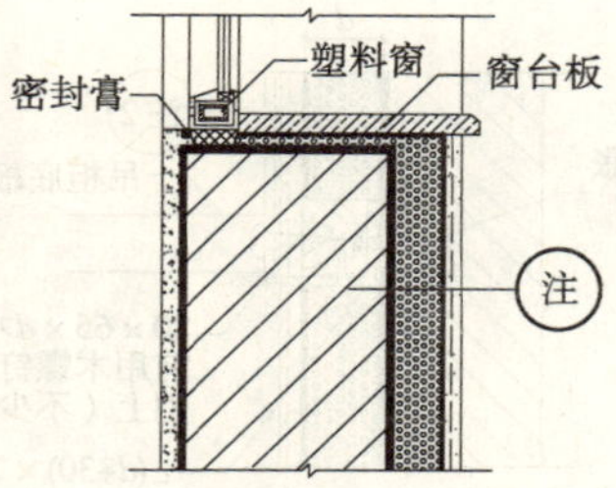

⑤ 窗下口（二）

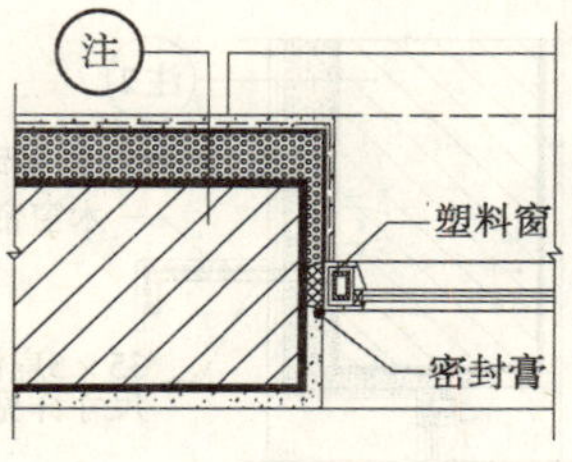

⑥ 窗侧口（二）

注：本图为胶粉聚苯颗粒内保温抗裂砂浆复合耐碱网布窗上口、窗下口、窗侧口构造，胶粉聚苯颗粒内保温抗裂石膏粘贴无纺布构造见单体设计。

地下室顶板、屋面、踢脚内保温构造

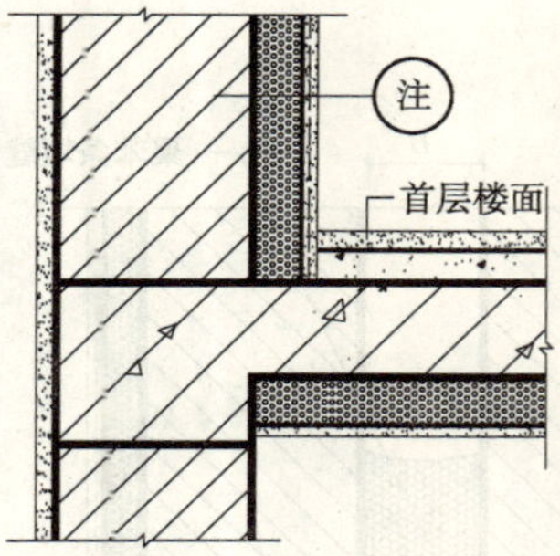

① 地下室顶板（不采暖地下室）

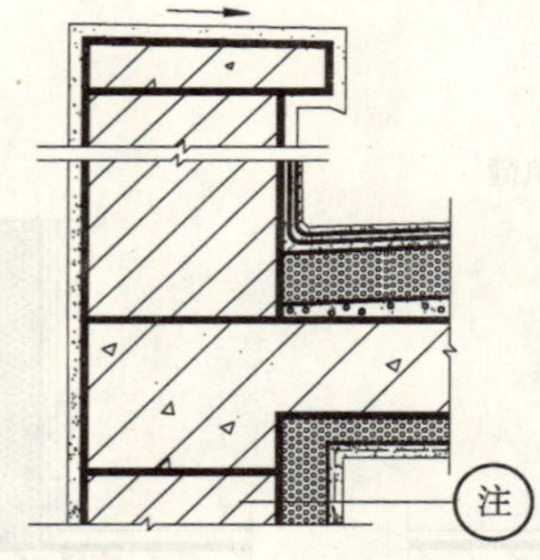

② 平屋面

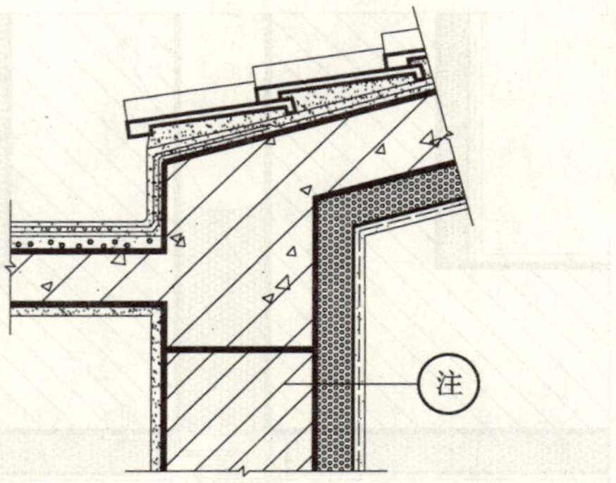

③ 坡屋面

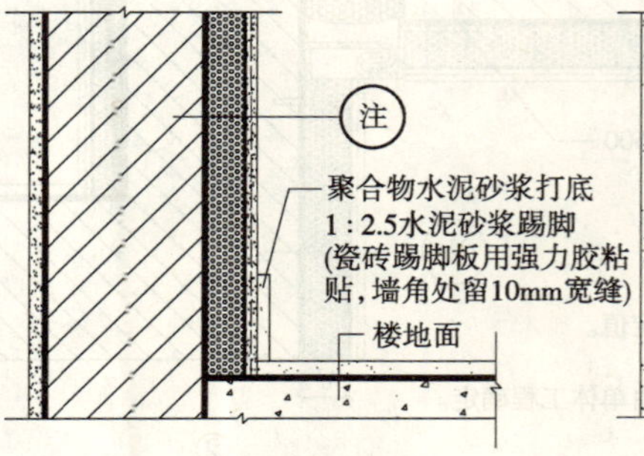

④ 水泥（瓷砖）踢脚

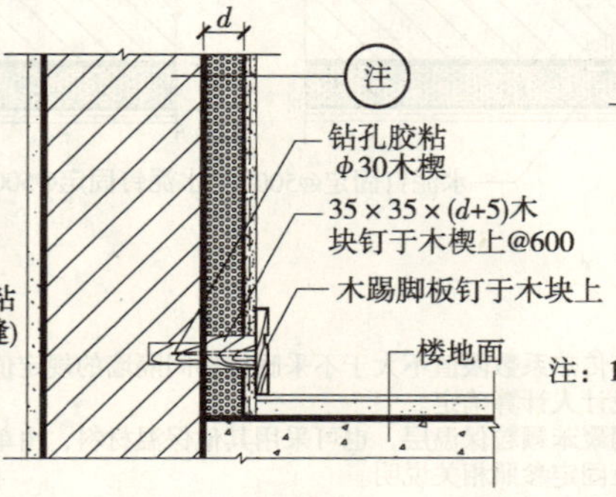

⑤ 木踢脚

注：1. 本图为胶粉聚苯颗粒内保温抗裂砂浆复合耐碱网布不采暖地下室顶板、屋面、踢脚构造，胶粉聚苯颗粒内保温抗裂石膏粘贴无纺布构造见相关设计。
2. 图㊟采用抗裂砂浆或抗裂石膏贴粘。

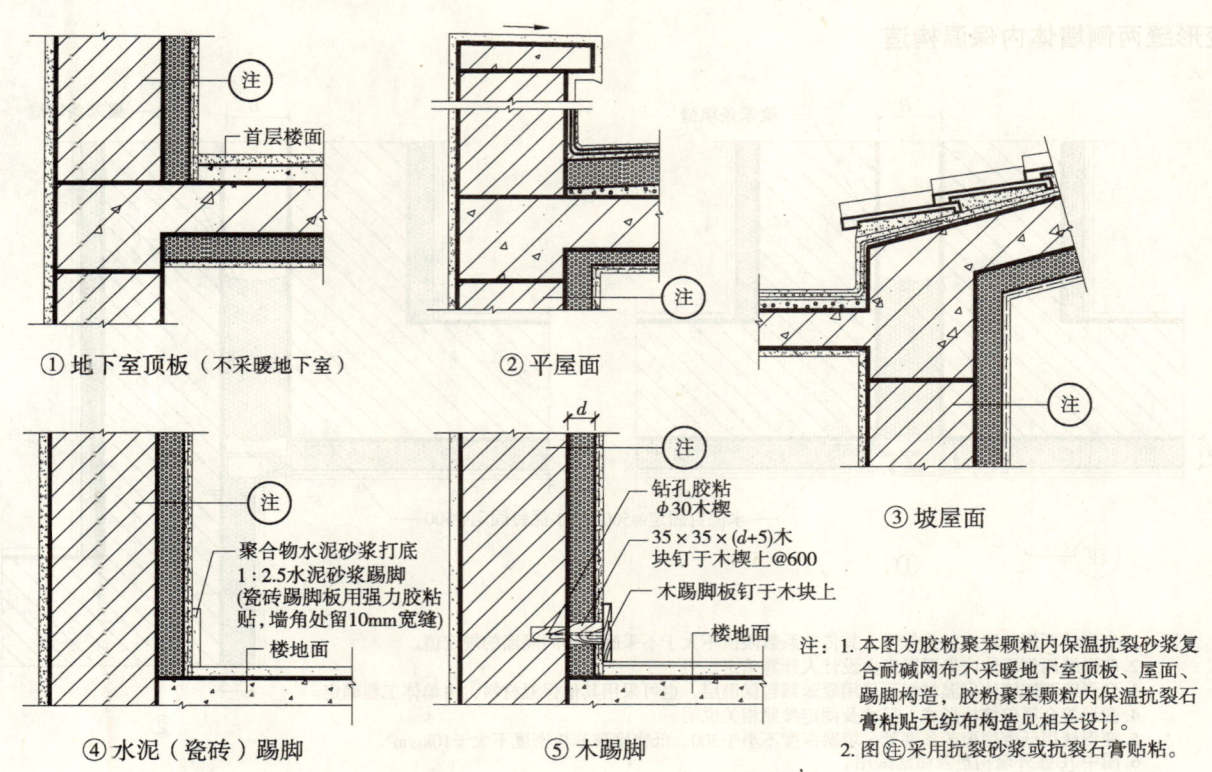

内保温墙体设备、吊挂件安装

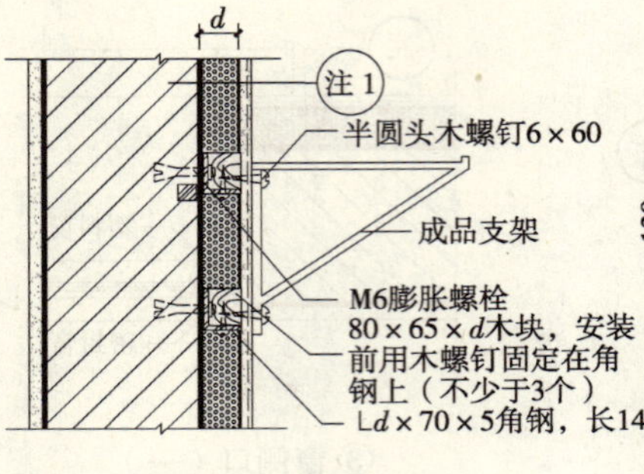

① 洗池、脸盆支架

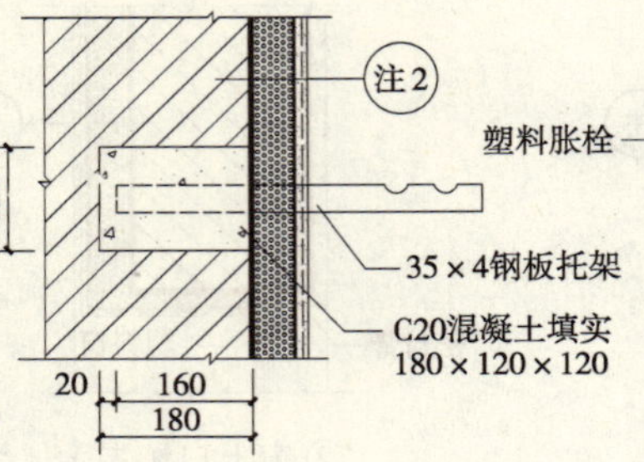

② 散热器托架

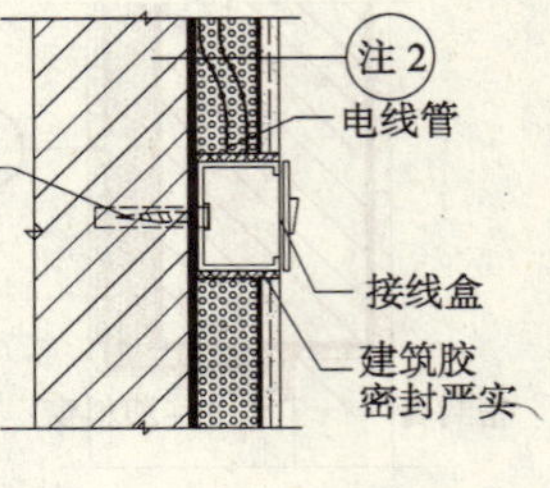

③ 开关盒

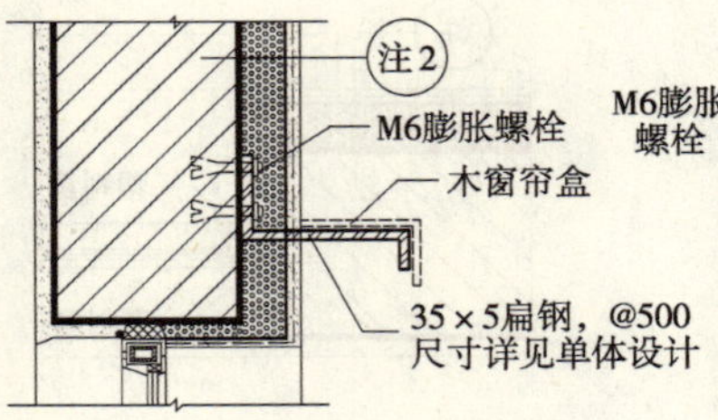

④ 窗帘盒

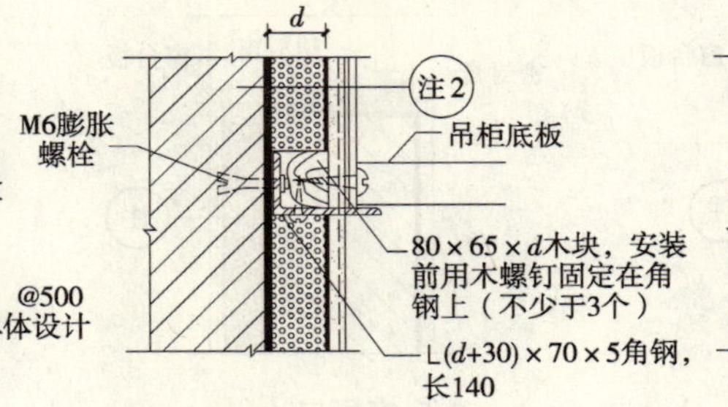

⑤ 吊柜

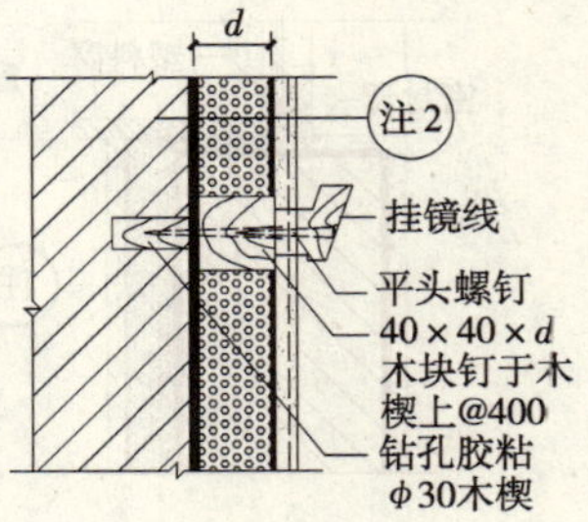

⑥ 挂镜线

注：1. 厨房、卫生间等潮湿房间宜采用胶粉聚苯颗粒内保温抗裂砂浆复合耐碱网布构造，不宜采用胶粉聚苯颗粒内保温抗裂石膏粘贴无纺布做法。
2. 角钢和木块需做防腐处理，角钢规格根据保温层厚度确定。
3. 吊柜上端采用挂件固定。
4. ㊟1 为采用抗裂砂浆；㊟2 采用抗裂砂浆或抗裂石膏粘贴。

变形缝两侧墙体内保温构造

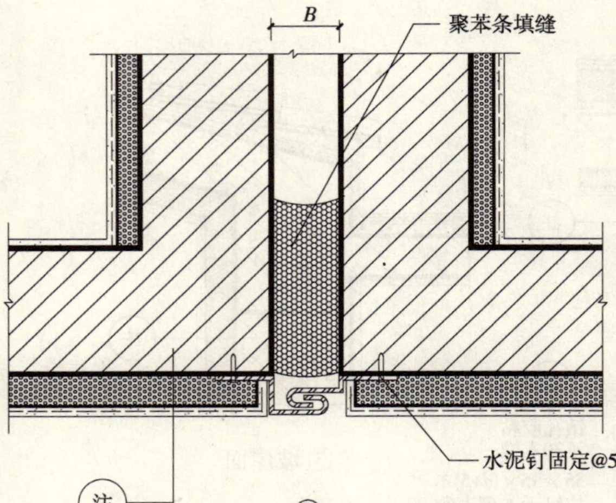

①

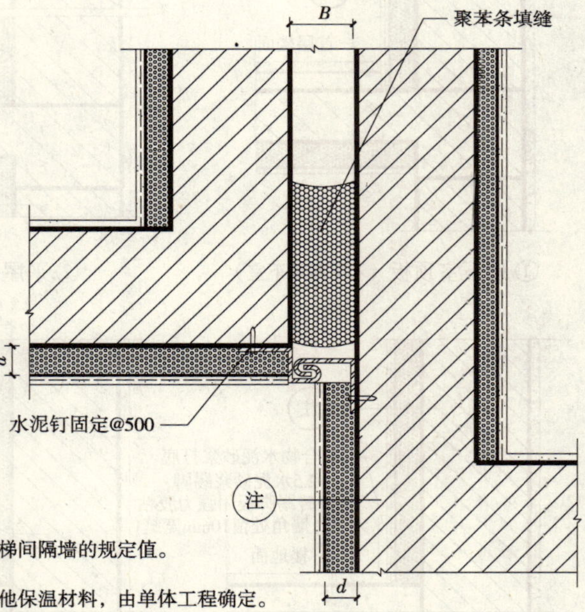

②

注：1. 变形缝两侧外墙应加强保温，其传热系数限值不大于不采暖楼梯间隔墙的规定值。
2. 变形缝两侧墙体内保温厚度由设计人计算确定。
3. 变形缝两侧墙体保温材料可采用聚苯颗粒保温层，也可采用其他保温材料，由单体工程确定。
4. 变形缝金属盖缝板形式、尺寸及固定参照相关说明。
5. 变形缝用低密度聚苯条塞紧，填塞深度不小于300。低密度聚苯板密度不大于$10kg/m^3$。
6. 图中㊟按外墙构造及做法采用。

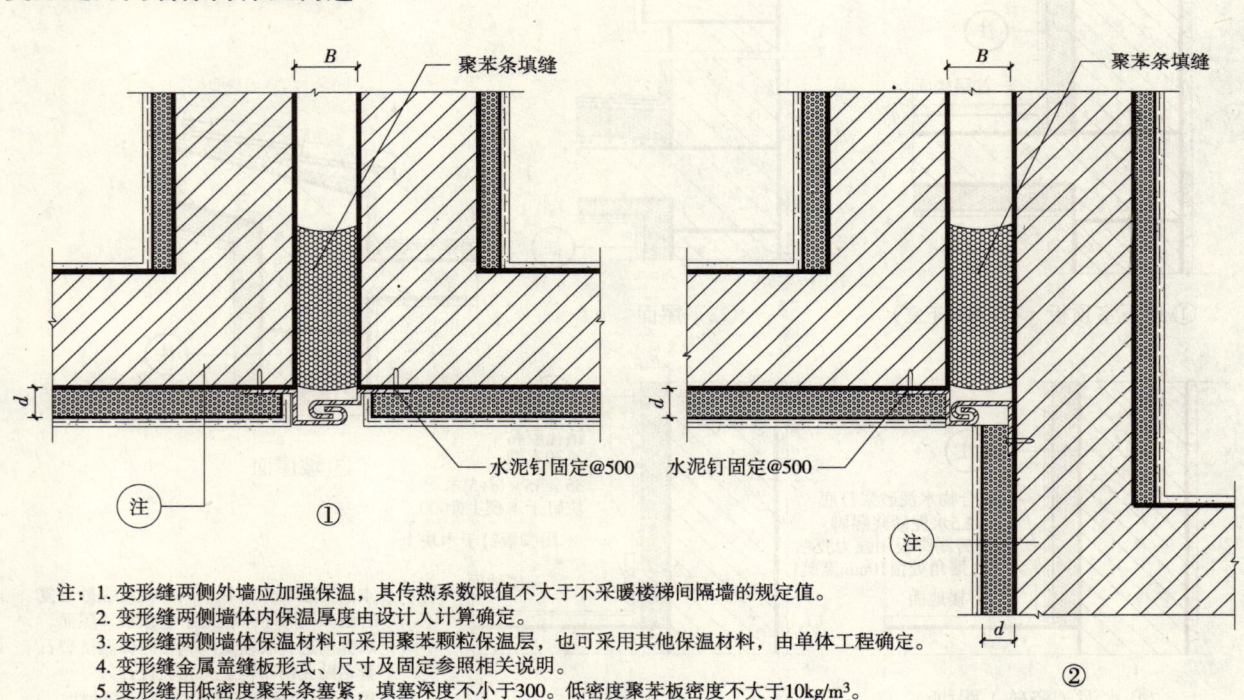

不采暖地下室顶板、楼梯间隔墙构造

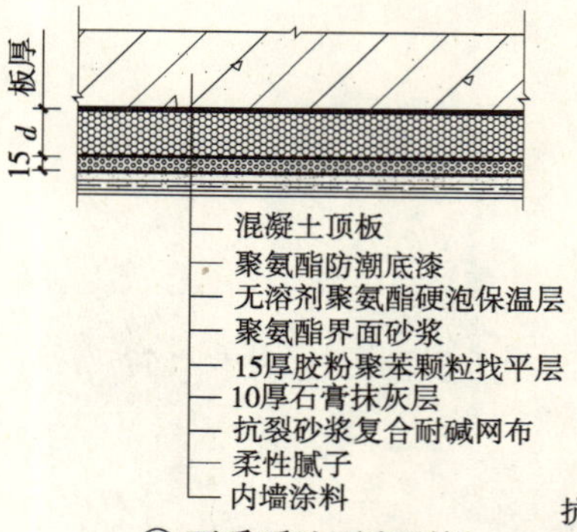

① 不采暖地下室顶板
（聚氨酯）

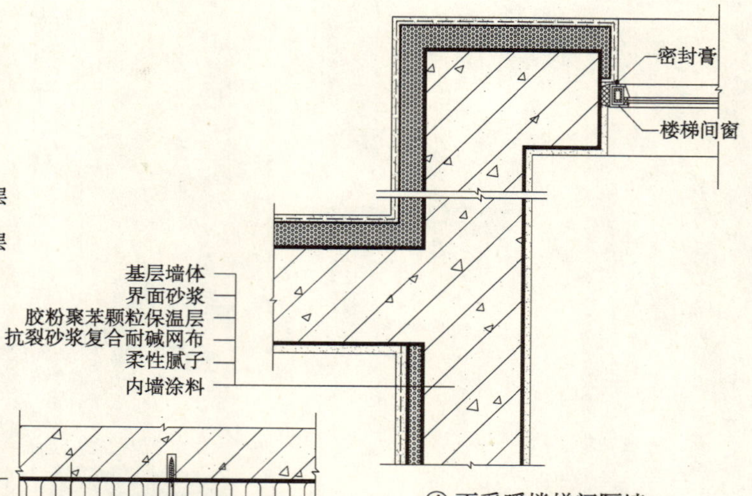

④ 不采暖楼梯间隔墙

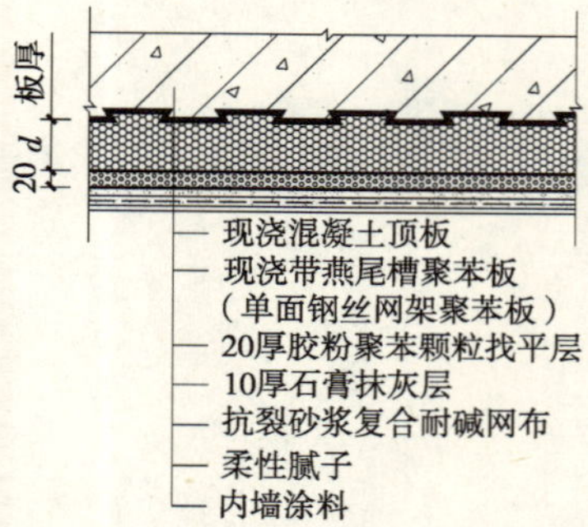

② 不采暖地下室顶板
（现浇聚苯板）

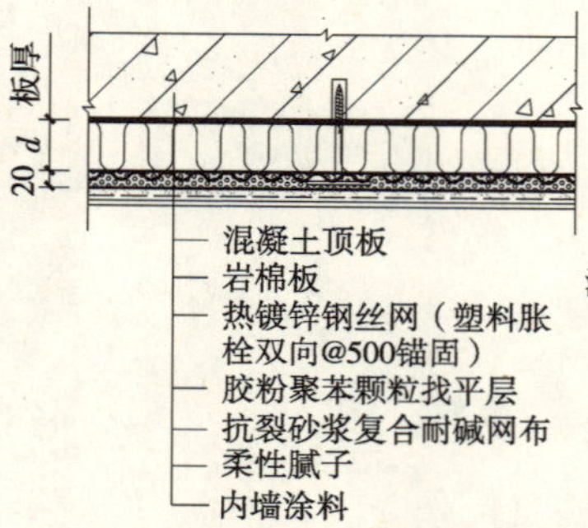

③ 不采暖地下室顶板
（锚固岩棉板）

注：1. ①②节点适用于一般地下室、半地下室，停车库、人行通道、非采暖公共活动用房除外。
2. 不采暖地下室顶板可采用聚氨酯、现浇聚苯板、锚固岩棉板等做法。现浇聚苯板时应双向@500支 ϕ10的板凳筋，以防浇筑时聚苯板受压过大。
3. ①②③节点还可用于架空层、过街楼、贮藏间等顶板的保温构造。

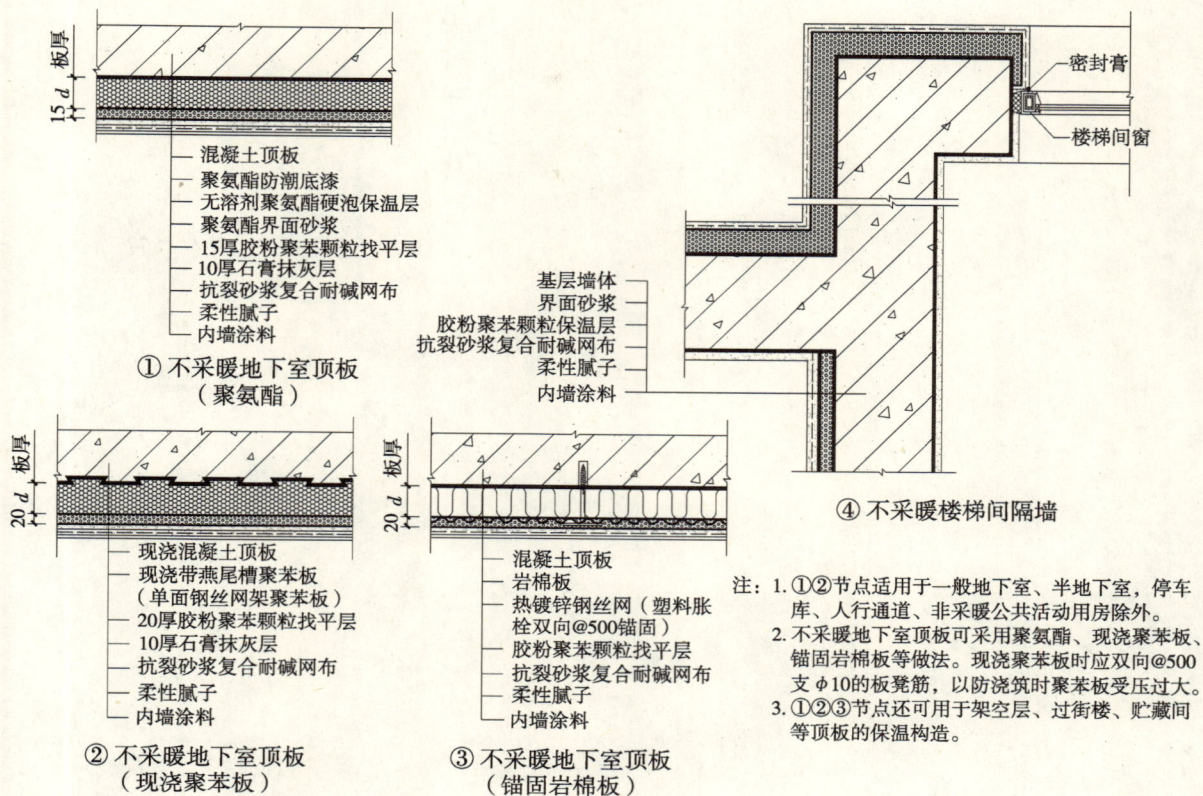

（二）居住建筑内保温构造详图

［节能65％（L06J113）］

1
热工计算及保温做法选用

山东省居住建筑各部分围护结构传热系数 *K* 限值

山东省居住建筑各部分围护结构传热系数 *K* 限值 [W/(m² · K)]

城市	屋顶		外墙		外窗（含阳台门透明部分）	不采暖楼梯间		阳台门不透明部分	楼板		地面	
	体形系数 $S \leqslant 0.35$	体形系数 $0.35 < S \leqslant 0.40$	体形系数 $S \leqslant 0.35$	体形系数 $0.35 < S \leqslant 0.40$		隔墙	户门		接触室外空气楼板	与不采暖空间相邻的楼板	周边地面	非周边地面
济南 青岛 烟台 日照 泰安 聊城 临沂 菏泽 枣庄	0.55	0.45	0.63	0.50	2.80	1.70	2.00	1.70	0.50	0.65	0.52	0.30
淄博 潍坊 济宁 东营 德州 莱芜 威海 滨州	0.50	0.40	0.60	0.45	2.80	1.70	2.00	1.70	0.50	0.60	0.52	0.30

注：本表摘自《居住建筑节能设计标准》(DBJ 14—037—2006)。

不采暖地下室顶板保温做法及热工计算选用表

不采暖地下室顶板保温做法及热工计算选用表（H 体系）

序号	构造简图	工程做法	分层厚度 δ (mm)	干密度 ρ_0 (kg/m³)	导热系数 λ [W/(m · K)]	修正系数 α	热阻 R (m² · K/W)	热惰性指标 D 值	传热阻 R_0 (m² · K/W)	传热系数 K [W/(m² · K)]
65	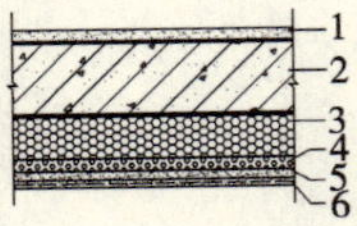	1. 水泥砂浆	20	1800	0.93	1.00	0.022			
		2. 钢筋混凝土楼板	120	2500	1.74	1.00	0.069			
		3. 聚苯板保温层	55 60 65 75	18 ~ 22	0.041	1.20	1.118 1.220 1.321 1.524	2.416 2.460 2.503 2.591	1.633 1.735 1.837 2.040	0.612 0.576 0.544 0.490
		4. 胶粉聚苯颗粒找平层	20	230	0.06	1.30	0.256			
		5. 石膏抹灰层	10	1500	0.76	1.00	0.013			
		6. 抗裂砂浆	5	1800	0.93	1.00	0.005			
66	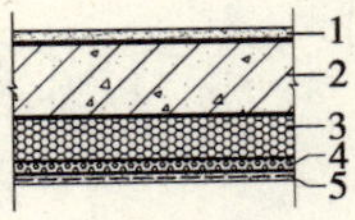	1. 水泥砂浆	20	1800	0.93	1.00	0.022			
		2. 钢筋混凝土楼板	120	2500	1.74	1.00	0.069			
		3. 挤塑板保温层	35 40 45 50	27 ~ 32	0.03	1.10	1.061 1.212 1.364 1.515	2.306 2.359 2.413 2.466	1.576 1.728 1.879 2.031	0.635 0.579 0.532 0.492
		4. 胶粉聚苯颗粒找平层	20	230	0.06	1.25	0.256			
		5. 石膏抹灰层	10	1500	0.76	1.00	0.013			
		6. 抗裂砂浆	5	1800	0.93	1.00	0.005			

注：本做法也可用于接触室外空气楼板（架空层、过街楼等）保温，其传热系数限值为 0.50W/(m² · K)。

续表

序号	构造简图	工程做法	分层厚度 δ (mm)	干密度 ρ_0 (kg/m^3)	导热系数 λ $[W/(m \cdot K)]$	修正系数 α	热阻 R $(m^2 \cdot K/W)$	热惰性指标 D 值	传热阻 R_0 $(m^2 \cdot K/W)$	传热系数 K $[W/(m^2 \cdot K)]$
67	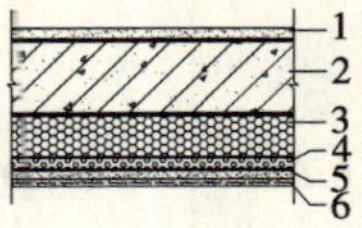	1. 水泥砂浆	20	1800	0.93	1.00	0.022	2.383 2.458 2.533 2.608	1.557 1.731 1.904 2.078	0.642 0.578 0.525 0.481
		2. 钢筋混凝土楼板	120	2500	1.74	1.00	0.069			
		3. 硬质聚氨酯泡沫塑料保温层	30 35 40 45	35 ~ 55	0.024	1.20	1.042 1.215 1.389 1.563			
		4. 胶粉聚苯颗粒找平层	20	230	0.06	1.30	0.256			
		5. 石膏抹灰层	10	1500	0.76	1.00	0.013			
		6. 抗裂砂浆	5	1800	0.93	1.00	0.005			
68	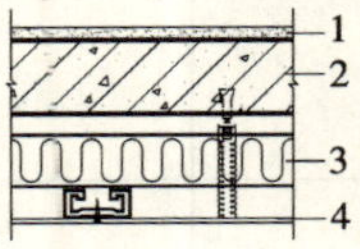	1. 水泥砂浆	20	1800	0.93	1.00	0.022	2.746 2.913 2.996 3.163	1.553 1.783 1.830 2.016	0.644 0.575 0.546 0.496
		2. 钢筋混凝土楼板	120	2500	1.74	1.00	0.069			
		3. 岩棉板保温层	70 80 85 90	150	0.045	1.20	1.296 1.481 1.574 1.759			
		4. 纸面石膏板	12	1500	0.76	1.00	0.013			
69	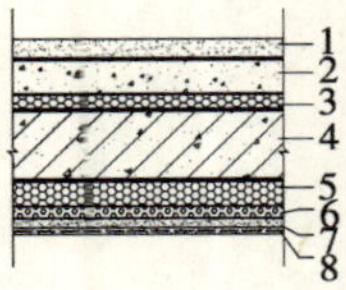	1. 水泥砂浆找平层	25	1800	0.93	1.00	0.027	3.333 3.408	2.120 2.294	0.472 0.436
		2. 泡沫混凝土管道层	50	500	0.19	1.25	0.211			
		3. 聚氨酯泡沫塑料保温层	20	35	0.024	1.20	0.606			
		4. 钢筋混凝土楼板	120	2500	1.74	1.00	0.069			
		5. 硬质聚氨酯泡沫塑料保温层	20 25	35 ~ 55	0.024	1.20	0.694 0.868			
		6. 胶粉聚苯颗粒找平层	20	230	0.060	1.30	0.256			
		7. 石膏抹灰层	10	1500	0.76	1.00	0.013			
		8. 抗裂砂浆	5	1800	0.93	1.00	0.005			
70	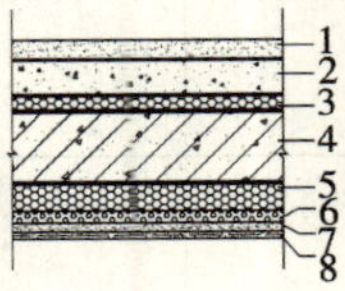	1. 水泥砂浆找平层	25	1800	0.93	1.00	0.027	3.160 3.213	1.943 2.095	0.515 0.477
		2. 泡沫混凝土管道层	50	500	0.19	1.00	0.263			
		3. 挤塑聚苯板保温层	20	28 ~ 45	0.03	1.25	0.211			
		4. 钢筋混凝土楼板	120	2500	1.74	1.00	0.023			
		5. 挤塑聚苯板保温层	20 25	27 ~ 32	0.03	1.10	0.606 0.758			
		6. 胶粉聚苯颗粒找平层	20	230	0.060	1.30	0.256			
		7. 石膏抹灰层	10	1500	0.76	1.00	0.013			
		8. 抗裂砂浆	5	1800	0.93	1.00	0.005			

注：67 做法也可用于接触室外空气楼板（架空层、过街楼等）保温，其传热系数限值为 0.50 $[W/(m^2 \cdot K)]$。

楼梯间隔墙、凸（飘）窗挑板保温做法及热工计算选用表

楼梯间隔墙、凸（飘）窗挑板保温做法及热工计算选用表（H 体系）

序号	构造简图	工程做法	分层厚度 δ (mm)	干密度 ρ_0 (kg/m^3)	导热系数 λ [W/(m·K)]	修正系数 α	热阻 R (m^2·K/W)	热惰性指标 D 值	传热阻 R_0 (m^2·K/W)	传热系数 K [W/(m^2·K)]
71	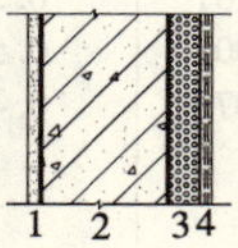	1. 混合砂浆	20	1700	0.87	1.00	0.023	2.681	0.614	1.629
		2. 钢筋混凝土	200	2500	1.74	1.00	0.115			
		3. 胶粉聚苯颗粒保温层	25	180～250	0.06	1.30	0.321			
		4. 抗裂砂浆	5	1800	0.93	1.00	0.005			
72	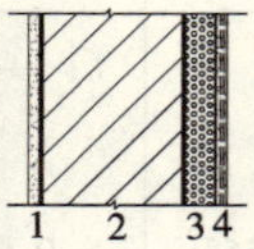	1. 混合砂浆	20	1700	0.87	1.00	0.023	3.775	0.731	1.368
		2. 烧结普通砖	240	1800	0.81	1.00	0.296			
		3. 胶粉聚苯颗粒保温层	20	180～250	0.06	1.30	0.256			
		4. 抗裂砂浆	5	1800	0.93	1.00	0.005			
73	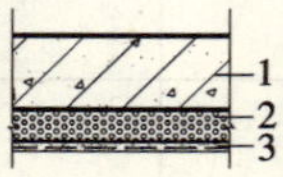	1. 现浇钢筋混凝土挑板	80	2500	1.74	1.00	0.046			
		2. 胶粉聚苯颗粒保温层	40 45 50	180～250	0.060	1.30	0.513 0.577 0.641	1.485 1.564 1.644	0.714 0.778 0.842	1.400 1.285 1.187
		3. 抗裂砂浆	5	1800	0.93	1.00	0.005			

注：71、72 为不采暖楼梯间隔墙保温做法；73 为凸（飘）窗挑板保温做法。

分户墙保温做法及热工计算选用表

分户墙保温做法及热工计算选用表（H 体系）

序号	构造简图	工程做法	分层厚度 δ (mm)	干密度 ρ_0 (kg/m^3)	导热系数 λ [W/(m·K)]	修正系数 α	热阻 R (m^2·K/W)	热惰性指标 D 值	传热阻 R_0 (m^2·K/W)	传热系数 K [W/(m^2·K)]
74	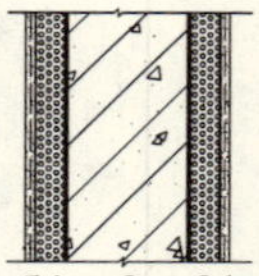	1. 抗裂砂浆	5	1800	0.93	1.00	0.005	2.574	0.660	1.514
		2. 胶粉聚苯颗粒保温层	15	180～250	0.06	1.30	0.192			
		3. 钢筋混凝土	200	2500	1.74	1.00	0.115			
		4. 胶粉聚苯颗粒保温层	15	180～250	0.06	1.30	0.192			
		5. 抗裂砂浆	5	1800	0.93	1.00	0.005			
75	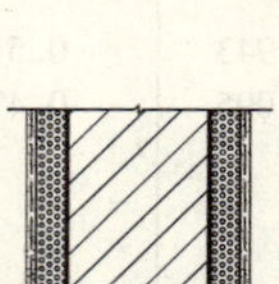	1. 抗裂砂浆	5	1800	0.93	1.00	0.005	3.747	0.842	1.188
		2. 胶粉聚苯颗粒保温层	15	180～250	0.06	1.30	0.192			
		3. 烧结普通砖	240	1800	0.81	1.00	0.296			
		4. 胶粉聚苯颗粒保温层	15	180～250	0.06	1.30	0.192			
		5. 抗裂砂浆	5	1800	0.93	1.00	0.005			

2
内保温构造做法与详图
（H 体系构造）

不采暖地下室顶板构造

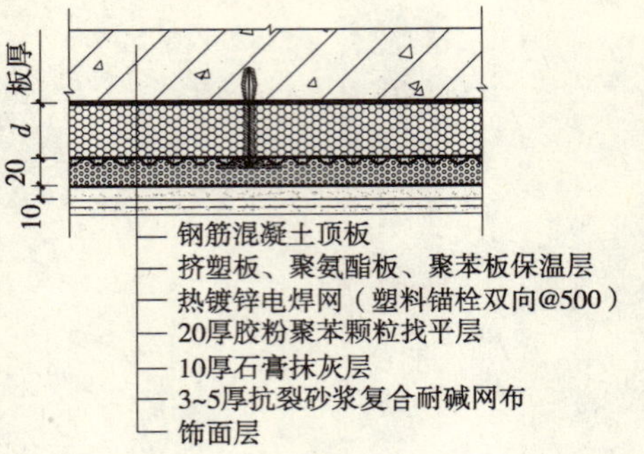

①

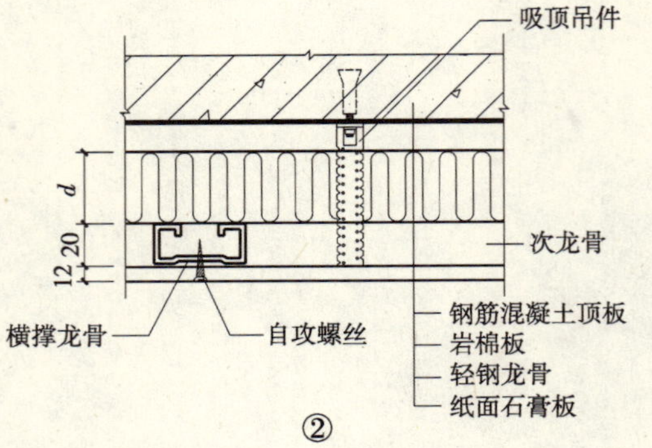

②

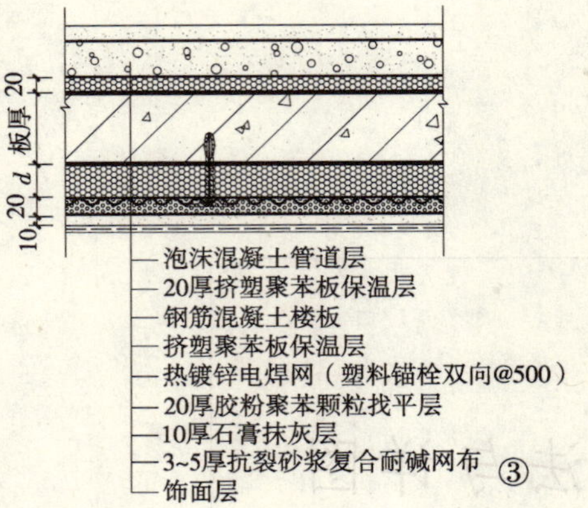

③

注：1. 接触室外空气楼板（架空层、过街楼等）传热系数限值为0.50W/(m²·K)。

2. 与不采暖空间相邻的楼板（不采暖地下室顶板） 传热系数限值分别为0.65W/(m²·K)或0.60[W/(m²·K)]，具体按传热系数限值表不同城市类别选取。

3. 不采暖地下室顶板保温做法可采用①②③节点， 过街楼等保温做法宜采用①节点。

4. ②节点轻钢龙骨吊顶的构造和做法参照省标有关图集。

不采暖楼梯间隔墙、住宅分户墙和凸（飘）窗挑板构造

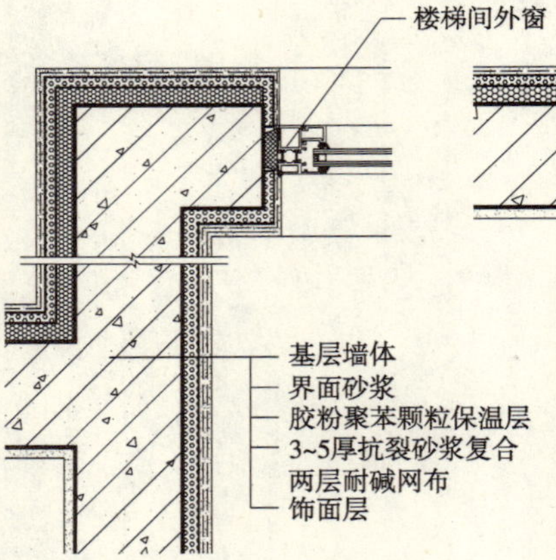

① 不采暖楼梯间隔墙

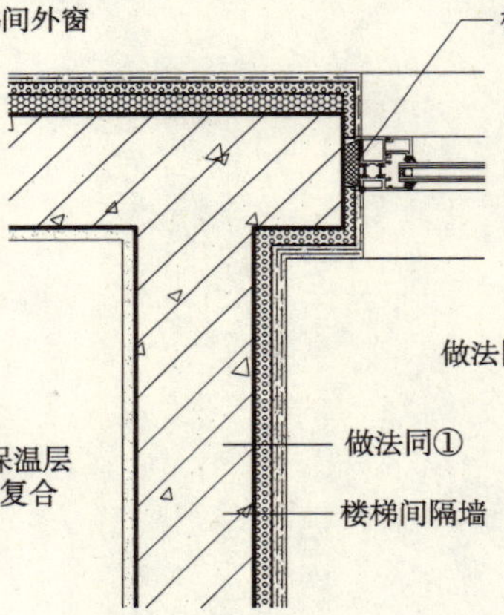

② 不采暖楼梯间隔墙

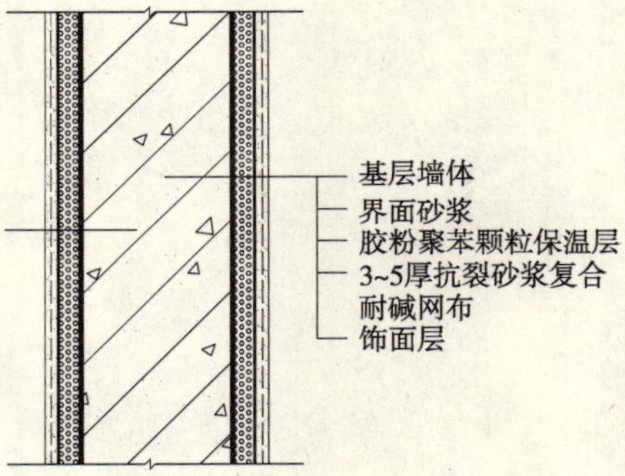

③ 住宅分户墙

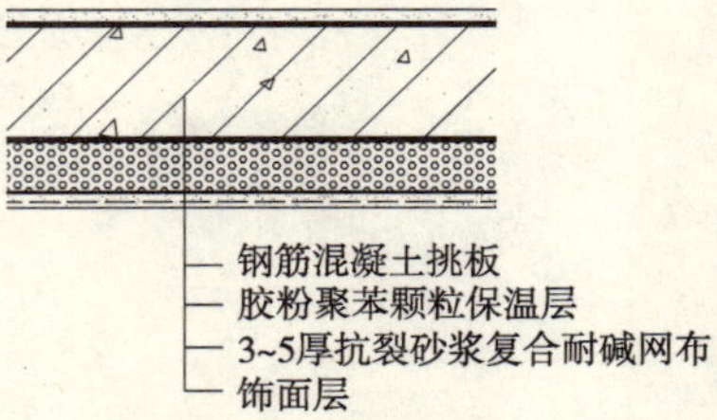

④ 凸（飘）窗挑板

注：1. 不采暖楼梯间隔墙传热系数限值不应大于1.70[W/（m²·K）]。

2. 住宅建筑的分户墙传热系数限值不应大于1.70[W/（m²·K）]。

3. 计算凸（飘）窗传热面积时，应按其展开面积计算，凸（飘）窗突出墙面的其他构件的传热系数限值不应大于1.50[W/（m²·K）]。

4. 凸（飘）窗挑板保温构造也可采取其他保温材料与胶粉聚苯颗粒复合做法，可参照各体系标准层构造。

变形缝两侧墙体构造

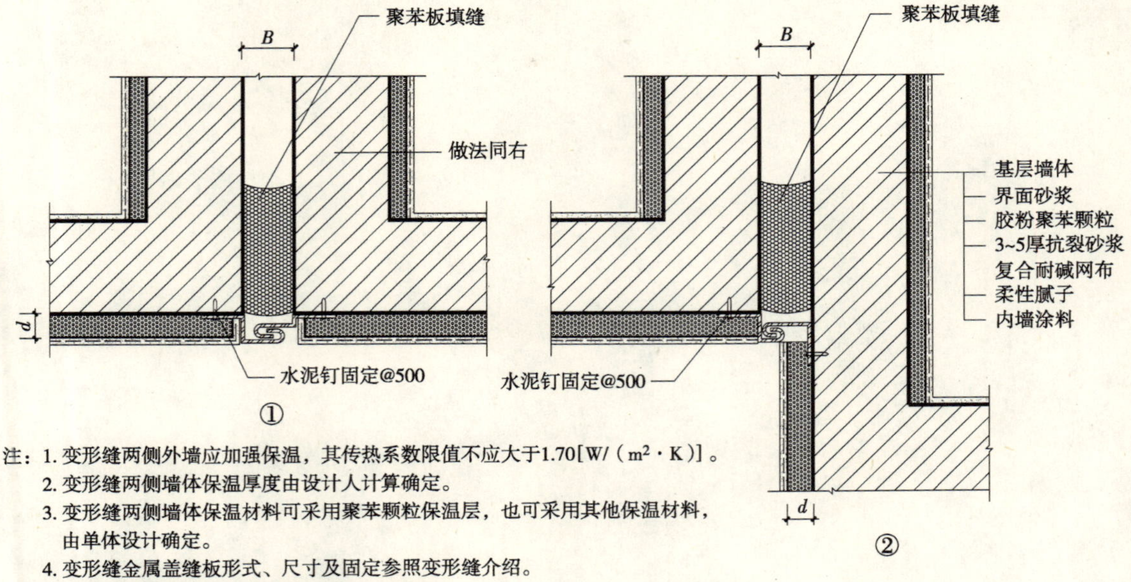

注：1. 变形缝两侧外墙应加强保温，其传热系数限值不应大于1.70[W/（m²·K）]。

2. 变形缝两侧墙体保温厚度由设计人计算确定。

3. 变形缝两侧墙体保温材料可采用聚苯颗粒保温层，也可采用其他保温材料，由单体设计确定。

4. 变形缝金属盖缝板形式、尺寸及固定参照变形缝介绍。

5. 变形缝用聚苯板塞紧，填塞深度不小于300。

三、J45

内保温G体系

1

说　　明

说　明

胶粉聚苯颗粒保温浆料内保温系统（简称：胶粉聚苯颗粒内保温系统）。采用胶粉聚苯颗粒作为墙体内表面保温层，抗裂防护层采用抗裂砂浆复合耐碱玻璃纤维网。该系统适用于分户墙、楼梯间隔墙及内隔墙，不适用于大城市民用建筑外墙内保温工程。

G 系统墙体构造

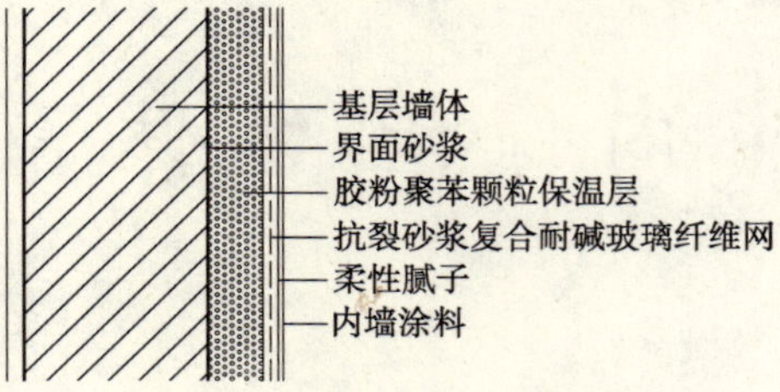

内保温系统性能指标见表

内保温系统性能指标表

项　　目	单　　位	指　　标
抗冲击强度	J	>3
耐磨性（500L 铁砂）	—	无损坏

G 系统—内保温做法及热工计算选用表

G 系统—内保温做法及热工计算选用表

外墙构造简图及编号	工程做法	分层厚度 δ (mm)	干密度 ρ_0 (kg/m^3)	导热系数 λ [W/(m·K)]	修正系数 α	热阻 R (m^2·K/W)	主体部位			平均传热系数 K_m [W/(m^2·K)]
							热惰性指标 D	传热阻 R_0 (m^2·K)/W	传热系数 K [W/(m^2·K)]	
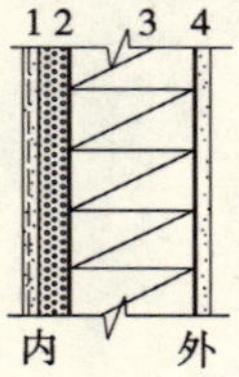 1 2 3 4 内 外 ㊲	1. 抗裂砂浆（玻纤网）	5	1800	0.93	1.00	0.005				
	2. 胶粉聚苯颗粒保温层	30 35 40 45	230	0.060	1.20	0.417 0.486 0.556 0.625	3.173 3.258 3.343 3.428	0.919 0.988 1.058 1.127	1.088 1.012 0.946 0.887	1.434 1.358 1.293 1.239
	3. 混凝土多孔砖	240	1450	0.738	1.00	0.325				
	4. 水泥砂浆	20	1800	0.93	1.00	0.022				
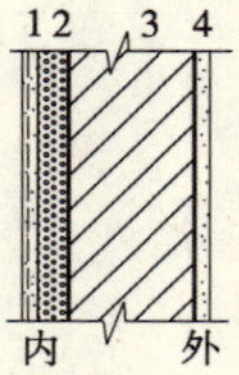 1 2 3 4 内 外 ㊳	1. 抗裂砂浆（玻纤网）	5	1800	0.93	1.00	0.005				
	2. 胶粉聚苯颗粒保温层	25 30 35 40	230	0.060	1.20	0.347 0.417 0.486 0.556	4.008 4.093 4.178 4.263	0.938 1.007 1.077 1.146	1.066 0.993 0.929 0.872	1.433 1.356 1.288 1.235
	3. p 型烧结多孔砖	240	1400	0.58	1.00	0.414				
	4. 水泥砂浆	20	1800	0.93	1.00	0.022				
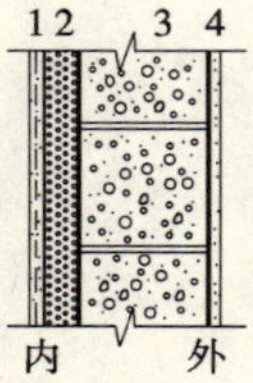 1 2 3 4 内 外 ㊴	1. 抗裂砂浆（玻纤网）	5	1800	0.93	1.00	0.005				
	2. 胶粉聚苯颗粒保温层	20 25 30 35	230	0.060	1.20	0.278 0.347 0.417 0.486	3.935 4.020 4.105 4.190	1.040 1.109 1.179 1.248	0.962 0.901 0.848 0.801	1.374 1.300 1.235 1.186
	3. 陶粒混凝土砌块	240	1100	0.41	1.00	0.585				
	4. 水泥砂浆	20	1800	0.93	1.00	0.022				

续表

外墙构造简图及编号	工程做法	分层厚度 δ (mm)	干密度 ρ_0 (kg/m^3)	导热系数 λ [W/(m·K)]	修正系数 α	热阻 R (m^2·K/W)	主体部位			平均传热系数 K_m [W/(m^2·K)]
							热惰性指标 D	传热阻 R_0 (m^2·K)/W	传热系数 K [W/(m^2·K)]	
1 2 3 4 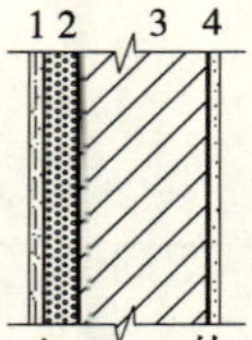 内 外 ㊵	1. 抗裂砂浆（玻纤网）	5	1800	0.93	1.00	0.005				
	2. 胶粉聚苯颗粒保温层	30	230	0.060	1.20	0.417	3.965	0.890	1.124	1.462
		35				0.486	4.050	0.959	1.042	1.384
		40				0.556	4.135	1.029	0.972	1.315
		45				0.625	4.220	1.098	0.911	1.260
	3. 烧结普通砖	240	1800	0.81	1.00	0.296				
	4. 水泥砂浆	20	1800	0.93	1.00	0.022				

注：1. 表中图为胶粉聚苯颗粒保温浆料外墙内保温系统做法及热工参数，不适用于大城市民用建筑外墙内保温工程。
2. 平均传热系数的计算标准：开间3.3m，层高2.8m，梁250mm×墙厚，板厚150mm柱240mm×墙厚，窗户1800mm×1500mm。
3. 采用外墙内保温系统时，应对梁、板、柱等热（冷）桥部位采取保温措施。
4. 烧结普通砖的热工参数，适用于既有建筑节能改造工程。

G系统—分户墙做法及热工计算选用表

G系统—分户墙做法及热工计算选用表

内墙构造简图及编号	工程做法	分层厚度 δ (mm)	干密度 ρ_0 (kg/m^3)	导热系数 λ [W/(m·K)]	修正系数 α	热阻 R (m^2·K/W)	主体部位	
							传热阻 R_0 (m^2·K/W)	传热系数 K [W/(m^2·K)]
1 2 3 4 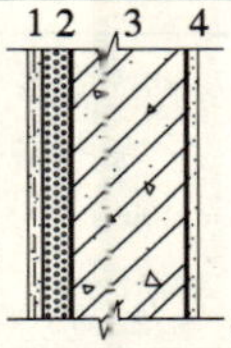 ㊶	1. 抗裂砂浆（玻纤网）	5	1800	0.93	1.00	0.005	0.641	1.560
	2. 胶粉聚苯颗粒保温层	20	230	0.060	1.20	0.278		
	3. 钢筋混凝土	200	2500	1.74	1.00	0.115		
	4. 混合砂浆	20	1700	0.87	1.00	0.023		
1 2 3 4 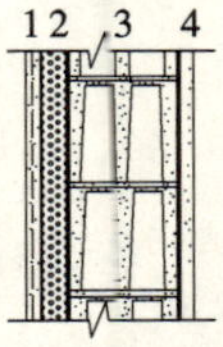 ㊷	1. 抗裂砂浆（玻纤网）	5	1800	0.93	1.00	0.005	0.697	1.436
	2. 胶粉聚苯颗粒保温层	15	230	0.060	1.20	0.208		
	3. 二排孔混凝土空心砌块	190	1100	0.792	1.00	0.240		
	4. 混合砂浆	20	1700	0.87	1.00	0.023		
1 2 3 4 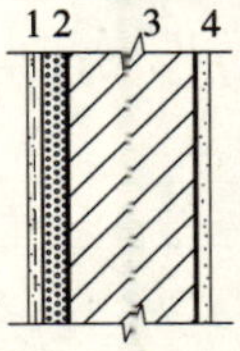 ㊸	1. 混合砂浆	20	1700	0.87	1.00	0.023	0.675	1.482
	2. 蒸压灰砂砖	240	1900	1.10	1.00	0.218		
	3. 胶粉聚苯颗粒保温层	15	230	0.060	1.20	0.208		
	4. 抗裂砂浆（玻纤网）	5	1800	0.93	1.00	0.005		
1 2 3 4 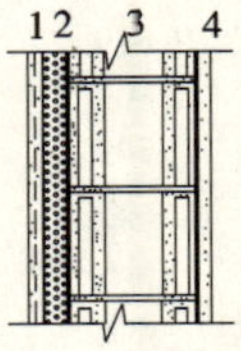 ㊹	1. 混合砂浆	20	1700	0.87	1.00	0.023	0.777	1.288
	2. 煤渣混凝土空心砌块	240	1500	0.75	1.00	0.320		
	3. 胶粉聚苯颗粒保温层	15	230	0.060	1.20	0.208		
	4. 抗裂砂浆（玻纤网）	5	1800	0.93	1.00	0.005		
1 2 3 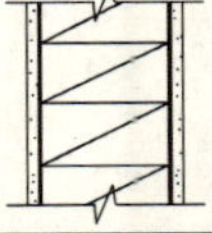 ㊺	1. 混合砂浆	20	1700	0.87	1.00	0.023	0.591	1.692
	2. 混凝土多孔砖	240	1450	0.738	1.00	0.325		
	3. 混合砂浆	20	1700	0.87	1.00	0.023		
1 2 3 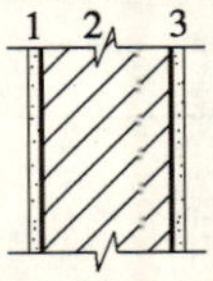 ㊻	1. 混合砂浆	20	1700	0.87	1.00	0.023	0.680	1.471
	2. P型烧结多孔砖	240	1400	0.58	1.00	0.414		
	3. 混合砂浆	20	1700	0.87	1.00	0.023		

续表

内墙构造简图及编号	工程做法	分层厚度 δ (mm)	干密度 ρ_0 (kg/m^3)	导热系数 λ [W/(m·K)]	修正系数 α	热阻 R (m^2·K/W)	主体部位	
							传热阻 R_0 (m^2·K/W)	传热系数 K [W/(m^2·K)]
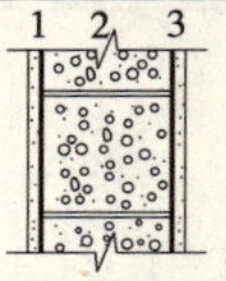 ㊼	1. 混合砂浆	20	1700	0.87	1.00	0.023	0.851	1.175
	2. 陶粒混凝土砌块	240	1100	0.41	1.00	0.585		
	3. 混合砂浆	20	1700	0.87	1.00	0.023		
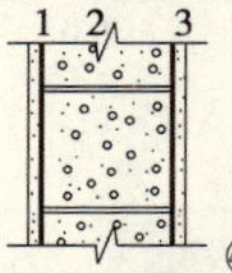 ㊽	1. 聚合物水泥石灰砂浆	8	1800	0.93	1.00	0.009	1.437	0.696
	2. 蒸压加气混凝土砌块(B06)	240	650	0.16	1.25	1.200		
	3. 聚合物水泥石灰砂浆	8	1800	0.93	1.00	0.009		

注：1. 表中㊶～㊹图为胶粉聚苯颗粒保温浆料内保温系统的分户墙做法及热工参数。
2. 大于200厚钢筋混凝土墙可参考选用。
3. 表中㊺～㊽图为分户墙不采取保温措施的热工参数。

架空楼板保温做法及热工计算选用表

架空楼板保温做法及热工计算选用表

架空楼板构造简图及编号	工程做法	分层厚度 δ (mm)	干密度 ρ_0 (kg/m^3)	导热系数 λ [W/(m·K)]	修正系数 α	热阻 R (m^2·K/W)	传热阻 R_0 (m^2·K/W)	传热系数 K [W/(m^2·K)]
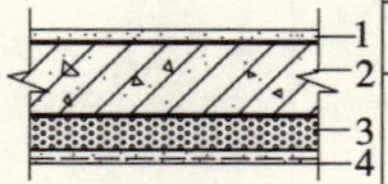 59	1. C20 细石混凝土	30	2300	1.51	1.00	0.020		
	2. 现浇钢筋混凝土楼板	120	2500	1.74	1.00	0.069		
	3. 胶粉聚苯颗粒保温层	30 35 40	230	0.060	1.20	0.417 0.486 0.556	0.681 0.750 0.820	1.469 1.333 1.220
	4. 抗裂砂浆（玻纤网）	5	1800	0.93	1.00	0.005		
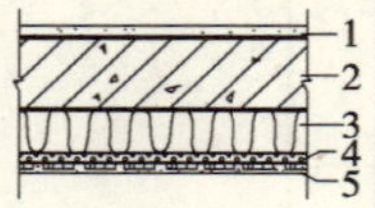 60	1. C20 细石混凝土	30	2300	1.51	1.00	0.020		
	2. 现浇钢筋混凝土楼板	120	2500	1.74	1.00	0.069		
	3. 摆锤法岩棉板保温层	20 30 40 50	150	0.045	1.20	0.370 0.556 0.741 0.926	0.843 1.028 1.213 1.398	1.186 0.973 0.824 0.715
	4. 胶粉聚苯颗粒找平层	15	230	0.060	1.20	0.208		
	5. 抗裂砂浆（玻纤网）	5	1800	0.93	1.00	0.005		
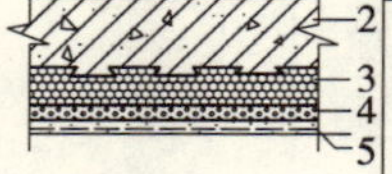 61	1. C20 细石混凝土	30	2300	1.51	1.00	0.020		
	2. 现浇钢筋混凝土楼板	120	2500	1.74	1.00	0.069		
	3. 带燕尾槽聚苯板保温层	30 35 40	20	0.042	1.20	0.595 0.694 0.794	1.137 1.236 1.336	0.879 0.809 0.749
	4. 胶粉聚苯颗粒找平层	15	350	0.070	1.20	0.278		
	5. 抗裂砂浆（玻纤网）	5	1800	0.93	1.00	0.005		
 62	1. C20 细石混凝土	30	2300	1.51	1.00	0.020		
	2. 现浇钢筋混凝土楼板	120	2500	1.74	1.00	0.069		
	3. 有网聚苯板保温层	30 35 40	20	0.042	1.50	0.476 0.556 0.635	0.949 1.028 1.107	1.054 0.973 0.903
	4. 胶粉聚苯颗粒找平层	15	230	0.060	1.20	0.208		
	5. 抗裂砂浆（玻纤网）	5	1800	0.93	1.00	0.005		

注：1. 表中图为底层自然通风的架空楼板保温做法。
2. 采用胶粉聚苯颗粒作保温层时，应在距保温层表面15mm处加钢丝网一层，与板上@500螺栓绑扎。
3. 岩棉板用被锚固件卡紧的钢丝网片压贴在楼板表面，锚固件可采用锚栓固定在基层上。

2
内保温构造做法与详图
（G系列构造）

内保温平面示例及基本构造

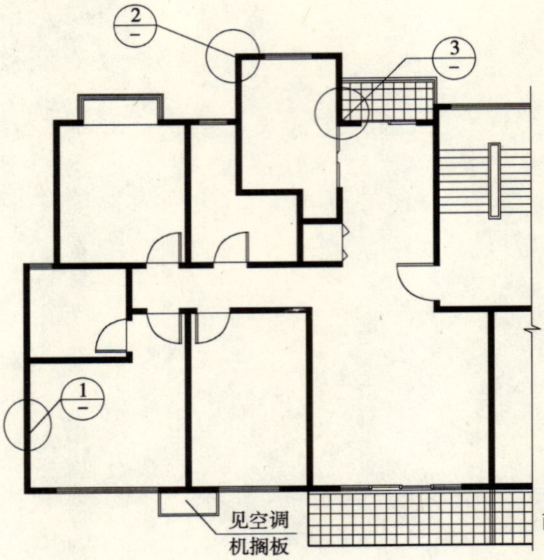

平面示例

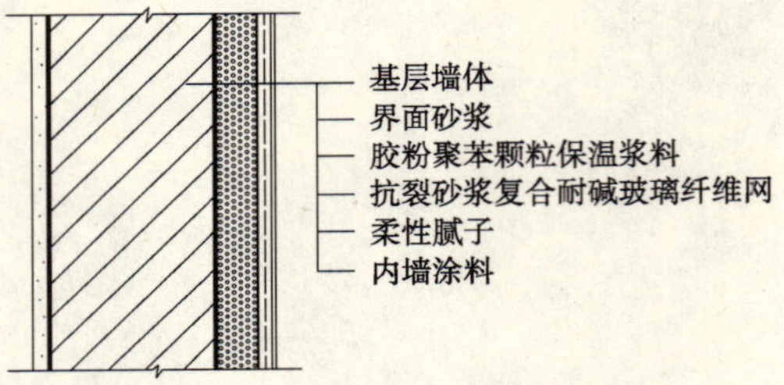

① 胶粉聚苯颗粒内保温基本构造

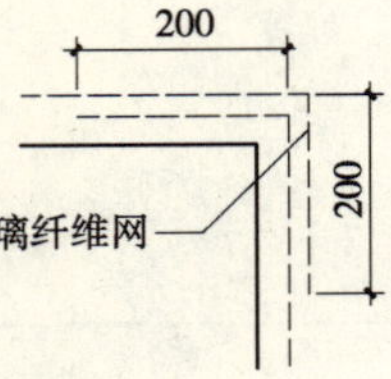

② 阳角玻璃纤维网搭接

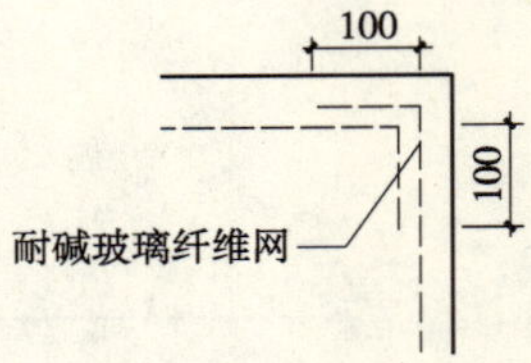

③ 阴角玻璃纤维网搭接

注：胶粉聚苯颗粒保温浆料外墙内保温系统不适用于大城市民用建筑外墙内保温工程。
其他地区在选用该系统时，应注意避免内保温墙面空鼓、开裂和结露等现象的产生。

阴阳角、丁字墙内保温构造

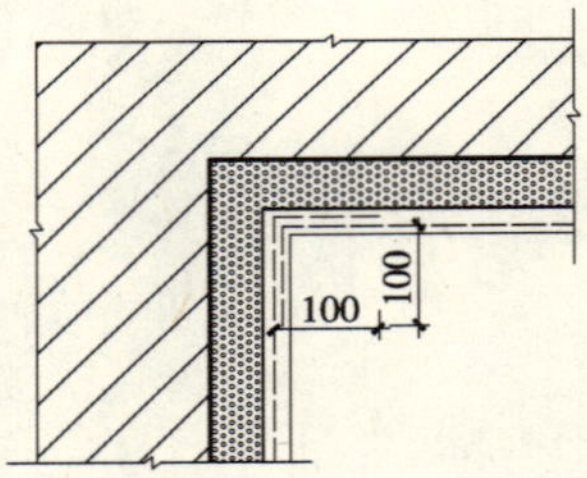

① 阴角

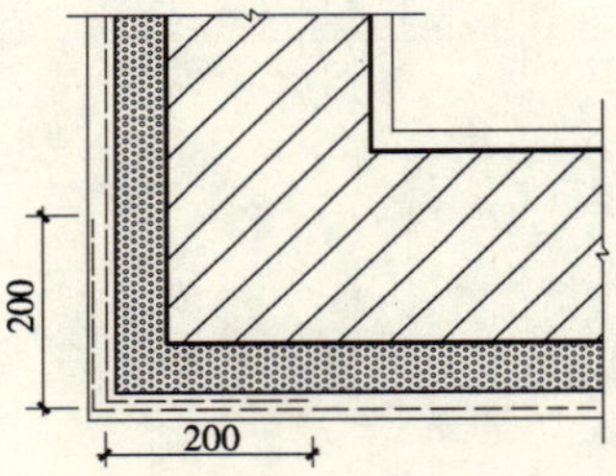

② 阳角

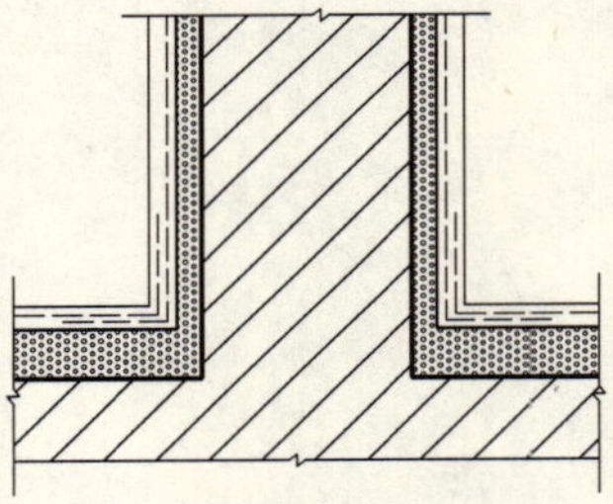

③ 分户墙交接处

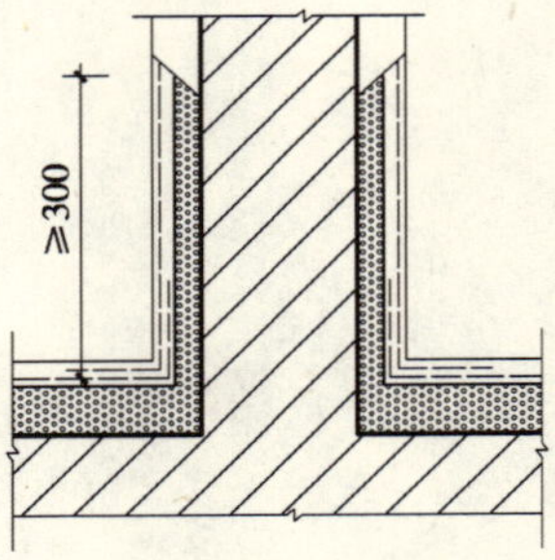

④ 内外墙交接处

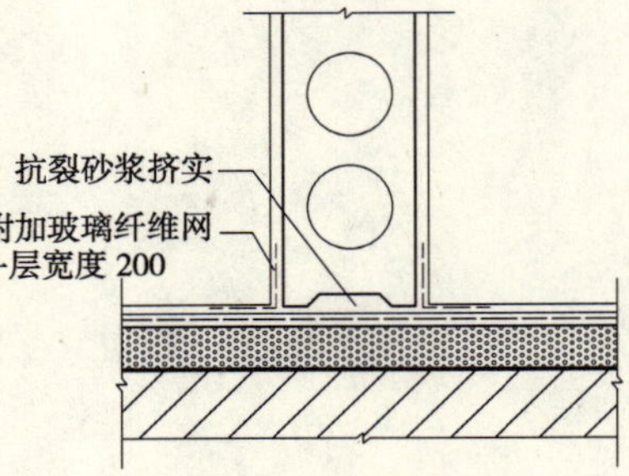

⑤ 与轻质隔墙连接（一）

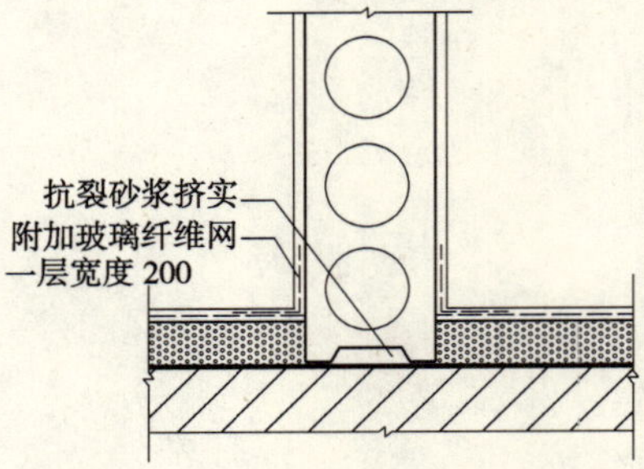

⑥ 与轻质隔墙连接（二）

注：1. 本图为胶粉聚苯颗粒外墙内保温构造。
2. 胶粉聚苯颗粒保温层厚度由设计人计算确定。

窗口内保温构造

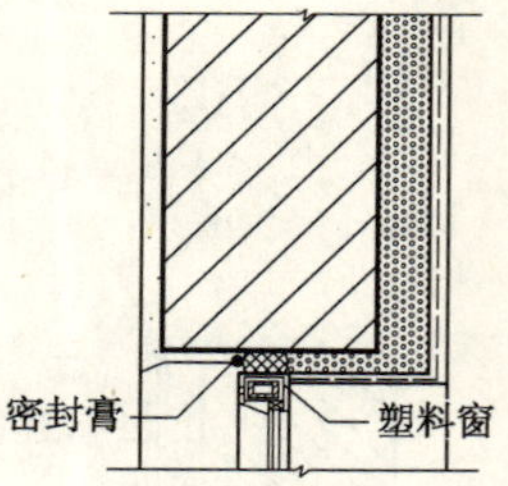

①窗上口（一）

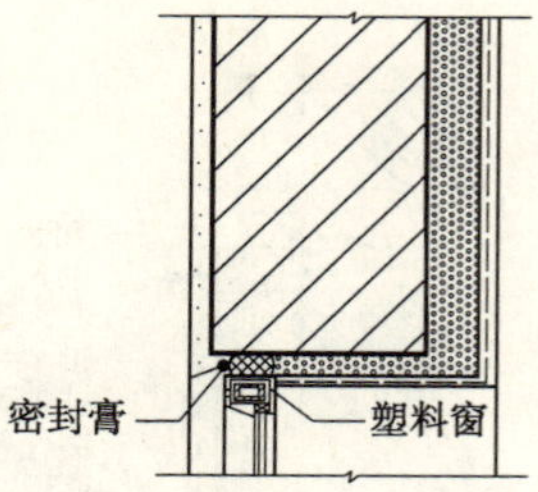

②窗上口（二）

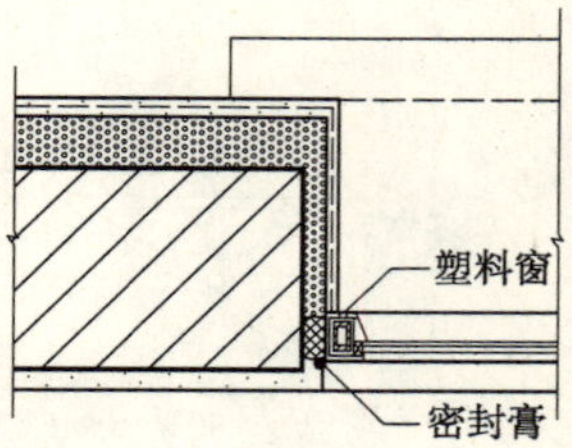

③窗侧口（一）

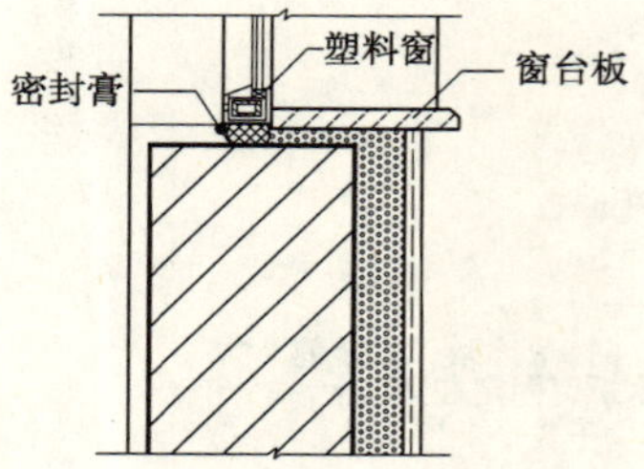

④窗下口（一）

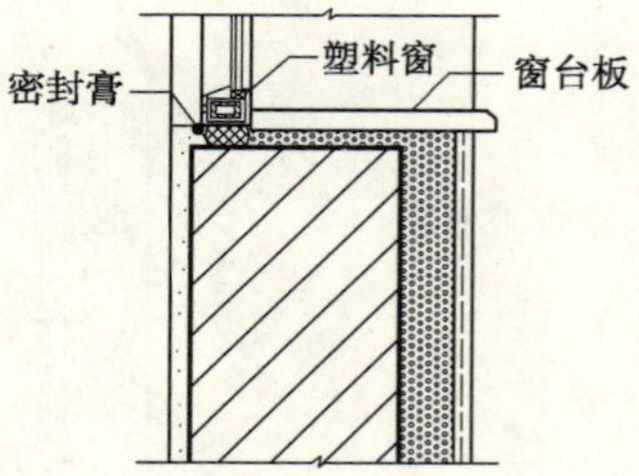

⑤窗下口（二）

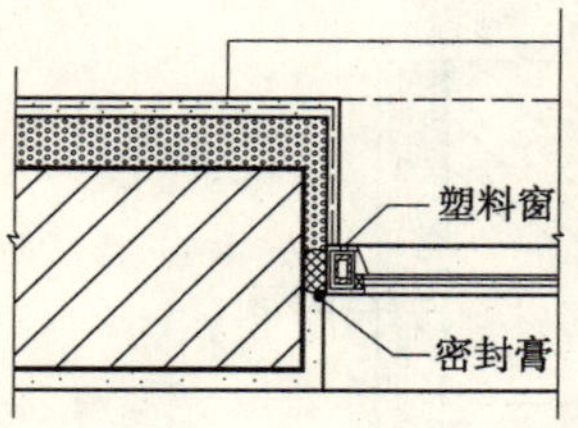

⑥窗侧口（二）

注：本图为胶粉聚苯颗粒外墙内保温窗上口、窗下口、窗侧口构造。

架空楼板、屋面、踢脚内保温构造

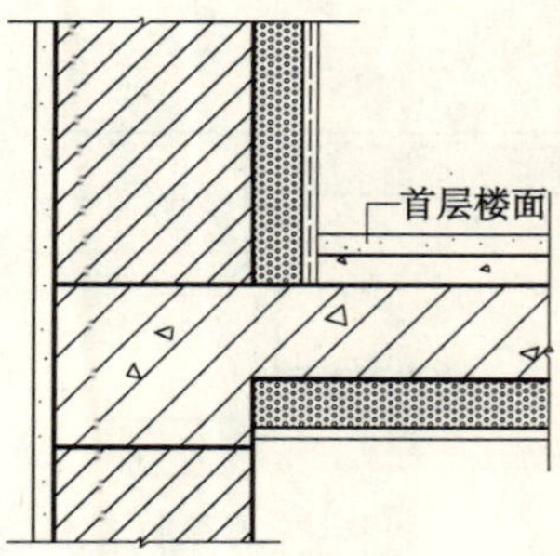

①架空楼板

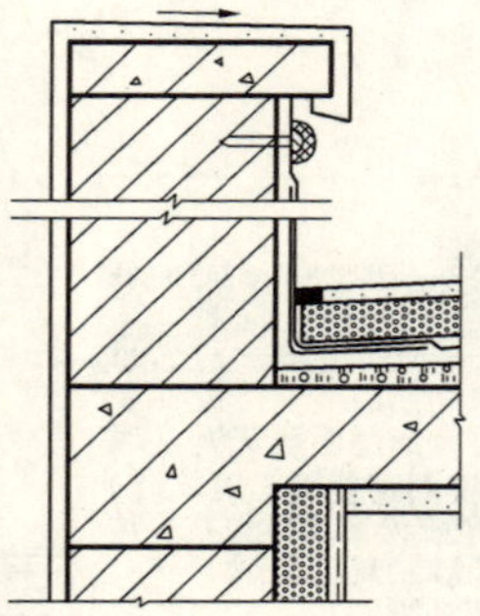
②平屋面

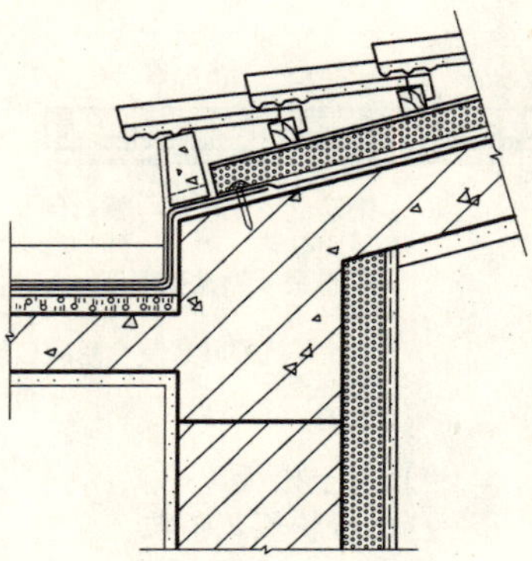
③坡屋面

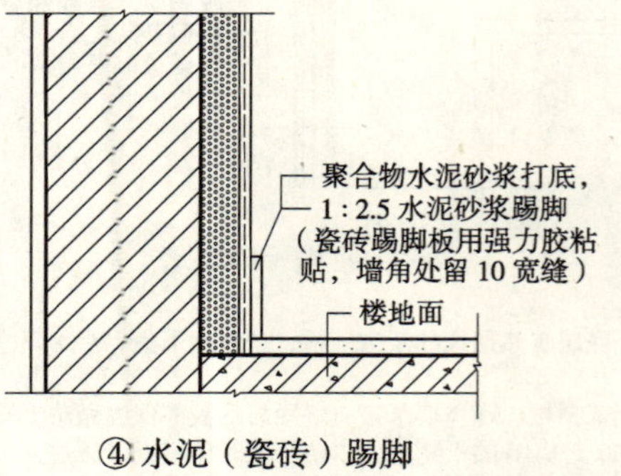

④水泥（瓷砖）踢脚

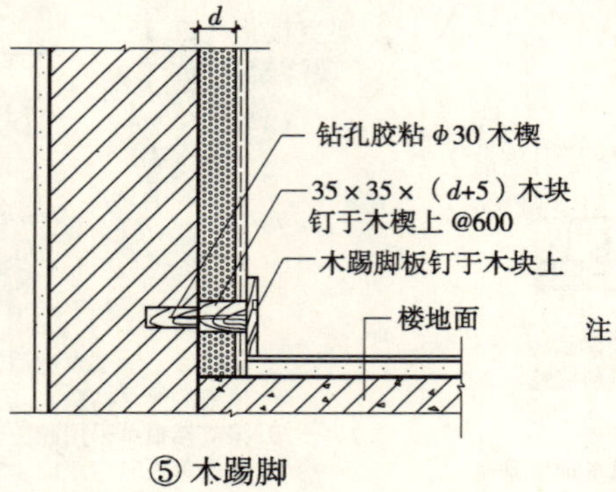

⑤木踢脚

注：本图为胶粉聚苯颗粒内保温架空楼板、屋面、踢脚构造。

内保温墙体设备、吊挂件安装

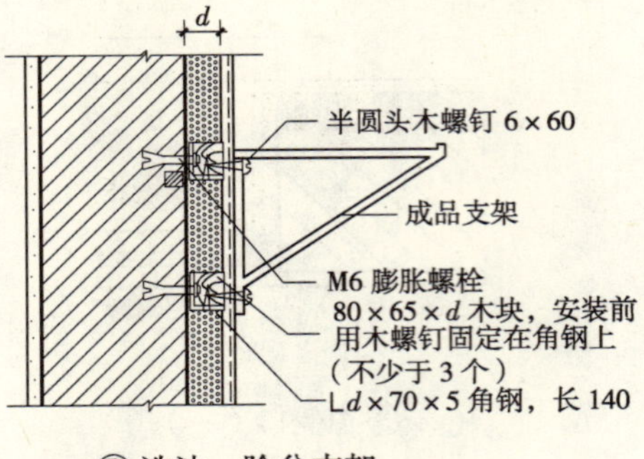

① 洗池、脸盆支架

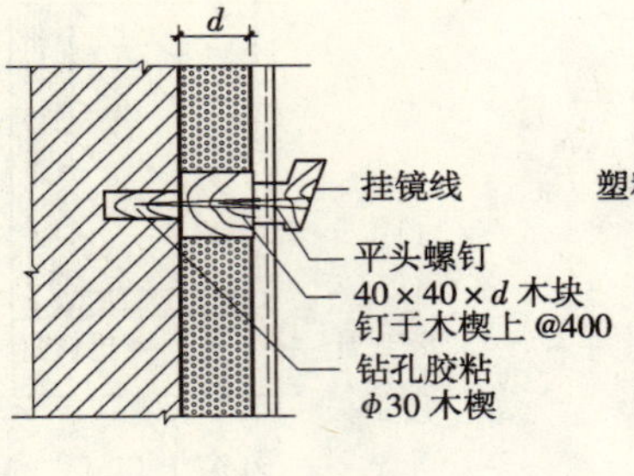

② 挂镜线

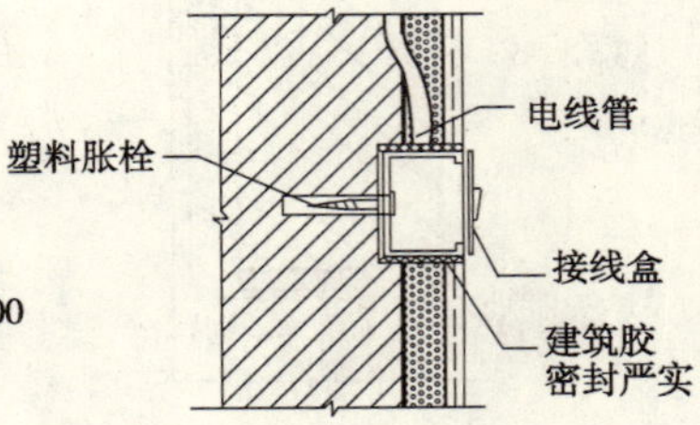

③ 开关盒

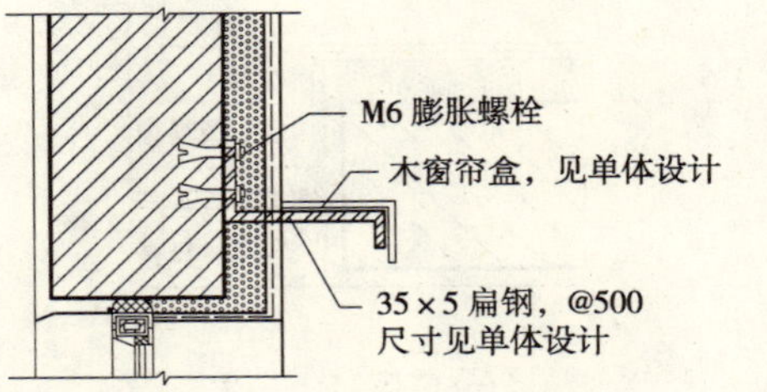

④ 窗帘盒

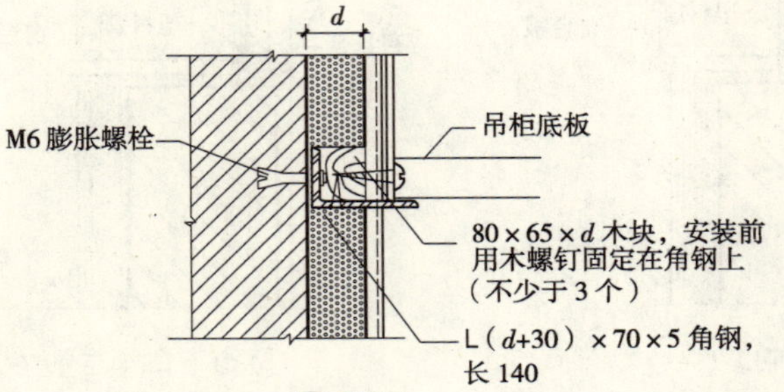

⑤ 吊柜

注：1. 卫生间、厨房等潮湿房间宜进行防水、防潮处理。
2. 角钢和木块需作防腐处理，角钢规格根据保温层厚度确定。
3. 吊柜上端采用挂件固定。

架空楼板、楼梯间隔墙构造

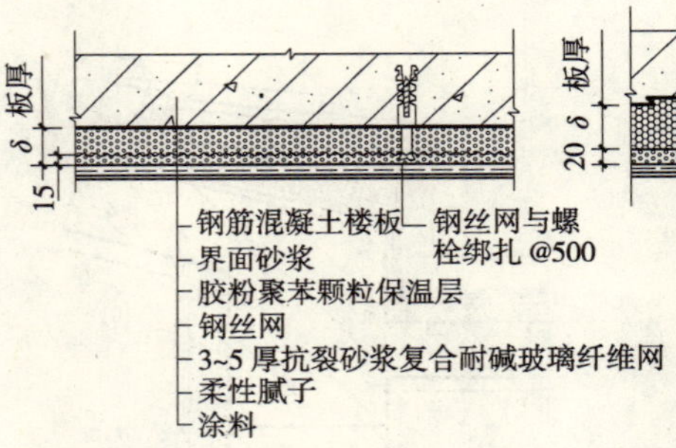

① 架空楼板（一）
（胶粉聚苯颗粒）

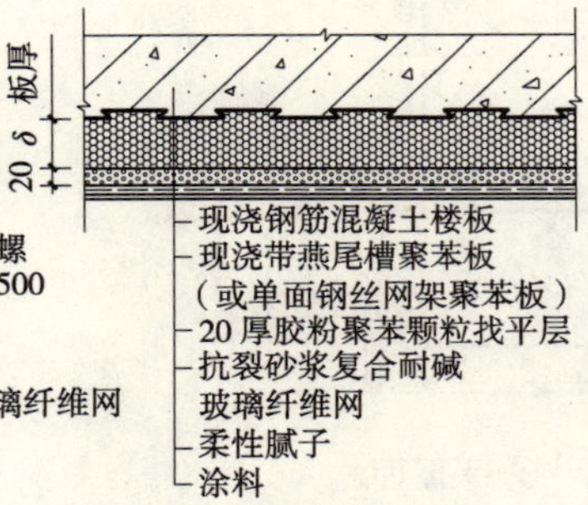

② 架空楼板（二）
（现浇聚苯板）

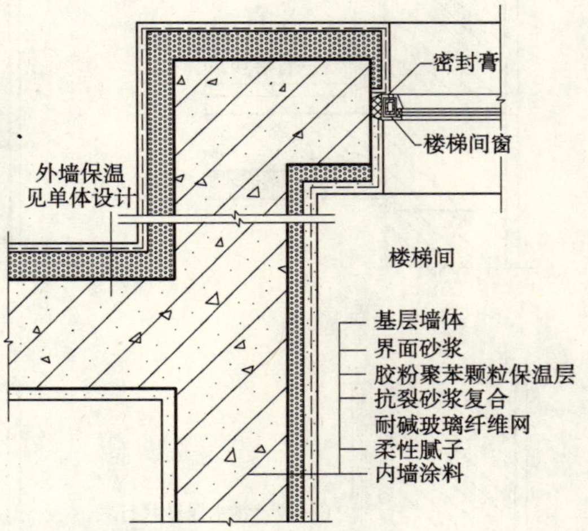

④ 楼梯间隔墙

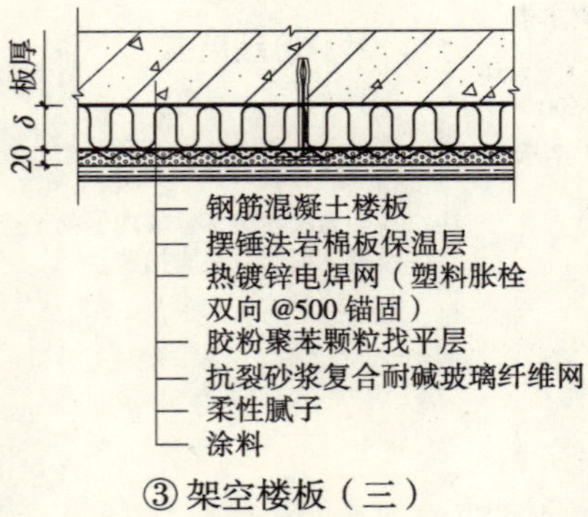

③ 架空楼板（三）
（锚固岩棉板）

注：1. ①、②、③节点适用于底层自然通风的架空楼板，一般地下室、半地下室顶板的保温构造。
2. 架空楼板可采用胶粉聚苯颗粒、现浇聚苯板、锚固岩棉板等保温做法。现浇聚苯板时应双向 @500 支 φ10 的板凳筋，以防浇筑时聚苯板受压过大。
3. 采用胶粉聚苯颗粒作保温层时，应在距保温层表面 15mm 处加钢丝网一层，与板上 @500 螺栓绑扎。
4. 岩棉板用被锚固件卡紧的钢丝网片压贴在楼板表面，锚固件可采用锚栓固定在基层上。

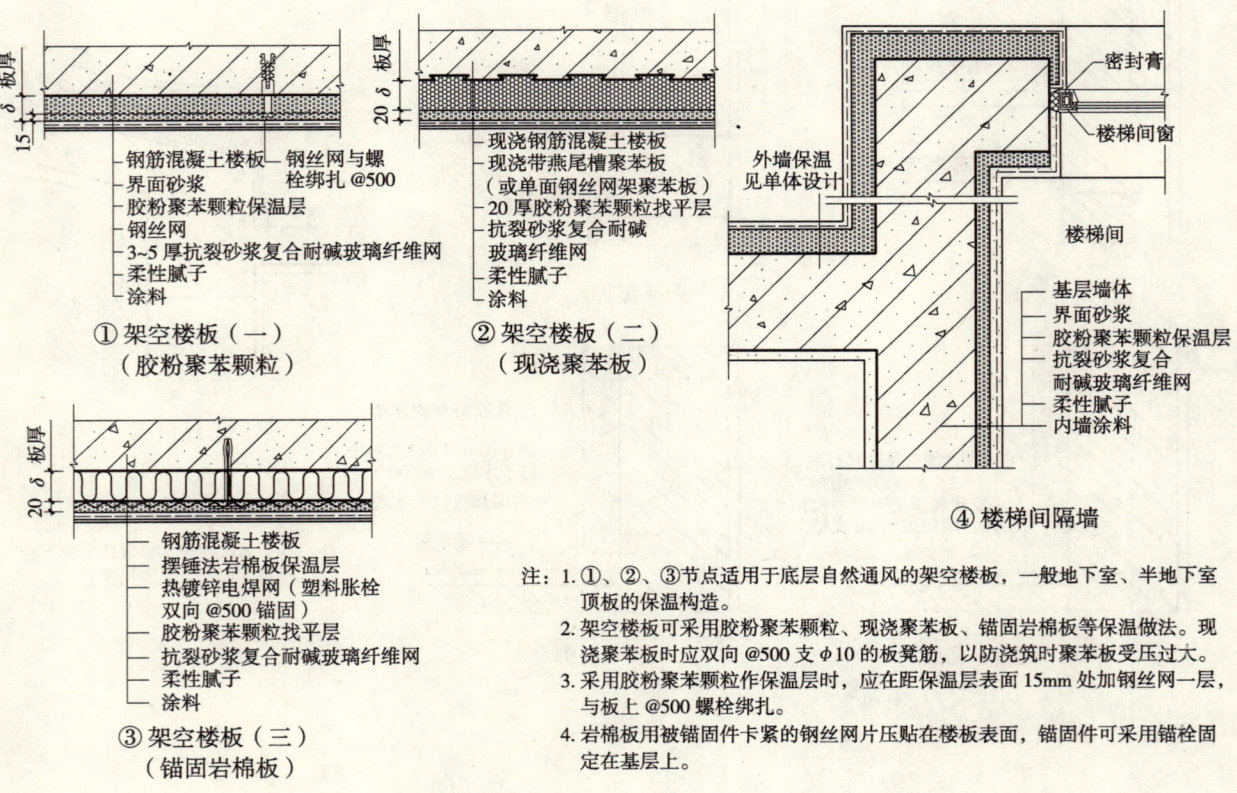

框架梁、柱保温构造

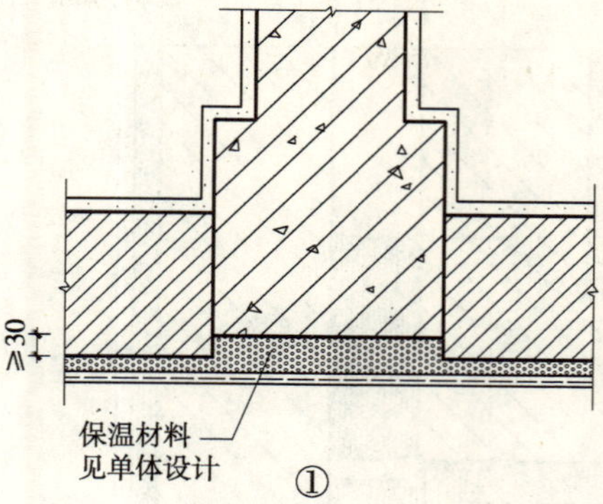

①

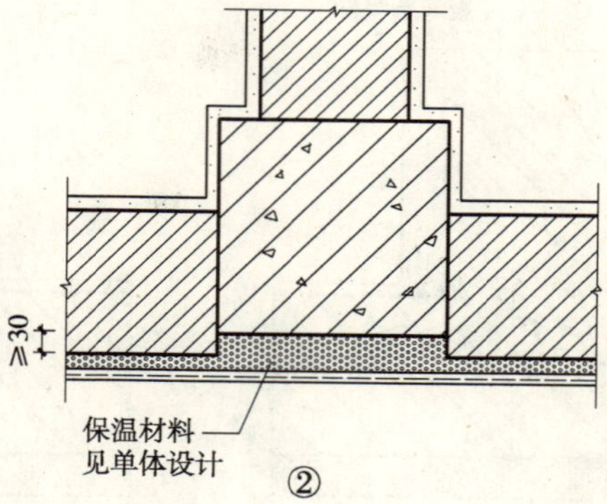

②

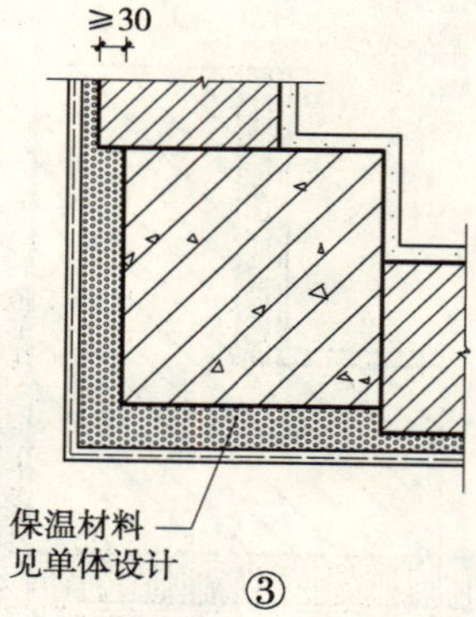

③

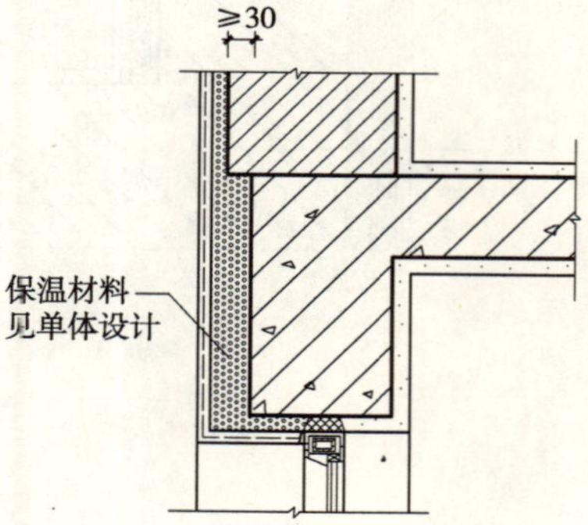

④

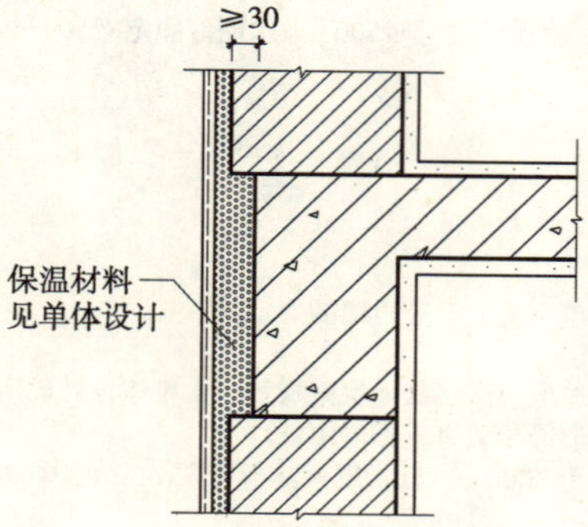

⑤

注：对于蒸压加气混凝土砌块等自保温填充墙体的外表面，可采用胶粉聚苯颗粒等外保温系统，且梁、柱等部位内缩30mm的保温构造。内缩处用胶粉聚苯颗粒、膨胀聚苯板等保温材料进行找平处理，既可阻断热桥，提高墙体的保温性能，又可防止砌块墙体因受热不均而开裂。

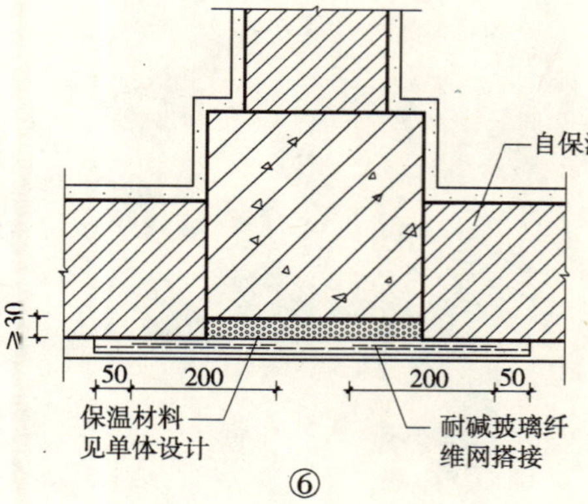

⑥

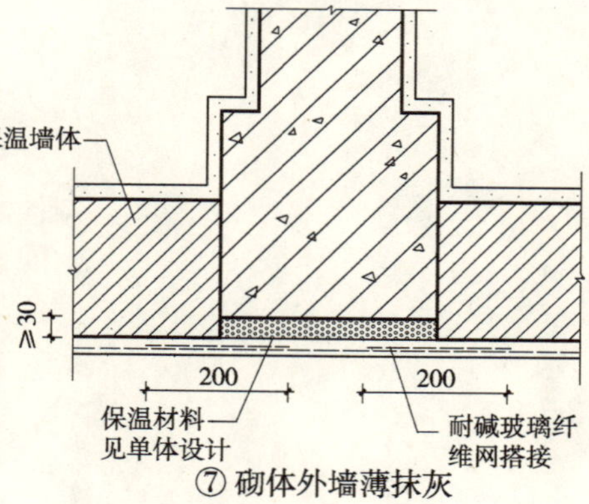

⑦ 砌体外墙薄抹灰

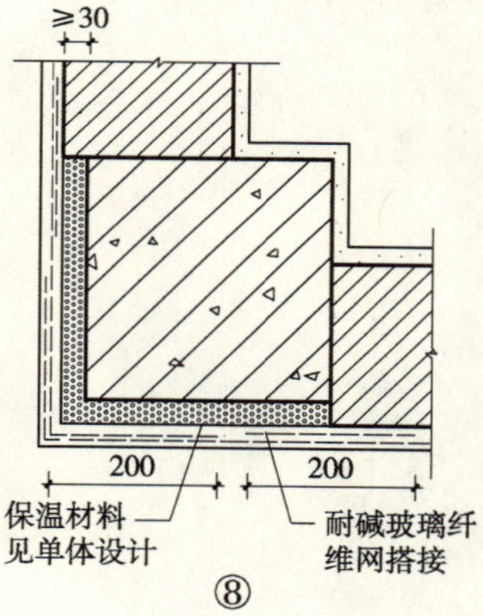

⑧

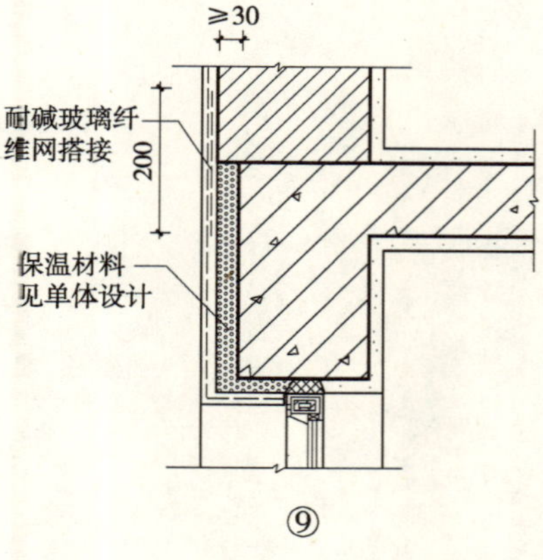

⑨

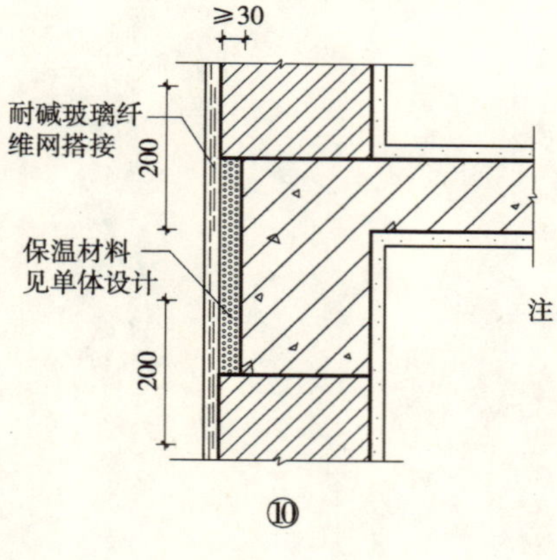

⑩

注：对于蒸压加气混凝土砌块等自保温的填充墙体，梁、柱等部位应内缩不小于30mm，内缩处用胶粉聚苯颗粒、膨胀聚苯板等保温材料进行找平处理，以阻断热桥。

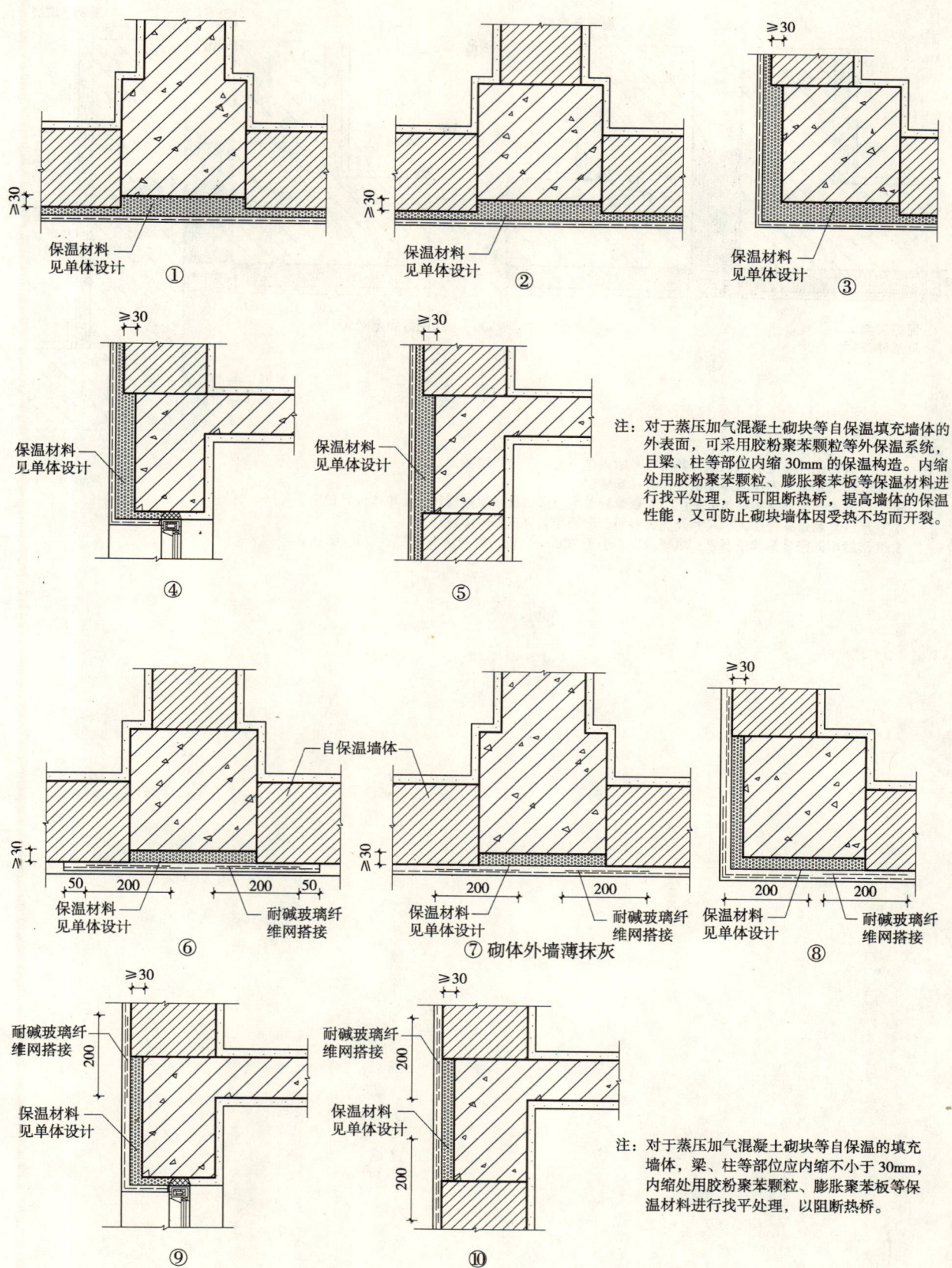

变形缝两侧墙体内保温构造

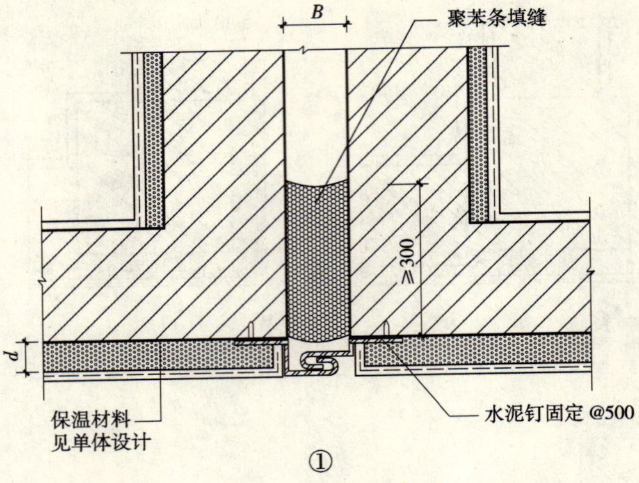

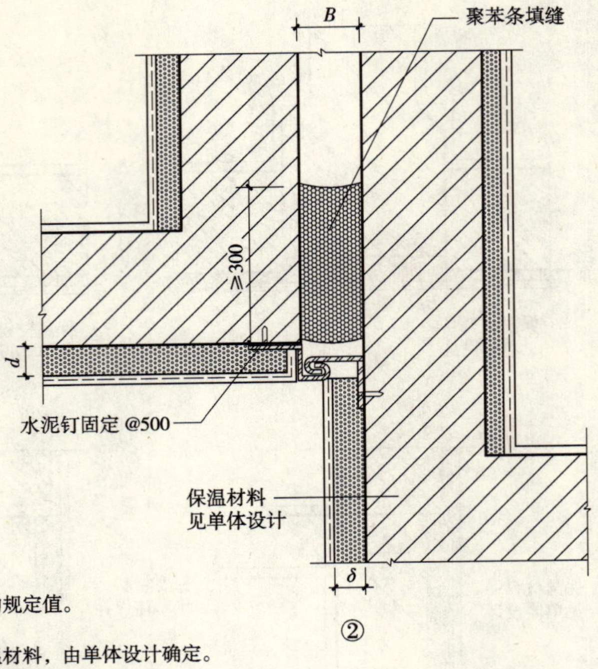

注：1. 变形缝两侧外墙应加强保温，其传热系数限值不应大于分户墙的规定值。
2. 变形缝两侧墙体内保温厚度由设计人计算确定。
3. 变形缝两侧墙体保温材料可采用胶粉聚苯颗粒保温层或其他保温材料，由单体设计确定。
4. 变形缝金属盖缝板形式、尺寸及固定参照变形缝相关页或见单体设计。
5. 变形缝用低密度聚苯条塞紧，填塞深度不小于 300mm。低密度聚苯板密度不大于 $10kg/m^3$。

四、05J3-3

（一）外墙夹芯保温

1

编制说明与材料性能指标

编制总说明

1. 适用范围

1.1　本图集适用于严寒、寒冷地区和夏热冬冷地区新建、扩建和改建的采暖居住建筑（包括住宅、公寓、别墅、集体宿舍、招待所、旅馆、托幼、病房等），其他民用建筑与工业建筑可参考使用。

1.2　本图集 A 型、C 型适用于上述建筑的非承重外围护墙；B 型适用于承重混凝土小型空心砌块结构体系和以轻集料混凝土小型空心砌块为填充墙的框架结构体系。

2. 编制依据

2.1　《民用建筑设计通则》(GB 50352—2005)

2.2　《民用建筑热工设计规范》(GB 50176—93)

2.3　《民用建筑节能设计标准（采暖居住建筑部分）》(JGJ 26—95)

2.4　《夏热冬冷地区居住建筑节能设计标准》(JGJ 134—2001)

2.5　建设部《全国民用建筑工程设计技术措施——规划·建筑·2003》

2.6　《建筑材料放射性核素限量》(GB 6566—2001)

2.7　《混凝土小型空心砌块建筑技术规程》(JGJ/T 14—2004)

2.8　《混凝土砌块建筑体系实用导则》建住中心［2003］08 号

2.9　《砌体工程施工质量验收规范》(GB 50203—2002)

2.10　《建筑装饰装修工程质量验收规范》(GB 50210—2001)

3. 主要内容

3.1　本图集编制主要内容分为三种类型：

3.1.1　A 型—3E 墙板夹芯保温

采用 3E 轻型高强方孔墙板，以双板内夹高效保温材料为主的双墙夹芯保温构造。适用于框架及钢结构等体系。(3E 轻型高强方孔墙板中 3E 的含义为 Extrusion—轻型高强；Easy—简单易用；Environment friendly—绿色环保，3 个“E”字头的英文含义的缩写)。

3.1.2　B 型—混凝土装饰砌块夹芯保温

以主体墙为 190mm 厚承重混凝土空心砌块，外挂砌 90mm 厚混凝土装饰砌块，内夹高效保温材料为主的外墙夹芯保温构造；同时，也适用框架填充墙结构体系。

3.1.3　C 型—轻集料夹芯保温砌块

轻集料混凝土小型保温空心砌块（简称轻集料夹芯保温砌块）是集外围护结构与保温两种功能为一体的夹芯保温砌块；适用于框架等体系的外围护结构填充墙。

3.2　夹芯保温主要采用聚苯板、挤塑聚苯板、发泡聚氨酯及岩棉等高效保温材料。上述材料有关指标详见本图集。在建筑节能设计标准方面，在满足第二阶段建筑节能 50% 的基础上，同时给出了部分高于建筑节能 50% 标准及达到第三阶段建筑节能 65% 指标要求的夹芯保温外墙构造。本图集同时还给出了部分外墙夹芯保温做法及材料厚度选用表，供设计人员选用。

4. 设计要点

4.1　A 型—3E 墙板夹芯保温，有关设计要求详见该部分说明。

4.2　B型—混凝土装饰砌块夹芯保温、C型—轻集料夹芯保温砌块共性设计要求。

4.2.1　砌块建筑模数应符合下列规定：

（1）竖向参数宜为块高的倍数或2M。

（2）平面参数宜为优先采用2M。

4.2.2　装饰砌块一般宜与非装饰砌块具有相同的规格系列。

4.2.3　在单体建筑中宜尽可能采用全长（390mm）砌块以减少砌块块型。

4.2.4　砌块砌体应分层错缝搭砌，上下皮搭砌长度不应小于100mm。

4.2.5　芯柱部位砌体的砌块孔芯必须上下贯通，在芯柱底部位置应设置清扫口砌块。

4.2.6　墙体内部不应设置各种带有压力的水、暖、燃气和蒸汽管线，电线管应在墙体内上下贯通的砌块孔洞中设置，不得在墙体内水平设置。

4.2.7　固定膨胀螺栓部位的砌块应用混凝土灌实。

4.2.8　砌块的强度等级、相对含水率达不到设计要求及龄期不足28d的砌块不得上墙砌筑。

4.2.9　对设计规定的洞口管道、沟槽和预埋件等，应在砌筑时预留，并根据实际情况填充保温砂浆做好保温处理，不得在已砌筑完成的墙体上打凿。

4.3　工程所选用的墙体材料，其放射性核素限量应满足《建筑材料放射性核素限量》（GB 6566—2001）的要求。

4.4　建筑节能设计

4.4.1　为减少设计中的计算量，本图集列出多种做法、热工指标及厚度选用表，设计人员可根据当地现行居住建筑节能设计标准规定的外墙传热系数限值，直接选用所需符合外墙保温要求的保温层厚度。

4.4.2　本图集外墙夹芯保温做法，热工指标及厚度选用表中：

K_0——外墙传热系数［W/(m^2·K)］

K_m——外墙平均传热系数［W/(m^2·K)］

其表中外墙平均传热系数是以3.60m开间，2.80m层高，外窗2.10m×1.50m为计算单元。在计算中已考虑了保温材料导热系数的修正系数和混凝土梁、柱及门窗洞口周边热桥部位的影响。

4.4.3　各地区应根据当地所处气候区的实际情况，因地制宜选用适合本地区的保温材料及构造做法，以达到最好的节能效果。

4.4.4　外墙夹芯保温墙体的热桥部位，以采取外保温措施为主，本图集给出了多种热桥处理方式，供设计人选用，为避免重复，其详细技术要求和相关做法等，可参见05J3-1《外墙外保温》分册或直接选用。

4.4.5　门窗侧口与框料之间缝隙内，填充的高效保温材料，可选用聚苯板条或聚氨酯发泡材料，由工程设计确定。

4.4.6　建筑隔热

外墙夹芯保温做法有利于提高建筑物东西外墙夏季隔热性能。按本图集做法，当保温层厚度大于或等于40mm时，即可满足夏季东西外墙隔热要求，同时建议单体设计采用浅色外饰面。

4.5　外墙混凝土梁、柱等热桥部位保温与主体墙不同材质相交处，宜设置分格缝。

5. 其他

5.1　本图集中尺寸以毫米（mm）为单位，未注明的尺寸按工程设计确定。

5.2　未尽事宜按现行国家及地方有关施工及验收规范、标准等有关规定执行。

5.3　本图集编制以外墙夹芯保温墙体建筑构造为主，设计选用时，其结构构造应与现行国家或地方相关结构标准设计图集或结构单体设计配合参考使用。

5.4　选用本图集时，应注意本图集所依据的规范、标准的时效，若已经有新的版本时，选用者应根据有效版本，对有关做法进行核查、调整，以使所选做法符合相关规范有效版本的要求。

2
A 型—3E 墙板夹芯保温

说　明

1. 产品特点

3E轻型高强方孔墙板（以下简称3E墙板）主要由水泥、石粉、粉煤灰等成分组成，是无放射性元素的环保材料。该产品其生产过程为全自动化挤出方式生产。3E墙板产品性能指标先进，质量优良，突出特点是高强度、高孔洞率、外型尺寸精确、平整度好、可任意切割和加工，安装方便、快捷、湿作业少，易于保证施工质量，是替代实心黏土砖的新型墙体材料。

2. 3E墙板主要性能指标

3E墙板主要性能指标应符合表1的规定。

3E墙板主要技术性能指标　　表1

项　目	单　位	板　厚	产品测试指标	标准指标
面密度	kg/m^2	60	52	≤80
		80	63	
抗压强度	MPa	60	9.67	≥5
抗冲击性	次	60	10	≥5
相对含水率	%		17.5	≤35
干燥收缩值	mm/m		0.6	≤0.6
吊挂力	N	60	1000	≥1000
冻融实验	次		15	≥15
热阻	$(m^2 \cdot K/W)$	60	0.077	
耐火极限	h（非燃烧体）	60	>1.0	
内照射指数	I_{Ra}		0.2	≤1.0
外照射指数	I_r		0.6	≤1.3

3. 设计要点

3.1　3E墙板适用于与上下端有结构支承的内隔墙及外墙，墙板安装高度H小于或等于4500mm。当大于该高度时应采取加强结构构造措施。墙板竖向拼接时，应相间错缝拼接。

3.2　3E墙板与承重墙、柱等构件连接处设置一固定件，并沿高度方向每800mm用ϕ6膨胀螺栓固定，距端部不大于300mm。

3.3　3E墙板与不同墙体材料固定连接后，应粘贴耐碱玻璃纤维网格布一层，其宽度为板缝每侧长度大于或等于100mm，板与板连接采用成品嵌缝砂浆挤实。用于外墙时板缝再采用耐候密封胶填实抹平，粘贴耐碱玻璃纤维网格布一层，再做外饰面。

3.4　采用双层3E墙板时为控制两板之间的净距，两板之间每隔三块墙板上下各设一块防腐木砖。

3.5　3E墙板与梁、板连接时，采用柔性连接，在板顶两端各设置一块弹性垫块（橡胶垫），尺寸为5mm×100mm×50mm，并采用L型连接件同梁、板构件用射钉连接。板顶缝用腻子填实抹平。

3E 墙板与地面安装时用临时木楔固定，墙板底缝用 M5 混合砂浆填实。

3.6　门窗洞口宽度及高度不应大于 2400mm，当洞口尺寸大于 2400mm 时应构造加强措施。

门窗洞口上部宜横放墙板，两端搭在门窗边竖板上。搭接长度应大于或等于 120mm。

门窗框与 3E 墙板连接点处，在孔板内设 U 型内衬钢件或方木，并采用伞形拉锚螺栓或自攻螺钉与门框固定。

3.7　3E 墙板面开洞横向不应超过 1/2 板宽。

3.8　电气管线应沿板孔敷设，横向开槽敷设时不超过 1/2 板宽。墙板内暗埋管线、接线盒等电气设备，应设置在墙板孔内，并及时用水泥砂浆嵌固，不得松动。

3.9　洗面台、吊柜、散热器等设备安装，应采用专用膨胀螺栓与墙板直接固定。做法详见本图集。

3.10　3E 墙板饰面做法详见本图集其中使用的防水腻子、外墙涂料、外墙贴面砖种类规格由设计确定。

4. 施工与验收

4.1　主要材料

4.1.1　墙板外观质量标准见表 2。

3E 墙板外观质量标准　　**表 2**

序　号	项　目		指　标	检验方法
1	缺棱掉角（每块）	长度≤30 宽度≤20	≤2 处	6.2
2	板面裂缝（每块）	长度≤100 宽度≤0.8	≤2 处	6.2
3	板面划痕（每块）	长度≤100 宽度≤0.8	≤2 处	6.2
4	板面污染	面积≤100cm^2	≤2 处	6.2

注：外观质量按《工业灰渣混凝土空心隔墙条板》(JG 3063—1999）标准 6.2 条检验。

4.1.2　墙板外形尺寸质量标准见表 3。

3E 墙板外形尺寸质量标准（mm）　　**表 3**

序　号	项　目	产品允许偏差	标准允许偏差
1	长度	±5	±5
2	宽度	±2	±2
3	厚度	±1	±1
4	板面平整	≤2	≤2
5	对角线差	≤10	≤10
6	侧向弯曲	≤L/1250	≤L/1250
7	榫头宽	$^{0}_{-2}$	$^{0}_{-2}$
8	榫头高	$^{0}_{-2}$	$^{0}_{-2}$
9	榫槽宽	$^{+2}_{0}$	$^{+2}_{0}$
10	榫槽深	$^{+2}_{0}$	$^{+2}_{0}$

注：尺寸偏差按《工业灰渣混凝土空心隔墙条板》(JG 3063—1999）标准 6.3 条检验。

4.1.3　成品专用嵌缝砂浆：

嵌缝砂浆及弹性嵌缝砂浆是专用成品嵌缝材料，成份为水泥基高分子聚合物复合干粉材料，具有良好的粘结性和施工性，并且有快硬、增韧、防裂和防水的特性，适用于各种水泥基墙板嵌缝的技术要求。使用时应严格按产品使用说明执行。

4.1.4　耐碱玻璃纤维网格布应满足表 4 的性能要求：

耐碱玻璃纤维网格布性能指标 **表4**

项目		单位	指标
孔径		mm	4×4
单位面积重量		g/m	≥180
抗拉强度	经向、纬向	N/50mm	≥1250
涂覆量		%	>7

4.2 连接件

3E墙板安装所采用的连接件规格及适用部位详见本图集连接件规格表。

4.3 3E墙板包装、运输和储存

4.3.1 墙板出厂采取成捆包装方式，每捆三道包装带。

4.3.2 墙板应侧立搬运，长距离运输时必须侧立贴实，用绳索勒紧固定，防止撞击、强振动；

4.3.3 吊运时应采取绳索捆吊，吊点不得少于两处，吊点距离应为板长的2/3～3/4，打捆包装带不得代替吊运绳索。

4.3.4 存放场地应坚实平整。墙板储存应采取侧立方式，下部用砖或方木垫隔，垫隔距板端1/5板长。板面与铅垂面夹角不应大于15°，堆放不大于3层，各层垫隔应上下对正。储存期限无限制。

4.4 施工准备

4.4.1 墙板在施工现场应码放整齐，搬运、装卸时严禁倾卸、抛掷，避免冲撞。

4.4.2 安装施工前，应根据建筑物墙体平、立面设计要求做出墙板排板图，以尽量减少现场的切割工作量。墙板下料长度为（建筑主体构件净空高度－15）。墙板安装前应核实现场实际尺寸与墙板排板图是否相符。

4.4.3 安装施工前应准备齐全必要的专用机具、配套材料等。

4.5 安装施工

4.5.1 墙板现场加工：

1）切割：现场裁板用手持电动云石锯。

2）开方孔：在墙板上开方孔安装设备用小云石锯。

3）钻孔：采用普通电钻配用冲击钻头钻孔，不得使用冲击钻或电锤。

4.5.2 墙板安装采用的嵌缝砂浆及弹性嵌缝砂浆，应严格按产品使用说明使用。安装时室外温度低于－10℃时，采用抗冻型嵌缝砂浆及弹性嵌缝砂浆；室外温度在－10℃及以上时，采用标准型嵌缝砂浆及弹性嵌缝砂浆。

4.5.3 工程中出现的墙板轻微破损，可用专用嵌缝砂浆修补平整。

4.5.4 3E墙板安装做法：

1）防腐木砖：双层墙板每三块在上下各设一块防腐木砖，相互错开，用以辅助控制双层墙板净距。

2）耐碱玻璃纤维布：在墙板同梁、柱、板、墙相交的接缝处，先粘贴一层耐碱玻璃纤维布，每边超过板接缝100mm，再做饰面层。

3）双板夹芯保温墙内聚苯板：用建筑胶贴于一侧墙板上，涂胶点不小于100mm×100mm，水平及竖向间距不大于1000mm。

4）墙板弹性垫块：每块墙板顶部在两板角部同梁、板底相交处各垫一块橡胶垫，尺寸为5mm×100mm×50mm。

5）墙板安装：安装前在楼板面、墙柱面上弹出墨线。安装时先在墙板顶部安装L型连接件。在阳榫两侧适量刮抹嵌缝砂浆，将墙板就位后在板顶垫好弹性垫块，在板底两侧同时打入木楔临时固定，调正位置后将板顶L型连接件同梁、板构件用射钉连接。将两侧板缝10mm深的嵌缝砂浆刮掉，待墙板安装20d后用嵌缝砂浆填平。板底缝用M5混合砂浆填实，板顶缝用腻子抹平。墙板安装后24h内不得扰动。

6）门窗安装：门窗框同3E墙板的连接点数量，按门窗洞口高、宽尺寸分别确定，上下连接点的位置距门窗上下口各为250mm。门窗框同墙板连接点处，在板孔内设U型内衬钢件或方木。

7）门窗口上部横放墙板两端搭在门边竖板上，搭接长度不小于120，横竖板接缝两侧各用两个一字销钉固定，方法是：用云石锯跨缝开90mm长，10mm深，同板面成45度角的槽，将一字销钉嵌入，用嵌缝砂浆抹平。板两侧一字销钉宜错开一个板孔距。

厨、卫间内小设备如镜子、毛巾架等选用钻尾螺钉、自攻螺钉或伞型拉锚螺栓安装。

5. 安装工程验收

3E墙板安装工程验收参照《建筑装饰装修工程质量验收规范》(GB 50210—2001）中的条款执行。

3E墙板规格

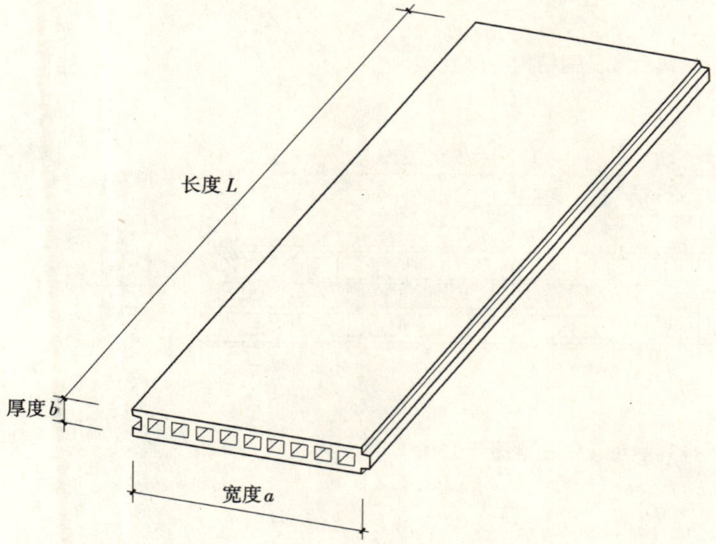

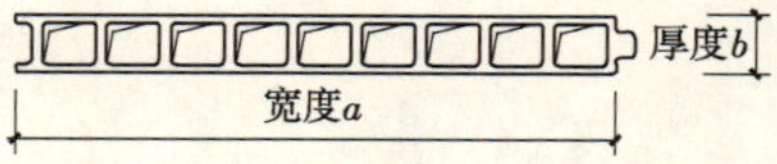

3E墙板截面

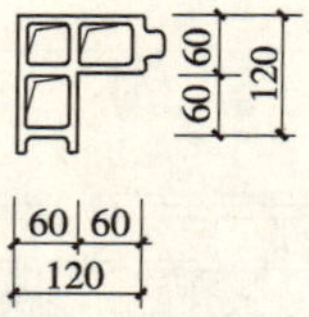

3E-60J 角板截面

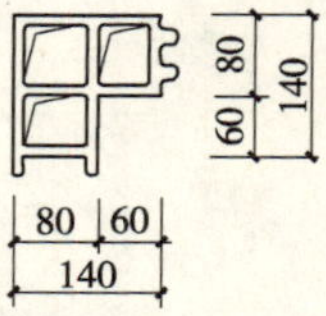

3E-80J 角板截面

产品规格（mm）

产品编号	长度L	宽度a	厚度b
3E-60 60W	≤3900	600	60
3E-80 60W	≤3900	600	80
3E-100 60W	≤3900	600	100
3E-60J	≤3900		60
3E-80J	≤3900		80

平面示例详图示意

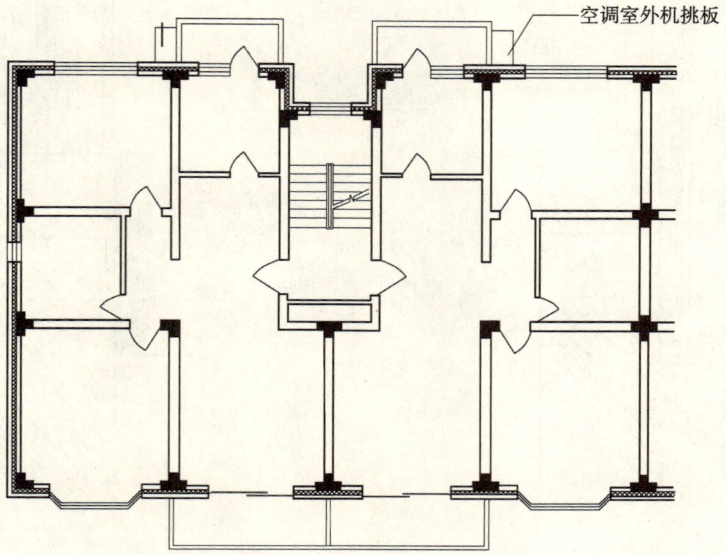

平面示例

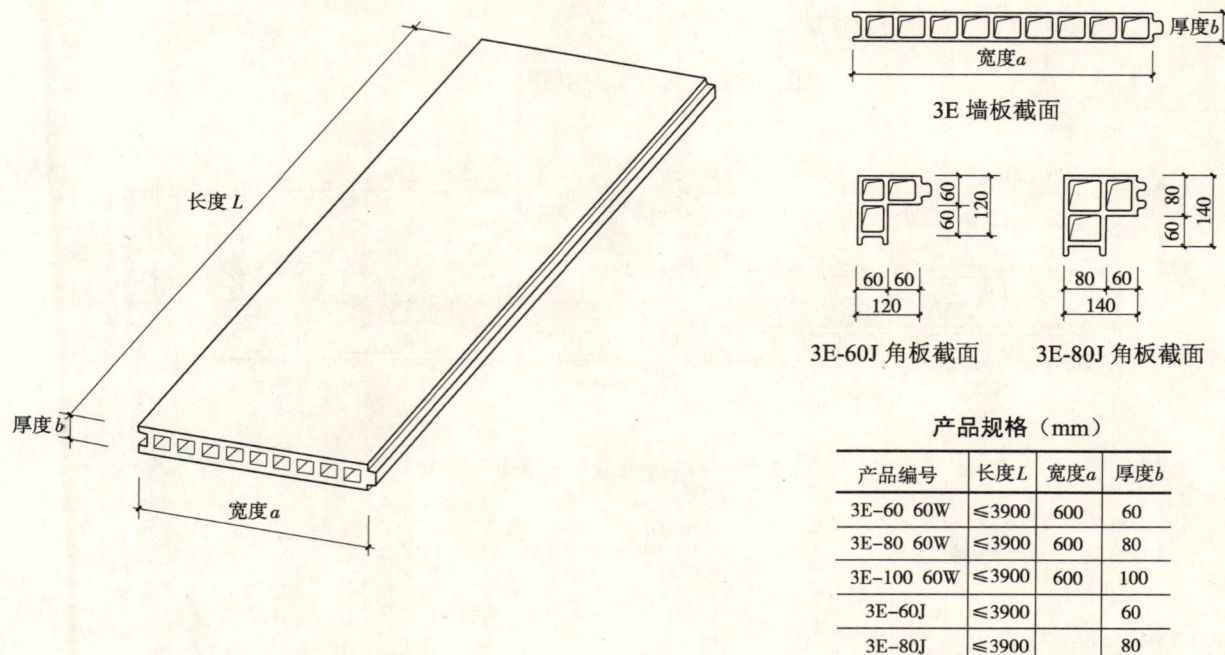

外墙板排列平面示意

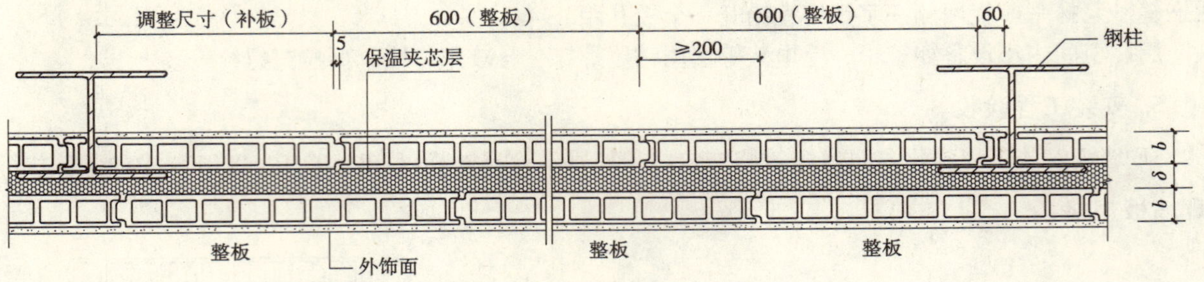

① 外墙板排列示意（钢结构）

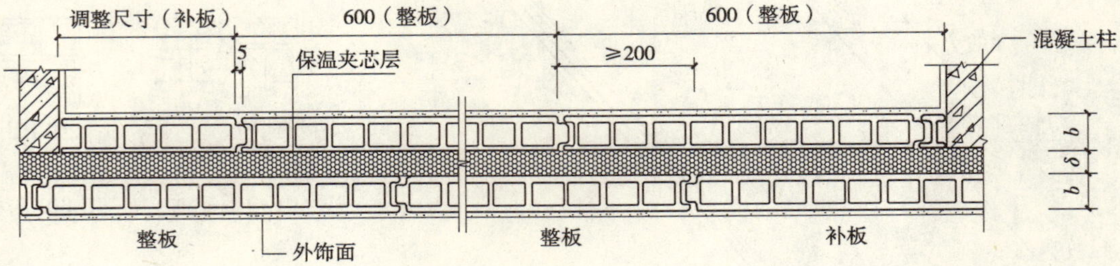

② 外墙板排列示意（钢筋混凝土结构）

注：1. 墙板厚度b及保温夹芯层厚度 δ，按工程设计。
2. 保温隔热设计要求见编制说明。

墙身勒脚、防潮层

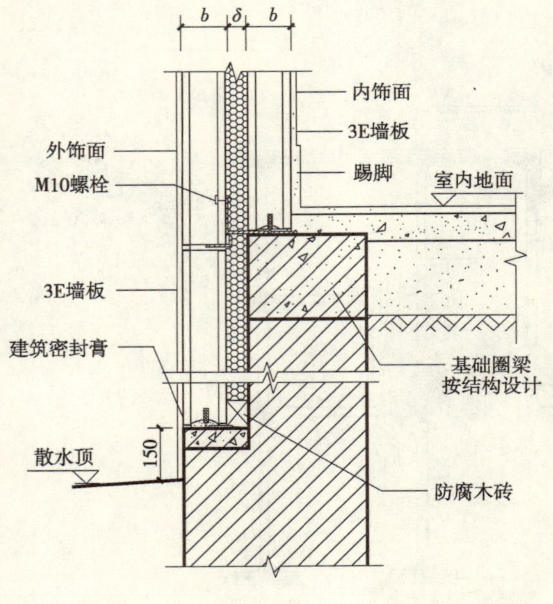

①

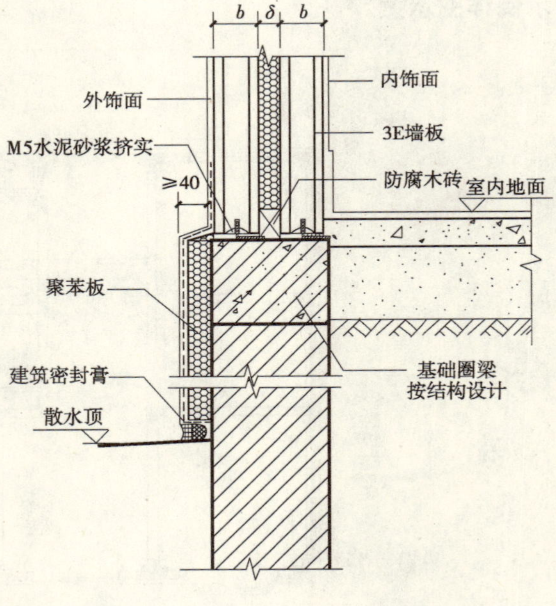

②

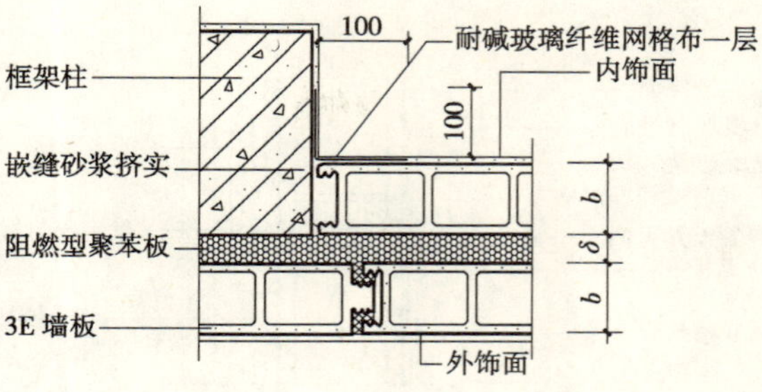

①

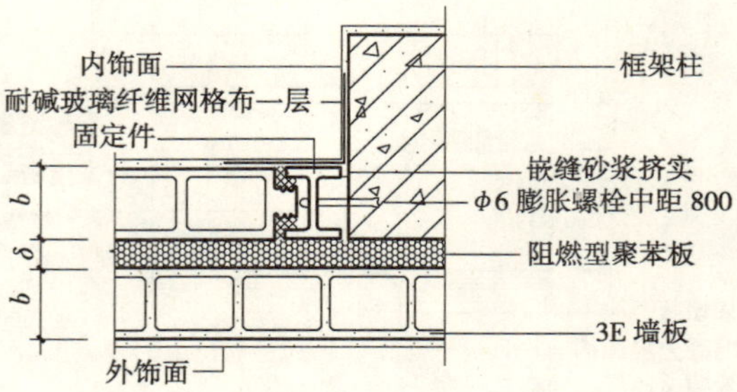

②

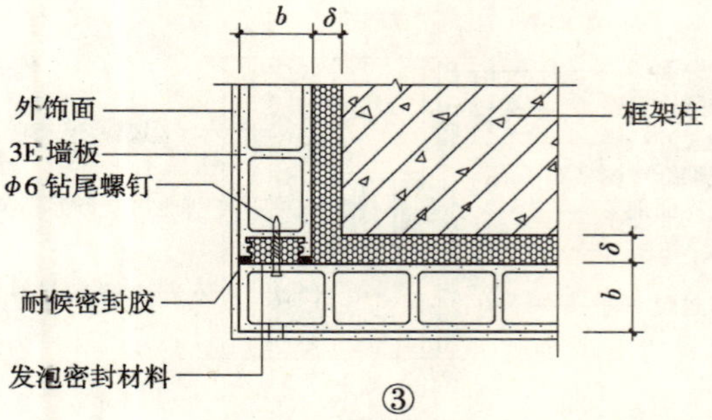

③

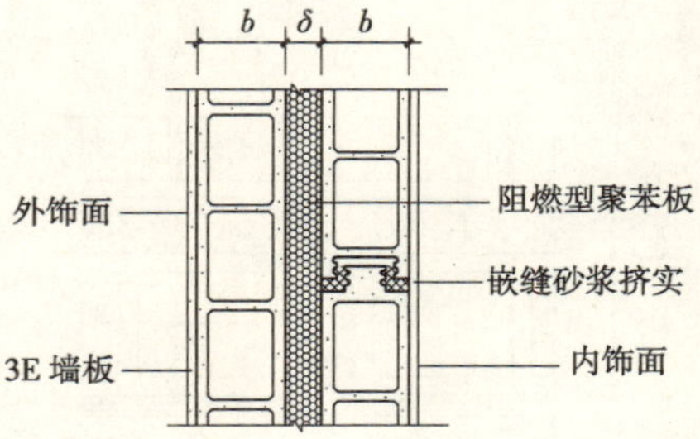

④

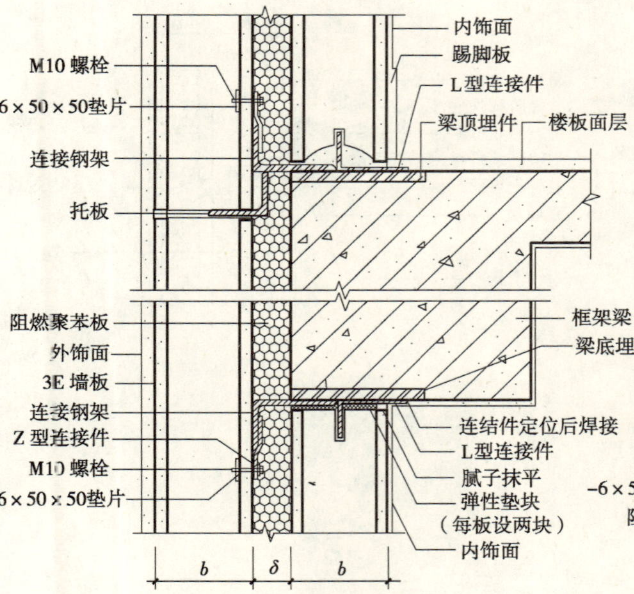

⑤

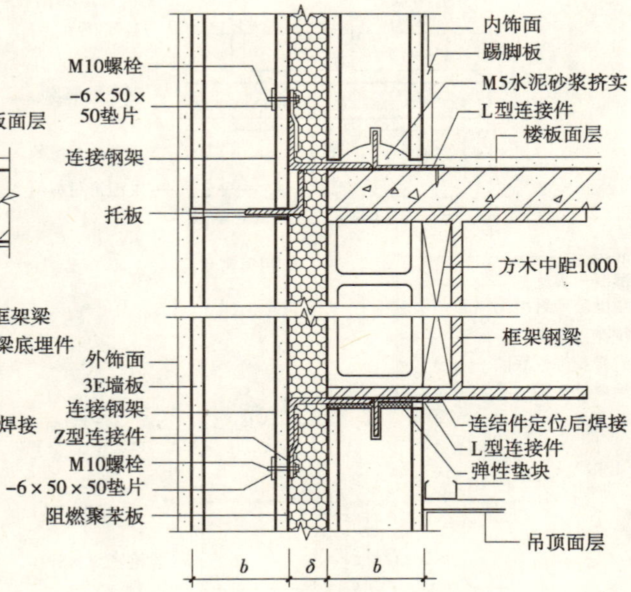

⑥

注：1. 墙板厚度b及保温墙夹芯厚度 δ 按工程设计。
　　2. 连接钢架同主体连接由设计确定。

外墙板接缝

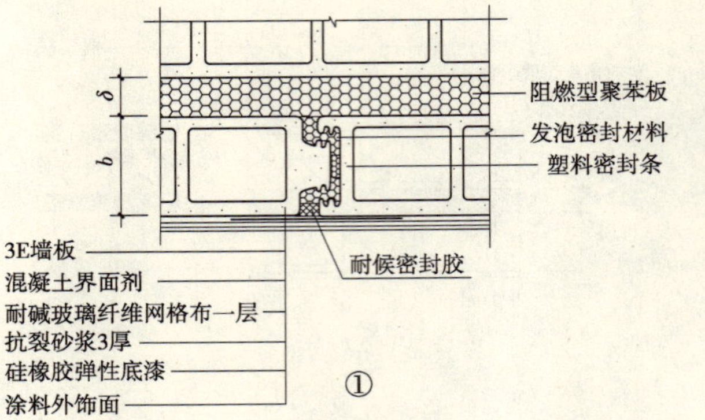

①

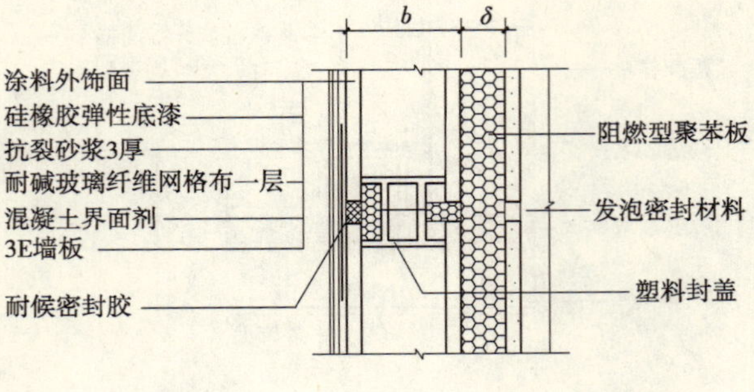

③

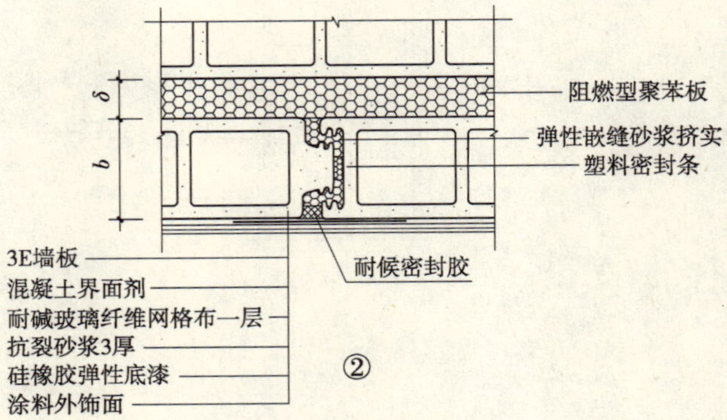

②

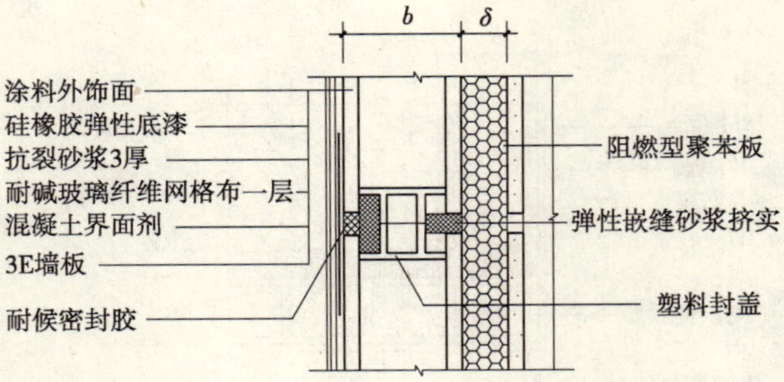

④

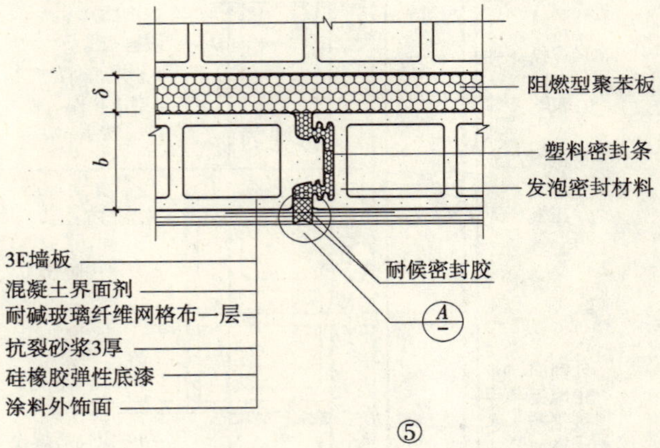

⑤

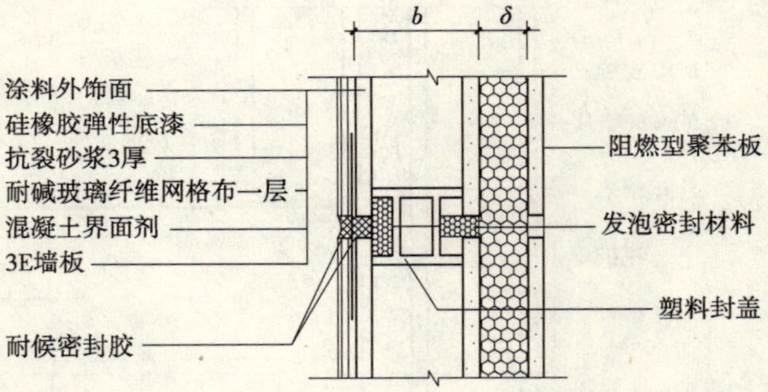

⑥

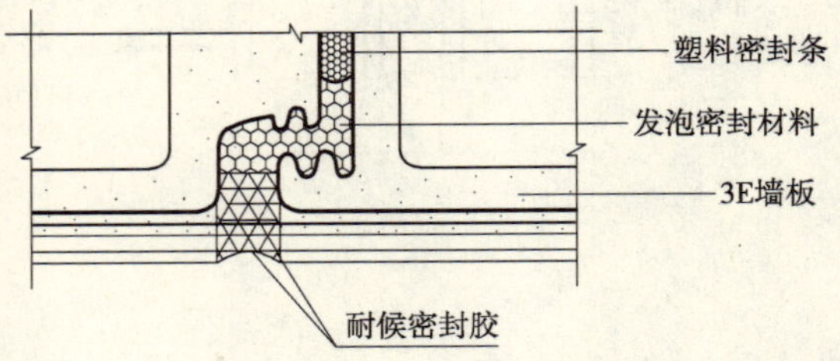

Ⓐ

注：1. 墙板厚度 b 及保温墙夹芯厚度 δ，按工程设计。
2. 玻璃纤维网格布每边宽度为超过接缝 100。

门窗上口、侧口及窗台

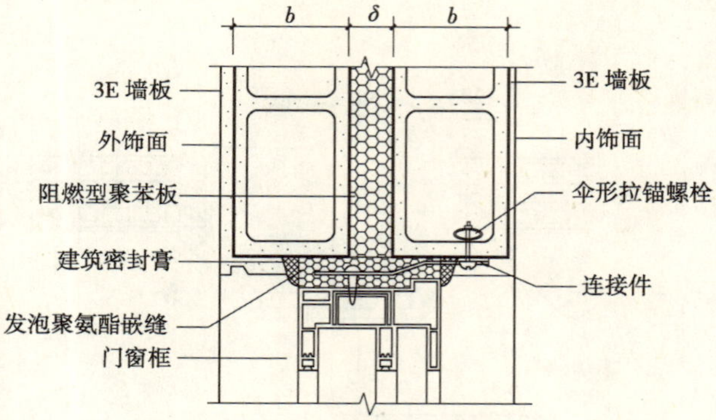

① 门窗上口

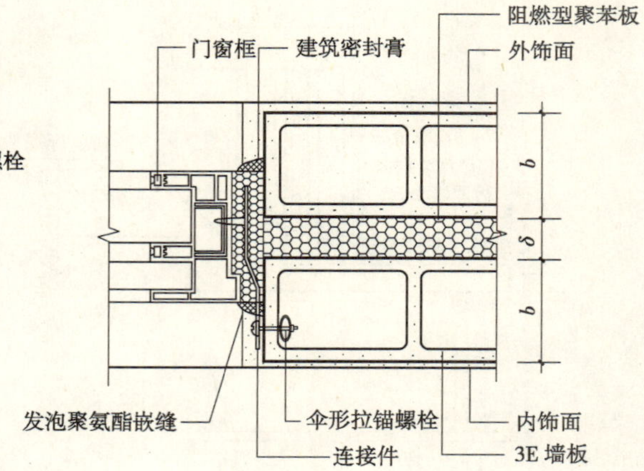

③ 门窗侧口

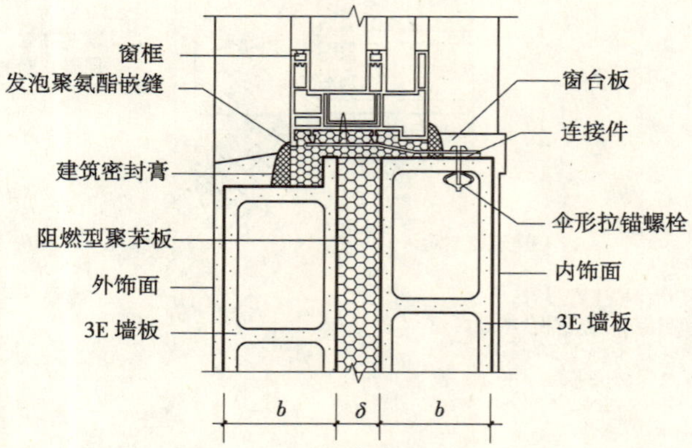

② 窗台

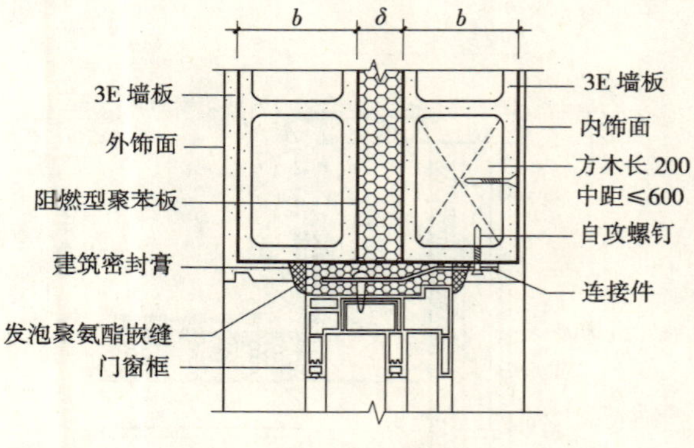

④ 门窗上口

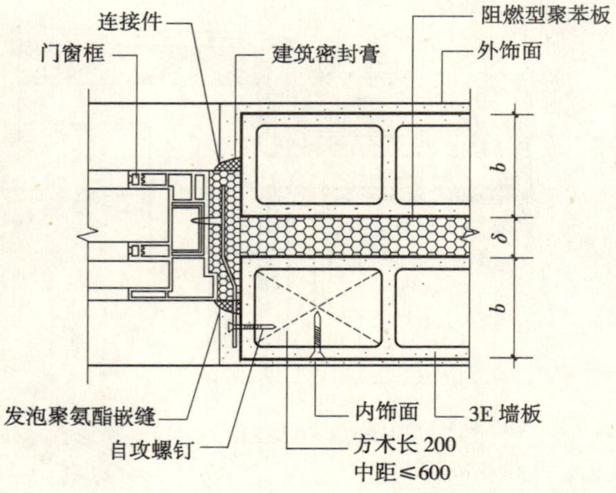

⑥ 门窗侧口

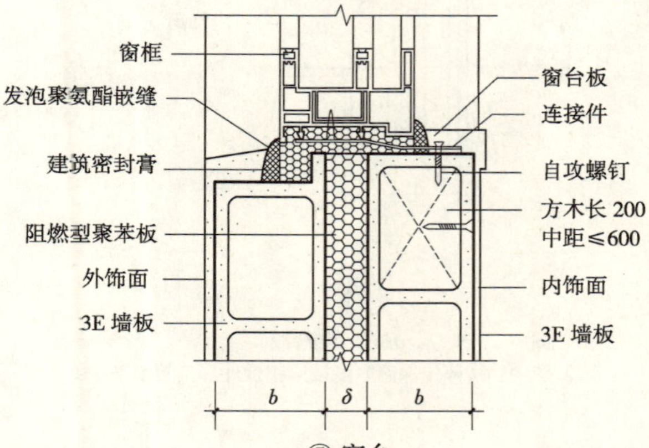

⑤ 窗台

注：1. 墙板厚度 b 及保温夹芯层厚度 δ 按工程设计。
2. 门窗洞口宽度及高度不应大于 2400。
3. 当洞口宽度及高度大于 2400 时，应采取构造加固措施。

凸窗详图

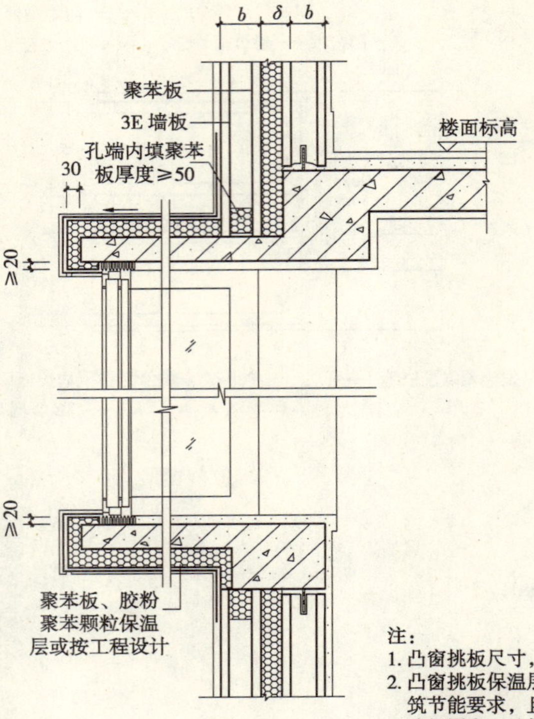

1—1

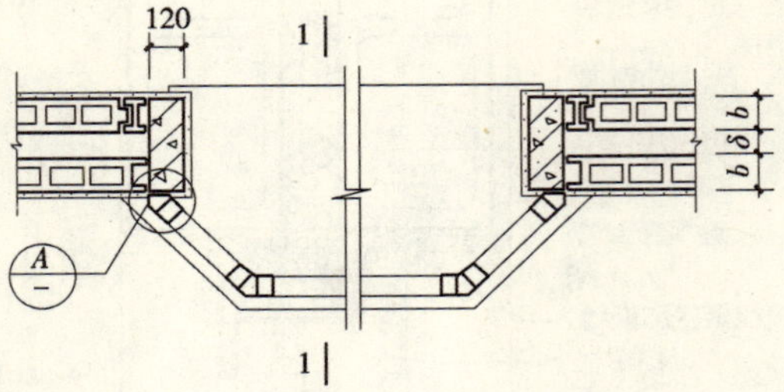

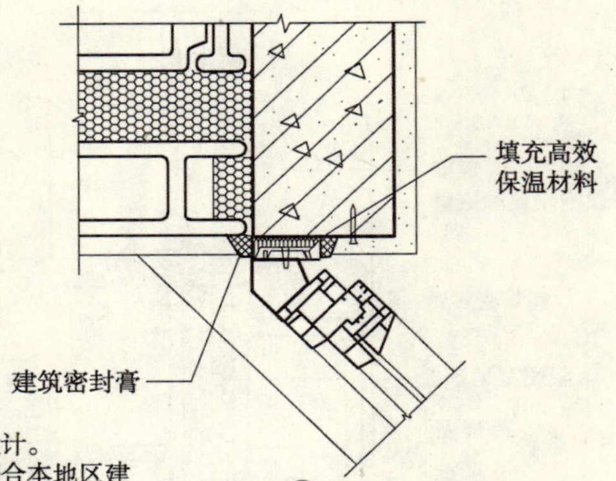

Ⓐ

注：
1. 凸窗挑板尺寸，按工程设计。
2. 凸窗挑板保温层厚度应符合本地区建筑节能要求，且不小于30mm。
3. 墙板厚度 b 及保温夹芯层厚度 δ，按工程设计。

女儿墙、挑檐

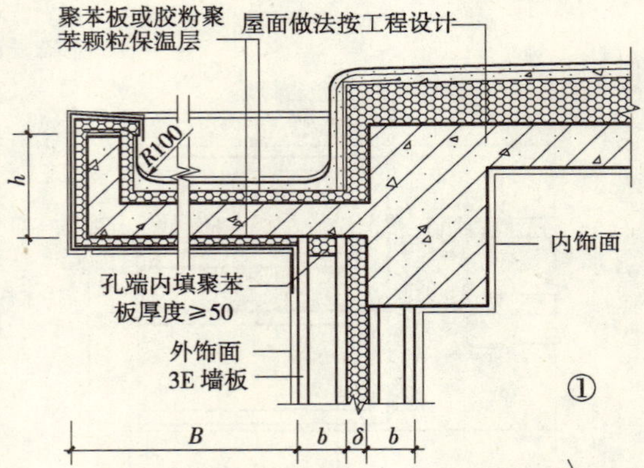

①

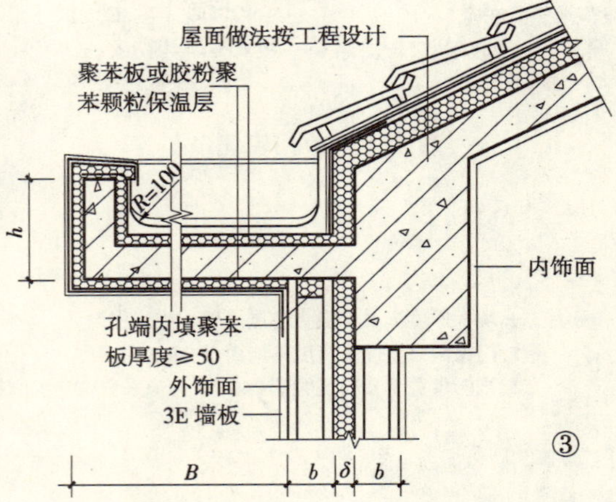

③

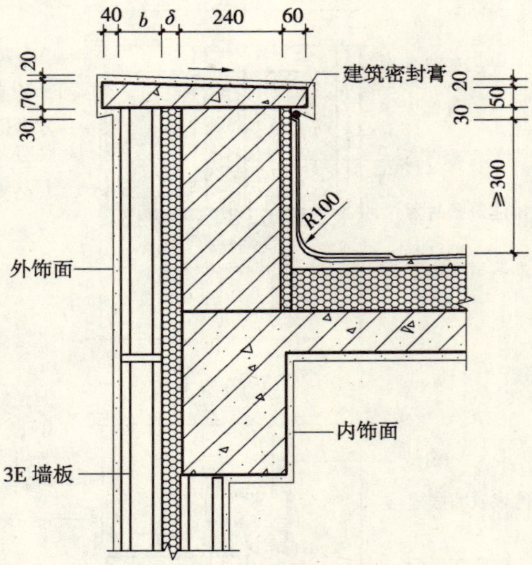

②

注：1. 图中 b、B、h、δ 按工程设计。
2. 图中热桥部位保温厚度按工程设计，且不小于25。

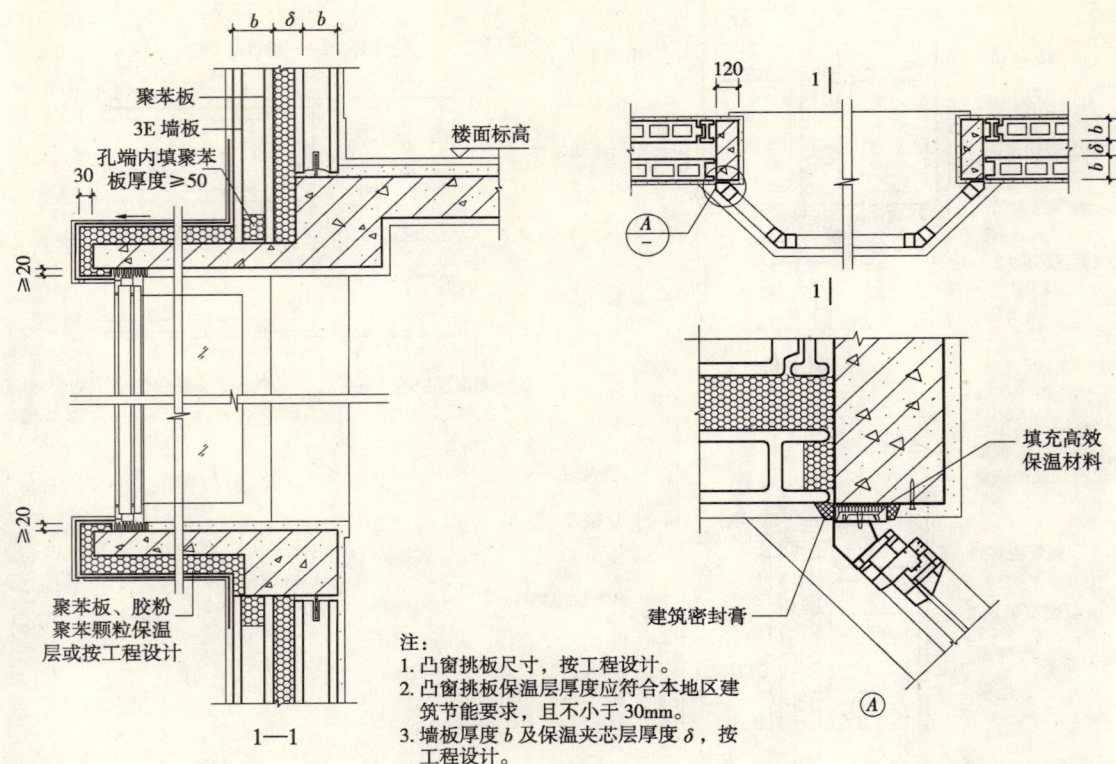

檐口、封闭阳台

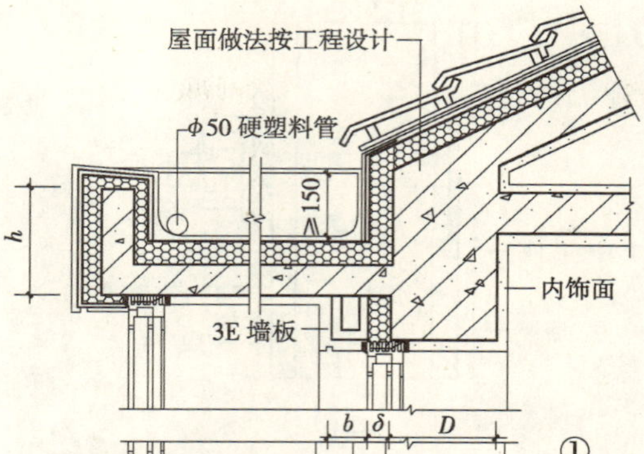

①

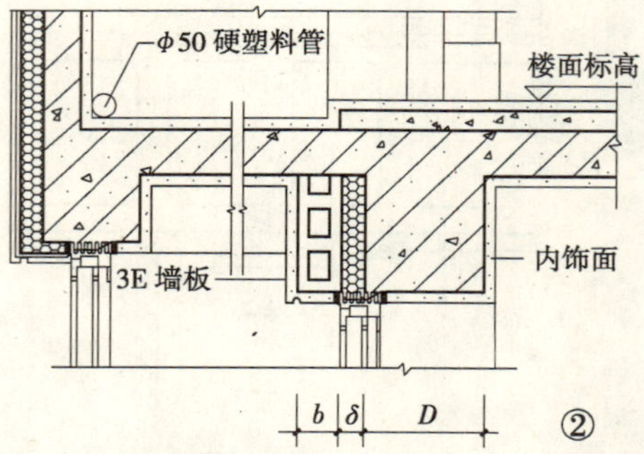

②

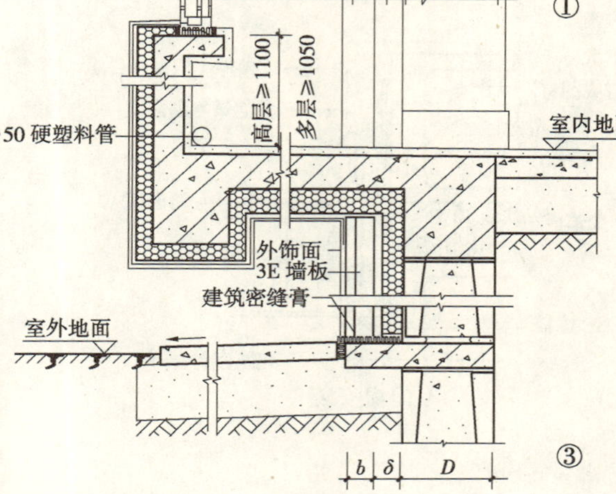

③

注：
1. 封闭阳台栏板保温层厚度的确定应满足以下要求：
   a. 室内未设阳台门时，传热系数应达到外墙规定的限值要求。
   b. 室内设阳台门时，传热系数按工程设计。（其最小厚度当采用聚苯板外保温做法时，应≥30）。
2. 本图节点①雨篷采用涂膜防水层，或按工程设计。

檐口、敞开阳台、空调室外机挑板

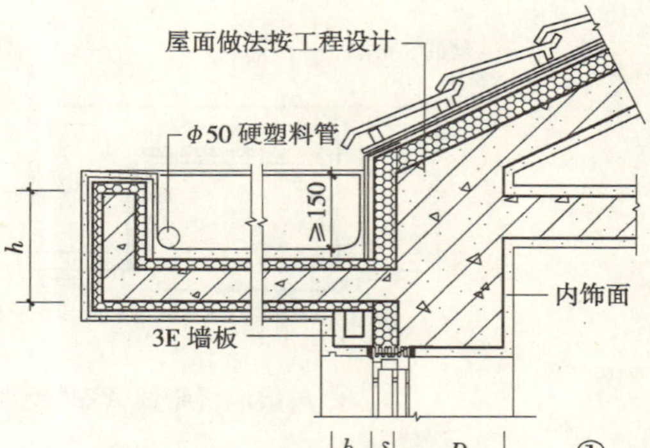

①

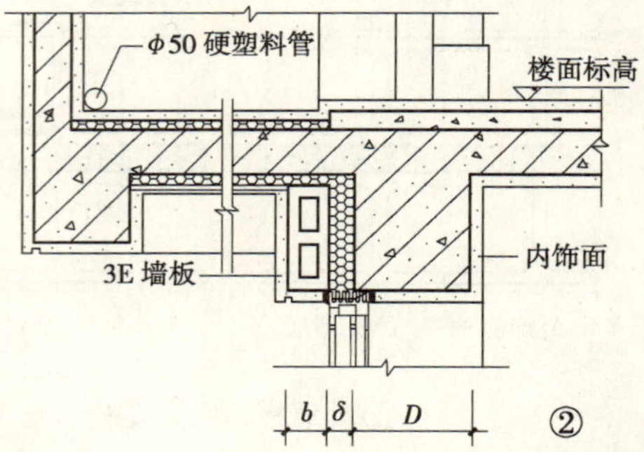

②

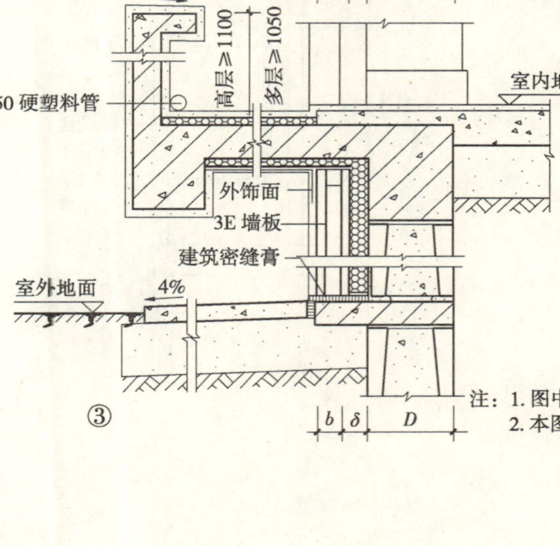

③

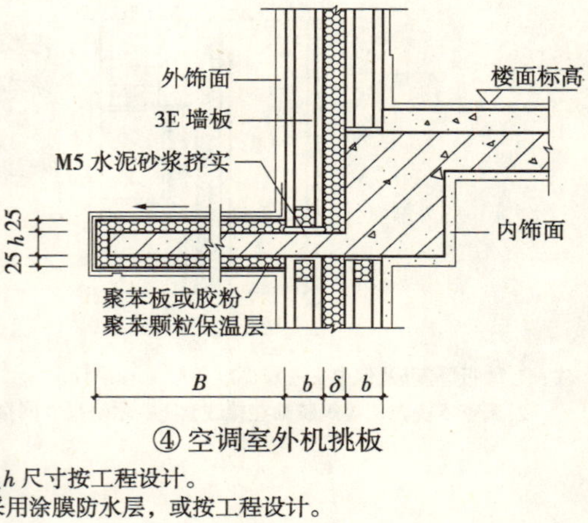

④ 空调室外机挑板

注：1. 图中 *B*、*D*、*b*、*δ*、*h* 尺寸按工程设计。
2. 本图节点①雨篷采用涂膜防水层，或按工程设计。

门窗及厨卫设备、管线固定详图

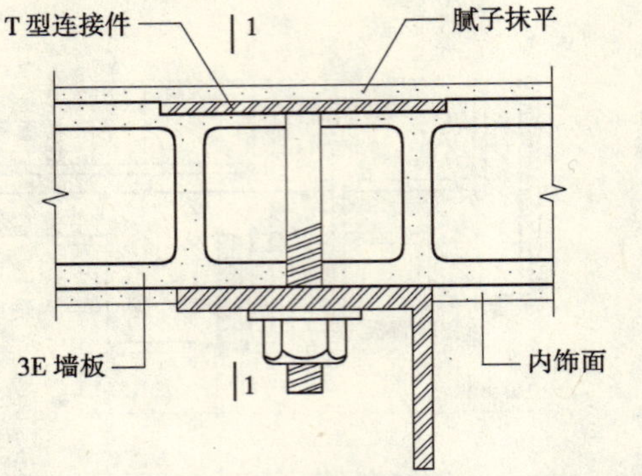

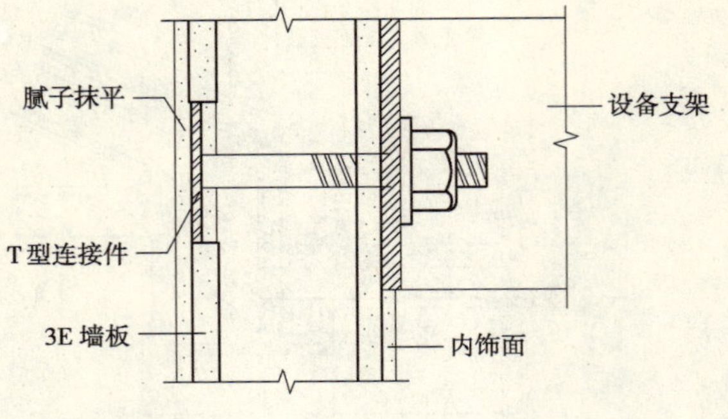

① 墙板设备安装

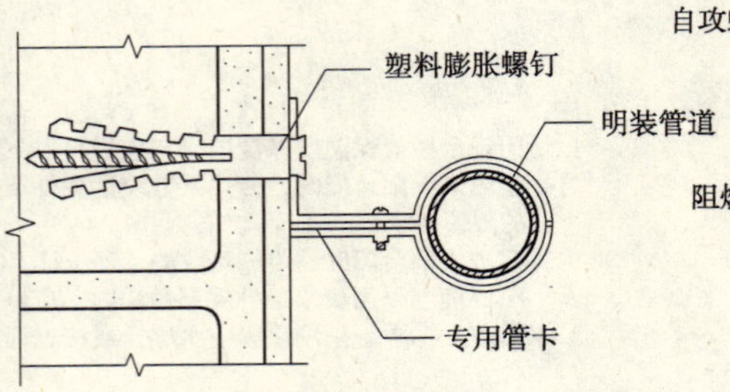

② 墙板明装管道

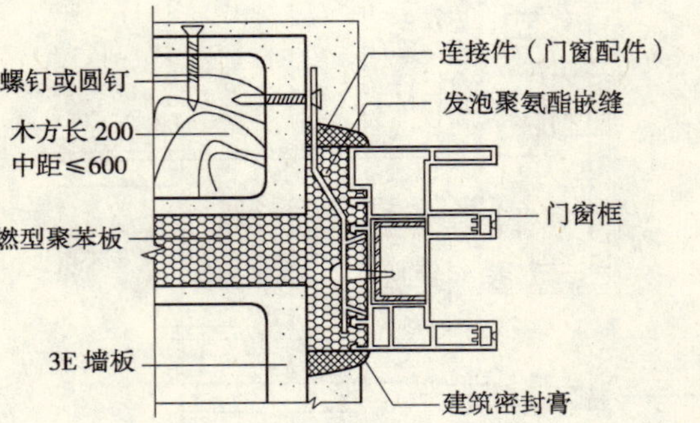

③ 门窗安装

电气接线盒安装

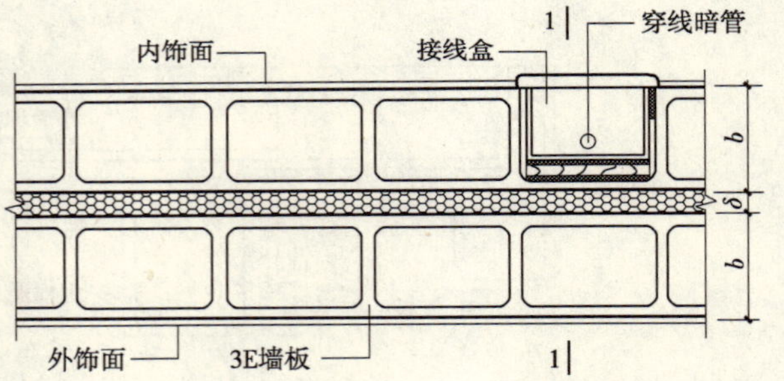

① 外墙板暗线盒安装示意

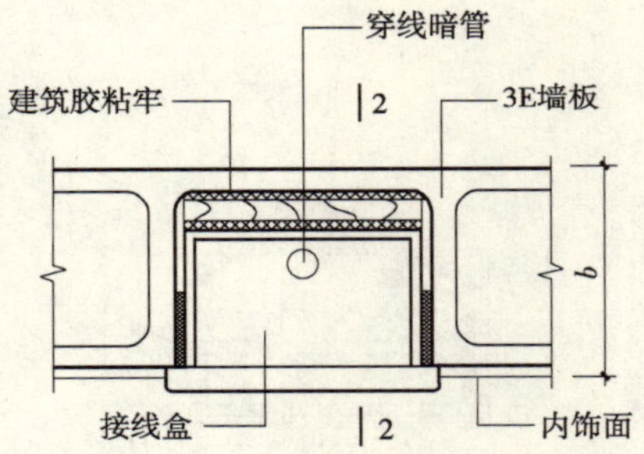

② 单层墙板暗线盒安装示意

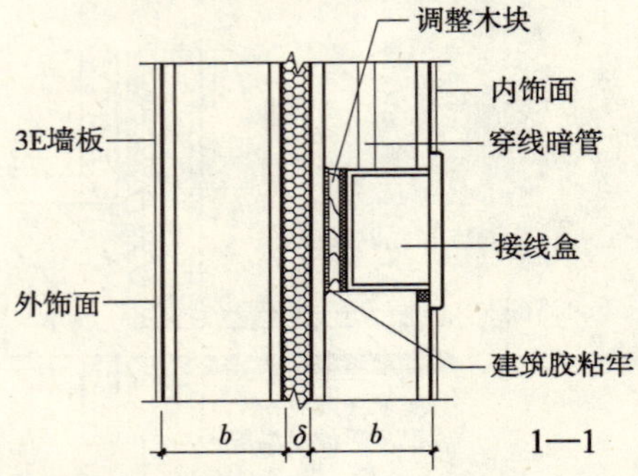

1—1

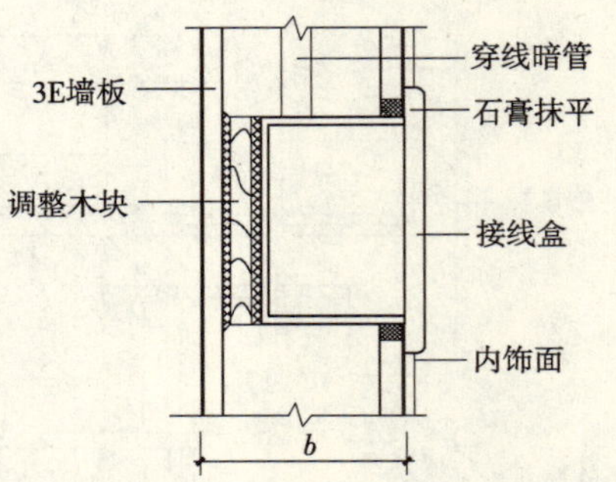

2—2

注：1. 墙板厚度b及保温夹芯层厚度δ按工程设计。

2. 调整木块先用建筑胶粘在接线盒上，木块尺寸同接线盒底部尺寸。

变形缝

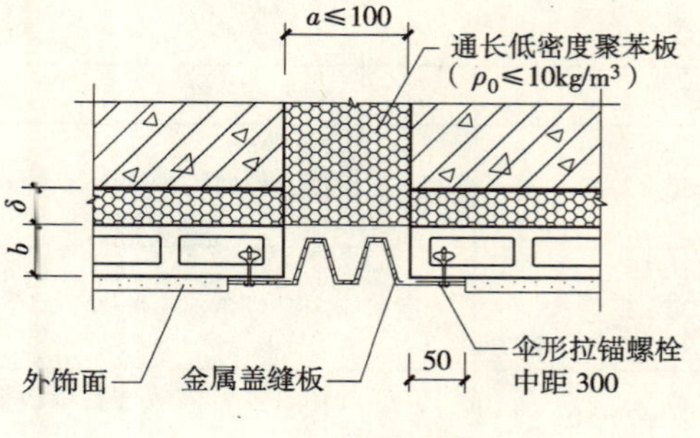

①a　①b

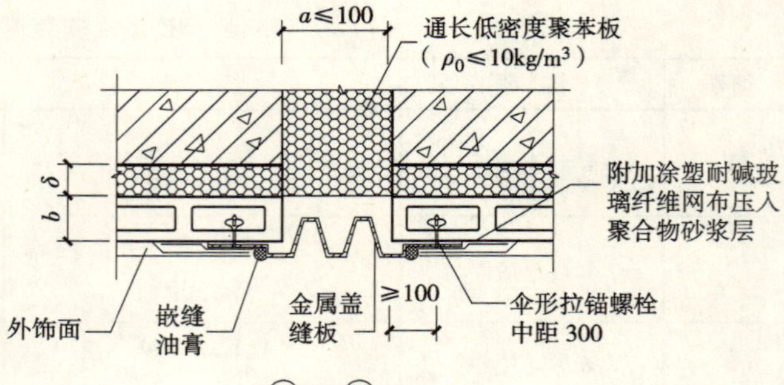

②a　②b

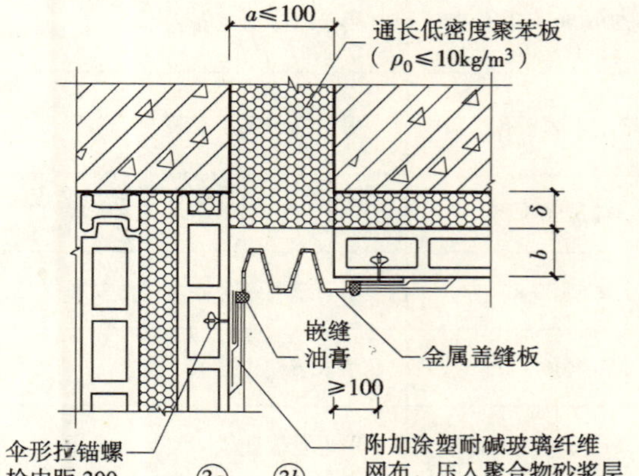

③a　③b

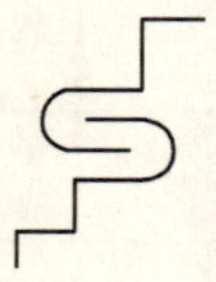

Ⓐ金属盖缝板

注：1. 图中 b、δ 及变形缝宽度 a，按工程设计。
2. 本图节点①a①b～③a③b适用于伸缩缝，Ⓐ节点用于抗震缝或沉降缝。
3. 本图节点①a～③a金属盖缝板为彩色钢板，①b～③b金属盖缝板为 1.5 厚铝板。
4. 盖缝铝板、外露面刷无光调合漆两道，颜色同墙面颜色，或按工程设计。
5. 当 a>2δ 时，可在变形缝内两侧墙板上各粘贴厚度不小于 0.5δ 的通长低密度聚苯板。

3E 墙板饰面工程做法

3E 墙板饰面工程做法

编号	名 称	工 程 做 法	编号	名 称	工 程 做 法
外墙 1	刷涂料墙面	1. 喷外墙涂料两遍。 2. 刷专用防水涂料一道。 3. 刮防水腻子找平墙板接缝	内墙 1	刮腻子墙面	1. 墙面满刮腻子两遍（包括腻子找平砂纸打磨）。 2. 刮腻子找平墙板接缝
外墙 2	刷涂料墙面	1. 刷外墙涂料两遍。 2. 刷硅橡胶弹性底漆一道。 3. 抹抗裂砂浆 3mm 厚。 4. 墙板面刷混凝土界面剂一道	内墙 2	刷涂料墙面	1. 喷内墙涂料两遍。 2. 墙面满刮腻子找平。 3. 刮腻子找平墙板接缝
外墙 3	贴面砖墙面	1. 硅橡胶弹性底漆勾缝。 2. 粘贴面砖（在面砖粘贴面上涂抹专用胶粘剂）。 3. 抹抗裂砂浆 3mm 厚。 4. 墙板面刷混凝土界面剂一道	内墙 3	贴面砖墙面	1. 白水泥擦缝。 2. 粘贴面砖（在面砖粘贴面上涂抹专用胶粘剂粘贴面砖）。 3. 刷混凝土界面剂一道
			内墙 3	贴面砖防水墙面	1. 白水泥擦缝。 2. 粘贴面砖（在面砖粘贴面上涂抹专用胶粘剂粘贴面砖）。 3. TG 砂浆找平防护层 15mm 厚。 4. 刷 3 厚聚氨酯防水层

注：本表中面砖的规格、品种、离缝见单体工程设计。

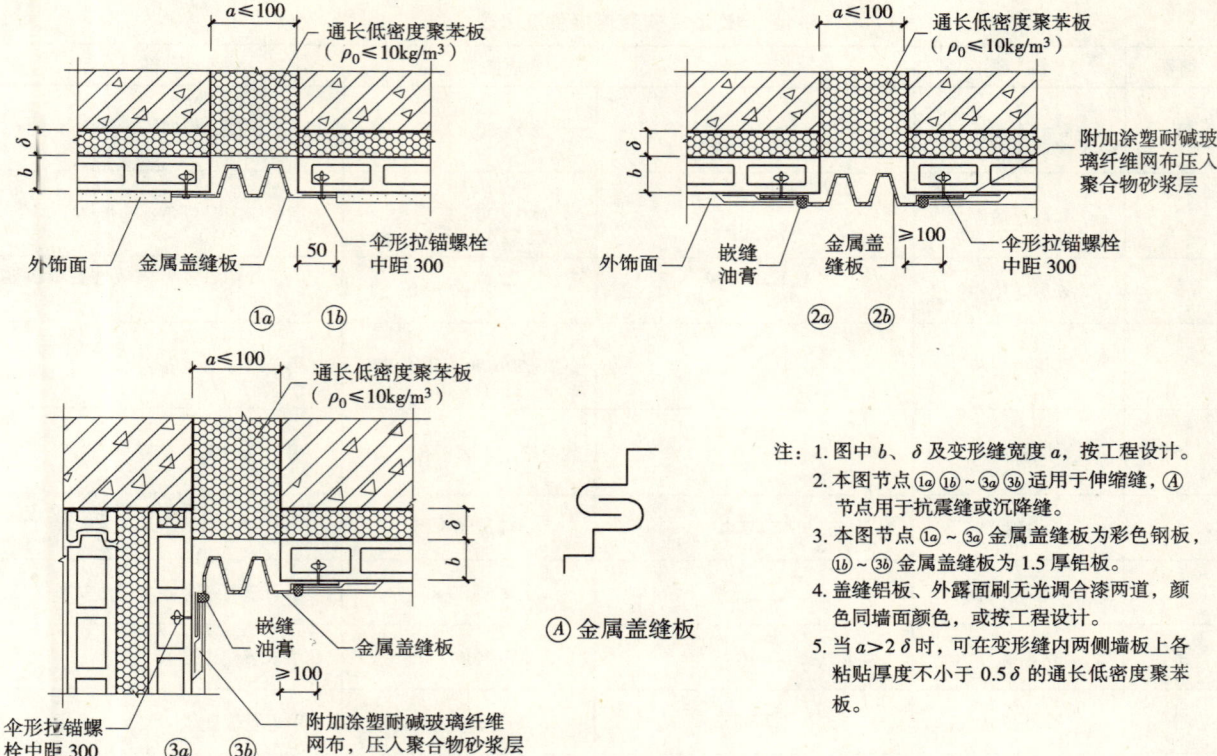

3E 墙板安装连接件规格表

3E 墙板安装连接件规格表

编号	名 称	图 例	规格（mm）	适 用 部 位
1	L形连接件	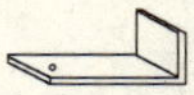	L80×30×2 宽 30	用于板顶、板底同建筑主体连接
2	L形连接件	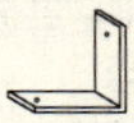	L80×30×2 宽 30	用于门、窗口角部连接
3	Z形连接件		-5×100×50	用于外墙、复合墙板外层墙板连接
4	U形内衬板	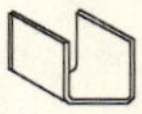	-2×50×50×50 长 200	用于门、窗框安装
5	方木		截面略小于墙板孔长 200	用于门、窗框安装
6	一字销钉	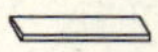	-2×80×15	用于门、窗口上部横板与竖板连接
7	一字连接板	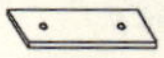	-2×100×30	用于双层复合墙木门框安装
8	钻尾螺钉		M5、M6、M8	用于墙板连接
9	膨胀螺栓	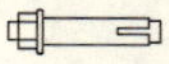	M6、M8、M10	用于墙板连接
10	专用膨胀螺栓	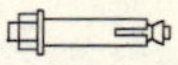	M10	用于墙板上一般设备安装
11	伞形拉锚螺栓	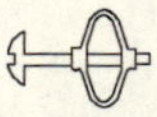	M4	用于塑钢窗及一般设备安装
12	射钉			用于墙板连接件与主体构件之间的连接
13	T形连接件	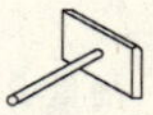	-5×75×50（焊接） ϕ10 螺栓	用于墙板设备安装
14	防腐木砖		50×（墙板净空）×100	用于辅助控制双层墙板净空
15	专用塑料胀管	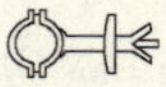		用于墙板管道明装连接
16	塑料封盖			用于墙板水平缝连接封闭板孔
17	固定件			用于墙板榫头连接
18	圆钉		M2.2×35	用于墙板板孔内木砖固定
19	雨水管专用胀管螺杆	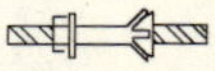	M10	用于外墙板上雨水管的固定
20	水平铝塑管专用胀管螺杆	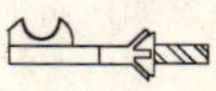	M6	暖气管、上水管的固定
21	竖向铝塑管专用胀管螺杆	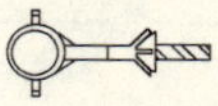	M6	暖气管、上水管的固定

续表

编号	名　称	图例及规格（mm）	适 用 部 位
22	螺栓	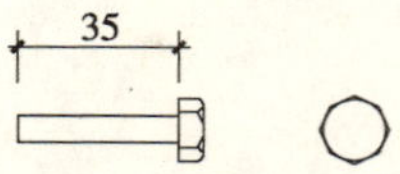	
23	垫片	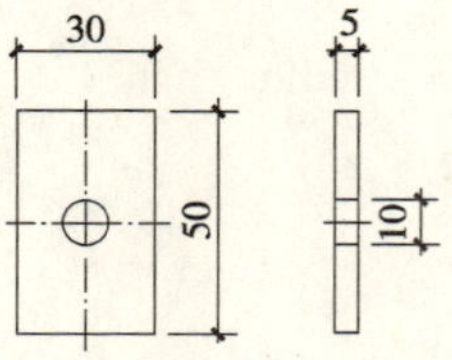	用于墙板连接
24	Z 形夹具	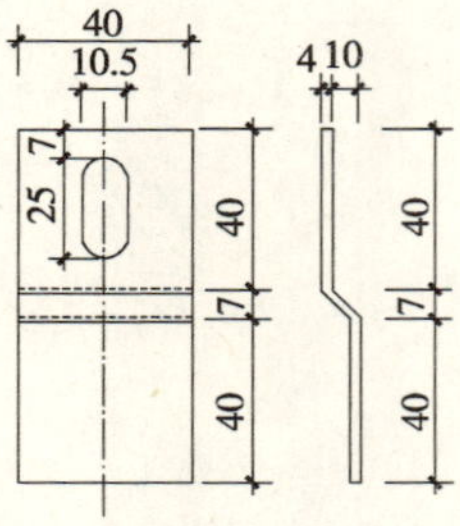	

保温做法、热工指标及厚度选用表

外墙夹芯保温做法、热工指标及厚度选用表

编号	外墙构造简图	保温材料	保温层厚度 δ(mm)	外墙总厚度 (mm)	外墙主体部位	
					传热阻 R_0（m^2·K/W）	传热系数 K_0［W/（m^2·K）］
1	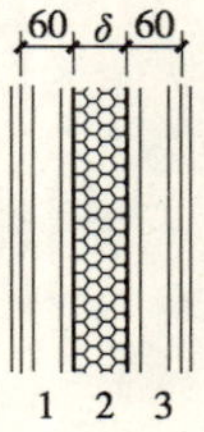 1. 3E 墙板（外墙） 2. 保温层 3. 3E 墙板（内墙）	聚苯板	30	150	0.914	1.094
			40	160	1.112	0.899
			50	170	1.311	0.763
			60	180	1.509	0.663
			70	190	1.708	0.585
			80	200	1.906	0.525
2	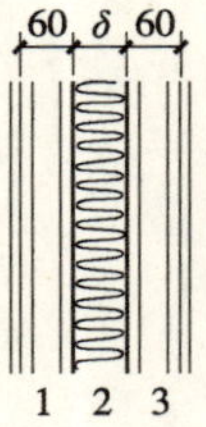 1. 3E 墙板（外墙） 2. 保温层 3. 3E 墙板（内墙）	岩棉板	30	150	0.875	1.143
			40	160	1.060	0.943
			50	170	1.245	0.803
			60	180	1.430	0.699
			70	190	1.615	0.619
			80	200	1.800	0.555

注：内外墙均为刮腻子喷涂料，其饰面厚度忽略不计。

2
B型—混凝土装饰砌块夹芯保温

说　　明

1. 产品特点

混凝土装饰砌块夹芯保温是一种集装饰、保温、承重（或非承重）墙体为一体的复合墙体，是一种新型墙体材料。

夹芯保温墙—墙体中预留的连续空腔内填充保温或隔热材料，并在墙的内叶和外叶之间用防锈的金属拉结件连接形成的墙体。

混凝土装饰砌块为具有外装饰面的普通混凝土小型空心砌块系列制品。装饰效果通过采用白色水泥、不同颜色的碎石（屑）和颜料等材料模塑与劈离、磨光等二次加工方法获得。

装饰砌块通常为单排孔砌块，其表面装饰效果包括不同的颜色、材料质感与组配，以及不同的饰面形状。饰面形状包括平面、随机条纹、劈离、方格、沟槽、沟槽劈裂、磨光等。装饰砌块通常具有较高的强度等级和抗渗性，适用于装饰砌块的内外墙，也可作为其他结构类型的装饰与围护结构材料。

装饰砌块建筑通常采用单片墙或夹芯复合墙芯柱结构，建筑的墙体结构和墙面装饰施工可以同时完成，施工速度较快。装饰砌块砌体墙面具有造型装饰美观典雅、耐久性好、墙面维护费用较低等特点。

在混凝土装饰砌块夹芯保温墙体中混凝土装饰砌块是该复合砌体的主要墙体材料，也是本图集编制的重点内容。

2. 普通混凝土与装饰混凝土小型空心砌块（以下简称普通砌块、装饰砌块）品种规格及主要性能指标。

2.1　普通砌块与装饰砌块具有相同的规格系列。常用的规格系列按宽度分为190、90两个系列，每个系列按高度分为两组，见表1。

普通与装饰砌块基本规格　　　　**表1**

190宽度系列		90宽度系列		用　途
编　号	外形尺寸（mm）　长×宽×高	编　号	外形尺寸（mm）　长×宽×高	
K422	390×190×190	K412	390×90×190	主砌块
K322	290×190×190	K312	290×90×190	辅助块
K222	190×190×190	K212	190×90×190	辅助块
K421	390×190×90	K411	390×90×90	主砌块
K321	290×190×90	K311	290×90×90	辅助块
K221	190×190×90	K211	190×90×90	辅助块

2.2　普通砌块与装饰砌块的最小构造尺寸应符合表2的规定。

普通砌块与装饰砌块的构造尺寸最小限值（mm）　　　　**表2**

部位＼类别	承重砌块	承重装饰砌块、装饰砌块	自承重砌块
壁	30	32	25
边肋	25	25	20
中肋	50	50	40
空心率	≥25%		

2.3　普通砌块与装饰砌块的主要性能指标应符合表3的要求。

普通砌块与装饰砌块主要性能指标　　**表3**

项目 类别	外型尺寸（mm） 长×宽×高	单块重 （kg）	强度等级	主要性能指标	
190密度系列	普通砌块主砌块 390×190×190	11.3	MU20 MU15 MU10 MU7.5 MU5.0	热阻0.21 （$m^2 \cdot K/W$）	含水率：7%～10% 抗渗性： 水面下降高度≤10 抗冻性： 一般环境15d 干湿交替25d 碳化系数：≥0.8 软化系数：≥0.75
90密度系列	装饰砌块主砌块 390×90×190		MU20 MU15 MU10	热阻0.17 （$m^2 \cdot K/W$）	

注：表中砌块均为单排孔空心砌块。

2.4　砌块的收缩率和相对含水率应符合表4的要求。

砌块的收缩率和相对含水率　　**表4**

使用地区条件 收缩率（%）	使用地区年平均相对湿度		
	>75%（潮湿）	50%～70%（中等）	<50%（干燥）
<0.03	45	40	35
0.03～0.045	40	35	30
0.045～0.065	35	30	25

3. 设计要点

3.1　装饰砌块一般宜与非装饰砌块具有相同的规格系列。

3.2　块型组配规格的强度等级应匹配，根据承重和自承重砌块的分类，相同建筑层高内各种块型应具有相同的混凝土强度等级。

3.3　砌块的强度等级及抗渗性能应满足设计要求并应符合下列规定：

3.3.1　承重砌块、承重装饰砌块、装饰砌块（含夹芯墙的外叶墙）不应低于MU10，自承重砌块不应低于MU5；

3.3.2　承重装饰砌块、装饰砌块及用于外墙清水墙的普通砌块应采用抗渗砌块。

3.4　建筑装饰

3.4.1　外装饰砌块墙面及清水墙体的外露面除端头、转角等部位外，宜全部由主砌块（390mm×90mm×190mm或390mm×190mm×190mm）条面所组成。

3.4.2　宜利用不同饰面、颜色、纹理质感、规格尺寸的砌块块型组成装饰图案的砌块墙体，宜将建筑的转角、门窗洞口、檐口、女儿墙或斜屋面等凹凸部位作为砌体装饰的重点。但砌块应上下皮错缝搭砌，一般搭接长度为200mm，个别部位不应小于100mm，同时建筑墙体的色彩图案组合应协调并应符合有关结构构造的要求。

3.4.3　灰缝应厚度均匀，颜色一致。宜采用砌筑砂浆本色，如需变更应采用涂料描缝的方法，而不宜剔缝另勾。

3.4.4　应尽量减少清水墙面现浇混凝土的外露，并对其进行相应的建筑处理。

3.5　装饰砌块外墙或清水外墙其建筑抗渗、防水，可根据具体工程设计采取下列措施：

3.5.1　外墙应采用抗渗砌块；

3.5.2　外墙宜采用掺加适量憎水剂砂浆砌筑以加强其防渗能力；

3.5.3　外墙的灰缝缝型宜采用凹圆或V形缝，不宜采用平缝或凸圆形缝；

3.5.4　宜在外墙表面喷涂透明有机硅涂料以增加防水防尘性能；

3.5.5 装饰砌块夹芯保温墙体内外叶墙间封闭圈梁顶面以及清水外墙的现浇圈梁顶面，应抹出稍向外倾斜的排水坡度，砌筑其上部第一皮砌块时，可在外壁水平砂浆灰缝内沿长度每隔1m左右埋设内穿尼龙绳的Φ10PVC塑料短管一道，形成排水孔洞。块肋部位铺设PVC塑料短管以利雨水串流；

3.5.6 女儿墙等砌体顶部采用混凝土压顶板或金属卷材盖顶，以防止雨水渗入砌块孔芯；

3.5.7 屋面天沟应采用密封严密且柔韧性与耐久性能好的材料制作，以防止雨水渗入砌块孔芯；

3.6 夹芯墙体建筑节能设计应符合下列要求：

3.6.1 宜根据材料供应、施工条件和建筑设计要求选择夹芯墙的保温材料和确定夹芯层的构造做法及厚度。

3.6.2 夹芯保温层所用材料的防火等级最低要达到“难燃”（B_1）等级；保温层应采用低吸水率或高憎水性保温材料，其相关材料性能指标要求详见本图集“外墙主要保温材料性能指标”。

3.6.3 当夹芯保温层采用聚苯泡沫塑料等保温板材时，宜设计成带有空腔的夹层，保温材料应紧贴内叶墙，其间宜设隔气层，外叶墙一侧的空气层厚度不应小于20mm，保温材料的厚度不应小于30mm，但也不宜大于80mm，并宜在楼层处设置排湿构造。

3.6.4 当采用现场注入的发泡保温材料，如氮尿素现浇发泡保温时，要确保注入后的保温材料连续、密实，并进行隐蔽工程检测，一次抽检合格率达到98%；对未达到要求的部位要及时补注，直至密实。所注入的保温材料的异味及氨气挥发应符合《空气质量 恶臭的测定 三点比较式臭袋法》(GB/T 14675—1993）的标准，且无毒、无害。

3.7 夹芯墙体的夹芯层厚度不宜大于100mm。

3.8 夹芯墙体的内外叶墙应用经防腐处理的拉结件或钢筋网片连接。

4. 施工注意事项

4.1 砌块的包装、堆放及运输应符合下列要求：

4.1.1 砌块宜采用防水材料按不同规格和强度等级进行包装和堆放。堆放高度不宜超过两垛，包装和堆垛应设置标志；

4.1.2 堆放场地必须平整，并做好排水；

4.1.3 砌块宜采用集装托盘或托盘砌块装运。

4.2 定货要点：

4.2.1 厂家应向需方提供砌块产品质量合格证以及标明各种各批产品生产日期、强度与抗渗等常规试验检测结论文件。

4.2.2 同一单体建筑项目所需要的砌块及其配套砌块应按照相同的材料、设备、配合比和养护条件等进行生产，避免出现砌块技术指标和颜色差异。

4.3 砌体灰缝应横平、竖直、饱满、密实，其水平及垂直灰缝的饱满度分别不应低于90%和80%，不得有瞎缝、透明缝，砌筑好的灰缝应在砂浆达到“指纹硬化”时，即可用原浆勾缝。

4.4 砌筑样板墙

4.4.1 砌块在工程正式施工之前，宜在施工现场采用设计规定的材料组砌有代表性的一段样板墙，以确定墙的相关质量标准或要求。样板墙是建设单位、设计单位和施工单位取得共识的基础，是指导施工的样板，也是评定施工质量的标准。该样板墙在施工前砌好，保持到施工结束。

4.4.2 样板墙的内容包括：

1）砌块的类别、尺寸、颜色、纹理、表面形状及保温材料等特性应满足规范和设计要求；

2）砌块的组砌方法、搭接长度应满足规范和设计要求；

3）灰缝尺寸、垂直度和水平度、颜色、勾缝形式等满足规范和设计要求。砂浆的评价应待到其表面干燥后进行。如果采用的是彩色砂浆，还必须等待其干燥相当一段时间后方可进行评价；

4）如果砌块采用的不是一种颜色，要按设计进行搭配组砌，三方取得共识；

5）施工技术水平包括采用的施工机具、铺灰浆水平和施工误差，应满足规范和设计要求；

6）对所采用的清洁剂应以清洗效果进行确认；

7）砌体表面的斥水性应满足规范和设计的要求；

8）渗水孔的类型、间距和所采用的填充材料应符合规范和设计要求；

9）泛水材料、形状、搭接和嵌缝做法要三方取得共识；

10）锚栓和箍筋形式、箍筋间距应按设计进行；

11）钢筋直径、类型、位置和铺设准确性符合设计要求；

12）对变形缝和控制缝的嵌缝材料、颜色和施工水平进行评价；

13）隐蔽结构构件应设观察孔和清扫孔；

14）对于做承载力试验用的其他各种要求。

4.5 装饰墙面保护

4.5.1 清水砌块墙体及装饰砌块墙体施工时，应注意保护墙面防止被水泥浆或锈水污染；

4.5.2 对被污染的外墙面在竣工之前应进行墙面清洗工作。污染程度较小的可用清水刷洗，污染程度较严重的可用草酸等弱酸清洗后再用清水清洗。

装饰砌块品种、规格（一）

平面装饰砌块块型及规格（mm）

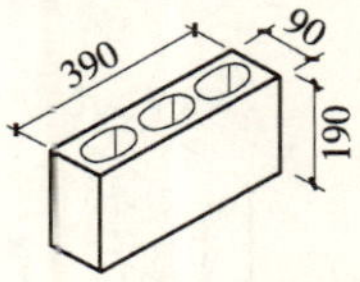	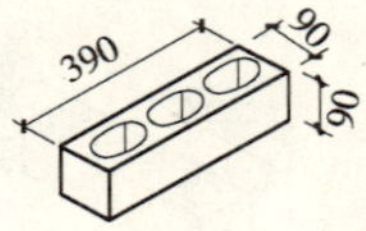	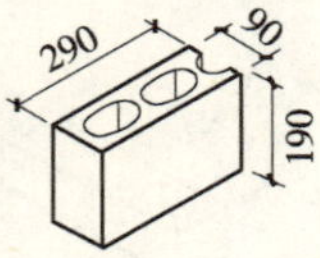	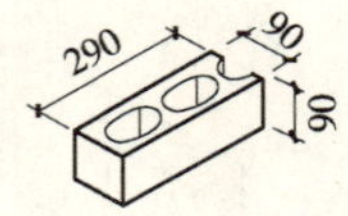	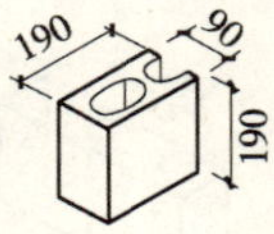
PM 平面装饰砌块（全长 主块）	PM1 平面装饰砌块90高全长墙身砌块	PM2 七分头墙身砌块用于砌体平面尺寸调整	PM3 90高七分头墙身砌块	PM4 半长墙身砌块
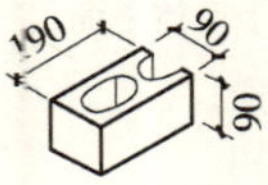	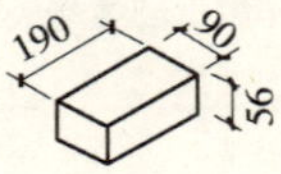	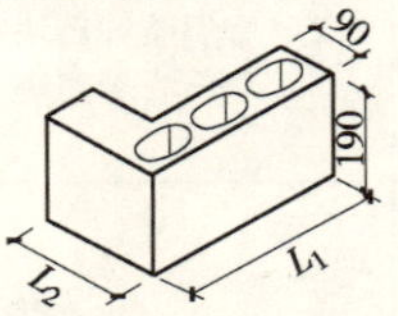	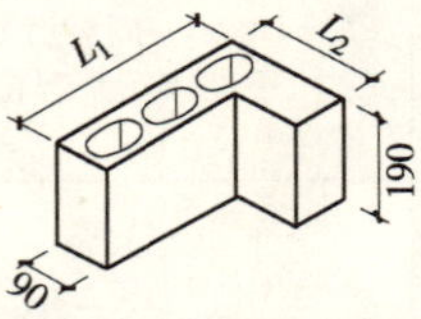	
PM5 90高半长墙身砌块	PM6 实心配块	YPM1 L形（阳角）转角砌块，用于夹芯砌体阳角时 $L_1=280+\delta$ $L_2=90+\delta$	YPM2 L形（阴角）转角砌块，用于夹芯砌体阴角时 $L_1=400-\delta$ $L_2=200-\delta$	

注：δ为保温层、空气层厚度。

装饰砌块品种、规格（二）

磨光面装饰砌块块型及规格（mm）

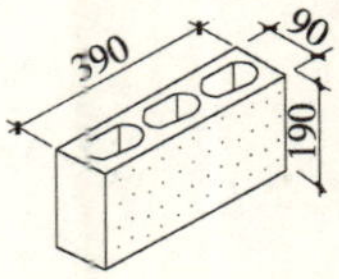	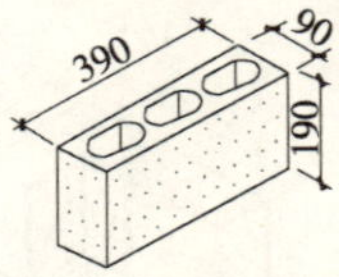	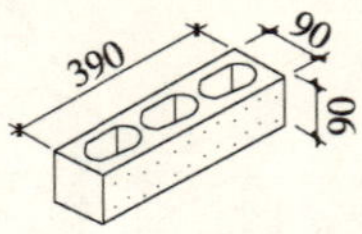	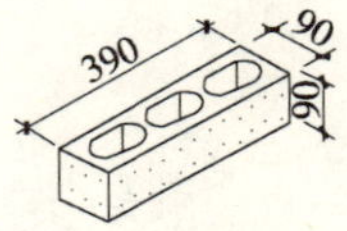	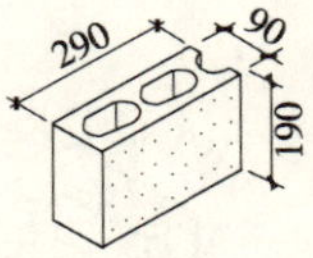
MK 磨光面装饰砌块（全长 主块）	MK1 端部一侧有磨光面用于砌体端头部位	MK2 磨光面装饰砌块90高全长墙身砌块	MK3 端部一侧有磨光面用于砌体端头部位	MK4 七分头墙身砌块用于砌体平面尺寸调整
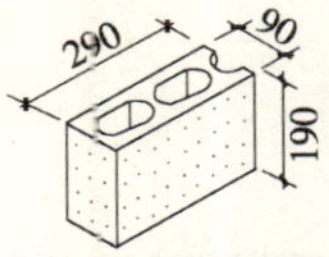	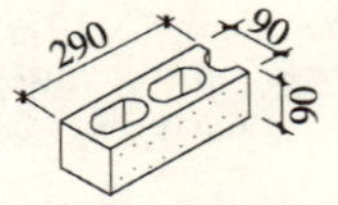	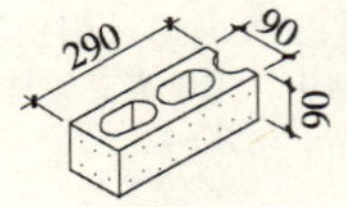	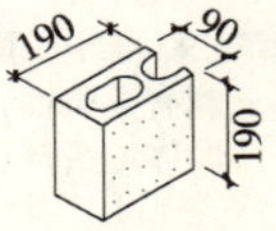	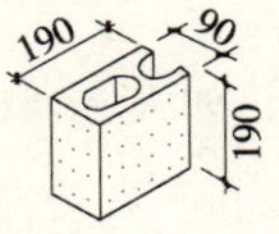
MK5 七分头配块，端部一侧有磨光面，用于砌体端头部位	MK6 90高七分头墙身砌块	MK7 90高七分头配块，端部一侧有磨光面，用于砌体端头部位	MK8 半长墙身砌块	MK9 半长配块，端部一侧有磨光面，用于砌体端头部位

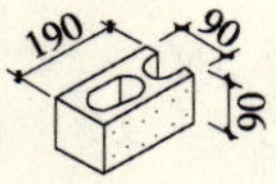	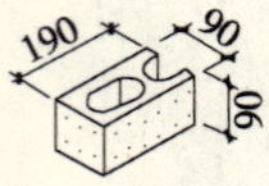	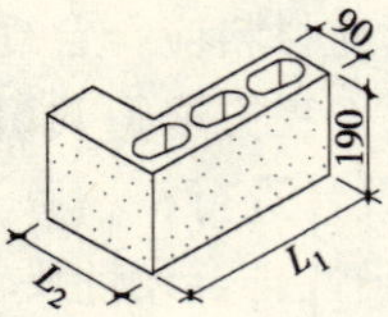	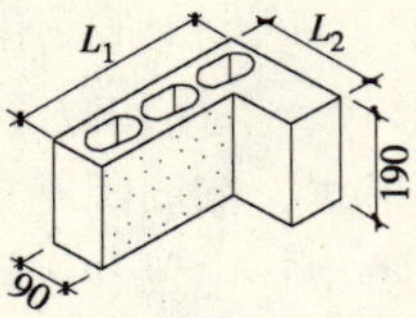	
MK6　90 高半长墙身砌块	MK7　90 高半长配块，端部一侧有磨光面，用于砌体端头部位	YMK1　L 形（阳角）转角砌块，用于夹芯砌体阳角时 $L_1=280+\delta$　$L_2=90+\delta$	YMK2　L 形（阴角）转角砌块，用于夹芯砌体阴角时 $L_1=400-\delta$　$L_2=200-\delta$	

注：δ 为保温层、空气层厚度。

装饰砌块品种、规格（三）

方格劈裂装饰砌块块型及规格（mm）

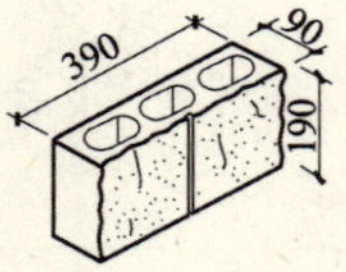	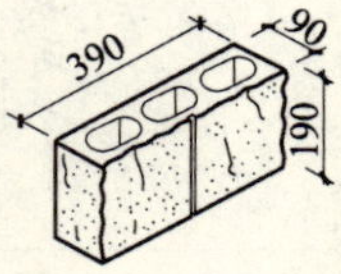	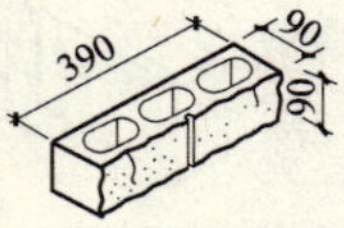	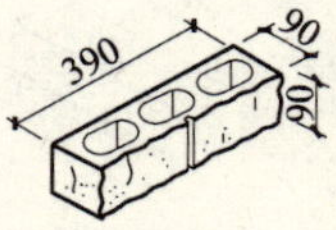	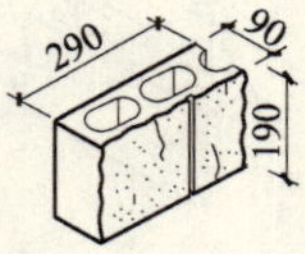
PL　劈裂装饰砌块（全长　主块）	PL1　端部一侧有劈裂面用于砌体端头部位	PL2　劈裂装饰砌块 90 高全长墙身砌块	PL3　端部一侧有劈裂面用于砌体端头部位	PL4　七分头墙身砌块用于砌体平面尺寸调整
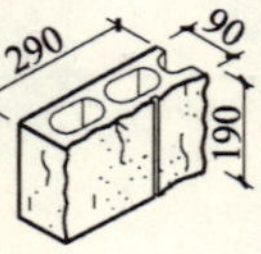	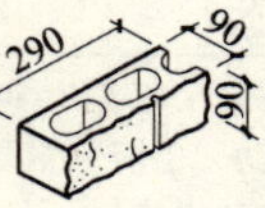	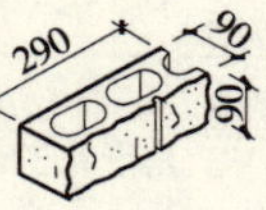	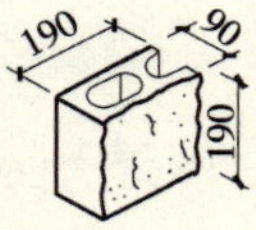	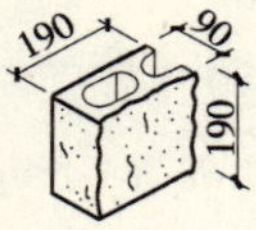
PL5　七分头配块、端部一侧有劈裂面，用于砌体端头部位	PL6　90 高七分头墙身砌块	PL7　90 高七分头配块，端部一侧有劈裂面，用于砌体端头部位	PL8　半长墙身砌块	PL9　半长配块，端部一侧有劈裂面，用于砌体端头部位
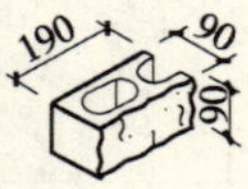		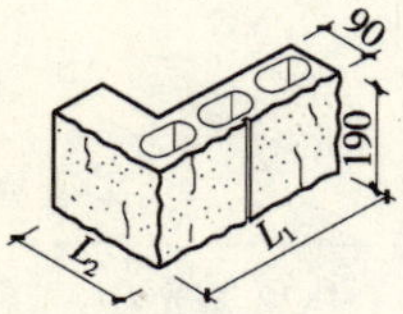	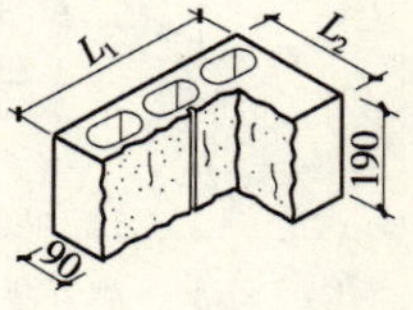	
PL6　90 高半长墙身砌块	PL7　90 高半长配块，端部一侧有劈裂面，用于砌体端头部位	YPL1　L 形（阳角）转角砌块，用于夹芯砌体阳角时 $L_1=280+\delta$　$L_2=90+\delta$	YPL2　L 形（阴角）转角砌块，用于夹芯砌体阴角时 $L_1=400-\delta$　$L_2=200-\delta$	

注：δ 为保温层、空气层厚度。

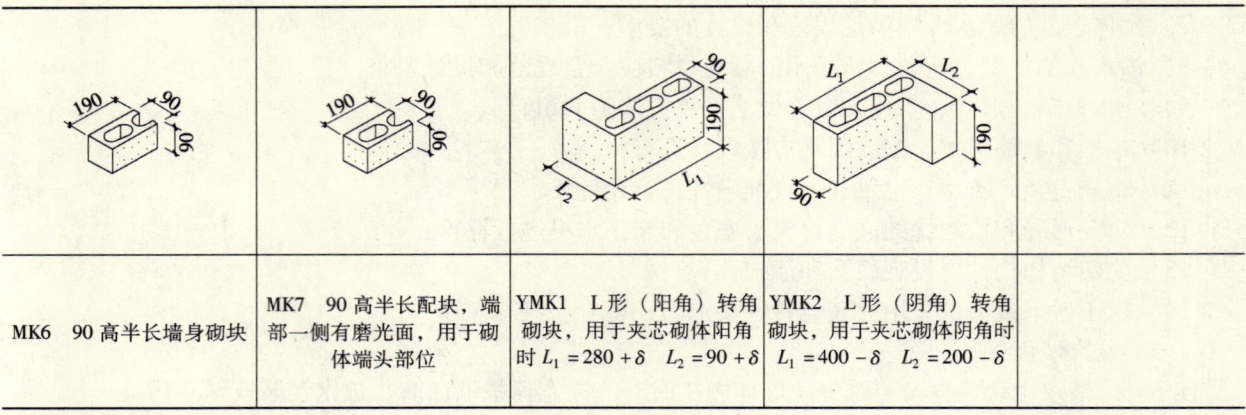

装饰砌块品种、规格（四）

方格平面装饰砌块块型及规格（mm）

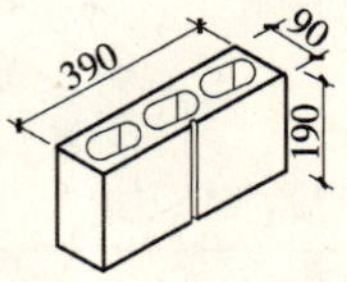	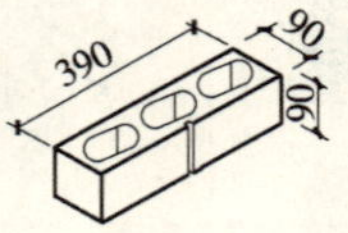	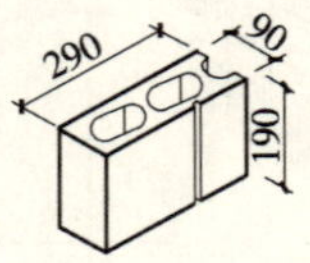	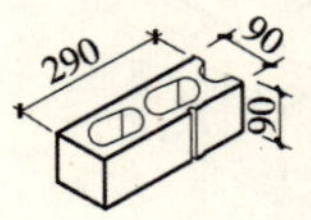
FP 方格平面装饰砌块（全长 主块）	FP1 方格平面装饰砌块 90 高全长墙身砌块	FP2 七分头墙身砌块用于砌体平面尺寸调整	FP3 90 高七分头墙身砌块
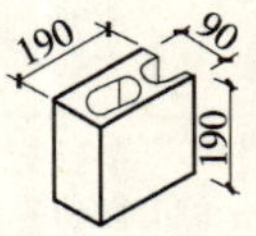	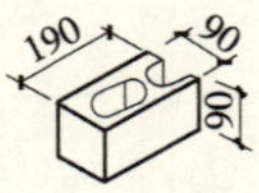	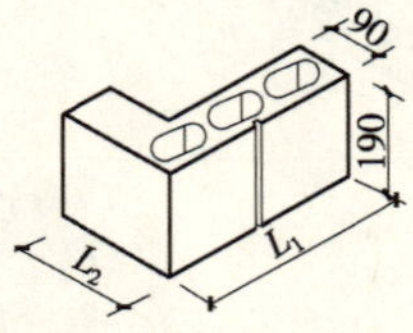	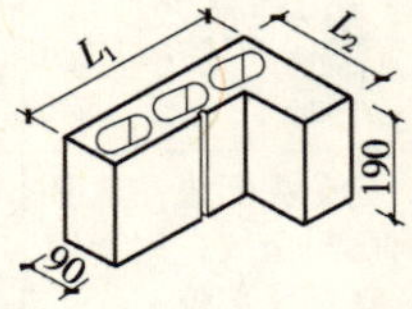
FP4 半长墙身砌块	FP5 90 高半长墙身砌块	YFP1 L 形（阳角）转角砌块，用于夹芯砌体阳角时 $L_1=280+\delta$　$L_2=90+\delta$	YFP2 L 形（阴角）转角砌块，用于夹芯砌体阴角时 $L_1=400-\delta$　$L_2=200-\delta$

注：δ 为保温层、空气层厚度。

装饰砌块品种、规格（五）

劈裂装饰砌块块型及规格（mm）

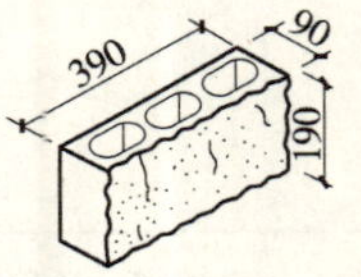	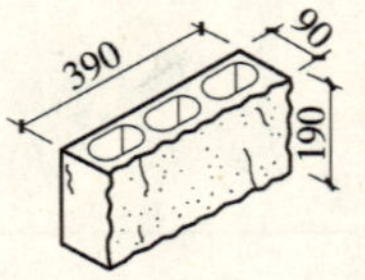	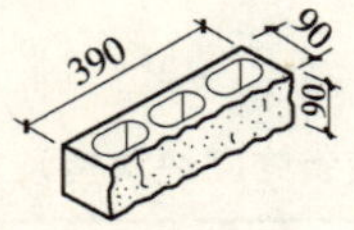	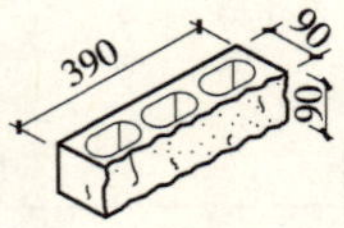	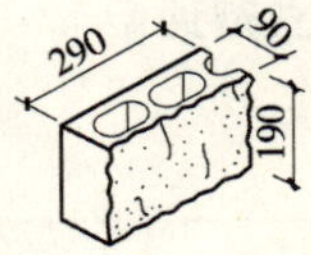
PF 方格劈裂装饰砌块（全长 主块）	PF1 端部一侧有劈裂面用于砌体端头部位	PF2 方格劈裂装饰砌块 90 高，全长墙身砌块	PF3 端部一侧有劈裂面用于砌体端头部位	PF4 七分头墙身砌块用于砌体平面尺寸调整
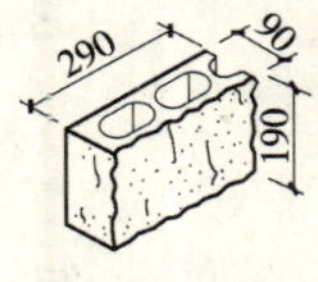	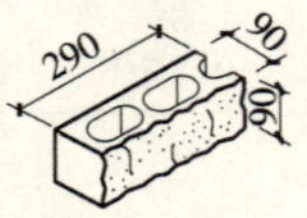	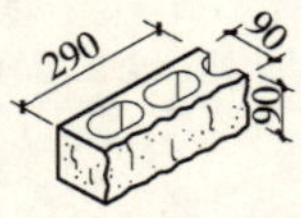	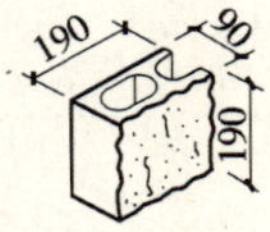	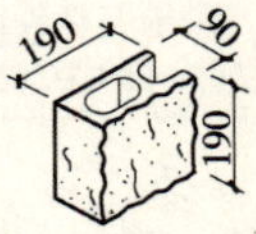
PF5 七分头配块，端部一侧有劈裂面，用于砌体端头部位	PF6 90 高七分头墙身砌块	PF7 90 高七分头配块，端部一侧有劈裂面，用于砌体端头部位	PF8 半长墙身砌块	PF9 半长配块，端部一侧有劈裂面，用于砌体端头部位
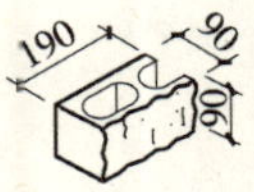	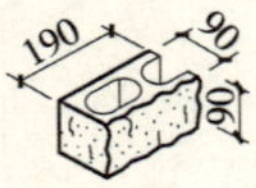	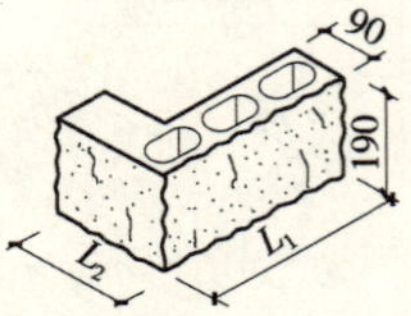	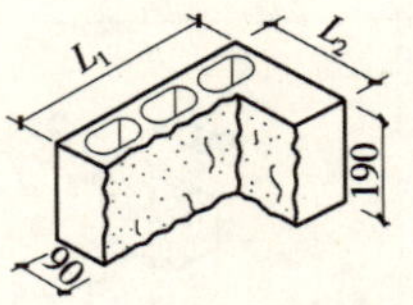	
PF6 90 高半长墙身砌块	PF7 90 高半长配块，端部一侧有劈裂面，用于砌体端头部位	YPF1 L 形（阳角）转角砌块，用于夹芯砌体阳角时 $L_1=280+\delta$　$L_2=90+\delta$	YPF2 L 形（阴角）转角砌块，用于夹芯砌体阴角时 $L_1=400-\delta$　$L_2=200-\delta$	

注：δ 为保温层、空气层厚度。

装饰砌块品种、规格（六）

随机条纹装饰砌块块型及规格（mm）

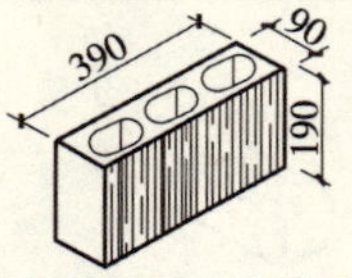	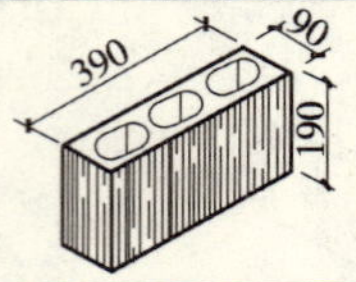	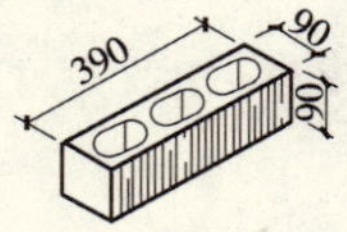	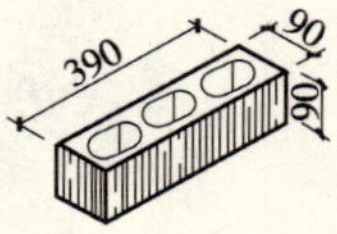	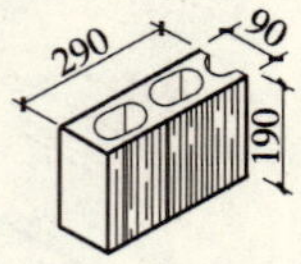
TW　随机条纹装饰砌块（全长　主块）	TW1　端部一侧有随机条纹用于砌体端头部位	TW2　随机条纹装饰砌块 90 高全长墙身砌块	TW3　端部一侧有随机条纹用于砌体端头部位	TW4　七分头墙身砌块用于砌体平面尺寸调整
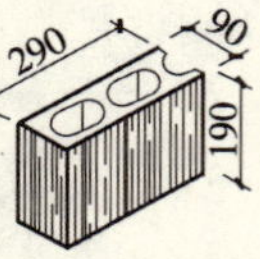	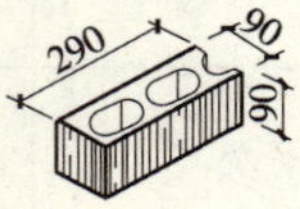	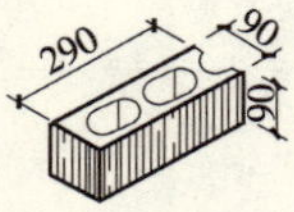	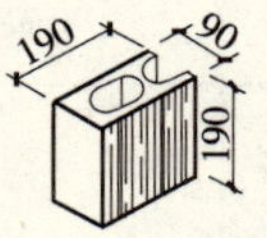	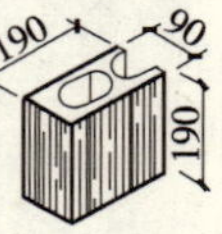
TW5　七分头配块，端部一侧有随机条纹，用于砌体端头部位	TW6　90 高七分头墙身砌块	TW7　90 高七分头配块，端部一侧有随机条纹，用于砌体端头部位	TW8　半长墙身砌块	TW9　半长配块，端部一侧有随机条纹，用于砌体端头部位
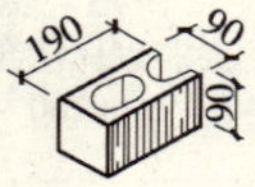	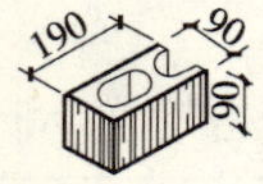	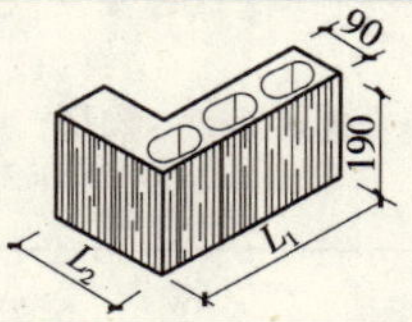	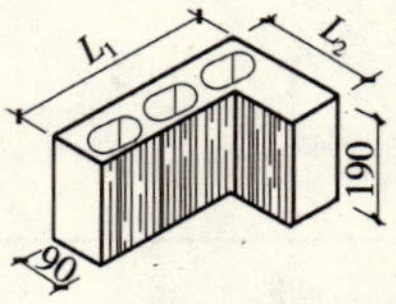	
TW6　90 高半长墙身砌块	TW7　90 高半长配块，端部一侧有随机条纹，用于砌体端头部位	YTW1　L 形（阳角）转角砌块，用于夹心砌体阳角时 $L_1=280+\delta$　$L_2=90+\delta$	YTW2　L 形（阴角）转角砌块，用于夹芯砌体阴角时 $L_1=400-\delta$　$L_2=200-\delta$	

注：δ 为保温层、空气层厚度。

装饰砌块品种、规格（七）

沟槽劈裂装饰砌块块型及规格（mm）

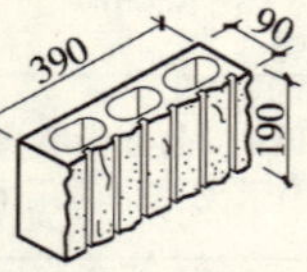	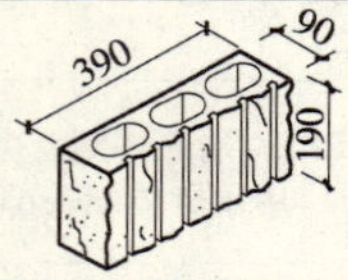	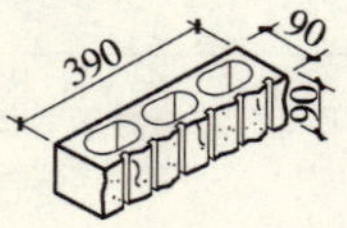	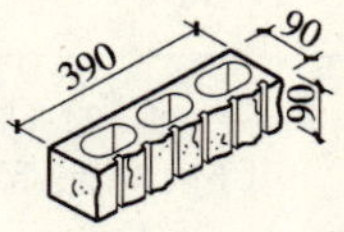	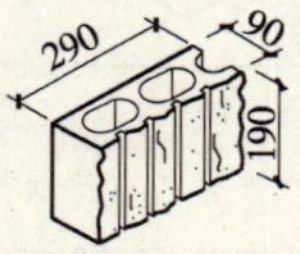
PC　沟槽劈裂装饰砌块（全长　主块）	PC1　端部一侧有劈裂面用于砌体端头部位	PC2　沟槽劈裂装饰砌块 90 高，全长墙身砌块	PC3　端部一侧有劈裂面用于砌体端头部位	PC4　七分头墙身砌块用于砌体平面尺寸调整
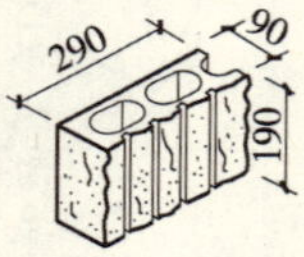	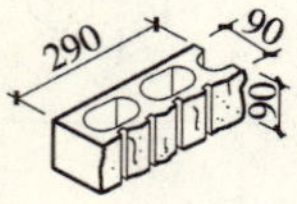	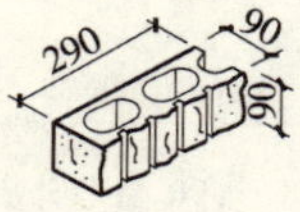	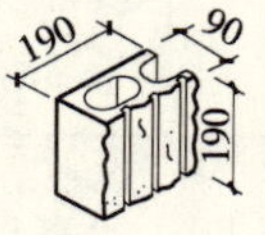	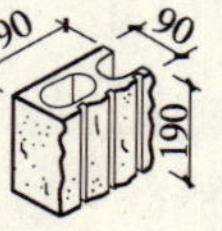
PC5　七分头配块，端部一侧有劈裂面，用于砌体端头部位	PC6　90 高七分头墙身砌块	PC7　90 高七分头配块，端部一侧有劈裂面，用于砌体端头部位	PC8　半长墙身砌块	PC9　半长配块，端部一侧有劈裂面，用于砌体端头部位
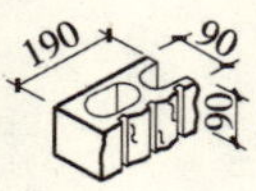	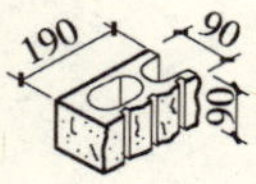	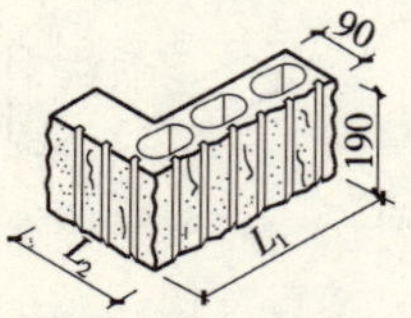	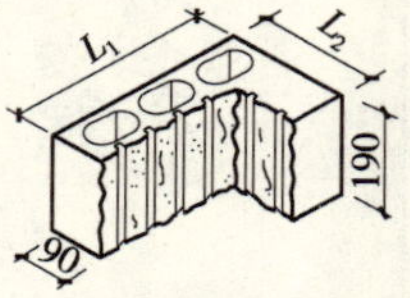	
PC6　90 高半长墙身砌块	PC7　90 高半长配块，端部一侧有劈裂面，用于砌体端头部位	YPC1　L 形（阳角）转角砌块，用于夹芯砌体阳角时 $L_1=280+\delta$　$L_2=90+\delta$	YPC2　L 形（阴角）转角砌块，用于夹芯砌体阴角时 $L_1=400-\delta$　$L_2=200-\delta$	

注：δ 为保温层、空气层厚度。

平面示例详图示意

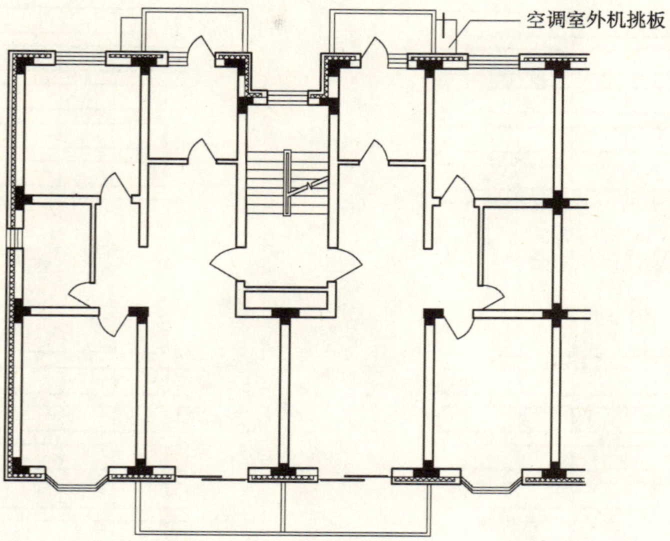

平面示例

装饰砌块立面排砌组合（一）

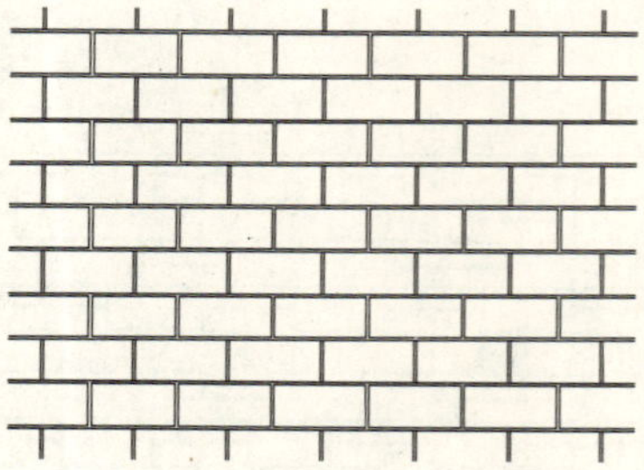

① 平面装饰砌块组合

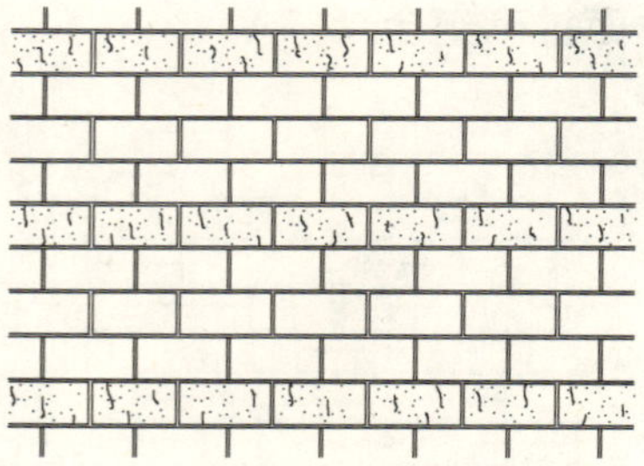

② 平面装饰砌块与劈裂装饰砌块组合

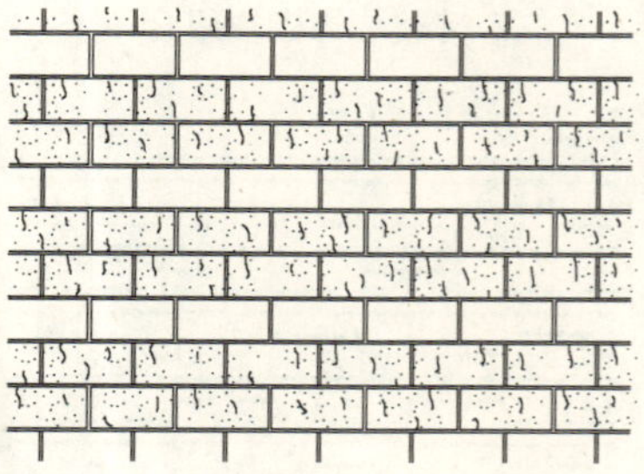

③ 平面装饰砌块与劈裂装饰砌块组合

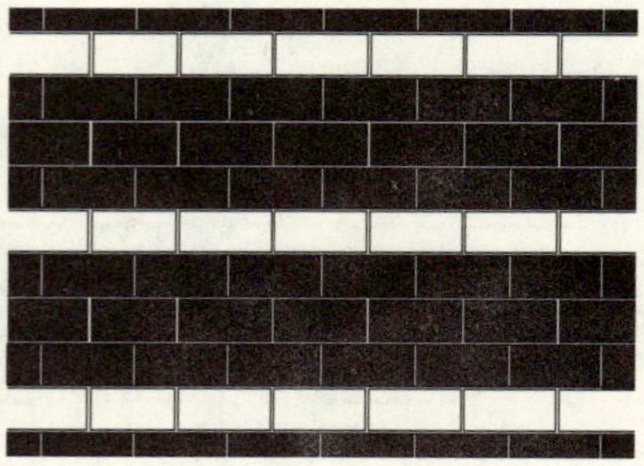

④ 平面装饰砌块不同颜色组合

注：1. 本图根据装饰砌块品种、规格（一）~（七）排砌组合。
2. 装饰砌块颜色品种由设计人确定。

装饰砌块立面排砌组合（二）

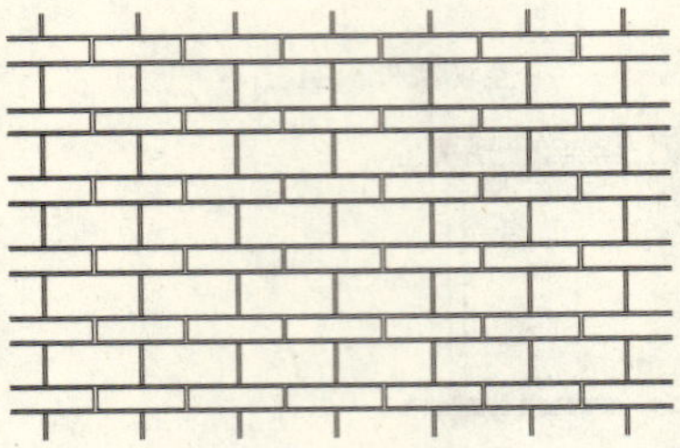

① 平面装饰砌块组合

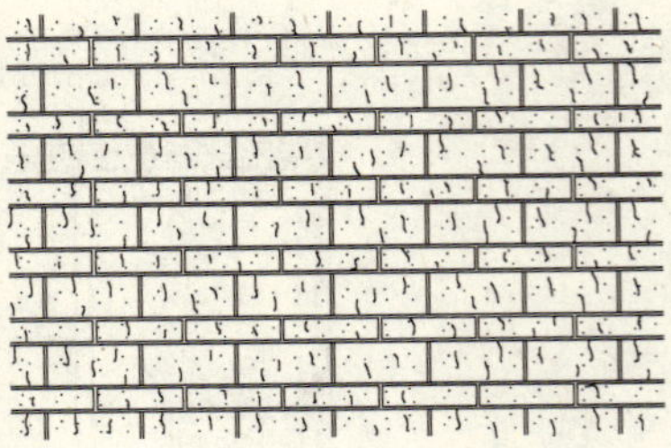

② 劈裂装饰砌块组合

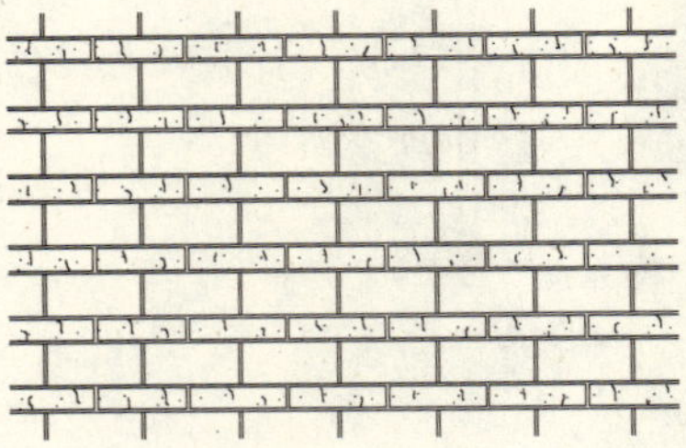

③ 平面装饰砌块与劈裂装饰砌块组合

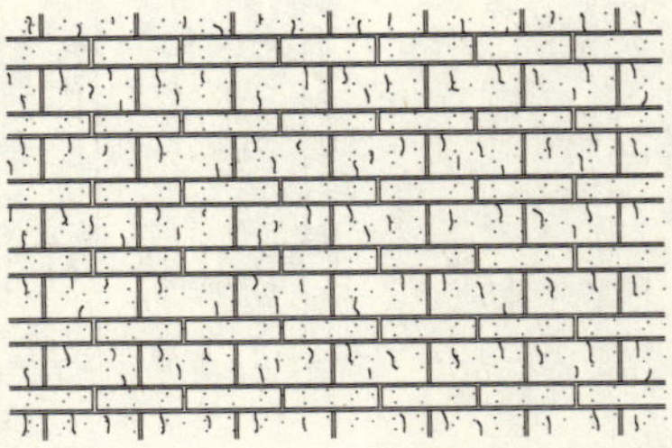

④ 平面装饰砌块与劈裂装饰砌块组合

注：1. 本图根据装饰砌块品种、规格（一）~（七）排砌组合。
2. 装饰砌块颜色品种由设计人确定。

装饰砌块立面排砌组合（三）

① 平面装饰砌块组合

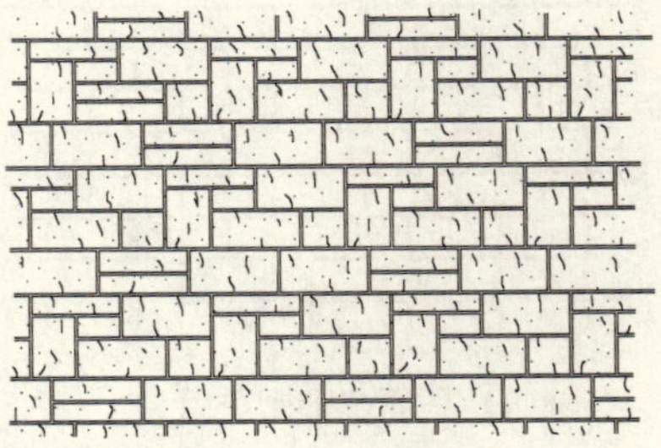

② 劈裂装饰砌块组合

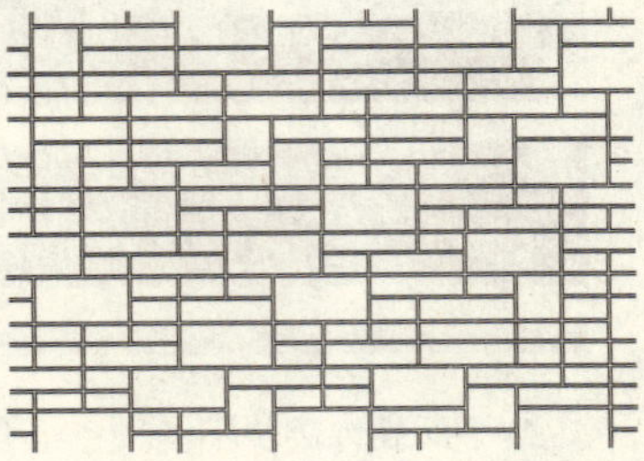

③ 平面装饰砌块组合

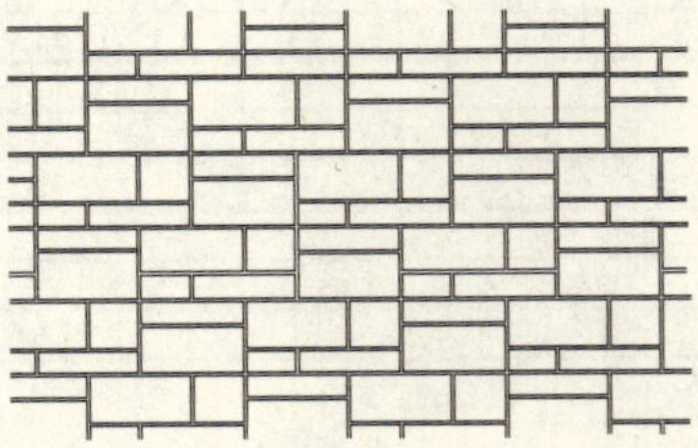

④ 平面装饰砌块组合

注：1. 本图根据装饰砌块品种、规格（一）~（七）排砌组合。
2. 装饰砌块颜色品种由设计人确定。

墙身勒脚、防潮层

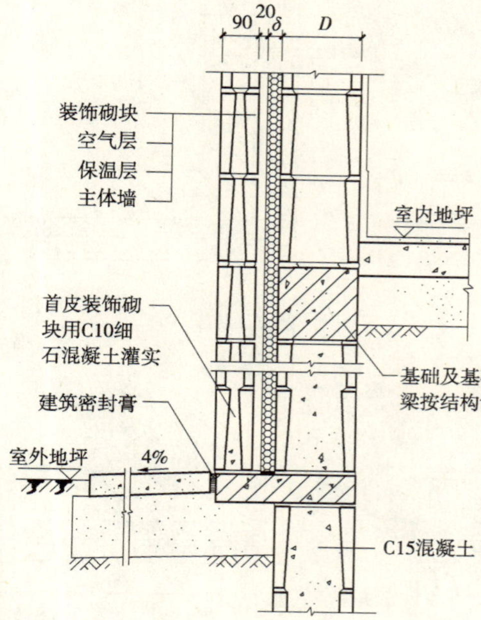

① 有空气层

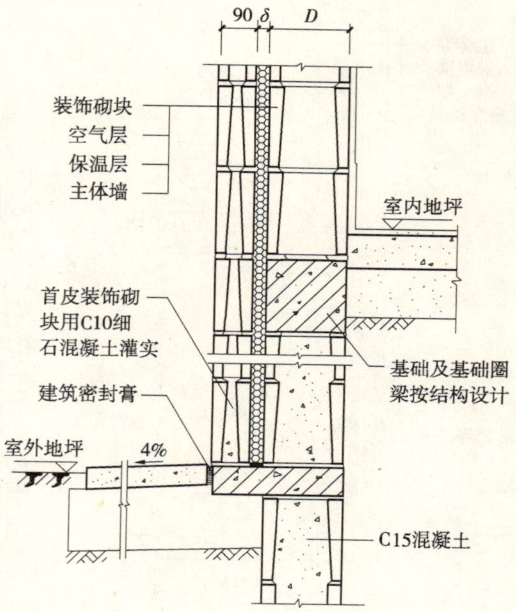

② 无空气层

注：1. 图中δ、D按工程设计。

2. 本图节点①用于聚苯板、挤塑型聚苯板、岩棉板等板材保温材料；节点②用于聚氨酯、氨基树脂等发泡保温材料。

3. 墙身防潮层按工程设计，如其高度位置有圈梁时不另设防潮层。

外墙阳角

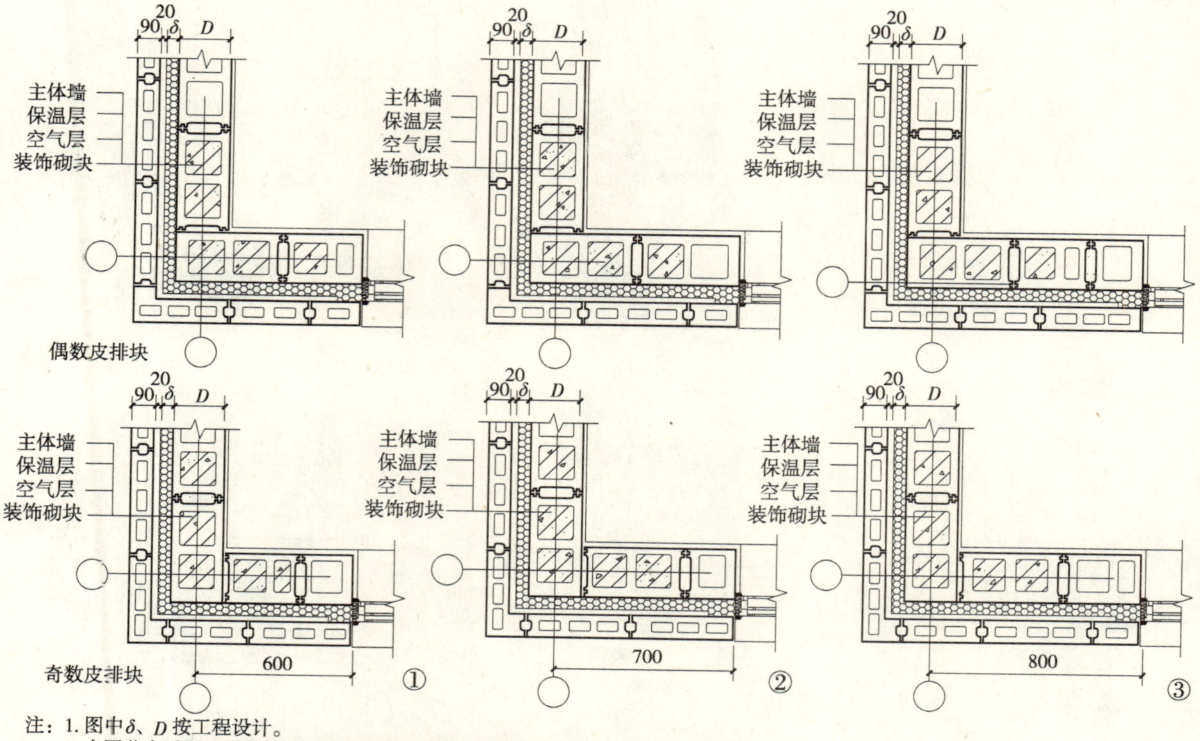

注：1. 图中δ、D 按工程设计。

2. 本图节点适用于聚苯板，挤塑聚苯板，岩棉板等板材保温材料。

3. ∟形（阳角）转角砌块尺寸根据实际保温层厚度δ按本图集B5～B11要求，由现场切割或生产厂加工。

4. 门窗侧口不同构造处理，可参照本图集相关部分，由设计人结合具体工程自行确定。

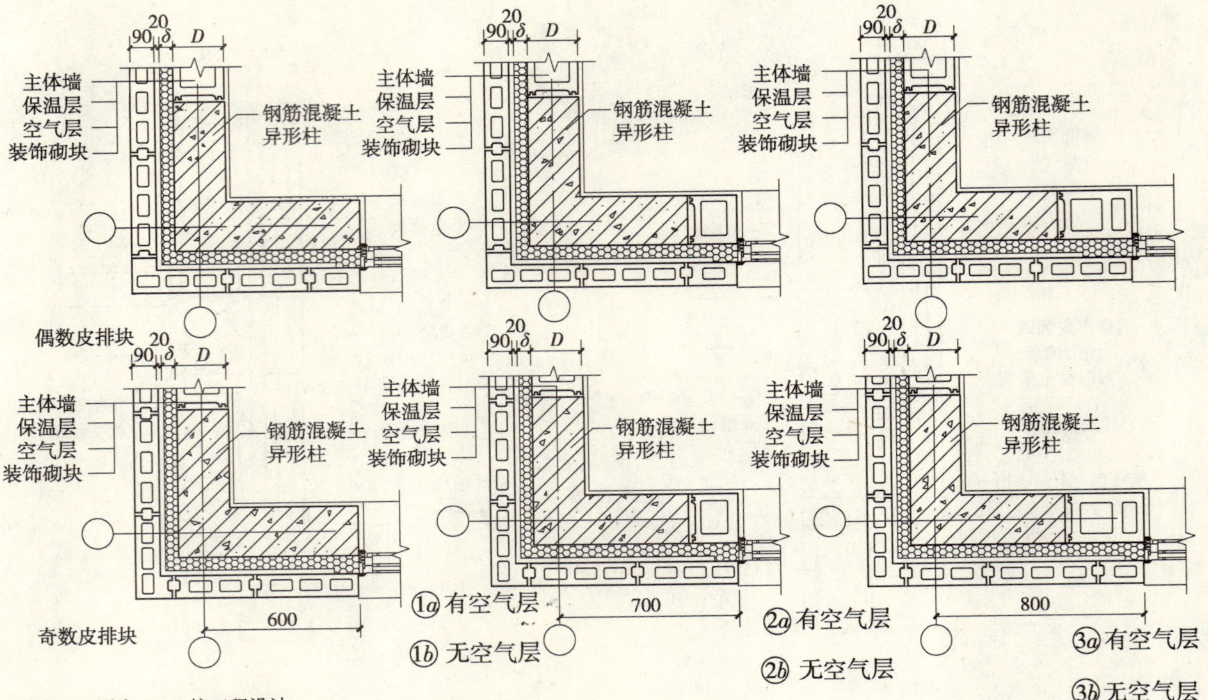

注：1. 图中 δ 、D按工程设计。

2. 本图节点①a、②a、③a 适用于聚苯板、挤塑聚苯板、岩棉板等板材保温材料。节点①b、②b、③b 适用于聚氨酯、氨基树脂等发泡保温材料。

3. 图中L形（阳角）转角砌块尺寸，根据设计保温层厚度 δ，可按本图集相关要求，由现场切割或生产厂加工。

4. 门窗侧口不同构造处理，可参照本图集相关部分，由设计人结合具体工程自行确定。

外墙阴角

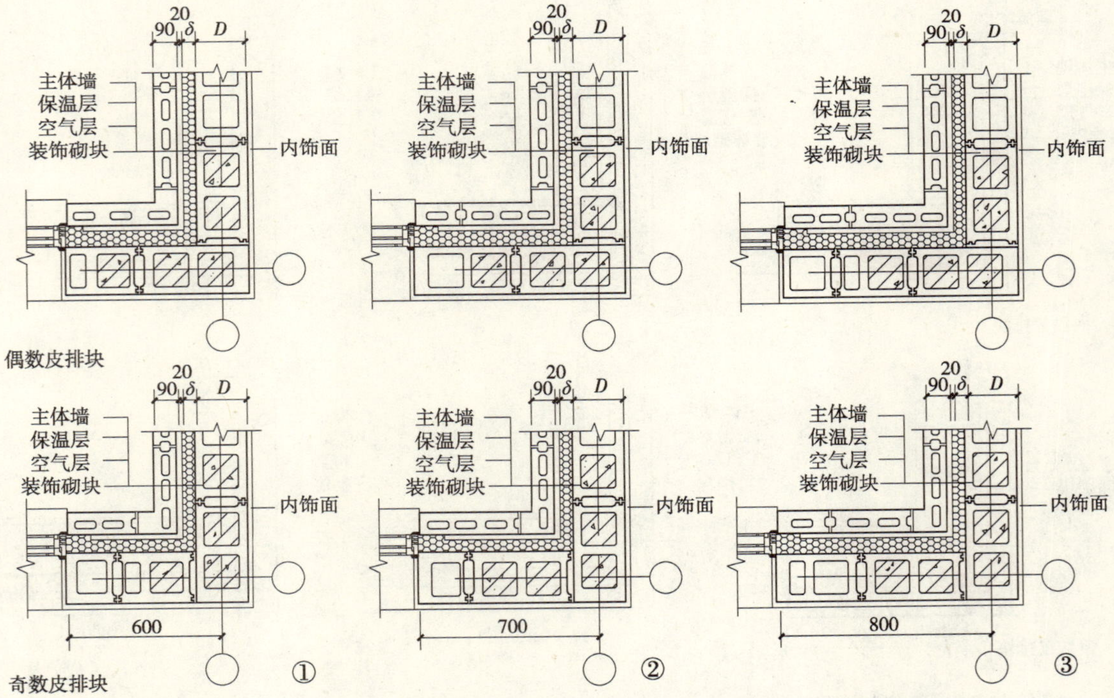

注：1. 图中 δ、D按工程设计。

2. 本图节点适用于聚苯板，挤塑聚苯板，岩棉板等板材保温材料。

3. L形（阴角）转角砌块尺寸根据实际保温层厚度 δ 按本图集相关内容要求，由现场切割或生产厂加工。

4. 门窗侧口不同构造处理，可参照本图集相关部分，由设计人结合具体工程自行确定。

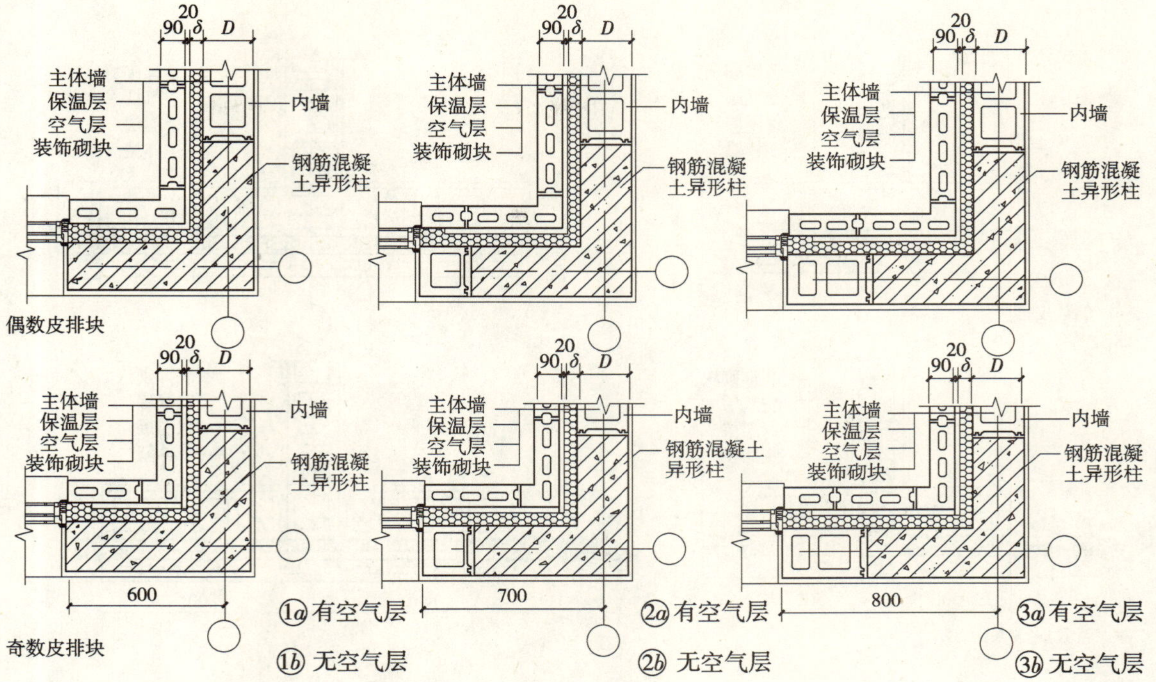

注：1. 图中 δ、D按工程设计。
2. 本图节点①a、②a、③a 适用于聚苯板、挤塑聚苯板、岩棉板等板材保温材料。
节点①b、②b、③b 适用于聚氨酯、氨基树脂等发泡保温材料。
3. 图中L形（阴角）转角砌块尺寸，根据设计保温层厚度δ，可按本图集相关要求由现场切割或生产厂加工。
4. 门窗侧口不同构造处理，可参照本图集相关部分，由设计人结合具体工程自行确定。

外墙丁字墙

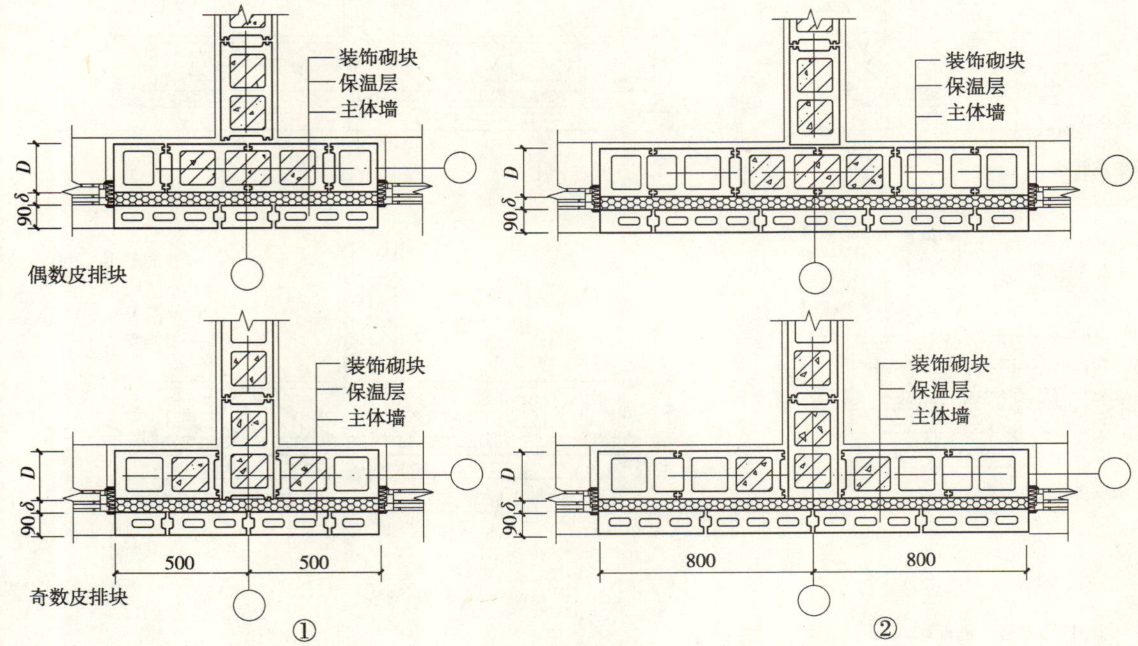

注：1. 图中 δ、D 按工程设计。
2. 本图节点适用于聚氨酯、氨基树脂等发泡保温材料。
3. 门窗侧口不同构造处理，可参照本图集相关部分，由设计人结合具体工程自行确定。

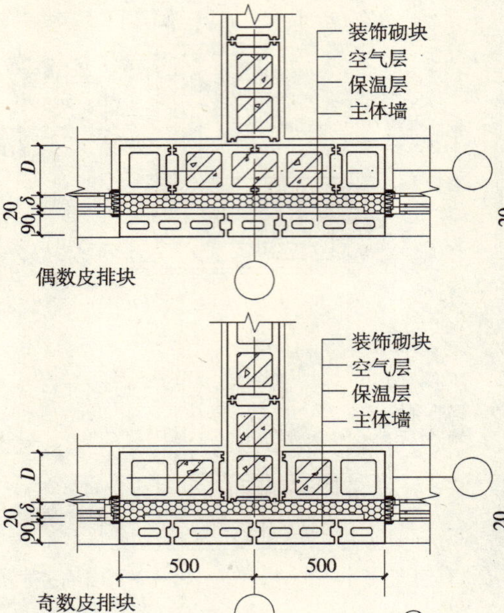

③

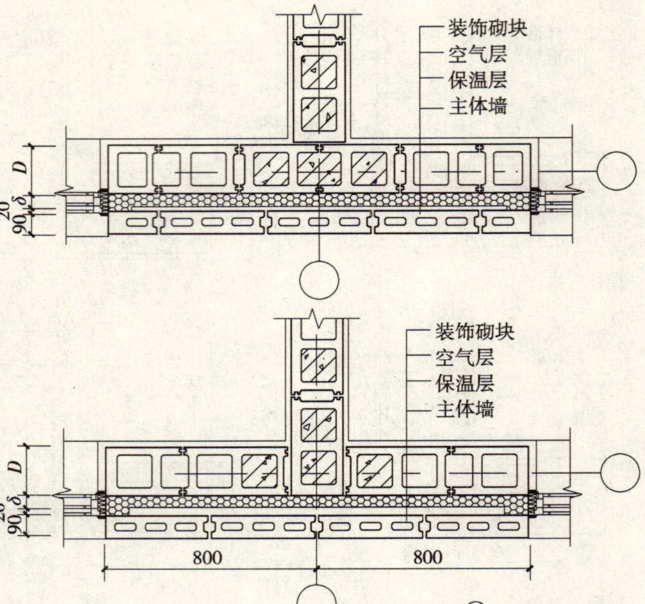

④

注：1. 图中 δ、D 按工程设计。
2. 本图节点适用于聚苯板，挤塑聚苯板，岩棉板等板材保温材料。
3. 门窗侧口不同构造处理，可参照本图集相关部分，由设计人结合具体工程自行确定。

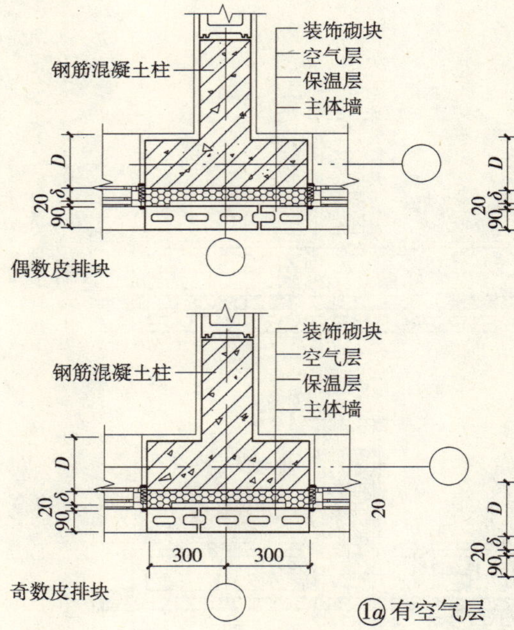

①a 有空气层

①b 无空气层

⑤

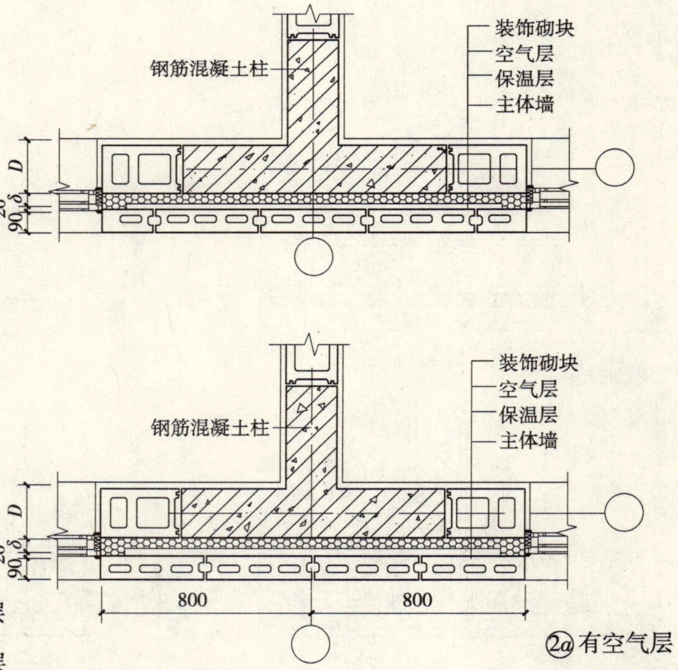

⑥

②a 有空气层

②b 无空气层

注：1. 图中 δ、D 按工程设计。
2. 本图节点①a、②a 适用于聚苯板、挤塑聚苯板、岩棉板等板材保温材料。节点①b、②b 适用于聚氨酯、氨基树脂等发泡保温材料。
3. 门窗侧口不同构造处理，可参照本图集相关部分，由设计人结合具体工程自行确定。

门窗侧口

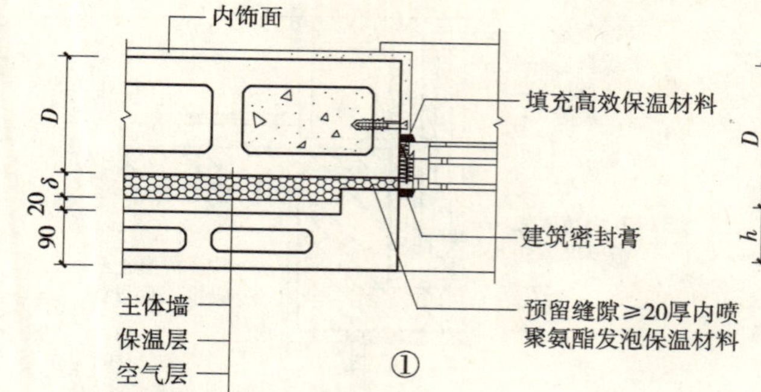

①

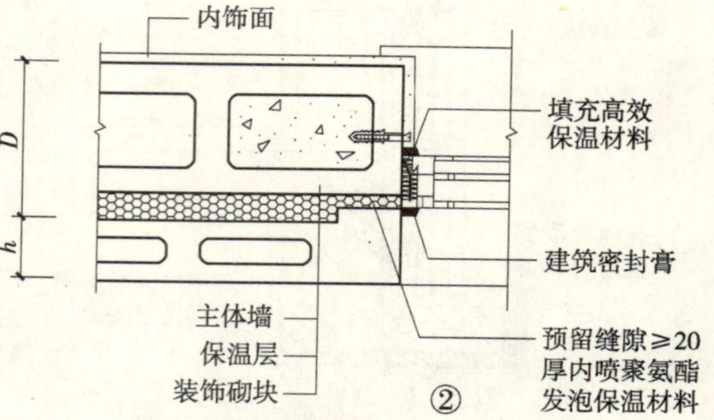

②

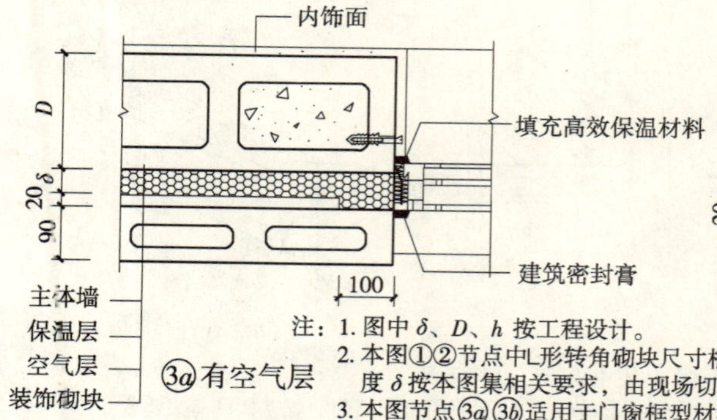

③a 有空气层

③b 无空气层

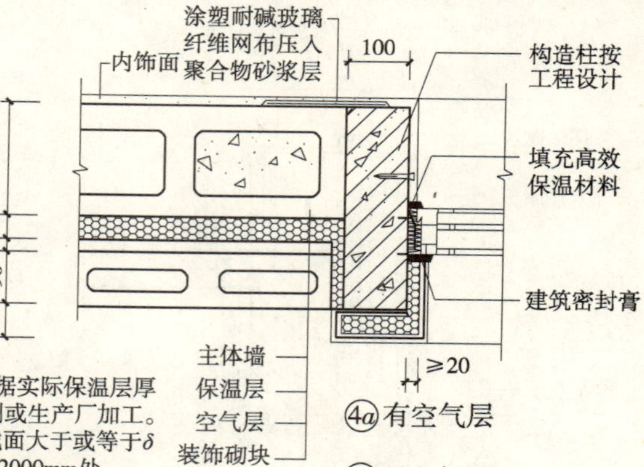

④a 有空气层

④b 无空气层

注：1. 图中 δ、D、h 按工程设计。
2. 本图①②节点中L形转角砌块尺寸根据实际保温层厚度 δ 按本图集相关要求，由现场切割或生产厂加工。
3. 本图节点③a ③b适用于门窗框型材截面大于或等于δ（保温层厚度），且门窗洞口宽小于2000mm处。
4. 本图节点④a ④b用于门窗洞口宽度大于2000mm，洞口两侧设构造柱处。

门窗上口

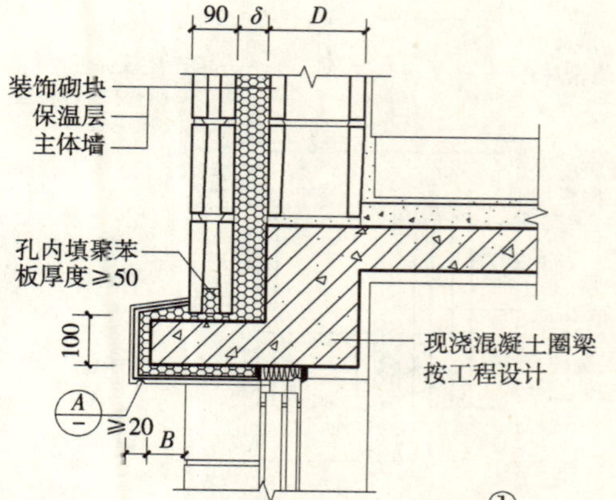

①

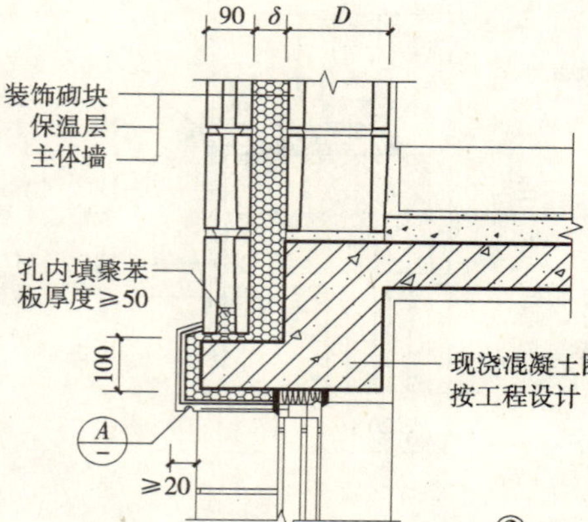

②

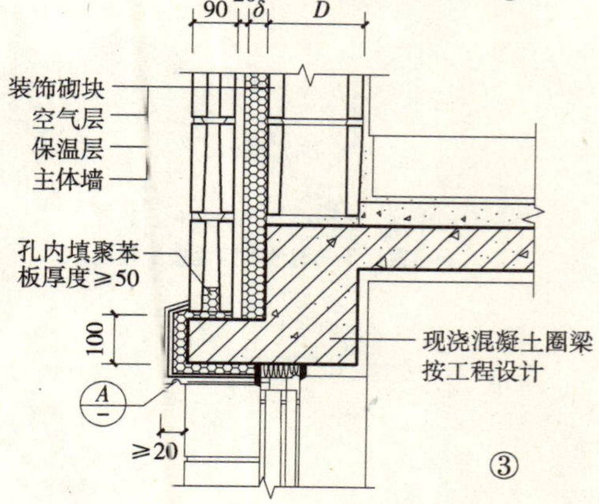

③

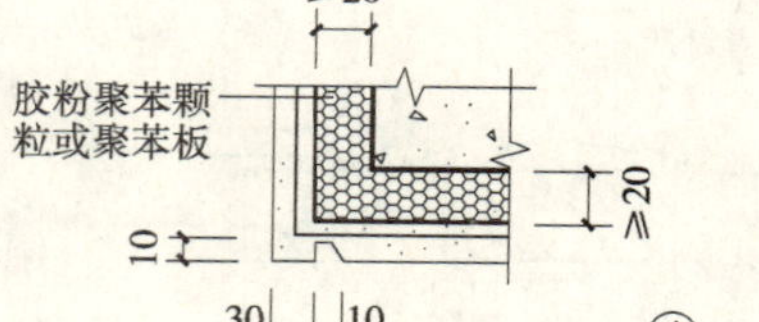

Ⓐ

注：1. 图中 δ、B、D 按工程设计。
2. 本图节点①、②适用于聚氨酯、氨基树脂等发泡保温材料。
3. 本图节点③适用于聚苯板、岩棉板等板材保温材料。

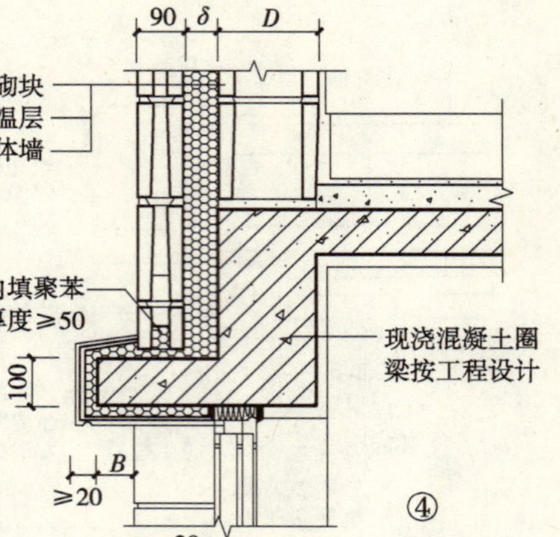

④

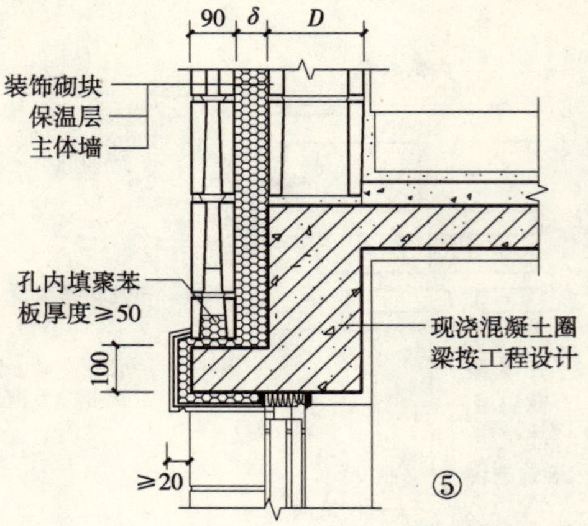

⑤

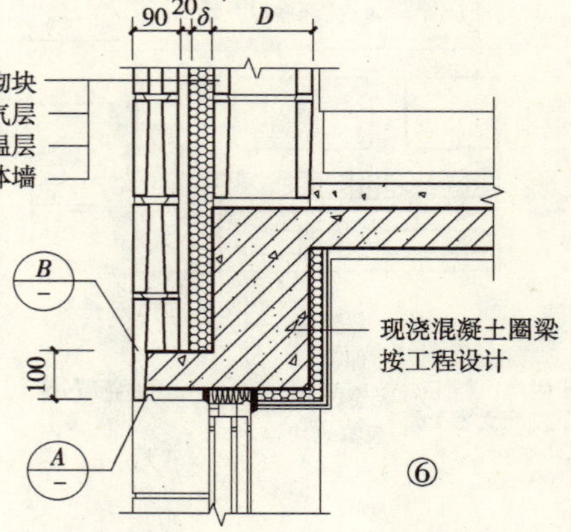

⑥

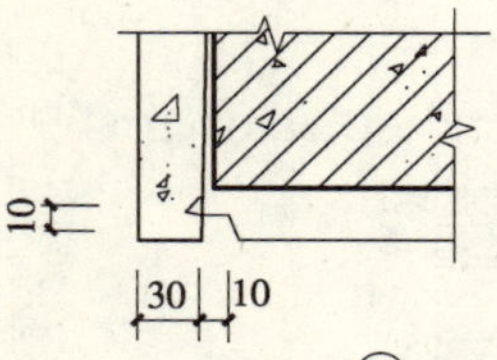

A

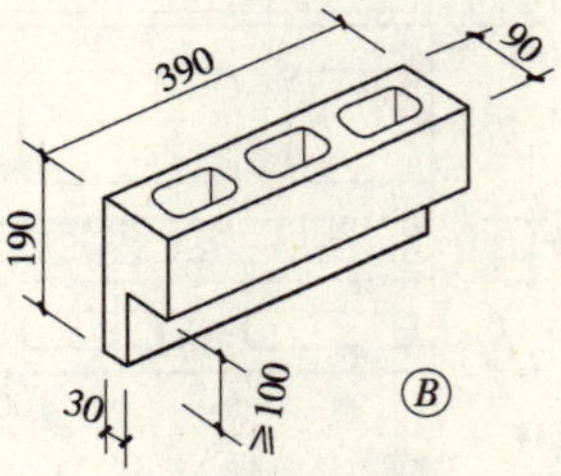

B

注：1. 图中 δ、B、D 按工程设计。
2. 本图节点①、②适用于聚氨酯、氨基树脂等发泡保温材料。
3. 本图节点③适用于聚苯板、岩棉板等板材保温材料。

窗　台

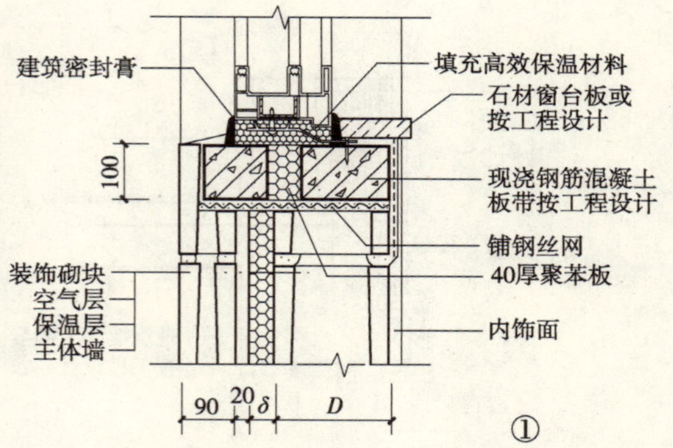

①

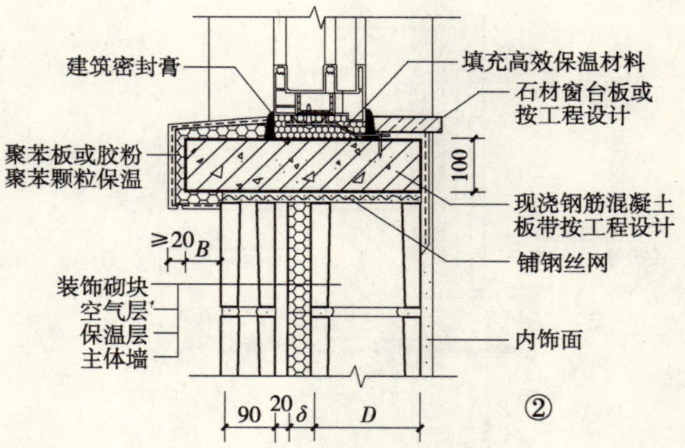

②

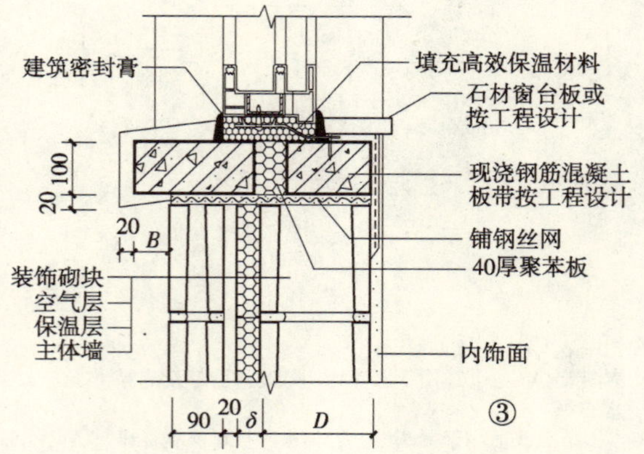

③

注：
1. 图中 δ、B、D 按工程设计。
2. 石材窗台板的材质及颜色按工程设计。

凸窗详图

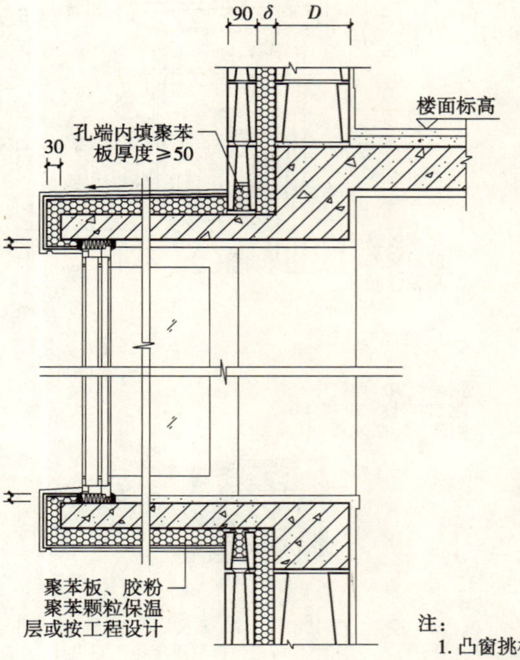

1—1

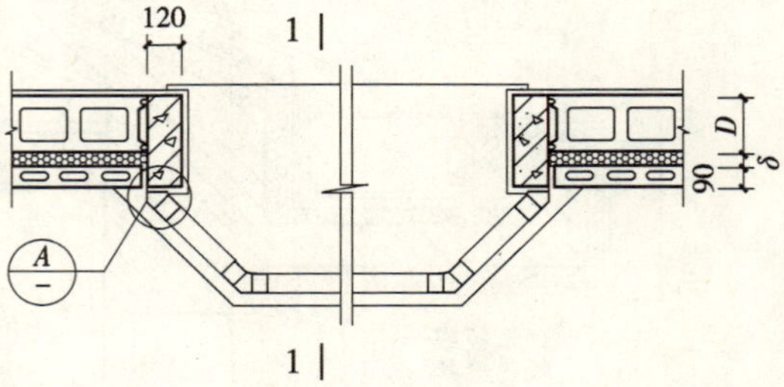

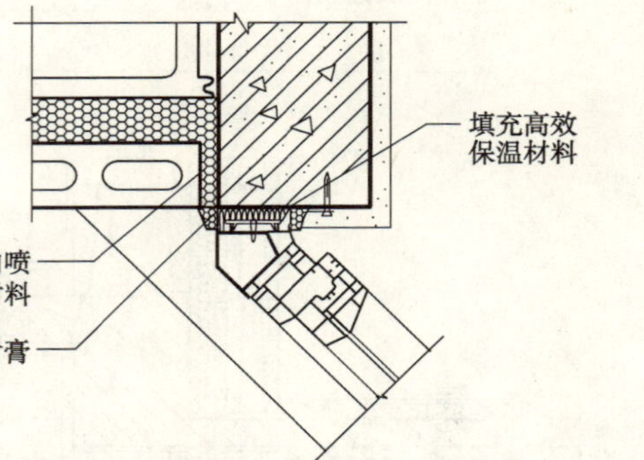

Ⓐ

注：

1. 凸窗挑板尺寸及 δ、D 按工程设计。
2. 凸窗挑板保温层厚度应符合本地区建筑节能要求，且不小于30mm。

外墙节点

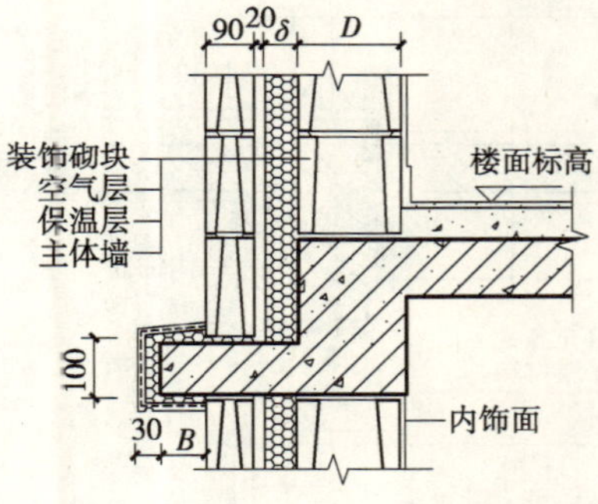

① 有空气层

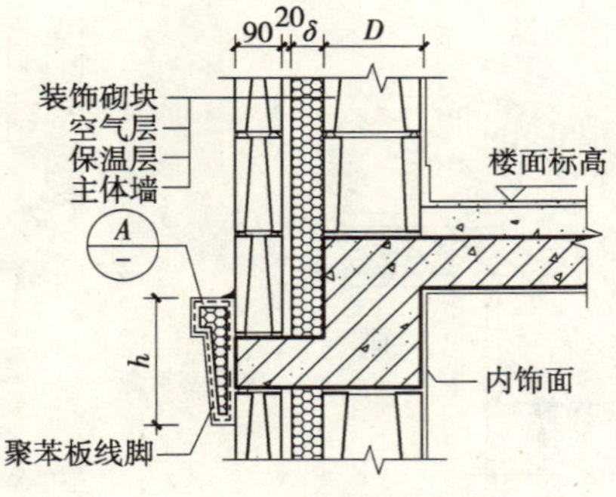

③ 有空气层

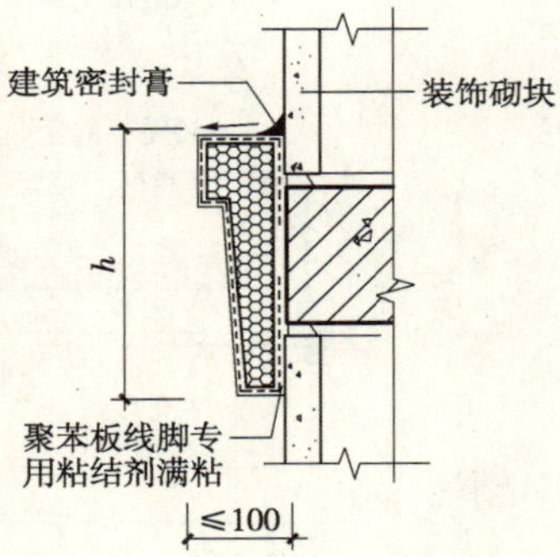

Ⓐ

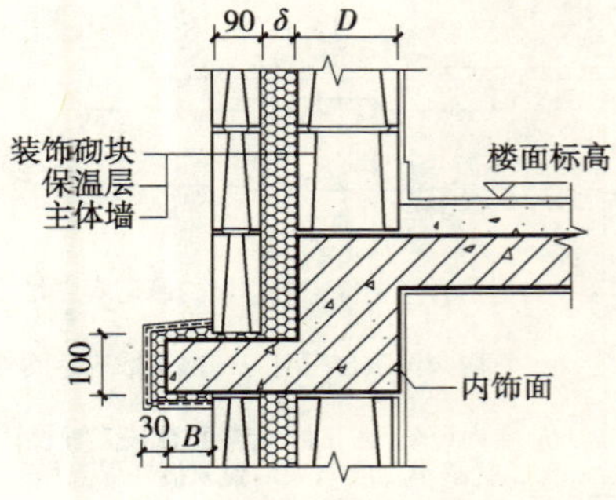

② 无空气层

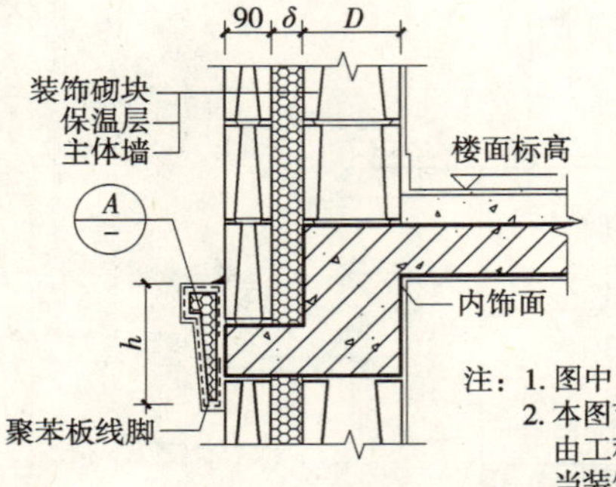

④ 无空气层

注：1. 图中 δ、B、D 按工程设计。
2. 本图节点Ⓐ线脚高度h及聚苯板成品装饰线脚由工程设计确定。其聚苯板最薄处≥30mm。当装饰线脚凸出外墙大于100mm时，辅以膨胀螺栓固定。

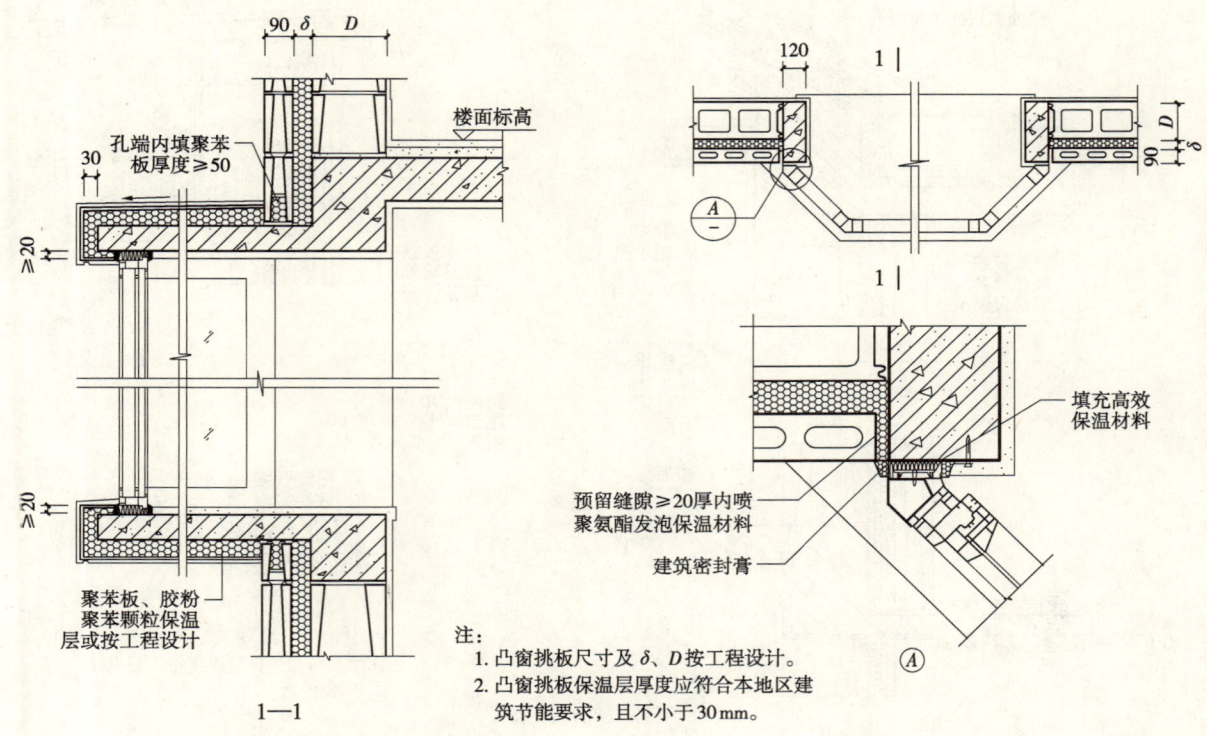

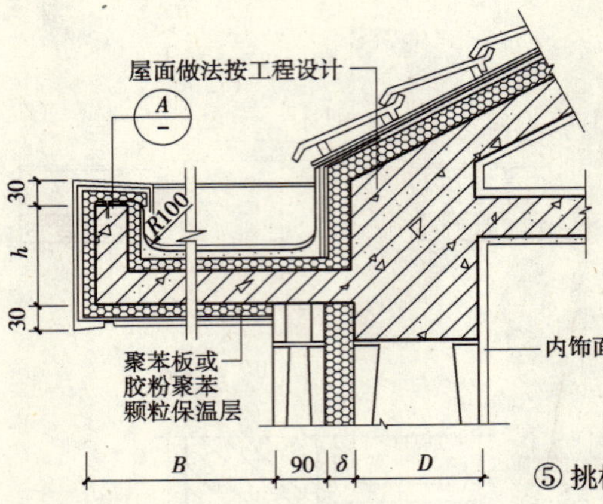

⑤ 挑檐

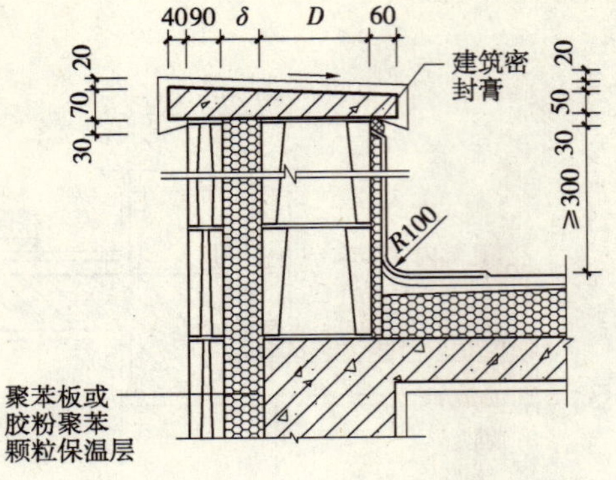

⑥ 女儿墙

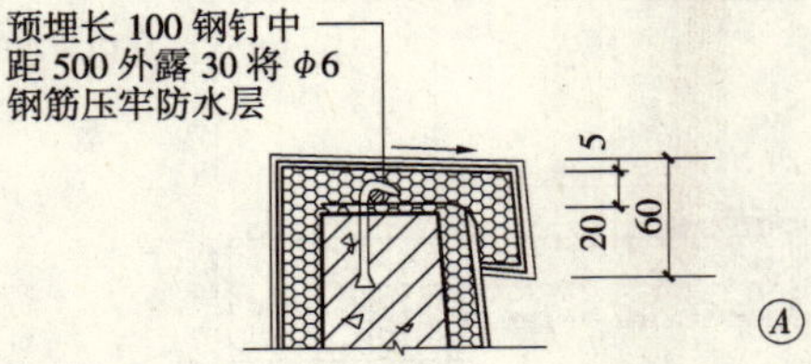

Ⓐ

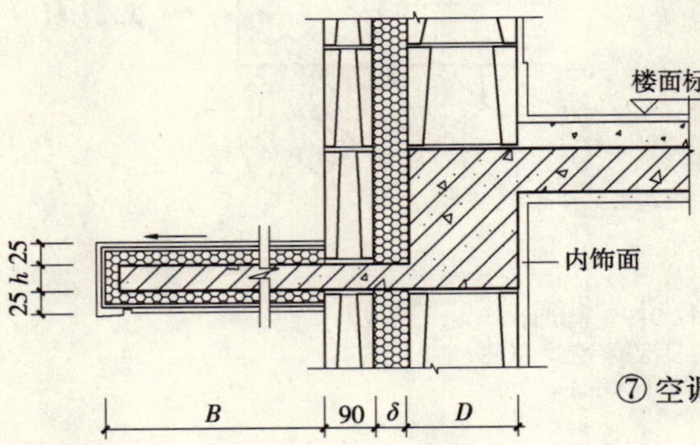

⑦ 空调室外机挑板

注：1. 图中 δ、D、h、B 尺寸按工程设计。
2. 图中热桥部位保温厚度按工程设计，且不小于 25。

檐口、封闭阳台

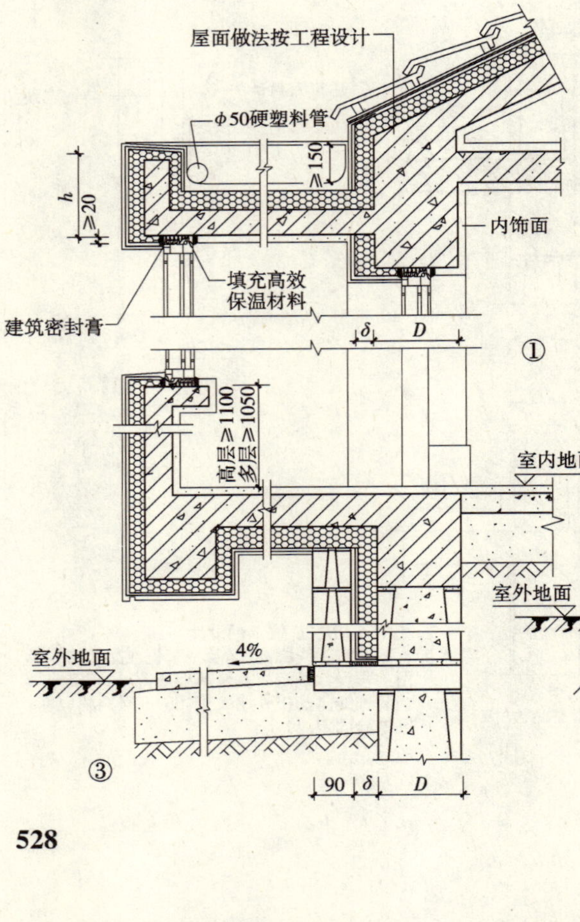

①

③

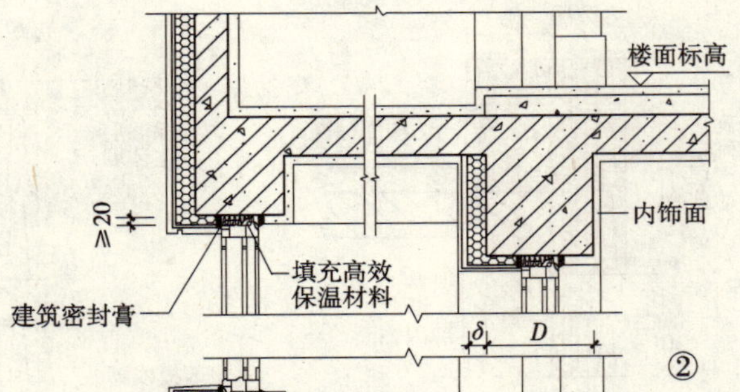

②

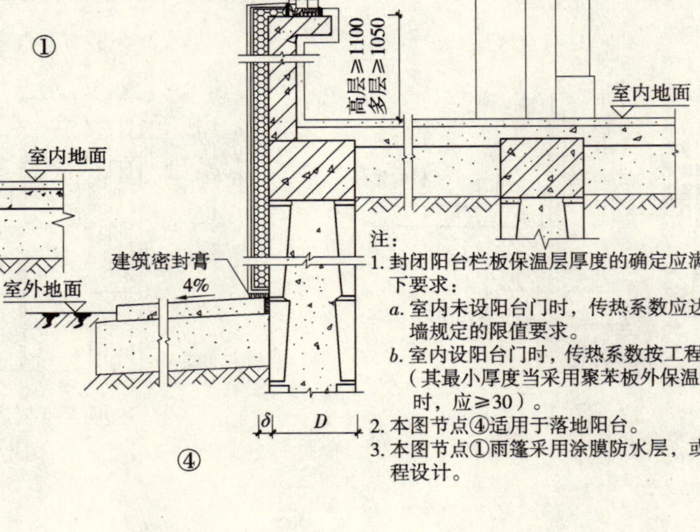

④

注：
1. 封闭阳台栏板保温层厚度的确定应满足以下要求：
   a. 室内未设阳台门时，传热系数应达到外墙规定的限值要求。
   b. 室内设阳台门时，传热系数按工程设计。（其最小厚度当采用聚苯板外保温做法时，应≥30）。
2. 本图节点④适用于落地阳台。
3. 本图节点①雨篷采用涂膜防水层，或按工程设计。

檐口、敞开阳台

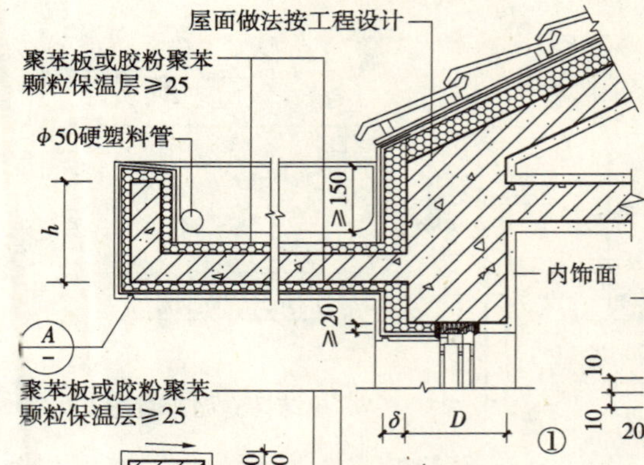

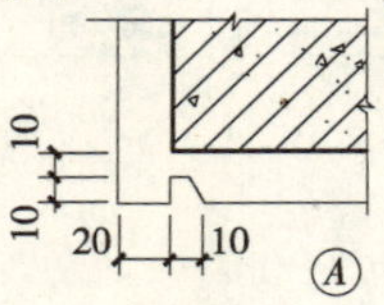

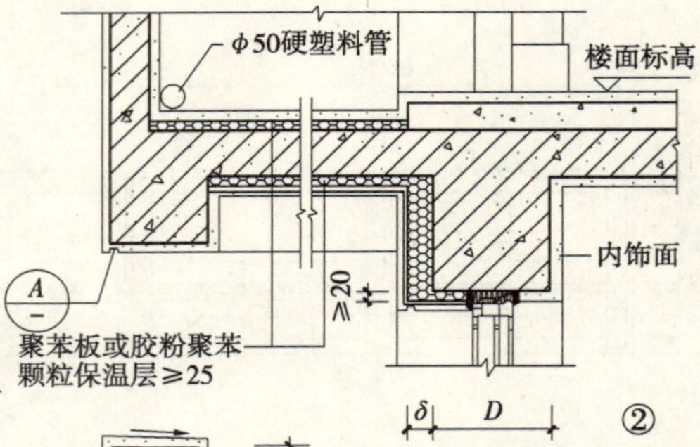

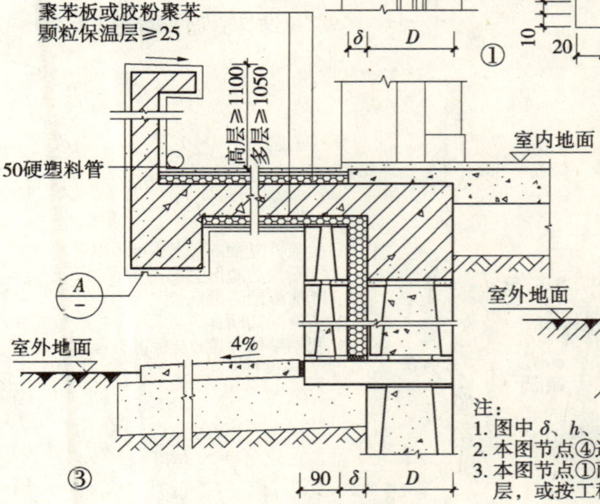

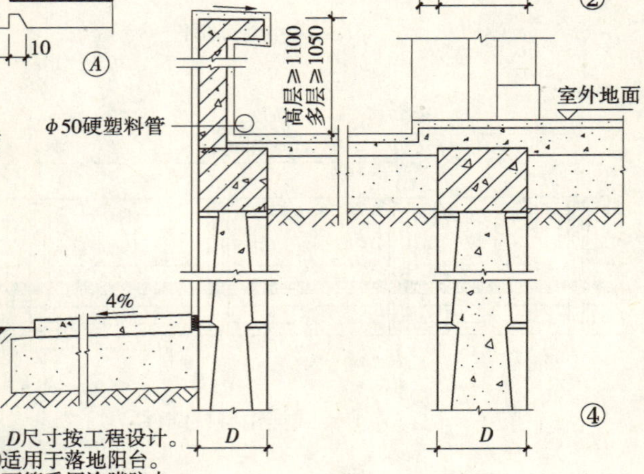

注：
1. 图中 δ、h、D尺寸按工程设计。
2. 本图节点④适用于落地阳台。
3. 本图节点①雨篷采用涂膜防水层，或按工程设计。

外叶墙拉结筋

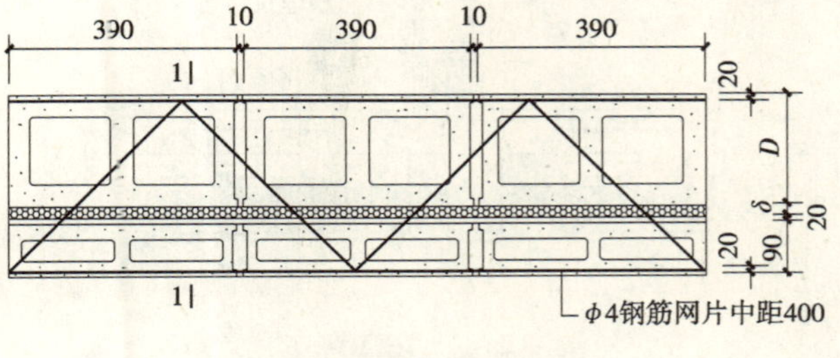

① 桁架式

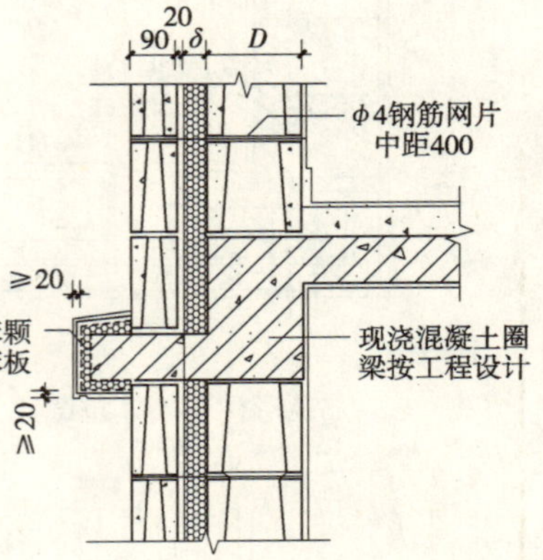

1—1

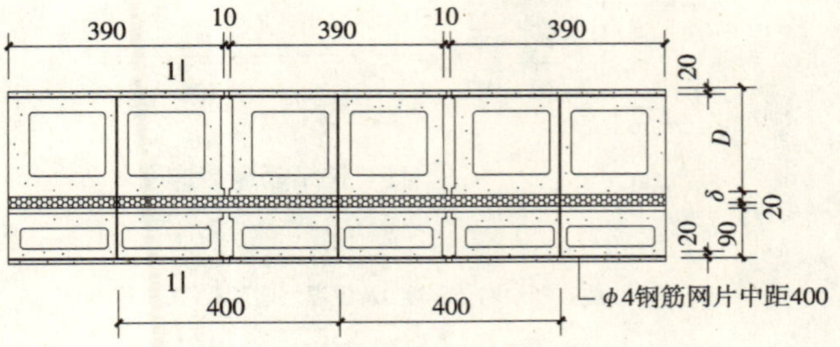

② 框架式

注：1. 拉结筋型式有桁架式、框架式、点式三种型式由设计具体选择确定。
2. 钢筋网片应采用热浸工艺镀锌。
3. 钢筋网片采用电阻点焊工艺平焊。
4. 墙体与混凝土柱的拉结构造参见本图集后页。
5. 图中墙体厚度D及保温层厚度 δ，按工程设计。

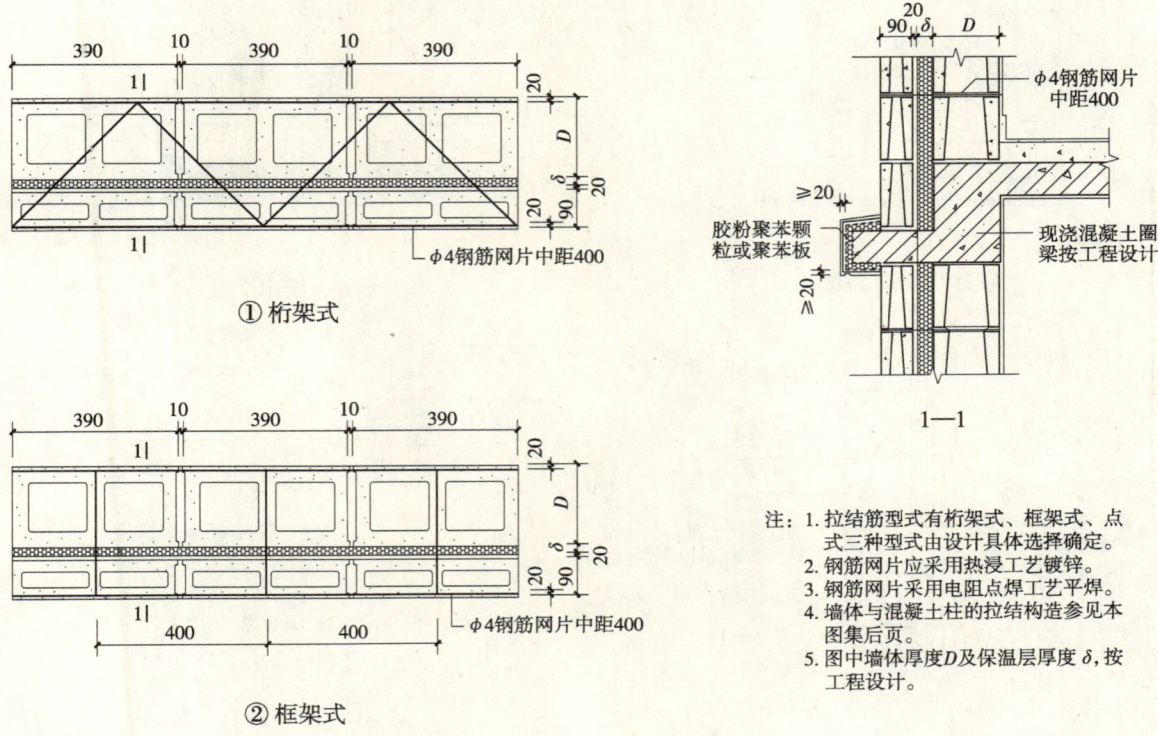

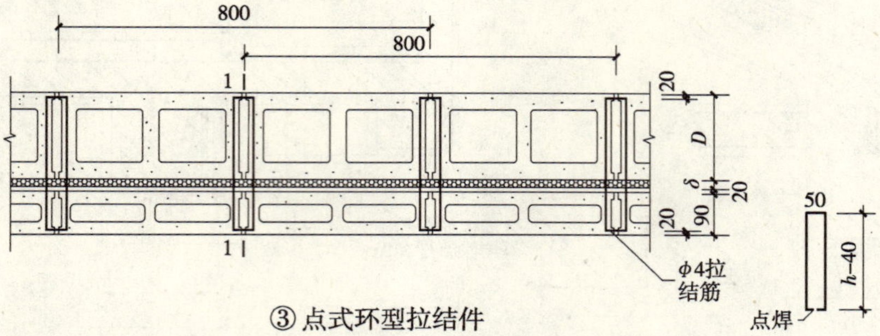

③ 点式环型拉结件

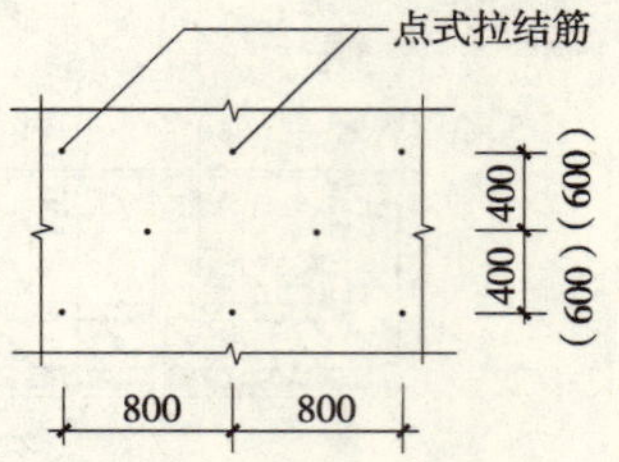

拉结件立面布置图

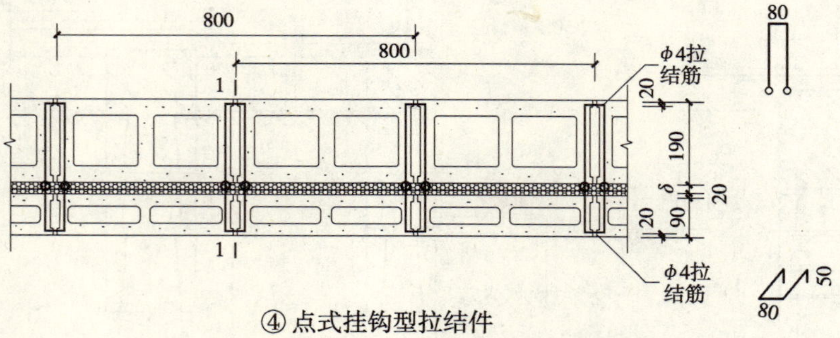

④ 点式挂钩型拉结件

注：1. 拉接件立面布置图中400用于7、8度抗震设防地区。括号内尺寸用于≤6度抗震设防地区。
2. 1—1剖面图详见前页。
3. 图中墙体厚度D及保温层厚度δ，按工程设计。

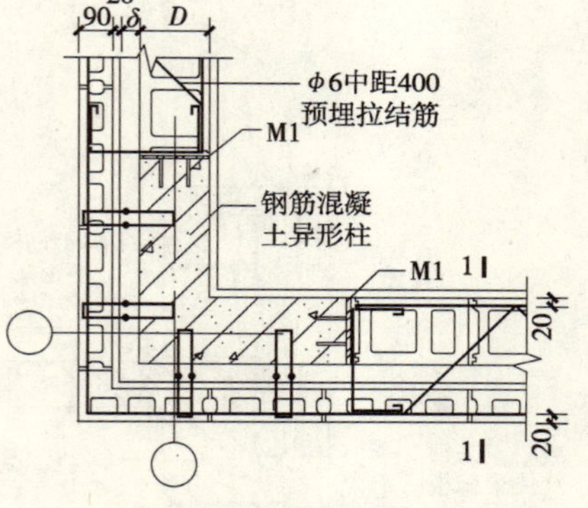

⑤ L形柱与墙体拉结

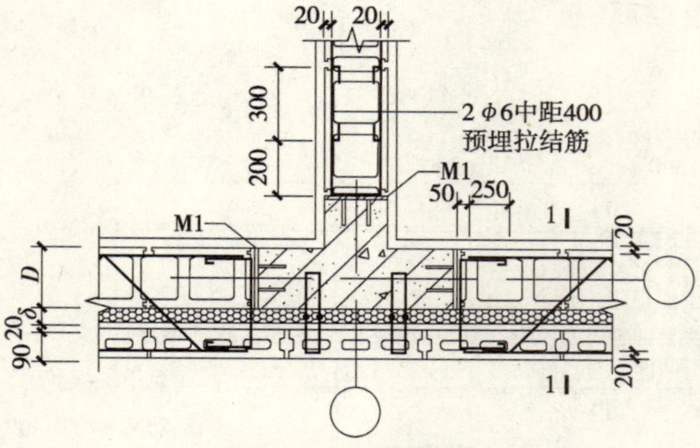

⑥ T形柱与墙体拉结

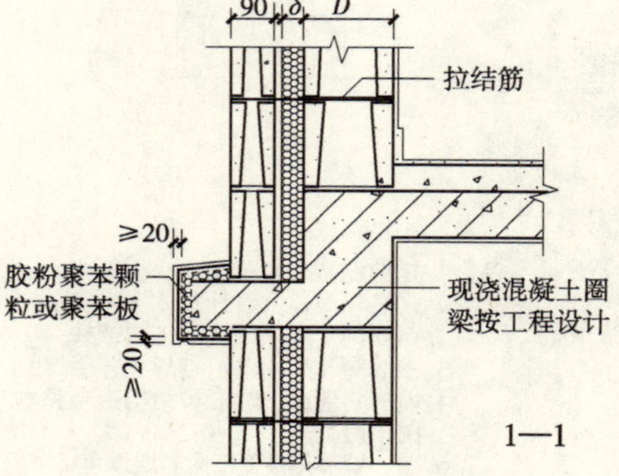

1—1

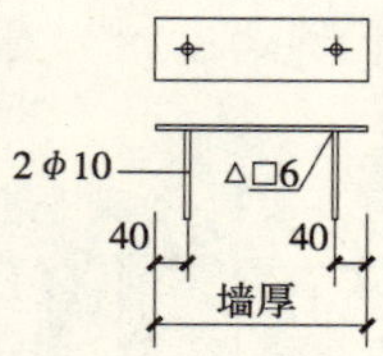

M1

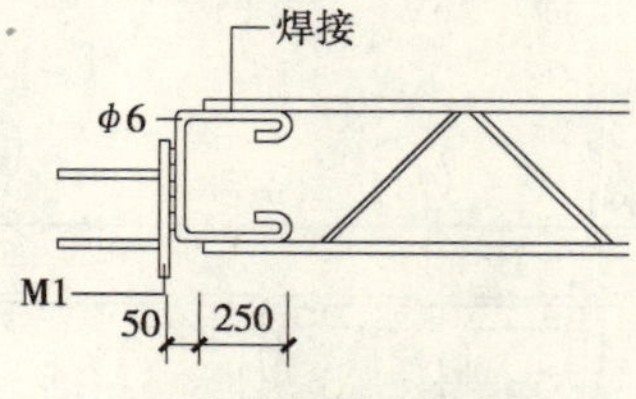

M1与拉结筋连接详图

注：图中墙体厚度D及保温层厚度δ，按工程设计。

门窗安装详图

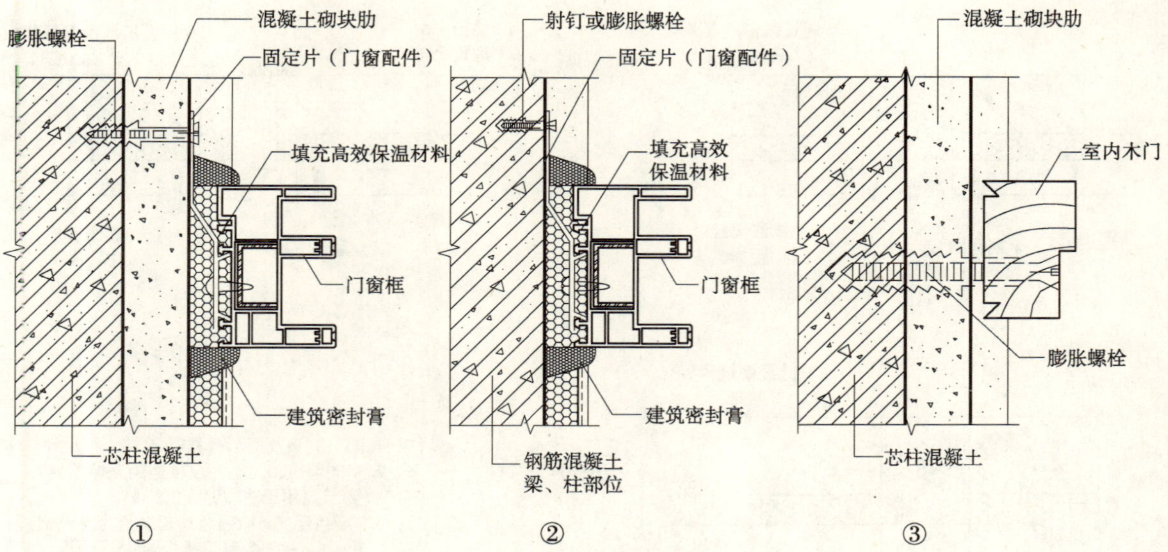

注：
1. 门窗框中心线位置按工程设计确定。
2. 高效保温材料可选用聚苯板条或聚氨酯发泡材料由工程设计确定。
3. 门窗的安装及安装质量，应严格按照现行国家有关规范、规定执行。

设备管线安装详图

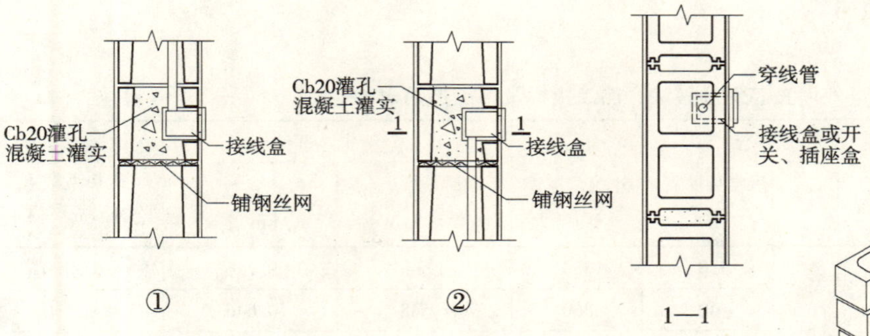

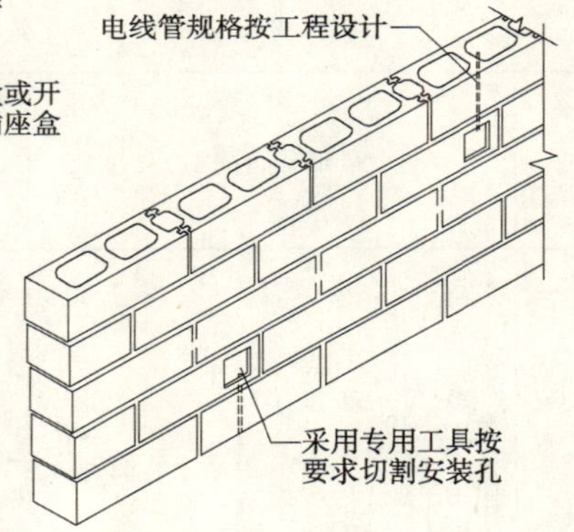

砌块墙竖孔电气管线示例

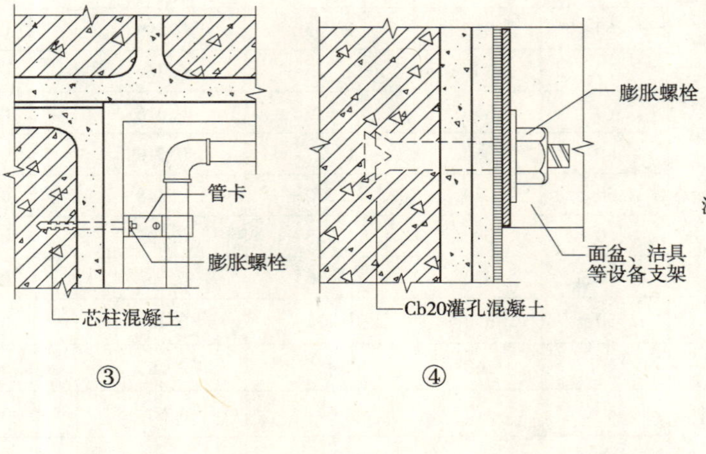

注：
1. 安装接线盒开关或插座盒距地面、楼面或梁板底面的距离由工程设计确定。
2. 本图③④节点为常用卫生设备及管线固定详图，其他设备及管线固定可参见该节点。
3. 电线管在砌块墙上埋设时严禁打凿。

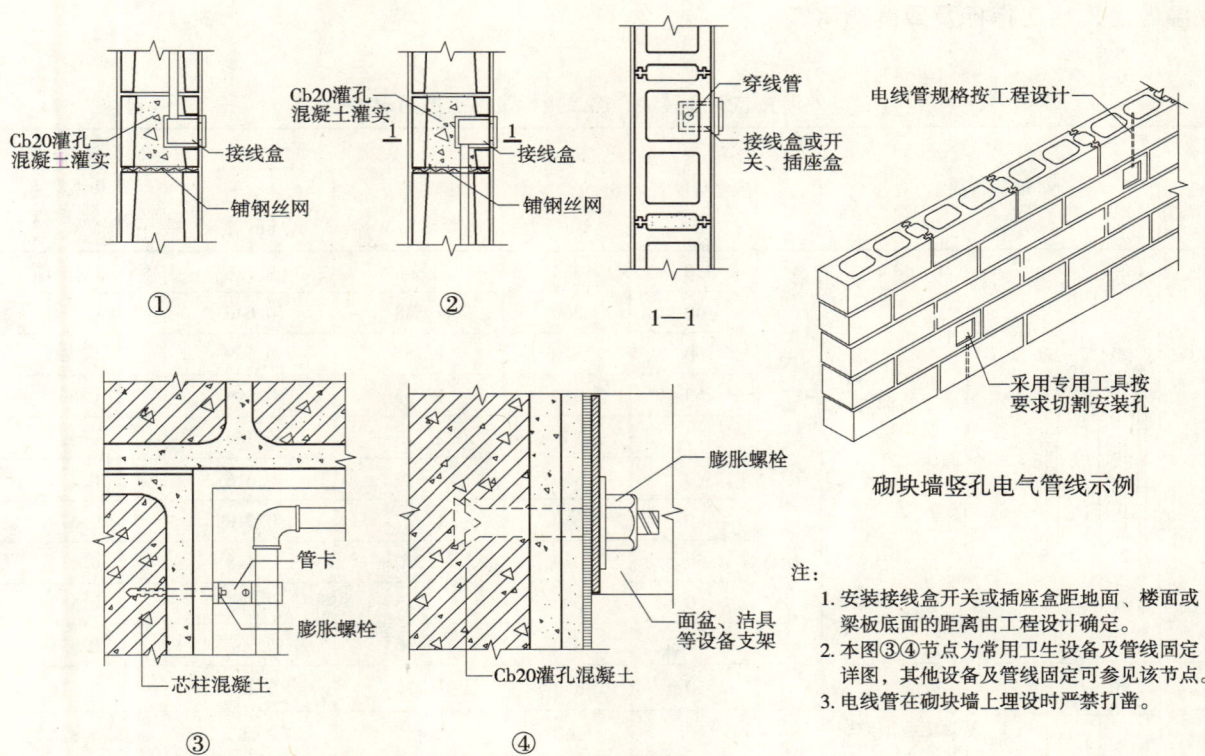

变形缝

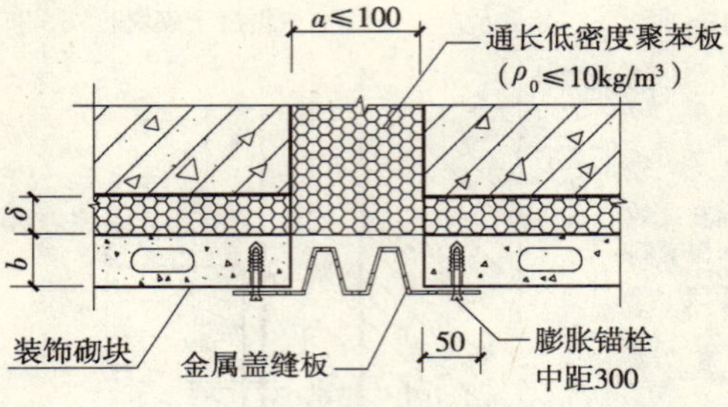

①a ①b

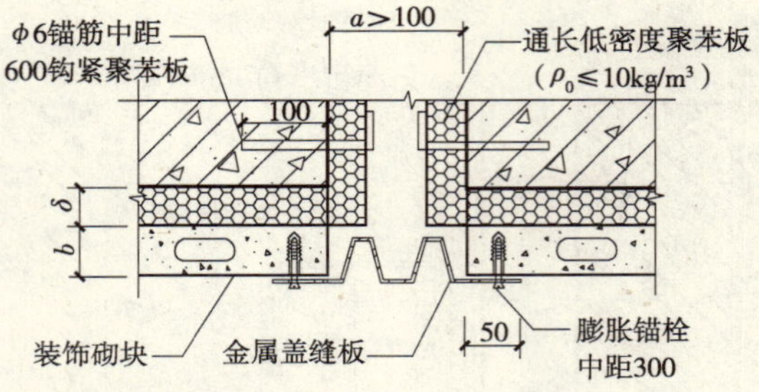

③a ③b

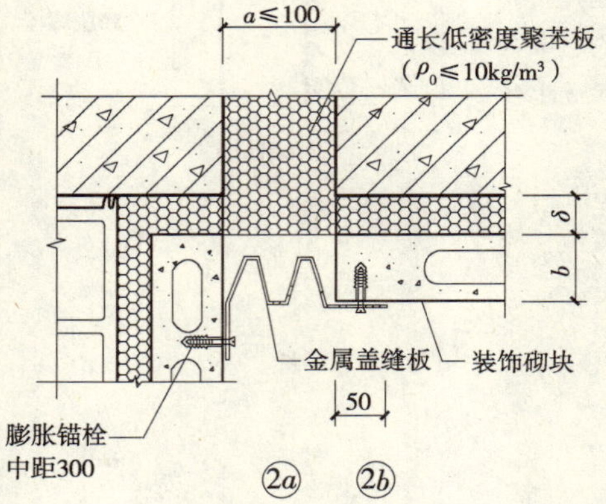

②a ②b

Ⓐ金属盖缝板

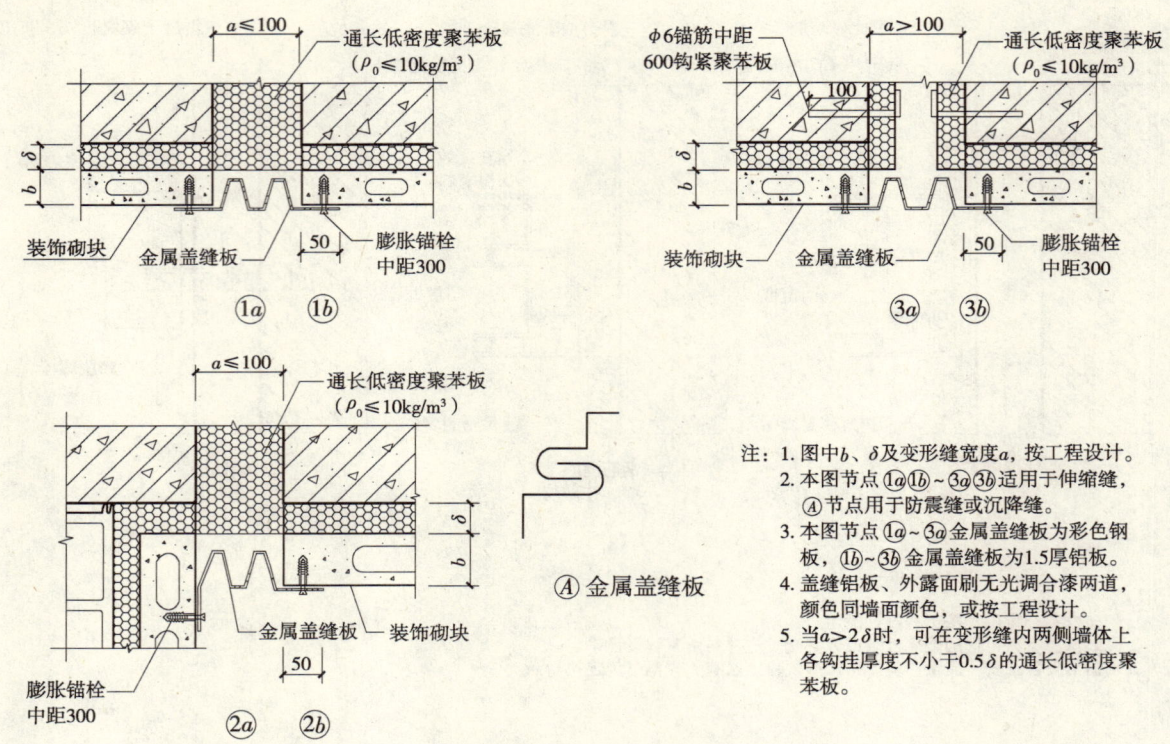

注：1. 图中b、δ及变形缝宽度a，按工程设计。
2. 本图节点①a①b～③a③b适用于伸缩缝，Ⓐ节点用于防震缝或沉降缝。
3. 本图节点①a～③a金属盖缝板为彩色钢板，①b～③b金属盖缝板为1.5厚铝板。
4. 盖缝铝板、外露面刷无光调合漆两道，颜色同墙面颜色，或按工程设计。
5. 当$a>2\delta$时，可在变形缝内两侧墙体上各钩挂厚度不小于0.5δ的通长低密度聚苯板。

保温做法、热工指标及厚度选用表

外墙夹芯保温做法、热工指标及厚度选用表 （单位：mm）

编号	外墙构造简图	保温材料	保温层厚度δ	外墙总厚度	外墙主体部位 传热阻R_0 $(m^2\cdot K/W)$	外墙主体部位 传热系数K_0 $[W/(m^2\cdot K)]$	外墙平均传热系数K_m $[W/(m^2\cdot K)]$
1	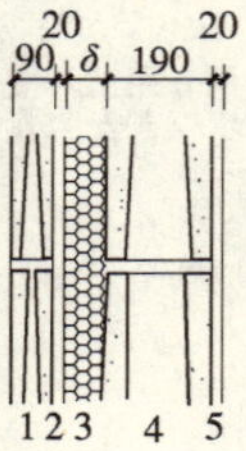 1. 混凝土装饰砌块 2. 空气层 3. 保温层 4. 混凝土空心砌块 5. 白灰砂浆	聚苯板	30	350	1.34	0.746	0.880
			40	360	1.548	0.646	0.790
			50	370	1.757	0.569	0.720
			60	380	1.963	0.509	0.667
			70	390	2.173	0.460	0.625
2		挤塑聚苯板	30	350	1.624	0.616	0.766
			40	360	1.927	0.519	0.679
			50	370	2.230	0.448	0.614
			60	380	2.533	0.395	0.568
			70	390	2.836	0.353	0.531
3	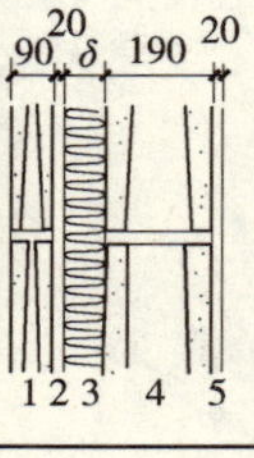 1. 混凝土装饰砌块 2. 空气层 3. 保温层 4. 混凝土空心砌块 5. 白灰砂浆	岩棉板	30	350	1.271	0.787	0.916
			40	360	1.456	0.687	0.826
			50	370	1.641	0.609	0.755
			60	380	1.826	0.548	0.701
			70	390	2.011	0.497	0.657

续表

编号	外墙构造简图	保温材料	保温层厚度 δ	外墙总厚度	外墙主体部位 传热阻 R_0 ($m^2 \cdot K/W$)	外墙主体部位 传热系数 K_0 [$W/(m^2 \cdot K)$]	外墙平均传热系数 K_m [$W/(m^2 \cdot K)$]
4	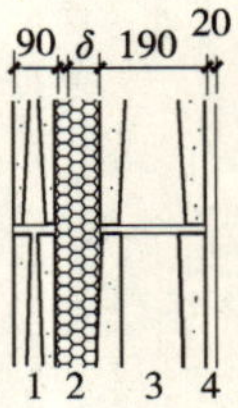 1. 混凝土装饰砌块 2. 保温层 3. 混凝土空心砌块 4. 白灰砂浆	硬泡聚氨酯	30	330	1.555	0.643	0.790
			40	340	1.888	0.530	0.688
			50	350	2.222	0.450	0.616
			60	360	2.555	0.391	0.564
			70	370	2.888	0.346	0.525
			80	380	3.222	0.310	0.494
			90	390	3.555	0.281	0.468

3

C 型—轻骨料夹芯保温砌块

说 明

1. 产品特点

轻骨料混凝土小型保温空心砌块（以下简称轻集料夹芯保温砌块）是在引进国外先进设备和技术的基础上，经国内改进、研制的符合我国国情的一种新型墙体材料。

轻骨料夹芯保温砌块是由基层轻骨料混凝土与面层轻骨料混凝土之间夹一层聚苯乙烯泡沫塑料保温材料构成，是集外围护结构与保温两种性能为一体的新型墙体材料。

轻骨料夹芯保温砌块是以水泥为主要胶结料掺入部分炉渣经加工制成混凝土砌块，并在成型机内直接夹入保温层一次成型。其工艺过程分为配料、搅拌、加压、振动成型及蒸养窑养护四个阶段。生产线具有较高的自动化水平。其产品质量、保温性能优良，产品规格多样化并具有可切割性。

2. 轻骨料夹芯保温砌块产品规格及主要性能指标见表1、表2。

轻骨料夹芯保温砌块规格及指标（mm） **表1**

砌块系列	规格尺寸长×宽×高	强度等级（MU）	密度（kg/m³）
190宽度系列	390×190×190 290×190×190 190×190×190 90×190×190	2.5 3.5 5.0	600 700 800 900 1000
240宽度系列	390×240×190 290×240×190 190×240×190 90×240×190		

轻骨料夹芯保温砌块性能指标 **表2**

项　　目	标　　准　　值
热阻（m²·K/W）	≥1.10
抗冻性	经15次冻融循环，不出现破坏情况
吸水率（%）	≤22
附着力（kN/m²）	平均值≥10，单块最小值≥9.0
放射性	应符合《建筑材料放射性核素限量》(GB 6566—2001) 的规定
碳化系数	≥0.80
软化系数	≥0.75

3. 设计要点

3.1　本图集轻骨料夹芯保温砌块规格按宽度分为：190、240两个系列。主要适用于外墙，同时也适用于楼梯间内隔墙及走道等不采暖部分的填充墙。其他部位的内隔墙可采用轻骨料混凝土小型空心砌块。

3.2　本图集两个宽度系列的轻集料夹芯保温砌块，根据墙体不同的构造特点，考虑了在组砌中部分规格系列需要互相配合使用的要求编制了部分配套块，其砌块的细部尺寸和构造及其他辅助规格，本地区可结合当地具体情况，由设计人员与砌块生产厂协商特殊加工供货。

3.3　为增强砌体的整体性能，尚需按结构设计在砌体中配置水平钢筋。

3.4　砌筑每楼层的第一皮时，应将所有第一皮轻集料夹芯保温砌块的孔洞用砌块灌孔混凝土（C_b20 等级）灌实以提高抗渗性。

3.5　建筑节能：为保证轻集料夹芯保温砌块外墙保温层的连续性，减少热桥部位的影响，其保温砌块中的保温层在垂直缝处要与左右相邻保温砌块中的保温层紧密衔接，上下层保温砌块之间应加铺聚苯乙烯泡沫塑料条或岩棉条。保温砌块的面层应朝向室外砌筑。混凝土梁、柱等热桥部位应采取保温措施，其做法详见本图集详图。

3.6　门窗、设备及管线安装构造做法同混凝土装饰砌块夹芯保温部分本部分不再重复编制。设计人员可参照直接索引安装详图。

4. 施工注意事项

4.1　砌块的类别、强度等级、尺寸、表面形状等特性应符合现行国家标准和设计要求。

4.2　砌块运到现场后应按不同规格整齐堆放，堆放场地必须平整，要避免现场砌块淋雨受潮，保证施工时能使用干燥砌块。

4.3　装卸砌块时严禁倾卸丢掷，砌块堆置高度不宜超过 1.60m。

4.4　砌体一般不宜浇水，但在气候特别干燥炎热情况下可在砌筑前稍加喷水湿润。

4.5　砌筑高度每天不宜大于 1.80m，且分两次砌筑，每次砌筑高度为 0.80～1.00m，两次砌筑时间间隔至少为 3～4h。

4.6　砌块的灰缝应做到横平竖直，全部灰缝均应填铺砂浆。水平及垂直灰缝的饱满度分别不应低于 90% 和 80%。砌体水平及垂直灰缝的厚度应控制在 8～10mm，埋设的拉结钢筋必须放置在靠近保温砌块基层一边的砂浆层中。

4.7　砌筑的砂浆必须搅拌均匀，随拌随用。一般应在拌合后 2.5h 使用完毕，施工期间最高温度超过 30℃时，必须在 1.5h 内用完。

4.8　雨天施工应有防水措施，不得使用湿砌块。雨后施工时应复核墙体的垂直度。

轻骨料夹芯保温砌块品种、规格

轻骨料夹芯保温砌块块型及规格（mm）

190 系列	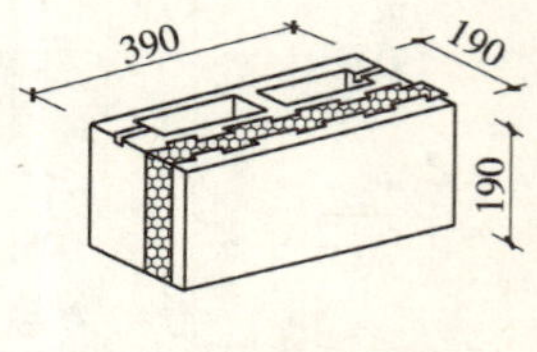	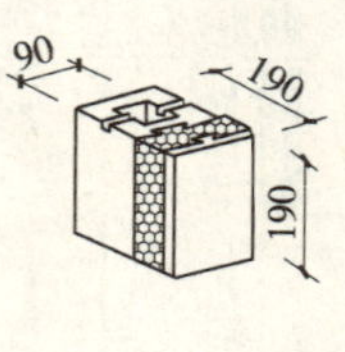	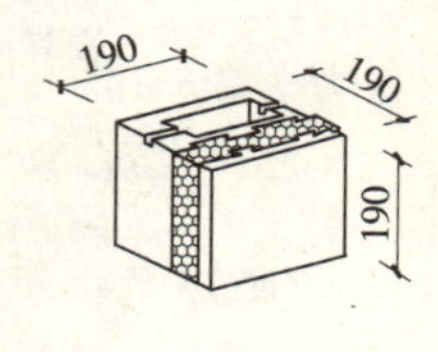	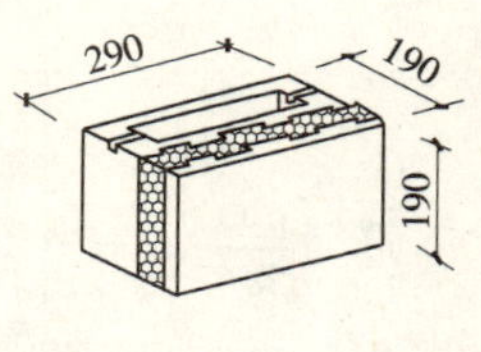
	BW_1K 全长　主块	BW_1K_1 1/4 砌块　用于墙身配块	BW_1K_2 2/4 砌块　半长墙身砌块	BW_1K_3 3/4 砌块　七分头墙身砌块
240 系列	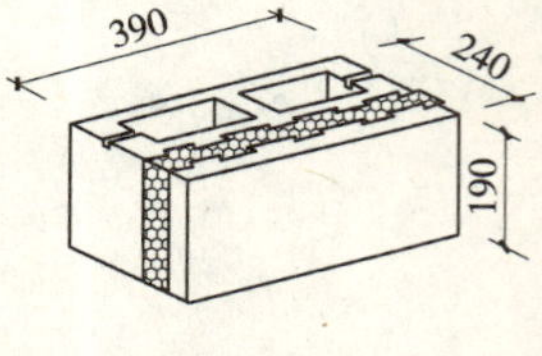	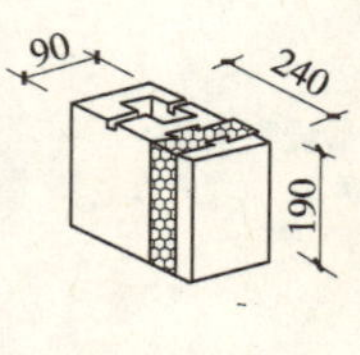	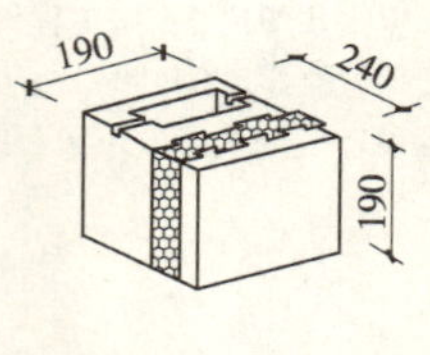	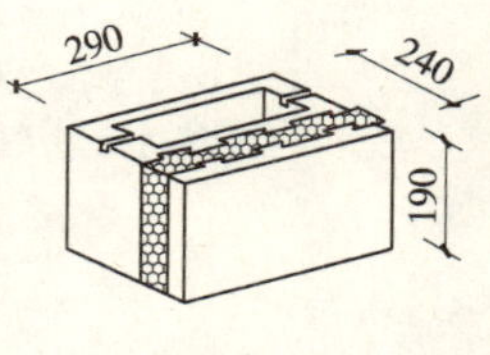
	BW_2K 全长　主块	BW_2K_1 1/4 砌块　用于墙身配块	BW_2K_2 2/4 砌块　半长墙身砌块	BW_2K_3 3/4 砌块　七分头墙身砌块

平面示例详图示意

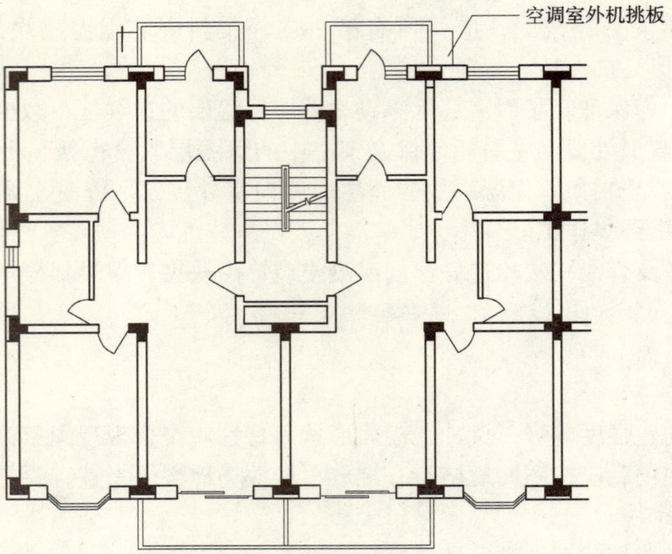

墙身勒脚、防潮层

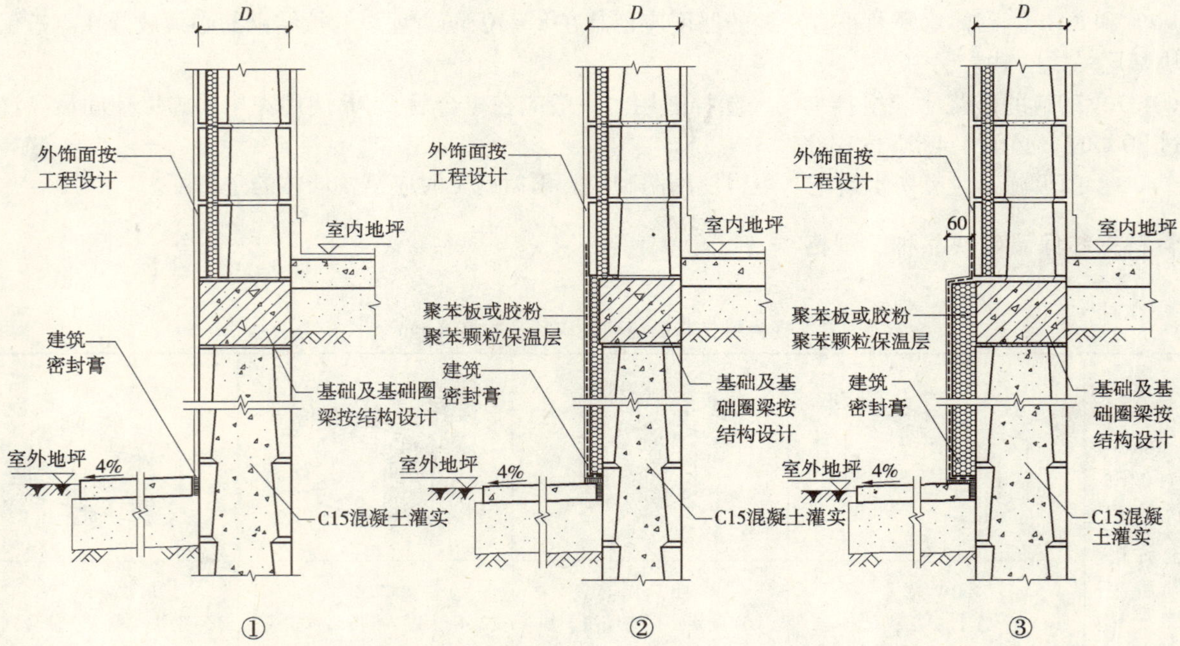

注：1. 图中轻集料夹芯保温砌块厚度D，按工程设计。

2. 本图节点②勒脚处保温层厚度20~50mm，由设计人定。

3. 墙身防潮层按工程设计，如其高度位置有圈梁时不另设防潮层。

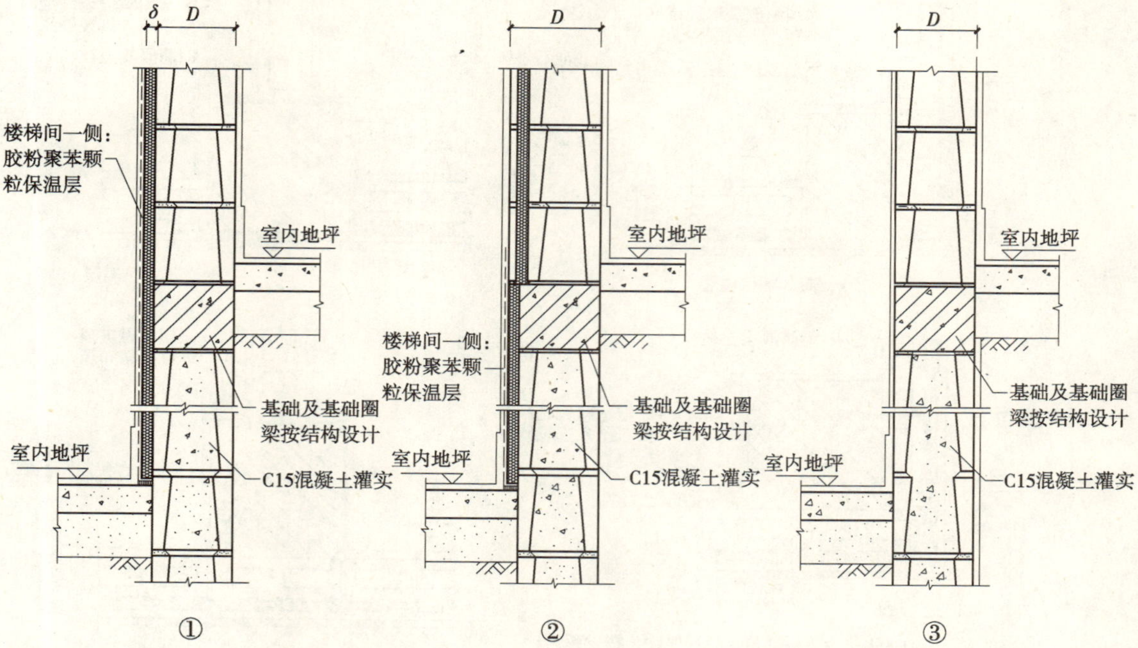

注：1. D为轻骨料夹芯保温砌块厚度，按工程设计。
2. 墙身防潮层按工程设计，如其高度位置有圈梁时不另设防潮层。
3. 本图节点③适用于采暖楼梯间隔墙。

外墙平面节点

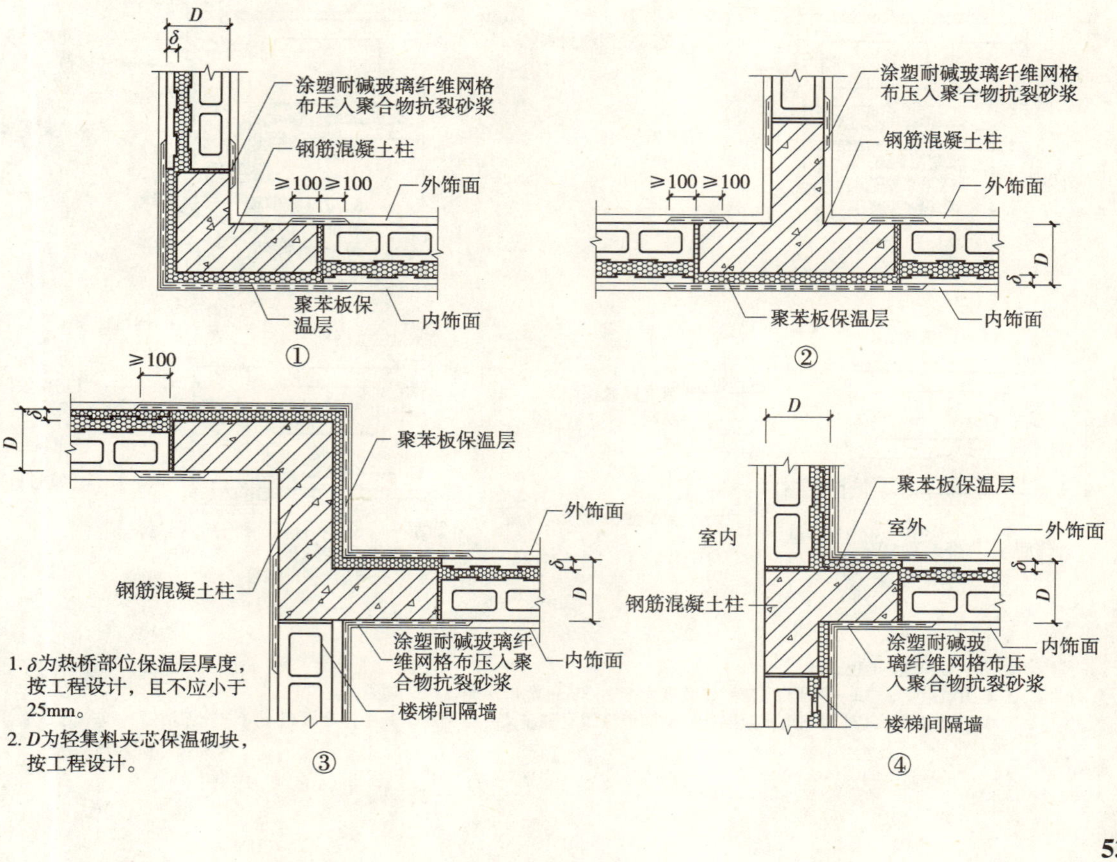

注：1. δ为热桥部位保温层厚度，按工程设计，且不应小于25mm。
2. D为轻集料夹芯保温砌块，按工程设计。

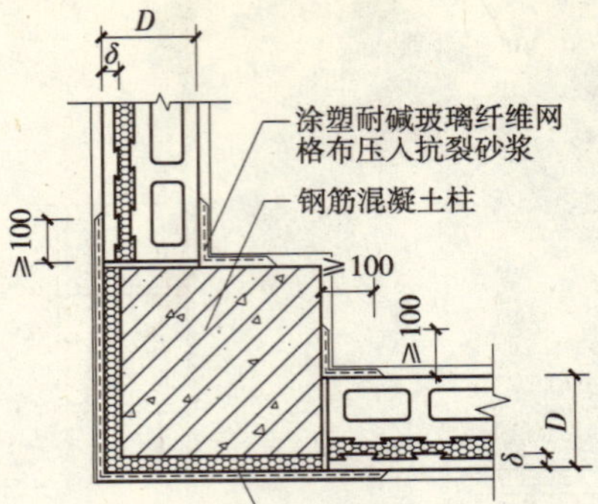

⑤

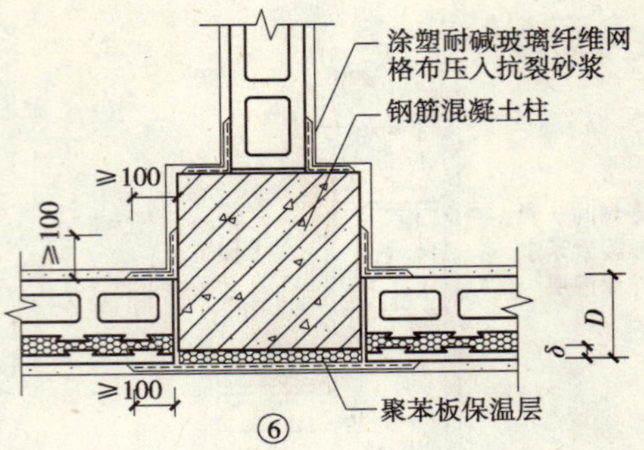

⑥

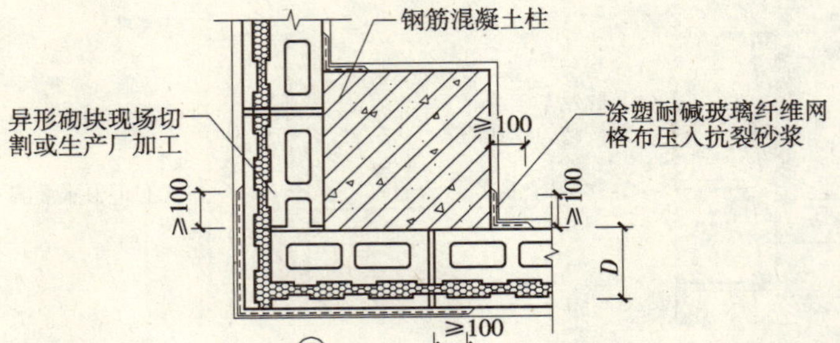

⑦

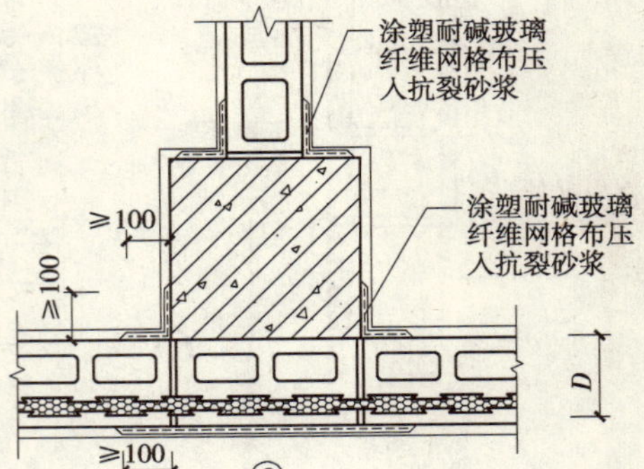

⑧

注：1. δ为热桥部位保温层厚度，按工程设计，
　　且不应小于25mm。
　2. D为轻集料夹芯保温砌块，按工程设计。

门窗侧口

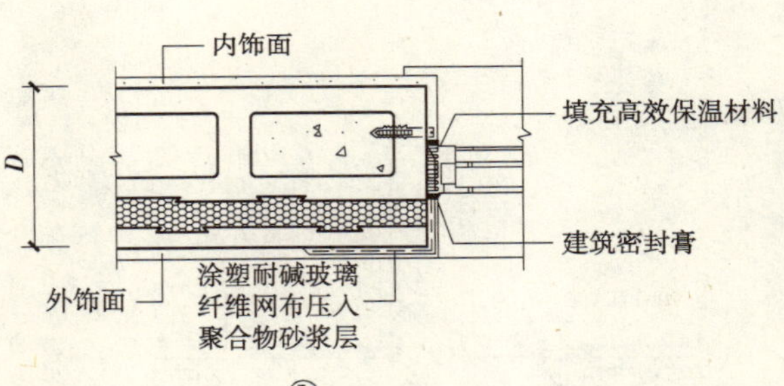

①

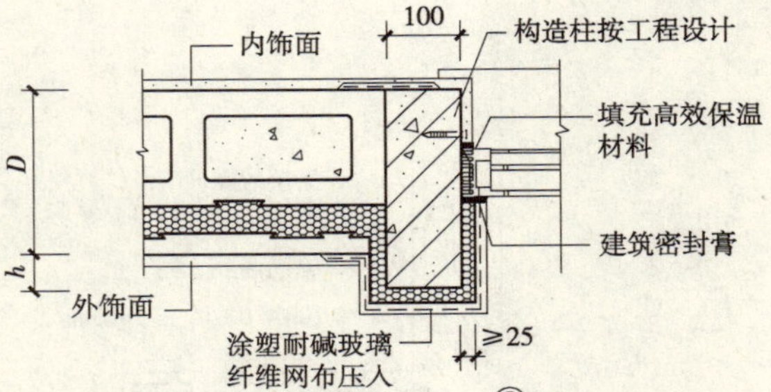

②

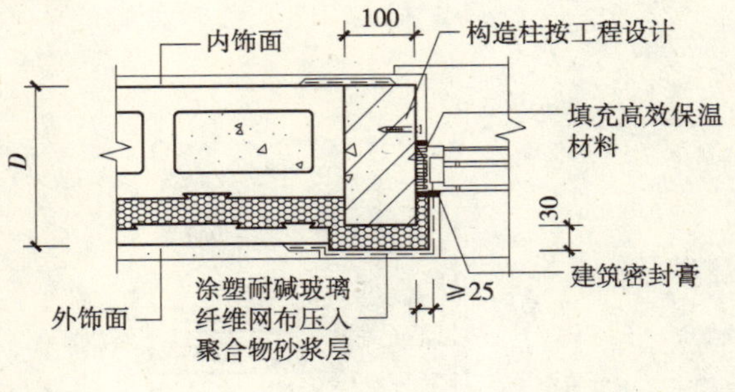

③

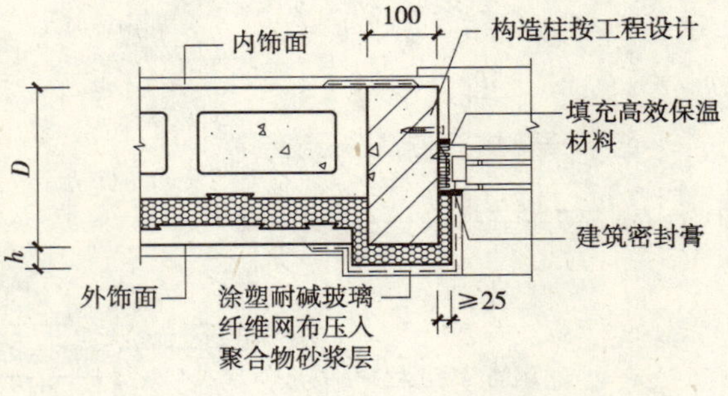

④

注：1. 图中 D、h 按工程设计。
　2. 本图节点②、③、④用于门窗洞口宽度大于 2000mm 洞口两侧设构造柱处。
　3. 本图节点③、④外墙阳角保温层处粘贴两道涂塑耐碱玻璃纤维网布，其中标准网布一道，外加增强网布一道。

门窗上口

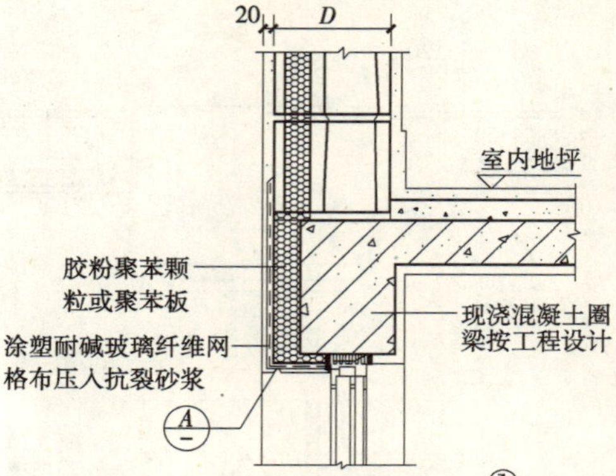

①

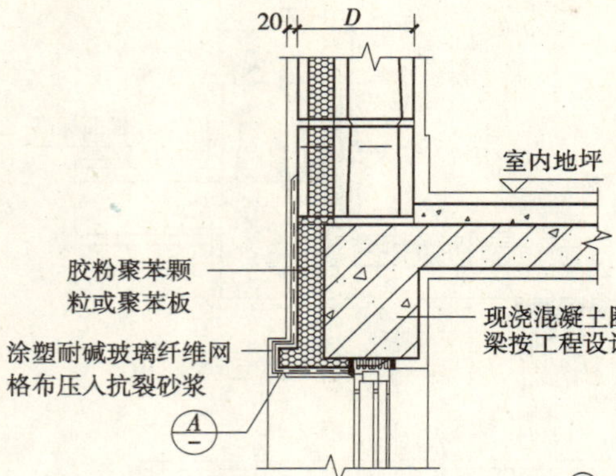

②

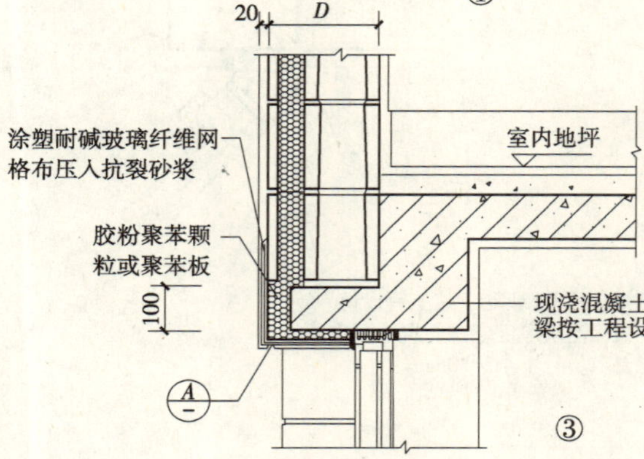

③

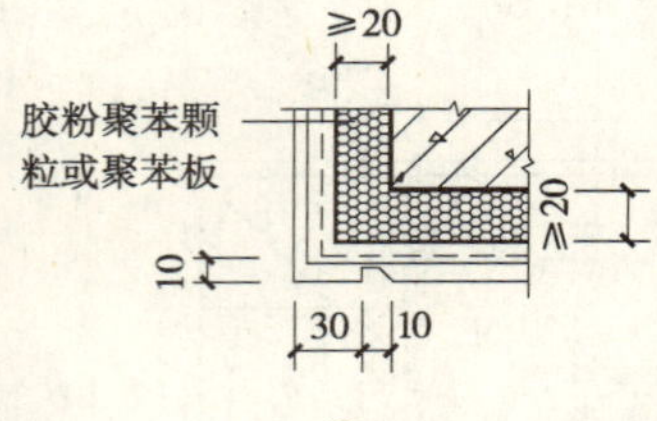

(A)

注：D为墙体厚度，按工程设计。

窗 台

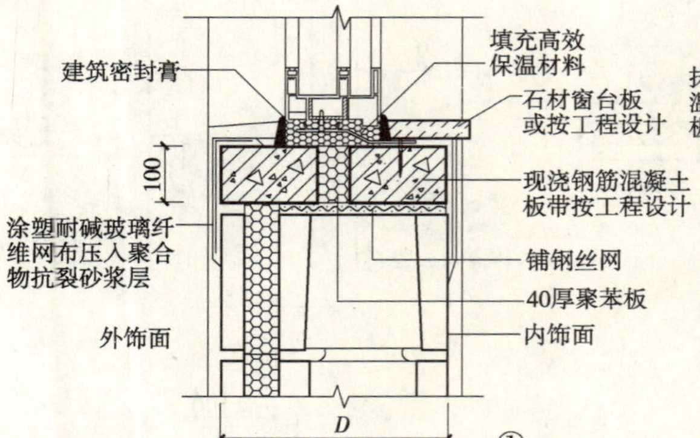

①

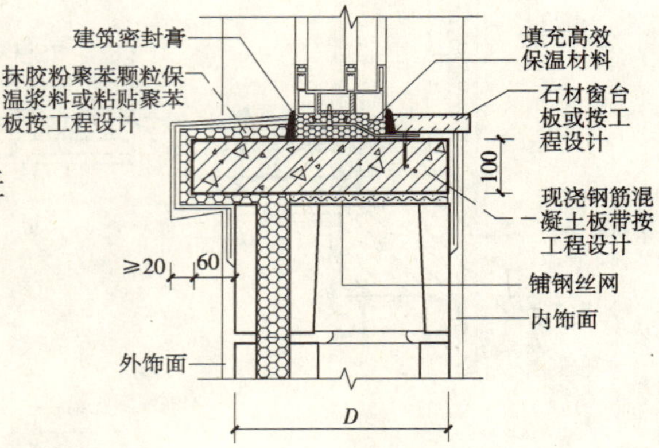

③

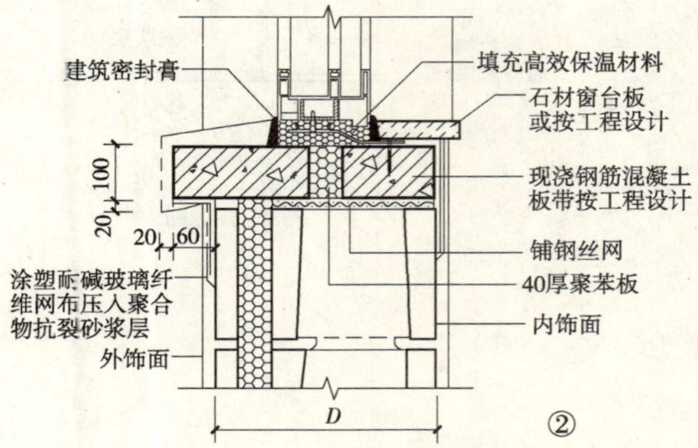

②

注：

1. 图中D为墙体厚度，按工程设计。
2. 石材窗台板的材质及颜色按工程设计。

凸窗详图

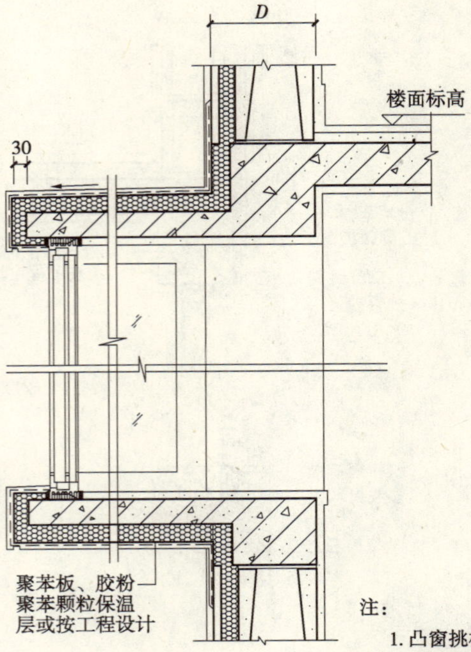

1—1

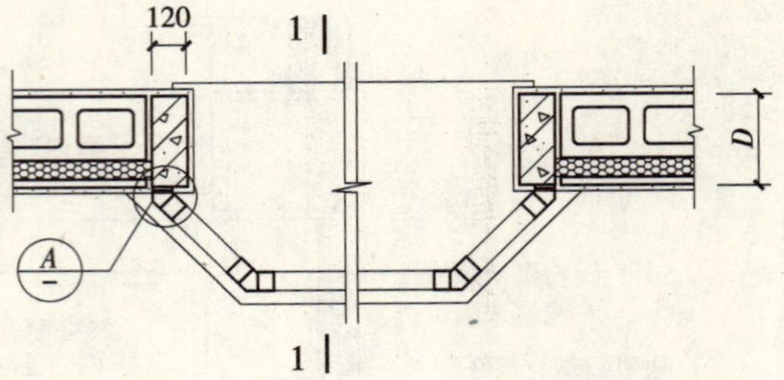

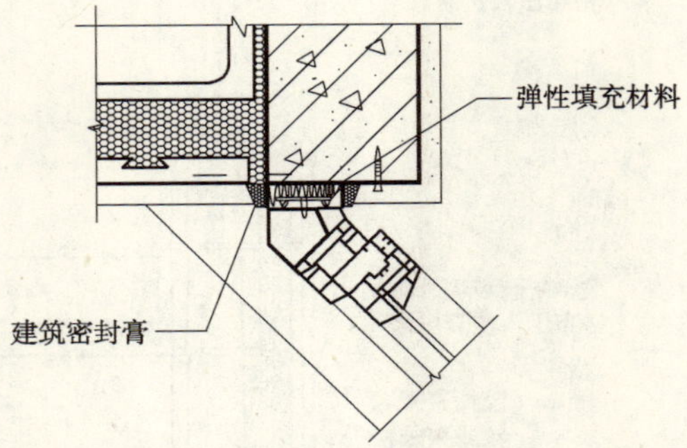

Ⓐ

注：

1. 凸窗挑板尺寸及墙厚D，按工程设计。
2. 凸窗挑板保温层厚度应符合本地区建筑节能要求，且不小于30mm。

外墙节点

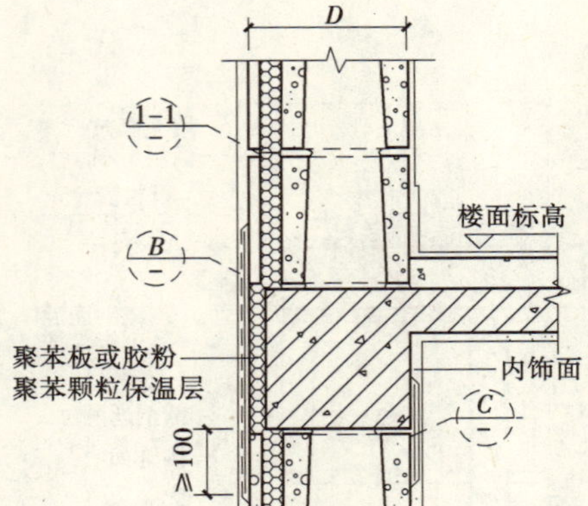

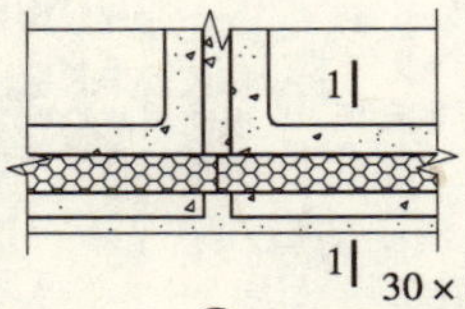

Ⓐ

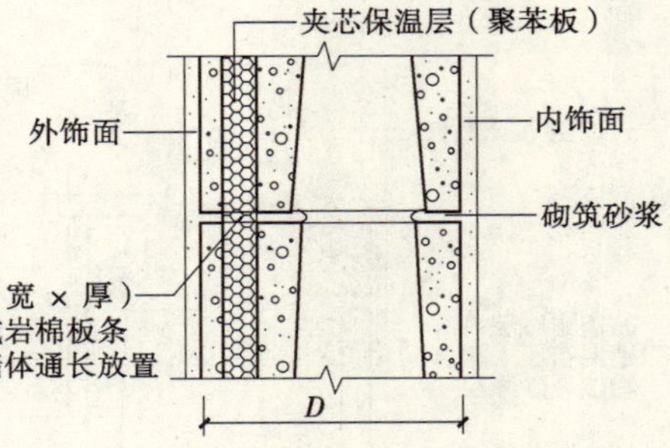

1—1

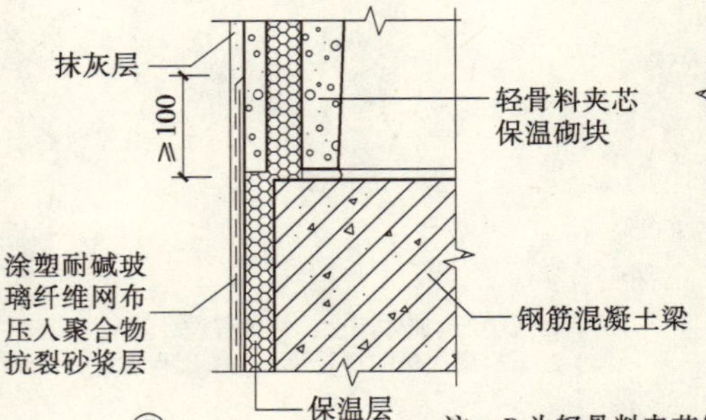

Ⓑ

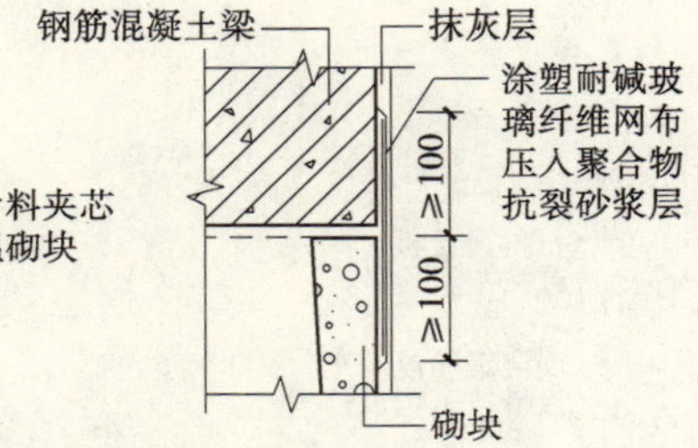

Ⓒ

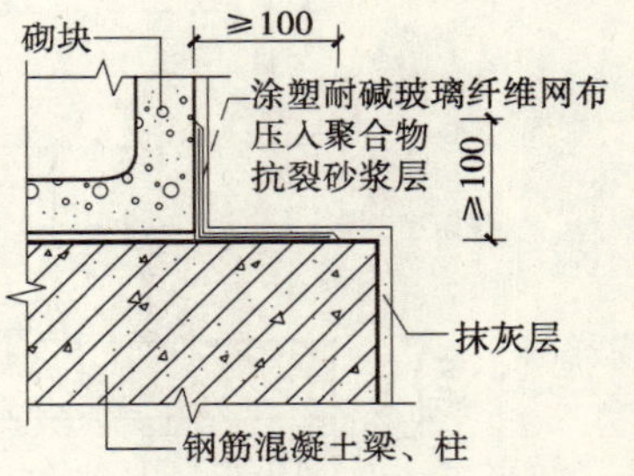

Ⓓ

注：D 为轻骨料夹芯保温砌块厚度，按工程设计。

挑檐、女儿墙、挑板

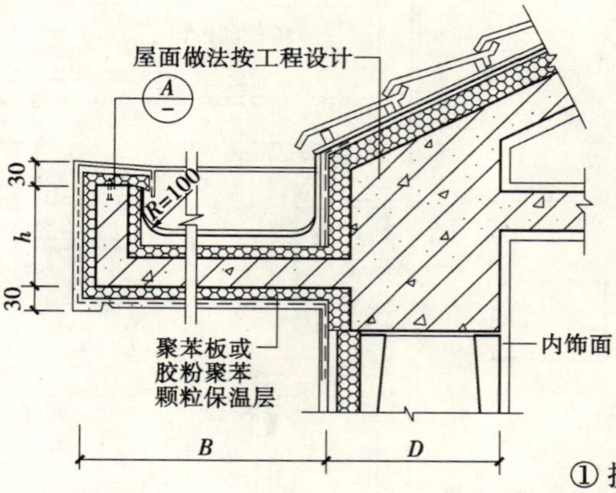

① 挑檐

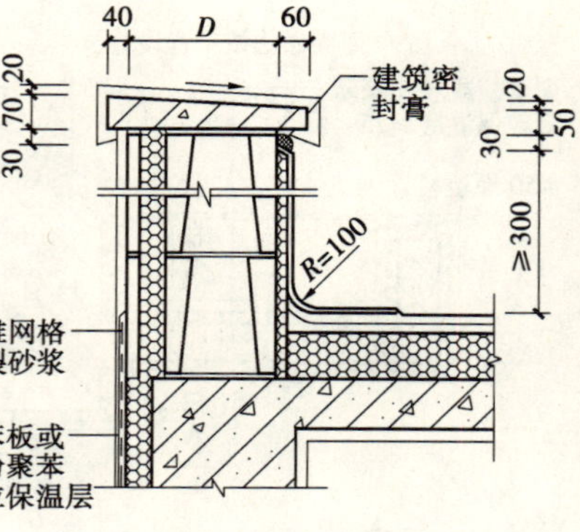

② 女儿墙

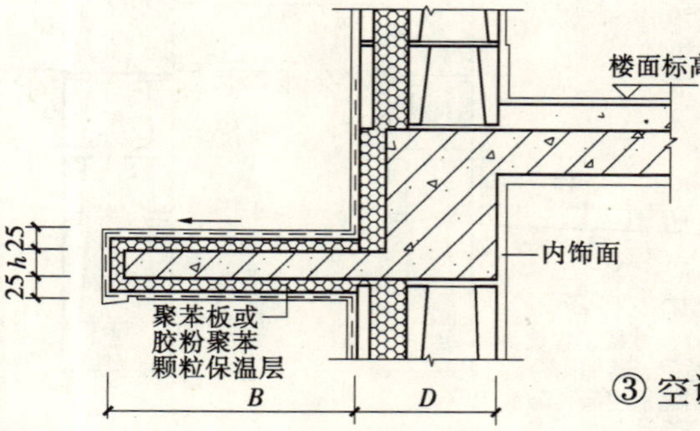

③ 空调室外机挑板

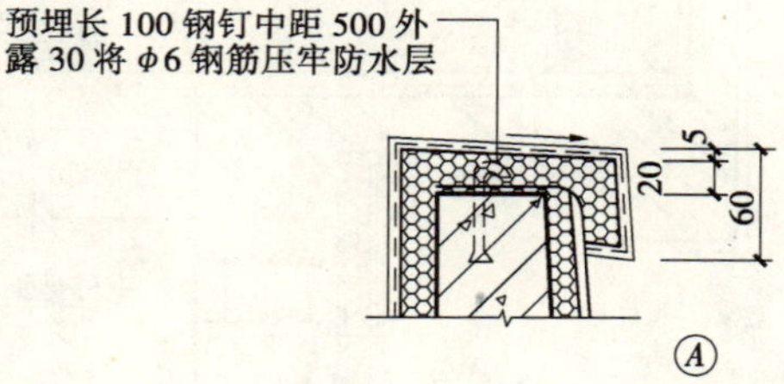

Ⓐ

注：1. 图中 D、h、B尺寸按工程设计。
2. 图中热桥部位保温厚度按工程设计，且不小于 25mm。

檐口、封闭阳台

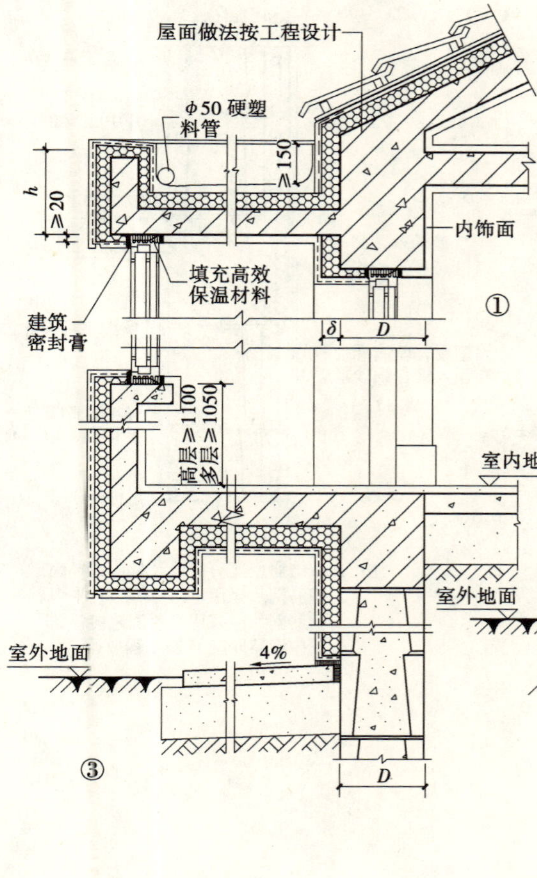

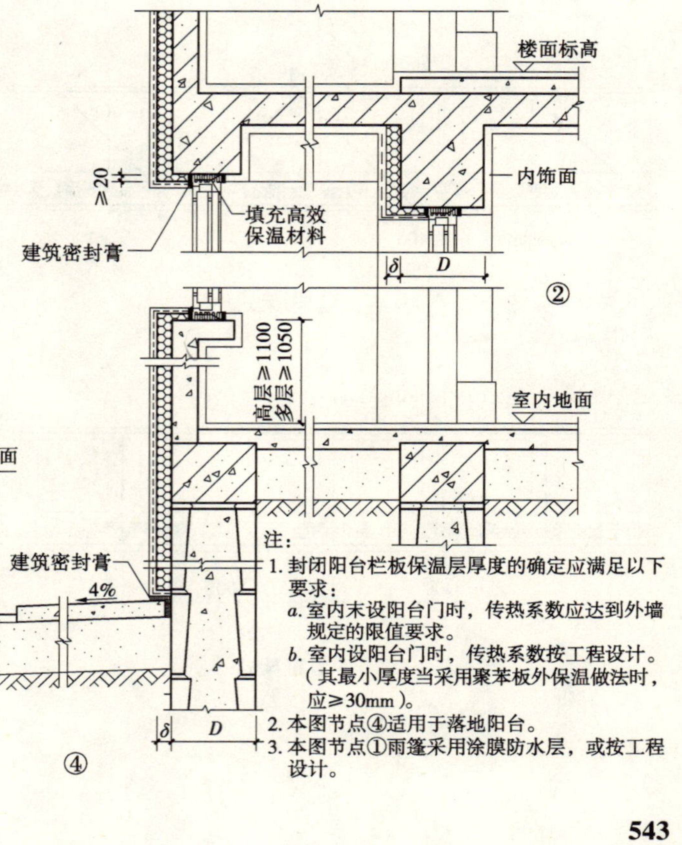

注：
1. 封闭阳台栏板保温层厚度的确定应满足以下要求：
 a. 室内未设阳台门时，传热系数应达到外墙规定的限值要求。
 b. 室内设阳台门时，传热系数按工程设计。（其最小厚度当采用聚苯板外保温做法时，应≥30mm）。
2. 本图节点④适用于落地阳台。
3. 本图节点①雨篷采用涂膜防水层，或按工程设计。

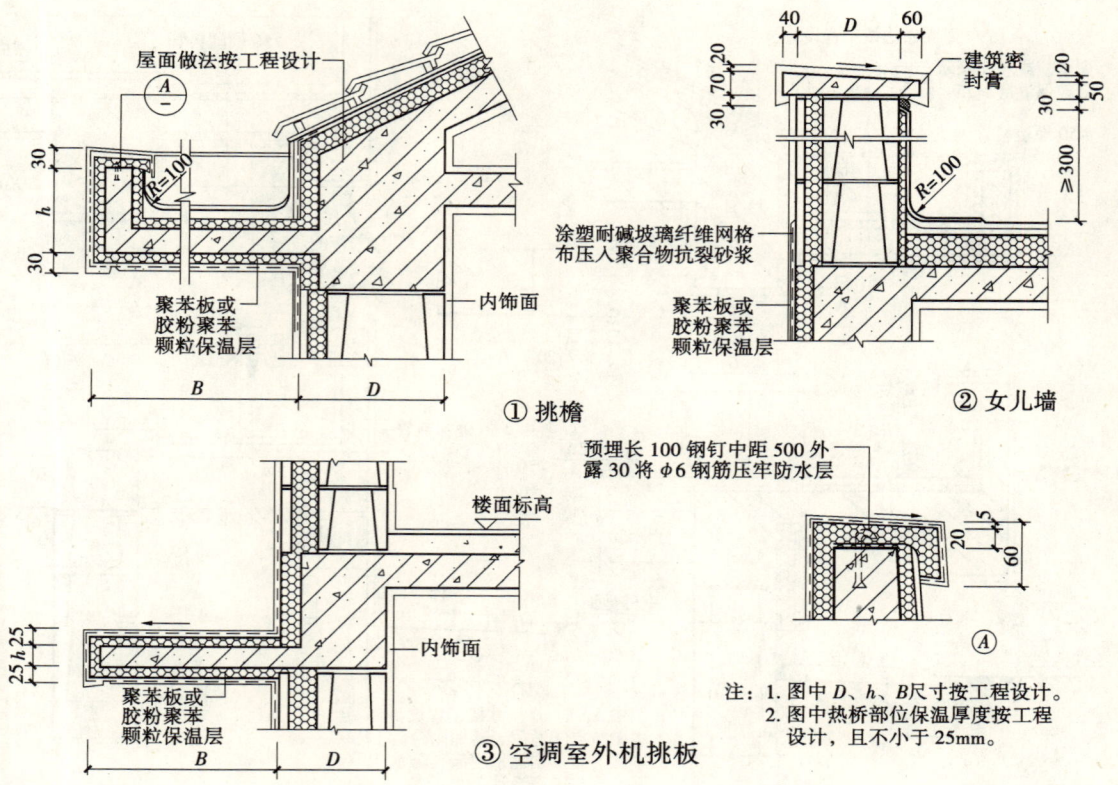

檐口、敞开阳台

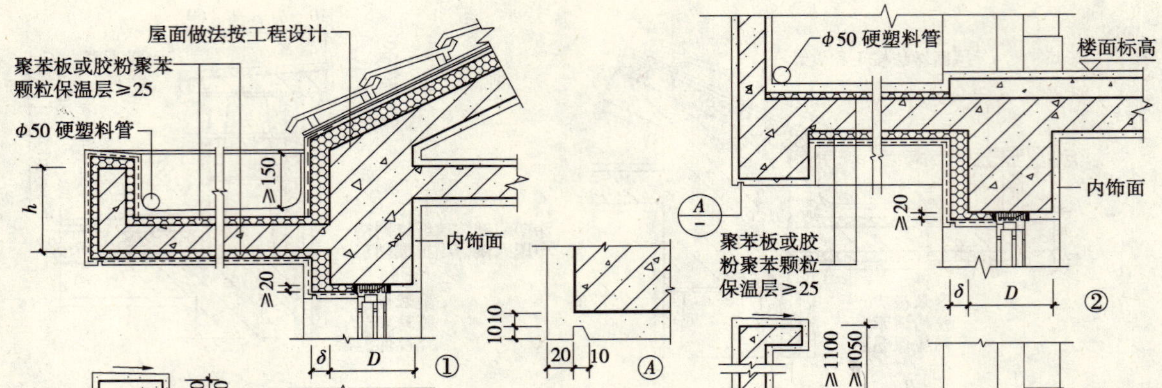

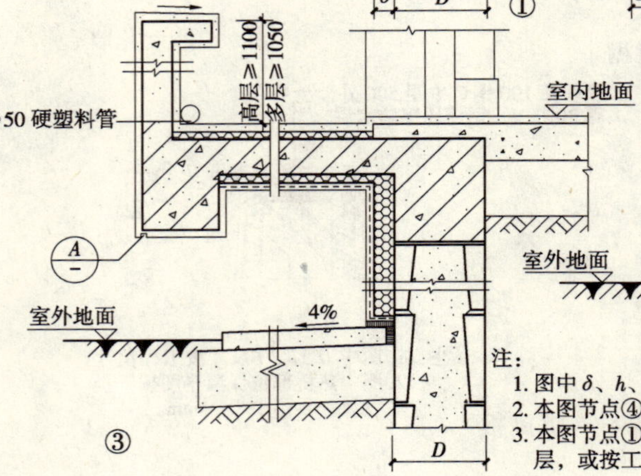

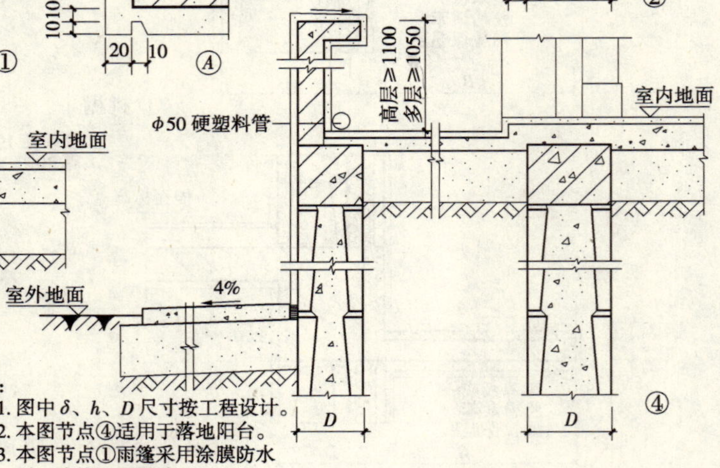

注：
1. 图中 δ、h、D 尺寸按工程设计。
2. 本图节点④适用于落地阳台。
3. 本图节点①雨篷采用涂膜防水层，或按工程设计。

外叶墙拉结筋

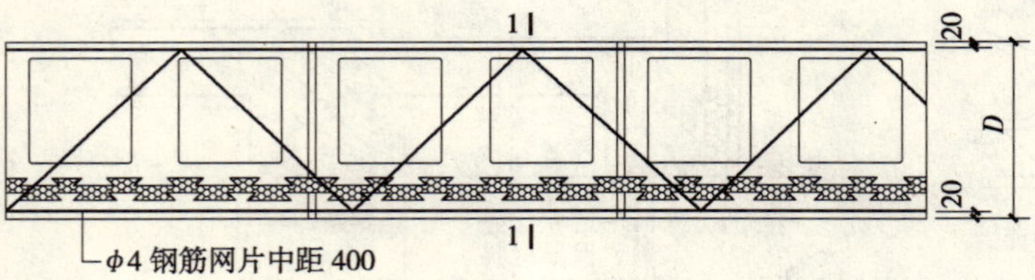

① 桁架式

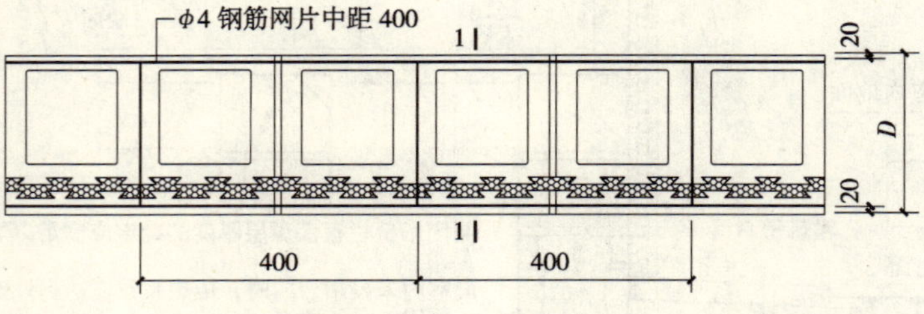

② 框架式

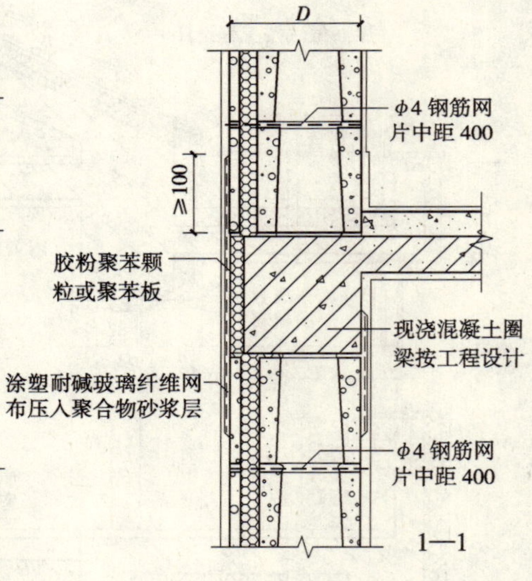

注：1. 拉结筋型式有由设计具体选择确定。
2. 钢筋网片采用电阻点焊工艺平焊。
3. 钢筋网片应采用热浸工艺镀锌。
4. 图中墙体厚度 D 按工程设计。

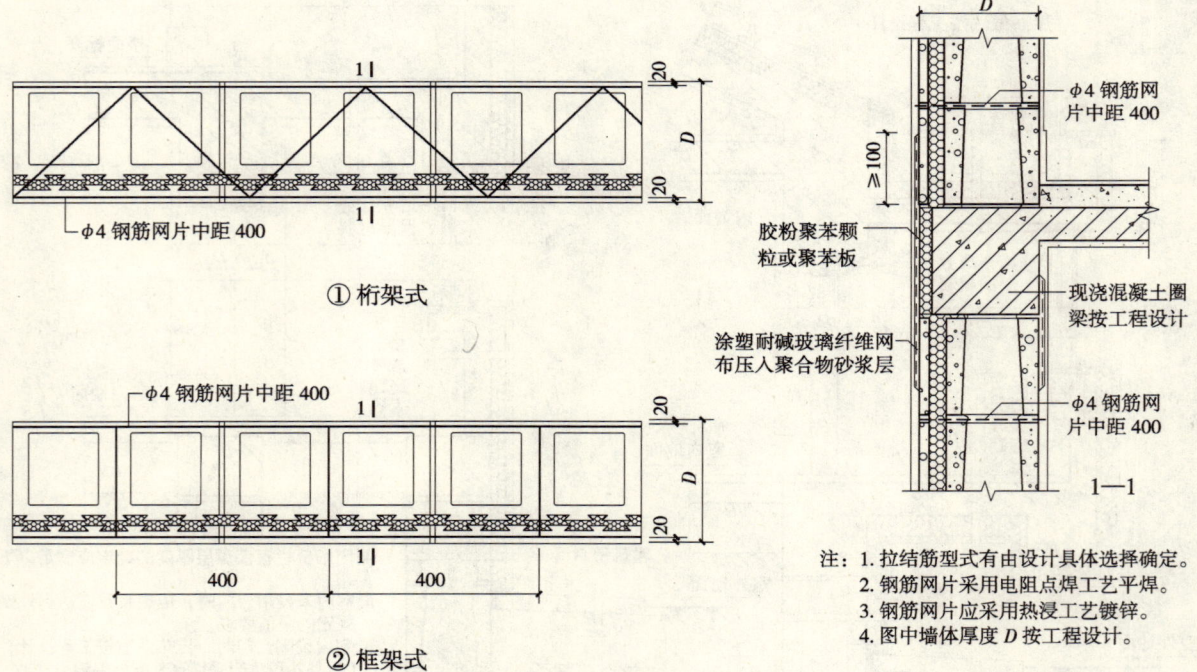

变形缝

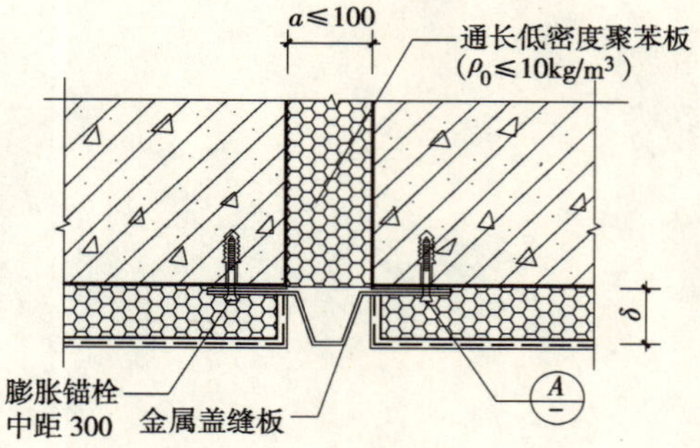

①a ①b

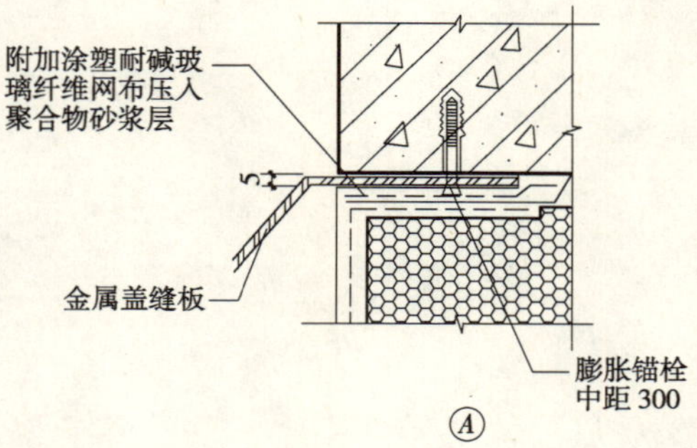

Ⓐ

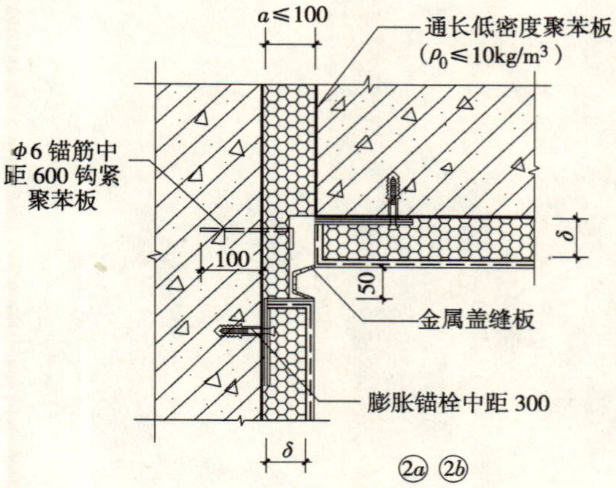

②a ②b

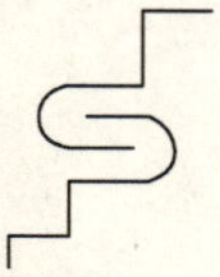

Ⓑ 金属盖缝板

注：1. 图中变形缝宽度 a 及保温层厚度 δ 按工程设计。
2. 本图节点①a①b②a②b适用于伸缩缝，Ⓑ用于沉降或防震缝。
3. 本图节点①a②a金属盖缝板为彩色钢板，①b②b金属盖缝板为 1.5 厚铝板。
4. 盖缝铝板、外露面刷无光调合漆两道，颜色随墙面颜色。
5. 当 $a>2\delta$ 时，可在变形缝内两侧墙体上各钩挂厚度不小于 0.5δ 的通长低密度聚苯板，钩挂做法见本图②a②b节点。

保温做法、热工指标及厚度选用表

外墙夹芯保温做法、热工指标及厚度选用表

编号	外墙构造简图		热桥部位保温层		外墙总厚度	外墙主体部位		外墙平均传热系数 K_m [W/(m²·K)]
			保温材料	厚度		传热阻 R_0 (m²·K/W)	传热系数 K_0 [W/(m²·K)]	
1	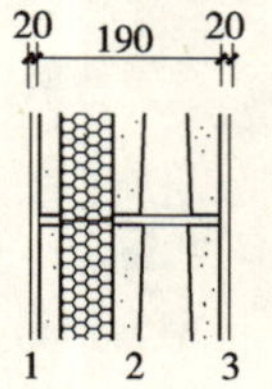	1. 水泥砂浆外墙饰面 2. 轻集料夹芯保温砌块 3. 白灰砂浆内饰面	聚苯板	30	230	1.25	0.80	0.911
2			胶粉聚苯颗粒	30	230	1.25	0.80	1.060
3			钢丝网架聚苯夹芯板	30	230	1.25	0.80	0.990
4	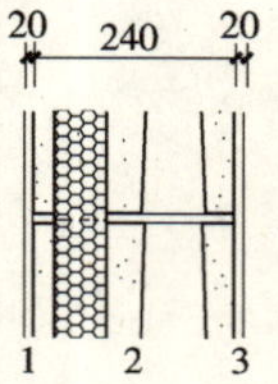	1. 水泥砂浆外墙饰面 2. 轻集料夹芯保温砌块 3. 白灰砂浆内饰面	聚苯板	50	280	1.25	0.80	0.772
5			胶粉聚苯颗粒	50	280	1.25	0.80	0.898
6			钢丝网架聚苯夹芯板	50	280	1.25	0.80	0.843

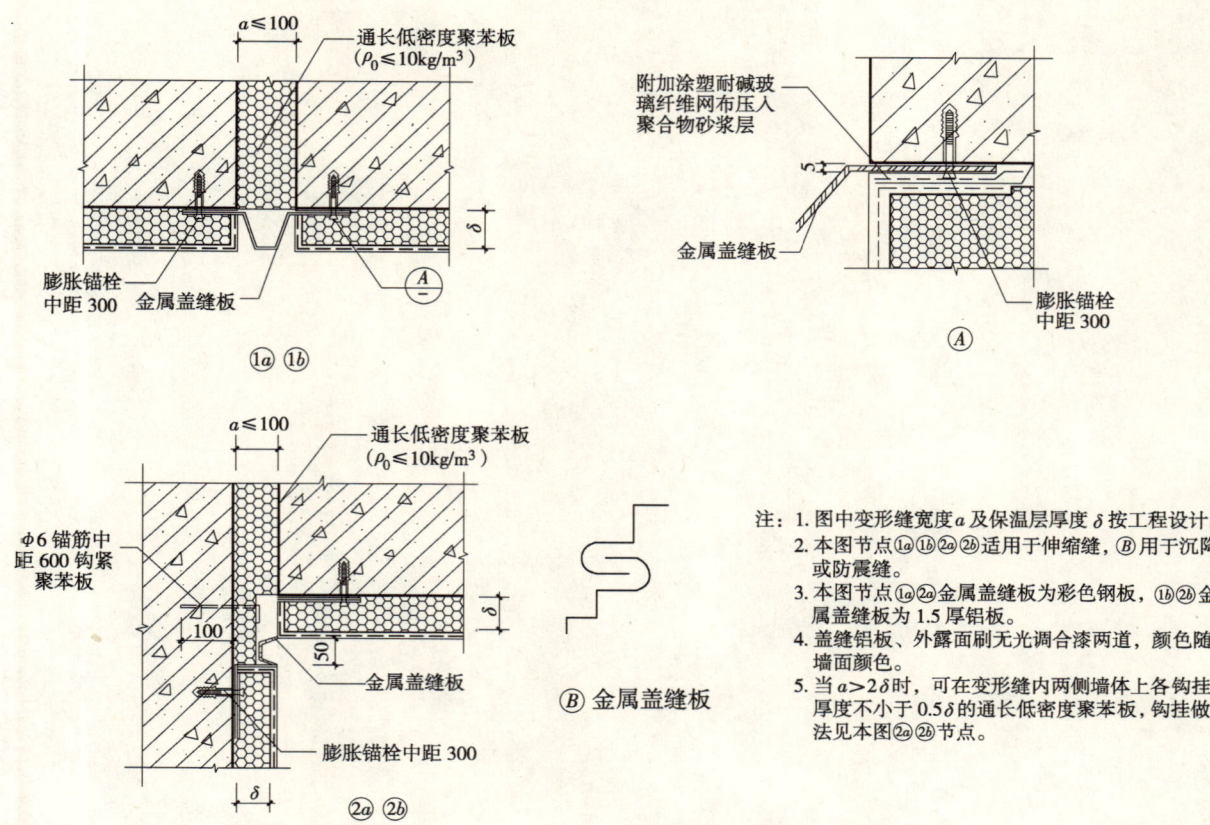

（二）钢丝网架水泥聚苯乙烯夹芯板墙（05J3-5）

1
说　　明

说　明

1. 本图集的适用范围

1.1　适用于建筑物非承重外围护墙和内隔墙。

1.2　应根据不同使用要求选取“板墙”厚度。当“板墙”作为建筑物围护外墙时，板厚应按现行建筑设计规范进行热工计算。如为采暖的居住建筑时，应符合民用建筑节能设计标准的有关规定。同时应满足防火、隔声、安全等要求。

2. 本图集系根据中华人民共和国建材行业标准《钢丝网架水泥聚苯乙烯夹芯板》(JC 623—1996)（以下简称《标准》）进行编制。

3. 钢丝网架水泥聚苯乙烯夹芯板墙（以下简称“板墙”），其质量应符合《标准》中规定的各项指标。

4. 构造要求

4.1　“板墙”采用配套的连接件（或锚筋）与主体结构的墙、梁、柱、地（楼）面、基础连接，“板墙”与主体结构、“板墙”与“板墙”门窗洞口处用钢丝网片和配置加强钢筋补强。“板墙”做内隔墙时，其厚度可为100mm。墙高大于3600mm时，设计应配置型钢加强，并进行“板墙”稳定性验算。

4.2　本图集中所注平网及角网用钢钉与墙固定（钢钉钉入墙体后，将其外露部分用22号镀锌钢丝与平网及角网绑扎)，用箍码或22号镀锌钢丝与钢丝网架绑扎，钢钉、绑扎点双向间距≤600；锚筋外露部分与钢丝网架用22号镀锌钢丝绑扎，其绑扎点不少于两个，且间距不大于150mm。

5. 本图集“板墙”构造是以50mm厚的阻燃型（氧指数≥30%）聚苯乙烯泡沫塑料（表观密度15~20kg/m^3）整板为芯材，两侧钢丝网间距70，钢丝网格间距50mm，每个网格焊一根腹丝，腹丝倾角为45°，每行腹丝为同一方向，相邻一行腹丝倾角方向相反，两侧喷抹30mm厚水泥砂浆或细石混凝土，总厚度为110mm进行编制，定型产品规格为1200mm×2450mm×70mm，如厚度和长度不能满足要求时，设计人员可根据需要选定，但长度不得大于3600mm。

6. 为使“板墙”接缝最少，设计人员宜进行“板墙”立面排板设计，并避免水平通缝。

7. 根据《标准》要求，“板墙”每平方米的重量、轴向荷载允许值、建筑物理性能指标、建筑热工指标见表1~表4。表1~表4是建筑设计人员选用“板墙”和结构设计人员进行荷载计算的重要依据。

每平方米面积的重量　　**表1**

板墙厚	构　造	kg/m^2
100	板两面各有25mm厚水泥砂浆	≤104
110	板两面各有30mm厚水泥砂浆	≤124
130	板两面各有25mm厚水泥砂浆加两面各有15mm厚石膏涂层或轻质砂浆层	≤140

注：水泥砂浆配比为1:3

轴向荷载允许值　　**表2**

高度（芯板公称长度）　(m)	2.4	3.6
两面各有25mm厚水泥砂浆层全截面负重时（kN/m） 外墙外侧砂浆层伸出楼面9.5mm时（kN/m）	≥74.4 ≥46.1	≥62.5 ≥40.2

注：水泥砂浆强度等级不低于M10。

建筑物理性能指标 **表 3**

项　次	项　目	指 标 值	备　注
1	隔声指数（dB）	≥40 ≥45	厚 100mm，110mm 板厚 130mm 板
2	抗冻性（次）	25	试验后试体不得有剥落、开裂、起层等破坏现象
3	耐火极限（h）	≥1 ≥2	厚 100mm，110mm 板厚 130mm 板

注：板的聚苯乙烯泡沫塑料内芯厚 50mm，砂浆表面未作饰面处理。

建筑热工指标 **表 4**

聚苯乙烯泡沫塑料板厚度	热阻（$m^2 \cdot K/W$）	传热系数［$W/(m^2 \cdot K)$］
50	0.82	1.03
60	0.98	0.89
70	1.13	0.78
80	1.29	0.70
90	1.44	0.63
100	1.59	0.57

注：板两面各抹 25mm 厚水泥砂浆，砂浆表面未做饰面处理。

8. 按本图集施工的“板墙”的耐火性能高于难燃烧材料。

9. 本图集钢筋采用 HPB235 级钢筋；型钢及钢板均采用 Q235 钢；焊条采用 E43xx。

10. 本图集标注的角网尺寸为展开尺寸；除注明者外，均为等边角网；平网、角网长度同“板墙”拼缝长度。

11. 除注明者外，本图集所注尺寸均以毫米（mm）为单位。

2

钢丝网架水泥聚苯乙烯
夹板墙构造与详图

板墙与墙体连接构造

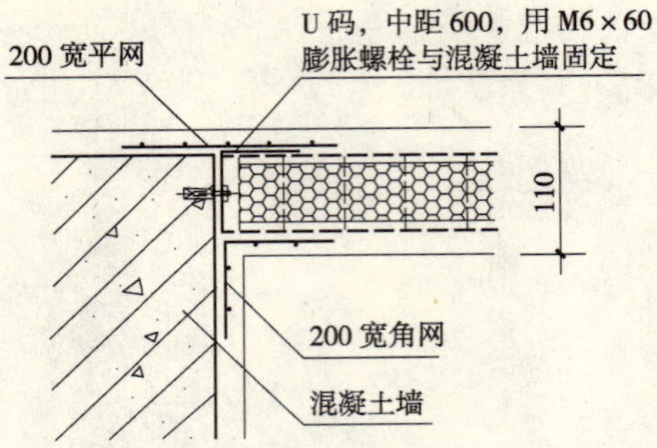

① 板墙与混凝土墙连接构造（一）

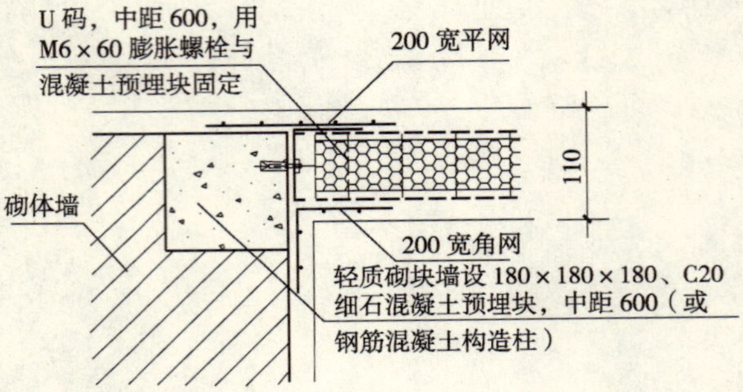

② 板墙与砌体墙连接构造（一）

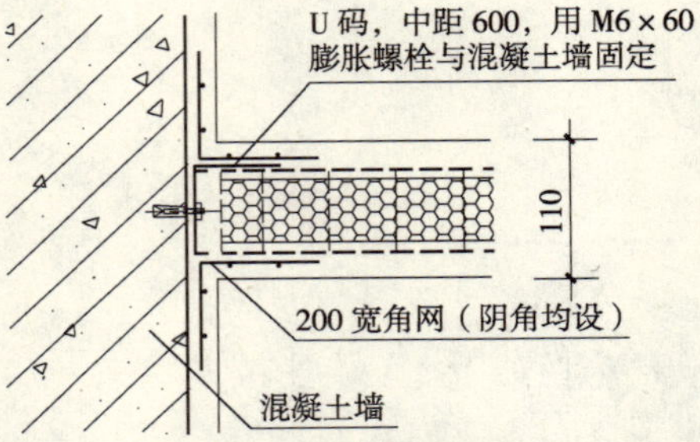

③ 板墙与混凝土墙连接构造（二）

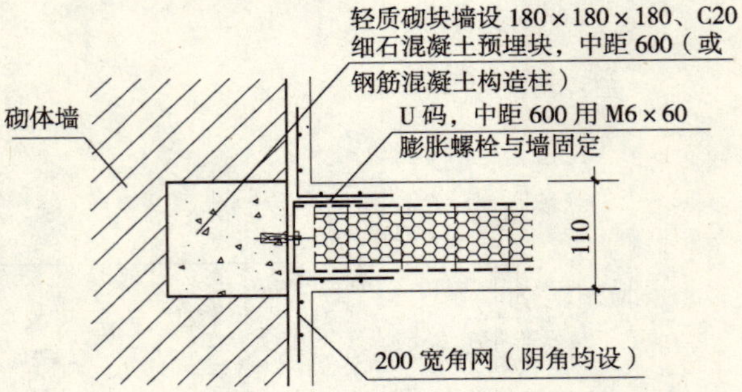

④ 板墙与砌体墙连接构造（二）

板墙与板墙连接构造

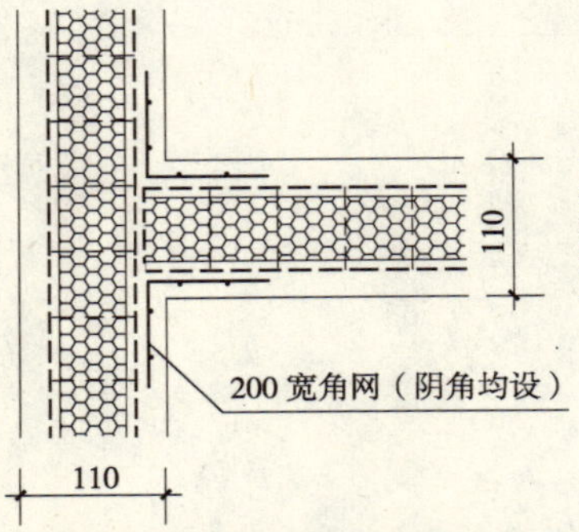

① 板墙与板墙丁字连接构造

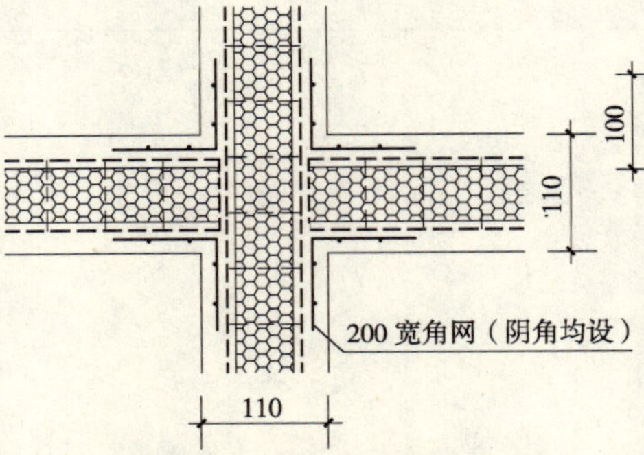

② 板墙与板墙十字连接构造

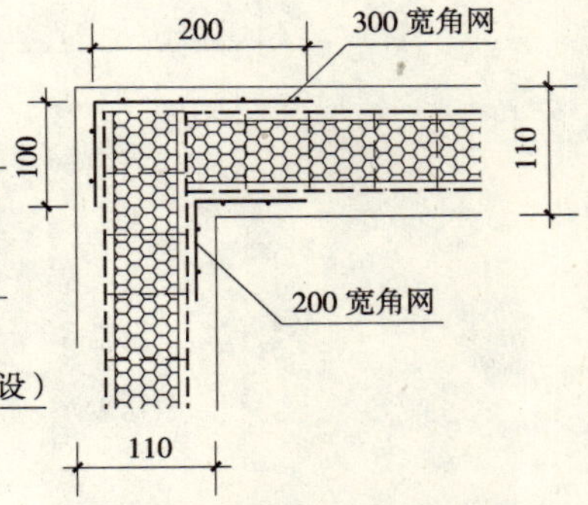

③ 板墙与板墙转角连接构造

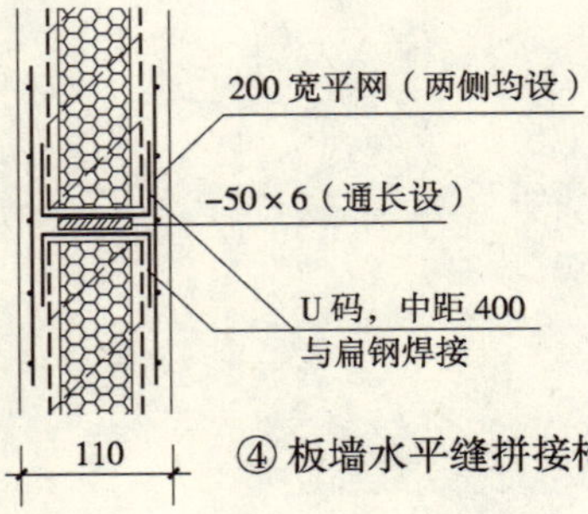

④ 板墙水平缝拼接构造

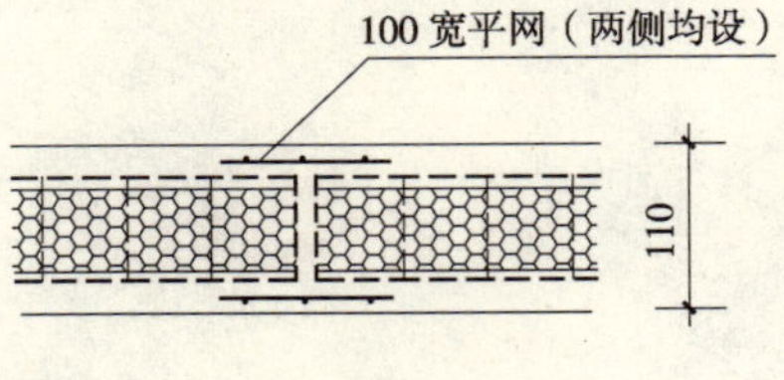

⑤ 内墙板竖缝拼接构造

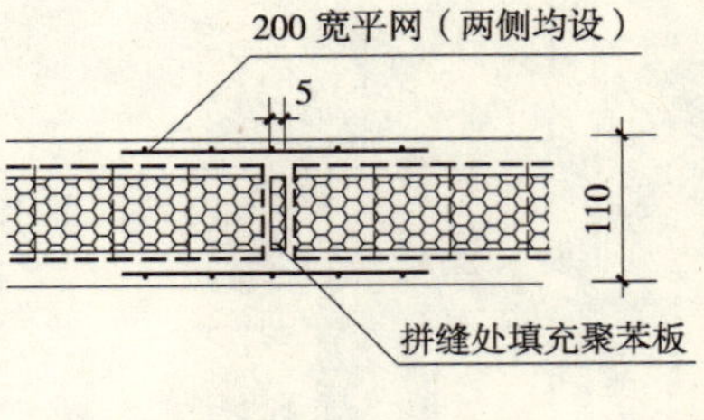

⑥ 外墙板竖缝拼接构造

板墙与梁（板）、楼面连接构造

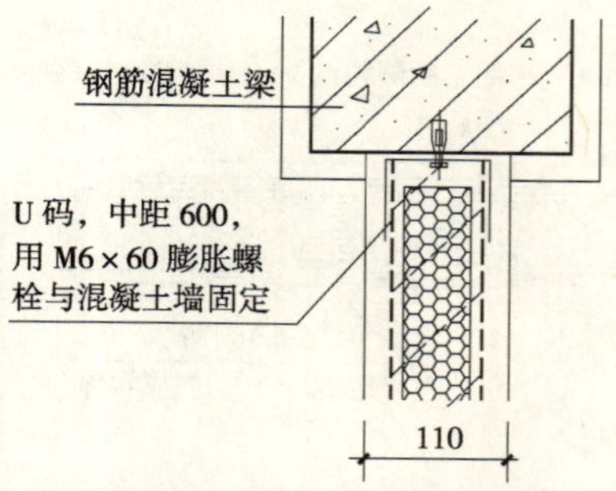

① 板墙与混凝土梁连接构造（一）

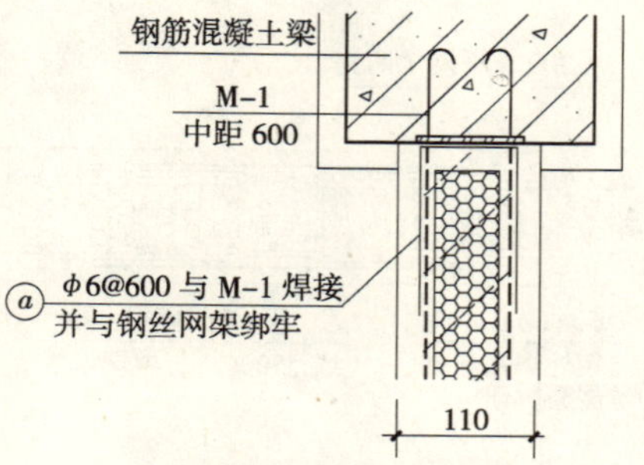

② 板墙与混凝土梁连接构造（二）

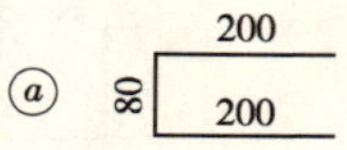

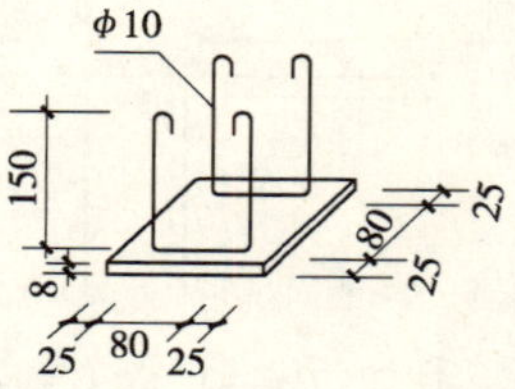

M−1

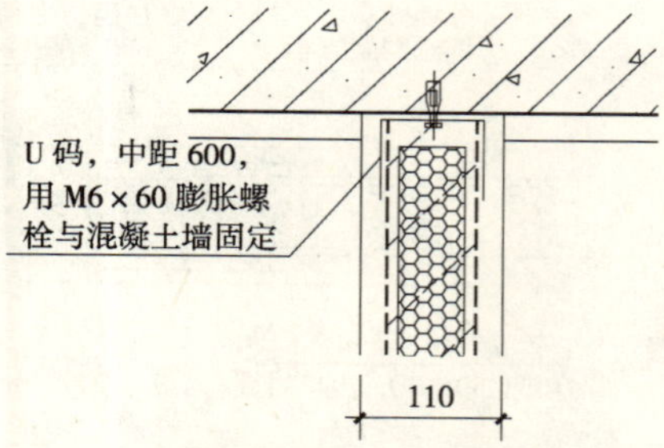

③ 板墙与顶板连接构造

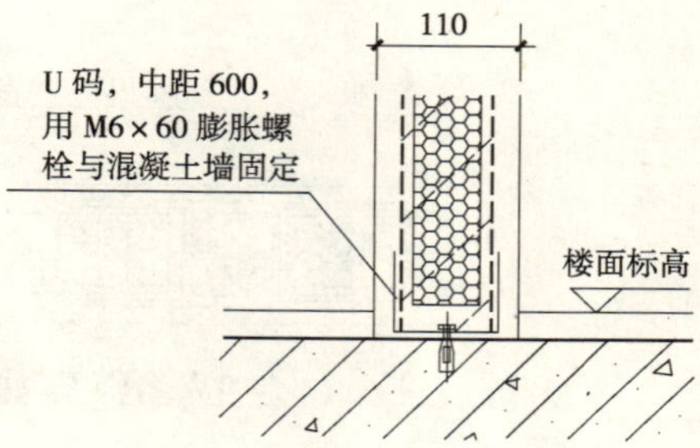

④ 板墙与楼面连接构造

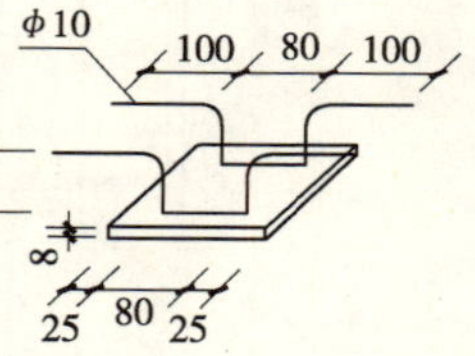

M−2

板墙与基础连接构造

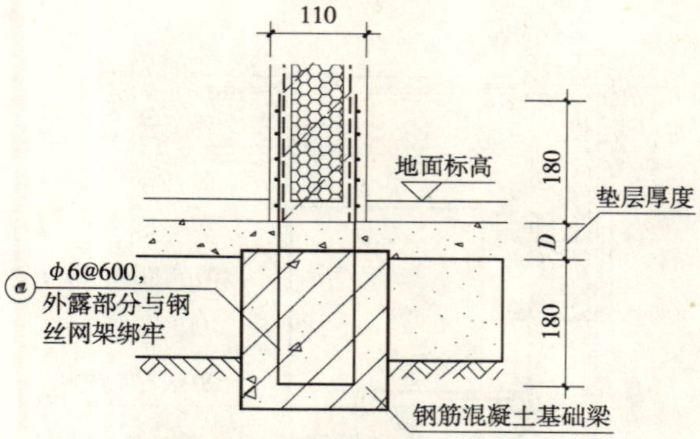

① 板墙与基础连接构造（一）

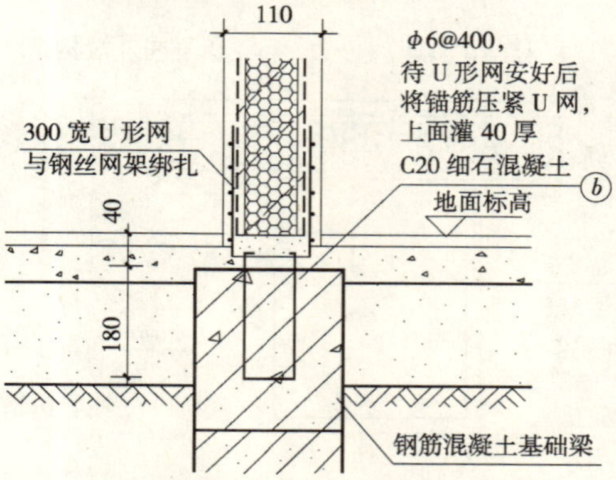

② 板墙与基础连接构造（二）

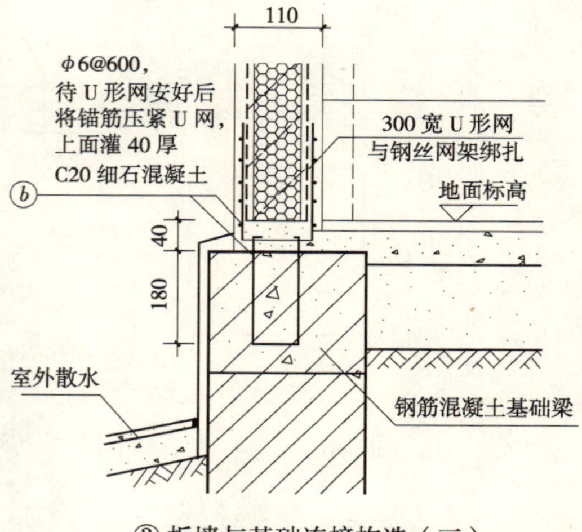

③ 板墙与基础连接构造（三）

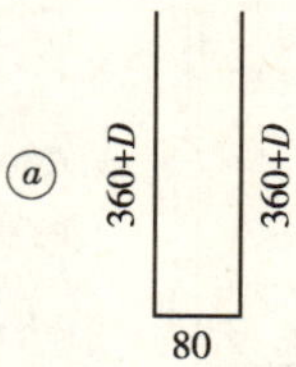

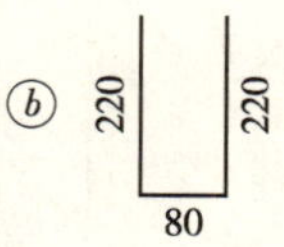

注：基础详工程设计

板墙加劲柱构造

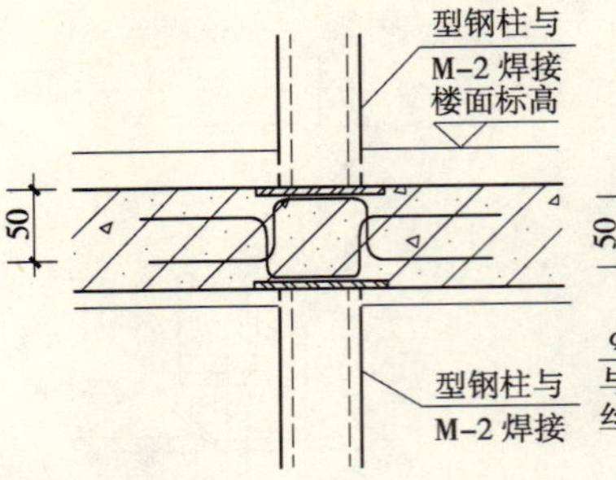

① 加劲柱与楼板（梁）连接构造

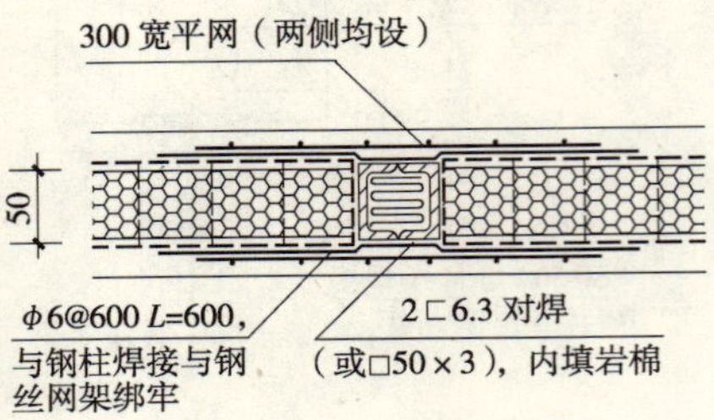

③ 板墙加劲柱构造（一）

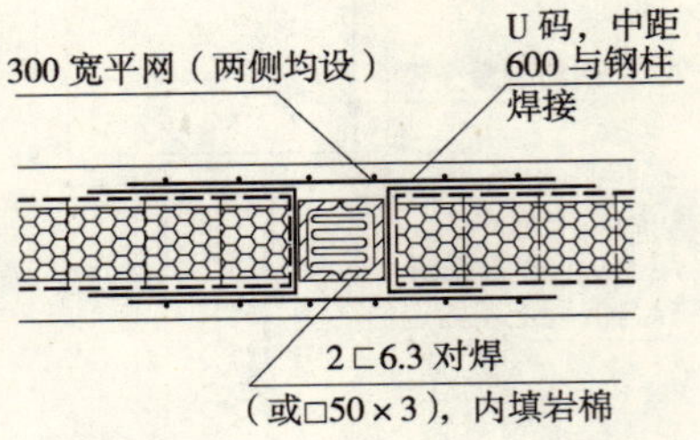

④ 板墙加劲柱构造（二）

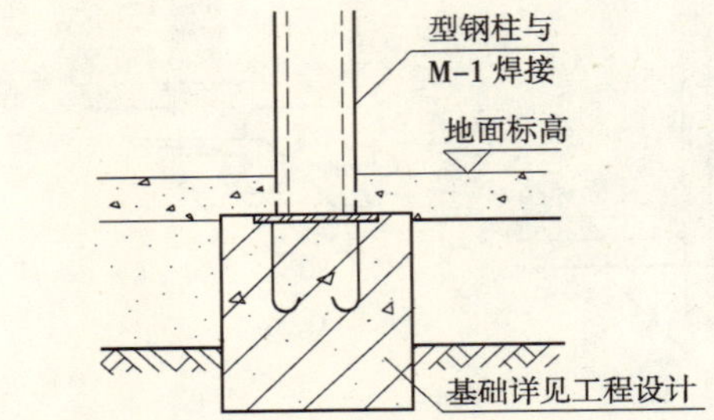

② 加劲柱与地面连接构造

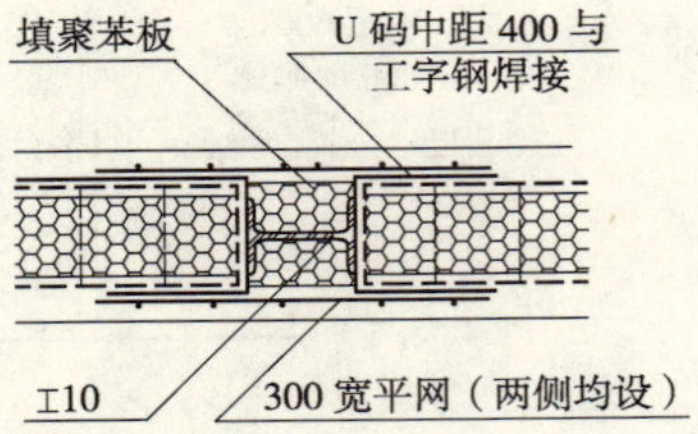

⑤ 板墙加劲柱构造（三）

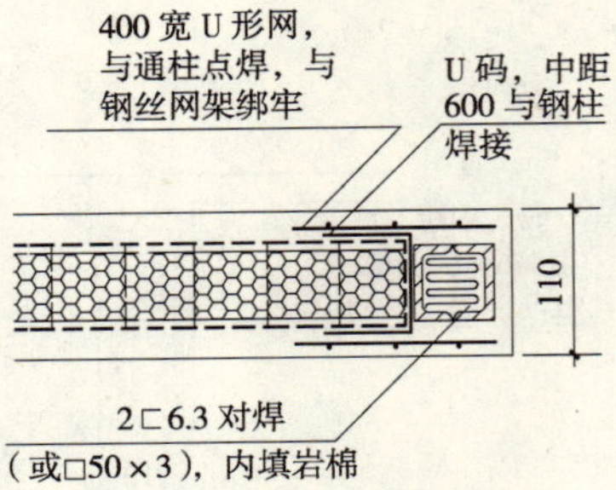

⑥ 板墙水平端构造

混凝土框架与板墙连接构造

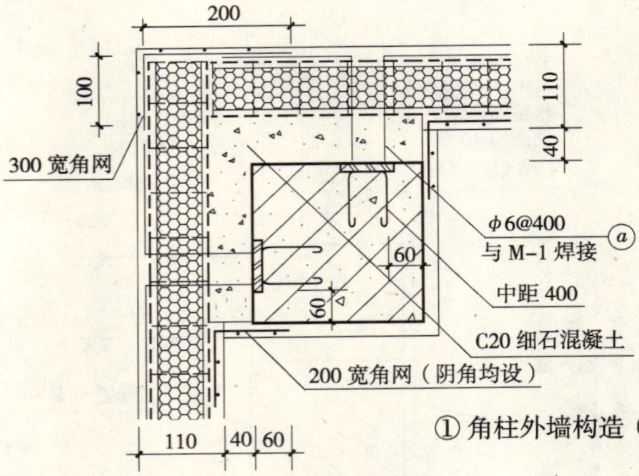

① 角柱外墙构造（一）

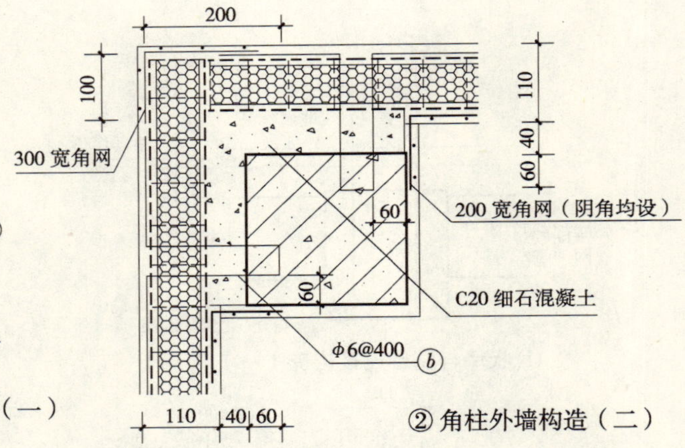

② 角柱外墙构造（二）

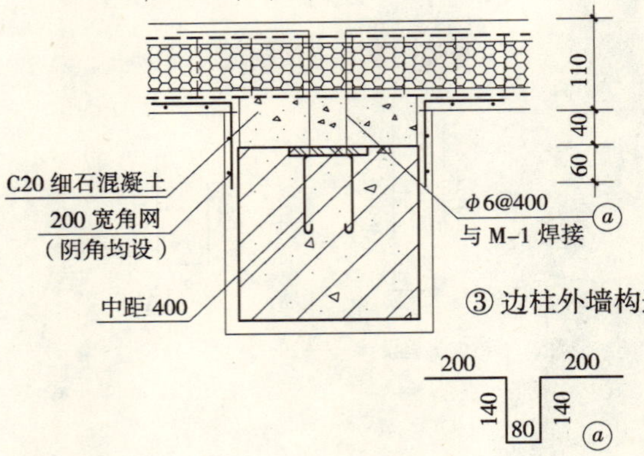

③ 边柱外墙构造（一）

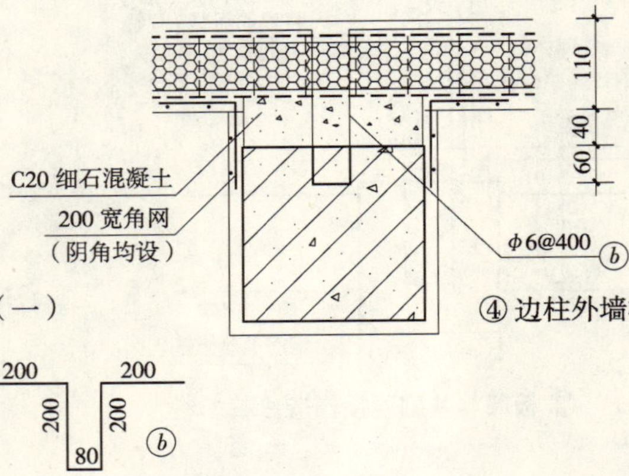

④ 边柱外墙构造（二）

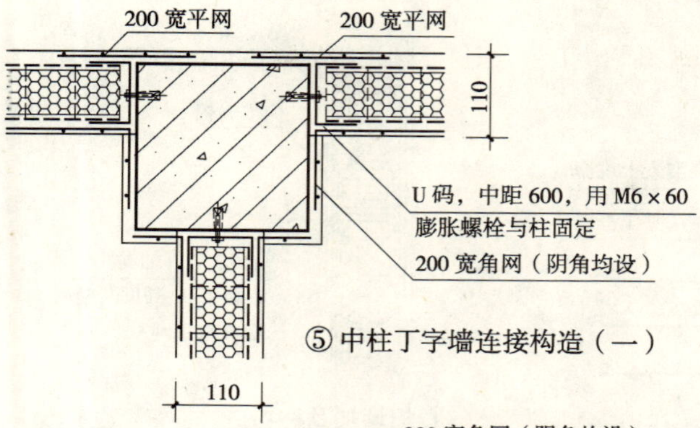

⑤ 中柱丁字墙连接构造（一）

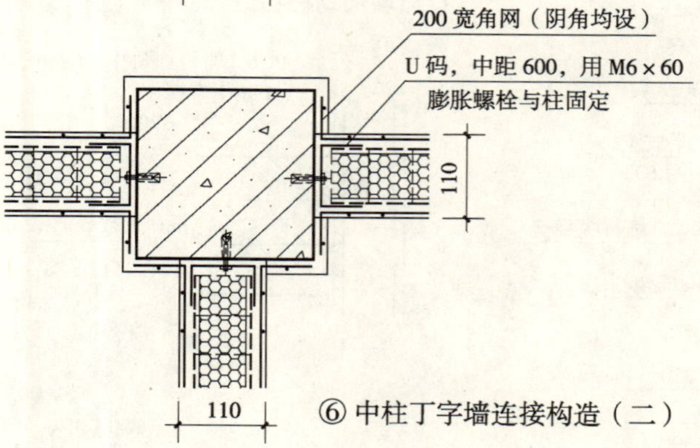

⑥ 中柱丁字墙连接构造（二）

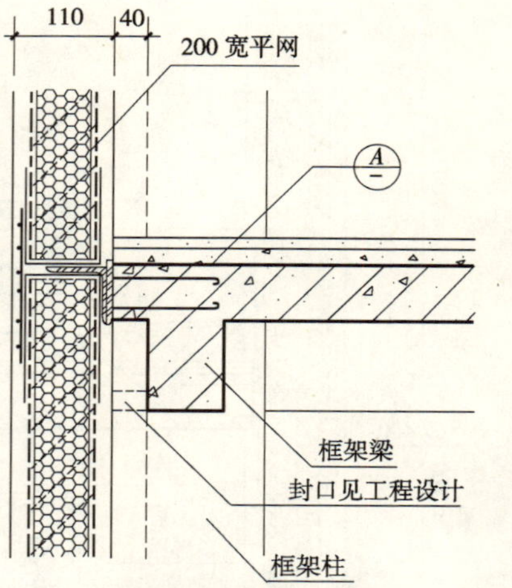

⑦ 外墙与楼板连接构造

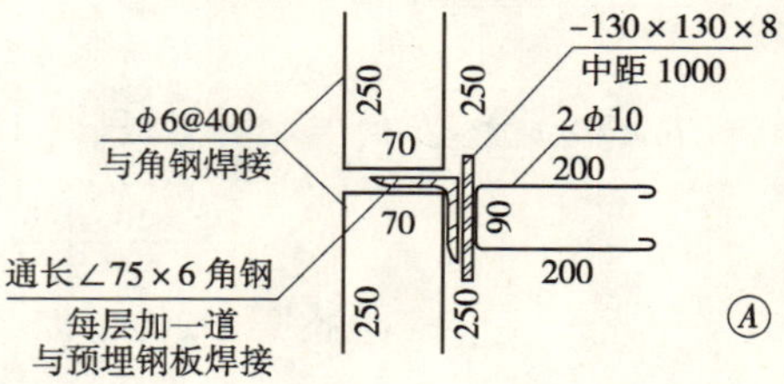

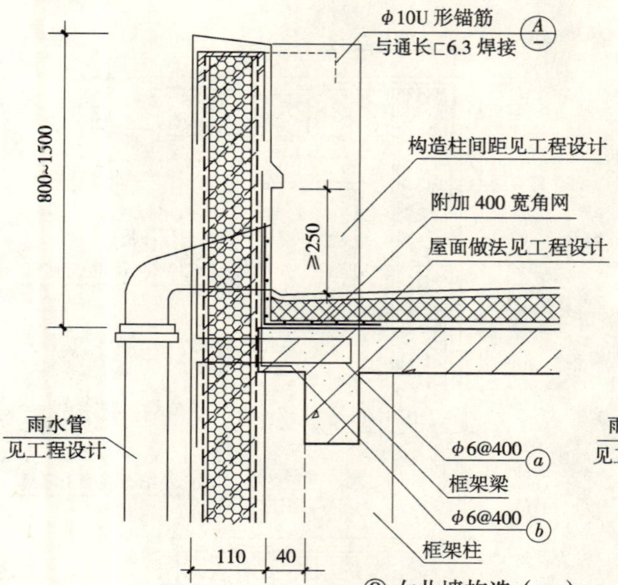

⑧ 女儿墙构造（一）

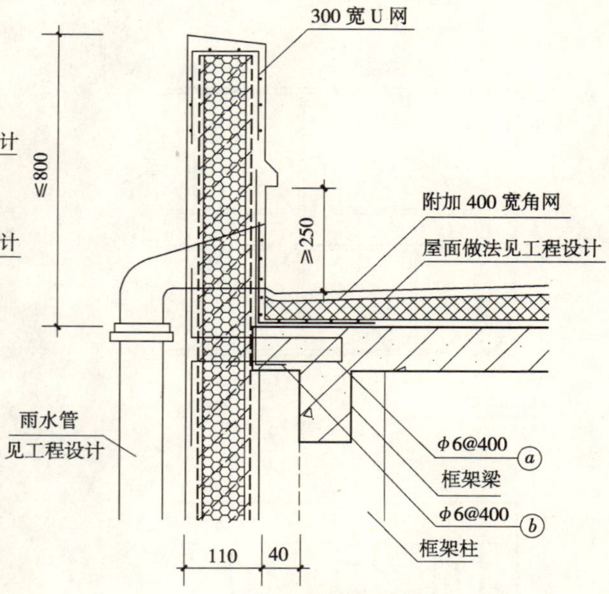

⑨ 女儿墙构造（二）

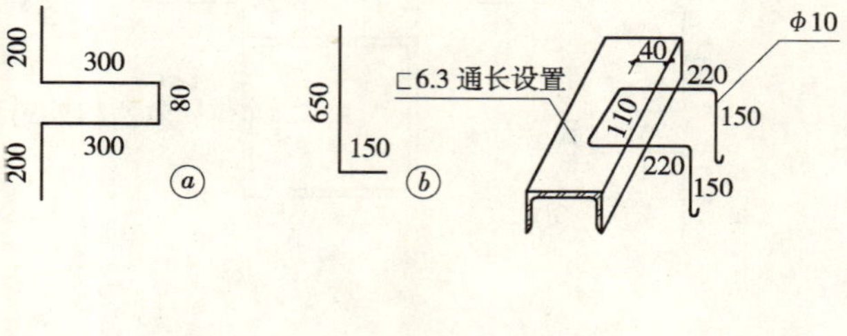

Ⓐ 构造柱与女儿墙连接构造

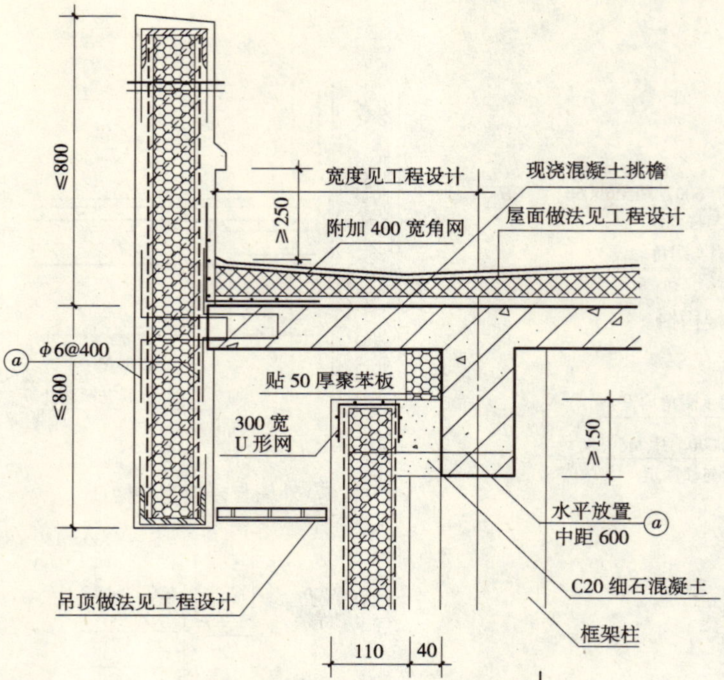

⑩ 挑檐檐墙构造

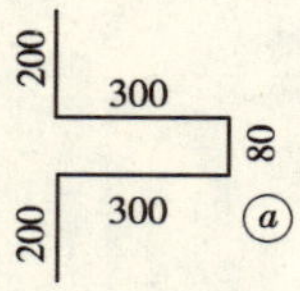

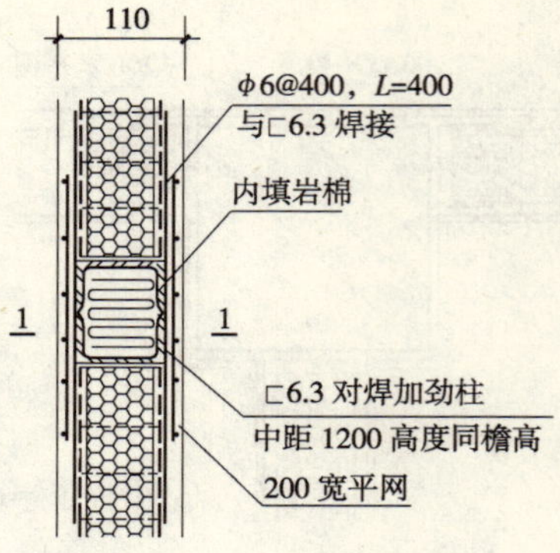

Ⓐ 檐墙加劲柱构造

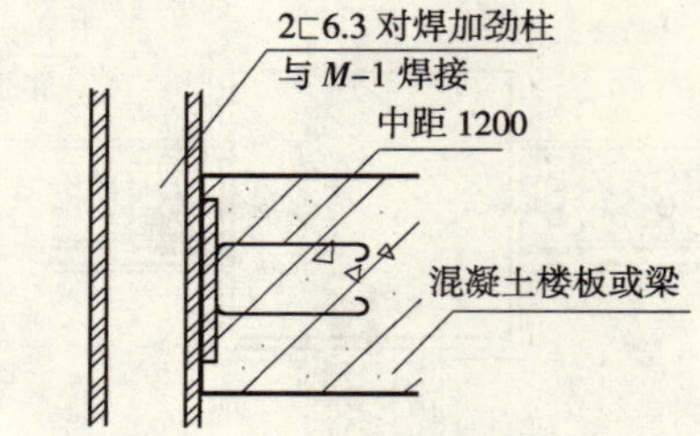

1—1

轻钢承重体系的板墙连接构造

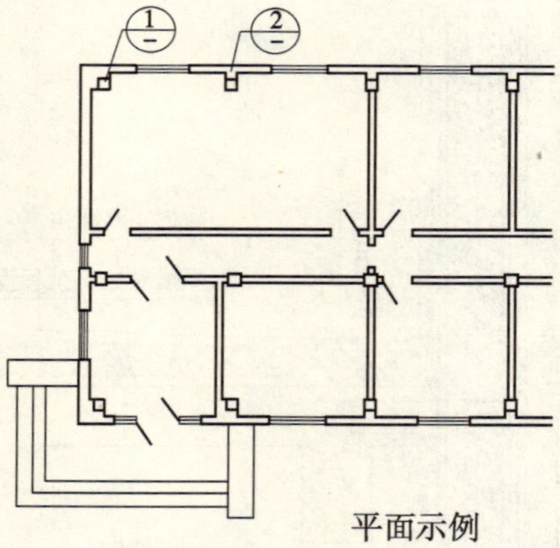

平面示例

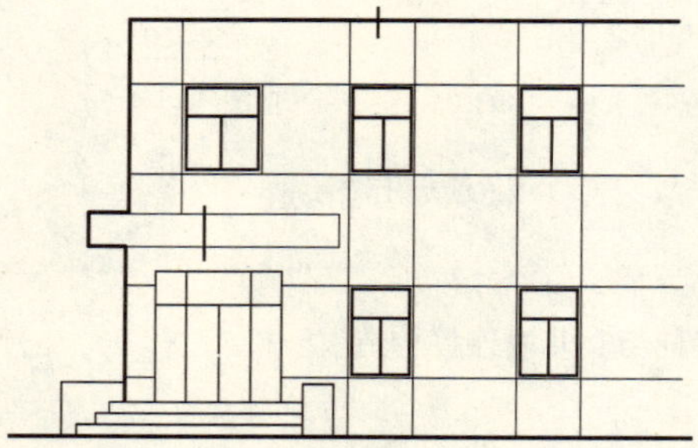

立面示例

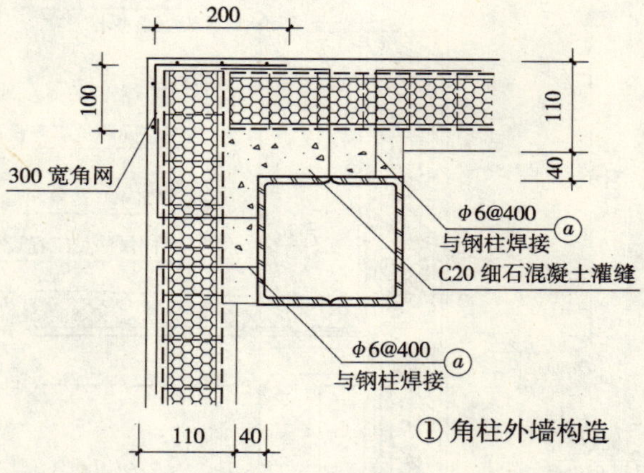

① 角柱外墙构造

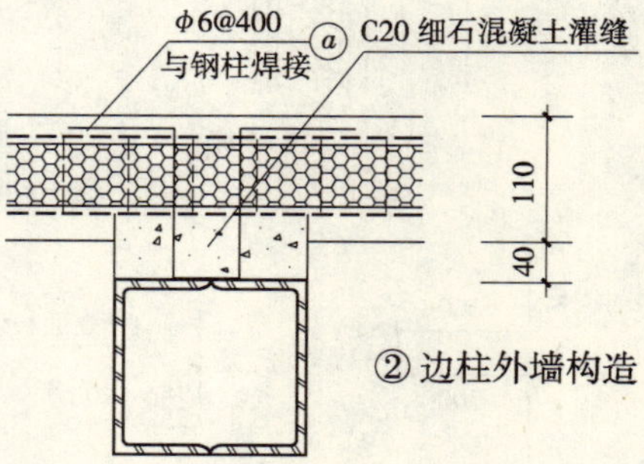

② 边柱外墙构造

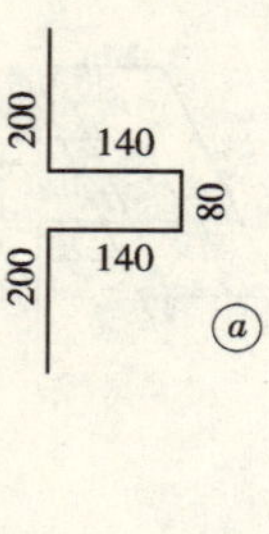

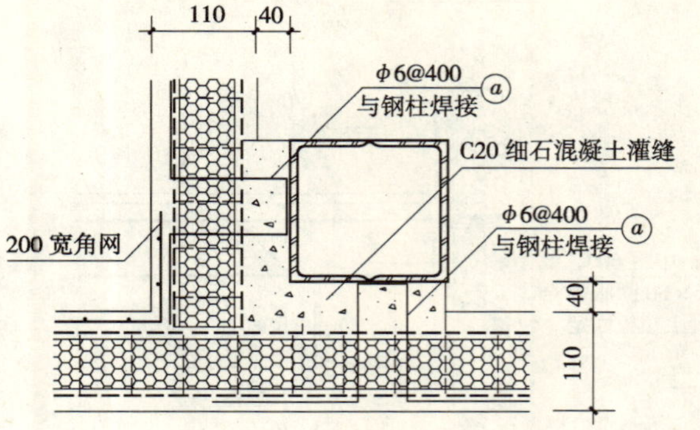

① 丁字墙连接构造（一）

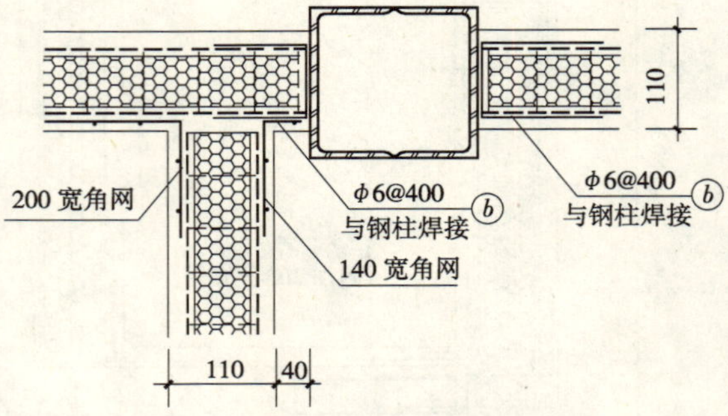

② 丁字墙连接构造（二）

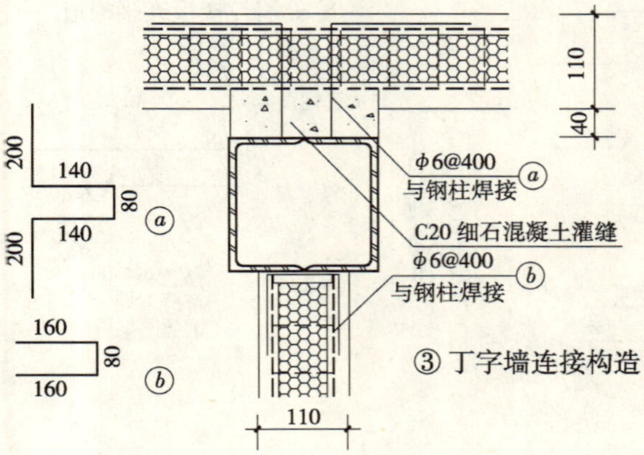

③ 丁字墙连接构造（三）

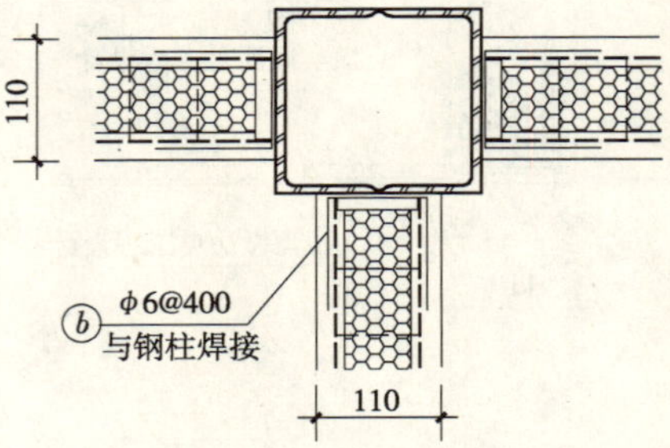

④ 丁字墙连接构造（四）

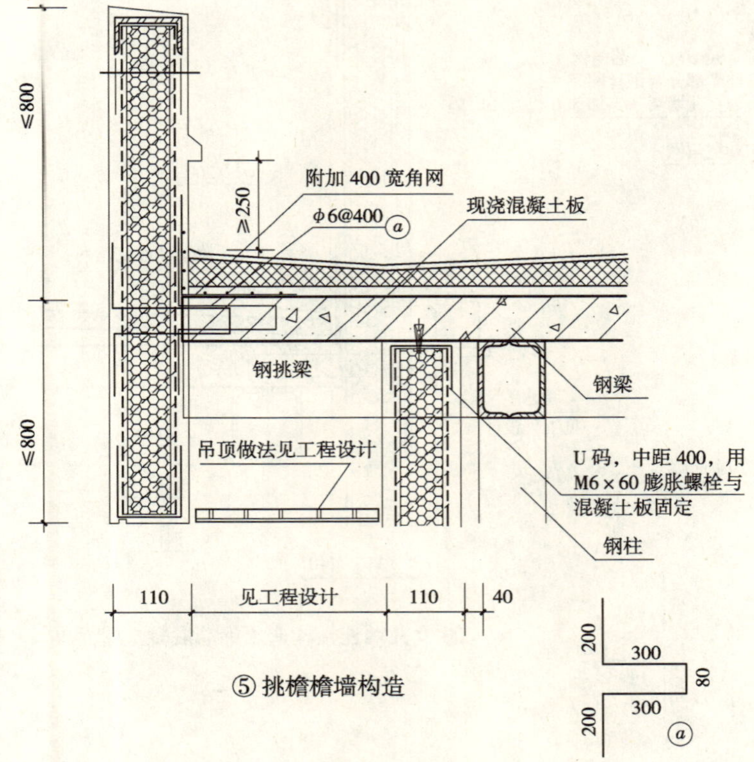

⑤ 挑檐檐墙构造

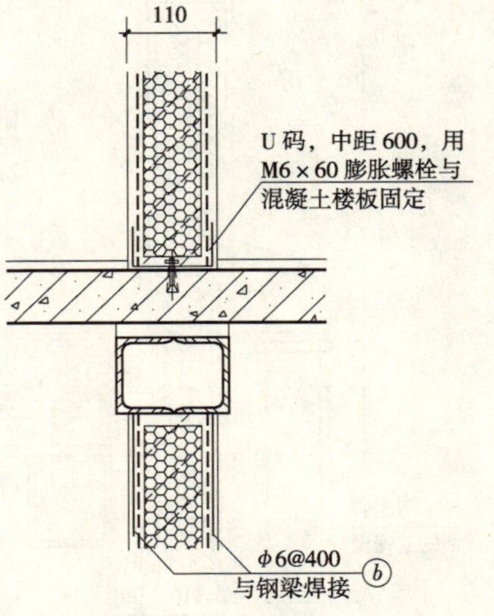

⑥ 楼板连接构造

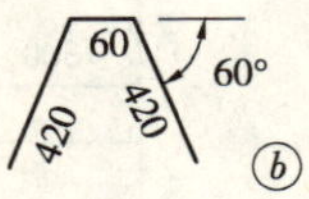

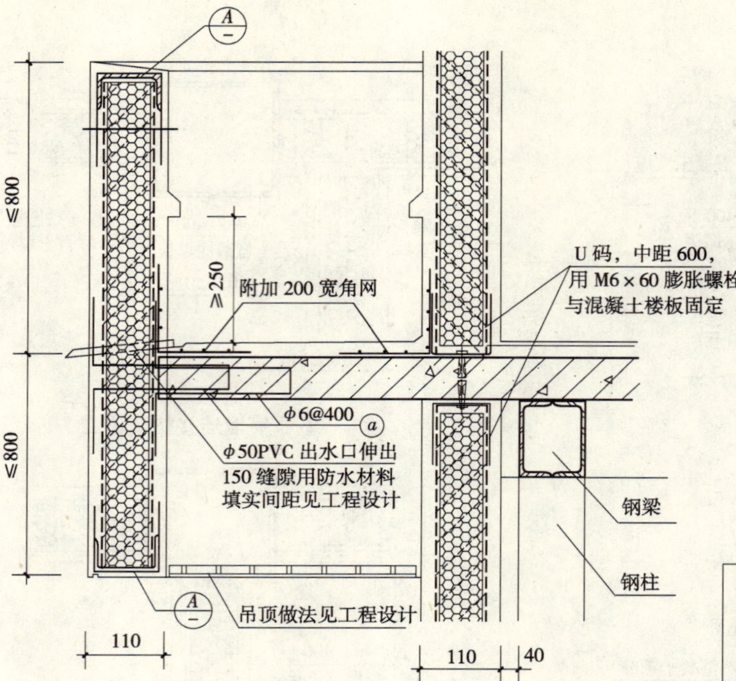

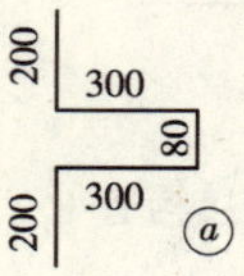

⑦ 雨篷构造

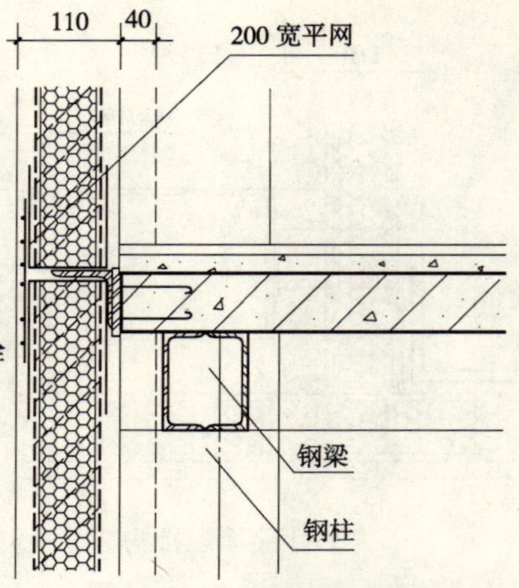

⑧ 外墙与楼板连接构造

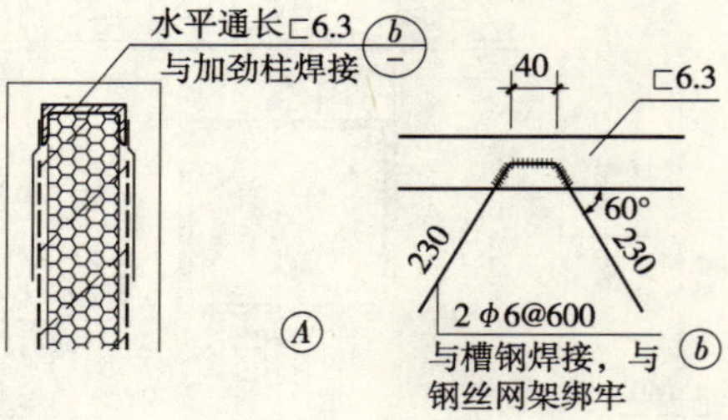

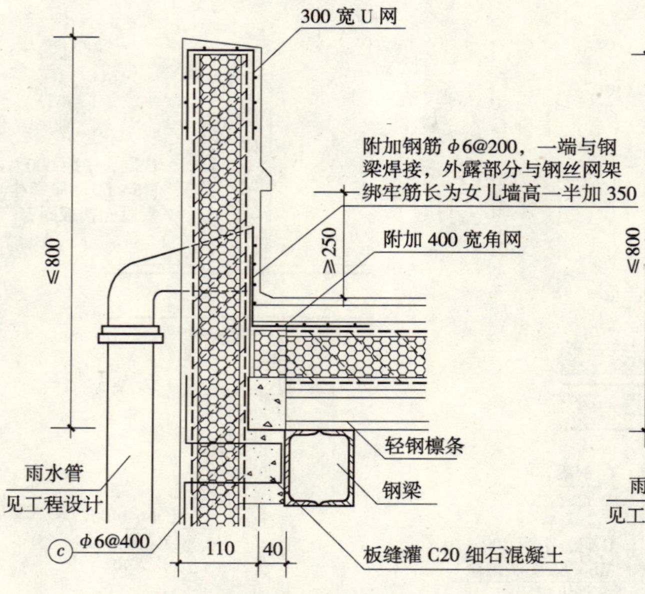

⑨ 女儿墙连接构造（钢结构屋面）

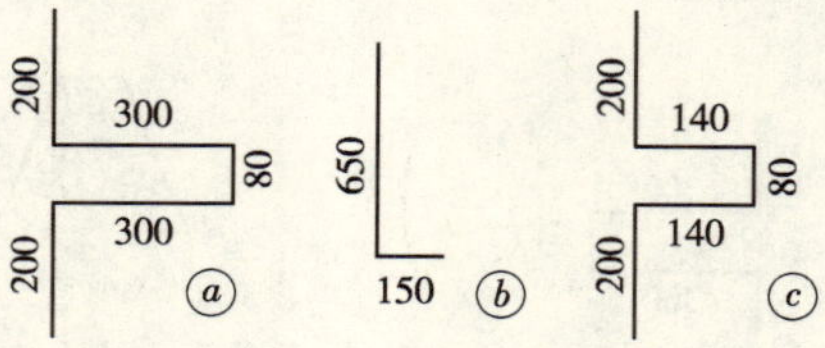

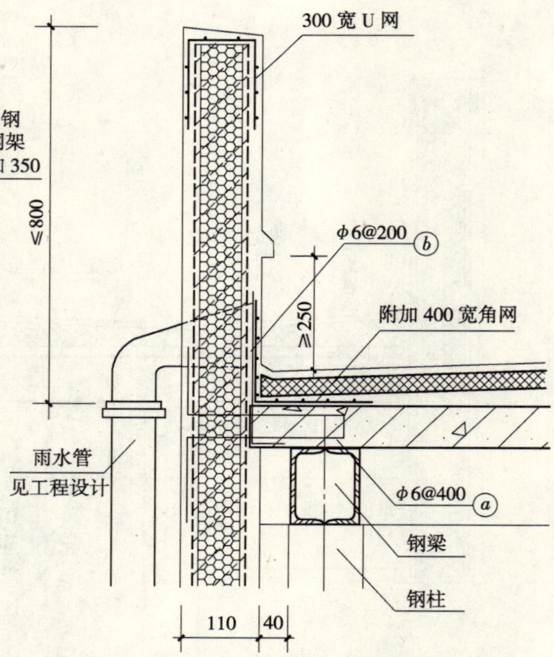

⑩ 女儿墙连接构造（钢筋混凝土屋面）

弧形板墙连接构造

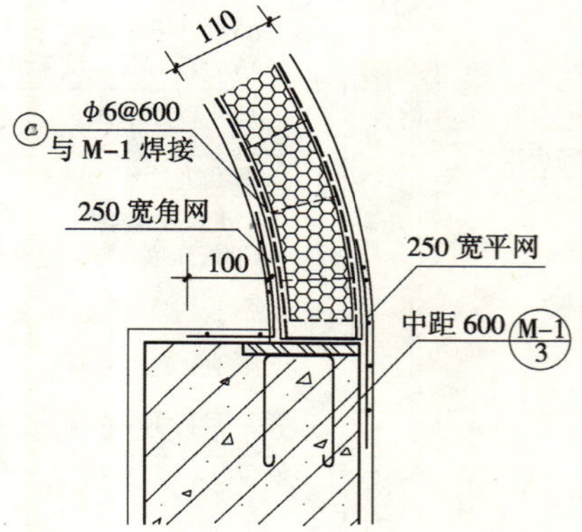

①

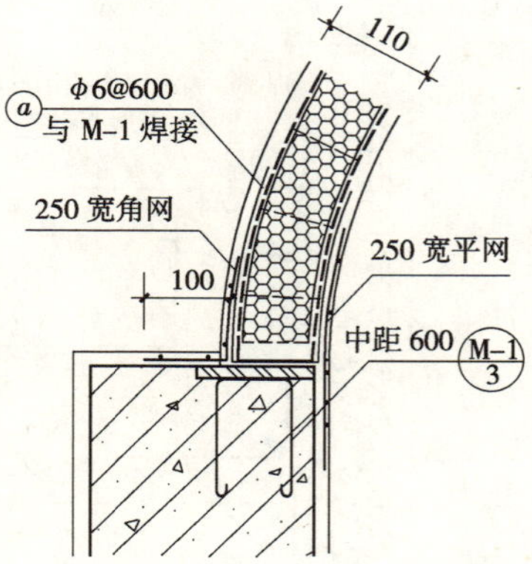

②

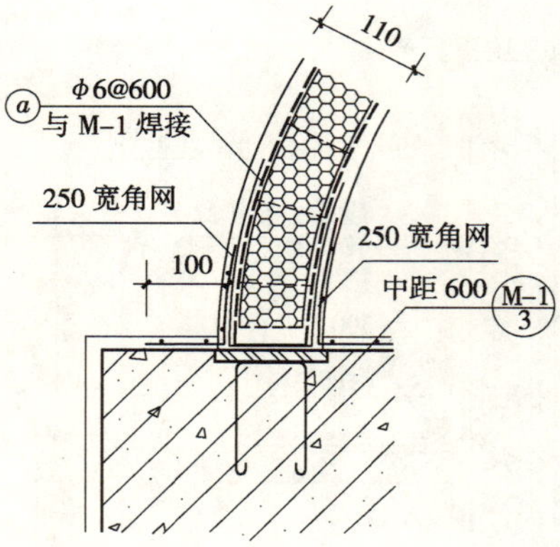

③

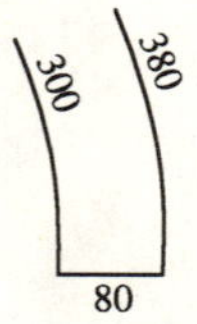

ⓐ

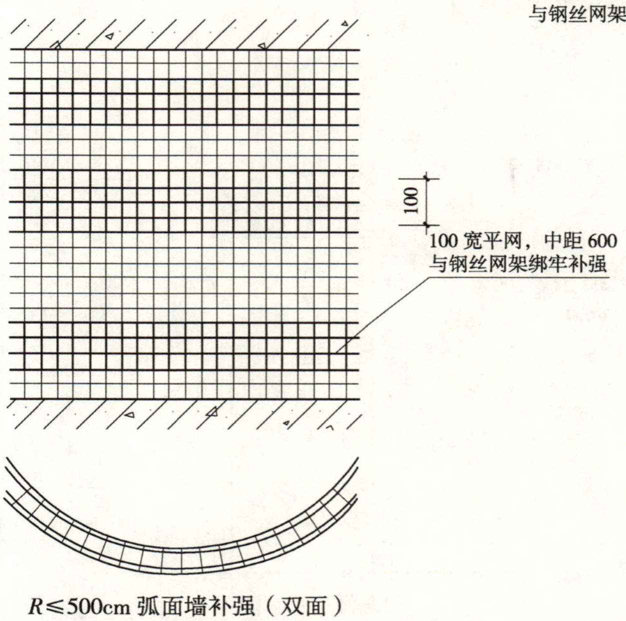

R≤500cm 弧面墙补强（双面）

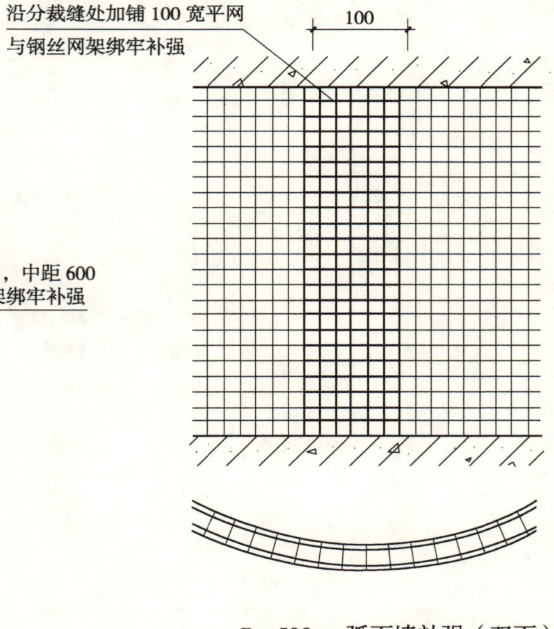

R>500cm 弧面墙补强（双面）

曲率半径（cm）	50~100	100~300	300~500	500~1000	1000~1500	1500~2000	2000~2500	≥2500
分裁宽度（cm）	15	20	40	50	70	90	100	120

注：1. 按所需曲率半径对照上表进行分裁，即按一定间距将板墙一面横向钢丝剪断，同时划开泡沫塑料。
2. 板按既定曲率进行弯曲，然后对分裁部钢丝进行补强。
3. 当间距≤400mm 时，沿板缝横向用 100mm 宽平网补强。当间距>400mm 时，沿板纵向剪开处用 100mm 宽平网补强。

屋面泛水及雨水口构造

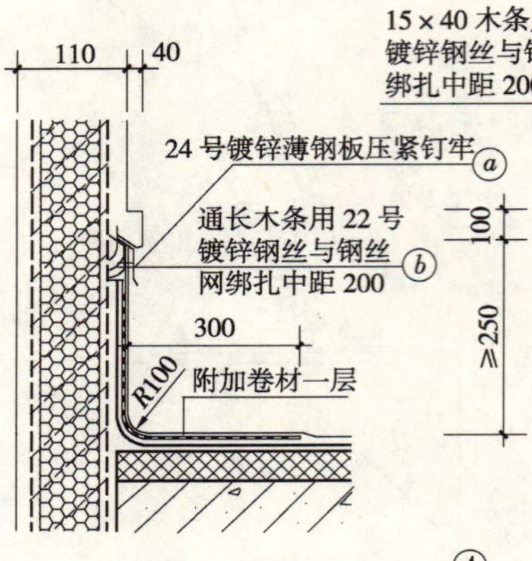

A

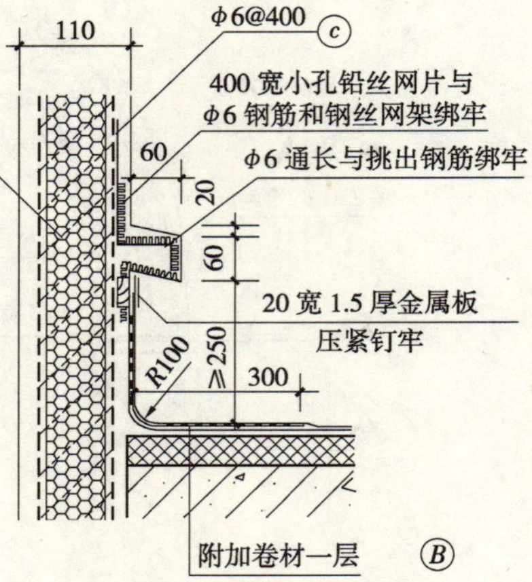

B

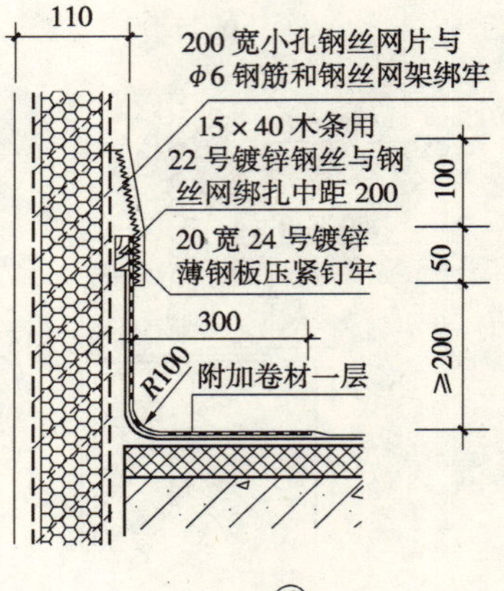

C

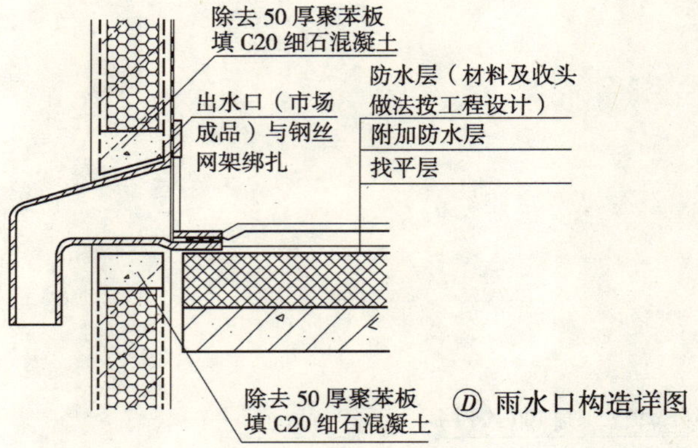

D 雨水口构造详图

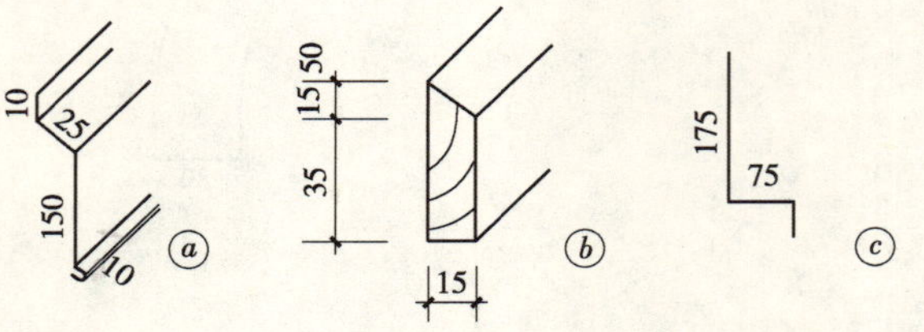

板墙与门框、窗框连接构造

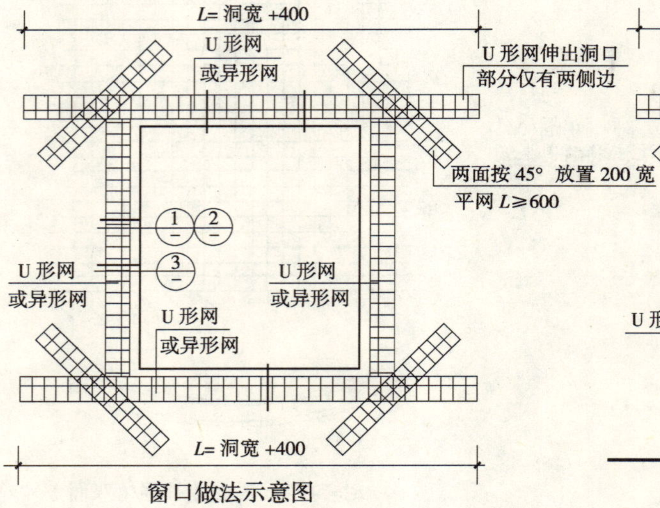

窗口做法示意图

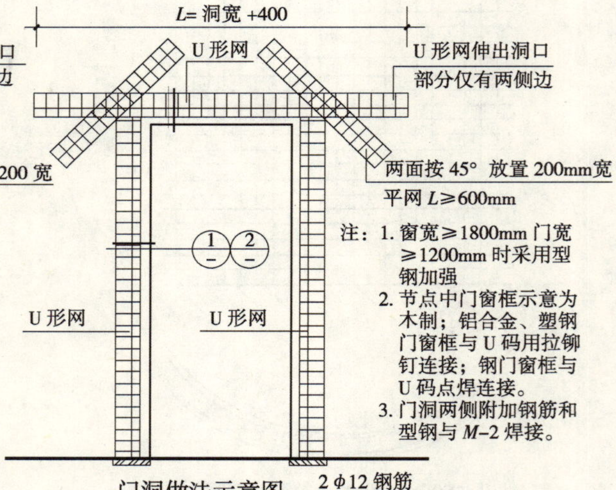

门洞做法示意图

注：1. 窗宽≥1800mm 门宽≥1200mm 时采用型钢加强
2. 节点中门窗框示意为木制；铝合金、塑钢门窗框与 U 码用拉铆钉连接；钢门窗框与 U 码点焊连接。
3. 门洞两侧附加钢筋和型钢与 M-2 焊接。

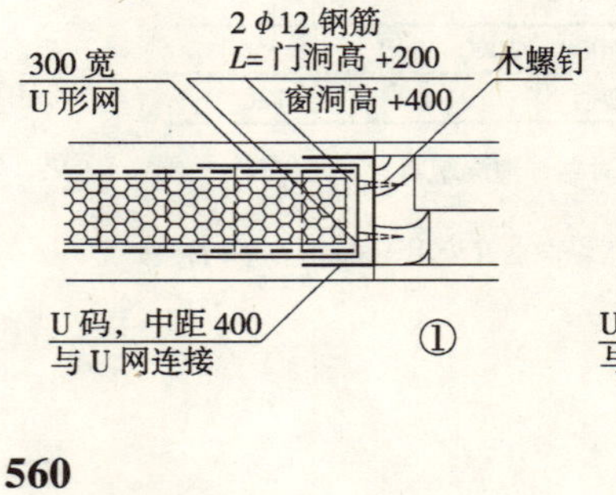

①

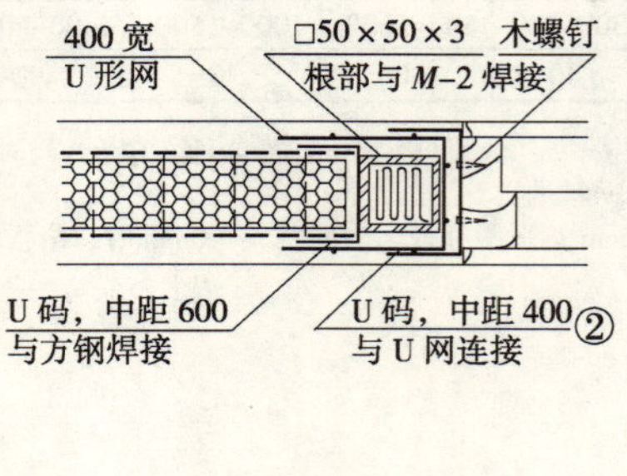

②

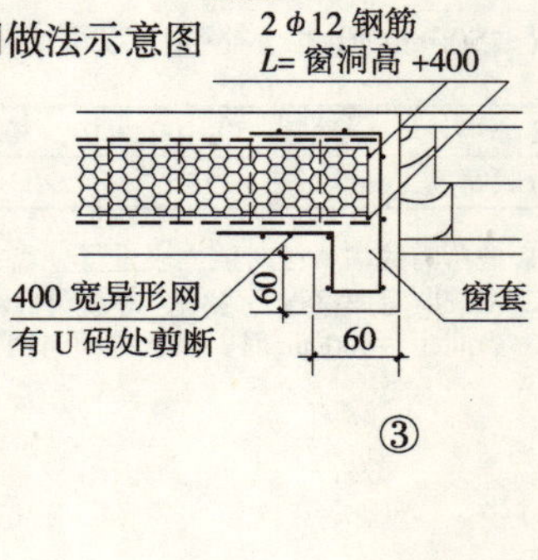

③

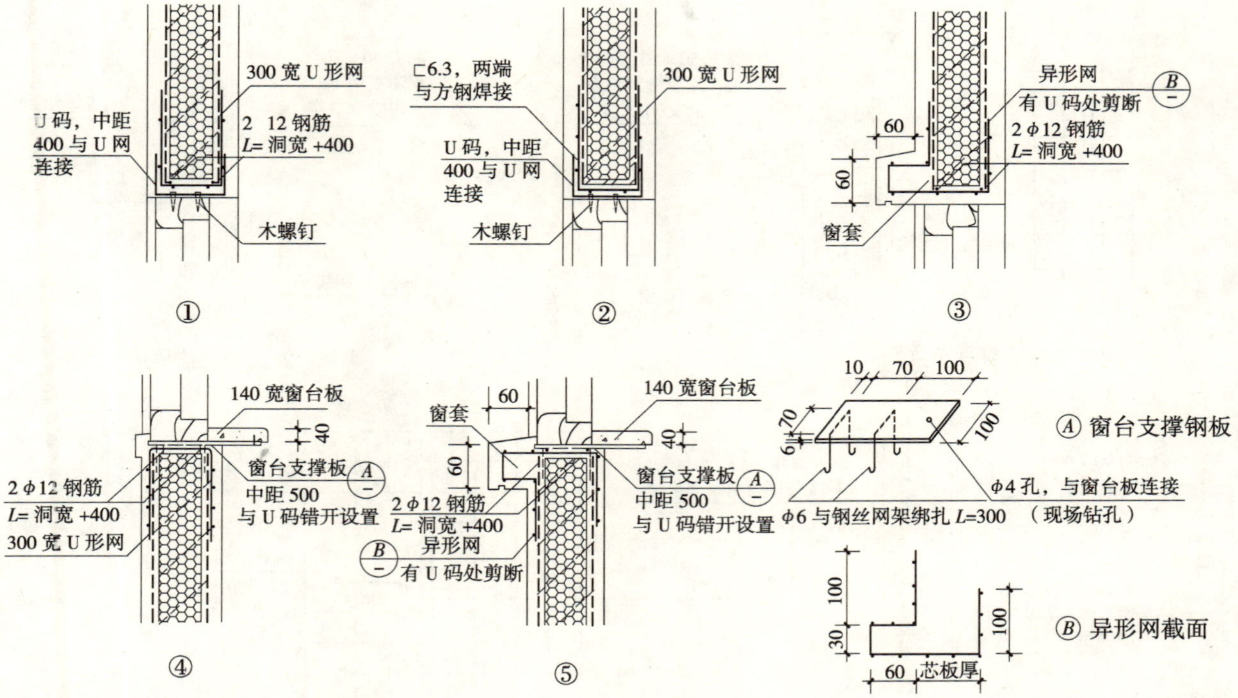

电器开关、插座安装详图

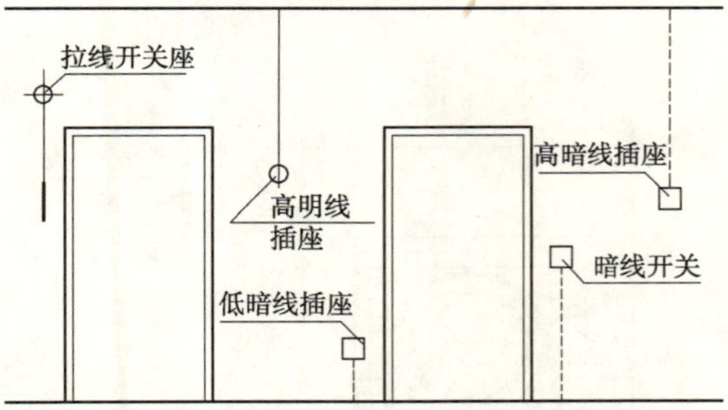

电器开关、插座位置示例

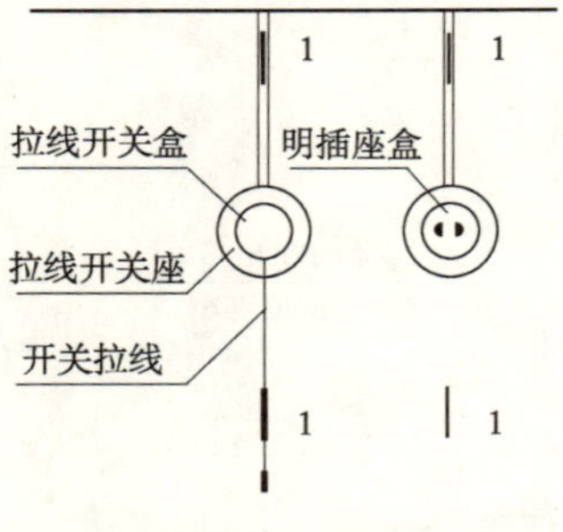

① 明线拉线开关、插座

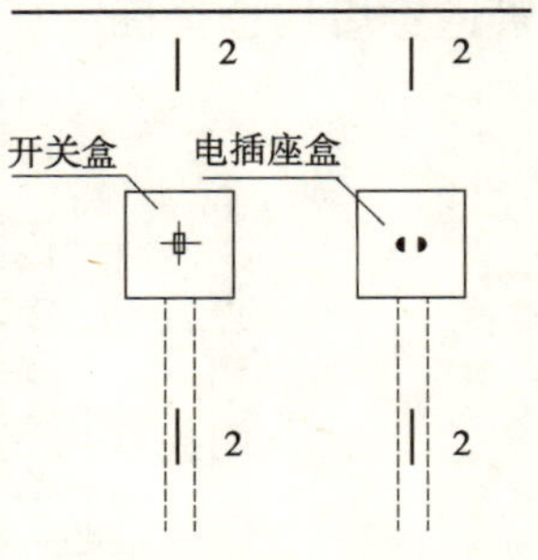

② 暗线开关、插座

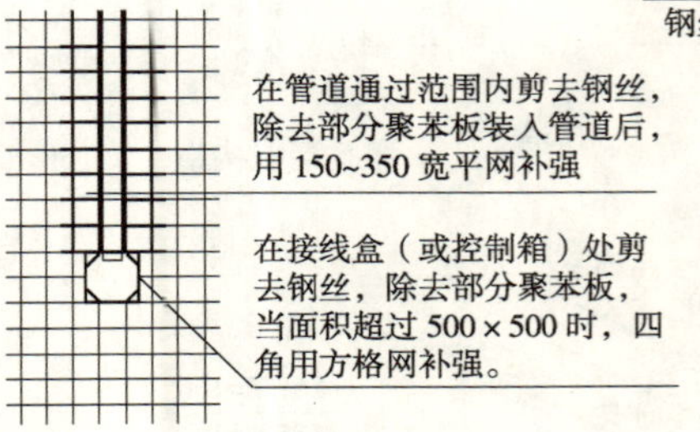

③ 预埋管线做法

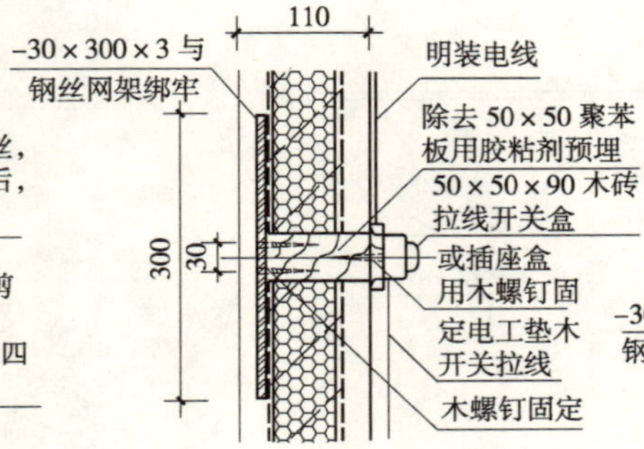

1—1

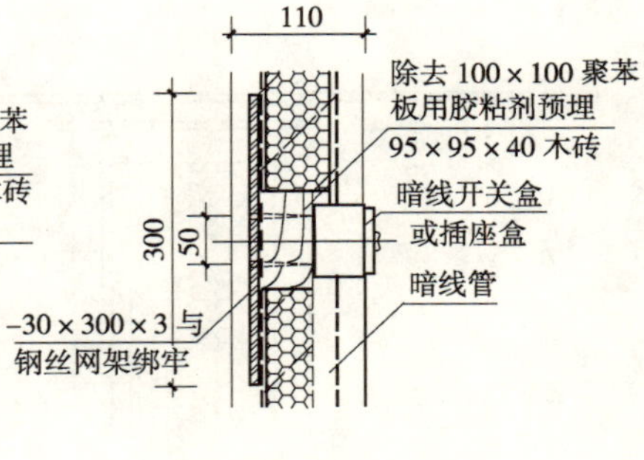

2—2

预埋件构造详图

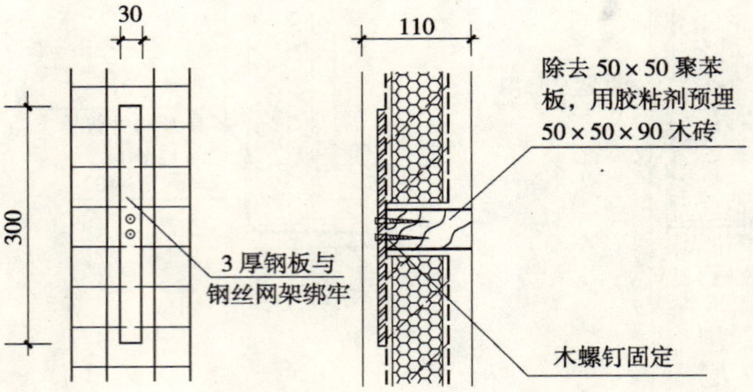

① 预埋木砖构造

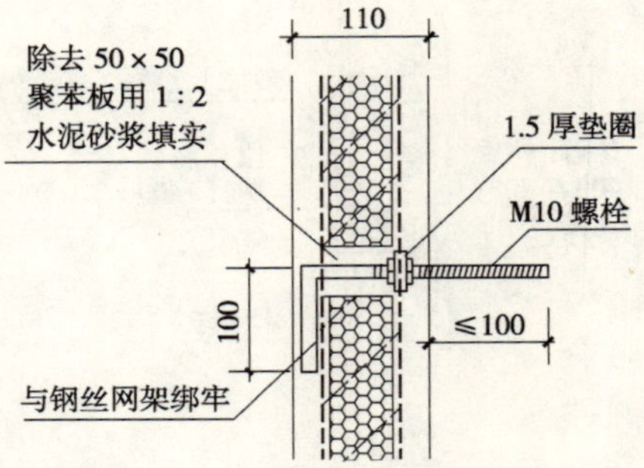

② 预埋螺栓构造

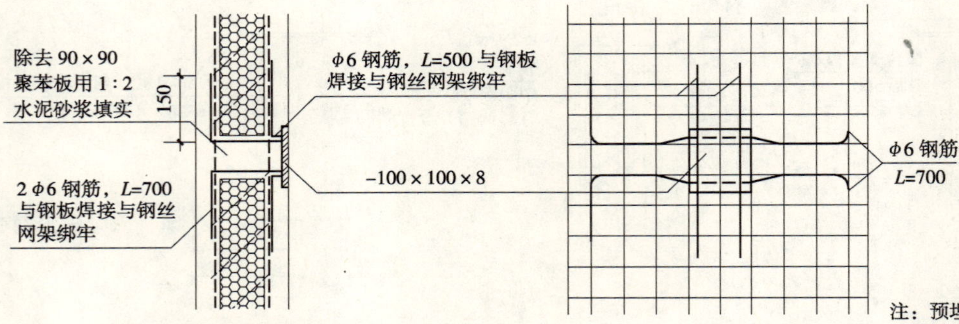

③ 预埋钢板构造

注：预埋件吊挂重量≤0.4kN

管道穿墙构造详图

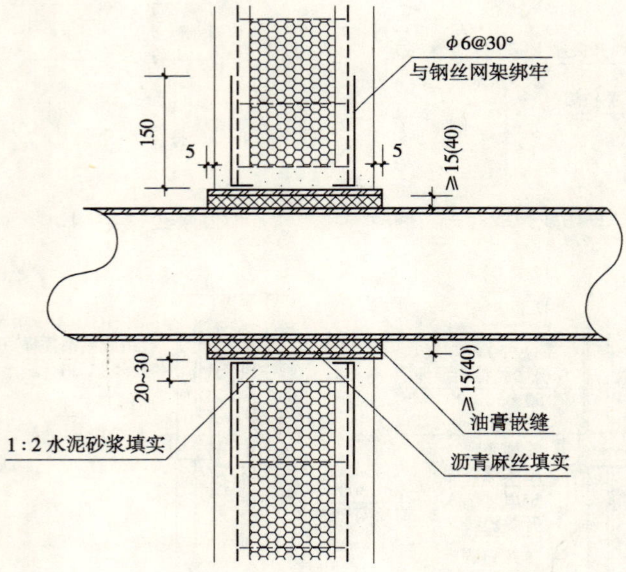

1—1

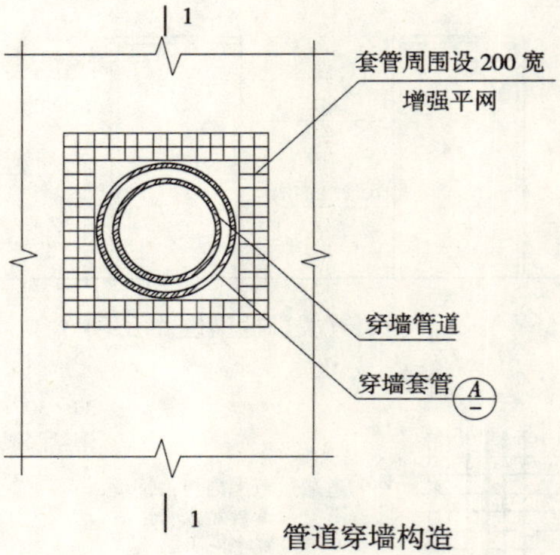

管道穿墙构造

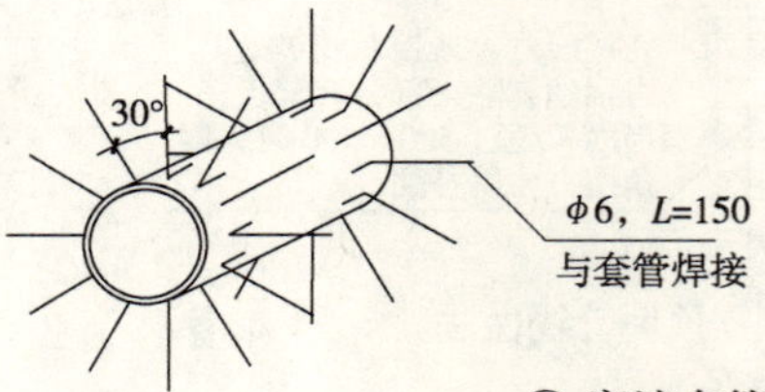

Ⓐ 穿墙套管

注：括号内尺寸用于有保温隔热要求管道的穿墙套管，内用玻璃棉或岩棉填实。

阳台栏板连接构造

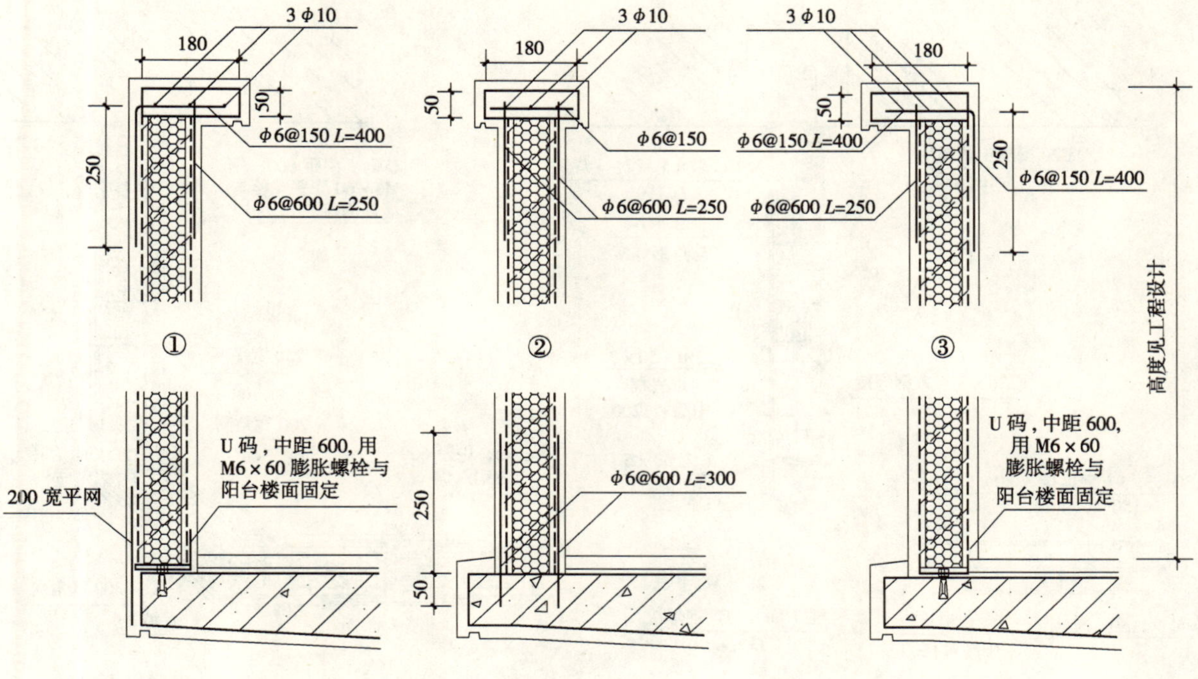

① ② ③

④ ⑤ ⑥

注：现浇阳台扶手采用 C20 细石混凝土。

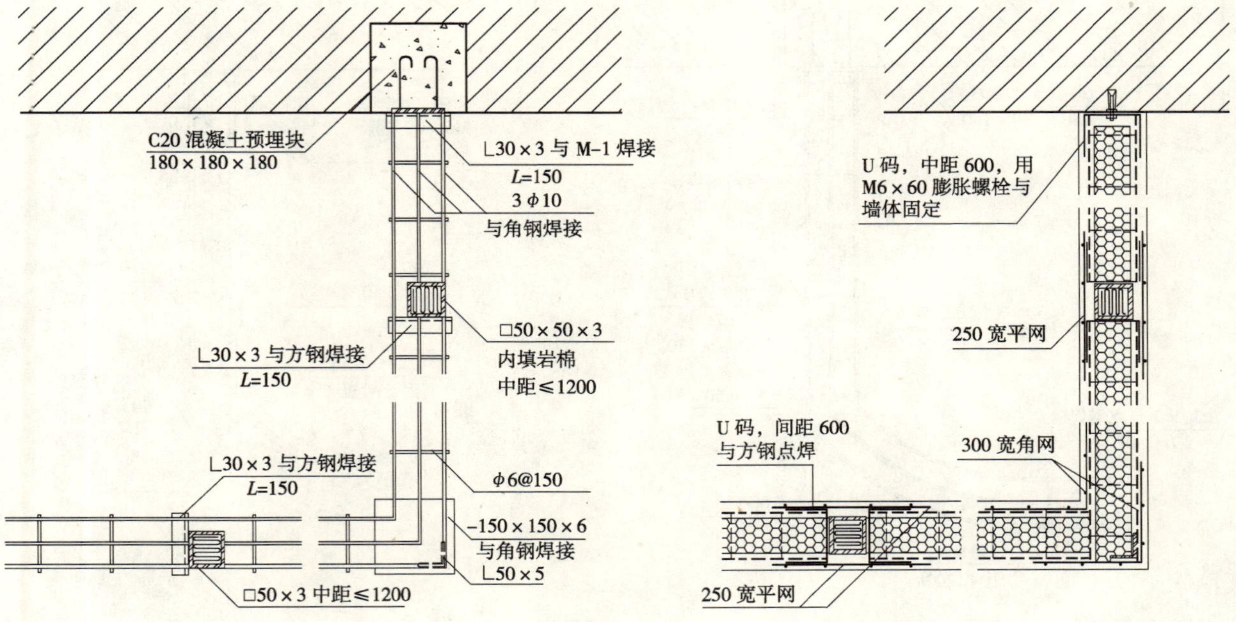

① ②

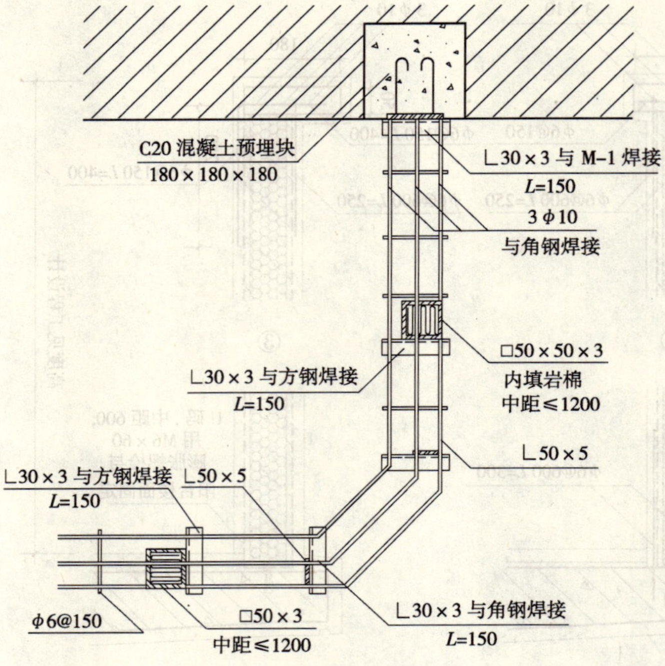
C20 混凝土预埋块
180×180×180
└30×3 与 M-1 焊接
L=150
3 φ10
与角钢焊接
□50×50×3
内填岩棉
中距≤1200
└30×3 与方钢焊接
L=150
└50×5
└30×3 与方钢焊接
L=150
└50×5
φ6@150
□50×3
中距≤1200
└30×3 与角钢焊接
L=150
③

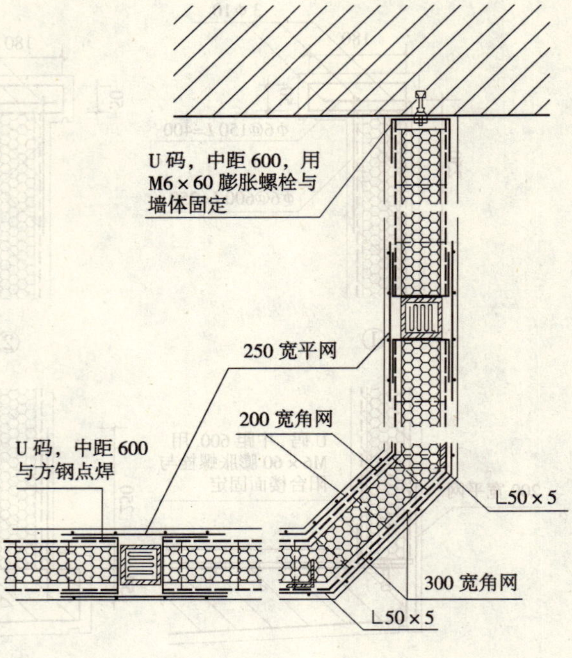
U 码，中距 600，用
M6×60 膨胀螺栓与
墙体固定
250 宽平网
200 宽角网
U 码，中距 600
与方钢点焊
└50×5
300 宽角网
└50×5
④

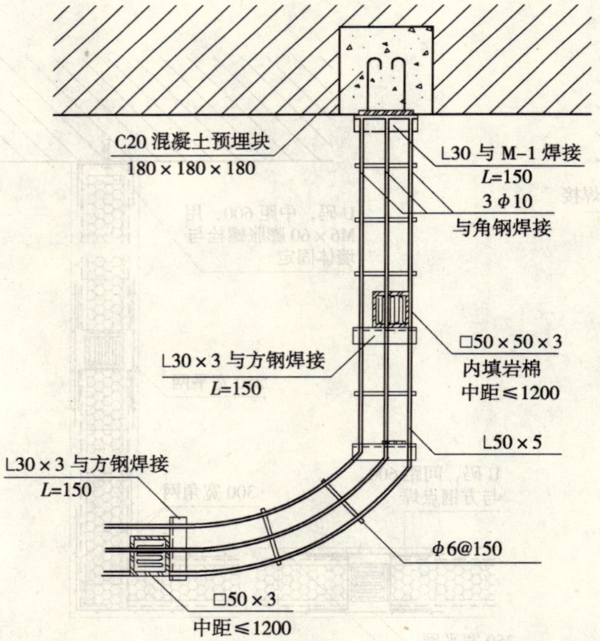
C20 混凝土预埋块
180×180×180
└30 与 M-1 焊接
L=150
3 φ10
与角钢焊接
□50×50×3
内填岩棉
中距≤1200
└30×3 与方钢焊接
L=150
└50×5
└30×3 与方钢焊接
L=150
φ6@150
□50×3
中距≤1200
⑤

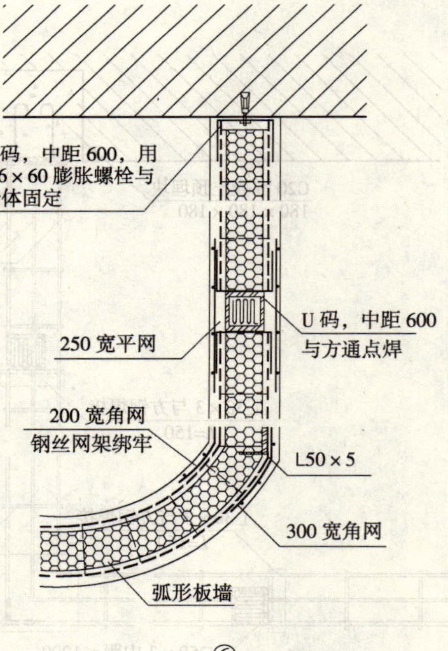
U 码，中距 600，用
M6×60 膨胀螺栓与
墙体固定
U 码，中距 600
与方通点焊
250 宽平网
200 宽角网
钢丝网架绑牢
└50×5
300 宽角网
弧形板墙
⑥

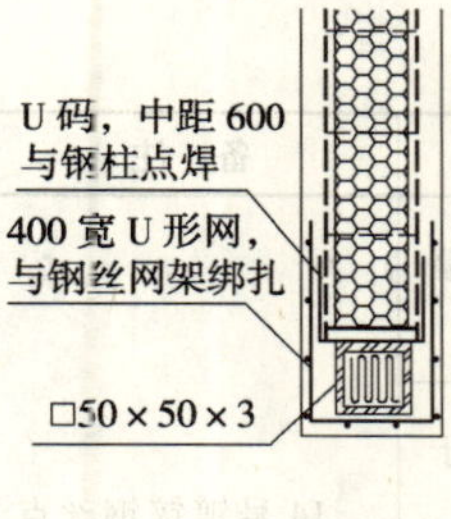

⑦

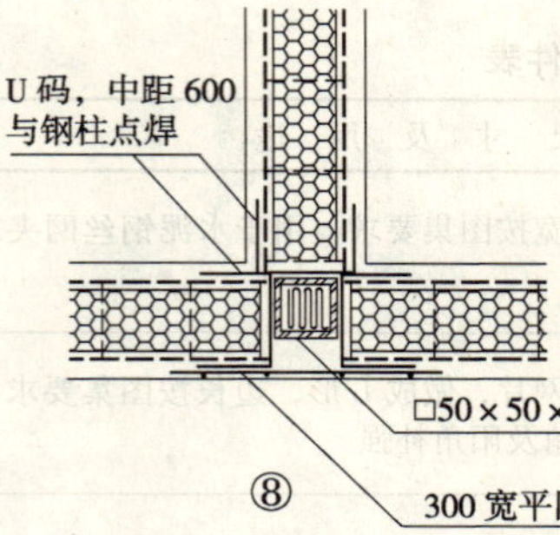

⑧

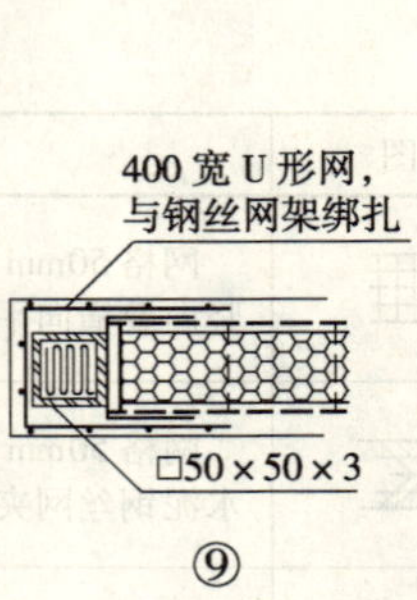

⑨

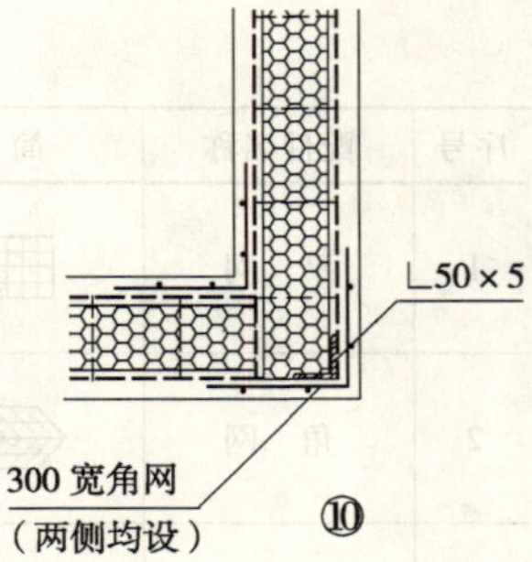

⑩

⑪

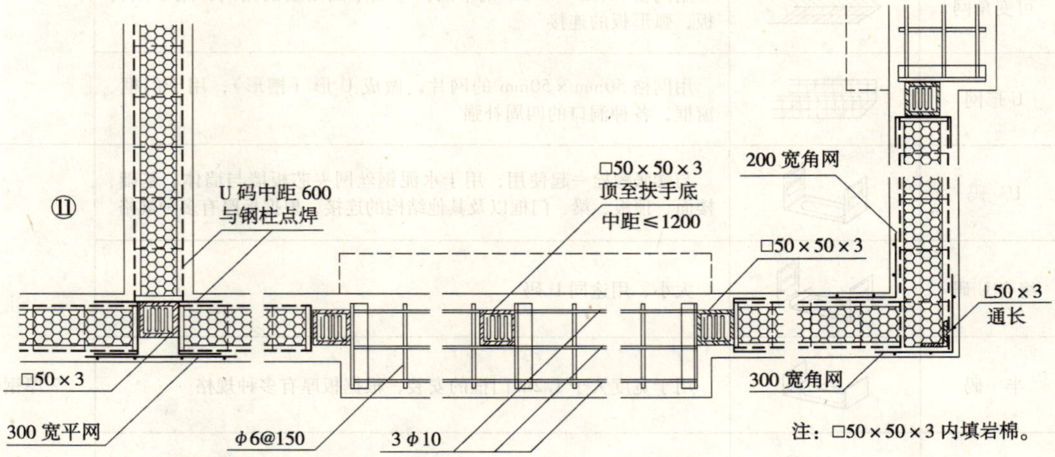

注：□50×50×3 内填岩棉。

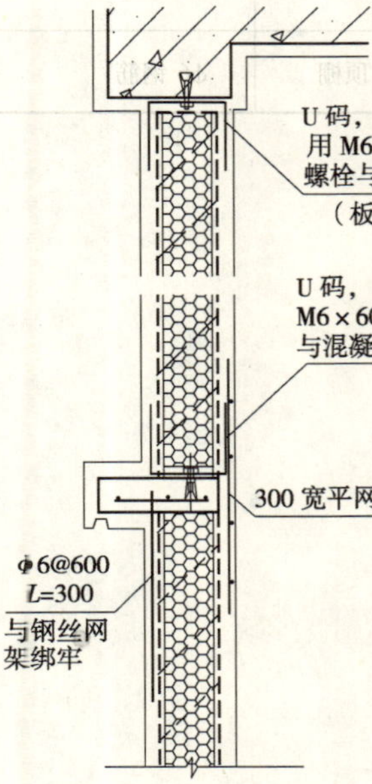

⑫

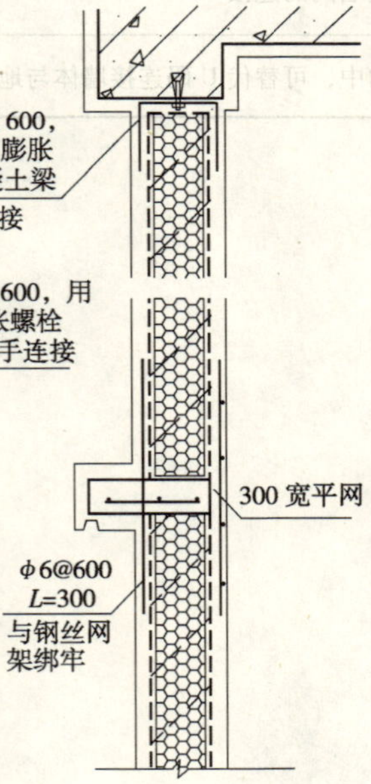

⑬

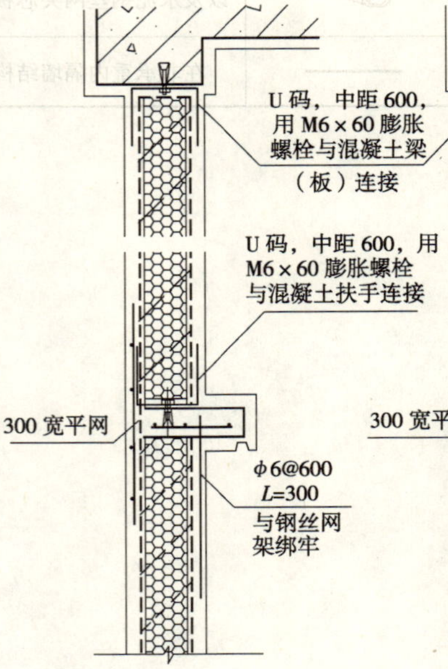

⑭

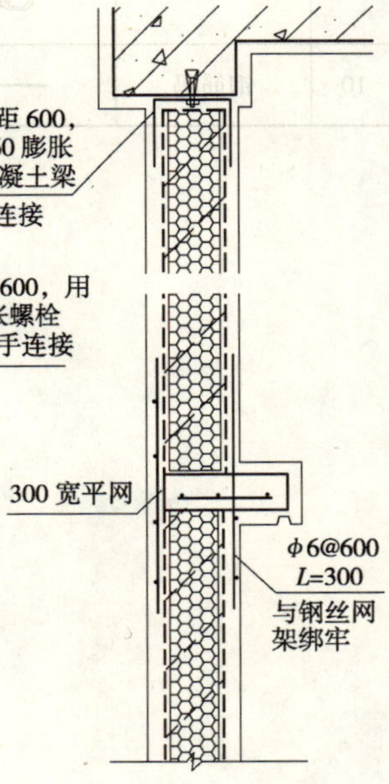

⑮

安装配件表

安装配件表

序号	配件名称	简图	尺寸及用途	备注
1	平网	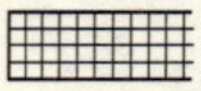	网格 50mm×50mm 长宽按图集要求，用于水泥钢丝网夹芯板墙竖向及横向平面接缝处	14 号镀锌钢丝点焊成网或 ϕ2 低碳钢丝点焊成网
2	角网	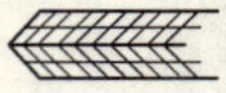	网格 50mm×50mm 的网片，做成 L 形，边长按图集要求，用于水泥钢丝网夹芯板墙阴角及阳角补强	
3	可变角网		用网格 50mm×50mm 的平网，弯成不同角度的角网，用于倾斜板，弧形板的连接	
4	U 形网		用网格 50mm×50mm 的网片，做成 U 形（槽形），用于门框、窗框，各种洞口的四周补强	
5	U 码	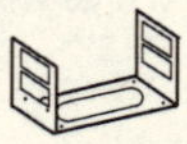	与膨胀螺栓一起使用，用于水泥钢丝网夹芯板墙与墙体、基础、楼面、顶板、梁、门框以及其他结构的连接，根据板厚有多种规格	2 厚钢板冲剪
6	组合 U 码	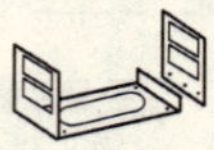	大小、用途同 U 码	
7	半码	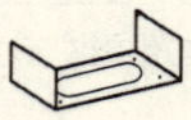	用于宽度大于 1.2m 门框的安装，根据板厚有多种规格	
8	锚定器		用于门开口边的一侧，为了加强水泥钢丝网夹芯板墙在门口薄弱处与地面、楼面连接更加牢固，根据板厚有多种规格	
9	箍码	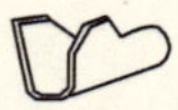	专用夹，用于平网、角网承接器等与水泥钢丝网夹芯板墙连接，以及水泥钢丝网夹芯板墙间的连接	
10	钢筋码		在非承重内隔墙结构中，可替代 U 码连接墙体与地基或顶棚	ϕ6 钢筋

施 工 说 明

1. “板墙”施工程序

放线，裁板→设置锚筋、固定U码→安装钢丝网架聚苯乙烯芯板、连接固定→板缝补强→安装门窗、连接固定、门窗洞口四周补强→安装预埋件→安装照明、设备管线、接线盒、开关、电气插座→对芯板安装进行质量检查、校正、补强→涂EC-1型表面处理剂、抹砂浆→饰面（在水泥砂浆表面可做涂料、墙纸、面砖等饰面）。

2. “板墙”芯板的安装

2.1 连接用膨胀螺栓、锚筋、U码等配件表面严禁有氧化铁和油污等。

2.2 所有拼缝、墙的阳角和阴角、门窗洞口等均应按本图集提供的节点构造采用相应的网片覆盖加强，并用箍码箍紧或用镀锌钢丝绑扎牢固，“板墙”芯板边钢丝与覆盖的网片相交点全部绑扎牢固，其余部分交点可相隔交错绑扎，不得有变形、脱焊现象。

2.3 “板墙”芯板就位安装质量标准应符合表1的要求。

3. 抹灰要求

3.1 材料质量及要求

3.1.1 水泥砂浆：用于内墙不应低于M10，用于外墙不应低于M20（宜用C20细石混凝土），均掺适量抗裂剂。水泥采用硅酸盐水泥。

3.1.2 EC-1型表面处理剂：将处理剂和水泥、细砂按重量比1∶1∶1拌合成浆，然后用刷子将其涂在基层表面，干后即可抹灰。

“板墙”芯板安装质量标准　　表1

项次	项　　目		允许偏差（mm）
1	墙轴线位置		8
2	垂直度	层间高度　h≤3.2m	5
		层间高度3.2m＜h≤5m　　h＞5m	8　15
3	表面平整度（用2m靠尺检查）		5
4	门、窗洞口（门、窗框后塞）	宽度	+5　−3
		门口高度	+10　−5
5	外墙上下窗口位置		20
6	预埋件中心线位置		10
7	U码、钢筋码间距		±50
8	芯板板缝		＜3

3.2 “板墙”抹灰工序及要求

3.2.1 准备工作

（1）“板墙”一侧抹灰时，另一侧应加水平支撑，支撑点间距不大于1.5m，然后沿水平支撑加斜支撑，斜支撑间距也不大于1.5m，在门窗洞口较多处应加水平支撑二道，斜支撑同上。

（2）抹灰前，先将“板墙”与楼、地面连接处，即在“板墙”的周边25～30mm缝隙内用水泥砂浆填实；电气开关、插座、U码及各种预埋件的连接处，应按其节点构造图施工，对局部除去芯板的，应将其清理干净后用1∶2水泥砂浆填塞密实，如缝隙较宽时，应在砂浆内掺入适量麻刀嵌塞密实。

3.2.2　抹灰工序

（1）“板墙”抹灰分三层：底层、中层和罩面层，每层厚度：底层12～15mm，中层8～10mm罩面层3～5mm，总厚度不得小于25mm。

（2）抹底层灰时，先涂一道EC-1处理剂，通抹一遍底灰，抹灰采用自下而上抹为宜，抹灰厚度要符合规定，用木抹子反复揉搓，使其密实，灰面要粗糙，以利与中层结合。每道墙两面抹灰间隔时间不小于24h。两面抹灰完毕后，应进行湿养护。每层抹灰的间隔时间视气温而定，正常气温下间隔2d以上，气温较低时，应适当延长间隔时间。

（3）在抹中层灰之前先刷掺有适量建筑胶的水泥素浆一道，再按规定厚度抹中层灰。抹灰后用刮板找平，用木抹子搓平，局部低凹处用砂浆找平，表面挫毛。

（4）罩面灰时，按中层做法要求抹灰，在收水后，用铁抹子按先上后下的顺序进行赶光压实两遍，抹灰完毕后进行湿养护。

3.2.3　抹灰时应注意事项

（1）一定要按照施工程序及材料配比要求进行施工。

（2）吊顶内“板墙”必须抹灰，厚度不小于25mm，抹灰质量要求与“板墙”相同。

（3）室内墙面阳角和门洞口的阳角，应用1∶2水泥砂浆做护角，高度不小于2m，每侧宽不小于50mm。

（4）室外墙面抹灰应在砂浆中加入适量的防水添加剂。

（5）不允许在板缝处和女儿墙交接处留施工缝。

（6）在每层抹灰完毕后，一定要留有足够的养护时间。

（7）在一个整体面抹灰完成一遍后，在凝固期内，严禁凿击和碰撞。

3.2.4　“板墙”（抹灰后）的尺寸允许偏差及表面外观质量标准见表2～表3。

“板墙”的尺寸允许偏差　　表2

项　次	项　　　目	允许偏差（mm）
1	表面平整度（用2m靠尺检查）	4
2	阴、阳角垂直度	4
3	立面垂直度	5
4	阴、阳角方正	4

“板墙”表面外观质量标准　　表3

项　次	项　　　目		质量要求
1	脱层、起鼓、爆灰		不允许
2	裂缝	门窗洞口角裂	不允许
		面裂	不宜有
3	外观		表面光滑洁净，不应有污染痕迹
4	接槎平整、线角顺直清晰		不应有毛面纹路不均匀
5	与墙连接边、门窗洞口边、槽盒周边与后面等缝隙		均应用砂浆填塞密实

3.2.5　防止“板墙”抹灰产生裂缝的措施

（1）根据设计排版放样，板块大小要均匀，力求减少拼缝和通缝。

（2）没有抹灰的“板墙”运到现场后，应立排堆放、立排搬运，防止板面变形，变形过大的板要裁开使用，不准弯板上墙。

（3）板缝和门窗洞口附加钢丝网片与板网绑扎牢固，或用箍码箍紧，外墙板缝间应垫5mm厚的聚苯板条。

（4）要严格按照抹灰程序和要求施工。

（5）待两侧底灰全抹好后，才可抹面灰，以减少两侧板面受力不均。

（6）砂浆配合比应均匀。

（7）在抹灰前，应做好管线、开关、插座盒、预埋件的安装，防止后凿孔开洞。

3.3　“板墙”的内外抹灰是保证建筑质量的重要组成部分，应严格按本图集施工程序和抹灰工序要求进行。

五、J31

轻型金属夹芯板建筑构造

1
说　　明

说　明

一、一般说明

1. 轻型金属夹芯板是（以下简称夹芯板）一种多功能新型建筑板材，两层彩色涂层钢板为面材，难燃型聚氨酯或不燃型岩棉为芯材，通过自动化成型机复合而成，具有自重轻、防水、保温、隔热、装饰、承力、抗震等良好性能，安装方便，适用于一般工业与民用建筑的屋面板、墙面板等。

2. 本图集主要编列聚氨酯夹芯屋面板和墙面板的构造节点，岩棉夹芯屋面板和墙面板的作法参照聚氨酯夹芯屋面板和墙面板。

3. 本图集所注尺寸均以毫米（mm）为单位。

二、聚氨酯夹芯板的规格性能

1. 规格：

（1）厚度：聚氨酯夹芯屋面板和墙面板的厚度为：30、40、50、60mm 四种。

（2）长度：板长可根据工程需要确定，限于运输原因一般不宜超过 12000mm。

（3）宽度：1000mm。

2. 重量：

板厚（mm）	30	40	50	60
钢板厚度（mm）	0.5+0.48	0.5+0.48	0.5+0.48	0.5+0.48
屋面板重（$10^{-2}kN/m^2$）	10.20	10.59	10.99	11.39
墙面板重（$10^{-2}kN/m^2$）	9.43	9.83	10.23	10.63

3. 传热系数 K

板厚（mm）	30	40	50	60
W/(m·K)	0.027	0.025	0.022	0.019

4. 平均隔声量

板厚（mm）	30	40	50	60
R（dB）	21.8	23.4	25.0	26.5

5. 力学性能

（1）聚氨酯夹芯板允许最大跨距

板厚（mm）		30		40		50		60	
荷载（kN/m^2）		连续	简支	连续	简支	连续	简支	连续	简支
屋面板	0.50	3.8	3.2	4.2	3.5	4.6	3.8	5.0	4.2
	0.60	3.6	3.0	3.8	3.2	4.2	3.5	4.6	3.8
	0.80	3.2	2.7	3.5	3.0	4.0	3.3	4.2	3.4
	1.00	2.9	2.5	3.1	2.7	3.5	3.0	3.7	3.2
	1.20	2.6	2.3	2.9	2.5	3.2	2.8	3.4	3.0
	1.50	2.4	2.1	2.6	2.3	3.0	2.6	3.1	2.7

续表

板厚（mm）		30		40		50		60	
荷载（kN/m^2）		连续	简支	连续	简支	连续	简支	连续	简支
墙面板	0.50	3.0	2.5	3.6	3.0	4.0	3.3	4.3	3.6
	0.60	2.8	2.3	3.2	2.7	3.6	3.0	4.0	3.3
	0.80	2.5	2.1	3.0	2.5	3.2	2.7	3.6	3.0
	1.00	2.3	1.9	2.8	2.3	3.0	2.5	3.2	2.7
	1.20	2.2	1.8	2.5	2.1	2.8	2.3	3.0	2.5

注：荷载指均布活荷载标准值。

（2）聚氨酯夹芯屋面板的挠度不大于跨距的1/200，墙面板的挠度不大于跨距的1/150，檩条的最大挠度不应超过跨距的1/250。

5. 防火性能

聚氨酯夹芯板的防火性能达到难燃性 B_1 级要求。

三、岩棉夹芯板的规格性能

1. 岩棉夹芯屋面板和墙面板的厚度为80mm、100mm两种，长度和宽度均与聚氨酯夹芯板一致。

2. 重量：

板厚（mm）	80	100
钢板厚度（mm）	0.6+0.6	0.6+0.6
屋面板重（$10^{-2}kN/m^2$）	20.37	22.57
墙面板重（$10^{-2}kN/m^2$）	19.81	22.01

3. 传热系数K

板厚（mm）	80	100
W/（m·K）	0.055	0.050

4. 平均隔声量

板厚（mm）	80	100
R（dB）	31.30	32.24

5. 聚氨酯夹芯板允许最大跨距（m）

板厚（mm）		80		100	
荷载（kN/m^2）		连续	简支	连续	简支
屋面墙	0.50	4.3	3.7	4.6	4.0
	0.60	3.9	3.4	4.1	3.6
	0.80	3.6	3.1	3.8	3.3
	1.00	3.3	2.9	3.5	3.1
	1.20	3.1	2.7	3.2	2.8
	1.50	2.9	2.5	3.0	2.6
墙面板	0.50	3.2	2.8	3.6	3.1
	0.60	3.0	2.6	3.3	2.9
	0.80	2.8	2.4	3.0	2.6
	1.00	2.5	2.2	2.8	2.4
	1.20	2.2	1.9	2.4	2.1

注：荷载指均布活荷载标准值。

6. 岩棉夹芯板的防火性能达到不燃性 A 级要求，挠度控制标准与聚氨酯夹芯板一致。

四、轻型金属夹芯板及配件材料

1. 轻型金属夹芯板表层的压型板由彩色涂层钢板的卷板或定尺板加工制作而成，应符合《彩色涂层钢板及钢带》(GB/T 12754—2006) 的规定，基板必须热镀锌，锌层双面质量不得小于 $180g/m^2$。

2. 聚氨酯夹芯板芯材采用硬质聚氨酯泡沫塑料，应符合《建筑物隔热用硬质聚氨酯泡沫塑料》(QB/T 3806—1999) 的规定，体积密度不得小于 $35kg/m^3$；岩棉夹芯板芯材应符合《绝热用岩棉、矿渣棉及其制品》(GB/T 11835—2007) 的规定，体积密度不得小于 $100kg/m^3$。

3. 屋脊板、封边包角材料及泛水板等配件采用与夹芯板表层相同，等厚的彩色涂层钢板。

五、连接件及密封材料

1. 封边包角材料及板之间的连接均采用彩钢板。

2. 自攻螺钉、铝拉铆钉须满足单面施工要求，并采用专业厂生产的质量可靠产品，铝拉铆钉为 $\phi 4\times16$。

3. 密封垫圈，选用优质乙丙橡胶制品。

4. 密封胶、胶泥、选用丙烯酸、聚硫、硅铜等优质密封胶或胶泥。

5. 泛水及天沟，选用彩色钢板以及钢板天沟。

6. 防水堵头采用聚苯乙烯材料。

六、建筑构造

1. 屋面坡度 1/6 ~ 1/20，在腐蚀环境中屋面坡度应大于 1/12。

2. 在运输、吊装许可的条件下，应采用较长尺寸的夹芯板，以减少屋面和墙面的接缝，防止渗漏和提高保温性能。

3. 板材和檩条的固定采用自攻螺钉，每个自攻螺钉上加橡胶垫圈固定。

4. 夹芯屋面板的长向搭接，上下两块屋面板均应伸至支承件上，其搭接长度聚氨酯夹芯板不小于 250mm，岩棉夹芯板不小于 300mm，搭接钢板部位用铝拉铆钉固定，每块板 1m 宽用 6 个铝拉铆钉固定，搭接缝涂密封胶或胶泥。

5. 夹芯屋面板侧向搭接应与主导风向一致，搭接部位用铝拉铆钉固定，间距 300mm，并均设防水密封材料，封口板搭接部位铝拉铆钉的设置同屋面板侧向搭接。

6. 连接件（自攻螺钉、铝拉铆钉）一般要求设在波峰上，自攻螺钉增设压盖及橡胶密封垫圈，外露铝拉铆钉头均须涂密封胶。

7. 包边钢板，泛水板及非压型屋脊板等配件之间的搭接缝尽可能背风向，搭接长度不小于 200mm，铝拉铆钉固定，间距 300mm，拉铆钉头均须涂密封胶。

8. 夹芯墙面板长向搭接不小于 100mm，每块板 1m 宽用 3 个铝拉铆钉固定，宽度方向采用插口式连接，连接处在两根檩条之间，用铝拉铆钉固定，间距 600mm，搭接缝涂密封胶或胶泥，门口两侧应设有通天槽钢龙骨，门框与槽钢龙骨应连接牢固，窗框四周预安槽型连接件，待窗口找正后，用铝拉铆钉将槽型连接件固定在夹芯板上门窗框口两侧用彩钢板包角。

9. 当墙上需要挂置物件时可根据挂件位置定点开孔，埋设木块（铁件）或直接用自攻螺钉（铝拉铆钉）与墙板固定，每固定点质量不大于 20kg。

10. 夹芯屋面板尽量避免开洞，必须开洞时宜靠近屋脊部位。

七、防腐蚀

1. 夹芯板面层的彩色涂层钢板由设计人员根据使用环境和腐蚀等级选择相应的涂料系列。

2. 彩色涂层钢板表面划伤或有锈斑时，应使用相同涂料喷涂。

八、避雷针（带）

应与主体结构连接，不得用金属夹芯板作为接地，避雷针或避雷带作法应按工程设计。

九、质量标准

1. 轻型金属夹芯板尺寸允许偏差：单位（mm）

允许偏差	长度		宽度	厚度	对角线差	
	≤3000	>3000			≤3000	>3000
岩棉夹芯板	±6	±10	±2	±2	≤4	≤6
聚氨脂夹芯板	±6	±10	±2	±2	≤6	

2. 外观质量

（1）板面平整，无明显凹凸翘曲变形、清洁、色泽均匀、离板边 30mm 以外无胶痕。

（2）钢板切口整齐，板边向内弯曲，无明显波痕。

（3）除压边外，彩色钢板表面不露划痕。

（4）夹芯板自然侧向直立时，每逢 3000mm 板长侧向弯曲度不超过 4。

3. 粘接质量

（1）聚氨酯芯材与钢板的粘结强度应≥50kN/m^2，岩棉芯材与钢板的粘结强度应≥25kN/m^2。

（2）彩色钢板与聚氨酯及岩棉芯材的粘接面积不少于 85%。

十、施工安装、包装、运输、储存

1. 施工安装

（1）屋面板安装时，由安装起点一侧向另一侧顺序安装，先安装檐口位置，然后向屋脊方向延伸，起始点的安装可采用把屋面板的第一条肋切割掉或采用封口板的方法，当屋面坡度小于 18% 时，彩板下缘的平板部分须向下弯入以防雨水逆流。

（2）墙面板安装，当板安装高度距支承面小于 1.5m 时并且板长在 5～10m 时，板材吊装可用绳子直接提升，当板吊装高度大于 15m 时，宜用起重机或卷扬机等提升。

（3）自攻螺钉必须垂直于板面，纵横向的螺钉对齐成一直线，安装到位，松紧适宜。

（4）轻型金属夹芯板安装允许偏差：单位（mm）

	项目	允许偏差
屋面板	檐口与屋脊的平行度	15.0
	复合板波纹线对屋脊的垂直度	L/1000 且≤20.0
	檐口相邻两块复合板端部错位	8.0
墙面板	墙面板波纹线的垂直度	H/1000 且≤20.0
	墙面包角板的垂直度	H/1000 且≤20.0
	相邻两块复合板的下端错位	8.0

注：L 为半坡长度或单坡长度，H 为墙面高度，单位（mm）

2. 包装

（1）一件夹芯板的包装数量：

厚度（mm）	30	40	50	60	80	100
数量	14	12	10	8	6	4

（2）包装产品中屋面板采用正反错叠放形式，墙面板采用直接叠放形式。

（3）散装应按板长分类，角铁护边，用绳固定。

（4）夹芯板之间宜衬垫聚乙烯薄膜或牛皮纸。

（5）每件夹芯板采用塑料薄膜包装时，底面应均匀垫加6mm厚的聚苯乙烯泡沫条，泡沫条间距为1m。

3. 运输

（1）产品可用汽车、火车、船舶或集装箱运输。

（2）运输过程中，应轻装轻卸，避免碰撞及机械损伤，不能与化学物品混运。汽车或集装箱运输散包装或捆包装均可，火车或船运时只允许捆包装。

（3）夹芯板在吊装，搬运时必须保持平衡，吊装用宽度≥200mm的尼龙带，并在板与带之间嵌入木板，木板宽度应略大于尼龙带。

4. 储存

（1）包装完好的夹芯板应存放在坚实平整的地面上，叠堆高度不得超过四件。

（2）夹芯板应存放在干燥通风的库房内，若露天存放应有防日晒雨淋的措施，同时最长存储时间不得超过4个月夹芯板存储时不得与热源及化学药品接触。

2
轻型金属夹芯板建筑构造与详图

平面、立面示例

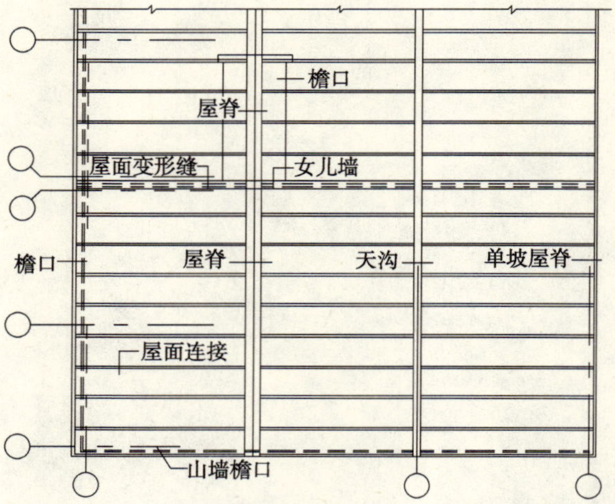

屋顶平面图

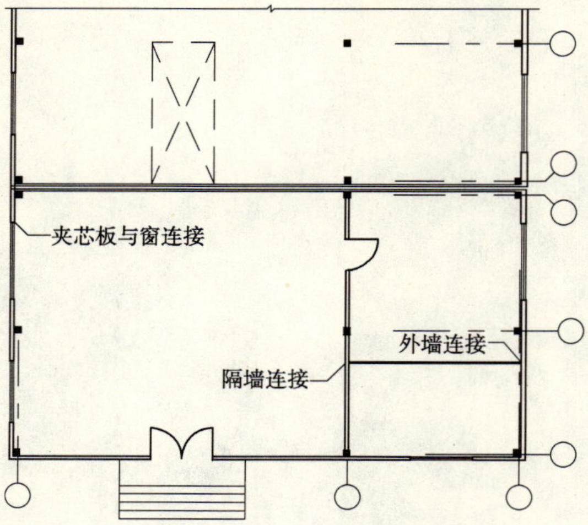

平面图

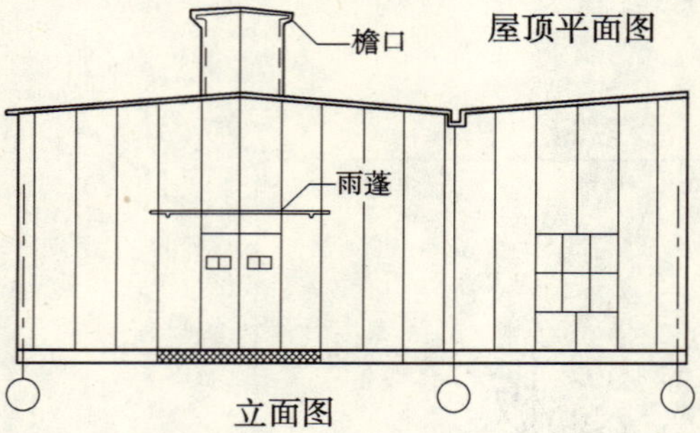

立面图

夹芯板配件与断面

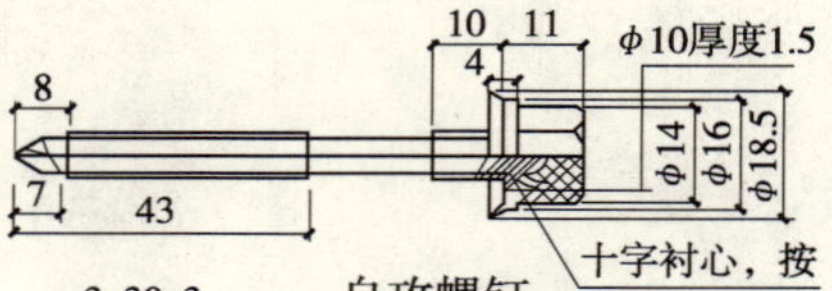

自攻螺钉

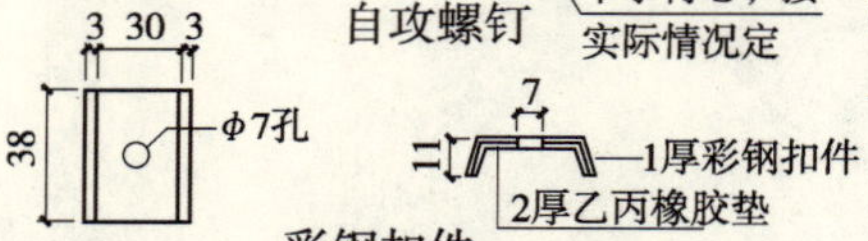

彩钢扣件

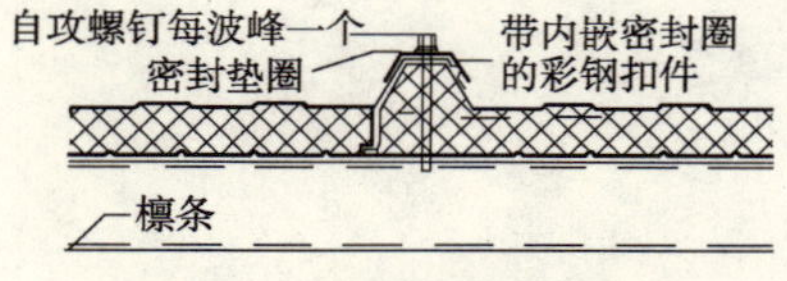

屋面板的侧向连接①

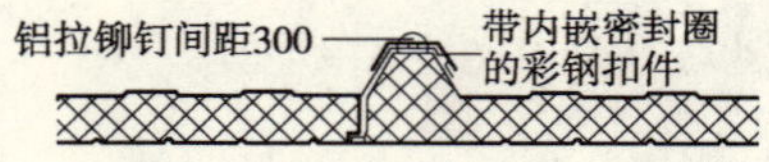

屋面板的侧向连接②

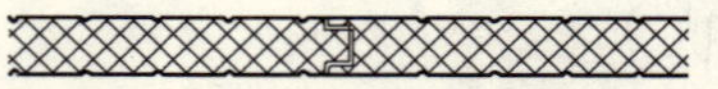

墙面板的侧向连接（插口式）

自攻螺钉选用表

规格		12-14×65	14-14×85	14-14×105	14-14×115
屋面板	波峰			30，40	50
	波谷	30，40	50，60	80	100
墙板面厚度		30，40	50，60	80	100

注：12-14×65直径级数12-5.43mm 14-每英寸的螺纹牙数65-螺纹长度L 材质：20Mn
14-14×85直径级数14-6.35mm 14-每英寸的螺纹牙数85-螺纹长度L 材质：20Mn

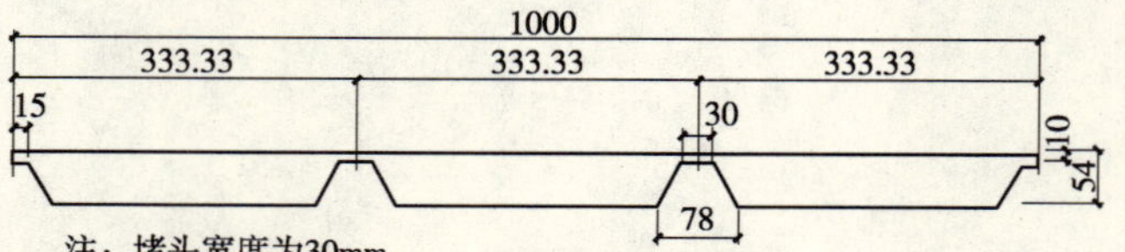

注：堵头宽度为30mm

防水堵头

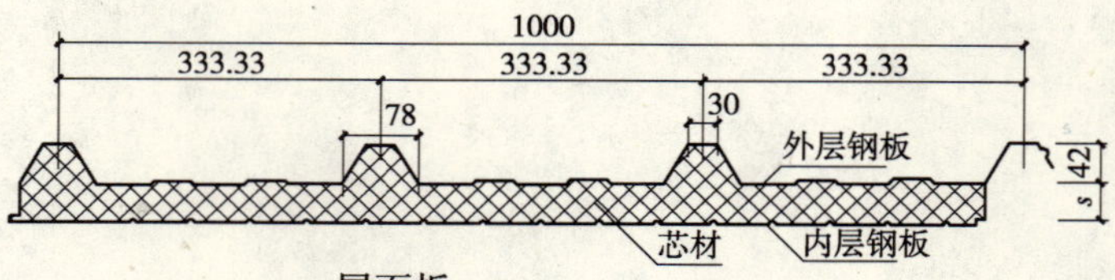

屋面板

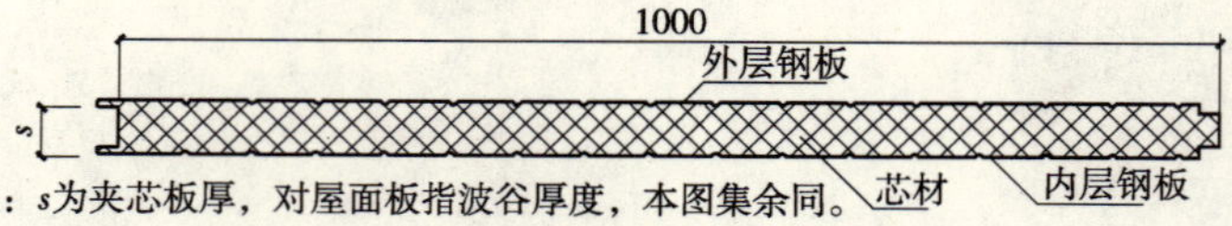

注：s为夹芯板厚，对屋面板指波谷厚度，本图集余同。

墙面板

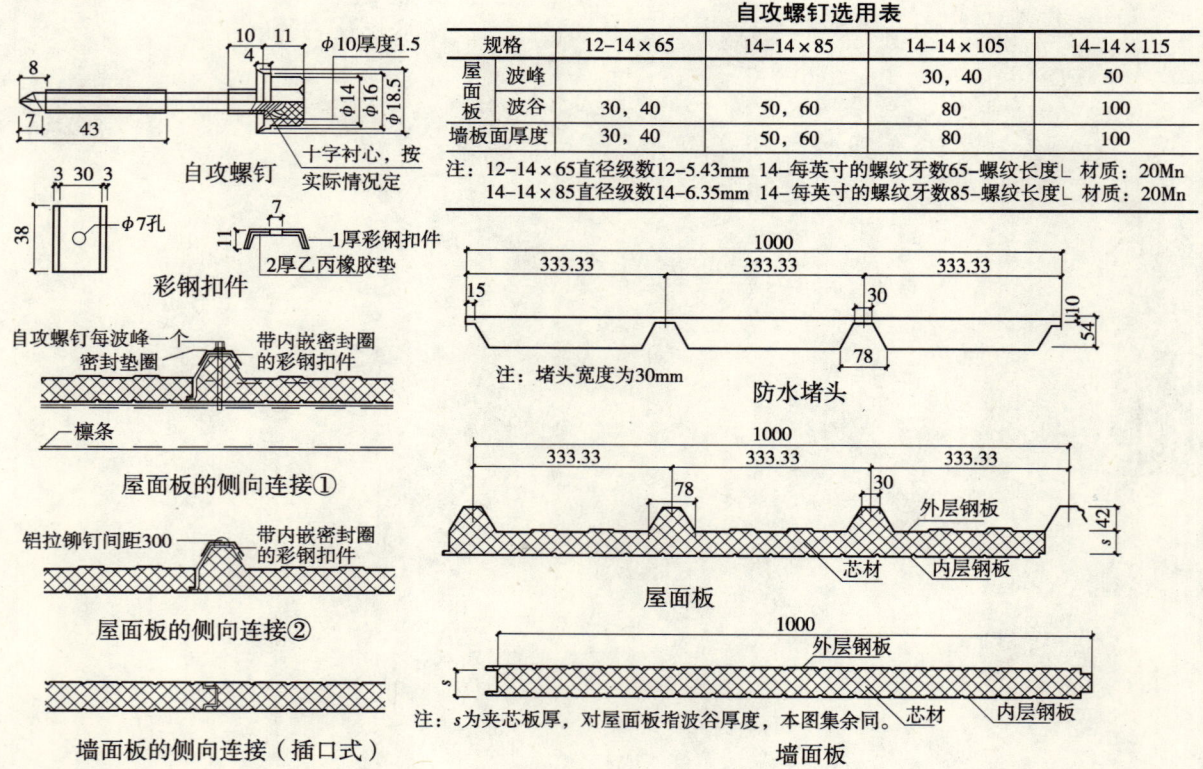

夹芯板安装搭接

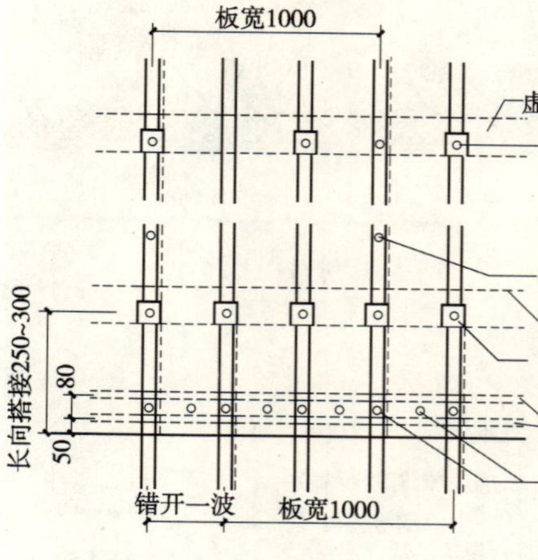

Ⓐ

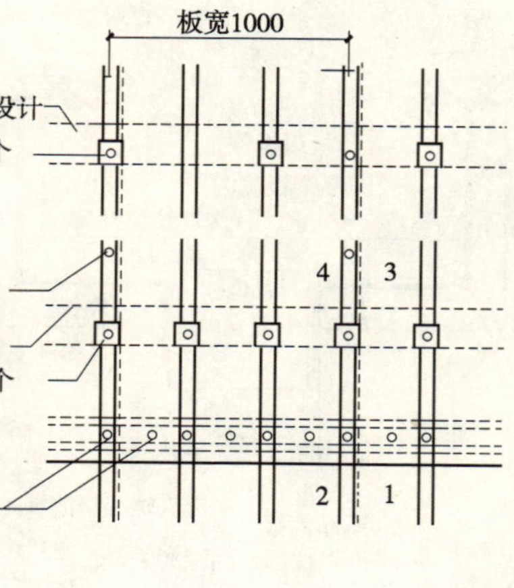

Ⓑ

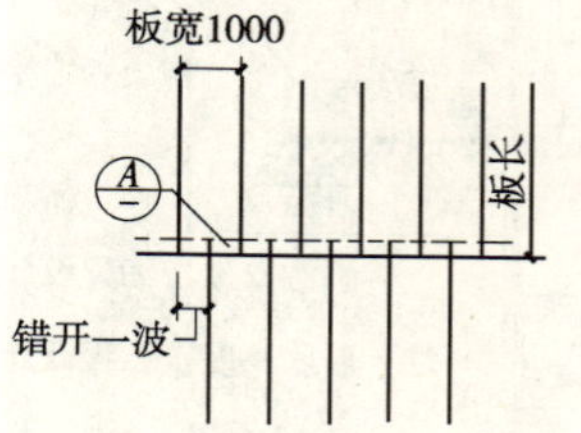

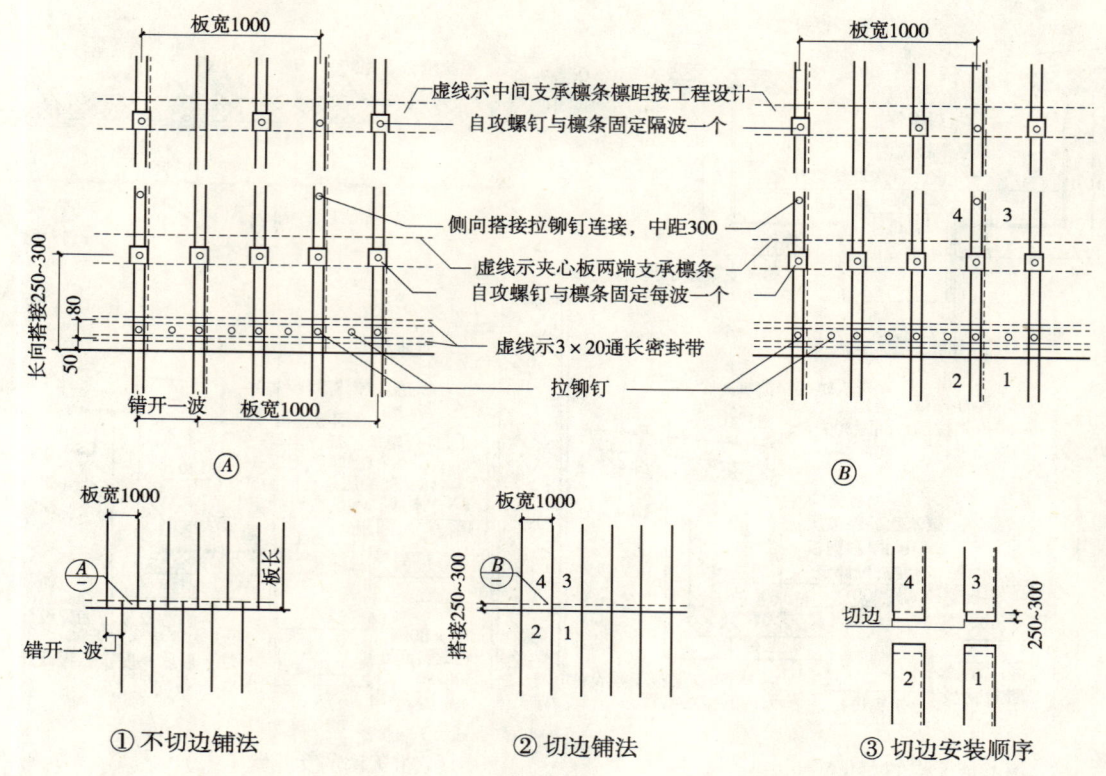

① 不切边铺法

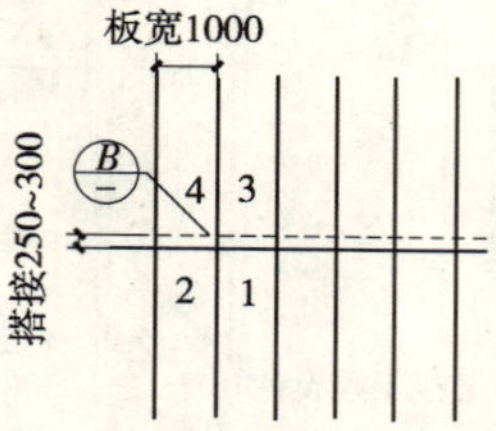

② 切边铺法

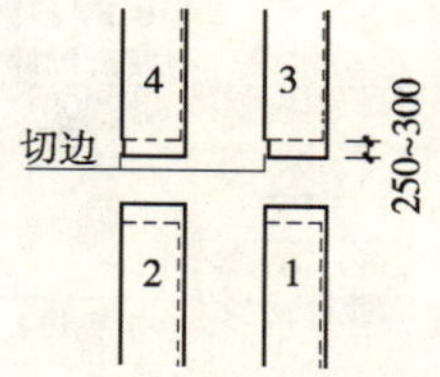

③ 切边安装顺序

屋脊、屋面、保温天沟

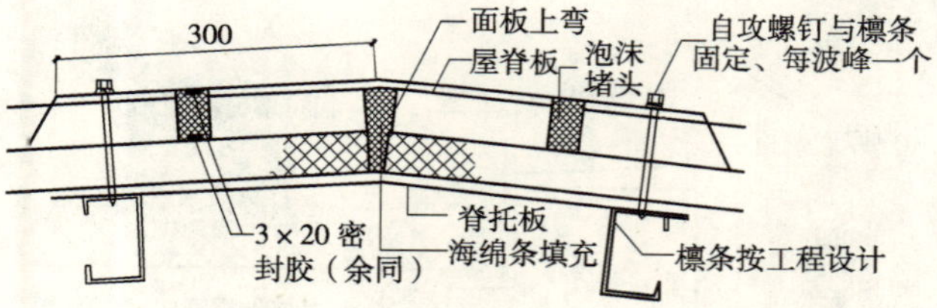

① 屋脊（一）

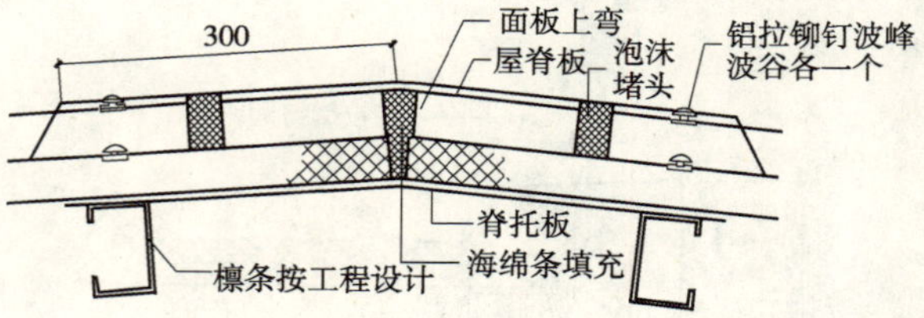

② 屋脊（二）

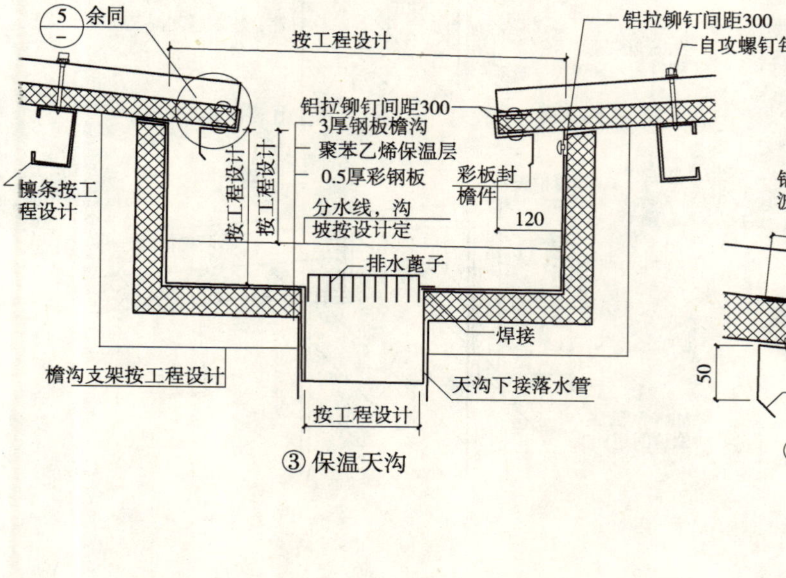

③ 保温天沟

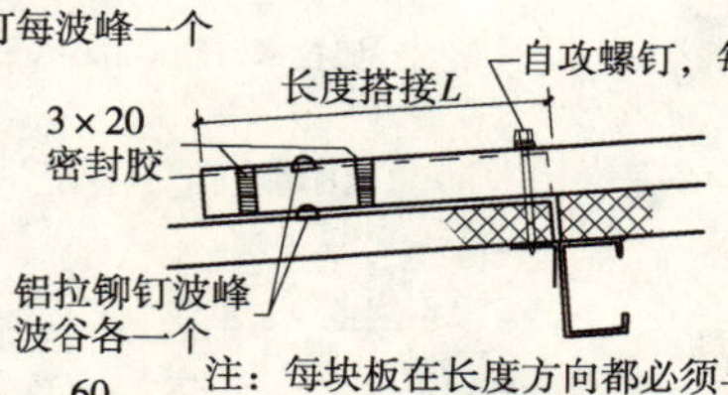

注：每块板在长度方向都必须与檩条连接，
岩棉板搭接长度L=300mm
聚氨酯板搭接长度L=250mm

④ 屋面板长向搭接

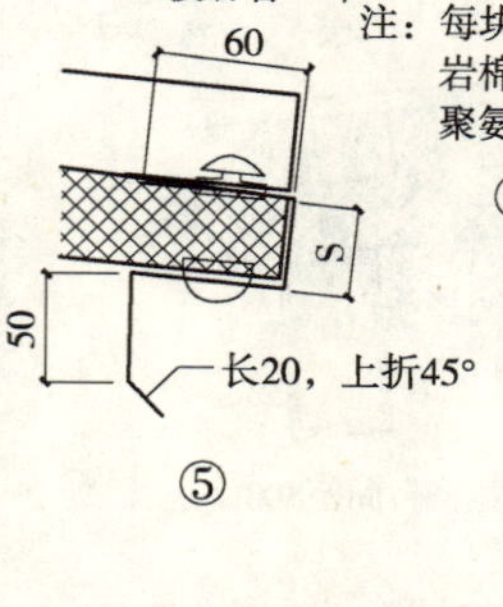

⑤

天沟、女儿墙、封口

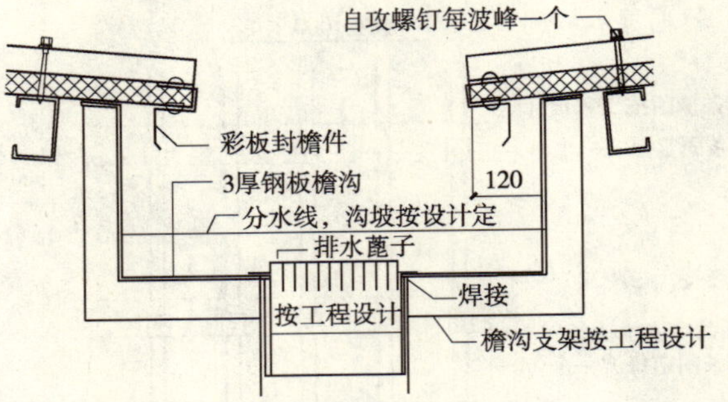

① 非保温天沟

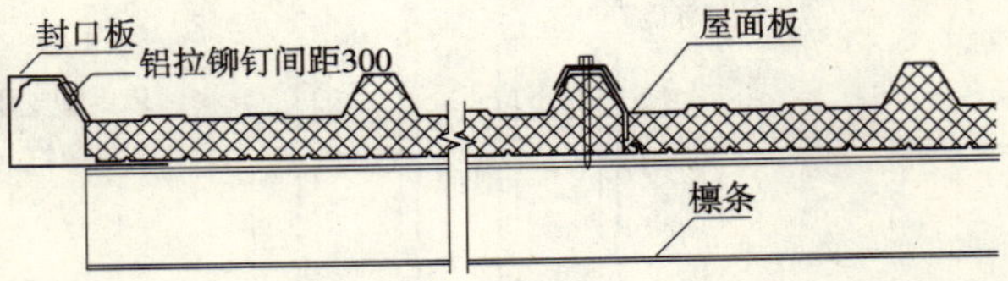

③ 封口

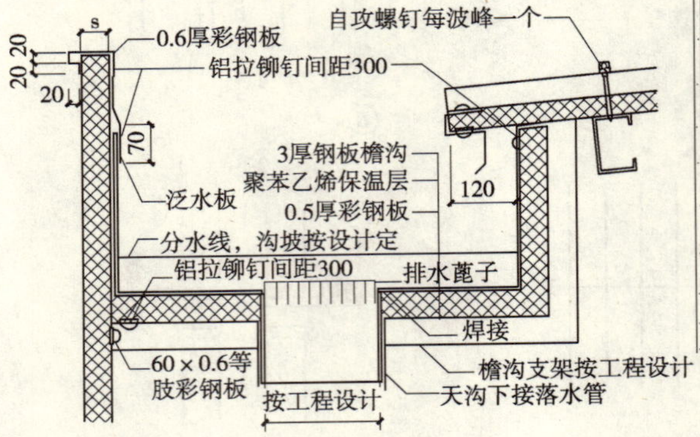

② 带天沟的女儿墙（一）

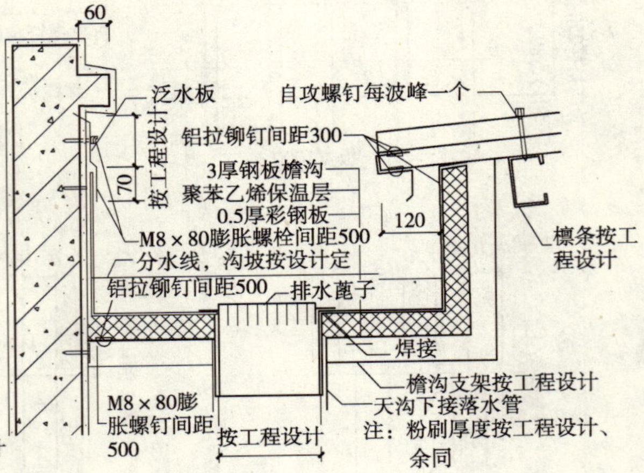

④ 带天沟的女儿墙（二）

单坡屋脊、山墙包角

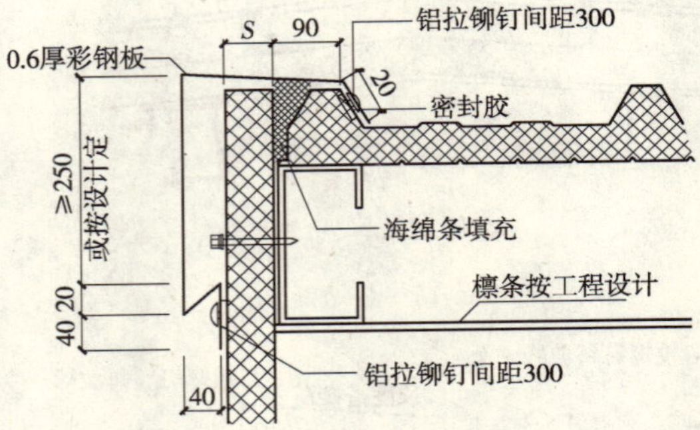

① 山墙包角

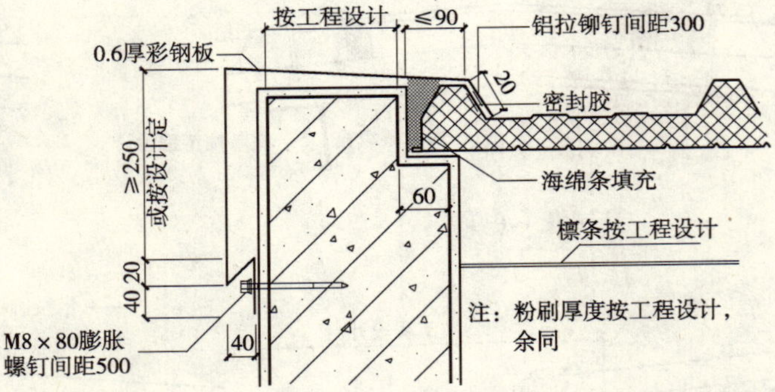

③ 山墙包角

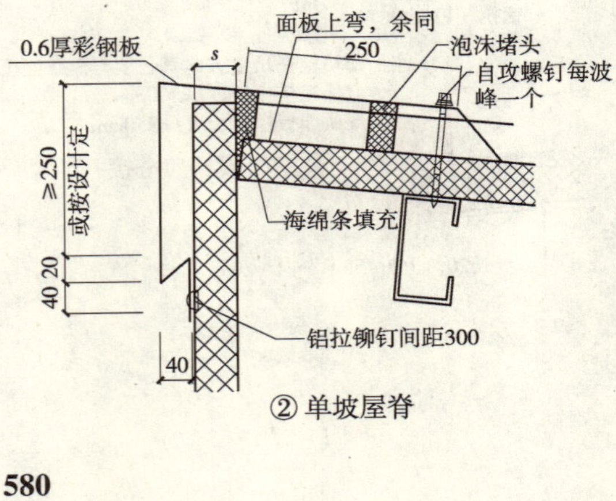

② 单坡屋脊

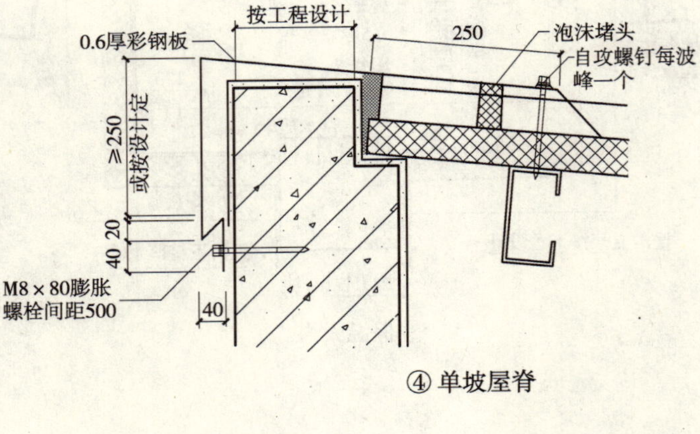

④ 单坡屋脊

女儿墙、垂直泛水

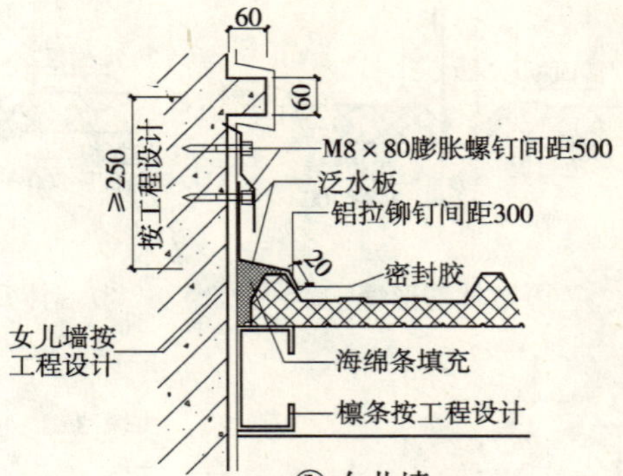

① 女儿墙

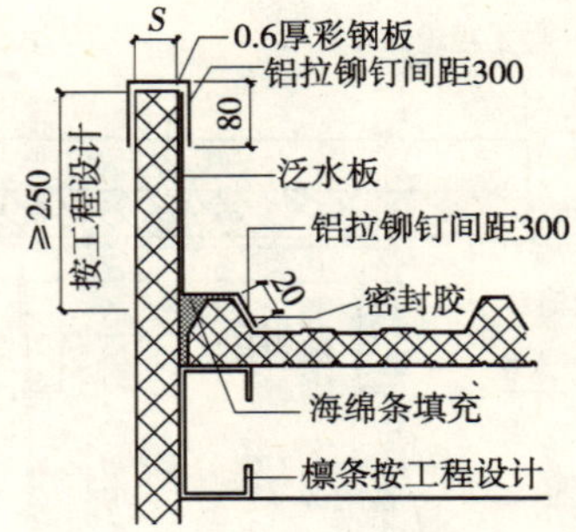

③ 女儿墙

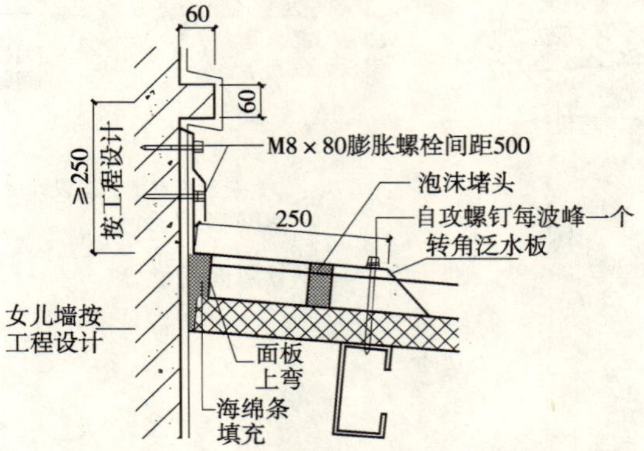

② 垂直泛水

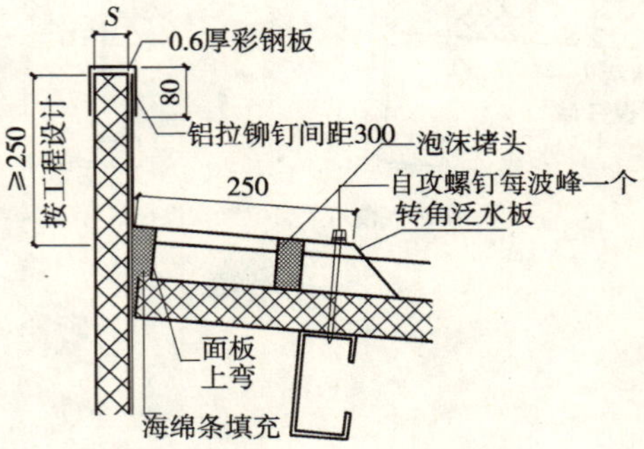

④ 垂直泛水

檐 口

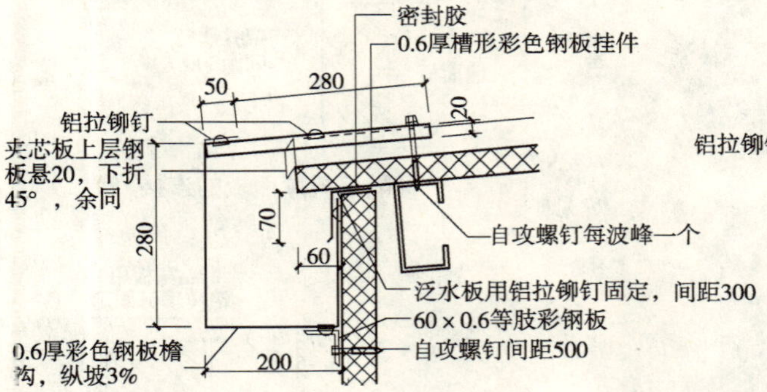

① 檐口

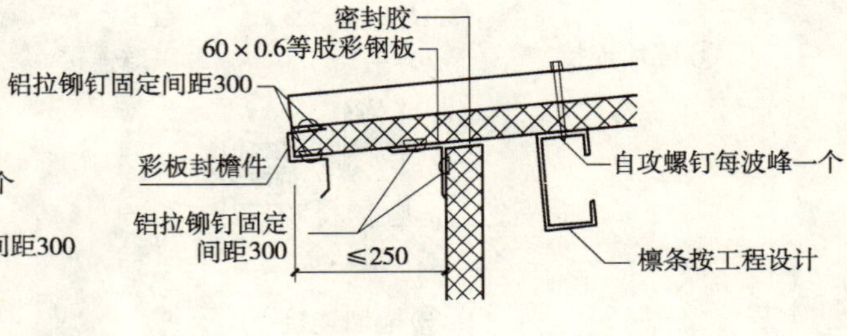

③ 檐口

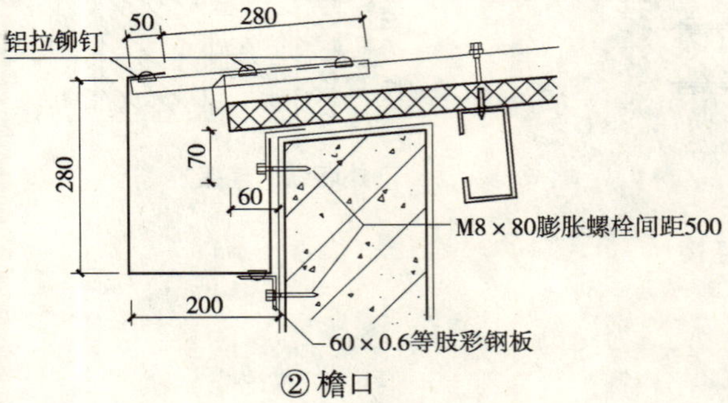

② 檐口

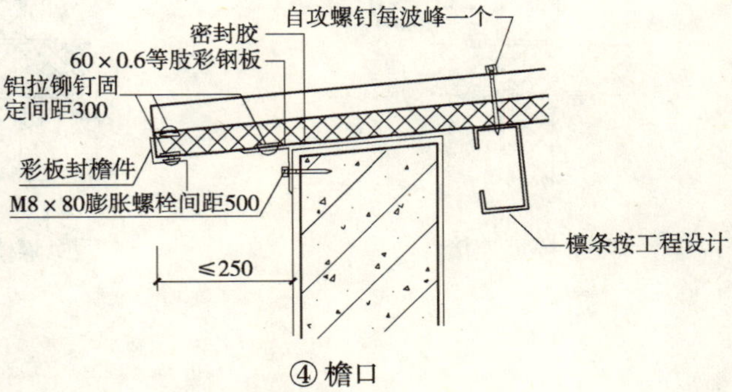

④ 檐口

气楼、变形缝

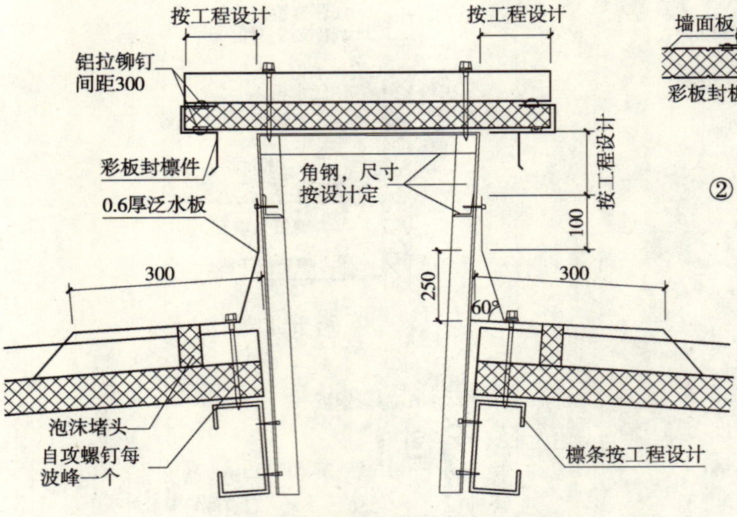

注：气楼与天窗位置宜设在屋脊处。

① 气楼

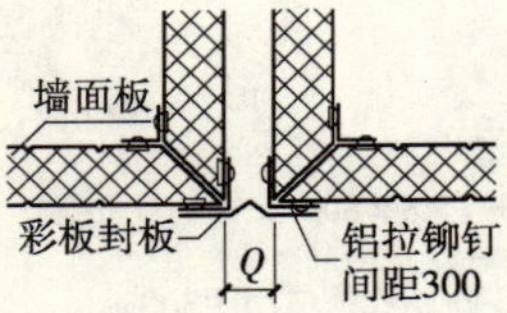

② 墙体变形缝

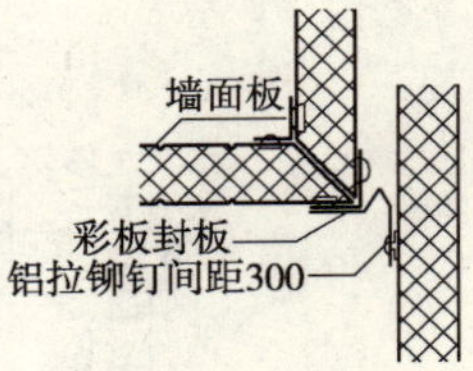

③ 墙体变形缝

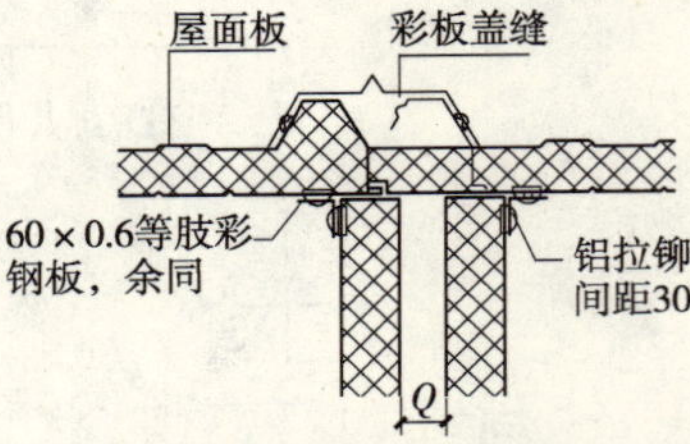

注：Q为变形缝宽度，按设计定
本图集以下余同。

④ 屋面变形缝

隔墙连接、外墙纵向连接、隔墙与屋面板的连接

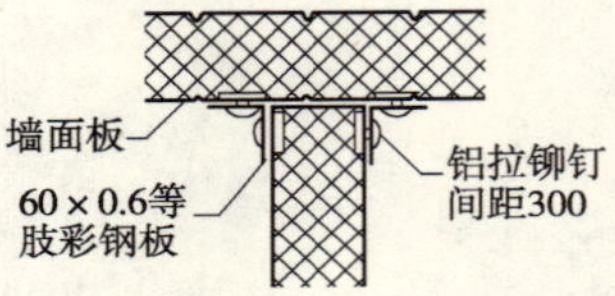

① 隔墙连接

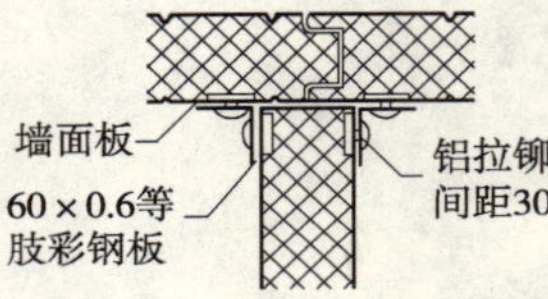

② 隔墙连接

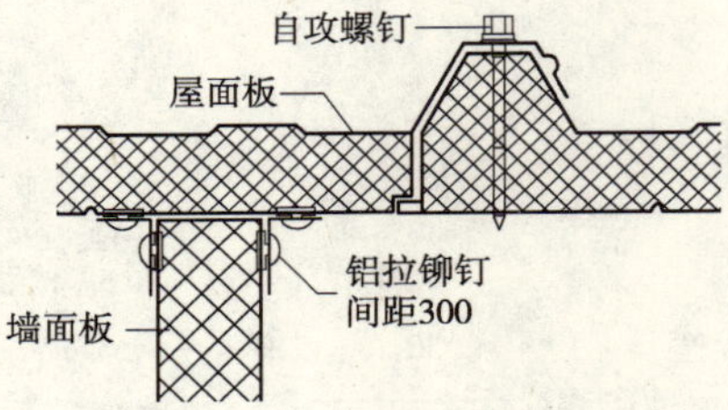

⑥ 隔墙与屋面板的连接

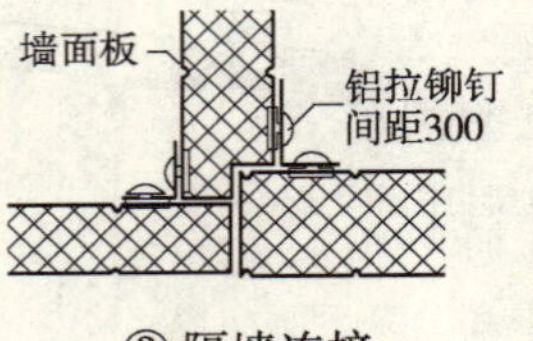

③ 隔墙连接

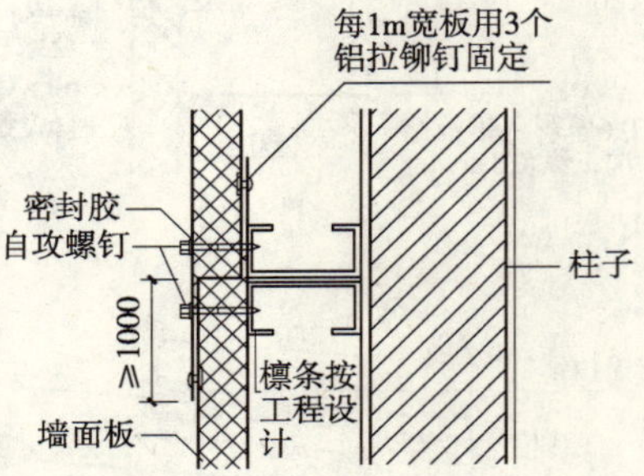

⑦ 外墙纵向连接

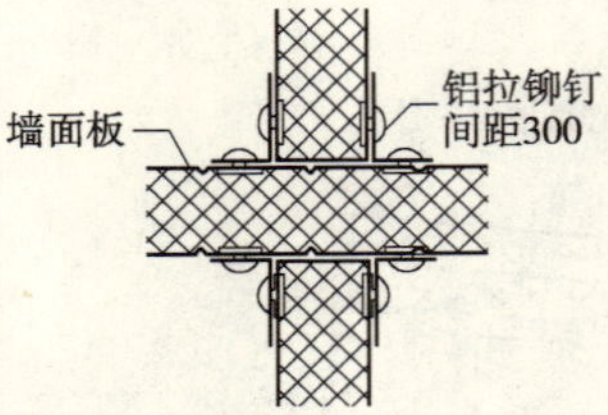

④ 隔墙连接

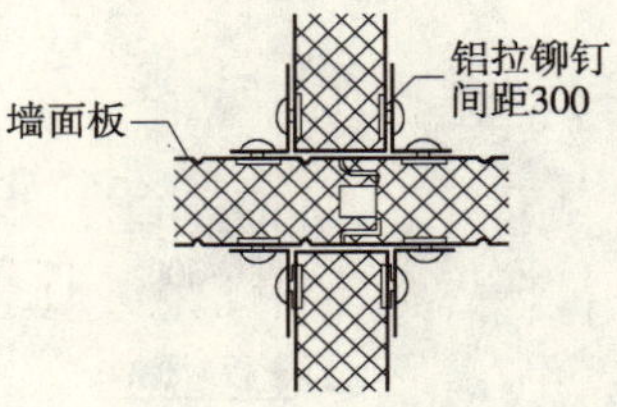

⑤ 隔墙连接

门窗、雨篷

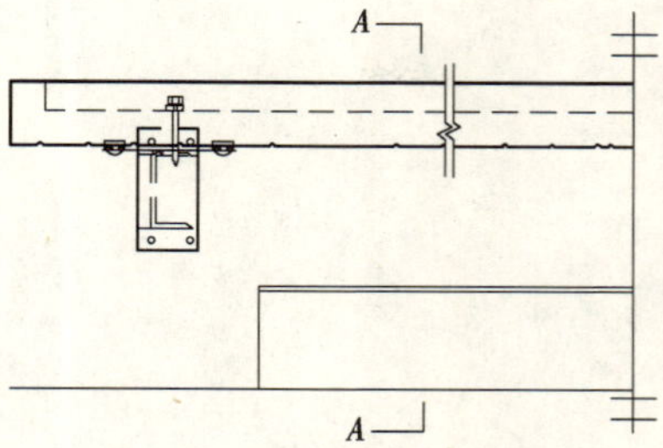

① 雨篷立面

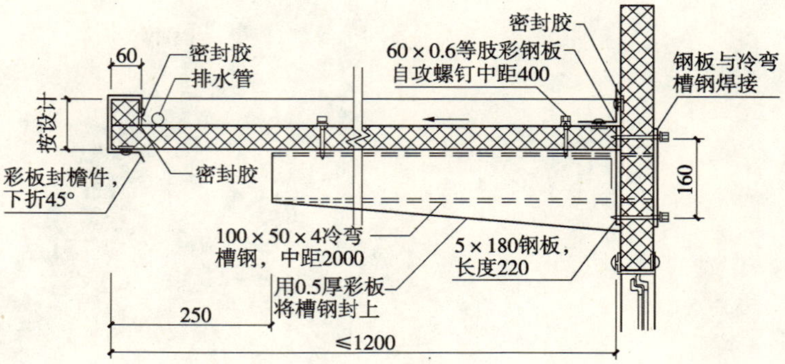

A—A

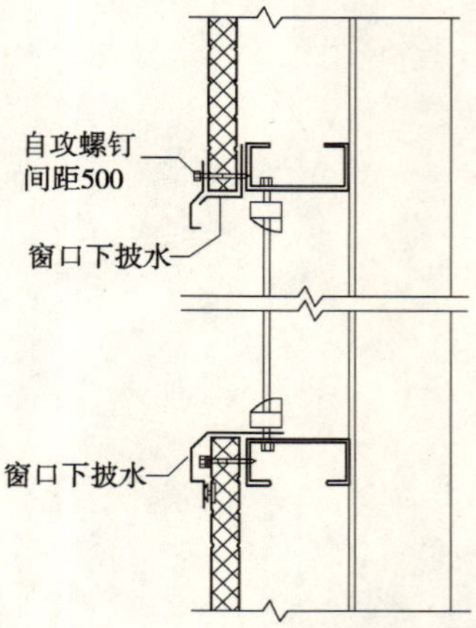

② 窗

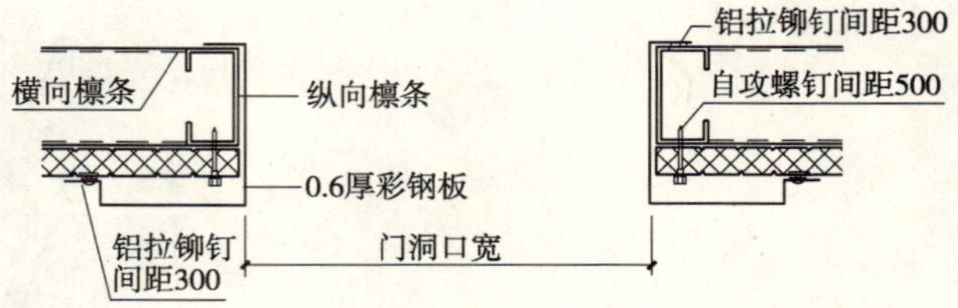

③ 门

墙与支承系统的连接

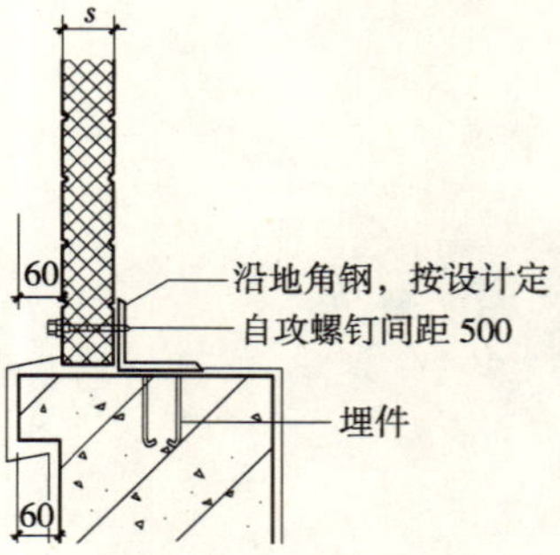

①

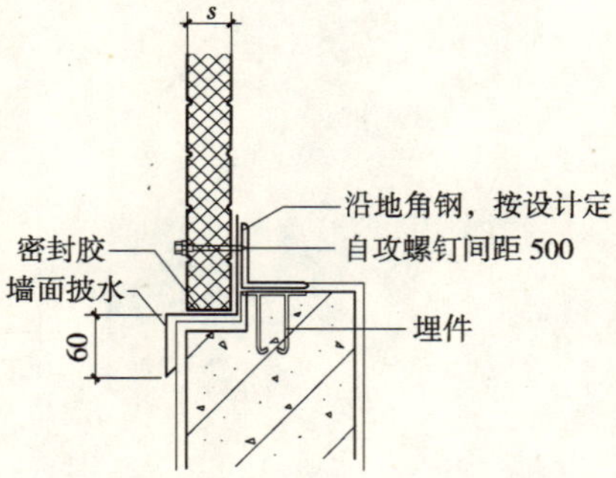

②

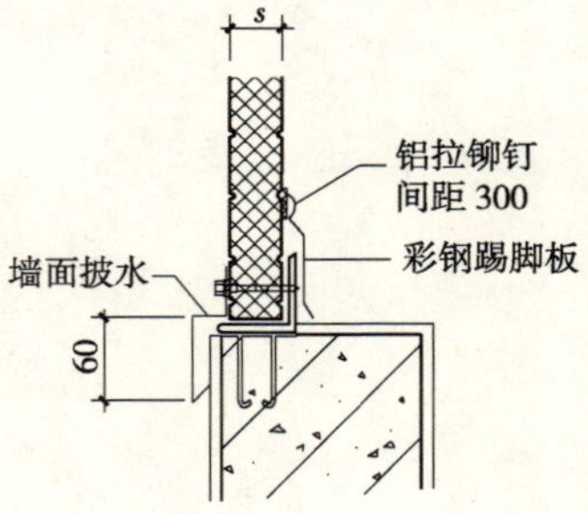

③

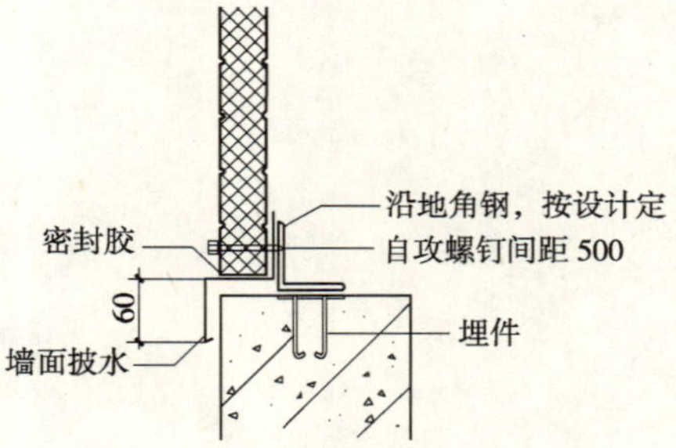

④

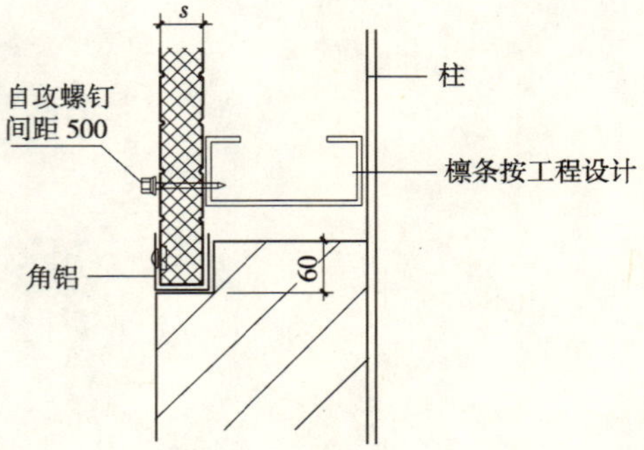

⑤

建筑节点构造图集

节能保温墙体（下）

《建筑节点构造图集》编委会　编

中国建筑工业出版社

目　　录

常用新型材料保温墙体

一、88JZ13

ZL 系列外墙外保温（节能 65%）

1
说明

2
保温做法与选用

3
构造做法与详图

二、88JZ17
欧文斯科宁挤塑板保温构造（节能65%）

1 说明

2 构造做法与详图

三、88JZ16
填充GZL保温轻集料砌块（节能65%）

1 说明

2 砌块规格尺寸

3
构造做法与详图

四、05TJ3-7
挤塑泡沫板外墙保温构造

1
说明

2
保温做法与选用

3
构造做法与详图

五、新 03J103

聚苯板薄抹面外保温体系构造

1 说明

2 保温做法与选用

3 构造做法与详图

六、新 04J104

高压无气喷涂聚氨酯硬质发泡外保温构造图集

1 说明

2 保温做法与选用

3
构造做法与详图

七、2003J116
XPS 外保温墙体构造

1
说明

2
构造做法与详图

八、J52
微孔硅酸钙板屋面保温构造

1
说明

3
构造做法与详图

十一、苏J 16-2003
ZL胶粉聚苯颗粒外保温系统

1
说明

2
保温层选用

3
构造做法与详图

十二、J/T 16-2004
挤塑聚苯乙烯泡沫塑料板外保温系统

1 说明

2 保温层选用

3 构造做法与详图

十三、J/T 16-2005
专威特建筑外保温系统

1 说明

2 构造做法与详图

十四、L01SJ110
专威特外保温及装饰系统

1 说明

2 施工要点及质量验收

3 保温做法与选用

4 构造做法与详图

十五、L00SJ108
SB保温板

1 说明

2
SB 板施工要点

3
保温做法与选用

4
构造做法与详图

十六、L03SJ 112
舒惠复合保温板

1
说明

2
施工要点及质量验收

3
保温做法与选用

4
构造做法与详图

十七、L01SJ109
挤塑聚苯乙烯保温板

1 说明

2 施工要点及质量验收

3 保温做法与选用

4 构造做法与详图

编制总说明

常用新型材料保温墙体

编 制 总 说 明

1. 编汇原则与目的

（1）为贯彻国家节约能源政策，使民用建筑节能工程的设计和施工符合确保质量、经济合理、安全使用的要求。《建筑工程围护结构保温构造》一书通过汇整各地建筑工程保温构造通用标准设计，以相互借鉴、取长补短的目的，扭转严寒和寒冷地区建筑工程采暖耗能大、热环境质量差的状况，更好地交流全国各地节能设计、施工方面的经验，据此，根据华北、天津、河南、浙江、山东、江苏、新疆等已发行的省（区）、市建筑标准设计图集，以推进科技进步为出发点，努力做到建筑构造做法技术先进，材料选用适当，适应性强，设计和施工采用方便为原则进行编汇，供其参阅。

（2）编汇的基本做法

1）编汇按通用保温构造和专项保温构造分别进行，通用保温构造主要包括：外墙外保温、外墙内保温和夹芯保温三个部分；专项保温构造主要包括：各地方应用新材料、新技术或地方定为用于专项的保温构造。编汇分册按照不同类别、名称与做法内容，将其分为三册，第一册为外墙外保温，由于数量较多分为二个分册；第二册为外墙内保温、外墙夹芯保温、钢丝网架水泥聚苯乙烯夹芯板墙、轻型金属夹芯板；第三册为专项保温构造，主要包括：ZL 系列外墙外保温（节能 65%）；欧文斯科宁挤塑板保温构造（节能 65%）；填充 GZL 保温轻集料砌块（节能 65%）；挤塑泡沫板外墙保温；RE 砂浆复合保温系统；HR 保温装饰板外保温系统；专威特外保温及装饰系统；SB 保温板；舒惠复合保温板；高压无气喷涂聚氨酯硬质发泡外墙外保温构造；聚苯板薄抹面外保温体系构造；XPS 外保温墙体构造。

2）编汇过程中按照现行《民用建筑节能设计标准(采暖居住建筑部分)》(JGJ 26—95)、《外墙外保温工程技术规程》(JGJ 144—2004）以及与建筑节能有关的标准、规程对照有关参加编汇图册的相关内容，以不违背现行国家和行业标准为原则。

3）对强制性条文逐一进行核对，并以黑体字分列。

我国地域广阔，地区温度差异较大。我国不同地域生产的保温材料由于其产地、材质等因表，各地的标准设计图集是根据地域特点，材料的品种和质量，进行了专项保温构造设计，这些保温材料大都没有列入国家规范，对此各地均应根据其材料的热阻条件和制品质量，应慎重对待，及时总结经验，在极其稳妥的条件下进行本地区的节能保温设计和使用。

2. 围护结构保温建筑构造的适用范围

适用于严寒地区及夏热冬冷地区的新建、扩建或已有建筑围护结构的保温工程。不适用于地下建筑、室内温度、湿度有特殊要求的特殊用途建筑以及简易临建等。

3. 编汇资料的内容与要求

（1）编汇资料内容按参加编汇图册一般包括：设计说明、建筑各部分围护结构传热系数限值表、保温做法及热工计算选用表、构造节点详图、材料性能指标、施工要点和质量验收标准。

（2）编汇的保温做法及热工计算选用表为常用做法。设计人员应根据国家或地方的有关节能规定及要求，经热工计算确定保温材料的厚度及构造做法，以满足不同地区建筑节能的要求。

（3）外墙保温做法通常适用于钢筋混凝土、烧结普通砖、多孔砖、混凝土小型空心砌块、灰砂砖、蒸压粉煤灰砖、加气混凝土砌块等多种墙体。设计人员应根据不同的基层墙体确定合理的固定方式，对于不宜使用射钉固定的墙体，可改用其他有效的锚固方法（如锚栓、预埋锚筋等）。

（4）外保温墙体构造详图以钢筋混凝土墙为例，内保温墙体以砌体墙为例，其他墙体可参照使用。

（5）变形缝两侧外墙应加强保温，其传热系数限值不大于不采暖楼梯间隔墙的规定值。当变形缝两侧外墙达不到限值要求时，可采取内保温做法。

4. 对保温节能工程材料质量基本要求

（1）用于保温节能工程材料质量均应符合国家技术标准的要求，并应按标准的检验要求进行复验。

（2）对不断出现的新的保温材料，凡纳入国家或地方规范或规程的材料按其规范或规程规定执行。对没有纳入国家或地方标准的材料应执行经当地建设行政主管部门批准后的企业标准执行。对没有纳入国家或地方标准又没有制定经建设行政主管部门批准的企业标准的新的保温用材料，在未经批准前不得用于工程。

（3）各地均提出有专项构造保温用材料，该保温用材料必须经建设行政主管部门批准后方可使用。

5. 对保温节能工程的基本要求

（1）保温节能工程应能适应基层的正常变形而不产生裂缝或空鼓。

（2）保温节能工程应能长期承受自重而不产生有害的变形。

（3）保温节能工程应能承受风荷载的作用而不产生破坏。

（4）保温节能工程应能耐受室外气候的长期反复作用而不产生破坏。

（5）保温节能工程在罕遇地震发生时不应从基层上脱落。

（6）高层建筑外墙外保温工程应采取防火构造措施。

（7）保温节能工程应具有防水渗透性能。

（8）保温节能工程应符合国家现行标准《民用建筑热工设计规范》（GB 50176—93）、《民用建筑节能设计标准（采暖居住建筑部分）》（JGJ 26—95）、《夏热冬冷地区居住建筑节能设计标准》（JGJ 134—2001）、《夏热冬冷地区居住建筑节能设计标准》（JGJ 75—2003）。

（9）保温节能工程各组成部分应具有物理化学稳定性。所有组成材料应彼此相容应具有防腐性。在可能受到生物侵害（鼠害、虫害等）时，保温节能工程还应具有防生物侵害性能。

（10）在正确使用和正常维护的条件下，保温节能工程的使用年限不应少于25年。

6. 围护结构保温建筑构造性能要求

（1）保温工程构造应对外墙外保温系统进行耐候性检验。

（2）外墙外保温系统经耐候性试验后，不得出现饰面层起泡或剥落、保护层空鼓或脱落等破坏，不得产生渗水裂缝。具有薄抹面层的外保温系统，抹面层与保温层的拉伸粘结强度不得小于0.1MPa，并且破坏部位应位于保温层内。

（3）对胶粉EPS颗粒保温浆料，外墙外保温系统进行抗拉强度检验，抗拉强度不得小于0.1MPa，并且破坏部位不得位于各层界面。

（4）EPS板现浇混凝土外墙外保温系统应按《外墙外保温工程技术规程》（JGJ 144—2004）附录B第B.2节（见8. 外墙外保温的现场试验方法）规定做现场粘结强度检验。

（5）EPS（聚苯乙烯泡沫塑料）板现浇混凝土外墙外保温系统现场粘结强度不得小于0.1MPa，并且破坏部位应位于EPS板内。

（6）外墙外保温系统其他性能应符合表1-1的规定。

（7）保温工程应对胶粘剂进行拉伸粘结强度检验。

（8）胶粘剂与水泥砂浆的拉伸粘结强度在干燥状态下不得小于0.6MPa，浸水48h后不得小于0.4MPa；与EPS板的拉伸粘结强度在干燥状态和浸水48h后均不得小于0.1MPa，并且破坏部位应位于EPS板内。

（9）应按《外墙外保温工程技术规程》（JGJ 144—2004）附录A第A12.2条（见（12）玻纤网耐

碱拉伸断裂强力试验方法）规定对玻纤网进行耐碱拉伸断裂强力检验。

（10）玻纤网经向和纬向耐碱拉伸断裂强力均不得小于750N/50mm，耐碱拉伸断裂强力保留率均不得小于50%。

（11）外保温系统其他主要组成材料性能应符合表1-1、表1-2规定。

外墙外保温系统性能要求 **表1-1**

检验项目	性能要求	试验方法
抗风荷载性能	系统抗风压值 R_d 不小于风荷载设计值。 EPS板薄抹灰外墙外保温系统、胶粉EPS颗粒保温浆料外墙外保温系统、EPS板现浇混凝土外墙外保温系统和EPS钢丝网架板现浇混凝土外墙外保温系统安全系数 K 应不小于1.5，机械固定EPS钢丝网架板外墙外保温系统安全系数 K 应不小于2	附录A第A.3节（见（3）系统抗风荷载性能试验方法）；由设计要求值降低1kPa作为试验起始点
抗冲击性	建筑物首层墙面以及门窗口等易受碰撞部位：10J级；建筑物二层以上墙面等不易受碰撞部位：3J级	附录A第A.5节
吸水量	水中浸泡1h，只带有抹面层和带有全部保护层的系统的吸水量均不得大于或等于1.0kg/m²	附录A第A.6节（见（6）系统吸水量试验方法）
耐冻融性能	30次冻融循环后，保护层无空鼓、脱落，无渗水裂缝；保护层与保温层的拉伸粘结强度不小于0.1MPa，破坏部位应位于保温层	附录A第A.4节（见（4）系统耐冻融性能试验方法）
热　阻	复合墙体热阻符合设计要求	附录A第A.9节（见（9）系统热阻试验方法）
抹面层不透水性	2h不透水	附录A第A.10节（见（10）抹面层不透水性试验方法）
保护层水蒸气渗透阻	符合设计要求	附录A第A.11节（见（11）水蒸气渗透性能试验方法）
注：水中浸泡24h，只带有抹面层和带有全部保护层的系统的吸水量均小于0.5kg/m² 时，不检验耐冻融性能		

外墙外保温系统组成材料性能要求 **表1-2**

<table>
<tr><th colspan="3" rowspan="2">检验项目</th><th colspan="2">性能要求</th><th rowspan="2">试验方法</th></tr>
<tr><th>EPS板</th><th>胶粉EPS颗粒保温浆料</th></tr>
<tr><td rowspan="13">保温材料</td><td colspan="2">密度（kg/m³）</td><td>18~22</td><td>—</td><td>GB/T 6343—1995</td></tr>
<tr><td colspan="2">干密度（kg/m³）</td><td>—</td><td>180~250</td><td>GB/T 6343—1995（70℃恒重）</td></tr>
<tr><td colspan="2">导热系数[W/(m·K)]</td><td>≤0.041</td><td>≤0.060</td><td>103294—88</td></tr>
<tr><td colspan="2">水蒸气渗透系数[ng/(Pa. m. s)]</td><td>符合设计要求</td><td>符合设计要求</td><td>附录A第A.11节（见（11）水蒸气渗透性能试验方法）</td></tr>
<tr><td colspan="2">压缩性能（MPa）（形变10%）</td><td>≥0.10</td><td>≥0.25（养护28d）</td><td>GB 8813—88</td></tr>
<tr><td rowspan="2">抗拉强度（MPa）</td><td>干燥状态</td><td>≥0.10</td><td rowspan="2">≥0.10</td><td rowspan="2">附录A第A.7节（见（7）抗拉强度试验方法）</td></tr>
<tr><td>浸水48h，取出后干燥7d</td><td>—</td></tr>
<tr><td colspan="2">线性收缩率（%）</td><td>—</td><td>≤0.3</td><td>GBJ 82—85</td></tr>
<tr><td colspan="2">尺寸稳定性（%）</td><td>≤0.3</td><td>—</td><td>GB 8811—88</td></tr>
<tr><td colspan="2">软化系数</td><td>—</td><td>≥0.5（养护28d）</td><td>JGJ 51—2002</td></tr>
<tr><td colspan="2">燃烧性能</td><td>阻燃型</td><td>—</td><td>GB/T 10801.1—2002</td></tr>
<tr><td colspan="2">燃烧性能级别</td><td>—</td><td>B_1</td><td>GB 8624—1997</td></tr>
<tr><td rowspan="3">EPS钢丝网架板</td><td rowspan="2">热阻[m²·(K/W)]</td><td>腹丝穿透型</td><td colspan="2">≥0.73（50mm厚EPS板）
≥1.5（100mm厚EPS板）</td><td rowspan="2">附录A第A.8节（见（8）拉伸粘结强度试验方法）</td></tr>
<tr><td>腹丝非穿透型</td><td colspan="2">≥1.0（500mm厚EPS板）
≥1.6（80mm厚EPS板）</td></tr>
<tr><td colspan="2">腹丝镀锌层</td><td colspan="3">符合QBT 3897—1999规定</td></tr>
<tr><td>抹面胶浆、抗裂砂浆、界面砂浆</td><td colspan="2">与EPS板或胶粉EPS颗粒保温浆料拉伸粘结强度（MPa）</td><td colspan="2">干燥状态和浸水48h后≥0.10破坏界面应位于EPS板或胶粉EPS颗粒保温浆料</td><td>附录A第A.8节（见（8）拉伸粘结强度试验方法）</td></tr>
<tr><td>饰面材料</td><td colspan="4">必须与其他系统组成材料相容，应符合设计要求和相关标准规定</td><td></td></tr>
<tr><td>锚　栓</td><td colspan="4">符合设计要求和相关标准规定</td><td></td></tr>
</table>

（12）本章所规定的检验项目应为形式检验项目，形式检验报告有效期为 2 年。

7. 外墙外保温技术规程对设计与施工要求

（1）设计选用外保温系统时，不得更改系统构造和组成材料。

（2）外保温复合墙体的热工和节能设计应符合下列规定：

1）保温层内表面温度应高于 0℃；

2）外保温系统应包覆门窗框外侧洞口、女儿墙以及封闭阳台等热桥部位；

3）对于机械固定 EPS 钢丝网架板外墙外保温系统，应考虑固定件、承托件的热桥影响。

机械固定系统锚栓、预埋金属固定件数量应通过试验确定，并且每平方米不应小于 7 个。单个锚栓拔出力和基层力学性能应符合设计要求。金属固定件、钢筋网片、金属锚栓和承托件应做防锈处理。

（3）对于具有薄抹面层的系统，保护层厚度应不小于 3mm 并且不宜大于 6mm。对于具有厚抹面层的系统，厚抹面层厚度应为 25～30mm。

（4）应做好外保温工程的密封和防水构造设计，确保水不会渗入保温层及基层，重要部位应有详图。水平或倾斜的挑出部位以及延伸至地面以下的部位应做防水处理。在外墙外保温系统上安装的设备或管道应固定于基层上，并应做密封和防水设计。

（5）除采用现浇混凝土外墙外保温系统外，外保温工程的施工应在基层施工质量验收合格后进行。

（6）除采用现浇混凝土外墙外保温系统外，外保温工程施工前，外门窗洞口应通过验收，洞口尺寸、位置应符合设计要求和质量要求，门窗框或辅框应安装完毕。伸出墙面的消防梯、水落管、各种进户管线和空调器等的预埋件、连接件应安装完毕，并按外保温系统厚度留出间隙。

（7）外保温工程的施工应具备施工方案，施工人员应经过培训并经考核合格。

（8）基层应坚实、平整。保温层施工前，应进行基层处理。

（9）EPS 板表面不得长期裸露，EPS 板安装上墙后应及时做抹面层。

（10）薄抹面层施工时，玻纤网不得直接铺在保温层表面，不得干搭接，不得外露。

（11）外保温工程施工期间以及完工后 24h 内，基层及环境空气温度不应低于 5℃。夏季应避免阳光暴晒。在 5 级以上大风天气和雨天不得施工。

（12）外保温施工各分项工程和子分部工程完工后应做好成品保护。

8. 外墙外保温的现场试验方法

（1）基层与胶粘剂的拉伸粘结强度检验方法

在每种类型的基层墙体表面上取 5 处有代表性的部位分别涂胶粘剂或界面砂浆，面积为 3～4dm^2，厚度为 5～8mm。干燥后应按现行行业标准《建筑工程饰面砖粘结强度检验标准》（JGJ 110—1997）规定进行试验，断缝应从胶粘剂或界面砂浆表面切割至基层表面。

（2）无网现浇系统粘结强度试验方法

1）混凝土浇筑后应养护 28d。

2）测点选取如图 1 所示，共测 9 点。

3）试验方法应按现行行业标准《建筑工程饰面砖粘结强度检验标准》（JGJ 110—1997）规定进行试验，试样尺寸为 100mm×100mm，断缝应从 EPS 板表面切割至基层表面。

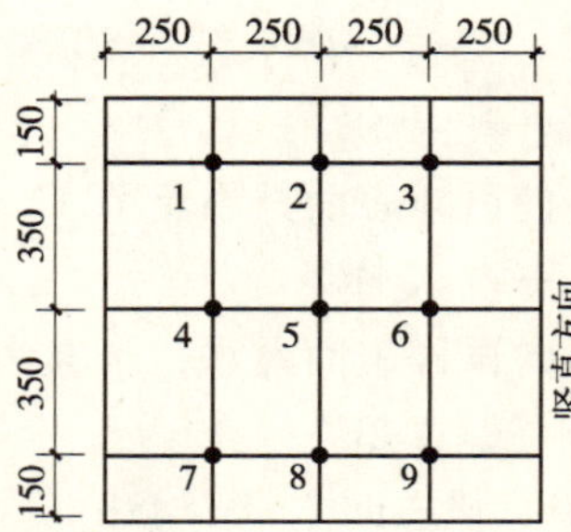

图 1　测点选取位置

（3）系统抗冲击性检验方法

1）系统抗冲击性检验应在保护层施工完成 28h 后进行。应根据抹面层和饰面性能的不同而选取冲击点，且不要选在局部增强区域和玻纤网搭接部位。

2）采用摆动冲击，摆动中心固定在冲击点的垂线上，摆长至少为 1.50m。取钢球从静止开始下落的位置与冲击点这间的高差等于规定的落差。10J 级钢球质量为 1000g（直径 6.25cm），落差为 1.02m。3J 级钢球质量为500g，落差为0.61m。

3）结果判定时，10J 级试验 10 个冲击点中破坏点不超过4 个时，判定为10J 级。10J 级试验 10 个冲击点破坏点超过4 个，3J 级试验 10 个冲击点破坏点不超过4 个时，判定为3J 级。

9. 外墙外保温系统及其组成材料性能试验方法

（1）试样制备、养护和状态调节

1）外保温系统试样应按照生产厂家说明书规定的系统构造和施工方法进行制备。材料试样应按产品说明书规定进行配制。

2）试样养护和状态调节环境条件应为：温度 10 ~25℃，相对湿度不应低于 50%。

3）试样养护时间应为 28d。

（2）系统耐候性试验方法

1）试样由混凝土墙和被测外保温系统构成，混凝土墙用作基层墙体。试样宽度不应小于 2.5m，高度不应小于 2.0m，面积不应小于 $6m^2$。混凝土墙上角处应预留一个宽 0.4m、高 0.6m 的洞口，洞口距离边缘 0.4m（图2）。外保温系统应包住混凝土墙的侧边。侧边保温板最大厚度为 20mm。预留洞口处应安装窗框。如有必要，可对洞口四角做特殊加强处理。

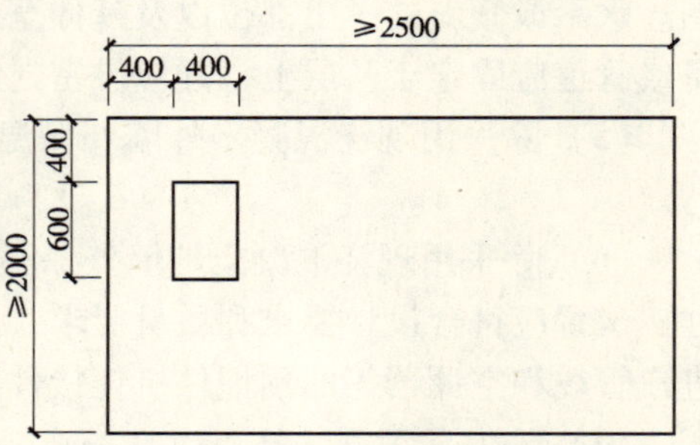

图2 试样

2）试验步骤应符合以下规定：

①EPS 板薄抹灰系统和无网现浇系统试验步骤如下：

a. 高温—淋水循环 80 次，每次 6h。

—升温 3h

使试样表面升温至 70℃，并恒温在（70 ±5）℃（其中升温时间为 1h）。

—淋水 1h

向试样表面淋水，水温为（15 ±5）℃，水量为 1.0 ~1.5L/(m^2·min)。

—静置 2h

b. 状态调节至少 48h。

c. 加热—冷冻循环 5 次，每次 24h。

—升温 8h

使试样表面升温至 50℃，并恒温在（50 ±5）℃（其中升温时间为 1h）。

—降温 16h

使试样表面降温至 -20℃，并恒温在（-20 ±5）℃（其中降温时间为 2h）。

②保温浆料系统、有网现浇系统和机械固定系统试步骤如下：

a. 高温—淋水循环 80 次，每次 6h。

—升温 3h

使试样表面升温至 70℃，并恒温在（70 ±5）℃，恒温时间不应小于 1h。

—淋水 1h

向试样表面淋水，水温为（15 ±5）℃，水量为 1.0 ~1.5L/(m^2·min)。

—静置 2h

b. 状态调节至少 48h。

c. 加热—冷冻循环 5 次，每次 24h。

—升温 8h

使试样表面升温至 50℃，并恒温在（50 ±5）℃，恒温时间不应小于 1h。

—降温 16h

使试样表面降温至 -20℃，并恒温在（-20±5)℃，恒温时间不应小于12h。

3）观察、记录和检验时，应符合下列规定：

①每4次高温—淋水循环和每次加热—冷冻循环后，观察试样是否出现裂缝、空鼓、脱落等情况并做记录。

②试验结束后，状态调节7d，按现行行业标准《建筑工程饰面砖粘结强度检验标准》(JGJ 110—1997）规定检验抹面层与保温层的拉伸粘结强度，断缝应切割至保温层表面。并按《外墙外保温工程技术规程》(JGJ 144—2004）附录B第B.3节（见编制总说明8外墙外保温现场试验方法中的（3）系统抗冲击性检验方法）规定检验系统抗冲击性。

（3）系统抗风荷载性能试验方法

1）试样应由基层墙体和被测外保温系统组成，试样尺寸应不少于2.0m×2.5m。

基层墙体可为混凝土墙或砖墙。为了模拟空气渗漏，在基层墙体上每平方米应预留一个直径15mm的孔洞，并应位于保温板接缝处。

2）试验设备是一个负压箱。负压箱应有足够的深度，以保证在外保温系统可能的变形范围内能使施加在系统上的压力保持恒定。试样安装在负压箱开口中并沿基层墙体周边进行固定和密封。

3）试验步骤中的加压程序及压力脉冲图形见图3。

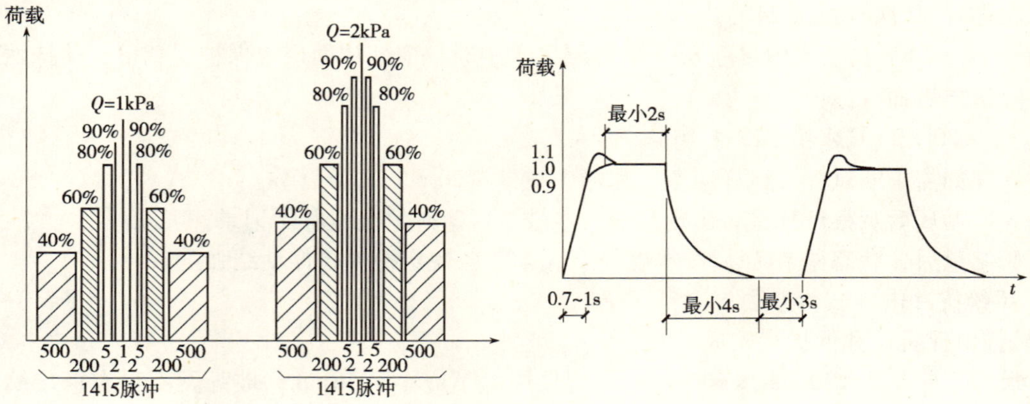

图3 加压步骤及压力脉冲图形

每级试验包含1415个负风压脉冲，加压图形以试验风荷载 Q 的百分数表示。试验以1kPa的级差由低向高逐级进行，直至试样破坏。

有下列现象之一时，可视为试样破坏：

①保温板断裂；

②保温板中或保温板与其保护层之间出现分层；

③保护层本身脱开；

④保温板被从固定件上拉出；

⑤机械固定件从基底上拔出；

⑥保温板从支撑结构上脱离。

4）系统抗风压值 R_d 应按下式进行计算：

$$R_d = \frac{Q_1 C_8 C_a}{K}$$

式中 R_d——系统抗风压值，kPa；

Q_1——试样破坏前一级的试验风荷载值，kPa；

K——安全系数，按表1-1选取；

C_a——几何因数，$C_a=1$；

C_8——统计修正因数，按表1-3选取。

保温板为粘接固定时的 C_8 值　　表 1-3

粘结面积 B（%）	C_8
$50 \leqslant B \leqslant 100$	1
$10 < B < 50$	0.9
$B \leqslant 10$	0.8

（4）系统耐冻融性能试验方法

1）当采用以纯聚合物为粘结基料的材料做饰面涂层时，应对以下两种试样进行试验：

①由保温层和抹面层构成（不包含饰面层）的试样；

②由保温层和保护层构造（包含饰面层）的试样。

当饰面层材料不是以纯聚合物为粘结基料的材料时，试样应包含饰面层。如果不只使用一种饰材料，应按不同种类的饰面材料分别制样。如果仅颗粒大小不同，可视为同种类材料。

试样尺寸为 500mm×500mm，试样数量为 3 件。

试样周边涂密封材料密封。

2）试验步骤应符合下列规定：

①冻融循环 30 次，每次 24h。

a. 在（20±2）℃自来水中浸泡 8h。试样浸入水中时，应使抹面层或保护层朝下，使抹面层浸入水中，并排除试样表面气泡。

b. 在（－20±2）℃冰箱中冷冻 16h。

试验期间如需中断试验，试样应置于冰箱中在（－20±5）℃下存放。

②每 3 次循环后观察试样是否出现裂缝、空鼓、脱落等情况，并做记录。

③试验结束后，状态调节 7d，按本规程第 A. 8. 2 条规定检验拉伸粘结强度。

（5）系统抗冲击性试验方法

1）试样由保温层和保护层构成。

试样尺寸不应小于 1200mm×600mm，保温层厚度不应小于 50mm，玻纤网不得有搭接缝。试样分为单层网试样和双层网试样。单层网试样抹面层中应铺一层玻纤网，双层网试样抹面层中应铺一层玻纤网和一层加强网。

试样数量：

①单层网试样：2 件，每件分别用于 3J 级和 10J 级冲击试验。

②双层网试样：2 件，每件分别用于 3J 级和 10J 级冲击试验。

2）试验可采用摆动冲击或竖直自由落体冲击方法。摆动冲击方法可直接冲击经过耐候性试验的试验墙体。竖直自由落体冲击方法按下列步骤进行试验：

①将试样保护层向上平放于光滑的刚性底板上，使试样紧贴底板。

②试验分为 3J 和 10J 两级，每级试验冲击 10 个点。3J 级冲击试验使用质量为 500g 的钢球，在距离试样上表面 0.61m 高度自由降落冲击试样。10J 级冲击试验使用质量为 1000g 的钢球，在距离试样上表面 1.02m 高度自由降落冲击试样。冲击点应离开试样边缘至少 100mm，冲击点间距不得小于 100mm。以冲击点及其周围开裂作为破坏的判定标准。

3）结果判定时，10J 级试验 10 个冲击点破坏点不超过 4 个时，判定为 10J 级。10J 级试验 10 个冲击点中破坏点超过 4 个，3J 级试验 10 个冲击点中破坏点不超过 4 个时，判定为 3J 级。

（6）系统吸水量试验方法

1）试样制备应符合下列规定：

试样分为两种：一种由保温层和抹面层构成，另一种由保温层和保护层构成。

试样尺寸为 200mm×200mm，保温层厚度为 50mm，抹面层和饰面层厚度应符合受检外保温系统构造规定。每种试样数量各为 3 件。

试样周边涂密封材料密封。

2）试验步骤应符合下列规定：

①测量试样面积 A。

②称量试样初始重量 m_0。

③使试样抹面层或保护层朝下浸入水中并使表面完全湿润。分别浸泡 1h 和 24h 后取出，在 1min 内擦去表面水分，称量吸水后的质量 m。

3）系统吸水量应按下式进行计算：

$$M=\frac{m-m_0}{A}$$

式中 M——系统吸水量，kg/m^2；

m——试样吸水后的质量，kg；

m_0——试样初始质量，kg；

A——试样面积，m^2。

试验结果以 3 个试验数据的算术平均值表示。

（7）抗拉强度试验方法

1）试样制备应符合下列规定：

①EPS 板试样在 EPS 板上切割而成。

②胶粉 EPS 颗粒保温浆料试样在预制成型的胶粉 EPS 颗粒保温浆料板上切割而成（现场取样胶粉 EPS 颗粒保温浆料干密度不应大于 $250kg/m^3$，并且不应小于 $180kg/m^3$）。

③胶粉 EPS 颗粒保温浆料外保温系统试样由混凝土底板（作为基层墙体）、界面砂浆层、保温层和抹面层组成并切割成要求的尺寸。

④EPS 板现浇混凝土外保温系统试样应按以下方法制备：

a. 在 EPS 板两表面喷刷界面砂浆；

b. 界面砂浆固化后将 EPS 板平放于地面，并在其上浇筑 30mm 厚 C20 豆石混凝土；

c. 混凝土固化后在 EPS 板外表面抹 10mm 厚胶粉 EPS 颗粒保温浆料找平层；

d. 找平层固化后做抹面层；

e. 充分养护后按要求的尺寸切割试样。

⑤试样尺寸为 100mm × 100mm，保温层厚度 50mm。每种试样数量各为 5 个。

2）抗拉强度应按以下规定进行试验：

①用适当的胶粘剂将试样上下表面分别与尺寸为 100mm × 100mm 的金属试验板粘结。

②通过万向接头将试样安装于拉力试验机上，拉伸速度为 5mm/min，拉伸至破坏，并记录破坏时的拉力及破坏部位。破坏部位在试验板粘结界面时试验数据无效。

③试验应在以下两种试样状态下进行：

—干燥状态；

—水中浸泡 48h，取出后干燥 7d。

注：EPS 板只做干燥状态试验。

3）抗拉强度应按下式进行计算：

$$\sigma_t=\frac{P_t}{A}$$

式中 σ_t——抗拉强度，MPa；

P_t——破坏荷载，N；

A——试样面积，mm^2；

试验结果以 5 个试验数据的算术平均值表示。

（8）拉伸粘结强度试验方法

1）胶粘剂拉伸粘结强度应按以下方法进行试验：

①水泥砂浆底板尺寸为80mm×40mm×40mm。底板的抗拉强度应不小于1.5MPa。

②EPS板密度应为18~22kg/m^3，抗拉强度应不小于0.1MPa.

③与水泥砂浆粘结的试样数量为5个，制备方法如下：

在水泥砂浆底板中部涂胶粘剂，尺寸为40mm×40mm，厚度为（3±1）mm。经过养护后，用适当的胶粘剂（如环氧树脂）按十字搭接头方式粘结砂浆底板。

④与EPS板粘结的试样数量为5个，制备方法如下：

将EPS板切割成100mm×100mm×50mm，在EPS板一个表面上涂胶粘剂，厚度为（3±1）mm。经过养护后，两面用适当的胶粘剂（如环氧树脂）粘结尺寸为100mm×100mm的钢底板。

⑤试验应在以下两种试样状态下进行：

a. 干燥状态；

b. 水中浸泡48h，取出后2h。

⑥将试样安装于拉力试验机上，拉伸速度为5mm/min，拉伸至破坏，并记录破坏时的拉力及破坏部位。

2）抹面材料与保温材料拉伸粘结强度应按以下方式进行试验：

①试样尺寸为100mm×100mm，保温板厚度为50mm。试样数量为5件。

②保温材料为EPS保温板时，将抹面材料抹面EPS板一个表面上，厚度为（3±1）mm。经过养护后，两面用适当的胶粘剂（如环氧树脂）粘结尺寸为100mm×100mm的钢底板。

③保温材料为胶粉EPS颗粒保温浆料板时，将抗裂砂浆抹在胶粉EPS颗粒保温浆料板一个表面上，厚度为（3±1）mm。经过养护后，两面用适当的胶粘剂（如环氧树脂）粘结尺寸为100mm×100mm的钢底板。

④试验应在以下3种试样状态下进行：

a. 干燥状态；

b. 经过耐候性试验后；

c. 经过冻融试验后。

⑤将试样安装于拉力试验机上，拉伸速度为5mm/min，拉伸至破坏并记录破坏时的拉力及破坏部位。

3）拉伸粘结强度应按下式进行计算：

$$\sigma_b = \frac{P_b}{A}$$

式中 σ_b——拉伸粘结强度，MPa；

P_b——破坏荷载，N；

A——试样面积，mm^2。

试验结果以5个试验数据的算术平均值表示。

（9）系统热阻试验方法

系统热阻应按现行国家标准《建筑构件稳态热传递性质的测定标定和防护热箱法》（GB/T 13475—1992）规定进行试验。制样时EPS板拼缝缝隙宽度、单位面积内锚栓和金属固定件的数量应符合受检外保温系统构造规定。

（10）抹面层不透水性试验方法

1）试样制备应符合下列规定：

试样由EPS板和抹面层组成，试样尺寸为200mm×200mm，EPS板厚度60mm，试样数量2个。将试样中心部位的EPS板除去并刮干净，一直刮到抹面层的背面，刮除部分的尺寸为100mm×100mm。将试样周边密封，抹面层朝下浸入水槽中，使试样浮在水槽中，底面所受压强为500Pa。浸水时间达到2h，观察是否有水透过抹面层（为便于观察，可在水中添加颜色指示剂）。

2）2个试样浸水2h时均不透水时，判定为不透水。

（11）水蒸气渗透性能试验方法

1）试样制备应符合下列规定：

①EPS 板试样在 EPS 板上切割而成。

②胶粉 EPS 颗粒保温浆料试样在预制成型的胶粉 EPS 颗粒保温浆料板上切割而成。

③保护层试样是将保护层做在保温板上，经过养护后除去保温材料，并切割成规定的尺寸。

当采用以纯聚合物为粘结基料的材料作饰面涂层时，应按不同种类的饰面材料分别制样。如果仅颗粒大小不同，可视为同类材料。当采用其他材料作饰面涂层时，应对具有最厚饰面涂层的保护层进行试验。

2）保护层和保温材料的水蒸气渗透性能应按现行国家标准《建筑材料水蒸气透过性能试验方法》（GB/T 17146—1997）中的干燥剂法规定进行试验。试验箱内温度应为（23 ±2）℃，相对湿度可为50% ±2%（23℃下含有大量未溶解重铬酸钠或磷酸氢铵（$NH_4H_2PO_4$）的过饱和溶液）或 85% ±2%（23℃下含有大量未溶解硝酸钾的过饱和溶液）。

（12）玻纤网耐碱拉伸断裂强力试验方法

1）试样制备应符合下列规定：

①试样尺寸：试样宽度为 50mm，长度为 300mm。

②试样数量：纬向、经向各 20 片。

2）标准方法应符合下列规定：

①首先对 10 片纬向试样和 10 片经向试样测定初始拉伸断裂强力。其余试样放入（23 ±2）℃、浓度为 5% 的 NaOH 水溶液中浸泡（10 片纬向和 10 片经向试样，浸入 4L 溶液中）。

②浸泡 28d 后，取出试样，放入水中漂洗 5min，接着用流动水冲洗 5min，然后在（60 ±5）℃烘箱中烘 1h 后取出，在 10 ~25℃环境条件下放置至少 24h 后测定耐碱拉伸断裂强力，并计算耐碱拉伸断裂强力保留率。

拉伸试验机夹具应夹住试样整个宽度。卡头间距为 200mm。加载速度为（100 ±5）mm/min，拉伸至断裂并记录断裂时的拉力。试样在卡头中有移动或大卡头处断裂时，其试验值应被剔除。

3）应用快速法时，使用混合碱溶液。碱溶液配比如下：0.88gNaOH，3.45gKOH，0.48gCa$(OH)_2$，1L 蒸馏水（pH 值 12.5）。

80℃下浸泡 6h。其他步骤同（12）玻纤网耐碱拉伸断裂强力试验方法中的 2。

4）耐碱拉伸断裂强力保留率应按下式进行计算：

$$B = \frac{F_1}{F_0} \times 100\%$$

式中 B——耐碱拉伸断裂强力保留率，%；

F_1——耐碱拉伸断裂强力，N/50mm；

F_0——初始拉伸断裂强力，N/50mm；

试验结果分别以经向向纬向 5 个试样测定值的算术平均值表示。

一、88JZ13

ZL 系列外墙外保温（节能65%）

1

说　　明

说　　明

一、本图集为ZL胶粉聚苯颗粒保温并与聚苯板、硬泡聚氨脂、岩棉板等多种高效保温材料复合组成的外墙外保温系统，为配合北京等地区进一步节能（节能65%）的标准而编制的华北标专项图集。是华北标通用图集88J2—9《墙身—外墙外保温（节能65%）》图集的补充。

ZL系列外墙外保温是北京振利高新技术公司的专利技术（专利说明见附件）。

其中Z3体系：ZL胶粉聚苯颗粒复合硬泡聚氨酯外保温体系；和Z4体系：ZL胶粉聚苯颗粒外保温二个体系已编入88J2—9图集，作为该图集的外墙53、54体系。

原华北标专项图集88JZ6《胶粉聚苯颗粒保温》仍可用于节能保温要求相当的地区。

二、编制依据

《民用建筑节能设计标准（采暖居住建筑部分）》(JGJ 26—95)

《民用建筑热工设计规范》(GB 50176—93)

北京市《居住建筑节能设计标准》(DBJ 01—602—2004)

《建筑装饰装修工程质量验收规范》(GB 50210—2001)

《建筑工程施工质量验收统一标准》(GB 50300—2001)

各部分围护结构的传热系数限值 [W/(m^2·K)]

住宅类型	屋顶	外墙外保温	外墙内保温的主体断面	外窗/阳台门玻璃	阳台门下部门芯板	接触室外空气地板	不采暖空间上部楼板
5层及以上建筑	0.6	0.6	0.3	2.8	1.70	0.5	0.55
4层及以下建筑	0.45	0.45	不采用				

三、本图集包括以下五种体系：

Z1 粘贴聚苯板复合胶粉聚苯颗粒，Z1A为涂料饰面，Z1B为面砖饰面；

Z2 现场浇注混凝土大模内置聚苯板复合胶粉聚苯颗粒；

Z2A1为无网聚苯板涂料饰面，Z2B1为无网聚苯板面砖饰面；

Z2A2为有网聚苯板涂料饰面，Z2B2为有网聚苯板面砖饰面；

Z3 喷硬泡聚氨酯复合胶粉聚苯颗粒，Z3A为涂料饰面，Z3B为面砖饰面；

Z4 抹胶粉聚苯颗粒，Z4A为涂料饰面，Z4B为面砖饰面；

Z5 粘贴岩棉板复合胶粉聚苯颗粒，涂料饰面；

Z6 胶粉聚苯颗料夹芯聚苯板（三明治）涂料及面砖饰面。

胶粉聚苯颗粒和岩棉板均属防火性能较好的难燃材料，因此上述五种体系均为防火较好的外墙外保温体系，其中Z4、Z5体系防火性能更佳。

聚苯板带镀锌钢丝插丝网，置入现浇混凝土墙大模板内，简称“有网体系”，聚苯板不带镀锌钢丝插丝网简称“无网体系”。

粘贴聚苯板时，为提高防火性能，表面复盖ZL胶粉聚苯颗粒，每三层增设一道防火隔离带，是高层建筑粘贴聚苯板外墙外保温的另一种防火构造做法，供选用。具体做法见后面。

四、工程设计选用时，先选用一种体系，再根据该工程应达到的外墙传热系数值，从该体系表中查得保温层厚度及分号，加以注明。例如：某工程选定Z1A体系（粘贴聚苯板涂料饰面），再根据基层墙和该工程层数选定其分号，例如：该工程为混凝土外墙，18层，则应选分号①，即Z1A①，聚苯板60厚，复合15厚胶粉聚苯颗粒，外墙传热系数为0.60W/(m^2·K)；又如：有一栋三层多孔砖住宅，则应选分号⑲，即 Z1A⑲，聚苯板 80 厚，复合 15 厚胶粉聚苯聚粒，外墙传热系数为 0.44［W/(m^2·K)］其他体系选用方法相同。

五、为便于引用及简化相类似的详图，编有一套统一详图，主要表示外保温的做法，尤其是热桥部位的构造处理，以钢筋混凝土墙体及涂料饰面为例，混凝土空心砌块墙、多孔砖墙不再另绘一套详图（砌块墙因不适合采用胀管螺丝锚固，另附有锚固详图）。

另外，统一详图以 Z2 大模内置聚苯板体系为例，Z1 为粘贴聚苯板，详图中聚苯板与墙体本应有粘贴厚度线；Z4 体系全部保温为 ZL 胶粉聚苯颗粒，保温层只一种，统一详图中画为两层，这些不同之处不再另绘详图。

在后页选用表中混凝土墙均以 180 厚计算，混凝土小型空心砌块墙和轻集料空心砌块填充墙均以 190 厚计算，多孔砖墙以 240 厚计算，并以涂料饰面考虑，面砖饰面热工计算相近，忽略不计。

六、本图集尺寸单位：mm。

七、本图集一般用于居住建筑，其他建筑也可根据外墙平均传热系数的限值，从后面页中查保温层厚度，详细做法可参考本图集。

2
保温做法与选用

Z1 体系选用表

体系	编号	分号	挤塑聚苯板厚度 d	膨胀聚苯板厚度 d	传热系数 [W/(m²·K)]	基层墙体	做法概述
Z1粘贴聚苯板 复合ZL胶粉聚苯颗粒	外墙Z1A 外墙Z1B	①		60	0.60	钢筋混凝土墙	外墙 Z1A 涂料饰面：1. 涂料饰面
		②		70	0.54		2. 抹3~5厚抗裂砂浆中间压入一层耐碱玻纤网格布
		③		80	0.48		
		④		90	0.44		
		⑤	45		0.58		3. 抹15厚ZL胶粉聚苯颗粒
		⑥	50		0.54		
		⑦	60		0.47		4. 聚合物砂浆粘贴 d 厚聚苯板
		⑧	65		0.44		5. 基层墙面
		⑨		60	0.57	混凝土空心砌块墙 框架结构轻集料混凝土砌块填充墙	外墙 Z1B 面砖饰面：1. 面砖粘结砂浆粘贴面砖
		⑩		70	0.52		
		⑪		80	0.47		2. 抹第二遍5~6厚抗裂砂浆
		⑫		85	0.45		
		⑬	45		0.56		3. 固定热镀锌钢丝网
		⑭	50		0.52		
		⑮	60		0.45		4. 抹第一遍3~4厚抗裂砂浆
		⑯		50	0.60	多孔砖墙	
		⑰		60	0.54		5. 抹15厚ZL胶粉聚苯颗粒
		⑱		70	0.48		
		⑲		80	0.44		6. 聚合物砂浆粘贴 d 厚聚苯板
		⑳	40		0.56		
		㉑	50		0.48		
		㉒	55		0.43		7. 基层墙面

外墙 Z1A 涂料饰面

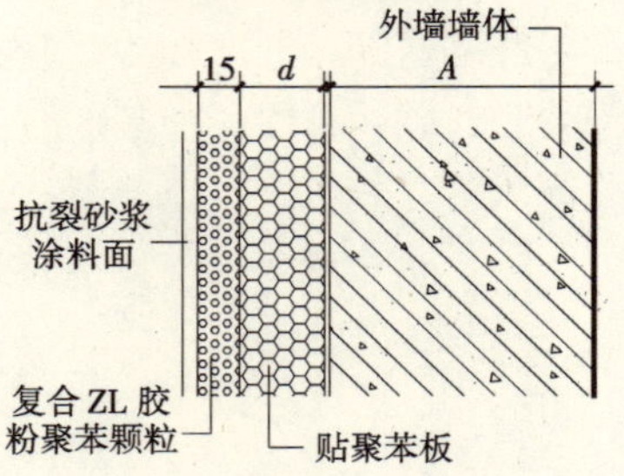

外墙 Z1B 面砖饰面

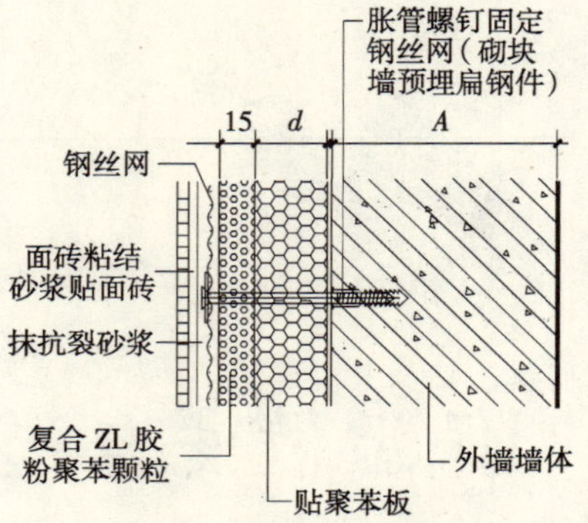

注：保温层修正系数1.2　膨胀聚苯板导热系数按 0.042×1.2=0.05 [W/(m²·K)] 计算。

挤塑聚苯板导热系数按 0.03×1.2=0.036 [W/(m²·K)] 计算。

Z2 体系选用表

体系	编号	分号	挤塑聚苯板厚度 d	膨胀聚苯板厚度 d	传热系数 [W/(m²·K)]	基层墙体	做法概述
大模内置无网聚苯板 复合ZL胶粉聚苯颗粒	外墙Z2A1 外墙Z2B1	①		65	0.60	现浇钢筋混凝土墙	外墙 Z2A1 涂料饰面：1. 涂料饰面
		②		70	0.57		2. 抹3~5厚抗裂砂浆，中间压入一层耐碱玻纤网格布
		③		75	0.54		3. 抹20厚ZL胶粉聚苯颗粒
		④		85	0.49		4. d 厚单面燕尾槽无网聚苯板置入大模内
		⑤		90	0.47		5. 大模现浇混凝土墙
		⑥	50		0.58		外墙 Z2A1 面砖饰面：1. 面砖粘结砂浆粘贴面砖 2. 抹5~6厚抗裂砂浆
		⑦	55		0.54		3. φ0.9镀锌钢丝网用胀管螺丝固定 4. 抹3~4厚抗裂砂浆
		⑧	65		0.47		5. 抹20厚ZL胶粉聚苯颗粒 6. d 厚单面燕尾槽无网聚苯板置入大模内
		⑨	70		0.45		7. 大模现浇混凝土墙

外墙 Z2A1 涂料饰面

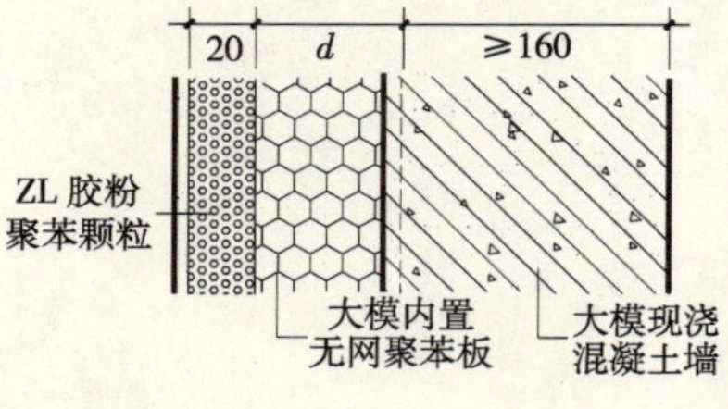

外墙 Z2A1 面砖饰面

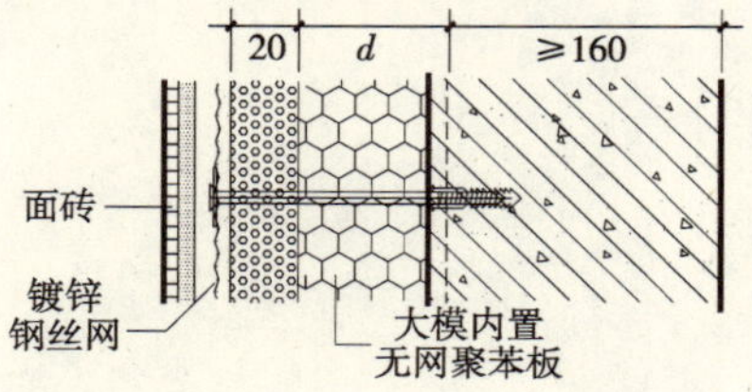

<table>
<tr><th rowspan="2">体系</th><th rowspan="2">编号</th><th rowspan="2">分号</th><th>挤塑聚苯板厚度 d</th><th>膨胀聚苯板厚度 d</th><th rowspan="2">传热系数 [W/(m²·K)]</th><th rowspan="2">基层墙体</th><th rowspan="2">简图</th><th rowspan="2">做法概述</th></tr>
<tr><th></th><th></th></tr>
<tr><td rowspan="9">大模内置有网聚苯板 复合ZL胶粉聚苯颗粒</td><td rowspan="9">外墙Z2A2
外墙Z2B2</td><td>①</td><td></td><td>80</td><td>0.58</td><td rowspan="9">现浇钢筋混凝土墙</td><td rowspan="5">外墙 Z2A2 涂料饰面
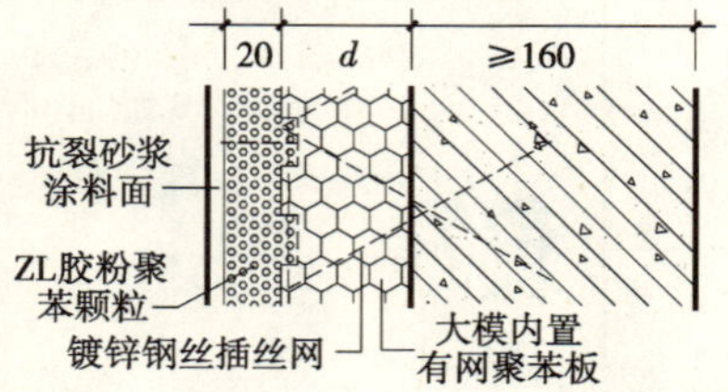</td><td rowspan="5">1. 涂料饰面
2. 抹3~5厚抗裂砂浆中间压入一层耐碱玻纤网格布
3. 抹20厚ZL胶粉聚苯颗粒
4. d厚有网聚苯板置于大模内
5. 大模现浇混凝土墙</td></tr>
<tr><td>②</td><td></td><td>85</td><td>0.55</td></tr>
<tr><td>③</td><td></td><td>90</td><td>0.53</td></tr>
<tr><td>④</td><td></td><td>95</td><td>0.51</td></tr>
<tr><td>⑤</td><td></td><td>110</td><td>0.45</td></tr>
<tr><td>⑥</td><td>60</td><td></td><td>0.57</td><td rowspan="4">外墙 Z2B2 面传饰面
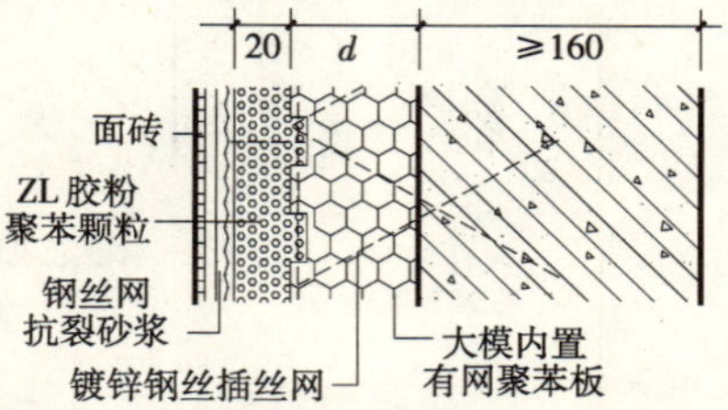</td><td rowspan="4">1. 面砖粘结砂浆粘贴面砖
2. 抹5~6厚抗裂砂浆
3. 镀锌钢丝网与钢丝网架绑扎，
4. 抹3~4厚抗裂砂浆
5. 抹20厚ZL胶粉聚苯颗粒
6. d厚有网聚苯板置于大模内
7. 大模现浇混凝土墙</td></tr>
<tr><td>⑦</td><td>65</td><td></td><td>0.54</td></tr>
<tr><td>⑧</td><td>75</td><td></td><td>0.48</td></tr>
<tr><td>⑨</td><td>80</td><td></td><td>0.45</td></tr>
</table>

注：Z2A1，Z2B1 保温层修正系数 1.25 膨胀聚苯板导热系数按 0.042×1.25=0.053W/(m²·K) 计算。
挤塑聚苯板导热系数按 0.03×1.25=0.038W/(m²·K) 计算。
Z2A2，Z2B2 保温层修正系数 1.5 膨胀聚苯板导热系数按 0.042×1.5=0.063W/(m²·K) 计算。
挤塑聚苯板导热系数按 0.03×1.5=0.45W/(m²·K) 计算。
混凝土墙以 180 厚计算。

Z3 体系选用表

<table>
<tr><th rowspan="2">体系</th><th rowspan="2">编号</th><th rowspan="2">分号</th><th>硬泡聚氨酯厚度 d1</th><th rowspan="2">传热系数 [W/(m²·K)]</th><th rowspan="2">基层墙体</th><th rowspan="2">简图</th><th rowspan="2">做法概述</th></tr>
<tr><th></th></tr>
<tr><td rowspan="11">Z3硬泡聚氨酯 复合ZL胶粉聚苯颗粒</td><td rowspan="11">外墙Z3A
外墙Z3B</td><td>①</td><td>35</td><td>0.56</td><td rowspan="7">钢筋混凝土墙</td><td rowspan="11">外墙 Z3A 涂料饰面
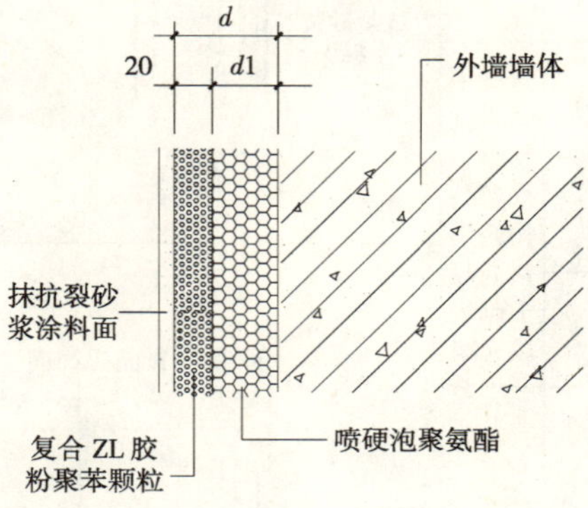</td><td rowspan="11">1. 刷涂料
2. 刮柔性腻子
3. 刷弹性底涂
4. 抹3~5厚聚合物砂浆中间压入一层耐碱玻纤网格布
5. 抹20厚ZL胶粉聚苯颗粒找平
6. 涂刷聚氨酯界面砂浆
7. 喷d1厚涂无溶剂硬泡聚氨酯
8. 基层墙面涂刷聚氨酯防潮底漆</td></tr>
<tr><td>②</td><td>40</td><td>0.51</td></tr>
<tr><td>③</td><td>45</td><td>0.47</td></tr>
<tr><td>④</td><td>50</td><td>0.43</td></tr>
<tr><td>⑤</td><td>55</td><td>0.40</td></tr>
<tr><td>⑥</td><td>60</td><td>0.38</td></tr>
<tr><td>⑦</td><td>70</td><td>0.33</td></tr>
<tr><td>⑧</td><td>35</td><td>0.55</td><td rowspan="4">混凝土空心砌块墙框架结构轻集料混凝土砌块填充墙</td></tr>
<tr><td>⑨</td><td>40</td><td>0.50</td></tr>
<tr><td>⑩</td><td>45</td><td>0.46</td></tr>
<tr><td>⑪</td><td>50</td><td>0.42</td></tr>
</table>

体系	编号	分号	硬泡聚氨酯厚度 d1	传热系数 [W/(m² · K)]	基层墙体	简图	做法概述
Z3 硬泡聚氨酯 复合ZL胶粉聚苯颗粒	外墙 Z3A 外墙 Z3B	⑫	55	0.39		外墙 Z3B 面砖饰面 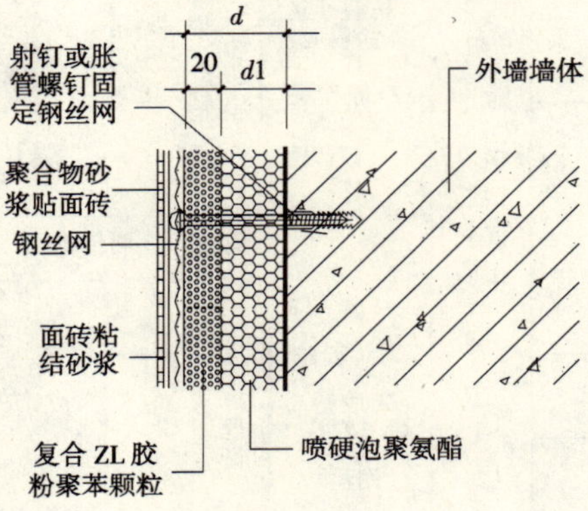	1. 面砖粘结砂浆粘贴面砖 2. 抹第二遍 5～6 厚抗裂砂浆 3. 固定热镀锌钢丝网 4. 抹第一遍 3～4 厚抗裂砂浆 5. 抹 20 厚 ZL 胶粉聚苯颗粒找平 6. 涂刷聚氨酯界面砂浆 7. 喷 d1 厚涂无溶剂硬泡聚氨酯 8. 基层墙面涂刷聚氨酯防潮底漆
		⑬	60	0.37			
		⑭	70	0.33			
		⑮	30	0.53	多孔砖墙		
		⑯	35	0.48			
		⑰	40	0.44			
		⑱	45	0.41			
		⑲	50	0.38			
		⑳	55	0.36			
		㉑	60	0.34			

注：硬泡聚氨酯修正系数 1.1 导热系数按 0.025 × 1.1 = 0.028 [W/(m² · K)] 计算。

混凝土墙以 180 厚计算，砌块墙以 190 厚计算，多孔砖墙以 240 厚 KP1 砖墙计算。

Z4、Z5 体系选用表

体系	编号	分号	胶粉聚苯颗粒厚度 d	传热系数 [W/(m² · K)]	基层墙体	简图	做法概述
Z4 抹ZL胶粉聚苯颗粒	外墙 Z4A 外墙 Z4B	①	105	0.60	钢筋混凝土墙	外墙 Z4A 涂料饰面 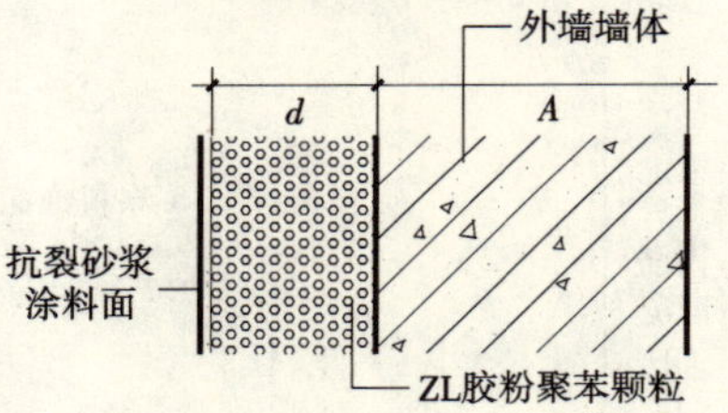	1. 涂料饰面 2. 抹 3～5 厚抗裂砂浆 内压入耐碱涂塑玻纤网格布 3. 分层抹 d 厚 ZL 胶粉聚苯颗粒 4. 基层墙面
		②	110	0.58			
		③	115	0.56			
		④	100	0.60	混凝土空心砌块墙 框架结构轻集料混凝土砌块填充墙		
		⑤	105	0.57			
		⑥	110	0.55		外墙 Z4B 面砖饰面 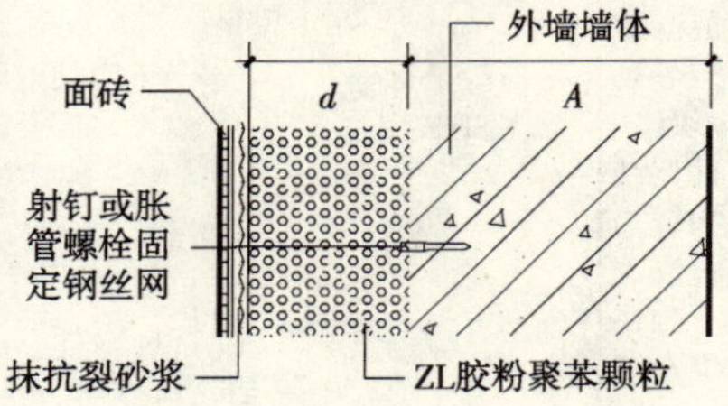	1. 面砖粘结砂浆粘贴面砖 2. 抹 5～6 厚抗裂砂浆 3. 镀锌钢丝用胀管螺丝固定 4. 抹 3～4 厚抗裂砂浆 5. 分层抹 d 厚 ZL 胶粉聚苯颗粒 6. 基层墙面
		⑦	90	0.60	多孔砖墙		
		⑧	95	0.58			
		⑨	100	0.55			

体系	编号	分号	岩棉板厚度 d	传热系数 [W/(m²·K)]	基层墙体	简图	做法概述
Z5岩棉板复合ZL胶粉聚苯颗粒	外墙Z5	①	60	0.60	钢筋混凝土墙	外墙 Z5 岩棉板复合 ZL 胶粉聚笨颗粒 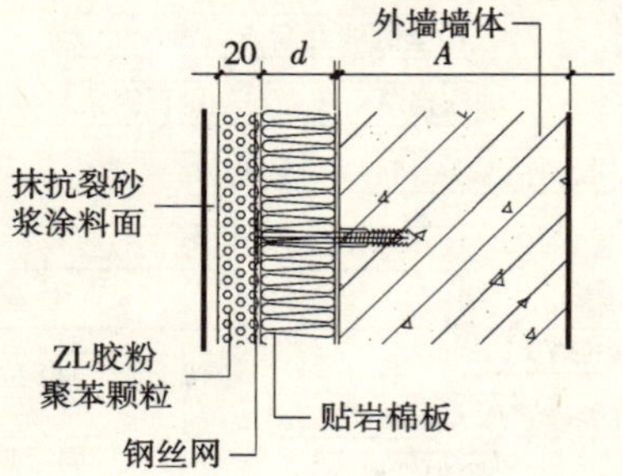 	1. 涂料饰面
		②	70	0.54			2. 抹 3 ~5 厚抗裂砂浆内压入耐碱涂塑玻纤网格布
		③	90	0.44			3. 抹 20 厚 ZL 胶粉聚苯颗粒
		④	60	0.57	混凝土空心砌块墙框架结构轻集料混凝土砌块填充墙		4. 热镀锌钢丝网用镀锌钢丝及射钉与墙体固定
		⑤	70	0.52			5. 喷岩棉板界面砂浆
		⑥	85	0.45			6. d 厚岩棉板用专用聚合物砂浆粘贴
		⑦	50	0.60	多孔砖墙		7. 基层墙面
		⑧	60	0.53			
		⑨	80	0.44			

注：1. Z4 胶粉聚苯颗粒保温层修正系数 1.25，导热系数按 0.06×1.25 =0.075W/(m²·K) 计算。

2. Z5 岩棉板保温层修正系数 1.2，导热系数按 0.042×1.2 =0.05W/(m²·K) 计算。

Z6 体系选用表

体系	编号	分号	挤塑聚苯板厚度 d	膨胀聚苯板厚度 d	传热系数 [W/(m²·K)]	基层墙体	简图	做法概述
Z6 ZL胶粉聚苯颗粒夹芯聚苯板（三明治）	外墙Z6A 外墙Z6B	①		60	0.59	钢筋混凝土墙	外墙 Z6A 涂料饰面 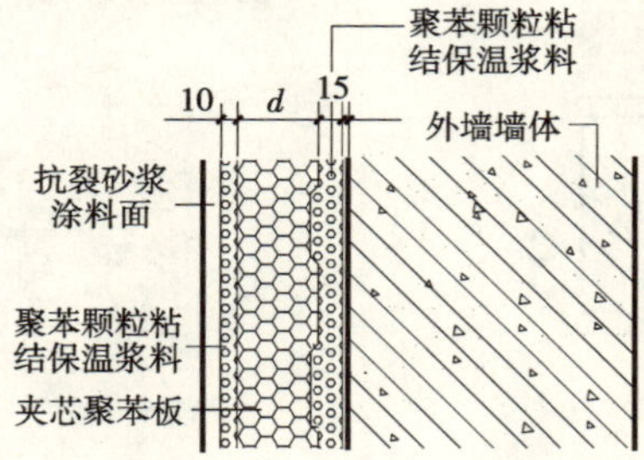 	1. 涂料饰面
		②		70	0.53			2. 弹性底涂，柔性腻子
		③		80	0.48			3. 抹 3 ~5 厚抗裂砂浆中间压入一层耐碱玻纤网格布
		④		90	0.44			4. 抹 10 厚聚苯颗粒粘结保温浆料
		⑤	45		0.58			5. d 厚聚苯板双面界面处理
		⑥	50		0.54			6. 抹 15 厚聚苯颗粒粘结保温浆料
		⑦	60		0.47		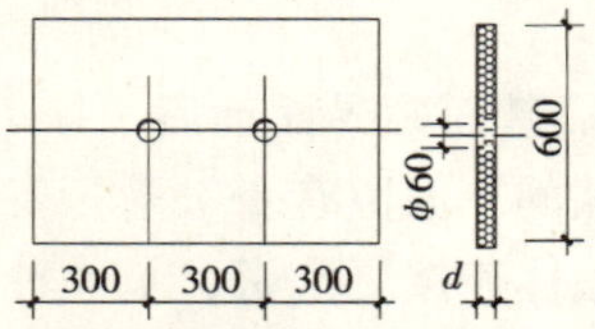 聚苯板块先开二个 φ60孔洞	7. ZL 界面剂
		⑧	65		0.44			8. 基层墙面
		⑨		55	0.60	混凝土空心砌块墙框架结构轻集料混凝土砌块填充墙		9. 面砖粘结砂浆粘贴面砖
		⑩		60	0.56		外墙 Z6B 面砖饰面 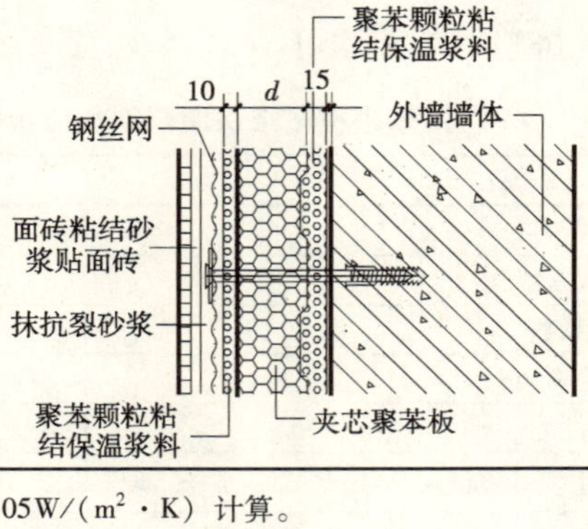 	10. 抹第二遍 5 ~6 厚抗裂砂浆
		⑪		70	0.51			11. 固定热镀锌钢丝网
		⑫		85	0.44			12. 抹第一遍 3 ~4 厚抗裂砂浆
		⑬	40		0.60			13. 抹 10 厚聚苯颗粒粘结保温浆料
		⑭	50		0.51			14. d 厚聚苯板双面界面处理
		⑮	60		0.45			15. 抹 15 厚聚苯颗粒粘结保温浆料
		⑯		50	0.59	多孔砖墙		16. ZL 界面剂
		⑰		60	0.52			17. 基层墙面
		⑱		70	0.47			
		⑲		75	0.45			
		⑳	35		0.60			
		㉑	40		0.56			
		㉒	55		0.45			

注：1. 膨胀聚苯板导热系数按 0.042×1.2 =0.05W/(m²·K) 计算。

2. 挤塑聚苯板导热系数按 0.03×1.2 =0.036W/(m²·K) 计算。

3. 聚苯颗粒粘结保温浆料按 0.07×1.25 =0.0875W/(m²·K) 计算。

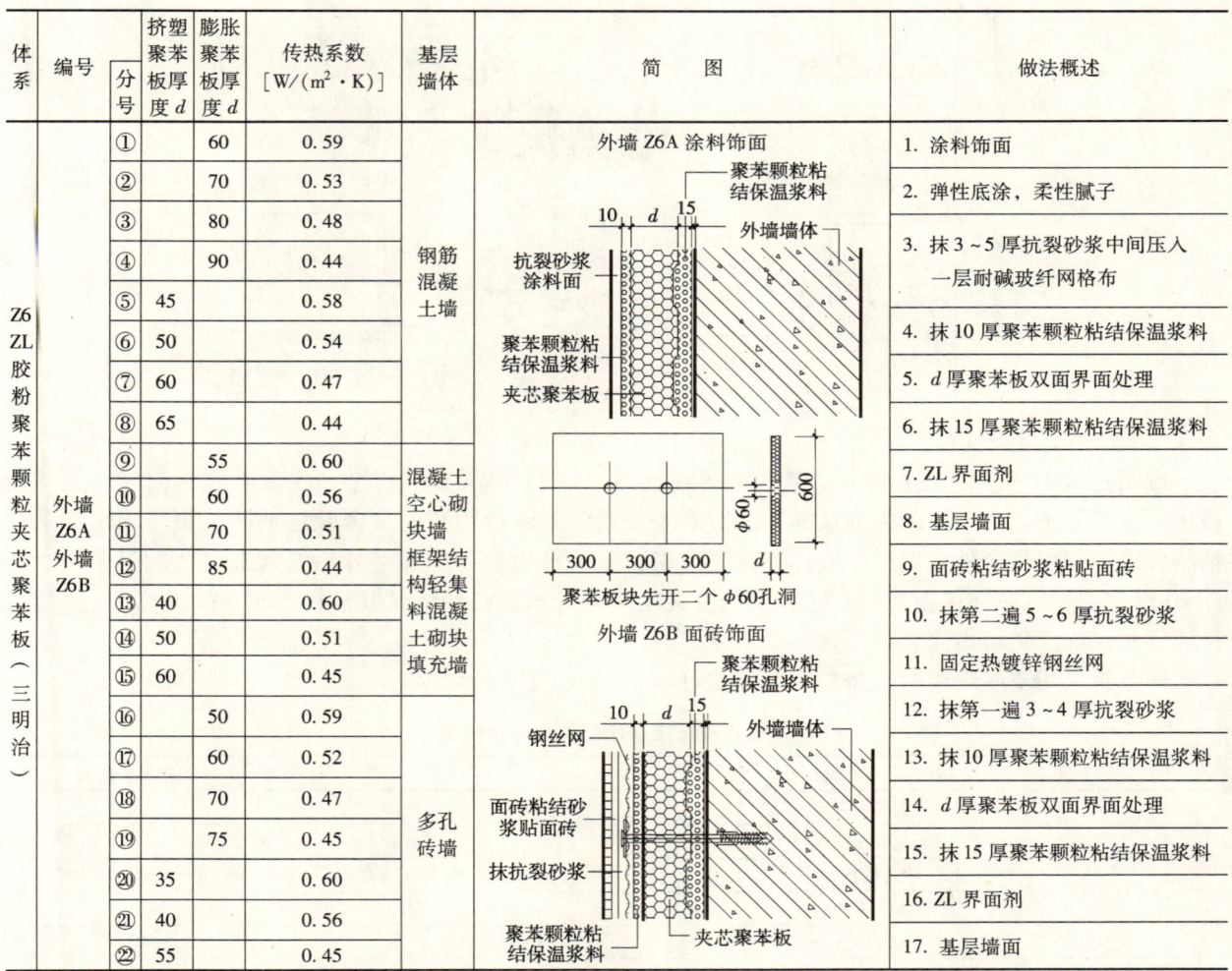

Z7 体系详图

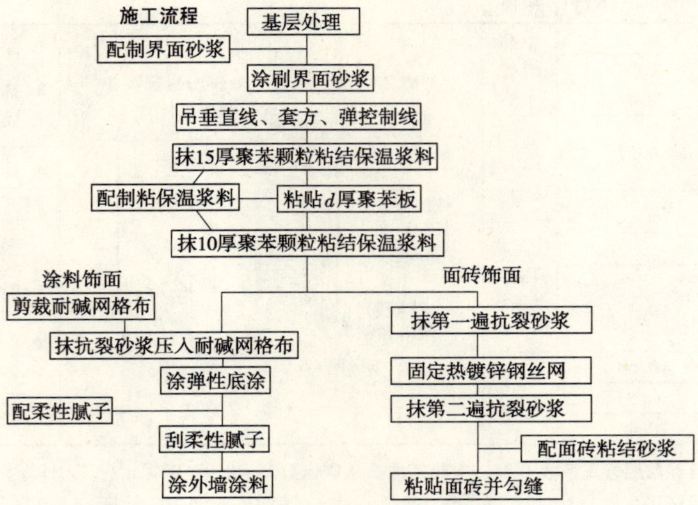

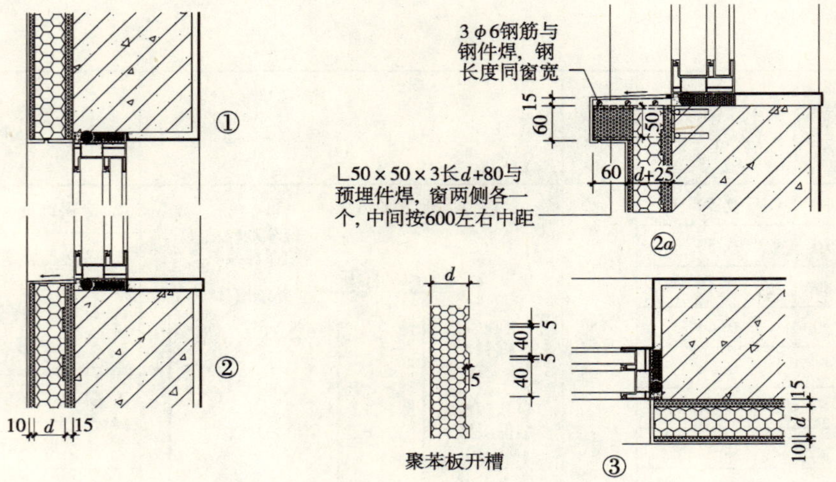

说明：Z7 体系为：在各类外墙基面刷界面剂后，抹 15 厚聚苯颗粒粘结保温浆料，同时轻柔均匀挤压贴上聚苯板。由于聚苯板靠墙的一面留有企口槽，聚苯板用胶粉聚苯颗粒粘贴可更牢固地与基层粘结，从而确保整个外保温层与墙体连接更紧密，是一种更稳妥的外墙外保温构造做法。聚苯板外再抹 10 厚聚苯颗粒粘结保温浆料，这样聚苯板夹在两层聚苯颗粒粘结保温浆料之间，故又称“三明治”保温做法，饰面仍可做涂料或面砖。

聚苯板采用膨胀聚苯板及挤塑聚苯板均可。

聚苯颗粒粘结保温浆料性能指标表

项目		单位	指标
湿表观密度		kg/m³	≤520
干表观密度		kg/m³	≤300
导热系数		W/(m²·K)	≤0.07
压缩强度（56d）		MPa	≥0.30
燃烧性能		—	B1
拉伸粘结强度（与带界面砂浆的水泥砂浆试块）	常温常态 56d	MPa	≥0.12
拉伸粘结强度（与带界面砂浆膨胀聚苯板）	常温常态 56d	MPa	≥0.10 或膨胀聚苯板破坏

保温楼面、保温顶棚、不采暖楼梯间墙体保温

内墙 Z101A 保温墙面（非黏土多孔砖墙） 传热系数 1.34[W/(m² · K)]	1. 2 厚耐水腻子 2. 6 厚粉刷石膏抹平，中间压入一层中碱玻纤网格布 3. 15 厚 ZL 胶粉聚苯颗粒保温 4. 非黏土多孔砖楼梯间内墙
内墙 Z101B 保温墙面（混凝土空心砌块墙） 传热系数 1.38[W/(m² · K)]	1. 2 厚耐水腻子 2. 6 厚粉刷石膏抹平，中间压入一层中碱玻纤网格布 3. 25 厚 ZL 胶粉聚苯颗粒保温 4. 混凝土空心砌块墙楼梯间内墙
内墙 Z101C 内墙（Z102C） 保温墙面（钢筋混凝土内墙） 传热系数 1.37[W/(m² · K)] 1.32[W/(m² · K)]	1. 2 厚耐水腻子 2. 6 厚粉刷石膏抹平，中间压入一层中碱玻纤网格布 3. 35 厚 ZL 胶粉聚苯颗粒保温（内墙 Z101C）25 厚聚苯板保温（内墙 Z102C） 4. 钢筋混凝土楼梯间内墙

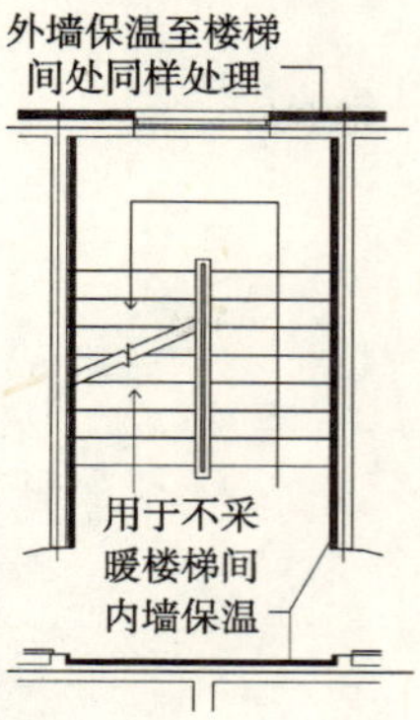

北京市《居住建筑节能设计标准》DBJ01—602—2004

5.2.4 楼梯间和套外公共空间的设计，应符合下列要求：

1. 楼梯间外围护结构的传热系数应符合表 5.2.1 的要求

2. 集中供暖的高层和中高层住宅，楼梯间宜采暖，多层和低层住宅或非集中供暖的高层和中高层住宅楼梯间无条件采暖时，楼梯间内墙的传热系数应不大于1.5[W/(m² · K)]

棚 Z101（棚 Z102） 保温顶棚传热系数 0.47 [W/(m² · K)] (0.55[W/(m² · K)])	1. 钢筋混凝土楼板扫净刷界面剂一道 2. 用聚合物砂浆粘贴 60（棚 Z101）50（棚 Z102）厚挤塑聚苯板，并用 ϕ5 带大垫圈胀管螺丝（双向@700）固定于楼板 3. 5 厚粉刷石膏，内压入一层中碱玻纤网格布 4. 2 厚耐水腻子 5. 饰面按工程设计棚 Z101 用于接触室外空气（如：过街楼）的顶棚保温；棚 Z102 用于上层采暖下层不采暖时下层顶棚的保温，如：不采暖地下室的顶棚保温。
棚 Z103（棚 Z104） 保温顶棚传热系数 0.48[W/(m² · K)] (0.53[W/(m² · K)])	1. 钢筋混凝土楼板扫净刷界面剂一道 2. 喷 50（棚 Z103）厚，45（棚 Z104）厚硬泡聚氨酯 3. 10 厚 ZL 胶粉聚苯颗粒找平 4. 5 厚粉刷石膏，内压入一层中碱玻纤网格布 5. 2 厚耐水腻子 6. 饰面按工程设计棚 Z103 用于接触室外空气（如：过街楼）的顶棚保温；棚 Z104 用于上层采暖下层不采暖时下层顶棚的保温，如：不采暖地下室的顶棚保温。
楼 Z101（楼 Z102） 保温楼面传热系数 0.47[W/(m² · K)] (0.55[W/(m² · K)])	1. 面层做法按工程设计 2. 40 厚 C20 细石混凝土随打随压光，配双向 ϕ4@150（浇混凝土时注意向上拉钢筋网片使网片居混凝土中）3m×3m 分缝，缝宽 10 3. 60（50）厚挤塑板用聚合物砂浆粘贴 4. 钢筋混凝土楼板

3

构造做法与详图

窗井处保温

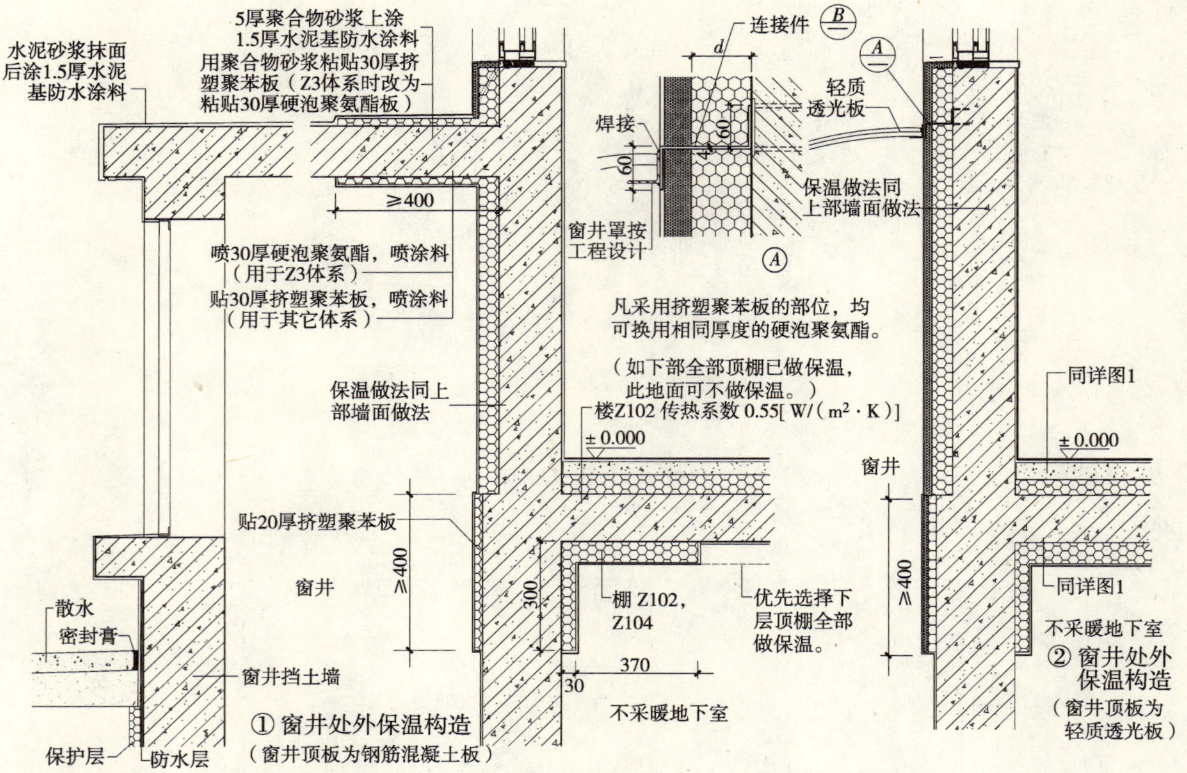

勒脚、阴阳角详图

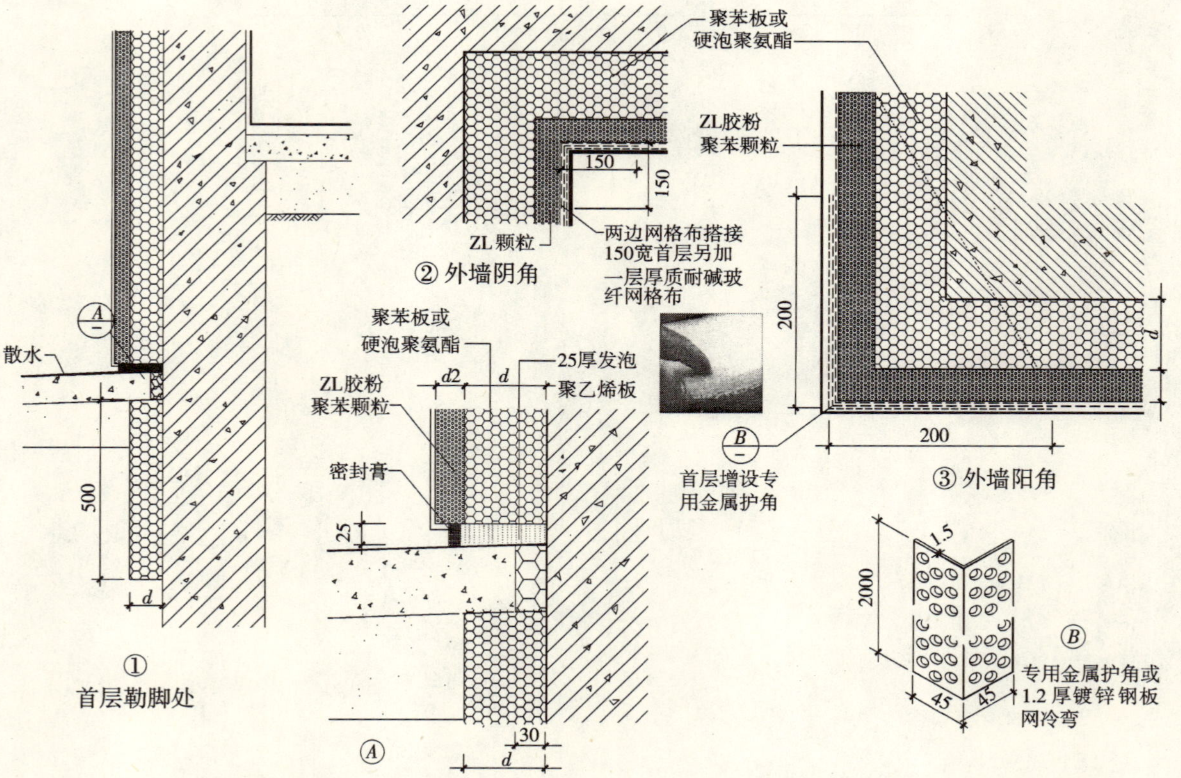

封闭阳台保温

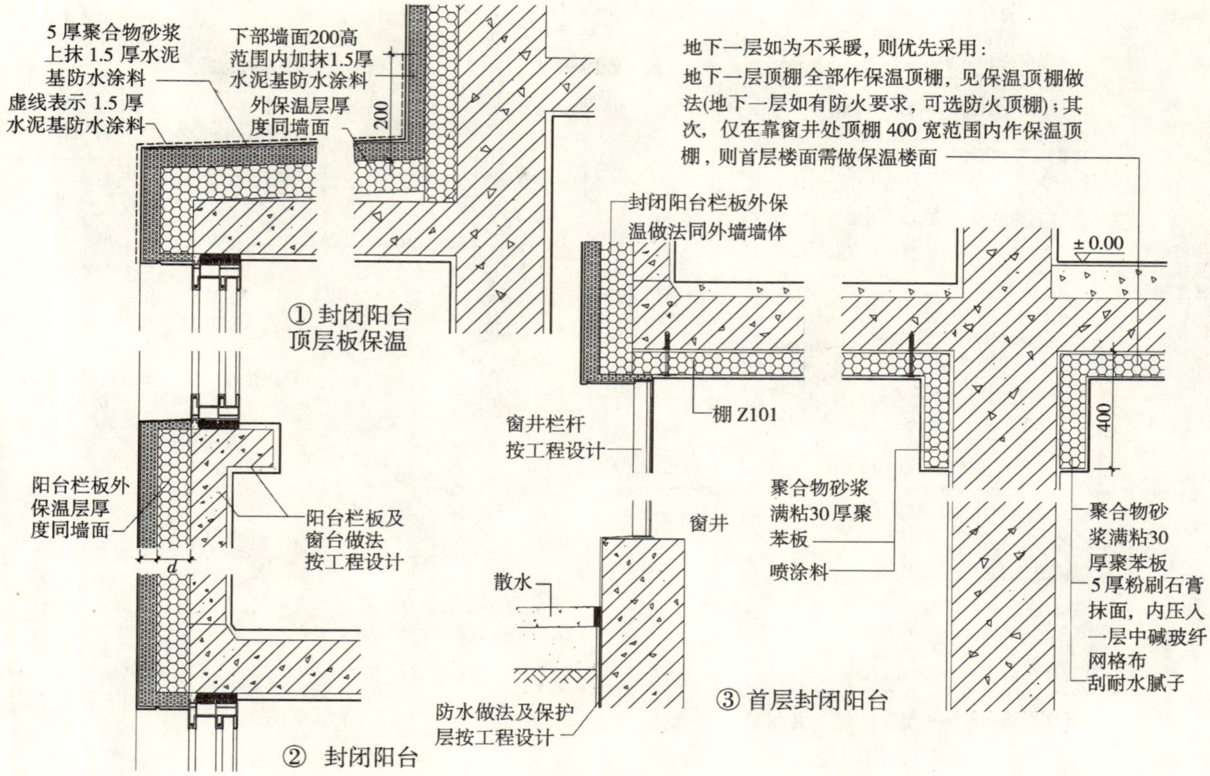

不封闭阳台保温

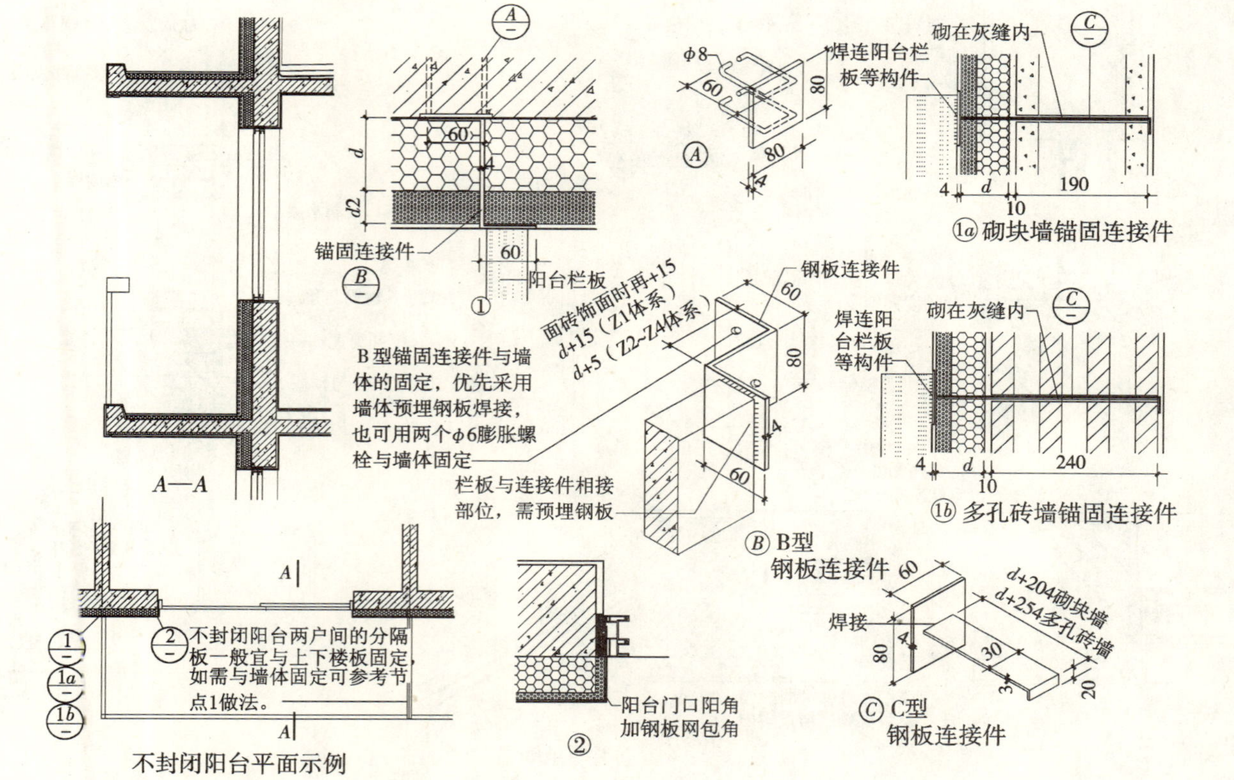

空调外机板保温

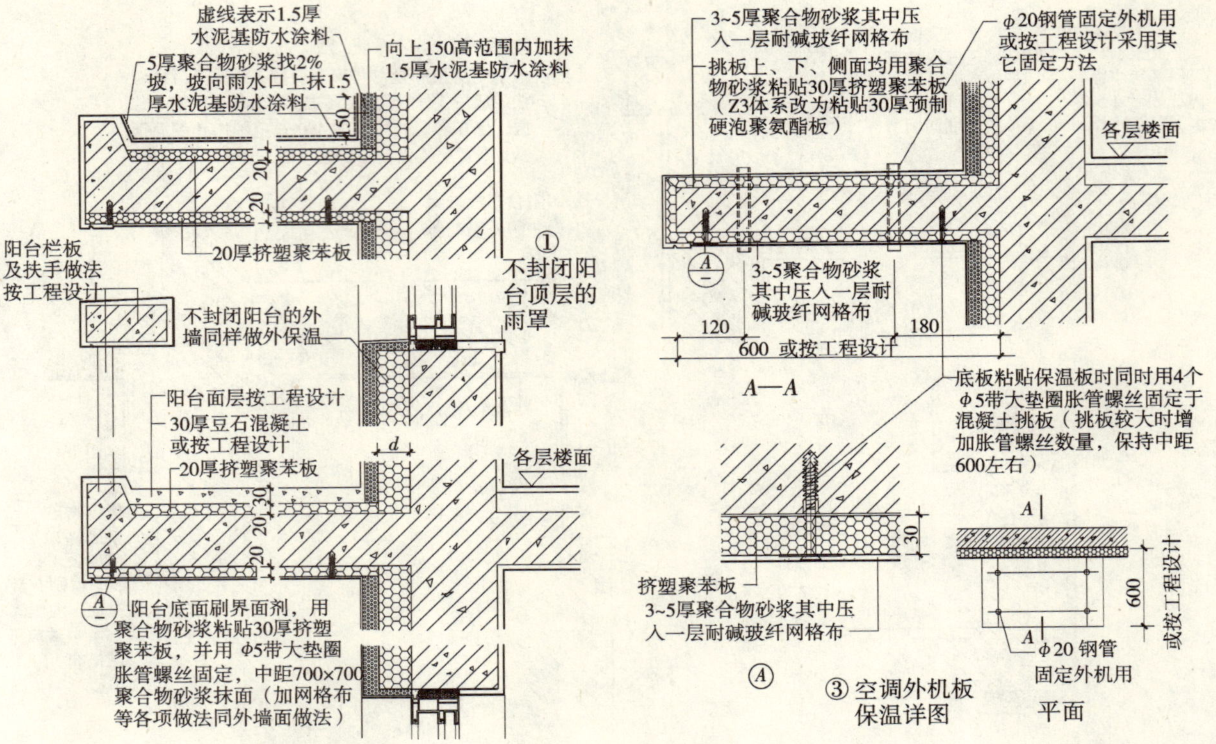

② 不封闭阳台

③ 空调外机板保温详图

平面

窗口保温

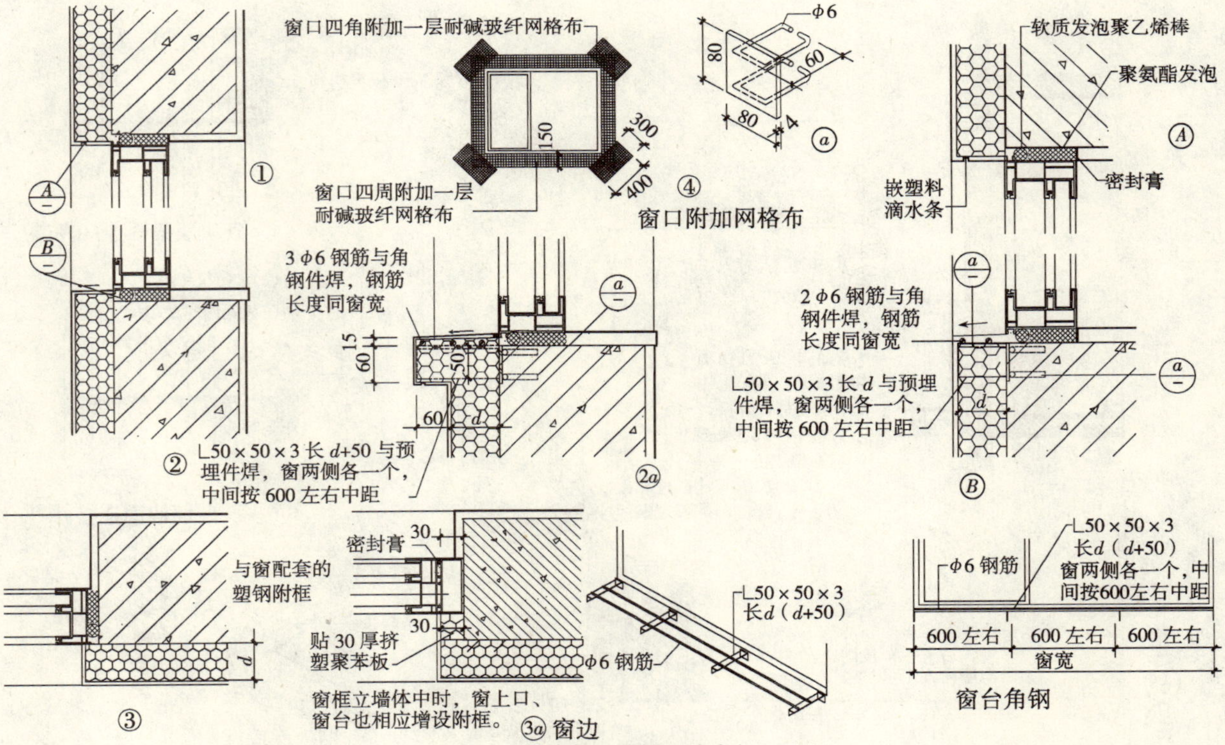

3a 窗边
（窗立混凝土墙中）

窗台角钢

凸窗挑板保温

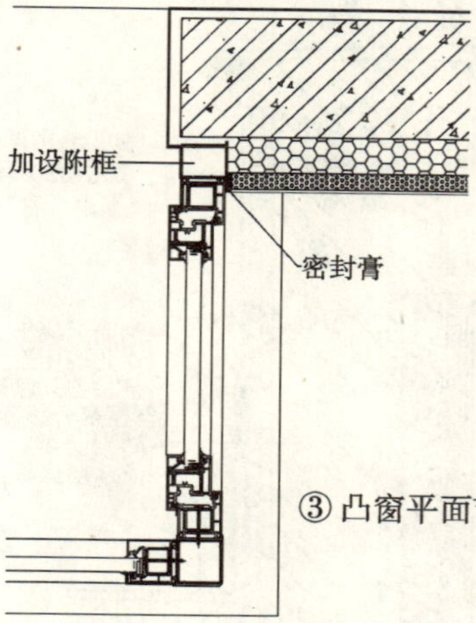

③ 凸窗平面节点

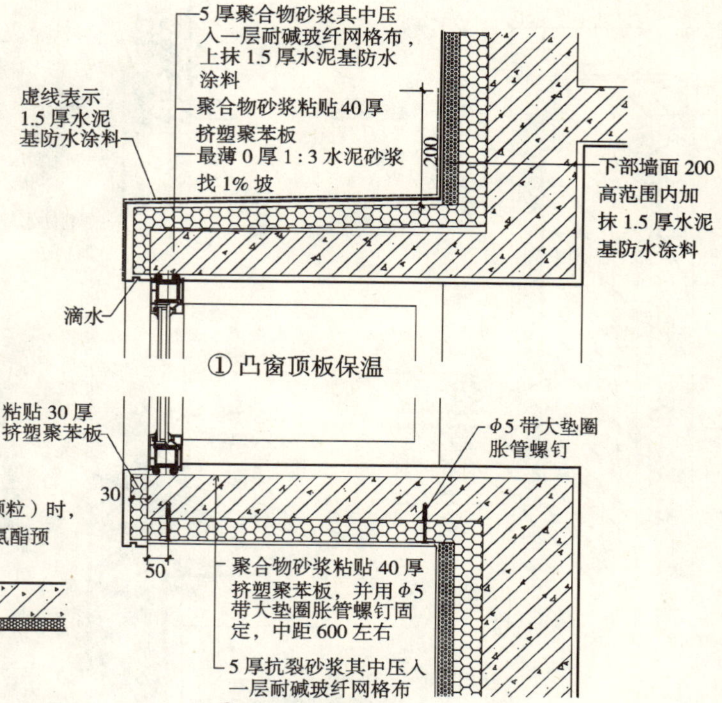

① 凸窗顶板保温

② 凸窗底板保温

当工程采用 Z3 体系（硬泡聚氨酯复合胶粉聚苯颗粒）时，凸窗顶板上和底板下的保温材料改用 30 厚硬泡聚氨酯预制板复合 15 厚胶粉聚苯颗粒。

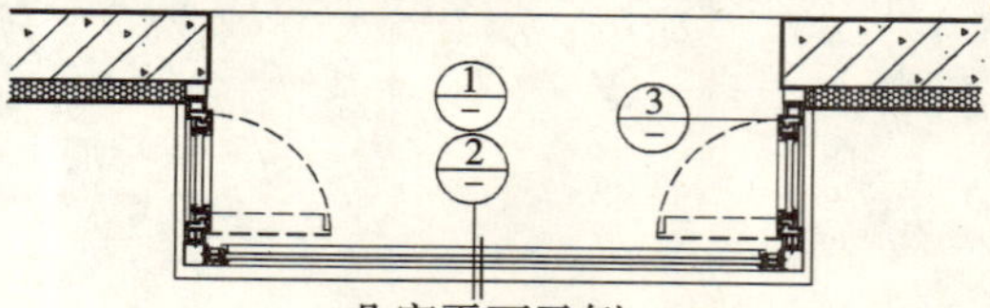

凸窗平面示例

过街楼楼面、挑檐保温

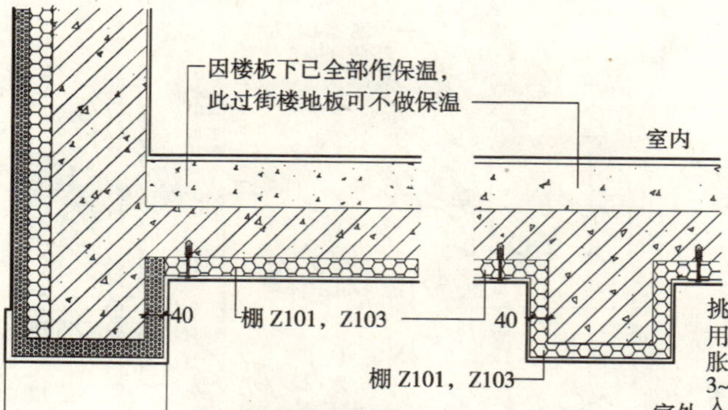

① 过街楼保温做法

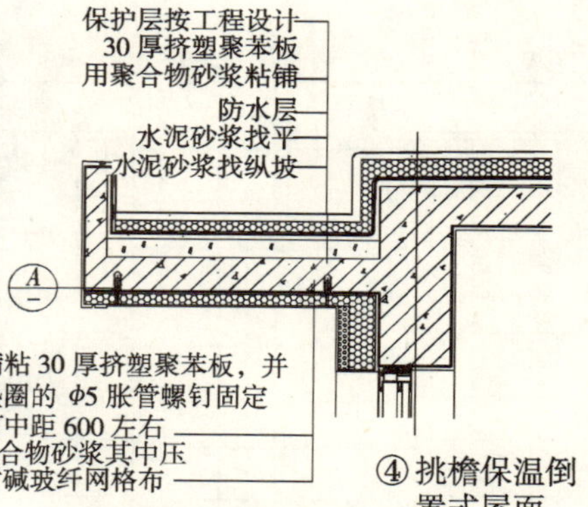

④ 挑檐保温倒置式屋面

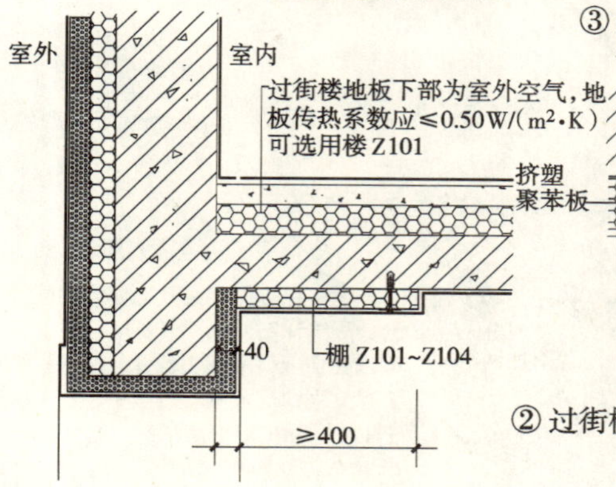

② 过街楼保温做法

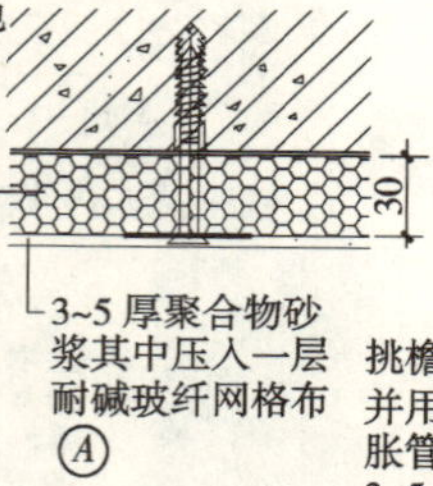

③ 过街楼内纵梁保温做法

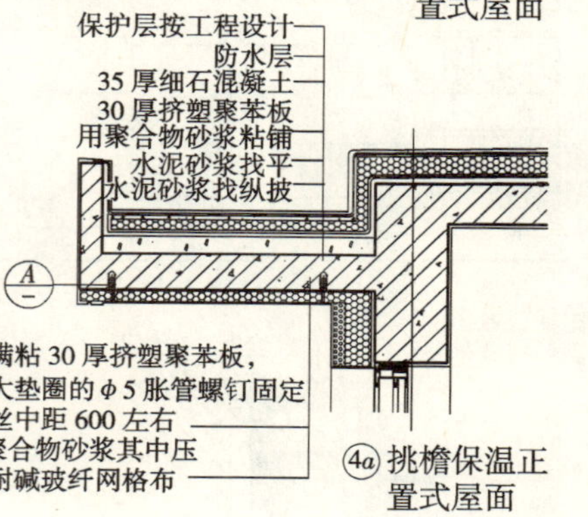

④a 挑檐保温正置式屋面

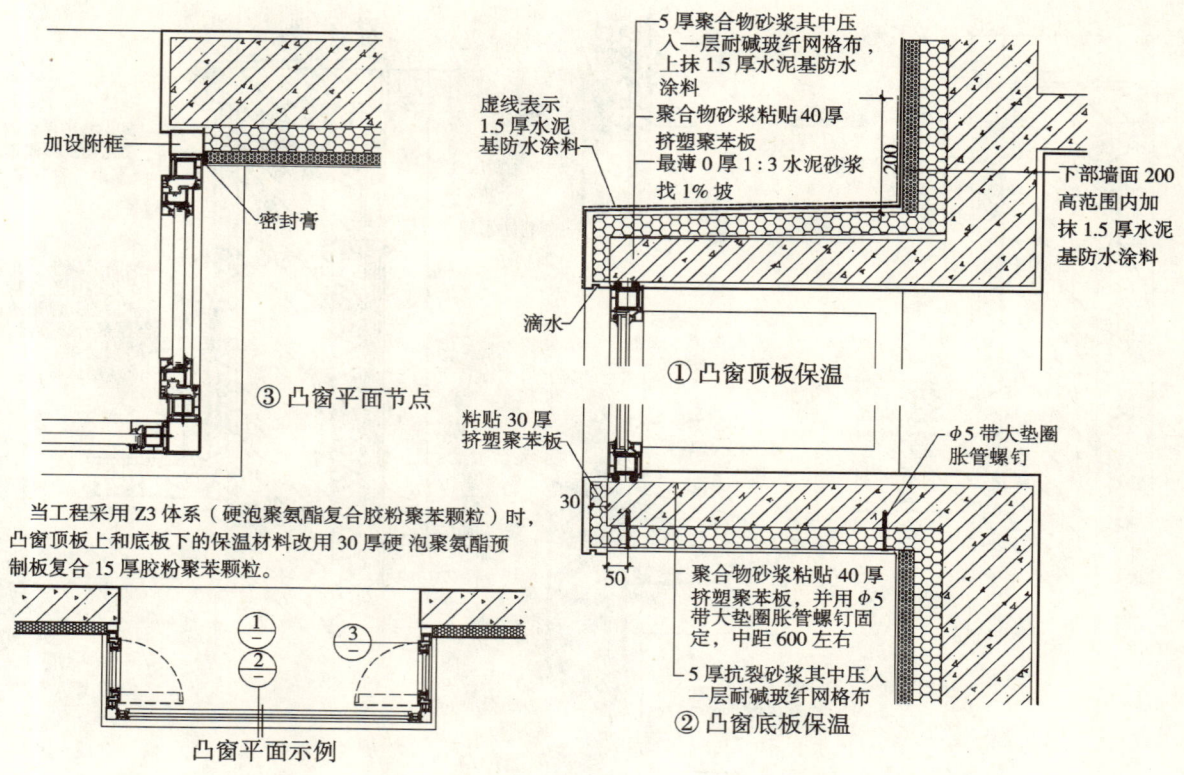

女儿墙保温

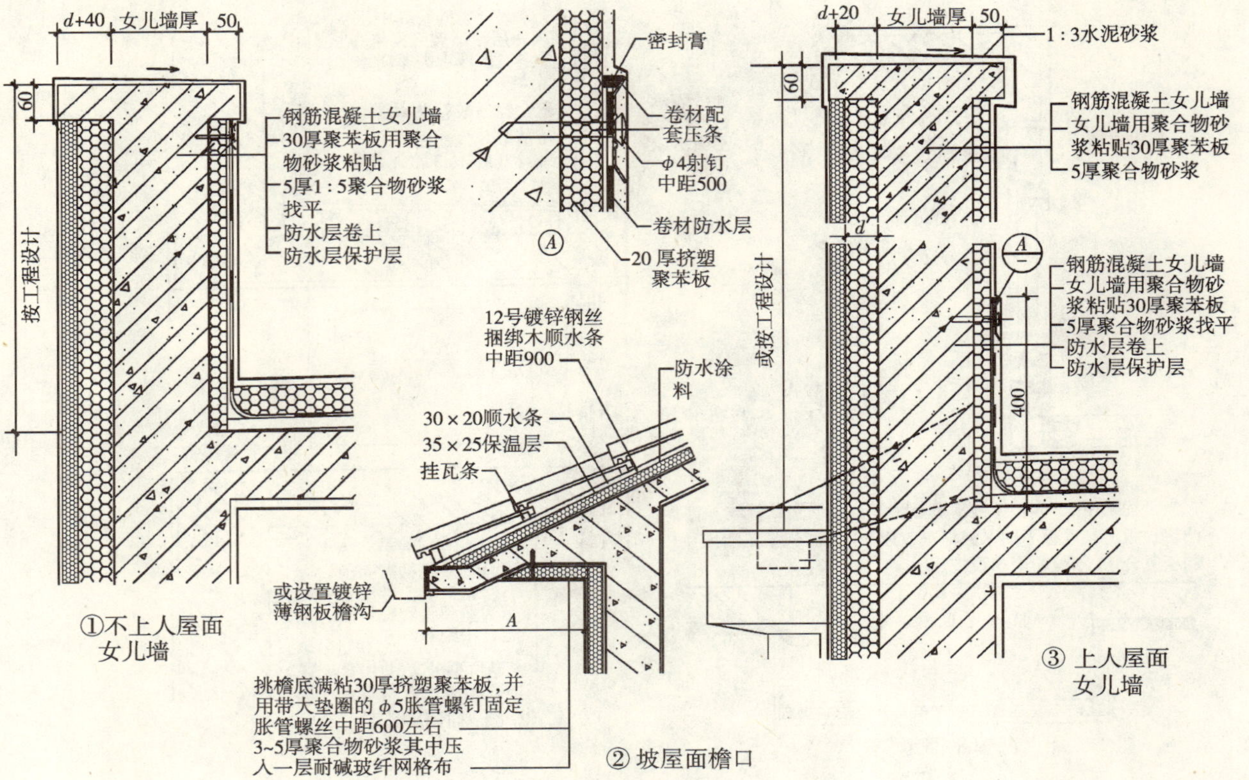

分格缝

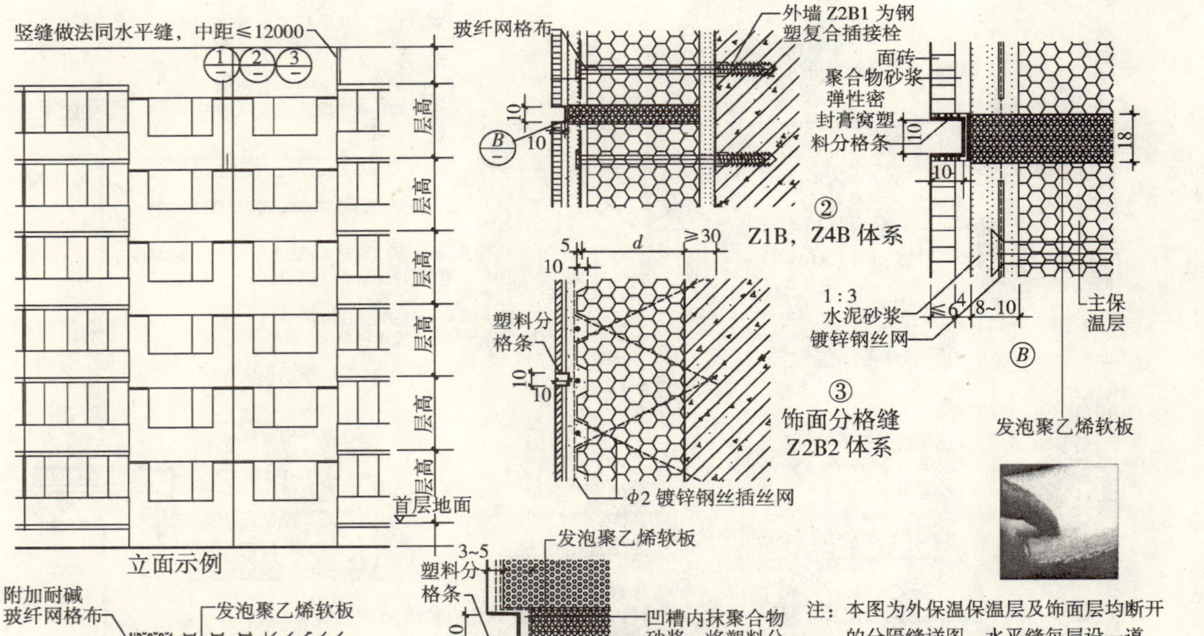

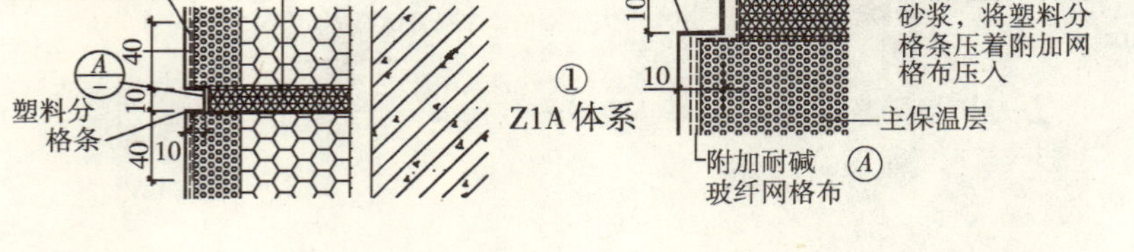

注：本图为外保温保温层及饰面层均断开的分隔缝详图，水平缝每层设一道，可选在窗上口或其它位置，竖缝根据工程立面情况设置，一般中距不宜大于12m，如工程平面已有凹凸，则可酌情不设竖缝。

Z1 体系主体断面

Z1A 体系

粘贴聚苯板复合 ZL 胶粉聚苯颗粒
涂料饰面

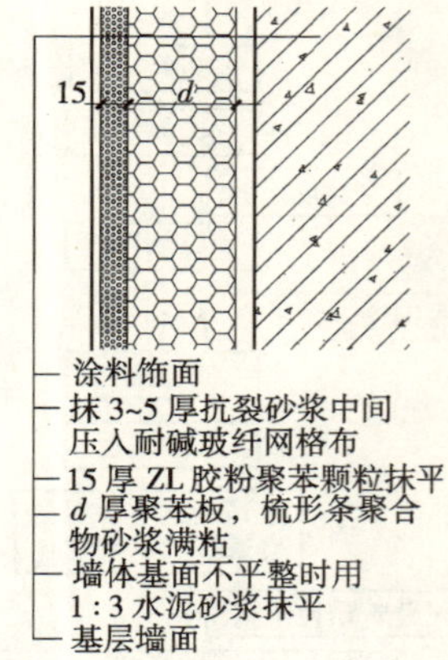

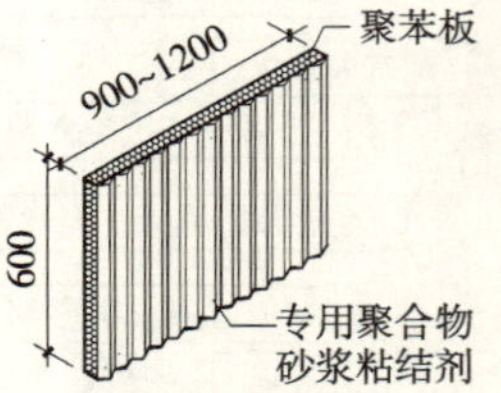

聚苯板用聚合物
砂浆条粘法满粘

施工流程

- 基层处理，基面不平时先用 1 : 3 水泥砂浆抹平
- 配粘结聚苯板用聚合物砂浆
- 粘贴聚苯板
- 配聚苯颗粒浆料
- 抹 ZL 聚苯颗粒浆料，并找平
- 配抗裂砂浆 — 剪裁网格布
- 抹抗裂砂浆压入网格布（首层加铺加强网格布）
- 配弹性底涂
- 涂弹性底涂
- 配柔性腻子
- 刮柔性腻子
- 涂外墙涂料

Z1B 体系

粘贴聚苯板复合 ZL 胶粉聚苯颗粒
面砖饰面

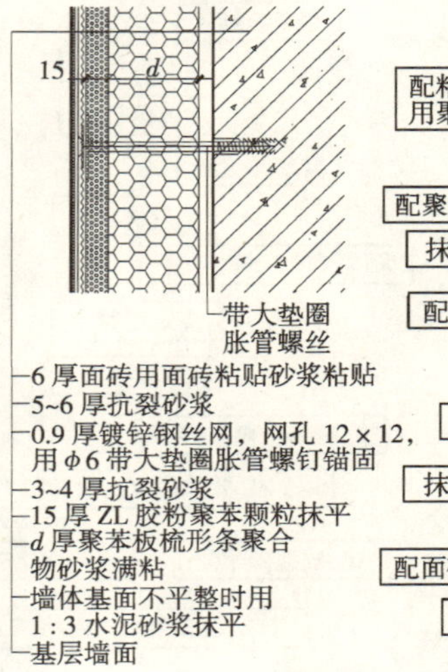

施工流程

- 基层处理，基面不平时先用 1 : 3 水泥砂浆抹平
- 涂界面砂浆
- 配粘结聚苯板用聚合物砂浆
- 粘贴聚苯板
- 配聚苯颗粒浆料
- 抹 ZL 聚苯颗粒浆料，并找平
- 配抗裂砂浆 — 5d 后
- 抹第一遍抗裂砂浆
- 挂镀锌钢丝网，锚胀管螺丝
- 抹第二遍抗裂砂浆，覆盖钢丝网
- 配面砖粘结砂浆 — 7d 后
- 用专用胶粘贴面砖并勾缝

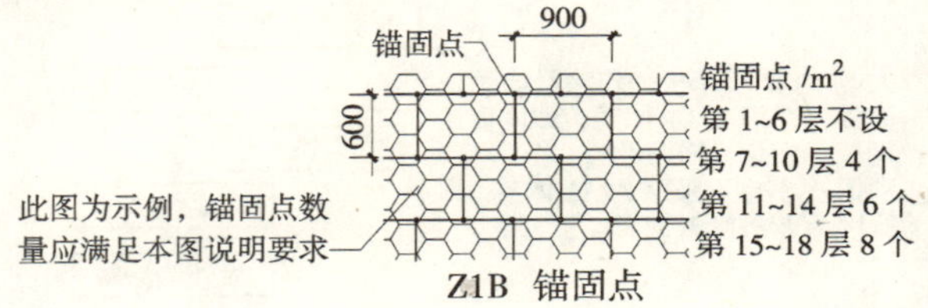

Z1B 锚固点

Z2A1，Z2B1 体系主体断面

Z2A1 体系

现浇混凝土无网聚苯板
复合 ZL 胶粉聚苯颗粒 涂料饰面

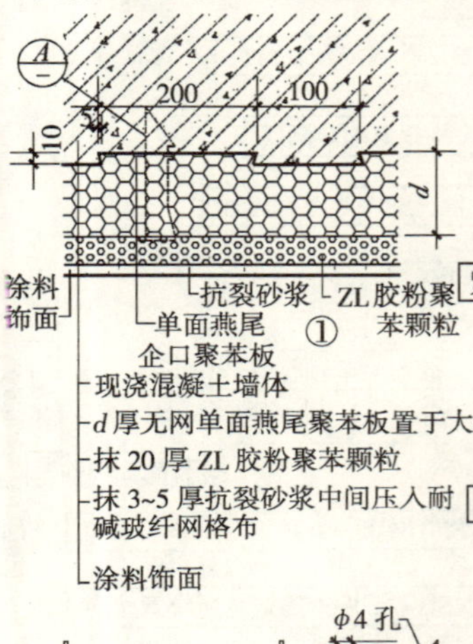

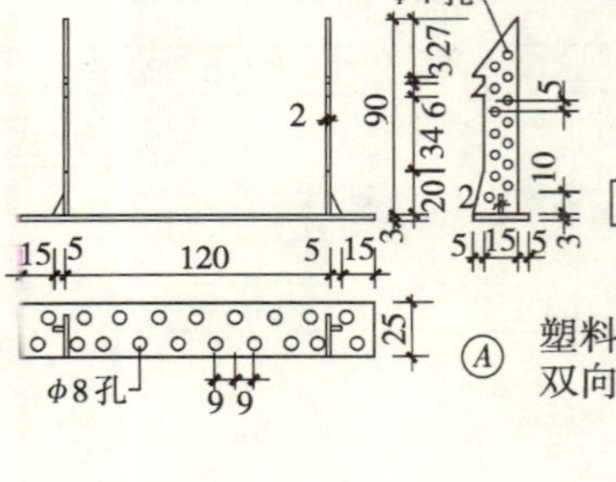

Ⓐ 塑料卡钉
双向中距 600

施工流程

- 绑扎垫块
- 聚苯板加工
- 安装聚苯板
- 立内侧模板
- 穿穿墙螺栓
- 立外侧模板
- 紧固螺栓，调垂直
- 浇筑混凝土
- 拆除模板
- 清理聚苯板面
- 配聚苯颗粒浆料
- 抹 ZL 聚苯颗粒浆料并找平
- 配抗裂砂浆 — 剪裁网格布
- 抹抗裂砂浆压入网格布
- 配弹性底涂
- 涂弹性底涂
- 配柔性腻子
- 刮柔性腻子
- 涂外墙涂料

Z2B1 体系

现浇混凝土无网聚苯板
复合 ZL 胶粉聚苯颗粒 面砖饰面

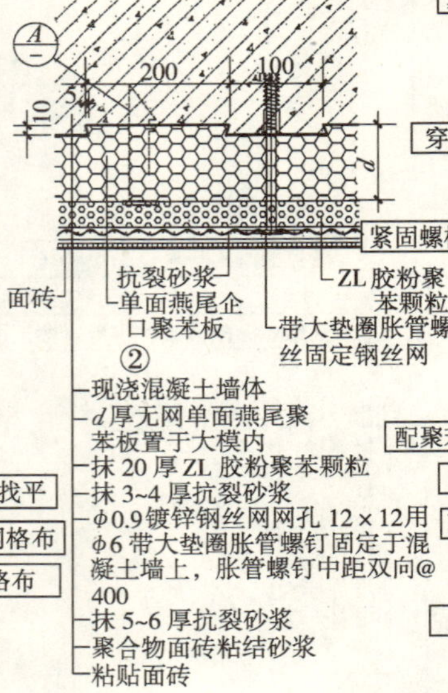

施工流程

- 绑扎垫块
- 聚苯板加工
- 安装聚苯板
- 立内侧模板
- 穿穿墙螺栓
- 立外侧模板
- 紧固螺栓，调垂直
- 浇筑混凝土
- 拆除模板
- 清理聚苯板面
- 配聚苯颗粒浆料
- 抹 ZL 聚苯颗粒浆料并找平
- 配抗裂砂浆
- 抹第一遍抗裂砂浆
- 铺贴锚固热镀锌钢丝网
- 抹第二遍抗裂砂浆
- 配面砖粘结砂浆
- 粘贴面砖并勾缝

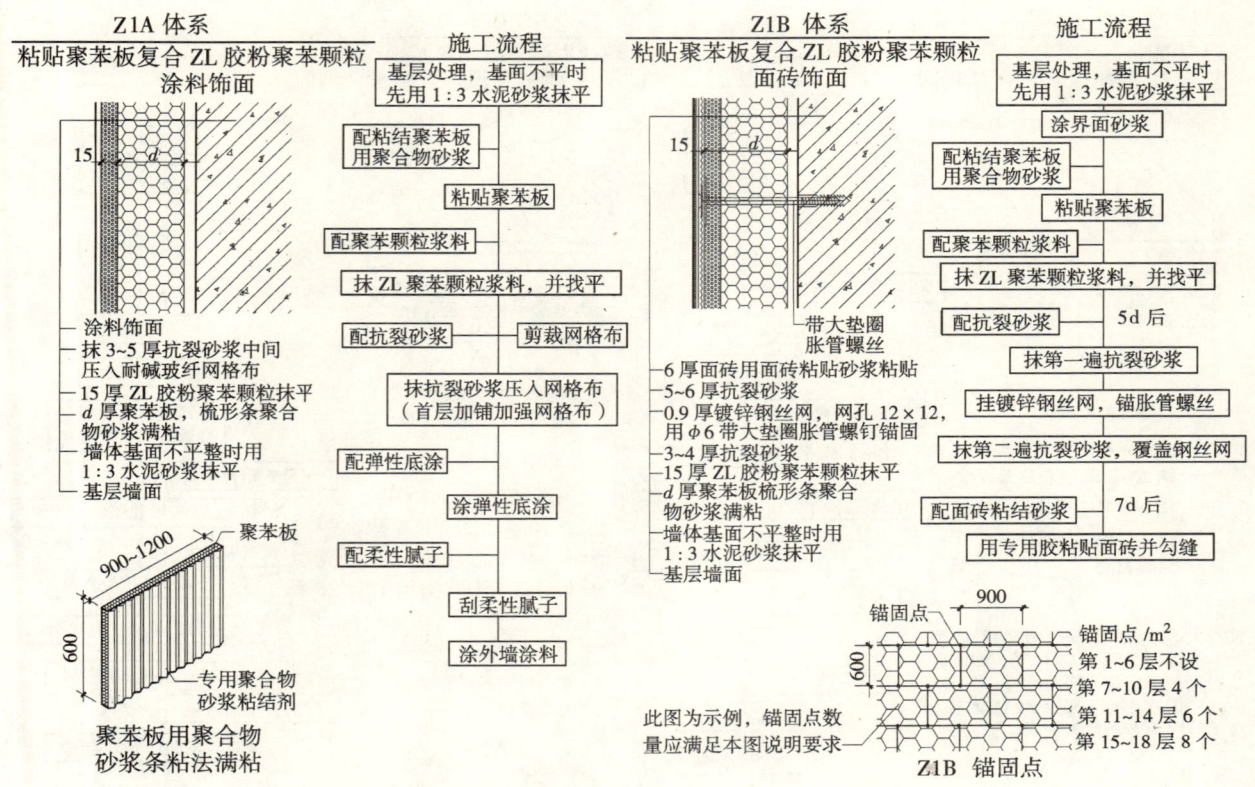

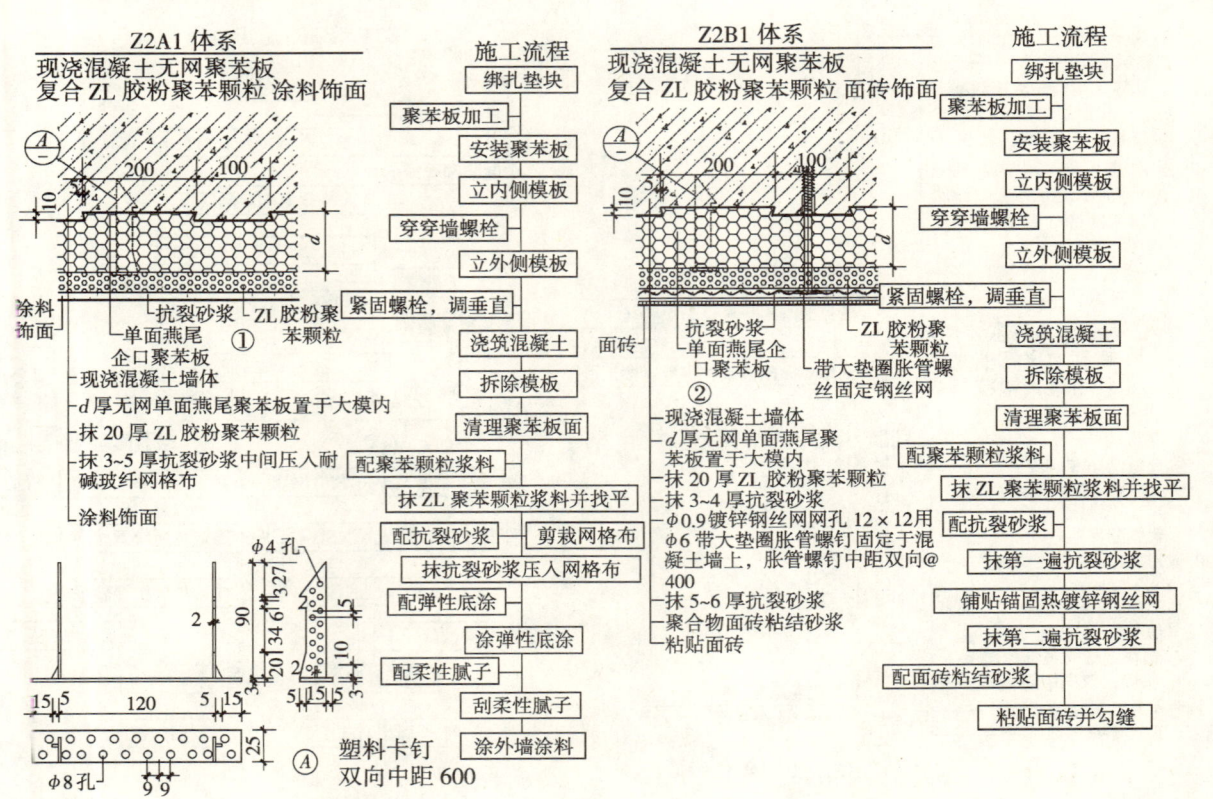

Z2A2，Z2B2 体系主体断面

Z2A2 体系
现浇混凝土有网聚苯板
复合 ZL 胶粉聚苯颗粒 涂料饰面

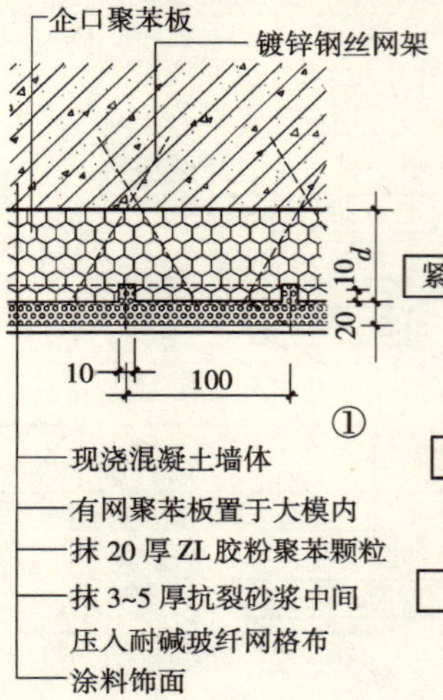

注：大模内置聚苯板如作涂料饰面，应优先选用 Z2A1 体系，即内置无网聚苯板涂料饰面做法。个别情况下也可采用 Z2A2 体系，即有网聚苯板涂料饰面。

施工流程

1. 绑扎垫块
2. 安装聚苯板（聚苯板加工）
3. 立内侧模板
4. 立外侧模板（穿穿墙螺栓）
5. 紧固螺栓，调垂直
6. 浇筑混凝土
7. 拆除模板
8. 抹 ZL 聚苯颗粒浆料并找平（配聚苯颗粒浆料）
9. 抹抗裂砂浆压入网格布（配抗裂砂浆；剪裁网格布）
10. 涂弹性底涂（配弹性底涂）
11. 刮柔性腻子（配柔性腻子）
12. 涂外墙涂料

Z2B2 体系
现浇混凝土有网聚苯板
复合 ZL 胶粉聚苯颗粒 面砖饰面

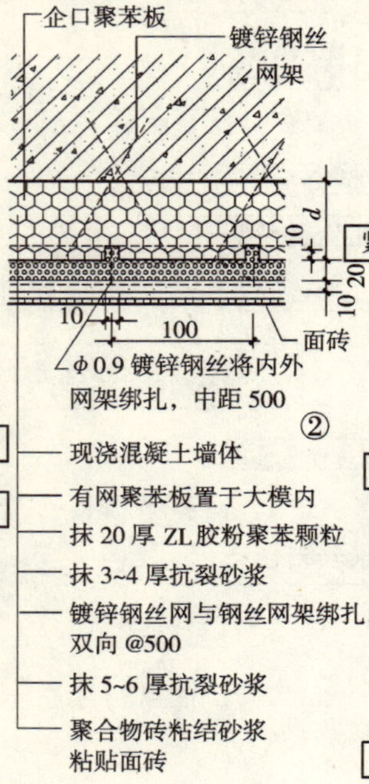

施工流程

1. 绑扎垫块
2. 安装聚苯板（聚苯板加工）
3. 立内侧模板
4. 立外侧模板（穿穿墙螺栓）
5. 紧固螺栓，调垂直
6. 浇筑混凝土
7. 拆除模板
8. 镀锌钢丝与预留在聚苯板上钢网绑扎
9. 抹 ZL 聚苯颗粒浆料并找平（配聚苯颗粒浆料）
10. 抹第一遍抗裂砂浆（配抗裂砂浆）
11. 铺贴绑扎热镀锌钢丝网
12. 抹第二遍抗裂砂浆
13. 粘贴面砖并勾缝（配面砖粘结砂浆）

Z3 体系主体断面

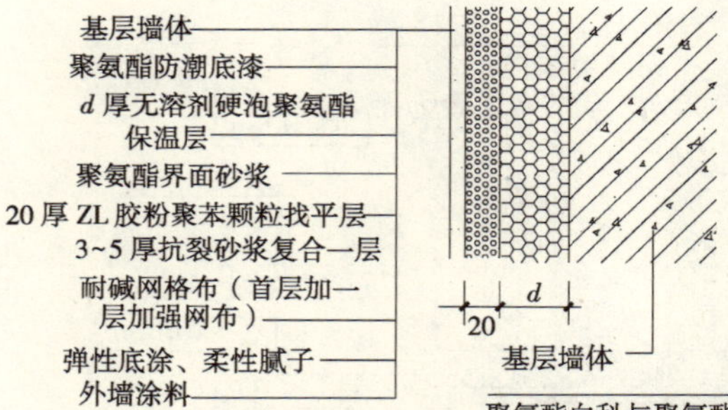

① Z3A 体系主体构造
喷硬泡聚氨酯复合 ZL
胶粉聚苯颗粒 涂料饰面

聚氨酯白料与聚氨酯黑料按 1∶1（体积比）采用高压无气喷涂机在 $>$10MPa 压力条件下混合喷出。

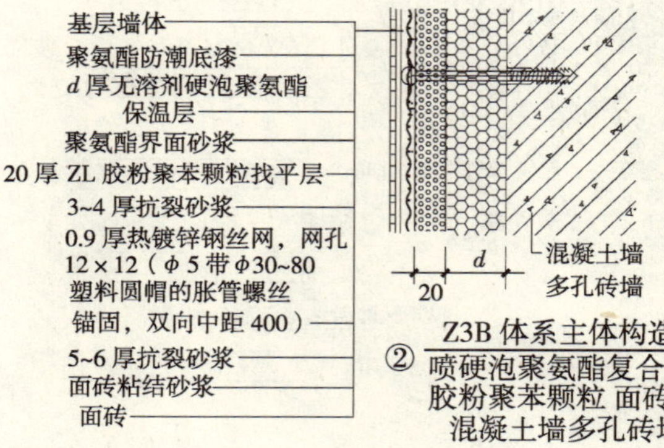

② Z3B 体系主体构造
喷硬泡聚氨酯复合 ZL
胶粉聚苯颗粒 面砖饰面
混凝土墙多孔砖墙

Z3A，Z3B 施工流程

1. 基层处理
2. 粘贴聚氨酯预制角板（裁切预制块）
3. 涂刷聚氨酯防潮底漆（配防潮底漆）
4. 喷涂无溶剂聚氨酯硬泡
5. 涂刷聚氨酯界面砂浆（配界面砂浆）
6. 抹 ZL 胶粉聚苯颗粒找平（配胶粉聚苯颗粒）

Z3A 涂料饰面：

1. 抹抗裂砂浆压入耐碱网布（配抗裂砂浆；裁剪网布）
2. 刷弹性底涂
3. 刮柔性腻子（配柔性腻子）
4. 外墙涂料施工

面砖饰面 Z3B：

1. 抹第一遍抗裂砂浆（配抗裂砂浆）
2. 固定热镀锌钢丝网
3. 抹第二遍抗裂砂浆
4. 粘贴面砖（配面砖粘结砂浆）
5. 面砖勾缝

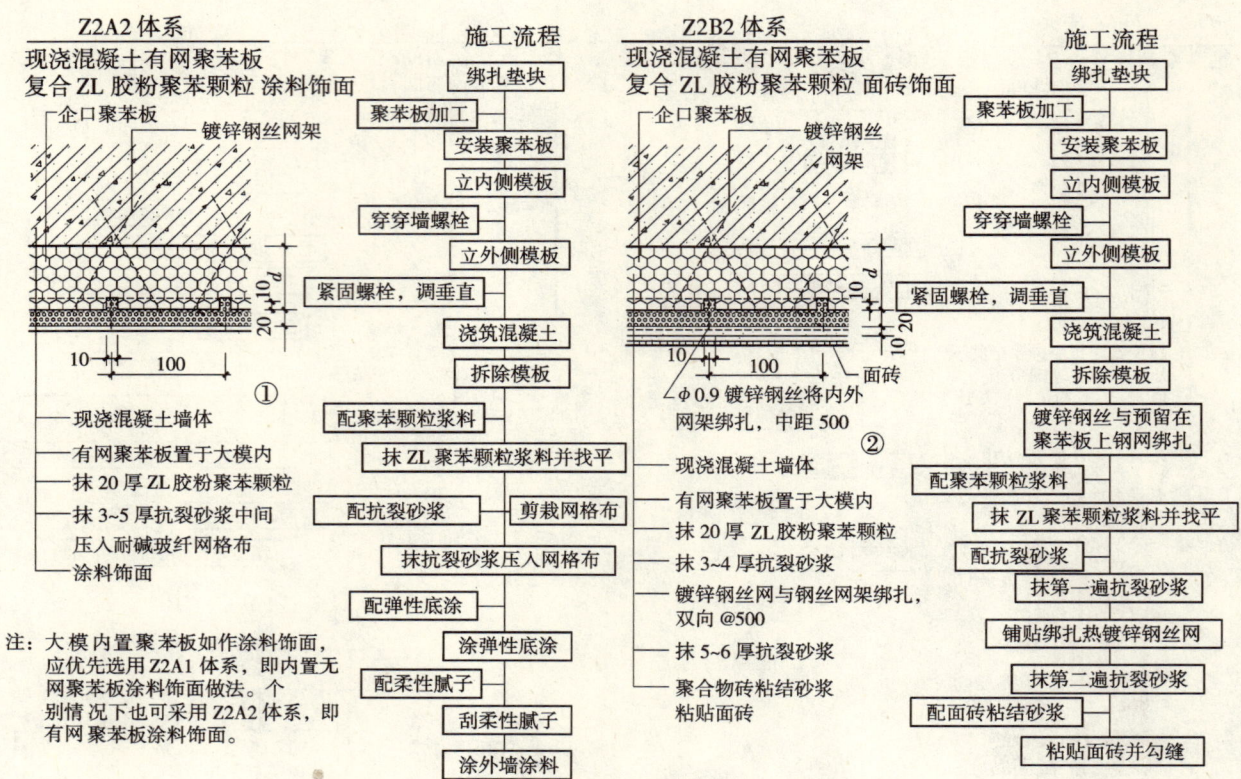

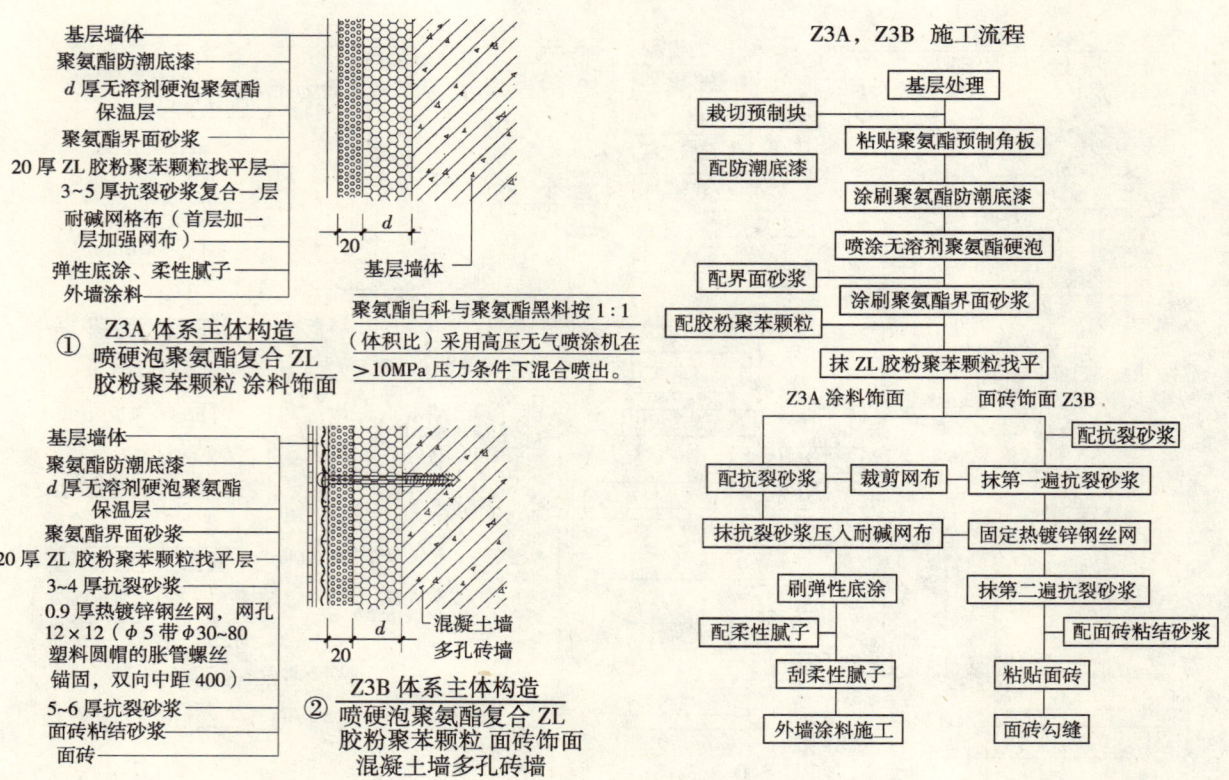

Z3 体系角板

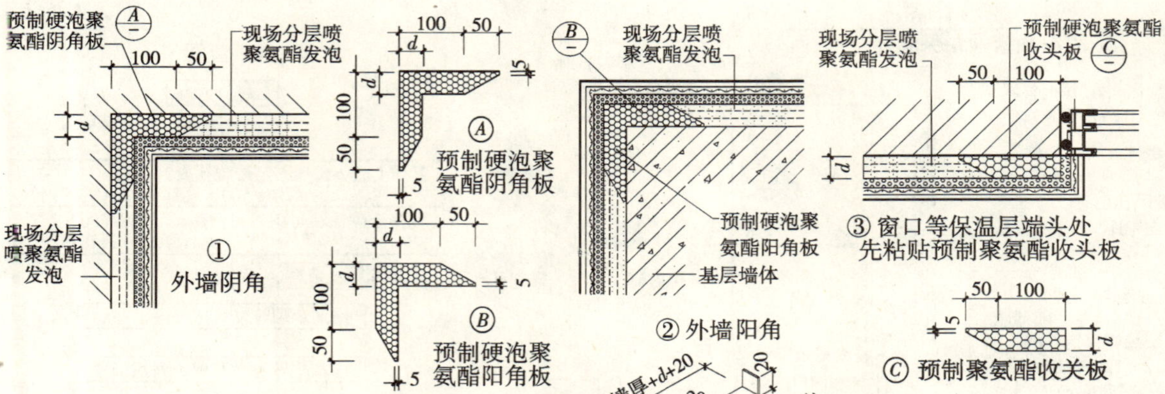

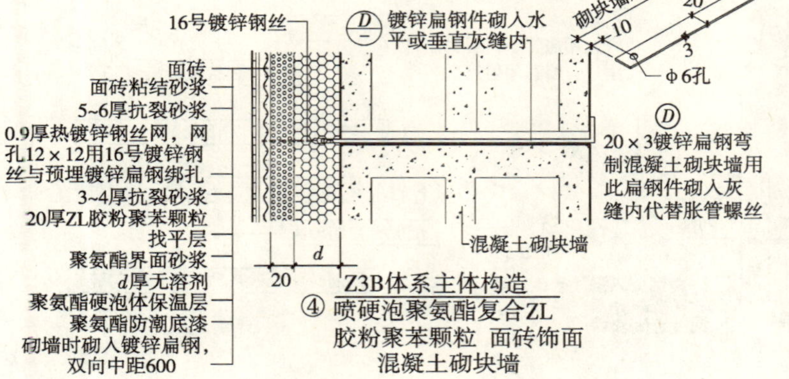

注：

1. 凡硬泡聚氨酯保温层收头处、转角处都需先用专用胶粘贴预制硬泡聚氨酯角板，以确保保温层厚度，同时节省原材料，而且可保证角边的轮廓挺直。
2. 混凝土砌块墙（包括承重混凝土小型空心砌块及框架填充轻集料混凝土空心砌块）砌墙时砌入镀锌钢板件，以锚固面砖饰面时的钢丝网。做保温层前，先绑上16号镀锌钢丝，再喷硬泡聚氨酯或抹ZL胶粉聚苯颗粒，注意使钢丝露出保温层面，不得在保温层做完后剔凿。非粘土多孔砖墙也可参考使用。

Z4A 体系主体断面

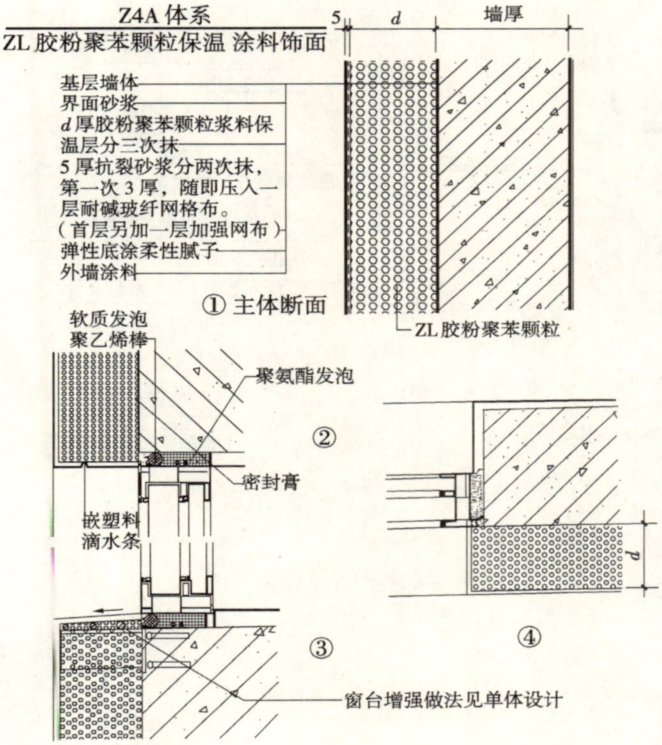

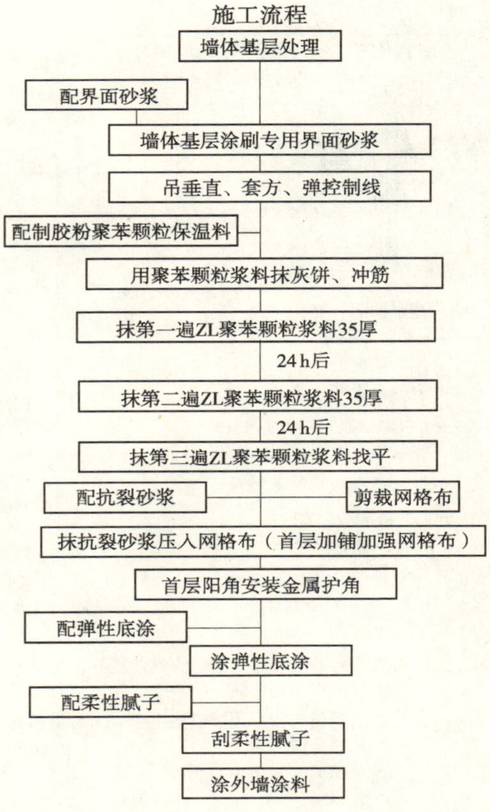

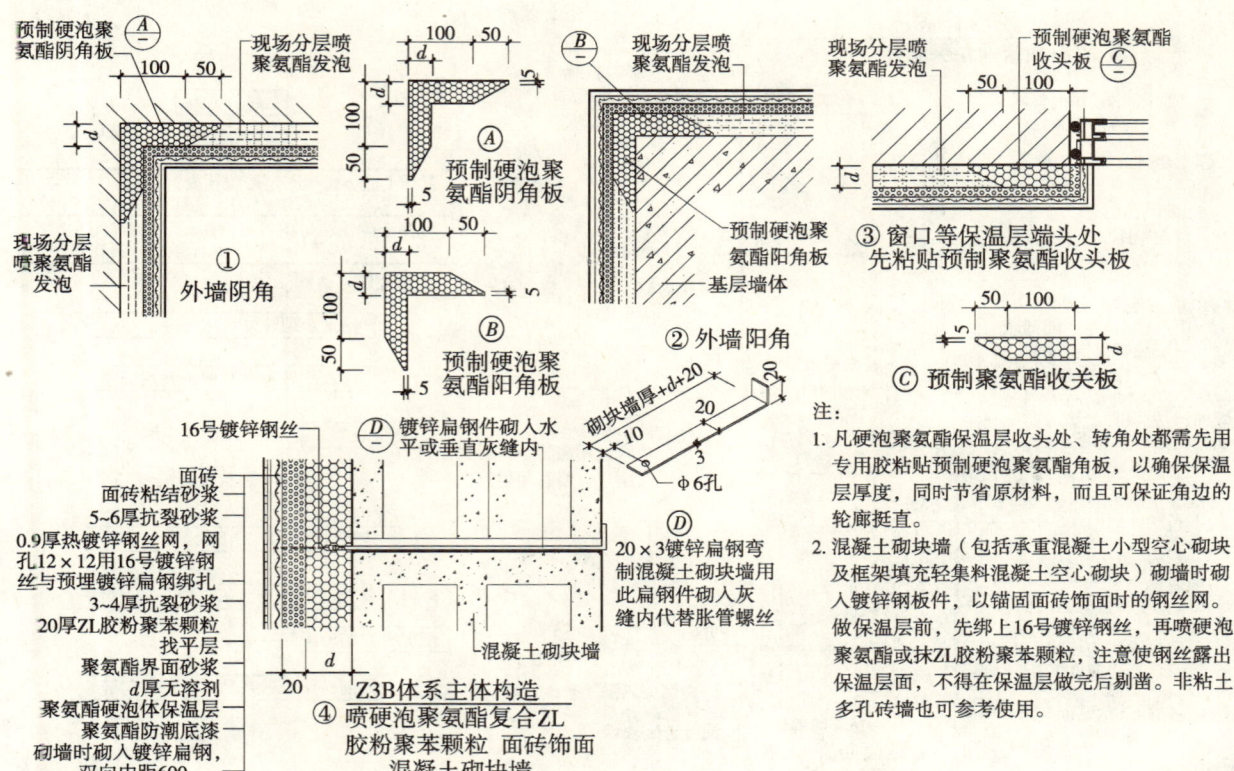

Z4B 体系主体断面

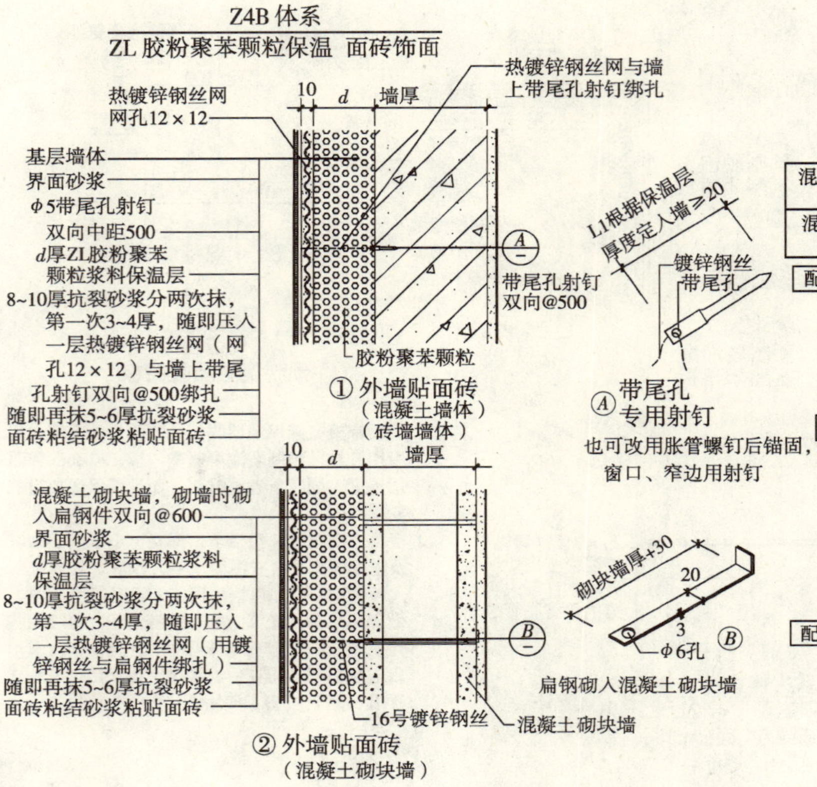

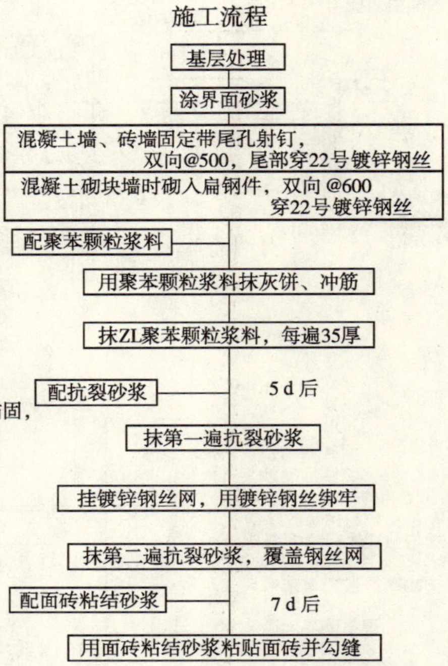

Z5 体系主体断面

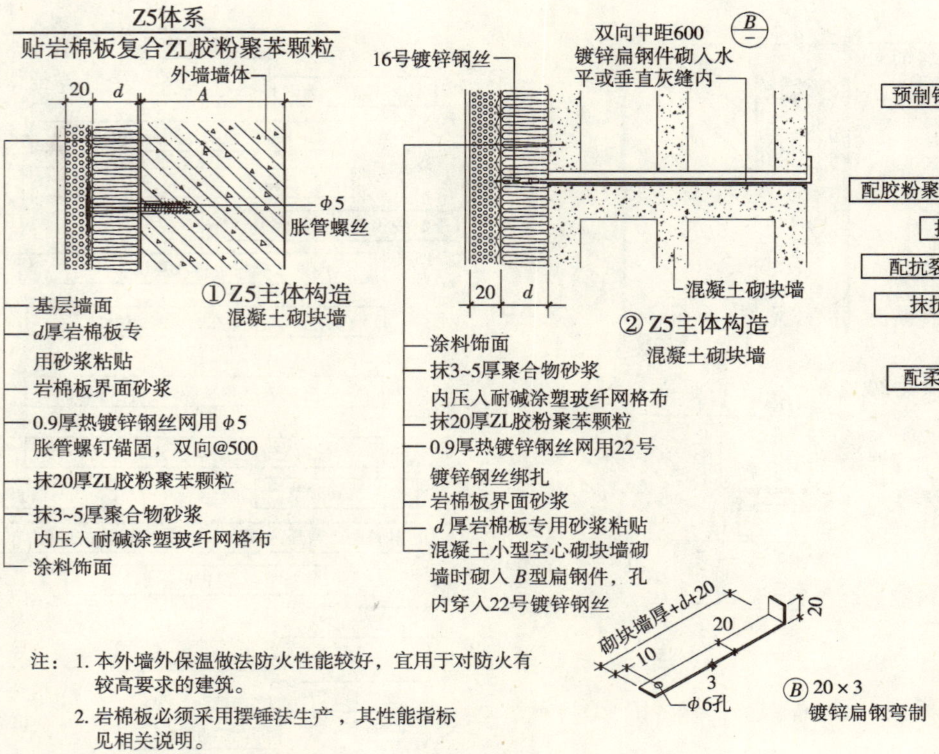

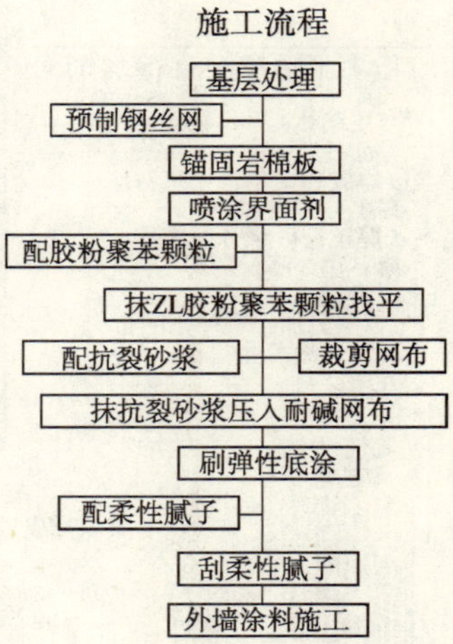

注：1. 本外墙外保温做法防火性能较好，宜用于对防火有较高要求的建筑。
2. 岩棉板必须采用摆锤法生产，其性能指标见相关说明。
3. 本做法不宜用于面砖饰面。

ZL 聚苯颗粒与加气混凝土砌块复合

注：本图为框架结构加气混凝土砌块或条板围护墙复合ZL胶粉聚苯颗粒做法，颗粒厚度按北京地区节能要求，混凝土柱、墙外侧50厚（其他地区厚度按工程设计）ZL颗粒，加气块外抹20厚 ZL胶粉聚苯颗粒，不但可以增强保温性能，而且可以防止加气块外砂浆裂缝。

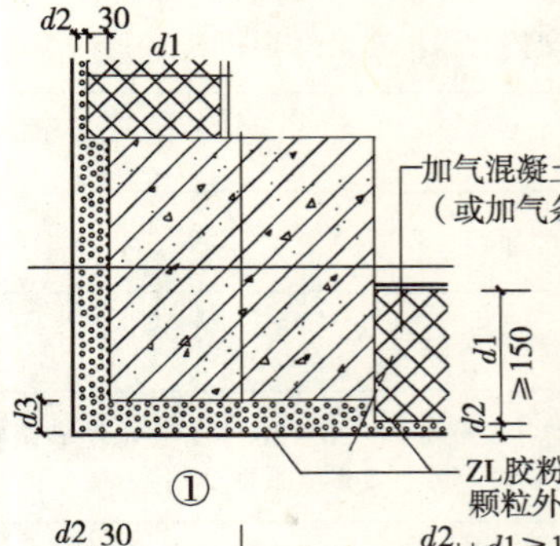

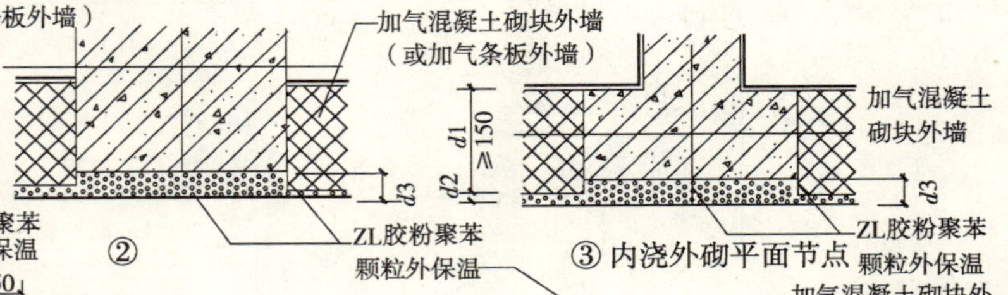

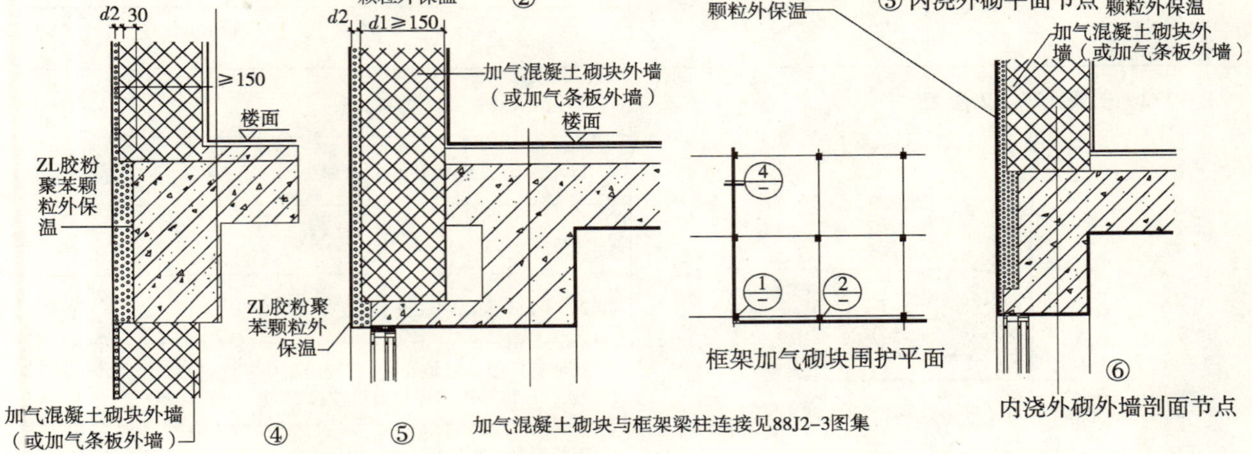

加气混凝土砌块与框架梁柱连接见88J2–3图集

苯贴聚苯板局部换用胶粉聚苯颗粒构造防火隔离带做法

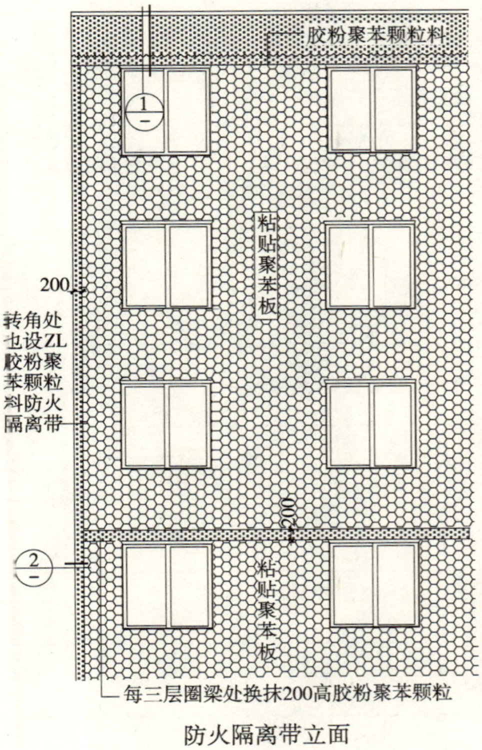

防火隔离带立面

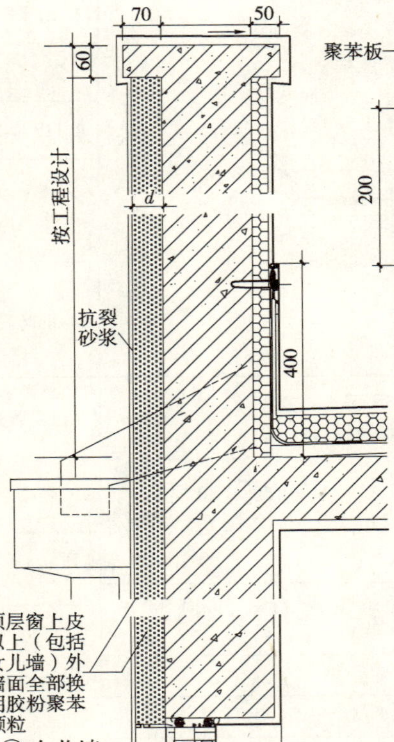

① 女儿墙

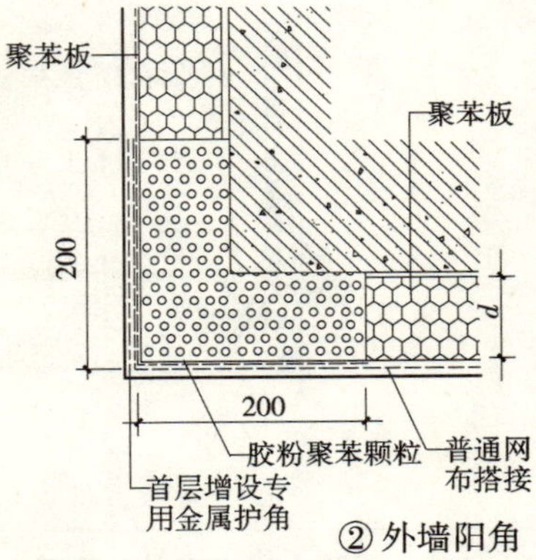

② 外墙阳角

注：

1. 经国家化学建筑材料测试中心〈国化建测（火）字（2002）第077号〉结论：
   ZL胶粉聚苯颗粒外保温体系和岩棉外保温体系的对火反应性能一致（包括点火性，热释放，烟和有毒气体的产生等性能）。
2. 为加强聚苯板外保温（特别是高层）的防火性能，可按本图所示在女儿墙、阳角、圈梁等部位，将聚苯板换用胶粉聚苯颗粒。
3. 首层各阳角部位均应包金属角网。

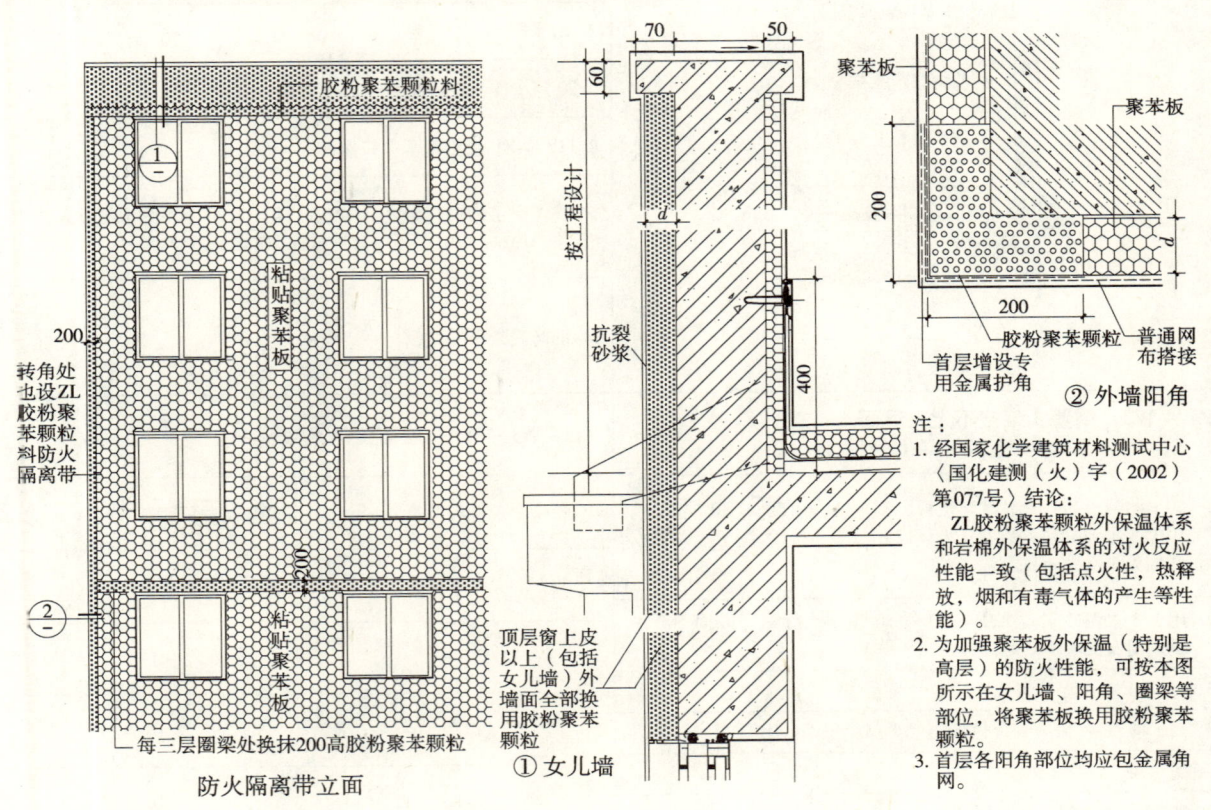

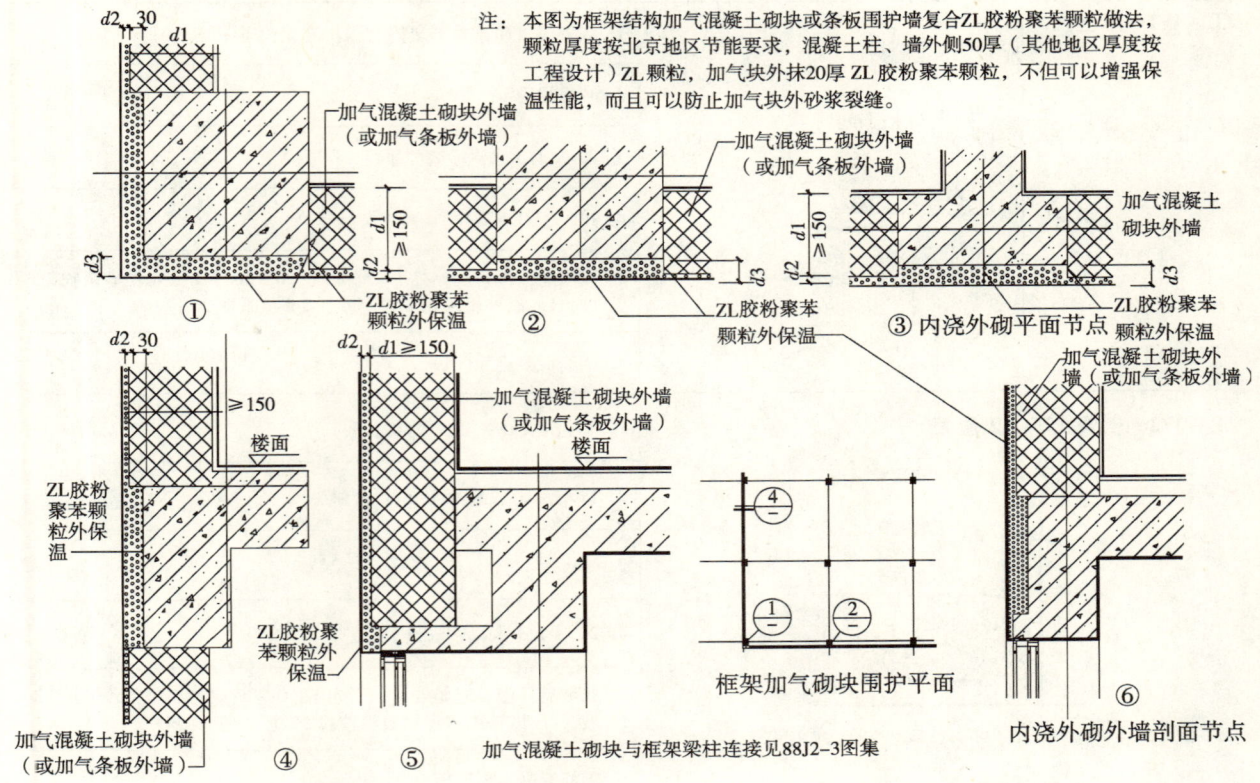

屋面保温（1）

ZL－W1　不上人屋面

ZL 胶粉聚苯颗粒保温层

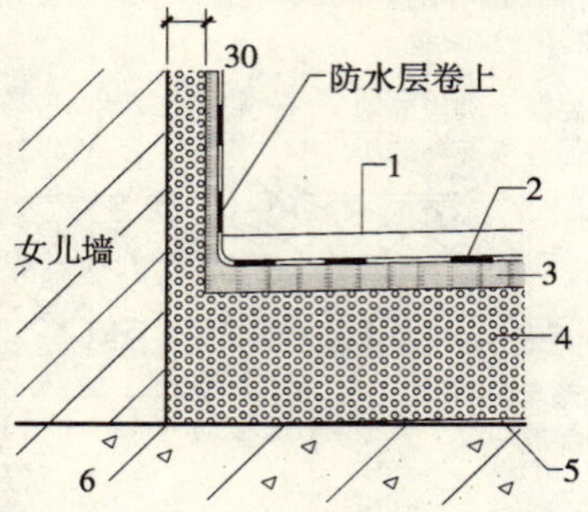

1. 保护层（防水材料已附有保护者无此工序）
2. 防水层
3. 20 厚 1:3 水泥砂浆找平层
4. 110 厚 ZL 胶粉聚苯颗粒保温层
5. 找坡层：檐口起始处 1m 范围内用 0～20 厚 1:3 水泥砂浆找 2% 坡，1m 以外用水泥页岩陶粒找 2% 坡最薄 20 厚
6. 钢筋混凝土屋面板

ZL－W2　倒置式不上人屋面

ZL 胶粉聚苯颗粒保温层

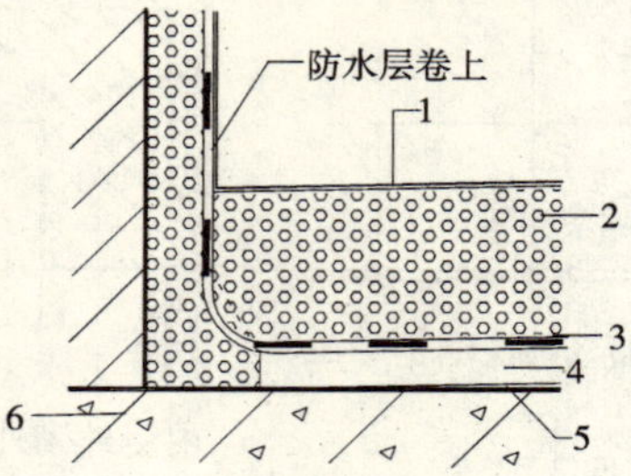

1. 5 厚抗裂砂浆复合玻纤网布
2. 110 厚 ZL 胶粉聚苯颗粒保温层
3. 防水层
4. 20 厚 1:3 水泥砂浆找平层
5. 找坡层：檐口起始处 1m 范围内用 0～20 厚 1:3 水泥砂浆找 2% 坡，1m 以外用水泥页岩陶粒找 2% 坡最薄 20 厚
6. 钢筋混凝土屋面板

ZL－W4　上人屋面

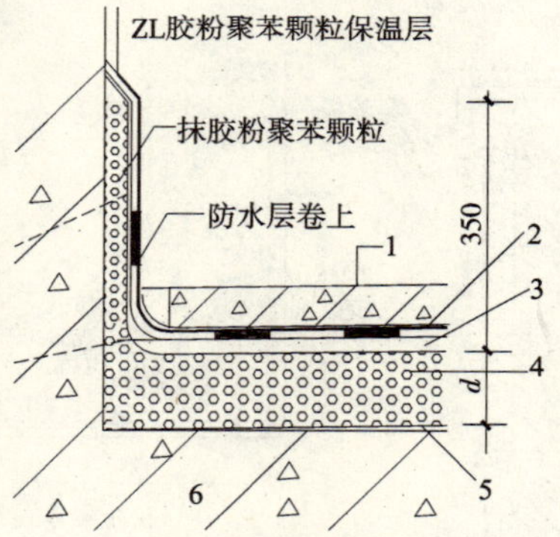

1. 铺 40 厚 494×494 预制混凝土板（预制板 C20 细石混凝土，双向 Φ6@200 光模一次成型，安装后不再抹面）
2. 防水层
3. 20 厚 1:3 水泥砂浆找平层
4. 110 厚 ZL 胶粉聚苯颗粒保温层
5. 找坡层：檐口起始处 1m 范围内用 0～20 厚 1:3 水泥砂浆找 2% 坡，1m 以外用水泥页岩陶粒找 2% 坡最薄 20 厚
6. 钢筋混凝土屋面板

ZL－W3　倒置式架空不上人屋面

ZL 胶粉聚苯颗粒保温层

1. 50 厚 494×494 预制混凝土板，双向 ϕ6@150，C20 混凝土，用 1:3 水泥砂浆铺砌在 120×120×150 预制水泥墩上，靠女儿墙处 180 宽不铺混凝土板
2. 用 1:3 水泥砂浆砌 120×120×150 预制水泥墩，双向 500 中距，离女儿墙 180 起砌
3. 15 厚 1:3 水泥砂浆找平层
4. 110 厚 ZL 胶粉聚苯聚粒保温层
5. 防水层
6. 20 厚 1:3 水泥砂浆找平层

ZL－W1～W5　屋面传热系数

胶粉聚苯颗粒厚度（mm）	屋面传热系数[W/(m²·K)]
100	0.62
110	0.58
120	0.54
130	0.51

续表

ZL－W3 倒置式架空不上人屋面 ZL 胶粉聚苯颗粒保温层
7. 找坡层：檐口起始处1m范围内用0～20厚1∶3水泥砂浆找2%坡，1m以外用最薄20厚水泥页岩陶粒找2%坡
8. 钢筋混凝土屋面板
ZL－W5 倒置式上人屋面 ZL 胶粉聚苯颗粒保温层
1. 防滑地砖，用1∶3水泥砂浆铺砌
2. 110厚ZL胶粉聚苯颗粒保温层
3. 防水层
4. 20厚1∶3水泥砂浆找平层
5. 找坡层：檐口起始处1m范围内用0～20厚1∶3泥砂浆找2%坡，1m以外用最薄20厚水泥页岩陶粒找2%坡
6. 钢筋混凝土屋面板

ZL－W1～W5 屋面传热系数	
140	0.48
150	0.46
160	0.44
170	0.42
180	0.40
190	0.38

屋面保温（2）

ZL－W6 不上人屋面

硬泡聚氨酯保温　　屋面传热系数0.54W/(m^2·K)

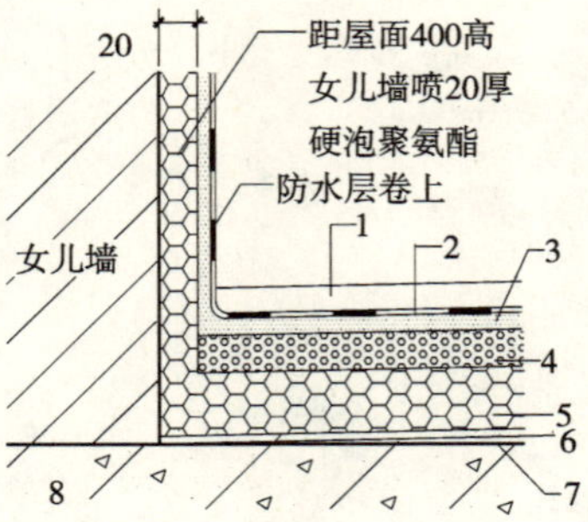

1. 保护层（防水材料已附有保护者无此工序）
2. 防水层
3. 20厚1∶3水泥砂浆找平层
4. 30厚胶粉聚苯颗粒抹平
5. 40厚现场喷硬泡聚氨酯保温层
6. 20厚1∶3水泥砂浆找平层
7. 找坡层：檐口起始处1m范围内用0～20厚1∶3水泥砂浆找2%坡，1m以外用水泥页岩陶粒找2%坡最薄20厚
8. 钢筋混凝土屋面板

ZL－W7 不上人屋面

倒置式硬泡聚氨酯保温　　屋面传热系数0.58W/(m^2·K)

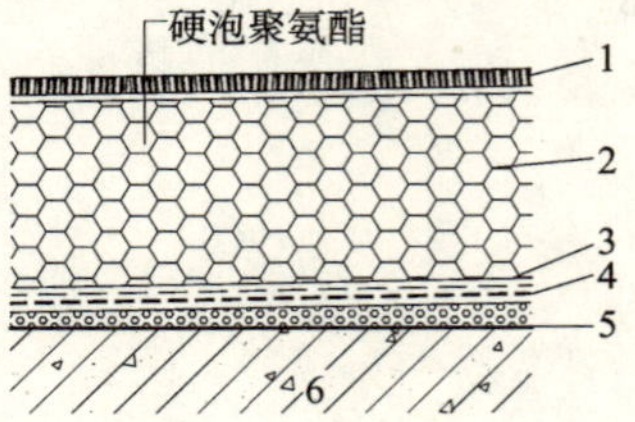

1. 粘铺人造草皮
2. 50厚现场喷硬泡聚氨酯保温层
3. 防水层
4. 20厚1∶3水泥砂浆找平层
5. 找坡层：檐口起始处1m范围内用0～20厚1∶3水泥砂浆找2%坡，1m以外用水泥页岩陶粒找2%坡最薄20厚
6. 钢筋混凝土屋面板

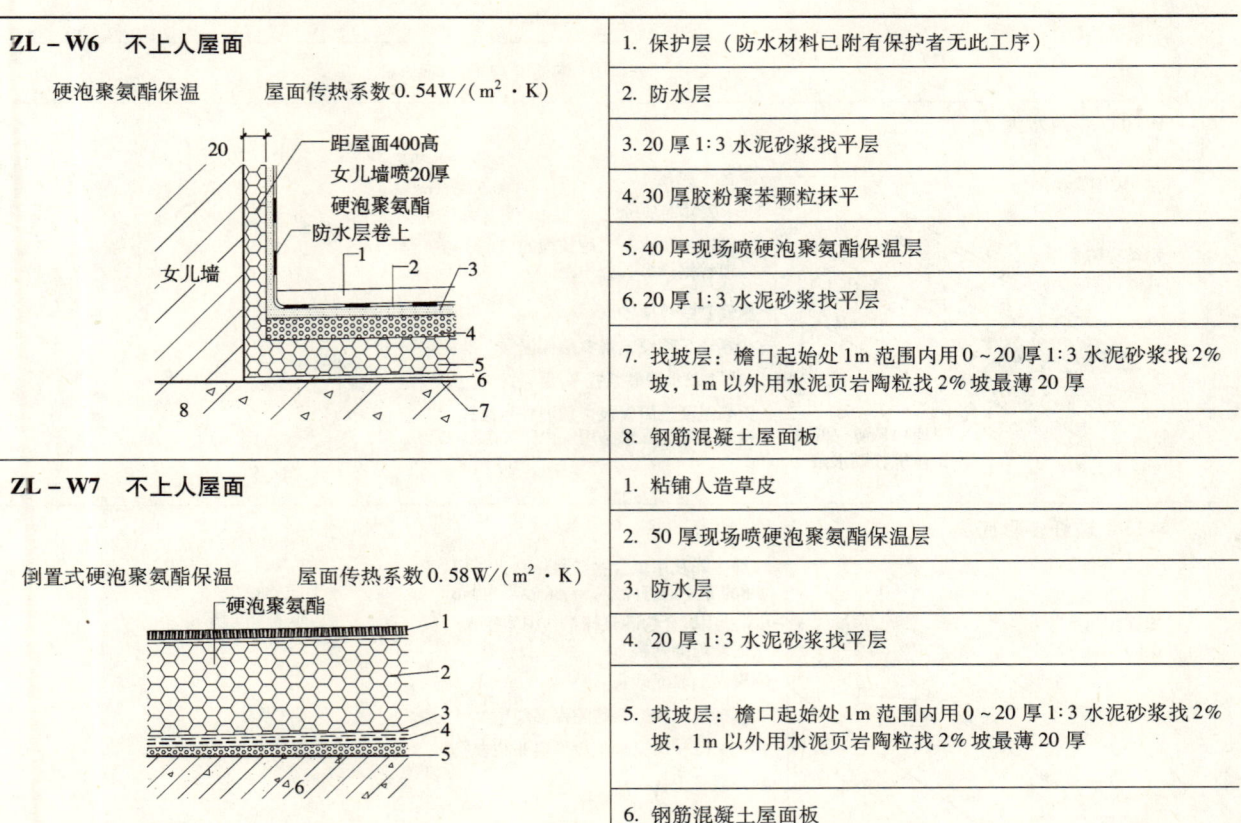

ZL－W8　上人屋面

硬泡聚氨酯复合
胶粉聚苯颗粒保温　　屋面传热系数 0.54W/(m^2·K)

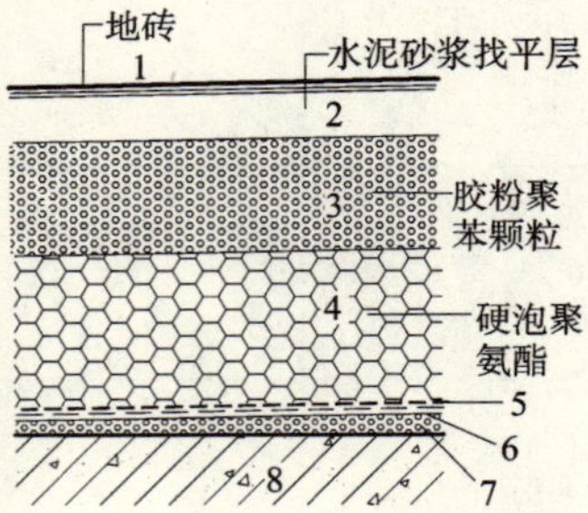

1. 聚合物砂浆粘贴 8～10 厚地砖
2. 20 厚 1∶2.5 水泥砂浆找平层
3. 30 厚胶粉聚苯颗粒抹平
4. 40 厚现场喷硬泡聚氨酯保温层
5. 防水层
6. 20 厚 1∶3 水泥砂浆找平层
7. 找坡层：檐口起始处 1m 范围内用 0～20 厚 1∶3 水泥砂浆找 2% 坡，1m 以外用水泥页岩陶粒找 2% 坡最薄 20 厚
8. 钢筋混凝土屋面板

ZL－W9　种植屋面

硬泡聚氨酯保温　　屋面传热系数 0.54W/(m^2·K)

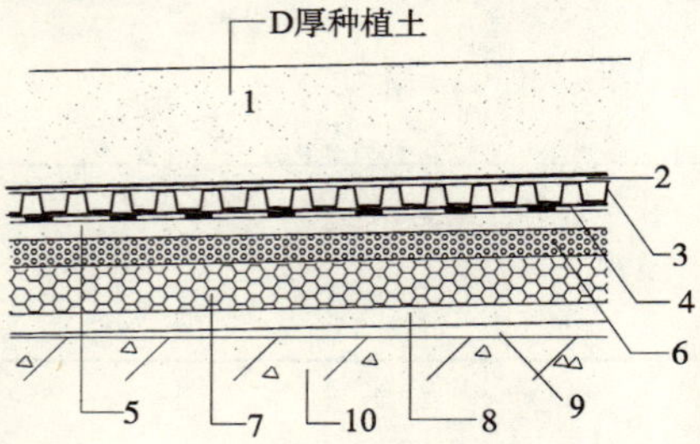

1. *D* 厚种植土
2. 过滤布（土工布）
3. 20 高塑料凸片排水层，凸点向上
4. 能抗树根穿透的防水卷材
5. 20 厚 1∶3 水泥砂浆找平层
6. 30 厚 ZL 胶粉聚苯颗粒抹平
7. 30 厚现场喷硬泡聚氨酯保温层
8. 20 厚 1∶3 水泥砂浆找平层
9. 找坡层
10. 钢筋混凝土屋面板

ZL－W10　彩色水泥瓦

硬泡聚氨酯保温　　屋面传热系数 0.53W/(m^2·K)

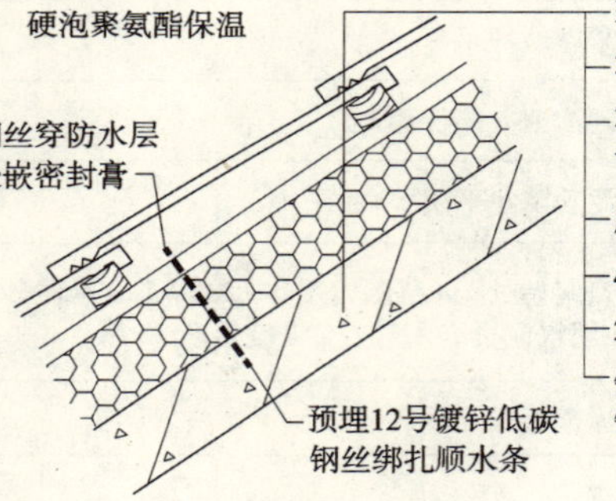
彩色水泥瓦
30×25木挂瓦条
30×20木顺水条，用预埋的12号镀锌钢丝绑扎，中距600
刷聚氨酯界面砂浆
钢筋混凝土屋面板，预埋12号镀锌钢丝（绑扎顺水条用）中距900×600

ZL－W11　玻纤多彩瓦

屋面传热系数 0.60W/m^2·K

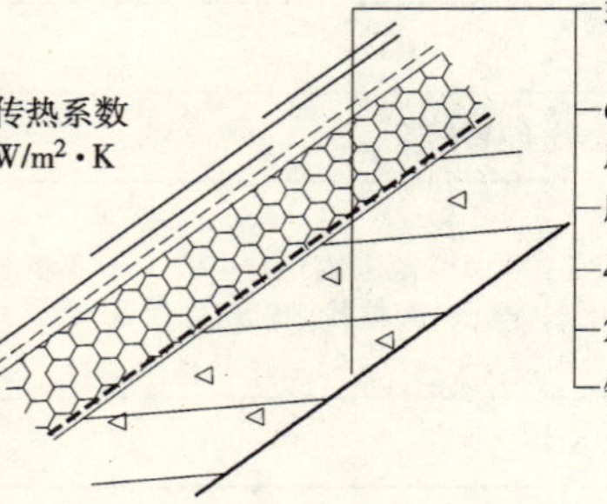
玻纤多彩瓦用聚合物砂浆粘贴，并用φ3的专用钢钉固定，钉入砂浆内≥6
6厚专用聚合物砂浆抹平，中间压入一层耐碱玻纤网格布
刷聚氨酯界面砂浆
20厚1∶2.5 水泥砂浆找平层兼结合层
钢筋混凝土板

主要材料性能要求

主要材料性能要求：

一、界面剂

1. 混凝土界面砂浆。是在由高分子乳液及各类助剂制成的 ZL 界面剂中加入中细砂和水泥配制而成，用于提高聚苯颗粒浆料与基层的粘结力，见表 1。

ZL 界面砂浆性能指标 **表 1**

项目		单位	指标
界面砂浆压剪粘结强度	强度	MPa	≥0.7
	耐水	MPa	≥0.5
	耐冻融	MPa	≥0.5

2. ZL 聚苯板界面剂是由高分子乳液、助剂、水泥、砂等混合配制成。施工时均匀喷涂在聚苯板面上，形成粘结性能良好的界面层，能有效增强聚苯板与抹灰层之间的粘结力。

岩棉板界面砂浆，由防水乳液、填料、助剂与砂按一定比例混合制成，用以提高岩棉板的表面硬度、粘结能力、防水性能及握裹力；提高钢丝网的防腐蚀、粘结能力。

聚苯板、岩棉板界面砂浆的技术性能要求见表 2、表 3。

保温板界面砂浆的性能指标 **表 2**

项目			技术指标		
			EPS 板界面砂浆	XPS 板界面砂浆	岩棉板界面砂浆
拉伸粘结强度（MPa）	与保温板（EPS 板、XPS 板、岩棉板）试块	标准状态	≥0.10 且 EPS 板破坏	≥0.15 且 XPS 板破坏	岩棉板破坏
		浸水后			
	与胶粉聚苯颗粒试块	标准状态	≥0.10 且胶粉聚苯颗粒试块破坏		

聚氨酯界面剂性能指标 **表 3**

项目	单位	指标	
容器中状态	——	搅拌后无结块，呈均匀状态	
施工性	——	刷涂无困难	
低温贮存稳定性	——	3 次试验后，无结块、凝聚及组成物的变化	
拉伸粘结强度（与水泥砂浆）	MPa	常温常态	≥0.70
		浸入 7d	≥0.50
		耐冻融（30 次）	≥0.50
拉伸粘结强度（与聚氨酯）	MPa	常温常态	≥0.15 且聚氨酯破坏
		浸水 7d	≥0.15 且聚氨酯破坏
		耐冻融（30 次）	≥0.15 且聚氨酯破坏

二、保温层材料

保温层是由 ZL 胶粉料和聚苯颗粒轻骨料按一定配比加水搅拌成浆料，抹于基层表面形成胶粉聚苯颗粒；或由聚苯板、有网聚苯板、无网聚苯板（EPS 板或 XPS 板）、聚氨酯、岩棉板复合胶粉聚苯颗粒构成。

聚苯颗粒性能指标 **表4**

项目	指标
堆积密度（kg/m^3）	12.0～21.0
粒度（5mm 筛孔筛余）%	≤5

胶粉料性能指标 **表5**

项目	单位	指标
初凝时间	h	≥4
终凝时间	h	≤12
安定性（蒸煮法）	—	合格
拉伸粘结强度（常温 56d）	MPa	≥0.6
浸水拉伸粘结强度（常温 56d，浸水 7d）	MPa	≥0.4

ZL 胶粉聚苯颗粒保温浆料（以下简称胶粉聚苯颗粒）性能指标 **表6**

项目	单位	指标
湿表观密度	kg/m^3	350—420
干表观密度	kg/m^3	≤230
导热系数	$W/(m^2 \cdot K)$	≤0.059
压缩强度	MPa	≥0.25
燃烧性能	—	B1
抗拉强度（56d）	MPa	≥0.1
压剪粘结强度（56d）	MPa	≥0.05
线性收缩率	%	≤0.3
软化系数	—	≥0.7
蓄热系数		≥0.95

聚苯板性能指标：聚苯板的性能指标除应符合 GB 10801.1 规定的阻燃型（ZR）的要求外，还应符合表8要求。

膨胀聚苯板（EPS）性能指标 **表7**

项目		单位	指标
表观密度		kg/m^3	18～22
导热系数		$W/(m^2 \cdot K)$	≤0.041
抗拉强度		MPa	≥0.1
蓄热系数			≥0.36
陈化时间	自然条件	d	≥42
	蒸汽（60°C）	d	≥5

有网聚苯板因热桥修正系数见相关说明。

挤塑聚苯板（XPS）性能指标：挤塑聚苯板的性能指标除应符合《绝热用挤塑聚苯乙烯泡沫塑料》（GB 10801.2—2002）规定的阻燃型（ZR）的要求外，还应符合表9要求。

挤塑聚苯板（XPS）性能指标　　表8

项　目	单　位	指　标
表观密度	kg/m^3	28～32
导热系数	$W/(m^2 \cdot K)$	≤0.030
抗拉强度	MPa	≥0.25
尺寸稳定性（70°C，48h）	%	0.2

无溶剂硬泡聚氨酯性能指标　　表9

项　目	单　位	指　标
密度	kg/m^3	35～50
导热系数	$W/(m \cdot K)$	≤0.025
压缩强度	MPa	>0.15
拉伸强度	MPa	>0.15
蓄热系数		≥0.36
燃烧性（垂直法）平均燃烧时间	s	<30
平均燃烧高度	mm	<250

摆锤法岩棉板技术性能指标　　表10

项　目		单　位	指　标
密度		kg/m^3	≥150
密度允许偏差		%	±10
纤维平均直径		μm	≤7
导热系数	10°C	$W/(m^2 \cdot K)$	≤0.036
	50°C		≤0.039
	70°C		≤0.041
渣球含量（颗粒直径>0.25mm）		%	≤6.0
质量吸湿率		%	≤1.0
体积吸水率（全浸入）		%	≤4.0
憎水率		%	≥98
热荷重收缩温度		°C	≥650
蓄热系数			≥0.36
有机物含量		%	≤4.0
抗压强度（10%压缩量）		kN/m^2	≥40
剥离强度		kPa	≥14
燃烧性能等级		—	A级

三、聚苯板胶粘剂

聚苯板胶粘剂是由聚合物乳液和水泥等配制而成，专用于将聚苯板粘贴到基层墙体上。

聚苯板胶粘剂性能指标 **表 11**

项目		单位	指标
拉伸粘结强度（与水泥砂浆试块）	常温常态 14d	MPa	≥0.70
	耐水（浸水 48h 放置 24h）		≥0.50
	耐冻融（冻融循环 25 次）		≥0.50
拉伸粘结强度（与 $18kg/m^3$ 聚苯板）	常温常态 14d	MPa	≥0.10 且聚苯板破坏
	耐水（浸水 48h 放置 24h）		≥0.10 且聚苯板破坏
	耐冻融（冻融循环 25 次）		≥0.10 且聚苯板破坏
可操作时间		h	≥2
抗压强度/抗折强度		—	≤3.0

四、抗裂防护层材料

1. 耐碱玻纤网格布（以下简称网格布）。为增加面层砂浆的抗裂、抗冲击能力所用的网格布应采用耐碱玻纤网格布。耐碱玻纤网格布主要技术性能、试验方法应符合《耐碱玻璃纤维网格布》（JC/T 841—1999）。

耐碱玻纤网格布性能指标 **表 12**

项目		单位	指标
网孔中心距	普通型	mm	4×4
	加强型	mm	6×6
单位面积重量	普通型	g/m^2	≥160
	加强型	g/m^2	≥500
断裂强力（经、纬向）	普通型	N/50mm	≥1250
	加强型	N/50mm	≥3000
耐碱强力保留率（经、纬向）		%	≥90
涂塑量		g/m^2	≥20

2. 抗裂砂浆。抗裂砂浆由聚合物乳液与中细砂和水泥配制而成，用来增加保温层的抗裂能力和提高表面强度。

抗裂砂浆的性能指标 **表 13**

项目	单位	指标
可操作时间	h	≥2
拉伸粘结强度（常温 28d）	MPa	>0.8
浸水粘结强度（常温 28d，浸水 7d）	MPa	>0.6
抗弯曲性	—	5%弯曲变形无裂纹
渗透压力比	%	≥200
压折比（抗压强度/抗折强度）	—	≤3

3. 高分子乳液弹性底层涂料（以下简称弹性底涂）。弹性底涂由高分子乳液加多种助剂配制而成，用在抗裂砂浆表面形成弹性防水保护层。

弹性底涂性能指标 **表 14**

项目		单位	指标
容器中状态		—	搅拌后无结块，呈均匀状态
施工性		—	刷涂无困难
干燥时间	表干时间	h	≤4
	实干时间	h	≤8
拉伸强度		MPa	≥1.0
断裂伸长率		%	≥300
低温柔性绕 ϕ10mm 棒		—	−20°C 无裂纹
不透水性 0.3MPa，0.5h		—	不透水
加热伸缩率	伸长	%	≤1.0
	缩短	%	≤1.0

4. 柔性耐水腻子（以下简称柔性腻子）。柔性腻子由弹性高分子乳液及多种助剂和粉料配制而成，用于外墙饰面涂料底层的找平、修补，且能够满足一定变形要求。

柔性腻子性能指标 **表 15**

项目		单位	指标	
			Ⅰ	Ⅱ
稠度		cm	11～13	
施工性		—	刮涂无困难	
干燥时间（表干）		h	<5	
耐水性		h	—	48h 无异常
耐碱性		h	—	24h 无异常
粘结强度	标准状态	MPa	>0.30	>0.60
	浸水后	MPa	—	>0.40
低温贮存稳定性		—	−5°C 冷冻 4h 无变化，刮涂无困难	
打磨性		%	20～80	
柔韧性		—	直径 50mm，卷曲无裂纹	

注：Ⅰ型用于不要求耐水场所，Ⅱ用于要求耐水、高粘结强度的场所。

5. 方形钢丝网应符合《镀锌电焊网》（QB/T 3897—1999）标准并满足表 17 性能指标。

方形钢丝网的性能指标 **表 16**

项目	单位	指标
工艺	—	热镀锌
丝径	mm	0.9
网孔大小	mm	12.7×12.7
焊点抗拉力	N	>65
镀锌层重量	g/m^2	122

6. 低碳钢丝用于有网体系的面层钢丝，斜插钢丝应为镀锌钢丝。

低碳钢丝性能指标 表 17

直径 L（mm）	抗拉强度 N/L	冷弯试验反复弯曲 180°	用 途
2.0 ±0.05	≥550	≥6 次	网片表面镀锌斜插腹丝
2.5 ±0.05	≥550	≥6 次	

7. 塑料锚栓

塑料锚栓由螺钉和带圆盘的塑料膨胀套管两部分组成。金属螺钉应采用不锈钢或经过表面防腐蚀处理的金属制成，塑料钉和带圆盘的塑料膨胀套管应采用聚酰胺（polyamide 6 polyamide 6.6）、聚乙烯（polyethylene）或聚丙烯（yolyprcpylene）制成，制作塑料钉和塑料套管的材料不得使用回收的再生材料。塑料锚栓有效锚固深度不小于 25mm，塑料圆盘直径不小于 50mm，套管外径 70 ~ 10mm，单个塑料锚栓抗拉承载力标准值（C25 混凝土基层）不小于 0.80kN。

五、外墙饰面层

外墙饰面层以柔性浮雕中层涂料和丙烯酸外墙涂料为主，部分体系也可贴面砖或干挂石材。

1. ZL 面砖专用粘结砂浆（以下简称面砖粘结砂浆）是由聚合物乳液及外加剂制得的 ZL 面砖专用胶液与中细砂、水泥按 0.8 : 1 :1（重量比）配制而成的。

面砖粘结砂浆的性能指标 表 18

项 目		单 位	指 标
胶液在容器中的状态		—	搅拌后均匀、无结块
粘结砂浆稠度		mm	70 ~ 110
拉伸粘结强度达到 0.17MPa 时间间隔	晾置时间	min	不小于 10
	调整时间	min	大于 5
拉伸粘结强度		MPa	≥0.60
压折比		—	≤3.0
压缩剪切强度	原强度	MPa	≥0.60
	耐温 7d	%	强度比不小于 70
	耐水 7d	%	强度比不小于 70
	耐冻融 25 次	%	强度比不小于 70
线性收缩率		%	≤0.3

2. ZL 面砖勾缝胶粉（以下简称面砖勾缝胶）是以具有优良粘结性能及弹性的合成树脂、水泥为主要粘结料，配以各种填料、助剂制成。使用时加入 25%（重量比）左右的水搅拌均匀配成勾缝胶。

面砖勾缝胶的性能指标 表 19

项 目		单 位	指 标
外 观		—	均匀一致
颜 色		—	与标准样一致
凝结时间	初凝时间	h	≥2
	终凝时间	h	≤24
拉伸胶接强度	常温常态 14d	MPa	≥0.60
	耐水（常温常态 14d，浸水 48h，放置 24h）	MPa	≥0.50
压折比（抗压强度/抗折强度）		—	≤3

饰面砖性能指标 **表 20**

项目			单位	指标
单块面砖尺寸	6m 以下墙面	表面面积	cm^2	≤410
		厚度	cm	≤1.0
	6m 及以上墙面	表面面积	cm^2	≤190
		厚度	cm	≤0.75
单位面积质量			kg/m^2	≤20
吸水率	Ⅰ、Ⅵ、Ⅶ气候区		%	≤3
	Ⅱ、Ⅲ、Ⅳ、Ⅴ气候区			≤6
抗冻性	Ⅰ、Ⅵ、Ⅶ气候区		——	50 次冻融循环无破坏
	Ⅱ气候区			40 次冻融循环无破坏
	Ⅲ、Ⅳ、Ⅴ气候区			10 次冻融循环无破坏

注：气候区划分级按《建筑气候区划标准》(GB 50178—1993) 中一级区划的Ⅰ～Ⅶ区执行。

3. 外墙外保温饰面涂料。外墙外保温饰面涂料必须与胶粉聚苯颗粒外保温系统相容，其性能除应符合国家及行业相关标准外，还应满足表的抗裂性要求：

外墙外保温饰面涂料抗裂性能指标 **表 21**

项目		指标
抗裂性	平涂用涂料	断裂伸长率≥150%
	连续性复层建筑涂料	主涂层的断裂伸长率≥100%
	浮雕类非连续性复层建筑涂料	主涂层初期干燥抗裂性满足要求

六、系统性能指标

外保温系统性能指标 **表 22**

项目		单位	指标	
			首层	二层及二层以上
抗冲击强度		J	>10	>3
耐磨性（500L 铁砂）		—	无损坏	
人工老化性（2000）		h	合格	
耐冻融性（30）		次	无开裂	
抗风压	负压 4500	Pa	无裂纹	
	正压 5000	Pa	无裂纹	
表面憎水率		%	≥99	
水蒸汽透过湿流密度		$g/m^2 \cdot h$	≥1.0	
耐候性		—	经过 80 次高温（70°C）—降雨（15℃）循环及 20 次热（50℃）—冷（-20℃）循环后无裂纹、无起鼓、无脱落	

（一）材料配制

1. 界面砂浆的配制

界面剂：中细砂：水泥 =1：1：1（重量比），先加入 1 份界面剂再加入 1 份中细砂和 1 份水泥，搅拌均匀成浆状。

2. 聚苯板胶粘剂的配制

聚苯板胶粘剂是由聚合物乳液和水泥等配制而成，专用于将聚苯板粘贴到基层墙体上。

3. 聚氨酯防潮底漆的配制

聚氨酯防潮底漆：稀释剂按 1∶0.6 重量比搅拌均匀。

4. 无溶剂硬泡聚氨酯的配制

聚氨酯甲料：聚氨酯乙料按 1∶1（体积比）采用高压无气喷涂机在 >10MPa 压力条件下混合喷出。

5. 聚氨酯界面砂浆的配制

聚氨酯界面砂浆：水泥按 1∶0.5 重量比用砂浆搅拌机或手提搅拌器搅拌均匀，拌和好的界面砂浆应在 2h 内用完。

6. 聚苯颗粒浆料的配制

先将 35～40kg 水倒入砂浆搅拌机内（加入的水量以满足施工和易性为准），倒入一袋（25kg）胶粉料，搅拌 5min，再倒入一袋（200L）聚苯颗粒继续搅拌 3min，直至搅拌均匀。该浆料应随搅随用，且在 4h 内用完。

7. 抗裂砂浆的配制

抗裂剂：中细砂：水泥 =1：3：1（重量比），用砂浆搅拌机或手提式搅拌器搅拌，先加入抗裂剂、中细砂搅拌均匀后，再加入水泥继续搅拌 3min，抗裂砂浆搅拌时不得加水，所用中细砂为干砂，并应在配制后 2h 内用完。

8. 面砖粘结砂浆的配制

ZL 专用胶液：中细砂：水泥 =0.8∶1∶1（重量比），用砂浆搅拌机或手提式搅拌器搅拌，先加入专用胶液、中细砂搅拌均匀后，再加入水泥继续搅拌 3min，面砖粘结砂浆搅拌时不得加水，并应在配制后 2h 内用完。

（二）构造要求

1. 为提高建筑首层墙面的抗冲击能力，应增加一层加强耐碱网布，并在首层阳角处增加 35mm × 35mm × 0.5mm 的金属护角，高度为 2000mm，设在两层耐碱网布之间。

2. 粘贴面砖时，在聚苯颗粒浆料外保温体系的抗裂砂浆层中增加一层镀锌钢丝网并与墙体生根的带尾孔射钉双向@500mm 绑扎，镀锌钢丝网网孔大小为 12.7 × 12.7，丝径为 0.9mm；在有网聚苯板外保温体系中，用轻质抗裂砂浆对聚苯板面层的钢丝网片处进行找平及抗裂处理。

3. 当保温材料为聚苯板（有网聚苯板除外）且建筑高度在 30m（或十层）以上时，宜每三层楼做一通长连续的（包括山墙）防火隔离带，对于现浇混凝土聚苯板外保温体系宜采用机械锚固岩棉板作为防火隔离带材料，岩棉与聚苯板一起与混凝土进行浇筑。

（三）质量验收标准

1. 外墙外保温质量验收标准

1）主控项目

（1）本系统所用的所有材料质量和技术性能均应满足有关国家标准、行业标准及本图集的要求，应检查出厂合格证和性能检测报告。

（2）保温层的厚度、含水率及构造做法应符合建筑节能设计要求保温层厚度应均匀，平均厚度不出现负偏差。

（3）保温层与基层墙体以及各构造层之间必须粘结牢固，无脱层、裂缝。

2）一般项目

（1）表面平整、洁净、接茬平整，无明显抹纹，线角应顺直、清晰，面层无粉化、起皮、爆灰等现象。

（2）首层外墙阳角需安装专用金属护角，其余各层阴角、阳角以及门窗洞口四角等部位均需用网格布加强。

（3）墙面埋设暗线、管道后，墙面用网格布和抗裂砂浆加强，表面抹灰平整。

（4）分格缝宽度与深度均匀一致，平整光滑，棱角整齐，顺直。

（5）滴水线（槽）流水坡向正确，且顺直。

外保温允许偏差 **表23**

项　　目	允许偏差（mm）	检　验　方　法
立面垂直	4	用2m托线板检查
表面平整	4	用2m靠尺及塞尺检查
阴阳角垂直	4	用2m托线板检查
阴阳角方正	4	用200方尺及塞尺检查
分格条（缝）平直	3	拉5m小线和尺量检查
立面总高度垂直度	H/1000且≯20	用经纬仪、吊线检查
上下窗口左右偏移	≯20	用经纬仪、吊线检查
同层窗口上下偏移	≯20	用经纬仪、吊线检查
保温层厚度	平均厚度不允许有负偏差	用探针，钢尺检查

面砖饰面允许偏差 **表24**

项　　目	允许偏差（mm）	检　验　方　法
立面垂直度	3	用2m托线板检查
表面平整度	4	用2m靠尺及塞尺检查
阴阳角方正	3	拉5m线，不足5m通线，钢尺检查
接缝直线度	3	钢尺检查
接缝高低差	1	钢尺和塞尺检查
接缝宽度	1	钢尺检查

2. 面砖系统质量验收标准

1）主控项目

（1）面砖的品种、规格、颜色、性能应符合设计要求。

（2）面砖粘贴工程的找平、防水、粘结和勾缝及施工方法应符合设计要求及国家现行技术和产品标准及备案企业标准的规定。

（3）面砖粘贴必须牢固，粘接强度应符合《建筑工程饰面砖粘接强度检验标准》(JGJ 110—1997)的有关要求。

2）一般项目

（1）面砖表面应平整、洁净、色泽一致、无裂痕和缺损。

（2）阴阳角处搭接方式、非整砖使用部位应符合设计要求。

（3）墙面突出物周围的面砖应套割吻合，边缘应整齐。墙裙、贴脸突出墙面的厚度一致。

（4）接缝应平整、光滑，填嵌应连续、密实；宽度和深度应符合设计要求。

（5）有排水要求的部位应做滴水线（槽）。滴水线（槽）应顺直，流水坡向应正确，坡度应符合设计要求。

3）面砖粘贴的允许偏差应符合《外墙饰面砖工程施工及验收规程》(JGJ 126—2000）标准的规定。

二、88JZ17

欧文斯科宁挤塑板保温构造（节能65%）

1

说　　明

说　明

一、本图集为欧文斯科宁挤塑聚苯乙烯泡沫塑料板（以下简称挤塑板）用于建筑物外墙保温、屋面保温、楼面保温、地面保温、顶棚保温等处的专项技术图集。

在原88JZ2图集基础上，经过对南京、上海、大连等地已建或在建工程的调查，特别是对采用挤塑板保温系统做面砖饰面的工程，进行详细调查研究，并收集其拉拔检测报告，进行分析研究，加上配合节能65%的要求，编制成新图集88JZ17，原88JZ2《挤塑聚苯板保温构造》图集仍可用于保温要求相当的地区使用。

二、编制依据

《公共建筑节能设计标准》(GB 50189—2005)

《民用建筑节能设计标准（采暖居住建筑部分)》(JGJ 26—95)

《民用建筑热工设计规范》(GB 50176—1993)

《住宅设计规范》(GB 50096—1999)

《民用建筑设计通则》(GB 50352—2005)

三、挤塑板为闭孔式蜂窝结构，导热系数低，吸水率低，即使长期受潮仍可保持良好的保温隔热性能和高抗压性能，浸水后抗压强度基本保持不变。可长期保持良好的热阻值，抗压强度较高，制品尺寸精确，用于建筑的屋面、楼面、地面、顶棚等处保温具有显著的优点，已分别编入88J通用图集。

四、欧文斯科宁挤塑板外墙外保温的优点

1. 欧文斯科宁挤塑板专门为外墙外保温设计了专用FWB板，该板采用特殊生产工艺制造，双面开3mm×3mm小槽，更有利于与墙体及饰面层的粘结，该板强度及尺寸稳定性有别于其他的挤塑板，更适合于外墙外保温。

2. 由于挤塑板导热系数低0.029W/(m^2·K)，达到同样的外墙传热系数所需的厚度较膨胀聚苯板薄得多。保温层薄还有利于降低面层对保温层的张力。

3. 挤塑板为现代化工业生产，长宽及厚度等尺寸准确，有利于最大限度减少板与板之间的缝隙，从而减少热桥。

4. 挤塑板抗拉强度较高，有利于提高保温层的抗弯、抗拉性能。

5. 挤塑板抗压强度高、吸水率低，现浇混凝土大模内置施工工艺时，采用挤塑板更有利，保温层变形小。

基于上述特点，同时从造价上分析，挤塑板外保温与膨胀聚苯板外保温相近，因此挤塑板外保温体系是一种安全、可靠、经济、节能的外墙外保温体系。

关于挤塑板外保温面砖饰面，其技术还不十分成熟，有待进一步改进、完善，工程中如需粘贴面砖，应采用欧文斯科宁的专用胶粘剂、界面剂及其他配套材料。

在外省市有不少成功的实践经验：

(1) 国家建筑节能试点示范工程：南京聚福园小区全部高层住宅采用欧文斯科宁挤塑板外保温面砖饰面，已建成二年多，至今面砖粘贴良好，无一块脱落。

(2) 上海宝钢新生产线生活间楼采用欧文斯科宁挤塑板外保温面砖饰面，粘贴效果良好。

(3) 大连亿达清华园27幢高层住宅，15万m^2外墙全部采用欧文斯科宁FEWEIS系统外贴面砖饰面，效果良好。

（4）南京钟山银城东苑小区27万m^2外墙全部采用欧文斯科宁挤塑板外保温面砖饰面。

（5）上海万科朗润园小区面砖平均粘结强度0.5MPa（上海同济工程检测站测试）（南京银城东苑、天津弘丽园等检测报告均大于0.4MPa）。

挤塑板比聚苯板有更低的导热系数，同样的厚度可以达到更好的保温性能，对实现节能要求有利，例如：50mm厚的挤塑板用作外保温，其外墙平均传热系数可为0.59[W/(m^2·K)]，而70mm厚的聚苯板用作外保温，其外墙平均传热系数为0.60[W/(m^2·K)]。

外保温工艺采取将挤塑板牢固地、均匀地粘在墙体上，当墙体为混凝土空心砌块墙、非光模制作的混凝土墙、多孔砖墙等不平整的墙面时，应先用1：3建筑胶水泥砂浆抹平，干燥后用专用胶粘剂粘贴挤塑板，采用条点法即四周一圈抹50宽胶粘剂，中间梅花点，总粘贴面积应不小于挤塑板面积的30%（面砖饰面时粘贴面积可适当增加）。

此工艺还针对墙面不同的高度设置不同数量的专用保温固定件锚固挤塑板，具体做法见相关详图。

挤塑板粘贴和锚固完成后，抹专用面层聚合物砂浆，分二次抹，第一次抹2mm左右，随即压入耐碱玻纤网格布（以下简称“网格布”），网格布接头处搭接80～100左右，然后再抹约1mm左右的专用面层砂浆。水溶性高弹涂料等饰面层按各工程的设计要求。

挤塑板也可用于置在模板内侧后浇混凝土的施工工艺，挤塑板吸水率极低、强度高，在浇筑混凝土的侧压下变形小，板与板之间用高低缝搭接，以防漏浆。大模内置专用的塑料锚件比现行的大量钢掐丝减少大量热桥。

五、本图册还包括挤塑板用于楼地面、屋面、顶棚的保温做法。

六、2005年8月经建设部科技发展促进中心组织评估，正式形成以下评估意见：

1. 该项目评估资料齐全、翔实，符合科技成果评估的要求。

2. 该项目开发了由外保温专用挤塑聚苯板、专用界面剂，胶粘剂、面层聚合物砂浆、网格布、专用固定件等六种主要材料组成，采用粘、钉结合的固定方式，形成了适合中国国情的“惠围”薄抹灰外墙外保温系统。

3. 以专用挤塑聚苯板和界面剂为特色的外墙外保温系统有保温性能好，应用技术全，施工方便等特点。

4. 该系统经耐候性和相关材料性能检测，符合国家现行有关标准要求，经工程实践应用，效果良好，有较好的经济效益和社会效益。

评估委员会一致同意该项目通过评估，其技术达到国内领先水平。

评估证书中有关“惠围”外墙外保温系统的主要技术性能指标如下：

（1）保温板采用欧文斯科宁公司生产的外墙专用挤塑板（FWB），导热系数小于等于0.0289W/(m^2·K)，抗压强度在150～250KPa之间。密度在25～32kg/m^3之间。

（2）该系统通过采用界面剂提高系统中面层聚合物砂浆与挤塑板、专用胶粘剂与挤塑板的粘结强度，使其粘结强度达到0.25MPa以上，安全性能得到提高。通过80次热雨循环和20次冷冻循环的大型耐候性试验检测，表面和饰面涂层均未破坏。

（3）该系统专用固定件采用工程塑料制作，尾部有设计独特的回拧锚固机构，适用于不同的基层墙体，在轻集料砌体、空心砖墙体中拉拔力等于0.64KN，在混凝土墙体中拉拔力大于等于0.8KN，单个固定件对系统传热增加值小于0.004W/m^2·K。

七、本图集尺寸单位为：毫米mm。

八、本图集协编单位：欧文斯科宁（中国）投资有限公司。本图集为欧文斯科宁挤塑板专用，其它挤塑板不适用。

专用胶粘剂性能

项　　目		JG 49—2003 行业标准性能指标	企　　标	测试结果
拉伸粘接强度（与水泥砂浆）MPa	原强度	≥0.60	≥0.70	1.44
	耐水	≥0.40	≥0.50	1.25
拉伸粘接强度（与 FWB）MPa	原强度	≥0.10 破坏界面在膨胀聚苯板上	≥0.25 破坏界面在 FWB 上	≥0.36 破坏界面在 FWB 上
	耐水	≥0.10 破坏界面在膨胀聚苯板上	≥0.25 破坏界面在 FWB 上	≥0.36 破坏界面在 FWB 上
可操作时间	h	1.5～4.0	1.5～4.0	2.0

注：现无挤塑板外墙外保温的国家或行业标准，以此做参考对比使用。

专用固定件性能

项　　目	JG 49—2003 行业标准性能指标	专用固定件实测值
单个锚固件抗拉载力标准值 kN	≥0.30	≥1.05
单个锚固件对系统传热增加值 $W/(m^2 \cdot K)$	≤0.004	≤0.003

注：专用保温锚固件入基层墙 50mm。

2
构造做法与详图

外墙外保温 OC1，OC1M 做法

体系	编号	分号	FWB 厚度 d	传热系数 [W/(m^2·K)]	基层墙体
粘贴挤塑板外保温	外墙 OC1 OC1M	①	36	0.79	钢筋混凝土墙（按 200）厚计算
		②	50	0.60	
		③	55	0.56	
		④	60	0.52	
		⑤	70	0.45	
		⑥	80	0.40	
		⑦	35	0.76	混凝土空心砌块墙框架结构轻集料混凝土砌块填充墙（按 190 厚计算
		⑧	40	0.69	
		⑨	50	0.58	
		⑩	60	0.50	
		⑪	70	0.44	
		⑫	80	0.39	
		⑬	30	0.77	多孔砖墙（按 240 厚计算）
		⑭	45	0.58	
		⑮	50	0.54	
		⑯	60	0.47	
		⑰	70	0.41	
		⑱	75	0.39	

简图

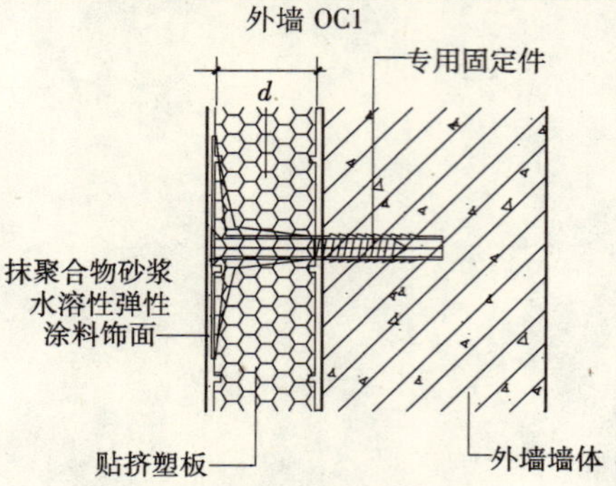

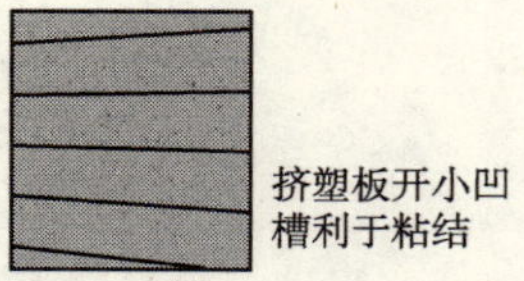

用料及分层做法（外墙 OC1）

1. 涂料饰面
2. 抹 2.5~3.5 厚聚合物砂浆中间压入一层耐碱玻纤网格布
3. d 厚欧文斯科宁 FWB 挤塑板
4. 特用胶粘剂
5. 1:3 水泥砂浆找平
6. 基层墙面

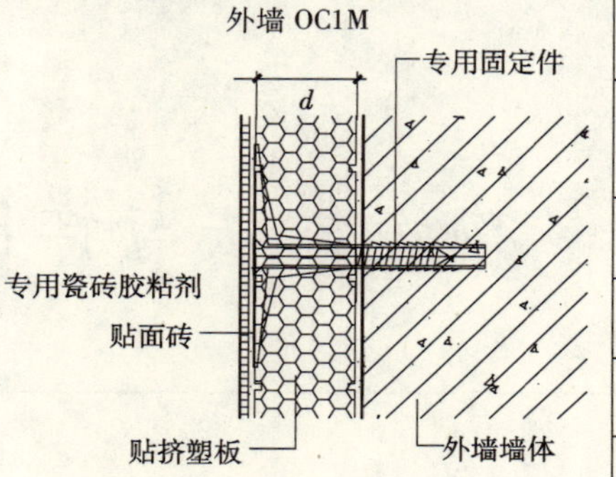

用料及分层做法（外墙 OC1M）

1. 专用瓷砖胶粘剂粘贴面砖
2. 抹 2.5~3.5 厚聚合物砂浆中间压入一层耐碱玻纤网格布
3. d 厚欧文斯科宁 FWB 挤塑板
4. 特用胶粘剂
5. 1:3 水泥砂浆找平
6. 基层墙面

注：保温层修正系数 1.20 挤塑板，导热系数按 0.03×1.2=0.036W/(m^2·K) 计算。

外墙外保温 OC2，OC2M 做法挤塑板物理性能

体系	编号	分号	FWB 厚度 d	传热系数 [W/(m^2·K)]	基层墙体
现浇混凝土大模板内置挤塑板外保温	外墙 OC2 大模内置挤塑板涂料面 外墙 OC2M 大模内置挤塑板面砖面	①	40	0.76	大模现浇混凝土墙
		②	55	0.59	
		③	70	0.48	
		④	75	0.45	
		⑤	80	0.43	
		⑥	90	0.38	

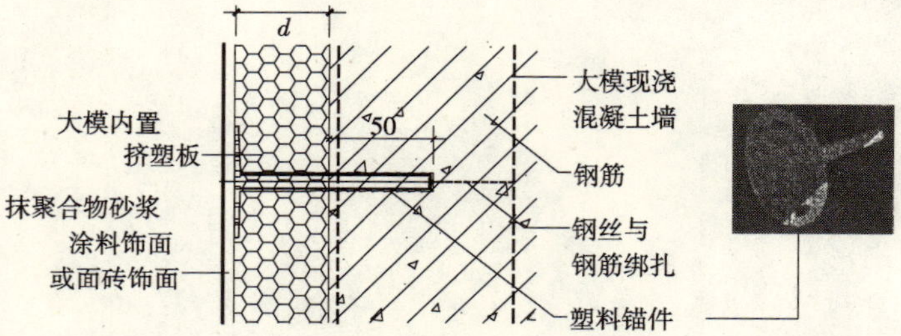

续表

1. 水溶性弹性涂料饰面或面砖饰面
2. 抹 2.5 ~ 3.5 厚聚合物砂浆内压入耐碱玻纤网格布
3. *d* 厚欧文斯科宁 FWB 挤塑板置入外模内侧，表面喷界面剂
4. 大模现浇混凝土墙

注：1. OC2 保温层修正系数 1.28。

2. 挤塑板导热系数按 0.03 × 1.28 = 0.038W/m · K 计算。

3. 混凝土墙厚度按 200 计算。

欧文斯科宁挤塑板物理特性

特性		单位	测试方法	FWB	FM150	FM250 ~ 350	FM400 ~ 650
表观密度		Kg/m³		25 ~ 32	25 ~ 32	26 ~ 45	35 ~ 50
压缩强度（45d）		KPa	GB/T 8813	150 ~ 250	≥150	250 ~ 350	450 ~ 650
吸水率（浸水 96h）		%（V/V）	GB/T 8810	≤1.5	≤1.5	≤1.0	
透湿系数 23°C ± 1°C		ng/pa. m. s	QB/T 2411	≤3.5	≤3.5	≤3.0	≤2.0
寻热系数	25℃ 90d	W/（m · K）	GB/T 10294	≤0.030			≤0.029
			企业标准	≤0.0289			≤0.0289
	10℃ 90d	W/（m · K）	GB/T 10294	≤0.028			≤0.027
			企业标准	≤0.027			≤0.027
尺寸稳定性 70℃ + 2℃		%	GB/T 8811	≤2.0		≤1.5	≤1.0
燃烧性能			GB/T 8626 GB/T 8624	B2	B2，B1		
标准尺寸	厚度	mm		25，30，40，50，60，70，75，80，100			
	宽度	mm		600	600，1200		
	长度	mm		1200	2400		

注：FWB 板为外墙外保温专用板 1200 × 600。

FWB 板开槽

只水平方向开槽

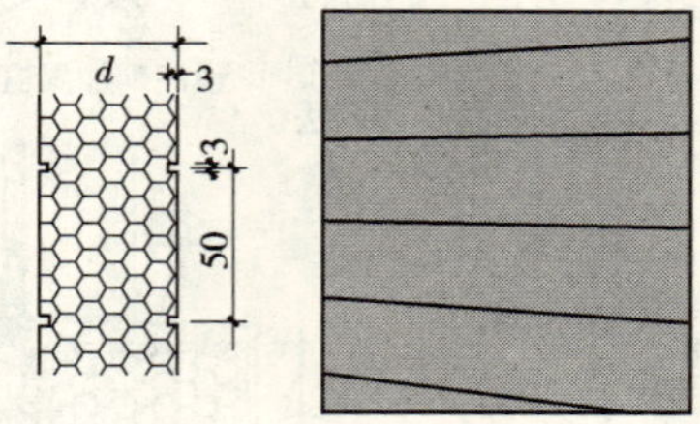

外墙外保温构造详图

挤塑板外墙外保温施工顺序

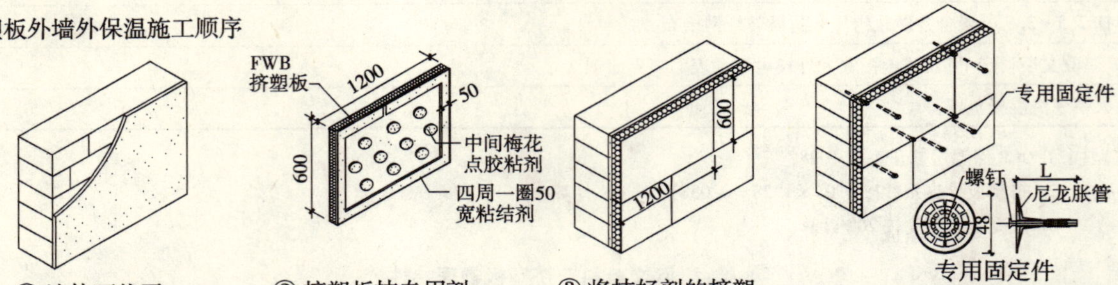

① 墙体面找平
砌块墙、砖墙、空心砖墙及表面不平整的混凝土墙用10~15厚1∶3建筑胶水泥砂浆找平

② 挤塑板抹专用剂（条点法）
总粘结面积：≥30%涂料饰面
面砖饰面粘结面积可适当增加
FWB挤塑板常用尺寸：1200×600

③ 将抹好剂的挤塑板揉贴在找平层上
板面保持平整，上下错缝
板与板之间挤紧

④ 用专用保温固定件锚固
锚固点数量：
七层及七层以下：5个/m²
八~十八层：6个/m²
十九~二十八层：9个/m²

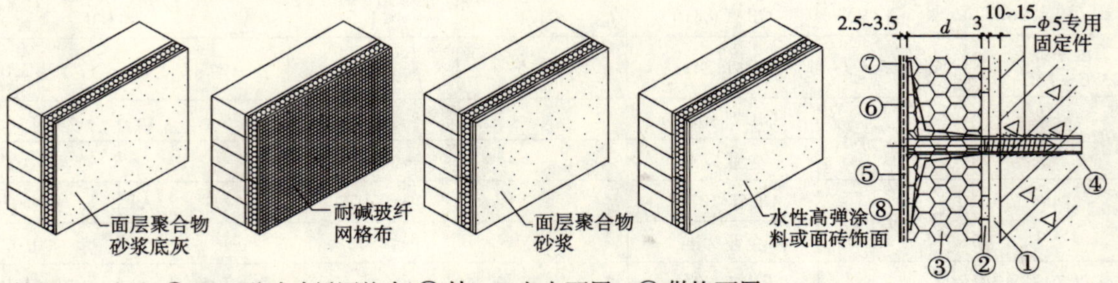

⑤ 抹2mm左右聚合物砂浆

⑥ 压入耐碱玻纤网格布（首层贴两层耐碱玻纤网格布）

⑦ 抹1mm左右面层聚合物砂浆

⑧ 做饰面层（按工程设计）

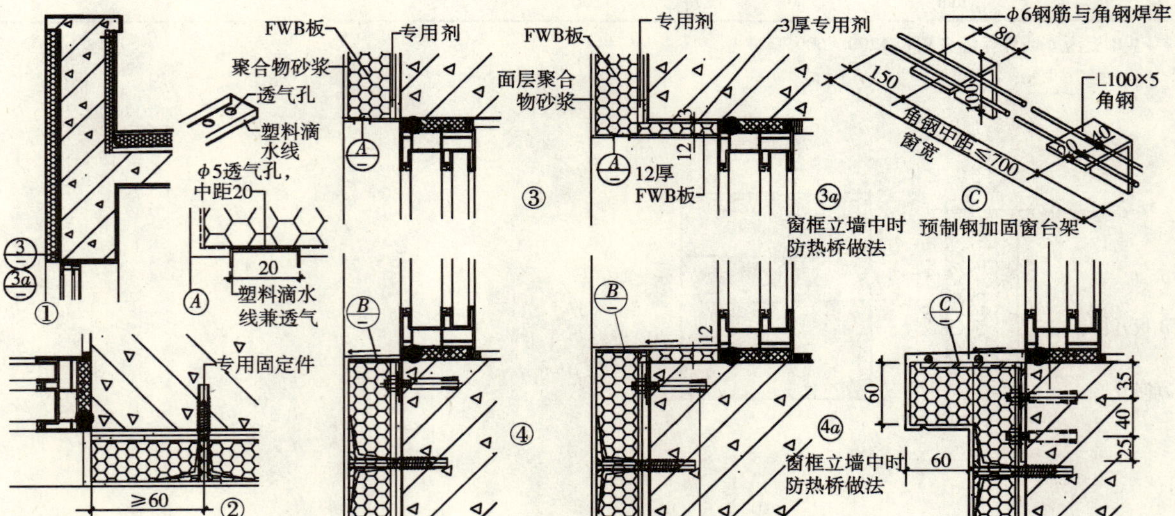

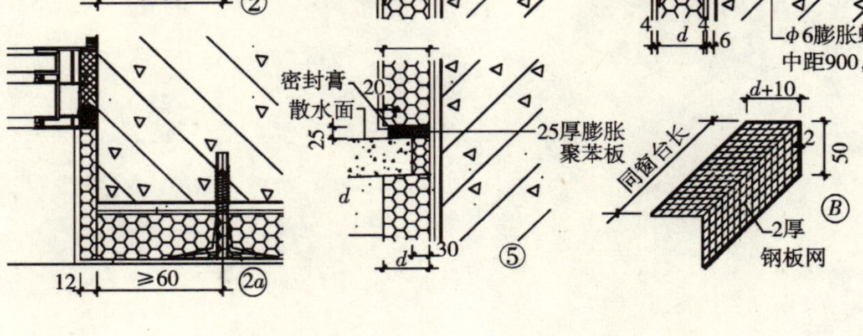

注：节点①~④为常用做法（窗外皮与墙主体外皮齐），2a、3a、4a 为窗立墙主体中做法，工程中如不特别注明，则为节点①~⑤做法。
4b 为挑窗台做法，选用时需注明。

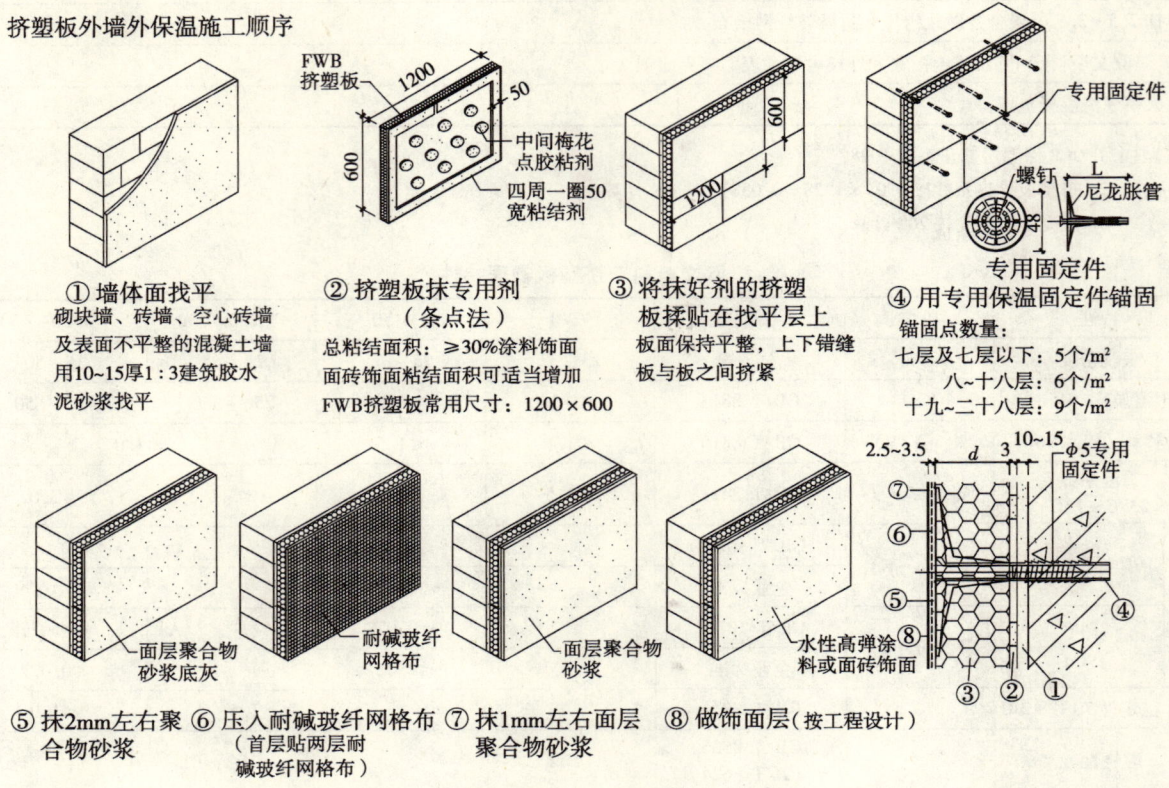

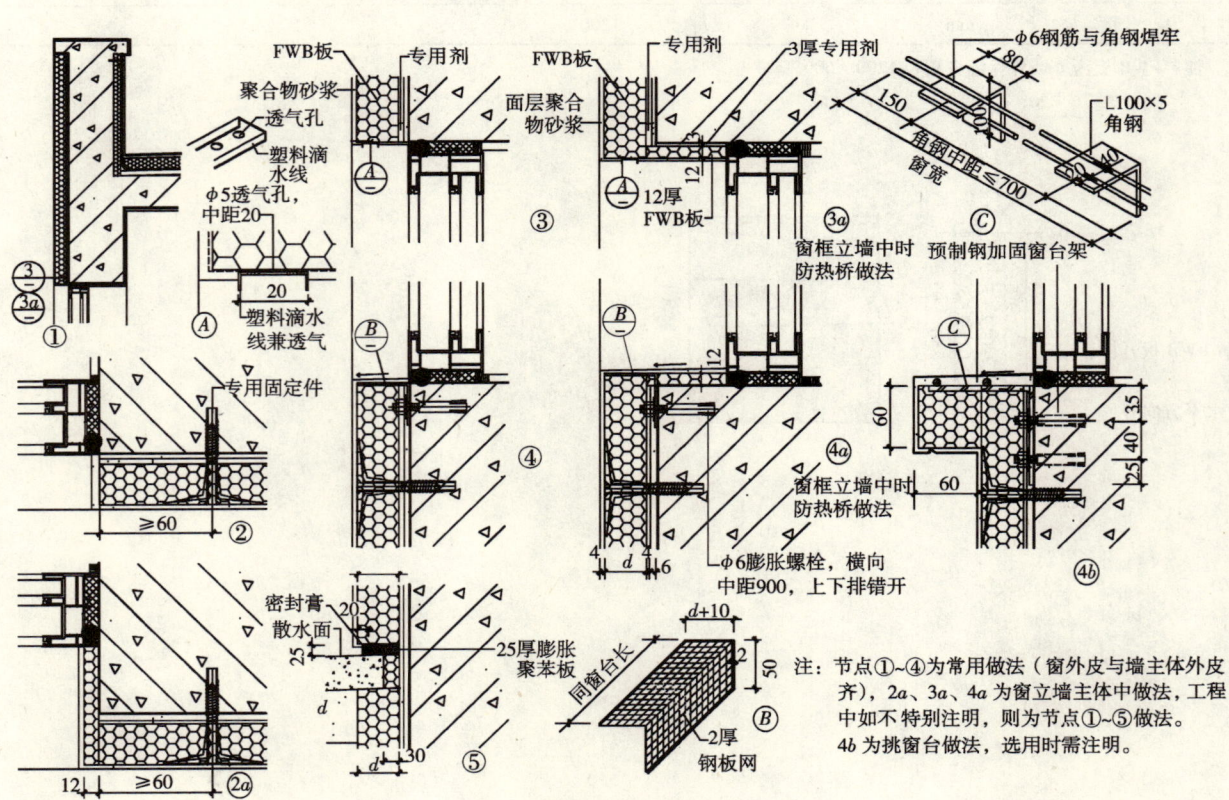

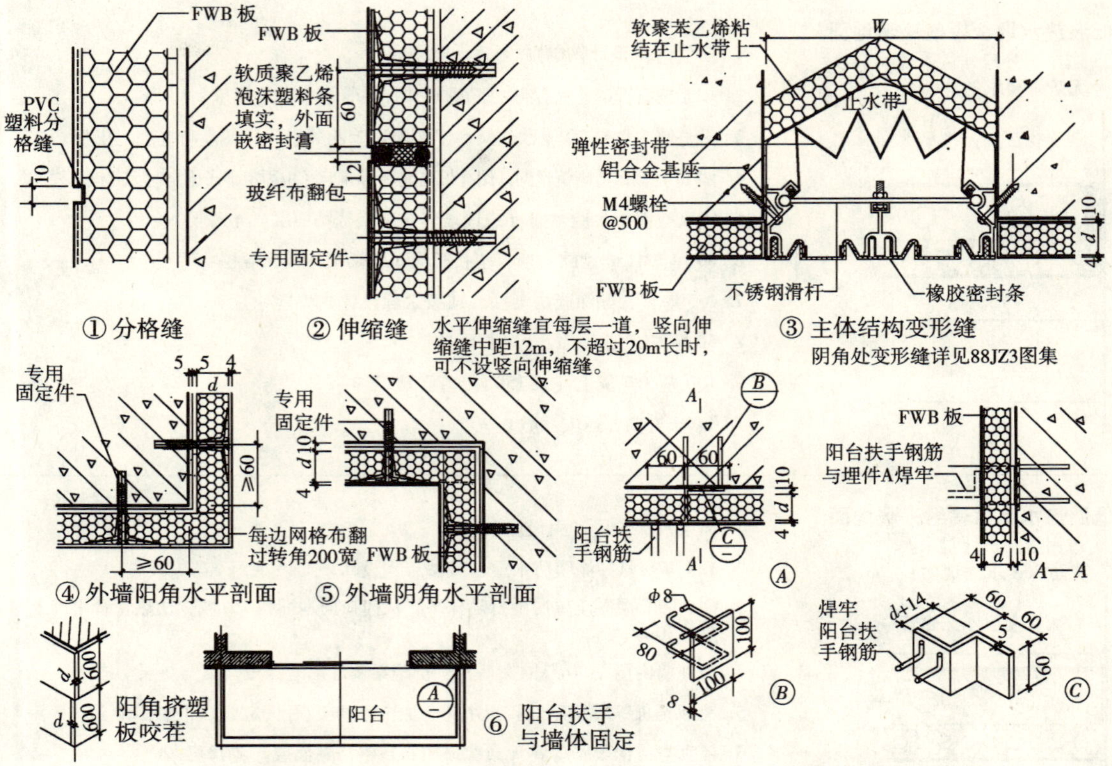
FWB板
PVC
塑料分
格缝
10
① 分格缝
FWB板
软质聚乙烯
泡沫塑料条
填实，外面
嵌密封膏
60
12
玻纤布翻包
专用固定件
② 伸缩缝
水平伸缩缝宜每层一道，竖向伸
缩缝中距12m，不超过20m长时，
可不设竖向伸缩缝。
软聚苯乙烯粘
结在止水带上
W
止水带
弹性密封带
铝合金基座
M4螺栓
@500
FWB板
不锈钢滑杆
橡胶密封条
10
d
4
③ 主体结构变形缝
阴角处变形缝详见88JZ3图集
专用
固定件
5 5 4
d
≥60
每边网格布翻
过转角200宽
≥60
④ 外墙阳角水平剖面
专用
固定件
10
d
4
FWB板
⑤ 外墙阴角水平剖面
A
B
60
60
10
d
4
阳台扶
手钢筋
C
A
A
FWB板
阳台扶手钢筋
与埋件A焊牢
4 d 10
A—A
φ8
100
80
100
8
B
焊牢
阳台扶
手钢筋
d+14
60
60
5
60
C
600
d
600
d
阳角挤塑
板咬茬
A
阳台
⑥ 阳台扶手
与墙体固定

干挂石材墙面外保温

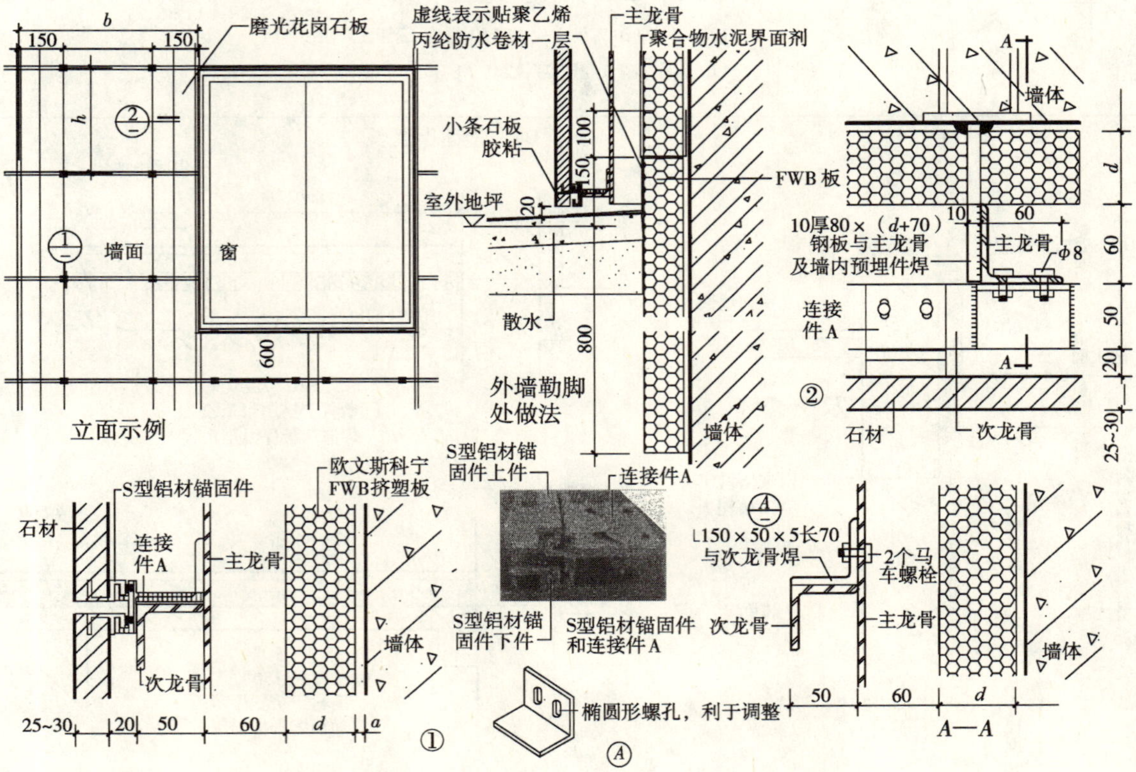
b
150
150
磨光花岗石板
h
2
1
墙面
窗
600
立面示例
虚线表示贴聚乙烯
丙纶防水卷材一层
主龙骨
聚合物水泥界面剂
小条石板
胶粘
100
150
室外地坪
20
FWB板
散水
800
外墙勒脚
处做法
墙体
A
墙体
d
10厚80×（d+70）
钢板与主龙骨
及墙内预埋件焊
10
60
主龙骨
φ8
60
连接
件A
50
A
20
②
石材
次龙骨
25~30
石材
S型铝材锚固件
连接
件A
主龙骨
次龙骨
欧文斯科宁
FWB挤塑板
墙体
25~30
20
50
60
d
a
①
S型铝材锚
固件上件
连接件A
S型铝材锚
固件下件
S型铝材锚固件
和连接件A
椭圆形螺孔，利于调整
A
L150×50×5长70
与次龙骨焊
2个马
车螺栓
次龙骨
主龙骨
墙体
50
60
d
A—A

D1　低温热水地板辐射采暖地面
（适用于分户计量采暖
无防水要求的地面）

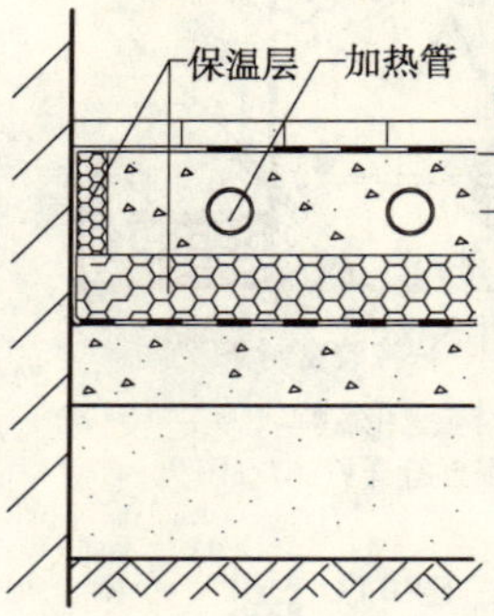

1. 面层（由设计人定）
2. C15 细石混凝土垫层随打随抹平，加热管管中以上厚度≥30 厚
3. 沿外墙内侧贴 20 厚欧文斯科宁挤塑聚苯乙烯泡沫板，高与垫层上皮平
4. 铺 18 号镀锌低碳钢丝网，用扎带与加热管绑牢（用固定卡子固定时无此道工序）
5. 铺真空镀铝聚脂薄膜（或铺玻璃布基铝箔贴面层）绝缘层
6. 30 厚 FM150 型欧文斯科宁挤塑聚苯乙烯泡沫板保温层
7. 1.5 厚聚氨酯涂膜防潮层（或按工程设计）
8. 50 厚 C15 细石混凝土随打随抹平
9. 100 厚 3∶7 灰土（或 150 厚卵石灌浆）
10. 素土夯实，压实系数 0.90

D2　低温热水地板辐射采暖地面
（适用于分户计量采暖
有防水要求的地面）

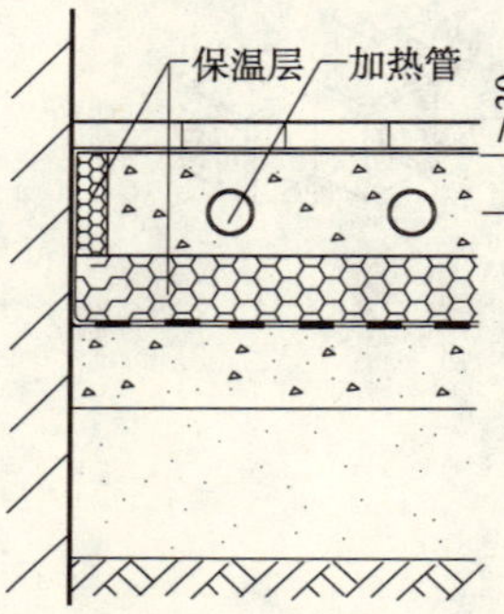

1. 面层及保护层（由设计人定）
2. 1.5 厚聚氨酯涂膜防水层（或按工程设计）
3. C15 细石混凝土垫层随打随抹平，从门口向地漏找 1% 坡，加热管管中以上厚度≥30 厚
4. 沿外墙内侧贴 20 厚欧文斯科宁挤塑聚苯乙烯泡沫板，高与垫层上皮平
5. 铺 18 号镀锌低碳钢丝网，用扎带与加热管绑牢（用固定卡子固定时无此道工序）
6. 铺真空镀铝聚脂薄膜（或铺玻璃布基铝箔贴面层）绝缘层
7. 30 厚 FM150 型欧文斯科宁挤塑聚苯乙烯泡沫板保温层
8. 1.5 厚聚氨酯涂膜防潮层（材料或按工程设计）
9. 50 厚 C15 细石混凝土随打随抹平
10. 100 厚 3∶7 灰土（或 150 厚卵石灌浆）
11. 素土夯实，压实系数 0.90

D3　地面保温

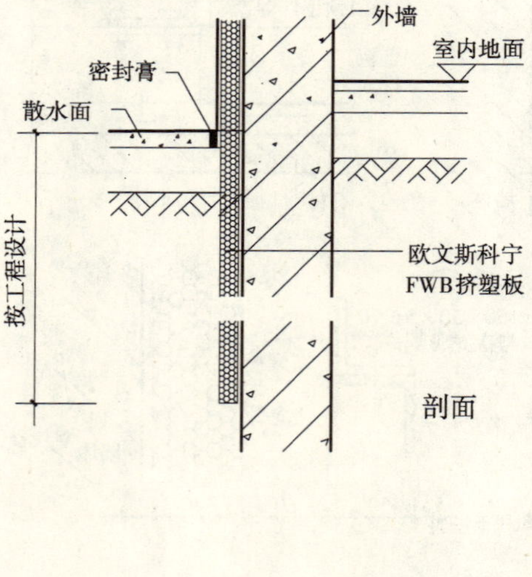

剖面

D4　地面保温

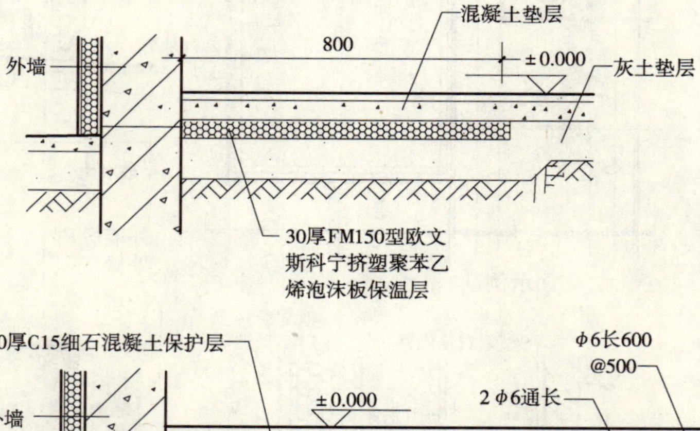

D4　地面保温剖面（暖气沟处）

保温楼面及保温顶棚

L1 低温热水地板辐射采暖楼面

（适用于采暖分户计量无防水要求的楼面）

不含面层：厚度 90　荷载：1.70KN/m²

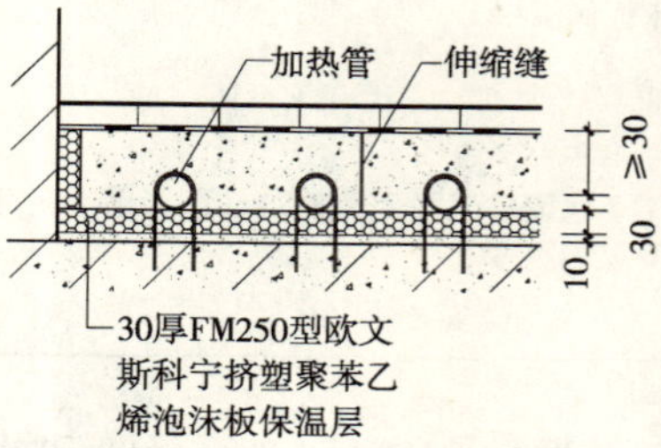

1. 面层（由设计人定）
2. C15 细石混凝土垫层随打随抹平，加热管中向上厚度≥30 厚
3. 沿外墙内侧贴 20 厚欧文斯科宁挤塑聚苯乙烯泡沫板，高与垫层上皮平
4. 铺 18 号镀锌低碳钢丝网，用扎带与加热管绑牢（用固定卡子固定时无此道工序）
5. 铺真空镀铝聚脂薄膜（或铺玻璃布基铝箔贴面层）绝缘层
6. 30 厚 FM250 型欧文斯科宁挤塑聚苯乙烯泡沫板保温层
7. 10 厚 1:3 水泥砂浆找平层
8. 钢筋混凝土楼板

注：楼面荷载大于 2KN 时，在垫层内距加热管上皮 10mm 处需加 ϕ6@150 双向钢筋网。

L2 低温热水地板辐射采暖楼面

（适用于采暖分户计量有防水要求的楼面）

荷载：2.18KN/m²

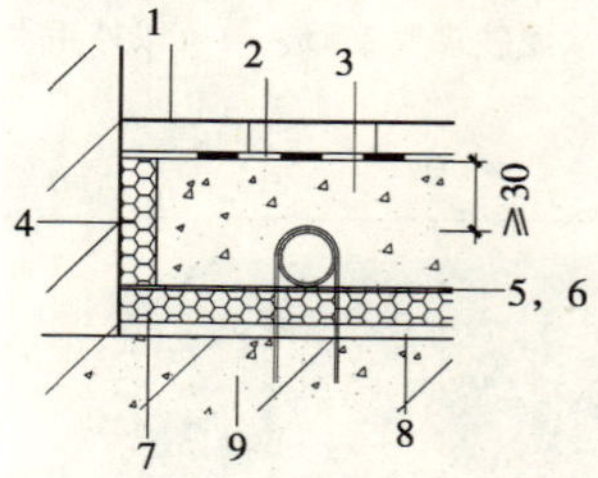

1. 面层及保护层（由设计人定）
2. 1.5 厚聚氨酯涂膜防水层（材料或按工程设计）
3. C15 细石混凝土垫层随打随抹平，从门口向地漏找 1% 坡，加热管上皮最薄处≥30 厚
4. 沿外墙内侧贴 20 厚欧文斯科宁挤塑聚苯乙烯泡沫板，高与垫层上皮平
5. 铺 18 号镀锌低碳钢丝网，用扎带与加热管绑牢（用固定卡子固定时无此道工序）
6. 铺真空镀铝聚脂薄膜（或铺玻璃布基铝箔贴面层）绝缘层
7. 25 厚 FM250 型欧文斯科宁挤塑聚苯乙烯泡沫板保温层
8. 10 厚 1:3 水泥砂浆找平层
9. 钢筋混凝土楼板

L3 保温楼面

（L4）

传热系数

0.47[W/(m²·K)]

0.55[W/(m²·K)]

1. 面层做法按工程设计
2. 40 厚 C20 细石混凝土随打随压光，配双向 ϕ4@150（浇混凝土时注意向上拉钢筋网片使网片居混凝土中）3m×3m 分缝，缝宽 10
3. 60（50）厚挤塑聚苯板用聚合物砂浆粘贴
4. 钢筋混凝土楼板

注：L3 用于下层为不采暖空间时（如：不采暖地下室）的上层楼面保温。（最佳做法为：在下层作保温顶棚）
L4 用于下部为室外空气时（如：过街楼）的楼面保温（最佳做法为：在过街楼板下部作保温顶棚）

X1 保温墙面

（适用于不采暖楼梯间做保温墙面）

（钢筋混凝土内墙）

传热系数

1.35[W/(m²·K)]

1. 涂料饰面按工程设计
2. 2 厚耐水腻子
3. 6 厚粉刷石膏抹平，中间压入一层中碱玻纤网格布
4. 15 厚挤塑聚苯板保温用聚合物砂浆粘贴
5. 钢筋混凝土楼梯间内墙，墙面做界面处理

B1 保温顶棚（B2）传热系数

0.47[W/(m²·K)]

0.55[W/(m²·K)]

1. 钢筋混凝土楼板扫净刷界面剂一道
2. 用聚合物砂浆粘贴 60 厚（B1）、50 厚（B2）挤塑聚苯板，并用 ϕ5 带大垫圈胀管螺钉（双向中距@700）固定于楼板
3. 5 厚粉刷石膏，内压入一层中碱玻纤网格布
4. 2 厚耐水腻子
5. 饰面按工程设计

注：B1 用于接触室外空气（如：过街楼）的顶棚保温；
B2 用于上层采暖下层不采暖时下层顶棚的保温，如：不采暖地下室的顶棚保温。

W1～W6 屋面传热系数

挤塑板厚度	传热系数[W/(m²·K)]
50	0.58
55	0.53
60	0.50
65	0.47
70	0.44
75	0.41
80	0.39
90	0.35
95	0.34

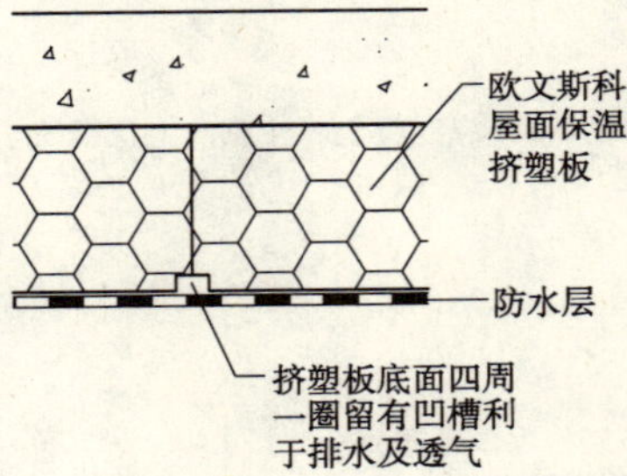

挤塑板底面留有凹槽

用于各屋面做法

挤塑聚苯板也很适用于非倒置式一般屋面的保温层，见 88J1-3《工程做法》图集

W1　倒置式上人屋面

1. 6 厚防滑地砖 5 厚聚合物砂浆铺卧
2. 40 厚 C20 细石混凝土，双向 ϕ4@250
3. *N* 厚 FM150 型欧文斯科宁挤塑聚苯乙烯泡沫板保温层
4. 防水层
5. 20 厚 1∶3 水泥砂浆找平层
6. 找坡层：檐口起始处 1m 范围内用 0～20 厚 1∶3 水泥砂浆找 2% 坡，1m 以外用水泥页岩陶粒找 2% 坡最薄 20 厚。
7. 钢筋混凝土屋面板

W2　倒置式上人屋面

1. 干铺 40 厚 500×500 预制混凝土板，C20 细石混凝土，双向 ϕ6@ 200，光模一次成型，安装后不再抹面
2. *N* 厚 FM150 型欧文斯科宁挤塑聚苯乙烯泡沫板保温层
3. 防水层
4. 20 厚 1∶3 水泥砂浆找平层
5. 找坡层：檐口起始处 1m 范围内用 0～20 厚 1∶3 水泥砂浆找 2% 坡，1m 以外用水泥页岩陶粒找 2% 坡最薄 20 厚
6. 钢筋混凝土屋面板

W3　倒置式上人屋面（或不上人）

1. 干铺 396×396×40 水泥花砖，靠女儿墙处水泥砖侧面粘贴挤塑板条挤紧
2. 在挤塑板墩上用专用胶粘专用塑料座
3. 用专用胶粘窝 180×180×180 挤塑板块，双向中距 400
4. *N* 厚 FM150 型欧文斯科宁挤塑聚苯乙烯泡沫板保温层
5. 防水层
6. 20 厚 1∶3 水泥砂浆找平层
7. 找坡层：檐口起始处 1m 范围内用 0～20 厚 1∶3 水泥砂浆找 2% 坡，1m 以外用水泥页岩陶粒找 2% 坡，最薄 20 厚
8. 钢筋混凝土屋面板

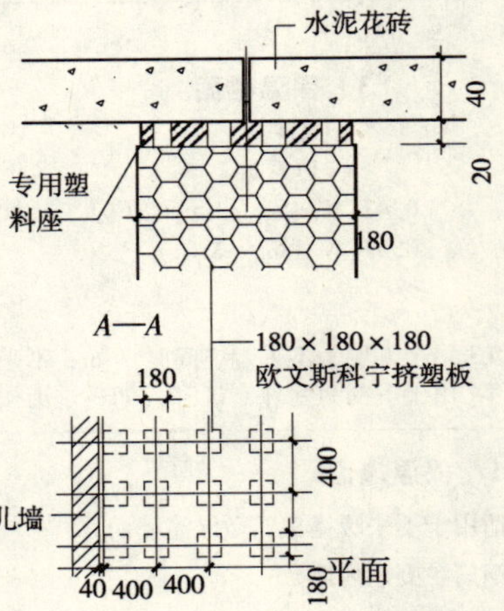

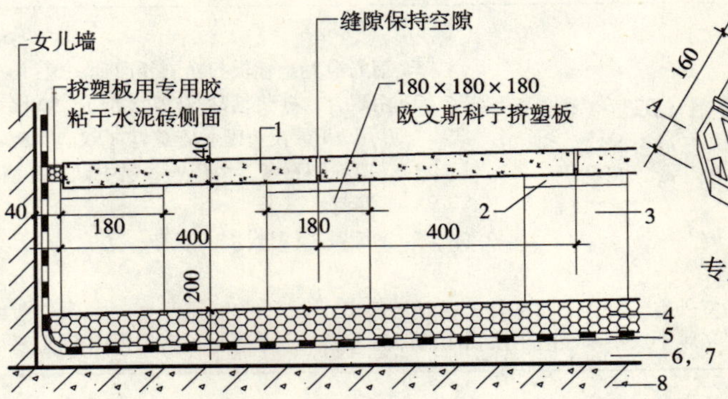

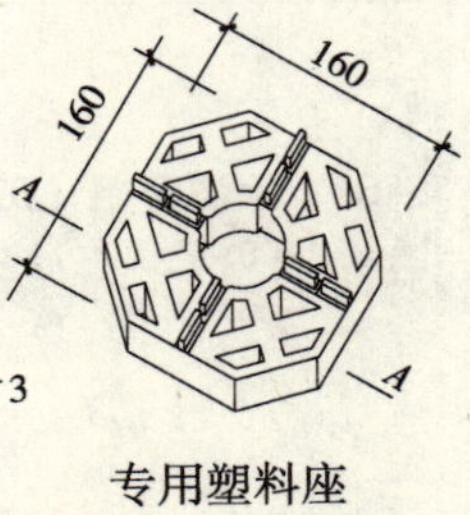

专用塑料座

W4 倒置式不上人屋面

1. 20 厚卵石保护层
2. 无纺布一道
3. *N* 厚 FM150 型欧文斯科宁挤塑聚苯乙烯泡沫板保温层
4. 防水层
5. 20 厚 1:3 水泥砂浆找平层
6. 找坡层：檐口起始处 1m 范围内用 0～20 厚 1:3 水泥砂浆找 2% 坡，1m 以外用水泥页岩陶粒找 2% 坡，最薄 20 厚
7. 钢筋混凝土屋面板

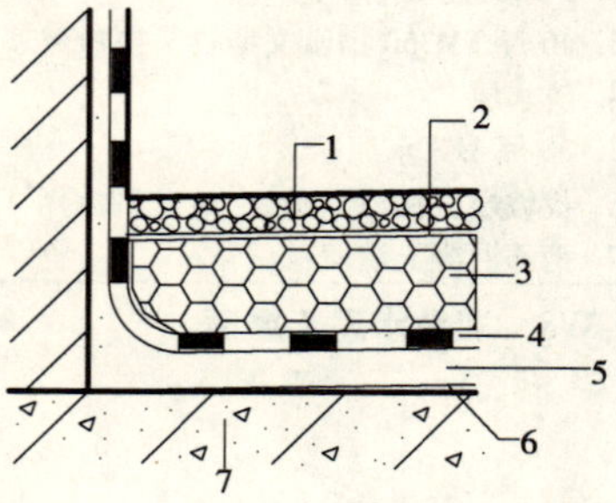

W5 倒置式不上人屋面

1. 20 厚水泥砂浆，双向@250，双向 1m 分格，分格缝处钢筋断开，缝宽 10，缝填密封膏
2. *N* 厚 FM150 型欧文斯科宁挤塑聚苯乙烯泡沫板保温层
3. 防水层
4. 20 厚 1:3 水泥砂浆找平层
5. 找坡层：檐口起始处 1m 范围内用 0～20 厚 1:3 水泥砂浆找 2% 坡，1m 以外用水泥页岩陶粒找 2% 坡，最薄 20 厚
6. 钢筋混凝土屋面板

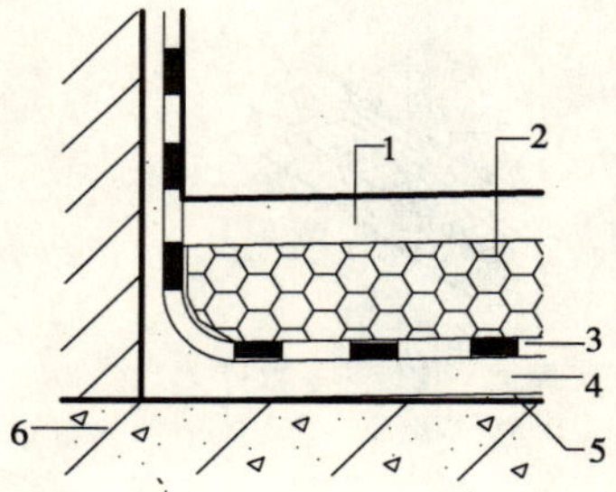

W6 倒置式不上人屋面

1. 干铺 25 厚 300×300 预制光模混凝土块，C20 细石混凝土
2. *N* 厚 FM150 型欧文斯科宁挤塑聚苯乙烯泡沫板保温层
3. 防水层
4. 20 厚 1:3 水泥砂浆找平层
5. 找坡层：檐口起始处 1m 范围内用 0～20 厚 1:3 水泥砂浆找 2% 坡，1m 以外用水泥页岩陶粒找 2% 坡，最薄 20 厚
6. 钢筋混凝土屋面板

W7 停车场屋面 一般用于地下室、半地下室或一层房屋的屋面，停放小型车（卧车）。如工程需要停放中型车，其构造做法需另行确定。

1. 80 厚 C20 混凝土随打随抹，配筋：双向 ϕ8@250，分缝 12 宽，双向中距 3000，缝填粗砂。
2. 3 厚纸筋灰隔离层
3. 40 厚 FM350 型欧文斯科宁挤塑聚苯乙烯泡沫板保温层
4. 防水层
5. 20 厚 1:3 水泥砂浆找平层
6. 找坡层：檐口起始处 1m 范围内用 0～20 厚 1:3 水泥砂浆找 2% 坡，1m 以外用水泥页岩陶粒找 2% 坡，最薄 20 厚
7. 钢筋混凝土屋面板

W8 彩色水泥瓦屋面

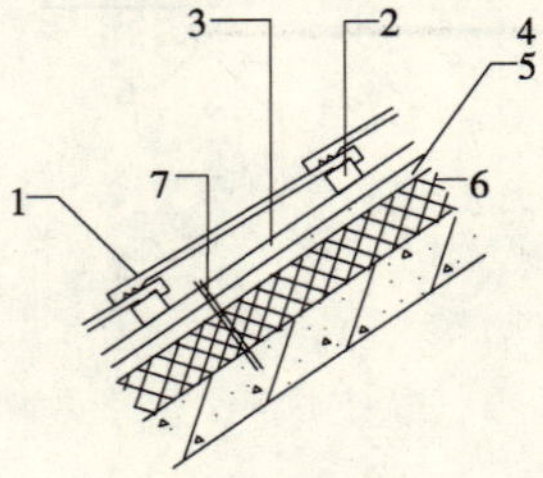

屋面平均传热系数：
0.58[W/(m² · K)]

1. 彩色水泥瓦
2. 30×25 木挂瓦条
3. 30×20 木顺水条，用预埋的 12 号镀锌低碳钢丝绑扎
4. 1.5 厚水乳型聚合物水泥基复合防水涂料
5. 20 厚 1:3 水泥砂浆找平
6. 50 厚 FM150 型欧文斯科宁挤塑聚苯板，用聚合物砂浆粘贴，檐口处设 L50×4 角钢挡（防保温层下滑），用膨胀螺丝固定在屋面板上，也可设置钢筋混凝土檐口挡
7. 钢筋混凝土屋面板，预埋 12 号镀锌低碳钢丝绑扎顺水条，中距 900×900

（预制板可埋于板缝中）

W9 彩色水泥瓦屋面

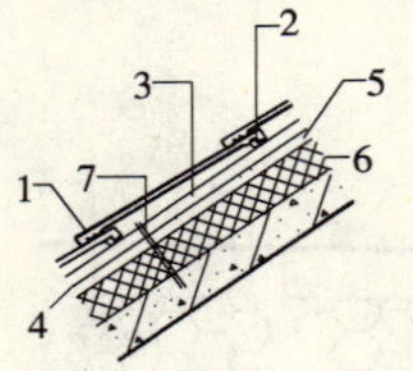

屋面平均传热系数：
0.58[W/(m² · K)]

1. 彩色水泥瓦
2. 20×20×1.2 镀锌钢管挂瓦条，用钢自攻螺钉与顺水条拧紧
3. 20×20×1.2 镀锌钢管顺水条，中距 900，与 ϕ10 焊
4. 1.5 厚水乳型聚合物水泥基复合防水涂料
5. 20 厚 1:3 水泥砂浆找平
6. 50 厚 FM150 型欧文斯科宁挤塑聚苯板，用聚合物浆粘贴，檐口处设 L50×4 角钢挡（防保温层下滑），用膨胀螺丝固定在屋面板上
7. 钢筋混凝土屋面板，预埋 ϕ10 钢筋头，露出板面 80 焊顺水条用，中距 900×900（预制板时可埋于板缝中）

注：工程中对保温有不同要求时，可增减聚苯板厚度。

W10 玻纤多彩瓦屋面
（W10a）

屋面坡度
22.5～45°

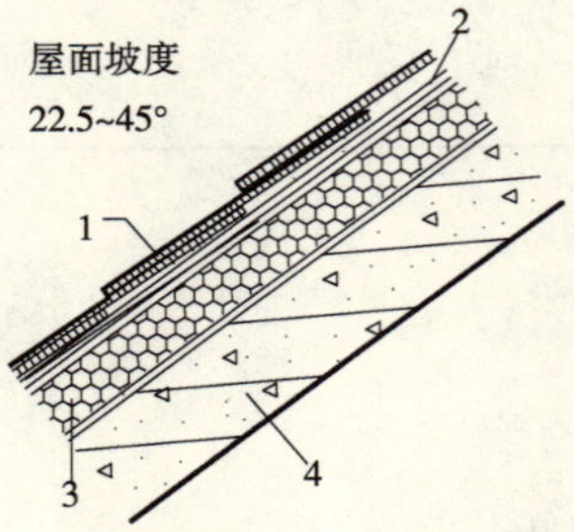

1. 欧文斯科宁玻纤多彩瓦用聚合物砂浆粘贴，并用 ϕ3 的专用钢钉固定，钉入砂浆内 ≥8
2. 4 厚专用聚合物砂浆抹平，中间压入一层耐碱玻纤网格布
3. 50 厚 FM150 型欧文斯科宁挤塑聚苯板，用专用聚合物砂浆粘贴
4. 钢筋混凝土板

屋面平均传热系数：0.58[W/(m² · K)]

注：玻纤多彩瓦由五层材料组成，中间一层为玻纤层两侧为氧化沥青表面覆盖一层自然的陶化板岩颗粒。

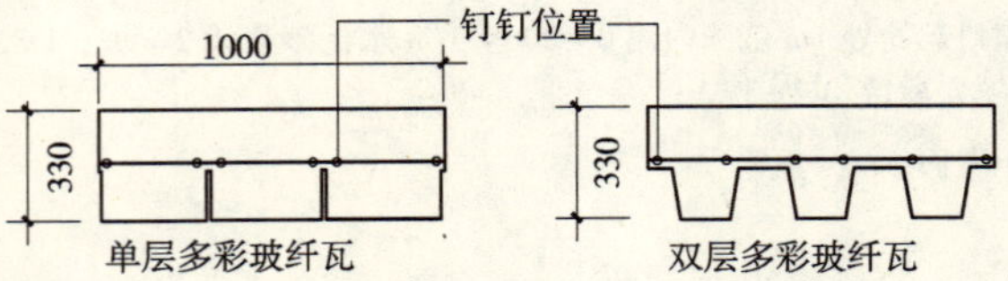

重量 10～17kg/m²
厚度 3.1

W11　玻纤多彩瓦屋面（W11a）

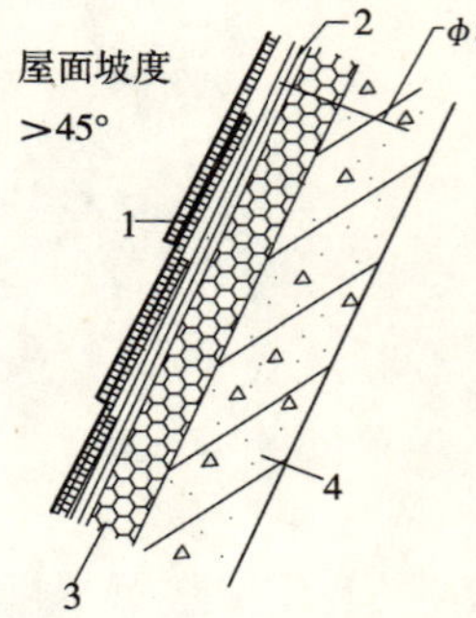

1. 欧文斯科宁玻纤多彩瓦用聚合物砂浆粘贴，并用$\phi3$的专用钢钉固定，钉入砂浆内≥19
2. 25厚1∶3水泥砂浆找平，双向$\phi4@250$与屋面混凝土板伸出的$\phi8$钢筋绑牢
3. 40（50）厚FM150型欧文斯科宁挤塑聚苯板，用专用聚合物砂浆粘贴
4. 钢筋混凝土板预埋$\phi8$钢筋，双向中距900，伸出板面60（70）

屋面平均传热系数：0.70W/(m^2·K) 0.58W/(m^2·K)

W12　种植屋面

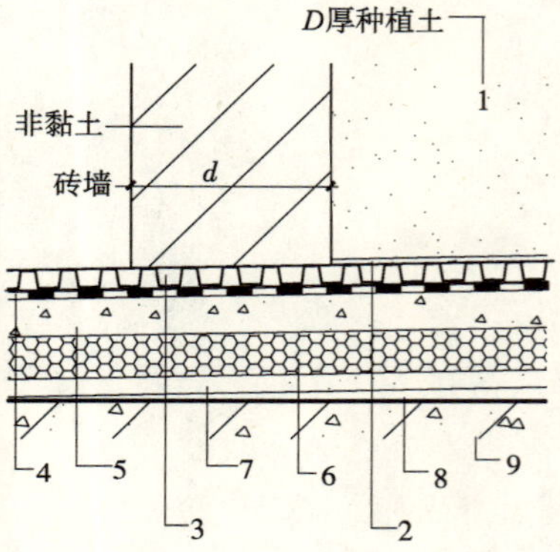

1. D厚种植土
2. 过滤布（土工布）
3. 20高塑料凸片排水层，凸点向上
4. 能抗树根穿透的防水卷材
5. 40厚C20细石混凝土，随打随用1∶1水泥砂浆抹平
6. 50厚FM250型欧文斯科宁挤塑聚苯板用专用聚合物砂浆粘贴
7. 20厚1∶5水泥增稠粉砂浆找平层
8. 找坡层：檐口起始处1m范围内抹0～20厚1∶4水泥砂浆找2%坡，1m以外最薄20厚C15豆石混凝土找2%坡
9. 钢筋混凝土屋面板

欧文斯科宁挤塑板保温构造（节能65%）

欧文斯科宁®—保温系列产品

产品名称	规格型号	性能特点	适用范围	备注
欧文斯科宁® FEWEIS™ 外墙外保温系统 福满乐 挤塑泡沫板	尺寸：600×1200	保温性能好，采用与外墙粘钉结合固定，可靠安全。采用单组份干混砂浆涂抹，使整体稳固、耐久	适用于新建、扩建、改建的工业与民用建筑的承重或非承重外墙保温	FEWEIS™系统已在多种墙体结构、多层和高层住宅建建、多种饰面系统上的应用实例
欧文斯科宁® 挤塑泡沫板	尺寸：600×1200（2450）×20（25、30、40、50、60）1200×1200（2450）×20（25、30、40、50、60）	具有不同密度，不同抗压强度（150～700KPa）之间，具有导热系数低和抗湿性能好等特点	适用于屋面保温、外墙保温、楼地面保温以及家庭地面保温	其铺垫宝产品铺设于地板下面能够获得良好的脚感和隔潮保温的效果

三、88JZ16

填充 GZL 保温轻集料砌块（节能 65%）

1

说　明

说　　明

一、简介

本图集为“北京嘉隆昌保温墙材科技有限公司”研发的用于框架结构填充墙的保温砌块，即以水泥为胶结料，炉渣、陶粒等为粗骨料，加入适量掺合剂制成。用于外墙的保温砌块，在孔洞中加入聚苯板保温。为配套使用，同时编有用于各种结构非承重内隔墙的嘉隆昌轻集料砌块。

二、适用范围

适用于抗震设防烈度为 8 度及 8 度以下的建筑的内外填充墙、隔断墙，外墙可直接贴面砖，其中 140（190）系列砌块内填隔声材料后适于隔声要求 50dB 以上的住宅分户墙和有隔声要求的公共建筑隔墙。

三、设计依据

1. 《轻集料混凝土小型空心砌块》(GB/T 15229—2002)
2. 《砌体结构设计规范》(GB 50003—2001)
3. 《建筑抗震设计规范》(GB 50011—2001)
4. 《居住建筑节能设计标准》(DBJ 01—602—2004)
5. 《民用建筑热工设计规范》(GB 50176—93)
6. 《建筑设计防火规范》(GBJ 16—87)(2001 年版)
7. 《高层民用建筑设计防火规范》(GB 50045—95)(2005 年版)
8. 《民用建筑隔声设计规范》(GBJ 118—88)
9. 《砌体工程施工质量验收规范》(GB 50203—2002)
10. 《轻骨料混凝土技术规程》(JGJ 51—2002)

四、砌块规格及编号说明

1. 砌块按厚度分为 6 个系列：290 系列、240 系列、190 系列、140 系列、120 系列、90 系列，其中 290 系列、240 系列为外墙保温砌块。后 4 种系列为内墙砌块，190、140 系列砌块内填充隔声材料后可用于住宅分户墙、宿舍、旅馆、医院、办公楼等有隔声要求的公共建筑内隔墙。

2. 砌块编号

B（K）XX A *b*

- *b*：有“*b*”字时表示砌块高 90mm，无“*b*”字时高 190mm，
- A：有“A”字时表示砌块为辅块
- XX：砌块宽度系列编号
- B（K）：“B”字表示外墙保温砌块，“K”字表示内隔墙砌块。

例：B24 表示砌块为 240 系列，长度 500，高度 190 的外墙保温砌块。

五、设计说明

1. 保温砌块的材料、技术指标、检验方法、外观质量等均应符合国家现行建筑标准和规范。

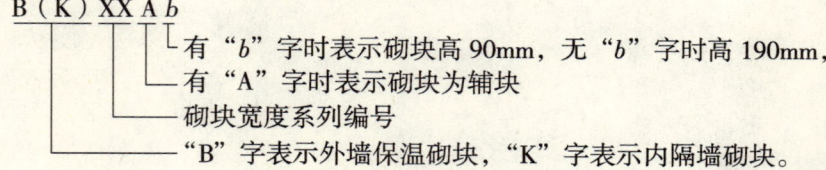

2. 砌块密度等级≤1000kg/m³，用于外墙砌块的强度等级≥MU3.5，用于内墙砌块的强度等级≥MU2.5，砌筑砂浆强度等级≥M5。地面以下不应采用此种砌块砌筑。

3. 砌块排列时，尽量采用主块砌筑，与墙端或柱端交接处用辅块找齐。以保证墙体良好的整体性。砌块上下皮错缝搭接，灰缝饱满，搭接长度不小于90mm，砌块墙与框架柱柔性连接。

4. 砌块墙顶端采用实心砌块斜砌，逐块敲紧，挤实，空隙处用砂浆填满；或用钢筋与上部梁底或板底拉结。当顶端与上部梁或板的间隙小时，可用细石混凝土捻入挤实。

5. 施工需要的孔洞，管道竖槽，不得砌后剔凿；预埋件在砌筑时预留。

热工性能指标　　（外墙砌块）

砌块厚度	290mm	240mm
传热系数	0.42W/(m^2·K)	0.544W/(m^2·K)
检测单位	哈尔滨工业大学建筑节能检测中心	国家建筑材料测试中心

隔声性能指标　　（分户墙砌块）

砌块厚度	140mm（K14，K14A）	190mm（K19，K19A）
检测值	50dB	
检测单位	国家建筑材料测试中心	

注：砌块孔内填充隔声材料。

2
砌块规格尺寸

砌块规格总表

砌块规格总表

位置	外墙砌块	
宽度	290 系列	240 系列
型号	B29（B29b）	B24（B24b）
图示	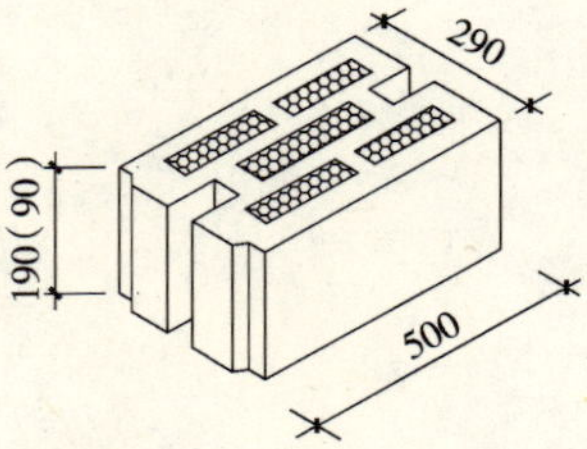	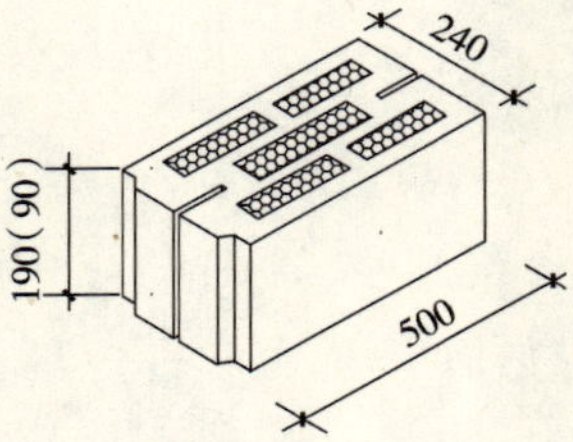
型号	B29A（B29b）	B24A（B24Ab）
图示	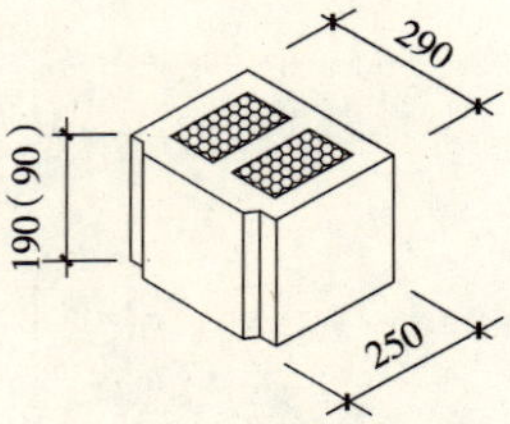	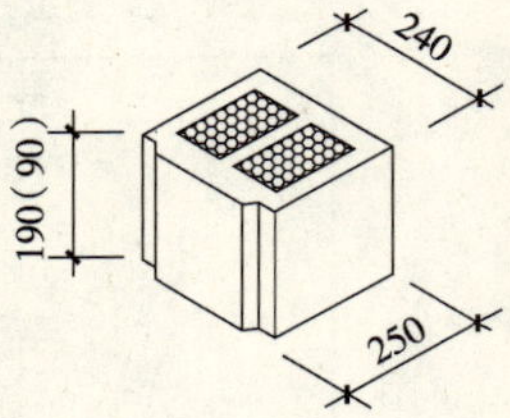
型号	过梁块 U24（U29）	芯柱块 X24，X29（X24b，X29b）
图示	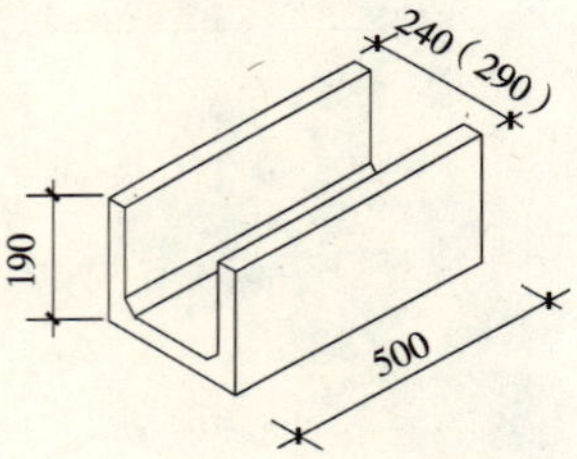	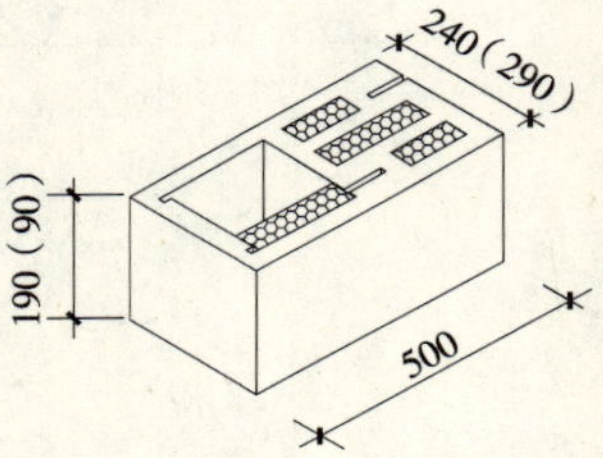

位置	内墙砌块		
宽度	140（190）系列	120 系列	90 系列
型号	K14（K19）	K12	K9
图示	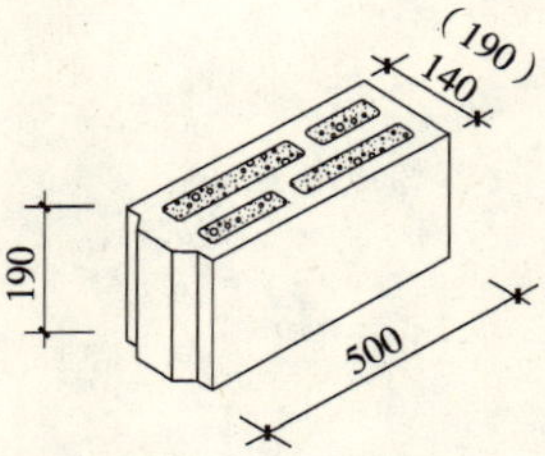	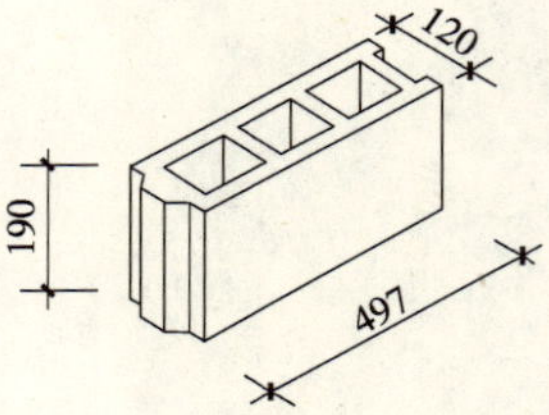	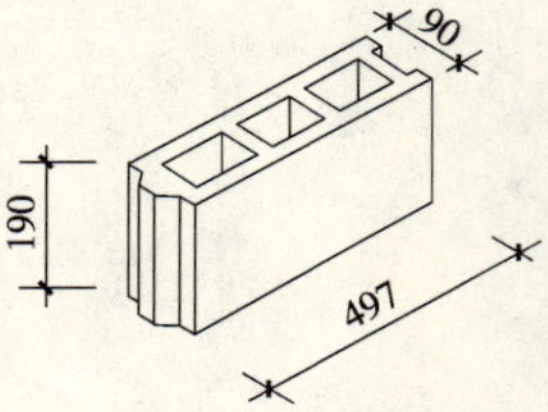

续表

内墙砌块			
型号	K14A（K19A）	K12A	K9A
图示	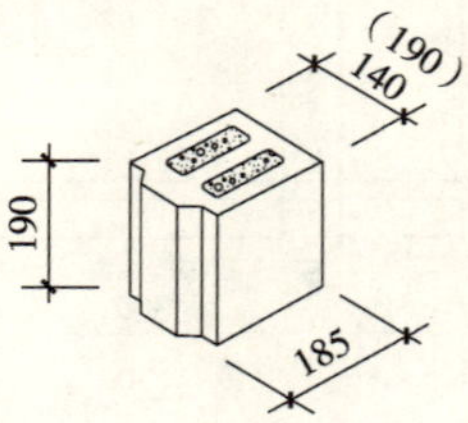	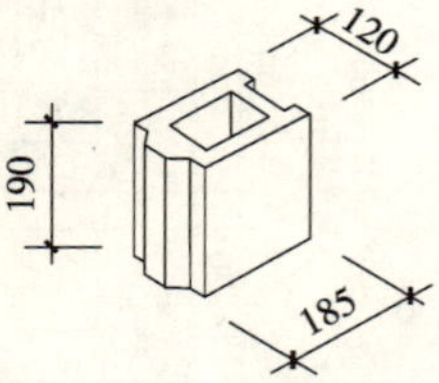	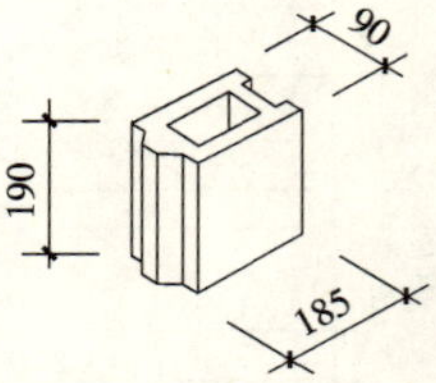
	140（190）系列	120 系列	90 系列
型号	K14S（K19S）	K12S	K9S
图示	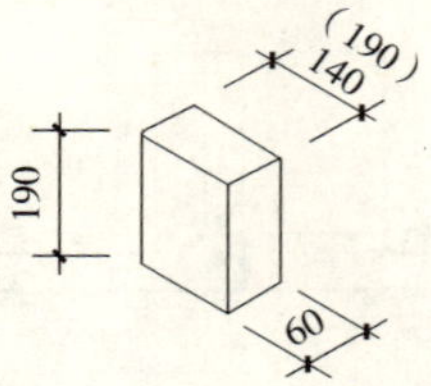	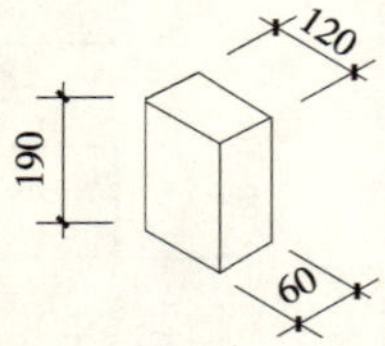	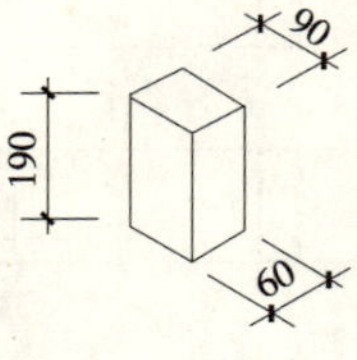

注：90 系列隔墙适用于层高 <2800 的建筑；120 系列隔墙适用于层高 <3300 的建筑；140 系列，190 系列隔墙适用于层高 <4000 的建筑或住宅建筑的分户墙。超过以上高度时按工程设计。

290 系列砌块孔型尺寸

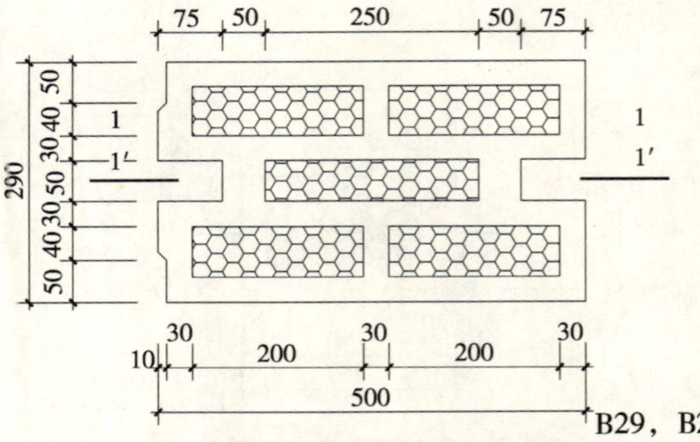

B29，B29b

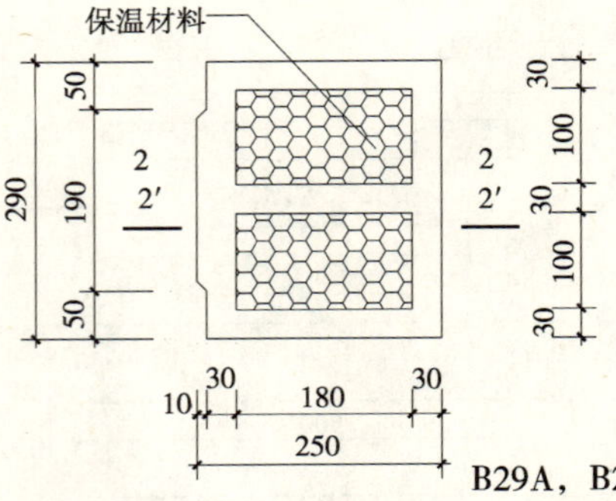

B29A，B29Ab

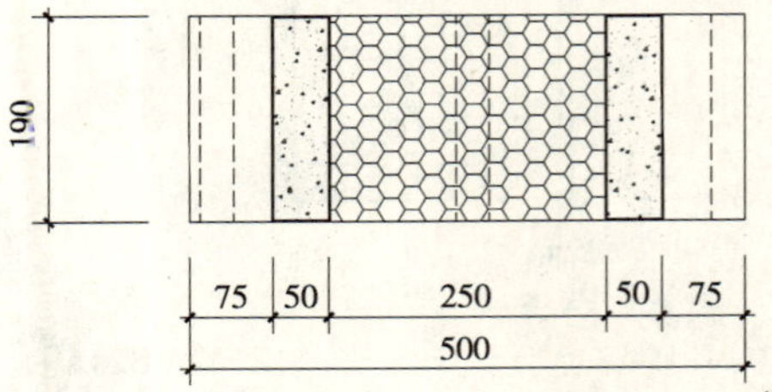

1—1（B29）

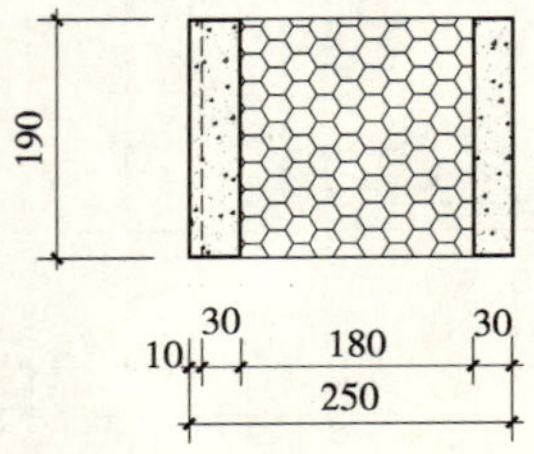

2—2（B29A）

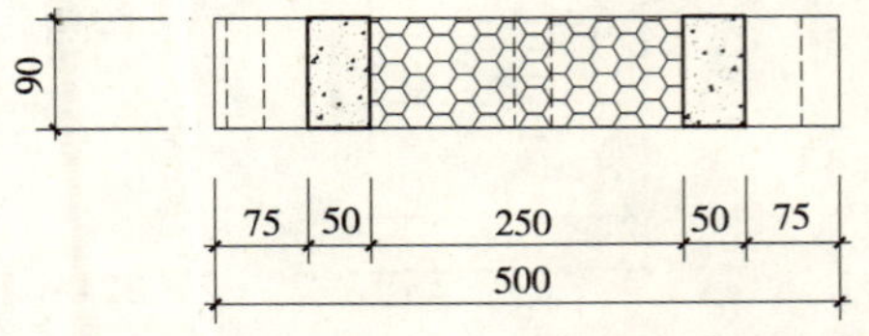

1′—1′（B29b）

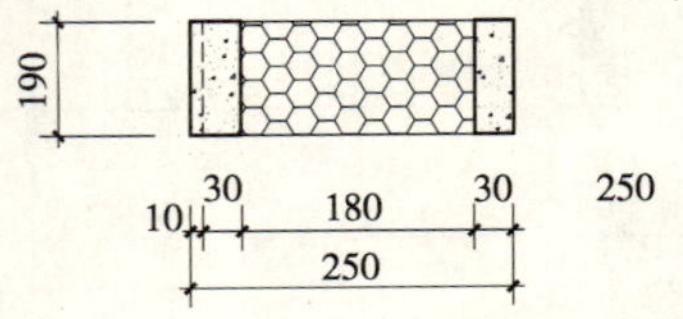

2′—2′（B29Ab）

290 系列芯柱，过梁砌块孔型尺寸

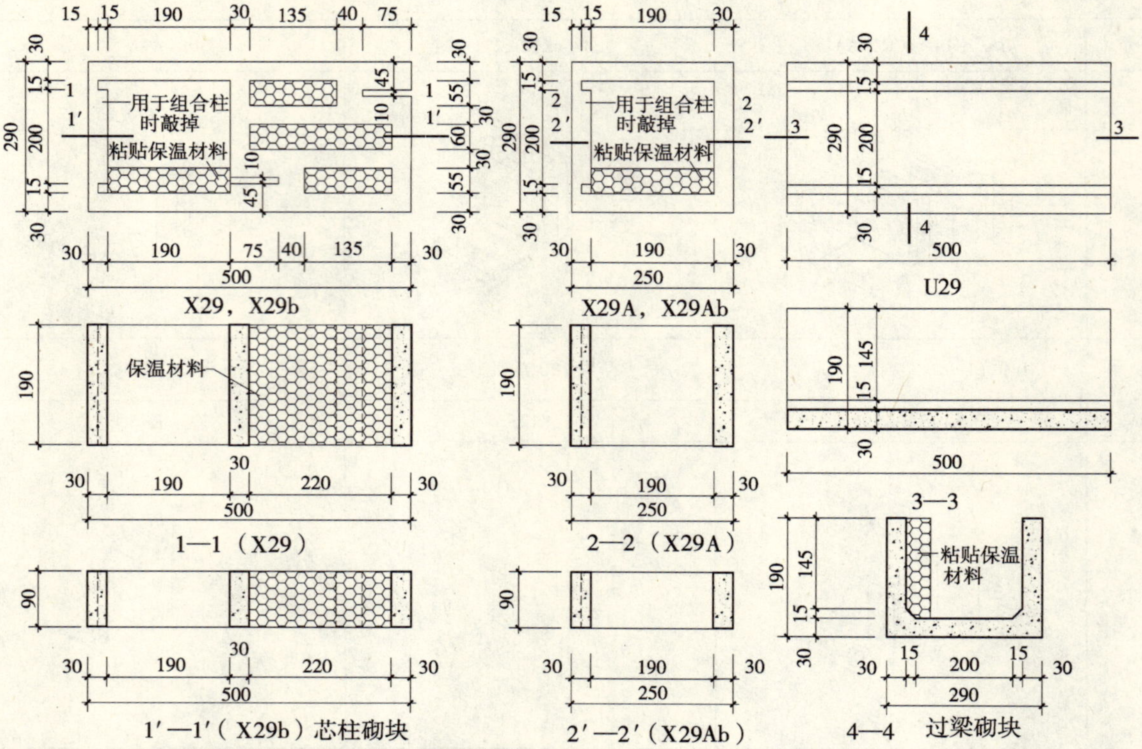

注：芯柱砌块也可用于组合柱；过梁砌块也可用于圈梁。

240 系列砌块孔型尺寸

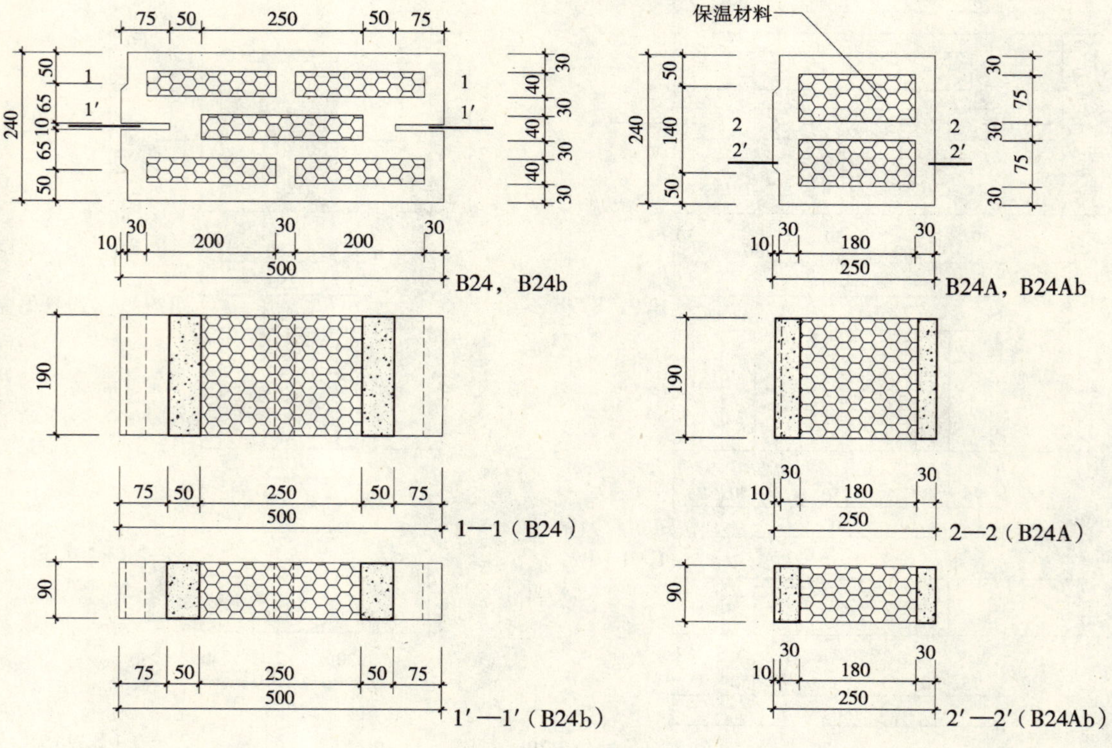

240 系列芯柱，过梁砌块孔型尺寸

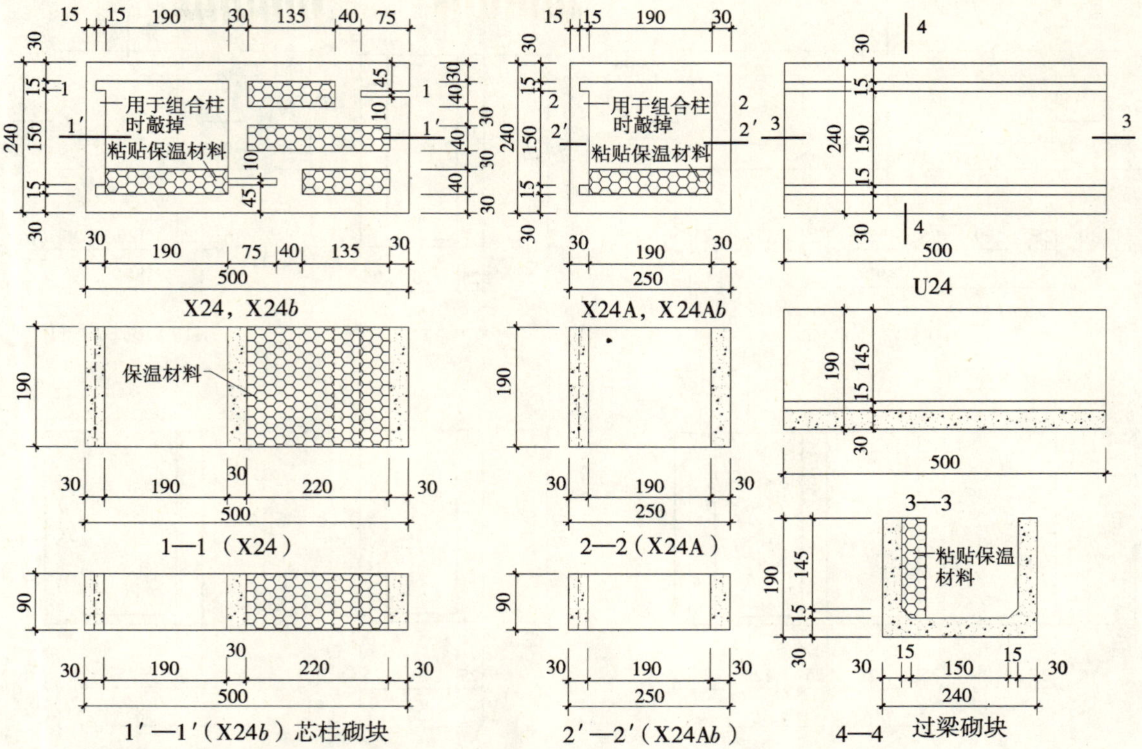

注：芯柱砌块也可用于组合柱；过梁砌块也可用于圈梁。

140（190）系列砌块孔型尺寸（88JZ16）

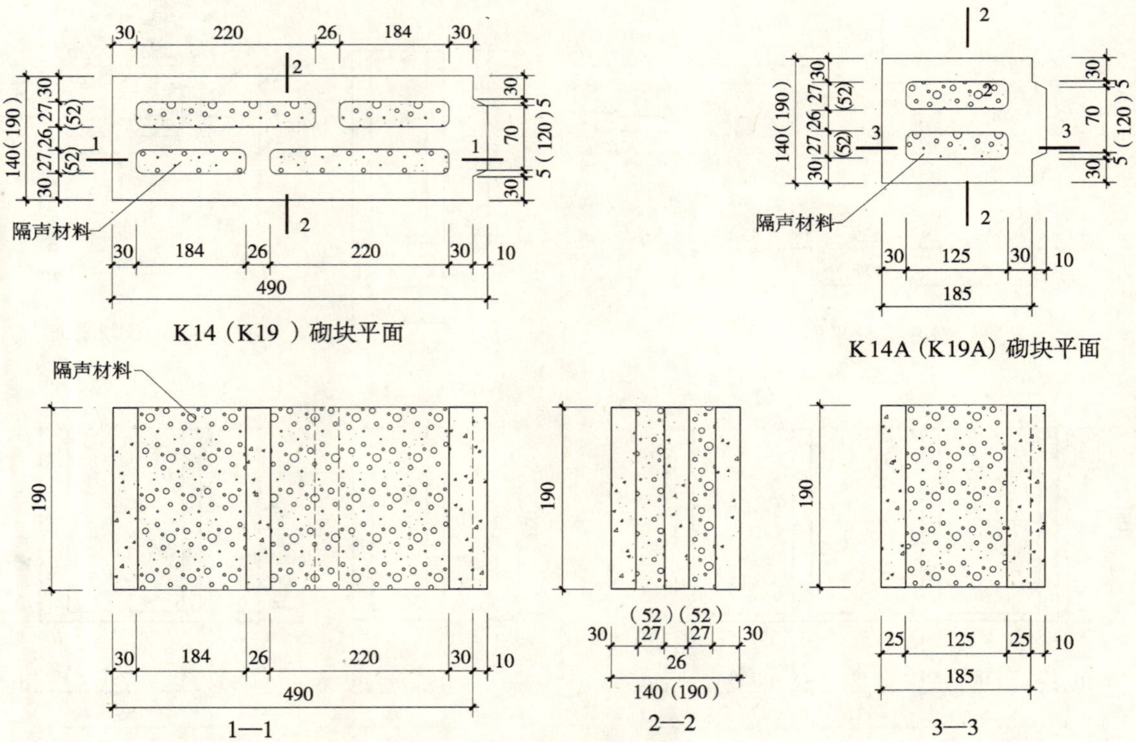

注：该型砌块耐火极限大于4h（国家建筑工程质量监督检测中心检测，
检测号BETC—NH—2005—489）。

120 系列砌块孔型尺寸

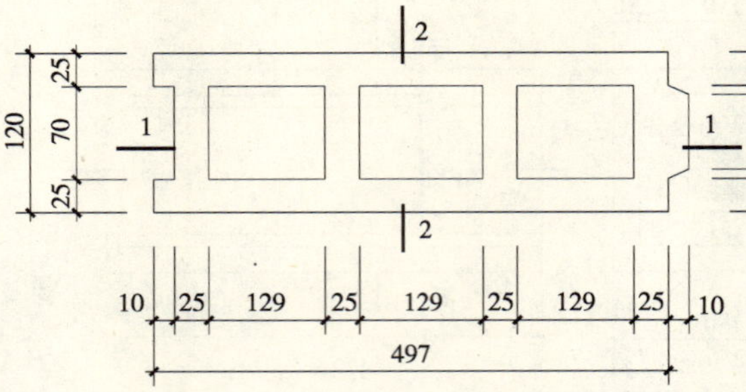

K12 砌块平面

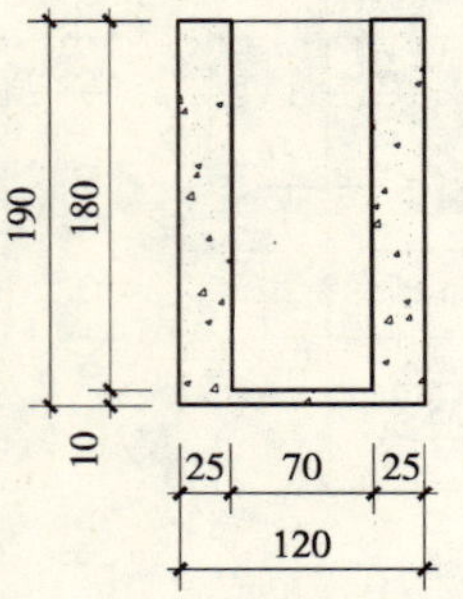

2—2

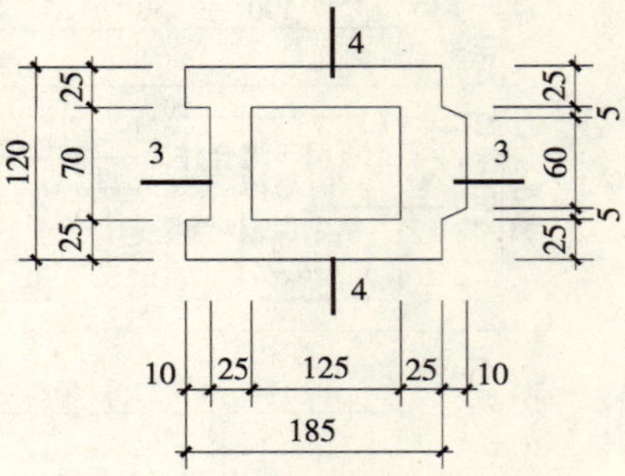

K12A 砌块平面

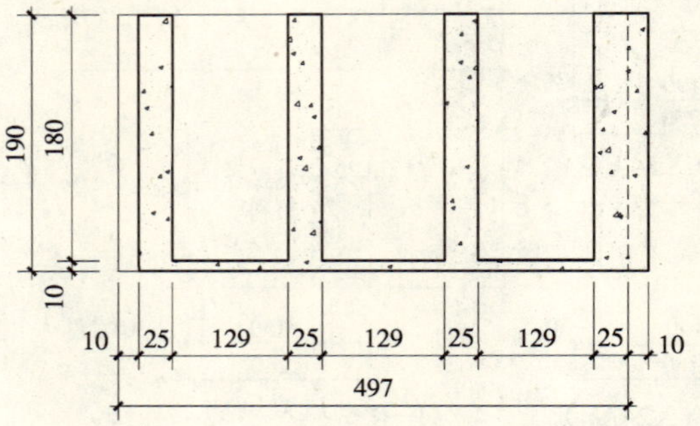

1—1

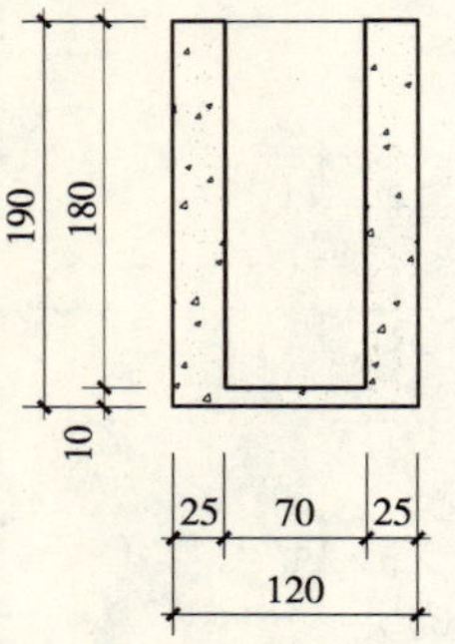

4—4

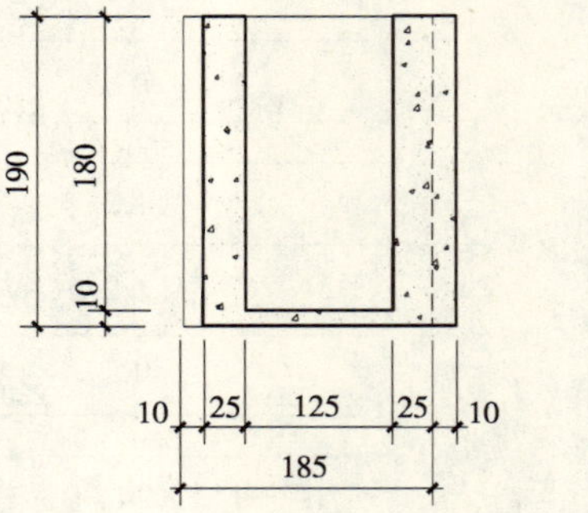

3—3

90 系列砌块孔型尺寸

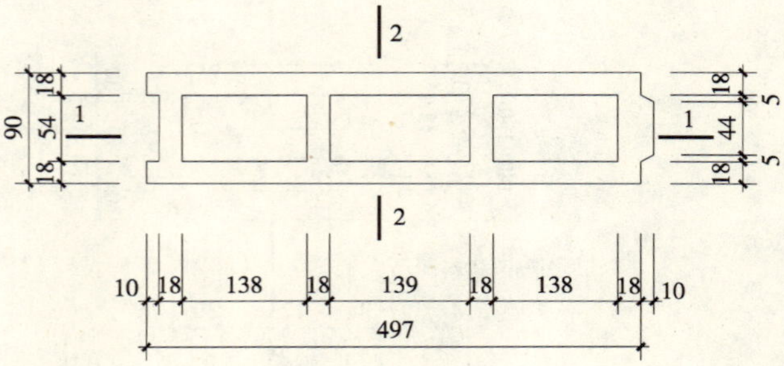

K9 砌块平面

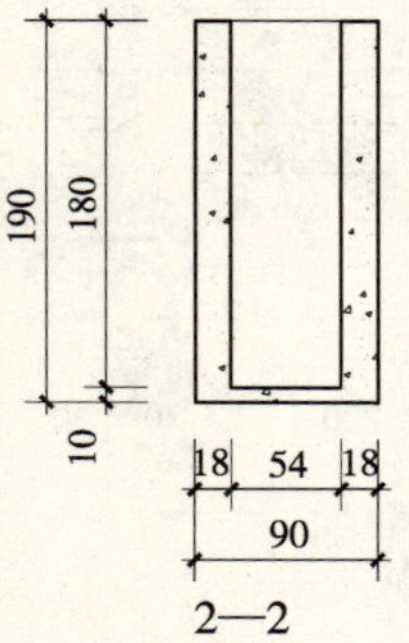

2—2

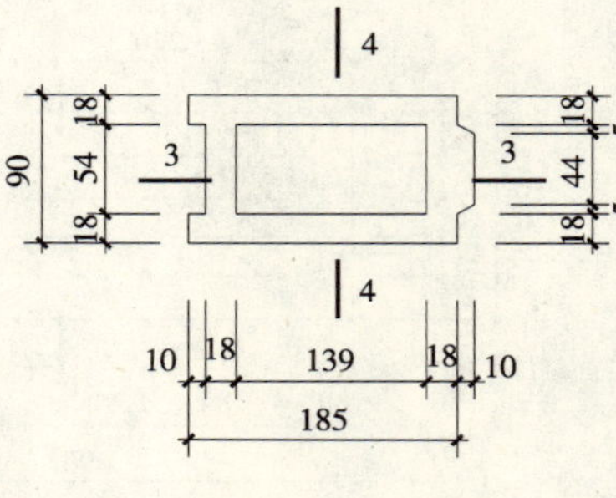

K9A 砌块平面

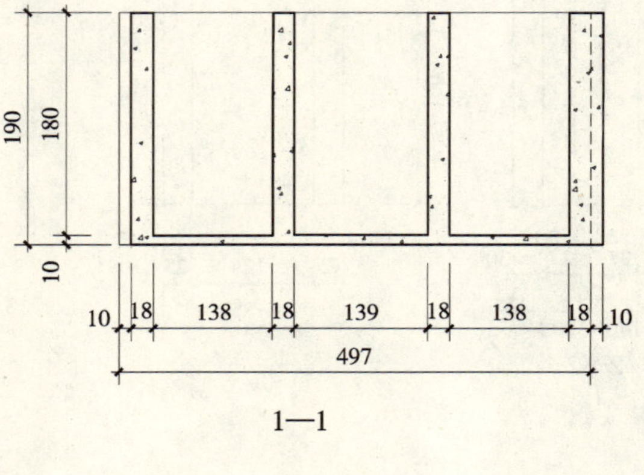

1—1

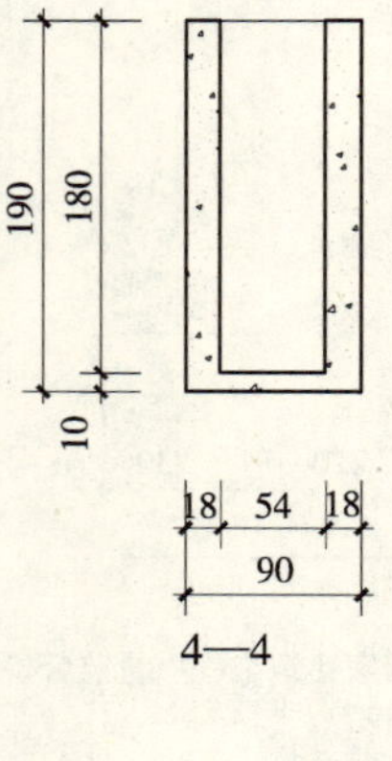

4—4

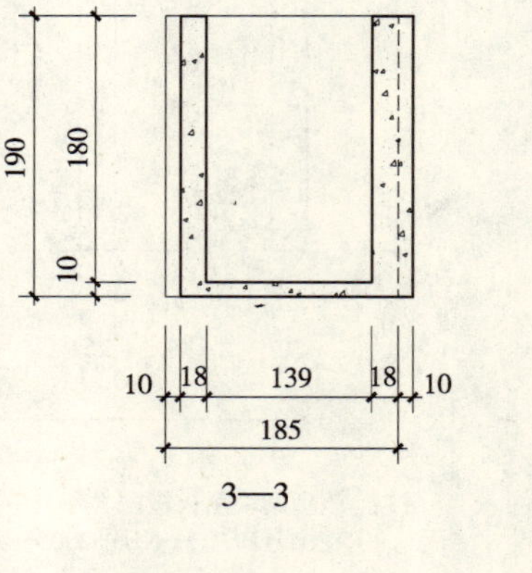

3—3

3
构造做法与详图

外墙砌块排列（嵌砌）

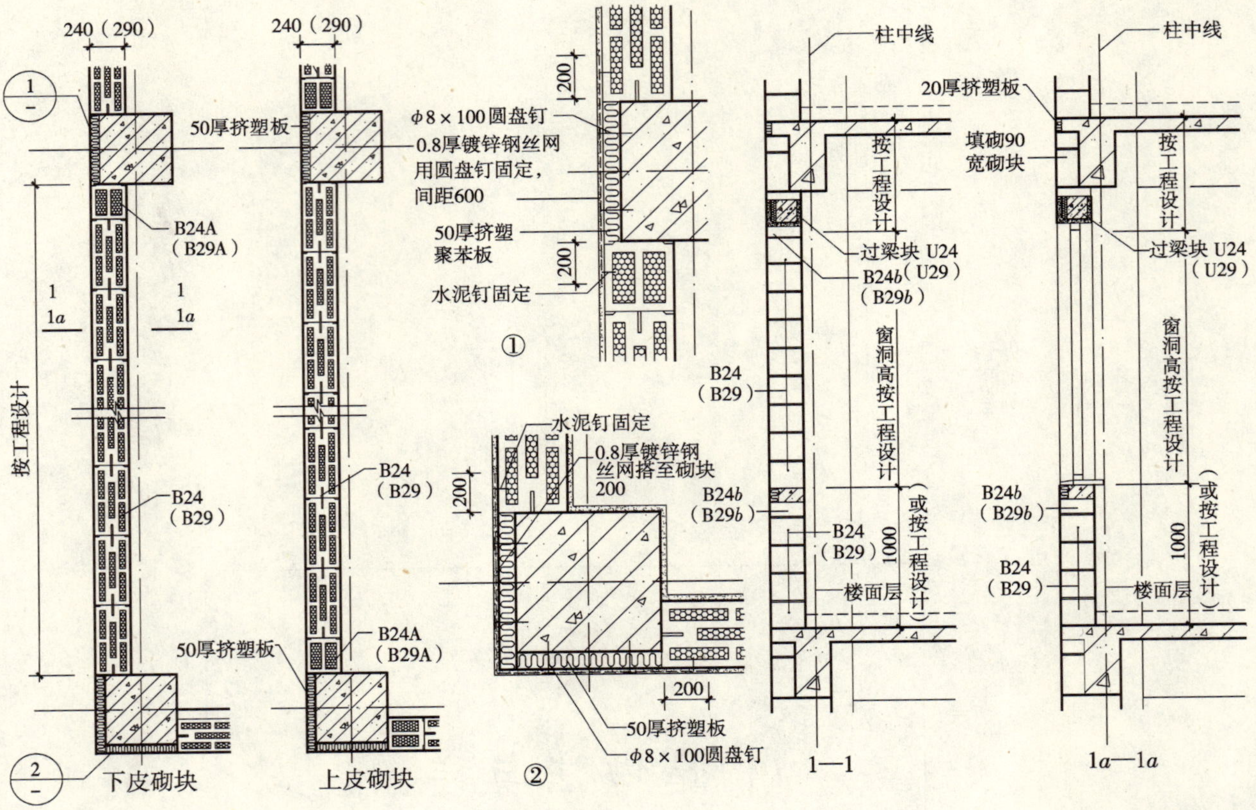
240（290）
50厚挤塑板
B24A
（B29A）
1
1a
按工程设计
B24
（B29）
下皮砌块
上皮砌块
ϕ8×100圆盘钉
0.8厚镀锌钢丝网
用圆盘钉固定，
间距600
50厚挤塑
聚苯板
水泥钉固定
200
①
水泥钉固定
0.8厚镀锌钢
丝网搭至砌块
200
50厚挤塑板
ϕ8×100圆盘钉
②
柱中线
按工程设计
过梁块 U24
（U29）
B24b
（B29b）
窗洞高按工程设计
1000
（或按工程设计）
楼面层
1—1
20厚挤塑板
填砌90
宽砌块
1a—1a

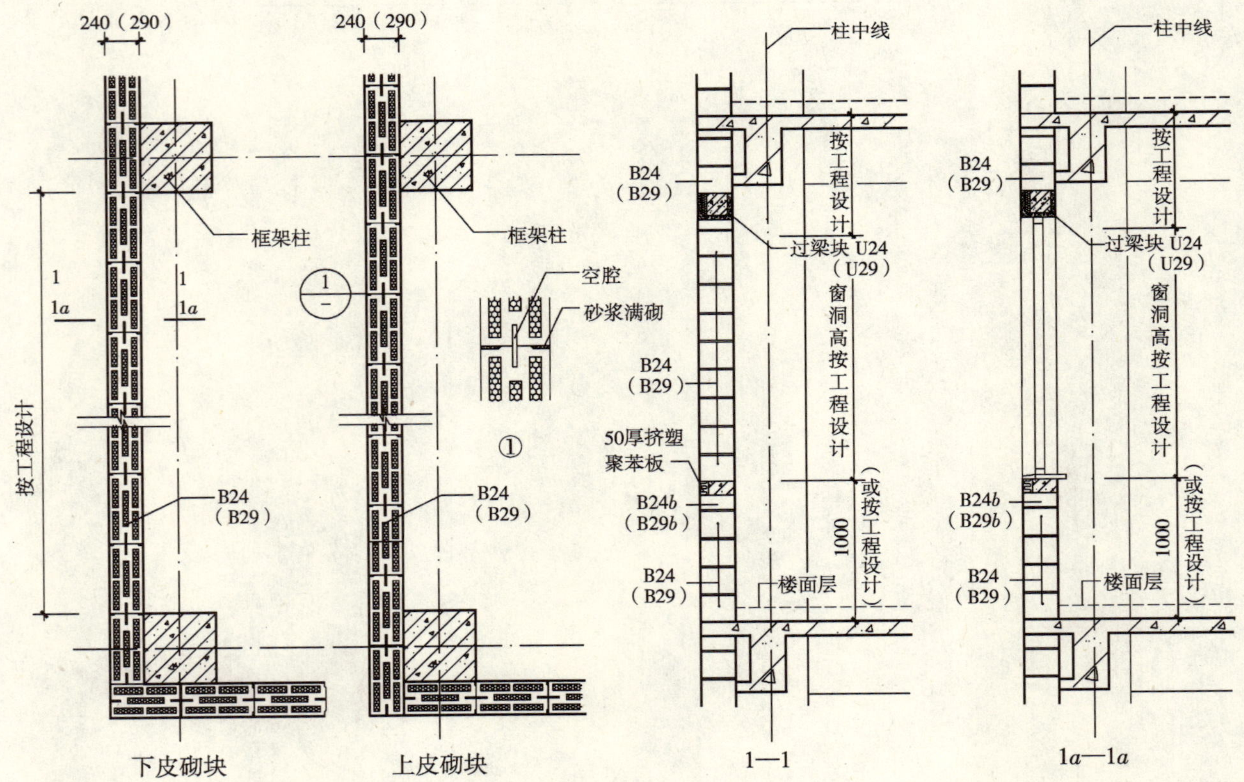
240（290）
框架柱
1
1a
按工程设计
B24
（B29）
空腔
砂浆满砌
①
下皮砌块
上皮砌块
柱中线
按工程设计
过梁块 U24
（U29）
窗洞高按工程设计
50厚挤塑
聚苯板
B24b
（B29b）
1000
（或按工程设计）
楼面层
1—1
1a—1a

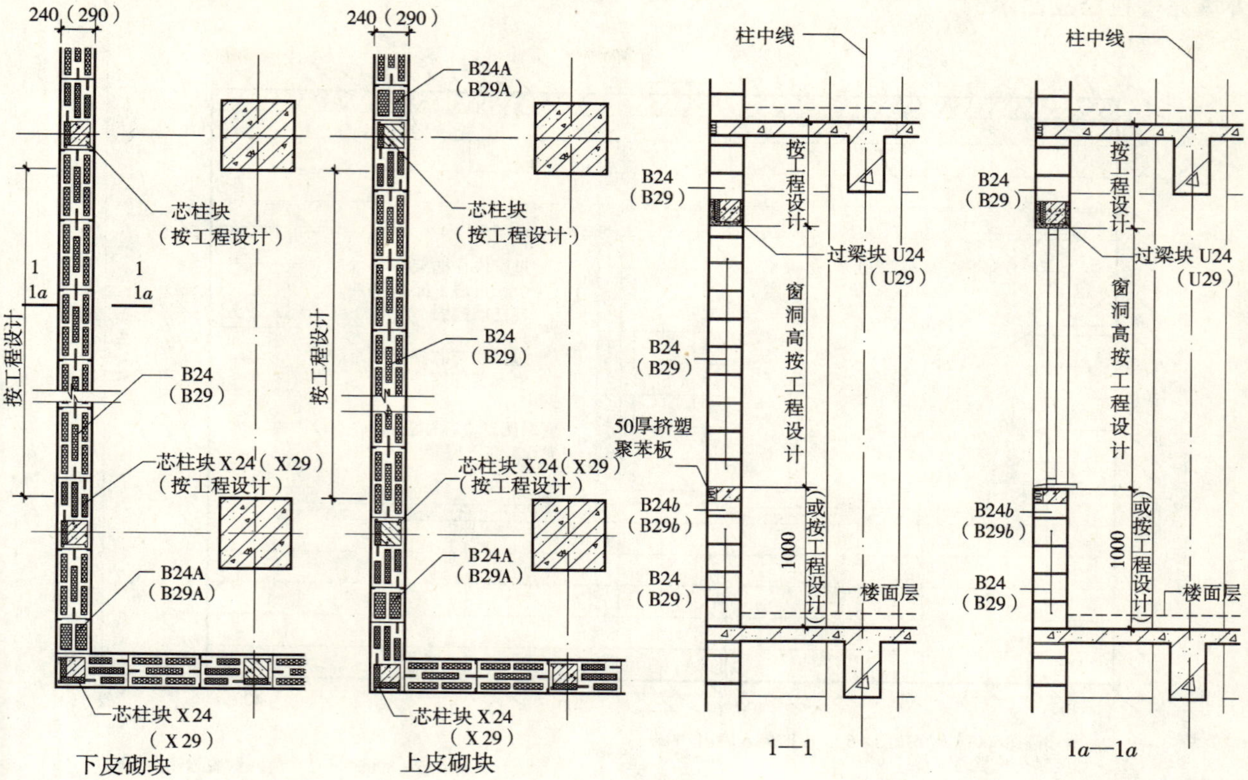

窗框与墙体连接示例

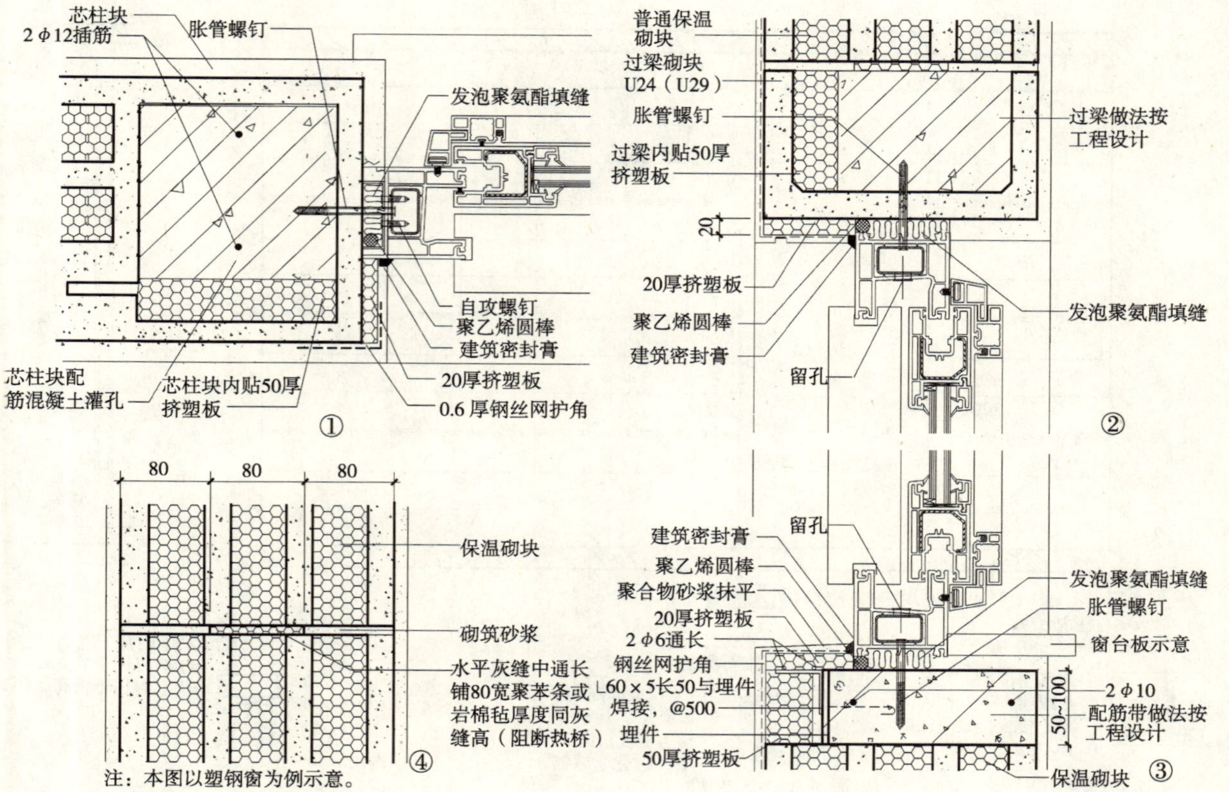

注：本图以塑钢窗为例示意。

外填充墙拉结立面示例

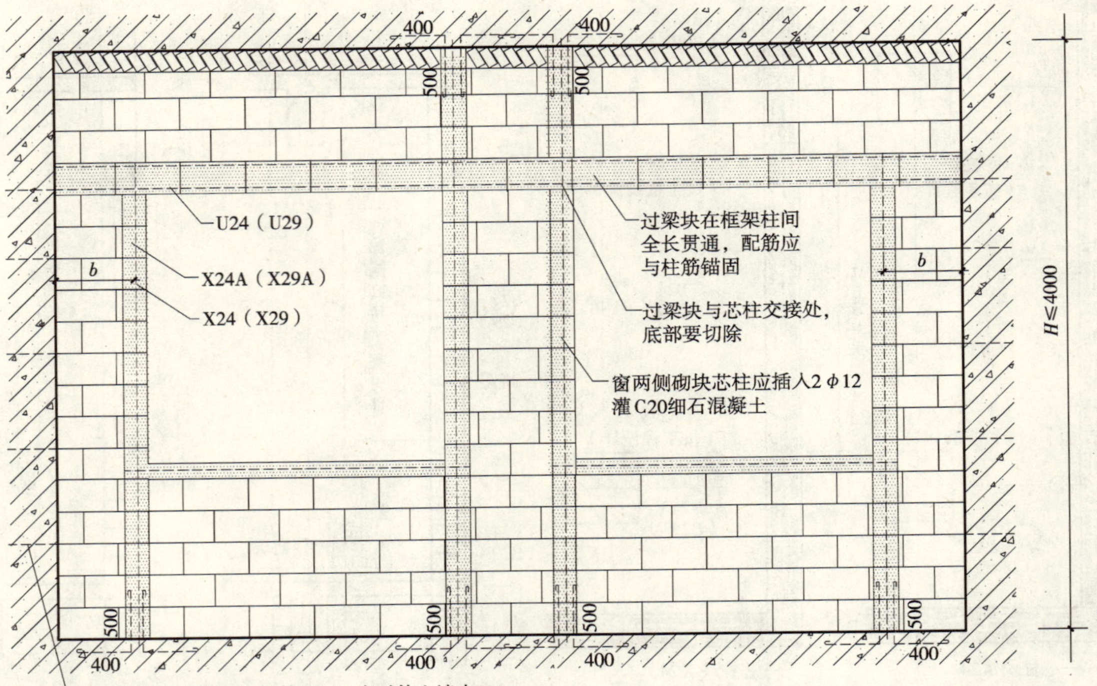

注：$b<800$时可只在窗两侧灌芯柱。

外填充墙拉结立面示例

内墙拉结做法

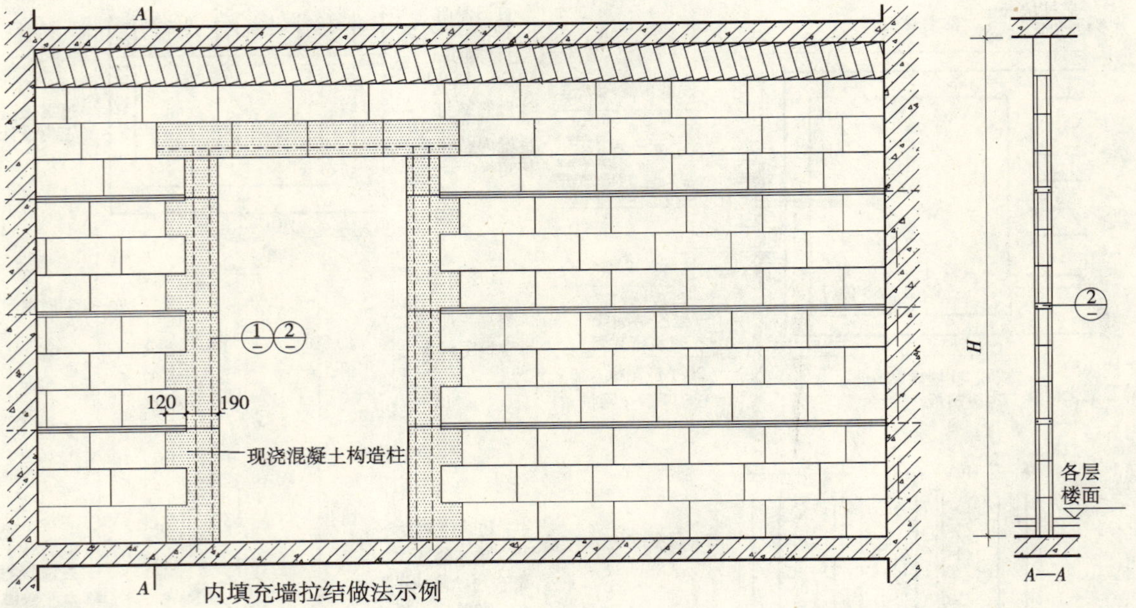

内填充墙拉结做法示例

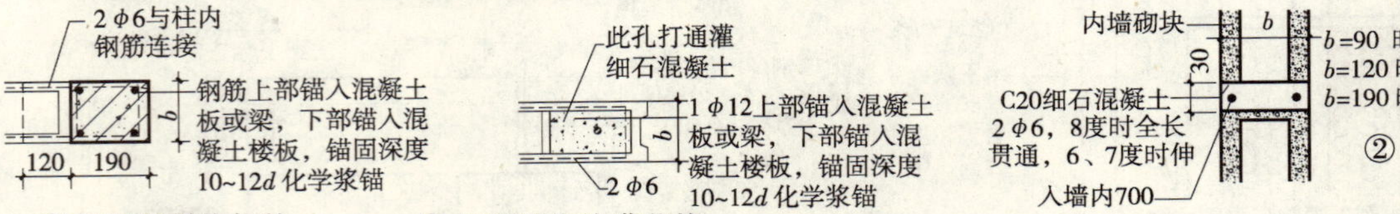

① 门洞处做抱框柱　　② 门洞处砌块灌芯柱　　②

内墙拉结构造详图

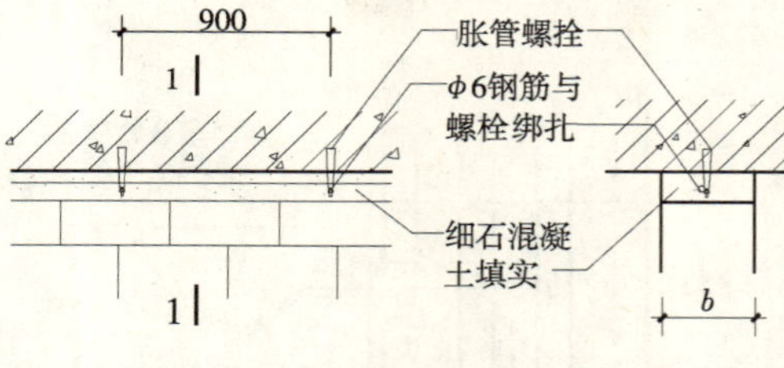

墙与顶（梁）板连接一　　1—1

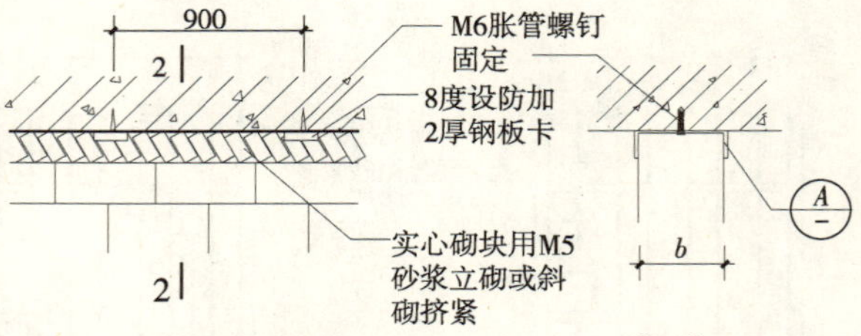

墙与顶（梁）板连接二　　2—2

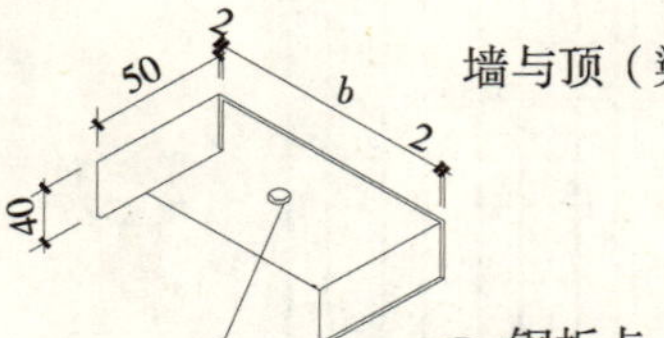

Ⓐ 钢板卡
@600

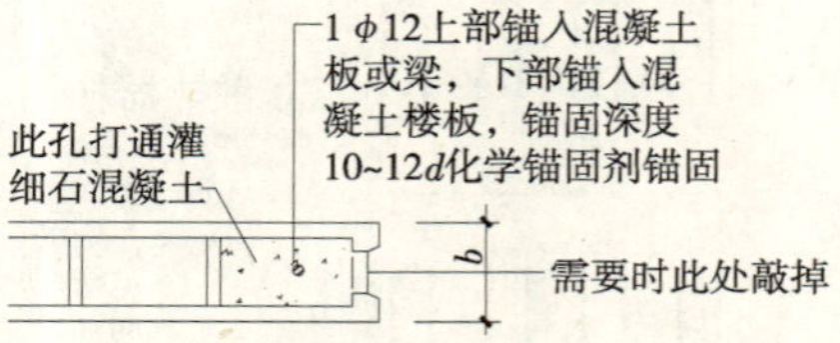

① 门洞处砌块灌芯柱

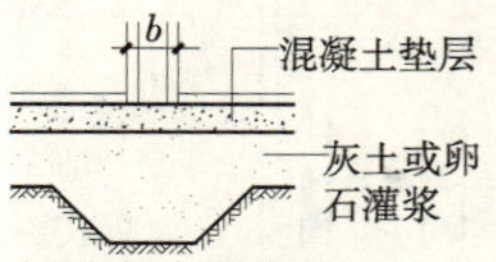

内隔墙首层基础

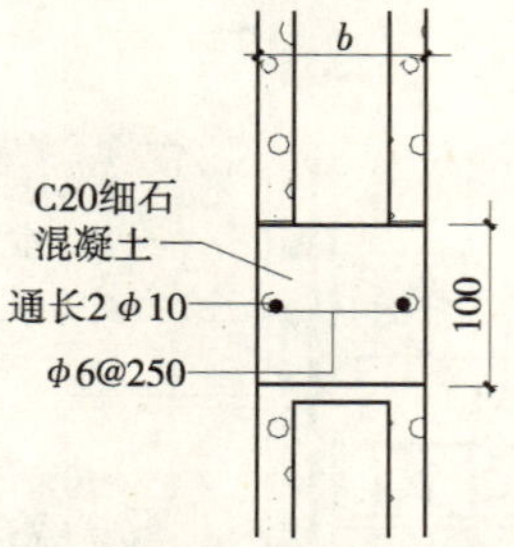

水平系梁（墙高大于4m
时在墙半高处设置）

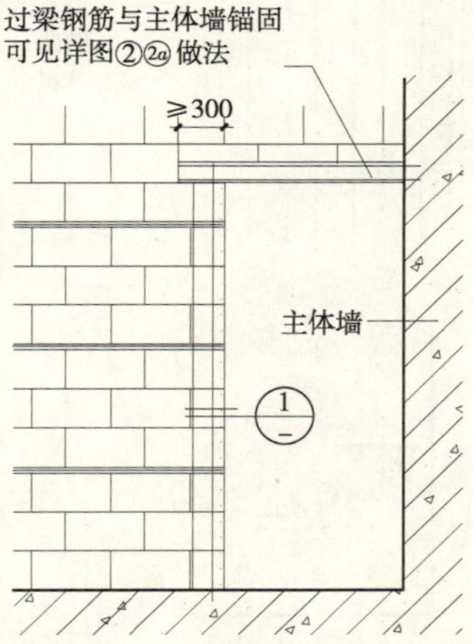

无门垛门洞过梁示例

墙体拉结构造详图

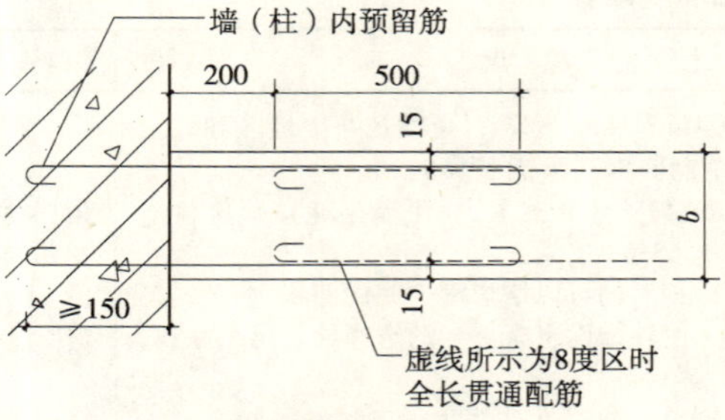

① 预留插筋法

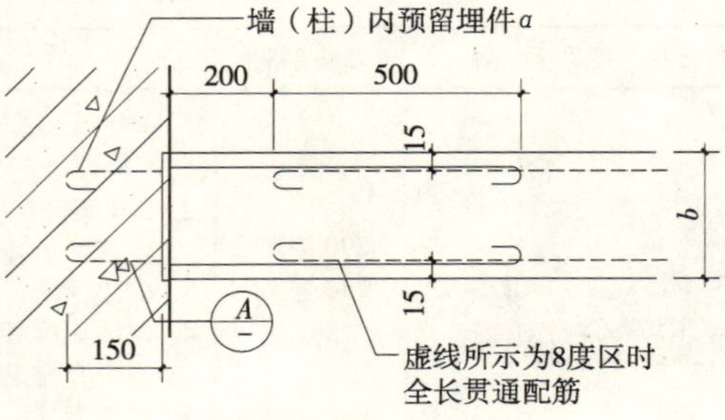

② 埋件焊接法

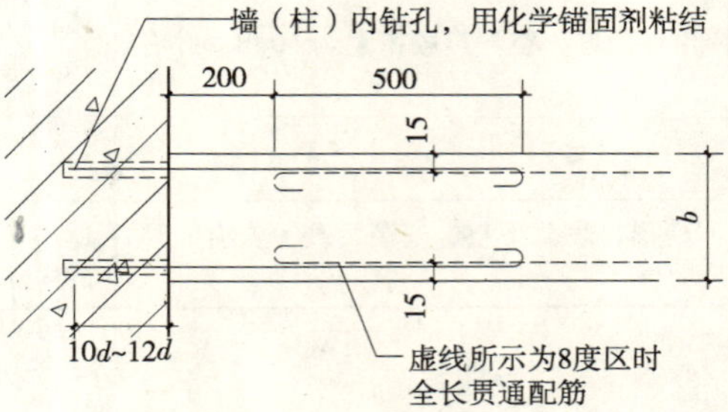

③ 植筋法

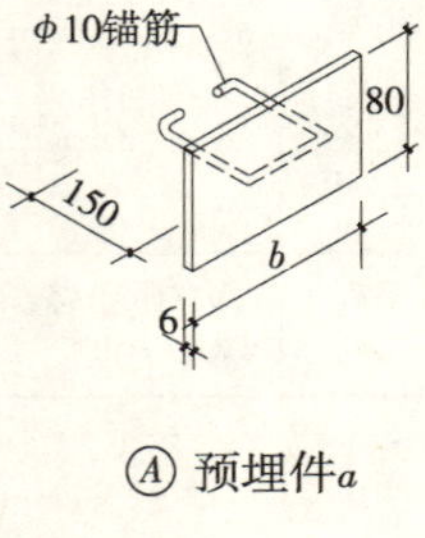

Ⓐ 预埋件a

注：
1. 本图仅示意几种常见做法，设计人也可根据实际工程需要设计。
2. 图中尺寸b表示墙体厚度。
3. 图中尺寸d表示钢筋直径，按工程设计。

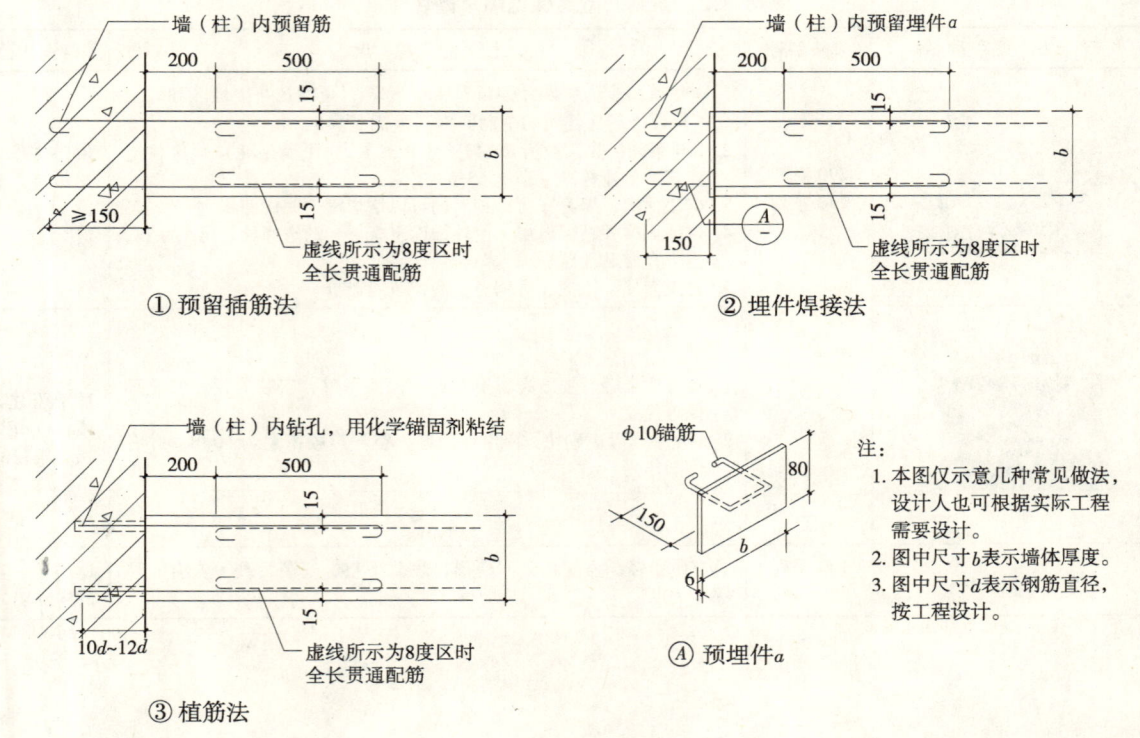

设备安装详图

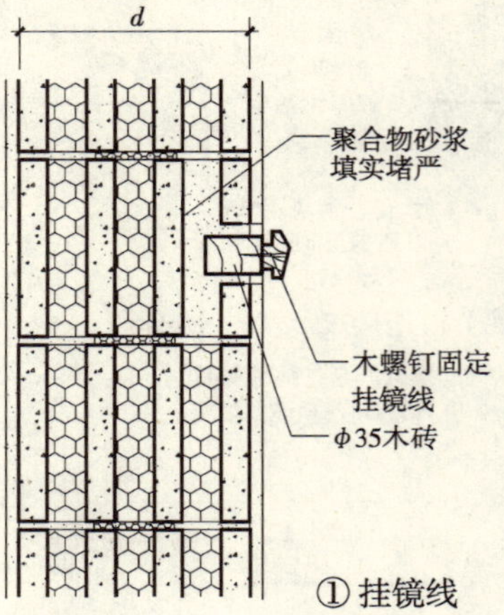

① 挂镜线

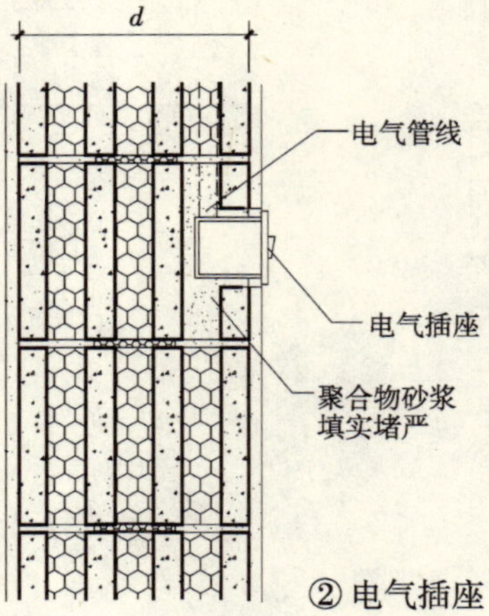

② 电气插座

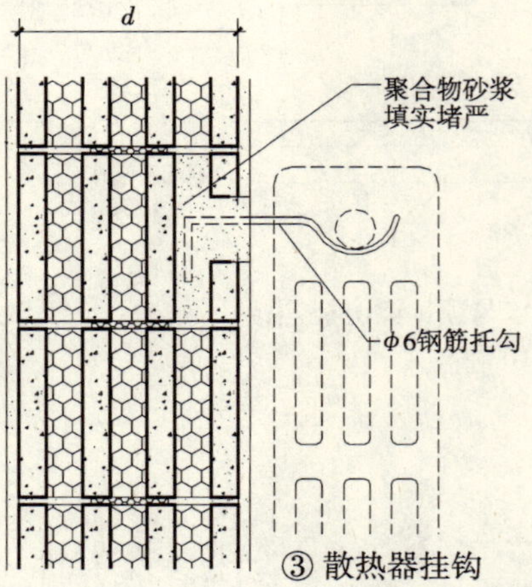

③ 散热器挂钩

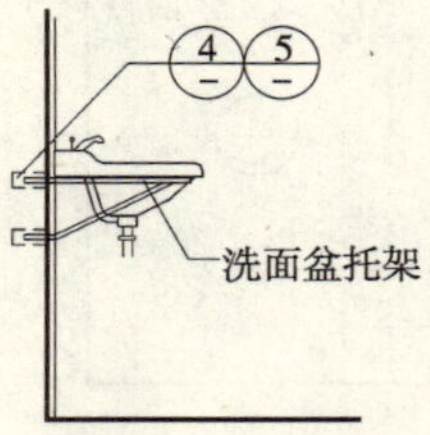

洗面盆安装

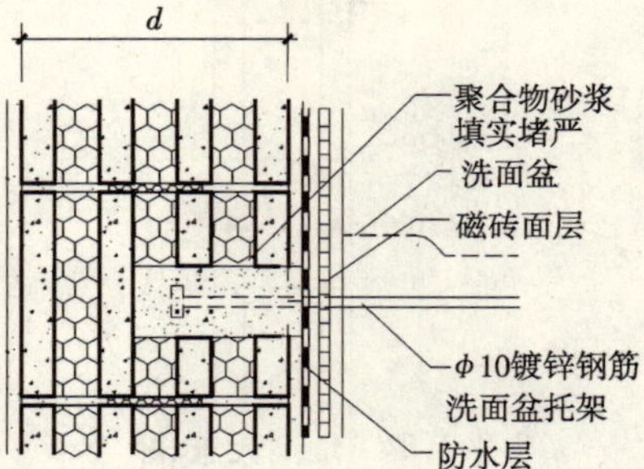

④

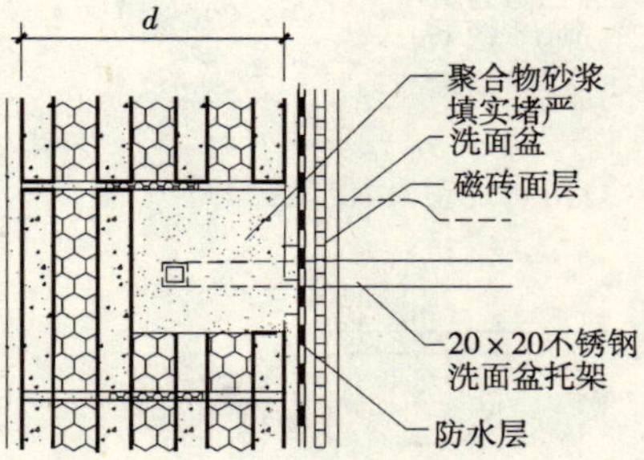

⑤

注：d—表示砌块墙厚度，按工程设计。

GZL 系列新型高保温隔声砌块体系

GZL 系列新型高保温隔声砌块体系

产品名称	规格型号	性能特点	适用范围
外墙保温砌块体系 	290 系列 240 系列	1. 290 系列传热系数为 0.42W/(m^2·K)，可满足寒冷地区和北京 4 层以下居住建筑的节能要求（节能 65%）。 2. 240 系列传热系数为 0.544W/(m^2·K)，可满足北京地区住宅建筑的节能标准（节能 65%）。 3. 砌块保温，墙身减薄，相对的可以增加室内使用面积 2～3%。 4. 砌体无须外贴保温层，使外饰面料有更多的选择性，可用涂料，也可直接贴面砖。 5. 施工简便、快捷、可缩短工期，节能造价	适用于框架结构及相宜的保温外墙
隔声砌块体系 	140 系列	1. 具有质量轻、强度高、不变形、表面平整、安装简便，安全环保等优点。 2. 140 系列隔声砌块，隔声性能好，空气声隔声量为 50dB，并有保温作用	适用于住宅分户墙及宾馆、写字楼、学校的隔墙
隔墙砌块体系	120 系列 90 系列	具有质量轻、强度高、不变形、表面平整、安装简便、安全、环保等优点	适用于一般建筑的内隔墙

四、05TJ3-7

挤塑泡沫板外墙保温构造

1

说　　明

说　明

1. 适用范围

本图集适用于河南省新建、扩建和改建的公共建筑与居住建筑的外墙保温构造，既有建筑节能改造可参考使用。

2. 编制依据

2.1　《民用建筑热工设计规范》(GB 50176—93)

2.2　《公共建筑节能设计标准》(GB 50189—2005)

2.3　《建筑装饰装修工程质量验收规范》(GB 50210—2001)

2.4　《建筑工程施工质量验收统一标准》(GB 50300—2001)

2.5　《民用建筑节能设计标准（采暖居住建筑部分)》(JGJ 26—95)

2.6　《既有采暖居住建筑节能改造技术规程》(JGJ 129—2000)

2.7　《夏热冬冷地区居住建筑节能设计标准》(JGJ 134—2001)

2.8　《外墙外保温工程技术规程》(JGJ 144—2004)

2.9　《河南省民用建筑节能设计标准实施细则（采暖居住部分)》(DBJ 41/041—2000)

2.10　《河南省居住建筑节能设计标准（寒冷地区)》(DBJ 41/062—2005)

2.11　根据河南省建筑节能推广计划，采暖居住建筑在当前全面执行50%节能标准的基础上，2005年7月1日起郑州、开封、洛阳率先执行节能65%的新标准，鼓励其他有条件的城市同时执行；2006年7月1日起，其他城市开始全面执行节能65%的新标准；2008年1月1日起，全省所有县（市）开始全面执行节能65%的新标准。2006年1月1日起，全省城镇新建公共建筑开始执行建筑节能50%标准。本图集的编制依照国家建筑节能的有关标准、规范和规定，并吸收了近年来国内外外墙保温新技术。

3. 主要内容

3.1　外墙保温系统类型

本图集以挤塑型聚苯乙烯泡沫塑料板（简称挤塑板）作为保温材料，包括外墙外保温系统和外墙内保温系统两部分。

3.2　外墙外保温系统

外墙外保温系统是以挤塑板为保温材料，以专用固定件固定并辅以专用聚合物粘结砂浆粘结方式，固定于外墙外表面，以聚合物砂浆做保护层，以耐碱玻纤涂塑网格布为增强层，外饰涂料、面砖或其他墙面装饰材料的外墙保温系统。

外墙外保温基本构造：

（1）基层：钢筋混凝土墙、各类砌块墙、砖墙等及其组合。

（2）找平层：1∶3水泥砂浆。

（3）粘结层：专用聚合物粘结砂浆。

（4）保温层：挤塑聚苯板，厚度按热工指标表选用。

（5）固定件：工程塑料膨胀钉加自攻螺钉。

（6）保护层：聚合物砂浆，耐碱玻纤网增强层。

（7）外饰面：涂料、面砖、挂板类等。

3.3　外墙内保温系统

外墙内保温系统以挤塑聚苯板为保温材料，以专用固定件固定并辅以专用粘结石膏粘结方式，固定于外墙体内表面，以粉刷石膏砂浆做保护层，以中碱玻纤涂塑网格布增强，再以耐水腻子刮平，外饰面为涂料。

外墙内保温基本构造：

（1）基层：钢筋混凝土墙、砌块墙、砖墙等及其组合。

（2）找平层：1∶3 水泥砂浆。

（3）粘结层：专用粘结石膏。

（4）保温层：挤塑板，厚度按热工指标表选用。

（5）固定件：工程塑料膨胀钉加自攻螺钉。

（6）保护层：粉刷石膏砂浆，中碱玻纤涂塑网格布、耐水腻子。

（7）饰面：喷（刷）涂料。

当需要做面砖饰面时，保护层改为3mm 聚合物砂浆，压入耐碱玻纤涂塑网格布，以 3～5mm 厚面砖专用胶粘剂粘贴面砖。

3.4　本图集选取了现浇钢筋混凝土墙、KP_1 承重多孔砖、加气混凝土砌块、混凝土多孔砖、混凝土空心砌块作为主体墙，考虑到河南省墙体材料“禁实”的分阶段实施计划，保留了实心黏土砖墙体。本图集绘制了外墙外保温系统和外墙内保温系统主要部位的节点构造详图，各做法中附有保温层厚度选用表。

3.5　本图集外墙外保温系统适用于建筑高度 100m 及以下涂料饰面外墙和 24m 及以下面砖饰面外墙。当建筑高度超出上述范围时，由生产厂家根据具体工程另行制定详细技术措施。

4. 主要材料性能及技术要求

4.1　本图集为欧文斯科宁（中国）投资有限公司产品的专用构造图集。作为一种新型墙体保温材料，鉴于国内现行规范中未做规定，本图集中材料、系统的技术要求和适用范围均依照欧文斯科宁（中国）投资有限公司产品技术标准编制，并由该公司对本系统安全性承担技术责任。图集中相关技术数据由该公司提供并确认无误，其他厂家生产的挤塑聚苯板不得套用本图集，以防影响工程质量。

4.2　挤塑板

挤塑型聚苯乙烯泡沫塑料板（挤塑板）是一种硬质阻燃或难燃的高效保温材料。它是由聚苯乙烯树脂及添加剂以压模挤压发泡成型，保温性能高于普通聚苯乙烯半硬质泡沫板 30%～40%。经实际检测，挤塑聚苯板在长期高湿或浸水环境下仍能保持优良的保温性能。

挤塑聚苯板具有良好的材料强度（压缩强度 150～500KPa），与基层墙体主要采用机械固定方式，同时辅以胶结固定方式，更具有安全性及耐久性。挤塑聚苯板性能指标详见附表 3。

4.3　其他相关材料性能及技术要求详见附录 A。

4.4　本图集中，外墙外保温构造是作为一个完整的系统，由供货商提供成套产品，并提供材料出厂合格证及由法定检测部门出具的系统材料检测报告、系统检验报告和系统耐候性检验报告。厂商应对材料质量负责。材料进场后，施工单位应按施工程序规定抽样复检、监督确认，严禁使用不合格产品。不得将不同厂家的材料搭配混用。

5. 计算

5.1　保温材料的热工计算参数见下表。

热工计算参数表

材　料　名　称	导热系数[W/(m^2·K)]	修正系数	导热系数计算值[W/(m^2·K)]
挤塑板	0.0289	1.1	0.0289×1.1=0.0318

注：上表所列材料的技术参数由欧文斯科宁（中国）投资有限公司提供并确认无误。

5.2　为减少设计中的计算量，本图集通过计算列出各种做法及不同厚度情况下的热工指标，设计人员可根据当地建筑节能设计标准规定的传热系数限值选用，并应注意对钢筋混凝土梁、柱等热桥部位进行保温验算及相应保温处理，防止结露。

6. 本图集索引方法

查保温构造做法及热工指标表，选用符合墙体保温要求的保温层厚度。

7. 本图集说明及图中所注尺寸，凡未注明者，均以毫米（mm）为单位。

8. 本图集未尽事宜，均应按国家现行有关规范、标准和相关技术法规文件严格执行。

9. 在本图集使用中，如本图集依据的规范、标准有新版本时，选用者应按新版本，对相关做法进行检查、调整，以使所选做法符合相关规范的有效版本要求。

2
保温做法与选用

挤塑板外墙外保温构造及热工指标表

挤塑板外墙外保温构造及热工指标表

编号	构造简图	外墙主体	① 外墙内抹灰 λ=0.93 [W/(m²·K)]	② 外墙主体	③ 砂浆 λ=0.87 [W/(m²·K)]	④ 保温层 λ=0.0318 [W/(m²·K)]	⑤ 外墙外饰面 λ=0.76 [W/(m²·K)]	主体部位	
			厚度（mm）	厚度（mm）	厚度（mm）	厚度（mm）	厚度（mm）	传热阻 R_0 (m²·K/W)	传热系数 K_0 [W/(m²·K)]
1	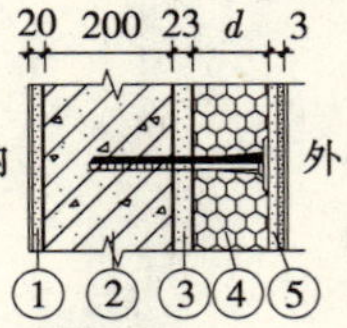	钢筋混凝土墙	20	200（250） λ=1.74 [W/(m²·K)]	23	25	3	1.103（1.132）	0.907（0.884）
						30		1.260（1.289）	0.794（0.776）
						40		1.575（1.603）	0.635（0.624）
						50		1.889（1.918）	0.529（0.521）
						60		2.204（2.232）	0.454（0.448）
2	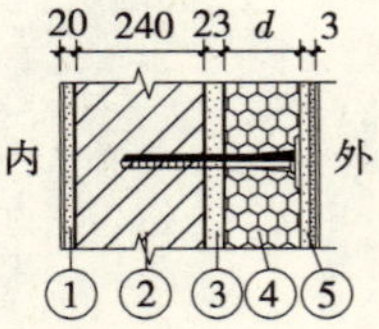	黏土多孔砖	20	240（360） λ=0.58 [W/(m²·K)]	23	25	3	1.402（1.609）	0.713（0.622）
						30		1.559（1.766）	0.641（0.566）
						40		1.874（2.080）	0.534（0.481）
						50		2.188（2.395）	0.457（0.418）
						60		2.502（2.709）	0.400（0.369）
3	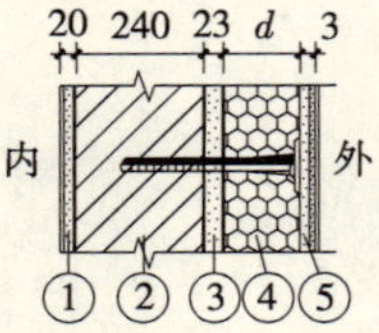	黏土实心砖	20	240（360） λ=0.81 [W/(m²·K)]	23	25	3	1.284（1.432）	0.779（0.698）
						30		1.442（1.590）	0.694（0.629）
						40		1.756（1.904）	0.569（0.525）
						50		2.071（2.219）	0.483（0.451）
						60		2.385（2.533）	0.419（0.395）
4	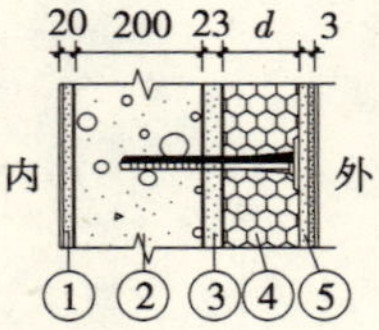	加气混凝土砌块	20	200（250） λ=0.25 [W/(m²·K)]	23	25	3	1.897（2.124）	0.527（0.471）
						30		2.054（2.282）	0.487（0.438）
						40		2.369（2.596）	0.422（0.385）
						50		2.683（2.911）	0.373（0.344）
						60		2.998（3.225）	0.334（0.310）
5	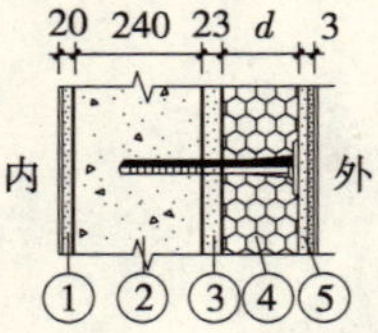	混凝土多孔砖	20	240 λ=0.73 [W/(m²·K)]	23	25	3	1.223	0.818
						30		1.380	0.725
						40		1.694	0.590
						50		2.009	0.498
						60		2.323	0.430
6	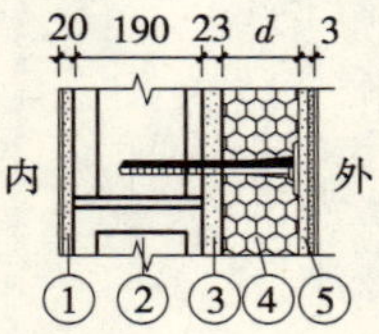	混凝土空心砖块	20	190 λ=0.93 [W/(m²·K)]	23	25	3	1.199	0.834
						30		1.356	0.737
						40		1.671	0.598
						50		1.985	0.504
						60		2.300	0.435

注：1. 计算结果依据《民用建筑热工设计规范》(GB 50176—93) 求得。

2. 本表中挤塑聚苯板的导热系数为修正后的数值。

3
构造做法与详图

外墙外保温详图

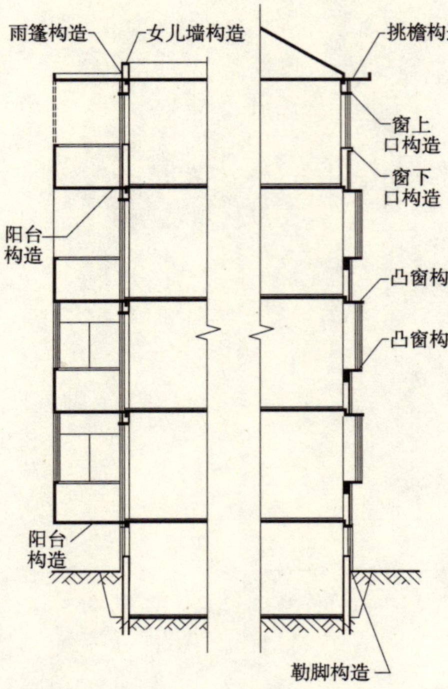

1—1　　2—2

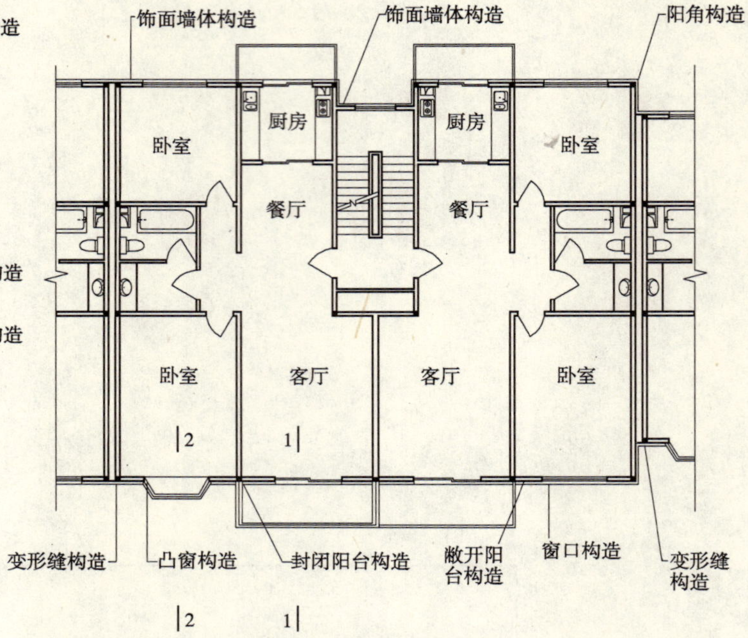

外保温墙体平面索引

外墙外保温排板及固定件布置图

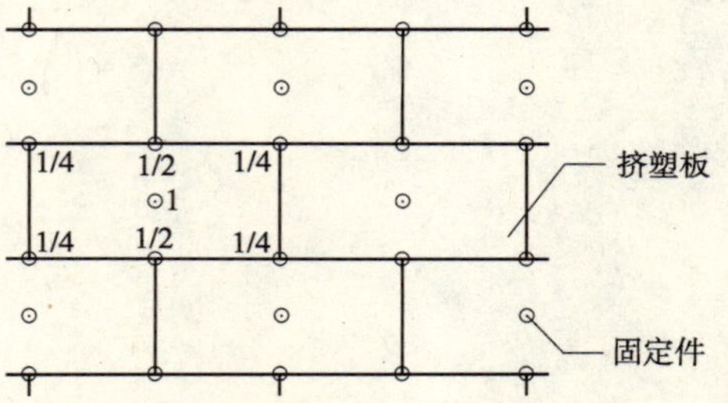

① 涂料饰面（7层及以下住宅）
（24m 以下公建）

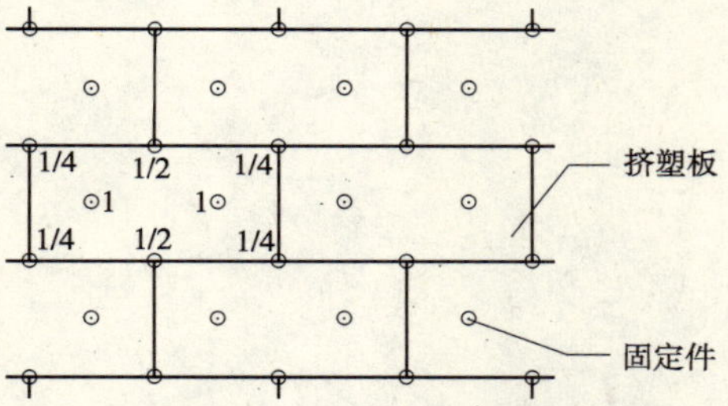

② 涂料饰面（8~18层住宅）
（24~50m 公建）

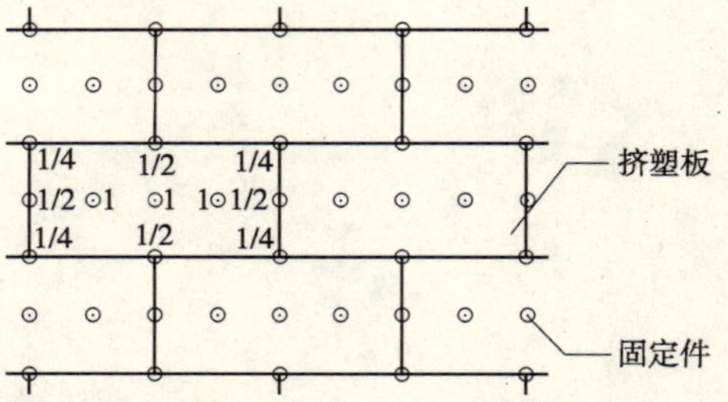

③ 涂料饰面（19~28层住宅）
（50~85m 公建）

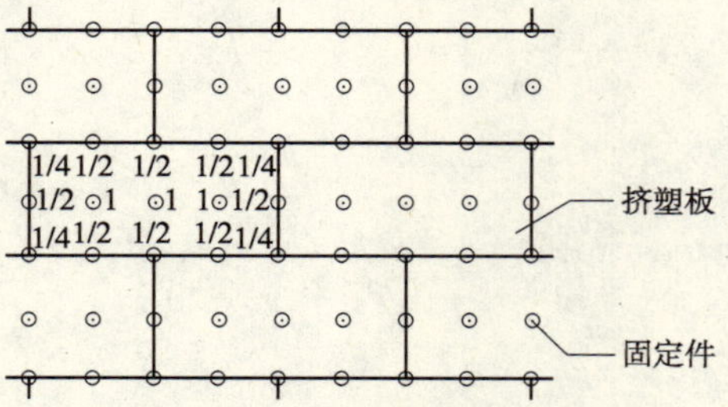

④ 涂料饰面（29层及以上住宅）
（85m 及以上公建）

说明：
1. 本排板及固定件布置图适用于建筑高度100m及以下涂料饰面外墙。
2. 当外墙采用面砖饰面且建筑高度不超过24m时，可按照本图②布置固定件。
3. 当外墙高度24m以上部位需要做面砖饰面时，由生产厂家根据具体工程另行制定详细技术措施。

外墙外保温门窗洞口排板及网片加强

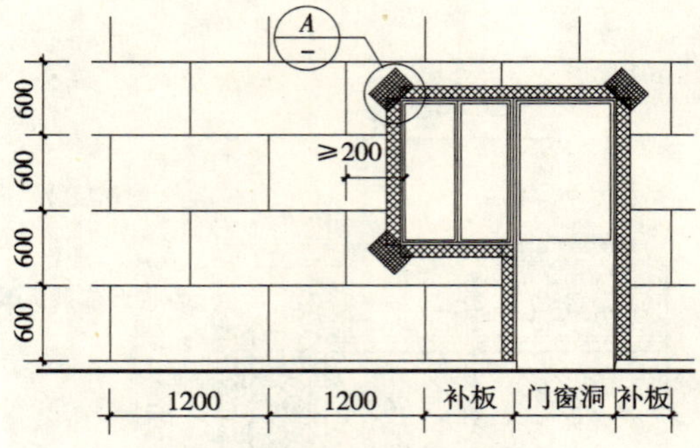

板材门窗洞口排板示意

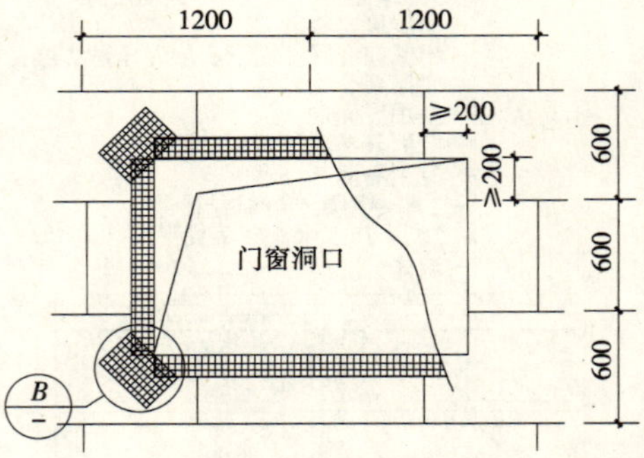

门窗洞口耐碱玻纤网加强示意

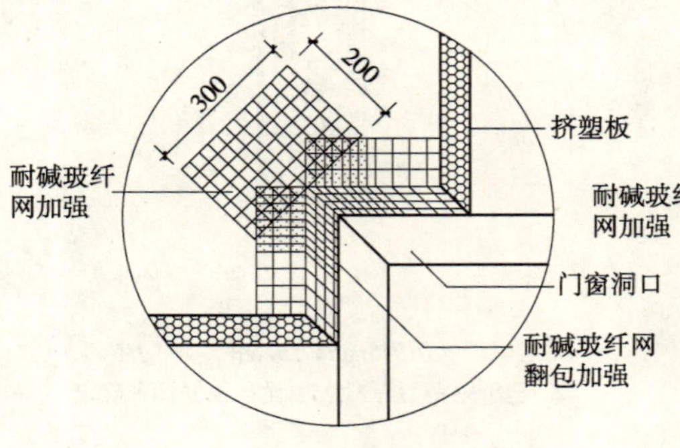

Ⓐ

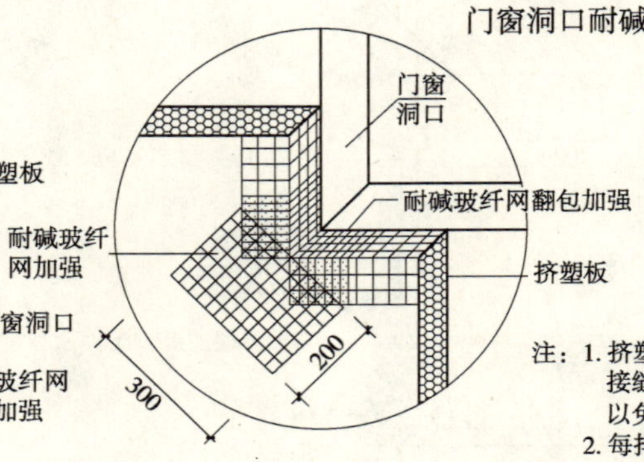

Ⓑ

注：1. 挤塑板在洞口四角处不允许接缝，接缝距四角≥200mm，以免在洞口处饰面出现裂缝。
2. 每排挤塑聚苯板应错缝，错缝长度为1/2板长。

涂料饰面墙体构造

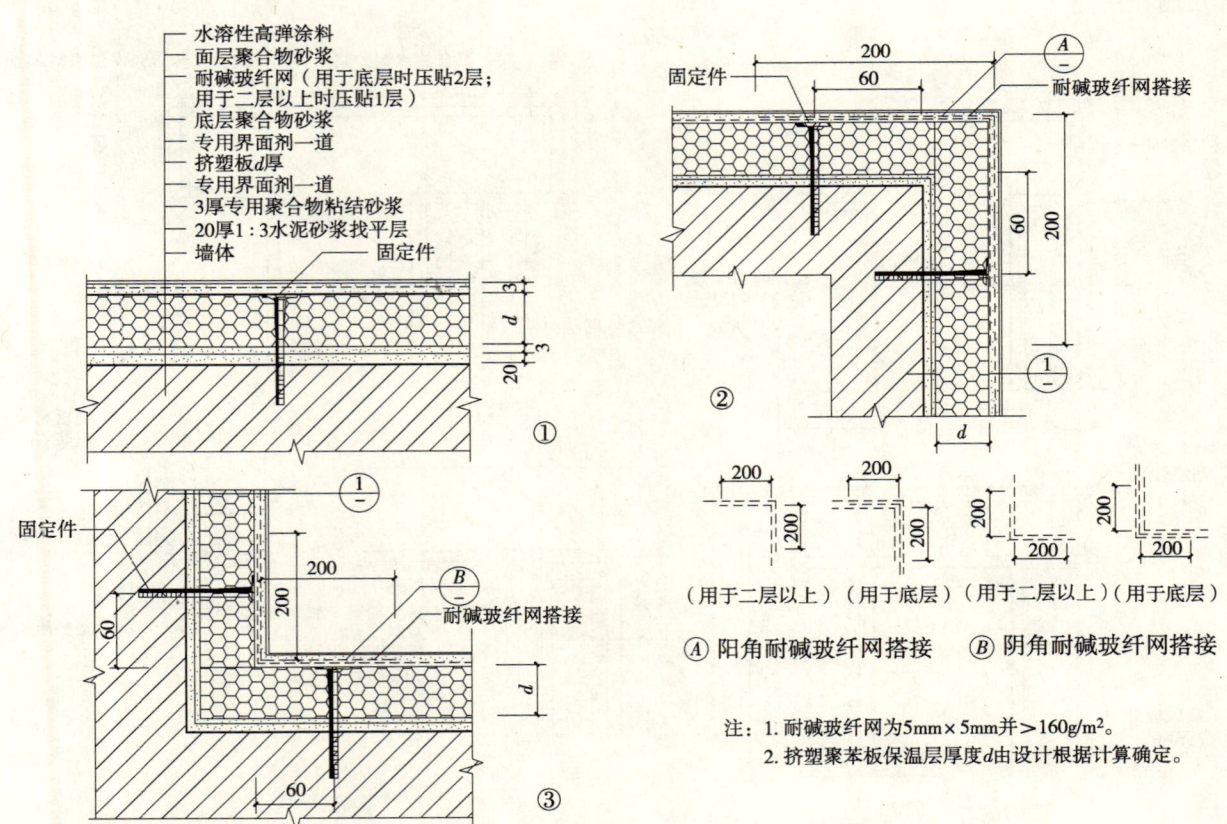

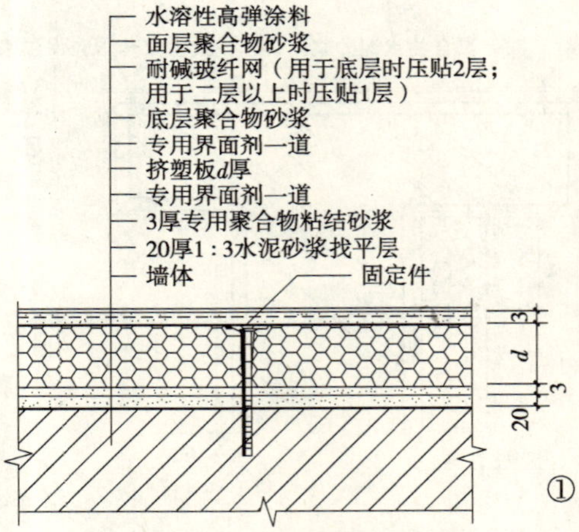

①

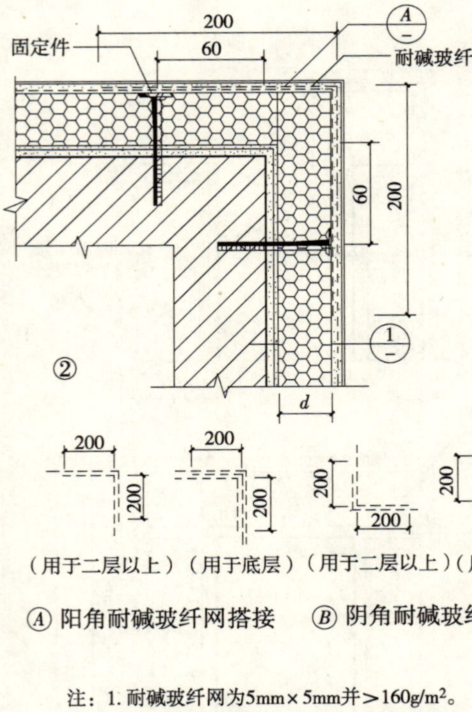

②

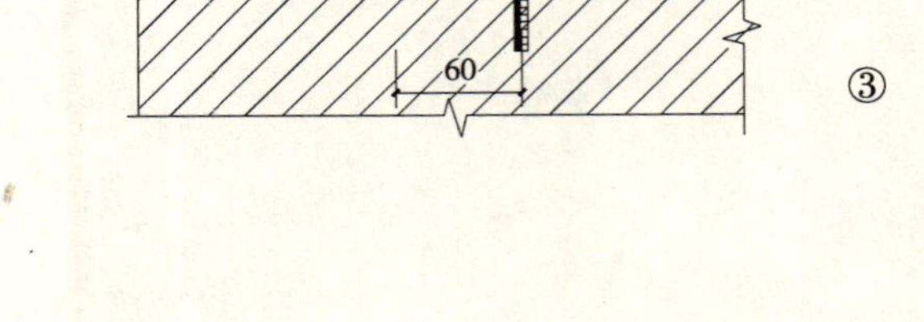

③

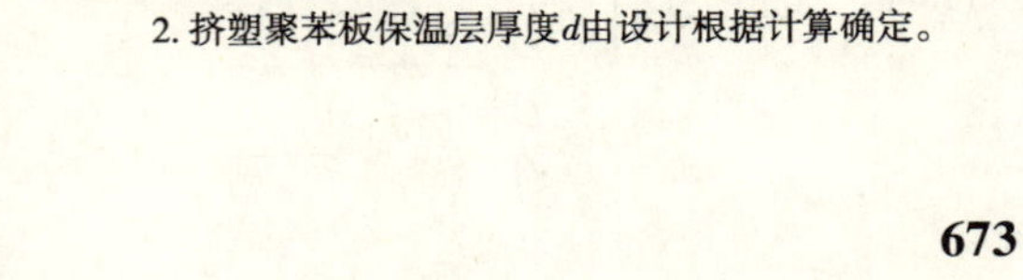

Ⓐ 阳角耐碱玻纤网搭接　Ⓑ 阴角耐碱玻纤网搭接

注：1. 耐碱玻纤网为5mm×5mm并>160g/m²。
2. 挤塑聚苯板保温层厚度d由设计根据计算确定。

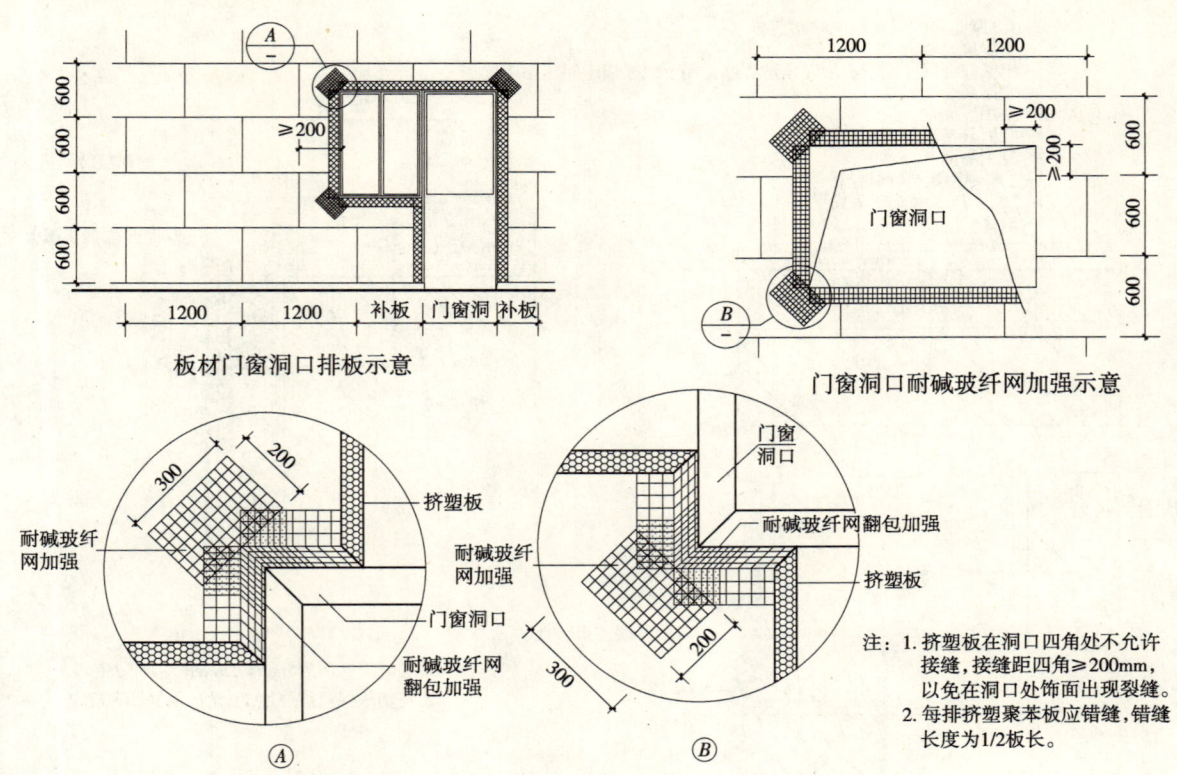

面砖饰面墙体构造

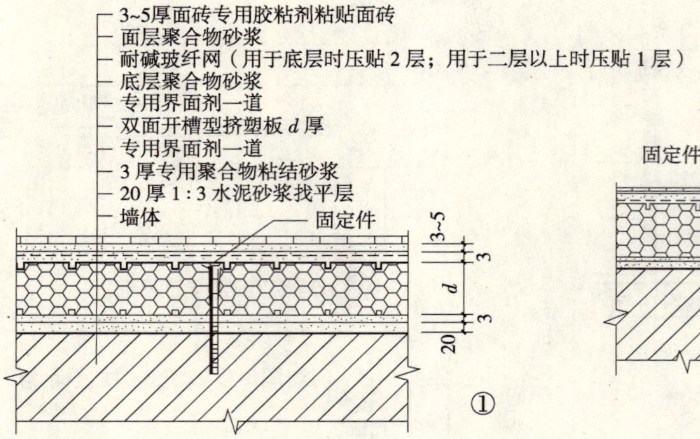

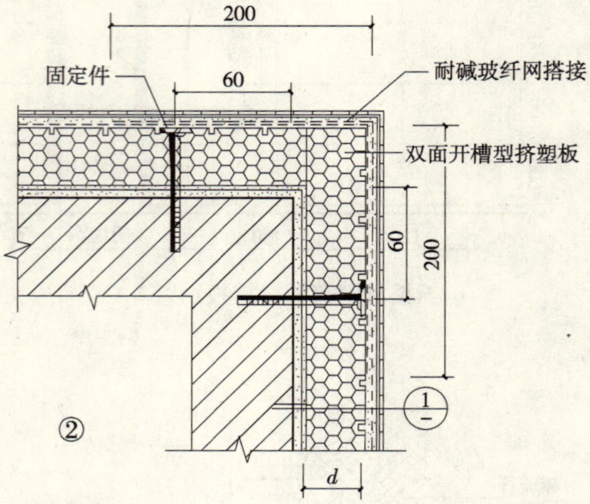

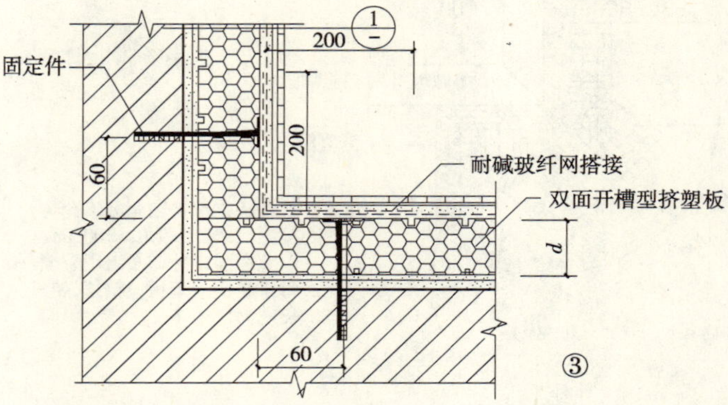

注：1. 耐碱玻纤网为5mm×5mm并＞160g/m²。
2. 挤塑板保温层厚度d由设计根据计算确定。

女儿墙和挑檐

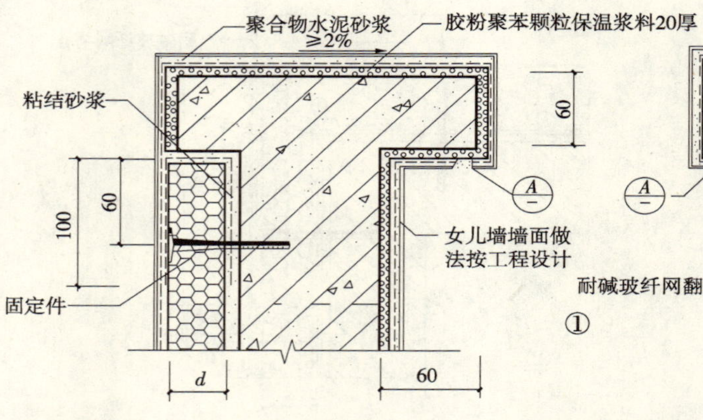

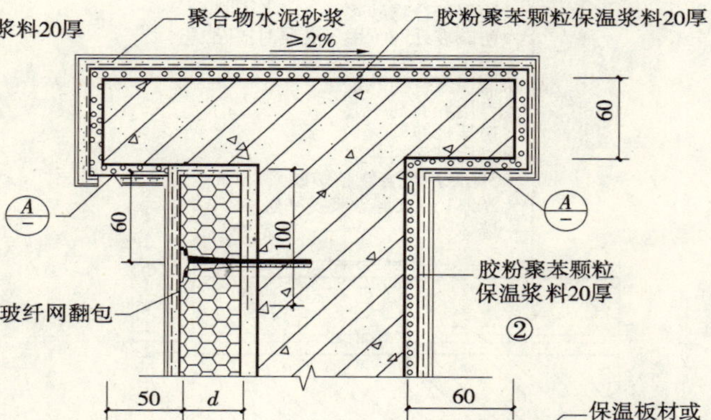

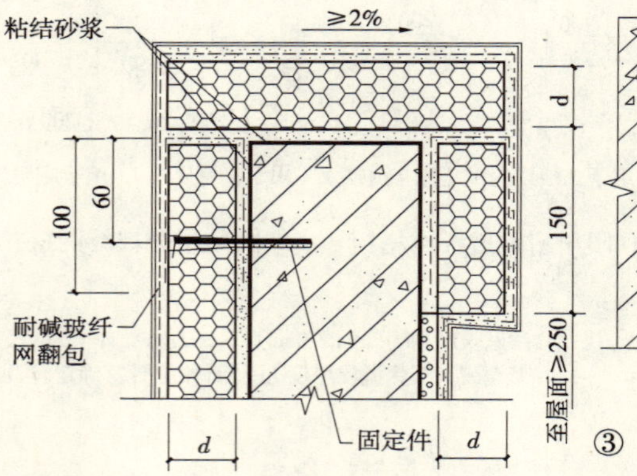

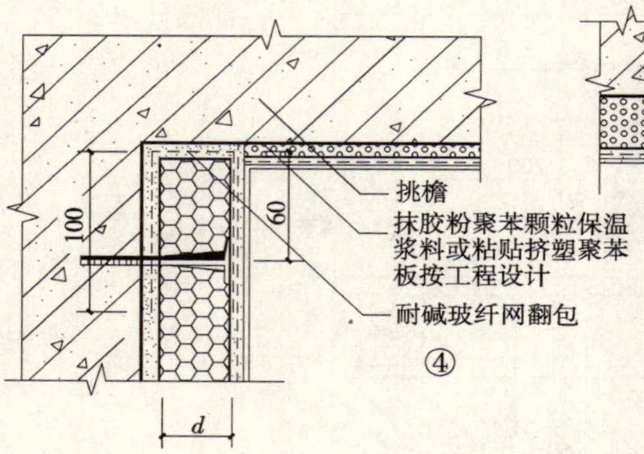

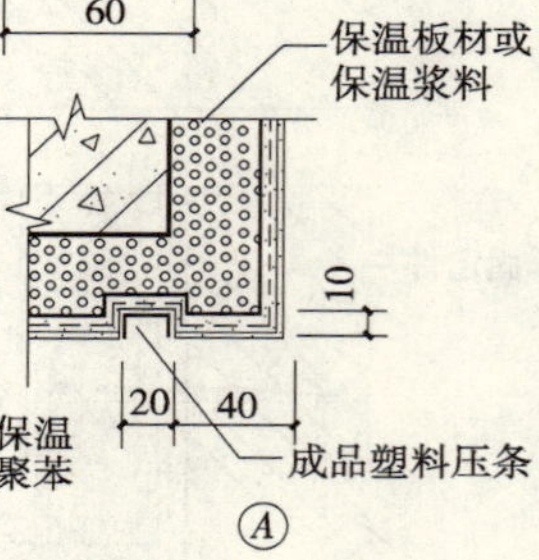

不带窗套窗口

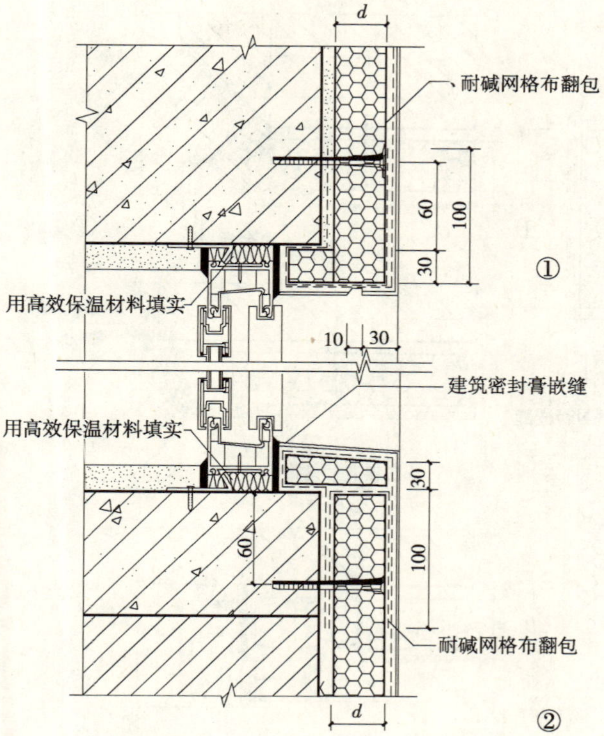

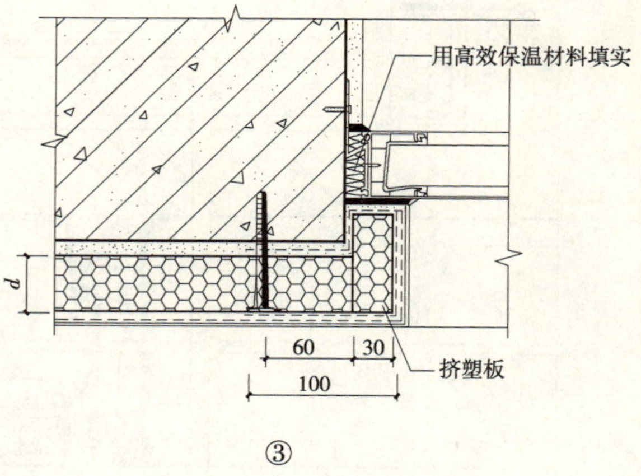

注：1. 高效保温材料可选用板条和聚氨酯发泡材料，由工程设计定。

2. 窗框宜与外墙平齐。

带窗套窗口

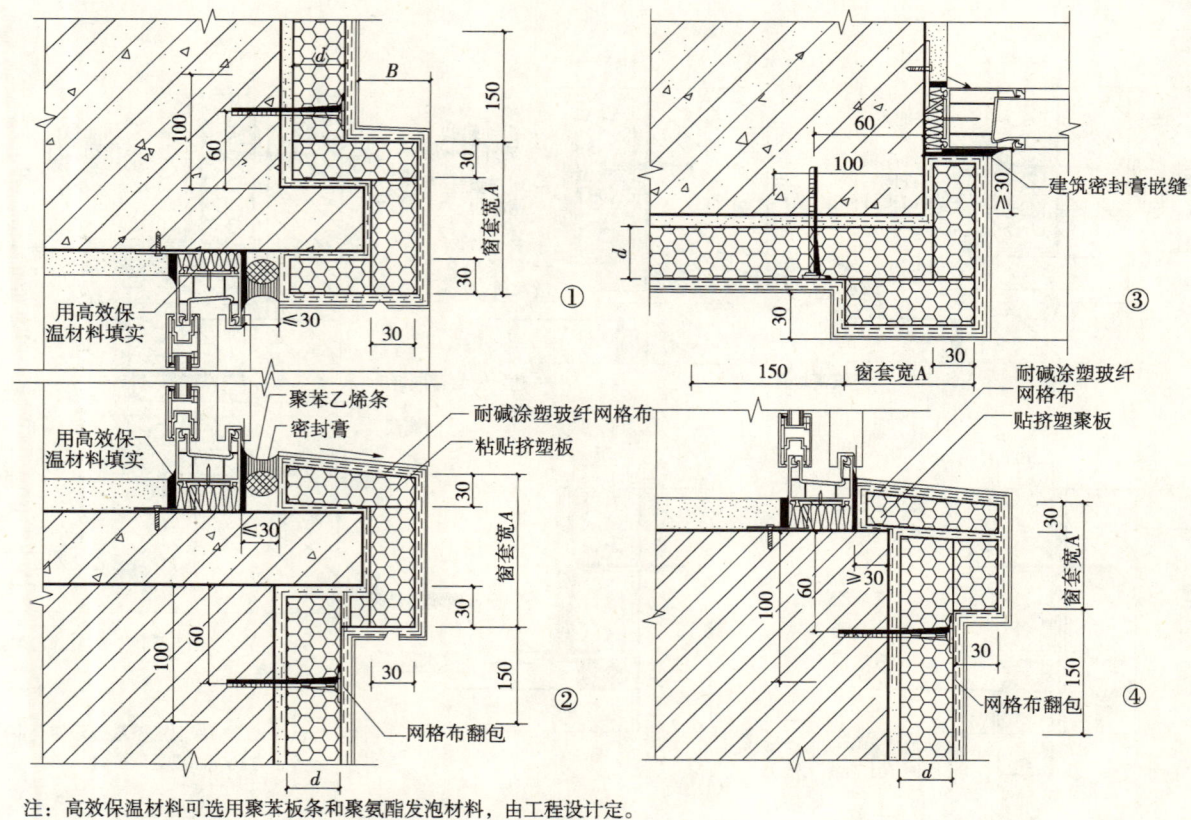

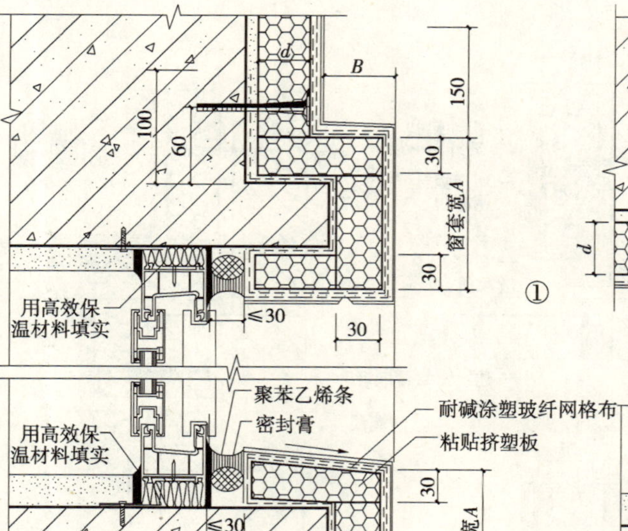

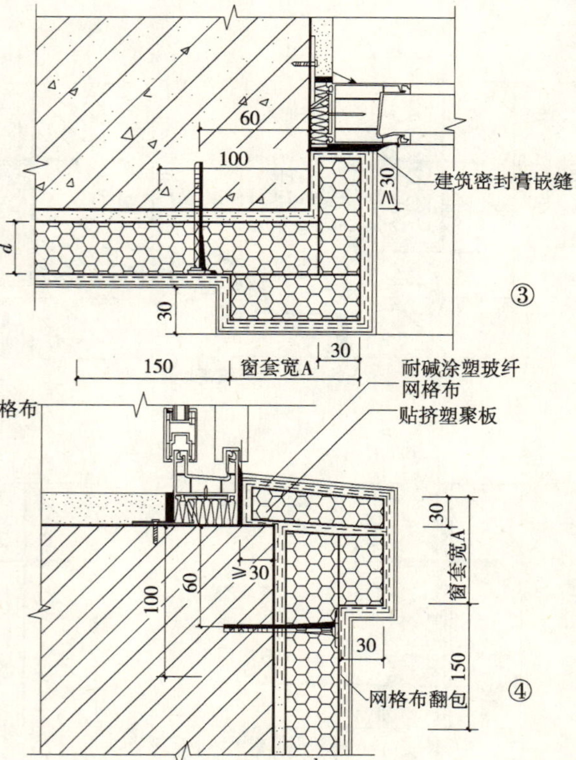

注：高效保温材料可选用聚苯板条和聚氨酯发泡材料，由工程设计定。

凸窗窗口

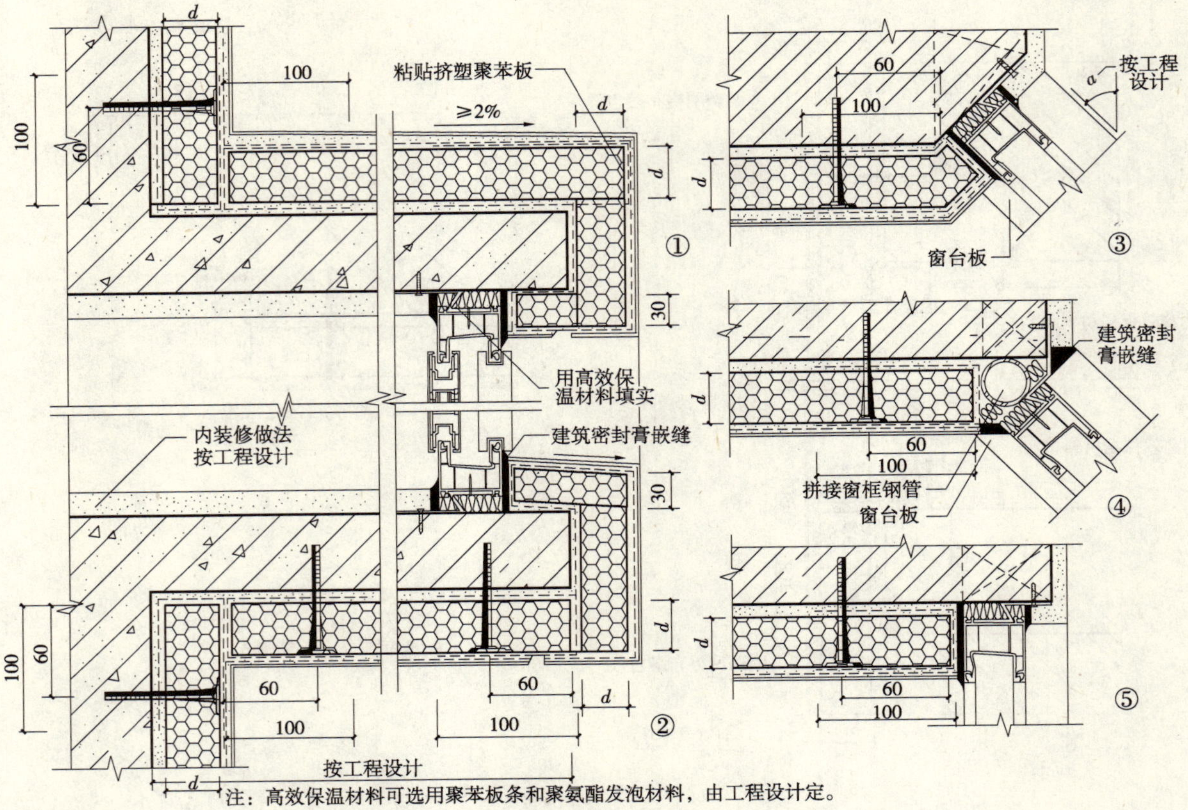

注：高效保温材料可选用聚苯板条和聚氨酯发泡材料，由工程设计定。

勒脚

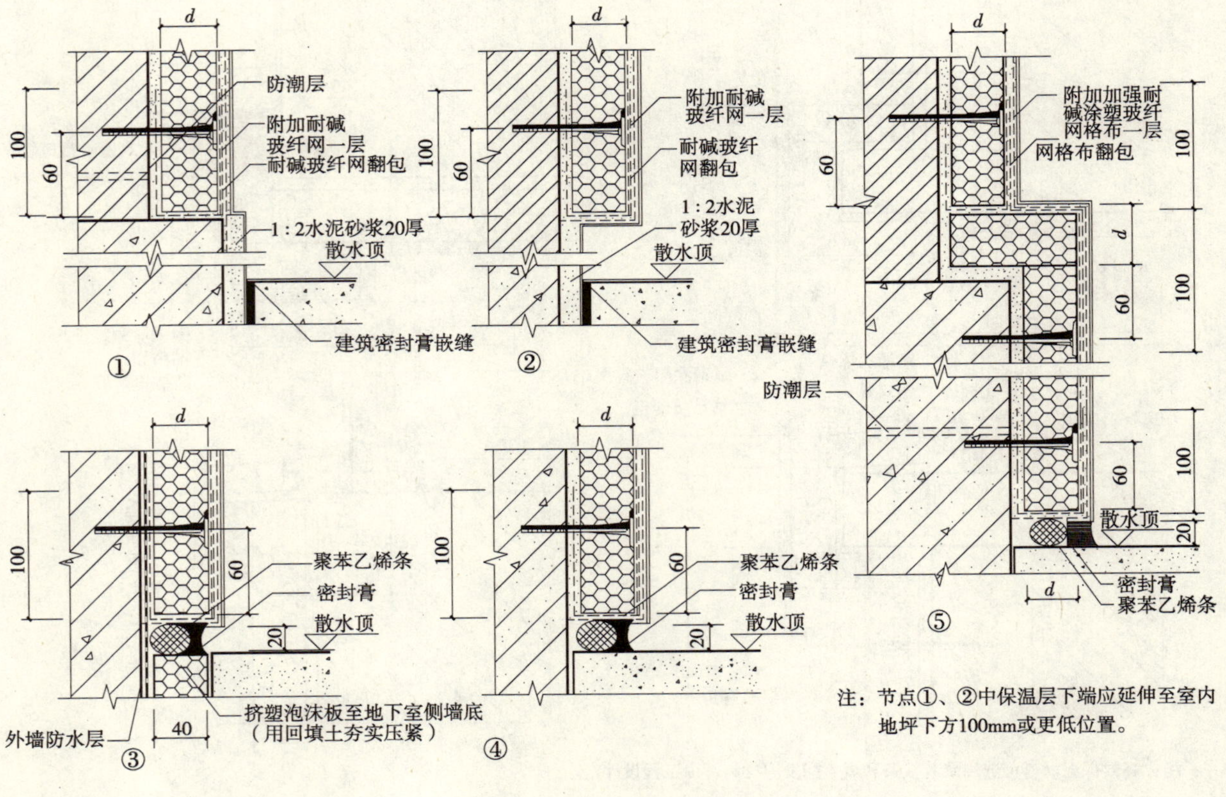

注：节点①、②中保温层下端应延伸至室内地坪下方100mm或更低位置。

敞开阳台

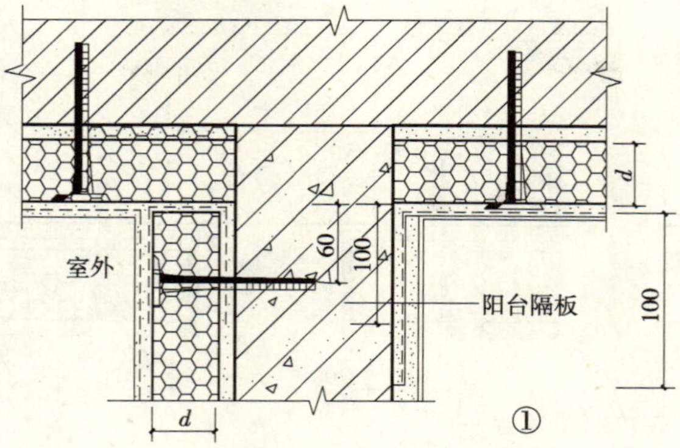

①

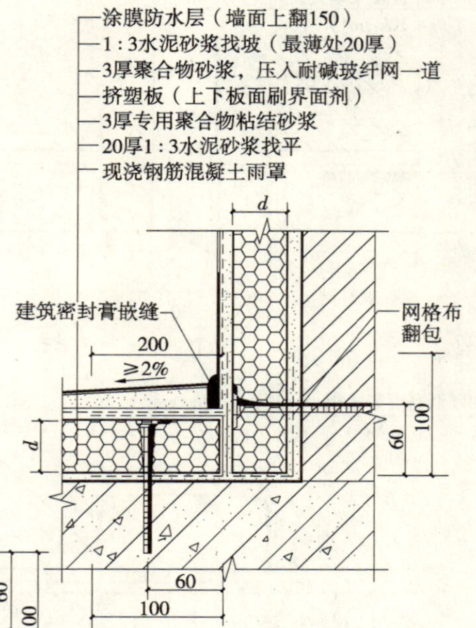

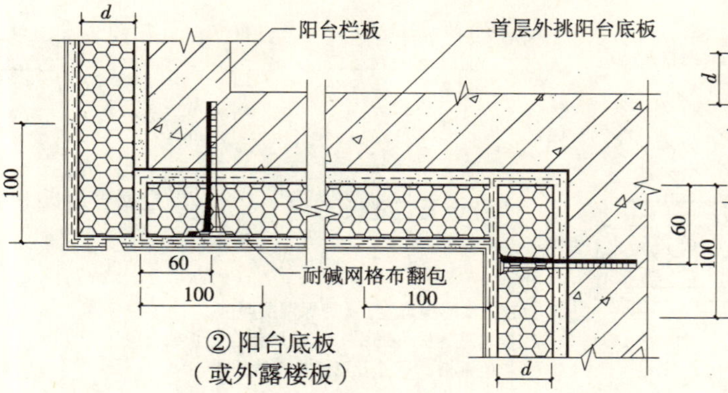

② 阳台底板
（或外露楼板）

③ 阳台雨罩

封闭保温阳台

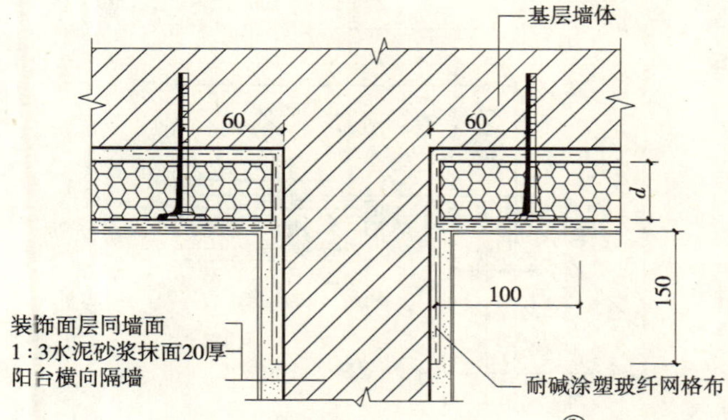

①

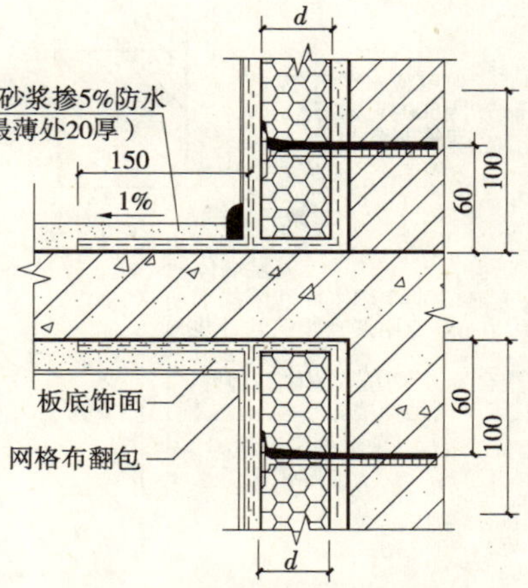

③ 阳台楼面（空调机搁板）

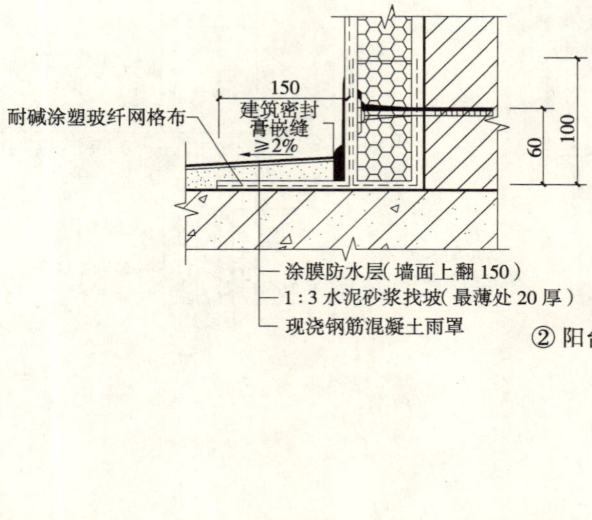

② 阳台雨罩

墙身变形缝

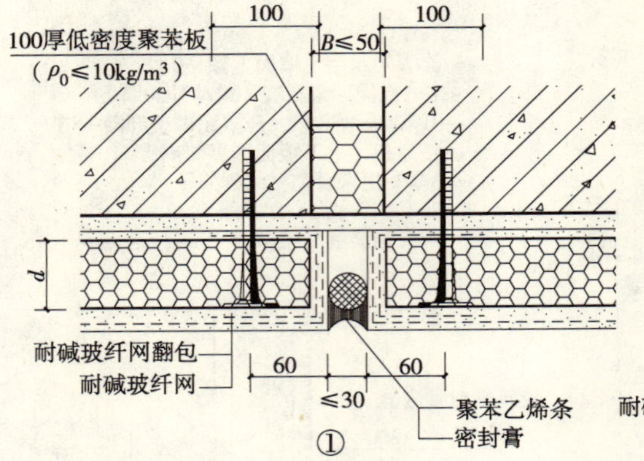

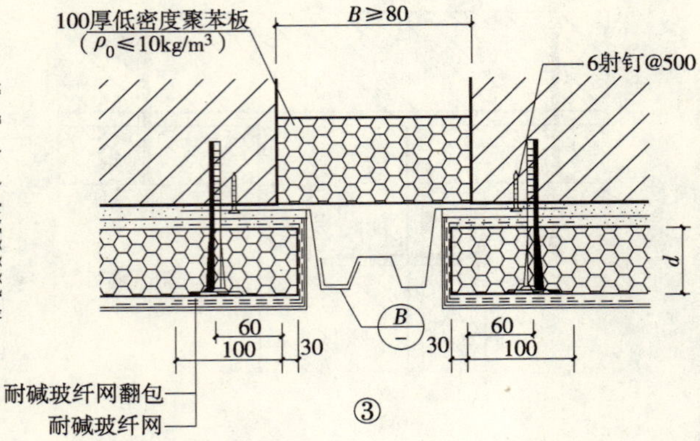

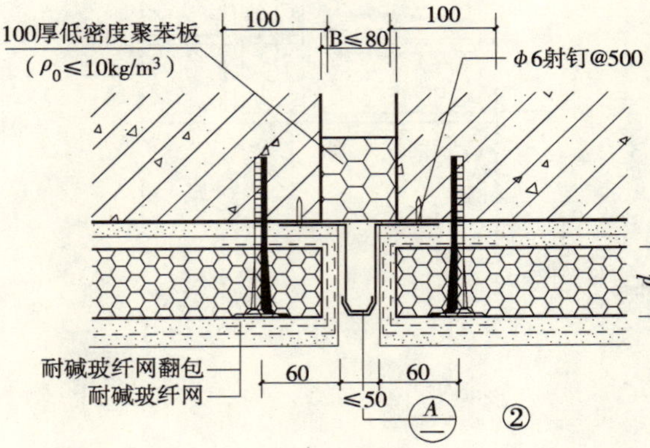

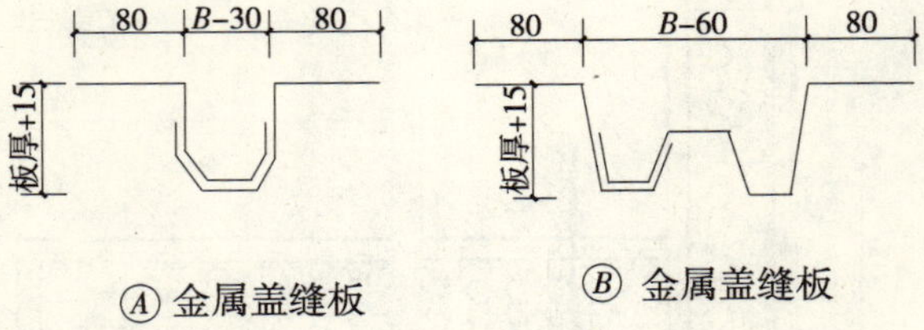

注：

1. B 为变形缝宽度，d 为保温层厚度。
2. 金属盖缝板可采用 1.5mm 厚铝合金板或彩色钢板，尺寸及形式按工程设计。

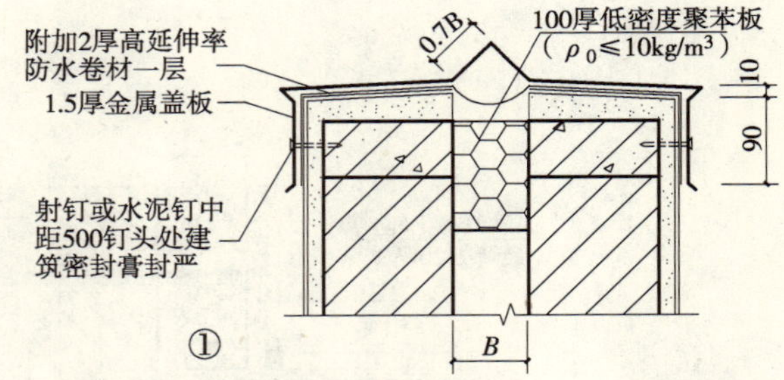

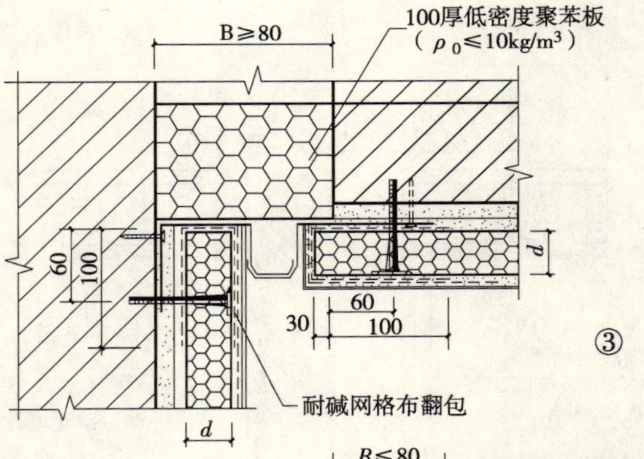

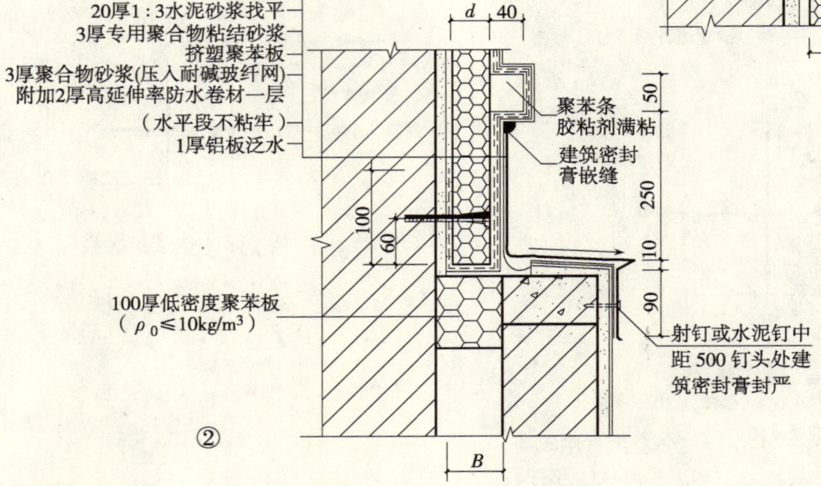

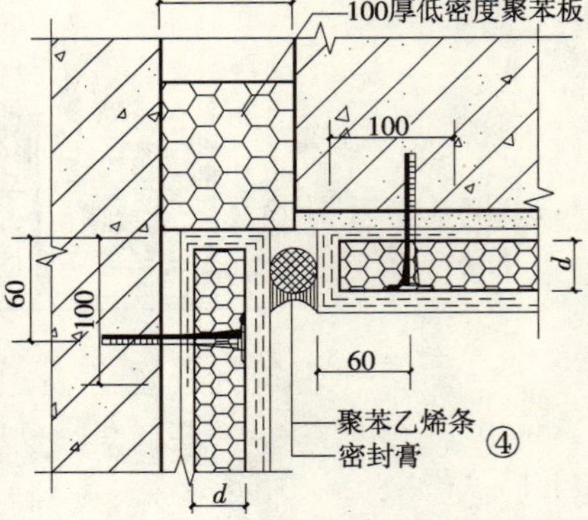

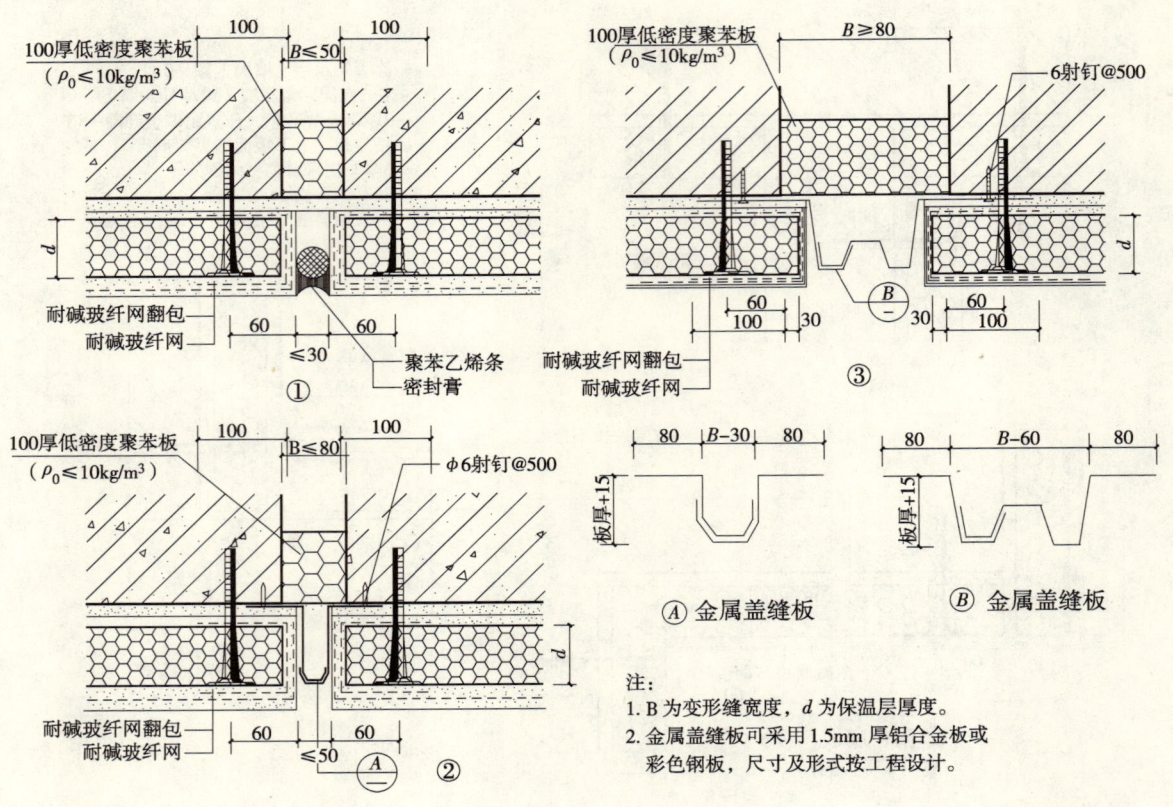

外墙预制线脚安装详图

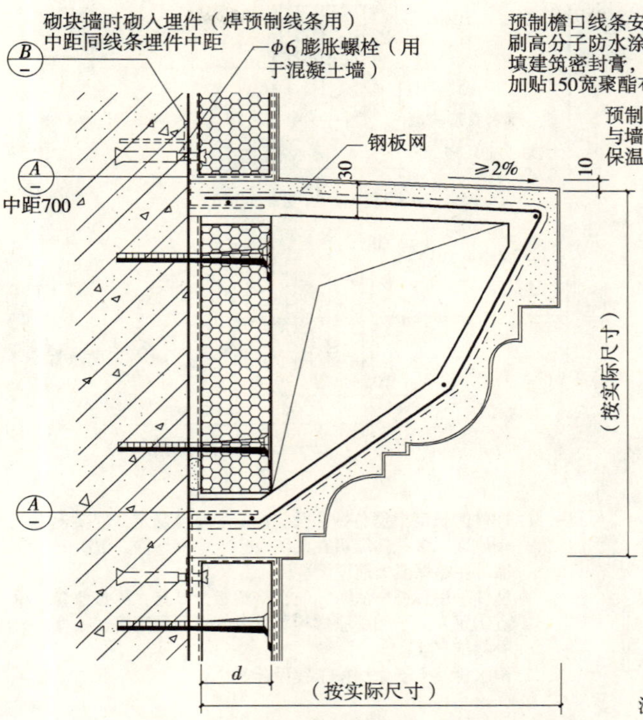

① 预制线条（腰线）安装

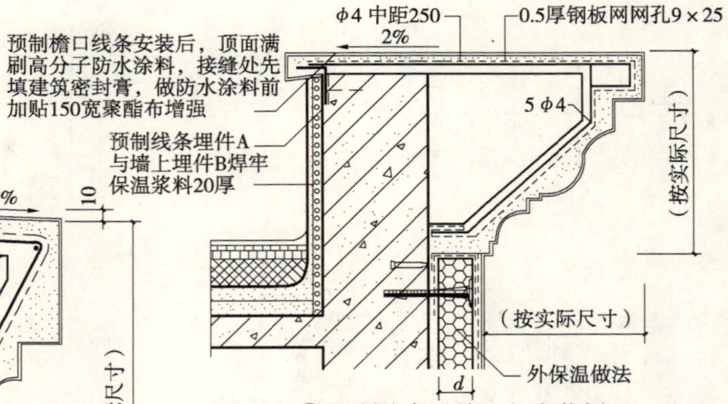

② 预制线条（檐口）安装剖面

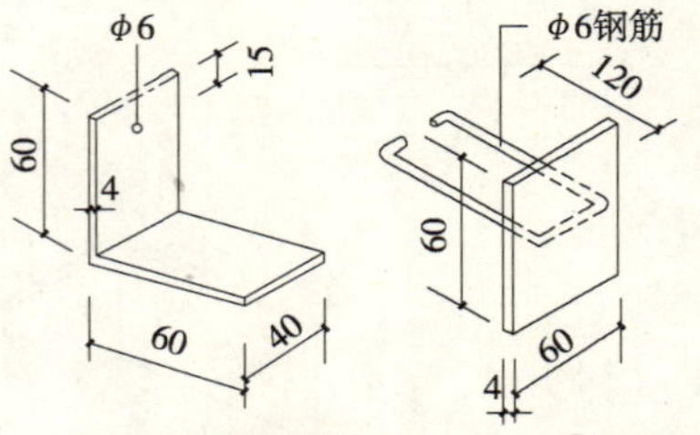

Ⓐ 4厚扁钢　Ⓑ 4厚扁钢埋件

注：预制线脚形式及尺寸按实际工程设计，图中仅为示意。

板材留缝、室外构件安装

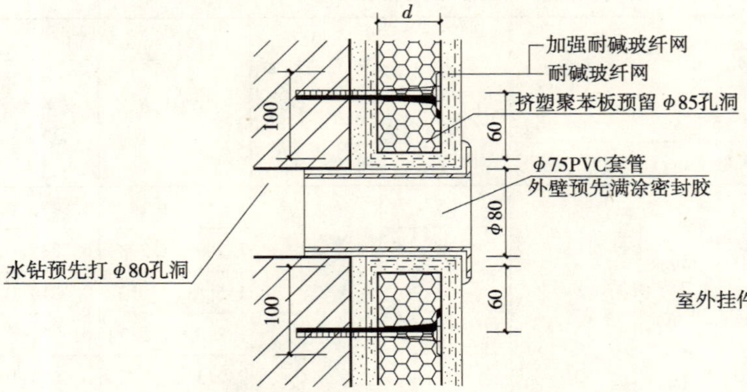

① 外墙预留空调管洞

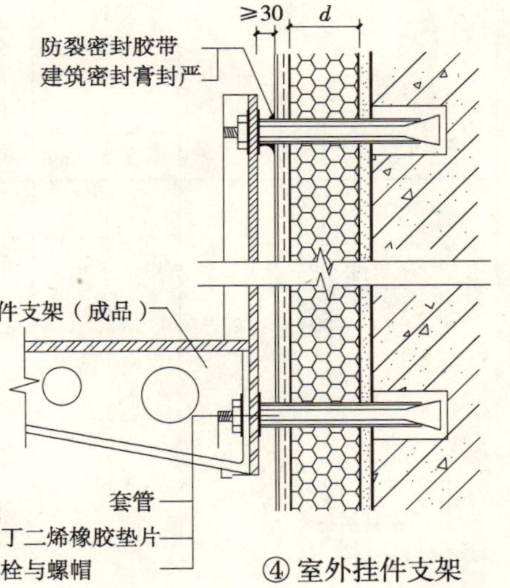

④ 室外挂件支架

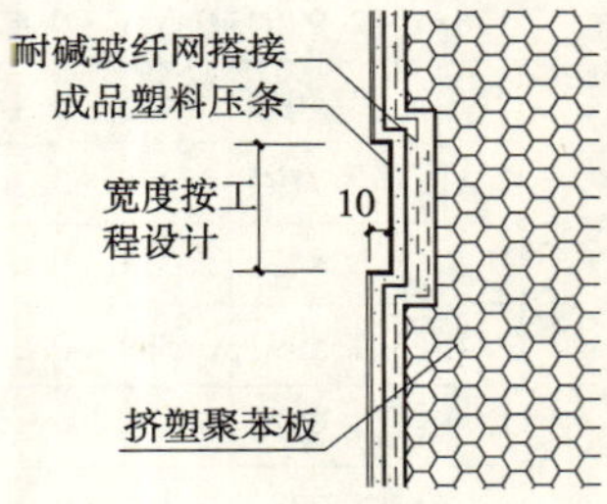

② 分格缝

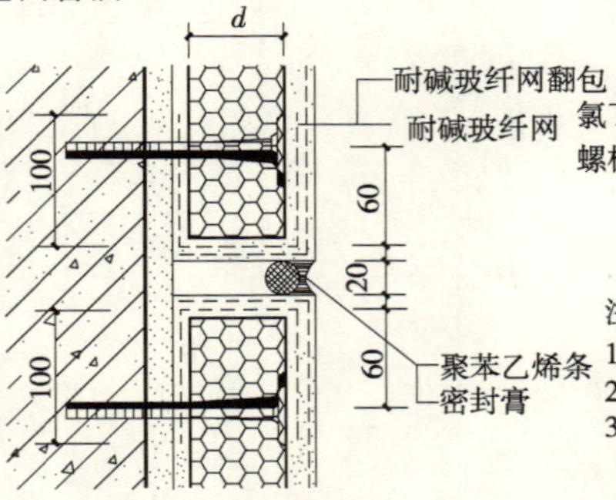

③ 挤塑聚苯板留缝

注：
1. 室外挂件支架采用膨胀螺栓固定。
2. 膨胀螺栓规格和埋置深度按具体工程设计。
3. 悬挂件距保温墙体表面应≥30，且在固定件四周嵌建筑密封膏，外保温系统各层不得承受支架传来的任何荷载。

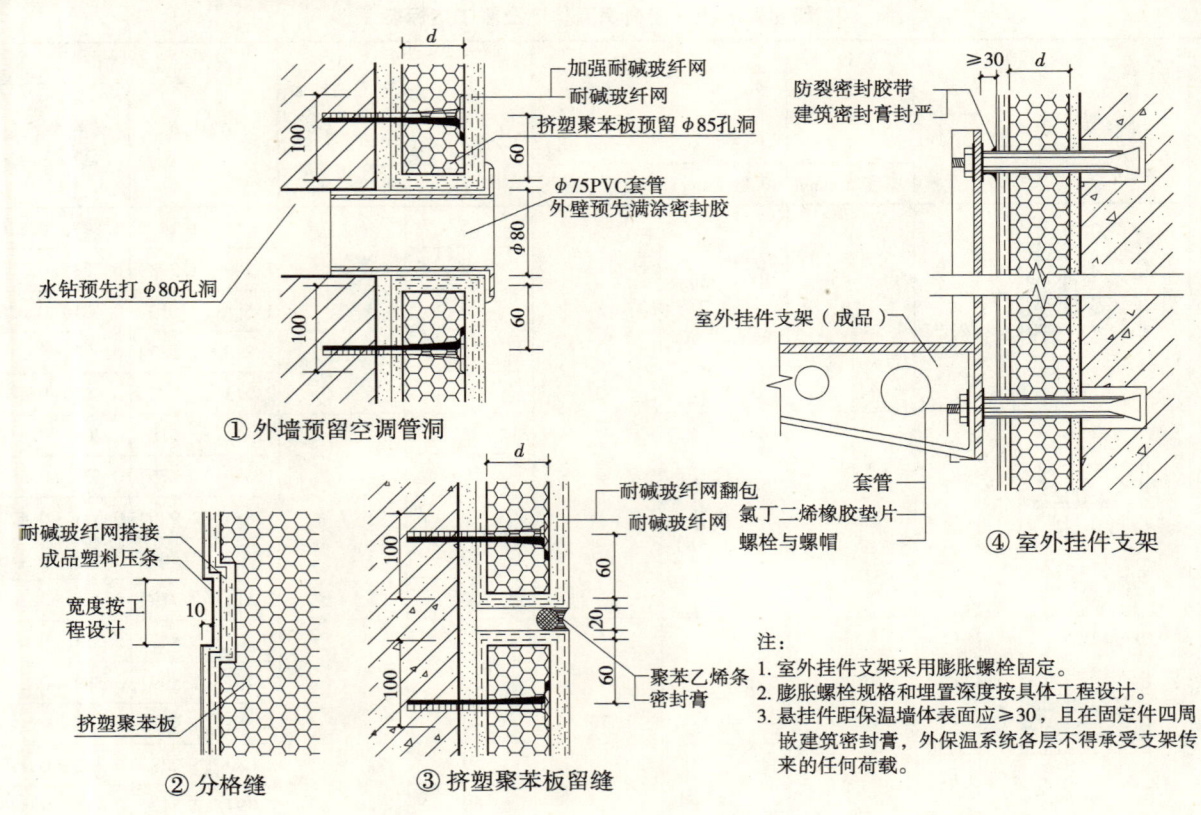

室外雨水管安装

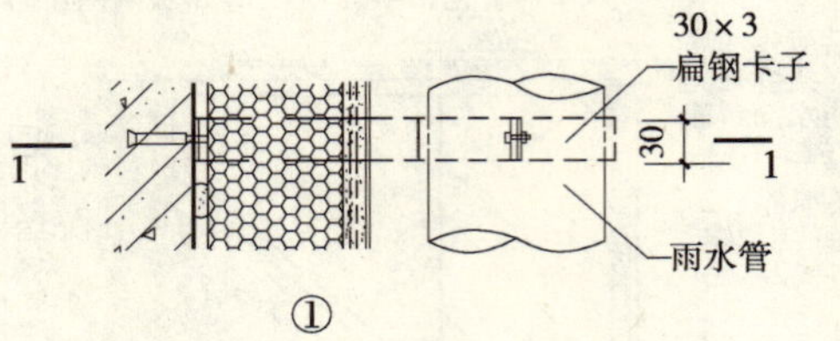

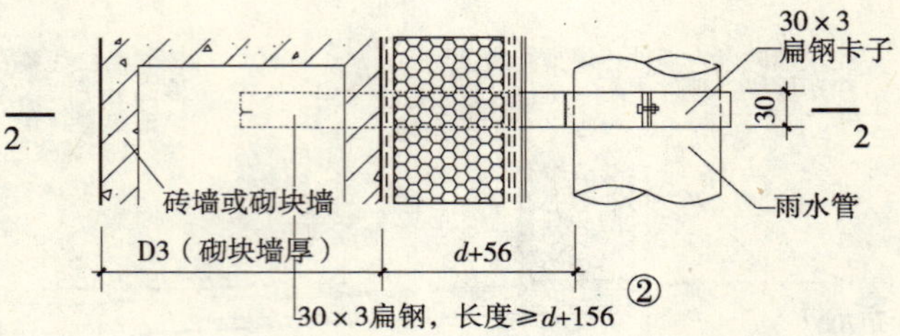

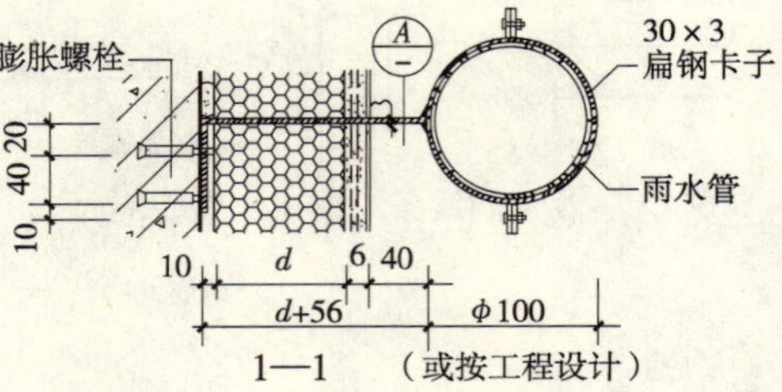

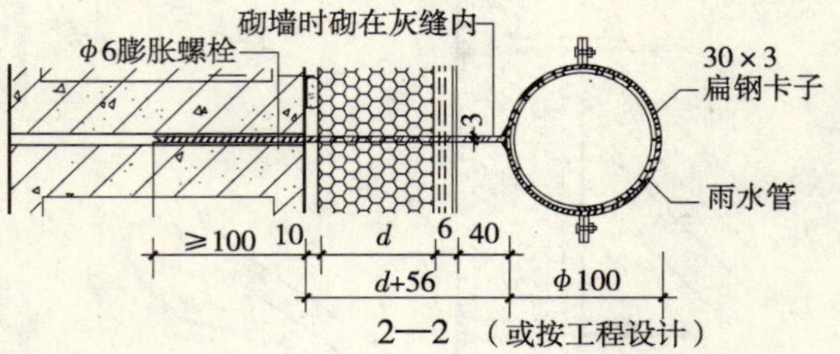

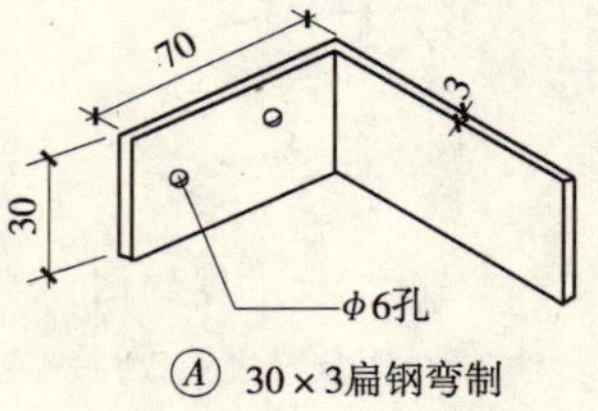

注：1. 埋件的长度根据各做法及保温层的厚度确定，混凝土砌块墙、多孔砖墙可在砌墙时砌入扁钢埋件，混凝土墙可在贴保温板前埋设埋件A。
埋件采用后埋做法时，先在挤塑板上开孔，再按照节点①置入卡子用膨胀螺栓固定后，将孔洞用挤塑板填补粘结严实。
2. 雨水管及卡子做法按工程设计。

挤塑聚苯板外墙内保温构造及热工指标表

挤塑聚苯板外墙内保温构造及热工指标表

编号	构造简图	外墙主体	① 外墙外抹灰 λ=0.93 [W/(m²·K)]	② 外墙主体	③ 砂浆 λ=0.87 [W/(m²·K)]	④ 保温层 λ=0.0318 [W/(m²·K)]	⑤ 外墙内饰面 λ=0.76 [W/(m²·K)]	主体部位 传热阻 R_0 (m²·K/W)	主体部位 传热系数 K_0 [W/(m²·K)]
			厚度（mm）	厚度（mm）	厚度（mm）	厚度（mm）	厚度（mm）		
1	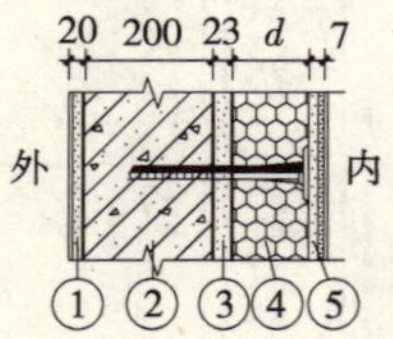	钢筋混凝土墙	20	200（250） λ=1.74 [W/(m²·K)]	23	25	7	1.112（1.141）	0.899（0.876）
						30		1.269（1.298）	0.788（0.770）
						40		1.584（1.613）	0.631（0.620）
						50		1.898（1.927）	0.527（0.519）
						60		2.213（2.242）	0.452（0.446）
2	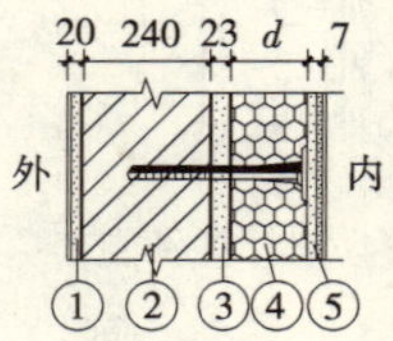	黏土多孔砖	20	240（360） λ=0.58 [W/(m²·K)]	23	25	7	1.411（1.618）	0.709（0.618）
						30		1.568（1.775）	0.638（0.563）
						40		1.883（2.090）	0.531（0.479）
						50		2.197（2.404）	0.455（0.416）
						60		2.512（2.719）	0.398（0.368）
3	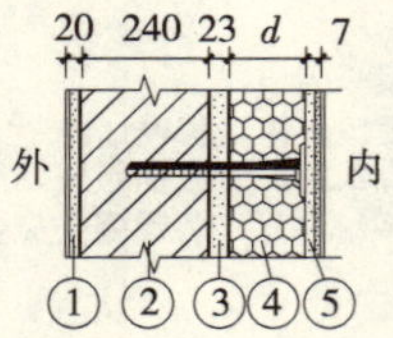	黏土实心砖	20	240（360） λ=0.81 [W/(m²·K)]	23	25	7	1.294（1.442）	0.773（0.694）
						30		1.451（1.599）	0.689（0.625）
						40		1.765（1.913）	0.566（0.523）
						50		2.080（2.228）	0.481（0.499）
						60		2.394（2.542）	0.418（0.393）

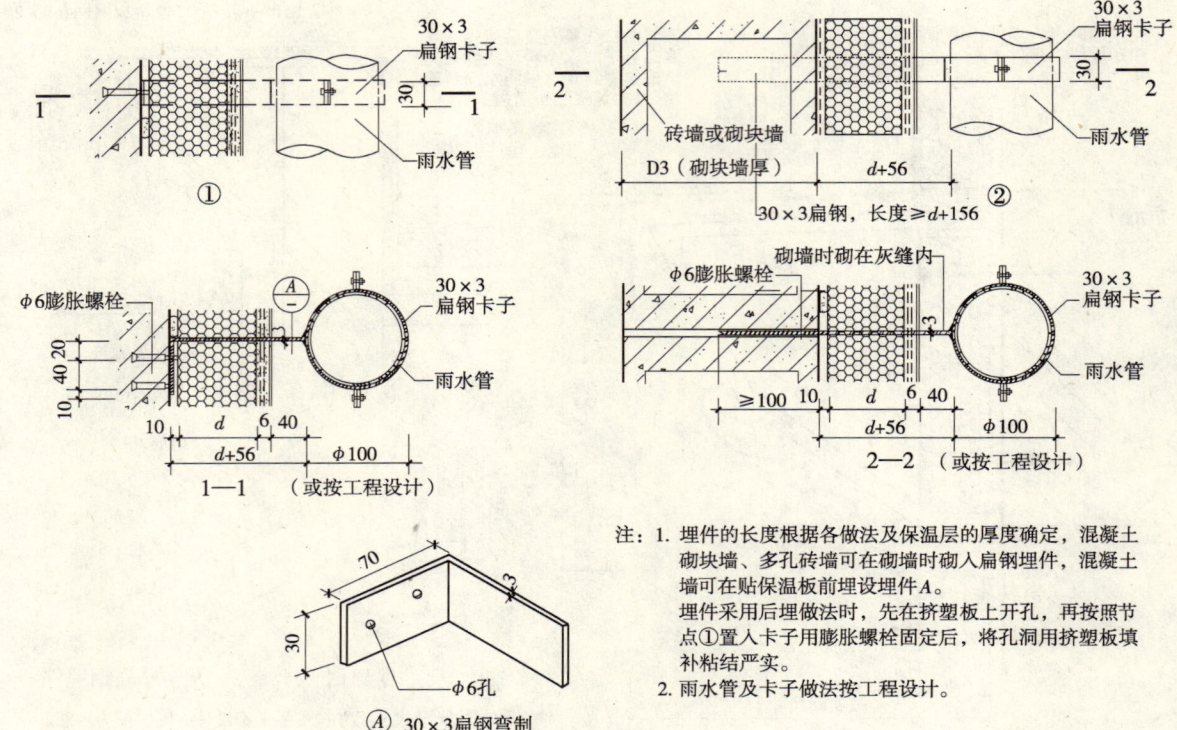

续表

编号	构造简图	外墙主体	① 外墙外抹灰 λ=0.93 [W/(m²·K)]	② 外墙主体	③ 砂浆 λ=0.87 [W/(m²·K)]	④ 保温层 λ=0.0318 [W/(m²·K)]	⑤ 外墙内饰面 λ=0.76 [W/(m²·K)]	主体部位 传热阻 R_0 (m²·K/W)	主体部位 传热系数 K_0 [W/(m²·K)]
			厚度（mm）	厚度（mm）	厚度（mm）	厚度（mm）	厚度（mm）		
4	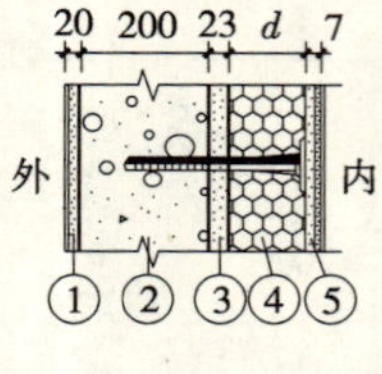	加气混凝土砌块	20	200（250） λ=0.25 [W/(m²·K)]	23	25	7	1.906（2.134）	0.525（0.469）
						30		2.064（2.291）	0.485（0.437）
						40		2.378（2.605）	0.421（0.384）
						50		2.693（2.920）	0.371（0.342）
						60		3.007（3.234）	0.333（0.309）
5	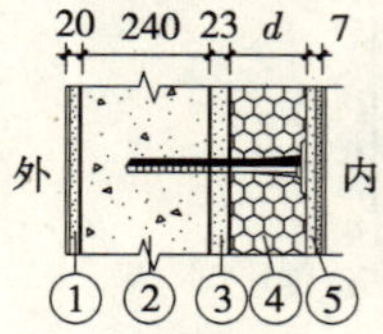	混凝土多孔砖	20	240 λ=0.73 [W/(m²·K)]	23	25	7	1.232	0.812
						30		1.389	0.720
						40		1.704	0.587
						50		2.018	0.496
						60		2.332	0.429
6	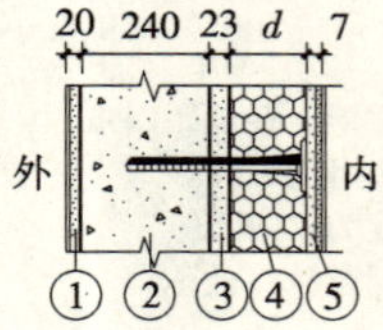	混凝土空心砌块	20	190 λ=0.90 [W/(m²·K)]	23	25	7	1.208	0.828
						30		1.366	0.732
						40		1.680	0.595
						50		1.995	0.501
						60		2.309	0.433

注：1. 计算结果依据《民用建筑热工设计规范》（GB 50176—93）求得。
2. 本表中挤塑聚苯板的导热系数为修正后的数值。

内保温平面索引及墙体构造

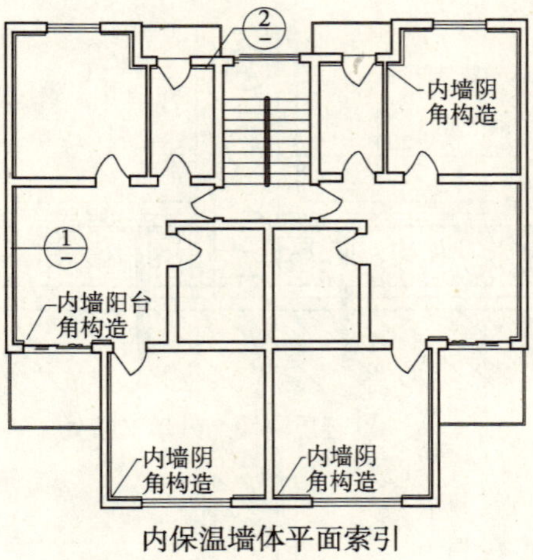

内保温墙体平面索引

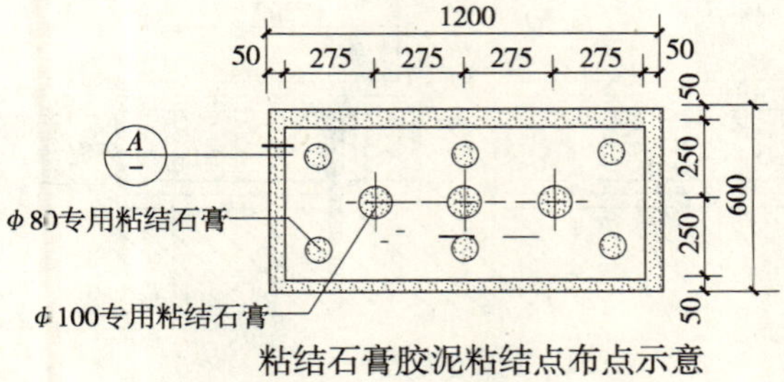

粘结石膏胶泥粘结点布点示意

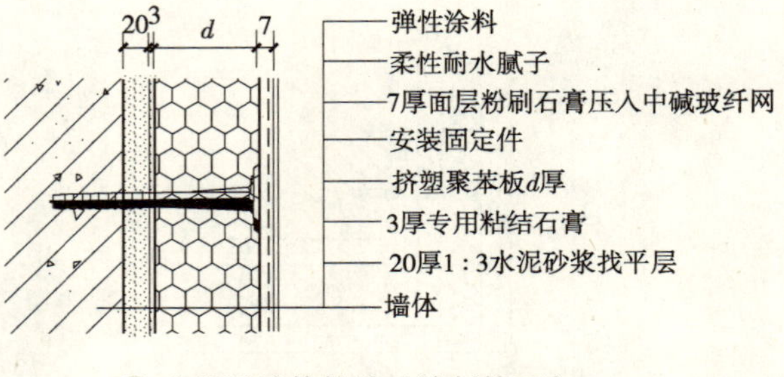

① 内保温墙体构造（涂料饰面）

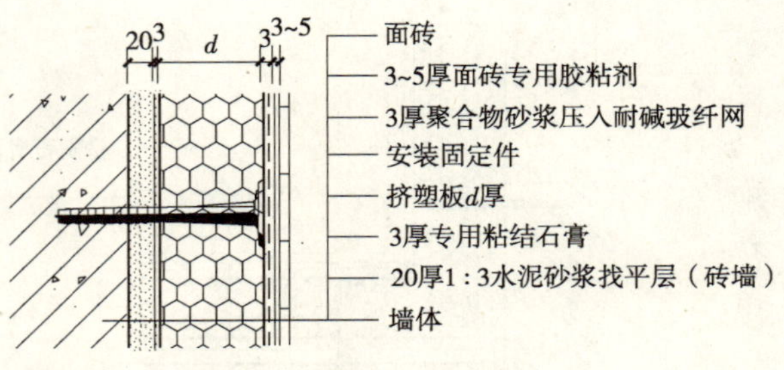

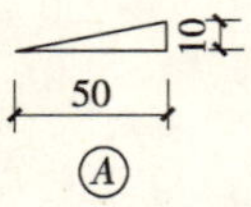

② 内保温墙体构造（面砖饰面）

门窗洞口排板图

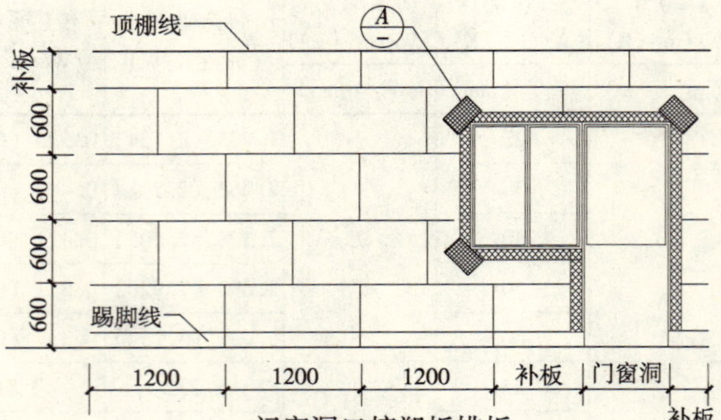

门窗洞口挤塑板排板

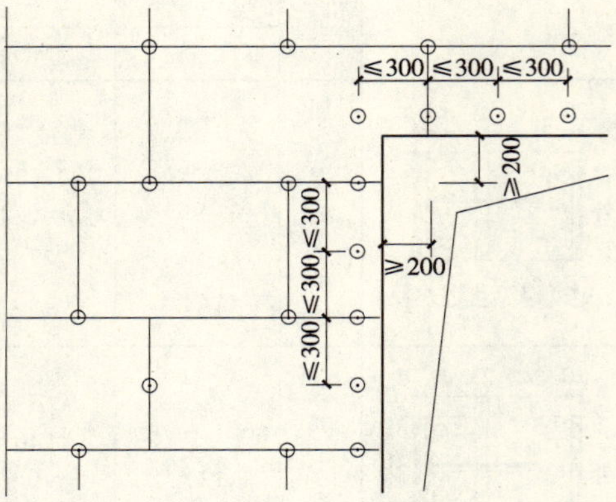

① 洞口及边角固定件布置图

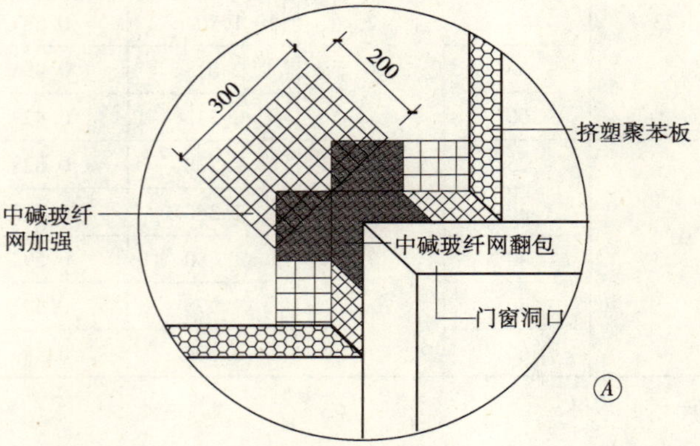

注：1. 挤塑板在洞口四角处不允许接缝，接缝距四角≥200mm，以免在洞口处饰面出现裂缝。
2. 每排挤塑板应错缝，错缝长度为1/2板长。
3. 除门窗外的其他洞口，参照门窗洞口处理。

内墙阴角、阳角的构造

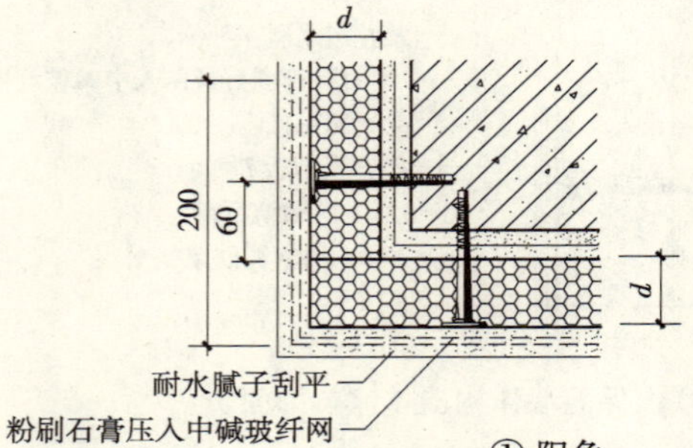

① 阳角

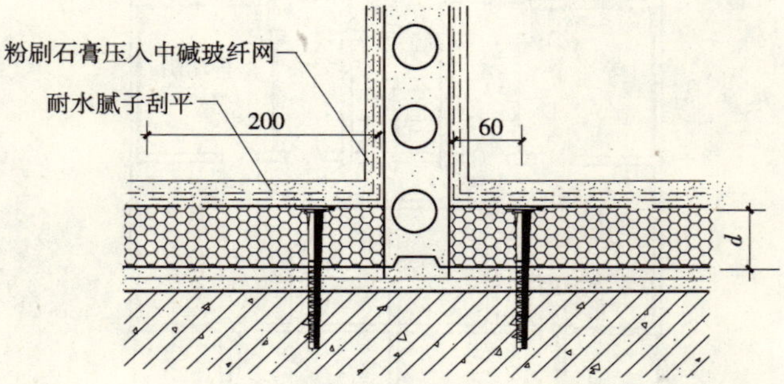

③ 轻质隔墙与外墙交接处

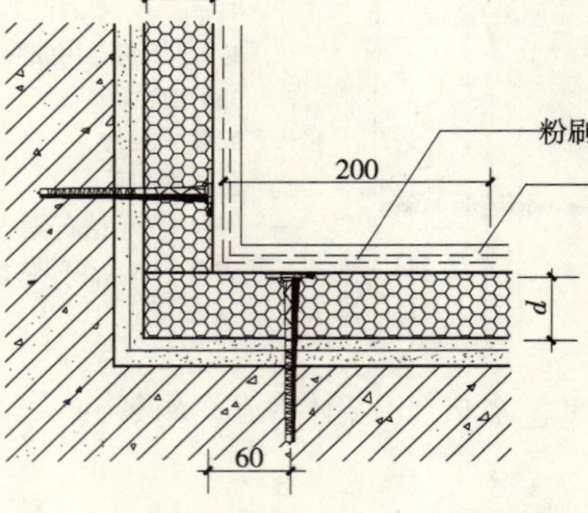

② 阴角

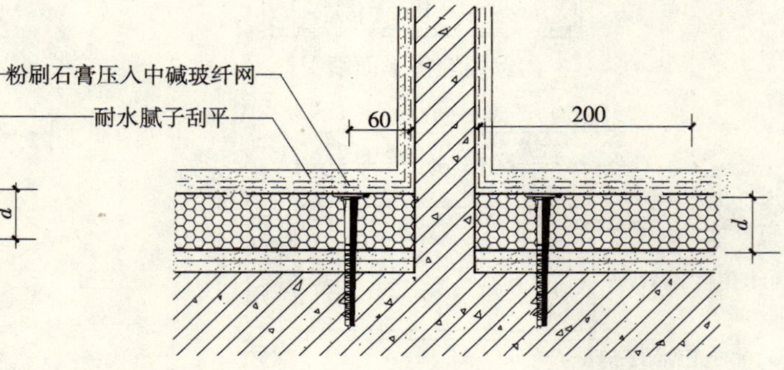

④ 内外墙交接处

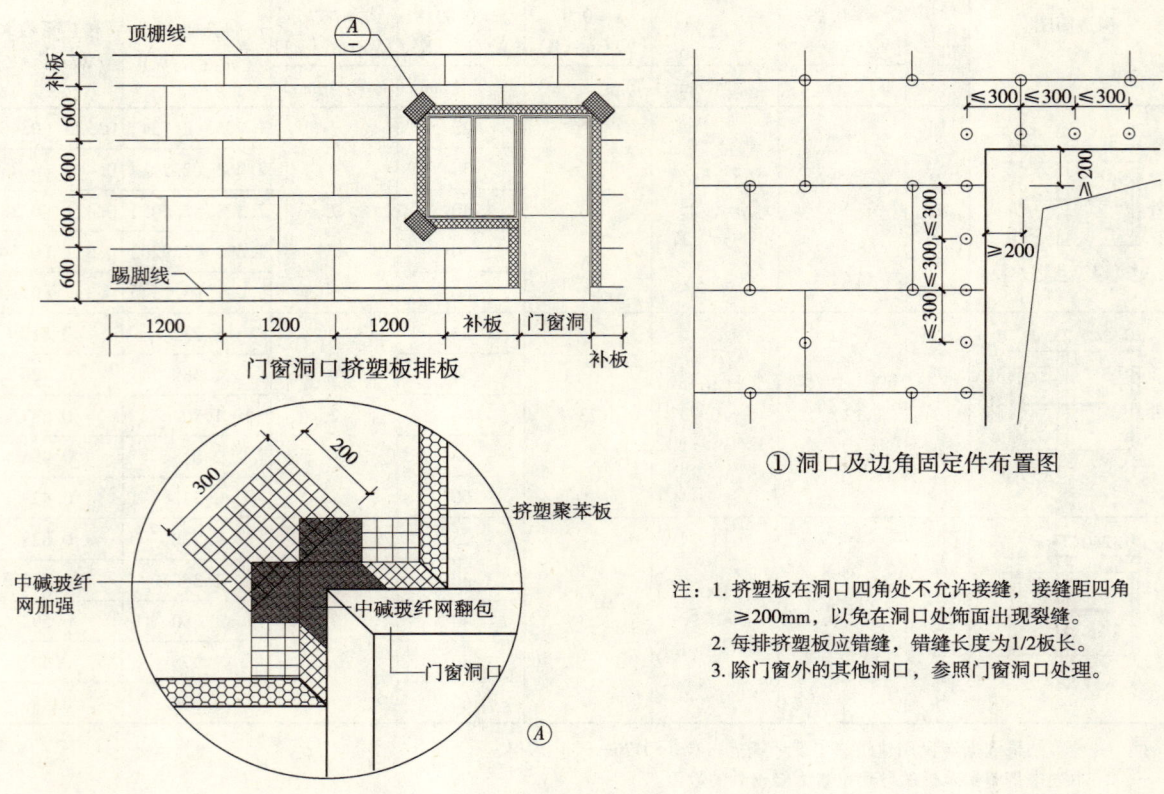

室内构件安装详图

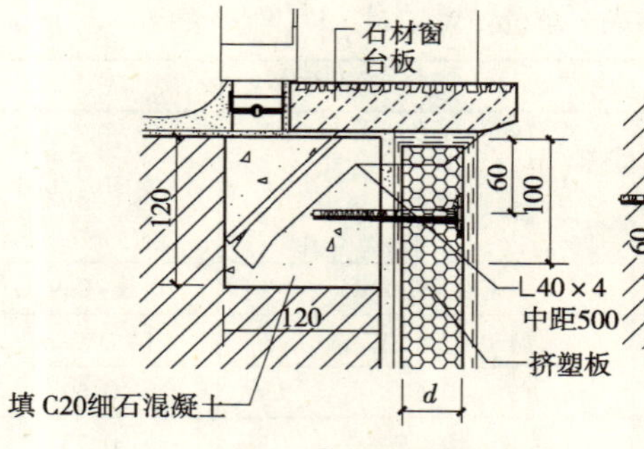

① 石材窗台板

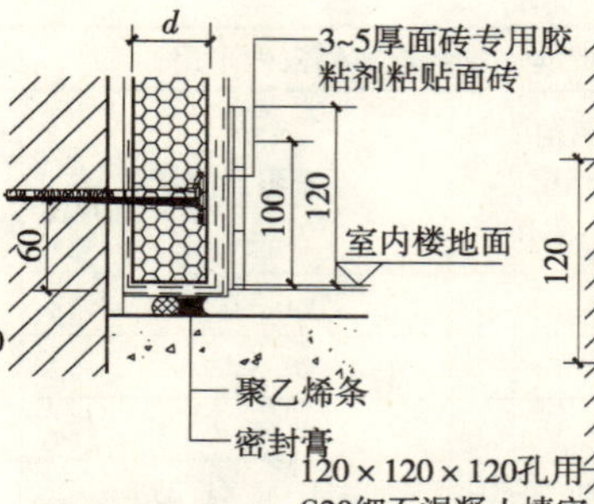

② 面砖踢脚

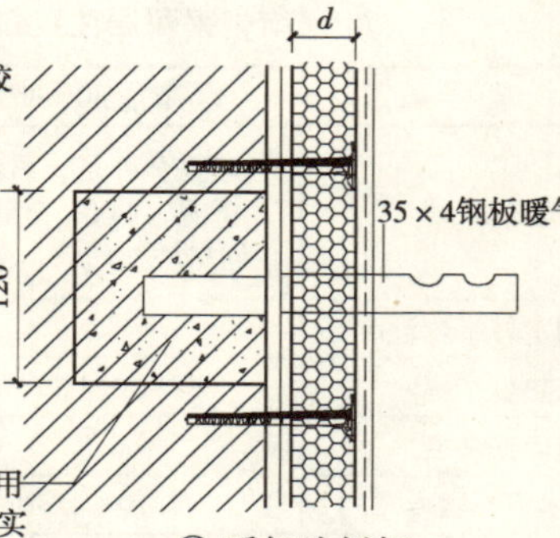

③ 暖气片托架

注：踢脚也可用木材、石材等材料贴面，由工程设计定。

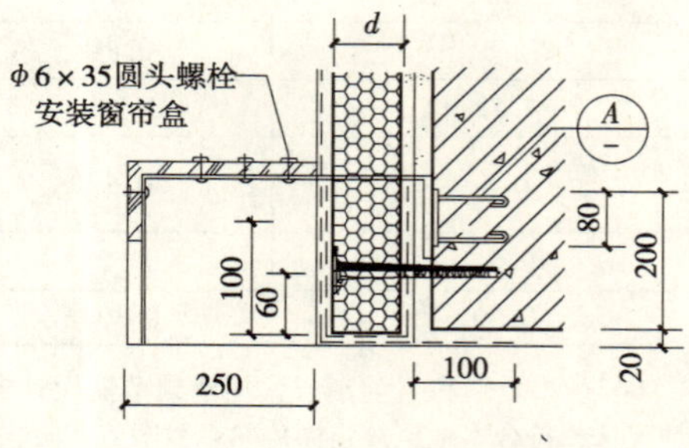

④ 窗帘盒

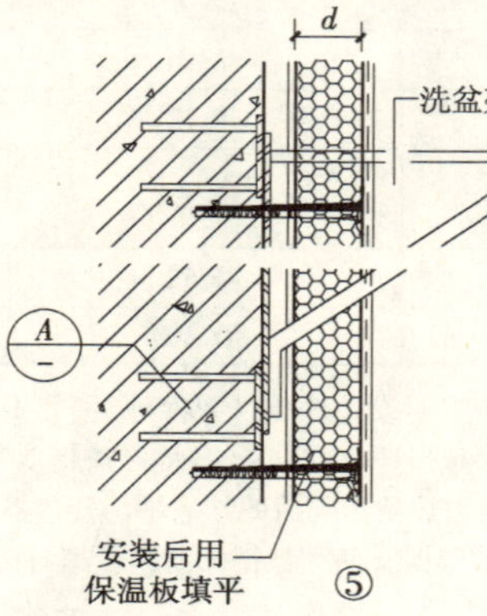

⑤

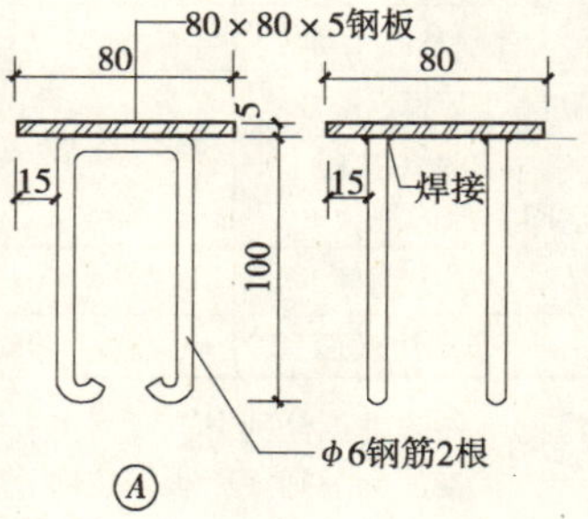

Ⓐ

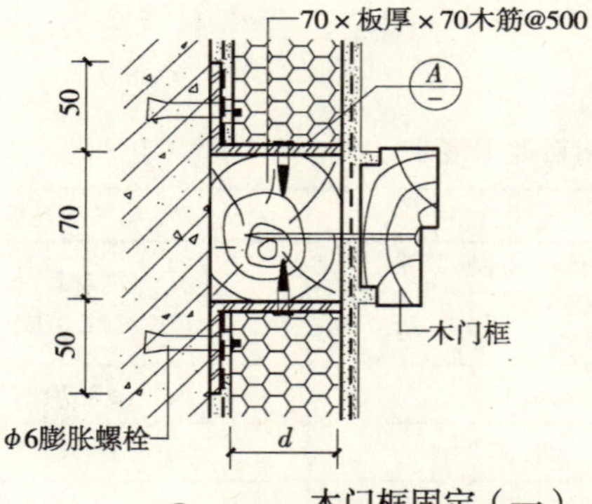

① 木门框固定（一）
（本节点也可用于固定钢门框）

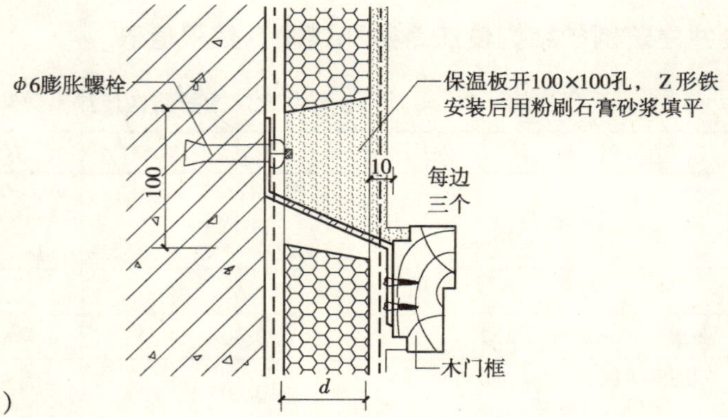

② 木门框固定（二）
（本节点也可用于固定钢门框）

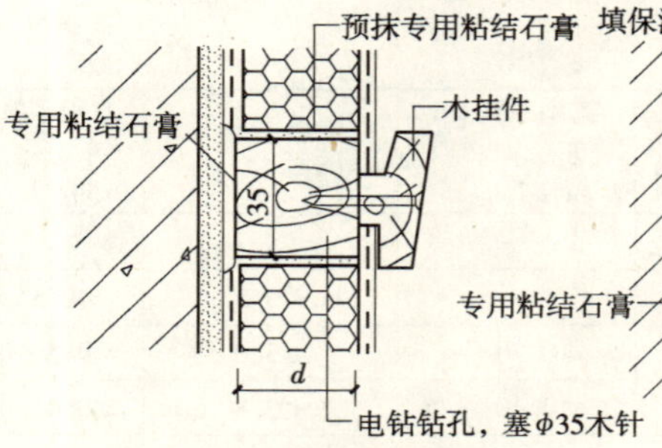

③ 挂镜线

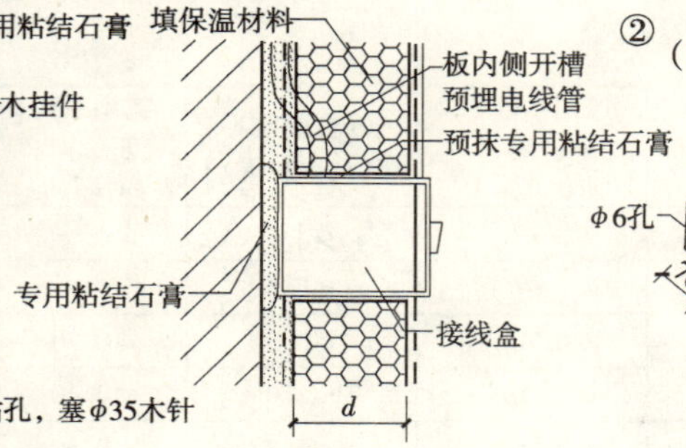

④ 1—1

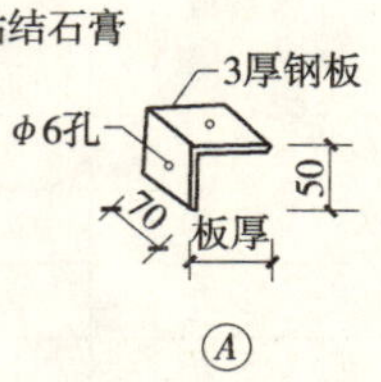

Ⓐ

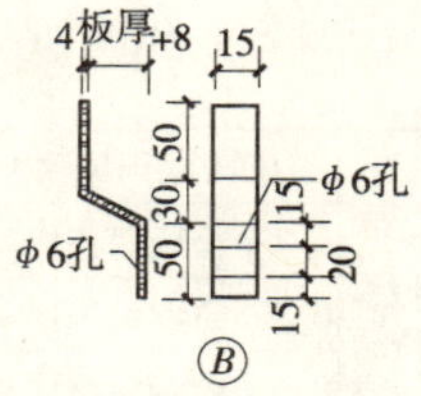

Ⓑ

采暖居住建筑围护结构传热系数限值表

河南省采暖居住建筑各部分围护结构传热系数限值表　单位：W/(m^2·K)

		节能50%标准（仅在规定期限内采用）		节能65%标准	
代表城市		新乡、许昌、漯河、济源、鹤壁、商丘、周口、三门峡、焦作	安阳、濮阳	郑州、新乡、许昌、开封、漯河、济源、鹤壁、商丘、洛阳、周口、三门峡、焦作	安阳、濮阳
采暖期室外平均温度		1.0～2.0°C	0.0～0.9°C	1.0～2.0°C	0.0～0.9°C
耗热量指标		20～20.3W/m^2	20.3W/m^2	14.0～14.2W/m^2	14.2W/m^2
屋面或顶棚		0.8	0.8	0.60	0.60
外墙（体形系数≤0.3）		1.10　1.40	1.00　1.25	0.75	0.70
楼梯间隔墙		1.83	1.83	1.65	1.65
户门		2.7	2.7	2.7	2.7
窗户（含阳台门上部）		4.7　4.0	4.7　4.0	2.8	2.8
阳台门下部芯板		1.72	1.72	1.72	1.72
接触室外或不采暖空间上部的地板		0.6	0.6	0.5	0.5
地面	周边地面	0.52	0.52	0.52	0.52
	非周边地面	0.30	0.30	0.30	0.30

注：1. 本表数据分别引自《河南省居住建筑节能设计标准（寒冷地区）》(DBJ 41/062—2005）和《河南省民用建筑节能设计标准实施细则（采暖居住部分）》(DBJ 41/041—2000)，各地区按当地实际情况选择符合本地区规定的传热系数限值。
2. 表中外墙的传热系数限值系指考虑周边热桥影响后的外墙平均传热系数。
3. 节能50%标准一栏，外墙的传热系数限值有两列数据，前列数据与传热系数为4.70的单层塑料窗相对应；后列数据与传热系数为4.00的单框双玻金属窗相对应。
4. 表中周边地面一栏中0.52为位于建筑物周边的不带保温层的混凝土地面的传热系数；非周边地面一栏中0.30为位于建筑物非周边的不带保温层的混凝土地面的传热系数。

公共建筑围护结构传热系数和遮阳系数限值表

公共建筑围护结构传热系数和遮阳系数限值表

适用地区		寒冷地区				夏热冬冷地区	
围护结构部位		体形系数≤0.3 传热系数K [W/(m^2·K)]		0.3<体形系数≤0.4 传热系数K [W/(m^2·K)]		传热系数K [W/(m^2·K)]	
屋面		≤0.55		≤0.45		≤0.70	
外墙（包括非透明幕墙）		≤0.60		≤0.50		≤1.0	
底面接触室外空气的架空或外挑楼板		≤0.60		≤0.50		≤1.0	
非采暖空调房间与采暖空调房间的隔墙或楼板		≤1.5		≤1.5			
外窗（包括透明幕墙）		传热系数K [W(m^2·K)]	遮阳系数SC（东、南、西向/北向）	传热系数K [W/(m^2·K)]	遮阳系数SC（东、南、西向/北向）	传热系数K [W/(m^2·K)]	遮阳系数SC（东、南、西向/北向）
单一朝向外窗（包括透明幕墙）	窗墙面积比≤0.2	≤3.5	—	≤3.0	—	≤4.7	—
	0.2<窗墙面积比≤0.3	≤0.3	—	≤2.5	—	≤3.5	≤0.55/—
	0.3<窗墙面积比≤0.4	≤2.7	≤0.70/—	≤2.3	≤0.70/—	≤3.0	≤0.50/0.60
	0.4<窗墙面积比≤0.5	≤2.3	≤0.60/—	≤2.0	≤0.60/—	≤2.8	≤0.45/0.55
	0.5<窗墙面积比≤0.7	≤2.0	≤0.50/—	≤1.8	≤0.50/—	≤2.5	≤0.40/0.50
屋顶透明部分		≤2.7	≤0.50	≤2.7	≤0.50	≤3.0	≤0.40

注：有外遮阳时，遮阳系数=玻璃的遮阳系数×外遮阳的遮阳系数；无外遮阳时，遮阳系数=玻璃的遮阳系数。

注：本表数据引自《公共建筑节能设计标准》(GB 50189—2005)。

挤塑板性能指标及规格表

挤塑板性能指标及规格表

测试项目		单位	测试标准	指标
压缩强度		KPa	GB 8813	150—250
表观密度		kg/m^3	GB 6343	≤35
导热系数		$W/(m^2 \cdot K)$（25°C，90d） $W/(m^2 \cdot K)$（10°C，90d）	GB 3399	≤0.0289 ≤0.0267
水蒸气透湿系数		ng/Pa·m·s	QB/T2411	≤3
吸水率		vol%	GB 8810	≤1.5
燃烧性能级别			GB 8286	B2（外保温） B1（内保温）
尺寸规格	厚度	mm		25，30，40，50，60
	宽度×长度	mm		600×1200
板体类型		平板（用于涂料饰面） 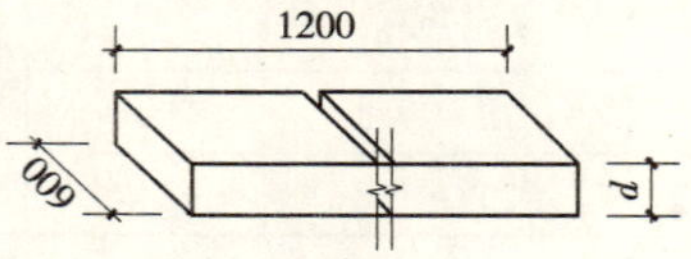		双面开槽板（用于面砖饰面） 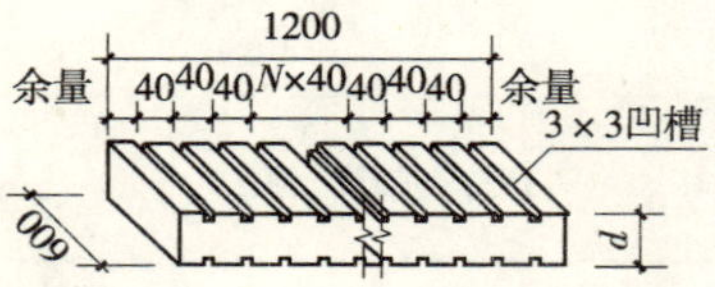
边沿接口型式		平头		平头

注：本表数据由欧文斯科宁（中国）投资有限公司提供。

外墙外保温材料性能及施工技术

附录 A　外墙外保温系统材料性能及施工技术

1. 主要配套材料性能要求

1.1　固定件

（1）工程塑料膨胀钉，采用超韧尼龙制作，尾部设有回拧锚固件，适用温度范围 -40°C ~ 80°C。

（2）自攻螺丝，采用高强度结构钢，灰磷层防锈。

（3）固定件在不同基层墙体中的拉拔力及拉拔力设计值见表 1。

固定件的拉拔力及拉拔力设计值　　**表 1**

基层墙体	拉拔力	拉拔力设计值
钢筋混凝土墙体（C25）	0.8kN	0.40kN
烧结实心砖墙体（MU10）	0.64kN	0.32kN
多孔砖墙体（MU10）	0.64kN	0.32kN
混凝土空心砌块墙体（MU10）	0.64kN	0.32kN

注：拉拔力为实测平均值。

（4）用于拼接大于 $0.1m^2$ 的单板应另加固定件，数量视挤塑板形状现场确定。

1.2　粘贴挤塑聚苯板的专用聚合物粘结砂浆，其性能要求见表 2。

1.3　保护层聚合物砂浆

保护层聚合物砂浆采用干混砂浆加水搅拌而成，总厚度一般为 2.5 ~ 3mm，底层建筑外墙约为 3.5 ~ 4mm，中间压入耐碱玻纤网增强，其性能要求见表 3。

粘贴砂浆拉伸胶结强度性能要求 **表2**

项目		指标
压剪胶结强度（MPa）（与基准水泥砂浆）	原强度	≥0.80
	耐水强度	≥0.60
拉伸胶结强度（MPa）（与基准水泥砂浆）	原强度	≥0.70
	耐水强度	≥0.50
拉伸胶结强度（MPa）（与挤塑聚苯板）	原强度	≥0.15
	耐水强度	≥0.12

保护层聚合物砂浆性能要求 **表3**

项目		指标
拉伸胶结强度（MPa）	原强度	≥0.15
	耐水强度	≥0.12
吸水量（g/m^2）	浸水8h	≥600
	浸水24h	≤1000
抗冲击强度（J）	二层及以上	≥3.0
	首层	≥10.00

1.4　耐碱玻纤网

为增加面层的抗裂、抗冲击能力，玻纤网格布应采用抗碱高分子化合物涂塑玻纤网格布，经涂塑后的塑玻纤网格布具有耐碱性能。其性能要求见表4。

耐碱玻纤网格布性能要求 **表4**

项目		单位	指标
孔径		mm	4×4或5×5网眼
幅宽		mm	1000
抗拉强度	经向	N/50mm	≥1000
	纬向	N/50mm	≥1000
	经向耐碱保留率	%	≥80
	纬向耐碱保留率	%	≥80

耐碱玻纤网左右搭接不小于100mm，上下搭接不小于80mm；在墙身阴阳角处两侧玻纤网双向绕角且相互搭接，各侧搭接宽度不小于200mm，见墙体连接详图。

1.5　嵌缝材料

1.5.1　密封膏应采用聚氨酯或硅硐型建筑密封膏，其性能指标应符合《聚氨酯建筑密封膏》(JC 482—92)及《建筑用硅酮结构密封胶》(GB 16776—1997）的要求，并应与本系统有关产品进行相容试验。

1.5.2　挤塑板缝隙处的背衬材料采用发泡聚苯乙烯实心圆棒，其直径按缝隙宽的1.3倍选用。

1.5.3　在变形缝金属盖缝板内侧缝隙内填塞100mm厚低密度聚苯乙烯泡沫板（$\rho_0 \leq 10kg/m^3$）。

2. 施工工艺

2.1　施工条件

（1）基层墙体已验收合格。门窗框及墙身上各种进户线、水落管支架、预埋件等安装完毕。

（2）钢筋混凝土剪力墙平整度用2m靠尺检查，最大偏差不应大于4mm，否则应用1∶3建筑胶水泥砂浆找平。

（3）砌体墙用1∶3水泥砂浆找平。

（4）基层墙体及找平层应干燥。

（5）施工现场环境温度和墙体表面温度在施工及施工后24小时内不得低于5°C，施工现场风力不大于5级。

（6）夏期施工应避免阳光直射，必要时在脚手架设临时遮阳设施。

（7）雨天施工时应采取有效措施，防止雨水冲刷墙面。

2.2　施工工序流程：见图1。

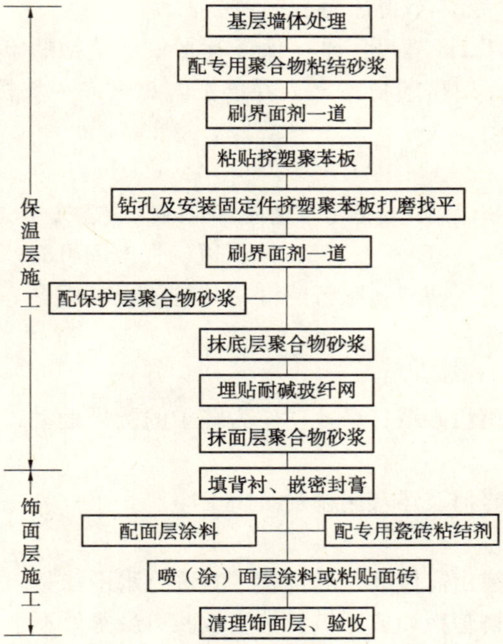

图1　施工工序流程图

3. 施工操作要点

3.1　基层处理

（1）彻底清除基层墙体表面浮灰、油污、脱模剂、空鼓表皮层及风化物等影响粘贴强度的材料。

（2）对旧房保温改造工程，应将原有外饰面层清除，基层墙体修补平整。若基层不具备粘结条件，应全部采用机械固定方式，每平方米固定件为6～9个。

3.2　为增加挤塑板与基层及面层的粘结力，应在挤塑板正、背面各刷界面剂一道。

3.3　配制专用聚合物粘结砂浆

（1）专用聚合物粘结砂浆的配置只许加入洁净水，不得加入其他添加物（剂）。

（2）将配制的专用聚合物粘结砂浆静置5min，再搅拌即可使用。配制好的粘结砂浆宜在1h内用完。

3.4　安装挤塑板

（1）标准板规格尺寸为1200mm×600mm，对角线误差<2mm。挤塑板用电热丝切割器或工具刀切割，尺寸允许误差为±1.5mm。

（2）耐碱玻纤网翻包：门窗洞口、变形缝两侧等处的挤塑板上预粘耐碱玻纤网，总宽度200mm+板厚，翻包部分宽度为100mm，具体做法如下：耐碱玻纤网裁剪长度为200mm+板厚。首先在翻包部位抹长度为100mm、厚度为2mm的专用聚合物粘结砂浆，然后压入100mm长的耐碱玻纤网，余下的甩出备用。

（3）浆配制好的专用聚合物粘结砂浆涂抹在挤塑板的背面，粘结砂浆压实后厚度为3mm。

粘结方法采用条点法：用抹子在每块挤塑板沿周边抹宽50mm、厚10mm的粘结砂浆，再在挤塑板分格区内抹直径为 100mm（80mm）、厚度为 10mm 的灰饼。见图 2：

（4）将抹好粘结砂浆的挤塑板迅速粘贴在墙面上，以防止表面结皮而失去粘结作用。挤塑板的粘贴应分段自下而上沿水平方向横向铺贴，每排板应错缝 1/2 板长，局部最小错缝不得小于 200mm。

当遇有突出墙面的建筑配件时，应用整幅挤塑板套割，其切割边缘应顺直、平整，不得用零板拼凑。

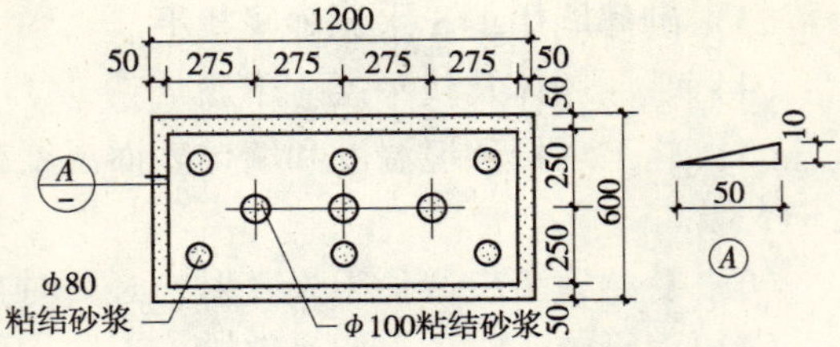

图 2　粘结条点法

（5）挤塑板贴上墙后，应用 2m 靠尺压平，保证其平整度及粘贴牢固，板与板之间要挤紧，不得有缝。因切割不直形成的缝隙，用挤塑板条塞入并磨平。每贴完一块板，应将挤出的粘结砂浆清除。不得在挤塑板侧面涂抹粘结砂浆。

3.5　安装固定件

（1）固定件在挤塑板粘贴 8h 后开始安装，宜在 24h 内完成。按事先标好的位置用冲击钻钻孔，孔径 10mm，固定件钻入基层墙体的深度不小于 50mm，以确保牢固可靠。

（2）自攻螺钉应挤紧并将工程塑料膨胀钉的钉帽与挤塑板表面平齐或略挤入一些，确保膨胀钉尾部回拧，使其基层墙体充分锚固。

3.6　打磨

（1）挤塑板接缝不平处应用粗砂纸打磨，动作为轻柔的圆周运动，不要沿着与挤塑板接缝平行的方向打磨。

（2）打磨后及时将挤塑板碎屑及浮灰用刷子清理干净。

3.7　做装饰线角

（1）根据设计要求用黑线弹出需做线角的位置，并进行水平和竖向校正。

（2）凹线角使用开槽器将挤塑板切成凹口，挤塑板凹口最薄处不小于 15mm。

（3）凸线角应按设计尺寸切割，在线角及对应挤塑板两面刷界面剂一道，再满涂专用聚合物粘结砂浆，使其粘贴牢固。

3.8　抹底层聚合物砂浆

（1）聚合物砂浆的配制要求同专用聚合物粘结砂浆。

（2）将配制好的聚合物砂浆均匀地涂抹在挤塑板上，厚度为 2mm。

3.9　压入耐碱玻纤网

（1）耐碱玻纤网应按工作面的长度要求剪裁，并应留出搭接宽度。

（2）在门窗等洞口四周耐碱玻纤网翻包，四角均应加贴一块 300mm×200mm 的加强网格 45°角布置。

（3）在洞口及耐碱玻纤网翻包部位的挤塑板正面和侧面，均涂抹聚合物砂浆（只允许在此处的挤塑板端边抹聚合物砂浆）。将预先甩出的耐碱玻纤网沿板厚翻转，并压入聚合物砂浆中。

（4）将整幅耐碱玻纤网沿水平方向绷直绷平，注意将耐碱玻纤网内曲的一面朝里，用抹子由中间向上、下两边将耐碱玻纤网抹平，使其紧贴。耐碱玻纤网水平方向搭接宽度不小于 100mm，垂直方向搭接宽度不小于 80mm，搭接处用聚合物砂浆补充底层砂浆的空缺处，不得使耐碱玻纤网皱褶、空鼓、翘边。

（5）在凹凸线角处，应将耐碱玻纤网埋入底层聚合物砂浆内。

（6）在墙面施工预留孔洞四周 100mm 范围内，抹底层聚合物砂浆并压入耐碱玻纤网，暂不抹面层聚合物砂浆，待大面积施工完毕后修补。

（7）在墙身阴、阳角处两侧耐碱玻纤网双向绕角相互搭接，各侧搭接宽度不小于 200mm。

3.10　抹面层聚合物砂浆

（1）抹完底层聚合物浆并压入耐碱玻纤网后，待凝固至表面不粘手时，开始抹面层聚合物砂浆，抹面厚度以盖住耐碱玻纤网为准，使聚合物砂浆总厚度为2.5～3.0mm。

（2）为提高底层外墙抗冲击能力，应增加一层耐碱玻纤网，聚合物砂浆总厚度约为3.5～4.0mm。

3.11 沉降缝、伸缩缝、抗震缝处施工

（1）墙身变形缝应在金属盖缝板安装前施工。

（2）在变形缝金属盖缝板内侧缝隙内填塞100mm厚低密度聚苯乙烯泡沫板（$\rho_0 \leqslant 10kg/m^3$）。

3.12 饰面层的施工

（1）饰面层宜优先采用涂料饰面层，建议选用水溶性高弹涂料。施工前应修补聚合物砂浆不平处，并用细砂纸打磨，然后进行涂料施工。

（2）饰面层采用面砖时，面砖饰面应确保与墙体的粘贴牢固性，并应符合《外墙饰面砖工程施工及验收规程》(JG 126—2000）的规定。粘贴面砖应采用专用面砖胶粘剂，以3～5mm厚为宜。面砖背面凹槽应采用燕尾槽式构造，面砖厚度不宜超过6mm，且块状面砖不宜大于100mm×100mm，条状面砖不宜大于60mm×240mm。面砖应采用柔性粘结砂浆勾缝，且厚度应比面砖厚度薄2～3mm。面砖饰面宜每楼层或高度不大于5m设水平分格缝，垂直分格缝的位置按缝间面积$30m^2$左右确定。面砖及结合层材料总重量应小于$35kg/m^2$。

3.13 修补孔洞

（1）当脚手架拆除后，应及时用相同的基层墙体材料对孔洞进行修补，并用1∶3水泥砂浆抹平。

（2）根据孔洞尺寸切割挤塑板并打磨其边缘部分，使之能严密封填于孔洞处，并在挤塑板两面刷界面剂一道。

（3）待孔洞水泥砂浆凝固后，将挤塑板背面涂10mm厚的专用聚合物粘结砂浆，塞入洞中。注意不要在四周边沿涂粘结砂浆。

（4）裁剪面积能够覆盖整个修补区域大小的耐碱玻纤网，并与周边耐碱玻纤网搭接80mm。

（5）涂抹底层聚合物砂浆，埋入修补用的耐碱玻纤网，待表面不粘手时，再涂面层聚合物砂浆，厚度应与周边一致。

（6）用湿毛刷将新旧表面不平整处整平，并将孔洞边缘刷平。

外墙内保温材料性能及施工技术

附录B 外墙内保温系统材料性能及施工技术

1. 主要配套材料性能要求

1.1 固定件：同附录A外墙外保温做法。

1.2 专用粘结石膏、粉刷石膏、耐水腻子性能要求分别见表1、表2。

专用粘结石膏、粉刷石膏性能要求 表1

项目	单位	专用粘结石膏	粉刷石膏
保水率	%	≥70	≥65
抗折强度	MPa	≥3.0	≥3.0
抗压强度	MPa	≥6.0	≥6.0
剪切强度	MPa	≥0.5	≥0.4
抗裂性	24h无裂纹		
收缩率	5%	≥0.6	≥0.6
初凝时间	min	≥60	≥75
终凝时间		≤240	≤240

柔性耐水腻子性能要求 表2

项　目		单　位	指　标
48h 耐水性		—	无异常
24h 耐碱性		—	无异常
拉伸粘结强度	标准状态	MPa	≥0.6
	浸水后	MPa	≥0.4
柔韧性		—	绕 ϕ50mm 棒卷曲无裂纹
低温储　稳定性		—	−5°C，4h 无变化，刮涂无困难

1.3　玻纤网：采用中碱玻纤涂塑网格布。中碱玻纤网左右搭接不小于 100mm，上下搭接不小于 80mm；在墙身阴阳角处两侧中碱玻纤网双向绕角且相互搭接，各侧搭接宽度不小于 200mm，见墙体连接详图。

1.4　嵌缝材料：同附录 A 外墙外保温做法。

2. 施工工艺

2.1　施工条件

（1）基层墙面应干燥并已验收合格，门窗框已安装到位。

（2）施工现场环境温度和基层墙体表面温度在施工及施工后 24 小时内不得低于 5°C。

（3）墙面系统在施工时应将各种预埋件安装到位。

2.2　施工工序流程

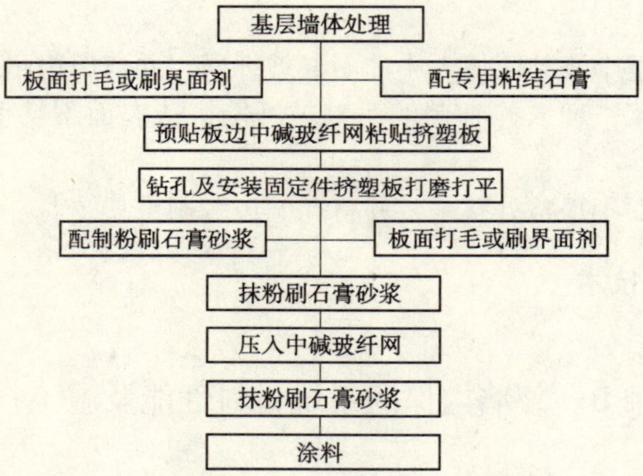

施工工序流程图

3. 施工要点

3.1　基层处理：彻底清除基层墙体表面浮灰、油污、脱模剂、空鼓表皮层及风化物等影响粘贴强度的材料。

3.2　对新建工程的结构墙体，应用 2m 靠尺检查，平整度最大偏差不得超过 4mm。

3.3　为增加挤塑板与基层及面层的粘结力，应在挤塑板表面喷涂界面剂，或将挤塑板表面打毛。再以专用粘结石膏粘贴挤塑板，以粉刷石膏砂浆做保护层。

3.4　调制专用粘结石膏，使其具有一定的粘度，以维持刚粘贴到墙上的挤塑板不滑动。加水时每次量少，且应在 1h 内用完。

3.5　涂抹专用粘结石膏：用抹子在每块挤塑板周边及中间抹宽 50mm，厚 10mm 的专用粘结石膏，再在挤塑板分格区内抹直径为 100mm（80mm）、厚度为 10mm 的灰饼。

3.6　安装挤塑板：先将挤塑板粘在墙上，然后用2m靠尺向墙上挤压，并同时进行找平，将专用粘结石膏由10mm厚压缩至3mm厚。施工工序：从下向上粘板，错缝搭接，粘结面积不得小于30%。

3.7　挤塑板端部预粘中碱玻纤网，其宽度为200mm＋板厚，翻包部分宽度为100mm。

3.8　在墙拐角处，应先排好尺寸，裁切挤塑板，使其粘结时垂直交缝连接，保证拐角处的顺直。

3.9　安装固定件：固定件每平方米约4个，但每个单块上不宜少于1个。挤塑板粘贴牢固后，一般在1～2h内安装固定件，锚固深度为基层内50mm。

3.10　自攻螺钉应挤紧并将工程塑料膨胀钉的钉帽与挤塑板表面齐平或略拧入一些，确保膨胀钉尾部与回拧，使其与基层墙体充分锚固。

3.11　打磨和找平：用机械对板接头不平处进行打磨，然后对板面打毛或上界面剂，以增强板与粉刷石膏砂浆的粘结效果。

3.12　抹粉刷石膏砂浆：抹7mm厚粉刷石膏砂浆，用力压入中碱玻纤网，使浆返出盖住中碱玻纤网，局部盖不住中碱玻纤网处可再抹上一些粉刷石膏砂浆，以盖住中碱玻纤网为准，成活总厚度不应超过8mm厚。中碱玻纤网沿水平方向横向铺设，上下搭接80mm，左右搭接100mm。

3.13　抹约3mm厚的耐水腻子进行找平、压光，喷（刷）面层涂料。

3.14　当内保温需要用面砖饰面时，保护层改为3mm厚聚合物砂浆，压入耐碱涂塑玻纤网，以3～5mm厚面砖专用胶粘剂粘贴面砖。详细施工要求参照附录A外墙外保温说明。

保温墙体质量检验标准

附录C　保温墙体质量检验标准

1. 保证项目

1.1　挤塑板、耐碱玻纤网的规格和各项技术指标，聚合物砂浆配制原料的质量必须符合本图集及有关标准的要求。

检验方法：检查出厂合格证。

1.2　挤塑板必须与墙面粘贴牢固，无松动和虚粘现象。

（1）检验数量：按楼层每20m抽查一处，每处3延长米，但每层不应少于3处。

（2）检验方法：观察和用手推拉检查。

1.3　专用聚合物粘结砂浆与挤塑板必须粘结紧密，无脱层、空鼓，面层无爆灰和裂缝。

（1）检验数量：按楼层每20m抽查一处，每处3延长米，但每层不应少于3处。

（2）检查方法：用小锤轻击和观察检查。

2. 基本项目

2.1　每块挤塑板与基层面的总粘结面积为30%～50%。

（1）检验数量：按楼层每20m长抽查一处，但不少于3处，每处检查不少于2块。

（2）检验方法：尺量检查取其平均值。

（3）检验应在粘结砂浆凝结前进行。

2.2　固定件胀塞部份进入结构墙体不小于50mm。

（1）检验数量：按楼层每20m长抽查一处，每处3延长米，每米抽查5个固定点，不应少于3处。

（2）检验方法：退出自攻螺钉观察检查。

2.3　挤塑板找头缝不抹专用聚合物粘结砂浆。

（1）检验数量：按楼层每20m长抽查一处，每层不少于3处，每处检查不少于2块。

（2）检验方法：观察检查。

2.4　玻纤网应横向铺设，压贴密实，不能有空鼓、皱褶、翘边、外露等现象。搭接宽度：长度方向不得小于100mm，宽度方向不得小于80mm。

（1）检查数量：按楼层每20m长抽查一处，每处3延米，但每层不应少于3处。

（2）检验方法：观察及尺量检查。

2.5　聚合物砂浆保护层厚度不宜大于4mm，首层不宜大于5mm。

（1）检验数量：按楼层每20m长抽查一处，每处3延长米，但每层不应少于3处。

（2）检验方法：尺量检查。

（3）检验应在聚合物砂浆凝结前进行。

3. 允许偏差项目

3.1　挤塑聚苯板安装允许偏差及检验方法应符合下表的规定。

挤塑聚苯板安装允许偏差及检验方法

<table>
<tr><th colspan="2">项　　目</th><th>允许偏差（mm）</th><th>检验方法</th></tr>
<tr><td colspan="2">表面平整</td><td>3</td><td>用2m靠尺和锲形塞尺检查</td></tr>
<tr><td rowspan="2">垂直度</td><td>每层</td><td>5</td><td>用3m托线板检查</td></tr>
<tr><td>总高</td><td>墙身总高H/1000且不大于20</td><td>用经纬仪或吊线和尺量检查</td></tr>
<tr><td colspan="2">阴、阳角垂直</td><td>2</td><td>用2m托线板检查</td></tr>
<tr><td colspan="2">阴、阳角方正</td><td>2</td><td>用200方尺和锲形塞尺检查</td></tr>
<tr><td colspan="2">接缝高差</td><td>1.5</td><td>用百尺和锲形塞尺检查</td></tr>
</table>

3.2　检验数量：按楼层每20m长抽查一处，每处3延长米，但每层不小于3处。

3.3　饰面层质量检验按照国家标准《建筑装饰装修工程质量验收规范》（GB 50210—2001）中的有关规定执行。

4. 文明施工要求

（1）应严格遵守有关安全操作规程，实现安全生产及文明施工。

（2）施工中各工种应紧密配合，合理安排工序，严禁颠倒工序作业。

（3）夏季施工时，应适当安排作业时间，尽量避开阳光曝晒时段。

（4）各种材料应分类存放，并挂牌标明材料名称，避免错用。

（5）不得在挤塑板上面放置易燃及溶剂性化学物品。严禁在挤塑板上面进行电气焊工作业。

（6）对抹完聚合物砂浆的保温墙体不宜随意开凿孔洞，如确实需要，应在墙体保护层达到设计强度后方可进行，安装物件后应立即进行修补恢复原状。

（7）拌制聚合物砂浆宜用电动搅拌器，用毕清理干净。

（8）裁剪耐碱玻纤网应尽量顺经纬线进行。

（9）施工完成后应防止重物撞击墙面。

五、新 03J103

聚苯板薄抹面外保温体系构造

1
说　　明

说　明

一、编制依据

（1）本图集根据自治区建设厅新建设函［2003］20号文进行编制。

（2）依据的工程建设标准

《民用建筑节能设计标准（采暖居住建筑部分）》（JGJ 26—95）

《民用建筑热工设计规范》（GB 50176—93）

《膨胀聚苯板薄抹灰外墙外保温系统》（JG 149—2003）

《绝热用挤塑聚苯乙烯泡沫塑料》（XPS）（GB 10801.2—2002）

《〈民用建筑节能设计标准〉（采暖居住建筑部分）新疆维吾尔自治区实施细则》（XJJ 001—1999）

《聚苯板薄抹面外保温施工技术操作规程》（XJJ 008—2002）

二、适用范围

本图集适用于新疆维吾尔自治区境内各地州市及县城设置集中采暖的新建、扩建和改建的采暖居住建筑（包括住宅、集体宿舍、招待所、旅馆、托幼、病房楼）的外墙保温做法。也可用于旧有建筑的节能改造工程（可按《既有采暖居住建筑节能改造技术规程》（JGJ 129—2000）执行）。

聚苯板薄抹面外墙外保温系统是以聚苯乙烯泡沫塑料板（EPS简称聚苯板）或挤塑聚苯乙烯泡沫塑料板（简称挤塑板）为保温材料，以嵌埋有耐碱玻纤网的底涂层和饰面层组成的外墙外保温系统，本系统适用于低层、多层及高层建筑的外墙墙体。保温性能、节点大样、工程设计中可直接索引。施工方法和要点详《聚苯板薄抹面外保温施工技术操作规程》（XJJ 008—2002）。

本系统适用于抗震设防烈度≤8度的地区，100m以下的高层、多层及低层建筑的外墙外保温。使用年限在正常维护的条件下不低于25年。

三、体系的基本构造

聚苯板薄抹面外墙外保温系统是以聚苯板或挤塑板为保温隔热材料，采用胶粘剂与基层墙体粘贴，辅以锚栓固定于基层墙体。聚苯板外表面抹聚合物抗裂砂浆并嵌埋玻纤网形成薄抹面层，面层厚度普通型3～5mm，加强型5～7mm，外饰面层为涂料。（见以下两表）

无锚栓薄抹灰外保温系统基本构造

基层墙体 ①	系统的基本构造				构造示意
	粘接层 ②	保温层 ③	薄抹灰增强防护层 ④	饰面层 ⑤	
混凝土墙体及各种砌体墙体	胶粘剂	聚苯板或挤塑聚苯板	抹面胶浆嵌埋耐碱网格布	涂料	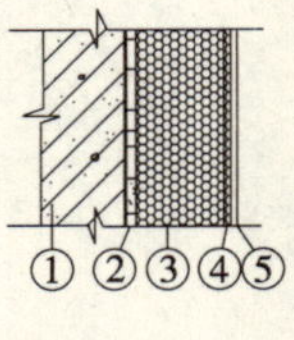

辅有锚栓的薄抹灰外保温系统基本构造　　**表 2**

基层墙体 ①	系统的基本构造					构造示意
	粘接层 ②	保温层 ③	连接件 ④	薄抹灰增强防护层 ⑤	饰面层 ⑥	
混凝土墙体 及各种砌体墙体	胶粘剂	聚苯板或 挤塑板	锚栓	抹面胶浆 嵌埋耐碱网格布	涂料	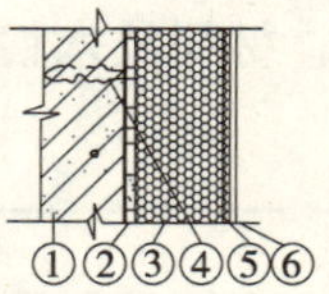

四、设计及施工要点

（一）新建筑物外墙高度在 20m 以下（包括 20m 时）宜采用粘贴式固定方法；高度超过 20m 以上，或不足 20m 高的旧房外墙基层表面粘接强度达不到要求时和房屋的外凸檐口、装饰腰线、外窗洞口四周等特殊部位，应采用锚栓与粘贴固定结合法。

（二）木质墙板，石膏板等轻质墙板不适用本做法。

（三）饰面层为涂料饰面。涂料饰面层涂抹前，应先在抗裂砂浆抹面层上涂刷高分子乳液弹性底涂层，再刮抗裂柔性耐水腻子，饰面涂料应采用弹性涂料。

（四）墙体外保温可供既有建筑的节能改造工程参照选用，选用时除遵守《既有采暖居住建筑节能改造技术规程》（JGJ 129—2000）的规定外，尚应符合本图集的各项要求。

（五）墙体采用的机械固定件（成品）有尼龙锚栓、金属锚栓等。尼龙锚栓主要用于辅助固定保温层，以“ϕ”表示锚栓套管的外径。应根据锚固要求和基层墙体的情况选定合适的锚栓型号和规格。

（六）抗裂砂浆中铺设的耐碱玻纤网格布，采用标准网格布（普通型）时，其搭接长度不小于 200mm，采用加强网格布时，只对接，不搭接。（包括阴阳墙角部位）网格布铺贴应平整、无褶皱、砂浆饱满度 100%，严禁干搭接。

凡图中未注明“加强网”字样的网格布，均指标准网格布。

（七）饰面涂料的品种、颜色等，由个体工程设计选定。

（八）为减少窗洞口、檐口部位等外侧墙体的“热桥”构件影响，墙体上述部位均应采取保温措施，如抹胶粉聚苯颗粒保温浆料或粘贴聚苯板等，其厚度应不碍及窗扇开启。此外，为减少空调机搁板处的“热桥”影响，按《民用建筑热工设计规范》（GB 50176—93）对热桥部位应采取保温措施的要求，设置了带保温的空调机搁板供选用。

（九）墙身变形缝的要求：（用于基层墙体的伸缩缝和变形缝）。

1）变形缝盖板采用 1mm 厚铝板或 0.7mm 厚镀锌钢板，盖缝板应根据缝宽、缝口构造、适应变形的要求等因素现场制作。凡盖缝板外侧为抹灰时，（抹保温浆料等），均应在与抹灰层相接触的盖缝板部位钻孔若干（孔面积约占接触面积的 25% 左右），增强抹灰层与基层的咬接。

2）变形缝内设低密度聚苯板作保温材料，聚苯板内外表面均喷涂胶粘剂。

（十）粘贴和涂抹作业期间及完工后的 24h 内，环境和基层表面温度均应高于 5°C。严禁雨中施工，遇雨或雨季施工应有可靠的防雨措施，抹面层和饰面层施工还应避免阳光直射和 5 级以上大风天气。

所有外墙上的门窗框、水落管、进户管线、墙面预埋件等，均应在保温隔热层施工前完工。

（十一）墙体外保温系统完工后，应做好成品保护：

1）防止施工污染；

2）拆卸脚手架或升降外挂架时，注意保护墙面免受碰撞；

3）严禁踩踏窗台、线脚；

4）及时修补损坏墙面。

（十二）外保温工程应由熟悉外保温墙体施工的专业队伍或经过专业培训考核合格的人员施工。

为保证保温工程的质量，提供成套材料的厂家应进行技术指导。

（十三）施工时，除遵守本图集的要求外，尚应符合现行的国家和行业标准、规范、规程的规定。

五、材料技术性能要求与指标

薄抹灰外保温系统的性能指标

试验项目		性能指标
吸水量/(g/m^2)，浸水24h		≤500
抗冲击强度（J）	普通型（P型）	≥3.0
	加强型（Q型）	≥10.0
抗风压值（kPa）		不小于工程项目的风荷载设计值
耐冻融		表面无裂纹、空鼓、气泡、剥离现象
水蒸气湿流密度[$g/(m^2.h)$]		≥0.85
不透水性		试样防护层内侧无水渗透
耐候性		表面无裂纹、粉化、剥落现象

胶粘剂的性能指标

试验项目		性能指标
拉伸粘接强度（MPa）（与水泥砂浆）	原强度	≥0.60
	耐水	≥0.40
拉伸粘接强度（MPa）（与膨胀聚苯板）	原强度	≥0.10，破坏界面在膨胀聚苯板上
	耐水	≥0.10，破坏界面在膨胀聚苯板上
可操作时间（h）		1.5~4.0

注：产品形式有两种：一种是液状胶粘剂，在施工现场按使用说明加入一定比例的水泥或由厂商提供的干粉料，搅拌均匀即可使用，另一种是在工厂里预混合好的干粉胶粘剂，在施工现场只需按使用说明加入一定比例的拌和用水，搅拌均匀即可使用。

聚苯板主要性能指标

试验项目	性能指标
导热系数[W(m·K)]	≤0.041
表观密度(kg/m^3)	18.0~22.0
垂直于板面方向的抗拉强度（MPa）	≥0.10
尺寸稳定性（%）	≤0.30

注：聚苯板应为阻燃型。其性能指标除应符合要求外，还应符合GB/T 1080.1—2002第Ⅱ类的其他要求。

耐碱网布主要性能指标

试验项目	性能指标
单位面积质量/(g/m^2)	≥130
耐碱断裂强力（经、纬向）(N/50mm)	≥750
耐碱断裂强力保留率（经、纬向）(%)	≥50
断裂应变（经、纬向）(%)	≤5.0

抹面胶浆的性能指标

试验项目		性能指标
拉伸粘接强度（MPa）（与膨胀聚苯板）	原强度	≥0.10，破坏界面在膨胀聚苯板上
	耐水	≥0.10，破坏界面在膨胀聚苯板上
	耐冻融	≥0.10，破坏界面在膨胀聚苯板上
柔韧性	抗压强度/抗折强度（水泥基）	≤3.0
	开裂应变（非水泥基）(%)	≥1.5
可操作时间（h）		1.5~4.0

锚栓技术性能指标

试验项目	性能指标
单个锚栓抗拉承载力标准值（KN）	≥0.30
单个锚栓对系统传热增加值[$W(m^2.K)$]	≤0.004

注：金属螺钉应采用不锈钢或经过表面防腐处理的金属制成，塑料钉和带圆盘的塑料膨胀套管应采用聚酰胺、聚乙烯或聚丙烯制成，制作塑料钉和塑料套管的材料不得使用回收的再生材料，锚栓有效锚固深度不得小25mm，塑料圆盘直径不小于50mm。

弹性防水底层涂料

项目		单位	指标
拉伸强度		MPa	≥1.0
断裂伸长率		%	≥300
低温柔性绕 ϕ10mm 棒			-20°C 无裂纹
不透水性（0.3MPa，0.5h）			不透水
加热伸缩率	伸长	%	≤1.0
	缩短	%	≤1.0

柔性耐水腻子

项目		单位	性能指标
耐水性 48h			无异常
耐碱性 24h			无异常
粘接强度	标准状态 7d	MPa	>0.6
	浸水 48h	MPa	>0.4
低温储存稳定性			-5°C 冷冻 4h 无变化刮涂无困难
打磨性		%	20~80
柔韧性			直径 50mm，无裂纹

挤塑聚苯板主要性能指标

特性		单位	测试方法	性能标准 型号 X150	X250	X300	X350	X400	X450	X500
压缩强度（45d）		KPa	GB/T 8813	≥150	≥250	≥300	≥350	≥400	≥450	≥500
密度		kg/m^3		25~32	26~34	32~42	35~45	35~50		
吸水率（浸水96h）		%（V/V）	GB/T 8810	≤1.5	≤1.0					
导热系数 10°C 25°C		W/(m·K)	GB/T 10294	≤0.028 ≤0.030				≤0.027 ≤0.029		
尺寸稳定性（70°C±2°C，48h）		%	GB/T 8811	≤2.0	≤1.5			≤1.0		
燃烧性能			GB/T 8626 GB/T 8624	B2						
标准尺寸	厚度	mm		20，25，30，40，50，60，75，100						
	宽度	mm		600，900，1200						
	长度	mm		1200（用于外墙保温） 2450（用于屋面、楼地面、顶棚保温）						

注：用于外墙保温可采用 X250，屋面、楼面、地面可采用 X250，X300，X400，顶棚可采用 X150。

密封膏

可采用聚氨脂或硅酮型建筑密封膏，技术性能应符合《聚氨酯建筑密封膏》(JC 482—92) 和《建筑用硅酮结构密封胶》(GB 16776—1997) 的要求。

聚乙烯泡沫塑料棒，其直径按缝宽的1.3倍采用。

六、保温、隔热

1）本图集根据《民用建筑节能设计标准》(JGJ 26—95）及《新疆维吾尔自治区实施细则》(XJJ 001—1999)的规定，以及自治区各地州市、县城的气象条件，编制了自治区各地州的居住建筑保温层厚度选用表。

2）既有建筑节能改造工程墙体改造所用保温隔热材料的厚度，可参照本图集相同条件墙体的保温隔热厚度选用表。

3）进行热工计算的墙体构造层次为（从内到外）：

（1）墙面抹灰

（2）基层墙体

（3）保温隔热层

（4）抗裂砂浆抹面

（5）饰面涂料

保温隔热材料的热工计算参数见下表：

热工计算参数表

材料名称	导热系数 [W/(m·K)]	蓄热系数 [W/(m²·K)]	修正系数	导热系数计算值 [W/(m·K)]	蓄热系数计算值 [W/(m²·K)]
聚苯板（包括变形缝用低密度聚苯板）	0.041	0.36	1.2	0.041×1.2=0.0492	0.36×1.2=0.432
挤塑板	0.030	0.32	1.1	0.030×1.1=0.033	0.32×1.1=0.352

七、本图标注尺寸除注明者外均以毫米（mm）为单位。

2
保温做法与选用

外墙保温层最低厚度选用表

新疆维吾尔自治区主要城镇采暖居住建筑墙体聚苯板（挤塑板）外保温最低厚度（mm）

采暖期室外平均温度（°C）	城镇名称	墙体材料												外墙传热系数限值[W/(m²·K)]	
		240厚黏土实心砖		370厚黏土实心砖		240厚黏土多孔砖		370厚黏土多孔砖		120厚钢筋混凝土		180厚钢筋混凝土			
		s≤0.3	s>0.3	s≤0.3	s>0.3	s≤0.3	s>0.3	s≤0.3	s>0.3	s≤0.3	s>0.3	s≤0.3	s>0.3	s≤0.3	s>0.3
一区：-2.1～-3.0	阿图什　喀什　和田　麦盖提　新源　莎车　叶城　皮山　于田	35（20）	55（35）	25（15）	50（30）	30（20）	50（30）	15（10）	40（25）	45（30）	70（45）	45（30）	70（45）	0.85	0.62
二区：-3.1～-4.0	库车　若羌　民丰　阿克苏　托克逊　巴楚　库乐勒　乌恰　乌什　阿拉尔　图木舒克	50（30）	55（35）	40（25）	45（30）	45（30）	45（30）	30（20）	35（25）	60（40）	65（40）	60（40）	65（40）	0.68	0.65
三区：-4.1～-5.0	伊宁　吐鲁番　巩留　善鄯　巴仑台　且末	45（25）	60（40）	35（20）	50（30）	35（25）	55（35）	25（15）	40（25）	55（35）	70（45）	55（25）	70（45）	0.75	0.60
四区：-5.1～-6.0	塔什库尔干　七角井　哈密　昭苏　和静　焉耆　红柳河	50（30）	65（40）	40（25）	55（35）	45（30）	60（40）	30（20）	50（30）	60（40）	80（50）	60（40）	75（50）	0.68	0.56
五区：-6.1～-7.0	塔城　伊吾　裕民　和布克塞尔　拜城	55（35）	75（50）	45（30）	70（45）	45（30）	70（45）	35（25）	60（35）	65（40）	90（55）	65（40）	85（55）	0.65	0.50
六区：-7.1～-8.0	精河	55（35）	75（50）	45（30）	70（45）	45（30）	70（45）	35（25）	60（35）	65（40）	90（55）	65（40）	85（55）	0.65	0.50
七区：-8.1～-9.0	乌鲁木齐　吉木萨尔　米泉　博乐　五家渠	65（40）	85（55）	55（35）	80（50）	60（40）	80（50）	50（30）	70（45）	80（50）	100（60）	75（50）	100（60）	0.56	0.45
八区：-9.1～-10.0	克拉玛依　阿勒泰　奎屯　巴里坤　石河子　布尔津　阜康　呼图壁　昌吉　乌苏	70（45）	100（65）	65（40）	95（60）	65（40）	95（60）	55（35）	85（40）	85（55）	115（70）	85（50）	110（70）	0.52	0.40
九区：-10.1～-11.0	奇台　福海　北屯	70（45）	100（65）	65（40）	95（60）	60（40）	95（60）	55（35）	85（40）	85（55）	115（70）	85（50）	110（70）	0.52	0.40
十区：-12.1～-13.0	富蕴　青河	70（45）	100（65）	65（40）	95（60）	65（40）	95（60）	55（35）	85（40）	85（55）	115（70）	85（50）	110（70）	0.52	0.40

注：凡未列入本表的城镇，可根据该城镇的气象条件，参照与本表所列气象条件相近的城镇选用“最低厚度”。

采暖期室外平均温度（°C）	城镇名称	墙体材料												外墙传热系数限值［$W/(m^2 \cdot K)$］	
		240厚钢筋混凝土		250厚加气混凝土砌块		300厚加气混凝土砌块		190厚陶粒混凝土砌块		240厚陶粒混凝土砌块		290厚陶粒混凝土砌块			
		s≤0.3	s＞0.3	s≤0.3	s＞0.3	s≤0.3	s＞0.3	s≤0.3	s＞0.3	s≤0.3	s＞0.3	s≤0.3	s＞0.3	s≤0.3	s＞0.3
一区：-2.1～-3.0	阿图什　喀什　和田　麦盖提　新源　莎车　叶城　皮山　于田	45（30）	65（40）	0（0）	25（15）	0（0）	20（10）	20（10）	45（25）	20（10）	40（25）	10（5）	30（20）	0.85	0.62
二区：-3.1～-4.0	库车　若羌　民丰　阿克苏　托克逊　巴楚　库尔勒　乌恰　乌什　阿拉尔　图木舒克	60（35）	60（40）	20（15）	25（15）	10（5）	15（10）	35（25）	40（25）	35（20）	35（25）	25（15）	30（20）	0.68	0.65
三区：-4.1～-5.0	伊宁　吐鲁番　巩留　善鄯　巴仑台　且末	50（35）	70（45）	15（10）	30（20）	0（0）	20（10）	30（20）	45（30）	25（20）	40（30）	20（15）	35（25）	0.75	0.60
四区：-5.1～-6.0	塔什库尔干　七角井　哈密　昭苏　和静　焉耆　红柳河	60（35）	75（45）	20（15）	35（25）	10（5）	25（15）	35（25）	50（35）	35（20）	50（30）	25（15）	40（25）	0.68	0.56
五区：-6.1～-7.0	塔城　伊吾　裕民　和布克塞尔　拜城	60（40）	85（55）	25（15）	45（30）	15（10）	35（25）	40（25）	60（40）	35（25）	60（40）	30（20）	50（35）	0.65	0.50
六区：-7.1～-8.0	精河	60（40）	85（55）	25（15）	45（30）	15（10）	35（25）	40（25）	60（40）	35（25）	60（40）	30（20）	50（35）	0.65	0.50
七区：-8.1～-9.0	乌鲁木齐　吉木萨尔　米泉　博乐　五家渠	75（45）	95（60）	35（25）	60（30）	25（15）	50（30）	50（35）	75（45）	50（30）	70（45）	40（25）	65（40）	0.56	0.45
八区：-9.1～-10.0	克拉玛依　阿勒泰　奎屯　巴里坤　石河子　布尔津　阜康　呼图壁　昌吉　乌苏	80（50）	110（70）	45（25）	70（45）	35（20）	60（40）	60（20）	85（55）	55（35）	85（55）	50（30）	75（50）	0.52	0.40
九区：-10.1～-11.0	奇台　福海　北屯	80（50）	110（70）	45（25）	70（45）	35（20）	60（40）	60（20）	85（55）	55（35）	85（55）	50（30）	75（50）	0.52	0.40
十区：-12.1～13.0	富蕴　青河	80（50）	110（70）	45（25）	70（45）	35（20）	60（40）	60（20）	85（55）	55（35）	85（55）	50（30）	75（50）	0.52	0.40

注：1. 凡未列入本表的城镇，可根据该城镇的气象条件，参照与本表所列气象条件相近的城镇选用“最低厚度”。
2. 190和240厚的陶粒混凝土砌块为三排孔，290厚的陶粒混凝土砌块为四排孔。

续表

采暖期室外平均温度（°C）	城镇名称	墙体材料												外墙传热系数限值［$W/(m^2 \cdot K)$］	
		200厚现浇陶粒混凝土		250厚现浇陶粒混凝土											
		s≤0.3	s＞0.3	s≤0.3	s＞0.3									s≤0.3	s＞0.3
一区： -2.1～-3.0	阿图什　喀什 和田　麦盖提 新源　莎车 叶城　皮山 于田	30 （20）	55 （35）	30 （20）	50 （30）									0.85	0.62
二区： -3.1～-4.0	库车　若羌 民丰　阿克苏 托克逊　巴楚 库尔勒　乌恰 乌什　阿拉尔 图木舒克	45 （30）	50 （30）	40 （25）	45 （30）									0.68	0.65
三区： -4.1～-5.0	伊宁　吐鲁番 巩留　善鄯 巴仑台　且末	40 （25）	55 （35）	35 （25）	50 （35）									0.75	0.60
四区： -5.1～-6.0	塔什库尔干 七角井　哈密 昭苏　和静 焉耆　红柳河	45 （30）	60 （40）	40 （25）	60 （35）									0.68	0.56
五区： -6.1～-7.0	塔城　伊吾 裕民 和布克塞尔 拜城	50 （30）	75 （45）	45 （30）	70 （45）									0.65	0.50
六区： -7.1～-8.0	精河	50 （30）	75 （45）	45 （30）	70 （45）									0.65	0.50
七区： -8.1～-9.0	乌鲁木齐 吉木萨尔 米泉　博乐 五家渠	60 （40）	85 （55）	60 （35）	80 （50）									0.56	0.45
八区： -9.1～-10.0	克拉玛依 阿勒泰　奎屯 巴里坤　石河子 布尔津　阜康 呼图壁　昌吉 乌苏	70 （45）	100 （60）	65 （35）	95 （60）									0.52	0.40
九区： -10.1～-11.0	奇台　福海 北屯	70 （45）	100 （60）	65 （35）	95 （60）									0.52	0.40
十区： -12.1～-13.0	富蕴　青河	70 （45）	100 （60）	65 （35）	95 （60）									0.52	0.40

注：凡未列入本表的城镇，可根据该城镇的气象条件，参照与本表所列气象条件相近的城镇选用“最低厚度”

地板及外挑阳台底板保温层最低厚度选用表

地板及外挑阳台底板聚苯板（挤塑板）保温最低厚度表（mm）

采暖期室外平均温度（°C）	城镇名称	保温部位					
		接触室外空气的地板传热系数限值（W/m²·K）	接触室外空气的地板保温厚度（mm）	不采暖地下室上部地板传热系数限值（W/m²·K）	不采暖地下室上部地板保温厚度（mm）	外挑阳台底板传热系数限值（W/m²·K）	外挑阳台底板保温厚度（mm）
一区：-2.1～-3.0	阿图什　喀什　和田 麦盖提　新源　莎车 叶城　皮山　于田	0.50	55（35）	0.55	50（30）	0.50	55（35）
二区：-3.1～-4.0	库车　若羌　民丰 阿克苏　托克逊　巴楚 库尔勒　乌恰　乌什 阿拉尔　图木舒克	0.50	55（35）	0.55	50（30）	0.50	55（35）
三区：-4.1～-5.0	伊宁　吐鲁番　巩留 善鄯　巴仑台　且末	0.50	55（35）	0.55	50（30）	0.50	55（35）
四区：-5.1～-6.0	塔什库尔干　七角井 哈密　昭苏　和静 焉耆　红柳河	0.40	75（45）	0.55	50（30）	0.40	75（45）
五区：-6.1～-7.0	塔城　伊吾　裕民 和布克塞尔　拜城	0.40	75（45）	0.55	50（30）	0.40	75（45）
六区：-7.1～-8.0	精河	0.40	75（45）	0.55	50（30）	0.40	75（45）
七区：-8.1～-9.0	乌鲁木齐　吉木萨尔 米泉　博乐　五家渠	0.30	100（65）	0.50	55（35）	0.30	100（65）
八区：-9.1～-10.0	克拉玛依　阿勒泰 奎屯　巴里坤　石河子 布尔津　阜康 呼图壁　昌吉　乌苏	0.30	100（65）	0.50	55（35）	0.30	100（65）
九区：-10.1～-11.0	奇台　福海　北屯	0.30	100（65）	0.50	55（35）	0.30	100（65）
十区：-12.1～-13.0	富蕴　青河	0.25	125（85）	0.45	75（45）	0.25	125（85）

注：凡未列入本表的城镇，可根据该城镇的气象条件，参照与本表所列气象条件相近的城镇选用“最低厚度”

3
构造做法与详图

平、立面详图

立面图示意

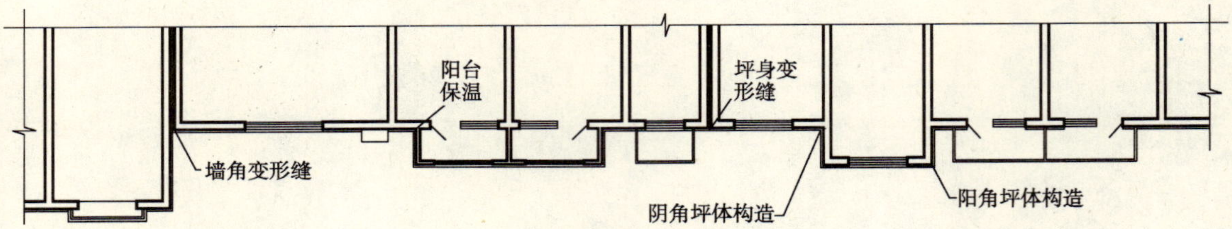

平面图示意

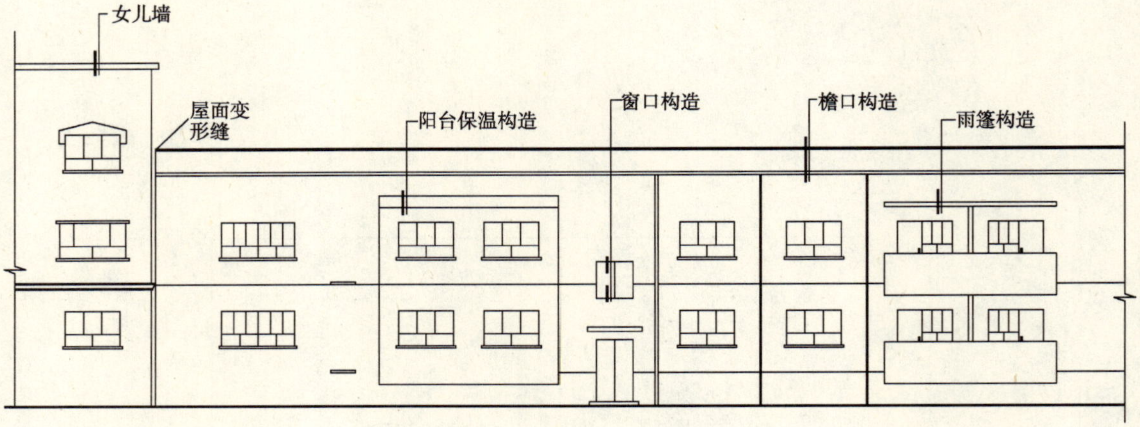

首层墙体构造及墙角

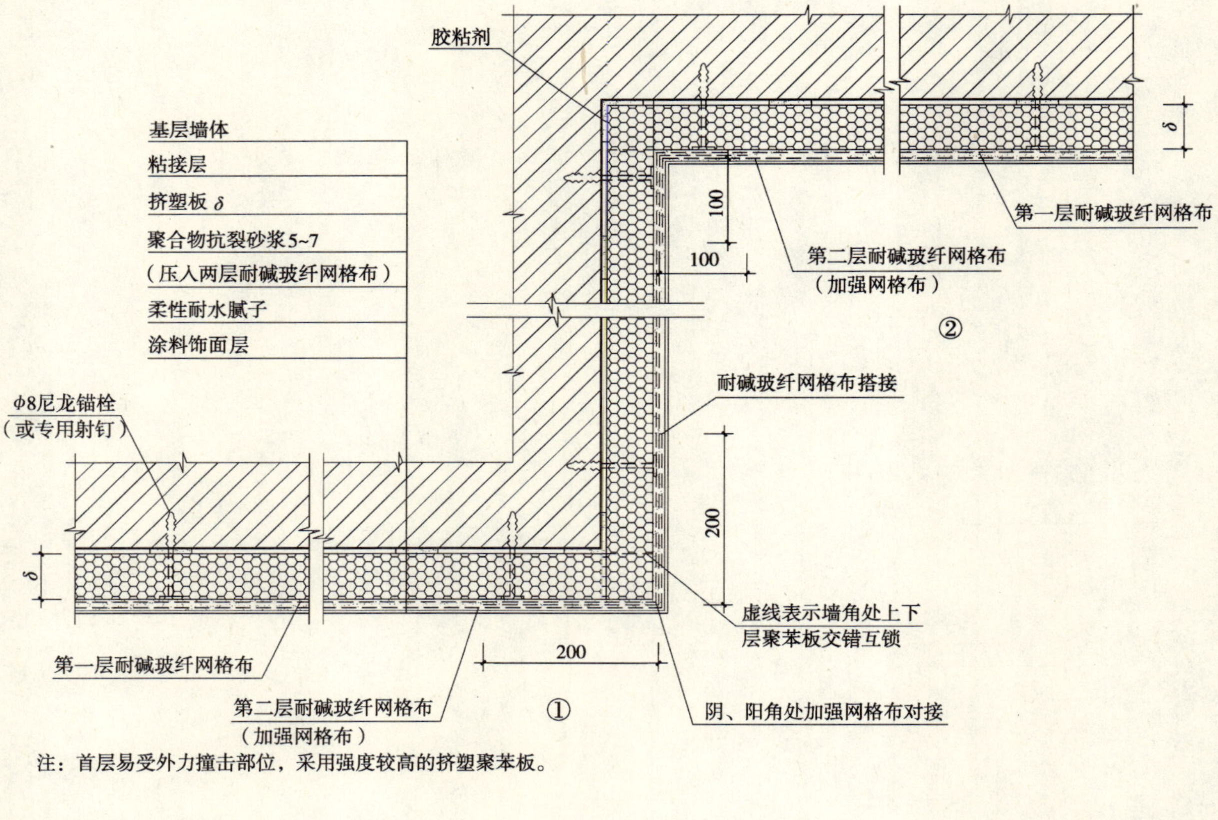

注：首层易受外力撞击部位，采用强度较高的挤塑聚苯板。

二层及二层以上墙体构造及墙角

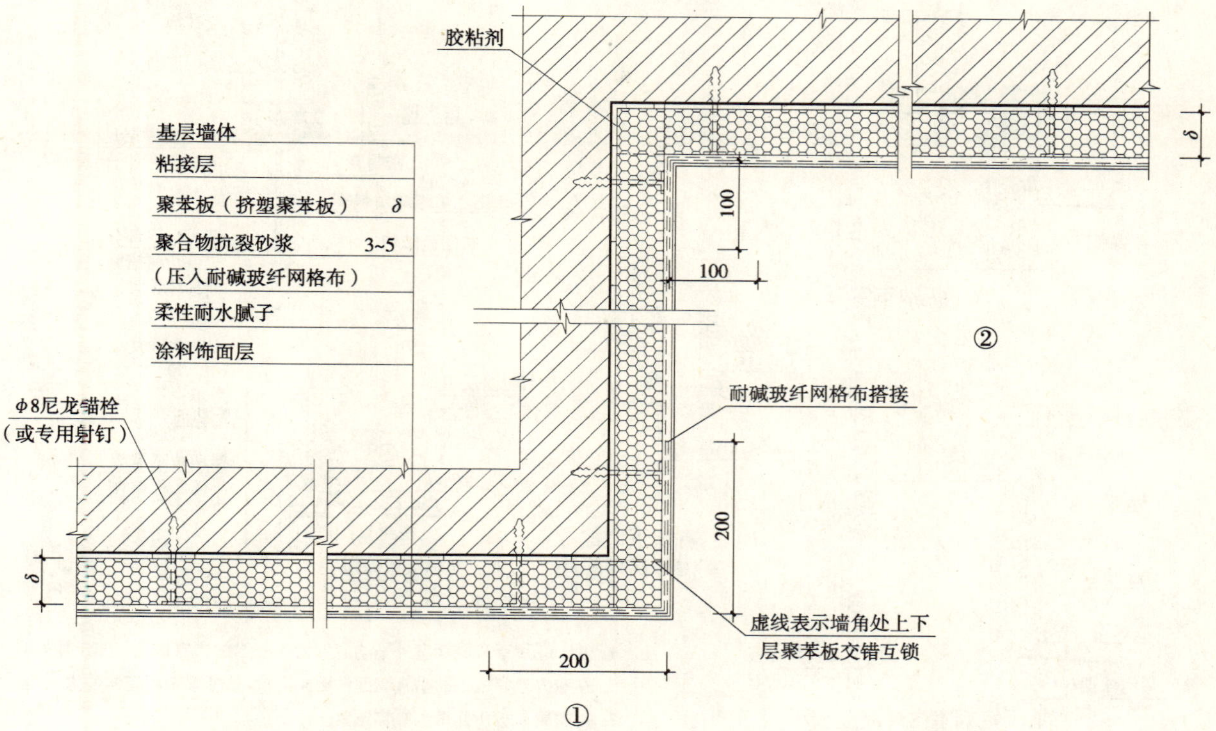

聚苯板、挤塑板粘贴和锚固

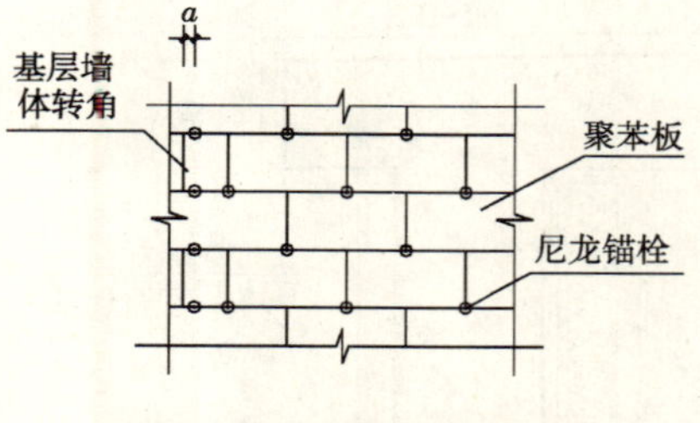

聚苯板排列及锚固点布置图

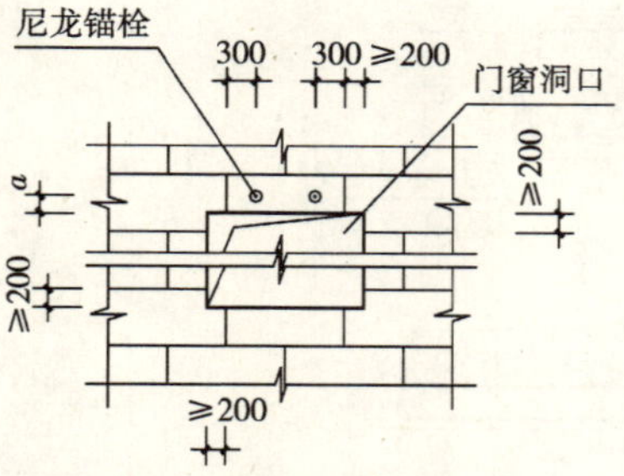

聚苯板洞口四角切割和顶部锚固要求

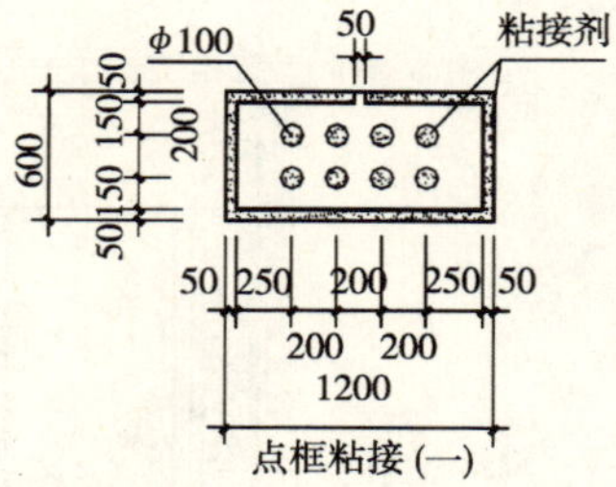

点框粘接 (一)

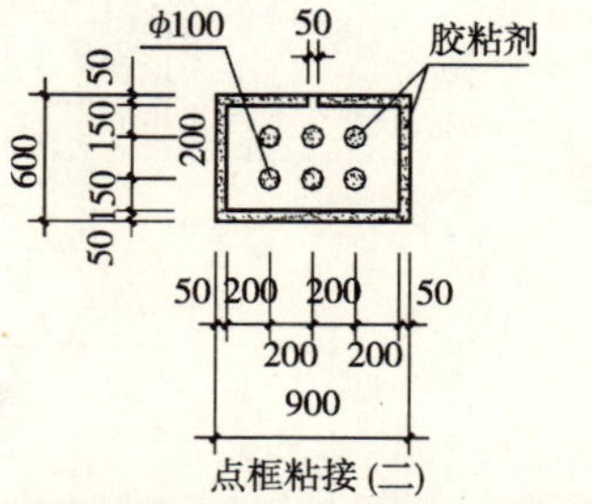

点框粘接 (二)

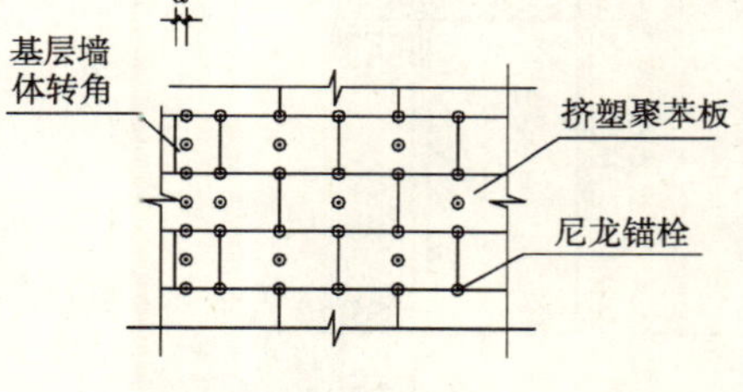

挤塑板排列及锚固点布置图

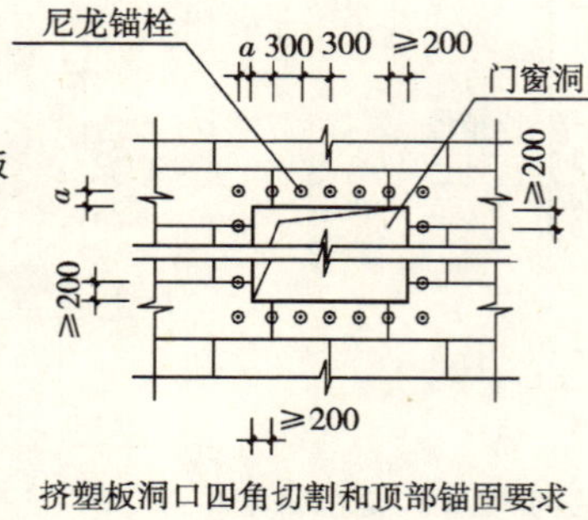

挤塑板洞口四角切割和顶部锚固要求

注：
1. 洞口四角处，聚苯板和挤塑板均不得接缝，应按本图要求切割。
2. 板的上下行应错缝排列，错缝长度为1/2板长。
3. 板的规格一般为1200×600。
4. 锚栓头部不得凸出聚苯板面。
5. 挤塑板的内外表面均应打毛并喷砂界面剂。
6. 锚固件中心至基层墙体转角的最小距离 a 应根据基层墙体材料和锚固件的要求确定。

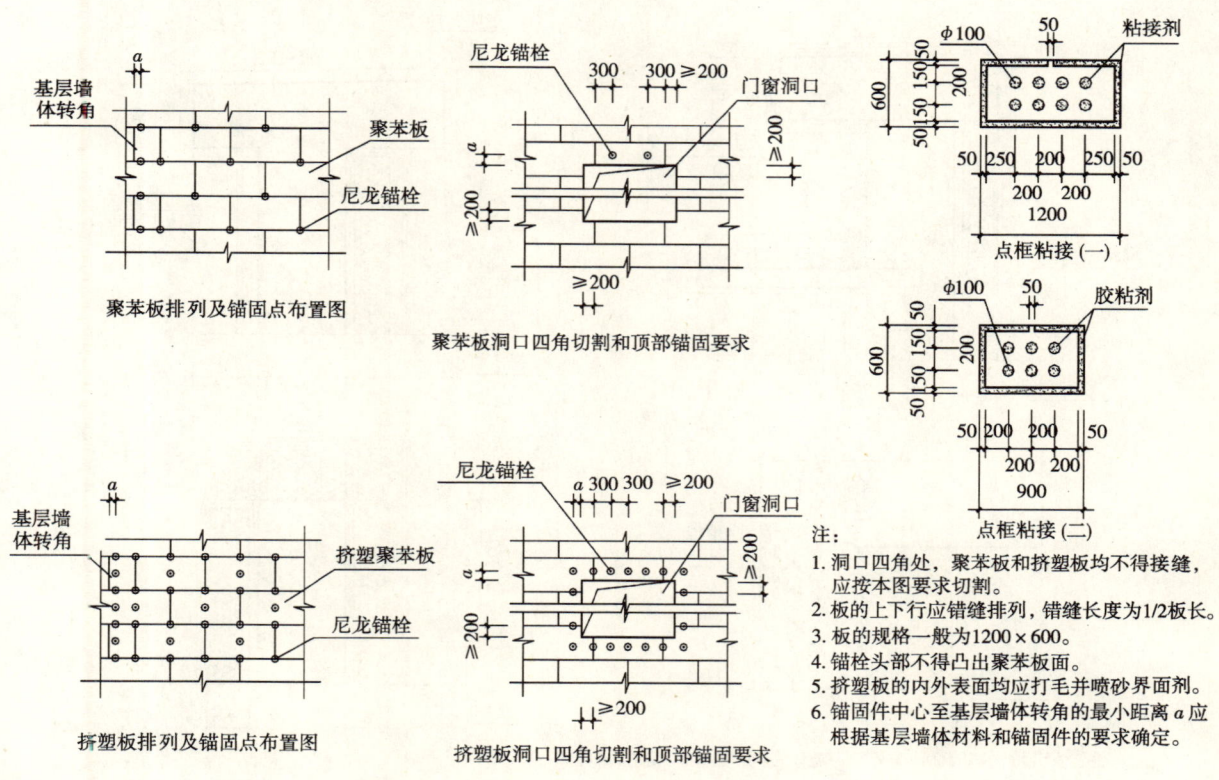

勒角

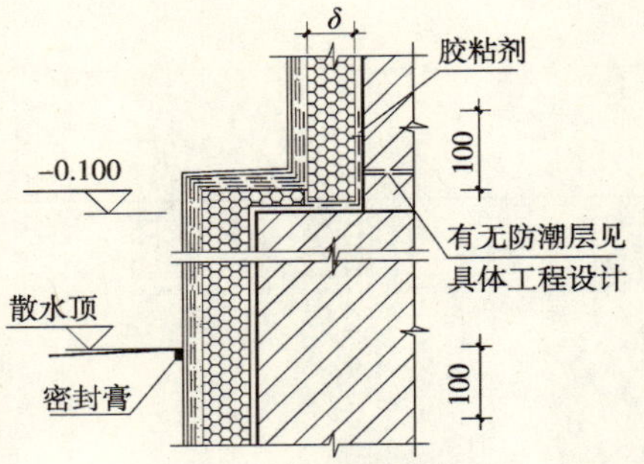

① 无地下室

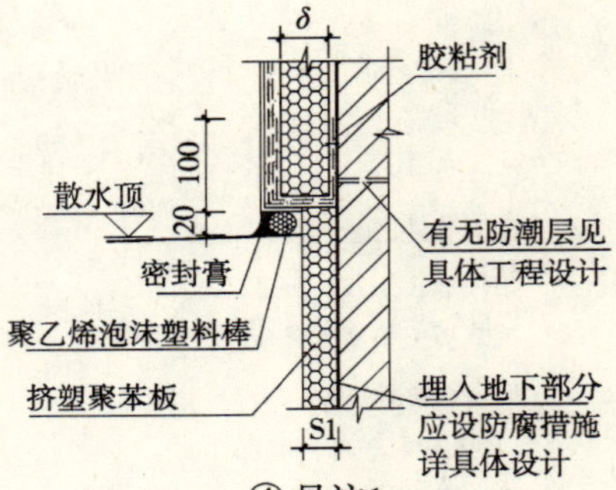

④ 见注1

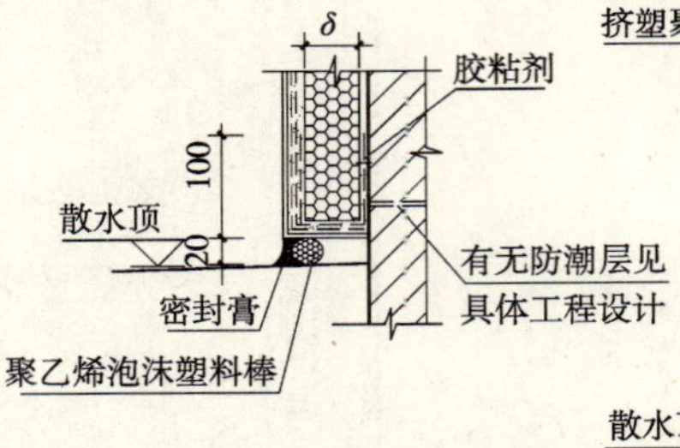

③
有地下室或
室内外高差较小

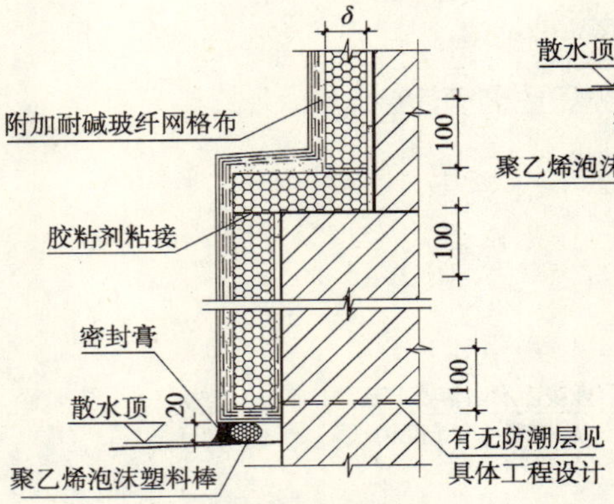

② 有地下室或室内外高差较小

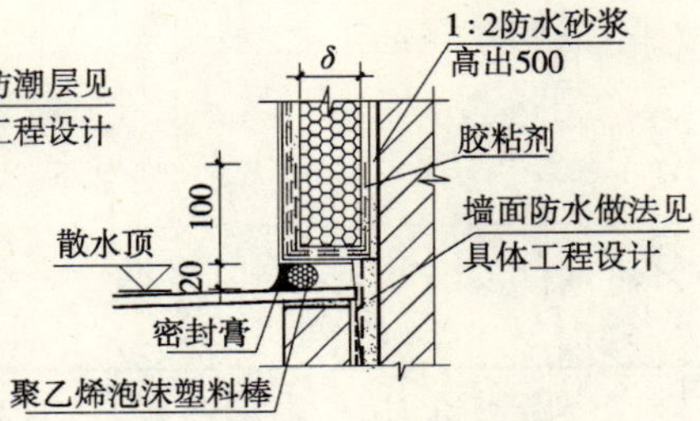

⑤ 用于防水地下室

注：1. ④、⑤用于采暖期室外平均温度低于-5℃的严寒地区，建筑物外墙在室内地坪以下的垂直墙面粘贴50~70厚挤塑聚苯板延伸到冻土层。
2. 挤塑聚苯板用回填土夯实压紧。

女儿墙和挑檐

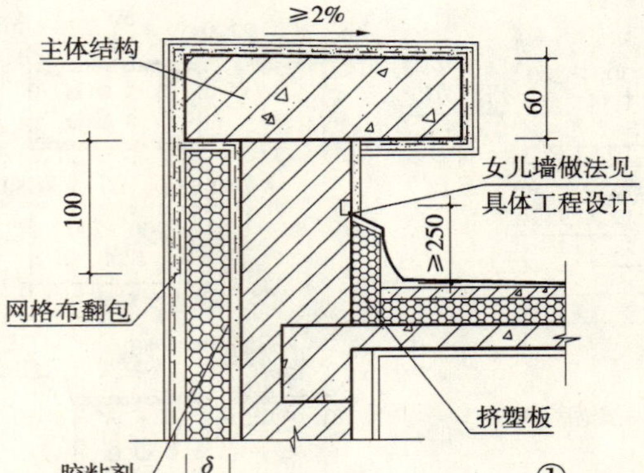

①

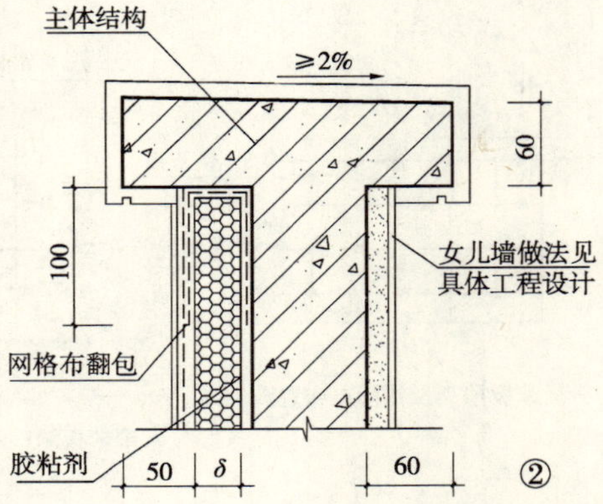

②

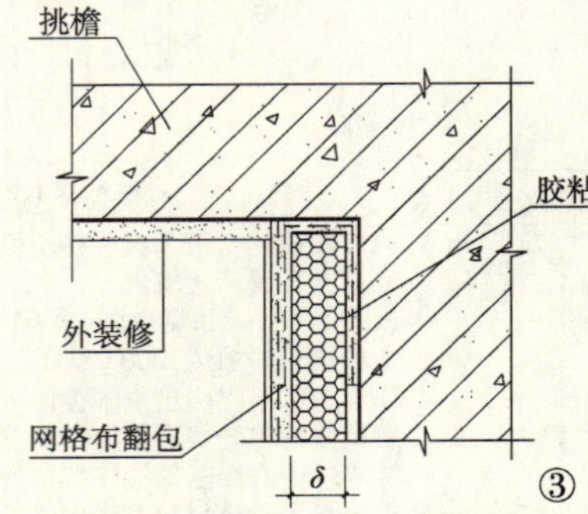

③

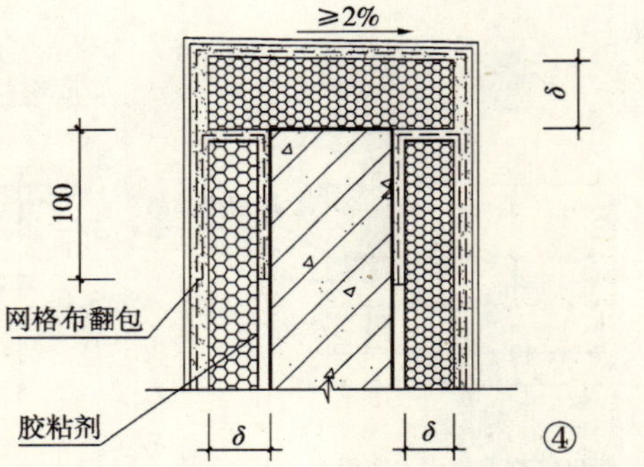

④

注：女儿墙内侧墙面设与外墙保温做法同厚的聚苯板见具体工程设计。

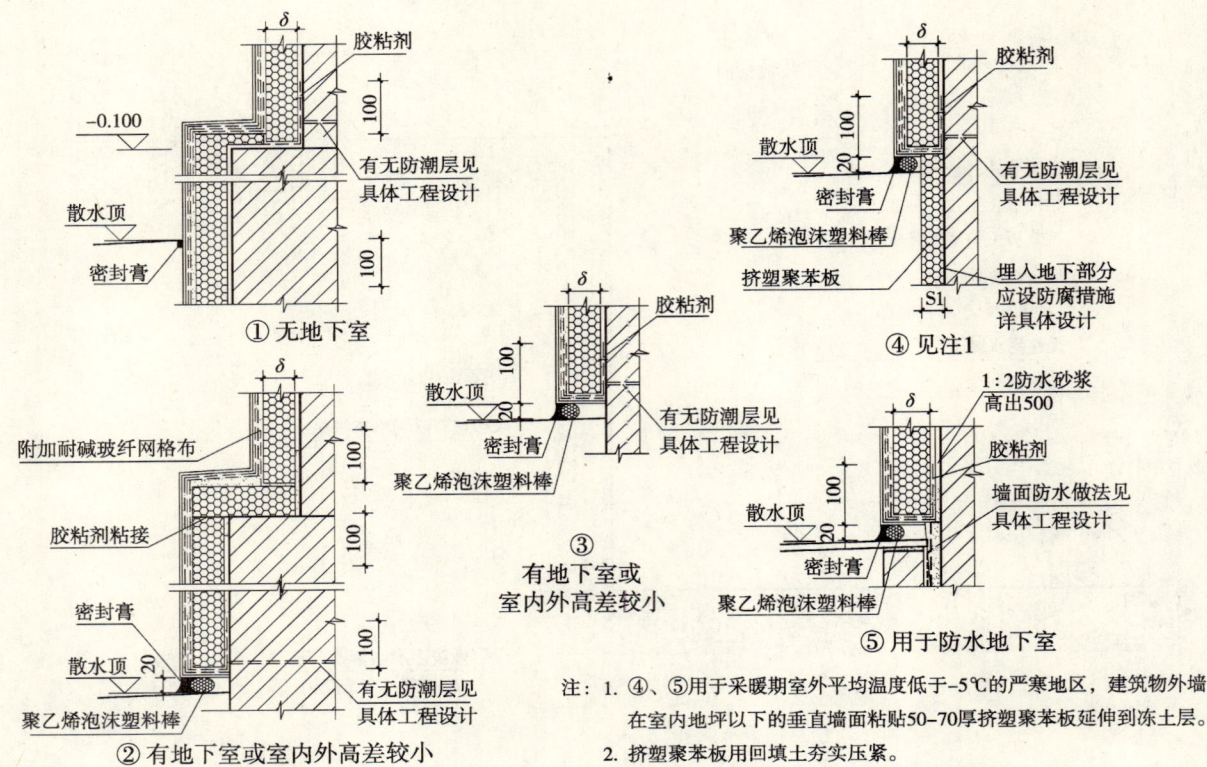

窗口

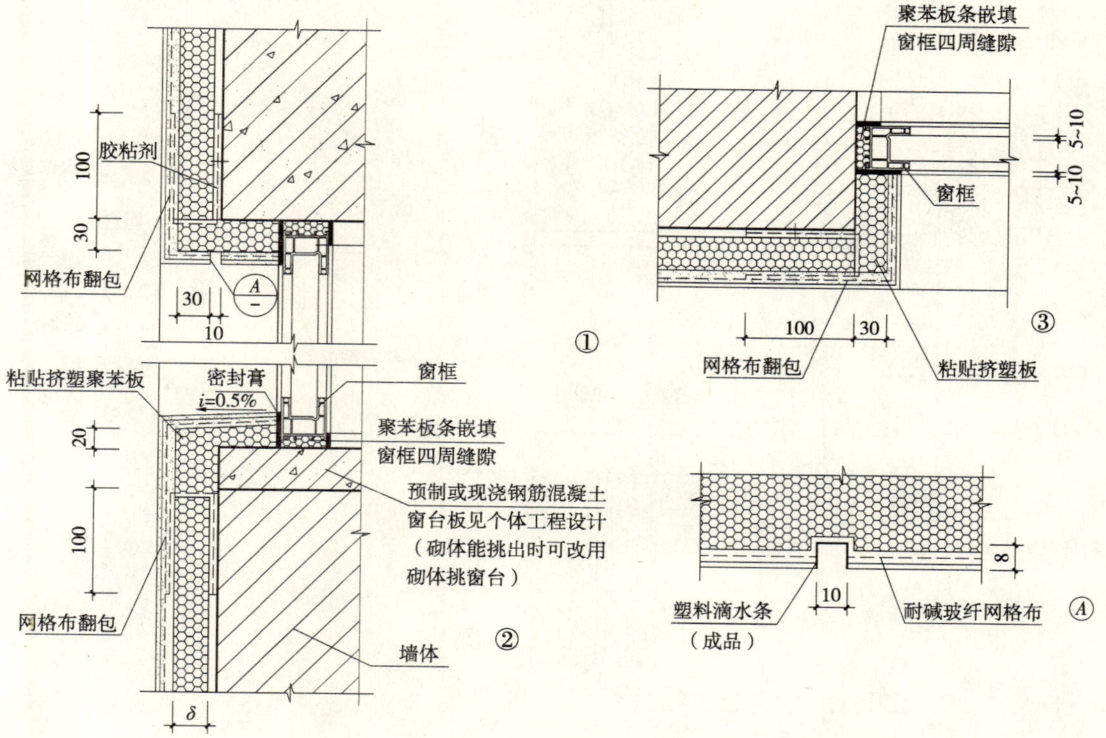
胶粘剂
100
30
网格布翻包
A
30
10
①
粘贴挤塑聚苯板
密封膏
i=0.5%
窗框
聚苯板条嵌填
窗框四周缝隙
20
100
预制或现浇钢筋混凝土
窗台板见个体工程设计
（砌体能挑出时可改用
砌体挑窗台）
网格布翻包
墙体
②
δ
聚苯板条嵌填
窗框四周缝隙
5~10
5~10
窗框
100
30
③
网格布翻包
粘贴挤塑板
8
10
塑料滴水条
（成品）
耐碱玻纤网格布
A

带窗套窗口

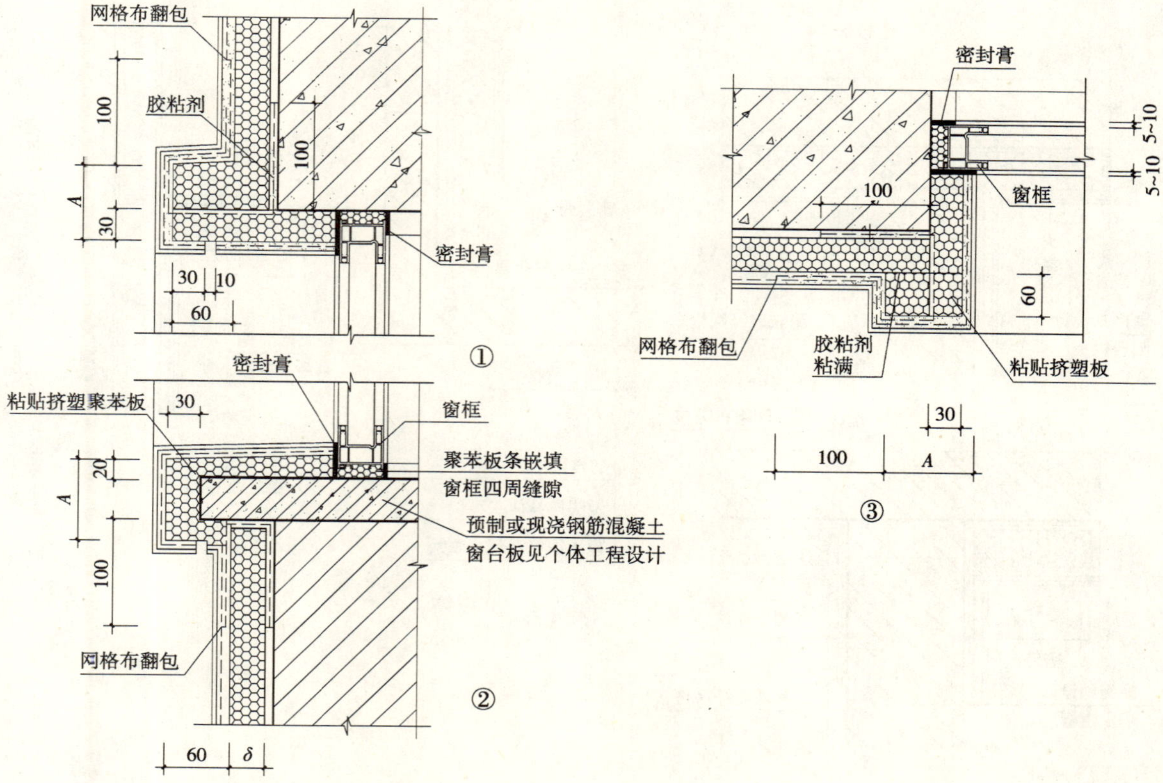
网格布翻包
100
胶粘剂
100
A
30
密封膏
30
10
60
①
密封膏
粘贴挤塑聚苯板
30
窗框
20
A
聚苯板条嵌填
窗框四周缝隙
预制或现浇钢筋混凝土
窗台板见个体工程设计
100
网格布翻包
②
60
δ
密封膏
5~10
5~10
窗框
100
60
网格布翻包
胶粘剂
粘满
粘贴挤塑板
30
100
A
③

挑窗窗口

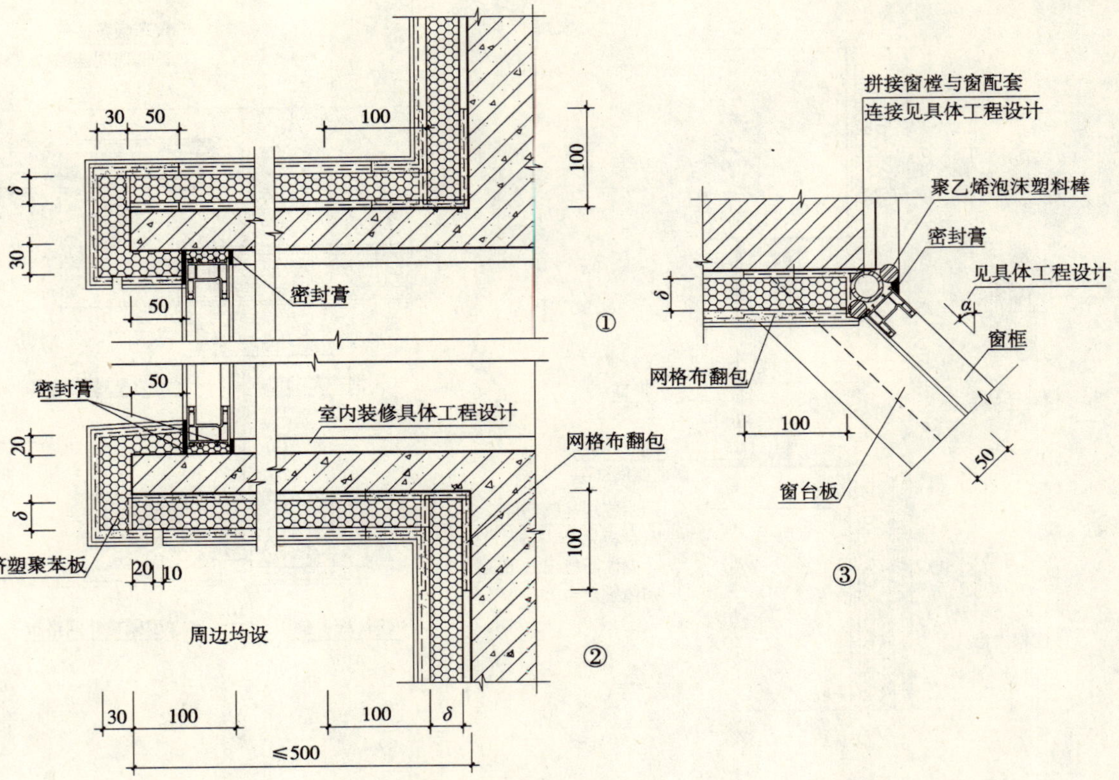

雨篷和非保温阳台

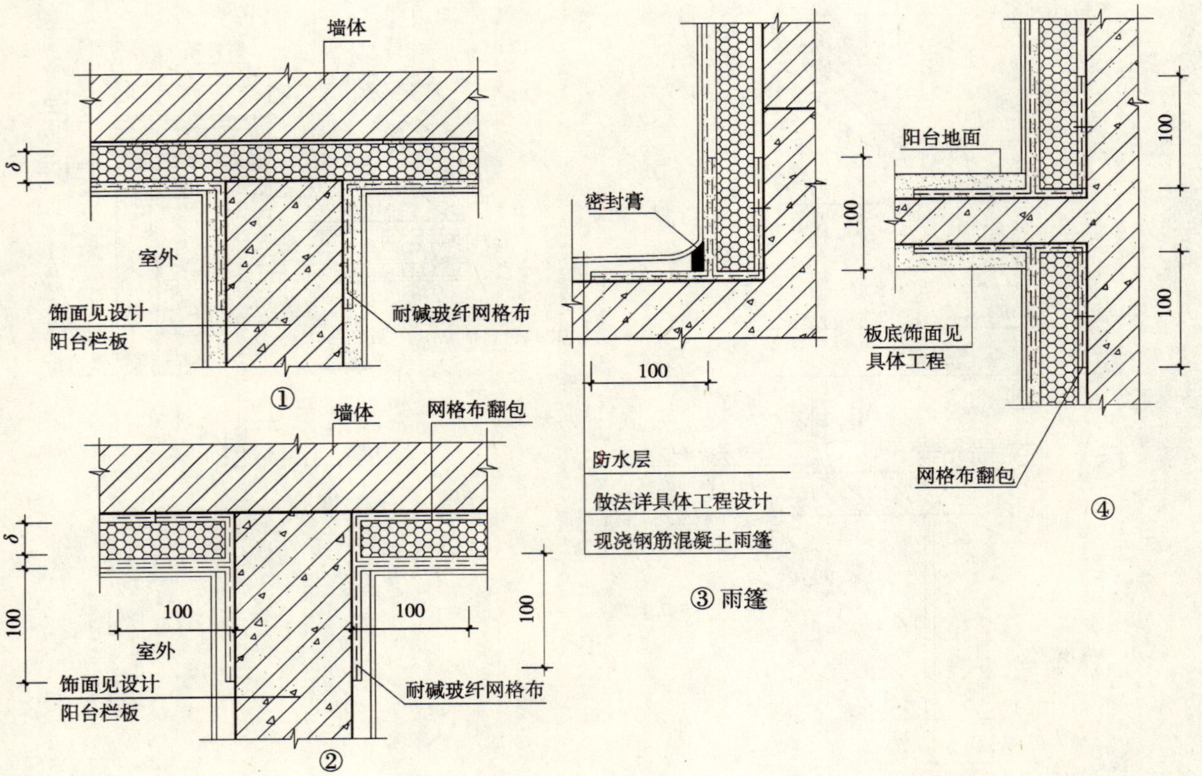

保温阳台

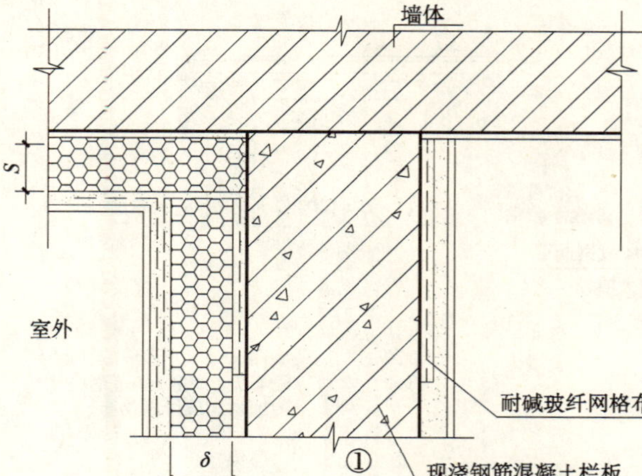

①

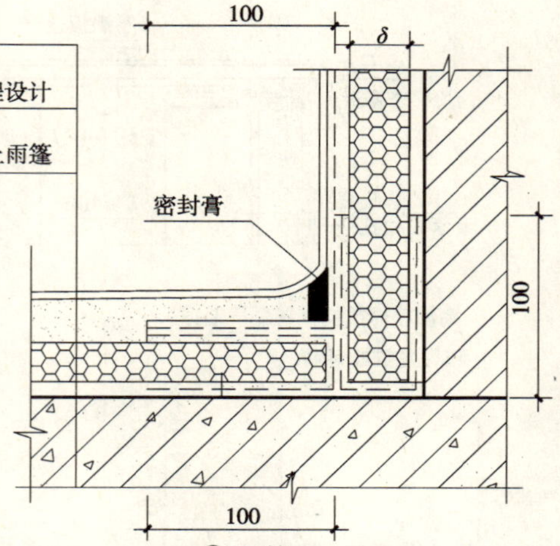

② 雨篷

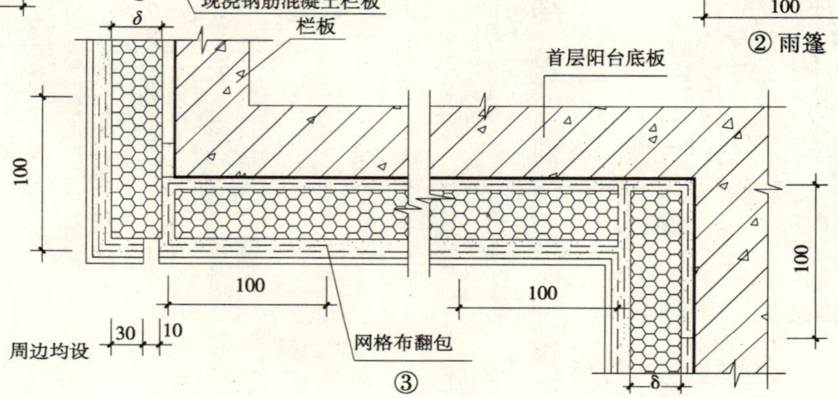

③

墙身变形缝（平面）

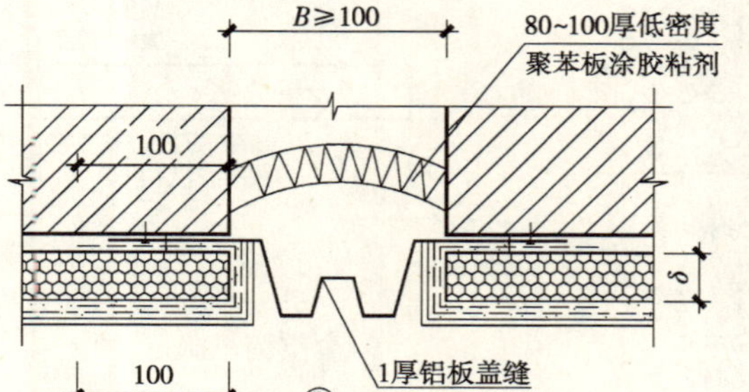

①

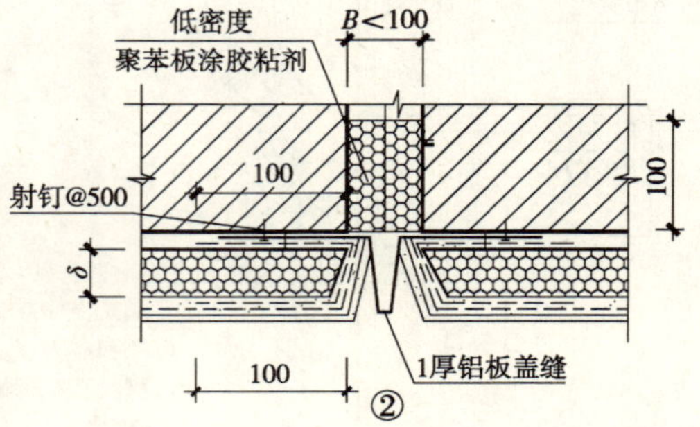

②

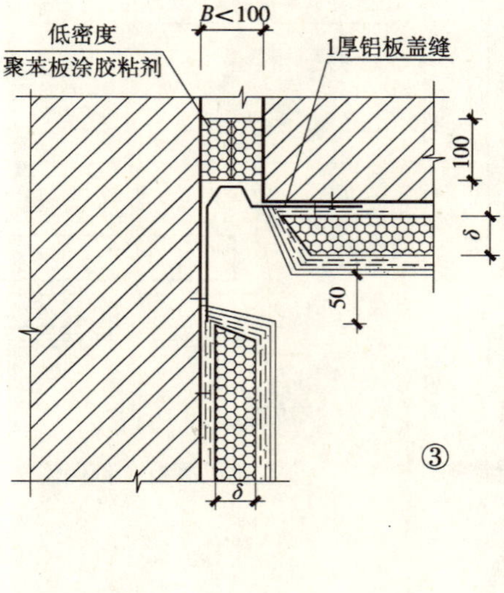

③

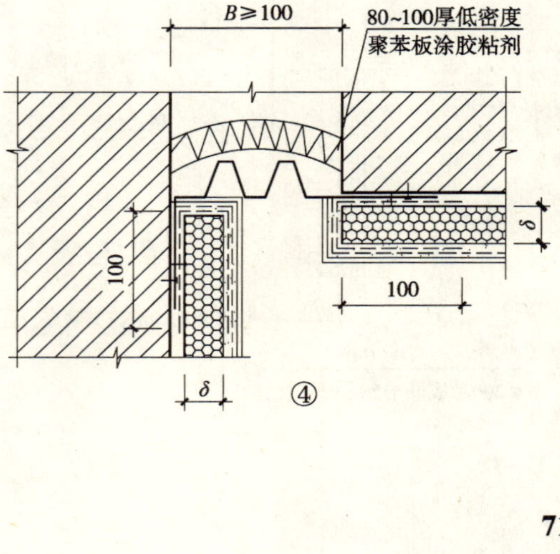

④

屋面变形缝剖面

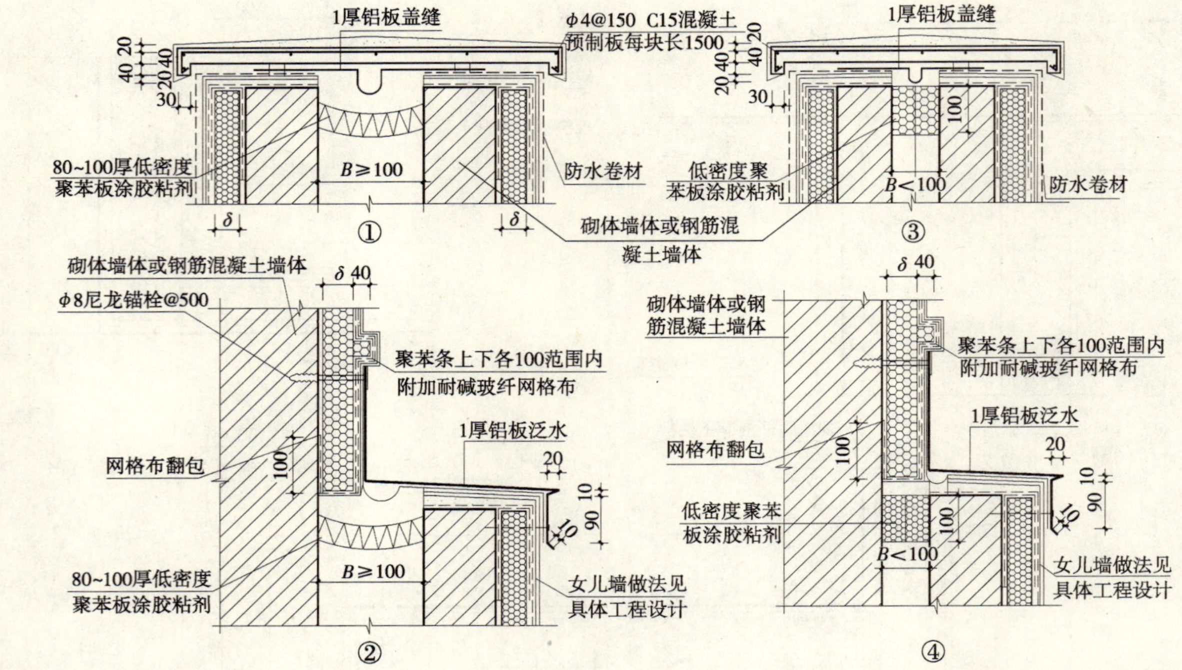

空调机板及线脚饰条

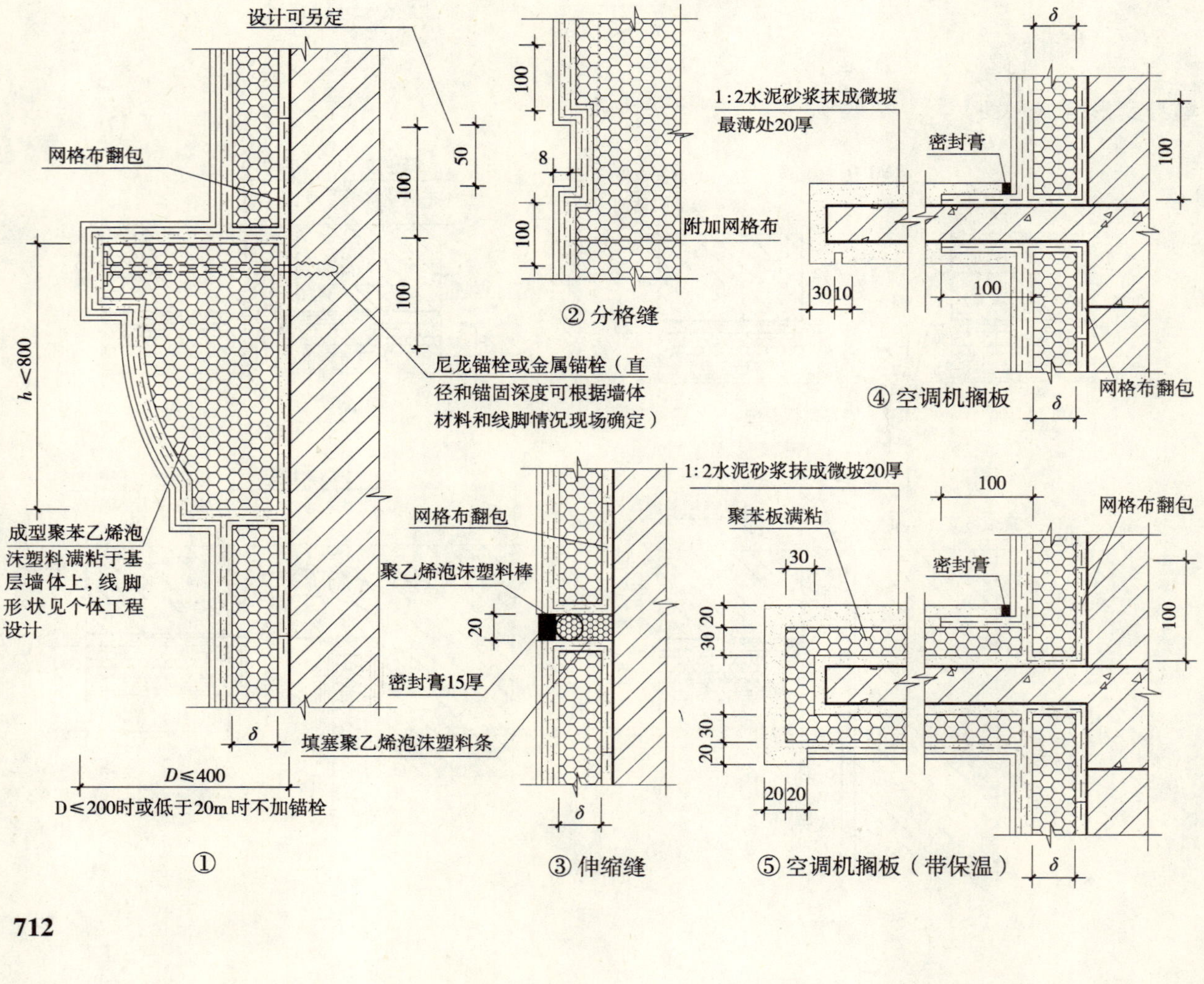

檐口、屋面保温

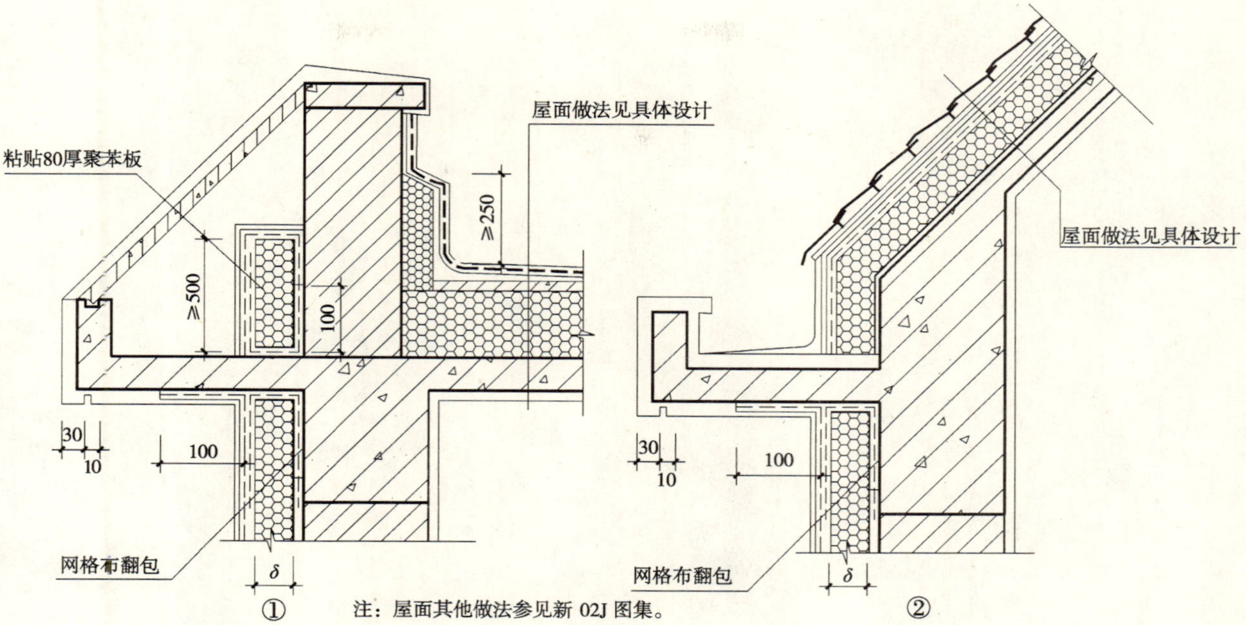

注：屋面其他做法参见新 02J 图集。

洞口四角附加网格布

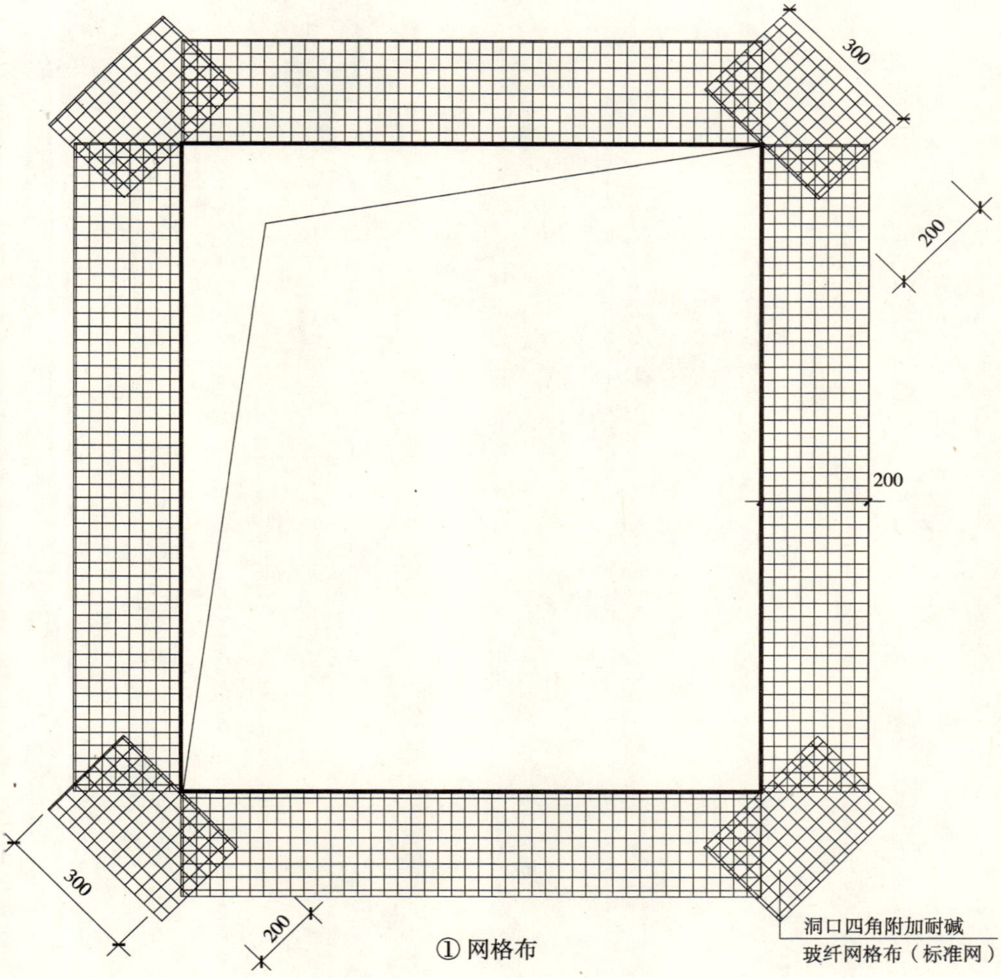

① 网格布

六、新 04J104

高压无气喷涂聚氨酯硬质
发泡外保温构造图集

1

说　　明

说 明

一、编制依据

1. 本图集是按照自治区建设厅“关于批准《常用木质门》等五本工程建设标准设计图集编制计划的函”（新建设函［2004］12 号）及国家、自治区有关现行工程建设标准编制的。

2. 依据的工程建设标准：

《民用建筑节能设计标准》（采暖居住建筑部分）（JGJ 26—95）

《民用建筑热工设计规范》（GB 50176—93）

《〈民用建筑节能设计标准〉（采暖居住建筑部分）新疆维吾尔自治区实施细则》（XJJ 001—1999）

《既有采暖居住建筑节能改造技术规程》（JGJ 129—2000）

《采暖通风与空气调节设计规范》（GB 50019—2003）

《建筑物隔热用硬质聚氨酯泡沫塑料》（GB 10800—89）

《砌体工程施工质量验收规范》（GB 50203—2002）

《混凝土结构工程施工质量验收规范》（GB 50204—2002）

《建筑工程施工质量验收统一标准》（GB 50300—2001）

《建筑装饰装修工程质量验收规范》（GB 50210—2001）

二、适用范围

本项技术适用于建筑高度为 100m 以下，外墙饰面为涂料的新建或改造的各类采暖居住建筑墙体建筑节能围护结构。外墙需粘贴面砖的应按本图集要求采取加强措施。

三、技术简介

PJW 线加温高压无气喷涂聚氨酯硬质发泡外墙外保温技术，是在建筑施工现场使用专用设备，直接在建筑物外墙表面喷涂聚氨酯硬质发泡保温材料，经化学反应发泡固化形成保温层后，直接用聚合物高弹砂浆抹面，再作面层。

该项技术应配备以下主要施工设备：

1. 有发泡率 >95% 的高雾化度喷枪

2. 具有在 33m 高以上加热保温管线

3. 高压无气加热喷涂器（压力 >1600psi）

能连续喷涂发泡，并制得 30 ~ 45kg/m^3 保温隔热型聚氨酯硬质发泡保温材料。

本图集系参考乌鲁木齐普捷建筑节能新技术有限公司提供的企业标准及有关技术性能参数编制。

四、保温体系的基本构造

1. 聚氨酯喷涂现场硬质发泡技术，是用高压喷枪将双组分材料加热瞬间减压雾化喷涂于外墙面指定位置，经发泡固定成型。进行局部的表面修整找平后，用聚合物高弹砂浆抹粘结界面层、抹找平层和罩面防裂面层及刮柔性腻子，及外墙面层，外墙饰面为涂料或粘贴面砖（应采取加强措施）。

2. 聚氨酯离开喷枪喷嘴瞬间呈液体状态，可进入墙体间表面窄小空间及细微缝隙内，稍后即形成闭孔率为 95% 以上的聚氨酯硬质发泡材料；泡孔中封闭的气体主要是 CFC11 和少量 CO_2。CFC11 气体导热系数很小，所以有优良保温性能。

五、性能特点

1. 聚氨酯硬质发泡材料所形成闭孔泡型结构，其导热系数达到0.018～0.025W/(m·K)，密度仅为30～45kg/m^3，该种材料具有质轻、保温性能优良的特性。

2. 该材料对苯、汽油、一般溶剂和低浓度酸碱等化学介质具有良好的化学稳定性，有防水、防潮、防渗透的功能，不霉变和腐烂，具有优良的憎水性能，体积吸水率≤1.5%。在－40°C～55°C间，其抗老化时间达到25年。

3. 对混凝土、砖石、木材、玻璃、钢铁等材料，均有较强的粘结性，粘结强度在0.14MPa以上。

4. 阻燃性能：该材料遇明火后形成有固抗点的孔状烧焦物，能阻止火势蔓延，保护其相邻部位的安全。

5. 弹性及延伸率；当墙体基面产生微小裂缝时，保温层亦不产生裂纹（抗拉强度≥0.25kPa），其弹性及延伸率良好。

六、施工要点

1. 基层处理

新建筑墙体表面应清洁、平整、坚固。填堵墙面上施工架眼、孔洞、清除浮灰，混凝土脱模剂，凡墙面不平处凸处剔平，凹处用水泥砂浆补平；既有建筑铲除原墙面空鼓，风化部分，以及各类油污、油渍，并用M10水泥砂浆修补平整。

2. 施工前期准备

（1）凡是不做保温层的各种建筑构配件：如门窗、管线、招牌等应进行遮挡；

（2）施工现场不得有明火，雨雪或潮湿的天气不得施工。施工气温不低于5°C，避免大风天气，风力大于4级时，不宜进行露天无遮蔽施工；

（3）施工时喷涂人员必须戴好防护面具。

3. 保温层施工

（1）开启聚氨酯喷涂器，用雾化喷枪将原材料均匀垂直喷涂于墙面，单次发泡厚度不宜超过20mm；

（2）掌握发泡平整度，发泡厚度应大于或等于设计最小厚度值。

4. 粘结界面层施工

（1）用手锯或电动刨修整保温层表面；

（2）在保温层表面抹预拌好的聚合物高弹砂浆，厚度3～7mm，表面拉毛，均匀覆盖保温层；

（3）建筑物高度超过30m或饰面为面砖时，应在抹粘结界面层前于保温层表面增设每平米不少于3～4个塑料锚栓。

5. 找平层：在粘结界面层上抹预拌好的防裂找平水泥砂浆，找平层厚度宜控制在7～10mm。

6. 罩面防裂面层：在找平层上抹预拌好的罩面防裂水泥砂浆，厚度宜控制在7～10mm，抹平压光，阴阳角处应垂直方正。

7. 在划分格线或色带分格及门窗的滴水槽时，槽深宜10～15mm。

8. 刮柔性腻子：在罩面防裂面层干燥后施工两遍刮平。

9. 涂料施工：一般的防水弹性外墙涂料应在柔性腻子层上喷涂或刷涂。浮雕涂料可直接在水泥砂浆层上进行喷涂。

10. 面砖饰面：饰面为面砖（由设计人选定）的，在找平层上采用面砖粘接砂浆粘贴。在小于1.5m×1.5m范围内按面砖接缝及时用尖利工具划出细膨胀缝，划深至粘结界面层，用枪式聚氨酯膨胀填缝剂注射填充，固化10min后修平，用聚合物高弹乳液拌水泥石英粉砂浆涂抹保护，恢复旧观。

七、图集选用

本图集根据自治区主要城镇的气象条件，编制了不同地区不同墙体材料的聚氨酯硬质发泡外墙保温最小厚度表，设计人员可以直接查表选用。

八、技术性能指标

聚氨酯硬质发泡材料性能指标

项目＼指标	单位	数值
密度	kg/m^3	≥30
导热系数	W/(m·K)	≤0.025
抗压强度	kPa	≥0.2
抗拉强度	kPa	≥0.25
体积吸水率	%	≤1.5
尺寸稳定性	%	≤5.0
氧指数	%	≥26
燃烧性（垂直法） 平均燃烧时间 平均燃烧高度	 s mm	 ≤30 ≤250

柔性耐水腻子性能指标

项目		单位	数值	
			Ⅰ	Ⅱ
稠度		cm	11~13	
施工性		—	刮涂无困难	
干燥时间（表干）		h	<5	
耐水性 48h		—	—	无异常
耐碱性 24h		—	—	无异常
粘结强度	标准状态（7d）	MPa	>0.30	>0.60
	浸水后（48h）	MPa	—	>0.40
低温贮存稳定性		—	-5°C 冷冻 4h 无变化，刮涂无困难	
打磨性		%	20~80	
柔韧性		—	直径 50mm，无裂纹	

门窗洞口聚氨酯板材胶粘剂技术指标

项目		单位	标准要求
拉伸粘结强度（与水泥砂浆）	常温常态	MPa	≥0.70
	耐水		≥0.50
	耐冻融		≥0.50
拉伸粘结强度（与聚氨酯板）	常温常态	MPa	≥0.10 或聚氨酯板破坏
	耐水		≥0.10 或聚氨酯板破坏
	耐冻融		≥0.10 或聚氨酯板破坏
可操作时间		h	≥2

抗裂水泥砂浆性能指标

项目		单位	数值
拉伸粘结强度（与水泥砂浆）	常温常态	MPa	≥0.70
	耐温		≥0.50
	耐水		≥0.50
	耐冻融		≥0.50
拉伸粘结强度（与聚氨酯板）	常温常态	MPa	≥0.10或聚氨酯板破坏
	耐水		≥0.10或聚氨酯板破坏
	耐冻融		≥0.10或聚氨酯板破坏
可操作时间		h	≥2
24h吸水量		g/m^2	≤1000
柔韧性（水泥基：28d压折比）		—	≤3.0
水蒸气透过湿流密度		$g/m^2\cdot h$	≥1.00
抗裂性（厚度5mm）以下		—	无裂纹
透水性（24h）		mL	≤3.0

高压无气喷涂聚氨酯硬质发泡保温构造体系技术指标

项目	单位	指标
耐候性	—	表面无裂纹、粉化、剥落现象
抗冲击性能	3J	1kg钢球，1m高处自由下落
抗拉粘结强度	MPa	≥0.14
抗剪切强度	MPa	≥0.14
耐冻融性能	—	20次表面无空鼓、脱落、裂纹、剥离、起泡现象

贴面砖专用粘结砂浆技术指标

项目	单位	指标
晾置时间	min	≥20
压折比	—	≤3.0
线性收缩率	%	≤0.3
拉伸粘结强度	MPa	≥0.5

锚栓技术性能指标

试验项目	单位	性能指标
单个锚栓抗拉承载力标准值	kN	>0.30
单个锚栓对系统传热增加值	$W/(m^2\cdot K)$	≤0.004

注：塑料钉和带圆盘的塑料膨胀套管应采用聚酰胺、聚乙烯或聚丙烯制成，制作塑料钉和塑料套管的材料不得使用回收的再生材料。锚栓有效锚固深度不得小于30mm，塑料圆盘直径不小于50mm。

2
保温做法与选用

最小厚度选用表

新疆维吾尔自治区主要城镇采暖居住建筑高压无气喷涂聚氨酯硬质发泡外墙外保温层最小厚度值选用表（mm）

采暖期室外平均温度（°C）	城镇名称	墙体材料														外墙传热系数限值［W/（m^2·K）］	
		240厚黏土实心砖		370厚黏土实心砖		240厚黏土多孔砖		370厚黏土多孔砖		250厚加气混凝土砌块		300厚加气混凝土砌块		240厚陶粒混凝土砌块			
		s≤0.3	s≥0.3	s≤0.3	s≥0.3	s≤0.3	s≥0.3	s≤0.3	s≥0.3	s≤0.3	s≥0.3	s≤0.3	s≥0.3	s≤0.3	s≥0.3	s≤0.3	s≥0.3
一区 −2.1～−3.0	阿图什、喀什、和田、麦盖提、新源、莎车、叶城、皮山、于田	17	29	13	24	14	26	8	19	0	13	0	18	8	20	0.85	0.62
二区 −3.1～−4.0	库尔勒、库车、若羌、阿克苏、民丰、乌什、托克逊、巴楚、乌恰、阿拉尔、图木舒克	25	27	20	22	22	24	16	17	9	11	5	6	16	18	0.68	0.65
三区 −4.1～−5.0	吐鲁番、伊宁、巩留、巴伦台、善鄯、且末	21	30	17	26	18	27	12	21	6	14	0	10	12	21	0.75	0.60
四区 −5.1～−6.0	塔什库尔干、七角井、哈密、昭苏、红柳河、和静、焉耆	25	33	20	29	22	30	16	24	9	18	5	13	16	24	0.68	0.56
五区 −6.1～−7.0	塔城、伊吾、裕民、和布克塞尔、拜城	27	39	22	34	24	36	17	29	11	23	6	18	18	30	0.65	0.50
六区 −7.1～−8.0	精河	27	39	22	34	24	36	17	29	11	23	6	18	18	30	0.65	0.50
七区 −8.1～−9.0	乌鲁木齐、博乐、米泉、吉木萨尔、五家渠	33	44	26	40	30	41	24	35	18	29	13	24	24	35	0.56	0.45
八区 −9.1～−10.0	奎屯、乌苏、阿勒泰、昌吉、阜康、巴里坤、石河子、呼图壁、布尔津、克拉玛依	37	52	32	47	34	49	27	42	21	36	16	31	28	43	0.52	0.40
九区 −10.1～−11.0	奇台、福海、北屯	37	52	32	47	34	49	27	42	21	36	16	31	28	43	0.52	0.40
十区 −11.1～−13.0	富蕴、青河	37	52	32	47	34	49	27	42	21	36	16	31	28	43	0.52	0.40

注：1. 240厚陶粒混凝土砌块为三排孔。
2. 表中厚度值小于15mm时，因操作工艺要求最薄按15mm厚施工。
3. 一区外墙传热系数限值与传热系数为4.70的单层塑料窗相对应。

新疆维吾尔自治区主要城镇采暖居住建筑高压无气喷涂聚氨酯硬质发泡外墙外保温层最小厚度值选用表（mm）

续表

采暖期室外平均温度（°C）	城镇名称	墙体材料												外墙传热系数限值［W/（m²·K）］	
		290厚陶粒混凝土砌块		200厚现浇陶粒混凝土		250厚现浇陶粒混凝土		120厚钢筋混凝土		180厚钢筋混凝土		200厚钢筋混凝土			
		s≤0.3	s≥0.3	s≤0.3	s≥0.3	s≤0.3	s≥0.3	s≤0.3	s≥0.3	s≤0.3	s≥0.3	s≤0.3	s≥0.3	s≤0.3	s≥0.3
一区 −2.1～−3.0	阿图什、喀什、和田、麦盖提、新源、莎车、叶城、皮山、于田	4	16	16	27	13	25	25	35	23	34	22	33	0.85	0.62
二区 −3.1～−4.0	库尔勒、库车、若羌、阿克苏、民丰、乌什、托克逊、巴楚、乌恰、阿拉尔、图木舒克	12	14	23	25	21	23	31	33	30	32	29	31	0.68	0.65
三区 −4.1～−5.0	吐鲁番、伊宁、巩留、巴伦台、善鄯、且末	9	17	20	28	17	26	28	36	27	35	26	35	0.75	0.60
四区 −5.1～−6.0	塔什库尔干、七角井、哈密、昭苏、红柳河、和静、焉耆	12	20	23	31	21	29	31	39	30	38	29	37	0.68	0.56
五区 −6.1～−7.0	塔城、伊吾、裕民、和布克塞尔、拜城	14	26	25	37	23	35	33	45	32	44	31	43	0.65	0.50
六区 −7.1～−8.0	精河	14	26	25	37	23	35	33	45	32	44	31	43	0.65	0.50
七区 −8.1～−9.0	乌鲁木齐、博乐、米泉、吉木萨尔、五家渠	20	32	31	43	29	40	39	51	39	51	38	50	0.56	0.45
八区 −9.1～−10.0	奎屯、乌苏、阿勒泰、昌吉、阜康、巴里坤、石河子、呼图壁、布尔津、克拉玛依	24	39	35	50	33	48	43	58	42	57	41	56	0.52	0.40
九区 −10.1～−11.0	奇台、福海、北屯	24	39	35	50	33	48	43	58	42	57	41	56	0.52	0.40
十区 −11.1～−13.0	富蕴、青河	24	39	35	50	33	48	43	58	42	57	41	56	0.52	0.40

注：1. 290厚陶粒混凝土砌块为四排孔。
2. 表中厚度值小于15mm时，因操作工艺要求最薄按15mm厚施工。
3. 一区外墙传热系数限值与传热系数为4.70的单层塑料窗相对应。

3
构造做法与详图

节能墙体构造图

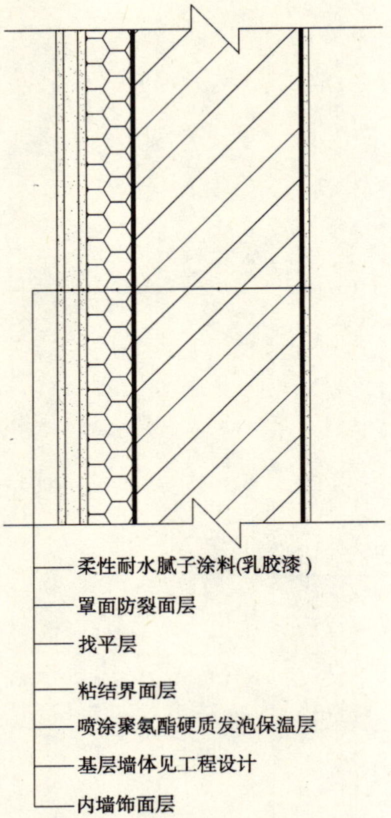

① 外墙外保温做法
(适用于建筑高度为30m以下)

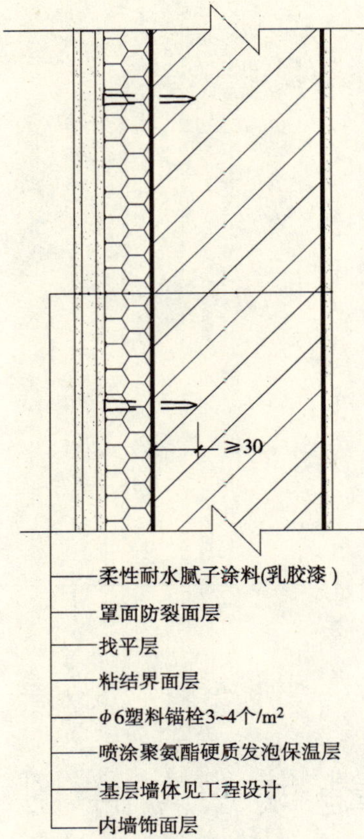

② 高层外墙外保温做法
(适用于建筑高度100m以下)

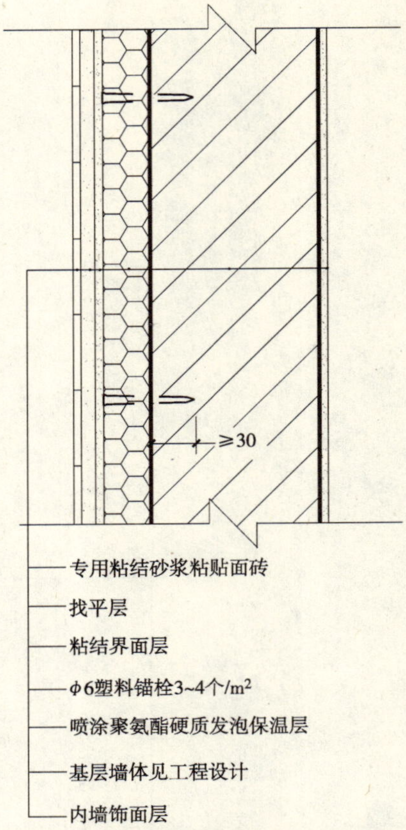

③ 面砖饰面外墙外保温做法
(适用于建筑高度为30m以下面砖饰面)

注：墙体材料均按实心黏土砖墙绘制。

窗洞口做法详图

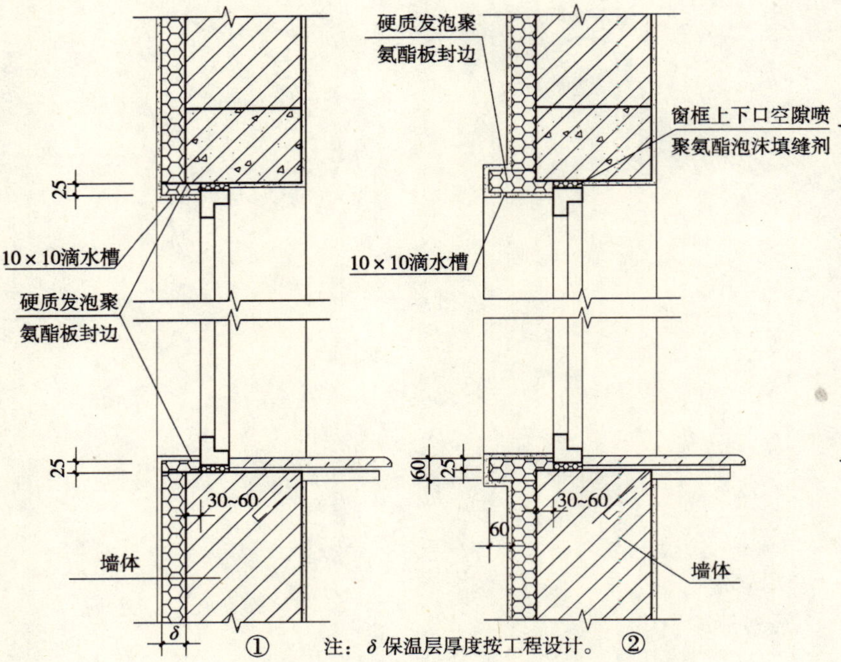

注：δ保温层厚度按工程设计。

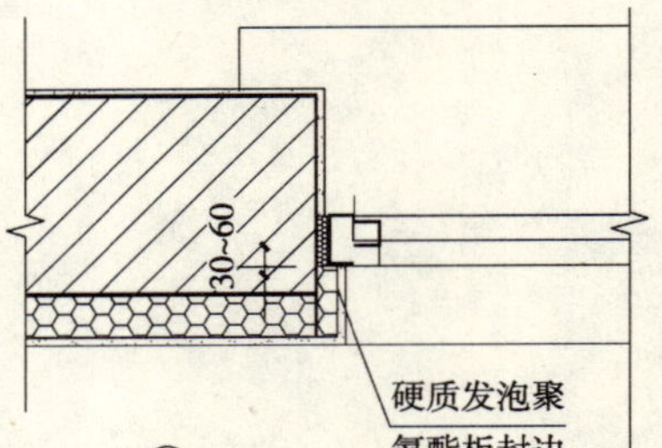

③

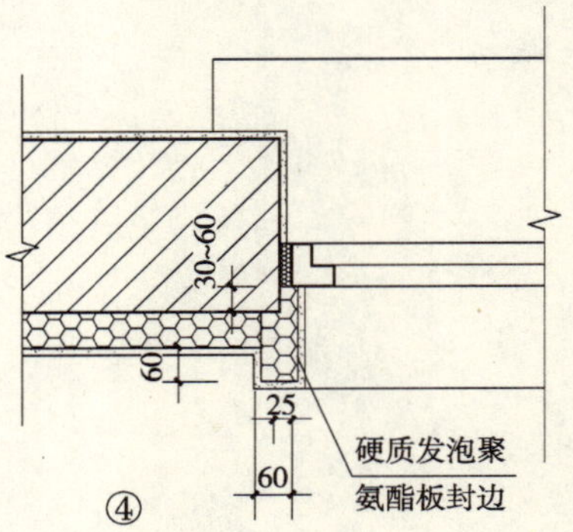

④

飘窗详图

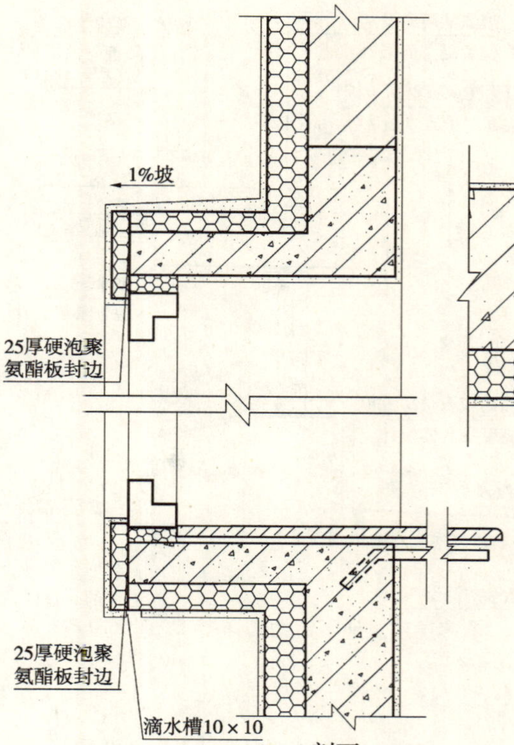

A—A剖面

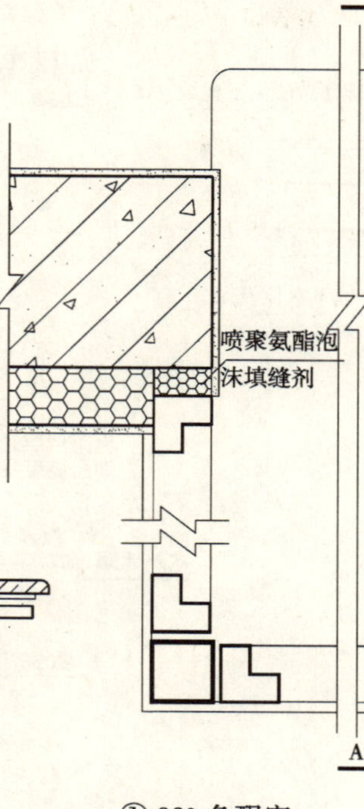

① 90° 角飘窗

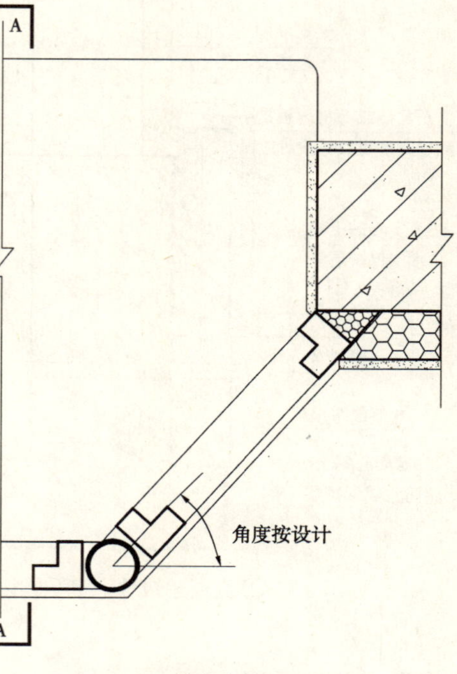

②≤90° 角飘窗

封闭阳台及过街楼顶棚保温

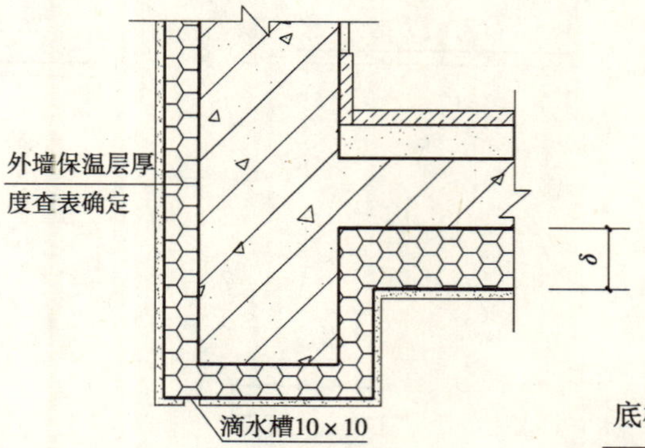

① 过街楼（一）

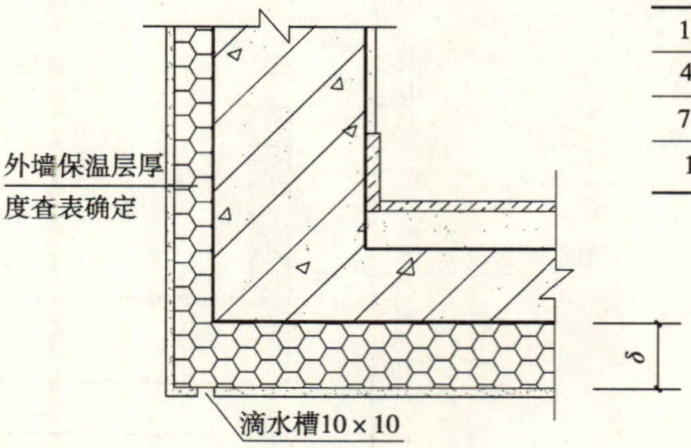

② 过街楼（二）

底板保温层厚度值选用表

采暖分区	K 值	δ
1~3区	0.5	45
4~6区	0.4	60
7~9区	0.3	80
10区	0.25	95

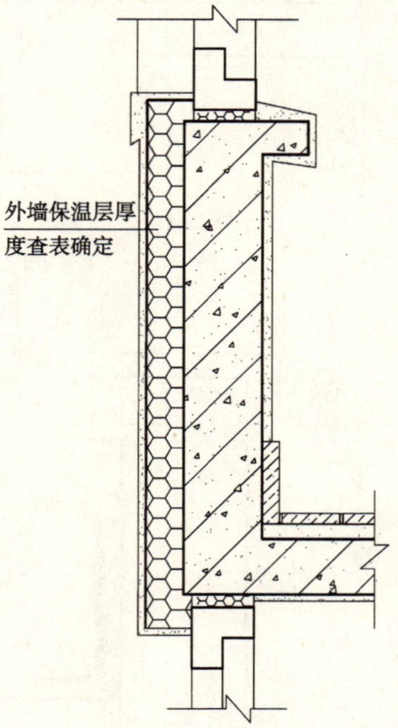

③ 阳台

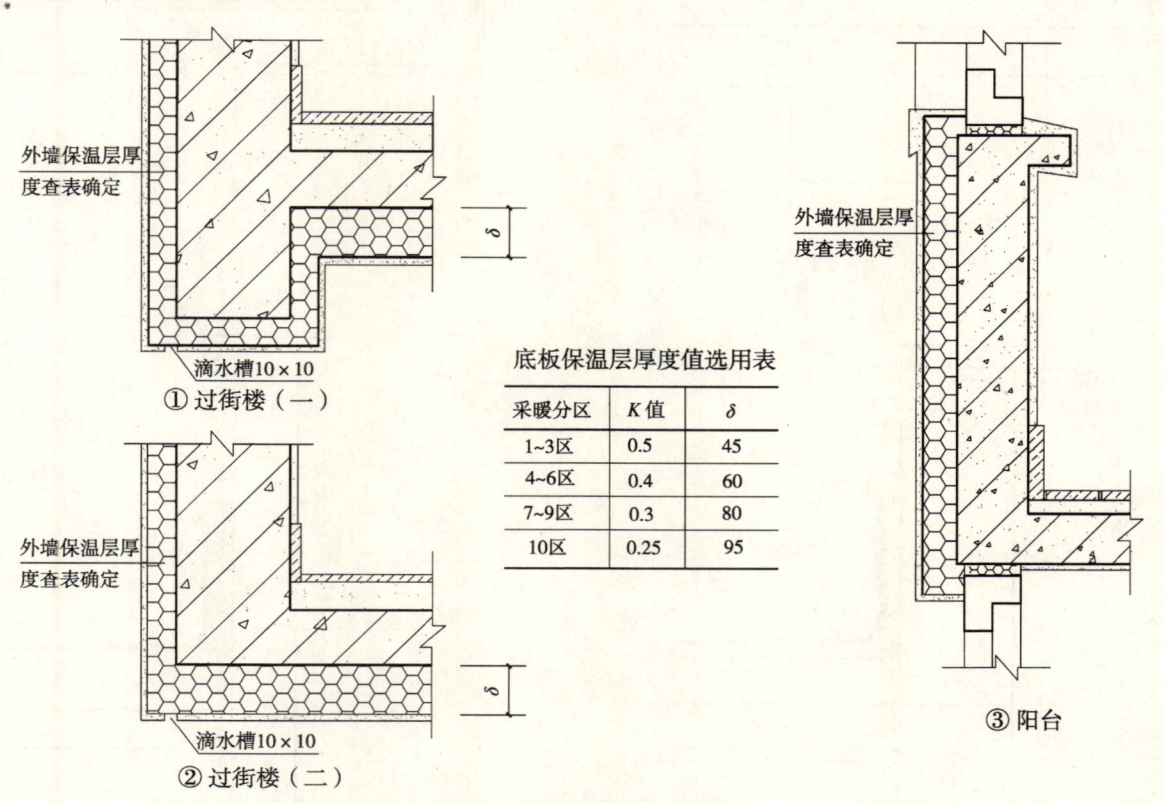

勒角详图

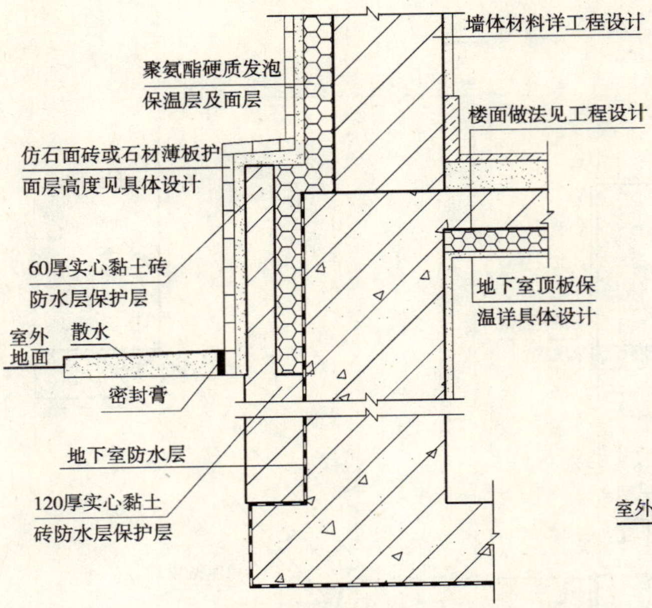

① 高层建筑地下室勒脚详图

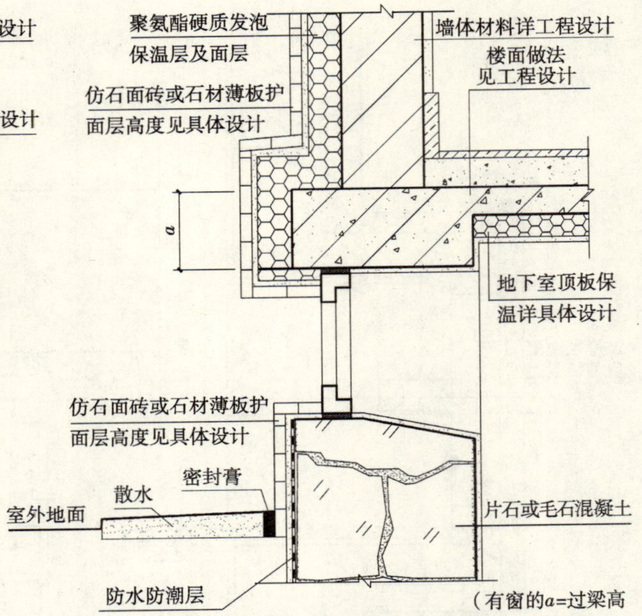

② 多层建筑地下室勒脚详图

（有窗的a=过梁高
无窗的a=250）

挑檐及女儿墙详图

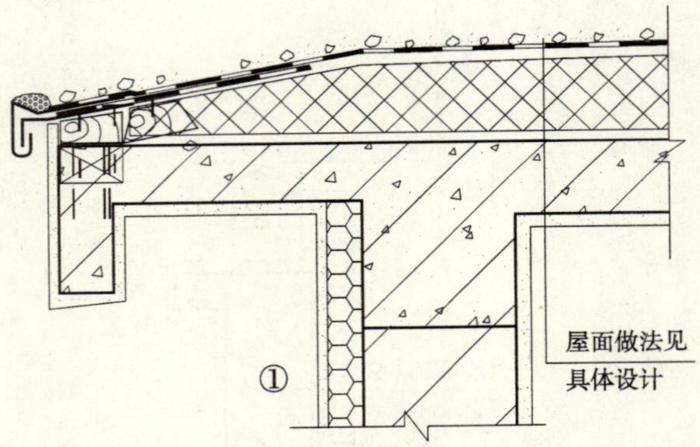

①

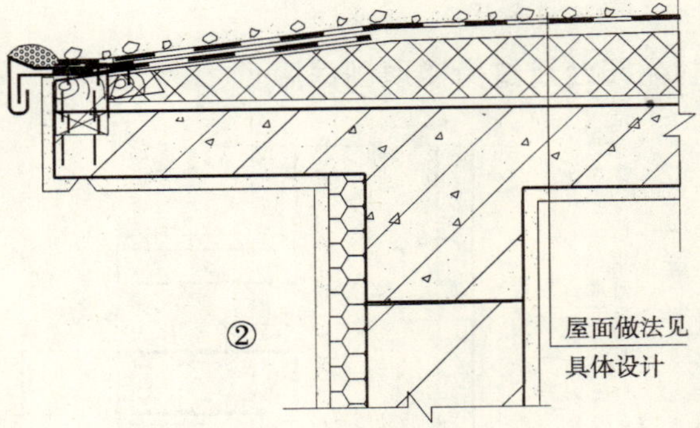

②

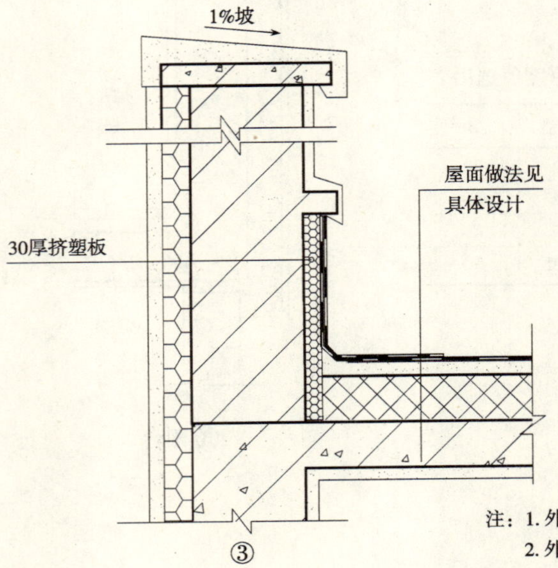

③

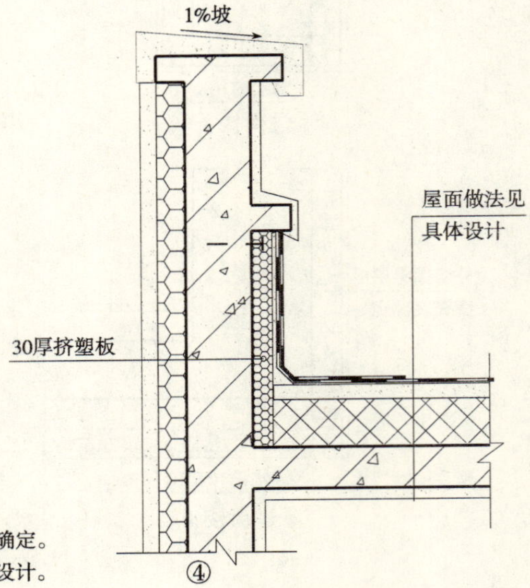

④

注：1. 外墙保温层厚度查表确定。
2. 外墙饰面材料详工程设计。

挑檐、屋面保温

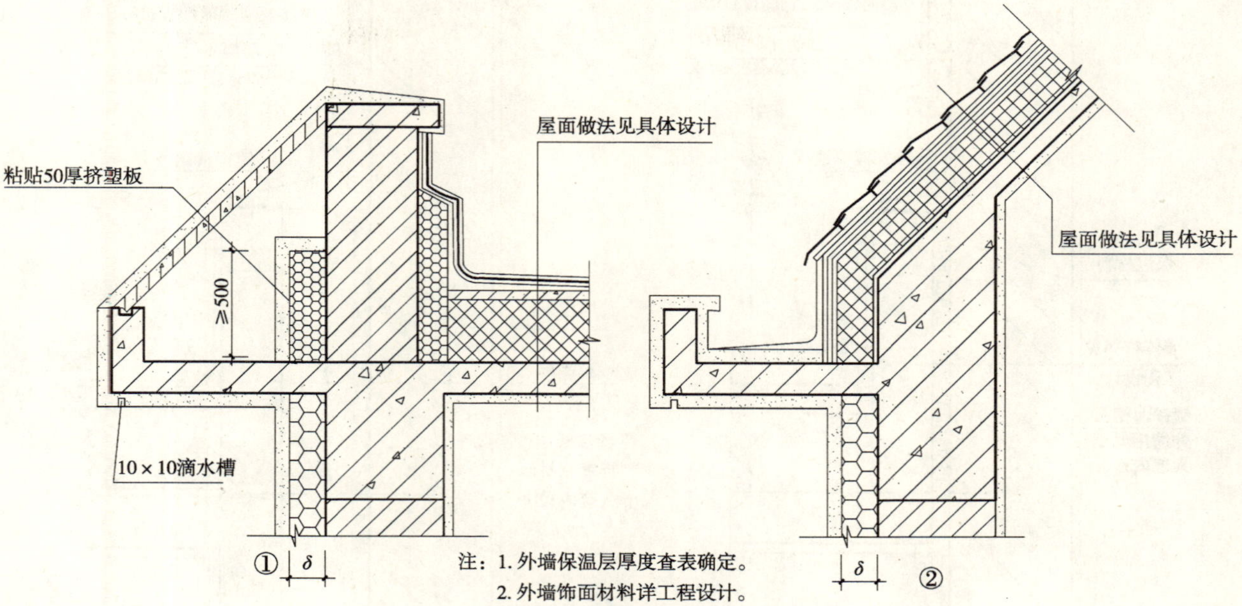

注：1. 外墙保温层厚度查表确定。
2. 外墙饰面材料详工程设计。
3. δ 保温层厚度按工程设计。

变形缝详图

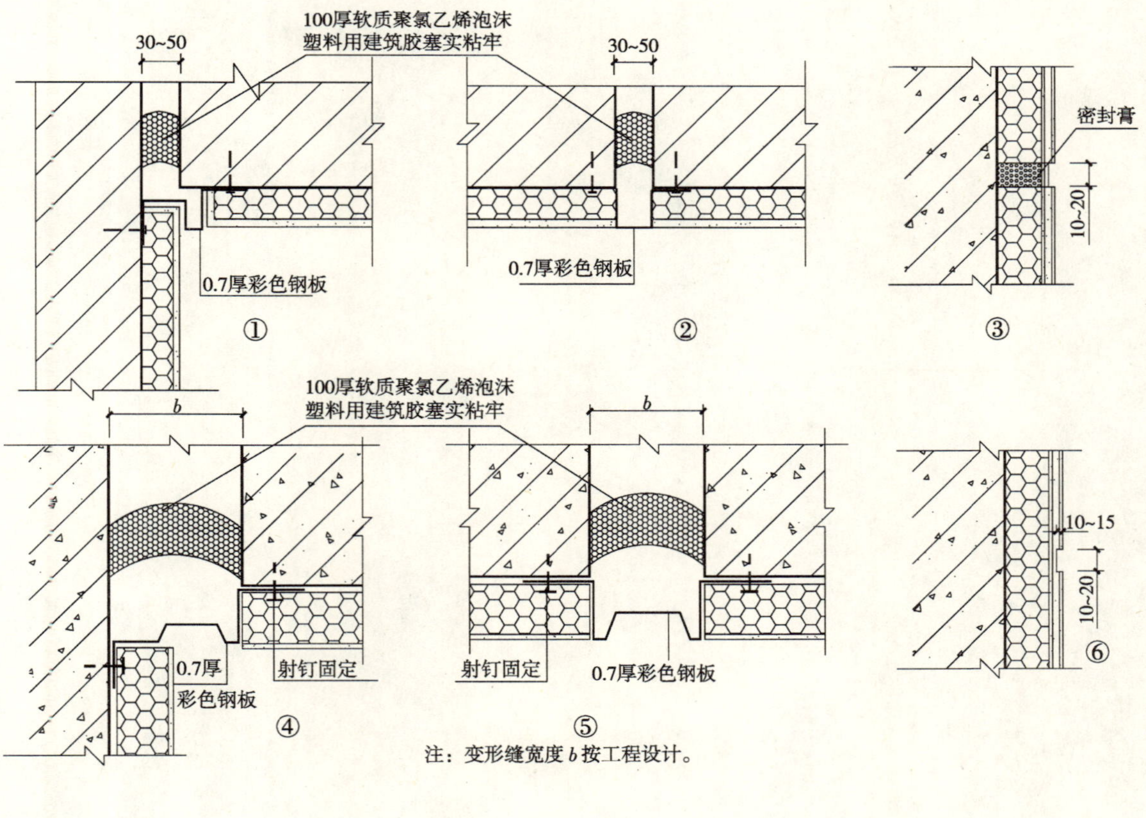

注：变形缝宽度 b 按工程设计。

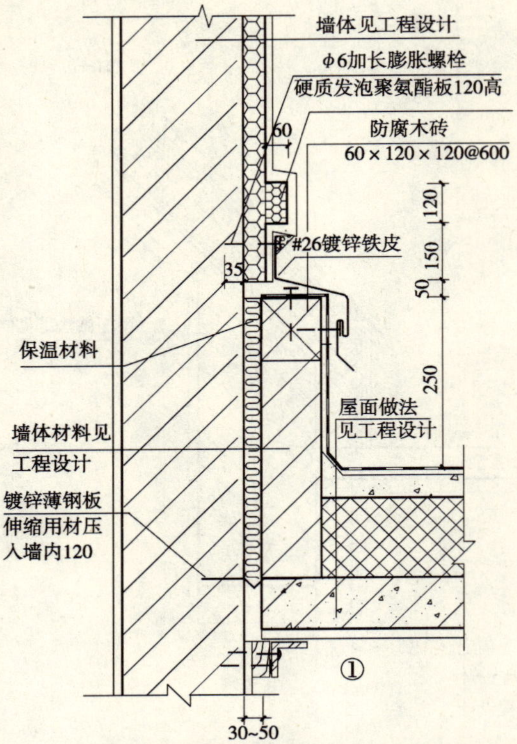

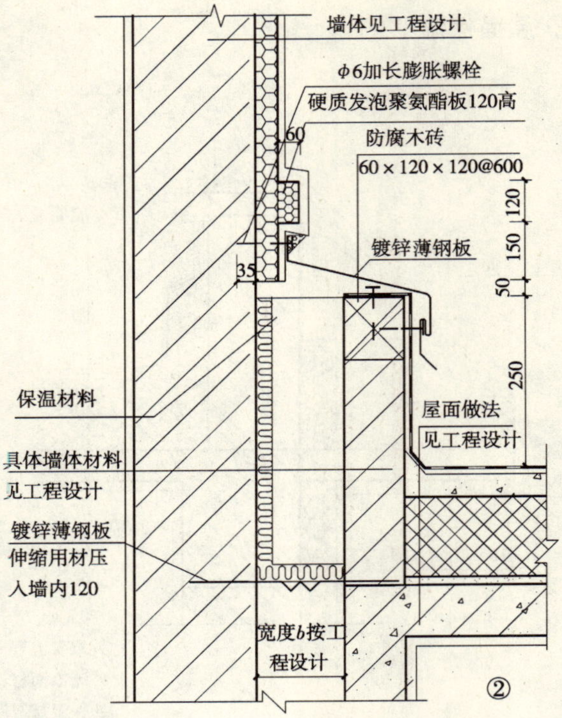

注：两墙壁间盖缝采用镀锌薄钢板，其长度根据伸缩缝宽度与现场放样后确定。

七、2003J116

XPS 外保温墙体构造

1

说　　明

说　明

一、适用范围

1. 辽宁地区需进行建筑保温和建筑节能设计的建筑。
2. 新建、改扩建和对原有建筑节能改造的建筑。
3. 适用于钢筋混凝土、陶粒空心砌块、混凝土空心砌块和黏土多孔砖墙的外墙外保温。

二、主要编制依据

1. 《民用建筑节能设计标准》(JGJ 26—95)
2. 《民用建筑热工设计规范》(GB 50176—93)
3. 《采暖通风与空气调节设计规范》(2001 年修订)(GBJ 19—87)
4. 《建筑结构荷载规范》(GB 50009—2001)
5. 《建筑抗震设计规范》(GB 50011—2001)
6. 《建筑装修工程质量验收规范》(GB 50210—2001)
7. 《混凝土结构工程施工质量验收规范》(GB 50204—2002)
8. 《砌体工程施工质量验收规范》(GB 50203—2002)
9. 《建筑工程施工质量验收统一标准》(GB 50300—2001)
10. 《辽宁省民用建筑节能设计标准实施细则》(DB 21/1007—1998)
11. 《绝热用挤压聚苯乙烯泡沫塑料 XPS》(GB/T 10801.2—2002)
12. 《耐碱玻璃纤维网布》(JC/T 841—2007)
13. 《聚氨酯建筑密封膏》(JC 482—92)
14. 《聚合物乳液建筑防水涂料》(JC/T 864—2000)
15. 美国陶氏化学有关技术资料

三、系统构造

1. 现浇混凝土外墙复合浇筑体系（整浇式体系）（见表 1）

1.1　整浇式体系，是采用毛面的、具有相当抗压强度的挤塑聚苯乙烯保温板（简称挤塑板或 XPS 板）(必须采用毛面 XPS 板)。在浇筑混凝土外墙前将插有锚固钉的保温板置于外模板内侧，浇筑混凝土完毕后，保温层与混凝土墙体有机的结合在一起。挤塑板的面层涂抹聚合物砂浆搅拌的胶泥，并压入抗碱玻璃纤维网格布作为加强防护面层。

1.2　特点：适用于高层建筑剪力墙外墙体系的外墙外保温，与外贴式外墙外保温体系相比，其更安全可靠、经济，而且施工质量更有保证，适用于涂料饰面及面砖饰面，但是对混凝土的浇筑质量要求较高。

整浇式基本构造　　　　**表 1**

基层墙体	系统基本构造		
	保　温　层	保　护　层	饰　面　层
钢筋混凝土墙	毛面 XPS 板 + 锚固钉	抹面胶泥 + 网格布	饰面涂料面砖

2. 外墙外粘贴体系（后贴式体系）(见表 2)

2.1　后贴式体系，是将毛面的 XPS 板，用聚合物砂浆搅拌制成的胶泥粘贴在经过找平处理的外墙外表面，可根据工程的实际情况再用锚固钉进行加固，以增加系统的安全性。在 XPS 板的表面涂抹聚合物胶泥作为保护层，并将抗碱玻璃纤维网格布埋贴在保护层中。

2.2　特点：适用于各种复杂造型的建筑，但对施工环境和基层的条件要求较高，适用于涂料饰面和面砖饰面。

后贴式基本构造　　　　**表 2**

基层墙体	系统基本构造			
	粘　结　层	保　温　层	保　护　层	饰　面　层
钢筋混凝土墙各类砌块墙	粘结胶泥	毛面 XPS 板 + 锚固钉	抹面胶泥 + 网格布	饰面涂料面砖

四、材料的基本技术性能指标

1. 挤塑板

挤塑板是聚苯乙烯的可发树脂，在生产过程中加入阻燃剂经过连续挤压成型和特殊刨毛处理的具有刚性闭孔结构的聚苯乙烯板材，其技术性能指标及检验采用的标准应符合表 3 的要求。保温板的厚度应根据计算外墙的平均传热系数来确定。

2. 干粉聚合物砂浆

干粉聚合物砂浆是一种在工厂预配制好的干粉状胶粘剂，在施工现场只需按干粉聚合物砂浆∶水 = 4∶1 的比例加入净水，搅拌均匀即可使用，其主要技术指标及试验标准应符合表 4 的要求。聚合物砂浆的使用参见施工工艺要求。

3. 耐碱玻璃纤维网格布（简称网格布）

经耐碱树脂涂敷处理后的玻璃纤维网格布，具有抗碱性能，用于提高保护层的整体性和抗机械性能，其主要技术性能的试验方法应采用《耐碱玻璃纤维网布》(JC/T 841—2007)，主要技术性能要求见表 5。

XPS 板的主要技术性能指标　　　　**表 3**

项　　目	单　　位	整　浇　式	后　贴　式
抗压强度	kPa	≥300	≥200
导热系数	W/(m · K)	≤0.030	≤0.030
吸水率	%-Vol	≤1.5	≤2.0
防火等级	/	B2	B2
表面	/	毛面	毛面

干粉聚合物砂浆主要技术性能指标　　　　**表 4**

试　验　项　目		性　能　指　标
压剪粘接强度（MPa）(与水泥砂浆)	原强度	≥1.0
	耐水	≥0.8
拉伸粘接强度（MPa）(与水泥砂浆)	原强度	≥0.6
	耐水	≥0.4
拉伸粘接强度（MPa）(与膨胀聚苯板)	原强度	≥0.1
	耐水	≥0.1
	耐冻融	≥0.1（面层）
柔韧性	抗压强度/抗折强度	≤3.0（面层）
可操作时间（h）	2±0.5	

注：(面层) 仅表示保护层胶泥要求。

网格布的主要技术性能指标　　　表5

试验项目		单位	性能指标
标准网格尺寸		mm	4×4　5×5
单位面积质量		g/m^2	≥140
抗拉强度	经纬向	N/50mm	≥1000
耐碱抗拉强度保留率	经纬向	%	≥80

4. 锚固钉

锚固钉是用来把挤塑（压）板固定在基层墙体的辅助连接件，用以增强保温板固定的安全性，通常由带有圆盘的塑料膨胀管和金属或塑料的膨胀钉组成，锚固钉有效锚固深度不小于25mm，塑料圆盘直径不小于50mm，其主要技术性能要求见表6。锚固钉布置和数量参见施工工艺要求。

锚固钉技术性能指标　　　表6

试验项目	技术指标
单个锚固钉抗拉承载力标准值（kN）	≥0.6

5. 饰面层

5.1　饰面层涂料应为树脂类弹性防水涂料，其性能指标应符合外墙建筑涂料的相关标准。

5.2　面砖及结合层材料总重量应小于35kg/m²，面砖结合层应采用与外保温面层保护层相同或类似的聚合物砂浆。

五、整浇式外墙外保温施工工艺

1. 施工条件

1.1　挤塑板安装

为确保挤塑板安装的平整度和垂直度，宜采用全钢大模板或其他形式定型整体大模板。

1.2　挤塑板面层保护层施工

保温板面层清洁干燥，无油污；门窗框已安装就位；施工环境温度为24h内不低于5°C，雨天施工应采取有效的防雨措施。

2. 施工工序及施工要点

2.1　施工准备

2.1.1　技术准备

熟悉各方提供的有关图纸资料，参考有关施工工艺，做好内业，掌握施工要领，明确施工顺序与提供成套材料和技术的企业联系，并与该企业技术人员在现场对工人进行培训和技术指导。

2.1.2　材料准备

（1）保温材料：按设计厚度、表观为毛面、抗压强度大于300kPa的挤塑（压）聚苯乙烯保温板；

（2）锚固钉：长度为保温板厚度加50mm；

（3）保护层材料：采用外墙外保温系统专用的干粉聚合物砂浆和耐碱玻璃纤维网格布；

（4）饰面层：按设计要求。如为面砖饰面层，则采用与保护层相同或类似的聚合物砂浆；

（5）其他材料：滴水线槽、泡沫塑料棒、分格条和嵌缝油膏等。

2.1.3　机具准备

切割挤塑板的操作平台、电烙铁、墨斗、干粉聚合物砂浆搅拌机、电阻丝切割器、抹灰工具、检测工具。

2.1.4　劳动力安排

根据施工要求，按照不同的进度要求安排保温安装工、抹灰工等。

2.2　施工顺序（见图1）

2.2.1　保温板安装

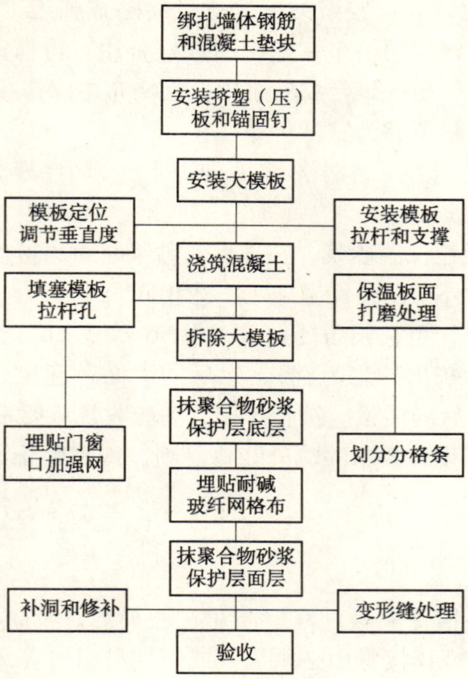

图1　挤塑板施工顺序

(1) 绑扎墙体钢筋后，在外墙外侧绑扎水泥垫块，然后安装保温板，保温板内垫块应分布均匀，每块保温板上垫块数量至少为3块，用以保证保护层厚度均匀一致。

(2) 在安装好的保温板的锚固钉位置处穿孔，然后在孔内塞入锚固钉膨胀管，布点位置及形式按本图集图示，其尾部与墙体钢筋作临时固定。

(3) 门窗洞口四边和保温板之间的缝隙应严密，必要时应采取适当措施，以免在浇筑混凝土时漏浆。

2.2.2　模板安装

在楼地面弹出墙线的位置安装大模板，当下一层混凝土强度达到一定强度时，开始装上一层模板，并利用下一层外墙螺栓孔挂三角架，在安装外墙外侧模板前，需在保温板外侧根部采取可靠的定位措施，防上压靠保温板；将三角架平台上的模板就位，穿螺栓紧固校正，连接必须严密、牢固，以防止出现错台和漏浆的现象。

2.2.3　浇筑混凝土

(1) 宜采用商品混凝土。混凝土配比和浇筑应严格遵守国家有关的混凝土施工规范的要求。

(2) 为保护保温板上口，应在浇筑混凝土前在保温板上口采取适当的保护措施。

2.2.4　模板拆除

墙体拆模时间应严格根据国家的有关施工规范的要求进行及时修理墙面混凝土边角和保温板面余浆。穿墙套管拆除后，应以干硬砂浆填塞孔洞，保温板孔洞部位需用保温材料填塞并深入墙体50mm以上。

2.2.5　混凝土养护

混凝土的养护应按照国家有关的规范进行。

2.2.6　抹聚合物水泥砂浆保护层

(1) 采用保温砂浆或其他保温材料在保温板部位堵塞穿墙螺栓孔洞、板面，门窗口保温板如有缺损应用保温砂浆或挤塑板加以修补。

(2) 清理保温板面层，使面层洁净无污物；如局部有凹凸不平处，用聚苯颗粒保温砂浆进行局部找平或打磨。

(3) 聚合物水泥砂浆采用单组份干粉料型聚合物水泥砂浆。

（4）将搅拌好的聚合物水泥砂浆（胶浆的配制详见后贴式施工工艺说明）均匀地抹在保温板上，按层高、窗台高和过梁高将玻璃纤维网格布在施工前裁好备用。待抹完第一层聚合物砂浆后，立即将玻璃纤维网格在垂直铺设，用抹子压入聚合物砂浆内。网格布之间搭接长度宜80mm，紧接再抹一层抗裂聚合物砂浆，以网格布均被浆料覆裹为宜。

（5）在首层和窗台部位则要压入二层网格布，工序同上。面层聚合物水泥砂浆，以盖住网格布为宜，距网格布表面厚度应不大于1mm。

（6）窗洞口外侧面抹聚苯颗粒保温砂浆，在抹保温砂浆时距离窗框边留出5～10mm缝隙，以备打胶用或粘贴聚苯板，粘贴工艺与外粘贴外保温施工工艺相同。

（7）首层如果是涂料饰面层，可在阳角处加设一根50×50“L”形、2m高冲孔镀锌薄钢板护角，调直压入砂浆内（以护角条孔内挤出砂浆为宜），然后同大面一起压入玻璃纤维网格布，将金属护角包裹起来，抹完聚合物砂浆面层后的质量应符合国家有关验收规范要求。

（8）在聚合物砂浆表面，按设计要求喷涂外装修涂料，或粘贴饰面砖。粘贴饰面砖参照本图集的节点详图做法。

2.2.7　成品保护

（1）保温层的保护

塔吊在吊运物品时要避免碰撞保温板，首层阳角在脱模后，及时用竹胶板或其他方法加以保护，以免棱角遭到破坏；外挂架端与墙体接触面必须用板或弹性材料垫实，以免外挂架挤压保温层。

（2）抹灰保护层的保护

抹完抗裂聚合物砂浆的墙面不得随意开凿孔洞，严禁重物、锐器冲击墙面。

六、后贴式外墙外保温施工工艺

1. 施工条件

基层墙面应干燥并已验收合格，门窗框已安装就位；施工现场环境温度和基层墙体表面温度在施工和施工后24h内均不低于5°C；为保证施工质量，雨天施工时应采取有效的措施，防止雨水冲刷墙面。

2. 施工工具

开槽器、壁纸刀、螺丝刀、剪刀、钢锯条、墨斗、粗砂纸、电动搅拌器、塑料搅拌桶、冲击钻、点锤、抹刀、阴阳角抹子、托线板、2m的靠尺。

3. 施工程序：

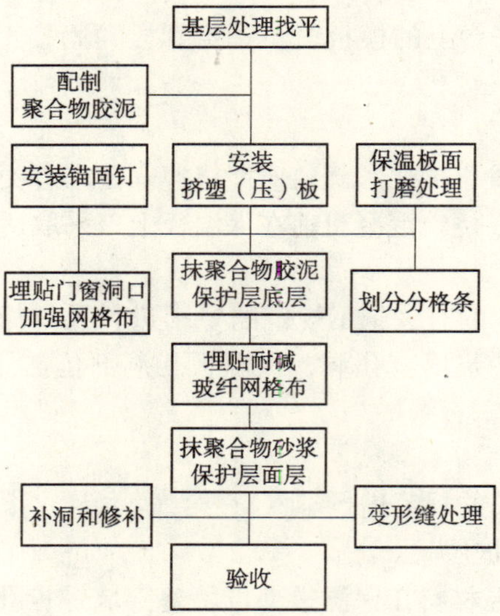

施工程序

3.1　基层处理

必须彻底清除基层表面的浮灰、涂料、油污、脱模剂、空鼓及风化物等影响粘结强度的材料；对新建工程的结构墙体，用2m的靠尺检查，最大偏差应小于3mm，超差处应剔凿或用水泥砂浆修补平整。若局部找平层较薄而普通水泥砂浆施工困难，可采用专用的薄层粘结砂浆找平处理。对于较为光滑的混凝土墙面直接粘贴保温板的，还应采用界面剂进行拉毛处理或用打磨机打磨。

3.2　配制聚合物砂浆

配比按照干粉聚合物砂浆：水＝4：1（重量比）。使用干净容器，加入少量的自来水后，将干粉砂陆续加入容器中，进行搅拌，一边搅拌一边加水，直到搅拌均匀且稠度合适为止，静置10～15min后，再次搅拌，可加少量水调整到适宜稠度，即可使用。配制好的砂浆宜在1h内用完。

3.3　安装保温板

标准板的尺寸为600mm×1250mm或910mm×910mm，非标规格可根据实际需要用电阻丝切割或用木工锯切割。

3.4　网格布翻包

在变形缝两侧、孔洞周围的挤塑（压）板应预贴窄幅网格布，其宽度为200mm，翻包宽度为100mm。

3.5　挤塑板粘贴

可采用条粘法或条点法。

条粘法：适用于墙面平整度较高的墙体。用带有齿形的抹刀将配制好的聚合物砂浆均匀地抹在保温板上，条宽10mm，厚度10mm，间距20mm。

条点法：用抹刀在每块保温板的周边和中间涂抹宽50mm，厚10mm的聚合物砂浆，然后在保温板的分格内抹直径为100mm，厚10mm的点。

3.5.1　将抹好聚合物砂浆的保温板立即粘贴在墙面上，进行适度的揉压，以调整位置和增加粘接力；聚合物砂浆不可放置时间过长以防止结皮失去粘接力。保温板贴在墙面上后，用2m的靠尺进行压平，保证平整度，板与板之间应靠紧，不得有缝，缝隙处不得有聚合物砂浆，每贴完一块保温板应及时清除挤出的聚合物砂浆。若因保温板裁切不当出现缝隙应用保温板条塞入并磨平，保温板应水平粘贴，且上下二排应竖向错缝1/2板长。

3.5.2　在墙阴阳角处，应预先排好尺寸，裁切保温板，使保温板粘贴时垂直交错连接，粘贴前，应先弹出基准线，作为控制阴阳角上下垂直的依据，保证阴阳角处顺直且垂直。

3.6　安装锚固钉

待挤塑保温板粘贴牢固后，可安装锚固钉。按照要求的位置用冲击钻钻孔，锚固深度为基层内30mm。锚固钉的布置方法见锚固钉布置图示意。

3.7　打磨处理

保温板接缝应采用砂板打磨处理，打磨处理宜用轻柔的圆周运动方式。打磨后，并将碎屑清除干净。

3.8　划分格线

用墨斗弹出分格线的位置，竖向分格线可用线锤或经纬仪确定位置后再弹出，使用开槽机将保温板按照弹出的位置切出凹槽，凹槽处的保温板厚度应不小于15mm。

3.9　抹聚合物砂浆底层

3.9.1　将聚合物砂将均匀抹在保温板上，厚度约为2mm。埋贴网格布。在门窗口处应用网格布加强。大面的网格布搭接在加强网格布之上。

3.9.2　将大面的网格布沿水平方向绷直绷紧，并将弯曲的一面向内，用抹子由中间向上下两边将网格布抹平，使网格布紧贴聚合物砂浆。网格布搭接宽度不小于80mm，搭接处可用聚合物砂浆补充砂浆不足之处，网格布不允许有皱褶、空鼓、翘边现象。如遇外脚手架与墙体连接处，应留出100mm见方的位置，不抹砂浆，但网格布需预留搭接长度，待以后修补。

3.10　抹面层聚合物砂浆

抹完底层聚合物砂浆，压入网格布后，待砂浆干至不沾手后，进行面层聚合物砂浆抹面施工，抹面厚度以盖住网格布为准，约为1mm。为了提高首层的墙面抗冲击性能，可根据需要增加一层网格布，施工方法同上。如果外墙采用装饰用砖，面砖粘贴应采用与底层聚合物砂浆相兼容的类似聚合物砂浆。

3.11　补洞和修补

对墙面外脚手架孔洞和损坏处进行修补。将孔洞用水泥砂浆压平，裁切一块与孔洞尺寸一样大小的保温板，使其能紧密填入孔洞内。待水泥砂浆干燥后，将保温板背面抹上聚合物砂浆，塞入孔洞内，粘贴在基层上，与原保温板齐平。剪裁一块网格布，其大小应可覆盖修补区域，并与预留的网格布搭接，搭接长度应不小于65mm。将保温板表面抹一层聚合物砂浆，埋入网格布。注意不要将聚合物砂浆涂抹在周围的表面涂层上；使用毛刷将表面不规则处整平，将边沿刷平。

七、其他术语

基层墙体：钢筋混凝土、混凝土空心砌块、黏土多孔砖等多种外围护墙体。

水泥：普通硅酸盐水泥，强度等级为42.5；

密封膏：嵌于变形缝中的聚氨酯、硅硐密封膏；

背衬：嵌于变形缝中的不吸水的、闭孔发泡聚乙烯实心圆棒；

注：本图集尺寸除特殊注明外均以毫米（mm）为单位。

2

构造做法与详图

外墙外保温基本构造

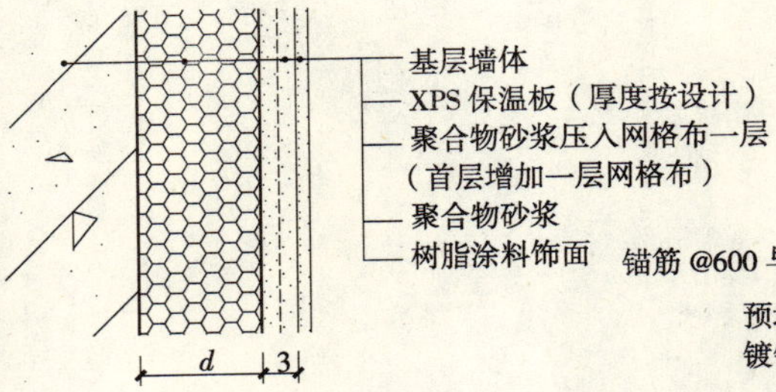

① 整浇式外墙外保温构造（一）

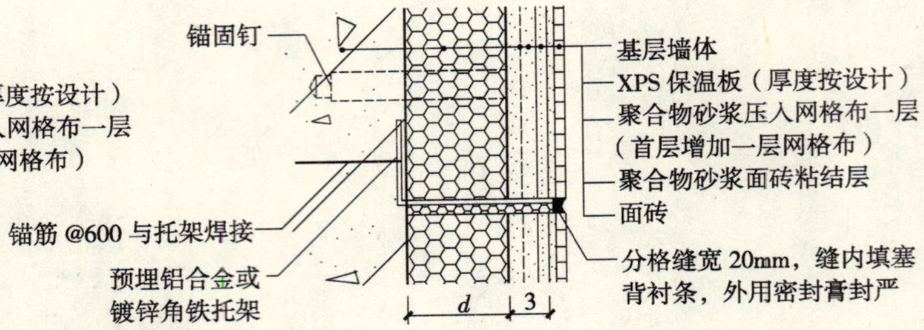

②整浇式外墙外保温构造（二）

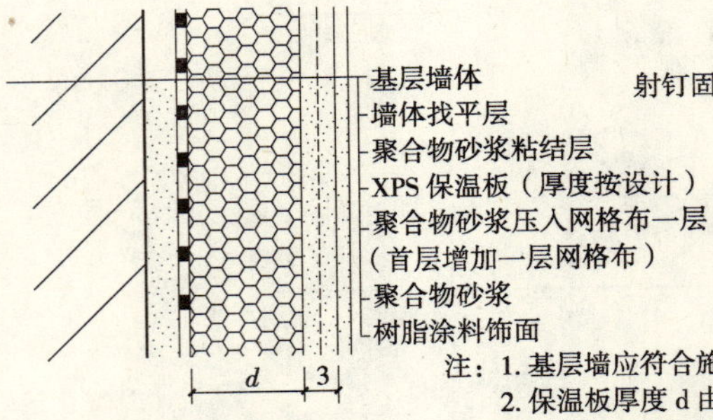

③ 后贴式外墙外保温构造（一）

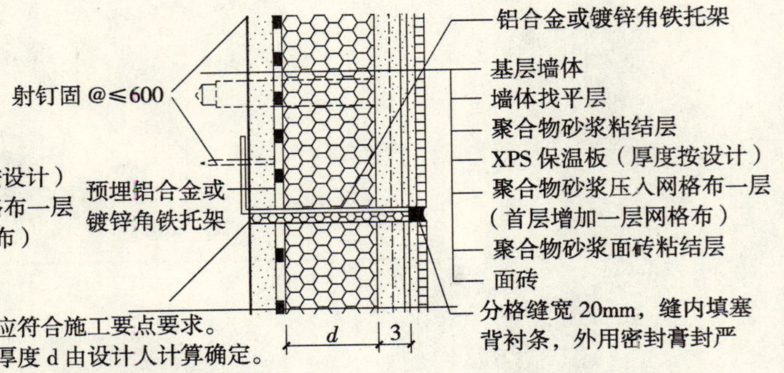

④ 后贴式外墙外保温构造（二）

注：1. 基层墙应符合施工要点要求。
2. 保温板厚度 d 由设计人计算确定。
3. 托架每两层设置一道，用射钉固定间距不大于 600。（整浇式托架应与锚筋焊接固定）
4. 面砖应离缝铺贴，缝宽 8-10mm。

整浇式大模板及外挂架示意图

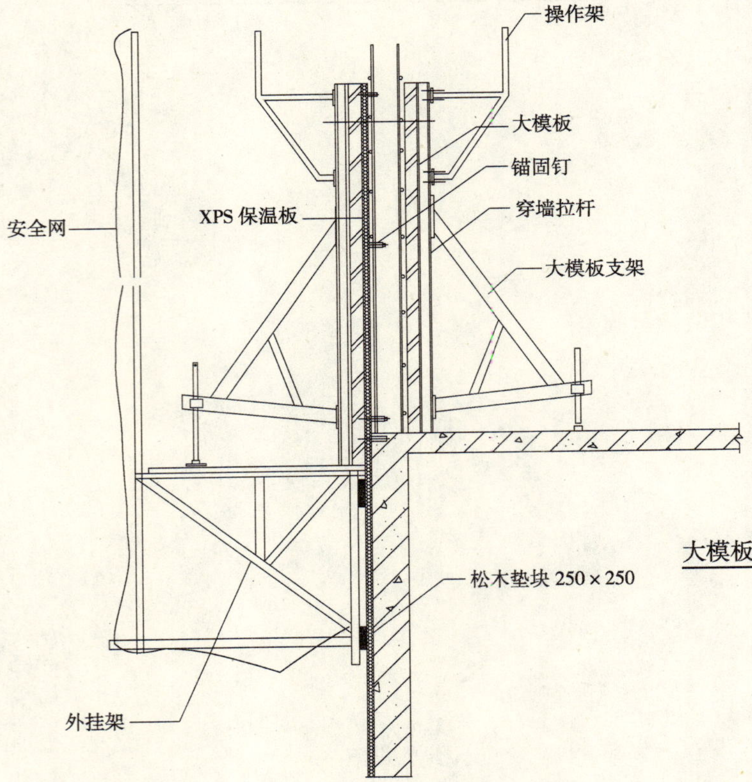

大模板及外挂架示意图

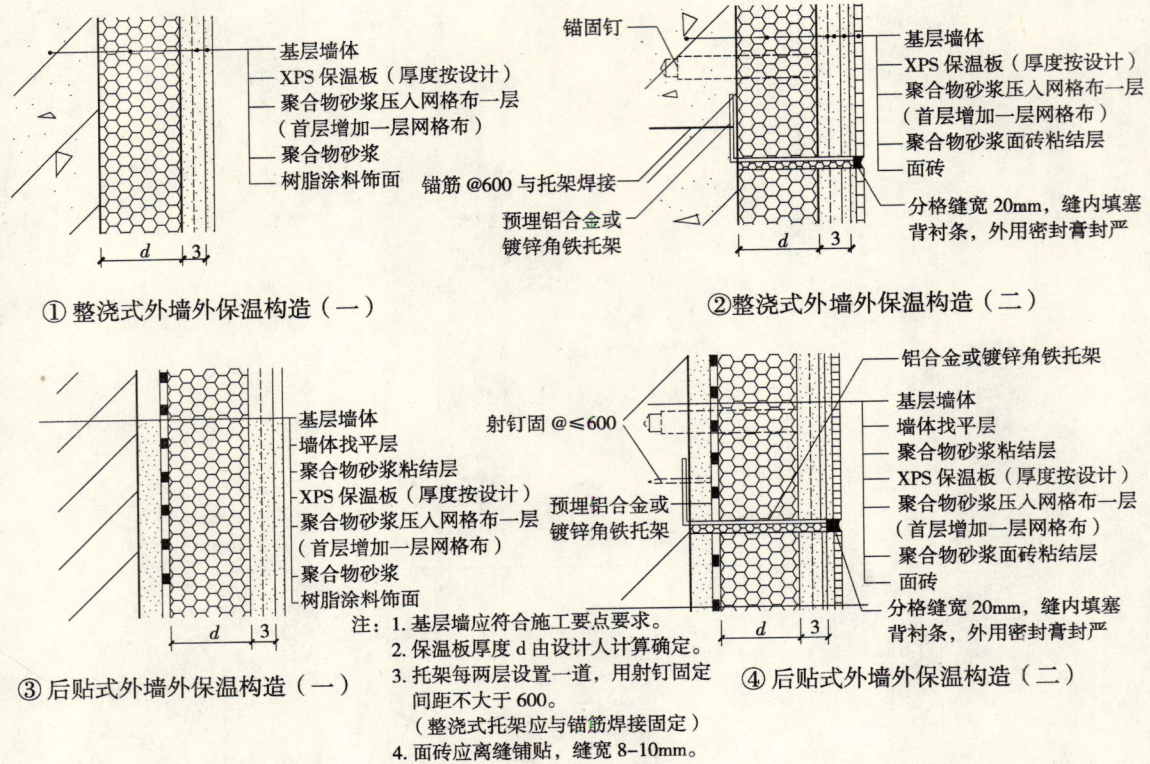

整浇式墙面锚固钉布置示意图

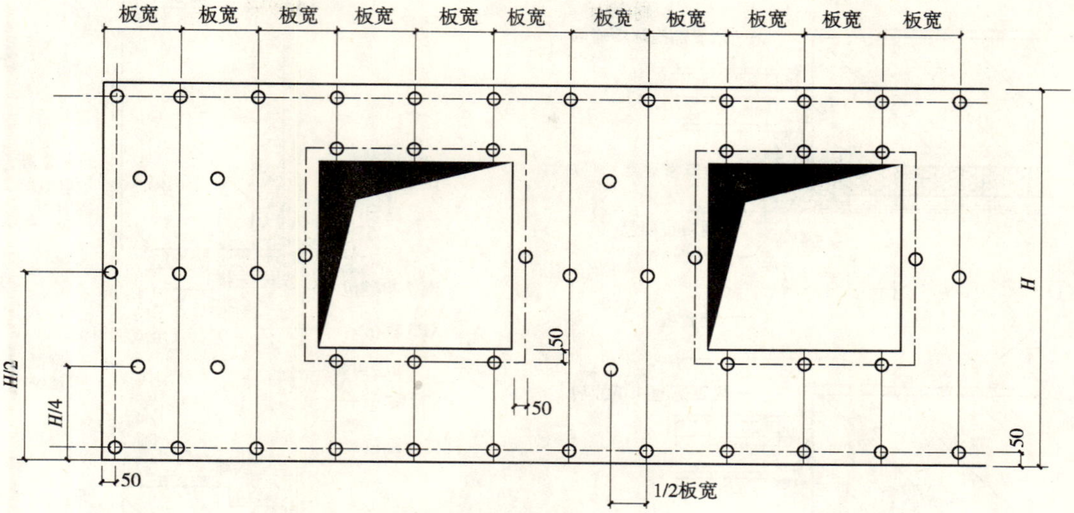

墙面锚固钉布置示意图

整浇式外墙阴阳角构造

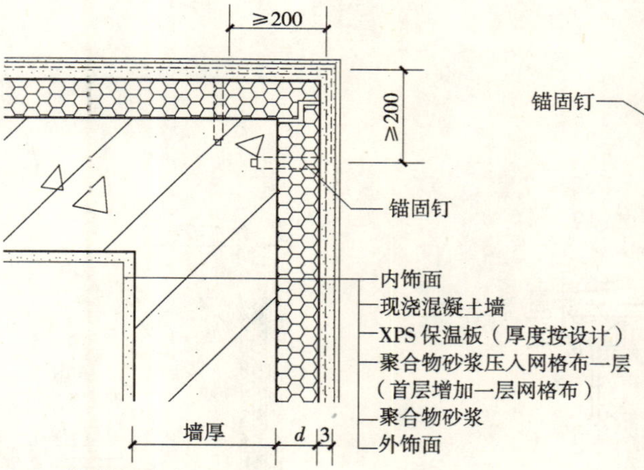

① 外墙阳角

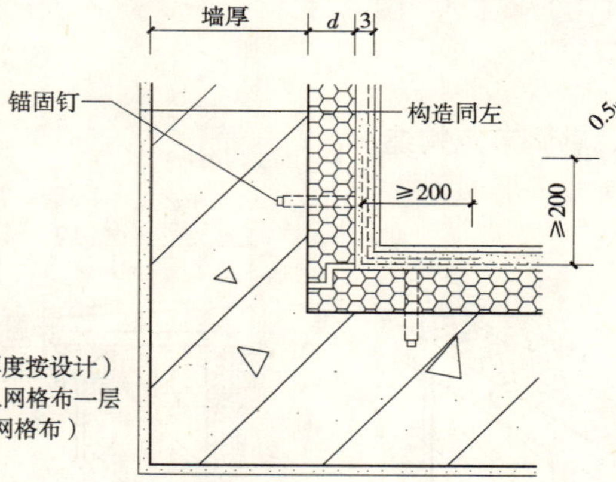

② 外墙阴角

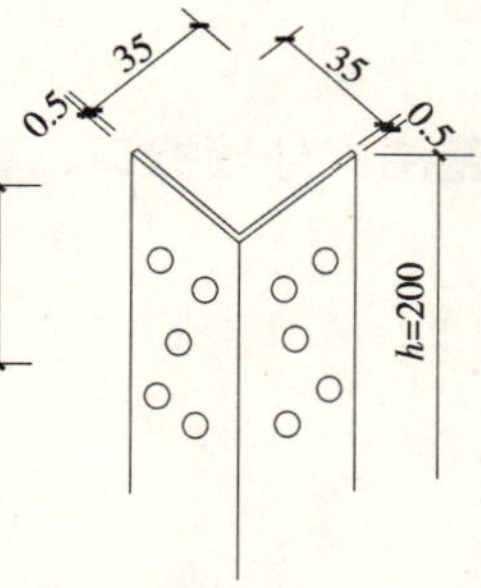

专用金属护角

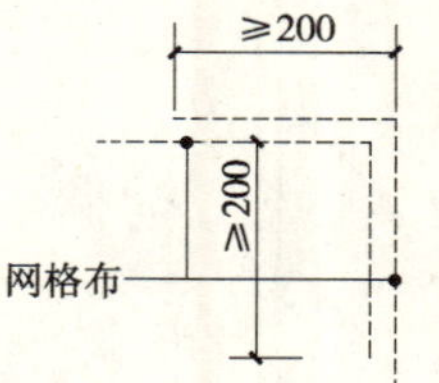

Ⓐ 阳角网格布搭接

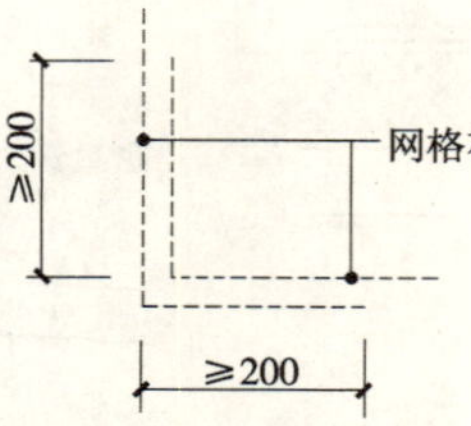

Ⓑ 阴角网格布搭接

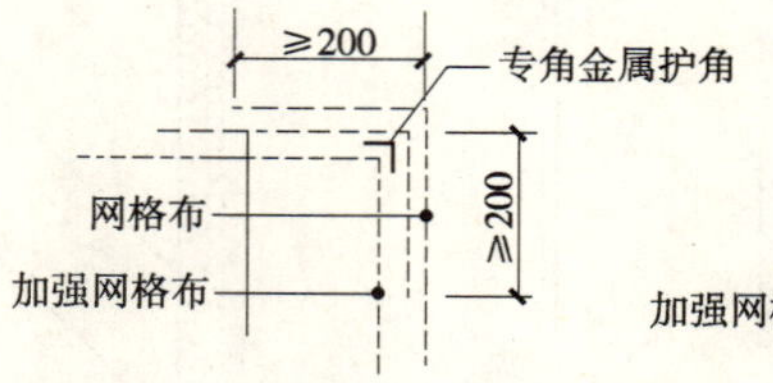

Ⓒ 首层阳角金属护角及玻纤网格布搭接

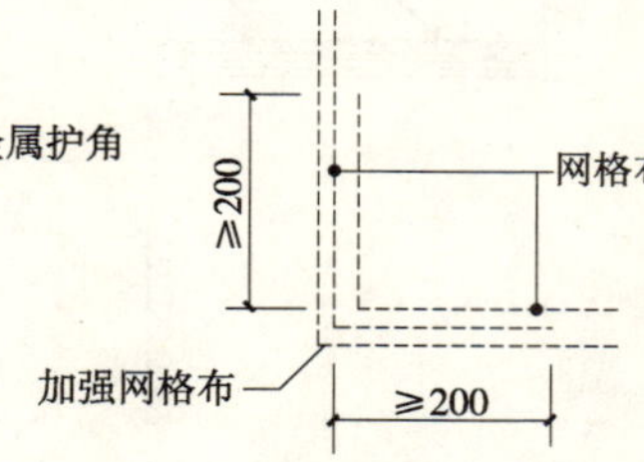

Ⓓ 首层阴角网格布搭接

注：1. 基层墙体应符合施工要点要求。
2. 保温板厚度 d 由设计人计算确定。
3. 专用金属护角用于首层阳角，断面尺寸为 35×35×0.5，高 h=2000，边上有孔，有利于砂浆嵌固，设在两层玻纤网格布之间。

整浇式外墙门窗洞口节点构造

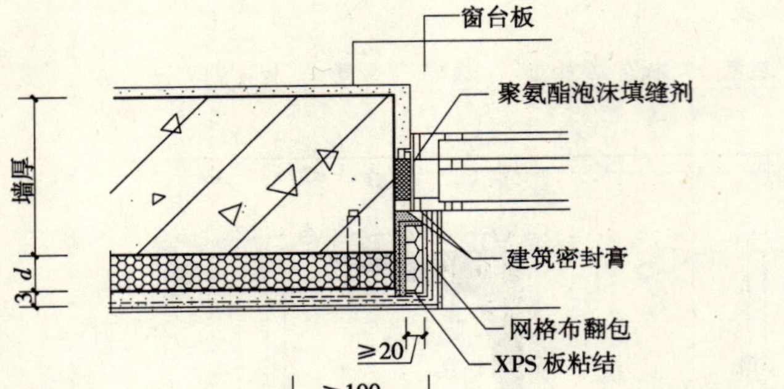

①

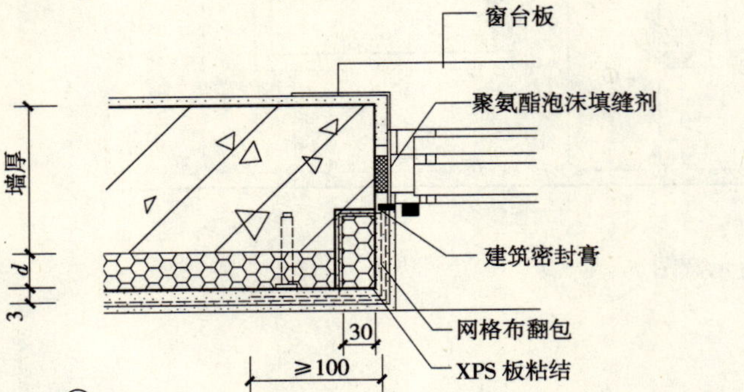

②

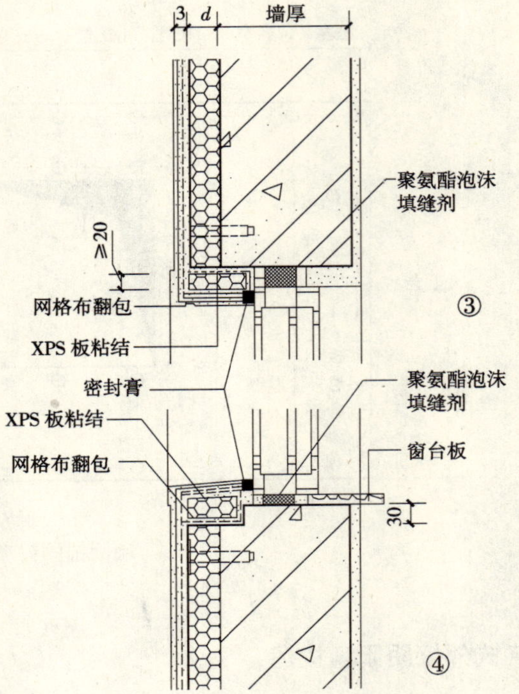

③

④

注：采用①③节点保温时建议窗框尺寸比洞口尺寸小 80mm，每侧空隙为 40mm，以保证洞口保温层厚度。

整浇式外墙檐口、勒脚节点构造

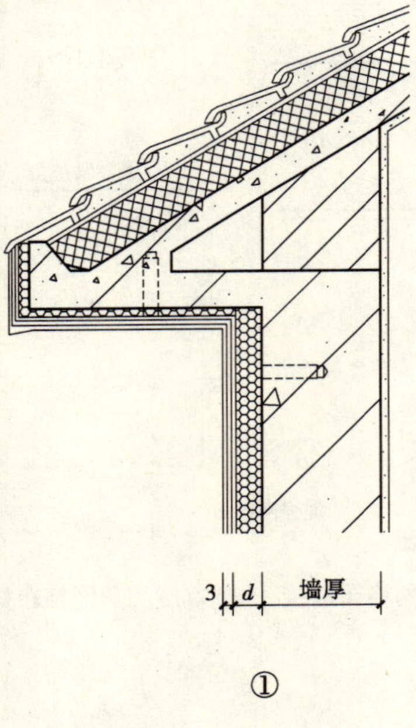

①

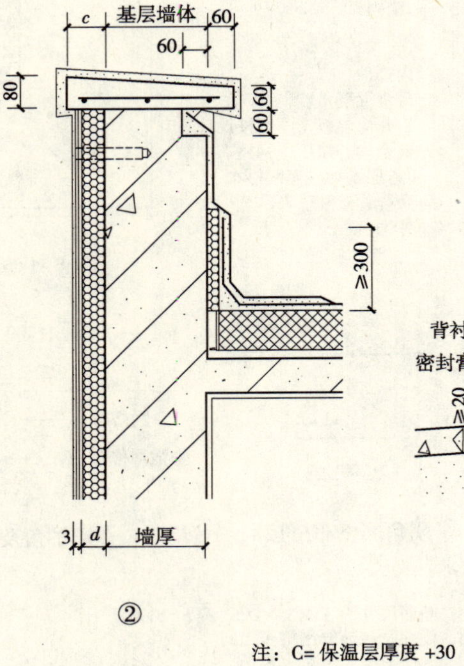

②

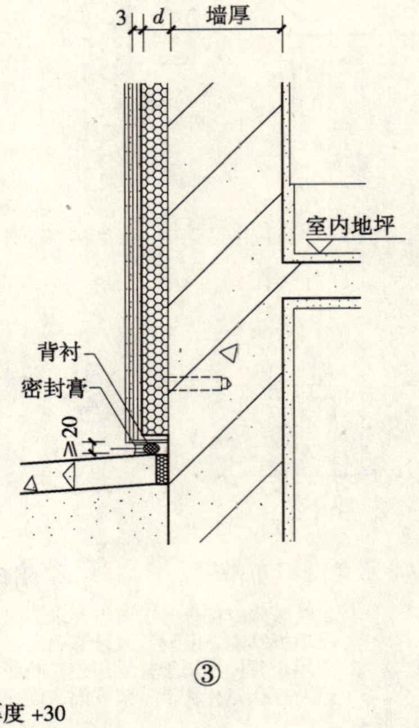

③

注：C= 保温层厚度 +30

整浇式楼板下保温节点构造

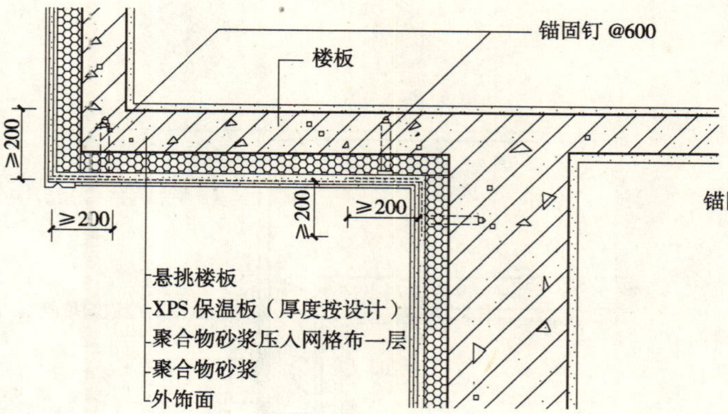

① 悬挑楼板保温

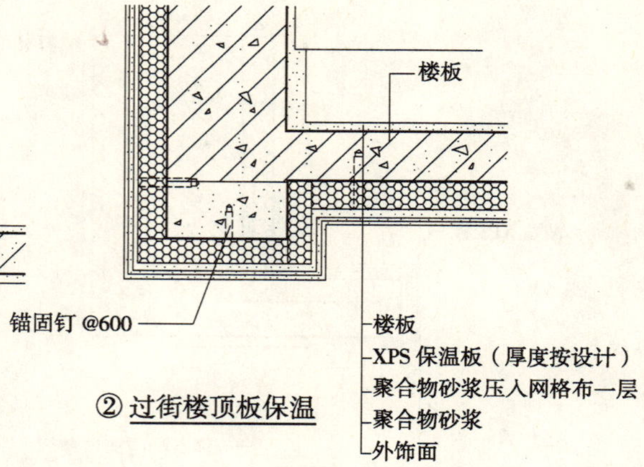

② 过街楼顶板保温

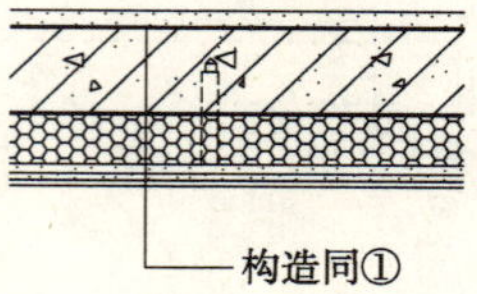

③ 不采暖地下室顶板保温

整浇式外墙变形缝节点构造

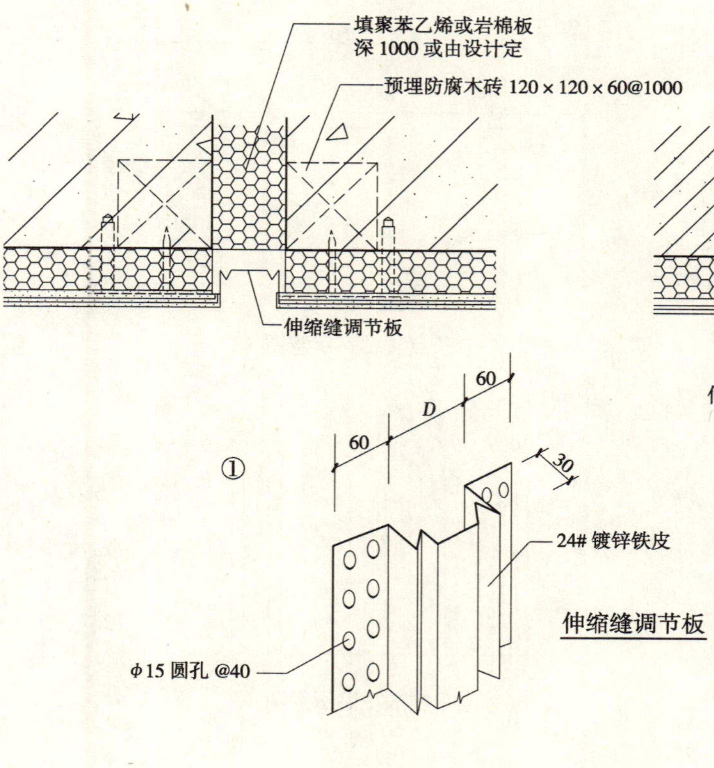

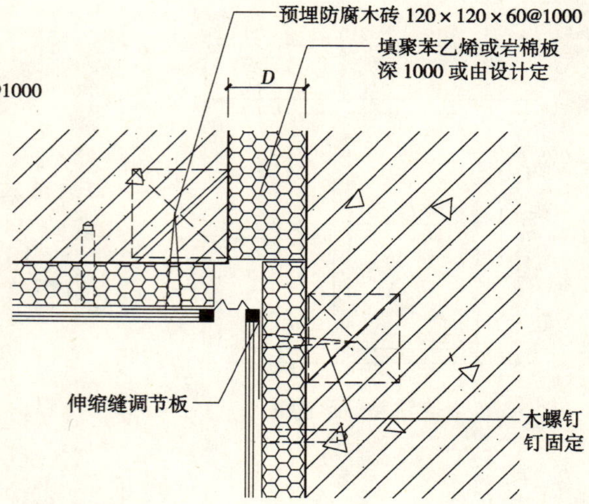

②

注：变形缝宽大于 200 时，节点构造见单体设计。

整浇式外墙凸窗洞口节点构造

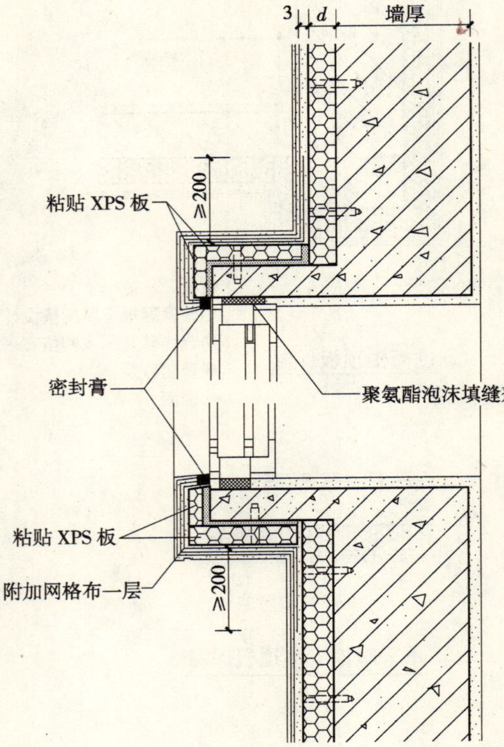

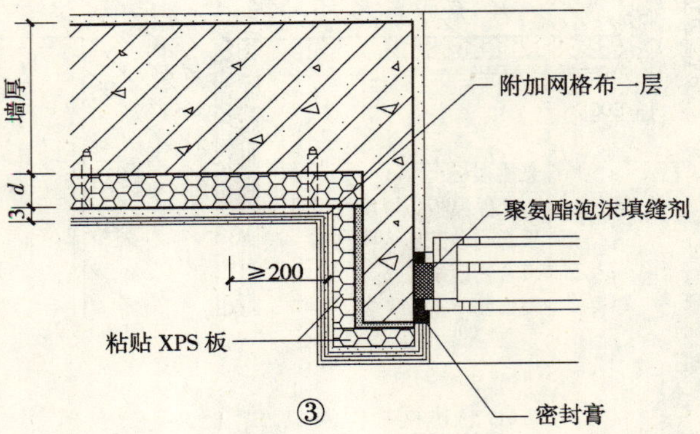

注：凸窗挑出宽度、长度及挑板构造详见单体设计。

后贴式 XPS 粘贴示意图

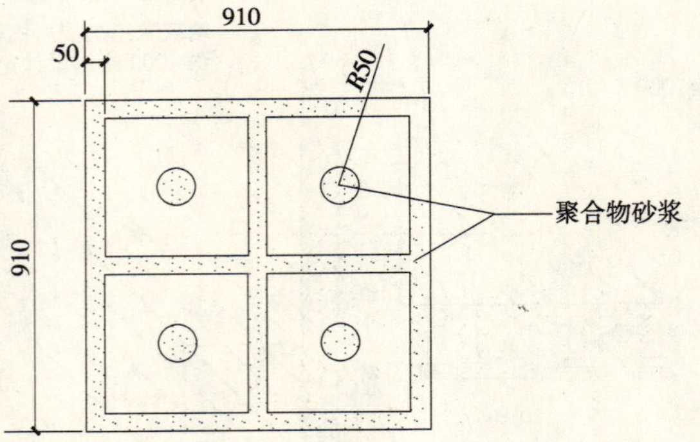

条点法粘贴示意图（一）

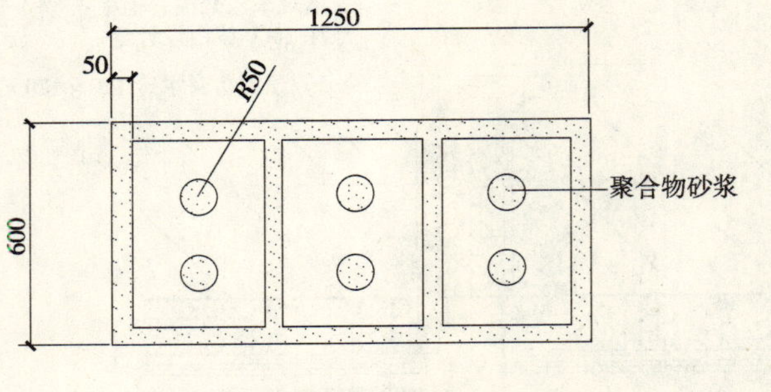

条点法粘贴示意图（二）

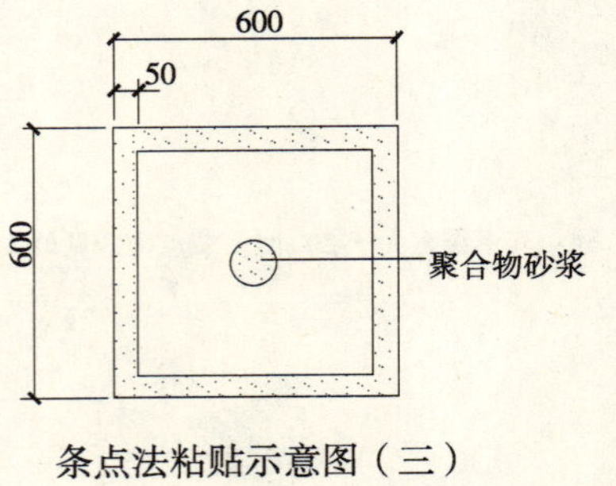

条点法粘贴示意图（三）

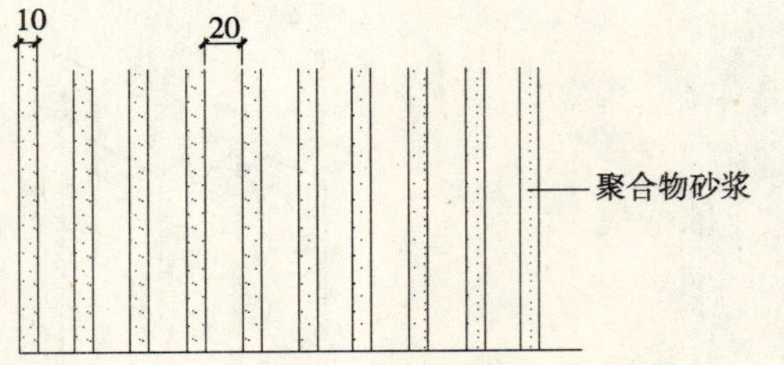

条粘法粘贴示意图

后贴式锚固钉布置示意图

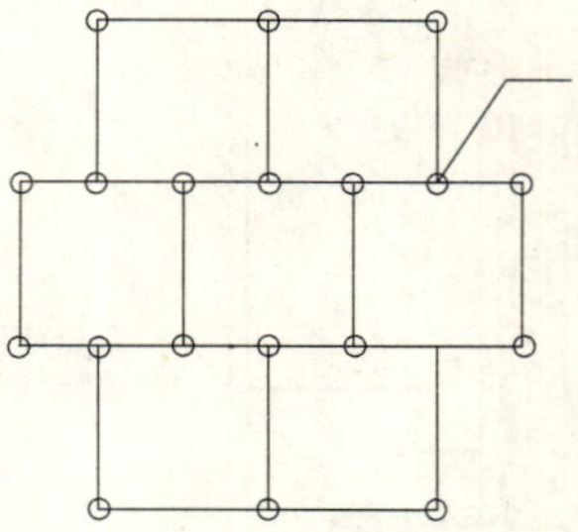

10层以下锚固钉布置（板块规格 910×910）

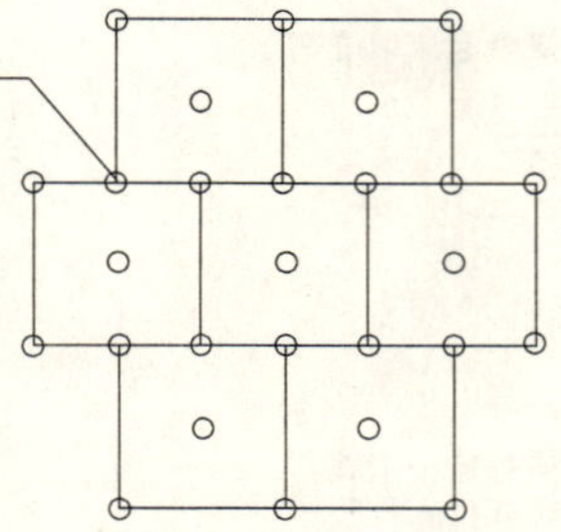

10层以上锚固钉布置（板块规格 910×910）

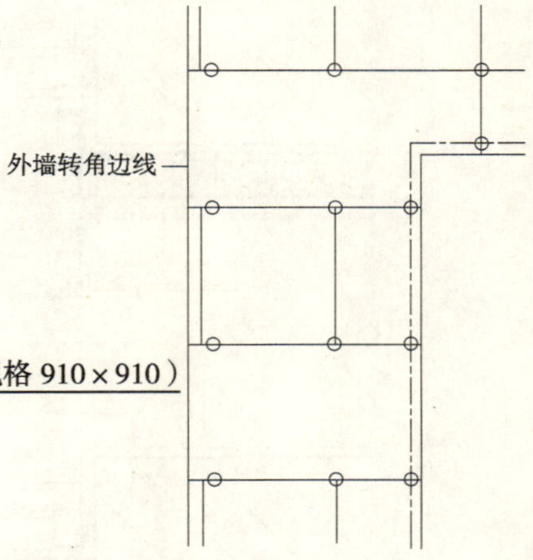

墙边角锚固钉布置图

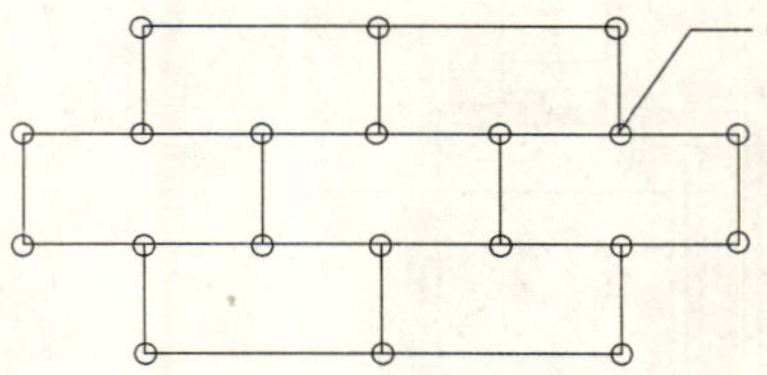

10层以下锚固钉布置（板块规格 600×1250）

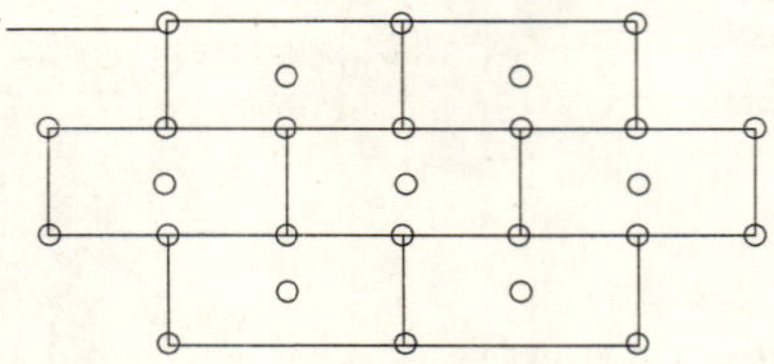

10层以上锚固钉布置（板块规格 600×1250）

注：1. 外墙刷涂料时，建筑层数 10 层以下的外保温，如果基层的平整度和垂直度满足国家有关施工验收规范要求，可不加锚固钉。
2. 如果外墙贴面砖，必须按要求加锚固钉。面砖粘贴应根据专用的聚合物面砖粘结剂的使用要求进行施工。

后贴式外墙阴阳角构造

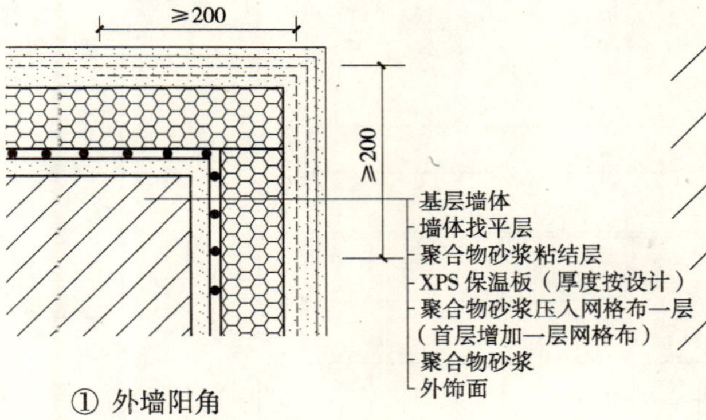

① 外墙阳角

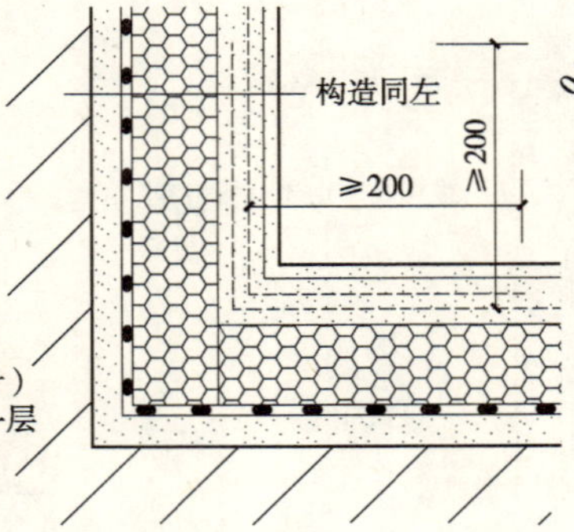

② 外墙阴角

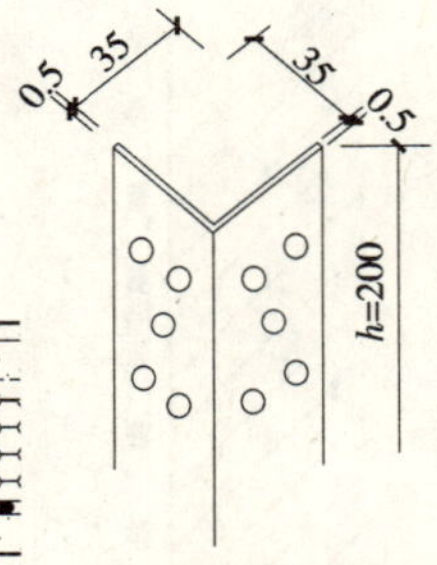

专用金属护角

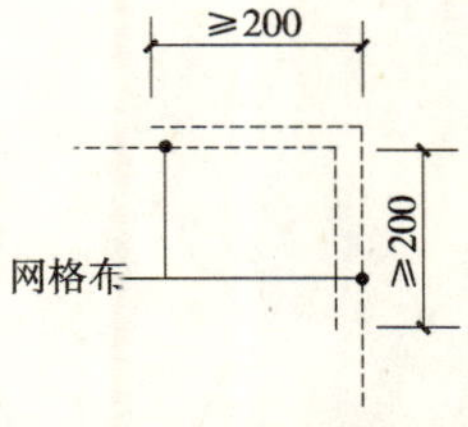

Ⓐ 阳角网格布搭接

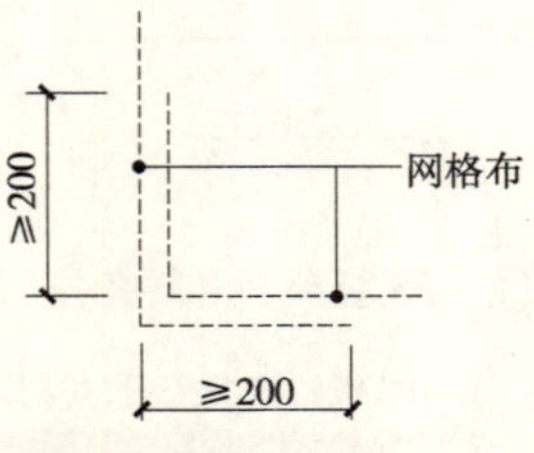

Ⓑ 阴角网格布搭接

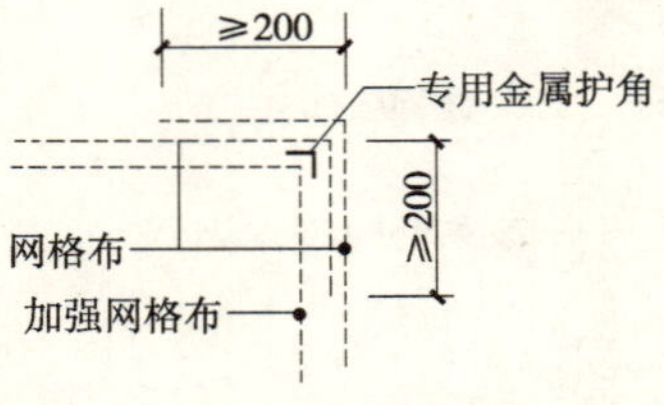

Ⓒ 首层阳角金属护角及网格布搭接

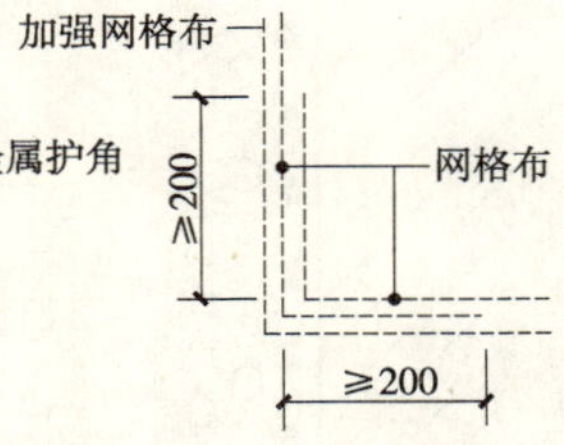

Ⓓ 首层阴角网格布搭接

注：1. 基层墙体应符合施工要点要求。
2. 保温板厚度由设计人计算确定。
3. 专用金属护角用于首层阳角，断面尺寸为 35×35×0.5，高 h=2000，边上有孔，有利于砂浆嵌固，设在两层玻纤网格布之间。

后贴式外墙门窗洞口节点构造

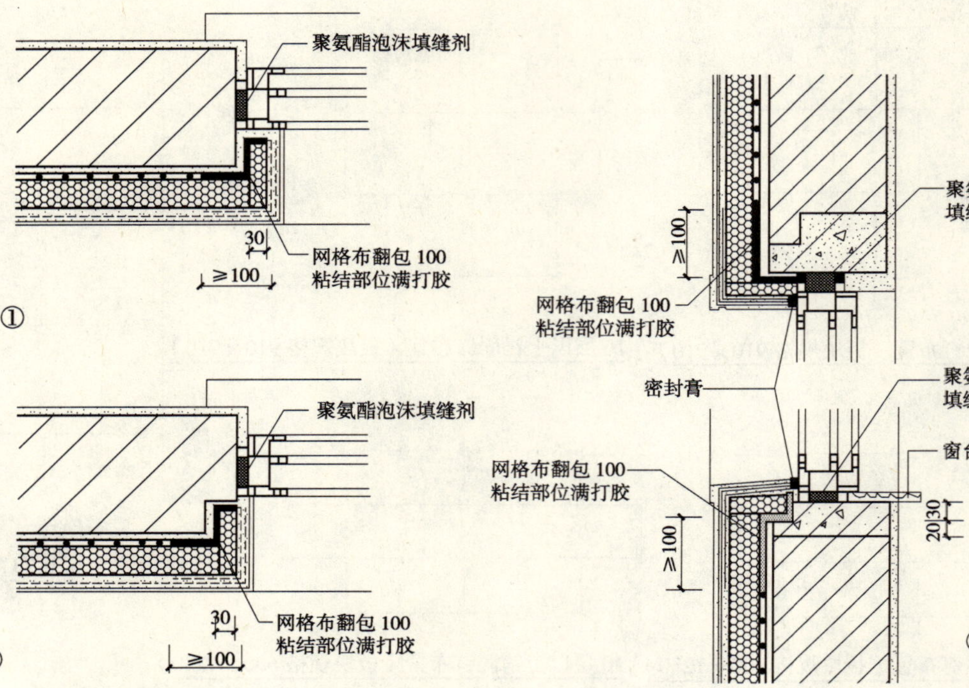

注：采用①③节点保温时建议窗框尺寸比洞口尺寸小 80mm，每侧空隙为 40mm，以保证洞口保温层厚度。

立面凸凹线及 XPS 板墙面和转角排列示意图

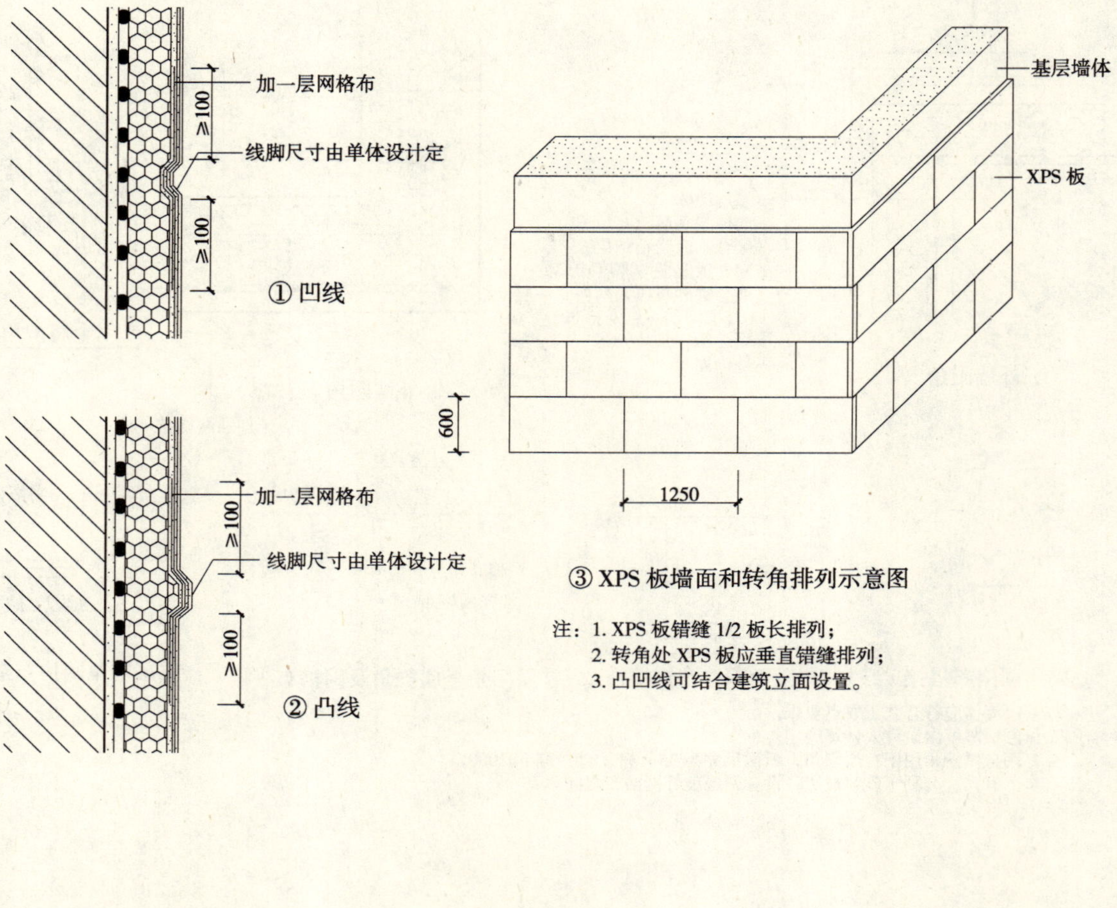

③ XPS 板墙面和转角排列示意图

注：1. XPS 板错缝 1/2 板长排列；
2. 转角处 XPS 板应垂直错缝排列；
3. 凸凹线可结合建筑立面设置。

后贴式阳台节点构造

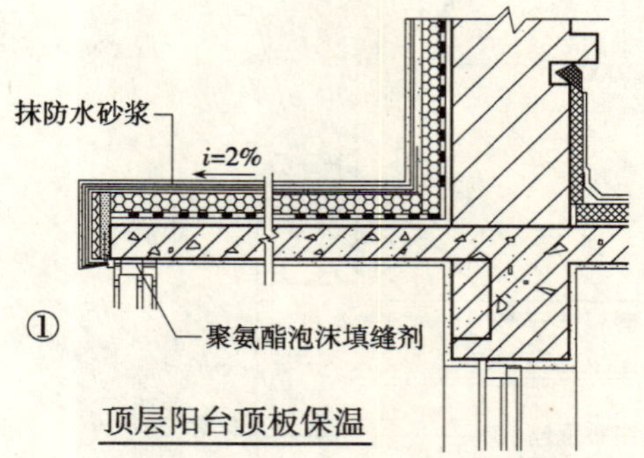

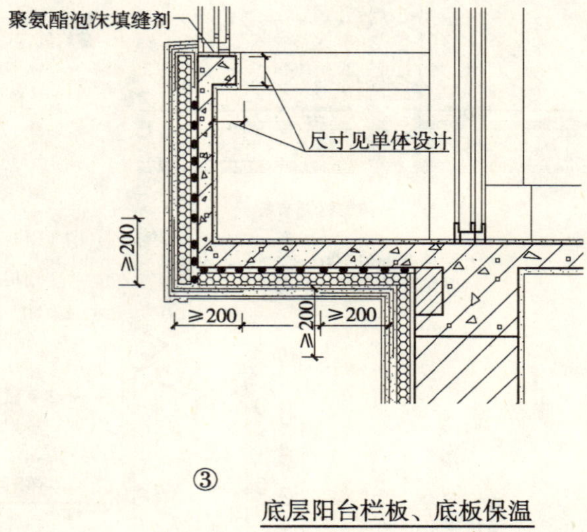

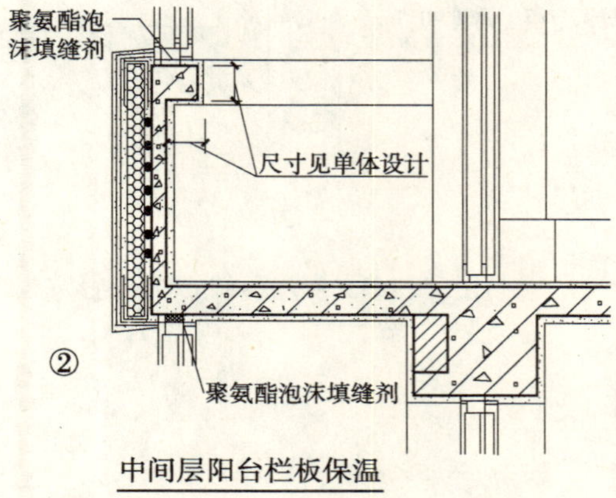

后贴式外墙檐口、勒脚节点构造

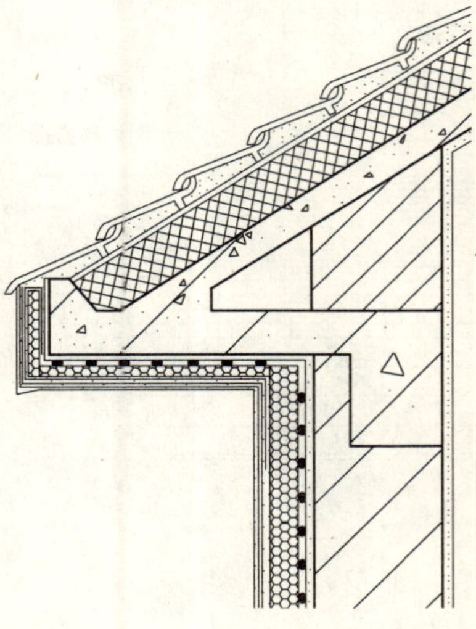

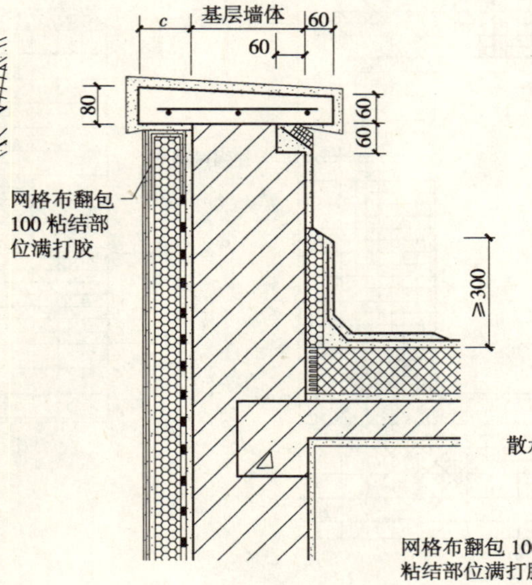

注：C= 保温层厚度 +30

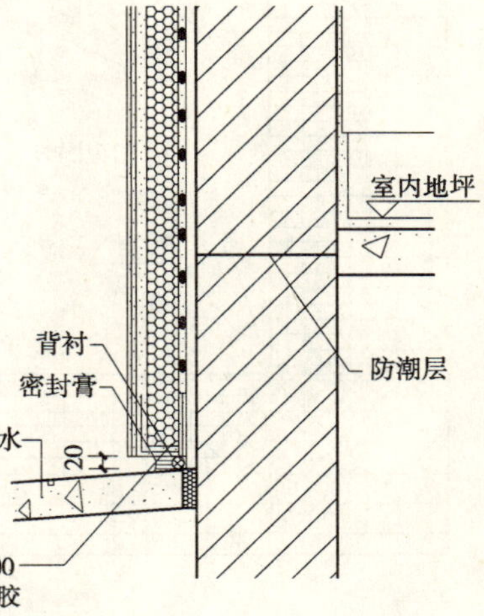

后贴式外墙变形缝节点构造

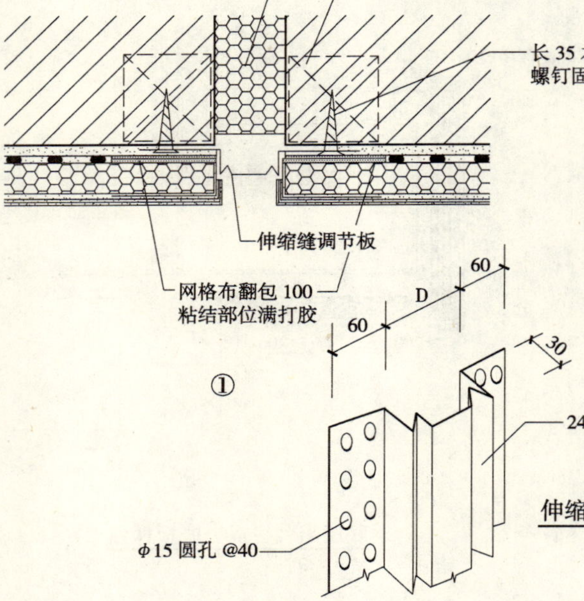

伸缩缝调节板

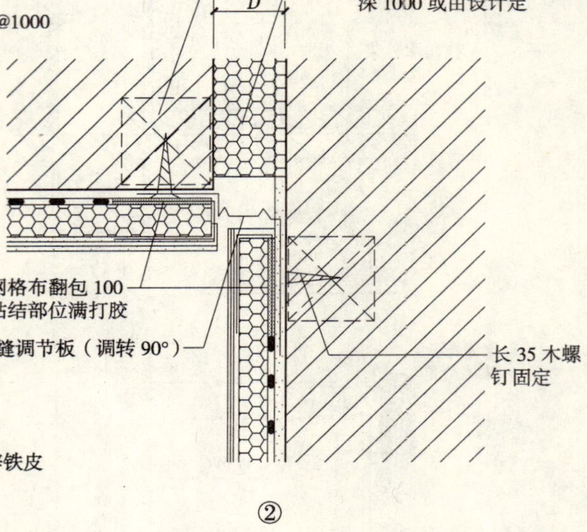

注：变形缝宽大于 200 时，节点构造见单体设计。

门窗洞口网格布加强示意

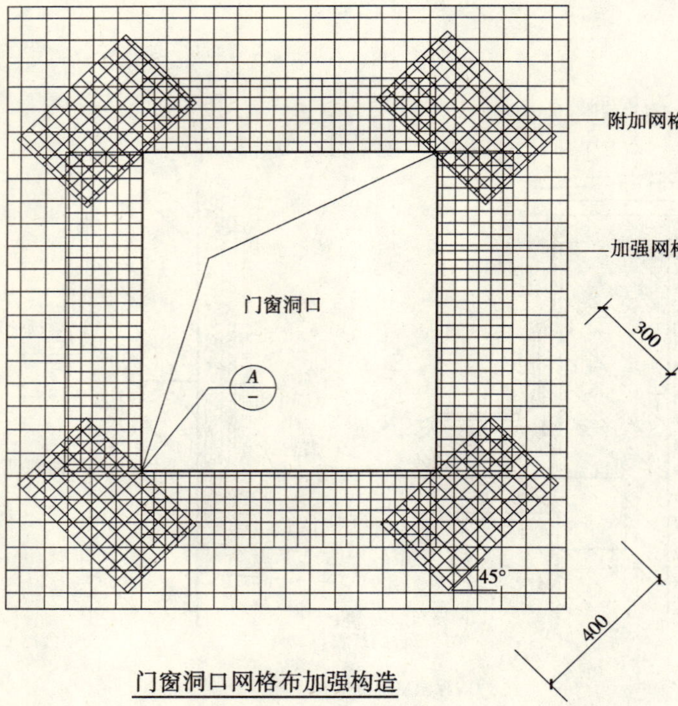

门窗洞口网格布加强构造

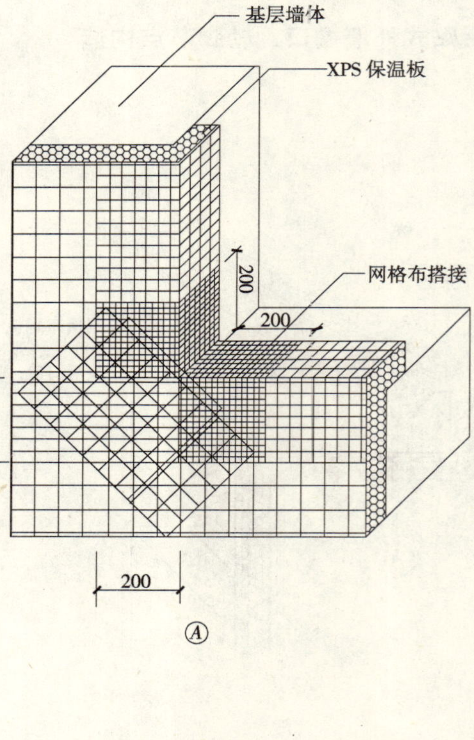

附表

辽宁地区粘贴式 XPS 板外保温常见墙体热工计算值 附表

类别	简图	层次	材料	厚度 d (m)	计算导热系数 λ_c [W/(m·K)]	热阻 R (m^2·K/W)	ΣR (m^2·K/W)	总热阻 R_0 (m^2·K/W)	传热系数 K [W/(m^2·K)]
承重空心砖	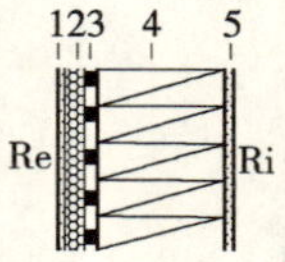 370 厚	1	聚合物砂浆	0.003	0.93	0.003	1.342 1.675 2.008	1.492 1.825 2.153	0.670 0.548 0.463
		2	XPS 板	0.02	0.03	0.667			
				0.03		1.000			
				0.04		1.333			
		3	粘结胶泥	0.01	0.93	0.011			
		4	承重空心砖	0.37	0.58	0.638			
		5	混合砂浆	0.02	0.87	0.023			
	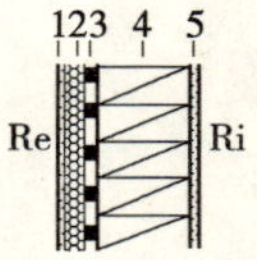 240 厚	1	聚合物砂浆	0.003	0.93	0.003	1.451 1.784 2.118	1.601 1.934 2.268	0.624 0.517 0.441
		2	XPS 板	0.03	0.03	1.000			
				0.04		1.333			
				0.05		1.667			
		3	粘结胶泥	0.01	0.93	0.011			
		4	承重空心砖	0.24	0.58	0.414			
		5	混合砂浆	0.02	0.87	0.023			
墙体外保温 混凝土空心砌块	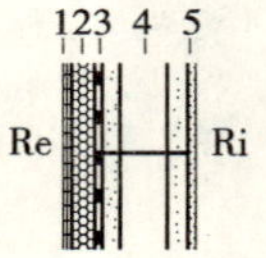	1	聚合物砂浆	0.003	0.93	0.003	1.227 1.560 1.894 2.227	1.377 1.710 2.044 2.377	0.726 0.585 0.489 0.421
		2	XPS 板	0.03	0.03	1.000			
				0.04		1.333			
				0.05		1.667			
				0.06		2			
		3	粘结胶泥	0.01	0.93	0.011			
		4	混凝土承重空心砌块	0.19	1.00	0.19			
		5	混合砂浆	0.02	0.87	0.023			
墙体外保温 煤矸石混凝土砌块	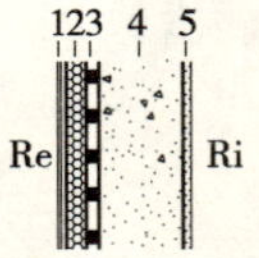	1	抗裂砂浆	0.003	0.93	0.003	1.325 1.658 1.992	1.475 1.808 2.142	0.678 0.553 0.467
		2	XPS 板	0.03	0.03	1.000			
				0.04		1.333			
				0.05		1.667			
		3	粘结胶泥	0.01	0.93	0.011			
		4	煤矸石混凝土砌块	0.19	0.66	0.288			
		5	混合砂浆	0.02	0.87	0.023			
混凝土剪力墙	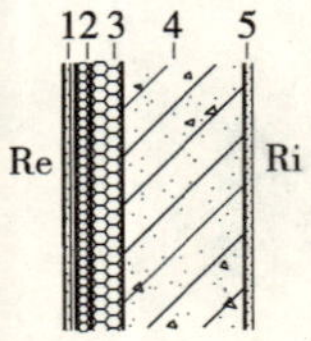	1	聚合物砂浆	0.003	0.93	0.003	1.141 1.474 1.808 2.141	1.291 1.624 1.958 2.291	0.775 0.615 0.511 0.436
		2	XPS 板	0.03	0.03	1.000			
				0.04		1.333			
				0.05		1.667			
				0.06		2			
		3	混凝土剪力墙	0.2	1.74	0.115			
		4	混合砂浆	0.02	0.87	0.023			

八、J52

微孔硅酸钙板屋面保温构造

1

说　　明

说　明

一、编制依据

本图集依据的国家规范、标准有：
《屋面工程质量验收规范》（GB 50207—2002）
《民用建筑热工设计规范》（GB 50176—1993）
《建筑制图标准》（GB/T 50104—2001）

二、适用范围

1. 本图集适用于浙江省工业与民用建筑采用微孔硅酸钙板作为保温层的保温隔热屋面。

2. 本图集屋面保温层采用的微孔硅酸钙板均为无石棉制品。

3. 本图集主要是表述该材料用于不同部位、不同要求的构造做法，提供了最常用的各类节点构造详图，供设计人员选用。

4. 由于保温隔热材料的构造做法是与防水做法密不可分的，因此本图集平屋面的保温构造按不同的防水做法进行分类，坡屋面则以不同的覆盖材料和坡度进行分类。

5. 由于本图集主要是表述微孔硅酸钙板的构造做法，为此有关各类防水材料和做法及坡屋面各类覆盖材料等详细技术要求仍参见浙江省标准图集《平屋面》和《瓦屋面》。

三、微孔硅酸钙板性能简介

1. 微孔硅酸钙板是以硅藻土为主要原料（该原料浙江省占全国总资源的60%以上），经加工制成的无机保温（隔热）板材。

2. 该板材在建筑上作为保温隔热材料之一，具有密度小（要求值≤220kg/m^3）、线收缩率低（要求值≤2%）、抗压强度高（要求值≥0.50MPa）、导热系数小［要求值≤0.065W/(m·K)］等特点。

四、质量要求及施工要点

1. 无石棉微孔硅酸钙平面板材的性能指标等，应符合《硅酸钙绝热制品》GB/T 10699—1998 标准的要求。

2. 微孔硅酸钙板保温层厚度由单体设计定。

3. 微孔硅酸钙板的铺贴采用座浆或粘贴，铺贴施工时应确保严密、牢固、均匀、平整，并错缝施工。

（1）当平屋面铺贴时，采用座浆，座浆用硅酸钙粉调制。

（2）当坡屋面铺贴或板底倒贴、侧面铺贴时，采用专用胶粘剂，每块板五点粘结。

4. 板缝采用专用保温胶粘剂，灰缝应饱满密实。

5. 抹面层采用专用保温抹面材料分二次施工，总厚度应达到5～8mm。施工时应平整，且达到粘贴防水层所需要的强度。

6. 需粘贴保温板的部位基层应采用水泥砂浆找平，基层应平整、干燥和干净。

7. 微孔硅酸钙板、保温抹面材料、复合找坡材料、胶粘剂等，均为专业厂家生产，并应具有产品合格证和性能检测报告。

8. 保温材料及其他辅助材料不得露天堆放，严防受潮。

五、微孔硅酸钙板的分类、规格及技术性能指标

（一）分类

1. 普通微孔硅酸钙板
2. 板材表面涂刷憎水剂的微孔硅酸钙板
3. 整体憎水微孔硅酸钙板

（除有较高要求的屋面外，一般屋面可采用普通微孔硅酸钙板，但施工时应防止浸水、受潮。）

（二）规格

1. 长度 600mm（±2）
2. 宽度 300mm（±2）
3. 厚度 25 ~ 80mm（由设计选定）

（三）技术性能指标

1. 微孔硅酸钙板

密度　　　　≤220kg/m^3

质量含湿率　≤7.5%

线收缩率　　≤2%

抗压强度　　≥0.50MPa

抗折强度　　≥0.30MPa

导热系数　　≤0.065W/(m·K)

（除憎水性能外以上各类板材技术性能指标均同）

2. 用于平屋面时的复合找坡材料

密度　　　≤600kg/m^3

抗压强度　≥0.70MPa

导热系数　≤0.150W/(m·K)

3. 用于屋面时板材上面的保温抹面材料

密度　　　≤900kg/m^3

抗压强度　≥3.0MPa

导热系数　≤0.180W/(m·K)

六、其他

1. 本图集尺寸除注明外，均以毫米（mm）为单位。
2. 其他未详尽说明处，均应符合有关的国家现行设计、施工及验收规范。
3. 本图集详图索引方法如下

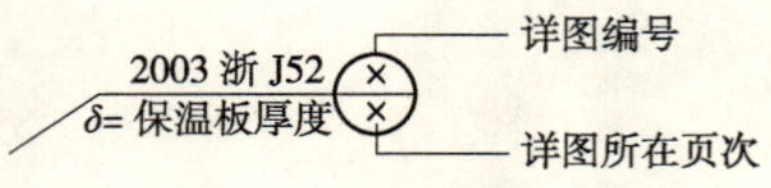

2
保温做法与选用

平屋面保温

平 屋 面

编号	适用范围	防水设防道数	构造简图	材料及做法	传热阻 R ($m^2 \cdot K/W$)	传热系数 K [$W/(m^2 . K)$]
① ②	不上人屋面 建筑找坡	柔性防水层 一道设防 (适用于 Ⅲ、Ⅳ级)	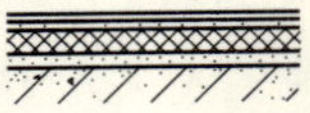	保护层　浅色铝基反光涂料 防水层　一道合成高分子卷材 1.5 厚 抹面层　保温抹面材料 5～8 厚 保温层　微孔硅酸钙板（厚度按设计） 　　　　座浆铺设 隔汽层　①有隔汽层做油毡一层 　　　　②无隔汽层 找坡层　复合材料找坡，抹平、拍实 　　　　（最小坡度 2% 或按设计） 结构层　现浇钢筋混凝土屋面	保温板厚度 $\delta = 40mm$ 时 $R = 1.20$ $\delta = 60mm$ 时 $R = 1.51$	保温板厚度 $\delta = 40mm$ 时 $K = 0.83$ $\delta = 60mm$ 时 $K = 0.66$
③ ④	不上人屋面 结构找坡	柔性防水层 一道设防 (适用于 Ⅲ、Ⅳ级)	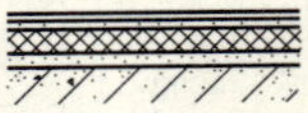	保护层　浅色铝基反光涂料 防水层　一道合成高分子卷材 1.5 厚 抹面层　保温抹面材料 5～8 厚 保温层　微孔硅酸钙板（厚度按设计） 　　　　座浆铺设 隔汽层　③有隔汽层做油毡一层 　　　　④无隔汽层 找平层　20 厚 1:3 水泥砂浆 结构层　现浇钢筋混凝土屋面	保温板厚度 $\delta = 50mm$ 时 $R = 1.05$ $\delta = 60mm$ 时 $R = 1.20$	保温板厚度 $\delta = 50mm$ 时 $K = 0.96$ $\delta = 60mm$ 时 $K = 0.83$
⑤ ⑥	不上人屋面 建筑找坡	刚性防水层 一道设防 (适用于 Ⅲ、Ⅳ级)	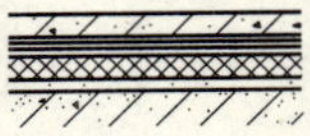	防水层　40 厚 C20 细石混凝土随捣随抹 　　　　（$\phi^b 4@150$ 双向） 隔离层　油毡一层 抹面层　保温抹面材料 5～8 厚 保温层　微孔硅酸钙板（厚度按设计） 　　　　座浆铺设 隔汽层　⑤有隔汽层做油毡一层 　　　　⑥无隔汽层 找坡层　复合材料找坡，抹平、拍实 　　　　（最小坡度 2% 或按设计） 结构层　现浇钢筋混凝土屋面	保温板厚度 $\delta = 40mm$ 时 $R = 1.23$ $\delta = 60mm$ 时 $R = 1.53$	保温板厚度 $\delta = 40mm$ 时 $K = 0.81$ $\delta = 60mm$ 时 $K = 0.65$
⑦ ⑧	不上人屋面 结构找坡	刚性防水层 一道设防 (适用于 Ⅲ、Ⅳ级)	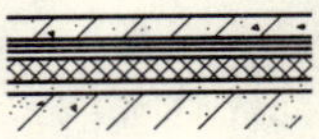	防水层　40 厚 C20 细石混凝土随捣随抹 　　　　（$\phi^h 4@150$ 双向） 隔离层　油毡一层 抹面层　保温抹面材料 5～8 厚 保温层　微孔硅酸钙板（厚度按设计） 　　　　座浆铺设 隔汽层　⑦有隔汽层做油毡一层 　　　　⑧无隔汽层 找平层　20 厚 1:3 水泥砂浆 结构层　现浇钢筋混凝土屋面	保温板厚度 $\delta = 50mm$ 时 $R = 1.07$ $\delta = 60mm$ 时 $R = 1.22$	保温板厚度 $\delta = 50mm$ 时 $K = 0.94$ $\delta = 60mm$ 时 $K = 0.82$
⑨ ⑩	上人屋面 建筑找坡	刚性及柔性防 水层二道设防 (适用于 Ⅱ、Ⅲ级)	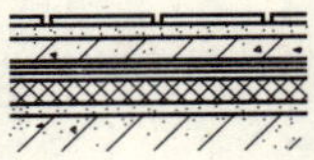	饰面层　材料由设计定 结合层　20 厚 1：3 水泥砂浆 　　　　（无饰面可不做） 刚性防水层　40 厚 C20 细石混凝土 　　　　随捣随抹（$\phi^b 4@150$ 双向） 隔离层　4 厚纸筋灰或 10 厚 1:4 灰砂 防水层　防水卷材一道 抹面层　保温抹面材料 5～8 厚 保温层　微孔硅酸钙板（厚度按设计） 隔汽层　⑨有隔汽层做油毡一层 　　　　⑩无隔汽层 找坡层　复合材料找坡，抹平、拍实 　　　　（最小坡度 2% 或按设计） 结构层　现浇钢筋混凝土屋面	保温板厚度 $\delta = 40mm$ 时 $R = 1.23$ $\delta = 60mm$ 时 $R = 1.53$	保温板厚度 $\delta = 40mm$ 时 $K = 0.81$ $\delta = 60mm$ 时 $K = 0.65$

续表

编号	适用范围	防水设 防道数	构造简图	材料及做法	传热阻 R ($m^2 \cdot K/W$)	传热系数 K [$W/(m^2 \cdot K)$]
⑪ ⑫	上人屋面 结构找坡	刚性及柔性 防水层 二道设防 (适用于 Ⅱ、Ⅲ级)	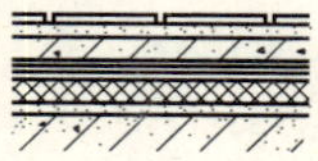	饰面层　材料由设计定 结合层　20 厚 1:3 水泥砂浆 （无饰面可不做） 刚性防水层　40 厚 C20 细石混凝土 随捣随抹（ϕ^b4@150 双向） 隔离层　4 厚纸筋灰或 10 厚 1:4 灰砂 防水层　防水卷材一道 抹面层　保温抹面材料 5～8 厚 保温层　微孔硅酸钙板（厚度按设计） 隔汽层　⑪有隔汽层做油毡一层 ⑫无隔汽层 找平层　20 厚 1:3 水泥砂浆 结构层　现浇钢筋混凝土屋面	保温板厚度 δ=50mm 时 R=1.07 δ=60mm 时 R=1.22	保温板厚度 δ=50mm 时 K=0.94 δ=60mm 时 K=0.82
⑬ ⑭	上人屋面 建筑找坡	三道设防 (适用于 Ⅰ级)	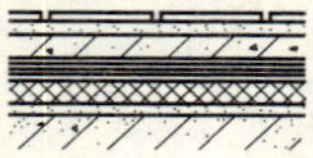	饰面层　材料由设计定 结合层　20 厚 1:3 水泥砂浆 （无饰面可不做） 刚性防水层　40 厚 C20 细石混凝土 随捣随抹（ϕ^b4@150 双向） 隔离层　4 厚纸筋灰或 10 厚 1：4 灰砂 防水层　合成高分子卷材一道 1.5 厚 防水层　合成高分子涂膜一道 2 厚 抹面层　保温抹面材料 5～8 厚 保温层　微孔硅酸钙板（厚度按设计） 隔汽层　⑬有隔汽层做油毡一层 ⑭无隔汽层 找坡层　复合材料找坡，抹平、拍实 （最小坡度 2% 或按设计） 结构层　现浇钢筋混凝土屋面	保温板厚度 δ=40mm 时 R=1.24 δ=60mm 时 R=1.55	保温板厚度 δ=40mm 时 K=0.81 δ=60mm 时 K=0.65
⑮ ⑯	上人屋面 结构找坡	三道设防 (适用 Ⅰ级)	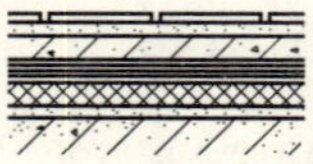	饰面层　材料由设计定 结合层　20 厚 1:3 水泥砂浆 （无饰面可不做） 刚性防水层　40 厚 C20 细石混凝土 随捣 随抹　（ϕ^b4@150 双向） 隔离层　4 厚纸筋灰或 10 厚 1:4 灰砂 防水层　合成高分子卷材一道 1.5 厚 防水层　合成高分子涂膜一道 2 厚 抹面层　保温抹面材料 5～8 厚 保温层　微孔硅酸钙板（厚度按设计） 隔汽层　⑮有隔汽层做油毡一层 ⑯　无隔汽层 找平层　20 厚 1:3 水泥砂浆 结构层　现浇钢筋混凝土屋面	保温板厚度 δ=50mm 时 R=1.08 δ=60mm 时 R=1.23	保温板厚度 δ=50mm 时 K=0.93 δ=60mm 时 K=0.81

注：1. 计算传热阻、传热系数时，钢筋混凝土屋面厚度按 120mm 计，找坡层平均厚度按 50mm 计。
2. 隔离层也可采用塑料膜或土工布。
3. 饰面层和结合层的传热阻未计。
4. 隔离层也可采用塑料膜、土工布或油毡。

坡屋面保温

坡 屋 面

编号	适用范围	防水设防道数	构造简图	材料及做法	传热阻 R ($m^2 \cdot K/W$)	传热系数 K [$W/(m^2 . K)$]
⑰ ⑱	混凝土瓦 屋面坡度 α $18.5° \leqslant \alpha \leqslant 50°$	二道设防	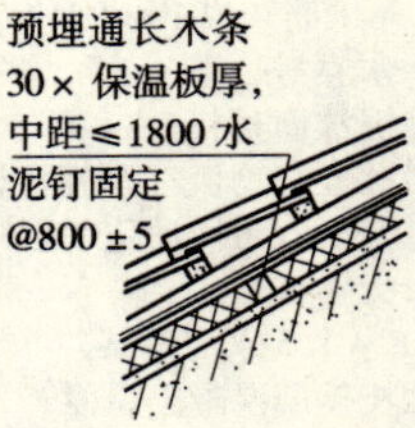	覆盖层　混凝土瓦 挂瓦条　挂瓦条 30×30 顺水条　顺水条 40×30（h）@450～600 防水层　防水卷材一道 抹面层　保温抹面材料 5～8 厚 保温层　微孔硅酸钙板（厚度按设计） 专用胶粘剂，每块板五点粘结 （其中预埋通长木条 30×保温板厚， 水泥钉固定@800±5，见简图） 隔汽层　⑰有隔汽层做油毡一层 ⑱无隔汽层 找平层　20 厚 1:3 水泥砂浆 结构层　现浇钢筋混凝土屋面	保温板厚度 $\delta=50mm$ 时 $R=1.05$ $\delta=60mm$ 时 $R=1.20$	保温板厚度 $\delta=50mm$ 时 $K=0.96$ $\delta=60mm$ 时 $K=0.83$
⑲ ⑳	机平瓦屋 面坡度 α $18.5° \leqslant \alpha \leqslant 30°$	二道设防	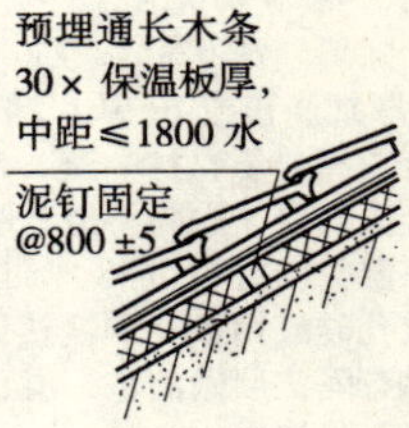	覆盖层　机平瓦 挂瓦条　挂瓦条 25×25 顺水条　顺水条 40×30（h）@600 防水层　防水卷材一道 抹面层　保温抹面材料 5～8 厚 保温层　微孔硅酸钙板（厚度按设计） 专用胶粘剂，每块板五点粘结 （其中预埋通长木条 30×保温板厚， 水泥钉固定@800±5，见简图） 隔汽层　⑲有隔汽层做油毡一层 ⑳无隔汽层 找平层　20 厚 1:3 水泥砂浆 结构层　现浇钢筋混凝土屋面	保温板厚度 $\delta=50mm$ 时 $R=1.05$ $\delta=60mm$ 时 $R=1.20$	保温板厚度 $\delta=50mm$ 时 $K=0.96$ $\delta=60mm$ 时 $K=0.83$
㉑ ㉒	油毡瓦屋 面坡度 α $15° < \alpha \leqslant 30°$	二道设防	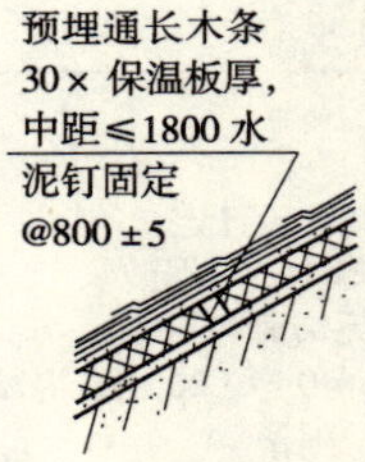	覆盖层　油毡瓦 防水层　防水卷材一道 抹面层　保温抹面材料 5～8 厚 保温层　微孔硅酸钙板（厚度按设计） 专用胶粘剂，每块板五点粘结 隔汽层　㉑有隔汽层做油毡一层 ㉒无隔汽层 找平层　20 厚 1:3 水泥砂浆 结构层　现浇钢筋混凝土屋面	保温板厚度 $\delta=50mm$ 时 $R=1.06$ $\delta=60mm$ 时 $R=1.22$	保温板厚度 $\delta=50mm$ 时 $K=0.94$ $\delta=60mm$ 时 $K=0.82$
㉓ ㉔	油毡瓦屋 面坡度 α $30° \leqslant \alpha \leqslant 50°$	二道设防	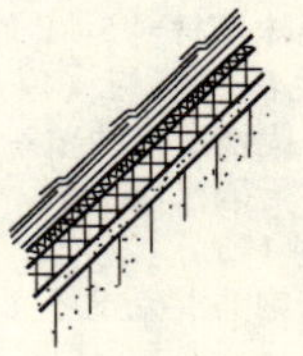	覆盖层　油毡瓦 防水层　防水卷材一道 固定层　25 厚 1:2 水泥砂浆 （内设 0.8 厚钢板网，一皮马钉固定） 抹面层　保温抹面材料 5～8 厚 保温层　微孔硅酸钙板（厚度按设计） 专用胶粘剂，每块板五点粘结 隔汽层　㉓有隔汽层做油毡一层 ㉔无隔汽层 找平层　20 厚 1:3 水泥砂浆 结构层　现浇钢筋混凝土屋面	保温板厚度 $\delta=50mm$ 时 $R=1.08$ $\delta=60mm$ 时 $R=1.23$	保温板厚度 $\delta=50mm$ 时 $K=0.93$ $\delta=60mm$ 时 $K=0.81$

注：1. 计算传热阻、传热系数时，钢筋混凝土屋面厚度按 120mm 计。
2. 混凝土瓦的安装根据屋面坡度变化，瓦片固定形式不同，做法见浙江省标准图《瓦屋面》。
3. 油毡瓦施工安装要求按《屋面工程质量验收规范》(GB 50207—2002) 及有关规定执行。

屋面内保温

屋面内保温

编号	适用范围	构造简图	材料及做法	传热阻 R（m^2. K/W）	传热系数 K［W/（m^2. K）］
㉕	屋面内保温	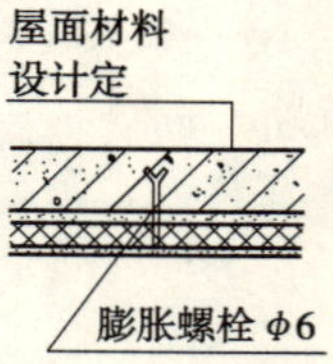	结构层　现浇钢筋混凝土屋面 找平层　20 厚 1:2 水泥砂浆 保温层　微孔硅酸钙板（厚度按设计，不宜超过 60mm） 专用胶粘剂加水泥，每块板五点倒贴粘结；膨胀螺栓 φ6，长度根据硅酸钙板厚，采用 90～100mm，打入屋面板。 固定层　膨胀螺栓纵向 <400mm，横向 1.8～2.0m；端部扎 18 号～20 号钢丝，使每块保温板不少于 2 根钢丝，钢丝需拉直、不下垂； 保温板外露面专用胶粘剂封闭二道。 抹灰层　细纸筋灰抹平（抹灰厚度应小于 8mm）	保温板厚度 $\delta=50$mm 时 $R=1.01$ $\delta=60$mm 时 $R=1.16$	保温板厚度 $\delta=50$mm 时 $K=0.99$ $\delta=60$mm 时 $K=0.86$

注：计算传热阻、传热系数时，钢筋混凝土屋面厚度按 120mm 计。

3

构造做法与详图

现浇单板挑檐、现浇外挑檐沟

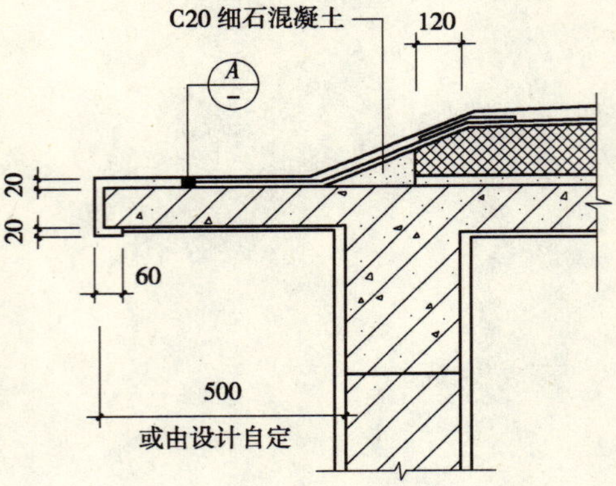

①

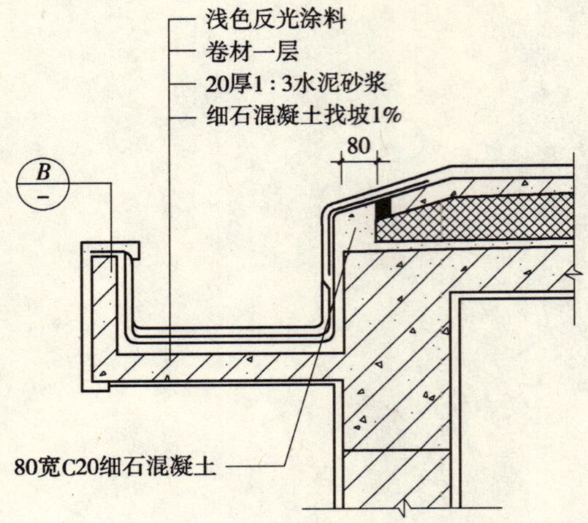

②

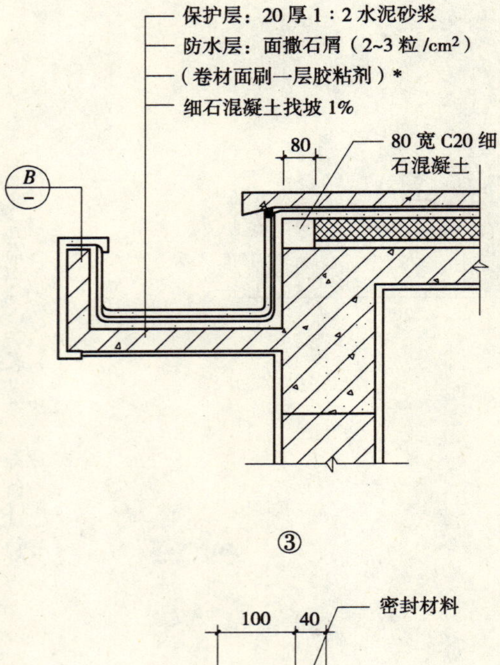

③

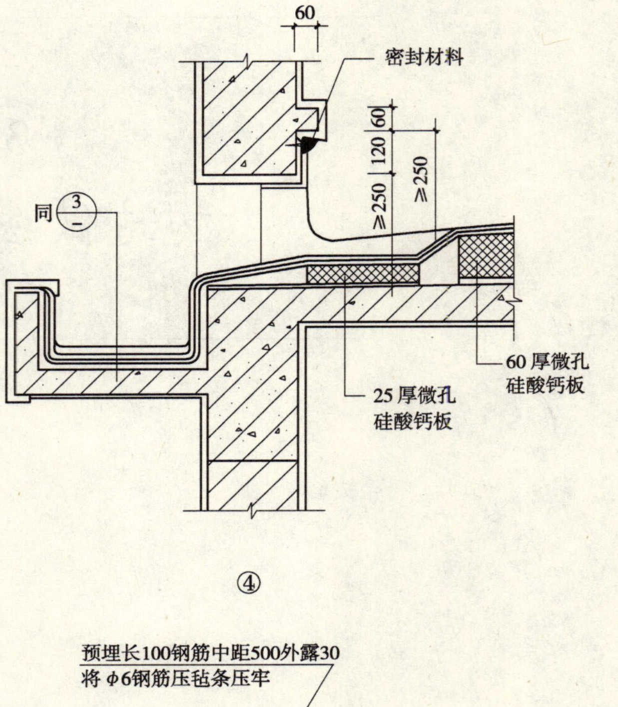

④

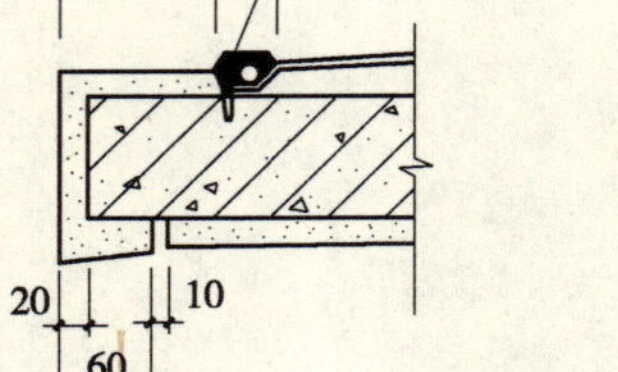

A

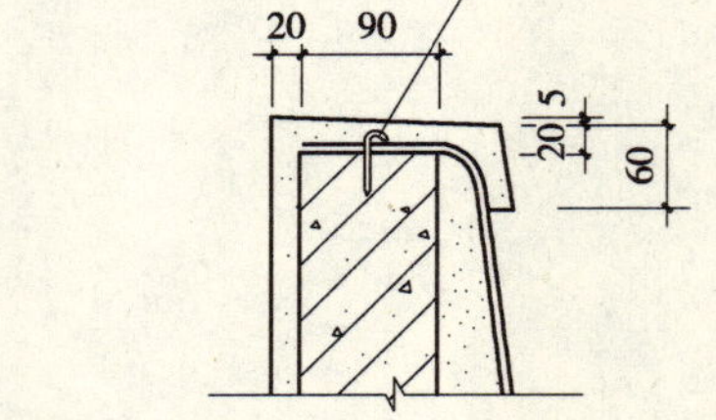

B

*注：如采用砂面*APP*、*SBS*改性卷材防水层，可直接做保护层。

屋面内檐沟、天沟、屋面分仓缝、排气槽

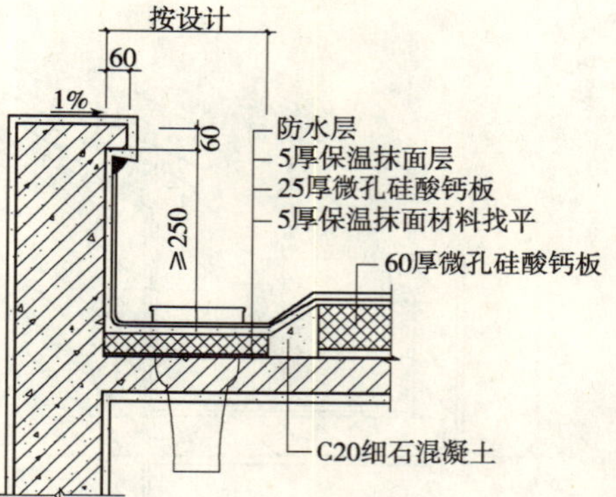

①

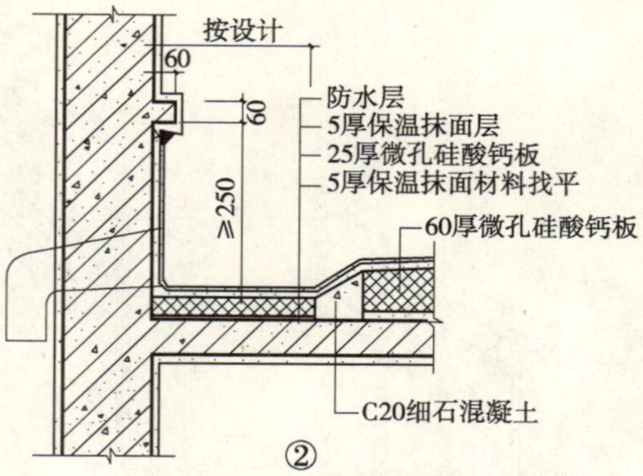

②

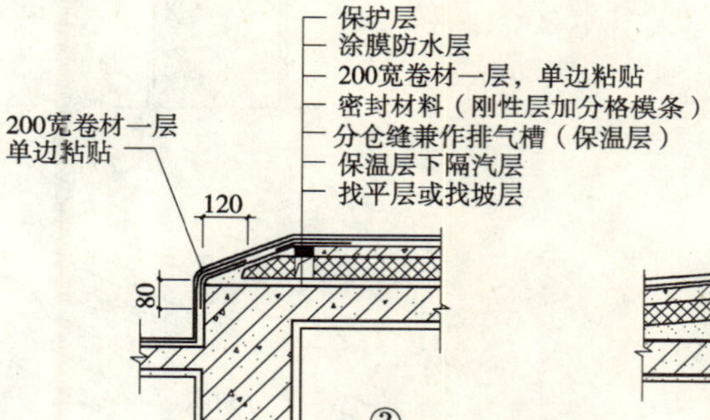

③

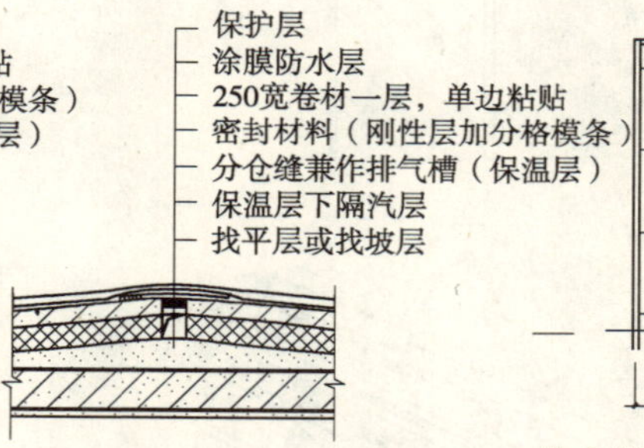

④

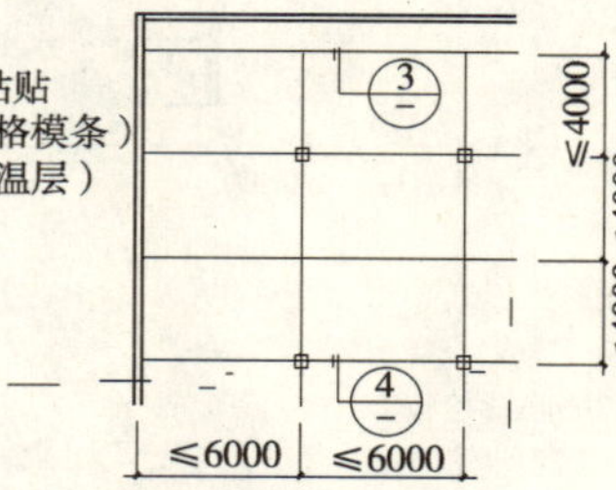

分仓缝、排气孔平面示意图

注：排气槽应纵横沟通。

屋面排气孔、屋面分仓缝

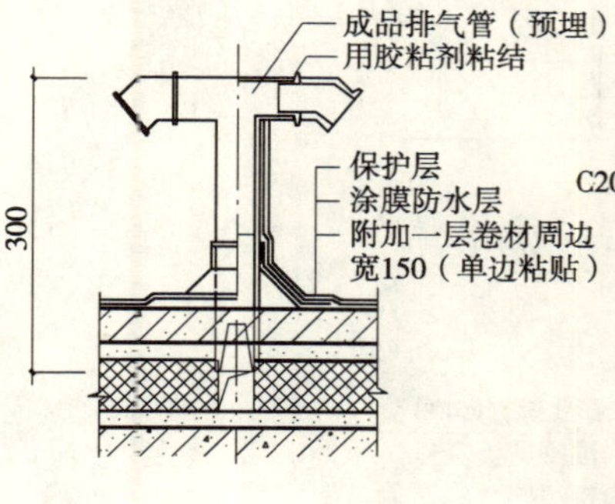

①

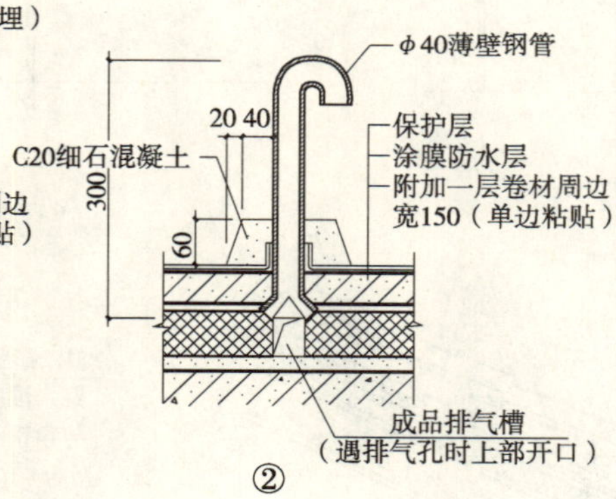

②

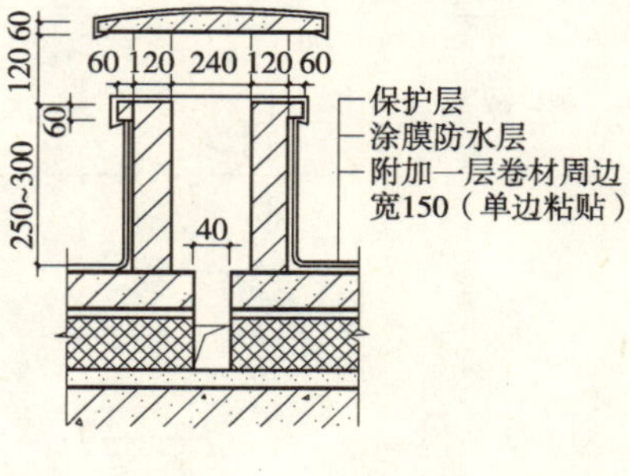

③

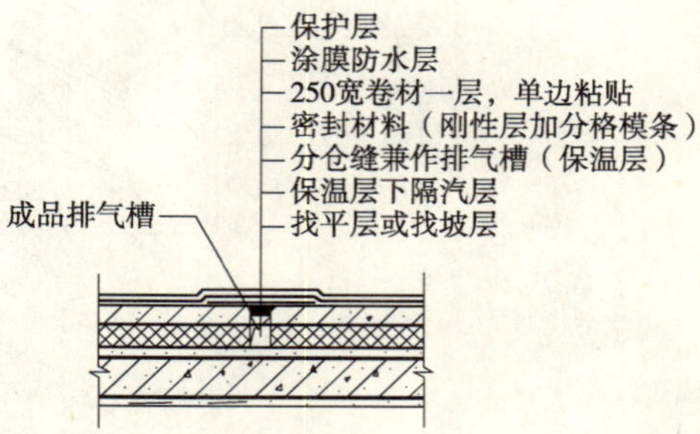

④

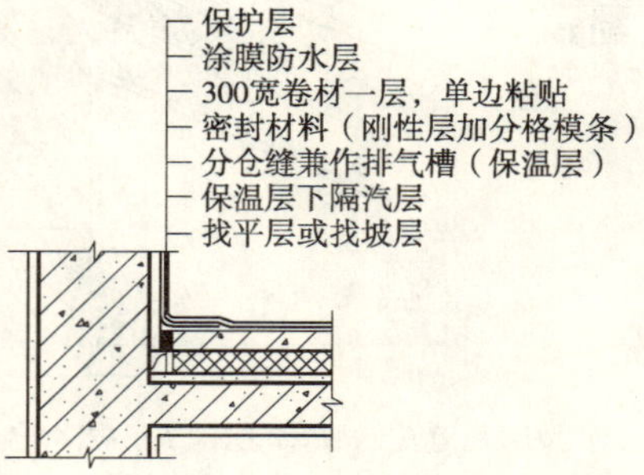

⑤

注：排气槽应纵横沟通。

坡屋面檐口、檐沟

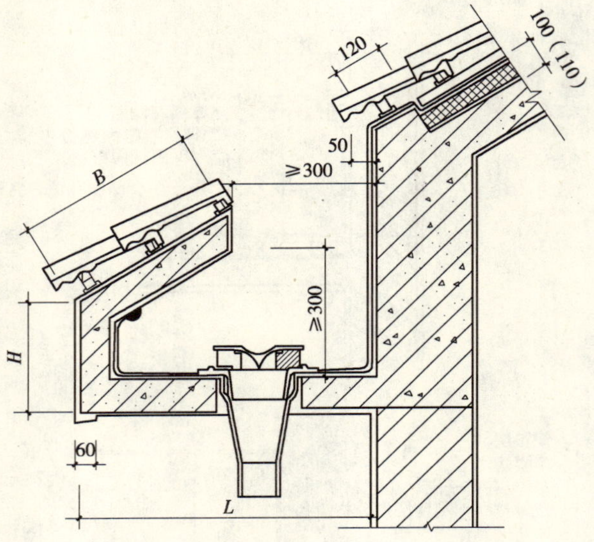

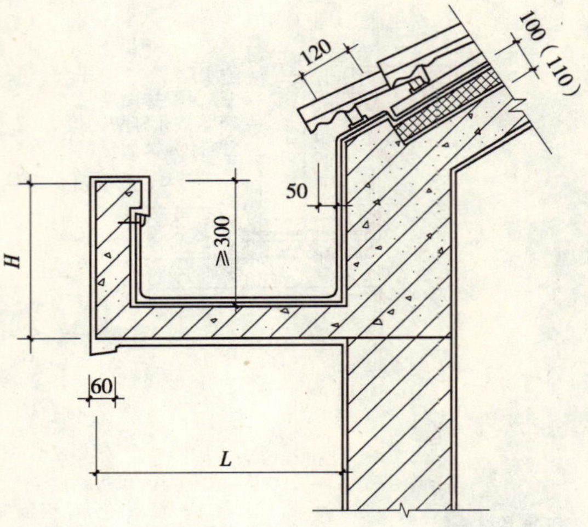

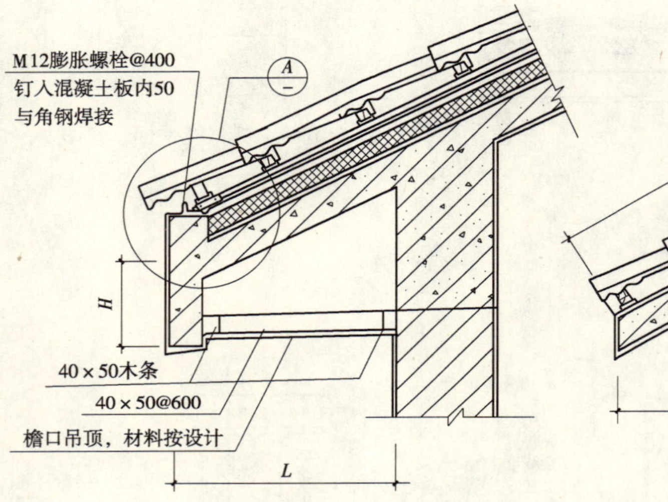

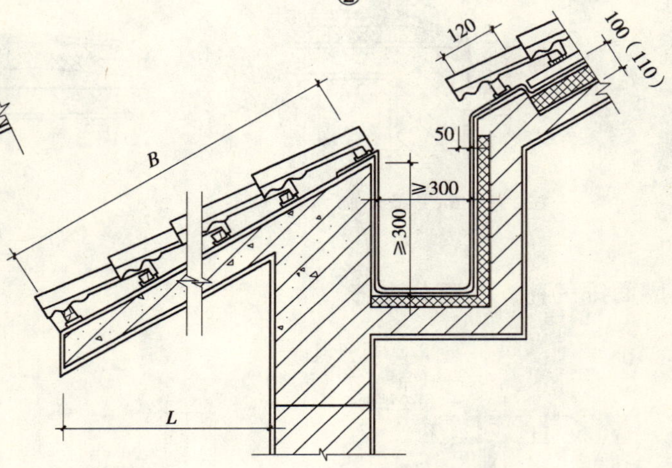

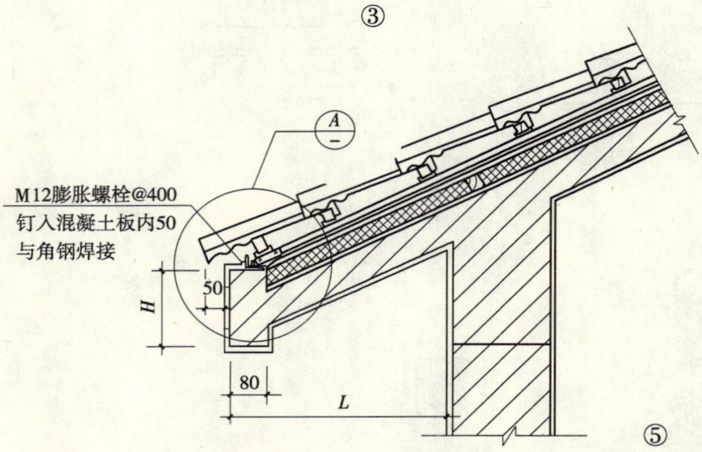

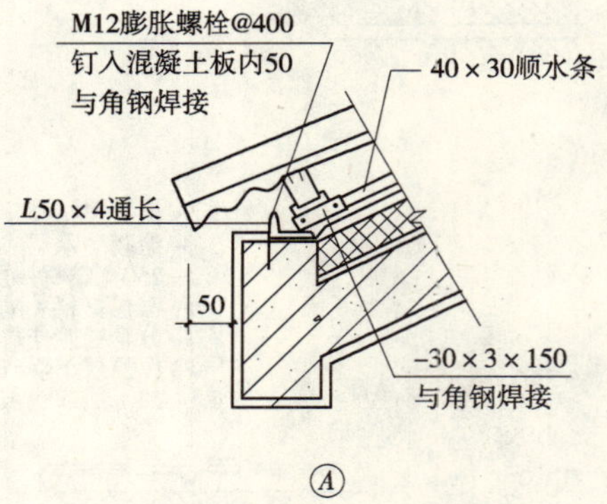

注：1. L、B、H及屋面坡度按单体设计。B值应符合瓦片的长度模数。

2. 凡钢筋混凝土基层檐沟、雨水斗、雨水管等均同 (1/—)。

3. 无檐沟时，其檐口处须用钢丝网水泥砂浆封口，预留出水孔φ6@400~600。

坡屋面檐口、天沟及屋脊

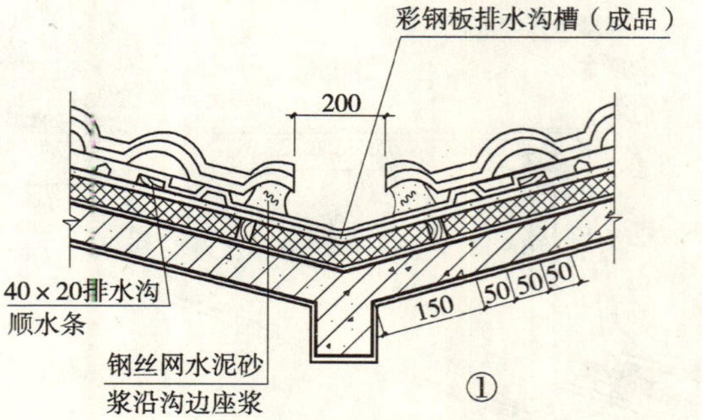

①

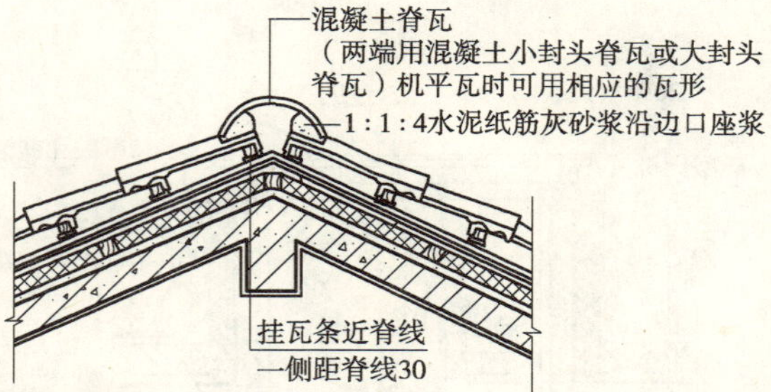

②

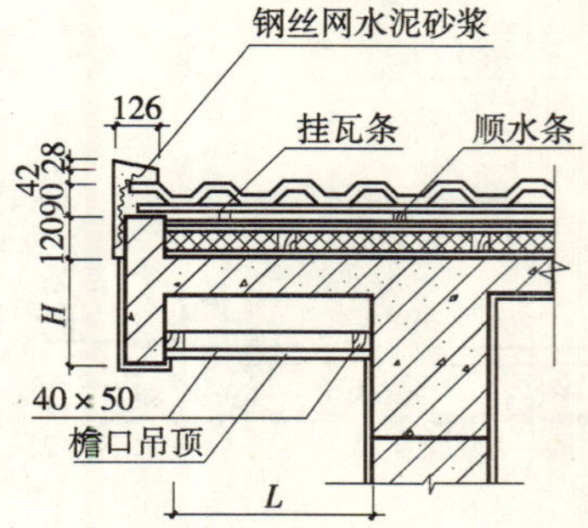

③

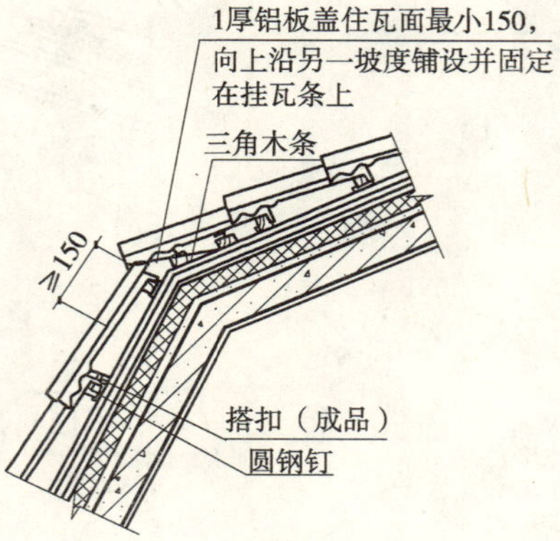

④

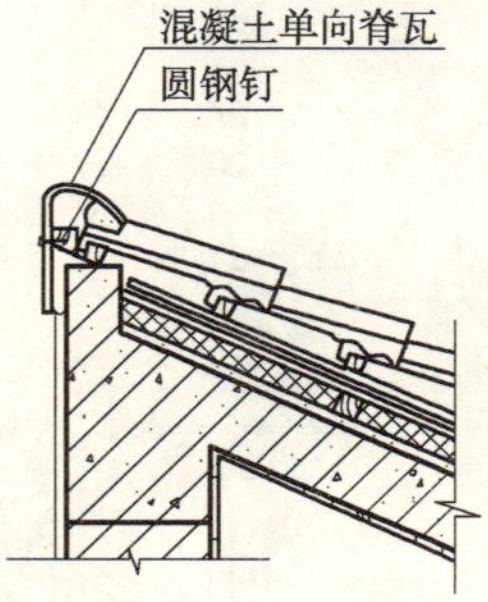

⑤（仅适用于混凝土瓦）

注：1. L、H及屋面坡度按单体设计。
2. 所有屋脊（屋脊与斜脊处）搭接均须1：1：4水泥纸筋灰砂浆沿边口座浆。
3. 混凝土瓦的安装根据屋面坡度变化，瓦片固定形式不 同，做法见浙江省标准图《瓦屋面》。

坡屋面泛水

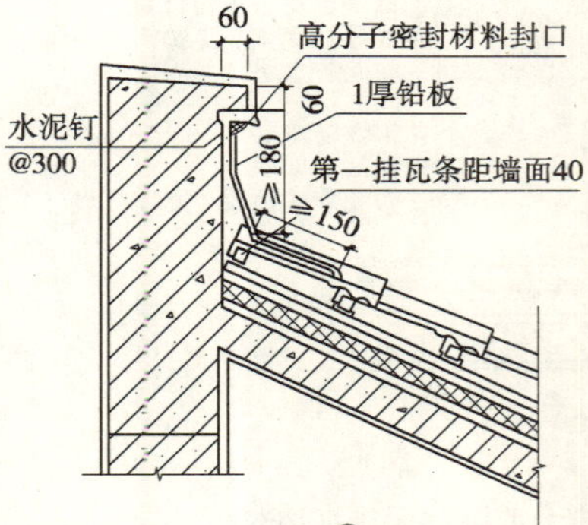

①

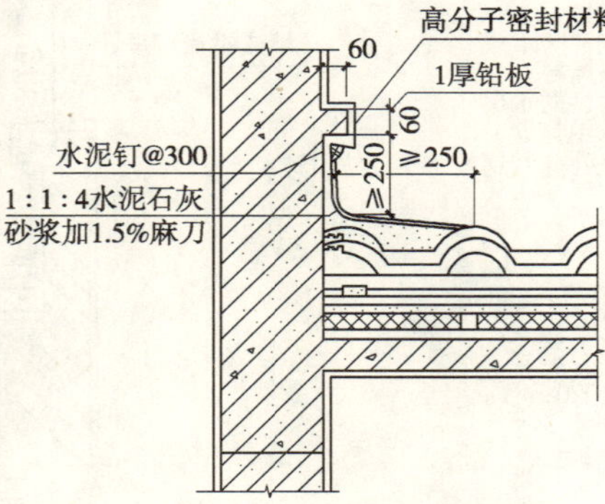

②

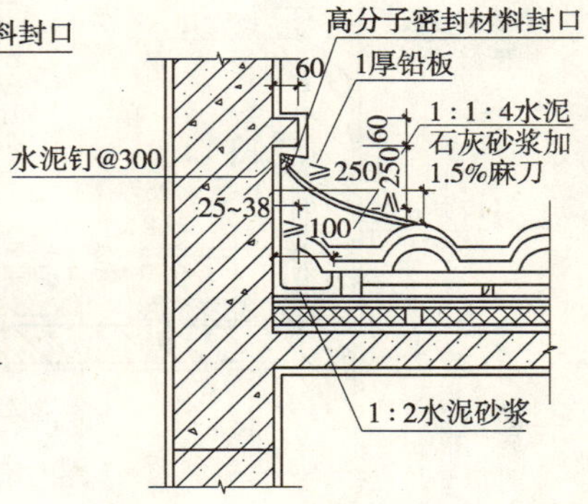

③

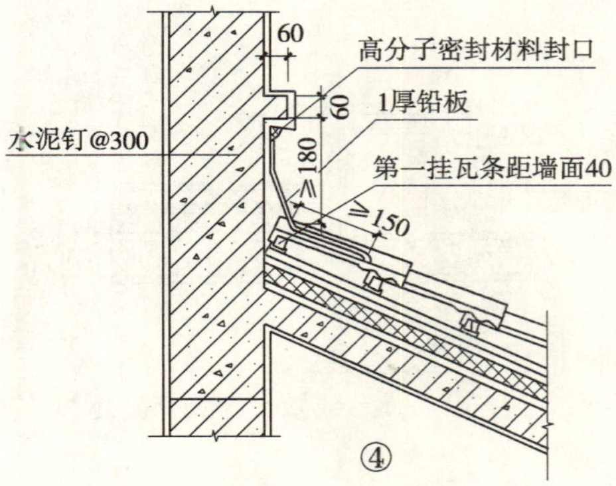

④

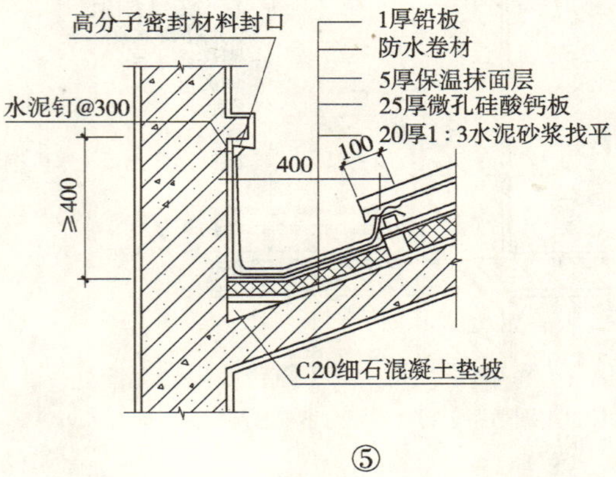

⑤

屋面上人孔

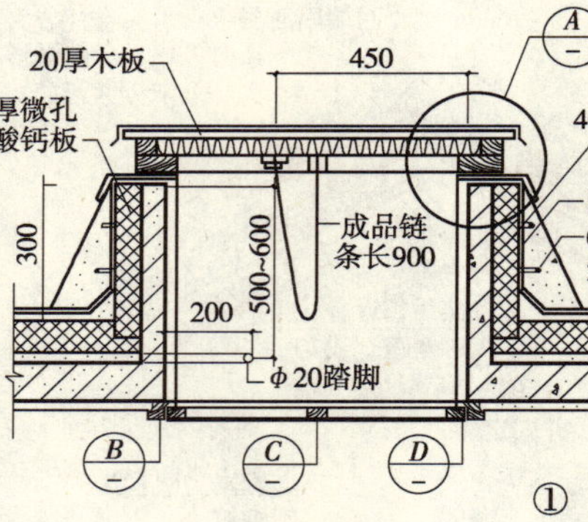

①

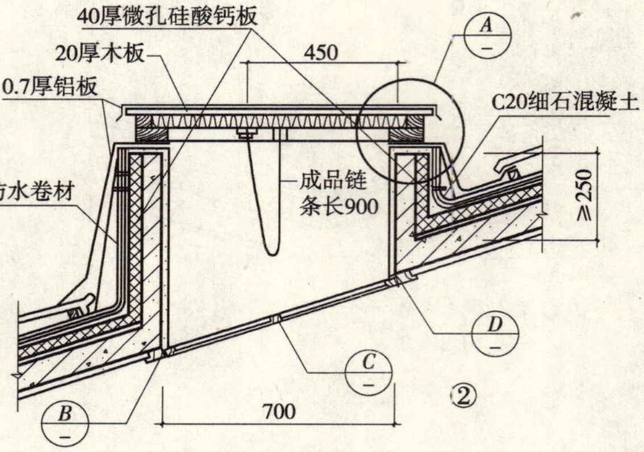

②

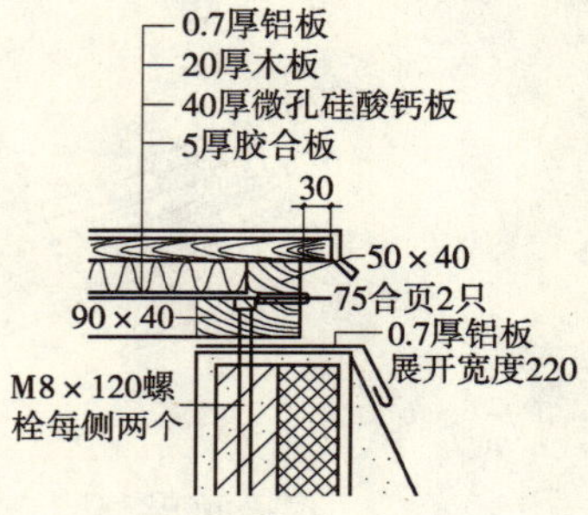

A

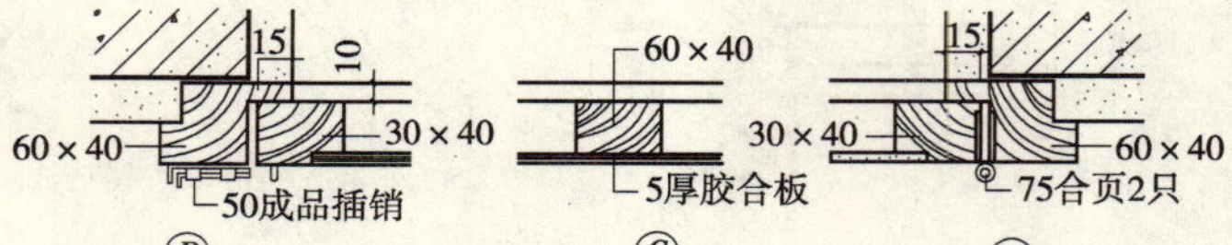

注：上人孔尺寸为600×700 。

露台、阳台保温

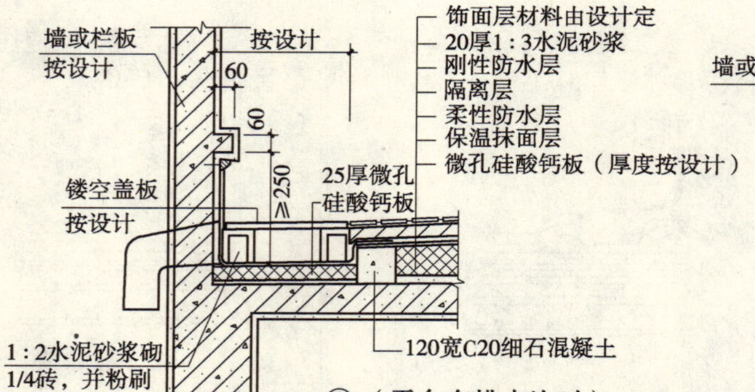

①（露台有排水沟时）

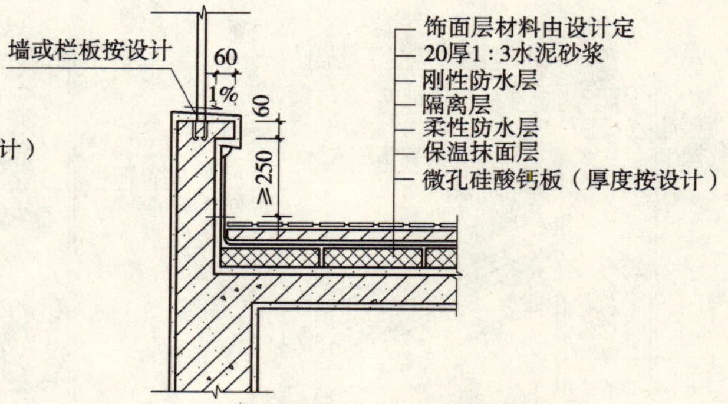

②（露台或阳台无排水沟时）

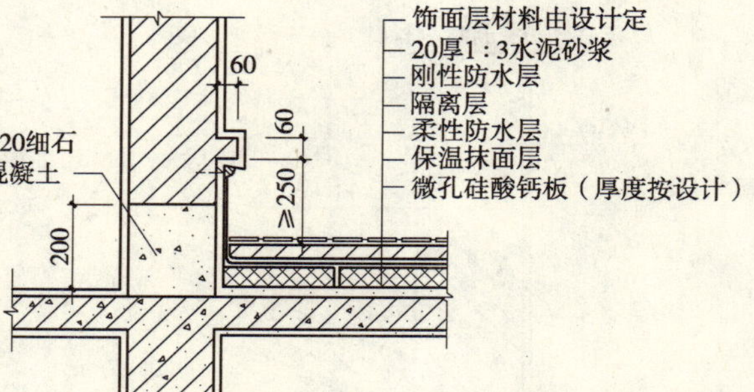

③（露台或阳台无窗处）

注：本图适用于露台或阳台下部是房间处。

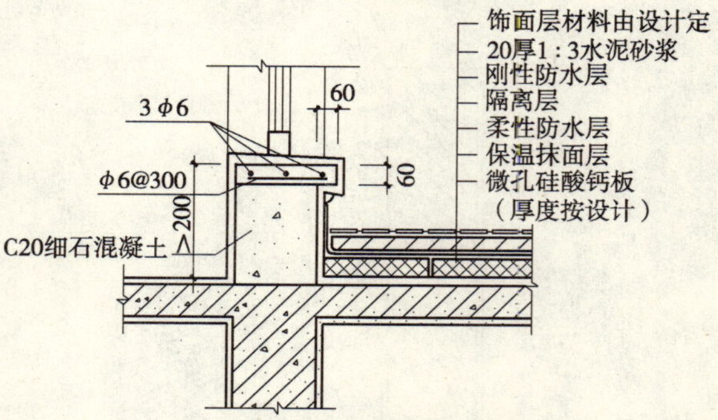

④（露台或阳台内侧有窗处）

九、J/T 16-2004

R. E 砂浆复合保温系统

1
说　　明

说　明

R. E 系列复合保温材料是南京臣功节能材料有限责任公司研制开发的新型建筑保温材料。该材料 2003 年 3 月经国家建设部住宅产业化促进中心审查认定，列为国家康居示范工程选用产品及江苏省地方标准《江苏省民用建筑热环境与节能设计标准》建筑节能主导材料推荐产品。公司通过 IS09001 标准认证。为了便于该材料在工程中应用，特编制本图集。

一、适用范围

本图集适用于江苏省内新建、扩建、改建和既有的民用建筑墙体和屋面采用 R. E 复合保温材料的外保温工程，其他建筑可参照使用。

二、编制依据

1. 苏建科([2004] 86 号) 文
2. 《民用建筑热工设计规范》(GB 50176—93)
3. 《夏热冬冷地区居住建筑节能设计标准》(JGJB 42001)
4. 《江苏省民用建筑热环境与节能设计标准》(DB 32/4782001)
5. 《民用建筑外保温 R. E 复合保温材料技术规程》(苏 JG/T 010—2003)

三、术语

1. R. E 系列复合保温材料

由胶凝材料、填料、短纤维和 EPS（聚苯乙烯）颗粒（且其体积含量不小于 75%）及多种外加剂复合而成的单组分粉状材料。

(RE. I 型中的轻骨料为膨胀珍珠岩颗粒)，使用时加水搅拌成粘稠浆体，涂敷到工作面上，干燥后作为保温层的材料（以下简称保温材料）。

2. R. E—I、R. E—Ⅱ、R. E—ⅢP、R. E—ⅢX、R. E—Ⅳ

根据产品指标使用部位不同，R. E 系列复合保温材料的型号，共分为：

R. E—I 型保温材料，用于外墙内保温系统；

R. E—Ⅱ型保温材料，用于外墙外保温系统；

R. E—ⅢP 型保温材料，用于平屋面外保温系统；

R. E—ⅢX 型保温材料，用于坡屋面外保温系统；

R. E—Ⅳ型保温材料，用于带有标准网的外墙外保温系统，或外墙内保温无网系统。

3. R. E 防裂抗渗砂浆

以胶凝材料、填料、短纤维和多种外加剂复合而成的粉状材料，使用时按比例加砂加水搅拌成黏稠状浆体，涂敷到工作面上，干燥后能满足一定变形而保持不开裂和抗渗透的砂浆。

4. R. E 界面处理剂

以硅酸盐等无机胶凝材料、矿物集料和多种外加剂复合而成的粉状材料，用于增强基层与保温层之间的粘结强度。

5. 热镀锌电焊网

经热镀锌防腐处理的钢丝网片，固定于抹面层中，用于外贴面砖的外墙外保温系统。

6. 膨胀锚栓

把金属网固定于基层的固定件，一般包括螺钉（塑料钉或具有防腐性能的金属钉）和带有直径不小于50mm圆盘的塑料膨胀套管两部分。

7. 标准网

满铺于抹面层中用于增加抹面层拉伸强度的耐碱玻纤网。标准网在抹面层中是连续铺设的，主要起抗裂作用。

8. 基层

外保温系统所依附的外墙和屋面基层。

9. 保温层

由保温材料组成，在保温系统中起保温隔热作用的构造层。

10. 抹面层

抹在保温层上，保护保温层并起防裂、抗渗和抗冲击作用的构造层。

11. 饰面层

保温系统外装饰层。

12. 保护层

抹面层和饰面层的总称。

四、保温系统的基本构造

在外围护结构的基层面上，涂抹界面处理剂，再做保温层、防裂抗渗砂浆（贴面砖外墙应锚固热镀锌电焊网）；用R. E—Ⅳ型时铺设标准网），抹面层，最后完成饰面层。

1. 外围护结构基层可以是钢筋混凝土墙或屋面板，也可以是各类烧结砖、非烧结砖、加气混凝土墙板、砌块墙体等。

2. 界面处理剂用于提高保温材料与基层的粘结力，除黏土砖基层可不必用界面处理剂之外，其他各类材料的基层均需涂抹界面处理剂。

3. 保温层由R. E复合保温材料（单组分袋装干粉料）与定量比例的水拌和成膏状，抹于基层墙面上，形成保温层。

4. R. E—Ⅳ型保温层需在防裂砂浆中铺设标准网。R. E—Ⅱ或R. E—Ⅳ型用于外墙贴面砖时需在保温层上锚固热镀锌电焊网。

5. 防裂抗渗砂浆抹面层完成后，最后饰装饰面层。外墙装饰面层可选用环保性的水性涂料，也可贴面砖或干挂石材。

五、技术指标

R. E系列复合保温材料的物理力学性能指标 **表1**

序号	项目名称	单位	R. E—Ⅰ	R. E—Ⅱ	R. E—ⅢP	R. E—ⅢX	R. E—Ⅳ
			性能指标				
1	外观质量	/	干粉呈灰褐色泡沫颗料纤维状				
2	干粉料松散堆积密度（常温绝干状态）	kg/m³	≤400	≤300	≤290	≤280	≤270
3	干粉料EPS颗粒含量	%	/	≥75			
4	材料硬化后干表观密度	kg/m³	≤480	≤400	≤310	≤300	≤280
5	导热系数（常温绝干状态）	W/(m·K)	≤0.085	≤0.080	≤0.065	≤0.060	≤0.060
6	抗压强度（标养28d）	MPa	≥1.00	≥0.80	≥0.30	≥0.25	≥0.25
7	吸水量（不含抹面层浸水0.5h）	kg/m²	≤2.50	≤2.00			
8	抗拉强度（标养28d）	MPa	≥0.20	≥0.20	≥0.10	≥0.10	≥0.10

续表

序号	项目名称	单位	R. E—Ⅰ	R. E—Ⅱ	R. E—ⅢP	R. E—ⅢX	R. E—Ⅳ
			性能指标				
9	软化系数（标养28d）	/	≥0.70				
10	干燥线性收缩率（标养28d）	%	≤0.30	≤0.30	≤0.30	≤0.30	≤0.30
11	水蒸气渗透系数	g/(m·h·Pa)	>0.00004	>0.00002			
12	燃烧性能级别	/	A级	B1级			

防裂抗渗剂的物理力学性能指标 **表2**

序号	项目名称	单位	性能指标
1	外观	/	干粉呈含纤维灰褐色粉末状
2	抗压强度（标养28d）	MPa	≥5.00
3	拉伸粘结强度（与R. E保温材料粘结）	MPa	≥0.20（破坏界面应位于R. E保温层）
4	不透水性（浸水2h）	/	不透水
5	干燥线性收缩率（28d）	%	≤0.30
6	抗裂性能（1.8～2.3m/s风速气流，24h）	/	楔形体厚度5mm以下无裂缝
7	吸水量（不含饰面层浸水2h）	kg/m^2	≤1.00

R. E界面处理剂的物理力学性能指标 **表3**

序号	项目名称		单位	性能指标
1	外观		/	灰褐色粉末状
2	压剪粘结强度	原强度（标养28d）	MPa	≥1.00
		耐水（标养21d，浸水7d）	MPa	≥0.70
		耐冻性（标养28d，25次冻融循环）	MPa	≥0.70

R. E保温材料外墙外保温系统物理力学性能指标 **表4**

序号	项目	单位	性能指标
1	耐冲击性	J	R. E-Ⅱ保温材料 10 R. E-Ⅳ保温材料：在建筑物首层墙面以及门窗洞口易受碰撞部位 10 建筑物二层以上墙面等不易碰撞部位 3
2	抗风压荷载	/	系统抗风压值 R_d 不小于设计要求的风荷载标准值 W_k 的5倍
3	耐候性	/	高温-淋雨循环80次，加热-冷冻循环20次无裂缝、空鼓、脱落
4	保护层水蒸气渗透阻	/	应符合设计要求
5	热阻	/	应符合设计要求
6	抗拉强度	MPa	R. E-Ⅱ保温材料≥0.20；R. E-Ⅳ保温材料≥0.10 破坏界面应位于保温层
7	抹面层不透水性（浸水2h）		不透水
8	耐冻融性能	/	30次冻融循环后，保护层无空鼓、脱落，无可使水渗入至保温层表面的裂缝， 保护层与保温层表面的裂缝， 保护层与保温层之间的拉伸粘结强度不小于0.15MPa， 破坏界面应位于保温层
9	吸水量（不含饰面层浸水2h）	kg/m^2	≤1.00
10	饰面砖粘结强度	MPa	≥0.40

保温层厚度选用表

夏热冬冷地区外墙保温层厚度选用表

墙体	热惰性指标D	围护结构传热阻R_0	黏土多孔砖KP1		黏土多孔砖KM1		灰砂砖		钢筋混凝土		混凝土单排孔砌块	
			$h=240mm$		$h=190mm$		$h=240mm$		$h=190mm$		$h=190mm$	
			$\lambda=0.58$		$\lambda=0.58$		$\lambda=1.10$		$\lambda=1.74$		$\lambda=1.02$	
			R.E厚(mm)	R_0 / D	R.E厚(mm)	R_0 / D	R.E厚(mm)	R_0 / D	R.E厚(mm)	R_0 / D	R.E厚(mm)	R_0 / D
南东西墙	4.1-6	0.62	10	0.73	15	0.71	25	0.72	32	0.7	25	0.69
	1.6-4	0.69		3.9		3.3		3.8		3.1		2.1
北墙	4.1-6	0.74	20	0.86	25	0.83	35	0.85	42	0.83	36	0.83
	1.6-4	0.83		4.1		3.6		4		3.3		2.4

混凝土双排孔砌块		炉渣砖		煤矸石烧结实心砖		煤矸石多孔砖		粉煤灰蒸养砖		页岩模数多孔砖	
$h=190mm$		$h=240mm$		$h=240mm$		$h=240mm$		$h=240mm$		$h=240mm$	
$\lambda=0.68$		$\lambda=0.81$		$\lambda=0.81$		$\lambda=0.54$		$\lambda=0.62$		$\lambda=0.44$	
R.E厚(mm)	R_0 / D	R.E厚(mm)	R_0 / D	R.E厚(mm)	R_0 / D	R.E厚(mm)	R_0 / D	R.E厚(mm)	R_0 / D	R.E厚(mm)	R_0 / D
20	0.72	20	0.7	20	0.74	10	0.76	10	0.7	/	/
	2.5		4		4		4		4		/
30	0.84	25	0.8	30	0.86	15	0.82	20	0.83	10	0.85
	2.8		4.1		4.2		4.1		4.2		4.2

寒冷地区外墙保温层厚度选用表

墙　体	热惰性指标D	围护结构传热阻R_0	黏土多孔砖KP1		黏土多孔砖KM1		灰砂砖		钢筋混凝土		混凝土单排孔砌块	
			$h=240mm$		$h=190mm$		$h=240mm$		$h=190mm$		$h=190mm$	
			$\lambda=0.58$		$\lambda=0.58$		$\lambda=1.10$		$\lambda=1.74$		$\lambda=1.02$	
			R.E厚(mm)	R_0 / D	R.E厚(mm)	R_0 / D	R.E厚(mm)	R_0 / D	R.E厚(mm)	R_0 / D	R.E厚(mm)	R_0 / D
南、东、西墙	4.1-6	0.73	20	0.86	25	0.83	35	0.85	42	0.83	35	0.82
	1.6-4	0.8		4.1		3.6		4		3.3		2.4
北墙	4.1-6	0.88	25	0.92	35	0.96	40	0.91	55	0.99	47	0.96
	1.6-4	0.96		4.3		3.9		4.2		3.7		2.7

混凝土双排孔砌块		炉渣砖		煤矸石烧结实心砖		煤矸石多孔砖		粉煤灰蒸养砖		页岩模数多孔砖	
$h=190mm$		$h=240mm$		$h=240mm$		$h=240mm$		$h=240mm$		$h=240mm$	
$\lambda=0.68$		$\lambda=0.81$		$\lambda=0.81$		$\lambda=0.54$		$\lambda=0.62$		$\lambda=0.44$	
R.E厚(mm)	R_0 / D	R.E厚(mm)	R_0 / D	R.E厚(mm)	R_0 / D	R.E厚(mm)	R_0 / D	R.E厚(mm)	R_0 / D	R.E厚(mm)	R_0 / D
30	0.84	25	0.8	25	0.8	15	0.82	15	0.77	10	0.85
	2.8		4.1		4.1		4.1		4.1		4.2
40	0.97	35	0.9	35	0.93	20	0.89	25	0.89	15	0.92
	3		4.4		4.4		4.2		4.4		4.3

夏热冬冷地区屋面保温层厚度选用表

体形系数	指标值			现浇混凝土平屋面		现浇混凝土坡屋面	
	太阳辐射吸收系数 ρ^0	热惰性指标 D	围护结构传热阻 R_0	$h=90$mm		$h=90$mm	
				R. E 厚（mm）	R_0 / D	R. E 厚（mm）	R_0 / D
>0.35	<0.70	4.1-6	1.26	45	1.27	65	1.26
		1.6-4	1.26		3.95		4.15
	0.70~0.85	>3	1.26	45	1.27	65	1.26
		≤3	1.42		3.95		4.15
0.32~0.35	<0.70	4.1-6	0.97	31	1.09	52	1.1
		1.6-4	1.09		3.68		3.69
	0.70~0.85	>3	1.26	45	1.27	65	1.26
		≤3	1.42		3.95		4.15

寒冷地区屋面保温层厚度选用表

体形系数	指标值			现浇混凝土平屋面		现浇混凝土坡屋面	
	太阳辐射吸收系数 ρ^0	热惰性指标 D	围护结构传热阻 R_0	$h=90$mm		$h=90$mm	
				R. E 厚（mm）	R_0 / D	R. E 厚（mm）	R_0 / D
0.32~0.35	/	/	1.42	57	1.42	77	1.43
					4.38		4.59
>0.35	/	/	1.67	77	1.68	97	1.67
					5.1		5.3

六、保温层厚度计算说明

本图集有关外墙、屋面保温层厚度的确定，是根据江苏省地方标准《江苏省民用建筑热环境与节能设计标准》（DB 32/478—2001）中对建筑外墙和屋面传热阻在不同热环境下所需的传热阻值的要求计算得出的。对采用不同围护结构选用相应的本产品保温层厚度，能满足规范的节能要求。

七、R. E 系列保温层的做法对作业条件、材料配置、施工程序及质量验收都有严格的要求，详见施工做法说明。

八、本图集索引方式

选用部分详图时

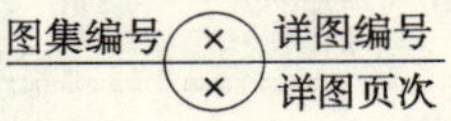

选用整页详图时

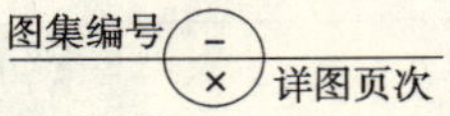

2
构造做法与详图

外墙外保温示意图

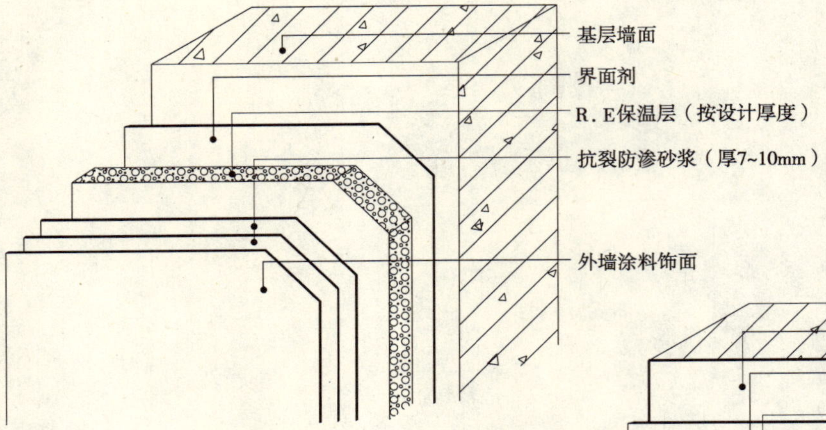

①保温层做法示意图（用于R.E-Ⅱ型）

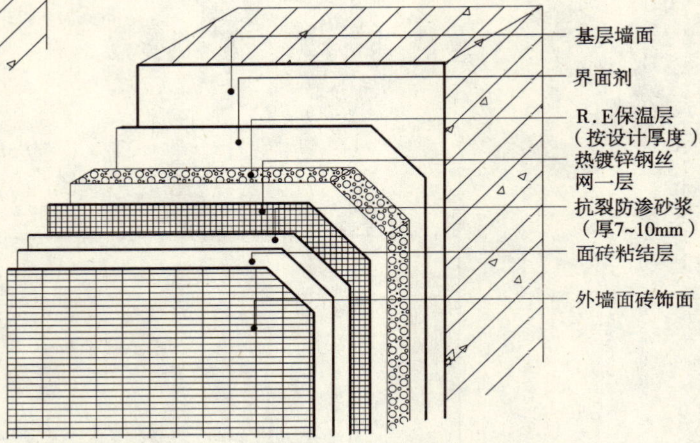

②保温层做法示意图（用于外墙贴面砖）

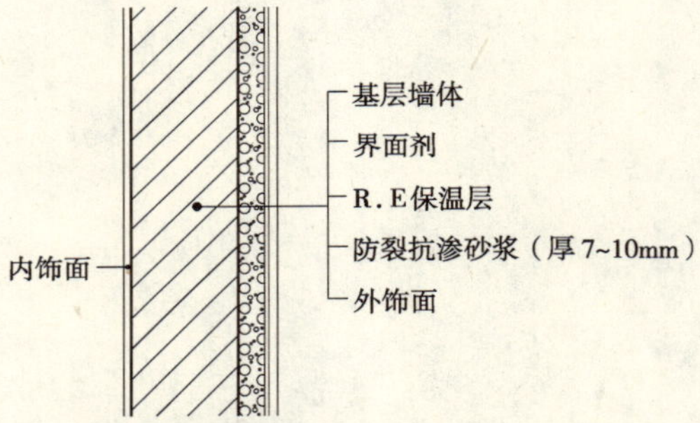

③涂料饰面外墙
封闭楼梯间隔墙

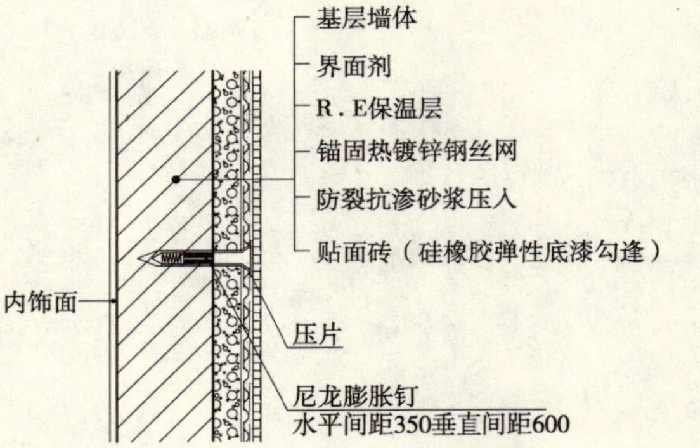

④贴面砖外墙

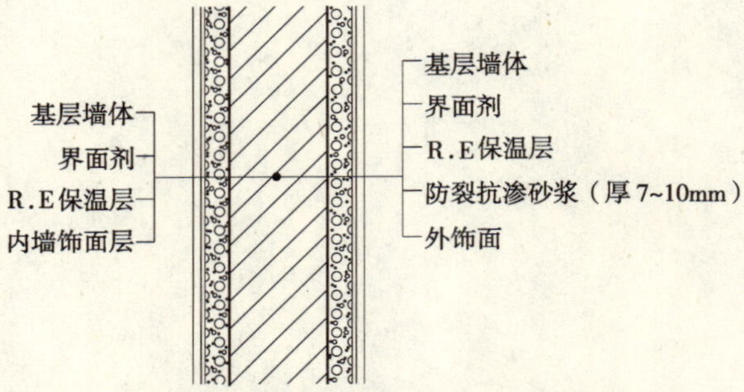

⑤内外做保温层外墙

注：

1. 基层墙应符合施工要点要求。
2. 保温层最小厚度根据条件由表5查出或由设计人员计算确定。
3. 尼龙膨胀钉应根据不同墙厚和保温层厚度选用相应规格的膨胀钉。

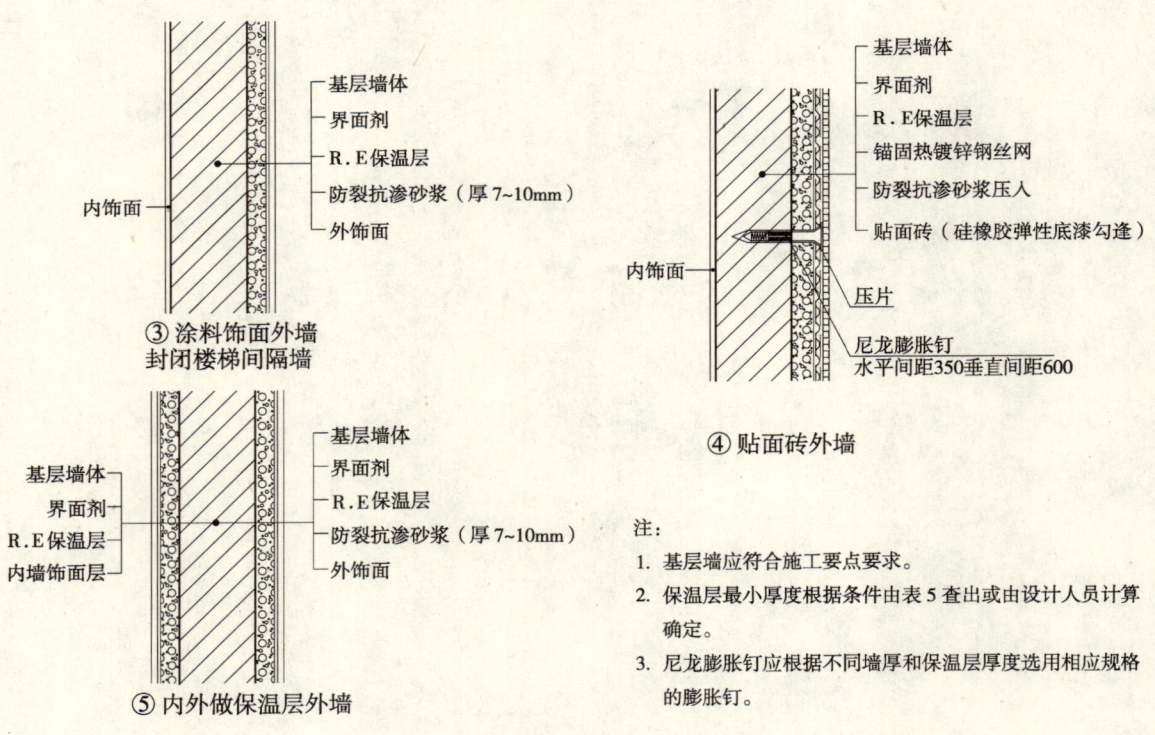

外墙外保温转角平面图

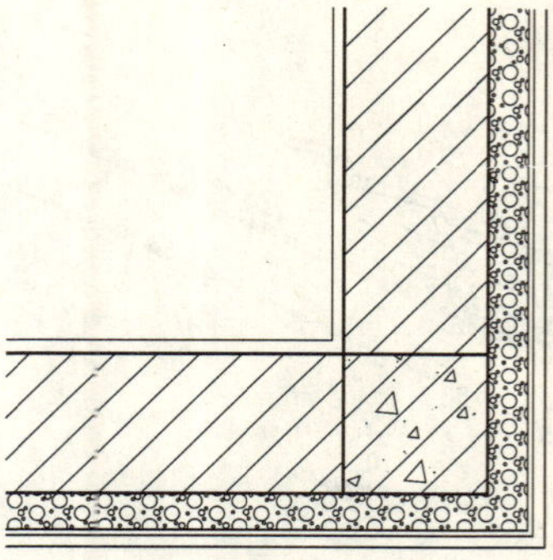

①

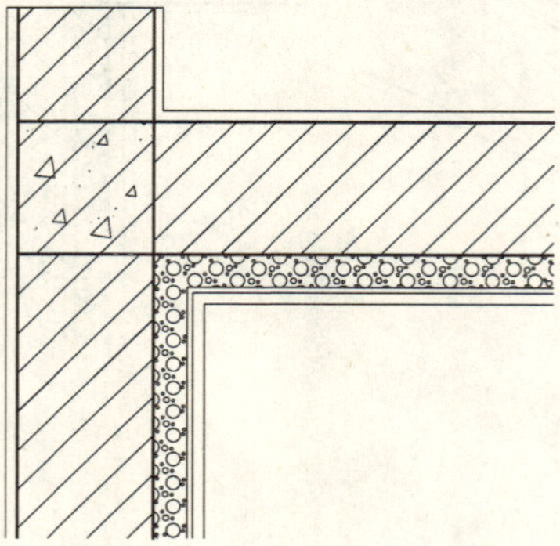

②

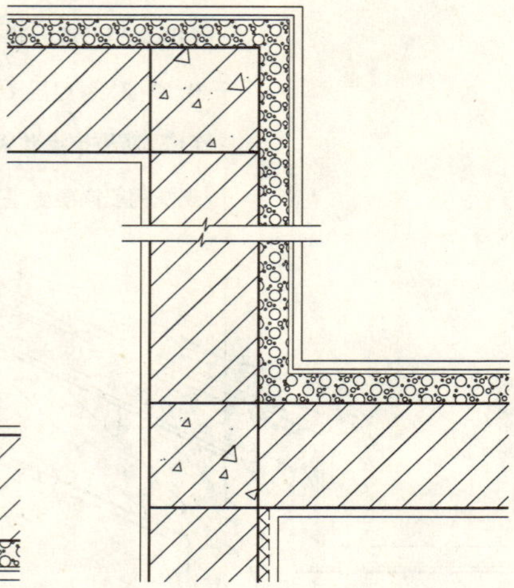

③

女儿墙、屋面构造图

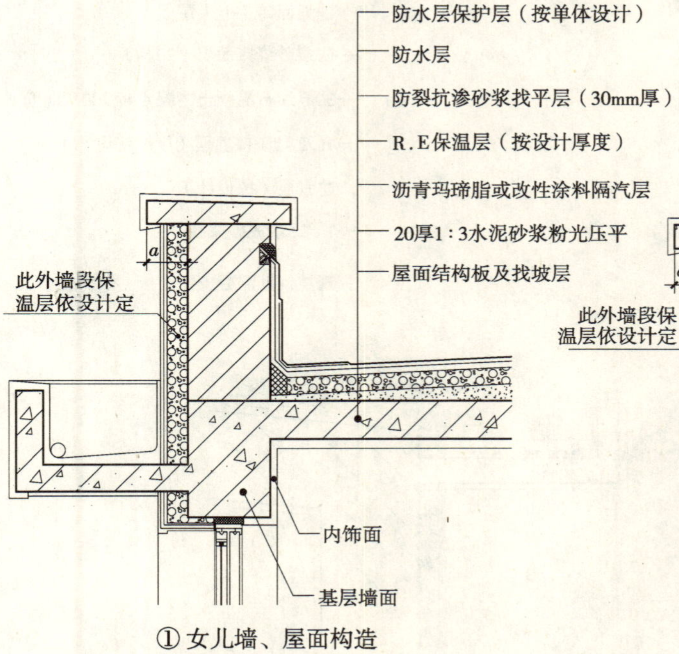

① 女儿墙、屋面构造

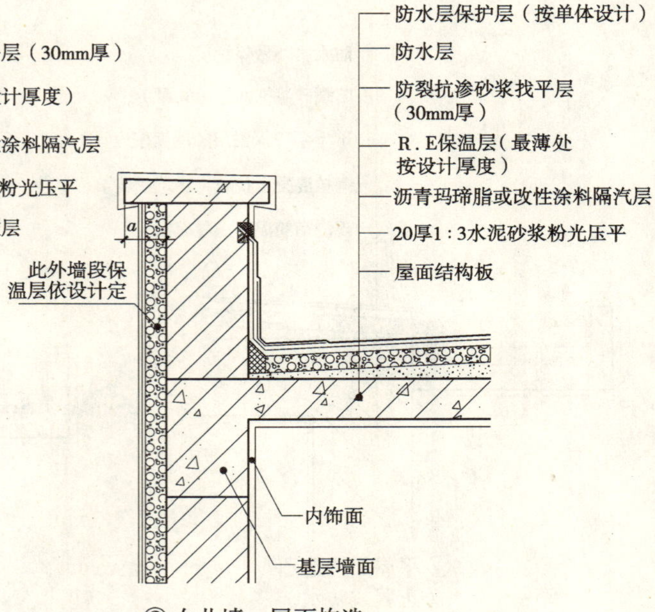

② 女儿墙、屋面构造

注：1. 屋面其他做法参见苏J9503
2. a=保温层厚度+40mm

坡屋面保温构造图

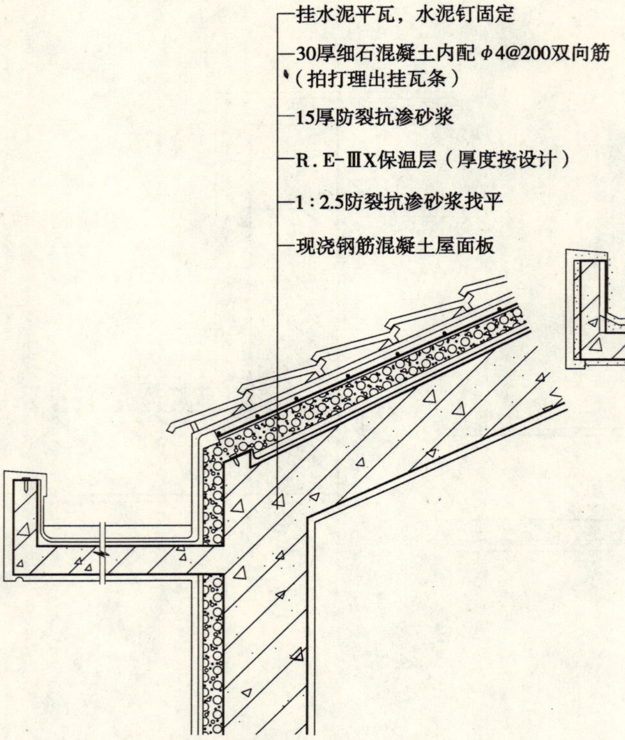

① 坡屋面构造图

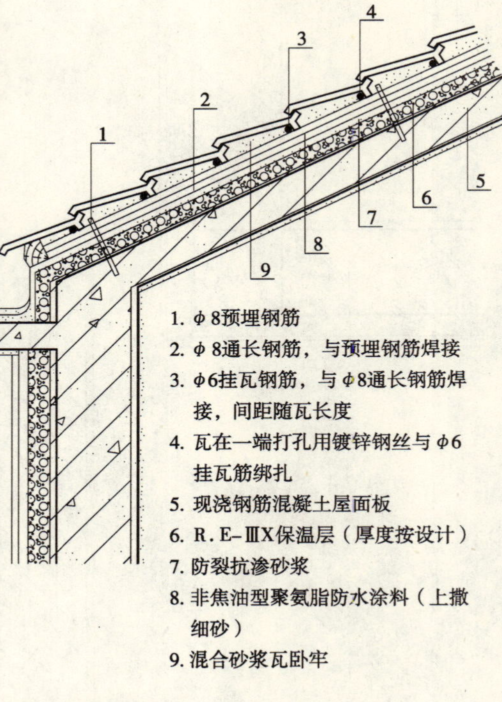

② 坡屋面构造图

平屋面保温构造图

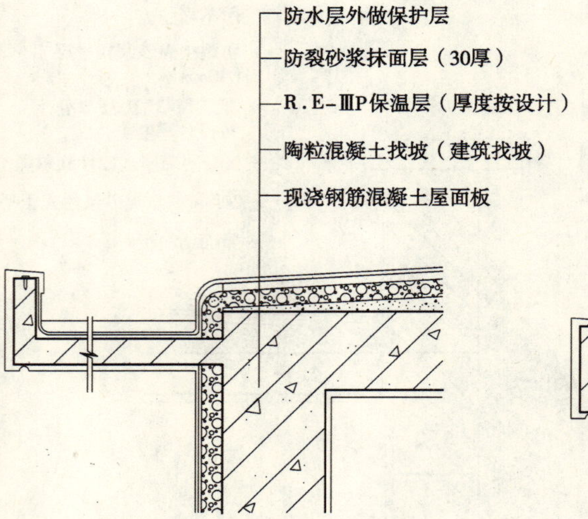

① 平屋面构造图
（正置式防水）

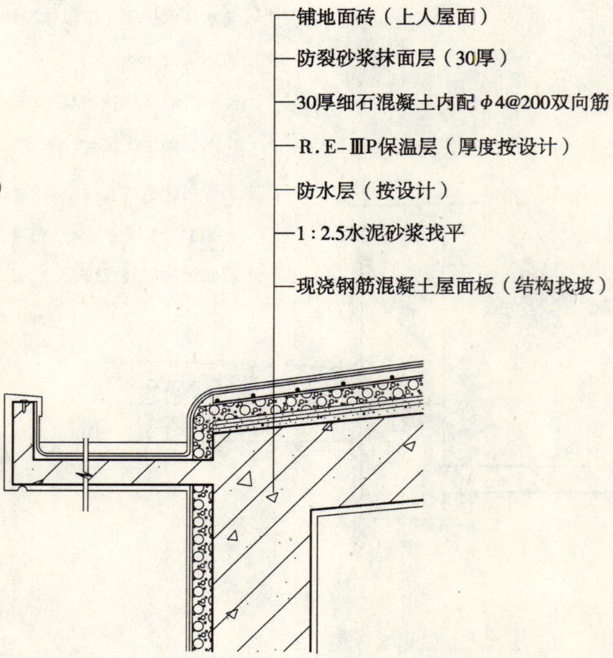

② 平屋面构造图
（倒置式防水）

注：平屋面找坡方式按设计。

门窗洞口构造图

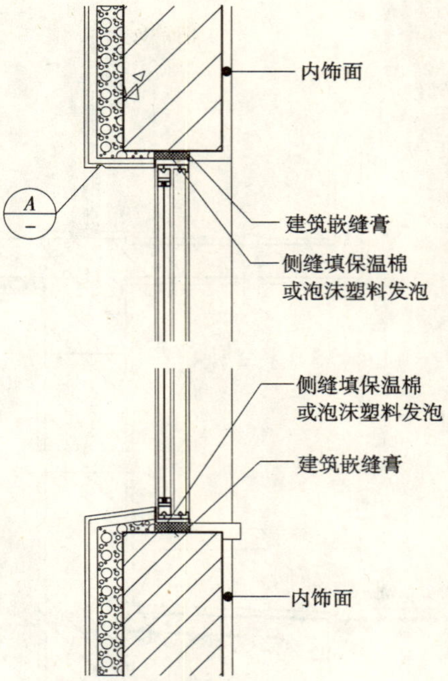

① 门窗洞口构造详图

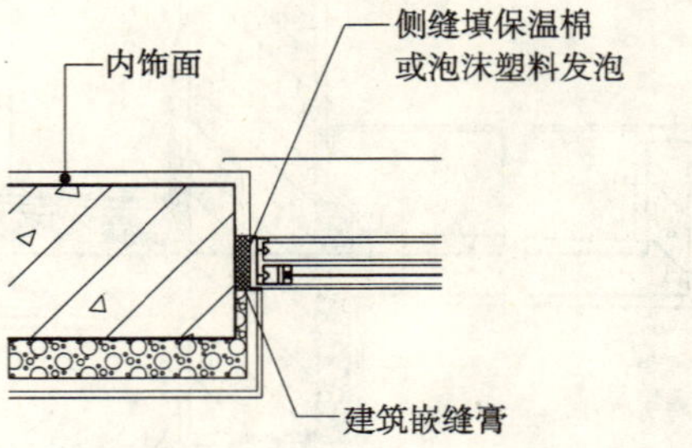

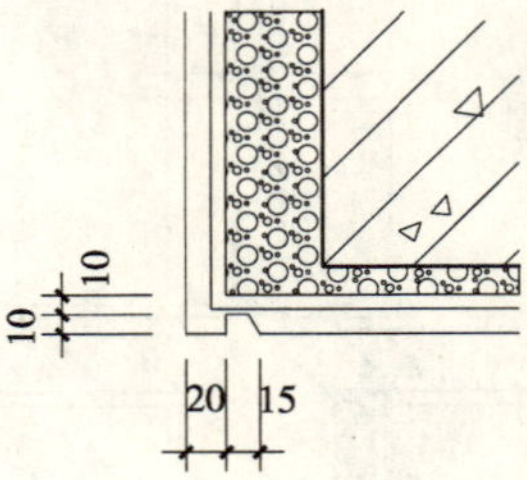

Ⓐ

注：门窗洞口做保温层时门窗框外侧尺寸比洞口尺寸小 50mm 左右，
即每侧缝≥25mm，以保证洞口侧面保温层厚。

封闭阳台保温构造图

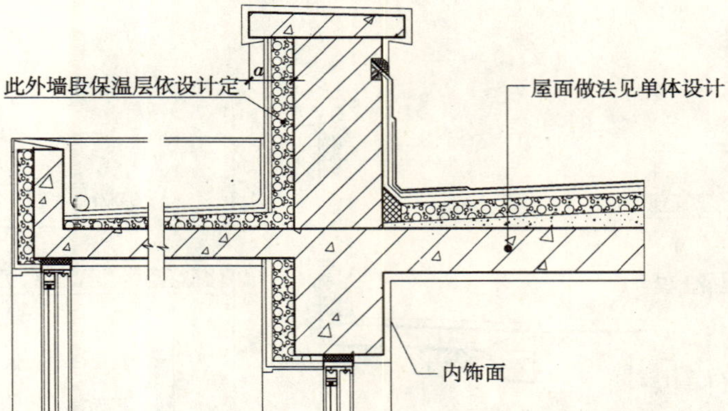

① 封闭阳台保温详图

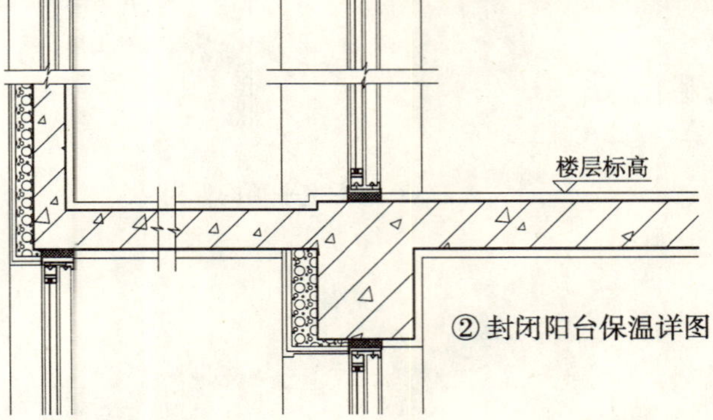

② 封闭阳台保温详图

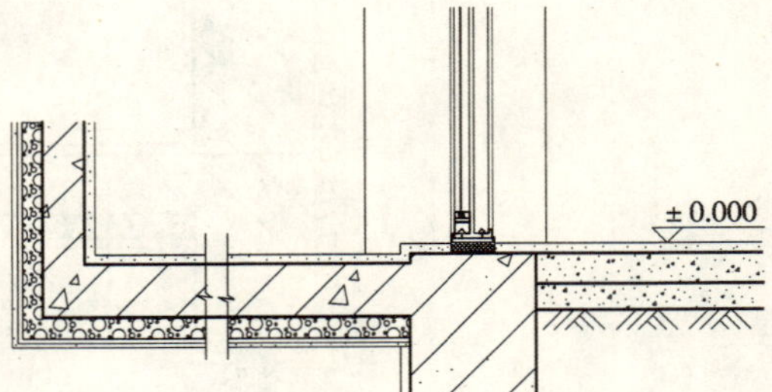

③ 封闭阳台保温详图

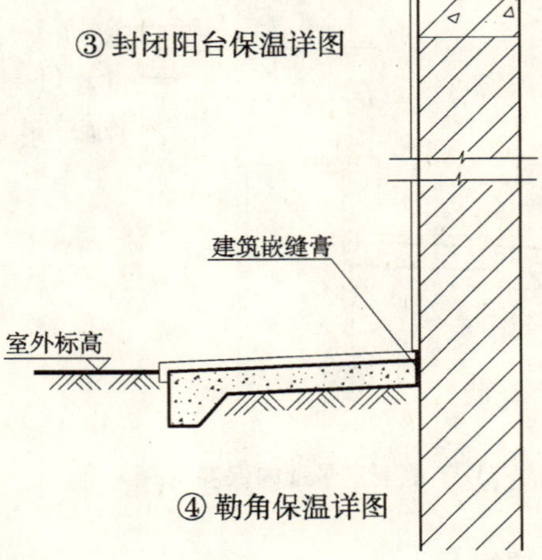

④ 勒角保温详图

不封闭阳台保温构造图

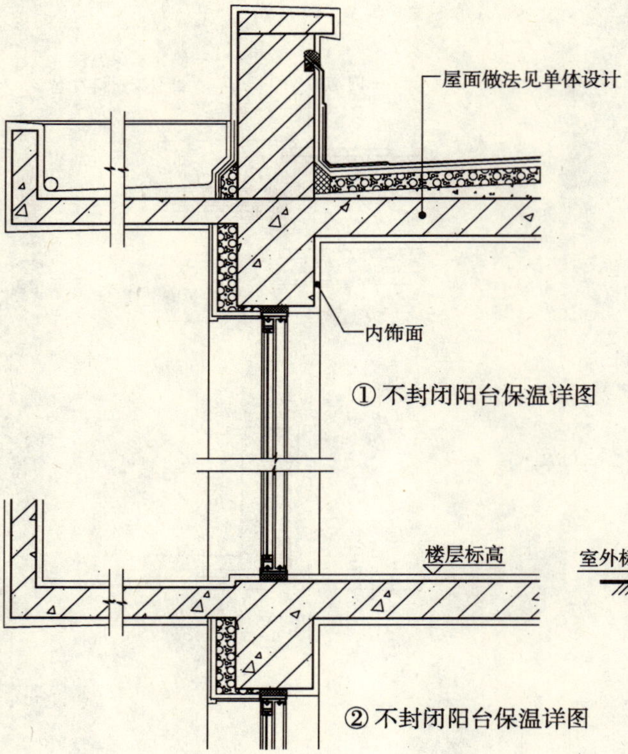

① 不封闭阳台保温详图

② 不封闭阳台保温详图

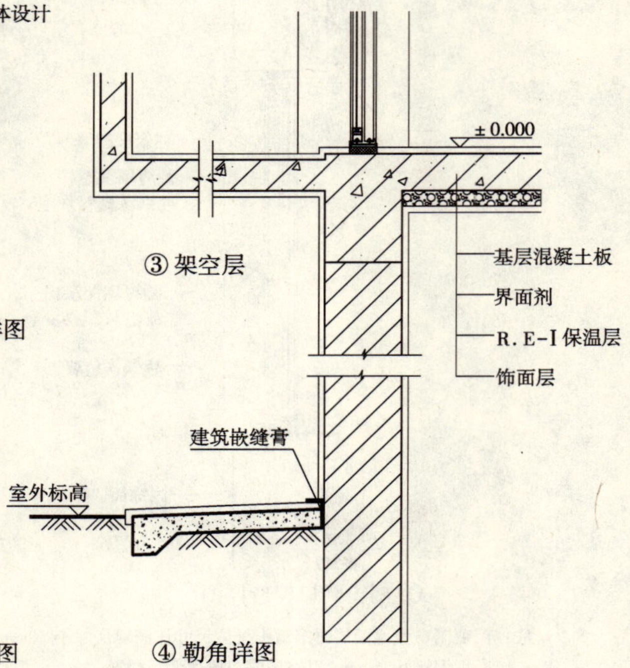

③ 架空层

④ 勒角详图

地下室平顶内保温构造图

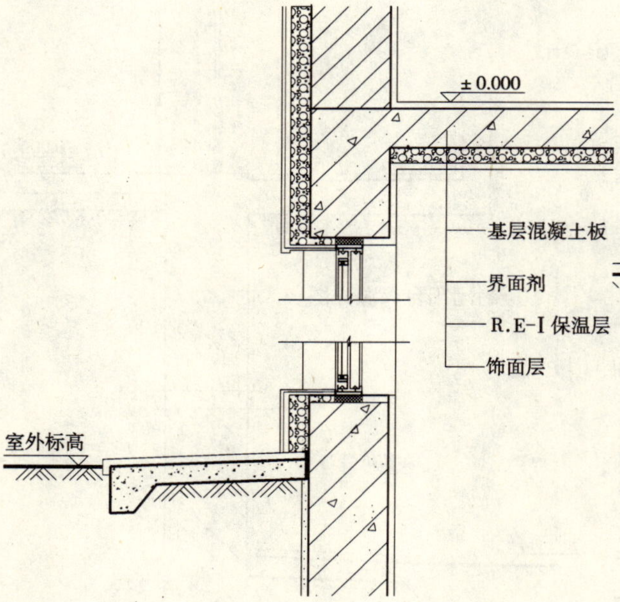

① 半地下室平顶内保温

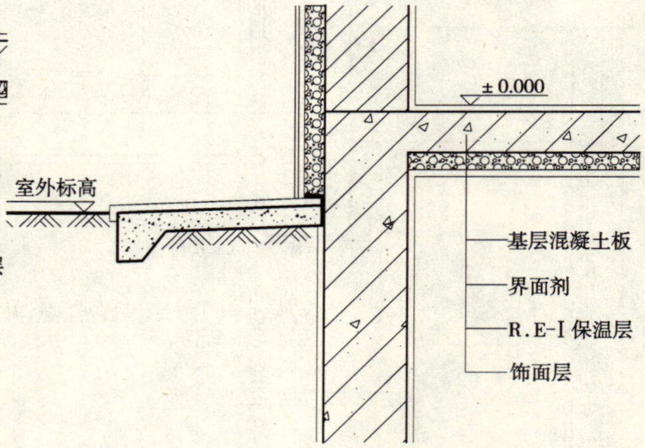

② 地下室平顶内保温

分层条、分格色带、室外机搁板构造图

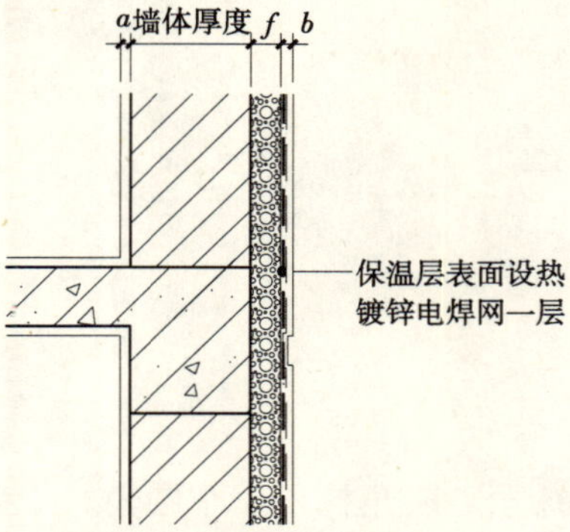

① 外墙贴面砖时分层条

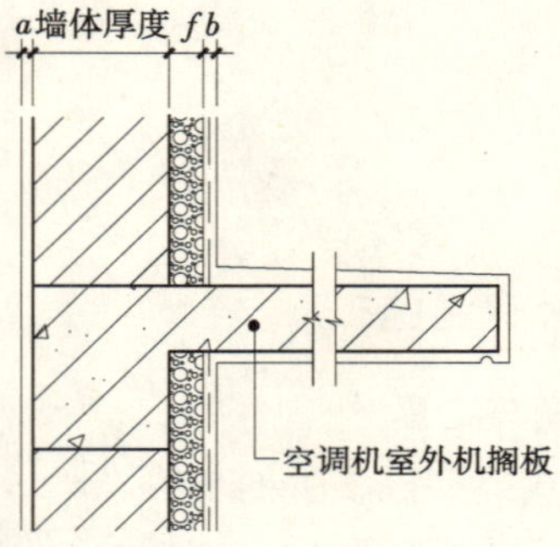

③ 室外机搁板

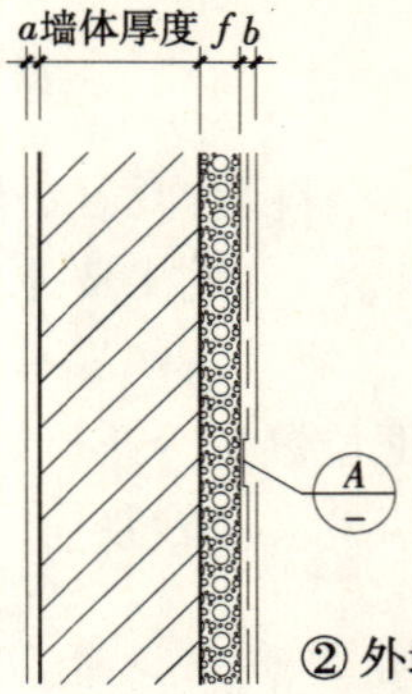

② 外墙涂料时分格色带

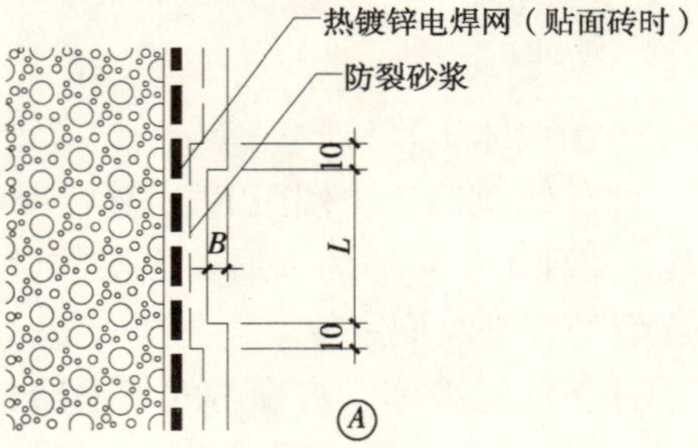

注：1. a=内饰面厚度，b=外饰面厚度，f=保温层厚度。
2. L=宽度 B=分层条深度。

外墙、屋面变形缝构造图

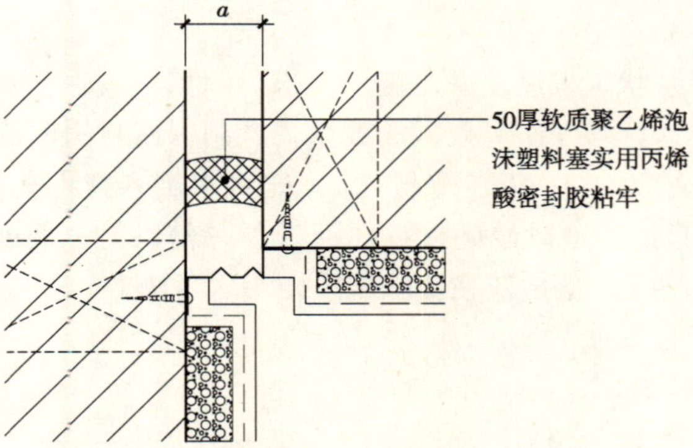

① 外墙变形缝（一）

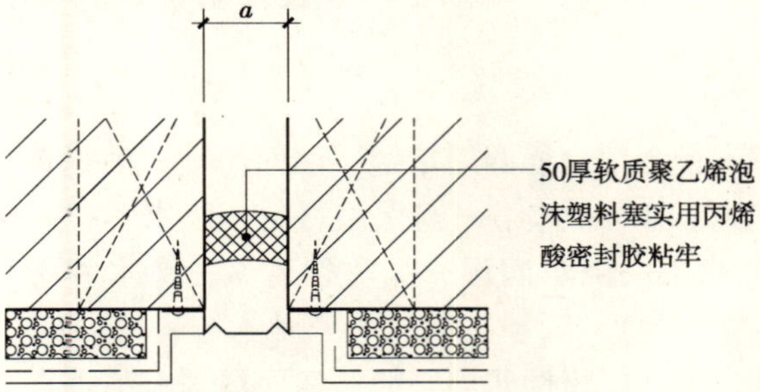

② 外墙变形缝（二）

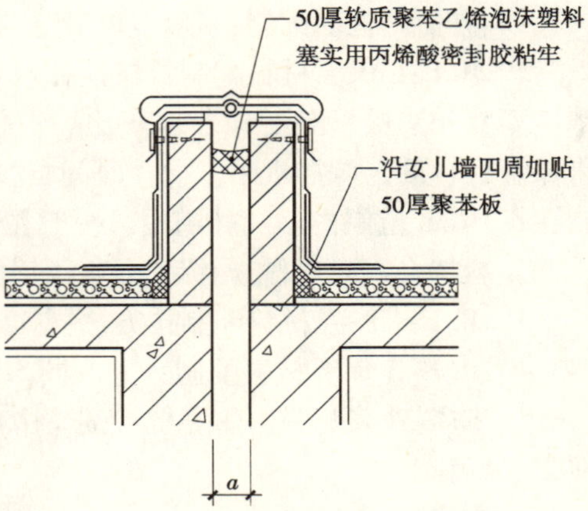

③ 屋面变形缝

注：1. 变形缝宽度a按单体设计。
2. 变形缝接点做法参见省标图集。

施工做法说明

一、外墙外保温施工

1. 主要机具与工具

1.1　强制式搅拌机、手推车等。

1.2　一般应备有托灰板、木抹子、铁抹子、靠尺板、阳角抹子、阴角抹子、小圆角、（三角铁）大杠、小杠、托线板等。

2. 作业条件

2.1　外墙墙体工程验收完毕。

2.2　建筑物改造工程使用R. E复合保温材料时，基层必须坚实，原涂料装饰面层及已松动、污染的墙面应清理干净。原为饰面砖面层的应用锤击检查，对已空鼓的应铲除，并用1∶3水泥砂浆补平。用R. E界面处理剂涂刷一遍。

2.3　抹灰前对墙体上被剔凿的管道槽、洞进行整修完善。检查门窗框位置是否正确，安装是否牢固，门窗框与墙体之间的缝隙应用聚氨酯等柔性密封材料充填，外侧用1∶3水泥砂浆粉刷，墙柱连接处缝隙应用麻布或钢丝网片加固。

2.4　按抹灰墙面的高度，支搭好抹灰用脚手架。脚手架要稳定、牢固、可靠。

2.5　当气温高于35℃时或连续24h中的最低温度低于5℃日不宜施工，雨天不得进行施工。雨期施工，应采取有效的防雨措施。冬期施工时应采取防冻措施。夏季施工时避免阳光曝晒，需要时可在脚手架上搭设防晒布。

3. 材料配制

3.1　界面处理剂配制：经现场加水、搅拌成均匀浆状，稠度应满足施工要求。

3.2　R. E-Ⅱ保温材料配制：按搅拌机容积，预先计算好一次可投入的数量，拌制保温材料时应根据环境温度和基层干湿度确定水灰比。干粉料：水一般为1∶0.65（重量比），先将水倒入搅拌机内，再将保温材料倒入搅拌机中。搅拌时间自投料完毕算起比普通砂浆的搅拌时间延长一倍以上，稠度应控制在5～7cm范围内。随拌随用。一般在4h内用完。4h内落地灰在清除杂质硬块后可按1∶4（重量比）与新料掺合，经机械搅拌后可继续使用。

3.3　R. E-Ⅰ保温材料配制：方法同3.2，灰水比为1∶1。

3.4　R. E-Ⅳ保温材料配制：方法同3.2，灰水比为1∶0.6。

3.5　防裂砂浆配制：防裂抗渗剂∶中砂∶水按1∶3∶0.75（重量比）。稠度控制在6～8cm，一般在2h内用完。

4. 施工程序

4.1　涂料饰面外墙外保温层施工一般按下列程序进行：门窗框四周堵缝—墙面清理—吊垂直、套方、抹灰饼、充筋—弹灰层控制线—浇水预湿—涂界面处理剂—抹第一遍保温材料—浇水养护—抹第二遍保温材料—检验平整度、垂直度、厚度—安装分格条—浇水润湿—抹防裂砂浆—浇水养护—验收—饰面层施工。

4.2　面砖饰面外墙外保温层施工一般按下列程序进行：门窗框四周堵缝—墙面清理—吊垂直、套方、抹灰饼、充筋—弹灰线控制线—涂界面处理剂—抹第一遍保温材料—浇水养护—抹第二遍保温材料—检验平整度、垂直度、厚度—浇水养护—铺设热镀锌电焊网—钻孔并安装锚固件（砌块墙）或用射钉固定（混凝土墙）—抹第一遍防裂砂浆—浇水养护—浇水养护—抹第二遍防裂砂浆—浇水养护—

验收—粘贴饰面砖。

4.3 涂料饰面外墙内保温层施工一般按下列程序进行：门窗框四周堵缝—墙面清理—吊垂直、套方、抹灰饼、充筋—弹灰层控制线—浇水预湿—涂界面处理剂—抹第一遍保温材料—浇水养护—抹第二遍保温材料—浇水养护—验收—涂料饰面层施工。

5. 施工要点

5.1 基层为砖墙：将墙面上残余砂浆、污垢、灰尘清理干净，在抹灰前一天浇水润湿。抹灰时再提前一小时浇水一次，以满足施工要求。

5.2 基层为混凝土墙：用10%火碱除去表面油污，再用清水将碱液冲洗干净后晾干。在进行界面处理前将墙面浇水润湿。界面处理剂施工方法：分涂敷法、拉毛法。涂敷法：将界面处理剂用滚刷或油漆刷均匀涂刷在基层表面，以界面处理剂不流淌为宜，随即抹保温材料。拉毛法：将界面处理剂用刷子、扫帚等工具甩刷于混凝土或其他基层，拉毛成粗糙面，待硬化后再抹保温材料。

5.3 基层为加气混凝土墙：应提前2d浇水，每天两遍以上，使渗水深度达到8~10mm为宜。抹灰前最后一遍浇水应提前1h，用界面处理剂抹涂1~3mm，在界面处理剂未干燥时随即抹保温材料。

5.4 灰饼冲筋：墙面应按要求用保温材料做出灰饼冲筋。

5.5 保温层施工：可采用手工抹灰或机械喷涂抹灰。条件允许时，最好采用机械喷涂抹灰，参照《机械喷涂抹灰施工规程》(JGJ—T105—96)。保温层施工，应分遍进行。每遍厚度不宜超过10mm，涂抹时应抹平压实，待保温材料初凝后浇水润湿，以备下一遍抹灰。分层抹灰时间间隔一般在24h以上，待厚度达到冲筋面时，先用大杠刮平，再用铁抹用力抹平。

基层采用R·E-Ⅰ型保温材料施工时，方法同上，但不需在保温层表面抹抹面层，在保温层厚度达到设计要求时，用木抹轻轻搓平，稍干后直接在保温层上洒水抹平压光。

基层采用R·E-Ⅳ型保温材料时，保温层及抹面层施工方法应参照国家现行标准进行。

在保温层施工的同时应在门窗洞口周边外墙抹保温材料层。在檐口、窗台、窗楣、雨篷、阳台、压顶以及突出墙面的部位顶面应用水泥砂浆做出坡度，下面应做滴水线。

5.6 保温层养护：待保温层初凝后再浇水湿润。浇水时间间隔可根据环境干燥情况确定，保持表面不出现发白现象，浇水养护不得少于7d。

5.7 分格缝施工：采用厚度不大于抹面层厚度的塑料或其他材料制成的分格条，用界面处理剂粘贴在保温层表面，现场安装后形成分格缝。

5.8 防裂砂浆抹面层施工：防裂砂浆面层抹灰必须在保温层充分凝固后进行，一般在7d后或用手按不动表面的情况下进行。施工前一天浇水湿润。抹灰前1h再浇一遍水。防裂砂浆施工时，用铁抹抹平后用塑料抹子搓平拉毛。

5.9 防裂砂浆应随拌随用，停放时间不宜超过3h，落地灰不得回收。

5.10 防裂砂浆抹面层养护：材料初凝后应浇水养护，浇水养护不得少于7d，浇水养护间隔时间同5.6。

5.11 饰面砖施工：从顶层开始沿墙面阳角，在固化后的保温层上铺设钢丝网，用2个锚固件分别置于钢丝网顶点的左右角，使其固定。固定时应由两人配合，其中1人按住钢丝网，另一人用与膨胀钉直径相同的冲击钻头从钢丝孔中钻孔并安装膨胀钉（砌块墙）或用射钉器固定钢丝网（混凝土墙）。用射钉锚固时，先用厚度不小于1mm，直径不小于25mm的金属防腐垫片置于钢丝网上，然后用射钉器对准垫片中心扣动扳机击出，即完成一次固定。钢丝网固定后，先用防裂砂浆刮糙2~3mm，使钢丝网压入其中，固化后再抹3~5mm，然后在面层上粘贴饰面饰。

二、屋面外保温施工

1. 主要机具与工具

1.1　参照外墙外保温 1.1 执行。

2. 作业条件

2.1　铺设保温材料的基层应满足相应规范要求。

2.2　对于旧房改造的屋面保温工程，如果原防水层及保护层已老化损坏则应将其清理干净。

2.3　屋面各种预留孔洞应提前施工完毕。伸出或穿过屋面的管道，排水孔沟和设备等应预先塞实、固定，并按具体部位进行防水试验，以免渗漏现象发生。

3. 材料配制

3.1　按外墙外保温 3.2 要求进行，灰水比为 1∶0.6。

4. 施工程序

4.1　屋面外保温层施工一般按下列程序进行。

程序之一：基层处理—弹线找坡—管道固定—浇水润湿—铺抹保温材料—厚度验收—抹防裂砂浆—养护—干燥验收—做防水层。

程序之二：基层处理—水泥焦渣、水泥珍珠岩找坡—水泥砂浆找平—干燥验收—做防水层—铺抹保温材料—厚度验收—抹防裂砂浆—养护。

4.2　坡屋面无找坡工序，可在坡屋面现浇板上直接做保温层，并在防护层上用防裂砂浆抹挂瓦条。挂瓦条的宽度、间距、高度应根据瓦材的规格和设计要求设置。

5. 施工要点

5.1　基层处理：基层表面的杂物、灰尘应清理干净。

5.2　找坡：按设计坡度及流水方向，找出屋面坡度走向，确保保温层的厚度范围。

5.3　保温层施工：将拌制好的保温材料按厚度要求均匀地摊铺在找平层或找坡层上，用木刮杠刮平，再用铁抹压实，找坡正确，周边阳角、出屋面管根部等连接部位需填实抹平，保温层厚度应满足设计要求，浇水养护 7d 后做抹面层。

5.4　抹面层施工：应事先搭好脚手板，不得直接在保温层上行人和堆积重物；将搅拌好的防裂砂浆分格摊铺在保温层上，用木杠刮平，用铁抹抹平压光，突出屋面构件，交接处和转角处应做成圆弧形或钝角，且要求整齐平顺。

5.5　平屋面分格缝 200mm 宽范围内防水卷材应采用空铺至保温材料层下面，伸缩缝内应填充弹性密封材料。凸出屋面处的泛水做法应满足相应防水材料的构造要求。

5.6　抹面层养护：按常规方法进行。

三、质量验收

1. 工程验收

1.1　外墙、屋面外保温工程应按《建筑工程施工质量验收统一标准》(GB 50300—2001) 规定和与其配合使用的相关验收规范进行施工质量验收。

1.2　外保温工程应在全部完成并提交下列文件和记录进行验收：

(1) 外保温系统的设计文件、图纸会审、设计变更；

(2) 施工方案和施工工艺；

(3) 外保温系统的型式检验报告及其主要材料的产品合格证、出厂检验报告、同一批号产品进场复检报告和现场验收记录。除产品进场复检报告和现场验收记录外，其余由材料供应商提供；

(4) 施工技术交底；

(5) 施工工艺记录及施工质量检验记录；

(6) 其他必须提供的资料。

1.3 外保温系统主要组成材料复检项目应符合下表1的规定。

外保温系统主要组成材料复检项目 表1

组成材料	复检项目
R.E-Ⅰ保温材料	导热系数、吸水量、抗压强度（7d，≥0.40MPa）
R.E-Ⅱ保温材料	导热系数、吸水量、抗压强度（7d，≥0.30MPa）
R.E-Ⅲ保温材料	导热系数、吸水量、抗压强度（7d，≥0.10MPa）
R.E-Ⅳ保温材料	导热系数、吸水量、抗压强度（7d，≥0.10MPa）
R.E防裂砂浆	干燥状态和浸水48h拉伸粘结强度（7d，≥0.10MPa）破坏界面应位于保温层吸水量

注：制substrate后标养7d后进行试验。发生争议时，以养护28d为准。

1.4 外墙外保温系统的型式检验项目和试验方法应符合上表的规定和国家行业标准《外墙外保温技术规程》附录A外墙外保温系统性能试验方法，型式检验应由有资质的机构进行。

注：本图集中技术指标所规定的检验项目为型式检验项目。型式检验报告有效期为2年。

1.5 R.E复合保温材料外墙外保温系统的预期使用寿命在正确使用和正常维护的条件下至少为25年。

注：正常维护包括局部修补和饰面涂层维修两部分。对局部破坏应及时修补。对于不可触及的墙面，饰面层正常维修周期应不大于5年。

2. 允许偏差

2.1 外墙外保温层抹面层允许偏差和检验方法应符合表2的规定。

2.2 屋面外保温层抹面层允许偏差和检验方法应符合表3的规定。

外墙外保温层防护面层允许偏差 表2

<table>
<tr><th rowspan="2">项次</th><th colspan="3" rowspan="2">项　　目</th><th colspan="2">允许偏差（mm）</th><th rowspan="2">验收方法</th></tr>
<tr><th>抹面层</th><th>保温层</th></tr>
<tr><td>1</td><td colspan="3">表面平整</td><td>4</td><td>3</td><td>用2m靠尺和楔塞尺检查</td></tr>
<tr><td>2</td><td colspan="3">阴、阳角垂直</td><td>4</td><td>3</td><td>用2m托线板检查</td></tr>
<tr><td>3</td><td colspan="3">立面垂直</td><td>4</td><td>3</td><td>用2m托线板检查</td></tr>
<tr><td>4</td><td colspan="3">阴、阳角方正</td><td>4</td><td>3</td><td>用20cm靠尺和楔塞尺检查</td></tr>
<tr><td>5</td><td colspan="3">分格条（缝）平直</td><td>/</td><td>3</td><td>用拉5m小线和尺量检查</td></tr>
<tr><td>6</td><td colspan="3">保温层厚度</td><td colspan="2">按设计厚度不应有负偏差</td><td>用棒针插入和尺量检查</td></tr>
<tr><td rowspan="3">7</td><td rowspan="3">立面全高垂直</td><td rowspan="2">层高</td><td>≤5</td><td colspan="2">8</td><td rowspan="2">经纬仪、拉线、钢尺</td></tr>
<tr><td>≥5</td><td colspan="2">10</td></tr>
<tr><td colspan="2">建筑总高度 H（mm）</td><td colspan="2">H/1000，并且≤30</td><td>拉线5m线（不足5m时拉通线）、钢尺</td></tr>
</table>

屋面保温层允许偏差表 表3

<table>
<tr><th>项次</th><th colspan="2">项　　目</th><th>允许偏差（mm）</th><th>检验方法</th></tr>
<tr><td rowspan="2">1</td><td rowspan="2">保温层表面平整度</td><td>保温层</td><td>6</td><td rowspan="2">2m靠尺和楔形检查</td></tr>
<tr><td>抹面层</td><td>5</td></tr>
<tr><td>2</td><td>保温层厚度</td><td colspan="2">按设计厚度不应有负偏差</td><td>用钢针插入和尺量检查</td></tr>
</table>

十、J/T 16-2006

HR 保温装饰板外保温系统

1

说　　明

说　明

一、编制说明

1. 本图集是HR保温装饰板外保温系统在建筑构造方面的推广应用图集。

2. 适用范围　本图集适用于夏热冬冷地区。抗震设防烈度≤9度地区的新建、扩建工业与民用建筑的外墙保温装饰。

3. 图集设计依据

1）《公用建筑节能设计标准》（GB 50189—2005）

2）《江苏省民用建筑热环境与节能设计标准》（DB 32/478—2003）

3）《夏热冬冷地区居住建筑节能设计标准》（JGJ 134—2001）

4）《膨胀聚苯板薄抹灰外墙外保温系统》（JG 149—2003）

5）《建筑装饰装修工程质量验收规范》（GB 50210—2001）

6）外墙涂料（GB/T 9757—2001）（JG/T 24—2000）

7）丰彩HR保温装饰板产品企业标准（Q/3201JX016—2006）

4. HR保温装饰板外保温系统特点

1）该系统集保温隔热和装饰功能于一体的工厂化板材安装而成。

2）具有安装便捷、施工劳动强度小、施工周期短、成本造价低等优点。

3）该系统除一般的装饰效果外，还具有仿铝塑、大理石幕墙等装饰效果。

4）该系统保温层是以优质挤塑聚苯板为基材，复合以高强度的加固层，既有优异的保温性能，又具有较高的保护强度。

5）该系统具有较高的抗风载能力和较强的耐候性。

6）板材具有较高的防水抗裂性能。

7）板材具有现场可加工性。

5. HR保温装饰系统的构造

该系统是以墙体为基层，采用粘贴和板间卡件定位固定法，将成品板安装于外墙。板缝用聚苯乙烯发泡衬条嵌缝，再用耐候胶做防水封闭。

6. 本图集的尺寸除注明外，其他均以毫米（mm）为单位。

二、主要材料及术语

1. HR保温装饰板　由保温层、粘结层、加固层、装饰层复合而成。

2. 专用胶粘剂　HP/J—1专用胶粘剂由高分子聚合物、硅酸盐水泥和化学助剂组成，具有较高的粘结强度和柔性。

3. 聚苯板嵌条　由发泡聚苯乙烯制成条状，用于板材嵌缝处理。

4. 建筑耐候胶　用于嵌缝处理，具有较好防水耐候效果的硅胶材料。

5. 固定件　用于加固板材的专用塑料压板和标准塑料膨胀管。

三、材料的技术性能指标

1. HR 保温装饰板性能指标

表 1

检　验　项　目		性　能　指　标			
外　观		涂层平整、色泽均匀			
表观密度（kg/m^2）		普通型	≤16	加强型	≤20
导热系数[W/(m·K)]		≤0.03			
耐　冻　融		表面无裂纹、空鼓、气泡、剥离现象			
耐碱性：48h		涂层无变化			
耐水性：96h		涂层无变化			
燃烧性能		B2 级			
尺寸允许误差	长、宽、厚（mm）	±2			
	对角线差（mm）	±5			
	板面平整度（mm）	±2			
产品规格（厚度依设计而定） 长（mm）×宽（mm）		1200×750 900×600 ≤600×≤600（角板）			

2. 固定锚栓技术性能指标

表 2

检　验　项　目	技　术　指　标
单个锚固螺栓抗拉承载力标准值（kN）	≥0.30
有效锚固深度　（mm）	≥25

3. HP/J-1　专用胶粘剂技术性能指标

表 3

试　验　项　目		单　位	
拉伸粘结强度（与水泥砂浆）	原强度	MPa	≥0.60
	耐水强度		≥0.40
拉伸粘结强度（与膨胀聚苯板）	原强度	MPa	≥0.10 破坏界面在聚苯板上
	耐水强度		≥0.10 破坏界面在聚苯板上
可操作时间		h	1.5~4.0

4. HR 保温装饰板外保温系统性能指标

表 4

检　验　项　目	技　术　指　标	
抗冲击强度（J）	普通型	≥3.0
	加强型	≥10.0
抗风压值　（kPa）	实测值不小于工程项目设计值	
耐候性	表面无裂纹、粉化、剥落现象	

5. 附件材料　在安装施工中所使用的附件材料，包括聚苯板嵌条、建筑耐候胶等都应符合相应的国家标准要求。

四、设计要求

1. 基层墙体的挠度不应超过 $L/240$，L 为楼层高度。
2. 应在下列位置设置变形缝或分隔缝。

（1）基层墙体结构设有伸缩缝、沉降缝和防震缝处；

（2）保温装饰板与不同结构材料相接处；

（3）基层墙体材料改变处。

3. 本图集中配以各种基材厚度的保温装饰板可以满足《江苏省民用建筑热环境与节能设计标准》（DB 32/478—2001）和《公共建筑节能设计标准》（GB 50189—2005）中的墙体热阻值要求。如有特殊要求则另行计算。

4. 建筑结构复杂的异型件可以另行设计制作或采用其他保温装饰系统达到设计要求。

五、安装与施工

（一）一般规定

1. 施工条件

（1）施工环境温度5℃～40℃，雨雪天气不得施工。

（2）基层应防水抗开裂、无空鼓、起壳现象。

（3）墙面基层尺寸无误差，应满足《建筑装饰装修工程质量验收规范》（GB 50210—2001）高级抹灰标准。

（4）墙面必须先对前道工序验收后方可进行。

（5）检查所用材料应符合设计要求。

（6）吊篮要符合安全施工要求。

2. 施工组织设计

（1）工程进度计划	（2）测量方法
（3）安装方法	（4）安装顺序
（5）检查验收	（6）安全措施

（二）施工准备

1. 施工设备与工具

（1）搅拌设备　砂浆搅拌机、手提式搅拌器。

（2）运输设备　垂直提升机、手推车、吊绳。

（3）施工设备　脚手架吊栏、空压机、冲击电钻、专用切割机。

（4）施工工具　平口批刀、料桶、铲刀、铁锹、剪刀、锯齿型批刀、锤子、美工刀、铝合金刮尺、螺丝刀、滚筒、托盘、扫帚、木纹纸、毛刷。

（5）检测及划线工具　激光电子经纬仪、自动安平标准仪、靠尺、卷尺、钢尺、墨斗、塑料软管。

2. 材料的准备

（1）根据设计，按照每层或每个施工面，所使用板材的型号、数量进行准备。

（2）需要现场制作的非标准型板材，应根据图纸提前准备。

（3）胶粘剂　将HP/J—1专用胶粘剂，按5∶1用自来水进行调合。

（三）安装与施工

1. 划线分格

（1）根据建筑物对保温装饰系统的外装饰设计，在符合要求的基层上，建立多方位基准点、线。

（2）复查图纸设计尺寸与实际尺寸的差异，确定好调整方案。

（3）在放线时应根据设计，注意每层水平交圈分隔尺寸，同时注意整栋建筑的垂直方向接缝与阴阳角的定位。

（4）对基准的定位、基准线及板材定位分格线要多次复查后方可进行下道工序施工。

（5）如实际尺寸与图纸设计有较大误差时应与设计人员及时联系。

2. HR保温装饰板材的安装

（1）根据设计的定位分格线选定好相对型号的板材。
（2）根据设计的固定件数量，在定点位置进行打孔备用，清除灰尘。
（3）在板材的粘贴面涂刷界面剂、刷专用胶粘剂。
（4）粘贴时用力要均匀，安装时按水平方向的顺序粘贴。
（5）接缝填衬打胶。
（6）板材组装允许偏差见表5。

板材组装允许偏差　　表5

项　　目	允许偏差（mm）	检　验　方　法
相邻两竖向板材间距尺寸	±2.5	用钢直尺检查
相邻两横向板材间距尺寸	±2.0	用钢直尺检查
两块相邻板材间距尺寸	±1.5	用钢直尺检查
相邻两横向板材水平高差	≤2.0	用钢直尺和水平仪检查
横向板材水平度2m范围	≤2.0	用水平尺和水平仪检查
竖向板材直线度	≤2.5	用2m靠尺和钢直尺检查

3. 成品的保护和清洗
（1）对已施工好的墙面，应采取保护措施不得发生污染、碰擦现象。
（2）对成品上的附着物应及时清除。
（3）安装完成后应制定清洁方案，清扫时应避免损伤表面。
（4）清洗成品表面时，清洁剂应符合要求，不得产生腐蚀和污染。
4. 安装施工安全
（1）安装施工的安全措施应符合现行的国家相关规定，同时还应遵守施工组织设计确定的各项要求。
（2）安装施工的机具、吊篮使用前应检查，符合规定后方可使用。
（3）施工人员作业时按规定必须配戴相关安全用品。
（4）脚手架上的杂物应及时清理，不得在窗台栏杆上放置工具。

六、材料的质量检测

1. HR保温装饰板材按表1执行。
2. HP/J—1专用胶粘剂，按表3标准技术要求。

七、工程验收

1. 验收前将表面清理干净。
2. 工程观感应符合以下规定：
（1）系统颜色均匀，色泽应同样板相符。
（2）系统表面平整，无明显变形或缺损。
（3）板缝顺直，密封胶平滑、均匀、饱满，无漏嵌、气孔。
（4）沉降缝、伸缩缝、防震缝的处理，应保持外观效果的一致性，并符合设计要求。
3. 工程安装施工允许偏差应符合表6相关规定

安装施工允许偏差 表 6

检 验 项 目	允许偏差（mm）	检 验 方 法
主面垂直度	3	用 2m 垂直检测尺检查
表面平整度	3	用 2m 直靠尺和塞尺检查
阴阳角方正	3	用直角检测尺检查
接缝直线度	1.5	拉 5m 线检查，不足 5m 拉通线检查，用钢直尺检查
拉缝高低差	1	用钢直尺和塞尺检查
接缝宽度	1.5	用钢直尺检查

2
保温做法与选用

保温装饰系统热工性能表

保温装饰系统热工性能见表1。

HR 保温装饰板外保温系统热工性能表 **表1**

保温装饰板厚度（mm）	基层墙体 R_0/D	KM1 砖	KP1 砖	页岩模数砖	钢筋混凝土墙			混凝土空心砌块（单排孔）	混凝土空心砌块（双排孔）
		190 厚	240 厚	240 厚	160 厚	200 厚	250 厚	190 厚	190 厚
30	R_0	1.252	1.338	1.470	1.016	1.040	1.068	1.111	1.204
	D	3.66	4.34	4.80	2.65	3.05	3.54	2.17	2.71
35	R_0	1.397	1.483	1.615	1.161	1.184	1.210	1.256	1.394
	D	3.77	4.45	4.90	2.76	3.15	3.65	2.27	2.82
40	R_0	1.542	1.628	1.760	1.306	1.329	1.358	1.401	1.494
	D	3.87	4.55	5.00	2.86	3.25	3.75	2.37	2.92
45	R_0	1.687	1.773	1.905	1.451	1.474	1.503	1.546	1.639
	D	3.98	4.66	5.11	2.96	3.36	3.85	2.48	3.02
50	R_0	1.832	1.918	2.050	1.596	1.619	1.648	1.690	1.784
	D	4.08	4.76	5.21	3.06	3.46	3.96	2.58	3.13
55	R_0	1.977	2.063	2.195	1.741	1.764	1.793	1.835	1.929
	D	4.18	4.86	5.31	3.17	3.56	4.06	2.68	3.23
60	R_0	2.122	2.208	2.340	1.886	1.909	1.938	1.980	2.074
	D	4.28	4.97	5.42	3.27	3.67	4.16	2.79	3.33

注：1. 保温装饰板的导热系数计算取值0.030W/(m·K)；

2. 墙体传热阻值 R_0、热惰性指标 D 计算包括以下构造：内粉刷（20mm 厚水泥石灰砂浆）、基层墙体、外找平层（20mm 厚水泥砂浆）、保温装饰板。

3
构造做法与详图

保温装饰系统详图

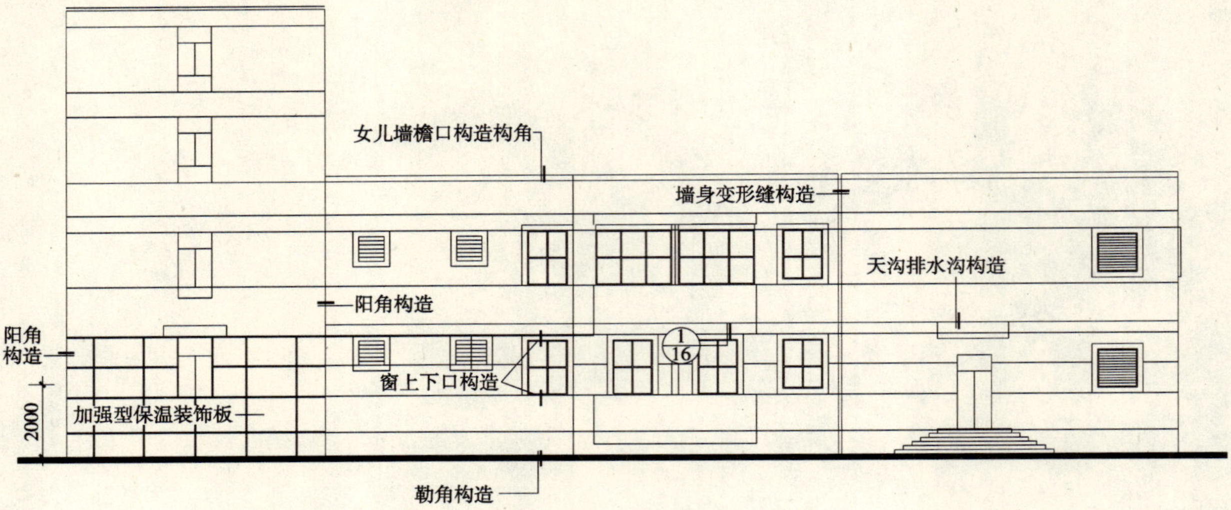

立面索引

保温装饰板安装示意图

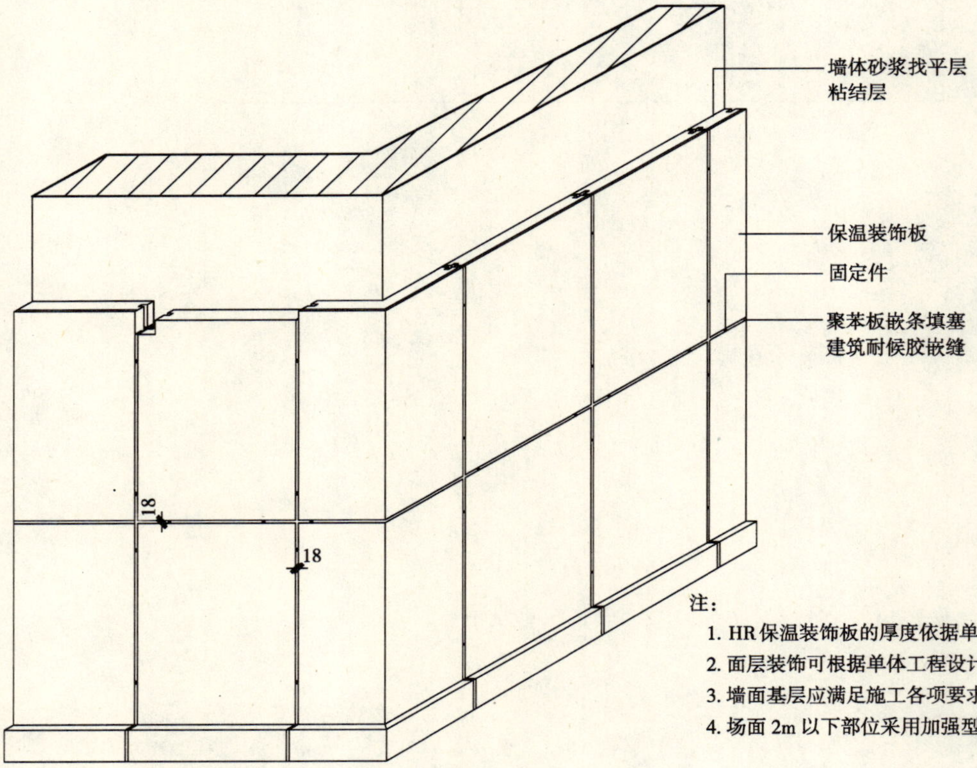

注：

1. HR保温装饰板的厚度依据单体节能设计要求确定。
2. 面层装饰可根据单体工程设计要求确定。
3. 墙面基层应满足施工各项要求。
4. 场面 2m 以下部位采用加强型保温装饰板。

保温装饰板的类型与规格

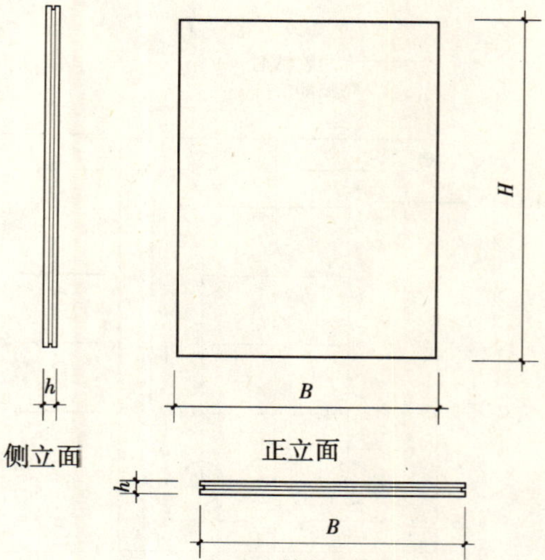

保温装饰板单板模数规格

高（H）	900	1200
宽（B）	600	750
厚（h）	30 35 40 45 50	

保温装饰板单板

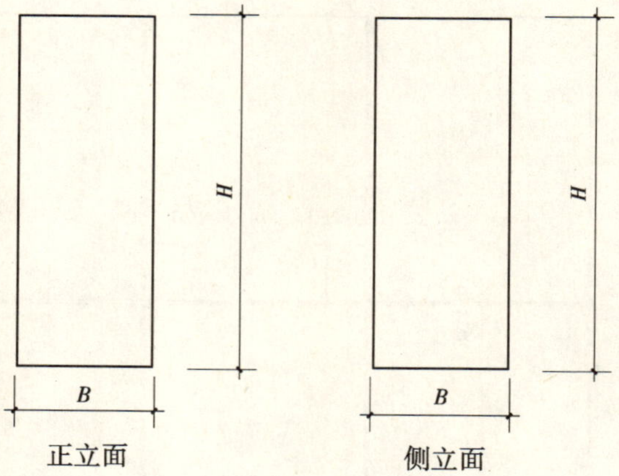

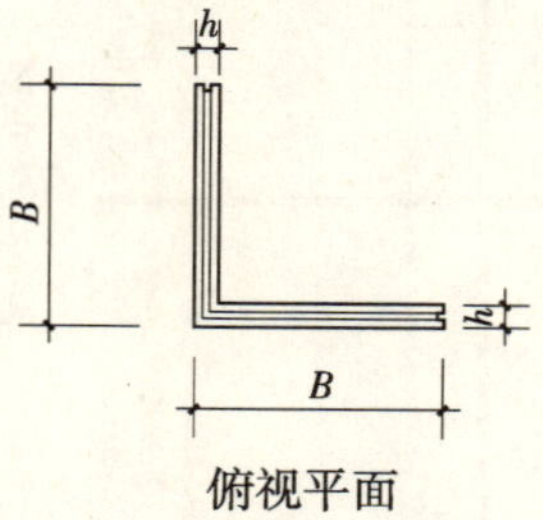

保温装饰板角板模数规格

高（H）	1200	900
宽（B）	≤600	≤600
厚（h）	30 35 40 45 50	

保温装饰板角板

保温装饰板结构示意图

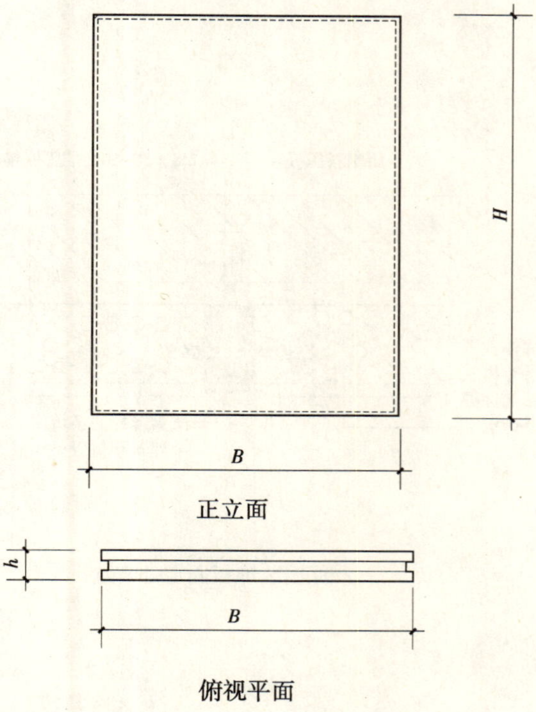

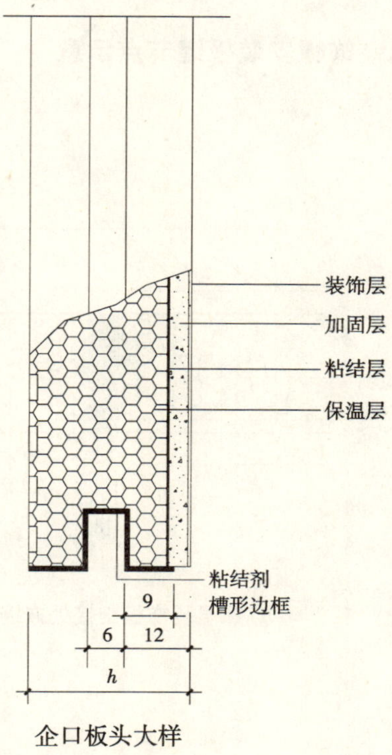

企口板头大样

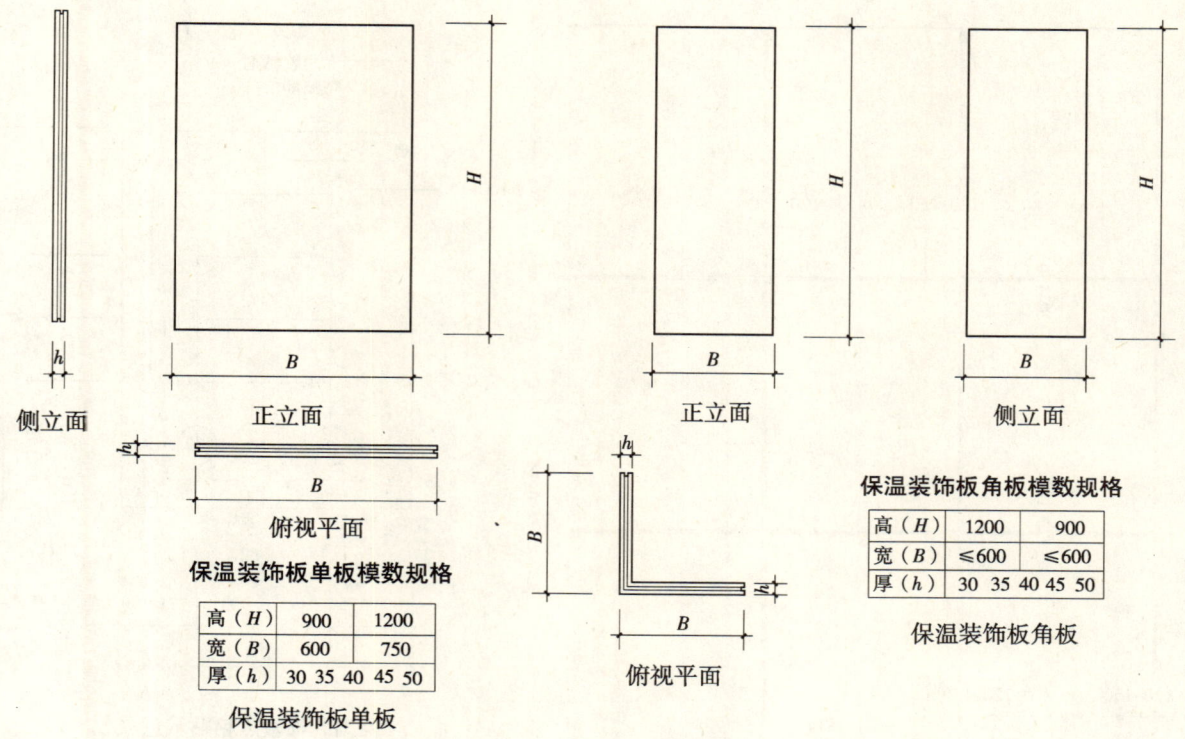

保温装饰板固定与粘贴方式

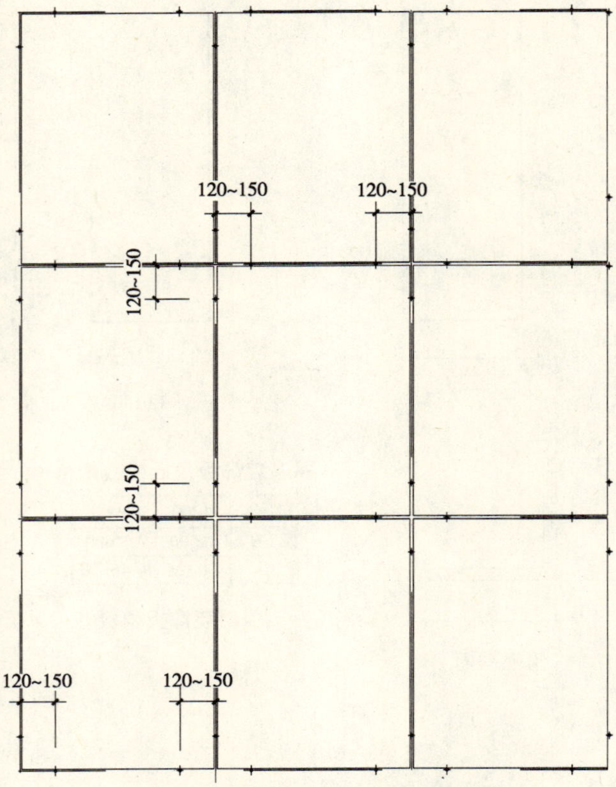

保温装饰板固定处节点

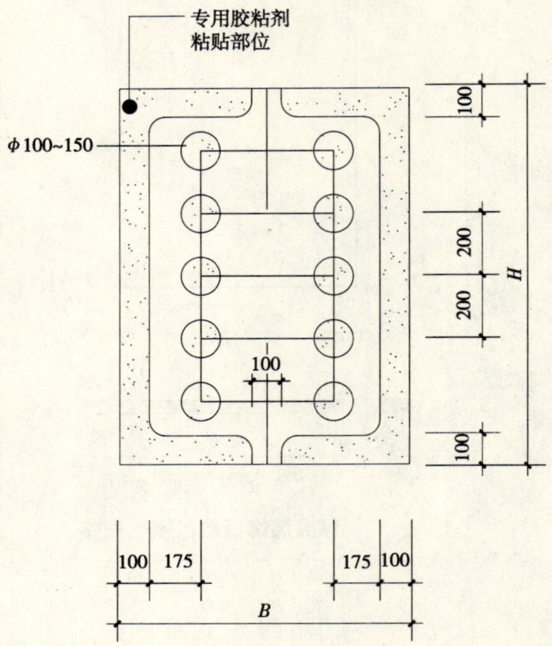

保温装饰板点粘贴示意

保温装饰板安装板缝节点示意

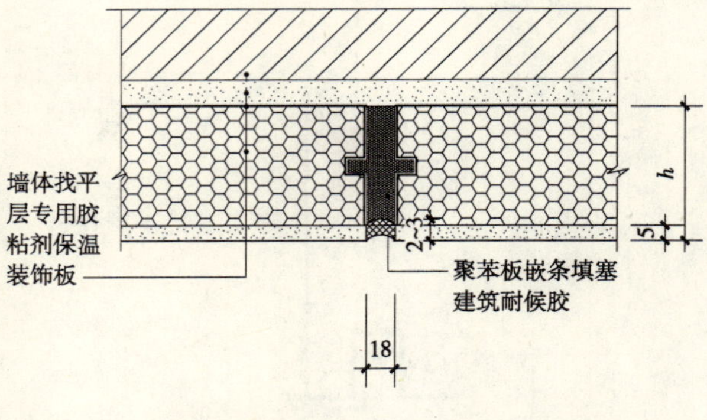

① 保温装饰板交接处嵌缝节点

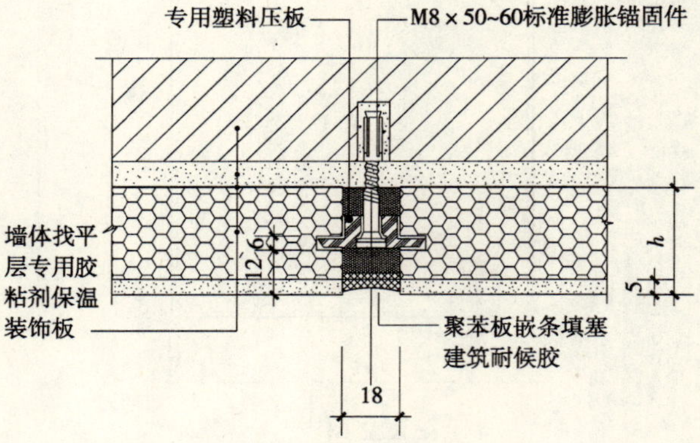

② 保温装饰板固定处节点

阴阳角与板缝节点

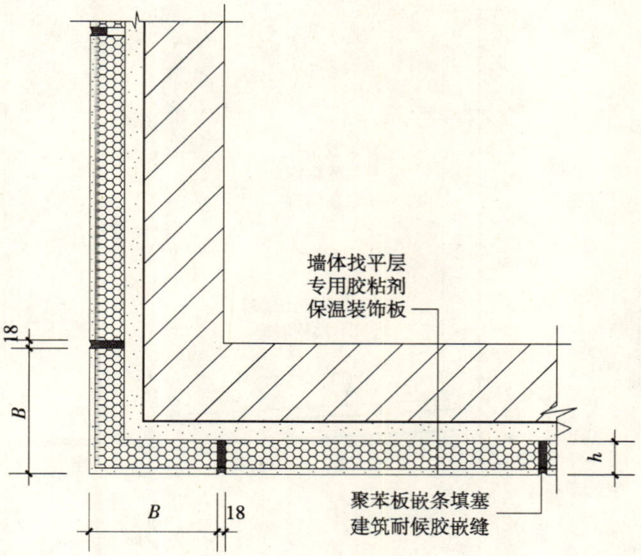

① 阳角大样图

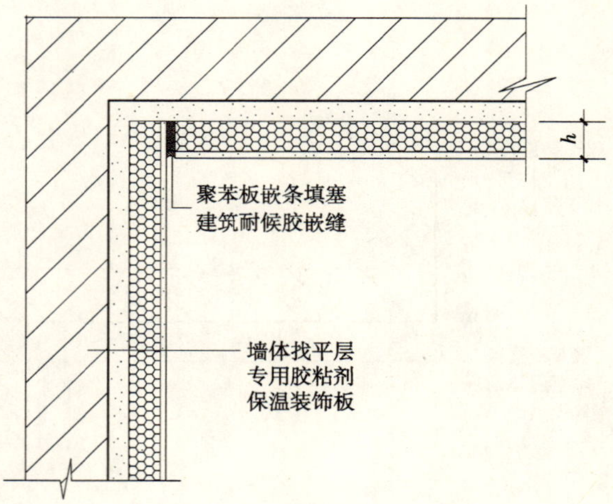

② 阴角大样图

不同角度的外墙与板缝节点

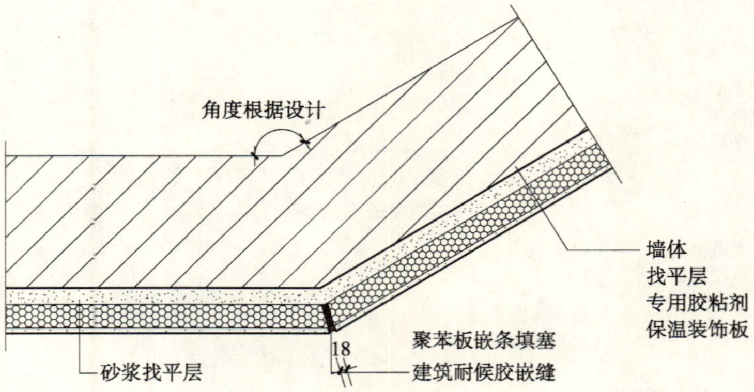

① 不同角度外角平面大样图

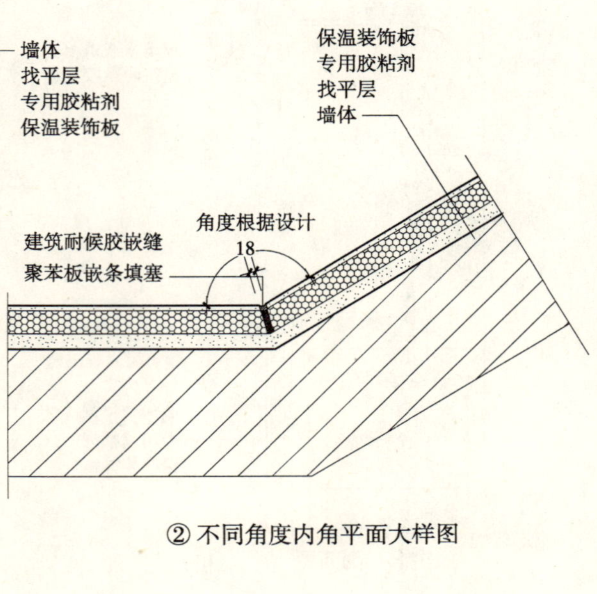

② 不同角度内角平面大样图

墙体勒脚与板缝节点

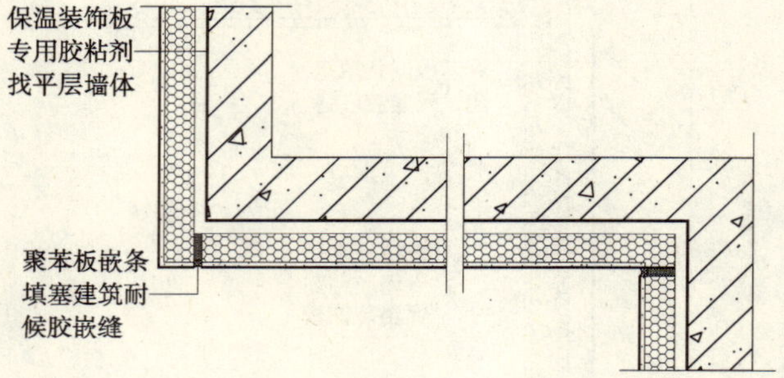

① 保温阳台剖面大样

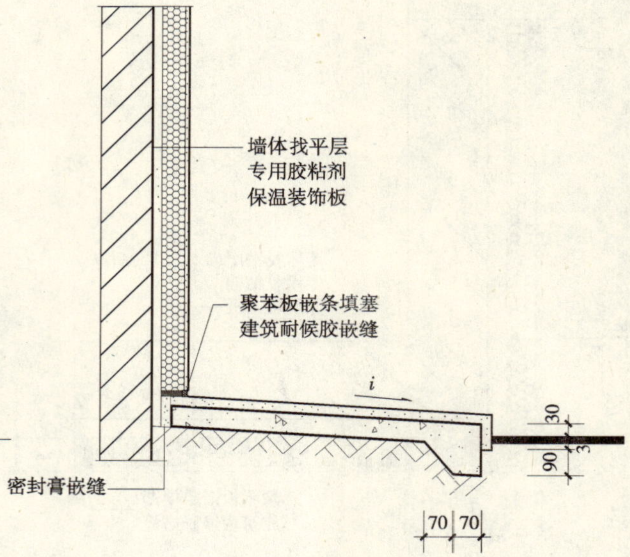

② 混凝土散水剖面大样

无窗套门窗洞口与板缝节点

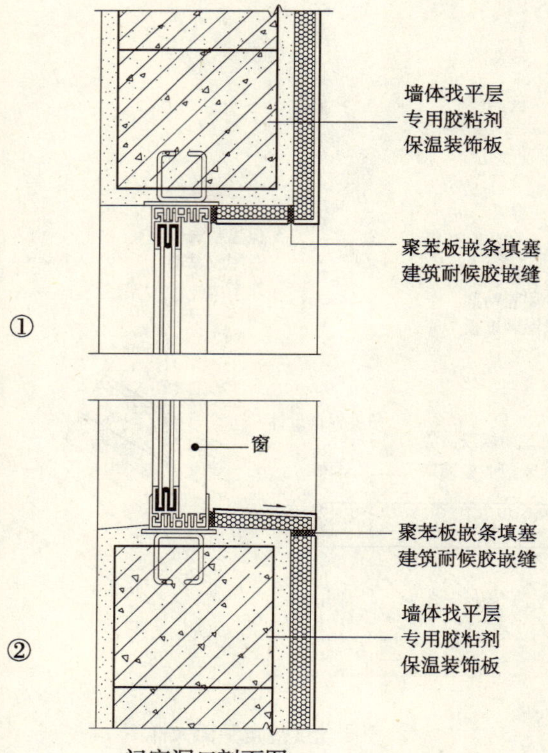

门窗洞口剖面图

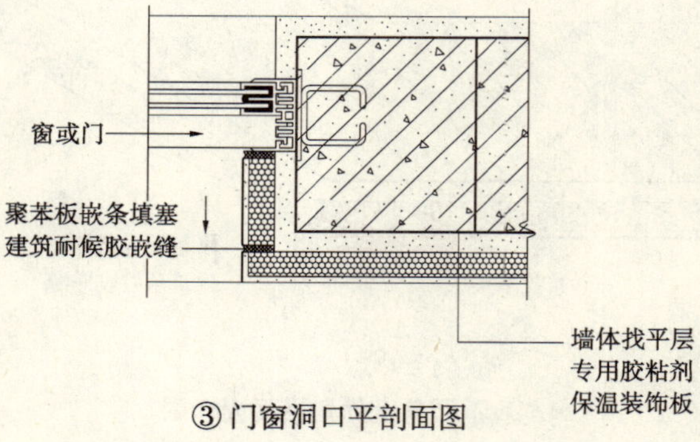

③ 门窗洞口平剖面图

女儿墙及檐口构造节点

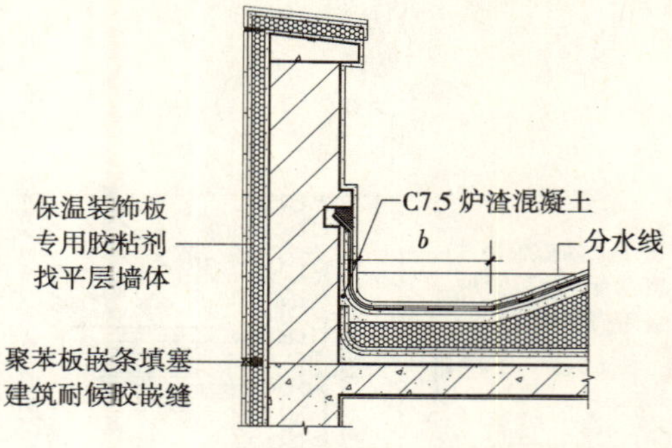

① 女儿墙泛水防水构造

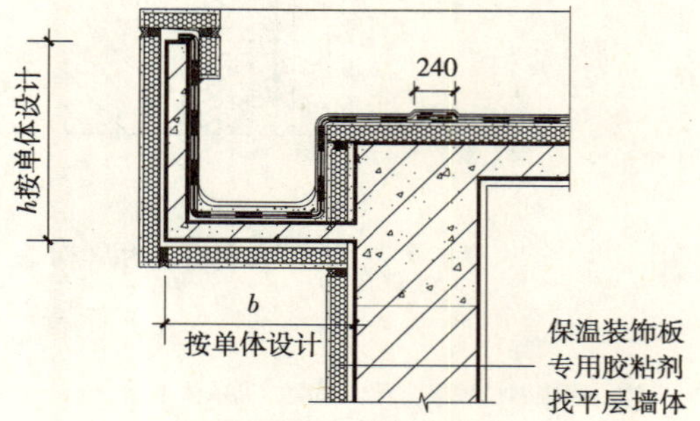

② 卷材外天沟排水构造

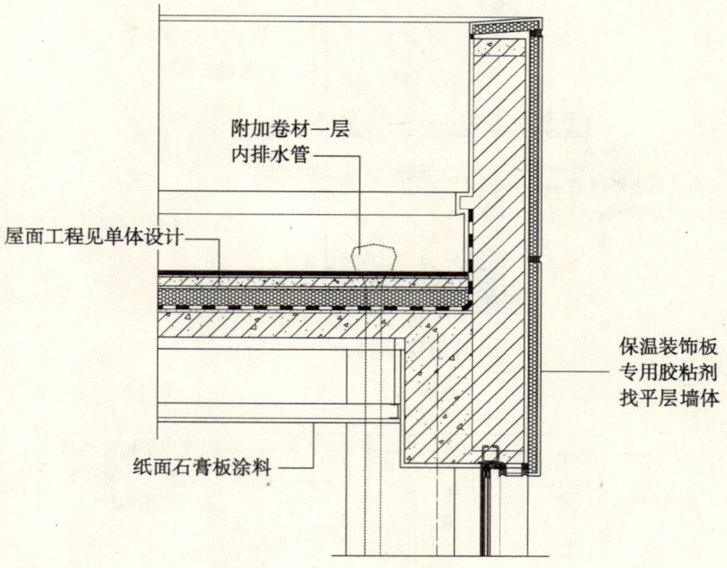

③

外墙变形缝节点

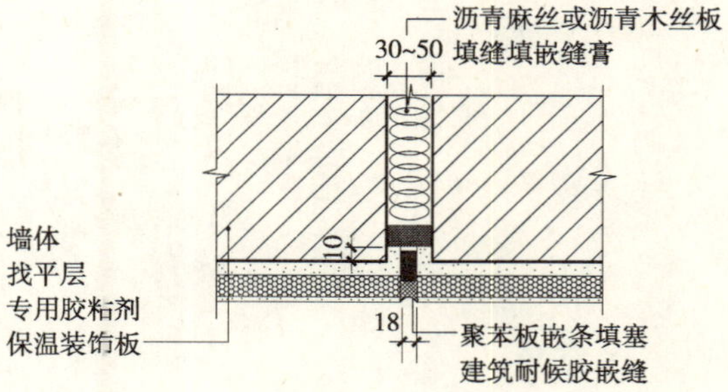

① 外墙沉降平缝

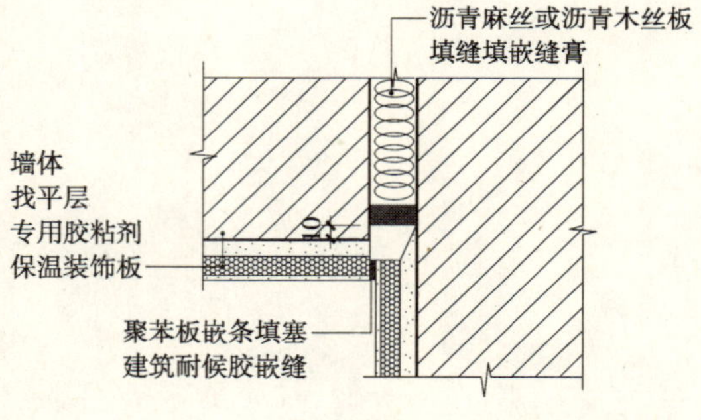

② 外墙沉降转角缝

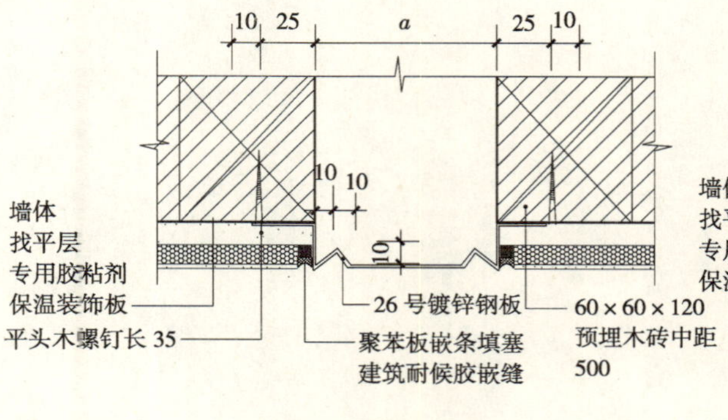

③ 外墙防震平缝

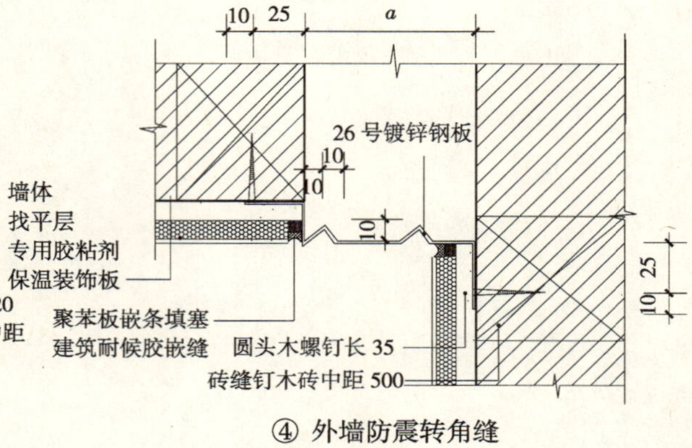

④ 外墙防震转角缝

窗墙管、雨水管及灯箱标牌固定节点详图

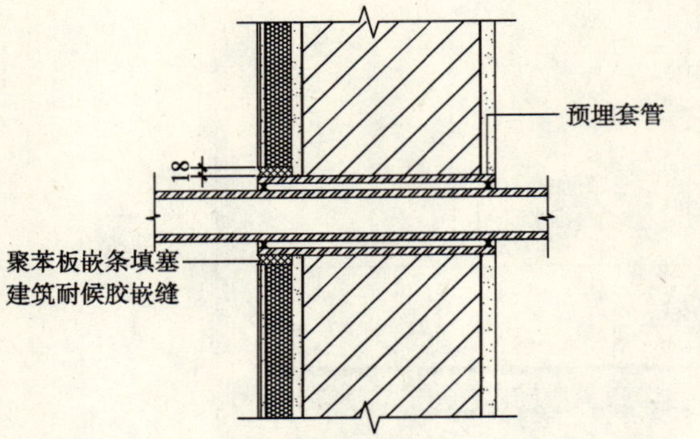

① 管道穿墙构造

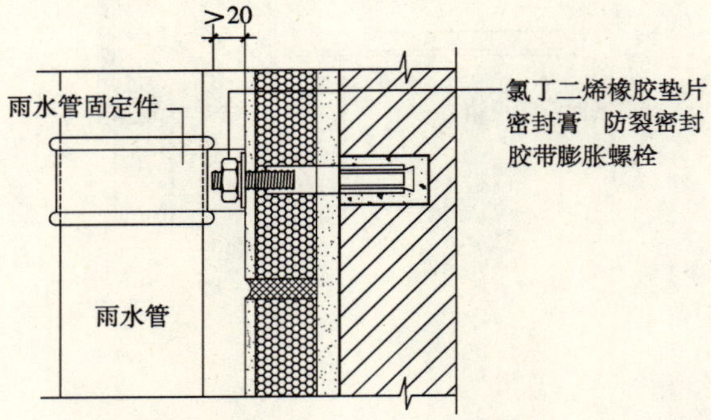

② 雨水管固定构造

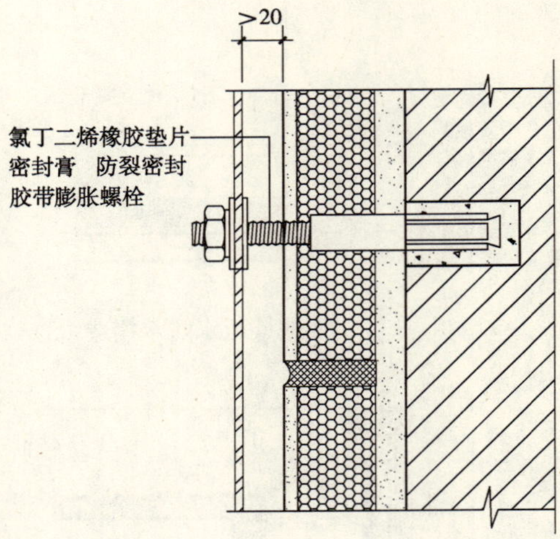

③ 固定灯箱标牌构造

注：膨胀螺栓规格，预埋深度，见单体工程设计。

十一、苏 J 16-2003

ZL 胶粉聚苯颗粒外保温系统

1

说　　明

说　　明

ZL胶粉聚苯颗粒保温材料外墙保温技术是北京振利高新技术公司的专利技术，已获国家专利（专利号：ZL98 1 03325.3、ZL98 207104.3、ZL01 201103.7）。该成套技术被国家住宅与居住环境工程技术中心列入新技术、新产品推广应用项目，并列为《2001年建设部科技成果推广转化指南项目》，经大量工程应用效果良好。为促进该技术在江苏省的推广应用，特编制本图集。

一、适用范围

本图集适用于江苏省新建和扩建的民用建筑的墙体和屋面保温工程，旧建筑节能改造和其他建筑可参照使用。

二、编制依据

1. 苏建科（2003）119号文
2. 《民用建筑热工节能设计规范》（GB 50176—93）
3. 《江苏省民用建筑热环境与节能设计标准》（DB 32/478—2001）
4. 《夏热冬冷地区居住建筑节能设计标准》（JGJ 134—2001）
5. ZL胶粉聚苯颗粒外墙外保温工法（国家级工法，YJGF 41—2000）
6. 北京振利高新技术公司提供的ZL胶粉聚苯颗粒保温材料工程技术研究成果。

三、主要内容

本图集内容包括ZL聚苯颗粒外围护结构（外墙、屋顶）外保温的基本构造、保温性能、节点大样和施工方法。

四、体系的基本构造

在外围护结构的基面上刷界面剂，再做保温层、抗裂保护层、饰面基底层，最后完成外饰面工程。

1. 外围护结构基层指钢筋混凝土墙体、各类烧结砖墙体、非烧结砖墙体、加气混凝土墙板、砌块墙体和屋面板。

2. 界面剂用于提高保温材料与基层的粘结力，除黏土砖基层可不必用界面剂（用水淋湿）之外，其他各种材料的基层均需施适用于其材质的界面剂。

3. 保温层由聚苯颗粒和胶粉料按包装配比加水搅拌成膏体浆料抹于基面上，形成保温层。保温层由设计确定厚度。当保温层厚度≥60mm时，或建筑高度≥24m时，需在保温层中加设金属六角网一层，以提高建筑的安全性。

4. 抗裂保护层由聚合物乳液与水泥配制成抗裂砂浆，施工时压入涂塑玻纤网格布，增加保温层的抗裂能力和提高表层的强度。

5. 涂刷高分子乳液防水弹性底层涂料，刮柔性耐水腻子找平修补表面。最后施工饰面层，外墙的饰面以涂料为佳，贴面砖和干挂石材应按国家有关技术规程执行。

五、技术指标

ZL 胶粉聚苯颗粒外墙外保温体系综合技术指标

项　　目	单　位	指　　标
耐冲击性	J	≥10
耐磨性 500L 铁砂	—	无损坏
人工老化性 2000	h	合格
耐冻融性 10	次	无开裂
燃烧性能等级	—	A 级
抗风压试验：负压 4500 正压 5000	Pa Pa	无裂纹 无裂纹
表面憎水率	%	99

聚苯颗粒保温浆料性能技术指标

项　　目	单　位	指　　标
湿表观密度	kg/m^3	350～420
干表观密度	kg/m^3	≤230
导热系数	W/(m·K)	≤0.059
压缩强度	kPa	≥250
难燃性	—	B1 级
抗拉强度	kPa	≥100
压剪粘结强度	kPa	≥50
线性收缩率	%	≤0.3
软化系数	—	≥0.7

其他材料的性能要求详见施工做法说明。

六、保温层厚度计算说明

本图集中有关外墙、屋面选用保温层厚度的确定，是依据江苏省地方标准《江苏省民用建筑热环境与节能设计标准》中对各朝向外墙和屋面传热阻值的要求计算得出，采用不同围护结构而选用相应的本产品保温层厚度，即能满足规范的节能要求。

七、本保温做法对原材料性能、材料配制、施工程序、施工要点等均有严格的要求，详见施工做法说明。

2
保温层选用

ZL 胶粉聚苯颗粒外保温热工性能表

ZL 胶粉聚苯颗粒外保温热工性能表

墙体热阻值（$m^2 \cdot K/W$）基层墙体 / 保温层厚度（mm）	黏土多孔砖墙 190 厚	黏土多孔砖墙 240 厚	钢筋混凝土墙 160 厚	钢筋混凝土墙 200 厚	钢筋混凝土墙 250 厚	混凝土单排孔砌块 190 厚	混凝土双排孔砌块 190 厚	屋面热阻值（$m^2 \cdot K/W$）基层屋面 / 保温层厚度（mm）	钢筋混凝土屋面 100 厚
10	0.67	0.75	0.43	0.46	0.49	0.53	0.62	50	0.93
15	0.75	0.83	0.51	0.54	0.57	0.61	0.70	55	1.01
20	0.84	0.92	0.60	0.63	0.66	0.70	0.79	60	1.10
25	0.92	1.00	0.68	0.71	0.74	0.78	0.87	65	1.18
30	1.01	1.09	0.77	0.80	0.83	0.87	0.96	70	1.27
35	1.09	1.17	0.85	0.88	0.91	0.95	1.04	75	1.35
40	1.18	1.26	0.94	0.97	1.00	1.04	1.13	80	1.44
45	1.26	1.34	1.02	1.05	1.08	1.12	1.21	85	1.52
50	1.35	1.43	1.11	1.14	1.17	1.21	1.30	90	1.61
55	1.43	1.51	1.19	1.22	1.25	1.29	1.38	95	1.69
60	1.52	1.60	1.28	1.31	1.34	1.38	1.47	100	1.78
65	1.60	1.68	1.36	1.39	1.42	1.46	1.55	110	1.94

注：墙体热阻值＝基层墙体热阻值＋内粉刷（20cm 厚水泥砂浆）热阻值＋内、外表面换热阻＋保温层热阻值。

屋面热阻值＝基层屋面热阻值＋内粉刷（20cm 厚水泥砂浆）热阻值＋内、外表面换热阻＋保温层热阻值。

3
构造做法与详图

外墙外保温示意图

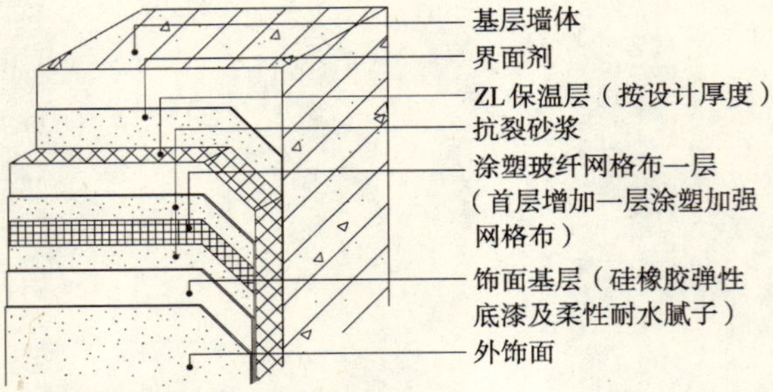

保温层做法示意图（*A*）

（用于保温层厚度＜60mm 的建筑外墙）

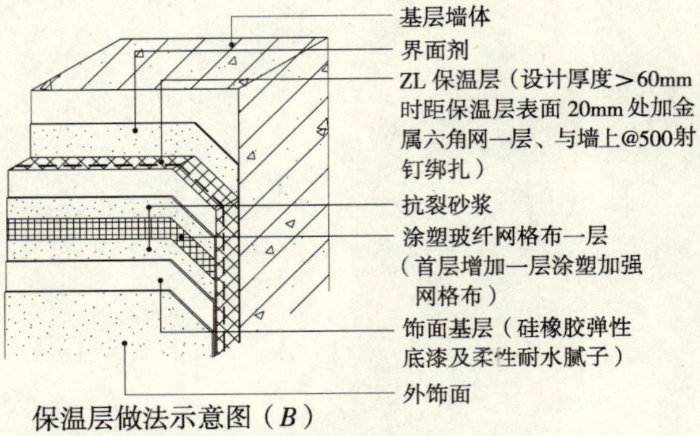

保温层做法示意图（*B*）

（用于保温层厚度≥60或建筑高度≥30m 的建筑外墙）

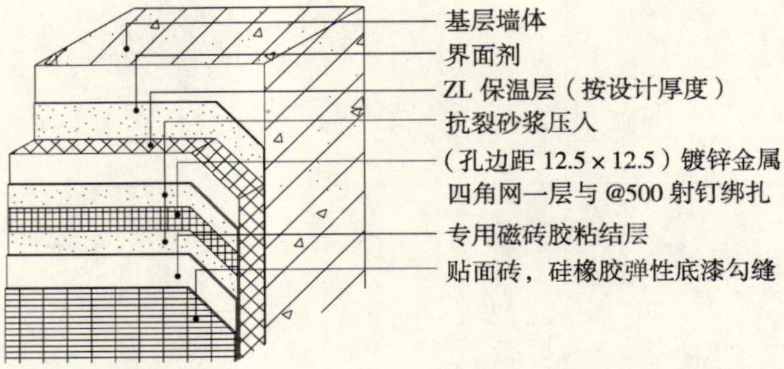

保温层做法示意图（*C*）

（用于外墙采用面砖饰面的建筑）

外墙外保温构造详图

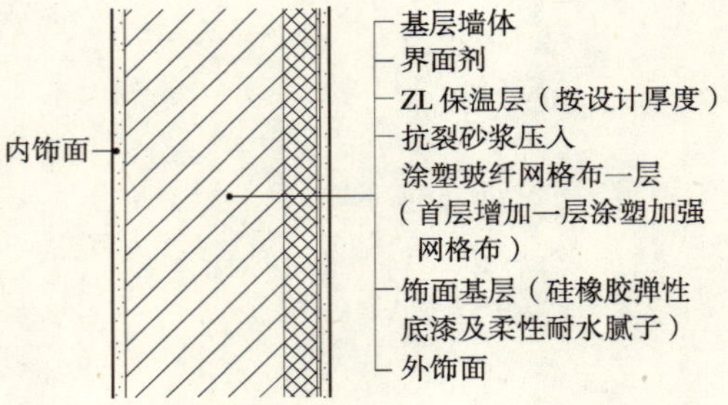

① 保温层厚度＜60mm 的建筑外墙

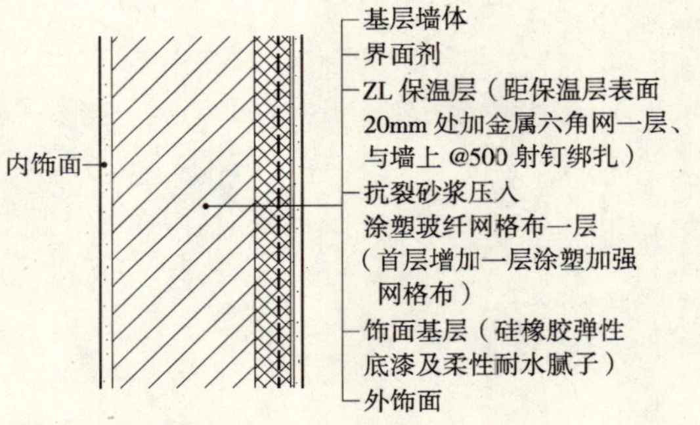

② 保温层厚度≥60mm 或建筑高度≥24m 的建筑外墙

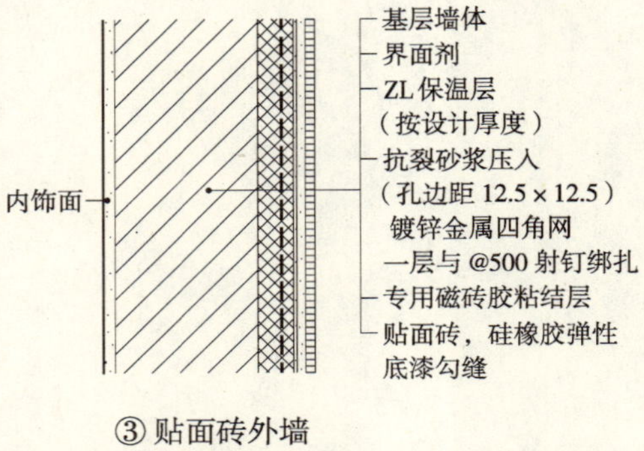

③ 贴面砖外墙

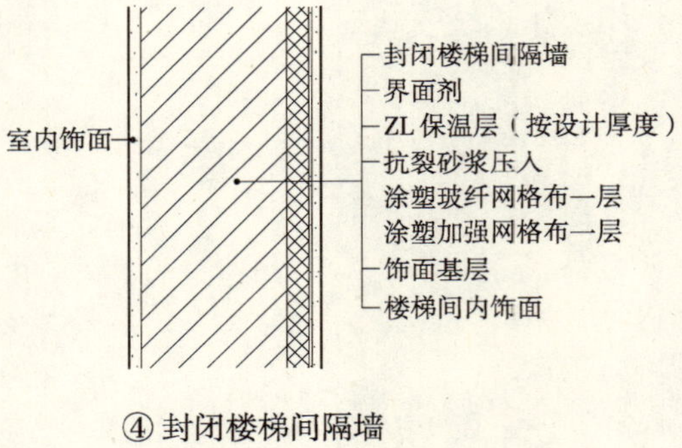

④ 封闭楼梯间隔墙

注：封闭楼梯间隔墙保温层厚度参照《江苏省民用建筑热环境与节能设计标准》第 5.7.2 条规定。

外墙外保温转角平面详图

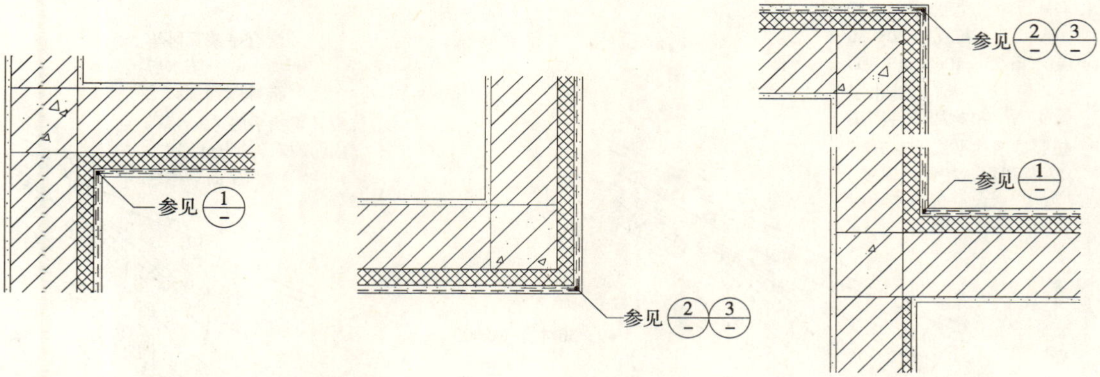

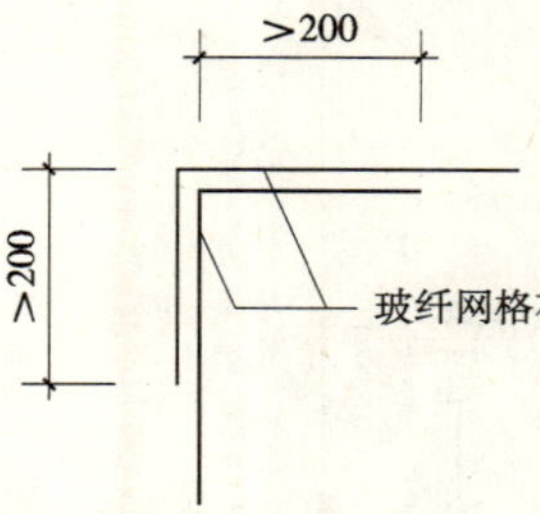

① 阴角玻纤网格布搭接

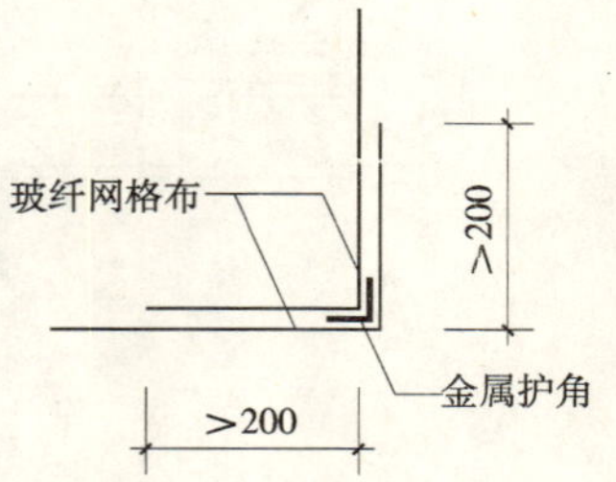

② 首层阳角玻纤网格布搭接

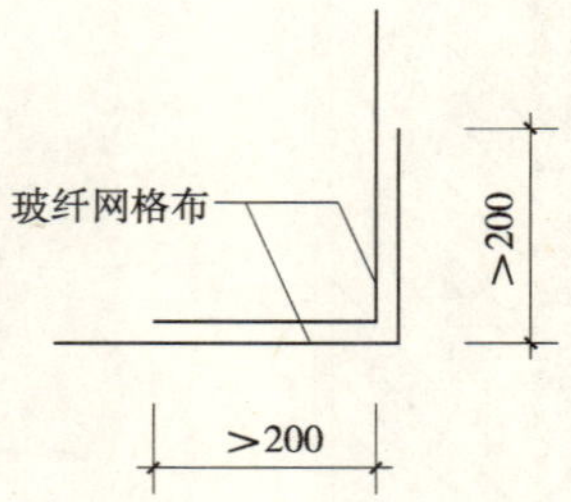

③ 阳角玻纤网格布搭接

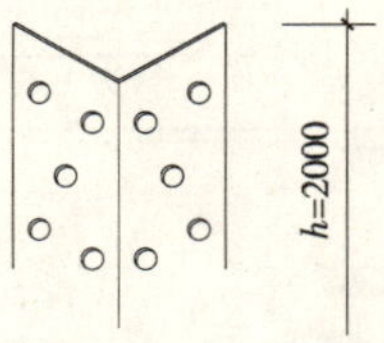

专用金属护角

女儿墙、屋面构造详图

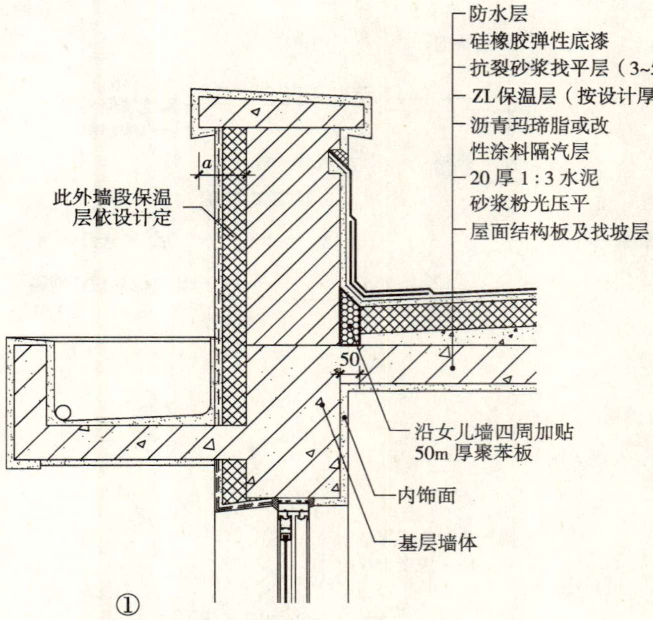

①

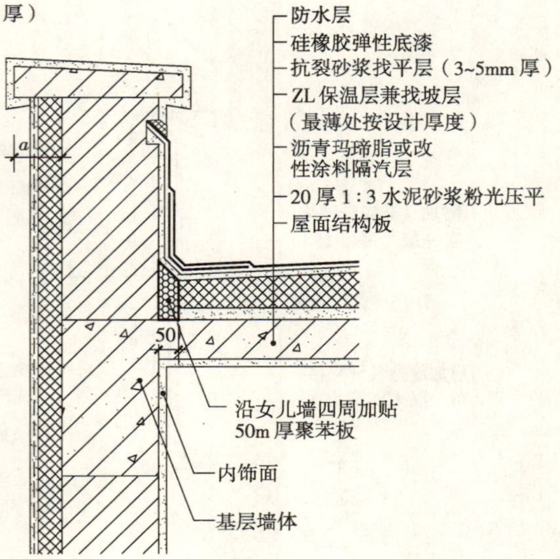

②

注：1. 屋面其他做法参见苏 J 9503。
2. 屋面保温层厚度可由本图集前页表选定。
3. 详图中 a= 保温层厚度 +40mm。

坡屋面保温构造详图

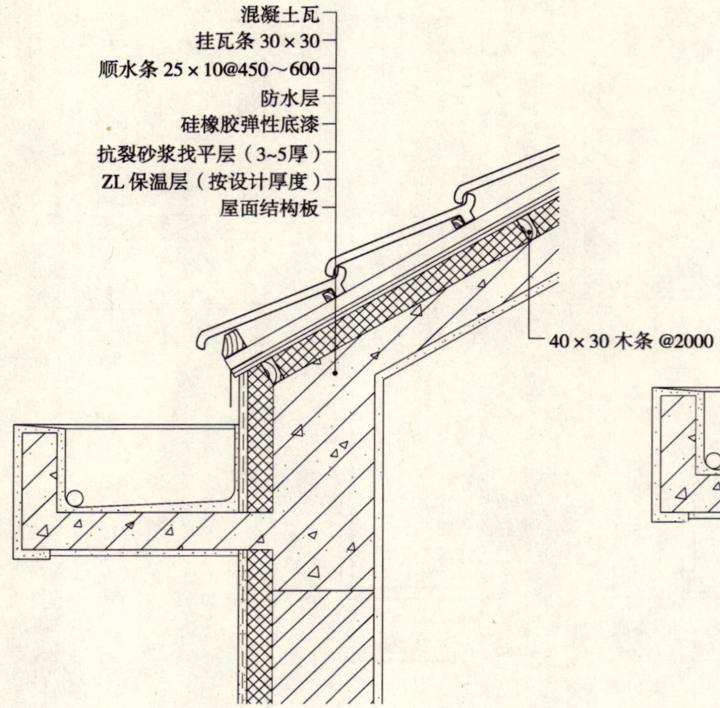

①

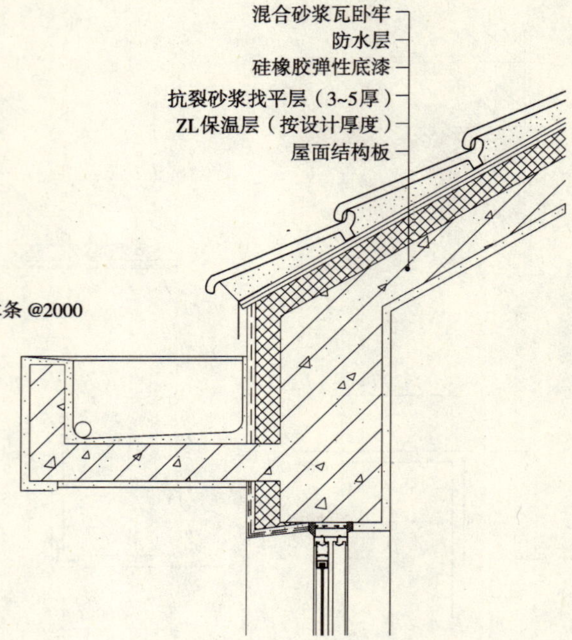

②

门窗洞口构造详图

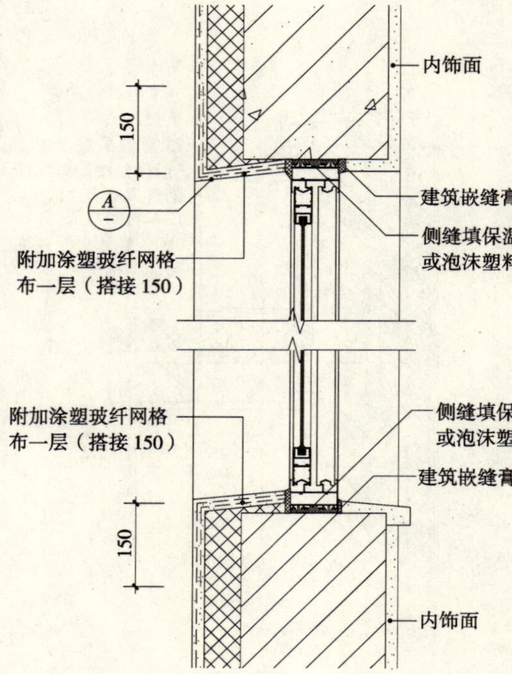

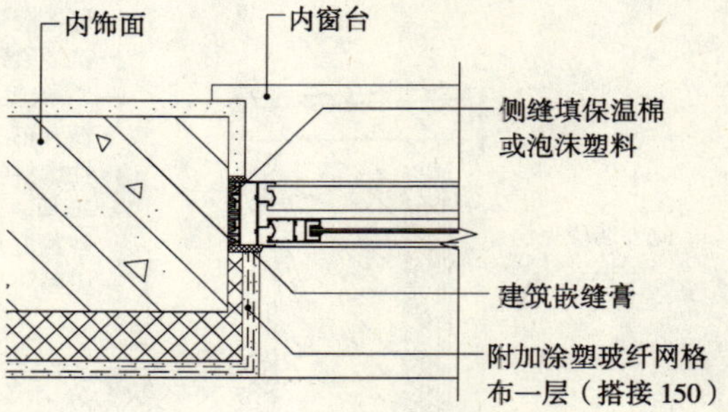

①

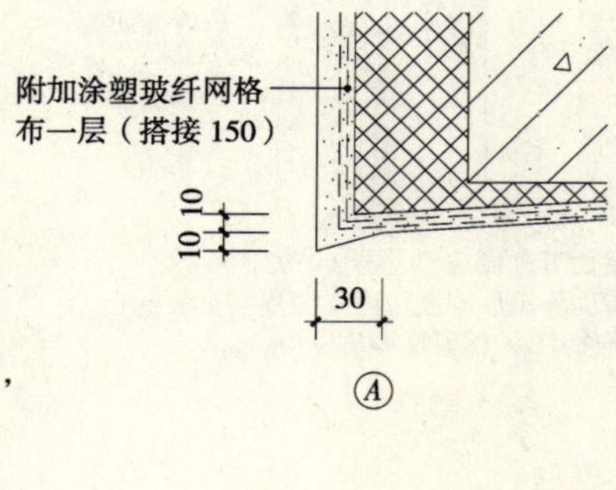

Ⓐ

注：采用保温做法时，建议选用门窗框外侧尺寸比洞口尺寸小50mm 左右，
即每侧缝隙为 25mm，以保证洞口侧面保温层厚度。

封闭阳台保温详图、勒角保温详图

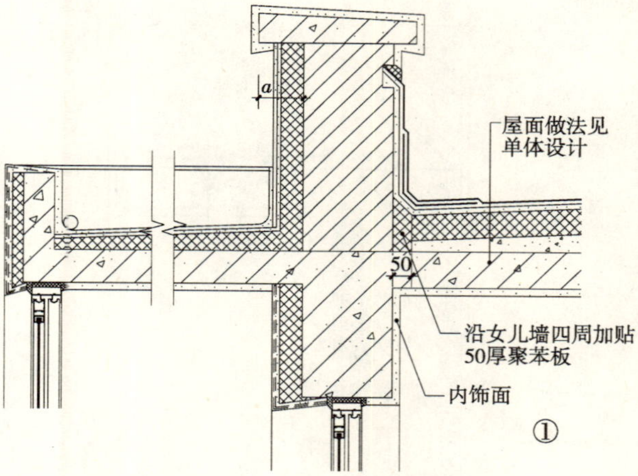

①

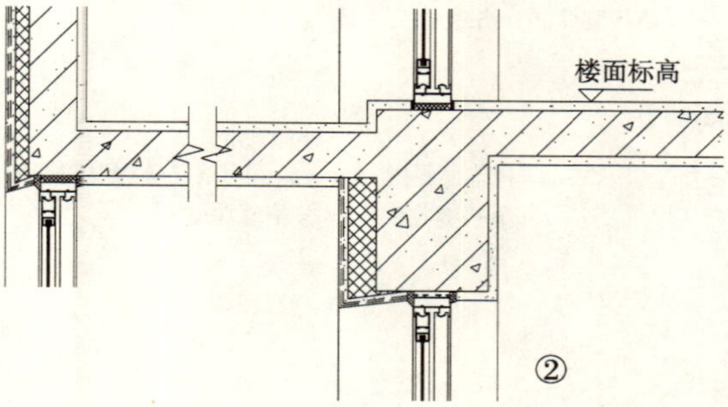

②

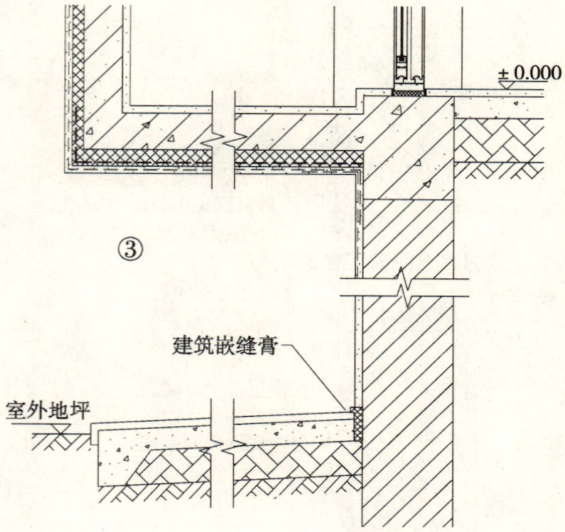

③

④

不封闭阳台保温详图

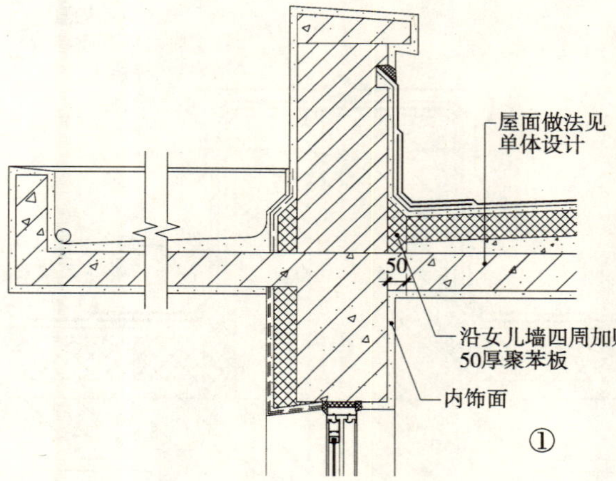

①

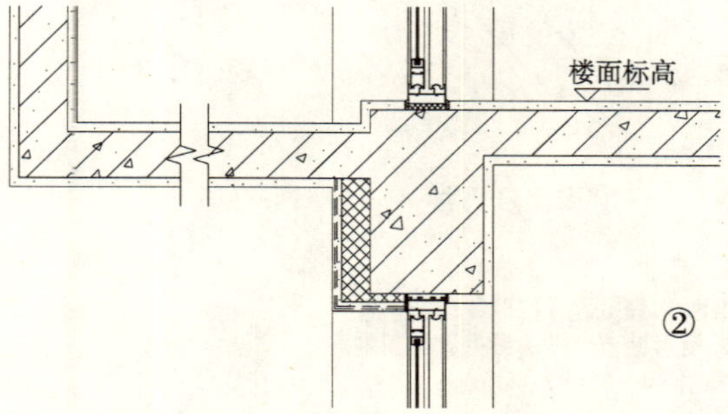

②

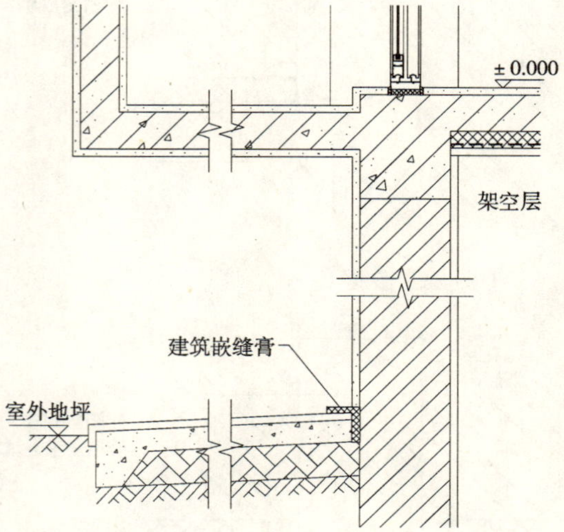

③

分层条、分格色带、室外机搁板详图

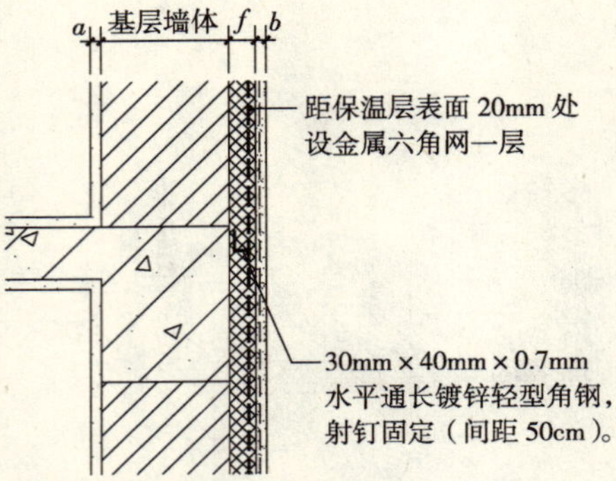

① 分层条（高层建筑时设置）

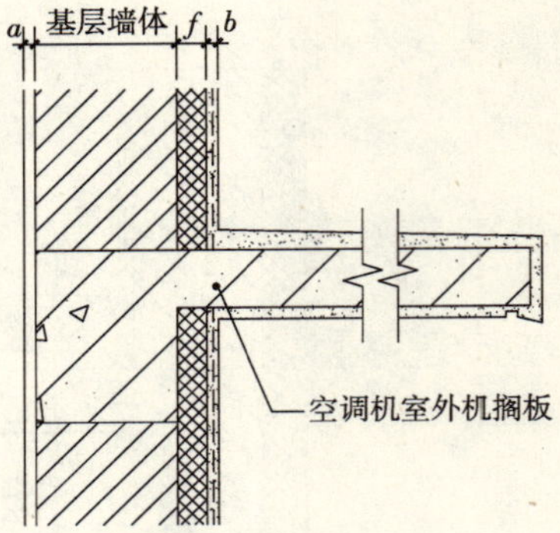

② 室外机搁板

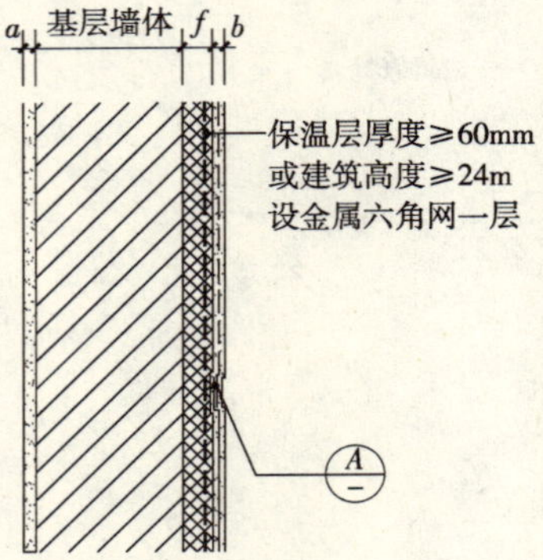

③ 分格色带

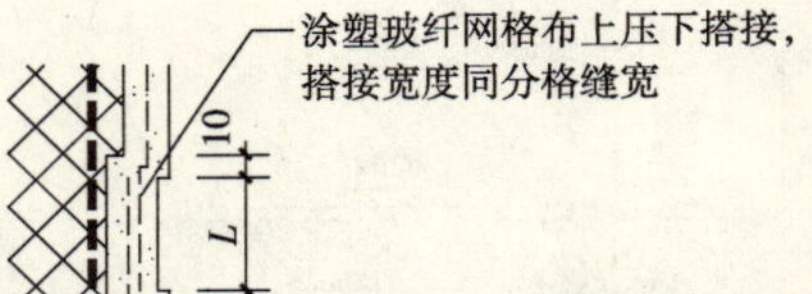

Ⓐ

注：a= 内饰面厚度　b= 外饰面厚度　f= 保温层厚度
L= 分格缝宽度　B= 分格缝深度

外墙、屋面变形缝详图

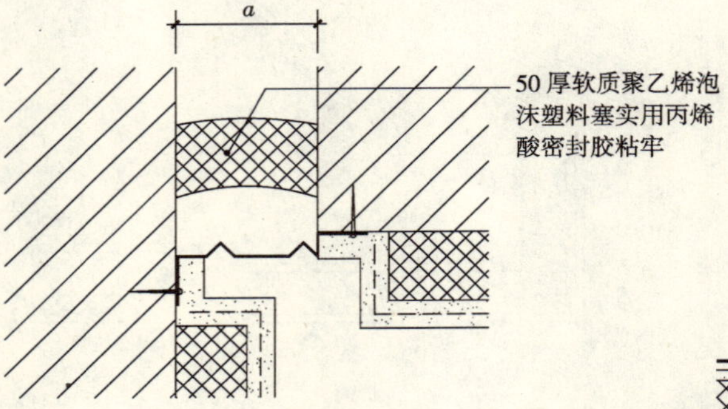

① 外墙变形缝（一）

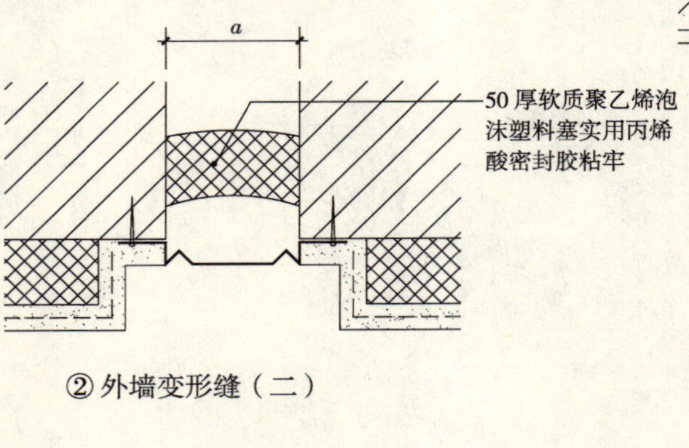

② 外墙变形缝（二）

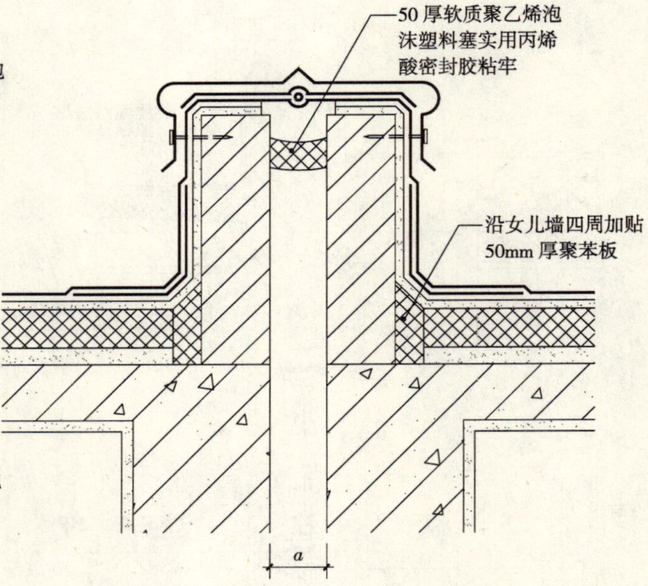

③ 屋面变形缝

注：1. 变形缝宽度 a 按单体设计。
2. 变形缝节点做法参见省标图集。

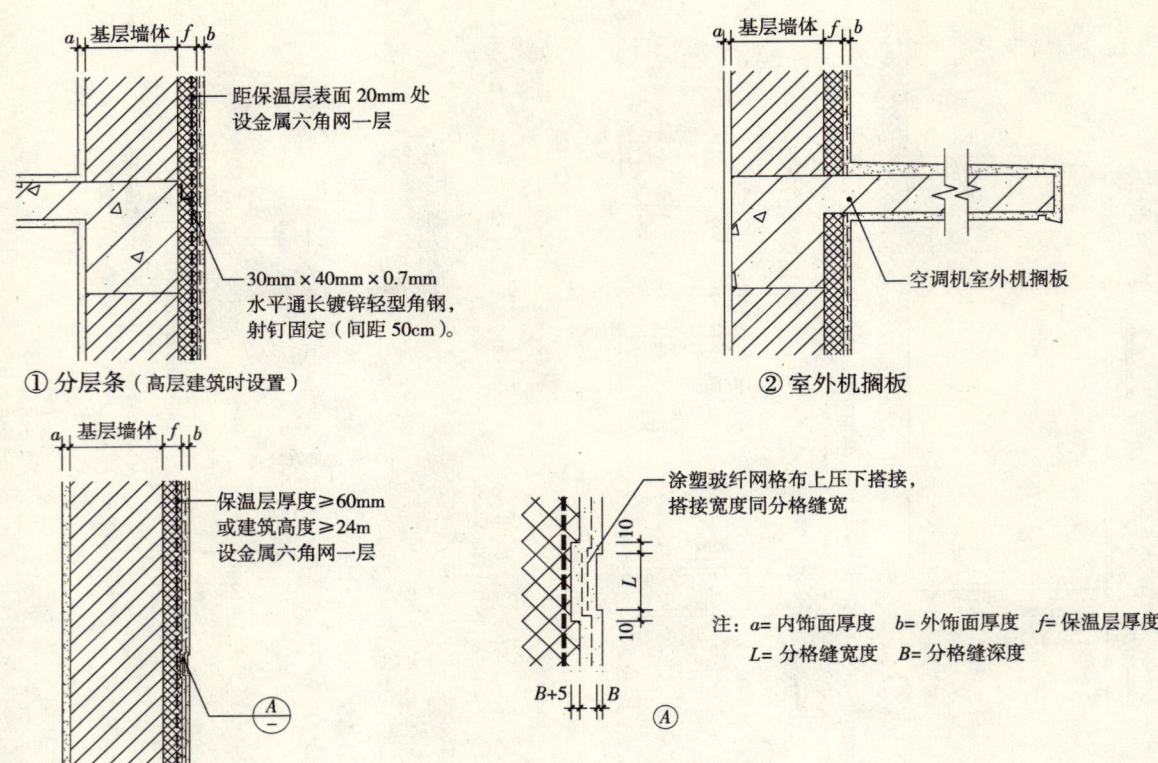

干挂石材详图

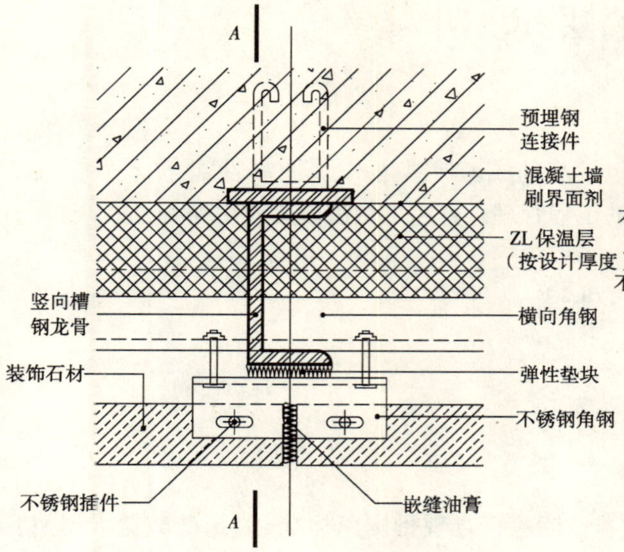

外挂装饰石材保温做法
（仅作示意图）

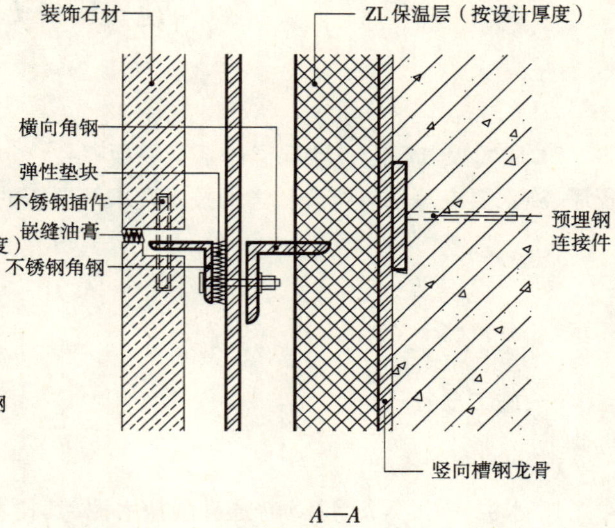

A—A

注：1. 本页详图仅示意ZL保温层与干挂龙骨相互位置及连接关系，具体做法待设计确定。
2. 当外墙为混凝土空心砌块等材料时，可将预埋钢筋改为钢胀管，注意要打在砌块的肋部，再用 $\phi 8$ 钢筋头焊于钢胀管上。

施工做法说明

ZL胶粉聚苯颗粒外墙保温体系是一项科技含量较高的成套保温技术，其材料性能、浆料配制、施工程序、施工要点等均应符合科学的技术要求及严谨的工程管理。其施工做法简要介绍如下：

第一部分　外墙外保温

一、施工准备

（一）材料

1. 水泥：强度等级42.5普通硅酸盐水泥，其技术性能应符合现行国家标准《通用硅酸盐水泥》（GB 175—2007）的规定。

2. 中砂：细度模数应符合现行国家行业标准《普通混凝土用砂、石质量及检验方法标准》（JGJ 52—2006）的规定，筛除大于2.5mm颗粒，含泥量少于3%。

3. 界面处理剂：强度等级42.5水泥：中砂：界面剂按1:1:1重量比，搅拌成均匀浆状。

4. 胶粉料应满足以下性能要求：

项　　目	单　位	指　　标
初凝时间	h	≥4
终凝时间	h	≤12
安定性（蒸煮法）		合格
拉伸粘结强度（常温28d）	MPa	≥0.6
浸水拉伸粘结强度（常温28d，浸水7d）	MPa	≥0.4

5. 聚苯颗粒应满足以下性能要求：

项　　目	单　位	指　　标
堆积密度	kg/m^3	12.0～21.0
粒度（5mm筛孔筛余）	%	≤5

6. 聚苯颗粒保温浆料应满足以下性能要求：

项　　目	单　位	指　　标
湿表观密度	kg/m^3	350～420
干表观密度	kg/m^3	≤230
导热系数	W/(m·K)	≤0.059
压缩强度	kPa	≥250
难燃性	—	B1级
抗拉强度	kPa	≥100
压剪粘结强度	kPa	≥50
线性收缩率	%	≤0.3
软化系数	—	≥0.7

7. 抗裂砂浆应满足以下性能要求：

项　　目	单　位	指　　标
砂浆稠度	mm	80～130
可操作时间	h	≥2.0
拉伸粘结强度（常温28d）	MPa	>0.8
浸水粘结强度（常温28d，浸水7d）	MPa	>0.6
抗弯曲性	—	5%弯曲变形无裂纹
渗透压力比	%	≥200
压折比（抗压强度/抗折强度）	—	≤3

8. 玻纤网格布应满足以下性能要求：

项　　目			单　位	指　　标
网孔中心距		普通型	mm	4×4
		加强型		6×6
单位面积重量		普通型	g/m^2	≥180
		加强型		≥500
断裂强力	经向	普通型	N/50mm	≥1250
		加强型	N/50mm	≥3000
	纬向	普通型	N/50mm	≥1250
		加强型	N/50mm	≥3000
耐碱强力保留率28d		经向	%	≥90
		纬向	%	≥90
涂塑量		普通型	g/m^2	≥20
		加强型		

9. 高分子乳液防水弹性底层涂料应满足以下性能要求：

项　　目		单　位	指　　标
干燥时间	表干时间	h	≤4
	实干时间	h	≤8
拉伸强度		MPa	≥1.0
断裂伸长率		%	≥300
低温柔性　绕 ϕ10mm 棒		—	-20℃无裂纹
不透水性0.3MPa，0.5h		—	不透水
加热伸缩率	伸长	%	≤1.0
	缩短	%	≤1.0

10. 柔性耐水腻子应满足以下性能要求：

项　　目	单　位	指　　标
拉伸粘结强度	MPa	≥0.6
浸水后粘结强度	MPa	≥0.4
柔韧性（直径50）	mm	卷曲无裂纹
其他性能满足		JG/T 3049—1998N型耐水腻子的要求

11. 附件。

金属六角网（为21号镀锌钢丝，孔平行边距25mm×25mm）、金属四角网（丝径0.9mm，孔边距12.5mm×12.5mm）、专用金属护角（断面尺寸为35mm×35mm×0.5mm）、金属分层条（30mm×40mm×0.7mm镀锌轻型角钢）、带尾孔射钉（ϕ5mm）、镀锌低碳钢丝（22号）。

（二）工具与机具

1. 强制式砂浆搅拌机、垂直运输机械、水平运输车、手提搅拌器、射钉枪等。

2. 常用抹灰工具及抹灰的专用检测工具、经纬仪及放线工具、水桶、剪子、滚刷、铁锹、扫帚、手锤、錾字、壁纸刀、托线板、方尺、靠尺、探针、钢尺等。

3. 吊篮或专用保温施工脚手架。

（三）材料配制

1. 界面处理砂浆的配制：

界面剂：中砂：水泥按1:1:1重量比，搅拌成均匀浆状。

2. 胶粉聚苯颗粒保温浆料的配制：

先将35～40kg水倒入砂浆搅拌机内，然后倒入一袋25kg胶粉料搅拌3～5min后，再倒入一袋200L聚苯颗粒继续搅拌3min，可按施工稠度适当加水量，搅拌均匀后倒出。应随搅随用，在4h内用完。

3. 抗裂砂浆的配制：

抗裂剂：中砂：水泥按1:3:1重量比用砂浆搅拌机或手提搅拌器搅拌均匀。配制抗裂砂浆的加料次序，应先加入抗裂剂再加中砂搅拌均匀后，加入水泥继续搅拌3min后倒出。抗裂砂浆不得任意加水，应在2h内用完。

（四）作业条件

1. 外墙墙体工程平整度达到要求，外门窗口安装完毕，经有关部门检查验收合格。

2. 门窗边框与墙体连接应预留出外保温层的厚度，缝隙应分层填塞严密，做好门窗表面保护。

3. 外墙面上的雨水管卡、预埋钢连接件、设备穿墙管道等提前安装完毕，并预留出外保温层的厚度。

4. 施工用吊篮或专用外脚手架搭设牢固，安全检验合格。脚手架横竖杆距离墙面、墙角适度，脚手板铺设与外墙分格相适应。

5. 预制混凝土外墙板接缝处应提前处理好。

6. 作业时环境温度不应低于5℃，风力应不大于5级，风速不宜大于10m/s。避免雨天施工。雨期施工时应做好防雨措施。

二、施工工艺

（一）工艺流程

1. 保温层厚度≤60mm的低层及多层建筑

1）基层处理（清洗或涂刷界面处理剂）。

2）用聚苯颗粒保温浆料抹灰饼、冲筋。

3）抹头遍聚苯颗粒保温浆料。

4）抹第二遍聚苯颗粒保温浆料（自然干燥、检测厚度）划分色带。

5）抹抗裂砂浆压入涂塑抗碱玻纤网格布。

6）首层阳角安装金属护角，表面抹抗裂砂浆，压入涂塑抗碱玻纤网格布。

7）抗裂砂浆找平、压实（检查平整度、网布砂浆饱满）。

8）涂刷硅橡胶弹性底漆，晾置干燥后验收。

9）刮柔性耐水腻子，干燥后检验。

10）涂外饰面涂料。

2. 高层建筑及保温层厚度≥60mm 的低层和多层建筑

1）基层处理（清洗或涂刷界面处理剂）。

2）用聚苯颗粒保温浆料抹灰饼、冲筋。

3）弹线。

4）安装分层条，用射钉枪@500 射钉固定。（高层建筑每层设置）

5）在射钉尾孔穿 22 号镀锌低碳钢丝。

6）抹聚苯颗粒保温浆料。

7）安装金属六角网，将六角网与穿孔镀锌低碳钢丝绑扎牢固（保温层厚度≥60mm 时，在距保温层表面 20mm 处加六角网）。

以下做法同保温层厚度≤60mm 的低层、多层建筑中第 4-10 项施工流程的做法

3. 说明

1）首层墙面保护层需抹两遍抗裂砂浆，并分别压入两层网格布。先做加强网格布，后做涂塑抗碱网格布。

2）为防止窗口侧墙产生“热桥”，在墙面抹施聚苯颗粒保温浆料时，也应在窗口外侧墙处同步抹施好聚苯颗粒保温层。

3）色带的做法及施工应符合建筑立面设计的要求，且应由设计人确定。

4. 外贴面砖的建筑

1）基层面应清洁，严禁存有挂灰、油污等现象，涂刷界面剂之后方可进行下一工序。

2）射钉（带尾孔 KD 30—25—3558 型）施工，其间距不应大于 500mm。射钉尾孔穿 22 号镀锌低碳钢丝连网锚固。

3）按设计保温厚度，采用聚苯块贴饼。

4）分层、分遍抹施聚苯颗粒保温浆料，应抹平、压实，同时应剔除贴饼聚苯块及补抹好保温浆料。

5）保温层施工后，应进行检验。当锚固钢丝无外露时，应进行补钉加固。

6）保温层面挂金属四角网时，网面不得有死褶、断裂、崩网等现象。挂铺金属四角网应符合以下要求：

① 搭接处的设置，竖向按楼层高度，横向可在窗间中部。

② 搭接宽度不应少于两个格。

7）抗裂砂浆应抹平、压实，不得有漏网、麻面、空鼓等现象。

8）瓷砖镶贴施工应符合以下要求：

① 弹分格线，提前 1d 淋水湿润。

② 贴砖前应选砖、试铺，且应提前浸水湿润后静置 1d 方可使用。

③ 粘贴磁砖应采用水泥胶粘料，其配合比宜为（水泥：胶粘剂：砂为 1:1:1）重量比，当施工温度差异大时，可适当调整配合比。水泥胶粘料的配置严禁加水。

④ 铺贴磁砖后，应及时清理墙面、勾缝，缝的宽度和深度应符合设计的要求。

⑤ 清洁墙面、拉拔试验，验收。

（二）施工要求

1. 保温层厚度应符合设计要求，节点构造参照本图集施工。

2. 抹施聚苯颗粒保温浆料时，应根据设计要求分层操作，每次厚度不宜超过 30mm，头遍应压实，第二遍应压实、抹平。配置好的聚苯颗粒保温浆料应在 4h 内用完。大杠刮落的聚苯保温浆料应在 4h 内经搅拌后再用，严禁使用过时灰。

3. 抹抗裂砂浆，压入涂塑抗碱玻纤网格布。保温层施工后，经质量部门检验厚度及平整度，确认合格后，晾置 5 ~7d，干燥后手按不塌陷即可抹抗裂砂浆，厚度约 3 ~4mm，随即压入涂塑抗碱玻纤网格布（网格布要求平整无皱褶），搭接宽度不得小于 50mm，搭接部位应用抹子将涂塑抗碱玻纤网格布

压入砂浆，网格饱满度100%，砂浆全部盖住网格布。

4. 涂刷硅橡胶弹性底漆，主要是在柔性抗裂砂浆的表面构成防水层，硅橡胶弹性底漆可酌情兑水10% ~30%拌合使用，以渗入抗裂砂浆层内，不形成可剥离的弹性膜为宜。

5. 保温层的抗裂层经检验合格，且必须彻底干燥后，方可经行外饰面涂饰。一般平涂，需先用配套柔性耐水腻子刮平。浮雕涂料可直拉在硅橡胶弹性底漆上喷涂。

第二部分　屋面保温

一、施工准备

（一）屋面基层的准备

1. 屋面结构工程施工完毕，必须经验收合格。

2. 屋面上各种预留孔洞、烟道洞口、风道洞口应提前施工完毕，各种伸出或穿过屋面的管道及设备与屋面结构层间的缝隙应用细石混凝土提前塞实牢固。

3. 屋面杂物清理干净。

4. 屋面保温层施工应在5℃以上，雨天不得施工。

5. 坡屋面、异形屋面施工时，操作架子、脚手板、护身栏应搭设完毕，须经安全检查合格后，方可上人。

6. 当屋面为预制钢筋混凝土楼板时，板缝处理应按现行国家标准《屋面工程质量验收规范》(GB 50207—2002）中第4.1.2条处理。

（二）施工材料准备

1. 水泥：陶粒 = 1:6（体积比）

焦渣应事先浇水闷透，闷水时间不少于5d，搅拌时先将水泥、焦渣按配比搅拌均匀，然后加适量水湿搅2min，其稠度应便于滚压密实为准（在缺少焦渣地区，也可采用其他代用材料，如碎加气块或浮石等)，也可用ZL屋面聚苯颗粒保温浆料直接做找坡。

2. 界面剂：水泥：中砂 = 1:1:1

先将水泥与中砂按配比干搅拌均匀，然后加入界面剂搅拌成浆料。

3. 屋面胶粉聚苯颗粒保温浆料的配制：

先在砂浆搅拌机中倒入35 ~40kg水，然后倒入一袋25kg胶粉料搅拌3 ~5min后，再倒入一袋200L聚苯颗粒继续搅拌3min后即可使用。

4. 找平层抗裂砂浆配制方法见相关说明。

（三）施工工具

施工用垂直运输设备、300L砂浆搅拌机、手推车、水桶、平锹、木杠、钢卷尺、墨线盒及常用抹灰工具、压辊。

二、施工工艺

（一）工艺流程

做法之一：

1. 基层清理→2. 水泥焦渣找坡（检验）→3. 弹厚度线、坡度线→4. 贴灰饼-铺抹聚苯颗粒保温浆料（晾置7d后检验）→5. 抹抗裂砂浆找平层→6. 涂刷硅橡胶弹性底漆（干燥验收）→7. 防水层施工

做法之二：

1. 基层清理→2. 弹厚度线、坡度线→3. 水泥焦渣找坡（检验）→4. 铺抹聚苯颗粒保温浆料（晾置7d后检验）→5. 抹抗裂砂浆找平层→6. 涂刷硅橡胶弹性底漆（干燥验收）→7. 防水层施工

做法之三：

1. 基层清理→2. 弹厚度线、坡度线→3. 抹聚苯颗粒保温浆料（找坡层、保温层一次成活）→4. 检验→5. 抹抗裂砂浆找平层→6. 涂刷硅橡胶弹性底漆（干燥验收）→7. 防水层施工

斜坡屋面无找坡工序，可在屋面上直接做保温层和抗裂砂浆找平层，表面养护时涂刷硅橡胶弹性底漆。

（二）施工方法

1. 在符合要求得屋面上，铺1:6 水泥焦渣，最薄处不应小于30mm，边铺边压实，压实后的表面用2m 长靠尺检查，顺水方向误差不应大于15mm。

2. 将配好的屋面聚苯颗粒保温浆料均匀涂抹在焦渣上，厚度按工程设计要求，并应抹平压实，与屋面女儿墙四周连接部分应贴50mm 厚聚苯板，填充屋面变形缝，可采用聚苯颗粒保温浆料将找坡层和保温层合一做法，坡屋面无水泥焦渣找坡工序。

3. 聚苯颗粒保温浆料实际干燥后，抹抗裂砂浆找平层，厚度为3～5mm。

4. 按设计要求做屋面防水层。

（三）施工要求

1. 施工中应按设计要求对保温层的施工工序进行控制和质量检查。

2. 保温层施工后，应与屋面防水施工衔接好，确保防水效果。

第三部分　施工质量与验收

保温层与墙体或屋面及各构造层间应粘接牢固，不应有脱层、空鼓、裂缝或面层粉化、起层、爆灰等现象，立面垂直度、表面平整度、立面总高的垂直度、上下窗口左右偏移、同层窗口上下位移等质量检验评定均按现行国家标准《建筑工程质量检验评定标准》(GBJ 301—88）执行。

十二、J/T 16-2004

挤塑聚苯乙烯泡沫塑料板外保温系统

1
说　明

说　明

挤塑聚苯乙烯泡沫塑料板（以下简称挤塑板）重量轻、强度大、导热系数小，其特有的致密表层和闭孔结构内层使得挤塑板具有优越的保温隔热性能和良好的抗湿性，是理想的建筑外保温材料。

挤塑板在江苏地区经过数年使用，已总结出一套较完整的外保温系统构造和做法，为更好地推广这种节能材料，规范挤塑板的设计和施工做法，特编制本图集。

一、适用范围

本图集适用于江苏省抗震设防烈度≤9 度地区的新建、扩建和既有民用建筑的墙体、屋面保温工程。

二、编制依据

1. 苏建科（2004）86 号文
2. 《民用建筑热工设计规范》(GB 50176—93)
3. 《江苏省民用建筑热环境与节能设计标准》(DB 32/478—2001)
4. 《夏热冬冷地区居住建筑节能设计标准》(JGJ 134—2001)
5. 《挤塑聚苯乙烯泡沫塑料板外墙外保温应用技术规程》(苏 JG/T 016—2004)
6. 《膨胀聚苯薄抹灰外墙外保温系统》(JG 149—2003)

三、主要内容

本图集内容包括挤塑板外围护结构（外墙、屋顶）外保温的基本构造、保温性能、节点大样和施工方法。

四、挤塑板外保温系统简介

（一）外墙外保温系统

1. 本系统以挤塑板为保温材料，采用粘钉结合的方式将挤塑板固定在基层墙体的外表面上，以聚合物砂浆作保护层，以耐碱玻纤网格布为增强层，外饰面可采用涂料或面砖的保温系统。

2. 外墙外保温基本构造（见表 1）

外墙外保温构造表　　表 1

基层墙体	钢筋混凝土墙、砌块墙、砖墙等
找平层	1:3 水泥砂浆，平整度为 2m 靠尺 4mm
粘结层	特用胶粘剂（聚合物粘结砂浆）
保温层	挤塑聚苯乙烯泡沫塑料板
固定件	工程塑料膨胀钉加自攻螺钉
保护层	面层聚合物砂浆，耐碱玻纤网格布增强
外饰面	涂料、彩色砂浆、面砖或其他重量小于 $35kg/m^2$ 的饰面材料

3. 对高层建筑应考虑负风压的影响，按下表确定挤塑板的最小选用厚度（见表2）

挤塑板最小选用厚度表 **表2**

负风压设计值（kN/m^2）	挤塑板最小厚度（mm）
1.90	25
2.00	30
2.20	40
2.40	50
2.60	60

（二）屋面保温系统

1. 倒置式屋面保温系统以挤塑板为保温材料，采用粘贴的方式将挤塑板铺贴在柔性防水层上，再在保温层上作保护层或刚性防水层。

2. 坡屋面可以采用挤塑板为保温材料，当屋面坡度≤30 度时，采用粘贴的方式将挤塑板铺贴在屋面板上；当屋面坡度＞30 度时，应采取粘钉结合的方式固定挤塑板。

五、挤塑板的规格及性能（见表3）

挤塑板规格及性能表 **表3**

项目		单位	测试标准	指标
压缩强度		kPa	GB/T 8813—1988	150～650
表观密度		kg/m^2	GB/T 6343—1995	25～45
导热系数		W/(m·K)	GB/T 10294—1998	≤0.0289
水蒸气透湿系数		ng/m·s·Pa	QB/T 2411—1998	≤3
吸水率		Vol/%	GB/T 8810—1988	≤2
燃烧性能		级	GB/T 8626—1988	B2
规格尺寸（mm）	厚度			25，30，35，40，50，60，75
	宽度			600，1200
	长度			1200，2400

六、保温层热工性能计算说明

本图集中有关挤塑板外保温热工性能，是根据江苏地区常用建筑外墙材料和不同厚度挤塑板的热阻值计算得出。设计者可根据《江苏省民用建筑热环境与节能设计标准》中对房屋各朝向外墙和屋面传热阻值的要求选用。

七、挤塑板的施工做法除按照单体设计和本图集的要求，还应执行《挤塑聚苯乙烯泡沫塑料板外墙外保温应用技术规程》(苏 JG/T 016—2004)。

2
保温层选用

挤塑板外保温热工性能表

挤塑板外保温热工性能表

墙体热阻值（$m^2 \cdot K/W$）基层墙体（mm） 保温层厚度（mm）	黏土多孔砖墙		钢筋混凝土墙			混凝土单排孔砌块	混凝土双排孔砌块
	190 厚	240 厚	160 厚	200 厚	250 厚	190 厚	190 厚
25	1.388	1.474	1.152	1.175	1.204	1.246	1.339
30	1.561	1.647	1.325	1.348	1.377	1.419	1.512
35	1.734	1.820	1.498	1.521	1.550	1.592	1.685
40	1.907	1.993	1.671	1.694	1.723	1.765	1.858
50	2.253	2.339	2.017	2.040	2.069	2.111	2.204
60	2.599	2.685	2.363	2.386	2.415	2.457	2.550

屋面热阻值（$m^2 \cdot K/W$）基层屋面 保温层厚度（mm）	钢筋混凝土屋面
	100 厚
25	1.117
30	1.290
35	1.463
40	1.636
50	1.982
60	2.328

注：1. 挤塑板的导热系数计算取值 0.0289W/($m^2 \cdot k$)（导热系数的测试条件为 90d 后，25 度的平均温度下）；

2. 墙体热阻值 = 基层墙体热阻值 + 内粉刷（20mm 厚水泥石灰砂浆）热阻值 + 外找平层热阻值（20mm 厚水泥砂浆）+ 内、外表面换热阻 + 保温层热阻值。

屋面热阻值 = 基层墙体热阻值 + 内粉刷（20mm 厚水泥石灰砂浆）热阻值 + 外找平层热阻值（20mm 厚水泥砂浆）+ 内、外表面换热阻 + 保温层热阻值。

3
构造做法与详图

外墙外保温构造

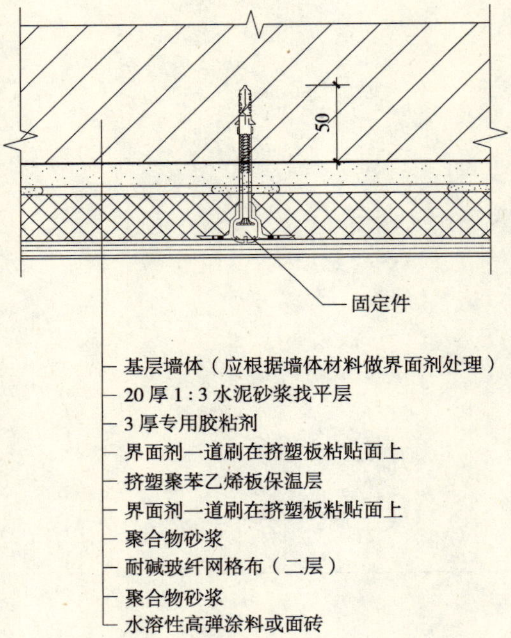

①（用于底层）

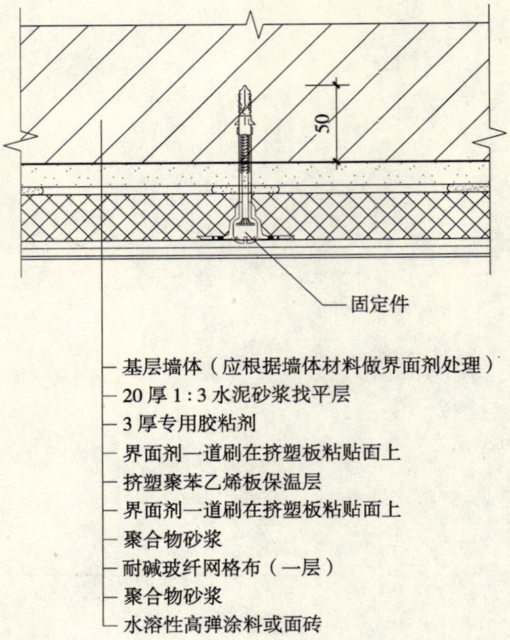

②（用于二层及以上）

注：1. 挤塑板厚度由设计人计算确定。
2. 外饰面材料重量应小于 35kg/m²。
3. 当外饰面选用面砖时，粘结材料及勾缝材料应选用专用面砖胶粘剂和勾缝剂。

门窗洞口排板示意和加强措施

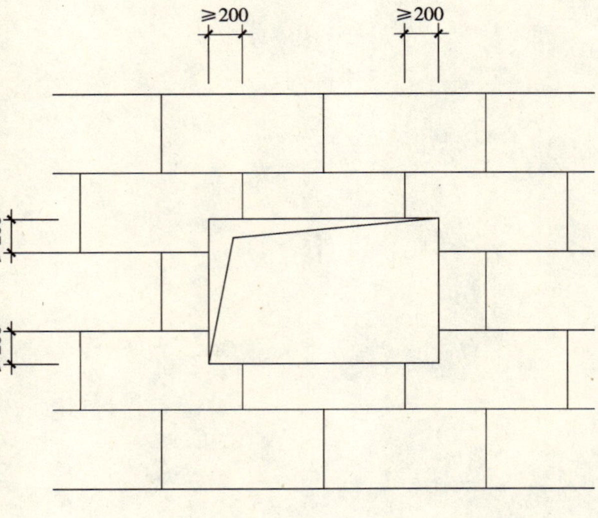

门窗洞口排板示意

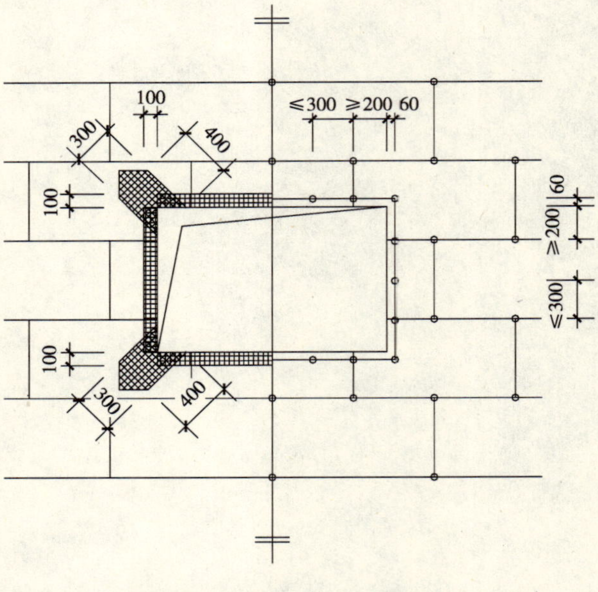

门窗洞口附加网格布及固定件布置

注：1. 挤塑板在洞口四角处不得接缝，接缝距四角大于 200mm。
2. 其他外墙洞口可参照门窗洞口处理。

转角排板示意及固定件布置

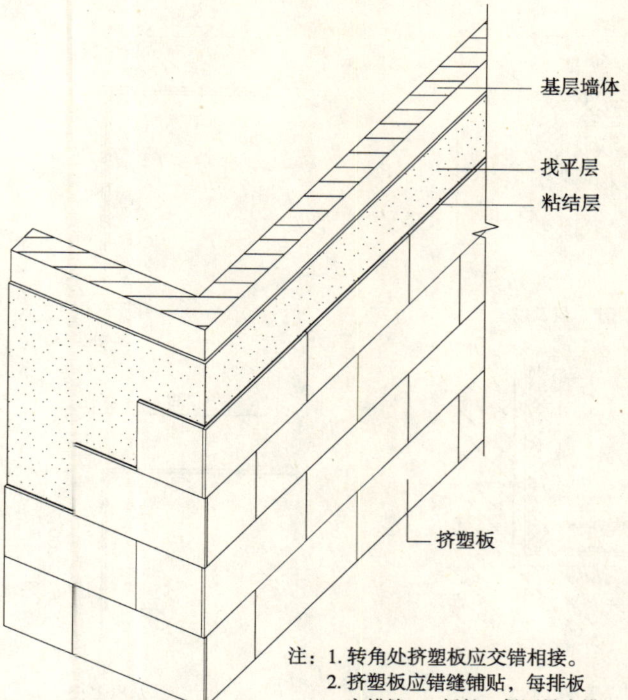

转角排板示意

注：1. 转角处挤塑板应交错相接。
2. 挤塑板应错缝铺贴，每排板宜错缝 1/2 板长，保证最小错缝尺寸≥200mm。
3. 转角处固定件距基层边 60mm。

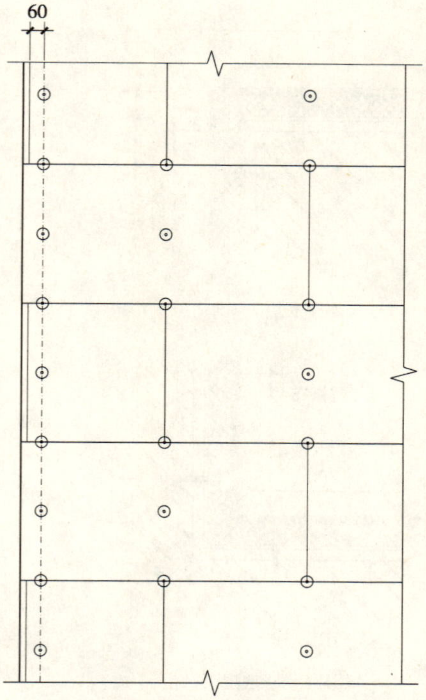

墙边角固定件布置

固定件布置图

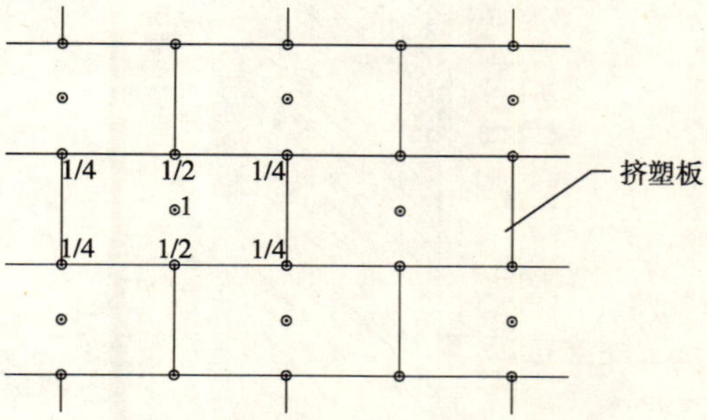

①（7 层及以下）涂料饰面

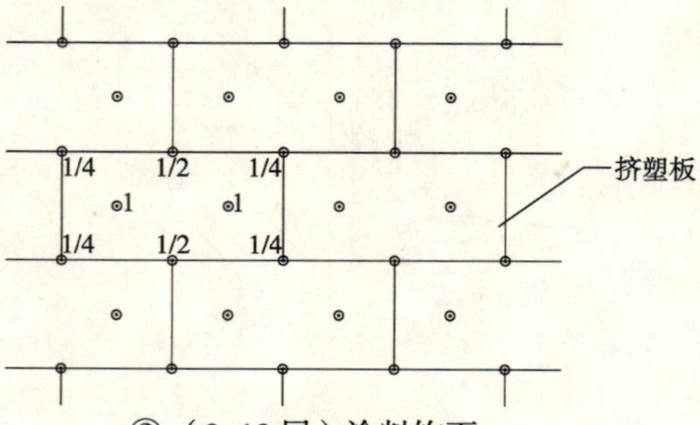

②（8~18 层）涂料饰面
（1~18 层）面砖饰面

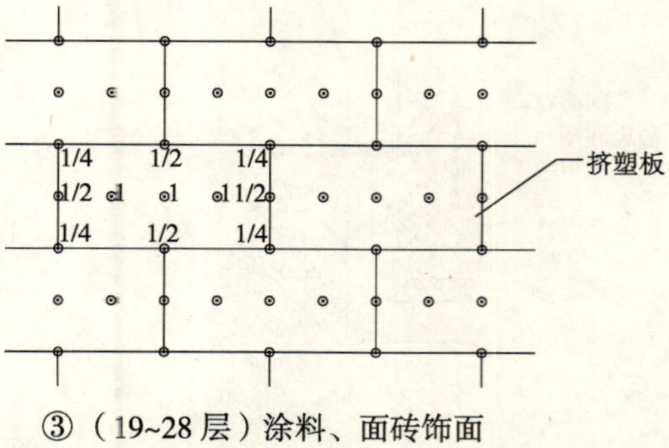

③（19~28 层）涂料、面砖饰面

注：本图按标准板 1200×600 表示。

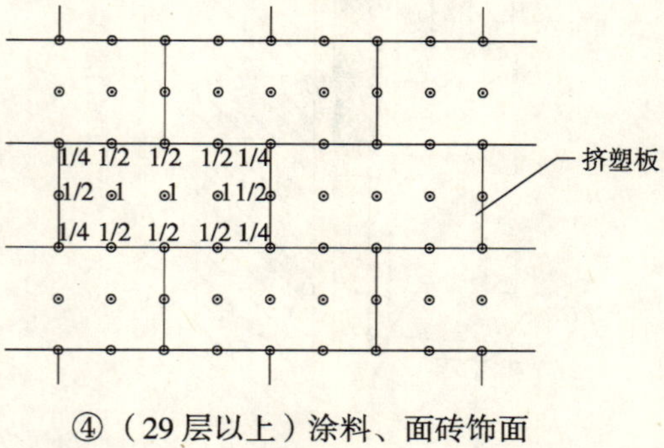

④（29 层以上）涂料、面砖饰面

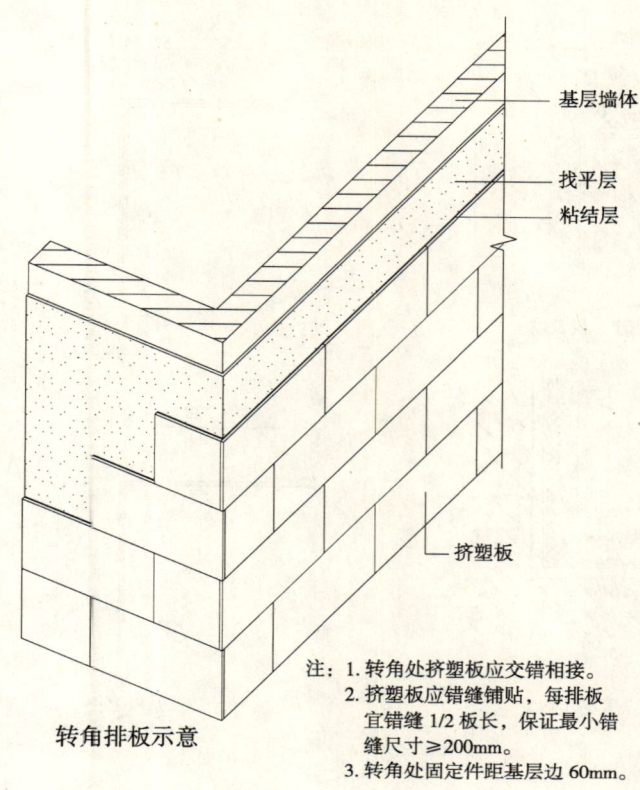

外墙阴、阳角平面详图

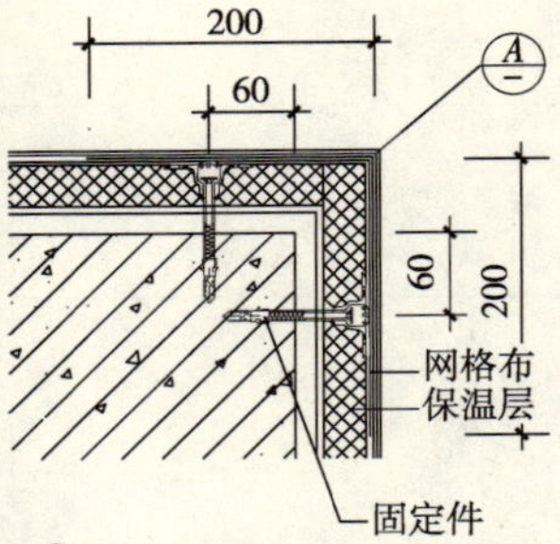

①（用于底层）

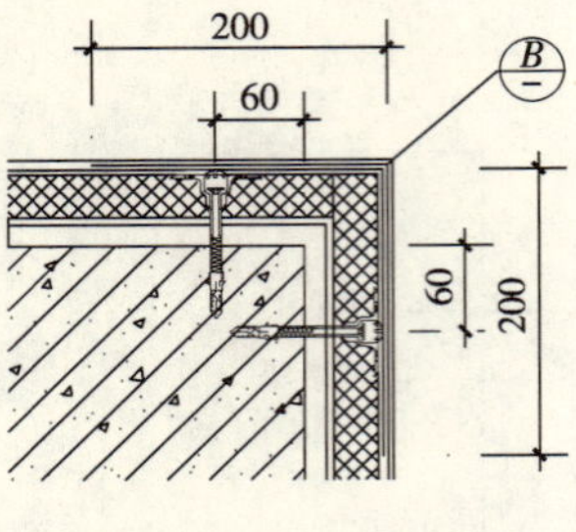

②（用于二层及以上）

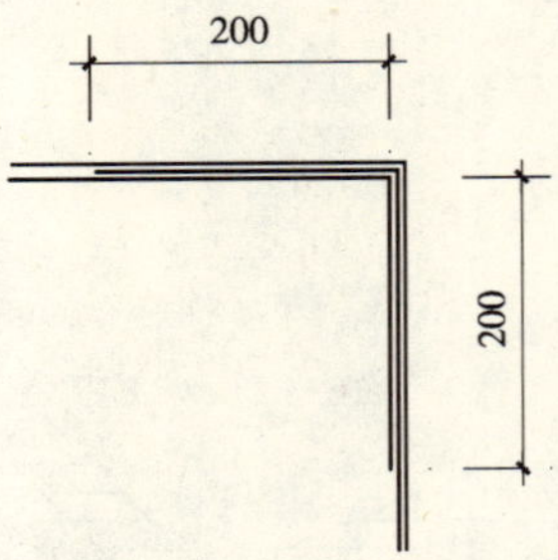

Ⓐ（用于底层）

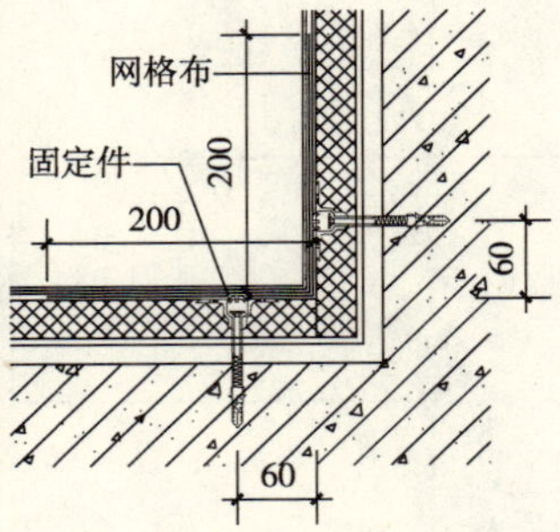

③（用于底层）

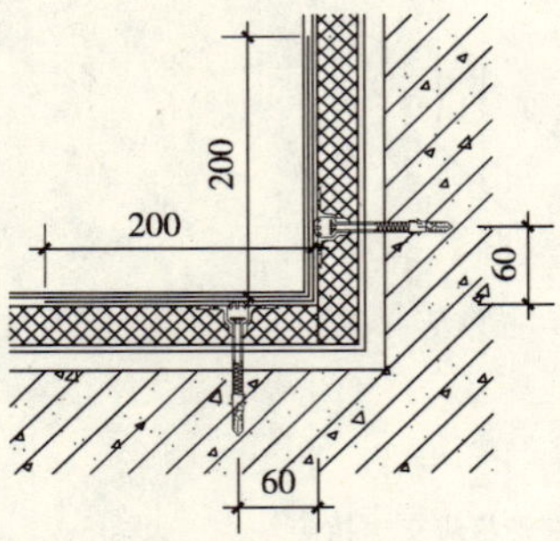

④（用于二层及以上）

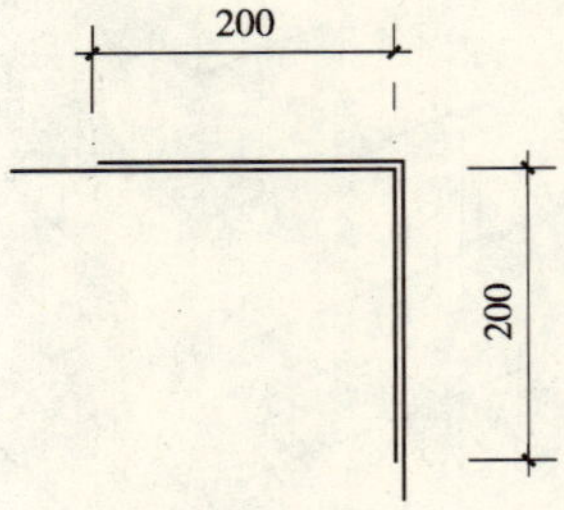

Ⓑ（用于二层及以上）

注：本图按标准板 1200×600 表示。

外墙勒角详图

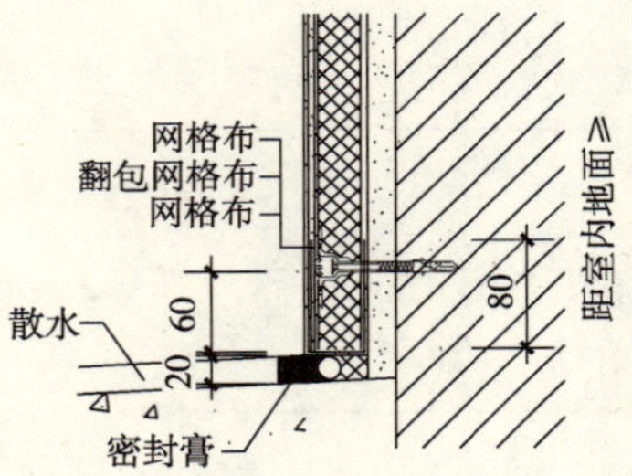

①

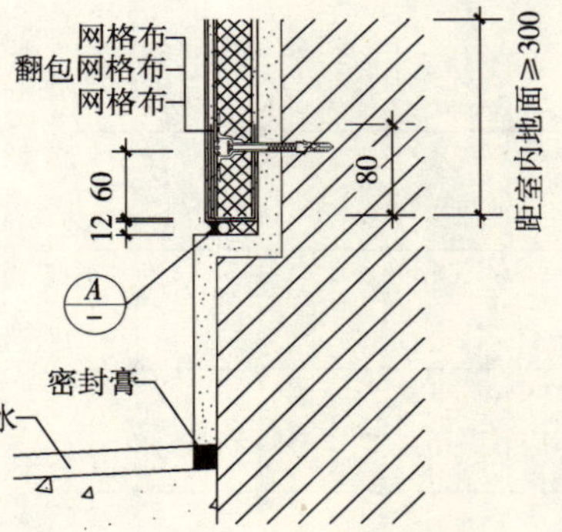

②

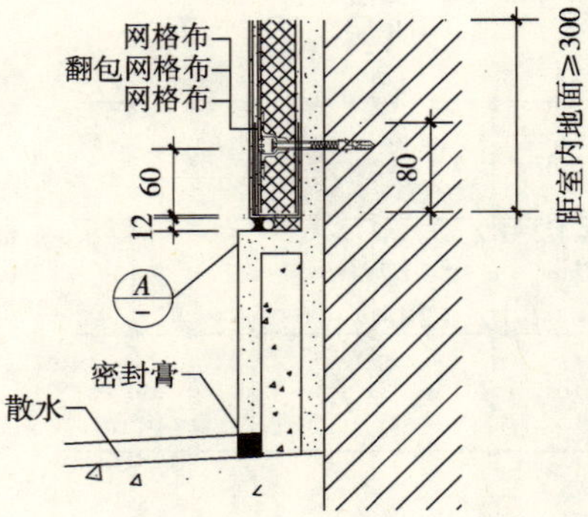

③

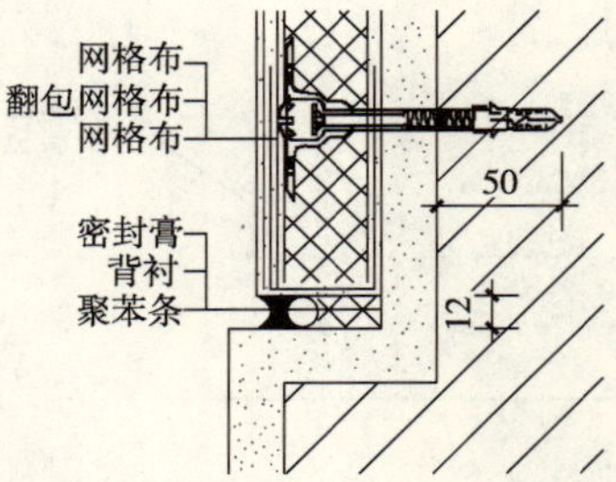

Ⓐ

注：勒脚高度由设计定。

窗洞侧口构造详图

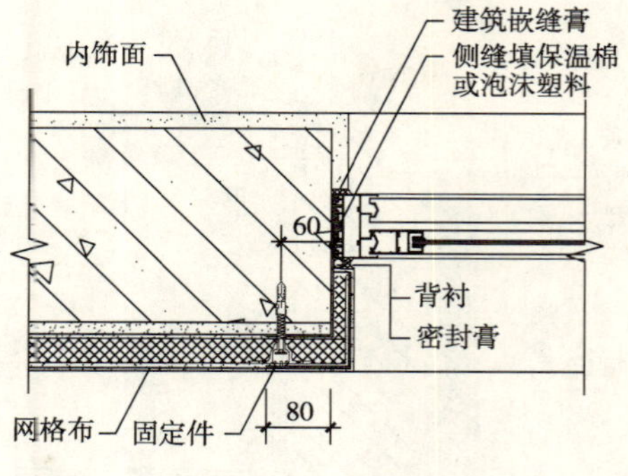

①

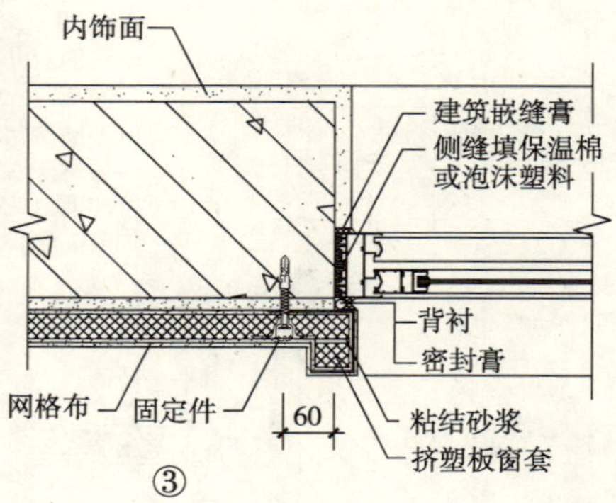

③

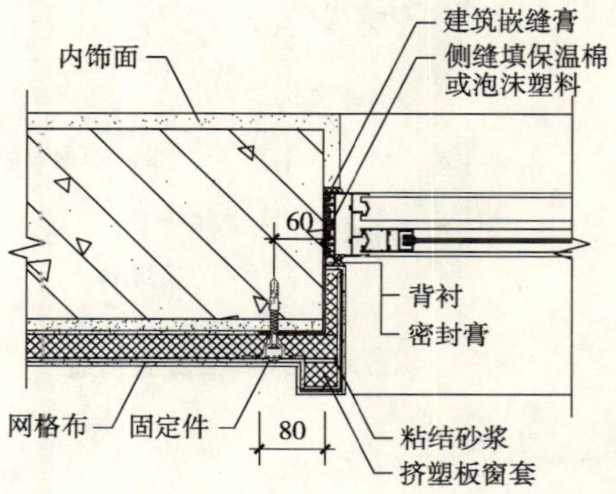

②

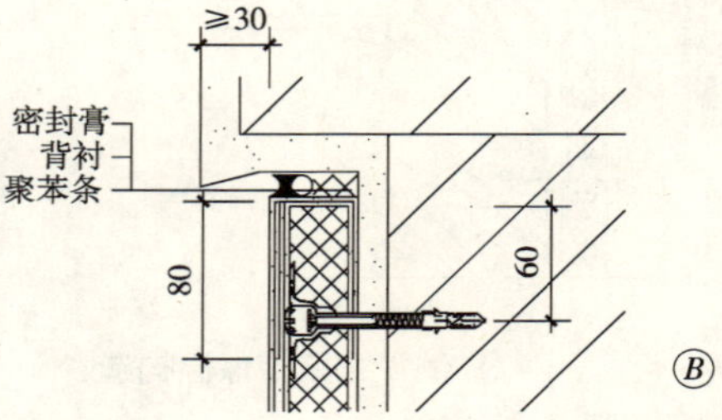

注：当窗侧边采用保温做法时，应根据保温层的厚度预留空隙，以保证洞口侧面保温层厚度。

窗洞上、下口构造详图

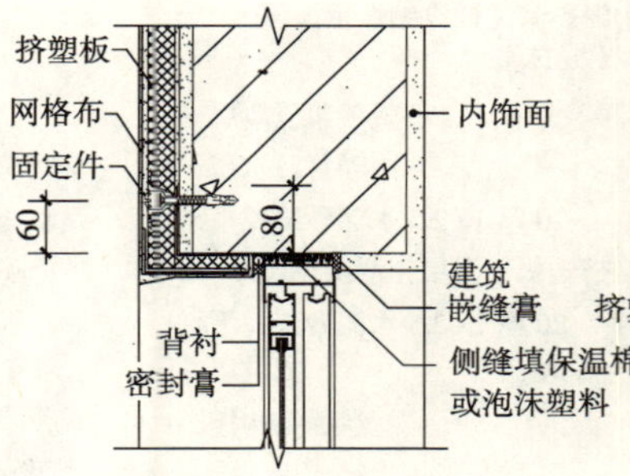

① 窗居中，无窗套

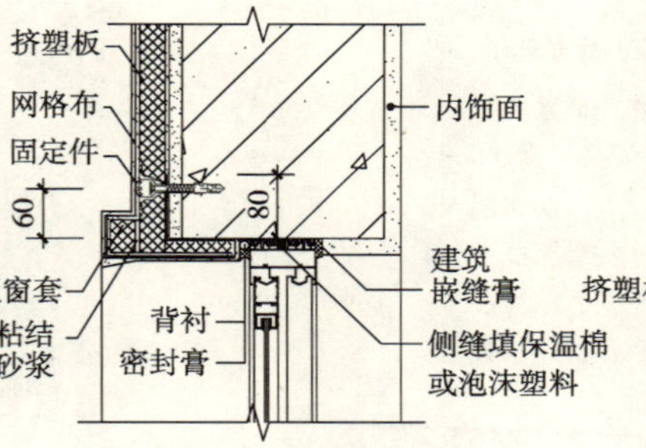

③ 窗居中，有窗套

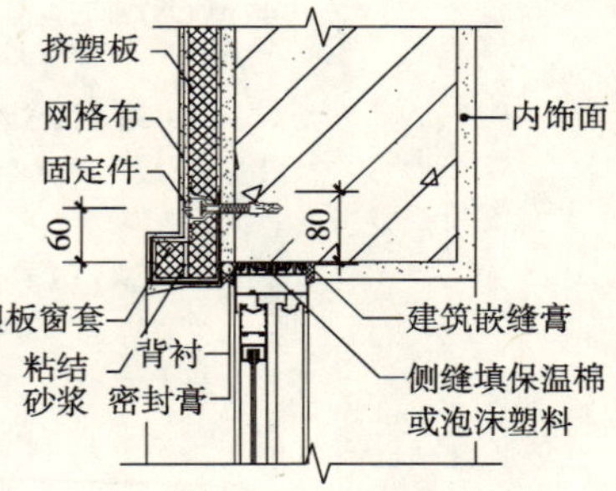

⑤ 窗居外侧，有窗套

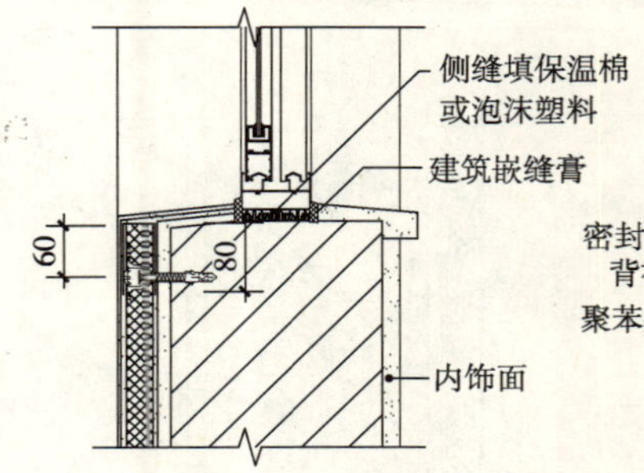

② 窗居中，无窗套

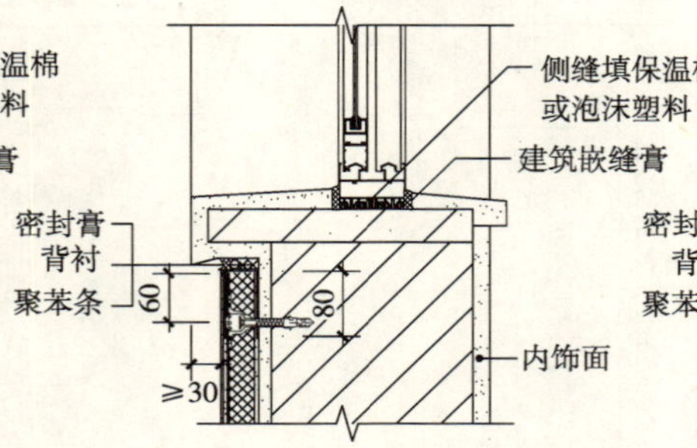

④ 窗居中，有窗套

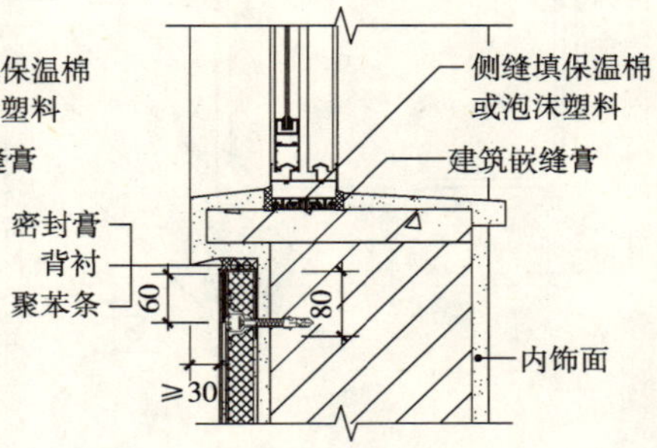

⑥ 窗居外侧，有窗套

注：当窗上下边采用保温做法时，应根据保温层的厚度预留空隙，以保证洞口侧面保温层厚度。

女儿墙、屋面保温构造

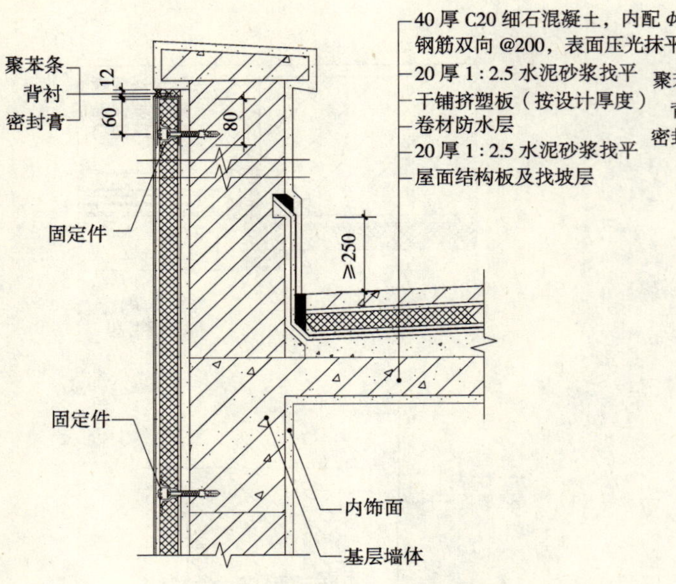

① 倒置式屋面保温构造

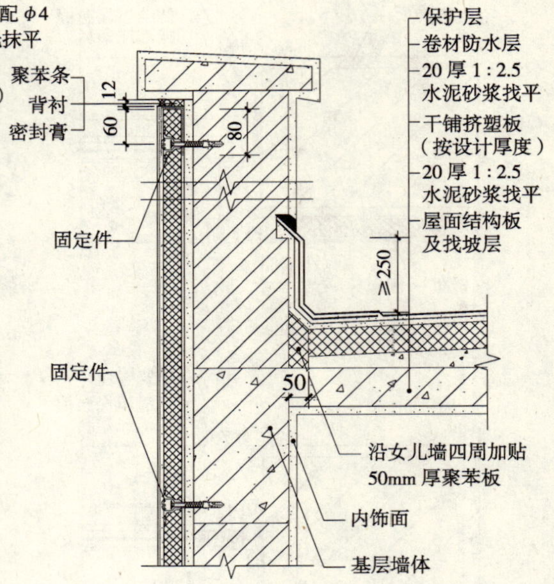

② 顺置式屋面保温构造

注：1. 屋面找坡层、防水层及保护层做法参见省标图集。
2. 屋面保温层厚度可由本图集相关表选定。

平屋面保温构造

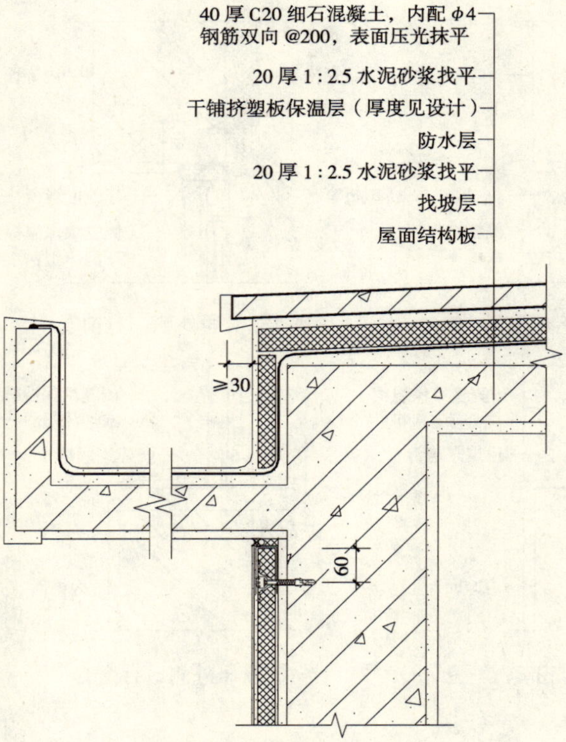

① 倒置式屋面保温构造

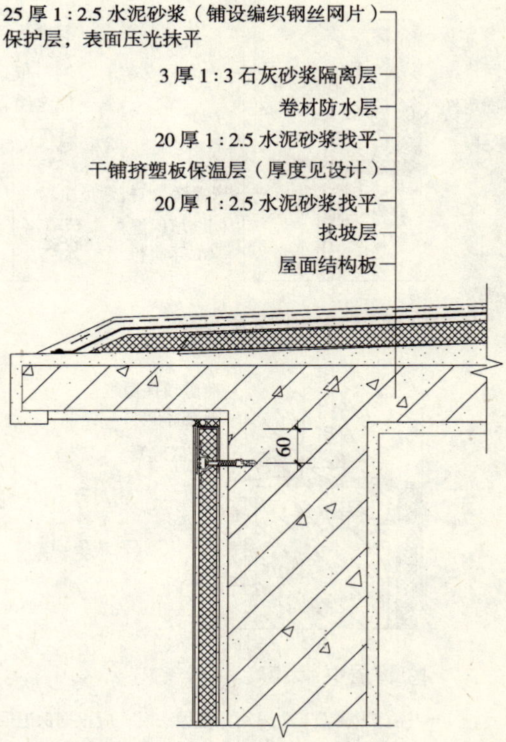

② 雨篷、挑檐等小面积屋面

坡屋面保温构造

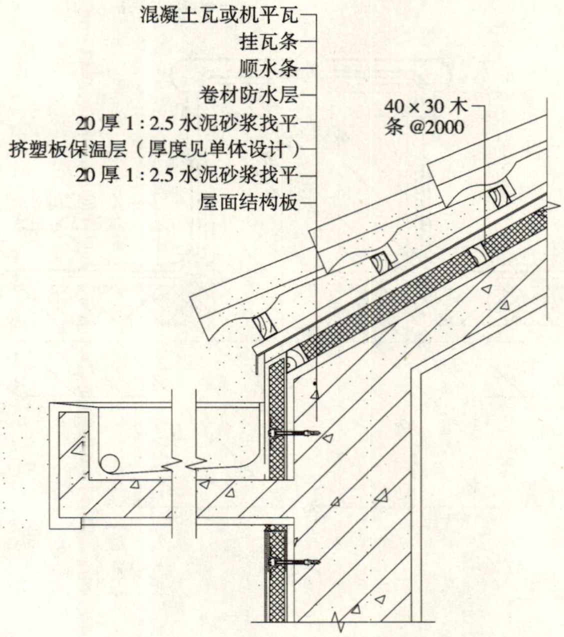

①

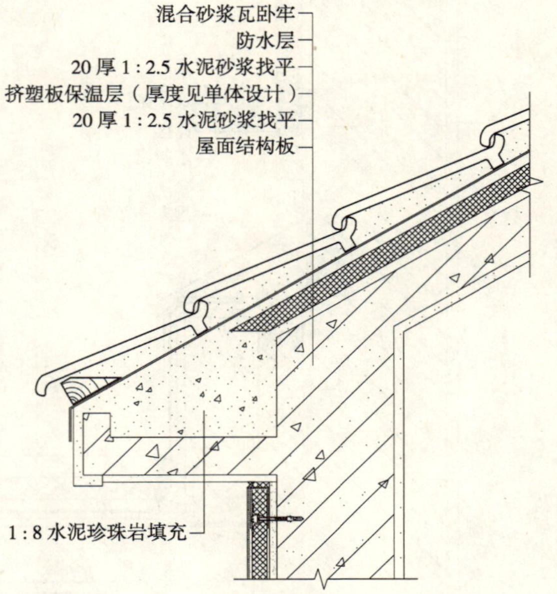

②

注：1. 挤塑板与坡屋面的连接，当屋面坡度≤30° 时，可采用木条间干铺挤塑板方法；
当屋面坡度>30° 时，应采用固定件固定法，固定件布置可参照本图集前页固定件布置图①。
2. 挂瓦条、顺水条的断面尺寸、位置间距及固定方式应根据瓦材和坡度确定。

外墙变形缝构造

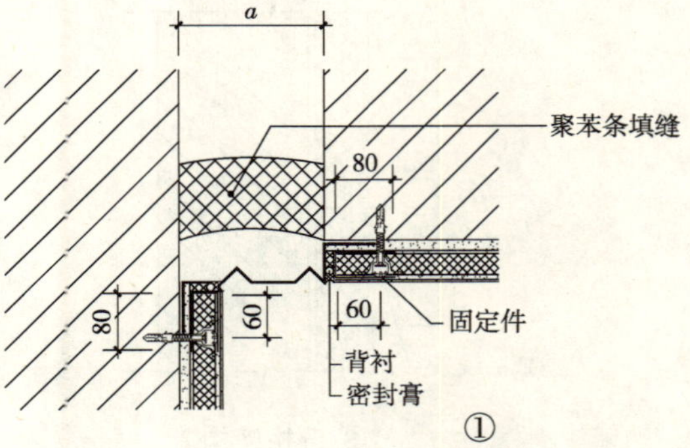

①

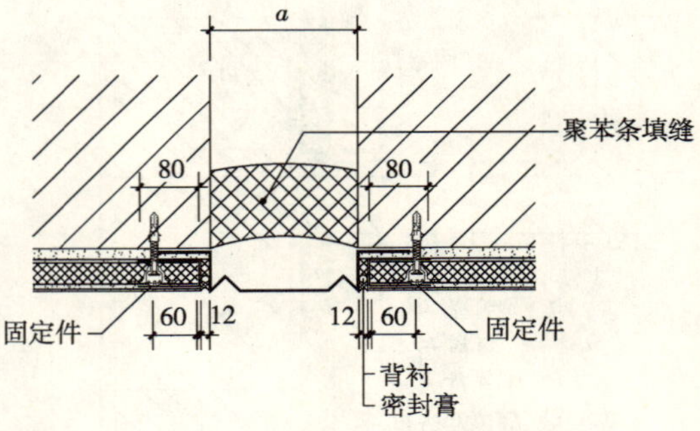

②

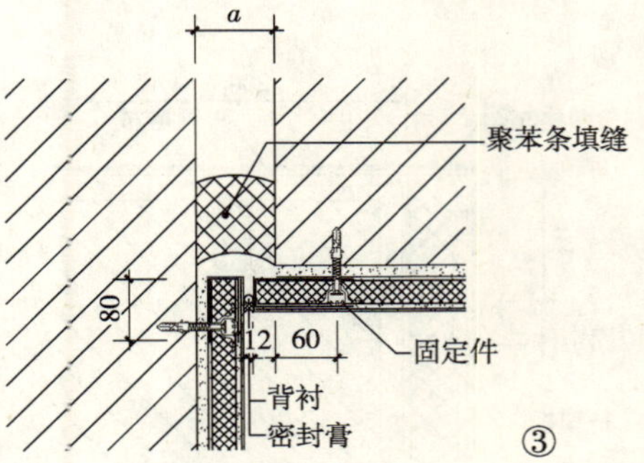

③

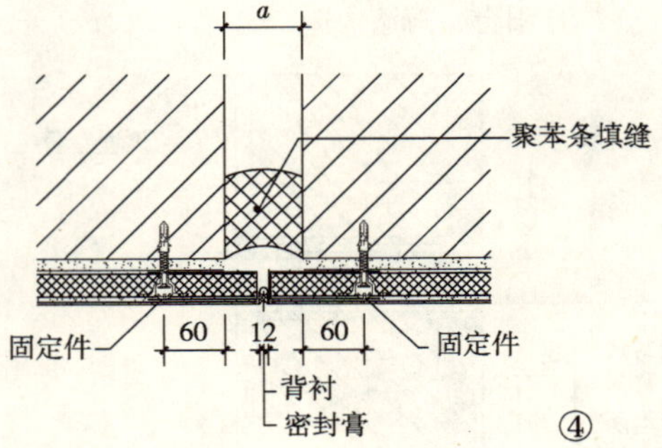

④

注：1. 变形缝宽度 a 按单体设计。变形缝节点做法参见省标图集。
2. 填缝材料采用聚苯乙烯泡沫条。

屋面变形缝构造

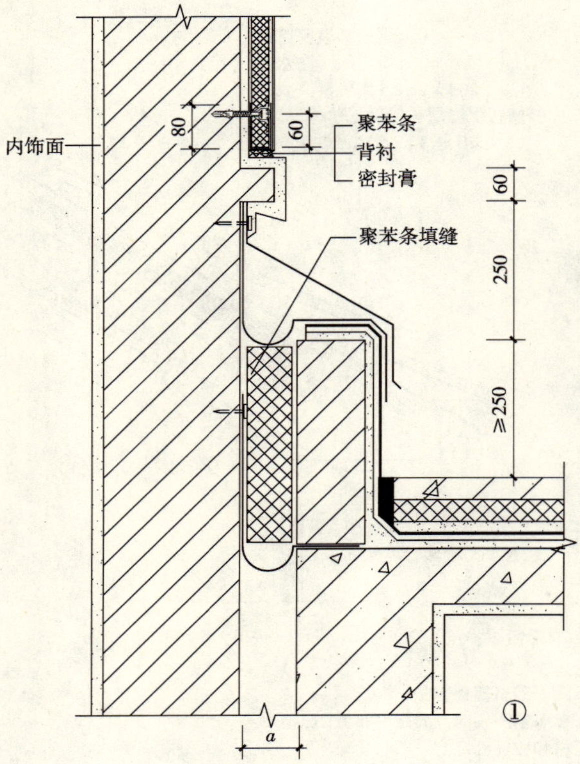

①

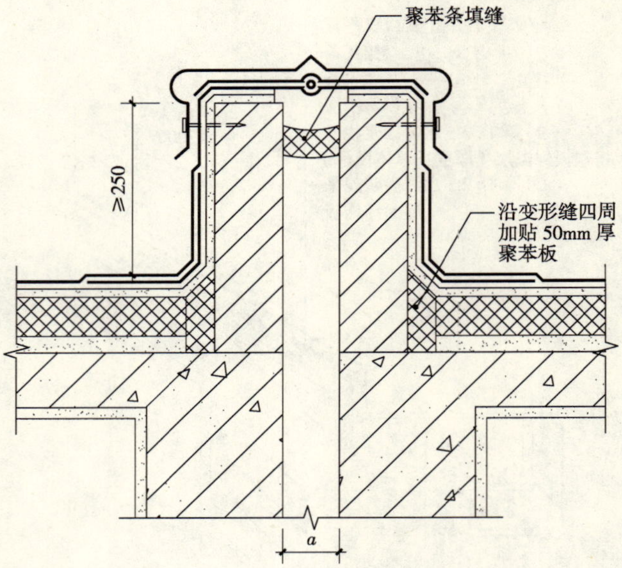

②

注：1. 变形缝宽度 a 按单体设计。变形缝节点做法参见省标图集。
2. 填缝材料采用聚苯乙烯泡沫条。

阳台、雨篷、管道穿墙、分格缝构造

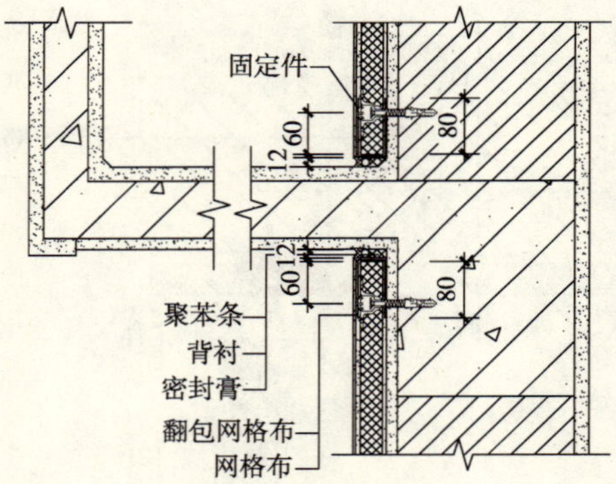

① 阳台、雨篷构造

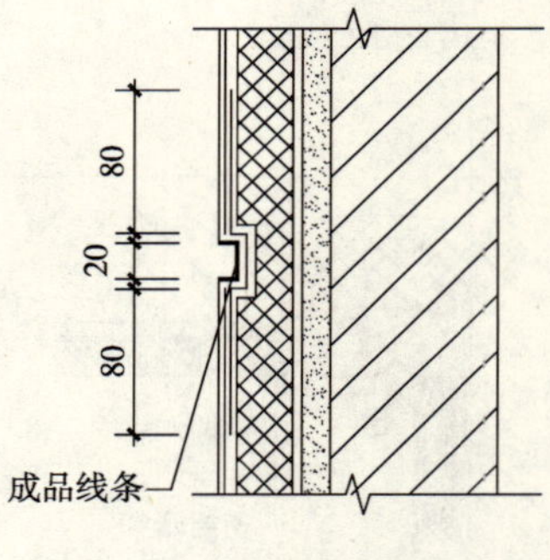

③ 分格缝构造

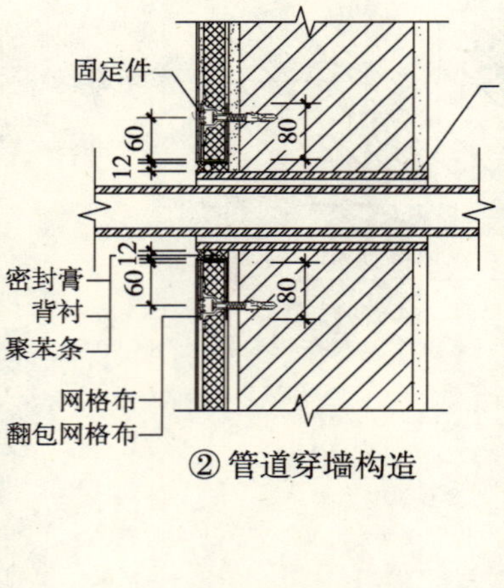

② 管道穿墙构造

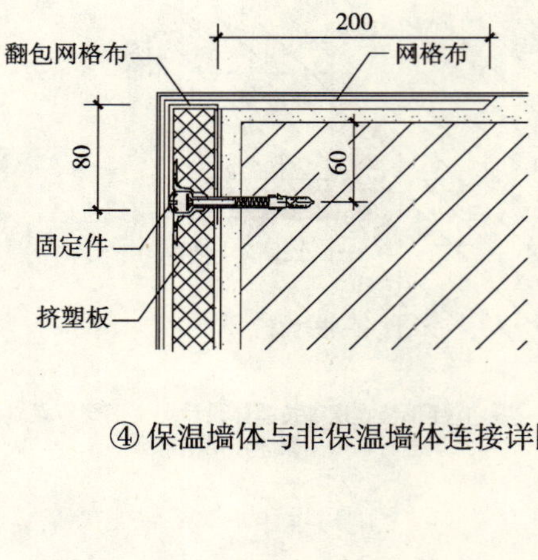

④ 保温墙体与非保温墙体连接详图

十三、J/T 16-2005

专威特建筑外保温系统

1

说　明

说　明

一、编制说明

1. 本图集是为专威特外墙外保温与装饰系统（以下简称系统）编制的建筑构造方面的专项推广图集。

2. 适用范围：

江苏省内防震设防烈度≤9 度地区的新建、扩建和既有工业和民用建筑的承重或非承重的外墙、饰面层为涂料、面砖或其他重量小于 $40kg/m^2$ 的饰面材料的建筑。

3. 本图集设计依据：

1）《民用建筑热工设计规范》（GB 50176—93）
2）《江苏省民用建筑热环境与节能设计标准》（DB 32/478—2001）
3）《夏热冬冷地区居住建筑节能设计标准》（JGJ 134—2001）
4）《外墙外保温隔热及防水系统应用技术规程》（DBJ/CT 009—2001）
5）《膨胀聚苯板薄抹灰外墙外保温系统》（JG 149—2003）
6）《建筑装饰装修工程质量验收规范》（GB 50210—2001）
7）《绝热用模塑聚苯乙烯泡沫塑料》（GB/T 10801.1—2002）
8）《玻璃纤维制品试验方法》（JC 176—80）
9）《合成树脂浮液砂壁状建筑涂料》（JG/T 24—2000）
10）《丙烯酸酯建筑密封膏》（JC 484—2006）
11）《专威特外墙外保温系统》（Q/N 04004—1998）
12）专威特公司有关系统的资料

4. 专威特外墙外保温与装饰系统简介：

1）该系统集防水、保温隔热和装饰功能为一体。整个系统具有较强的耐候性，良好的防水和水蒸气渗透性能，抗粉尘附着能力。

2）系统的基本构造见表 1

系统的基本构造　　表 1

基层墙体	钢筋混凝土墙、砌块墙、砖墙、轻质墙等
粘接层	粘结胶浆
保温层	膨胀聚苯板
保护层	抹面胶浆＋网格布
饰面层	涂料、面砖或其他重量小于 $40kg/m^2$ 的饰面材料

5. 本系统构造做法必须严格按本图集的设计要求及技术规程执行。

6. 本图集的尺寸除注明者外，其他均以毫米（mm）为单位。

二、主要用材及术语解释

1. 粘结胶浆：是由专用胶粘剂与普通硅酸盐水泥按一定重量比混合而成的聚合物砂浆。

2. 膨胀聚苯板：阻燃型聚苯乙烯泡沫塑料板（即 EPS 板）。

3. 玻璃纤维网格布：是一种采用特制的专威特材料进行覆涂的，具有抗碱、耐碱性能的玻璃纤维编织物。可缓冲由于墙体位移、开裂等原因引起的聚苯板的轻微位移，并可抵抗水泥的碱性侵蚀。

4. 饰面层：涂料、面砖或其他重量小于40kg/m^2 的饰面材料。

5. 罩面涂膜：为透明的、防护用丙烯酸保护涂膜，可增强面层涂料的抗粉尘附着能力。

6. 密封膏：聚氨酯或硅酮型建筑密封膏。

7. 背衬：不吸水的、闭孔发泡聚乙烯实心圆条，为密封膏的衬垫材料。

8. 水泥：普通硅酸盐水泥，强度等级为32.5MPa或42.5MPa。

9. 水：应为符合国家标准的生活用水。

三、材料的基本技术性能要求

粘结胶浆主要技术性能指标 表2

试验项目		性能指标
拉伸粘接强度（MPa）（与水泥砂浆）	原强度 耐水	≥0.70 ≥0.50
拉伸粘接强度（MPa）（与膨胀聚苯板）	原强度 耐水	≥0.10，破坏界面在膨胀聚苯板上 ≥0.10，破坏界面在膨胀聚苯板上
可操作时间（h）		1.5～4.0

膨胀聚苯板的主要技术性能指标 表3

试验项目	性能指标
导热系数［W(m·K)］	≤0.041
表观密度（kg/m^3）	18.0～22.0
垂直与板面方向的抗拉强度（kPa）	≥0.10
尺寸稳定性（%）	≤0.30

抹面胶浆主要技术性能指标 表4

试验项目		性能指标
拉伸粘接强度（MPa）（与膨胀聚苯板）	原强度 耐水	≥0.10，破坏界面在膨胀聚苯板上 ≥0.10，破坏界面在膨胀聚苯板上
	抗压强度/抗折强度（水泥基） 开裂应变（非水泥基）%	
可操作时间（h）		1.5～4.0

网格布的主要技术性能指标 表5

试验项目	性能指标
单位面积质量（g/m^2）	≥130
耐碱断裂强力（经、纬向）(N/50mm)	≥750
耐碱断裂强力保留率（经、纬向）(%)	≥50
断裂应变（经、纬向）(%)	≤5.0

面层涂料的技术性能指标 **表6**

项目	单位		技术指标
在容器中的状态			经搅拌后成均匀浆状
骨料沉降性	%		<10
储存稳定性	低温		3次试验后无硬块、凝聚及组成物的变化
	高温		1个月后试验无硬块、发霉、凝聚及组成物的变化
干燥时间（表干）	h		≤2
颜色及外观			颜色及外观与样本相比，无明显差别
耐水性			浸水240涂层无裂纹、起泡、剥落及软化物析出，和未浸泡部分相比，颜色和光泽允许轻微变化
耐碱性			浸碱水240涂层无裂纹、起泡、剥落及软化物析出，和未浸泡部分相比，颜色和光泽允许轻微变化
耐刷洗性			1000次洗刷，涂层无变化
耐沾污性			5次沾污试验后，沾污率在45%以下
冻融循环试验			10次冻融循环试验后，涂层无裂纹、起泡、剥落，和未试验试板相比，颜色和光泽允许轻微变化
粘结强度	MPa		>0.69
人工加速耐候性	2000h		试验后涂层无裂缝、剥落、起泡、粉化，变色≤2级
抗拉强度（24℃）	MPa		≥3.78
延伸率（24℃）	%		≥475
弹性变形恢复率	%		80
柔韧性			-26℃以上温度，快弯法试验无裂缝出现
抗粉尘附着（残留反射率）	%		98
裂缝遮蔽性能（裂缝宽度：涂层厚度）			>20
耐积水			48h试验后水的渗透率≤1.80%
抗风雨交加能力	%		无裂缝出现
1.27mm时水蒸气渗透	$g/m^2 \cdot h \cdot Pa$		$\leq 1.441 \times 10^{-3}$
防起皮性能			干燥后起皮消失
抗风化			无明显光泽损失
耐擦洗			2000次擦洗后，涂层无显著变化

专威特系统的主要技术性能指标 **表7**

试验项目		性能指标
吸水量(g/m^2)，浸水24h		≤450
抗冲击强度J	普通型（P型）	≥3.0
	加强型（Q型）	≥10.0
抗风压值（kPa）		不小于工程项目的风荷载设计值
耐冻融		表面无裂纹、空鼓、起泡、剥离现象
水蒸气湿流密度[$g/(m^2 \cdot h)$]		≥0.85
不透水性		试样防护层内侧无水渗透
耐候性		表面无裂纹、粉化、剥落现象

四、设计要求

1. 基层墙体的挠度不应超过$L/240$，L为楼层高度。

2. 除设计注明外，建筑室外地面高度2.0m以下墙体均采用加强型构造，即在标准网布下增铺一层加强网布。当墙体系统其他部位抗冲击力有特殊要求而须增铺加强网格布时，应在设计文件中注明。

3. 应在下列位置设置变形缝：

（1）基层墙体结构设有伸缩缝、沉降缝和防震缝处；

（2）墙板相接缝处；
（3）外保温系统与不同材料相接处；
（4）基层墙体材料材性改变处；
（5）墙面的连续高、宽度每超过23m处。

4. 采用本图集中的外墙外保温构造，满足《江苏省民用建筑热环境与节能设计标准》中的墙体传热阻值要求，选用聚苯板的最小厚度应为30mm；对节能有特殊要求的建筑，聚苯板厚度应经计算确定。

五、施工要求

（一）专用脚手架的安装

专威特系统专用脚手架的架管或管头与墙面间的最小距离应为450mm，以便施工。

（二）基层墙体处理

1. 基层墙体必须清理干净，使墙外表面没有油、灰尘、污垢、脱模剂、风化物、涂料、蜡、防水剂、泥土等污染物或其他妨碍粘结的材料，并剔除墙表面的凸出物，用水洗刷干净。

2. 应清除基层墙体中松动和风化的部分，并用水泥砂浆填实后找平；基层墙体的平整度不合乎要求时，可用1:3水泥砂浆找平。

3. 对既有建筑进行保温改造时，应将原有外墙饰面层彻底清除，露出基层墙体表面，并按上述方法进行处理，使其达到要求后，再进行下道工序的施工。

（三）材料的准备

1. 粘结胶浆的配制：将专威特胶粘剂与强度等级32.5（R）、42.5（R）普通硅酸盐水泥按一定的重量配合比用搅拌器充分搅拌均匀，搅拌过程中加入适量的水，第一次搅拌后，静置5min再搅拌一次，并应注意以下事项：

· 开罐后，若胶粘剂有离析现象，应在掺加水泥前将其充分搅拌至胶浆状。

· 加入水泥后，搅拌不得过度，以防止搅入空气，降低胶浆的和易性等性能。

· 搅拌时，应使用700～1000r/min电动搅拌器（或可调速电钻加搅拌器），不得使用其他搅拌器。

· 应根据气候情况掌握胶浆的粘稠度，注意严格控制加入的水量，并应以缓慢、滴注的方法加入适量的水。

· 粘结胶浆中不得有砂、骨料、速凝剂、防冻剂、聚合物等其他填加剂。

· 粘结胶浆应随用随搅，已搅拌好的胶浆根据气温条件必须在1～3h内用完。

2. 保温板的切割：应尽量使用标准尺寸的聚苯板，需使用非标准尺寸的聚苯板时，应采用电热丝切割器进行切割加工。

3. 网格布的准备：应根据工作面的要求剪裁网格布，标准网布应留出搭接长度（最少为65mm），加强网格布应对接。

4. 抹面胶浆的配制和要求，均同粘结胶浆。

5. 面层涂料的准备：使用本图集推荐的电动搅拌器进行充分搅拌，使其具有均匀的稠度。

6. 罩面涂膜的准备：同面层涂料。

（四）聚苯板的粘贴

1. 根据图纸要求，首先沿着外墙散水标高弹好散水水平线；需设置系统变形缝处，则应在墙面弹出变形缝线及变形缝宽度线。

2. 粘贴聚苯板的具体施工操作详见《外墙外保温隔热及防水装饰技术规程》(DBJ/CT—009—2001)。

六、质量检验

（一）基层墙体的质量检验

1. 基层墙面应在2.0m范围内平整度不超过6mm。修整墙面的水泥砂浆找平层与墙面必须粘结牢固，无脱层、空鼓和裂缝。

2. 基底附着力：在基底上取5处有代表性的位置涂抹粘结胶浆，面积为75mm×75mm，厚度为13mm，贴上75mm×75mm×50mm聚苯板，并按《建筑工程饰面砖粘结强度检验标准》（JGJ 110—97）的规定进行检验。

（二）材料的质量检验

本系统及本系统所使用的所有材料的技术性能，均应满足国家有关标准和本图集的有关要求。施工前应对材料质量进行抽样复查。抽样次数按使用数量确定，同一批材料至少抽样一次。此外，尚应满足以下要求：

1. 粘结胶浆：现场随机检查粘结胶浆是否按规定的配合比配制。现场随机检查涂胶面积及涂胶点的布置、数量是否符合规定。

2. 聚苯板：聚苯板的外形应基本平整，无明显膨胀和收缩变形，熔结良好，无明显掉粒，不得有油渍和杂质，不得有不正常的气味；聚苯板的表观密度应符合本图集的要求；聚苯板的允许偏差见表8；聚苯板在运输中的表观要求见表9。

聚苯板的规格尺寸及允许偏差（mm） **表8**

试验项目		允许偏差
厚度	≤50	±1.5
	>50	±2.0
长度		±2.0
宽度		±1.0
对角线差		±3.0
板边平直		±2.0
板面平整度		±1.0

注：本表的允许偏差值以1200mm长×600mm宽的膨胀聚苯板为基准。

聚苯板在运输中的表观要求 **表9**

指标	允许尺寸	允许偏差
压痕面积	表面深度≥1.6mm的压痕面积	≤总面积的5%
空洞	板材每0.72m^2的表面积上尺寸≥3.2×3.2×3.2的空洞数	≤8个
凸凹深度	板材表面的凸起高度或划痕深度	≤1.6mm

3. 抹面胶浆：检查项目同粘结胶浆。

4. 面层涂料：现场随机检查稠度及均匀性。

5. 罩面涂膜：现场随机检查稠度及均匀性。

七、施工验收

本系统的验收详见《外墙外保温隔热及防水装饰技术规程》（DBJ/CT—009—2001），未尽事宜参见国家和江苏省有关验收规范及规定。

2
构造做法与详图

外墙外保温构造

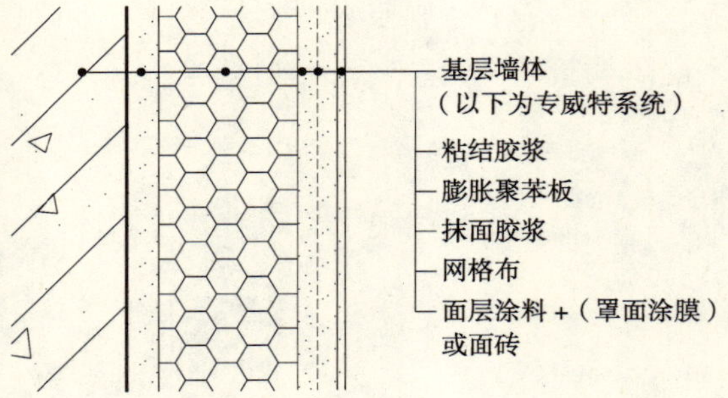

① 新建建筑

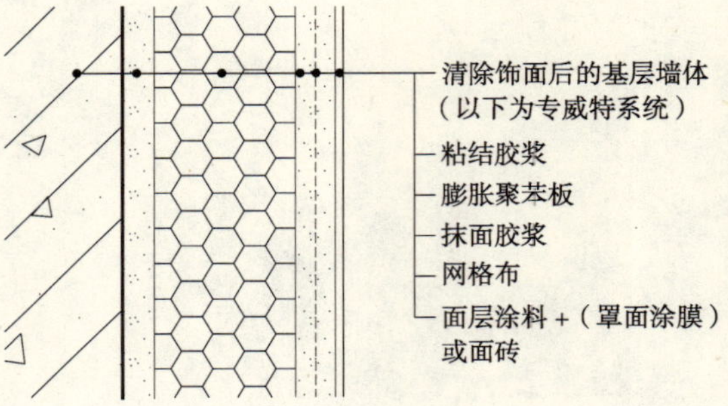

② 既有建筑

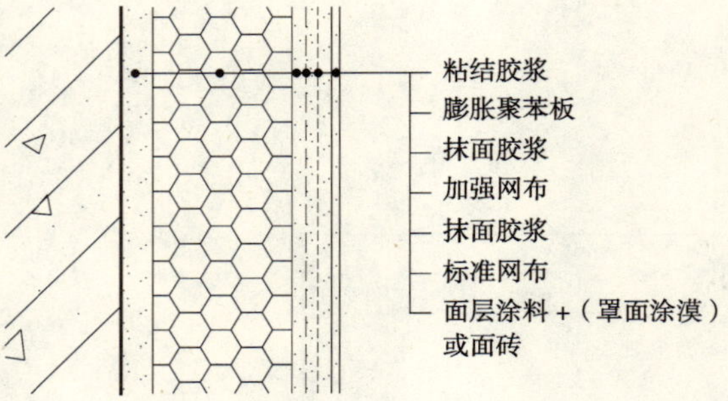

③ 加强型

注：1. 聚苯板厚度根据单体工程节能设计要求确定。
2. 罩面涂膜能增加面层涂料的抗粉尘附着能力，可视工程环境加以选用。
3. 当基层墙体不平整时，剔除凸出墙面部分后，用 1 : 3 水泥砂浆找平。
4. 当既有建筑墙面为面砖或陶瓷锦砖等饰面层时，应予以清除。
5. 加强型用于散水以上 2.0m 范围和其他可能遭受冲击力的部位。
6. 当饰面层为面砖时，应采用专用的瓷砖胶粘剂和勾缝剂。

外墙阴、阳角详图

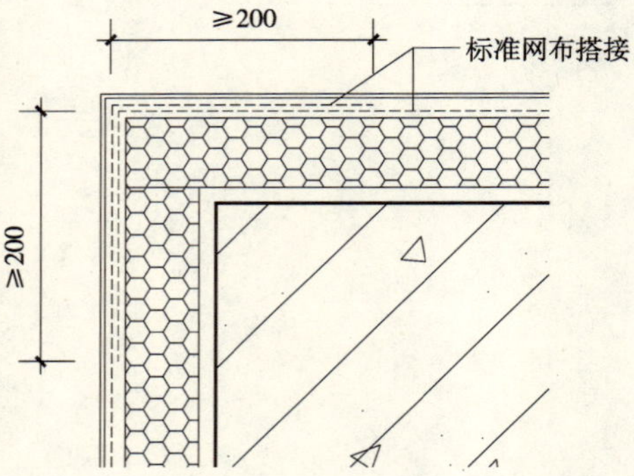

① 一般型

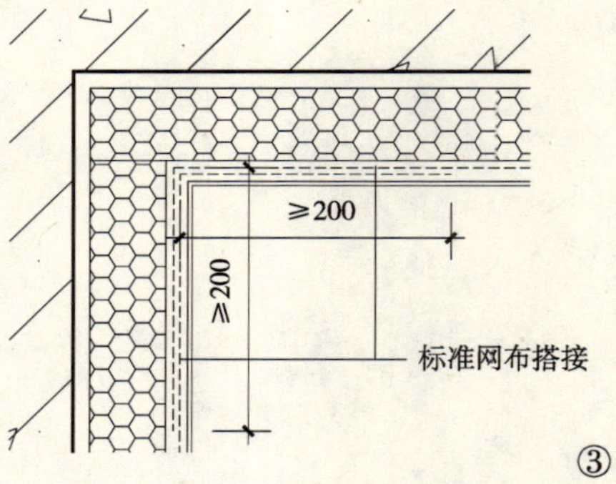

③ 一般型

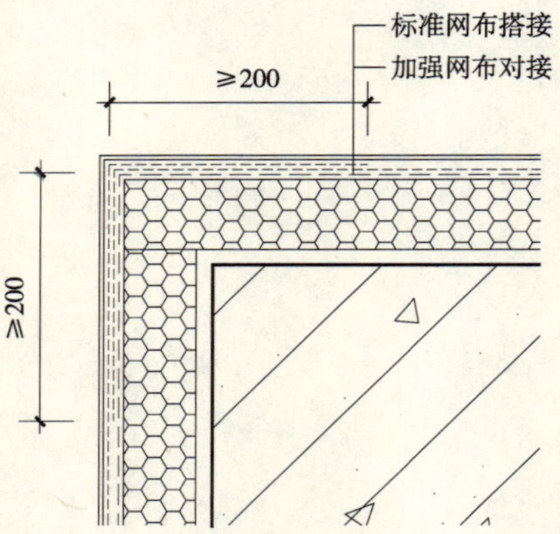

② 加强型

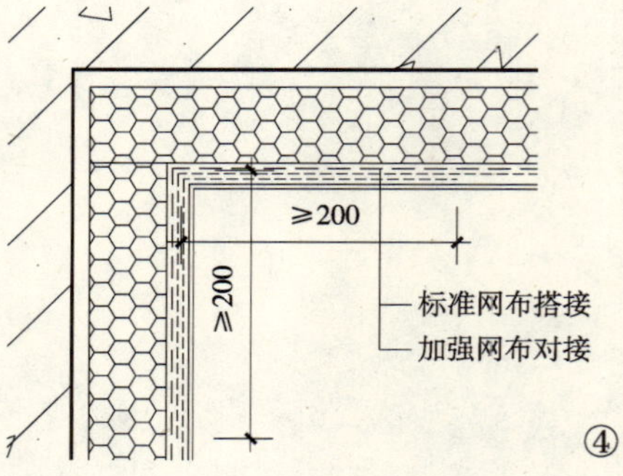

④ 加强型

聚苯板固定详图

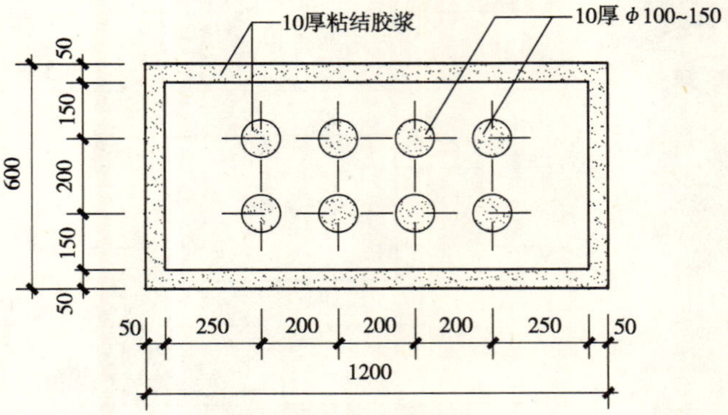

聚苯板点粘法

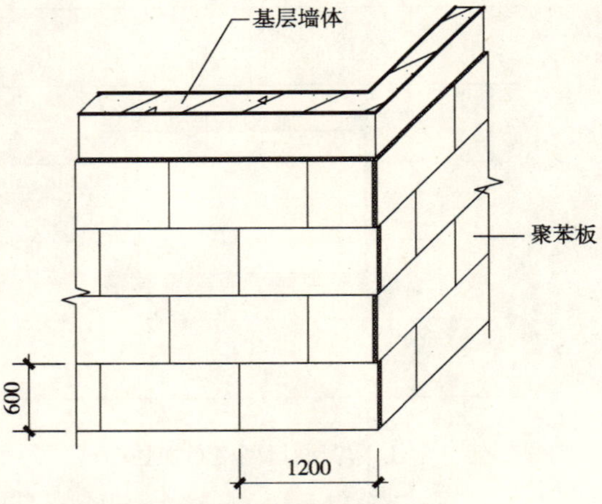

聚苯板转角排板示意图

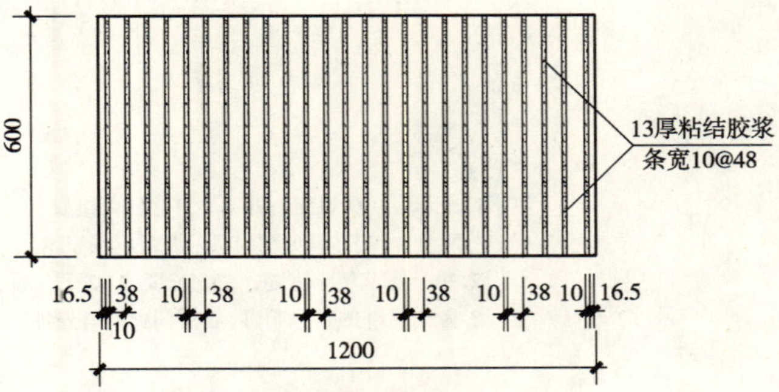

聚苯板条粘法

注：1. 转角处聚苯板应错接，交叉排版。
2. 平面处聚苯板应错缝，每排标准板错缝1/2板长。

外墙勒角详图

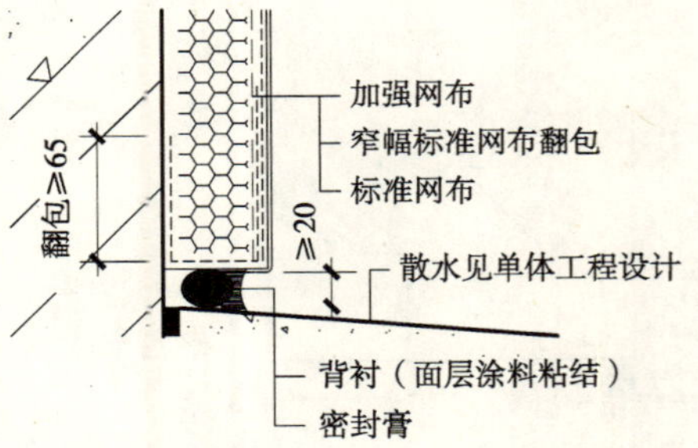

①

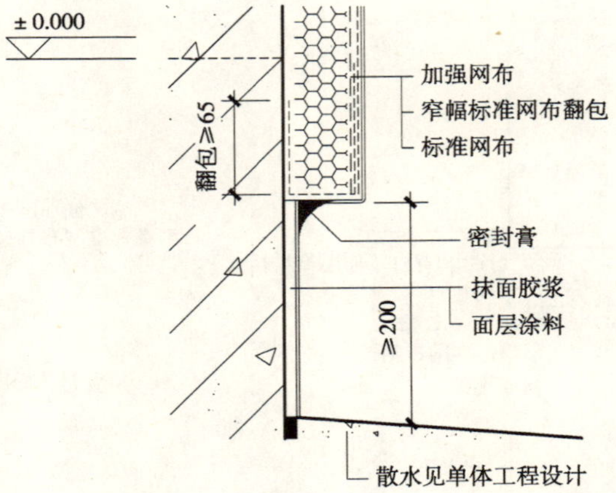

③

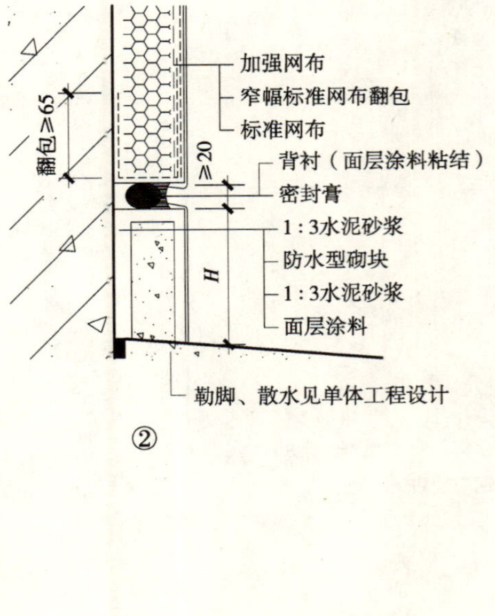

②

注：1. 防水型砌块高度H见单体工程设计。
2. 节点①、②仅适用于沉降量基本完成的建筑物外墙。

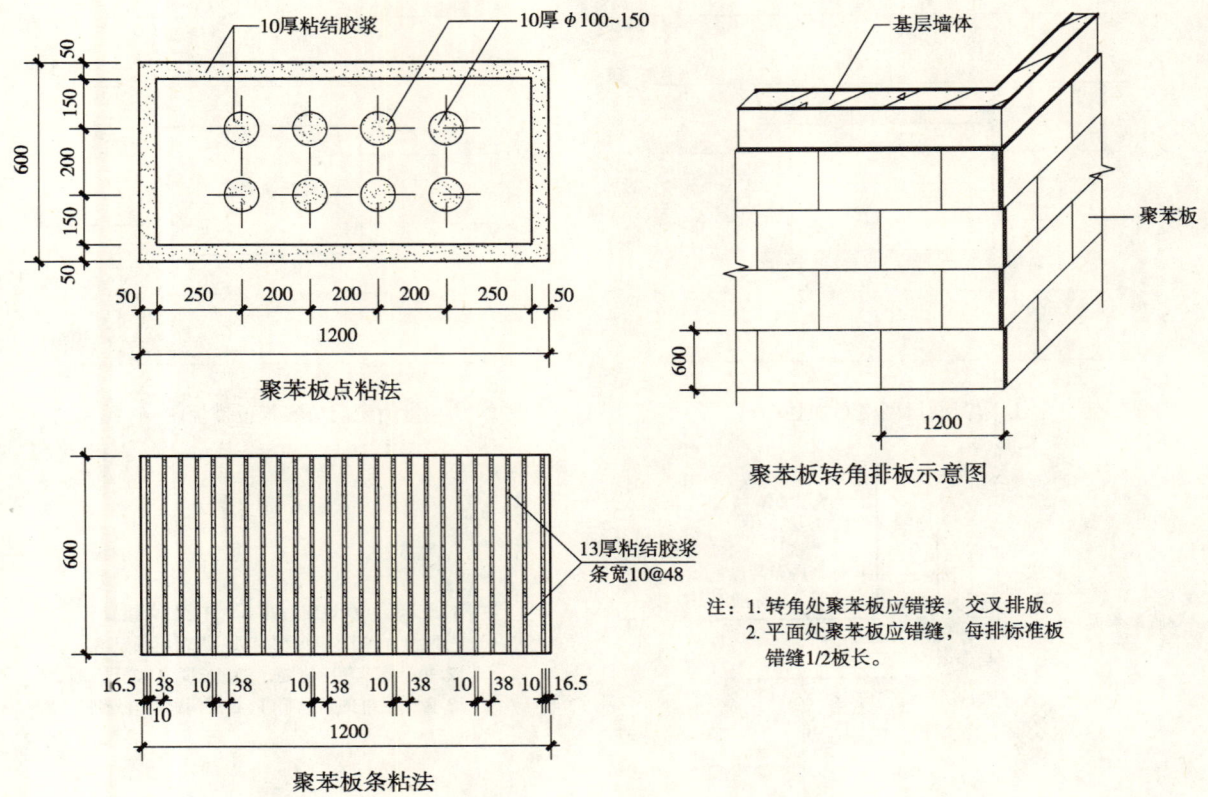

门窗洞口详图

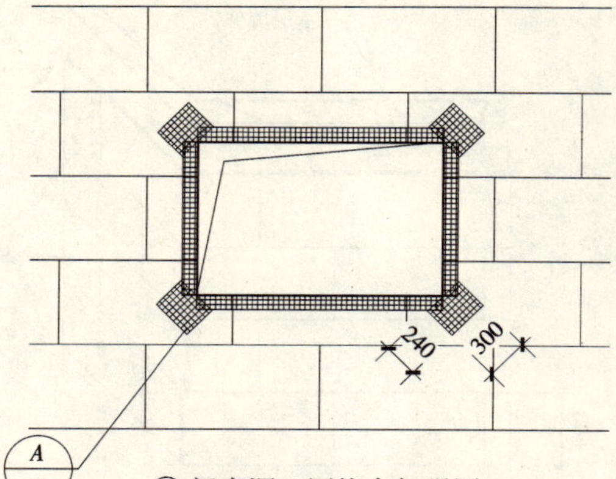

① 门窗洞口网格布加强图

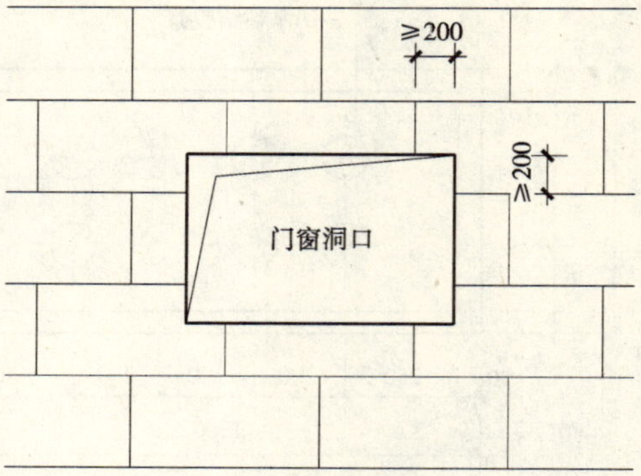

② 门窗洞口聚苯板排板图

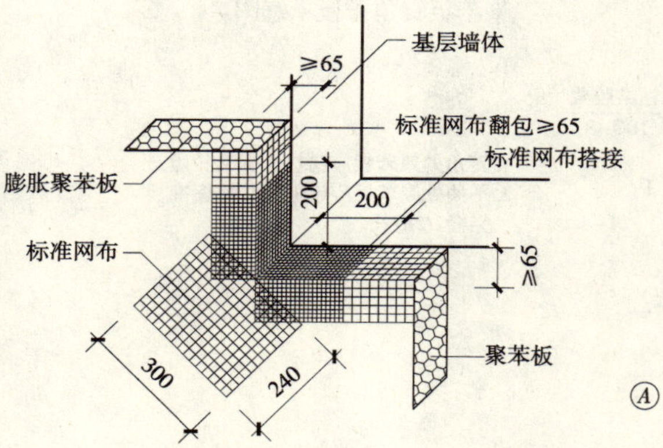

Ⓐ

注：1. 聚苯板在洞口四角处不允许接缝，接缝距四角≥200，以免在洞口处饰面出现裂缝。
2. 每排聚苯板应错缝，错缝长度为1/2板长。
3. 除门窗外的其他洞口，参照门窗洞口处理。

窗洞口详图

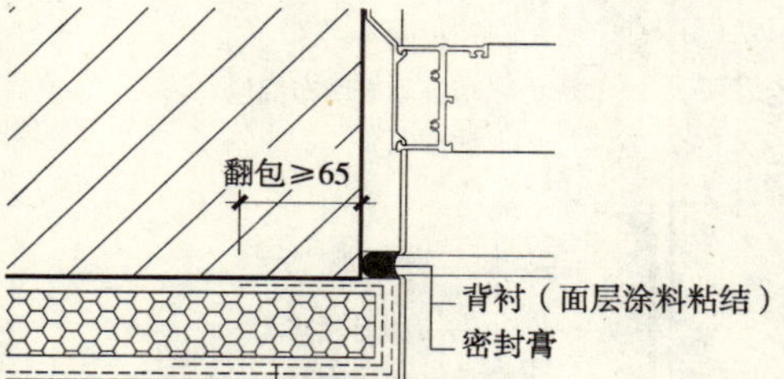

③ 一般型

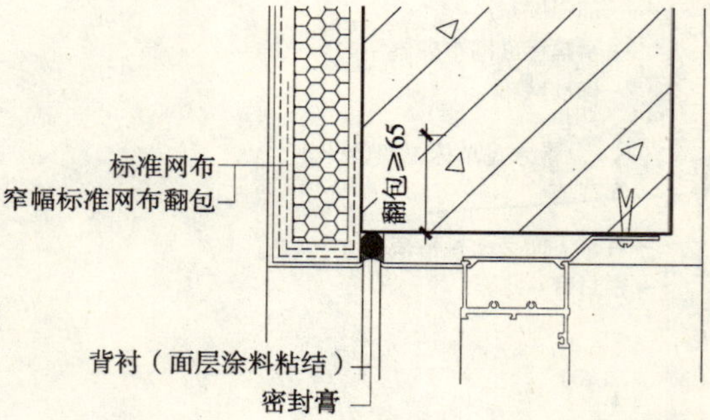

⑤ 一般型

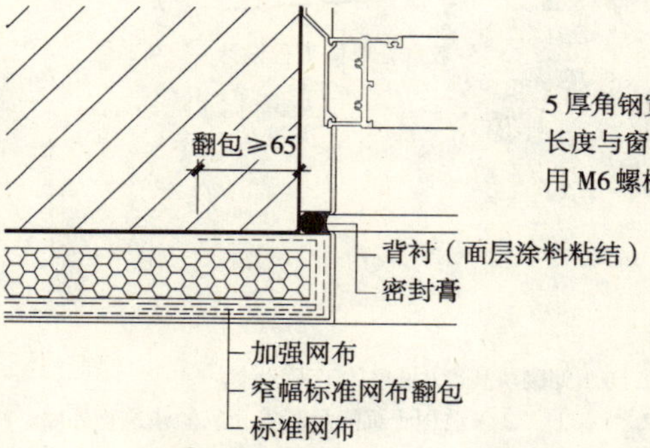

④ 加强型

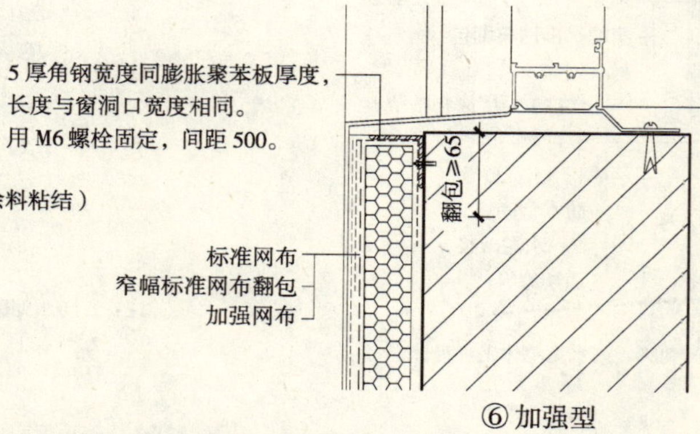

⑥ 加强型

注：1. 一般型窗下墙没有加强网布。
2. 考虑方便擦窗，当聚苯板较厚时，外窗台宜加角钢，用以承受集中荷重，角钢应做防锈处理。

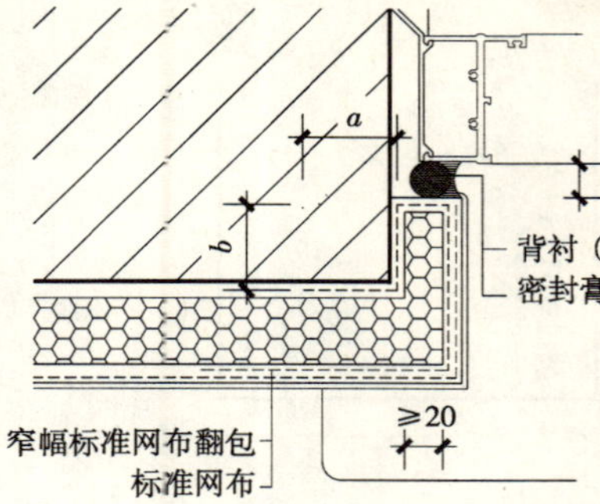

⑦ 一般型

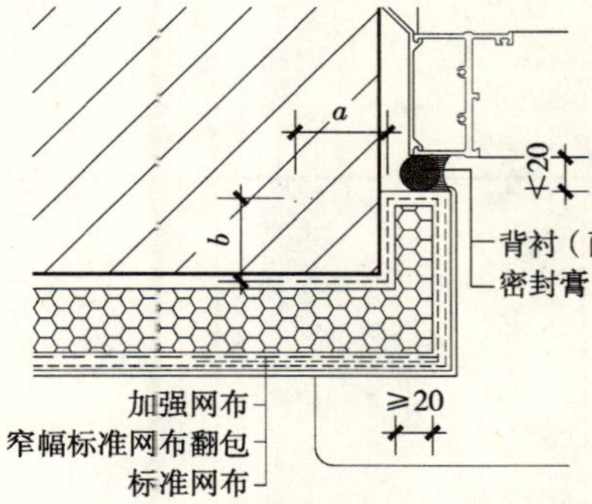

⑧ 加强型

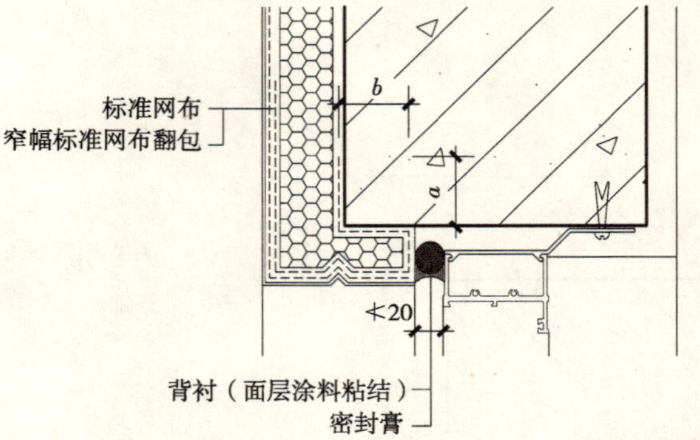

⑨ 一般型

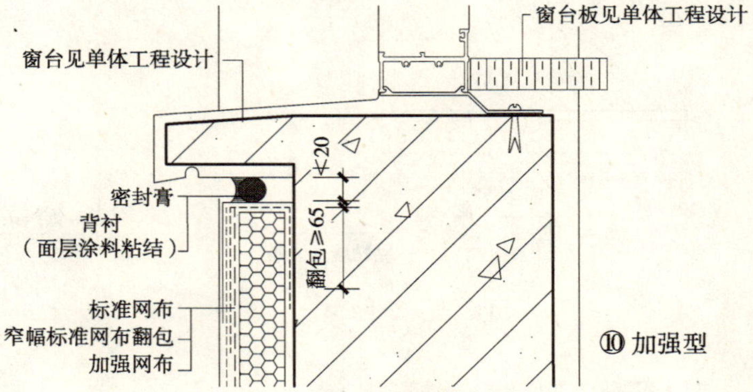

⑩ 加强型

注：1. 一般型窗下墙没有加强网布。
2. 窄幅标准网布翻包尺寸 $a+b \geqslant 65$。

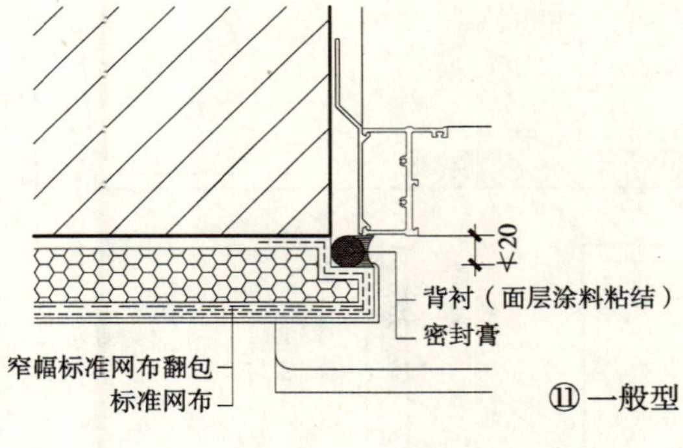

⑪ 一般型

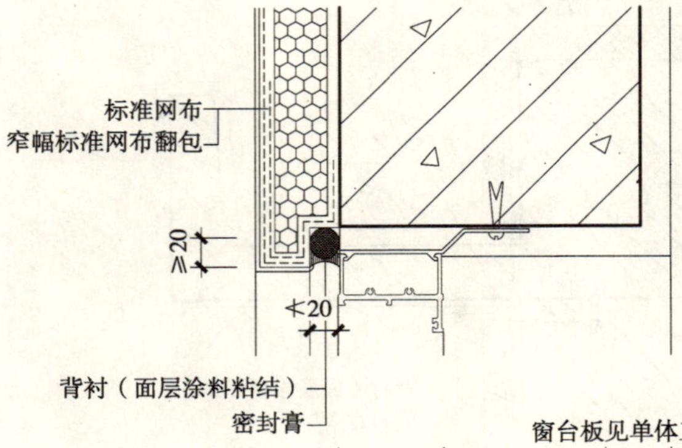

⑫ 一般型

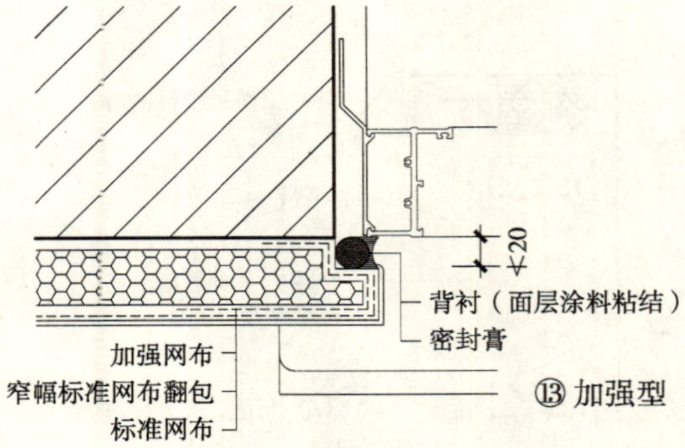

⑬ 加强型

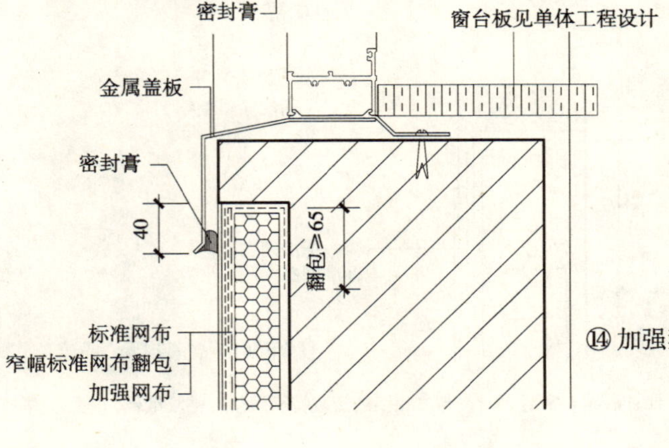

⑭ 加强型

注：一般型窗下墙没有加强网布。

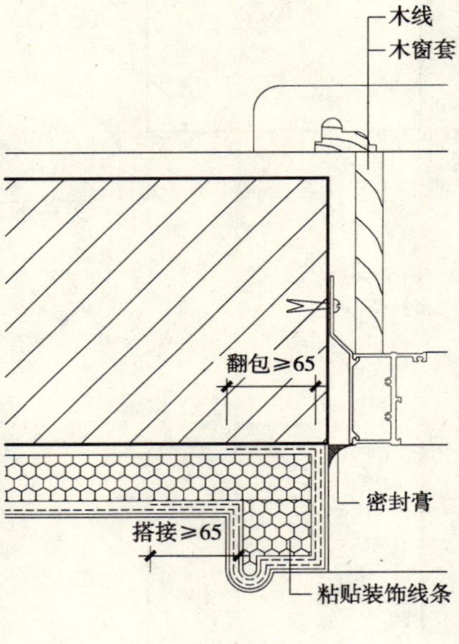

⑮

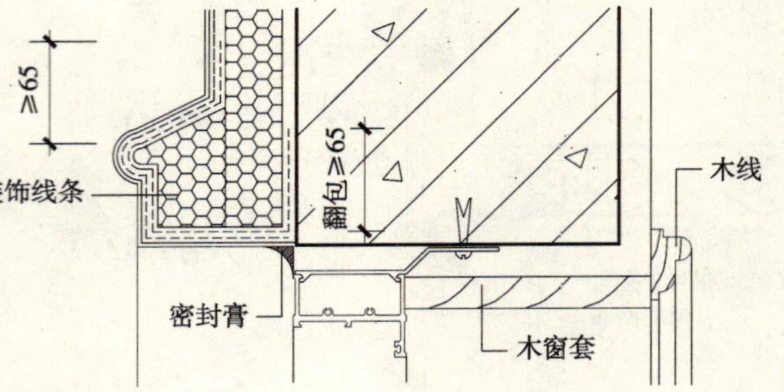

⑯

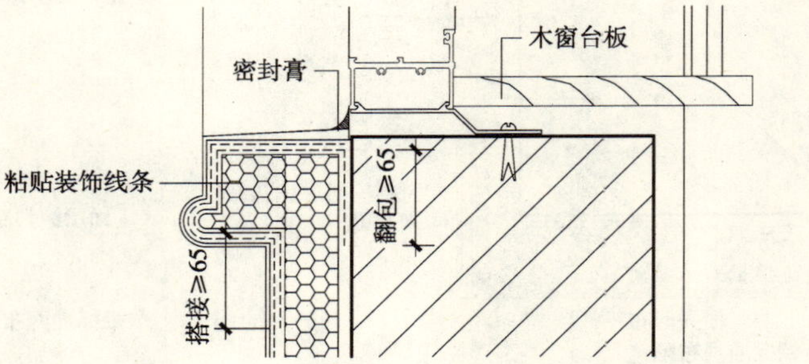

⑰

注：1. 窄幅标准网布在聚苯板端部翻包≥65。
2. 装饰件处两层标准网布搭接≥65。
3. 装饰件挑出墙面宽度≥250时，应在装饰件内加钢连接件。详见单体设计。

檐口详图

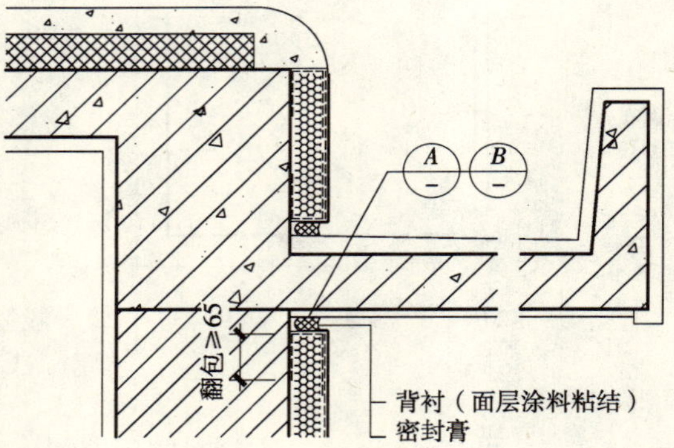

①

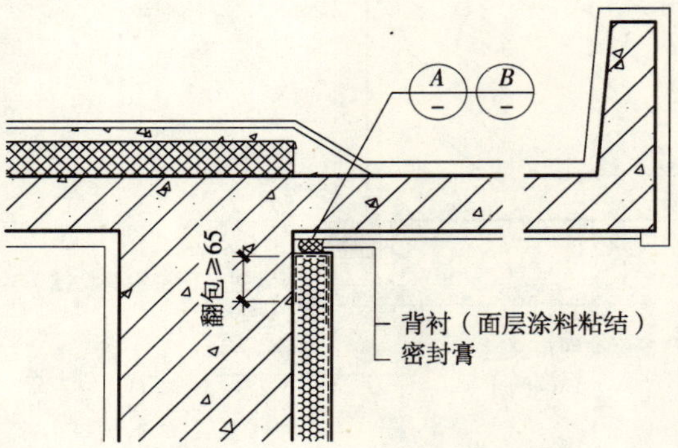

②

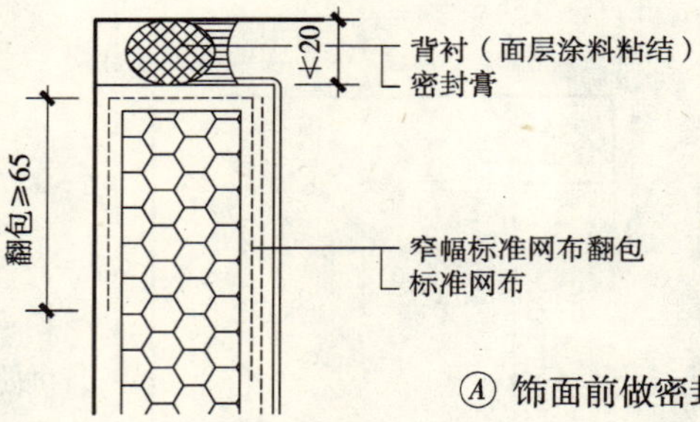

Ⓐ 饰面前做密封膏

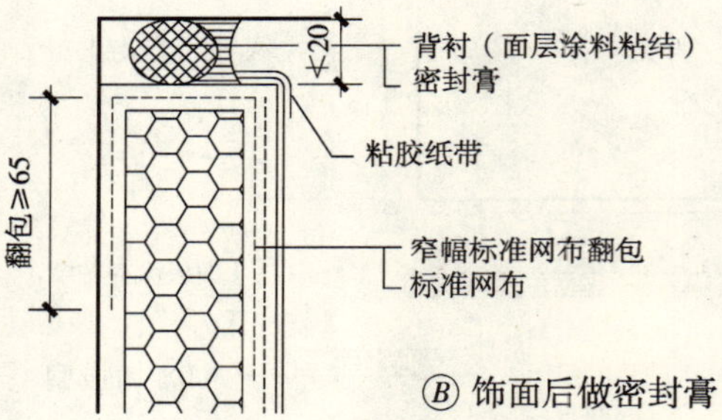

Ⓑ 饰面后做密封膏

注：后施工密封层时，与之相接的专威特面层须加粘胶纸带，施工完毕撕掉。

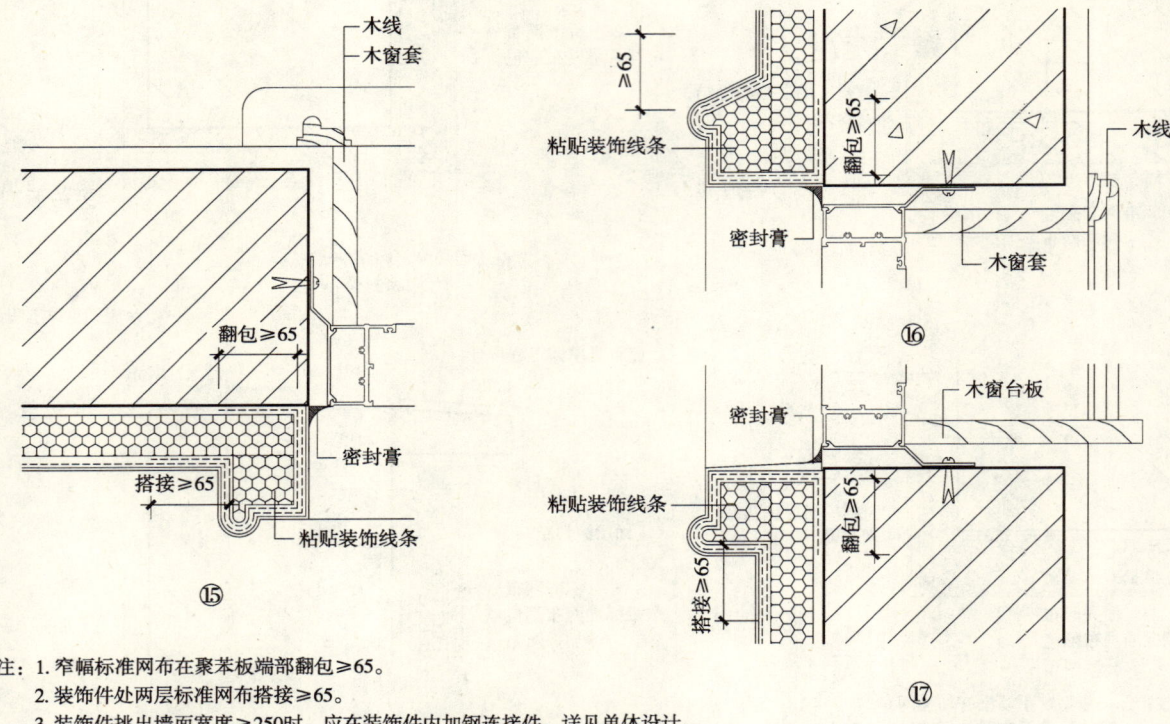

女儿墙收头

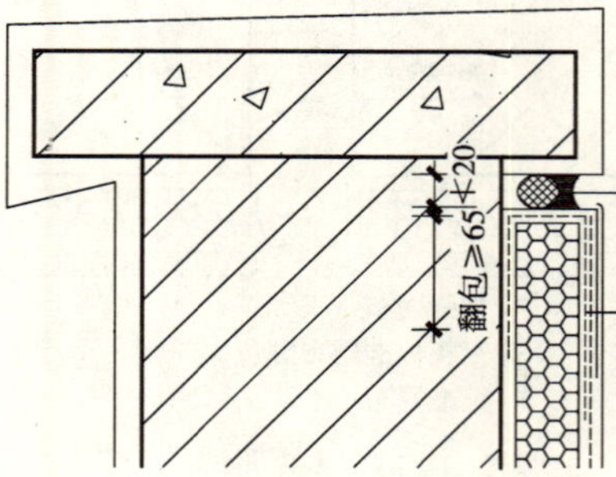

①

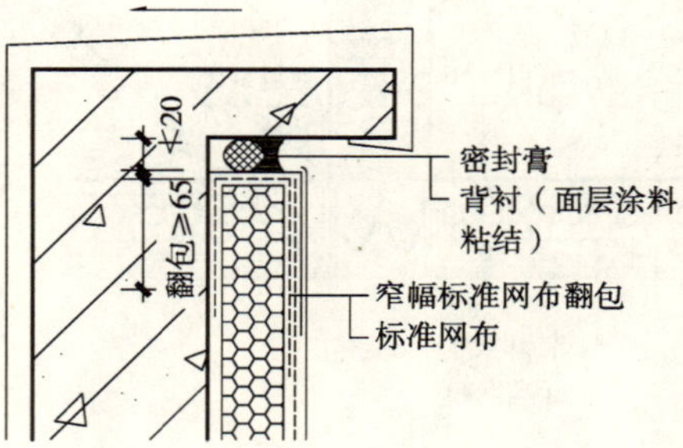

②

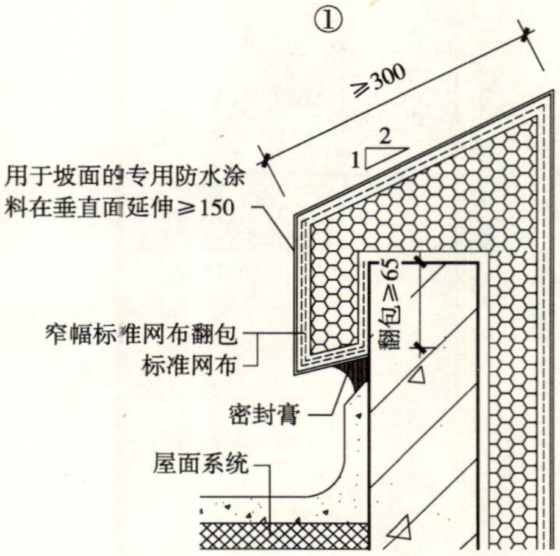

③

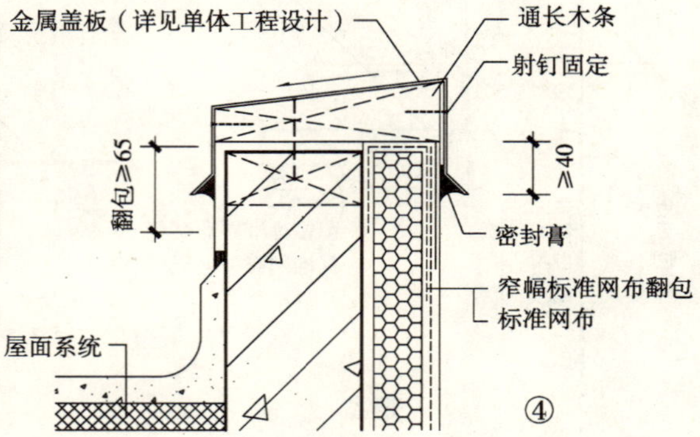

④

系统变形缝详图

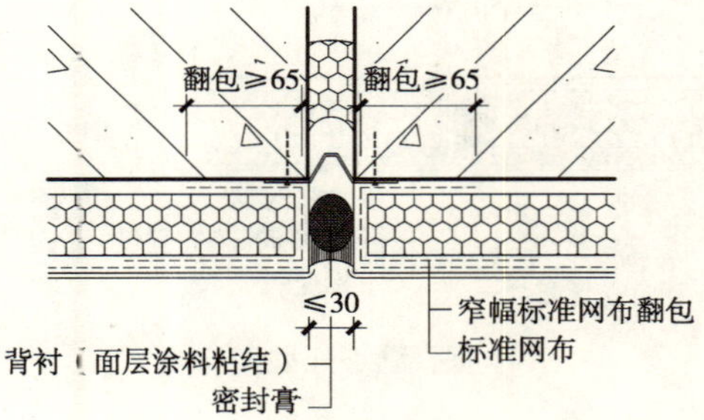

① 一般型

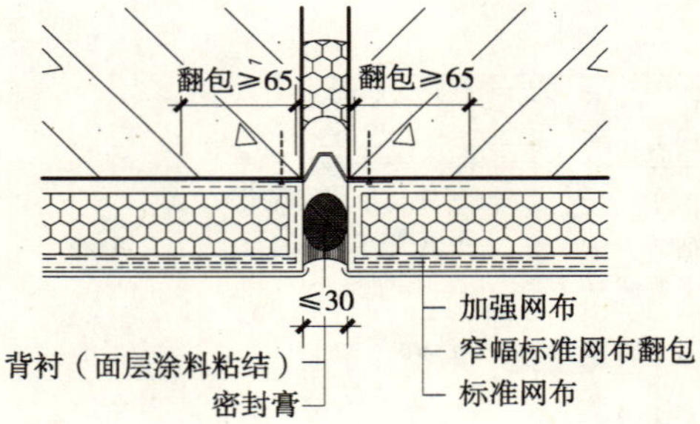

③ 加强型

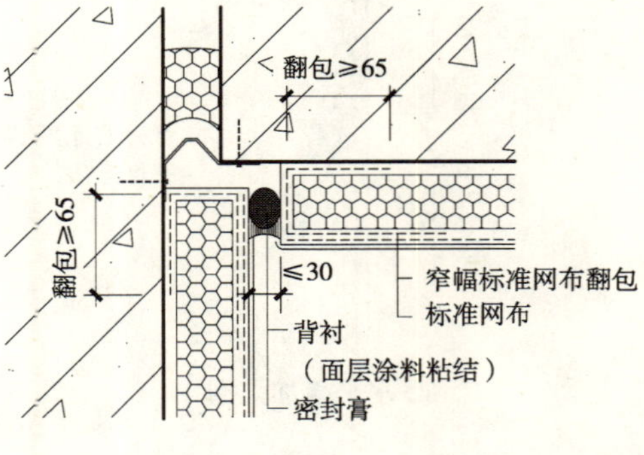

② 一般型

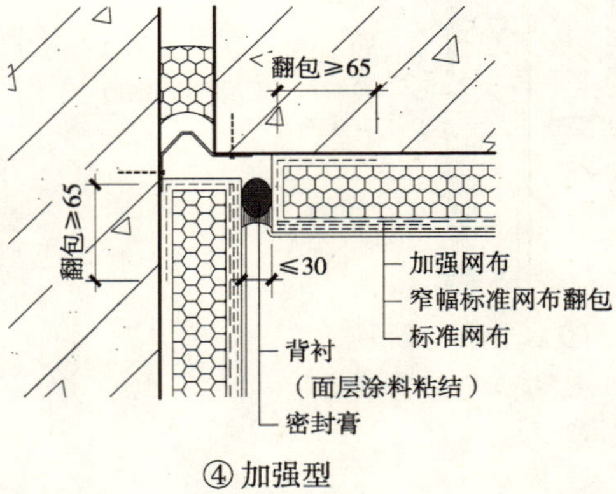

④ 加强型

注：变形缝构造见单体工程设计。

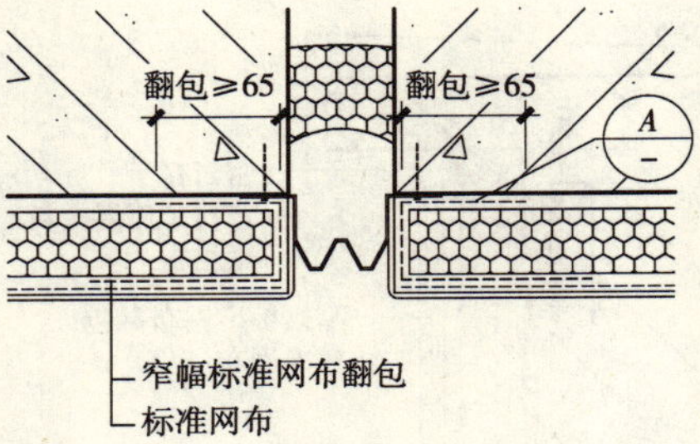

⑤ 一般型

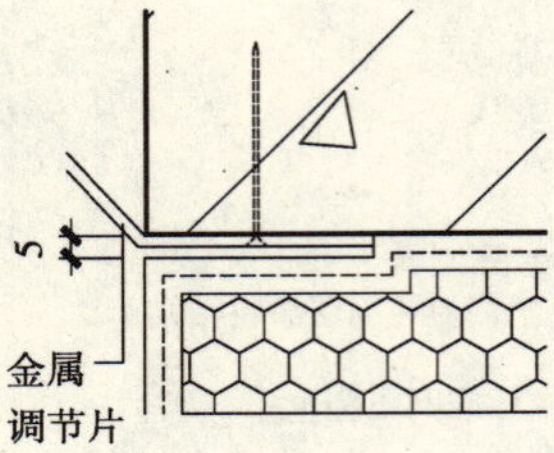

Ⓐ

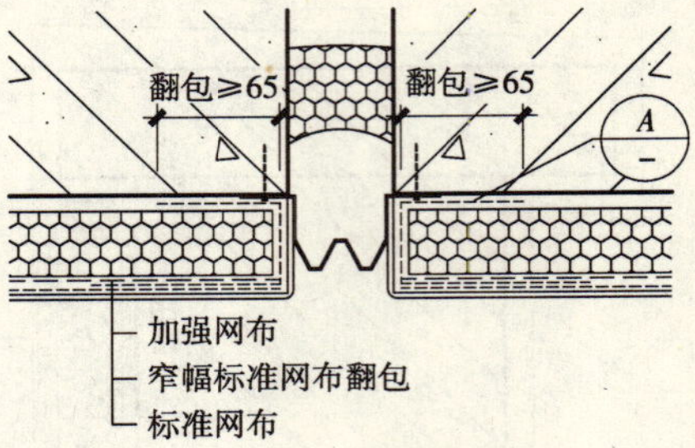

⑦ 加强型

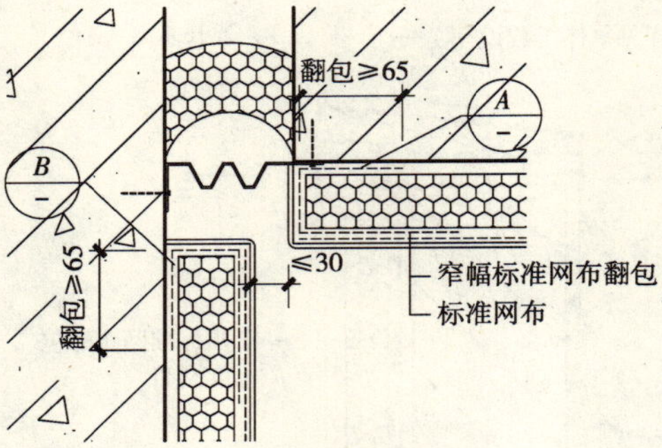

⑥ 一般型

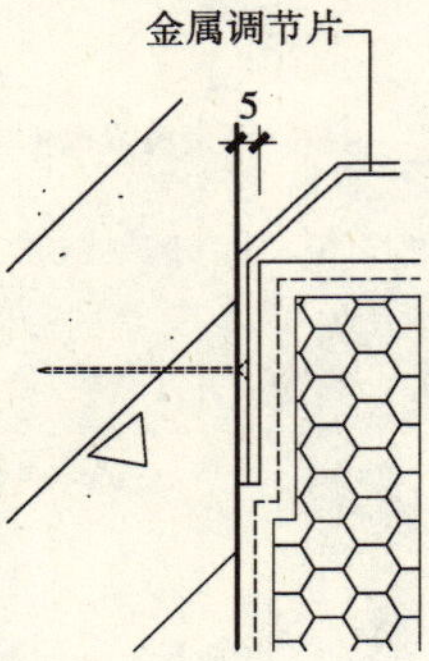

Ⓑ

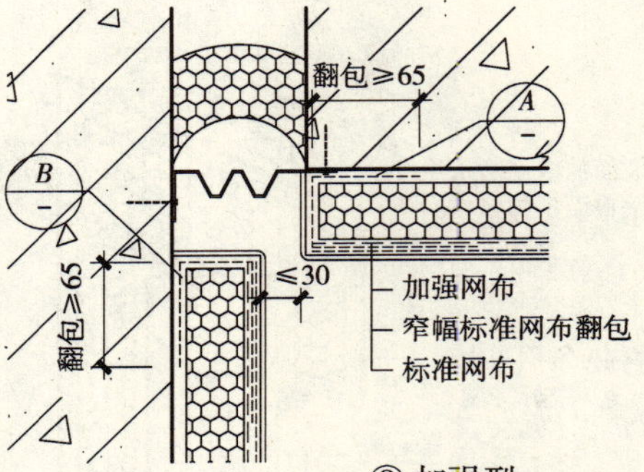

⑧ 加强型

注：变形缝构造见单体工程设计。

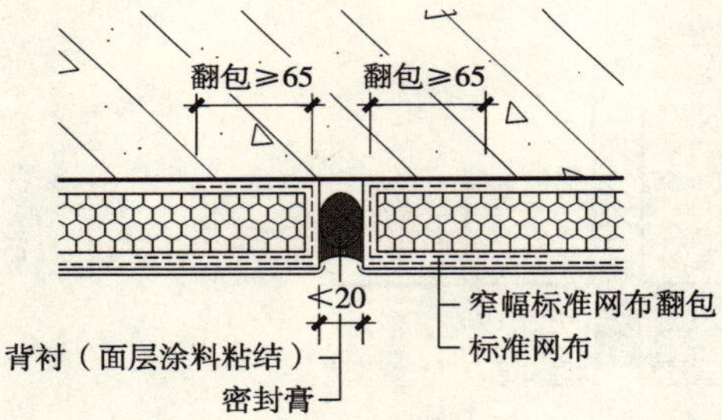

⑨ 垂直缝一般型

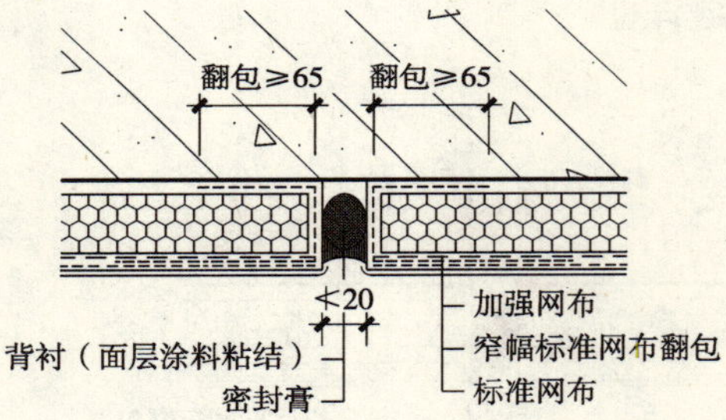

⑪ 垂直缝加强型

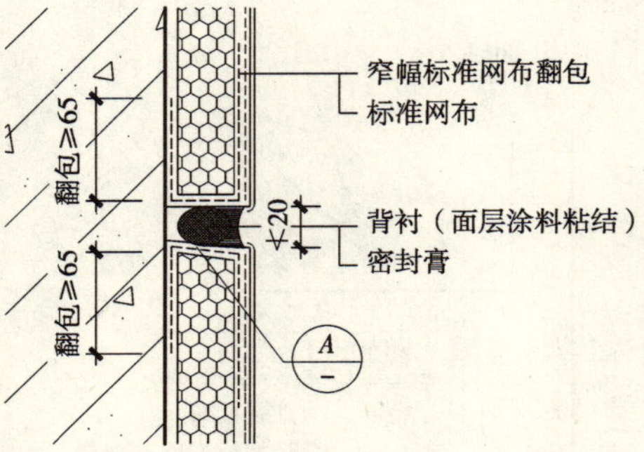

⑩ 水平缝一般型

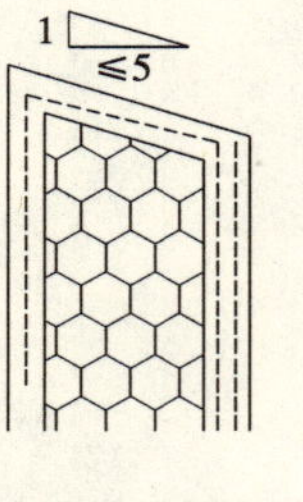

Ⓐ

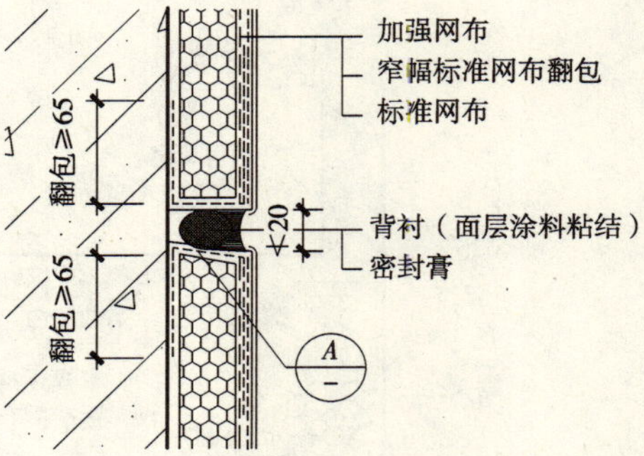

⑫ 水平缝加强型

注：变形缝构造见单体工程设计。

雨篷、阳台详图

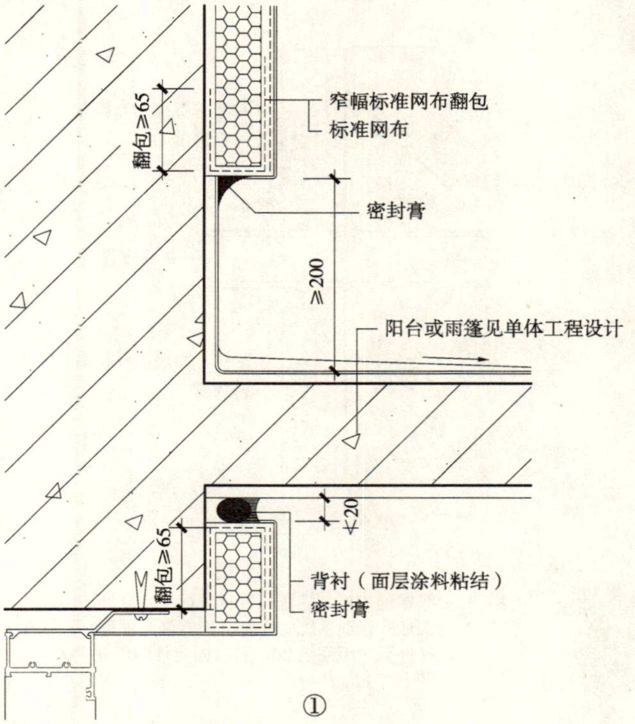

①

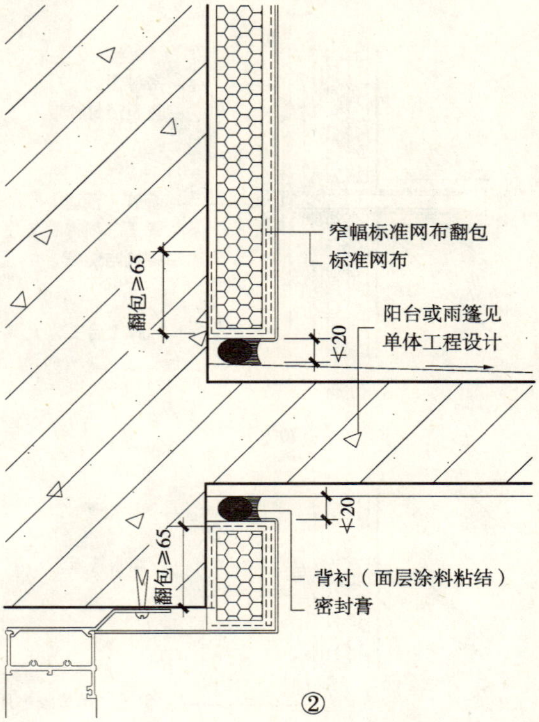

②

装饰线、滴水详图

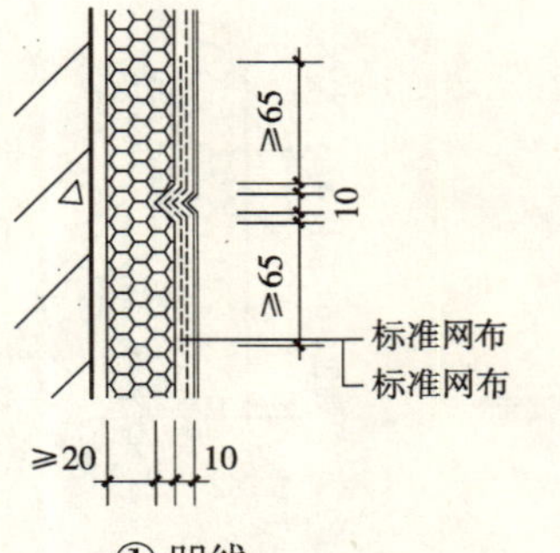

① 凹线

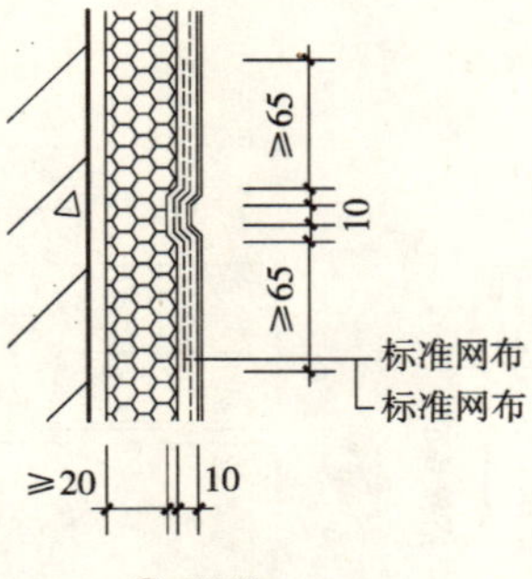

③ 凹线

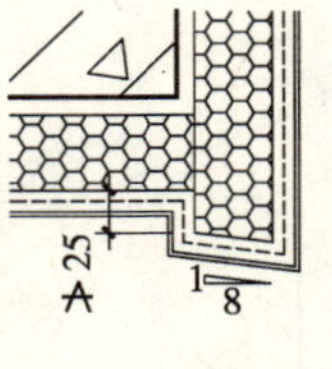

⑤ 滴水

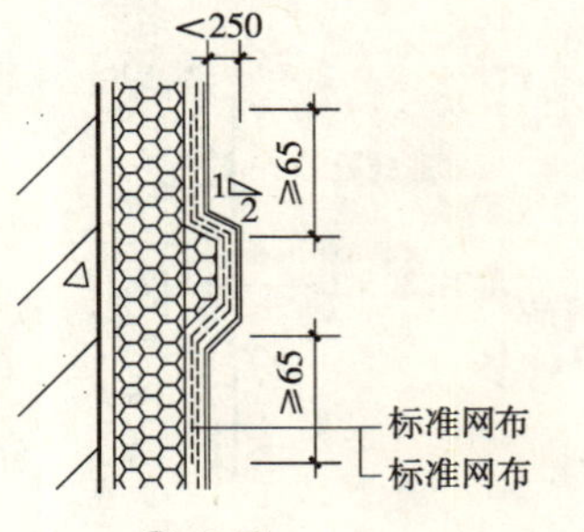

② 凸线

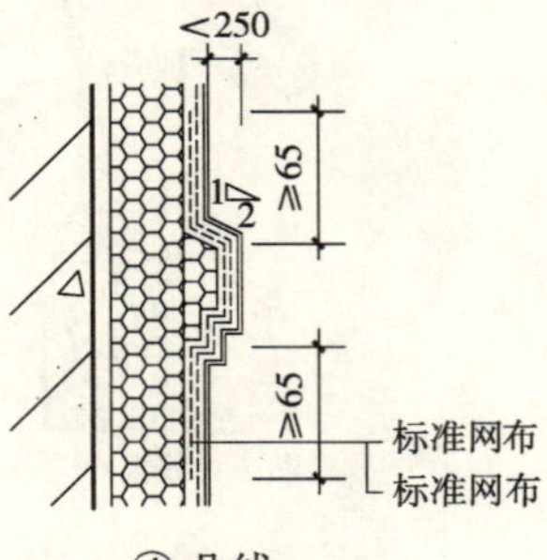

④ 凸线

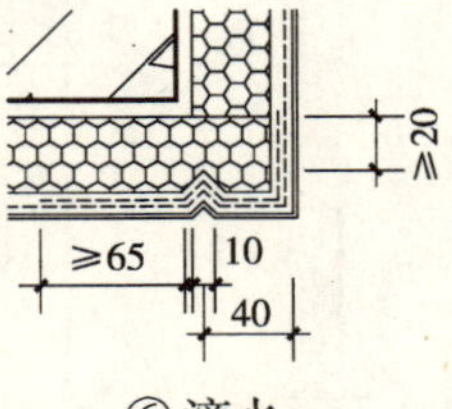

⑥ 滴水

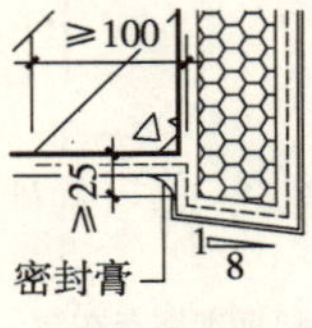

⑦ 滴水

注：1. 两层标准网布搭接≥65。
2. 线脚尺寸见单体工程设计，如挑出宽度≥250，板内须加钢支架，见装饰件详图。
3. 聚苯板最薄处≥20 。

标牌、穿墙管道、雨水管管卡详图

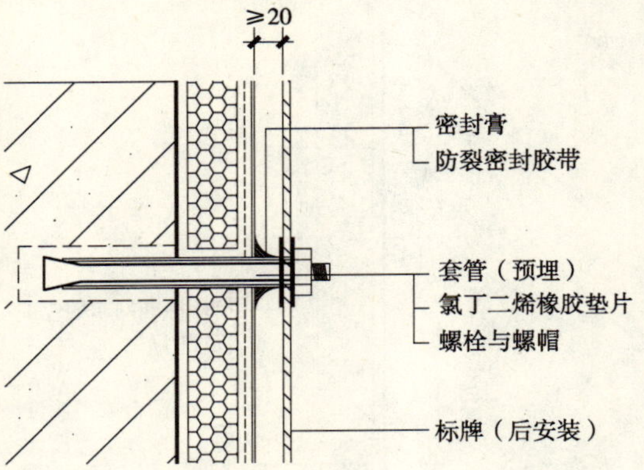

① 标牌

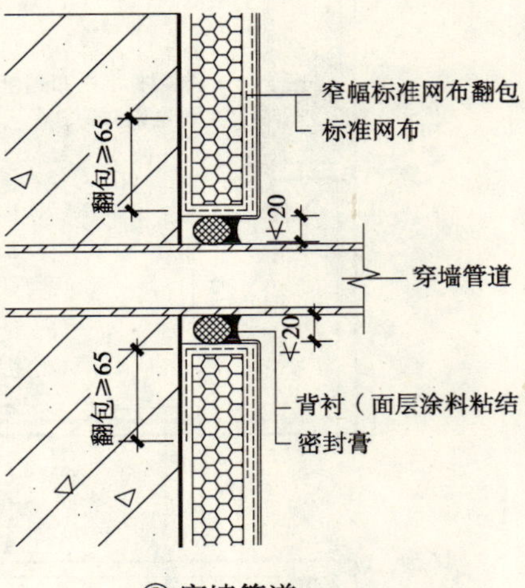

② 穿墙管道

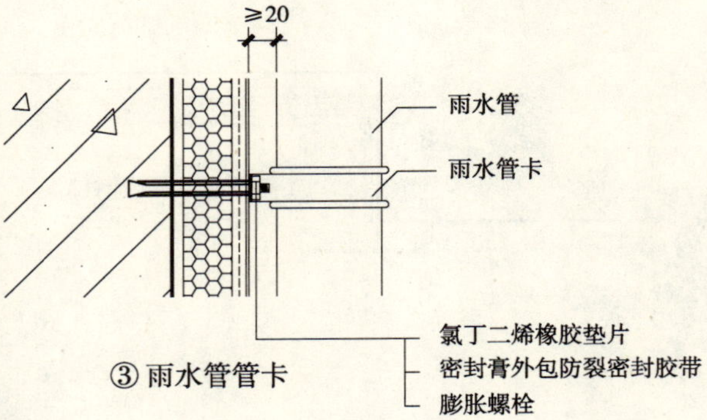

③ 雨水管管卡

注：1. 膨胀螺栓规格和埋置深度见单体工程设计。
2. 为保证外保温系统的完整，固定件应预埋，悬挂件至少距系统 20，且在固定件四周嵌密封膏。

装饰件详图

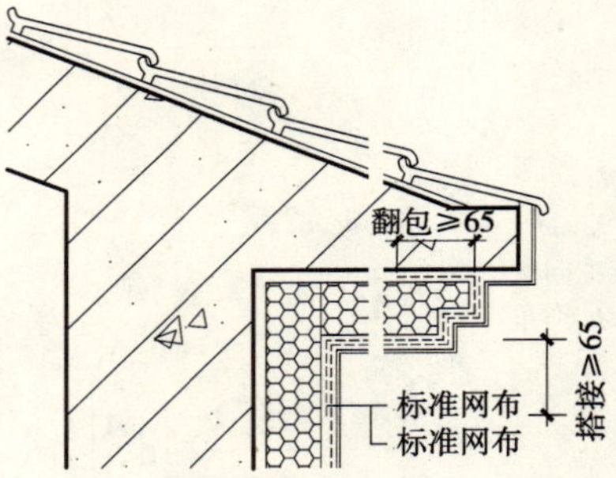

① 檐口

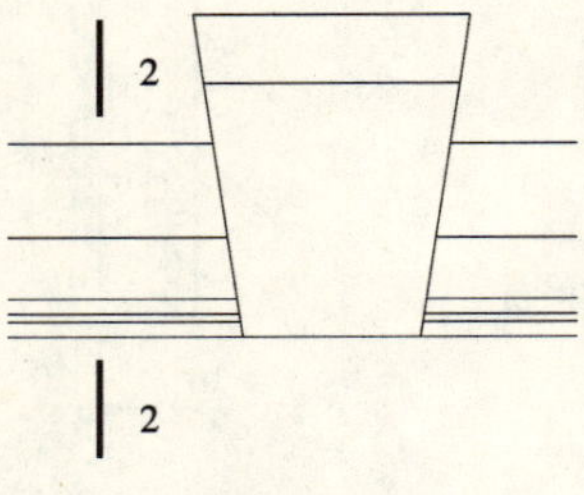

③ 窗套

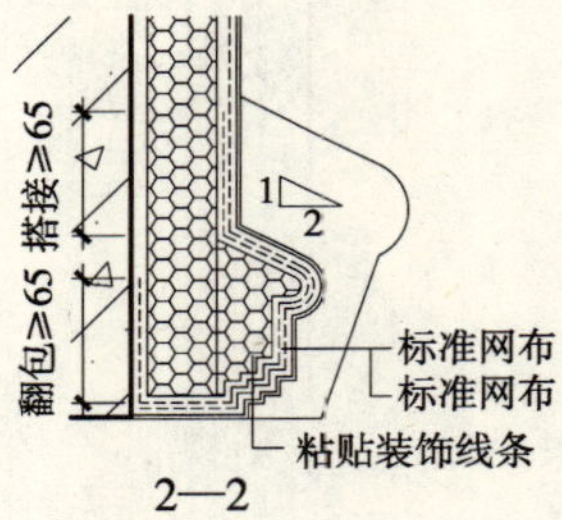

2—2

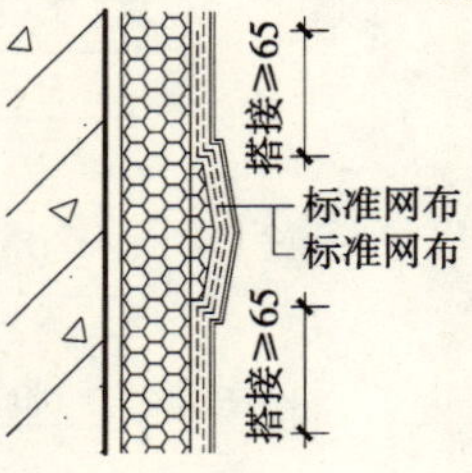

1—1

② 装饰件

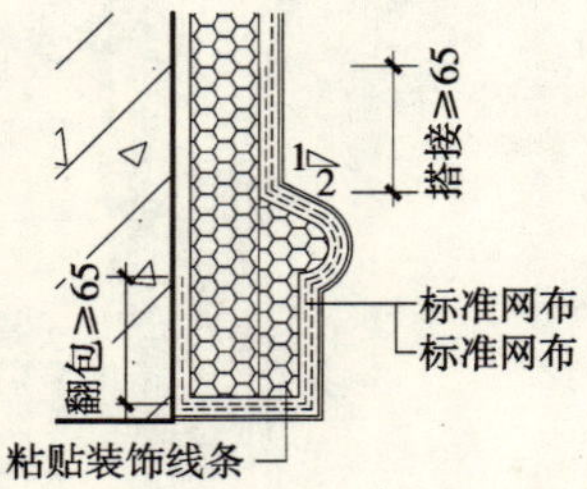

④ 拱心石

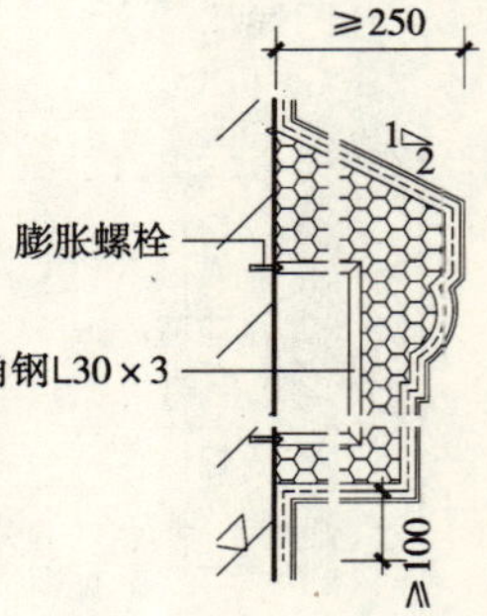

⑤

注：1. 窄幅标准网布在聚苯板端部翻包≥65。
2. 装饰件处两层标准网布搭接≥65。
3. 装饰件挑出墙面宽度≥250 时，应在装饰件内加钢连接件。
4. 膨胀螺栓规格和埋置深度见单体工程设计。

保温装饰墙板及装饰件示意图

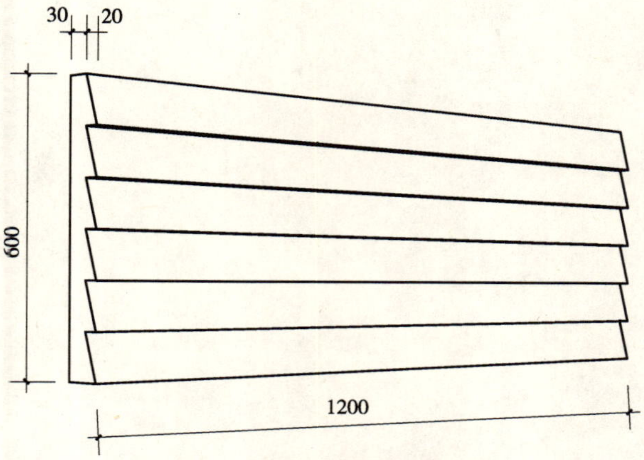

① 保温装饰墙板

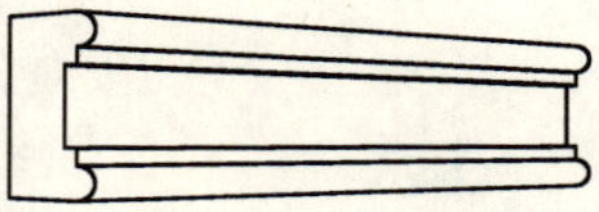

④ 二维造型装饰线条

⑤ 二维造型装饰线条

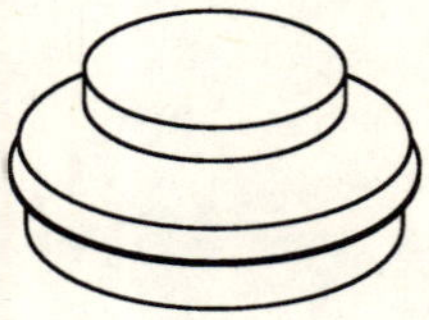

② 三维造型装饰件

③ 三维造型装饰件

⑥ 二维造型装饰线条

注：1. 本页所示仅为部分膨胀聚苯板装饰件样品，实际应用中可根据设计要求切割成任意三维造型。

2. 二维造型装饰线条的单根最大长度为1.4m。

十四、L01SJ110

专威特外保温及装饰系统

1

说　　明

说　　明

一、适用范围：

1. 本图集适用于新建或改、扩建居住建筑，其他建筑可参照使用。
2. 建筑高度宜控制在60m左右。

二、设计依据：

1.《民用建筑热工设计规范》	(GB 50176—93)
2.《民用建筑节能设计标准》(采暖居住建筑部分)	(JGJ 26—95)
3.《民用建筑节能设计标准》(采暖居住建筑部分) 山东省实施细则	(DBJ 14—S2—98)
4.《建筑结构荷载规范》	(GBJ 50009—2001)
5.《建筑抗震设计规范》	(GB 50011—2001)
6.《建筑工程施工质量验收统一标准》	(GB 50300—2001)
7.《建筑装饰装修工程质量验收规范》	(GB 50210—2001)
8.《通用硅酸盐水泥》	(GB 175—2007)
9.《绝热用模塑聚苯乙烯泡沫塑料》	(GB/T 10801.1—2002)
10.《玻璃纤维制品试验方法》	(JC/T 176—80)
11.《合成树脂乳液砂壁状建筑涂料》	(JG/T 24—2000)
12.《聚氨酯建筑密封胶》	(JC/T 482—2003)
参考依据：	
《专威特外墙外保温系统》	(Q/N 04004—1998)
(北京专威特化学建材有限公司企业标准)	

三、设计内容及要求：

1. 本图集内容包括：设计说明、施工要点、质量验收标准、山东省采暖居住建筑各部分围护结构传热系数限值表、外墙外保温做法及热工计算选用表、构造节点详图。

2. 本图集外墙外保温做法及热工计算选用表为常用外墙做法。设计人员应根据国家及山东省节能有关规定及要求，经热工计算确定保温材料的厚度，以满足不同地区建筑节能的要求。

3. 本图集外墙外保温做法适用于钢筋混凝土、烧结实心砖、多孔砖、混凝土空心砌块等多种墙体；当墙体材料为灰砂砖、蒸压粉煤灰砖、加气混凝土砌块及既有建筑改造时，应做基层附着力试验，试验合格后适用于本图集做法。

4. 构造详图中仅以钢筋混凝土墙为例，其他基层墙体可参照使用。

四、外保温墙体各构造层示意

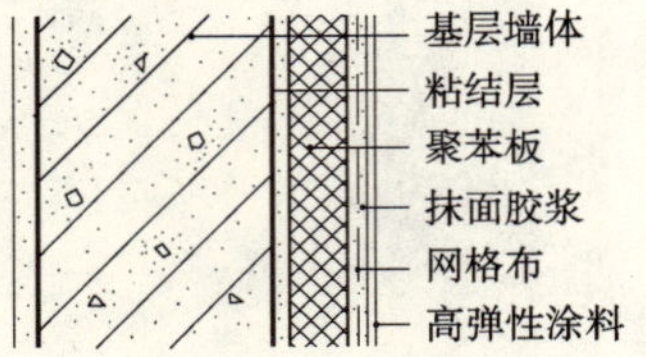

五、材料性能及要求

（一）保温层

1. 本系统采用的聚苯乙烯泡沫塑料板（简称聚苯板）的技术性能应符合《模塑聚苯乙烯泡沫塑料》（GB/T 10801.1—2002）的要求，其主要技术性能指标见表1。

聚苯板主要技术性能指标

表1

项　　目		单　位	指　　标
密度		km/m³	≥18.0，≤20.0
导热系数		W/(m·K)	≤0.042
抗压强度		kPa	≥69
抗拉强度		kPa	≥103
抗弯强度		kPa	≥172
剪切模量		kPa	≥2758
25.4mm时水蒸气渗透		g/m²·h·Pa	$\leq 1.0305\times10^{-3}$
体积吸水率		%	≤2.5
尺寸稳定性		%	≤2.0
氧指数		%	≥30.0
火焰扩散指数			≤25
烟密度指数			≤450
养护天数	自然养护	d	≥42
	蒸汽养护	d（60℃恒温）	≥5
熔结性	断裂弯曲负荷	N	≥15
	弯曲变形	mm	≥20

2. 标准板规格尺寸见表2。

标准板规格

表2

	厚度（mm）	宽度（mm）	长度（mm）
聚　苯　板	30	600	1200
	40		
	50		
	60		

注：非标准板根据设计尺寸加工。

（二）粘结及抹面胶浆

1. 粘结及抹面胶浆是以丙烯酸乳液为主要成分的胶粘剂与一定水泥用量组成的胶浆。用在基层墙体表面粘贴聚苯板的为粘结胶浆，用在聚苯板表面粘贴网格布的为抹面胶浆。

2. 粘结胶浆的主要技术性能指标见表3。

粘结胶浆指标

表3

项　　目	试　验　条　件	采　用　标　准	单　　位	指　　标	
				32.5水泥	42.5水泥
抗拉粘结强度	常温常态14d	GB/T 12954—91	MPa	≥1.0	≥1.0
抗拉粘结强度	常态14d，浸碱4d	GB/T 12954—91	MPa	≥0.6	≥0.6
抗拉粘结强度	常态14d，浸水7d	GB/T 12954—91	MPa	≥0.6	≥0.6
压剪粘结强度	常温常态7d	GB/T 12954—91	MPa	≥1.5	≥2.5
压剪粘结强度	常态7d，浸水24h	JC/T 547—94	MPa	≥0.9	≥1.8
压剪粘结强度	常温常态28d	GB/T 12954—91	MPa	≥1.7	≥3.0
压剪粘结强度	常态28d，浸水24h	JC/T 547—94	MPa	≥1.7	≥3.0

（三）网格布

1. 网格布是玻璃纤维插编物，采用特制的专威特材料进行涂敷。经涂敷后的网格布具有耐碱性能，其主要技术性能的试验方法应采用《玻璃纤维制品试验方法》(JC/T 176—80)，主要性能指标见表4。

网格布的技术性能指标 表4

项目		单位	指标	
			标准网布	加强网布
标准网眼尺寸		mm	4.0×4.0 5.0×5.0	4.0×4.0 5.0×5.0
公称单位面积质量		g/m^2	≥139	≥678
抗拉强度	经向	N/2.5cm	667	3336
	纬向	N/2.5cm	667	2446
耐碱抗拉强度	经向	N/2.5cm	534	2668
	纬向	N/2.5cm	534	1956
耐碱抗拉强度保持率	经向	%	≥80	≥80
	纬向	%	≥80	≥80

2. 网格布为标准网布、加强网布的统称，标准网布中窄幅标准网布的幅宽为241，宽幅标准网布的幅宽为1200。加强网布幅宽为1000或1200。

（四）面层涂料

面层涂料为高弹性丙烯酸装饰涂料，具有高弹性和高延伸率。其主要技术性能应符合《合成树脂乳液砂壁状建筑涂料》(JG/T 24—2000) 的要求，主要技术性能指标见表5。

面层涂料的技术性能指标 表5

项目		单位	技术指标
在容器中的状态			经搅拌后呈均匀状态
骨料沉降性		%	<10
储存稳定性	高温		3次试验后，无硬块、凝聚及组成物的变化
	低温		1个月后试验，无硬块、发霉、凝聚及组成物的变化
干燥时间（表干）		h	≤2
颜色及外观			颜色及外观与样本相比，无明显差别
耐水性			240h后试验，涂层无裂纹、起泡、剥落、软化物析出，与未浸泡部分相比，颜色、光泽允许有轻微变化
耐碱性			240h后试验，涂层无裂纹、起泡、剥落、软化物析出，与未浸泡部分相比，颜色、光泽允许有轻微变化
耐洗刷性			1000次洗刷试验后，涂层无变化
耐玷污率			5次玷污试验后，玷污率在45%以下
耐冻融循环性			10次冻融循环试验后，涂层无裂纹、起泡、剥落，与未试验试板相比，颜色、光泽允许有轻微变化
粘结强度		MPa	≥0.69
人工加速耐候性			2000h试验后，涂层无裂纹、剥落、起泡、粉化、变色≤2级
抗拉强度（24℃条件下）		MPa	≥3.78
延伸率（24℃条件下）		%	≥47.5
弹性变形恢复率		%	80
柔韧性			-26℃以上快弯试验无裂缝出现

续表

项　　目	单　位	技　术　指　标
抗粉尘附着（残留反射率）	%	98
裂缝遮蔽性能（裂缝宽度：涂层厚度）		>20
耐积水		48h 试验后水的渗透率≤1.80%
抗风雨交加能力		24h 试验后，无裂缝出现
1.27mm 时水蒸气渗透	$g/m^2 \cdot h \cdot Pa$	$\leq 1.441 \times 10^{-3}$
防起皮性能		干燥后起皮消失
抗风化		无明显光泽损失
耐擦洗		2000 次擦洗后，颜色无显著变化

（五）罩面涂膜

罩面涂膜为透明丙烯酸涂膜，可增强面层涂料的抗粉尘附着能力，视工程具体情况选用。其技术性能要求同面层涂料。

（六）嵌缝材料

1. 密封膏应采用聚氨酯或硅酮型建筑密封膏，其技术性能应符合《聚氨酯建筑密封胶》（JC/T 482—2003）或硅酮密封膏生产企业标准的要求外，尚应符合 ASTMC920 的要求，并应按 ASTMC1382 的方法进行与本系统及其产品的相容试验。

2. 密封膏的隔离背衬材料采用发泡聚乙烯实心圆棒，且与采用的密封膏材性相容。

（七）单位面积耗材参考值

聚苯板：$1m^2/m^2$；加强网布：$0.1 \sim 0.125m^2/m^2$；胶粘剂：$2.5kg/m^2$；标准网布：$1.1m^2/m^2$；普通硅酸盐水泥：$3.1kg/m^2$；

六、系统性能指标

外保温系统主要技术性能指标见表6。

外保温系统主要技术性能指标　　**表6**

项　目	参照标准	单　位	指　标
抗风压	GB7106—86	Pa	−4500～5000、无裂纹
耐冻融	IBCO AC 240		10 次表面无裂纹、龟裂、剥落现象
吸水率	ASTM C67—91	(v/v)	≤7%
耐冲击	EIMA STD101.86		标准网布：2.8J 无裂纹 5.0J 无断裂 加强网布：17.0J 无裂纹
耐磨损	ASTM D968 G93		500L 无损伤
耐盐雾	GB/T 1771—79189 ASTM B—117		300h 无损伤
耐霉菌	GB 1741—79		试验条件下不发霉
人工加速耐候性	ASTM G23		200h 后试验，涂层表面无裂缝、起泡、剥落、粉化、变色≤2 级
抗潮湿	ASTM D2247		14d 无有害影响
抗渗透	ASTM E331		样品最内层无渗透水
水蒸气传递	ASTM E96	$g/h \cdot m^2$	≤10

注：ASTM、EIMA、IBCO 为美国有关标准。

七、构造要求

1. 为提高建筑首层墙面的抗冲击能力，应在室外地面以上 2.0m 或 2.4m 墙体系统增加一层加强网格布。在门窗框外侧洞口四周及洞口四角均附加网格布进行局部加强，构造详见门窗洞口排板和附加网格布示意。

2. 界格缝设置

（1）墙体结构设有伸缩缝、沉降缝和防震缝处；大型预制墙板接缝处；墙体连续高、宽度每超过23m应设界格缝。

（2）外保温系统与不同材料相接处；基层墙体材料改变处宜设界格缝。

八、材料的运输和贮存

1. 本系统材料均应在带有完整标签及未曾开启包装的情况下，连同出厂质保书一起送到现场进行验收。

2. 根据工程用量，主要材料同一批号至少抽检一次。

3. 材料应贮存在通风、干燥、平整场所，避免太阳直晒，远离火源，不能与化学物品接触，且不易长期存放，最低贮存温度为4℃，最高贮存温度为32℃。

九、其他

1. 由于目前尚无外墙外保温施工及验收方面的国家标准及规范，本图集特编入相关内容，见施工要点和质量验收标准。

2. 本图集除注明外均以毫米（mm）为单位。

3. 本图集除注明外，应遵照国家现行的有关标准规范、规程和规定。

2
施工要点及质量验收

施 工 要 点

一、施工条件

1. 基层墙体应达到《混凝土结构工程施工质量验收规范》(GB 50204—2002)、《砌体工程施工质量验收规范》(GB 50203—2002)的要求，基层墙体的平整度不符合要求时，可采用1:3水泥砂浆找平。

2. 门窗框及墙身上各种进户管线，水落管支架、预埋件等安装完毕。

3. 施工地点环境温度连续24h中的最低温度不应低于4℃，风力不大于5级。

4. 冬期施工时应采取防冻措施。夏季施工时避免阳光暴晒，需要时可在脚手架上搭设防晒布。

5. 雨期施工时应采取有效防雨措施，防止雨水冲刷墙面。

二、施工程序：见施工流程图。

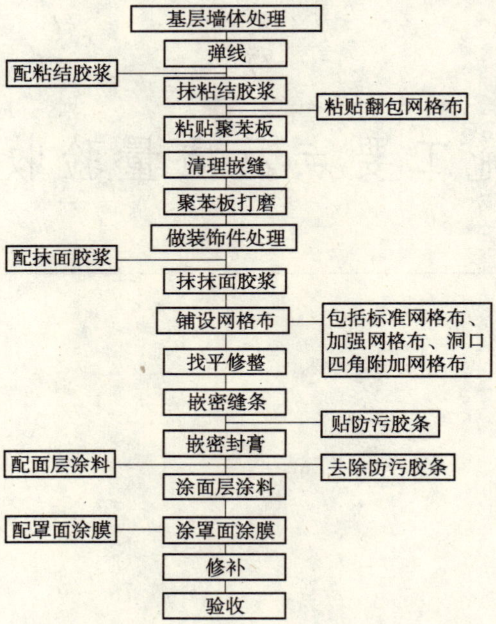

施工流程图

三、施工操作要点

1. 基层墙体处理：

(1) 墙体表面必须清理干净，没有油污、浮尘、脱模剂、风化物、涂料、防水剂等污染物或影响粘结的物质。

(2) 墙体表面应平整，并且干燥清洁。

(3) 基层墙体基底附着力可按如下方法试验：用中性洗涤剂清洗基层表面，用清水冲洗后晾干，配少许粘结胶浆，将一小块（75mm×75mm×50mm）聚苯板抹厚度为13mm的粘结胶浆，贴于需试验的基层墙体，静置3d。用手拉聚苯板，如果聚苯板被撕裂、拉裂或其他形式的破坏，则适用于该墙体；如果是粘结胶浆或基层墙体被破坏，则不适用于该墙体。

（4）对既有建筑进行外墙外保温改造时，应先进行墙体基层附着力试验，试验合格的墙体应将原有影响粘结的饰面层彻底清除，找平后使其墙体达到平整度要求。

2. 材料准备：

（1）粘结胶浆的配制：

a. 专威特胶粘剂开罐后如发现有分层离析现象，可将其搅拌至均匀胶状。

b. 将胶粘剂与32.5或42.5普通硅酸盐水泥按1:2（重量比）配制。采用500～800r/min电动搅拌器（或可变速电动搅拌器）。在盛有胶粘剂的桶中，先逐量加入水泥，不停搅拌，再逐量加入水搅拌均匀，静置5min后，再搅拌使其达到规定的稠度要求。

c. 施工现场胶浆配制须由培训合格的专人负责。

d. 为方便施工，应根据气候情况掌握胶浆稠度，以不流淌为宜，严格控制加水量。

e. 粘结胶浆中不得掺入砂石骨料、速凝剂、防冻剂等其他添加剂。

f. 每次调配胶浆数量应视不同温度环境条件下粘贴工作面的大小而定，应在1h内用完。

（2）聚苯板的切割：

宜使用标准规格的聚苯板，非标准尺寸的聚苯板应用电热丝切割器等专用工具进行切割。

（3）网格布的剪裁：

网格布应按工作面的长宽要求剪裁，并应留出搭接宽度，网格布的裁剪应顺经纬向进行。

3. 聚苯板的粘贴：

（1）首先沿着外墙散水标高标出散水水平线，遇有变形缝时，应标出变形缝线及变形缝宽度。

（2）将配制好的粘结胶浆涂抹在聚苯板的背面，为保证聚苯板的粘结牢固，粘结方法可采取点粘法和条粘法。

a. 点粘法：用不锈钢抹子，沿聚苯板四周抹宽度为50，厚度为10的胶浆。如采用标准板时，在板中间均匀布置8个点，每点直径为100，厚度为10，中心距为200。当采用非标准板时，应根据具体情况布置涂胶点。且胶浆的涂抹面积不低于聚苯板面积的30%，如下图所示：

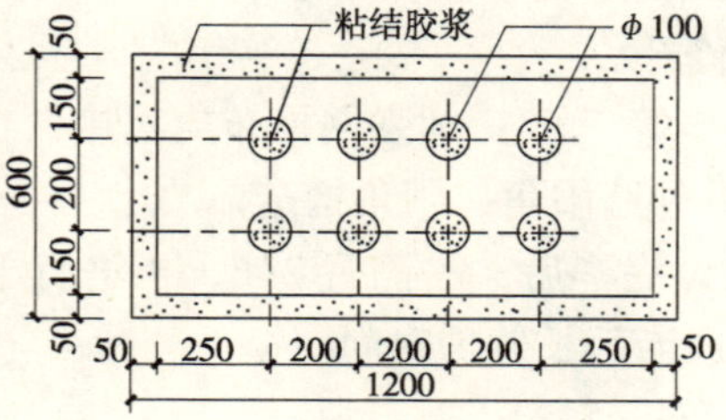

b. 条粘法：用专用锯齿抹子，在整个聚苯板背面满涂胶浆，保持抹子和板面成45°角，紧贴板并刮除锯齿间多余的胶浆，使板面形成若干条宽度为10，厚度为13，中心距为48的胶浆带。如下图所示：

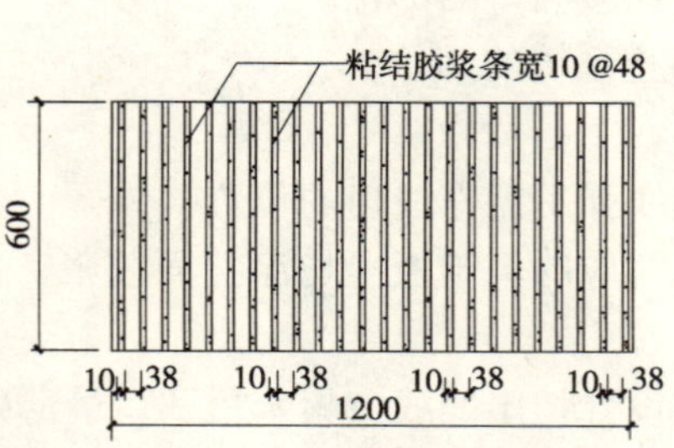

（3）抹完胶浆的聚苯板应迅速平贴在基层墙体上滑动就位。粘贴时应轻柔、均匀按压，不得拍打。

(4) 聚苯板上墙后，应及时用2m靠尺压平操作，保证板面的平整度。

(5) 聚苯板应自下而上沿水平方向横向错缝铺贴，标准板应错缝1/2板长。

(6) 抹浆时，聚苯板的侧边应保持清洁，不得沾有胶浆。当板与板间缝隙大于1.6mm时，应在贴板施工24h后用聚苯条填实并磨平。

(7) 墙体转角处聚苯板应垂直交错铺设，并保证墙角的垂直度。

(8) 门窗洞口四角部位的聚苯板应采用整块板切割成形，不得拼接，详见专门说明。

4. 打磨：

(1) 聚苯板粘贴完静置24h后，用专用打磨抹子将整个墙面打磨一遍。边打磨，边用2m靠尺检查平整度及线条顺直。

(2) 打磨动作为轻柔的圆周运动，不得沿着与聚苯板接缝平行的方向打磨。

(3) 打磨后及时将聚苯板碎屑用刷子清理干净。

5. 铺设网格布：

(1) 网格布铺设前，聚苯板必须干燥、平整，并去除板面各种杂物。

(2) 网格布铺设方向自上而下，并沿外墙转角处依次铺设，遇门窗洞口，则应在洞口四角处铺设一块300mm×200mm的附加网格布，详见专门说明。

(3) 标准网格布的铺设可以采用以下两种方法：

方法一：二道抹面胶浆法（推荐使用此法）

用不锈钢抹子，在聚苯板表面均匀涂抹一层面积略大于一块网格布的抹面胶浆，厚度约为1.6mm，立即将网格布压入抹面胶浆中，待胶浆稍干硬至可以碰触时，再立即用抹子涂抹第二道抹面胶浆，直至网格布全部被覆盖。

方法二：一道抹面胶浆法（供选择使用）

用不锈钢抹子，在聚苯板表面均匀涂抹一层面积略大于一块网格布的抹面胶浆，厚度约为2.5mm，立即将网格布压入抹面胶浆中，直至网格布全部被覆盖。

(4) 加强网格布的铺设采用一道抹面胶浆法，抹面胶浆的厚度约为3.0mm。

(5) 铺设网格布时，网格布内曲的一面朝里，用抹子从中央向四周抹平。当目测网格布有可辩的纹路时，再抹适量的抹面胶浆进行修补。

(6) 标准网格布搭接宽度应大于等于65；加强网格布应对接；在墙转角处网格布双向绕角相互搭接，各侧搭接宽度不小于200；详见外墙阳角、阴角构造。

(7) 全部抹面胶浆和网格布铺设完毕后，需静置24h，再进行下一道工序的施工，并应注意避免雨水浸透和冲刷。在寒冷季节，应适当延长养护时间。

(8) 下列部位需铺设加强网格布：

a. 室外地面以上2.0m或2.4m高度范围的部位。

b. 可能遭受冲击力的特殊部位。

(9) 下列部位网格布需翻包：

a. 门窗洞口及管道和其它设备穿墙洞口的部位。

b. 变形缝、界格缝处及需要终止系统的部位。

6. 做装饰线角：

(1) 聚苯板粘贴完毕后，用墨线弹出需作线角的位置。

(2) 做凸线角时，在凸线角及对应的聚苯板上均涂抹面胶浆，使之粘结牢固，表面铺贴标准网格布。

(3) 做凹线角时，用开槽器按设计切出凹线，聚苯板凹口最薄处不能小于20，表面铺贴标准网格布。

7. 变形缝处施工：

(1) 墙身变形缝的金属盖缝板应在聚苯板粘贴前按设计定位，并与基层墙体固定牢固。

（2）金属盖缝板与聚苯板相接处用聚乙烯实心圆棒填实，并用建筑密封膏嵌缝。

（3）密封膏的施工，可在面层涂料之前，也可在面层涂料之后，但应在缝两边聚苯板面层上临时铺设防污胶条，待密封膏施工完成后，将防污胶条撕去。

8. 面层涂料的施工：

（1）面层涂料施工前，首先检查表面是否有划痕，网格布是否完全埋入。然后，修补局部不平处，并用专用细砂纸打磨一遍。

（2）面层涂料可采用滚涂法施工，涂料厚度约为0.25~0.5mm，在一般气候条件下（21℃和50%相对湿度）干燥时间为24h，其他情况可适当延长干燥时间。

（3）为增强面层涂料抗粉尘附着能力，可喷涂或滚涂一层罩面涂膜，施工时应从墙顶端开始，避免产生流淌现象。

9. 破损处修补：

（1）割除破损处的保温叠合层，露出略大于实际破损面积的基层，剔除残留的聚苯板及粘结胶浆。用打磨器沿破损部位周边约75mm宽度范围内磨掉面层涂料。

（2）预切一块聚苯板，并打磨其边缘部位，使其能紧密嵌填于破损部位。将聚苯板背面涂粘结胶浆，塞入破损处，粘在基层墙面上。

（3）切一块网格布，其大小应能覆盖整个修补区域，并与原有的网格布至少搭接65，将表面涂上抹面胶浆，埋入网格布，用湿毛刷将表面不规则处整平，并将边缘处刷平。

（4）经24h后，再涂新面层涂料，使其纹理、色彩与原墙面一致。

质量验收标准

一、基层墙体质量验收：

1. 基层墙体应达到《混凝土结构工程施工质量验收规范》(GB 50204—2002)、《砌体工程施工质量验收规范》(GB 50203—2002) 的要求。

2. 基底附着力应按《建筑工程饰面砖粘结强度检验标准》(JGJ 110—97) 的规定进行检验。

二、系统材料的质量验收：

1. 本系统所使用的所有材料质量和技术性能均应满足有关国家标准、行业标准及本图集的要求。施工前应对胶粘剂、网格布、聚苯板等主要材料进行质量抽检，抽检数量按工程量大小而定。同批号材料至少抽检一次。

2. 粘结胶浆：

（1）现场随机检查粘结胶浆是否按规定的配合比配制。

（2）现场随机检查涂胶面积及涂胶点的布置、数量是否符合施工要点规定。

3. 聚苯板：

（1）聚苯板应符合《绝热用模塑聚苯乙烯泡沫塑料》(GB/T 10801.1—2002) 要求，尺寸允许误差应符合表1的规定。

（2）进场聚苯板无明显膨胀和收缩变形，边缘平直，无缺损。其表观要求应符合表2的规定。

聚苯板尺寸允许误差 **表1**

指标	单位	规格尺寸	允许偏差
长度、宽度	mm	<1000	±5
	mm	1000~2000	±8
厚度	mm	<50	±2
	mm	50~70	±3

进场聚苯板表观要求 **表2**

指标	允许尺寸	允许量
压痕	表面深度≥1.6压痕面积	≤总面积的5%
空洞	板材每0.72m^2的表面上尺寸≥3.2×3.2×3.2的空洞数	≤8
凸凹深度	板材表面的凸起高度或划痕深度	≤1.6

4. 网格布：不得有破损、断线、涂塑不匀等疵点。

5. 抹面胶浆：检查项目同粘结胶浆。

6. 面层涂料：现场随机检查稠度及均匀性。

7. 罩面涂膜：现场随机检查稠度及均匀性。

三、施工质量要求

1. 聚苯板的粘贴

(1) 用目测法检查表面状况，其中包括：

a. 板边的切割质量；

b. 板缝及填塞质量；

c. 板表面是否按要求进行打磨；

d. 门窗洞口四角及管线穿墙等洞口处，聚苯板的切割及布置是否符合要求。

(2) 板面打磨完毕后，须用2m靠尺和塞尺以及垂直检测尺检查板面平整度及垂直度，误差均不得大于4mm。阴、阳角处板边连接必须整齐平顺。

(3) 墙面装饰用凹凸线角必须水平或垂直，凹线角及贴上的凸线角须用2m靠尺及塞尺检查其直线度，误差不得大于3mm。

(4) 聚苯板粘贴48h后，敲击检查是否有松动或粘贴不实处。必要时可揭下聚苯板观察是否有虚粘，并观察界面破坏情况。破坏界面在聚苯板内为粘结良好，粘结胶浆从聚苯板上剥离为粘结不良。

(5) 用最小刻度为0.5mm的金属直尺测量板缝间隙及高差，高差不得超过1mm。

2. 网格布的铺设

(1) 用目测法检查表面状况，不得有肉眼可分辨的网印。

(2) 现场随机检查网格布是否按规定铺设。

(3) 用针入法检查抹面胶浆的厚度，厚度应大于等于1.5且小于等于3。

3. 饰面层的施工：

饰面层施工质量应符合《建筑装饰装修工程质量验收规范》(GB 50210—2001) 的要求。

四、装饰系统质量验收：

1. 各抹灰层之间及抹灰层与基体之间必须粘结牢固，无脱层、空鼓，面层无爆灰和裂缝等缺陷。

2. 饰面层表面光滑、洁净，涂料颜色均匀，罩面涂膜清晰，装饰线角平直方正，清晰美观。

3. 装饰系统的允许偏差和检验方法应符合表3的规定。

装饰系统允许偏差和检验方法 **表3**

项　　目	允许偏差(mm)	检验方法
立面垂直度	4	用2m垂直检测尺检查
表面平整度	4	用2m靠尺和塞尺检查
阴阳角方正	4	用直角检测尺检查
界格缝直线度	3	用钢直尺检查

3
保温做法与选用

山东省围护结构传热系数限值表

山东省采暖居住建筑各部分围护结构传热系数限值[W/(m²·K)] **表1**

采暖期室外平均温度（℃）	城市	屋顶		外墙		不采暖楼梯间		窗户（含阳台门上部）	阳台门下部门芯板	外门	地板		地面	
		体形系数≤0.3	体形系数>0.3	体形系数≤0.3	体形系数>0.3	隔墙	户门				接触室外空气地板	不采暖地下室上部地板	周边地面	非周边地面
0.9~0.0	济南	0.8	0.6	1.00 1.28	0.70 1.00	1.83	2.70	4.70 4.00	1.70	/	0.60	0.65	0.52	0.30
0.9~0.0	青岛	0.8	0.6	1.00 1.28	0.70 1.00	1.83	2.70	4.70 4.00	1.70	/	0.60	0.65	0.52	0.30
-0.1~-1.0	淄博	0.8	0.6	0.92 1.20	0.60 0.85	1.83	2.00	4.70 4.00	1.70	/	0.60	0.65	0.52	0.30
0.9~0.0	烟台	0.8	0.6	1.00 1.28	0.70 1.00	1.83	2.70	4.70 4.00	1.70	/	0.60	0.65	0.52	0.30
-0.1~-1.0	威海	0.8	0.6	0.92 1.20	0.60 0.85	1.83	2.00	4.70 4.00	1.70	/	0.60	0.65	0.52	0.30
-0.1~-1.0	潍坊	0.8	0.6	0.92 1.20	0.60 0.85	1.83	2.00	4.70 4.00	1.70	/	0.60	0.65	0.52	0.30
-0.1~-1.0	济宁	0.8	0.6	0.92 1.20	0.60 0.85	1.83	2.00	4.70 4.00	1.70	/	0.60	0.65	0.52	0.30
2.0~1.0	枣庄	0.8	0.6	1.10 1.40	0.80 1.10	1.83	2.70	4.70 4.00	1.70	/	0.60	0.65	0.52	0.30
-0.1~-1.0	东营	0.8	0.6	0.92 1.20	0.60 0.85	1.83	2.00	4.70 4.00	1.70	/	0.60	0.65	0.52	0.30
0.9~0.0	泰安	0.8	0.6	1.00 1.28	0.70 1.00	1.83	2.70	4.70 4.00	1.70	/	0.60	0.65	0.52	0.30
0.9~0.0	日照	0.8	0.6	1.00 1.28	0.70 1.00	1.83	2.70	4.70 4.00	1.70	/	0.60	0.65	0.52	0.30
-0.1~-1.0	德州	0.8	0.6	0.92 1.20	0.60 0.85	1.83	2.00	4.70 4.00	1.70	/	0.60	0.65	0.52	0.30
0.9~0.0	临沂	0.8	0.6	1.00 1.28	0.70 1.00	1.83	2.70	4.70 4.00	1.70	/	0.60	0.65	0.52	0.30
0.9~0.0	莱芜	0.8	0.6	1.00 1.28	0.70 1.00	1.83	2.70	4.70 4.00	1.70	/	0.60	0.65	0.52	0.30
-1.1~-2.0	滨州	0.8	0.6	0.90 1.16	0.55 0.82	1.83	2.00	4.70 4.00	1.70	/	0.50	0.55	0.52	0.30
-0.1~-1.0	聊城	0.8	0.6	0.92 1.20	0.60 0.85	1.83	2.00	4.70 4.00	1.70	/	0.60	0.65	0.52	0.30
0.9~0.0	菏泽	0.8	0.6	1.00 1.28	0.70 1.00	1.83	2.70	4.70 4.00	1.70	/	0.60	0.65	0.52	0.30

注：1. 表中外墙的传热系数限值，系指考虑周边热桥影响后的外墙平均传热系数。外墙的传热系数限值有两行数据，上行数据与传热系数为4.7的单层塑料窗相对应，下行数据与传热系数为4.00的单框双玻金属窗相对应。

2. 表中周边地面一栏中，0.52为位于建筑物周边的不带保温层的混凝土地面的传热系数。非周边地面一栏中，0.30为位于建筑物非周边的不带保温层的混凝土地面的传热系数。

外保温做法及热工计算选用表

外保温做法及热工计算选用表 **表 2**

序号	外墙构造简图	工程做法	外墙总厚度 mm	分层厚度 mm	密度 kg/m³	导热系数 λ [W/(m·K)]	a	热阻 R (m²·K)/W	围护结构传热阻 R_0 (m²·K)/W	传热系数 K [W/(m²·K)]
1	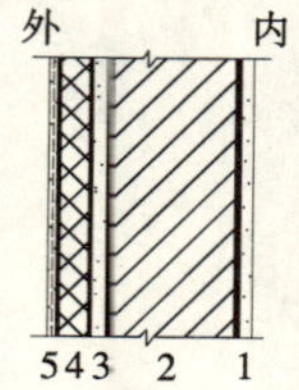	1. 水泥砂浆 2. 烧结普通砖 3. 粘结胶浆	296 306 316 326	20 240 3	1800 1900 1800	0.93 0.81 0.93	1.0 1.0 1.0	0.022 0.296 0.003	1.074 1.274 1.474 1.674	0.931 0.785 0.678 0.597
		4. 聚苯板		30 40 50 60	20	0.042	1.2	0.600 0.800 1.000 1.200		
		5. 抹面胶浆		3	1800	0.93	1.0	0.003		
2	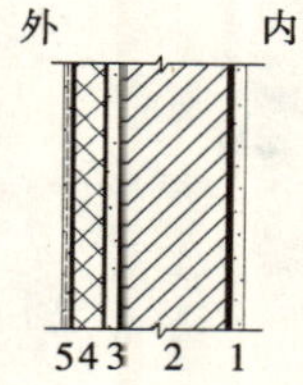	1. 水泥砂浆 2. 烧结普通砖 3. 粘结胶浆	426 436 446 456	20 370 3	1800 1900 1800	0.93 0.81 0.93	1.0 1.0 1.0	0.022 0.457 0.003	1.235 1.435 1.635 1.835	0.809 0.697 0.612 0.545
		4. 聚苯板		30 40 50 60	20	0.042	1.2	0.600 0.800 1.000 1.200		
		5. 抹面胶浆		3	1800	0.93	1.0	0.003		
3	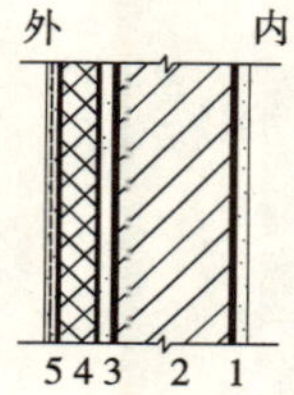	1. 水泥砂浆 2. 蒸压粉煤灰砖 3. 粘结胶浆	296 306 316 326	20 340 3	1800 1600 1800	0.93 0.58 0.93	1.0 1.0 1.0	0.022 0.413 0.003	1.191 1.391 1.591 1.791	0.839 0.718 0.628 0.558
		4. 聚苯板		30 40 50 60	20	0.042	1.2	0.600 0.800 1.000 1.200		
		5. 抹面胶浆		3	1800	0.93	1.0	0.003		
4	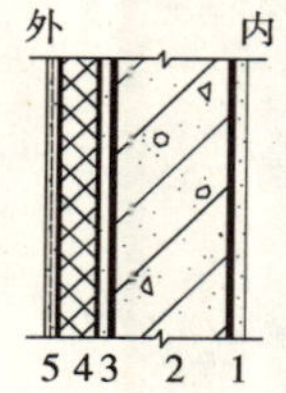	1. 水泥砂浆 2. 钢筋混凝土墙 3. 粘结胶浆	256 366 376 286	20 200 3	1800 2500 1800	0.93 1.74 0.93	1.0 1.0 1.0	0.022 0.115 0.003	0.893 1.093 1.293 1.493	1.119 0.915 0.773 0.669
		4. 聚苯板		30 40 50 60	20	0.042	1.2	0.600 0.800 1.000 1.200		
		5. 抹面胶浆		3	1800	0.93	1.0	0.003		
5	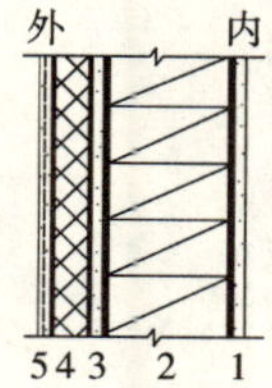	1. 水泥砂浆 2. 多孔砖 3. 粘结胶浆	296 306 316 326	20 240 3	1800 1400 1800	0.93 0.58 0.93	1.0 1.0 1.0	0.022 0.413 0.003	1.191 1.391 1.591 1.791	0.839 0.718 0.628 0.558
		4. 聚苯板		30 40 50 60	20	0.042	1.2	0.600 0.800 1.000 1.200		
		5. 抹面胶浆		3	1800	0.93	1.0	0.003		
6	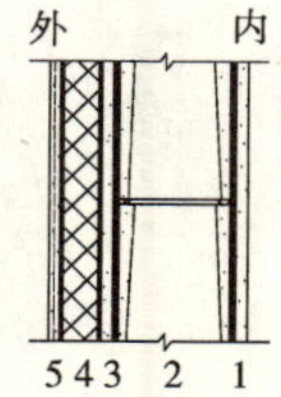	1. 水泥砂浆 2. 普通混凝土空心砌块 3. 粘结胶浆	246 356 366 276	20 190 3	1800 900 1800	0.93 0.93	1.0 1.0 1.0	0.022 0.210 0.003	0.988 1.188 1.388 1.588	1.012 0.842 0.720 0.629
		4. 聚苯板		30 40 50 60	20	0.042	1.2	0.600 0.800 1.000 1.200		
		5. 抹面胶浆		3	1800	0.93	1.0	0.003		

注：1. a 为 λ 修正系数。
2. 热工计算时未计饰面层。
3. 普通混凝土空心砌块以单排孔为例。

4
构造做法与详图

平面示例及剖面详图

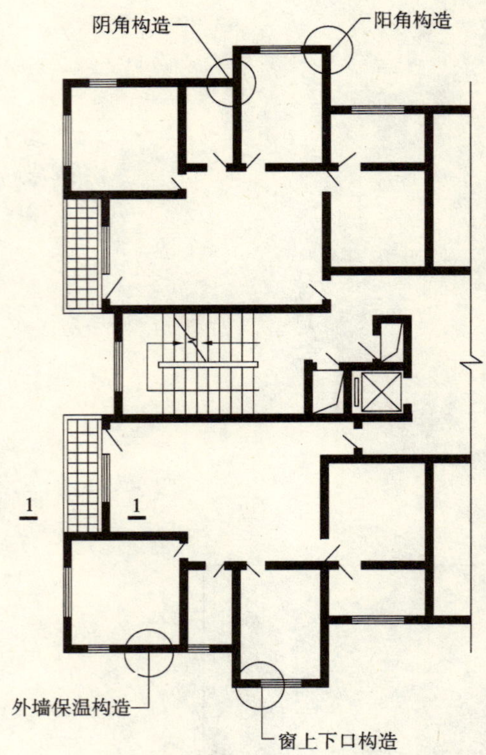

平面示例

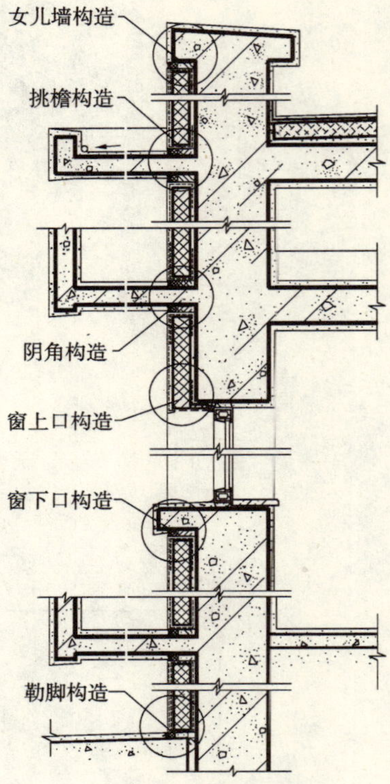

1—1剖面

外墙构造及做法

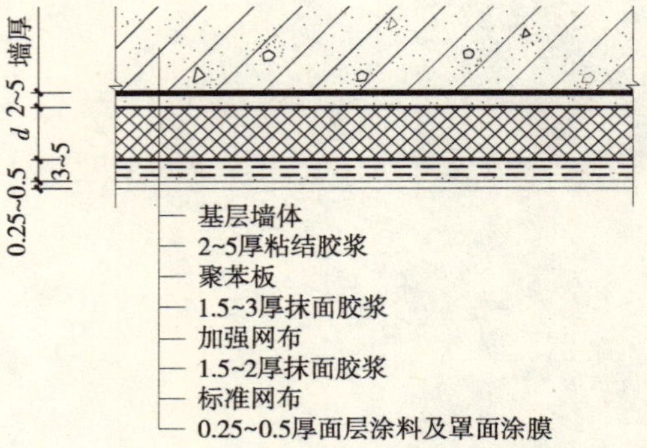

① 新建加强型

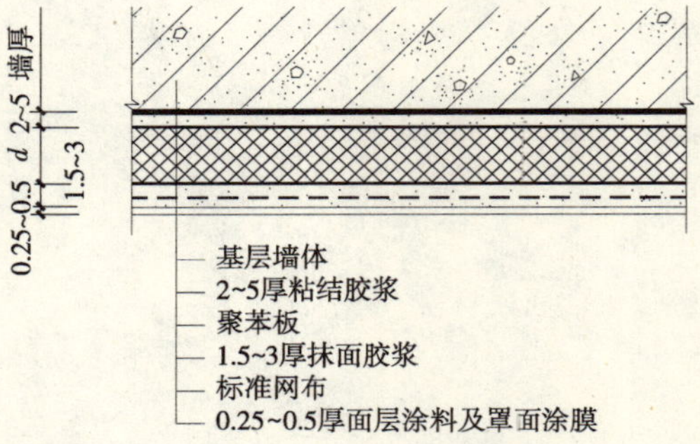

② 新建一般型

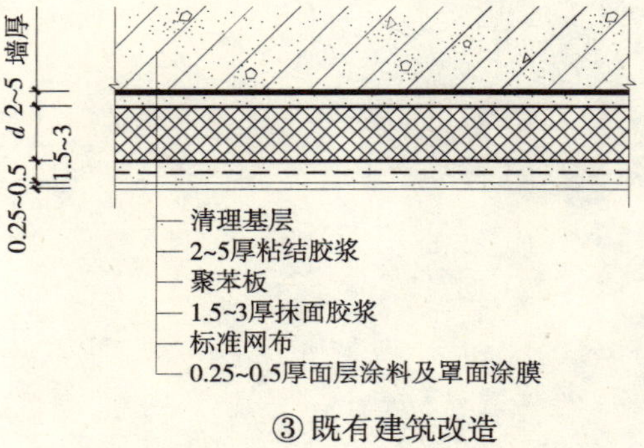

③ 既有建筑改造

注：1. 基层墙体应符合施工要点要求。
2. 聚苯板厚度由设计人计算确定。
3. 罩面涂膜可增加面层涂料的抗粉尘能力，可视工程环境加以选用。
4. ①节点用于建筑室外地面以上 2.0m 或 2.4m 范围内的墙体系统部位和其他可能遭受冲击力的部位。

外墙阳角、阴角构造

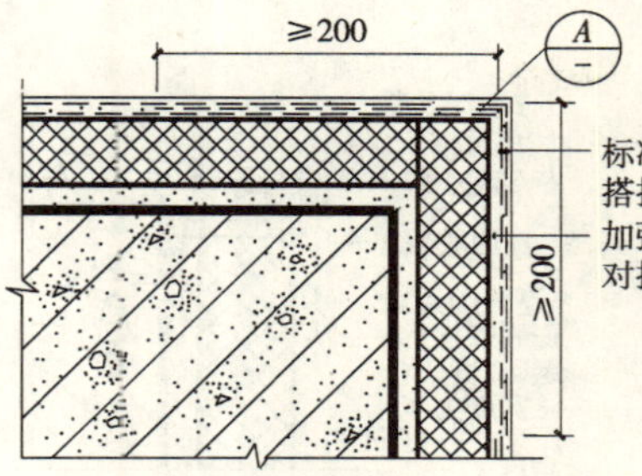

① 加强型

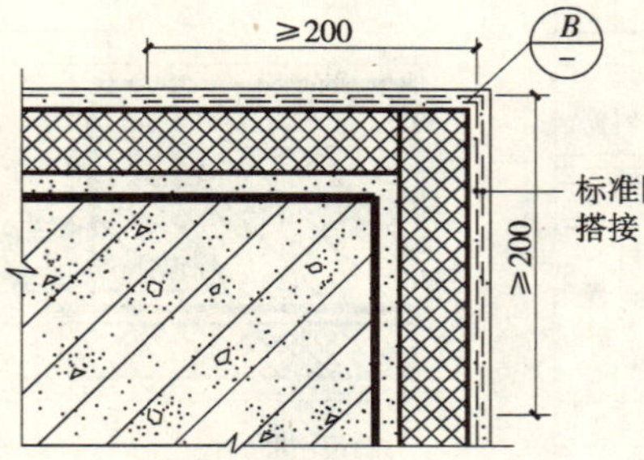

② 一般型

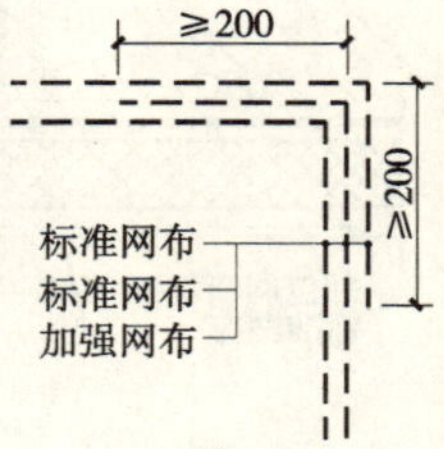

A

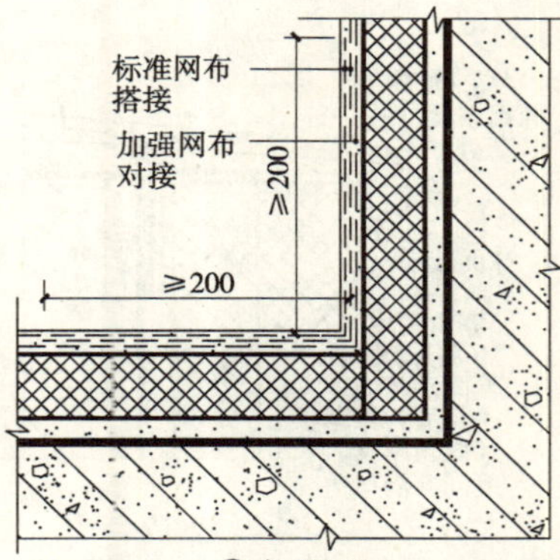

③ 加强型

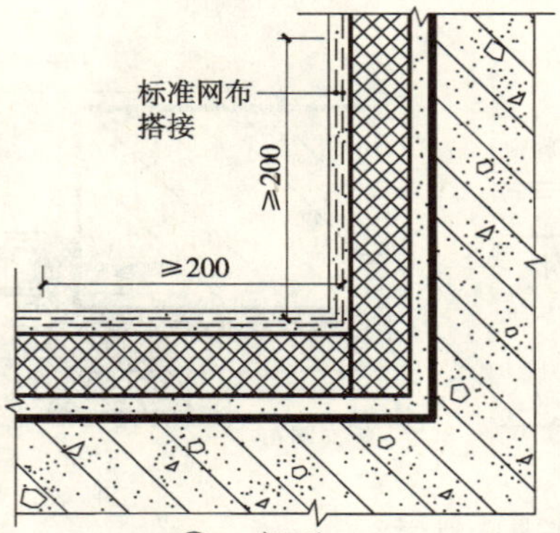

④ 一般型

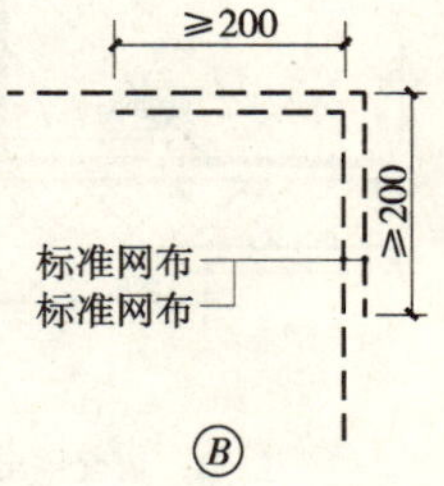

B

注：①、③节点用于建筑室外地面以上2.0m或2.4m范围内的墙体系统部位和其他可能遭受冲击力的部位。

勒脚构造

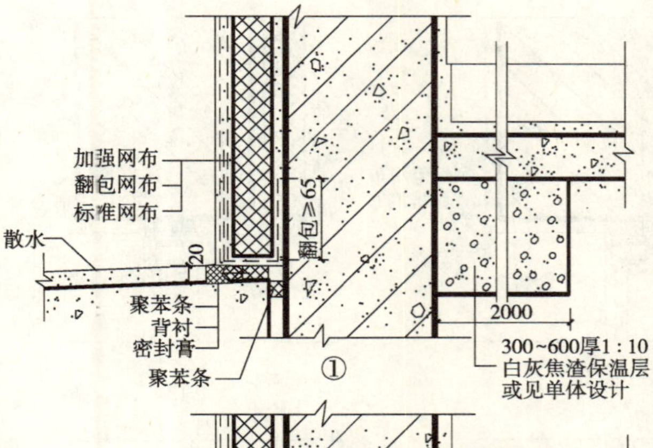

①

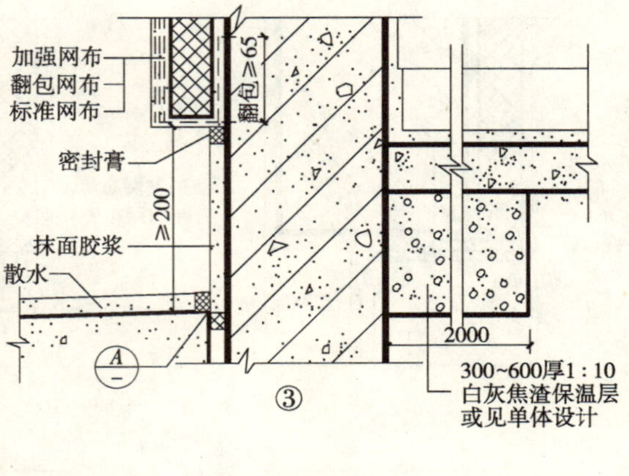

③

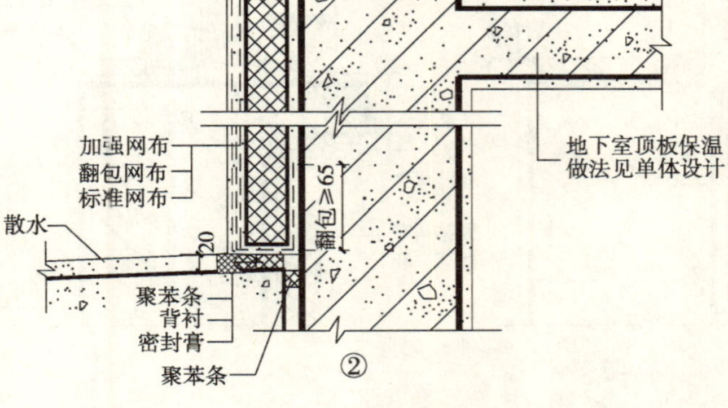

②

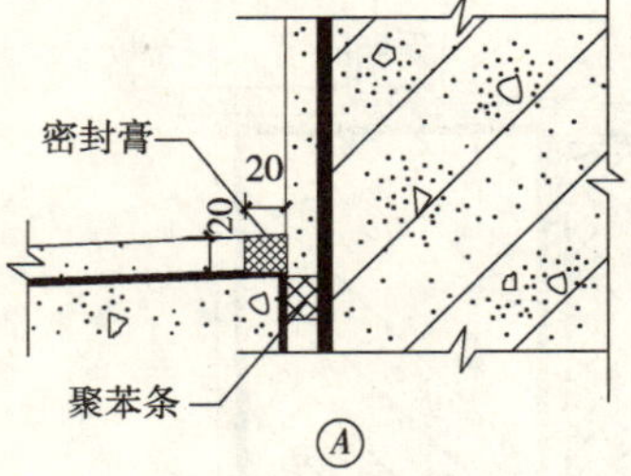

A

窗侧口构造

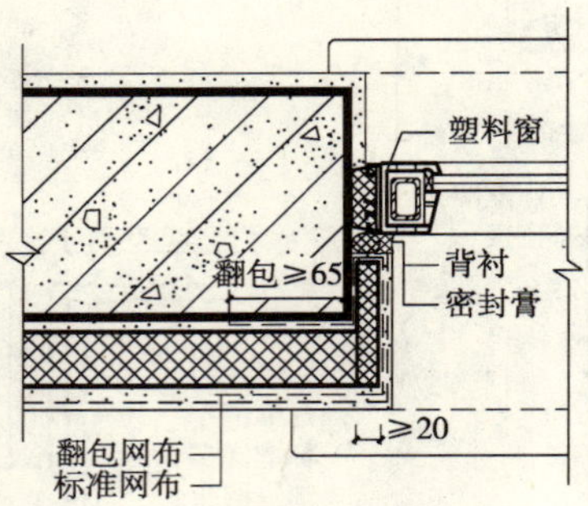

①

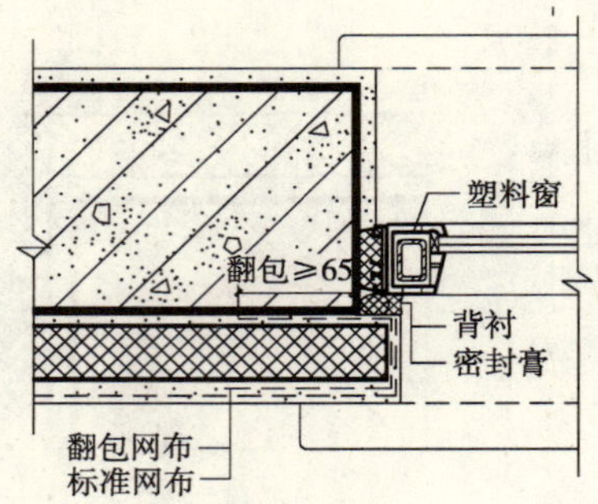

②

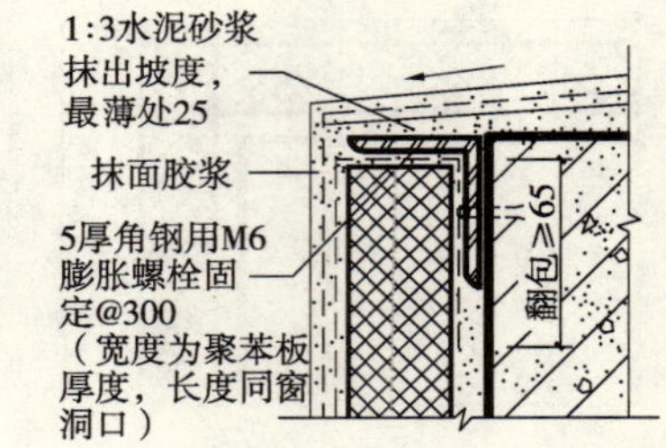

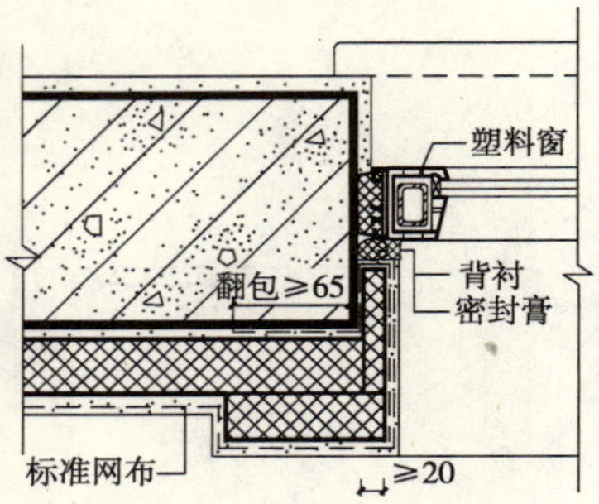

③

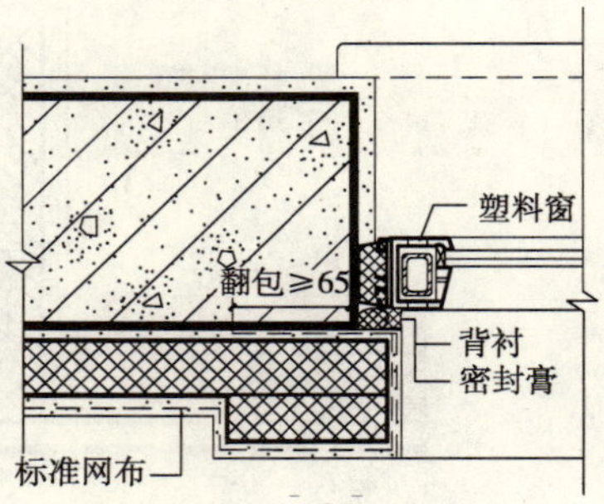

④

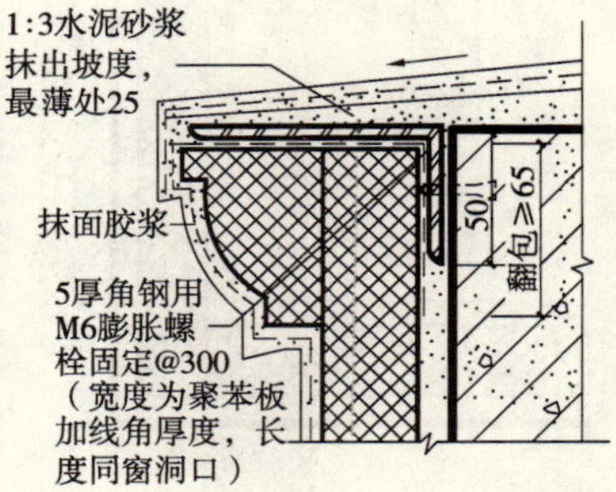

注：1. 窗套挑出长度、宽度见单体设计。
2. Ⓐ、Ⓑ节点角钢应做防腐处理。
3. 本图线角仅为示意。

窗上、下口构造

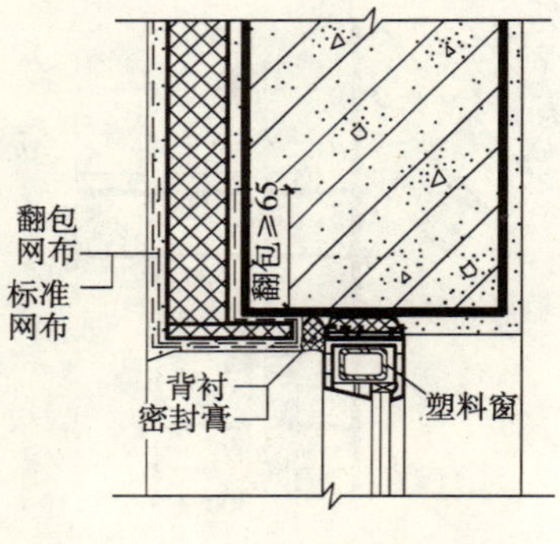

①

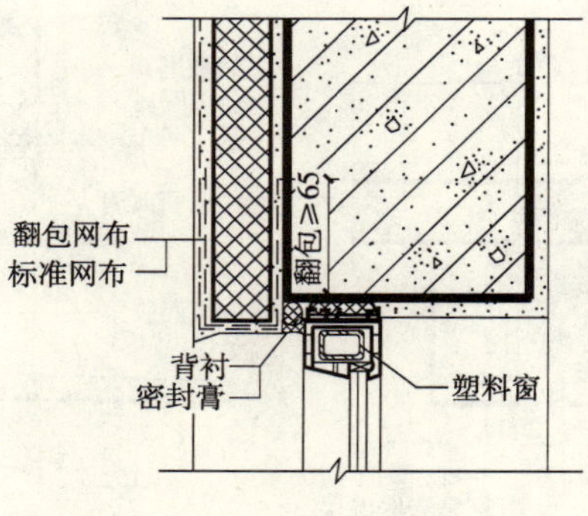

②

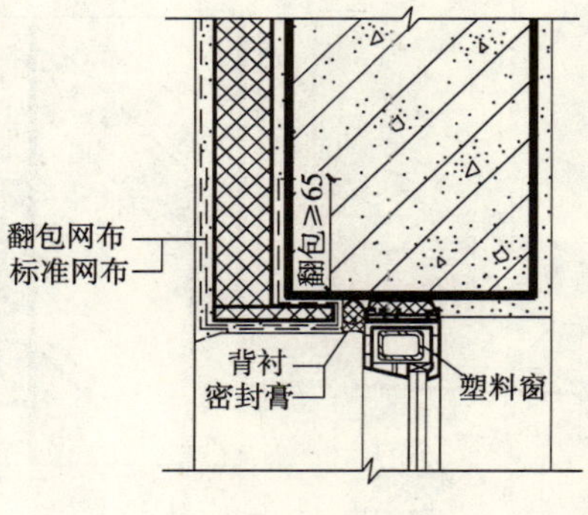

③

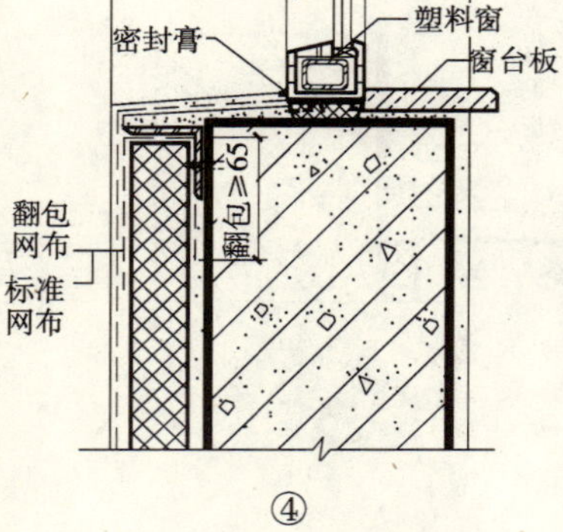

④

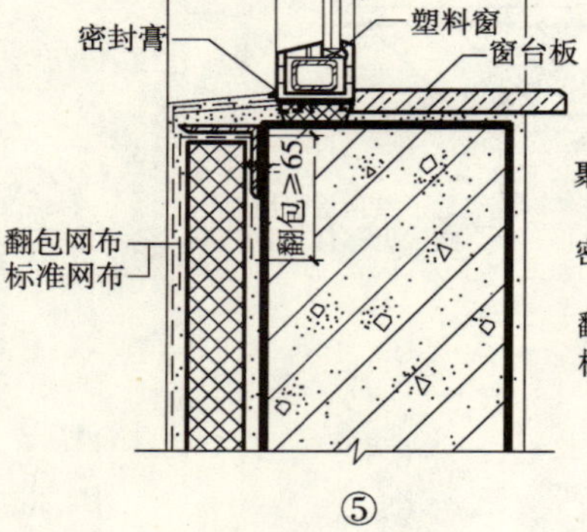

⑤

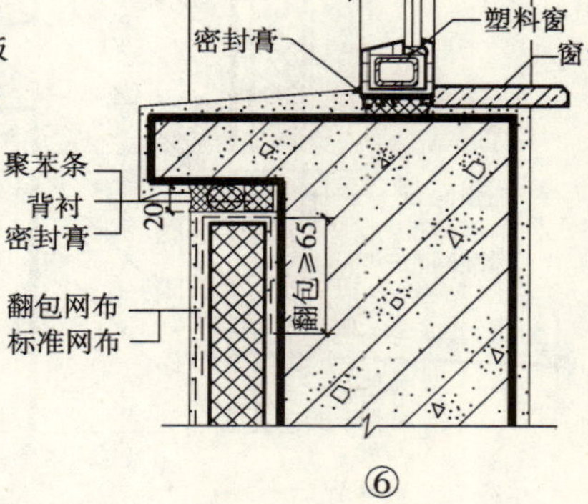

⑥

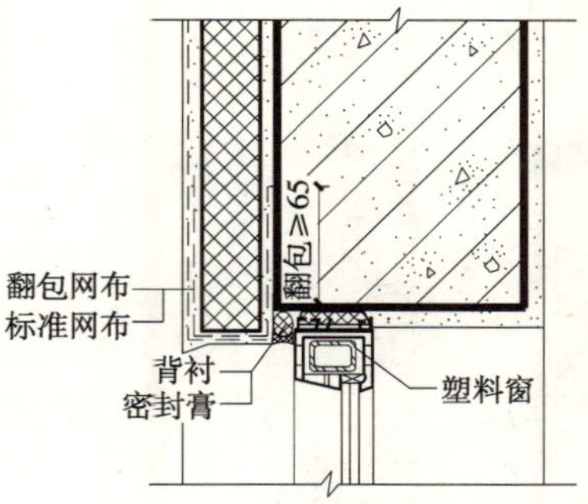

⑦

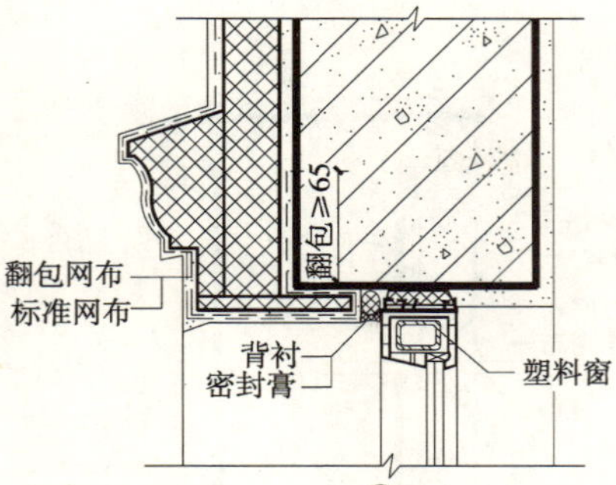

⑧

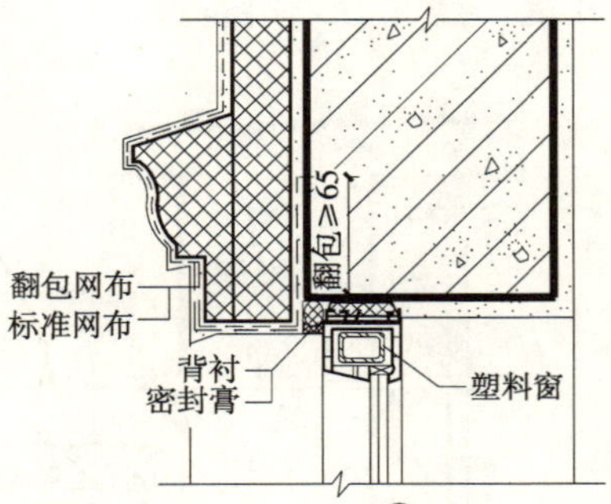

⑨

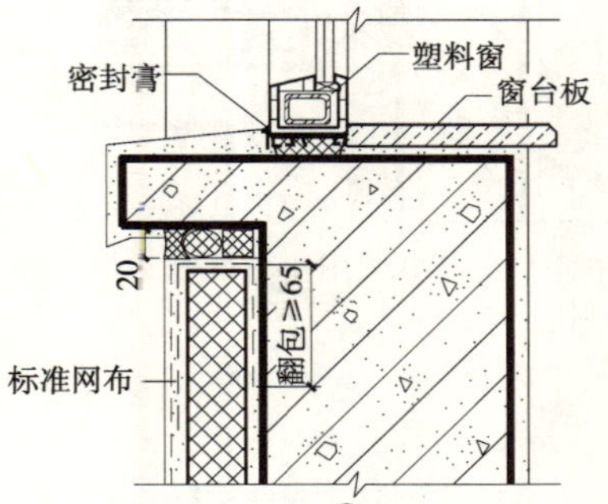

⑩

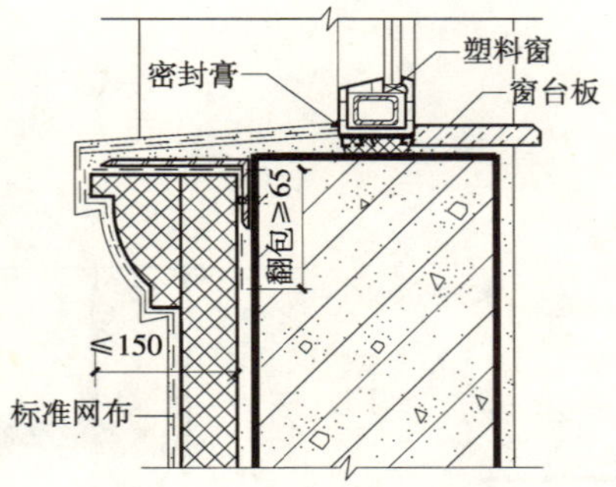

⑪

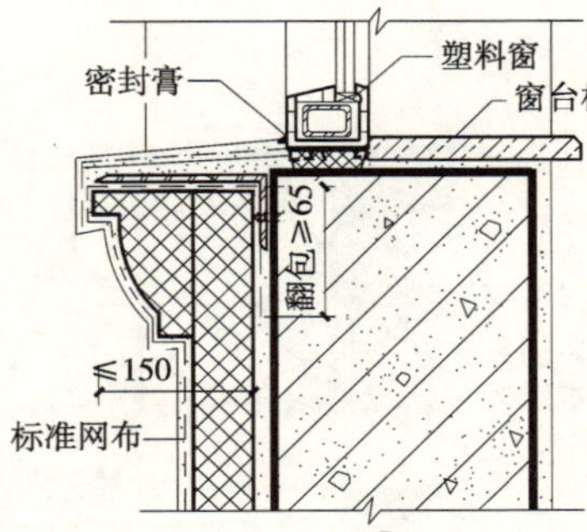

⑫

注：1. 窗台挑出宽度见单体设计。
2. ⑤⑥节点聚苯板加线角厚度＞150 时，角钢规格及固定要求见单体设计。
3. 本图线角仅为示意。

挑檐构造

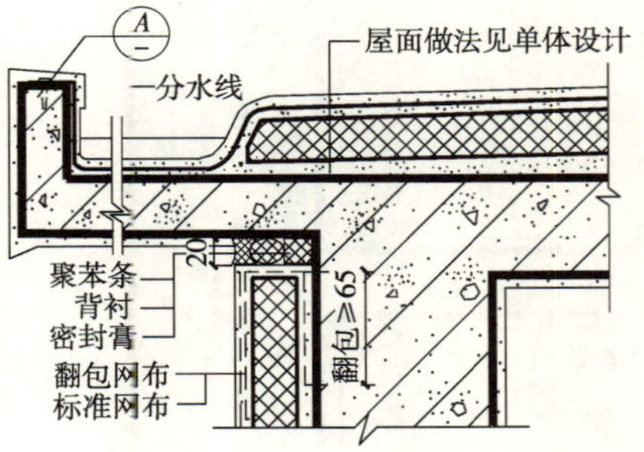

①

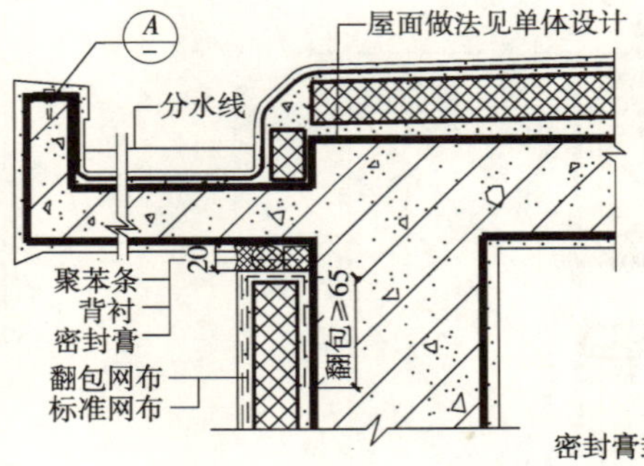

②

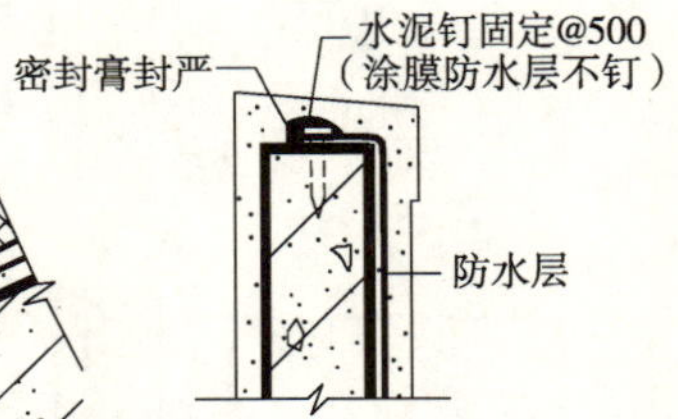

Ⓐ

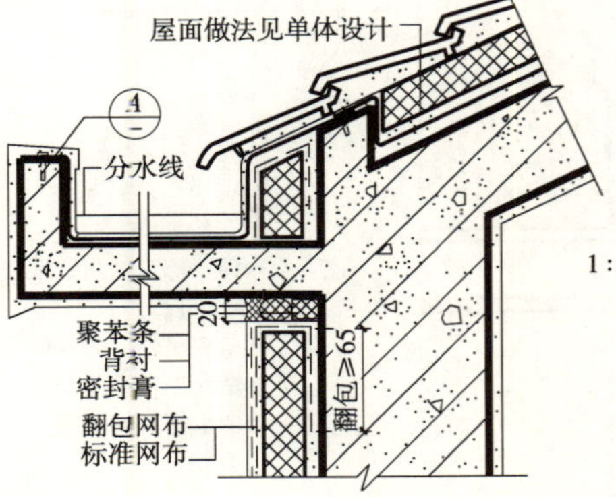

③

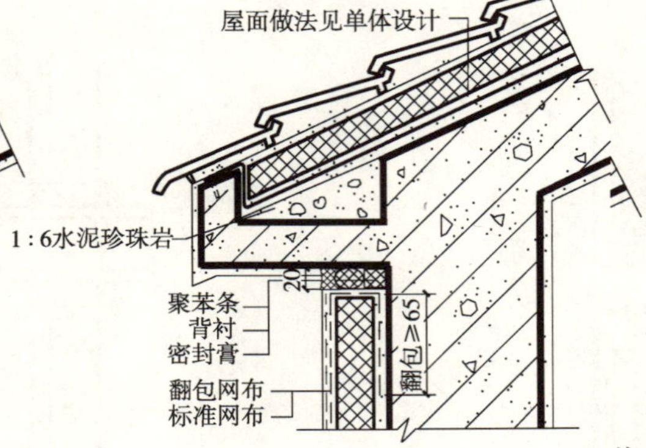

④

注：挑檐宽度见单体设计。

女儿墙、屋面变形缝构造

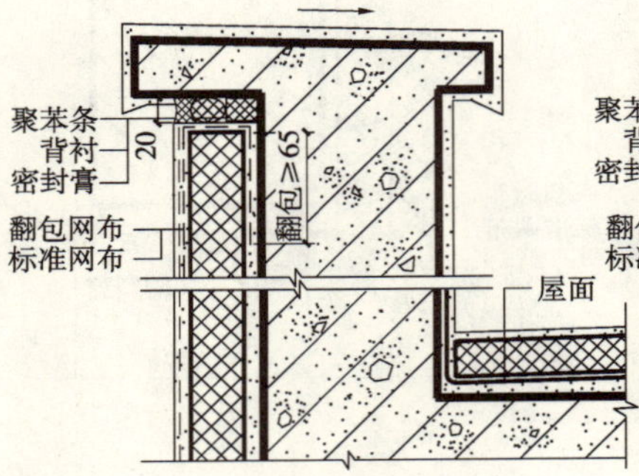

①

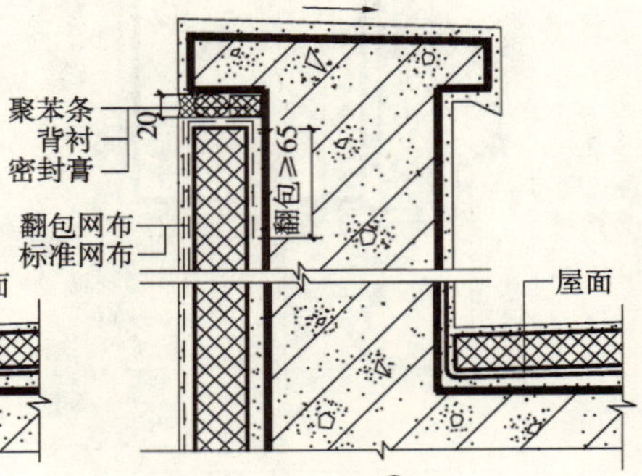

②

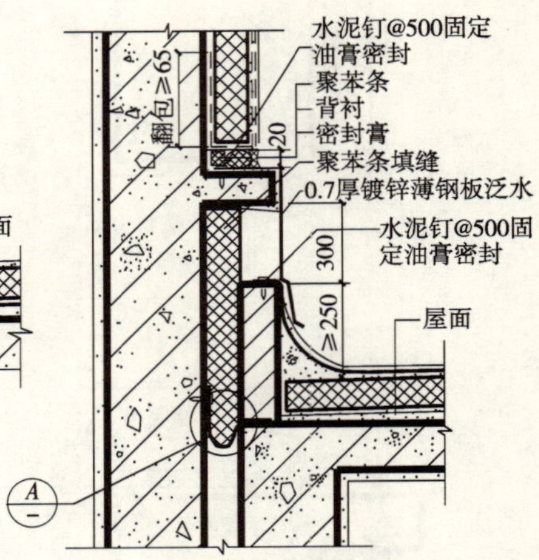

④（用于高低跨）

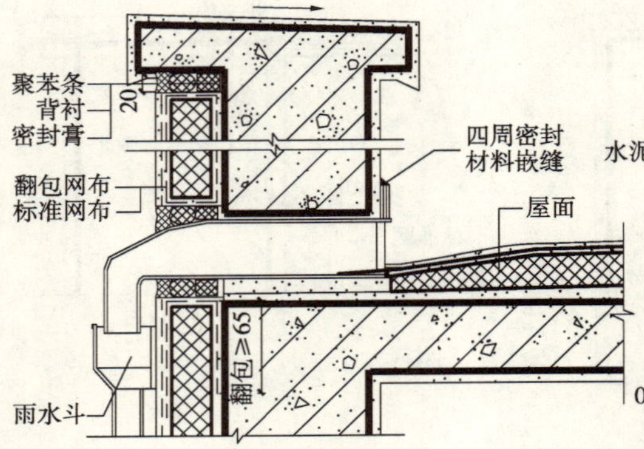

③

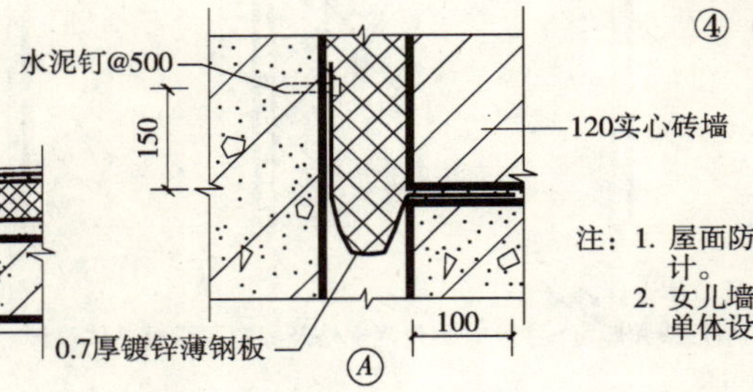

Ⓐ

注：1. 屋面防水、保温做法见单体设计。
2. 女儿墙压顶挑出宽度和高度见单体设计。

雨篷、阳台、管道穿墙构造

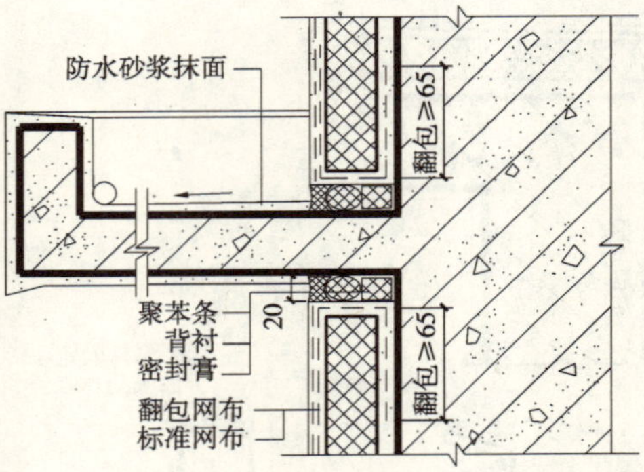

①

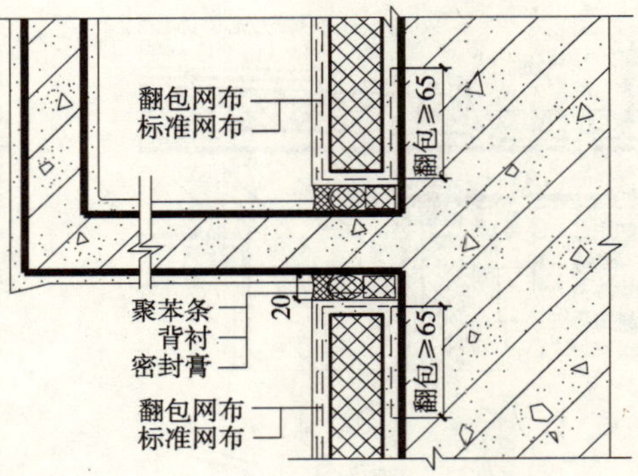

②

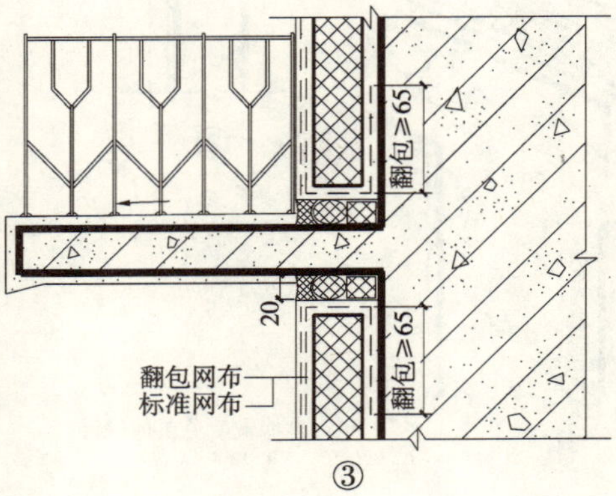

③

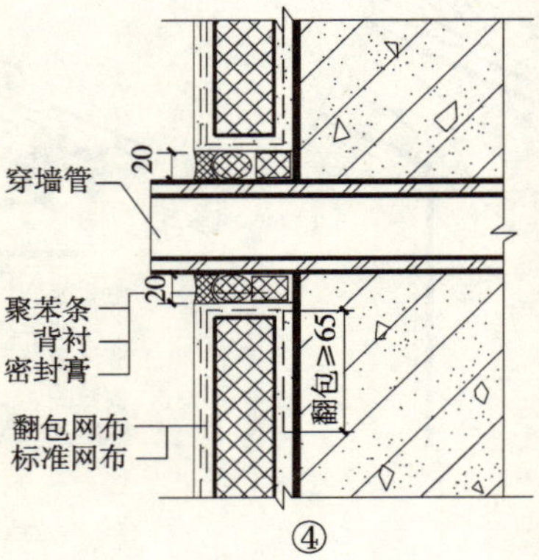

④

注：1. 雨篷、阳台挑出宽度见单体设计。
2. ③节点室外空调隔板构造及栏杆高度及花饰由设计人员确定。

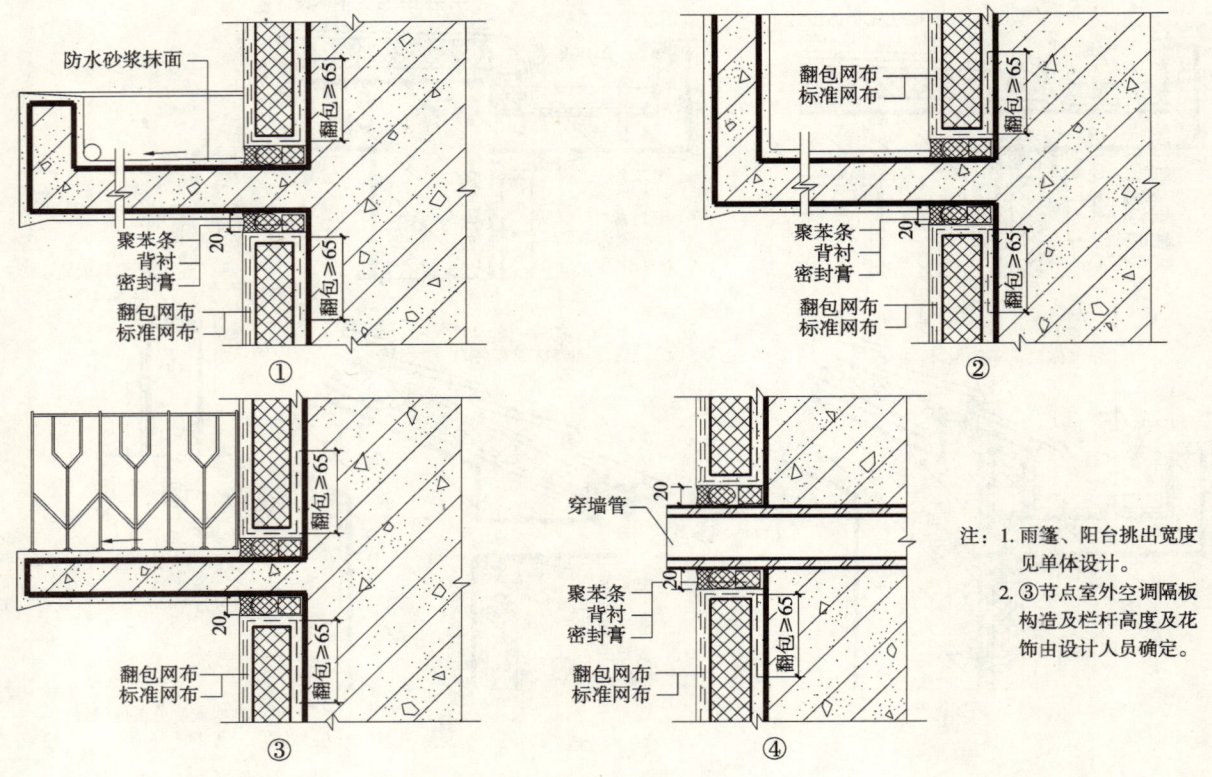

伸缩缝及水平、垂直界格缝构造

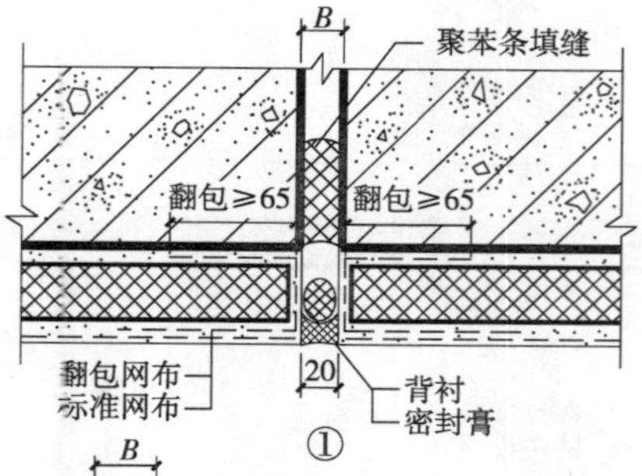

①

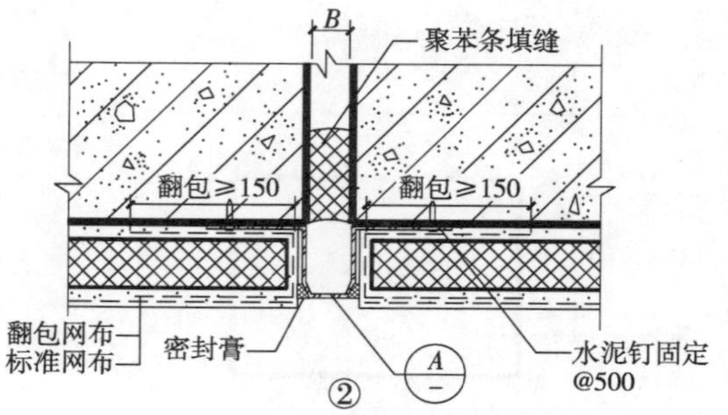

②

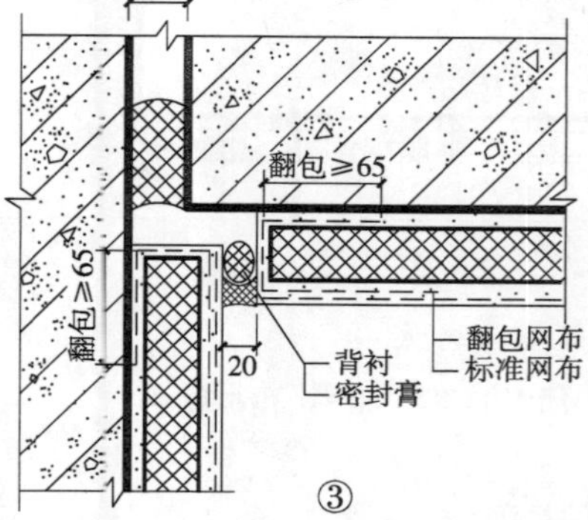

③

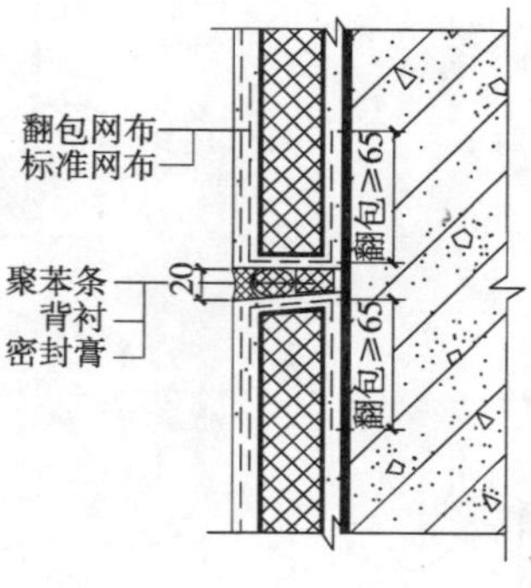

④

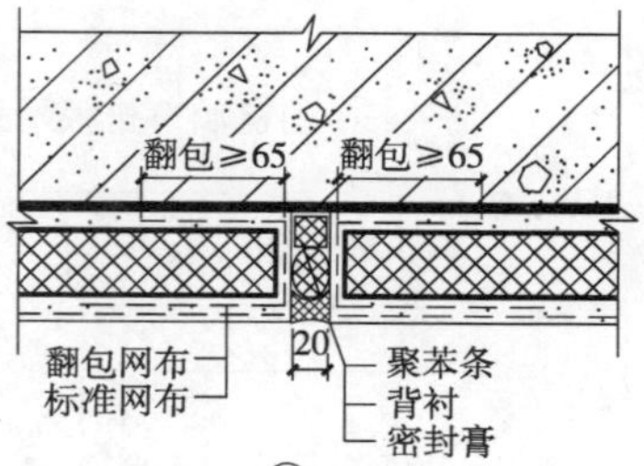

⑤

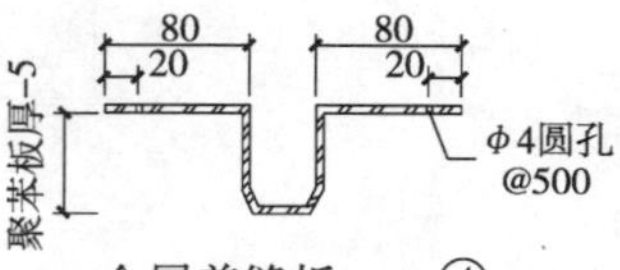

金属盖缝板 Ⓐ

注：1. 本图①②③节点用于伸缩缝，宽度见单体设计。④⑤节点用于水平、垂直界格缝。
2. 伸缩缝用聚苯条塞紧，填塞深度不应小于100。
3. 金属盖缝板可采用1.2厚铝板或0.7厚不锈钢板。

沉降缝、抗震缝构造

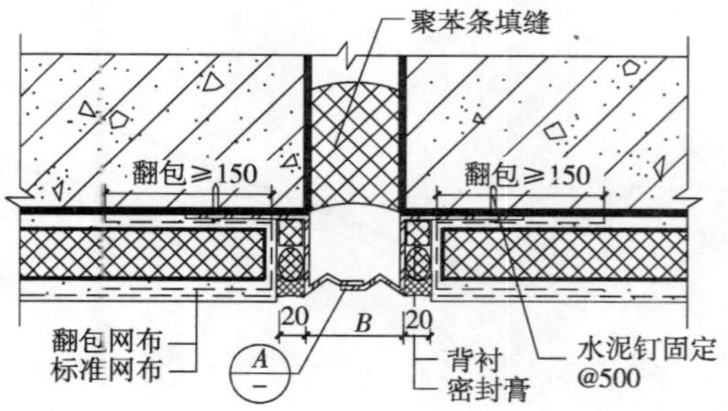

①

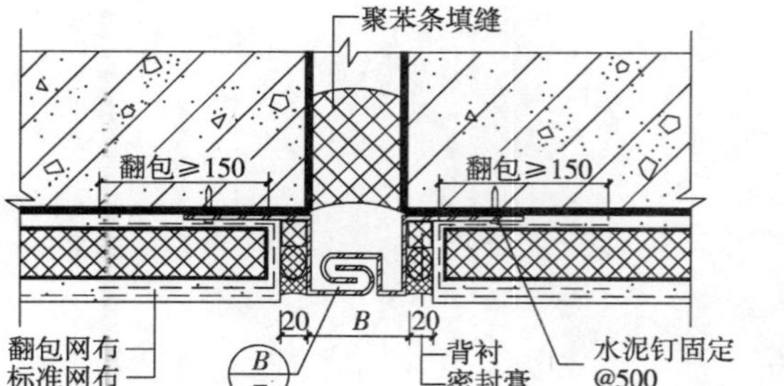

②

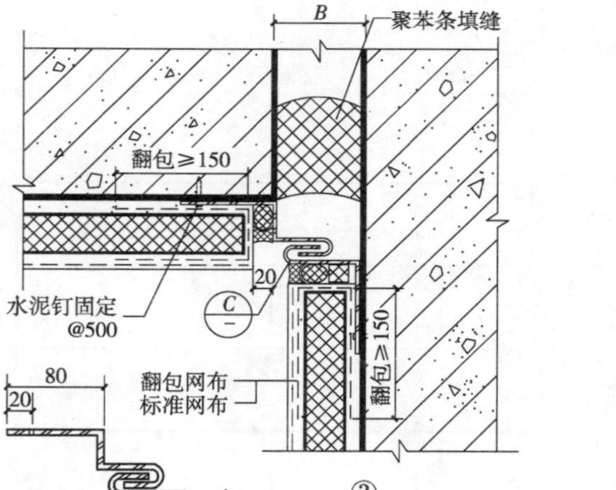

③

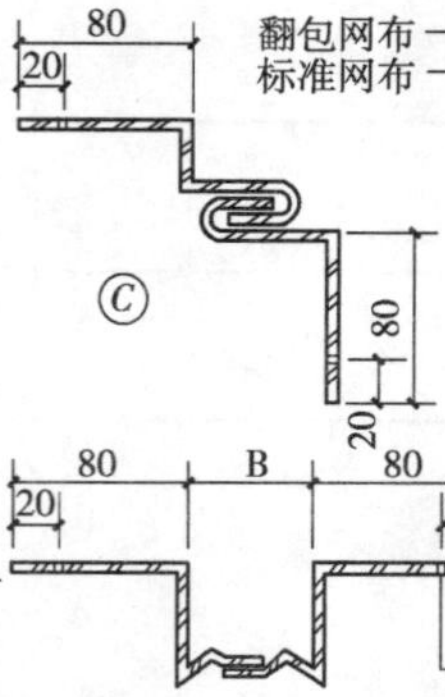

Ⓒ

Ⓐ 金属盖缝板 Ⓑ

注：1. 本图节点用于沉降缝、抗震缝，宽度见单体设计。
2. 沉降缝、防震缝用聚苯条塞紧，填塞深度不应小于100。
3. 金属盖缝板可采用1.2厚铝板或0.7厚不锈钢板。

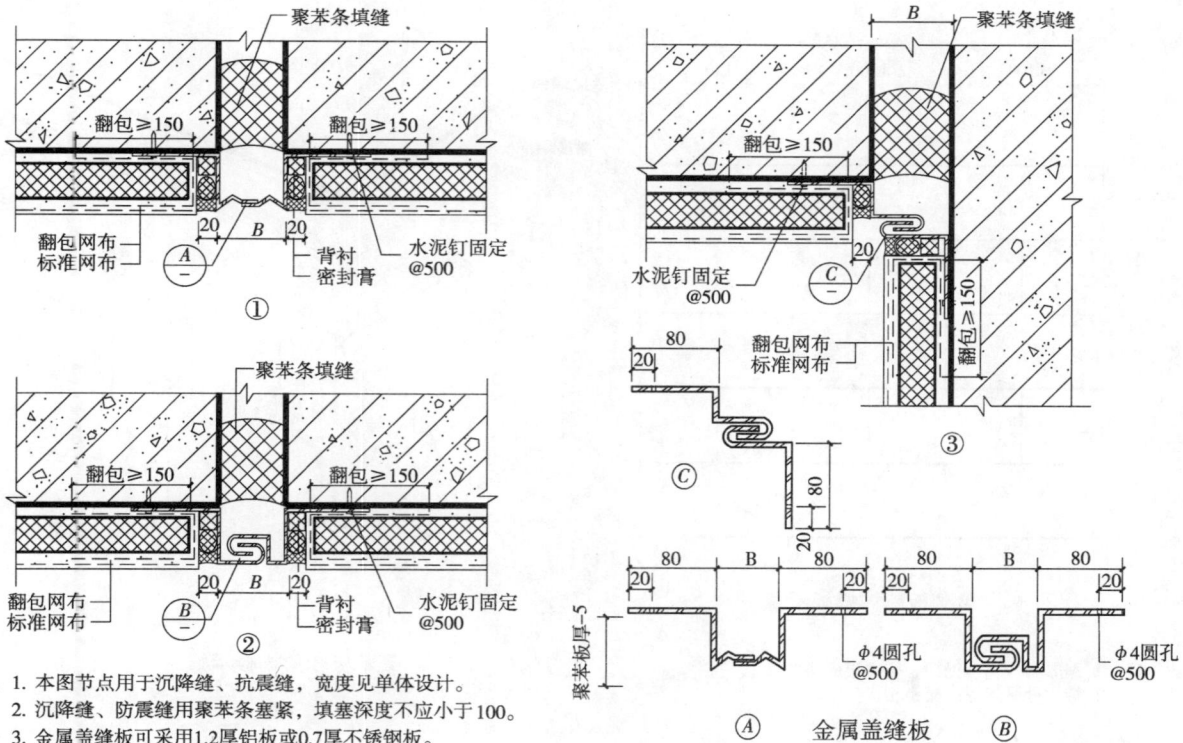

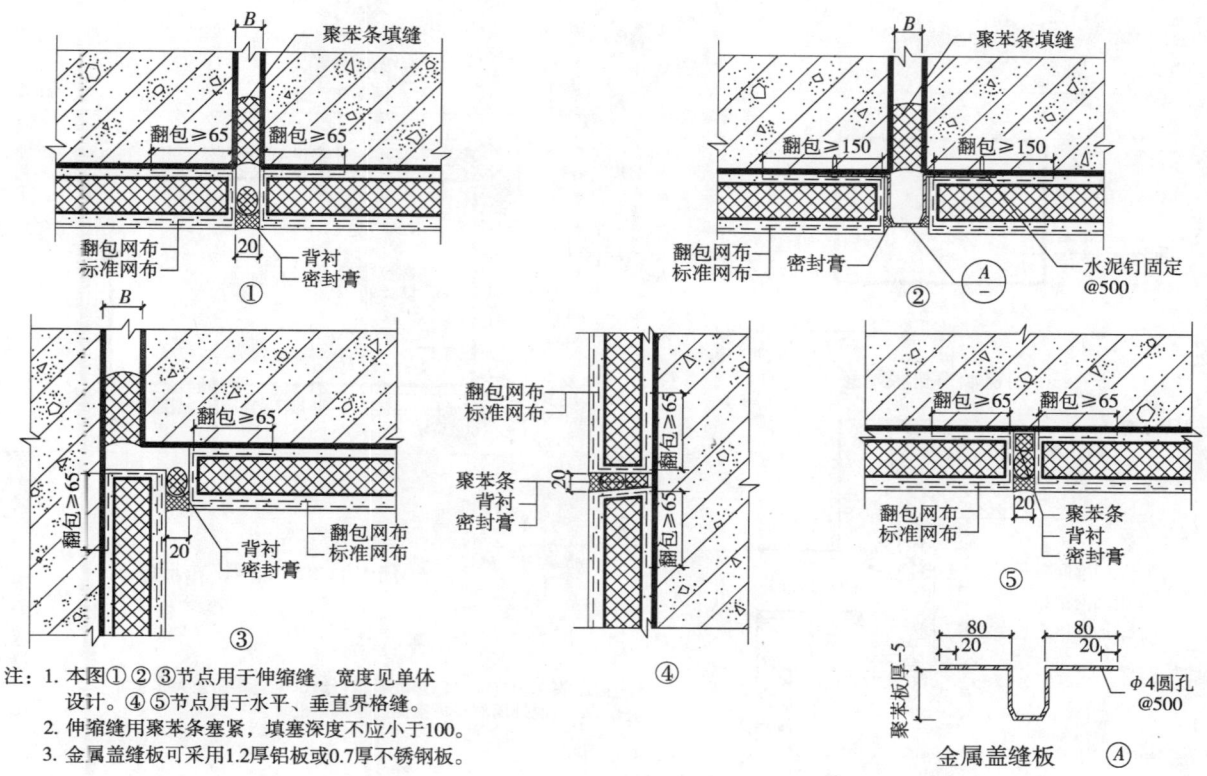

门窗洞口排板和附加网格布示意

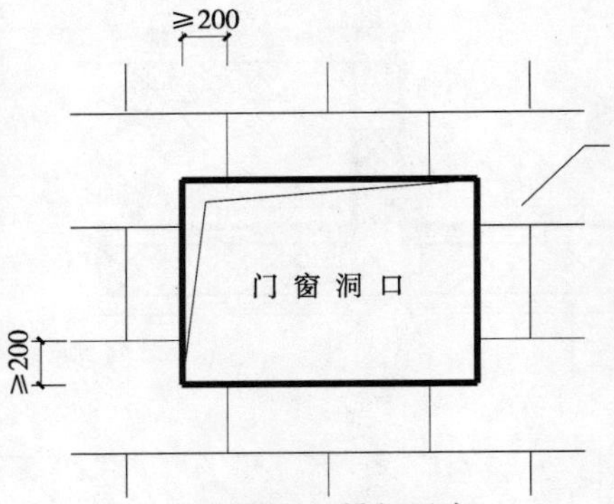

门窗洞口排板示意

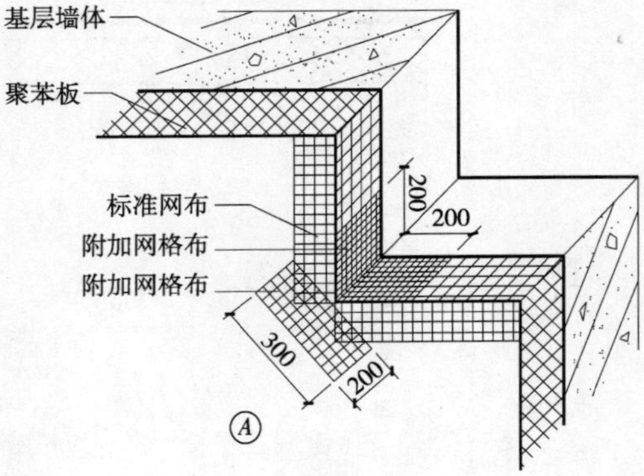

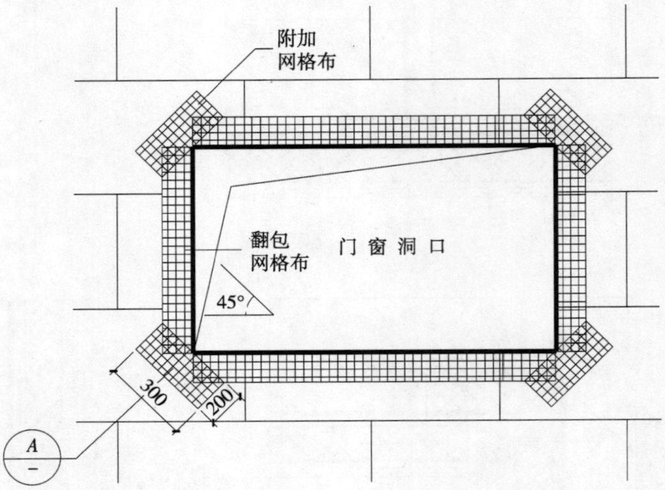

门窗洞口附加网格布示意

注：1. 聚苯板在洞口四角处不得接缝，接缝距四角大于200。
2. 其他外墙洞口可参照门窗洞口处理。

墙体及转角排板示意

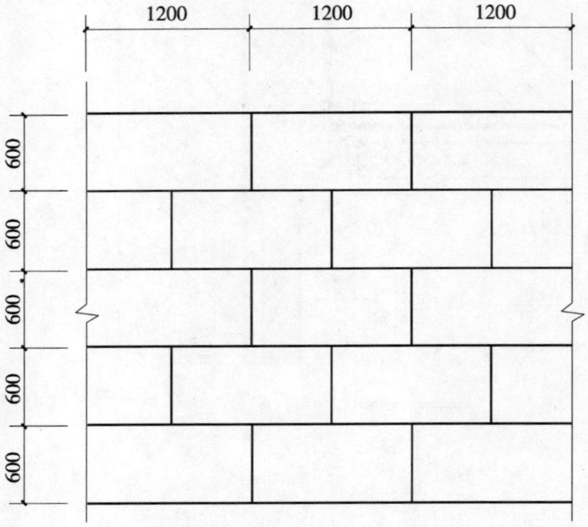

聚苯板墙体排板示意

注：1. 聚苯板应错缝铺贴，标准板应错缝1/2板长。
2. 转角处聚苯板应交错相接。

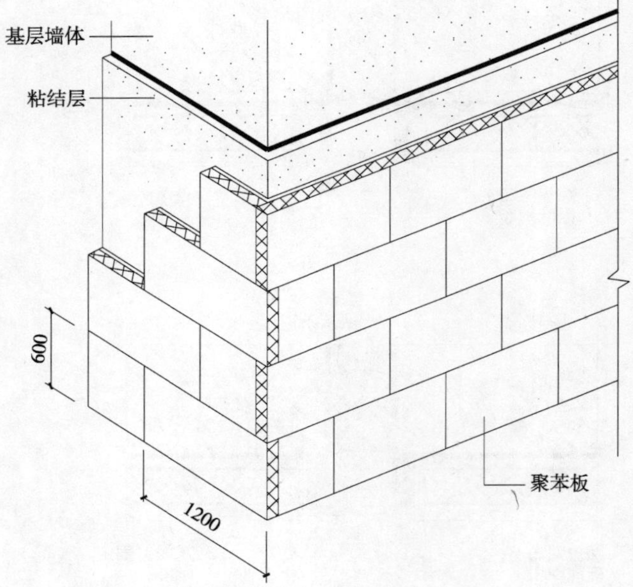

聚苯板转角排板示意

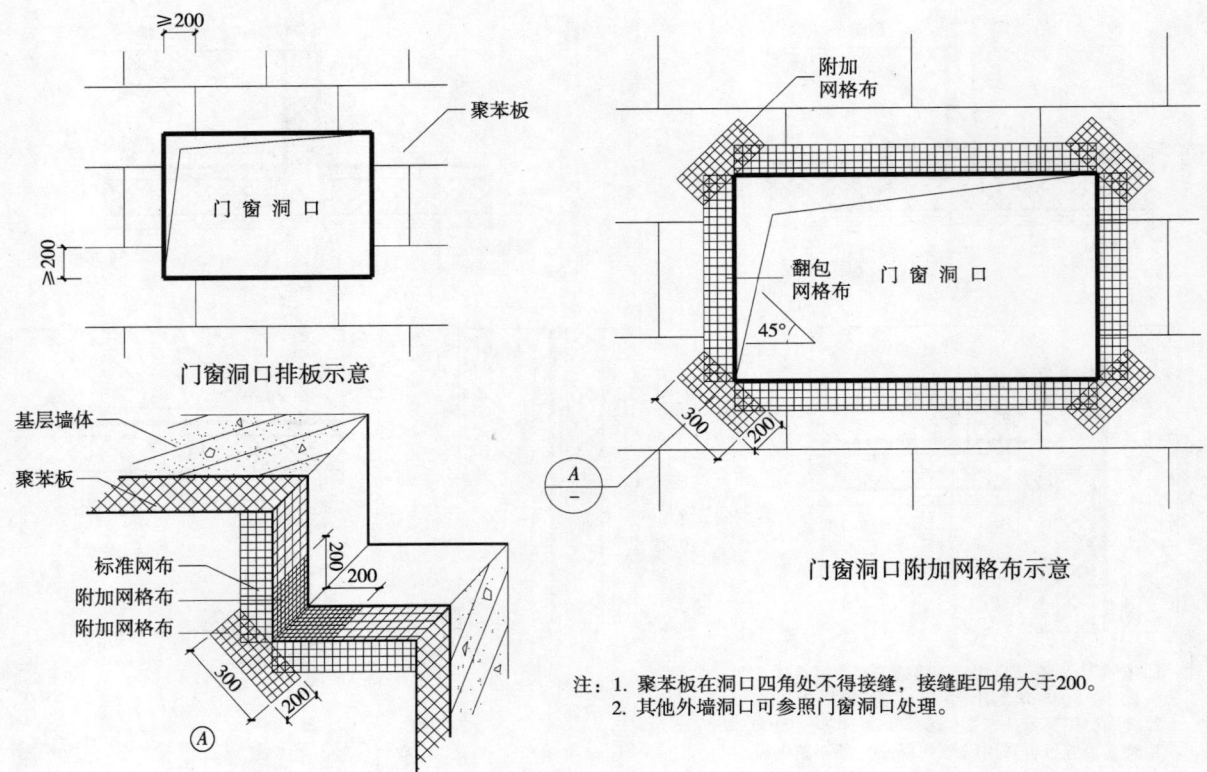

装饰线角构造

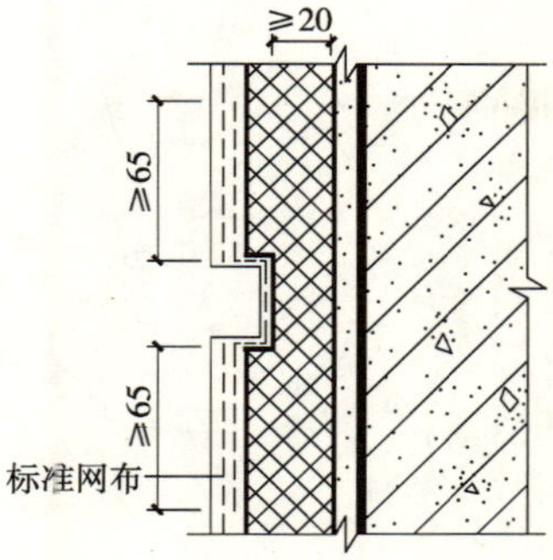

①

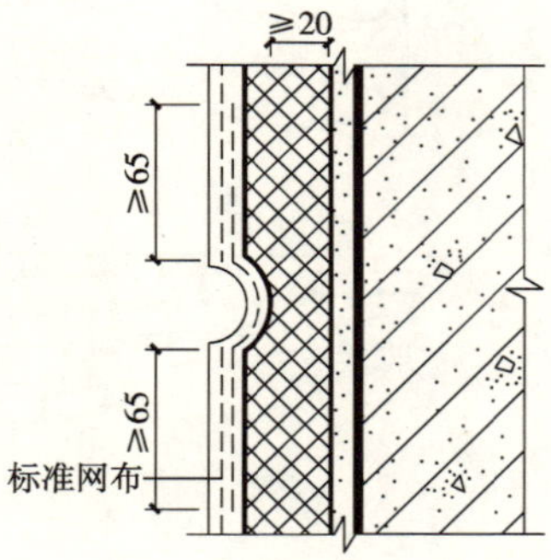

②

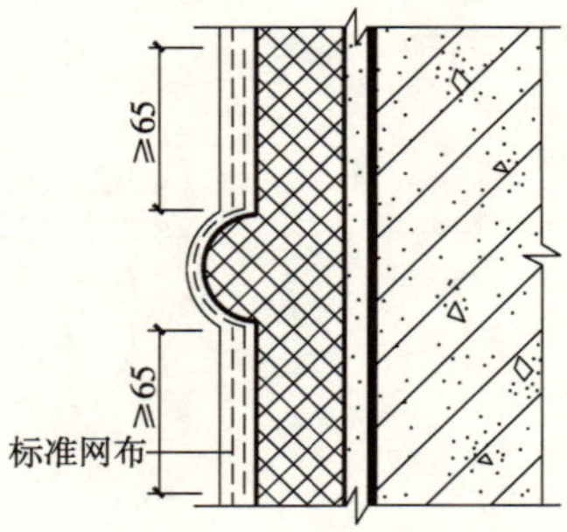

③

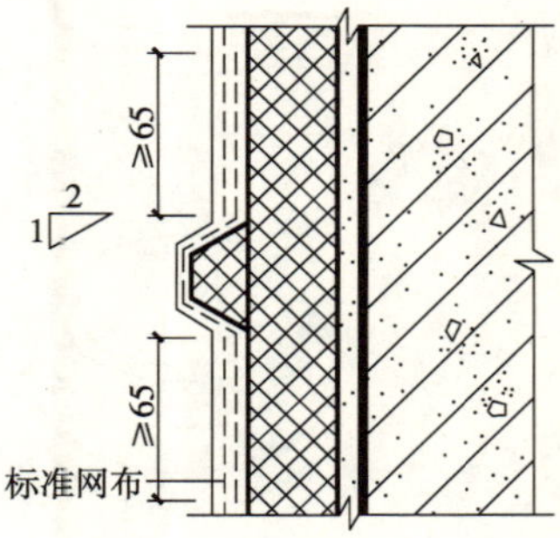

④

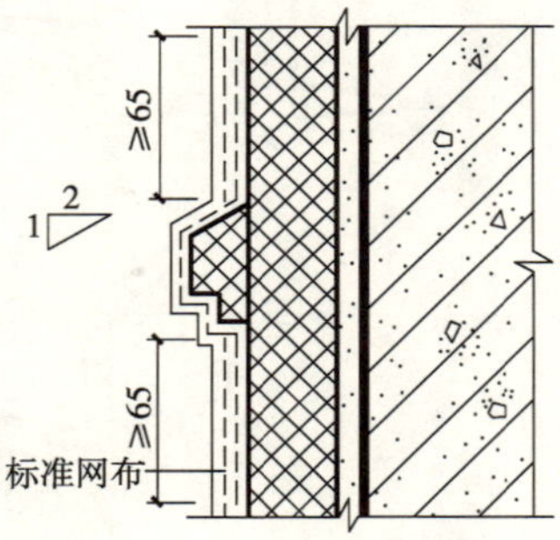

⑤

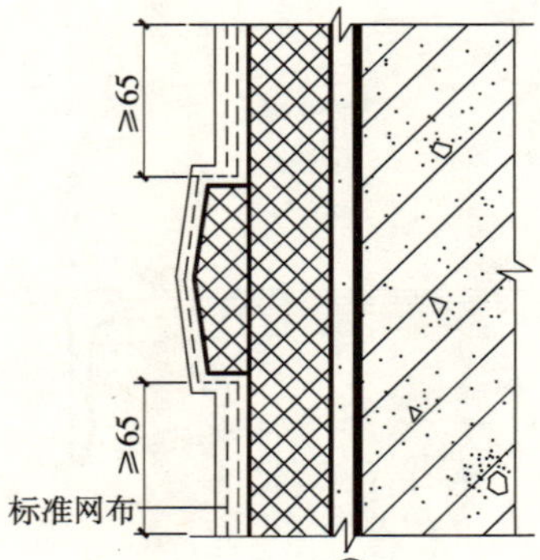

⑥

注：1. 线角尺寸由单体工程确定。

2. 线角挑出宽度≥250时，板内应加钢支架。

装饰线条示意图

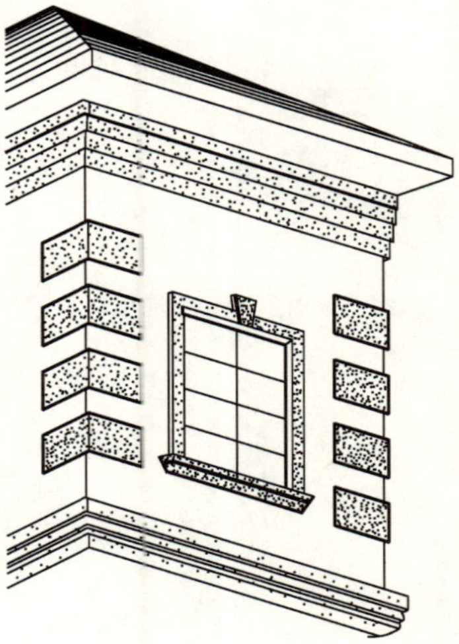

立面装饰线条示意图

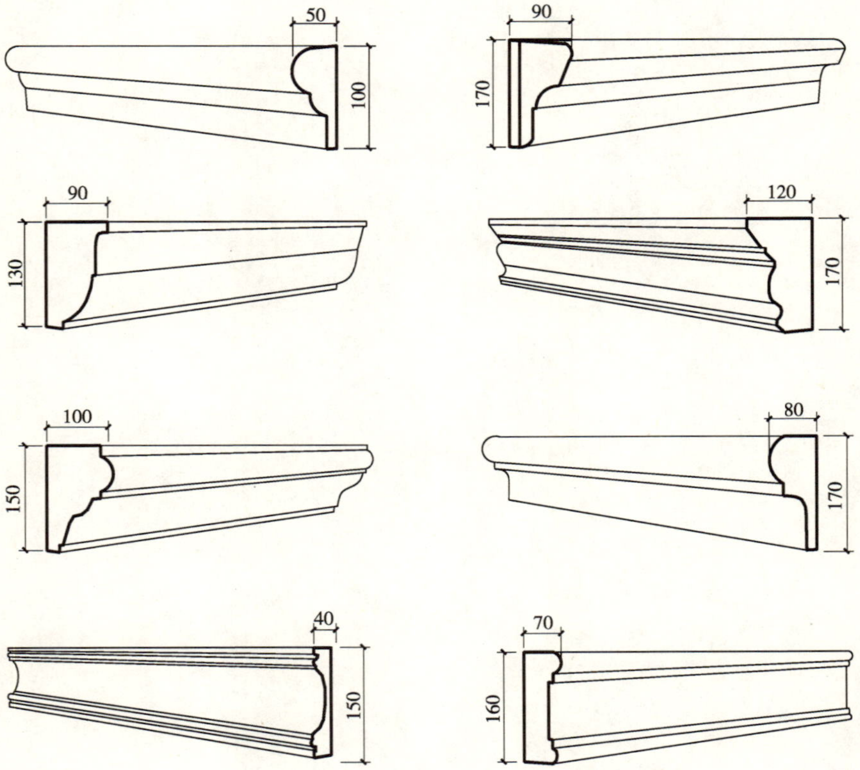

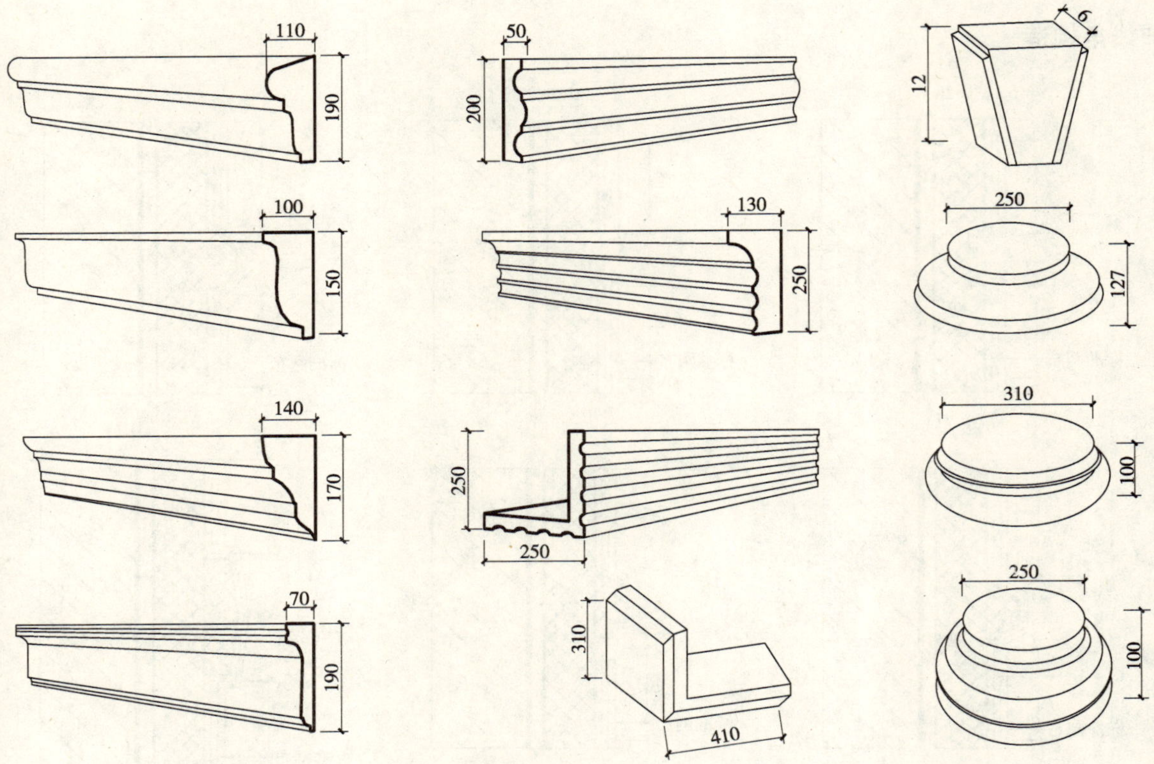
110
190
50
200
6
12
100
150
130
250
250
127
140
170
250
250
310
100
70
190
310
410
250
100

立面装饰线条示意图

十五、L00SJ108

SB 保温板

1

说　　明

说　明

一、适用范围

本图集适用于新建或改、扩建居住建筑，其他建筑可参照使用。

二、设计依据

1.《民用建筑热工设计规范》(GB 50176—93)
2.《民用建筑节能设计标准》(采暖居住建筑部分)(JGJ 26—95)
3.《民用建筑节能设计标准》(采暖居住建筑部分）山东省实施细则（DBJ 14—S2—98)
4.《钢丝网架水泥聚苯乙烯夹芯板》(JC 623—1996)

三、设计内容及要求

1. 本图集内容包括：设计说明、SB 板施工要点、外墙外保温做法及热工计算选用表、构造节点详图、并附山东省采暖居住建筑各部分围护结构传热系数限值表。

2. 本图集构造节点详图中外墙基层墙体以实心砖、混凝土小型空心砌块、钢筋混凝土墙为例。多孔砖墙外保温构造可参照混凝土小型空心砌块墙体做法，混凝土小型空心砌块按省标准图集《混凝土小型空心砌块墙体构造》基本块体设计。

3. 本图集外墙外保温做法及热工计算选用表为常用外墙做法。设计人员应根据山东省节能实施细则要求及设计构造或材料的不同，经热工计算确定保温材料厚度，以满足不同地区建筑保温节能的要求。

四、产品特点

1. SB 板是以阻燃型聚苯乙烯板（EPS 板）为保温基材，其内分布有双向斜插入的高强度钢丝，并单面覆以网目 50×50 的 $\phi2.0$ 钢丝网片焊接而成，成为带有整体焊接钢丝骨架的保温板材，其中斜插钢丝不穿透 EPS 板的为 SB1 板，穿透 EPS 板的为 SB2 板。

2. SB1 板可以和多种墙体复合，如实心砖墙、多孔砖墙、混凝土空心砌块墙体等，SB2 板可用于现浇钢筋混凝土墙。

五、材料要求

1. 钢丝：SB 板板面网片的冷拔钢丝为 $\phi2.0\pm0.05$mm。用于斜插的冷拔钢丝为 $\phi2.2\pm0.05$mm。其抗拉强度不小于 550N/mm^2。

2. 芯板：阻燃型聚苯乙烯芯板密度 15～20kg/m^3，氧指数≥30。其余应符合《绝热用模塑聚苯乙烯泡沫塑料》(GB/T 10801.1—2002）的规定。

3. 抹灰砂浆：用于 SB 板砂浆面层宜采用不低于 M10 水泥砂浆。如饰面层为弹性涂料时，为避免墙体开裂，应在西山墙中层抹灰后压入耐碱玻纤网格布。网格布应符合《耐碱玻璃纤网布》(JC/T 841—2007）的规定。

六、构造要求

1. 采用 SB1 板与多种墙体复合时，应在墙体中预埋 $\phi6$ 拉结筋，双向间距 500，梅花型布置。$\phi6$

拉结筋距保温板端边 120～150。

2. 在每层外墙圈梁或框架梁上预埋铁件与承托角钢焊牢，焊缝厚度 $h_f=6$，四边围焊。承托角钢尺寸根据芯板厚度确定。

3. 在已有建筑的实心砖或钢筋混凝土墙体上复合 SB1 板，锚固钢连接件可用 $\phi6$ 膨胀螺栓固定。

4. SB 板局部加强采用增设局部钢丝网或增加钢筋的方法，钢丝网和钢筋与 SB 板钢丝网架之间采用绑扎连接方法。

5. 各楼层之间应设横向界格缝，并按每块墙面 30～40m^2 面积设置竖向界格缝（按自然板块），在界格缝处不加平网。

七、技术要求

1. 根据不同地区风荷载和建筑物高度，保温墙面所承受的最大风荷载和拉结筋、膨胀螺栓的拉拔力由生产厂家提供数据，由设计人员进行验算。

2. 本图集外饰面材料以弹性涂料及面砖为主，如选用花岗石等贴面材料，由单体设计确定，并进行验算。

3. 中高层、高层建筑外墙外保温层的钢丝网应有防雷接地措施，以防雷击事故。接地措施由设计人根据具体情况确定。

八、注意事项

1. 材料进场后，应存放室内且地面平整，并保证 SB 板面平整和网架不生锈。
2. 承托角钢应刷防锈漆两度。
3. 保温板在出厂前，应喷涂 EC 界面处理剂，以保证与抹灰砂浆的结合。

九、其他

1. 构造详图中的 SB1、SB2 板均简化用 ▩▩▩ 表示。
2. 本图集中所注尺寸均以毫米（mm）为单位。
3. 本图集除注明者外，应遵照国家现行的有关标准、规范和规定。

2
SB板施工要点

SB 板施工要点

一、SB1 板安装施工

1. 施工准备

（1）材料：SB1 板、各种宽度的冷拔钢丝平网、角网、U 型网、ϕ6 钢筋、锚固钢连接件、膨胀螺栓和 22 号镀锌低碳钢丝、承托角钢、预埋件。

（2）工具：冲击钻、锤、扳手、断丝剪、钢尺、钢锯及常用工具。

（3）作业条件

a. 检查 SB1 板质量：对于运输、堆放造成的变形必须予以矫正，脱焊点必须补焊或用铁丝扎紧。

b. 清理墙面：清除墙面上灰渣，并将墙面不平整处补平。

2. 施工操作要点

（1）砌体墙先在墙内预埋 ϕ6 拉结筋，长 320mm，外露 160mm，拉结筋双向中距 500，多孔砖墙体拉结筋同实心砖墙，（混凝土小型空心砌块墙体双向中距 400 × 600），呈梅花型布置，边砌边埋，外露筋涂防锈漆两道。

（2）在圈梁或框架梁上预埋钢连接件，SB1 板承托角钢与铁件焊接。

（3）SB1 板按设计裁板，拼接后安装就位。砌体墙拉结筋穿透 SB1 板后扳倒并把钢丝网片压紧，并用低碳钢铁丝扎紧。

（4）外墙阴阳角及门窗口、阳台底边处等，须附加钢丝网（平网、角网、U 型网），搭接长度见构造详图。

（5）在已有的实心砖或钢筋混凝土墙上复合 SB1 板，可用 ϕ6 膨胀螺栓和锚固铁件将保温板固定于基层墙体。

二、SB2 板安装施工

1. 施工准备

（1）材料：SB2 板、各种宽度的冷拔钢丝平网、角网、U 型网、ϕ6L 型钢筋、ϕ10 短钢筋头、22 号镀锌低碳钢丝。

（2）工具：断丝剪、钢尺、钢锯及常用工具。

（3）作业条件

a. 将待绑扎钢筋位置的基层清扫干净。

b. 弹出墙身、门窗、模板线位置。

2. 施工操作要点

（1）工序流程：外墙放样弹线—绑扎钢筋—墙筋上绑扎垫块—SB2 板吊装就位—SB2 板与墙外侧筋绑扎固定—支模板并固定—浇筑混凝土—拆模—养护混凝土—抹灰—面层装饰。

（2）绑扎钢筋：按设计要求绑扎墙体钢筋，绑扎钢筋时严禁碰撞预埋件，若碰动应按设计位置重新固定牢固。

（3）SB2 板安装

a. 内外墙钢筋绑扎经验收合格后，方可进行 SB2 保温板安装。

b. 按照设计所要求的墙体厚度弹水平线及垂直线，以确定外墙厚度尺寸；同时外墙钢筋外侧绑扎垫块，垫块厚 15mm，每块标准板不少于 6 块，其位置如图所示：

c. 将SB2板安装在钢筋骨架的外侧，斜插丝出头的一面紧靠垫块，安装每块板的高度以层高高度为宜，用长260的L型拉结筋穿透芯板，并与钢丝网绑扎牢固。L型拉结筋应为梅花型布置，双向间距为500。穿过SB板部分刷防锈漆两道。

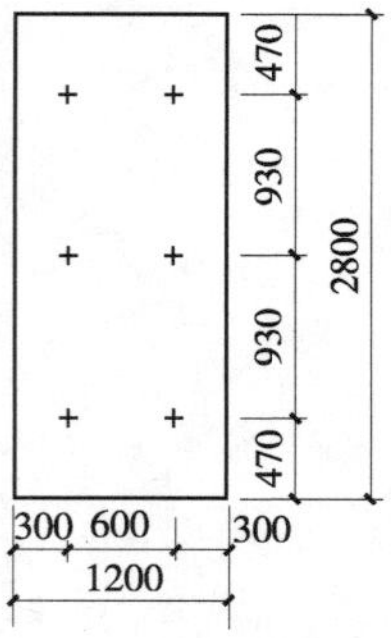

d. 保温板外侧的钢丝网片均按楼层层高断开，互不连接。

e. 外墙阴阳角及门窗口、阳台底边处等，须附加钢丝网（平网、角网、U型网），搭接长度见构造详图。

(4) 模板安装

a. 按弹出的墙线位置安装大模板。

b. 安装外墙外侧模板，安装前须在现浇墙体的根部或在SB2板外侧采取可靠的定位措施，以防止模板挤压SB2板。

(5) 混凝土浇筑

a. 墙体混凝土浇筑前应在保温板顶面采取遮挡措施。

b. 浘凝土应分层连接浇灌，每层浇灌深度为500~700。

c. 混凝土振动棒应直上直下振捣，不得碰坏SB2板。

(6) 模板拆除

a. 墙体混凝土强度等级达到《混凝土结构工程施工质量验收规范》(GB 50204—2002)的有关规定时可拆除模板。

b. 先拆除外侧模板，再拆除内侧模板。

c. 穿墙套管拆除后，应用干硬性砂浆填塞孔洞，芯板孔洞用聚苯材料填实。

三、SB板材安装检验允许偏差

项　　目	允许偏差(mm)	检验方法
垂直度	4	2m拖线板和水准仪测量
表面平整度	4	2m靠尺和楔形塞尺测量
U型钢板间距	±50	尺测量
芯板板缝	<2	尺测量

四、外墙面抹灰

1. 抹灰前准备

(1) 抹灰前要认真清除板面松散混凝土、灰尘、污垢、油渍等。

(2) 绑扎阴阳角及拼缝网片，应顺直平整且牢固。

2. 原材料

水泥：强度等级32.5普通硅酸盐水泥

砂：中砂，含泥量≤3%

水泥砂浆按1:3比例配制

3. 抹灰

抹灰分三层，底层、中层和罩面层。底层12~15mm，中层8~10mm，罩面层3~5mm，总厚度不小于25mm。底层和中层用同一配比砂浆，西山墙处则应在中层抹灰后压入耐碱玻纤网格布，罩面层并掺入EC砂浆抗裂剂。

五、面层装饰

在基层表面上刷界面剂后，即可刷弹性涂料或贴面砖。

3
保温做法与选用

围护结构传热系数限值表

山东省采暖居住建筑各部分围护结构传热系数限值[W/(m^2·K)]　　表1

采暖期室外平均温度（℃）	城市	屋顶		外墙		不采暖楼梯间		窗户（含阳台门上部）	阳台门下部门芯板	外门	地板		地面	
		体形系数≤0.3	体形系数>0.3	体形系数≤0.3	体形系数>0.3	隔墙	户门				接触室外空气地板	不采暖地下室上部地板	周边地面	非周边地面
0.9～0.0	济南	0.8	0.6	1.00 1.28	0.70 1.00	1.83	2.70	4.70 4.00	1.70	/	0.60	0.65	0.52	0.30
0.9～0.0	青岛	0.8	0.6	1.00 1.28	0.70 1.00	1.83	2.70	4.70 4.00	1.70	/	0.60	0.65	0.52	0.30
−0.1～−1.0	淄博	0.8	0.6	0.92 1.20	0.60 0.85	1.83	2.00	4.70 4.00	1.70	/	0.60	0.65	0.52	0.30
0.9～0.0	烟台	0.8	0.6	1.00 1.28	0.70 1.00	1.83	2.70	4.70 4.00	1.70	/	0.60	0.65	0.52	0.30
−0.1～−1.0	威海	0.8	0.6	0.92 1.20	0.60 0.85	1.83	2.00	4.70 4.00	1.70	/	0.60	0.65	0.52	0.30
−0.1～−1.0	潍坊	0.8	0.6	0.92 1.20	0.60 0.85	1.83	2.00	4.70 4.00	1.70	/	0.60	0.65	0.52	0.30
−0.1～−1.0	济宁	0.8	0.6	0.92 1.20	0.60 0.85	1.83	2.00	4.70 4.00	1.70	/	0.60	0.65	0.52	0.30
2.0～1.0	枣庄	0.8	0.6	1.10 1.40	0.80 1.10	1.83	2.70	4.70 4.00	1.70	/	0.60	0.65	0.52	0.30
−0.1～−1.0	东营	0.8	0.6	0.92 1.20	0.60 0.85	1.83	2.00	4.70 4.00	1.70	/	0.60	0.65	0.52	0.30
0.9～0.0	泰安	0.8	0.6	1.00 1.28	0.70 1.00	1.83	2.70	4.70 4.00	1.70	/	0.60	0.65	0.52	0.30
0.9～0.0	日照	0.8	0.6	1.00 1.28	0.70 1.00	1.83	2.70	4.70 4.00	1.70	/	0.60	0.65	0.52	0.30
−0.1～−1.0	德州	0.8	0.6	0.92 1.20	0.60 0.85	1.83	2.00	4.70 4.00	1.70	/	0.60	0.65	0.52	0.30
0.9～0.0	临沂	0.8	0.6	1.00 1.28	0.70 1.00	1.83	2.70	4.70 4.00	1.70	/	0.60	0.65	0.52	0.30
0.9～0.0	莱芜	0.8	0.6	1.00 1.28	0.70 1.00	1.83	2.70	4.70 4.00	1.70	/	0.60	0.65	0.52	0.30
−1.1～−2.0	滨州	0.8	0.6	0.90 1.16	0.55 0.82	1.83	2.00	4.70 4.00	1.70	/	0.50	0.55	0.52	0.30
−0.1～−1.0	聊城	0.8	0.6	0.92 1.20	0.60 0.85	1.83	2.00	4.70 4.00	1.70	/	0.60	0.65	0.52	0.30
0.9～0.0	菏泽	0.8	0.6	1.00 1.28	0.70 1.00	1.83	2.70	4.70 4.00	1.70	/	0.60	0.65	0.52	0.30

注：1. 表中外墙的传热系数限值，系指考虑周边热桥影响后的外墙平均传热系数。外墙的传热系数限值有两行数据，上行数据与传热系数为4.7的单层塑料窗相对应，下行数据与传热系数为4.00的单框双玻金属窗相对应。

2. 表中周边地面一栏中，0.52为位于建筑物周边的不带保温层的混凝土地面的传热系数。非周边地面一栏中，0.30为位于建筑物非周边的不带保温层的混凝土地面的传热系数。

外墙外保温做法及热工计算选用表

外墙外保温做法及热工计算选用表 **表 2**

序号	外墙构造简图	工程做法	外墙总厚度（mm）	分层厚度（mm）	密度（kg/m³）	导热系数 λ [W/(m·K)]	a	热阻 R （m²·K）/W	围护结构传热阻 R_0 （m²·K）/W	传热系数 K [W/（m²·K）]
1	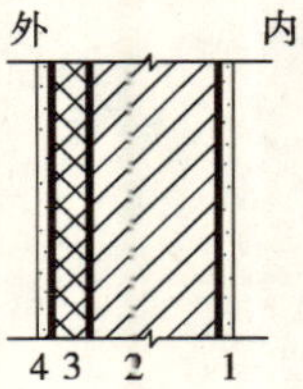	1. 水泥砂浆 2. 烧结实心砖	315（445） 325（455） 335（465） 345（475）	20 240 (370)	1800 1900 (1900)	0.93 0.81 (0.81)	1.0 1.0 (1.0)	0.022 0.296 (0.457)	1.040（1.201） 1.222（1.383） 1.404（1.565） 1.586（1.747）	0.962（0.832） 0.818（0.723） 0.712（0.639） 0.631（0.572）
		3. SB1 保温板		30 40 50 60	20	0.042	1.3	0.545 0.727 0.909 1.091		
		4. 水泥砂浆		25	1800	0.93	1.0	0.027		
2	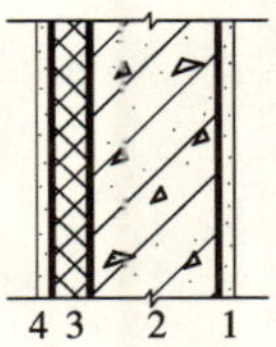	1. 水泥砂浆 2. 混凝土墙或钢筋混凝土墙	270 280 290 300	20 200	1800 2500	0.93 1.74	1.0 1.0	0.022 0.115	0.711 0.870 1.028 1.187	1.406 1.149 0.973 0.842
		3. SB2 保温板		25 35 45 55	20	0.042	1.5	0.397 0.556 0.714 0.873		
		4. 水泥砂浆		25	1800	0.93	1.0	0.027		
3	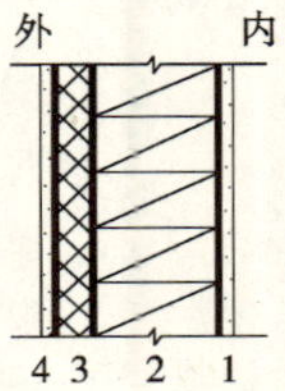	1. 水泥砂浆 2. 多孔砖	315 325 335 345	20 240	1800 1400	0.93 0.52	1.0 1.0	0.022 0.462	1.206 1.388 1.570 1.752	0.829 0.720 0.637 0.571
		3. SB2 保温板		30 40 50 60	20	0.042	1.3	0.545 0.727 0.909 1.091		
		4. 水泥砂浆		25	1800	0.93	1.0	0.027		
4	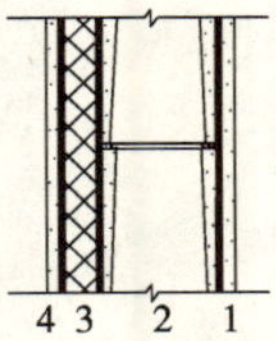	1. 混合砂浆 2. 混凝土小型空心砌块	265 275 285 295	20 190	1700 900	0.81	1.0 1.0	0.025 0.210	0.957 1.139 1.321 1.503	1.045 0.878 0.757 0.665
		3. SB1 保温板		30 40 50 60	20	0.042	1.3	0.545 0.727 0.909 1.091		
		4. 水泥砂浆		25	1800	0.93	1.0	0.027		
5	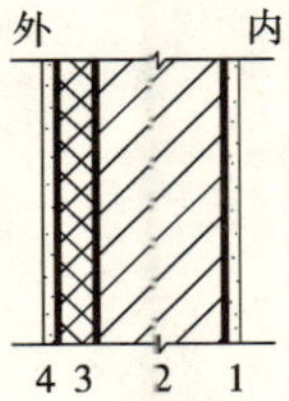	1. 水泥砂浆 2. 蒸压粉煤灰砖	315 325 335 345	20 240	1800 1600	0.93 0.58	1.0 1.0	0.022 0.413	1.157 1.339 1.521 1.703	0.864 0.747 0.657 0.587
		3. SB1 保温板		30 40 50 60	20	0.042	1.3	0.545 0.727 0.909 1.091		
		4. 水泥砂浆		25	1800	0.93	1.0	0.027		
6	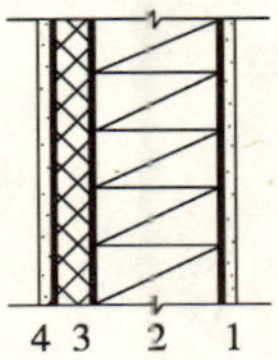	1. 水泥砂浆 2. 模数多孔砖	315 325 335 345	20 240	1800	0.93 0.56	1.0 1.0	0.022 0.428	1.172 1.354 1.536 1.718	0.853 0.739 0.651 0.582
		3. SB1 保温板		30 40 50 60	20	0.042	1.3	0.545 0.727 0.909 1.091		
		4. 水泥砂浆		25	1800	0.93	1.0	0.027		

注：1. 括号内数值为烧结实心砖厚度为 370 时的取值。
2. a 为 λ 修正系数。
3. 热工计算时未计饰面层。
4. SB2 板分层厚度为平均厚度。
5. 混凝土小型空心砌块以单排孔为例。

4
构造做法与详图

SB1、SB2 板构造图

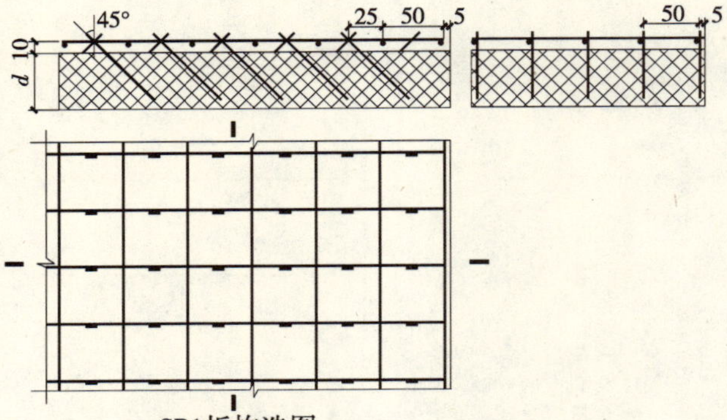

SB1板构造图

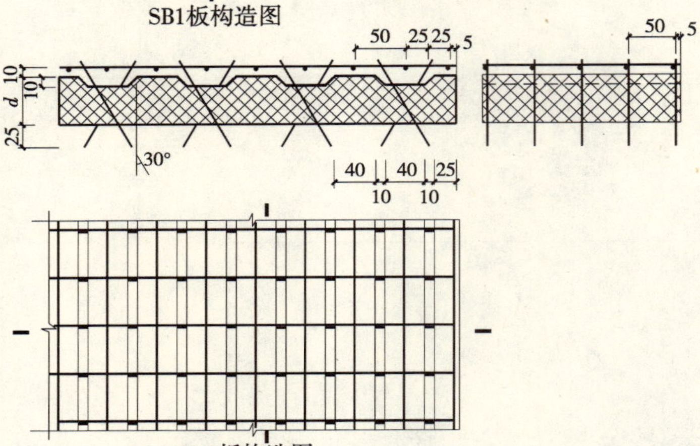

SB2板构造图

SB1板规格尺寸（mm）

	标准型	非标准型	非标准型
长　度	2800	2700	2400
宽　度	1200	1200	1200
整板厚度	63	63	63
芯板厚度	50	50	50

SB2板规格尺寸（mm）

	标准型	非标准型	非标准型
长　度	2800	2700	2400
宽　度	1200	1200	1200
整板厚度	88	88	88
芯板厚度	50	50	50

注：如需要其他规格，可根据设计要求制作。

外墙外保温墙体平面示例详图

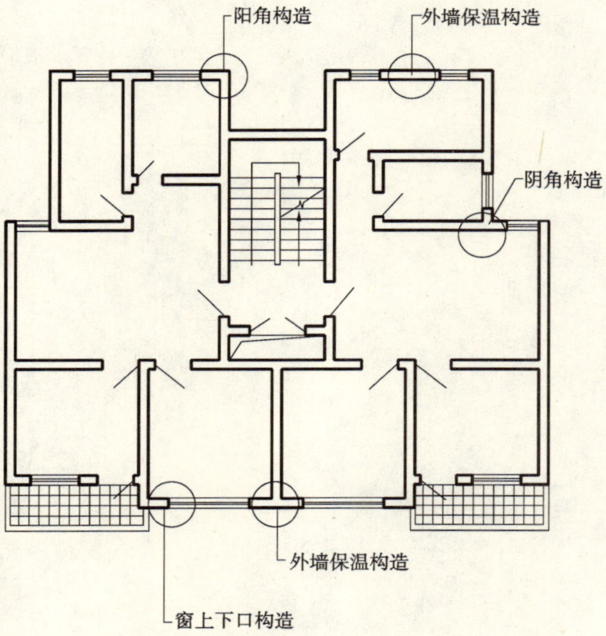

平面示例一

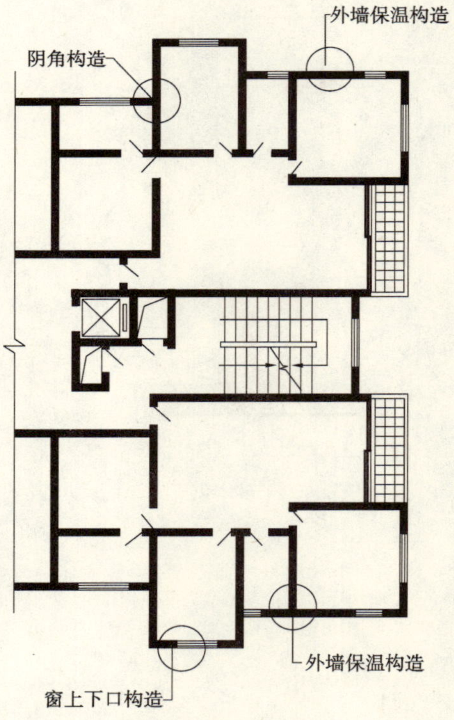

平面示例二

外墙、丁字墙保温构造

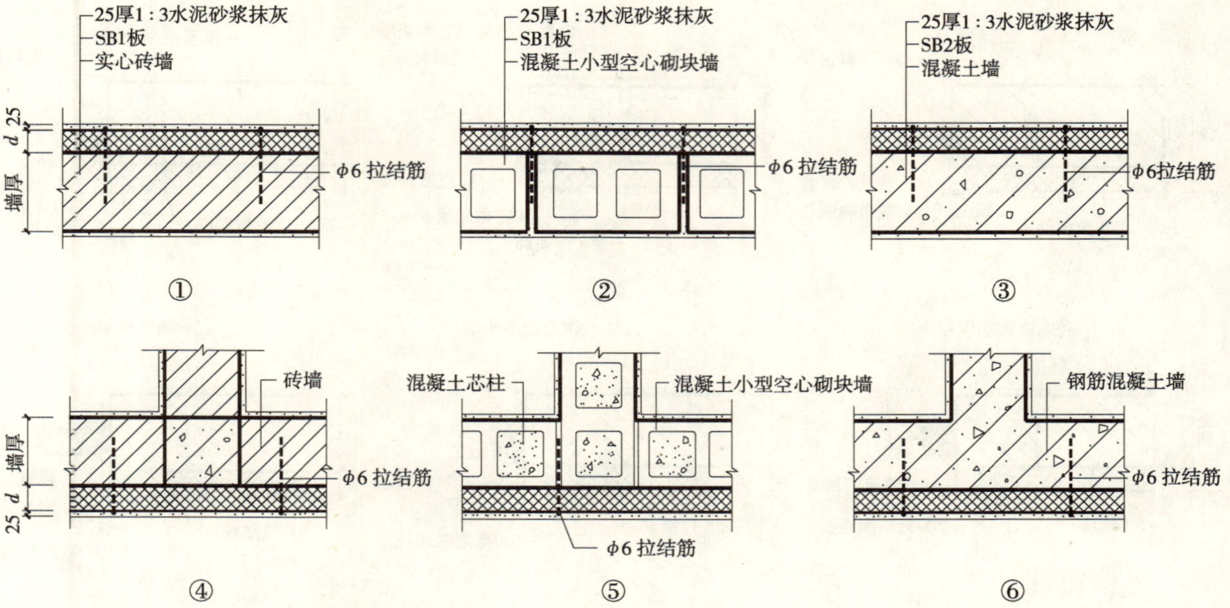

注：1. 用于砌体墙，预埋 ϕ6 拉结筋长 320，外露 160，双向间距 500（混凝土小型空心砌块墙双向间距 400 × 600），呈梅花型布置。
2. 用于钢筋混凝土墙，预埋 ϕ6 拉结筋长 260，弯钩 80，双向间距 500，呈梅花型布置。
3. 墙体内抹灰见单体设计。

外墙转角保温构造

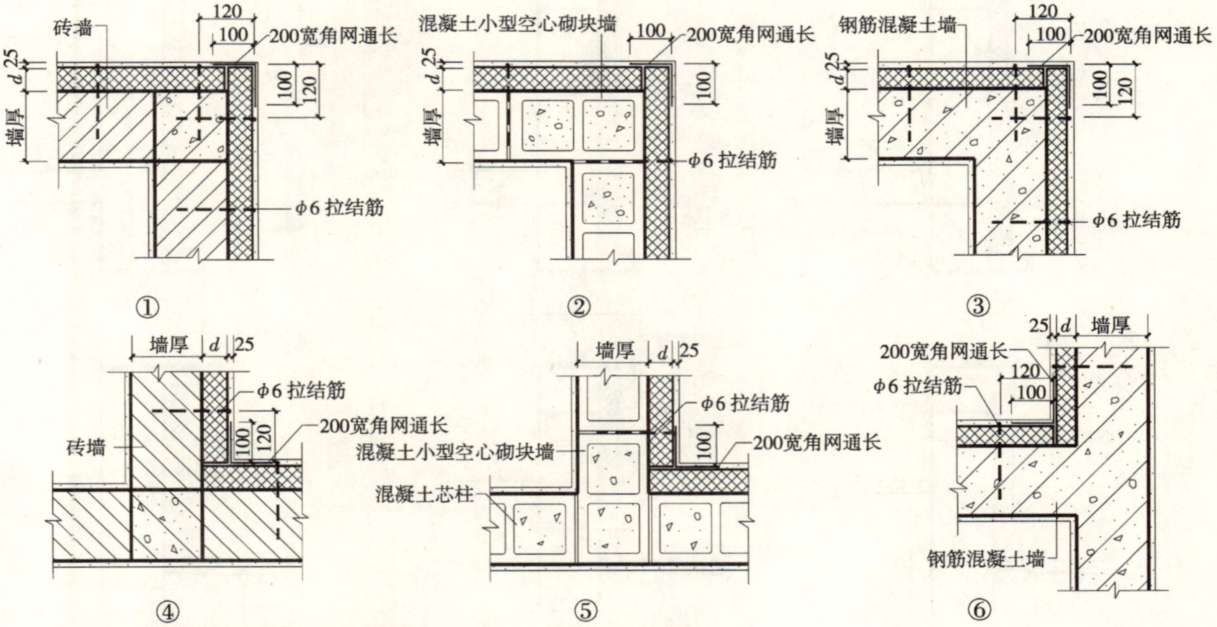

注：1. 用于砌体墙，预埋 ϕ6 拉结筋长 320，外露 160，双向间距 500（混凝土小型空心砌块墙双向间距 400 × 600），呈梅花型布置。
2. 用于钢筋混凝土墙，预埋 ϕ6 拉结筋长 260，弯钩 80，双向间距 500，呈梅花型布置。
3. 墙体内抹灰见单体设计。

门窗洞口保温构造

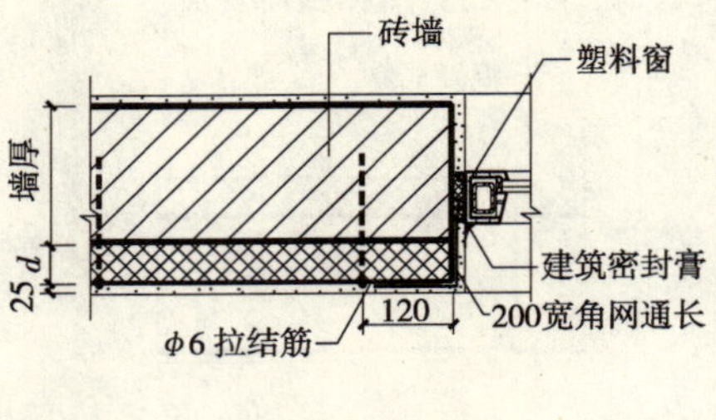

①

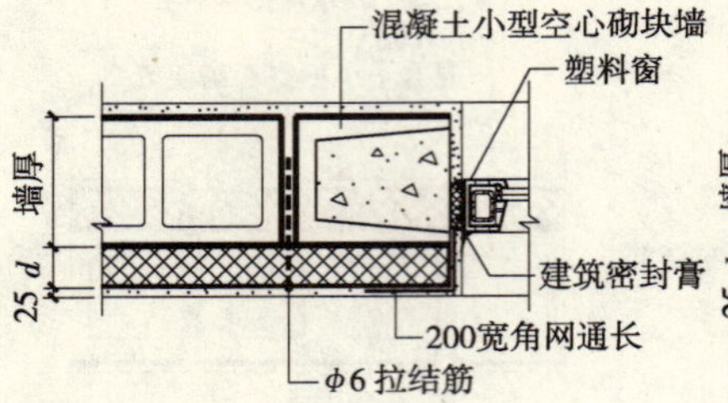

②

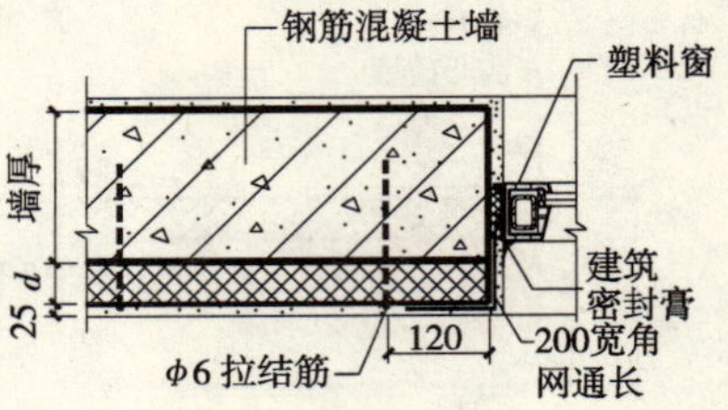

③

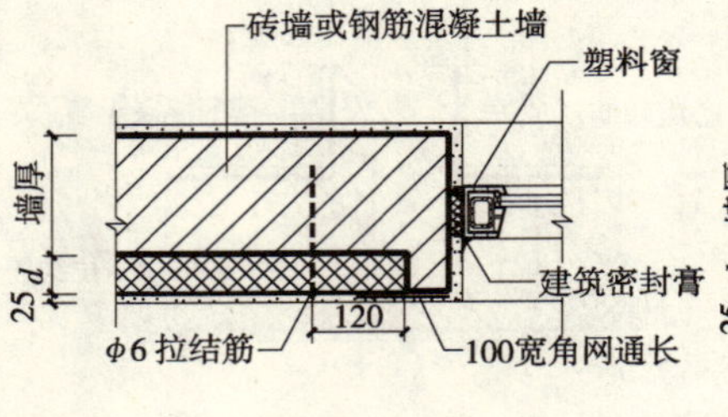

④

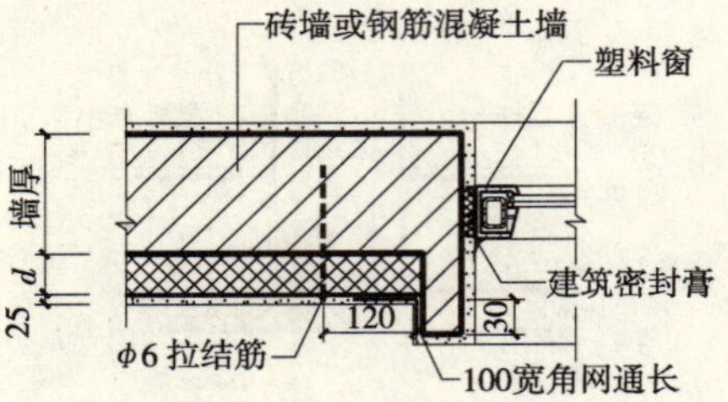

⑤

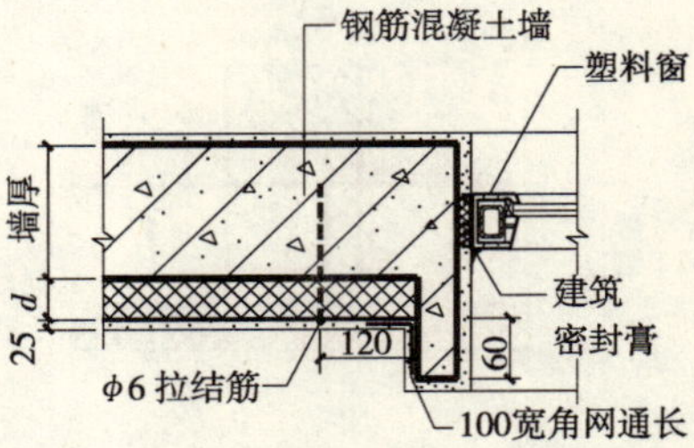

⑥

注：窗套挑出长度、宽度见单体设计。

外墙外保温墙体剖面示例详图

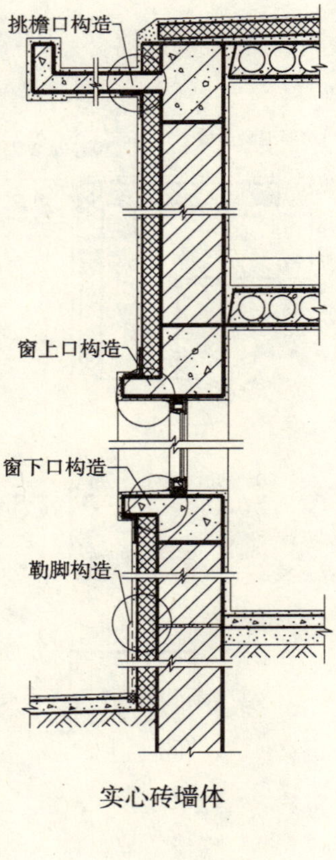

实心砖墙体

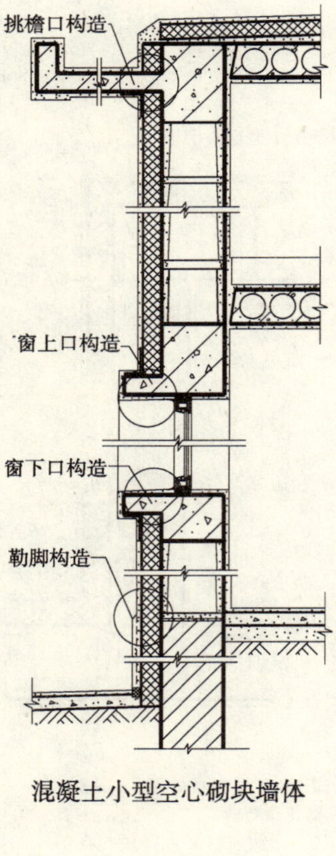

混凝土小型空心砌块墙体

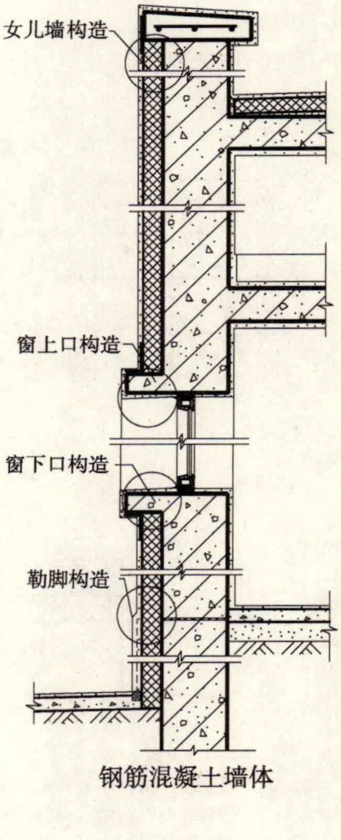

钢筋混凝土墙体

勒脚保温构造

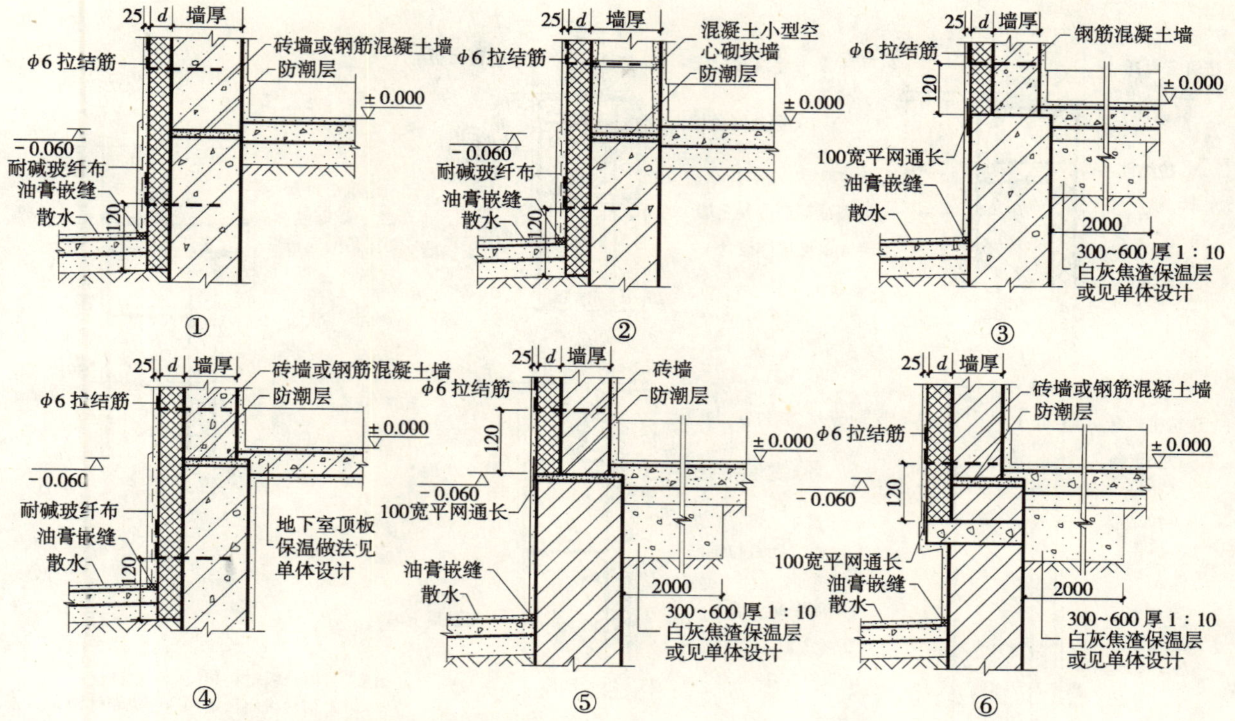

注：防潮层用于实心砖、多孔砖及砌块墙墙身。

窗上口保温构造

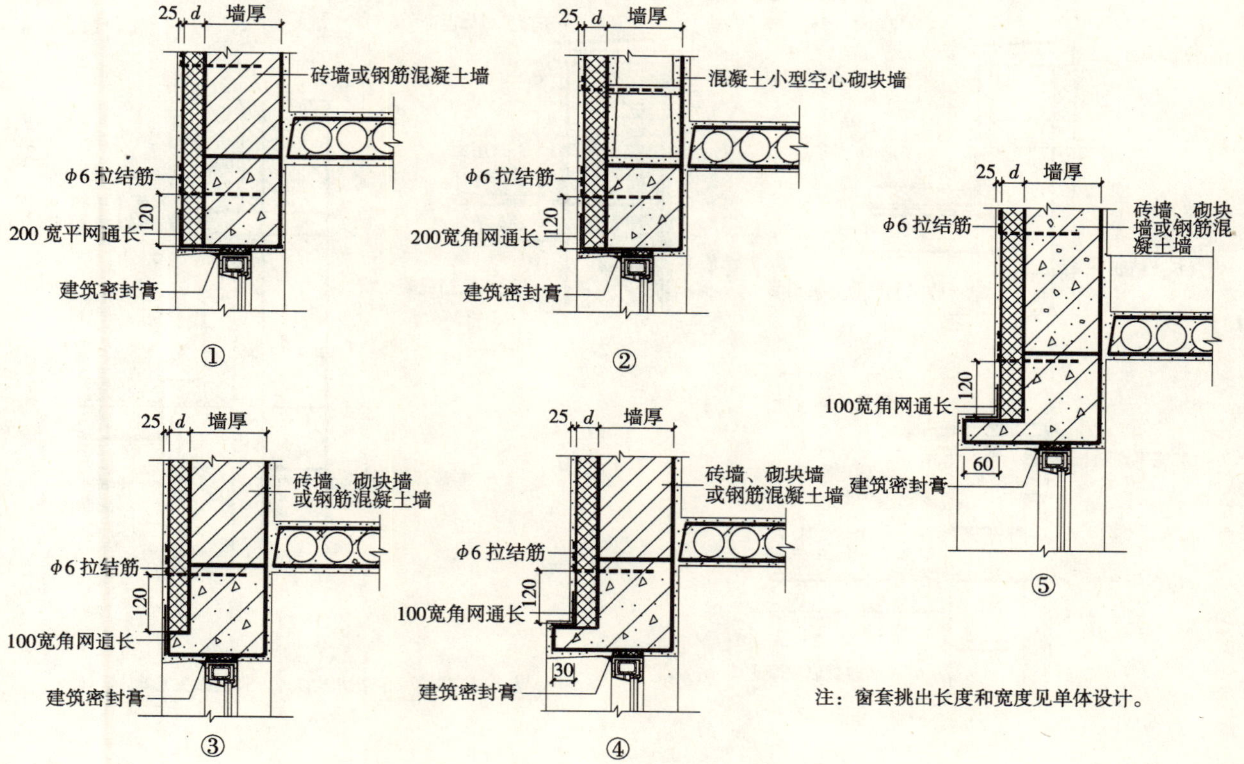

注：窗套挑出长度和宽度见单体设计。

窗台保温构造

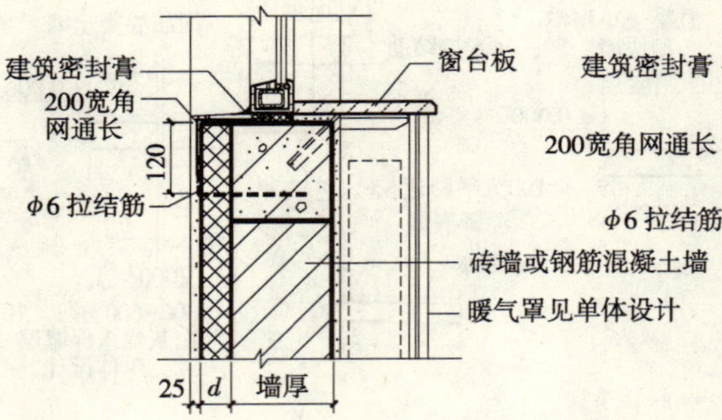

①

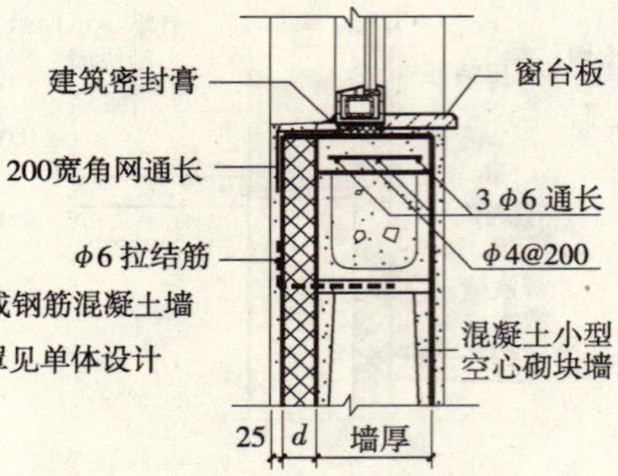

②

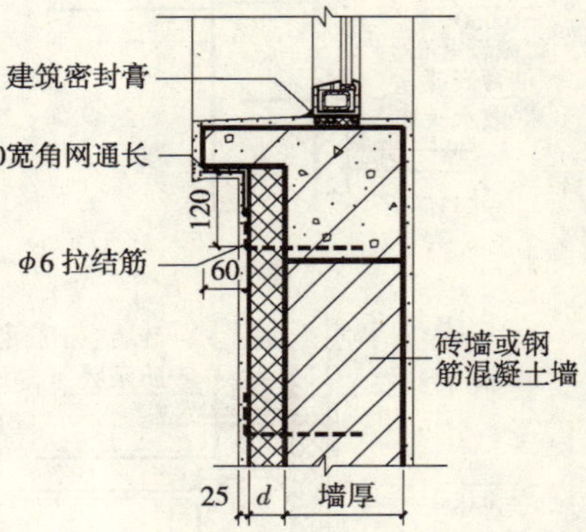

⑤

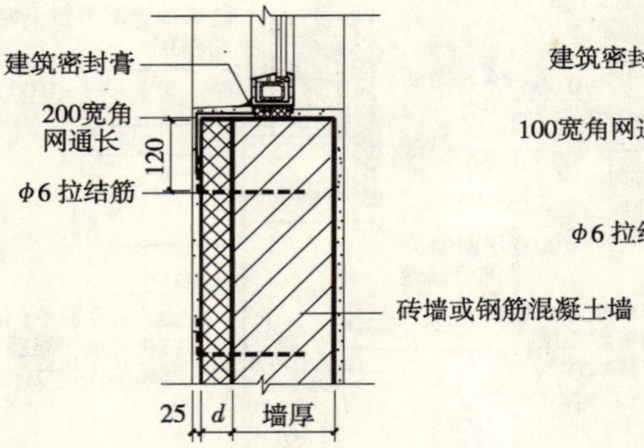

③

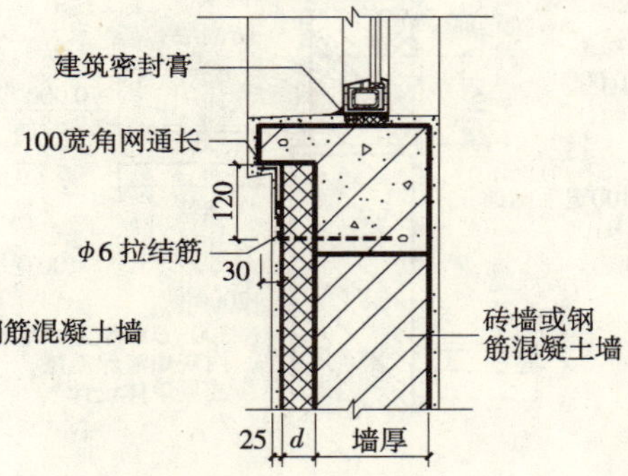

④

注：1. 窗台板材料和尺寸见单体设计。
2. 窗套挑出长度和宽度见单体设计。

女儿墙、屋面变形缝保温构造

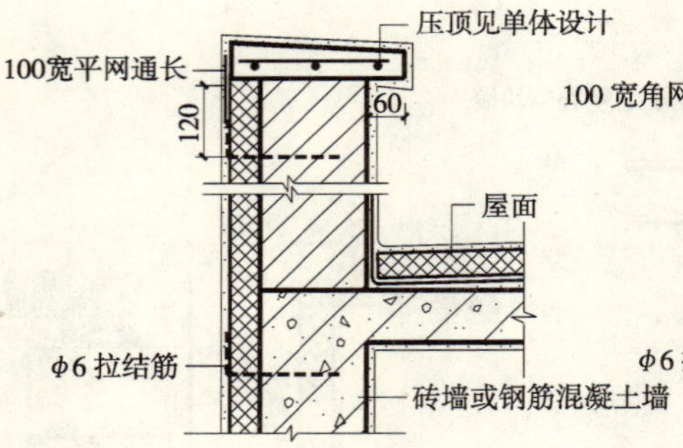

①

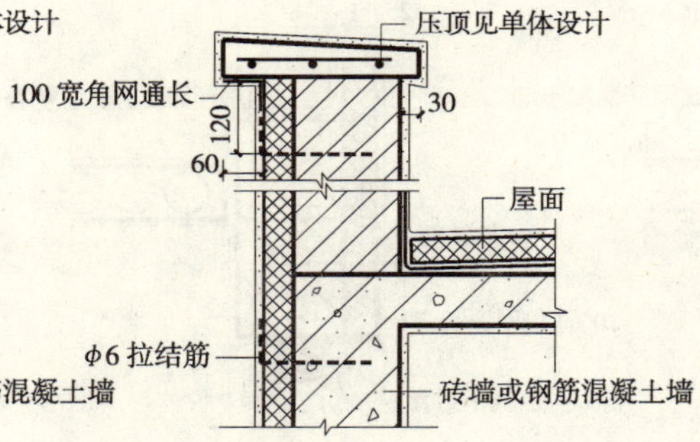

②

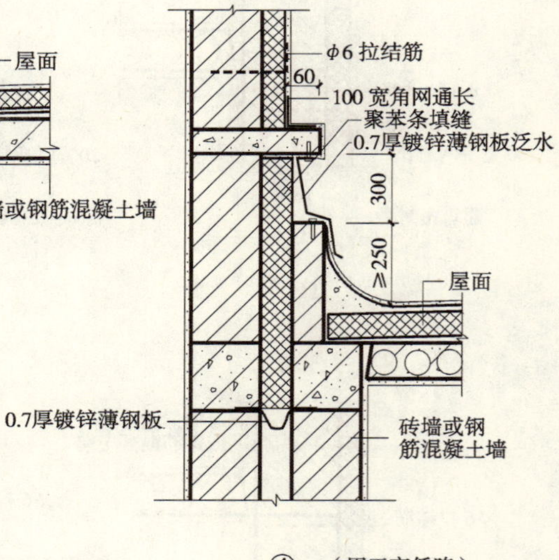

④ （用于高低跨）

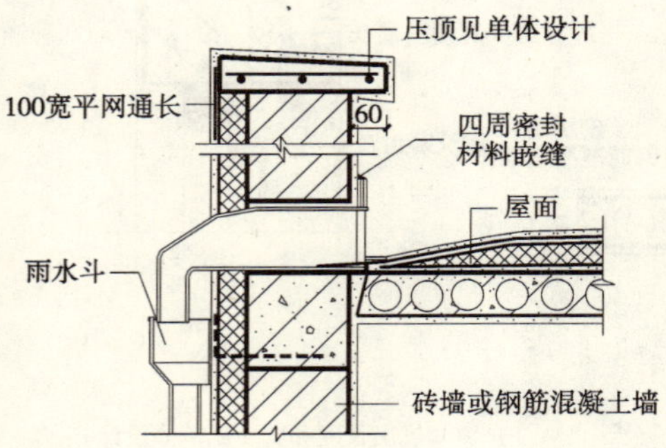

③

注：女儿墙高度及屋面泛水、防水、保温做法见单体设计。

挑檐保温构造

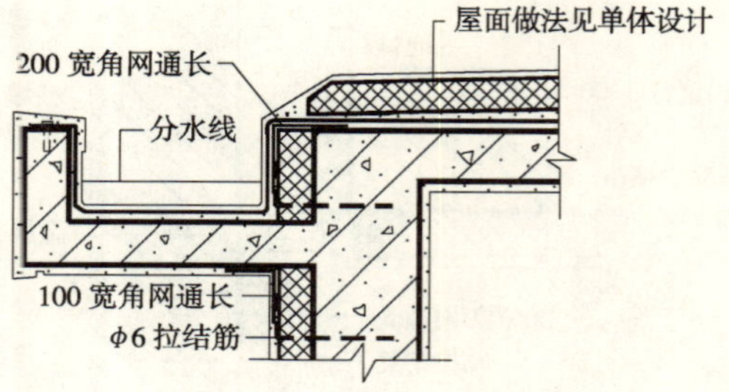

①

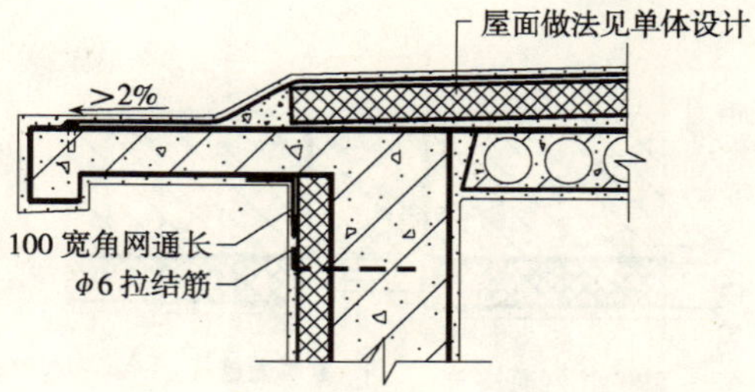

②

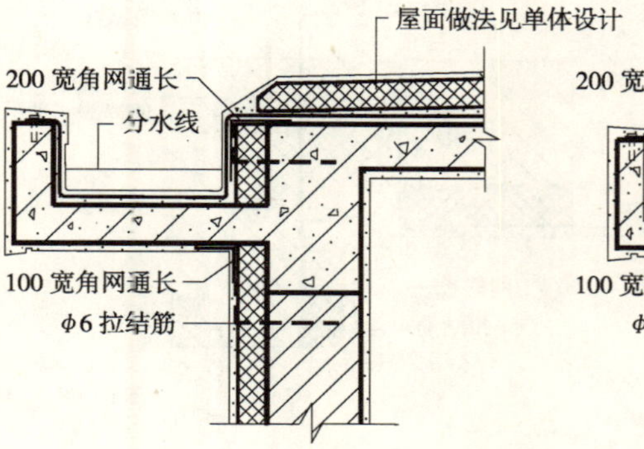

③

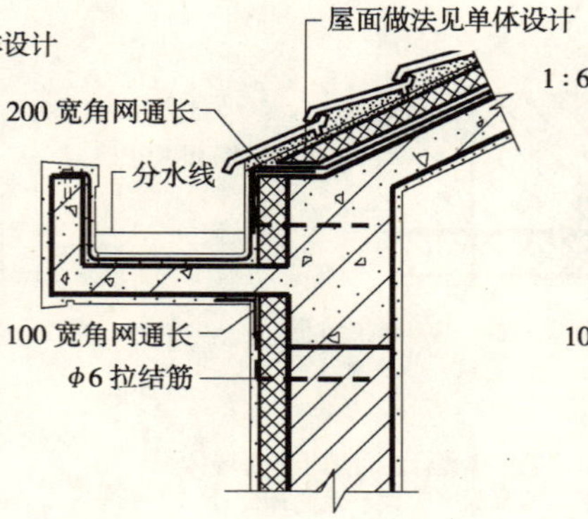

④

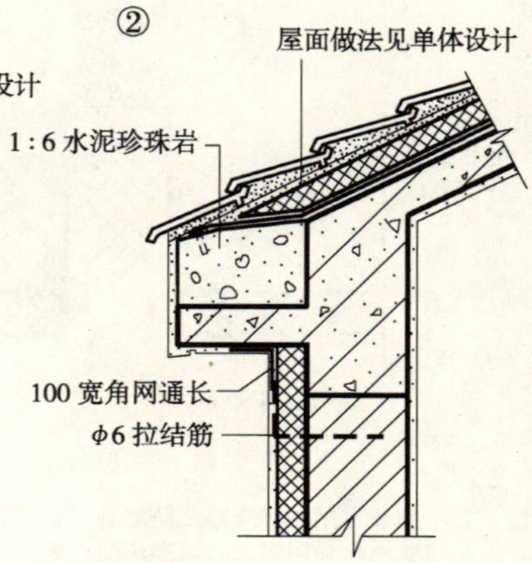

⑤

注：墙体厚度及挑檐宽度见单体设计。

伸缩缝保温构造

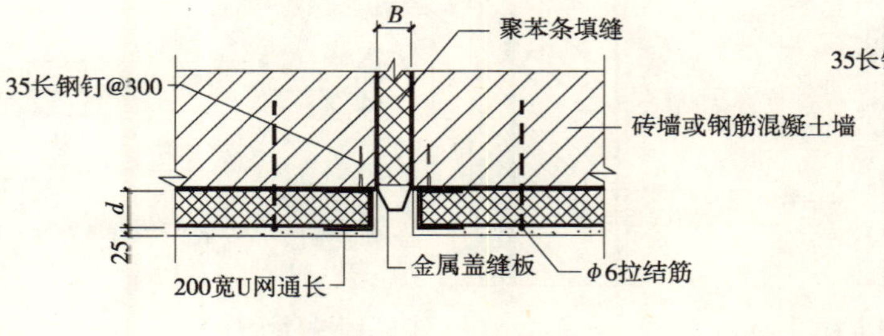

①

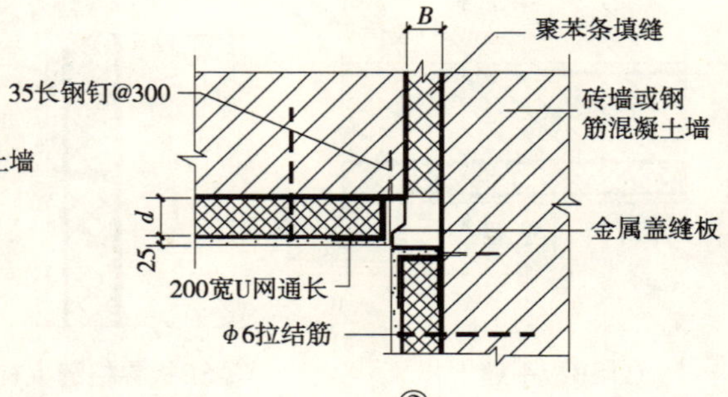

②

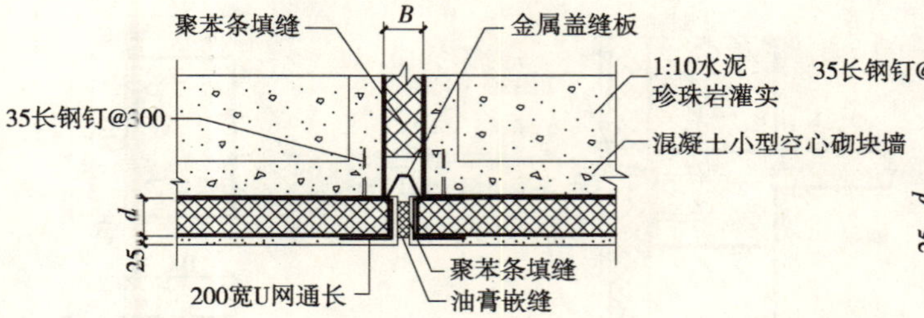

③

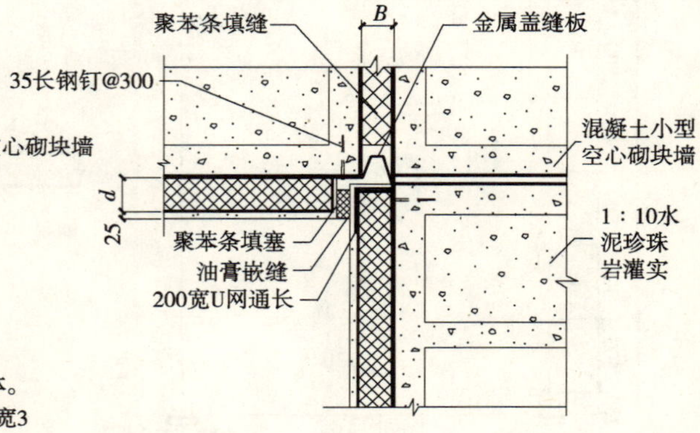

④

注：1. 本图节点用于伸缩缝，宽度见单体设计，可用于各种墙体。
2. 填缝材料采用聚苯乙烯泡沫塑料条，填塞深度应大于缝宽3倍，且不小于100。
3. 金属盖缝板可采用0.7厚镀锌薄钢板和0.7厚不锈钢板。

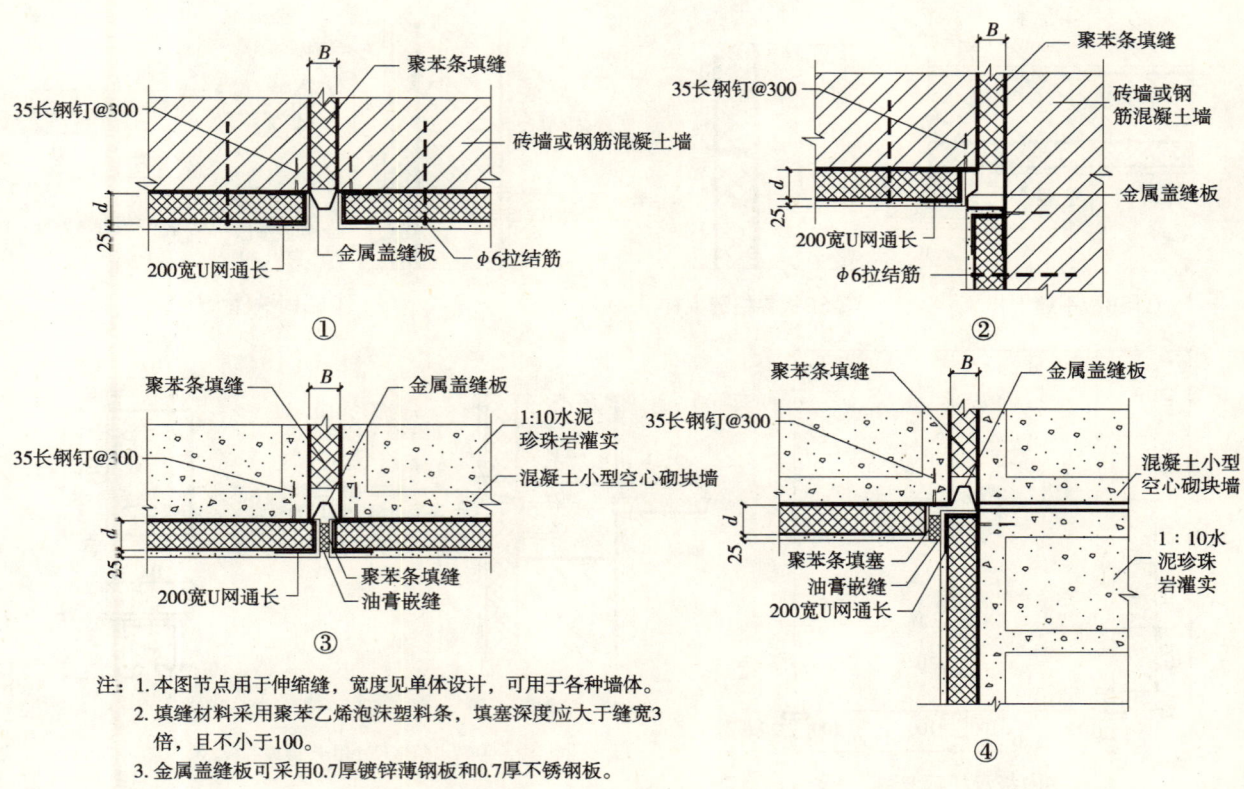

沉降缝、抗震缝保温构造

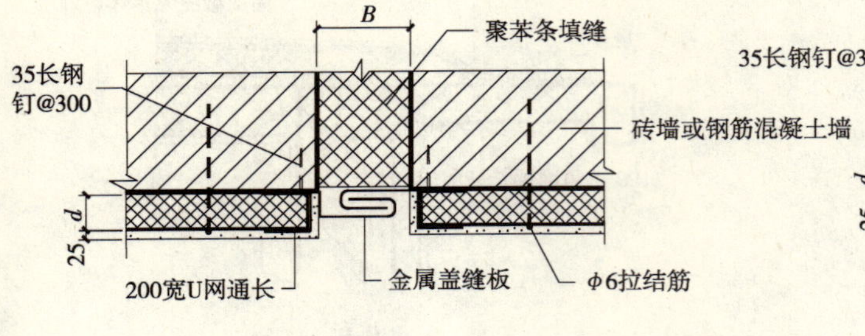

①

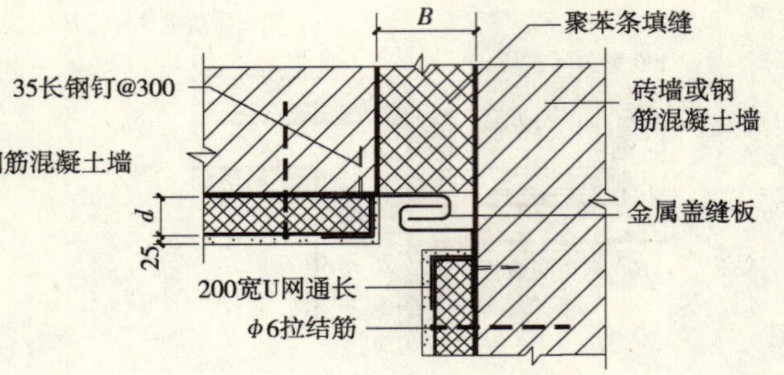

②

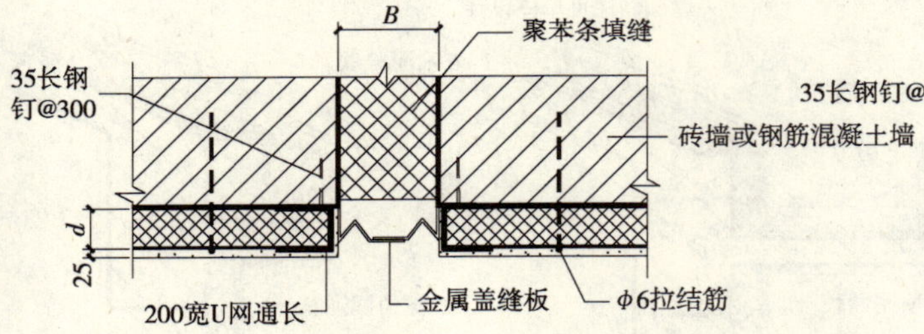

③

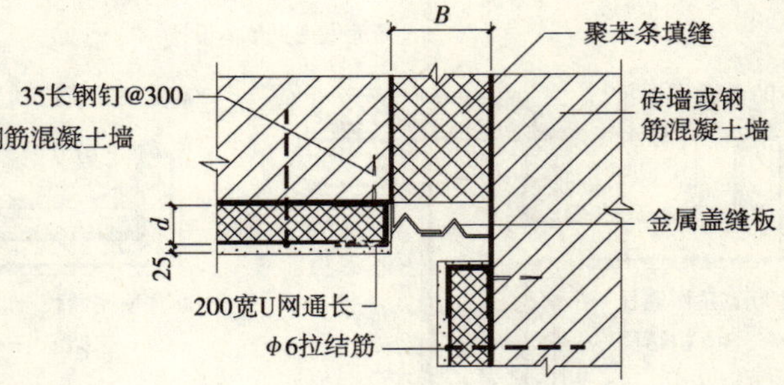

④

注：1. 本图节点用于沉降缝、防震缝，宽度见单体设计，可用于各种墙体。
2. 填缝材料采用聚苯乙烯泡沫塑料条，填塞深度应大于缝宽3倍，且不小于100。
3. 金属盖缝板可采用0.7厚镀锌薄钢板和0.7厚不锈钢板。

SB 板安装详图

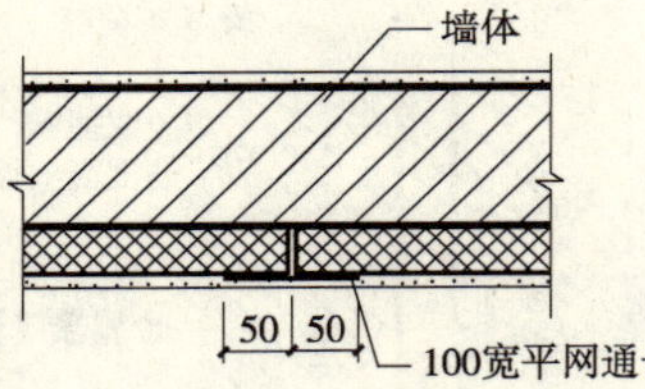

① SB板平缝大样

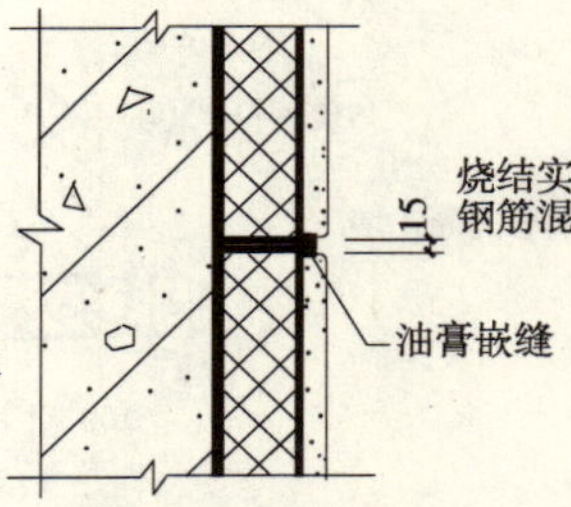

② SB板界格缝大样

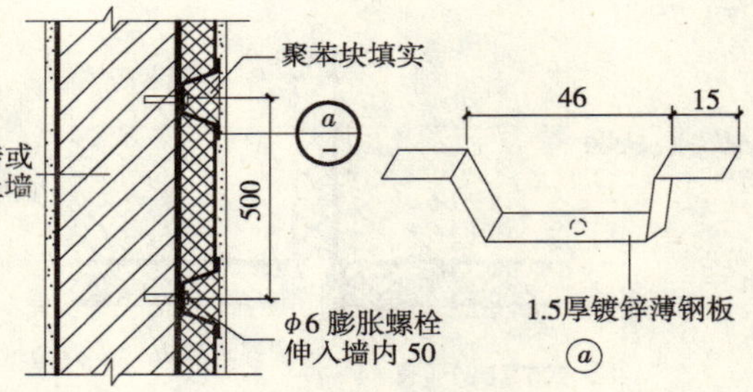

③ 锚固铁件大样

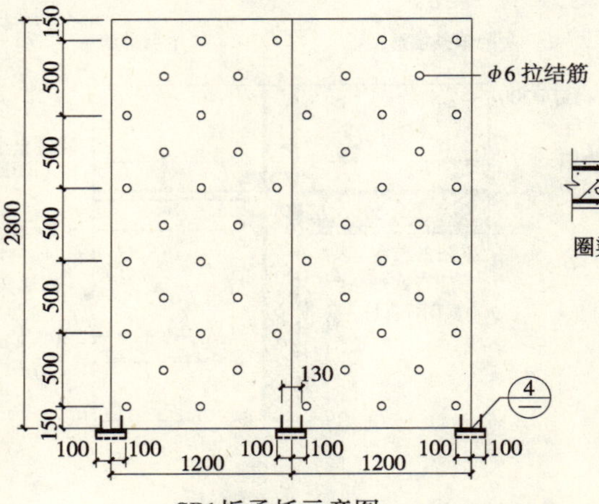

SB1板承托示意图

（每平方米不小于 5 个拉结点）

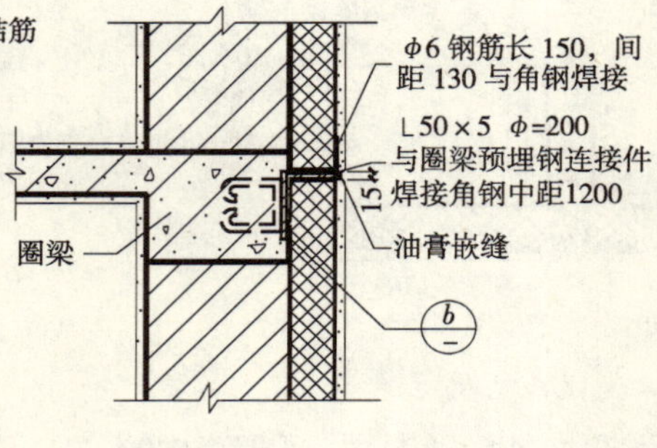

④

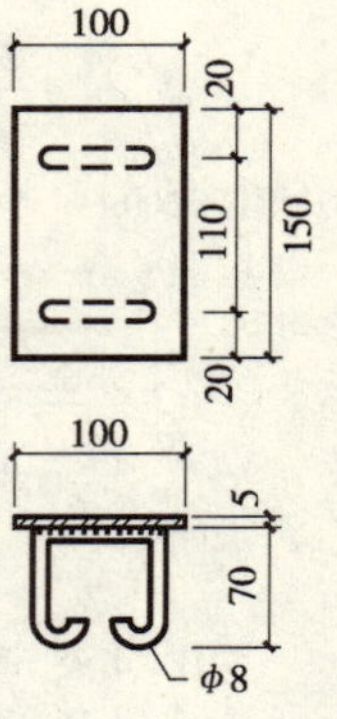

ⓑ

注：④ 节点角钢尺寸用于 50 厚芯板。

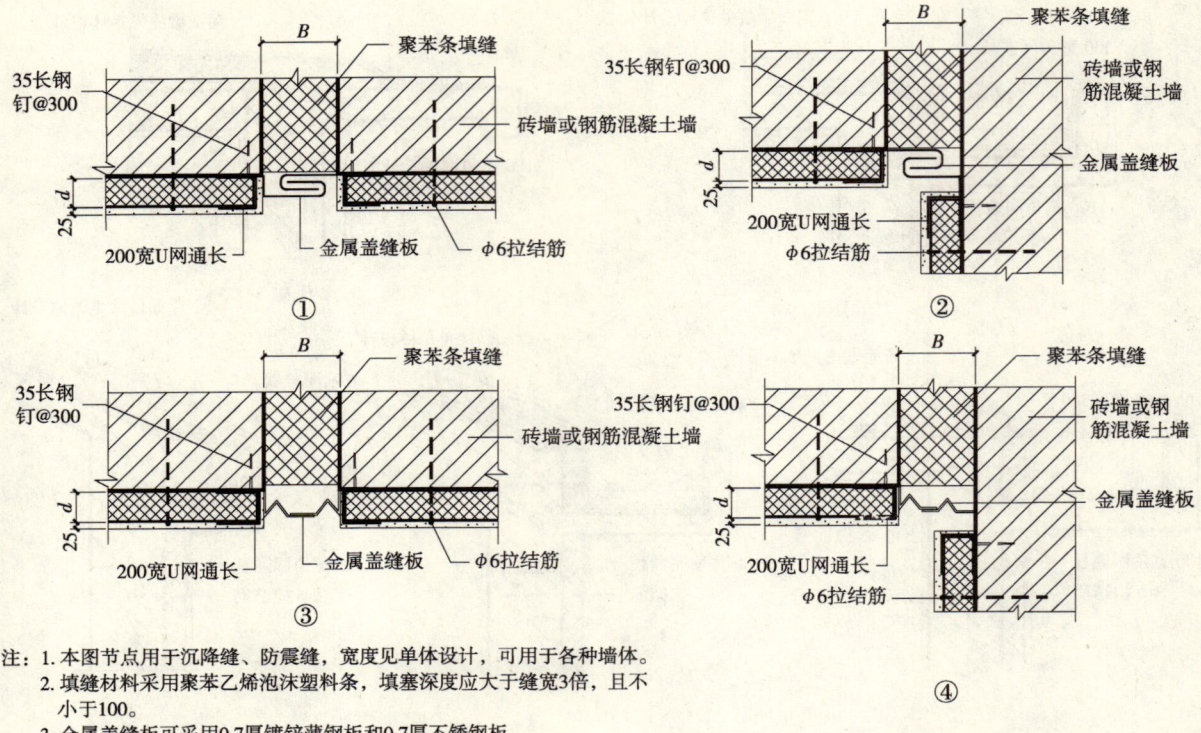

十六、L03SJ 112

舒惠复合保温板

1

说　明

说　明

一、适用范围

1. 本图集适用于新建或改、扩建居住建筑，其他建筑可参照使用。
2. 适用高度：
涂料饰面层时，宜控制在60m以内；
面砖饰面层时，宜控制在20m以内。
超高时以试验数据为准。
3. 地下室顶板保温适用于一般地下室、半地下室。停车库、人行通道、非采暖公共活动用房等除外。

二、设计依据

1. 《民用建筑热工设计规范》（GB 50176—93）。
2. 《民用建筑节能设计标准》(采暖居住建筑部分)（JGJ 26—95）。
3. 《居住建筑节能设计标准》（DBJ 14—022—2003）。
4. 《山东省外墙外保温应用技术规程》（DBJ 14—016—2002）。
5. 《建筑结构荷载规范》（GB 50009—2001）。
6. 《建筑抗震设计规范》（GBJ 50011—2001）。
7. 《建筑工程施工质量验收统一标准》（GB 50300—2001）。
8. 《建筑装饰装修工程质量验收规范》（GB 50210—2001）。
9. 《膨胀聚苯板薄抹灰外墙外保温系统》（JG 149—2003）。
10. 《通用硅酸盐水泥》（GB 175—2007）。
11. 《硫铝酸盐水泥》（GB 20472—2006）。
12. 《绝热用模塑聚苯乙烯泡沫塑料》（GB/T 10801.1—2002）。
13. 《耐碱玻璃纤维网布》（JC/T 841—2007）。
14. 《建筑工程饰面砖粘结强度检验标准》（JGJ 110—1997）。
15. 《陶瓷墙地砖胶粘剂》（JG/T 547—2005）。
16. 《外墙外保温板系统》（Q/LJK 011—2002）。
17. 《外墙外保温板工程施工指南》（Q/LJK 013—2002）。

三、设计内容及要求

1. 本图集内容包括：设计说明、施工要点、质量验收标准、山东省采暖居住建筑各部分围护结构传热系数限值表、外墙外保温做法及热工计算选用表、不采暖地下室顶板保温做法及热工计算选用表、构造节点详图。

2. 本图集外墙外保温做法及热工计算选用表为常用外墙做法。设计人员应根据国家及山东省节能有关规定及要求，经热工计算确定保温材料的厚度，以满足不同地区建筑节能的要求。

3. 本图集构造节点详图以烧结多孔砖墙、阻燃型聚苯乙烯泡沫塑料板（简称聚苯板）为例，其他墙体和保温材料可参照使用。

四、产品特点

1. 注册商标为舒惠牌的舒惠复合保温板于2002年6月获得国家专利，专利号：012443557。

2. 舒惠复合保温板（以下简称保温板）是由泡沫塑料保温材料与耐碱玻纤网格布增强、聚合物水泥砂浆复合而成。工厂化生产，质量稳定。具有施工效率高，现场湿作业少，稳定性好，不易产生变形裂缝，便于丰富外立面等优点。

3. 保温板可以和烧结实心砖、烧结多孔砖，混凝土小型空心砌块、钢筋混凝土等多种墙体复合，其墙体材料为蒸压粉煤灰砖、灰砂砖、加气混凝土砌块及既有建筑改造时，应参照《建筑工程饰面砖粘结强度检验标准》(JGJ 110—1997）的试验方法做基层附着力试验，试验满足要求后适用于本图集做法；同时保温板也适用于地下室顶板保温及非外保温热桥部位的保温等工程。

五、产品分类

1. 品种及代号

保温板分为A型保温板、B型保温板和AA型保温板三种。其断面形式如图1、图2、图3所示。

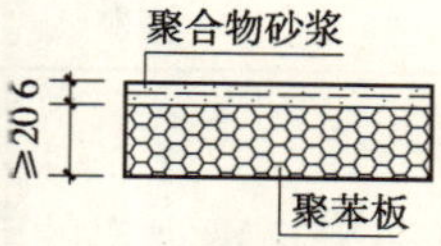

图1　A型保温板

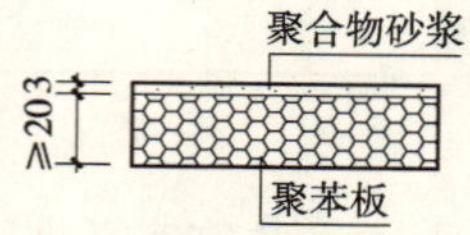

图2　B型保温板

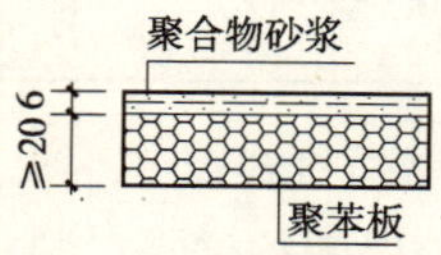

图3　AA型保温板

注：A型保温板用于2m以上涂料饰面层建筑；AA型保温板用于地面以上2m以内涂料饰面层建筑，以及对抗冲击有特殊要求的部位；B型保温板用于外墙饰面为面砖的建筑。

2. 规格尺寸

保温板的尺寸为：长500~1500mm、宽500~800mm、厚20~150mm，具体尺寸根据用户要求确定。

3. 标记：

保温板按产品代号、规格尺寸的顺序进行标记，例如：规格为750mm×600mm×46mm和750mm×600mm×43mm的板分别标记为：A40－750mm×600mm×46mm，AA40－750mm×600mm×46mm；B40－750mm×600mm×43mm。

4. 外保温墙体各构造层示意：

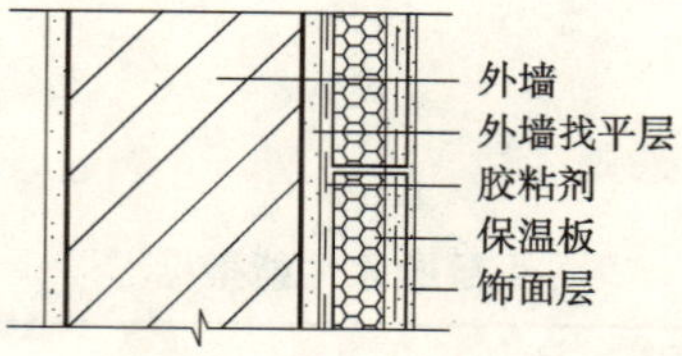

六、材料性能及要求

1. 胶粘剂

用于将保温板固定到基层墙体上的粘结材料，其性能指标应符合表1的要求。

胶粘剂物理性能指标　　　　**表1**

检验项目		技术指标
压剪胶接强度MPa（与基准水泥砂浆）14d	原强度	≥1.0
	耐水强度	≥0.9
拉伸胶接强度MPa（与基准水泥砂浆）14d	原强度	≥1.0
	耐水强度	≥0.9
拉伸胶接强度MPa（与20kg/m³聚苯板）14d	原强度	≥0.10
	耐水强度	≥0.1
可操作时间h		1.5~4.0

注：胶粘剂采用普通硅酸盐水泥配制。

2. 聚苯板

聚苯板采用阻燃型，其性能除符合《绝热用模塑聚苯乙烯泡沫塑料》(GB/T 10801.1—2002) 标准的规定外，还应满足表2的要求。

聚苯板技术性能指标 **表2**

检验项目		技术指标
表观密度（kg/m^3）		18.0~22.0
垂直于板面方向的拉伸强度（MPa）		≥0.10
尺寸稳定性（70℃，48h，%）		≤0.3
导热系数[W/(m·K)]		≤0.041
氧指数（%）		≥30
养护地间，d	自然养护	≥42
	蒸汽养护	≥5

3. 增强材料

保护层中的增强材料，应采用符合标准《耐碱玻璃纤维网布》(JC/T 841—2007) 规定的耐碱玻璃纤维网格布，且应符合表3的要求。

耐碱网布性能指标 **表3**

检验项目	性能指标	
	标准网布	加强网布
网孔中心距（mm）	4~6	5~10
单位面积质量（g/m^2）	130~160	280~310
断裂强力（经纬向）（N/50mm）	≥1000	≥1600
耐碱断裂强力保留率（经纬向%）	≥80	≥80
涂覆量（%）	≥15	≥12
断裂应变（经纬向%）	≤5.0	≤5.0

4. 面层胶浆

面层胶浆性能指标应符合表4的要求。

面层胶浆性能指标 **表4**

检验项目		性能指标
拉伸胶接强度 MPa（与 $20kg/m^3$ 聚苯板）	原强度 ≥	0.10
	耐水 ≥	0.10
	耐冻融 ≥	0.10
可操作时间 (h)	≥	1.5

注：1. 面层胶浆用砂应按《建筑用砂》(GB/T 14684—2001) 标准，粒径应≤2.5mm，含泥量与泥块含量应符合Ⅱ类要求。
2. 面层胶浆用快硬硫铝酸盐水泥，执行《硫铝酸盐水泥》(GB 20472—2006) 标准。

5. 锚固件

用于将保温板固定到基层墙体上的辅助连接件。一般为连接件（或垫板）与螺钉相结合的锚栓装置，技术性能应符合表5的要求。

锚固件技术性能指标 **表5**

检验项目	技术指标
塑料胀塞外径（mm）	6~8
有效锚固深度（mm）	≥30
锚固件翼缘插入聚苯板中的拉力（kN）	≥0.24
单个锚栓最大拉力（锚栓打入墙体）（kN）	≥0.5

6. 嵌缝材料

由两种材料构成，接缝底部采用单组分硬质聚氨酯泡沫填充，表面采用丙烯酸酯或硅酮型建筑密封膏嵌缝，技术性能应符合《建筑物隔热用硬质聚氯酯泡沫塑料》(QB/T 3806—1999)、《丙烯酸酯建筑密封胶》(JC/T 484—2006) 及《硅酮建筑密封胶》(GB/T 14683—2003) 规定，并应满足与保温板及基层墙体材料的相容性。

七、产品质量要求

1. 保温板的尺寸偏差应符合表6的规定。

保温板尺寸允许偏差　　表6

检验项目	边长	厚度	对角线差	板边平直	表面平整度	翘曲
允许偏差（mm）	±2	±2.0	≤2.0	≤2.0	≤3.0	≤3

注：表中尺寸允许偏差的保温板规格为750mm×600mm。

2. 保温板的外观质量应符合表7的规定。

保温板外观质量指标　　表7

检　验　项　目	性　能　指　标
板面裂缝	不允许
缺棱掉角（长×宽）(mm×mm)(数量)	≤3×2，≤4处
空鼓、脱层	不允许
板底影响粘结强度的污染	不允许

3. 保温板的物理力学性能应符合表8的规定。

保温板物理力学性能　　表8

检　验　项　目		性　能　指　标
吸水量（g/m^2），浸入24h		≤500
抗冲击强度（J）	标准型	≥3.0
	加强型	≥10.0
抗风压值（kPa）		不小于工程项目的风荷载设计值
不透水性		试样保护层内侧无水渗透
耐候性		表面无裂纹、粉化、剥落现象
耐冻融性10次		表面无裂纹、空鼓、起泡、剥离现象
水蒸气透过湿流密度[$g/(m^2\cdot h)$]		≥0.85

八、饰面层材料

饰面层可选用外墙涂料和饰面砖等材料。首层窗台以下还可以选用花岗石或蘑菇片石粘贴。其品种、型号、颜色、性能应满足设计要求。同时还应符合相应材料标准的规定。

九、材料的运输和贮存

1. 本系统材料均应在带有完整标识的情况下，连同出厂质保书到现场进行验收。
2. 根据工程量，主要材料同一批号至少抽检一次。
3. 材料在进场后，应按材料规格贮存在通风、干燥、平整场所，避免太阳直晒，远离火源，不能与化学物品接触。

十、其他

1. 由于目前尚无外墙保温板施工及验收方面的国家标准及规范，本图集特编入相关内容，见施工要点和质量验收标准。

2. 本图集中所注尺寸均以毫米为单位。

3. 图集中尺寸 α 表示外墙主体结构加墙体内外抹灰层厚度，尺寸 b 表示保温板加胶粘剂和外墙饰面层厚度。

4. 本图集除注明外，应执行国家现行的有关标准、规范、规程和规定。

2

施工要点及质量验收

施 工 要 点

一、施工条件

1. 基层墙体应达到《混凝土结构工程施工质量验收规范》(GB 50204—2002)、《砌体工程施工质量验收规范》(GB 50203—2002）的要求，当基层墙体的平整度不符合要求时，可采用1：3水泥砂浆找平，并在基层施工验收完毕，门窗框及附设管线设备安装就位之后进行。

2. 施工时的环境温度不应低于5℃，风力不大于5级，无防护措施时雨天不能施工。

二、施工工艺

施工流程图。该工艺流程适合于外墙涂料饰面层，饰面层包括板面满刮腻子、打磨和刷涂料。为操作方便，满刮腻子可在粘贴保温板前进行，见图1。

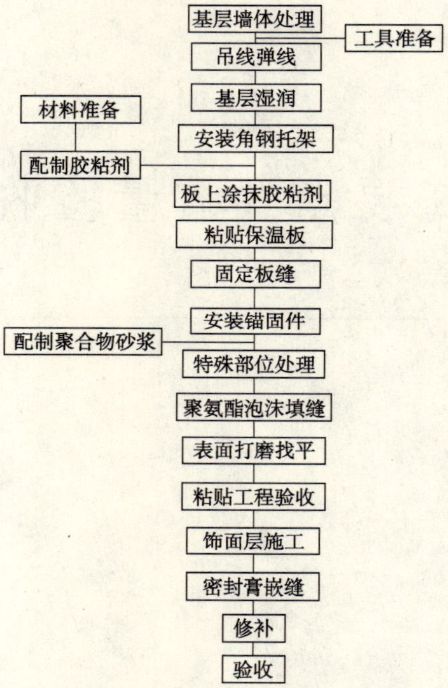

图1　施工流程图

三、施工要点

1. 基层处理应符合下列要求：

(1）基层要坚实平整，表面平整度不大于5mm，凸起、空鼓、疏松和有妨碍粘结的污染物应剔除，并用聚合物砂浆找平。聚合物砂浆的配合比为：普通硅酸盐水泥∶中细砂∶胶∶水＝1∶3∶0.3：适量（重量比）。

(2）对于潮湿或吸水性过高，影响粘结和施工的基层，可涂抹适当的界面剂或聚合物水泥砂浆。

(3）基层处理的质量应进行验收，符合要求时方可进入下道工序施工。

2. 根据设计要求的保温板规格尺寸、排列方式和接缝宽度，在处理好的平整基层上，用墨线弹出距散水标高60～130mm的水平线、板的接缝线；有变形缝时应在相应位置弹出变形缝及宽度线。必要时可选板预排，使接缝均匀。

3. 首层的饰面层为面砖或窗台以下为石材时，应在距散水标高不小于 60～130mm 的水平线上安装通长角钢托架；当外墙全部为面砖饰面层时，在隔层的圈梁部位也应安装通长角钢托架。角钢需经防锈处理，其规格选用∟45×4 角钢，并采用 M6×60 膨胀螺栓间距@750mm 固定，具体做法见构造详图。

4. 保温板粘结前，应对过于干燥的基层墙体喷水湿润；保温板连接件及配制胶粘剂的原材料应按要求准备到位。

5. 现场使用的胶粘剂按 32.5R 普通硅酸盐水泥：专用胶＝1:0.4（重量比）配制，并采用 700～1000r/min 的电动搅拌机搅拌，其稠度应满足施工要求，以不流淌为宜。同时根据不同的气温条件严格控制加水量。每次拌制的胶粘剂数量不宜过多，应在可操作时间内用完。

6. 保温板的粘结应符合下列要求

（1）先检查并去除保温板背面有碍粘结的污垢，再摆放于基层上的既定位置，观测与墨线的吻合程度，确认规格无误后再布胶粘贴。

（2）在保温板背面涂抹胶粘剂。沿板周边涂抹宽度 50mm、厚 15～20mm的粘结带，中部抹直径 100mm、厚度 15～20mm、间距 150～200mm的粘结点，见图2。每块板涂抹胶粘剂的面积比率不得小于 35%，用于首层不得小于 40%。

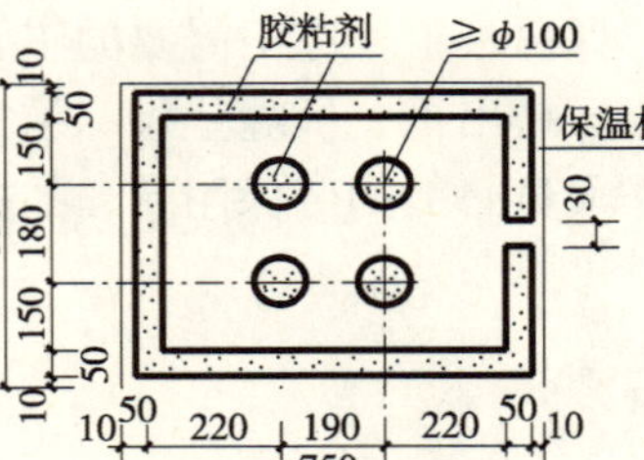

图2　布胶示意图

（3）涂抹完胶粘剂后应立即粘贴于基层上。粘贴时应均匀挤压滑动就位，并用橡皮锤轻轻敲打，确保板就位准确，粘结牢固。也可挂线粘贴，并用板缝垫板控制接缝宽度，做到外表面平整，接缝平直，宽度符合要求。

（4）保温板的粘贴从建筑物底部开始，自下而上进行，横向从转角部位开始，沿水平方向铺设。如遇有墙面突出物，应利用整板套割吻合，边缘整齐，不得用非整板拼凑粘贴。

7. 保温板接缝要求

（1）当外墙为涂料饰面层时，保温板的接缝宽度由装饰设计确定，无设计要求时，一般为6mm 左右。

（2）当外墙为面砖饰面层时，保温板的粘贴应上下错缝，板与板之间不留板缝。但各楼层之间应设横向界格缝，并按每块墙面 30～40m² 面积设置竖向界格缝，缝宽 10mm，界格缝底部用单组分硬质聚氨酯填缝，外表面用建筑密封膏嵌缝。

8. 锚固件安装应符合下列要求

在接缝位置安装锚固件时，首先用冲击钻在已粘贴就位的板的接缝中间位置钻孔，孔径 8mm，入墙深度≥30mm 放入塑料胀塞。将锚固件的下翼缘插入下侧保温板中，锚固件的预留孔应与塑料胀塞孔洞对中，用自攻螺钉拧紧固定。粘贴相邻的板时，将抹好胶粘剂的保温板紧靠墙面滑动就位，使得锚固件的上翼缘插入上侧保温板中，并对齐板缝揉搓挤压。除特殊位置外，每块板应至少与两个锚固件相连。用于 B 型保温板的锚固件距板端尺寸不小于 150mm。锚固件示意图见图 3。

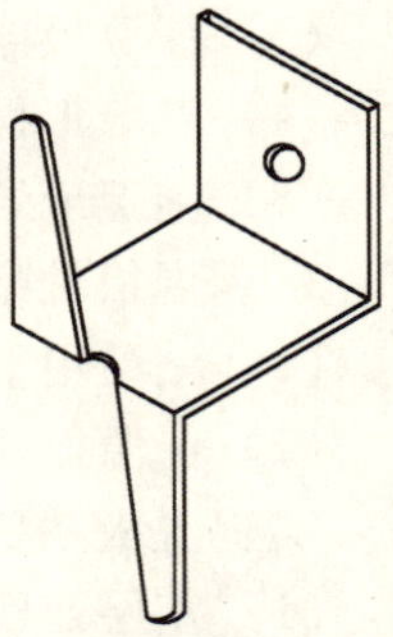
图3　锚固件示意图

9. 外墙饰面层做法

（1）涂料墙面：先在墙面阴阳角处用胶粘剂嵌缝再粘贴嵌缝带（或玻纤带），随后板面满刮腻子 1～2 遍并打磨平整，最后刷 2～3 遍外墙涂料。每遍涂料干后，必须打磨平整后再刷下一遍涂料。

（2）面砖墙面：先在 B 型保温板外侧满挂 0.7mm×15mm 钢丝网，并用 M8×120 膨胀螺栓与 φ15 垫圈将钢丝网固定于基层墙体上，其螺栓间距不大于@750mm，梅花型布置，随后用 1：1 水泥细砂浆粘贴砖。

10. 特殊部位处理

（1）外墙的阴角、阳角、门窗洞口、檐口、变形缝等特殊部位，按本图集的节点详图施工。

（2）两板紧密相连处和板与墙体、板与混凝土构件紧密相连的板缝端部，先用粘板的胶粘剂嵌缝抹平后，再粘贴嵌缝带（或玻纤带）。

11. 地下室顶板保温施工

（1）当地下室顶板采用保温板保温时，对基层的处理、胶粘剂的配制、涂抹都与外墙保温板施工方法相同，可参照施工要点4~6条款中相应的内容施工。

（2）涂抹完胶粘剂后，立即将板举起就位，粘贴时应轻揉、均匀挤压，用橡皮锤轻轻敲打，粘贴后胶层厚度大约5mm。应做到板与板之间紧密相接，板缝前后左右对齐。每贴完一块板时，应及时清除挤出的胶粘剂并用固定支架支撑，待胶粘剂固化后方可移开固定支架。

（3）板缝表面用粘板的胶粘剂勾缝抹平。

（4）顶板饰面层做法：先在保温板上弹出板缝线后粘贴嵌缝带（或玻纤带），随后用室外胶拌合石膏粉找平二遍，再用室内胶搅拌骨石粉满刮腻子二遍，打磨平整后刷两道内墙涂料。

（5）粘贴嵌缝带的胶粘剂用专用胶拌合少量水泥而成，以能拉动刷子为标准。

12. 主要工具

保温板工程施工需要的主要工具有电动搅拌机、电动切割机、冲击钻、螺丝刀、不锈钢抹子、油灰刀、挤出枪、板缝垫板、橡皮锤、靠尺、皮尺、钢卷尺、拉线、弹线墨盒、刷子或皮老虎等，以及操作人员必需的劳保用品，如皮指套、口罩等。

质量验收标准

一、一般规定

1. 本规定适用于保温板粘贴分项工程的质量验收。饰面层的质量验收按《建筑装饰装修工程质量验收规范》(GB 50210—2001）有关分项工程的验收规定执行。

2. 工程验收时应检查下列文件和记录。

（1）保温板工程的施工图、设计说明及其他设计文件；

（2）材料的产品合格证、性能检测报告、进场验收记录和复验报告；

（3）保温板样板件的粘结强度检测报告；

（4）隐蔽工程验收记录；

（5）施工记录、质量检验评定记录。

3. 保温板粘贴工程应对下列材料及其性能指标进行复验：

（1）粘结用水泥的凝结时间，安定性和抗压强度；

（2）保温板的吸水量、抗冻性和抗冲击性能。

4. 保温板粘贴工程应对以下隐蔽项目进行验收：

（1）基层处理；

（2）板与基层的粘结点及粘结面积；

（3）锚固件安装。

5. 保温板粘贴前和施工过程中，均应在相同基层上做样板件，并对样板件的保温板粘结强度进行检验，其检验方法应参照《建筑工程饰面砖粘结强度检验标准》(JGJ 110—1997）的规定执行。

二、主控项目

1. 基层墙体、保温板、粘结用水泥及胶粘剂、嵌缝材料应符合设计要求和有关现行标准的规定。

检查数量：按进场的批次、数量和产品的抽样检验方案确定。

检查方法：检查产品合格证书、出厂检验报告、进场验收记录和复验报告。

2. 保温板粘结的基层处理应符合本图集的规定。

检查数量：按楼层全数检查。

检查方法：观察、轻击、靠尺测量、吊线检查等。

3. 保温板与基层的粘贴点布置、粘贴面积应符合本图集的规定。

检查数量：按楼层每 20m 长检查一组，每组不少于 3 块。

检查方法：观察、尺量。

4. 保温板的品种、规格、排列方式应符合设计要求。

检查数量：按楼层全数检查。

检查方法：观察、查阅设计文件。

5. 保温板粘结必须牢靠。

检查数量：每楼层检查一处。

检查方法：检查样板件粘结强度检测报告和施工记录。

三、一般项目

1. 锚固件的规格、数量、位置、连接方法、防锈处理及入墙深度应符合本图集的相关规定。

检查数量：按楼层每 20m 长抽查一组，每组不少于 3 块。

检查方法：观察、尺测。

2. 保温板表面应平整、洁净、无裂痕和缺陷。

检查数量：按楼层全数检查。

检查方法：观察。

3. 墙面突出物周围的保温板应整板套割吻合，边缘整齐。

检查数量：按楼层全数检查。

检查方法：观察、尺量。

4. 保温板接缝应平直、光滑，填嵌应连续、密实，宽度和深度应符合设计要求。

检查数量：按楼层全数检查。

检查方法：观察、尺量。

5. 有排水要求的部位应做滴水线（槽）。滴水线（槽）应顺直，流水坡度正确，坡度应符合设计要求。

检查数量：按楼层全数检查。

检查方法：观察、用水平尺量测。

6. 保温板粘结的允许偏差和检验方法应符合表 1 的规定。

保温板粘结的允许偏差 **表 1**

项　次	检验项目	允许偏差（mm）	检　验　方　法
1	立面垂直度	±3	用 2m 垂直检验尺检查
2	表面平整度	±4	用 2m 靠尺和塞尺检查
3	阴阳角	±3	用直角检验尺检查
4	接缝直线度	±3	用直角检验尺检查
5	板缝高低差	±2	用直角尺和塞尺检查
6	接缝宽度	±1	用钢直尺检查

四、验收与评定

保温板粘贴工程检验批次的质量判定应符合下列规定：

1. 主控项目的质量经抽样检验合格。

2. 一般项目质量抽检的合格点率应达到80%以上，且不得有影响使用功能和明显影响装饰效果的缺陷。

3. 具有完整的操作依据和质量检查记录。

3
保温做法与选用

山东省围护结构传热系数限值表

山东省居住建筑各部分围护结构传热系数限值[W/(m² · K)] 表1

采暖期室外平均温度（℃）	城市	屋顶		外墙		不采暖楼梯间		外窗（含阳台门上部透明部分）	阳台门下部门芯板	外门或单元门	地板		地面	
		体形系数 $S\leq0.3$	体形系数 $S>0.3$	体形系数 $S\leq0.3$	体形系数 $S>0.3$	隔墙	户门				接触室外空气地板	不采暖地下室顶板	周边地面	非周边地面
0.9～0.0	济南 青岛 烟台 日照 泰安 聊城 临沂 菏泽 枣庄	0.8	0.6	1.28	1.00	1.83	2.00	4.0	1.70	2.70	0.60	0.65	0.52	0.30
				1.28	1.14			3.5						
				1.28	1.21			3.0						
				1.28	1.28			2.5						
-0.4～-1.3	淄博 潍坊 济宁 东营 德州 莱芜 威海 滨州	0.8	0.6	1.20	0.85	1.83	2.00	4.0	1.70	2.70	0.60	0.65	0.52	0.30
				1.20	1.02			3.5						
				1.20	1.11			3.0						
				1.20	1.20			2.5						

注：1. 表中外墙的传热系数限值系指平均传热系数，其4行数值分别与窗户传热系数4行数值相对应。
2. 表中周边地面一栏中，0.52为位于建筑物周边的不带保温层的混凝土地面的传热系数，非周边地面一栏中，0.30为位于建筑物非周边的不带保温层的混凝土地面的传热系数。
3. 当建筑物的下层为采暖房间，上部为非采暖房间时，该采暖房间顶板的传热系数不应大于0.8[W/(m² · K)]。
4. 变形缝两侧外墙应加强保温，其传热系数限值不大于不采暖楼梯间隔墙的规定值。

外墙外保温做法及热工计算选用表

外墙外保温做法及热工计算选用表 表2

序号	外墙构造简图	工程做法	分层厚度 δ (mm)	干密度 ρ_0 (kg/m³)	导热系数 λ [W/(m·K)]	修正系数 α	热阻 R [(m²·K)/W]	热惰性指标 D 值	传热阻 R_0 [(m²·K)/W]	传热系数 K [W/(m²·K)]	平均传热系数 K_m [W/(m²·K)]
1	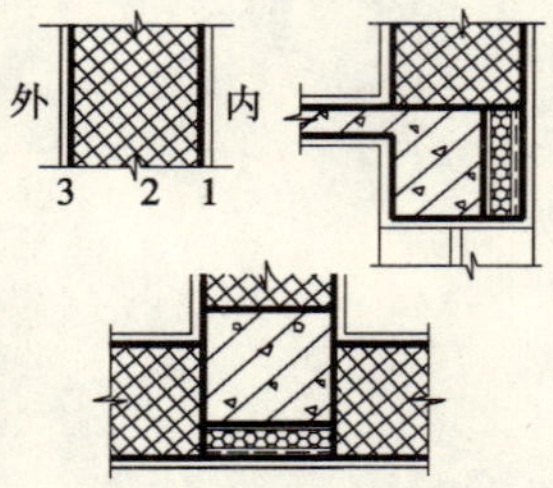 热桥外侧贴36mm厚保温板	1. 混合砂浆	20	1700	0.870	1.00	0.023				
		2. 加气混凝土	200	600	0.200	1.25	0.800	2.897	1.003	0.997	—
			250				1.000	3.497	1.203	0.831	—
			300				1.200	4.097	1.403	0.713	—
		3. 水泥砂浆	20	1800	0.930	1.00	0.022				
2	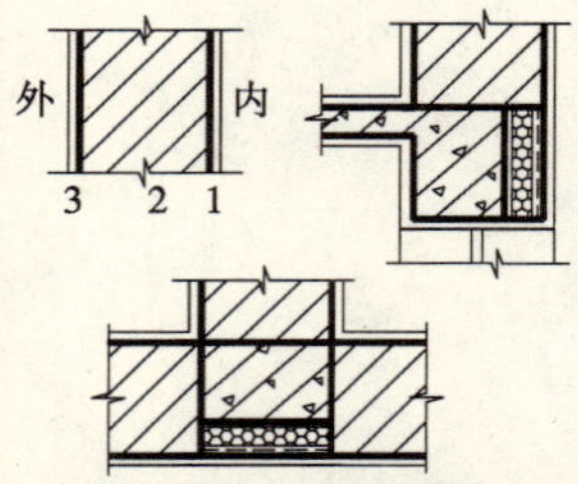 热桥外侧贴36mm厚保温板	1. 混合砂浆	20	1700	0.870	1.00	0.023				
		2. 煤矸石多孔砖、粉煤灰烧结多孔砖	340	1400	0.54	1.00	0.630	5.487	0.833	1.200	1.123
			370				0.685	5.922	0.888	1.126	1.065
		3. 水泥砂浆	20	1800	0.930	1.00	0.022				

序号	外墙构造简图	工程做法		分层厚度δ (mm)	干密度ρ_0 (kg/m^3)	导热系数λ [W/(m·K)]	修正系数α	热阻R [(m^2·K)/W]	热惰性指标D值	传热阻R_0 [(m^2·K)/W]	传热系数K [W/(m^2·K)]	平均传热系数K_m [W/(m^2·K)]
3	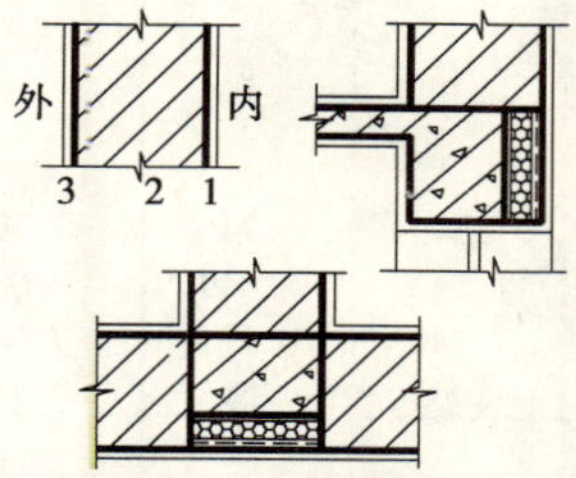 热桥外侧贴36mm厚保温板	1. 混合砂浆		20	1700	0.870	1.00	0.023	4.870	0.841	1.189	1.111
		2. 蒸压粉煤灰砖		370	1500	0.580	1.00	0.688				
		3. 水泥砂浆		20	1800	0.930	1.00	0.022				
4	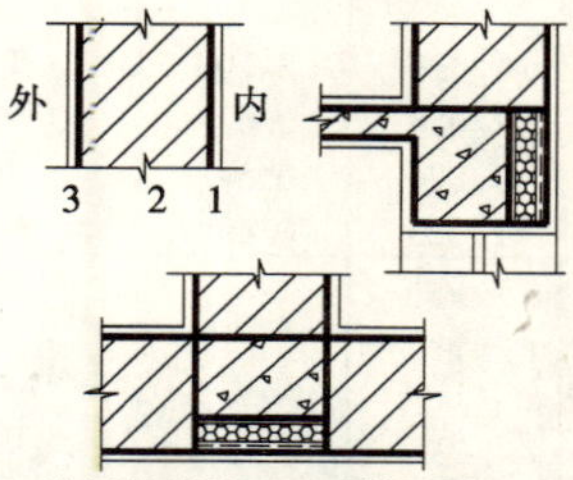 热桥外侧贴46mm厚保温板	1. 混合砂浆		20	1700	0.870	1.00	0.023	5.550	0.841	1.189	1.074
		2. 蒸压粉煤灰砖		370	1500	0.580	1.00	0.638				
		3. 水泥砂浆		20	1800	0.930	1.00	0.022				
5	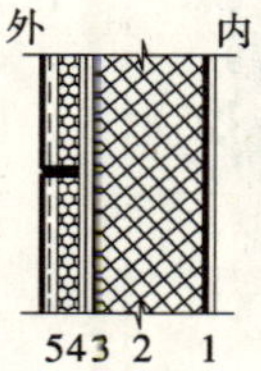	1. 混合砂浆	261 271 281 291	20	1700	0.870	1.00	0.023				
		2. 加气混凝土		180	600	0.200	1.25	0.720				
		3. 水泥砂浆		20	1800	0.930	1.00	0.022				
		4. 胶粘剂		5	1600	0.400	1.00	0.012				
		5. 保温板		36 46 56 66	270	0.042	1.20	0.714 0.913 1.111 1.310	3.075 3.156 3.237 3.318	1.649 1.848 2.046 2.245	0.607 0.541 0.489 0.445	0.706 0.616 0.547 0.492
		1. 混合砂浆	281 291 301 311	20	1700	0.870	1.00	0.023				
		2. 加气混凝土		200	600	0.200	1.25	0.800				
		3. 水泥砂浆		20	1800	0.930	1.00	0.022				
		4. 胶粘剂		5	1600	0.400	1.00	0.012				
		5. 保温板		36 46 56 66	270	0.042	1.20	0.714 0.913 1.111 1.310	3.315 3.396 3.477 3.558	1.729 1.928 2.126 2.325	0.578 0.519 0.470 0.430	0.683 0.597 0.532 0.480
		1. 混合砂浆	321 331 341 351	20	1700	0.870	1.00	0.023				
		2. 加气混凝土		240	600	0.200	1.25	0.960				
		3. 水泥砂浆		20	1800	0.930	1.00	0.022				
		4. 胶粘剂		5	1600	0.400	1.00	0.012				
		5. 保温板		36 46 56 66	270	0.042	1.20	0.714 0.913 1.111 1.310	3.795 3.876 3.957 4.038	1.889 2.088 2.286 2.485	0.529 0.479 0.437 0.402	0.642 0.564 0.505 0.457

续表

序号	外墙构造简图	工程做法	外墙总厚度（mm）	分层厚度δ（mm）	干密度ρ_0（kg/m^3）	导热系数λ [W/(m·K)]	修正系数α	热阻R [(m^2·K)/W]	热惰性指标D值	传热阻R_0 [(m^2·K)/W]	传热系数K [W/(m^2·K)]	平均传热系数K_m [W/(m^2·K)]
6		1. 混合砂浆		20	1700	0.870	1.00	0.023				
		2. 煤矸石多孔砖		240	1400	0.580	1.00	0.414				
		3. 水泥砂浆		20	1800	0.930	1.00	0.022				
		4. 胶粘剂		5	1600	0.400	1.00	0.012				
		5. 保温板	321 331 341 351	36 46 56 66	270	0.042	1.20	0.714 0.913 1.111 1.310	4.194 4.275 4.356 4.437	1.343 1.542 1.740 1.939	0.745 0.649 0.575 0.516	0.799 0.688 0.605 0.540
	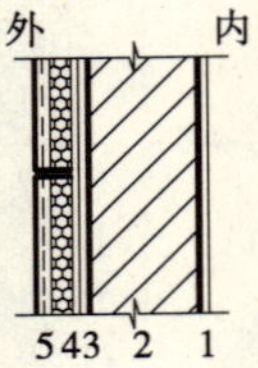	1. 混合砂浆		20	1700	0.870	1.00	0.023				
		2. 煤矸石多孔砖		290	1400	0.580	1.00	0.500				
		3. 水泥砂浆		20	1800	0.930	1.00	0.022				
		4. 胶粘剂		5	1600	0.400	1.00	0.012				
		5. 保温板	371 381 391 401	36 46 56 66	270	0.042	1.20	0.714 0.913 1.111 1.310	4.875 4.956 5.037 5.118	1.429 1.628 1.826 2.025	0.700 0.614 0.548 0.494	0.759 0.658 0.582 0.521
		1. 混合砂浆		20	1700	0.870	1.00	0.023				
		2. 煤矸石多孔砖		340	1400	0.580	1.00	0.586				
		3. 水泥砂浆		20	1800	0.930	1.00	0.022				
		4. 胶粘剂		5	1600	0.400	1.00	0.012				
		5. 保温板	421 431 441 451	36 46 56 66	270	0.042	1.20	0.714 0.913 1.111 1.310	5.556 5.637 5.718 5.799	1.515 1.713 1.912 2.110	0.660 0.584 0.523 0.474	0.724 0.631 0.560 0.504
	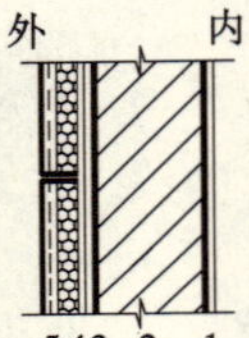	1. 混合砂浆		20	1700	0.870	1.00	0.023				
		2. 煤矸石多孔砖		370	1400	0.580	1.00	0.638				
		3. 水泥砂浆		20	1800	0.930	1.00	0.022				
		4. 胶粘剂		5	1600	0.400	1.00	0.012				
		5. 保温板	451 461 471 481	36 46 56 66	270	0.042	1.20	0.714 0.913 1.111 1.310	5.968 6.049 6.430 6.241	1.567 1.766 1.964 2.163	0.638 0.566 0.509 0.462	0.704 0.616 0.548 0.494
7	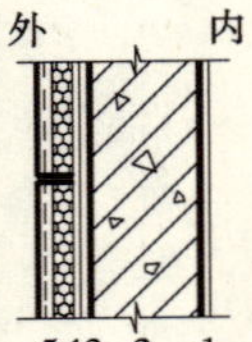	1. 混合砂浆		20	1700	0.870	1.00	0.103				
		2. 钢筋混凝土墙		180	2500	1.740	1.00	0.023				
		3. 水泥砂浆		20	1800	0.930	1.00	0.022				
		4. 胶粘剂		5	1600	0.400	1.00	0.012				
		5. 保温板	261 271 281 291	36 46 56 66	270	0.042	1.20	0.714 0.913 1.111 1.310	2.687 2.768 2.849 2.930	1.032 1.231 1.429 1.628	0.969 0.812 0.700 0.614	0.970 0.814 0.701 0.615
		1. 混合砂浆		20	1700	0.870	1.00	0.023				
		2. 钢筋混凝土墙		200	2500	1.740	1.00	0.115				
		3. 水泥砂浆		20	1800	0.930	1.00	0.022				
		4. 胶粘剂		5	1600	0.400	1.00	0.012				
		5. 保温板	281 291 301 311	36 46 56 66	270	0.042	1.20	0.714 0.913 1.111 1.310	2.893 2.974 3.055 3.136	1.044 1.243 1.441 1.640	0.958 0.805 0.694 0.610	0.960 0.806 0.695 0.611
	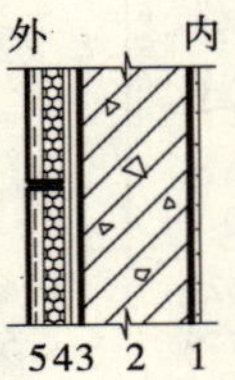	1. 混合砂浆		20	1700	0.870	1.00	0.023				
		2. 钢筋混凝土墙		240	2500	1.740	1.00	0.138				
		3. 水泥砂浆		20	1800	0.930	1.00	0.022				
		4. 胶粘剂		5	1600	0.400	1.00	0.012				
		5. 保温板	321 331 341 351	36 46 56 66	270	0.042	1.20	0.714 0.913 1.111 1.310	3.289 3.370 3.451 3.532	1.067 1.266 1.464 1.663	0.937 0.790 0.683 0.601	0.939 0.791 0.684 0.602

续表

序号	外墙构造简图	工程做法	外墙总厚度(mm)	分层厚度δ(mm)	干密度ρ_0(kg/m³)	导热系数λ[W/(m·K)]	修正系数α	热阻R[(m²·K)/W]	热惰性指标D值	传热阻R_0[(m²·K)/W]	传热系数K[W/(m²·K)]	平均传热系数K_m[W/(m²·K)]
8		1. 混合砂浆		20	1700	0.870	1.00	0.023				
		2. 混凝土单排孔小型空心砌块		190	1200	0.880	1.00	0.216				
		3. 水泥砂浆		20	1800	0.930	1.00	0.022				
		4. 胶粘剂		5	1600	0.400	1.00	0.012				
	外 内 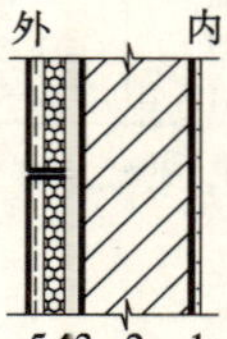 543 2 1	5. 保温板	271 281 291 301	36 46 56 66	270	0.042	1.20	0.714 0.913 1.111 1.310	2.481 2.562 2.643 2.724	1.145 1.344 1.542 1.741	0.874 0.744 0.649 0.574	0.900 0.763 0.663 0.585
		1. 混合砂浆		20	1700	0.870	1.00	0.023				
		2. 混凝土双排孔小型空心砌块		190	1500	0.792	1.00	0.240				
		3. 水泥砂浆		20	1800	0.930	1.00	0.022				
		4. 胶粘剂		5	1600	0.400	1.00	0.012				
		5. 保温板	271 281 291 301	36 46 56 66	270	0.042	1.20	0.714 0.913 1.111 1.310	3.097 3.178 3.259 3.340	1.169 1.368 1.566 1.765	0.856 0.731 0.639 0.567	0.886 0.753 0.655 0.592
		1. 混合砂浆		20	1700	0.870	1.00	0.023				
		2. 轻集料混凝土小型空心砌块		190	900	0.450	1.00	0.422				
		3. 水泥砂浆		20	1800	0.930	1.00	0.022				
		4. 胶粘剂		5	1600	0.400	1.00	0.012				
		5. 保温板	271 281 291 301	36 46 56 66	270	0.042	1.20	0.714 0.913 1.111 1.310	2.369 2.650 2.731 2.812	1.351 1.550 1.748 1.947	0.740 0.645 0.572 0.514	0.802 0.691 0.607 0.541
		1. 混合砂浆		20	1700	0.870	1.00	0.023				
		2.混凝土单排孔小型空心砌块(五孔灌芯柱)		190	1200	0.880	1.00	0.216				
		3. 水泥砂浆		20	1800	0.930	1.00	0.022				
		4. 胶粘剂		5	1600	0.400	1.00	0.012				
		5. 保温板	271 281 291 301	36 46 56 66	270	0.042	1.20	0.714 0.913 1.111 1.310	2.481 2.562 2.643 2.724	1.145 1.344 1.542 1.741	0.874 0.744 0.649 0.574	0.924 0.780 0.676 0.596
9		1. 混合砂浆		20	1700	0.870	1.00	0.023				
		2. 蒸压粉煤灰砖		240	1500	0.560	1.00	0.429				
		3. 水泥砂浆		20	1800	0.930	1.00	0.022				
		4. 胶粘剂		5	1600	0.400	1.00	0.012				
	外 内 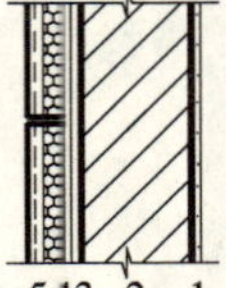 543 2 1	5. 保温板	321 331 341 351	36 46 56 66	270	0.042	1.20	0.714 0.913 1.111 1.310	4.313 4.394 4.475 4.556	1.357 1.557 1.755 1.954	0.737 0.624 0.570 0.512	0.793 0.684 0.602 0.537
		1. 混合砂浆		20	1700	0.870	1.00	0.023				
		2. 黄河淤泥烧结普通砖		240	1900	0.810	1.00	0.296				
		3. 水泥砂浆		20	1800	0.930	1.00	0.022				
		4. 胶粘剂		5	1600	0.400	1.00	0.012				
		5. 保温板	321 331 341 351	36 46 56 66	270	0.042	1.20	0.714 0.913 1.111 1.310	4.016 4.142 4.223 4.304	1.225 1.424 1.622 1.821	0.816 0.702 0.617 0.549	0.851 0.727 0.635 0.564

续表

序号	外墙构造简图	工程做法	外墙总厚度（mm）	分层厚度δ（mm）	干密度ρ_0 (kg/m^3)	导热系数λ [W/(m·K)]	修正系数α	热阻R [(m^2·K)/W]	热惰性指标D值	传热阻R_0 [(m^2·K)/W]	传热系数K [W/(m^2·K)]	平均传热系数K_m [W/(m^2·K)]
9	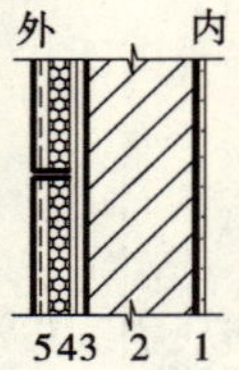	1. 混合砂浆		20	1700	0.870	1.00	0.023				
		2. 黄河淤泥烧结多孔砖		240	1400	0.560	1.00	0.429				
		3. 水泥砂浆		20	1800	0.930	1.00	0.022				
		4. 胶粘剂		5	1600	0.400	1.00	0.012				
		5. 保温板	321	36	270	0.042	1.20	0.714	4.313	1.357	0.737	0.793
			331	46				0.913	4.394	1.557	0.642	0.684
			341	56				1.111	4.475	1.755	0.570	0.602
			351	66				1.310	4.556	1.954	0.512	0.537

注：1. 平均传热系数的计算：开间3.3m，层高2.8m，圈梁240×墙厚，构造柱240×墙厚，窗户1500×1500，若数值有变，需重新计算。

2. α为λ修正系数。

3. 构造简图中外墙饰面层未表示，热工计算时也未计饰面层。

不采暖地下室顶板保温做法及热工计算选用表

不采暖地下室顶板保温做法及热工计算选用表　　表3

序号	地下室顶板构造简图	工程做法	楼板总厚度（mm）	分层厚度δ（mm）	干密度ρ_0 (kg/m^3)	导热系数λ [W/(m·K)]	修正系数α	热阻R [(m^2·K)/W]	热惰性指标D值	传热阻R_0 [(m^2·K)/W]	传热系数K [W/(m^2·K)]	平均传热系数K_m [W/(m^2·K)]
1	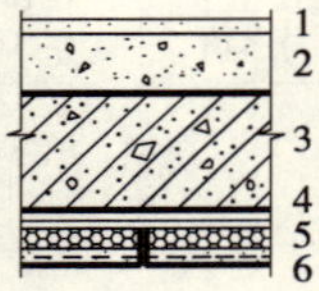	1. 水泥砂浆		20	1800	0.930	1.00	0.022				—
		2. 轻集料混凝土垫层		60	1300	0.630	1.00	0.095				
		3. 现浇钢筋混凝土楼板		120	2500	1.740	1.00	0.069				
		4. 水泥砂浆找平层		20	1800	0.930	1.00	0.022				
		5. 胶粘剂		5	1600	0.400	1.00	0.012				
		6. 保温板	261	36	270	0.042	1.20	0.714	2.880	1.104	0.906	
			271	46				0.913	2.961	1.303	0.767	
			281	56				1.111	3.042	1.501	0.666	
			291	66				1.310	3.123	1.700	0.588	
2	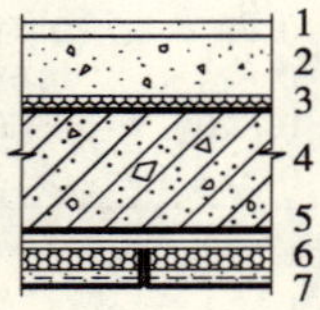	1. 水泥砂浆		20	1800	0.930	1.00	0.022				—
		2. 轻集料混凝土垫层		60	1300	0.630	1.00	0.095				
		3. 聚苯板加热反射膜		20	20	0.036	1.50	0.370				
		4. 现浇钢筋混凝土楼板		120	2500	1.740	1.00	0.069				
		5. 水泥砂浆找平层		20	1800	0.930	1.00	0.022				
		6. 胶粘剂		5	1600	0.400	1.00	0.012				
		7. 保温板	281	36	270	0.042	1.20	0.714	3.013	1.474	0.678	
			291	46				0.913	3.094	1.673	0.598	
			301	56				1.111	3.175	1.871	0.534	
			311	66				1.310	3.256	2.070	0.483	

续表

序号	地下室顶板构造简图	工程做法	楼板总厚度(mm)	分层厚度δ(mm)	干密度ρ_0 (kg/m^3)	导热系数λ [W/(m·K)]	修正系数α	热阻R [$(m^2·K)/W$]	热惰性指标D值	传热阻R_0 [$(m^2·K)/W$]	传热系数K [$W/(m^2·K)$]	平均传热系数K_m [$W/(m^2·K)$]
3	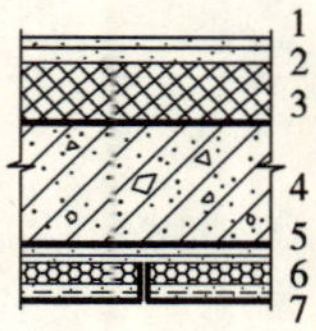	1. 水泥砂浆		15	1800	0.930	1.00	0.016				—
		2. 聚合物水泥砂浆		20	1800	0.930	1.00	0.022				
		3. 泡沫混凝土填充层		60	500	0.190	1.50	0.211				
		4. 现浇钢筋混凝土楼板		120	2500	1.740	1.00	0.069				
		5. 水泥砂浆找平层		20	1800	0.930	1.00	0.022				
		6. 胶粘剂		5	1600	0.400	1.00	0.012				
		7. 保温板	276 286 296 306	36 46 56 66	270	0.042	1.20	0.714 0.913 1.111 1.310	2.880 2.961 3.042 0.123	1.236 1.435 1.633 1.832	0.809 0.697 0.612 0.546	
4	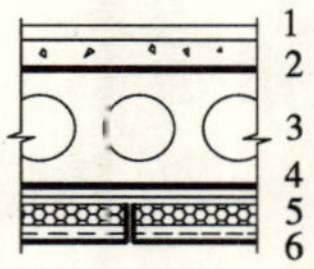	1. 水泥砂浆		20	1800	0.930	1.00	0.022				—
		2. 混凝土垫层		40	2500	1.740	1.00	0.023				
		3. 钢筋混凝土圆孔板		130	—	—	—	0.110				
		4. 水泥砂浆找平层		20	1800	0.930	1.00	0.022				
		5. 胶粘剂		5	1600	0.400	1.00	0.012				
		6. 保温板	251 261 271 281	36 46 56 66	270	0.042	1.20	0.714 0.913 1.111 1.310	2.474 2.555 2.636 2.717	1.073 1.272 1.470 1.669	0.932 0.786 0.680 0.599	

注：1. 外表面换热阻取 0.06 计算。

2. 构造简图中地下室顶板的 10 厚两遍石膏找平层和饰面层未表示，热工计算时也未计石膏找平层和饰面层。

4
构造做法与详图

平面示例及剖面详图

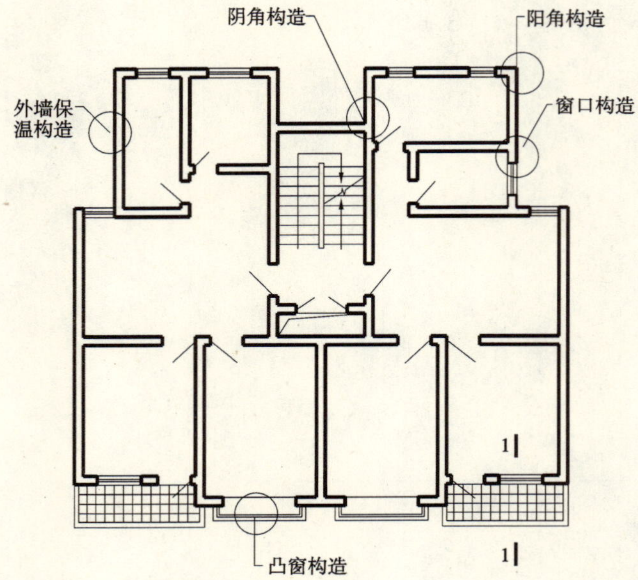

平面示例一

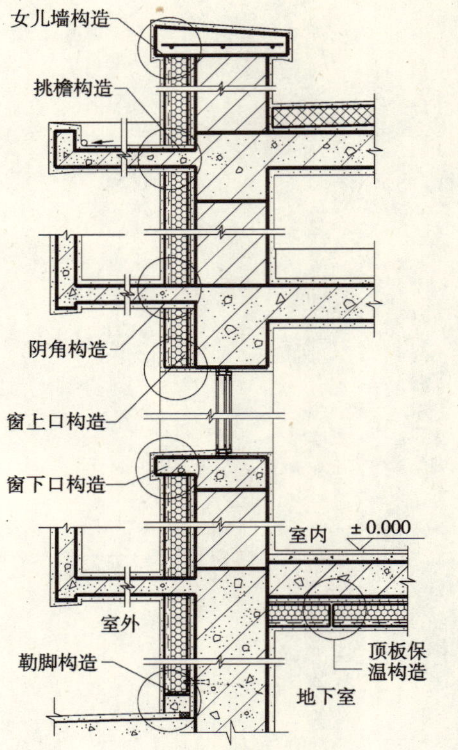

1—1 剖面

外墙保温构造

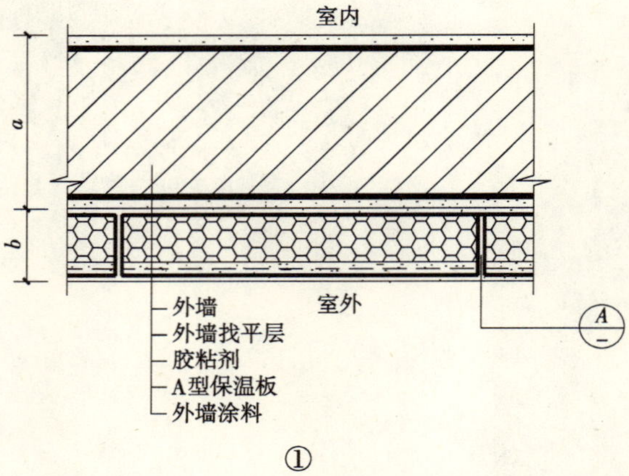

①

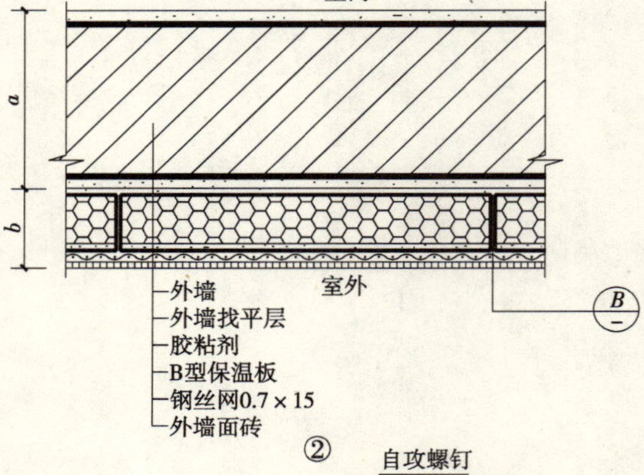

②

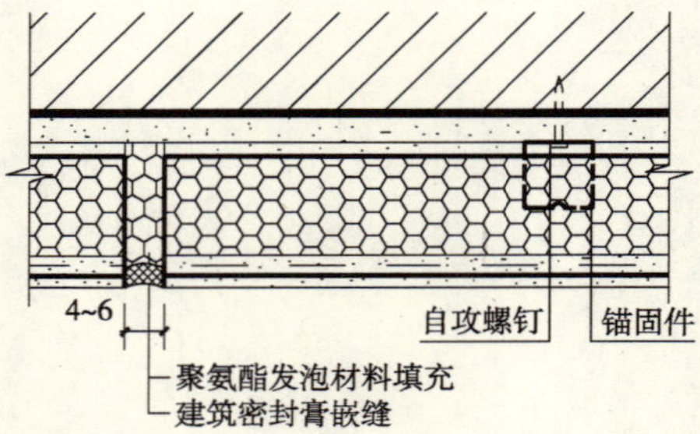

Ⓐ

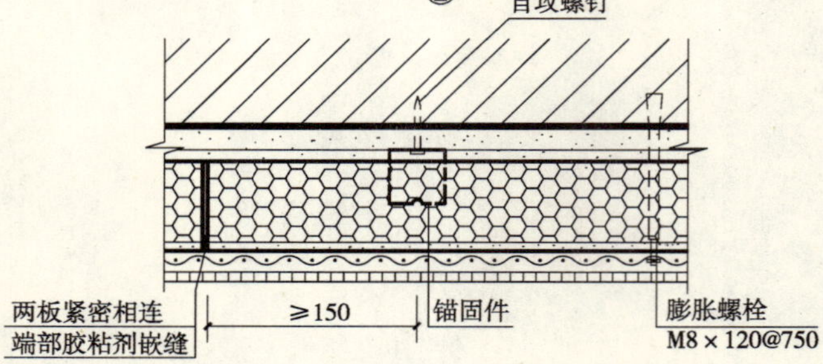

Ⓑ

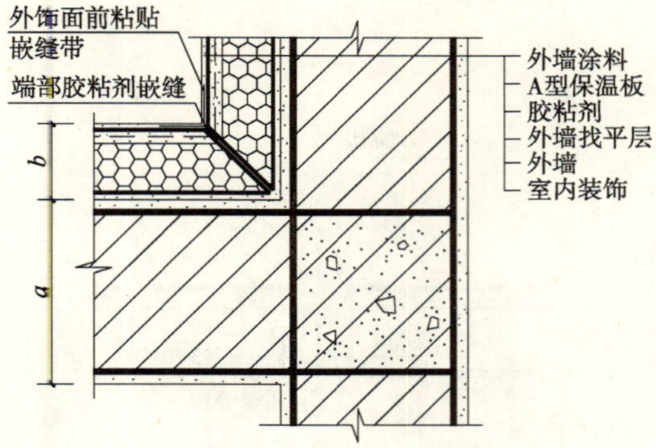

③

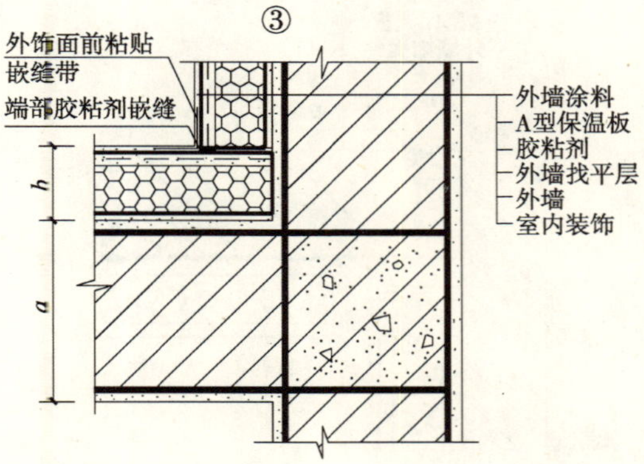

⑤

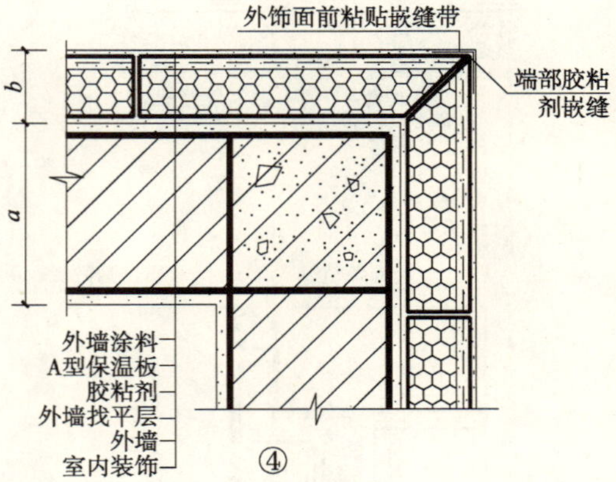

④

地下室顶板保温构造

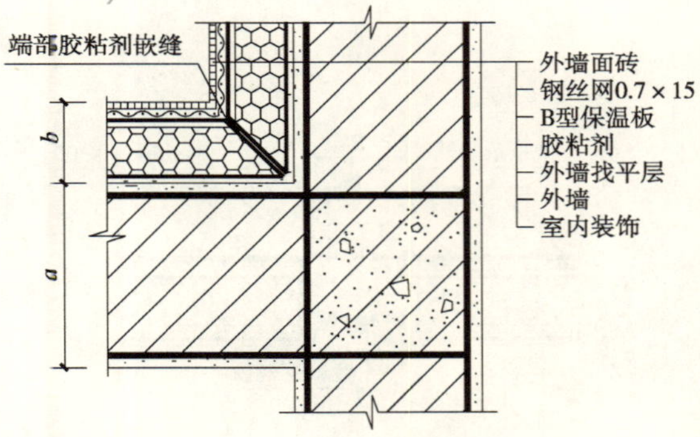

①

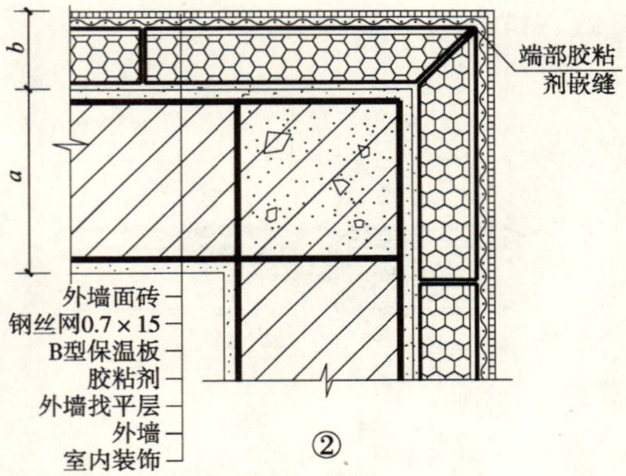

②

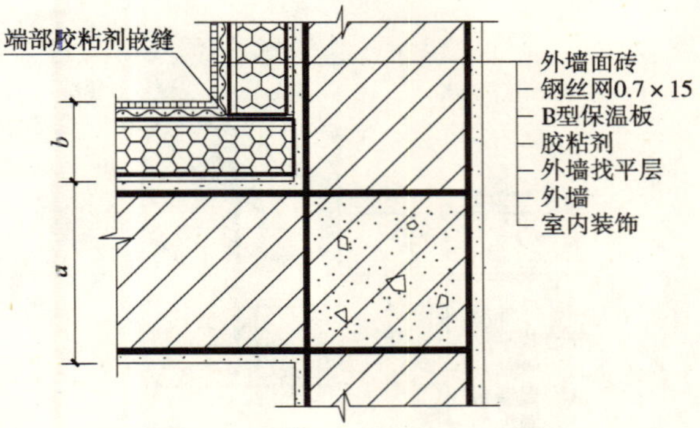

③

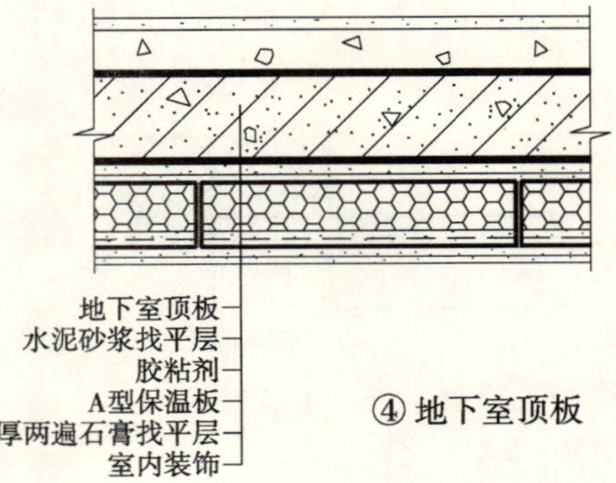

④ 地下室顶板

伸缩缝保温构造

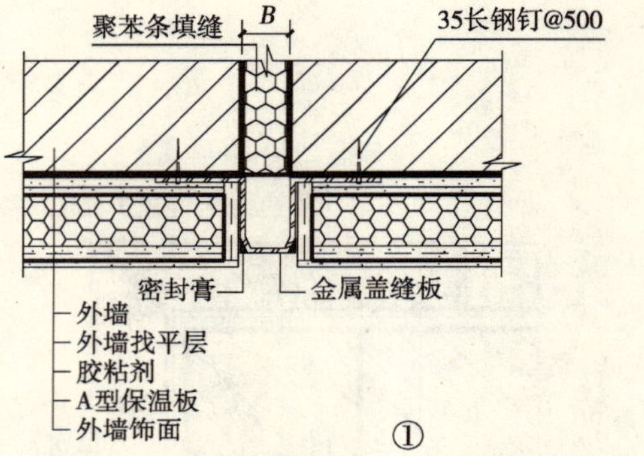

①

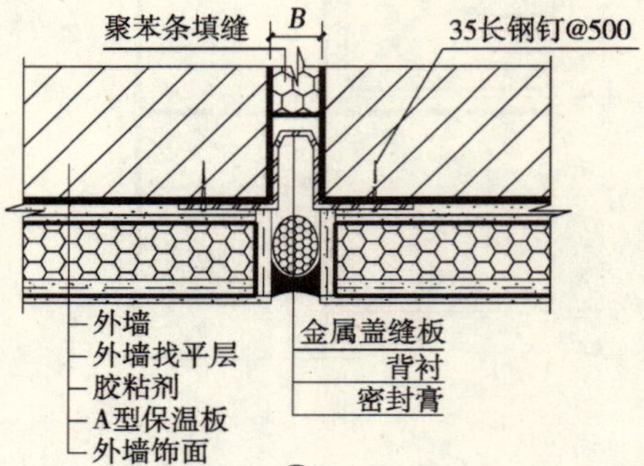

②

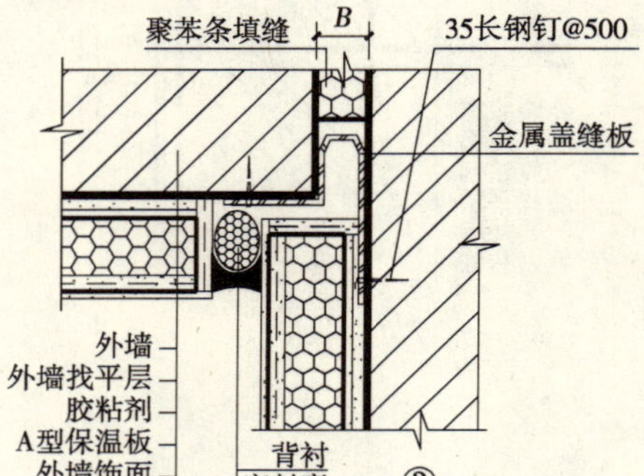

③

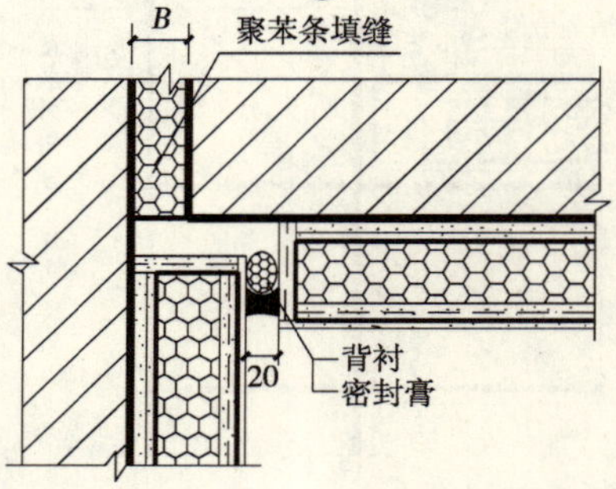

④

注：1. 采用聚苯条填缝，填缝深度应大于缝宽3倍，且不小于100。
2. 金属盖缝板可采用1.2厚铝板或0.7厚不锈钢板。
3. 保温板端部抹聚合物砂浆，中间铺设玻纤网布。

沉降缝、抗震缝保温构造

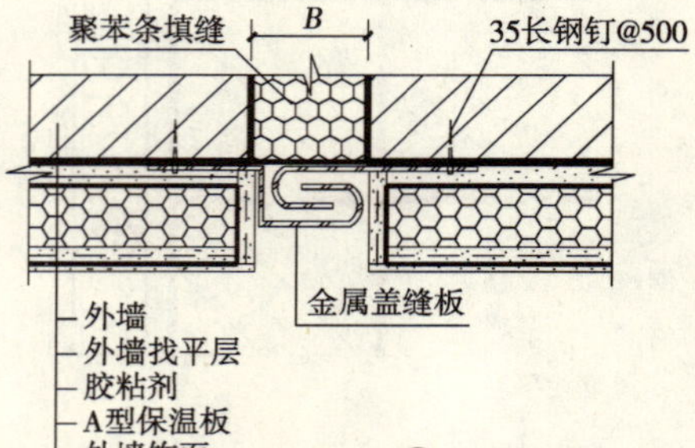

①

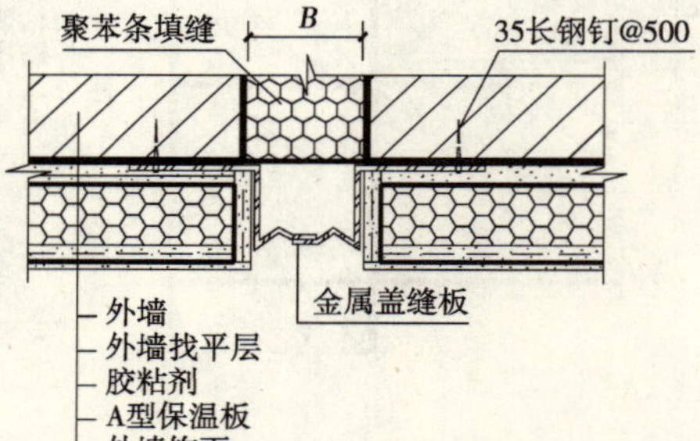

②

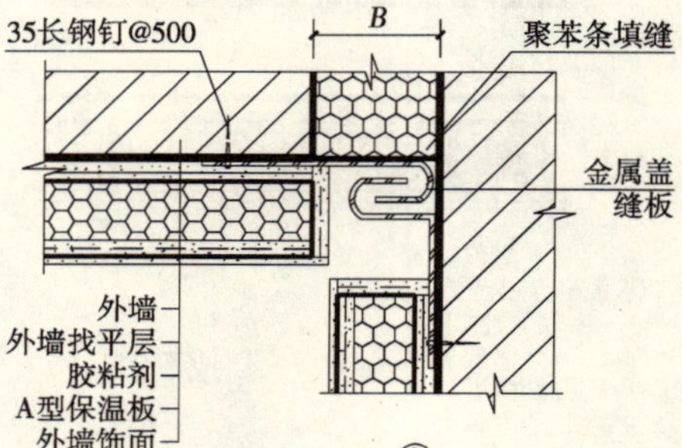

③

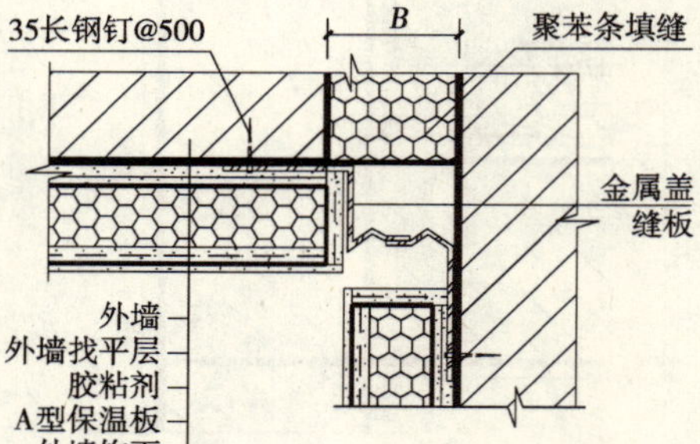

④

注：1. 采用聚苯条填缝，填缝深度应大于缝宽3倍，
且不小于100。
2. 金属盖缝板可采用1.2厚铝板或0.7厚不锈钢板。
3. 保温板端部抹聚合物砂浆中间铺设玻纤网布。

外墙勒脚部位保温构造

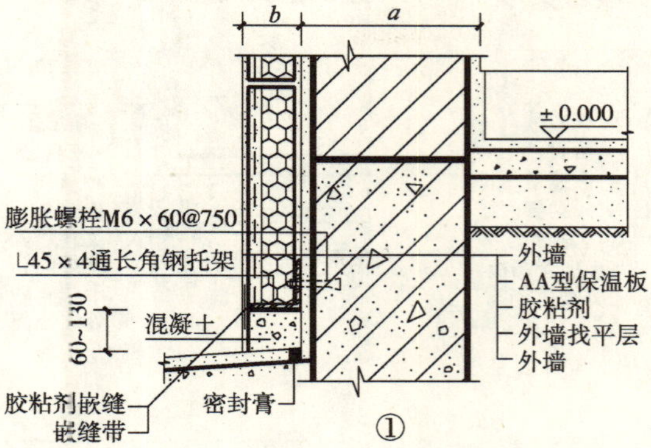

①

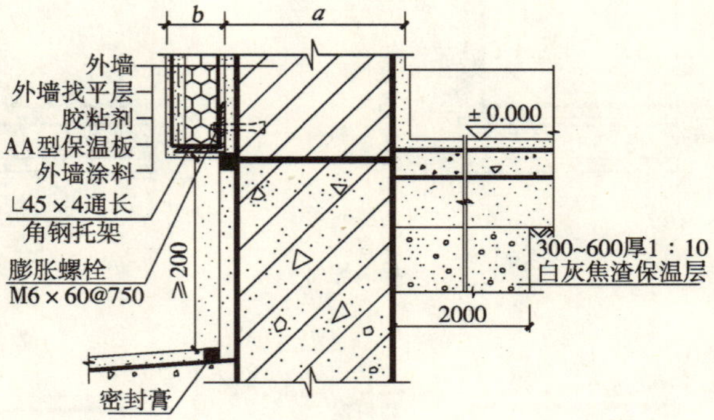

②

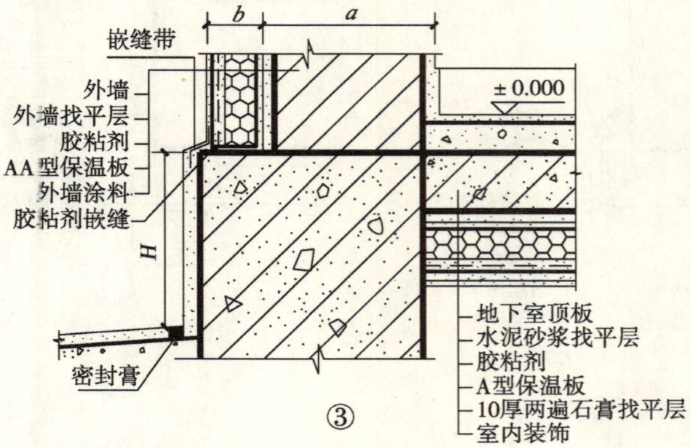

③

注：高度H由单体工程确定。

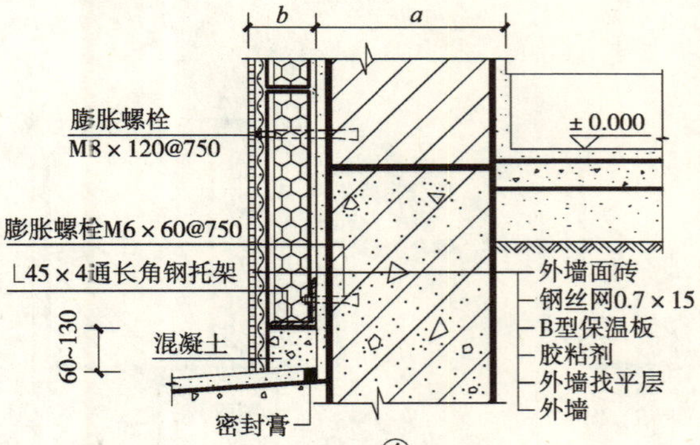

④

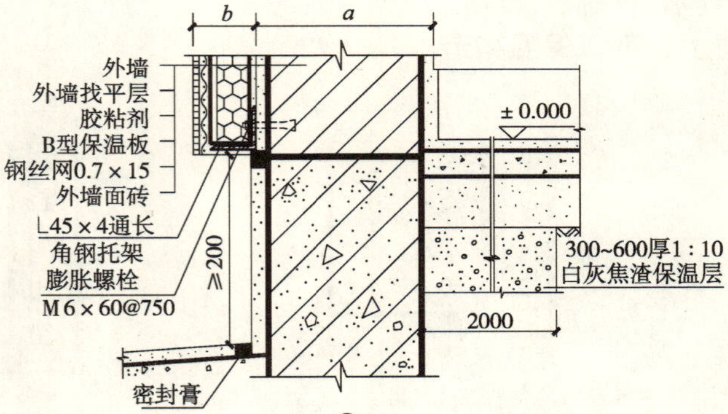

⑤

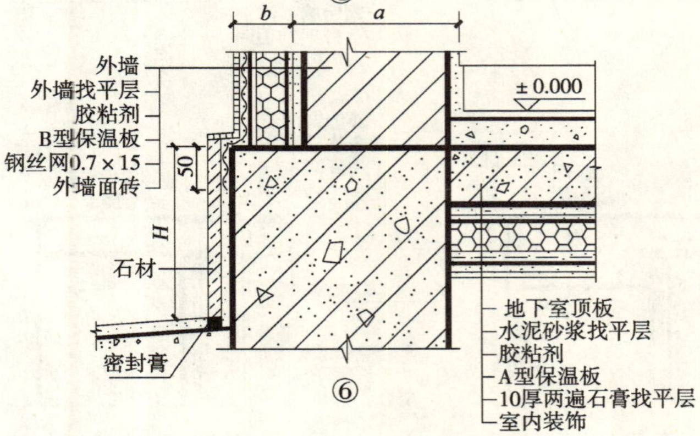

⑥

注：高度H由单体工程确定。

窗侧口保温构造

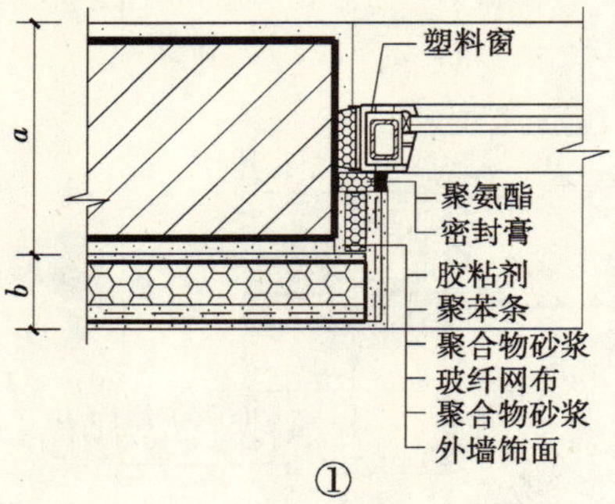

①

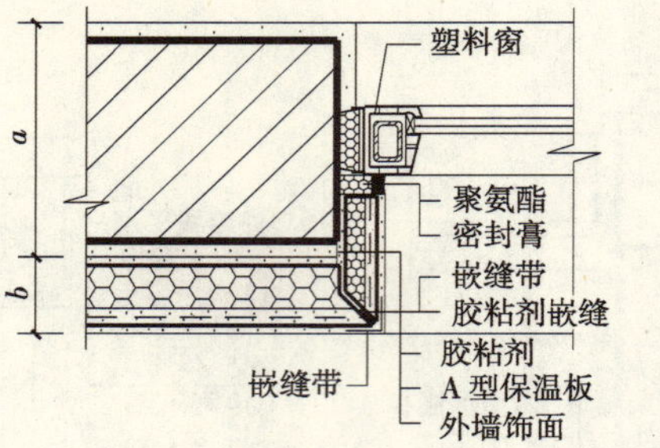

②

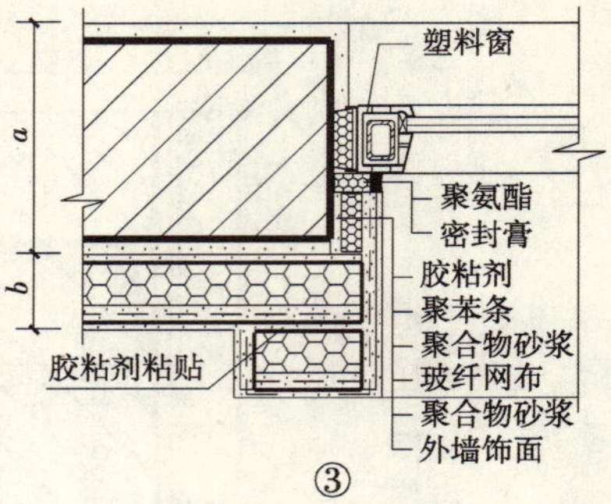

③

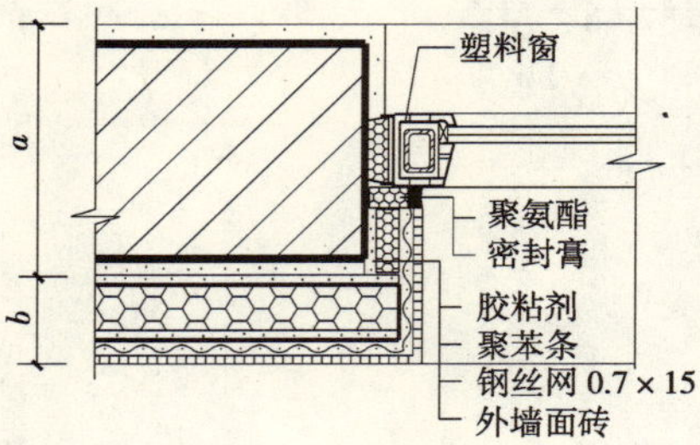

④

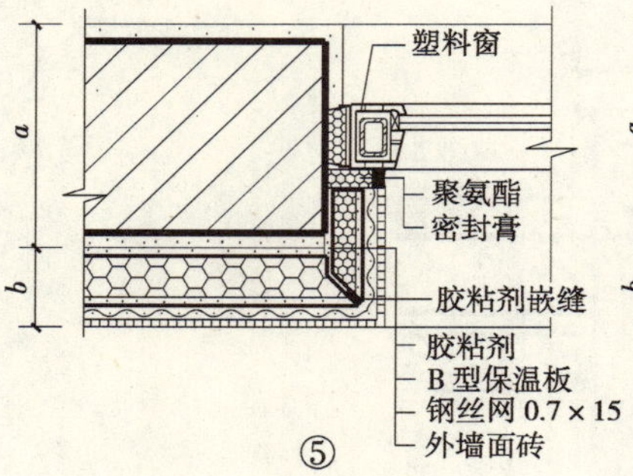

⑤

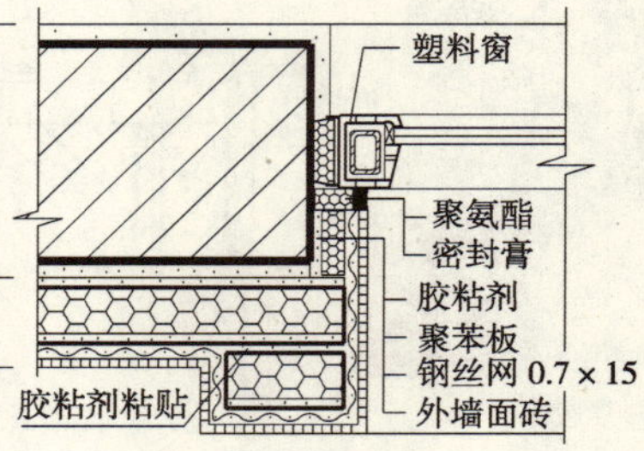

⑥

注：1. 两板紧密相连和板与墙体或混凝土构件紧密相连的板缝端部，先用粘板的胶粘剂嵌缝抹平后，再粘贴嵌缝带。
2. 窗侧口聚苯板厚度为 20mm。

窗上、下口保温构造

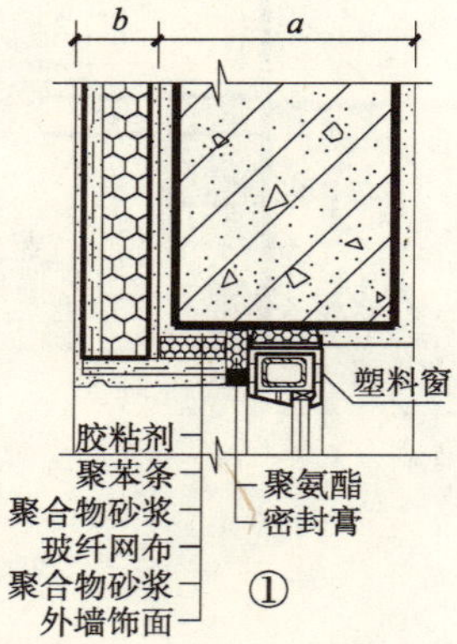

①

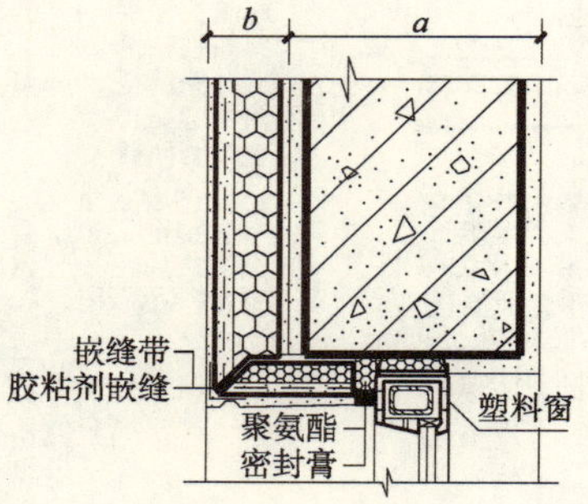

②

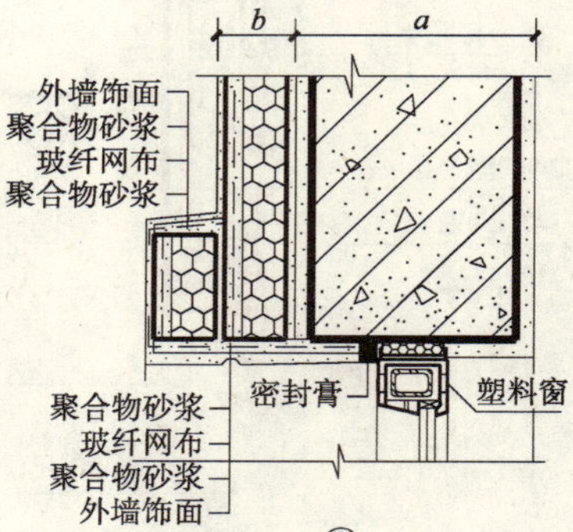

③

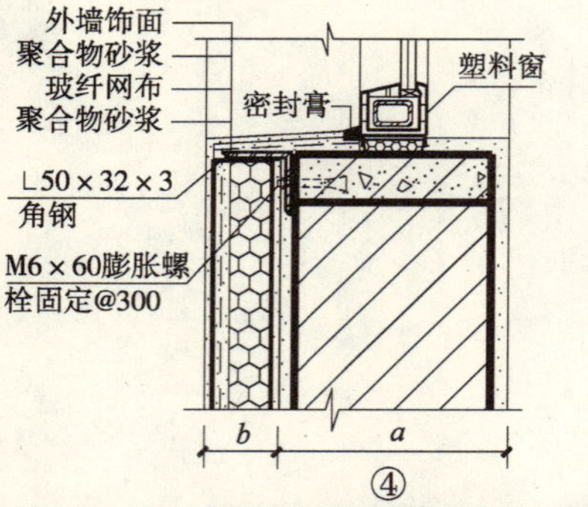

④

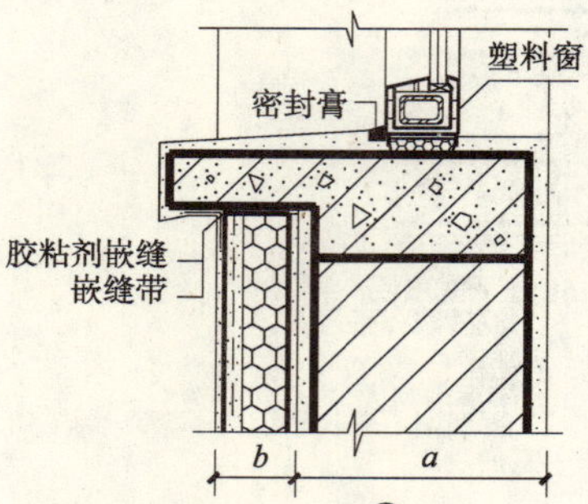

⑤

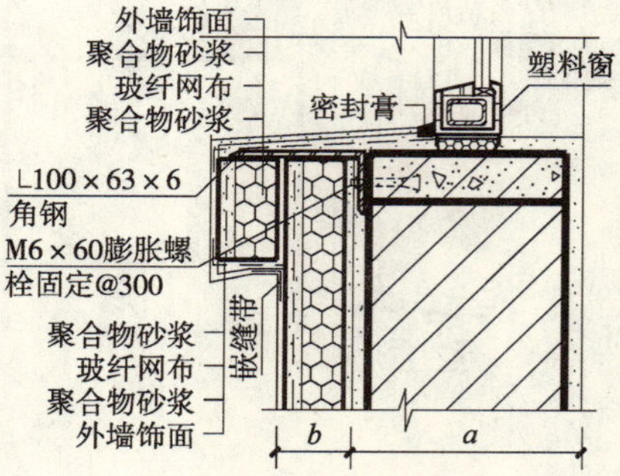

⑥

注：1. 两板紧密相连和板与墙体或混凝土构件紧密相连的板缝端部，先用粘板的胶粘剂嵌缝抹平后，再粘贴嵌缝带。
2. 窗侧口聚苯板厚度为20mm。

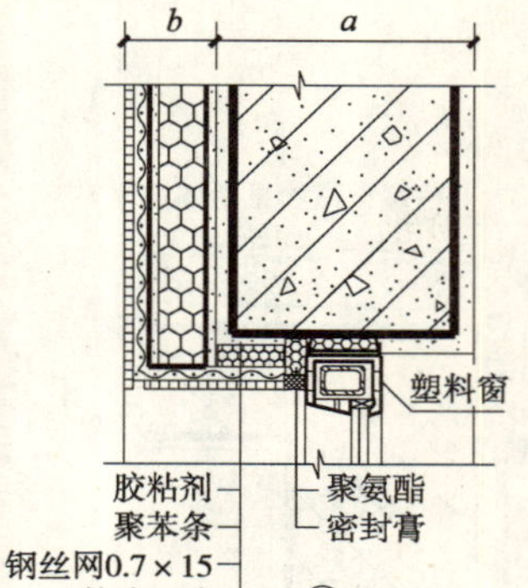

⑦

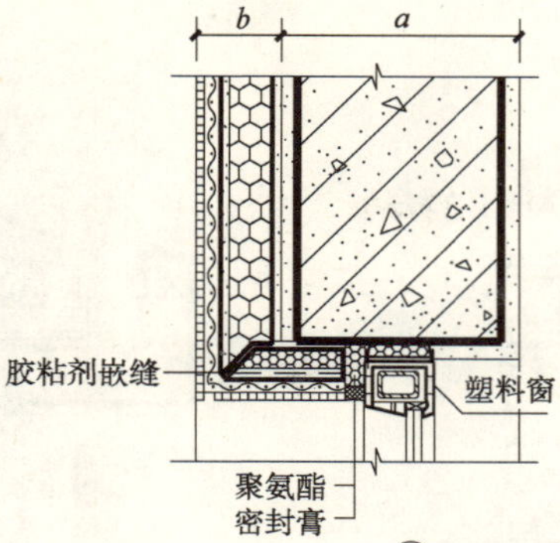

⑧

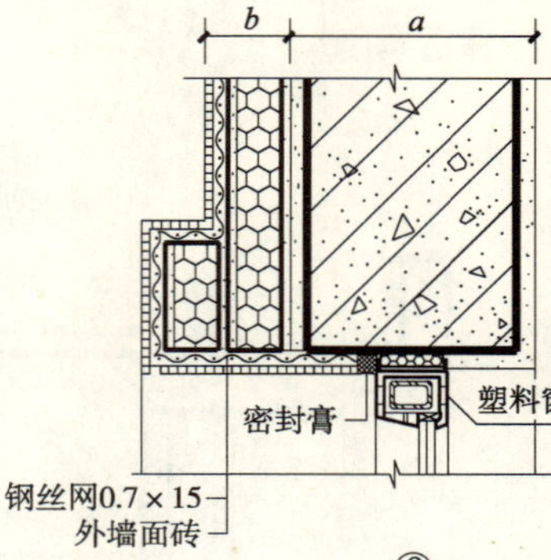

⑨

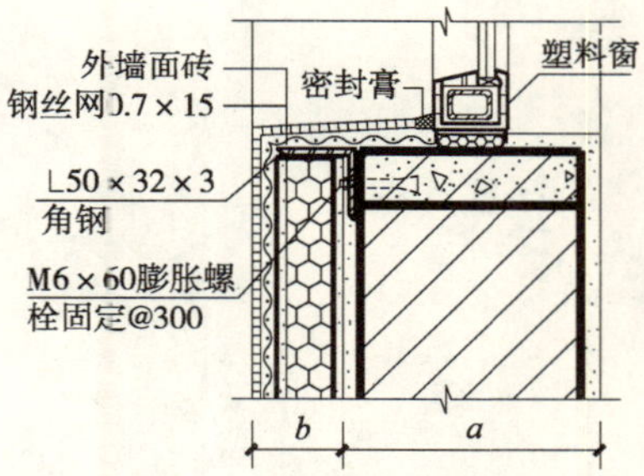

⑩

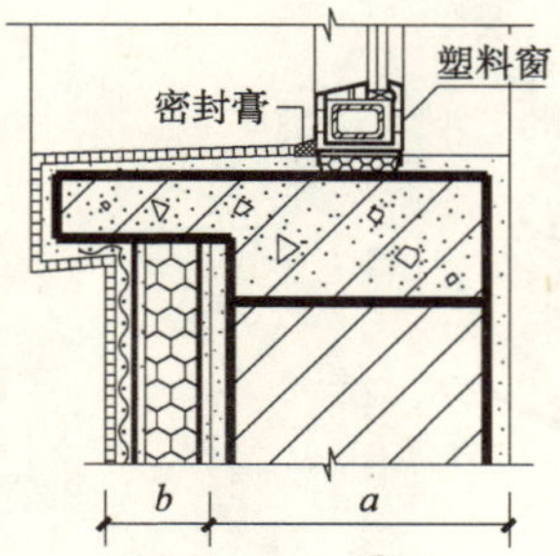

⑪

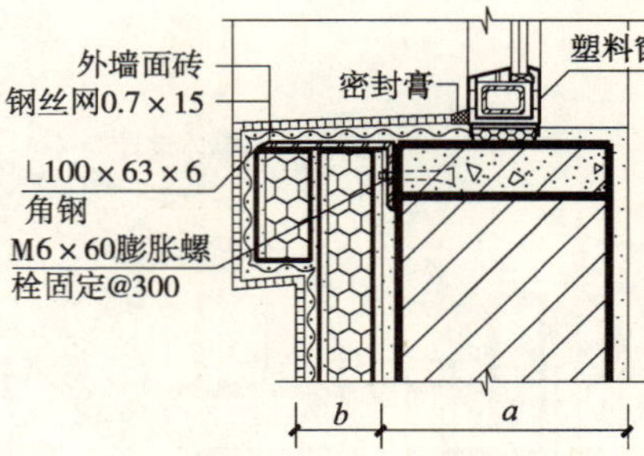

⑫

注：1. 两板紧密相连和板与墙体或混凝土构件紧密相连的板缝端部，先用粘板的胶粘剂嵌缝抹平后，再粘贴嵌缝带。
2. 窗侧口聚苯板厚度为20mm。

女儿墙、屋面变形缝保温构造

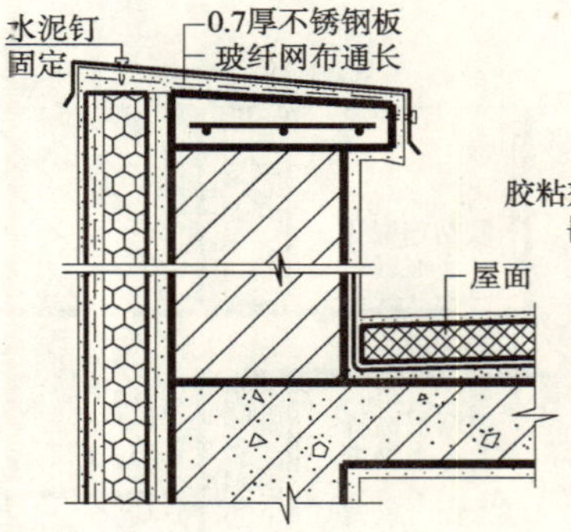

①

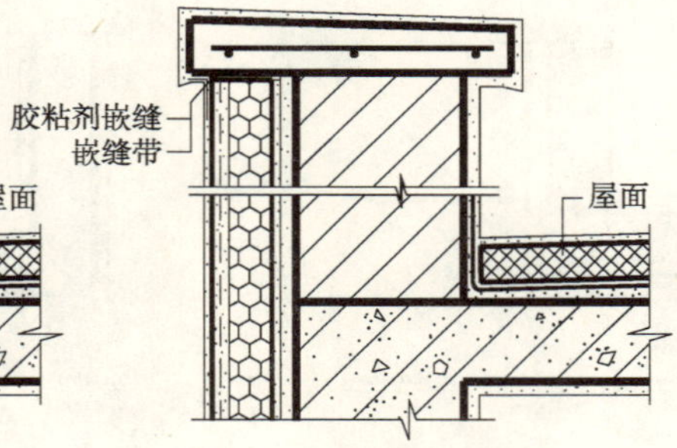

②

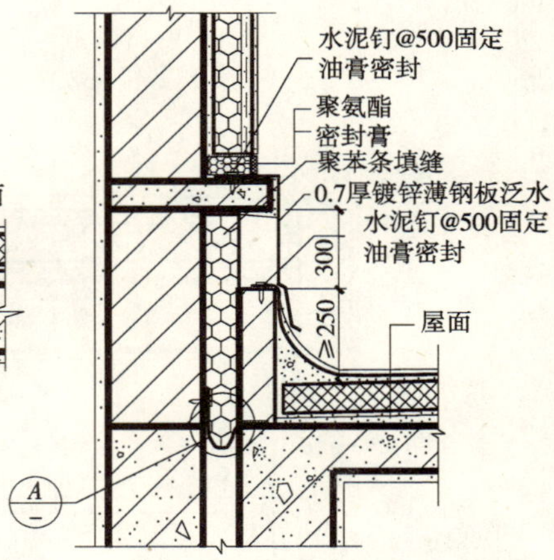

④（用于高低跨）

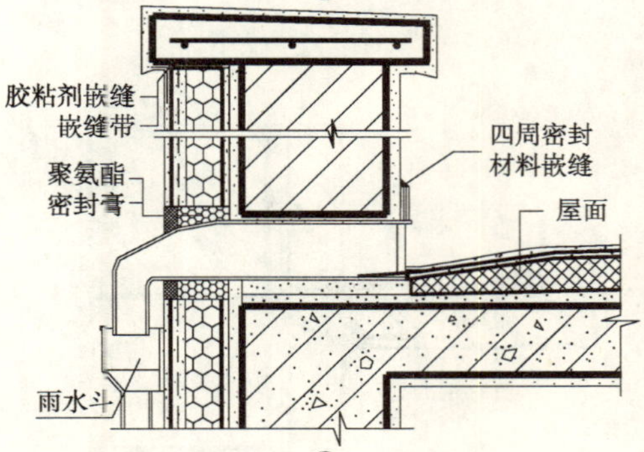

③

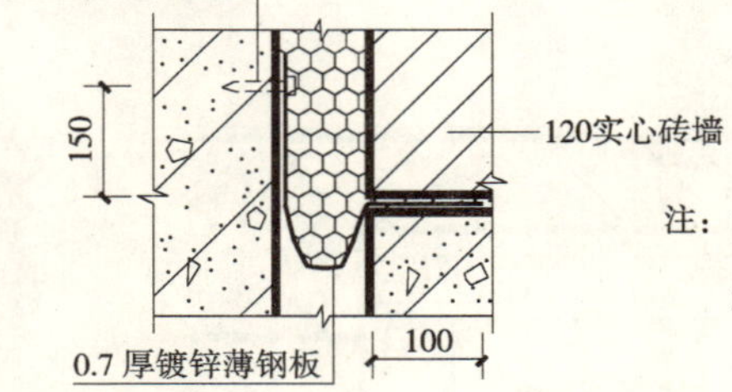

Ⓐ

注：1. 女儿墙高度及屋面泛水、防水、保温做法见单体设计。
2. 压顶见单体设计。

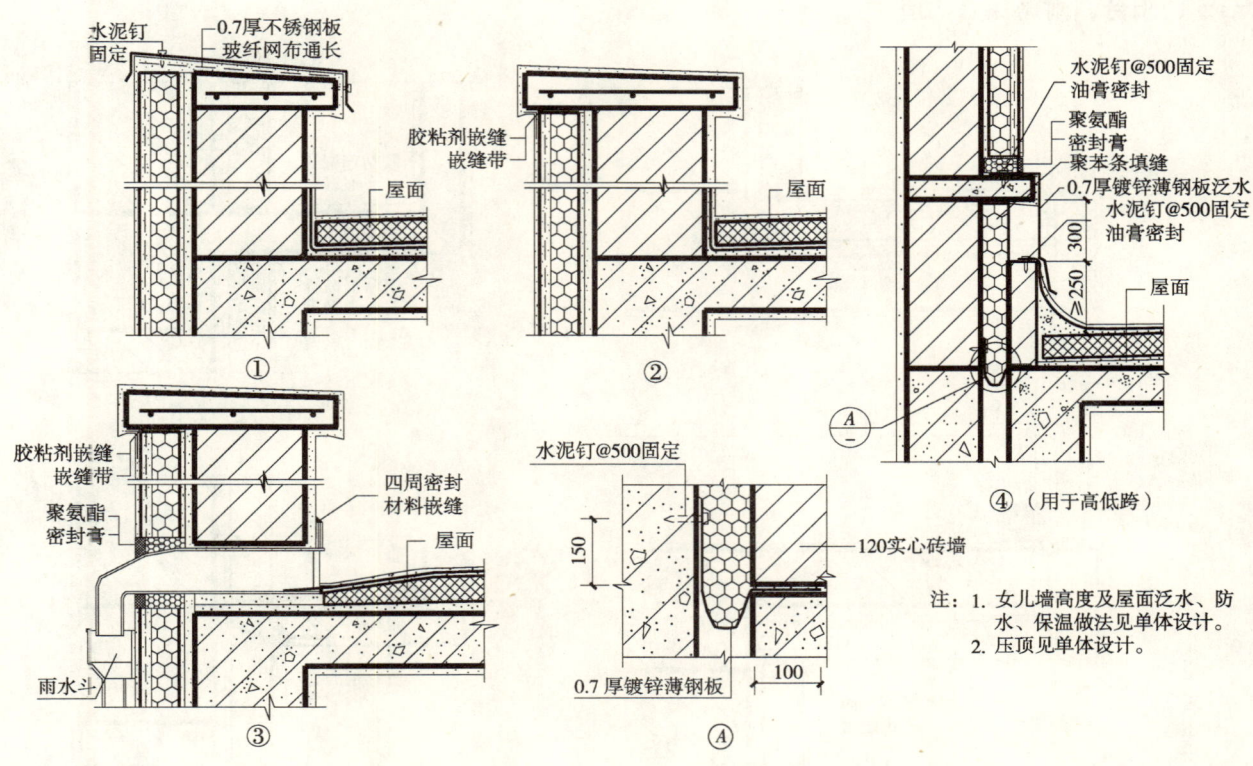

挑檐保温构造

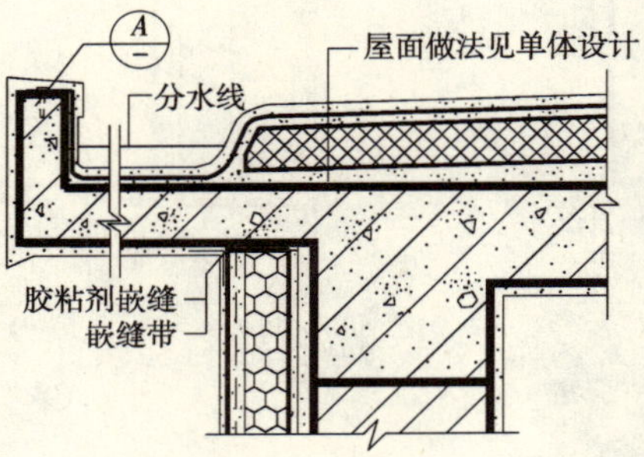

①

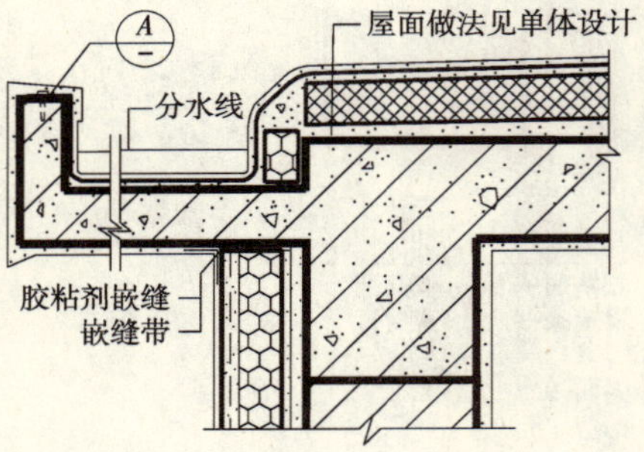

②

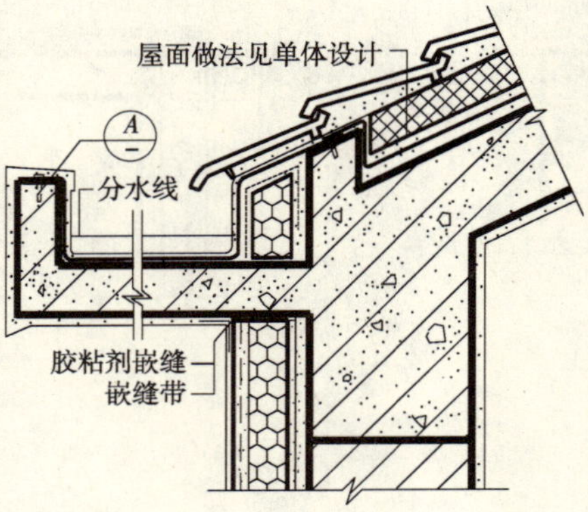

③

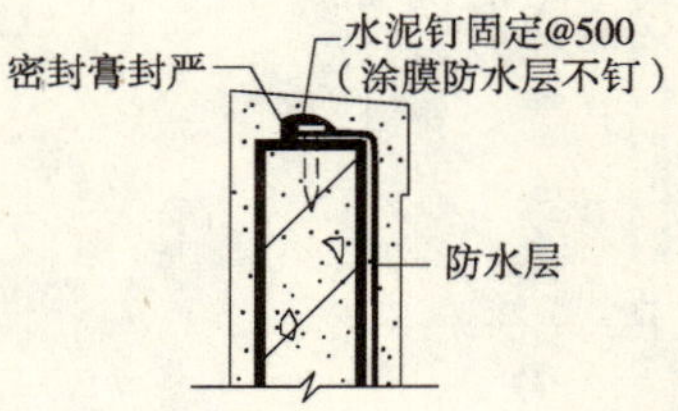

Ⓐ

注：挑檐宽度见单体设计。

凸窗、阳台、雨篷保温构造

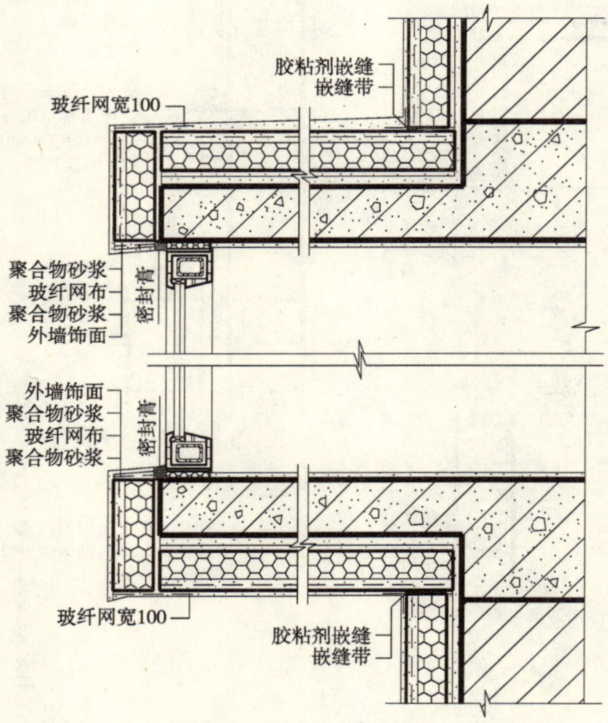

① 凸窗

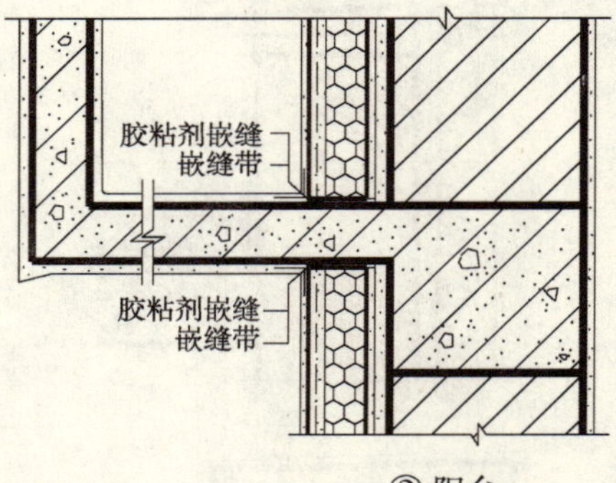

② 阳台

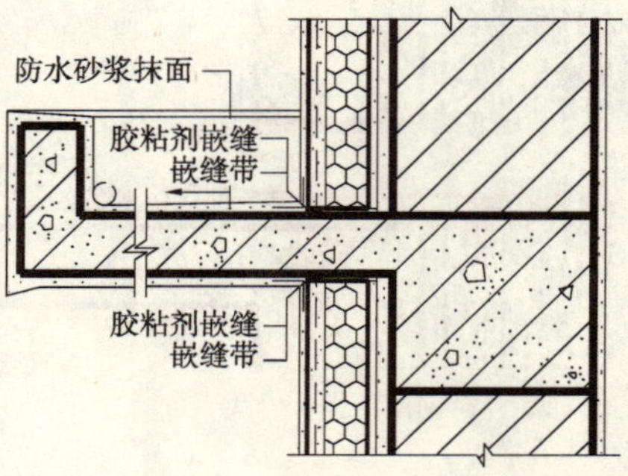

③ 雨篷

十七、L01SJ109

挤塑聚苯乙烯保温板

1

说　　明

说　明

一、适用范围

1. 本图集适用于新建或改、扩建居住建筑，其他建筑可参照使用。
2. 建筑物主体墙身在正负风压作用下其层间位移小于1/360。

二、设计依据

1.《民用建筑热工设计规范》(GB 50176—93)
2.《民用建筑节能设计标准》(采暖居住建筑部分)(JGJ 26—95)
3.《民用建筑节能设计标准》(采暖居住建筑部分) 山东省实施细则 (DBJ 14—S2—98)
4.《建筑结构荷载规范》(GB 50009—2001)
参考资料:《欧文斯科宁挤塑板外墙外保温系统》

三、设计内容及要求

1. 本图集内容包括：设计说明、施工要点、质量检验标准、外墙外保温做法及热工计算选用表、构造节点详图、并附山东省采暖居住建筑各部分围护结构传热系数限值表。

2. 本图集外墙外保温做法及热工计算选用表为常用外墙做法，设计人员应根据山东省节能实施细则要求及设计构造或材料的不同，经热工计算出保温材料的厚度，同时应满足负风压作用下挤塑聚苯乙烯板（以下简称挤塑板）最小厚度的要求。

3. 对高层建筑应考虑负风压的影响，按表1确定挤塑板最小选用厚度。具体工程由设计人员及专业公司进行检算。

挤塑板最小选用厚度　　表1

负风压设计值（KN/m^2）	挤塑板最小厚度（mm）
1.90	25
2.00	30
2.20	40
2.40	50
2.60	60

例如：当建筑物高度小于等于60m时，
基本风压 $w_0 \leqslant 0.60\text{kN/m}^2$ 地区，选用25mm厚；
基本风压 $w_0 = 0.65\text{kN/m}^2$ 地区，选用30mm厚。

4. 本图集外保温做法适用于基层墙体为钢筋混凝土、烧结实心砖、多孔砖、混凝土空心砌块等承重墙体。其他墙体应进行现场固定件与基层墙体拉拔力测试，拉拔力≥1.2kN的墙体适用于本外保温做法。

5. 构造详图中仅以钢筋混凝土墙为例，其他基层墙体可参照使用。

四、挤塑板外保温墙体各构造层示意

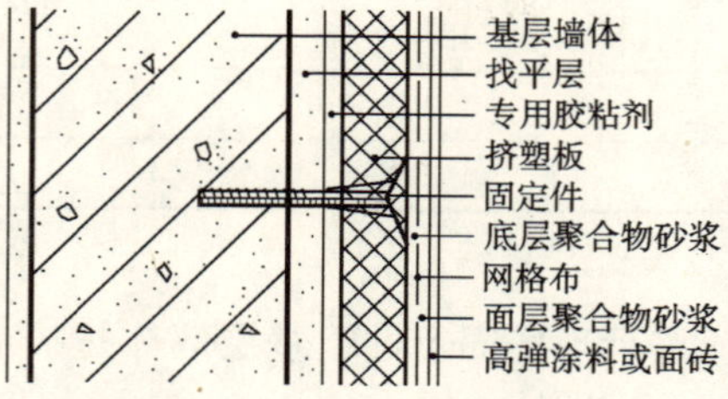

挤塑板外保温墙体各构造层示意图

五、材料性能及要求

（一）保温层

1. 挤塑板的特点：

挤塑板是一种用阻燃型聚苯乙烯挤压成型的硬质泡沫材料，简称挤塑板。该材料具有致密的表层及闭孔结构内层，均匀的峰窝状结构，壁间没有空隙；这种结构使得该材料具有导热系数小、保温隔热性能良好，且具有较高的抗压强度和良好的抗湿性。

2. 挤塑板技术性能见表2。

挤塑聚苯乙烯泡沫板技术性能 **表2**

测试项目	单位	测试标准	FM150	FM250	FM300	FM350
玉缩强度	KPa	GB 8813	≥150	≥250	≥300	≥350
表观密度	kg/m^3	GB 6343	25~32	28~35	30~38	33~42
寻热系数	[W/(m·K)]	GB 3399	≤0.03	≤0.03	≤0.03	≤0.03
尺寸变化率	±%	GB 8811	<2.0	<2.0	<2.0	<2.0
水蒸气渗透系数	ng/Pa·m·s	QB/T 2411	<2	<2	<2	<2
吸水率	Vol%	GB 8810	<2.0	<2.0	<1.5	<1.5
氧指数	%	GB 2406	≥26			
焰尖高度	mm	GB/T 8626	<150			

3. 挤塑板具有4种不同的压缩强度，其代号为FM150、FM250、FM300、FM350。建筑物底层外墙选用FM250的挤塑板，其他楼层外墙选用FM150的挤塑板。

4. 标准板规格见表3。

表3

	厚 度	宽 度	长 度
挤塑板	25	600	1200
	30		
	40		
	50		
	60		

注：非标准板根据设计尺寸加工。

（二）固定件

1. 工程塑料膨胀钉：采用超韧尼龙制作，尾部设有回拧锚固机构，适用温度范围－40℃～80℃。

2. 自攻螺钉，采用高强度结构钢，灰磷镀层防锈。

3. 固定件在不同基层墙体中的拉拔力及拉拔力设计值见表4（安全系数 k 取3.0）。

表 4

基层墙体	拉拔力	拉拔力设计值
钢筋混凝土墙体（C25）	1.5kN	0.5kN
烧结实心砖墙体（Mu10）	1.4kN	0.45kN
多孔砖墙体（Mu10）	1.2kN	0.4kN
混凝土空心砌块墙体（Mu10）	1.2kN	0.4kN

注：拉拔力为实测平均值。

4. 如基层墙体为其他材料，应进行现场固定件于基层墙体拉拔力测试，以确定拉拔力设计值，建议最低拉拔力为 1.2kN，拉拔力设计值为 0.4kN。

5. 固定件建议个数：七层及以下 4 个/m^2，八~十八层 6 个/m^2，十九~二十五层 9 个/m^2，二十六~二十九层 11 个/m^2。二十九层以上，或建筑高度超过 60m 且基本风压大于 0.55kN/m^2 地区，固定件个数由专业公司计算确定。

6. 用于拼接大于 0.1m^2 的单板应加固定件，数量视挤塑板形状现场确定。

7. 固定件布置图见单体设计。

（三）聚合物砂浆

1. 聚合物砂浆采用干混砂浆加水搅拌而成，粘贴挤塑板用专用胶粘剂，挤塑板外层用底层聚合物砂浆和面层聚合物砂浆，其性能指标见表 5。

砂浆性能表 表 5

项　目		单　位	指　标
拉伸胶结强度达到 0.17MPa 时间间隔	晾置时间	min	≥10
	调整时间	min	>5
拉伸胶结强度		MPa	≥0.90
压缩剪切强度	原强度	MPa	≥1.00
	耐温 7d	%	强度比不小于 70
	耐水 7d	%	强度比不小于 70
	耐冻融 25 次	%	强度比不小于 70

2. 粘贴挤塑板的专用胶粘剂铺盖面积应占板面 30%~50%。可采用条粘法及条点法粘结。

3. 聚合物砂浆总厚度一般约为 2.5~3mm，底层建筑外墙约为 3.5~4mm，中间压入网格布增强。

（四）涂塑玻纤网格布（以下简称网格布）

1. 为增加面层砂浆的抗裂、抗冲击能力所用的网格布，应采用涂塑玻纤网格布，涂塑后的网格布具有耐碱性能，其主要技术性能试验方法应采用《玻璃纤维制品试验方法》(JC/T 176—1980)，主要技术性能见表 6。

网格布性能表 表 6

项　目		单　位	指　标
网眼尺寸		mm	4×4 不松动　不错位
幅宽		mm	1000
公称单位面积质量		g/m^2	≥150
涂塑量		%	≥15
抗拉强度	经向	N/50mm	≥1200
	纬向	N/50mm	≥1200
	经向耐碱保留率	%	≥60
	纬向耐碱保留率	%	≥60

2. 网格布水平方向搭接不小于100，垂直方向搭接不小80，墙身阴、阳角处网格布搭接200，附加网格布应对接，不得搭接。

（五）嵌缝材料

1. 嵌缝所用建筑密封膏应符合《聚氨酯建筑密封胶》(JC/T 482—2003)《聚硫建筑密封胶》(JC/T 483—2006)《丙烯酸酯建筑密封胶》(JC/T 484—2006) 标准的要求。

2. 密封膏的隔离背衬材料采用发泡聚乙烯实心圆棒，其直径按缝宽的1.3倍选用。

（六）饰面材料

1. 涂料：应选用水溶性高弹涂料。其性能应符合《合成树酯乳液砂壁状建筑涂料》(JG/T 24—2000) 标准的规定。

2. 面砖及结合层材料总重量应小于0.35kN/m^2。面砖粘结材料及勾缝材料应采用专用瓷砖粘结剂，并应符合《建筑工程饰面砖粘结强度检验标准》(JGJ 110—97) 的规定。

六、构造要求

1. 为提高建筑底层墙面的抗冲击能力，应增加一层网格布；在门窗等洞口四周网格布翻包，四角均附加网格布进行局部加强。

2. 固定件在墙体转角、门窗洞口边缘的水平、垂直方向应加密，其间距不大于300，固定件距基层墙体边缘应不小于60。

3. 结合建筑立面形式每层宜设置水平界格缝。在采用挤塑板保温和其他墙面材料相接处宜设置界格缝。

七、注意事项

1. 挤塑板进场后应放置在平整的场地，并应按不同强度和厚度分别放置不能混用。

2. 不得将挤塑板污染，不得靠近明火。

3. 对抹完聚合物砂浆的保温墙体，不宜随意开洞，如确需开洞，应从墙体外侧向里开洞，并应按照施工要点中修补孔洞的要求操作。

八、其他

1. 由于目前尚无外墙外保温施工及验收方面的国家标准，本图集特编入相关内容，见施工要点和质量检验标准。

2. 挤塑板外墙外保温施工所用材料均应符合本图集的有关要求，特别是固定件、聚合物砂浆、网格布和界面剂等均应选用专业公司的产品。

3. 本图集所注尺寸除注明者外均以毫米为单位。

4. 本图集除注明者外，尚应遵照国家现行的有关标准、规范、规程和规定。

2

施工要点及质量验收

施　工　要　点

一、施工条件

1. 基层墙体已验收合格。门窗框及墙身上各种进户管线、水落管支架、预埋件等按设计安装完毕。

2. 剪力墙平整度用2m靠尺检查，最大偏差大于4时，应用20厚1:3水泥砂浆找平；最大偏差小于4时，不平处用1:3水泥砂浆修补平整。

3. 砌体墙用20厚1:3水泥砂浆找平。

4. 基层墙体及找平层应干燥。

5. 施工现场环境温度和墙体表面温度在施工及施工后24h内不得低于5℃，风力不大于5级。

6. 夏期施工应避免阳光直射，必要时在脚手架上设临时遮阳设施。

7. 雨天施工时应采取有效措施，防止雨水冲刷墙面。

二、施工工具

电热丝切割器、开槽器、壁纸刀、螺丝刀、钢锯条、剪刀、电动搅拌器、塑料搅料桶、冲击钻、电锤、刷子、粗砂纸及常用工具。

三、施工工序流程

见以下施工流程图。

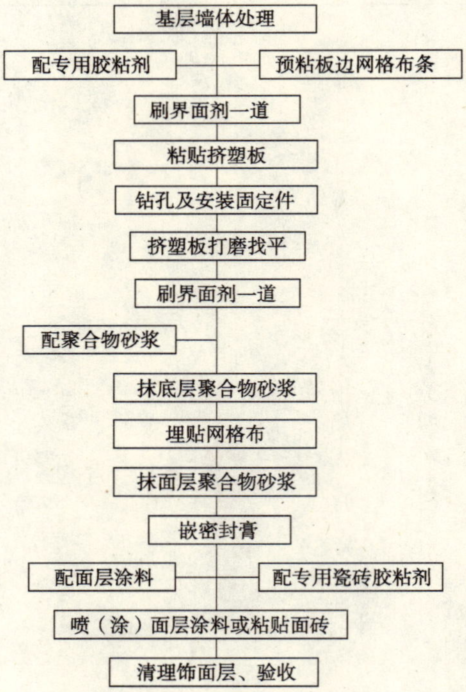

四、施工操作要点

1. 基层处理

（1）彻底清除基层墙体表面浮灰、油污、脱模剂、空鼓及风化物等影响粘结强度的材料。

（2）对旧房保温改造工程，应将原有外饰面层清除，基层墙体修补平整。若基层不具备粘结条件，应全部采用机械固定方式，每平方米固定件为 6 ~ 9 个，15 层以上的建筑，固定件的数量应设计确定。

2. 为增加挤塑板与基层及面层的粘结力，应在挤塑板两面各刷界面剂一道。

3. 配制专用胶粘剂

（1）将 5 份（重量比）干混砂浆倒入干净的塑料桶，加入 1 份净水，应边加水边搅拌，然后用手持式电动搅拌器搅拌 5min，直到搅拌均匀，且稠度适中为止。

（2）将配制的胶粘剂静置 5min，再搅拌即可使用，配制好的胶粘剂宜在 1h 内用完。

（3）专用胶粘剂的配制只许加入净水，不得加入其他添加物（剂）。

4. 安装挤塑板

（1）标准板规格尺寸为 1200 × 600，对角线误差 < 2mm。挤塑板用电热丝切割器或工具刀切割，尺寸允许误差为 ± 1. 5mm。

（2）网格布翻包：门窗洞口、变形缝两侧等处的挤塑板上预粘网格布，总宽度约 200mm，翻包部分宽度为 80mm。具体做法如下：网格布裁剪长度为 180mm 加板厚。首先在翻包部位抹长度为 80mm，厚度为 2mm 的专用胶粘剂，然后压入 80mm 长的网格布，余下的甩出备用。

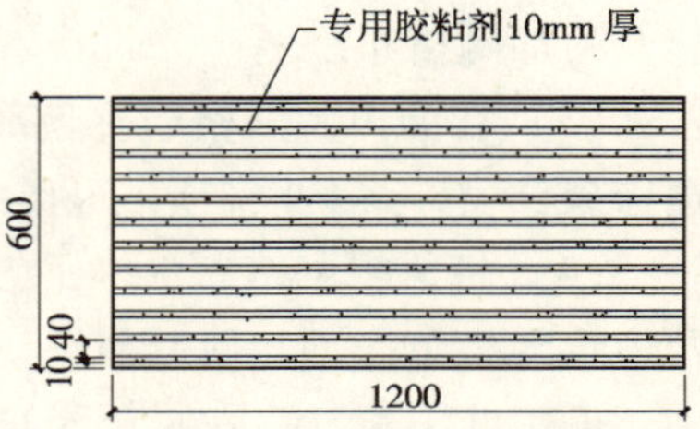

（3）具体翻包部位见构造详图。

（4）将配制好的专用胶粘剂涂抹在挤塑板的背面，胶粘剂压实厚度约为 3mm，为保证粘结牢固，粘结方法可采取条粘法和条点法。

（5）条粘法：用齿口镘刀将专用胶粘剂水平方向均匀地抹在挤塑板上，条宽 10mm，厚度 10mm，中距 50mm。

（6）条点法：用抹子在每块挤塑板周边及中间抹宽 50mm，厚度为 10mm 的专用胶粘剂，再在挤塑板分格区内抹直径为 100mm，厚度为 10mm 的灰饼。

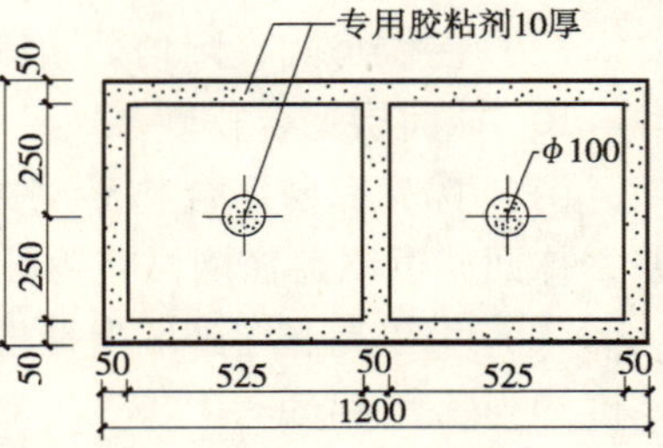

（7）将抹好专用胶粘剂的挤塑板迅速粘贴在墙面上，以防止表面结皮而失去粘结作用。不得在挤塑板侧面涂抹专用胶粘剂。

（8）挤塑板贴上墙后，应用 2m 靠尺压平操作，保证其平整度及粘贴牢固，板与板之间要挤紧，不得有缝。因切割不直形成的缝隙，用挤塑板条塞入并磨平。每贴完一块板，应将挤出的专用胶粘剂清除。

（9）挤塑板粘贴应分段自下而上沿水平方向横向铺贴，每排板应错缝 1/2 板长，局部最小错缝不得小于 100mm。排版示意见下图。

（10）当遇有突出墙面的建筑配件时，应用整幅挤塑板套割，其切割边缘应顺直、平整，使其与建筑配件完全吻合，不得用零板拼凑。

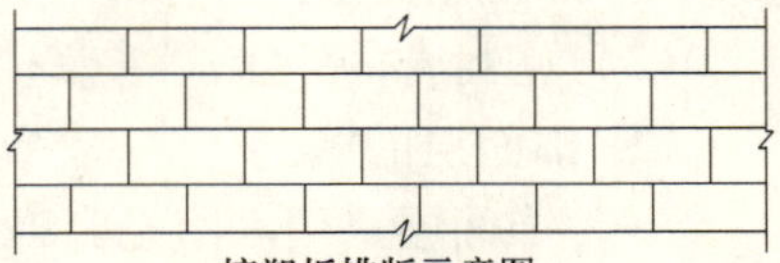
挤塑板排版示意图

5. 安装固定件

（1）固定件在挤塑板粘贴 8h 后开始安装，并在其后 24h 内完成。按设计要求的位置用冲击钻钻孔，孔径 10mm，钻入基层墙体深度约为 60mm，固定件锚入基层墙体的深度约为 50mm，以确保牢固可靠。

（2）固定件个数按设计说明要求设置。

（3）自攻螺钉应挤紧并将工程塑料膨胀钉的钉帽与挤塑板表面齐平或略拧入一些，确保膨胀钉尾部回拧，使其与基层墙体充分锚固。

6. 打磨

（1）挤塑板接缝不平处应用粗砂纸打磨，动作为轻柔的圆周运动，不要沿着与挤塑板接缝平行的方向打磨。

（2）打磨后及时将挤塑板碎屑及浮灰用刷子清理干净。

7. 做装饰线角

（1）根据设计要求用墨线弹出需做线角的位置，并进行水平和竖向校正。

（2）凹线角使用开槽器将挤塑板切成凹口，挤塑板凹口最薄处不小于15mm。

（3）凸线角应按设计尺寸切割后，在线角及对应挤塑板两面刷界面剂一道，再满涂专用胶粘剂，使其粘贴牢固。

8. 抹底层聚合物砂浆

（1）聚合物砂浆的配制同专用胶粘剂。

（2）将配制好的聚合物砂浆均匀地涂抹在挤塑板上，厚度为2mm。

9. 压入网格布

（1）网格布应按工作面的长度要求剪裁，并应留出搭接宽度。网格布的裁剪应顺经纬向进行。

（2）在门窗等洞口四周网格布翻包，四角均应附加一层网格布加强，整幅网格布应在洞口周边翻包及附加网格布之上。

（3）在洞口及网格布翻包部位的挤塑板正面和侧面，均涂抹聚合物砂浆（只允许此处的挤塑板端边抹聚合物砂浆）。将预先甩出的网格布沿板厚翻转，并压入聚合物砂浆中。

（4）将整幅网格布沿水平方向绷直绷平，注意将网格布内曲的一面朝里，用抹子由中间向上、下两边将网格布抹平，使其紧贴。网格布水平方向搭接宽度不小于100mm，垂直方向搭接宽度不小于80，搭接处用聚合物砂浆补充底层砂浆的空缺处，不得使网格布皱褶、空鼓、翘边。

（5）在凹凸线角处，应将窄幅网格布埋入底层聚合物砂浆内，整幅网格布应在窄幅网格布之上，搭接宽度80。

（6）在墙面施工预留孔洞四周100mm范围内仅抹底层聚合物砂浆并压入网格布，暂不抹面层聚合物砂浆，待大面积施工完毕后修补。

（7）在墙身阴、阳角处两侧网格布双向绕角相互搭接，各侧搭接宽度不小于200mm。

10. 抹面层聚合物砂浆

（1）抹完底层聚合物砂浆并压入网格布后，待砂浆凝固至表面不粘手时，开始抹面层聚合物砂浆，抹面厚度以盖住网格布为准，使聚合物砂浆总厚度为2.5~3.0mm。

（2）为提高底层外墙抗冲击能力，应增加一层网格布，并按前两项工序进行两遍，聚合物砂浆总厚度约为3.5~4mm。

11. 变形缝、界格缝处施工

（1）墙身变形缝的金属盖缝板应在挤塑板粘贴前按设计定位并与基层墙体固定牢固。

（2）在金属盖缝板与挤塑板相接处及界格缝处填塞发泡聚乙烯实心圆棒，其直径应为缝宽的1.3倍，分两次嵌入密封膏，深度为缝宽的50%~70%。

（3）密封膏的施工应注意不要污染两边挤塑板面层。

12. 饰面层的施工

（1）饰面层采用水溶性高弹涂料时，施工前应修补聚合物砂浆不平处，并用细砂纸打磨，然后进行涂料施工。

（2）饰面层采用面砖时，胶粘剂及勾缝砂浆应用专用瓷砖胶粘剂。

13. 修补孔洞

（1）当脚手架拆除后，应及时对孔洞进行修补。对墙体孔洞用相同的基层墙体材料进行填补，并用1:3水泥砂浆抹平。

（2）根据孔洞尺寸切割挤塑板并打磨其边缘部分，使之能严密封填于孔洞处。并在挤塑板两面刷界面剂一道。

（3）待孔洞水泥砂浆凝固后，将挤塑板背面涂10mm厚的专用胶粘剂，将挤塑板塞入洞中，注意不要在四周边沿涂专用胶粘剂。

（4）裁剪面积能覆盖整个修补区域大小的网格布，并与周边网格布搭接80mm。

（5）涂抹底层聚合物砂浆，埋入修补用的网格布，待表面不粘手时，再涂面层聚合物砂浆，厚度应与周边一致。

（6）用湿毛刷将新旧表面不平整处整平，并将孔洞边缘刷平。

质量验收标准

一、保证项目

1. 挤塑板、网格布的规格和各项技术指标，聚合物砂浆配制原料的质量必须符合本图集及有关标准的要求。检验方法：检查出厂合格证或进行复检。

2. 挤塑板必须与墙面粘贴牢固，无松动和虚粘现象。

（1）检验数量：按楼层每20m长抽查一处，每处3延米，但每层不应少于3处。

（2）检验方法：观察和用手推拉检查。

3. 聚合物砂浆与挤塑板必须粘结紧密，无脱层、空鼓、面层无爆灰和裂缝。

（1）检验数量：按楼层每20m长抽查一处，每处3延米，每层不应少于3处。

（2）检查方法：用小锤轻击和观察检查。

二、基本项目

1. 每块挤塑板与基层面的总粘结面积为30%～50%。

（1）检验数量：按楼层每20m长抽查一处，但不少于3处，每处检查不小于2块。

（2）检查方法：尺量检查取其平均值。

（3）检验应在粘结砂浆凝结前进行。

2. 固定件胀塞部分进入结构墙体不小于50mm。

（1）检查数量：按楼层每20m长抽查一处，每处3延米，每米抽查5个固定点，不应少于3处。

（2）检验方法：退出自攻螺钉观察检查。

3. 挤塑板碰头缝不抹胶粘剂。

（1）检查数量：按楼层每20m长检查一处，每层不少于3处，每处不少于2块。

（2）检验方法：观察检查。

4. 网格布应横向铺设，压贴密实，不能有空鼓、皱褶、翘边、外露等现象，水平方向搭接宽度不小于100mm，垂直方向搭接宽度不小于80mm。

（1）检查数量：按楼层每20m长检查一处，每处3延米，但每层不少于3处。

（2）检验方法：观察及尺量检查。

5. 聚合物砂浆厚度不宜大于4mm，首层不宜大于5mm。

（1）检查数量：按楼层每20m长抽查一处，每处3延米，但每层不少于3处。

（2）检验方法：尺量检查。

（3）检验应在聚合物砂浆凝结前进行。

三、允许偏差项目

1. 挤塑板安装允许偏差及检验方法符合下表的规定。

项目		允许偏差（mm）	检验方法
表面平整		2	用2m靠尺和楔形塞尺检查
垂直度	每层	5	用2m托线板检查
	总高	H/1000且不大于20	用经纬仪或吊线和尺量检查
阴、阳角垂直		2	用2m托线板检查
阴、阳角方正		2	用200方尺和楔形塞尺检查
接缝高差		1.5	用直尺和楔形塞尺检查

注：H为墙身总高。

检查数量：按楼层每20m长抽查一次，每处3延米，但每层不少于3处。

2. 饰面层质量检验应执行国家标准《建筑装饰装修工程质量验收规范》(GB 50210—2001) 第十一章第二节有关规定。

3
保温做法与选用

围护结构传热系数限值表

山东省采暖居住建筑各部分围护结构传热系数限值［W/m^2·K］　　表1

采暖期室外平均温度（℃）	城市	屋顶		外墙		不采暖楼梯间		窗户（含阳台门上部）	阳台门下部门芯板	外门	地板		地面	
		体形系数≤0.3	体形系数>0.3	体形系数≤0.3	体形系数>0.3	隔墙	户门				接触室外空气地板	不采暖地下室上部地板	周边地面	非周边地面
0.9～0.0	济南	0.8	0.6	1.00 1.28	0.70 1.00	1.83	2.70	4.70 4.00	1.70	/	0.60	0.65	0.52	0.30
0.9～0.0	青岛	0.8	0.6	1.00 1.28	0.70 1.00	1.83	2.70	4.70 4.00	1.70	/	0.60	0.65	0.52	0.30
-0.1～-1.0	淄博	0.8	0.6	0.92 1.20	0.60 0.85	1.83	2.00	4.70 4.00	1.70	/	0.60	0.65	0.52	0.30
0.9～0.0	烟台	0.8	0.6	1.00 1.28	0.70 1.00	1.83	2.70	4.70 4.00	1.70	/	0.60	0.65	0.52	0.30
-0.1～-1.0	威海	0.8	0.6	0.92 1.20	0.60 0.85	1.83	2.00	4.70 4.00	1.70	/	0.60	0.65	0.52	0.30
-0.1～-1.0	潍坊	0.8	0.6	0.92 1.20	0.60 0.85	1.83	2.00	4.70 4.00	1.70	/	0.60	0.65	0.52	0.30
-0.1～-1.0	济宁	0.8	0.6	0.92 1.20	0.60 0.85	1.83	2.00	4.70 4.00	1.70	/	0.60	0.65	0.52	0.30
2.0～1.0	枣庄	0.8	0.6	1.10 1.40	0.80 1.10	1.83	2.70	4.70 4.00	1.70	/	0.60	0.65	0.52	0.30
-0.1～-1.0	东营	0.8	0.6	0.92 1.20	0.60 0.85	1.83	2.00	4.70 4.00	1.70	/	0.60	0.65	0.52	0.30
0.9～0.0	泰安	0.8	0.6	1.00 1.28	0.70 1.00	1.83	2.70	4.70 4.00	1.70	/	0.60	0.65	0.52	0.30
0.9～0.0	日照	0.8	0.6	1.00 1.28	0.70 1.00	1.83	2.70	4.70 4.00	1.70	/	0.60	0.65	0.52	0.30
-0.1～-1.0	德州	0.8	0.6	0.92 1.20	0.60 0.85	1.83	2.00	4.70 4.00	1.70	/	0.60	0.65	0.52	0.30
0.9～0.0	临沂	0.8	0.6	1.00 1.28	0.70 1.00	1.83	2.70	4.70 4.00	1.70	/	0.60	0.65	0.52	0.30
0.9～0.0	莱芜	0.8	0.6	1.00 1.28	0.70 1.00	1.83	2.70	4.70 4.00	1.70	/	0.60	0.65	0.52	0.30
-1.1～-2.0	滨州	0.8	0.6	0.90 1.16	0.55 0.82	1.83	2.00	4.70 4.00	1.70	/	0.50	0.55	0.52	0.30
-0.1～-1.0	聊城	0.8	0.6	0.92 1.20	0.60 0.85	1.83	2.00	4.70 4.00	1.70	/	0.60	0.65	0.52	0.30
0.9～0.0	菏泽	0.8	0.6	1.00 1.28	0.70 1.00	1.83	2.70	4.70 4.00	1.70	/	0.60	0.65	0.52	0.30

注：1. 表中外墙的传热系数限值，系指考虑周边热桥影响后的外墙平均传热系数。外墙的传热系数限值有两行数据，上行数据与传热系数为4.7的单层塑料窗相对应，下行数据与传热系数为4.00的单框双玻金属窗相对应。

2. 表中周边地面一栏中，0.52为位于建筑物周边的不带保温层的混凝土地面的传热系数。非周边地面一栏中，0.30为位于建筑物非周边的不带保温层的混凝土地面的传热系数。

外保温做法及热工计算选用表

挤塑板外保温做法及热工计算选用表 **表 2**

序号	外墙构造简图	工程做法	外墙总厚度(mm)	分层厚度(mm)	密度(kg/m^3)	导热系数 λ [W/(m·K)]	a	热阻 R [(m^2·K)/W]	围护结构传热阻 R_0 [(m^2·K)/W]	传热系数 K [W/(m^2·K)]
1	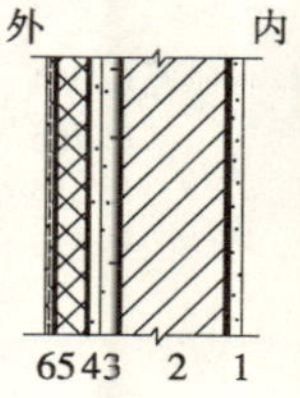	1. 水泥砂浆 2. 烧结实心砖 3. 水泥砂浆 4. 聚合物砂浆 5. 挤塑板 6. 聚合物砂浆		20	1800	0.93	1.0	0.022		
				240	1900	0.81	1.0	0.296		
				20	1800	0.93	1.0	0.022		
				3	1800	0.93	1.0	0.003		
			311	25	28	0.03	1.1	0.757	1.254	0.798
			316	30				0.909	1.405	0.712
			326	40				1.212	1.708	0.585
			336	50				1.515	2.011	0.497
				3	1800	0.93	1.0	0.003		
2	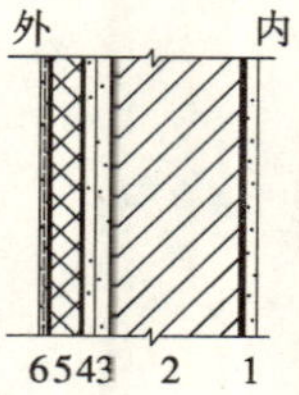	1. 水泥砂浆 2. 烧结实心砖 3. 水泥砂浆 4. 聚合物砂浆 5. 挤塑板 6. 聚合物砂浆		20	1800	0.93	1.0	0.022		
				370	1900	0.81	1.0	0.457		
				20	1800	0.93	1.0	0.022		
				3	1800	0.93	1.0	0.003		
			441	25	28	0.03	1.1	0.757	1.415	0.707
			446	30				0.909	1.566	0.638
			456	40				1.212	1.869	0.535
			466	50				1.515	2.172	0.460
				3	1800	0.93	1.0	0.003		
3	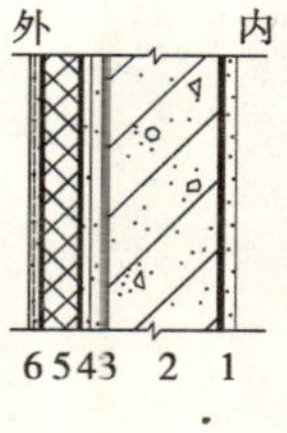	1. 水泥砂浆 2. 钢筋混凝土墙 3. 水泥砂浆 4. 聚合物砂浆 5. 挤塑板 6. 聚合物砂浆		20	1800	0.93	1.0	0.022		
				200	2500	1.74	1.0	0.115		
				20	1800	0.93	1.0	0.022		
				3	1800	0.93	1.0	0.003		
			271	25	28	0.03	1.1	0.757	1.072	0.932
			276	30				0.909	1.224	0.816
			286	40				1.212	1.527	0.654
			296	50				1.515	1.830	0.546
				3	1800	0.93	1.0	0.003		
4	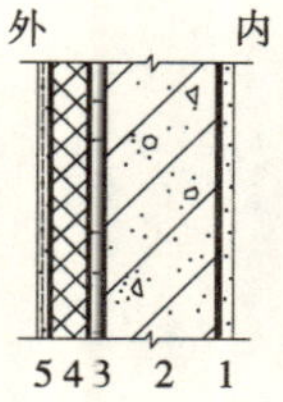	1. 水泥砂浆 2. 钢筋混凝土墙 3. 聚合物砂浆 4. 挤塑板 5. 聚合物砂浆		20	1800	0.93	1.0	0.022		
				200	2500	1.74	1.0	0.115		
				3	1800	0.93	1.0	0.003		
			251	25	28	0.03	1.1	0.757	1.050	0.951
			256	30				0.909	1.202	0.832
			266	40				1.212	1.505	0.664
			276	50				1.515	1.808	0.553
				3	1800	0.93	1.0	0.003		
5	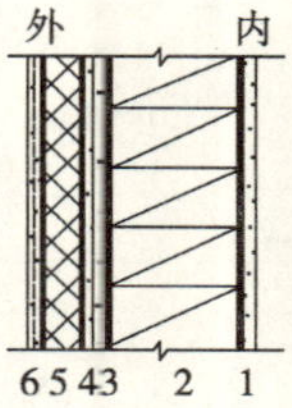	1. 水泥砂浆 2. 多孔砖 3. 水泥砂浆 4. 聚合物砂浆 5. 挤塑板 6. 聚合物砂浆		20	1800	0.93	1.0	0.022		
				240	1400	0.58	1.0	0.413		
				20	1800	0.93	1.0	0.022		
				3	1800	0.93	1.0	0.003		
			311	25	28	0.03	1.1	0.757	1.371	0.729
			316	30				0.909	1.522	0.657
			326	40				1.212	1.825	0.548
			336	50				1.515	2.131	0.469
				3	1800	0.93	1.0	0.003		

续表

序号	外墙构造简图	工程做法	外墙总厚度(mm)	分层厚度(mm)	密度(kg/m³)	导热系数λ [W/(m·K)]	α	热阻R [(m²·K)/W]	围护结构传热阻R_0 [(m²·K)/W]	传热系数K [W/(m²·K)]
6	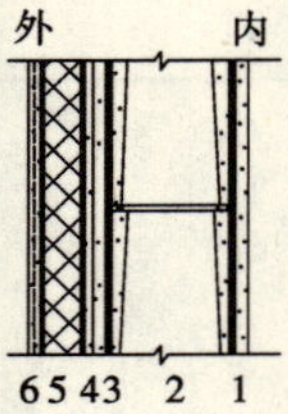	1. 混合砂浆 2. 普通混凝土空心砌块 3. 水泥砂浆 4. 聚合物砂浆 5. 挤塑板 6. 聚合物砂浆		20	1700	0.81	1.0	0.025		
				190	900		1.0	0.210		
				20	1800	0.93	1.0	0.022		
				3	1800	0.93	1.0	0.003		
			261	25	28	0.03	1.1	0.757	1.171	0.854
			266	30				0.909	1.322	0.756
			276	40				1.212	1.625	0.615
			286	50				1.515	1.928	0.519
				3	1800	0.93	1.0	0.003		

注：1. α为λ修正系数。

2. 热工计算时未计饰面层。

3. 普通混凝土空心砌块以单排孔为例。

4

构造做法与详图

平面示例及剖面详图

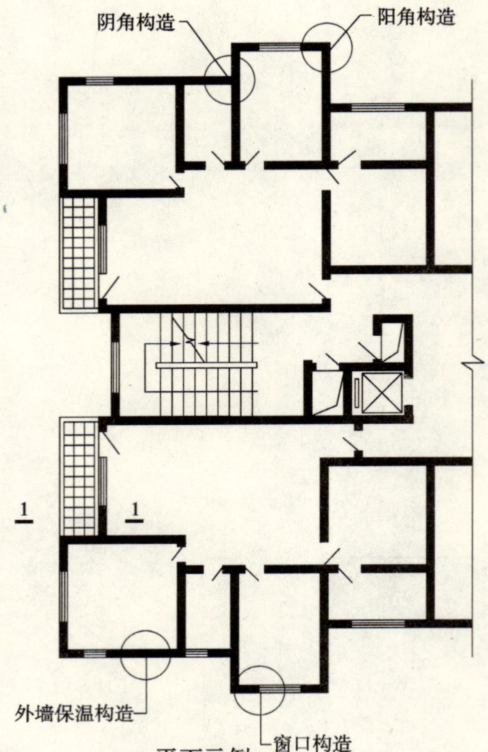

平面示例

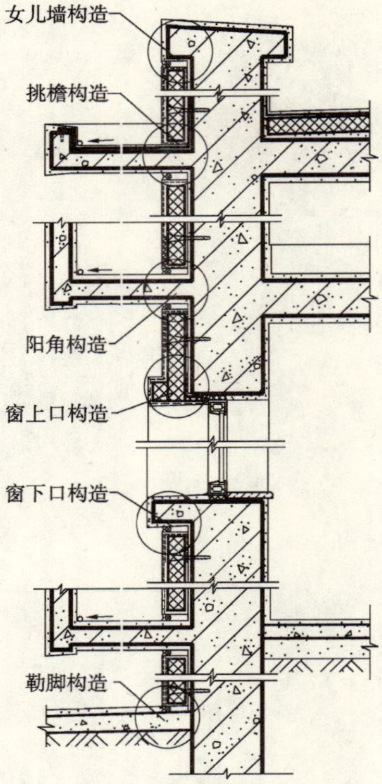

1—1 剖面

外墙构造及做法

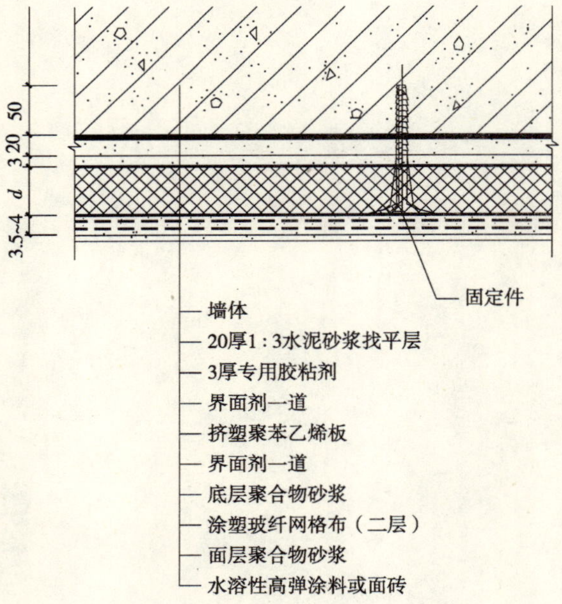

①（用于底层）

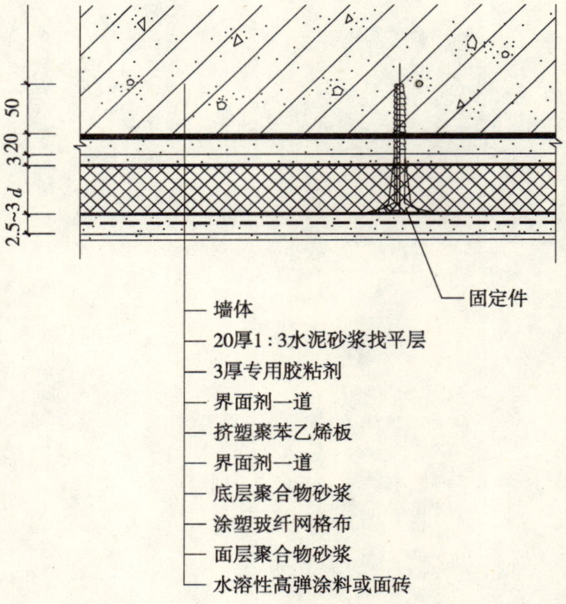

②（用于二层及以上）

注：1. 挤塑板厚度由设计人计算确定。
2. 当饰面层采用面砖时，粘结材料及勾缝材料应选用专用瓷砖胶粘剂。

外墙阳角、阴角构造

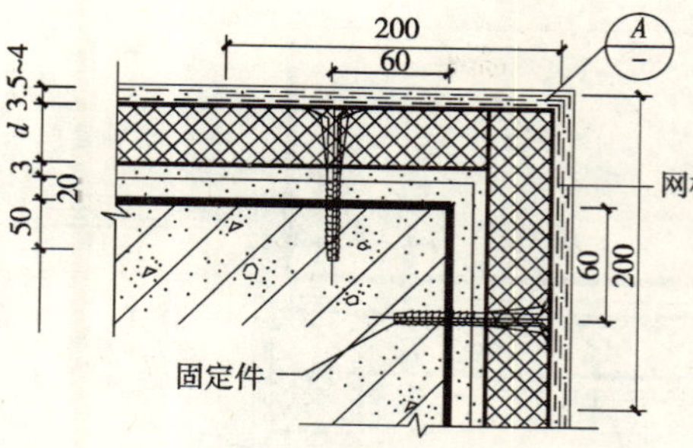

①（用于底层）

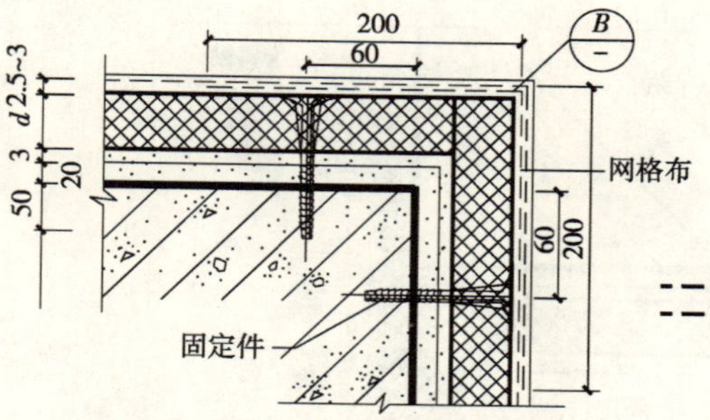

②（用于二层及以上）

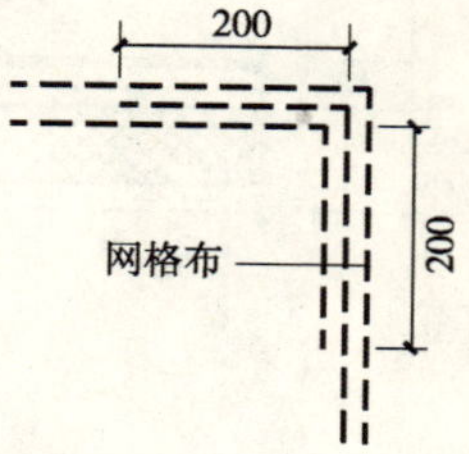

Ⓐ

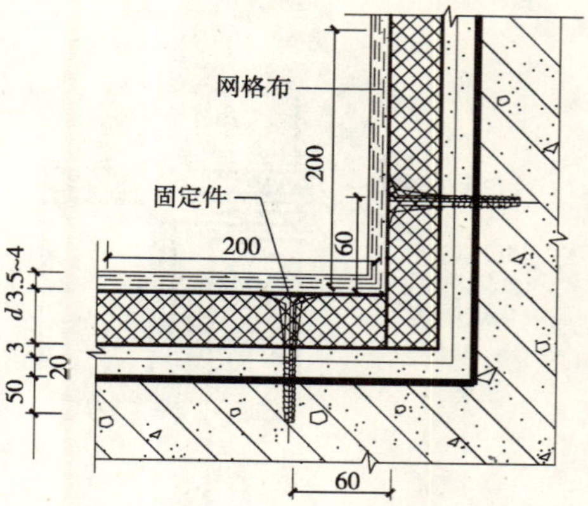

③（用于底层）

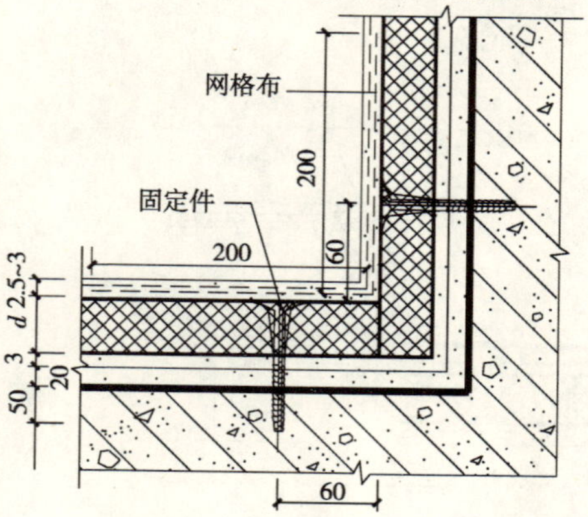

④（用于二层及以上）

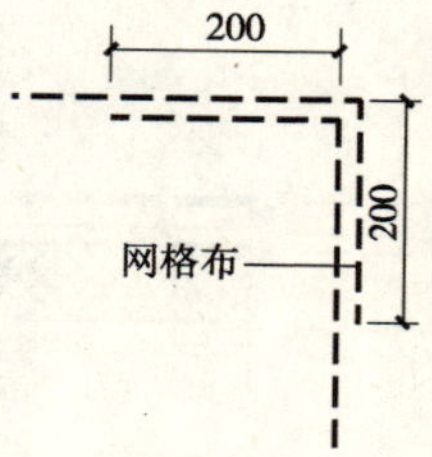

Ⓑ

勒脚构造

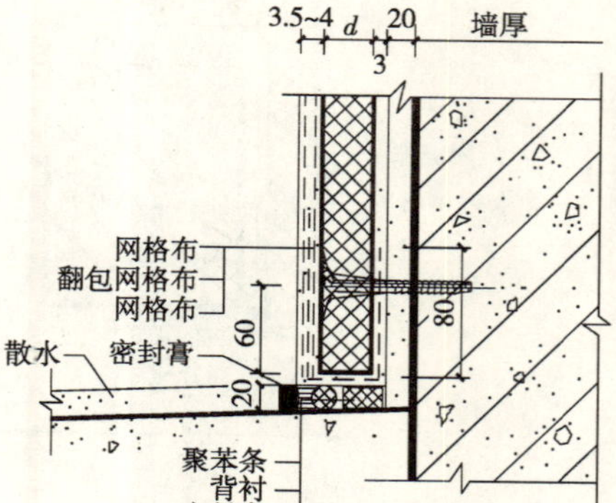

①

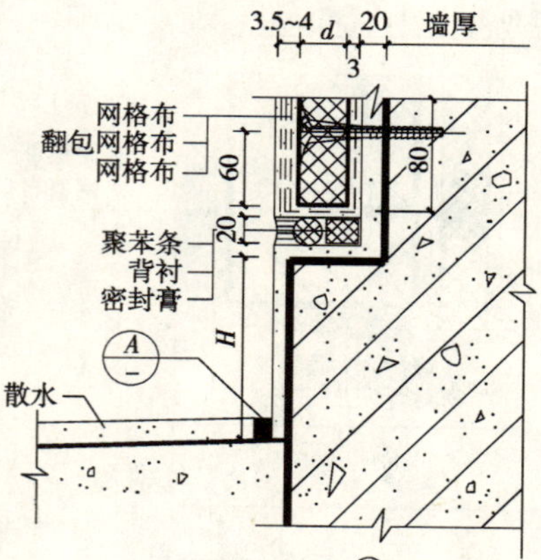

③

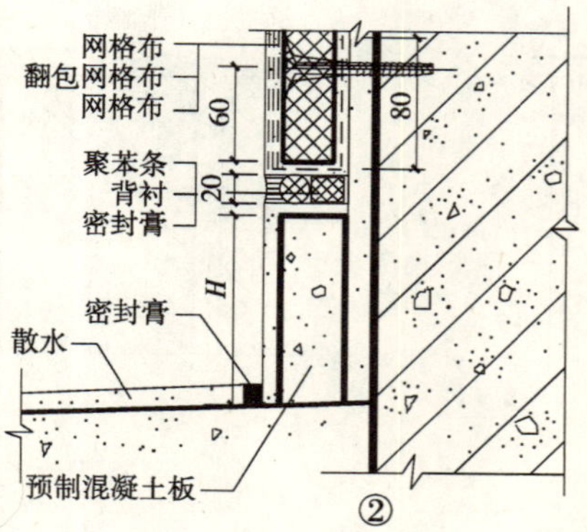

②

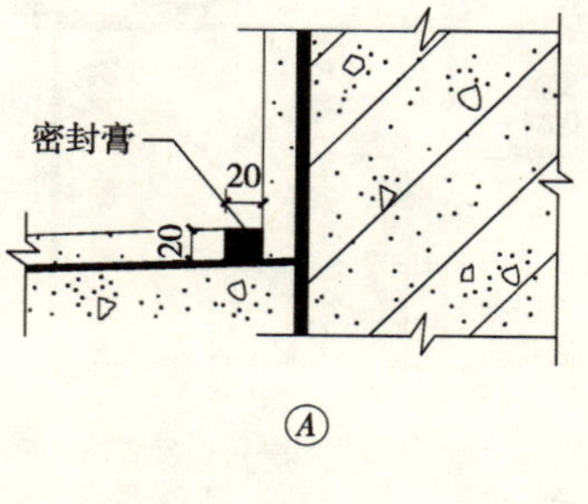

Ⓐ

注：1. 高度H由单体工程确定。
2. ②节点预制混凝土板构造由单体工程确定。

窗侧口构造

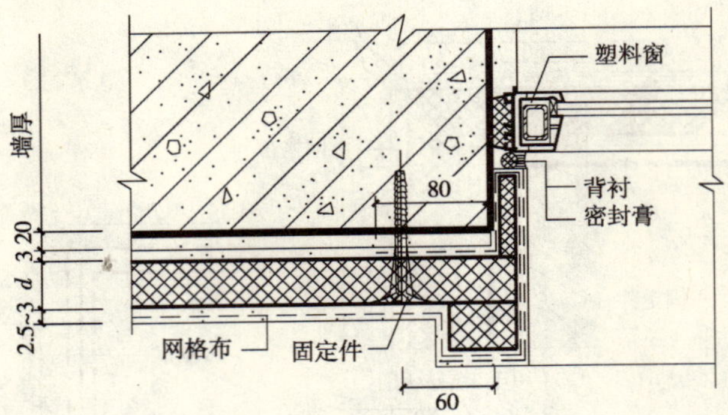

①

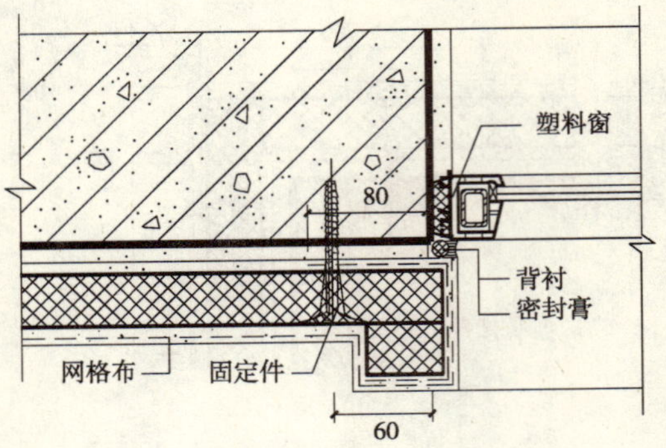

③

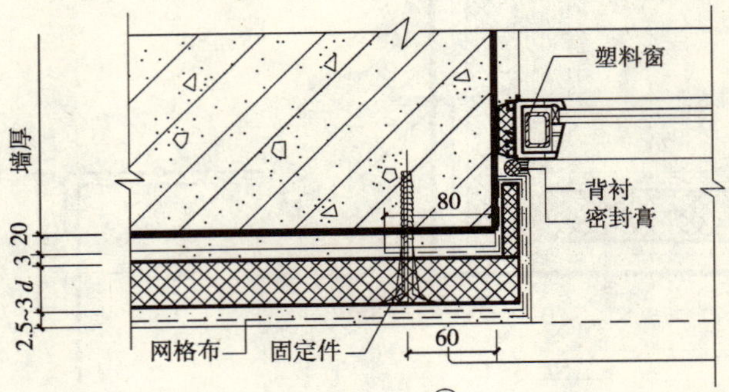

②

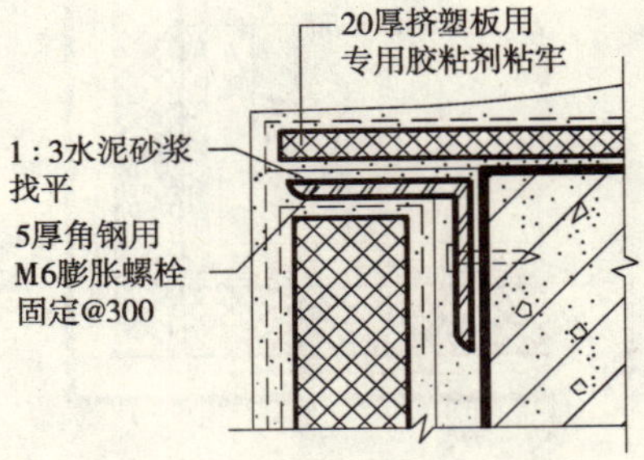

注：窗套挑出长度、宽度见单体设计。

窗上、下口构造

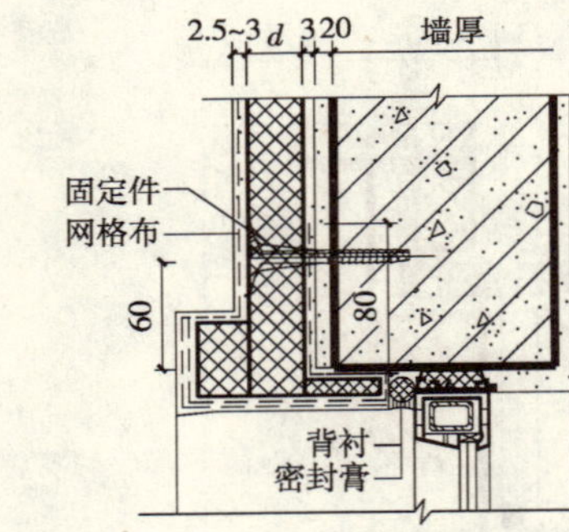

①

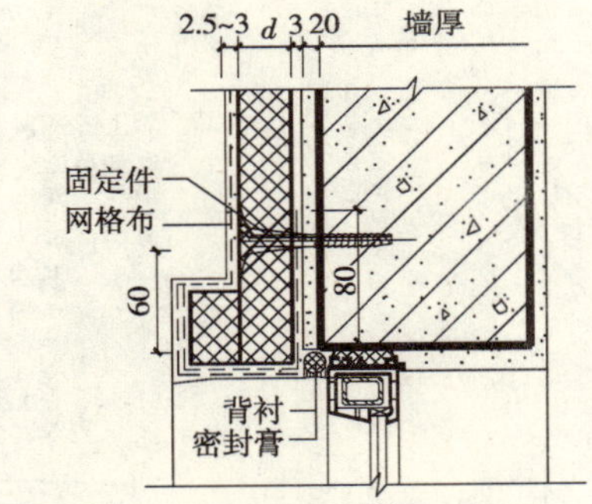

②

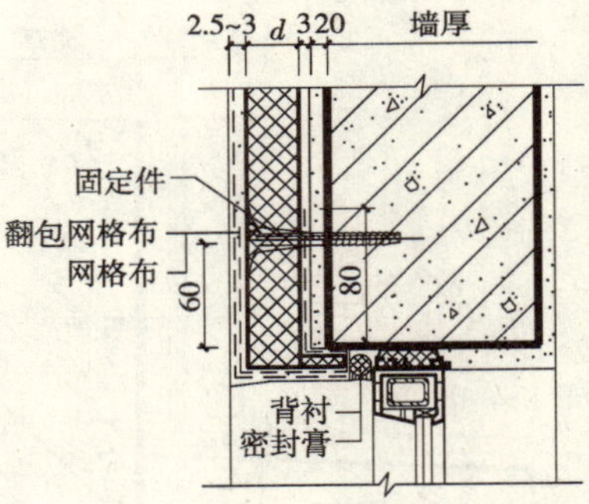

③

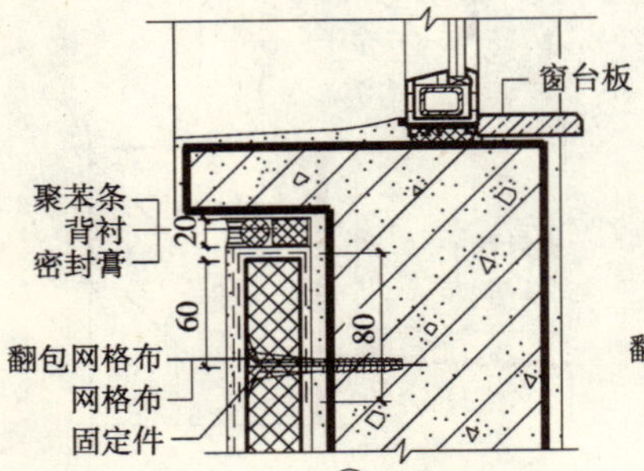

④

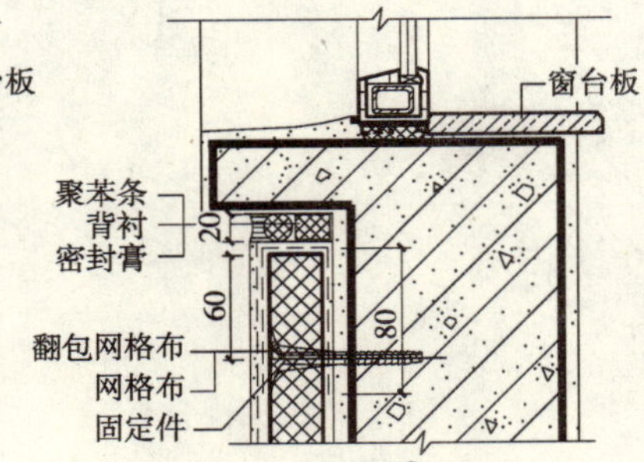

⑤

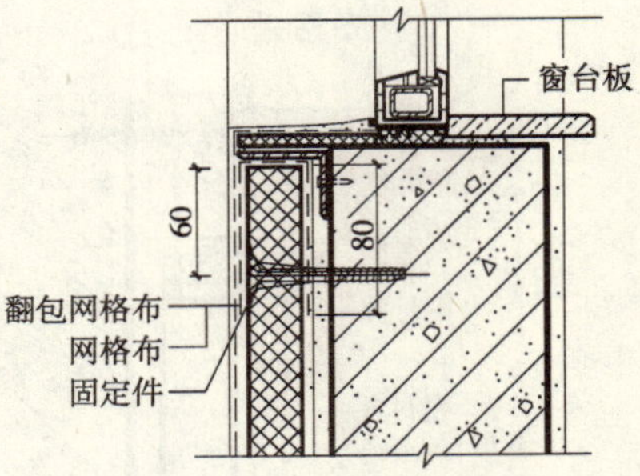

⑥

注：1. 窗套挑出长度和宽度见单体设计。
2. ⑥节点角钢宽度根据挤塑板厚度确定，长度同窗洞口宽度。

挑檐构造

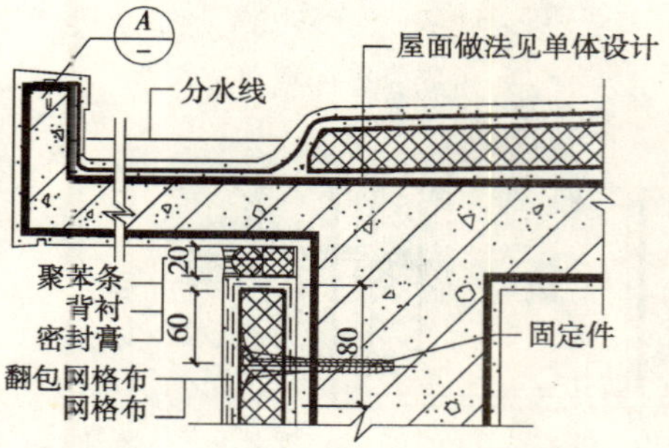

①

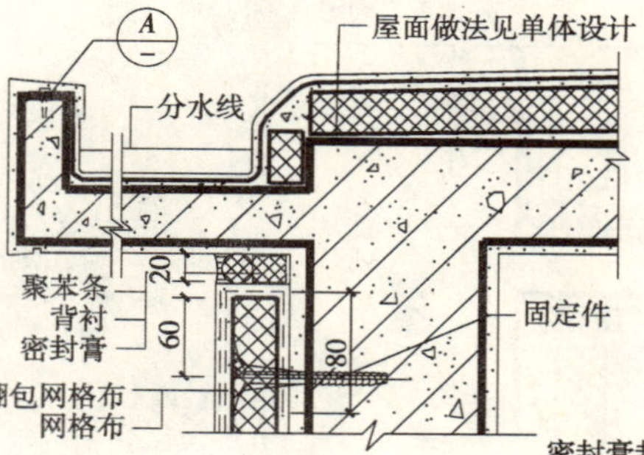

②

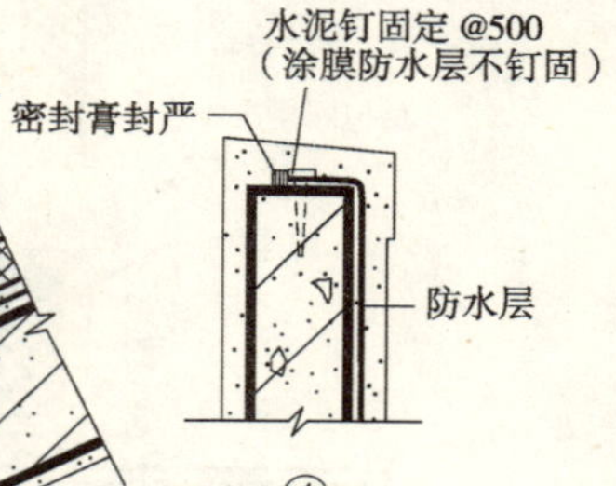

Ⓐ

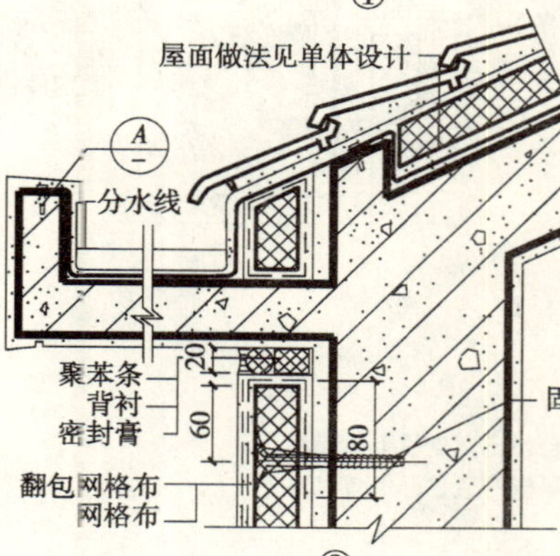

③

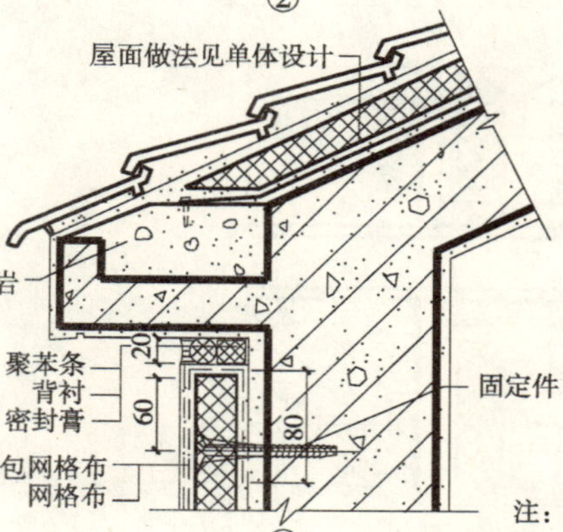

④

注：挑檐宽度见单体设计。

女儿墙、屋面变形缝构造

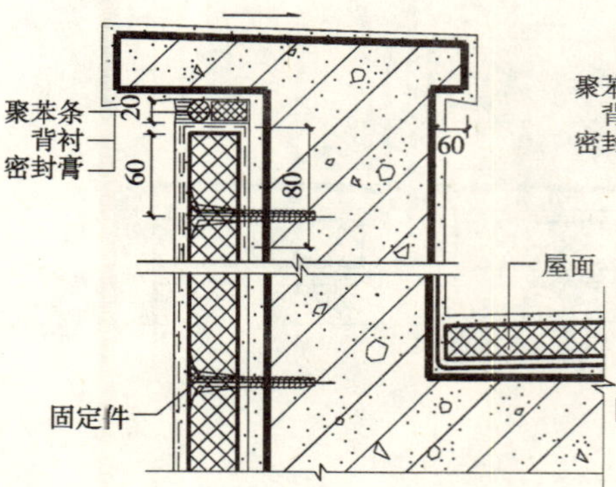

①

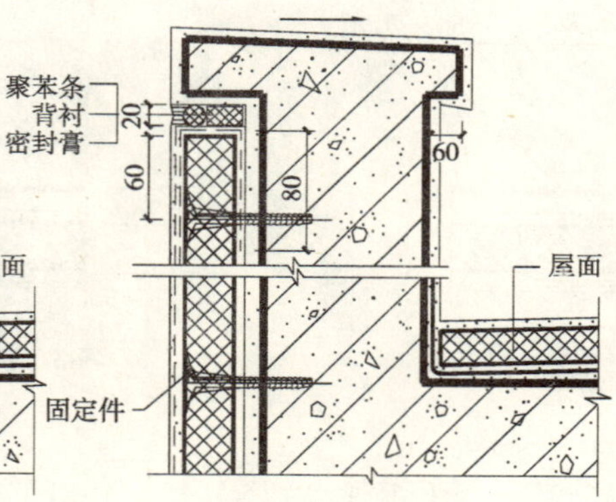

②

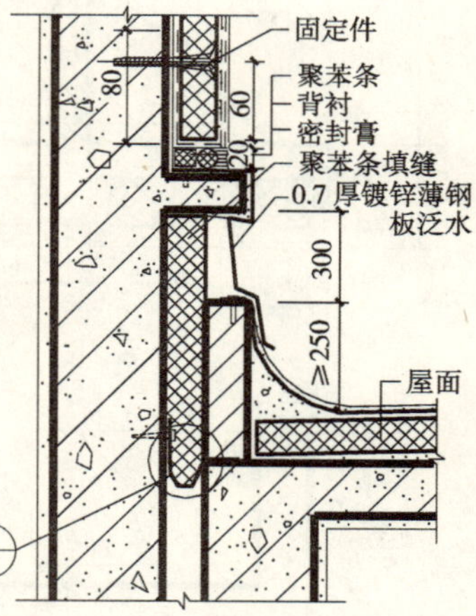

④（用于高低跨）

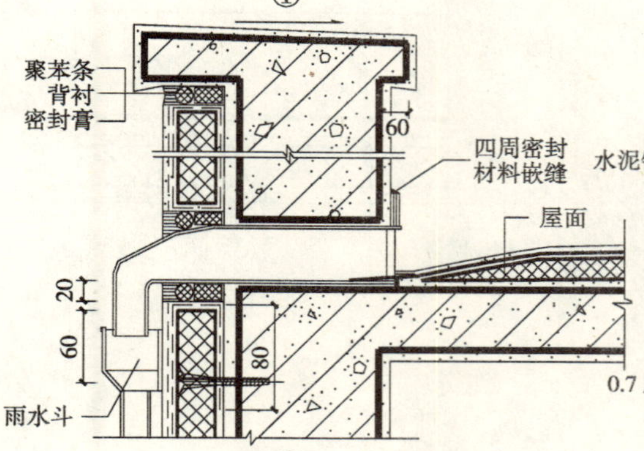

③

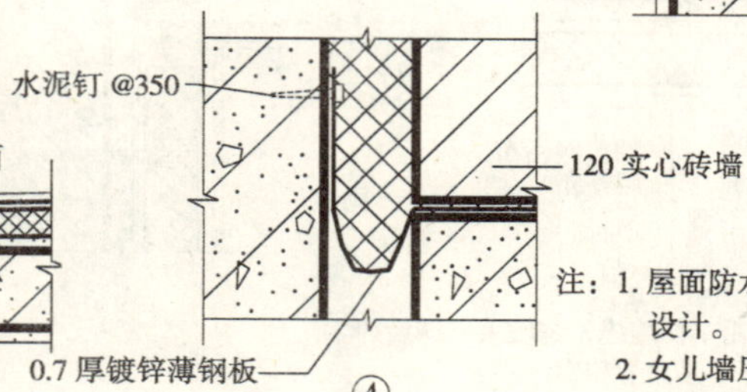

Ⓐ

注：1. 屋面防水、保温做法见单体设计。
2. 女儿墙压顶挑出宽度和高度见单体设计。

雨篷、阳台、管道穿墙构造

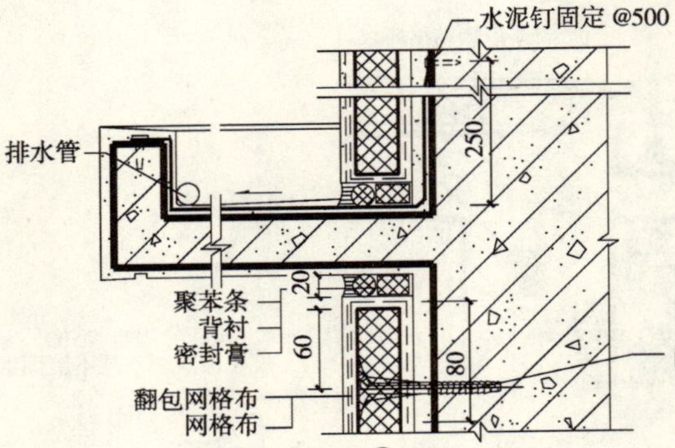

①

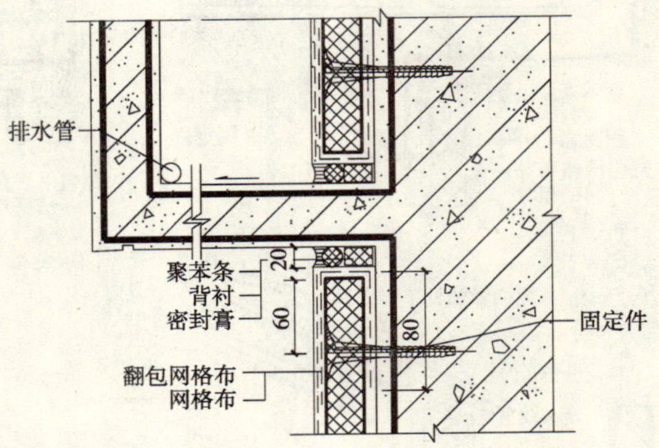

②

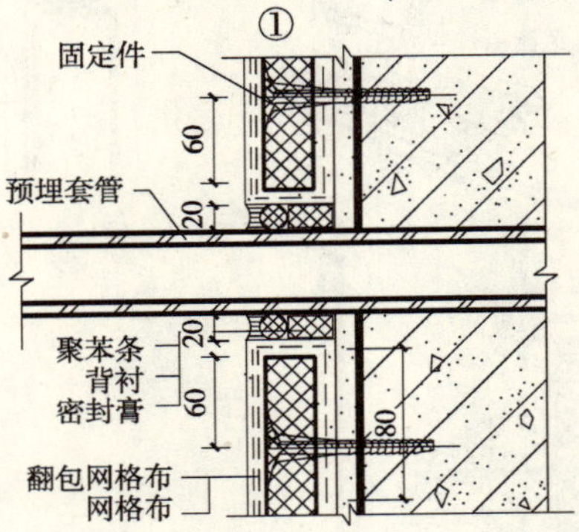

③

注：1. 雨篷、阳台挑出宽度见单体设计。
2. 室外空调隔板构造参照②节点。

伸缩缝及水平、垂直界格缝构造

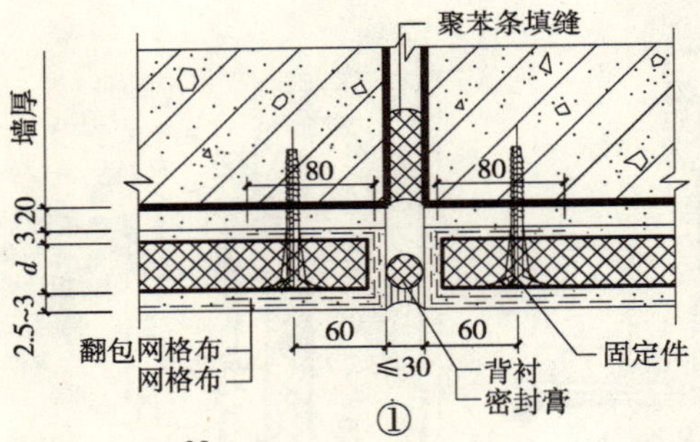

①

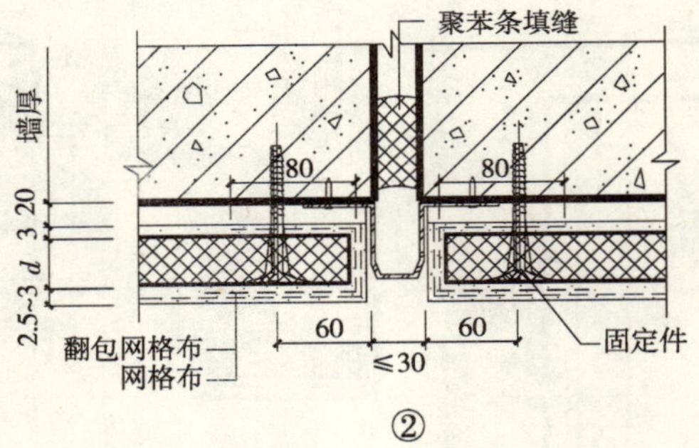

②

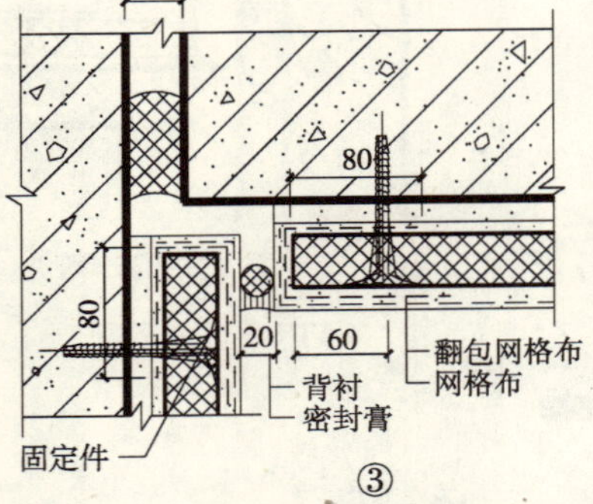

③

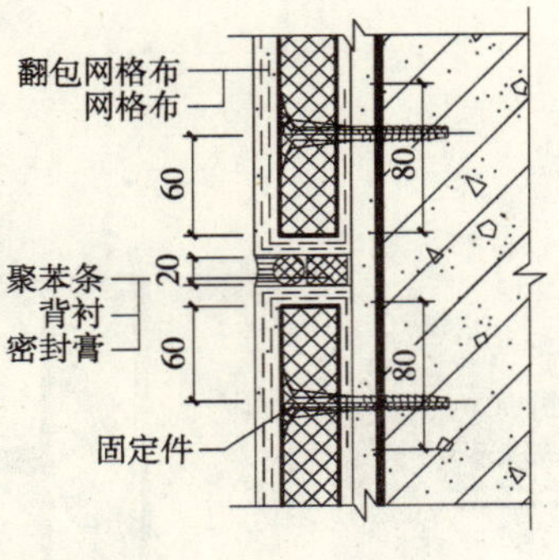

④

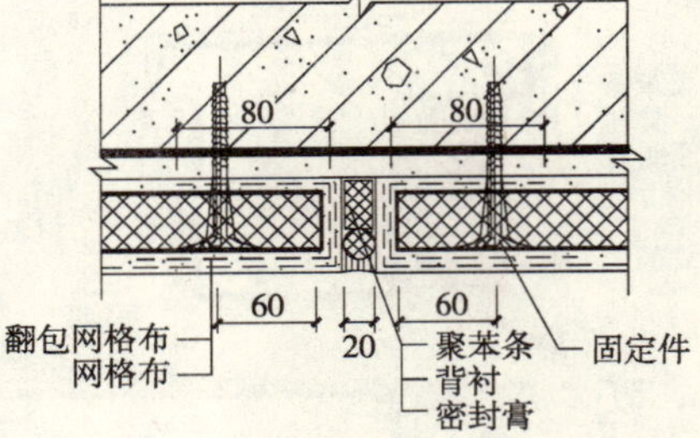

⑤

注：1. 本图①②③节点用于伸缩缝，宽度见单体设计。
④⑤节点用于水平、垂直界格缝。
2. 填缝材料采用聚苯乙烯泡沫塑料条，填塞深度应大于缝宽3倍，且不小于100。
3. 金属盖缝板可采用1.2厚铝板或0.7厚不锈钢板。

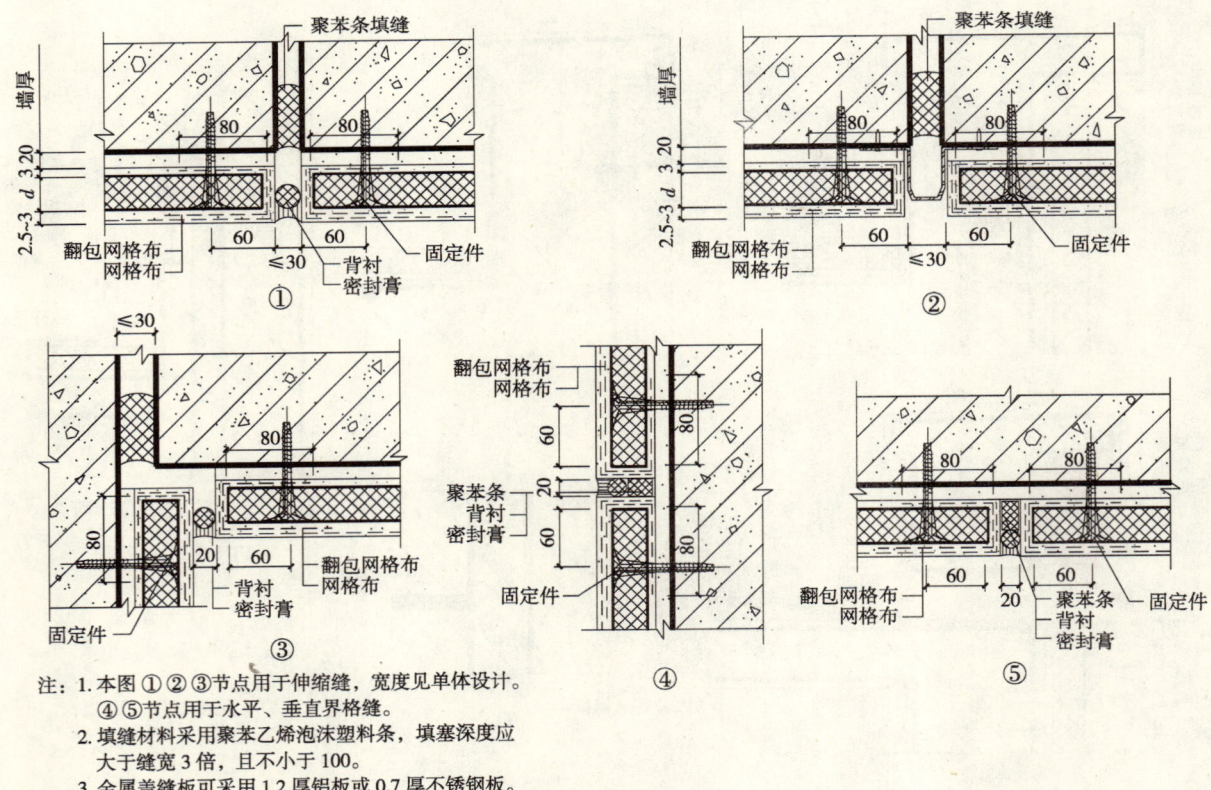

沉降缝、抗震缝构造

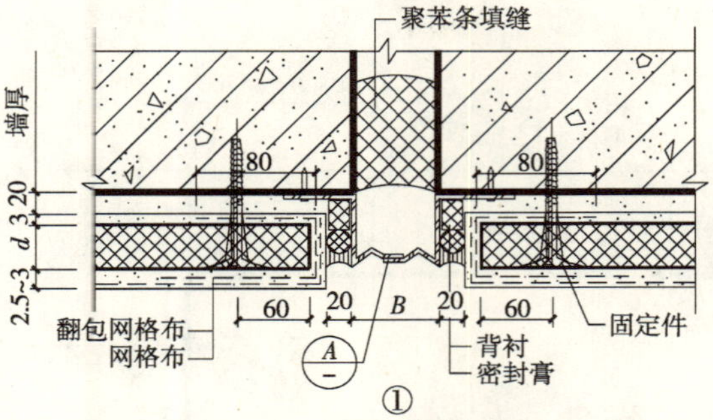

①

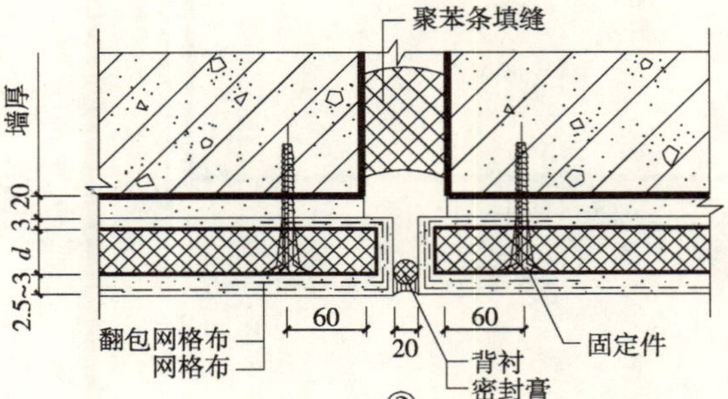

②

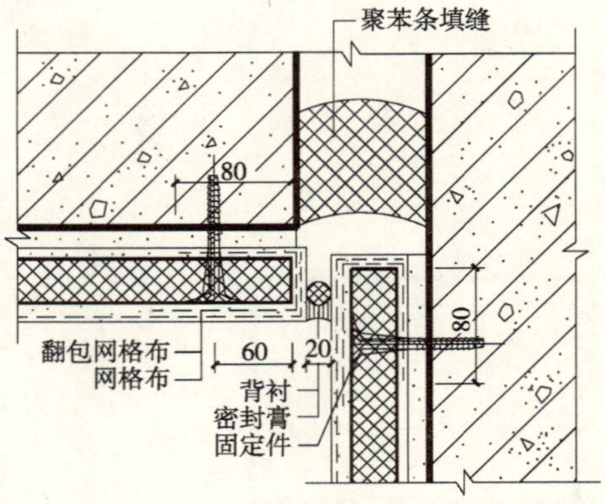

③

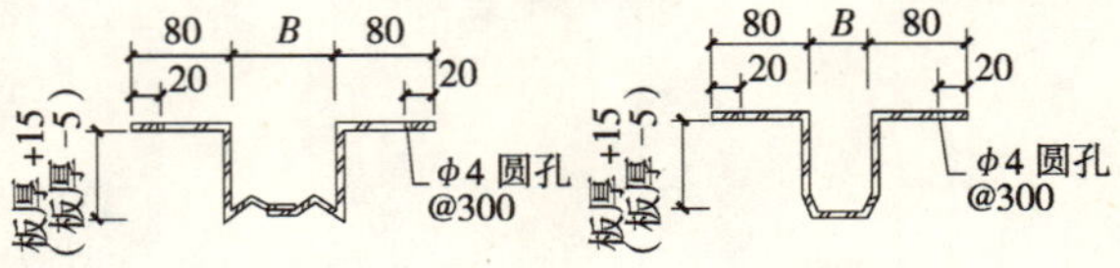

金属盖缝板

（括号内尺寸用于不做找平层墙体盖缝板）

注：1. 本图节点用于沉降缝、抗震缝，宽度见单体设计。
2. 填缝材料采用聚苯乙烯泡沫塑料条，填塞深度应大于缝宽3倍，且不小于100。
3. 金属盖缝板可采用1.2厚铝板或0.7厚为锈钢板。

装饰线角构造

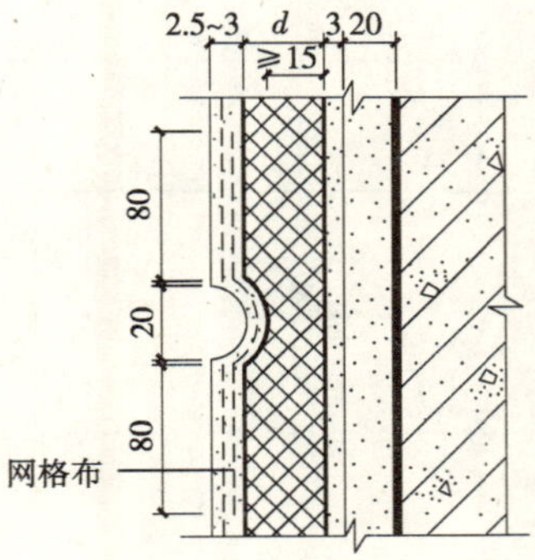

①

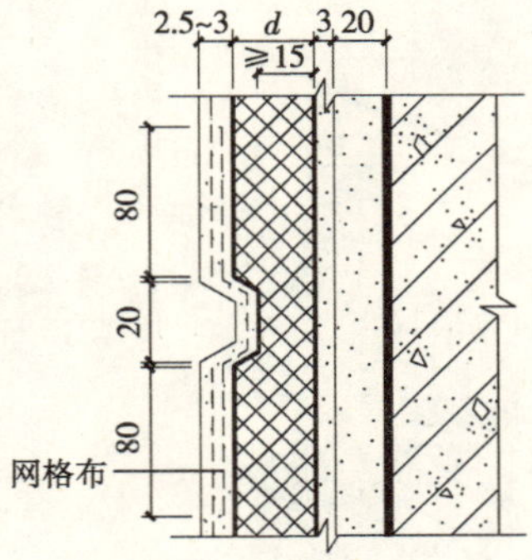

②

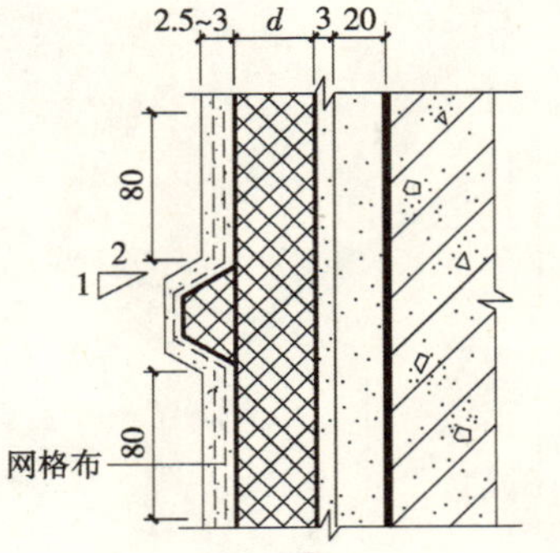

③

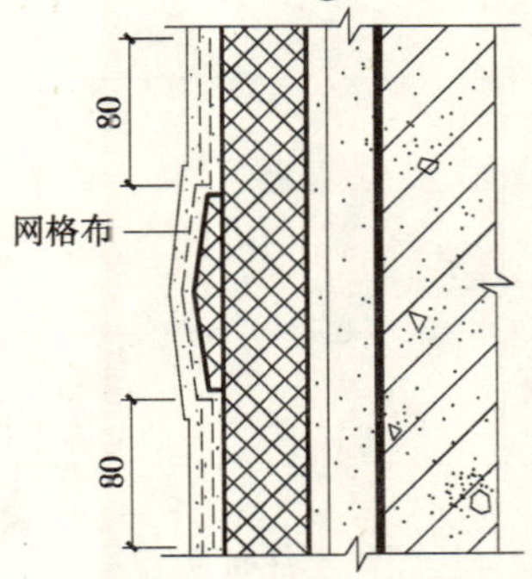

④

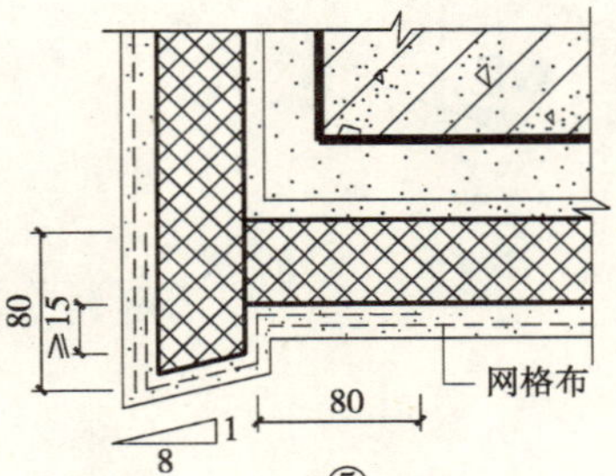

⑤

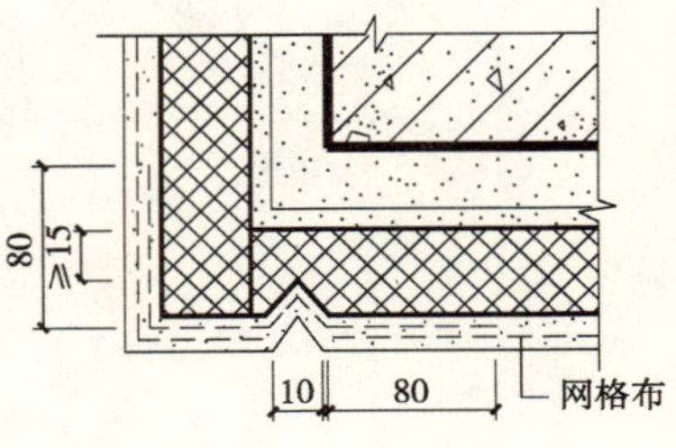

⑥

注：线角尺寸由单体工程确定。

门窗洞口排板示意和加强措施

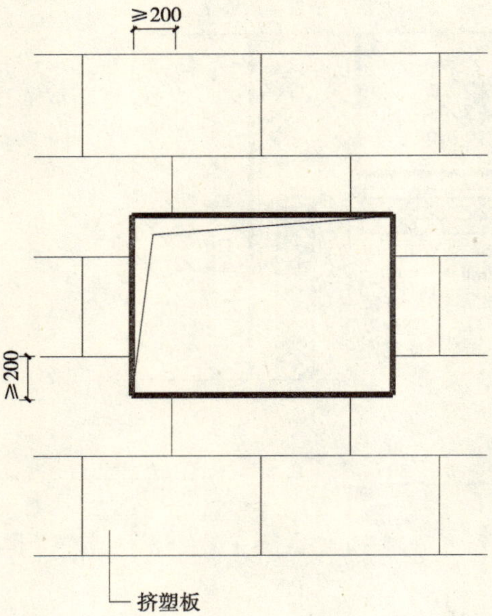

门窗洞口排版示意

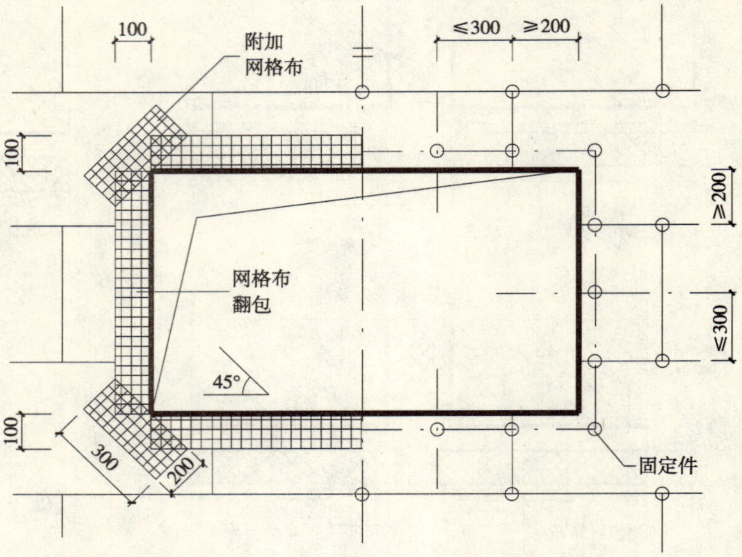

门窗洞口附加网格布及固定件布置

注：1. 挤塑板在洞口四角处不得接缝，接缝距四角大于200。
2. 其他外墙洞口可参照门窗洞口处理。

转角排板示意及固定件布置

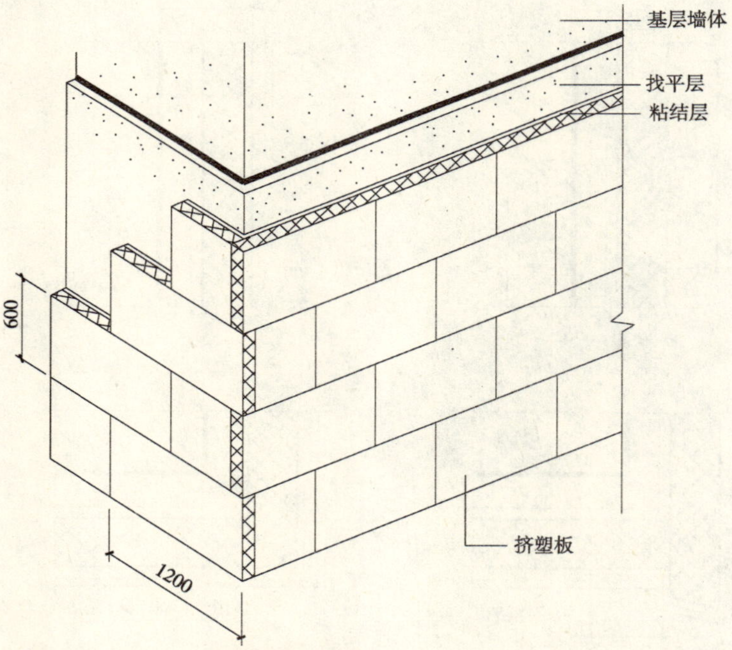

挤塑板转角排版示意

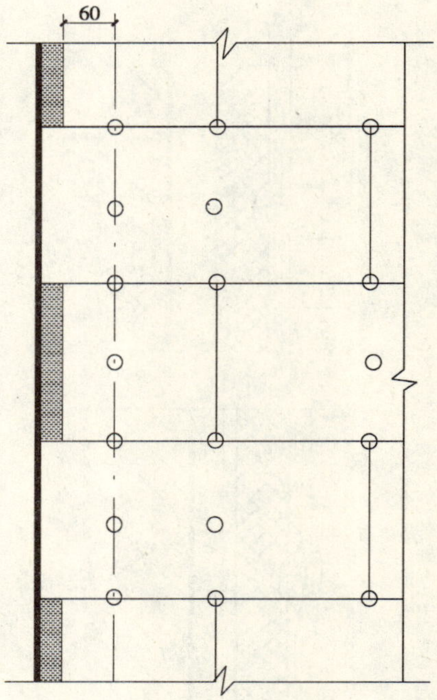

墙体边角固定件布置

注：1. 转角 处挤塑板应交错相接。
2. 挤塑板应错缝铺贴，每排版应错缝1/2板长。

固定件布置图

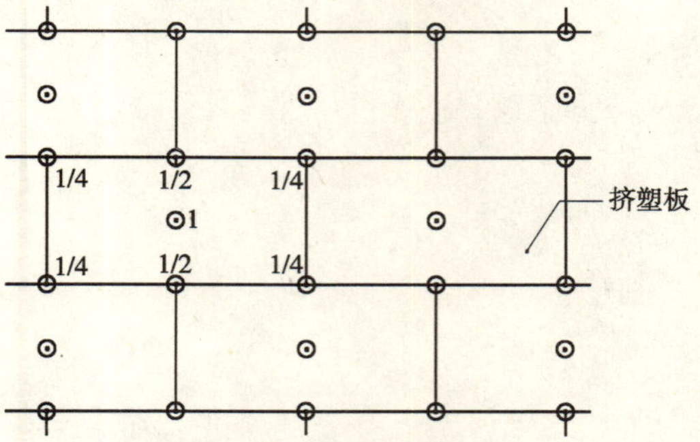

①（7 层及以下）

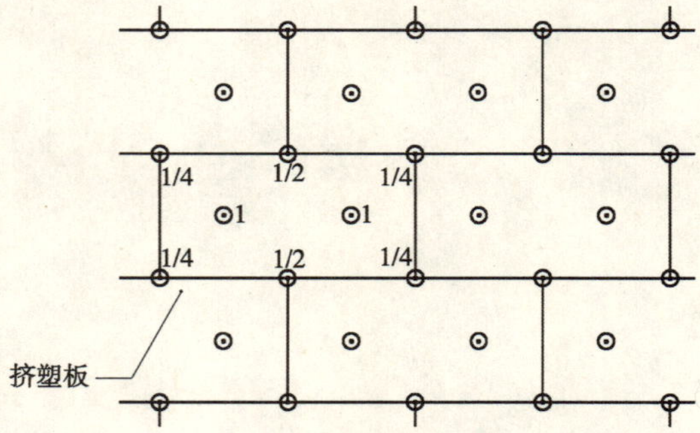

②（8~18 层）

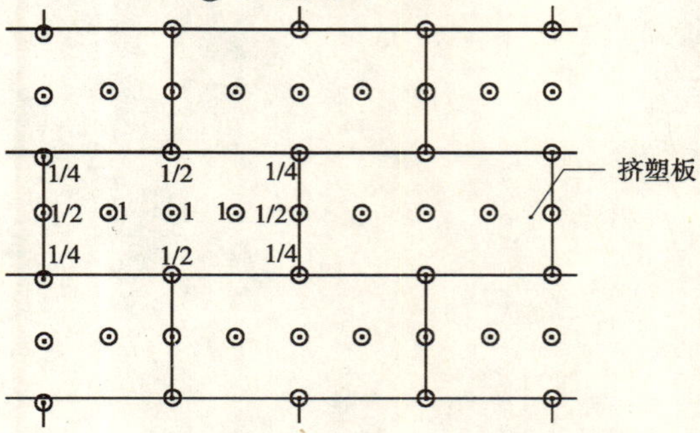

③（19~25 层）

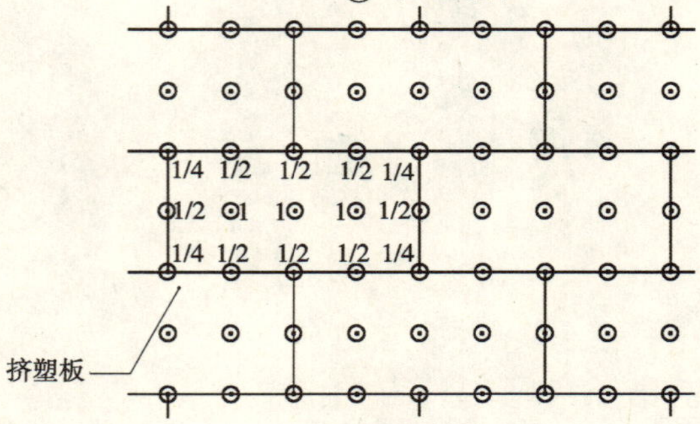

④（26~29 层）

注：本图按标准板 1200 × 600 表示。